보이지 않는 것에 대한 연구

연구하라!

질병심층연구

새로운 **질병심층연구**에서는 특별한 질병의 이력, 현재의 발생과 향후 잠재적인 발달을 조사하는데 있어서 각 신체시스템에서 중요하고 대표적인 질병에 대한 이야기를 시각적으로 이야기한다.

연구하라!

각 **질병심층연구**의 특징에는 추가적 탐구와 비판적 사고(critical thinking)를 촉진하기 위해 관련 웹사이트로 안내하는 QR 코드와 '연구하라!' 문제가 포함되어있다.

질병 심층연구

결핵

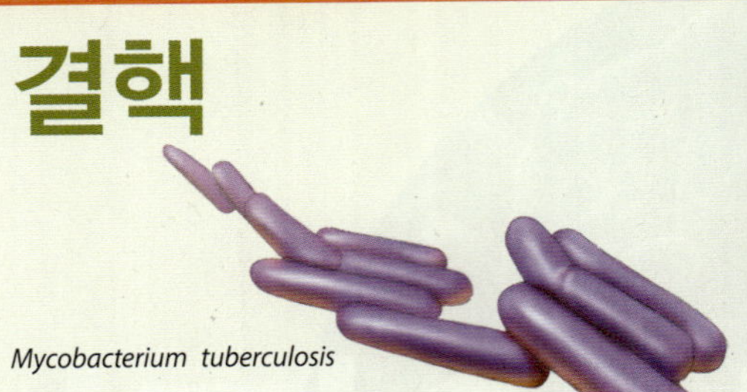

Mycobacterium tuberculosis

징후 및 증상

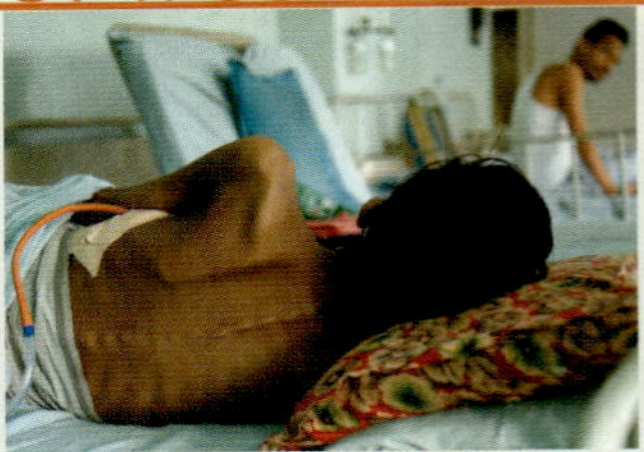

결핵의 징후와 증상은 항상 뚜렷하지 않으며, 경미한 기침과 미열로 제한된다. 이 병이 진행됨에 따라 호흡곤란, 피로, 불쾌감, 체중손실, 흉통, 천명, 각혈 등의 특징을 나타낸다.

많은 사람들은 결핵(TB)을 선진국에서는 신경 쓰지 않는 옛 질병으로 생각한다. 의료/보건 기술의 발달로 결핵 환자의 수가 줄어들었기 때문이다. 그럼에도 불구하고 역학자들은 이 끔찍한 살인자가 재출현할 수 있음을 경고하고 있다.

발병

1차 결핵

1 *Mycobacterium*은 일반적으로 감염된 개인의 호흡 비말의 흡입을 통해 호흡기로 감염된다.

2 폐포의 대식세포는 마이코박테리아를 식세포화 하지만 소화시킬 수 없는데, 그 이유는 세균이 리소솜이 세포내 기생성 소포와 융합되는 것을 저해하기 때문이다.

3 대신에 세균은 대식세포 내에서 자유롭게 복제하여 점차적으로 식세포를 죽인다. 죽은 식세포에서 방출된 세균들은 다른 대식세포에게 식세포화되어 새롭게 주기를 시작한다.

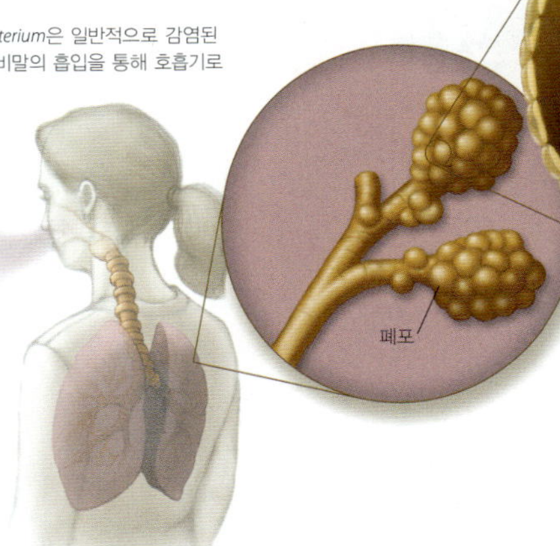

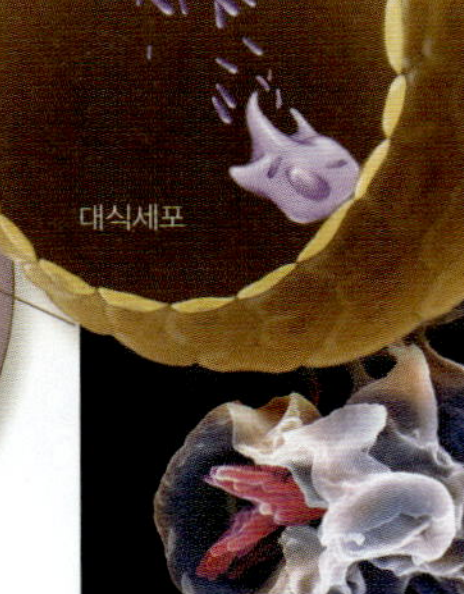

대식세포에 포획된 *Mycobacterium.* SEM 5 μm

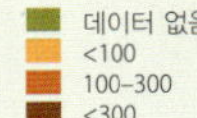

연구하라!

질병의 미래에서 XDR-TB(광범위 약제 내성-결핵)의 발달은 무엇을 예고하는 것인가?

XDR-TB를 탐구하기 위해서 질병 통제예방센터의 방문을 원한다면 이 코드를 스캔하라.

역학

주로 아시아와 아프리카에서 분당 평균 4명이 결핵으로 사망한다. CDC는 9백만 명 이상의 미국인이 여전히 결핵에 감염되는 것으로 추정하고 있지만 미국에서는 감소추세에 있다. 세계 인구의 3분의 1이 감염되었고, 매년 9백만 명 이상의 새로운 환자가 나타난다.

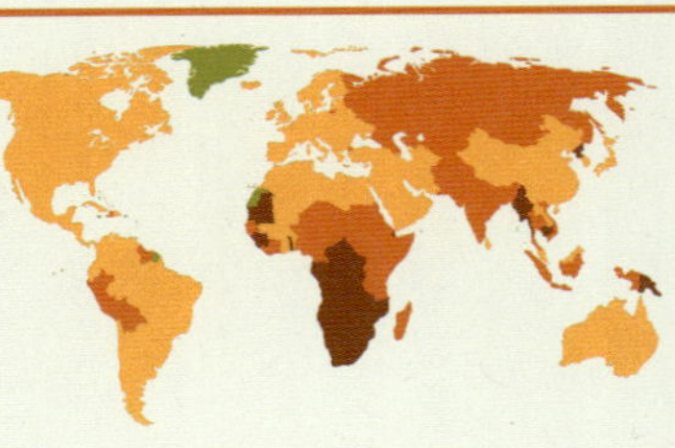

왼쪽은 2010년에 100,000명당 예상되는 새로운 결핵환자 (WHO)

- 데이터 없음
- <100
- 100–300
- <300

병원체 및 독성인자

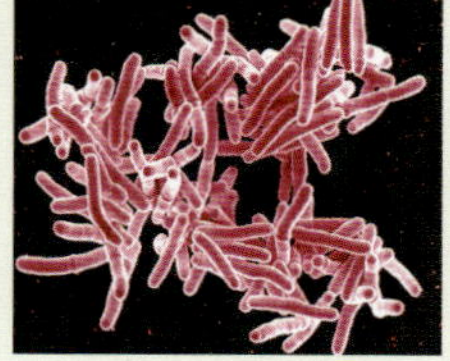
SEM 5 μm

*Mycobacterium tuberculosis*는 높은 G+C, 호기성, 그람-양성 간균이다. 독성균주는 병렬 정렬로 또 다른 세포에 부착된 채로 있는 딸세포 가닥을 생산하는 세포벽 성분인 코드인자를 생성한다. 코드인자는 또한 호중구의 이동을 억제하고 포유류의 세포에 독성을 나타낸다. Mycobacterium의 다중약물내성(MDR-TB) 결핵 균주와 광범위 약제내성(XDR-TB) 결핵 균주는 결핵을 제거하기 더욱 어렵게 한다.

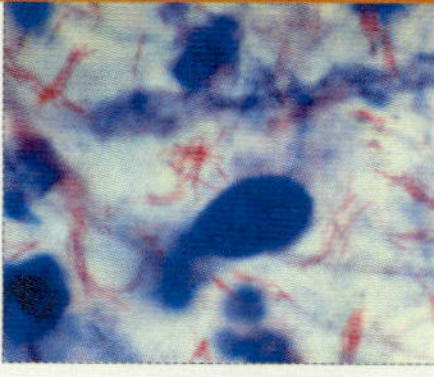
LM 15 μm

세포벽에는 이 병원체의 특성이 되는 왁스 지질인 마이콜산을 포함하는데, 느린 생장, 세포가 식작용시 용균으로부터 보호, 그람 염색, 세제, 많은 일반적인 항균 약물, 건조 등에 대한 내성을 갖도록 한다. (느린 생장은 주로 마이콜산 분자를 합성하기 위해 필요한 시간 때문임.)

4 감염된 대식세포는 T 림프구에 항원을 제시하여 더 많은 대식세포를 모으고 활성화하여 리포카인 생산을 통한 염증을 유발한다. 단단히 포장된 대식세포는 감염 부위를 둘러싸고 2-3개월 동안 결절을 형성한다.

5 다른 세포는 결절 내에서 감염된 대식세포와 폐세포를 둘러싸며 콜라겐 섬유를 축적한다. 중앙에 감염된 세포들은 죽어서 *M. tuberculosis*를 배출하고 건락괴사(caseous necrosis) (죽어가는 세포에서 단백질과 지방으로 인하여 치즈와 같은 조직의 사멸)를 일으켜 죽게 된다. 세균과 신체의 방어 사이의 교착 상태로 발전한다.

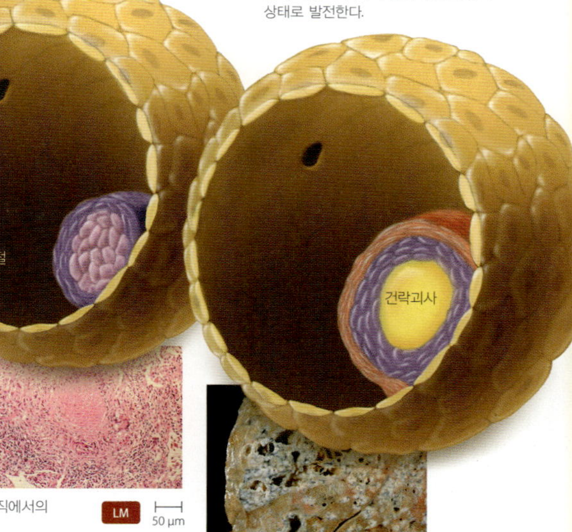

폐조직에서의 결절 LM 50 μm

결핵에 의해 생긴 폐병변

2차/재활성 결핵은 *M. tuberculosis*가 교착 상태를 파괴하고, 결절을 파괴하고, 활성 감염을 복구할 때 발생한다. 재활성화는 환자의 약 10%에서 발생하는데 질환, 영양 결핍, 약물이나 알코올 남용, 또는 다른 요인 등에 의해 약해진 면역계 환자 등에서 일어난다.

파종성 결핵은 대식세포가 병원체를 혈액과 림프절을 통해 골수, 비장, 신장, 척수, 뇌를 포함한 다른 부위로 운반할 때 일어난다.

비장의 결핵병변

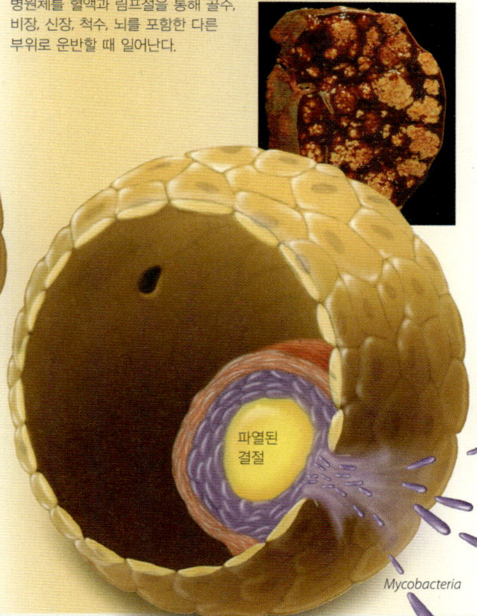

진단

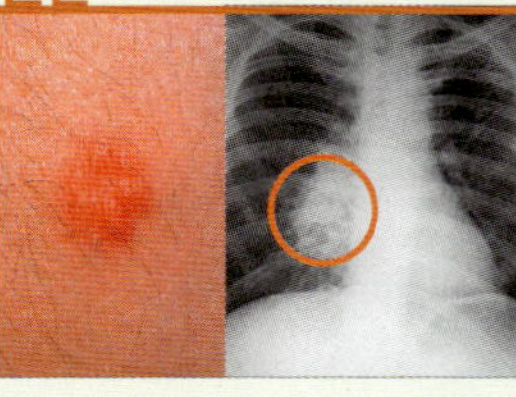
10 mm

투베르쿨린 피부 반응 검사는 결핵에 노출된 환자를 탐색하는데 사용된다. 양성반응은 접종 부위에 크고, 붉고, 융기된 병변이 나타난다. 흉부 X-선 필름은 폐에서 결절의 존재를 밝힐 수 있다. 1차 결핵은 일반적으로 폐의 하부 및 중앙 부위에서 발생하고 2차 결핵은 더 상부 쪽에 나타난다.

치료 및 예방

치료는 아이소니아지드(isoniazid), 리팜핀(rifampin), [에탐부톨((ethambutol), 레보플록사신(levofloxacin), 스트렙토마이신(streptomycin)과 같은] 여러 가지 약물 중 한 가지를 병용하여 6개월 동안 복용한다. 새로 승인된 베다퀼린(bedaqiline)은 MDR-TB 또는 XDR-TB 치료를 위해 다른 약물과 함께 사용된다. 결핵이 일반적인 국가에서 의료종사자는 환자들에 BCG 백신을 예방접종하는데 이것은 면역취약자에게 질병을 일으킬 수 있기 때문에 추천되지는 않는다. 종사자들은 결핵환자로부터 비말을 흡입해서는 안된다.

Bauman

병원미생물학

4판

ROBERT W. BAUMAN, Ph.D.
Amarillo College

오계헌 · 송홍규 · 이병욱 · 주명수 · 홍성갑 역

임상전문가

Cecily D. Cosby, Ph.D., FNP-C, PA-C
Samuel Merritt College

Janet Fulks, Ed.D.
Bakersfield College

John M. Lammert, Ph.D.
Gustavus Adolphus College

기여자

Elizabeth machunis-Masuoka, Ph.D.
University of Virginia

Jean E. Montgomery, MSN, RN
Austin Community College

(주)바이오사이언스출판
http://www.biobooks.co.kr

이 도서의 국립중앙도서관 출판시 도서목록(CIP)는 e-CIP 홈페이지
(http://www.nl.go.kr/cip.php)에서 이용하실 수 있습니다.
(CIP 제어번호: CIP2015019667)

Bauman 병원미생물학 제4판

초판 발행: 2015년 9월 10일
2쇄 인쇄: 2022년 8월 25일
2쇄 발행: 2022년 8월 30일

저　　자: Robert W. Bauman
역　　자: 오계헌, 송홍규, 이병욱, 주명수, 홍성갑
발 행 인: 문정구
발 행 처: (주)바이오사이언스출판
주　　소: 137-060 서울특별시 서초구 도구로 115, 1층
전　　화: (02)581-4057~8　팩스: (02)581-4059
이 메 일: inquiry@bioscincepub.com
홈페이지: http://www.biobooks.co.kr
I S B N: 978-89-6824-041-6 93470
등록번호: 제22-3079호
값 30,000원

Michelle에게:
나의 가장 친한 친구, 나의 가장 가까운 절친한 친구, 나의 격려자, 나의 파트너, 나의 사랑.
나는 당신을 그때보다 더 사랑한다.

—**Robert**

저자에 대하여

Robert W. Bauman은 Texas 주 Amarillo 소재 Amarillo College의 생물학 교수이며, 학과장을 역임한 바 있다. 그는 미생물학, 인간해부학, 생리학, 식물학을 강의하고 있다. 2004년에 Amarillo 대학생들은 Bauman 박사를 John F. Mead 교수우수상(Faculty Excellence Award)의 수상자로 선출하였다. 그는 University of Texas, Austin에서 식물학 석사와 Stanford University에서 생물학 박사를 받았다. 그의 연구 관심분야는 민물에 서식하는 조류의 형태 및 생태, 해양조류의 세포생물학 (특히 세포벽의 침착과 세포간 연락), 환경에 따른 나비의 색소생성 유발 등이다. 그는 미국미생물학회(American Society for Microbiology, ASM), 텍사스 지역 사회 대학 교사 협회(Texas Community College Teacher's Association, TCCTA), 미국과학진흥협회(American Association for the Advancement of Science, AAAS), 인간 해부학 및 생리학 학회(Human Anatomy and Physiology Society, HAPS), 인시류 연구자 모임(Lepidepterist's Society)의 회원이다. 책을 집필하지 않을 때에는 가족과 함께 정원관리, 하이킹, 캠핑, 암벽등반, 도보여행, 자전거, 스노슈잉(snowshoeing), 스키, 겨울에는 멋진 화롯불 곁에서 독서, 여름에는 부드럽게 흔들리는 해먹에서 시간을 보낸다.

이 책에 참여한 임상전문가

Cecily D. Cosby는 국가에서 인증하는 가족치료간호사(family nurse practitioner) 및 전문 간호사(PA)이다. 그녀는 California 주 Oakland 소재 Samuel Merritt University에서 간호학 교수로 재직 중이다. 그녀는 BSN을 California State University, Long Beach에서, 그리고 MS와 Ph.D를 University of California, San Francisco에서 받았으며, 현재 Samuel Merritt University의 간호실습프로그램(Nursing Practice Program)의 박사과정 담당자이다.

Janet Fulks는 Bakersfield College의 미생물학 교수이자 임상실험 과학자이다. 그녀는 University of Pacific에서 생물학과에서 미생물학으로 석사학위를 받았으며, Nova Southeastern University에서 고등교육리더십으로 교육학 박사를 받았다. Fulks 박사와 남편은 네팔에서 6년 동안 의사들과 질병진단에 관한 일을 하였으며, 네팔병원 요원들과 수련하였다. 그녀는 또한 CDC와 다양한 임상실험실에서 일하였다. Fulks 박사는 20년 이상을 Bakersfield College에서 학생들을 가르쳐왔다. 그녀의 주된 연구 분야는 학생의 학습성과 및 평가, 교육 데이터 분석능력, 학생성취, 교육책임 등이다.

John M. Lammert는 Gustavus Adolphus College의 생물학 교수이다. 그는 미생물학, 면역학, 일반 생물학을 강의하고 있다. 1998년에 Gustavus Adolphus College에서 뛰어난 강의(Distinguished Teaching)로 Edgar M. Carlson 상을 수상하였다. Lammert 박사는 Valpariso University에서 생물학 석사, 그리고 University of Illinois-Medical Center, Chicago에서 면역학으로 박사학위를 받았다. 그는 *Techniques in Microbiology: A Student Handbook*과 과학박람회프로젝트와 관련된 3권의 도서 (미생물, 식물, 인체)를 저술하였다.

저자 서문

백일해, 주혈흡충증, 리케차 홍반열, 다른 출현성 질병들의 확산; 패혈성 인두염, MRSA, 결핵의 원인; 미생물유전학으로 최첨단 연구의 발전; 점차적으로 약물내성 병원체 문제; 이전에 알려지지 않은 것들의 지속적인 발견—이들이 바로 미생물학 연구를 유사 이래로 흥미롭고 중요하게 만든 예 중의 하나이다.

나는 25년 이상을 학부생들에게 미생물학을 가르쳐왔으며 그 기간 동안 학생들이 동일한 주제와 개념에 대하여 힘들어 하는 것을 직접 목격해 왔다. 이들 도전적인 주제들에 접근하기 위해서, 나는 앞쪽 11장들에 대한 새로운 비디오 가정교사(Video Tutor)를 개발하고 해설하였으며 다른 6개의 장에 질병심층연구에 대한 특집 내용을 추가하였다. 비디오 가정교사와 질병심층연구(Disease in Depth) 부분은 교재 삽화를 생동감 있게 만들고 중요한 개념들이 들어오도록 하여 학생들이 미생물학의 중요개념을 파악하도록 하였다. 이 교재의 집필 목표 중 하나는 물질대사, 유전학, 면역학과 같은 미생물의 복잡한 주제들에 대하여 학생들이 쉽게 이해할 수 있도록 돕는 것이었다. 동시에 미생물학의 철저하고 정확한 개요를 제시하고자 하였다. 또한 질병을 일으키는 의학적으로 중요한 미생물과 더불어, 우리의 삶에서 미생물의 많은 긍정적 효과를 강조하려 노력하였다.

이 개정판의 새로운 것들

4판 개정에 있어서, 나의 목표는 최신 과학 및 교육 연구와 사용 가능한 데이터로 업데이트하고, 동료들과 학생들 모두에게 받았던 많은 멋진 제안을 포함하여 이들을, 이전 판들의 강점과 성공 위에 구축하는 것이었다. 이전 판을 채택하였던 강사들로부터 대단히 만족하며 감사한다는 반응을 얻었다. 질병개요파악(Disease at a Glance)은 강사들과 학생들에게 대부분 높이 평가받았다. 이에 6개의 새로운 질병심층연구(Disease in Depth)를 Kelly Murphy와 함께 개발하여 질병에 대한 상세한 설명과 더불어 멋진 그림과 사진을 제공하였다. 각 부분에는 학생들이 웹사이트로 접근하여 독자적 연구를 장려하는 QR 코드로 공부하라! 부분을 제시하였다. 이 개정판의 다른 목표는 중요한 개념과 과정에 대한 추가 설명을 제공하기 위한 것이었다. 그 목적을 위해서, 나는 교재의 QR 코드를 통해서 이용가능한 새로운 비디오 가정교사를 개발하고 설명하였다. 반복해서 말하지만, 이 교재는 교육자, 학생, 편집자, 최고의 과학 일러스트레이터들의 공동노력의 결과이다: 나는 이 교재가 실질적이고 효과적인 방법에서 기존의 설명과 그림이 계속해서 개선되기를 바란다.

이 개정판에서 새로운 것들은 다음과 같다:

- 새로운 **질병심층연구**에는 인포그래픽(info-graphics)이 포함되어 있으며, 선택된 질병의 심층적인 면을 다루고, 추가 탐구와 비판적 사고를 홍보하여 학생들이 QR 코드와 주요 건강 웹사이트에 있는 공부하라! 문제를 포함한다.
- 새로운 **비디오 가정교사**는 학생들이 어려운 주제들과 중요한 과정들을 이해하도록 교재

의 삽화를 제공하여 미생물학의 중심개념을 보면서 배울 수 있도록 개발되었다. 이들 18가지의 비디오 자습서는 교재에 있는 QR 코드를 활용할 수 있다.

- **새로운 왜 그런가** 비판적 사고 문제는 각 장의 주요 절 뒷부분에 있다. 이들 문제는 각장의 교육법과 구성을 강화하고, 항상 그들이 읽었던 바와 같이 학생들에게 가만히 생각해보는 기회를 제공한다.
- **새로운 기생충의 범위확대**에서는 새로운 집중조명 부분이 제공되며, 독성인자의 주안점은 질병개요파악과 질병심층연구 부분에 포함되어있다.
- **새로운 시각화하기!** 부분은 각 장의 끝에 제시하였다. 각장의 뒷부분에 있는 단답형 또는 빈칸 채우기 문제들이 삽화나 사진 주변에 제공되었다. 시각화하기! 문제는 또한 미생물학 숙달하기의 삽화라벨링 활동으로 지정될 수 있다.
- **면역학을 다룬 장 (8-11장)**에서는 면역학 전문가들에 의해 심도있게 검토되었으며, 신속하게 발전하는 분야에 대한 가장 최신의 이해가 반영되었다.
- **추가된 50개 이상의 새로운 현미경 사진**은 학생들에게 내용과 박스 부분의 이해를 증진시켜준다.

감사의 글

이전 판들과 마찬가지로, 이 책은 팀원들의 진정어린 노력으로 얻어진 산물이다. 나는 Pearson Science의 Kelsey Churchman과 4판을 제작하기 위해 모인 팀원들에게 깊은 감사를 드린다. Kelsey, 프로젝트 편집자로 헌신한 Nicole McFadden, 초판과 2판의 프로젝트 편집자였던 Barbara Yien, 3판의 프로젝트 편집자였던 Robin Pille는 4판 개정을 도와서, 더 효과적이고 매력적으로 만드는 아이디어를 생각해 내었다. 프로젝트 편집자로서 Nicole은 또한 모든 것을 협력하고, 저자가 일정을 잘 지켜나갈 수 있도록 여러 가지 궂은 일들을 수행하였다. 이해, 인내, 마감일의 "고통"을 덜어준 Nicole에게 감사한다. 수년간 나를 도와주고 초콜릿색의 송로버섯을 소개해준 Barbara에게 감사한다. 나는 당신의 커져가는 모험에 흥분하고 있다! 나는 끝없는 격려와 내가 하는 일을 지지해준 Frank Ruggirello에게 감사한다. 나는 또한 이 책 집필 초기에 지원을 아끼지 않은 Daryl Fox에게도 빚을 지고 있다.

관찰력이 예리한 Sally Peyrefitte는 원고 전체를 철저하고 꼼꼼하게 수정하여, 선명도, 정확도, 일관성을 유지하도록 중요한 변화를 제시하였다. Kelly Murphy는 삽화개발편집자로서 믿을 수 없을 만큼 빼어난 업무를 수행하였으며, 새로운 삽화들을 개념화하고, 삽화 전체를 향상시키기 위한 방법들을 제시한데 대하여 감사한다. 친구인 Ken Probst는 이 책의 아주 멋있는 생물 삽화를 처음부터 만들어내는 일을 담당하였다. 이 개정판에서 삽화를 제공해 준 Precision Graphics에 감사한다. Nancy Tabor와 Lori Bradshaw는 제작에 관련한 프로젝트를 능숙하게 지도하였다. Maureen "Mo" Spuhler는 사진을 얻기 위하여 오랫동안 정말로 큰일을 하였다. 많은 내용에 준하여 훌륭하고 독특한 현미경사진을 제공해준 Mo. Rich Robinson과 Brent Selinger에게 커다란 신세를 졌다. Tamara Newman은 멋있는 내지 디자인과 멋진 표지를 만들었다.

Amarillo College의 Nichol Dolby와 Sam Schwarzlose; Monroe Community College의 Suzane Long; University of Tennessee, Knoxville의 Mindy Miller-Kuttrell; Meredith College의 Jason Andrus; University of California, Davis의 Tiffany Glaven; Clarke College의 Kathryn Sutton; Shoreline Community College의 Judy Meier Penn에게 이 개정판의 추가 자료물과 온라인 자료를 도와준데 대하여 감사한다. 추가 자료를 관리한 Ashley Willia와 Denise Wright에게, 강의자료(Instructor's Resource) DVD에 대한 작업을 수행한 Shannon Kong에 대하여 특별한 감사를 드리고 싶다. 또한 관리, 편집, 연구 지원을 해준 RN인 Nan Kemp, Corey Webb, Maddies Boston, Jordan Roeder에게 감사한다. Chris Feldman은 교정 및 점검을 해주었다. 그녀의 도움이 없었다면 이 책을 완성하기 힘들었을 것이다. 항상 마케팅의 Neena Bali, 이 교재에 대하여 훌륭한 제안들을 해준 교수와 학생들과 연락을 유지하는 힘든 일을 지속적으로 수행한 Pearson의 영업직원들에게 감사한다. 그들은 나를 격려해주고 겸손하게 해주었으며, 팀에서 그들의 역할은 내가 여기에 표현할 수 있는 것보다 더 많은 칭찬을 받을 만한 가치가 있다.

전문성과 조언을 제공해준 Washington State University의 Phil Mixer, University of San Francisco의 Mary Jane Niles, Estrella Mountain Community College의 Bronwen Steele, American River College의 Jan Miller, Jane Reece에 특별히 감사한다.

또한 새로운 비디오 가정교사 평가에서 훌륭한 일을 수행한 Sam Schwarzlose, 기획에 대한 그의 기술적인 전문지식을 제공한 Terry Austin, 이 훌륭한 교육방법을 기부한 모든 새로운 비디오 가정교사(video tutor) 평가자들 모두에게 빚을 지게 되었다.

Jennie와 Nick Knapp, Elizabeth Bauman, Larry Latham, Josh Wood, Mike Isley의 집안 식구들에게 감사한다. 당신들은 나를 침착하게 하였다. 나의 아내 Michelle은 내가 표현할 수 있는 이상으로 더 인정해줄만한 가치가 있다: 많은 이들이 도움을 주었으나 당신이 없었다면 불가능한 일이었습니다. 고맙습니다.

Robert W. Bauman
Amarillo, Texas

역자 서문

병원미생물학은 질병을 일으키는 미생물이 가지고 있는 다양한 특성을 규명하고, 질병원으로서의 역할에 대한 전반적인 내용을 포함하는 학문이다. 사람에서 질병은 지구상에 살기 시작한 이래 지속되어 온 관심의 대상으로, 오늘날의 병원미생물학은 세포학, 면역학, 유전학, 분자생물학 등의 다양한 관련학문의 눈부신 발전을 배경으로 만들어진 매우 중요한 학문이다.

최근 들어 다양한 감염성질환, 특히 계절에 관계없이 여러 가지 병원균에 의해 빈발하는 식중독이나 병원감염, 그리고 동물의 질병이 사람에게도 발병하는 인수공동전염병에 대한 관심이 크게 증가하고 있다. 범세계적인 질병으로 주목을 받고 있는 중증급성호흡기증후군(SARS), 후천성면역결핍증(AIDS), 조류독감(avian flu), 신종플루, 중동호흡기증후군(MERS), 에볼라바이러스에 의한 출혈열 등에 대해서도 많은 관심이 집중되고 있다. 또한 독성이 강한 감염성 질환을 일으키는 미생물에 의한 생물테러는 전 지구적인 두려움의 대상이 되고 있다.

본 "Bauman 병원미생물학, 4판"은 병원미생물학의 역사 (1장)와 현미경, 염색, 분류 (2장), 미생물 생장조절 (3장), 병원체로서 각 미생물의 종류에 따른 분류 (4장-6장), 감염 및 역학 (7장), 면역 (8장-11장), 신체부위에 근거한 질병과 병원균, 발병기작 (12장-17장)을 다양한 교육방법을 통한 편집으로, 이해하기 쉽고, 시각적으로 명쾌하게 기술하고 있어, 학생들이 병원미생물학에 대한 커다란 관심을 가지고 공부할 수 있도록 제작하였다.

본 "Bauman 병원미생물학, 4판"에서는 내용이 너무 방대하여 실제로 대학에서 한 학기동안 충분히 공부하지 못하는 점을 감안하여, 미생물의 세포구조와 기능, 대사, 영양과 생장, 유전학, 재조합 DNA 기술, 생장에 영향을 미치는 환경 등의 미생물학에서의 일반적인 내용을 과감히 제거하고, 실제로 병원미생물학의 충실하고 올바른 이해를 도모하면서, 한 학기용으로 만들고자 노력하였다.

본 "Bauman 병원미생물학, 4판"은 병원미생물학을 심층적으로 소개하고 있으며, 생명과학, 의학, 약학, 치의학, 수의학, 생명공학, 임상병리학 등의 보건관련 학문을 탐구하는 전공자들 뿐 만 아니라 현대를 살아가는 일반인들에게도 흥미있는 내용으로 구성되어 있다. 따라서 이 책에 담겨있는 내용들이 독자들에게 최신의 병원미생물학에 대한 올바른 이해와 학문적 밑거름이 되기를 바란다.

본 "Bauman 병원미생물학, 4판"은 발간된 이래, 지속적으로 번역상의 오류를 찾아 수정하고 어색한 표현을 다듬어 이번에 재출간하게 되었다. 이 교재를 발간하는 데 많은 도움을 주신 ㈜바이오사이언스출판의 문정구 대표이사를 비롯한 임직원 여러분께 감사드린다.

2022. 7.
역자 일동

역자 소개

오계헌 (吳溪憲)

(現) 순천향대학교 생명시스템학과

(美) Ohio State University 미생물학 (Ph.D)

송홍규 (宋弘硅)

(現) 강원대학교 생명과학과

(美) Rutgers University 미생물학 (Ph.D)

이병욱 (李柄旭)

(現) 고신대학교 생명과학과

(美) University of Georgia 미생물학 (Ph.D)

주명수 (周明秀)

(現) 부산대학교 한의학전문대학원

(美) University of Texas at Austin 미생물학 (Ph.D)

홍성갑 (洪性甲)

(現) 연세대학교 의과대학 생리학교실

(韓) Korea University 미생물학 (Ph.D)

감수의 글 (1)

인류의 역사는 미생물의 침습으로부터 우리를 지키기 위한 투쟁의 역사라 할 수 있으며, 특히 인류에게 가장 오래된 질병인 감염병은 현대의학의 눈부신 발전 속에서도 여전히 전 세계적으로 공중보건 분야에 가장 큰 영향을 끼치는 문제로 남아 있다. 최근에는 새로운 감염병이 세계 곳곳에서 발생하고 있을 뿐만 아니라 사라졌던 감염병이 다시 모습을 드러내는 등 잠시 잊혀 졌던 감염병의 시대가 도래하였다고 해도 과언이 아니다.

감염병은 숙주인 인간, 병원체인 미생물, 그리고 우리를 둘러싼 환경이라는 세 가지 요소의 상호작용에 의해 발생한다. 따라서 감염병을 이해하기 위해서는 이러한 각각의 요소들을 잘 파악하고 있어야 하며, 아울러 각 요소 간의 상호작용까지 알아야 한다. 이 중 감염병의 한 축을 담당하는 미생물을 다루는 학문인 병원미생물학은 우리 주변 환경과 몸속에 존재하는 수많은 미생물과 이들이 질병을 일으키는 기작을 다루는 학문으로 미생물 하나하나의 이름과 의미를 파악하기에도 벅차서 대다수의 학생들이 흥미를 갖고 접근하는데 어려움을 겪고 있다.

이 책 "Bauman 병원미생물학"은 이와 같은 문제를 해결하기 위해 다양한 그림과 증례, 그리고 흥미로운 실생활의 예를 제시하여 학생들이 관심을 가지고 병원미생물학이라는 학문 분야에 접할 수 있도록 제작되었다. 또한 인체의 장기나 계통별로 흔히 발생하는 감염병과 이를 일으키는 병원체들을 소개하여 이 분야를 전공하려는 학생들이 체계적으로 이해할 수 있도록 구성되었다. 한편 각 장의 마지막 부분에는 주요 내용을 요약하여 제시하였고, 내용을 얼마나 잘 이해하였는지 문제를 풀면서 스스로 파악할 수 있도록 하였으며, 이해한 내용을 바탕으로 스스로 질문을 던지고 개념도를 작성하도록 하는 등 자기 주도적 학습을 유도하도록 편집되었다.

아무쪼록 "Bauman 병원미생물학"이 최근 더욱 중요성이 강조되고 있는 감염병 분야를 탐구하려는 학생들에게 감염병에 대한 이해의 폭을 넓히고 병원미생물학에 대한 흥미를 유도할 수 있기를 기대한다.

2015년 8월

김홍빈

의학박사

서울대학교 의과대학 교수

감수의 글 (2)

"Bauman 병원미생물학" 번역본에 대한 감수를 하면서 여러 가지 생각을 하게 되는 계기가 되었다. 그 가운데 가장 마음에 와 닿는 것은 현재를 살아가면서 많은 사람들이 가지는 주된 관심은 각종 성인병들이지만, 가끔 지구의 저편에서 시작되어 매스컴을 통해 소개되는 낯선 병원체들과 그 병원체들이 일으키는 질병들에 대한 이야기를 접하게 된다는 것이다. 이제 우리는 글로벌 시대를 살면서 우리가 알지 못하는 어느 특정지역의 풍토병에도 걸릴 수 있게 되었으며, 특히 SARS, MERS, 신종 플루, 에볼라 출혈열 등이 출현할 때마다 현대를 살아가는 전 세계의 사람들은 무한 공포에 떨기도 한다. 물론 다양한 미생물에서 기인하는 감기, 식중독, 폐렴 등을 포함하는 수많은 일상적인 질병들도 우리들에게 고통을 주고 있다. 병원감염, 인수공통전염병, 생물테러 등과 관련된 병원체들은 우리에게 커다란 잠재적 위협이 되고 있다. 앞으로 어떤 종류의 미생물들이 출현하여 우리의 삶을 위협할 것인지 두려운 마음으로 생각하게 된다.

"Bauman 병원미생물학"은 우리 신체를 피부, 신경계, 호흡계, 소화계, 비뇨생식계 등으로 구분하고, 병원체로서 신체 각 부위에 감염하여 질병을 일으키는 세균, 바이러스, 진균, 원생동물, 절지동물, 기생충, 프리온 등의 모두를 망라하여 소개하고 있다. 또한 병원미생물을 이해하는데 기본이 되는 분류학과 면역학에 대하여 적절하게 기술되어 있다. 나아가 많은 임상사례들을 바탕으로 최신의 내용을 다양한 교육학적 방법으로 소개하고 많은 사진과 그림을 제시하고 있어서 학생들이 공부하고 이해하는데 커다란 보탬이 될 것으로 생각한다.

이번에 출판하게 된 "Bauman 병원미생물학"은 병원미생물학을 배우는 생명과 관련된 다양한 학과들에서 공부하는 학생들은 물론이고, 건강에 관심 있는 일반인들에게도 매우 유용할 것으로 생각되며, 이를 바탕으로 병원미생물에 대한 인식 제고와 함께 건강증진에 커다란 도움이 되기를 기대한다.

2015년 8월

남해선

의학박사

순천향대학교 의과대학 교수

차 례

1

미생물학의 개요 1

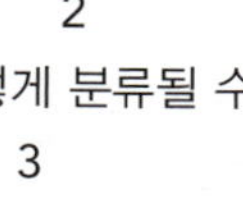

2

현미경, 염색, 분류 26

3

신체 내 미생물 생장제어: 항미생물제 56

4

원핵생물의 특성 및 분류 89

5

진핵생물의 특성 및 분류 119

6

바이러스, 비로이드와 프리온의 특성 및 분류 155

7

감염, 감염성 질환 및 역학 183

8

선천면역 218

9

적응면역 243

10

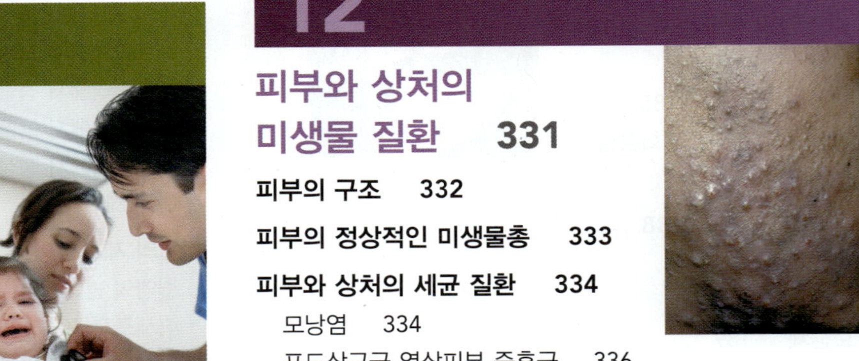

11

12

13

신경계와 눈의 미생물 질환 376

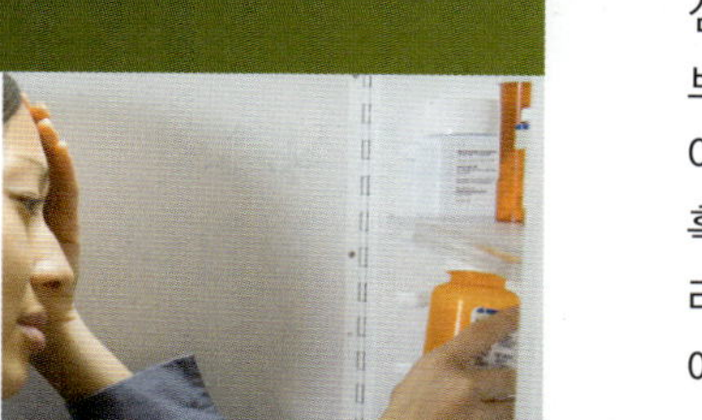

14

심혈관계 및 전신성 미생물 질환 413

15

호흡계의 미생물 질환 453

16

소화계의 미생물 질환 491

17

비뇨생식계의 미생물 질환 530

18

응용 및 환경미생물학 561

1 미생물학의 개요

임상 미생물 여행자 설사의 간단한 사례

Martin은 시카고에 사는 간호사이다. 그는 매년 여름마다 아프리카 자원봉사자로서 몇 주 동안 잠비아의 시골마을에서 보낸다. 그 마을에는 위생체계가 없으며, 인근의 얕은 우물에서 물을 길어다 생활한다. Martin은 그곳에서 생활하는 기간이 길어지면서 손씻는 방법, 보다 안전한 식품 준비, 전염병 예방법 등에 대하여 설명해주어 마을 사람들에게서 신뢰를 얻었다. 특히 물을 정수하는 것은 큰 과제였다. 끓는 물은 연료가 필요하기 때문에 항상 이용할 수 없었고, 종종 안전하게 마실 물을 만들기 위한 화학물질의 공급이 부족하였다.

Martin의 아프리카 여행 마지막 주에 그 나라에서 발생한 집중호우로 인하여 마을은 심한 홍수로 크게 파괴되었다. 그러한 상황에서 Martin은 시카고로 돌아올 계획을 하였다. 하루가 지나 그는 설사를 하기 시작하였다. 처음에 그는 식단의 변화로 인하여 일어난 "여행자 설사" 증세로 이제, 곧 괜찮아질 것이라고 생각하였다. 그러나 Martin의 증세는 며칠이 경과하면서 더욱 악화되었다. 설사증세는 그가 지금까지 경험했던 것보다 엄청 심각하였다; 설사는 우유빛으로 작은 점액덩어리가 섞여있었으며, 끔찍해 보였다. 구역질, 구토, 근육경련 증세도 일으켰다. 많은 양의 물을 마셨으며, 처방전 없이 구입할 수 있는 설사약을 복용하였으나, 그 증상을 완화하는 데는 별 효과가 없었다.

Martin은 여행자 설사의 단순한 사례로 아팠는가? 아니면 무언가 더 심각한 것일까? 이 장의 끝부분 (22쪽)을 찾아보라.

과학은 관찰에 대한 의문을 지속적으로 제기하면서 자연에 대하여 연구하는 학문이다. 계절이 있는 이유는? 이 식물의 뿌리에 있는 뿌리혹의 기능은 무엇인가? 이 빵은 왜 이렇게 신맛이 날까? 확대하였을 때 보이는 치아사이에 존재하는 치석은 무엇인가? 이 겨울에 왜 그렇게 죽어가는 까마귀들이 많을까? 새로운 질병의 원인은 무엇일까?

초기에 기록된 많은 기록들은 사람들이 항상 이 같은 질문들을 하였다는 것을 보여주고 있다. 예를 들어, 그리스 의사인 Hippocrates (기원전 약 460년-약 377년)는 환경과 질병간의 연관성에 대하여 궁금해 하였으며, 그리스의 역사학자인 Thucydides (기원전 약 460년-약 404년)는 페스트에 걸려 죽은 사람들과 개인적인 접촉을 한 사람들은 죽지 않고, 다시는 병에 걸리지 않은 이유에 대한 의문을 제기하였다. 수세기동안 이와 같은 해답과 생명의 본질에 대한 기본적인 질문들은 거의 답이 없는 채로 남아있었다. 그러나 약 350년 전부터 현미경의 발명으로 몇 가지 중요한 실마리가 제공되기 시작하였다.

이 장에서는 생명체는 실제로 어떻게 보이는가? 라는 생명의 본질에 대한 기본적인 의문에 대하여 대답하는 사람들의 결정이 어떻게 미생물학(*microbiology*)이라는 새로운 과학의 탄생을 이끌었는지에 대하여 알 것 될 것이다. 그 다음으로, 자연발생설, 발효가 일어나는 이유, 질병의 원인 등에 관한 질문들에 대한 대답을 얻기 위한 연구가 어떻게 이 새로운 과학의 발전을 촉발시켰는지를 알아보게 될 것이다. 마지막으로, 몇 가지 중요한 질문들에서 미생물학자들이 오늘날 질문하는 것들을 살펴보게 될 것이다.

미생물학의 초창기

초창기 미생물학은 최초로 미생물을 관찰하였으며, 미생물들의 논리적인 분류를 체계화하려는 노력을 하였다.

생물체는 실제로 어떻게 보이는가?

학습 | 성과

1.1 Leeuwenhoek의 세계를 뒤바꿔 놓는 과학적 기여에 대하여 기술하라.

1.2 Leeuwenhoek의 이야기와 우리가 오늘날 알고 있는 미생물을 정의하라.

과학의 세계는 항상 일부 사람들에 의해 변화되어왔다. 우리 모두는 Galileo, Newton, Einstein 등의 이름을 줄곧 들어왔다. 거기에는 네덜란드의 재단사, 상인, 렌즈 연마공이었던 Antoni van Leeuwenhoek (lā´vĕn-huk; 1632-1723)가 포함되어있으며, 그는 세계 최초로 세균을 발견한 사람이다 **(그림 1.1)**.

Leeuwenhoek는 네덜란드의 Delft에서 태어났으며, 그곳에서 그의 90년 생애의 대부분을 지냈다. 그의 세대에서 대부분의 사람

▲ 그림 1.1 Antoni van Leeuwenhoek. Leeuwenhoek는 1674년에 원생동물, 1676년에 세균의 존재를 각각 보고하였다. Leeuwenhoek가 세균보다 먼저 원생동물을 발견한 이유는 무엇인가?

그림 1.1 원생동물은 일반적으로 세균보다 크기 때문이다.

들과는 달리 Leeuwenhoek는 모든 것에 대한 끈질긴 욕망과 관련된 끝없는 호기심을 가지고 있었다. 피복 상인으로서 그의 여행은 피복의 품질검사가 필요하였을 때마다 간단하게 시작되었다. 이미 만들어진 돋보기렌즈를 단순히 구입하기보다는, 그 자신이 유리렌즈를 만드는 법을 배웠다 **(그림 1.2)**. 곧 그는 꿀벌의 침, 파리의 뇌,

▲ 그림 1.2 Leeuwenhoek의 현미경의 복제품. 이 간단한 기구는 시료를 잘 다루기 위한 나사를 가지며 확대경보다 더 작으며, 이것을 가지고 Leeuwenhoek는 우리가 살고 있는 세계를 보는 방법을 변화시켰다. 양쪽 면이 볼록한 렌즈는 대략 핀대가리 정도의 크기이다. 관찰하려는 사물은 시료홀더 위에 직접 장착하거나 작은 유리관 안쪽에 시료홀더에 장착한다.

이의 다리, 한 방울의 피, 피부에 생긴 비듬 등 그의 생활에 존재하는 모든 것들이 "정말로 어떻게 보이는가?"라는 질문을 하였다. 그는 해답을 얻기 위하여 그가 관찰하였던 모든 세세한 것들을 관찰, 재관찰, 기록을 하기위해 많은 시간을 소비하였다.

거의 확대경에 지나지 않는 단순현미경을 만들고 관찰하는 일을 통해서 그는 그의 인생에 대하여 굉장한 흥미를 가지게 되었다. 그의 열정과 헌신은 가끔 개인적으로 현미경을 만들기 위해 필요한 금속을 광석에서 추출하였던 사실로부터 분명히 나타나 있다. 더 나아가 그는 종종 매 시료를 관찰하기 위한 새로운 현미경을 만들어서 반복적으로 관찰하였다. 그 후 어느 날, 그는 렌즈를 이용하여 한 방울의 물을 관찰하였다. 그가 무엇을 기대하며 관찰하였는지 모르지만, 그는 분명히 그가 생각했던 것보다 더 많은 것을 보았다. 1674년에 그는 런던의 왕립협회에 놀랍고 기쁜 마음으로 다음과 같이 보고하였다.[1]

> 일부 녹색의 움직임, 나선형으로 꼬이고, 규칙적으로 잘 정열된 것들.... 이들 중에는 매우 많은 작은 동물도 있었으며, 일부는 둥글었으며, 다른 것들은 다소 커다란 난형이었다. 머리 주변에서 두 개의 짧은 다리를 보았으며, 몸의 뒤쪽에 두 개의 작은 지느러미처럼 생긴 것도 있었다... 물속에서 이들 작은동물의 움직임은 매우 빨랐으며, 위로, 아래로, 원을 그리는 등의 다양한 운동은 굉장히 경이롭게 보였다.

Leeuwenhoek는 이전에 알려지지 않았던 미생물 세계를 발견하였는데, 이는 오늘날 우리가 미세한 동물, 균류, 조류, 단세포성 원생동물들이 살고 있는 것으로 알고 있는 세계이다 **(그림 1.3)**. 그는 나중에 왕립협회에 보낸 보고서에 다음과 같이 기술하였다.

> 사람의 치아의 치석에서 이들 동물은 어떤 왕국에서 살고 있는 사람들의 수보다도 더 많다고 생각한다... 나는 그 안에서 살아있는 무수히 많은 생물을 관찰하였으며, 거기에는 모래 (입자)의 백분의 일보다 더 작은 것들이 있는 것으로 추측된다.

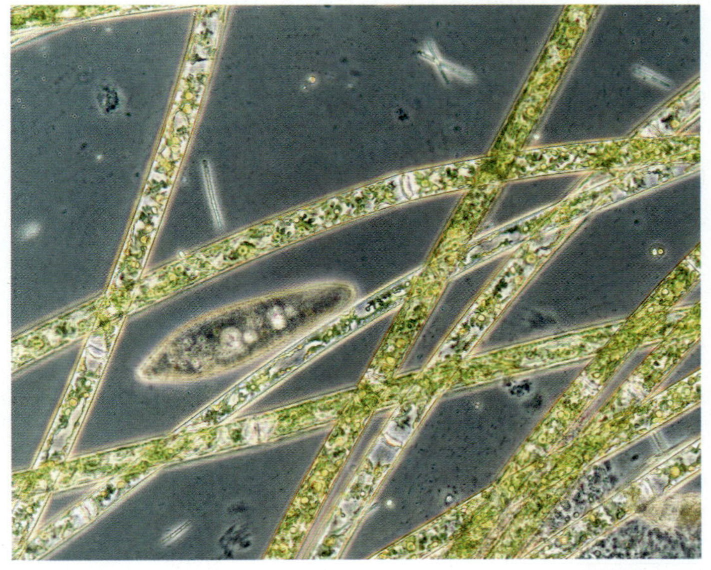

▲ **그림 1.3 미생물 세계.** Leeuwenhoek는 환상적으로 활발히 움직이는 많은 생물체의 관찰을 보고하였다.

그의 보고서에 첨부된 그림과 치아 사이에서 이들 생물체의 크기에 대한 정확한 묘사를 통해서 Leeuwenhoek가 세균의 존재를 보고한다는 것을 알았다. 19세기 말엽까지, Leeuwenhoek의 "괴물"은 그가 종종 그들에 대해 별명을 붙였던 것처럼, **미생물(microorganisms)**이라 불렀으며, 오늘날 우리는 그것들을 **미생물(microbes)**라고도 부른다. 두 개의 용어는 너무 작아서 현미경 없이는 볼 수 없는 모든 생물체를 말한다.

그가 만든 현미경의 품질, 심오한 관찰기술, 50년 이상 기록한 그의 상세한 보고서, 여러 가지 형태의 미생물 발견에 관한 보고서 등으로 Antoni van Leeuwenhoek는 1680년에 왕립협회 회원으로 선출되었다. 그와 Isaac Newton은 당대의 가장 유명한 과학자였다.

미생물은 어떻게 분류될 수 있는가?

학습 | **성과**

1.3 미생물을 6개 그룹으로 열거하라.
1.4 원생동물, 조류, 미생물이 아닌 기생충이 미생물학에서 연구되는 이유를 설명하라.
1.5 원핵생물과 진핵생물의 차이점을 설명하라.

Leeuwenhoek가 그의 발견을 성취한 시점에, 스웨덴의 식물학자인 Carolus Linnaeus(1707-1778)는 식물과 동물을 명명하고 서로 유사한 생물체를 집단화하는 **분류체계(taxonomic system)**를 개발하였다. Linnaeus와 그 시기의 다른 과학자들은 모든 생물체를 동물계(animal kingdom)와 식물계(plant kingdom)로 구분하였다. 오늘날 생물학자들은 이 기본체계를 사용하지만, 생물체들 간의 유연관계를 더욱 사실적으로 반영하는 부가적 범주를 설정하여 Linnaeus의 체계를 변형시켰다. 예를 들어, 과학자들은 이제 효모, 곰팡이, 버섯을 식물로 구분하지 않고, 곰팡이로 구분한다. 더욱 상세하게 분류학적 체계는 2장에서 논의할 것이다.

Leeuwenhoek가 기술한 미생물은 세균, 고균, 진균, 원생동물, 조류, 작은 다세포성 동물 등의 6가지 기본 범주로 구분될 수 있다. Leeuwenhoek가 기술하지 않았던 미생물의 유일한 형태는 바이러스(*virus*)[2]인데, 너무 작아서 전자현미경 없이는 볼 수 없다. 다음 절에서 앞의 5가지 범주에 대하여 간단히 기술하고자 한다.

세균과 고균

세균(bacteria)과 **고균(archaea)**은 핵이 없다는 것을 의미하는 **원핵**

[1]과학단체인 런던왕립협회는 1662년에 왕실허가증을 수여하였으며, 유럽의 보다 연륜있고 명성있는 과학인 모임의 일원이 되었음.

[2]원칙적으로 바이러스는 자신이 증식하지 못 할 뿐만 아니라, 생명체의 화학반응을 수행하지 못하기 때문에, "생물체(organisms)"가 아님.

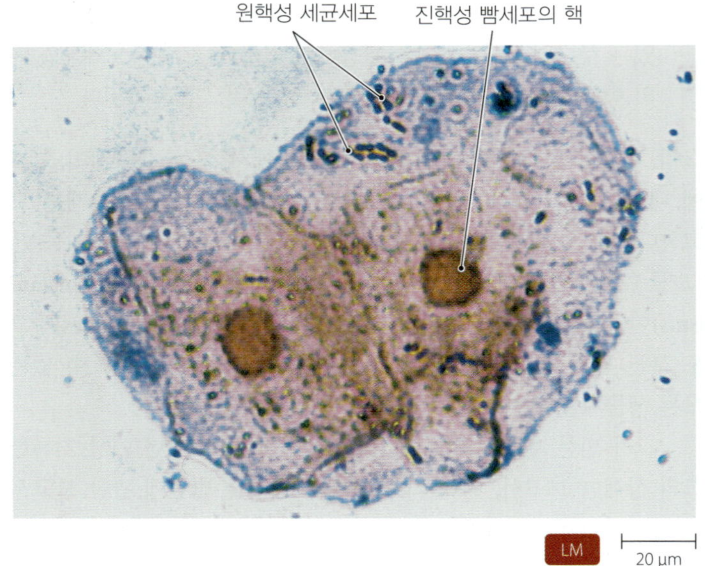

▲ **그림 1.4 세균 *Streptococcus* (진한 청색) 세포와 두 개의 사람 뺨안쪽 세포.** 크기의 차이를 주목하라.

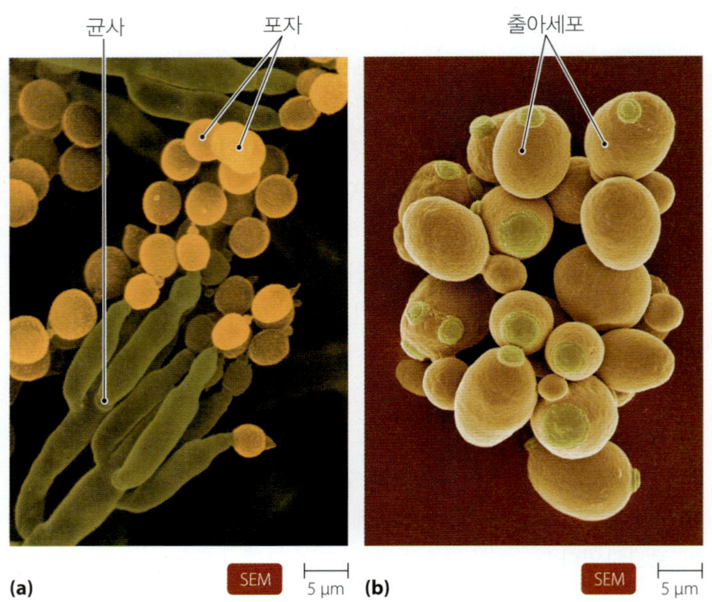

▲ **그림 1.5 균류. (a)** 페니실린을 생산하는 곰팡이 *Penicillium chrysogenum*은 균체를 형성하기 위하여 꼬여있는 긴 필라멘트형의 균사체를 가진다. 포자에 의해 증식한다. **(b)** 효모 *Saccharomyces cerevisiae*. 효모는 둥글거나 난형이며, 전형적으로 출아법에 의해 증식한다.

성(prokaryotic)[3]이다; 즉, 그들의 유전자는 막으로 둘러 쌓여있지 않다. 세균의 세포벽은 펩티도글리칸(*peptidoglycan*)이라는 다당류로 구성된다 (그러나 일부 세균은 세포벽이 없음). 고균의 세포벽은 펩티도글리칸 대신에 다른 화합물로 구성되어있다. 두 가지 생물들은 무성적으로 증식한다 [2, 4장에서는 세균과 고균의 차이점을 설명할 것이며, 12-17장에서는 병원성 (질병을 일으키는) 세균에 대하여 기술할 것임].

대부분의 고균과 세균은 진핵세포보다 더 작다 **(그림 1.4)**. 그들은 습기가 많은 거의 모든 지역에서 단일, 쌍, 연쇄상, 또는 집단으로 살아간다. 고균은 염분의 양이 많고 비소가 풍부한 California 주의 모노호(湖)(Mono Lake), 옐로스톤 국립공원의 산성온천, 산소가 고갈된 늪지 바닥의 진흙 등과 같은 극한환경에서 종종 발견된다. 질병을 일으키는 것으로 알려진 고균은 없다.

우리가 사는 세계에서 세균은 좋지 않게 인식되고 있지만, 거의 대부분의 세균들은 동물, 사람 또는 농작물에서 질병을 일으키지 않는다. 실제로, 세균은 많은 분야에서 우리에게 유익하다. 예를 들어, 세균 (그리고 진균)은 식물과 동물의 사체를 분해하여 인, 황, 질소, 탄소 등을 대기, 토양, 물로 방출하여 생물체의 새로운 세대에 의해 사용된다. 미생물에 의한 재순환이 없다면, 이 세계는 무수한 사체더미에 파묻힐 것이다. 유익세균들이 없다면, 우리의 신체는 질병에 훨씬 더 민감하게 될 것이다.

진균

진균[fungi (fŭj´njī)[4]]은 **진핵성(eukaryotic)**[5]이며, 각 세포들은 독특한 막으로 둘러쌓인 유전물질로 구성된 핵을 포함한다. 진균은 (자신이 영양분을 만들기 보다는) 다른 생물체로부터 영양분을 얻기 때문에 식물과 다르다. 그들은 동물과는 달리 세포벽을 가지고 있다.

현미경적으로 진균은 일부 곰팡이와 효모를 포함한다. **곰팡이(mold)**는 뒤엉켜서 긴 필라멘트형으로 자라는 전형적인 다세포성 생물체이다. 곰팡이는 다른 세포들과 융합되지 않고 새로운 세포를 생성하는 유성포자와 무성포자를 생성한다 **(그림 1.5a)**. 치즈, 빵, 잼에서 솜같이 생장하는 것은 곰팡이이다. *Penicillium chrysogenum* (pen-i-sil´ē-ŭm krī-so´jĕnŭm)은 페니실린을 생산하는 곰팡이다.

효모(yeast)는 단세포성이며, 보통 난형이나 구형이다. 효모는 모세포에서 딸세포가 떨어져 나가는 출아법(*budding*)에 의해 무성적으로 증식한다. 일부 효모들은 유성포자도 생성한다. 유용한 효모로는 빵을 부풀게 하며 설탕에서 알코올을 생성하는 *Saccharomyces cerevisiae* (sak-ā-rō-mī´sēz se-ri-vis´ē-ī)가 있다 **(그림 1.5b)** (**유익한 미생물: 빵, 와인, 맥주** 7쪽 참조). *Candida albicans* (kan´did-ă al´bi-kanz)는 여성에서 대부분의 효모감염을 일으키는 효모이다 (환경, 식품생산, 질병의 원인체로서 진균과 그 중요성은 5장, 11-7장에 기술되어 있음).

원생동물

원생동물(protozoa)은 영양요구성과 세포구조에서 동물과 유사한 단세포성 진핵생물이다. 실제로 원생동물(*protozoa*)은 그리스말로 "최초의 동물(first animals)"이며, 오늘날 과학자들은 원생동물을

[3]그리스어 *pro*는 "이전(before)", *karyon*은 "핵심(kernel)" (이 경우에 세포의 핵을 나타냄)을 의미함.

[4]라틴어 *fungus*의 복수형, "버섯(mushroom)"을 의미함

[5]그리스어 *eu*는 "true(진정)", *karyon*은 "핵(kernel)"을 의미함

▶ **그림 1.6 원생동물의 운동기관.** **(a)** 위족은 *Amoeba proteus*에서 보여주는 것처럼, 운동과 섭식에 사용되는 세포성 신장부위이다. **(b)** 섬모는 *Euplote*에서와 같이, 짧고, 운동성이며, 털과 유사한 돌출부위이다. **(c)** 편모는 *Paramecium*에서 보여주는 것처럼 섬모보다 개수가 적고 긴 채찍과 유사한 신장부위이다. 섬모와 편모는 어떻게 다른가?

그림 1.6 섬모는 짧고, 수가 많으며, 운동 세포를 뒤덮는 반면에, 편모는 길고 상대적으로 그 개수가 적다.

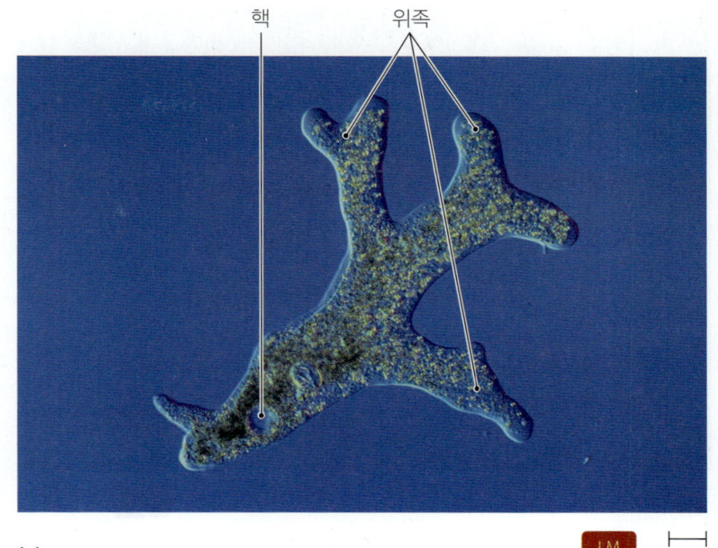

(a)

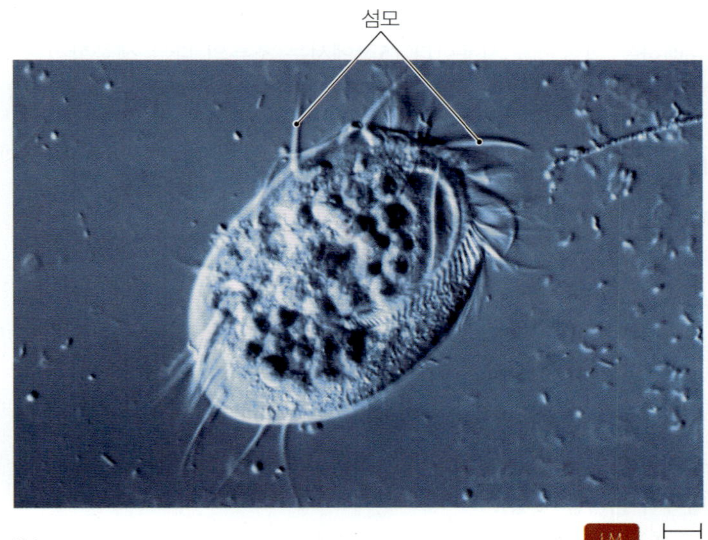

(b)

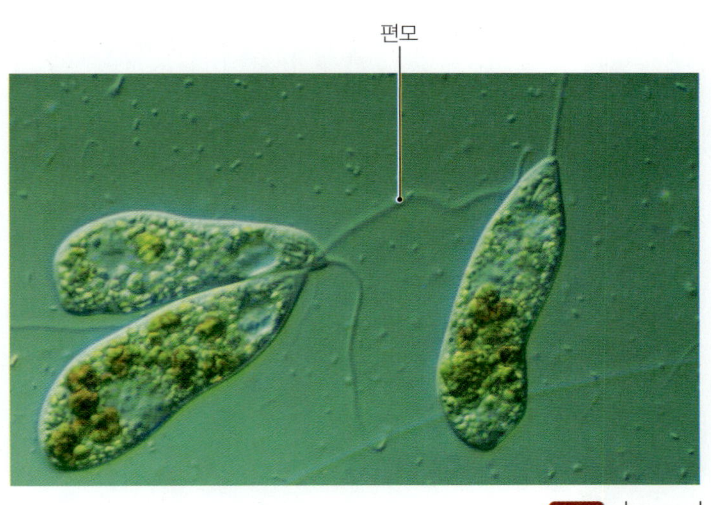

(c)

동물로서 보다는 원생동물 자체의 그룹으로 구분하고 있다. 대부분의 원생동물은 운동을 할 수 있으며, 과학자들은 원생동물을 운동기관의 구조에 따라 구분하고 있다: 위족(*pseudopods*),[6] 섬모(*cilia*),[7] 또는 편모(*flagella*).[8] 위족은 이동방향을 따라 유동하는 세포의 신장부이다 **(그림 1.6a)**. 섬모는 세포에 많은 개수의 짧은 돌출부로 존재하며, 환경에서 그 원생동물을 율동적으로 움직이도록 한다 **(그림 1.6b)**. 편모도 세포의 신장부이지만, 섬모에 비하여 수가 적고, 길며, 채찍과 유사하다 **(그림 1.6c)**. 말라리아를 일으키는 *Plasmodium* (plaz-mō´dē-ŭm)과 같은 일부 원생동물은 성숙된 형태에서 비운동성이다.

원생동물은 보통 물에서 자유생활을 하지만, 일부는 동물숙주에서 살면서 질병을 일으킬 수 있다. 많은 원생동물은 무성적으로 증식하며, 일부 종은 유성적으로도 증식할 수 있다 (5장, 12-17장에서는 원생동물과 그들이 일으키는 질병에 대하여 좀 더 논의하게 될 것임).

조류

조류(algae)[9]는 단세포성 또는 다세포성의 광합성(*photosynthetic*) 진핵생물이다; 즉, 조류는 식물과 같이 빛에너지를 이용하여 이산화탄소와 물로부터 자신의 영양분을 만든다. 조류는 생식구조의 상대적인 단순성에서 식물과 다르다. 조류는 색소와 세포벽의 조성에 근거하여 분류된다.

보통 해조와 켈프(kelp)라고 하는 거대조류는 세계도처의 해양에 흔히 존재한다. 젤라틴성 세포벽에서 유래하는 화합물은 식품과 화장품 생산에서 점증제와 유화제로서 널리 사용될 뿐만 아니라, 미생물 실험배지에서 한천(*agar*)이라고 하는 고형제로서 사용된다.

단세포 조류 **(그림 1.7)**는 민물연못, 강, 호수, 해양에서도 흔히 존재한다. 이들 단세포 조류는 작은 수서동물과 해양 동물의 주요 먹이이며, 광합성의 부산물로서 세계의 산소 대부분을 공급한다. 규조류의 유리와 같은 세포벽은 많은 연마용 화합물에 그릿(grit)을 제공한다. 제조자들은 많은 식품과 화장품에서 점증제와 유화제로서 몇 가지 조류의 세포벽에서 유래하는 젤라틴성 화합물을 사용한다. 과학자들은 실험용 배지를 굳히는데 한천이라고 하는 조류에서

[6]그리스어 *pseudes*는 "거짓(false)", *podos*는 "발(foot)"을 의미함
[7]라틴어 *cillium*의 복수, "눈꺼풀(eyelid)"을 의미함
[8]라틴어 *flagellum*의 복수, "채찍(whip)"을 의미함
[9]라틴어 *alga*의 복수 "해조(seaweed)"를 의미함

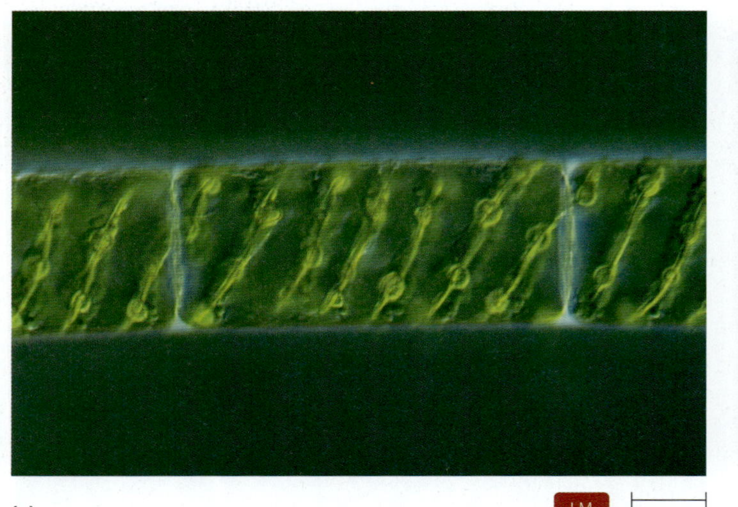

▲ **그림 1.7 조류. (a)** *Spirogyra*. 이 미세 조류는 나선형 광합성 구조를 포함하는 연쇄상 세포로 자란다. **(b)** 규조류. 이들 아름다운 조류는 유리와 같은 세포벽을 가진다.

유래하는 화합물을 사용한다 (5장에서는 조류의 다른 생물학적 측면에 대하여 다루게 될 것이다).

미생물학자에게 중요한 다른 생물체들

미생물학자들은 현미경적 형태로부터 7 m (약 23피트) 이상의 길이를 가지는 긴촌충과 같은 다양한 크기에 이르는 기생충에 대해서도 연구한다 **(그림 1.8)**. 이들 벌레의 대부분은 성체가 현미경적으로 작지 않지만, 그들 가운데 많은 것들이 질병을 일으켜서 초기 미생물학자들에게 연구의 대상이 되었다. 더 나아가, 실험실 기사들은 혈액, 분변, 소변, 림프시료 등에서 미세한 알과 미성숙 단계의 발견을 통해서 기생충 감염을 진단한다 (14장과 16장에서는 기생충에 대하여 논의할 것임).

Leeuwenhoek와 다른 초기 미생물학자들로부터 잘 알려지지 않은 유일한 형태의 미생물은 원핵세포보다 더욱 작아서 광학현미경으로는 볼 수 없었던 바이러스였다 **(그림 1.9)**. 바이러스는 1932년에 전자현미경이 발견될 때까지 관찰이 불가능 하였다. 모든 바이러스는 단백질 외피로 둘러싸인 소량의 유전물질 (DNA 또는 RNA)로 구성된 (세포로 구성되지 않은) 무세포의 절대 기생체이다 (13장에서는 바이러스의 일반적인 특성을 조사하고, 11-17장에서는 특별한 바이러스 병원체에 대하여 논의할 것임).

적혈구

LM 30 μm

▲ **그림 1.8 혈액에서 기생충의 미성숙 단계.**

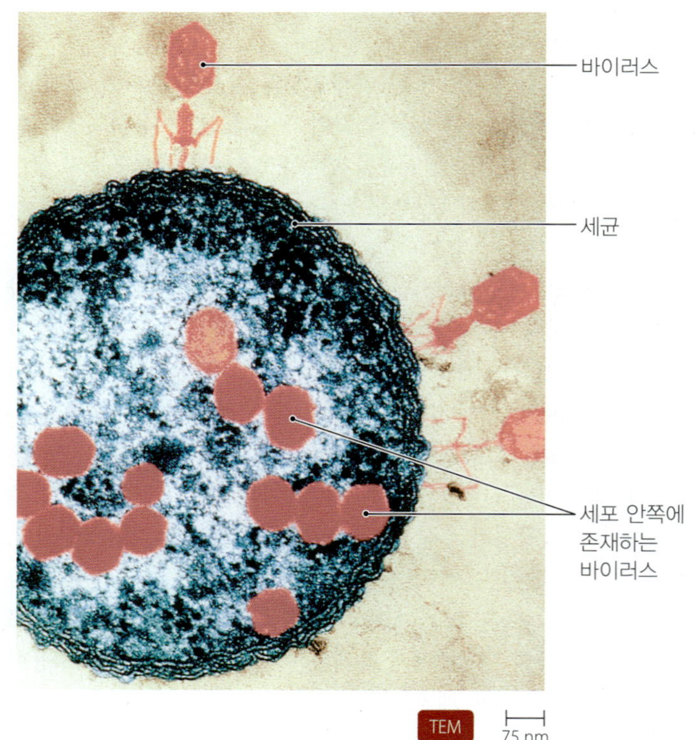

▲ **그림 1.9 세균을 감염하는 바이러스의 컬러 처리된 현미경 사진.** 무세포성 절대 기생체인 바이러스는 너무 미세하여 광학현미경으로 볼 수 없다. 바이러스가 세균과 비교하여 얼마나 작은지 주목하라.

Leeuwenhoek는 1600년대 후반에 대부분의 미생물 형태에 대하여 최초로 보고하였으나, 미생물학은 거의 두세기 동안 학문의 영역으로서 발전하지 못하였다. 이렇게 지연된 데에는 많은 이유들이 있었다. 먼저 Leeuwenhoek는 의심이 많고 비밀이 많은 사람이었다. 그가 400개 이상의 현미경을 만들었지만, 그는 절대로 견습생을 양성하지 않았으며, 결코 그 현미경을 팔거나 선물하지도 않았다. 실제로 그는 그의 가족이나 러시아 황제와 같은 특별한 방문자를 제외하고는 그 누구에게도 그가 만든 현미경으로 관찰하는 것을 허락하지 않았다. Leeuwenhoek가 죽음으로서, 우수한 현미경을 만드는 데에 대한 비밀이 벗겨졌다. 과학자들이 동질의 현미경을 만들기 위해서 거의 100년이 걸린 것이다.

미생물학이 과학으로서 더디게 발전하게 된 또 다른 이유는 1700년대의 과학자들이 미생물들을 자연에서 호기심의 대상으로 생각하고, 사람의 생활로서는 별로 중요하지 않게 여겼다는 것이다. 그러나 1800년대 후반에, 과학자들은 전통지식을 단순하게 수용하는 것보다 실험적 증거가 요구되는 새로운 철학을 도입하기 시작하였다. 개량된 현미경과 동반된 이 새로운 철학적 기반, 새로운 실험기법, 일련의 중요한 의문들에 대한 대답을 구하기 위한 요구는 미생물학을 과학적 학문으로서 가장 중요한 위치에 있도록 하였다.

왜 그런가

일부 사람들은 Leeuwenhoek을 "미생물학의 아버지"로 생각한다. 이 별명이 이치에 맞는지에 대한 이유에 대하여 설명하라.

미생물학의 황금기

학습 | 성과

1.6 "미생물학의 황금기"라고 불렸던 시기에 연구를 추진시킨 4가지 의문점들을 열거하고 설명하라.

약 50년 동안 "미생물학의 황금기"라고 불리던 기간에, 과학자들과 미생물학의 유망 분야는 다음의 4가지 의문에 대하여 해법을 찾는 방향으로 움직였다:

- 미생물의 자연발생은 가능한가?
- 무엇이 발효를 일으키는가?
- 무엇이 질병을 일으키는가?
- 감염과 질병을 어떻게 예방할 수 있는가?

1800년대 후반에서 1900년대 초반에 걸친 기간에 이들 의문에 대한 해법을 먼저 찾고자 하였던 과학자들 간의 경쟁은 미생물학의 탐구와 발견을 견인하였다. 과학자들의 발견과 그들이 시작했던 학문영역은 오늘날의 미생물학 연구 과정에서 지속적으로 구체화되고 있다.

다음 절에서는 이들 의문과 위대한 과학자들이 그 의문에 대한 해법을 찾았던 실험적 증거를 어떻게 축적하였는지에 대하여 생각하고자 한다.

유익한 미생물

빵, 와인, 맥주

미생물은 사람들이 살아가는데 중요한 역할을 한다; 병원균은 명백히 역사의 흐름을 변화시켰다. 그러나 가장 중요한 미생물에 의한 사건은 어떤 질병이나 유행병보다 문화와 사회에 대한 충격이 더 큰 것으로, 제빵사들과 양조업자들에 의해 사용된 효모를 기르는 일이었다. *Saccharomyces cerevisiae*는 "맥주 (를 만드는) 설탕 곰팡이"를 의미한다.

효모의 사용에 대한 최초의 보고는 페르시아 (현재의 이란)로 거슬러 올라가는데, 고고학자들은 7,000년 이상 된 도자기에 포도와 와인 방부제의 유물을 발견하였다. 맥주의 양조는 기록이 시작되지 않은 그 이전부터 시작된 것으로 보인다. 발효시킨 빵의 가장 최초의 사례는 이집트에서 유래하며, 제빵은 약 6,000년 전부터 해 왔다는 것을 보여준다. 그 시기 이전의 빵은 발효되지 않았으며 납작하였다.

*Saccharomyces*가 자연적으로 포도에서 발견되기 때문에 와인 만들기와 맥주양조는 발효빵의 사용보다 일찍이 발견된 것으로 보인다. 이 효모는 포도나무에 존재하지만, 발효를 시작할 수 있다. 사학자들은 초기 제빵사들이 눈에 보이지 않고 설명할 수 없는 "발효 성분"이 빵에 접종되기를 바라면서 순환되는 공기에 빵반죽을 노출시켰다고 가정하였다. 다른 가설은 제빵사들은 소량의 맥주나 와인을 빵에 첨가하고, 의도적으로 효모를 반죽에 접종하는 것을 알았다는 것이다. 물론 Leeuwenhoek와 Pasteur 이전이 시대에 그 누구도 와인의 성분을 발효하는 것이 살아 있는 생물체라는 것을 알지 못하였다.

제빵과 알코올성 음료를 만드는데 효모의 역할 이외에도, *S. cerevisiae*는 세포연구에서 중요한 도구이다. 과학자들은 세포의 기능, 구성, 유전학의 신비를 탐구하기 위하여 효모를 연구하며, 가장 집중적으로 연구된 진핵생물은 *Saccharomyces*이다. 실제로 분자생물학자들은 진핵세포 가운데 최초로 1996년에 *S. cerevisiae*의 유전자의 전체 염기서열을 발표하였다.

오늘날 과학자들은 독창적인 방법으로 *S. cerevisiae*를 사용하는 방향으로 연구하고 있다. 예를 들어, 일부 영양학자와 위장병학자들은 질병을 물리치고, 건강을 증진시키기 위하여 의도적으로 복용하는 미생물인 유익세균(probiotic)으로서 *Saccharomyces*의 사용을 연구하고 있다. 연구는 효모가 설사와 대장염 치료에 도움을 주고 이들과 기타 위장질환을 예방하는데 도움을 줄 수 있음을 제시하고 있다.

미생물은 자연적으로 발생되는가?

학습 | **성과**

1.7 자연발생설을 지지한 과학자들을 열거하라.

1.8 자연발생설과 관련하여 Redi, Spallanzani, Pasteur의 연구를 비교하라.

1.9 연구의 과학적 방법의 4단계를 열거하라.

건조한 호수의 바닥은 8개월 동안 북아프리카 사막의 작렬하는 태양아래 드러나 있다. 바싹 마른 진창의 갈라진 틈새는 사람의 손보다 더 넓게 벌어져 있다. 초토화된 지역의 그 어느 곳에도 생명의 징후는 찾아볼 수 없다. 사막폭풍의 돌발적인 특성에 따라 기습적인 폭우가 내리고, 급류가 생성되고, 무섭게 넘실대는 진흙탕 물과 진흙이 쏟아져 내려서 말랐던 호수는 채워진다. 몇 시간이 채 되지 않아서 생물체가 살지 않던 건조한 간석지는 어느새 수십억 마리의 새우가 존재하는 물웅덩이가 되었으며, 그 다음날 그곳은 수백 마리의 두꺼비들이 사는 그들의 집으로 바뀌게 된다. 이 동물들은 도대체 어디에서 유래한 것일까?

과거의 많은 철학자와 과학자들은 생물체들이 무성생식, 유성생식, 무생물 등의 세 가지 과정을 통해서 발생된다고 생각하였다. 가장 최근에 말라버린 호수 바닥의 진창에서 발견된 새우와 두꺼비의 출현은 세 번째의 예에 해당되는데, 자연발생설(*abiogenesis*)[10] 또는 **자연발생설(spontaneous generation)**로 알려져 왔다. Aristotle

[10]그리스어 *a*는 "아님(not)"; *bios*는 "생명(life)"; 그리고 *genein*은 "생성(to produce)"을 의미함.

밀폐되지 않은 플라스크 밀폐된 플라스크 거즈로 덮은 플라스크

▲ **그림 1.10 Redi의 실험.** 플라스크가 밀폐되지 않은 채 남아있을 때, 구더기는 몇일 이내에 고기를 뒤덮었다. 그 플라스크가 밀폐되었을 때, 파리는 떨어져 있었으며, 고기에는 구더기가 나타나지 않았다. 플라스크 입구를 거즈로 덮었을 때, 몇 마리의 구더기가 거즈위에 나타나기는 하였으나, 파리는 떨어져 있어서, 고기에서 구더기가 나타나지 않았다.

(기원전 384–322)에 의해 공표된 자연발생설은 부패하고 있는 고기에서 구더기의 출현과 같은 일반적으로 관찰된 다양한 현상을 설명하는 듯하였기 때문에 2,000년 이상 널리 받아들여졌다. 그러나 그 이론의 정당성은 17세기에 도전을 받게 되었다.

Redi의 실험

1600년대 말엽에 이탈리아 의사인 Francesco Redi (1626–1697)는 부패하는 고기를 파리와 격리시켰을 때, 구더기가 발생하지 않았으나, 파리에 노출된 고기에서는 구더기가 발생하였다는 것을 일련의 실험을 통해서 입증하였다 (그림 1.10). 이러한 실험결과를 통해서 과학자들은 Aristotle의 이론을 의심하였으며, 동물은 오직 다른 동

집중 조명

"새로운 정상": 출현성 및 재출현성 질병의 도전

중동호흡기 증후군(Middle East respiratory syndrome, MERS). 웬숭이우두, 웨스트나일뇌염. 이들 질병과 유사질병들은 처음으로 사람에서 원인이 규명된 출현성 질병이다. 이들 중에는 H1N1 독감 ["돼지독감(swine influenza)"]; 돼지에 의해 전파되는 매우 치명적인 질병인 니파(Nipah) 뇌염; 모기를 통해 전파되고 심한 관절통과 때로는 사망을 초래하는 치쿤구니아(chikungunya) 등이 있다. 실제로 질병통제예방센타에 따르면 이런 생소한 질병이 이미 의료종사자들에게는 "새로운 정상" 즉 익숙한 질병이 되었다.

반면에 소아마비, 백일해, 결핵과 같은 거의 박멸되었다고 생각되는 질병은 곤혹스러운 창궐을 통해서 재출현 하였다. 천연두나 탄저균과 같은 거의 정복된 다른 병원균들은 생물테러주의자들의 공격에서 잠재적인 무기가 될 수 있다.

어떻게 출현성 및 재출현성 질병이 생겨날 수 있는가? 일부는 우리가 외딴 정글로 이동하면서 감염된 동물과 접촉하여 사람에게 나타나며, 일부는 AIDS 위기를 활용하여 면역타협 환자들을 감염시킨다. 다른 사례에서 앞서 해롭지 않은 미생물은 새로운 유전자를 획득하여 감염성을 가지게 되어 질병을 일으킬 수 있다. 일부 출현성 병원균은 세계적으로 감염된 사람들을 실어 나르는 제트기의 속도로 확산되며, 여전히 다른 병들은 이전에 치료가 가능하였던 미생물이 항생제에 대한 내성을 가질 때 나타난다.

조류독감 바이러스에 감염된 것으로 의심되는 가금류를 파묻는 인부들

그러나 그들이 생겨나면서 과학자들은 세간의 이목을 끄는 전염병으로 다음 세대에서 발병될 수 있는 출현성 및 재출현성 질병을 모니터링 하고 있다. 이 교재 전반에서 그러한 출현성 및 재출현성 질병들을 토론하게 될 것이다.

물로부터 유래한다는 의견을 채택하였다.

Needham의 실험

자연발생설에 대한 논쟁은 Leeuwenhoek가 미생물을 발견하고 갓 수집된 빗물에서 며칠 후에 미생물을 관찰하였다는 것을 제시하였을 때 다시 불붙게 되었다. 과학자들은 보다 커다란 동물들이 자연적으로 생겨날 수 없다는 것에 대하여 동의하였지만, 그들은 Leeuwenhoek의 "미소동물(wee animacule)"에 대해서는 동의하지 않았다; 그들은 확실하게 모체는 없었지 않았는가? 그들은 자연적으로 발생되는 것이 틀림없다.

자연발생설을 지지하는 사람들은 영국의 연구자인 John T. Needham (1713-1781)의 신중한 입증에 주목하였다. 그는 유리병에 소고기 육즙과 식물질의 침출물[11]을 끓인 후, 코르크로 단단히 밀폐하였다. 며칠이 지난 후, Needham은 유리병이 혼탁해진 것을 관찰하였으며, "전반적"으로 현미경적 동물들이 많이 존재하는 것으로 나타났다. 그는 모든 것을 죽이기 위해 충분히 유리병을 가열하였기 때문에 생명이 없는 물질이 자연적으로 생명이 생기도록 하는 "생명력(life force)"이 있음이 틀림없다는 것을 설명하였다. Needham의 실험은 너무 인상적인 연구로 왕립협회에서 그를 회원으로 선출하였다.

Spallanzani의 실험

그후 1799년에 이탈리아 과학자 Lazzaro Spallanzani (1729-1799)는 Needham의 발견을 반박하는 결과를 보고하였다. Spallanzani는 약 1시간동안 침출물을 끓이고 유리병의 목을 녹여서 폐쇄하였다. 그 침출물은 폐쇄된 부분을 잘라서 공기 중에 노출되지 않는다면 깨끗하게 남아있었다. 그 후 미생물에 의해 유리병은 혼탁하게 되었다. 그는 3가지 결론을 도출하였다:

- Needham은 모든 미생물을 죽이기 위하여 유리병을 충분하게 가열하지 않았거나, 유리병을 확실하게 단단히 봉인하지 않았다.
- 미생물들은 공기 중에 존재하여 실험을 오염시킬 수 있다.
- 미생물의 자연발생은 일어나지 않는다; 모든 살아있는 것들은 다른 살아있는 것들로 부터 생겨난다.

Spallanzani의 실험이 일단 모든 것에 대하여 논쟁을 가라앉히는 듯 하였지만, 2,000년 동안 지배해왔던 이론, 특히 Aristotle과 같은 유명한 사람이 발표한 이론을 제거하기에는 어려움이 많다는 것을 입증하였다. Spallanzani 연구에 대한 비판들 가운데 한 가지는 그 밀봉된 유리병에 생명체가 생존하는데 필요한 공기가 충분히 주어지지 않았다는 것이며, 다른 이의는 너무 오랫동안 가열하여 "생명력"이 파괴되었다는 것이었다. 이러한 논쟁은 프랑스의 화학자인 Louis pasteur **(그림 1.11)**가 자연발생설을 잠재우기 위하여 최종적으로 실시한 실험이 수행될 때까지 계속되었다.

[11]침출액은 물에 식물과 동물재료를 넣고 가열하여 만든 육즙이다.

▲ 그림 1.11 Louis Pasteur. 흔히 미생물학의 아버지라 불리는 그는 자연발생설을 부정하였다. 이 그림에서 Pasteur는 몇 가지 세균배양을 관찰하고 있는 것이다.

Pasteur의 실험

Louis Pasteur (1822-1895)는 그가 다른 사람들에게 강요하는 것보다 자신에게 더 강요하는 끈질긴 연구자였다. 그는 딸들에게 다음과 같은 편지를 썼다: "사랑하는 딸들이 의지(*will*)를 갖는다는 것은 좋은 일이다. 행동(Action)과 연구(Work)는 항상 의지(Will)를 따라다니며, 거의 모든 연구는 성공을 동반한다. 이들 세 가지, 연구, 의지, 성공은 사람의 생활 속에 가득 채워져 있다. 의지는 화려함과 행복을 위한 성공의 문을 열어야 한다; 연구는 이들 문을 통과하며, 여행의 끝 무렵에 성공은 노력의 결과로서 왕관을 쓰고 나타난다." 그의 아내가 오랜 시간동안 실험실에 있는 데 대하여 불만을 가질 때마다 "내가 당신을 유명하게 해줄 것일세."라고 대답하였다.

Pasteur의 결정과 어려운 연구는 자연발생에 대한 그의 연구에서 명백하게 나타났다. *Spallanzani*와 같이 그는 모든 것을 죽이기 위하여 오랫동안 침출물을 끓였다. 그러나 그는 플라스크를 밀봉하는 대신에 S-자형으로 플라스크의 목을 구부려서 공기는 유입되지만 육즙으로 먼지와 미생물이 들어오는 것을 방지하였다 **(그림 1.12)**.

공간이 협소해지고 연구비가 고갈됨에 따라, 그는 층계아래의 입구에 배양기를 임시로 마련하였다. 그는 날마다 이 비좁은 공간을 손과 무릎으로 기어 다니며, 그의 플라스크에서 살아있는 생물체의 존재를 나타내는 뿌옇게 되는 현상을 관찰하였다. 1861년에 그는 그의 "백조-목 플라스크"가 18개월이 지난 후에도 미생물이 나타나지 않았다는 것을 발표하였다. 그는 플라스크에 살아있는 것들이 필요로 하는 모든 영양소 (공기 포함)가 포함되었기 때문에 "이 간단한 실험에 의한 치명적 타격으로 자연발생설은 결코 회복될 수 없을 것이다"라고 결론지었다.

Pasteur는 공기 중의 미생물이 Needham이 이야기한 미생물의 "모체"였다는 것을 입증하는 실험을 수행하였다. 그는 일부 플라스

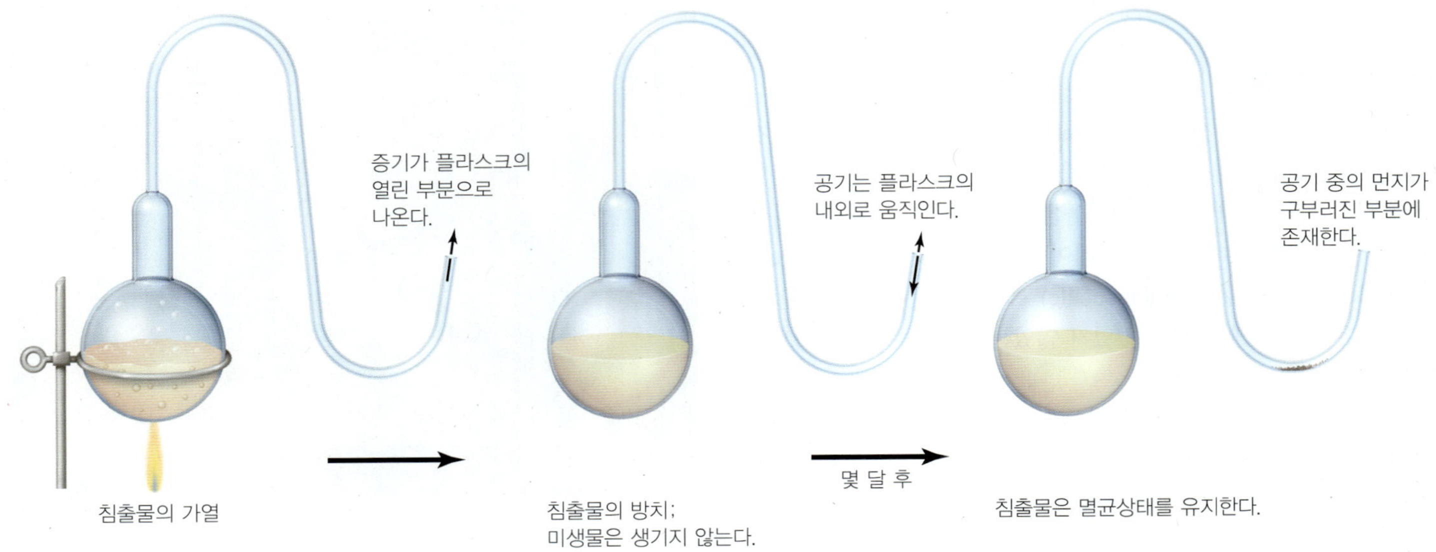

▲ **그림 1.12 "백조목 플라스크"에 의해 수행된 Pasteur 실험.** 플라스크가 위로 향하는 동안, 침출물에 어떠한 미생물도 나타나지 않았다.

크의 목을 잘라서 공기 중에 직접 플라스크 속의 액체를 노출시켰으며, 다른 플라스크를 조심스럽게 기울여서 액체가 그 목에 축적된 먼지에 노출되도록 하였다. 그 다음날 모든 플라스크에서 미생물이 뿌옇게 자란 것이 관찰되었다. 그는 그 액체 속의 미생물들이 대기 중의 먼지입자들 중에 있었던 미생물의 자손이었다고 결론지었다.

과학적 방법

자연발생설에 대한 논쟁은 의문을 추측하거나 어떤 권위자의 의견에 따라 철저하게 통제된 실험결과의 관찰을 통하여 답이 얻어지는 일반화된 **과학적 방법(scientific method)**의 발달을 부분적으로 이끌었다. 과학적 방법은 특별한 "규칙(rules)"이라는 엄격한 설정보다는 연구를 수행하기 위한 틀을 제공하며, 4가지 기본적인 단계로 구성된다 (그림 1.13):

1. 연구그룹은 과학자에게 몇 가지 현상에 대한 의문을 제기하도록 한다.
2. 과학자는 질문에 대한 잠재적인 답변인 가정을 만든다.
3. 과학자는 가정을 시험하기 위하여 실험을 다자인하고 수행한다.
4. 실험에서 관찰된 결과에 근거하여, 과학자들은 그 가정을 수용, 거부, 또는 변경한다.

그후 과학자들은 그 방법의 초기단계로 돌아가서 가정을 변경하고 시험하거나 증거가 확실할 때까지 반복해서 수용된 가정을 시험한다 (그림 1.13). 많은 관찰을 설명하고 오랜 세월에 걸쳐 반복적으로 입증되어 수용된 가정은 이론 또는 법칙이라고 불렀다.

과학계에서는 타당성 있는 실험 (및 그 결과)을 수용하기 위하여 그 실험이 시험을 위해 디자인된 한 가지 변수를 제외한 실험에서 다른 군들과 정확하게 동일하게 처리된 그룹인 적절한 대조군(*control groups*)을 포함해야 한다는 것을 유의하라. 예를 들어, 자연발생설에 대한 Pasteur의 실험에서 "대조군 플라스크"에는 살아

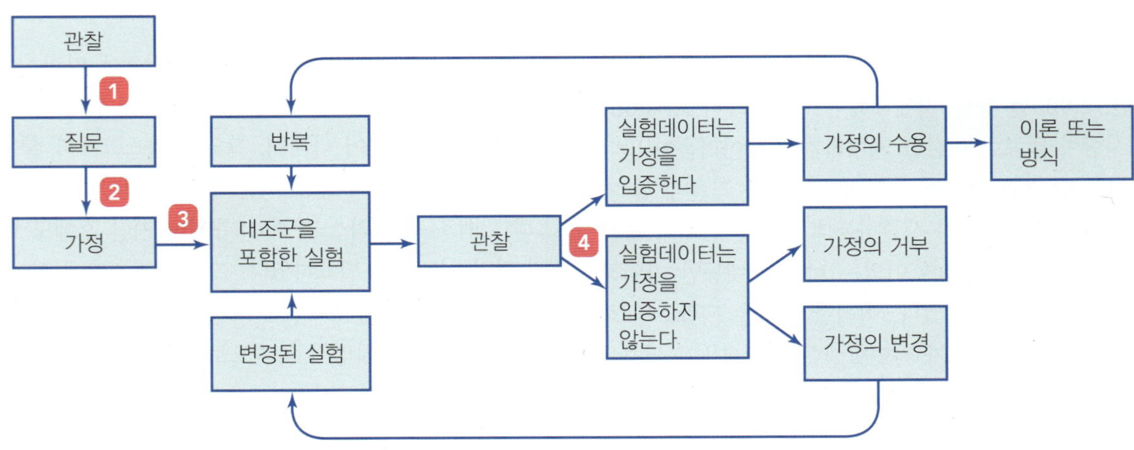

▲ **그림 1.13 과학적 연구의 틀을 형성하는 과학적 방법.**

있는 것들이 필요로 하는 모든 영양소를 포함하는 멸균된 침출물뿐만 아니라, 플라스크의 백조목을 통해 이용가능한 공기도 있었다. 그의 가설을 시험하기 위한 "실험 플라스크"는 목의 구부린 곳에 먼지와 접촉에 부가하여, 정확하게 동일한 조건으로 노출되었다. 먼지에 노출은 대조군과 실험군 사이에서 유일한 차이점이었기 때문에, Pasteur는 침출물에서 자란 미생물들이 먼지입자에서 온 것이라고 결론지을 수 있었다.

발효의 원인은 무엇인가?

학습 | **성과**

1.10 오늘날 우리 세계에서 Pasteur의 발효실험의 중요성을 기술하라.
1.11 Pasteur가 미생물학의 아버지라고 불리는 이유를 설명하라.
1.12 생화학 분야와 물질대사에 대한 연구를 이끈 실험을 수행한 과학자들을 열거하라.

자연발생설에 대한 논쟁은 주로 기본적인 과학지식을 얻기 위한 연구와 그들이 얻었던 지식을 응용하지 않는 연구를 수행하는 사람들 사이에서는 철학적 활동이었다. 그러나 1800년대에 미생물학 연구를 움직였던 두 번째 의문은 엄청나게 실용적인 응용성을 가졌었다.

우리의 이야기는 부패하여 신맛이 나는 와인 때문에 많은 포도재배업자들이 생계를 위협받았던 19세기 무렵 프랑스로부터 다시 시작된다. 이것은 "포도즙이 와인으로 발효되는 이유는 무엇인가?"라는 기본적인 의문으로 이어졌다. 이 의문은 와인양조업자들에게 너무 중요하여, 과학자들이 알코올 생산을 촉진시키고 발효되는 동안 산에 의한 부패를 막기 위한 방법들을 개발할 수 있다는 희망으로 발효에 관한 연구에 투자하였다.

Pasteur의 실험

1800년대의 과학자들은 설탕에서 알코올 생산뿐만 아니라, 젖산생성, 고기부패, 폐기물분해 등과 같은 다른 화학반응들에 대해서도 발효(*fermentation*)라는 단어를 사용하였다. 많은 과학자들은 공기가 발효를 일으킨다고 주장하였으나, 다른 사람들은 살아있는 생물체들이 발효를 일으킨다고 주장하였다.

발효의 원인에 대한 논쟁은 자연발생설에 대한 논쟁과 관련이 있었다. 일부 과학자들은 주스의 발효에서 관찰되는 효모가 생명이 없는 화합물과 가스의 덩어리라고 제시하였다. 다른 과학자들은 효모가 살아있으며 발효가 진행되는 동안 저절로 만들어진다고 생각하였다. 여전히 다른 사람들은 효모가 단지 살아있는 생물체로서 발효를 일으킨다고 주장하였다.

Pasteur는 "발효의 원인은 무엇인가?"라는 질문에 답하기 위한 일련의 관찰과 실험을 수행하였다. 먼저 그는 포도즙에서 출아법으로 번식하는 효모세포를 관찰하였으며, 효모세포에 의해서만 생성된다는 것을 보여주는 실험을 수행하였다. 그 이후에 포도즙과 효모를 포함하는 몇 개의 멸균된 플라스크를 밀봉하고, 다른 것들을 공기 중에 노출시켜서, 효모가 산소가 있거나 없이도 자랄 수 있다는 것을 입증하였다. 즉, 그는 효모가 산소의 유무에 관계없이 살 수 있는 생물체인 통성혐기성 생물체(*facultative anaerobes*)[12]라는 것을 발견하였다. 마지막으로 그는 멸균된 포도즙이 들어있는 다른 플라스크에 세균과 효모세포를 넣어서, 세균이 포도즙을 발효시켜 산으로 만들고, 효모세포는 포도즙을 발효시켜 알코올을 만든다는 것을 입증하였다 **(그림 1.14)**.

혐기적(*anaerobic*) 세균이 포도즙을 산으로 발효한다는 Pasteur의 발견은 포도주의 부패를 막기 위한 방법을 제시하였다. 그의 이름은 그가 포도즙의 품질을 변화시키지 않고 대부분의 오염세균만을 죽일 정도로 포도즙을 가열하여, 그 후 알코올 발효가 일어났는지를 확인하기 위하여 효모로 접종하는 공정인 저온살균법(*pasteurilization*)을 개발하였으며, 이제 이는 평소에 흔히 사용하는 용어가 되었다. 이같이 Pasteur는 미생물을 의도적으로 생산품을 제조하기 위해 사용하는 **산업미생물학(industrial microbiology)** [또는 **생명공학(biotechnology)**] 분야를 제시하였다 (13쪽의 **표 1.1**; 18장 참조). 오늘날 저온살균법(pasteurilization)은 소의 결핵과 브루셀라증 같은 질병을 일으키는 병원균들을 제거하기 위하여 일상적으로 우유의 살균에 사용된다; 그 방법은 또한 주스와 다른 음료들에서 병원균을 제거하는데 사용되기도 한다.

여기에는 Pasteur가 미생물로 수행한 많은 실험들 가운데 불과 몇 가지만이 열거되어있다. 비록 Pasteur의 성공가운데 몇 가지가 1800년대 후반에 이용할 수 있었던 좋은 현미경에 의한 것이라고 생각되지만, 그의 창의성은 주도면밀하게 계획되었으며 문제의 핵심을 직접 파고드는 실험을 통해서 명백하게 입증되었다. Pasteur는 미생물 연구에서 많은 중요한 업적들이 있었기 때문에 미생물학의 아버지로 간주된다.

Buchner의 실험

발효에 대한 연구는 그 반응이 전적으로 화학적으로, 살아있는 생물체와 연관되지 않는다는 생각에서 시작되었다. 그러나 이 생각은 발효가 살아있는 세포가 존재할 때만 진행되며, 다양한 조건하에서 자라는 다른 형태의 미생물이 다른 최종산물을 생성한다는 것을 보여주는 Pasteur의 연구에 의해 바뀌었다.

1897년에 독일의 과학자인 Eduard Buchner (1860-1917)는 발효는 살아있는 세포가 필요하지 않다는 것을 보여줌으로서 화학적 해석을 제시하였다. Buchner의 실험은 화학반응을 촉진하는 세포가 생산하는 단백질인 효소(*enzymes*)의 존재를 입증하였다. Buchner의 연구는 **생화학(biochemistry)** 분야와 생물체 내에서 모든 화학반응의 합을 나타내는 용어인 **물질대사(metabolism)**에 대한 연구를 시작되게 하였다.

[12]그리스어 *an*은 "아님(not)"; *aer*은 "공기(air)"; *bios*는 "생명(life)"을 의미함

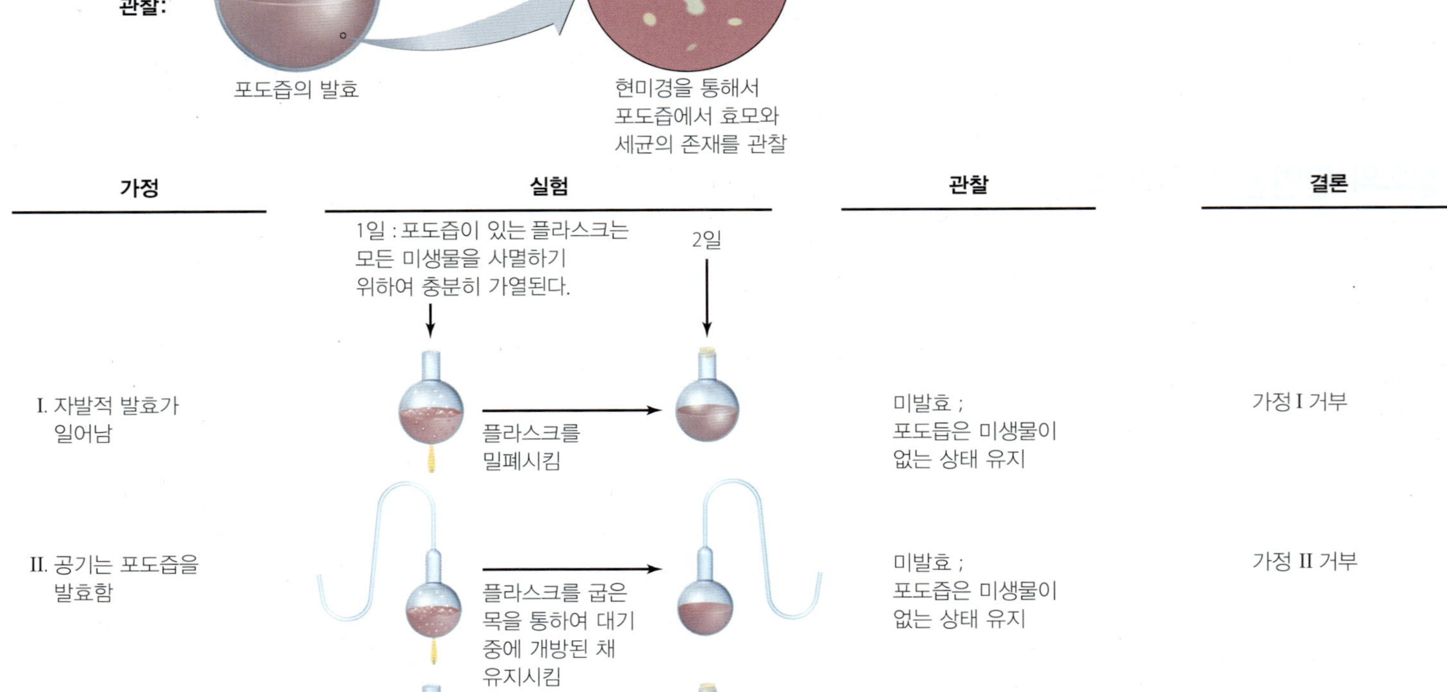

▲ **그림 1.14 Pasteur가 발효의 본질을 연구하는 과학적으로 응용한 방법.** 발효되고 있는 포도즙에 효모와 세균이 포함되어있다는 것을 관찰한 후, Pasteur는 이들 생물체가 발효를 일으킨다는 것을 가정하였다. 발효가 자발적으로 일어나거나, 공기에 의해 일어날 가능성 (가정 I과 II)을 배제하고, 그는 발효가 살아있는 세포의 존재가 필요하다고 결론지었다. 부가적인 실험 (가정 III과 IV를 시험한 것) 결과는 세균이 포도즙을 발효시켜 산을 생성하고, 효모가 포도즙을 발효시켜 알코올을 생성한다는 것을 나타낸다. *Pasteur의 플라스크 가운데 어느 것이 대조구인가?*

그림 1.14 미생물이 없는 채로 남아있는 밀폐된 플라스크는 대조군으로 제공되었다.

질병의 원인은 무엇인가?

학습 | **성과**

- **1.13** Koch가 미생물학 분야에서 이룬 업적가운데 7가지 이상을 열거하라.
- **1.14** 감염성 질환의 원인을 입증하기 위하여 수행되어야 하는 4가지 단계를 열거하라.
- **1.15** 미생물학 분야에서 Gram의 기여에 대하여 기술하라.

당신은 런던에서 의사를 하고 있으며, 때는 1854년 8월이다. 자정이 넘었으며, 당신은 동이트기 전부터 환자를 돌보고 있다. 당신이 다음 환자의 방을 들어갈 무렵, 이 환자가 지난 한달 동안 근처에 있었던 수백 명의 다른 당신과 당신의 동료일 수 있다는 사실을 분노와 절망감을 가지고 지켜보고 있다.

넋 나간 시선의 5살짜리 소년이 침상에 힘없이 누어있다. 당신이 보고 있는 동안, 그는 갑자기 심한 복부경련으로 배를 움켜쥐며, 그의 위장관은 갑작스런 물설사로 텅 비워진다. 배설된 액체는 투명하고, 무색, 무취였으며, 냄비와 밥을 쏟은 것을 연상케 하는 물기가 많은 흰색의 작은 점액덩어리가 흘렀다. 근심으로 가득 찬 엄마는 침대시트를 교환하고, 아버지는 그에게 물 한 모금을 입에 넣

표 1.1 일부 미생물의 산업적 이용

생산품 또는 공정	미생물의 기여
식품과 음료	
치즈	세균과 진균에 의해 생산된 풍미와 숙성; 풍미는 우유와 미생물의 종류에 따라 달라짐
알콜성 음료	세균이나 효모에 의한 과일주스나 곡물의 설탕 발효에 의해 생산된 알콜
간장	콩의 진균발효에 의해 생산
식초	설탕의 세균발효에 의한 생산
요구르트	우유에서 자라는 일부 세균에 의해 생산
사워크림	크림에서 자라는 세균에 의해 생산
인공감미료	설탕으로부터 세균에 의해 합성된 아미노산
빵	효모 활성에 의해 생산된 반죽의 부풀어 오름
다른 생산품	
항생제	세균과 진균에서 분리
인간성장호르몬, 인간인슐린	유전자 조작세균에서 생산
세탁용 효소	세균에서 분리
비타민	세균에서 분리
규조토 (연마용 및 연마화합물)	미세조류의 세포벽으로 구성
해충구제용 화합물	해충은 살충파괴세균에 의해 죽거나 저해됨
폐수용해제	세균에 의해 생산되는 단백질분해효소 및 지방분해효소

어주지만, 모든 일이 의미 없는 일이다. 무거운 마음으로 당신은 환자의 두려움을 확인한다—그 어린이는 콜레라에 걸렸으며, 당신이 할 수 있는 일은 아무 것도 없다. 그는 아침이 채 되기 전에 죽게 될 것이다. 낙심하여 되돌아가면서, 두 달 동안 당신을 괴롭혔던 의문은 마음 한구석에 중요한 것으로 자리 잡게 되었다: 무엇이 이 질병을 일으키는가?

미생물학의 발전을 추진시켰던 세 번째 질문은 보통 신체가 어떤 비정상적인 조건에서 정의되는 질병에 관한 것이다. 1800년대 이전에 질병은 악령, 점성술적인 징후, 체액의 불균형, 나쁜 증기 등을 포함하는 여러 가지 요인에 기인하는 것으로 믿었다. 이탈리아의 철학자인 Girolamo Fracastoro (1478-1553)는 1546년 초기에 "전염병균(germ of contagion)"[13]이 질병을 일으킨다는 것을 예측하였는데, 이 아이디어는 병원균이 눈에 보이지 않는 생명체로서, 130년 이후의 Leeuwenhoek 연구를 기다리는 것 같았다.

세균이 와인의 부패에 관여한다는 Pasteur의 발견은 미생물이 질병에도 관여한다는 1857년에 발표한 그의 가설을 자연적으로 이끌었다. 이러한 생각은 질병의 **배종설(germ theory of disease)**로서 알려지게 되었다. 특별한 질병에 감염된 개인들에서 동일한 증상들이 나타나기 때문에, 초기 연구자들은 콜레라, 결핵, 탄저병과 같

▲ **그림 1.15 Robert Koch.** Koch는 주어진 병원균이 특정 질병을 일으킨다는 것을 입증하기 위한 과학적 방법을 변경하는데 중요한 역할을 하였다.

은 질병들이 **병원균(pathogen)**[14]이라는 특별한 미생물에 의해 야기된다는 것을 생각하게 되었다. 오늘날 우리는 일부 질병이 유전적이며, 알레르기반응과 환경독소가 다른 질병의 원인이 된다는 것을 알고 있기 때문에, 배종설은 바로 전염병(*infectious*[15] *disease*)에 적용된다.

Pasteur가 자연발생설을 부정하고, 발효의 원인을 결정하는 수석 연구자였지만, **병인학(etiology)**[16] (질병의 원인에 대한 연구) 연구는 Robert Koch (1843-1910)에 의해 주도되었다 (그림 1.15).

Koch의 실험

Koch는 독일의 시골의사로서 주로 동물에서 잠재적으로 치명적이며 그 독소가 피부에서 궤양을 일으키는 질병인 탄저병의 원인체를 발견하기 위하여 Pasteur와 경쟁하였다. 사람에 감염될 수 있는 탄저병은 1800년대에 농부와 목축업자들에게 막대한 재정적 피해를 일으켰다.

Koch는 감염된 동물의 혈액을 세심하게 관찰하였으며, 매 사례에서 사슬을 이룬 막대모양의 세균[17]을 확인하였다. 그는 세균세포의 휴면기 (내생포자) 생성을 관찰하였으며, 그 내생포자를 쥐에 주사하였을 때 항상 탄저병이 생기는 것을 관찰하였다. 이것은 세균이 질병을 일으킨다는 것을 처음으로 입증한 것이었다. Koch는 탄저병에 대한 성공적인 연구의 결과로 베를린으로 옮겨 연구를 지속

[13]라틴어 *germ*은 "싹(sprout)"을 의미함
[14]그리스어 *pathos*는 "질병(disease)", *genein*은 "생성(to produce)"을 의미함
[15]라틴어 *inficere*는 "감염(to taint)"(예, 병원균과 더불어)를 의미함
[16]그리스어 *aitia*는 "원인(cause)", *logos*는 "용어(word)" 또는 "학문(study)"을 의미함
[17]현재 알려진 *Bacillus anthracis*-라틴어로 "탄저병의 막대균(the rod of anthrax)"

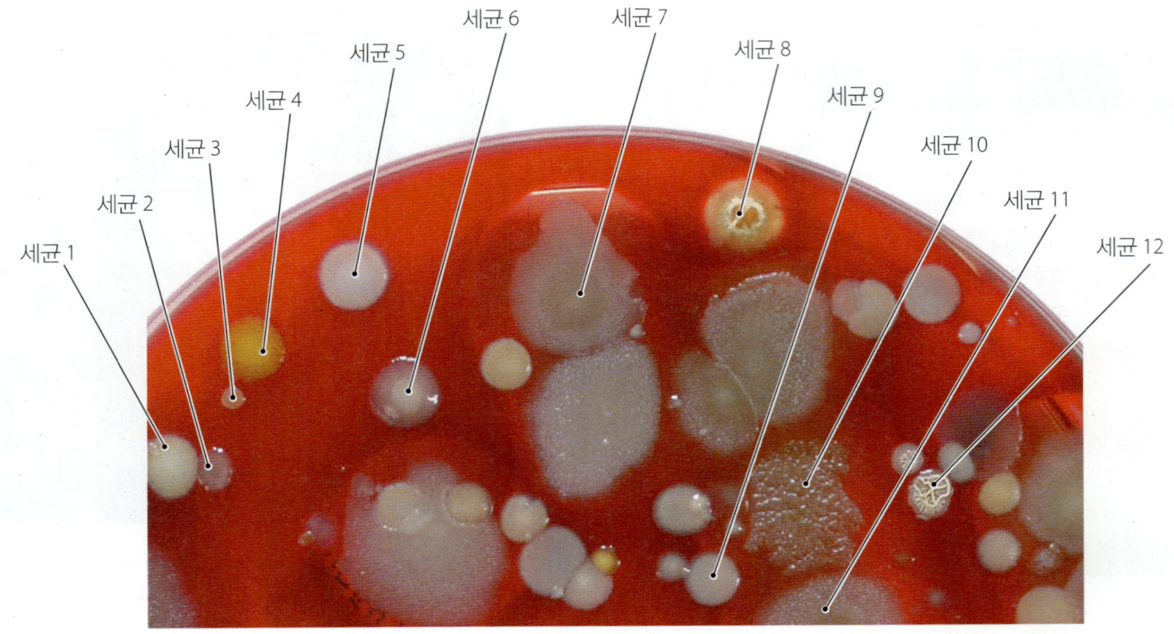

▲ **그림 1.16 고체표면 (한천) 상의 세균 집락들.** 집락의 크기, 모양, 색깔의 차이는 다른 종의 존재를 나타낸다. 그 같은 차이는 Koch가 질병을 일으키는 능력을 시험하기 위한 특별한 미생물의 분리를 가능하게 하였다.

적으로 수행하기 위하여 시설과 자금을 지원받았다.

연구의 성공으로 자신감을 얻은 Koch는 다른 질병에 대해서도 눈을 돌렸다. 탄저병 세균이 상당히 크고 그때의 현미경으로 쉽게 확인되었기 때문에, 그의 초기연구에서 탄저균을 선택한 것은 행운이었다. 그러나 대부분의 세균들은 너무 작아서 세균들 간의 차이점을 거의 찾을 수 없다. Koch는 이들 세균들의 차이점을 식별하기 위한 방법에 대하여 고민하였다.

그는 환자로부터 시료 (예, 혈액, 고름, 가래)를 채취하여, 감자 조각이나 젤라틴 배지와 같은 고체표면에 그 시료를 도말함으로서 고민을 해결하였다. 그 후 그는 세균과 진균이 그 시료에서 증식하여 뚜렷한 집락이 형성될 때까지 기다렸다 **(그림 1.16)**. Koch는 각 집락이 단일 세포의 분열을 통해 생성된 세포들로 구성된다는 것을 가정하였다. 그 후 그는 질병을 일으키는 것을 보기 위하여 각 집락의 시료를 실험동물에 접종하였다. 적조류에서 유래하는 한천이 젤라틴이나 감자 대신에 사용되었으며, 이러한 Koch의 분리방법은 오늘날 미생물학 실험실과 의학실험실에서 표준기법이 널리 사용되고 있다.

Koch와 그의 동료들은 다음과 같은 내용의 실험 미생물학에서도 많은 발전을 이룩하였다:

- 세균세포와 편모에 대한 단순염색기법
- 최초의 세균 현미경사진
- 감염조직에서 최초의 세균 현미경사진
- 고체표면에 접종한 후에 형성된 집락의 수에 근거하여 용액에서 세균을 계수하는 기법
- 생장배지를 멸균하기 위한 수증기 사용
- 고체생장배지가 담긴 페트리(Petri)[18] 접시의 사용
- 화염에 가열 멸균한 금속선을 사용하여 배지 간에 세균을 전달하는 실험실 기법들
- 독특한 종으로서 세균의 규명

Koch의 가설

탄저균을 발견한 이후, Koch는 질병 원인체에 대한 연구를 계속하였다. 그는 1882년과 1884년에 발표된 두 개의 중요한 과학보고서에서 결핵의 원인체가 *Mycobacterium tuberculosis* (mī´kō-bak-tēr´ē-ŭm too-ber-kyū-lō´sis)라는 막대형 세균임을 발표하였다. 1905년에 그는 이 연구를 통해서 노벨생리의학상을 수상하였다.

Koch는 결핵에 대한 보고서에서 어떤 감염성 질병의 원인을 입증하기 위하여 수행되어야하는 일련의 단계를 기술하였다. 이들 단계는 현재 **Koch의 가설(Koch's postulates)**로 알려져 있으며, 그의 미생물학에 대한 중요한 공헌가운데 한가지이다 (7장에 더욱 상세히 기술된). 그의 가설은 다음과 같다:

1. 의심스러운 병원체는 그 질병에 걸린 모든 환자에서 발견되어야하며, 건강한 숙주에는 없어야 한다.
2. 이 병원체는 분리되어야 하며 숙주의 밖에서 자라야 한다.
3. 이 병원체가 건강하고 민감한 숙주에 도입되었을 때, 그 숙주는 그 질병에 걸려야 한다.
4. 동일한 병원체가 그 질병에 걸린 실험숙주에서 발견되어야 한다.

[18] 1887년에 그것을 발견한 사람으로 Richard Petri의 이름, Koch의 조수

표 1.2 "미생물학의 황금기"의 유명한 과학자들과 그들이 발견한 질병원인균들

과학자	년도	질병	원인체
Albert Neisser	1979	임질	*Neisseria gonorrhoea* (세균)
Charles Laveran	1880	말라리아	*Plasmodium* 종 (원생동물)
Carl Eberth	1880	티푸스	*Salmonella enteritica serotype Typhi* (세균)
Edwin Klebs	1883	디프테리아	*Corynebacterium diphtheriae* (세균)
Theodore Escherich	1884	여행자 설사 방광 감염	*Escherichia coli* (세균)
Albert Fraenkel	1884	폐렴	*Streptococcus pneumoniae* (세균)
David Bruce	1887	파상열 (브루셀라증)	*Brucella melitensis* (세균)
Anton Weichselbaum	1887	수막염	*Neisseria meningitidis* (세균)
A. A. Gartner	1888	살모넬라증 (식중독 형태)	*Salmonella* 종 (세균)
Shibasaburo Kitasato	1889	파상풍	*Clostridium tetani* (세균)
Dmiti Ivanowski와 Martinus Beijerinck	1892 1898	담배모자이크병	*Tobamovirus* 담배모자이크 바이러스
William Welch와 George Nuttall	1892	가스괴저	*Clostridium perfringens* (세균)
Alexander Yersin과 Shibasaburo Kitasato	1894	페스트	*Yersinia pestis* (세균)
Kiyoshi Shiga	1898	시겔라증(심한 설사 형태)	*Shigella dysenteriae* (세균)
Walter Reed	1900	황열병	*Flavivirus* 황열병 바이러스
Robert Forde와 Joseph Dutton	1902	아프리카수면병	*Trypanosoma brucei gambiense* (원생동물)

우리는 이 가설이 충족될 때까지 단지 "의심스럽기" 때문에 우리는 의심스러운 병원체(*suspected causative agent*)라는 용어를 사용하며, 그 병원체는 어떤 진균류, 원생동물, 세균, 바이러스, 또는 다른 병원체가 될 수 있다. Koch의 가설 적용에는 실제적이며 윤리적 한계가 있으나, 대부분의 사례에서 전염병의 원인이 입증되기 전에 만족되어야 한다.

미생물의 "황금기" 동안, 다른 과학자들은 Koch의 가설을 사용하였으며, Koch와 Pasteur에 의해 소개된 실험실 기법은 대부분의 원생동물과 세균성 질병, 그리고 일부 바이러스성 질병의 원인을 밝히는데도 사용하였다. 예를 들어, Charles Laveran (1845-1922)은 원생동물이 말라리아를 일으키며, Edwin Klebs (1834-1913)은 세균이 설사를 일으킨다는 것을 기술하였다. Dmitri Ivanowski (1864-1920)와 Martinus Beijerinck (1851-1931)는 담배식물에서 생기는 어떤 질병이 세균이 통과할 수 없는 매우 작은 구멍을 가지는 여과지를 통과하는 병원균에 의해 일어난다는 것을 발견하였다. 그 병원균이 세균이 아니라는 것을 인식한 Beijerinck는 그것을 여과성 바이러스(*filtrable virus*)라고 불렀다. 현재 그러한 병원균은 단순히 바이러스(*viruses*)라고 부른다. 이미 언급한 바와 같이, 바이러스는 1932년에 전자현미경이 발명될 때까지 관찰할 수 없었다. 미국의 의사인 Walter Reed (1851-1902)는 1900년에 바이러스가 사람에서 황열병과 같은 질병을 일으킬 수 있다는 것을 입증하였다 [6장에서는 바이러스학(*virology*)을 다루며, 11-17장에서는 바이러스성 질병을 다룸].

일부 과학자의 명단과 그들이 발견한 병원균이 **표 1.2**에 소개되어있다.

그람염색

Koch의 가설의 첫 번째는 주어진 질병의 모든 사례에서 발견되는 미지의 병원균이 관찰하고 확인할 수 있는 아주 작은 미생물이라는 것을 전제하는 것이 필요하다. 그러나 대부분의 미생물이 색깔이 없고 관찰이 어렵기 때문에, 과학자들은 미생물을 염색하기 위하여 염료를 사용하기 시작하였으며, 그들을 현미경하에서 더욱 잘 볼 수 있도록 하였다.

Koch는 1877년에 단순염색기법을 보고하였으며, 덴마크의 과학자인 Hans Christian Gram (1853-1938)은 1884년에 더욱 중요한 염색기법을 개발하였다. 그의 방법은 일련의 염색약을 사용하는 것으로, 미생물을 보라색과 핑크색으로 나타내었다. 우리는 지금 처음 언급한 그룹의 세포를 그람-양성(*Gram-positive*)라고 하고, 두 번째 그룹을 그람-음성(*Gram-negative*)라고 하며, 세균을 이들 두 가지의 커다란 그룹으로 분리하는 그람염색기법을 사용하고 있다 **(그림 1.17)**.

그람염색(Gram stain)은 여전히 가장 널리 사용되는 염색기법이다. 세균을 동정하고자 할 때 실시되는 최초단계로서 미생물 실험실에서 배워야 할 방법들 가운데 한가지이다.

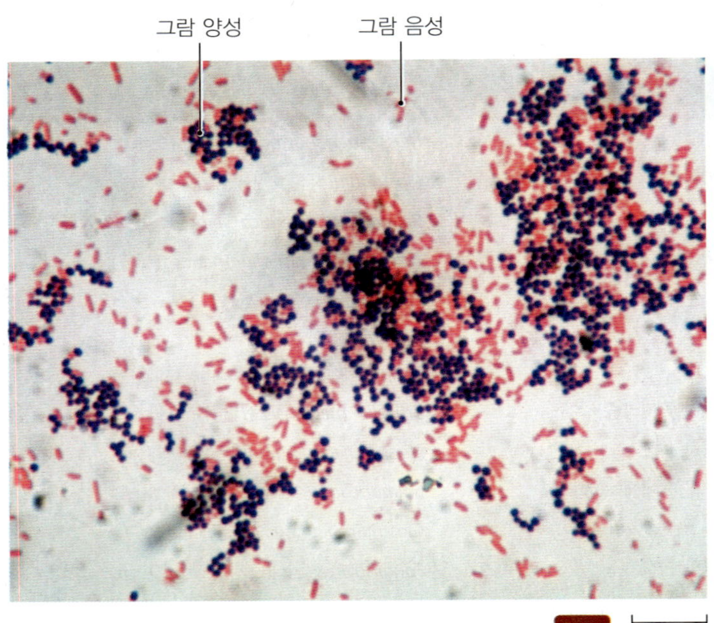

▲ **그림 1.17 그람염색 결과.** 그람-양성 세포(이 경우에 *Staphylococcus aureus*)는 보라색이며; 그람-음성 세포(이 경우에 *Escherichia coli*)는 붉은색이다.

감염과 질병을 어떻게 예방할 수 있을까?

학습 | 성과

1.16 공중보건 미생물학과 역학 분야에서 선구자적인 연구를 수행한 6명의 건강관리를 실천한 사람들을 열거하라.

1.17 백신 연구를 통하여 면역학을 시작한 두 과학자의 이름을 써라.

1.18 "마법의 탄환(magic bullet)"의 탐구에 대하여 설명하라.

"황금기" 동안 미생물학 연구를 주도한 가장 커다란 의문은 전염병을 예방하는 방법이었다. 질병을 예방하고 제한하는 몇 가지 방법들은 미생물이 전염병을 일으킨다는 것을 알기 전에 이미 알려졌지만, Pasteur와 Koch가 생명은 생명에서 유래하며 미생물이 질병을 일으킨다는 사실을 알게 됨으로서 크게 발전되었다.

1800년대 중엽에 하수처리와 물처리, 개인청결, 해충구제와 같은 현대 위생학의 원리는 크게 보편적이지 못했다. 일반적으로 의료진과 건강관리시설은 적절한 청결이 부재하였다. **병원내 감염 [healthcare associated infection, HAI,** 이전에 병원감염(*nosocomial*[19] *infection*)이라 불림]이 만연되었다. 예를 들어, 수술환자들은 의사의 관리아래 있는 동안 종종 괴저에 걸려서 죽었으며, 병원에서 출산한 많은 여성들은 출산열(puerperal[20] fever)로 죽었다. 건강관리전달법을 변화시키는데 특히 주된 역할을 한 6명의 건강관리를 실천한 사람들은 Semmelweis, Lister, Nightingale, Snow, Jenner, Ehrlich 였다.

Semmelweis와 손씻기

Ignaz Semmelweis (1818-1865)는 비엔나에 있는 부속병원의 산부인과 병동에서 의사로 일하였다. 1848년경에 그는 의과대 학생들이 교육받던 건물의 날개동에서 출산한 여성들이 인접한 건물에서 산파들에 의해 보살펴진 여성들이나 집에서 출산한 여성들의 사망률보다 20배 이상 높게 출산열로 죽는다는 것을 알게 되었다.

Pasteur의 질병에 대한 배종설이 아직 구체적으로 밝혀지지 않았지만, Semmelweis는 의과대 학생들이 시체해부 연구에서 분만실로 "시신에서 유래하는 입자"를 옮겨 이 입자들에 의해 출산열이 일어난다고 생각하였다. Semmelweis는 시체를 해부하는 과정에서 손가락을 베인 의사가 출산열과 유사한 증세를 보이며 사망함으로서 그의 가설에 대하여 확실하게 믿게 되었다. 오늘날 출산열의 일차 원인은 *Streptococcus* (4쪽의 strep-tō-kok´ŭs; 그림 1.4 참조) 속의 세균이라고 알려져 있으며, 이 세균은 입과 피부에서는 보통 유해하지 않으나, 혈액으로 유입되면 심한 합병증을 일으키는 것으로 알려져 있다.

Semmelweis는 의과대 학생들에서 나는 시신의 냄새를 없애기 위하여 오랫동안 사용되어 왔던 염화석회수로 손을 씻도록 하였다. 그 이듬해에 사망률은 18.3%에서 1.3%로 떨어졌다. 그의 성공적인 결과에도 불구하고, Semmelweis는 병원관리자들로부터 비웃음을 샀으며, 결국 병원을 떠나게 되었다. 그는 고향인 헝가리로 돌아가서 손을 씻는 일을 적극적으로 권장하여 환자의 생존율을 계속 높임으로서 사람들로부터 인정을 받았다.

그의 인상적인 결과를 통해서 그 이후의 의사들이 그러한 변화를 쉽게 받아들일 것으로 생각하였으나, 유럽의 많은 의사들은 여전히 Semmelweis의 방법을 인정하지 않았다. 그는 크게 실망하였으며, 정신병원에서 헌신적으로 봉사하며 지내다가 오랫동안 싸워왔던 바로 병원균인 *Streptococcus*에 감염되어 세상을 떠났다.

Lister의 무균기법

Semmelweis의 성과가 비엔나에서 받아들여지지 않게 된 후, 영국인 의사인 Joseph Lister (1827-1912)는 건강관리세팅에 대하여 소독(*antisepsis*)[21]의 개념을 변형 발전시켰다. Lister는 외과의사로서 상처감염이 일으키는 무서운 결과를 알고 있었다. 따라서 그는 하수의 냄새와 부패를 줄이는데 효과적이었던 화합물인 석탄산 (페놀)을 상처, 수술부위, 드레싱에 뿌리기 시작하였다. 그는 Semmelweis와 마찬가지로 초기에 일부 저항에 부딪혔으나, 그의 환자가운데 사망자가 2/3로 감소함에 따라, 그의 방법은 일반적인 행위로 받아들여졌다. 이러한 방식에서 Lister는 Semmelweis의 정당성을 입증하였고, 소독수술의 창시자가 되었으며, 소독제와 감염방지제에 대한 새로운 연구 분야가 열리게 되었다.

---

[19]그리스어 *nosos*는 "질병(disease)"; *komein*은 "치료(to care for)"(병원과 관련하여)를 의미함

[20]라틴어 *puerperus*는 "출산(childbirth)"을 의미함

[21]그리스어 *anti*는 "반대(*against*)", *sepein*은 "부패(putrefaction)"를 의미함

임상 사례연구

고열의 치료 또는 죽음에 대한 처방

18세기 말엽에 필라델피아는 미국의 수도로서 크고 부유한 도시 가운데 하나였다. 1793년에 변화가 찾아왔다. 그 도시는 대단히 습기가 많은 봄을 맞아하였으며, 늪지와 물이 고여있는 웅덩이는 모기들의 번식장이 되었다. 추후 아이티에서 노예혁명이 일어나 황열병 바이러스를 가진 피난민들이 필라델피아로 탈출하였다. 1793년 8월 후반에 감염된 피난민들은 *Aedes aegypti* 암컷에 물리고, 그 후 건강한 필라델피아 사람들도 이들 모기에 물리는 상황이 발생하였다. 이로 인하여 3달 만에 도시 전체인구의 10%가 죽고, 자신의 삶의 터전을 30%가 버리도록 했던 황열병 유행이 시작되었다. 이 병에 걸린 사람들은 고열, 구역질, 피부발진, 검은 구토물, 황달로 시달렸다.

그러나 치료법은 질병 그 자체보다 더 좋지 않았다: 의사들은 사혈이 고열의 근원이라는 미신적인 생각에 근거하여 피해자의 창자를 비우기 위하여 특별한 효능이 있는 마시는 약을 투여하고, 환자 혈액의 4/5까지 빼내었다. 이러한 방법의 치료법은 도움이 되기보다는 더욱 해가 되었으며, 환자들은 피곤하고 약해져서 감염과 싸울 수 없었다. 효과적인 치료법도 없이, 이 유행병은 첫 서리가 내렸을 때 비로소 멈추었다.

1. **도시를 떠났던 사람들은 황열병이 경미해졌거나, 감염을 피한 것으로 보인다. 그 이유를 설명하라.**
2. **그 이야기는 첫 서리가 온 것은 유행병을 끝내는 계기가 되었다는 것을 언급하고 있다. 이것이 적어도 유행병의 일시적으로 완화시킨 가능한 이유를 논하라.**

Nightingale과 간호

Florence Nightingale (1820-1910) **(그림 1.18)**은 간호업무에 청결과 또 다른 살균 기법을 도입한 영국의 간호사로서 헌신하였다. 그녀는 위생의 기준을 설정하는데 주된 역할을 하였으며, 1854-1856년에 있었던 크림전쟁(Crimean War) 기간 중에 많은 생명을 구하였다. 군대병원에서 그녀의 첫 번째 요구사항들 가운데 하나는 200개의 세탁용 솔의 사용에 관한 것이었으며, 거기서 그녀와 그녀의 조수들은 솔을 사용하여 지저분한 병동을 청소하였다. 그 다음으로 그녀는 환자의 더러운 옷과 드레싱을 대체하기 위하여 다른 곳에서 교체되거나 세탁된 것들을 준비하여 많은 감염원들을 제거하였다. 그녀는 많은 군인들이 병원에서 식품부족과 비위생적인 환경이 사망과 관련이 있다는 것을 알아보기 위하여 철저하게 기록하고 통계학적으로 비교하였다.

▲ **그림 1.18 Florence Nightingale.** 현대 간호학의 창시자로서 간호업무에 무균기법을 도입시킨 것으로 잘 알려져 있다.

전쟁이 끝나고 나이팅게일은 영국으로 돌아와서 병원을 개혁하고 공중보건정책을 시행하기 위하여 적극적으로 정치적 압력을 행사하기 시작하였다. 그녀의 가장 큰 성과는 간호교육에 있었으며, 세계에서 최초로 나이팅게일 간호학교를 설립하였다.

Snow와 역학

영국의 의사인 John Snow (1813-1858)는 감염성 질환의 확산을 막기 위해서 양호한 공중위생을 위한 기준을 마련하는데 중요한 역할을 하였다. Snow는 콜레라의 만연에 대하여 연구하고 있었으며, 그 질병이 물의 오염원으로 부터 확산된다고 의심하였다. 1854년에 그는 런던에서 만연되고 있었던 콜레라 환자의 발생을 지도화 하였으며, 그 환자들이 Broad 가(街)의 공설급수장 주변에서 집중적으로 발생하는 것을 알게 되었다.

Snow는 콜레라의 원인은 알지 못했지만, 유행병에 대한 그의 세심한 문헌조사를 통해서 적절한 하수처리의 필요성과 정수공급에 대하여 강조하였다. 그의 연구는 사람에서 질병의 발생, 분포, 확산에 대한 학문으로서, **감염제어(infection control)**와 **역학(epidemiology)**[22]이라는 미생물학의 두 가지 분야의 토대가 되었다.

Jenner의 백신

1796년에 영국의 의사인 Edward Jenner (1749-1823)는 우두(cowpox)라는 가벼운 병이 잠재적으로 치명적인 천연두를 예방한다는

[22]그리스어 *epi*는 "위(upon)"; *demos*는 "사람(people)"; *logos*는 "용어(word)"를 의미함

가설을 시험하였다. 그는 의도적으로 젖짜는 여자의 우두 병변부위에서 채취한 고름을 한 소년에게 의도적으로 접종하였으며, 그 후 그 소년은 우두에 걸렸으나 생존하였다. Jenner는 그 소년이 천연두 고름에 노출된 후, 천연두에 대하여 면역(immune)[23]이 되는 것을 알게 되었다 (치명적인 병원균을 사람에 의도적으로 노출시키는 것은 비윤리적인 것임을 유의하라). 1798년에 Jenner는 추가실험을 통해서 유사한 결과를 보고하였는데, 그가 이름붙인 우두를 일으키는 바이러스인 백시니아 바이러스(*Vaccinia virus*)[24]에서 이름을 딴 예방접종(*vaccination*)의 정당성을 입증하였다. 예방접종이 신체의 방어적 면역계에 의해 지속성 있는 반응을 촉진하기 때문에, 예방접종(immunization)은 오늘날 같은 뜻으로 종종 사용된다. Jenner는 병원균에 대한 신체의 특이적 방어를 연구하는 학문인 **면역학(immunology)** 분야를 개시하였다 (9-11장에서는 면역학에 대하여 논의함).

*Pasteur*는 그 후 심각한 질병을 예방하는데 사용하기 위하여 약화된 다양한 병원균의 예방균주 생산에 Jenner의 연구를 활용하였다. 우두를 이용한 Jenner의 연구를 기념하여, Pasteur는 병원균의 모든 약화된 예방균주를 가리키는 용어인 백신(*vaccine*)을 사용하였다. 그는 잇달아 콜레라, 탄저병, 광견병 백신을 성공적으로 개발하였다.

Ehrlich의 "마법의 탄환"

염색된 세균이 두 가지 형태로 식별된다는 Gram의 발견으로 독일의 미생물학자 Paul Ehrlich (1854-1915)는 화합물이 미생물을 차별적으로 죽일 수 있다는 것을 알게 되었다. Ehrlich는 이 생각을 확인하기 위해서 사람에 무독성이지만 병원균을 죽이는 마법의 탄환(magic bullet)을 발견하기 위하여 화학물질에 대한 세심한 조사에 착수하였다. 그는 1908년에 사람에 대하여 독성을 나타내지만, 매독을 일으키는 병원체에 대한 화학적 활성을 나타내는 비소기반의 약물(arsenic-based drug)을 발견하였다. 그의 발견은 **화학요법(chemotherapy)**으로 알려진 병원미생물학의 다른 분야를 제시하였다.

요약하면, 미생물학의 황금기는 생물체가 다른 생물체에서 유래한다는 것, 미생물이 발효와 질병을 일으킬 수 있다는 것, 화합물이 감염성 질병을 억제, 예방, 치료할 수 있다는 것을 입증하였던 시기였다. 이들 발견은 과학적 방법을 생물학적 연구에 적용한 과학자들에 의해 이룩되었으며, 그들은 많은 과학적 학문에서 폭발적인 지식의 생산으로 이어졌다 **(그림 1.19)**.

왜 그런가

일부 사람들은 Leeuwenhoek보다 미생물학의 아버지인 Pasteur나 Koch를 생각한다. 그들이 수정되어야하는 이유는?

[23]라틴어 *immunis*는 "자유(free)"를 의미함
[24]라틴어 *vacca*는 "소(cow)"를 의미함

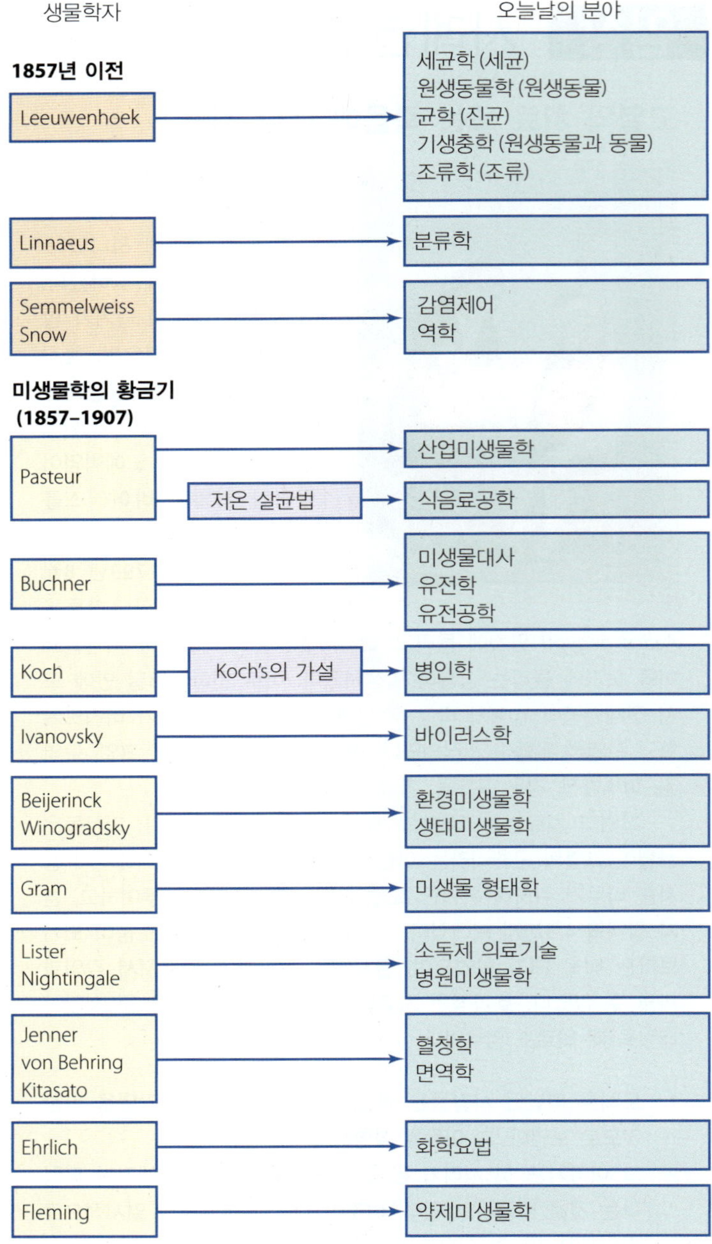

▲ **그림 1.19** **미생물학의 황금기 이전과 그 무렵에 과학자들의 선구적인 연구로부터 제기된 많은 과학적 학문과 응용.**

현대 미생물학

학습 | 성과

1.19 오늘날 미생물학적 연구를 추진하는 4가지 주요 의문점을 들을 열거하라.

1800년대에 수행된 많은 미생물학적 연구와 과학적 지식에서 엄청난 양의 증가는 환경과학, 면역학, 역학, 화학요법, 유전공학이라는 학문을 포함하는 새로운 과학 분야가 열리게 되었다 **(표 1.3)**. 미생

표 1.3 미생물학 분야

과목	연구분야
기초 연구	
미생물 중심	
세균학	세균과 고균
조류학	조류
균학	균류
원생동물학	원생동물
기생충학	기생성 원생동물과 기생성 동물
바이러스학	바이러스
공정 중심	
미생물 대사	생화학: 세포내 화학반응
미생물 유전학	DNA와 RNA의 기능
환경미생물학	미생물간 및 미생물, 기타 생물체, 그들의 환경 간의 상호관계
응용 미생물학	
병원미생물학	
혈청학	특히 감염의 지표로서 혈청 내의 항체
면역학	특이 질병에 대한 신체의 방어
역학	질병의 빈도 분포, 확산
병인학	질병의 원인
감염조절	건강관리세트의 청결과 병원감염의 조절
화학요법	전염병을 치료하는 약품의 개발과 사용
응용환경미생물학	
생물회복	오염물질을 제거하기 위한 미생물의 사용
공중위생 미생물학	폐수처리, 수질정화, 질병을 확산시키는, 곤충의 제어
농업미생물학	곤충 해충을 조절하기 위한 미생물 사용
산업미생물학 (생명공학)	
식음료기술	식품과 음료에서 유해 미생물의 감소나 제거
약제미생물학	백신과 항생제의 제조
재조합 DNA 기술	유용한 생산품을 합성하기 위한 미생물 유전자의 변형

물은 상대적으로 생장이 빠르고, 공간이 별로 필요하지 않으며, 조(trillion) 단위까지 이용이 가능하기 때문에, 이들 학문의 발전에 크게 기여하였다. 미생물에 대하여 배웠던 많은 것들은 사람을 포함하여 다른 생물체에도 적용된다. 우리가 알고 있는 것을 다루기 위해서 이정도 크기의 수천 권의 책이 필요하지만, 이 내용의 나머지 부분에서는 미생물학의 이들 분야에서 얻어진 발전에 대하여 알아보고자 한다.

한때 미생물학의 발전이 자연발생, 발효, 질병에 대한 의문점들에 대한 성공적으로 해법을 제시함에 따라, 새로운 과학의 각 분야에서 부가적인 의문점들이 제기되었다. 20세기 초 이래, 미생물학자들은 이들 새로운 의문점들에 대한 해법을 얻기 위하여 연구하였다. 이 장에서는 기초 및 응용연구에서 몇 가지 20세기에 가장 중요한 의문에 대하여 간단히 기술하고자 한다. 이 장은 향후 50년 동안 미생물학 연구를 추진할 몇 가지 의문을 살펴보는 것으로 결론을 맺는다.

생명의 기본적 화학반응은 무엇인가?

생화학(biochemistry)은 물질대사, 즉 살아있는 생물체에서 일어나는 화학반응에 대한 학문이다. 생화학은 효모와 세균에 의한 발효를 연구한 Pasteur의 연구와 효모추출물에서 Buchner의 효소발견으로 시작되었으나, 1900년대 초기까지, 많은 과학자들은 미생물의 대사반응이 식물과 동물의 물질대사와 별로 관련이 없다고 생각하였다.

그와 반해, 미생물학자 Albert Kluyver (1888-1956)와 학생인 C.B van Niel (1897-1985)은 기본적인 생화학적 반응은 모든 생물체에서 공유하고 있으며, 이들 반응에는 상대적으로 몇 가지가 있으며, 그들의 일차적인 특징은 전자와 수소이온의 전달이라는 것을 제안하였다. 이러한 견해를 채택하는데 있어서, 과학자들은 모든 생물체에서 물질대사에 대한 의문점에 대한 해법에서 모델시스템으로서 미생물을 사용할 수 있었다. 20세기동안의 연구는 기본적인 대사과정을 이해하기 위하여 이러한 접근을 입증하였나, 과학자들은 또한 놀라운 대사 다양성에 대하여 기록하였다

기본적인 생화학 연구에는 많은 실용적 응용성을 가지고 있으며, 다음과 같은 내용을 포함한다:

- 활성이 특이하고 환경에서 장기간 악영향이 없는 제초제와 농약의 디자인
- 질병의 진단과 치료를 위한 환자의 반응모니터링. 예를 들어, 의사들은 일상적으로 간대사에서 어떤 효소와 산물들의 혈액에 존재하는 양을 측정하여 간질환을 모니터링
- 대사질환의 치료. 한 가지 예는 아미노산인 페닐알라닌을 적절하게 대사하지 못하는 능력을 가지는 질병인 페닐케토뉴리아(phenylketonuria)를 치료하는 것으로, 다이어트를 통해서 페닐알라닌을 포함하는 식품의 제거
- 백혈병, 통풍, 세균감염, 말라리아, 헤르페스, AIDS, 천식, 심장마비 등을 치료하는 의약품의 디자인

유전자는 어떻게 작용하는가?

유전에 대한 과학적인 연구인 유전학은 식물학의 분지학문으로서 1800년대 중반에 시작되었으나, 미생물을 연구하는 과학자들은 이 학문의 발전에 크게 기여하였다.

미생물 유전학

세균 *Streptococcus pneumoniae* (strep-tō-kok´ŭs nū-mō-nē-ī)에 대한 연구를 통해서 Oswald Avery (1877-1955), Colin MacLeod (1909-1972), Maclyn McCarty (1911-2005)는 유전자가 DNA 분자를 포함한다는 것을 알아냈다. 1957년에 George Beadle (1909-1989)과 Edward Tatum (1909-1975)은 빵곰팡이인 *Neurospora crassa* (noo-ros´pōr-ă kras´ā)를 연구하면서 유전자의 활성이 그 유전자에 의해 암호화된 특별한 단백질의 기능과 관련이 있다는 것을 확립하였다. 미생물학을 연구하는 다른 연구자들은 유전정보가 단백질로 번역되고, 유전적 돌연변이의 비율과 기작, 그리고 세포가 유전적 발현을 조절하는 방법 등의 정확한 방법을 결정하였다.

40년이 지나서 미생물유전학은 분자생물학(*molecular biology*), 재조합 DNA 기술(*recombinant DNA technology*), 유전자 치료(*gene therapy*) 등을 포함하는 오늘날의 과학 연구의 급속하게 성장하는 분야들 가운데 있는 새로운 학문으로 발전하였다.

분자생물학

분자생물학(molecular biology)은 분자적 수준에서 세포의 기능을 설명하기 위하여 생화학, 세포생물학, 유전학의 모든 내용이 통합된 학문이다. 분자생물학자들은 특히 유전체 서열(*genome*[25] *sequencing*)에 관심을 가지고 있다. 분자생물학자들은 미생물에서 완성된 기법들을 사용하여 사람과 병원체들을 포함하는 많은 생물체들이 가지는 유전체의 서열을 결정하였다. 생물체의 유전체에 대한 보다 충분한 이해를 통해서 질병을 억제하고, 유전자결함을 수선하며, 농업생산량을 증진시키는 실질적인 방법을 가져올 것이라는 희망을 제시하였다.

미국의 노벨상 수상자인 Linus Pauling (1901-1994)은 1965년에 유전자 서열이 분류학적 진화의 상관관계와 이들 관계를 더욱 밀접하게 반영하는 분류범주를 설정하고, 실험실에서 배양된 적이 없는 미생물의 존재를 확인하는 과정을 이해하는 수단을 제공할 수 있다는 것을 제시하였다. 두 가지 예시는 유전자 염기서열결정 데이터의 그러한 사용을 설명해준다:

- 1970년대에 Carl Woese (1928-2012)는 생명체들 간에 핵산염기서열의 커다란 차이는 이전에 생각했던 두 가지 그룹 (원핵생물과 진핵생물)이 아니라, 세포의 세 가지 주요 그룹인 세균, 고세균 또는 진핵생물 가운데 한 가지에 속한다는 것을 발견하였다.
- 과학자들은 묘소병(cat scratch disease)이 배양되지 않는 세균에 의해 일어난다는 것을 보여주었다. 이 세균은 모든 다른 알려진 RNA 염기서열과 다른 핵산의 일부 서열이 알져짐으로서 발견되었다.

재조합 DNA 기술

분자생물학은 보통 미생물 모델을 사용하여 최초로 개발된 유전공학(*genetic engineering*)이라는 불리는 **재조합 DNA 기술(recombinant DNA technology)**[26]에 응용된다. 유전학자들은 실제로 응용하기 위하여 미생물, 식물, 동물들에서 유전자를 조작한다. 예를 들어, 과학자들은 *Escherichia coli* (esh-ē-rik´ē-ă kō´lī)에 사람의 혈액응고인자 유전자를 삽입하면, 그 세균은 순수한 형태의 그 인자를 생산한다. 이 기술은 과거에 생명을 위협하는 바이러스 병원균에 의해 오염된 헌혈에서 분리된 응고인자에 의존하였던 혈우병환자에게 도움이 된다.

유전자 치료

흥미진진한 새로운 학문분야는 사람세포에서 누락된 유전자를 삽입하거나 결손된 부분을 수선하는 방법인 **유전자 치료(gene therapy)**를 위해 재조합 DNA 기술의 사용하는 것이다. 연구자들은 그 같은 방법을 통해서 숙주세포로 원하는 유전자를 삽입하며, 거기서 그 유전자는 염색체로 통합되어 정상적인 기능을 시작하도록 한다 (8장에서는 재조합 DNA 기술과 유전자 치료에 대하여 보다 구체적으로 다룸).

미생물이 환경에서 하는 역할은 무엇인가?

학습 | 성과

1.20 환경에서 미생물의 역할을 연구하는 미생물학 분야를 열거하라.

1.21 오늘날 미생물학에서 가장 빠르게 성장하는 과학적 학문 분야를 써라.

Koch와 Pasteur 이후 대부분의 미생물학 연구는 각 종의 순수배양에 집중되었다; 그러나 미생물은 "실제 세계"에서 홀로 존재하지 않는다. 대신에 미생물은 토양, 물, 인체, 기타 서식지에서 자연 미생물 군집을 이루고 살아가며, 이들 군집은 비타민의 생산, 오염된 환경을 무독화하기 위해서 살아있는 세균, 진균, 조류 등을 사용하는 생물회복(*bioremediation*)과 같은 과정에서 중요한 역할을 한다.

미생물 군집은 또한 사체의 분해와 탄소, 질소, 황과 같은 화합물의 재순환에서 중요한 역할을 한다. Martinus Beijerinck는 대기 중의 질소(N_2)를 식물에서 사용되는 질소의 형태인 질산염(nitrate, NO_3)으로 전환할 수 있는 세균을 발견하였으며, 러시아의 미생물학자인 Sergei Winogradsky (1856-1953)는 황의 재순환에서 미생물의 역할을 규명하였다. 이들 두 미생물학자들은 **환경미생물학(environmental microbiology)**의 몇 가지 중요한 측면을 위한 실험실 기법들을 개발하였다.

환경에서 미생물의 또 다른 역할은 질병의 인과관계이다. 비록 대부분의 미생물들은 병원성이 아니지만, 사람의 건강을 위협하기 때문에 이 책에서는 (특히 11-18장) 병원성 미생물에 중점을 두

[25]게놈은 생물체의 전체 유전정보임

[26]재조합 DNA는 한 가지 이상의 생물체에서 유래하는 유전자로 구성된 DNA임

었다. 또한 병원성 미생물의 특성과 그들이 일으키는 질병 뿐 만 아니라, 하수처리, 정수, 소독, 저온살균법, 멸균과 같은 환경에서 미생물의 수를 제한하고, 확산을 조절하기위해 취할 수 있는 단계들에 대하여 알아보게 될 것이다.

우리는 질병을 어떻게 방어하는가?

독감이 유행하는 계절 중에 친구들과 가족들은 건강하게 잘 지내는데, 일부 사람들은 왜 아프게 되는가? 질병의 배종설은 미생물이 질병을 일으킬 뿐 만 아니라, 신체가 스스로 방어할 수 있다는 것을 보여준다 — 그렇지 않으면, 모든 사람은 그의 일생동안 줄곧 앓게 될 것이다.

Jenner와 Pasteur의 백신연구는 신체가 동일한 생물체에 의해 반복적인 질병의 노출로부터 자신이 보호될 수 있다는 것을 보여주었다. Koch의 실험실에서 연구하였던 독일의 세균학자 Emil von Behring (1854-1917)과 일본의 미생물학자 Shibasaburo Kitasato (1854-1931)는 감염에 대항하는 화학물질과 세포가 혈액 속에 존재한다는 것을 보고하였다. 그들의 연구는 혈청(serum)[27]에 대하여, 특히 질병과 싸우는 혈액의 액체부분에 화학물질에 대하여 연구하는 혈청학(*serology*) 분야로 발전하였으며, 특정 병원체에 대한 신체방어에 대한 연구인 면역학(*immunology*) 분야를 제시하였다

[27]라틴어로 "유장(whey)"을 의미함. 혈청은 피가 응고된 후 남아있는 액체임

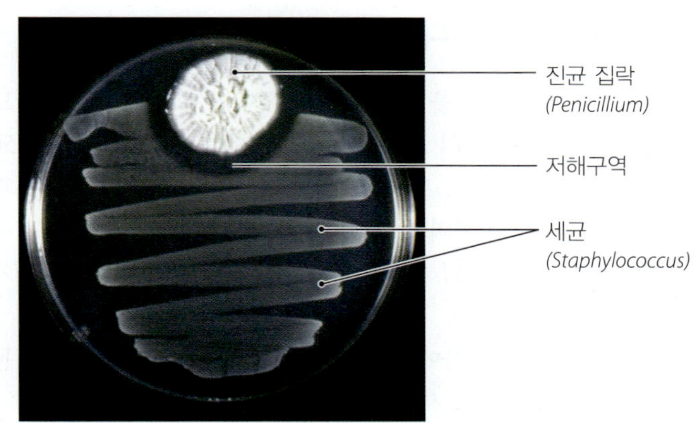

▲ **그림 1.20 페트리 접시에서 세균의 "평판배양(lawn)" 상에서 페니실린의 효과.** 항생물질을 생성하는 진균 집락을 둘러싸는 투명대(저해구역)는 페니실린이 세균생장을 억제하는 곳이다.

(8-11장에서는 의사, 간호사, 다른 건강관리 종사자들에게 미생물학의 중요한 측면을 제시하게 될 것임).

Ehrlich는 병원균을 죽이는 "마법의 탄환(magic bullet)"에 대한 생각을 소개하였으나, 의료진이 드디어 다양한 종류의 세균에 효과적인 약을 갖게 되었던 것은 1929년에 Alexander Flemming (1881-1955)의 페니실린 발견 **(그림 1.20)**과 1935년에 Gerhard Domagk (1895-1964)가 설파제(sulfa drug)를 발견한 후의 일이었다 (3장에서는 화학요법과 환경에서 미생물을 조절하는데 사용되는 일부 물리적 및 화학적 물질에 대하여 다루게 될 것임).

출현성 질병 사례연구

변종 크로이츠펠트-야곱병(variant Cruetzfeldt-Jakob disease)

Ellen은 방에서 비틀거리고, 복도에서 주저앉으며, 서있을 수 없고, 감당하기 어려운 발작으로 비명을 질렀다. 그녀의 부모는 친절하고, 마음씨 좋고, 사랑스러운 딸이 지난해와 비교하여 크게 변했다는데 대하여 충격을 받았다. 안타깝게도 그녀는 그녀의 형제자매의 이름조차 기억하지 못하였다.

Ellen은 변종 크로이츠펠트-야곱병(variant Cruetzfeldt-Jakob disease, vCJD)을 앓는 약 200명의 유럽인과 1명의 캐나다인과 함께 하였다. [매체는 그 상태를 가진 많은 사람들이 감염된 소고기를 섭취하여 병원균을 얻기 때문에 "광우병(mad cow disease)"이라고 함]. vCJD는 신경조직이 서서히 손상되어감으로서 영향을 받고, 뇌에 스폰지와 같은 많은 구멍을 생성하기 때문에, vCJD는 신경학적 징후와 증상을 나타낸다. Ellen의 질병은 불면증, 우울증, 현기증으로 시작되었으나, 결국 지나치게 감정적이며, 돌발적 언어표현, 행동조절의 무능력, 혼수상태, 그리고 사망에 이르게 되었다. 일반적으로 그 질병은 약 일 년간 지속되며, 치료방법은 없다.

변종 크로이츠펠트-야곱병(variant Cruetzfeldt-Jakob)은 출현성 질병(*emerging disease*)으로 사람들에게 새롭게 출현하거나, 새로이 인식되었기 때문에 지난 20여 년에 걸쳐 발생한 질병이다. 일부 연구자들은 거의 박멸된 것으로 생각하였지만, 재출현하고 있는 질병으로 생각한다. 변종 크로이츠펠트-야곱병은 유전적 장애를 가진 크로이츠펠트-야곱병(Cruetzfeldt-Jakob disease)(발견자의 이름을 따서 붙여진 이름)과는 별로 유사하지 않고, 돌연변이에 의해 일어나며, 노인들에서 일어난다. CJD의 변종 형태와의 차이점은 후천적 감염으로부터 유래하며, 종종 우리 이야기에서 Ellen과 같이 대학생 또래에서 생겨나 죽음에 이르게 한다. vCJD에 대한 더 많은 정보는 405-406쪽을 참조하라.

1. **vCJD는 사람이나 동물이 신경조직(뇌)을 섭취하였을 때 주로 전파된다. 소는 어떻게 감염되는가?**
2. **vCJD가 변종(*variant*)이라고 불리는 이유는?**
3. **이 병원균은 소에 대하여 어떤 영향을 미치는가?**

미래는 무엇을 기다릴 것인가?

과학은 질문을 하고 해답을 찾아 지식을 쌓아가는 것이다. 네덜란드의 열정적인 렌즈연마공의 호기심으로부터 시작된 연구는 지난 350년에 걸쳐 진행되었으며, 면역학, 재조합 DNA 기술, 생물회복과 같은 다양한 학문으로 영역이 확대되었다. 그러나 다음의 속담도 사실로 남아있다: *우리가 답해야 할 질문이 많으면 많을수록, 우리가 준비해야 할 질문도 많다.*

미생물학자들은 다음에 무엇을 발견할 것인가? 향후 50년 동안 제기될 질문에는 다음 사항들이 포함된다:

- 결핵, 말라리아, AIDS와 같은 질병을 조절하거나 박멸하기 위한 성공적인 프로그램을 어떻게 개발할 것인가?
- 연구자들이 실험실에서 생장을 방해하였던 핵산의 염기서열만이 알려진 생명체에서 생리학적인 것은 무엇인가?
- 세균과 고균에 대하여 살아있는 컴퓨터회로보드(computer circuit boards)와 같은 초소형 기술이 사용될 수 있는가?
- 질병의 예방과 치료, 영양물질의 재순환, 오염물질의 분해, 기후변화의 조절에서 미생물 활동의 긍정적인 측면을 이해하는데 도움을 주는 미생물 군집은 어떻게 이해할 것인가?
- 항생물질에 대한 저항성을 가지는 미생물의 위협은 어떻게 감소시키며, 출현성 및 재출현성 감염질환의 정복은 어떻게 할 수 있을까?
- 세균들은 그들을 구성하는 개개 세포들로부터 매우 다른 특성을 가질 수 있는 표면에 생성된 세포들의 집합체인 생물막을 형성하기 위하여 다른 세균들과 어떻게 소통하는가?

왜 그런가

유전학과 관련된 미생물학에서 현대적인 질문들이 많은 이유는 무엇인가?

여행자 설사의 간단한 사례

간호학과 학생인 Martin은 심각한 질병인 콜레라에 걸렸다는 것을 의심하였으며, 치료하지 않으면 심한 탈수와 사망을 초래할 수 있다고 생각하였다. 그는 즉시 치료받기를 원하였으며, 분변배양을 통해서 *Vibrio cholerae* 감염을 진단하고 확인하였다. Martin에게 수액을 정맥주사 하였으며, 그 결과 완전히 회복되었다.

콜레라는 남미, 아시아, 아프리카 지역에서 창궐된다. 만일 위생상태가 불량한 지역에 콜레라에 걸린 사람들이 있다면, 특히 얕은 우물이 있는 지역에서의 홍수는 감염을 확산시킬 수 있다. 일부 콜레라에 걸린 사람들에서는 이렇다 할 징후를 나타내지 않으나, 많은 사람들은 매우 심한 증세를 경험하여, 감염 후 며칠, 심지어 몇 시간 이내에 사망에 이른다.

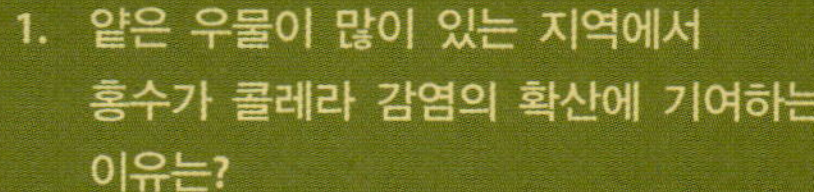

1. 얕은 우물이 많이 있는 지역에서 홍수가 콜레라 감염의 확산에 기여하는 이유는?
2. 콜레라가 미국에서 더 이상 문제가 되지 않은 이유는 무엇이라 생각하는가?

보이지 않는 것의 탐구: 과학적 방법

이 QR 코드를 당신의 스마트폰으로 검색하여 Bauman 박사의 비디오 가정교사로 계속 공부하라.

단원요약

미생물학의 초창기 (2 – 7쪽)

1. Leeuwenhoek에 의한 관찰을 통해서 많은 형태의 **미생물**을 세상에 소개하였다. 그의 발견은 Linnaeus의 **분류체계**에 의하여 명명되고 분류되었다.
2. 작은 **원핵생물**인 **세균**과 **고균**은 다양한 군집과 서식지에서 살아간다. 일부는 질병을 일으키지만, 대부분은 유익하다.
3. 상대적으로 커다란 현미경적 크기의 **진핵성 균류**는 **곰팡이**와 **효모**를 포함한다.

4. 동물과 유사한 **원생동물**은 단세포성 진핵생물이다. 일부는 질병을 일으킨다.
5. 식물과 유사한 진핵성 **조류**는 산소를 제공하는 중요한 역할을 하며, 많은 해양동물의 먹이로서 제공되며, 미생물 생장배지로서 사용되는 화합물을 만든다.
6. 미생물학자에 의해 연구된 가장 큰 생명체인 기생충은 그들의 미성숙단계가 현미경적임에도 불구하고 현미경 없이도 종종 볼 수 있다.
7. 가장 작은 미생물인 바이러스는 너무 작아서 전자현미경을 사용해서만 관찰할 수 있다.

미생물학의 황금기 (7–18쪽)

1. 미생물학의 황금기의 연구는 **자연발생설**을 제안하거나 반박했던 사람들을 찾아보는 것을 포함한다: Aristotle, Redi, Needham, Spallanzani, Pasteur (미생물학의 아버지). 그 후 출현한 **과학적 방법**은 오늘날 연구에 대한 허용된 순서로 남아있다.
2. Pasteur와 Buchner에 의한 발효에 대한 연구는 **산업미생물학(생명공학)**과 **생화학** 분야와 **물질대사** 분야로 이어졌다.
3. Koch, Pasteur, 다른 과학자들은 **병원균**이 **질병의 배종설**로 알려진 개념에 근거하여 질병을 일으킨다는 것을 입증하였다. **병인학**은 질병의 원인을 연구하는 학문이다.
4. Koch는 질병원인균을 검색하는 미생물학적 실험실 기법을 창시하였다. **Koch의 가설**은 감염질환의 원인을 입증하는 합리적인 단계로, 오늘날 미생물학의 중요한 부분으로 남아있다.
5. **그람염색** 방법은 1880년대에 개발되었으며, 지금도 세균들을 그람-양성과 그람-음성의 두 가지 부류로 구분하는데 사용되고 있다.
6. Semmelweis, Lister, Nightingale, Snow의 연구는 **감염조절**과 **역학**을 이룩하는 기반이다.
7. Jenner의 천연두를 예방하기 위한 우두에 근거한 백신 사용으로 **면역학** 분야를 시작하였다. Pasteur는 이 분야를 크게 발전시켰다.
8. 미생물을 선별적으로 죽이는 화학물질인 “마법의 탄환”에 대한 Ehrlich의 연구는 **화학요법** 분야의 초석을 쌓았다.

현대 미생물학 (18–22쪽)

1. 현대미생물학은 물질대사에 대한 연구를 하는 **생화학**에 관한 질문에 대한 답에 초점이 맞추어졌으며, 미생물유전학은 미생물의 유전에 대한 연구, 그리고 **분자생물학**은 분자적 수준에서 세포기능의 연구를 수반한다.
2. 과학자들은 **재조합 DNA 기술**과 **유전자치료**에서 문제에 대한 답을 얻기 위하여 기초연구로부터 지식을 응용하였다.
3. 자연환경에서 미생물에 대하여 수행하는 연구는 **환경미생물학**이다.
4. 혈액에서 특정 병원균에 대하여 활성을 가지는 화합물의 발견은 면역학을 발달을 초래하였으며, 혈청학 분야를 창시하였다.
5. 화학요법의 발전은 병원균을 억제하는 페니실린과 설파제제와 같은 많은 물질의 발견으로 1900년대에 이루어졌다.

복습문제

복습문제에 대한 답 (단답형 문제 제외)은 A–1에 있다.

선다형

1. 다음 미생물 가운데 진핵생물이 아닌 것은 무엇인가?
   a. 세균 b. 효모
   c. 곰팡이 d. 원생동물
2. 어떤 미생물이 미생물 생장 배지를 만드는데 사용되는가?
   a. 세균 b. 균류
   c. 조류 d. 원생동물
3. 서식지 가운데 고균이 주로 발견되는 곳은?
   a. 산성온천 b. 늪지 진흙
   c. Great Salt 호수 d. 모두
4. 다음의 과학자들 가운데, 자연발생설을 최초로 공표한 사람은 누구인가?
   a. Aristotle b. Pasteur
   c. Needham d. Spallanzani
5. 세균의 집락이 단일 세균 세포로부터 생긴다고 가정한 과학자는 누구인가?
   a. Antoni van Leeuwenhoek b. Louis Pasteur
   c. Rober Koch d. Richard Petri
6. 의료진이 환자에게 병원균을 감염시킬 수 있다는 것을 처음으로 가정한 사람은 누구인가?
   a. Edward Jenner b. Joseph Lister
   c. John Snow d. Ignaz Semmelweis
7. Leeuwenhoek는 미생물을 무엇으로 설명하였는가?
   a. 미소동물 b. 원핵생물
   c. 진핵생물 d. 원생동물

8. 자연발생설을 지지한 사람은 누구인가?
   a. Spallanzani b. Needham
   c. Pasteur d. Koch
9. 환경에서 미생물의 역할을 공부하는 과학자는?
   a. 유전학자 b. 지구 미생물학자
   c. 전염병학자 d. 환경미생물학자
10. Robert Koch의 실험이 미생물학 분야에 기여한 부분은?
   a. 단순염색 기법 b. 페트리접시의 사용
   c. 최초의 세균 현미경 사진 d. 모두

빈칸 채우기

1. 환경미생물학 ________________과 ________________
2. 생화학 ________________과 ________________
3. 화학요법 ________________
4. 면역학 ________________
5. 감염조절 ________________
6. 병인학 ________________
7. 역학 ________________
8. 생명공학 ________________
9. 식품미생물학 ________________

시각화하기!

1. 아래 사진에서 섬모, 편모, 위족을 표시하라.

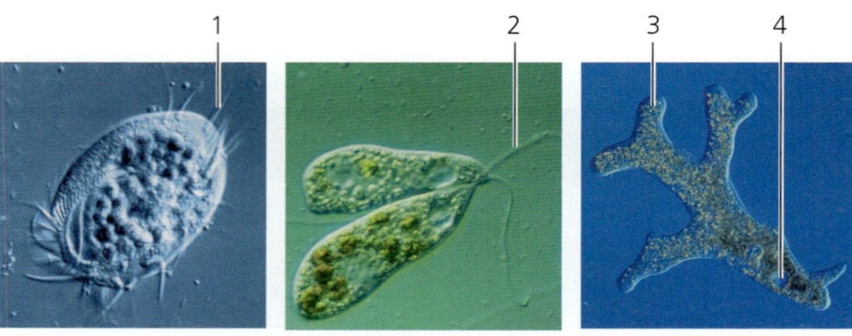

2. Show where microbes ended up in Pasteur's experiment.

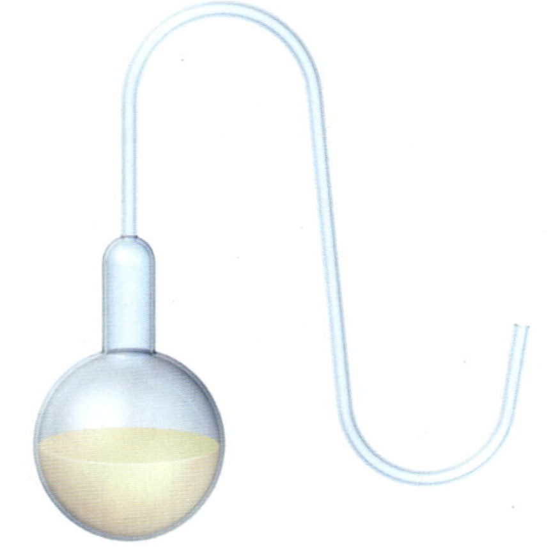

연결형

1. _____ 천연두 예방 접종의 개발
2. _____ 세균의 최초 현미경사진
3. _____ 질병의 배종설
4. _____ 병원균은 질병을 일으킴
5. _____ 병원균을 제거하기 위한 "매직 탄환" 구상
6. _____ 초기 역학
7. _____ 미생물학의 아버지
8. _____ 분류체계
9. _____ 세균의 발견자
10. _____ 원생동물의 발견자
11. _____ 무균적 수술법의 창시자
12. _____ 가장 널리 사용되는 세균염색기법 개발

A. John Snow
B. Paul Ehrlich
C. Louis pasteur
D. Antoni van Leeuwenhoek
E. Carolus Linnaeus
F. John Needham
G. Eduard Buchner
H. Robert Koch
I. Joseph Lister
J. Edward Jenner
K. Girolamo Fracastoro
L. Hans Christian Gram

단답형

1. 자연발생설이 미생물학 분야의 발전을 저해한 이유는 무엇인가?
2. Pasteur와 Spallanzani에 의해 사용된 플라스크의 커다란 차이점에 대하여 설명하라. Pasteur의 연구가 자연발생설에 대한 논쟁을 가라앉도록 한 이유는?
3. 미생물의 6가지 형태를 열거하라.
4. 다음 문장을 설명하라: "Antoni van Leeuwenhoek의 연구는 세계를 영원히 변화시켰다."
5. 거대한 긴촌충을 미생물학에서 연구하는 이유를 설명하라.
6. 그 기간 동안 과학자들이 추진하였던 4가지 주요 질문에 관하여 "미생물학의 황금기"라 불렸던 것들을 기술하라.
7. 오늘날 미생물학적 연구에 대한 4가지 주요 질문에 대하여 열거하라.
8. Pasteur 실험을 기술하는데 과학적 방법의 4가지 단계를 설명하라.
9. Koch의 가설을 열거하고, 그에 대한 중요성을 설명하라.
10. *HAI*(병원내 감염)은 환자 간호와 관계가 있는가?

비판적 사고

1. Robert Koch가 (세균에 의해 일어나는) 탄저병 대신에 독감과 같은 바이러스성 질병에 관심을 가졌다면, 그의 일생의 업적과 어떻게 다르게 되었을까? 그 이유는?

2. 1911년에 폴란드의 과학자인 Casimir Funk는 도정된 흰쌀이 가지는 제한된 식단이 중추신경계 질병인 각기병(beriberi)을 일으킨다는 것을 제시하였다. 그 시절에 각기병은 티아민이 풍부한 껍질을 제거하는 제분기법이 비전문적이었기 때문으로 티아민 결핍에 의해 일어났다는, 역사를 통해서 그가 옳다고 입증하였음에도 불구하고, Funk는 그는 각기병을 일으키는 미생물을 발견한 것을 그에게 말한 그의 동년배들에게 비판을 받았다. 그날의 일반적인 과학철학이 Funk를 비판한 사람들의 견해가 어떤지에 대하여 설명하라.

3. *Haemophilus influenza*는 독감을 일으키지 않으나, 일으킬 수 있다고 일단 생각되기 때문에 이름이 붙여졌다. Koch의 가설의 적절한 적용이 명명에서 이 오류를 방지하였는지를 설명하라.

4. 12월초에 겨울이 막 시작되기 전에, 당신의 룸메이트는 1갤런 짜리 우유를 냉장고에 넣어두었으나, 두 명 모두는 뚜껑을 열지 않고 놔둔 채 집을 떠났다. 당신이 1월에 돌아왔을 때, 그 우유는 상하였다. 당신의 룸메이트는 그 우유가 저온살균 되었기 때문에 상해서는 안 된다고 화를 내었다. 당신의 룸메이트의 견해가 불합리한 이유를 설명하라.

5. 미생물이 우유에서 자연적으로 발생하지 않는 것을 입증하는 실험을 디자인하라.

6. 영국의 건강위원회(General Board of Health)는 이 장 (17쪽)에서 논의된 Broad 가(街)의 콜레라 전염병이 오염된 테임즈 강의 "밤에 피어나는 증기구름(nocturnal clouds of vapor)"에 의해 발생하였다고 1855년에 결론지었다. 역학자는 이 주장을 어떻게 입증 또는 반박할 수 있는가?

7. 자연발생설에 대한 생각과 관련하여 Redi, Needham, Spallanzani, Pasteur의 연구를 비교하고, 대비하라.

8. 당신이 응용미생물학 분야에서 학생을 지도하는 직업상담가였다면, 당신이 제안하는 3가지의 가능한 학문에 대하여 기술하라.

9. 몇 가지 세균들은 사람세포에서 영양을 얻고, 독성산물을 생성하기 때문에 질병을 일으킨다. 조류는 보통 질병을 일으키지 않는다. 그 이유는?

10. Buchner가 그의 실험을 1897년이 아닌 1857년에 수행하였다면, 자연발생에 대한 논쟁은 어떻게 달라질 수 있는가?

11. Pasteur에 의해 이끌어진 프랑스의 미생물학자들은 단일 형태의 세균을 희석배지의 샘플에서 현미경으로 관찰할 수 있을 때까지 액체배지의 희석을 통해서 단일 세균을 분리하고자 시도하였다. Koch의 방법이 프랑스 방법과 비교하여 가지는 장점은 무엇인가?

12. Koch의 가설은 주어진 질병의 원인을 입증하는데 항상 사용하지 못하는가? 콜레라, 폐렴, 알츠하이머, AIDS, 다운증후군, 폐암 등과 같은 여러 가지 질병에 대하여 논의하라.

13. Albert Kluyver는 "코끼리에서 세균에 이르기 까지... 모든 것이 동일하다"라고 말하였다. 그가 의미한 것은 무엇인가?

14. 옥수수, 밀, 쌀과 같은 농작물을 생산하기 위한 세계도처의 농부들의 능력은 질소에 근거한 비료의 부족으로 종종 한계에 부딪친다. 과학자들은 세계의 곡물생산을 증진시키기 위하여 Beijerinck의 발견을 어떻게 사용할 수 있는가?

개념도 작성

다음 용어를 사용하여 미생물학자들의 연구를 묘사하는 개념도를 작성하라.

무세포성	**진핵생물**	**기생충**	**단세포성 (2)**
조류	**진균류**	**광합성**	**바이러스**
동물-유사	**곰팡이**	**원핵생물**	**효모**
고균	**다세포성**	**원생동물**	
세균	**절대 세포내 기생체**		

2 현미경, 염색, 분류

임상 미생물 몸에서 짠맛이 느껴지는 유아

Lewis는 식성이 좋은 3살짜리 어린이지만, 그 나이 또래의 다른 어린이들에 비하여 상당히 왜소하다. 6살짜리 형인 Robert와 놀기를 좋아하며, 항상 함께 뛰어 놀았다. 그러나 최근에 Lewis는 기침을 많이 하였으며, 보통 때보다 활동적이지 못하였다. 식사를 조절하였지만 종종 설사도 하였다. 엄마 Dalia는 Lewis의 목에 키스를 할 때마다 그의 피부에서 독특한 짠맛이 난다는 것을 알게 되었다. 이 문제를 어떻게 해야할 지에 대하여 고민하였다.

Lewis의 증상은 점차 나빠졌다. 가쁜 숨을 몰아쉬기도 하였으며, 기침을 하면서 노란색 점액을 뱉기 시작하였고, 어떤 때에는 약간의 피도 섞여 나왔다. 고열 증세도 나타나서 Dalia는 결국 병원을 찾게 되었다. 거기서 그녀는 Lewis가 보통 건강한 어린이에게 영향이 없는 *Pseudomonas*에 의하여 호흡기가 감염되었다는 것을 알게 되었다. 그렇다면, Lewis는 어떻게 *Pseudomonas*에 감염되었는가? Lewis의 폐감염은 일부 증상만을 보여준다. 지속적인 설사는 무엇 때문인가? Lewis는 나이에 비하여 왜 그렇게 왜소한가?

Lewis는 특이한 호흡기 감염을 앓고 있는가? 다른 모든 징후에 대한 의학적 설명이 가능한가? 51쪽을 보라.

그 우물은 아주 깊었거나, 아니면 그녀가 아주 천천히 떨어지고 있다고 느꼈다. 그녀는 떨어지는 동안 주위를 둘러볼 충분한 시간이 있었고, 다음에 무슨 일이 일어날 지 궁금해 하였다. "신기해 신기해!" Alice는 소리쳤다...

—Lewis Carroll이 지은 *이상한 나라의 Alice의 모험*

이상한 나라로 떨어지거나 거울을 통해서 여행하는 Alice와 같이, 과학자들은 현미경의 발전을 통해 놀라운 미생물의 세계로 들어갔다. 새로운 실험실 기법의 발명과 새로운 장비의 제작으로, 생물학자들은 여전히 미생물세계에 대한 "신기해! 신기해!"의 놀라움을 발견하고 있다. 이 장에서 우리는 그 세계에 들어가기 위해서 미생물학자들이 사용하는 몇 가지 기법들에 대하여 논의할 것이다. 미생물의 크기를 측정하는데 필요한 미터법에 대하여 논의하고, 그 후 미생물학에서 사용되는 장비와 염색기법들에 대하여 조사할 것이다. 마지막으로, 미생물의 이상한 나라에 서식하는 생물체를 구별하는데 사용되는 분류체계에 대하여 검토하고자 한다.

측정 단위

학습 | **성과**

2.1 미생물의 직경을 측정하는데 사용되는 두 가지 미터법 단위를 설명하라.

2.2 미터(meter)에서 나노미터(nanometer) 순서로 길이에 대한 미터법 단위를 열거하라.

미생물은 작다. 이것은 명백한 사실일 것 같지만, 당연하게 받아들여서는 안 된다. 정확하게 얼마나 작은가? 어떻게 미생물의 폭과 길이를 잴 수 있는가?

일반적으로 측정단위는 측정하고자 하는 사물보다 작다. 예를 들어, 우리는 사람의 키를 센티미터나 인치가 아닌 킬로미터나 마일로 측정하지 않는다. 마찬가지로 도그만 동전인 다임(dime)의 직경은 일 인치보다 작게 측정하며, 피트로 측정하지 않는다. 그래서 미생물의 크기를 측정하는 데는 영국식 단위가 표시된 자(ruler)의 가장 작은 간격보다도 더 작은 단위가 필요하다 (보통 1/16인치). 1/16인치나 1/128인치, 등과 같은 단위는 미생물을 다룰 때 사용하기 에는 매우 번잡하고 어렵다.

과학자들은 보다 단순하고 세계적으로 표준으로 사용되는 단위로 작업할 수 있도록 측정에 미터법 단위를 사용한다. 미터법은 야드·파운드법(english system)과는 달리 십진법(decimal system)으로서, 각 단위는 다음의 큰 단위 크기의 1/10이다. 매우 작은 미터법 단위라 할지라도 야드·파운드법으로 사용하는 것보다 훨씬 더 쉽다.

미터법에서 길이의 단위는 미터(meter, m)인데, 야드(yard)보다 다소 길다. 1 m의 1/10은 데시미터(*decimeter, dm*)이며, 1 m의 1/100은 센티미터(*centimeter, cm*)인데, 이것은 1인치의 약 1/3에 해당한다. 1 cm의 1/10은 밀리미터(*millimeter, mm*)인데, 이는 대략 다임(dime)의 두께이다. 1 mm는 너무 커서 대부분의 미생물의 크기를 측정하는데 사용할 수 없지만, 미터법에서 사용에 적절한 단위가 될 때까지 계속해서 10의 배수로 나눈다. 1 mm의 1/1,000은 1마이크로미터(*micrometer, μm*)이며, 세포의 크기를 측정하는 데 사용할 수 있을 만큼 작다. 1 μm의 1/1,000은 나노미터(*nanometer, nm*)이며, 가장 작은 세포소기관과 바이러스를 측정할 때 사용되는 단위이다. 1 nm는 1미터의 1/10억이다.

표 2.1은 이들 미터법 단위와 몇 가지 야드·파운드 단위를 나타낸다.

왜 그런가

과학자들이 야드·파운드 단위 보다 미터 단위를 선호하는 이유는?

표 2.1 길이의 단위

미터법 단위 (약어)	접두어 의미	미터계량	미국계량법	단위의 대표적인 미생물학적 적용
meter (m)	—[a]	1 m	39.37인치 (약 10야드)	돼지촌충의 길이, *Taenia solium* (예, 1.8–8.0 m)
decimeter (dm)	1/10	0.1 m = 1^{-1} m	3.94인치	—[b]
centimeter (cm)	1/100	0.01 m = 10^{-2} m	0.39인치; 1인치 = 2.54 cm	버섯덮개의 직경 (예, 12 cm)
millimeter (mm)	1/1,000	0.001 m = 10^{-3} m	—	세균집락의 직경 (예, 2.3 mm); 진드기의 길이 (예, 5.7 mm)
micrometer (μm)	1/1,000,000	0.000001 m = 10^{-6} m	—	백혈구의 직경 (예, 5–25 μm)
nanometer (nm)	1/1,000,000,000	0.000000001 m = 10^{-9} m	—	폴리오바이러스의 직경 (예, 25 nm)

[a]미터는 길이의 표준 미터법 단위이다.
[b]Decimeter는 별로 사용되지 않는다.

현미경

학습 | 성과

2.3 현미경을 정의하라.

현미경 관찰법(microscopy)[1]은 사물을 확대하기 위하여 빛이나 전자를 사용하는 것을 말한다. 미생물학은 Leeuwenhoek (1632–1723)가 미생물의 존재를 관찰하고 보고하기 위하여 초보적인 현미경을 사용함으로서 시작되었다. 그때부터 과학자와 공학자들은 다양한 광학현미경과 전자현미경을 개발하였다.

현미경의 일반원리

학습 | 성과

2.4 현미경에 대한 전자기 방사선과의 관계를 설명하라.
2.5 공배율(empty magnification)을 정의하라.
2.6 해상력을 결정하는 두 가지 요소를 열거하고 설명하라.
2.7 현미경에서 대비와 염색과의 관계를 설명하라.

광학현미경과 전자현미경에 수반되는 일반적인 원리에는 방사선의 파장, 상의 확대, 장비의 해상력, 시료의 대비 등이 포함된다.

방사선의 파장

가시광선은 X선, 마이크로웨이브파, 전파를 포함하는 전기장 방사선(electromagnetic radiation)의 스펙트럼 가운데 한 부분이다 **(그림 2.1)**. 방사선 빔(beam)은 광선 또는 파동(wave)을 의미할 수 있음을 유념하라. 다양한 형태의 이들 방사선은 각기 파간의 거리인 **파장(wavelength)**과 다르다. 사람의 눈은 가시광선의 다른 파장을 식별하고, 뇌로 신경 자극의 패턴을 보내어, 그 자극을 다른 색상으로 번역한다. 예를 들어, 우리는 보라색을 통해서 400 nm, 빨간색을 통해서 650 nm의 파장을 본다. 많은 색상(파장)으로 구성된 백색광의 평균 파장은 550 nm이다.

전자는 원자핵의 궤도에 존재하는 음전하를 가진 입자이다. 미립자의 존재이외에, 움직이는 전자는 전자빔의 전압에 의존하는 파장을 가진 파도와 같다. 예를 들어, 10,000 볼트(V)에서 전자의 파장은 0.01 nm이다; 1,000,000 V에서 전자의 파장은 0.001 nm이다. 곧 알게 되겠지만, 보다 짧은 파장의 방사선을 사용하는 것은 현미경의 품질을 증진시키는 결과를 가져온다.

[1]그리스어 *micro*는 "작은(small)"; *skopein*은 "관찰(to view)"을 의미함.

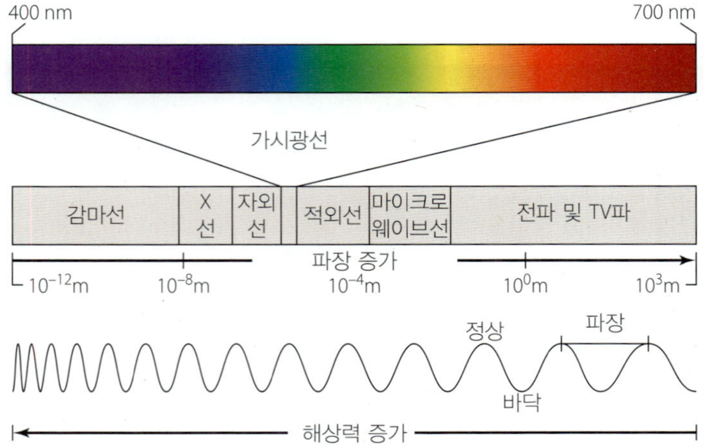

▲ **그림 2.1 전기장 스펙트럼.** 가시광선은 방사선의 협대역 파장으로 만들어진다. 가시광선과 자외선은 현미경에서 사용된다.

배율

배율(magnification)은 사물 크기의 겉보기 확대이다. 배율은 숫자와 "×"로 나타내며, "배(times)"라고 읽는다. 예를 들어, 16,000×는 16,000배이다. 배율은 방사선 빔이 렌즈를 통과하면서 굴절되었을 때 일어난다. 곡면의 유리렌즈는 빛을 굴절시키며, 자기장은 전자빔을 굴절시킨다. 양쪽이 볼록한 유리렌즈의 배율을 생각해보자.

렌즈는 (공기와 같은) 주변매체와 비교하여 광학적 밀도 때문에 빛을 굴절시킨다; 즉, 빛은 공기보다 렌즈를 통해서 더 느리게 이동한다. 포장도로에서 먼지가나는 갓길로 움직이는 자동차를 생각해보자. 오른쪽 앞바퀴가 도로를 벗어남에 따라, 정지마찰이 줄어들어 속도가 느려진다. 다른 바퀴들은 원래 속도로 계속 움직이지만, 그 자동차는 흙 때문에 진행방향이 변하여 오른쪽으로 굽는다. 마찬가지로 광속(light beam)의 지선(edge line)은 유리를 통과하면서 느려지고, 그 빔은 굽게 된다 **(그림 2.2a)**. 빛은 또한 유리를 떠

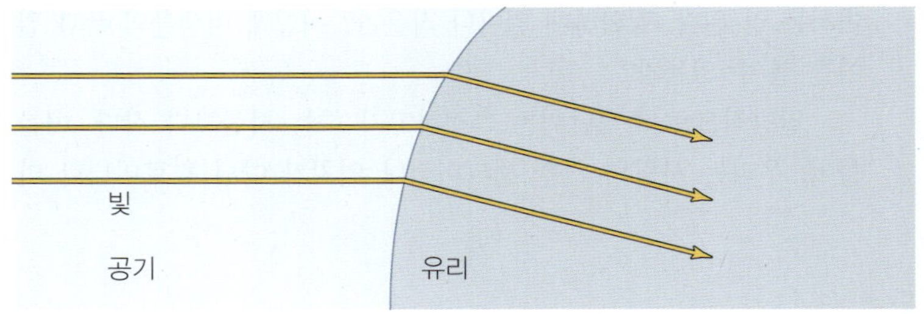

(a)

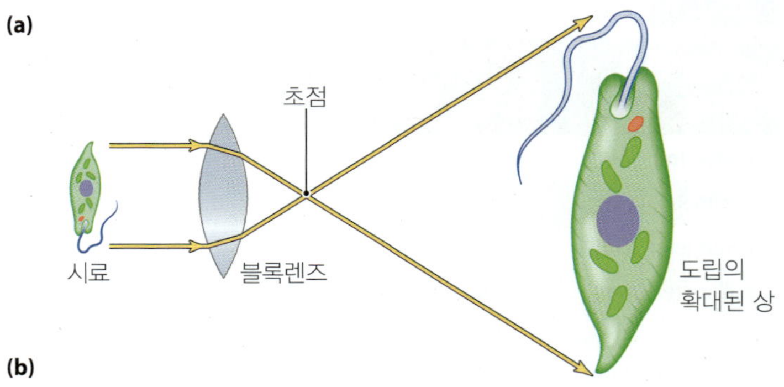

(b)

▲ **그림 2.2 유리 볼록렌즈에 의한 빛의 굴절과 상의 확대. (a)** 렌즈를 통과한 광선이 유리를 통과함에 따라 느려지기 때문에 구부러지며, 어떤 각도를 가지고 들어온 주변의 광선은 느려진다. **(b)** 볼록렌즈는 초점에 빛을 모은다. 상은 확대되고 광선이 초점을 통과한 후 흩어져 도립으로 된다.

나서 공기로 재진입 함에 따라 굴절된다.

렌즈는 만곡되어 있기 때문에 그 중심을 통과한 광선보다 주변을 통과한 광선을 굴절시켜 광선을 초점(*focal point*)으로 모이도록 한다. 현미경에 가장 중요한 것은 광선이 초점을 통과함에 따라 흩어져서 확대된 도립상(inverted image)이 생성된다는 것이다 (그림 2.2b). 상이 확대되는 정도는 렌즈의 두께, 만곡, 그 물질을 통과한 빛의 속도 등에 의존된다.

현미경관찰자는 수백만 배로 확대된 상을 얻기 위하여 렌즈를 조합할 수 있지만, 그 상은 선명하지 않고 희미해진다. 그러한 배율을 공배율(*empty magnification*)이라고 한다. 상의 선명도를 결정하는 특성, 현미경의 실제배율을 결정하는 특성은 해상력(*resolution*)과 대비(*contrast*)이다.

해상도

해상력(*resolving power*)이라고도 하는 **해상도(resolution)**는 매우 근접한 사물을 식별할 수 있는 능력이다. 검안사가 사용하는 시력검사표는 20피트 (6.1 m)의 거리에서 해상력을 측정하는 것이다. Leeuwenhoek의 현미경은 약 1 μm의 해상력을 가졌다; 즉, 약 1 μm 보다 더 떨어져 있는 사물을 식별할 수 있었으며, 1 μm 보다 더 가깝게 있는 사물들은 단일 사물로 나타나 보였다. 해상력이 좋을수록 사물들 간을 식별하는 능력이 더 좋다. 오늘날의 현미경들은 Leeuwenhoek의 현미경보다 5배 이상 더 좋은 해상력을 가지고 있다; 그들은 0.2 μm 정도 밀접한 사물들을 식별할 수 있다. 그림 2.3은 육안과 여러 가지 형태의 현미경에 의해서 해상되는 다양한 크기의 사물들을 보여준다.

오늘날의 현미경이 Leeuwenhoek의 현미경보다 더 나은 해상력을 가지는 이유는 무엇인가? 현미경의 원리는 해상도 거리가 (1) 전기장 방사선의 파장과 (2) 빛을 모으기 위한 렌즈의 능력을 나타내는 렌즈의 **개구수(numerical aperture)**에 의존된다.

해상도 거리는 다음의 공식을 사용하여 계산된다:

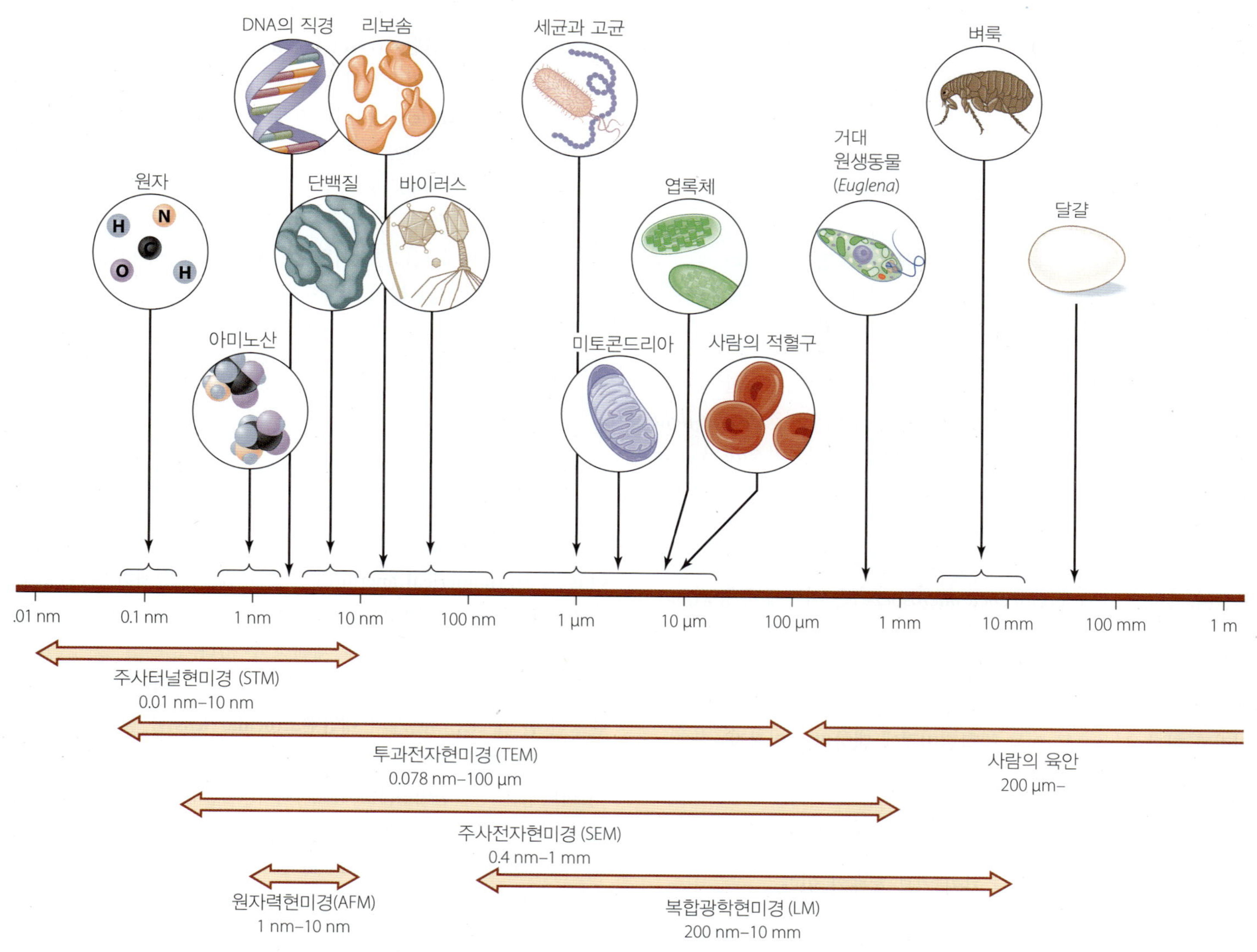

▲ **그림 2.3 육안과 여러 가지 현미경에서 해상력의 한계 (그 범위에서 해당하는 대표적인 사물들).**

$$해상도\ 거리 = \frac{0.61 \times 파장}{개구수}$$

오늘날 현미경의 해상력은 청색빛 또는 전자빔과 같은 짧은 파장의 방사선을 사용하고, 보다 큰 개구수를 가진 렌즈가 장착되어 있기 때문에 Leeuwenhoek의 현미경과 비교하여 더욱 크다.

대비

대비(contrast)는 두 사물 간 또는 사물과 배경 간의 색채 강도의 차이를 가리킨다. 대비는 해상력을 결정하는데 중요하다. 예를 들어, 당신은 15 m 떨어진 퍼팅그린에 나란히 놓여있는 두 개의 골프공을 쉽게 식별할 수 있지만, 그 거리에서 만일 공들이 흰 수건 위에 놓여있다면, 그 공들을 식별하기 상당히 어려울 것이다.

대부분의 미생물들은 색깔이 없으며, 빛이나 전자를 사용하면 매우 적은 대비를 가지게 된다. 미생물들과 배경 간의 대비를 증진시키는 한 가지 방법은 염색하는 것이다. 염색과 염색기법은 이 장의 후반부에서 다루었다. 우리가 곧 알게 되겠지만, 위상(*phase*) 내 있는 빛의 사용은 모든 파동의 정상과 바닥이 정렬되며, 대비도 증진될 수 있다.

광학현미경

학습 | 성과

2.8 단순현미경과 복합현미경을 비교하라.
2.9 명시야현미경, 암시야현미경, 위상차현미경을 비교하라.
2.10 형광현미경과 공초점현미경을 비교하라.

몇 가지 종류의 현미경들은 시료를 관찰하기 위해 다양한 형태의 빛을 사용한다. 가장 일반적인 현미경은 명시야현미경(*bright-field microscope*)으로서 배경이 밝게 나타난다. 암시야현미경(*dark-field microscope*)에서 시료는 어두운 배경에서 밝게 보이게 나타내도록 되어있다. 위상현미경(*phase microscope*)은 살아있는 시료와 배경 간에 원하는 대비를 얻기 위하여 광파의 정렬과 비정렬 현상을 이용한다. 형광현미경(*fluorescence microsocpe*)은 시료에서 형광(*fluorescence*) 현상인 가시광선을 방사시키기 위하여 눈에 보이지 않는 자외선을 사용한다. 형광화합물을 밝게 하기 위해 시료의 얇은 면에 레이저를 조사하는 현미경은 공초점 현미경(*confocal microscope*)이라고 한다. 다음으로 이들 광학현미경에 대하여 알아보자.

명시야현미경

명시야현미경에는 단순현미경(*simple microscope*)과 복합현미경(*compound microscope*)의 두 가지 기본 형태가 있다.

단순현미경 Leeuwenhoek는 1674년에 단순현미경을 이용하여 미생물의 관찰을 최초로 보고하였다. **단순현미경(simple microscope)**은 한 개의 확대렌즈를 가지며, 현대의 현미경과 비교하여 볼 때 확대경에 더욱 가깝다 (그림 1.2 참조). Leeuwenhoek는 현미경을 발명하지 못하였지만, 그는 그 시대의 가장 훌륭한 렌즈제작자였으며, 뛰어난 품질의 현미경 생산을 가능하게 하였다. 그 현미경은 사물을 300배 정도로 확대할 수 있었고, 우수한 선명도를 보여주었으며, 그 시기의 다른 현미경을 훨씬 능가하였다.

복합현미경 오늘날 실험실의 단순현미경은 복합현미경으로 대체되었다. **복합현미경(compound microscope)**은 사물을 확대하기 위하여 일련의 렌즈를 사용한다 **(그림 2.4a)**. Galileo Galilei (1564–1642)를 포함한 많은 과학자들은 1590년대 초기에 복합현미경을 만들었으나, 과학자들은 1830년대 까지 Leeuwenhoek의 단순현미경의 선명도와 배율을 능가하는 복합현미경을 개발하지 못하였다.

기본적인 복합현미경에서 배율은 광선이 시료를 거쳐서 확대하고자 하는 사물위에 위치하는 렌즈인 **대물렌즈(objective lens)**를 통과함으로서 얻어진다 **(그림 2.4b)**. 대물렌즈는 실제 확대된 상을 생성할 뿐만 아니라, 상의 형태와 색깔에서 수차(aberration)를 줄이도록 조작된 일련의 렌즈를 말한다. 생물학에서 사용되는 대부분의 광학현미경은 **해상전환기(resolving nosepiece)**에 장착된 3–4개의 대물렌즈를 가진다. 일반적인 현미경의 대물렌즈는 주사대물렌즈(*scanning objective lens*) (4배), 저배율 대물렌즈(*low-power lens*) (10배), 고배율 렌즈(*high-power lens*) 또는 고건조 대물렌즈(*high dry objective lens*) (40배), 유침대물렌즈(*oil immersion objective lens*)(100배) 등이 있다.

유침렌즈는 배율을 증진시킬 뿐 만 아니라 해상력도 증진시킨다. 우리가 아는 바와 같이, 빛은 공기에서 유리로, 또는 유리에서 공기로 이동함에 따라 굴절된다; 따라서 유리슬라이드의 밖으로 통과된 일부 빛은 굴절되어 비껴나가게 된다 **(그림 2.5a)**. 슬라이드와 유침렌즈 사이에 유침유를 점적하는 것은 빛이 유리에서와 같이 동일한 속도로 유침유를 통해서 이동하도록 하여 렌즈가 빛을 포획하도록 하는 것이다. 빛은 슬라이드, 유침유, 유리렌즈를 통해서 일정한 속도로 이동하기 때문에 굴절되지 않는다 **(그림 2.5b)**. 유침유는 더욱 많은 빛이 상을 생성하도록 빛을 모으기 때문에 해상력을 높이고 개구수(numerical aperture)를 증가시킨다. 명백히 슬라이드와 렌즈간의 간격은 작업거리(*working distance*)라고 하는 렌즈와 시료간의 간격이 좁을 때만 오일로 채워질 수 있다.

대물렌즈는 광선을 구부러지게 하고, 그 후 눈에 가장 근접한 렌즈인 한 개 또는 두 개의 **대안렌즈(ocular lens)**를 통과한다. 단일 대안렌즈를 가진 현미경은 단안현미경(*monocular*)이며, 두 개 이상의 현미경은 쌍안현미경(*binocular*)이다. 대안렌즈는 대물렌즈에 의해 생성된 상을 확대하며, 약 10배 정도이다.

복합현미경의 **총배율(total magnification)**은 대안렌즈의 배율과 대물렌즈의 배율을 곱하여 결정된다. 이같이 10배의 대안렌즈와 저배율의 대물렌즈를 사용한 경우의 총 배율은 100배이다. 동일한 대안렌즈와 100배의 유침대물렌즈를 사용한 경우에는 1,000배

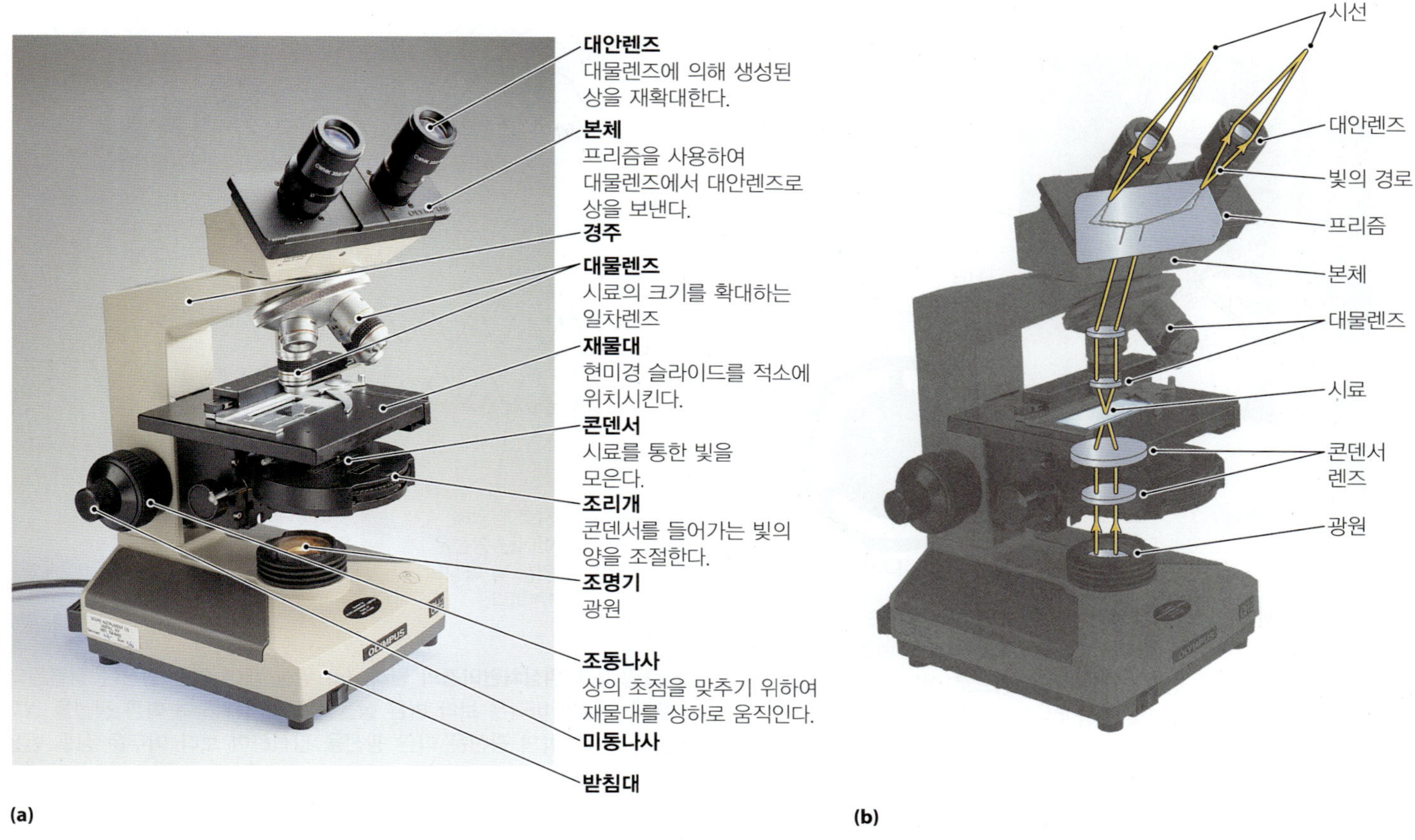

▲ **그림 2.4 명시야 복합광학현미경. (a)** 일부 복합현미경은 2,000배 까지 상을 생성하기 위하여 일련의 렌즈를 사용한다. **(b)** 복합현미경에서 빛의 경로; 빛은 하부에서 상부로 이동한다. 광학현미경이 10,000배로 확대된 명확한 상을 생성하는 이유는 무엇인가?

그림 2.4 광학현미경에서 10,000배 확대된 상의 생성이 가능하다 할지라도, 매우 파장이 짧은 (청색) 빛에서 조차도 시료에서 두 개의 사물이 서로 너무 근접하여 해상할 수 없기 때문에 2,000배 이상의 배율은 공배율이다.

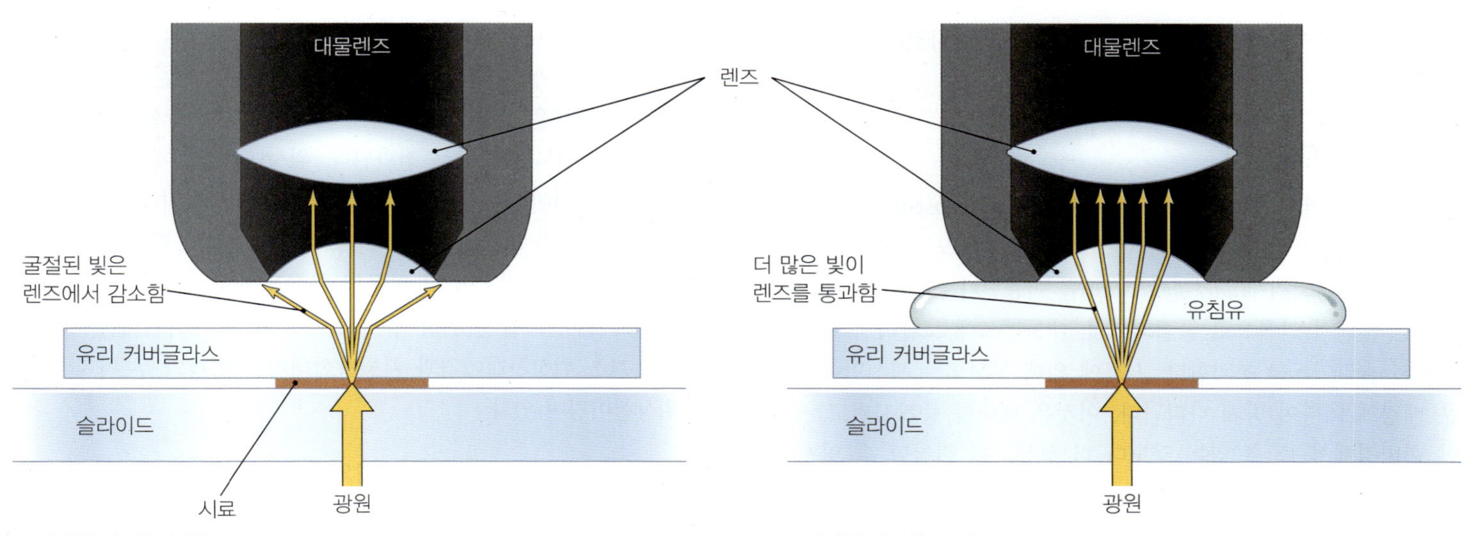

▲ **그림 2.5 해상력에서 유침유의 효과. (a)** 빛은 유침유가 없는 경우에 커버글라스에서 대기로 움직임에 따라 굴절된다. 일부 흩어진 빛은 대물렌즈로 들어가지 못한다. **(b)** 유침유가 존재하는 경우에 빛은 유리를 통하는 속도와 동일한 속도로 오일을 통과하기 때문에 시료를 통과하면서 더 많은 빛이 굴절되지 않고 렌즈를 통과하여 해상력이 증가한다.

▲ **그림 2.6 암시야현미경에서 빛의 경로.** 암시야조리개는 시료로 직접 들어오는 빛을 막는다; 시료에 의해 굴절된 빛만이 대물렌즈에 도달되어 볼 수 있게 한다. 그 결과 생성된 고-대비의 상으로 어두운 배경에 대하여 밝게 빛나는 시료는 해상도를 증가시킨다.

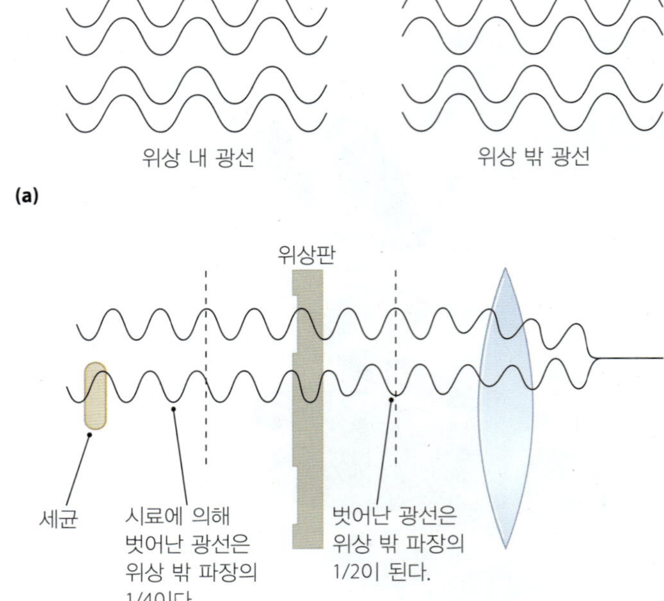

▲ **그림 2.7 위상차현미경의 원리. (a)** 위상 내에 있는 광선은 정렬된다; 그들의 정상과 바닥은 보다 밝은 상을 생성하기 위하여 다른 광선을 강화시킨다. 위상 밖의 광선은 다른 광선을 간섭하여 보다 어두운 상을 만든다. **(b)** 시료구역과 위상대물렌즈에 장착된 위상판은 서로 일부 광선을 느리게 하는데 위상 밖의 1/2 파장이다. 이들 광선은 시료를 벗어난 광선을 간섭하여 배경과 시료의 여러 구역에서 대비차를 생성한다(그림 2.8c와 d 참조).

가 된다. 일부 광학현미경은 보다 높은 배율의 유침대물렌즈와 대안렌즈를 사용하여 2,000배로 확대할 수 있지만, 이것은 그들의 해상력이 가시광선의 파장에 의해 제한되기 때문에 광학현미경에서 사용가능한 한계 배율이 된다.

현대의 복합현미경은 또한 시료를 통하여 빛이 직접 들어오는 **콘덴서렌즈(condenser lens)** (또는 렌즈들) 뿐만 아니라, 대물렌즈에서 대안렌즈로 광선의 경로를 굴절시키는 한 개 이상의 거울이나 프리즘을 가지고 있다 (그림 2.4b 참조). 일부 현미경에는 특별한 튜브를 통하여 카메라로 빛을 비추는 거울이나 프리즘이 장착되어있다. 그같은 현미경 이미지의 사진을 광학 **현미경사진(micrograph)** 이라고 한다.

암시야현미경

색이 엷은 물체는 **암시야현미경(dark-field microscope)**으로 가장 잘 관찰된다. 이 현미경은 대물렌즈로 직접 들어오는 빛을 막는 콘덴서의 암시야조리개(*dark-field stop*)를 이용한다 **(그림 2.6)**. 대신에 광선은 콘덴서 안쪽으로 굴절되어서, 대물렌즈에 도달하지 못한 사각에서 슬라이드를 통과한다. 시료에 의해 분산되는 광선만이 어두운 배경에 대하여 밝게 나타난다. 이것은 대비를 증가시키고, 명시야 현미경에서 볼 수 있는 것보다 더 상세하게 관찰할 수 있게 해준다. 암시야현미경은 특히 작거나 색깔이 없는 세포를 관찰하는데 유용하다.

위상현미경

과학자들은 슬라이드에 부착되거나, 염색을 통하여 손상되거나, 변형된 살아있는 미생물이나 시료를 관찰하기 위하여 **위상현미경(phase microscope)**을 사용한다. 기본적으로 위상현미경은 한 방향의 광선을 다른 방향의 광선과 다르게 처리한다.

광선이 그들의 정상과 바닥에 정렬되었을 때 위상 내(*in phase*)라고 하고, 봉우리와 골짜기가 정렬되지 않을 때 위상 밖(*out of phase*)이라고 한다 **(그림 2.7a)**. 위상 내의 광선은 다른 광선을 강화하여 보다 밝은 상을 생성하고, 위상 밖의 광선은 다른 광선을 간섭하여 보다 어두운 상을 생성한다. 시료를 통과한 광선은 느려져서 위상 밖의 약 1/4 파장으로 전환된다. 위상대물렌즈에 장착된 위상판(*phase plate*)이라고 하는 특수 필터는 이들 광선의 1/4 파장으로 느려져서 위상 밖 파장의 1/2이 된다. 위상현미경의 렌즈가 두 방향의 광선을 함께 가져오면 한 파동의 바닥은 다른 파동의 정상과 간섭을 일으키며, 그들은 위상 밖에 있기 때문에 대비가 만들어진다 **(그림 2.7b)**. 위상차현미경과 차별간섭대비 현미경의 두 가지 종류의 위상현미경이 있다:

위상차현미경 가장 간단한 형태의 위상현미경인 **위상차현미경(phase-contrast microscopes)**은 확실하게 구분되는 상을 생성하여, 살아있는 세포의 미세구조를 볼 수 있다. 이들 현미경은 특히 섬모와 편모를 관찰하는 데 유용하다.

차별간섭대비현미경 **차별간섭대비현미경(differential interference**

▶ **그림 2.8 네 가지 종류의 광학현미경.** 이들 네 가지 사진은 동일한 사람의 빰안쪽 세포와 세균을 보여준다. **(a)** 명시야현미경은 일부 내부구조를 보여준다. **(b)** 암시야현미경은 일부 내부구조, 그리고 세포와 주변 매질의 주변의 대비를 증진시킨다. **(c)** 위상차현미경은 내부구조의 보다 나은 해상력을 제공한다. **(d)** 차별간섭대비(Nomarski) 현미경은 3차원 효과를 제공한다.

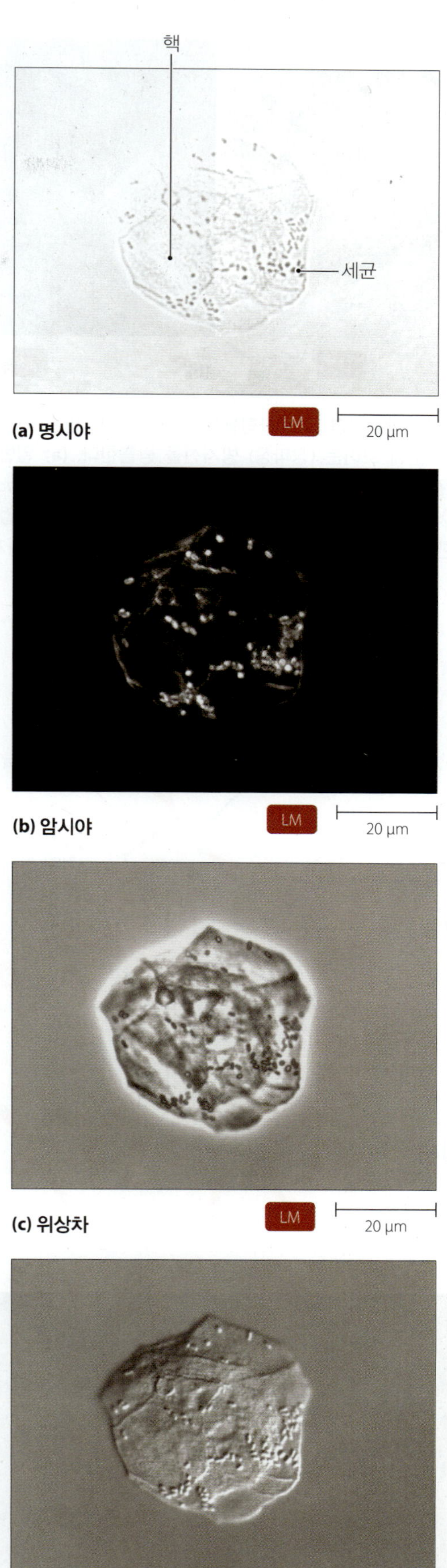

contrast microscope) (Nomarski[2] 현미경이라고도 불림)은 위상간섭 패턴을 생성한다. 그들은 또한 광속(light beam)을 그들의 구성 파장으로 분산시키는 프리즘을 사용한다. 이것은 한쪽에서 시료에 광속을 쪼이는 것 같이, 대비를 크게 증가시키고, 극적인 3차원 또는 음영이 나타나는 형상(image)을 제공한다, 이 기법은 또한 부자연스러운 색깔을 생성하여 대비를 증가시킨다.

그림 2.8은 4가지 다른 형태의 광학현미경을 사용하여 관찰하였을 때, 단일 시료에서 관찰될 수 있는 차이점을 보여준다.

형광현미경

(자외선 같은) 보이지 않는 광선에서 에너지를 흡수하여 보다 긴 가시파장으로 에너지를 방사하는 분자는 형광성(*fluorescent*)이 있다고 말한다. **형광현미경(fluorescent microscope)**은 사물에서 형광을 발생하도록 하고자 형광을 사용한다. 자외선은 가시광선보다 짧은 파장을 가지기 때문에 해상력을 증진시키고, 형광을 내는 구조물은 검정색 배경에서 볼 수 있기 때문에 대비가 증진된다.

예를 들어, 병원균인 *Pseudomonas aeruginosa* (soo-dō-mō´nas ā-roo-ji-nō´să)와 같은 일부 세포와 (광합성 생물의 엽록소와 같은) 세포성 분자들은 자연적으로 형광을 낸다. 다른 세포들과 세포구조들은 형광염료로 염색될 수 있다. 이들 염료가 자외선으로 조사되었을 때, 가시광선을 방출하여 검정색 배경에 대하여 밝은 오렌지색, 녹색, 노란색, 기타 다른 색깔을 나타낸다.

일부 형광염료는 어떤 세포에 특이적이다. 예를 들어, 염료인 플로레신 이소치오시아네이트(fluorescein isothiocyanate)는 탄저병의 원인균인 *Bacillus anthracis* (ba-si´ŭs an-thrā´sis)에 붙어서 형광현미경으로 볼 때 엷은 황록색을 나타낸다. 또 다른 형광염료인 오라민 O (auramine O)는 *Mycobacterium tuberculosis* (mī´kō-bak-tēr´ē-ŭm too-ber-kyū-lō´sis)를 염색하는데 사용된다 **(그림 2.9)**.

형광현미경은 면역형광(*immunofluorescence*)이라고 하는 과정에도 사용될 수 있다. 먼저 형광염료는 항체(*antibody*)라고 하는 Y자형 면역계 단백질과 공유적으로 결합된다 **(그림 2.10a)**. 기회가 주어지면 이들 염료가 붙은 항체는 존재하는 일부 분자에 미생물세포의 표면에 상보적인 형태의 항원(*antigen*)이 특이적으로 결합할 것이다. 자외선 하에서 관찰하였을 때, 염료가 붙은 항체가 결합된 미생물시료는 볼 수 있게 된다 **(그림 2.10b)**. 매독, 광견병, 라임병을 일으키는 병원균들의 동정뿐만 아니라, 과학자들은 관심있는 다

---
[2]프랑스 물리학자인 Georges Nomarski가 차별간섭대비 현미경을 발명한 이후

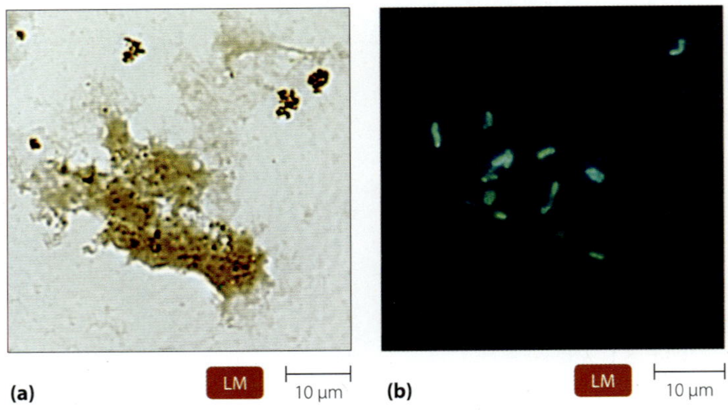

▲ **그림 2.9 형광현미경.** 형광화합물은 눈에 보이지 않는 단파장 방사선을 흡수하여 눈에 보이는 (장파장) 방사선을 방출한다. **(a)** 일반 조명아래서 보면 형광염료인 오라민 O (auramine O)로 염색한 *Mycobacterium tuberculosis* 세균은 가래도말에서 점액과 파편들 속에서 볼 수 없다. **(b)** 세균은 동일한 도말을 자외선에서 볼 때 형광을 나타내어 뚜렷하게 보인다.

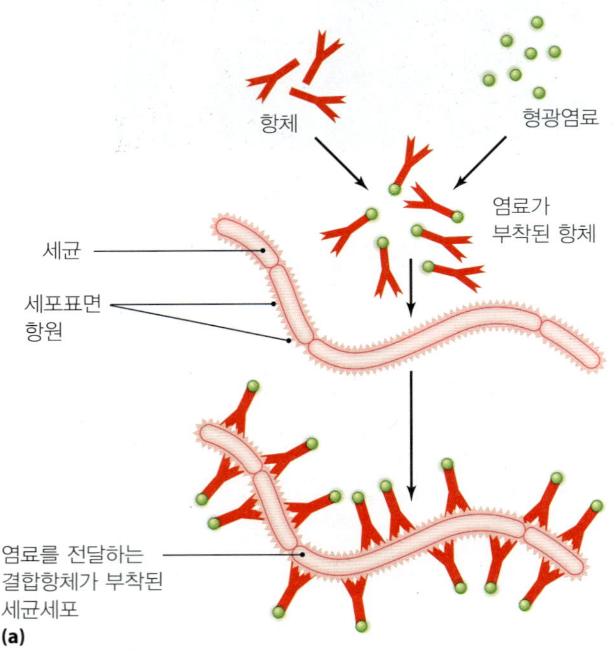

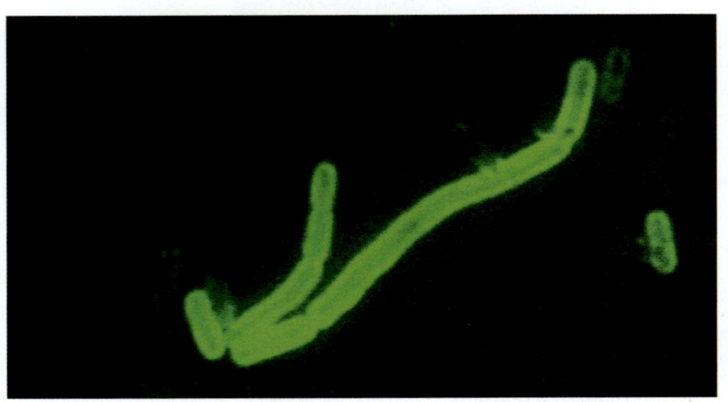

양한 단백질의 위치를 정하고 관찰할 수 있도록 하기 위하여 면역형광을 사용할 수 있다.

공초점현미경

공초점현미경(confocal[3] microscope)도 형광염료나 형광항체를 사용하지만, 이 현미경은 자외선레이저를 사용하여 1.0 μm보다 두껍지 않은 단일 평면에서 형광화합물을 밝게 한다; 나머지 시료는 어두운 채로 초점밖에 나타난다. 염료에서 방출된 가시광선은 다른 현미경과 있을 수 있는 흐릿함을 제거하는데 도움을 주고, 40%까지 해상력을 증진시키는 핀홀개구(pinhole aperture)를 통과한다. 얇게 잘라졌다면 공초점현미경으로부터 생겨난 각 상은 그 시료를 통한 "광학적 절편"이다. 일단 각 상이 디지털화되면 컴퓨터를 사용하여 적당한 방향으로 회전시켜 관찰될 수 있도록 3차원 화상을 만든다. 공초점현미경은 특히 생물막(biofilim)이라는 복잡한 미생물 군집에서 다양한 미생물들 간의 상호관계를 조사하는 데 사용될 수 있다 (35쪽의 **집중조명: 가소성 "암석"에서 생물막 연구** 참조). 보통 광학현미경은 살아있는 생물막 내에 생성된 명확한 구조의 상을 생성할 수 없으며, 생물막에서 표층제거는 생물막 군집의 역동성을 변화시킨다.

전자현미경

학습 **성과**

2.12 작동법과 상의 생성을 장점에 근거하여 투과전자현미경과 주사전자 현미경을 비교하라.

해상력은 가장 높은 개구수를 가지는 가장 좋은 유침렌즈를 사용하는 가장 값비싼 위상현미경으로 조차도 여전히 가시광선의 파장에 의해 제한된다. 가장 짧은 가시광선 (보라색)은 파장이 약 400 nm이기 때문에 약 200 nm보다 더 밀접한 구조들은 최상의 광학현미경으로도 식별하기 어렵다. 반면에 파동처럼 이동하는 전자들은 0.01 nm와 0.001 nm 간의 파장을 가지는데, 이것은 가시광선 파장의 10/1,000에서 100/1,000이다. 따라서 전자현미경의 해상력은 광학현미경과 비교하여 매우 높으며, 보다 높은 해상력은 보다 높은 배율의 가능성을 가져온다.

전자현미경은 좋은 해상력을 가지고 수백만 배까지 확대가 가능하지만, 일반적으로 사물을 10,000배에서 100,000배로 확대한다. 전자현미경은 가장 작은 세균, 바이러스, 세포내부 구조, 심지어

[3](레이저) 빛의 공초점(*coinciding focal* points)으로부터

◀ **그림 2.10 면역형광. (a)** 형광염료가 항체와 공유결합한 후, 염료-항체 혼합물은 항체의 표적과 결합하여 형광현미경에서 표적을 볼 수 있도록 한다. **(b)** 페스트의 병원체인 *Yersinia pestis*의 면역형광염색. 이 세균은 어두운 배경에서 밝게 나타난다.

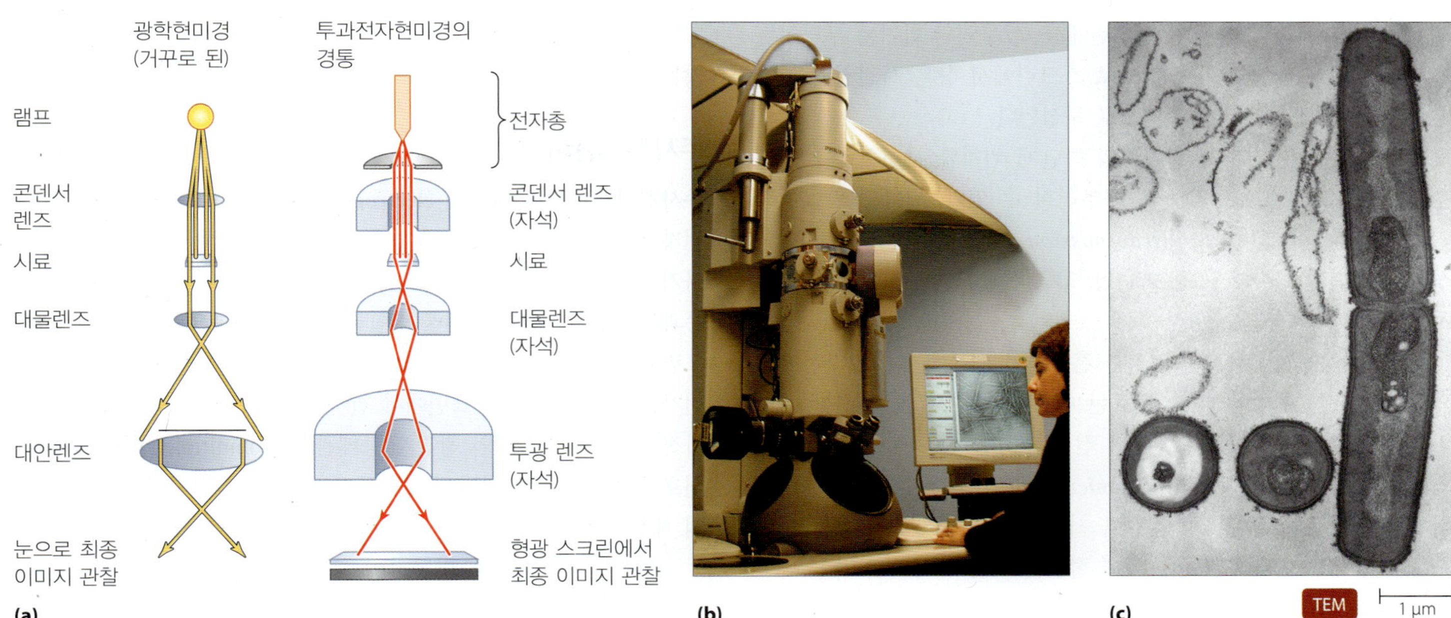

▲ **그림 2.11 투과전자현미경(TEM). (a)** TEM을 통한 전자의 경로와 광학현미경을 통한 빛의 경로의 비교(왼쪽, 비교를 용이하게 하기 위하여 위를 아래로 그렸음). **(b)** TEM은 광학현미경과 비교하여 훨씬 더 크다. **(c)** 세균 *Bacillus subtilis*의 투과전자 이미지. 투과전자현미경 사진은 광학현미경에서 볼 수 없는 내부구조를 상세하기 보여준다. 전자현미경의 내부경통에서 공기를 제거해야하는 이유는 무엇인가?

그림 2.11 공기는 전자를 흡수하여 이미지를 생성하는 방사선은 없다.

분자와 커다란 원자들 까지도 선명하게 볼 수 있게 해준다. 전자현미경으로만 볼 수 있는 세포 구조는 세포의 초미세구조(*ultrastructure*)로서 언급된다. 초미세구조는 그들이 너무 작아서 해상할 수 없기 때문에 광학현미경으로 볼 수 없다. 전자현미경은 일반적으로 투과전자현미경(*transmission electron microscope*)과 주사투과전자현미경(*scanning electron microscope*)의 두 가지 형태가 있다.

투과전자현미경

투과전자현미경(transmission electron microscope, TEM)은 궁극적으로 형광스크린에 상을 만드는 전자빔을 생성한다 **(그림 2.11a)**. 전자의 경로는 광학현미경에서 빛의 경로와 비슷하다. 전자는 전자 발생장치로부터 자기장을 시료와 빔을 조작하여 집중시키는 (유리렌즈 대신에) 자기장, 그 후 전자를 흡수하는 형광스크린을 통과하며, 그 때문에 일부 에너지는 가시광선으로 전환되어 시료를 통과한다 **(그림 2.11b)**. 시료의 밀집구역은 전자를 차단시켜 스크린에서 어두운 구역이 된다. 시료의 밀집된 덜 된 지역에서 스크린은 더욱 밝게 형광을 나타낸다. 대비와 해상력은 광학현미경에서와 마찬가지로 고밀도 전자염색약을 사용하여 증진될 수 있으며, 여기에 대

집중 조명

가소성 "암석"에서 생물막 연구

해양 스트로마톨라이트(stromatolite)는 탄산칼슘으로 구성된 독특한 암석구조물이다. 이들 암석구조물 내부에는 복잡한 생물막으로 구성된 세균군집이 가득 들어있다. 이들 생물막은 남세균, 호기성 유기영양성 세균, 황산염 환원세균을 포함하는 많은 다른 종류의 미생물을 포함한다.

해양 스트로마톨라이트에서 작은 생물들이 서로 다른 생물들과 그들의 환경에서 어떻게 상호작용하는지를 연구하기 위하여, 남가주대학교의 연구자들은 암석구조물의 표면에서 생물막 시료를 채취하여 그들을 무독성 레진에 고정하였다. 일부 사례에서 미생물세포의 특정 부분은 형광탐침을 사용하여 염색하였으며, 공초점현미경은 그 후 횡단면을 각종 상호작용 연구하는데 사용하였다. 생물막 구조를 유지하는 동안 세균들을 레진에 포매하여, 연구자들은 거의 자연 상태에서 세균의 네트워크를 관찰할 수 있었다. 이 기법은 다목적이며, 생물막의 역학과 구성의 추가적인 이해를 얻기 위하여 다른 미생물 시스템을 연구하는데 사용될 수 있다.

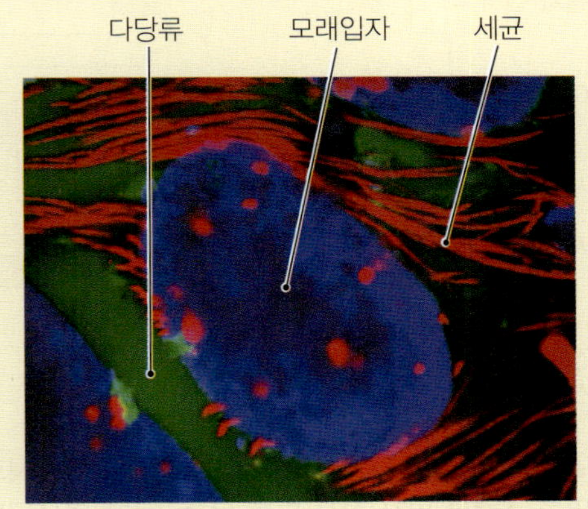

해양 스트로마톨라이트

해서는 추후 논의할 것이다. 스크린에서 각 구역의 밝기는 부딪치는 전자의 갯수에 상응한다. 그러므로 스크린에서 상은 사진원판과 매우 유사하게 밝고 어두운 구역으로 구성된다.

그 스크린은 전자가 현미경의 하단에 위치한 사진필름을 때릴 수 있도록 그 진행경로 밖으로 구부러질 수 있다. 필름에 만들어진 인화는 투과전자현미경사진(*transmission micrographs*) 또는 TEM 상(*image*)이라고 한다 **(그림 2.11c)**. 그 같은 상은 어떤 특성을 강조하기 위하여 착색될 수 있다.

공기를 포함한 물질은 전자를 흡수하기 때문에 투과전자현미경의 기둥은 진공이어야 하며, 시료는 매우 얇아야 한다. 온전한 세포와 같은 두꺼운 시료를 관찰하기 전에 시료를 탈수시키고, 플라스틱에 포매하여, 초박절편기(*ultramicrotome*)라고 하는 절단기에 장착된 다이아몬드 칼이나 유리칼을 사용하여 약 100 nm 정도의 두께로 절단해야 한다. 그 같은 미세 절단은 작은 크기의 구리 그리드(copper grid) 상에 위치시키고, 에어록(air lock)을 통해서 현미경으로 삽입한다.

시료의 진공과 슬라이싱(slicing)이 요구되지 않기 때문에, 주사전자현미경은 살아있는 생물체를 연구하는데 사용될 수 없다. 탈수와 절단 과정에서 수축, 일그러짐, 기타 인공물 등도 나타날 수 있는데, 이들은 TEM 상에 나타나지만, 자연 시료에서는 나타나지 않는 구조이다.

주사전자현미경

주사전자현미경(scanning electron microscope, SEM)은 또한 일차전자(primary electron)라고 하는 전자빔을 조작하여 진공관 내에서 자기장을 사용한다 **(그림 2.12)**. 그러나 SEM에서는 전자가 시료를 통과하는 것이 아니라, 백금이나 금과 같은 금속으로 코팅된 시료의 표면을 가로질러 앞뒤로 움직이며 신속하게 초점을 형성한다. 일차전자는 코팅된 시료의 표면에서 전자들을 제거하며, 이들 분산된 이차전자들은 탐지장치와 광전자 증배관(photomultiplier)을 통과하여, 신호를 증폭시켜 모니터에 보여준다. 보통 주사현미경은 약 20 nm의 해상력으로 10,000배까지 확대하는 데 사용된다.

투과전자현미경과 비교하여 주사전자현미경이 가지는 한 가지 장점은 시료전체를 절단시킬 필요없이 관찰이 가능하다. 주사전자현미경사진은 아름답고 진짜같이 3차원으로 볼 수 있다 **(그림 2.13)**. 주사전자현미경의 두 가지 단점은 시료의 외부표면만을 확대하며, TEM과 마찬가지로 진공이 필요하여 단지 죽은 생물체만을 관찰할 수 있다는 것이다.

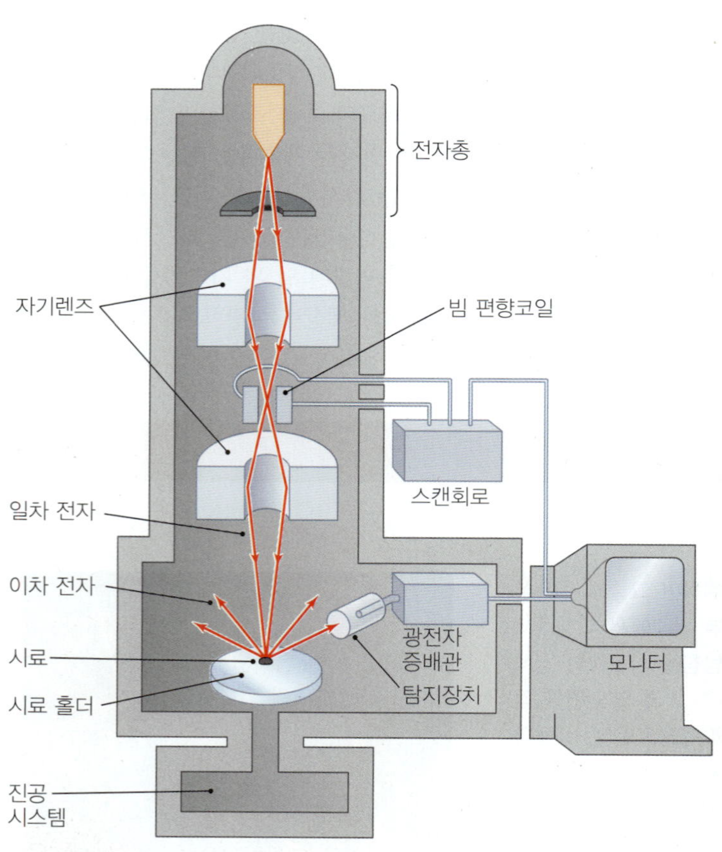

▲ **그림 2.12 주사전자현미경(SEM).** SEM은 시료의 금속으로 코팅된 표면을 스캔한 일자 전자 빔을 모으기 위하여 자기렌즈를 사용한다. 일차전자에 의해 시료의 표면에서 방출된 이차 전자는 탐지장치에 의해 수집되고, 그 신호는 증폭되어 모니터에 나타난다.

▲ **그림 2.13 SEM의 상. (a)** 해양규조류인 *Arachnoidiscus* (조류). **(b)** 균류인 *Aspergillus*. **(c)** 막대형 세균의 위에 있는 단세포 "동물"인 짚신벌레(*Paramecium*). **(d)** 세균 *Streptococcus*.

탐침현미경

학습 | 성과

2.12 탐침현미경의 두 가지 변형을 기술하라.

비교적 최근에 개량된 현미경은 100,000,000배 이상으로 확대하기 위해서 아주 작고 뾰족한 전자탐침을 이용한다. 탐침현미경에는 주사터널현미경(*scanning tunneling microscope*)과 원자력현미경(*atomic force microscope*)의 두 가지 변형된 현미경이 있다.

주사터널현미경

주사터널현미경(scanning tunneling microscope, STM)은 단일원자를 향하도록 하고 시료표면의 바로 위를 앞뒤로 움직이는 금속성 탐침을 통과시킨다. 주사터널현미경은 주사전자현미경과 마찬가지로 전자빔을 탐지기로 분산시키기 보다는 탐침과 시료의 표면에서 전자흐름을 측정한다. 터널전류(*tunneling current*)라고 하는 전자류(electron flow)의 양은 탐침과 시료 표면의 거리에 직접 비례한다. 주사터널현미경은 0.01 nm 정도의 짧은 거리를 측정할 수 있으며, 원자수준에서 시료표면의 세부적인 것들을 보여준다 **(그림 2.14a)**. 주사터널현미경에서 요구되는 사항은 시료가 전기전도성이 있어야 한다는 것이다.

원자력현미경

원자력현미경(atomic force microscope, AFM)도 뾰족한 탐침을 사용하지만, 거리보다는 시료표면에 가볍게 탐침의 팁을 좌우로 움직인다. 이것은 어떤 사람이 점자를 읽는 방법과 비유된다. 탐침의 팁에 겨냥된 레이저빔의 편향은 수직운동을 통해서 측정하는데, 이것이 컴퓨터에 의해 읽혀질 때, 원자토포그래피(atomic topography)로 나타난다.

원자력현미경은 터널현미경과는 달리 전자를 전도하지 못하는 시료를 확대할 수 있다. 그들은 또한 전자빔이나 진공을 필요로 하지 않기 때문에 살아있는 시료를 확대할 수 있다 **(그림 2.14b)**. 연구자들은 이 현미경을 이용하여 세균의 표면, 바이러스, 단백질, 아미노산 등을 확대하는데 사용한다. 원자력현미경을 사용하는 최근의 연구는 분열중인 단일 세균의 3차원적 모양을 관찰하는 것이다.

표 2.2에는 여러 가지 현미경의 특성을 요약하였다.

왜 그런가

전자현미경에서 배율은 높으나 색깔을 띠지 않은 이유는?

염색

일찍이 우리는 흰 배경에서 두 개의 흰 골프공 사이가 떨어져 있는 것을 구분하는 것이 어렵다고 이야기 하였다. 만일 그 골프공들을 검

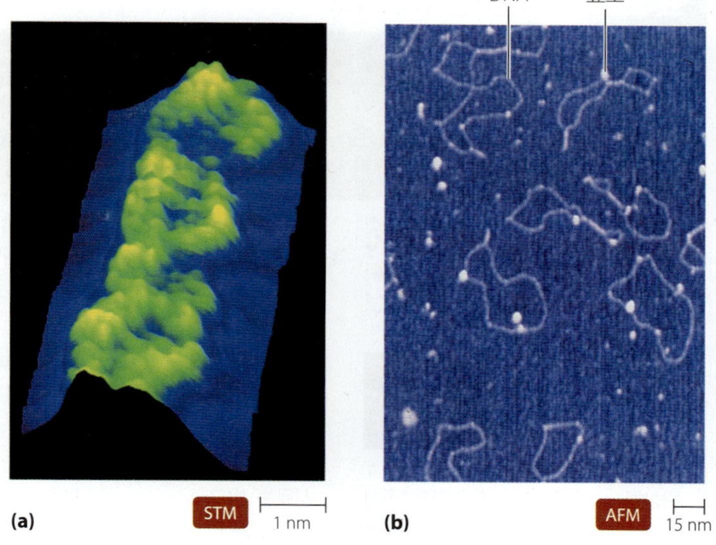

▲ **그림 2.14 탐침현미경.** **(a)** 주사터널현미경은 세포내부를 보여준다; 이 경우에는 DNA 이중나선이 3회 회전되어 있음을 보여준다. **(b)** 효소에 의해 소화된 플라스미드 DNA는 원자력현미경을 통해서 관찰된다.

은 색으로 칠했다면, 배경과 공들 간에 훨씬 더 잘 식별할 수 있다. 이것은 염색이 대비와 해상력을 증가시킨다는 이유를 설명해준다.

대부분의 미생물은 무색이어서 명시야 현미경으로 관찰하기 어렵다. 미생물학자들은 미생물을 관찰하기 위하여 염료를 사용하며, 그들의 세부구조는 염료의 구조, 그리고 시료와 배경 간에 대비를 증가시키기 때문에 더욱 잘 보인다. 전자현미경은 또한 시료 간의 대비를 증진시키기 위해서 염료나 코팅처리 하는 것이 필요하다.

이 장에서는 과학자들이 염색을 위한 시료준비, 염료가 어떻게 작용하는 지를 조사하고, 광학현미경에서 사용되는 7가지 염색법을 알아보고자 한다. 전자현미경을 위한 염색에 대해서도 알아본다.

염색을 위한 시료준비

학습 | 성과

2.13 현미경 관찰을 위한 시료의 준비, 도말, 열고정, 화학고정 등의 목적에 대하여 설명하라.

미생물에 대한 많은 연구, 특히 병원균을 확인하는 일은 염색된 시료의 광학현미경 관찰로부터 시작한다. **염색(staining)**은 단순히 염료(dye)라고도 하는 염색약으로 시료를 착색시키는 것을 의미한다.

미생물학자들이 미생물을 염색하기 전에 슬라이드에 위치시키고, 단단히 부착해야 한다. 일반적으로 이것은 슬라이드에 도말(smear)을 만들어, 슬라이드에 고정(*fixing*)시키는 일을 수반한다 **(그림 2.15)**.

생물체가 액체에서 자라고 있다면, 그 액체 한 방울을 슬라이

표 2.2 현미경 종류의 비교

현미경의 종류	일반적인 상	상에 대한 설명	특성	일반적인 사용
광학현미경			유용한 배율 1배–2,000배; 200 nm 해상력	가시광선의 사용; 짧은 청색파장은 보다 나은 해상력을 제공
명시야		밝은 배경에 대하여 시료는 색깔이 있거나 투명함	사용간단; 비교적 비싸지 않음; 염색된 시료가 종종 요구됨	죽은 염색시료와 자연적인 색깔을 갖는 살아있는 것들을 관찰; 또한 미생물 계수에 사용
암시야		어두운 배경에 대하여 밝은 시료	빛이 시료를 직접 통과를 방해하는 콘덴서에서 특수필터 사용; 시료에 의해 분산된 빛만 보임	살아있고, 무색, 염색되지 않은 생물체 관찰
위상차		시료는 밝고, 어두운 구역	편광이 시료를 통과하는 빔과 시료를 우회하는 빔의 두 개의 빔으로 나눠지는 특수 콘덴서 사용; 빔은 그 후 대물렌즈로 들어가기 전에 재합류 됨; 상의 대비는 두 빔의 상호작용으로부터 생김	살아있는 미생물의 내부구조
차별간섭대비 (Normaski)		상은 3차원으로 나타남	분리된 빔 대신에 두 분리된 빔 사용; 관찰 위채색(false color)과와 삼차원 효과는 빛살과 렌즈의 상호작용으로부터 기인함, 염색은 필요 없음	살아있는 미생물의 내부구조 관찰
형광		어두운 배경에 대하여 밝은 색상의 형광구조	자외선은 형광의 자연 화합물이 가시광선의 방출을 일으킴	특별한 화학물질이나 구조의 위치 확인; 병원균의 탐침을 위한 정확 하고 신속한 진단 도구로서 사용
공초점		형광염료로 특별히 염색된 구조나 세포의 단일 평면	동시에 시료의 한 면에서 형광을 발하도록 하기 위하여 레이저를 사용	군집 내 세포의 세부구조 관찰
전자현미경		일반적 배율은 1,000 배–100,000배; 해상력 은 0.001 nm임	단파장의 파동으로 이동하는 전자 사용; 시료는 진공에서 처리해야 하므로 살아있는 미생물은 조사하는데 사용될 수 없음	
투과		단색, 이차원, 고배율 상; 색상 증진	세포의 초미세구조의 2차원의 상이 생성	세포의 내부 초미세구조와 바이러스와 작은 세균의 관찰
주사		단색, 삼차원, 표면 상; 색상 증진	미생물의 표면과 세포구조의 삼차원 장면 생성	구조물의 세부표면 관찰
탐침현미경		전자현미경의 해상력보다 더 큰 100,000,000배 이상의 배율	시료의 표면위로 움직이는 미세 탐침자의 사용	
주사터널		개개 분자와 원자 관찰	원자수준에서 표면의 상을 생성하기 위하여 탐침팁과 시료간의 전류의 흐름측정	사물의 표면관찰; 극도의 미세구조, 고배율, 고 해상력 제공
원자		개개 분자와 원자 관찰	시료의 표면에 걸쳐 이동하는 탐침팁에 겨냥된 레이저빔의 굴절 측정	분자 및 원자수준에서 살아있는 시료 관찰

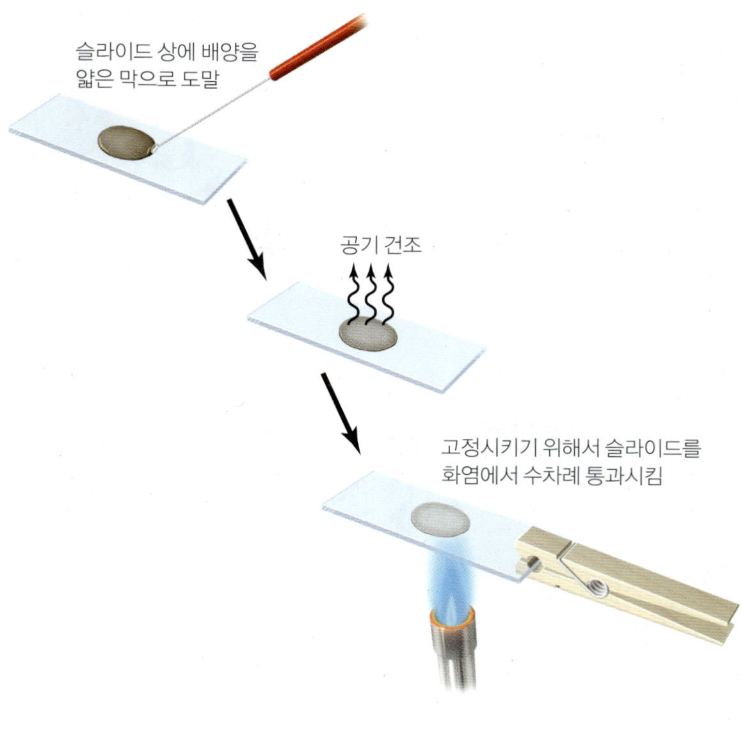

◀ **그림 2.15 시료염색 준비.** 미생물이 있는 배양액을 동그라미 모양으로 슬라이드 표면에 도포하라. 그 도말은 공기 중에서 건조한 후, 분센 버너의 화염을 통과시켜 슬라이드에 세포를 고정시킨다. 대안으로 화학적 고정이 사용될 수 있다. 도말이 슬라이드에 고정되는 이유는?

그림 2.15 고정은 시료가 유리에 붙음으로서 일어나며, 염색하는 동안 쉽게 떨어져 나가지 않는다.

드 표면에 올려놓고 펼친다. 만일 이 생물체가 한천 평판과 같은 고체 면에서 자라고 있다면, 그들을 슬라이드 상에올려 놓고 물 한 방울과 섞는다. 어떤 방법으로 하던지 슬라이드 상에 형성된 생물체의 얇은 막은 **도말(smear)**이라고 한다.

도말은 공기 중에서 건조시켜 슬라이드의 표면에 부착 또는 고정시킨다. Robert Koch에 의해 100여 년 전에 개발된 **열고정(heat fixation)**은 슬라이드를 분젠버너의 화염 속으로 가볍게 통과시켜 고정된 도말을 준비한다. 다른 방법으로 **화학고정(chemical fixation)**은 도말을 1분 동안 메틸알코올과 같은 화학물질에 적용시킨다. 건조와 고정은 미생물을 죽이고, 슬라이드에 단단히 부착시키며, 형태와 크기를 유지시킨다. 적절하게 시료를 도말하고 고정시켜서 염색하는 동안 소실되지 않는다는 것이 중요하다.

전자현미경 관찰에서 시료 준비는 또한 젖은 시료에서의 수증기가 전자빔을 멈추게 하기 때문에 건조되어야 한다. 우리가 본 바와 같이, 전자현미경에서는 보통 염색하기 전에 건조된 시료를 아주 얇게 절단해야 한다. 주사전자현미경 관찰에서의 시료는 코팅을 하지만, 염색하지 않는다.

염색의 원리

학습 | 성과

2.14 이온결합과 pH를 모니터링 하는 산성염료와 염기성 염료의 사용에 대하여 기술하라.

광학현미경 관찰에 사용되는 미생물학적 염색약으로 사용되는 염료는 보통 염(salts)이다. 염은 양전하를 띤 양이온(*cation*)과 음전하를 띤 음이온(*anion*)으로 구성된다. 염료의 분자적 구성에서 적어도 두 이온의 하나는 색깔을 띠고 있는데, 염료에서 색을 띠는 부분을 색소포(*chromophore*)라고 한다. 색소포는 공유, 이온, 또는 수소결합으로 화학물질과 결합한다. 예를 들어, 메틸렌 블루(methylene blue chloride)는 메틸렌 블루의 양이온 색소포와 염소 음이온으로 구성되어있다. 메틸렌 블루가 양전하를 띠기 때문에 세포에 존재하는 DNA와 많은 단백질의 음전하를 띤 분자들과 이온결합 한다. 반면에 음이온 염료, 예를 들어, 에오신은 일부 아미노산과 같은 양전하를 띤 분자들과 결합한다.

음이온 색소포는 알칼리 구조물을 염색하여 산성 환경 (낮은 pH)에서 가장 잘 작용하기 때문에 **산성 염료(acidic dyes)**라고도 부른다. 양전하를 띤 양이온 색소포는 산성 구조물과 결합하여 염색되기 때문에 **염기성 염료(basic dyes)**라고 한다; 나아가 그들은 (pH가 보다 높은) 염기성 조건에서 가장 잘 작용한다. 미생물학에서 염기성 염료는 대부분의 세포가 음전하를 띠기 때문에 산성염료보다 더욱 널리 사용된다. 산성염료는 음성염색에 사용되며, 여기에 간단히 소개되어 있다.

일부 염색약은 세포성 화합물과 결합을 형성하지 않으나, 그들의 용해도 특성 때문에 기능을 한다. 예를 들어, 수단블랙(Sudan black)은 지용성이며 인지질 이중막에 축적되기 때문에 막을 선택적으로 염색한다.

단순염색

학습 | 성과

2.15 단순염색, 항산성 염색, 내생포자 염색 방법에 대하여 기술하라.

단순염색(simple stains)은 크리스탈 바이올렛, 사프라닌, 메틸렌블루와 같은 단일 염기성 염료로 염색을 한다. 단순염색은 도말을 이 염료로 30-60초 동안 흠뻑 담근 후에, 물로 슬라이드를 헹구기 때문에 "단순"하다. (적당히 고정된 시료는 이 처리에도 불구하고 슬라이드에 부착되어 있을 것임.) 슬라이드를 조심스럽게 닦아내고 건조시킨 후, 현미경으로 이 도말을 관찰한다. 단순염색은 세포의 크기, 모양, 배열을 결정하는데 사용된다 (그림 2.16).

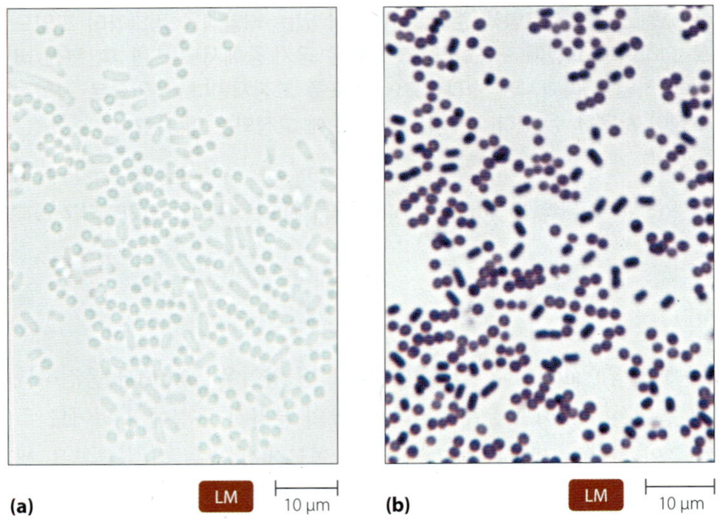

▲ **그림 2.16 단순염색.** 단순염색은 간단하고 신속하게 실시되고, 대비를 증가시키며, 세포의 크기, 형태, 배열을 관찰할 수 있다. **(a)** 염색되지 않은 *Escherichia coli*와 *Staphylococcus aureus*. **(b)** 크리스탈 바이올렛으로 염색된 동일한 혼합균주. 모든 세균은 종류에 상관없이, 한 가지 염료만을 사용하였기 때문에 단순염색으로 거의 동일한 색깔로 염색된다는 것을 기억하라.

1 슬라이드를 크리스탈바이올렛으로 흠뻑 처리한 후, 물로 헹군다.

결과: 모든 세포는 보라색으로 염색된다.

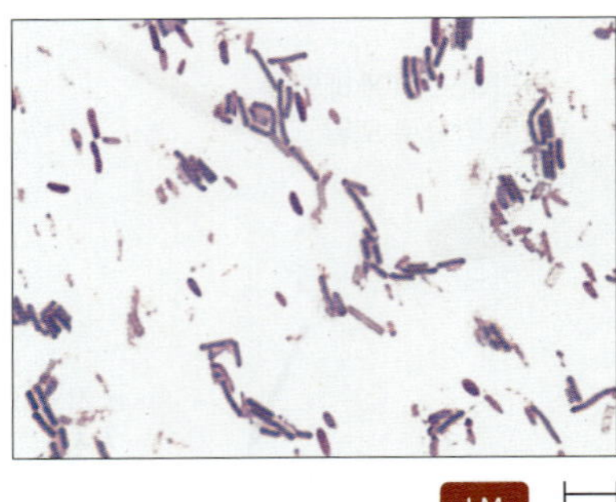

2 슬라이드를 1분간 요오드에 흠뻑 처리한 후, 물로 헹군다.

결과: 요오드는 매염제로 작용하며, 모든 세포는 보라색을 띤다.

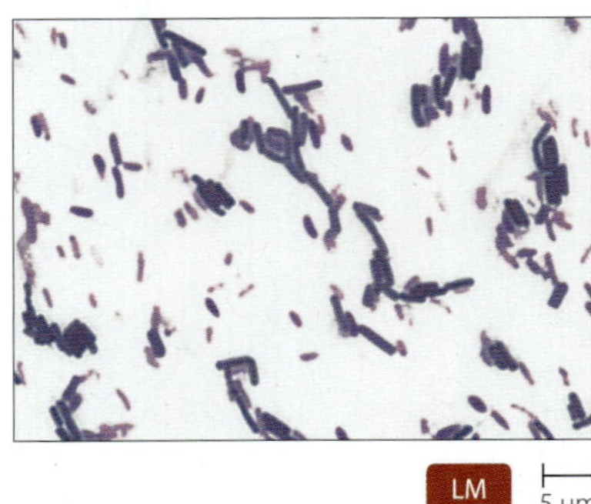

3 슬라이드를 10–30초 동안 에탄올과 아세톤 용액으로 처리한 후, 물로 헹군다.

결과: 도말은 탈색된다; 그람-양성 세포는 보라색을 띠지만, 그람-음성 세포는 무색이다.

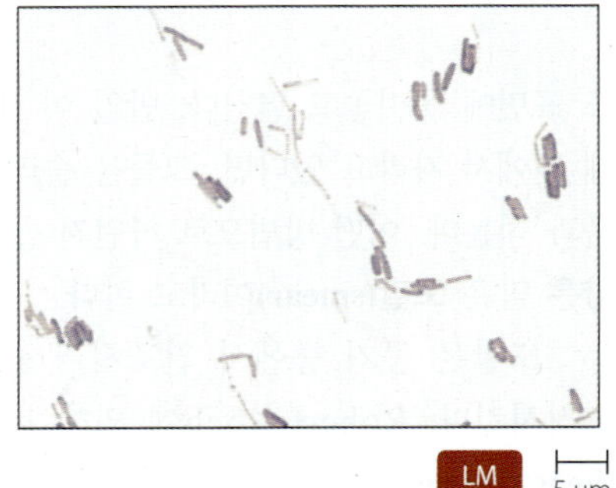

4 슬라이드를 1분간 사프라닌으로 흠뻑 처리한 후, 물로 헹구어 대기 중에서 건조한다.

결과: 그람-양성 세포는 보라색을 띤다. 그람-음성 세포는 핑크색이다.

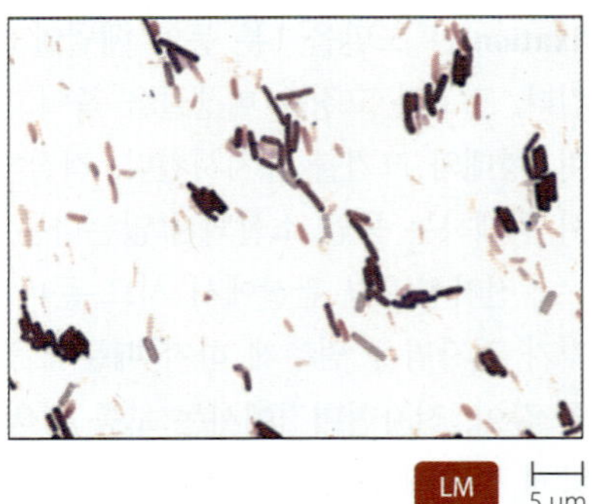

▲ **그림 2.17 Gram 염색과정.** 시료는 슬라이드 상에서 도말되고 고정된다. 일반적인 방법은 네 단계로 구성된다. 그람-양성 세균(*Bacillus cereus*)은 전 과정을 통해서 보라색으로 남아있고, 그람-음성 세균(*Escherichia coli*)은 붉은색을 나타낸다.

분별염색

미생물학에서 사용되는 대부분의 염색은 **분별염색(differential stains)**으로, 한 가지 이상의 염료를 사용하여 다른 세포, 화합물, 또는 구조들을 현미경으로 관찰하여 구별할 수 있다. 일반적인 분별염색에는 그람염색(*Gram stain*), 항산성 염색(*acid-fast stain*), 내생포자염색(*endospore stain*), 고모리 메텐아민 은염색(*Gomori methenamine silver stain*), 헤마톡시린(*hematoxylin*), 에오신 염색(*eosin stain*) 등이 있다.

그람염색

1884년에 덴마크 과학자인 Hans Christian Gram은 가장 흔히 사용되는 분별염색법을 개발하였으며, 그 방법은 오늘날 그의 이름을 딴 것이다. **그람염색(Gram stain)**은 보라색으로 염색된 그람염색 세포와 붉은색으로 염색된 그람-음성 세포의 두 가지 거대란 미생물 군으로 구분한다. 이들 세포는 세포벽의 화학적 물리학적 구조에서 크게 차이가 있다. 일반적으로 그람염색은 세균성 병원균을 동정하기 위하여 의료 실험실 기술자가 실행되는 최초의 단계이다.

처음 개발되어 100년이 지난 오늘날에도 일반적으로 실행되는 그람염색 방법에 대하여 알아보자. 우리의 논의목적을 위하여, 도말을 슬라이드에서 만들고, 열고정과 그 도말이 그람-양성과 음성의 무색의 세균을 모두 포함한다고 가정한다. 전통적인 그람염색법은 다음의 4단계로 진행된다 (그림 2.17):

1 도말에 염기성 염료인 크리스탈 바이올렛(crystal violet)을 1분 동안 충분히 처리한 후, 물로 헹군다. 크리스탈 바이올렛은 **일차염색약(primary stain)**라고도 하며 모든 세포를 착색시킨다.

2 요오드 용액(iodine solution)으로 도말을 1분 동안 충분히 처리한 후, 물로 헹군다. 요오드는 염료와 결합하여 용해가 덜되도

록 하는 **매염제(mordant)**이다. 이 단계가 끝나면 모든 세포들은 보라색으로 염색된다.

3 도말을 에탄올과 아세톤 용액으로 10-30초 동안 헹군 후, 물로 헹군다. 이 용액은 **탈색제(decolorizing agent)**로 작용하며, 그람-음성세포의 얇은 세포벽을 분해하여, 염색제와 매염제를 씻어낸다; 이들 세포는 무색이 된다. 두꺼운 세포벽을 가진 그람-양성 세포들은 보라색으로 남아있다.

4 도말을 사프라닌(safranin)으로 1분 동안 충분히 처리한 후, 물로 헹군다. 이 붉은색의 **역염색약(counterstain)**은 일차염색에 대한 대조 색상을 제공한다. 모든 종류의 세균들이 사프라닌을 흡수할 수 있지만, 붉은색은 이미 그람-양성 세균에서의 짙은 보라색에 의해 감추어진다. 이 단계가 끝나면, 그람-음성 세균은 붉은색으로 나타나지만, 그람-양성 세균은 보라색이 된다.

최종 단계가 끝난 후, 슬라이드는 건조시켜서 현미경으로 관찰하게 된다.

그람염색법은 어린 세포를 염색하는데 가장 적합하다. 오래된 그람-양성 세균들은 어린 세균들보다 쉽게 탈색되어 붉은색으로 염색될 수 있으며, 그람-음성 세균으로 나타나기도 한다. 그러므로 그람염색을 하기위한 도말은 갓 배양된 세균으로 준비되어야 한다.

현미경학자들은 그람의 원래 방법을 약간 변형시킨 방법을 개발하였다. 예를 들어, 95% 에탄올은 그람의 알코올-아세톤 혼합용액(ethanol-acetone mixture) 대신에 탈색을 위해 사용될 수 있다. 3 단계의 변형으로, 알코올에 녹인 사프라닌은 탈색과 역염색(counterstain)을 동시에 수행할 수 있다.

항산성 염색

항산성 염색(acid-fast stain)은 결핵, 나병, 기타 폐와 피부감염을 포함하는, 많은 사람에서 질병을 일으키는 *Mycobacterium*과 *Nocardia* 속의 세포를 염색하기 때문에 또 다른 중요한 분별염색이다. 이들 세균은 세포벽에 많은 양의 왁스로 된 지질을 가지고 있어서, 그람염색이 잘 되지 않는다.

오늘날 미생물학적 실험실에서는 1883년에 Franz Ziehl (1857-1926)과 Friedrich Neelsen (1854-1894)에 의해 개발된 변형된 흔히 항산성 염색을 사용한다. 그들의 방법은 다음과 같다:

1. 염색하는 동안 염료가 잔류되도록 도말을 티슈조각으로 덮는다.
2. 도말을 수증기로 데우면서, 붉은색 일차염료인 카볼후신(carbolfuchsin)을 몇 분 동안 충분히 처리한다. 이 과정에서 열은 왁스로 된 세포벽을 통해서 세포내로 염색약이 침투하도록 하는데 사용된다.
3. 티슈조각을 제거하고, 슬라이드를 차게 한 후, 염산 (pH <1.0)과 알코올 용액으로 헹구어 도말을 탈색시킨다. 염산-알코올의 표백반응은 비-항산성(non-acid-fast) 세균과 배경의 색깔을 제거시킨다. 항산성 세균에서는 산이 왁스로 된 세포벽을 투과할 수 없기 때문에 붉은색을 유지한다. 이 방법의 이름은 이 단계에서 유래한다; 즉, 세균들은 산에서 변색하지 않는다.
4. 메틸렌블루로 역염색 한다. 이 염색약은 표백된 비-항산성 세균만을 염색한다.

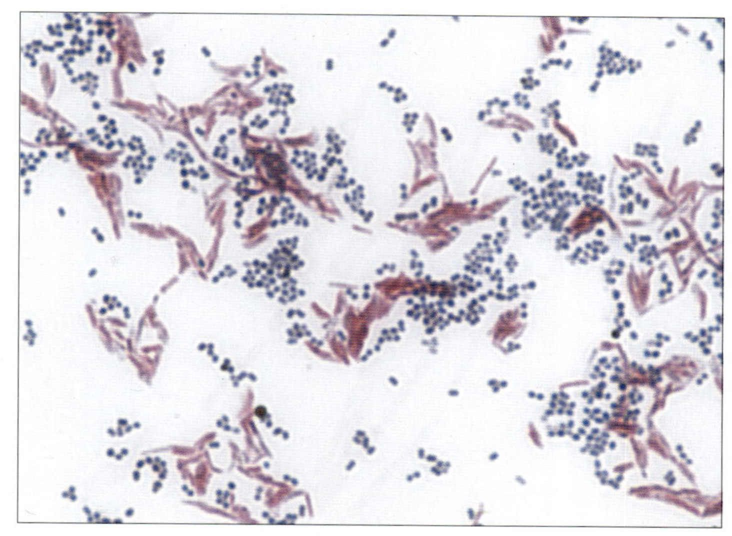

▲ **그림 2.18 Ziehl-Neelsen 항산성 염색.** 이들 막대형의 *Mycobacterium bovis*와 같은 항산성 세균은 보라색 또는 붉은색으로 염색된다. 비-항산성 세포로서 *Staphylococcus*는 푸른색으로 염색된다. 그람염색이 *Mycobacterium*을 염색하는데 사용되지 못하는 이유는?

그림 2.18 *Mycobacterium*의 세포벽은 그람염색에서 사용되는 수용성 염료에 반발하는 왁스물질로 구성된다.

Ziehl-Neelsen의 항산성 염색법은 붉은색의 항산성 세균을 생성하며, 사람의 세포와 조직을 포함하여, 청색의 비항산성 세균과 구별될 수 있다 **(그림 2.18)**. 가래에서 항산성 바실러스(*acid-fast bacilli, AFBs*)의 존재는 결핵 감염을 나타낸다.

내생포자 염색

일부 세균들, 특히 탄저병, 괴저, 파상풍과 같은 질병을 일으키는 종들을 포함하는 *Bacillus* 속과 *Clostridium* 속의 세균들은 **내생포자(endospore)**를 생성한다. 이들 휴면상태의 저항성이 강한 세균들은 세포질 안에 포자를 생성하며, 건조, 열, 해로운 화학물질과 같은 극한환경에서 생존할 수 있다. 내생포자는 세포벽이 사실상 모든 화학물질을 투과할 수 없기 때문에, 일반 염색방법으로는 염색되지 않는다. **Schaeffer-Fulton 내생포자염색법(Schaeffer-Fulton endospore stain)**은 내생포자에 일차염료인 말라카이트그린(malachite green)을 침투시키기 위해서 가열한다. 슬라이드는 식힌 후에 물로 탈색시키고, 사프라닌으로 역염색한다. 이 염색법을 통해서 내생포자는 녹색, 그리고 영양세포는 붉은색으로 염색된다 **(그림 2.19)**.

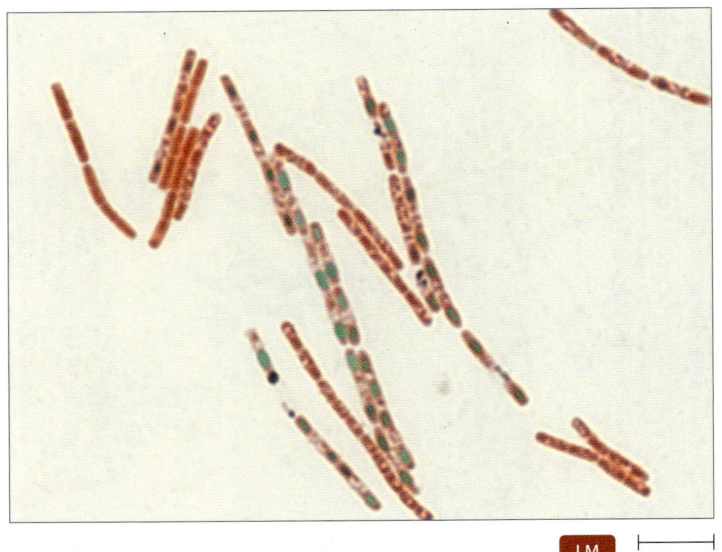

▲ **그림 2.19** ***Bacillus anthracis*의 Schaeffer-Fulton 내생포자 염색.** 거의 불침투성인의 포자벽은 탈색되는 동안 녹색염료가 남아있다. 포자가 없는 영양세포는 역염색되어 붉은색을 나타낸다. 포자는 왜 붉게 염색되지 않는가?

그림 2.19 증기로 부터의 열은 초록색의 일차염료를 내생포자로 유입시키는데 사용된다. 역염색은 실온에서 실시되며, 내생포자의 두껍고 불침투성의 세포벽은 역염색을 방해한다.

조직학적 염색

실험실 기사들은 조직시료를 염색하기 위하여 두 가지의 흔한 염색약을 사용한다. *Gomori*[4] *methenamine silver* (*GMS*) 염색은 균류의 존재와 조직에서 탄수화물의 위치를 알아내기 위하여 흔히 사용된다. 염기성 염료인 hematoxylin과 산성염료인 에오신을 사용하는 헤마톡시린(*hematoxylin*)과 에오신(*eosin*) (*HE*) 염색은 암세포의 존재와 같은 조직학적 시료의 특성을 나타내는데 널리 사용된다.

특수염색

특수염색은 미생물의 특수한 구조를 나타내기 위하여 디자인된 단순한 염색법이다. 특수염색법에는 음성염색(*negative stains*), 편모염색(*flagella stains*), (형광현미경 관찰에서 이미 언급된) 형광염색(*fluorescent stains*) 등이 있다.

음성 (캡슐) 염색

크리스탈 바이올렛, 메틸렌블루, 말라카이트그린, 사프라닌 과 같은 세균을 염색하는데 사용되는 대부분의 염료는 염기성 염료이다. 이들 염료는 세균 내의 음전하를 띤 분자들에 부착되어 세균을 염색한다.

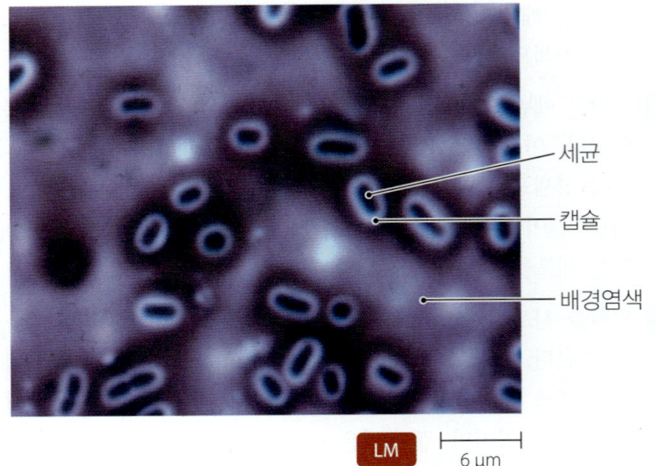

▲ **그림 2.20** ***Klebsiella pneumoniae*의 음성 (캡슐) 염색.** 산성염료는 배경을 염색하고 캡슐을 통과하지 못한다는 것을 알아두라.

반면에 산성염료는 세균 표면의 음전하에 의한 반발작용으로 염색되지 않는다. 배경은 염색되고 세균들은 무색으로 남기 때문에, 이러한 염색을 **음성염색(negative stain)**이라고 한다. 에오신과 니그로신(nigrosin)은 음성염색에 사용되는 산성염료이다. 역염색은 세균이 색깔을 띠도록 하기 위하여 첨가될 수 있다.

음성염색은 주로 음전하를 띤 세균의 존재를 관찰하기 위하여 사용된다. 따라서 이 염색을 **캡슐염색(capsule stain)**이라고도 한다. 캡슐화된 세균의 주변에는 후광(halo)이 나타나 보인다 **(그림 2.20)**.

편모염색

세균의 편모는 매우 가늘어서 보통 광학현미경으로 볼 수 없지만, 편모의 존재, 개수, 배열은 병원균을 포함한 일부 종을 동정하는데 중요하다. 파라로즈아닐린(pararosaniline)과 카볼후신(carbofuchin)과 같은 편모염색약과 탄닌산(tannic acid)과 칼륨명반(potassium alum)과 같은 매염제는 일련의 단계에서 적용된다. 이들 분자는 편모에 결합하고, 직경을 증가시키며, 색깔을 변화시키는 등으로 대비를 증가시켜 편모를 관찰할 수 있도록 해 준다 **(그림 2.21)**.

광학현미경에 사용되는 염색약은 43쪽의 **표 2.3**에 요약되어 있다. 44쪽의 **유익한 미생물: 빛을 발하는 바이러스**에서는 세균의 특별한 균주를 염색하기 위하여 바이러스를 사용하는 독특한 염색법을 기술하고 있으며, 그것을 형광현미경을 통해서 관찰할 수 있다.

전자현미경용 염색

학습 | 성과

2.16 전자현미경에 사용되는 염색약이 광학현미경에 사용되는 염색약과 어떻게 다른지에 대하여 설명하라.

[4]저명한 헝가리계 미국역사학자인 George Gomori의 이름

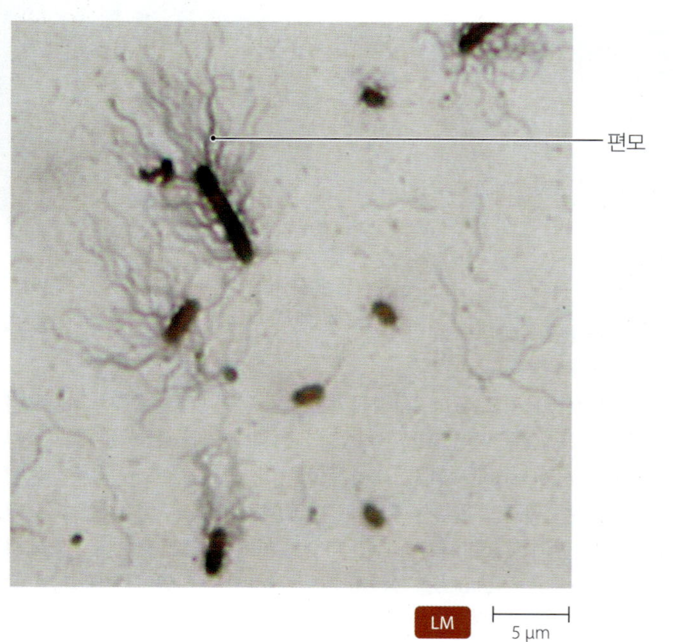

▲ **그림 2.21 *Proteus vulgaris*의 편모염색.** 다양한 세균은 편모의 다른 개수와 배열을 가지며, 특성은 일부 종을 동정하는데 중요하다. 편모배열이 여기에서 어떻게 기술될 수 있는가?

그림 2.21 주모성

실험실 기사들은 광학현미경에서와 마찬가지로 염색약을 사용하여 투과전자현미경의 대비와 해상력을 증가시킨다. 그러나 투과전자현미경에서 사용된 염색약은 색깔을 나타내는 염색약이 아니라, 전자를 흡수하는 납, 오스뮴, 텅스텐, 우라늄과 같은 중금속의 원자를 포함하는 화학물질을 사용한다. 전자가 밀집된 염색약은 시료내의 분자들과 결합하거나, 배경을 염색할 수 있다. 음성염색의 나중 형태는 바이러스와 분자들과 같은 매우 작은 시료에 대비를 제공하기 위하여 사용된다.

전자현미경에 사용되는 염색약은 대부분의 사물을 어느 정도 염색하거나 상당히 특이적일 수 있다는데서 일반적일 수 있다. 예를 들어, 사산화오스뮴(osmium tetroxide)(O_SO_4)은 지질에 친화성이 있어서, 막의 대비를 증진시키는데 사용된다. 전자밀집염색약(electron-dense stains)은 또한 항체가 그들의 특이한 대상 분자에만 결합하기 때문에 보다 큰 염색특이성을 제공하기 위하여 항체와 연관될 수 있다.

왜 그런가

탈색제로 헹군 후에, 그람-음성 세균은 무색이지만 그람-양성 세균은 보라색인 이유는 무엇인가?

표 2.3 광학현미경에 사용되는 염색

염색의 종류	예	결과	일반적인 상	대표적인 사용
단순염색 (단일염료 사용)	크리스탈 바이올렛 메틸렌블루	동일한 보라색 염색 동일한 청색염색		세포의 크기, 형태, 배열을 나타냄
분별염색 (세포나 구조 간에 식별하기 위하여 두 가지 이상의 염료 사용)	그람염색	그람-양성 세포는 보라색; 그람-음성 세포는 붉은색		그람-양성과 그람-음성 세균을 식별하며, 일반적으로, 세포 동정의 첫 번째 단계임
	Ziehl-Neelsen 항산성염색	항산성 세포는 보라색에서 붉은색이며, 비항산성 세포는 청색		다른 세균들로부터 *Mycobacterium*과 *Nocardia* 속을 식별함
	Schaeffer-Fulton 내생포자염색	내생포자는 녹색이며 영양세포는 보라색이나 붉은색		*Bacillus*와 *Clostridium* 속의 종에서 생성된 내생포자의 존재가 눈에 띔
수염색	캡슐의 음성염색	배경은 어둡고, 세포는 염색이 되지 않거나 단순염색으로 염색됨		세균캡슐을 나타냄
	편모염색	세균의 편모가 관찰됨		세균편모의 수와 위치를 결정하게 해줌

유익한 미생물

빛을 발하는 바이러스

박테리오파지는 세균에 DNA를 삽입한 바이러스이다. 보통 파지(*phage*)라고 불리는데, 각 파지형이 특별한 부착인자를 가질 경우에 선택된 세균에만 부착한다. 많은 파지들은 특별한 세균에 매우 특이적이어서, 과학자들은 세균을 동정하고 분류하기 위하여 파지를 사용해 왔다. 이런 동정법을 파지타이핑(*phage typing*)이라고 한다.

샌디에고 주립대학교(San Diego State University)의 과학자들은 파지의 특이성에 대하여 한 단계 더 앞서 나간 연구를 발표하였다. 그들은 세균 *Salmonella*에 대한 파지의 DNA에 형광염료를 성공적으로 연결하였으며, *Salmonella*를 탐지하고 확인하기 위하여 파지를 사용하였다. 그러한 형광파지(fluorescent phage)는 혼합세균배양에서 *Salmonella*의 특정 균주를 신속하고 정확하게 탐지한다.

형광파지는 형광항체에 대하여 몇 가지 장점을 가지고 있다: 항체와는 달리, 파지는 세균에 의해 대사되지 않는다. 파지는 또한 시간이 경과함에 따라 더욱 안정되며, 온도, pH, 이온강도(ionic strength) 등의 예기치 못한 변화에 민감하지 않다. 나아가 형광파지는 수명이 길며, 염색된 DNA가 삽입될 때까지 그들의 파지외피 안쪽의 형광염료를 보호한다.

형광파지는 세균에서 빛을 발산한다.

LM 20 μm

형광파지를 사용한 시험키트가 많이 사용되고 있다. 환경과학자들은 강이나 호수에서 세균오염을 탐지하고, 식품가공업자들은 육류와 야채에 있을 수 있는 치명적인 *Escherichia coli* strain O157:H7을 동정하며, 국토안보요원들은 생물전에 사용되는 세균의 유무를 확실하게 입증하기 위해서 키트를 사용한다. 항체기반키트(antibody-based kit)는 2001년 테러리스트 공격에서 사용된 *Bacillus anthracis*를 정확하게 탐지하지 못하였다. 형광파지 야외키트는 더욱 확실하고 정확하게 만들어져야 한다.

미생물의 분류와 동정

학습 | 성과

2.17 생물체의 분류와 동정의 목적에 대하여 기술하라.

생물학자들은 살아있는 것들의 종류와 다양성에 대한 질서와 구성의 감지, 유사한 생물체의 구조와 기능에 대한 예측, 잠재적인 진화의 연결성을 밝히고 이해하는 등의 몇 가지 이유로 생물체를 분류한다. 그들은 **분류군(taxa)**[5]이라는 생물체를 상호유사성에 근거하여 비중복군(nonoverlapping group)으로 분류한다. **분류학(taxonomy)**[6]은 생물체를 분류하고 명명하는 학문이다. 분류학은 유사도에 근거하여 생물체를 분류군으로 지정하는 분류(*classification*), 생물체를 명명하는 규칙에 관한 명명법(*nomenclature*), 그리고 분리된 개체나 개체군이 어느 특별한 분류군에 속하는 지를 결정하는 실질적 과학인 동정(*identification*)으로 구성된다. 이 책에서는 분류와 동정에 자세히 설명하고자 한다.

분류학은 모든 주어진 분류군(taxon)의 모든 요소들이 어떤 공통특성을 공유하기 때문에 과학자들이 생물체에 대한 많은 정보를 체계화하고, 유사한 생물체의 지식에 근거하여 예측을 할 수 있도록 한다. 예를 들어, 분류군의 한 요소가 환경에서 질소순환에서 중요하다면, 이 군의 다른 것들은 유사한 생태학적 역할을 할 가능성이 높다. 마찬가지로 임상의사가 동일한 분류군에 있는 다른 병원균에 대하여 효과적이라면, 그에 근거하여 어떤 병원균에 대한 치료방법을 제시할 수 있다.

과학자들이 효과적으로 의사소통할 수 있고, 그들이 동일한 생물체를 논의하는 것에 대한 확신을 가질 수 있기 때문에 생물체의 동정은 분류학에서 필수적인 부분이다. 더욱이 동정은 종종 진균, 세균, 바이러스와 같이 다른 병원균들에 의해 일어날 수 있는 수막염과 폐렴과 같은 질병들을 치료하는 데 있어서 필수적이다.

이 장에서는 분류학의 역사적 근거를 조사하고, 이 분야의 발전에 대하여 생각하고, 간단하게 다양한 분류학적 방법에 대하여 검토하고자 한다. 이 장에서는 또한 (4장에 자세히 기술된) 원핵생물, 동물, 원생동물, 진균, 조류 (5장); 바이러스, 바로이드, 프리온 (6장) 등의 분류에 대하여 일반적인 검토를 하고자 한다.

Linnaeus와 분류학적 범주

학습 | 성과

2.18 미생물에서 종을 정의하는데 어려운 점을 기술하라.
2.19 일반적인 것에서 특이한 것에 이르는 분류군 체계를 열거하라.
2.20 이명법에 대하여 정의하라.
2.21 린네의 분류체계의 몇 가지 변형에 대하여 기술하라.

우리가 현재 사용하는 분류체계는 1753년에 스웨덴의 식물학자인 Carolus Linnaeus (1707–1778)에 의해 발표된 *Species Plantarum*에서 시작되었다. 그 시점에 생물체의 이름은 흔히 국가 또는 과학자들에 의해 각기 다양한 용어를 사용하였다. Linnaeus는 공통적인 특성에 근거한 생물체의 명명과 분류를 표준화 하는 시스템을 제공

[5]그리스어 *taxis*는 "명령(order)"을 의미함.
[6]*taxis*와 그리스어 *nomos*는 "법칙(rule)"을 의미함

하였다. 그는 **종(species)**이라는 범주에서 성공적으로 교배할 수 있는 유사한 생물체를 분류하였다.

"살아있는 자손을 얻기 위해 교배할 수 있는 생물집단"으로 종(*species*)의 정의는 더욱 복잡하고, 생식이 가능한 생물들에 대하여 상대적으로 잘 적용되지만, 대부분의 미생물들이 포함된 무성적으로 증식하는 생물체들에 대해서는 만족스럽지 못하다. 그 결과, 일부 과학자들은 미생물 종(microbial species)을 다른 균주들과 다른 많은 안정된 특성을 공유하고, 하나의 집단으로 진화하는-단일 세포에서 생겨난 세포개체군인 — 균주(*strain*)의 집합체로 정의한다. 대안으로, 생물학자들은 미생물 종을 적어도 70%의 DNA 공통서열을 공유하는 세포로 정의한다. 당연히 이 정의는 미생물 분류에서 종종 불일치와 모순을 낳는다. 일부 연구자들은 미생물이 모두에서 고유한 종으로 존재하는 지에 대하여 의문을 제기한다.

현대 분류학의 기초를 형성한 린네의 체계에서 유사 종은 **속(genera)**[7]으로 구분하고, 유사한 속은 더 커다란 분류범주로 구분한다. 즉, 공통특성을 가진 속은 **과(family)**로, 유사한 과는 **목(order)**으로, 목은 **강(class)**으로, 강은 **문(phyla)**[8]으로, 그리고 문은 **계(kingdom)**로 각각 구분한다 **(그림 2.22)**.

종과 속을 포함하는 모든 이들 범주는 계층적 분류군이다; 즉, 각 연속적인 분류군은 선행 분류군과 비교하여 보다 더 폭넓은 표현이며, 각 분류군은 그 하위의 모든 분류군을 포함한다. 명명의 규칙은 모든 분류군에 부분적으로 적용되며, Linnaeus의 시대에 과학의 언어는 라틴어였으며, 인종집단이 분류학 언어에서 우선권을 가지기 때문에 라틴어나 라틴어 이름을 가지는 것이 필요하다. *Chondrus crispus* (kon´drŭs krisp´ŭs)의 이름은 세계 도처에 존재하는 정확히 동일한 종류의 조류를 말하는데, 영국에서 그것의 일반명은 뿔가사리(Irish moss), 아일랜드에서는 진두발(carragheen), 북미에서는 곱슬이끼(curly moss)로 불리지만, 그것들은 진정한 이끼가 아니다.

새로운 현미경적, 유전적, 또는 생화학적 기법들이 생물체의 새롭거나 더욱 자세한 특성이 확인되었을 때, 그 분류군은 두개 이상의 분류군으로 세분될 수 있다. 대안으로 몇 가지 분류군은 단일 분류군으로 함께 묶일 수 있다. 예를 들어, "*Diplococcus*" 속은 *Streptococcus* (strep-tō-kok´ŭs) 속과 통합되었으며, *Diplococcus pneumoniae*는 같은 뜻임을 반영하여 *Streptococcus pneumoniae* (nū-mō´nē-ī)로 수정되었다.

Linnaeus는 각 종에 대하여 속명과 **종소명(specific epithet)**으로 구성된 기재명을 지정하였다. 속명은 항상 명사이며, 최초글자는 대문자로 쓴다. 종소명은 항상 소문자만을 포함하며, 보통 형용사로 쓴다. 이명법(*binomial*)이라 하는 두 이름은 이탤릭체로 쓰거나 밑줄을 친다. Linnaean 체계는 모든 생물체에 두 이름을 부여하기 때문에, **이명법(binomial[9] nomenclature)**을 사용한다고 이야기 한다.

이명법의 또 다른 예를 생각해 보자. *Enterococcus faecalis* (en´ter-ō-kok´ŭs fē-kă´lis)[10]는 분변성 세균이다. *Enterococcus faecium* (fē-sē´ŭm)은 동일한 속에 속하지만, 어떤 다른 특성 때문에 다른 종이며, 거기에는 다른 종소명이 주어진다. 사람은 속명으로 "사람(man)"을 의미하며, 종소명으로 "현명함(wise)"을 의미하는 *Homo sapiens* (hō´mō sā´pē-enz)로 분류된다.

이명법이 종종 생물체를 설명하지만 종종 그 의미가 왜곡될 수 있다는 것을 유념하라. 예를 들어, *Haemophilus influenza* (hē-mof´i-lŭs in-flu-en´zī)는 독감을 일으키지 않는다. 때로는 이명법을 통해서 사람들에게 경의를 표하기도 한다. 그 예로는 미생물학자인 Louis Pasteur의 이름이 붙여진 세균인 *Pasterrella haemolytica* (pas-ter-el´ă hē-mō-lit´i-kă), 의사인 Theodor Escherch (1857-1911)의 이름이 붙여진 세균인 *Escherichia coli* (esh-ĕ-rik´ē-ă kō´lī), 조류학자이자 분류학자인 Isabella Abbott (1919-2010)의 이름이 붙여진 해조류(marine agla)인 *Izziella allottiae* (iz-ē-el´lă ab´ot-tē-ī) 등이 있다.

대부분의 과학자들은 오늘날 상당히 수정되었지만, 린네체계를 여전히 사용하고 있다. 예를 들어, 과학자들은 때때로 종족(tribe), 섹션(section), 아과(subfamily), 아종(subspecies)과 같은 추가범주를 사용한다.[11] 더욱이, Linnaeaus는 모든 생물체를 두 가지 계(kingdom) (식물계와 동물계)로만 나누었으며, 바이러스의 존재에 대해서는 알지 못하였다. 과학자들이 생물체들에 대하여 더 많은 것을 알게 됨으로서, 지식의 발전을 적용하기 위한 분류체계를 채택하였다. 예를 들어, 생물은 널리 통용되는 분류학적 접근에 근거하여 동물, 식물, 진균, 원생생물, 원핵생물의 5가지 계로 나누었다. 널리 채택되었지만, 이 체계에서는 거대 갈조류 (켈프)와 단세포성의 동물과 유사한 미생물과 같은 그 같은 명백하게 서로 다른 생물체를 원생동물 계에 함께 묶었다. 더욱이 바이러스 분류학이나 미생물들 간의 모든 차이들이 이야기되지 않았기 때문에 과학자들은 4개에서 50개 계 이상이 포함된 다른 분류체계를 제안하였다.

종종 분류학자들이 모든 분류범주들이나 그들이 포함된 종들에 대하여 동의하지 않는데 대하여 학생들은 혼란스러워 하지만, 생물체의 분류가 최근의 지식과 이론을 반영하고 있다는 것을 인식해야 한다. 분류학자들은 새로운 정보를 수용하기 위해서 그들의 체계를 수정하며, 각 전문가들은 제안한 수정에 대하여 모두 동의하지 않는다.

분류학에서 또 다른 중요한 발전은 생물체들 간의 관계의 이해하는 더욱 현대적인 목표로 구분하는 수단으로서 생물체를 분류

[7]라틴어 *genus*는 "인종(race)" 또는 "탄생(birth)"을 의미함.

[8]*phylum*의 복수, 그리스어 *phyllon*은 "종족(tribe)"을 의미함. 용어 *phylum*은 동물과 세균에 사용됨; 진균학과 식물학에서 상응하는 분류군은 문(*division*)이라 함.

[9]그리스어 *bi*는 "둘(two)", *nomos*는 "규칙(rule)"을 의미함.

[10]그리스어 *entero*는 "창자(intestine)"; *kokos*는 "딸기(berry)"; 라틴어 분변(*feces*)을 의미함.

[11]변종(varieties) 또는 균주(strains)라고도 불리는 아종(subspecies)은 다소 차이가 있다. 분류학자들은 두 미생물들 간에 균주와 종의 차이가 얼마나 있는지 대하여 의견이 일치하지 않음.

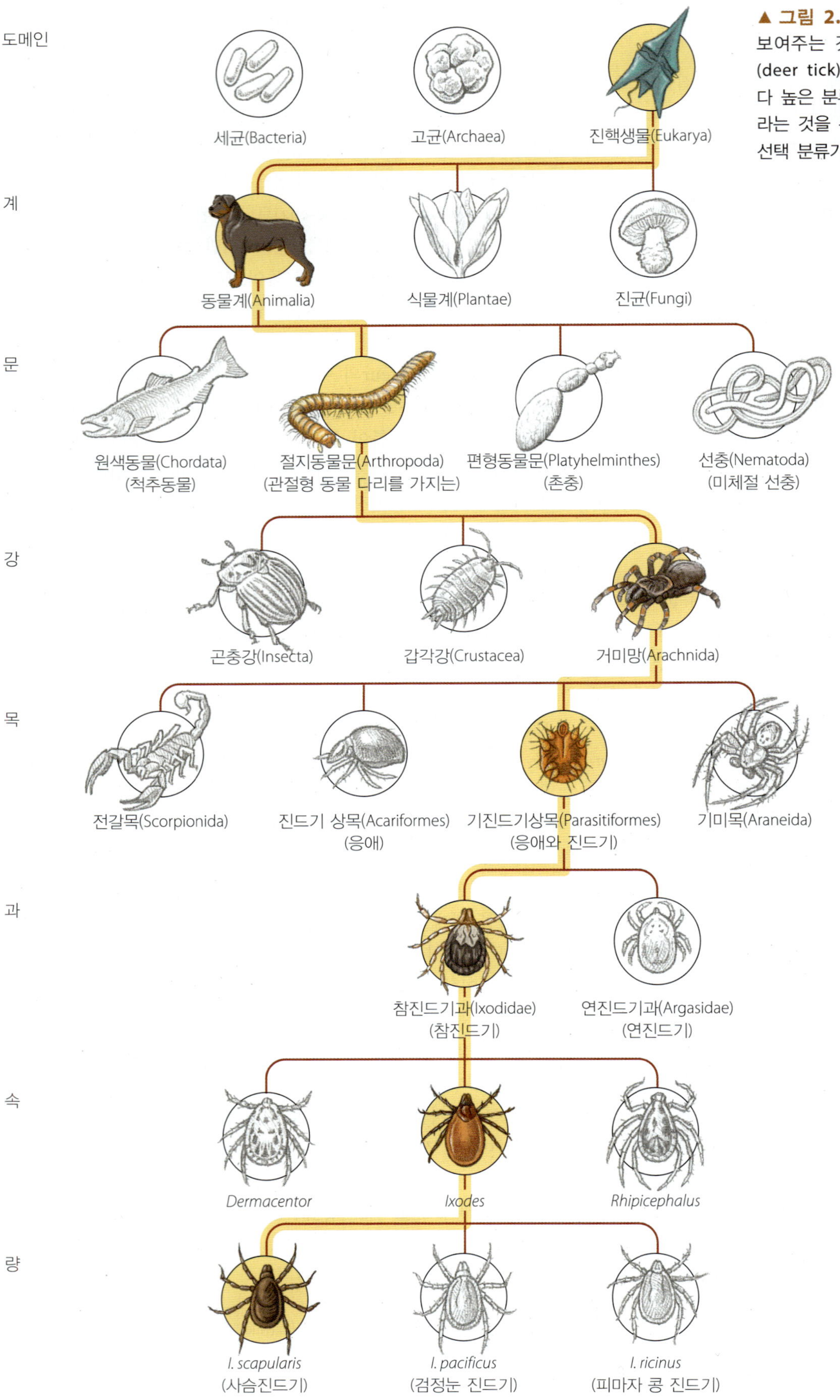

▲ **그림 2.22 Linnaean 분류체계의 단계.** 여기 보여주는 것은 라임병의 일차벡터인 사슴진드기(deer tick) *Ixodes scapularis*의 분류범주이다. 보다 높은 분류범주는 보다 낮은 것보다 더 포괄적이라는 것을 주목하라. 그 도표를 단순화하기 위하여 선택 분류가능성 만이 나타나 있다.

하고 명명하는 린네의 목표로 부터 그 기본 목표의 변화이다. Linnaeus는 주로 생물체의 구조적 유사성을 그의 분류체계의 기본으로 하였으며, 속(*genus*)이나 과(*family*)와 같은 용어가 몇 가지 공통계보의 존재를 제시하는데 반하여, 그와 그의 동료들은 훌륭하게 창조된 종으로 생각하였다. 그러나 Charles Darwin (1809-1882)은 자연선택에 의한 종의 진화에 대한 그의 이론을 제안하였을 때 (Linnaeus가 식물분류학에 대한 중요한 연구결과를 발간한 이후 1세기), 분류학자들은 공통조상이 다양한 분류군에 존재하는 생물체들 간의 유사성을 주로 설명하는 것이라는 것을 검토하게 되었다. 오늘날, 대부분의 분류학자들은 현대 분류학의 주요 목표가 *계통체계(phylogenetic)*[12]를 반영하는 것, 즉, 분류된 생물체가 공통조상으로부터의 진화를 반영하는 방법에 동의한다.

조상에 따라 생물체를 분류하는 분류학자들의 노력은 물리적 및 화학적 특성의 비교가 주안점이 축소되고, 그들의 유전물질의 비교가 보다 강조되는 결과를 가져왔다. 그같은 연구는 새롭고 매우 포괄적인 분류군인 도메인(*domain*)을 추가하는 계획으로 이어졌다.

도메인

학습 | 성과

2.22 Carl Woese가 제시한 3가지 도메인을 열거하고 기술하라.

Carl Woese (1928-2012)는 세포들 간의 분류학적 상관관계를 이해하기 위하여 수년간 노력하였다. 형태학(모양)과 생화학적 시험은 생물체를 분류하는데 충분한 정보를 제공하지 못했으며, 따라서 Woese는 10년 이상 이들 생물체들 간의 상호관계를 해결하려는 노력으로 리보솜 RNA (rRNA)의 작은 소단위의 뉴클레오티드 서열을 결정하였다. 이들 rRNA 분자가 모든 세포에 존재하고 단백질을 합성하는데 중요하기 때문에 그들의 뉴클레오티드 서열에서의 변화는 아마도 매우 드물다.

1976년에 그는 대사부산물로서 메탄가스를 생성하는 독특한 원핵생물 집단으로 부터 rRNA 서열을 결정하였다. Woese는 그들의 rRNA가 세균의 뉴클레오티드 서열특성을 포함하지 않는데 대하여 놀랐다. 반복실험을 통해서 그들이 이야기한 메탄형성세균(methanogens)은 원핵생물이나 진핵생물과 같지 않다는 것을 보여주었다. 그들은 과학에서 새로운 것이었으며, 미생물학자들을 새롭고 이상한 나라로 안내하는 생명의 3번째 부문에 해당하였다. Woese와 그의 동료들은 **도메인(domain)**이라고 하는 새로운 분류군이 Linnaean taxon of kingdom에 포함시키는 새로운 분류체계를 제안하도록 하는 리보솜의 세 가지 기본 형태가 있다는 것을 발견하였다. Woese에 의해 동정된 세 가지 도메인인 **진핵생물(Eukarya)**, **세균(Bacteria)**, **고균(Archaea)**은 리보솜 뉴클레오티드 서열에 의해 결정에서와 같이, 세포의 3가지 기본 형태에 근거한다.

진핵생물 도메인은 모든 진핵세포를 포함하며, 그들 모두는 진핵생물의 rRNA 서열을 가지고 있다. 세균 도메인과 고균 도메인은 모든 원핵생물 세포를 포함한다. 그들은 세균과 고균의 rRNA 서열을 가지는데, 이들은 진핵생물의 세포의 서열과 크게 다르다. rRNA 서열의 차이에 부가하여, 세 가지 도메인의 세포들은 세포막의 지질, 전령 RNA (tRNA) 분자, 항생제에 대한 내성을 포함한 많은 다른 특성에서 차이가 있다. (3가지 도메인에 있는 생물체의 분류는 원핵생물과 진핵생물을 다루는 4장과 5장에서 각각 논의됨.)

리보솜 뉴클레오티드 서열은 적어도 세균의 50가지 계와 세 가지의 고균 계가 있을 것으로 제시되었다. 더 나아가, 사람의 타액, 물, 토양, 암석 등의 물질을 관찰하는 과학자들은 정기적으로 새로운 뉴클레오티드 서열을 발견한다. 이들 서열이 컴퓨터의 데이터베이스에 저장된 알려진 서열과 비교되었을 때, 그들은 이전에 동정된 어떤 생물체와 관련되지 않을 수 있다. 이것은 궁금하고 새로운 형태의 많은 미생물들이 실험실에서 자라지 못하여, 여전히 발견의 가능성이 있다는 것을 암시한다.

리보솜 뉴클레오티드 서열은 또한 미생물학자들에게 원핵생물 종을 정의하는 새로운 방법을 제시하였다. 일부 과학자들은 3% 이상 rRNA 서열이 다른 원핵생물이 독특한 종으로 분류될 수 있다는 것을 제시한다. 이 정의가 확실한 장점을 가지지만, 모든 분류학자들이 이에 동의하는 것은 아니다.

분류적 특성과 특성확인

학습 | 성과

2.23 분류학자들이 미생물을 동정하고 분류하는데 사용되는 5가지 방법을 기술하라.

미생물을 분류하고 동정하는데 사용되는 다른 기준과 실험기법에는 여러 가지가 있으며, 물리적 특성의 육안 및 현미경적 관찰, 항체와 미생물의 상호작용, 바이러스에 대한 미생물의 민감성, 핵산분석, 생화학 조사, 서식지의 여러 가지 형태에서 온도와 pH 범위를 포함한 생물체의 환경요구성 등이 포함된다. 분명히 말해서 미생물 분류학은 그 주제가 너무 넓고 한 장에서 다루기는 어렵기 때문에 이같이 주요 그룹을 분류하기 위한 세부기준들은 후속 장(chapter)에서 다루어 질 것이다.

특별한 생물체를 동정하는데 사용되는 기준은 그것을 분류하는데 사용하였던 기준과 항상 동일하지 않다는 것을 유념하는 것이 중요하다. 예를 들어, 병원실험실의 과학자들이 유일 탄소원으로 구연산을 이용할 수 없기 때문에 다른 세균의 속(genera)과 *Escherichia* 속을 구별할 수 있다고 할지라도, 이 특성은 *Escherichia*의 분류에 중요하지 않다.

[12]그리스어 *phyllon*은 "종족(tribe)"; 라틴어 *genus*는 "탄생(birth)"(예, 집단의 기원)을 의미함.

(a)

(b)

◀ 그림 2.23 세균 동정에 이용되는 두 가지 생화학적 시험. **(a)** 탄수화물 이용시험. 왼쪽은 세균들이 특별한 탄수화물을 (pH 지시약인 페놀레드의 색깔을 노란색으로 변화시키는) 산과 기포를 나타내는 가스로 분해한 시험관이다. 중앙에는 탄수화물을 산을 생성하지만 가스는 생성하지 않는 다른 종류의 세균이 들어있는 시험관이다. 오른쪽에는 이 시험에서 "불활성(*inert*)"인 세균이 접종된 시험관이다. **(b)** 황화수소(hydrogen sulfide, H_2S) 시험. H_2S를 생성하는 세균은 배지에 존재하는 철과 H_2S의 반응으로 생성된 검은색 침전에 의해 동정된다.

1923년에 최초로 발간되었으며, 현재 9판 (1994)이 발간된 *Bergey's manual of Determinative Bacteriology*는 원핵생물의 실험실 동정에 사용되는 내용을 포함한다. Bergey's Manual of Systematic Bacteriology (2판, 2001, 2005, 2009, 2010)는 리보솜 RNA 서열(ribosomal RNA sequence)에 근거한 분류에 사용되는 유사한 참고도서이며, 분류학자들은 생물체들 간의 상관관계를 설명하는데 사용한다. 이들 각 매뉴얼은 "Bergey 지침서"로 알려져 있다.

Linnaeus는 바이러스의 존재를 알지 못했기 때문에 바이러스는 그가 만든 원래 체계에 포함되지 않았을 뿐만 아니라, 바이러스가 무세포성이며 일반적으로 rRNA가 없기 때문에 5개의 계나 Woese의 세 가지 도메인의 어떤 곳에도 지정되지 않았다. 바이러스 학자들은 바이러스를 과와 속으로 분류하였으나, 바이러스의 분류를 위한 보다 높은 분류군은 제대로 설정되어 있지 않다. (6장에서는 바이러스 분류에 대하여 좀 더 논의될 것임.)

이러한 배경을 바탕으로, 이제 미생물학자들이 미생물들을 식별하는데 흔히 사용하는 물리적 특성, 생화학적 시험, 혈청학적 시험, 파지타이핑, 핵산분석 등의 5가지 정보에 대하여 간단한 논의해 보기로 하자:

물리적 특성

많은 물리적 특성들이 미생물을 동정하기 위해 사용된다. 과학자들은 보통 미생물의 형태만으로 원생동물, 진균, 조류, 기생충을 동정할 수 있다. 병원의 연구실에 근무하는 과학자들은 또한 미생물의 동정을 돕기 위하여 세균의 집락(bacterial colony)[13]의 물리적 형태를 이용할 수 있다. 염색은 이미 언급했던 바와 같이 각 세균의 크기와 형태를 관찰하고, 내생포자와 편모와 같은 동정에 이용할 수 있는 특성의 유무를 관찰하기 위해 사용될 수 있다.

Linnaeus는 원핵세포를 두 가지 일반적인 형태에 근거하여, "구형(*Coccus*)"[14] 속의 구형 원핵생물과 막대형(*Bacillus*)[15] 속의 막대형 원핵생물의 두 가지 속(genera)으로 구분하였다. 그러나 일련의 연구를 통해서 수많은 구형과 막대형의 원핵생물들 간에 커다란 차이가 있다는 것과 이 같은 물리적 특성만으로 원핵생물을 분류하는 것은 충분하지 않는 것을 알게 되었다. 대신에 분류학자들은 주로 대사적 차이점에 근거한 유전적 차이와 점점 더 빈번하게 rRNA 서열에 주로 의존하게 되었다.

생화학적 특성

미생물학자들은 어떤 화합물을 이용하거나 생성하는 능력 차이에 근거하여 현미경적 모양과 염색 특성의 유사성에 따라 원핵생물들을 구별한다. 생화학적 시험에는 탄수화물 발효, 특별한 아미노산, 녹말, 구연산, 젤라틴 등의 다양한 기질의 이용, 황화수소(H_2S)와 같은 노폐물을 생성하는 생물체의 능력을 결정하는 방법이 포함된다 **(그림 2.23)**. 세균의 지방산 조성 차이는 세균들을 식별하는데도 사용된다. 분명히, 생화학적 시험은 실험실 조건하에서 자랄 수 있는 미생물들만을 동정하는데 사용될 수 있다.

실험실 기사들은 의사들이 적절한 치료를 처방할 수 있도록 병원균의 동정을 위한 생화학적 시험법을 이용한다. 많은 시험법에서 미생물은 신속동정 도구의 사용으로 크게 감소될 수 있지만, 12-24 시간 동안의 배양이 요구된다. 그 같은 도구들은 Enterobacteriaceae 과의 그람-음성 세균, 효모, 필라멘트성 진균과 같은 의학적으로 중요한 많은 병원균에서 필요하다. 병원균을 동정하기위한 자동화 시스템은 많은 작은 홈(well)이 있는 플라스틱 평판에서 수행된

[13]실험실 고체배지에서 자란 단일세포로부터 생겨난 세균군.
[14]그리스어 *kokos*는 "딸기(berry)"를 의미함. 이 속 이름은 *Streptococcus, Micrococcus, Streptococcus*와 같은 많은 속으로 대체되었음.
[15]라틴어 *bacillus*는 "작은 막대(small rod)"를 의미함.

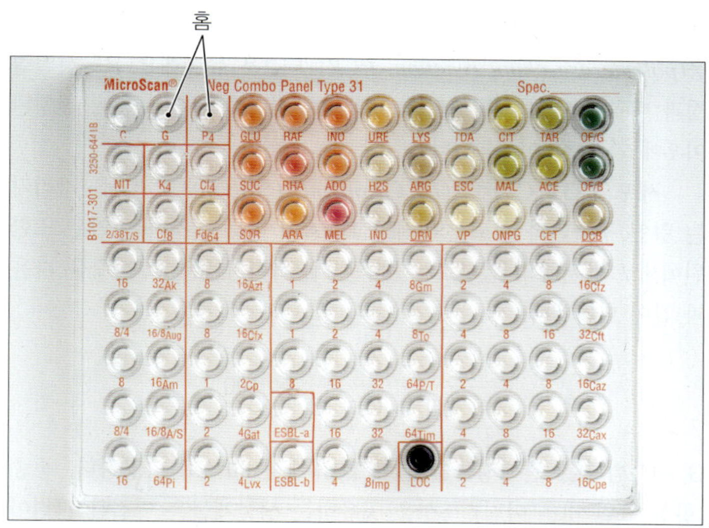

▲ 그림 2.24 **세균의 신속동정을 위한 도구인 자동화 Microscan system.** MicroScan 패널, 많은 홈(well)이 있는 평판, 특별한 생화학적 시험을 할 수 있는 각 부분. 이 도구는 생화학 시험이 실시된 후 홈(well)에서 색깔의 패턴을 읽음으로서 그 생물체의 동정을 확인한다.

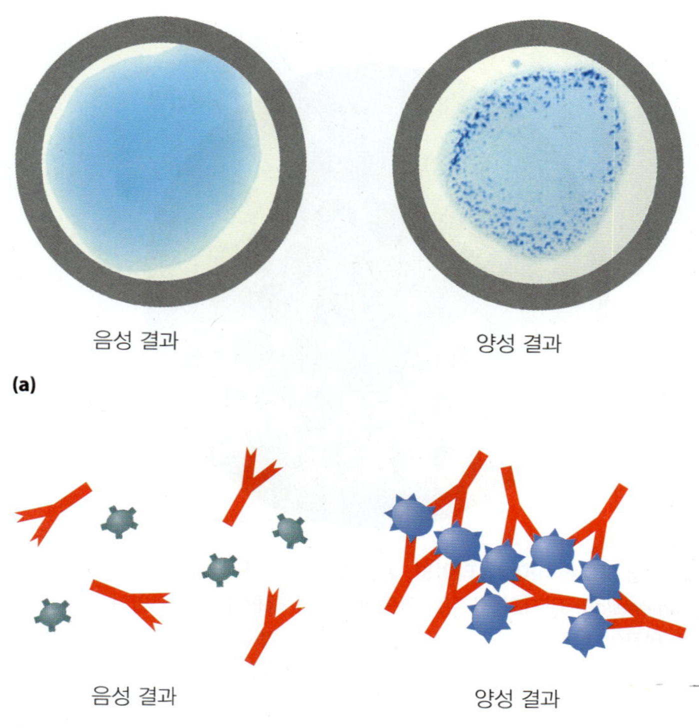

▲ 그림 2.25 **혈청학적 시험의 한가지인 응집시험. (a)** 응집시험 양성반응에서 육안으로 관찰되는 덩어리는 항체가 세포에 존재하는 그들의 표적항원과 결합하여 생성된다. **(b)** 과정은 응집시험에 관련되어 있다. 음성결과에서 항체결합은 특별한 표적이 없기 때문에 일어날 수 없다; 양성결과에서 특이한 결합이 일어난다. 응집은 각 항체분자가 두 개의 항원분자에 동시에 결합할 수 있기 때문에 일어난다는 것을 주지하라.

생화학적 시험 전체의 결과를 사용한다 (그림 2.24). 홈에서 색깔변화는 특별한 대사반응이 존재한다는 것을 의미하며, 그 기계는 병원균의 동정을 확인하기 위하여 평판에서 색깔의 패턴을 읽는다.

혈청학적 특성

가장 좁은 의미에서 혈청학(serology)은 응고요소들이 제거된 혈액의 액체부분과 항체의 중요한 부위, 혈청에 대한 학문이다. 대부분의 실제 적용에서 볼 때, 혈청학은 실험실 환경에서 항원-항체 반응에 대한 학문이다. 항체는 항원을 대상으로 매우 특이적으로 결합하는 면역계 단백질이다 (9장). 이 절에서는 미생물을 동정에서 혈청학적 시험의 사용에 대하여 간단히 논의할 것이다.

많은 미생물은 항원성(*antigenic*)이다; 즉, 숙주생물체에서 그들은 면역반응을 유발하여 항체를 생산한다. 예를 들어, 과학자가 토끼에게 라임병을 일으키는 *Borrelia burgdorferi* (bō-rē´lē-ă burg-dōr´fer-ē) 시료를 접종했다고 생각해보자. 그 세균은 토끼에서 이질적이기 때문에 항원성인 표면단백질과 탄수화물을 많이 가지고 있다. 토끼는 이들 외래 항원에 반응하여 그들에 대한 항체를 생산한다. 이들 항체는 토끼의 혈청에서 분리되며 **항혈청(antisera)**으로 알려진 용액으로 농축된다.

응집시험(agglutination test)이라고 하는 과정에서 항혈청은 타깃세포에 잠재적으로 포함된 시료와 혼합된다. 항원성 세포가 존재하면 항혈청의 항체는 항원을 덩어리지게 [응집(*agglutinate*)] 할 것이다 (그림 2.25). 따라서 다른 항원들과 생물체들은 항체가 그들의 표적에 매우 특이적이기 때문에 영향을 받지 않는 상태로 남게 된다.

항혈청은 종, 심지어 동일종의 다른 균주를 식별하는데 사용될 수 있다. 예를 들어, *Escherichia coli*의 특별한 병원성 균주는 세포벽에 항원번호 157 (O157로 표시하고, "1 5 7"로 발음함)과 편모에 항원번호 7의 두 가지 모두의 존재에 의해 분류되고 동정된다. *E. coli* O:157:H7로 알려진 이 병원균은 지난 몇 년 동안 미국에서 몇 명의 사망자를 야기하였다. (10장에서는 *ELISA와 웨스턴블럿팅 같은 다른 혈청학적 시험*에 대하여 논의할 것임.)

파지 타이핑

박테리오파지(bacteriophage)[또는 단순히 **파지(phage)**]는 세균세포를 감염하고 파괴하는 바이러스이다. 항체가 그들의 대상 항원에 특이적이지만, 파지는 감염할 수 있는 숙주에 특이적이다. 혈청학적 시험과 같은 **파지타이핑(phage typing)**은 그 같은 특이성 때문에 작용한다. 한 세균의 균주는 관련된 균주에서는 없는 특별한 파지에 민감할 수 있다.

파지타이핑에서 연구자들은 동정되기 위하여 세균을 포함하는 용액을 생장배지의 고체표면에 도포한 후, 다른 형태의 박테리오파지를 포함하는 몇 방울의 용액을 첨가한다. 특이한 파지는 세균을 감염하여 죽일 때는 언제나, 세균생장이 일어나지 않아서 세균평판배양(bacterial lawn)에 **용균반(plaque)**이라고 하는 투명구역을 생성한다 (그림 2.26). 미생물학자는 알려진 파지-세균의 상호관계(phage-bacteria interaction)와 함께 용균반을 형성하는 파지를 비

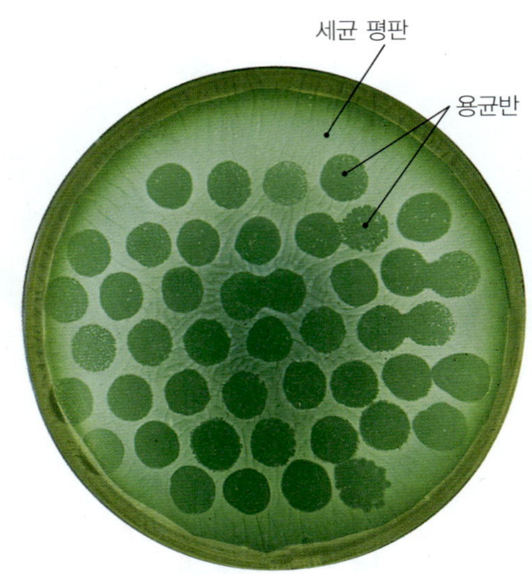

▲ **그림 2.26 파아지 타이핑.** A형 박테리오파지 방울들은 전체 표면에 *Salmonella*의 미지의 균주로 접종한 후 이 평판에 추가되었다. 12시간 동안 세균이 생장한 후 용균반이라고 하는 투명구역은 파지가 세균을 죽인 곳으로 발달한다. 그 숙주를 감염하여 죽인 A형 파지의 커다란 특이성을 보여준 이 세균은 *Salmonella enterica* serotype Typhi로 동정될 수 있다.

교함으로서 미지의 세균을 동정할 수 있다.

핵산분석

핵산분자의 뉴클레오티드 서열은 이미 언급된 바와 같이 미생물을 분류하고 동정하는데 강력한 도구로서 제공된다. 많은 사례에서 핵산분석은 전통적인 분류학적 체계를 확인하였다. 다른 사례에서 Woese의 영역의 발견에서처럼 궁금한 새로운 생물체와 전통방법에서 분명하지 않았던 상호관계는 분명히 밝혀졌다. 중합효소연쇄반응(*polymerase chain reaction, PCR*)과 같은 뉴클레오티드 서열결정과 비교의 기법들은 우리가 미생물 유전학에 대한 토론이 진행된 이후에 가장 잘 이해되었다.

세포의 G + C 함량(*G + C content*) (또는 G + C %)을 가리키는 량인 구아닌과 시토신의 세포 DNA의 %를 결정하는 일은 또한 원핵세포의 분류의 일부로서 사용된다. 과학자들은 그 함량을 다음과 같이 나타낸다:

$$\frac{G + C}{A + T + G + C} \times 100$$

G + C 함량은 원핵생물들 간에 20%에서 80%로 다양하다. 종종 (항상 그런 것은 아님) 특성을 공유하는 생물체들은 밀접한 관련이 있으나, 크게 다른 G+C 퍼센트를 가지는 것들은 반드시 생각만큼 밀접하게 관련되지 않는다.

분류학적 키

우리가 본 바와 같이, 분류학자, 임상의사, 연구자들은 병원균을 포함한 미생물들을 동정하기 위하여, 형태학, 화학적 특성, 생화학적, 혈청학적, 파지타이핑 시험의 결과 등의 다양한 정보를 사용할 수 있다. 그러나 이들 특성과 결과들이 어떻게 정리되어서 미지의 생물체를 효율적으로 동정하는데 사용될 수 있는가? 모든 이 정보들은 종종 쌍으로 된 일련의 선택한 진술을 포함하여 두 가지 가운데 한 가지만을 특별한 생물체에 적용시키는 **이분식 검색표(dichotomous key)**에 종종 배열된다 (그림 2.27). 그 검색표는 두 개의 진술가운데

신종 질병 사례연구

괴사성 근막염

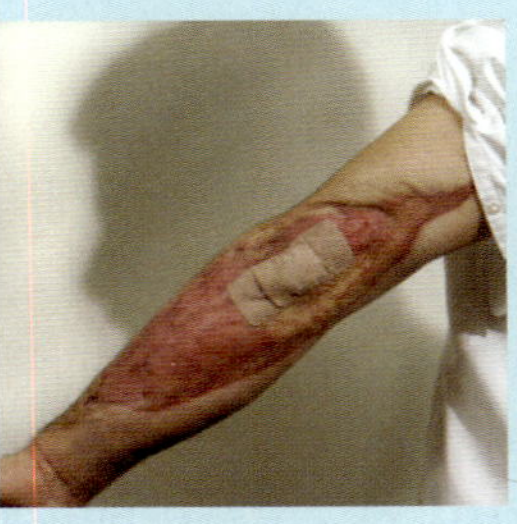

고열, 오한, 구역질, 허약, 일반적인 불쾌함. Carlos는 자신이 독감에 걸린 줄로 생각하였다. 바로 전날, 그는 선인장 가시에 팔을 찔렸는데, 그 가시를 빼면서 생긴 작은 상처가 직경 1 cm 가량 부어올랐다. 상처는 빨갛게 되었고, 열이 심하게 났으며, 보통의 찔린 상처보다 훨씬 아팠다. 모든 것이 좋지 않은 상황이었다. 그는 직장에 여러 날 결근할 수 없는 처지였으나, 선택의 여지가 없었다.

그 후 이틀 동안 고열로 침대에 눕게 되었으며, 그가 과거에 경험했던 것보다, 다리가 부러졌을 때보다도 더 큰 고통을 겪어야만 했다. 신장결석에 의한 고통보다도 더 고통스러웠다. 팔에 생긴 빨간색, 보라색, 검은색의 염증은 야구공 크기로 부어올랐다. 만지면 단단하였으며 몹시 아팠다. 그는 형에게 전화하여 병원에 데려다 달라고 이야기하였으며, 결국 그 결정으로 생명을 구하였다.

Carlos의 혈압은 크게 떨어졌으며, 병원에 도착할 때까지 그는 의식이 없었다. 의사는 즉시 Carlos를 병원에 입원시켰으며, 의료팀은 흔히 "살을 파먹는 질병"이라고 불리는 괴사성 근막염(necrotizing fasciitis)을 치료하는데 집중하였다. 이 재출현성 질병은 *S. pyogenes*로도 알려진 그람-양성 세균의 혈청형인 A군 *Streptococcus*의 의해 일어난다. A군 연쇄상구균(Group A strep)은 상처피부로 감염되어 근육의 보호덮개인 근막(fascia)을 따라 이동하는데, 사람의 조직을 파괴하는 독소에 의해 미국에서 매년 1,500명이 이 세균으로 죽는다.

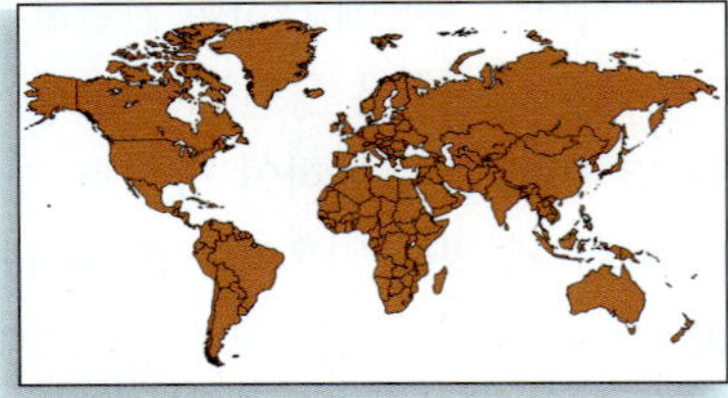

의사들은 감염된 모든 조직을 잘라내고, 고압 사용, 세균생장을 억제하기 위한 순수 산소, 세균을 죽이기 위한 항미생물제의 적용 등의 방법으로 Carlos를 살렸다. 그는 몇 개월간에 걸친 피부이식수술과 재생치료를 받고, 직장으로 돌아왔으며, 살아있다는 것에 대하여 감사하였다. [괴사성 근막염에 대한 더 많은 정보는 342-343쪽을 참조하라.]

1. ***S. pyogenes*의 세포는 그람염색한 후에 무슨 색으로 나타나는가?**

적용된 것에 근거하여 사용자가 다른 쌍의 진술을 지시하거나, 의심스러운 생물체의 이름을 제공한다. 한 가지 이상의 검색표가 주어진 생물체의 동정을 가능하도록 만들어 질 수 있으나, 그러한 모든 검색표들은 사용자를 미지의 생물체의 동정하는 길을 따라 인도하는 "예/아니오"의 선택으로 상호배타적인 것에 유념하라.

왜 그런가

Linnaeus가 바이러스의 분류군을 만들지 않은 이유는 무엇인가?

1a.	그람-양성 세포	그람-양성 세균
1b.	그람-음성 세포	2
2a.	막대형 세포	3
2b.	막대형이 아닌 세포	구균 또는 다형태 세균
3a.	산소에 내성	4
3b.	산소에 내성이 없음	절대 혐기성 세균
4a.	젖당을 발효함	5
4b.	젖당을 발효하지 못함	비-젖당 발효세균
5a.	탄소원으로 구연산을 사용할 수 있음	6
5b.	구연산만 사용할 수 없음	8
6a.	황화수소 가스를 생성함	*Salmonella*
6b.	황화수소 가스를 생성할 수 없음	7
7a.	아세토인을 생성함	*Enterobacter*
7b.	아세토인을 생성할 수 없음	*Citrobacter*
8a.	포도당에서 가스를 생성함	*Escherichia*
8b.	포도당에서 가스를 생성하지 않음	*Shigella*

(a)

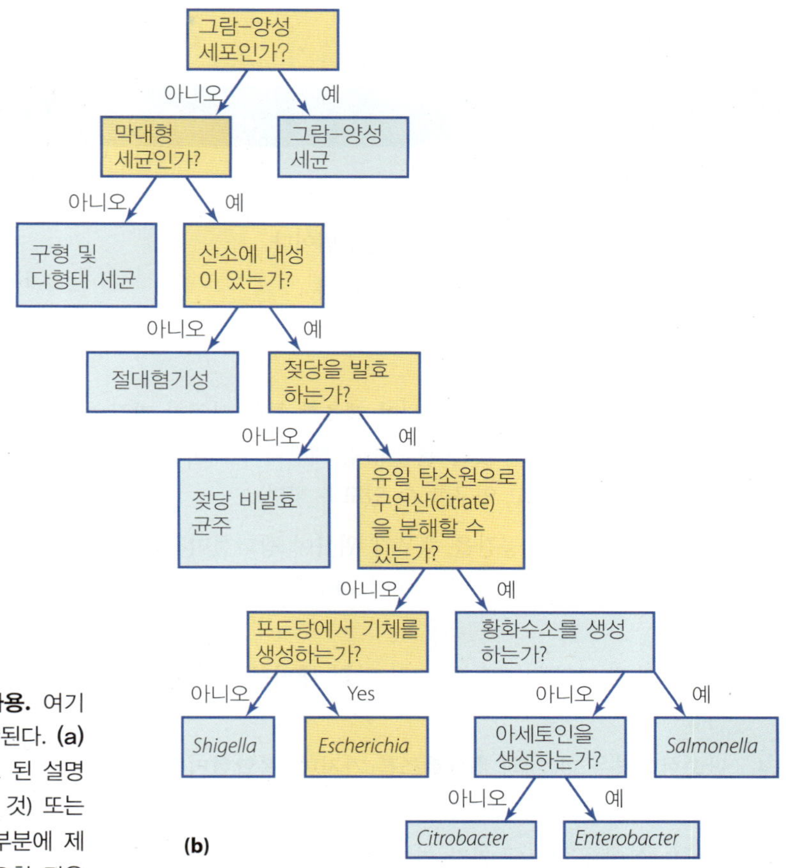

그림 2.27 이분식 분류검색표(dichotomous taxonomic key)의 사용. 여기에 제시된 예는 잠재적 병원성인 장내세균 속(genera)의 동정과 연관된다. **(a)** 예시검색표. 그것을 사용하기 위하여 동정된 생물체에 적용한 쌍으로 된 설명 가운데 한 가지를 선택한 후, 다른 검색표를 참조하거나 (글로 언급된 것) 또는 (숫자로 언급된 것) 이 검색표 내의 적절한 위치로 이동한다. **(b)** (a)부분에 제시된 검색표를 사용하는데, 뒤이은 여러 경로를 보여주는 흐름도. 중요한 것은 의문의 세균이 *Escherichia*인 경우에 채택한 경로이다.

임상 미생물 후속내용

몸에서 짠 맛이 느껴지는 유아

폐감염, 설사, 성장부진, 염분성 피부 등의 Lewis가 가진 특이한 증상이 의료진에게는 Lewis가 낭포성 섬유증(cystic fibrosis, CF)일 수 있다는 힌트이다. CF는 허파에 비정상적으로 끈적한 점액이 생겨서 일어나는 유전성 질병이다. 이 점액은 허파를 *Pseudomonas aeruginosa*와 같은 세균에 의한 이차감염으로 취약하게 한다. CF를 일으키는 결손유전자는 또한 염분을 세포내로 또는 세포 밖으로 배출시키는 신체의 능력을 약화시키며, 그 결과, 과도한 염분이 땀샘을 통해서 배출된다. 게다가 CF를 않는 어린이들은 종종 식욕이 왕성하지만, 소화 장애를 일으키고 체중은 보통 늘지 않는다.

의사는 Lewis의 땀에 존재하는 염분의 양을 측정하는 방법인 "발한 검사(sweat test)"를 실시하기로 결정한다. 그 검사 결과는 Lewis의 땀에서 고농도의 염분이 포함되어 있는 것으로 나타났으며, CF의 진단을 확인하게 된다. 현재 CF의 치료제는 없지만, 의학의 발달로 Lewis의 기대수명을 연장할 수 있으며, 전반적인 삶의 질을 증진시킬 수 있는 몇 가지 치료 방법이 제시되었다. 여기에는 항생제, 점액을 묽게 하는 약물, 허파에서 점액을 물리적으로 희석하여 제거하는 방법, 폐 이식 등이 포함된다.

1. **낭포성 섬유증 환자에서 생물막을 만드는 것은 무엇인가?**
2. **Lewis의 가래를 그람염색하여, 폐를 감염시킨 많은 그람-음성의 *Pseudomonas aeruginosa*를 관찰하였다. 그람염색 과정의 각 단계에서 관찰되는 *Pseudomonas*의 외형에 대하여 기술하라.**

보이지 않는 것의 탐구: 광학현미경

이 QR 코드를 당신의 스마트폰으로 검색하여 Bauman 박사의 비디오 가정교사로 계속 공부하라.

단원요약

측정 단위 (27쪽)

1. 미터법은 각 단위의 1/10 크기의 십진법이다.
2. 미터법에서 길이의 기본단위는 미터이다.

현미경 (28 – 37쪽)

1. **현미경**은 사물을 **확대**하기 위하여 렌즈를 통한 다양한 **파장**의 빛이나 전자를 통과한 것을 관찰하며, **해상력**과 대비를 제공하여 사물을 볼 수 있고 연구할 수 있도록 한다.
2. 유침유는 시료간의 공간을 채우기 위하여 광학현미경에서 사용되며 렌즈는 빛의 굴절을 줄여서 **개구수**와 해상력을 증가시킨다.
3. 염색기법과 편광은 사물과 배경 간의 **대비**를 증진시키는 데 사용된다.
4. **단순현미경**은 한 개의 확대렌즈를 가지며, **복합현미경**은 확대를 위하여 여러 개의 렌즈를 사용한다.
5. 사물을 확대를 하는데 가장 가까이 존재하는 렌즈는 **대물렌즈**이며, 그들 가운데 몇 개는 **해상전환기**에 장착된다. 눈에 가장 가까운 렌즈는 **대안렌즈**이다. **콘덴서렌즈**는 재물대 아래 위치하며, 슬라이드를 통해 빛을 통과시킨다.
6. 대물렌즈와 대안렌즈의 배율의 곱은 **총배율**을 나타낸다
7. 현미경 이미지의 사진은 **현미경사진**이다.
8. **암시야현미경**은 작거나 무색의 시료를 관찰하기 위해서 어두운 배경을 제공한다.
9. **위상차현미경**과 **차별간섭대비 현미경**과 같은 **위상현미경**은 시료를 통과한 광선이 배경을 통과한 위상 밖의 광선으로 대비차를 생성한다.
10. **형광현미경**은 자외선과 형광염료를 사용하여 시료에서 형광을 발산시켜 대비를 증진시킨다.
11. **공초점현미경**은 시료의 3차원 이미지를 제공하기 위하여 컴퓨터와 연관된 형광염료를 사용한다.
12. **투과전자현미경(TEM)**은 얇게 자른, 탈수된 시료를 통해 전자의 투과에 의해 생성된 상을 제공한다.
13. **주사전자현미경(SEM)**은 금속으로 코팅된 시료의 표면에서 분산되는 전자에 의해 3차원의 상을 제공한다.
14. 미세한 전자탐침은 원자수준에서 세부적인 것들을 보여주기 위하여 **주사터널현미경(STM)**과 **원자력현미경(AFM)**에 사용된다.

염색 (37 – 44쪽)

1. 광학현미경에서 염료로 생물체를 **염색**하기 위한 준비는 슬라이드 상에 시료의 **도말**이나 박막을 만든 후, 그 슬라이드를 화염에 통과시키거나 (**열고정**), 슬라이드에 시료가 부착되도록 화학물질을 적용한다 (**화학적 고정**). **산성 염료** 또는 **염기성 염료**는 관찰과 동정을 돕기 위하여 생물체의 특정 부분을 염색하는데 사용된다.
2. **단순염색**은 한 가지 염료로 도말된 슬라이드를 흠뻑 담구는 단순한 과정을 수행한 후에 물로 세척한다. **그람염색**, **항산성 염색**, 내생포자염색, Gomori methamine silver (GMS) 염색, 헤마톡시린(hemotoxylin)과 에오신(HE) 염색과 같은 **복합염색**은 다른 세포, 화학물질, 또는 구조를 식별하기 위하여 한 가지 이상의 염료를 사용한다.
3. 그람염색 방법은 **일차염색제**, **매염제**, **탈색제**, **역염색제**를 사용하며, 그 결과 보라색 (그람-양성) 또는 붉은색 (그람-음성)의 생물체를 생성하는데, 이는 세균들의 세포벽에서 화학적 구조에 의존한다.
4. 항산성 염색은 왁스로 된 세포벽을 가지는 세포들을 식별하는데 사용된다. **내생포자**는 **Schaeffer-Fulton 내생포자 염색법**에 의해 염색된다.
5. 배경을 염색하고 세포를 무색으로 남기는 염색법은 **음성염색** (또는 **캡슐염색**)이라고 한다.

미생물의 분류와 동정 (44 – 51쪽)

1. **분류군**은 **분류학**에서 연구되고 명명된 생물체의 비중복 그룹(nonoverlapping group)이다. Carolus Linnaeus는 유사한 교배생물체들을 **종**으로, 종을 **속**으로, 속을 **과**로, 과를 **목**으로, 목을 **강**으로, 강을 **문**으로, 그리고 문을 **계**로 각각 구분하는

분류학 체계를 발명하였다.

2. Linnaeus는 속명과 **종소명**으로 구성된 기재명을 각 종에 부여하였다. 두 이름을 가진 생물체의 명명 방법을 **이명법**이라고 한다.
3. Carl Woese는 **진핵생물**, **세균**, **고균**의 rRNA 서열에 의해 드러난 세 가지 세포형태에 근거하여 세 개의 분류학적 **도메인**의 존재를 제시하였다.
4. 분류학자들은 생물체를 분류하기 위하여 주로 형태학적 및 대사적 차이점에 의해 나타난 유전적 차이에 따른다. 종이나 종 내에서 균주는 **항혈청**; **응집시험**; 핵산분석, 특히 G+C 함량; 또는 **박테리오파지**의 **파지타이핑**을 사용하여 식별된다; 거기서 미지의 세균은 [파지에 의해 세균세포가 죽은 평판배양(bacterial lawn) 부분]인 **용균반**을 관찰함으로서 동정된다.
5. 미생물학자들은 미생물의 동정에 도움을 주기 위하여 두 가지 비교 특성들 간의 선택을 수반하는 **이분식 검색표**를 사용한다.

복습문제

복습문제에 대한 답 (단답형 문제 제외)은 A–1에 있다.

선다형

1. 다음가운데 가장 적은 단위는?
   a. decimeter
   b. millimeter
   c. nanometer
   d. micrometer
2. nanometer는 micrometer보다 ________________.
   a. 10배 더 크다
   b. 10배 더 작다
   c. 1,000배 더 크다
   d. 1,000배 더 작다
3. 해상력은 ________________(으)로서 가장 잘 설명된다.
   a. 작은 것을 볼 수 있는 능력
   b. 시료를 확대하는 능력
   c. 두 개의 인접한 사물을 식별하는 능력
   d. 전기장 방사선(electromagnetic radiation)의 두 파동 간의 차이
4. 곡면의 유리렌즈는 빛을 ________________
   a. 굴절시킨다
   b. 휘게한다
   c. 확대한다
   d. a와 b를 포함한다
5. 다음의 어느 요소가 상(image)을 더 크게 하는데 중요한가?
   a. 렌즈의 두께
   b. 렌즈의 굴곡
   c. 렌즈를 통한 빛의 속도
   d. 모두 다
6. 광학현미경과 투과전자현미경의 차이점은 무엇인가?
   a. 배율
   b. 해상력
   c. 파장
   d. 모두
7. 다음의 어떤 종류의 현미경이 투영된 외관을 나타내는 3차원 상(image)을 생산하는가?
   a. 단순현미경
   b. 차별간섭대비 현미경
   c. 형광현미경
   d. 투과전자현미경
8. 최상의 해상력으로 최대의 배율을 가지는 현미경은 무엇인가?
   a. 공초점현미경
   b. 위상차현미경
   c. 암시야현미경
   d. 명시야현미경
9. 에오신과 같은 음성염색은 ________________(으)로도 불린다.
   a. 캡슐염색
   b. 내생포자염색
   c. 단순염색
   d. 항산성 염색
10. 이명법에서 항상 소문자로 쓰는 용어는?
    a. 계
    b. 도메인
    c. 속
    d. 종소명

빈칸 채우기

1. 대물렌즈가 40배이고 각 쌍안렌즈가 15배의 배율을 가졌다면, 볼 수 있는 사물의 총 배율은 ________________이다.
2. Koch에 의해 개발된 세균의 고정형태는 ________________ 이다.
3. 유침유는 개구수를 ________________ (증가/감소)하며, 빛이 ________________ (많이/적게) 수반되기 때문에 배율이 ________________ (증가/감소) 한다.

4. ________________은 두 개 사물간의 색채강도에서 차이를 나타낸다.

5. 메틸렌블루와 같은 양이온 색소포는 DNA와 단백질 같은 (양/음) 전하의 화학물질에 ________________ 이온결합한다.

시각화하기!

1. 아래의 각 현미경 사진을 보고 상을 얻기 위해 사용된 현미경을 써라.

a.______________

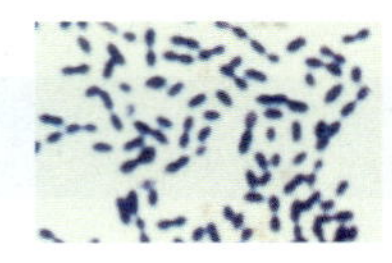
b.______________

c.______________

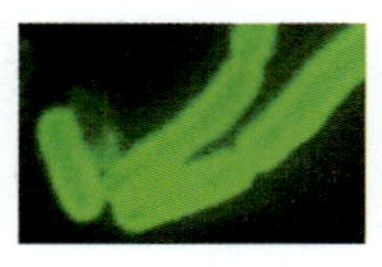
d.______________

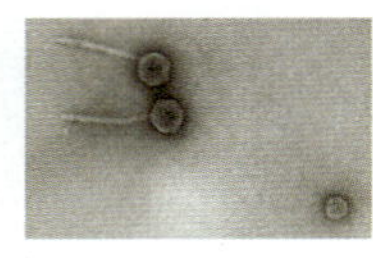
e.______________

f.______________

2. 현미경의 각 부분의 명칭을 써라.

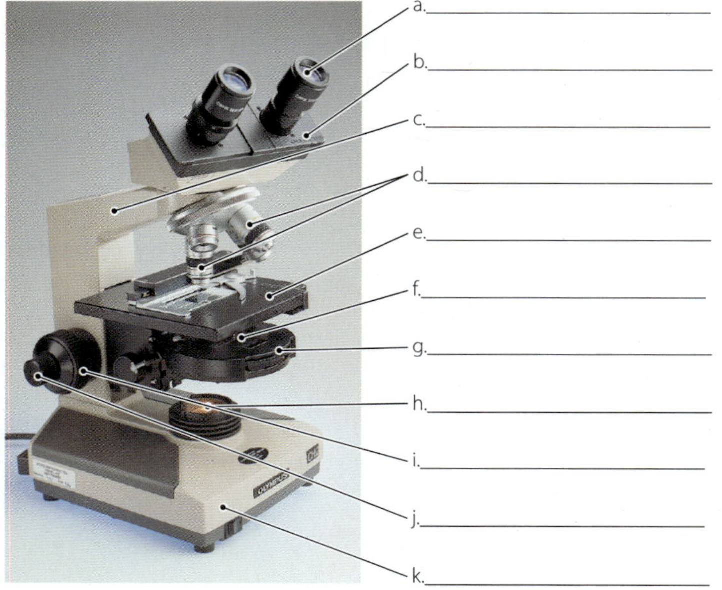

단답형

1. "전자는 파동으로 전달된다"는 원리가 어떻게 현미경에 적용되는지 설명하라.
2. 미생물학 시험에서 학생에게 주어진 배율에 대한 다음의 정의를 평가하라. "배율은 사물을 더 크게 확대한다."
3. 전자현미경은 죽은 생물체만을 확대할 수 있는 이유는 무엇인가?
4. 다음 물질들이 그람염색에서 사용되는 순서를 적어라: 역염색제, 탈색제, 매염제, 일차염색제.
5. 분류학적 명명에서 라틴어가 사용되는 이유는?
6. "종소명(specific epithet)"의 특성에 대하여 세 가지만 써라.
7. 리보솜 RNA(ribosomal RNA)의 뉴클레오티드 서열에 대한 연구는 분류학의 논의에 어떻게 적용되는가?
8. 원자력현미경은 살아있는 세포를 확대할 수 있지만, 전자현미경과 주사터널현미경(scanning tunneling microscope)은 확대할 수 없다. 전자현미경과 주사터널현미경(scanning tunneling microscope)이 살아있는 시료의 상을 배제하는데 요구되는 사항은 무엇인가?

비판적 사고

1. Miki는 손가락이 녹색으로 염색된 채, 좋지 않은 성적을 받아 가지고 미생물학 실험실에서 집으로 돌아왔다. 그녀는 그람염색을 책에 있는 방법대로 실시하였으나 잘 되지 않았다고 대답하였다. Christina는 이야기를 듣고 화학물질을 잘못 사용하였다고 생각하였다. 그녀가 사용한 염료는 무엇이며, 일반적으로 그 화학물질은 어떤 구조물을 염색하는데 사용되는가?
2. "상호교배가 가능한 생물체"로서 종의 정의가 대부분의 미생물에서 충족되지 않는 이유는 무엇인가?
3. 새로운 생물체의 발견을 제외하고, 우리가 현재 알고 있는 분류학이 동일하게 유지할 것이라고 가정하는 것이 합리적인가? 그 이유 또는 그렇지 않은 이유는?
4. 미생물학을 잘 모르는 학생이 유침유가 현미경의 배율을 증가시킨다는 것을 부적절하게 설명하였다. 유침유의 기능은 무엇인가?
5. 광학현미경은 10배의 대안렌즈와 0.3 μm의 해상력을 가진다. 유침렌즈 (100배)를 사용하면 400 nm 떨어진 두 사물을 해상할 수 있을까? 40 nm 떨어진 두 사물을 해상할 수 있을까?
6. 그람염색과 항산성염색 방법은 어떤 면에서 유사한가? 항산성염색법에서 매염제인 그람 요오드를 처리하는 이유는?
7. 이 절에서 논의된 종의 이명법을 설명하라. 속명과 종소명(specific epithet)은 그 생물체에서 무엇을 나타내는가?
8. 미생물학자들은 사람의 치아와 잇몸 사이에서 자라는 30여 가지 이상의 새로운 세균을 발견하였다고 발표하였다. 그 세균들은 연구자들의 실험실에서는 자라지 않았으며, 어떤 종류의 현미경으로도 관찰하지 못하였다.

   만일 그 연구자들이 그 세균들을 배양하거나 관찰하지 못했다면, 어떻게 연구자들은 새로운 종을 발견한 것을 알 수 있는가? 그들 세포에서 핵의 존재를 조사할 수 없다면, 그 생물체가 진핵생물이 아니라 원핵생물이라고 결정하는 방법은?
9. 속명 "구형(coccus)"은 따옴표에 있으나 속명 *Bacillus*는 그렇지 않은 이유는?
10. 의사가 방광염이 의심되는 환자로부터 소변시료를 얻었다. 그 시료로부터 산소의 존재 하에서 젖당을 발효시키고, 구연산(citrate)을 이용하고, 아세토인(acetoin)은 생산하나 황화수소(hydrogen sulfide)를 생성하지 않는 그람-음성의 막대형 세균을 배양하였다. 그림 2.27에 있는 검색표를 사용하여, 감염성 세균의 속(genus)을 동정하라.

개념도 작성

다음 용어를 사용하여 Gram 염색을 묘사하는 개념도를 작성하라.

탈색제
에탄올과 아세톤
그람-음성 세균
그람-양성 세균
요오드
일차염색
보라색
사프라닌
얇은 펩티도글리칸층

3 신체 내 미생물 생장제어: 항미생물제

임상 미생물

미세한 적과의 싸움

해병대 상사인 Ben은 자신의 아버지와 할아버지처럼 그의 조국에 대한 봉사를 자랑으로 여기고 있었다. 그는 아프가니스탄에서의 두 번째 복무의 끝이 가까워져서 그의 부인과 아들이 기다리는 집으로 돌아가는 것을 기다리고 있었다. 그러나 아프가니스탄을 떠나기 2주 전 Ben은 자살 폭탄 공격으로 크게 다쳐서 그의 왼쪽 다리를 잃었다. 그는 처음에 치료에 잘 반응하였으나 회복 3일째에 상처 부위가 감염되었다. 의사들은 어려운 상황에 직면하였으며 신속히 치료해야 했으나 어떤 세균이 감염의 원인인지 아직 몰랐다. 그들은 상처에 흔히 관련된 여러 세균 종의 치료에 사용되는 일련의 항미생물제인 트리메토프림-설파메톡사졸(trimethoprim-sulfamethoxazole)을 투여하기로 결정하였다.

불행히도 이 항균제들은 Ben의 상태를 호전시키지 못했으며, 감염은 더욱 심해졌다. 의사들은 다른 약품인 앰피실린(ampicillin)을 투여하였으나 24시간 후 이것도 아무 효과가 없는 것이 분명해졌다. 6일째에 Ben은 혈액의 감염인 패혈증(*septicemia*) 증상이 나타나기 시작하였다. 세균은 이제 Ben의 순환계에 침입하여 그의 심장, 뇌와 기타 중요 기관을 포함한 모든 신체 부위에 퍼져나가게 되었다. 의사들은 신속하게 해결책을 찾아야 했으며 그렇지 않으면 Ben은 자살 폭탄 공격에 살아남았으나 작은 세균 적에 의해 쓰러지게 되었다.

세균은 어떻게 철저한 항미생물제 치료에서 살아남을 수 있는가? Ben의 생명을 위협하는 패혈증을 위한 치료가 있는가? 이 장의 끝(85쪽)에서 찾아보라.

카페인, 알코올과 담배 같이 어떤 방식으로건 생물체에 영향을 미치는 화학물질을 약물(*drugs*)이라 한다. 질병에 대항하는 약물은 화학치료제(*chemotherapeutic agents*)라 하는데, 그 예로는 인슐린, 항암제와 이 장의 주제인 **항미생물제(antimicrobial agent** 또는 **antimicrobial)**라 하는 감염 치료제를 포함한다.

다음에서는 항미생물제가 작용하는 방법, 항미생물제 사용 시 고려해야 하는 요인 및 미생물의 항미생물제에 대한 내성에 대한 여러 문제 등을 살펴볼 것이다. 그러나 먼저 항미생물성 화학요법의 간략한 역사로부터 시작한다.

항미생물제의 역사

학습 | 성과

3.1 항미생물질의 개발에서 Paul Ehrlich, Alexander Fleming과 Gerhard Domagk의 기여에 대하여 설명하라.

3.2 반합성 및 합성 항미생물 약물이 항생물질과 어떻게 다른지 설명하라.

어린 소녀가 누워서 힘겹게 숨을 쉬고, 옆에는 그녀의 부모가 말없이 서있으며 그들의 4살 난 딸의 기력을 너무나 빨리 소모시키는 증상을 완화시키기 위해 의사가 무엇이든 해주기를 바라고 있었지만 슬프게도 의사가 할 수 있는 것은 거의 없었다. 세균, 점액질, 혈액-응고 인자와 백혈구로 구성된 디프테리아의 두꺼운 "위막(pseudomembrane)"이 그녀의 인두, 편도선과 성대에 단단히 붙어있으며 의사는 이를 제거하는 시도가 그 밑의 점막에 상처를 주어 출혈, 아마도 추가적 감염과 사망을 일으킬 수 있다는 것을 알고 있었다. 1902년에는 디프테리아의 치료에 의학이 할 수 있는 것은 거의 없었으며, 모든 의사가 할 수 있는 모든 것은 기다리고 희망을 갖는 것이었다.

20세기 초에 의학의 대부분은 질병의 진단, 그것의 예상 경로 및 환자가 얼마동안 아플지 또는 언제 그녀가 죽을지 예측하여 가족들에게 알리는 것이었다. 비록 의사들과 과학자들이 질병의 배종설(germ theory)을 막 받아들이고 많은 질병의 원인을 알았지만 *Corynebacterium diphtheriae* (kŏ-rī´nē-bak-tēr´ē-ŭm dif-thi´rē-ī)를 포함한 병원체를 저해하고 감염 진행을 바꾸기 위해 할 수 있는 것이 거의 없었다. 실제 1900년대 초에 태어난 아이의 1/3이 5살 이전에 감염성 질환으로 죽었다.

이 시기에 선견지명이 있었던 독일 과학자인 Paul Ehrich (1854-1915)가 환자에게는 영향이 없거나 적으면서 병원체를 선택적으로 죽이는 화학물질의 사용을 설명하기 위해 화학요법(chemotherapy)라는 용어를 제안하였다. 그는 미생물에 결합하여 그것을 죽이지만 수용체 분자가 없는 숙주 세포에는 해를 미치지 않는 마법의 탄환(magic bullet)에 대해 설명하였다.

항미생물제에 대한 Ehrich의 연구는 트리파노솜 기생체를 죽이는 비소 화합물과 매독의 원인세균에 듣는 또 다른 화합물의 발견으로 이어졌다. 수 년 후 1928년에 영국의 세균학자 Alexander Fleming (1881-1955)은 *Penicillium* (pen-i-sil´ē-ŭm) 곰팡이로부터 분비된 페니실린(penicillin)이 주변의 세균이 생장하지 못하게 하는 항세균 작용을 보고하였다 **(그림 3.1)**.

임상 사례연구

항생제 과용

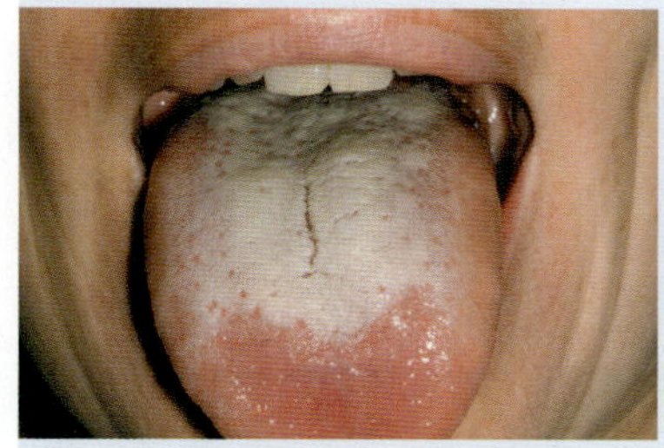

한 젊은 여성이 요로 감염으로 항생제를 복용하고 있었다. 약을 복용한지 며칠 후 그녀는 특별한 증상을 경험하기 시작하였는데 처음에 그것은 알기 어려웠으나 매우 빨리 심해져서 당혹스럽고 참을 수 없게 되었다.

그녀는 혀의 하얀 더께, 입 냄새와 입에서 지독한 맛을 감지하였다. 지속적인 칫솔질과 구강청소에도 불구하고 흰 더께를 완전히 없앨 수가 없었다. 더욱이 치즈 같은 흰 물질로 구성된 질 분비액이 과다하게 나왔다. 질 가려움증이 시작되자 그녀는 결국 도움을 요청하였다.

마지못해 그녀는 의사를 찾아가 증상을 이야기하였으며 의사는 증상을 설명하고 그녀의 고통을 완화시키기 위한 처방을 내렸다.

1. 이 상황에서 젊은 여성에게 무엇이 일어났는가?
2. 어떻게 그녀의 신체 방어가 침범되었는가?
3. 어떻게 그녀는 이 상황의 반복을 피할 수 있는가?

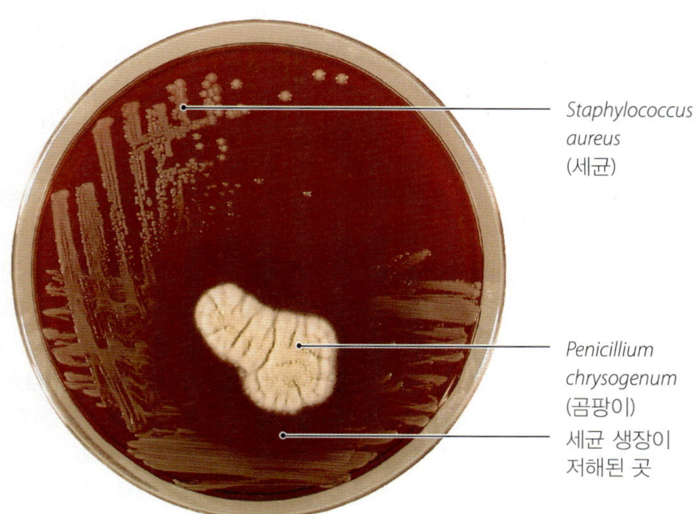

▲ **그림 3.1 곰팡이 *Penicillium chrysogenum*의 항생 효과.** Alexander Fleming은 이 곰팡이가 페니실린을 분비하는 것을 관찰했는데 이것은 이 혈액 한천 평판에서 자라는 *Staphylococcus aureus*에서 분명하게 보듯이 세균의 생장을 저해한다.

비록 비소 화합물과 페니실린이 처음 발견되었지만 그들이 널리 사용된 최초의 항미생물제는 아니었는데 Ehrich의 비소 화합물은 인간에게 독성이 있었으며 페니실린은 1940년대 후반에서야 충분히 많은 양이 생산되었다. 그 대신 독일 화학자 Gerhard Domagk (1895–1964)에 의해 1932년에 발견된 설파닐아미드(*sulfanilamide*)가 다양한 세균 감염 치료에 효과적인 최초의 실용적 항미생물제가 되었다.

Selman Waksman (1888–1973)은 유용한 항미생물제의 공급원인 다른 미생물들로 *Streptomyces* (strep-tō-mī´sēz) 속에 속하는 토양 서식 세균의 가장 중요한 종들을 발견하였다. Waksman은 생물에 의해 자연적으로 생성되는 항미생물 물질을 지칭하는 **항생물질(antibiotics)**이라는 용어를 만들었다 **(집중조명: 미생물 이타주의: 그들은 왜 그것을 하는가?)**. 오늘날 흔히 사용되는 "항생물질"은 항세균제를 나타내는데 합성 화합물을 포함하며 항바이러스 및 항진균 활성을 가진 물질은 제외한다.

다른 과학자들은 화학적으로 변형된 항생물질인 **반합성 항미생물제(semisynthetic antimicrobials)**를 만들었는데 그것은 천연 항생물질보다 더 효과적이며 오래 지속되고 사용하기 쉽다. 실험실에서 완전하게 합성되는 항미생물제는 **합성 약물(synthetic drug)**이라 한다. 대부분의 항미생물제는 천연 또는 반합성 물질이다.

표 3.1은 흔한 항생물질과 반합성물질의 일부 목록이며 그들의 기원을 보여준다.

왜 그런가

항생물질은 왜 감기에 효과적이지 못한가?

항미생물 작용의 원리

학습 | 성과

3.3 선택적 독성의 원리에 대해 설명하라.

3.4 항미생물 약물이 병원체에 미치는 6가지 영향을 나열하라.

Ehrich가 예견한대로 미생물에 대한 성공적인 화학요법의 핵심은 **선택적 독성(selective toxicity)**으로, 효과적인 항미생물제는 병원체의 숙주보다 병원체에 더 독성을 가져야만 한다. 선택적 독성은 병원체와 그 숙주 간의 구조 또는 대사의 차이 때문에 가능하다. 전형적으로 그 차이가 클수록 효과적인 항미생물제를 발견하거나 개발하는 것이 쉬워진다.

병원성 세균과 그들의 진핵생물 숙주의 구조와 대사 사이에 많은 차이가 있기 때문에 항세균 약물은 항미생물제 중 가장 많은 수와 다양성을 나타낸다. 진균, 원생동물과 기생충은 그들의 동물과 인간 숙주처럼 진핵생물이며 따라서 많은 공통적 특성을 공유하기

집중 조명

미생물 이타주의: 그들은 왜 그것을 하는가?

우리는 모두 항생물질이 인간에 도움이 되는 것을 알지만 그것을 분비하는 미생물들에게 어떤 도움이 되는가? 진화 이론 관점에서 그 답은 분명해 보이는데 그들은 분비 생물의 생존 경쟁에 유리한 점을 부여한다. 그러나 실제로 그 대답은 그렇게 간단하지 않다.

항생물질은 매우 다양한 종류의 이차 대사산물(secondary metabolite)로 알려져 있는데 이들은 정상적인 세포 생장과 증식에 필수적이지 않은 복잡한 유기분자로 생물이 이미 자신을 그 환경에 정착시킨 후에만 생성한다. 이차 대사산물의 생산은 세포에게 대사적 비용을 요구하게 되는데, 즉 항생물질 생산은 생물이 생장과 증식을 위해 사용할 수 있는 에너지와 자원을 소모하게 된다. 예를 들어, 테트라사이클린(tetracycline)은 72개의 독립된 효소 작용의 최종 결과이며 에리스로마이신(erythromycin)은 28개의 다른 화학 반응을 요구하며 그중 어느 것도 *Streptomyces*의 정상적 생장과 증식에 기여하지 않는다. 따라서 이 질문은 다음과 같이 변경될 수 있다: 이미 그들의 환경에서 안전한 생물에게 대사적으로 "고비용"의 항생물질의 용도가 무엇인가?

또 하나의 수수께끼는 세균에 대한 항생물질이 가까이 있는 세포를 저해할 정도로 충분히 높은 농도로 자연 토양에서 발견된 적이 없다는 사실이다. 예를 들어, 실험실에서 자란 세균을 제외하고는 *Streptomyces*에 의해 생성된 항생물질을 검출하는 것이 거의 불가능하다. 최소한 또는 하찮은 양의 항생물질도 검출되기 어렵다.

일부 과학자들은 항생물질이 한때 유용했으나 더 이상 중요한 역할을 하지 못하는 진화적 흔적이라고 주장한다. 그러나 만일 그것이 진정으로 미생물을 위한 작은 목적을 가진다면 복잡한 항생물질의 최소한의 지속적인 생산에 대한 엄청난 선택압이 있어야만 한다. 항생물질은 생물막 내 세균 간의 통신을 위해 사용된 신호물질이며 그들의 항미생물 작용은 우연한 것으로 생각된다. "미생물은 왜 항생물질을 만드는가?"란 질문에 완전히 답하기 위해 더 많은 연구가 필요하다.

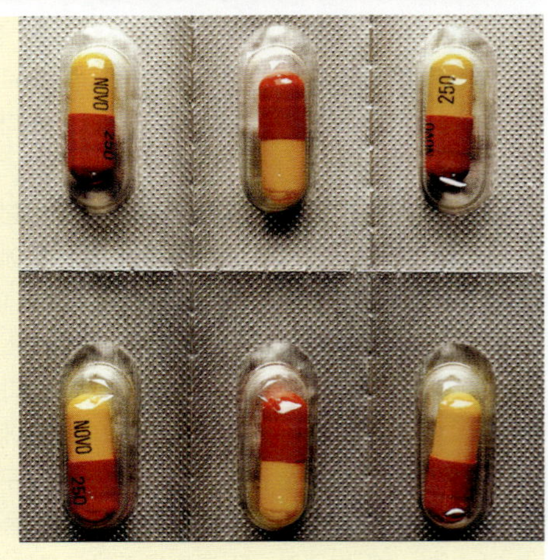

표 3.1 일부 흔한 항생물질과 반합성 물질의 기원

미생물	항생물질
진균	
Penicillium chrysogenum	Penicillin
Penicillium griseofulvum	Griseofulvin
Acremonium[a] *spp.*[b]	Cephalothin
세균	
Amycolatopsis orientalis	Vancomycin
Amycolatopsis rifamycinica	Rifampin
Bacillus licheniformis	Bacitracin
Bacillus polymyxa	Polymyxin
Micromonospora purpurea	Gentamicin
Pseudomonas fluorescens	Mupirocin
Saccharopolyspora erythraea	Erythromycin
Streptomyces griseus	Streptomycin
Streptomyces fradiae	Neomycin
Streptomyces aureofaciens	Tetracycline
Streptomyces venezuelae	Chloramphenicol
Streptomyces nodosus	Amphotericin B
Streptomyces avermitilis	Ivermectin

[a]이 속은 이전에 *Cephalosporium*으로 불렸다.
[b]spp.는 한 속 내의 여러 종에 대한 약자이다.

때문에 항진균, 항원생동물 및 항기생충 약물이 많지 않다. 구조상 큰 차이에도 불구하고 효과적인 항바이러스 약물의 수도 제한적인데, 바이러스가 대사와 증식에 숙주 세포의 효소와 리보솜을 사용하기 때문이다. 따라서 바이러스 증식에 대해 효과적인 약물은 숙주에게도 독성을 갖게 된다.

비록 그들이 병원체에 다양한 효과를 갖지만, 항미생물 약물은 그들의 작용 방법에 따라 여러 일반적인 종류로 나뉠 수 있다 (그림 3.2):

- 세포벽 합성을 저해하는 약물. 이 약물들은 세포벽을 갖는 특정 진균 또는 세균 세포에 선택적으로 독성을 나타내며 세포벽이 없는 동물에서는 나타나지 않는다.
- 원핵생물과 진핵생물 리보솜 간의 차이를 표적으로 한 단백질 합성 (번역)을 저해하는 약물.
- 세포막의 독특한 성분을 교란시키는 약물.
- 인간에 의해 사용되지 않는 일반적인 대사경로를 저해하는 약물.
- 핵산 합성을 저해하는 약물.
- 병원체의 숙주 인식 또는 부착을 방해하는 약물.

다음 절에서 이 방법들을 순차적으로 소개할 것이다.

세포벽 합성 저해

학습 | 성과

3.5 세균과 진균의 세포벽에 영향을 미치는 약물의 예를 들고 작용 방법을 설명하라.

세포벽은 삼투압으로부터 세포를 보호한다. 병원성 세균과 진균 모두 세포벽을 가지나 동물과 인간은 없다. 먼저 세포벽에 작용하는 약물에 대해 알아보자.

세균 세포벽 합성의 저해

세균 세포벽의 주요 구조적 성분은 펩티도글리칸 층이다. 펩티도글리칸은 *N*-acetylglucosamine (NAG)과 *N*-acetylmuramic acid (NAM) 분자가 교대하는 다당류 사슬로 NAM 소단위 사이에 짧은 펩티드 사슬이 교차결합된 거대분자이다 (그림 3.14 참조). 세포가 커지거나 분열하기 위해서는 기존 NAG-NAM 사슬에 새로운 NAG와 NAM 소단위의 추가에 의해 펩티도글리칸을 더 합성해야만 하며 새로운 NAM 소단위는 옆의 NAM 소단위에 연결되어야만 한다 (그림 3.3a와 b).

많은 흔한 항세균제는 NAM 소단위의 교차결합의 방해에 의해 작용한다. 이런 약물 중 가장 흔한 것이 **베타-락탐(beta-lactam**; 예, penicillin, cephalosporin과 carbapenem)으로 이들의 기능적 부위가 베타-락탐 고리(β-*lactam ring*)인 항미생물제이다 (그림 3.3c). 베타-락탐은 NAM 소단위를 교차결합 시키는 효소에 비가역적으로 결합하여 펩티도글리칸 형성을 저해한다 (그림 3.3d). 정확하게 형성된 NAM 소단위 결여 시 자라나는 세균 세포는 약해진 세포벽을 갖게 되어 삼투압의 효과에 저항성이 약해진다. 세포 내로 물이 들어오면 세포벽 아래 있는 세포막이 약해진 세포벽 부위를 통해 솟아올라 결국 세포가 터지게 된다 (그림 3.3e).

화학자들은 페니실린 G (penicillin G) 같은 천연 베타-락탐을 변형시켜 메티실린(methicillin)과 이미페넴(imipenem) 같은 반합성 유도체를 만들었는데, 이들은 위장의 산성 환경에 더 안정적이고 창자에서 더 쉽게 흡수되며 세균 효소에 의한 불활성화에 덜 민감하거나 보다 여러 세균에 대해 더 활성을 갖는다.

Amycolatopsis orientalis (am-ē-kō´la-top-sis o-rē-en-tal´is)로부터 얻은 **반코마이신(vancomycin)** (van-kō-mī´sin)과 반합성 약물인 **사이클로세린(cycloserine)**같은 다른 항미생물제는 다른 방식으로 세포벽 형성을 저해한다. 이들은 많은 그람-양성 세균에서 NAM 소단위를 연결하는 특정 alanine-alanine 다리를 직접 방해한다. Alanine-alanine 교차다리가 없는 세균들은 이 약물에 자연적으로 내성이 있다. 세포벽 형성을 저해하는 다른 약물로 **바시트라신(bacitracin)** (bas-i-trā´sin)은 세포질로부터 세포벽으로 NAG와 NAM의 수송을 막는다. 베타-락탐처럼 반코마이신, 사이클로세린과 바시트라신은 삼투압의 영향에 의해 세포 용해를 일으킨다.

이 모든 약물들이 세균의 세포벽 물질 양의 증가를 막지만, 기

▶ **그림 3.2 항미생물 약물의 작용 방법.** 각 작용의 종류에 대한 대표적인 약물이 나열되었다.

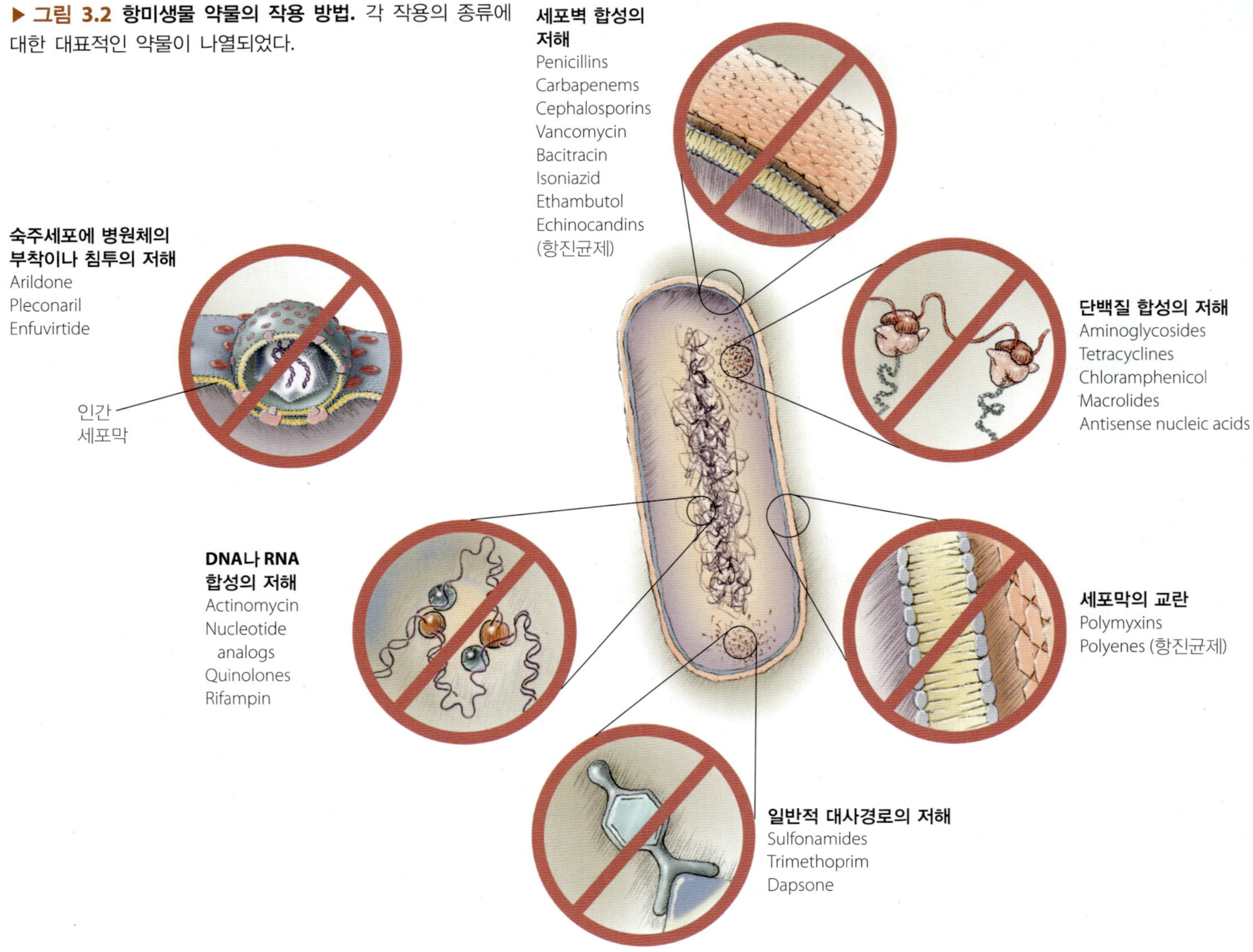

존 펩티도글리칸에는 영향이 없기 때문에 자라는 또는 증식하는 세균 세포에만 효과가 있으며 휴지기 세포에는 영향을 미치지 못한다.

결핵과 나병의 원인체인 *Mycobacterium* (mī´kō-bak-tēr´ē-ŭm) 속의 세균은 보통 원핵생물의 펩티도글리칸 이외에 아라비노갈락탄-마이콜산(arabinogalactan-mycolic acid) 층을 가진 독특하고 복잡한 세포벽을 갖는다. **이소니아지드(Isoniazid)** (ī-sō-nī´ă-zid) 또는 **INH**[1]와 **에탐부톨(ethambutol)** (eth-am´boo-tol)은 이 별도의 층 형성을 저해한다. Mycobacteria는 부분적인 이유로는 그들의 세포벽의 복잡성 때문에 전형적으로 매 12 내지 24시간에 증식하는 데 따라서 mycobacteria에 작용하는 항미생물제는 몇 달 또는 몇 년씩 복용해야만 효과를 얻을 수 있다. 그런 오랜 치료를 환자가 지속하는 것이 종종 어렵다.

진균 세포벽 합성의 저해

진균 세포벽은 포유류 세포에 없는 당인 1,3-D-글루칸(1,3-D-glucan)을 포함한 다양한 다당류로 구성된다. *Caspofungin*이 속한 **에키노캔딘(echinocandin)**이라 불리는 새로운 종류의 항진균 약물은 글루칸(glucan) 합성 효소를 저해하는데 글루칸이 없으면 진균 세포가 세포벽을 만들 수 없어 삼투현상으로 세포가 파괴된다.

단백질 합성의 저해

학습 | 성과

3.6 단백질 합성을 저해하는 6가지 항미생물 약물의 예를 들고 작용 방법을 설명하라.

대사에서의 효소처럼 그리고 세포막을 가로질러 물질을 이동시키는 통로와 펌프처럼 세포는 구조와 제어를 위해 단백질을 이용한다. 따라서 단백질의 지속적인 공급이 세포의 생명 유지에 중요하다. 인간 세포를 포함하여 모든 세포는 전령 RNA 주형으로부터의 정보를 이용하여 단백질을 번역하는데 리보솜을 사용하지만, 약물이 단백질 합성에 관련된 차이를 선택적으로 목표로 삼을 수 있는지는 즉각적으로 분명하지는 않다. 그러나 원핵생물의 리보솜은 진핵생

[1]Isoniazid의 정확한 화학명인 *isonicotinic acid hydrazide*로부터 유래

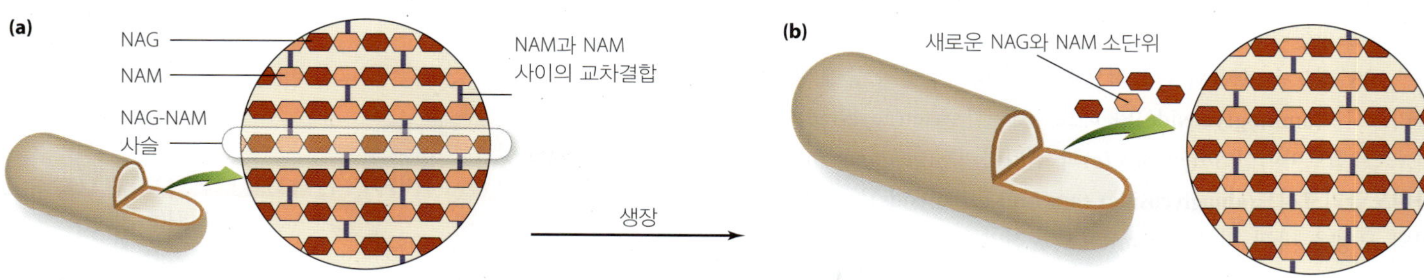

NAM 소단위 사이의 펩티드 다리에 의해 교차 결합된 NAG-NAM 사슬로 이루어진 펩티도글리칸으로 구성된 세균 세포벽

새로운 NAG와 NAM 소단위가 효소에 의해 세포벽으로 삽입되어 세포가 생장한다. 다른 효소가 기존의 NAM 소단위에 새로운 NAM 소단위를 펩티드 교차결합으로 연결시킨다.

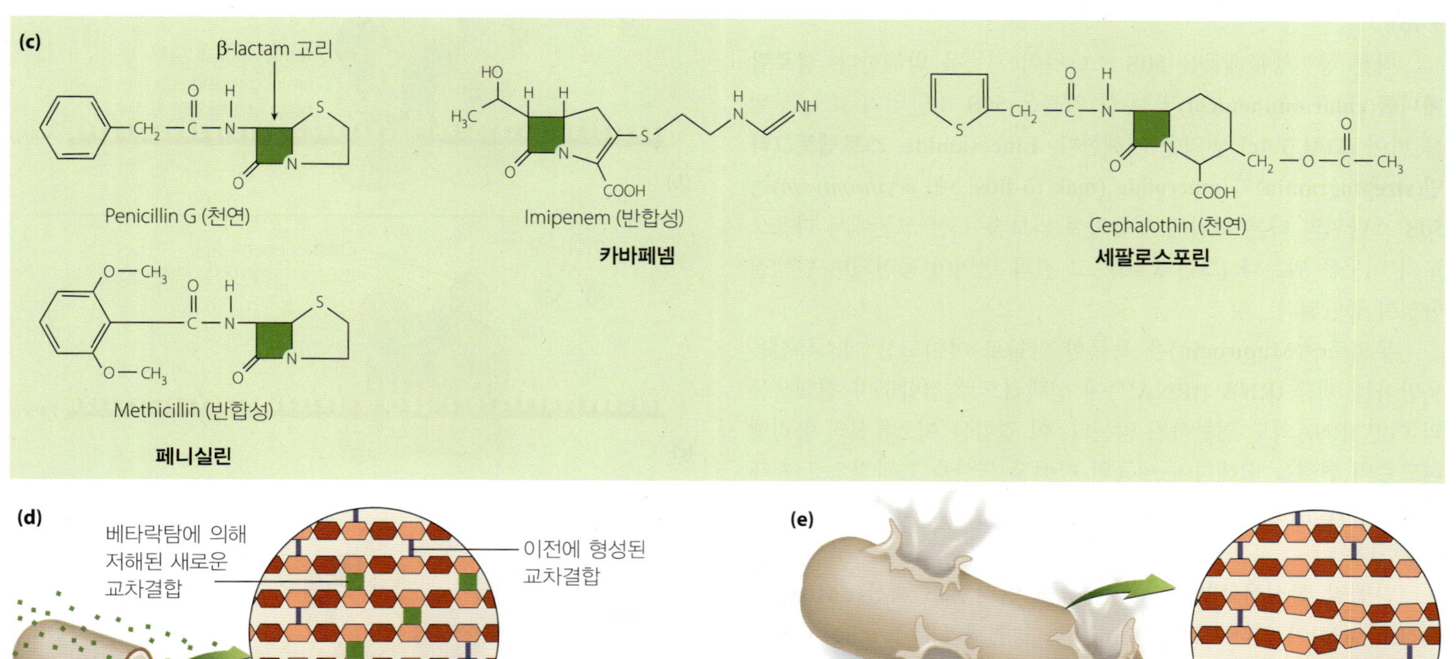

(d)

베타락탐에 의해 저해된 새로운 교차결합

이전에 형성된 교차결합

생장

(e)

베타락탐은 연결효소를 저해하며 NAM 소단위는 그들의 이웃에 연결되지 않은채 남아 있는다. 그러나 세포는 더 많은 NAG와 NAM 소단위가 추가됨에 따라 계속 생장한다.

펩티도글리칸의 온전성이 유지되지 않기 때문에 세포는 삼투압에 의해 터진다.

▲ **그림 3.3 세균 세포벽 합성과 베타-락탐의 저해 효과.** **(a)** NAG-NAM 사슬과 교차결합된 NAM 소단위를 보여주는 정상 펩티도글리칸 세포벽의 모식도. **(b)** 새로운 NAG와 NAM 소단위 첨가와 오래된 것에 새로운 NAM 소단위의 연결에 의한 세균의 생장. **(c)** 일부 베타-락탐 약물의 구조식. 그들의 기능 부위는 베타-락탐 고리이다. **(d)** 펩티도글리칸의 NAM-NAM 교차결합을 저해하는 페니실린의 효과의 모식도. **(e)** 베타-락탐 약물의 영향으로 인한 세균의 용해. *NAM-NAM 교차결합 저해에 의해 베타-락탐이 펩티도글리칸 분자를 약하게 한 후 어떤 힘이 실제로 영향 받은 세균 세포를 죽이는가?*

그림 3.3 세포 내부 물의 삼투 압력이 세포를 터트린다.

물의 리보솜과 구조와 크기가 다른데 원핵생물 리보솜은 70S이며 30S와 50S 소단위로 구성되며, 진핵생물 리보솜은 80S이고 60S와 40S 소단위로 구성된다.

많은 항미생물제는 진핵생물에 중요하게 영향을 미치지 않으면서 세균 단백질 번역을 선택적으로 표적으로 하기 위해 리보솜 간의 차이를 이용한다. 그러나 이 약물 중 일부는 진핵생물 미토콘드리아가 원핵생물의 리보솜과 유사한 70S 리보솜을 가지므로 이들에 영향을 미치기 때문에 그런 약물이 동물과 인간, 특히 간과 골수의 매우 활성 있는 세포들에 유해할 수도 있기 때문에 주의해야 한다.

단백질 합성을 저해하는 항미생물제 작용의 이해는 번역 과정의 이해를 요구하는데 리보솜의 여러 부위가 항미생물 약물의 표적이기 때문이다. 원핵생물의 30S와 50S 소단위 모두 단백질 합성의 개시, 유전암호 인식과 tRNA-아미노산 복합체의 결합에 역할을 하기 때문이다. 50S 소단위는 실제로 펩티드 결합을 형성하는 효소

부위를 포함한다.

30S 리보솜 소단위를 표적으로 하는 항미생물제 중에 아미노글리코시드(aminoglycoside)와 테트라사이클린(tetracycline)이 있다. 스트렙토마이신(*Streptomycin*)과 겐타마이신(*gentamycin*) 같은 **아미노글리코시드(ainoglycoside)** (am´i-nō-glī´kō-sīds)는 30S 소단위의 모양을 바꿔 리보솜이 mRNA 유전암호를 정확하게 읽지 못하게 한다 **(그림 3.4a)**. 다른 아미노글리코시드와 **테트라사이클린(tetracycline)** (tet-ră-sī´klēn)은 tRNA 결합부위 (A 부위)를 막아 자라나는 폴리펩티드로 추가적인 아미노산의 연결을 방해한다 **(그림 3.4b)**.

다른 항미생물제들은 50S 소단위의 기능을 방해한다. **클로람페니콜(chloramphenicol)**및 유사 약물은 50S 소단위의 효소 부위를 막아 **(그림 3.4c)** 번역을 저해한다. **Lincosamide, 스트렙토그라민(streptogramin)**과 **macrolide** (mak´rō-līds; 예, *erythromycin*)는 50S 소단위의 다른 부위에 결합하여 리보솜이 한 코돈에서 다음으로의 이동을 막는다 **(그림 3.4d)**. 그 결과 번역이 동결되며 단백질 합성이 중단된다.

무피로신(Mupirocin)은 독특한 약물로 아미노산 이소류신을 운반하는 세균 tRNA ($tRNA^{Ile}$)에 선택적으로 결합하며 진핵생물의 어떤 tRNA와도 결합하지 않는다. 이 결합은 이소류신의 폴리펩티드로의 연결을 방해하여 세균의 단백질 생산을 효과적으로 저해한다. 의사들은 피부 감염을 치료하기 위한 국소 크림에 무피로신을 처방한다.

단백질 합성을 막는 다른 약물에 **안티센스 핵산(antisense nucleic acid)**이 있다 **(그림 3.4e)**. 이는 병원체의 특정 mRNA 분자에 상보적이 되도록 만든 RNA 또는 단일가닥 DNA 분자이다. 이것은 인간 mRNA에 영향이 없이 리보솜 소단위의 mRNA에 부착을 막는다. 포미버센(*Fomivirsen*)은 이 종류의 약물로 최초로 승인된 것이다. 이것은 cytomegalovirus를 불활성화시키며 눈 감염 치료에 사용된다.

옥사졸리디논(Oxazolidinone)은 번역 개시를 막아 단백질 합성을 중지시키는 항미생물 약물이다 **(그림 3.4f)**. 옥사졸리디논은 반코마이신과 methicillin 내성 *Staphylococcus aureus* (staf´i-lō-kokŭ´s o´rē-ŭs)를 포함한 다른 항미생물제 내성 그람-양성 세균 치료에 마지막 수단으로 사용된다.

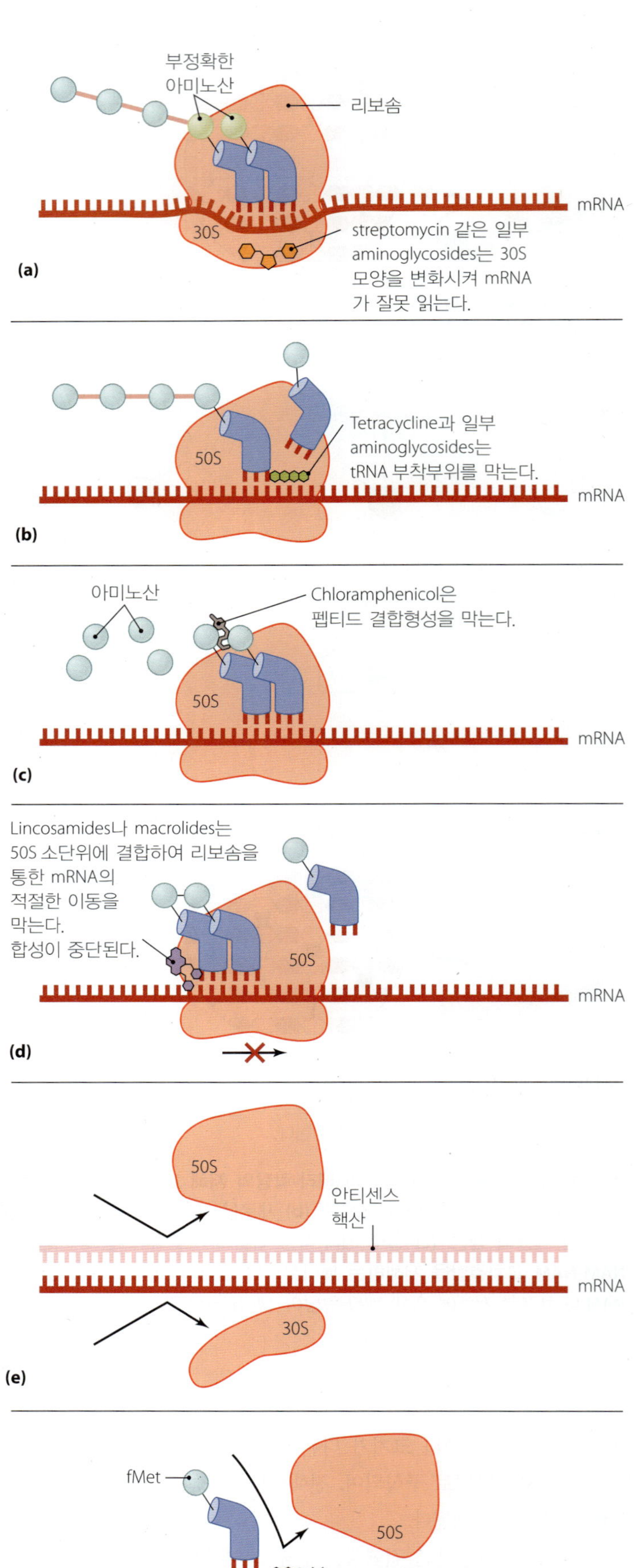

▶ **그림 3.4 단백질 합성을 저해하기 위해 원핵생물 리보솜을 표적으로 하는 항미생물제의 작용 방법. (a)** Aminoglycoside는 30S 소단위의 모양을 변화시켜 tRNA 역코돈의 mRNA 코돈과 부정확한 짝짓기를 일으킨다. **(b)** Tetracycline은 30S 소단위 상의 tRNA 결합부위 (A 부위)를 막아 단백질 신장을 방해한다. **(c)** Chloramphenicol은 50S 소단위의 효소 활성을 막아 아미노산 사이의 펩티드 결합 형성을 저해한다. **(d)** Licosamide 또는 macrolide는 50S 소단위에 결합하여 리보솜의 mRNA에서 이동을 막는다. **(e)** 안티센스 핵산은 mRNA에 결합하여 리보솜 소단위를 저해한다. **(f)** Oxazolidinone은 번역 개시를 저해한다. *코돈 CUG에 어떤 역코돈이 배열되어야 하는가?*

그림 3.4 역코돈 GAC가 이 코돈에 정확하게 상보적이다.

세포막의 파괴

학습 | 성과

3.7 세포막을 파괴하는 항미생물 약물의 작용에 대하여 설명하라.

짧은 폴리펩티드인 그라미시딘(*gramicidin*) 같은 일부 항세균 약물은 흔히 막을 통과하는 통로 형성에 의해 표적 세포의 세포막을 파괴하여 세포에 피해를 입힌다. 이는 또한 **폴리엔(polyene)** (pol-ē-ēns´)이라는 항진균 약물 종류의 작용 기작이기도 하다. 폴리엔인 니스타틴(*nystatin*)과 암포테리신 B (amphotericin B) **(그림 3.5a)**는 살진균제인데, 그들이 막의 파괴 과정 중 진균 막의 지질 성분인 에르고스테롤(*ergosterol*) **(그림 3.5b)**에 부착하여 세포의 용해를 일으키기 때문이다. 인간의 세포막도 암포테리신 B에 어느 정도 민감한데, 그것이 에르고스테롤과 유사한 콜레스테롤을 함유하기 때문이다. 그러나 콜레스테롤이 에르고스테롤처럼 암포테리신 B에 결합하지는 않는다.

플루코나졸(*Fluconazole*) 같은 **아졸(azole)**과 *terbinafine* 같은 **알릴아민(allylamine)**은 세포막을 파괴하는 두 가지 다른 종류의 항진균 약물이다. 이들은 에르고스테롤 합성을 저해하는데 에르고스테롤이 없으면 세포막이 온전하게 유지되지 못하며 진균 세포가 죽게 된다. 아졸과 알릴아민은 일반적으로 인간에게 해가 없는데 인간 세포가 에르고스테롤을 만들지 않기 때문이다.

대부분의 세균 막은 스테롤(sterol)이 없으며, 따라서 이 세균들은 폴리엔, 아졸과 알릴아민에 자연적으로 내성이 있으나, 세균 막을 파괴하는 다른 약물들이 있다. 이런 항세균제의 예로 *Bacillus polymyxa* (ba-sil´ŭs po-lē-miks´ă)가 생성하는 폴리믹신(*polymixin*)이 있다. 폴리믹신은 그람-음성 세균, 특히 *Pseudomonas* (soo-dō-mō´nas)에 효과적이지만 인간 신장에 독성을 나타내기 때문에 다른 항세균 약물에 내성이 있는 피부의 병원체로 보통 사용이 국한되고 있다.

피라진아미드(*Pyrazinamide*)는 *Mycobacterium tuberculosis* (too-ber-kyū-lō´sis)의 세포막을 가로 지르는 수송을 방해한다. 이 병원체는 독특하게 이 약물을 활성화시키고 축적한다. 많은 다른 항미생물제와 달리 피라진아미드는 세포 내의 증식하지 않는 세균 세포에 대해 가장 효과적이다.

일부 항기생충 약물 또한 세포막에 대해 작용한다. 예를 들어, 프라지콴텔(*praziquantel*)과 이버멕틴(*ivermectin*)은 여러 종류의 기생충의 세포막의 투과성을 변화시킨다.

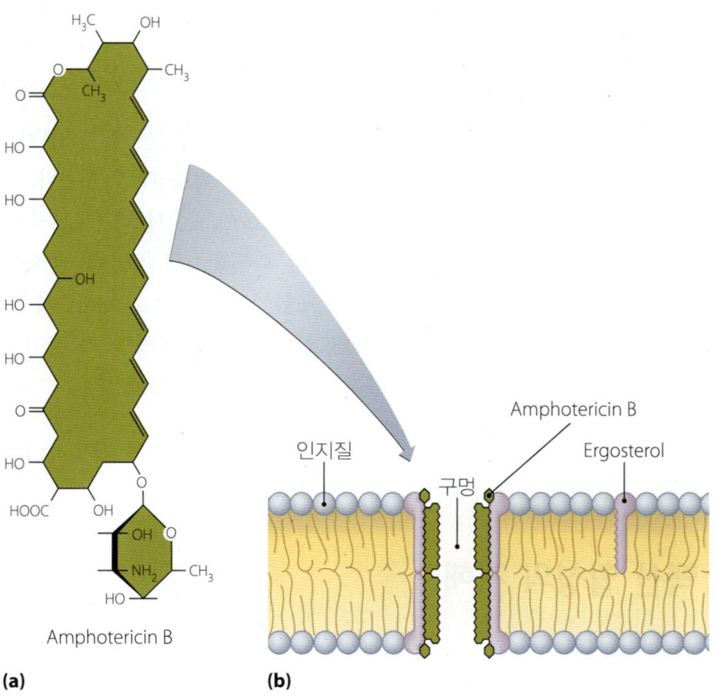

▲ **그림 3.5 항진균제 amphotericin B에 의한 세포막의 파괴. (a)** amphotericin B의 구조. **(b)** amphotericin B의 작용. 이 약물은 ergosterol 분자에 결합하여 모여서 구멍을 만든다.

대사경로의 저해

학습 | 성과

3.8 엽산 합성을 저해하는 항미생물제의 작용을 설명하라.
3.9 항미생물 약물과 관련된 유사체란 용어를 정의하라
3.10 대사를 저해하는 항바이러스 약물의 작용에 대해 설명하라.

대사는 생물체 내에서 일어나는 모든 화학 반응의 총합이다. 대부분의 생명체들이, 예를 들어 해당작용 같은 특정 대사반응을 공유하지만 다른 화학반응들은 특정 생물에 국한된다. 병원체와 그 숙주의 대사과정 사이에 차이가 존재할 때 항대사제(*antimetabolic agent*)가 효과적일 수 있다.

다양한 종류의 항대사제가 있으며 원생동물과 진균에서 전자전달을 저해하는 아토바퀴온(*atovaquone*)이 포함되며 효소를 불활성화 시키는 (비소, 수은과 안티몬 같은) 중금속, 많은 원생동물과 기생충에 의한 튜불린(tubulin) 중합과 포도당 흡수를 방해하는 약물, 바이러스의 활성화를 막는 약물과 최초로 상업화된 항미생물제인 sulfanilamide 같은 대사 저해제가 있다.

술파닐아미드(Sulfanilamide)와 유사 화합물들을 통틀어 **술폰아미드(sulfonamide)**라 하는데, 그들이 *para-aminobenzoic acid* (*PABA*; **그림 3.6a**)와 화학적으로 매우 유사한 구조적 **유사체(analog)**이기 때문에 항대사 약물로 작용한다. PABA는 DNA와 RNA 합성에 필요한 뉴클레오티드 합성에 중요하다. 일부 병원체를 포함한 많은 생물들이 효소적으로 PABA를 디히드로엽산(dihydrofolic acid)으로 전환하며 이는 다시 엽산(folic acid)의 형태인 테트라히드로엽산(tetrahydrofolic acid, THF)으로 전환되어 퓨린과 피리미딘 뉴클레오티드의 합성에 조효소로 이용된다 **(그림 3.6b)**. PABA의 유사체로 술폰아미드는 dihydrofolic acid 생산에 관여하는 효소의 활성 부위에 PABA 분자와 경쟁한다 **(그림 3.6c)**. 이 경쟁은

(a) Para-aminobenzoic acid (PABA)와 그 구조적 유사체인 sulfonamides

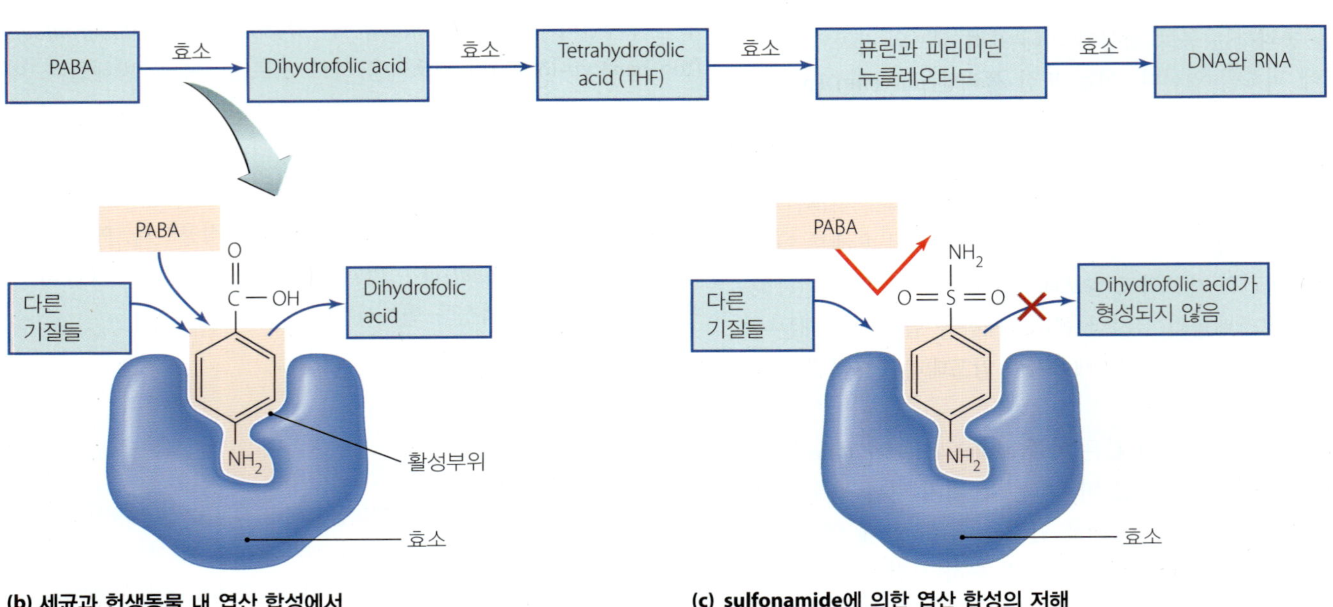

(b) 세균과 헌생동물 내 엽산 합성에서 PABA의 역할

(c) sulfonamide에 의한 엽산 합성의 저해

▲ **그림 3.6 핵산 합성을 저해하는 sulfonamide의 항대사 작용. (a)** Para-aminobenzoic acid (PABA)와 그 구조적 유사체로 대표적인 술폰아미드(sulfonamide). 화합물의 유사 부위가 사각형 내의 구조이다. **(b)** 세균과 원생동물에서 PABA로부터 엽산이 생성되는 대사경로. **(c)** 효소의 활성 부위에 비가역적 결합으로 효소를 불활성화 시키는 술폰아미드의 존재에 의한 엽산 합성의 저해.

THF와 그에 따른 DNA와 RNA 생산의 감소를 유도한다. PABA와 술폰아미드 경쟁의 결과는 세포 대사의 중지를 가져오며 세포 죽음을 유도한다.

인간은 PABA로부터 THF를 합성하지 않는 것에 유의하여야 한다; 대신 인간은 음식에 있는 간단한 엽산을 섭취하여 그것을 THF로 전환한다. 그 결과 인간대사는 술폰아미드에 의해 영향을 받지 않는다.

다른 항대사제인 트리메토프림(*trimethoprim*) 또한 핵산 합성을 저해한다. 그러나 PABA를 디히드로엽산으로 전환하는 효소에 결합하는 대신 트리메토프림은 이 대사경로의 두 번째 단계인 디히드로엽산으로부터 THF로의 전환에 관여하는 효소에 결합한다.

일부 항바이러스제는 바이러스 대사의 독특한 측면을 표적으로 한다. 숙주에 부착 후 바이러스는 세포막을 통과하고 탈외피를 통해 바이러스 유전물질을 방출하고 세포의 대사 기구를 제어해야 한다. 일부 진핵생물의 바이러스는 포식리소솜(phagolysosome) 내 산성 환경의 결과로 탈외피 된다. 아만타딘(*amantadine*), 리만타딘(*rimantadine*)과 약한 유기 염기는 포식리소솜의 산을 중화시킬 수 있기 때문에 바이러스 탈외피를 막는 항바이러스 약물이다. 아만타딘은 A형 인플루엔자 바이러스에 의한 감염을 막는 데 이용된다.

단백질분해효소 억제제(*protease inhibitor*)는 HIV가 그 증식 회로의 거의 끝에 필요한 효소인 단백질분해효소의 작용을 방해한다. 이 약물은 역전사효소 저해제를 포함한 약물의 'cocktail'에 포함하여 이용되어 선진국에서 AIDS 환자 치료에 혁명을 가져왔다. 연구자들은 이전에 모든 약물이 포함된 매일 먹던 35개 또는 그 이상의 알약을 겨우 몇 개의 cocktail 알약으로 줄였다.

핵산 합성의 저해

학습 | **성과**

3.11 뉴클레오티드와 뉴클레오시드 유사체, 퀴놀론(quinolone), RNA 또는 DNA에 결합하는 약물과 역전사효소 저해제의 항미생물 작용에 대해 설명하라.

핵산 DNA와 RNA는 퓨린과 피리미딘 뉴클레오티드로부터 만들어지며 세포의 생존에 중요하다. 여러 약물은 DNA 복제 또는 그것의 RNA로의 전사의 저해에 의해 작용한다.

원핵생물과 진핵생물의 DNA 간에 약간의 차이만 존재하기 때문에 DNA 복제에 영향을 미치는 약물은 흔히 두 종류의 세포에 모두 작용한다. 예를 들어, 악티노마이신(*actinomycin*)은 세균 병원체뿐만 아니라 그 숙주의 DNA에 결합하여 DNA 합성과 RNA 전사를 효율적으로 막는다. 일반적으로 이 종류의 약물은 비록 DNA 복제 연구에 사용되지만 감염 치료에는 사용되지 않으며 암세포의 증식을 조심스럽게 늦추기 위해 사용될 수도 있다.

한 가지 예외는 플루오로퀴놀론(*fluoroquinolone*)이 포함된 퀴놀론(*quinolone*)이라는 합성 약물인데 이들은 원핵생물 DNA에만 특별하게 활성을 갖기 때문이다. 이 항세균제는 복제되는 세균 DNA의 정확한 초나선 형성과 초나선 풀기에 필요한 효소인 *DNA gyrase*를 저해하며 전형적으로 진핵생물 또는 바이러스에는 거의 효과가 없다.

핵산의 작용 저해에 의해 항미생물제로 작용하는 다른 화합물에 **뉴클레오티드[2] 유사체(nucleotide analog)** 또는 **뉴클레오시드 유사체(nucleoside analog)**가 있는데 이들은 핵산의 정상적인 뉴클레오티드 구성요소와 구조적으로 유사한 분자들이다 **(그림 3.7)**. 항 AIDS 약물 AZT 같은 특정 뉴클레오티드 또는 뉴클레오시드 유사체의 구조는 병원체의 DNA 또는 RNA 내로 끼어들어갈 수 있게 하여 핵산 분자의 모양을 변형시켜 더 이상의 복제, 전사 또는 번역을 막는다. 뉴클레오티드와 뉴클레오시드 유사체는 바이러스에 대

[2]뉴클레오티드는 오탄당, 인산염과 질소성 염기로 구성되며 뉴클레오시드는 인산염이 없다.

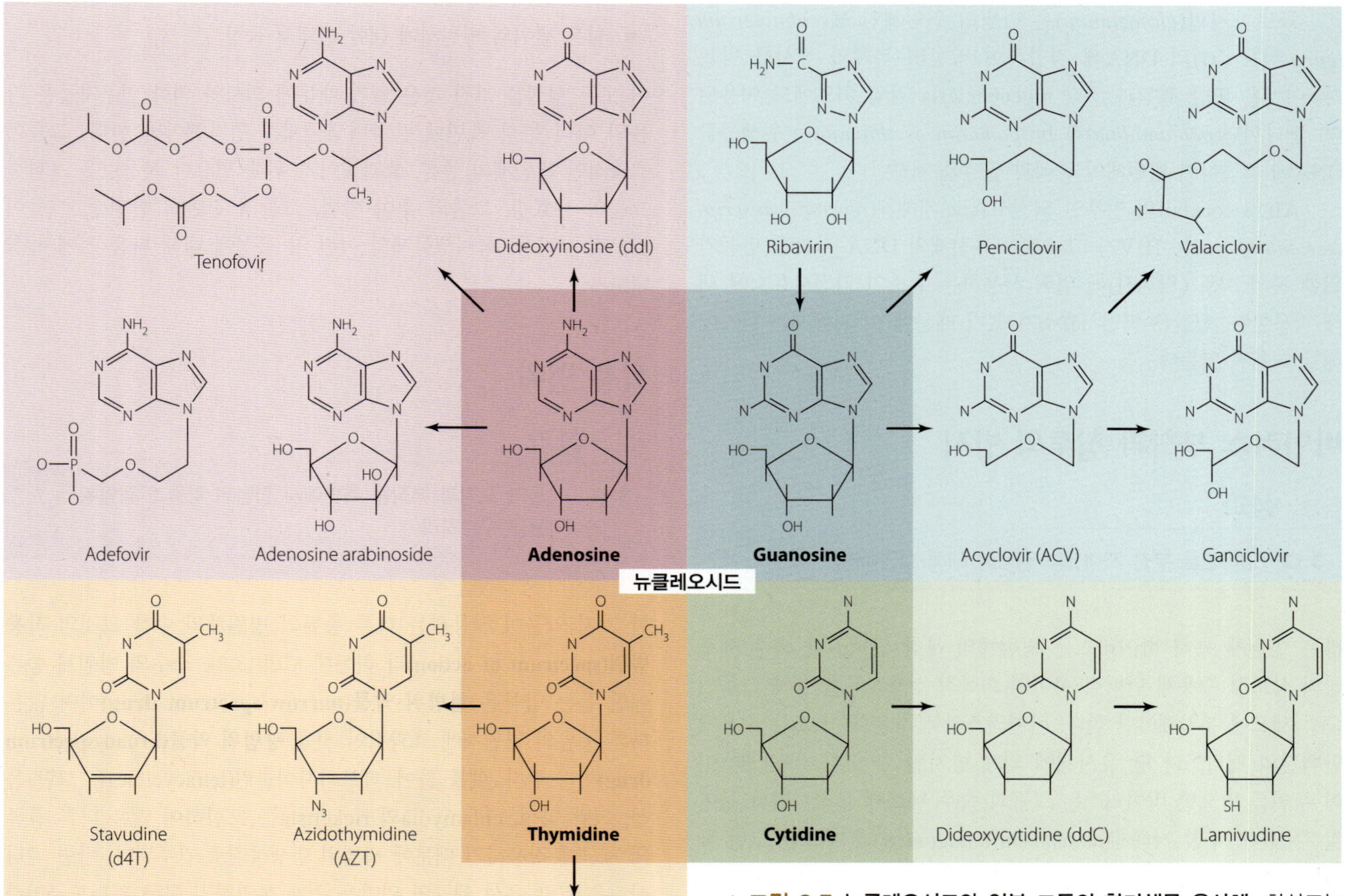

▲ **그림 3.7 뉴클레오시드와 일부 그들의 항미생물 유사체.** 화살표는 합성 경로를 나타낸다 (간단하게 뉴클레오티드와 유사체는 인산기 없는 뉴클레오시드로 나타내었다). *뉴클레오티드 유사체는 어떻게 DNA 복제와 RNA 전사를 방해하는가?*

그림 3.7 핵산의 변형을 일으키기 때문에 뉴클레오티드 유사체는 정상 뉴클레오티드와 적절한 염기쌍을 만들지 못한다. 이는 RNA의 전사와 DNA 복제에서 부정확성의 수를 증가시킨다.

해 가장 흔히 사용되는데 바이러스 DNA 중합효소가 인간 DNA 중합효소보다 수십 내지 수백 배 더 이 비정상적인 뉴클레오티드를 핵산에 집어넣기 때문이다. 추가적으로 완전한 바이러스 핵산 합성은 세포 핵산 합성보다 더 신속하다. 비록 뉴클레오티드 유사체가 또한 신속하게 분열하는 암세포에 대해 효과적일 수 있지만, 이런 특성은 바이러스를 그들의 숙주보다 더 뉴클레오티드 유사체에 민감하게 만든다.

다른 항미생물제는 DNA 주형으로부터 RNA 합성 중에 RNA 중합효소에 결합하여 작용을 방해한다. 리팜핀(Rifampin) (rif´am-pin)을 포함하여 여러 약물은 진핵생물 RNA 중합효소보다 원핵생물 RNA 중합효소에 더 쉽게 결합하여 그 결과 리팜핀(*rifampin*)은 진핵생물보다 원핵생물에 더 독성을 갖는다. 리팜핀은 천천히 대사하여 활발한 대사과정을 표적으로 하는 항미생물제에 덜 민감한 *M. tuberculosis*와 기타 병원체에 주로 사용된다.

클로파지민(*clofazimine*)은 나병의 원인체인 *Mycobacterium leprae* (lep´rī)의 DNA에 결합하여 정상적 복제와 전사를 막는다. 이것은 또한 결핵과 기타 mycobacteria 감염 치료에도 이용된다. 펜타미딘(*pentamidine*)과 *propamidine isethionate*는 원생동물 DNA에 결합하여 병원체의 증식과 발달을 저해한다.

AIDS cocktail의 일부인 역전사효소 저해제(*reverse transcriptase inhibitors*)는 HIV가 그 RNA 유전체의 DNA 사본을 만들기 위한 복제 회로 (역전사)에 일찍 사용하는 효소인 역전사효소에 대해 작용한다. 인간은 역전사효소가 없기 때문에 이 저해제는 환자에 해를 미치지 않는다.

바이러스 부착과 침투의 방지

학습 | 성과

3.12 항미생물 부착 저해제의 작용에 대해 설명하라.

많은 병원체 특히 바이러스는 병원체의 부착 단백질과 숙주 세포상의 상보적 수용체 단백질 사이의 화학적 상호작용을 통해 그들의 숙주 세포에 부착해야만 한다. 바이러스의 부착은 부착 또는 수용체 단백질의 펩티드나 당 유사체에 의해 방지될 수 있다. 유사체들이 이 부위를 막으면 바이러스는 그들의 숙주 세포에 부착하거나 들어갈 수 없다. 부착 저해제(*attachment antagonists*)라 부르는 그런 물질의 사용은 항미생물 약물 개발의 흥미있는 새로운 분야이다. 아릴돈(*Arildone*)과 플레코나릴(*pleconaril*)은 폴리오바이러스와 일부 감기 바이러스의 수용체의 저해제이다. 이들은 이 바이러스의 부착을 막아 감염을 중지시킨다.

왜 그런가

일부 항미생물 약물은 인간에게 해롭다. 잠재적 위험에도 불구하고 왜 의사들은 그런 약물을 안전하게 사용할 수 있는가?

항미생물 약물 처방에서 임상적 고려사항

비록 일부 진균과 세균이 흔히 항생물질을 생성하지만 이 화학물질들의 대부분은 질병 치료에 효과적이지 않은데 그들이 인간과 동물에 독성이 있거나 너무 비싸거나 소량만 생산되거나 적당한 효능이 없기 때문이다. 감염 또는 질병을 치료하기 위한 이상적인 항미생물제는 아래의 모든 특성을 가진 것이어야 한다:

- 쉽게 이용가능
- 저비용
- 화학적 안정성 (쉽게 수송하고 장기간 저장 가능)
- 쉬운 투여
- 비독성 및 비알레르기성
- 넓은 범위의 병원체에 대한 선택적 독성

이 모든 성질을 가진 것은 없기 때문에 의사와 의학 연구자들은 다음의 여러 특성 측면에서 항미생물제를 평가해야만 한다: 그들이 효과적인 병원체의 종류, 효과적이기 위해 필요한 복용량을 포함한 그들의 유효성, 그들의 투여 방법, 그들의 전반적 안전성, 그들이 일으킬 부작용. 항미생물제의 이런 각 특성에 대해 다음 절에서 살펴보자.

작용 범위

학습 | 성과

3.13 그들의 표적과 부작용 측면에서 협범위 약물과 광범위 약물을 구분하라.

한 가지 약물이 작용하는 다른 종류의 병원체의 수를 그것의 **작용 범위(spectrum of action)**라 하는데 **(그림 3.8)**, 소수의 병원체 종류에만 듣는 약물은 **협범위 약물(narrow-spectrum drug)**이며 많은 다른 종류의 병원체에 효과적인 것을 **광범위 약물(broad-spectrum drug)**이라 한다. 예를 들어, 테트라사이클린(tetracycline)은 그람 음성, 그람 양성, chlamydia와 rickettsia를 포함하여 많은 다른 종류의 세균에 작용하기 때문에 광범위 항생물질로 간주된다. 반면 페니실린은 그람 음성 세균의 외막을 쉽게 통과하지 못해 펩티도글리칸에 도달하여 그 형성을 저해하지 못하기 때문에 그 효능은 주로 그람 양성 세균으로 국한된다. 따라서 페니실린은 테트라사이클린보다 좁은 작용 범위를 갖는다.

광범위 항미생물제의 사용이 생각하는 것처럼 항상 바람직하지는 않다. 광범위 항미생물제는 또한 일시적인 병원체에 의한 심각한 감염 또는 항미생물제에 의해 영향 받지 않은 정상 균총 구성원에 의한 중복감염 또는 균교대감염(*superinfection*)의 기회를 부여한다.

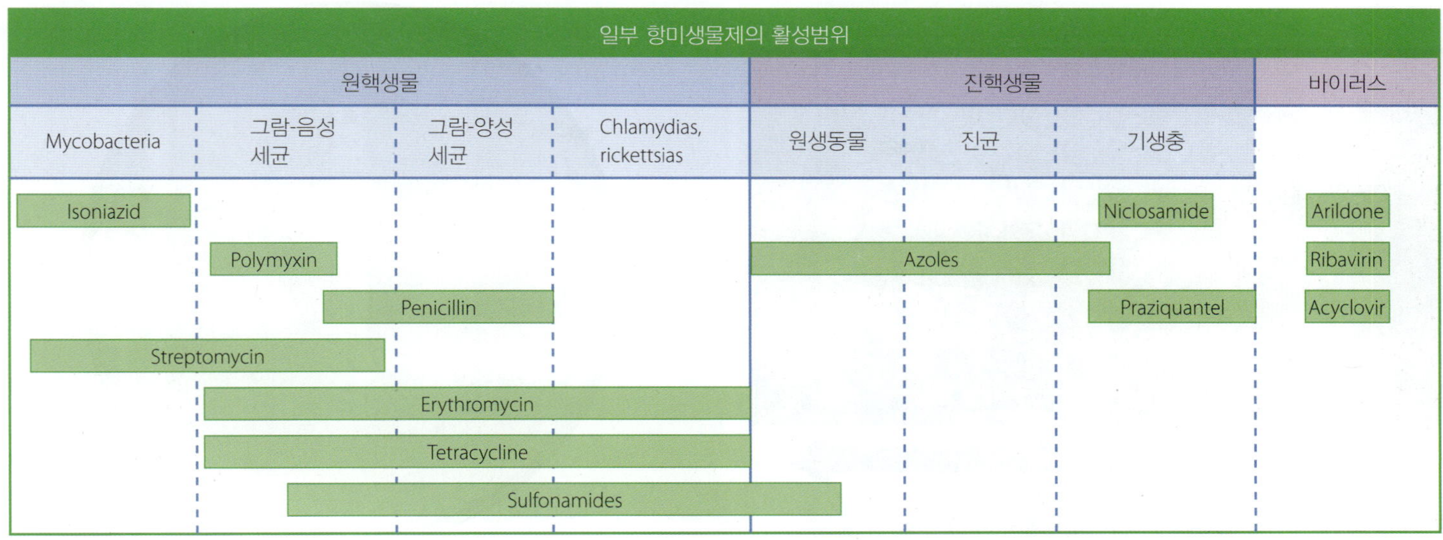

▲ **그림 3.8 일부 항미생물제의 작용 범위.** 한 약물이 더 많은 병원체에 영향을 미치면 그 작용범위가 더 넓어진다.

이는 정상균총의 사멸이 영양분과 서식장소에 대한 정상 미생물과 병원체 간의 경쟁인 미생물 길항작용(*microbial antagonism*)을 감소시키기 때문에 일어난다. 미생물 길항작용은 피부와 점막에 집락화 하는 병원체 능력의 제한에 의해 신체 방어를 강화시킨다. 따라서 세균성 질병인 패혈성 인두염(strep throat) 치료에 에리스로마이신(erythromycin)을 사용하는 여성은 항생물질이 질에서 정상 세균들을 죽이면 에리스로마이신에 의해 영향을 받지 않는 효모인 *Candida albicans* (kan´did-ă al´bi-kanz)가 미생물 길항작용에서 풀려나 과다하게 자라나 질염에 걸리게 된다.

효능

학습 | **성과**

3.14 확산 감수성, Etest, MIC와 MBC 시험을 비교하고 대비하라.

감염성 질환을 효과적으로 치료하기 위해 의사는 특정 병원체에 어떤 항미생물제가 가장 효과적인지 알아야만 한다. 항미생물제의 효능을 확인하기 위해 미생물학자들은 확산 감수성 시험, 최소 저해농도 시험과 최소 살세균 농도 시험을 포함한 다양한 시험을 실시한다.

확산 감수성 시험

Kirby-Bauer test라고도 하는 **확산 감수성 시험(diffusion susceptibility test)**은 먼저 페트리 평판에 의문의 병원체를 표준화된 양으로 고르게 접종한다. 시험하는 약물의 표준 농도를 함유한 작은 종이 디스크를 평판 표면에 올려놓는다. 평판을 배양하면 효과적인 항미생물 약물이 한천을 통해 확산되는 지역을 제외하고 세균이 자라나 평판을 덮게 된다. 배양 후 평판은 세균이 자라지 못한 투명환인 **저해대(zone of inhibition)**의 존재를 조사한다 **(그림 3.9)**. 저해대는

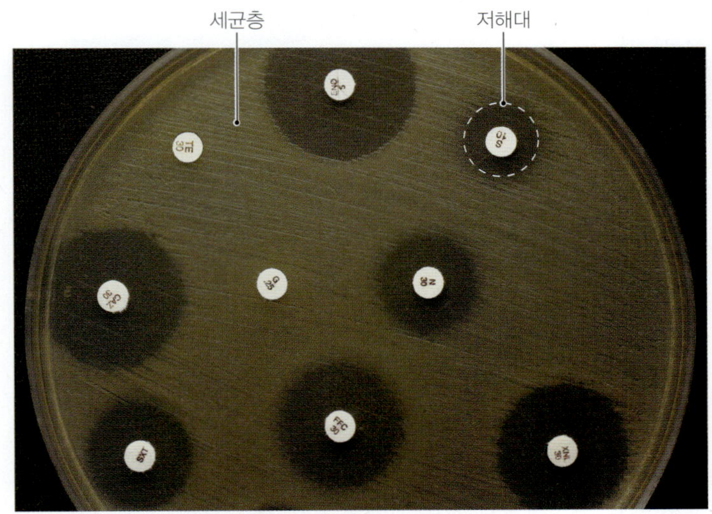

▲ **그림 3.9 확산 감수성(Kirby-Bauer) 시험에서 저해대.** 일반적으로 항미생물제가 함유된 디스크 주위에 더 큰 저해대는 평판에서 자라는 생물에 대해 그 항미생물제가 더욱 효과적인 것을 나타낸다. 조사된 생물은 시험된 저해대의 크기에 근거하여 항미생물제에 대해 감수성, 중간 또는 내성으로 구분된다. *만일 이 항미생물제가 모두 같은 속도로 확산되며 동일하게 안전하고 쉽게 투여될 수 있다면, 이 병원체를 죽이기 위해 어떤 약물을 선택해야 하는가?*

그림 3.7 가장 위에 있는 디스크에 있는 fluoroquinolone인 약물 ENO가 가장 효과적이다.

투명환의 직경을 mm 수준까지 측정한다.

만일 모든 항미생물제가 같은 속도로 확산되면 더 큰 저해대가 보다 효과적인 약물을 가리킨다. 한편 저분자량의 약물이 일반적으로 더 빨리 확산되므로 더 크지만 보다 효과적인 분자보다 더 큰 저해대를 가질 수 있다. 정확한 비교가 만들어지기 전에 저해대의 크기는 그 특정 약물을 위한 표준 표에 비교되어야만 한다. 확산

▶ **그림 3.10 다중홈 평판에서 최소 저해 농도(MIC) 시험.**

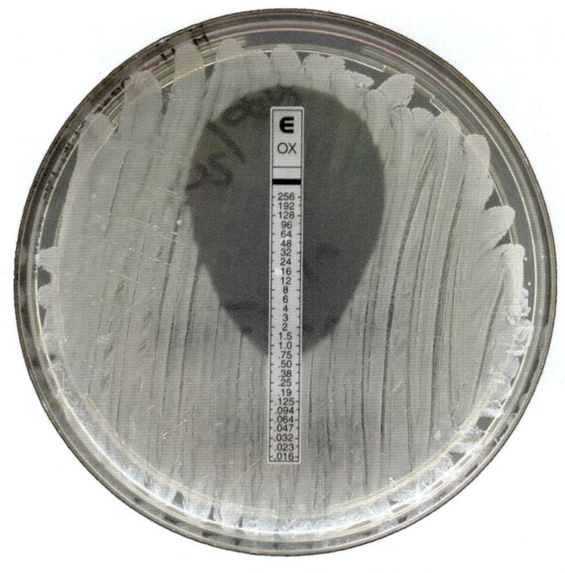

▲ **그림 3.11 Kirby-Bauer와 MIC 시험을 합한 Etest.** 길고 얇은 플라스틱 조각은 시험하려는 항미생물제를 농도 기울기로 함유한다. MIC는 저해대가 플라스틱을 지나가는 곳에 인쇄된 농도로부터 알 수 있다. 이 예에서 MIC는 0.75 μg/ml이다.

감수성 시험은 과학자들이 각 약물에 대해 병원체를 감수성(*susceptible*), 중간(*intermediate*) 또는 내성(*resistant*)으로 구분할 수 있게 한다.

최소 저해 농도 시험

일단 과학자들이 효과적인 항미생물 약물을 확인하면 그들은 그 효능을 흔히 μg/ml 단위를 사용하여 **최소 저해 농도(minimum inhibitory concentration, MIC)**로 정량적으로 나타낸다. 그 이름이 암시하듯이 MIC는 병원체의 생장과 증식을 저해하는 약물의 최소량이다. MIC는 액체배지가 들어있는 시험관 또는 홈(well) 내의 항미생물제의 연속 희석액에 표준화된 양의 세균을 첨가하는 **액체 희석 시험(broth dilution test)**을 통해 측정될 수 있다. 배양 후 탁도는 세균 생장을 가리키며 탁도의 부재는 세균이 항미생물제에 의해 죽었거나 또는 저해된 것을 가리킨다 (그림 3.10). 희석 시험은 홈(well)에서 동시에 시행될 수 있으며 컴퓨터에 연결된 특수 스캐너에 의해 탁도가 측정되어 전체 과정이 자동화될 수 있다.

최소 저해 농도를 측정하는 또 다른 시험은 MIC 시험과 확산 감수성 시험 내용을 합한 것이다. **Etest**[3]라 하는 이 시험은 관심의 대상 생물로 균일하게 접종된 평판 위에 시험하려는 항미생물제를 농도 기울기로 함유한 길고 얇은 플라스틱 조각을 올린다 (그림 3.11). 배양 후 타원형 저해대가 항미생물 활성을 나타내는데 최소 저해 농도는 플라스틱에 인쇄된 자를 저해대가 지나는 곳으로부터 알 수 있다.

최소 살세균 농도 시험

MIC 시험과 유사하지만 **최소 살세균 농도 시험[minimum bactericidal concentration (MBC) test]**는 MIC처럼 단순히 미생물을 저해하는 양이 아닌 죽이는데 요구되는 약물의 양을 측정한다. MBC 시험에서는 투명한 MIC 시험관 (또는 일련의 확산 감수성 시험의 저해대로부터)의 시료를 약물이 없는 생장 배지가 있는 평판으로 옮긴다 (그림 3.12). 적당한 배양 후 이 계대배양에서 세균의 증식은 적어도 일부 세균 세포가 그 농도의 항미생물 약물에서 생존하고 일단 약물이 없는 배지에 놓으면 자라날 수 있다는 것을 의미한다. 계대배양에서 생장이 일어나는 약물의 농도는 그 세균에 대해 살세균성(*bactericidal*)이 아닌 세균억제성(*bacteriostatic*)이 된다. 계대배양에서 생장이 일어나지 않는 약물의 최저 농도가 최소 살세균 농도(MBC)가 된다.

[3]*Etest*라는 이름은 특정한 기원이 없다.

투여 경로

학습 | 성과

3.15 항미생물 약물의 다른 투여 경로의 장단점을 논의하라.

만일 항미생물제가 효과적이면 적절한 양이 감염 부위에 도달해야만 한다. 무좀 같은 외부 감염에는 약물을 직접 투여할 수 있다. 이를 국소 투여(topical 또는 local administration)라 한다. 내부 감염의 경우 약물은 경구(*orally*), 근육 내(*intramuscularly, IM*) 또는 정맥 내(*intravenously, IV*)로 투여될 수 있다. 각 경로는 장점과 단점을 가진다.

비록 경구 투여가 가장 간단하지만 (이는 주사기가 필요 없고 자가 투여가 쉽다) 신체 내 약물 농도가 다른 투여 경로에 의한 것보다 낮다 (그림 3.13). 더욱이 환자가 약물을 스스로 투여하기 때문에 처방 시간표를 항상 따르지는 않는다.

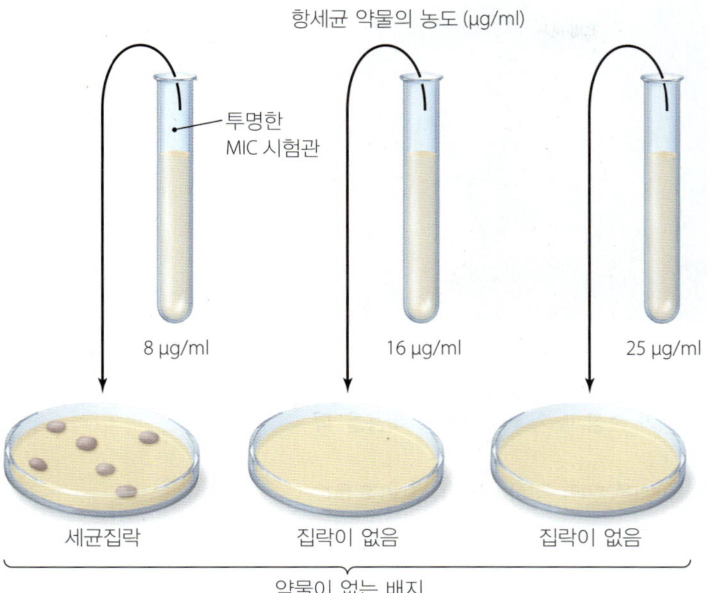

▲ **그림 3.12 최소 살세균 농도(MBC) 시험.** 이 시험에서 투명한 MIC 시험관 또는 저해대로부터의 시료를 약물이 없는 생장 배지가 있는 평판에 접종한다. 배양 후 평판에서 세균 집락의 생장은 그 농도의 항미생물 약물(이 경우 8 μg/ml)이 세균 억제성을 의미한다. 평판에서 세균 생장이 일어나지 않는 최저 농도가 최소 살세균성 농도이며 이 경우에 MBC는 16 μg/ml이다.

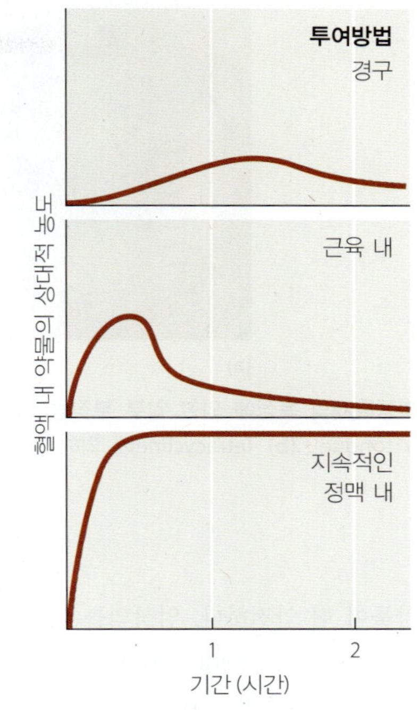

▲ **그림 3.13 화학요법제의 혈중 수준에 미치는 투여 경로의 효과.** 비록 정맥 내(IV)와 근육 내(IM) 투여가 혈액 내 높은 약물 농도를 나타내지만 경구 투여는 간단하다는 장점을 가진다.

피하 주사기에 의한 IM 투여는 근육 조직 내 많은 혈관을 통해 약물이 천천히 확산되게 하지만, 주사기나 플라스틱 또는 고무 삽입관을 이용해 혈류로 직접 약물을 투여하는 IV 투여에 의한 것보다 혈액 내 약물의 농도가 결코 높지 않다. IV 경로의 경우 혈액 내 약물의 양은 초기에 매우 높지만 약물이 지속적으로 투여되지 않는 한, 간과 신장이 순환을 통해 약물을 제거한다. 의사들은 신체 내에서 항미생물제의 수명을 연장시키는 비-항미생물 약물을 투여할 수 있는데, 예로 베타-락탐의 한 종류인 이미페넴(imipenem)을 파괴하는 신장의 효소를 저해하는 실라스타틴(cilastatin)이 있다.

투여 경로의 고려 이외에, 의사들은 혈액에 의해 항미생물제가 어떻게 감염 조직으로 분포되는가를 고려해야만 한다. 예를 들어, 신장에 의해 혈액으로부터 신속하게 제거되는 약물은 방광 감염의 약물로 선택될 수 있으나 심장 감염의 치료에는 선택될 수 없다. 마지막으로 뇌, 척수와 눈에 있는 혈관은 많은 항미생물제에 거의 투과가 안되므로 (이들 구조 내 모세혈관 벽의 단단한 구조가 혈액-뇌 장벽을 만들기 때문에) 이곳의 감염은 치료가 종종 어렵다.

안전과 부작용

학습 | **성과**

3.16 항미생물 치료법의 부작용의 3가지 주요 범주는 무엇인가.
3.17 치료 지수와 치료 범위를 정의하라.

의사들이 고려해야 하는 또 다른 화학요법의 측면은 해로운 부작용의 가능성이다. 이는 독성, 알레르기와 정상 미생물상의 파괴의 세 가지 주요 범주이다.

독성

비록 항미생물 약물이 이상적으로 미생물에 대해 선택적으로 독성을 가지며 인간에게는 무해하지만 많은 항미생물제는 사실 독성 부작용을 갖는다. 많은 유해한 반응의 정확한 원인이 불분명하지만 약물은 신장, 간 또는 신경에 독성을 나타낸다. 예를 들어, 폴리믹신(polymyxin)과 아미노글리코시드(aminoglycoside)는 신장에 치명적인 독성 효과를 가질 수 있다. 그러나 모든 독성 부작용이 그렇게 심각하지는 않다. 항원생동물 약물인 메트로니다졸(*metronidazole*)(*Flagyl*)은 헤모글로빈의 분해 산물이 혀의 돌기에 축적될 때 일어나는 "흑모설(black hairy tongue)"이라는 무해한 일시적인 증상을 일으킬 수 있다 (그림 3.14a).

의사들은 임산부에게 약을 처방할 때 특히 주의해야 하는데 많은 약물이 성인에게는 안전하지만 태아에 흡수되면 악영향을 미칠 수 있기 때문이다. 예를 들어, tetracycline은 칼슘과 복합체를 형성하여 뼈로 들어가고 치아를 형성하는데 두개골 기형과 얼룩지고 약한 치아 에나멜의 원인이 된다 (그림 3.14b).

연구자들은 약물의 **치료 지수(therapeutic index, TI)** 계산에 의해 항미생물 약물의 안전을 측정할 수 있는데 그것은 근본적으로 환자가 견딜 수 있는 효과적인 약물의 투여량을 비교하는 비율이다.

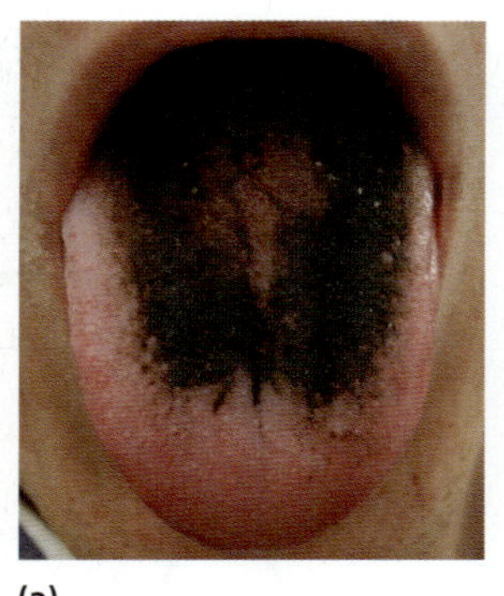

(a)

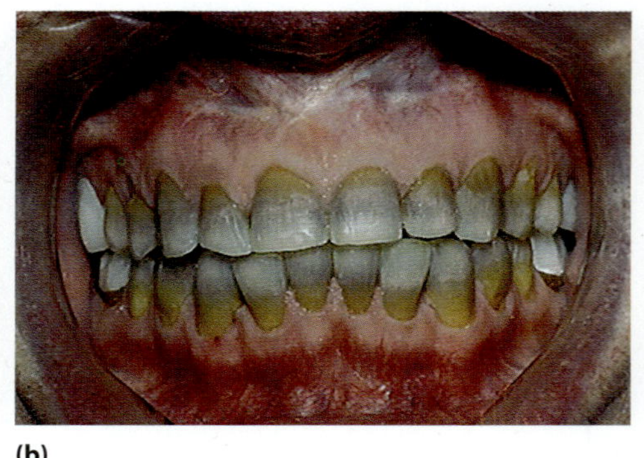

(b)

▶ **그림 3.14 항미생물제의 독성에 의한 일부 부작용. (a)** 항원생동물 약물인 metronidazole (Flagyl)에 의해 일어나는 흑모설(black hairy tongue). **(b)** Tetracycline에 의해 일어나는 치아 에나멜의 변색과 손상. *누가 tetracycline 복용을 피해야 하는가?*

그림 3.14 임산부와 아이는 tetracycline를 복용하지 말아야 한다.

TI가 높을수록 약물이 더 안전하다. 임상의들은 약물의 **치료 범위(therapeutic range 또는 therapeutic window)**를 참고하는데 그것은 과도하게 독성을 갖지 않으며 효과적인 약물의 농도 범위이다.

알레르기

독성 이외에 일부 약물은 민감한 환자에게 알레르기 면역반응을 일으킨다. 비록 비교적 흔하지 않지만 특별히 아나필락시스 쇼크(*anaphylactic shock*)라 하는 즉각적이고 격렬한 반응은 생명을 위협할 수도 있다. 예를 들어, 약 0.1%의 미국인들은 페니실린에 아나필락시 쇼크를 나타내 연간 약 3백 명이 죽는다. 그러나 항미생물제에 대한 모든 알레르기가 그렇게 심각한 것은 아니다. 최근 연구는 페니실린에 대해 약한 알레르기를 갖는 환자들이 흔히 시간 경과에 따라 그들의 민감성을 잃는 것을 나타낸다. 따라서 페니실린에 대한 초기의 약한 반응 때문에 나중의 감염 치료에 그것의 사용을 배제할 필요는 없다 (18장에서 알레르기를 보다 구체적으로 논의함).

정상 미생물상의 파괴

정상 미생물상과 그들의 기회적 병원체의 미생물 길항작용을 파괴하는 약물은 이차 감염을 일으킬 수 있다. 정상 미생물상의 구성원이 약물에 의해 영향 받지 않을 경우 그것은 기회적 병원체이며 자라나서 질병을 일으킬 수 있다. 예를 들어, 광범위 항세균제의 장기간 사용은 흔히 질 또는 구강에서 *Candida albicans*의 생장률 증가를 가져와 각각 질염과 아구창을 일으키며, 잠재적으로 치명적인 위막성 대장염(*pseudomembranous colitis*)을 일으키는 결장에서의 *Clostridium difficile* (klos-trid´ē-ŭm di-fi´sēl)의 증식을 크게 증가시킨다. 그런 기회적 병원체는 흔히 약화되어 있을 뿐만 아니라 항미생물 약물에 대한 내성을 가진 병원체에 노출되기 쉬운 병원 내 환자 (다음 절에 설명됨)에게 중요하다.

유익한 미생물: 생균제: 마을의 새로운 보안관은 어떻게 정상 미생물상이 병원체를 억제하는 데 도움을 주는지에 초점을 맞춘다.

왜 그런가

왜 의사들은 가장 큰 저해대를 가진 항미생물제를 항상 처방하지는 않는가?

항미생물 약물에 대한 내성

오늘 날 미생물학자들이 직면한 주요 도전 중에 항미생물제에 내성이 있는 병원체가 일으키는 문제가 있다 (참조: **출현성 질병 사례연구: 지역-연관 MRSA**). 다음에서는 병원체의 내성 개체군의 발달, 병원체가 항미생물제에 내성을 가지게 되는 기작 및 내성이 저지될 수 있는 일부 방법에 대해 살펴보게 된다.

개체군 내 내성의 발달

학습 | 성과

3.18 어떻게 내성 미생물의 개체군이 발생하는지 설명하라.
3.19 R 플라스미드와 내성 세포 간의 관계를 설명하라.

모든 병원체가 특정 치료제에 동일하게 민감한 것은 아니다; 자연적으로 한 개체군에는 부분적이거나 완전한 내성이 있는 소수의 개체들이 존재한다. 세균 중에는 각 세포들이 그런 내성을 다음 두 가지 방식으로 얻을 수 있다; 염색체 유전자의 새로운 돌연변이 또는 형질전환, 형질도입이나 접합의 수평적 유전자 전달 과정을 통한 **R 플라스미드(R plasmid** 또는 *R factor*)라는 염색체 외 DNA 조각에 있는 내성 유전자의 획득. 여기서는 세균 개체군 내 내성에 초점을 맞추지만 내성은 원생동물과 바이러스에서도 나타난다.

내성 세균 균주가 발달하는 과정은 **그림 3.15**에 있다. 항미생물 약물이 없을 때 내성 세포는 보통 그들의 정상 인접 세포들보다 덜 효율적인데 그들이 내성 유전자와 단백질을 유지하는데 가외의

유익한 미생물

생균제: 마을의 새로운 보안관

항미생물제의 과다사용이 약물 내성 세균을 더욱 번성하게 함에 따라 과학자들은 미생물 감염과 싸우기 위한 대체 방법을 연구하고 있다. 관심이 증가하고 있는 하나의 분야는 건강에 도움이 되는 미생물인 생균제(probiotics)의 이용이다.

생균제로는 어린이의 설사 증세를 감소시키고 특정 호흡기 감염을 완화시키는데 도움이 되는 *Lactobacillus* 같은 세균이 포함된다. 생균제가 갖는 의미 중의 하나는 *Lactobacillus* (우리의 장과 기타 신체 부위에 자연적으로 무해하게 사는) 같은 좋은 세균이 유해 미생물과 자원에 대해 경쟁하면서 병원성 미생물을 억제하는 것이다. 일부 증거는 생균제가 유익하다는 것을 제시하지만 다른 연구는 그것을 이용하는 사람의 건강에 차이가 없는 것을 보여주기 때문에 이에 대해 더 많은 연구가 필요하다.

SEM 1 μm

Lactobacillus reuteri

에너지를 소모해야 하기 때문이다. 이런 환경에서 내성 세포는 개체군에서 소수가 유지되는데 그들이 보다 느리게 증식하기 때문이다. 그러나 항미생물제가 존재하면 대부분 세포들 (항미생물제에 민감한)이 저해되거나 죽지만 내성 세포는 계속 자라고 증식하는데 흔히 보다 빠르게 되는데 경쟁이 덜해지기 때문이다. 그 결과 내성 세포는 곧 개체군 내 다수로서 감수성 세포를 대체하게 된다. 이렇게 세균은 내성을 갖게 된다. 항미생물제의 존재가 내성을 만드는 것이 아니며 개체군 내에 이미 존재하던 내성 세포의 증식을 선택하는 것임을 알아야 한다.

출현성 질병 사례연구

지역사회-연관 MRSA

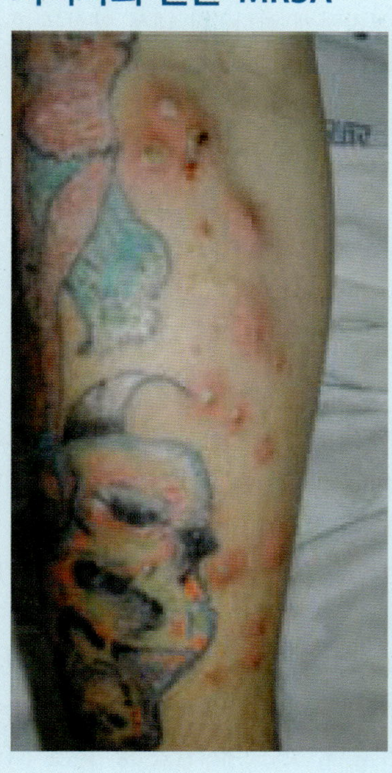

Julie는 그녀의 새 문신이 자랑스럽고 신이 났다; 그녀의 친구인 Jason이 그녀의 18살 생일에 문신 시술을 선물했으며 그녀는 팔에 있는 문신을 매우 좋아했다. 일 주일 후 무언가 그녀의 팔과 다리를 덮기 시작했다.

Julie와 Jason은 출현성 질병인 지역사회-연관 MRSA (community-associated methicillin-resistant *Staphylococcus aureus*, CA-MRSA) 감염의 희생자가 되었다. Julie의 팔은 빨갛고 부푼 고통스러운 고름이 찬 병소로 덮이고 고열이 나타났다.

Jason은 그가 수요일에 거미에 물린 것으로 생각했으나 목요일 아침에는 밝은 빨간 줄이 그의 발목부터 사타구니까지 확장되었다. 그는 겨우 걸을 수 있었으며 점점 더 악화되었다. 주말에는 병원에 입원했고 그로부터 10일간 열이 41.6°C까지 올랐다. MRSA는 그의 혈액으로 들어갔으며 (균혈증) 그의 뼈가 감염되었다 (골수염). Jason의 고통은 너무도 커서 죽어야 고통에서 벗어나는 것인가 하는 생각을 하였다.

수년 간 의료 종사자들은 병원 내 환자들을 괴롭히는 HA-MRSA와 싸워왔다. 현재 연구자들은 병원에 있지 않았던 희생자들이 굴복하는 것을 염려하고 있다; MRSA는 병원을 빠져 나와 전 세계적으로 운동선수, 중등학교 학생과 불안전한 문신업체의 고객을 포함한 집단으로 퍼져 나가고 있다. 세균은 수건, 면도, 의류 또는 침대시트 등의 비생물 매개물을 공유하는 개인들 간에 전파될 수 있다.

의사는 Julie의 병소에서 고름을 빼내고 트리메토프림-설파메톡사졸(trimethoprim-sulfamethoxazole), 독시사이클린(doxycycline)과 클린다마이신(clindamycin)을 포함하여 경구 항미생물제를 처방하였다. Jason은 반코마이신(vancomycin) 정맥주사를 맞았다. 둘은 결국 회복되었으나 그녀의 문신은 지금 행복한 생일이 아닌 무서운 경험으로 남았다 (보다 구체적인 *staphylococcus* 감염은 12장 참조).

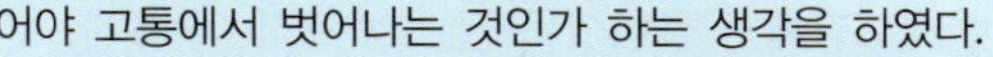

1. Julie, 그리고 Jason은 어떻게 감염되었는가?

2. MRSA가 이미 수년 간 존재했다면 CA-MRSA는 왜 출현성 질병으로 간주되는가?

3. 아프리카와 남미에서는 CA-MRSA 환자가 왜 많지 않은가?

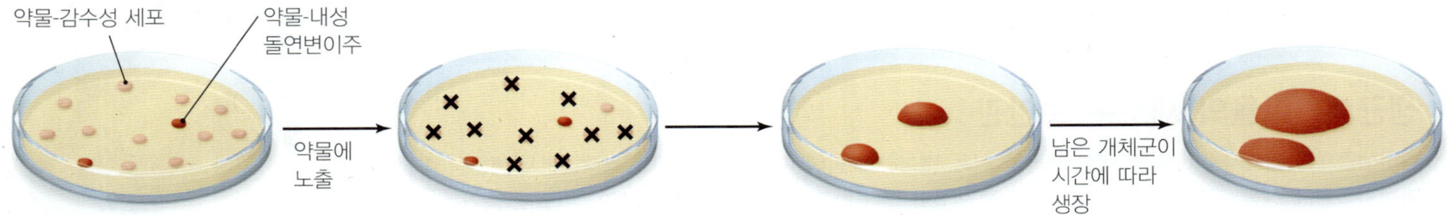

▲ **그림 3.15 세균의 내성 균주의 발달. (a)** 세균 개체군은 약물-감수성 및 약물-내성 세포 모두를 포함하는데 감수성 세포들이 개체군의 다수를 차지한다. **(b)** 항미생물 약물에 노출은 감수성 세포를 저해하며 약물이 존재하는 한 감수성 세포로부터의 감소된 경쟁이 내성 세포의 증식을 촉진한다. **(c)** 결국 내성 세포가 개체군의 다수를 차지한다. *내성 세균 균주들이 왜 대학 기숙사보다 병원과 요양원에서 보다 흔히 발달되는가?*

그림 3.15 내성 균주들이 병원 및 기타 의료 시설에서 보다 더 흔히 발달하는데 그런 장소에서 항미생물제의 과다한 사용이 감수성 균주의 성장을 저해하며 내성 균주의 성장을 선택하기 때문이다.

내성 기작

학습 성과

3.20 미생물이 항미생물 약물에 내성을 가질 수 있는 7가지 방식을 열거하라.

3.21 세균 사이에 약물 내성 유전자가 퍼지는 2가지 방식을 나열하라.

항미생물 약물에 대한 내성 문제는 현재 중요한 건강에 대한 위협이다. 내성 병원체에는 어려운 약자로 된 MRSA[4], VRSA[5], VISA[6], VRE[7], MDR-TB[8], XDR-TB[9] 등이 그 일부 예이다.

미생물들은 어떻게 항미생물 약물에 내성을 갖는가? 전형적인 항미생물 약물이 미생물에 영향을 미치기 위해 겪는 경로를 고려해 보자. 약물은 세포벽을 통과해야 하며 그 후 세포에 들어가기 위해 세포막을 가로지르며 세포질에서 항미생물제는 그 표적 (수용체) 분자에 결합한다. 그 후에서야 그것이 미생물을 저해하거나 죽인다. 미생물은 이 경로의 어떤 지점을 막아서 내성을 갖게 되며 내성에는 적어도 7가지 기작이 있다:

- 내성 세포는 약물을 파괴하거나 불활성화 시키는 효소를 생성할 수 있다. 이 흔한 내성 방식의 예로 **베타-락탐 분해효소 [beta(β)-lactamase** (penicillinase)]가 있는데 이것은 페니실린 및 유사 분자의 베타-락탐 고리를 분해하는 효소로 그것들을 불활성화 시킨다 **(그림 3.16)**. 많은 MRSA 균주들이 이 방식으로 페니실린-유래 항미생물제에 대한 내성을 발달시켰다. 200개 이상의 다른 락탐 분해효소가 알려졌으며 흔히 그들의 유전자가 R 플라스미드에 존재한다.
- 내성 미생물들은 약물이 세포 내로의 진입을 막거나 느리게 할 수 있다. 이 방식은 전형적으로 통로 또는 공극을 구성하는 세포막 단백질의 구조 또는 전하의 변화를 포함한다. 그람-음성 세균의 외막에서 그런 단백질은 포린(*porin*)이라 한다. 변형된 공극 단백질은 염색체 유전자의 돌연변이로부터 비롯된다. 테트라사이클린과 페니실린에 대한 내성이 이 방식에 의해 일어난다.
- 내성 세포는 약물의 표적을 변형시켜 약물이 그것에 부착하지 못하거나 덜 효율적으로 부착하게 한다. 이 내성 양식은 흔히 항대사산물제 (예, 술폰아미드)와 단백질 번역을 저지하는 약물 (예, 에리스로마이신)에서 볼 수 있다.
- 내성 세포는 그들의 대사 화학을 변형시키거나 감수성 있는 대사 단계를 완전히 포기한다. 예를 들어, 영향 받은 대사 경로를 위한 효소 분자를 보다 많이 만들어 세포가 내성을 가지게 되어 효율적으로 약물의 힘을 감소시킨다. 또는 엽산 합성을 포기하고 대신 환경에서 그것을 흡수하여 술폰아미드에 세포가 내성을 갖는다.
- 내성 세포는 약물이 작용하기 전에 항미생물제를 세포 밖으로 퍼낸다. 소위 **유출 펌프(efflux pump)**는 전형적으로 ATP 에너지로 한 가지 이상의 항미생물제를 세포로부터 배출시킬 수 있다. 일부 미생물은 내성 펌프를 이용하여 다제 내성 (아마도 10개 또는 그 이상의 약물)을 갖는다.
- 생물막 내 세균은 자유생활 세포보다 더 효과적으로 항미생물제에 견딘다. 생물막은 약물의 확산을 저지하며 흔히 생물막을 구성하는 종의 대사율을 낮춘다. 낮은 대사율은 항미생물 약물의 효능을 감소시킨다.
- *Mycobacterium tuberculosis*의 일부 내성 균주는 DNA gyrase에 결합하는 플루오로퀴놀론(fluoroquinolone) 약물에 대한 특

---

[4] Methicillin-내성 *S. aureus* (Methicillin-resistant *S. aureus*)
[5] Vancomycin-내성 *S. aureus* (Vancomycin-resistant *S. aureus*)
[6] Vancomycin에 중간 정도 내성을 가진 *S. aureus* (*S. aureus* with intermediate level of resistance to vancomycin)
[7] Vancomycin-내성 장내구균 (Vancomycin-resistant enterococci)
[8] 다제 내성 결핵균 (Multi-drug-resistant tuberculosis)
[9] 극단적 약제-내성 결핵균 (Extensively drug-resistant tuberculosis)

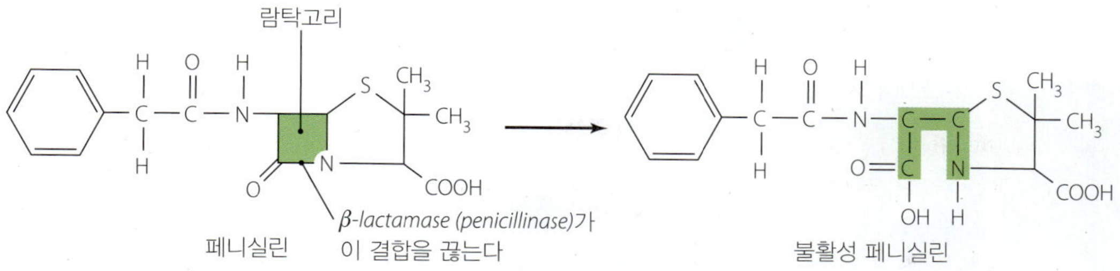

▲ **그림 3.16 어떻게 β-락탐 분해효소(penicillinase)가 페니실린을 불활성화시키는가.** 이 효소는 이 약물의 기능성 부위인 락탐 고리 내 결합의 파괴에 의해 작용한다.

이한 내성을 갖는다. 이 균주들은 음전하를 띤, DNA 분자의 폭과 같은 막대형 나선을 형성하는 특이한 단백질을 합성한다. MfpA 단백질(*MfpA protein*)이라 불리는 이 단백질은 DNA 대신 DNA gyrase에 결합하여 그 표적 부위를 플루오로퀴놀론으로부터 뺏는다. 이것은 약물의 표적 변경 또는 약물의 불활성화 대신 항미생물 약물의 표적의 보호가 관련된 항생물질 내성의 최초 방법이다. MfpA 단백질은 아마 *M. tuberculosis*의 세포 분열을 느리게 하지만 죽는 것보다 이 세균에 더 낫다.

수십 년의 연구에도 불구하고 과학자들과 의료 종사자들은 무엇이 *Staphylococcus aureus* 같은 특정 종이 내성 발달을 잘 하게 만드는지, 어떻게 그리고 어떤 빈도로 개체군 내에서 항미생물제에 대한 내성이 전파되는지, 또는 내성의 급증을 막을 수 있는 효과적인 방법이 있는지 아직도 완전히 이해하지 못하고 있다. 접합(*conjugation*)에 의해 가장 잘, 그리고 형질전환(*transformation*)에 의해 덜 일어나는 수평적 유전자 전달이 생물막에서 밀도 높게 자라는 세포 사이의 항미생물제 내성의 전파의 원인으로 알려졌다. 흔히 여러 내성 유전자가 세포 사이에서 같이 이동한다.

다제 내성과 교차 내성

학습 | 성과

3.22 교차 내성을 정의하고 다제 내성과의 차이를 설명하라.

한 병원체는 특히 세균 세포 간에 쉽게 전달되는 R 플라스미드에 의해 내성이 부여될 때 동시에 한 가지 이상의 약물에 대한 내성을 획득할 수 있다. 그런 다제 내성 세균 균주는 병원과 요양원에서 흔히 발달되는데 그곳에서 많은 종류의 항미생물제의 지속적인 사용이 감수성 세포를 제거하며 내성 균주의 발달을 촉진시키기 때문이다.

흔히 슈퍼버그(superbug)로 잘못 알려진 **다제 내성 병원체(multiple-drug-resistant pathogen)**는 3가지 종류 또는 그 이상의 항미생물제에 내성을 갖는다. *Staphylococcus*, *Streptococcus* (strep-tō-kok´ŭs), *Enterococcus* (en´ter-ō-kok´s), *Pseudomonas*, *Mycobacterium tuberculosis*와 *Plasmodium* (plaz-mō´dē-ŭm)의 다제 내성 균주는 독특한 문제를 제기한다. 간병인들은 효과적인 항미생물제 없이 감염된 환자를 치료해야만 하면서 자신 및 다른 사람들을 감염으로부터 보호해야 한다.

한 항미생물제에 대한 내성은 유사한 약물에도 내성을 부여할 수 있는데 이를 **교차 내성(cross resistance)**이라 한다. 교차 내성은 전형적으로 약물의 구조가 유사할 때 일어난다. 예를 들어, 스트렙토마이신 같은 한 아미노글리코시드(aminoglycoside) 약물에 대한 내성은 유사한 아미노글리코시드 약물에 내성을 부여할 수도 있다.

내성 억제

학습 | 성과

3.23 내성의 발달을 억제하는 4가지 방법을 기술하라.

병원체의 내성 개체군의 발달은 적어도 4가지 방식으로 방지될 수 있다. 첫째, 충분히 높은 농도의 약물이 병원체를 저해하기 충분한 시간동안 환자 몸에 유지될 수 있으면 신체의 방어가 그들을 물리칠 수 있게 한다. 너무 일찍 약물을 중단하면 내성 균주의 발달을 일으킨다. 이런 이유로 환자들이 그들의 항미생물제 처방을 전부 섭취하고 '나중을 위해 일부를 남겨놓자'라는 유혹을 물리치는 것이 중요하다.

내성을 막는 두 번째 방법은 항미생물제 조합을 사용하여 한 약물에 내성이 있는 병원체가 다른 약물로 죽게 하거나 또는 그 반대가 되게 한다. 추가적으로 한 약물은 종종 **상승작용[synergism** (sin´er-jizm)]이라는 과정에서 두 번째 약물의 효과를 증가시킨다 (그림 3.17). 예를 들어, 페니실린에 의한 세포벽 형성의 저해는 스트렙토마이신 분자가 세균 세포로 들어가 단백질 합성을 방해하는 것을 더욱 쉽게 만든다. 상승작용은 클라불란산(clavulanic acid)이 β-락탐 분해효소의 불활성화에 의해 페니실린의 효과를 증가시키는 것처럼 항미생물 약물과 화학물질의 조합에서도 나타날 수 있다 [모든 약물이 상승적(*antagonistic*)으로 작용하지는 않는다; 약물의 일부 조합은 서로 방해하는 길항적일 수도 있다. 예를 들어, 자라고 분열하는 세포에만 작용하는 페니실린의 작용에 세균 생장을 느리게 하는 약물은 길항적이다].

내성의 발달을 감소시키는 세 번째 방법은 필요한 경우에만 항미생물제를 사용하는 것이다. 불행히도 많은 항미생물제는 선진국이나 의사 처방 없이 많은 약품이 사용가능한 개발도상국 모두에서

▲ **그림 3.17 두 항미생물제 간의 상승작용의 예.** 녹색으로 표시된 저해 지역 부위는 각 약물(백색으로 표시)의 활성을 넘어서는 항미생물 활성의 상승적 증가를 나타낸다. *Clavulanic acid는 무엇을 하는가?*

그림 3.17 Clavulanic acid는 β-락탐분해효소를 불활성화시켜 페니실린이 작용하게 한다.

무차별적으로 사용되고 있다. 미국에서 인후염 치료를 위한 항세균제 처방의 50%와 귀 감염 처방의 30%는 부적절한데 이 질병들이 세균이 아닌 바이러스에 의한 것이기 때문이다. 마찬가지로 항세균성 처방은 감기와 인플루엔자 바이러스에 대해 효과가 없기 때문에 이 질병들에 치료하기 위한 항세균성 처방의 100%가 필요하지 않은 것이다. 항미생물제의 사용은 감수성 세포의 생장 제한에 의해 내성 세균의 증식을 촉진시키며 따라서 그런 약품의 부적절한 사용은 세균의 내성 균주가 증식할 가능성을 증가시킨다.

마지막으로 새로운 약물의 개발, 경우에 따라서는 본래의 분자에 다른 작용기의 첨가에 의해 내성 균주를 극복할 수 있다. 이 경우 과학자들은 반합성 이세대 약물(*second-generation*)을 개발한다. 만일 이 약물에 대해 내성이 생기면 삼세대(*third-generation*) 약물이 이들을 대체하기 위해 개발될 수도 있다.

대안으로 과학자들은 새로운 항미생물제를 찾는다. 연구자들은 새로운 항생물질을 생성하는 생물을 찾아 토탄 늪, 해양 퇴적물, 정원 토양과 사람의 구강 같은 다양한 서식지를 탐색한다. 연구자들은 세균 플라스미드에 암호화된 항세균 단백질인 박테리오신(bacteriocin)의 잠재능을 주목하고 있다. 세균은 다른 세균 균주를 저해하기 위해 박테리오신을 사용하며 이제 인간도 같은 목적으로 이용한다. 이것 및 다른 항생물질의 변형은 효과적인 새로운 반합성 약물을 만들 수도 있다.

유전체 서열분석과 단백질 접힘에 대한 이해 증가로 일부 과학자들은 항미생물 약물 발견의 새로운 시대로 접어든다고 예측하고 있다. 그들은 미생물 단백질의 정확한 구조를 아는 연구자들이 그 구조에 상보적인 약물을 디자인하여 인간에 영향을 미치지 않으면서 미생물 단백질을 저해하는 약물을 만들 수 있을 것으로 예측한다.

임상 사례연구

치료할 것인가 말 것인가?

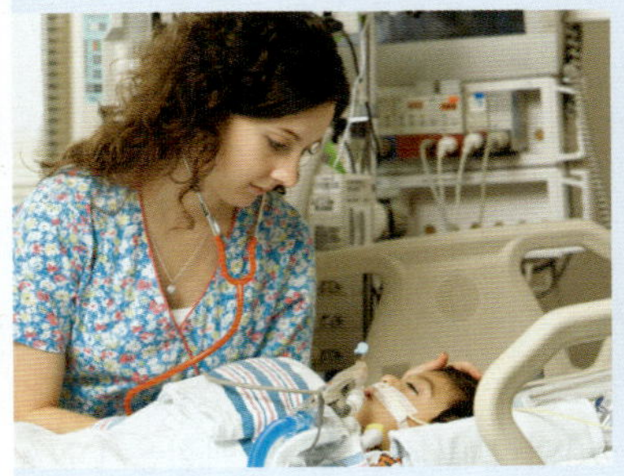

한 젊은 히스패닉계 엄마가 그녀의 허약한 신생아를 Southern Texas 응급실로 데려왔다. 그녀가 기다리는 동안 아기는 발작을 하기 시작했다. 의료진이 아기를 안정시키는 동안 그녀는 아이가 며칠 간 앓았다는 것을 설명했다. 종종 고열이 나며 아이는 체중이 감소하였는데 돌보기에 너무 숨이 찼기 때문이다. 다른 가족들도 심한 감기를 앓았다.

아기는 뇌에 영향을 미치는 결핵의 한 형태를 가진 것으로 진단되었으며 입원시켜 격리되었다. 보건 당국자는 엄마가 멕시코 감옥에서 방문한 아이의 아버지와 아저씨로부터 결핵이 아이에게 전파된 것을 발견하였다. 감옥의 재소자들이 여러 표준 항결핵 약물에 대해 내성이 있는 결핵 균주를 갖고 있었다. 어느 두 균주가 아기에게 영향을 미쳤는지 결정하는데 몇 주가 걸렸다.

의사들은 어려운 결정을 내려야만 하였다: 그들이 아기에게 여러 가지 그리고 고통스런 부작용이 여러 달 지속되는 5 내지 7가지 다른 약물의 사용이 포함된 다제 내성 결핵 균주(MDR-TB) 치료를 즉시 시작할지 아니면 동일한 기간 동안 보다 전형적이고 부작용이 덜한 약물을 이용한 보다 정상적인 형태의 결핵균을 위한 치료를 해야 하는지?

1. 아기를 위한 약물 치료 결정에 어떤 요소들이 고려되어야 하는가?

2. 당신이 추측하는 어떤 치료가 아기에게 이용되었는가?

인용문헌: MMWR 40:373–375, 1991

현재 과학자들은 다음을 저해하는 방법을 연구하고 있다: 분비체제, 부착 분자와 그들의 수용체, 생물막 신호전달 분자 및 세균 RNA 중합효소.

연구자들의 최선의 노력에도 불구하고 다른 과학자들은 약물 개발자들이 앞설 수 있는지 궁금해 하고 있다.

왜 그런가

왜 한 항생제에 대한 반응에서 각 세균이 내성을 발달시킨다는 것이 부정확한가?

일부 항미생물제, 그들의 작용 방식, 임상적 고려 및 기타 특성이 **표 3.2**부터 **3.6**에 요약되어 있다. 특정 병원체에 대한 특별한 항미생물 약물의 사용은 이 책의 관련 부분에 거론되어 있다.

표 3.2 항세균 약물

약물	특징 및 작용 방식	임상적 고려 사항	내성 방법
세포벽 합성저해 항세균 약물			
Bacitracin	Tracy라는 환자에서 자란 *Bacillus licheniformis*로부터 분리; 3가지 작용 방식 가짐: ■ 펩티도글리칸 전구체가 세균 세포막을 통과하여 세포벽으로 이동을 저해 ■ RNA 전사의 저해 ■ 세균 세포막을 손상 뒤 2가지 작용 방식은 정확하게 알려지지 않음	**작용 범위:** 그람-양성 (G+) 세균 **투여 경로:** 국소 **부작용:** 신장 독성	내성은 가장 흔히 bacitracin의 세포 내 유입을 방지하는 세균 세포막의 변화를 포함
Beta-lactams 대표적 천연 페니실린: Penicillin G Penicillin V 대표적 반합성 페니실린: Amoxicillin Ampicillin Cloxacillin Dicloxacillin Methicillin Nafcillin Oxacillin 대표적 반합성 carbapenem: Imipenem Meropenem 대표적 천연 cephalosporin: Cephalothin 대표적 반합성 cephalosporins: Cefotaxime Ceftriaxone Cefuroxime Cephalexin 대표적 반합성 monobactam: Aztreonam	진균 *Penicillium* (페니실린)과 *Acremonium* (cephalosporins)으로부터 많은 수의 천연 및 반합성 유도체; 펩티도글리칸의 NAM 소단위를 연결하는 효소에 결합하고 불활성화 Monobactam은 다른 베타-락탐에서의 두 개 고리 대신 한 개의 고리만을 갖는다.	**작용 범위:** 천연 약물은 대부분의 그람-음성 (G−) 세균에 대해 제한적으로 작용하는데 그들이 외막을 쉽게 통과하지 못하기 때문이다; 반합성제는 더 넓은 작용 범위를 갖는다. Monobactam은 제한된 작용 범위를 가지며, 호기성 G−세균에만 작용한다. **투여 경로:** Penicillin V, 소수의 cephalosporins(예, cephalexin)과 monobactams은 경구; penicillin G와 많은 반합성제 (예, methicillin, ampicillin, carbenicillin, cephalothin)은 IM 또는 IV **부작용:** 일부 성인에서 베타-락탐에 대한 알레르기 반응; monobactam은 알레르기 반응이 가장 적다.	G− 세균에서 3가지 방식으로 발달: ■ 약물유입 방지를 위해 그들의 외막 구조 변화 ■ 효소 변형으로 약물의 결합 방지 ■ 약물의 기능적 락탐 고리를 끊는 베타-락탐 분해효소 합성; 락탐 분해효소 유전자는 흔히 R 플라스미드에 존재
Cycloserine	NAM 소단위 간의 alanine-alanine 다리 생성을 저해하는 alanine 유사체	**작용 범위:** 일부 G+ 세균, mycobacteria **투여 경로:** 경구 **부작용:** 신경계 독성, 우울증, 공격성, 착란과 두통 유발	일부 G+ 세균은 효소로 약물을 불활성화 시킨다.
Ethambutol	Mycolic acid 생성 저해; 다른 antimycobacteria 약물과 같이 사용	**작용 범위:** *M. tuberculosis*와 *M. leprae*를 포함한 mycobacteria **투여 경로:** 경구 **부작용:** 없음	표적 부위의 변형을 가져오는 세균 염색체의 임의적 돌연변이에 의해 내성 발달

계속 —

표 3.2 항세균 약물 — *계속*

약물	특징 및 작용 방식	임상적 고려 사항	내성 방법
세포벽 합성저해 항세균 약물			
Isoniazid (isonicotinic acid hydrazide, INH)	비타민 nicotinamide와 pyridoxine의 유사체; 마이콜산(mycolic acid)을 형성하는 효소의 유전자를 막음	**작용 범위:** *M. tuberculosis*와 *M. leprae*를 포함한 mycobacteria **투여 경로:** 경구 **부작용:** 간 독성 가능	표적 부위의 변형 또는 표적 분자의 과다 생산을 가져오는 세균 염색체의 임의적 돌연변이에 의해 내성 발달
Vancomycin	*Amycolatopsis orientalis*에 의해 생성; NAM 소단위 간의 alanine-alanine 다리 형성을 직접 저해	**작용 범위:** 대부분의 G+ 세균에 효과적이지만 methicillin-내성 *Staphylococcus aureus* (MRSA) 같은 다른 약물 내성 균주에 대한 사용을 위해 일반적으로 유보 **투여 경로:** IV **부작용:** 귀와 신장 손상, 알레르기 반응, 우울증 유발 가능	G− 세균은 자연적으로 내성이 있는데 외막을 통과하기에 약물이 너무 크기 때문이다; *Lactobacillus* 같은 일부 G+ 세균은 NAM 소단위 간 alanine-alanine 결합이 없기 때문에 자연적으로 내성을 갖는다.
단백질 합성을 저해하는 항세균 약물			
Aminoglycosides 대표적 약물: Amikacin Gentamicin Kanamycin Neomycin Paromomycin Spiramycin Streptomycin Tobramycin	둘 또는 그 이상의 아미노당이 배당결합과 연결된 화합물; 세균 속 *Streptomyces*와 *Micromonospora* 종으로부터 처음 분리됨. 원핵생물 리보솜 30S 소단위에 비가역적 결합에 의해 단백질 합성을 저해하는데 리보솜이 mRNA를 잘못 전사시켜 비정상적 단백질을 생성하거나 mRNA로부터 리보솜의 조기 방출을 일으켜 합성을 중지시킨다. 또한 G- 세균의 외막 파괴에 의해 살세균제로 작용	**작용 범위:** 넓으며 대부분의 G− 세균과 일부 원생동물에 효과적 **투여 경로:** IV; 혈액-뇌 장벽 통과 못함 **부작용:** 신장과 청각 신경에 독성을 나타내 난청 유발	이 약물의 흡수에 에너지가 필요하므로 ATP가 많지 않은 혐기성 생물은 덜 민감하다; 호기성 세균은 막공을 변형시켜 약물의 흡수를 막거나 일단 흡수된 약물을 변형하거나 분해하는 효소를 합성한다; 드물게 세균이 리보솜 상의 결합 부위를 변경시킨다; 일부 세균은 약물에 노출되면 생물막을 형성한다.
Chloramphenicol	드물게 사용되는 약물로 원핵생물 리보솜의 50S 소단위에 결합하여 mRNA 상에서 이동을 막는다.	**작용 범위:** 넓지만 장티푸스 치료를 제외하고는 드물게 사용된다. **투여 경로:** 경구; 혈액-뇌 장벽을 넘는다. **부작용:** 2만4천 명 중 한 명의 환자에서 혈구세포가 형성되지 않는 잠재적으로 치명적인 재생 불량성 빈혈 유발; 신경 손상도 유발 가능	약물을 불활성화 시키는 효소를 암호화 하는 R 플라스미드 상의 유전자에 의해 발달
Lincosamides 대표적 약물: Clindamycin	50S 리보솜 소단위에 결합하여 단백질 신장을 중지	**작용 범위:** G+와 혐기성 G− 세균 및 일부 원생동물에 효과적 **투여 경로:** 경구 또는 IV; 혈액-뇌 장벽을 통과하지 못함 **부작용:** 구역질, 설사, 구토 및 통증을 포함하는 위장 고통	약물의 결합을 막는 리보솜 구조의 변화에 의해 발달; 내성 유전자는 aminoglycoside의 그것과 동일
Macrolides 대표적 약물: Azithromycin Clarithromycin Erythromycin Natamycin Telithromycin	Macrocyclic lactone 고리를 가진 항미생물제 종류; 가장 흔한 것은 *Saccharopolyspora erythraea*가 생성하는 erythromycin이다; 원핵생물 리보솜의 50S 소단위에 결합하여 초기 단백질의 신장을 방지하여 작용	**작용 범위:** G+와 소수의 G− 세균 및 진균(natamycin)에 효과적 **투여 경로:** 경구; 혈액-뇌 장벽을 넘지 못함 **부작용:** 구역질, 약한 위장 통증, 구토; 6개월 미만 아기에서 위의 협착과 연관; erythromycin은 심장마비 위험을 증가시킴	약물 결합을 방지하는 리보솜 RNA의 변형 또는 macrolide-분해 효소의 생성을 암호화하는 R 플라스미드 유전자를 통해 발달; 내성 유전자는 lincosamide의 그것과 동일

표 3.2 — *계속*

약물	특징 및 작용 방식	임상적 고려 사항	내성 방법
단백질 합성을 저해하는 항세균 약물			
Mupirocin	*Pseudomonas fluorescens*에 의해 생성; 세균 tRNA^{Ile}에 결합하여 이소류신의 리보솜에 전달을 막아 폴리펩티드 합성 방지	**작용 범위:** 주로 G+ 세균에 효과적 **투여 경로:** 국소 크림 **부작용:** 보고된 바 없음	내성은 tRNA^{Ile}의 모양을 바꾸는 돌연변이로부터 발달
Oxazolidinones 대표적 약물: Linezolid	합성 약물; 폴리펩티드 합성 개시 저해	**작용 범위:** G+ 세균 **투여 경로:** 경구, IV **부작용:** 발진, 설사, 식욕 감퇴, 변비, 고열	내성 방법이 알려지지 않음
Streptogramin 대표적 약물: Quinupristin Dalfopristin	50S 리보솜 소단위에 결합하여 단백질 합성을 중지시킴; 상승효과 약물인 quinupristin과 dalfopristin과 같이 투여	**작용 범위:** 넓지만 다제 내성 균주에 대한 사용을 위해 유보 **투여 경로:** IV **부작용:** 근육과 관절 통증	알려져 있지 않음
Tetracyclines 대표적 약물: Doxycycline Minocycline Tetracycline	다양한 작용기를 가진 4개의 6각형 고리로 구성됨; 아미노산을 운반하는 tRNA분자가 리보솜의 30S 소단위의 결합 부위에의 결합을 막는다. 경구	**작용 범위:** 대부분은 넓다: *Mycoplasma* 같은 세포벽 결여 세균뿐만 아니라 많은 G+와 G− 세균에 효과적 **투여 경로:** 경구; 뇌 안으로 들어가지 어려움 **부작용:** 메스꺼움, 설사, 빛에 민감성; 칼슘과 복합체를 형성하여 발달 중인 치아를 얼룩지게 하며 뼈의 강도와 모양에 악영향을 미침	3가지 방식으로 발달; 세균들은; ■ 외막의 공극에 대한 유전자를 변형시켜 새로운 공극이 약물의 세포 내 유입을 방지함 ■ 리보솜 상의 결합부위를 변경시켜 약물 존재 하에도 tRNA가 결합하게 한다. ■ 세포로부터 약물을 활발히 퍼낸다.
세포막을 변형시키는 항세균 약물			
Gramicidin	세포막을 가로지르는 구멍을 만드는 짧은 폴리펩티드로 단일 전하의 양이온이 자유롭게 드나들게 한다.	**작용 범위:** G+ 세균 R**투여 경로:** 국소 **부작용:** 독성(또한 진핵생물 막에 구멍 생성)	알려져 있지 않음
Nisin	*Lactobacillus lactis*가 자연적으로 생성하는 bacteriocin	**작용 범위:** 식품 내 G+과 G− 세균 **투여 경로:** 식품 내 보전제로 사용 **부작용:** 보고된 바 없음	알려져 있지 않음
Polymyxin	*Bacillus polymyxa*에 의해 생성; 감수성 세포의 세포막 파괴	**작용 범위:** G− 세균, 특히 *Pseudomonas*와 일부 아메바에 효과적 **투여 경로:** 국소 **부작용:** 신장에 독성	세포막의 변화로부터 발달하여 약물의 유입을 저해
Pyrazinamide	막 수송을 교란시키고 *Mycobacterium*의 손상된 단백질의 수선을 방지	**작용 범위:** *Mycobacterium tuberculosis* **투여 경로:** 경구 **부작용:** 불안감, 메스꺼움, 설사	약물의 활성화에 필요한 효소의 유전자에서 점 돌연변이로부터 발달

계속 —

표 3.2 항세균 약물 — *계속*

약물	특징 및 작용 방식	임상적 고려 사항	내성 방법
항대사산물인 항세균 약물			
Bedaquiline	Mycobacteria에 독특한 ATP 합성효소 저해	**작용 범위:** Mycobacteria; 다제 내성 결핵균을 위한 사용으로 유보 **투여 경로:** 경구 **부작용:** 심장의 전기적 활성의 교란, 메스꺼움, 두통, 관절 통증	알려져 있지 않음
Dapsone	엽산 합성 저해	**작용 범위:** *M. leprae*와 *M. tuberculosis* **투여 경로:** 경구 **부작용:** 불면증, 두통, 메스꺼움, 구토, 심장박동 증가	알려져 있지 않음
Sulfonamides 대표적 약물: Sulfadiazine Sulfadoxine Sulfamethoxazole Sulfanilamide	합성 약물; 염료로 처음 생산; dihydrofolic acid 생성 효소에 비가역적으로 결합하는 PABA의 유사체; trimethoprim과 상승 효과	**작용 범위:** 광범위: G+와 G− 세균 및 일부 원생동물과 진균에 효과적; 그러나 내성이 널리 퍼짐 **투여 경로:** 경구 **부작용:** 드뭄: 알레르기 반응, 빈혈, 황달, 임신 마지막 3개월에 투여 시 태아의 정신 지체	투과성 장벽 때문에 *Pseudomonas*는 자연적 내성; 비타민으로 엽산을 요구하는 세포도 자연적 내성; 염색체 돌연변이는 약물에 대한 친화성 감소 유발
Trimethoprim	PABA로부터 엽산 생성의 두 번째 대사단계 저지; sulfamethoxazole 같은 sulfonamide와 상승 효과 절대 혐기성 세균	**작용 범위:** 광범위: G+와 G− 세균 및 일부 원생동물과 진균에 효과적; 그러나 내성이 널리 퍼짐 **투여 경로:** 경구 **부작용:** 알레르기 반응 또는 일부 환자에서 간 손상	투과성 장벽 때문에 *Pseudomonas*는 자연적 내성; 비타민으로 엽산을 요구하는 세포도 자연적 내성; 염색체 돌연변이는 약물에 대한 친화성 감소 유발
핵산 합성 저해 항세균 약물			
Clofazimine	DNA에 결합, 복제와 전사 방지	**작용 범위:** Mycobacteria, 특히 *M. tuberculosis*, *M. leprae*와 *M. ulcerans* **R투여 경로:** 경구 **부작용:** 설사, 피부와 눈의 변색	알려져 있지 않음
Fluoroquinolones 대표적 약물: Ciprofloxacin Levofloxacin Moxifloxacin Ofloxacin	세균 DNA의 정확한 복제에 필요한 DNA gyrase를 저해하는 합성 약물; 세포의 세포질 투과	**작용 범위:** 광범위: G+와 G− 세균이 영향 받음 **투여 경로:** 경구 **부작용:** 건염, 건 파열	약물에 대한 친화성 감소시키고, 그 흡수를 감소시키거나 약물로부터 gyrase를 보호하는 염색체 돌연변이로부터 유래
Nitroimidazoles 대표적 약물: Metronidazole	혐기적 조건이 분자를 축소시켜 DNA를 손상시키고 그것의 정확한 복제를 방지	**작용 범위:** 절대 혐기성 세균	알려져 있지 않음
Rifamycin 대표적 약물: Rifampin Rifaximin	*Amycolatopsis rifamycinica*로부터의 천연 및 반합성 유도체로 세균 RNA 중합효소에 결합하여 RNA의 전사를 방지; 다른 항세균 약물과 같이 사용	**작용 범위:** 호기성 G+ 세균의 생장 저지; mycobacteria 사멸 **투여 경로:** 경구 **부작용:** 중요한 것이 없음	효소의 결합부위를 변경시키는 염색체 돌연변이로부터 유래; G− 세균은 흡수 불량으로 자연적 내성

표 3.3 항바이러스 약물

약물	특징 및 작용 방식	임상적 고려 사항	내성 방법
부착 길항제			
Arildone Pleconaril	숙주세포 또는 병원체 상의 부착 분자를 차단	**작용 범위:** Picornaviruses (예, poliovirus, 일부 감기 바이러스) **투여 경로:** 경구 **부작용:** 없음	알려져 있지 않음
Neuraminidase 저해제 대표적 약물: Oseltamivir Zanamivir	인플루엔자바이러스의 세포에 부착 또는 유출을 방지	**작용 범위:** 인플루엔자바이러스 **투여 경로:** 경구(oseltamivir) 또는 에어로졸(zanamivir) **부작용:** 없음	알려져 있지 않음
바이러스 유입을 저해하는 항바이러스 약물			
Enfuvirtide	파이러스 단백질 gp[41]에 부착, 바이러스 피막과 숙주세포 막의 융합과 그로 인한 바이러스 유입 방지	**작용 범위:** HIV-1 **투여 경로:** IV **부작용:** 따끔거림, 주사 부위의 알레르기 반응	알려져 있지 않음
바이러스 탈외피를 저해하는 항바이러스 약물			
Amantadine	바이러스 탈외피에 필요한 포식리소솜 내 산성 환경을 중화시킴	**작용 범위:** 인플루엔자 A형 바이러스 **투여 경로:** 경구 **부작용:** 중추 신경계에 독성; 신경과민, 화병, 불면증과 몽롱함 유발	막 이온 통로에 하나의 아미노산 변화를 일으키는 돌연변이가 바이러스 내성 유도
Rimantadine	phagolysosomal acid를 중화시켜 바이러스 탈외피 방지	**작용 범위:** 인플루엔자 A형 바이러스 **투여 경로:** 경구, 성인 만 **부작용:** 중추 신경계에 독성; 신경과민, 화병, 불면증과 몽롱함 유발	막 이온 통로에 하나의 아미노산 변화를 일으키는 돌연변이가 바이러스 내성 유도
핵산 합성을 저해하는 항바이러스 약물			
Acyclovir (ACV) 대표적 약물: Ganciclovir	바이러스가 암호화한 kinase 효소에 의한 인산화가 약물을 활성화; DNA와 RNA 합성 저해	**작용 범위:** Kinase 효소를 암호화하는 바이러스: herpes, Epstein-Barr virus, cytomegalovirus와 varicella virus **투여 경로:** 경구 **부작용:** 없음	Kinase 효소 유전자의 돌연변이가 그들을 약물 활성화에 비효율적으로 만든다.
Adenosine arabinoside	세포가 암호화한 kinase 효소에 의한 인산화가 약물을 활성화; DNA 합성 저해; 바이러스 DNA 중합효소가 인간 DNA 중합효소보다 약물을 잘 유입	**작용 범위:** 포린바이러스Herpesvirus **투여 경로:** IV **부작용:** 약물을 세포 DNA로 유입시키는 숙주 세포에 치명적; 빈혈	바이러스 DNA 중합효소의 돌연변이로 부터 유래

계속 —

표 3.3 항바이러스 약물 *— 계속*

약물	특징 및 작용 방식	임상적 고려 사항	내성 방법
핵산 합성을 저해하는 항바이러스 약물			
Nucleotide 유사체 대표적 약물 (그림 3.7 참조): Adefovir Azidothymidine (AZT) Entecavir Ganciclovir Lamivudine Penciclovir Tenofovir Valaciclovir	세포가 암호화한 kinase 효소에 의한 인산화가 약물을 활성화; DNA 합성 저해; 바이러스 역전사효소가 이 약물을 유입시킴; HIV 치료에 protease 저해제와 같이 사용	**작용 범위:** HIV, B형 간염 바이러스 **투여 경로:** 경구 **부작용:** 메스꺼움, 골수 독성	바이러스 역전사효소의 돌연변이로부터 유래
Ribavirin	바이러스가 암호화한 kinase 효소에 의한 인산화가 약물을 활성화; DNA와 RNA 합성 저해; 바이러스 DNA 중합효소가 약물을 유입	**작용 범위:** 호흡기 합포체, C형 간염, A형 인플루엔자, 홍역, 일부 출혈열 바이러스 **투여 경로:** 경구, 에어로졸, IV **부작용:** 아마 발달 중인 태아에 유해	알려져 있지 않음
단백질 합성을 저해하는 항바이러스 약물			
Antisense nucleic acids 대표적 약물: Fomivirsen	mRNA에 상보적; 결합은 리보솜을 막아 단백질 합성을 방지	**작용 범위:** 상보적 mRNA를 가진 종에 특이적; 사이토메갈로바이러스에 특이적인 포미버센(fomivirsen) **투여 경로:** 눈에 매주 포미버센 투여 **부작용:** 녹내장 가능성	알려져 있지 않음
바이러스 단백질을 저해하는 항바이러스 약물			
Protease 저해제 대표적 약물: Boceprevir Darunavir Fosamprenavir Telaprevir	HIV와 C형 간염 바이러스에 독특한 protease 효소의 컴퓨터 모델링은 효소의 활성부위를 막는 약물의 제작을 허용, 핵산 합성에 대해 듣는 약물과 흔히 같이 사용	**작용 범위:** HIV, C형 간염바이러스 **투여 경로:** 경구 **부작용:** 없음	Protease 유전자의 돌연변이로 유발

표 3.4 진핵생물에 대한 항미생물제: 항진균 약물

약물	특징 및 작용 방식	임상적 고려 사항	내성 방법
포막을 저해하는 항진균 약물			
Allylamines 대표적 약물: Terbinafine	Ergosterol 합성 저해로 인한 항진균 작용	**작용 범위:** 진균 **투여 경로:** 경구, IV **부작용:** 두통, 메스꺼움, 구토, 설사, 간 손상, 발진	알려져 있지 않음
Azoles 대표적 약물: Fluconazole Itraconazole Ketoconazole Voriconazole	진균 세포막의 필수적 성분인 ergosterol의 합성 저해로 인한 항진균 작용	**작용 범위:** 진균과 원생동물 **투여 경로:** 국소, IV **부작용:** 인간에게 암 유발 가능성	표적 효소의 유전자 내 돌연변이
Polyenes 대표적 약물: Amphotericin B Nystatin	Ergosterol 분자와 연관, 진균 막에 구멍	**작용 범위:** 진균과 일부 아메바 **투여 경로:** Amphotericin B: IV; nystatin: 국소 **부작용:** 오한, 구토, 고열	드뭄; ergosterol의 양의 감소 또는 구조 변화
기타 항진균 약물			
Ciclopirox	합성 항대사산물제로 DNA 수선 방해, 체세포분열 저해, 세포 내로의 수송 방해	**작용 범위:** 진균, 특히 *Trichophyton* **투여 경로:** 국소 **부작용:** 적용 부위에 작열감 가능성	알려져 있지 않음
Echinocandins 대표적 약물: Caspofungin	진균 세포벽의 glucan 소단위의 합성 저해	**작용 범위:** *Candida, Aspergillus* **투여 경로:** IV **부작용:** 발진, 안면 팽윤, 호흡기 경련, 위장 통증, 인간 배아에 독성	Glucan 합성 유전자 내 돌연변이로부터 유래
5-Fluorocytosine	이 약물을 RNA 작용을 저해하는 uracil의 유사체인 5-fluorouracil로 전환하는 효소를 진균은 가지나 인간은 없다.	**작용 범위:** *Candida, Cryptococcus, Aspergillus* **투여 경로:** 경구 **부작용:** 없음	Uracil 이용에 필요한 효소의 유전자 내 돌연변이로부터 발달
Griseofulvin	*Penicillium griseofulvin*으로부터 분리; tubulin 불활성화, 체세포분열 중 세포질 분열과 염색체의 분리 방지 (5장 참조)	**작용 범위:** 피부 감염의 진균 **투여 경로:** 국소, 경구 **부작용:** 없음	알려져 있지 않음

표 3.5 진핵생물에 대한 항미생물제: 항기생충 약물

약물	특징 및 작용 방식	임상적 고려 사항	내성 방법
항대사산물인 항기생충 약물			
Benzimidazole 유도체 대표적 약물: Albendazole Mebendazole Thiabendazole Triclabendazole	Microtubule 생성과 포도당 흡수 저해	**작용 범위:** 기생충, 원생동물 **투여 경로:** 경구 **부작용:** 설사 가능성	알려져 있지 않음
Iodoquinol	할로겐 화합물(요오드 함유)로 아마도 원생동물이 요구하는 철 이온의 격리에 의해 작용	**작용 범위:** *Entamoeba* **투여 경로:** 경구 **부작용:** 장기간 사용 시 신경장애와 시력 상실	알려져 있지 않음
Ivermectin **Metrifonate**	신경전달물질 차단에 의한 이완마비	**작용 범위:** 기생충 **투여 경로:** 경구 **부작용:** 죽은 기생충의 항원에 의한 알레르기 반응	알려져 있지 않음
Niclosamide	미토콘드리아에 의한 ATP의 산화적 인산화 저해	**작용 범위:** 촌충 **투여 경로:** 경구 **부작용:** 복부 통증, 메스꺼움, 설사	알려져 있지 않음
Praziquantel	근 수축에 필요한 칼슘이온에 대한 막 투과성 변화; 기생충에서 완전한 근 수축 유도	**작용 범위:** 촌충, 흡충 **투여 경로:** 경구 **부작용:** 없음	알려져 있지 않음
Pyrantel pamoate Diethylcarbamazine	신경전달물질 수용체에 결합하여 기생충의 완전한 근 수축 유발	**작용 범위:** 선충 **투여 경로:** 경구 **부작용:** 없음	알려져 있지 않음
핵산 합성을 저해하는 항기생충 약물			
Niridazole	주혈흡충 효소에 의해 부분적으로 분해 시 DNA에 결합하여 복제 방지로 분해	**작용 범위:** 주혈흡충	알려져 있지 않음
Oltipraz	디옥시리보뉴클레오티드 공급 감소에 의한 작용 가능성	**작용 범위:** 주혈흡충	알려져 있지 않음
Oxamniquine	주혈흡충 효소가 약물을 활성화하여 DNA 합성 저해	**작용 범위:** 주혈흡충	알려져 있지 않음

표 3.6 진핵생물에 대한 항미생물제: 항원생동물 약물

약물	특징 및 작용 방식	임상적 고려 사항	내성 방법
단백질 합성을 저해하는 항원생동물 약물			
Lincosamides 대표적 약물: Clindamycin	50S 리보솜 소단위에 결합하여 단백질 신장을 중지	**작용 범위:** 일부 원생동물과 G+ 및 혐기성 G− 세균에 효과적 **투여 경로:** 경구 또는 IV; 혈액-뇌 장벽을 넘지 못함 **부작용:** 메스꺼움, 설사, 구토와 통증을 포함한 위장 장애	약물의 결합을 막는 리보솜 구조의 변화에 의해 발달; 내성 유전자는 aminoglycoside의 그것과 동일
Paromomycin	세균 30S 리보솜 소단위를 저해하는 aminoglycoside. 원생동물에 대한 작용과 방식은 알려져 있지 않다.	**작용 범위:** 일부 원생동물, 예, *Leishmania*와 *Entamoeba* 및 대부분의 G−와 G+ 세균 **투여 경로:** 경구 **부작용:** 일부 환자에서 알레르기 반응; 위장장애	변형된 세포막 때문에 약물 흡수 감소
항대사산물인 항기생충 약물			
Artemisinins 대표적 약물: Artesunate	중국 약쑥 관목에서 유래; heme 무독화 및 Ca^{2+} 수송 저해	**작용 범위:** *Plasmodium* **투여 경로:** 경구 **부작용:** 메스꺼움, 구토, 가려움증, 현기증	Ca^{2+} 수송체 유전자 내 돌연변이
Atovaquone	여러 원생동물과 *Pneumocystis*의 coenzyme Q의 유사체; 전자전달 저해	**작용 범위:** 원생동물 (특히 *Plasmodium*), *Pneumocystis* **투여 경로:** 경구 **부작용:** 발진, 설사, 두통 가능성	세포가 그들의 전자전달사슬 단백질의 구조를 변형시킴
Benzimidazole 유도체 대표적 약물: Albendazole Mebendazole	microtubule 형성과 포도당 흡수 저해	**작용 범위:** 기생충, 원생동물 **투여 경로:** 경구 **부작용:** 아마도 설사	알려져 있지 않음
중금속 **(예, Hg, As, Cr, Sb)** 대표적 약물: Meglumine antimonate Melarsoprol (As 포함) Salvarsan (As 포함) Sodium stibogluconate (Sb 포함)	효과적인 3차 구조에 필요한 수소결합 파괴에 의한 효소 불활성화; 비소 함유 약물이 선택적 독성의 화학요법제로 최초로 알려짐	**작용 범위:** 대사적으로 활성이 있는 세포 **투여 경로:** 경구, 국소 **부작용:** 뇌, 신장, 간과 골수 같은 곳의 활성 세포에 독성	알려져 있지 않음
Iodoquinol	작용 방식 불분명	**작용 범위:** 장내 아메바 **투여 경로:** 경구 **부작용:** 고열, 오한, 발진	알려져 있지 않음
Lumefantrine	손상된 적혈구의 헤모글로빈에서 방출된 heme의 무독화를 방지하는 합성 약물	**작용 범위:** *Plasmodium* **투여 경로:** 경구 **부작용:** 두통, 현기증, 무력감	알려져 있지 않음
Nifurtimox	전자전달 저해	**작용 범위:** *Trypanosoma cruzi* **투여 경로:** 경구 **부작용:** 복부 통증, 메스꺼움	알려져 있지 않음

계속 —

표 3.6 진핵생물에 대한 항미생물제: 항원생동물 약물 — *계속*

약물	특징 및 작용 방식	임상적 고려 사항	내성 방법
항대사산물인 항기생충 약물			
Nitazoxanide	혐기적 전자전달사슬 저해로 추정	**작용 범위:** 원생동물 **투여 경로:** 경구 **부작용:** 위장 장애	알려져 있지 않음
Proguanil **Pyrimethamine**	PABA로부터 엽산 생성의 두 번째 대사 단계 차단; sulfonamide와 상승효과	**작용 범위:** 광범위: G+와 G− 세균과 일부 원생동물 및 진균; 그러나 내성이 널리 퍼짐 **투여 경로:** 경구 **부작용:** 일부 환자에서 알레르기 반응	비타민으로 엽산을 요구하는 세포는 자연적 내성; 염색체 돌연변이가 약물의 친화도 감소 유발
Sulfonamides 대표적 약물: Sulfadiazine Sulfadoxine Sulfanilamide	합성 약물; 처음에 염료로 생산; dihydrofolic acid 생성 효소에 비가역적으로 결합하는 PABA의 유사체; trimethoprim과 상승효과	**작용 범위:** 광범위: G+와 G− 세균과 일부 원생동물 및 진균; 그러나 내성이 널리 퍼짐 **투여 경로:** 경구 **부작용:** 드뭄: 알레르기 반응, 빈혈, 황달, 임신 마지막 3개월에 투여 시 태아의 정신 지체	비타민으로 엽산을 요구하는 세포는 자연적 내성; 염색체 돌연변이가 약물의 친화도 감소 유발
Suramin	일부 원생동물의 특정 효소를 저해	**작용 범위:** *Trypanosoma brucei* (동 아프리카 변종) **투여 경로:** 경구 **부작용:** 없음	알려져 있지 않음
Trimethoprim	PABA로부터 엽산 생성의 두 번째 대사 단계 차단; sulfonamide와 상승효과	**작용 범위:** 광범위: G+와 G- 세균과 일부 원생동물 및 진균; 그러나 내성이 널리 퍼짐 **투여 경로:** 경구 **부작용:** 일부 환자에서 알레르기 반응	비타민으로 엽산을 요구하는 세포는 자연적 내성; 염색체 돌연변이가 약물의 친화도 감소 유발
DNA 합성을 저해하는 항원생동물 약물			
Eflornithine	핵산 전구체 합성의 저해	**작용 범위:** *Trypanosoma brucei gambiense* (서 아프리카 변종) **투여 경로:** 경구 **부작용:** 빈혈, 혈액 응고 저해, 메스꺼움, 구토	알려져 있지 않음
Nitroimidazoles 대표적 약물: Benznidazole Metronidazole Tinidazole	혐기적 조건이 약물을 축소시켜 DNA를 손상시키고 정확한 복제와 전사를 방지	**작용 범위:** 원생동물 **투여 경로:** 경구 **부작용:** Metronidazole과 tinidazole이 실험용 설치류에 암 유발	알려져 있지 않음
Pentamidine	핵산에 저해 결합하여 복제, 전사와 번역을 저해	**작용 범위:** 원생동물, *Trypanosoma brucei* (서아프리카 변종)를 포함한 원생동물과 *Pneumocystis* (진균) **투여 경로:** IM, IV **부작용:** 발진, 저혈압, 부정맥, 신장과 간 부전증	알려져 있지 않음
Quinolones 대표적 약물: 천연 quinine 반합성 quinines: Chloroquine Mefloquine Piperaquine Primaquine	기나나무(cinchona) 수피로부터 유래한 천연 및 반합성 약물; 하나 또는 그 이상의 알려지지 않은 방법으로 말라리아 병원체의 대사 저해	**작용 범위:** *Plasmodium* **투여 경로:** 경구 **부작용:** 알레르기 반응, 시각 장애	기생체 세포로부터 약물을 제거하는 quinoline 펌프의 존재로부터 유래

임상 미생물 후속내용

미세한 적과의 싸움

Ben은 아프가니스탄의 병원에서 자세한 분석이 가능한 유럽의 Ramstein의 큰 미군 병원으로 후송되었다. 혈액 배양 결과 Ben이 *Acinetobacter baumannii*와 싸우고 있는 것으로 나타났는데 그것은 작은 그람-음성 간균으로 보통 비병원성의 환경 오염생물이다. 조사에서 이 세균이 "Iraqibacter"라 불리는 약물-내성 균주로 판명되었다.

Ramstein 실험실은 Ben의 혈액에서 분리된 세균에 대한 항미생물제 감수성 조사를 실시하여 그것이 플루오로퀴놀론(fluoroquinolone)을 포함한 대부분의 항미생물제에 내성이 있는 것을 발견하였다. Ben의 생명을 구하기 위한 노력으로 의사들은 리팜핀(rifampin)과 이미페넴(imipenem)을 처방하였다. 이미페넴은 새로 개발된 베타-락탐 carbapenem-종류의 항미생물제로 신체의 이미페넴 대사를 늦추는 실라스타틴(cilastatin)과 같이 투여하였다. 이미페넴은 세포벽 생성을 저해하며 대부분의 그람-음성, 심지어 전형적으로 베타-락탐 내성을 보이는 종류에 대한 저해제이다. 보통 이미페넴은 소변으로 빨리 배출되기 때문에 몸에서 그 활성을 연장시키기 위해 실라스타틴과 같이 사용한다.

이 약물 싸움은 Ben에게 감염을 극복하게 하는 무기를 제공하였다. 36시간의 치료 후 패혈증 증상이 해결되어 Ben은 그 가족과 다시 만나고 그의 없어진 다리에 대해 적응하기 위한 물리 치료를 시작하였다. 세균 동정과 항미생물 감수성 조사가 Ben의 생명을 구했다.

1. **베타-락탐의 작용 방식이 무엇인가?**
2. **세균이 어떻게 베타-락탐에 내성을 갖는가?**

보이지 않는 것의 탐구: 원핵생물의 단백질 합성을 저해하는 일부 약물의 작용

이 QR 코드를 당신의 스마트폰으로 검색하여 Bauman 박사의 비디오 가정교사로 계속 공부하라.

단원요약

항미생물제의 역사 (57 – 58쪽)

1. 화학요법제는 질병 치료에 사용되는 화학물질이다. 그들 중에 **항미생물제**가 있는데이것은 **항생물질** (생물학적으로 생성), **반합성 항미생물제** (화학적으로 변형된 항생물질)와 **합성 약물**을 포함한다.

항미생물 작용의 원리 (58 – 66쪽)

1. 미생물에 대한 성공적인 화학요법은 **선택적 독성**, 즉 환자보다 병원체에 독성이 더 높은 항미생물제의 사용에 근거한다.
2. 항미생물 약물은 세포벽 합성 저해, 단백질 번역의 저해, 세포막 교란, 일반적 대사경로 저해, 핵산합성 저해, 바이러스의 그들의 숙주에 부착 방지 또는 병원체의 그 숙주 인식의 방해에 의해 병원체에 영향을 미친다.
3. **베타-락탐** — 페니실린, 카바페넴(carbapenem), 세팔로스포린(cepholosporin) — 은 기능적 락탐 고리를 가진다. 이들은 세균의 생장 도중 세균 세포벽에서 펩티도글리칸의 NAM 소단위의 교차결합을 방지한다. **반코마이신(Vancomycin)**과 **사이클로세린(cycloserine)** 또한 많은 그람-양성 세균의 세포벽 형성을 저해한다. **바시트라신(Bacitracin)**은 세포질로부터 NAG와 NAM 수송을 막는다. **이소니아지드[Isoniazid (INH)]**와 **에탐부톨(ethambutol)**은 mycobacteria의 벽에서 마이콜산(mycolic acid) 합성을 방지한다. **Echinocandin**은 진균 세포벽 합성을 저해한다.
4. 단백질 합성을 저해하는 항미생물제는 30S 리보솜 소단위를 저해하는 **아미노글리코시드(aminoglycoside)**와 **테트라사이클린(tetracycline)** 및 50S 소단위를 저해하는 **클로람페니콜(chloramphenicol)**, **린코사미드(lincosamide)**, **스트렙토그라민(streptogramin)**과 **마크로리드(macrolide)**를 포함한다. Mupirocin은 isoleucine을 운반하는 tRNA 분자와 결합하여 폴리펩티드 합성을 중지시킨다. **옥사졸리디논(Oxazolidinone)**은 번역 개시를 막는다. **안티센스(Antisense) 핵산** 분자도 단백질 합성을 저해한다.
5. **폴리엔(Polyene)**, **아졸(azole)**과 **알릴아민(allylamine)**은 진균의 세포막을 파괴한다. Polymyxin은 그람 양성 세균의 막에 작용한다.
6. **술폰아미드(Sulfonamide)**는 사람이 아닌 일부 미생물이 요

구하는 화학물질인 para-aminobenzoic acid, PABA)의 구조적 **유사체**이다. 핵산 합성으로 유도되는 대사경로에서 술폰아미드의 치환은 이 생물들을 죽인다. 트리메토프림(Trimethoprim) 또한 이 경로를 막는다.

7. 병원체에서 핵산 복제를 저해하는 약물에는 악티노마이신(actinomycin), **핵산 유사체**와 **뉴클레오시드유사체**, 퀴놀론과 리팜핀이 포함된다.

항미생물 약물 처방에서 임상적 고려사항 (66–70쪽)

1. 화학요법제는 **작용 범위**를 가지며 얼마나 많은 종류의 병원체에 그들이 영향을 미치는가에 따라 **협범위 약물** 또는 **광범위 약물**로 구분된다.
2. Kirby-Bauer 시험 같은 **확산 감수성 시험**은 특정 병원체에 대해 어떤 약물이 가장 효과적인가를 나타낸다; 일반적으로 페트리 평판 상의 약물로 적신 디스크 주위의 더 넓은 **저해대**가 더 효과적인 약물이다.
3. 보통 **액체 희석시험** 또는 **Etest**에 의해 측정되는 **최소 저해 농도(MIC)**는 병원체를 저해하는 약물의 가장 적은 양이다.
4. **최소 살세균 농도(MBC) 시험**은 약물이 살세균성인지와 살세균성인 약물의 최저 농도를 알려준다.
5. 항미생물제 선택에서 의사들은 효능, 약물의 투여 방법 — 경구, 근육 내 또는 정맥 내 — 및 독성과 알레르기 반응을 포함한 가능한 부작용을 고려해야만 한다.
6. 약물의 **치료 지수(TI)**는 본질적으로 견딜 수 있는 약물의 투여량 대 그것의 효과적인 투여량의 비율이다. TI가 높을수록 약물이 더 안전하다.
7. 임상의들은 **치료 범위** (또는 **therapeutic window**)를 참고하는데 그것은 과도하게 독성을 갖지 않으며 효과적인 약물의 농도 범위이다.

항미생물 약물에 대한 내성 (70–84쪽)

1. 병원성 개체군의 일부는 **R 플라스미드**라는 가외의 DNA 조각 또는 유전자의 돌연변이때문에 한 약물에 대해 내성을 발달시킬 수 있다. 약물을 불활성화 시키는 **베타-락탐분해효소** 같은 효소 생성, 약물의 유입을 막는 세포막의 변화 유도, 약물의 결합을 막는 표적의 변형, 세포의 대사경로 변화, **유출펌프**로 세포로부터 약물의 제거 또는 다른 분자 결합에 의해 약물의 표적 보호 등에 의해 미생물이 약물에 대해 내성을 발달시킨다.
2. **교차 내성**은 한 화학요법제에 대한 내성이 유사한 약물에 대해 내성을 부여할 때 일어난다. **다제 내성 병원체**는 3 또는 그 이상 종류의 항미생물 약물에 내성이 있다.
3. **상승 작용**은 어느 약물 단독의 효과를 넘는 효능을 나타내는 약물 간의 상호작용이다.일부 약물의 조합은 길항적이다.

복습문제

복습문제에 대한 답 (단답형 문제 제외)은 A–1에 있다.

선다형

1. 병원체를 항미생물제에 노출시키는 확산 및 희석 시험은 무엇을 위해 디자인 되었는가?
   a. 약물의 작용 범위 조사
   b. 특정 병원체에 대해 어느 약물이 가장 효과적인지 조사
   c. 특정 병원체에 대해 사용하는 약물의 양 결정
   d. b와 c 모두
2. Kirby-Bauer 감수성 시험에서 항미생물제 함유 디스크 주위의 저해대의 존재는 무엇을 가리키는가?
   a. 미생물이 약물의 존재 하에 자라나지 않는다
   b. 미생물이 약물이 존재해도 잘 자란다
   c. 미생물의 생장을 제한하는 약물의 최소량
   d. 미지의 미생물을 죽이는 약물의 최소량
3. 성공적인 화학요법의 핵심은 무엇인가?
   a. 선택적 독성
   b. 확산 시험
   c. 최소 저해 농도 시험
   d. 작용 범위
4. Sulfonamide가 왜 효과적인지를 설명하는데 다음 어느 것이 연관되는가?
   a. Sulfonamide가 병원체의 스테롤 지질에 부착하여 막을 파괴하고 세포를 용해한다.
   b. Sulfonamide가 아미노산의 폴리펩티드 사슬로 추가되는 것을 막는다.
   c. 인간과 미생물은 그들의 대사에서 PABA를 다르게 이용한다.
   d. Sulfonamide는 병원체와 인간 세포에서 모두 DNA 복제를 저해한다.
5. 교차 내성이란 무엇인가?
   a. 세균 효소에 의한 항미생물제의 불활성화
   b. 항미생물제가 부착할 수 없게 내성 세포가 변형
   c. 항미생물제가 세포 내부로 들어가지 못하게 세포막 통로에

영향을 미치는 유전자의 돌연변이

d. 다른 항미생물제와의 유사성 때문에 나타나는 한 항미생물제에 대한 내성

6. 다제 내성 미생물이란?
   a. 모든 항미생물제에 대해 내성 가짐
   b. 내성 발달에 의해 새로운 항미생물제에 반응
   c. 병원에서 흔히 발달
   d. 위 보기 모두

7. 다음 어느 것이 베타-락탐 고리와 가장 가깝게 연관되는가?
   a. penicillin
   b. vancomycin
   c. bacitracin
   d. isoniazid

8. 단백질 합성에 대해 작용하는 약물은 무엇인가?
   a. beta-lactam
   b. trimethoprom
   c. polymyxin
   d. aminoglycoside

9. 다음 중 항바이러스 약물에 대한 설명으로 잘못된 것은 무엇인가?
   a. Macrolide 약물은 숙주 세포벽 상의 부착 부위를 막아 바이러스의 유입을 방지한다.
   b. Phagolysosome의 산성을 중화시키는 약물은 바이러스의 탈외피를 막는다.
   c. 뉴클레오티드 유사체는 미생물 복제를 중지시키는데 사용할 수 있다.
   d. Protease 저해제를 함유한 약물은 필수적인 바이러스 단백질의 생성을 막아 바이러스 생장을 저지한다.

10. PABA는 무엇인가?
   a. 페니실린 생산에 사용되는 기질
   b. 베타-락탐 분해효소의 한 종류
   c. cephalosporin과 분자적으로 유사함
   d. 엽산 합성에 사용됨

시각화하기!

1. 폴리펩티드 번역을 중지시키는 약물의 종류를 아래의 그림에 표기하라.

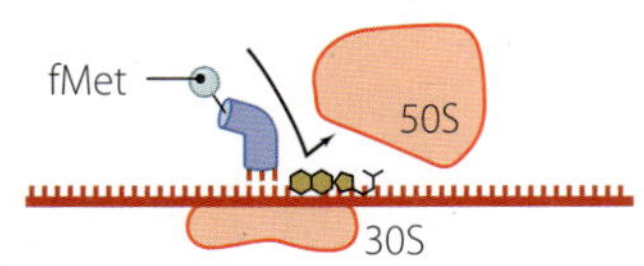

a. ____________________
저해 개시

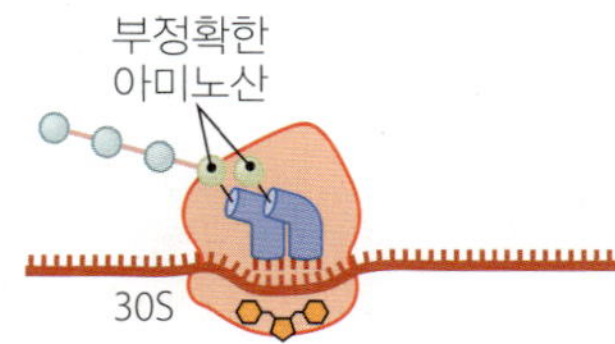

b. ____________________
30S 소단위 변화

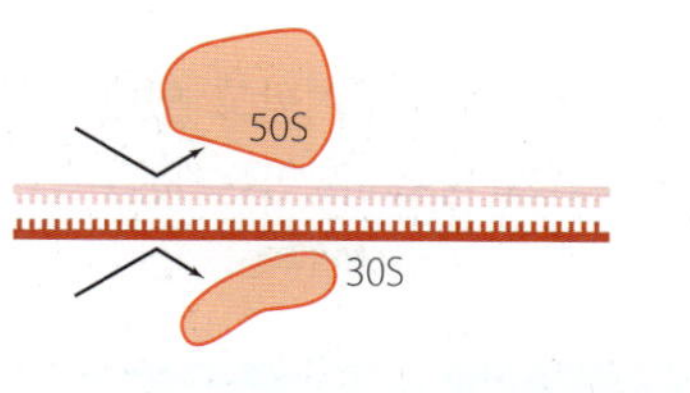

c. ____________________
리보솜 부착방지

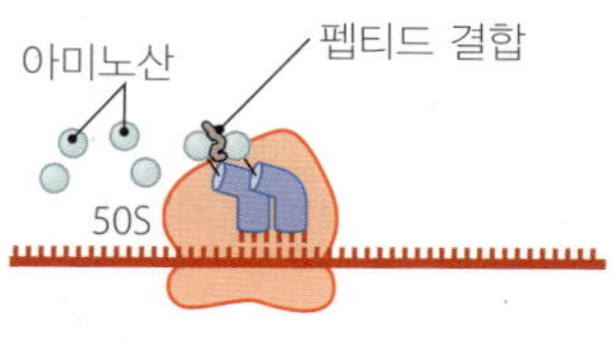

d. ____________________
펩티드 결합 저해

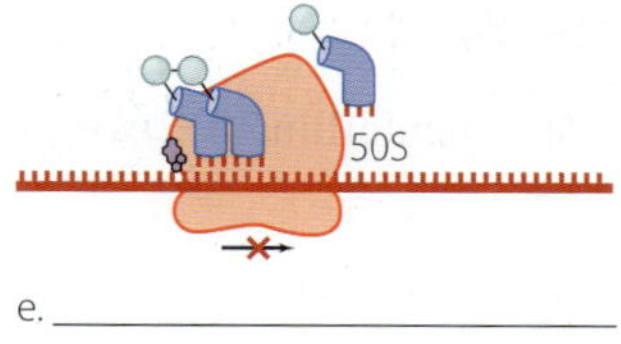

e. ____________________
f. ____________________
리보솜 이동 저해

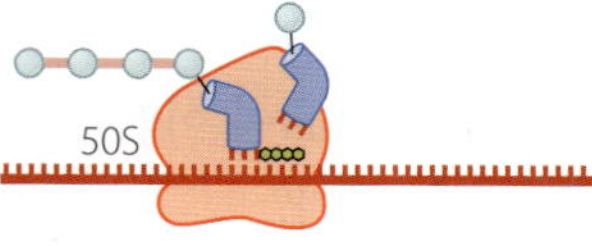

g. ____________________
tRNA 부착방지

2. 항미생물 효능을 위한 어떤 특별한 시험을 나타내는가? 이 시험은 무엇을 측정하는가? 긴 조각 상의 약물 농도가 두 배씩 증가할 때 저해대의 크기와 모양을 예측하기 위해 타원을 그리라.

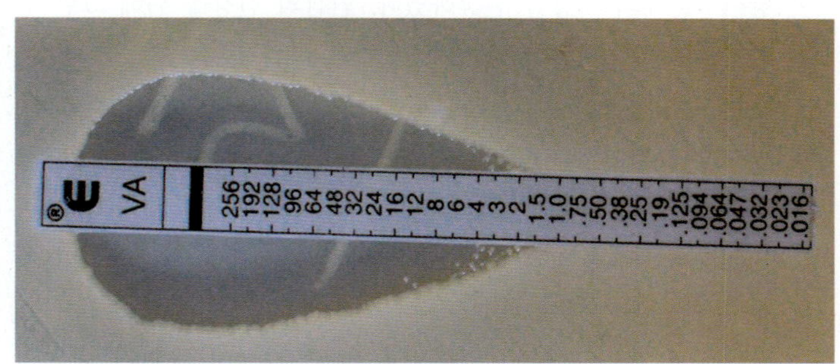

단답형

1. 이상적인 화학요법제는 어떤 특성을 가지는가? 어느 약물이 이런 특성을 갖는가?
2. 협범위와 광범위 약물을 비교하라. 어느 것이 더 효과적인가?
3. 약물 Z가 세포벽 구조의 NAM 부위를 파괴하는 사실이 왜 화학요법을 위한 약물의 고려에 중요한 요소인가?
4. 인간 세포와 병원체 모두 리보솜 부위에서 단백질을 합성하는데 이 과정을 표적으로 하는 항미생물제는 어떻게 인간에 사용할 때 안전한가?
5. "항미생물제가 내성 세포를 만든다"는 말을 지지하거나 반박하라.
6. 병원체의 내성 균주가 인간의 일반적 건강에 걱정거리인데, 이들의 발달을 막기 위해 어떤 것을 할 수 있는가?

7. 왜 항바이러스 약물을 개발하는 것이 어려운가?
8. 한 사람이 위궤양 치료에 광범위 항생제를 투여받고 있다. 이 치료에서 어떤 의도하지 않았던 결과가 나올 수 있는가?
9. Polyene, azole, allylamine과 polymyxin의 작용을 비교하고 대비하라.
10. 약물의 상승작용을 길항작용과 비교할 때 차이점은 무엇인가?

비판적 사고

1. AIDS는 동시에 여러 항바이러스제의 "cocktail"로 치료한다. 왜 단일 약물보다 cocktail이 보다 효과적인가? 여러 약물의 동시 처방에 의해 의사가 방지하려는 것은 무엇인가?
2. *Penicillium*이 어떻게 그것이 분비하는 penicillin의 영향에서 벗어나는가?
3. *Bacillus licheniformis*의 집락이 어떻게 그 자신의 bacitracin의 영향에서 벗어나는가?
4. 알려진 항생물질의 1% 이하가 질병의 치료에 실제로 가치를 가진다. 이 이유는 무엇인가?
5. News of the Lepidopterists' Society 잡지에서 나방과 나비 채집자들에게 이 곤충의 어린 것들에서의 질병과 싸우기 위해 항미생물제의 사용을 권장하였다. 인간의 건강을 위해 그런 항미생물제 사용의 가능한 영향이 어떤 것인가?
6. 비록 gentamycin 같은 aminoglycoside가 난청을 일으킬 수 있지만 그것이 일부 감염 치료를 위한 최선의 선택이 되는 경우가 아직도 있다. 특정 *Pseudomonas* 감염 치료에 gentamycin이 최선의 선택인 것을 보이기 위해 임상과학자는 어떤 시험을 이용해야 하는가?
7. 당신의 임신한 이웃이 인후염을 앓고 있으며 그녀가 이전의 감염 시 남겨 놓았던 tetracycline을 복용한다고 말했다. 그녀의 결정이 왜 잘못되었는지 두 가지 이유를 들라.
8. Acyclovir는 herpes 감염 치료에서 adenosine arabinoside를 대체하였다. 이 약물들이 활성화 되는 방식을 비교하라 (79-80쪽의 표 3.3 참조). 왜 acyclovir가 보다 나은 선택인가?
9. 왜 amphotericin B가 다른 인간의 기관보다 신장에 더 영향을 미치는가?
10. Benzimidazole 계의 항기생충 약물이 tubulin의 중합체화를 저해한다. 이 약물들이 체세포분열과 편모에 어떤 영향을 미치는가?
11. 미국식품의약품국(FDA)이 tigecycline이라는 항미생물제를 승인했다는 것을 당신의 사촌이 블로그에서 읽었는데 이 약품이 tetracycline의 유사체라 했다. 그녀는 당신에게 그게 무엇을 의미하며 약물이 어떻게 작용하는지 물었다. 당신은 사촌에게 어떻게 대답해야 하는가?
12. 과학자들은 수천 년 된 얼어붙은 매머드에서 분리된 세균을 배양하였다. 맘모스가 죽을 때에는 존재하지 않았던 현대의 항미생물제에 대해 이 미생물이 어떤 내성을 보인다면 왜 그것이 놀랄 일이 아닌가?
13. 인플루엔자 감염 방지를 위해 전체 인플루엔자 감염 시기에 모든 미국인이 amantadine을 투여하는 것이 비실용적이고 돈이 많이 든다. 어떤 부류의 사람들에서 amantadine 예방이 비용 효율적인가?
14. 시간 부족 또는 세균에의 접근성의 어려움 (예, 내이 감염 등) 때문에 감수성 시험 실시가 종종 가능하지 않다. 그런 경우 의사는 어떻게 적절한 치료제를 선택하는가?
15. *Enterococcus faecium*은 흔히 vancomycin에 내성이 있다. 다른 세균 속의 내성 균주 발달 측면에서 이것이 병원 환경에서 왜 우려되는가?

개념도 작성

다음 용어를 사용하여 항미생물제 내성을 묘사하는 개념도를 작성하라.

변형된 공극 단백질	**항미생물제의 결합**	**세포 내로 항미생물제의 유입**	**항생물질의 신속한 배출**
변형된 표적	**세포 분열**	**돌연변이**	**형질도입**
항미생물제	**접합**	**병원체의 효소**	**형질전환**
베타-락탐 분해효소	**배출 펌프**	**페니실린**	

4 원핵생물의 특성 및 분류

당뇨가 발 감염을 일으킬 수 있는가?

Sean은 성장하고 있는 생명공학 기업의 대표이다. 54세의 나이에 그는 일중독이며 하루에 한 갑의 담배를 피우고 튀긴 음식을 좋아하며 과체중이다. 수년 전 Sean은 2형 당뇨 진단을 받았지만 이에 잘 대처하지 않았고 생활습관에 어떤 지속적인 변화를 주지도 않았다. 그는 당뇨병 치료를 위한 인슐린을 주사하였으나 햄버거와 피자를 끊는 것에 대한 완강한 거부로 종종 혈당량이 매우 높아져 응급실에 여러 차례 가야 했다. Sean은 그의 생활 방식을 바꿔야 한다는 것을 알았지만 이를 지키는 것은 쉽지 않았다.

최근 Sean은 자극적인 발저림을 느끼기 시작하였다. 처음엔 그것이 새 작업화 때문인 줄 알았지만 오른발 위에 변색된 물집 같은 병변이 나타났을 때 의사를 찾아가기로 결정하였다. 의사는 병변을 보고 몇 가지 시험을 지시하였다. 간호사가 창상을 제거하자 (손상되고 오염된 조직의 제거 과정) 의사의 진료실에 악취가 나기 시작하였다. 시험 결과는 백혈구의 존재와 내생포자를 형성하는 절대 혐기성 그람-양성의 사슬 모양의 간균의 존재를 나타내었다.

Sean의 발 감염이 그의 당뇨와 관련이 있는가? 어떤 생물이 악취 나는 병변을 만드는가? 이에 대한 답은 이 장의 끝에 있다 (114쪽).

원핵생물은 단연 가장 많은 수와 다양한 종류의 단세포성 미생물이다. 과학자들은 지구상에 6×10^{31} 이상의 원핵생물이 있는 것으로 추정한다. 만일 이들을 일렬로 세우면 전체 은하수를 둘러싸고도 남는다. 그들은 남극 빙하로부터 열천까지, 동물의 대장에서 다른 원핵생물의 세포질까지, 증류수로부터 과포화 염수까지, 그리고 소독제 용액에서 지구 표면 아래 수천 미터의 현무암까지 다양한 서식지에서 산다. 부분적으로는 그런 큰 다양성 때문에 불과 매우 소수의 원핵생물만이 그들을 인간에 서식하거나 질병을 유발하게 만드는 효소, 독소 또는 세포 구조를 갖는다. 이 장에서는 일반적인 원핵생물 특성을 살펴보는 것으로 시작한 후 특별한 원핵생물 분류군에 대해 살펴볼 것이다. 이 장 전반에 걸쳐 인간 병원체에 대해 간단히 설명할 것이다 (질병-유발 미생물에 대한 보다 구체적인 논의는 12장–17장에 있다).

원핵생물의 일반적 특성

이 절에서는 원핵생물의 모양, 저항성 내생포자 형성에 의해 부적당한 조건에서 생존하는 종류의 능력, 증식 전략과 그들의 공간적 배열에 대해 알아본다

원핵생물의 형태

학습 | 성과

4.1 원핵세포의 6가지 기본 형태를 확인하라.

원핵세포는 다양한 모양 또는 형태로 존재한다 **(그림 4.1)**. 세 가지 기본 형태는 **구균**[**coccus** (kok´ŭs), 대체로 구형, 복수는 *cocci* (kok´sī)], **간균**[**bacillus** (ba-sil´ŭs), 막대형, 복수는 bacilli (bă-sil´ī)]과 **나선균(spiral)**이다. 구균은 모두 완전하게 구형은 아닌데 예를 들어, 뾰족하거나, 신장 모양 또는 타원형 구균도 있다. 유사하게 간균도 모양이 다양한데, 예를 들면 일부 간균은 뾰족하거나 방추형 또는 실모양(사상성)이다. 나선형 원핵생물은 또한 딱딱한 **나선균(spirilla)** 또는 유연한 **스피로헤타**[**spirochtes** (spī´rō-kētz)]가 있다. 굽은 간균은 **비브리오(vibrio)**이며 세포가 길어진 구균인지 짧은 간균인지 구분하기 어려운 구균과 간균 사이의 모양일 때 **구간균(coccobacillus)**이라 한다. 이런 기본 형태 이외에 별-모양, 삼각형 및 사각형 원핵생물뿐만 아니라 모양과 크기가 바뀌는 **다형성**[**pleomorphic**[1] (plē-ō-mōr´fik)]인 것도 있다.

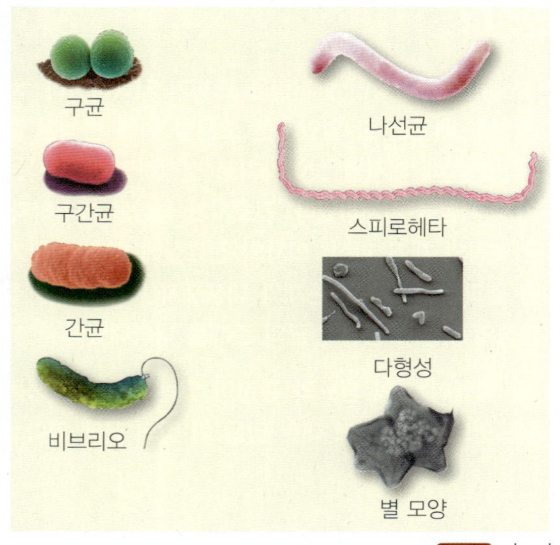

◀**그림 4.1 전형적인 원핵생물의 형태.** *무엇이 나선균과 스피로헤타 간의 한 가지 차이인가?*

내생포자

학습 | 성과

4.2 세균 내생포자의 생성과 기능에 대해 설명하라.

그람-양성 세균 *Bacillus* (ba-sil´ŭs)와 *Clostridium* (klos-trid´ē-ŭm)은 그들의 내구성과 잠재적 병원성을 포함한 여러 이유로 중요한 **내생포자(endospore)**를 형성한다. 내생포자는 좋지 않거나 불리한 조건에 대한 방어 전략으로 작용한다. 그들은 안정된 휴지기 상태이며 대사를 거의 하지 않으며 조건이 좋아지면 발아한다.

비록 일부에서 내생포자를 '포자'라고 하지만 내생포자는 조류와 진균에서의 생식 포자와 혼동되어서는 안된다. 내생포자와 구분하기 위해 영양 세포(vegetative cell)라 부르는 단일 세균 세포는 단 하나의 내생포자로 전환되며 나중에 발아하여 자라나 단일 영양형 세포가 되며 때라서 내생포자는 생식 구조가 아니다. 새로운 세포는 형성되지 않는다.

포자형성(sporulation)이라 하는 내생포자가 생성되는 과정은 8 내지 10시간이 걸리며 8단계로 진행된다. 종에 따라 한 세포가 내생포자를 세포의 중앙, 준 말단 (한 쪽 끝 가까이) 또는 끝에 형성한다 **(그림 4.2)**.

식품 가공업자, 의료 전문가와 정부는 내생포자 형성에 대해 우려하는데 내생포자가 그것을 죽이려는 우리의 시도에 저항하며, 많은 내생포자-생성 세균이 탄저병, 파상풍과 괴저 같은 치명적인 병을 일으키는 치명적인 독소를 생성하기 때문이다.

[1]그리스어로 "더 많은"을 의미하는 *pleon*과 "형태"를 뜻하는 *morphe*로부터 유래

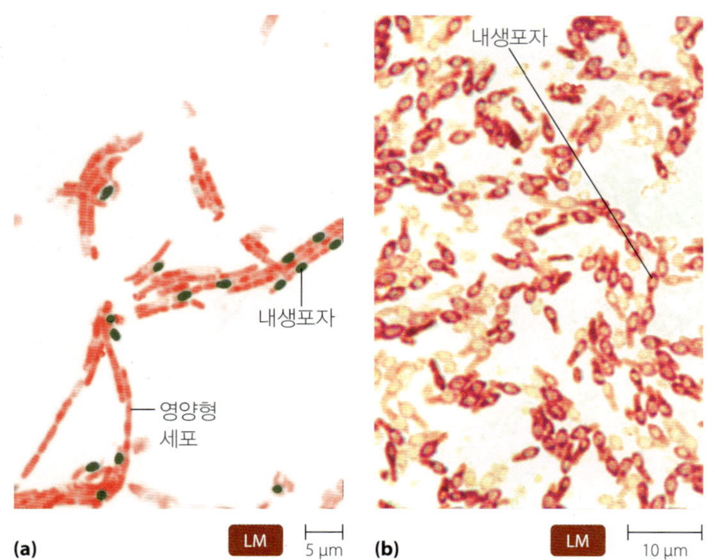

▲그림 4.2 **내생포자의 위치.** **(a)** *Bacillus*의 중앙 내생포자. **(b)** *Clostridium botulinum*의 준 말단 내생포자. 커진 내생포자는 그것을 만든 영양형 세포를 부풀린다.

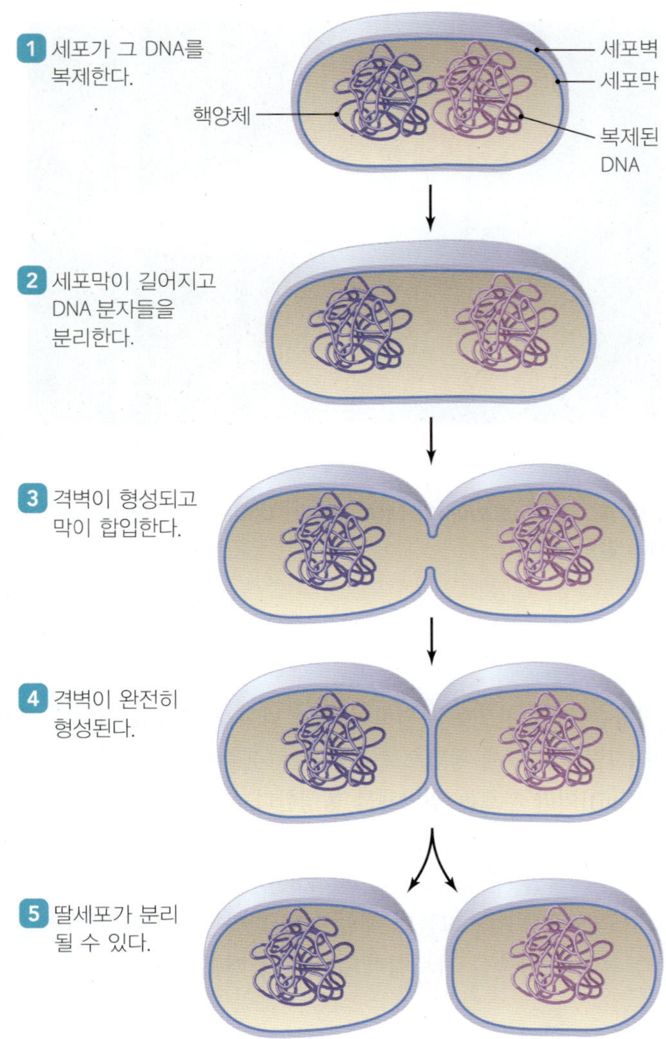

▲그림 4.3 **이분법.**

원핵세포의 생식

학습 | 성과

4.3 원핵생물에서 생식의 3가지 흔한 종류를 나열하라.
4.4 이분법의 종류로 꺾기 분열을 설명하라.

모든 원핵생물은 무성적으로 생식하며 유성적으로 번식하는 것은 없다. 가장 흔한 무성생식 방법은 **이분법(binary fission)**으로 다음과 같이 진행된다 (그림 4.3): 1 세포가 그 DNA를 복제하며 각 DNA 분자는 세포막에 부착된다. 2 세포가 자라며 세포막의 신장에 따라 딸 DNA 분자가 양쪽으로 이동한다. 3 세포막이 함입되면서 세포가 격벽을 형성한다. 4 격벽은 딸세포를 완전히 갈라놓는다. 5 딸세포는 분리되거나 분리되지 않는다. 모세포는 자손의 형성에 의해 사라진다.

일부 그람-양성 간균에서 이분법의 변형인 **꺾기 분열(snapping division)**이 일어난다 (그림 4.4). 꺾기 분열에서는 세포벽 안쪽 부분만 분열되는 세포에 걸쳐 축적된다. 이 두꺼워지는 새로운 격벽은 두 세포를 여전히 같이 붙잡고 있는 오래된 세포벽의 바깥층에 장력을 가한다. 결국 장력이 증가함에 따라 바깥쪽 벽이 가장 약한 부위에서 꺾여 깨진다. 딸세포는 경첩 같이 작용하는 본래의 외벽의 일부에 의한 각도로 거의 옆에 같이 붙어 있다.

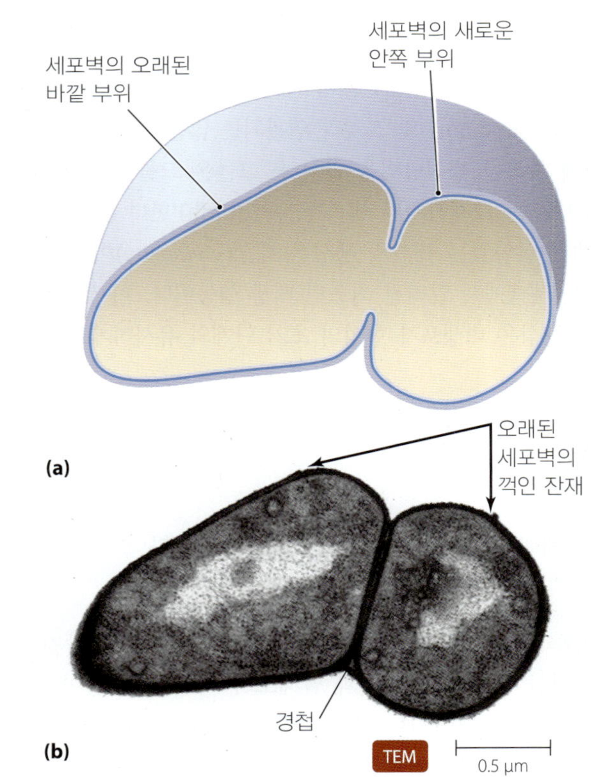

▲그림 4.4 **이분법의 변형인 꺾기 분열.** **(a)** 세포벽의 안쪽 부위만 격벽을 형성한다. **(b)** 딸세포가 자람에 따라 장력이 세포벽의 바깥 부위를 딱 꺾어 오래된 세포벽 물질의 경첩에 의해 연결된 딸세포가 남는다.

▲그림 4.5 방선균의 포자. 필라멘트성 영양형 세포는 여기 *Streptomyces*에서 보는 것처럼 포자의 사슬을 형성한다.

일부 원핵생물은 다른 생식 방법을 갖는다. 모세포는 이 방법 도중 그리고 나중에도 그 독자성을 유지한다. 방선균[*actinomycetes* (ak´ti-nō-mī-sētz)]은 그들의 필라멘트형 세포의 끝에 **포자(spore)**라는 생식 세포를 생성한다 **(그림 4.5)**. 이는 진정한 포자이며 내생포자와 혼동해서는 안된다. 각 포자는 본래 생물의 클론으로 발달할 수 있다. 일부는 모 가닥으로부터 떨어져 나오는 작은 이동성 필라멘트로의 분절에 의해 증식한다. *Planctomyces* (plank-tō-mī´sēz) 같은 여전히 다른 원핵생물은 본래 세포에서 자라난 출아(bud)가 유전물질의 사본을 가지며 커지는 **출아법(budding)**에 의해 증식한다. 아직도 전형적으로 아주 작은 출아가 결국 모세포로부터 떨어져 나온다 **(그림 4.6)**.

검은쥐치(surgeonfish) 안에 사는 거대한 세균인 *Epulopiscium* (ep´yoo-lō-pis´sē-ŭm) 및 그것과 연관되는 많은 것들은 원핵생물 중 진정하게 독특한 생식방법을 갖는다. 그들은 그들의 죽은 모세포의 몸에서 나오는 12개까지의 새끼를 '출산(birth)'한다 **(그림 4.7)**. 모세포 내에서 살아있는 새끼의 생산은 태생(*viviparity*)이라 하며 이는 원핵생물 세계에서 알려진 최초의 태생 행동이다. 이 세균에서 내부의 새끼 형성은 내생포자 형성의 초기 단계와 유사하게 진행된다.

▲그림 4.6 출아법. 출아법은 이분법과 어떻게 다른가?

그림 4.6 이분법에서 모세포는 두 개의 같은 크기의 새끼 형성에 따라 사라지지만 출아는 흔히 그 모세포보다 훨씬 작고 모세포는 더 많은 출아를 만들기 위해 남아 있다..

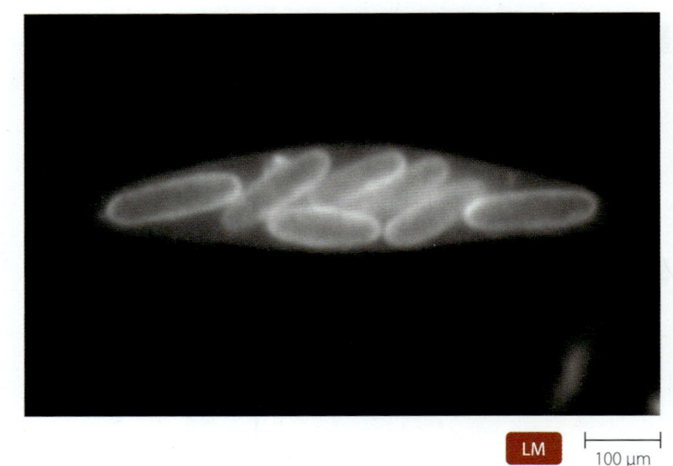

▲그림 4.7 *Epulopiscium*의 태생. 동시에 여러 새끼가 모세포 내부에서 동시에 발달한다.

원핵세포의 배열

학습 | **성과**

4.5 원핵생물의 5가지 배열을 그리고 표기하라.

원핵세포의 배열은 이분법 도중 분열의 다음의 두 가지 측면에서 유래한다: 세포의 분열면과 딸세포가 서로 붙어 남아있는지 여부. 쌍으로 붙어 남아있는 구균은 **쌍구균(diplococci)** **(그림 4.8a)**이고 구균의 긴 사슬은 **연쇄상구균(streptococci)**[2] **(그림 4.8b)**이다. 일부 구균은 두 평면으로 분열하며 붙어 남아 **사분자(tetrad)**를 형성하며 **(그림 4.8c)**, 세 평면으로 분열하는 것들은 **팔련구균[sarcinae**[3] (sar´si-nī)]이라 부르는 입방체를 형성한다 **(그림 4.8d)**. 포도송이처럼 보이는 **포도상구균[staphylococci**[4] (staf´i-lo-kok-sī)]은 세포 분열면이 임의적일 때 형성된다 **(그림 4.8e)**.

간균은 구균보다 그들의 배열이 덜 다양한데 간균이 가로축으로 즉 그들의 장축을 가로질러 분열하기 때문이다. 딸 간균은 분

[2] 긴 사슬이 비틀리기 쉽기 때문에 "비틀림"을 의미하는 그리스어 *streptos*로부터 유래.

[3] "묶음"을 의미하는 라틴어.

[4] "포도 송이"를 의미하는 그리스어 *staphyle*로부터 유래.

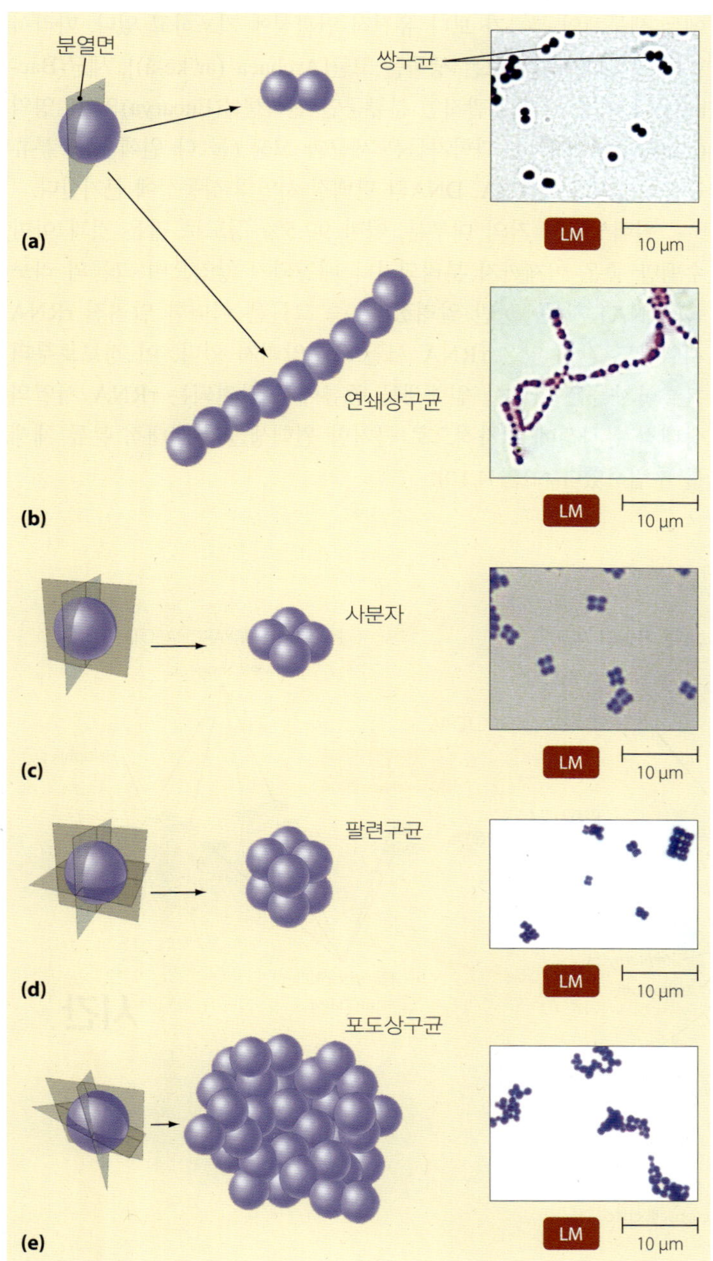

▲그림 4.8 **구균의 배열.** **(a)** *Streptococcus pneumoniae*의 쌍구균. **(b)** *Streptococcus pyogenes*의 연쇄상구균. **(c)** *Micrococcus luteus*의 사분자. **(d)** *Sarcina*의 팔련구균. **(e)** *Staphylococcus aureus*의 포도상구균.

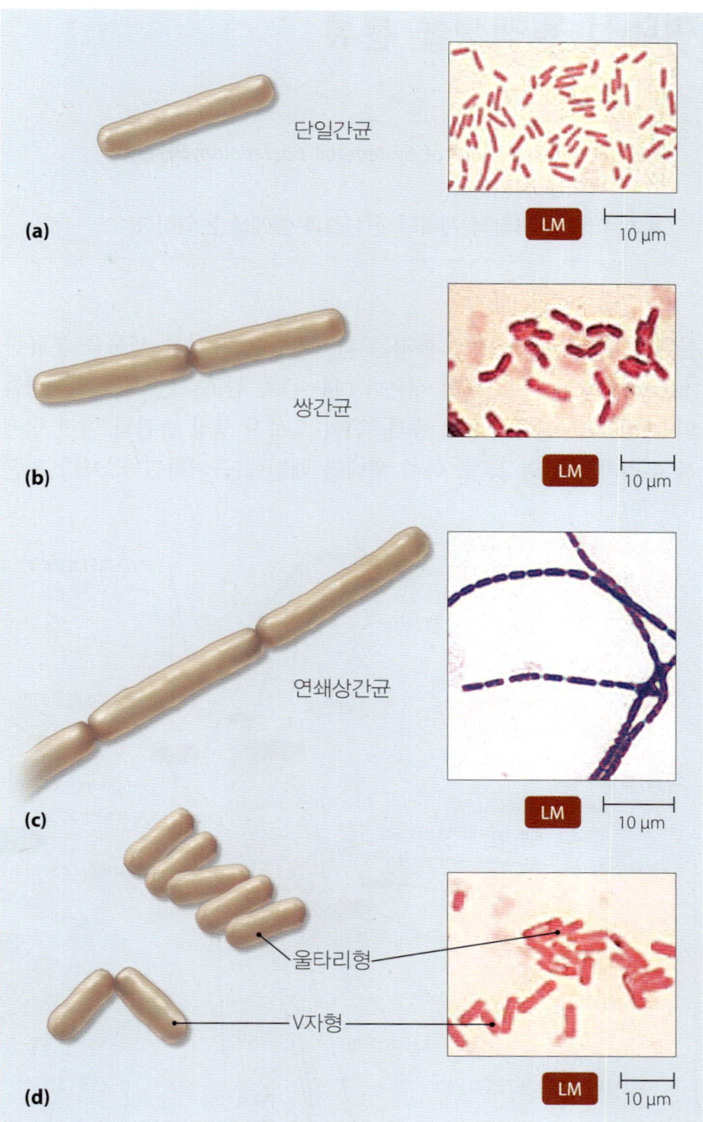

▲그림 4.9 **간균의 배열.** **(a)** *Escherichia coli*의 단일 간균. **(b)** *Bacillus cereus*의 새로운 배양에서의 쌍간균. **(c)** *Bacillus cereus*의 오래된 배양에서 연쇄상간균. **(d)** *Corynebacterium diphtheriae*의 V자형과 울타리형.

리되어 단일 세포가 되거나 쌍 또는 사슬로 붙어 남아 있다 **(그림 4.9a–c)**. 디프테리아의 원인체인 *Corynebacterium diphtheriae* (kō-rī´nē-bak-tēr´ē-ŭm dif-thi´rē-ī)는 꺾기 분열을 하여 딸세포가 V자 모양과 **울타리형(palisade**[5]**)**이라 부르는 나란히 있는 배열을 형성하며 붙어 남아 있다 **(그림 4.9d)**.

일반적인 모양 또는 배열이나 특정 속을 묘사하는데 서술적 용어가 사용될 수 있다. 따라서 *Bacillus* 속의 특징적 모양은 막대형 세균이며 *Sarcina* (sar´si-nă) 속에서 세균의 특징적 배열은 입방체이다. 그런 잠재적으로 혼동되는 경우에도 그 의미가 구분될 수 있는데 속명이 항상 대문자로 시작되며 이탤릭체로 표기되기 때문이다. 다른 경우에 배열은 복수형을 사용하지만 속명은 단수이다; 따라서 구형 세포가 사슬로 배열된 streptococci는 *Streptococcus* (strep-tō-kok´ŭs) 속의 특징이다.

[5]"말뚝"을 의미하는 라틴어 *palus*로부터 유래하며 붙어있는 말뚝으로 만들어진 담장을 뜻함.

왜 그런가

왜 이분법이 일부 종에서는 구균의 사슬을 만들지만 다른 종에서는 구균의 덩어리를 만드는가?

현대적 원핵생물 분류

학습 | 성과

4.6 *Bergey's Manual of Systematic Bacteriology*의 일반적 목적을 설명하라.

4.7 어떤 분류학적 계획의 진실성과 한계를 논의하라.

분류학자(*taxonomist*)로 불리는 과학자들은 유사한 생물을 분류군(taxa)이라는 범주로 무리 짓는다 (44–47쪽 참조). 한 때는 원핵생물의 가장 작은 분류군 (즉, 종과 속)이 오로지 생장 습관과 이전 절에서 우리가 보았던 특징, 특히 형태와 배열에 근거하였다. 보다 최근에는 생물체의 분류가 보다 유전적 연관성에 기초하고 있다. 따라서 현대 분류학자들은 모든 생물을 고균[Archaea (ar´kē-ă)], 세균(Bacteria)과 가장 크고 포괄적인 분류군인 진핵생물(Eucarya)의 세 영역(*domain*)에 넣는다. 과학자들은 세균과 고균 (둘 다 원핵생물) 분류군을 일차적으로 RNA, DNA와 단백질 서열의 상동성에 근거한다.

원핵생물의 거의 대부분, 아마 99.5% 정도로 많은 것과 아마 수백만 종은 이제까지 분리되거나 배양되지 않았으며 그들의 리보솜(rRNA) 지문으로만 알려졌다; 즉 그들은 어떠한 알려진 rRNA 서열과도 같지 않은 rRNA 서열로만 알려져 있다. 이 정보로부터 분류학자들은 다양한 원핵생물 종류에서 발견되는 rRNA 서열의 상대적 유사성에 일차적으로 근거한 원핵생물의 현대적 분류 체제를 수립하였다 (그림 4.10).

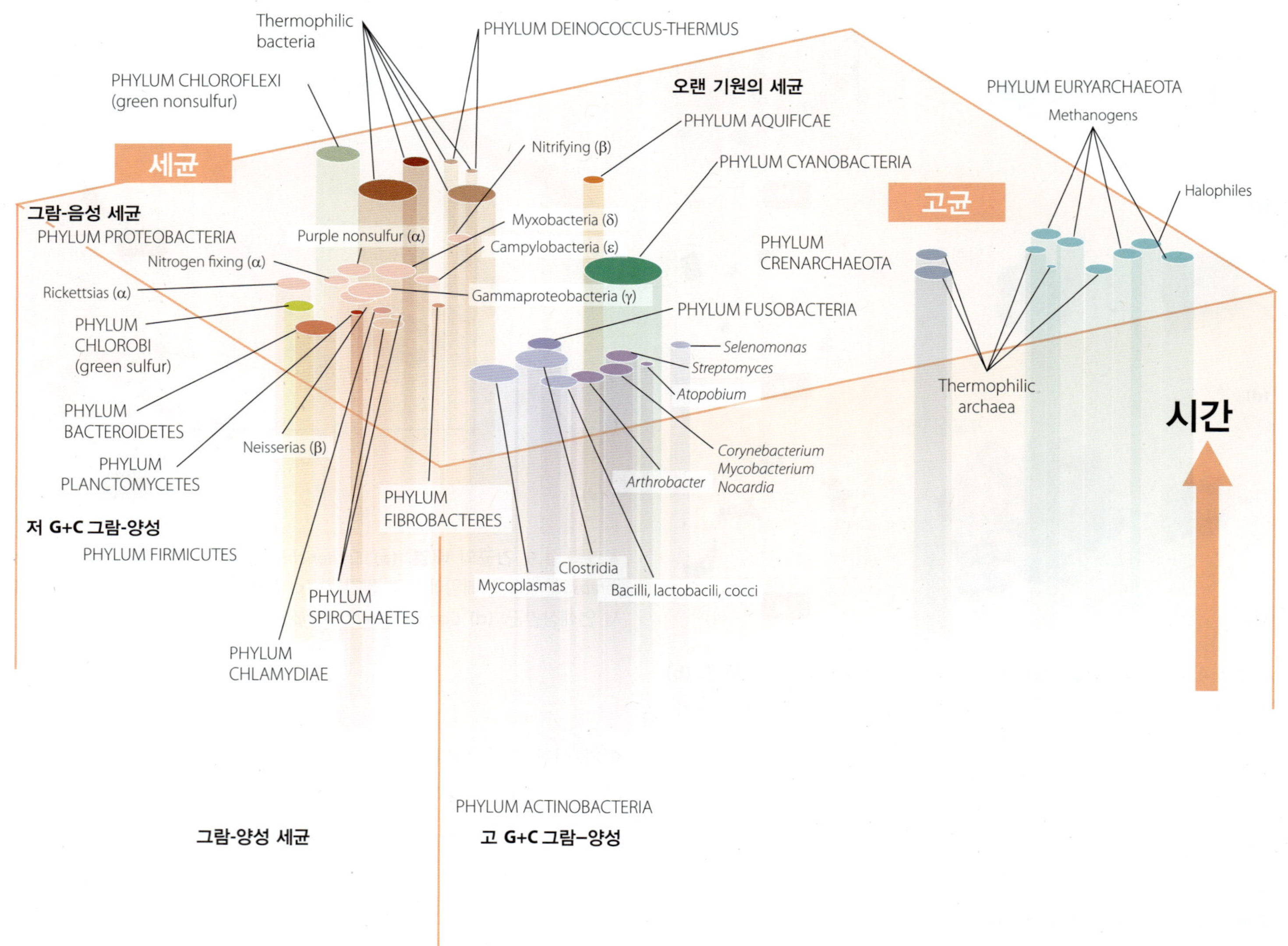

▲그림 4.10 **원핵생물 분류.** 이 체제는 rRNA 서열에 따른 연관성에 기초한다. 원반이 서로 가까울수록 집단 내 종의 rRNA 서열이 보다 유사하다. 원반의 크기는 그 집단으로 알려진 종의 수에 비례한다. 집단의 깊은 기원과 관계 (진화)는 아직 불분명하며 따라서 파선으로 표시한다. 고균이 분명히 세균과 분리된 것을 주목하라. 이 장에서의 논의는 주로 이 그림에서 묘사된 체제에 기초한다. 모든 문이 보여진 것은 아니다 (Proteobacteria 문에서 강은 그리스 문자로 표기되었다: α = alpha, β = beta, γ = gamma, δ = delta, ε = epsilon) (Road Map to Bergey's. 2002, Bergey's Manual Trust 인용).

아마 현대 원핵생물 계통학에서 가장 권위 있는 인용문헌은 *Bergey's Manual of Systematic Bacteriology*로 원핵생물을 26개 문(phyla) — 고균 2개와 세균 24개 — 으로 분류하였다. *Bergey's Manual* 2판의 5권(volume)은 대부분 (전체는 아님) 그들의 rRNA 서열에 반영된 그들의 가능한 진화적 관계에 기초하여 원핵생물의 커다란 다양성에 대해 설명하고 있다.

이 장에서 원핵생물의 다양성은 대부분 *Bergey's Manual*에 나온 분류학적 체제를 반영하고 있는데, *Bergey's Manual*이 권위적이지만 그것이 원핵생물 분류군의 공식적 목록은 아니라는 것에 주의하는 것이 중요하다. 그 이유는 분류학이 부분적으로는 의견과 판단의 문제이며 모든 분류학자들이 동의하는 것은 아니기 때문이다. 보다 많은 정보가 알려지고 조사됨에 따라 도리에 맞는 다른 의견이 종종 변화시키고 있기 때문에 *Bergey's Manual*은 특정 시기에 전문가들의 단지 의견 일치일 뿐이다. *Bergey's Manual*에 관한 보다 많은 정보는 www.masteringmicrobiology.com에 있는 이 책의 웹사이트에서 발견할 수 있다.

다음 절에서는 대표적인 원핵생물의 주요 문에 대해 알아보는데 원핵생물의 다양성을 고균에서 시작한다.

왜 그런가

왜 현재 분류학적 체제의 분류명과 범주가 1990년의 그것과 다른가?

고균

학습 | **성과**

4.8 고균 영역 내 미생물의 흔한 성질을 확인하라.

과학자들은 처음에 독특한 rRNA 서열을 근거로 고균을 독특한 종류의 원핵생물로 확인하였다. 고균은 또한 세균과 구분되는 아래의 다른 공통적 특징을 공유한다:

- 고균은 그들의 세포벽에 펩티도글리칸이 없다.
- 그들의 세포막 지질은 가지 치거나 고리형의 탄화수소 사슬을 가지는데 세균 막 지질은 직선 사슬을 갖는다.
- AUG 개시코돈에 의해 암호화되는 그들의 폴리펩티드 사슬 내 첫 번 아미노산은 메티오닌이다 (진핵생물과 같으며 세균은 *N*-formylmethionine이다).

고균은 현재 일차적으로 rRNA 서열에 근거하여 크렌고균[Crenarchaeota (kren-ar´kē-ō-ta)]과 유리고균[Euryarchaeota (ŭ-rē-ar´kē-ō-ta)]의 두 문으로 분류된다. 연구자들은 다른 고균 문을 대표할 수도 있는 여러 미배양 고균으로부터 RNA를 발견하였으나 이 분류군에 대해서는 의견이 일치되지는 않고 있다.

고균은 이분법, 출아법 또는 분절에 의해 증식한다. 알려진 고균 세포는 구균, 간균, 나선균, 또는 다형성을 갖는다 **(그림 4.11)**. 고균 세포벽은 분류군에 따라 다양하며 단백질, 당단백질, 지질단백질과 다당류를 포함한 다양한 화합물로 구성되며 모두 펩티도글리칸은 없다. 고균의 다른 흥미있는 특징은 과학자들이 어떤 고균도 질병을 일으키는 것을 밝히지 못한 점이다.

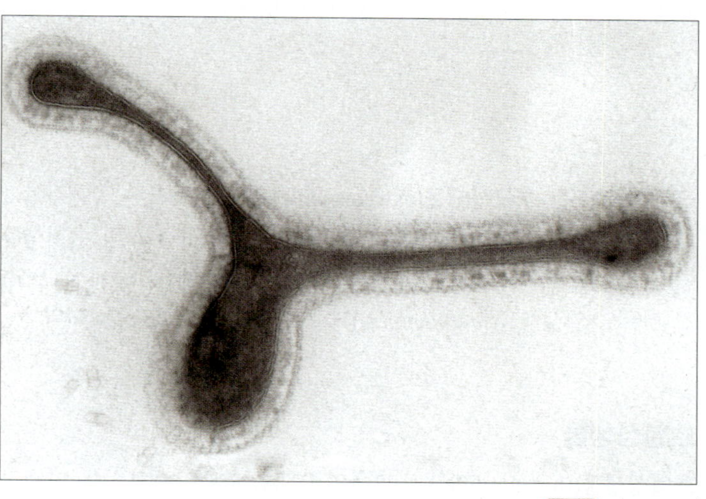

▲**그림 4.11 고균. (a)** 편모 다발을 가진 *Geogemma*. **(b)** 원반 모양의 세포와 필라멘트성 돌출부를 가진 *Pyrodictium*.

비록 대부분의 고균이 적당한 환경 조건에서 살지만 일부는 다음에 다룰 극한생물과 메탄생성균(*methanogens*)이다.

극한생물

학습 | **성과**

4.9 이 절에서 설명한 두 종류의 극한생물을 비교하고 대조하라.

▲그림 4.12 **일부 초호열성 고균이 열천에 산다.** 미국 Yellowstone 국립 공원의 이 열천의 가장자리에 오렌지색 고균이 산다.

▲그림 4.13 **호염성생물의 서식지: 염분이 많은 물.** 미국 San Francisco 근처의 태양열 증발 염전. 호염성균은 흔히 적색에서 오렌지색의 색소를 갖고 있는데 아마도 그들을 강한 태양광으로부터 보호하는 역할을 한다.

극한생물 또는 **호극성생물(extremophile)**은 생존하기에 극단적이라고 인간이 간주하는 온도, pH, 염분도 등의 조건을 요구하는 미생물이다. 고균뿐만 아니라 호극성 세균도 있다. 극한생물 중에 잘 알려진 것은 호열성생물(*thermophiles*)과 호염성생물(*halophiles*)이다.

호열성생물

호열성생물(thermophile[6])은 그들의 DNA, RNA, 세포막과 단백질이 약 45°C 이하의 온도에서 잘 작동하지 않는 원핵생물이다. 80°C 이상의 온도를 요구하는 원핵생물을 **초호열성생물(hyperthermophile)**이라 한다. 대부분의 호열성 고균은 크렌고균 문에 속하지만 일부는 유리고균 문에서도 발견된다.

호열성 고균의 두 대표적 속은 *Geogemma* (jē´ō-jem-ă)와 *Pyrodictium* (pī-rō-dik´tē-um) (그림 4.10)이다. 이 미생물들은 깊은 해저 균열 및 유사한 육상 화산 서식지에 존재하는 것 같은 산성 열천에 산다 **(그림 4.12)**. *Geogemma*는 현재 고온에서 생존하는 기록 보유자로 130°C에서 2시간동안 생존할 수 있다! 해저 열수분출구에 사는 *Pyrodictium* 세포는 호흡 시 최종 전자수용체로 그들이 이용하는 유황 입자로 그들을 부착시키는 긴 단백질 세관을 가진 불규칙한 원반의 형태이다.

과학자들은 재조합 DNA 기술에 호열성생물과 그들의 효소를 이용하는데 대부분의 단백질과 핵산을 변성시키고 다른 세포를 죽이는 온도에서 호열성생물의 세포 구조와 효소가 안정적이고 작동하기 때문이다. 초호열성 고균으로부터의 DNA 중합효소가 thermocycler 내 DNA의 자동 증폭을 가능하게 한다. 열-안정적 효소는 또한 세제의 첨가물 같은 용도를 포함하여 많은 산업적 활용에 이상적이다.

호염성생물

호염성생물(halophile[7])은 이스라엘의 사해, 미국의 Great Salt Lake 및 조리와 비료 생산에 사용하는 소금을 농축하기 위해 이용하는 태양열 증발 염전과 같은 극도로 염분이 많은 서식지에 사는 생물이다 **(그림 4.13)**. 호염성생물은 또한 염장 어류, 소시지와 돼지고기 같은 식품에 살며 부패를 일으킨다. 호염성 고균은 유리고균 문으로 분류된다.

호염성생물의 분명한 특성은 그들의 세포벽의 온전성 유지를 위해 9% 이상의 염분 농도에 절대적으로 의존하는 것이다. 대부분의 호염성생물은 17 내지 23% 염분의 최적 범위에서 자라고, 많은 종은 포화 염분용액 (35% 염화나트륨)에서 생존할 수 있다. 많은 호염성생물은 적색에서 오렌지색의 색소를 갖고 있는데 아마도 그들을 강한 태양광으로부터 보호하는 역할을 한다.

가장 많이 연구된 호염성생물은 *Halobacterium salinarum* (hā´lō-bak-tēr´ē-ŭm sal-ē-nar´ē-um)라는 고균이다. 이것은 광종속영양체로 유기화합물로부터 탄소를 얻지만 ATP합성에 광 에너지를 이용한다. *Halobacterium*은 엽록소와 세균엽록소 같은 광합성 색소가 없다. 대신 그것은 양성자 기울기를 확립하기 위해 양성자를 세포막을 가로질러 이동시키기 위해 광 에너지를 흡수하는 박테리오로돕신[bacteriorhodopsin (bak-tēr´ē-ō-rō-dop´sin)]이라는 자색 단백질을 합성한다. 세포는 ATP를 합성하는데 양성자 기울기의 에너지를 이용한다. *Halobacterium*은 또한 최대 광 흡수를 위한 적절한 수심에 위치하기 위해 양성자 기울기로부터의 에너지로 자신의 편모를 회전시킨다.

---
[6]그리스어로 "열"을 뜻하는 *thermos*와 "좋아한다"를 뜻하는 *philos*로부터 유래.
[7]그리스어로 "염분"을 뜻하는 *halos*로부터 유래.

메탄생성균

학습 | 성과

4.10 환경에서 메탄생성균의 적어도 4가지 중요한 역할을 나열하라.

메탄생성균(methanogen)은 절대 혐기성으로 CO_2, H_2, 유기산을 메탄 가스(CH_4)로 전환한다. 이 미생물은 유리고균 문에서 알려진 가장 큰 종류의 고균이다. 소수의 호열성 메탄생성균도 존재한다. 예를 들어, *Methanopyrus*[8] (meth´a-nō-pī´rŭs)는 98°C의 최적 생장온도를 가지며, 해저 열수분출구 주위의 110°C 해수에서 잘 자란다. 과학자들은 또한 호염성 메탄생성균도 발견하였다.

메탄생성균은 연못, 호수 해양 퇴적층에서 유기성 폐기물의 메탄으로의 전환에 의해 환경에서 중요한 역할을 한다. 동물의 대장에 서식하는 다른 메탄생성균은 환경에 있는 메탄의 중요한 기원 중의 하나이다. 예를 들어, 소의 창자에 사는 메탄생성균은 하루에 400 L의 메탄을 생성한다. 종종 습지와 늪에서는 "소기(沼氣, swamp gas)"로서 표면으로 기포가 올라올 정도로 메탄이 많이 생성된다.

메탄은 소위 온실기체(*greenhouse gas*)인데, 대기에서 메탄이 열을 포집하여 지구 온난화에 기여한다. 그것은 이산화탄소보다 온실기체로서 약25배나 더 강력하다. 메탄생성균은 알려진 양의 석유, 천연가스와 석탄을 합친 것의 두 배나 되는 10조 톤의 메탄을 생성하는데 해저의 퇴적층에 묻혀있다. 만일 해양 퇴적층에 포집되어 있는 모든 메탄이 방출된다면 세계 기후에 엄청난 문제를 초래할 것이다.

메탄생성균은 또한 유용하게 산업적으로 활용된다. 하수 처리의 중요한 단계가 메탄생성균에 의한 슬러지 소화로 일부 하수처리장은 메탄을 태워 건물 난방과 전기 생산에 사용한다.

비록 여기에서 극한생물과 메탄생성균만 설명하였지만 대부분의 고균은 보다 적당한 서식지에 사는데 예를 들어, 고균은 심해와 남극 연안수에서 원핵생물 생물량의 1/3을 차지하며 해양 동물에 먹이로 제공된다.

왜 그런가

왜 과학자들은 이전에 고균을 세균의 한 종류로 간주하였는가?

세균

앞서 언급한대로, 이 장에서 원핵생물에 대한 내용은 *Bergey's Manual* 2판에 나온 분류 체제를 반영하고 있다. *Bergey's Manual* 의 1판에서 세균의 분류 체제는 형태, 그람염색, 생화학적 특성을 강조했지만, 2판에서는 세균의 분류를 16S rRNA 서열의 차이에 크게 기초하고 있다. 여기서 세균에 대한 내용은 오랜 기원의 세균과 광영양 세균으로 시작한다.

오랜 기원과 광영양성 세균

학습 | 성과

4.11 "오랜 기원의 세균"에 대한 근거를 대라.

4.12 광합성과 질소 고정 모두에서 이형세포의 작용에 대해 설명하라.

오랜 기원의 세균

오랜 기원의 세균(deeply branching bacteria)은 그들의 rRNA 서열과 생장 특성이 최초의 세균과 유사한 것으로 생각되기 때문에 불리게 되었는데 즉, 초기 단계에서 "생명수(tree of life)"로부터 가지쳐 나온 것으로 보인다. 예를 들어, 오랜 기원의 세균은 독립영양성인데, 정의에 따르면 종속영양체가 독립영양체로부터 그들의 탄소를 얻어야만 하기 때문에 초기 생물은 독립영양체이어야 했다. 더욱이 많은 오랜 기원의 세균들은 일부 과학자들이 초기 지구에 존재했을 것으로 생각하는 뜨겁고, 산성의, 혐기성이며, 태양으로부터의 강렬한 자외선 조사에 노출된 것과 유사한 서식지에서 살았다.

이런 미생물 중 하나의 대표적인 그람-음성 *Aquifex* (ăk´wē-feks)는 Aquificae 문의 세균으로 세균의 가장 초기 가지로 간주된다. 이것은 화학독립영양성, 초호열성, 미호기성으로 적은 산소를 함유한 매우 뜨거운 서식지에서 무기물로부터 에너지와 탄소를 얻는다.

또 다른 대표적인 오랜 기원의 세균은 Deinococcus-Thermus 문의 *Deinococcus* (dī-nō-kok´ŭs)로 그람-양성 구균의 사분자로 자란다. 흥미롭게도 *Deinococcus*의 세포벽은 그람-음성 세균의 그것과 유사한 외막을 가지지만, 이 세포는 전형적인 그람-양성 미생물처럼 자색으로 염색된다. *Deinococcus*는 방사선에 극도로 저항성이 큰데, 그 DNA를 싸는 방식과 방사선-흡수 색소, 그 막 내의 독특한 지질 및 방사선 피해로부터 그 DNA 수선 단백질을 보호하는 망간의 높은 세포질 내 수준의 존재 때문이다. 심지어 그것의 염색체를 수백 개의 조각으로 만들기에 충분한 에너지인 5백만 rad의 방사선에 노출되어도 그것의 효소는 피해를 수선할 수 있다. 놀랄 것 없이 연구자들은 방사성 폐기물로 심하게 오염된 부지로부터 *Deinococcus*를 분리하였다.

광영양성 세균

광영양성 세균은 광합성 박막층(*photosynthetic lamellae*)이라는 틸라코이드(thylakoid)에 위치한 색소로 빛을 흡수하여 동화작용에 필요한 에너지를 획득한다. 그들은 진핵생물 엽록체에서 보이는 막으로 된 틸라코이드가 없다. 대부분의 광영양성 세균은 또한 독립영양성으로 이산화탄소로부터 유기 화합물을 생산한다.

[8]그리스어로 "불"을 뜻하는 *pyros*로부터 유래.

광영양체는 분류학적으로 혼동되는 미생물의 다양한 무리이다. 광합성을 위한 그들의 색소와 전자 공급원에 따라 광영양성 세균은 다음의 5개 부류로 나뉠 수 있다 (비록 16S rRNA 서열에 근거하면 4개 문으로 분류되지만):

- 남세균 (Cyanobacteria 문)
- 녹색 유황 세균 (Chlorobi 문)
- 녹색 비유황 세균 (Chloroflexi 문)
- 자색 유황 세균 (Proteobacteria 문)
- 자색 비유황 세균 (Proteobacteria 문)

그들의 공통적인 광영양성 대사 때문에 다음 절에서는 이들을 같이 살펴보겠다.

남세균 **남세균(cyanobacteria)**은 그람-음성 광합성 세균으로 모양, 크기와 증식 방법이 크게 다양하다. 그들은 크기가 직경이 1 μm에서 10 μm이며 구균 또는 원반형이다. 구균형은 단일, 쌍, 사분자, 사슬 또는 판 모양을 이루며 **(그림 4.14a, b)**; 원반형은 종종 끝 부분이 밀착해서 필라멘트를 형성하여 선형이나 가지를 치거나 나선을 만들며 흔히 협막(*sheath*)이라 부르는 젤리 같은 당질층 내에 들어 있다 **(그림 4.14c)**. 일부 필라멘트형 남세균은 운동성이 있어 활주(*gliding*)에 의해 표면에서 이동한다. 남세균은 일반적으로 이분법에 의해 증식하며 일부 종은 또한 운동성 분절 또는 비운동성 포자 [akinete (ā-kin-ēt); 그림 4.14a 참조]라는 두꺼운 벽의 포자에 의해 증식한다.

식물과 조류처럼 남세균은 엽록소 *a*를 이용하며 광합성 도중 산소를 발생한다:

$$12\,H_2O + 6\,CO_2 \xrightarrow{\text{빛}} C_6H_{12}O_6 + 6\,H_2O + 6\,O_2 \qquad (1)$$

이 이유 때문에 남세균은 이전에 남조류(*blue-green algae*)로 불렸으나, 남세균(*cyanobacteria*)이라는 이름은 그들의 진정한 세균 특성을 적절하게 강조하고 있다: 그들은 원핵생물이며 펩티도글리칸 세포벽을 갖는다. 추가적으로 그들은 핵, 미토콘드리아 엽록체 같은 막으로 된 세포내 소기관이 없다.

남세균에 의한 광합성은 초기 지구의 혐기성 대기를 산소-함유 대기로 전환시킨 것으로 생각되며 내부공생 이론에 따르면 엽록체가 남세균으로부터 발달되었다. 실제로 엽록체와 남세균은 유사한 rRNA 및 70S 리보솜과 광합성 막 같은 구조를 갖는다.

질소는 단백질과 핵산에 필수적인 원소이다. 비록 질소가 대기의 79%를 차지하지만 상대적으로 소수의 생물만이 이 기체를 이용할 수 있다. 일부 proteobacteria (이 장의 후반에 설명됨) 뿐만 아니라 필라멘트형 남세균의 소수 종이 **질소 고정(nitrogen fixation)**이라는 과정을 통해 질소 기체(N_2)를 암모니아(NH_3)로 환원시킨다. 질소 고정은 지구상에서 생명에 필수적인데 질소 고정생물이 그들 자신의 생장을 증진시킬 뿐만 아니라 다른 생물에게 이용가능한 형태의 질소를 제공하기 때문이다.

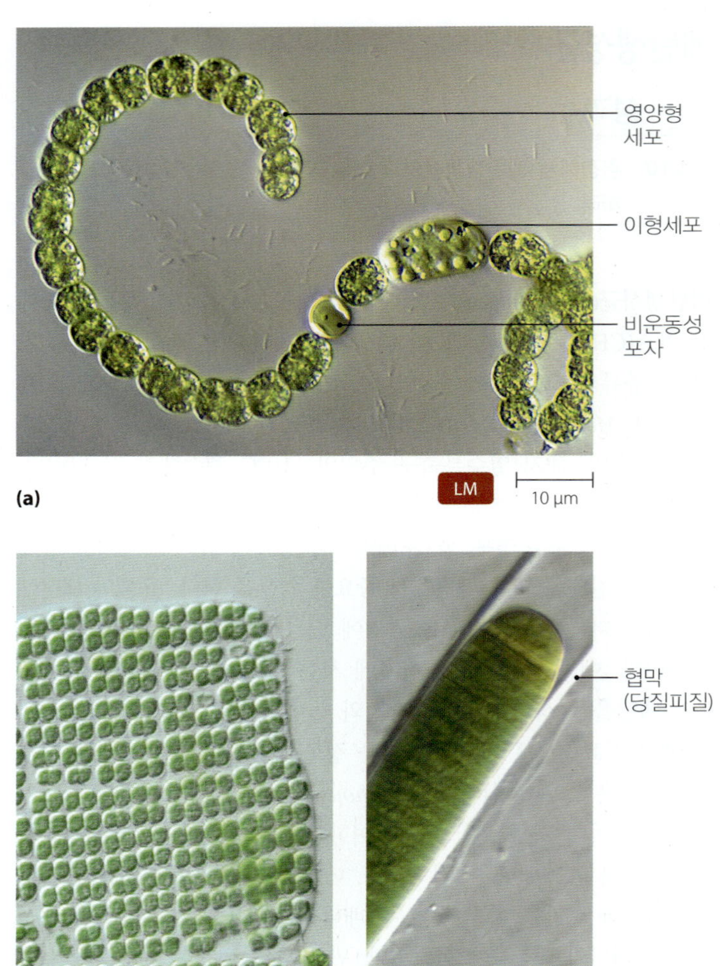

▲그림 4.14 다른 생장 습관을 가진 남세균의 예. **(a)** 분화된 세포를 갖는 구균의 필라멘트로 자라는 *Anabaena*, 이형세포가 질소를 고정하며 비운동성 포자가 증식하는 세포이다. **(b)** 젤리 같은 당질층으로 둘러싸인 구균의 납작한 판으로 자라는 *Merismopedia*. **(c)** 밀착된 원반형 세포의 필라멘트를 형성하는 *Oscillatoria*.

질소 고정에 관여하는 효소가 산소에 의해 저해받기 때문에 질소-고정 남세균은 산소발생형 광합성으로부터의 산소에 의해 저해받는 질소 고정을 어떻게 분리시키는가라는 문제에 직면한다. 질소-고정 남세균은 이 문제를 두 가지 방식 중 하나로 해결한다. 대부분의 남세균은 질소 고정의 효소를 **이형세포(heterocyst)**라는 특별한, 두꺼운 벽으로 된 비광합성 세포에 격리시킨다 (**그림 4.14a** 참조). 이형세포는 이웃 세포에 환원된 질소를 보내고 포도당을 받는다. 소수 종류의 남세균은 낮 시간에 광합성을 하고 밤에 질소를 고정하여 공간적이 아닌 시간적으로 질소 고정을 광합성으로부터 분리시킨다.

집중 조명: 남세균에서 박쥐로 뇌 질환으로? 100쪽에서 인간 건강에 잠재적으로 악영향을 미치는 남세균에 대해 살펴본다.

녹색과 자색 광영양성 세균 녹색과 자색 세균은 두 가지 점에서

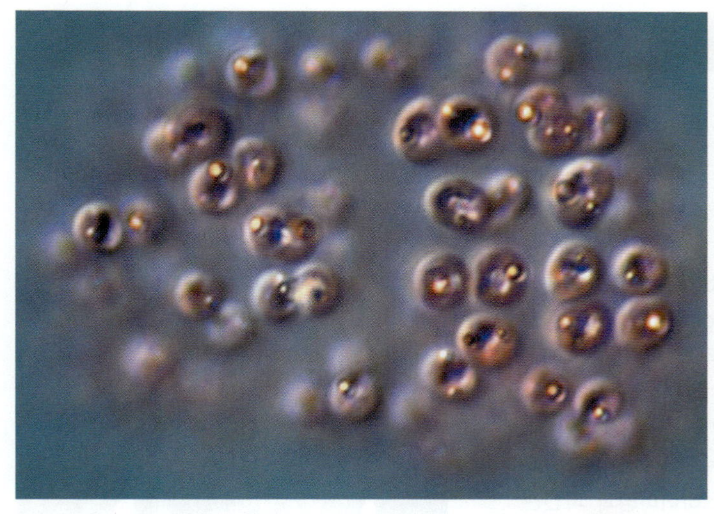

▲**그림 4.15 자색 유황 세균 내 유황의 축적.** 이 세균은 H_2S를 산화하여 이 현미경사진에서 보듯이 원소상 황 입자를 생성한다. *녹색 유황 세균은 유황 입자를 어디에 축적하는가?*

그림 4.15 녹색 유황 세균은 유황 입자를 세포 밖에 축적한다.

식물, 조류 및 남세균과 다르다: 그들은 엽록소 *a* 대신에 세균엽록소(*bacteriochlorophylls*)를 광합성에 이용하며 그들은 산소비발생형(*anoxygenic*)으로, 즉 광합성 중 산소를 생성하지 않는다. 녹색과 자색 광영양성 세균은 연못과 호수 바닥에 황화수소가 풍부한 혐기성 퇴적토에 흔히 서식한다. 이 미생물들은 그 용어가 의미하듯이 색이 꼭 녹색과 자색일 필요는 없으며 이 종류의 보다 잘 알려진 일부 구성원의 색소를 지칭한다.

이전에 언급한대로, 녹색과 자색 광영양성 세균은 유황과 비유황 형태 모두를 포함한다. 비유황 세균은 탄수화물과 유기산 같은 유기 화합물로부터 CO_2 환원을 위한 전자를 공급받는데 반해 유황 세균은 다음과 같이 황화수소의 산화로부터 전자를 얻는다:

$$12\,H_2S + 6\,CO_2 \xrightarrow{\text{빛}} C_6H_{12}O_6 + 6\,H_2O + 12\,S \qquad (2)$$

녹색 유황 세균은 이 결과로 나오는 유황을 그들의 세포 밖에 축적하지만 자색 유황 세균은 유황을 그들의 세포 내에 축적한다 **(그림 4.15)**.

20세기 초에 생물학에서 중요한 의문은 광합성 식물에 의해 방출되는 산소의 기원에 관한 것이었다. 처음에는 산소가 이산화탄소로부터 유래한다고 생각되었으나 남세균의 광합성 (식 1)을 유황 세균의 그 것 (식 2)과 비교한 결과 자유 산소는 물로부터 유래한다는 결론을 내렸다.

녹색 유황 세균이 Chlorobi 문에 속하지만 녹색 비유황 세균은 Chloroflexi 문의 구성원이다. 자색 세균은 유황과 비유황 모두 간단히 소개될 Proteobacteria 문의 세 강에 속한다. **표 4.1**에서 광영양성 세균의 특성을 요약하였다.

저 G+C 그람-양성 세균

학습 성과

4.13 Mycoplasma가 세포벽이 없는 것에 대해 논의하라.

4.14 *Clostridium, Bacillus, Listeria, Lactobacillus, Streptococcus*와 *Staphylococcus* 속의 중요한 이로운 또는 해로운 영향을 확인하라.

4.15 저 G+C와 고 G+C 함량 사이의 차이에 대해 설명하라.

표 4.1 광영양성 세균의 주요 종류의 특성

	문				
	남세균	Chlorobi	Chloroflexi	Proteobacteria	Proteobacteria
강	Cyanobacteria	Chlorobia	Chloroflexi	Gammaproteobacteria	Alphaproteobacteria와 betaproteobacteria의 한 속
통칭	남세균 ("남조류")	녹색 유황 세균	녹색 비유황 세균	자색 유황 세균	자색 비유황 세균
주요 광합성 색소	엽록소 *a*	세균엽록소 *a* 및 *c*, *d* 또는 *e*	세균엽록소 *a*와 *c*	세균엽록소 *a* 또는 *b*	세균엽록소 *a* 또는 *b*
광합성 종류	산소발생형	산소비발생형	산소비발생형	산소비발생형	산소비발생형
광합성의 전자공여체	H_2O	H_2, H_2S 또는 S	유기화합물	H_2, H_2S 또는 S	유기화합물
유황 축적	없음	세포 밖	없음	세포 내	없음
질소 고정	일부 종	없음	없음	없음	없음
운동성	비운동성 또는 활주	비운동성	활주	극성 또는 주모성 편모로 운동성	비운동성 또는 극성 편모로 운동성

집중 조명

남세균에서 박쥐로 뇌 질환으로?

근위축성 측삭 경화증(amylotrophic lateral sclerosis, ALS), 파킨슨병(Parkinson's disease)과 알츠하이머병(Alzheimer's disease) 같은 많은 신경질환의 기원은 아직도 미궁이다. 이 질병들은 마비, 떨림 종종 치매 증상을 나타낸다. 최근 그들의 발병과 관련된 보다 흥미로운 이론 중 하나는 남세균의 신경독소로 알려진 β-methylamino-L-alanine (BMAA)이라는 특이한 아미노산을 합성하기 때문에 남세균이 발병원일 수 있다는 것을 가리킨다.

남세균으로부터의 BMAA가 뇌질환의 원인이라는 가설에 대한 증거는 태평양 섬 Guam에 살며 다른 무리보다 거의 100배 높은 ALS 발생률을 가진 Chamorro인으로부터이다. Chamorros인은 한때 별미음식으로 과일박쥐(fruit bat)를 소중히 여겨 피부, 날개, 뼈와 뇌 등 박쥐 전체를 섭취하였다. 과일박쥐는 소철의 종자와 과일을 섭취하며 BMAA-분비 남세균은 소철의 특별한 뿌리에 서식한다. 연구자들은 박쥐가 소철 종자를 먹을 때 BMAA를 축적하고 Chamorros인들이 이 물질의 신경독성으로 고생한다고 가설을 세웠다. Chamorros인들이 박쥐 섭취를 중단하였을 때 (이 박쥐들이 멸종위기에 처했을 때) ALS 발병이 다른 집단에서의 수준으로 떨어졌다.

연구자들은 또한 알츠하이머병과 파킨슨병 환자의 뇌에서 BMAA를 발견하였다. 이 환자들은 남세균이 자라는 식수로부터 BMAA를 얻는 것으로 추정된다. 비록 논란이 있지만 남세균이 뇌질환을 일으킬 수 있다는 생각은 전 세계적으로 연구를 수행하게 하였다.

이제 다양한 종류의 그람-양성 세균과 그람-양성 세균의 분류에 사용되는 미생물의 다른 특성인 G + C 함량에 대해 살펴보자. 이는 유전체 내 모든 guanine-cytosine 염기쌍의 백분율로 그람-양성 세균의 분류에 유용한 기준이다. G + C 함량이 50% 이하이면 "저 G + C 세균(low G + C bacteria)"으로 간주되며 나머지는 "고 G + C 세균(high G + C bacteria)"으로 간주된다. 저 G + C 함량의 그람-양성 세균이 그들의 16S rRNA에 유사한 서열을 가지며, 또한 고 G + C 함량의 세균 또한 공통의 rRNA 서열을 가지는 것을 분류학자들이 발견하였기 때문에, 그들은 저 G + C 세균과 고 G + C 세균을 다른 문으로 분류하였다. 먼저 저 G + C 세균에 대해 살펴보자.

저 G + C 그람-양성 세균은 Firmicutes (fer-mik´ū´-tēz) 문에 속하며 clostridia, mycoplasma, 다른 저 G + C 그람-양성 간균과 구균 등의 세 종류를 포함한다. 이 세 종류에 대해 차례로 알아보자.

Clostridia

Clostridia는 막대형의 절대 혐기성이며 많은 종류가 내생포자를 형성한다. 이 종류의 이름은 *Clostridium*[9] 속으로부터 왔는데 인간에서 다양한 병을 일으키는 강력한 독소를 생산하기 때문에 의학에서 중요하며 많은 종류의 소독제와 방부제를 포함한 나쁜 조건에서 그들을 생존하게 하는 내생포자 때문에 산업에서도 중요하다. Clostridia의 예로는 *C. tetani* [te´tan-ē; 파상풍(tetanus) 유발], *C. perfringens* [per-frin´jens; 괴저(gangrene)], *C. botulinum* [bo-tū-lī´num; 보툴리누스증(botulinus)]과 *C. difficile* (di-fi´sēl, 심한 설사)을 포함한다 (12장, 13장 및 16장에서 이 병원체와 그들이 일으키는 질병을 보다 구체적으로 소개함). **유익한 미생물: 보툴리누스증과 보톡스**는 *C. botulinum*이 만드는 치명적인 독소가 어떻게 미용 목적을 위해 사용될 수 있는지 설명하고 있다.

*Clostridium*과 연관되는 미생물에는 현미경 없이 볼 수 있는 거대 세균인 *Epulopiscium* (92쪽에 설명), 혐기성 호흡 중 원소상의 황으로부터 H_2S를 생성하는 황산염-환원 미생물과 온혈동물의 치아에 형성되는 생물막 (치태)의 일부로 사는 종류를 포함하는 비브리오형 세균의 속인 *Selenomonas* (sē-lē´nō-mō´nas)가 포함된다. *Selenomonas*는 특이한데 비록 그것이 전형적인 그람-양성 RNA 서열을 갖지만, 그것이 붉게 염색되는 그람 음성 반응을 갖기 때문이다. 연구자들은 *Selenomonas*의 한 종을 비만증과 연계하고 있다 (**집중조명: 당신의 치아가 당신을 뚱뚱하게 만들 수 있다.** 102쪽).

Mycoplasma

저 G + C 세균의 두 번째 군은 **마이코플라스마**[**mycoplasma**[10] (mī´kō-plaz´ma)]이다. 이 통성 또는 절대 혐기성 세균은 세포벽이 없어 그람-염색 시 붉은 색으로 염색된다. 실제 그들의 핵산 서열이 그들의 그람-양성 생물과의 유사성을 밝히기 전까지 mycoplasma는 다른 저 G + C 그람-양성 세균과 같이 Firmicutes 문에 속한 대신 그람-음성 미생물로 분류되었었다.

[9] "방추"를 의미하는 그리스어 *kloster*로부터 유래

[10] 그리스어로 "진균"을 의미하는 *mycos*와 "형성"을 의미하는 *plassein*으로부터 유래.

유익한 미생물

보툴리누스증과 보톡스

*Clostridium botulinum*은 치명적인 독소로 알려진 보툴리눔 독소를 생성한다. 몸에서 흡수되면 이 독소는 근육을 수축시키는 신호인 신경전달물질의 방출을 저해한다. 그 결과 근육 세포는 수축할 수 없고 점차 마비가 온 몸에 퍼지게 된다. 만일 호흡기 근육의 마비가 호흡을 막으면 죽게 된다. 이 병을 보툴리누스라 한다 (13장에 구체적으로 설명).

정제된 A형 보툴리눔 독소는 Botox®로 시판되는데 극도로 소량이 피부 주름을 만드는 안면 근육에 주입되면 독소가 근육을 마비시켜 피부를 매끈하게 만든다. 이런 처리는 6개월 정도 지속될 수 있으며 원하는 효과를 유지하려면 계속 반복되어야만 한다.

Mycoplasma는 세포벽이 없이 생존할 수 있는데 부분적인 이유로는 동물과 인간의 몸 같은 삼투현상에서 보호받는 서식지에 살고, 또한 강한 세포막을 가지며, 많은 것들이 막에 강도와 단단함을 부여하는 스테롤(sterol)이라는 지질을 함유하기 때문이다. 세포벽이 없기 때문에 그들은 다형성이다. 그들은 "마이코플라스마(mycoplasma)"라고 명명되었는데, 그들의 필라멘트 형태가 진균의 필라멘트를 닮았기 때문이다. Mycoplasma는 0.2 내지 0.8 μm의 직경을 가져 가장 작은 독립생활 세포이며 많은 mycoplasma는 진핵생물 세포에 부착하는데 사용하며 이 세균이 서양배 같은 모양을 갖게 하는 말단 구조를 갖는다. 이들은 콜레스테롤, 지방산, 비타민, 아미노산과 뉴클레오티드 같은 유기 생장요소를 요구하는데 그들의 숙주로부터 얻거나 또는 실험실 배지에 추가되어야만 한다. 고체 배지에서 생장 시 대부분 종은 특징적인 "fried egg" 모양을 하는데 집락 중앙의 세포가 한천 안으로 자라며 주변의 세포들은 단지 표면을 가로질러 퍼지기 때문이다 **(그림 4.16)**.

동물에서 mycoplasma는 호흡기와 요로의 점막에 집락화하며 폐렴과 요로 감염과 연관된다 (병원성 mycoplasma와 그들이 일으키는 질병은 15와 17장에 보다 구체적으로 설명).

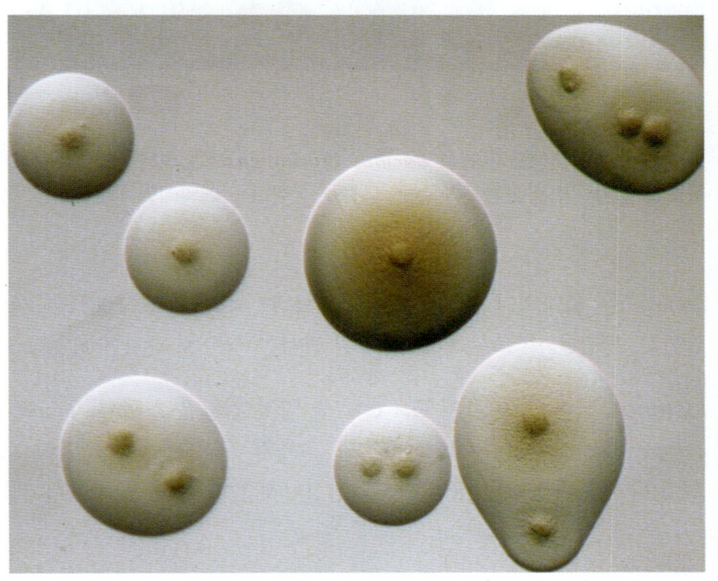

▲그림 4.16 *Mycoplasma* 집락의 특징적인 "fried egg" 모양. 이 모양은 한천 표면에서 자랄 때 이 세균 속의 일부 종에서 독특하다.

기타 저 G+C 간균과 구균

저 G+C 그람-양성 생물의 세 번째 종류는 환경, 산업과 의료기관에서 중요한 간균과 구균으로 구성된다. 이 종류의 속에는 *Bacillus*, *Listeria* (lis-tēr´ē-ă), *Lactobacillus* (lak´tō-bă-sil´ŭs), *Streptococcus*, *Enterococcus* (en´ter-ō-kok´ŭs)와 *Staphylococcus* (staf´i-lō-kok´ŭs)가 있다 (이 속의 병원체들은 12–17장에 구체적으로 소개됨).

Bacillus *Bacillus* 속은 내생포자-형성 호기성 세균과 통성혐기성 세균을 포함하며 전형적으로 주모성 편모로 운동한다. 속명 *Bacillus*는 일반명 bacillus와 혼동되어서는 안되는데 후자는 어떤 속이건 막대형 세포를 지칭한다. *Bacillus*의 많은 종들이 토양에 흔하다.

Bacillus thuringiensis (thur-in-jē-en´sis)는 농부나 정원사에게 도움이 되는데 이 세균은 포자생성 시 그것을 섭취하는 애벌레에게 독성을 나타내는 결정형 단백질을 생성한다 **(그림 4.17)**. 세균과 독소의 제품으로 알려진 *Bt* 독소를 정원사가 애벌레로부터 식물을 보호하기 위해 식물에 살포한다. 과학자들은 살포 대신 식물의 염색체에 Bt 독소의 유전자를 도입하여 동일한 효과를 얻었다. *Bacillus*의 다른 유익한 종에는 각각 항생물질 polymyxin과 bacitracin을 합성하는 *B. polymyxa* (po-lē-miks´ă)와 *B. licheniformis* (lī-ken-i-for´mis)이 포함된다 (항생물질의 생산과 효과는 3장에 보다 구체적으로 소개).

탄저병(anthrax)을 일으키는 *Bacillus anthracis* (an-thrā´sis)는 2001년에 바이오테러제로 악명을 떨쳤다. 그것의 내생포자는 흡입하거나 피부의 상처를 통해 몸으로 들어오며 그들이 발아하면 영양형 세포가 주위 조직을 죽이는 독소를 생성한다 (348쪽의 질병개요파악 참조). 치료받지 않은 피부 탄저병(*cutaneous anthrax*)은 환자의 20%가 치명적이며 치료받지 않은 흡입 탄저병(*inhalational*

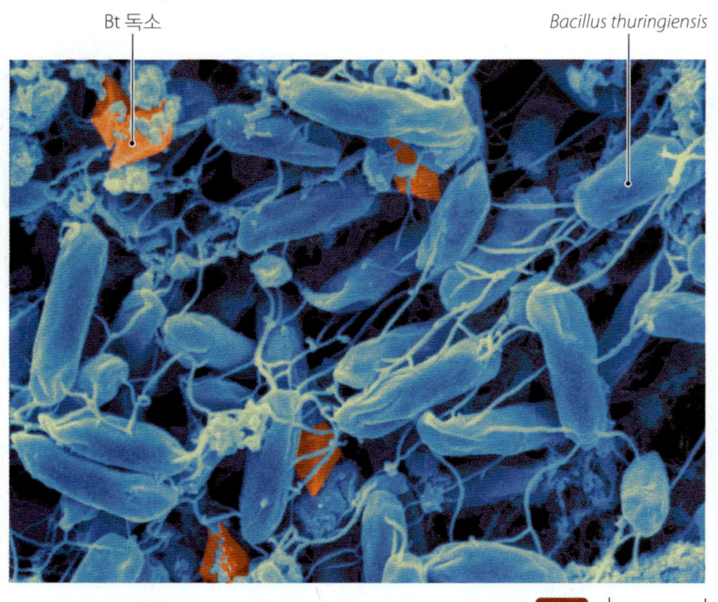

▲그림 4.17 내생포자-형성 *Bacillus thuringiensis*에 의해 생성되는 BT 독소의 결정. 이 결정형 단백질은 그것을 섭취하는 애벌레를 죽인다.

anthrax)은 즉각적인 공격적 치료가 없으면 일반적으로 100%가 사망한다. 냉장은 이 또는 다른 오염의 과다한 생장을 방지한다.

Listeria 다른 병원성 저 G+C 그람-양성 간균은 *Listeria monocytogenes* (mo-nō-sī-tah´je-nēz)로 우유와 고기 제품을 오염시킬 수 있다. 이 미생물은 내생포자를 생성하지 않으며 냉장 하에서 계속 증식하며 식균 백혈구 내에서도 생존할 수 있기 때문에 중요하다. *Listeria*는 성인에서 드물게 병을 일으키지만, 감염된 임산부에서 태반 장벽을 넘어서면 태아를 죽일 수 있다. 이것은 또한 노인이나 AIDS 환자, 암, 당뇨병 환자와 같이 면역력이 떨어진 사람에게 감염되면 수막염(meningitis[11])과 균혈증(bacteremia[12])을 일으킨다.

Lactobacillus *Lactobacillus* 속의 세균은 비포자-형성 간균으로 보통 인간의 구강, 위, 창자와 질에서 자란다. 이 세균은 드물게 질병을 일으키며 대신 미생물 길항작용으로 병원체의 생장을 저해하여 몸을 보호한다. Lactobacilli는 산업에서 요구르트, 버터밀크, 피클, 사우어크라우트 등의 생산에 이용된다 (71쪽의 **유익한 미생물: 생균제**에서 인간 건강을 증진시키는 *Lactobacillus*의 잠재적 역할에 대해 소개).

Streptococcus와 Enterococcus *Streptococcus*와 *Enterococcus* 속은 쌍 또는 사슬로 연결된 다양한 종류의 그람-양성 구균들이다 (그림 4.18a와 b 참조). 그들은 인두염, 성홍열, 농가진, 태아 수막염, 상처 감염, 폐렴 및 내이, 피부, 혈액과 신장의 질병을 포함한 수많은 인간 질병을 일으킨다. 최근에 의료종사자들은 다제내성 enterococci와 streptococci 균주들에 대해 우려하고 있다. 특히 관심의 대상은 근육과 지방 조직을 파괴하는 독소를 생성하는 소위 살을 먹는 streptococci (342–343쪽의 질병심층연구 참조)와 의료 관련 감염 (병원감염)의 주원인인 enterococci이다.

[11]뇌와 척수를 덮는 막의 염증으로 "막"을 뜻하는 그리스어 *meninx*로부터 유래.
[12]혈액 내에 특히 질병 증상을 나타내는 세균의 존재.

집중 조명

당신의 치아가 당신을 뚱뚱하게 만들 수 있다.

Forsyth Institute는 미국 Boston에 있는 하버드 의과대학과 연관된 비영리 기관이다. 이 연구소의 과학자들은 아이들의 충치가 세균에 의해 생기는 것을 보여주는데 중요한 역할을 하였다. 이는 구강 의료에 혁명적인 일이었다. 현재 그들의 연구는 비만과의 전쟁에 있다.

당신이 먹는 것이 비만을 일으킬 수 있다는 것에 아무도 의문을 제기하지 않지만 이 연구소의 과학자들은 당신의 치아에 있는 무언가도 문제가 될 수 있다는 흥미로운 사실을 발견하였다. 저 G+C 그람-양성 clostridia와 연관된 구강세균을 가진 사람들은 뚱뚱해질 가능성이 보다 크다.

실제로 세균 *Selenomonas noxia*의 존재는 그 당시 비만도 98.4%의 지표가 된다. 마른 사람은 그들의 구강 미생물상의 드문 구성원으로 이 세균을 갖지만, 그들은 뚱뚱한 사람이 갖는 것보다 적은 세포수의 종을 많이 갖는다. 연구자들은 이 세균이 비만으로 유도하는 어떤 병리학의 도화선인지 또는 이 세균이 비만이나 비만을 유도하는 음식의 결과로 치아에서 자라는 것인지 아직 모르고 있다. 그럼에도 불구하고 어린이 구강에서 *S. noxia*의 존재는 과체중 조건이 나타날 위험성을 가지는 생물학적 경고신호로 작용할 수 있으며 부모와 의료인들이 이를 미연에 방지할 수 있도록 해준다.

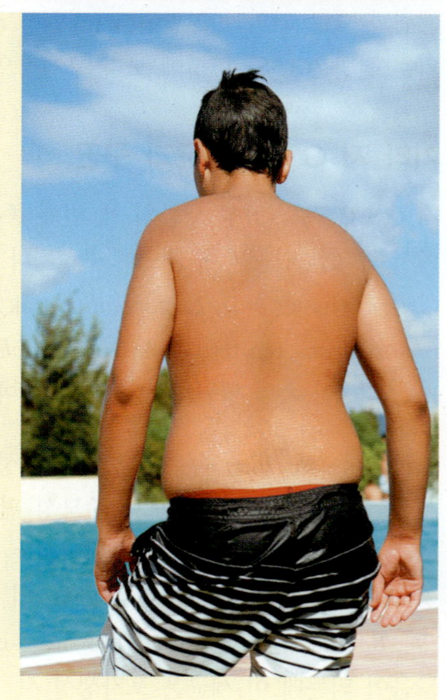

표 4.2 일부 그람-양성 세균의 특징

문/강	G + C 비율	대표적 속	특별한 성질	질병
Firmicutes				
Clostridia	저 (50% 이하)	*Clostridium*	절대 혐기성 간균; 내생포자 생성	파상풍 보툴리누스증 괴저
		Epulopiscium	거대 간균	심한 설사
		Selenomonas	인간 치아의 구강 생물막의 일부; 그람-음성 세균처럼 염색됨 (적색)	충치
Mollicutes	저 (50% 이하)	*Mycoplasma*	세포벽 결여; 다형성; 가장 작은 독립생활 세포; 그람-음성 세균처럼 염색됨 (적색)	폐렴 요로 감염
Bacilli	저 (50% 이하)	*Bacillus*	통성 혐기성 간균; 내생포자 생성	탄저병
		Listeria	낙농제품 오염	리스테리아증
		Lactobacillus	요구르트, 버터밀크, 피클, 사우어크라우트 생산	드문 혈액 감염
		Streptococcus	연쇄상구균	패혈성 인두염, 성홍열과 기타
		Staphylococcus	포도상구균	균혈증, 식중독 및 기타
Actinobacteria				
Actinobacteria	고 (50% 이상)	*Corynebacterium*	꺾기 분열; 세포질 내 이염 과립체	디프테리아
		Mycobacterium	밀납성 세포벽 (마이콜산)	결핵과 나병
		Actinomyces	필라멘트형	방선균증
		Nocardia	필라멘트형; 오염물질 분해	병변
		Streptomyces	항생물질 생산	드문 부비강 감염

Staphylococcus 인간에 서식하는 흔한 종류로 *Staphylococcus aureus*[13] (o´rē-ŭs)가 있는데 이것은 전형적으로 비강에 덩어리로 무해하게 자란다. 다양한 독소와 효소가 *S. aureus*의 일부 균주를 신체를 침투하게 하여 균혈증, 폐렴, 상처 감염, 식중독, 독소 충격 증후군 및 관절, 뼈, 심장과 혈액의 질병 등을 유발한다.

저 G + C 그람-양성 세균의 특징이 **표 4.2**에 요약되어 있다. Firmicutes 문에 3개의 강으로 분류된 이 세균들은 혐기성 내생포자-생성 간균 *Clostridium*, 다형성 *Mycoplasma*, 호기성 및 통성 호기성 내생포자-생성 간균 *Bacillus*, 비내생포자-생성 간균 *Listeria*와 *Lactobacillus*, 및 구균 *Streptococcus*, *Enterococcus*와 *Staphylococcus* 등을 포함한다.

다음에는 고 G + C 비를 갖는 그람-양성 세균을 살펴보자.

고 G + C 그람-양성 세균

학습 | 성과

4.16 *Mycobacterium*의 느린 생장을 설명하라.

4.17 *Corynebacterium, Mycobacterium, Actinomyces, Nocardia*와 *Streptomyces* 속의 중요한 이로운 또는 해로운 성질을 확인하라.

분류학자들은 50% 이상의 G + C 백분율의 그람-양성 세균을 Actinobacteria 문으로 분류하는데 막대형 세균 (그중 많은 것이 중요한 인간 병원체)과 그 생장 습관과 생식 포자 생산이 진균과 유사한 필라멘트형 세균 종들을 포함한다. 여기서는 일부 유명한 고 G + C 그람-양성 세균을 간단히 소개한다 (이 종류의 수많은 병원체는 12–17장에 보다 구체적으로 설명).

Corynebacterium

Corynebacterium 속의 구성원들은 비록 일반적으로 막대형이지만 다형성이며 통성 혐기상이다. 그들은 꺾기 분열로 증식하여 흔히 세포가 V자형과 울타리 모양을 형성한다 (**그림 4.14**와 **그림 4.9d** 참조). Corynebacteria는 또한 세포를 methylene blue 또는 toluidine blue로 염색하면 세포질의 나머지와 다르게 염색되는 **이염과립 (metachromatic granule)**이라는 봉입체 내에 인산염을 저장하는 특징이 있다. 가장 잘 알려진 종은 디프테리아를 일으키는 *C. diphtheriae*이다.

[13]그것이 황색 색소를 생성하기 때문에 "금"을 뜻하는 라틴어 *aurum*에서 유래

Mycobacterium

Mycobacterium (mī´kō-bak-tēr´ē-um) 속은 약간 휘거나 막대형으로 종종 필라멘트를 형성하는 호기성 종으로 구성된다. Mycobacteria는 매우 느리게 자라 한천 표면에서 가시적인 집락을 형성하는데 흔히 한 달 또는 그 이상이 필요하다. 그들의 느린 생장은 부분적인 이유로는 세포를 건조 및 물에 기초한 염료로의 염색에 저항성 있게 만드는 **마이콜산(mycolic acid)**이라는 긴 탄소-사슬 왁스를 고농도로 함유한 그들의 세포벽을 많이 만드는데 필요한 시간과 에너지 때문이다. 미생물학자들은 mycobacteria가 그람 염색 같은 표준 염색방법으로 염색하기 어렵기 때문에 항산성 염색(acid-fast stain)을 개발하였다 (2장 참조). 비록 일부 mycobacteria가 독립생활을 하지만 가장 유명한 종은 각각 결핵과 나병을 일으키는 *Mycobacterium tuberculosis* (too-ber-kyū-lō´sis)와 *Mycobacterium leprae* (lep´rī)를 포함한 동물과 인간의 병원체들이다. Mycobacteria는 앞서 소개한 저 G+C mycoplasma와 혼동되어서는 안된다.

Actinomycetes

Actinomycetes(ak´ti-nō-mī-sētz)는 진균과 유사하게 가지를 치는 필라멘트를 형성하는 고 G+C 그람-양성 세균이다 **(그림 4.18)**. 당연히 진균과 대조적으로 방선균의 필라멘트는 원핵세포로 구성된다. 일부 방선균은 또한 그들의 필라멘트 끝의 생식 포자의 사슬 생성에서 진균과 유사하다. 이 포자는 생식 포자가 아닌 휴지기인 내생포자와 혼동되어서는 안된다. 방선균은 특히 면역력이 약화된 환자에게 병을 일으킬 수 있다. 중요한 방선균 속에는 *Actinomyces* (이 종류의 이름이 붙여진), *Nocardia*와 *Streptomyces*가 있다.

▲**그림 4.18 방선균의 가지를 친 필라멘트.** 이 사진은 한천에서 자라는 *Streptomyces* sp. 집락의 필라멘트를 나타낸다. *방선균의 필라멘트는 진균의 필라멘트와 어떻게 비교되는가?*

그림 4.18 방선균의 필라멘트는 진균의 그것보다 가늘며 원핵세포로 구성된다.

Actinomyces *Actinomyces* (ak´ti-nō-mī´sēz)의 종은 통성 capneic[14] 필라멘트로 인간의 구강과 목을 덮는 점막에 정상적으로 서식한다. 인간에서 기회적 병원체로 자라는 *Actinomyces israelii* (is-rā´el-ē-ē)는 조직을 파괴하여 농양을 형성하며 복부로 퍼져나가 모든 중요한 기관들을 손상시킨다.

Nocardia *Nocardia* (nō-kar´dē-ă)의 종들은 토양과 물에 서식하는 호기성 세균으로 진균과 유사하게 만드는 공기 중의 균사와 기질 내 균사를 전형적으로 형성한다. *Nocardia*는 매립지, 호수와 하천 등지에서 왁스, 석유탄화수소, 세제, 벤젠, 다염화비페닐(polychlorinated biphenyls, PCBs), 농약과 고무를 포함한 많은 오염물질을 분해할 수 있기 때문에 주목할 만하다. *Nocardia*의 일부 종은 인간에서 병변을 유발한다.

Streptomyces *Streptomyces*(strep-tō-mī´-sēz)속의 세균들은 여러 영역에서 중요하다. 생태학적으로 그들은 셀룰로오스, 리그닌 (식물의 목재 부위), 키틴 (곤충과 갑각류의 외골격 물질), 라텍스, 방향족 화학물질 (벤젠 고리 함유 유기화합물)과 케라틴 (머리털, 손톱과 뿔을 형성하는 단백질)을 포함한 여러 탄수화물의 분해에 의해 토양 내에서 영양물질을 재순환시킨다. *Streptomyces*의 대사 부산물은 토양의 퀴퀴한 냄새를 만든다. 의학적으로 *Streptomyces* 종은 chloramphenicol, erythromycin과 tetracycline을 포함한 대부분의 중요한 항생물질을 생산한다 (3장에 소개됨).

103쪽의 표 4.2는 이 장에서 소개된 고 G+C 그람-양성 세균(Actinobacteria 문) 속의 특징을 요약하고 있다.

여기까지 고균과 오랜 기원과 광영양 및 그람-양성 세균을 소개하였다. 이제 Proteobacteria 문 내에서 같이 묶여 있는 그람-음성 세균을 살펴보자.

그람-음성 Proteobacteria

Proteobacteria[15] 문은 가장 크며 다양한 세균의 무리를 구성한다. 비록 그들이 다양한 모양, 생식 전략 및 영양적인 종류를 갖지만 그들은 모두 그람-음성이며 공통적인 16S rRNA 뉴클레오티드 서열을 갖는다. 그람-음성 종의 G+C 백분율은 대부분의 그람-음성 세균의 분류군 기술에 결정적이지는 않기 때문에 이 종류의 설명에 이 특징을 고려하지는 않는다.

Proteobacteria에는 5개의 분명한 강(class)이 있어 alpha, beta, gamma, delta와 epsilon을 붙여 표기한다. 이 강들은 그들의 rRNA 서열의 작은 차이로 구분된다. 여기에서는 실용적 중요성뿐만 아니라 특이한 특징을 가진 종에 주목하고자 한다.

[14]비교적 높은 농도의 이산화탄소에서 가장 잘 자란다는 의미.

[15]많은 모양을 갖는 그리스 신 Proteus로부터 유래.

Alphaproteobacteria 강

학습 | 성과

4.18 Alphaproteobacteria에서 프로스테카의 모양과 기능을 설명하라.

4.19 질소 고정 alphaproteobacteria의 3 속과 그들의 작물과의 관계 및 바이오연료에 대해 설명하라.

4.20 질산화 및 질산화세균의 이름을 기술하라.

4.21 Alphaproteobacteria가 일으키는 두 가지 질병을 기술하라.

알파프로테오박테리아(Alphaproteobacteria)는 전형적으로 매우 낮은 영양물질 수준에서 자랄 수 있는 호기성 세균이다. 많은 것이 특이한 방법의 대사를 갖는다. 이들은 막대형, 굽은 막대형, 나선형, 구간균 또는 다형성이다. 많은 종이 세포막과 세포벽으로 둘러싸인 세포질로 구성된 프로스테카[*prosthecae* (pros-thē´kē)]라는 특이한 돌출구조를 갖는다 **(그림 4.19)**. 이들은 부착 및 영양물질 흡수를 위한 표면적 증가에 프로스테카를 이용한다. 일부 프로스테카를 가진 종들은 돌출부의 끝에서 출아를 생성한다.

질소고정 세균 알파프로테오박테리아 강에서 두 개의 질소고정 속, *Azospirillum* (ā-zō-spī´ril-ŭm)과 *Rhizobium* (rī-zō´bē-ŭm)은 농업에서 중요하다. 이들은 식물의 뿌리와 연관되어 자라며 거기에서 대기 질소를 식물이 고정된 질소의 한 종류인 암모니아로 이용할 수 있게 만든다.

$$N_2 + 8H^+ + 8e^- \rightarrow 2NH_3 + H_2 \quad (3)$$

*Azospirillum*은 사탕수수 같은 열대 초본류의 바깥 표면과 연관된다. 식물에 질소 제공 이외에 이 세균은 또한 식물을 자극하는 화학물질을 방출하여 수많은 뿌리털을 만들게 하여 뿌리의 표면적과 그에 따른 영양분의 흡수를 증가시킨다.

*Rhizobium*은 완두, 대두와 토끼풀 같은 콩과식물의 뿌리 내에서 살며 그들의 뿌리에서 혹의 형성을 촉진한다 **(그림 4.20)**. 혹 안에서 *Rhizobium* 세포는 식물에 이용 가능한 암모니아를 만들어 생장을 촉진한다. 과학자들은 많은 양의 질소를 요구하는 옥수수 같은 식물 내로 질소고정 유전자를 성공적으로 집어넣는 방법을 활발하게 찾고 있다.

Rhodopseudomonas palustris (rō-dō´soo-dō-mō´nas pal-us´tris)는 또 다른 질소-고정 알파프로테오박테리아이다. 과학자들은 이 세균을 활발히 연구 중인데 그것이 또한 수소를 환원시켜 청정-연소 연료로 사용될 수 있는 수소 기체(H_2)를 형성하기 때문이다. *R. palustris* 같은 바이오연료 생산자는 세계의 석유와 가스 의존도를 완화시키는데 도움이 될 것이다.

질산화세균 생물은 대사의 산화환원 반응을 위한 전자의 공급원을 필요로 한다. 질소 화합물의 산화로부터 전자를 얻는 세균을 **질산화세균(nitrifying bacteria)**이라 한다. 이 세균은 환경과 농업에서 중요한데 그들이 **질산화(nitrification)**라는 2단계 과정으로 암모니아(NH_3) 같은 환원된 질소 화합물을 질산염(NO_3)으로 전환하기 때문이다. 질산염은 토양에서 보다 쉽게 이동하므로 식물에 보다 이용가능하다.

질산화의 첫 단계는 암모니아의 아질산염(NO_2^-)로의 산화이며 두 번째 단계는 아질산염의 질산염으로의 산화이다.

$$2NH_3 + 3O_2 \rightarrow 2NO_2^- + 2H_2O + 2H^+ \quad (4a)$$

$$2NO_2^- + O_2 \rightarrow 2NO_3^- \quad (4b)$$

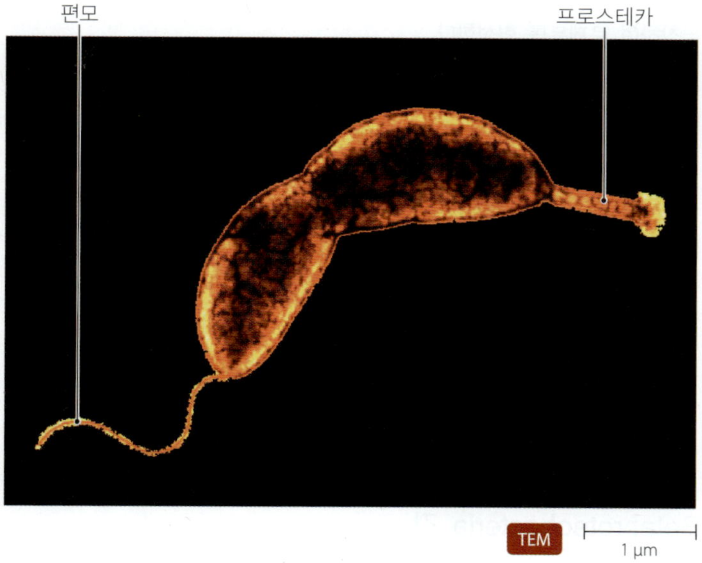

편모 프로스테카

TEM 1 μm

▲그림 4.19 프로스테카. 알파프로테오박테리아의 이 돌출구조는 영양분 흡수를 위한 표면적을 증가시키고 부착 기관으로 작용한다. 이 프로스테카 생성 세균, *Hyphomicrobium facilis*는 또한 그 프로스테카 끝에서 출아를 생성하며 편모를 갖는다.

▲그림 4.20 완두콩 식물 뿌리의 혹. 질소고정 알파프로테오박테리아인 *Rhizobium*은 이런 뿌리혹의 생장을 촉진한다.

질산화 알파프로테오박테리아는 질산화의 두 번째 단계를 수행하는 *Nitrobacter* (nī-trō-bak´ter) 종을 포함한다. 질산화의 첫 번째 단계는 고균 또는 베타프로테오박테리아에 의해 수행된다.

자색 비유황 광영양세균 하나 (베타프로테오박테리아 *Rhodocyclus*)를 제외하고 모든 자색 비유황 광영양세균은 알파프로테오박테리아로 분류된다. 자색 비유황 세균은 호수와 연못의 바닥에 있는 퇴적물 상층에 산다. 앞서 언급한대로 그들은 세균엽록소 사용에 의해 에너지원으로 빛을 이용하며 광합성 중 산소를 발생하지 않는다. 형태적으로 그들은 막대, 굽은 막대 또는 나선형이며 일부 종은 프로스테카를 갖는다. 모든 광영양 세균의 특징은 표 4.1 (99쪽)을 참조하라.

병원성 알파프로테오박테리아 알파프로테오박테리아 중 주목할만한 병원체는 *Rickettsia* (ri-ket´sē-ă)와 *Brucella* (broo-sel´lă)를 포함한다.

*Rickettsia*는 작은 그람-음성, 호기성 간균 속으로 포유류 세포 안에서 자라고 증식한다. 숙주 세포 밖에서 rickettsia는 불안정하며 신속하게 죽으며 따라서 그들은 숙주에서 숙주로 전파를 위해 매개체를 요구한다. 그들은 절지동물 (벼룩, 이, 진드기)이 물어서 전파된다. Rickettsia는 발진티푸스와 로키산 홍반열을 포함하여 여러 인간 질병을 일으킨다.

*Brucella*는 동물의 자연 유산과 불임의 원인이 되는 브루셀라병(brucellosis)을 일으키는 구간균이다. 감염된 사람은 오한, 식은땀, 피로와 고열 등으로 고생한다. *Brucella*는 질병에 대한 신체의 방어에 중요한 단계인 백혈구에 의한 식균작용에서 생존하기 때문에 주목할 만하다.

기타 알파프로테오박테리아 다른 알파프로테오박테리아는 산업과 환경에서 중요하다. 예를 들어, *Acetobacter* (a-sē´tō-bak-ter)와 *Gluconobacter* (gloo-kon´ō-bak-ter)는 식초 생산에서 아세트산 합성에 이용된다. *Caulobacter* (kaw´lō-bak-ter)는 흔한 프로스테카형 막대모양의 세균으로 영양분이 적은 해수와 담수에 살며 실험실 수조에서도 발견될 수 있다.

*Caulobacter*는 독특한 생식 전략을 갖는다 **(그림 4.21)**. 기질에 프로스테카로 부착한 세포는 **1** 반대쪽에서 크기가 두 배로 될 때까지 자라나며, 이때 그 끝에 편모를 형성한다 **2**; 그 후 비대칭적 이분법으로 분열한다 **3** 편모를 가진 딸세포는 유주세포(swarmer cell)라고 하며 헤엄쳐 나간다. 이 유주세포는 편모를 대체하는 새로운 프로스테카로 기질에 부착하거나 **4a**, 다른 유주세포에 부착하여 세포의 로제트(rosette)를 형성한다 **4b**. 이 증식과정은 약 매 두 시간마다 반복된다. **유익한 미생물: 강력접착제의 미소관**은 *Caulobacter* 프로스테카의 놀라운 성질을 소개한다.

과학자들은 식물에 감염하여 종양(gall)을 형성하는 또 다른 알파프로테오박테리아 *Agrobacterium* (ag´rō-bak-tēr´ē-ŭm)의 유용성에 매우 흥미가 있다 **(그림 4.22)**. 이 세균은 식물 생장 호르몬 유전

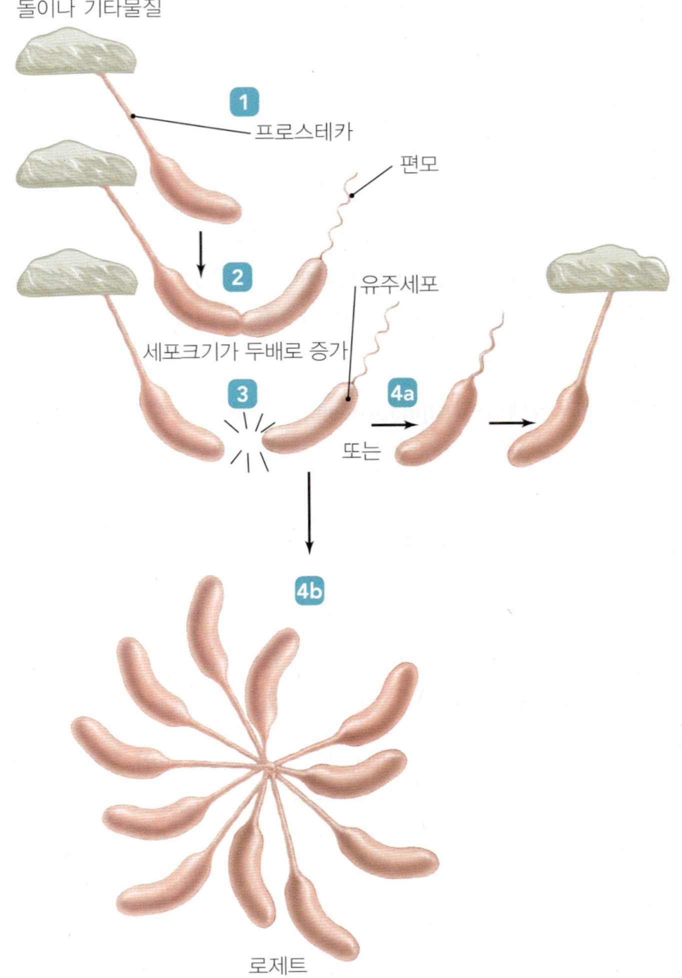

▲**그림 4.21 *Caulobacter*의 생장과 증식.** (1) 기질에 그것의 프로스테카로 세포가 부착한다. (2) 생장과 정단 편모의 형성. (3) 비대칭적 이분법에 의한 분열로 유주세포라는 편모를 가진 딸세포 생성. (4a) 편모를 대체하는 프로스테카에 의한 유주세포의 기질에의 부착. (4b) 유주세포는 서로 부착하여 로제트를 형성한다.

자를 가진 Ti 플라스미드 (염색체 이외의 DNA 분자) 선모(pillus)를 통해 식물세포 내로 삽입하면 그것이 가외의 생장 호르몬을 만든다. 생장 호르몬은 식물의 세포가 증식하여 종양을 만들고 세균을 위한 영양물질을 합성하게 한다. 과학자들은 거의 모든 DNA 서열을 플라스미드로 삽입할 수 있다는 것을 발견하여 이 Ti 플라스미드를 식물 유전자 조작을 위한 이상적인 벡터로 만들었다.

알파프로테오박테리아의 일부 구성원들의 특성은 표 4.4 (113쪽)에 나와 있다.

Betaproteobacteria 강

학습 | **성과**

4.22 3가지 병원성, 3가지 유용한 그리고 하나의 문제가 되는 betaproteobacteria의 이름을 들라.

▲그림 4.22 **식물의 종양.** *Agrobacterium*의 감염하는 세포는 식물 생장 호르몬 유전자를 가진 플라스미드를 식물 염색체로 삽입한다. 호르몬은 미분화 식물세포의 번식을 유발하며 이 종양 세포는 세균을 위한 영양물질을 합성한다.

베타프로테오박테리아(betaproteobacteria)는 낮은 수준의 영양물질의 서식지에서 자라는 또 다른 다양한 종류의 그람-음성 세균이다. 이들은 그들의 rRNA 서열에서 알파프로테오박테리아와 다르지만 대사적으로는 두 무리가 중첩된다. 그런 대사적 중첩의 한 예는 질산화의 첫 반응인 암모니아의 아질산염으로의 산화 (105쪽의 식 4a)를 수행하는 중요한 질산화세균인 *Nitrosomonas* (nī-trō-sō-mō´nas)에서 볼 수 있다. 이 절에서는 몇 가지 다른 흥미로운 베타프로테오박테리아를 소개한다.

병원성 베타프로테오박테리아 *Neisseria* (nī-se´rē-ă)의 종은 포유류의 점막에 살며, 임질, 수막염, 골반염 및 자궁경관, 인두와 눈의 외막의 염증 같은 질병을 일으키는 그람-음성 쌍구균이다.

다른 병원성 베타프로테오박테리아에는 백일해 (pertussis 또는 whooping cough) (109쪽의 **출현성 질병 사례연구: 백일해** 참조)의 원인인 *Bordetella* (bōr-dĕ-tel´ă)와 자연에서 수많은 유기화합물을 재순환시키는 *Burkholderia* (burk-hol-der´ē-ă)가 있다. *Burkholderia*는 흔히 습한 환경 표면 (실험실과 의료기수 포함)과 낭포성 섬유증 환자의 호흡기에 흔히 자란다 (15와 17장에서 이 병원체를 구체적으로 소개함).

기타 베타프로테오박테리아 *Thiobacillus* (thī-ō-bă-sil´ŭs) 속의 구성원들은 황화수소(H_2S), 또는 원소상 황(S_0)의 황산염(SO_4^{2-})으로의 산화에 의해 환경에서 황을 재순환시키는데 중요한 무색 황세균이다. 광산 기술자들은 저급 광석에서 금속을 용출하기 위해 *Thiobacillus*를 이용하지만, 이 세균은 광산 폐기물로부터 금속과 산을 방출하여 광범위한 오염을 일으킨다 (18장에서 황 순환을 설명함).

하수처리 기술자들은 하수에서 점액질의 세균과 유기물이 엉킨 덩어리인 플록(floc)을 형성하는 두 속, *Zoogloea* (zō´ō-glē-ă)와 *Sphaerotilus* (sfēr-ō´til-us)에 관심이 있다. *Zoogloea*는 처리조의 바닥에 가라앉고 정화과정을 돕는 조밀한 플록을 형성한다. 반면 *Sphaerotilus*는 가라앉지 않고, 따라서 처리장을 통과하는 폐기물의

유익한 미생물

강력접착제의 미소관

그람-음성 알파프로테오박테리아인 *Caulobacter crescentus*의 유주세포는 접착제 용기처럼 자신의 프로스테카로부터 유기성 접착제를 분비하여 환경 기질에 그 자신을 부착시킨다. 이 다당류에 기초한 접착제는 알려진 생물학적 기원의 접착제 중 가장 강력하여 따개비 접착물질, 홍합 접착물질과 도마뱀붙이 강모의 접착 등보다 우수하다.

과학자가 접착 강도를 측정하는 한 가지 방법은 두 접착된 물질을 떼는데 필요한 힘을 측정하는 것이다. 시판되는 강력접착제는 대개 제곱 mm 당 18 내지 28 뉴턴(N)[a]의 전단력과 마주칠 때 그들의 접착이 떨어진다. 치과용 시멘트는 30 N/mm²까지의 강도로 결합하지만 *Caulobacter* 접착제는 두 배 이상 강력하여 68 N/mm²까지 접착을 유지한다! 이는 접착제를 벽에 100원 짜리 동전 크기로 바른 부위에 성체 코끼리 암컷을 매달 수 있는 정도에 해당된다. 또한 이 세균은 물에서 살기 때문에 이 접착제는 심지어 물에 잠겨있어도 작동한다.

과학자들은 이 생물학적 접착제에 이런 놀라운 접착력을 부여하는 생물리학적 및 화학적 기작을 연구하고 있다. 접착제의 한 중요한 성분은 세균의 세포벽 내 펩티도글리칸의 당 소단위인 *N*-acetylglucosamine이다. 과학자들은 접착제를 구성하는 다른 분자를 규명하는데 어려움을 겪고 있다. 그들은 그것을 분석할 수 있게 접착제 성분을 분리하지 못하고 있다.

그런 세균 강력접착제의 일부 잠재적 활용은 수술에서 생분해성 봉합사, 보다 오래가는 치과 접착제 또는 의료기기와 선박의 선체 같은 표면에 항-생물막 소독제를 붙이는 용도 등을 포함한다.

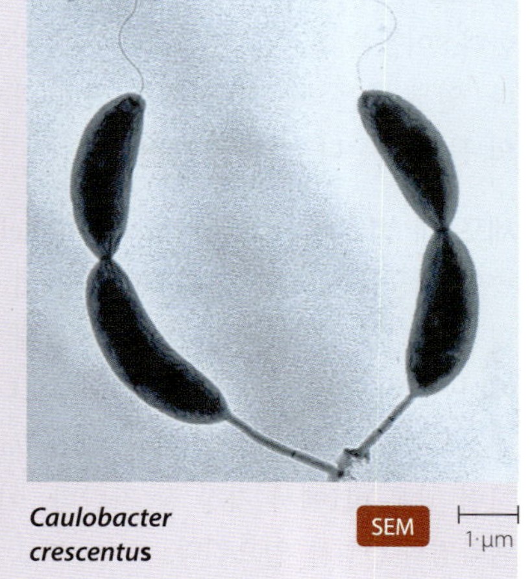

Caulobacter crescentus

[a]1뉴턴은 제곱 초 당 1 kg 질량을 가속화시키는데 필요한 힘의 양이다.

적절한 흐름을 저해하는 느슨한 플록을 형성한다.

이 절에서 소개한 베타프로테오박테리아 속들의 특성은 113쪽의 표 4.4에 요약되어 있다.

Gammaproteobacteria 강

학습 | 성과

4.23 감마프로테오박테리아에 대해 기술하라.
4.24 감마프로테오박테리아의 가장 큰 종류의 대사에 대해 기술하라.
4.25 감마프로테오박테리아의 질소고정 세균을 알파프로테오박테리아 질소고정 세균과 비교하라.

감마프로테오박테리아(gammaproteobacteria)는 프로테오박테리아 중 가장 크고 다양한 강으로 거의 모든 모양, 세포의 배열, 대사 종류 및 생식 전략을 나타낸다. 리보솜 연구는 감마프로테오박테리아가 다음의 여러 하위 분류군으로 나뉠 수 있는 것을 가리킨다:

- 자색 유황 세균
- 세포내 병원체
- 메탄산화 세균
- Embden-Meyerhof 해당작용과 오탄당 인산경로를 이용하는 통성 혐기성 세균
- Entner-Doudoroff와 오탄당 인산경로에 의해 탄수화물을 대사하는 호기성 세균인 pseudomonads

여기에서는 이 종류들의 일부 대표들에 대해 알아본다.

자색 유황 세균 자색 비유황 세균이 알파와 베타프로테오박테리아에 분포하지만 **자색 유황 세균(purple sulfur bacteria)**은 모두 감마프로테오박테리아이다 (그림 4.23a). 자색 유황 세균은 절대 혐기성으로 황화수소를 원소상의 황으로 산화하여 세포 내 입자로 축적한다. 이들은 호수, 습지와 바다의 유황이 풍부한 지역에서 발견된다. 일부 종은 해양 동물과 밀접한 관계를 형성하여 밧줄처럼 벌레의 몸을 덮는다 (그림 4.23b).

세포 내 병원체 *Legionella* (lē-jŭ-nel´lă)와 *Coxiella* (kok-sē-el´ă) 속의 세균들은 인간 병원체로 인간의 몸에서 방어 역할을 하는 백혈구에 의한 소화를 회피하는데 실제 그들은 이 방어 세포의 내부에서 산다. *Legionella*는 세포 외부보다 내부에 더 많은 아미노산의 대사로부터 에너지를 얻는다. *Coxiella*는 백혈구의 포식리소솜에서처럼 낮은 pH에서 가장 잘 자란다. 이 속의 세균들은 각각 레지오넬라병과 Q열을 일으킨다.

메탄 산화세균 메탄을 탄소 및 에너지원으로 이용하는 그람-음성 세균을 **메탄 산화세균(methane oxidizer)**이라 한다. 메탄형성 고균과 같이 메탄 산화세균은 전 세계의 미호기성 환경에 서식하며 메탄을 생성하는 메탄생성균을 함유한 혐기성 층 바로 위에서 자란다.

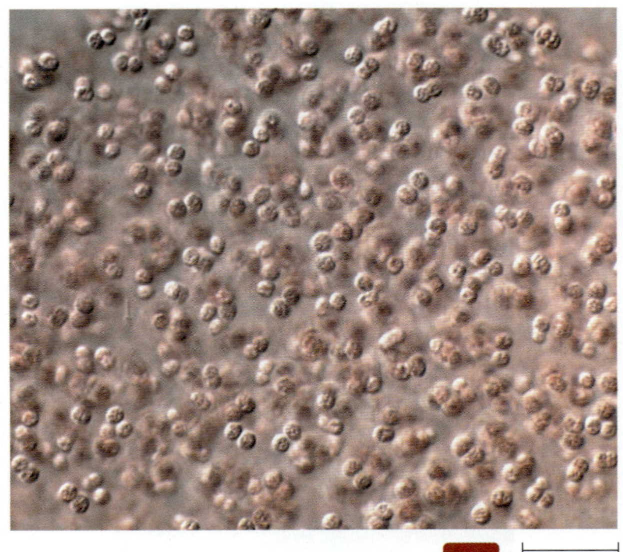

(a)

(b)

▲**그림 4.23 자색 유황 세균. (a)** 이 세균은 세포 내에 유황 입자를 축적한다. **(b)** 선충 표면의 수많은 세균이 밧줄 모양을 만든다.

메탄은 대기에서 열을 보전하는 소위 온실기체의 하나이지만 메탄산화세균은 메탄이 세계 기후에 악영향을 미치기 전에 그들의 주변 환경에서 대부분의 메탄을 산화시킨다.

해당작용을 하는 통성 혐기성세균 감마프로테오박테리아의 가장 큰 종류는 해당작용과 오탄당 인산경로에 의해 탄수화물을 대사하는 그람-음성 통성 혐기성 간균으로 구성된다. 세 개의 과로 나뉘는 (110쪽의 **표 4.3**) 이 종류는 많은 인간 병원체를 포함한다. *Escherichia coli* (esh-ĕ-rik´ē-ăko´lī)를 포함하는 Enterobacteriaceae 과의 구성원은 대사, 유전 및 재조합 DNA 기술의 실험실 연구를 위해 흔히 사용된다 (16장에서 병원성 감마프로테오박테리아에 대해 구체적으로 소개함).

Pseudomonads **Pseudomonad**라 부르는 세균은 그람-음성, 호

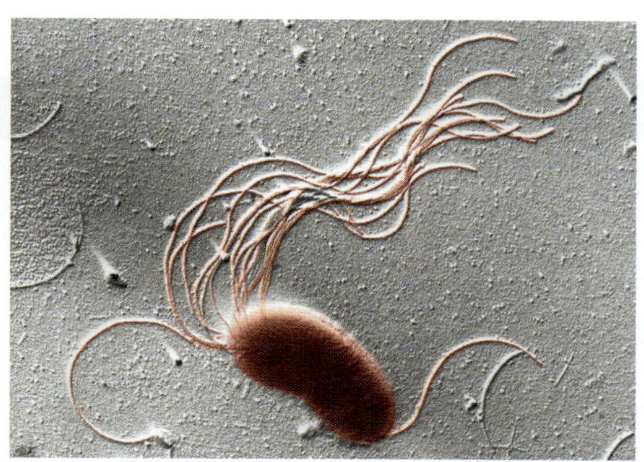

▲그림 4.24 ***Pseudomonas*는 그것의 극성 편모에 의해 구분된다.**

기성, 편모를 가진 곧거나 약간 굽은 간균으로 탄수화물을 Entner-Doudoroff 및 오탄당 인산 경로로 대사한다. 이 세균은 수많은 유기화합물을 분해하는 능력이 잘 알려져 있다. 그들 중 많은 것이 중요한 인간 및 동물 병원체이며 4°C에서 단백질과 지방을 대사하며 자랄 수 있기 때문에, 냉장된 우유, 계란 및 육류의 부패에 관여한다. Pseudomonad 종류는 그 중 가장 중요한 속으로 요로 감염, 외이염(swimmer's ear)과 낭포성 섬유증 환자의 폐 감염 같은 질병을 유발하는 *Pseudomonas* (soo-dō-mō´nas, 그림 4.24)로부터 이름이 유래하였다. *Azotobacter* (ā-zō-tō-bak´ter)와 *Azomonas* (ā-zō-mō´nas) 같은 다른 pseudomonad는 토양에 살며 비병원성 질소고정 세균이지만 질소고정 알파프로테오박테리아와 달리 이 감마프로테오박테리아는 식물의 뿌리와 연관되지 않는다.

이 절에서 소개된 감마프로테오박테리아의 구성원의 특징은 113쪽의 표 4.4에 요약되어 있다.

Deltaproteobacteria 강

학습 | 성과

4.26 델타프로테오박테리아의 여러 구성원을 나열하라.

델타프로테오박테리아(deltaproteobacteria)는 큰 무리는 아니지만 다른 프로테오박테리아 처럼 다양한 대사적 종류를 포함한다. *Desulfovibrio* (dē´sul-fō-vib´rē-ō)는 황산염-환원 미생물로 환경에서 황의 재순환에 중요하다. 이것은 또한 오염된 하천과 하수처리 연못의 퇴적층에 사는 세균 군집의 중요한 구성원으로 그것이 혐기성 호흡 도중 방출하는 황화수소의 악취에 의해 그것의 존재가 확인된다. 황화수소는 철과 반응하여 황화철을 형성하므로 *Desulfovibrio* 같은 황산염-환원 세균은 난방체제, 하수관 및 기타 구조의 철 배관의 부식에 중요한 역할을 한다.

Bdellovibrio (del-lō-vib´rē-ō)는 또 다른 델타프로테오박테리

출현성 질병 사례연구

백일해

Jeeyun은 다시 기침을 하고 있는데 지난 2주 동안 기침을 간헐적으로 하고 있다. 곰곰히 생각했더라면, 뉴욕에 계신 할머니를 방문하고 비행기로 되돌아온 직후에 기침이 시작된 것을 알아차렸을 것이다. 캘리포니아로 돌아온 후 1주 이내에 콧물, 재채기, 미열 같은 감기 증상이 나타났지만, 그녀는 이를 기억하지 못하였다. 그녀가 아는 것은 기침이 심해져서 가슴이 아팠다는 것이다. 결국 기침으로 갈비뼈 2대가 부러졌다.

놀라운 통증은 Jeeyun이 본인도 모르게 오줌이 나오게 하였다. 기침이 그치자 그녀는 구토를 하고 기절하여 쓰러졌다. 이는 보통 기침이 아니었다! Jeeyun의 같은 방 친구는 응급구조 요청을 하였으며, 잠시 후 병원에서 응급실 의료진은 부러진 갈비뼈를 고정시키기 위해 그녀의 가슴에 붕대를 묶고 그 기침을 백일해로 진단하였다. 세균 *Bordetella pertussis*가 흔히 whooping cough로 알려진 백일해(pertussis)를 일으킨다. 이 병은 보통 어릴 때 일어나는 것으로 간주되지만, 어른들도 걸릴 수 있다. 성인의 경우, 여간해서 심한 증상 또는 특징적인 헐떡거리는 기침으로 발전하지는 않지만, Jeeyun의 경우에는 기침의 정도와 기간으로 신속하게 진단되었다.

면역이 백일해를 제어하는 유일한 길이지만 어른들이 자녀의 예방접종과 자신들의 추가접종을 잊을 수 있다. 그 결과 백일해가 산업화된 세계에서 주요 문제로 다시 대두되고 있다. 아마도 장시간 비행기 내에서 Jeeyun에게 일어난 것처럼, 감염된 사람들은 호흡기 비말 내 *Bordetella*를 그들의 이웃에 퍼뜨린다 (백일해에 대한 내용은 470-471쪽 참조).

1. 성인들은 왜 자신들을 위한 백일해 추가접종을 무시하는가?
2. 부모들은 왜 그들의 아이에게 백일해 예방접종을 하지 않는가?
3. 예방접종은 왜 단순히 개인적인이 아닌 사회적 결정인가?

표 4.3 감마프로테오박테리아의 대표적인 해당작용을 하는 통성 혐기성 세균

과	특별한 특징	대표적 속	전형적 인간 질병
Enterobacteriaceae	곧은 간균; 옥시다제 음성; 주모성 편모 또는 비운동성	*Escherichia*	위장염
		Enterobacter	(드물게 병원성)
		Serratia	(드물게 병원성)
		Salmonella	장염
		Proteus	요로 감염
		Shigella	시겔라증 (세균성 이질)
		Yersinia	흑사병
		Klebsiella	폐렴
Vibrionaceae	비브리오; 옥시다제 음성; 극성 편모	*Vibrio*	콜레라
Pasteurellaceae	구균 또는 곧은 간균; 옥시다제 음성; 비운동성	*Haemophilus*	유아 수막염, 중이염, 폐렴

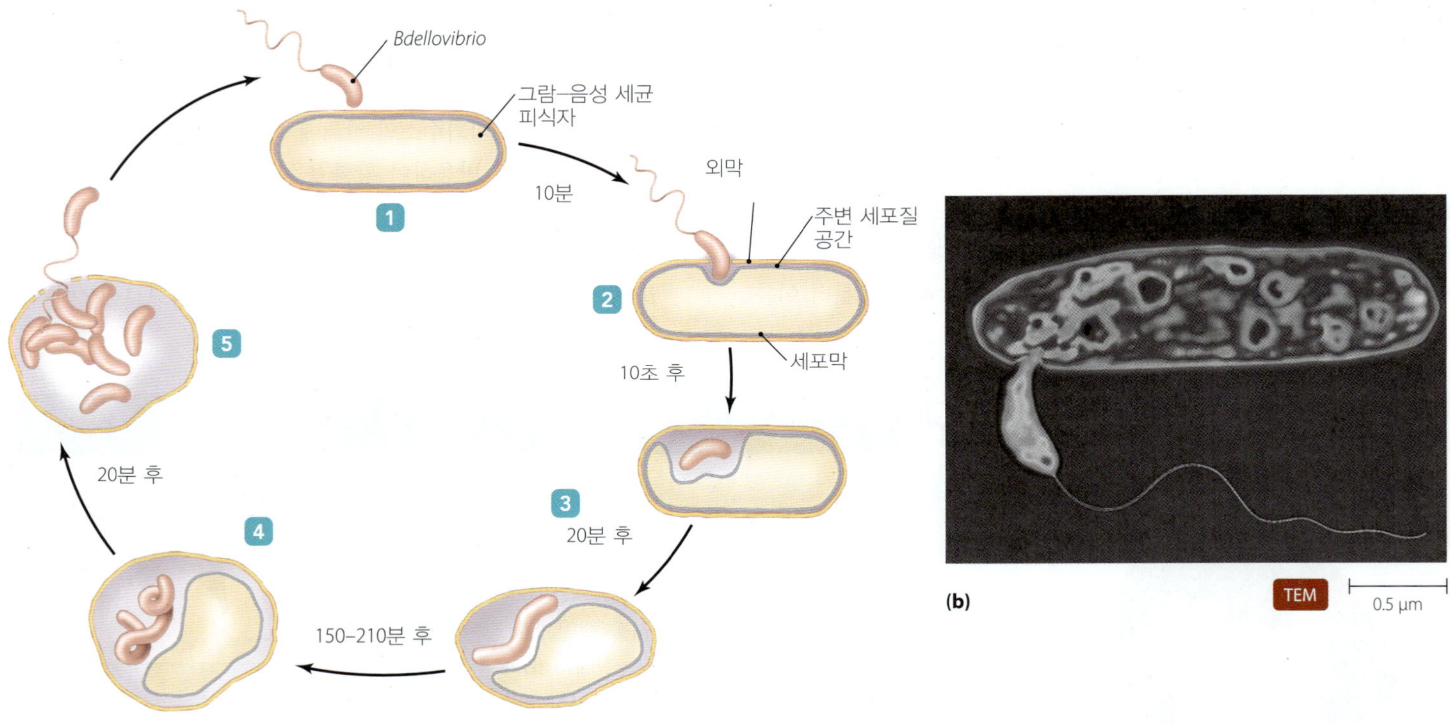

▲**그림 4.25 Bdellovibrio, 다른 그람-음성 세균의 그람-음성 병원체. (a)** 각 단계 간에 걸리는 시간을 포함한 생활사. **(b)** 그 숙주의 주변세포질 공간을 침투한 *Bdellovibrio*.

아로 다른 그람-음성 세균을 복잡하고 특이한 방식으로 공격하여 파괴한다 **(그림 4.25a)**:

1. 독립된 *Bdellovibrio*는 매질 내를 빠르게 헤엄쳐 그람-음성 세균에 핌브리아로 부착한다.
2. 이것은 가수분해 효소의 분비와 초당 100번 이상의 회전에 의해 그것의 먹이의 세포벽을 빠르게 뚫고 들어간다 **(그림 4.25b)**.
3. 일단 안으로 들어가면 *Bdellovibrio*는 세포막과 세포벽의 외막 사이 공간인 주변세포질 공간에서 산다. 그것은 숙주의 세포막을 파괴하고 DNA, RNA와 단백질 합성을 저해하여 그 숙주를 죽인다.
4. 침입한 세균은 그것의 죽어가는 먹이로부터 방출되는 영양분을 이용하여 긴 필라멘트로 자란다.
5. 결국 이 필라멘트는 한 번에 9개까지의 작은 세포로 분열하고 각각은 죽은 세포로부터 방출될 때 편모를 생성하여 헤엄쳐 나

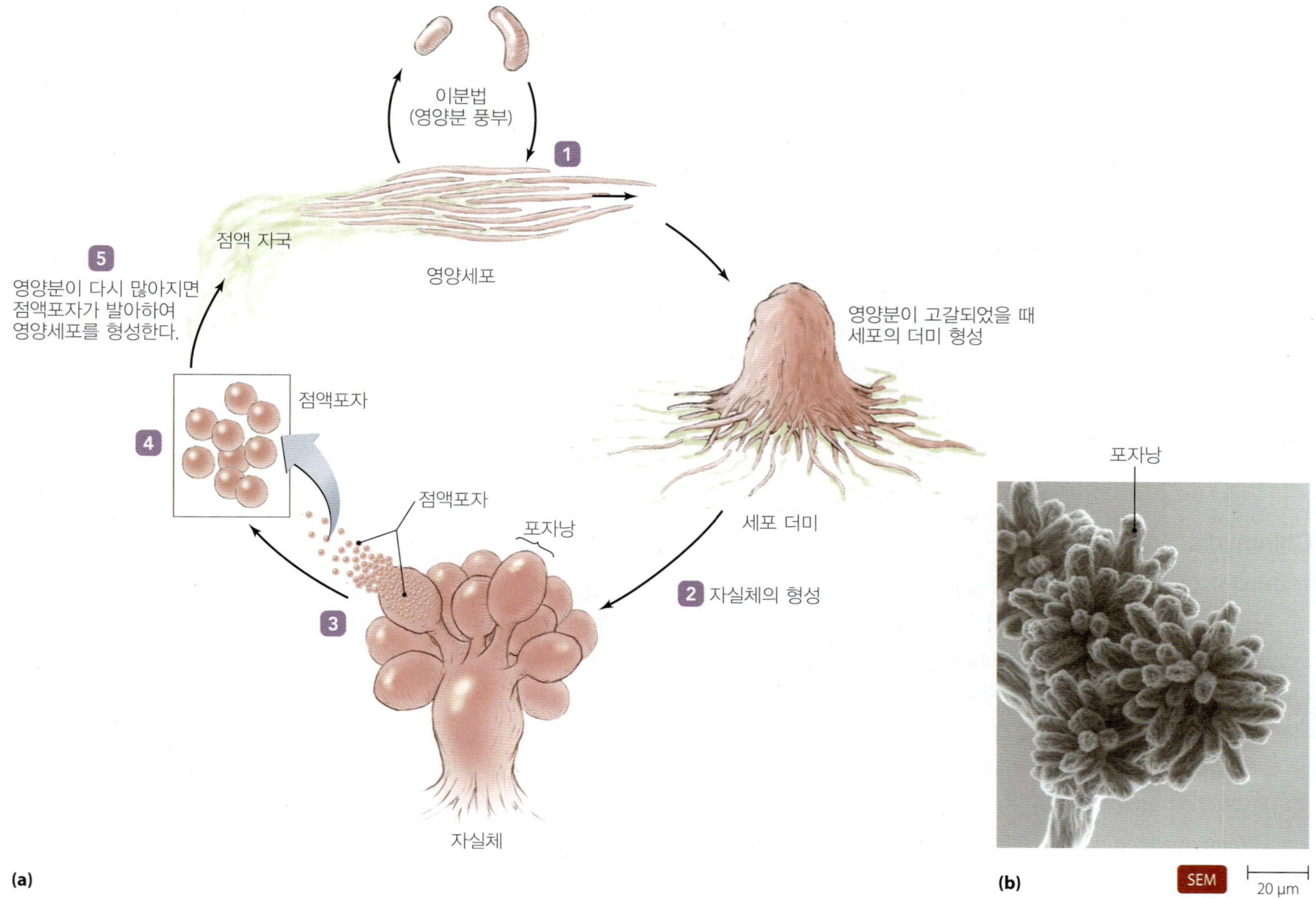

▲그림 4.26 Myxobacteria의 생활사. (a) 1 영양분이 많을 때 영양형 myxobacteria가 이분법으로 분열한다. 영양분이 고갈되면 세포의 더미로 모인다. 2 더미는 자실체를 형성한다. 3 자실체 내 일부 세포는 포자낭 내의 휴지기의 점액포자로 발달된다. 4 포자낭은 영양분이 다시 많아질 때까지 휴지기를 유지하는 점액포자를 방출한다. **(b)** *Chondromyces crocatus*의 자실체.

와 이 과정을 반복한다. 많은 후손을 만드는 복분열은 드문 증식 방법이다.

점액세균(myxobacteria)은 그람-음성, 호기성, 토양-서식 세균으로 각 세포가 협력하여 분화된 생식 구조를 만드는 독특한 생활사를 갖는다. Myxobacteria의 생활사는 다음과 같이 요약된다 (그림 4.26a):

1 영양형 myxobacteria는 그들의 환경을 통해 점액 상에서 활주하며 효모와 다른 세균을 잡아먹거나 죽은 세포로부터 방출되는 영양분을 얻는다. 영양분과 세포가 많을 때에는 myxobacteria가 이분법으로 분열하며 영양분이 고갈되면 활주에 의해 세포의 더미로 모인다.

2 더미 내 myxobacteria는 분화하여 50 내지 700 μm 높이의 큰 자실체(*fruiting body*)를 형성한다.

3 자실체 내 일부 세포는 포자낭 (*sporangia*, 단수는 *sporangium*; 그림 4.26b)이라는 벽으로 된 구조 내에 들어 있는 휴지기의 점액포자(*myxospore*)로 발달된다.

4 포자낭은 10년 또는 구 이상 동안 건조와 영양분 고갈에 견딜 수 있는 점액포자를 방출한다.

5 영양분이 다시 많으면 점액포자가 발아하여 영양형 세포가 된다.

Myxobacteria는 전 세계적으로 분해되는 식물 물질 또는 동물 배설물이 있는 토양에 산다. 비록 특정 종이 극지방에, 다른 종은 열대에 살지만 대부분의 myxobacteria는 온대 지역에 산다.

Epsilonproteobacteria 강

엡실론프로테오박테리아(Epsilonproteobacteria) 강은 그람-음성 간균, 비브리오 또는 나선균을 포함한다. 중요한 속은 패혈증과 장염을 일으키는 *Campylobacter* (kam´pi-lō-bak´ter)와 궤양을 일으키는 *Helicobacter* (hel´ĭ-kō-bak´ter)를 포함한다 (16장에 이 병원체에 대해 구체적으로 소개함).

델타와 엡실론프로테오박테리아의 특성은 113쪽의 표 4.4에 요약되어 있다.

다른 그람-음성 세균

학습 | 성과

4.27 Chlamydia와 spirochete의 독특한 성질에 대해 기술하라.
4.28 Bacteroid의 생태학적 중요성을 기술하라.

이 장의 마지막 절은 *Bergey's Manual* 2판에서 9개의 문으로 분류된 각종 그람-음성 세균을 유전적 연관성 때문에 편의상 하나로 묶어서 살펴본다. 9개 문 중 6개 문의 종들은 그 중요성이 비교적 작다. 여기에서는 나머지 3개 문의 대표적인 종류로 특별한 생태학적 관심이나 인간 건강에 중요한 영향을 미치는 종류를 소개한다: 클라미디아 (Chlamydiae 문), 스피로헤타 (Spirochaetes 문)와 박테로이드 (Bacteroidetes 문).

Chlamydia

클라미디아[Chlamydia (kla-mid ē-ăz)]라는 미생물은 작은 그람-음성 구균으로 포유류, 조류와 소수의 무척추동물의 세포 내에서만 자라고 증식한다. 가장 작은 chlamydia는 직경이 0.2 μm로 가장 큰 바이러스보다 작지만 바이러스와 달리 DNA와 RNA, 세포막, 작동하는 리보솜, 이분법에 의한 증식 및 대사경로를 갖는다. 다른 그람-음성 원핵생물처럼 chlamydia는 두 개의 막을 갖지만, 그들은 펩티도글리칸이 없다.

Chlamydia와 rickettsia는 모두 세포 내 생명을 요구하는 분명한 특징을 공유하기 때문에 이 두 종류는 *Bergey's Manual* 1판에서는 단일 분류군으로 묶였었다. 그러나 현재는 rickettsia가 알파프로테오박테리아로 분류되고, chlamydia는 그들 고유의 문으로 분류된다. Chlamydia는 신생아 실명, 폐렴 및 성병성 림프 육아종(*lymphogranuloma venereum*)이라는 성병을 일으키며, 실제로 chlamydia는 미국에서 가장 흔한 성병 유발 세균이다 (Chlamydia의 생활사는 그림 17.9에 있음).

Spirochete

스피로헤타(Spirochete)는 독특한 나선형 세균으로 주변세포질 공간 내에 있는 편모로 이루어진 축사(axial filament)에 의해 운동한다. 축사가 회전하면 전체 세포가 매질을 통해 나선형으로 움직인다.

스피로헤타는 다양한 종류의 대사를 가지며 다양한 서식지에 산다. 그들은 흔히 인간 구강, 해양 환경, 습한 토양 및 흰개미 장에 사는 원생동물의 표면에서 분리된다. 마지막의 경우에 그들은 원생동물에 두껍게 덮고 있어 섬모처럼 보이고 작용한다. Spirochete *Treponema* (trep-ō-ne´mă)와 *Borrelia* (bō-rē´lē-ā)는 사람에게 매독과 라임병을 각각 일으킨다.

Bacteroid

박테로이드(Bacteroid)는 또 다른 다양한 종류의 그람-음성 미생물로 그들의 rRNA 뉴클레오티드 서열의 유사성에 기초하여 같이 묶였다. 이 종류의 이름은 인간과 동물의 소화관에 보통 서식하는 절대 혐기성 간균의 속인 박테로이드(*Bacteroides*) (bak-ter-oy´dēz)로부터 유래한다. 박테로이드는 포유류가 소화시키지 못하는 셀룰로오스와 기타 복합 탄수화물 같은 물질의 분해에 의해 소화를 돕는다. 인간 배설물에서 분리된 세균의 약 30%가 박테로이드이다. 일부 종은 복부, 골반, 혈액 및 기타 감염을 일으킨다. 이들은 가장 흔한 혐기성 인간 병원체로 설사, 고열, 악취 나는 병변, 가스, 및 통증을 유발한다.

Cytophaga (sī-tof´ă-gă) 속의 박테로이드는 수서, 활주성, 막대형 호기성균으로 뾰족한 끝을 가진다. 이 세균은 한천, 펙틴, 키틴 및 셀룰로오스 같은 복합 다당류를 분해하여 나무로 된 배와 부두를 손상시키며 미처리 하수의 분해에도 중요한 역할을 한다. 그들의 활주능은 자신을 서식지에서 최적 영양분, pH, 온도 및 산소 수준에 자리 잡게 한다. *Cytophaga*의 세균은 그들이 비광합성이며 자실체를 형성하지 않는 점에서 남세균과 점액세균 같은 다른 활주세균과 다르다.

이 종류의 그람-음성 세균의 특성은 **표 4.4**에 요약되어 있다.

왜 그런가

그들의 매우 다양한 산소 내성, 크기, 모양과 영양 요구에도 불구하고 왜 세균은 모두 같은 영역(Bacteria)에 있는가?

표 4.4 일부 그람-음성 세균의 특성

문/강	대표적 구성원	특별한 성질	질병
Proteobacteria			
Alphaproteobacteria	*Azospirillum*	질소고정 세균	
	Rhizobium	질소고정 세균	
	Nitrobacter	질산화 세균	
	자색 비유황 세균	산소비발생 광영양체	
	Rickettsia	세포 내 병원체	발진티푸스와 록키산 홍반열
	Brucella	구간균	브루셀라병
	Acetobacter, Gluconobacter	아세트산 합성	
	Caulobacter	프로스테카 생성세균	
	Agrobacterium	식물에 종양 생성; 식물에 유전자 전달 벡터	
Betaproteobacteria	*Nitrosomonas*	질산화 세균	
	Neisseria	쌍구균	임질과 수막염
	Bordetella		백일해
	Burkholderia		낭포성 섬유증 환자의 폐 감염
	Thiobacillus	무색 유황 세균	
	Zoogloea	하수처리에 사용	
	Sphaerotilus	하수처리를 저해	
Gammaproteobacteria	자색 유황 세균	혐기성 광합성	
	Legionella	세포 내 병원체	레지오넬라병
	Coxiella	세포 내 병원체	Q열
	Methylococcus	메탄 산화	
(과: Enterobacteriaceae Vibrionaceae Pasteurellaceae)	해당작용을 하는 통성 혐기성균: *Esherichia, Enterobacter, Serratia, Salmonella, Proteus, Shigella, Yersinia, Klebsiella, Vibrio, Haemophilus*	해당작용과 오탄당 인산 경로를 통해 탄수화물을 대사하는 통성 혐기성균	110쪽의 표 4.3 참조
	Pseudomonas	Entner-Doudoroff와 오탄당 인산 경로를 통해 탄수화물을 대사하는 호기성균	요로감염, 외이염
	Azotobacter	식물 뿌리와 연관되지 않는 질소고정 세균	
	Azomonas		
Deltaproteobacteria	*Desulfovibrio*	황산염 환원세균	
	Bdellovibrio	그람-음성 세균의 기생체	
	Myxobacteria	분화된 자실체 형성에 의해 증식	
Epsilonproteobacteria	*Campylobacter*	굽은 간균	위장염
	Helicobacter	나선균	위궤양
Chlamydiae			
Chlamydiae	*Chlamydia*	세포 내 병원체; 펩티도글리칸 결여	신생아 실명과 성병성 림프육아종
Spirochaetes			
Spirochaetes	*Treponema*	축사로 운동	매독
	Borrelia	축사로 운동	라임병
Bacteroidetes			
"Bacteroidia"[a]	*Bacteroides*	동물 대장에 사는 혐기성균	복부 감염
"Sphingobacteria"	*Cytophaga*	복합 다당류 분해	

[a]따옴표 내의 분류군명은 공식적으로 인정되지 않았음.

임상 미생물 후속내용

당뇨가 발 감염을 일으킬 수 있는가?

의사는 당뇨성 발 감염을 가진 Sean을 진단하고 그의 병변은 *Clostridium perfringens*라는 절대 혐기성 세균으로 감염되었다고 그에게 말했다. 이 질병을 가진 많은 환자들은 결국 절단을 하게 된다. 다행히도 Sean의 경우는 초기 별견과 진단으로 발가락 절단은 피할 수 있었지만 여전히 치료하기 어려웠다. 자신의 병을 잘 관리하지 않은 인슐린-의존 당뇨병 환자인 Sean은 신경 손상이 일어나 발에 혈류가 감소하였다. 감소된 혈류는 조직에 산소 함량의 감소뿐만 아니라 감염 부위에 도달하는 항생물질의 능력을 제한하고 치유 과정을 느리게 함으로써 감염 치료를 어렵게 만들었다. 병변의 죽거나 손상받은 조직은 항미생물제의 효능을 더욱 감소시켰다.

정기적인 괴사조직 제거와 항생제 이외에, 의사는 고압치료를 추천하였다. 이 치료는 감염된 조직을 포화시키기 위해 고압 산소를 투여하는 밀폐 장치에 Sean이 들어가는 것을 요구하였다. 이 치료는 *C. perfringens*에 매우 효과적이었는데 혐기성 세균이 산소를 견디지 못하기 때문이었다.

이런 적극적 치료로 절단을 피할 수 있게 하였지만, 당뇨성 발 문제는 흔히 재발한다. Sean은 금연, 혈당 제어와 그의 나쁜 식습관과 그에 따른 체중 문제를 다루는 것을 포함하여 심각하게 생활의 변화가 필요하였다. 그는 또한 정기적인 발 치료와 일 년에 적어도 4번의 철저한 발 검사를 해야만 했다. 이는 그의 나머지 생을 위해 심각하게 해야만 하는 전쟁이며 아니면 그는 신경장애-관련 감염 때문에 사지를 절단해야만 하는 많은 당뇨 환자 중 하나가 될 것이다.

1. **Sean의 당뇨병에 의해 발생하거나 복잡하게 되는 어떤 조건이 *C. perfringens*가 자라게 하는 독특한 환경을 만드는가?**
2. **어떤 clostridia의 특성이 간호사가 상처를 절개했을 때, 악취가 방 안에 퍼지게 만들었는가?**

보이지 않는 것의 탐구: 원핵세포의 배열

이 QR 코드를 당신의 스마트폰으로 검색하여 Bauman 박사의 비디오 가정교사로 계속 공부하라.

단원요약

원핵생물의 일반적 특성 (90 – 93쪽)

1. 원핵세포의 세 가지 기본 형태는 **구균**, 막대-모양의 **간균**과 **나선균**이다. 나선형은 딱딱한 (**나선균**) 또는 유연한 (**스피로헤타**) 종류가 있다.
2. 형태의 다른 변형에는 **비브리오** (약간 굽은 막대), **구간균** (구균과 간균 사이의 모양)과 **다형성** (모양과 크기가 바뀌는)이 있다.
3. 그람-양성 세균 *Bacillus*와 *Clostridium*의 영양형 세포 내에서 환경적으로 내성이 있는 **내생포자**가 형성된다. 그들이 형성되는 종에 따라 내생포자는 세포의 중앙, 준 말단 또는 끝에 형성된다.
4. 원핵생물은 **이분법, 꺾기 분열** (이분법의 한 종류), **포자** 형성 및 **출아법**에 의해 무성적으로 증식한다.
5. 구균은 전형적으로 긴 사슬 (**연쇄상구균**), 쌍 (**쌍구균**), 4개 (**사분자**), 입방체 (**팔련구균**) 및 덩어리 (**포도상구균**)를 포함한 무리로 존재한다.
6. 간균은 단독, 쌍, 사슬 또는 **울타리** 배열을 한다.

현대적 원핵생물 분류 (94 – 95쪽)

1. 살아있는 것들은 유전적 연관성에 주로 기초하여 현재 고균, 세균과 진핵생물의 세 영역으로 분류된다.
2. 현대 원핵생물 분류학에 가장 권위 있는 인용문헌은 *Bergey's Manual of Systematic Bacteriology* 2판으로 원핵생물을 고균 2 문과 세균 24개 문으로 분류하고 있다. 이책의 원핵생물 내용은 크게 Bergey의 분류 체제를 따르고 있다.

고균 (95 – 97쪽)

1. 고균 영역은 생존하는데 극단적인 조건의 온도, pH, 염분도 등의 조건을 요구하는 미생물인 **극한생물**을 포함한다.
2. **호열성생물**과 **초호열성생물** (크렌고균과 유리고균 문)은 각각 45°C와 80°C 이상의 온도에서 사는데 낮은 온도에서는 그들의 DNA, RNA, 세포막과 단백질이 잘 작동하지 않기 때문이다.
3. **호염성생물** (유리고균 문)은 그들의 세포벽의 온전성 유지를

위해 높은 염분 농도에 의존한다. *Halobacterium salinarum* 같은 호염성생물은 광 에너지를 흡수하여 ATP를 합성하는 **박테리오로돕신**이라는 자색 단백질을 합성한다.

4. **메탄생성균** (유리고균 문)은 절대 혐기성으로 메탄 가스를 생성하며 하수처리에 유용하다.

세균 (97 – 113쪽)

1. **오랜 기원의 세균**은 초기 세균의 그것과 유사하다고 생각되는 rRNA 서열을 갖고 있다. 그들은 독립영양성으로 뜨겁고, 산성의 혐기성 환경에 살며 강렬한 태양에 노출된다.
2. 광영양성 세균은 광합성 박막층으로 빛을 흡수한다. 광영양성 세균의 5개 부류는 남세균, 녹색 유황 세균, 녹색 비유황 세균, 자색 유황 세균과 자색 비유황 세균이다.
3. 많은 남세균은 **질소 고정**이라는 과정을 통해 대기의 N_2를 NH_3로 환원시킨다. 질소 고정이 광합성 중 발생하는 산소에 의해 저해받기 때문에 남세균은 산소발생형 광합성과 질소 고정 대사경로를 분리해야 한다 (시간 또는 공간적으로). 많은 남세균은 **이형세포**라는 두꺼운 벽으로 된 세포에서 질소를 고정한다.
4. 녹색과 자색 세균은 산소비발생형 광합성을 위해 세균엽록소를 이용한다. 비유황 세균은 유기화합물로부터 전자를 얻으며 유황 세균은 H_2S로부터 전자를 얻는다.
5. Firmicutes 문은 50% 이하의 G + C 함량 (모든 guanine-cytosine 염기쌍의 백분율)의 세균을 포함한다. Firmicutes는 clostridia, mycoplasma와 기타 저 G + C 구균과 간균을 포함한다.
6. Clostridia는 *Clostridium* 속 (괴저, 파상풍, 보툴리누스증과 설사를 유발하는 병원성 세균), *Epulopiscium* (현미경 없이 보기에 충분히 큼)과 *Selenomonas* (흔히 충치에 존재)를 포함한다.
7. **Mycoplasma**는 그람-양성, 다형성, 통성 혐기성 및 절대 혐기성 세균으로 세포벽이 없어 그람 염색에서 적색으로 염색된다. 그들은 흔히 폐렴 및 요로 감염과 연관된다.
8. 저 G + C 그람-양성 간균과 구균은 인간 건강과 산업에 중요한데 *Bacillus* (탄저병과 식중독을 유발하는 종을 포함하며 유익한 Bt-독소 세균도 포함됨), *Listeria* (균혈증과 수막염을 유발), *Lactobacillus*(요구르트와 피클 생산에 사용), *Streptococcus* (패혈성 인두염 및 기타 질병 유발), *Enterococcus* (심내막염과 기타 질병 유발)와 *Staphylococcus* (여러 인간 질병을 일으킴)를 포함한다.
9. 고 G + C 세균 (*Corynebacterium, Mycobacterium*과 방선균)은 Actinobacteria 문에 속한다.
10. *Corynebacterium*의 세균은 인산염을 **이염과립** 내에 저장하며 *C. diphtheriae*는 디프테리아를 일으킨다.
11. 결핵과 나병을 일으키는 종을 포함하는 *Mycobacterium* 속의 구성원은 느리게 자라며왁스 같은 **마이콜산(mycolic acid)**를 포함하는 독특한 저항성 있는 세포벽을 가진다.
12. **Actinomycetes**는 포자를 생성하고 필라멘트를 형성하는 점에서 진균과 유사하다. 이 종류는 *Actinomyces* (보통 인간 구강에서 발견됨), *Nocardia* (오염물질의 분해에 유용)와 *Streptomyces* (중요한 항생물질을 생산)를 포함한다.
13. **Proteobacteria** 문은 매우 큰 그람-음성 세균군으로 알파, 베타, 감마, 델타와 엡실론의 5개 강으로 나뉜다.
14. **Alphaproteobacteria**는 다양한 호기성 세균을 포함하며 그중 많은 것은 프로스테카라는특이한 세포 돌출부위를 갖는다. *Azospirillum*과 *Rhizobium*은 농업에 중요한 질소 고정세균이다.
15. Alphaproteobacteria의 일부 구성원은 식물 뿌리와 연관되며 **질산화**라는 과정을 통해 NH_3를 NO_3^-로 산화시키는 **질산화 세균**이 있다. 질산화 alphaproteobacteria는 *Nitrobacter* 속에 있다.
16. 대부분의 자색 비유황 광합성세균은 alphaproteobacteria이다.
17. 병원성 alphaptoteobacteria는 *Rickettsia* (발진티푸스와 록키산 홍반열)와 *Brucella* (브루셀라병)를 포함한다.
18. 많은 유익한 alphaproteobacteria가 있는데 *Acetobacter*와 *Gluconobacter*는 모두 아세트산 합성에 이용된다. *Caulobacter*는 생식 연구에 흥미로우며 *Agrobacterium*은 식물의 유전자 재조합에 이용된다.
19. **Betaproteobacteria**는 질산화세균인 *Nitrosomonas* 및 *Neisseria* (임질), *Bordetella* (백일해)와 *Burkholderia* (낭포성 섬유증 환자의 폐에 사는) 같은 병원성 종을 포함한다.
20. 다른 betaproteobacteria에는 *Thiobacillus* (생태학적으로 중요함), *Zoogloea* (하수처리에 유용함) 및 *Sphaerotilus* (하수처리를 방해함)가 포함된다.
21. **Gammaproteobacteria**는 proteobacteria의 가장 큰 강을 구성하며 자색 유황 세균, 세포 내 병원체, 해당작용과 오탄당 인산 경로를 이용하는 통성 혐기성 세균 및 pseudomonad를 포함한다.
22. *Legionella*와 *Coxiella*는 모두 세포 내 병원성 gammaproteobacteria이다.
23. **메탄 산화세균**은 메탄을 탄소 및 에너지원으로 이용하는 미호기성 세균이다.
24. 수많은 인간 병원체는 해당작용으로 탄수화물을 분해하는 통성 혐기성 gammaproteobacteria이다.
25. 병원성 *Pseudomonas*와 질소고정 *Azotobacter*와 *Azomonas*를

포함하는 **pseudomonad**는 포도당의 분해에 Entner-Doudoroff와 오탄당 인산 경로를 이용한다.

26. **Deltaproteobacteria**는 *Desulfovibrio* (황 순환과 배관 부식에 중요), *Bdellovibrio* (세균에 대한 기생체)와 **myxobacteria**를 포함한다. Myxobacteria는 내성의 휴지기 myxospore를 가진 자루형의 자실체를 형성한다.
27. **Epsilonproteobacteria**는 *Campylobacter*와 *Helicobacter*를 포함한 일부 중요한 인간 병원체를 포함한다.
28. **Chlamydia**는 그람-음성 구균으로 대표적인 것은 *Chlamydia*로 신생아 실명, 폐렴과 성병을 일으킨다.
29. **Spirochete**는 유연한 나선형 세균으로 다양한 환경에 산다. *Treponema* (매독)와 *Borrelia* (라임병)는 중요한 spirochete이다.
30. **Bacteroid**는 소화관에 사는 절대 혐기성 간균인 *Bacteroides*와 나무와 미처리 하수의 유기물을 분해하는 호기성 간균인 *Cytophaga*를 포함한다.

복습문제

복습문제에 대한 답 (단답형 문제 제외)은 A-1에 있다.

변형된 진위형

다음 설명이 맞으면 빈칸에 O로 표시하라. 각 설명이 틀리면 설명이 맞게 밑줄 친 단어를 고쳐라.

1. ________________ 모든 원핵생물은 유성적으로 생식한다.
2. ________________ Bacillus는 약간 굽은 막대형 세균이다.
3. ________________ 만일 당신이 staphylococci를 본다면 세포의 덩어리를 보게 될 것이다.
4. ________________ Chlamydia는 펩티도글리칸 세포벽을 가진다.
5. ________________ 고균은 주로 tRNA 서열에 근거해 문으로 분류된다.
6. ________________ 호염균은 Great Salt Lake 같은 극도로 염분이 많은 서식지에 산다.
7. ________________ 광영양성 세균의 틸라코이드에 위치한 색소는 대사과정을 위한 빛 에너지를 포집한다.
8. ________________ 대부분의 남세균은 질소고정이 일어나는 이형세포를 형성한다.
9. ________________ 현미경 없이 볼 수 있는 거대 세균은 *Selenomonas*이다.
10. ________________ 환경의 영양물질이 고갈되면 myxobacteria는 모여서 더미를 형성하여 자실체를 만든다.

연결형

왼쪽의 세균을 오른쪽의 가장 밀접하게 연관된 용어와 연결하라.

1. _____ *Bacillus anthracis*	A. 목재 손상
2. _____ *Selenomonas*	B. 치아 생물막 (치태)
3. _____ *Clostridium perfringens*	C. 괴저
4. _____ *Clostridium botulinum*	D. 보톡스
5. _____ *Bacillus licheniformis*	E. 탄저병
6. _____ *Streptococcus*	F. 성병성 림프육아종
7. _____ *Streptomyces*	G. 나병
8. _____ *Corynebacterium*	H. tetracycline
9. _____ *Gluconobacter*	I. 식초
10. _____ *Bordetella*	J. 요구르트
11. _____ *Zoogloea*	K. 농가진
12. _____ *Rhizobium*	L. bacitracin
13. _____ *Desulfovibrio*	M. 철 배관 부식
14. _____ *Chlamydia*	N. 백일해
15. _____ *Cytophaga*	O. 질소 고정
	P. 플록 형성
	Q. 디프테리아

선다형

1. 세포의 울타리 배열을 만드는 원핵생물의 생식 종류는 ________________ 이다.
   a. 다형성 분열 c. 꺾기 분열
   b. 내생포자 형성 d. 이분법
2. 남세균 필라멘트 중간에 생기는 두꺼운 벽의 생식 포자는 ________________ 이다.
   a. 비운동성 포자 c. 이염과립
   b. 말단 내생포자 d. 이형세포
3. 다음 어느 것이 딱딱한 나선형 원핵세포를 가장 잘 가리키는가?
   a. cocci c. spirilla
   b. bacilli d. spirochete

4. 내생포자는 ________________.
   a. 수십 년 간 살아남을 수 있다
   b. 끓는 물에서 살아남을 수 있다
   c. 가사상태로 존재한다
   d. 위의 모든 것

5. *Halobacterium salinarum*은 어떻게 독특한가?
   a. 그 세포벽 유지를 위해 높은 염분 농도에 절대적으로 의존한다.
   b. 육상 화산 서식지에 존재한다.
   c. 엽록소 없이 광합성을 한다.
   d. 5백만 라드(rad)의 방사선에 생존할 수 있다.

6. 광합성 세균으로 질소를 고정하는 것은 ________________ 이다.
   a. mycoplasma c. bacteroid
   b. spirilla d. cyanobacteria

7. 어느 속이 가장 흔한 혐기성 인간 병원체인가?
   a. *Bacteroides* c. *Chlamydia*
   b. *Spirochetes* d. *Methanopyrus*

8. 유연한 나선형 원핵생물은 ________________ 이다.
   a. spirilla c. vibrio
   b. spirochete d. rickettsia

9. 질소 기체를 암모니아로 전환하는 세균은 ________________ 이다.
   a. nitrifying bacteria c. nitrogen fixer
   b. nitrogenous d. nitrification bacteria

10. 세포벽에 mycolic acid를 가진 것은 ________________이다.
   a. *Corynebacterium* c. *Nocardia*
   b. *Listeria* d. *Mycobacterium*

시각화하기!

1. 이들 원핵세포의 모양을 무엇이라 하는가?

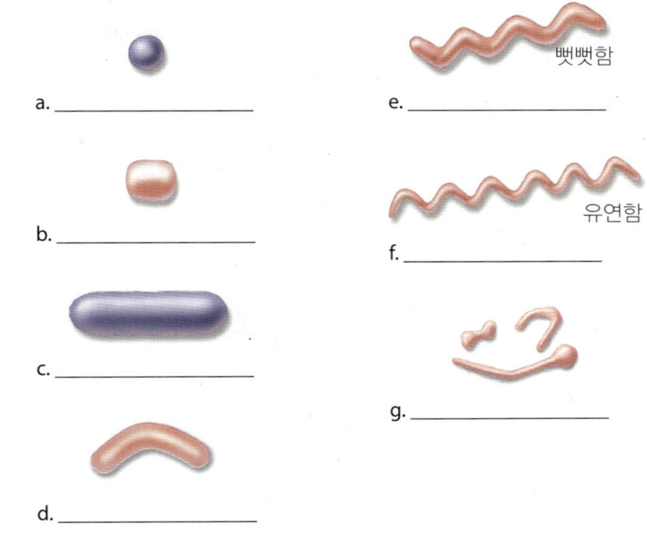

2. 세포 내 이 내생포자의 위치를 기술하라.

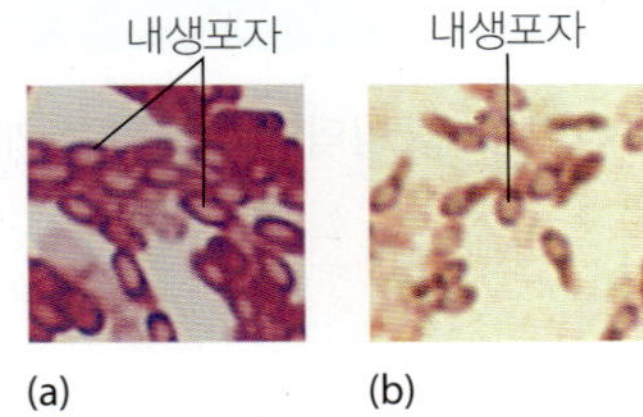

단답형

1. *Bergey's Manual*의 1판은 미생물 분류를 형태학적 및 생화학적 특성에 의존하였지만 신판은 리보솜 RNA 서열에 초점을 맞춘다. 세균의 구분 및 분류를 위한 여러 다른 기준을 나열하라.
2. 무엇이 극한생물인가? 두 종류를 기술하고 예를 들라.
3. 이 장에서 "활주하는" 것으로 거론된 3가지 종류의 세균의 이름을 들고 기술하라.
4. 3가지 종류의 저 G + C 그람-양성 세균의 이름을 들라.
5. 세균과 고균 세포를 비교하고 대비하라.
6. 한 학생이 세균의 배열을 암기하는데 간균 보다 구균의 배열이 더 많은 것을 보았다. 이는 왜 그런가?
7. *Agrobacterium*이 재조합 DNA 기술에 어떻게 사용되는가?
8. Proteobacteria 문의 5가지 분명한 강의 이름을 들고 기술하라.
9. 이전에 남조류라 부르던 생물이 왜 지금은 남세균으로 부르는지 설명하라.
10. 질산화와 질소고정 과정을 대비하라.

비판적 사고

1. 한 미생물학 학생은 "오랜 기원의 세균"을 *Streptomyces*와 유사한 가지를 치는 필라멘트 성장 습관을 가진 세균으로 기술하였다. 당신은 이 기술에 동의하는가? 왜 그런가 아니면 왜 그렇지 않은가?
2. 산화철 (녹)은 철이 특히 물이 존재할 때 산소에 노출되면 생긴다. 그럼에도 불구하고 철 배관은 전형적으로 산소를 함유한 토양에 묻혔을 때보다 습한 혐기성 토양에 묻혔을 때 보다 빨리 부식된다. 왜 그런지 설명하라.
3. 왜 그람-양성 종은 축사를 갖지 않는가?
4. 비록 *Clostridium*이 절대 혐기성 세균이지만, 그것은 당신 피부의 노출된 표면에서 쉽게 분리될 수 있다. 어떻게 이것이 가능한지 설명하라.
5. Louise Pasteur는 말했다, "자연에서 아주 작은 생물의 역할은 매우 크다." 건강, 산업과 환경에서 미생물의 역할의 예를 들어 그가 의미한 것을 설명하라.
6. 세균의 내생포자가 방선균의 포자와 어떻게 다른가?
7. 100°C의 열천에 사는 원핵생물을 발견한 과학자가 그것이 고균에 속하는지 의심하였다. 왜 그녀는 그것이 고균일지 모른다고 생각하는가? 그것이 세균이 아니라는 것을 그녀는 어떻게 증명할 수 있는가?
8. 질소 고정과 질산화 과정을 대비하라.
9. *Desulfovibrio*와 *Bdellivibrio*의 이름이 이 deltaproteobacteria의 모양에 대해 무엇을 나타내는가?

개념도 작성

다음 용어를 사용하여 고균 영역을 묘사하는 개념도를 작성하라.

>45°C
동물 결장
호염성생물
메탄
하수 처리
>80°C
질병
열수분출공
메탄생성균
호열성생물
17–25% 염
극한생물
초호열성생물
펩티도글리칸
호산성생물
Great Salt Lake
낮은 pH
원핵생물

5 진핵생물의 특성 및 분류

천국으로부터의 기념물

Maria는 미국의 Florida Keys에서 일생일대의 휴가를 보내고 있었다. 그녀는 아침에는 열대 고기와 산호초로 멋진 곳에서 스쿠버 다이빙을 즐기고 있었으며 오후에는 해변에 누워 음악을 듣고 독서를 하였다. 격동의 세월 속에 몇 번의 정리 해고를 이겨내며 월가의 분석가로 살아오면서 느꼈던 스트레스로부터 해방감을 느꼈다.

그러나 휴가에서 돌아온 직후 두통과 고열로 시달렸다. 그녀는 관절이 아프고 팔에 발진이 생기며 눈 뒤에 찌르는 듯한 통증을 느꼈다. 그녀는 의사를 찾아가 바퀴가 18개인 트럭에 머리를 부딪치는 것 같이 느꼈다고 말하였다. 그녀의 병력과 최근 여행에 대하여 경청한 후 의사는 다양한 혈액시험을 지시하였다.

Maria의 꿈의 여행에서 무슨 일이 일어났는가? 그녀는 어떻게 이 병을 앓게 되었는가? 이 장의 끝 (149쪽)에서 찾아보라.

진핵성 미생물은 흥미롭고 거의 어리둥절할 정도로 다양한 집합들을 포함한다. 진핵 미생물에는 단세포와 다세포 원생동물(protozoa)[1], 진균(fungi)[2], 조류(algae)[3], 수생균류 및 점균류가 있다. 추가적으로 미생물학자들은 기생성 기생충(helminth)[4]도 연구하는데, 그것들이 현미경적인 단계를 가지기 때문이며, 그들은 또한 미생물 병원체의 전파에 밀접하게 관여하므로 절지동물 벡터도 연구한다. 진핵생물은 인간 생명에 중요한 인간 병원체와 생물 모두를 포함한다. 예를 들어, 규조라는 한 종류의 해양 조류와 와편모충류[dinoflagellate (dī´nō-fla´ĕ-lātz)]라는 원생동물은 해양 먹이사슬의 기초를 제공하며 세계 산소의 대부분을 생산한다. 진핵성 진균은 페니실린을 생산하며 작은 제빵 및 양조 효모는 빵과 알코올 음료 생산에 필수적이다.

전 세계적으로 사망 원인의 20가지 가장 흔한 미생물 중 6개가 진핵생물로 말라리아, 아프리카 수면병과 아메바성 이질의 원인체를 포함한다. *Pneumocystis* 폐렴, 톡소플라스마증 및 AIDS 환자의 흔한 고통의 원인인 크립토스포리디오증은 모두 진핵성 병원체에 의해 일어난다.

이전 장에서는 세포의 특성인 대사, 생장과 유전에 대해 알아보았다. 이 장에서는 미생물학자들에게 흥미로운 진핵생물인 원생동물 (단일 세포성 "동물"), 진균, 조류, 수생균류와 점균류를 소개하고 기생성 기생충 및 매개체와 미생물학 간의 관계에 대한 짧은 토의로 결론짓는다.

진핵생물의 생식과 분류의 일반적 특징의 소개로 시작하며, 그 다음 절은 유익한, 환경적으로 중요한 그리고 특이한 종에 초점을 맞춰 미생물학적으로 중요한 진핵생물 종류의 일부 대표적인 구성원을 소개한다 (12-17장은 인간 질병의 진균과 기생성 원인체 및 매개체에 대해 구체적으로 소개함).

진핵생물의 일반적 특성

진핵생물의 일반적 특성에 대한 소개는 진핵생물 생식에 대한 내용으로 시작하며 그 후 진핵생물의 큰 다양성 분류의 복잡한 문제에 대한 내용이 설명된다.

진핵생물의 생식

학습 | 성과

5.1 진핵생물의 생식이 원핵생물의 생식보다 왜 더 복잡한지 4가지 이유를 들라.

5.2 염색체, 염색분체, 동원체와 방추체를 거론하면서 체세포분열을 설명하라.

5.3 상동 염색체, 사분자와 교차를 거론하면서 감수분열을 체세포분열과 대비하라.

5.4 핵분열, 세포질 분열과 증원생식을 구분하라.

생명체의 독특한 특성은 자신의 생식 능력이다. 원핵생물 생식은 전형적으로 DNA의 복제와 세포질의 이분법으로 두 개의 동일한 후손을 만드는 것을 포함한다. 진핵생물의 생식은 다음의 여러 이유로 원핵생물의 생식보다 복잡하고 다양하다:

- 진핵생물 DNA의 대부분은 히스톤 단백질과 결합하여 핵 안에서 염색질[*chromatin* (krō´ma-tin)] 섬유 형태로 염색체(*chromosome*)로서 존재한다. 진핵세포 내의 남은 DNA는 원핵생물 생식과 유사한 방식의 이분법으로 증식하는 세포 내 소기관인 미토콘드리아와 엽록체에 존재한다.
- 진핵생물은 이분법, 출아법, 분절, 포자 생성 및 증원생식[*schizogony* (ski-zog´ō-nē), 나중에 소개됨]을 포함한 다양한 무성생식 방법을 갖는다.
- 많은 진핵생물은 배우자(*gamete*)라는 생식세포의 형성과 차후 두 배우자의 융합으로 접합자(*zygote*)라는 세포를 형성하는 과정을 포함하는 유성생식을 한다.
- 추가적으로 조류, 진균과 일부 원생동물은 유성과 무성생식 모두를 이용한다 (동물은 일반적으로 한 가지 또는 다른 방식만으로 생식).

진핵생물 생식은 핵분열(nuclear division)과 세포질 분열(cytokinesis라고도 함)의 두 종류의 분열을 포함한다. 이 두 종류 분열의 다양한 측면을 소개한 후 증원생식을 살펴보자.

핵분열

전형적으로 진핵생물 핵은 세포 유전체의 하나 또는 두 개의 완전한 염색체 부위의 사본을 갖는다. 각 염색체의 하나의 사본을 가진 핵을 **반수체(haploid)**[5] 또는 $1n$ 핵이라 하며 두 세트의 염색체를 가진 핵을 **배수체(diploid)**[6] 또는 $2n$ 핵이라 한다. 일반적으로 각 생물은 일정한 수의 염색체를 가진다. 예를 들어, 제빵효모 *Saccharomyces cerevisiae*[7] (sak-ă-rō-mī´sēz se-ri-vis´ē-ī)의 각 반수체 세포는 16개의 염색체를 갖는다.

대부분의 진균, 많은 조류와 일부 원생동물은 반수체이며 대부분의 식물과 동물 및 나머지 진균, 조류와 원생동물의 세포는 배수체이다. 전형적으로 배우자는 반수체이며 접합자 (배우자의 융합으로 형성된)는 배수체이다.

한 세포는 그 핵을 나누어 그 염색체 DNA의 한 사본이 그것의 각 후손에게 전달되어 각각의 새로운 세대가 생명을 유지하는

[1]그리스어로 "처음"을 뜻하는 *protos*와 "동물을 의미하는 *zoion*에서 유래
[2]"버섯"을 뜻하는 라틴어 *fungus*의 복수형
[3]"해초"를 뜻하는 라틴어 *alga*의 복수형
[4]"벌레"를 뜻하는 그리스어 *helmins*로부터 유래
[5]"단일"을 뜻하는 그리스어 *haplos*로부터 유래
[6]"이중"을 뜻하는 그리스어 *diplos*로부터 유래
[7]그리스어로 "당"을 뜻하는 *sakcharon*과 "진균"을 뜻하는 *mykes* 및 "맥주"를 의미하는 라틴어 *cerevisiae*에서 유래

데 필요한 유전적 정보를 갖게 한다. 핵분열에는 체세포분열[*mitosis* (mī-tō´sis)]과 감수분열[*meiosis*(mī-ō´sis)]의 두 가지 종류가 있다.

체세포분열 진핵세포는 그들의 생활사에 다음의 두 개의 주요 단계를 가진다: 세포가 자라고 결국 그들의 DNA를 복제하는 시기인 간기(*interphase*)[8]와 세포의 핵이 분열하는 단계. 세포가 그 DNA를 복제하여 두 개의 동일한 DNA 사본을 만든 후 시작하는 **체세포분열(mitosis)**[9]이라는 핵분열에서 세포는 그 복제된 DNA를 두 핵에 똑같이 나눈다. 이같이 체세포분열은 부모 핵의 배수성(ploidy)을 유지한다. 즉 체세포분열을 하는 반수체 핵은 두 개의 반수체 핵을 만들고 체세포분열을 하는 배수체 핵은 두 개의 배수체 핵을 만든다.

체세포분열은 다음의 네 단계를 갖는다: 전기, 중기, 후기, 및 말기. 체세포분열의 과정은 다음과 같다 **(그림 5.1a)**:

1. **전기(prophase)**[10]**.** 세포가 그 DNA 분자를 염색분체[*chromatid* (krō´mă-tid)]라는 눈에 보이는 실로 응축시킨다. 두 개의 동일한 염색분체인 자매 DNA 분자는 동원체(*centromere*)라는 부위에 같이 붙어 하나의 염색체를 형성한다. 또한 전기 중 미세소관 세트가 세포질 내에서 만들어져 방추체(*spindle*)를 형성한다. 대부분의 세포에서 핵막이 전기 도중 분해되어 체세포분열은 세포질 내에서 자유롭게 일어나지만 많은 진균과 일부 단세포성 미생물 (예, 규조류와 와편모충류)은 그들의 핵막을 유지하여 체세포분열이 그들의 핵 안에서 일어난다.
2. **중기(metaphase)**[11]**.** 염색체가 세포의 가운데 적도면에 나열되고 그들의 동원체 근처에 방추체의 미세소관을 부착한다.
3. **후기(anaphase)**[12]**.** 자매 염색분체가 분리되어 방추체의 양극 쪽으로 미세소관을 따라 이동한다. 이때 각 염색분체는 염색체라 부른다.
4. **말기(telophase)**[13]**.** 세포는 그들의 덜 조밀한 비체세포분열 상태의 염색체를 되찾으며 핵막이 딸 핵 주위에 형성된다. 세포는 말기에 분열될 수 있지만 체세포분열은 핵분열이며 세포분열이 아니다.

비록 특별한 일들이 체세포분열의 4단계의 각각을 구분하지만 각 단계는 별개의 과정이 아니다. 즉, 체세포분열은 연속적인 과정으로 한 단계에서 다음 단계로 매끄럽게 이어져 연속적인 단계 사이에 분명한 경계가 없다. 예를 들어, 늦은 후기와 이른 말기가 구분이 어렵다.

학생들은 종종 염색체(*chromosome*)와 염색분체(*chromatid*)를 혼동하는데 부분적인 이유로는 초기 현미경 사용자들이 두 다른 것에 대해 염색체(*chromosome*)라는 용어를 사용했기 때문이다. 전기와 중기 도중 염색체는 동원체에 붙은 두 개의 염색분체 (DNA 분자)로 구성된다. 그러나 후기와 말기에 염색분체는 분리되며 각 염색분체는 염색체로 불린다. 다른 말로 "염색체"는 처음 두 단계 중 염색분체의 쌍이며 "염색분체"와 "염색체"는 체세포분열 후반부 두 단계에서는 동의어이다.

감수분열 체세포분열과 달리 **감수분열(meiosis)**[14]은 염색분체를 4개의 핵으로 분배해서 각 핵이 본래 DNA 양의 반만을 받는 핵분열이다. 따라서 배수체 핵이 감수분열을 이용하여 반수체 딸 핵을 만든다. 감수분열은 유성 생식(두 다른 세포의 핵이 융합하여 하나의 핵을 형성)에 필요조건인데 만일 세포에서 감수분열이 없으면 접합자를 만드는 각 핵 융합은 염색체의 수가 2배가 되며 그들의 수는 곧 감당 못하게 되기 때문이다.

감수분열은 감수분열 I과 감수분열 II로 알려진 두 시기로 일어난다 **(그림 5.1b)**. 체세포분열에서처럼 각 시기는 전기, 중기, 후기와 말기의 4 단계를 갖는다. 배수체 핵에서 일어나는 감수분열 중에 일어나는 일은 다음과 같이 진행된다:

1. **이른 전기 I** (감수분열 I의 초기). 체세포분열과 같이 간기 중 DNA 복제가 일어나 동일한 염색분체의 쌍이 되어 염색체를 형성한다. 그러나 상동염색체(*homologous chromosome*)라는 추가적인 짝이 형성되는데 즉, 유사한 또는 동일한 유전적 서열을 갖는 염색체가 옆으로 나열한다. 이것이 전기 염색체이기 때문에 각각은 두 개의 동일한 염색분체로 구성되며 따라서 4개의 DNA 분자가 이 짝짓기에 관여한다. 배열된 상동염색체의 쌍은 사분자(*tetrad*)라 한다.
2. **늦은 전기 I.** 일단 사분자가 형성되면 상동 염색체는 교차(*crossing over*)라는 과정을 통해 임의적으로 DNA 일부를 교환하며 이는 그들의 DNA를 재조합하게 된다. 감수분열의 교차 때문에 유성생식에 의해 태어난 후손이 그들의 형제자매와 유전적 구성이 다르게 된다. 전기 I은 며칠 또는 그 이상 지속된다.
3. **중기 I.** 사분자는 세포 가운데의 적도면에 나열하고 방추체 미세소관에 부착한다. 중기 I은 상동 염색체가 사분자로 남아있는 점에서 체세포분열의 중기와 다르다.
4. **후기 I.** 사분자의 염색체는 서로 떨어져 이동하지만 체세포분열의 후기와 달리 자매 염색분체는 서로 부착되어 유지된다.
5. **말기 I.** 감수분열의 첫 단계는 방추체의 분해로 완성된다. 전형적으로 세포는 이 단계에서 분열되어 두 개의 세포를 형성한다. 핵막이 형성될 수 있다. 각 딸 핵은 반수체이지만 각 반수체 염색체는 두 개의 염색분체로 구성되어 있다.

---

[8] "단계 사이"를 의미하는 라틴어.

[9] 핵분열 중 염색체의 실 같은 모양에서 "실"을 뜻하는 그리스어 *mitos*로부터 유래.

[10] 그리스어로 "이전"을 뜻하는 *pro*와 "모습"을 뜻하는 *phasis*로부터 유래

[11] 그리스어로 "중간"을 뜻하는 *meta*로부터 유래.

[12] 그리스어로 "뒤"를 뜻하는 *ana*로부터 유래.

[13] 그리스어로 "끝"을 뜻하는 *telos*로부터 유래.

[14] 그리스어로 "작게 만드는"을 뜻하는 *meioun*으로부터 유래.

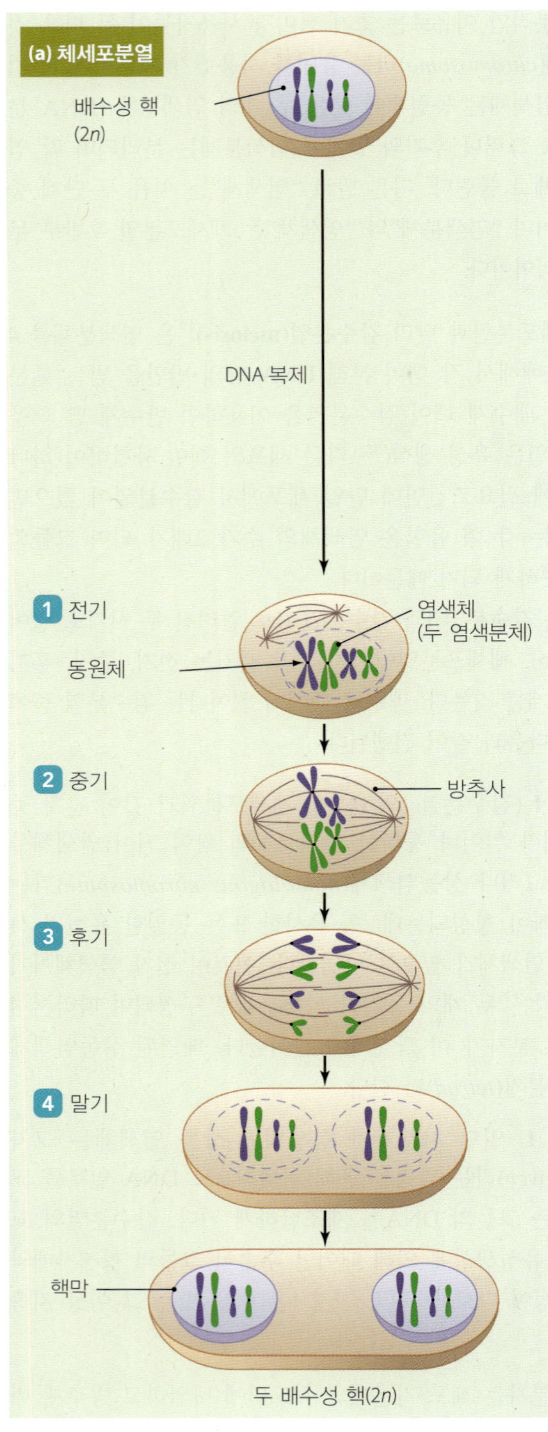

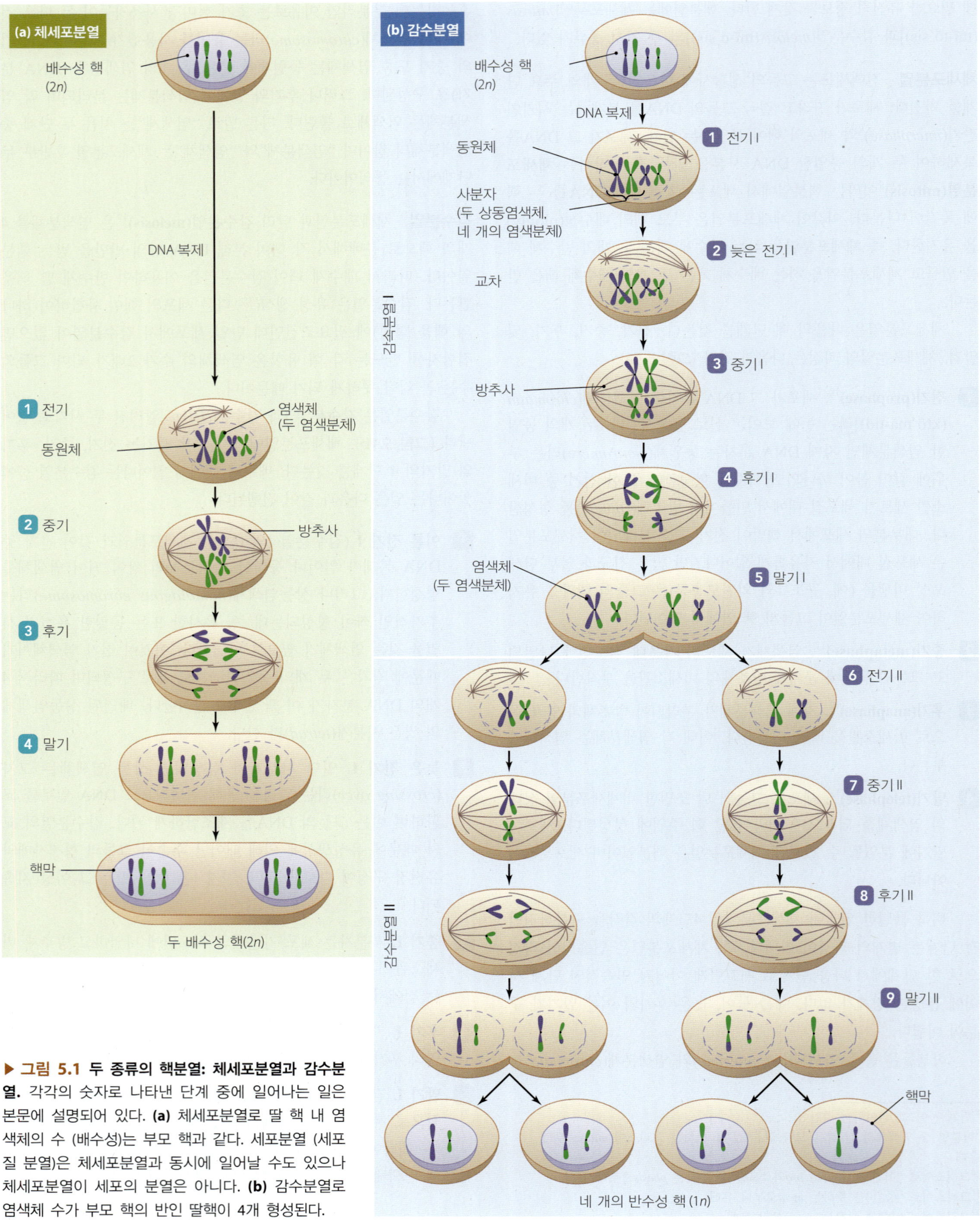

▶ **그림 5.1 두 종류의 핵분열: 체세포분열과 감수분열.** 각각의 숫자로 나타낸 단계 중에 일어나는 일은 본문에 설명되어 있다. **(a)** 체세포분열로 딸 핵 내 염색체의 수 (배수성)는 부모 핵과 같다. 세포분열 (세포질 분열)은 체세포분열과 동시에 일어날 수도 있으나 체세포분열이 세포의 분열은 아니다. **(b)** 감수분열로 염색체 수가 부모 핵의 반인 딸핵이 4개 형성된다.

▶ **그림 5.2 다른 종류의 세포질 분열.** **(a)** 식물세포의 세포질 분열로 소낭이 세포판을 형성한다. **(b)** 동물, 원생동물과 일부 진균에서 일어나는 세포질 분열. **(c)** 효모 세포의 출아법.

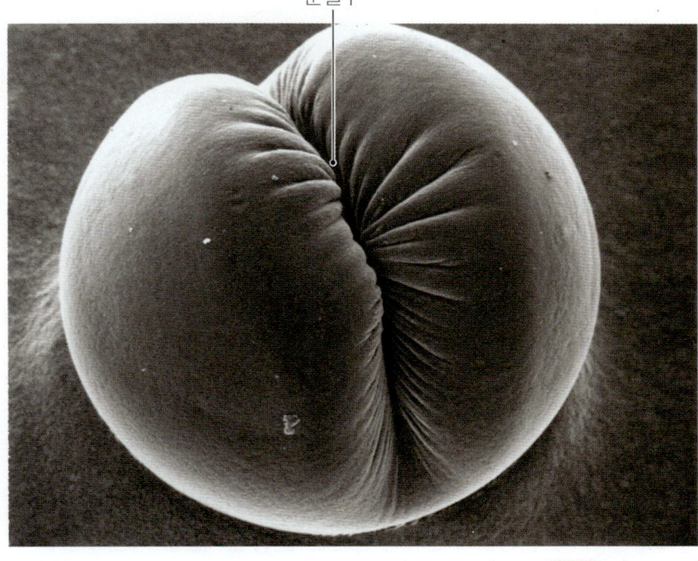

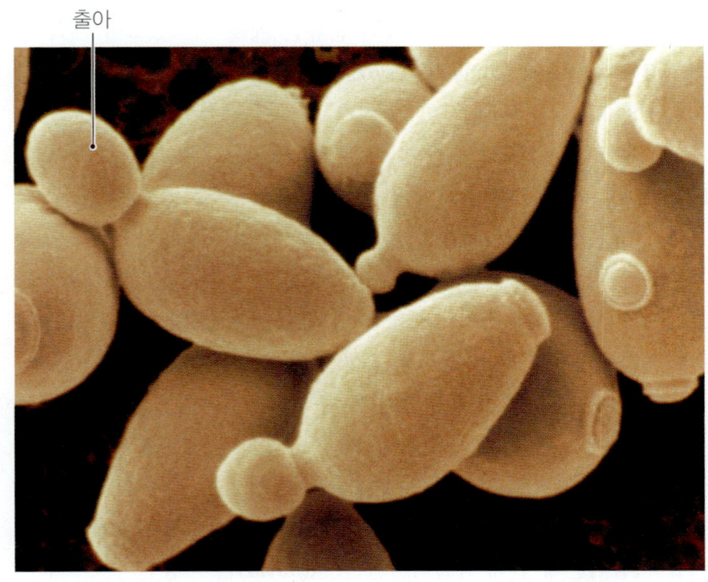

6 **전기 II.** 핵막이 분해되고 새로운 방추체가 형성된다.

7 **중기 II.** 염색체가 각 세포의 중앙에 나열하고 방추체의 미세소관에 부착한다.

8 **후기 II.** 자매 염색분체가 체세포분열에서처럼 분리된다.

9 **말기 II.** 딸 핵이 형성된다. 세포는 분열하여 4개의 반수체 세포가 된다.

요약하면, 감수분열은 하나의 배수체 핵으로부터 4개의 반수체 핵을 생성한다. 감수분열은 비록 감수분열 I의 4단계가 체세포분열의 그것과 다르지만 분열 사이의 간기 중 DNA 복제 없이 연속된 체세포분열로 간주될 수 있다. 감수분열 II의 단계들은 체세포분열에서와 유사하다. 추가적으로 감수분열 I 도중의 교차는 유전적 재조합을 일으켜 감수분열 후의 염색체가 부모 염색체와 다르게 만든다. 이는 다음 세대의 유전적 다양성을 제공한다. 124쪽의 **표 5.1**은 체세포분열과 감수분열의 핵분열을 비교하고 대조한다.

세포질 분열

세포질 분열[cytoplasmic division 또는 **cytokinesis** (sī´tō-ki-nē´sis)]는 전형적으로 체세포분열의 말기와 동시에 일어나지만 일부 조류와 진균에서는 연기되거나 또는 전혀 일어나지 않기도 한다. 이 경우 체세포분열은 **다핵체**[**coenocyte** (sē´nō-sītz)]라고 하는 다핵 세포가 만들어진다.

식물과 조류 세포에서는 세포질 분열이 핵 사이의 적도면에 소낭이 벽 물질을 축적하여 세포판(*cell plate*)을 형성하여 일어나는데 이것이 결국 딸세포 사이를 가로지르는 벽이 된다 **(그림 5.2a)**. 원생동물과 일부 진균 세포의 세포질 분열은 액틴(actin) 미세필라멘트의 적도 고리(equatorial ring)가 세포막 바로 아래를 수축시켜 세포를 두 개로 나누어 일어난다 **(그림 5.2b)**. 효모(yeast)라 하는 단세포성 진균은 딸 핵의 하나를 받는 출아가 형성되어 모세포로부터 떨어져 나간다 **(그림 5.2c)**.

증원생식

말라리아 병원체인 *Plasmodium* (plaz-mō´dē-ŭm) 같은 일부 원생동물은 **증원생식**[**schizogony** (ski-zog´ō-nē), **그림 5.3**]이라는 특별한 종류의 생식을 통해 적혈구 세포와 간 세포 내에서 무성적으로 증식한다. 증원생식에서는 여러 번의 핵분열로 다핵성 **분열체**[**schizont** (skiz´ont)]를 형성하며 그 후 세포질 분열이 일어나 수많은 낭충[*merozoite* (mer-ō-zō´īt)]이라는 단핵성 딸세포를 방출한다. 감염된 숙주의 몸은 수많은 낭충의 방출에 말라리아의 특징인 주기적인 고열과 오한으로 반응한다.

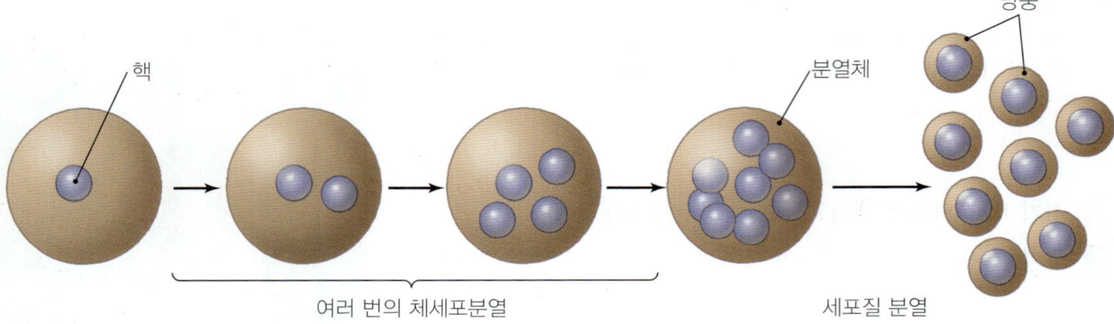

▶ **그림 5.3 증원생식.** 세포질 분열 없이 순차적인 체세포분열은 다핵성 분열체를 만드는데 이는 나중에 세포질 분열을 통해 많은 딸세포를 형성한다.

표 5.1 두 종류의 핵분열의 특징

	체세포분열	감수분열
DNA 복제	핵분열 전 간기 도중	감수분열 I 개시 전 간기 도중
단계	전기, 중기, 후기, 말기	감수분열 I—전기 I, 중기 I, 후기 I, 말기 I 감수분열 II—전기 II, 중기 II, 후기 II, 말기 II
사분자 형성 (상동염색체의 배열)	일어나지 않는다.	전기 I 초기
교차	일어나지 않는다.	전기 I 동안 사분자의 형성
동반되어 일어날 수 있는 세포질 분열의 수	하나	둘
생성된 핵	본래와 같은 배수성의 핵 2개	본래 배수성의 반인 핵 4개

진핵생물의 분류

학습 | **성과**

5.5 18세기 후반에 처음 분류되었을 때와 20세기 후반에 분류된 진핵생물의 주요 군을 간단히 기술하라.
5.6 특히 원생생물의 분류와 관련된 일부 문제들을 나열하라.

역사적으로 많은 진핵성 미생물의 분류는 매우 어려웠으며 계속 변화하였다. Carolus Linnaeus (1707–1778년)가 현대적 분류학을 창시한 18세기 후반부터 거의 20세기 말까지 분류학자들은 주로 쉽게 볼 수 있는 구조적 특성에 따라 생물들을 같은 부류로 묶었다. Linnaeus는 단세포성 조류와 진균을 식물로 분류하였으며 원생동물은 그 이름이 의미하는 대로 동물로 분류하였다 **(그림 5.4a)**. 20세기 후반에 분류학자들은 진균을 그들 고유의 계에 넣고 원생동물과 조류는 원생생물(Protista) 계에 같이 넣었는데 **(그림 5.4b)** 일부 분류학자들은 녹조류를 식물계에 속하게 하고 있다.

이 체제는 문제가 있었는데 부분적인 이유로는 원생생물계가 큰 광합성의 다세포성 켈프(kelp)와 비광합성의 단세포성 원생동물을 모두 포함하기 때문이었다. 혼동을 가중시키는 것은 식물 분류학자들이 동일한 분류학적 수준 문을 지칭하는데 강(*divisions*)이란 용어를 사용하는데 반해 동물학자들은 문(*phyla*)을 사용한다.

보다 최근에 많은 분류학자들은 뉴클레오티드 서열의 상동성과 전자현미경에 의해 밝혀진 세포의 초미세구조의 유사성에 근거한 체제를 선호하여 대규모의 구조적 유사성에 크게 기초하였던 분류 체제를 포기하였다. 그런 분류학적 연구의 가장 분명한 결과 중의 하나는 현대적 체제가 더 이상 "원생동물" 또는 "원생생물" 분류군을 포함하지 않으며 대신 그런 진핵성 미생물들은 여러 계에 속한다.

비록 모두 지지하는 분류 체제가 하나도 없으며 새로운 정보에 기초한 보다 철저한 이해가 거의 분명히 변화를 요구하겠지만 많은 분류학자들은 **그림 5.4c**에 보이는 것과 유사한 체제를 선호하고 있다. 이 장에서 진핵 미생물의 소개에 대한 주된 기초가 되는 이 체제에서 우리가 흔히 원생동물로 지칭하는 생물은 다음의 6개 계로 분류된다: 부기저체류(Parabasala), 중복편모충류(Diplomonadida), 유글레노조아류(Euglenozoa), 피하낭류(Alveolata), 리자리아류(Rhizaria)와 아메보조아류(Amoebozoa). 진균은 진균 계에 속하며, 조류는 부등편모류(Stramenophila), 홍조류(Rhodophyta)와 식물(Plantae) 계에 분산되어 있고, 수생균류는 부등편모류에 속하며 점균류(slime mold)는 아메보조아류에 있다. 이 장에 소개되는 진핵 미생물을 공부할 때에는 이들 간의 관계가 완전히 이해되지 않았기 때문에 모든 분류학자들이 이 체제에 동의하는 것은 아니며, 새로운 정보가 진핵 미생물의 분류학에 대한 우리의 이해를 미래에 바꿀 수 있다는 것을 명심해야 한다.

진핵 미생물에 대한 소개는 원생동물로 흔히 알려진 종류의 생

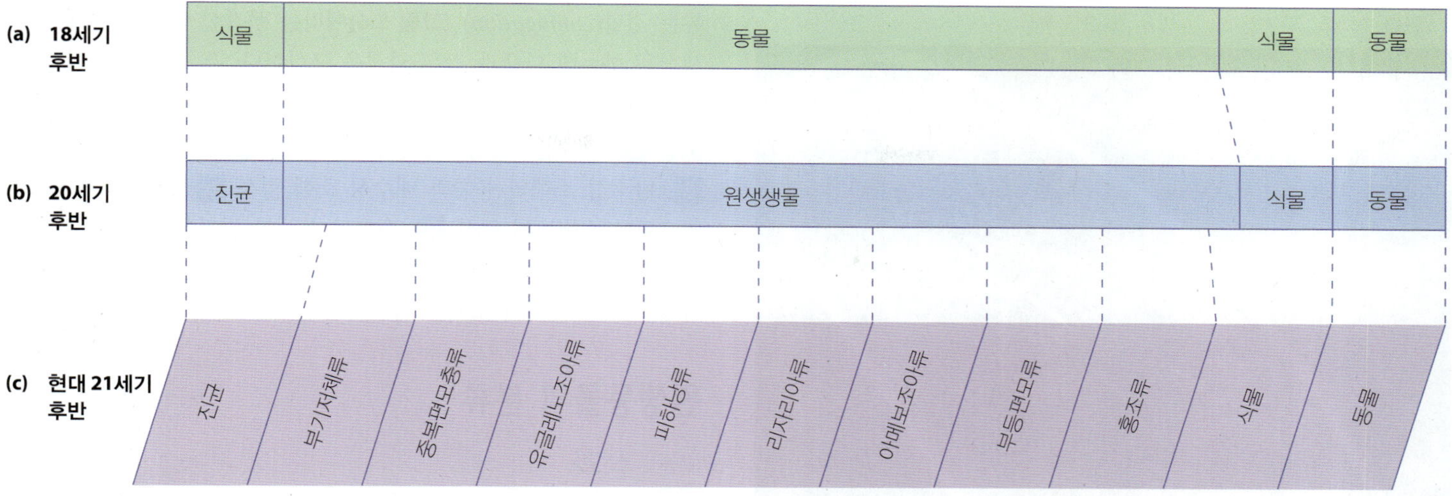

▲ **그림 5.4 시간에 따른 진핵생물 분류의 변화. (a)** 18세기 후반에 Linnaeus가 모든 생물을 식물 또는 동물로 분류하였다. **(b)** 20세기 후반에 분류학자들은 진균을 그들 고유의 계로 만들고 또한 새로운 계인 원생생물을 만들었다. **(c)** 현재는 진핵 미생물들은 주로 그들의 유전적 연관성에 근거하여 여러 계로 분류하였다. 비록 모든 분류학자들이 이 체제의 모든 구체적인 내용에 동의하지는 않으나 그것은 이장의 진핵생물의 소개를 위한 기초를 형성한다.

물로부터 시작한다.

왜 그런가

체세포분열이라고 부르는 것이 왜 부정확한가?

원생동물

학습 | 성과

5.7 모든 원생동물이 공유하는 세 가지 특성을 나열하라.

원생동물이라 하는 미생물은 다음의 3가지 특성에 의해 규정되는 다양한 무리이다: 그들은 진핵성이며 단세포이고 세포벽이 없다. "원생동물"이 현재 공인된 분류군이 아니라는 것에 유의해야 한다. 포자충류라고 불리던 정단복합체충류(apicomplexan)라는 하나의 하위집단을 제외하고 원생동물은 섬모(cilia), 편모(flagella)와 위족(pseudopodia)을 이용하여 운동한다. 이들 기준에 의해 원생동물은 미생물의 다양한 집합을 포함한다. 원생동물에 대한 과학적 학문을 원생동물학(*protozoology*)이라 하며 이 미생물들은 연구하는 과학자들을 원생동물학자(*protozoologist*)라 한다.

다음 절들에서는 다양한 종류의 원생동물의 분포, 형태, 영양, 생식과 분류에 대해 소개한다.

원생동물의 분포

원생동물은 습한 환경을 요구하며 대부분의 종은 전 세계적으로 연못, 하천, 호수와 바다에 사는데, 독립생활을 하며 부유하는 생물로 수계 먹이사슬의 기초를 형성하는 플랑크톤(*plankton*)의 중요한 구성원이다. 다른 원생동물들은 습한 토양, 연안 모래와 분해되는 유기물에 살며 매우 소수는 병원체로 동물과 인간에 질병을 일으킨다.

원생동물의 형태

비록 원생동물은 진핵세포의 특징의 대부분을 갖지만 이 종류의 진핵미생물은 큰 형태적 다양성의 특징을 가진다. 실제로 분류학자들은 한때 분류의 근거로 운동성 구조의 다양성을 이용하였다. 운동성 구조는 원생동물 분류에 더 이상 두드러지게 중요하지는 않은데 주어진 구조의 존재가 진화적 연관성을 나타내지 않을 수 있기 때문이다.

일부 섬모충류는 두 개의 핵을 가지는데 큰 대핵(*macronucleus*)은 유전체의 많은 사본을 함유하며 (흔히 50*n* 이상) 대사, 생장과 유성생식을 조절하고 작은 소핵(*micronucleus*)은 유전적 재조합, 유성생식과 대핵의 재생에 관여한다.

원생동물은 또한 그들이 갖는 미토콘드리아의 수와 종류에 다양성을 보인다. 여러 종류는 미토콘드리아가 없는데 반해 다른 모든 것들은 동물, 식물, 진균과 많은 조류에서 볼 수 있는 접시 같은 크리스타(cristae) 대신에 원반 또는 관상의 cristae를 갖는 미토콘드리아를 갖는다. 추가적으로 일부 원생동물은 수축포(*contractile vacuole*)로 세포에서 활발히 물을 뽑아내어 삼투 용해로부터 그들을 보호한다 (그림 5.5).

모든 독립생활 수서 및 병원성 원생동물은 **영양체[trophozoite** (trof-ō-zō´īt)]라는 운동성의 먹이활동 단계로 존재하며 많은 것들은 두꺼운 캡슐과 낮은 대사율의 특징을 갖는 **포낭(cyst)**이라는 강인한 휴지기 단계를 갖는다. 원생동물의 포낭은 생식구조가 아닌데 하나의 영양체가 하나의 포낭을 형성하며 이는 다시 하나의 영양체

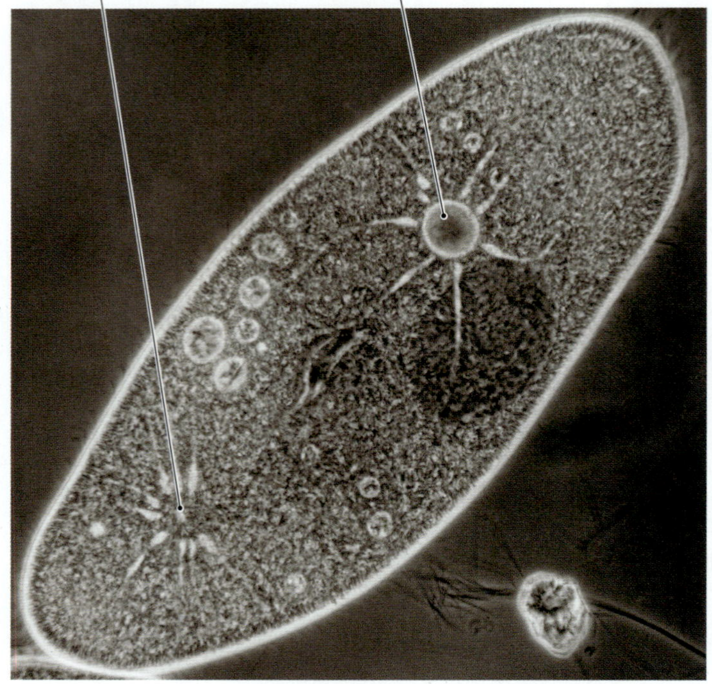

▲ **그림 5.5 수축포.** *Paramecium* 같은 많은 원생동물들은 이 잘 알려진 특징을 갖는다. 열린 수축포는 삼투를 통해 세포로 들어온 물로 차있고 닫힌 수축포는 수축하여 물을 세포 밖으로 내보낸다. *이 경우 환경은 세포에 대해 저장성, 고장성 또는 등장성인가? 이에 대해 설명하라.*

그림 5.5 이 환경은 세포에 대해 저장성이다; 삼투에 의해 세포 내로 물이 그 농도 기울기를 따라 들어온다.

가 되기 때문이다. 그런 포낭은 장내 원생동물이 한 숙주로부터 다른 숙주로 이동하게 하며 건조, 영양분 고갈, 극단적인 pH와 온도 및 산소 결여 같은 좋지 않은 환경 조건에서 생존할 수 있게 한다.

원생동물의 영양

대부분의 원생동물은 화학종속영양체로 세균, 분해되는 유기물, 다른 원생동물 또는 숙주의 조직을 섭취하여 영양분을 얻으며 소수의 원생동물은 주위 물로부터 영양분을 흡수한다. 와편모류(dinoflagellate)와 유글레나류라는 원생동물은 광독립영양체로 역사적으로 식물학자들은 그들을 원생동물 대신 조류 식물로 분류하였다.

원생동물의 생식

대부분의 원생동물은 이분법 또는 증원생식에 의해 무성적으로만 증식하며, 소수의 원생동물은 또한 두 개체가 유전물질을 교환하는 유성생식을 한다. 일부 유성생식 원생동물은 **생식모세포(gametocyte** 또는 gamete)가 되어 다른 것과 융합하여 배수성 **접합자(zygote)**를 형성한다. *Paramecium* (par-ă-mē´sē-ŭm) 같은 섬모충류는 접합(*conjugation*) **(그림 5.6)**이라는 복잡한 과정을 통해 유성생식을 하는데 다음과 같은 과정을 포함한다: 두 화합성 접합형 세포의 짝짓기 1, 배수성 소핵의 감수분열 2, 일부 반수성 소핵의 소실 3, 짝지은 세포들 사이의 소핵 교환 4, 세포의 짝짓기 해제 5, 반수성 소핵의 융합과 배수성 소핵 형성 6, 소핵의 체세포분열 3회로 소핵 8개 형성 7, 대핵의 분해와 뒤이은 4개의 소핵으로부터 새로운 대핵의 형성 8, 그리고 세포질 분열 3회로 각각이 하나의 대핵과 하나의 소핵을 가진 4개의 딸세포 생성 9.

원생동물의 분류

학습 | **성과**

- **5.8** 원생동물에 대한 많은 분류학적 체제의 이유를 논의하라.
- **5.9** 전형적인 유글레나류의 여러 특징을 확인하라.
- **5.10** 피하낭류의 3종류를 비교하고 대조하라.
- **5.11** 아메바류 3종류를 비교하고 대조하라.
- **5.12** 변형체성 및 세포성 점균류의 생활사를 기술하라.
- **5.13** 부기저체류, 중복편모충류, 리자리아류와 아메보조아류의 특징을 기술하라.

앞서 소개된 바와 같이 두 세기 이전에 린네는 원생동물을 동물로 분류하였으며 그 후 분류학자들은 원생동물을 원생생물 계로 구분하였다. 더욱이 일부 분류학자들은 원생동물의 운동방법에 기초해서 그들을 다음의 네 부류로 나누었다: 육질충류(Sarcodina, 위족으로 운동), 편모충류(Mastigophora, 편모), 섬모충류(Ciliophora, 섬모)와 포자충류(Sporozoa, 비운동성). 다른 분류학자들은 처음 두 종류를 하나로 묶어 육질편모충류(Sarcomastigophora)라 부른다. 운동 특성에 따른 원생동물의 분류는 아직도 많은 현실적 응용에 많이 사용되고 있다.

오늘날의 분류학자들은 이 체제가 원생동물과 다른 생물 사이 또는 원생동물 간의 유전적 관계를 반영하지 못하는 것을 인식하고 있다. 따라서 분류학자들은 18S rRNA 뉴클레오티드 서열과 전자현미경으로 보이는 특징에 근거해서 원생동물의 분류를 지속적으로 개정하며 개선하고 있다. 그런 하나의 유전적 체제는 원생동물을 그림 5.4c에서 보이는 부기저체류 부터 아메보조아류까지의 6개 분류군으로 분류하는데 다른 분류학자들은 계 (여기에서 처럼), 아계(subkingdom) 또는 문으로 간주한다.

다음 절에서는 주로 뉴클레오티드 서열과 초미세구조의 유사성에 따라 형성된 이들 6개 분류군의 구성원을 간단히 소개하는데 부기저체류로부터 시작한다.

부기저체류

부기저체류(Parabasalids)는 미토콘드리아가 없지만 각각은 하나의 핵과 골지체와 유사한 구조인 부기저체(*parabasal body*)를 갖는다. 많은 편모를 가진 부기저체류인 *Trichonympha* (trik-ō-nimf´ă) **(그**

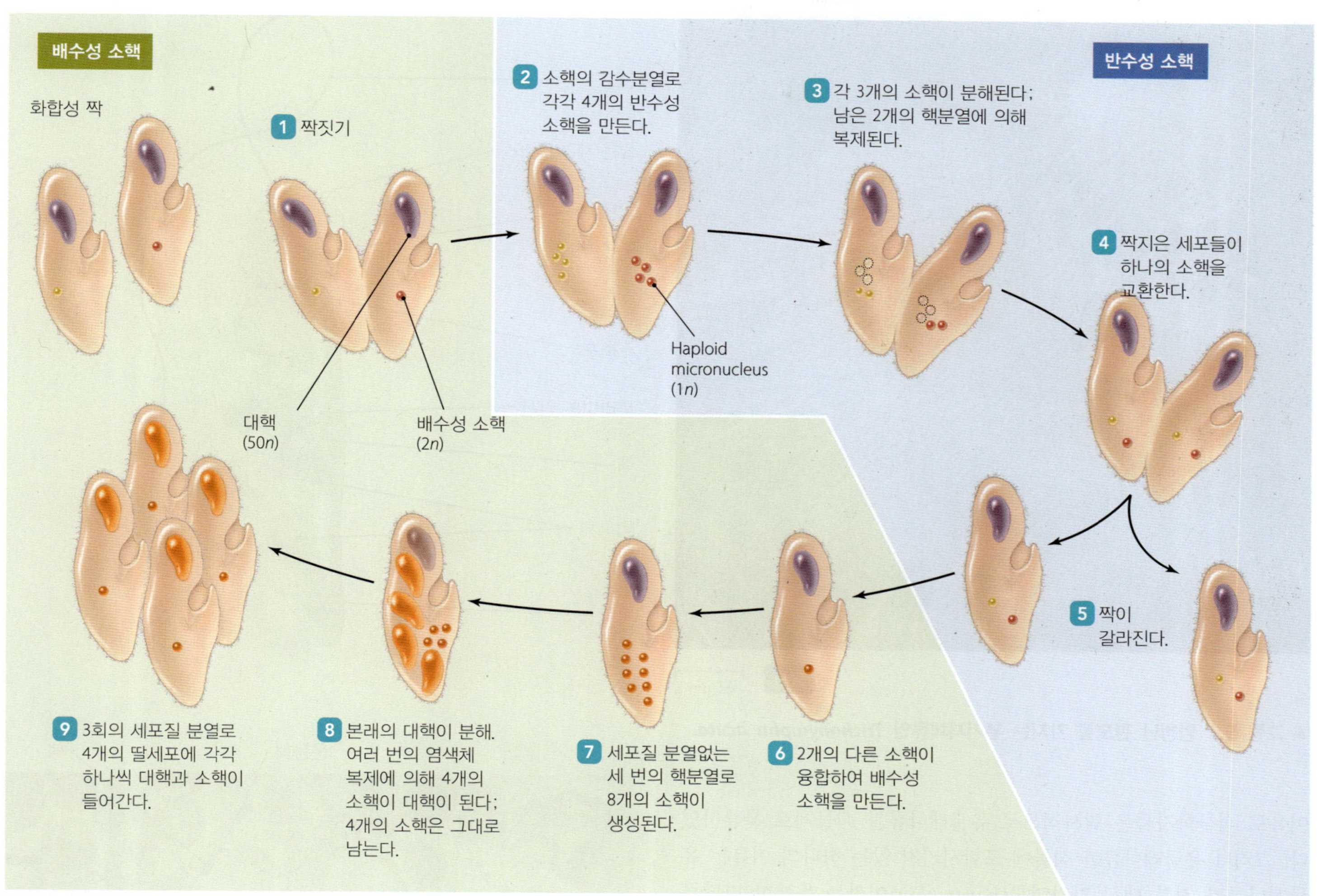

▲ **그림 5.6 섬모충류에서 접합을 통한 유성생식.** 여기에 보이는 것은 *Paramecium*으로 반수성 소핵을 가진 세포가 푸른 배경에 보이며 배수성 소핵을 가진 것은 연두색 배경에 있다.

림 5.7)는 흰개미 창자에 사는데 나무의 소화를 돕는다. 또 다른 잘 알려진 부기저체류는 *Trichomonas* (trik-ō-mō´nas, 553쪽 참조)로 인간의 질에 산다. 질의 정상적 산성 pH가 올라가면 *Trichomonas*가 번식하여 심각한 염증을 유발하여 불임을 유도할 수도 있다. 이것은 성적 접촉으로 전파되며 남성에서는 보통 증상이 없다.

중복편모충류

중복편모충류(Diplomonadida)[15]의 구성원은 미토콘드리아, 골지체와 퍼옥시좀(peroxysome)이 없기 때문에 생물학자들은 한때 이 종류가 미토콘드리아의 원핵성 조상을 아직 식균하지 않은 오래된 진핵생물로부터 비롯되었다고 생각하였다. 그러나 보다 최근에 유전학자들은 세포질에서 흔적 미토솜(*mitosome*)과 핵의 염색체에서 미토콘드리아 유전자를 발견하였는데 이는 중복편모충류가 어떻게든 그들의 세포내 소기관을 잃어버린 전형적인 진핵생물로부터 비롯된 것을 가리킨다.

[15]그리스어로 "이중의"를 뜻하는 *diploos*; "단위"를 뜻하는 *momas*로부터 유래하며 두 개의 핵을 의미함.

중복편모충류는 두 개의 동일한 크기의 핵과 다수의 편모를 가진다. 잘 알려진 예는 *Giardia* (jē-ar´dē-ă)로 동물과 인간에 설사-유발 병원체인데 내성 있는 *Giardia* 포낭을 섭취하였을 때 새로운 숙주로 전파된다 (518–519쪽의 질병심층연구 참조).

유글레노조아류

분류학자들이 1960년대에 원생생물 계를 만든 부분적인 이유는 식물과 동물이 특정한 성질을 공유하는 진핵미생물인 유글레나류(*euglenoid*)를 위한 "처분장(dumping ground)"을 만들기 위한 것이었다. 보다 최근에 유사한 18S rRNA 서열, 편모 내 알려지지 않은 기능의 결정형 막대의 존재와 원반형 cristae를 가진 미토콘드리아의 존재에 기초하여 일부 분류학자들은 유글레나조아 계라는 새로운 분류군을 만들었다. 유글레나조아류는 유글레나류와 운동핵편모충류(*kinetoplastid*)라는 일부 편모성 원생동물을 포함한다.

유글레나류 *Euglena* (yū-glēn´ă; 그림 5.8a) 속의 이름을 딴 **유글레나류(euglenid)** 종류는 광독립영양성이며 광-흡수 색소로 엽록소 *a*와 *b* 및 카로틴을 함유한 엽록체를 가진 단세포 미생물이다. 이

SEM 6.5 μm

▲ **그림 5.7 엄청난 편모를 가지는 부기저체류인 *Trichonympha acuta*.**

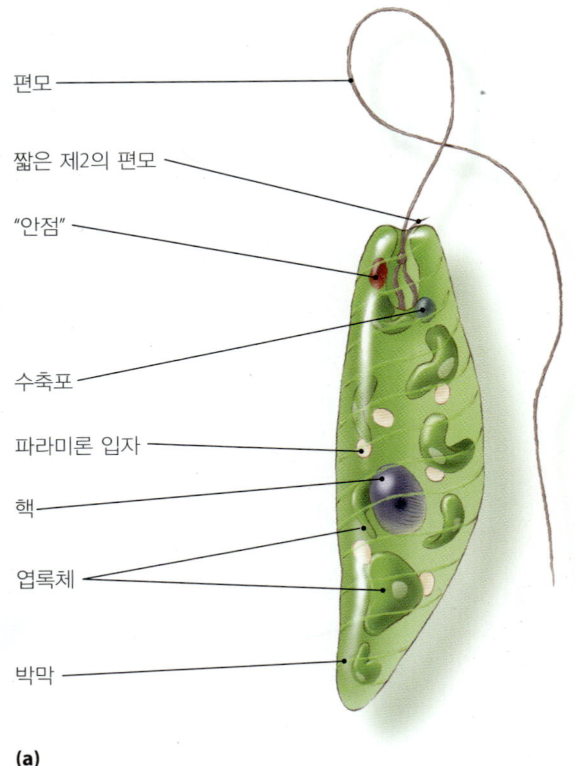

(a)

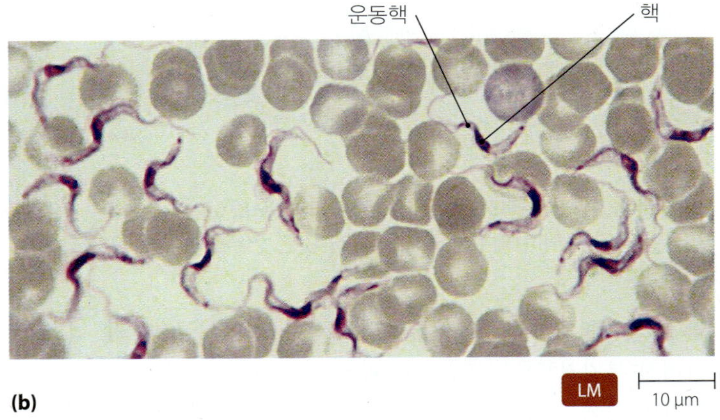

LM 10 μm

(b)

▲ **그림 5.8 유글레노조아 계의 대표적인 두 생물. (a)** 유글레나류 *Euglena*. 유글레나류는 식물과 동물 모두와 유사한 특성를 갖는다. **(b)** 운동핵편모충류 *Trypanosoma*. *Trypanosoma에서 운동핵의 기능은 무엇인가?*

그림 5.8 운동핵은 미토콘드리아 DNA로 일부 미토콘드리아 폴리펩티드를 암호화한다.

이유로 식물학자들은 역사적으로 유글레나류를 식물계로 분류하였다. 그러나 유글레나류를 식물에 포함시키지 않는 하나의 이유는 유글레나류가 전분 대신 파라미론(*paramylon*)이라는 독특한 다당류로 먹이를 저장하는 것이다. 유글레나류는 세포벽이 없으며, 편모를 가지고, 화학종속영양성 포식성 세포 (어두운 곳에서)이며, 편모 사용뿐만 아니라 그들의 세포질의 유동, 수축과 확장에 의해서도 이동하는 측면에서 동물과 유사하다. 아메바 운동과 유사하지만 위족이 관련되지 않은 그런 꿈틀거리는 운동은 유글레나 운동(*euglenoid movement*)이라 한다.

유글레나류는 그 세포막의 기저를 이루며 모양 유지를 도와주는 유연하고 단백질로 이루어진 나선형의 박막(pellicle)을 갖는다. 전형적으로 각 유글레나류는 또한 붉은 "안점(*eyespot*)"을 갖는데 편모 기저에 있는 광수용체에 그늘을 만들고 그 방향으로 이동을 촉발하여 양성적 주광성에서 역할을 한다. 유글레나류는 핵분열과 뒤이은 세로축 세포질 분열로 증식한다. 나쁜 조건에 노출되면 포낭을 형성한다.

운동핵편모충류 **운동핵편모충류(kinetoplastid)** **(그림 5.8b)**라 부르는 유글레노조아류는 운동핵(*kinetoplast*)이라는 독특한 부위의 미토콘드리아 DNA를 함유한 하나의 큰 미토콘드리아를 가진다. 모든 미토콘드리아에서와 같이 이 DNA는 일부 미토콘드리아 폴리펩티드를 암호화한다.

운동핵편모충류는 동물 안에서 살며 일부는 병원체이다. 병원체 중에는 특정 종이 인간을 포함한 동물에 잠재적으로 치명적인 병을 일으키는 *Trypanosoma* (tri-pan´ō-sō-mă)와 *Leishmania* (lēsh-man´ē-ă) 속이 있다 (12–14장 참조).

피하낭류

피하낭류[*Alveolates* (al-vē´ō-lātz)]는 그들의 세포 표면 아래에 피하낭 [alveoli[16] (al-vē´ō-lī)]이라는 작은 막으로 싸인 공간을 가진

[16] "작은 구멍"을 뜻하는 라틴어.

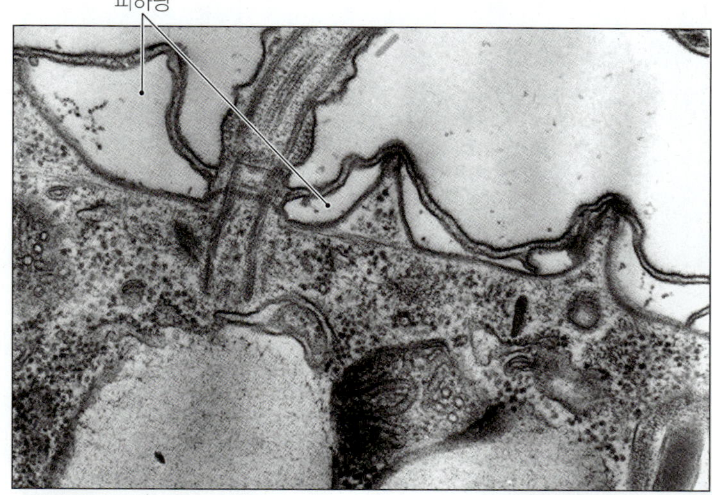

▲ **그림 5.9 일부 원생동물에 존재하는 막으로 둘러싸인 피하낭.** 비록 그 기능이 아직 알려져 있지 않지만 피하낭은 유사한 18S rRNA 서열을 가진 진핵성 미생물에 존재하며 피하낭류라는 진핵생물 종류의 근거를 형성하며 유전적 연관성을 가리킨다.

▲ **그림 5.10 다른 섬모충류 *Paramecium*을 포식하는 포식성 섬모충류 *Didinium* (왼쪽).**

원생동물이다 **(그림 5.9)**. 과학자들은 피하낭의 목적을 모른다. 피하낭류는 적어도 또 하나의 특징인 관상의 미토콘드리아의 크리스타(cristae)를 공유한다. 이 종류는 섬모충류(*ciliate*), 포자충류(*apicomplexan*)와 와편모충류(*dinoflagellate*)의 세 하위그룹으로 나뉜다.

섬모충류 그 이름이 가리키듯이 **섬모충류[ciliate** (sil´ē-āt)] 피하낭류는 섬모로 자신이 이동하거나 그들의 세포 표면에서 물을 이동시킨다. 일부 섬모충류는 섬모로 덮여있지만 다른 것들은 소수의 격리된 다발만을 갖는다. 모든 섬모충류는 화학종속영양체로 하나의 대핵과 하나의 소핵을 갖는다. 일부 분류학자들은 그들을 섬모충류(Ciliophora) 문의 유일한 구성원으로 간주한다.

주목할 만한 섬모충류에 정단 섬모가 소용돌이 같은 흐름을 만들어 먹이가 그것의 입을 향하게 만드는 *Vorticella* (vōr-ti-sel´ă, 종벌레), 인간에게 유일한 병원성 섬모충류인 *Balantidium* (bal-an-tid´ē-ŭm)과 잘 알려진 연못물 섬모충류인 짚신벌레(*Paramecium*) 같은 다른 원생동물을 포식하는 육식성 *Didinium* (dī-di´nē-ŭm)이 있다 **(그림 5.10)** (16장에 *Balantidium*과 그 질병을 구체적으로 소개).

포자충류 **포자충류** 또는 정단복합체충류[**apicomplexan** (ap-i-kom-plek´săn)]라는 피하낭류는 모두 화학종속영양성 동물 병원체이다. 이 종류의 이름은 그들을 숙주 세포로 침투하게 만드는 이 미생물의 감염 단계의 정점에 위치한 특별한 세포 내 소기관의 복합체를 나타낸다. 포자충류의 예로는 각각 말라리아, 크립토스포리디아증과 톡소플라스마증을 일으키는 *Plasmodium*, *Cryptosporidium* (krip-tō-spō-rid´-ē-ŭm)과 *Toxoplasma* (tok-sō-plaz´mă)가 있다 (14장과 16장에 대표적인 포자충류와 그들이 일으키는 질병을 구체적으로 소개함).

와편모충류 **와편모충류(dinoflagellate)**라는 피하낭류 종류는 단세포성 미생물로 카로틴과 엽록소 *a*, c_1과 c_2 같은 광합성 색소를 갖는다. 많은 식물과 조류처럼 그들의 먹이 저장물질은 전분과 기름이며 그들의 세포는 흔히 셀룰로오스의 내부 판으로 강화되어 있다. 비록 와편모충류가 광독립영양성이어서 식물학자들은 역사적으로 와편모충류를 조류로 분류하였지만 그들의 18S rRNA 서열과 피하낭의 존재가 와편모충류가 식물 또는 조류보다 섬모충류와 포자충류에 더 가깝게 연관되는 것을 가리키는 것에 오늘날의 분류학자들은 주목하고 있다. 흥미롭게 다른 진핵생물 염색체와 달리 와편모충류 염색체는 히스톤 단백질이 없다.

와편모충류는 담수와 해양 플랑크톤의 큰 부분을 차지한다. 운동성 와편모충류는 두 개의 다른 길이의 편모를 가진다 **(그림 5.11)**. 가로지르는 편모는 세포벽의 홈에서 세포의 적도를 싸고돌며 그것의 울림은 세포가 회전하게 하며 두 번째 편모는 뒤로 뻗어 나와 세포를 앞으로 추진시킨다.

많은 와편모충류는 생물발광성으로 대사반응을 통해 빛을 낸다. 발광성 와편모충류는 많은 수로 존재할 때 모든 부딪히는 파도, 지나가는 배 또는 점프하는 물고기에서 해수가 빛을 낸다. 다른 와편모충류는 붉은 색소를 생성하며 해수에 그들이 많으면 **적조(red tide)** 현상의 한 원인이 된다.

Gymnodinium (jīm-nōdin´ē-um)과 *Gonyaulax* (gon-ē-aw´laks) 같은 일부 와편모충류는 인간 신경계에 작용할 수 있는 신경독소를 생성한다. 플랑크톤성 와편모충류를 섭취하고 그들의 독소를 농축한 조개를 사람이 먹으면 독소에 노출될 수 있다.

다른 와편모충류인 *Pfiesteria*[17] (fes-tēr´ē-ă)의 신경독소는 더욱 강력할 수 있다. 이 독소는 단순히 감염된 어류를 만지거나 이 미생물이 많은 공기를 흡입한 사람을 중독시켜 기억력 손실, 정신 혼

[17]와편모충류 생물학자 Lois Pfiester의 이름으로부터 유래.

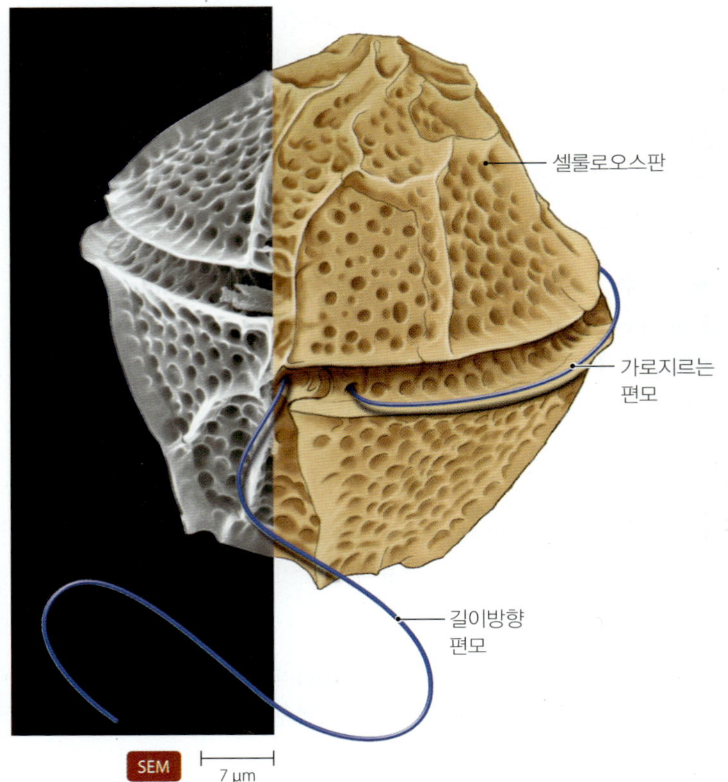

▲ **그림 5.11 운동성의 장갑을 두른 와편모충류 *Gonyaulax*.** 와편모충류는 두 개의 편모를 가지며 가로지르는 편모는 세포를 회전시키고 세로축 편모는 세포를 앞으로 전진시킨다.

▲ **그림 5.12 유공충이라는 리자리아는 여러 개의 방으로 된 달팽이 같은 탄산칼슘의 껍데기를 갖는다.** 위족은 보이지 않는다.

▲ **그림 5.13 방산충이라는 리자리아는 정교한 이산화규소 껍질을 갖는다.** 이 죽은 표본에는 없는 위족은 구멍을 통해 뻗어 나온다.

란, 두통, 호흡 곤란, 피부 발진, 근육 경련, 설사, 메스꺼움과 구토를 일으킬 수 있다. 미국의 질병통제예방센터(CDC)는 그런 중독을 가능한 하구관련 증후군(possible estuary-associated syndrome, PEAS)이라 부른다.

리자리아

아메바(amoebae[18]**)**라 부르는 단세포성 진핵생물은 위족을 이용하여 이동하고 먹이활동을 하는 원생동물이다. 이 공통적인 성질 그리고 그들이 모두 이분법으로 증식하는 사실 이외에 아메바는 균일성이 거의 없다. 일부 분류학자들은 현재 아메바를 리자리아와 아메보조아의 두 계로 분류하고 있으며 이를 순서대로 알아본다.

리자리아(rhizaria)는 실 같은 위족을 갖는 아메바 종류이다. 주요 분류군은 **유공충(foraminifera)**으로 알려진 장갑을 두른 해양 아메바로 구성된다. 유공충은 달팽이 같은 방식으로 유기성 기반 상에 배열된 탄산칼슘으로 구성된 다공성 껍데기를 갖는다 **(그림 5.12)**. 위족은 껍데기의 구멍을 통해 확장한다. 흔히 유공충은 해저의 모래 입자에 부착하여 산다. 대부분의 유공충은 현미경적 크기이지만 직경이 수 cm인 종도 있다.

알려진 유공충의 90% 이상이 화석 종이며 그중 일부는 수백 미터 두께의 석회암 층을 형성한다. 이집트 Cairo 외곽에 있는 Giza의 대 피라미드는 유공충 석회암으로 지어졌다. 지질학자들은 그들 안에 묻혀있는 동일한 유공충 화석의 발견에 의해 세계의 여러 지역의 퇴적암의 나이를 연관시킨다.

방산충(radiolaria)이라는 아메바는 리자리아의 다른 종류를 구성하지만 그들은 이산화규소(silica, SiO_2, 보석 오팔에 있는 광물)로 이루어진 정교한 껍데기 **(그림 5.13)**를 가지며 해양 플랑크톤의 일부로 부착하지 않고 산다. 방산충은 그들의 위족을 미세소관의 딱딱한 내부 다발로 강화시켜 위족이 구형 바퀴의 바퀴살처럼 중앙

[18]"변화"를 뜻하는 그리스어 *ameibein*으로부터 유래.

부위로부터 뻗어 나온다. 방산충의 사체는 해저에 가라 앉아 일부 지역에서 수백 미터 두께의 퇴적층을 형성한다.

아메보조아

아메보조아는 아메바의 두 번째 계를 구성하는데 엽(lobe) 모양의 위족을 갖고 껍질이 없는 점에서 리자리아와 구분된다. 아메보조아는 보통 독립생활을 하는 아메바 *Naegleria* (nă-glēˊrē-ă)와 그들을 함유한 물에서 수영하는 인간과 동물의 눈과 뇌의 질병을 일으키는 *Acanthamoeba* (ă-kan-thă-mēˊbă)를 포함한다. *Entamoeba* (ent-ă-mēˊbă) 같은 다른 아메보조아는 항상 동물 안에서 살며 잠재적으로 치명적인 아메바성 이질을 일으킨다 (13장과 16장은 이 병원성 아메바를 구체적으로 소개).

분류학자들은 또 다른 아메보조아 종류인 **점균류(slime mold)**를 이전에 진균으로 간주하였으나 그들의 뉴클레오티드 서열뿐만 아니라 그들이 먹이활동을 하고 이동하는데 사용하는 엽-모양의 위족이 그들이 아메보조아인 것을 보여준다. 과학자들은 점균류를 원형질성 점균류라고도 하는 변형체성 점균류(*plasmodial mold*)와 세포성 점균류(*cellular slime mold*)의 두 종류로 나눈다.

점균류는 다음 두 가지 면에서 진균과 다르다:

- 그들은 세포벽이 없으며 이런 점에서 아메바와 더 유사하다.
- 그들은 영양을 위해 흡수 대신 식균작용을 한다.

두 종류 점균류의 종들은 그들의 형태, 생식과 18S rRNA 서열에 근거하여 다르다. 점균류는 발생학과 분자생물학 연구를 위한 훌륭한 체제로 인간에게 중요하다.

변형체성 (비세포성) 점균류 비세포성 점균류(*acellular slime mold*) (예, *Physarum*, fi-sarˊum)로도 알려진 **변형체성 점균류 (plasmodial slime mold)**는 숲의 낙엽에서 아메바로 기어다니며 유기물 잔재와 세균을 포식하는 유동성, 다핵체의 색을 띤 세포질의 필라멘트로 존재한다. 변형체(*plasmodium*)라 부르는 몸은 수백만 개의 배수성 핵을 가질 수 있으며 수 cm^2의 면적을 차지한다 (그림 5.14a). 세포질 유동에 의해 영양분은 변형체 전체에 분포한다.

먹이나 물이 부족하면 변형체는 세포질의 덩어리들로 나뉘어 각각은 자루를 가진 포자낭(sporangium)을 형성한다. 포자낭 내에서 감수분열이 일어나 반수성 포자를 만든다. 이 포자는 발아하여 점균아메바(*myxamoebae*)를 형성하는데 이는 다른 단세포성 아메바처럼 생겼으며 행동하며 그러나 물이 있으면 점균아메바는 편모를 만들어 헤엄을 친다. 물이 사라지면 그들은 다시 아메바가 된다.

서로 다른 짝짓기 형의 화합성 점균아메바들은 융합하여 배수성 접합자를 형성한다. 접합자의 핵은 세포질 분열이 없는 여러 번의 핵분열을 거쳐 새로운 다핵성 변형체를 형성한다.

세포성 점균류 *Dictyostelium* (dik-tē-ō-stēˊlē-um) 같은 **세포성 점균류(cellular slime mold)**는 각각의 반수성 점균아메바로 존재하며 세균, 효모, 대변과 분해되는 식생을 포식한다. 그림 5.14b는 그들의 생활사를 나타내는데 모든 것이 반수체이며 배수성 단계는 없다. 점균아메바는 먹이가 풍부할 때 핵분열과 세포질 분열에 의해 증식한다. 그러나 먹이가 부족하면 일부는 다른 점균아메바에 대한 주화성 유인제로 작용하는 환상 AMP(cyclic adenosine monophosphate, cAMP)를 분비한다. 점균아메바는 모여서 이동체라고도 하는 민달팽이 같은 유사변형체(*pseudoplasmodium*)를 형성하여 여러 날 동안 이동할 수 있다. 비세포성 점균류의 진정한 변형체와 달리 유사변형체의 세포는 그들의 개체성을 유지하며 기계적으로 분리될 수 있다.

유사변형체의 일부 세포는 자루가 달린 포자낭을 형성하고 나머지 세포들은 자루를 기어 올라가 포자가 된다. 변형체성 점균류의 포자와 달리 세포성 점균류의 포자는 감수분열의 결과가 아니며 공통의 벽으로 둘러싸이지 않는다.

요약하면 원생동물은 세포벽이 없는 단일 세포의, 대부분이 화학종속영양성 생물들의 이질적인 집단이다. 일부 분류학자들은 그들을 부기저체류, 중복편모충류, 유글레노조아류, 피하낭류, 리자리아류와 아메보조아류로 분류하지만 그들 간 및 다른 진핵생물과의 관계는 아직 불분명하다. 133쪽의 **표 5.2**에 이 미생물들의 놀라운 다양성을 요약하였다.

다음에는 또 다른 종류의 화학종속영양체인 진균을 소개하는데 진균은 세포벽을 갖는 점에서 원생동물과 크게 다르다.

왜 그런가

부기저체류, 중복편모충류, 유글레노조아류, 피하낭류, 리자리아류와 아메보조아류로 분명히 다른 미생물들을 왜 초기 분류학자들은 원생생물이라는 하나의 분류군으로 묶었는가?

진균

학습 | 성과

5.14 진균을 다른 종류의 진핵생물과 구분하는 적어도 3가지 특징을 나열하라.

곰팡이, 버섯과 효모 같은 **진균[fungi (fŭnˊjī)]** 계의 생물은 그들이 화학종속영양체라는 점에서 대부분의 원생동물과 같지만 원생동물과 달리 그들은 전형적으로 강하고 유연한 질소함유 다당류인 **키틴 (chitin)**으로 구성된 세포벽을 갖는다 (진균의 키틴은 메뚜기, 바다가재와 게 같은 곤충과 기타 절지동물의 외골격에 있는 것과 화학적으로 동일). 진균은 엽록소가 없으며 광합성을 하지 않는 점에서 식물과 다르며, 비록 진균과 동물의 유전체의 유전적 서열이 진균과 동물이 연관된 것을 보이지만 진균이 세포벽을 가지므로 동물과 다르다. 진균에 대한 학문을 균학(*mycology*)[19]이라 하며 진균을 연구하는 과학자를 진균학자(*mycologist*)라 한다.

---

[19]그리스어로 "버섯"을 뜻하는 *mykes*와 "담론"을 뜻하는 *logos*로부터 유래.

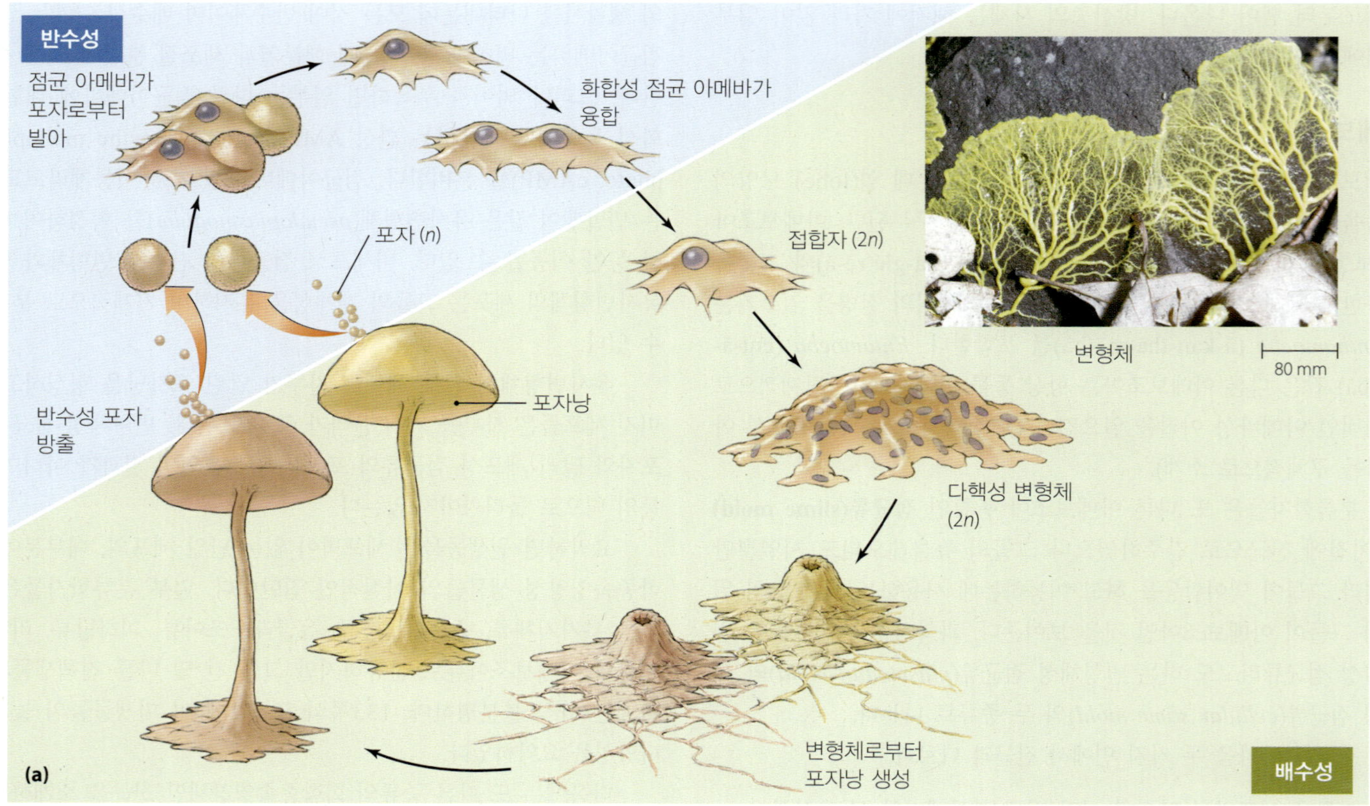

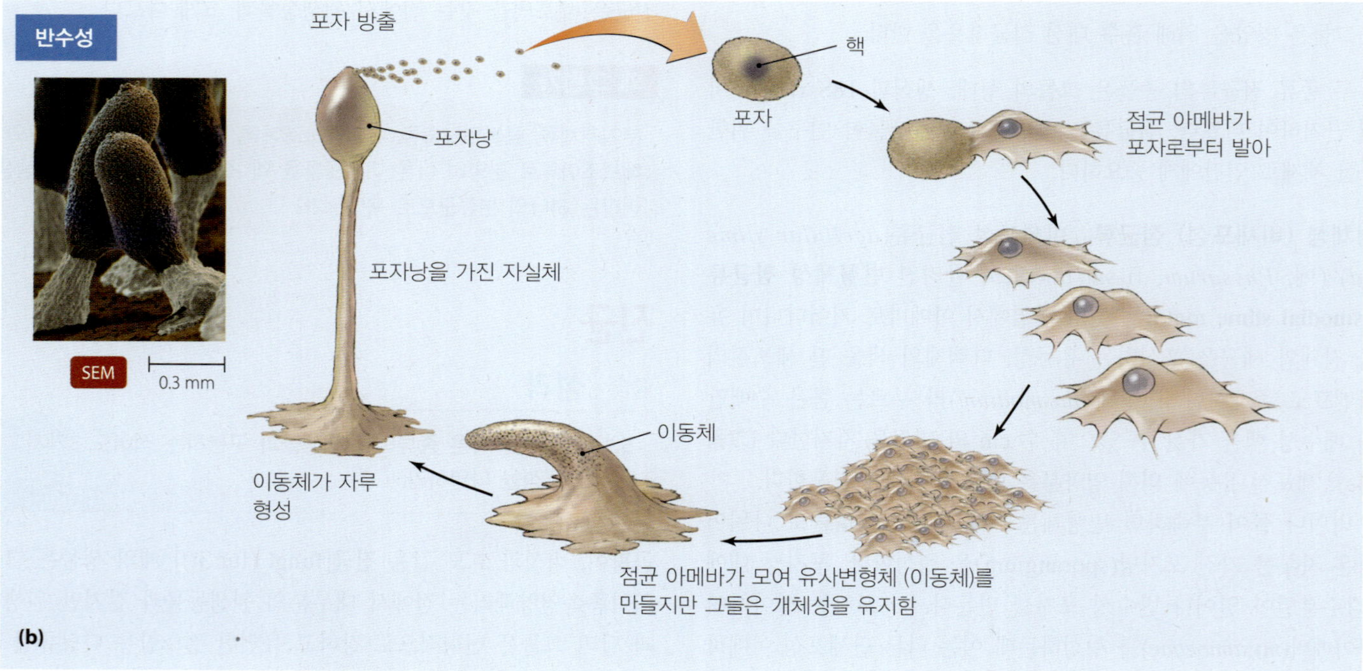

▲ **그림 5.14 점균류의 생활사. (a)** 변형체성 (비세포성) 점균류. 점균아메바는 융합하여 다핵성 변형체를 형성하여 그 환경을 통해 기어 다니며 유기물 잔재와 세균을 포식한다. 나쁜 조건에서 변형체는 포자낭을 형성하여 감수분열이 일어나 반수성 포자를 만든다. 화합성 포자들은 융합하여 접합자를 형성하는데 그것은 세포질 분열이 없는 여러 번의 핵분열을 거쳐 새로운 변형체를 형성한다. **(b)** 세포성 점균류. 각 점균아메바는 먹이가 부족하면 모여서 다세포체를 만들어 자루달린 포자낭을 형성한다. 점균아메바는 그들의 개체성을 유지한다. 포자낭은 포자를 방출하고 조건이 좋아지면 발아한다. 모든 단계는 반수성이다.

표 5.2 원생동물의 특성

분류군	구분되는 특징	본문에 거론된 대표적인 속
부기저체류	부기저체; 단일 핵; 미토콘드리아 결여	*Trichomonas*
중복편모충목	두 개의 같은 크기 핵; 미토콘드리아, 골지체와 퍼옥시좀 결여 여러 개의 편모	
중복편모충류		*Giardia*
유글레나조아류	내부의 결정형 막대를 가진 편모; 원반형 미토콘드리아 크리스타	
유글레나류	광합성; 박막; 안점	*Euglena*
운동핵편모충류	운동핵에 위치한 DNA를 가진 단일 미토콘드리아	*Trypanosoma, Leishmania*
피하낭류	피하낭 (세포막 아래의 막으로 싸인 주머니); 미토콘드리아의 관상 크리스타	
섬모충류	편모	*Balantidium, Paramecium, Didinium*
포자충류	정단 복합체의 세포내 소기관	*Plasmodium, Cryptosporidium, Toxoplasma*
와편모충류	광합성; 두 개의 편모; 내부 셀룰로오스 판	*Gymnodinium, Gonyaulax, Pfiesteria*
리자리아류	실 같은 위족	
유공충	탄산칼슘 껍데기	
방산충	실 같은 위족, 이산화규소 껍데기	
아메보조아류	엽-모양 위족, 껍데기 결여	
독립생활형과 기생형	집합체 형성이 없다.	*Naegleria, Acanthamoeba, Entamoeba*
변형체성 (비세포성) 점균류	다핵성 변형체	*Physarum*
세포성 점균류	세포들이 모여 유사변형체 형성하나 개체성 유지	*Dictyostelium*

진균의 중요성

학습 | 성과

5.15 진균의 이로운 5가지 점을 나열하라.

진균은 극도로 이로운 미생물이다. 자연에서 그들은 죽은 생물(특히 식물)을 분해하고 그들의 영양분을 재순환한다. 또한 약 90%의 관속식물의 뿌리는 균근(*mycorrhizae*)[20]을 형성하는데 이는 식물이 물과 용해된 광물의 흡수를 돕는 뿌리와 진균 간의 이로운 관계이다.

인간은 진균을 식품 (버섯과 송로버섯), 종교 의식 (그들의 환각성질 때문에) 및 빵, 알콜음료, 구연산 (청량음료 산업의 기초), 간장과 일부 치즈를 포함한 식품과 음료 제조에 사용한다. 진균은 또한 penicillin과 cephalosporin 같은 항생제, 장기 이식을 가능하게 하는 면역억제제 *cyclosporine*과 콜레스테롤 저하제인 *mevinic acid*를 생산한다.

진균은 또한 대사, 생장과 발생 및 유전학과 생명공학 연구에 중요한 연구 도구이다. 예를 들어, 1950년대에 *Neurospora* (noo-ros´pōr-ă)를 이용한 그들의 연구에 기초해서 George Beadle (1903–1989)과 Edward Tatum (1909–1975년)은 하나의 유전자가 하나의 효소를 암호화한다는 노벨상 수상 이론을 개발하였다. 유사한 연구 때문에 *Saccharomyces* (제빵 효모)는 가장 잘 알려진 진핵생물이며 그 전체 유전체의 서열이 밝혀진 최초의 진핵생물이 되었다 (18장은 농업과 산업에서 진균의 일부 용도를 소개).

모든 진균이 이로운 것은 아니며 알려진 진균 종의 약 30%는 식물, 동물과 인간의 진균 질환인 **진균증[mycoses** (mī-kō´sēz)]을 일으킨다. 예를 들어, 네덜란드 느릅나무병(Dutch elm disease)은 느릅나무의 진균증이며, 무좀(athlete's foot)은 인간의 진균성 질병이다. 진균은 세균을 저해하는 농도의 염, 산과 당을 견디기 때문에 진균은 공기에 노출된 과일, 피클, 잼과 젤리의 부패를 일으킨다.

다음 절에서는 진균의 주요 종류에 대한 소개 이전에 진균의 형태, 영양 및 생식의 기본적 특성을 살펴본다.

진균의 형태

학습 | 성과

5.16 격막 균사, 비격막 균사와 균사체를 구분하라.

진균은 두 가지 기본적인 몸의 형태를 가진다. 곰팡이(*mold*)는 비

[20]그리스어로 "뿌리"를 뜻하는 *rhiza*로부터 유래.

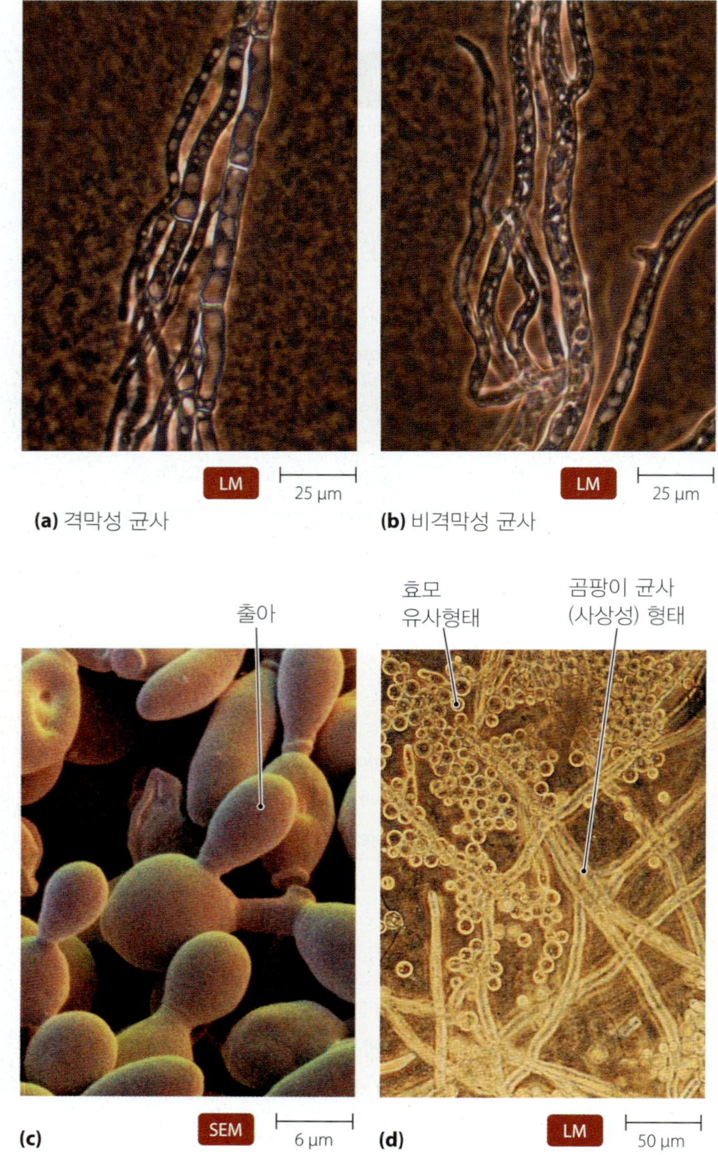

▲ **그림 5.15 진균의 형태.** **(a)** 격막성 균사는 격벽을 갖는다. **(b)** 비격막성 균사는 격벽이 없다. **(c)** *Saccharomyces* (제빵 또는 양조 효모)의 세포는 단세포성이며 모양이 구형에서 불규칙적인 타원형이다. **(d)** 이형성 진균 *Mucor rouxii*의 세포는 환경 조건에 대한 반응으로 효모와 곰팡이 형태의 생장을 모두 갖는다.

교적 크며, **균사(hyphae)**[21]라는 길고 가지를 치며 관상의 필라멘트로 구성된다. 균사는 **격막성[septate**; 격막(*septa*)[22]이라는 격벽에 의해 세포가 분리된; 그림 5.15a) 또는 **비격막성(aseptate**; 격막에 의해 나뉘지 않은; 그림 5.15b)일 수 있는데, 비격막성 균사는 다핵성(*coenocytic*)이다. 효모(*yeast*)의 세포는 전형적으로 작고 원형이며 단일 세포로 구성되며 출아를 가질 수 있다 (그림 5.15c).

온도 또는 이산화탄소 농도 같은 환경 조건에 반응하여 일부

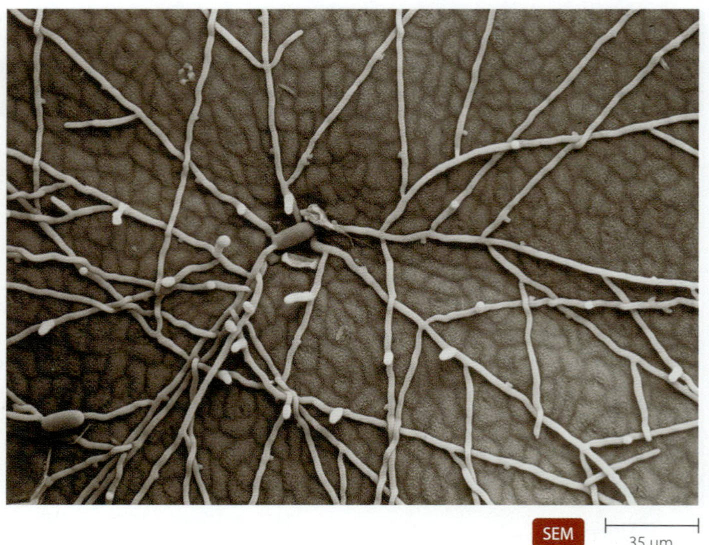

▲ **그림 5.16 잎에서 자라는 진균 균사체.**

진균은 효모와 곰팡이 모양을 모두 만들 수 있는데 (그림 5.15d), 두 종류의 모양을 만드는 진균을 **이형태성(dimorphic**; "두 가지 모양"을 의미)이라 한다. 많은 의학적으로 중요한 진균은 열에 의한 이형태성으로 그들 주변의 온도에 반응하여 생장 습관을 변화한다. 그런 진균에 히스토플라스마증(histoplasmosis)을 일으키는 *Histoplasma capsulatum* (his-tō-plaz´mă kap-soo-lă´tŭm)과 콕시디오이데스 진균증(coccidioidomycosis)이라는 독감 같은 질병을 일으키는 *Coccidioides immitis* (kok-sid-ē-oy´dēz im´mi-tis)가 있다. 일반적으로 이형성 진균 병원체의 효모 형태는 병을 일으키지만 필라멘트 형은 그렇지 않다.

곰팡이의 신체는 균사가 꼬여 **균사체(mycelium**, 복수는 *mycelia*; 그림 5.16)라는 엉킨 덩어리로 구성된다. 균사체는 전형적으로 지하에 있으며 따라서 비록 매우 클 수 있지만 보통 우리 눈에 띄지 않는다. 사실 지구에서 가장 큰 알려진 생물은 *Armillaria* 속의 진균으로 그 균사체는 숲에서 1미터 이상의 두께로 수천만 m^2까지 퍼질 수 있으며 수백 톤의 무게를 갖는다 (반면 가장 큰 살아있는 동물인 흰긴수염고래는 불과 약 150톤임). 먼지버섯(puffball)과 버섯 같은 자실체(fruitung body)는 곰팡이의 생식 구조의 자실체이며 거대한 지하 균사체의 작은 가시적인 확장에 불과하다.

진균의 영양

진균은 흡수에 의해 영양분을 얻는데, 즉 그들은 세포 밖으로 분해효소를 분비하여 큰 유기분자를 작은 분자로 쪼갠 후 세포 내로 수송한다. 대부분의 진균은 **부생생물[saprobe**[23] (sap´rōb)]로 죽은 생물의 잔해로부터 영양분을 흡수하는데, 일부 종은 현미경적 크기의

[21]"직조" 또는 "거미줄"을 뜻하는 그리스어 *hyphe*로부터 유래.
[22]"칸막이" 또는 "담장"을 뜻하는 라틴어.

[23]그리스어로 "부패한"을 뜻하는 *sapros*와 "생명"을 뜻하는 *bios*로부터 유래.

▲ **그림 5.17 진균 *Drechsiella*에 의한 선충의 포식.** 이 진균은 선충이 고리의 안쪽에 접촉하면 조이는 특별한 고리형 균사를 만든다. 이 진균은 선충을 분해하는 효소를 분비하여 영양분을 흡수한다. *진균에서 발견되는 보다 전형적인 영양 방식은 무엇인가?*

그림 5.17 대부분의 진균은 부생생물이다.

토양에 사는 선충(worm; **그림 5.17**)을 포획하고 죽인다. 살아있는 식물과 동물로부터 영양분을 얻는 진균은 보통 숙주 조직 내로 들어가서 영양분을 빼내는 **흡기[haustoria**[24] (haw-stō´rē-ă)]라는 변형된 균사를 갖는다. 진균이 유기성 폐기물의 분해자와 재순환생물로 작용하는 역할에 흡수성 영양분이 중요하다. 세포질 유동은 흔히 영양분 및 핵을 포함한 세포내 소기관을 균사체를 통해 수송한다. 격막성 균사체의 세포 간 원형질 유동은 격막에 있는 공극을 통해 일어난다.

최근 과학자들은 일부 진균들이 대사를 위한 에너지원으로 이온화 방사선 (방사능)을 이용하는 것을 발견하였다. 많은 진균은 검은 색소인 멜라닌으로 방사선을 흡수하지만 일부는 흡수된 방사선을 화학에너지로 전환시켜 생장에 이용하는 것으로 보인다.

대부분의 진균은 호기성이지만 많은 효모들은 (예, *Saccharomyces*) 알코올을 만드는 반응에서 일어나는 것 같은 발효로부터 에너지를 얻는 통성 혐기성이다. 혐기성 진균은 소와 사슴과 같은 많은 초식동물의 소화계에 존재하여 식물 물질의 분해를 돕는다.

진균의 생식

학습 | **성과**

5.17 진균의 무성생식과 유성생식에 대해 기술하라.
5.18 곰팡이에서 발견되는 무성포자의 3가지 기본형을 나열하라.

모든 진균은 핵분열 후 세포질 분열을 포함한 무성생식 방법을 갖지만 대부분의 진균은 또한 유성생식을 한다. 다음 절에서는 진균의 무성과 유성생식에 대해 알아본다.

출아법과 무성포자 형성

효모는 전형적으로 원핵생물 출아법과 유사한 방식으로 출아를 한다. 핵분열 후 하나의 딸 핵은 세포질의 작은 수포 (물집 같은 돌출부)에 격리되어 새로운 세포벽의 형성에 의해 모세포로부터 분리된다 (그림 5.15c 참조). 일부 종에서 특별히 사람의 구강 아구창과 질 효모감염을 일으키는 *Candida albicans* (kan´did-ă al´bi-kanz)는 일련의 출아가 서로 붙어 모세포에 남아있어 가균사(*pseudohypha*)라는 긴 필라멘트를 형성한다. *Candida*는 세포 간 틈을 뚫고 들어갈 수 있는 그런 가균사로 인간 조직에 침입한다.

필라멘트형 진균은 가벼운 포자 생성에 의해 무성적으로 증식하는데 바람에 의해 먼 거리로 진균을 전파시킨다. 연구자들은 지구 표면의 수 km 상공의 공기에서 진균 포자를 분리하였다. 과학자들은 곰팡이의 무성포자를 그들의 발달 방식에 따라 구분하였는데 일부 무성포자의 예는 다음과 같다:

- 포자낭포자(*sporangiospore*)는 균사의 끝이나 옆에 있는 포자낭병(*sporangiophore*)[26]이라는 포자를 지탱하는 자루에서 만들어지는 포자낭(*sporangium*)[25]이라는 주머니 안에서 형성된다 **(그림 5.18a)**.
- 막포자(*chlamydospore*)는 균사 안에서 두꺼운 세포벽을 가지고 형성된다 **(그림 5.18b)**.
- 분생자(*conidia*)라고도 하는 분생포자(*conidiospore*)는 주머니 속이 아닌 균사 끝이나 옆에서 형성된다. 많은 종류의 분생포자가 있으며 일부는 분생자병(*conidiophore*)이라는 자루 상에 사슬로 발달된다 **(그림 5.18c)**.

임상병리학자들은 많은 진균 병원체의 동정을 위해 임상시료 내 무성포자의 존재와 종류를 이용한다.

유성포자 형성

진균의 짝짓기 형은 암수 대신에 "+"와 "−"로 표시하는데 그들의 세포가 형태적으로 구분할 수 없는 것이 부분적인 이유이다. 진균에서 유성생식 과정은 4개의 기본 단계를 갖는다 **(그림 5.19)**:

1. +진균과 −진균의 반수성(n) 세포는 융합하여 두 핵을 모두 갖는 이핵체(dikaryon)를 형성한다. 이핵성 단계는 배수성이나 반수성이 아니며 (n + n)으로 표시한다.
2. 전형적으로 수 시간 내지 수년 심지어 수 세기 경과 후 이핵체 내의 한 쌍의 핵이 융합하여 하나의 배수체($2n$) 핵이 된다.
3. 배수성 핵의 감수분열로 반수체 상태가 된다.

[24]"우물에서 물을 푸는 사람"을 뜻하는 라틴어 *haustor*로부터 유래.

[25]그리스어로 "씨앗"을 뜻하는 *spora*와 "그릇"을 뜻하는 *angeion*으로부터 유래.
[26]그리스어로 "지탱한다"를 뜻하는 *phoros*로부터 유래.

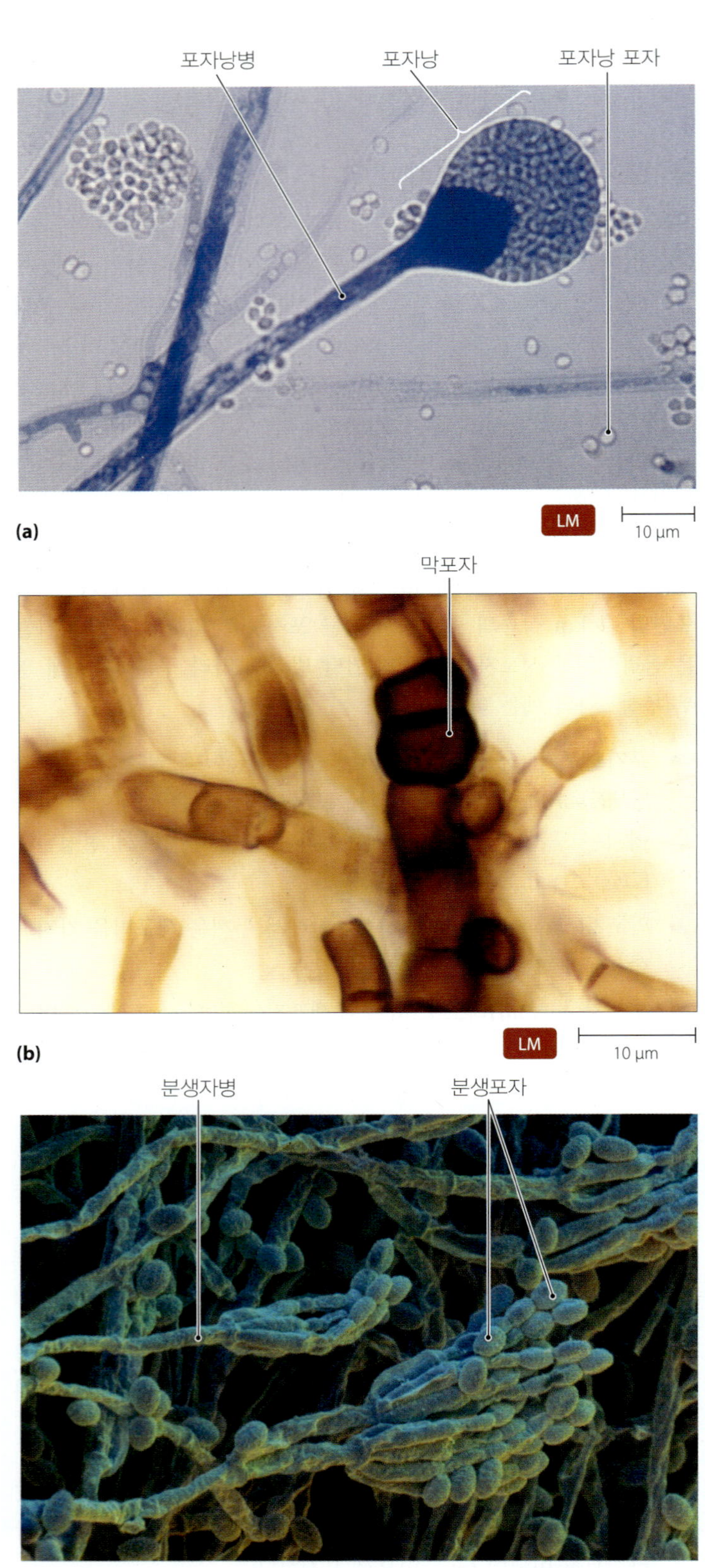

◀ **그림 5.18 대표적인 곰팡이의 무성포자. (a)** 포자낭포자로 여기 *Mucor*의 포자낭병에 생기는 포자낭이라는 주머니 안에서 발달된다. **(b)** 후막포자로 여기 *Aureobasidium*의 균사 내부에서 형성되는 두꺼운 벽의 포자이다. **(c)** 여기 *Penicillium*의 균사 끝에서 발달되는 분생포자 (분생자). *분생포자는 포자낭포자와 어떻게 다른가?*

그림 5.8 분생포자는 주머니 안에 들어있지 않다.

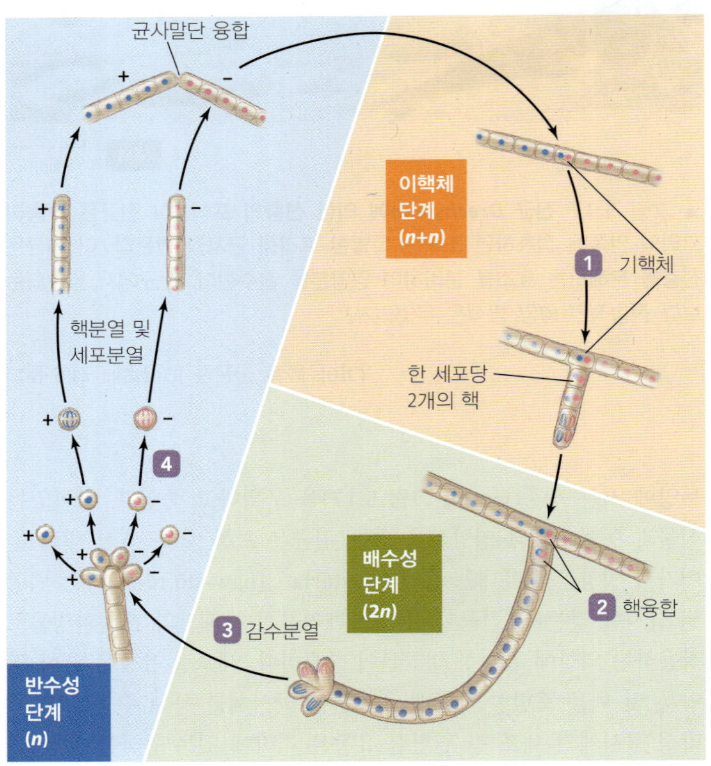

▲ **그림 5.19 진균에서 유성생식 과정.** 과정의 단계는 본문에 있다. 반수성 세포는 청색 배경에, 배수성 세포는 녹색 배경에, 그리고 이핵성 세포는 오렌지색 배경에 있다.

4 반수성 핵인 +와 −포자로 분배되어 핵분열과 세포질 분열에 의해 +와 −진균이 된다.

진균은 이핵체를 만드는 방식과 감수분열이 일어나는 부위에서 다르다.

진균의 분류

학습 | **성과**

5.19 유성포자 형성 측면에서 진균의 세 문을 비교하고 대조하라.

5.20 불완전균류를 기술하고 왜 이 종류가 더 이상 공식적인 분류군이 되지 않는지 설명하라.

다음 절에서는 분류학자들이 전통적으로 진균 계를 구분하던 4개의 주요 하위군을 소개한다. 이들 중 3개는 문(*division*)이라는 분류군으로 다른 계에서의 phylum과 동일하며 생성되는 유성포자의 종류에 근거하며 (접합균류, 자낭균류와 담자균류 문), 네 번째 불완전균류는 유성단계가 알려지지 않은 진균의 보관소였다. 먼저 접합균류로 시작한다.

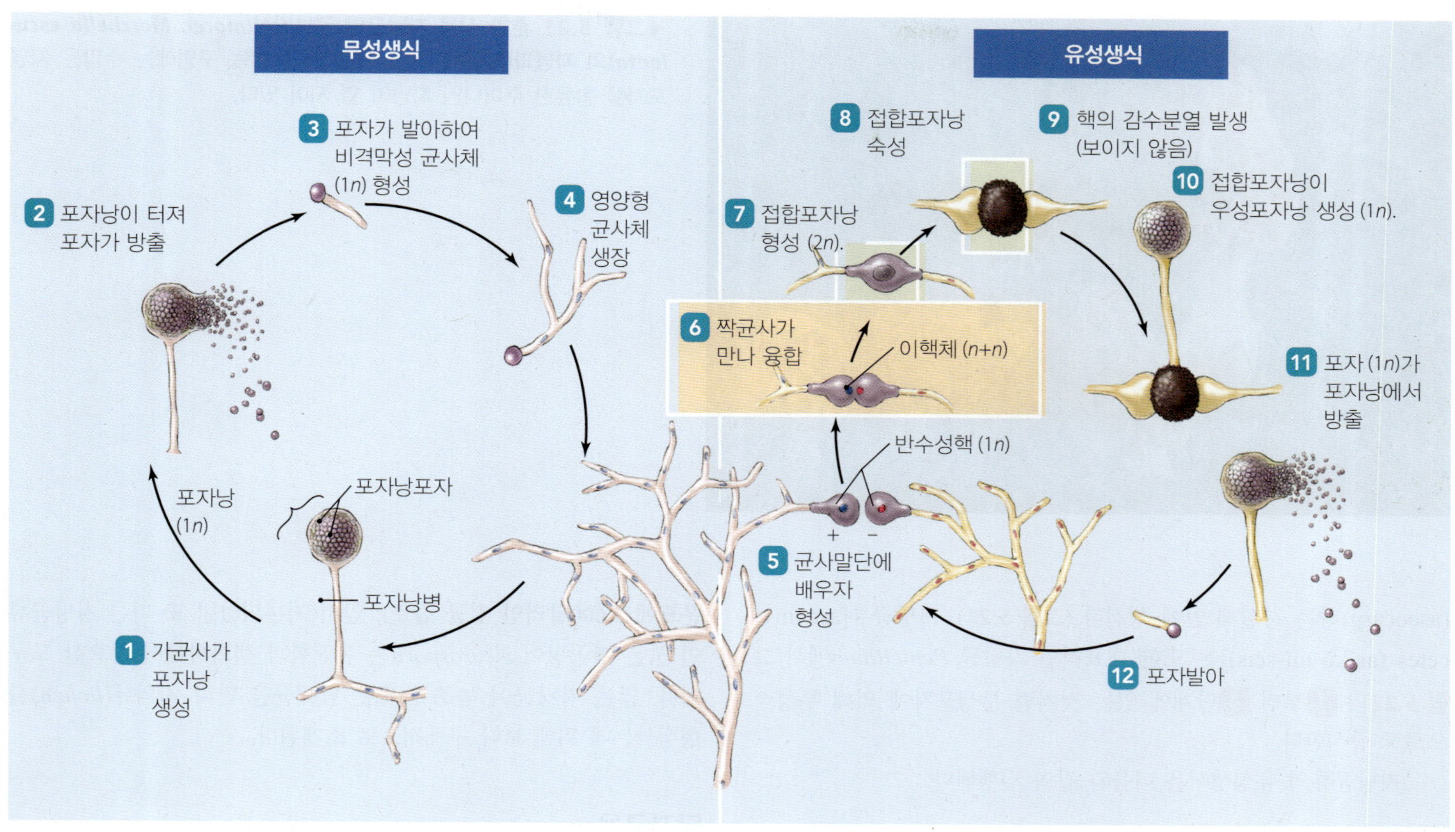

▲ **그림 5.20 접합균류 *Rhizopus*의 생활사.** 무성생식에서 이 진균은 포자낭포자의 발아와 균사 생성으로 증식한다. 유성생식에서는 +와 −균사의 끝이 융합하여 배수성 접합포자낭을 만들고 그것이 숙성하여 감수분열을 하고 발아하며 반수성 포자낭포자를 함유한 포자낭을 생성한 후 이 포자가 발아하여 새로운 균사체를 형성한다.

접합균문

접합균문(zygomycota)의 진균은 접합균류[zygomycetes (zī´gō-mī-sēts)]라 부르는 다핵성 곰팡이이다. 약 1,100종이 알려져 있으며 대부분은 부생균이고 나머지는 곤충과 기타 진균의 절대 기생체이다.

그림 5.20은 전형적인 접합균류인 검은빵곰팡이 *Rhizopus nigricans* (rī-zō´pŭs ni´gri-kans)[27]의 생활사를 나타낸다. 접합균류는 그림 1에서 4의 포자낭포자를 통해 무성적으로 생식하지만 대부분의 접합균류의 분명한 특징은 **접합포자낭(zygosporangia)** (가끔 부정확하게 접합포자로 불림)이라는 유성생식 구조의 형성이다. *R. nigricans*의 접합포자낭은 검은 두꺼운 벽의 구조로 그림 5에서 8의 성적 화합성 균사 끝의 융합으로부터 발달된다. 진균 포자처럼 접합포자낭은 건조와 기타 나쁜 환경조건에 견딜 수 있다.

접합포자낭 내에서 한 균사 (+)의 핵이 다른 균사 (−)의 핵과 융합하여 많은 배수성 핵을 만든다. 각 배수성 핵은 감수분열을 하지만 각 핵의 네 감수분열 딸 핵 중 하나만이 살아남는다. 접합포자낭은 그 후 반수성 포자 (진정한 접합포자)로 차있는 반수성 포자낭을 생성한다. 포자낭은 이 포자를 방출하고 각각은 발아해서 각 + 또는 − 균사체를 형성하고 생활사가 완성된다.

미포자충 **미포자충(microsporidia)**은 분류하기 어려운 작은 생물이다. 2003년까지 분류학자들은 microsporidia를 원생동물로 생각하였으나, 유전적 분석은 그들이 접합균류와 보다 유사한 것을 가리킨다.

그들은 절대 세포내 기생체로 그들의 숙주 세포 내에서 살아야만 한다. 미포자충은 숙주에서 숙주로 작은 내성 포자로 전파된다. 한 예는 *Nosema* (nō-sē´mă)로 누에와 꿀벌 같은 곤충의 기생체이다. 미국 환경보호청은 한 종의 *Nosema*를 메뚜기의 생물방제제로 승인하였다. *Nosema, Encephalatizoon* (en-sef-a-lat-e´zō-an)과 *Microsporidium* (mī-krō-spor-i´dē-ŭm)을 포함하여 미포자충의 7개 속은 면역력이 약화된 환자에서 병을 일으키는 것으로 알려졌다 (9장 269쪽의 출현성 질병 사례연구: 미포자충증 참조).

자낭균문

자낭균문(Ascomycota)은 약 32,000종의 곰팡이와 효모가 알려져 있는데 **자낭**[**asci** (단수 **ascus**)[28]]이라는 주머니 안에 반수성 **자낭포자(ascospore)**를 형성한다. 자낭은 여러 형태를 갖는 자낭과

[27]그리스어로 "뿌리"를 뜻하는 *rhiza*와 "발"을 뜻하는 *pous* 그리고 "검은"을 뜻하는 라틴어 *niger*로부터 유래.

[28]그리스어로 "가죽 부대"를 뜻하는 *askus*로부터 유래.

◀**그림 5.21 흔한 식용 자낭균인 곰보버섯(*morel, Morchella esculenta*)의 자낭과(자실체).** 이 사진에서 보이는 구멍에는 수많은 자낭포자를 함유한 주머니인 자낭이 열 지어 있다.

(ascocarp)라는 자실체 안에 생긴다 (그림 5.21). 자낭균류[ascomycetes (as´kō-mī-sēts)]는 또한 대표적인 자낭균 *Penicillium*에서 그림 5.22의 1부터 4단계에 있는 것처럼 분생포자에 의해 무성적으로도 증식한다.

자낭균류의 유성생식은 다음과 같이 진행된다:

5 반대편 짝짓기형의 다핵성 균사의 끝이 융합하여 이핵체를 만든다.

6 이핵체는 증식하여 세포가 모두 이핵성인 균사를 만든다.

7 이핵체에서 반대편 짝짓기형의 핵이 융합하여 배수성 핵을 만든다.

8 각 배수성 핵은 감수분열과 세포질 분열을 하여 자낭 내에 4개의 반수성 세포를 만든다.

9 각 반수성 세포는 핵분열과 세포질 분열을 하여 2개의 반수성 자낭포자를 만들고 결국 8개의 자낭포자가 자낭 안에 나열한다.

10 자낭이 열리고 그들의 자낭포자가 방출된다.

11 각 자낭포자는 발아하여 + 또는 −균사를 만든다.

자낭균류는 친숙하고 경제적으로 중요한 진균이다. 예를 들어, 식품을 부패시키는 진균의 대부분이 자낭균류이다. 이 종류는 또한 네덜란드 느릅나무병(Dutch elm disease)과 미국의 많은 지역에서 그들의 숙주 나무를 거의 다 제거했던 밤나무 마름병의 원인체 같은 식물병원체를 포함한다. 곡류에 자라는 *Claviceps purpurea* (klav´i-seps poor-poo´rē-ă)는 가축의 유산과 인간에서 환각을 일으키는 lysergic acid를 생성한다. *Aspergillus*는 또한 인간에 감염한다 (144쪽의 **출현성 질병 사례연구: 아스페르질러스증** 참조).

반면 많은 자낭균류가 이로운데, 예를 들어, *Penicillium* (pen-i-sil´ē-ŭm) 곰팡이는 penicillin을 생산하고, 당을 발효하여 알코올과 이산화탄소를 만드는 *Saccharomyces*는 제빵과 양조 산업의 기본이며, 송로(*truffle*, *Tuber*의 변종)는 참나무와 너도밤나무와 연관된 균근으로 자라나 음식에 사용된다 (143쪽의 **이로운 미생물: 파운드에 3,600달러인 진균** 참조). 앞서 거론되었던 또 다른 자낭균류인 붉은 빵곰팡이 *Neurospora*는 유전학과 생화학에서 중요한 도구이다. 많은 자낭균이 녹조류 또는 남세균을 만나 지의류(*lichen*)를 형성하는데 뒤에 보다 구체적으로 소개된다.

담자균문

전 세계 대부분의 숲과 들에서 버섯, 먼지버섯(puffball), 대곰보버섯(stinkhorn), 젤리 곰팡이(jelly fungi), 찻잔접시버섯(bird's nest fungi) 또는 선반모양의 진균류(bracket fungi) 등을 볼 수 있는데 모두 **담자균문(Basidiomycota)**의 거의 22,000종의 알려진 진균의 눈에 보이는 자실체이다. 독성이 있는 버섯은 종종 독버섯(*toadstool*)이라 하는데 아주 위험한 일이지만 먹어보는 것 이외에는 독버섯과 식용버섯을 항상 구분하는 확실한 방법은 없다.

버섯은 **담자과(basidiocarp)** (그림 5.23)라는 담자균[basidiomycetes (ba-sid´ē-ō-mī-sēts)]의 다른 자실체이다. 담자과의 전체 구조는 촘촘히 짜인 균사로 구성되며 여러 개의 흔히 곤봉 모양의 담자기(*basidia*)라는 돌출부를 형성하는데 그 끝이 유성 담자포자(*basidiospore*, 전형적으로 각 담자기에 4개씩)를 생성한다. 그림 5.24는 독버섯 *Amanita muscaria* (am-ă-nī´tămus-ka´rē-ă)의 생활사를 나타낸다.

가장 잘 알려진 재배하는 *Agaricus* (a-gār´i-kus) 같은 식용버섯 이외에 담자균류는 인간에게 여러 가지로 영향을 미친다. 대부분의 담자균류는 중요한 분해자로 죽은 식물의 셀룰로오스와 리그닌 같은 물질을 분해하고 영양분을 토양으로 되돌린다. 많은 버섯들은 독소와 환각물질을 생성하는데 그 예로는 환각성분인 psilocybin을 생성하는 *Psilocybe cubensis* (sil-ō-sī´bēkū-ben´sis)가 있다. 담자균 효모 *Cryptococcus neoformans* (krip-tō-kok´ŭs nē-ō-for´manz)는 진균성 수막염의 주된 원인이다. 다른 담자균으로는 매년 수백만 달러의 곡류 손실을 일으키는 녹병(*rust*)과 흑수병 (또는 깜부기병, *smut*)을 일으키는 진균이 있다.

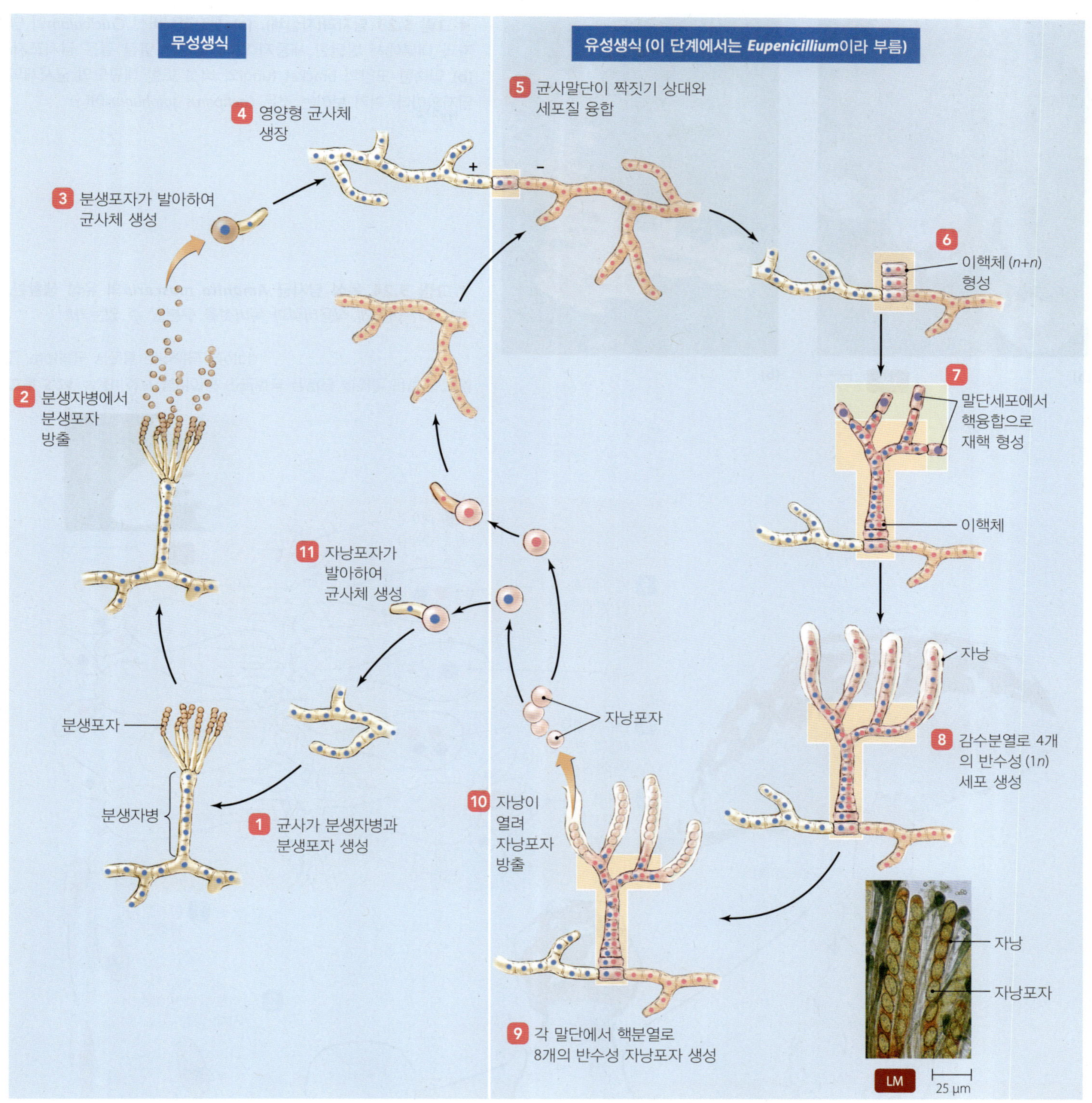

▲ 그림 5.22 자낭균류의 생활사.

불완전균류

앞서 거론한대로 접합균문, 자낭균문과 담자균문은 유성포자 생성 방식에 근거하였다. 과학자들은 모든 진균에서 유성생식을 관찰하지는 못하였기 때문에 20세기 중반에 분류학자들은 그들이 유성포자를 만들지 않거나 또는 유성포자가 관찰되지 않았기 때문에 그들의 유성생식 단계가 알려지지 않은 진균을 포함하는 불완전균류문 (*Deuteromycota* 또는 *imperfect fungi*)을 만들었다. 그러나 보다 최근에 rRNA 서열 분석은 대부분의 불완전균류가 실제로 자낭균문에 속하는 것을 나타내며 따라서 현대 분류학자들은 공식적인 분류군으로 불완전균문을 포기하였다. 그럼에도 불구하고 많은 의학 실험실 학자, 의료종사자들과 과학자들은 그것이 전통적인 이름이기 때문에 불완전균류를 계속 사용한다.

(a)

(b)

◀ **그림 5.23 담자과(자실체). (a)** 찻잔접시버섯 *Crucibulum*의 담자과 내부에서 발달한 새둥지 안의 납작한 달걀 같은 담자포자. **(b)** 익숙한 모양의 bracket fungi와 버섯 또한 대규모의 균사체의 담자과이다. 여기 보이는 것은 *Laetiporus sulphureus*이다.

▼ **그림 5.24 독성 담자균 *Amanita muscaria*의 유성 생활환.** *초보자가 어떻게 식용버섯과 독버섯을 구분할 수 있는가?*

그림 5.24 식용버섯과 독버섯을 구분하는 유일한 확실한 방법은 그것을 먹어보는 위험을 감수하는 것이다.

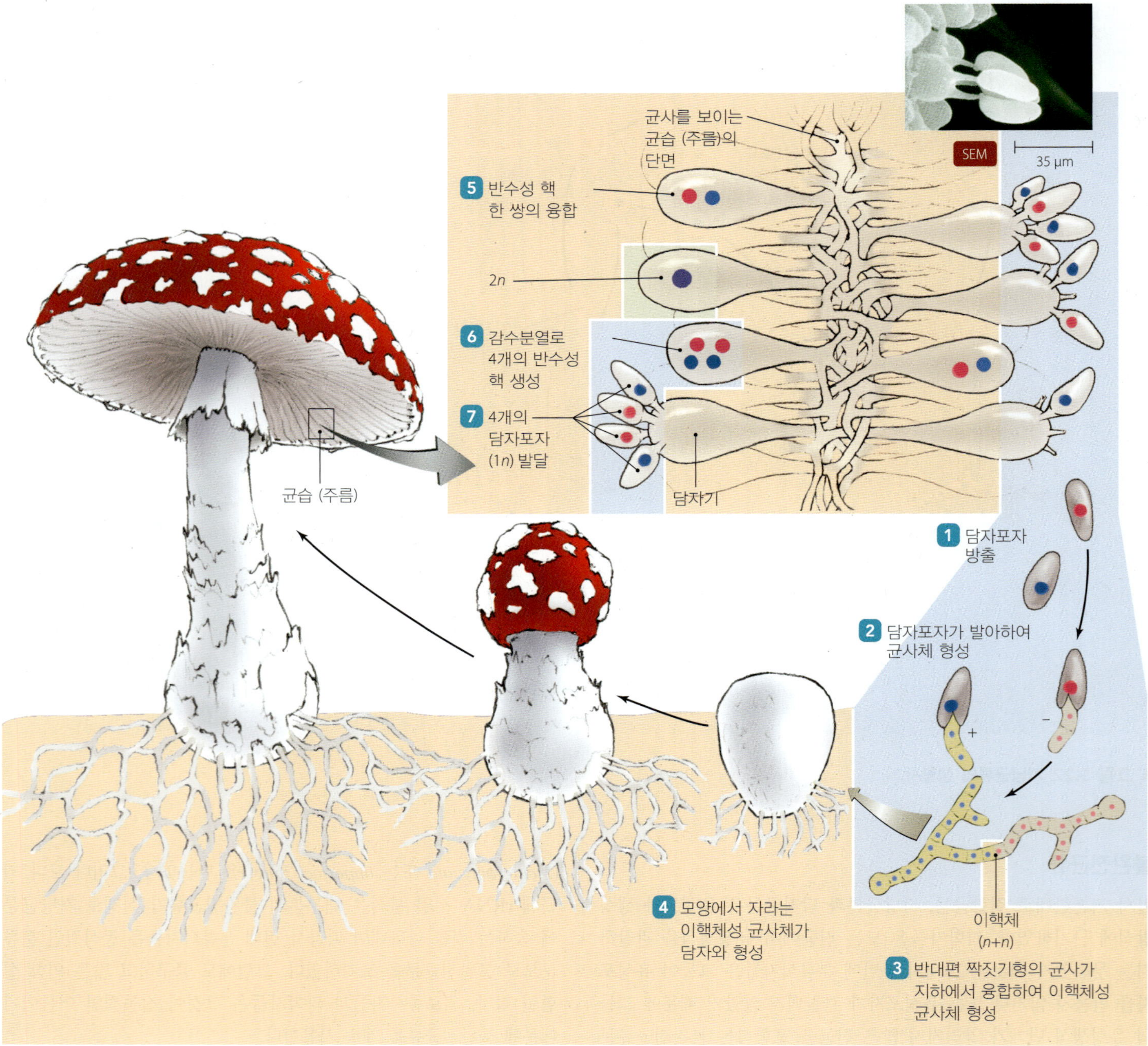

균사를 보이는 균습 (주름)의 단면

SEM

35 μm

5 반수성 핵 한 쌍의 융합

2n

6 감수분열로 4개의 반수성 핵 생성

7 4개의 담자포자 (1n) 발달

담자기

균습 (주름)

1 담자포자 방출

2 담자포자가 발아하여 균사체 형성

\+

−

이핵체 (n+n)

3 반대편 짝짓기형의 균사가 지하에서 융합하여 이핵체성 균사체 형성

4 모양에서 자라는 이핵체성 균사체가 담자와 형성

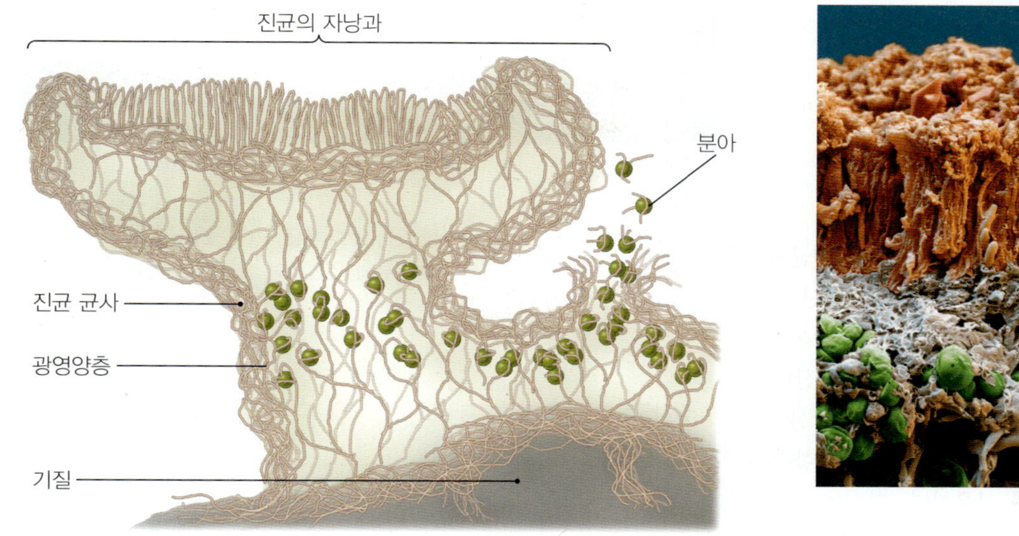

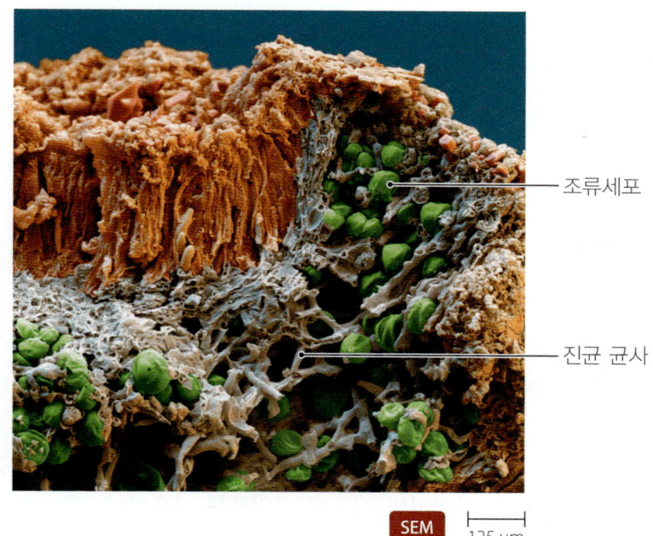

▲ **그림 5.25 지의류의 구조.** 진균 (대부분 자낭균류)의 균사는 지의류 몸의 대부분을 차지한다. 지의류의 광합성 구성원의 세포는 지의류의 표면 근처에 집중되어 있다. 광합성 세포를 둘러싼 진균의 조각인 분아는 일부 지의류가 자신을 퍼뜨리는 방법이다. *어떤 두 종류의 광합성 미생물이 지의류의 일부가 될 수 있는가?*

그림 5.25 남세균 또는 녹조류가 자낭균과 만나 지의류를 형성할 수 있다.

지의류

학습 성과

5.21 지의류의 구성원을 기술하라.

5.22 지의류의 여러 이로운 역할과 기능을 나열하라.

진균은 흔히 남세균 또는 덜 빈번히 녹조류 같은 광영양성 미생물과 **지의류(lichen)**라는 협력관계를 형성한다. 지의류에서 대부분 자낭균인 진균의 균사는 광합성 세포를 둘러싸고 **(그림 5.25)** 그들에게 영양분, 물 및 건조와 강한 광선으로부터의 보호를 제공한다. 대신 각 조류 또는 남세균은 진균에게 광합성 산물인 탄수화물과 산소를 공급한다. 일부 지의류에서 광영양체는 그것의 탄수화물의 60%를 진균에게 방출한다.

지의류에서 협력관계는 항상 이로운 것은 아닌데 일부 지의류에서 진균은 흡기(haustoria)를 생성하여 광합성 구성원을 뚫고 들어가 죽인다. 그런 지의류는 광영양체의 세포가 진균이 그들을 잡아먹을 수 있는 것보다 더 빨리 증식할 때만 유지된다.

지의류의 진균은 포자에 의해 증식하는데 그것은 발아하여 적절한 남세균 또는 조류를 포획하는 균사로 발달되어야만 한다. 대신 바람, 비와 작은 동물이 광영양체와 진균 균사 모두를 함유한 분아(*soredia*)라는 지의류의 조각을 새로운 장소에 퍼뜨리면 만일 그곳에 적절한 기반이 있다면 새로운 지의류로 정착할 수 있다.

과학자들은 14,000종 이상의 지의류를 동정하였는데 전 세계에, 특히 오염되지 않은 새로운 지역에 풍부하며 토양, 암석, 잎, 나무껍질, 다른 지의류와 심지어 거북이 등에도 서식한다. 사실 지의류는 높은 고산 툰드라부터 해안의 침수된 바위까지, 얼어붙은 남극 토양부터 뜨거운 사막까지 거의 모든 서식지에 산다. 지의류가 지속적으로 자라지 못하는 유일한 오염되지 않은 장소는 바다의 어두운 깊이와 동굴의 암흑세계로 결국 지의류가 빛을 요구하기 때문이다.

지의류는 천천히 자라지만 수백 년, 아마 수천 년을 살 수 있다. 그들은 세 가지 기본형으로 나타난다 **(그림 5.26)**:

▲ **그림 5.26 지의류의 전체적인 형태.** 고착형은 납작하고 기만에 단단히 붙어있다; 엽상형은 자유로운 가장자리를 가진 잎 모양이다; 관목형은 그림에서처럼 서있거나 매달려 있다.

- 엽상형(*foliose*) 지의류는 잎 모양이며 기반으로부터 자유롭게 자라나는 가장자리를 가진다.
- 고착형(*crustose*) 지의류는 그들의 기반에 들러붙어 자라며 기반 내로 수 mm까지 확장될 수도 있다.
- 관목형(*fruticose*) 지의류는 서있거나 매달린 원통형이다.

지의류는 풍화되는 암석에서 토양을 만들며 질소고정 남세균을 함유한 지의류는 상당량의 이용가능한 질소를 영양분이 부족한 환경에 공급한다. 많은 동물들은 지의류를 먹는데, 예를 들어, 순록과 카리부(caribou) (북미산 순록)는 겨우내 주로 지의류를 먹고 산다. 새는 둥지를 만드는데 지의류를 이용하며 일부 곤충은 자신을 살아있는 지의류 조각으로 위장한다. 인간 또한 식품, 염료, 의류, 향수, 약품과 리트머스 시험지의 제조에 지의류를 사용한다. 지의류는 오염된 환경에서 잘 자라지 못하기 때문에 생태학자들은 그들을 대기오염 감시를 위한 민감한 생물검정에 이용한다.

앞의 절에서 진균이 주로 죽은 생물을 분해하는데 작용하는 화학종속영양성 효모와 곰팡이라는 것을 보았다. 일부 진균은 병원성이며 다른 것들은 남세균 또는 조류와 연합하여 지의류를 형성한다. 모든 진균은 출아 또는 무성포자를 통해 무성적으로 생식하며 대부분의 진균은 또한 유성포자를 만들며 분류학자들은 그것으로 진균을 분류한다. **표 5.3**은 진균의 특징을 요약하였다.

왜 그런가

두 개의 반수성(n) 핵을 가진 진균의 이핵체는 왜 배수체로 간주되지 않는가?

조류

학습 | 성과

5.23 조류의 두드러진 특징을 기술하라.

로마인들은 간단한 수서식물, 특히 해양 서식지에 있는 곳을 지칭하는데 조류[*alga* (al´ga)]라는 용어를 썼다. 따라서 그들의 사용은 우리가 조류[algae (al´jī)], 남세균, 해중식물(sea grass)과 기타 수서식물로 알고 있는 생물들을 포함하였다. 오늘날 조류라는 용어는 간단한 진핵성 광영양성 생물로 식물처럼 엽록소 *a*를 이용하여 산소발생형 광합성을 하는 생물을 가리킨다. 조류는 모든 세포가 접합자가 되는 유성생식 구조를 갖는 점에서 해중식물 같은 식물과 다르다. 반면 식물에서는 생식구조의 일부가 항상 영양형으로 남아있다.

조류는 통일된 종류가 아니며, 분포, 형태, 생식과 생화학적 성질이 매우 다르다. 더욱이 조류라는 용어는 어떤 분류군과도 동의어가 아니며, 그림 5.4c에 보이는 분류체제에서 조류는 피하낭류, 유글레노조아류, 부등편모류, 홍조류와 식물계에서 볼 수 있다. 조류에 대한 분야가 조류학(*phycology*)[29]이며 그것을 연구하는 과학자를 조류학자(*phycologist*)라 한다.

표 5.3 진균의 특성

문과 유성포자의 종류	특징	대표적 속
접합균문 접합포자	다핵성 (비격막성)	*Rhizopus*
자낭균문 자낭포자	격막성; 일부는 남세균 또는 녹조류와 연합하여 지의류 형성	*Claviceps*, *Neurospora*, *Penicillium*, *Saccharomyces*, *Tuber*
담자균문 담자포자	격막성	*Agaricus*, *Amanita*, *Cryptococcus*

조류의 분포

비록 일부 조류가 토양과 얼음, 지의류로서 진균과 밀접한 연관 속에, 그리고 식물 등 다양한 서식지에 살지만 대부분의 조류는 담수, 기수와 염수의 투광대(*photic zone*, 햇빛이 투과되는)에 산다. 이 수환경은 일부 장점을 부여하며 또한 광합성 생물에 일부 어려움을 방지한다. 대부분의 물이 충분한 화학물질을 함유하여 조류에 영양분을 제공하지만 물은 또한 빛의 장파장을 차별적으로 흡수하여 짧은 청색 파장만이 표면 아래 1 m 이상 투과된다. 이는 조류에 문제가 되는데 그들의 주된 광합성 색소인 엽록소 *a*가 적색광을 흡수하기 때문이다. 따라서 더 깊은 물에서 자라기 위해 조류는 투과되는 단파장 빛의 에너지를 포획하여 그 에너지를 엽록소 *a*에 전달하기 위해 보조 광합성 색소(*accessory photosynthetic pigment*)를 가져야만 한다. 예를 들어, 홍조류로 알려진 조류 종류의 구성원들은 청색광을 흡수하는 붉은 색소를 함유하여 홍조류가 투광대의 가장 깊은 곳에서도 서식하게 한다.

조류의 형태

조류는 단세포성이거나 집락성 또는 흔히 가지 친 필라멘트 또는 얇은 판으로 구성된 간단한 다세포성 몸체를 가진다. 흔히 해초류라 부르는 대형 해양 조류의 몸체는 비교적 복잡할 수 있어 그들을 바위에 고정시키는 가지 친 부착기(*holdfast*), 줄기 같은 자루(*stipe*)와 잎 같은 엽편(*blade*)을 가진다. 많은 대형 해양 조류는 pneumocyst라는 기체로 찬 주머니에 의해 물에 뜬다 (그림 5.30 참조). 비록 일부 해양 조류의 몸체는 길이에서 육상 식물을 능가하지만 그들은 관속식물에 흔한 잘 발달된 수송체제가 없다.

[29]그리스어로 "해조류"를 뜻하는 *phykos*와 "담론"을 뜻하는 *logos*로부터 유래.

유익한 미생물

파운드에 3,600달러인 진균

지하에서 자라는 희귀하고 강한 풍미를 지닌 자낭균인 송로는 지구상에서 가장 사치스럽고 비싼 식품으로 1파운드에 평균 800달러 이상으로 팔린다. 많은 송로 변종이 있는데 가장 탐내는 종류는 검은 다이아몬드로 알려진 흑색 송로 *Tuber melanosporum*과 파운드에 3,600달러에 팔리는 백색 송로 *Tuber magnatum*을 포함한다.

송로는 찾기 매우 어렵기 때문에 송로 사냥꾼들은 흔히 그들을 냄새로 찾게 훈련시킨 돼지나 개를 이용한다 (돼지는 송로를 잘 먹기 때문에 개를 선호). 개는 1880년에 설립된 University of Truffle Hunting Dogs에서 훈련시킨다.

송로의 지하 서식지는 그들이 영양분을 위해 나무와 그리고 포자 분산을 위해 다람쥐와 얼룩다람쥐 같은 동물과 공생관계 형성을 요구한다. 동물이 송로를 파내면 포자가 다른 지역으로 전파되는 것을 돕는다.

그런데 초콜릿색의 송로는 그들의 소중한 진균 상대로부터 그 이름이 유래되었다.

Tuber melanosporum

조류의 생식

학습 | 성과

5.24 조류에서 세대 교번을 기술하라.

단세포 조류에서 무성생식은 핵분열과 뒤이은 세포질 분열을 포함한다. 유성생식을 하는 단세포 조류에서 각 조류세포는 배우자로 작용하여 또 다른 그런 배우자와 융합하여 접합자를 만들어 감수분열을 하여 다시 반수성 상태로 돌아간다.

다세포성 조류는 부모 조류의 각 조각이 새로운 개체로 발달하는 분절 및 운동성 또는 비운동성 무성포자에 의해 무성적으로 증식한다. 앞서 거론한대로 유성생식을 하는 다세포 조류에서 생식 구조 내 모든 세포는 배우자가 되는데 이는 모든 다른 광합성 진핵생물로부터 조류를 구분하는 특징이다.

많은 다세포 조류는 반수성과 배수성 개체의 **세대교번(alternation of generation)**을 하면서 유성생식을 한다 (그림 5.27). 그럼 생활사에서 배수성 개체는 감수분열을 하여 암수 반수성 포자를 만들어 그것이 배수성 몸체와 동일하게 보이는 반수성 암수 몸체로 발달한다. 일부 반수성 조류는 배우자를 만들어 융합하여 접합자를 형성하면 자라나서 새로운 배수성 조류가 된다. 반수성과 배수성 조류 모두 무성생식을 할 수도 있다.

조류의 분류

학습 | 성과

5.25 조류의 4종류를 나열하고 각각의 구분되는 특징을 기술하라.

5.26 조류로부터 얻는 여러 경제적 이득을 나열하라.

조류의 분류는 아직 정립되지 않았다. 역사적으로 분류학자들은 녹조류, 갈조류, 황갈조류와 황녹조류 같이 그들의 광합성 색소의 색으로부터 이름을 딴 여러 종류로 조류를 분류하는데 광합성 색소, 저장산물과 세포벽 조성의 차이점을 이용하였다. 다음 절은 이 종류들의 일부를 소개하는데 녹조식물문의 녹조류로 시작한다.

녹조류문 (녹조류)

녹조류문(Chlorophyta)[30]은 식물과 수많은 특징을 공유하는 녹색 조류로 엽록소 *a*와 *b*를 가지며 저장물질로 당과 전분을 이용한다. 많은 종류가 셀룰로오스로 구성된 세포벽을 가지지만 다른 것들은 당단백질의 세포벽을 갖거나 세포벽이 아예 없다. 추가적으로 녹조류와 식물의 18S rRNA 서열은 비슷하다. 그 유사성 때문에 녹조류는 흔히 식물의 조상으로 간주되며 일부 분류체제에서는 녹조류문이 식물계에 속해 있다.

대부분의 녹조류는 단세포성이나 필라멘트성이며 (그림 1.7a 참조) 담수 연못, 호수와 소에 살며 녹색에서 황색의 더께를 형성한다. 일부 다세포형은 썰물 중 공기에 노출되는 지역인 해양 조간대에 산다.

Prototheca (prō-tō-thē´kă)는 특이한 녹조류로 색소가 없어 무색이다. 이 화학종속영양성 조류는 민감한 사람에게 피부 발진을 일으킨다. *Codium* (kō´dē-ŭm)은 해양 녹조류 종류인데 체세포분열 후 격벽을 만들지 않아 전체 몸체가 하나의 큰 다핵성 세포이다. 일부 폴리네시아인들은 조미료로 *Codium*을 말리고 갈아서 사용한다. 녹조류 *Trebouxia* (tre-book´sē-a)는 지의류에서 진균과의 연합에서 발견되는 가장 흔한 조류이다.

홍조류 계 (홍조류)

역사적으로 식물계에 그 후에 원생생물계로 분류되었던 **홍조류문 (Rhodophyta)**[31]의 조류는 현재는 그들 자신의 계인 홍조류로 분류

[30]그리스어로 "녹색"을 뜻하는 *chloros*와 "식물"을 뜻하는 *phyton*으로부터 유래.
[31]그리스어로 "장미"를 뜻하는 *rhodon*으로부터 유래.

Diploid (2*n*) generation
접합자
배수성 개체
감수분열
암수 반수성 포자
융합
배우자 웅성
웅성 반수성 개체
배우자 자성
자성 반수성 개체
Haploid (1*n*) generation

▲ **그림 5.27 녹조류 *Ulva*에서 일어나는 조류의 세대교번.** 배수성 개체는 감수분열로 포자를 만들어 발아하여 암수 몸체를 만든다. 이 반수성 조류는 배우자를 만들어 융합하면 배수성 접합자가 형성되고 그것이 자라나 새로운 배수성 개체가 된다. 각 세대는 또한 분절과 포자에 의해 무성적으로 증식할 수 있다.

출현성 질병 사례연구

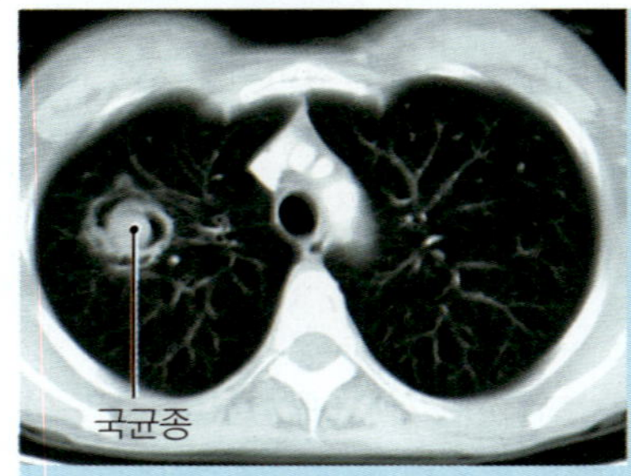

아스페르질러스증

Matt는 몸이 건강하지 않아 자신의 체력으로 체육관에서 할 수 있는 것이 없었으며 오른쪽 폐에 있는 진균 덩어리와 싸워야만 했다. 그 진균 덩어리는 국균종(aspergilloma)으로 *Aspergillus*라는 자낭균의 단일 포자로부터 시작되었다. 이 곰팡이는 진균 균사의 덩어리를 형성하여 이를 폐의 기도를 침입시켜 천천히 그를 죽이고 있었다. 그런 기관지폐 국균종은 드물지만 면역력이 약화된 사람에게 점차 흔해지는 병원체이다. 호흡의 어려움, 고열과 가슴 통증 이외에 Matt는 그의 삶의 조각을 내뱉는 것처럼 느껴져서 피 섞인 점액 덩어리가 나오는 기침을 가장 싫어했다. 실제로 그는 자신의 폐 조각을 기침으로 뱉어 내고 있었다.

불행히도 그의 병은 더 심해지고 있었다. *Aspergillus*는 그의 혈액에 침입하였고 심지어 그의 뇌로 향하고 있었다. 곧 침입성 국균종의 신호와 증상인 극도의 피로, 과도한 쇠약, 심한 두통과 망상이 나타났는데 이 모든 것이 매일같이 반복되었다. 그는 또한 몸 한쪽이 마비되었다.

Matt는 4주를 병원에서 보냈다. 가장 나쁜 날들은 그가 이것들을 인지하던 때이다. 가는 균사가 그의 뇌를 뚫고 그를 갉아먹는 것을 아는 공포는 거의 그가 감당할 수 없는 것이었다. 비록 그는 깨어있는 모든 기간이 그의 마지막이라는 것을 알았지만 의식불명으로 빠지는 시간을 기대하였다.

새로운 항진균 약물(voriconazole) 형태의 의학적 기적이 Matt를 다시 살려놓았다. 침입한 곰팡이는 퇴치되었고 Matt는 감사하며 집으로 돌아갔으며 생명의 소중함을 깨달으며 더 이상의 포자가 자신에게 오지 않기를 희망하였다.

1. **Matt의 폐 내의 진균이 담자균이 아닌 자낭균인 것을 미생물학자는 어떻게 알았는가?**
2. **왜 국균종이 새로운 질병으로 대두되는가?**
3. **Voriconazole 같은 강력한 약물이 왜 진균에게 효과적이지만 인간에게는 비교적 해가 없는가?**

▲ **그림 5.28 홍조류 *Pterothamnion plumula*.**

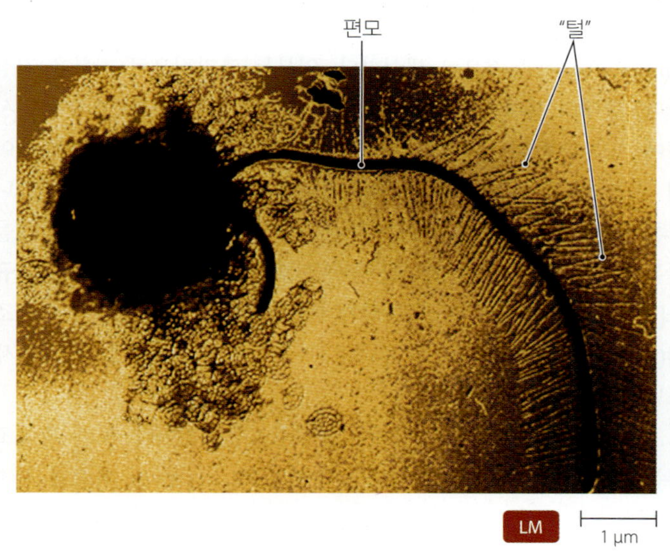

▲ **그림 5.29 털이 많은 편모.** 갈조류에서 털이 많은 편모와 또 다른 부등편모가 독특하다.

된다. 그들은 붉은 보조 색소 **피코에리스린(phycoerythrin)**, 저장분자인 글리코겐 [홍조류 녹말(*floridean*[32] *starch*)로도 알려짐], 가끔 탄산칼슘으로 보충된 **한천(agar)** 또는 **카라기난[carrageenan** (kar-ă-gē´nan)]의 세포벽과 비운동성 수배우자인 부동정자(*spermatia*)를 갖는 특징이 있다. 피코에리스린은 홍조류가 단파장의 청색광을 흡수하여 100 m 이상의 깊이에서 광합성을 할 수 있게 한다. 피코에리스린과 엽록소 *a*의 상대적 비율이 변하기 때문에 홍조류는 조간대에서의 녹색에서 흑색부터 깊은 곳에서의 적색까지 색깔이 다양하다 (그림 5.28). 대부분의 홍조류는 해양성이며 소수의 담수 속이 알려졌다.

한때 *Gelidium* (jel-li´d-ŭm)과 *Chondrus* (kon-drŭs) 같은 홍조류부터 분리되었던 젤 같은 다당류인 한천과 카라기닌은 고형 미생물 배지와 아이스크림, 치약, 시럽, 샐러드 드레싱, 과자를 포함한 많은 소비재 생산에 농조화제(thickening agent)로 사용된다. 일부 연구에서는 섭취된 카라기닌이 결장 염증을 유발할 수 있다는 것을 제시하였다.

갈조류

부등편모류(Stramenopila)[33]계의 **갈조류(Phaeophyta)**[34]는 하나는 채찍 같고 하나는 빈 돌출구조로 "털(hairy)"이 많은 두 편모로 운동하는 그들의 배우자에 크게 기초한다 (그림 5.29). 그들은 엽록소 *a*와 *c*, 카로틴과 엽황소[*xanthophyll* (zan´thō-fil)]라는 갈색 색소를 갖는다. 이 색소들의 상대적 양에 따라 갈조류는 짙은 갈색, 그을린색, 황갈색, 녹갈색 또는 녹색을 나타낸다. 대부분의 갈조류는 해양

▲ **그림 5.30 갈조류 자이언트 켈프 *Macrocystis*의 일부분.** 켈프의 엽은 공기가 차 있는 pneumocyst에 의해 떠 있다.

생물이며 *Macrocystis* (그림 5.30) 같은 자이언트 켈프(giant kelp)의 일부는 비록 둘레 치수는 아니지만 길이에서 큰 나무를 능가한다.

갈조류는 저장물질로 다당류 라미나린(*laminarin*)과 기름을 생성하며 셀룰로오스와 **알긴산(alginic acid, alginate)**으로 구성된 세포벽을 갖는다. 알긴산은 많은 식품에서 농조화제로, 의학에서 치과 인상(dental impression)의 제작에 사용된다.

황녹조류 (황조류, 황녹조류와 규조류)

황녹조류(Chrysophyta)[35]는 세포벽 조성과 색소 측면에서 다양한

[32]홍조류의 분류군, Florideophycidae의 이름에서 유래.
[33]라틴어로 "짚"을 뜻하는 *stramen*과 "털"을 뜻하는 *pilos*로부터 유래.
[34]그리스어로 "갈색"을 뜻하는 *phaeo*로부터 유래.
[35]그리스어로 "금"을 뜻하는 *chrysos*로부터 유래.

조류 종류이다. 그들은 저장산물로 다당류 크리소라미나린(*chrysolaminarin*)을 공통적으로 생성한다. 일부는 추가적으로 기름을 저장한다. 현대의 분류학자들은 뉴클레오티드 서열과 편모 구조의 유사성에 기초하여 이 종류를 갈조류 및 수생균류 (뒤에 소개됨)와 묶어서 부등편모류 계로 분류하였다. 일부 황녹조류가 세포벽이 없으나 다른 것들은 인편(scale) 또는 판(plate) 같은 정교한 외부 덮개를 갖는다. 황녹조류의 한 분류군인 규조류과(Bacillariophyceae)의 **규조[diatom** (dī´ă-tom)]는 독특하게 페트리 접시처럼 서로 맞는 규조각(*frustule*)이라는 두 개의 반쪽으로 구성된 이산화규소(silica) 세포벽을 갖는다 **(그림 5.31)**.

대부분의 황녹조류는 단세포성이거나 집락성이다. 모든 황녹조류는 엽록소 *a*와 *c*보다 오렌지색의 카로틴(*carotene*) 색소를 가져 황녹조류의 두 주요 강인 황조류(*golden algae*)와 황녹조류(*yellow-green algae*)의 이름이 유래되었다.

규조는 해양에서 자유롭게 부유하는 광합성 미생물로 바다의 먹이사슬의 기초를 형성하는 식물플랑크톤(*phytoplankton*)의 주요 구성원이다. 더욱이 그들의 많은 수 때문에 규조는 세계의 산소의 주요 공급원이다. 규조의 이산화규소 규조각은 환경과 기체, 영양분 및 노폐물의 교환을 위한 작은 구멍을 갖는다. 친환경 정원사는 수많은 죽은 규조의 규조각으로 구성된 규조토(*diatomaceous earth*)를 해로운 곤충과 벌레를 막는데 사용한다. 규조토는 또한 연마제, 세제와 페인트 제거제 및 내화벽돌, 방음제, 수영장 여과제와 빛반사 페인트의 성분으로 사용된다.

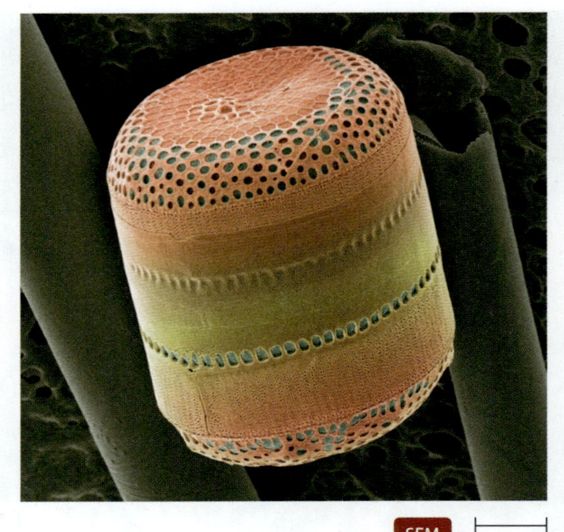

▲ **그림 5.31 규조 *Coscinodiscus*.** 규조는 페트리 접시처럼 서로 맞는 이산화규소와 셀룰로오스로 구성된 규조각을 갖는다.

요약하면, 조류는 단세포성 또는 다세포성 광독립영양체로 모든 세포가 배우자가 되는 유성생식 구조의 특징을 갖는다. 그들의 일차 및 보조 광합성 색소의 조합에 의해 생기는 색깔은 그들의 통칭을 부여하며 적어도 하나의 분류 체제의 기초를 제공한다. **표 5.4**는 조류의 주요 종류의 특징을 요약하였으며 와편모충류와 유글레나류는

표 5.4 다양한 조류의 특성

종류 (통칭)	계	색소	저장물질	세포벽 성분	서식지	대표적 속
녹조류문 (녹조류)	식물	엽록소 *a*와 *b*, 카로틴, 엽황소	당, 전분	셀룰로오스 또는 당단백질; 일부는 없음	담수, 기수와 염수; 육상	*Spirogyra* *Prototheca* *Codium* *Trebouxia*
홍조류문 (홍조류)	홍조류	엽록소 *a*, 엽황소, 피코에리스린, 피코시아닌	글리코겐 (홍조 녹말)	한천 또는 카라기난, 일부는 탄산칼슘 함유	대부분 염수	*Chondrus* *Gelidium* *Antithamnion*
황녹조류문 (황조류, 황녹조류, 규조류)	부등편모류	엽록소 *a*, c_1과 c_2; 카로틴; 엽황소	크리소라미나린, 기름	셀룰로오스, 이산화규소, 탄산칼슘	담수, 기수와 염수; 육상; 얼음	*Stephanodiscus*
갈조류문 (갈조류)	부등편모류	엽록소 *a*와 *c*, 카로틴, 엽황소	라미나린, 기름	셀룰로오스와 알긴산	기수와 염수	*Macrocystis*
황적조류문 (와편모충류)	피하낭류	엽록소 *a*, c_1과 c_2; 카로틴	전분, 기름	셀룰로오스	담수, 기수와 염수	*Gymnodinium* *Gonyaulax* *Pfiesteria*
유글레나문 (유글레나류)	유글레노조아류	엽록소 *a*와 *b*, 카로틴	파라미론, 기름, 당	없음	담수, 기수와 염수; 육상	*Euglena*

식물학자들이 역사적으로 이 광합성 원생동물을 조류로 분류하였기 때문에 이 표에 포함되었다.

왜 그런가

왜 많은 수의 병원성 조류가 없는가?

수생균류

학습 | 성과

5.27 수생균류가 진정균류와 다른 4가지 점을 나열하라.

과학자들은 **수생균류(water mold)**를 한때 진균으로 분류하였는데 그들이 가늘게 가지 친 필라멘트를 가진 점에서 사상성 진균을 닮았기 때문이었다. 그러나 수생균류는 진정한 곰팡이가 아니며 진균이 아니다. 수생균류는 다음과 같은 점에서 진균과 다르다:

- 그들은 미토콘드리아에 관상 크리스타를 갖는다.
- 그들은 키틴 대신 셀룰로오스의 세포벽을 갖는다.
- 그들은 하나는 채찍 같고 하나는 털이 많은 두 개의 편모를 갖는다.
- 그들은 반수성 몸체 대신 진정한 배수성 몸체를 갖는다.

수생균류가 털이 많은 편모 및 규조, 기타 황록조류와 갈조류의 rRNA 서열과 특정한 유사성을 갖기 때문에 분류학자들은 이 모든 생물들을 부등편모류 계로 분류하였다 (그림 5.4c 참조).

수생균류는 죽은 동물을 분해하여 영양물질을 환경으로 돌린다 **(그림 5.32)**. 일부 종은 포도, 담배와 대두 같은 작물에 해를 미치는 병원체이다. 1845년에 수생균류 *Phytophthora infestans* (fī-tof´thō-ră in-fes´tanz)가 우연히 아일랜드에 도입되어 감자를 완전히 파괴하여 백만 명 이상의 사람을 죽인 기근을 일으키고 더 많은 사람들이 미국과 캐나다로 이민을 가게 만들었다.

▲ **그림 5.32** 수계 서식지에서 유기영양분의 재순환에 수생균류의 중요한 역할의 예.

왜 그런가

왜 수생균류는 진정균류 보다 갈조류에 더 가깝게 연관되는가?

미생물학적 관심의 기타 진핵생물들: 기생충과 매개체

학습 | 성과

5.28 왜 미생물학자들은 기생충 같은 큰 생물을 연구하는지 설명하라.

5.29 미생물학 연구에 매개체의 포함을 논의하라.

비록 그것들이 미생물은 아니지만 미생물학자들은 두 가지 다른 종류의 진핵생물에도 관심이 있다. 첫 번째 종류는 흔히 기생성 벌레라고 부르는 기생충(*helminth*)이다. 미생물학자들은 그들이 혈액, 대변과 소변의 시료에서 보통 알이나 유충 (미성숙 형태)인 기생충의 현미경적 감염 및 진단 단계들을 관찰하였기 때문에 기생충에 관심을 갖게 되었다. 이같이 미생물학자들은 부분적인 이유로 그들이 기생충의 현미경적 형태를 다른 미생물로부터 구분해야 하기 때문에 기생충을 연구한다 (14와 16장은 혈액과 소화관의 기생충을 소개).

미생물학자들은 또한 **절지동물 매개체(arthropod vector)**[36]에 관심이 있는데 그들은 병원체를 운반하며 분절된 몸체, 외골격과 관절화 된 다리를 가지는 동물이다. 일부 절지동물은 기계적 매개체(*mechanical vector*)로 단순히 병원체를 운반하며 다른 것들은 생물학적 매개체(*biological vector*)로 그들 또한 미생물 병원체의 숙주로 작용한다. 절지동물이 작은 생물이며 (아주 작아서 그들이 사람을 물기 전에는 일반적으로 알아차리지 못함) 그들이 많은 후손을 생산하기 때문에 중요한 인간 질병의 전파에서 그들의 역할을 없애기 위한 절지동물 매개체의 제어는 거의 불가능한 일이다.

질병 매개체는 거미강(*Arachnida*)과 곤충강(*Insecta*)의 두 절지동물 강에 속한다. 진드기와 집먼지 진드기는 거미류 매개체이다 (비록 거미도 거미류이지만 그들은 질병을 옮기지 않음) 곤충은 가장 많은 수의 매개체를 포함하는데 이 종류에는 벼룩, 이, 파리류 (체체파리와 모기 같은)와 반시류 곤충(true bug) [침노린재류(kissing bug) 같은]을 포함한다. **그림 5.33**은 절지동물 매개체의 주요 종류의 대표적인 것을 나타낸다. 대부분의 매개체는 숙주에서 그들이 활발하게 먹이활동을 할 때만 발견된다. 이는 그들의 전 생애를 단일 숙주 개체와 연관해서 보내는 유일한 절지동물이다.

---

[36]라틴어로 "지니다"를 뜻하는 *vectus*에서 유래.

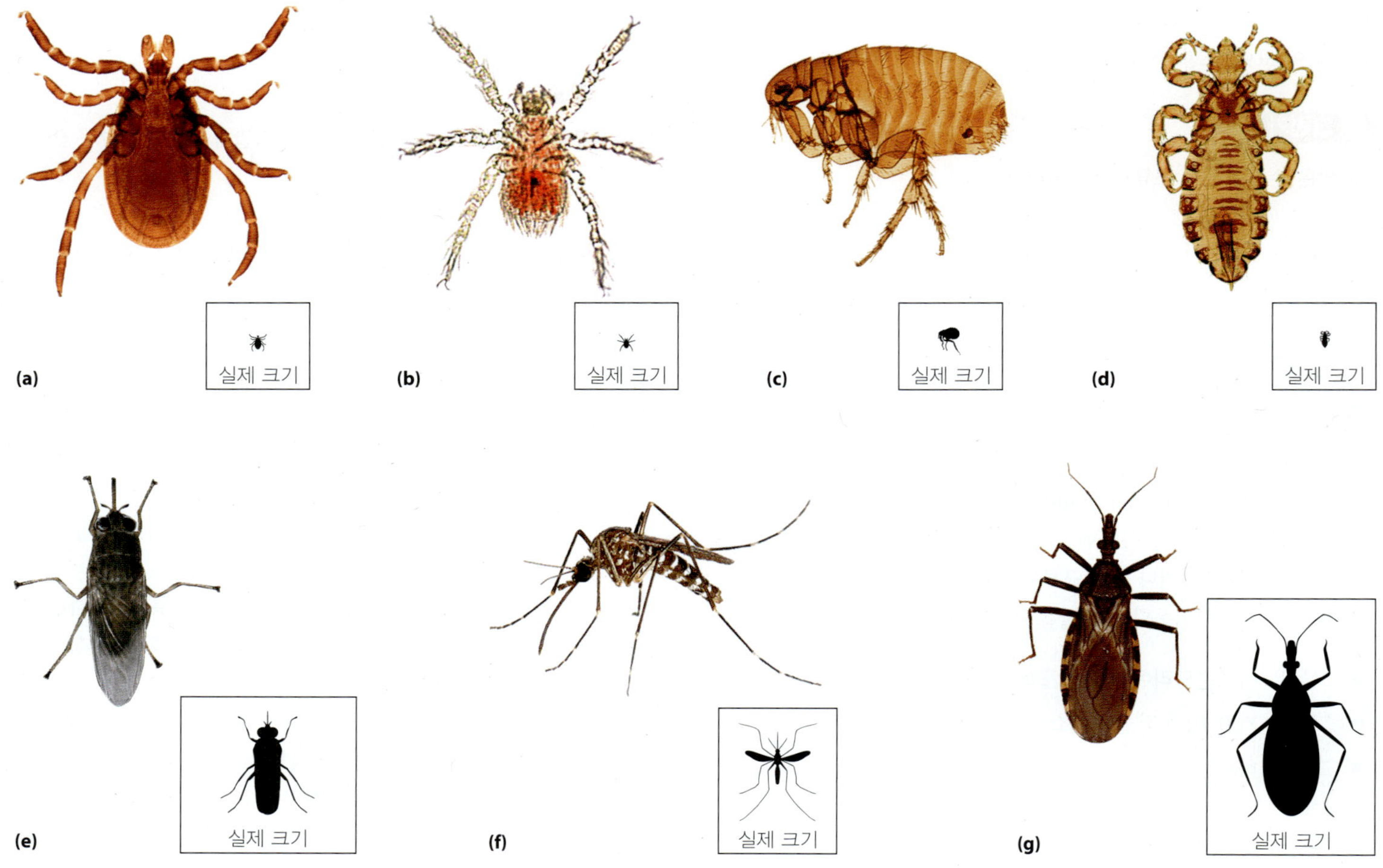

▲ **그림 5.33 대표적인 절지동물 매개체.** 거미류 매개체에는 **(a)** 진드기와 **(b)** 집먼지 진드기가 포함되며 곤충 매개체에는 **(c)** 벼룩, **(d)** 이, **(e)** 여기의 체체파리 같은 파리류, **(f)** 모기 (파리 종류)와 **(g)** 반시류가 있다.

거미류

학습 | 성과

5.30 거미의 독특한 특성에 대하여 기술하라.
5.31 진드기에 의해 매개되는 5가지 질병과 집먼지 진드기에 의해 매개되는 2가지 질병을 나열하라.

모든 성체 **거미**[**arachnid** (ă-rak´nid)]는 4쌍의 다리를 가진다. **진드기(tick)**와 **집먼지 진드기(mite)** [흔히 털진드기(chigger)로 알려짐] 모두 그것들이 어릴 때 다리 6개의 단계를 갖지만 성체는 특징적인 8개의 다리를 갖는다. 진드기와 집먼지 진드기는 형태적으로 서로 닮아서 원반형의 몸체를 갖는다. 진드기는 대충 작은 쌀 알갱이 크기이지만 집먼지 진드기는 보통 모래알 크기이다.

진드기는 가장 중요한 거미류 매개체이다. 그들은 전 세계적으로 분포하며 세균, 바이러스와 원생동물 질병의 매개체로 작용한다. 진드기는 그들이 전파하는 질병의 수에서 모기 다음으로 많다. 견체참진드기(hard tick)는 그들의 등쪽 면에 단단한 껍질을 갖는데 가장 중요한 진드기 매개체이다. 그들은 풀줄기와 덤불 위에서 그들의 숙주가 오기를 기다린다. 예를 들어, 인간이 그들을 지나가면 진드기는 사람 위에 뛰어올라 노출된 피부를 찾기 시작한다. 그들은 구기(mouthpart)를 이용하여 피부에 구멍을 뚫고 떨어지는 것을 방지하기 위해 접착제 같은 화합물로 자신을 부착시킨다. 그들이 피를 빨면 몸이 정상의 여러 배로 팽창한다. 진드기에 의한 질병으로 라임병(Lyme disease), 록키산 홍반열(Rocky Mountain spotted fever), 야토병(tularemia), 회귀열(relapsing fever), 진드기매개뇌염(tick-borne encephalitis) 등이 있다.

인간의 기생성 집먼지 진드기는 인간과 동물이 공존하는 전 세계적으로 산다. 소수의 집먼지 진드기 종은 동물과 인간에게 리케차 질병 [리케차 두창(rickettisial pox)과 털진드기병(scrub typhus)]을 전파한다.

곤충

학습 | 성과

5.32 곤충의 일반적인 물리적 성질과 곤충 매개체의 다양한 종류에 특이적인 성질을 기술하라.
5.33 벼룩, 이, 파리류, 모기와 반시류에 의해 전파되는 질병을 나열하라.

성체로서 모든 **곤충(insect)**은 세 쌍의 다리와 두부, 흉부와 복부의 세 가지 신체 부위를 가진다. 성체 곤충은 그러나 그 모양이 일정하지는 않다. 일부는 두 개의 날개를 가지며 다른 것들은 4개의 날개를 가지며 날개가 없는 것들도 있고, 일부의 다리는 길지만 일부는 짧고, 어떤 것들은 무는 구기(mouthpart)를 갖지만 다른 것들은 빠는 구기를 갖는다. 많은 곤충은 성충과 매우 다른 모양의 유충 단계를 가져 그들의 동정을 어렵게 만든다.

많은 곤충들이 날 수 있다는 사실이 역학적 영향을 갖는다. 나는 곤충은 날지 못하는 곤충보다 더 넓은 영역을 가지며 일부는 이동하여 제어를 어렵게 만든다.

왜 그런가

모기와 진드기 같은 큰 진핵생물이 왜 미생물학 강좌에 포함되는가?

벼룩(flea)은 작고, 수직적으로 납작한 날개 없는 절지동물로 비록 일부 종은 지리적으로 제한된 분포를 하지만 전 세계적으로 발견된다. 대부분은 야생 설치류, 박쥐 및 조류와 연관되어 존재하며 인간에 접하지는 않지만 소수 종은 인간에서 산다. 고양이와 개 벼룩은 보통 해충일 뿐이지만 (동물과 그 주인에게) 그들은 또한 개촌충[dog tapeworm, *Dipylidium* (dip-ĭ-lid´ē-ŭm)]의 중간 숙주 역할을 한다. 벼룩이 전파하는 가장 중요한 미생물 질병은 흑사병으로 쥐벼룩이 옮긴다.

이(lice, 단수는 *louse*)도 질병을 옮길 수 있는 기생체이다. 그들은 수평적으로 납작하며 부드러운 몸을 가지며 날개가 없는 곤충으로 인간과 그들의 주거지에 전 세계적으로 분포한다. 그들은 의류와 침구류에 살며 먹이활동을 위해 인간으로 이동한다. 이는 가난한 사람들이 아주 많이 모여 사는 집단에 가장 흔하다. 이는 개발도상국에서 발진티푸스의 유행병에 관련된 매개체이다.

파리(fly)는 가장 흔한 곤충이며 많은 다른 종이 전 세계적으로 분포한다. 파리는 그 크기가 매우 다르지만 모두 적어도 두 개의 날개와 꽤 잘 발달된 신체 부위를 갖는다. 모든 파리가 질병을 전파하지는 않지만 질병을 옮기는 것들은 보통 흡혈을 한다. 암컷 응애[sand fly (*Phlebotomus*; fle-bot´ō-mŭs)]는 북미, 중동, 유럽과 아시아 일부에서 레슈마니아증(leishmaniasis)을 전파한다. 체체파리[tsetse fly (*Glossina*; glo-sī´nă)]는 지리적으로 열대 아프리카에 국한되는데 거기에서 덤불지역에 존재하며 아프리카 수면병을 옮긴다.

모기(mosquito)는 파리 종류지만 다른 파리 종과는 형태가 다르다. 암컷 모기는 가늘며 날개, 길쭉한 몸체, 긴 더듬이, 긴 다리와 흡혈을 위한 긴 주둥이를 갖는다. 수컷 모기는 피를 빨지 않는다. 모기는 전 세계적으로 분포하지만 특정 종들은 지리적으로 제한된다. 모기는 가장 중요한 절지동물 매개체로 그들은 말라리아, 황열병, 뎅기열, 필라리아병, 바이러스성 뇌염과 리프트밸리열을 일으키는 병원체를 운반한다.

침노린재류(Kissing bug)는 비교적 크고 날개를 가지는 반시류로 원뿔 모양의 머리와 넓은 복부를 갖는다. 그들의 숙주의 입 근처에서 흡혈을 하는 습성 때문에 그들을 kissing bug라고 부른다. 암수 모두 그들의 숙주가 자는 밤에 흡혈을 한다. 침노린재류는 중미와 남미에서 질병을 옮긴다. 그들이 전파하는 가장 중요한 질병은 샤가스병(Chagas' disease)이다.

임상 미생물 후속내용

천국으로부터의 기념물

조사 결과, Maria는 뎅기열을 앓는 것으로 나타났는데 이는 뎅기열을 매개체 전파 질병으로 만드는 *Aedes* 모기가 전파하는 4개의 뎅기바이러스 중 하나에 의해 일어난 혈액 감염이었다. 과거에는 뎅기열이 주로 중남미, 푸에르토리코와 동남아 같은 지역을 여행하는 사람들의 문제였지만 미국에서의 발병은 최근의 일이다. 매개체에 의한 질병의 제어는 관련된 매개체를 제어하는데 초점을 맞춘다. 이 경우에는 모기이다. 여기에는 모기 유충을 위한 고인 물웅덩이의 제거, 모기에 노출을 방지하기 위한 긴 소매와 바지 착용 및 꽉 닫히는 문과 창문을 통해 집안으로 모기 출입을 방지하는 것을 포함한다.

뎅기열에 대한 특별한 치료는 없으며 대부분의 사람들은 스스로 완치된다. Maria는 다행히도 같은 바이러스로 전염되지만 훨씬 치명적이고 심각한 뎅기 출혈열에 걸리지 않았다. Maria의 의사는 그녀에게 통증 제어에 아세트아미노펜(acetaminophen)이나 다른 진통제 사용을 권하였다. 2주 동안의 무서운 경험 후 Maria는 다시 직장으로 돌아가 다음 번 스쿠바 모험을 꿈꾸고 있다.

1. 감염성 질환과 관련되어 매개체라는 용어는 무엇을 의미하는가?
2. 날아다니는 절지동물 매개체가 어떻게 역학적으로 중요한가?

보이지 않는 것의 탐구: 진균에서 유성생식의 원리

이 QR 코드를 당신의 스마트폰으로 검색하여 Bauman 박사의 비디오 가정교사로 계속 공부하라.

단원요약

진핵생물의 일반적 특성 (120 – 125쪽)

1. 전형적으로 진핵생물 핵은 **반수체** (각 염색체의 하나의 사본을 가짐) 또는 **배수체** (두 사본을 가짐)일 수 있다. 그것은 핵분열로 나뉘는데, **전기**, **중기**, **후기** 및 **말기**의 네 단계를 거쳐 본래와 동일한 배수성의 두 개의 핵이 형성된다.
2. **감수분열**은 각각이 본래의 배수성의 반인 4개의 핵을 형성하는 핵분열이다.
3. 세포의 세포질은 핵분열 도중이나 후에 **세포질 분열**에 의해 나뉜다.
4. **다핵체**는 세포질 분열이 연기되거나 일어나지 않는 반복된 핵분열의 결과에 의한 다핵성 세포이다.
5. 일부 미생물은 **증원생식**에 의한 여러 번의 핵분열에 의해 다핵성 **분열체**를 만든 후 그것이 세포질 분열을 한다.
6. 진핵성 미생물의 분류는 문제가 있으며 자주 바뀌었다. 형태와 화학의 유사성에 근거한 이전의 체제는 뉴클레오티드 서열과 초미세구조적 특성에 기초한 체제로 대체되었다.

원생동물 (125 – 131쪽)

1. **원생동물** (원생동물학자들에 의해 연구되는)은 진핵성, 단세포성 생물로 세포벽이 없다.그 대부분은 화학종속영양체이다.
2. 운동성 **영양체**는 전형적인 원생동물의 먹이활동 단계이다. **포낭**은 일부 원생동물에서 형성되는 환경 변화에 회복력 있는 휴지기 단계이다.
3. 소수의 원생동물은 유성생식에서 생식모세포들의 융합에 의해 접합자를 만든다.
4. 원생동물은 다음의 6개 군으로 분류된다: 부기저체류, 중복편모충류, 유글레노조아류, 피하낭류, 리자리아류와 아메보조아류.
5. 부기저체류 (예, *Trichomonas*)는 부기저체라는 골지체와 유사한 구조로 특징지어진다.
6. 중복편모충류의 구성원들은 미토콘드리아, 골지체와 퍼옥시좀이 없다.
7. 단세포성의 편모를 가진 **유글레나류**는 먹이를 파라미론으로 저장하고 세포벽이 없으며, 양성 주광성에 사용하는 안점을 가진 유글레노조아류이다. 그들은 동물과 식물 모두의 특성을 가지기 때문에 분류적으로 문제이다.
8. **운동핵편모충류**는 운동핵이라는 DNA 부위를 함유한 하나의 큰 정단의 미토콘드리아를 가진 유글레노조아류이다.
9. **피하낭류**는 그들의 세포 표면 아래에 피하낭이라는 공간을 가지는데 **섬모충류** (섬모를 가짐), **포자충류** (모두 병원체)와 **와편모충류** (**적조**의 원인)를 포함한다.
10. 위족을 이용하여 이동하고 먹이활동을 하는 원생동물은 **아메바**인데 리자리아와 아메보조아의 두 계로 분류된다. 리자리아는 실 같은 위족과 탄산칼슘 껍질을 갖는 **유공충** 및 실 같은 위족과 이산화규소 껍데기를 가진 **방산충**을 포함한다.
11. 아메보조아는 엽 모양의 위족을 갖는다. 아메보조아는 독립생활을 하는 아메바, 기생성 아메바와 점균류를 포함한다. **점균류**는 세포벽이 없으며 그들의 영양을 위해 식균작용을 한다.
12. **변형체성 점균류** (비세포성 점균류)는 다핵성 세포질로 구성된다. **세포성 점균류**는 세균과 효모를 식균작용 하는 점액아메바로 구성된다.

진균 (131 – 142쪽)

1. **진균** (진균학자에 의해 연구됨)은 화학종속영양성 진핵생물로 보통 **키틴**으로 구성된 세포벽을 갖는다.
2. 대부분의 진균은 이롭지만, 일부는 **진균증** (진균성 질병)을 일으킨다.
3. 곰팡이 몸체는 **균사**라는 관상 필라멘트로 구성된다. 효모는 둥근 단일 세포이다.
4. 균사는 격벽의 존재에 따라 **격막성** 또는 **비격막성**이다. **균사체**는 균사의 뭉친 덩어리이다.
5. **이형성** 진균은 환경 조건에 따라 곰팡이 (균사를 가진) 또는 효모 모양을 한다.
6. 대부분의 진균은 **부생생물**로 죽은 생물로부터 흡수에 의해 영양분을 얻고 다른 것들은 숙주 조직에 뚫고 들어가는 **흡기**를 이용하여 살아있는 생물로부터 얻는다.
7. 진균은 출아법 또는 그것의 발달 방식에 따라 종류를 나누는 무성포자에 의해 무성적으로 생식한다. 대부분의 진균은 또한 유성포자를 통해 유성생식을 한다.
8. 접합균류 문의 대부분의 진균은 두꺼운 벽의 **접합포자낭**을 만든다. 유성생식 구조로 건조와 기타 나쁜 환경조건에 견딜 수 있다. **미포자충**은 이전에 원생동물로 분류되었던 세포내 기생체로 현재는 유전적 분석에 기초하여 접합균류로 분류되고 있다.
9. 경제적으로 중요한 종류인 **자낭균류** 문의 진균은 **자낭**이라는 주머니 안에 **자낭포자**를 생성한다.
10. **담자균류** 문의 진균은 버섯, 먼지버섯과 bracket fungi를 포함하는 **담자과**라는 자실체를 갖는다. 담자과는 담자기 끝에 담자포자를 생성한다.
11. 불완전균류는 알려진 유성세대가 없는 진균의 비공식적인 종

류이다.

12. **지의류**는 남세균 또는 녹조류 같은 광영양성 미생물과 협력관계로 사는 진균으로 구성된 경제적으로 또한 환경적으로 중요한 생물.

조류 (142 – 147쪽)

1. 조류 (조류학자들에 의해 연구됨)는 반수성과 배수성 몸체가 교대하는 **세대교번**에 의해 전형적으로 증식한다.
2. 대형 조류는 줄기 같은 자루, 잎 같은 엽편과 그들을 기반에 고정시키는 부착기를 가지는 다세포체이다.
3. **녹조류 문**은 육상식물과 대사적으로 유사한 녹조류를 포함한다.
4. **홍조류**는 **피코에리스린** 색소, 홍조녹말의 저장분자와 농조화제로 사용되는 물질인 **한천** 또는 **카라기닌**의 세포벽을 함유한다.
5. **갈조류**는 크산토필, 라미나린과 기름을 함유한다. 그들은 셀룰로오스 및 농조화제인 **알긴산**으로 구성된 세포벽을 갖는다. 갈색류 포자는 하나의 털 많은 편모와 하나의 채찍 같은 편모로 운동한다.
6. **황녹조류**는 황조류, 황녹조류와 **규조류**를 포함하며 저장산물로 크리소라미나린을 만든다. 규조의 이산화규소 세포벽은 규조각이라는 껍데기로 배열되어 있다.

수생균류 (147쪽)

1. 수생균류는 미토콘드리아에 관상 크리스타, 셀룰로오스의 세포벽, 두 개의 다른 편모를 갖는 포자와 배수성 몸체를 갖는다. 그들은 황록조류 및 갈조류와 같이 부등편모류 계로 분류된다.

미생물학적 관심의 기타 진핵생물들: 기생충과 매개체 (147-149쪽)

1. 기생충은 미생물학자들에게 중요한데 부분적인 이유로는 그들의 감염 단계가 보통 현미경적이기 때문이다.
2. 미생물학자들에게 또한 중요한 것은 병원체를 운반하는 동물인 **절지동물 매개체**이다. 기계적 매개체는 단순히 미생물을 운반하며 생물학적 매개체들은 또한 미생물 숙주로 작용한다.
3. **진드기**와 **집먼지 진드기** (벌진드기)는 8개의 다리를 갖는 **거미류**이다.
4. **곤충** 매개체는 **벼룩**, **이**, **모기**를 포함하는 흡혈 **파리**와 반시류를 포함한다.

복습문제

복습문제에 대한 답 (단답형 문제 제외)은 A–1에 있다.

선다형

1. 반수성 핵은 ________________.
   a. 한 세트의 염색체를 갖는다.
   b. 두 세트의 염색체를 갖는다.
   c. 반 세트의 염색체를 갖는다.
   d. 진핵생물의 세포질에 존재한다.
2. 다음 어느 것이 체세포분열에서 일어나는 일들의 정확한 순서인가?
   a. 말기, 후기, 중기, 전기
   b. 전기, 후기, 중기, 말기
   c. 말기, 전기, 중기, 후기
   d. 전기, 중기, 후기, 말기
3. 다음 중 전기를 정확하게 기술한 설명은 어느 것인가?
   a. 세포는 중앙 부위에 염색체의 줄을 갖는 것처럼 보인다.
   b. 핵막이 보이게 된다.
   c. 세포는 미세소관을 조립하여 방추사를 만든다.
   d. 염색분체가 분리되어 염색체가 된다.
4. 세포질 분열 없이 여러 번의 핵분열로 만들어지는 세포를 ________________ (이)라고 한다.
   a. 진균증
   b. 다핵체
   c. 흡기
   d. 위족
5. 큰 진균에 존재하는 격벽이 있는 관상 필라멘트는 ________________ 이다.
   a. 격막성 균사
   b. 비격막성 균사
   c. 비격막성 흡기
   d. 이형성 균사체
6. 균사 내에서 형성되는 무성 진균 포자의 종류는 ________________ 이라 한다.
   a. 포자낭포자
   b. 분생포자
   c. 출아포자
   d. 후막포자

7. 조류학자들은 다음 어느 것을 연구하는가?
   a. 진핵생물의 분류
   b. 조류의 세대교번
   c. 녹병, 깜부기와 효모
   d. 기생충
8. 해초의 줄기 같은 부위를 그것의 ________________ (이)라고 부른다.
   a. 엽상체
   b. 부착기
   c. 자루
   d. 엽편
9. 카라기닌은 어느 종류의 조류의 세포벽에 존재하는가?
   a. 홍조류
   b. 녹조류
   c. 와편모충류
   d. 황녹조류
10. 크리소라미나린은 어느 종류의 미생물에 존재하는 저장산물인가?
   a. 와편모충류
   b. 유글레나류
   c. 황조류
   d. 갈조류
11. 다음 어느 것이 규조의 특징인가?
   a. 저장물질로 라미나린과 기름
   b. 그들의 세포에 셀룰로오스의 보호 껍질
   c. 엽록소 a와 c 및 카로틴
   d. 저장 분자로 파라미론
12. 아메바는 ________________ 을(를) 가진 미생물을 포함한다.
   a. 실 같은 위족
   b. 안점
   c. 부기저체
   d. 피하낭
13. 원생동물을 운동성 섭식 단계를 ______________ 이라 한다.
   a. 포자
   b. 생식모세포
   c. 포낭
   d. 영양체
14. 다음 어느 것이 체세포분열과 감수분열에 공통적인가?
   a. 방추사
   b. 교차
   c. 염색분체의 사분자
   d. 세포질 분열
15. 어느 분류군이 털이 많은 편모의 특징을 갖는가?
   a. 포자충류
   b. 유글레나류
   c. 피하낭류
   d. 부등편모류

연결형

1. _____	체세포분열	A. 세포질 분열
2. _____	감수분열	B. 반수성 핵을 만드는 배수성 핵
3. _____	상동 염색체	C. 유전적 다양성 형성
4. _____	교차	D. 유사한 유전자 운반
5. _____	세포질 분열	E. 배수성 핵을 만드는 배수성 핵

1. _____	키틴	A. 진균 세포벽 성분
2. _____	담자포자	B. 진균 + 조류 또는 세균
3. _____	접합자낭	C. 진균 필라멘트
4. _____	균사	D. 주머니 안에 형성된 진균 포자
5. _____	자낭포자	E. 두꺼운 벽을 가진 배수성 진균 접합자
6. _____	지의류	F. 곤봉형 균사 위에 형성된 진균 포자

1. _____	Chlorophyta	A. 유공충
2. _____	Rhodophyta	B. 황녹조류
3. _____	Chrysophyta	C. 녹조류
4. _____	Phaeophyta	D. 갈조류
5. _____	Rhizaria	E. 홍조류

시각화하기!

1. 아래 사진에 진균 포자 종류와 그 포자가 유성인지 무성인지를 나타내라.

a. ____________, ____________　　b. ____________, ____________

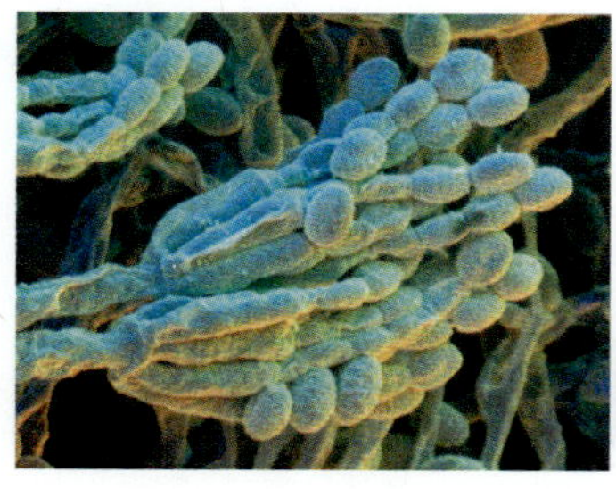

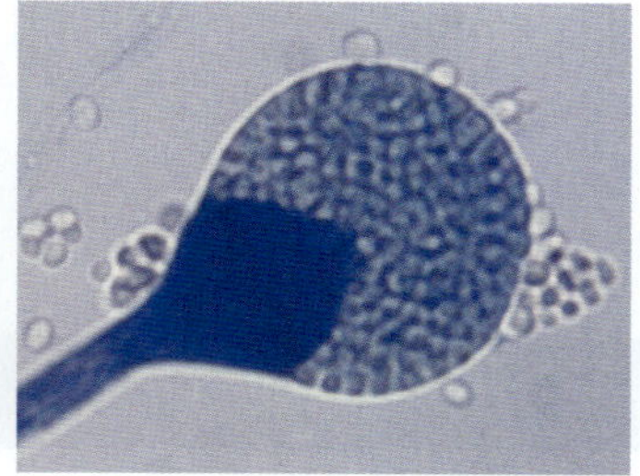

c. ______________, ________________ d. ______________, ______________

2. 일반적인 진균 생활사의 특징을 기술하라.

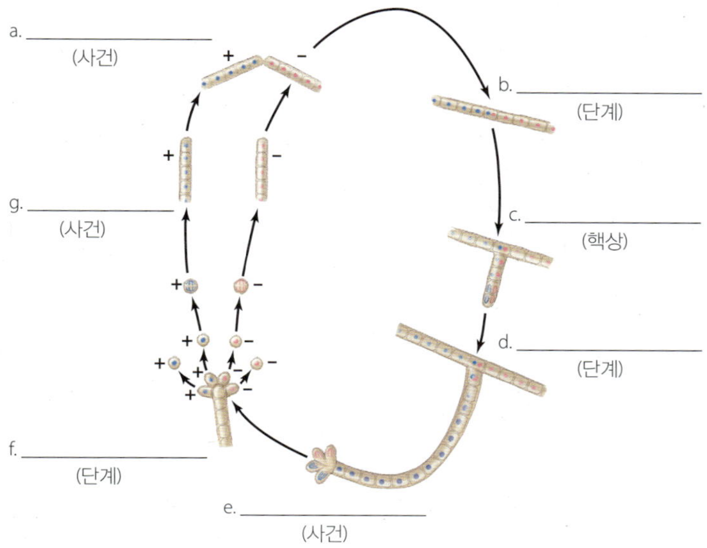

단답형

1. 다음의 밀접하게 연관된 용어를 비교하고 대조하라:
   염색분체와 염색체
   체세포분열과 감수분열 II
   균사와 균사체
   조류 몸체와 진균 몸체
   수생균류와 점균류
2. 진균은 어떻게 영양분을 수송하는가?
3. 지의류는 어떻게 환경 보호 연구에 유용한가?
4. 유글레나류 분류에서 어떤 것이 분류학적 도전인가?
5. 조류의 여러 경제적 이득을 나열하라.
6. 기생충 같은 비교적 큰 동물을 왜 미생물학에서 연구하는가?
7. 점균류가 진균과 다른 두 가지 점을 들라.
8. 진핵미생물의 분류에서 rRNA 서열의 역할은 무엇인가?
9. 자낭에서 8개의 자낭포자를 만드는 핵분열을 기술하라.

빈칸 채우기

1. 원생동물의 연구는 ________________라 한다.
2. 진균의 연구는 ________________라 한다.
3. 조류의 연구는 ________________라 한다.
4. 진균성 질병은 ________________라 한다.
5. 뻣뻣한 위족과 이산화규소 껍데기를 가진 아메바를 ________________라 한다.

비판적 사고

1. 원생동물의 포낭은 세균의 내생포자와 어떻게 유사한가? 그들은 어떻게 다른가?
2. 가정생활 쇼의 사회자는 주기적으로 효모 배양액을 정화조에 투입하는 것을 권장한다. 왜 이것이 이로운지 설명하라.
3. 왜 페니실린이 이 장에서 소개한 어느 병원체에도 작용하지 않는가?
4. 필라멘트형 진균을 무색 조류로부터 어떻게 구분할 수 있는가?
5. 왜 과학자들은 조류 연구보다 원생동물 연구에 더 많은 시간과 돈을 투자하는가?
6. 항진균 약물보다 항세균 약물이 왜 더 많은가?
7. 미토콘드리아가 없는 원생동물 (아메바, 와편모충류 및 부기저체류)에 어떤 종류의 대사경로가 존재하는가?
8. 유전적 서열을 참고하지 않고도 진균학자들은 어떤 격막성 필라멘트형 불완전균류도 접합포자를 만들지 않는 것을 확신한다. 어떻게 그들은 불완전균류의 유성세대가 아직 알려지지 않았는데도 확신하는가?
9. 20년 전에 면역력 약화 환자에 폐렴을 일으키는 병원체인 *Pneumocystis jirovecii*가 원생동물로 분류되었는데 그것이 세포벽이 없는 화학종속영양체이기 때문이었다. 그러나 오늘날의 분류학자들은 *Pneumocystis*를 진균으로 분류하고 있다. 왜 이 병원체가 진균으로 재분류되었다고 당신은 생각하는가?
10. 왜 와편모충류와 유글레나류 모두 처음에는 동물학자에 의해 원생동물로 그리고 식물학자들에 의해 조류로 분류되었는지 설명하라.
11. 왜 세포성 점균류를 세포성이라 부르는가?

12. 진균은 영양분이 부족하거나 다른 조건이 좋지 않을 때 유성적으로 생식하지만 조건이보다 나을 때에는 무성적으로 생식하는 경향이 있다. 왜 이것이 성공적인 전략인가?

13. *Prostoheca*는 무색인데 과학자들은 어떻게 이것이 실제로는 녹조류인지 아는가?

개념도 작성

다음 용어를 사용하여 진핵미생물을 묘사하는 개념도를 작성하라.

조류	**집락성**	**곰팡이**	**원생동물**
세포벽 (3)	***Cryptosporidium***	**다세포성 (2)**	**단세포성 (3)**
셀룰로오스	**진균**	**광합성**	**효모**
키틴	***Giardia***	***Plasmodium***	

6 바이러스, 비로이드와 프리온의 특성 및 분류

임상 미생물 밀림에서의 발생

매년 과일박쥐는 콩고 민주공화국의 우림을 통해 이동하는데 이는 이 동물을 요리해서 단백질 공급원으로 먹는 농촌 주민에게는 좋은 소식이다. 사냥꾼들이 마을로 큰 과일박쥐를 잡아왔을 때 20살 난 Nicia는 축제요리를 위해 피가 흥건한 이 죽은 과일박쥐를 준비하는 것을 도왔다.

일주일 후 Nicia는 갑자기 인후염, 고열 및 심한 두통이 발생하기 시작하였다. 그녀의 증상은 빠르게 악화되어 피를 토하고 피 섞인 설사를 하였다. 그 후 눈, 귀, 코, 입과 직장에서 출혈이 시작되었다. 곧 발작이 그녀의 작은 몸을 괴롭히고 간과 신장이 기능을 멈추었다. 그녀의 증상이 나타난 지 5일 후 Nicia는 죽었다. Nicia에 대한 생각으로 비통해하는 엄마, 이모와 15살 여동생 Odette는 조심스럽게 피로 덮인 언니의 몸을 닦고 매장을 준비하였으며 마을 전체가 장례식에 참석하였다.

수일 후 Odette는 두통과 인후염을 호소하였으며 체온이 급증하고 근육통이 나타났다. 곧 그녀와 엄마하고 이모가 피를 토하고 피 설사를 하고 심지어 다른 마을 사람들도 같은 증상을 나타내었다. 미지의 살인자가 마을 전체에 퍼지는 것 같았다.

겁이 난 마을 사람들은 Kananga 시의 지방 정부와 접촉하여 도움을 청했다.

무엇이 이 미지의 질병을 일으켰다고 생각하는가? 어떻게 그것이 희생자 사이에서 퍼지는가? 이에 대한 것은 이 장의 끝 (179쪽)에서 찾아보라.

모든 병원체가 세포성인 것은 아니다. 인간, 동물과 식물 (심지어 세균)의 많은 감염들은 바이러스 및 비로이드(viroid)와 프리온(prion)이라는 다른 병원성 입자를 포함한 **비세포성(acellular)** 원인체에 의해 일어난다. 비록 이 원인체들은 그들이 감수성 있는 세포에 침입하면 병을 일으키는 점에서 일부 진핵 및 원핵 미생물과 유사하지만, 그들은 세포에 비해 간단하여 세포막이 없으며 불과 소수의 유기분자로 구성된다. 세포성 구조가 없는 것 외에도 그들은 대부분의 생명의 특성이 없어서 어떤 대사경로도 수행하지 않고, 생장하거나 환경에 반응할 수도 없으며, 독립적으로 증식하지 못하고 대신 그들이 감염하는 세포의 화학물질과 구조적 성분을 이용해야만 한다. 그들은 개체수를 늘이기 위해 세포의 대사경로를 탈취해야만 한다.

이 장에서는 먼저 바이러스에 관련된 내용을 살펴보는데 무엇이 그들의 특징이며, 어떻게 그들이 분류되는지, 어떻게 그들이 증식하고, 일부 암 종류에서 그들이 어떤 역할을 하는지, 어떻게 그들이 실험실에서 유지되는지와 바이러스가 살아있는지를 알아본다. 그리고 비로이드와 프리온의 성질을 살펴본다.

바이러스의 특성

바이러스는 소수의 예로 감기, 인플루엔자, 헤르페스와 AIDS처럼 산업화 세계를 아직도 괴롭히는 질병의 대부분을 일으킨다. 비록 우리는 많은 바이러스성 질환에 대해 예방접종을 하며 다른 것의 증상을 치료하는데 익숙하지만 바이러스의 특징과 그들이 숙주를 공격하는 방법은 바이러스성 질병의 치유를 힘들게 만든다. 이 절에서는 바이러스 특성의 임상적 영향을 살펴보고자 한다.

먼저 바이러스가 공통적으로 갖는 특징으로 시작한다. **바이러스(virus)**는 극소의 비세포성 감염체로 하나 또는 여러 조각의 DNA 또는 RNA의 핵산을 갖는다. 핵산은 바이러스의 유전물질(유전체)이다. 비세포성으로 바이러스는 세포막을 갖지 않는다 [일부 바이러스는 막과 유사한 피막(envelope)을 가짐]. 바이러스는 또한 세포질과 기능성 세포내 소기관이 없다. 그들은 고유의 대사활성이 없으며 일단 바이러스가 세포에 침입하면 세포의 대사기구를 제어하여 많은 바이러스 핵산과 단백질을 생성하면 그것이 새로운 바이러스로 조립된다.

바이러스는 세포외 및 세포내 상태를 갖는다. 세포 밖에서 세포외 상태의 바이러스는 **비리온**[**virion** (vir´ē-on)]이라 한다. 기본적으로 비리온은 **캡시드(capsid)**라는 단백질 외투가 핵산 중심을 둘러싸는 구조로 구성된다 **(그림 6.1a)**. 핵산과 그 캡시드를 같이 묶어 뉴클레오캡시드(nucleocapsid)라 하는데 많은 경우 결정형 화학물질처럼 결정화할 수 있다 **(그림 6.1b)**. 일부 바이러스는 뉴클레오캡시드를 둘러싸는 **피막(envelope)**이라는 인지질 막을 갖는다. 비리온의 가장 바깥 층은 바이러스에 보호 및 그들의 특별한 숙주 세포 표면에 있는 상보적인 화학물질에 결합하는 인식 부위를 제공한다. 일단 바이러스가 세포 안에 있으면 세포내 상태가 시작되어 캡시드가 제거된다. 그 캡시드가 없는 바이러스는 핵산으로만 존재하지만 여전히 바이러스로 간주된다.

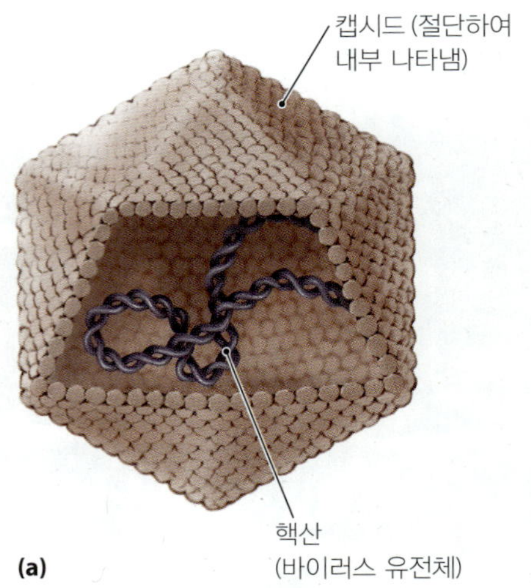

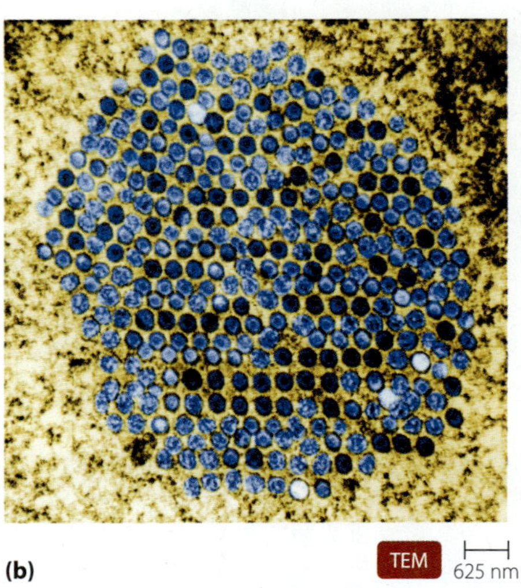

▲ 그림 6.1 완전한 바이러스 입자인 비리온은 핵산, 캡시드와 일부 경우 피막을 포함한다. (a) DNA 함유 비피막성 다면체 바이러스. **(b)** 결정화된 담배 모자이크 바이러스의 투과 전자현미경 사진. 많은 화학물질처럼 그리고 세포와 달리 일부 바이러스는 결정을 형성한다.

이제까지 바이러스의 공통점을 알아보았으며 이제 다른 바이러스 종류를 구분하는데 사용되는 특징을 살펴본다. 바이러스는 그들이 함유한 유전물질의 종류, 그들이 공격하는 세포의 종류, 그들의 캡시드 외투의 성질, 그들의 모양과 피막의 존재 유무가 다르다.

바이러스의 유전물질

학습 | **성과**

6.1 dsDNA, ssDNA, ssRNA, dsRNA와 핵산 조각의 수 측면에서 바이러스 유전체를 논의하라.

바이러스는 세포에 비해 그들의 유전체의 성질에서 더욱 다양하다.

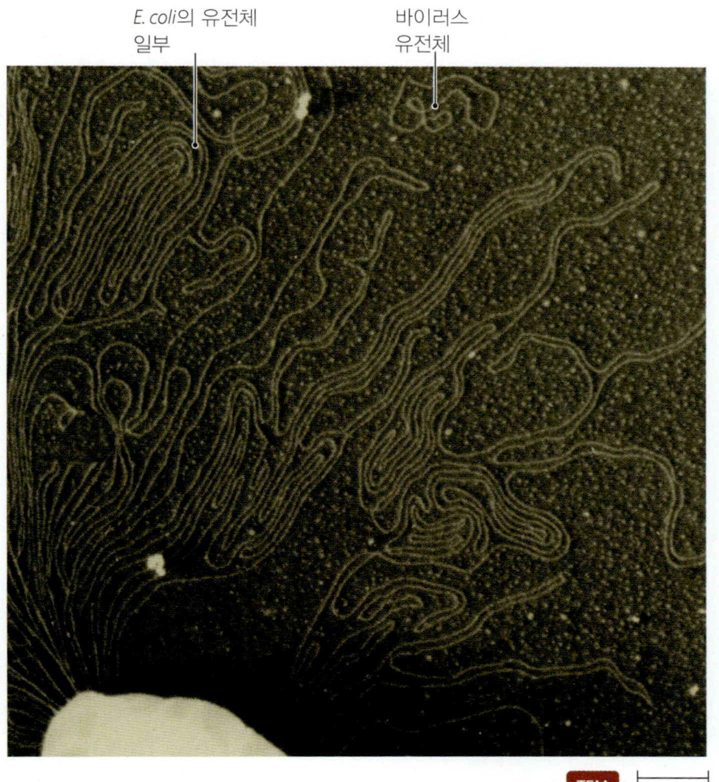

▲ **그림 6.2 유전체의 상대적 크기.** 왼쪽 아래에 겨우 보이는 *Escherichia coli*의 세포가 터져 DNA가 방출되었다.

모든 세포의 유전체가 이중가닥 DNA이지만 바이러스의 유전체는 DNA이거나 RNA이다. 과학자들이 바이러스를 구분하고 분류하는 일차적 방법은 바이러스 유전체를 구성하는 유전물질의 종류에 기초한다.

헤르페스(herpes)바이러스와 수두(chicken pox) 바이러스 같은 일부 바이러스 유전체는 세포의 유전체처럼 이중가닥(double-stranded) DNA (dsDNA)이다. 다른 바이러스는 단일가닥(single-stranded) RNA (ssRNA), 단일가닥 DNA (ssDNA) 또는 이중가닥 RNA (dsRNA)를 그들의 유전체로 이용한다. 이 분자들은 다른 세포에서는 결코 유전체로 작용하지 않으며, 실제 ssDNA와 dsRNA는 세포에 거의 존재하지 않는다. 더욱이 어떤 특정한 바이러스의 유전체는 진핵성 세포에서처럼 핵산이 선형이며 여러 분자로 구성될 수 있으며 또는 대부분의 원핵성 세포에서처럼 환형의 단일 분자일 수 있다. 예를 들어, 인플루엔자바이러스의 유전체는 8개 조각의 선형 단일가닥 RNA로 구성되지만 폴리오바이러스(poliovirus)의 유전체는 하나의 단일가닥 RNA 분자이다.

바이러스 유전체는 보통 세포의 유전체보다 작다. 예를 들어, 가장 작은 세균 (*Chlamydia* 종)의 유전체는 거의 1,000개의 유전자를 가지나 MS2 바이러스의 유전체는 불과 3개의 유전자만을 갖는다. **그림 6.2**는 4천개 이상의 유전자를 가진 세균인 대장균, *Escherichia coli* (esh-ĕ-rik´ē-ăkō´lī)의 유전체와 바이러스 유전체를 비교하였다.

바이러스의 숙주

학습 성과

6.2 바이러스가 그들의 숙주 세포에 특이적인 기작을 설명하라.
6.3 진균, 식물, 동물과 세균의 바이러스를 비교하고 대조하라.

대부분의 바이러스는 특정 숙주의 세포만을 감염한다. 이 특이성은 숙주 세포 표면상의 상보적 단백질 또는 당단백질에 대한 바이러스 표면 단백질 또는 당단백질의 정확한 친화성 때문이다. 바이러스는 아주 특이적이어서 특정 숙주뿐만 아니라 그 숙주 내의 특정 세포 종류에만 감염한다. 예를 들어, HIV (human immunodeficiency virus, 인간 면역결핍증 바이러스로 AIDS를 일으키는 원인체)는 인간의 도움 T 림프구(helper T lymphocyte, 백혈구의 한 종류)를 공격하며 인간의 근육 또는 뼈세포에는 영향을 미치지 않는다. 반면 일부 바이러스는 잡식성이라 많은 다른 숙주의 많은 세포 종류에 감염한다. 잡식성 바이러스의 예로 West Nile 바이러스는 인간, 조류의 대부분의 종, 여러 포유류 종과 일부 파충류에 감염할 수 있다.

모든 종류의 생물은 바이러스 공격에 어느 정도 민감한데, 고세균, 세균, 식물, 원생동물, 진균과 동물 세포에 감염하는 바이러스가 있다 **(그림 6.3)**. 심지어 큰 바이러스를 공격하는 작은 바이러스도 있다. 대부분의 바이러스 연구와 과학적 연구는 세균과 동물 바이러스에 집중되어 있다. 세균을 감염하는 바이러스는 **박테리오파아지[bacteriophage** (bak-tēr´ē-ō-fāj)] 또는 간단히 **파아지[phage** (fāj)]라 한다. 과학자들은 박테리오파아지의 수가 모든 세균, 고세균과 진핵생물을 합한 것보다 더 많다고 한다. 이장의 뒤에서 다시 박테리오파아지와 동물바이러스에 대해 소개할 것이다.

식물의 바이러스는 비록 담배 식물로부터 처음 확인되고 분리되었지만, 세균과 동물바이러스보다 덜 알려져 있다. 식물바이러스는 옥수수, 콩, 사탕수수, 담배와 감자를 포함한 많은 식량 작물에 감염하여 매년 수십억 달러의 손실을 일으킨다. 식물의 바이러스는 세포벽의 상처를 통해서나 또는 선충과 진딧물 같은 식물 기생체에 의해 식물 내로 도입된다. 유입 후 식물바이러스는 아래 동물바이러스에 소개될 복제경로를 따른다.

진균 바이러스는 거의 연구가 되지 않았는데 진균 바이러스는 오로지 세포 내에만 존재하며 세포외 상태를 갖지 않는다는 점에서 동물과 세균 바이러스와 다르다. 아마 진균 바이러스는 두꺼운 진균 세포벽을 침투하지 못하는 것 같다. 그러나 세포의 융합이 전형적인 진균의 생활사의 일부이기 때문에 바이러스 감염은 감염된 세포가 감염되지 않은 세포와의 융합에 의해 쉽게 전파될 수 있다.

모든 바이러스가 해로운 것은 아니다. 159쪽의 **유익한 미생물: 좋은 바이러스? 누가 아는가?**는 환경에서 일부 바이러스의 유용한 면을 보여준다.

(a)

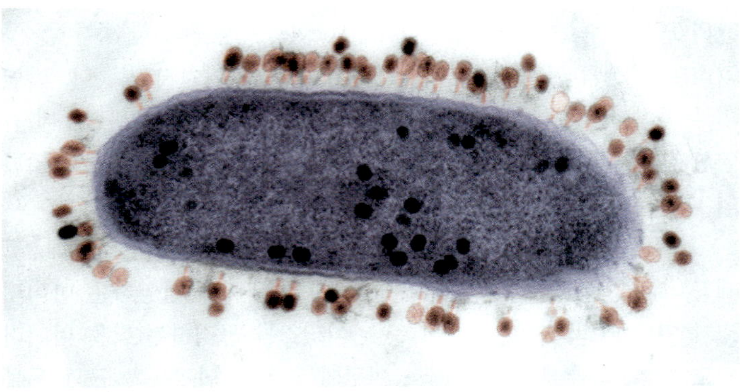
(b) TEM 0.5 μm

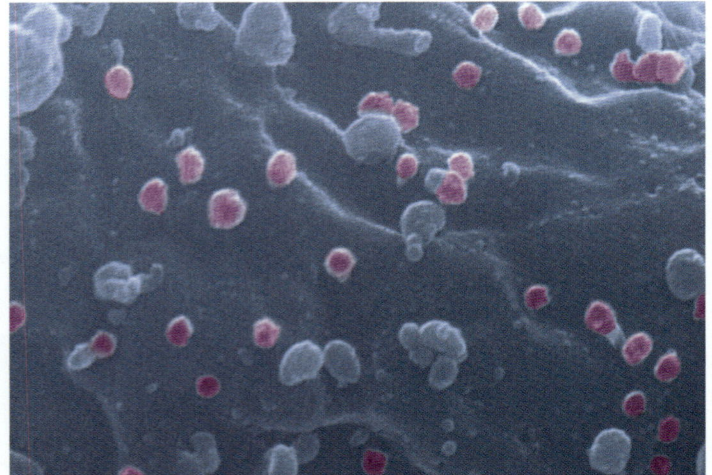
(c) SEM 100 nm

▲ **그림 6.3 바이러스 감염의 식물, 세균과 인간 숙주의 일부 예. (a)** 분리된 최초의 바이러스인 담배 모자이크 바이러스는 담배 잎의 노란 변색을 일으킨다. **(b)** 박테리오파아지 (핑크색)의 공격을 받는 세균 세포 (자주색). **(c)** HIV (핑크색)가 부착된 인간 백혈구의 세포막.

바이러스의 크기

1800년대 말 과학자들은 소아마비와 천연두를 포함한 많은 질병의 원인이 세균보다 작은 원인체라고 가정하였다. 그들은 이 작은 원인체를 "독(poison)"을 뜻하는 라틴어로부터 "바이러스(virus)"라 이름지었다. 바이러스는 하도 작아서 소수만이 광학현미경으로 보인다. 일억 개의 폴리오바이러스를 나란히 놓으면 마침표에 들어맞을 정도이다. 심지어 더 작은 바이러스는 직경이 24 nm이며 가장 큰 바이러스인 *Megavirus*는 직경이 약 500 nm로 많은 세균 세포의 직경과 비슷하다. **그림 6.4**는 일부 바이러스의 크기를 *E. coli* 및 인간 적혈구 세포와 비교하였다.

1892년에 러시아 미생물학자 Dmitri Ivanowski (1864–1920)는 담배 모자이크 질병의 원인을 찾기 위해 고안된 실험을 통해 바이러스가 비세포성인 것을 알아냈다. 그는 감염된 담배 식물의 수액을 가장 작은 세균 세포도 포집하기에 충분히 미세한 도자기 필터를 통해 여과하였다. 그러나 바이러스는 포집되지 않았으며 대신 액체와 함께 필터를 통과하여 담배 식물에 감염성을 유지하였다. 이 실험은 세균보다 작은 비세포성 질병-유발 실체의 존재를 증명하였다. 담배 모자이크 바이러스(tobacco mosaic virus, TMV)는 미국 화학자 Wendell Stanley (1904–1971)에 의해 1935년에 분리되고 특성이 밝혀졌다. 전자현미경의 발명은 결국 TMV와 기타 바이러스를 과학자들이 볼 수 있게 하였다.

캡시드 형태

학습 | 성과

6.4 바이러스 캡시드의 구조와 기능을 논의하라.

바이러스는 그들의 핵산의 보호 및 많은 바이러스가 그들의 숙주 세포에 부착하는 방법을 모두 제공하는 단백질 외투인 캡시드를 갖는다. 바이러스의 캡시드는 **캡소머(capsomere** 또는 *capsomer*)라는 단백질로 된 소단위로 구성된다. 일부 캡소머는 단 한 종류의 단백질로 구성되지만 다른 것들은 여러 다른 종류의 단백질로 구성된다. 그것의 캡시드로 둘러싸인 바이러스 핵산을 뉴클레오캡시드(*nucleocapsid*)라 한다.

바이러스 모양

비리온의 모양은 또한 바이러스를 분류하는데 이용되는데, 바이러스의 모양에는 나선형, 다면체와 복합형의 세 가지 기본 종류가 있다 **(그림 6.5)**. 나선형 바이러스의 캡시드는 핵산 주위에 관을 형성하는 나선상으로 서로 결합하는 캡소머로 구성된다. 다면체 바이러스의 캡시드는 대충 공 모양으로 측지선 돔(geodesic dome)과 유사한 모양이다. 가장 흔한 종류의 다면체 바이러스는 20개 면을 갖는 정20면체이다.

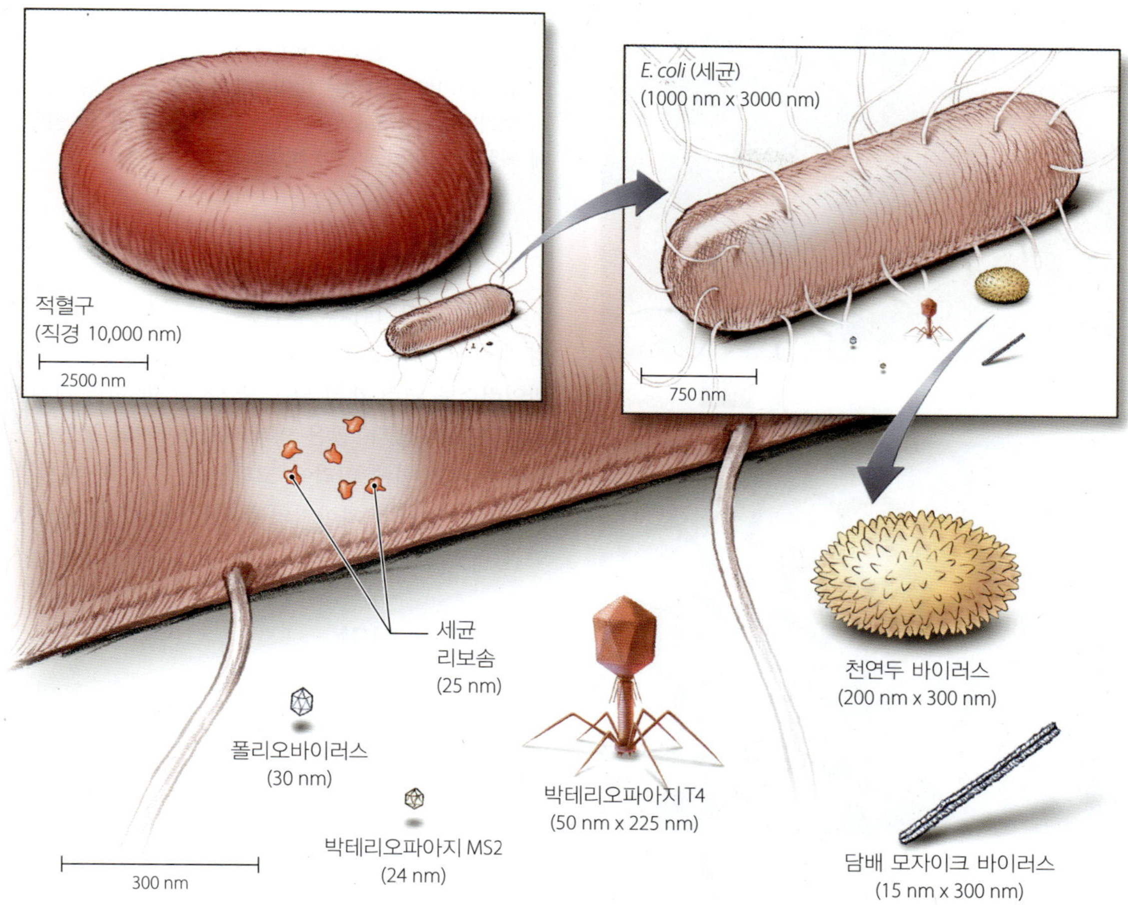

▲ **그림 6.4 일부 비리온의 크기.** 선택된 바이러스들은 세균 *Escherichia coli* 및 인간 적혈구세포와 비교하였다. *어떻게 바이러스는 그렇게 작을 수 있으며 또 여전히 병원성인가?*

그림 6.4 바이러스는 숙주 세포의 효소, 세포내 소기관과 대사를 이용하여 그들의 복제경로를 완성한다.

유익한 미생물

좋은 바이러스? 누가 아는가?

비록 그들의 숙주 세포에 보통 병원성을 나타내지만, 바이러스는 환경에서 광범위한 역할처럼 보이는 것을 포함하여 긍정적인 영향을 갖는다. 최근 영국의 해양과 담수 미생물 다양성 프로그램에 의한 발견은 바이러스가 우리 세상에 미치는 중요한 것들을 보여주고 있다.

첫째: 이전에 알려지지 않았던 바이러스가 물에서 자라나 ml당 수십만에서 수백만 개의 조류 세포로 구성된, 우주에서도 보이는 (사진 참조) 조류 대번식을 형성하는 작은 해양 조류를 공격하는 것을 과학자들이 발견하였다. 이런 조류 대번식은 밤에 물에서 산소를 고갈시킬 수 있어 어류와 기타 해양생물에 잠재적으로 해가 된다. 새로 발견된 바이러스는 조류를 죽여 대번식을 중지시키면 수서동물에 좋은 결과가 된다.

두 번째: 조류 세포가 이 방법에 의해 죽을 때 그들은 구름 씨로 작용하는 공기 중 황산염 화합물을 방출한다. 그 결과 증가된 구름은 해양을 가리고 수온을 감소시킨다. 이같이 해양 바이러스는 야생생물을 보호하고 지구온난화의 감소에 도움이 된다!

세 번째: 광합성 장치에 대한 유전자를 그들의 남세균 숙주세포에 전달하여 세포의 광합성률을 증가시키는 해양 남세균의 박테리오파아지를 연구자들이 발견하였다. 해수 1 ml에 이 바이러스가 천만 마리까지 있어서 연구자들은 우리가 호흡하는 산소의 많은 양이 남세균에 미치는 이 바이러스의 작용 때문인 것으로 추정하고 있다.

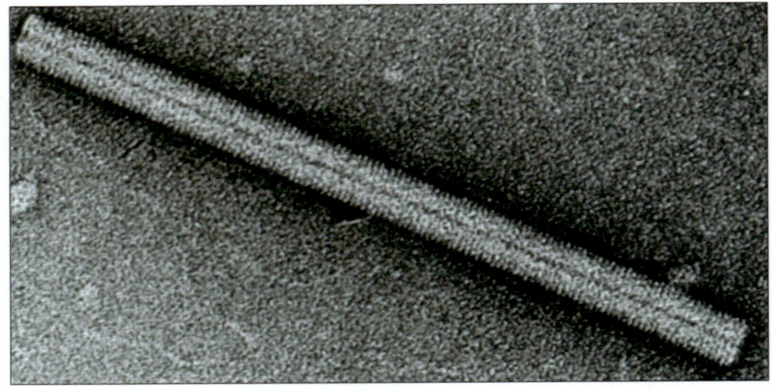

(a)

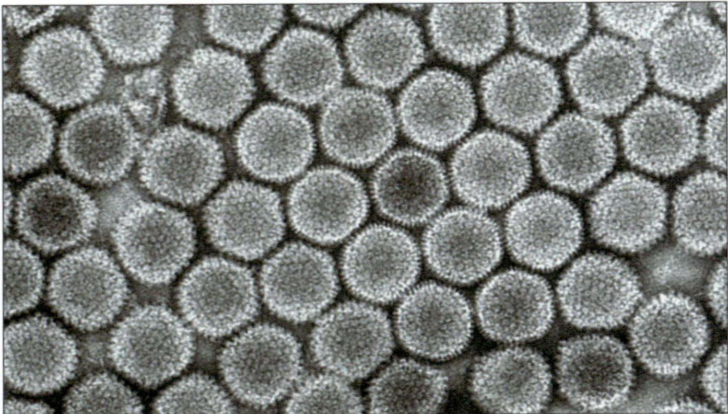

(b)

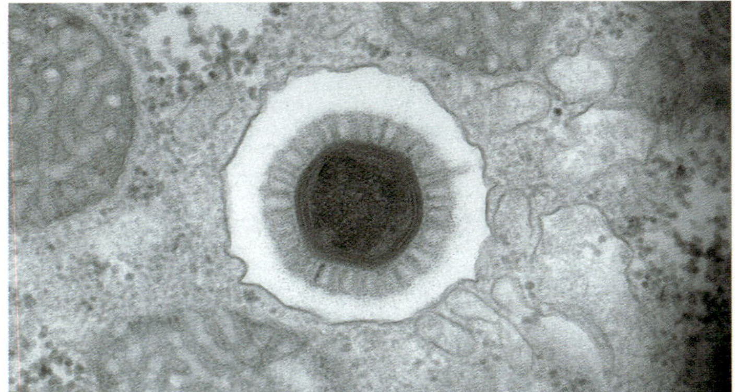

(c)

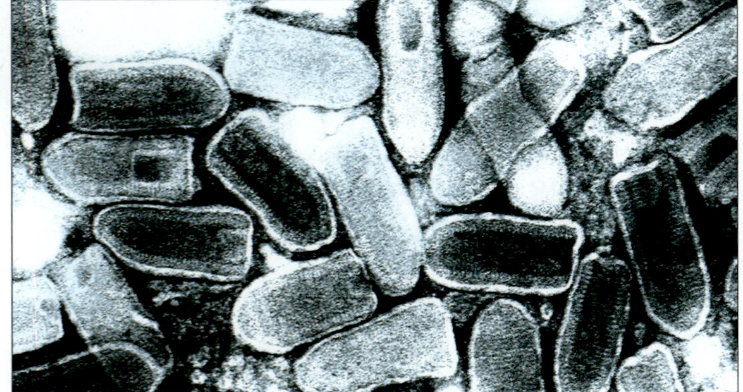

(d)

◀ **그림 6.5 비리온의 모양. (a)** 나선형 바이러스, 담배 모자이크 바이러스. 캡시드의 관 모양은 여러 줄의 나선형 캡소머의 촘촘한 배열 때문이다. **(b)** 감기를 일으키는 바이러스의 다면체 비리온. **(c)** 세포의 소낭 내에서 보이는 *Megavirus*의 복잡한 모양. **(d)** 캡시드와 총알-모양의 피막 때문에 복잡한 모양의 광견병 바이러스.

복합형 바이러스는 다른 두 종류에 속하지 않는 많은 다른 모양의 캡시드를 갖는다. 복합형 바이러스의 예는 천연두(smallpox) 바이러스로 여러 개의 덮는 층 (지질 함유)을 가지며 쉽게 알 수 있는 캡시드가 없다. 많은 박테리오파아지의 복합형 구조는 유전체를 함유한 정20면체 머리에 꼬리 섬유를 가진 나선형 꼬리가 붙어있다. 그런 박테리오파아지의 복잡한 캡시드는 NASA의 달 착륙선과 약간 비슷하다 **(그림 6.6)**.

바이러스 피막

학습 | **성과**

6.5 바이러스 피막의 기원, 구조와 기능을 논의하라.

모든 바이러스는 세포막이 없지만 (결국 그들은 세포가 아니다), 일부, 특히 동물바이러스는 그들의 캡시드를 둘러싸는, 세포막과 유사한 조성의 피막을 갖는다. 기질 단백질(*matrix protein*)이라는 다른 바이러스 단백질이 캡시드와 피막 사이 지역을 채운다. 막이 있는 바이러스를 피막형 비리온(*enveloped virion*)이라 하며 **(그림 6.7)** 피막이 없는 비리온을 비피막형(*nonenveloped*) 또는 나출형(*naked*) 비리온이라 한다.

피막형 바이러스는 그 피막을 바이러스 복제 또는 방출 중 숙주 세포로부터 얻는다. 실제로 바이러스의 피막은 숙주 세포의 막 체제의 일부이다. 세포막처럼 바이러스 피막은 인지질의 이중층과 단백질로 구성된다. 이 단백질의 일부는 바이러스가 암호화한 당단백질로 피막 표면에서 밖으로 돌출된 스파이크처럼 보인다 (그림 6.7 참조). 숙주 DNA는 인지질과 피막 내 단백질의 일부의 조립에 필요한 유전 정보를 운반하지만 바이러스 유전체는 다른 막 단백질의 유전 정보를 갖는다.

피막의 단백질과 당단백질은 흔히 숙주 세포의 인식에서 작용을 한다. 바이러스 피막은 세포내 섭취(endocytosis)나 능동 수송 같은 세포막의 다른 생리학적 역할을 수행하지 않는다.

161쪽의 **표 6.1**은 바이러스의 독특한 성질 및 이 성질이 세포의 상응하는 특성과 어떻게 다른가를 요약하였다. 다음에는 바이러스학자들이 바이러스를 분류하는 기준을 살펴보자.

왜 그런가

왜 나출형 정20면체 바이러스는 결정화될 수 있는가?

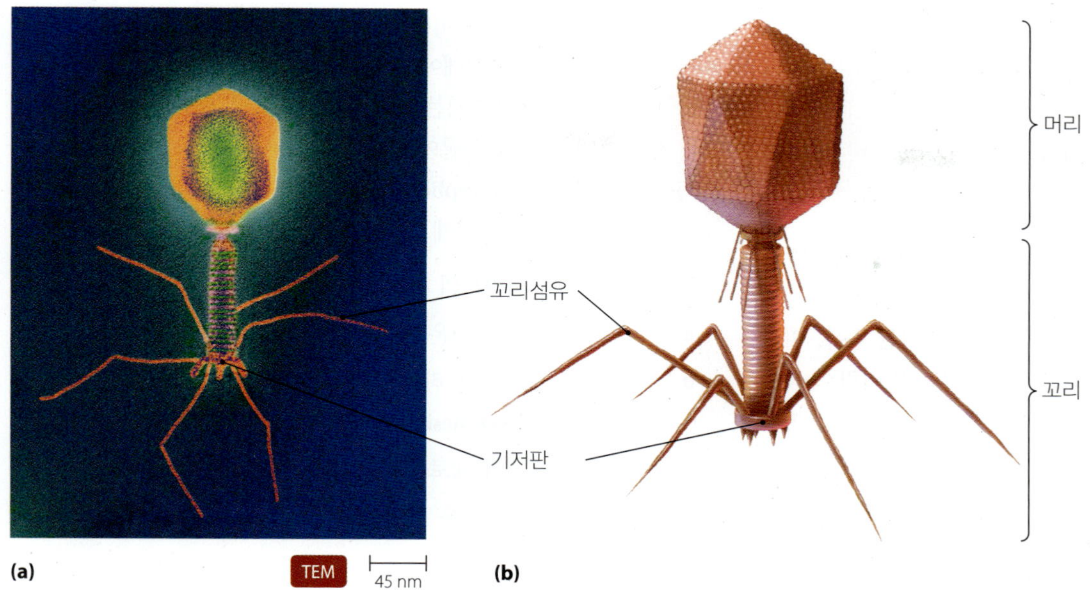

◀ **그림 6.6 박테리오파아지 T4의 복잡한 모양.** 이것은 정20면체 머리와 바이러스 부착과 침투를 가능하게 하는 정교한 꼬리를 포함한다.

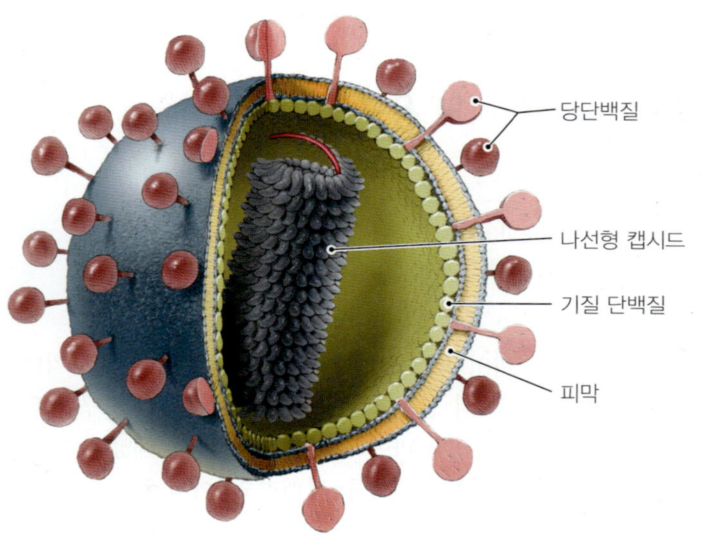

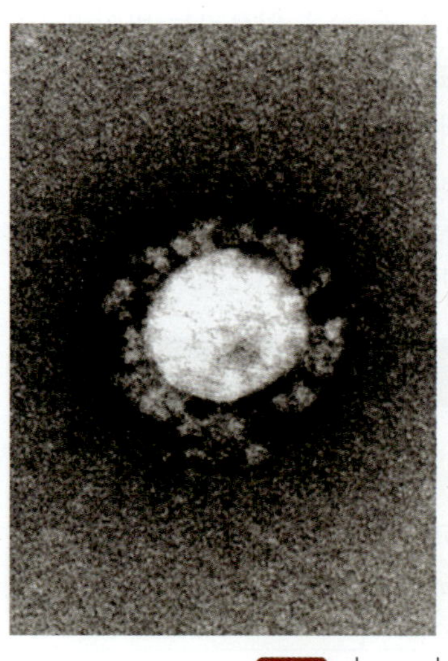

◀ **그림 6.7 피막형 비리온.** 나선형 캡시드를 가진 피막형 바이러스인 중증 급성 호흡기 증후군(severe acute respiratory syndrome, SARS) 바이러스의 전자현미경 사진.

표 6.1 바이러스의 독특한 성질

바이러스	세포
세포 밖에서는 불활성의 거대분자이나 세포 내에서는 활성을 가짐	그들 고유의 대사작용
분열하거나 자라지 않음	분열하고 생장
비세포성	세포성
절대 세포내 기생체	대부분이 독립생활
*Cytomegalovirus*와 *Mimivirus* 같은 소수를 제외하고는 DNA나 RNA 함유	DNA와 RNA 모두 함유
유전체는 dsDNA, ssDNA, dsRNA 또는 ssRNA	유전체는 dsDNA
크기가 보통 초현미경적으로 10 nm에서 500 nm 범위	직경이 200 nm에서 12 cm
유전체 주위에 단백질 캡시드 존재; 일부는 캡시드 주위에 피막 존재	인지질 막과 흔히 세포벽에 의해 둘러싸임
숙주 세포의 효소와 세포내 소기관을 이용하여 조립 라인 방식으로 복제	무성적 또는 유성적 방법에 의한 자가복제

바이러스의 분류

학습 | 성과

6.6 바이러스가 분류되는 특성을 나열하라.

International Committee on Taxonomy of Viruses (ICTV)는 1966년에 설립되어 바이러스 분류와 동정을 위한 하나의 분류학적 체제를 만들었다. 바이러스학자들은 바이러스를 그들의 핵산 종류, 피막의 존재, 형태와 크기에 의해 분류한다. 그들은 모든 바이러스 속을 위한 과를 만들었지만 아직까지 불과 3개의 바이러스 목만이 존재한다. 분류학자들은 바이러스를 위한 계, 문과 강을 결정하지 못하고 있는데 바이러스 사이의 관계가 잘 이해되지 못하였기 때문이다.

과 이름은 전형적으로 과 내의 바이러스의 특별한 특성 또는 과의 중요한 구성원의 이름에서 유래하였다. 예를 들어, *Picornaviridae* 과는 매우 작은[1] RNA 바이러스들을 포함하며, *Hepadnaviridae*는 B형 간염을 일으키는 DNA 바이러스를 포함한다. *Herpesviridae*는 생식기 포진(genital herpes)을 일으키는 바이러스인 herpes simplex의 이름을 땄다. **표 6.2**는 인간 바이러스의 주요 과를 나열하였는데 각각이 함유한 핵산의 종류에 따라 묶었다.

바이러스의 종소명(specific epithet)은 그들의 영어 통칭을 이탤릭체로 쓴 것이다. 따라서 두 중요한 바이러스 병원체, HIV와 광견병 바이러스의 이름은 다음과 같다:

	HIV	광견병 바이러스
목	미수립	Mononegavirales
과	*Retroviridae*	*Rhabdoviridae*
속	*Lentivirus* (len´ti-ŭvī-rŭs)	*Lyssavirus* (lis´ă-vī-rŭs)
종소명	*human immunodeficiency virus*	*rabies virus*

왜 그런가

Parvovirus와 reovirus의 유전체의 어떤 특성이 그들을 세포와 매우 다르게 만드는가?

바이러스 복제

앞에서 언급한대로 바이러스는 그 자신을 복제할 수 없는데 복제에 필요한 모든 효소에 대한 유전자가 없기 때문이며, 또한 단백질 합성을 위한 기능성 리보솜을 갖지 않는다. 대신 바이러스는 새로운 비리온 생성에 그들 숙주의 효소와 세포내 소기관을 이용한다. 일단 숙주 세포가 바이러스 유전체의 제어 하에 놓이면 그것은 바이러스 유전물질을 복제하고 바이러스 캡소머와 바이러스 효소를 포함한 바이러스 단백질을 복제해야만 한다.

바이러스의 복제주기는 보통 숙주 세포의 사망과 용해로 끝난다. 세포가 복제주기의 끝에서 용해되기 때문에 이 종류의 복제는 **용균성 복제주기(lytic replication cycle)**라 한다. 일반적으로 용균성 복제주기는 다음 다섯 단계로 구성된다:

- 숙주 세포에 비리온의 **부착(attachment)**
- 숙주 세포 내로 비리온 또는 그 유전체의 **침투(entry)**
- 숙주 세포의 효소와 리보솜에 의한 바이러스의 새로운 핵산과 단백질의 **합성(synthesis)**
- 숙주 세포 내에서 새로운 비리온의 **조립(assembly)**
- 숙주 세포에서 새로운 비리온의 **방출(release)**

다음 절에서는 박테리오파아지와 동물바이러스의 복제에서 일어나는 일을 소개한다. 먼저 박테리오파아지의 용균성 복제로 시작하고 복제의 변형 (용원성 복제)을 소개하고 동물바이러스의 복제를 살펴보자.

박테리오파아지의 용균성 복제

학습 | 성과

6.7 박테리오파아지에서 전형적으로 일어나는 용균성 복제 주기의 다섯 단계를 그리고 기술하라.

파아지의 연구는 바이러스 생물학의 기초를 밝혔다. 실제로 박테리오파아지는 바이러스의 일반적인 연구를 위한 훌륭한 도구가 되는데 그들이 동물 또는 인간 바이러스보다 쉽고 싸게 배양할 수 있기 때문이다. 168쪽의 **유익한 미생물: 박테리오파아지 처방?**은 항생제의 대안으로 박테리오파아지의 잠재적 사용에 대한 흥미로운 내용이다.

여기에서는 많이 연구된 *type 4* (*T4*)라는 *E. coli*의 dsDNA 파아지의 복제를 살펴보자. T4 비리온은 복합형으로 많은 박테리오파아지에서 볼 수 있는 다면체 머리와 나선형 꼬리를 가진다. 먼저 복제의 첫 번 단계인 부착으로 시작한다 **(그림 6.8)**.

부착 1

모든 비리온처럼 파아지는 비운동성이기 때문에 세균과의 접촉은 순전히 임의적 충돌에 의해 일어나 분자적 폭격과 유동이 비리온을 환경을 통해 이동하게 한다. 그 숙주 세균에 T4의 부착을 위해 관여하는 구조는 그것의 꼬리 섬유이다. 부착은 파아지의 꼬리 섬유상의 부착 단백질과 숙주의 세포벽 표면상의 상보적 단백질 사이의 화학적 인력과 정확한 맞춤에 의존한다. 수용체에 대한 부착 단백질의 특이성은 이 바이러스가 *E. coli*에만 부착하게 한다. 박테리오파아지는 세균의 세포벽, 편모 또는 선모상의 수용체 단백질에 부착할

[1]Pico는 1조분의1, 10^{-12}를 뜻한다.

표 6.2 인간 바이러스의 과

과	가닥 종류	대표적 속 (질병)
DNA 바이러스		
Poxviridae	이중	*Orthopoxvirus* (천연두)
Herpesviridae	이중	*Simplexvirus* (herpes type 1: 단순 포진, 호흡기 감염; herpes type 2: 생식기 감염); *Varicellovirus* (수두); *Lymphocryptovirus*, Epstein-Barr virus (전염성 단핵구증, 버킷 림프암); *Cytomegalovirus* (선천적 장애); *Roseolovirus* (풍진)
Papillomaviridae	이중	*Papillomavirus* (양성 종양, 무사마귀, 자궁경부암과 음경암)
Polyomaviridae	이중	*Polyomavirus* (진행성 다병소성 백질뇌증)
Adenoviridae	이중	*Mastadenovirus* (결막염, 호흡기 감염)
Hepadnaviridae	부분적 단일과 부분적 이중	*Orthohepadnavirus* (B형 간염)
Parvoviridae	단일	*Erythrovirus* (전염성 홍반)
RNA Viruses		
Picornaviridae	단일, +[a]	*Enterovirus* (소아마비); *Hepatovirus* (A형 간염); *Rhinovirus* (감기)
Caliciviridae	단일, +	*Norovirus* (위장염)
Astroviridae	단일, +	*Astrovirus* (위장염)
Hepeviridae	단일, +	*Hepevirus* (E형 간염)
Togaviridae	단일, +	*Alphavirus* (뇌염); *Rubivirus* (풍진)
Flaviviridae	단일, +	*Flavivirus* (황열병, 일본 뇌염); *Hepacivirus* (C형 간염)
Coronaviridae	단일, +	*Coronavirus* (감기, 중증 급성 호흡기 증후군)
Retroviridae	단일, +, 분절	*Detaretrovirus* (백혈병); Lentivirus (AIDS)
Orthomyxoviridae	단일, −[b], 분절	*Influenzavirus* (인플루엔자)
Paramyxoviridae	단일, −	*Paramyxovirus* (감기, 호흡기 감염); *Pneumovirus* (폐렴, 감기); *Morbillivirus* (홍역); *Rubulavirus* (볼거리)
Rhabdoviridae	단일, −	*Lyssavirus* (광견병)
Bunyaviridae	단일, −, 분절	*Bunyavirus* (캘리포니아 뇌염 바이러스); *Hantavirus* (폐렴)
Filoviridae	단일, −	*Filovirus* (에볼라 출혈열); *Marburgvirus* (출혈열)
Arenaviridae	단일, −, 분절	*Lassavirus* (출혈열)
Reoviridae	이중, 분절	*Orbivirus* (뇌염); *Rotavirus* (설사); *Coltivirus* (콜로라도 진드기열)

[a]양성-가닥 (+RNA)은 mRNA와 동등하다; 즉 단백질 번역에서 리보솜을 지시한다.
[b]음성-가닥 (-RNA)은 mRNA에 상보적이다; 이것은 직접적으로 번역될 수 없다.

수 있다.

침투 2

파아지 T4가 이제 세균의 세포벽에 부착되었지만 그것이 세포 내로 들어가려면 세포벽과 세포막의 엄청난 장벽을 극복해야만 한다. T4는 이 장애물을 우아한 방법으로 극복한다. *E. coli*에 접촉하면 T4는 세포벽의 펩티도글리칸을 약화시키는 캡시드 내에 존재하는 단백질 효소인 리소자임[*lysozyme* (lī´sō-zīm)]을 분비한다. 파아지의 꼬리 피복(sheath)이 수축하고 꼬리 안의 내부가 빈 관을 세포벽과 막을 마치 피부를 통과하는 피하주사바늘처럼 통과시킨다. 파아지는 관을 통해 유전체를 세균으로 주입한다. 그 임무를 다한 빈 캡시드는 세포 밖에 방치한 우주선처럼 보이게 남겨진다.

침투 후 바이러스 효소들 (캡시드 안에 존재하거나 바이러스 유전자에 의해 암호화되고 세균에 의해 만들어진)은 세균 DNA를 그 구성 뉴클레오티드로 분해된다.

합성 3

염색체 소실 후 세균은 그 자신의 분자 합성을 중지하고 바이러스 유전체의 제어 하에 새로운 바이러스 합성을 시작한다.

T4 같은 dsDNA 바이러스를 위한 단백질 합성은 쉬우며, 세포 DNA 대신 바이러스 DNA로부터 mRNA의 전사를 제외하고는 세포의 전사와 번역과 유사하다. 숙주 세포 리보솜에 의한 번역은 머리 캡소머, 꼬리 구성요소, 바이러스 DNA 중합효소 (바이러스 DNA를 복제하는)와 리소자임 (내부로부터 세균 세포벽을 약화

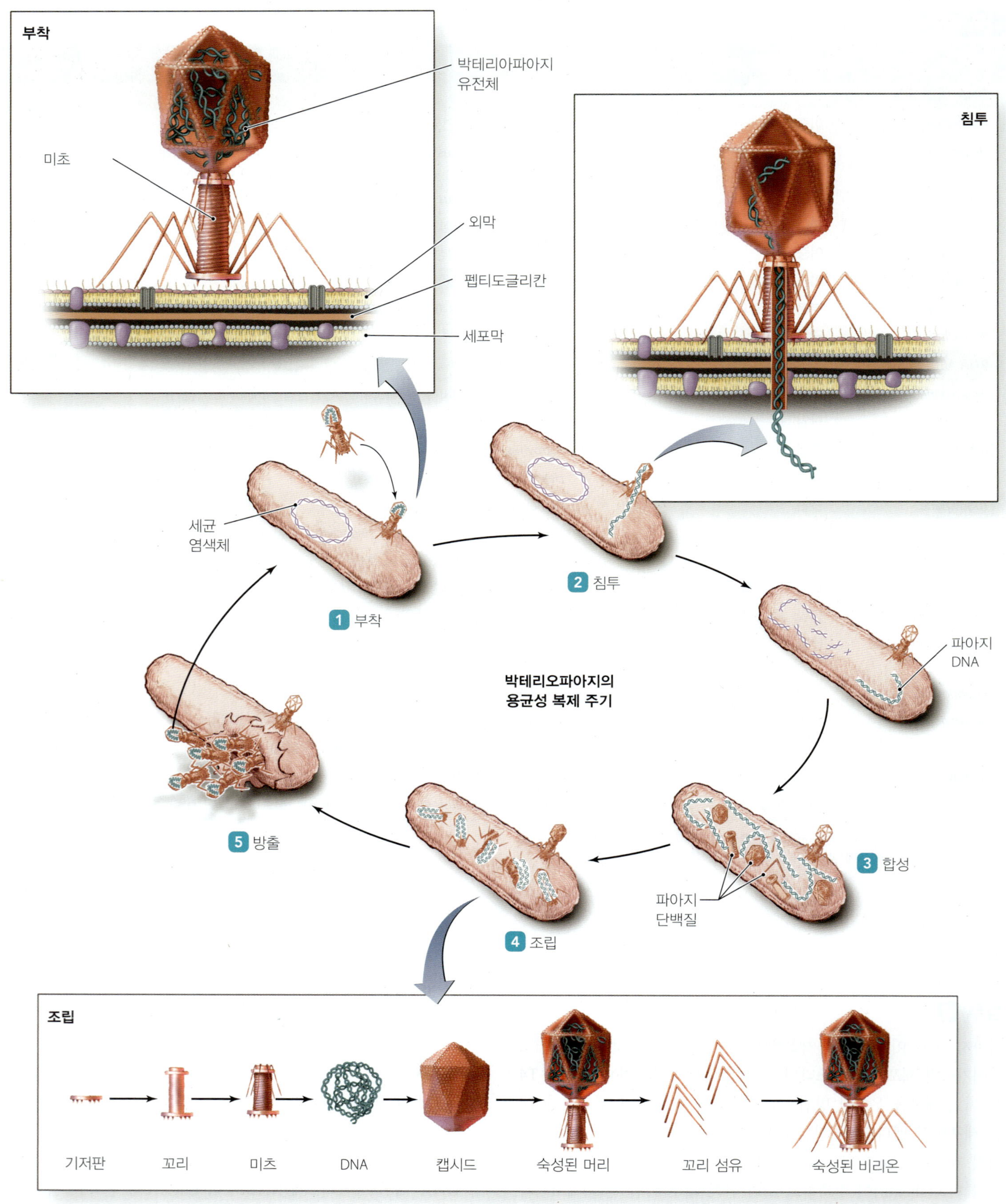

▲ **그림 6.8 박테리오파아지에서 용균성 복제 주기.** 이 그림에서 보이는 파아지는 T4이며 세균은 *E. coli*이다. 환형으로 보이는 세균의 염색체는 실제로는 훨씬 길다.

시켜 일단 조립된 비리온이 세포를 떠날 수 있게 하는)을 포함한 바이러스 단백질을 만든다.

조립 4

어떻게 파아지가 숙주 세포 내에서 조립되는지 과학자들은 완전히 이해하고 있지 못하지만 캡소머가 세포 내에서 축적되면 자연적으로 서로 부착하여 새로운 캡시드 머리를 만드는 것처럼 보인다. 유사하게 꼬리도 조립되어 머리에 붙으며 꼬리 섬유가 꼬리에 붙어 성숙한 비리온을 형성한다. 그런 캡시드 조립은 자발적인 과정으로 효소 활성이 거의 또는 전혀 필요하지 않다. 오랫동안 그런 자발적인 방식으로 모든 캡시드가 유전체 주위에 형성되는 것으로 생각되었다. 그러나 최근의 연구는 일부 바이러스에서 효소가 유전체를 조립된 캡시드 내로 가상전투에 이용되는 페인트볼 총에 사용되는 것보다 5배 높은 압력으로 주입하는 것을 알아냈다. 이 과정은 작은 하나의 구멍을 통해 성냥갑 안으로 요리된 스파게티 한 가닥을 채워 넣는 것과 유사하다.

가끔 캡시드는 바이러스 DNA 대신 숙주 DNA의 남은 조각들 주위에 조립된다. 이렇게 조립된 비리온은 그 꼬리 섬유에 의해 여전히 새로운 숙주에 부착할 수 있으나 파아지 DNA 주입 대신 처음 숙주의 DNA를 새로운 숙주 내로 전달한다. 이 과정은 형질도입(transduction, 제7장에 보다 구체적으로 설명됨)이라 한다.

방출 5

새로 조립된 비리온은 리소자임이 세포벽에 대해 작용하고 세균이 분해됨에 따라 세포로부터 방출된다. 페트리 평판에서 형성된 두터운 세균층에서 분해된 세균 세포 지역은 세균층이 먹힌 것처럼 보이며, 이것이 이 바이러스에 초기 과학자들이 세균을 먹는 것을 뜻하는 박테리오파아지라는 이름을 붙이게 한 용균반(*plaque*)의 모양이다.

T4 파아지에서 용균성 복제는 약 25분이 걸리며 용해된 각 세균 세포에서 100 내지 200개의 새로운 비리온이 생성될 수 있다 **(그림 6.9)**. 용균성 복제를 수행하는 어떤 파아지에서 부착부터 방출까지 전체 과정을 완성하는 데 걸리는 시간을 방출 시간(*burst time*)이라 하며 각 용해된 세균 세포로부터 방출된 새로운 비리온의 수는 방출 크기(*burst size*)라 한다.

용원성

학습 | 성과

6.8 바이러스의 용원성 복제 주기를 용균성 주기와 비교하고 대조하라.

모든 바이러스가 앞에 나온 T4 파아지의 용균성 주기를 따르지는 않는다. 일부 박테리오파아지는 감염된 숙주 세포가 자라며 그들이 용해되기 전에 많은 세대를 정상적으로 복제하는 변형된 복제 주기를 갖는다. 그런 복제 주기를 **용원성 복제주기(lysogenic replication cycle)** 또는 **용원성[lysogeny** (lī-soj´ĕ-nē)이라 하며 그 파아지는 **잠재성 파아지(temperate phage)** 또는 용원성 파아지(*lysogenic phage*)라 한다.

여기서는 *E. coli*의 또 다른 기생체인 잘 연구된 잠재성 파아지인 람다 파아지(*lambda phage*)에서 일어나는 용원성 복제에 대해 알아보자. 람다 파아지는 꼬리 섬유가 없는 꼬리에 부착된 정20면체 머리로 구성된 복잡한 캡시드 내에 선형 분자의 dsDNA를 갖는다 **(그림 6.10)**.

그림 6.11은 람다 파아지의 용원성을 나타낸다. 첫째, 비리온은 임의적으로 *E. coli* 세포와 접촉하여 그 꼬리를 통해 부착한다 1.

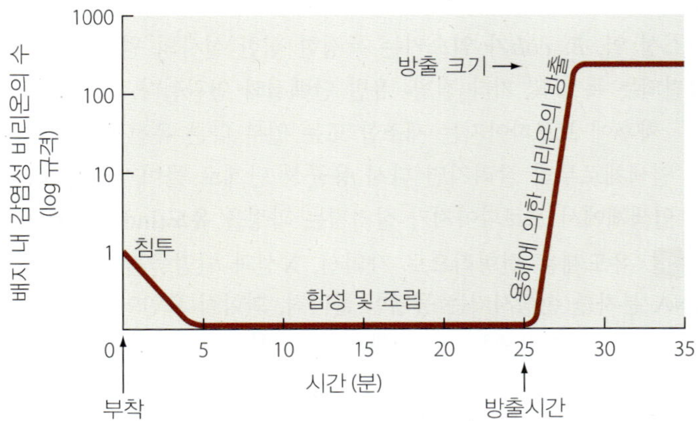

▲ **그림 6.9 용균성 주기에서 비리온 수의 양상.** 단일 용균성 복제 주기에서 시간에 따른 비리온의 수. 합성, 조립 및 새로운 비리온이 한꺼번에 방출되는 시기 (방출 시간)인 방출 (용해)이 완성될 때까지는 새로운 비리온이 배양 배지에서 관찰되지 않는다. 방출 크기는 용해된 숙주 세포 당 방출된 새로운 비리온의 수이다.

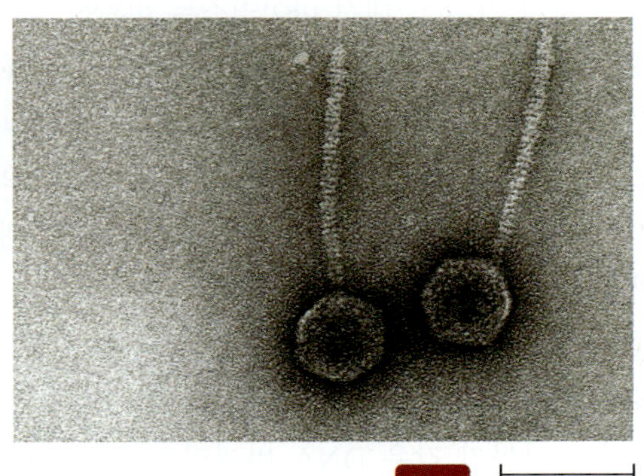

▲ **그림 6.10 박테리오파아지 람다.** 꼬리 섬유의 부재에 주목하라. 파아지 T4는 그 꼬리 섬유상의 분자에 의해 부착한다. *섬유가 없는 람다 파아지는 어떻게 부착하는가?*

그림 6.10 람다는 그 꼬리 섬유 대신에 그 꼬리 끝에 있는 부착 분자를 가진다.

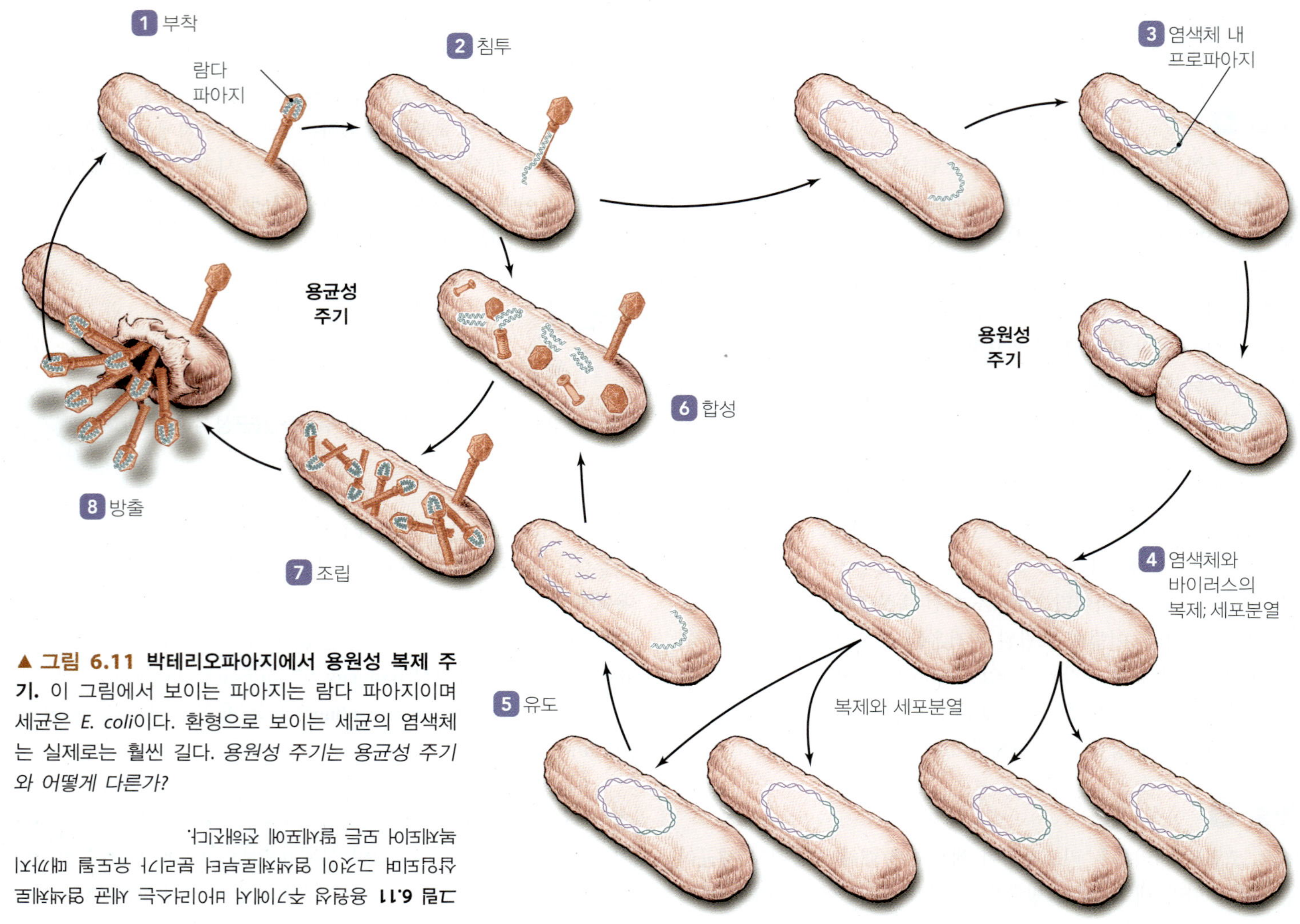

▲ **그림 6.11 박테리오파아지에서 용원성 복제 주기.** 이 그림에서 보이는 파아지는 람다 파아지이며 세균은 *E. coli*이다. 환형으로 보이는 세균의 염색체는 실제로는 훨씬 길다. *용원성 주기는 용균성 주기와 어떻게 다른가?*

그림 6.11 용원성 주기에서 바이러스는 세균 염색체로 삽입되며 그것이 염색체로부터 풀리기 유도될 때까지 복제되어 모든 딸세포에 전해진다.

바이러스 DNA는 T4 파아지에서 일어난 것처럼 세포 내로 들어가지만 숙주 세포의 DNA는 파괴되지 않으며, 파아지의 유전체가 즉시 세포를 제어하지 않는다. 대신 바이러스는 비활성 상태로 남아있다. 그런 불활성 박테리오파아지를 **프로파아지[prophage (prō´fāj)]**라 한다 2. 프로파아지는 프로파아지 유전자를 억제하는 억제 단백질의 암호화에 의해 불활성을 유지한다. 이 억제 단백질의 부작용은 같은 종류의 다른 바이러스에 의한 추가적인 감염에 내성을 가진 세균이 되게 한다.

용원성 주기와 용균성 주기의 또 다른 차이는 프로파아지가 세균의 DNA 내로 삽입되어 세균 염색체의 물리적인 일부가 되는 것이다 3. 람다 파아지 같은 DNA 바이러스에게 이는 두 조각의 DNA 융합의 간단한 과정으로, 한 조각의 DNA인 바이러스가 또 다른 DNA 조각인 세포 염색체에 융합되는 것이다. 세포가 그 감염된 염색체를 복제할 때마다 프로파아지 또한 복제된다 4. 용원성 세포의 모든 딸세포가 따라서 침묵의 바이러스에 감염되어 있다. 프로파아지와 그 후손은 여러 세대 또는 영원히 세균 염색체의 일부로 남아있다.

용원성 파아지는 예를 들어, 무해한 형태에서 병원체로 세균의 표현형을 변화시킬 수 있는데 이를 **용원성 전환(lysogenic conversion)**이라 한다. 박테리오파아지 유전자는 디프테리아, 콜레라, 류마티스성 열, *E. coli*가 일으키는 특정한 심한 설사의 원인 세균에서 발견되는 독소 및 기타 질병- 유발 단백질과 연관된다.

차후에 프로파아지는 재조합 또는 일부 다른 유전적 사건에 의해 염색체로부터 잘려지면 다시 용균성 단계로 들어가게 된다. 숙주 염색체에서 프로파아지가 잘려지는 과정을 **유도(induction)**라 한다 5. 유도제는 전형적으로 자외선, X선과 발암물질을 포함하여 DNA 분자를 손상시키는 동일한 물리적, 화학적 요인이다.

유도 후 합성 6, 조립 7과 방출 8의 용균성 단계는 그들이 정지되었던 순간으로부터 재개된다. 세포는 비리온으로 가득 차고 터지게 된다.

박테리오파아지 T4와 람다는 많은 DNA 바이러스에서 전형적인 두 복제 전략을 나타낸다. RNA 바이러스와 피막형 바이러스는 앞의 용균성 및 용원성 주기에 변형을 가져온다. 다음으로 동물바이러스의 복제에서 나타나는 일부 변형을 살펴보자.

동물바이러스의 복제

학습 | 성과

6.9 박테리오파아지 복제와 동물바이러스 복제 간의 차이를 설명하라.
6.10 DNA, -RNA와 +RNA 바이러스의 복제와 합성을 비교하고 대조하라.
6.11 용해와 출아에 의한 바이러스 입자의 방출을 비교하고 대조하라.
6.12 파아지 용원성과 동물바이러스에서 잠복을 비교하고 대조하라.

동물바이러스의 복제 경로는 박테리오파아지에서와 같이 부착, 침투, 합성, 조립과 방출의 5개 기본 단계를 갖는다. 그러나 동물바이러스의 복제는 중요한 차이점이 있는데 그것은 부분적으로는 일부 바이러스의 주위에 피막의 존재와 부분적으로는 그들의 세포벽의 부재뿐만 아니라 동물 세포의 진핵생물 특성으로부터 비롯된다. **집중조명: 조류 인플루엔자의 위협**은 전 세계적 보건 당국자에게 큰 관심사인 동물바이러스를 집중조명 한다.

이 절에서는 DNA와 RNA 동물바이러스가 공유하는 복제과정을 살펴보고 이 과정을 박테리오파아지와 비교하며 어떻게 DNA와 RNA 바이러스의 합성이 다른지 알아본다.

동물바이러스의 부착

박테리오파아지처럼 동물바이러스의 부착은 비리온상의 단백질 또는 당단백질과 동물 세포의 세포막 상의 상보적 단백질 또는 당단백질 간의 화학적 끌림과 정확한 맞춤에 의존한다. 앞서의 박테리오파아지와 달리 동물바이러스는 꼬리와 꼬리 섬유가 없으며 대신 그들의 캡시드 또는 피막 위에 전형적으로 당단백질 스파이크 또는 다른 부착 분자를 갖는다.

동물바이러스의 침투 및 탈외투

동물바이러스는 부착 후 바로 숙주 세포로 들어간다. 비록 동물바이러스의 침투가 박테리오파아지의 침투처럼 잘 알려져 있지 않지만 직접 침투, 막 융합과 세포내 섭취의 적어도 세 가지 다른 방식이 존재한다.

일부 나출형 바이러스는 그들의 직접 침투(*direct penetration*)에 의해 숙주 세포로 들어가는데 이는 바이러스 캡시드가 부착하고 세포막 내로 들어가서 유전체만이 세포 내로 들어갈 수 있는 구멍을 만드는 과정이다 **(그림 6.12a)**. Poliovirus가 직접 침투를 통해 숙주 세포에 감염한다.

반면에 다른 동물바이러스에서는 전체 캡시드와 그 내용물 (유전체 포함)이 막 융합 또는 세포내 섭취에 의해 숙주 세포로 들어간다. Measles virus 같이 막 융합(*membrane fusion*)을 이용하는 바이러스에서는 바이러스 피막과 숙주 세포막이 융합하여 캡시드를

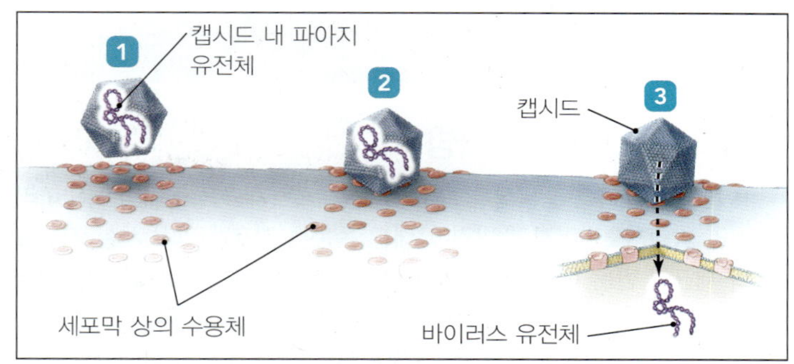

(a) 직접침투

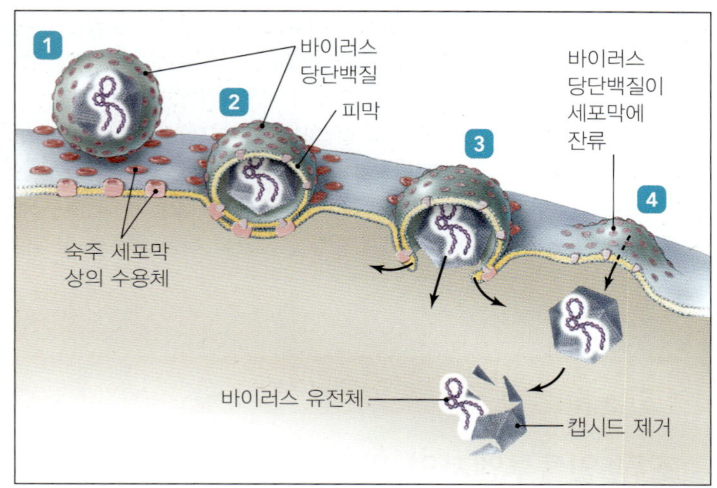

(b) 막융합

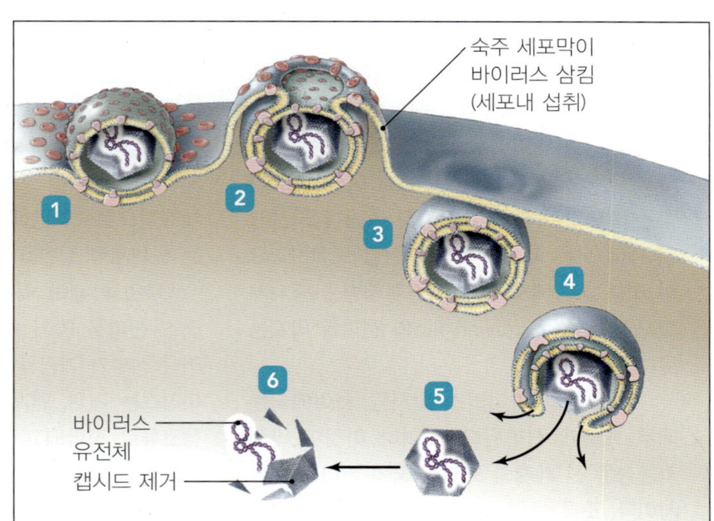

(c) 세포내 섭취

▲ **그림 6.12 동물바이러스의 세 가지 침투 방법. (a)** 직접 침투로 나출형 비리온이 그들의 유전체를 동물 세포 숙주에 주입한다. **(b)** 막 융합으로 바이러스 피막과 세포막의 융합이 캡시드를 세포 내로 집어 넣는다. **(c)** 세포내 섭취로 나출형 또는 피막형 바이러스의 부착이 숙주 세포가 전체 바이러스를 삼키게 한다. 침투 후 많은 동물바이러스는 탈외투를 해야 하지만 박테리오파아지는 하지 않는다. *이는 왜 그런가?*

그림 6.12 일반적으로 박테리오파아지는 침투 중 그들의 DNA를 주입하기 때문에 캡시드가 세포로 들어가지 않는다.

유익한 미생물

박테리오파아지 처방?

1917년에 캐나다 생물학자 Felix d'Herelle는 세균을 잡아먹는 바이러스인 박테리오파아지의 발견에 대한 논문을 발표하였다. 사실 지구상의 세균의 반은 매 2일마다 파아지에 굴복한다! D'Herelle는 파아지가 세균 병원체에 대한 천연 무기가 될 수 있다고 생각하였다.

파아지 요법은 1900년대 초기에 이질, 발진티푸스, 콜레라와 싸우는데 이용되었으나 미국에서는 1940년대에 페니실린 같은 항생제의 개발에 의해 밀려 대부분 포기되었다. 파아지 요법은 소련과 동유럽에서 계속되었는데 그곳에서는 아직도 연구가 진행 중이다. 오늘날 항생제-내성 세균 문제의 증가로 자극받은 미국과 서유럽의 과학자들은 파아지 요법 연구에 대한 다시 흥미를 갖기 시작하였다.

파아지는 세균에 유전물질의 삽입에 의해 복제하며, 세균이 바이러스의 사본을 만들어 세포 밖으로 방출되어 다른 세균을 감염하게 한다. 하나의 파아지가 2시간 내에 10조 개가 될 수 있으며 그 숙주 세균의 99.9%를 죽인다. 각 파아지 종류는 세균의 특정 균주를 공격한다. 이는 파아지 처리가 질병을 일으키는 세균에 파아지가 맞아야만 효과적인 것을 의미한다. 이는 또한 파아지 처리가 항생제 사용과 달리 인체의 유용한 세균을 죽이지 않고도 효과적일 수 있다는 것을 뜻한다.

박테리오파아지에 감염된 *Escherichia coli* SEM 0.5 μm

그러나 활발한 미생물의 환자 내로의 도입은 일부 위험성을 부여한다. 파아지는 세균을 죽일 수 있지만 일부는 세균을 더욱 치명적으로 만든다. 예를 들어, 치명적인 식중독과 관련된 *Escherichia coli*의 한 균주는 세균 DNA에 자신을 삽입한 파아지 유전체로부터 독성 물질을 생성하는 능력을 얻은 것으로 관찰되었다. 만일 치료에 사용된 파아지가 독소-암호화 유전자를 받으면 시도된 치료가 치명적이 될 수도 있다.

집중 조명

조류 인플루엔자의 위협

1997년 홍콩에서 18명의 사람이 닭과 다른 조류 사이에서 쉽게 전파되는 인플루엔자바이러스 H5N1 균주에 의해 일어난 조류 인플루엔자에 걸렸다. 이 사람들 중 적어도 반은 조류로부터 직접 병이 걸렸는데 이는 과학자들이 이전에는 일어나지 않는 것으로 생각했었다. 인간의 경우 사망률은 60% 이상이다. 사람들이 병으로 죽기 시작하자 홍콩 당국은 3일 내에 모든 150만 마리의 닭을 도살하였으며 이는 홍콩에서 잠재적인 유행병을 중지시켰지만 조류 독감(avian flu)의 전파를 막지는 못하였다.

조류 독감 바이러스는 사람 사이에서는 매우 드물게 전파된다. 그러나 이것이 바뀔 가능성은 전 세계의 보건 당국의 커다란 관심사이다. 조류 독감 바이러스는 재빨리 돌연변이 되며 다른 독감 바이러스로부터 유전자를 획득할 수 있다. 만일 한 조류 독감 바이러스가 인간 독감 바이러스로부터 유전자를 획득하면 그것은 사람에서 사람으로 쉽게 전파되는 균주가 될 수 있다. 세계보건기구에 따르면 지금의 제트기 여행 시대에서 가장 나쁜 시나리오는 그런 조류/인간 독감의 균주가 전 세계적으로 2백만에서 5천만의 사람을 죽이는 범세계적 질병을 일으킬 수 있다고 한다.

무엇을 해야 되는가? 아시아에서는 바이러스 전파를 막기 위해 닭이 도살되었다. 그러나 정부가 가금류 폐사에 집중하는 동안 바이러스는 거위, 왜가리와 야생비둘기 같은 야생조류로 전파되고 이 야생조류를 통해 아시아, 유럽과 아프리카로 퍼져 나갔다.

과학자들은 H5N1 바이러스 균주에 대해 보호할 수 있다고 믿는 백신을 개발하였다. 불행히도 정부는 한 균주에 대한 백신만을 비축하였는데 그 바이러스는 개발한 백신이 효과적이지 않은 새로운 형태로 돌연변이 되었다.

세포의 세포질 내로 방출하고 세포막의 일부로 피막 당단백질을 남긴다 **(그림 6.12b)**.

대부분의 피막형 바이러스와 일부 나출형 바이러스는 세포내섭취(*endocytosis*) 촉발에 의해 숙주 세포로 들어간다. 세포 표면상의 수용체 분자에 바이러스의 부착은 세포가 전체 바이러스를 세포 내로 섭취하는 것을 자극한다 **(그림 6.12c)**. Adenovirus (나출형)와 herpesvirus (피막형)가 세포내 섭취를 통해 인간 숙주 세포로 들어간다.

캡시드채로 숙주 세포로 침투하는 바이러스는 바이러스가 복제를 계속하기 전에 그들의 유전체를 방출하기 위해 캡시드가 제거되어야만 한다. 숙주 세포 내에서 바이러스 캡시드의 제거는 **탈외투(uncoating)**라 하는데 아직 잘 알려져 있지 않은 과정이다. 이것은 분명히 다른 바이러스에서 다른 방식으로 일어나는데 일부 바이러스는 세포 효소에 의해 소낭 안에서 탈외투 되며 다른 것들은 세포의 세포질 안에서 효소에 의해 탈외투 된다.

동물의 DNA 바이러스의 합성

동물바이러스의 합성 또한 박테리오파아지의 합성과 다르다. 동물바이러스의 각 종류는 다른 합성 전략을 요구하는데 그것은 핵산이 DNA인지 또는 RNA인지와 이중 가닥인지 단일 가닥인지 관련된 핵산에 달려 있다. DNA 바이러스는 전형적으로 핵으로 들어가는데 반면 대부분의 RNA 바이러스는 세포질 내에서 복제된다.

각 종류의 동물바이러스의 합성과 조립을 소개할 때 다음 두 질문을 고려한다:

- 바이러스 단백질의 번역에 필요한 mRNA는 어떻게 합성하는가?
- 핵산 복제를 위한 주형으로 어떤 분자가 작용하는가?

dsDNA 바이러스 새로운 이중-가닥 DNA (dsDNA) 비리온의 합성은 정상적인 세포 DNA의 복제 및 단백질 번역과 유사하다. 대부분의 dsDNA 바이러스의 유전체는 세포의 핵으로 들어가면, 바이러스 DNA의 각 가닥을 그것의 상보적 가닥을 위한 주형으로 이용하여 세포의 효소들이 dsDNA를 복제하는 것과 동일한 방식으로 바이러스 유전체를 복제한다. 핵 안에서 바이러스 DNA로부터 전령 RNA가 전사되고 캡소머 단백질이 세포질에서 숙주 리보솜에 의해 만들어진 후 캡소머는 핵으로 들어가서 새로운 비리온이 자연적으로 조립된다. 이 복제 방법은 herpes와 papilloma (무사마귀) 바이러스에서 보인다.

dsDNA의 이 방식에는 두 가지 잘 알려진 예외가 있다:

- Poxvirus의 모든 부위는 숙주 세포의 세포질에서 합성되고 조립되며 핵은 관련되지 않는다.
- B형 간염 바이러스의 유전체는 DNA 주형으로부터 DNA 복제 대신 RNA 중재자를 이용하여 복제된다. 다른 말로, B형 간염 바이러스의 유전체는 RNA로 전사되고 그것이 주형으로 이용되어 바이러스 DNA 유전체의 여러 사본을 만든다. 이 나중 과정은 정상적 전사의 반대인데 바이러스 효소인 역전사효소(*reverse transcriptase*)에 의해 수행된다.

19장과 23장에서 이 두 바이러스의 질병을 소개한다.

ssDNA 바이러스 단일-가닥 DNA (ssDNA)로 구성된 유전체를 가진 인간 바이러스는 parvovirus이다. 세포는 ssDNA를 사용하지 않기 때문에 parvovirus가 숙주 세포의 핵에 들어오면 숙주 효소가 바이러스 유전체에 상보적인 새로운 DNA 가닥을 만든다. 이 상보적 가닥은 바이러스의 ssDNA에 결합하여 dsDNA 분자를 형성한다. mRNA의 전사, 새로운 ssDNA의 복제와 바이러스 조립은 앞서 기술한 DNA 바이러스 양상을 따른다.

동물의 RNA 바이러스의 합성

앞서 언급한대로 RNA는 세포에서 유전물질로 이용되지 않기 때문에 RNA 바이러스의 합성은 전형적인 세포 과정 및 DNA 바이러스의 복제와 달라야만 한다. RNA 바이러스에는 다음의 네 가지 종류가 있다: 양성-가닥, 단일-가닥 RNA (+ssRNA로 표시); retrovirus (+ssRNA 바이러스의 한 종류); 음성-가닥, 단일-가닥 RNA (−ssRNA); 이중-가닥 RNA (dsRNA). 이들 RNA 바이러스의 합성 과정은 다양하며 다소 복잡하다. 먼저 +ssRNA 바이러스의 합성으로 시작한다.

양성 ssRNA 바이러스 mRNA로 직접 작용할 수 있는 단일-가닥 바이러스 RNA를 **양성-가닥 RNA [positive-strand RNA (+RNA)]**라 한다. 리보솜은 그런 RNA의 유전암호를 이용하여 폴리펩티드를 번역한다. +ssRNA 바이러스의 한 예는 poliovirus이다. 많은 +ssRNA 바이러스에서 상보적인 **음성-가닥 RNA [negative-strand RNA (−RNA)]**는 바이러스 RNA 중합효소에 의해 +ssRNA 유전체로부터 전사되며, −RNA는 여러 +ssRNA 유전체의 전사를 위한 주형으로 작용한다. 그런 RNA로부터의 전사는 바이러스에 독특하며 어떤 세포도 RNA로부터 RNA를 전사하지 못한다.

Retrovirus 다른 +ssRNA 바이러스와 달리 **레트로바이러스(retrovirus)**라는 +ssRNA 바이러스는 그들의 유전체를 mRNA로 사용하지 않는다. 대신 retrovirus는 캡시드 내에 존재하는 역전사효소에 의해 +RNA로부터 전사되는 DNA 중개자를 이용한다. 단백질 합성을 위한 mRNA와 새로운 비리온을 위한 유전체 모두로 작용하는 추가적인 +RNA 분자의 합성에 이 DNA 중개자가 주형으로 이용된다. 인간 면역결핍증 바이러스(HIV)가 유명한 retrovirus이다.

음성 ssRNA 바이러스 다른 단일-가닥 RNA 비리온은 −ssRNA 바이러스인데 독특한 문제를 극복해야만 한다. 단백질을 합성하기 위해 리보솜이 mRNA (즉, +RNA)만을 사용할 수 있는데 −RNA는 리보솜이 인식하지 못하기 때문이다. 이 바이러스는 이 문제를 캡시드 내에 있는 효소인 RNA-의존 RNA 전사효소(*RNA-dependent RNA transcriptase*)로 극복하는데 이 효소는 탈외투 중 숙주 세포의 세포질로 방출되어 바이러스의 −RNA 유전체로부터 +RNA 분자를 전사한다. 단백질의 번역은 그 후 정상적으로 일어날 수 있다. 새로 전사된 +RNA는 또한 −RNA의 추가적인 사본의 전사에 주형으로 작용한다. −ssRNA 바이러스가 일으키는 질병에 광견병과 독감이 있다.

dsRNA 바이러스 이중-가닥 RNA를 갖는 바이러스는 또 다른 합성 방법을 이용한다. RNA의 양성-가닥은 단백질의 번역을 위한 mRNA로 작용하며 생성된 단백질 중 하나는 dsRNA를 전사하는 RNA 중합효소가 된다. RNA의 각 가닥은 그 상대 가닥의 전사를 위한 주형으로 작용하는데 이는 세포에서 DNA 복제를 연상시킨다. 이중-가닥 RNA rotavirus는 유아에서 설사의 대부분을 일으킨다.

동물바이러스가 합성되는 다양한 방법을 **그림 6.13**에서 나타내고 **표 6.3**에 요약하였다.

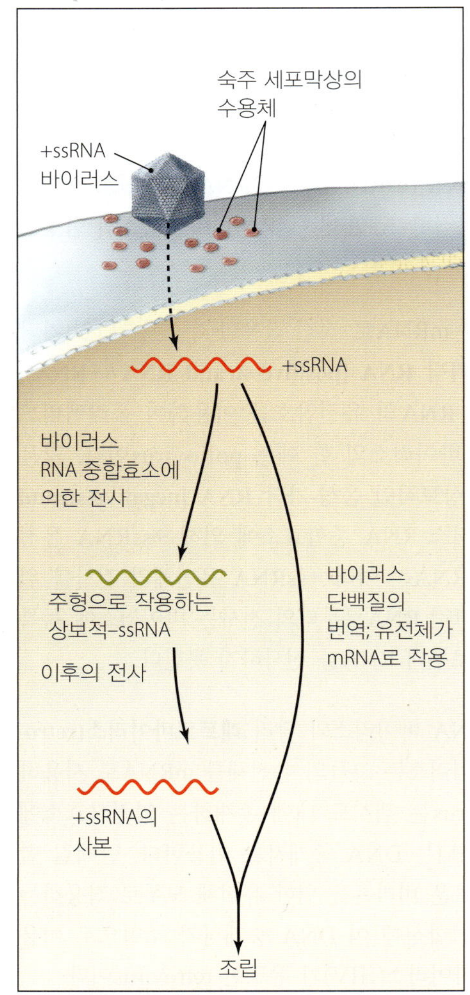

(a) 양성-가닥 ssRNA 바이러스

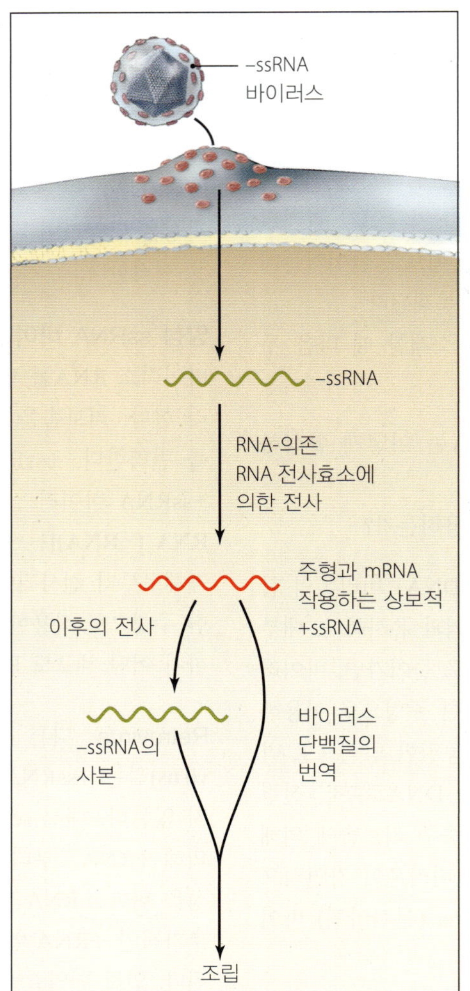

(b) 음성-가닥 ssRNA 바이러스

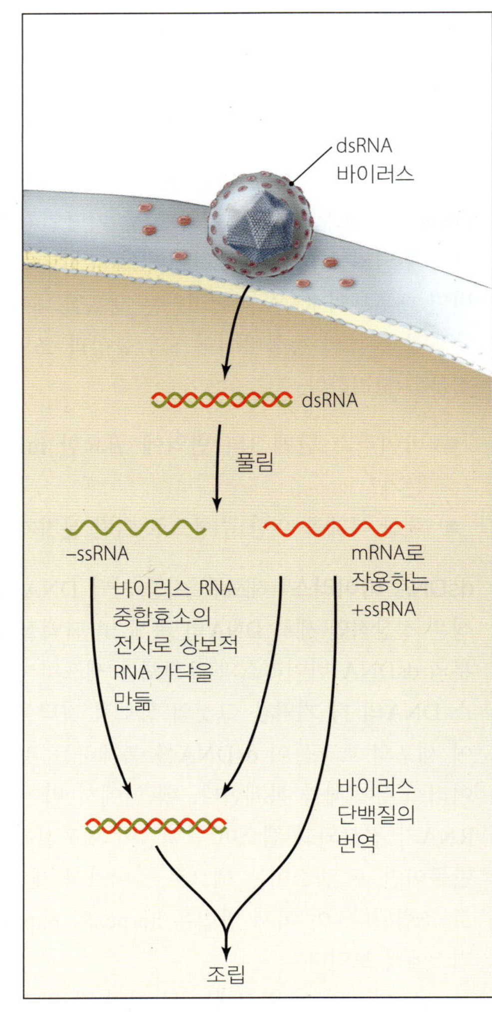

(c) 이중-가닥 RNA 바이러스

▲ **그림 6.13 동물 RNA 바이러스에서 단백질과 유전체의 합성. (a)** 양성-가닥 ssRNA 바이러스에서는 +ssRNA가 mRNA로, −ssRNA는 유전체 주형으로 작용한다. **(b)** 음성-가닥 ssRNA에서 전사는 mRNA와 주형으로 모두 작용하는 +ssRNA를 만든다. **(c)** dsRNA 바이러스 유전체는 풀려서 양성-가닥이 mRNA로 작용하고 각 가닥은 그 상보적 가닥을 위한 주형으로 작용한다.

표 6.3 동물 바이러스의 합성 전략

유전체	mRNA 합성 방법	유전체 복제를 위한 주형 분자
dsDNA	RNA 중합효소 이용 (세포의 핵 또는 세포질 내)	DNA의 각 가닥이 그 상보적 가닥을 위한 주형 (새로운 DNA를 위한 주형으로 작용하는 RNA를 합성하는 B형 간염 제외)
ssDNA	RNA 중합효소 이용 (세포의 핵 내)	DNA의 상보적 가닥이 합성되어 주형으로 작용
+ssRNA	유전체가 mRNA로 작용	유전체에 상보적인 −RNA가 합성되어 주형으로 작용
+ssRNA (*Retroviridae*)	역전사효소에 의해 RNA로부터 DNA가 합성됨; mRNA는 RNA 중합효소에 의해 DNA로 전사됨	DNA
−ssRNA	RNA-의존 RNA 전사효소	유전체에 상보적인 +RNA (mRNA)
dsRNA	유전체의 양성 가닥이 mRNA로 작용	유전체의 각 가닥이 그 상보적 가닥을 위한 주형으로 작용

동물바이러스의 조립과 방출

박테리오파아지처럼 일단 동물바이러스의 구성요소들이 합성되면 그들은 비리온으로 조립된 후 숙주 세포로부터 방출된다. 대부분의 DNA 바이러스들은 핵 안에서 조립되어 세포질로 방출되는데 반해 대부분의 RNA 바이러스들은 세포질에서만 발달된다. 생성되어 방출되는 바이러스의 수는 바이러스의 종류 및 숙주 세포의 크기와 초기 건강 모두에 의존한다.

동물바이러스의 복제는 박테리오파아지의 복제보다 시간이 더 걸린다. 예를 들어, herpesvirus는 복제에 거의 24시간이 걸리는데 박테리오파아지 T4는 수백 개의 비리온을 만드는데 25분이 요구된다.

피막형 동물바이러스는 흔히 **출아법(budding)**을 통해 방출된다 **(그림 6.14)**. 비리온이 조립되면 그들은 핵막, 소포체막 또는 세포막 중 하나를 통해 밀려나간다. 각 비리온은 막의 일부를 획득하여 그것이 바이러스 피막이 된다. 합성 도중 일부 바이러스 당단백질이 세포막으로 삽입되어 이 단백질들이 바이러스 피막 표면상의 당단백질 스파이크가 된다.

박테리오파아지 복제에서처럼 숙주 세포가 신속하게 용해되지 않기 때문에 출아법은 상당 기간 감염된 세포가 살아있게 한다. 숙주 세포가 바이러스를 천천히 그리고 비교적 지속적으로 방출하는 피막형 바이러스로의 감염을 지속 감염(persistent infection)이라 하는데, 지속 감염 중 시간에 대한 바이러스 수를 나타내는 곡선은 용균성 복제 주기에서 보이는 새로운 바이러스의 급증이 없다 (**그림 6.15**; 그림 6.9와 비교).

나출형 동물바이러스는 다음의 두 방법 중 하나로 방출될 수 있다: 그들이 피막 획득 없이 출아법과 유사한 방식으로 세포외 유출(exocytosis)에 의해 세포로부터 밀려나거나 또는 세포의 용해와 죽음을 일으켜 박테리오파아지 방출과 유사한 방식.

바이러스 복제가 건강한 세포의 생장과 유지에 관련된 세포 구조 및 경로를 이용하기 때문에 바이러스 복제 방지를 포함한 바이러스성 질병의 처리를 위한 어떤 전략도 정상적인 세포 과정들도 저해할 수 있다. 이는 바이러스성 질병 치료가 어려운 하나의 이유이다. (일부 이용 가능한 항바이러스 약물의 작용 방식이 3장에 소개되었다; 인체의 자연적 생성 항바이러스 물질인 인터페론과 항체는 8장과 9장에 소개).

동물바이러스의 잠복

수두(chicken pox)와 포진바이러스(herpes nirus)를 포함한 일부 동물바이러스는 **잠복(latency)**이라는 과정으로 세포 내에서 휴면 상태로 존재하는데, 휴면 바이러스를 잠복성 바이러스(latent virus) 또는 **프로바이러스(provirus)**라 한다. 잠복은 바이러스의 활성, 징후나 증상 없이 수년 간 지속될 수도 있다. 비록 잠복이 박테리오파아지의 용원성과 유사하지만 차이가 있다. 일부 잠복성 바이러스는 그들의 숙주 세포의 염색체 내로 삽입되지 않지만 용원성 파아지는 항상 삽입된다.

반면에 일부 동물바이러스는 (예, HIV) 프로바이러스로 숙주 염색체에 삽입되는 점에서 용원성 파아지와 보다 유사하다. 그러나 프로바이러스가 그 숙주 DNA에 삽입될 때 그 조건은 영구적이며 진핵생물에서 유도가 일어나지 않는다. 따라서 삽입된 프로바이러스는 숙주 염색체의 물리적인 부분으로 영구적 존재가 되며 감염된 세포의 모든 후손은 프로바이러스를 갖게 된다.

RNA가 염색체 분자에 직접 삽입될 수 없는 것을 고려하면 어떻게 HIV의 ssRNA가 그 숙주 세포의 DNA 내로 들어갈 수 있는가? HIV는 숙주 염색체의 영구적인 부분이 될 수 있는데 그것이 모든 retrovirus와 같이 역전사효소를 가지고 +RNA 분자의 유전적 정보를 숙주 세포의 유전체로 들어갈 수 있게 되는 DNA 분자로 전사하기 때문이다.

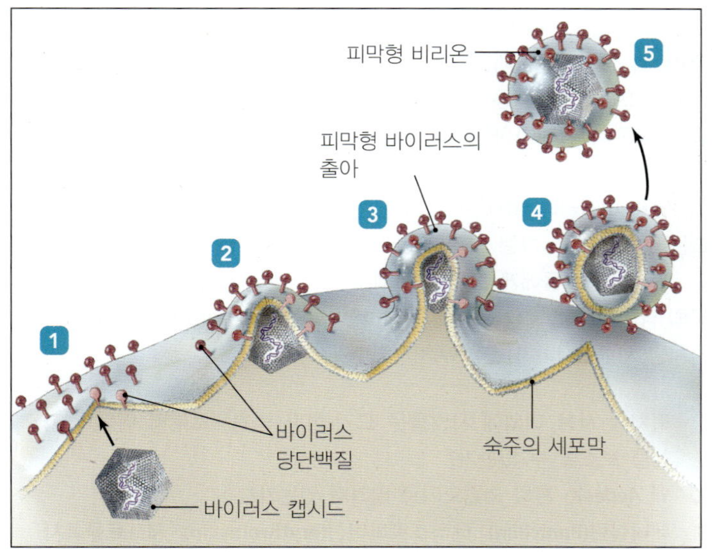

▲ **그림 6.14 피막형 바이러스에서 출아 과정.** *비피막형 바이러스를 가리키는 용어는 무엇인가?*

그림 6.14 나출형

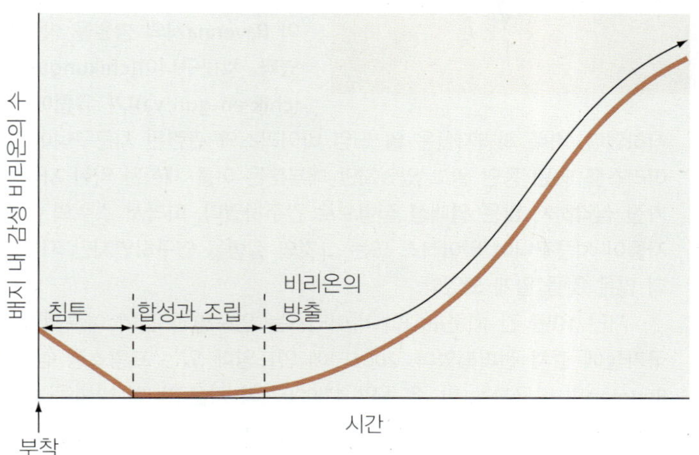

▲ **그림 6.15 지속 감염에서 비리온 수의 양상.** 피막형 바이러스의 출아에 의한 지속 감염에서 비리온 수의 일반적인 곡선. 곡선이 실제 감염을 나타내지 않기 때문에 그림에서 축의 단위는 생략되었다.

표 6.4 박테리오파아지와 동물 바이러스 복제의 비교

	박테리오파아지	동물 바이러스
부착	꼬리상의 단백질이 세포벽 위의 단백질에 부착	스파이크, 캡시드나 피막 단백질이 세포막 상의 단백질이나 당단백질에 부착
침투	유전체가 세포 내로 주입되거나 확산	직접 침투, 융합 또는 세포내 섭취에 의해 캡시드가 세포로 유입
탈외투	없음	세포 효소에 의해 캡시드의 제거
합성 장소	세포질 내	RNA 바이러스는 세포질 내; 대부분의 DNA 바이러스는 핵 내
조립 장소	세포질 내	RNA 바이러스는 세포질 내; 대부분의 DNA 바이러스는 핵 내
방출 방법	용해	나출형 비리온: 세포외 유출; 피막형 비리온: 출아법
만성감염 특성	용원성, 숙주 염색체로 삽입되지만 숙주 염색체를 떠날 수 있음	잠복, 숙주 DNA 내로 삽입되거나 안되거나; 삽입은 영구적

표 6.4는 박테리오파아지와 동물바이러스의 복제 성질을 비교하였다. 다음에는 바이러스가 암에서 하는 역할을 알아보기 위해 암의 기본적 성질을 이해하는 데 필요한 용어의 간단한 이해로부터 시작하고자 한다.

왜 그런가

용원성 및 잠복성 바이러스 감염은 왜 일반적으로 용균성 감염보다 오래 지속되는가?

암에서 바이러스의 역할

학습 | **성과**

6.13 종양 형성, 종양, 양성, 악성, 암과 전이를 정의하라.

6.14 세포가 어떻게 암세포가 되는지에 대해 바이러스의 역할에 대한 특별한 인용으로 간단한 용어로 설명하라.

정상적인 조건 하에 성숙한 다세포성 동물에서 세포의 분열은 엄격

출현성 질병 사례연구

치쿤구니야(chikungunya)

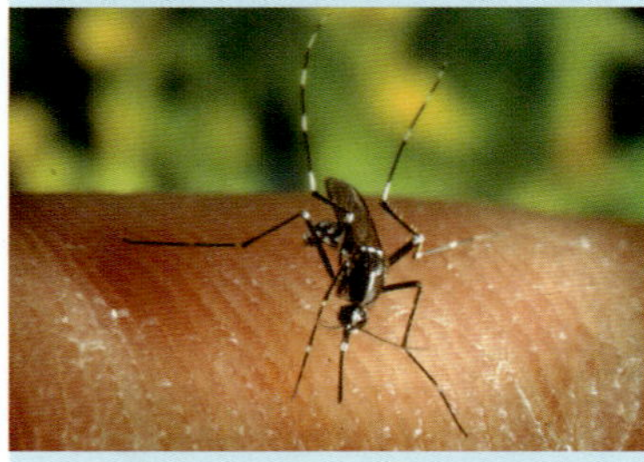

널리 퍼진 심한 발진, 호흡 곤란, 고열, 매스꺼움과 극도의 관절통이라는 의사가 이전에 듣지 못했던 복합적인 증상과 징후를 가진 한 노인이 이탈리아 Ravenna시의 병원을 방문하였다. 치쿤구니야[chikungunya (chik-en-gun´ya)]가 유럽에 도착하였다. 비록 과학자들은 말 뇌염 바이러스와 관련된 치쿤구니야 바이러스를 50년 동안 알고 있었지만 대부분은 이를 제한된 약한 자극을 가진 심각하지 않은 열대성 질병으로 간주하였다. 따라서 소수의 연구자들이 치쿤구니야 바이러스 또는 그것의 질병을 연구하였지만 지금은 더 많은 것을 알게 되었다.

지난 10년 간 치쿤구니야 바이러스는 인도양과 건너 아프리카의 국가들에 걸쳐 전파되었다. 2006년에 인도양에 있는 프랑스령 섬 La Réunion의 당국자는 한 주 동안 47,000건의 치쿤구니야 발병을 보고하였다! 같은 해에 인도에서는 40년 만에 처음 치쿤구니야가 나타나 150만 이상의 발병이 보고되었으며 2010년에는 중국에 나타났다. 왜?

기후가 따뜻해짐에 따라 이 바이러스를 운반하는 *Aedes albopictus* (아시아 외줄모기, Asia tiger mosquito)가 유럽과 미국을 포함한 온대 지역으로 이동하였다. 모기가 바이러스 번식 가능성을 증가시킴에 따라 이 곤충이 열대 질병을 프랑스 같은 유럽의 북쪽까지 전파하게 되었다.

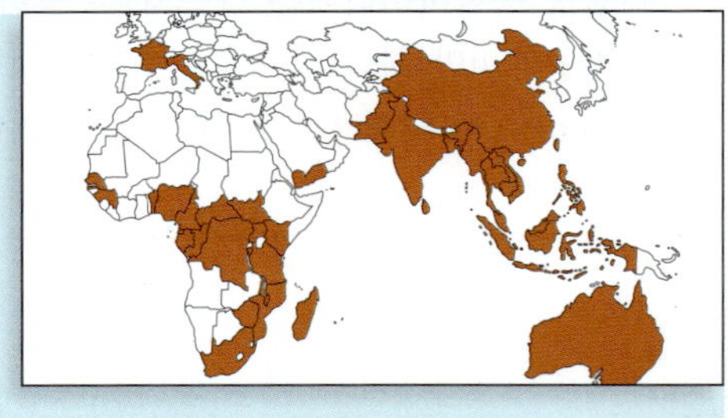

앞서 이탈리아 환자는? 그의 심한 통증은 4개월이나 지속되었지만 그는 살아남았다. 그는 모기가 옮기는 치쿤구니야를 알게 되었으며 그의 가족과 친구들에게 모기 퇴치제 사용을 권유한다. 다른 유럽과 미국의 당국자들은 그의 관심에 동참하였다. *A. albopictus*의 등장에 따라 난치병 치쿤구니야가 훨씬 뒤처져있는가?

1. **퇴치제 사용 이외에 사람들은 모기-전파 병원체로부터 어떻게 자신을 보호할 수 있는가?**
2. **왜 *Aedes*는 흔히 외줄모기로 알려져 있는가?**
3. **페니실린(Penicillin), 에리스로마이신(erythromycin), 시프토플록사신(ciptofloxacin) 같은 항생제가 왜 치쿤구니야의 예방과 치료에 효과적이지 않은가?**

하게 유전적으로 제어된다. 즉 동물의 유전자는 세포의 일부 종류가 더 이상 분열할 수 없게 하며, 분열할 수 있는 것은 무제한적 분열을 방지시킨다. 이 유전적 조절에서 세포 분열을 위한 유전자들이 작동을 중지하거나, 분열을 저해하는 유전자들이 작동을 시작하거나 또는 이 두 유전적 사건들의 어떤 조합이 일어난다. 그러나 만일 무엇이 유전적 제어를 뒤집으면 세포가 제어되지 않게 분열을 시작한다. 다세포성 동물에서 이런 제어되지 않는 세포 분열의 현상을 **종양 형성**[**neoplasia**[2] (nē-ō-olā´zē-ă)]이라 한다. 종양 형성을 하는 세포는 신생성 또는 종양성(neoplastic)이라 하며 신생의 세포 덩어리를 **종양(tumor)**이라 한다.

일부 종양은 **양성 종양(benign tumor)**으로 한 장소에 머물며 일반적으로 해롭지 않지만 가끔 그런 비침투성 종양이 통증을 유발하고 주위의 정상 세포의 공간과 영양분을 탈취한다. 다른 종양은 **악성 종양(malignant tumor)**으로 주위 조직에 침투하고 심지어 몸 전체를 돌아다니며 다른 기관과 조직을 침입하여 새로운 종양을 형성하는 **전이**[**metastais** (mĕ-tas´tă-sis)]를 일으킨다. 악성 종양은 **암(cancer)**이라 한다. 암은 정상 세포로부터 공간과 영양분을 탈취하고 통증을 유발하며 일부 종류의 암에서는 악성 세포가 영향 받는 조직의 기능을 교란시키고 결국 몸이 더 이상 정상적인 작용을 하지 못하고 죽게 된다.

암의 발달에서 바이러스의 역할을 설명하는데 제안된 여러 이론이 있다. 이 이론들은 세포 분열에서 적용하는 원발암유전자[*protooncogene* (prō-tō-ong´kō-jēn)]의 존재를 중심으로 삼는다. 원발암유전자가 억제되는 한 암은 나타나지 않는다. 그러나 발암유전자(oncogene, 그들이 활성화 되었을 때의 이름)의 활성 또는 발암유전자 억제자의 불활성화는 암이 발달하게 할 수 있다. 대부분의 경우 암이 발달하기 전에 여러 유전적 변화가 일어나야만 한다. 다른 말로 유전체에 "다중 타격(multiple hits)"이 일어나야만 암이 유발된다 (그림 6.16).

다양한 환경 요인이 발암유전자 억제자의 저해와 발암유전자의 활성화에 기여한다. 자외선, 방사선, 발암물질[*carcinogen* (kar-si´nō-jen)]이라는 특정 화학물질과 바이러스는 모두 암의 발달에 관련된다.

바이러스는 여러 방식으로 인간 암의 20%에서 25%를 일으킨다. 일부 바이러스는 그들 유전체의 일부로 발암유전자의 사본들을 가지며 다른 바이러스들은 숙주에 이미 존재하는 발암유전자를 촉진하고 또 다른 바이러스들은 억제자 유전자로 삽입될 때(프로바이러스로)정상적인 종양 억제를 저해한다.

일부 동물의 암을 일으키는 바이러스들은 잘 알려져 있다. 1900년대 초 바이러스학자 F. Peyton Rous (1879-1970)는 바이러스가 닭에서 암을 유도하는 것을 증명하였다. 비록 여러 DNA와 RNA 바이러스들이 인간 암의 약 15%를 일으키는 것으로 알려졌으나 바이러스와 대부분의 인간 암 간의 연관은 밝히기가 어렵다. 사람에서 바이러스가 유도하는 암 중에 버킷림프종(Burkitt's lymphoma), 호지킨병(Hodgkin's disease), 카포시 육종(Kaposi's sarcoma)과 자궁경부암(cervical cancer)이 있다. *Adenoviridae, Herpesviridae, Hepadnaviridae, Papillomaviridae*와 *Polyomaviridae* 과 내의 DNA 바이러스와 *Retroviridae* 과의 두 RNA 바이러스가 이들과 기타 인간 암을 일으킨다 (11-17장에서 DNA 바이러스와 RNA 바이러스에 의해 일어나는 질병을 소개).

[2]그리스어로 "새로운"을 뜻하는 *neo*와 "만들다"를 뜻하는 *plassein*으로부터 유래.

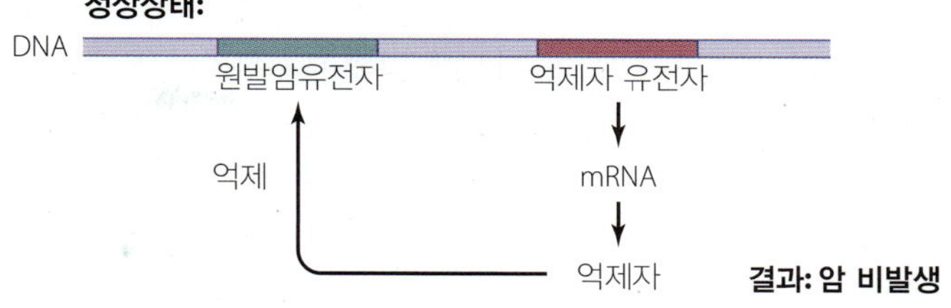

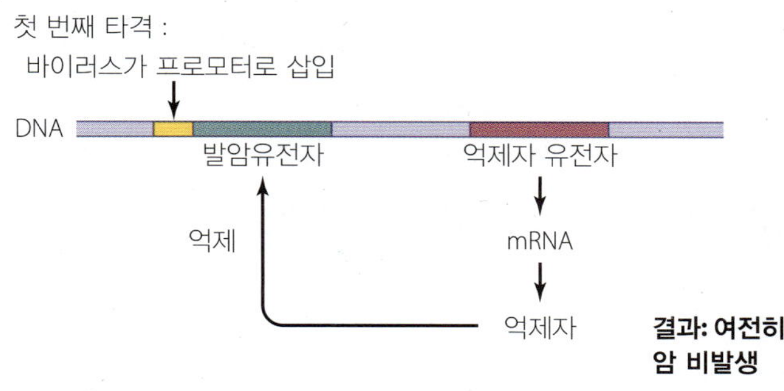

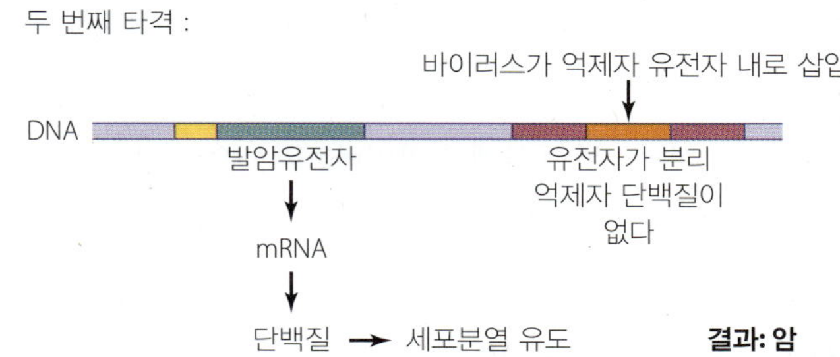

▲ **그림 6.16 인간에서 암 유도의 발암유전자 이론.** 이 이론은 바이러스(여기서 보이는)나 다양한 물리적 또는 화학적 요인에 의해 일어나는 DNA에 하나 이상의 "타격"(즉 어떤 변화나 돌연변이)이 암 유도에 요구된다는 것을 제시한다.

왜 그런가

왜 DNA 바이러스가 RNA 바이러스보다 종양을 더 잘 일으키는가?

실험실에서 바이러스의 배양

학습 | 성과

6.15 바이러스 배양에서 극복해야 할 일부 윤리적 및 현실적 어려움을 기술하라.

6.16 바이러스 배양에 사용되는 세 가지 종류의 배지를 기술하라.

과학자들은 연구 수행 및 백신 개발과 치료를 위해 바이러스를 배양해야만 하지만 바이러스가 자신에 의해 대사하거나 복제하지 못하기 때문에 그들은 표준 미생물 액체배지나 한천 평판에서 자라나지 않는다. 대신 그들은 적당한 숙주 세포 내에서 배양되어야만 하며 이것이 바이러스의 검출, 동정과 특성 파악을 복잡하게 만드는 요구 조건이 된다. 바이러스학자들은 바이러스 배양을 위해 다음의 세 가지 종류의 배지를 개발하였다: 성숙한 생물 (세균, 식물 또는 동물), 부화 (수정) 계란 및 세포배양으로 구성된 배지. 먼저 생물 내 바이러스의 배양을 소개한다.

성숙한 생물 내 바이러스의 배양

학습 | 성과

6.17 세균 내 바이러스 배양에서 용균반 시험의 사용을 설명하라.
6.18 동물에서 바이러스의 배양의 세 가지 문제점을 나열하라.

다음 절에서는 살아있는 동물에서 바이러스의 배양과 관련된 문제의 고려 이전에 바이러스 배양 배지로 세균 세포의 사용을 먼저 알아본다.

세균에서 바이러스의 배양

바이러스 복제에 대한 우리의 지식의 대부분은 일부 세균이 쉽게 자라고 유지되기 때문에 비교적 배양하기 쉬운 박테리오파아지에 대한 연구로부터 비롯되었다. 파아지는 액체 배양이나 한천 평판에서 유지되는 세균에서 자라날 수 있다. 후자의 경우 세균과 파아지를 따뜻한 (액체) 영양한천과 섞어 한천 평판의 표면에 얇은 층으로 붓는다. 배양 중 파아지에 의해 감염된 세균은 용해되고 새로운 파아지를 방출하면 이것이 근처의 세균을 감염하지만, 감염되지 않은 세균은 정상적으로 자라고 증식한다. 배양 후 평판의 모습은 고르게 자라난 세균층과 파아지가 세균을 용해한 **용균반(plaque)**이라는 투명대를 포함한다 (그림 6.17). 그런 평판은 **용균반 검사(plaque assay)**라는 방법을 통해 파아지 수의 측정을 가능하게 하는데 바이러스학자들은 각 용균반이 처음 세균과 바이러스 혼합에서의 단일 파아지에 해당된다고 가정한다.

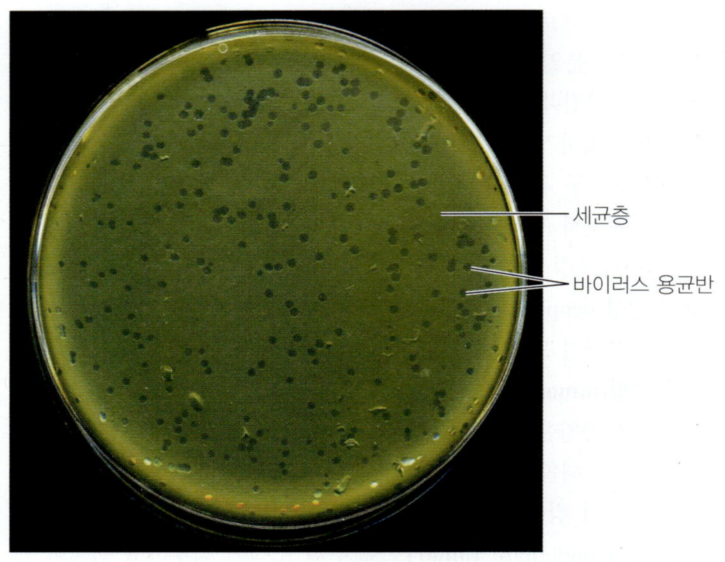

▲ **그림 6.17 한천 평판 표면상의 세균 생장의 층에서 바이러스 용균반.** *바이러스 용균반의 원인은 무엇인가?*

그림 6.17 각 용균반은 세균이 파아지 감염에 굴복한 세균층 내의 지역이다.

식물과 동물에서 바이러스의 배양

식물과 동물바이러스는 실험실 식물과 동물에서 자랄 수 있다. 바이러스의 최초 발견과 분리가 담배 식물에서 담배 모자이크 바이러스의 발견임을 상기하라. 쥐, 생쥐, 기니피그, 토끼, 돼지와 영장류가 동물바이러스의 배양과 연구에 사용된다.

그러나 실험실 동물의 유지는 어렵고 비용이 많이 들며 이 방법은 어느 정도의 윤리적인 문제를 갖는다. 사람에만 감염하는 바이러스의 배양은 추가적인 윤리적 문제를 일으킨다. 따라서 과학자들은 부화 계란이나 세포배양을 이용한 동물과 인간 바이러스 배양의 대안을 개발하였다.

부화 계란에서 바이러스의 배양

계란은 바이러스를 위한 유용한 배양 배지인데 싸고, 가장 큰 세포 중 하나이며 오염 미생물이 없고 영양분이 많은 난황 (그들을 자급자족하게 만듦)을 갖는다. 바이러스 배양에 가장 적합한 것은 수정되어 발달 중인 배를 가진 계란(embryonated egg 또는 fertilized egg)이다. 배 조직 (막이라 하는데 세포막과 혼동되어서는 안됨)은 바이러스 생장에 이상적인 접종 부위를 제공한다 (그림 6.18). 연구자들은 바이러스 시료를 부화 계란에서 특정 바이러스 복제에 가장 적합한 부위에 주입한다.

일부 바이러스에 대한 백신도 계란 배양에서 준비될 수 있다. 당신이 그런 백신을 접종 받기 전에 계란에 대해 알레르기가 있냐고 물어볼 수 있는데 백신에 오염물질로 계란 단백질이 남아있을 수 있기 때문이다.

세포 (조직) 배양에서 바이러스의 배양

학습 | 성과

6.19 배수성 세포 배양과 연속 세포 배양을 비교하고 대조하라.

바이러스는 생물로부터 분리되고 배지 표면이나 액체에서 자라난 세포로 구성된 **세포 배양(cell culture)**에서 자랄 수 있다 (그림 6.19). 그런 배양은 항생제가 오염 세균의 생장을 제한할 때 유용하

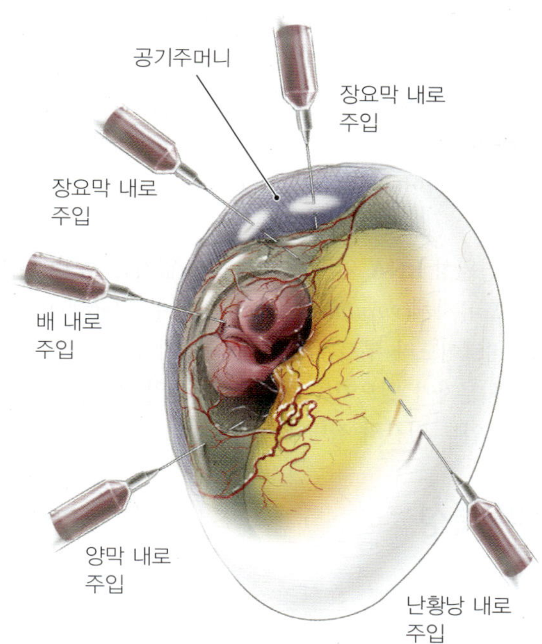

▲ **그림 6.18 부화 계란 내 바이러스 배양을 위한 접종 부위.** *왜 계란이 흔히 동물바이러스 배양에 사용되는가?*

그림 6.18 계란은 크고, 무균상이며, 자급자족하는 세포로 바이러스 복제에 적합한 여러 다른 부위를 갖는다.

다. 세포 배양은 연구용 동물, 식물이나 계란의 유지보다 저비용일 수 있으며, 동물과 사람에서 실시하는 실험과 관련된 어떤 윤리적 문제를 피할 수 있다. 세포 배양은 종종 조직 배양(*tissue culture*)라 부르지만 세포 배양이라는 용어가 보다 정확한데 배양에 오직 한 종류의 세포만이 이용되기 때문이다 (정의에 의하면 조직은 적어도 2종류의 세포로 구성).

세포 배양은 두 가지 종류가 있는데 첫 번째 종류는 **배수성 세포 배양(diploid cell culture)**으로 분리되어 적절한 생장 조건이 제공된 배아의 동물, 식물 또는 인간 세포로부터 만들어진다. 배수성 세포 배양에서 세포는 일반적으로 그들이 죽기 전에 약 100세대(세포 분열) 이상 유지되지 않는다.

두 번째 종류의 배양은 **연속 세포 배양(continuous cell culture)**으로 더 오래 지속되는데 그들이 종양 세포로부터 유래하였기 때문이다. 종양 세포의 특성이 계속해서 분열하고 새로운 세포의 중단 없는 공급을 제공한다는 점을 기억하라. 보다 유명한 연속 세포 배양의 하나는 1951년에 자궁경부암으로 죽은 *Henrietta Lacks*라는 이름의 여자로부터 유래한 HeLa 세포이다. 비록 그녀는 죽었지만 Lacks 부인의 세포는 전 세계 실험실에서 살아있다.

HeLa 세포가 그 본래 특성을 일부 잃어버린 것은 흥미롭다. 예를 들어, 그들은 더 이상 배수성이 아닌데 그들이 2개 이상의 특정 염색체를 갖고 있기 때문이다. HeLa 세포는 세포 대사, 노화와 (물론) 바이러스 감염에 대한 연구를 위한 반표준적(semistandard[3]) 인간 조직 배양 배지를 제공한다.

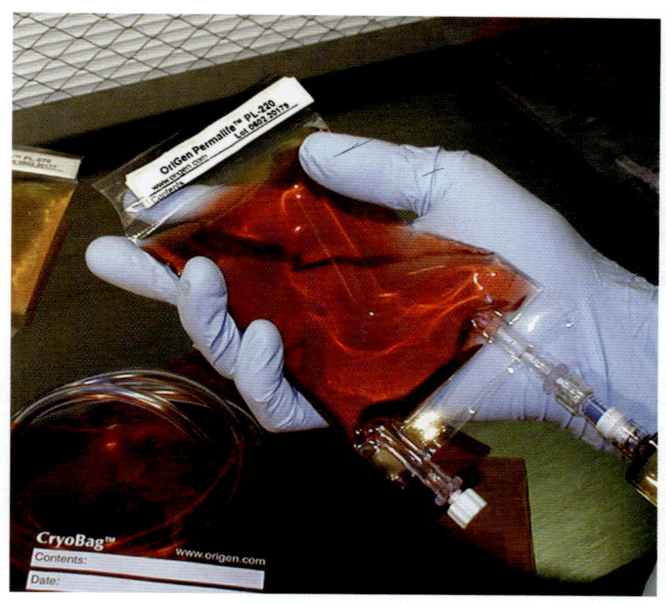

▲ **그림 6.19 세포 배양의 예.** 주머니는 바이러스가 배양될 수 있는 자라는 세포를 위한 색깔을 띤 영양배지를 함유한다.

왜 그런가

HIV는 특정 종류의 인간 세포에서만 복제되며 AIDS 연구의 한 초기 문제는 그런 세포들을 배양하는 것이었다. 왜 과학자들은 현재 HIV를 배양할 수 있는가?

바이러스는 살아있는가?

학습 | 성과

6.20 생물 같거나 무생물 같은 바이러스 복제 측면을 논의하라.

지금까지 바이러스의 특성과 복제 과정을 공부하였는데 다음의 문제를 질문하자: 바이러스가 살아있는가?

답과 씨름할 수 있기 위해 우리는 먼저 생명의 5가지 특성을 기억하자: 생장, 자가복제, 반응성과 대사능력, 모든 것이 세포라는 구조 내에 존재. 이 기준에 따르면 바이러스는 살아있는 생물의 특성이 없으며 일부 과학자들이 그들을 복잡한 병원성 물질 이상이 아니라고 간주하게 한다. 그러나 다른 과학자들에게는 바이러스가 세포를 침투하는데 정교한 방법을 이용하고, 그들의 숙주 세포를 제어하는 방법을 가지며, 자신을 복제하기 위한 정보를 함유한 유전체를 보유한다는 적어도 세 가지 관찰이 바이러스가 궁극적인 기생체라는 것을 가리키는데 그들이 더 많은 바이러스를 만드는데 세포를 이용하기 때문이다. 이 견해에 따르면 바이러스는 적어도 복잡한 살

[3]HeLa 세포는 "반표준적"인데 다른 세포주들이 다른 염색체를 잃어버리고 돌연변이가 오랫동안 일어났기 때문이다. 따라서 한 연구실 내의 HeLa 세포는 다른 연구실의 HeLa 세포와 약간 다를 수 있다.

아있는 존재이다.

어느 경우에든 바이러스는 생명의 한계에 바로 있으며 세포 밖에서 그들은 살아있는 것 같지 않지만 세포 내에서는 그 자신의 사본을 만들기 위해 요구되는 합성과 조립을 지시한다.

왜 그런가

왜 바이러스는 살아있는 것 같으면서 살아있지 않은가?

다른 기생성 입자들: 비로이드와 프리온

바이러스만 세포 내에서 장애를 일으키는 유일한 초현미경적 실체는 아니다. 이 절에서는 비로이드와 프리온이라는 세포를 감염하는 두 분자적 입자의 특성을 살펴본다.

비로이드의 특성

학습 | 성과

6.21 비로이드를 정의하고 기술하라.
6.22 비로이드와 바이러스를 비교하고 대조하라.

비로이드(viroid)는 극도로 작은 환형 RNA 조각으로 식물에 감염

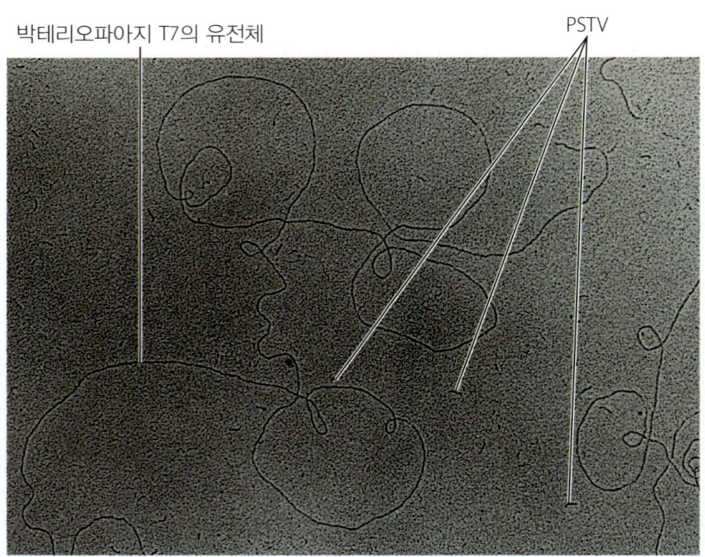

▲ **그림 6.20 작은 감자 갈쭉병 비로이드(potato spindle tuber viroid)의 RNA 가닥.** 비교를 위해 박테리오파아지 T7의 더 긴 유전체가 보인다. *그림 6.2의 세균 유전체의 크기와 이 둘을 비교하라. 어떻게 비로이드가 바이러스와 유사하거나 다른가?*

그림 6.20 비로이드는 그들이 감염성이며 단일 가닥의 RNA를 갖는 점에서는 바이러스와 유사하지만 그들은 단백질로 된 캡시드가 없는 점이 바이러스와 다르다.

하고 병원성을 나타낸다 (**그림 6.20**). 비로이드는 캡시드가 없는 것을 제외하고는 RNA 바이러스와 유사하다. 비록 그들이 환형이지만 비로이드는 분자 내에서 수소결합 때문에 선형으로 보인다. 일부의 코코야자, 국화, 감자, 오이와 아보카도를 포함한 여러 식물 질병이 비로이드에 의해 일어나는데 **그림 6.21**에서 보이는 발육 저지가 그 예이다.

감염성 병원성 RNA 입자로 캡시드가 없지만 식물에 감염하지 않는 비로이드유사체(*viroidlike agent*)는 일부 진균에 영향을 미친다 (그들은 비로이드라 부르지 않는데 식물에 감염하지 않기 때문). 비로이드유사 분자가 일으키는 동물 질병은 알려진 것이 없지만 감염성 RNA가 일부 인간의 질병에 관련될 가능성은 있다.

프리온의 특성

학습 | 성과

6.23 그 복제 과정을 포함하여 프리온을 정의하고 기술하라.
6.24 프리온과 바이러스를 비교하고 대조하라.
6.25 프리온이 일으키는 4개의 질병을 나열하라.

1982년 Stanley Prusiner (1942–)는 핵산이 없는 점에서 어떤 알려진 감염체와도 다른 단백질로 된 감염체를 기술하였다. Prusiner는 그런 질병의 감염체를 단백질성 감염 입자(*pro*teinaceous *in*fective particle)로부터 **프리온[prion** (prē´on)]이라 명명하였다. 그의 발견 이전에 지금은 프리온이 일으키는 것으로 알려진 질병들이 감염과 증상 및 증후의 개시 사이에 60년이 걸릴 수도 있기 때문에 이름 붙여진 "지연성 바이러스(slow virus)"로 알려졌던 것에 의해 일어나는 것으로 생각되었다. 실험을 통해 Prusiner와 그 동료들은 프리온이 바이러스가 아닌 것을 보였는데 그들이 어떤 핵산도 갖지 않기 때문이다.

▲ **그림 6.21 식물에 미치는 비로이드의 한 가지 영향.** 오른쪽 감자는 PSTV 비로이드로의 감염 결과로 왜소하다.

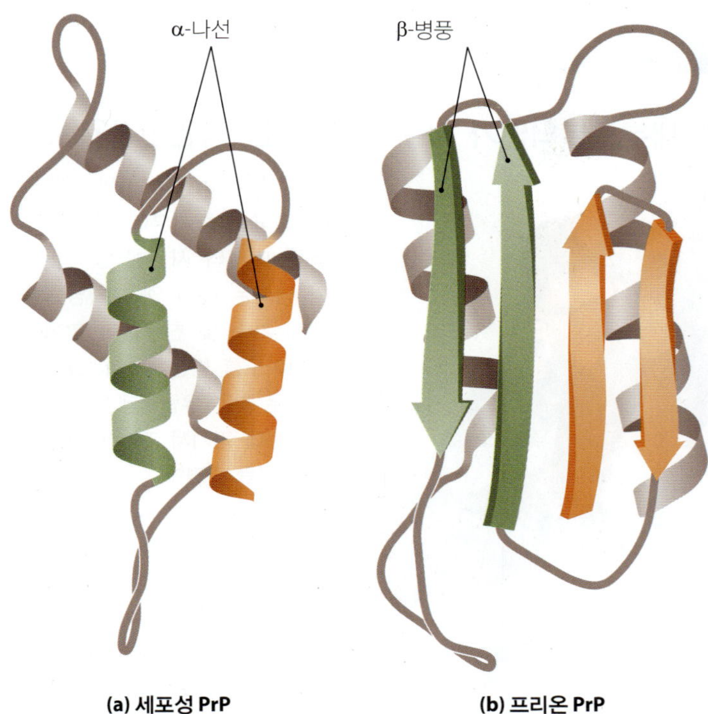

▲ **그림 6.22 두 개의 안정된 3차원 프리온 단백질(PrP)의 형태.** **(a)** 기능성 세포에 존재하는 세포성 프리온 단백질 (정상적 형태)은 알파-나선에 우세하다. **(b)** 프리온 PrP (비정상적 형태)는 동일한 아미노산 서열을 갖지만 베타-병풍이 우세한 형태로 접힌다.

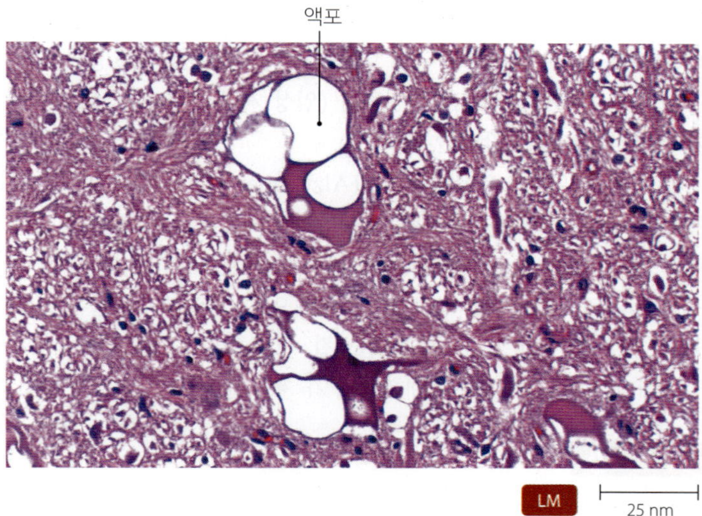

▲ **그림 6.23 프리온-유도 질병에서 전형적인 큰 액포와 스펀지 모양을 나타내는 뇌.** 여기서 보이는 것은 스크래피라는 프리온 질병을 가진 양의 뇌이다.

일부 과학자들은 프리온의 개념을 반대하였는데 어떤 핵산이 없는 입자는 단백질이 mRNA 분자로부터 번역되는 단백질 합성의 "보편적(universal)" 법칙을 위반하기 때문이다. 핵산이 없는 "감염성 단백질(infectious protein)"을 고려하면, 어떻게 그들이 자신을 복제하는데 필요한 정보를 가질 수 있는가?

모든 포유류는 *PrP*라는 세포막 단백질을 만든다. PrP는 지질 뗏목에 고착되어 뇌의 정상적 활성에서 역할을 하지만 PrP의 정확한 작용은 알려져 있지 않다. PrP의 아미노산 서열은 단백질이 두 개의 안정된 3차구조로 접힐 수 있게 한다. 세포성 PrP (*cellular PrP*)의 정상적인 기능성 구조는 여러 우세한 α-나선을 갖지만 질병-유발 형태인 프리온 PrP는 β-병풍이 우점한다 **(그림 6.22)**.

과학자들은 프리온 PrP가 10대 모임에서 나쁜 우두머리처럼 작용하여 정상적인 세포성 PrP 분자를 프리온 PrP 분자로 다시 접히게 하여 덩어리를 만들게 하는 것을 알아냈다. 뇌 전체로 프리온 PrP의 덩어리가 전파됨에 따라 뉴런은 정상적인 작용을 중지하고 결국 죽어 구멍과 스펀지 모양을 남긴다 **(그림 6.23)**. 이 특징 때문에 임상의들은 뇌의 프리온 질병을 해면상뇌증[*spongiform encephalopathy* (spŭn´ji-fōrm en-sef˘ă-lop´ă-thē)]이라 한다.

모든 포유류가 PrP를 갖는다면 왜 모든 포유류에서 프리온이 발달하지 않는가? 정상적인 환경에서 지질 뗏목 내의 다른 근처의 단백질과 다당류가 PrP를 정확한 (세포성) 모양을 하게 하는 것처럼 보인다. PrP 유전자의 돌연변이는 프리온 PrP의 초기 형성을 가져올 수 있으나 인간의 세포성 PrP는 만일 그것이 129번째 아미노산으로 메티오닌을 가질 때에만 잘못 접히게 된다. 인간의 약 40%는 이 종류의 PrP를 가지기 때문에 프리온 질병에 민감하다.

프리온은 소 해면상뇌증(*bovine spongiform encephalitis, BSE*, 소위 광우병), 양의 스크래피(scrapie), 쿠루병(*kuru*, 사라진 인간 질병), 사슴과 엘크의 만성소모성질병(*chronic wasting disease, CWD*)과 인간의 변종 크로이츠펠트-야콥병(*variant Creutzfeldt-Jakob disease*[4], *vCJD*)를 포함한 여러 질병과 관련된다. 감염된 조직의 섭취, 감염된 조직의 이식이나 감염된 조직과 점막 또는 피부 상처 간의 접촉이 이 질병을 옮긴다.

정상적인 조리나 멸균 과정은 프리온을 파괴하지 못하지만 그들은 연소나 농축된 수산화나트륨에서 고압멸균에 의해 파괴된다. 유럽연합은 최근 의료기기로부터 프리온을 제거하는데 생명공학을 이용하여 개발된 효소의 사용을 승인하였다.

어떤 프리온 질병을 위한 치료법도 없지만, 항말라리아 약물인 퀴나크린(quinacrine)과 항정신병 약물인 클로르프로마진(chlorpromazine)이 생쥐에서 프리온 질병을 방지하며 이 약물의 인간에 대한 임상시험이 진행 중이다.

다른 종의 PrP 단백질은 다르며, 한 때 프리온이 종간을 뛰어넘을 수 없다고 생각되었으나 1980년대 말 영국에서 BSE 유행병은 감염된 소고기를 먹은 인간에게 프리온이 전파된 결과였다. 감염

[4]그것이 소의 BSE 프리온으로부터 유래했기 때문에 "변종"이며 정상적인 형태의 CJD는 유전적 질병이다.

을 방지하기 위해 대부분의 국가는 동물 사료에 동물-유래 단백질의 사용을 금지한다. 불행히도 이 단계는 너무 늦어 175명 이상의 유럽인이 치명적인 vCJD에 걸렸다 (**임상 사례연구: 내부로부터인가 아무 것도 없는 감염인가?** 참조).

다른 프리온이 알츠하이머병(Alzheimer's disease), 파킨슨병(Parkinson's disease), 헌팅턴 무도병(Huntington's disease)과 근위축성 측삭경화증(amyotrophic lateral sclerosis, ALS) 같은 다른 신경성 질환의 뒤에 있을 수 있다. 추가적으로 일부 과학자들은 프리온이 일부 암과 II형 당뇨병을 일으킬 수도 있다고 생각한다. 이런 질병에서 프리온의 역할에 대한 연구가 계속된다.

왜 그런가

왜 과학자들은 처음에 감염성 단백질이라는 의견에 반대하였는가?

이 장에서는 인간, 동물, 식물, 진균, 세균과 고균이 바이러스, 비로이드와 프리온의 비세포성 병원체에 의한 감염에 민감한 것을 보았다. **표 6.5**는 이 병원체들과 세균성 병원체 사이의 차이와 유사성을 요약하였다.

임상 사례연구

내부로부터인가 아무 것도 없는 감염인가?

32세의 두 어린 아이의 아빠는 미국의 중서부에 살았다. 어릴 때부터 사냥을 좋아한 이 남자는 매년 엘크 사냥을 위해 가족 및 친구들과 함께 콜로라도를 방문하였다. 그의 직업은 잦은 유럽여행을 요구하였는데 거기서 그는 이국적인 음식을 즐겼다.

그에게 문제가 생기기 시작한 것이 1998년부터라고 그의 아내는 기억하였다. 자주 가게에서 물건 사는 것을 깜박아였다. 심지어 아내가 자신에게 전화했었다는 사실도 잊곤 하였다. 그해 후반에 그는 직장에서 서류 작성을 완성하지 못하였으며 심지어 기초적인 수학에도 어려움을 느꼈다. 일 때문에 온 영국에서 그는 미국의 집 전화번호를 잊어버렸으며 전화번호 안내를 위해 그의 이름을 어떻게 쓰는 지도 기억하지 못하였다.

9월에 되어 그의 아내는 그가 병원에 가야 한다고 주장하였다. 모든 표준 혈액검사는 정상이었으며 임상심리학자는 우울증을 진단하였지만 뇌 스캔을 통해 해면상 변화를 알아낸다. 그는 생명이 6주 남은 것으로 진단되었는데 이 병에 치료법이 없기 때문이었다.

1. 어떤 진단일 것인가?
2. 남자의 아내는 "우리에게 남편으로부터 이 병이 전염될 수 있는가? 궁금하였다. 당신은 어떻게 대답하겠는가?
3. 이 남자가 어디서 어떻게 감염되었겠는가?

표 6.5 바이러스, 비로이드와 프리온의 세균 세포와의 비교

	세균	바이러스	비로이드	프리온
폭	200–2000 nm	10–400 nm	2 nm	5 nm
길이	200–550,000 nm	20–800 nm	40–130 nm	5 nm
핵산?	DNA와 RNA 모두	DNA 또는 RNA 한 가지만	RNA만	없음
단백질?	존재	존재	없음	없음 (PrP)
세포성?	예	아니오	아니오	아니오
세포막?	존재	없음 (일부 바이러스에서는 막성 피막을 가짐)	없음	없음
기능성 리보솜?	존재	없음	없음	없음
생장?	존재	없음	없음	없음
자가복제?	예	아니오	아니오	예; 이미 세포에 존재하는 PrP 단백질을 전환
반응성?	존재	일부 박테리오파아지가 그들의 유전체 주입에 의해 숙주 세포에 반응	없음	없음
대사?	존재	없음	없음	없음

임상 미생물 후속내용

밀림에서의 발생

유행병 발생을 정부가 알게 되면서 의료진이 재빨리 움직인다. 마을까지는 걸어서만 갈 수 있기에, 의료진은 의료용품을 등에 지고 갔다. 그들이 도착했을 때 마을 사람들의 반이 앓고 있었으며 Nicia의 엄마와 이모를 포함한 많은 사람들이 죽었다.

의료진은 보호장비를 입고 혈액 시료를 채취하고 병원체 검사를 하였다. 그들은 또한 가장 큰 건물에 임시병원을 차렸다. 병이 분명히 전염되기 때문에 증상을 보이는 모든 사람들이 "병원"에 격리되었다.

검사 결과 이 병은 RNA 바이러스가 일으키는 에볼라 출혈열로 밝혀졌다. 인간은 감염된 동물의 체액과의 접촉을 통해 에볼라 바이러스로 감염된다. 분명히 이 바이러스는 Nicia의 손가락의 상처를 통해 그녀 몸에 들어왔다. 그녀의 가족들이 그녀의 장례를 준비할 때 감염되었으며 옆에서 돕던 친구들도 이 바이러스에 감염되었다.

의료진이 이 발병을 제어할 때까지 마을사람들의 75%가 죽었다. 놀랍게도 Odette는 생존자 중의 하나였다. 의료진은 마을사람들에게 죽은 가족들의 매장과 동물의 생고기 관리를 위한 안전지침을 가르쳤다.

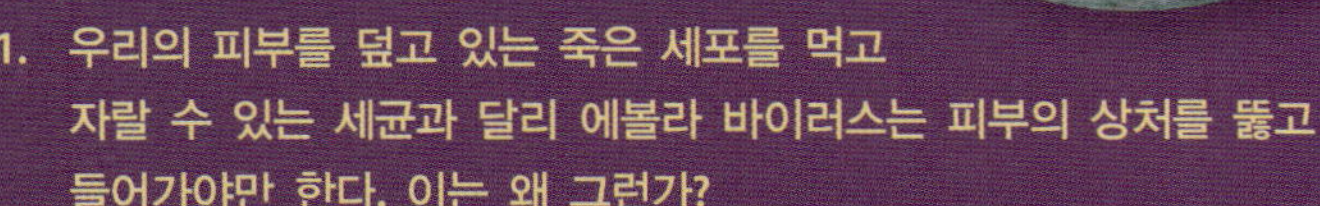

1. 우리의 피부를 덮고 있는 죽은 세포를 먹고 자랄 수 있는 세균과 달리 에볼라 바이러스는 피부의 상처를 뚫고 들어가야만 한다. 이는 왜 그런가?
2. Nicia는 혈관에 충격적인 손상으로부터의 출혈을 경험하였다. 에볼라 바이러스의 복제가 어떻게 혈관벽의 세포의 죽음에 기여하는가?

보이지 않는 것의 탐구: 바이러스 복제의 용균성 주기

이 QR 코드를 당신의 스마트폰으로 검색하여 Bauman 박사의 비디오 가정교사로 계속 공부하라.

단원요약

1. 바이러스, 비로이드와 프리온은 **비세포성** 질병-유발체로 세포 구조가 없으며 대사, 생장, 자가복제나 그들의 환경에 반응을 할 수 없다.

바이러스의 특성 (156–161쪽)

1. **바이러스**는 작은 감염체로 **캡시드**라는 외피를 형성하는 단백질성 **캡소머**로 둘러싸인 핵산을 갖는다. 바이러스는 세포외 상태와 세포내 상태로 존재한다. **비리온**은 핵산과 캡시드를 포함한 세포 밖의 완전한 바이러스 입자이다.
2. 바이러스의 유전체는 DNA 또는 RNA이다. 바이러스 유전체는 dsDNA, ssDNA, dsRNA 또는 ssRNA일 수 있다. 그들은 바이러스 종류에 따라 선형 또는 환형 그리고 하나 또는 여러 핵산 분자로 존재한다.
3. **박테리오파아지** (또는 **파아지**)는 세균 세포에 감염하는 바이러스이다.
4. 비리온은 막으로 된 **피막**을 갖거나 피막이 없는 나출형일 수 있다.

바이러스의 분류 (162쪽)

1. 바이러스는 핵산의 종류, 피막의 존재, 모양과 크기에 기초하여 분류된다.
2. International Committee on Taxonomy of Viruses (ICTV)는 바이러스 과와 속의 이름을 인정하였다. 세 개의 목을 제외하고 그 상위 분류군은 정립되지 않았다.

바이러스 복제 (162–172쪽)

1. 바이러스는 복제를 위해 특별한 숙주 세포 종류와의 임의적 접촉에 의존한다. 전형적으로 세포 내에서 바이러스는 **접촉**, **침투**, **합성**, **조립**과 **방출**의 다섯 단계로 된 **용균성 복제 주기**를 진행한다.
2. 일단 비리온과 숙주 세포 간에 접촉이 이루어지면 핵산이 세포로 들어간다. 파아지에서는 핵산만이 숙주 세포로 들어가며 동물바이러스에서는 흔히 전체 비리온이 세포로 들어가 캡시드가 **탈외투**라는 과정에서 제거된다.
3. 숙주 세포 내에서 바이러스 핵산은 숙주 세포의 대사효소와

리보솜을 이용하여 더 많은 바이러스의 합성을 지시한다.

4. 합성된 비리온의 조립은 숙주 세포 내에서 일어나는데 전형적으로 캡소머가 복제되거나 전사된 핵산을 둘러싸 새로운 비리온을 형성한다.
5. 비리온은 숙주 세포의 용해 (파아지와 동물바이러스에서 보임) 또는 특정 동물 바이러스에서만 나타나는 과정으로 숙주의 세포막을 통과하는 피막형 비리온의 분출 (**출아법**)에 의해 숙주세포로부터 방출된다. 만일 출아가 오랫동안 계속되면 그 감염이 지속감염이 된다. 피막은 세포막으로부터 유래한다.
6. **잠재성 파아지** (용원성 파아지)는 세균 세포에 들어와 **용원성** 또는 **용원성 복제 주기**라는 과정에서 불활성 상태로 남아있다. 그런 불활성 파아지를 **프로파아지**라 하며 세포의 염색체로 삽입되어 그 딸세포로 전달된다. **용원성 전환**은 세균의 표현형을 변화시키는유전자를 파아지가 운반할 때 일어난다. 그 후 세대의 어떤 점에서 프로파아지가 **유도**라고 알려진 과정에서 염색체로부터 떨어진다. 그 때부터 프로파아지는 다시 용균성 바이러스가 된다.
7. 용원성과 유사한 과정인 **잠복**에서 동물바이러스는 세포에서 수년까지도 염색체의 일부 또는 세포질에서 불활성 상태로 남아있다. **잠복성** 바이러스는 또한 **프로바이러스**로도 알려져 있다. 숙주의 염색체 내로 들어간 프로바이러스는 그곳에 남아 있다.
8. B형 간염 바이러스를 제외하고 dsDNA 바이러스는 전사와 복제에서 세포 DNA처럼 행동한다.
9. 일부 ssRNA 바이러스는 리보솜에 의해 직접 번역되어 단백질을 합성할 수 있는 **양성-가닥 RNA (+RNA)**를 갖는다. +RNA로부터 상보적 **음성-가닥 RNA (−RNA)**가 전사되어 보다 많은 +RNA를 위한 주형으로 작용한다.
10. HIV같은 **레트로바이러스**는 RNA로부터 DNA를 전사하는 역전자효소를 갖는 +ssRNA 바이러스이다. 이 역과정 (RNA로부터 DNA가 전사되는)은 레트로바이러스의 이름에 반영되어 있다.
11. −ssRNA 바이러스는 −RNA 유전체로부터 mRNA를 전사하여 단백질이 번역될 수 있는 RNA-의존 RNA 전사효소를 가진다. RNA로부터 RNA의 전사는 세포에는 존재하지 않는다.
12. dsRNA 바이러스에서 RNA의 한 가닥은 유전체로 작용하고 다른 가닥은 RNA 복제를위한 주형으로 작용한다.

암에서 바이러스의 역할 (172–173쪽)

1. **종양 형성**은 다세포성 동물에서 제어되지 않는 세포 증식이다. 신생 세포의 덩어리는 **종양**이라 하는데 비교적 해가 없거나 (**양성 종양**) 침투성 (**악성 종양**)일 수 있다. 악성 종양은 또한 **암**이라 한다. **전이**는 악성 종양의 전파를 의미한다. 환경요인이나 발암성바이러스도 종양 형성을 일으킬 수 있다.

실험실에서 바이러스의 배양 (173–175쪽)

1. 실험실에서 바이러스는 성숙한 생물 내부, 부화 계란 또는 세포 배양 내에서배양되어야만 하는데 바이러스가 혼자서 대사하거나 복제하지 못하기 때문이다.
2. 세균과 파아지의 혼합물이 한천 평판 상에서 자랄 때 파아지로 감염된 세균이 용해되어 세균층 위에 **용균반**이라는 투명대를 형성한다. **용균반 검사**라는 기술은 파아지 수의 측정을 가능하게 한다.
3. 바이러스는 두 가지 종류의 **세포 배양**에서 자랄 수 있다. **배수성 세포 배양**이 약 100세대를 지속하는데 반해 암 세포에서 비롯된 **연속 세포 배양**은 더 길게 지속된다.

바이러스가 살아있는가? (175–176쪽)

1. 세포 밖에서 바이러스는 살아있는 것 같지 않지만 세포 내에서 그들은 자신을 복제하는 능력 같은 생물 같은 능력을 나타낸다.

기타 기생성 입자들: 비로이드와 프리온 (176–178쪽)

1. **비로이드**는 캡시드가 없는 작은 환형의 RNA 조각으로 식물에 감염하여 질병을일으킨다. 유사한 병원성 RNA 분자가 진균에서 발견되었다.
2. **프리온**은 핵산이 없는 감염성 단백질 입자로 유사한 정상적인 단백질을 새로운 프리온으로 전환시킨다. 프리온이 일으키는 질병은 치명적인 신경 퇴화를 포함하는 해면상 뇌증이 있다.

복습문제

복습문제에 대한 답 (단답형 문제 제외)은 A–1에 있다.

선다형

1. 다음 중 어느 것이 비세포성 존재가 아닌가?
   a. 비로이드
   b. 바이러스
   c. 리케차
   d. 프리온

2. 다음 어느 설명이 맞는 것인가?
   a. 바이러스는 그들의 숙주 세포 쪽으로 이동한다.
   b. 바이러스는 대사를 할 수 있다.
   c. 바이러스는 세포막이 없다.
   d. 바이러스는 그들의 환경조건에 반응하여 자란다.
3. 세균 숙주에 특이적인 바이러스를 ________________ (이)라 한다.
   a. 파아지
   b. 프리온
   c. 비리온
   d. 비로이드
4. 나출형 바이러스는 ________________.
   a. 막으로 된 외피를 갖지 않는다
   b. 그 DNA나 RNA를 숙주 세포 내로 주입한다
   c. 캡소머가 없다
   d. 숙주 세포에 부착하지 않는 것이다
5. 다음 어느 설명이 잘못된 것인가?
   a. 바이러스는 환형 DNA를 가질 수 있다.
   b. dsRNA는 바이러스보다 세균에서 더 흔하게 발견된다.
   c. 바이러스 DNA는 선형일 수 있다.
   d. 전형적으로 바이러스는 DNA나 RNA를 갖지만 두 가지 모두를 갖지는 않는다.
6. 진핵세포가 피막형 바이러스로 감염되어 바이러스를 장시간에 걸쳐 방출할 때 이 감염은 ________________ 이다.
   a. 용균성 감염
   b. 프로파아지 주기
   c. 지속 감염
   d. 휴면 바이러스에 의한 감염
7. 완전한 바이러스를 위한 또 다른 이름은 ________________ 이다.
   a. 비리온
   b. 비로이드
   c. 프리온
   d. 캡시드
8. 다음 어느 바이러스가 잠복성인가?
   a. HIV
   b. 수두 바이러스
   c. 포진 바이러스
   d. 위 모두
9. 다음 어느 것이 바이러스의 특정 과 분류를 위한 기준이 아닌가?
   a. 존재하는 핵산의 종류
   b. 피막 구조
   c. 캡시드 종류
   d. 지질 조성
10. 세균층에서 파아지 감염의 투명대는 ________________ 이다.
    a. 프로바아지
    b. 용균반
    c. 나출형
    d. 저해대

연결형

우측의 용어에 맞는 설명을 좌측에서 선택하라.

1.	____ 탈외투	A. 진핵세포 내의 휴면 바이러스
2.	____ 프로파아지	B. 세균에 감염하는 바이러스
3.	____ 레트로바이러스	C. RNA로부터 DNA를 전사
4.	____ 박테리오파아지	D. 바이러스의 단백질 외투
5.	____ 캡시드	E. 바이러스 외부의 막
6.	____ 피막	F. 완전한 바이러스 입자
7.	____ 비리온	G. 세균 세포 내의 불활성 바이러스
8.	____ 프로바이러스	H. 비리온에서 캡소머의 제거
9.	____ 양성 종양	I. 침투성 종양 세포
10.	____ 암	J. 무해한 종양 세포

시각화하기!

1. 박테리오파아지 복제 주기의 각 단계를 기입하라.

2. 바이러스 캡시드 모양을 기입하라.

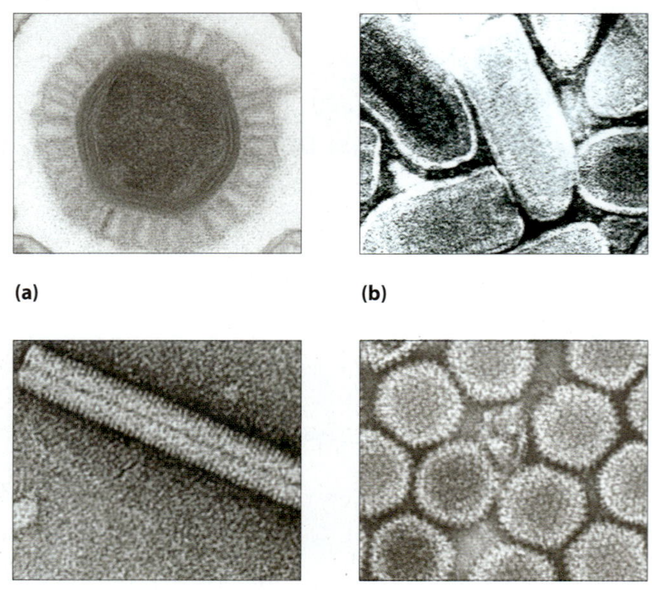

(a) (b) (c) (d)

단답형

1. 다음의 각 구조에 대해 "존재"나 "부재"를 기입하여 세균과 바이러스를 비교하고 대조하라.

구조	세균	바이러스
세포막		
기능성 리보솜		
세포질		
핵산		
핵막		

2. 일반화된 용균성 복제 주기의 다섯 단계를 기술하라.
3. 바이러스 감염 치료가 왜 어려운가?
4. 바이러스 핵산이 숙주 세포로 들어갈 수 있는 4가지 다른 방식을 기술하라.
5. 숙주 세포로부터 비리온의 방출 방법으로 용해와 출아법을 대조하라.
6. 비리온과 바이러스 입자 간의 차이는 무엇인가?
7. 프로바이러스가 어떻게 프로파아지와 유사한가? 그것은 어떻게 다른가?
8. 용원성을 기술하라.
9. 바이러스가 그들의 숙주 세포에 어떻게 특이적인가?
10. 배수성 세포 배양과 연속 세포 배양을 비교하고 대조하라.

비판적 사고

1. 큰 바이러스는 보통 이중-가닥 유전체를 갖지만 작은 바이러스는 전형적으로 단일-가닥 유전체를 갖는다. 이 관찰에 대해 당신은 어떤 타당한 설명을 할 수 있는가?
2. 박테리오파아지의 용균성과 용원성 복제 전략의 장점과 단점은 각각 무엇인가?
3. 컴퓨터 바이러스가 어떻게 생물학적 바이러스와 유사한가? 컴퓨터 바이러스가 살아있는가? 왜 그런가 또는 왜 그렇지 않은가?
4. 프로파아지의 용원성과 프로바이러스의 잠복을 비교하고 대조하라.
5. 농업미생물학자는 작물의 바이러스 감염 전파의 중지를 원한다.

개념도 작성

다음 용어를 사용하여 동물바이러스의 복제를 묘사하는 개념도를 작성하라.

+ssRNA	**+ssRNA 레트로바이러스**	**−ssRNA**	**조립**
부착	**출아법**	**직접 침투**	**dsRNA**
dsRNA	**세포내 섭취**	**침투**	**세포외 유출**
융합	**숙주 세포**	**용해**	**새로운 비리온**
방출	**ssDNA**	**합성**	**바이러스 유전체**
탈외투	**바이러스 핵산**	**바이러스 단백질**	

7 감염, 감염성 질환 및 역학

임상 미생물 항생제: 친구일까 적 일까?

Nancy는 매일 3 마일을 걷고 일주일에 3번 수중 에어로빅을 즐기는 활동적인 66세의 여성이다. 그녀는 비강염에 걸리자, 자연스럽게 감염을 방치하지 않고, 바로 의사를 찾아가 항생제 처방을 받고 복용하기 시작하였다.

몇 주가 지난 후, 비강염은 사라졌지만, 소변을 더욱 자주 보게 되었다는 것을 알게 되었다. 또한 소변을 보는 동안 타는 듯한 느낌과 허리통증이 생겼다. Nancy는 방광염의 일반적인 증상임을 느꼈고 본인이 좋아하는 민간처방인 크렌베리 주스를 많이 마셨다. 사실 66세까지 그녀의 건강한 이유가 문제가 있을 때마다 의사를 찾아갔기 때문만은 아니었다.

그런데 그녀의 증상은 더욱 악화되었다. 통증은 허리 아래쪽으로 퍼졌고, 열이 나기 시작하였으며, 너무 약해져 침대에서 겨우 일어나 나올 수 있을 정도였다. 그리고는 붉은 소변을 보기 시작하였고, 거기에는 고름처럼 보이는 것도 있었다. 놀란 Nancy는 조카인 Maya에게 전화하였다. Maya는 간호학과 학생이었다. Maya는 급히 이모에게 달려가 간단히 살펴보고는 바로 911로 전화하였다. Maya는 Nancy와 함께 응급실로 향하고 있었다.

무엇이 Nancy를 이렇게 아프게 했을까? 왜 그녀의 소변은 붉었을까? 이 장의 끝부분 (212쪽)에서 그 이유를 알 수 있다.

이 장에서는 어떻게 미생물이 우리 신체에 영향을 주는지 알아보겠다. 우선 명심할 것은 미생물은 인간에게 해를 끼치지도 도움을 주지도 않으며 단지 자신들의 삶을 살아갈 뿐이라는 것이다. 상대적으로 아주 적은 종류의 미생물만이 우리에게 직접적으로 이익을 주거나 해를 줄 뿐이다.

우선 미생물이 숙주와 가질 수 있는 일반적인 상호관계에 대해서 조사해 보자. 그 후에 인간의 감염성 질환의 원인들과 어떻게 미생물이 숙주에 침입하여 부착되는지, 어떻게 미생물이 숙주를 떠나 새로운 숙주에 들어갈 준비를 하는지에 대하여 토론하도록 한다. 다음으로, 감염성 질환이 숙주들 사이에 확산되는 경로에 대하여 조사한다. 마지막으로 인간 집단 내에서 질병이 생겨나고 퍼지는 것에 대해 연구하는 학문인 역학(*epidemiology*)과 사회에서 병원체가 퍼져나가는 것을 억제하는 방법에 대하여 생각해 보도록 한다.

미생물과 숙주간의 공생관계

공생(symbiosis) (sim-bī-o´-sis)이란 "함께 살아간다"는 뜻이다. 우리가 모르고 있지만, 우리 개개인은 수많은 미생물과 공생관계를 가지고 있다. 우리 몸속의 10조 이상의 세포들은 100조 이상의 세균과 곰팡이, 훨씬 더 많은 바이러스에게 살아갈 공간을 제공하고 있다. 이러한 미생물과 숙주사이의 다양한 관계의 종류에 대해 알아보면서 이 부분을 시작하도록 하자.

공생의 종류

학습 | 성과

7.1 공생의 종류를 구분하고, 숙주에 가장 유용한 것부터 가장 해로운 순으로 그 종류를 나열하라.

7.2 다음의 용어, 즉 기생충, 숙주, 병원체 사이의 상호관계에 대해서 서술하라.

생물학자들은 공생관계를 두 종류의 생물체들이 서로 이익을 주는 관계에서 점차로 다른 구성생명체에게 해를 주며 살아가는 되는 상황으로 전환되어가는 과정으로 보고 있다. 이제부터 상리공생, 편리공생, 기생의 3가지 상황에 관해서 알아보자.

상리공생

상리공생(mutualism) (mŭ´tŭ-ăl-izm)은 두 생물체가 서로 혜택을 보는 관계이다. 예를 들면, 당신의 장에 존재하는 세균은 따뜻하고 습기가 적절하고 영양분이 많아서 잘 살 수 있는 환경을 제공받는 대신에, 당신은 세균이 분비하는 비타민 전구체나 다른 영양분을 흡수하게 된다. 이 예에서 보는 이런 관계는 미생물과 인간 모두에 도움을 주는 것이지만 서로 반드시 요구되는 것은 아니다. 세균은 다른 곳에서도 살 수 있고 여러분도 음식을 통해서 비타민을 섭취할 수 있기 때문이다.

▲ **그림 7.1 상리공생.** *Reticulitermes* 속의 나무를 먹는 흰개미는 나무의 셀룰로오스를 소화할 수 없으나 원생동물 *Trichonympha*는 이 곤충의 내장에서 살면서 세균의 도움을 받아 셀룰로오스를 소화할 수 있다 이 3가지 생물들은 흰개미의 생활에 매우 중요한 상리공생관계를 유지하고 있다. *이러한 상리공생적 관계에서 각각의 공생체는 어떤 이익을 얻게 되는가?*

그림 7.1 흰개미는 원생동물로부터 소화된 셀룰로오스를 얻으며, 원생동물은 소화될 나무의 펄프를 계속적으로 공급받고, 세균 또한 음식물을 제공받는다.

어떤 상리공생관계에서는 서로에게 없어서는 안되는 중요한 혜택을 주고받는다. 예를 들어, 흰개미의 경우 자기의 능력만으로는 나무에 있는 셀룰로오스를 분해할 수 없어, 흰개미의 창자에 존재하는 나무를 소화할 수 있는 원생동물과 세균과의 상리공생관계가 없다면 살아갈 수 없을 것이다 **(그림 7.1)**. 흰개미는 나무펄프와 공간을 원생동물에게 제공하고 원생동물은 흰개미의 장에서 원생동물에 의존해 사는 세균으로부터 분비된 효소를 이용하여 나무를 분해한다. 미생물들은 이렇게 분해된 영양물질을 흰개미와 서로 공유한다. 418쪽 **유익한 미생물: 생물테러리스트인 벌레** 부분에 다른 상리관계의 예가 설명되어 있다.

편리공생

편리공생(commensalism) (kō-men´săl-izm)은 두 번째 공생관계의 예인데, 공생관계에 있는 한쪽의 생물체가 다른 생물체에게 큰 영향을 주지 않으면서 자신은 이익을 취하는 관계를 말한다. 예를 들어, *Staphylococcus epidermidis* (staf´i-lō-kok´us ep-i-der-mid´is)란 미생물은 인간의 피부에 살고 있으나 인간에게 큰 피해를 주지 않는다. 그러나 숙주도 우리가 관찰할 수 있는 어떤 이익을 얻을 수 없기 때문에 완벽한 편리공생 관계를 증명하기는 어렵다. 위의 예에서 *Staphylococcus*는 다른 병원균이 피부에 군락을 이루며 사는 것을 억제할 수 있다.

기생

의료관련종사자들에게 가장 문제가 되는 것은 세 번째 공생관계

표 7.1 3종류의 공생관계

	생물체 1	생물체 2	예
상리공생	이익	이익	사람의 장내 세균
편리공생	이익	이익도 손해도 아님	피부의 *Staphylococcus epidermidis*
기생	이익	손해	사람 폐의 결핵균

인 **기생(parasitism)** (par´ă-si-tizm)[1]이다. **기생체(parasite)**는 **숙주(host)**로부터 이익을 취하면서 숙주에게 해를 준다. 물론, 종류에 따라 가벼운 해만 주는 경우도 있다. 가장 심한 경우는 기생체가 자신의 공간을 파괴하는 과정에서 숙주를 죽이는 경우도 있다. 이런 행위는 기생체에게도 도움이 되지 않는다. 따라서 숙주가 살아가도록 하는 기생체가 널리 퍼질 가능성이 높다. 마찬가지로, 기생체에게 잘 견디는 숙주가 기생체를 더욱 증식하게 할 것이다. 이런 관계는 시간이 지남에 따라 편리공생이나 상리공생관계로 공진화(*co-evolution*)란 결과를 낳을 것이다. 병을 일으키는 기생체를 **병원체(pathogen)** (path´ō-jen)라고 한다.

다양한 원생동물, 곰팡이, 세균들은 미시적인 인간의 기생체들이다. 크기가 큰 기생체는 기생충과 진드기류, 벼룩, 모기, 흡혈파리 등의 무는 벌레들[2]이다.

반드시 알아야 할 것은 기생관계의 미생물들은 상리관계 또는 다른 관계를 유지할 수 있는데, 다시 말해서, 생물체들 사이의 관계는 시간이 지남에 따라 변한다는 것이다. **표 7.1**에 3가지 공생관계를 요약하였다.

숙주의 정상 미생물총

학습 | **성과**

7.3 거주하는 그리고 일시적으로 존재하는 정상 미생물총에 대해 서술하라.

비록 우리 몸의 많은 부분이 무균(*anexic*) (ā-zen´ik)[3] 상태이지만, 우리 몸의 많은 부분에는 수백만의 상리공생과 편리공생 생물체들이 존재한다. 예를 들어, 여러분의 피부의 1센티 면적당 3백만 이상의 세균이 서식하고 있으며 당신의 대장에는 당신이 가지고 있

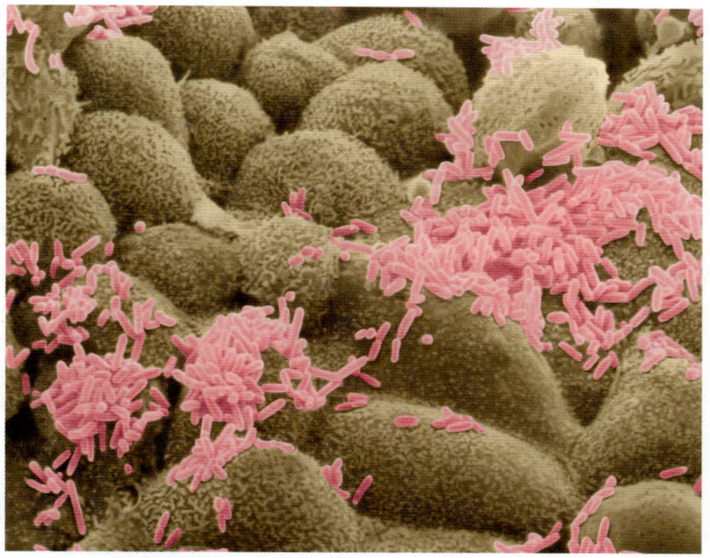

SEM 10 μm

▲ **그림 7.2 정상 미생물총의 예.** 세균 (분홍색)들이 사람의 비강에 군락을 이루고 있다.

는 모든 세포보다도 몇 배나 많은 세균들이 400에서 1,000종 가까이 존재하고 있다. 이렇게 정상적으로는 병을 일으키지 않으며 신체의 표피에서 군집을 이루고 사는 미생물들이 우리 몸의 **정상 미생물총(normal microbiota)**을 구성하고 있는데 **(그림 7.2)**, 다른 말로는 정상 미생물상(*normal flora*)[4] 또는 토착 미생물총(*indigenous microbiota*)이라고 한다. 정상 미생물총은 두 종류로 구성되어있는데, 거주 미생물총과 일시적으로 존재하는 미생물총이다.

거주 미생물총

거주 미생물총(*resident microbiota*)은 평생 동안 우리 몸에서 정상 미생물총의 일부로 존재하게 된다. 이들은 피부와 소화계, 상기도, 요도하부(distal[5] portion of urethra[6]), 질 등의 점액막에서 발견된다. **표 7.2**에 이들의 환경을 도식화하였고, 그곳에 살고 있는 거주 세균, 곰팡이, 원생동물들의 종류를 나열하였다. 거주 미생물총은 대부분 편리공생, 즉 해를 끼치지 않고 분비된 세포유래 물질과 죽은 세포들을 먹고 산다.

일시적 미생물총

일시적 미생물총(*transient microbiota*)은 몇 시간, 며칠, 또는 몇 달 정도 우리 몸에 존재하다가 사라진다. 대체로 거주 미생물총이 살고 있는 동일한 곳에서 발견되지만, 다른 미생물과의 경쟁, 우리 몸의

[1]그리스어로 "다른 사람의 식탁에 앉아 먹는 사람"을 의미하는 *parasitos*로부터 유래.

[2]그리스말로 "결합되어 있다"는 것을 의미하는 *arthros*와 "발"을 의미하는 *pod*로부터 유래.

[3]그리스말로 "없다"는 것을 의미하는 *a*와 "이방인"을 의미하는 *xenos*로부터 유래.

[4]"식물"을 의미하는 *flora*라는 용어의 사용은 초기 분류체계에서 세균과 진균도 식물로 간주되었다는 사실에서 유래함. Microbiota란 용어를 선호하는 이유는 진핵나 원핵의 모든 미생물과 바이러스에 적절히 적용될 수 있기 때문임.

[5]*Distal*은 어떤 구조의 끝부분을 의미하며, 처음 부분을 의미하는 *proximal*과 대조됨.

[6]방광을 비우는 관.

표 7.2 거주 미생물균총[a]

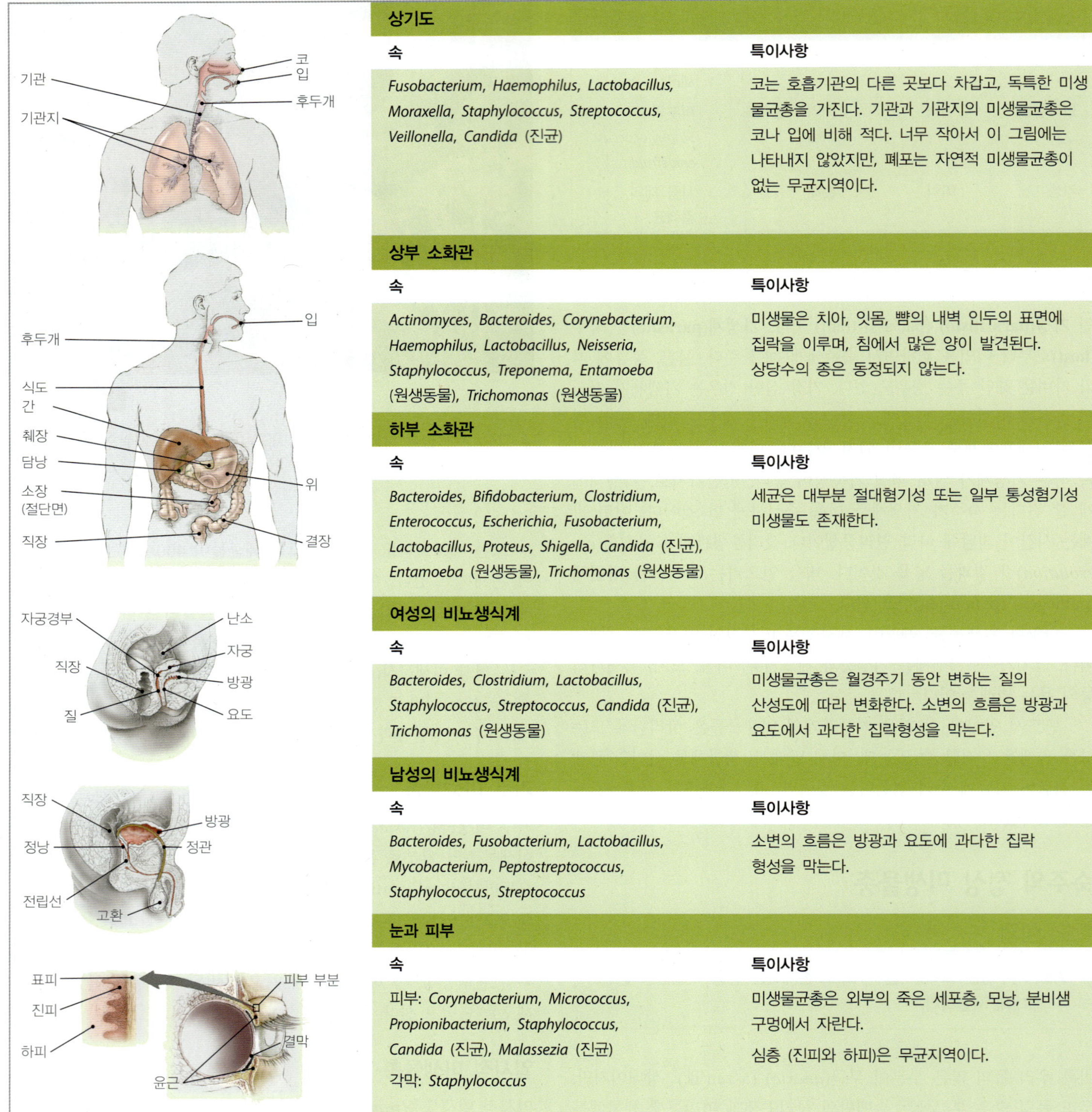

부위	속	특이사항
상기도	*Fusobacterium*, *Haemophilus*, *Lactobacillus*, *Moraxella*, *Staphylococcus*, *Streptococcus*, *Veillonella*, *Candida* (진균)	코는 호흡기관의 다른 곳보다 차갑고, 독특한 미생물균총을 가진다. 기관과 기관지의 미생물균총은 코나 입에 비해 적다. 너무 작아서 이 그림에는 나타내지 않았지만, 폐포는 자연적 미생물균총이 없는 무균지역이다.
상부 소화관	*Actinomyces*, *Bacteroides*, *Corynebacterium*, *Haemophilus*, *Lactobacillus*, *Neisseria*, *Staphylococcus*, *Treponema*, *Entamoeba* (원생동물), *Trichomonas* (원생동물)	미생물은 치아, 잇몸, 뺨의 내벽 인두의 표면에 집락을 이루며, 침에서 많은 양이 발견된다. 상당수의 종은 동정되지 않는다.
하부 소화관	*Bacteroides*, *Bifidobacterium*, *Clostridium*, *Enterococcus*, *Escherichia*, *Fusobacterium*, *Lactobacillus*, *Proteus*, *Shigella*, *Candida* (진균), *Entamoeba* (원생동물), *Trichomonas* (원생동물)	세균은 대부분 절대혐기성 또는 일부 통성혐기성 미생물도 존재한다.
여성의 비뇨생식계	*Bacteroides*, *Clostridium*, *Lactobacillus*, *Staphylococcus*, *Streptococcus*, *Candida* (진균), *Trichomonas* (원생동물)	미생물균총은 월경주기 동안 변하는 질의 산성도에 따라 변화한다. 소변의 흐름은 방광과 요도에서 과다한 집락형성을 막는다.
남성의 비뇨생식계	*Bacteroides*, *Fusobacterium*, *Lactobacillus*, *Mycobacterium*, *Peptostreptococcus*, *Staphylococcus*, *Streptococcus*	소변의 흐름은 방광과 요도에 과다한 집락형성을 막는다.
눈과 피부	피부: *Corynebacterium*, *Micrococcus*, *Propionibacterium*, *Staphylococcus*, *Candida* (진균), *Malassezia* (진균) 각막: *Staphylococcus*	미생물균총은 외부의 죽은 세포층, 모낭, 분비샘 구멍에서 자란다. 심층 (진피와 하피)은 무균지역이다.

[a]속(genera)은 특별히 언급하지 않는 한 세균이다.

방어세포에 의한 제거, 우리 몸의 화학적 및 물리적 변화로 오래 머물지는 못한다.

정상 미생물총의 획득

당신은 어머니의 자궁에서 정상 미생물총이 없이 자라나게 된다. 이는 당신이 양막과 양수에 둘러싸여 있으면서 미생물로부터 보호되기 때문이고 어머니의 자궁도 기본적으로 무균 환경이기 때문이다.

당신의 정상 미생물총은 여러분을 감싸고 있던 양막이 터지고 출산과정에서 미생물들과 접촉이 이루어지면서 시작된다. 산도(birth canal)를 지나면서 미생물들은 당신의 눈과 입으로 들어가게

유익한 미생물

생물테러리스트인 벌레

생물테러(bioterrorism)란 고의로 병을 일으키거나 죽음에 이르게 하는 바이러스, 세균, 또는 다른 병원균을 방출하는 행위로 정의되어 왔다. 선충류인 *Steinernema*는 이런 정의에 따르면 생물테러범으로 상리공생 세균인 *Xenorhabdus*를 방출한다.

선충류는 현미경으로 관찰될 정도로 작고, 분절이 없는 둥근 무척추동물로 세계도처의 토양에서 살고 있다. *Steinernema*는 개미나 흰개미, 미성숙된 여러 종류의 딱정벌레, 바구미, 선충류, 벼룩, 이, 진드기, 각다귀 등을 먹고 산다. *Steinernema*는 곤충의 입이나 항문으로 기어들어가 창자벽을 뚫고 곤충의 혈관으로 들어간다. 이 선충벌레는 공생 세균인 *Xenorhabdus*를 방출한다. 이 세균은 곤충의 방어시스템을 불활성화시키고 항세균성 물질을 생산하여 다른 세균을 제거하고 독성물질을 분비하여 곤충을 죽이며 소화효소를 분비한다. 이 세균성 효소는 48시간 내에 곤충의 몸을 영양분이 가득한 끈적한 죽과 같은 형태로 만든다. 이러는 동안에 *Steinernema* 선충들은 성장하고 교미하여 액화된 곤충의 몸에서 번식한다. 이 선충의 새끼들은 곤충의 외피를 빠져나올 수 있을 만큼, 새로운 곤충을 공격할 미생물들을 획득하기 전까지 곤충의 액체를 먹으며 성숙한다.

이는 진정한 상리공생 관계이다. 선충은 숙주인 곤충을 죽이고 소화하는데 세균이 필요하고 세균은 새로운 숙주로 이동하기 위해서 선충이 필요하다. 둘 다 이익을 얻는다. 물론 농부들도 이익을 볼 수 있다. 이들은 *Steinernema*와 세균을 그들의 작물이나 가축, 사람에게 해를 주지 않고 해충을 조절할 수 있기 때문이다.

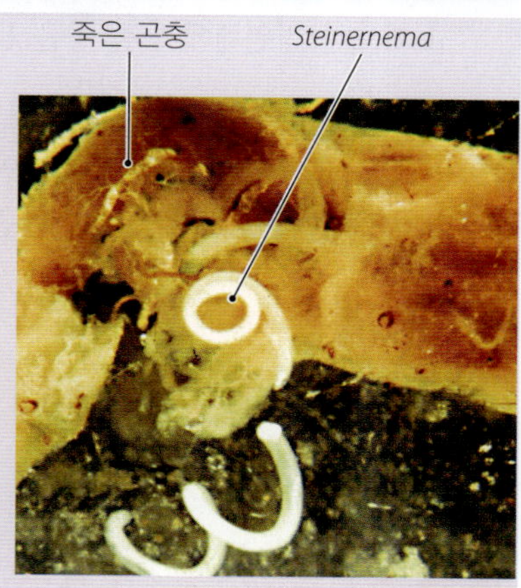

벌레 *Steinernema* (흰색)는 치명적인 세균 *Xenorhabdus*를 곤충에 감염시켜서 죽인다.

되고, 들이 쉬는 첫 숨에 가득 차있는 미생물들은 순식간에 상기도에 자리를 잡게 된다. 여러분의 첫 번째 식사는 여러분 장내 거주 미생물총의 시초가 되고 *Staphylococcus*와 다른 미생물은 병원종사자나 여러분의 부모로부터 전달되어 여러분의 피부에 군락을 이루게 된다. 비록 일시적 미생물총이 계속적으로 유입되지만, 대부분의 정상 미생물총은 태어난 후 초기 몇 달 사이에 일차적으로 완성된다.

어떻게 정상 미생물총이 기회감염 병원체가 되는가

학습 | 성과

7.4 정상 미생물총이 병을 일으킬 기회를 제공하는 3가지 조건에 대해 서술하라.

일반적인 상황에서 정상 미생물총은 병을 일으키지 않는다. 그러나 같은 미생물들이라도 기회가 주어지면 해로울 수 있다. 이런 경우에 정상 미생물총 (또는 자연에서 일반적으로 해를 일으키지 않는 미생물)은 **기회성 병원체(opportunistic pathogen)** 또는 기회성 감염체(*opportunist*)가 된다. 병원체가 되도록 기회를 제공하는 조건은 다음과 같다:

- 정상 미생물총을 이루는 미생물이 우리 몸의 특이한 곳에 들어가는 경우. 우리가 앞서 본 바와 같이 정상 미생물총은 우리 몸의 특정위치에만 존재하고 각 위치는 미생물총에 정해진 종만이 존재하게 된다. 만일, 한 위치에서는 정상 미생물총을 이루는 특정 미생물이 평소에는 존재하지 않는 위치에 들어가게 되면 기회감염 병원체가 되는 것이다. 예를 들어, 장에서는 *Escherichia coli* (eshē-rik´ē-ăkō´lī)가 상리공생체이지만, 만일 요도에 들어가게 되면 병을 일으키는 기회감염체가 된다.
- 면역억제(*immune suppression*). 몸의 면역체계를 억제하는 어떤 것, 즉 병, 영양실조, 감성적 육체적 스트레스, 아주 어리거나 고령, 암 치료를 위한 방사선 조사 및 약물치료, 또는 장기이식 수술환자에 투여하는 면역억제제 등은 기회감염 병원체가 되게 할 수 있다. 후천성면역결핍환자(AIDS)의 경우, HIV 바이러스가 면역체계의 기능을 억제하기 때문에 건강한 면역체계를 가진 경우라면 쉽게 조절되는 기회감염으로부터 사망하는 경우가 많다.
- 정상 미생물총의 변화(*changes in the normal microbiota*). 정상 미생물총은 영양분을 사용하고 공간을 차지하며 해로운 물질들을 주변에 분비한다. 이런 특성은 새로이 유입되는 병원체들이 경쟁에서 이겨 살아남아 질병을 일으키지 못하게 한다. 이런 상황을 **미생물 길항작용(microbial antagonism)** 또는 **미생물 경쟁(microbial competion)**이라고 한다. 그러나 정상 미생물총의 상대적 수적 우위가 어떤 이유에 의해 변하게 되면, 기회감염 병원체가 되어 우리 몸에서 살아가게 된다. 예를 들어, 어떤 여자가 혈액 속의 세균감염을 치료하기위해 장기간 항균치료를 받고 있을 경우, 항균제는 질에 존재하는 정상 미생물총을 죽일 수 있다. 미생물에 의한 경쟁이 없어지면, 질에서 정상 미생물총을 이루고 있는 효모의 일종인 *Candida albicans* (kan´did-ă al´bi-kanz)가 잘 자라서 질에서 효모감염

을 일으키게 된다. 이런 정상 미생물총을 어지럽힐 수 있는 다른 조건으로는 호르몬의 변화, 스트레스, 식습관의 변화, 그리고 과도한 병원체에 노출 등을 들 수 있다.

지금껏 정상 미생물총과 그들의 숙주와의 관계에 대해서 알아보았는데, 이제 관심을 인간의 질병이란 관점에서 미생물이 새로운 숙주로 이동하는 것에 대한 것으로 옮겨보도록 하자.

왜 그런가

왜 절대적인 편리공생관계를 증명하기 어려운가?

감염성 질환의 저장소

학습 | 성과

7.5 사람감염에 있어서 3가지 종류의 저장소를 서술하라.

대부분의 인간병원체는 그들의 숙주 밖에서 만나는 상대적으로 거친 환경에서 오래 동안 살아남을 수 없다. 만일 이들 병원체들이 새로운 숙주 속으로 들어가려 한다면, 어떠한 장소에서 살아가다 그곳으로부터 새로운 숙주에 감염하여야 한다. 이와 같이 감염의 원천으로 유지되는 장소를 **감염저장소(reservoirs of infection)**라고 부른다. 이번 장에서는 3종류의 저장소, 즉 동물 저장소, 사람에 의한 매개, 무생물 저장소에 관해 알아보도록 하자.

동물 저장소

일반적으로 가축이나 야생(sylvatic)[7]동물을 감염하는 대부분의 병원체들은 사람도 감염시킨다. 동물의 생리현상이 사람과 가까울수록 병원체는 사람의 건강에 영향을 줄 확률이 크다. 일반적으로 사용되는 숙주에서 자연스럽게 인간으로 옮겨가는 병을 **인수공통전염병(zoonoses)** (zō-ō-nō´sēz)이라고 한다. 전세계적으로 150가지 이상의 인수공통전염병이 알려져 있다. 잘 알려진 예로는 황열병, 탄저병, 선페스트, 광견병 등이다.

사람은 여러 경로를 통해서 동물저장소로부터 인수공통전염병에 감염되는데, 동물 또는 동물 폐기물과 직접적인 접촉, 동물섭취, 흡혈곤충 등에 의한 경로가 있다. 인수공통전염병은 박멸하기가 어려운데 그 이유는 광범위한 동물저장소들이 관여하기 때문이다. 동물저장소가 (즉, 감염동물의 수나 종류에서) 크면 클수록 병이 사람으로 전염되는 것을 막기 어려워지고 비용도 많이 들게 된다. 특히 동물저장소가 야생동물과 가축을 동시에 포함할 경우 더욱 그렇다. 광견병의 예를 들면, 이 질병은 보통 야생동물저장소 (흔히 박쥐, 여우, 스컹크 등)에서 가축으로 옮겨져 사람을 감염시킨다. 야생동물들이 광견병바이러스의 저장소 역할을 하는 것이다. 그러나 이러한 문제는 가축에 예방접종을 하여 조절할 수 있다.

표 7.3에 몇몇 인수공통전염병(zoonosis)에 관하여 간단히 소개하고 있다. 인간은 인수공통병원체의 최종 숙주이다. 다시 말해서 인간이 다시 동물인 숙주를 재감염하는 저장소로 사용되지 않는다는 뜻이다. 이는 인수공통전염병의 전염 환경이 동물에서 사람으로 전해지는 것이 그 반대로 움직이는 것 보다 더 유리하기 때문이다. 예를 들어, 동물들은 인간을 먹지는 않으며, 사람이 동물의 폐기물에 접촉하는 것보다 동물이 인간폐기물을 접촉하는 경우가 훨씬 드물다. 흡혈곤충에 의해 전염되는 인수공통전염병의 경우는 사람으로부터 다시 동물숙주로 다시 전염될 수 있다.

임상 사례연구

치명적인 매개체

1937년 수도관 매설 인부 한 사람이 심각한 유행성 장티푸스의 근원이었음이 밝혀진 일이 있다. 이 사람은 *Salmonella enterica* 혈청형 Typhi, 즉 장티푸스 원인균의 잠재보균자로 일하는 자리에서 자주 소변을 보았다. 이 과정에서 그의 방광으로부터 유래한 장티푸스균은 마을 상수원을 오염시켰다. 300건 이상의 장티푸스가 발생했고, 이 사람이 문제의 원인임이 밝혀지기 전까지 43명이 사망하게 되었다.

1. **여러분은 어떻게 보건관계자가 장티푸스 전염의 원인을 파악하게 되었을 것이라 생각하는가?**
2. **1937년에는 항생제가 없었다는 것을 감안할 때, 어떻게 보건관계자가 보균자를 일자리로부터 해고한 후에 바로 장티푸스 전염을 종식할 수 있었을까?**

사람 매개체

경험적으로 보면, 활성 질환을 가진 사람은 다른 사람을 감염시키는 중요한 저장소이다. 그러나 분명치 않은 점은 질병의 발병 전후에 눈에 띄는 증상이 없는 사람 또한 다른 사람을 감염할 수 있다는 것이다. 또한 감염된 사람들 중에는 몇 년 동안 증세가 없이 다른 사람을 감염시킨다는 것이다. 대표적인 예에는 결핵, 매독, AIDS 등이 있다. 이들 **매개체(carrier)**는 그들의 몸에 병원균을 가지고 있다가 궁극적으로는 발병하지만, 어떤 경우는 아프지 않고 지속적인

[7]라틴어로 "나무가 많은 땅"을 의미하는 *sylva*로부터 유래.

표 7.3 몇 가지 인수공통전염병

질병	원인체	동물저장소	전파방식
기생충류			
촌충감염	*Dipylidium caninum*	개	개의 침으로 전파된 유충의 섭취
Fasciola 감염	*Fasciola hepatica*	양, 소	오염된 야채의 섭취
원생동물			
말라리아	*Plasmodium* 종	원숭이	아노펠레스(Anopheles) 모기에 물림
톡소플라스마증	*Toxoplasma gondii*	고양이와 기타 동물들	오염된 고기 섭취, 병원체 흡입 감염된 조직과의 직접 접촉
곰팡이			
백선	*Trichophyton* 종	가축	직접 접촉
	Microsporum 종		
	Epidermophyton 종		
세균류			
탄저병	*Bacillus anthracis*	가축	감염된 동물과 직접 접촉, 흡입
선페스트	*Yersinia pestis*	설치류	벼룩에 물림
라임병	*Borrelia burgdorferi*	사슴	진드기에 물림
살모넬라증	*Salmonella* 종	새, 설치류, 파충류	분변에 오염된 물이나 음식의 섭취
티푸스	*Rickettsia prowazekii*	설치류	이에 물림
Viral			
공면병	*Lyssavirus* 종	박쥐, 스컹크, 여우, 개	감염된 동물에 물림
한타 바이러스 호흡기 증후군	*Hantavirus* 종	사슴쥐	건조된 분변과 소변에 있는 바이러스 흡입
황열병	*Flavivirus* 종	원숭이	*Aedes* 모기에 물림

병원균의 제공자로 존재하게 된다. 아마도 이런 건강한 질병 매개체들은 병으로부터 자신을 보호하는 방어기작을 가지고 있을 것이다. 이런 예를 **임상 사례연구: 치명적 매개체**에서 소개하였다.

무생물 보균체

토양, 물, 음식 등은 감염의 **무생물 보균체(nonliving reservoir)**가 될 수 있다. 특히 토양은 배설물에 의해 오염되면 *Clostridium* (klos-trid´ē-ŭm) 세균을 갖게 되고 이 균은 보툴리누스 중독증, 파상풍 등의 질병을 일으킨다. 물도 기생충의 알, 병원성 원생동물, 세균, 바이러스 등을 가지고 있는 배설물, 오줌으로도 오염될 수 있다. 육류, 채소 등도 병원체를 가지고 있다.

왜 그런가

왜 동물저장소가 인간저장소 보다 더 많은 질병과 연관되는가?

숙주내로의 미생물 침입과 구축: 감염

이 장에서는 저장소에서 유래된 미생물에 의해 숙주가 노출되었을 때 일어나는 사건, 미생물이 숙주로 들어가는 장소, 그리고 숙주로 들어간 미생물이 새로운 숙주에서 어떻게 정착하게 되는가에 대해서 알아보자.

미생물에 노출: 오염과 감염

학습 | 성과

7.6 오염과 감염의 관계에 대해 서술하라

미생물과 그들의 숙주와의 상호관계에서 **오염(contamination)**은 몸 안이나 표면에 단순히 존재하는 것을 의미한다. 어떤 오염미생물은 음식이나 음료, 또는 공기로 몸 안에 들어가게 되고, 반면에 다른 미생물은 상처나 벌레 물린 곳, 성교 등에 의해 몸에 들어오게 된다. 어떤 미생물은 아무런 해를 주지 않고 초기에 접촉된 장소 (피부나 점막)에 머물다가 정상 미생물총의 일부가 된다. 어떤 오염미생물은 잠시 머물면서 일시적 미생물총이 되기도 한다. 일부는 우리 몸의 외부방어벽을 넘어서 증식하고 우리 몸 안에 정착하게 된다. 이와 같이 성공적으로 병원체가 우리 몸을 파고드는 것을 **감염(infection)**이라고 한다. 감염은 병을 일으킬 수도 일으키지 않을 수도 있다. 즉 우리 몸에 해로운 영향을 주지 않을 수도 있다.

다음으로 병원균이 우리 몸에 들어오는 다양한 장소에 대해 좀 더 자세히 알아보자.

감염통로

학습 | 성과

7.7 병원체가 인체를 침입하는 통로를 밝히고 서술하라.

병원체가 인체에 들어오는 장소를 성(castle)의 대문 또는 통로라 할 수 있는데, 이는 이들 장소들이 미생물이 우리 몸에 들어오는 경로가 되기 때문이다. 병원체는 **감염통로(portals of entry)** (그림 7.3)라고 불리는 여러 장소를 통하여 우리 몸에 들어올 수 있는데 감염통로는 크게 3가지로 나눌 수 있다: 피부, 점막, 그리고 태반이다. 네 번째 감염통로는 우회통로[*parenteral* (pă-ren´ter-ăl) *route*]라고 하는데, 이것은 어떤 장소를 말하는 것이 아니고 일반적인 감염통로를 우회하는 것을 의미한다. 다음에서 차례로 이들에 대해서 알아보도록 하자.

피부

피부의 가장 외층은 세포들이 촘촘히 배열되어 있고, 죽거나 건조한 세포들이 비교적 두꺼운 층을 이루고 있기 때문에, 온전한 구조를 유지하고 있는 한, 대부분의 병원체에게는 극복하기 어려운 장애물로서 작용한다 (그림 7.4). 그러나 몇몇 병원체는 모낭과 땀샘과 같이 우리의 피부에 자연적으로 생겨난 구멍을 통해 침투하게 된다. 긁힌 상처, 베인 곳, 물린 곳, 긁은 곳, 찔린 상처나 수술 등은 감염에 용이하게 피부를 여는 작용을 한다. 또한 몇몇 기생충의 유충은 피부를 파고들어 피하조직에 들어갈 수 있으며, 어떤 곰팡이는 피부의 죽은 표면층을 소화해서 몸 안쪽의 깊고 좀 더 습기가 풍부한 곳으로 들어가기도 한다.

점막

병원체의 주요 감염통로는 외부와 연결되어 있는 몸의 빈 공간을 에워싸고 있는 점막(*mucous membrane*)이다. 점막은 호흡계, 소화계, 비뇨계, 생식계와 결막(*conjunctiva*) (kon-jŭnk-tīvă) 등을 싸고 있다. 피부와 마찬가지로 점막은 촘촘히 배열된 세포로 구성되어 있으나, 피부와는 달리 얇고 습하며 따뜻하게 살아 있는 세포들이다. 따라서 병원체는 점막을 더 좋은 감염통로로 사용한다.

호흡기관은 가장 많이 사용되는 감염통로이다. 병원체는 입과 코로 공기, 먼지, 또는 비말의 형태로 들어온다. 예를 들어, 재채기, 설사 폐렴, 연쇄상구균에 의한 목감염, 수막염 등을 일으키는 세균과 일부 곰팡이, 바이러스, 원생생물들은 호흡기를 통해 인체로 들어오게 된다.

놀라운 것은 많은 바이러스들이 눈을 통해 호흡기관에 들어온다는 것이다. 바이러스들은 오염된 손가락을 이용해서 눈의 결막으로 옮겨지고, 눈물과 함께 비강으로 씻겨 들어오게 된다. 감기나 독감바이러스들은 전형적으로 이러한 경로를 이용하여 몸으로 들어온다.

몇몇 기생 원생동물, 연충, 세균, 바이러스는 소화계의 점막을 통해 인체를 감염시킨다. 이러한 기생체들은 위의 산성 pH와 장의 소화액을 견뎌낼 수 있다. 비세균성 병원체인 프리온도 구강점막을

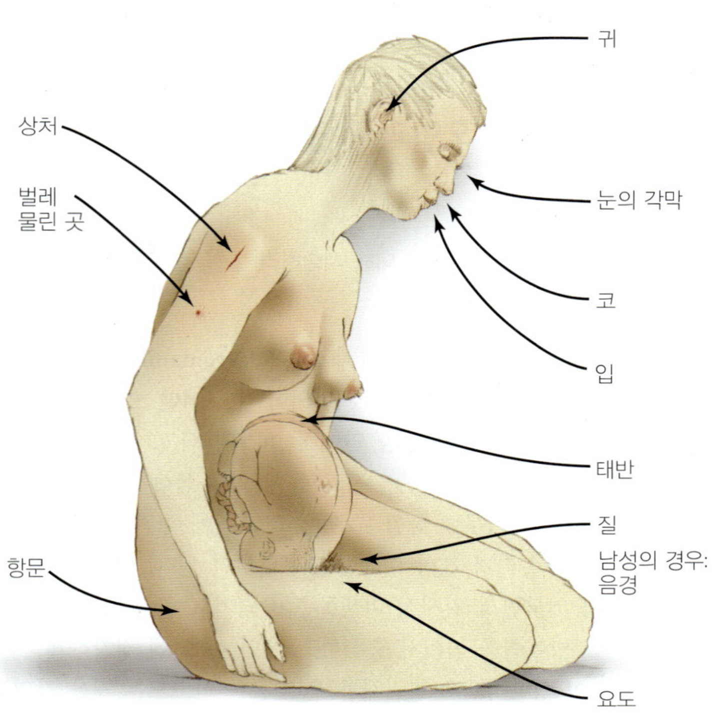

▲ **그림 7.3 침입 병원균의 출입 경로.** 출입경로는 피부, 태반, 결막, 호흡기, 소화기, 비뇨기관, 생식기의 점막 등이 포함된다. 우회 출입경로에는 피부의 상처로 인한 구멍이 있을 수 있다.

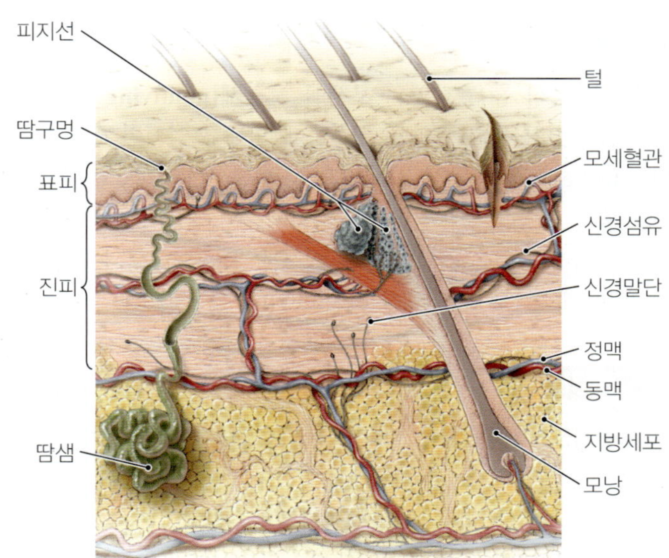

▲ **그림 7.4 피부 단면.** 여러 겹의 세포로 구성된 벽은 구조적으로 완전한 이상은 세균에 대한 방어벽 역할을 한다. 어떤 병원체는 모낭이나, 땀샘의 관, 그리고 다른 우회 경로를 통해 몸으로 들어올 수 있다.

표 7.4 태반을 통과하는 병원체들

	원인체	성인의 건강상태	배아 또는 태아에 미치는 효과
원생동물	*Toxoplasma gondii*	톡소플라즈마증	유산, 간질, 뇌막염, 소두증, 정신지체, 실명, 빈혈, 황달, 발진, 폐렴, 설사, 저온증, 난청
세균	*Treponema pallidum*	매독	유산, 복합장기 선천적 장애, 매독
	Listeria monocytogenes	리스테리아증	유아패혈증성 육아종증 (결절염증 환부 및 유아패혈증), 사망
DNA 바이러스	*Cytomegalovirus*	대체로 무증세	난청, 소두증, 정신지체
	Erythrovirus	감염홍반	유산
RNA 바이러스	*Lentivirus* (HIV)	AIDS	면역억제 (AIDS)
	Rubivirus	풍진	심한 기형 또는 사망

통해 감염된다.

태반

발달 중인 배아는 태반(*placenta*)이라고 불리는 기관을 형성하고 이를 통해 산모로부터 영양분을 받는다. 태반은 산모의 자궁벽과 상당히 밀착되어있어, 자라고 있는 태아와 산모의 혈관벽을 통해 영양분과 노폐물은 확산되지만, 두 핏줄이 서로 직접적으로 붙어있는 것이 아니어서 태반은 대부분의 병원체에 대한 효과적인 보호벽을 형성한다. 그러나 약 2%의 임산부는 병원체가 태반을 통과하여 태아를 감염시켜서, 자연유산, 기형, 조산 등을 일으킨다. 태반을 통과할 수 있는 병원체를 **표 7.4**에 소개하였다.

우회통로

우회통로(parenteral route)는 감염통로가 아니라, 감염통로를 우회하는 수단이다. 우회통로를 통해 몸에 들어가려면, 병원체는 피부나 점막 밑의 조직에 존재해야 하는데, 못, 가시, 주사바늘과 같은 것으로 구멍이 났을 때 생길 수 있다. 어떤 전문가들은 여기에 절단, 물리거나 찔린 상처, 깊은 찰과상이나 수술 등으로 피부조직이 깨지는 것을 포함하기도 한다.

감염에서 부착의 역할

학습 | **성과**

7.8 부착요인을 나열하고 감염에 있어서 그들의 역할을 서술하라.
7.9 생체막이 오염과 감염을 어떻게 돕는지 설명하라.

공생체가 몸으로 들어온 후, 성공적으로 군집을 형성하려면 반드시 세포에 부착되어야 한다. 이와 같이 미생물이 세포에 붙는 과정을 **부착(adhesion)** (ad-hē´zhŭn)이라 한다. 부착이 되려면, 병원체는 **부착인자(adhesion factor)**를 사용하는데, 여기에는 특수한 구조물 또는 부착단백질 등이 있다. 특수한 구조물의 예는 몇몇 원생생물이 가지는 부착판(adhesion disk)과 연충이 가지는 흡착판(sucker)과 고리(hook)이다 (16장 참조). 반대로 바이러스나 세균들은 리간드(*ligand*)라고 불리는 표면의 지질단백질과 당단백질을 가지는데, 이들은 숙주세포의 보완적 수용체에 결합한다 **(그림 7.5)**. 리간드는 세균의 부착소(adhesin), 바이러스의 부착단백질(*attachment protein*)이라고 불린다. 부착소는 병원성 세균의 핌브리아, 편모, 당질피질(glycocalyx)에서 발견된다. 숙주의 수용체는 일반적으로 당단백질로 만노오즈나 갈락토스과 같은 당을 포함한다. 만일 리간드 또는 그들의 수용체가 변하거나 봉쇄될 경우, 감염을 예방하기도 한다.

부착소, 수용체, 숙주세포에 존재하는 화학물질들이 특이적으

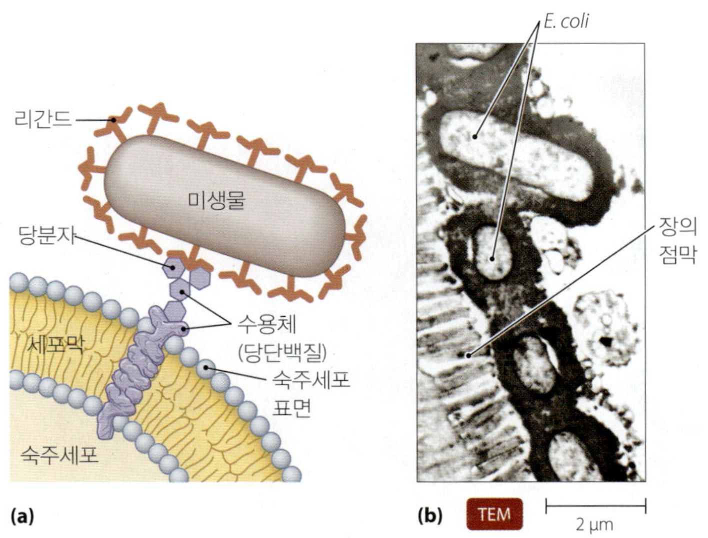

▲ **그림 7.5 병원균의 숙주 부착.** **(a)** 미생물 리간드가 상보적인 숙주세포의 표면 수용체에 결합한 그림. **(b)** 병원성 *E. coli*가 소장의 점막에 붙어 있는 모습에 대한 광학현미경사진. 비록 세균의 두꺼운 당질피질(glycocalyces) (검은색)이 관찰되나, 세균의 리간드는 너무 작어 현재의 배율로는 보이지 않는다.

로 상호작용하여 병원균이 숙주에 대한 특이성을 결정한다. 예를 들어, *Neisseria gonorrhoeae* (nī-se´rē-ă go-nor-rē´ī)는 사람의 요도나 질의 안쪽을 구성하는 세포에 결합할 수 있는 부착소를 핌브리에 상에 가지고 있다. 따라서 이 세균은 다른 숙주에 감염할 수 없다.

Bordetella (bōr-dē-tel´ă, 백일해를 원인균)와 같은 세균은 한 가지 이상의 부착소를 가지고 있다. *Plasmodium* (plaz-mō´dē-ŭm, 말라리아 원인균)과 같은 병원체는 점차적으로 그들이 가지는 부착소를 변화시켜, 병원균이 숙주의 면역계를 피하고 한 가지 이상의 다른 종류의 세포에 감염하도록 돕는다. 유전적 변이 (돌연변이) 또는 (일부 백신의 생산이 일어나는 것처럼) 어떤 물리적 또는 화학적 제제에 노출되면, 독성을 잃거나 **무독성(avirulent)** (ă-vir´ŭ-lent)이 된다.

어떤 세균성 병원균은 직접적으로 숙주세포에 부착하지 못하고 서로 상호 협력하여 **생물막(biofilm)**이라고 불리는 세균과 다당류로 구성된 거미줄과 같이 끈적한 구조를 만들어 숙주의 표면에 붙는다. 생물막의 대표적 예는 치아에 끼는 치석 **(그림 7.6)**으로, 여기에는 충치를 유도하는 세균들이 포함되어 있다.

왜 그런가

왜 모든 감염은 오염으로 시작되지만 모든 오염이 꼭 감염을 유도하지는 않을까?

감염성 질환의 본질

학습 | 성과

7.10 감염, 질병, 이환률, 병원성, 독성을 서로 비교하고 차이점을 논하라.

▲ **그림 7.6 치석.** 생물막은 세균으로 구성되어 있는데 이들은 끈끈한 캡슐과 세포밖, 끈적한 물질과 핌브리아를 이용하여 상호간 결합하고, 치아에 붙는다.

대부분의 감염은 신체 방어를 이기지 못하지만, 어떤 감염체는 방어막을 피해 증식하고 신체기능에 영향을 준다. 정의를 한다면, 모든 기생체는 그들의 숙주에게 해를 준다. 해가 신체의 정상적 기능을 방해할 정도로 충분히 심각하다면 그 결과를 **질병(disease)**이라 한다. 이같이 **이환율(morbidity)**로도 알려진 질병은 건강한 상태로부터의 어떤 변화를 뜻한다.

감염과 질병은 같은 것이 아니다. 감염은 병원체의 침투를 말하는 것이고, 질병은 병원체가 신체에 충분히 해로운 영향을 줄 수 있을 만큼 증식하게 된 결과이다. 몇 가지 예를 들어 명확히 설명하겠다. 간호사는 환자를 간호하면서 *Staphylococcus aureus* (o´rē-ŭs)라는 세균에 오염될 수 있다. 만일 이 병원체가 피부의 손상된 부분을 통해 간호사의 몸에 들어간다면, 그녀는 감염될 것이다. 그리고 만일 *Staphylococcus*의 증식이 비등하게 된다면, 이 간호사는 질병을 앓게 될 것이다. 다른 예는 주사기를 함께 사용하는 약물중독자의 경우 후천성면역결핍증을 유발하는 바이러스에 의해 오염되었다가 상당기간 눈에 띠는 몸의 변화없이 감염될 수 있다. 이런 환자는 감염은 되었지만 병을 가진 것은 아니다.

질병의 표현; 증상, 징후, 증후군

학습 | 성과

7.11 증상, 징후, 증후군을 비교하라.

질병은 다양한 방법으로 표현될 수 있다. **증상(symptom)**은 환자 스스로가 느끼는 병에 관한 주관적 특성을 말하는 반면에, **징후(sign)**는 다른 사람이 관찰하고 측정할 수 있는 병의 객관적 발현을 말한다. 증상에는 통증, 두통, 어지러움, 피로 등이 있다. 징후는 부종, 열꽃, 붉어지거나 고열 등을 포함한다. 때로는 증상과 징후가 함께 같은 기저 원인을 지칭하기도 한다. 즉 메스꺼움은 증상이나, 구토는 징후이다. 오한은 증상이나, 떠는 것은 징후이다. 그러나 주의할 것은 비록 증세와 징후가 같은 기저 원인일 수 있지만, 때로는 동시에 발생하지 않을 수도 있다는 것이다. 예를 들어, 뇌에 바이러스 감염은 두통 (증상)과 뇌척수액에 바이러스가 존재 (징후)할 수 있지만, 뇌척수액의 바이러스는 반드시 두통을 동반하는 것은 아니다. 증상과 징후는 실험실조사와 함께 진단에 사용된다. 대표적인 증상과 징후에 대해서 **표 7.5**에 소개하였다.

증후군(syndrome)은 특정 질병이나 비정상상태를 전반적으로 나타내는 여러 증상과 징후의 그룹을 일컫는다. 예를 들어, 후천성면역결핍증후군(AIDS)은 몸이 아프고, 백혈구가 감소하고, 설사, 체중감소, 폐렴, 톡소포자충증(toxoplasmosis), 결핵 등의 특징을 나타낸다.

어떤 감염의 경우는 증상이 없어 인지하지 못하고 지나가는 경우가 있다. 이런 경우를 **무증세(asymptomatic)** 또는 **준임상적(subclinical)** 감염이라고 한다. 주의할 것은 비록 무증상 감염이라 하더

표 7.5 전형적인 질병의 증세

증세 (환자가 느끼는 것)	징후 (관찰자에 의해 감지 또는 측정되는 것)
고통, 메스꺼움, 두통, 오한, 목 부음, 피로 또는 무력감 (지침, 피로감), 권태감 (불편함), 가려움, 복통	종창, 홍반, 구토, 설사, 열, 고름 형성, 빈혈, 백혈구 증가증/백혈구 감소증 (백혈구 수의 증가 또는 감소), 가래톳 (림프절이 부어오름), 심박 급속증, 심박 감속증 (심박수의 증가/감소)

라도 어떤 경우는 병리적 조사를 할 경우에 징후를 찾을 수 있다는 것이다. 예를 들어, 완전히 건강하다고 느끼는 환자의 혈액을 조사해 보면 (백혈구가 크게 증가하는) 백혈구증가증(leukocytosis)인 경우가 있다.

표 7.6에 병과 증후군의 다양한 면을 서술하는 접두사와 접미사에 대하여 나열하였다.

질병의 원인: 병인학

학습 | 성과

7.12 병인학에 대하여 정의하라.
7.13 Koch의 가설을 기술하고 그들의 기능을 설명하고, 그 한계점에 대하여 기술하라.

이 장에서는 감염성 질병에 초점을 맞추었으나 모든 질병이 감염에 의한 것이 아니라는 것은 분명하다. 어떤 질병은 부모로부터 자식으로 전해지는 유전적(*hereditary*) 질병이고, 선천적 질병(*congenital disease*)이라 하여 원인의 종류 (유전적, 환경적, 감염 요인 등)와 무관하게 태어나면서 얻게 되는 질병도 있다. 어떤 병은 퇴행성(*degenerative*), 영양성(*nutritional*), 내분비성(*endocrine*), 정신적(*mental*), 면역성(*immunological*), 또는 종양성(*neoplastic*)[8] 질병으로 분류되기도 한다. 다양한 질병에 대한 분류에 대해서 194쪽의 **표 7.7**에 기술하였다. 주목할 것은 어떤 병은 하나 이상의 분류에 속할 수 있다는 것이다. 예를 들면, 간암의 경우, 대체로 B와 D형 간염바이러스의 감염과 깊은 관련이 있는데, 종양성이며 감염성 질병으로 분류될 수 있다.

병의 원인에 대한 연구를 **병인학(etiology)** (ē-tē-ol´ō-jē)이라고 부른다. 이 장과 다음 장의 주된 관점은 감염성 질환이기 때문에 우선 어떻게 미생물학자들이 감염성 질병의 원인에 대해 연구하였는지 Robert Koch의 연구를 조사해 보면서 알아보기로 하자.

Koch의 가설을 사용하기

현 세계에서 우리는 특정미생물이 특정 질병을 일으킨다는 생각을 당연한 것으로 여기고 있지만, 반드시 그런 것만은 아니다. 과거에 질병은 나쁜 공기, 체액의 불균형, 또는 우주적인 힘 등을 포함하는 다양한 원인에 의해 생긴다고 생각하였다. 19세기에 Louis Pasteur, Robert Koch를 비롯한 다른 미생물학자들이 **질병의 배종설(germ theory of disease)**을 제시하고 질병은 병원성 미생물 (당시는 *germ*이라고 불렀음)의 감염에 기인한다고 말하였다.

[8]Neoplasm은 종양으로서 한 장소에 머물러있거나 (양성종양) 퍼져나감 (암).

표 7.6 질병의 용어

접두사/접미사	의미	예
carcino-	암	발암성(carcinogenic): 암의 유발
col-, colo-	결장	결장염(colitis): 결장의 염증
dermato-	피부	피부염(dermatitis): 피부 염증
-emia	혈액에 속한	바이러스혈증(viremia): 혈액내 바이러스
endo-	내부	심내막염(endocarditis): 심장내막의 염증
-gen, gen-	발생하는	병원체(pathogen): 질병을 일으킴
hepat-	간	간염(hepatitis): 간의 염증
idio-	미상의	원인불명의(idiopathic): 원인 미상의 질병에 관한
-itis	어떤 구조의 염증	뇌막염(meningitis): (뇌를 둘러싸는) 뇌막의 염증; 심내막염(endocarditis)
-oma	종양, 붓기	유두종(papilloma): 사마귀
-osis	어떠한 상태	톡소플라스마증(toxoplasmosis): 톡소플라스마에 감염됨
-patho, patho-	비정상적인	병리학(pathology): 질병에 대한 연구
septi-	썩어가는; 병원체가 존재하는	패혈증(septicemia): 혈액의 병원체들
terato-	기형	기형을 발생시키는(teratogenic): 기형을 유발하는
tox-	독	독소(toxin): 해로운 화합물

표 7.7 질병의 분류[a]

	서술	예
유전적(hereditary)	부모로부터 받은 유전적 암호의 실수로 발생	겸상적혈구빈혈증, 당뇨병, 다운증후군
태생적(congenital)	해부학적 및 생리학적 (구조적 및 기능적) 결함을 가지고 출생 약물 (합법적, 비합법적) X-선 노출, 감염에 의해 발생	태아알코올중독증, 루벨라 감염에 의한 귀먹음
퇴화적(degenerative)	노화에 의한	신부전, 나이에 의한 원시
영양적(nutritional)	필수적영양소 결핍으로 발생	콰시오르코르(kwashiorkor), 구루병
내분비적(endocrine, hormonal)	호르몬의 과다 또는 부족으로 발생	난장이
정신적(mental)	감정적 또는 심신적	피부발진, 위장관 불량
면역학적(immunological)	과다 또는 과소 면역력	알레르기, 자가면역질환, 무감마글로불린혈증
암(neoplastic, tumor)	비정상 세포의 성장	종양, 암
감염성(infectious)	감염성 인자에 의한	감기, 독감, 헤르페스 감염
의사감염(Iatrogenic)[b]	의료적 치료나 수술에 의해 발생하며, 병원-획득질환의 한 형태	외과 오류, 항미생물 치료에 의한 효모성 질염
원인불명(idiopathic)[c]	원인을 알 수 없는	알츠하이머병, 다발성 경화증
병원내 감염(nosocomial)[d]	병원시설에서 획득한 질병	화상환자의 *Pseudomonas* 감염

[a]어떤 질병은 한 부류 이상으로 구분될 수 있다.
[b]그리스어로 *iatros*는 "의사(physician)"를 의미한다.
[c]그리스어로 *idiotes*는 무지한 사람을 의미하고, *pathos*는 "질병(disease)"을 의미한다.
[d]그리스어로 *nosokomeion*은 "병원(hospital)"을 의미한다.

그러나 어떤 병원체가 특정 질병의 원인일까? 어떻게 질병을 일으키는 병원균과 우리 몸에 아무런 해를 끼치지 않는 정상 미생물총과 단순히 해 없이 우리 몸에 존재하는 (곰팡이, 세균, 원생동물, 바이러스와 같은) 다른 생물체를 서로 구분할 수 있을까?

Koch는 일련의 필수적 조건, 즉, 특정 미생물이 질병을 일으킬 수 있으며, 특정 질병을 일으킨다는 것을 과학자가 반드시 보여주어야 하거나 증명하기 위한 가정(*postulate*)을 제시하였다. Koch는 그의 가정을 이용하여 *Bacillus anthracis* (ba-sil´ŭs an-thră´sis)가 탄저병을 일으킴을 증명하였고, *Mycobacterium tuberculosis* (mī-kō-bak-tēr´ē-um too-ber-kyŭ-lō´sis)가 결핵을 일으킨다는 것을 증명하였다.

과학자는 특정 감염체가 특정 질병을 일으킨다는 것을 증명하기 위해서 **Koch의 가설(Koch's postulate)**을 모두 만족해야 한다 **(그림 7.7)**:

1. 의심되는 병원체 (세균, 바이러스 등)는 특정 질병이 발생할 경우 항상 존재해야 한다.
2. 그 병원체는 반드시 분리되고 순수배양 되어야 한다.
3. 배양된 병원체는 건강하고 감염될 수 있는 실험 숙주에 넣어주었을 경우에 동일한 질병을 유발되어야 한다.
4. 같은 병원체가 병을 얻은 숙주로부터 다시 분리되어야 한다.

위의 모든 가정을 순서대로 만족시키는 것이 매우 중요하다. 단순히 어떤 병원체가 존재한다고 해서 특정 질병을 일으킨다는 것을 증명하는 것은 아니다. 비록 Koch의 가설은 사람과 동물, 식물 등에서 많은 감염성 질환의 원인을 증명하는데 사용되었지만, 이 가정에 제대로 주목하지 않을 경우 질병의 원인에 대해 잘못된 결론을 낳을 수도 있다. 예를 들어, 1900년 초에 *Haemophilus influenzae* (hē-mōf´i-lŭs in-flŭ-en´zī)가 독감환자의 호흡기에서 발견되었고, 이 세균이 환자에 존재한다는 점을 바탕으로 독감의 원인체로 규명하였다. 그 후에 폐에 *H. influenzae*가 존재하지 않은 독감환자가 발견되었다. 이 발견은 Koch의 첫 번째 가정과 맞지 않았으며, 따라서 *H. influenzae*는 독감의 원인이 될 수 없다. 오늘날 우리는 RNA 바이러스가 독감을 일으키며, *H. influenzae*는 초기 독감환자의 정상 세포총의 일부분임을 알게 되었다 (추후의 연구는 Koch의 가정을 정확하게 사용함으로써 *H. influenzae*가 아동들에게 때론 치명적인 뇌막염을 일으킴을 증명함).

Koch의 가설이 예외적인 경우

Koch의 가정이 감염성 질환 병인학의 초석임은 분명하다. 그러나 이를 이용하는 것이 반드시 용이한 것만은 아닌데, 그 이유는 다음과 같다:

- 어떤 병원체는 실험실에서 배양할 수 없다. 예를 들어, *Mycobacterium leprae* (lep´rī)는 나병을 일으키는데 실험실에서 배양된 적이 없다.
- 어떤 질병은 여러 병원체의 합작 또는 한 병원체와 물리적, 환경적, 또는 유전적 요인들의 합작으로 발생한다. 이런 경우, 병

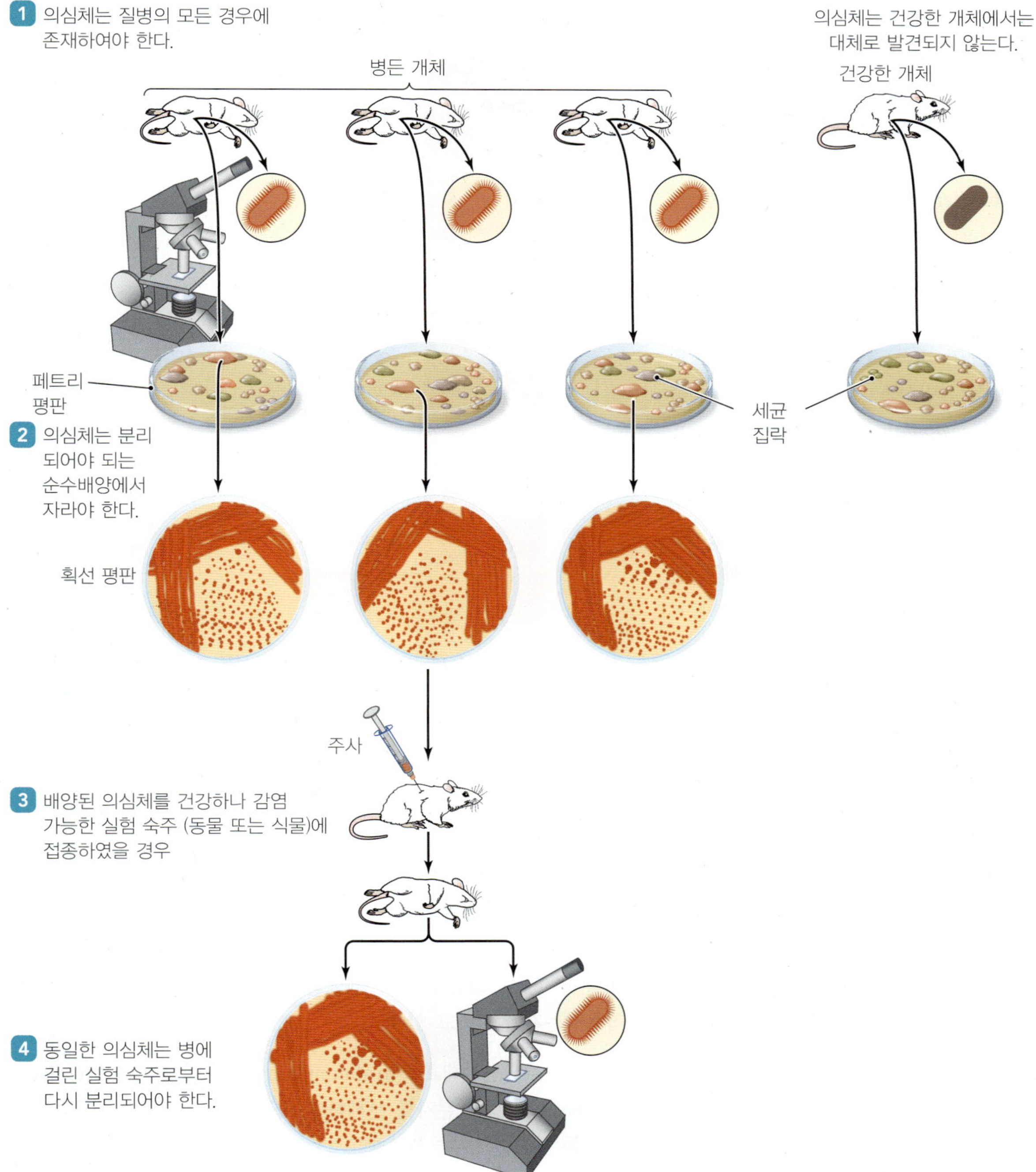

▲ **그림 7.7 Koch의 가설.**

원체 단독으로는 무독성 또는 비병원성이나, 다른 병원체 또는 다른 요인들과 함께 존재할 경우 질병을 일으킨다. 예를 들어, 간암은 간세포가 B형, D형 바이러스의 감염에 의해 발생할 수 있으나 바이러스 감염만으로는 간암이 잘 발생하지 않는다.

- 윤리적 문제로 인해 Koch의 가정을 사람에게만 발생하는 질병과 병원균에 적용할 수 없는 문제가 있다. 세 번째 가정의 경우, 건강하나 감염 가능한 새로운 숙주에게 감염시키는 것은 윤리적인 이유로 만족시킬 수 없다. 이러한 이유로 과학자들은 Koch의 가정을 인간면역결핍바이러스 (HIV)가 후천성면역결핍증 (AIDS)을 일으킨다는 것을 증명하기위해 결코 사용하지 않는다. 그러나 감염된 산모에 의해 자연적으로 HIV에 노출된 태아, 사고에 의해 감염된 병원관계자나 실험실 연구원 등을 관찰함으로써 Koch의 세 번째 가정을 만족시키고 있다.

더불어, 다음과 같은 상황이 Koch의 가정을 만족시키기 어렵게 한다:

- 병명이 하나 이상의 병원균에 의해 발생하는 질환을 의미하는 폐렴, 뇌막염, 간염 등과 같은 감염성 질환의 경우, 한 가지 원

인을 규명하는 것은 불가능하다. 이 질병들은 실험실 연구원이 특정 상황에서 수행되는 그 질병의 원인체를 확인해야 한다.

- 어떤 병원균들은 무시되는 경우가 있다. 예를 들어, 위궤양은 오랫동안 스트레스에 의한 위산과다가 원인으로 생각되어 왔으나, 대부분의 위궤양은 오랫동안 주목하지 않았던 세균인 *Helicobacter pylori* (helˊĭ-kō-bakˊter pīlō-rē)에 의해 발생하는 것으로 알려지고 있다.

만일 Koch의 가정을 어떤 이유로도 질병의 상태에 적용할 수 없다면 어떻게 질병의 원인체를 확정적으로 알 수 있을까? 이 장의 후반부에서 토론할 역학적 연구가 비록 절대적 증거는 될 수 없지만, 다양한 병인에 대해 통계적 신빙성을 제공할 수 있다. 예를 들어, 어떤 연구자가 세균인 *Chlamydophila pneumoniae* (kla-mē-dofˊĭ-lă nŭ-mōˊnē-ī)가 많은 동맥경화 환자들에서 발견된다는 이유로 그 질병의 원인체라고 가정하여 왔다. 과학자들 사이에 그런 경우에 관한 설왕설래가 지속적으로 새로운 지식과 발견을 유도하고 있다. 예를 들어, 우리는 아직도 만성피로증후군, 다발성 경화증, 알츠하이머병(Alzheimer)의 원인을 찾고 있다.

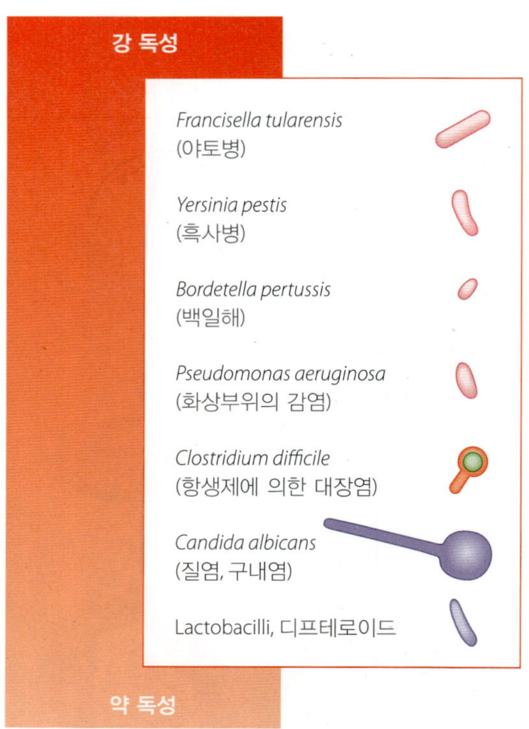

▲ **그림 7.8 병원성 세균의 상대적 독성.** 독성은 감염의 용이성과 병원체가 병을 일으키는 능력을 포함한다. 그러나 질병의 심각성을 뜻하지는 않는다.

감염원들의 독성인자

학습 | 성과

7.14 미생물의 세포외 효소, 독소, 접합 요소, 항식균 요소들이 어떻게 독성에 영향을 주는지 설명하라.

미생물학자들은 미생물의 질병과 관련된 능력을 두 가지 관련 용어를 이용하여 특정하고 있다. 미생물이 질병을 일으키는 능력을 병인력 또는 **병원성(pathogenicity)** (pathˊō-jē-nisˊi-tē)이라하고 병원성의 정도를 **독성(virulence)**이라고 한다. 다른 말로 독성은 병원균이 숙주에 감염하여 질병을 일으키는 상대적 능력을 의미한다. 두 가지 용어가 질병의 중증도에 대해 언급하는 것은 아니다. 야토병(rabbit fever)을 일으키는 병원체는 매우 독성이 높지만 질병은 상대적으로 경증이다. 독성의 정도에 따라 미생물을 나눌 수 있다 **(그림 7.8)**. 독성이 매우 높아 늘 질병을 일으키는 미생물과 독성이 낮아 약해진 숙주에서나 감염할 수 있거나 세균의 개체수가 많아야 감염이 가능한 미생물도 있다.

병원체는 다양한 특성을 이용하여 숙주와 상호작용을 하고 숙주에 들어가며, 숙주 세포에 부착하며, 영양분을 얻고, 면역체계에 의한 감시와 제거작용을 피한다. 이러한 특성을 종합적으로 **독성인자(virulence factor)**라고 한다. 독성을 가진 병원체는 하나 또는 그 이상의 독성인자를 가지고 있으며 무독성 미생물은 이를 가지고 있지 않다. 앞서 두 가지 독성인자, 즉 부착인자와 생물막 형성에 대하여 토론하였다. 이제 3가지 다른 독성인자, 즉 세포외 효소, 독소, 그리고 항식균 인자에 대해서 알아보기로 하자. 다른 독성인자에 대해서는 미생물학 숙달하기 연구영역의 온라인에서 알아볼 수 있다.

세포외 효소

많은 병원체는 신체의 구조적 화학물질을 분해할 수 있는 효소를 분비하여 감염을 유지하고, 좀 더 깊이 침투하고 신체의 방어기작을 피할 수 있다. **그림 7.9a**에 세균의 몇 가지 세포외 효소가 어떻게 작용하는지 설명하고 있다:

- 히알루론산분해효소(hyaluronidase)와 콜라겐분해효소(collagenase)는 특정 분자를 분해하여 세균이 세포 깊숙이 침투하도록 돕는다. 히알루론산분해효소는 동물세포가 서로 붙어있게 하는 "접착제" 역할을 하는 히알루론산을 소화하고 콜라겐분해효소는 신체의 주요 구조단백질인 콜라겐을 분해한다.
- 혈장응고효소(coagulase)는 혈액단백질을 응고하게 하여 핏덩이 속에 세균이 "숨을 수 있는 장소"를 마련한다.
- 스타필로키나제와 스트렙토키나제와 같은 키나제(kinase)는 혈액응고를 분해하여 손상된 조직으로 세균이 침투하도록 돕는다.

이러한 효소를 가지는 많은 세균들이 독성이 있으며, 동일한 종이지만 이러한 세포외 효소를 만들 수 없는 유전적 돌연변이체는 대체로 무독성이다.

병원성 진핵생물도 독성에 기여할 수 있는 효소들을 분비한다. 예를 들어, "백선(ringworm)"을 유발하는 곰팡이는 각질분해효소

히알루론산분해효소와 콜라겐분해효소

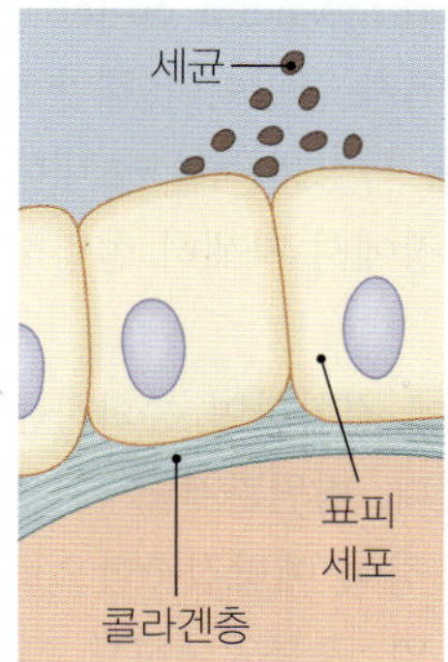

침입균이 표피세포에 도달함

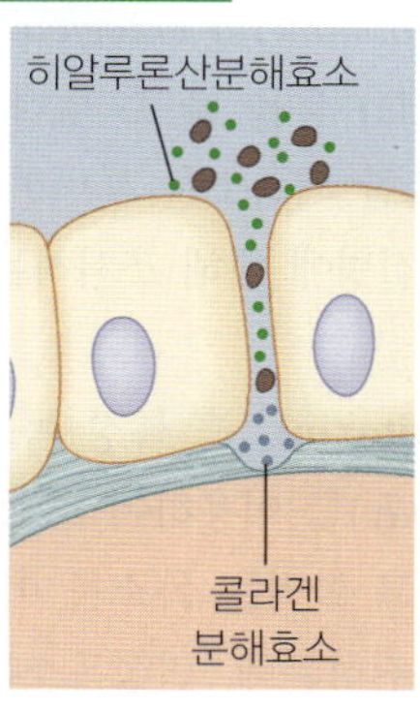

세균이 히알루론산분해효소와 콜라겐분해효소를 생산함

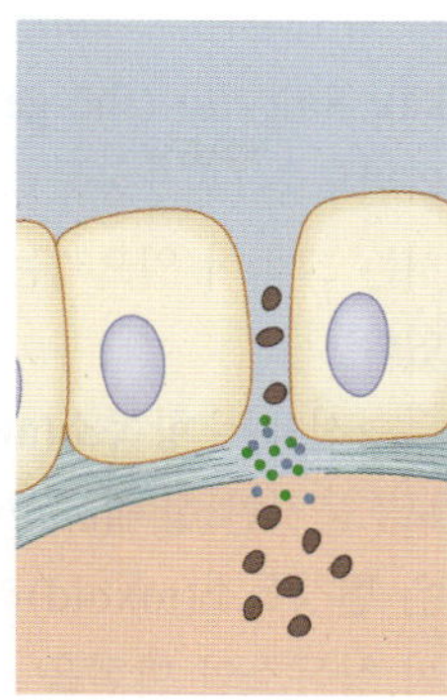

세균이 조직 깊숙이 침입함

혈장응고효소와 키나제

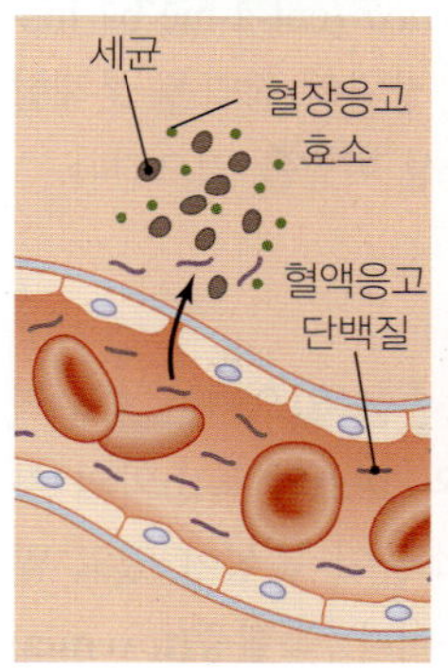

세균이 혈장응고효소를 생산함

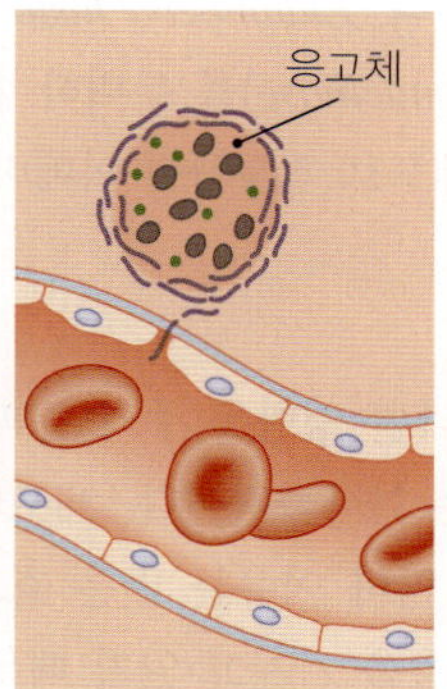

혈액응고체 형성

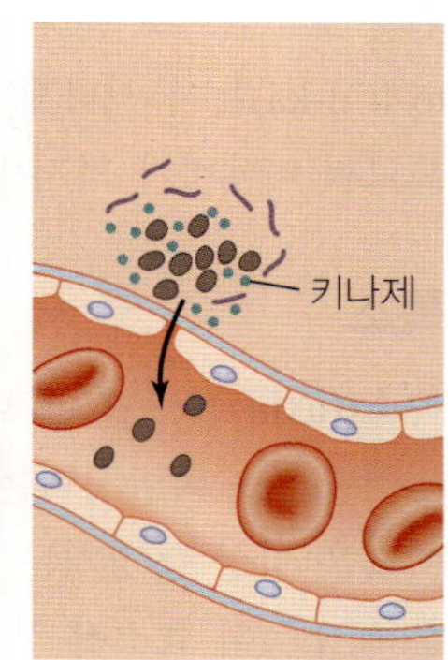

세균이 후에 키나제를 만들어 응고체를 녹이고 세균을 방출함.

(a) 세포외 효소

외독소

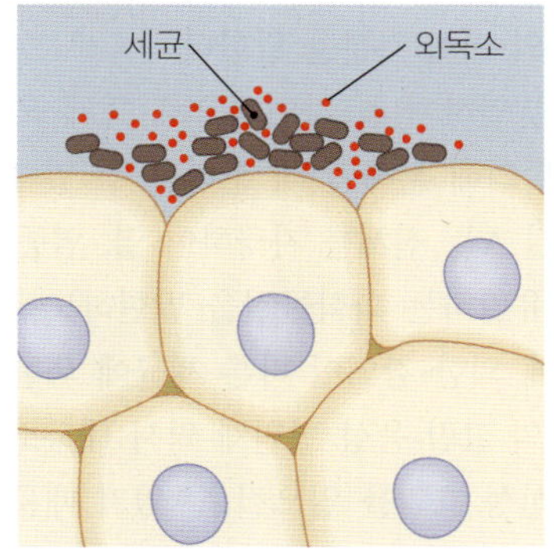

세균이 외독소를 분비한다. 이 경우는 세포독소이다.

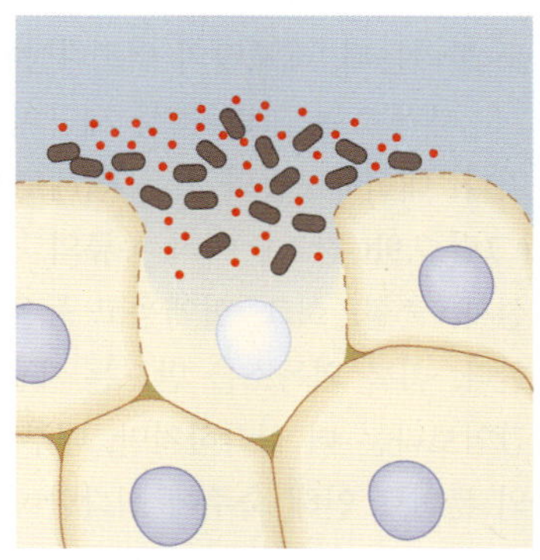

세포독소는 숙주세포를 죽인다.

내독소

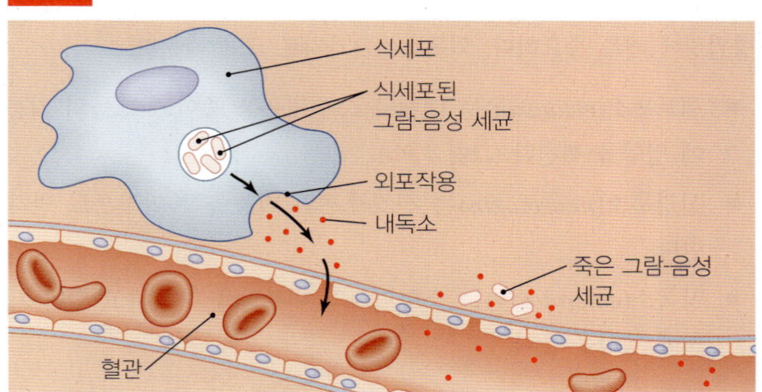

죽은 그람-음성 세균은 내독소(lipid A)를 분비하고, 이는 열, 염증, 설사, 쇼크, 혈액 응고 등의 다양한 효과를 일으킨다.

(b) 독소

캡슐에 의한 식세포 억제

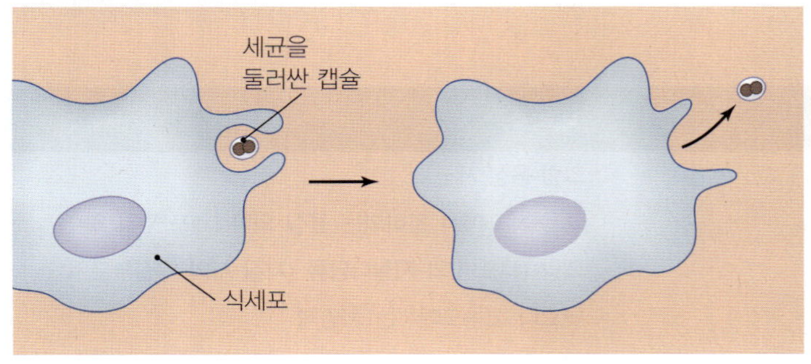

불완전 식세포 활동

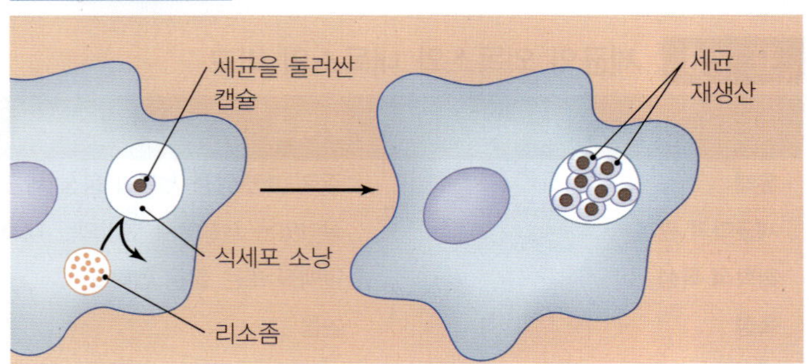

(c) 항식세포 인자

▲ **그림 7.9 독성인자들. (a)** 세포외 효소들. 히알루론산분해효소(Hyaluronidase)와 콜라겐분해효소(collagenase)는 신체의 구조물질들을 분해한다. 혈장응고효소(coagulase)는 실제로는 혈전 (응혈) 속에서 세균을 숨겨주는 역할을 하는 반면, 키나제(kinase)는 혈전을 용해하여 세균을 방출한다. **(b)** 독소들. [여기서 소개하는 세포독소(cytotoxin)를 포함하여] 외독소는 살아있는 병원체로부터 분비되고 주변 세포에 해를 미친다. 내독소는 많은 죽은 그람-음성 세균으로부터 분비되고 정상적인 신체 기능을 폭넓게 방해할 수 있다. **(c)** 항식세포 요소들. 항식세포 요소의 하나로 캡슐은 식세포에 의한 활동을 억제하고 소화되는 것을 멈추게 할 수 있다. *세균이 식세포의 위족에 의해 감싸여져 삼켜지게 된 후, 어떻게 식세포에 의해 자신들이 소화되지 않도록 할 수 있는가?*

그림 7.9 어떤 세균은 리소좀(lysosome)과 세균을 가지고 있는 포식소체(phagosome)와의 융합을 억제하는 화학물질을 분비한다.

(*keratinase*)를 분비하여 표피, 머리카락, 손톱 등의 주요 성분인 케라틴을 효소적으로 분해한다. *Entamoeba histolytica* (ent-ă-mē´bă his-tō-li´ti-kă)는 뮤시나제(*mucinase*)를 분비하여 장내의 점막을 분해함으로써 아메바가 기저세포로 침투하여 아메바성 이질을 일으킨다.

독소

독소(toxin)는 조직에 나쁜 영향을 주거나 파손을 일으키는 숙주의 면역반응을 촉발시키는 화학물질이다. 세포외 효소와 독소와의 차이점은 항상 분명치는 않다 이유는 많은 효소들이 독성이 있고 많은 독소들이 효소적 작용을 가지고 있기 때문이다. **독혈증(toxemia)** (tok-sē´-mē-ă)이라고 불리는 병리상태에서 독소는 혈액으로 들어가 감염된 부위로부터 떨어져 있는 몸의 다른 부분으로 옮겨가게 된다. 외독소와 내독소 2가지 종류의 독소가 있다.

외독소 많은 미생물들이 **외독소(exotoxin)**를 분비하는데 이들이 숙주세포를 파괴하고 숙주의 대사활동을 방해하기 때문에 미생물의 병원성에 매우 중요하다. 외독소는 3가지로 크게 나눈다:

- 세포독소(*cytotoxin*)는 대체로 숙주세포를 죽이고 그들의 기능에 영향을 끼친다 (그림 7.9b).
- 신경독소(*neurotoxin*)는 신경세포의 기능을 특이적으로 방해한다.
- 장독소(*enterotoxin*)는 소화기계의 내부막을 구성하고 있는 세포에 영향을 준다.

외독소를 분비하는 병원성 세균의 예로는 괴저, 보툴리누스 중독, 파상풍 등을 일으키는 클로스트리디아(clostridia) 종류이다. 또한 식중독과 다른 질병을 일으키는 병원성 세균인 *S. aureus*; 설사를 유발하는 *E. coli, Salmonella enterica* (sal´mō-nel´ă en-ter´i-kă), *Shigella* (shē-gel´lă) 등을 들 수 있다. 어떤 곰팡이나 해양성 와편모충 (원생동물) 또한 외독소를 분비한다. 특정 외독소에 대해서는 그들이 일으키는 질병에 대해 조사하는 장에서 자세히 설명하였다.

신체는 **항독소(antitoxin)**, 즉 특정 독소에 결합하여 중화하는 보호물질인 항체(*antibody*)를 이용하여 보호한다. 병원관계종사자들은 변성독소(toxoid)라고 불리는 독소를 이용하여 예방접종함으로써 항독소의 발현을 촉진하는데, 변성독소는 열, 포름알데히드, 염소 등 다른 화학물질을 처리하여 독성은 없으나 항체를 만들 수 있도록 처리하여 만든다 (9장과 10장에서 항체, 변성독소 예방접종에 대해서 다룬다).

내독소 그람-음성 세균은 리포다당류, 인지질, 단백질 등으로 구성된 외벽을 가지고 있다. **내독소(endotoxin)**는 **지질 A(lipid A)**라고도 불리는데, 세포막의 리포다당류의 지질 부분을 말한다.

내독소는 그람-음성 세균이 분열하거나, 자연적으로 죽게 되거나, 대식세포등과 같은 식세포에 의해 분해될 때 분비될 수 있다 (그림 7.9b 참조). 여러 종류의 지질 A는 신체를 자극하여 열, 염증, 설사, 출혈, 쇼크, 혈액응고 등을 유발하는 화학물질을 발현하도록 한다. 비록 외독소를 만드는 세균에 의한 감염이 다른 세균에 의한 감염보다는 더 심각하지만, 대부분의 그람-음성 병원체 역시 내독소의 분비로 인해 숙주에 심각한 전신성 효과를 일으킬 수 있기 때문에 생명을 위협할 수 있다.

표 7.8에는 외독소와 내독소의 차이점에 대하여 요약하였다.

표 7.8 세균의 외독소와 내독소의 비교

	외독소	내독소
유래	주로 그람-양성 세균과 음성 세균	그람-음성 세균
세균과의 관계	살아있는 세포에서 분비되는 대사	죽은 세포에서 분비되는 물질 외막 (세포벽)의 일부
화학적 특성	단백질 또는 짧은 펩티드	외막 (세포벽)의 지질다당류 (지질 A)의 지질부분
독성	높음	낮으나 고농도에서는 치명적
열 안정성	60°C 이상 온도에서는 불안정	멸균온도 (121°C)에서 1시간까지는 안정
숙주에 대한 효과	유래에 따라 다양함; 세포독소, 신경독소, 장내독소로 작용	열, 무력감, 불편함, 쇼크, 혈액응고
열 발생?	무	유
항원성[a]	강함: 항독소 (항체) 생성 유도	약함
면역접종을 위한 변성독소 형성	열 또는 포름알데히드로 처리	가능하지 않음
대표 질환	보툴리즘, 파상풍, 가스괴저병, 디프테리아, 흑사병, 포도상구균성 식중독	장티푸스, 야토병, 내독소 쇼크, 비뇨계 감염, 수막구균성 수막염

[a]어떤 화합물의 특이적 면역반응, 특히 항체를 형성하게 하는 능력을 말함.

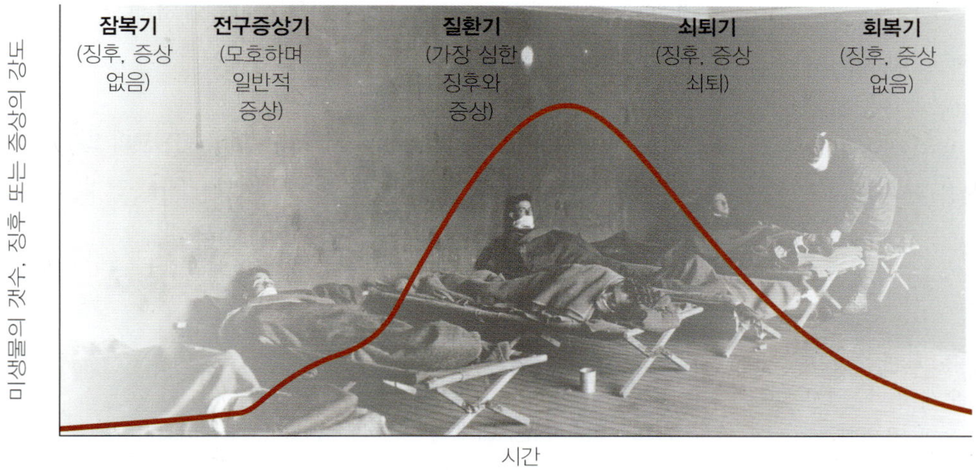

잠복기 (징후, 증상 없음)
전구증상기 (모호하며 일반적 증상)
질환기 (가장 심한 징후와 증상)
쇠퇴기 (징후, 증상 쇠퇴)
회복기 (징후, 증상 없음)
미생물의 갯수, 징후 또는 증상의 강도
시간

▲ 그림 7.10 감염성 질환의 단계.

항식균 요소

일반적으로 병원균이 숙주에 오래 동안 남아있을수록 더 많은 해를 끼치고 병은 더욱 심해진다. 감염의 정도와 기간을 줄이기 위해, 대식세포라 불리는 백혈구와 같은 신체의 식세포들이 침투한 병원체를 삼켜 제거한다. 여기서는 이런 식세포작용을 피하는 몇 가지 독성인자에 대해서 알아보자.

캡슐 많은 병원성 세균의 캡슐은 효과적인 독성인자인데, 신체에서 흔히 발견되는, 예를 들어, (다당류와 같은) 화학물질들로 구성되어 있다. 따라서 이들은 숙주의 면역반응을 자극하지 않는다. 예를 들어, 캡슐의 히알루론산은 실제로 식세포를 속여 마치 이 캡슐에 둘러싸인 세균이 숙주의 몸의 일부로 여기고 다루도록 하게한다. 또한 캡슐은 미끄러워 식세포들이 둘러싸서 식세포작용을 어렵게 한다. 식세포의 위족이 캡슐을 잡을 수 없는데 이는 젖은 손으로 젖은 비누를 잡기 어려운 이치와 같다 **(그림 7.9c)**.

항식균 화학물질 임질을 일으키는 세균을 포함한 일부 세균은 리소좀과 식균포(phagocytic vesicle)의 융합을 억제하는 화합물을 분비하여 세균이 식세포 내에서 살아남을 수 있도록 한다 (그림 7.9c 참조). *Streptococcus pyogenes* (strep-tō-kok´ŭs pī-oj´en-ēz)는 세균의 표면과 핌브리아(fimbriae)에 M 단백질(*M protein*)을 분비하여 식세포작용을 방해함으로써 독성을 증가시킨다. 다른 세균은 류코시딘(*leukocidin*)이란 화학물질을 분비하여 식세포작용을 하는 백혈구세포를 파괴한다.

감염성 질환의 단계

학습 | 성과

7.15 감염성 질환의 5가지 전형적인 단계를 들고 설명하라.

감염에 노출된 후, **질병의 진행(disease process)**이란 일련의 과정이 일어난다. 많은 감염성 질환은 다음과 같은 5가지 단계를 갖는다: 잠복기, 전구증상기, 질환기, 쇠퇴기, 회복기 **(그림 7.10)**.

잠복기

잠복기(incubation period)는 감염으로부터 최초 증상 또는 질병의 징조가 보이는 시간을 말한다. 잠복기의 길이는 감염체의 독성, 감염체의 양 (병원체의 초기 수량), 환자의 면역기능의 건강상태, 병원체의 특성과 번식 시간, 그리고 감염위치에 따라 다르다. 어떤 질병은 전형적인 잠복기를 보이는 반면, 다른 질병의 경우 잠복기는 크게 다르기도 하다. **표 7.9**에 선별된 몇몇 질병의 잠복기에 대해 소개하였다.

전구증상기

전구증상기[prodromal[9] (prō-drō´măl) **period]**는 본격적인 질환에 앞서 일반적이고 (몸이 불편하거나 근육통과 같은) 경미한 증상을 보이는 짧은 시기를 말한다. 모든 감염성 질환이 전구증상기를 갖는 것은 아니다.

[9]그리스말로 "전조"를 의미하는 *prodromos*로부터 유래.

표 7.9 특정 질환의 잠복기

질병	잠복기
Staphylococcus 식품 감염	1일 이내
독감	약 1일
콜레라	2–3일
성기 포진	약 5일
파상풍	5–15일
매독	10–21일
B형 간염	70–100일
AIDS	1–8년 이상
나병	10–30년 이상

질환기

질환기(illness)는 감염성 질환에서 가장 혹독한 단계이다. 이 기간 동안, 징후와 증상이 가장 명확히 나타난다. 전형적으로 환자의 면역체계가 병원체에 충분히 반응하지 못하고, 병원체가 신체에 해를 주고 있는 시기다. 이 시기에 대체로 의사들은 환자를 처음 보게 된다.

쇠퇴기

쇠퇴기(decline) 동안, 환자의 면역반응과 치료로 인해 병원체가 사라짐에 따라 신체는 점차적으로 정상으로 돌아오게 된다. 열과 다른 징후와 증세는 가라앉는다. 정상적으로 면역반응과 항체와 같은 면역반응의 부산물들이 이 기간 동안에 많아진다. 만일 환자가 회복하지 못한다면 그 질환은 치명적이 될 것이다.

회복기

회복기(convalescence) (kon-vă-les´ens) 동안, 환자는 질병으로부터 회복된다. 조직은 복구되고 정상으로 돌아온다. 회복기의 기간은 손상 정도, 병원체의 특성, 감염위치, 환자의 전반적인 건강상태에 따라 결정이 된다. 따라서 포도상구균에 의한 식중독은 하루 만에 회복되는데 반하여, 라임병으로 부터의 회복은 몇 년이 걸리게 된다.

환자는 질병의 모든 단계 동안에 감염성을 보이는 경우가 많다. 비록 우리 대부분이 증세를 보이는 기간 동안 남에 대한 감염성을 가지고 있다고 알고 있더라도, 잠복기나 회복기에도 역시 병을 퍼트릴 수 있음을 알지 못하고 있다. 예를 들어, 명백하게 헤르페스 염증(herpes sores)을 갖지 않은 환자도 헤르페스바이러스(herpesvirus)를 전염시킬 수 있다. 비감염성 기술을 잘 이용한다면 많은 병원체들이 회복기의 환자들로부터 퍼져나가는 것을 막을 수 있다.

왜 그런가

캡슐을 만들 수 없는 *Streptococcus pneumoniae* 돌연변이체는 왜 폐렴을 일으킬 수 없는가?

숙주로부터 병원체의 이탈: 출구경로

감염이 출입통로를 통해 일어나듯이, 병원체들은 다른 숙주를 감염하기 위해서는 반드시 **출구통로(portals of exit)**를 통해서 감염된 숙주를 빠져나가야 한다 (그림 7.11). 많은 출구통로는 근본적으로는 감염 출입통로와 동일하다. 그러나 병원체는 종종 신체가 분비하거나 방출하는 물질들에 섞어 숙주를 빠져나간다. 따라서 병원체는 숙주의 분비물 (귓밥, 눈물, 콧물, 침, 가래, 호흡기에서 나오는 작은 비말)이나 혈액 (모기물림, 피하주사바늘, 또는 상처), 질 분비물이나 정액, 유선에서 분비되는 모유, 신체 배설물 (대변과 소변) 등의 형태로 숙주를 벗어나게 된다. 알 의료계 종사자들은 사람들 사이에서 질병이 전파되는 것을 이해하고 조절하기 위한 노력을 하는데 있어서 반드시 질병의 출입구에 대해 고려해야 한다.

왜 그런가

왜 방광으로부터 소변을 비우는데 사용되는 관이 병원균의 입구로서 보다는 출구로 사용될 가능성이 높은가?

감염성 질환의 전염 방식

학습 성과

- **7.16** 접촉 전염, 매개체 전염, 매개생물 전염을 비교하라.
- **7.17** 비말전염(droplet transmission)과 공기전염(airborne transmission)을 비교하라.
- **7.18** 기계적(mechanical) 매개체와 생물학적(biological) 매개체를 비교하라.

정의에 따르면, 감염성 질환의 원인체는 감염저장소 또는 출구로부터 다른 숙주의 출입구로 전달 (전염)되어야 한다. 전염은 여러 가지 방식으로 이루어지는데, 다소 임의적이지만 크게 3가지로 구분할 수 있다: 접촉 전염, 매개체 전염, 매개생물 전염.

접촉 전염

접촉전염은 직접접촉, 간접접촉 또는 호흡기에서 유래하는 비말 등을 통해서 병원체가 하나의 숙주로부터 다른 숙주로 병원체가 전파되어 나가는 것을 말한다.

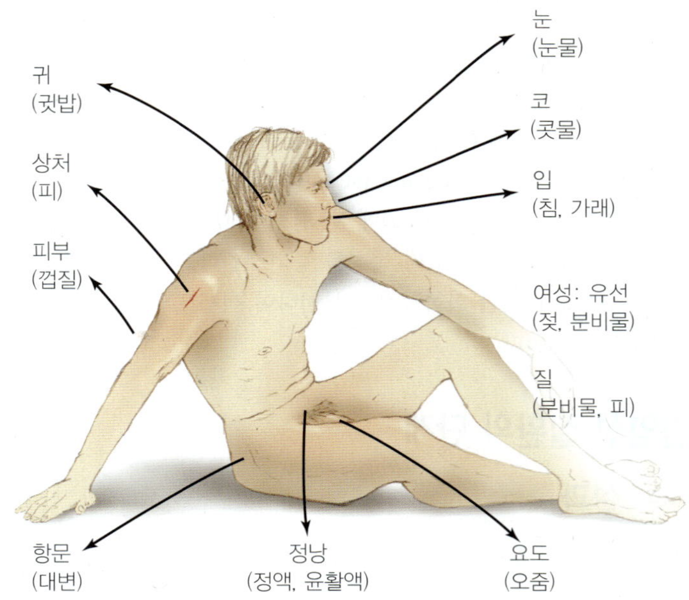

▲ **그림 7.11 출구 통로.** 많은 출구는 또한 입구 통로이기도 하다. 병원체는 때로 그 부위에 서 만들어진 신체의 분비물이나 배설물을 통해 빠져나간다.

직접접촉 전염(direct contact transmission)은 사람과 사람사이의 전파를 포함하는데, 전형적으로 숙주간의 신체적 접촉이 관여한다. 가벼운 접촉, 키스, 성교 등은 사마귀, 포진, 임질과 같은 병의 전파와 관련이 있다. 병원체에 감염된 산모로부터 태아로 태반을 통해 전달되는 것도 직접접촉 전염의 한 형태이다. 만일 한 개인이 병원체를 출구로부터 바로 입구로 전달할 경우 자신을 직접접촉 감염시킬 수 있다. 예를 들어, 자신의 위생에 주의를 기울이지 않는 사람들이 배설물에 존재하는 병원체에 오염된 손가락을 바로 자신의 입에 넣을 때 이와 같은 일이 발생한다.

간접접촉 전염(indirect contact transmission)은 병원체가 한 숙주로부터 다른 숙주로 **매개물(fomites)** [fōm´i-tēz; 단수: *fomes* (fōm´mēz)]에 의해 옮겨질 때 발생할 수 있는데, 매개물이란 병원체를 우연히 새로운 숙주로 옮기게 되는 무생물체를 말한다. 매개물은 주사바늘, 칫솔, 종이티슈, 장난감, 돈, 기저귀, 음료수 컵, 침대보, 의료장비 등의 병원체를 가지거나 전파할 수 있는 물건들을 포함한다. 오염된 주사바늘은 B형 간염과 AIDS 바이러스에 의한 감염의 주원인체이다.

비말 전염(droplet transmission)은 접촉성 전염의 3번째 형태이다. 병원체는 날숨이나, 기침, 재채기를 하는 동안 신체 밖으로 나가게 되는 비말 형성체(*droplet nuclei*) (점액성 비말)로 전파될 수 있다 **(그림 7.12)**. 감기나 독감바이러스와 같은 병원체는 이런 형태로 전파된다. 만일 병원체가 호흡기성 비말의 형태로 1미터 이상 퍼져나가게 되면 이런 형태는 접촉 전염이라기보다는 공기전염(*airborne transmission*)으로 간주한다 (곧 이에 대해 알아보겠다).

▲ **그림 7.12 비말에 의한 전파.** 이 경우는 재채기를 하는 동안 주로 입을 통해 작은 물방울들이 밖으로 나가게 된다. 비말이 근원지로부터 1미터 이내에 존재하는 새로운 숙주로 병원체를 옮기면, 이러한 전파를 통상적으로는 접촉성 전염으로 생각한다. *어떤 출입 경로에 의해 공기전염이 일어날 가능성이 높은가?*

그림 7.12 가능성이 높은 공기매개 병원체의 출입경로는 호흡기의 점막이다.

매개 전염

매개 전염(vehicle transmission)은 병원체가 공기나 음료수, 음식, 몸 밖에서 다루어지는 체액 등에 의해 전파되는 것을 말한다.

공기전염(airborne transmission)은 병원체가 공기 중의 비말이나 고형물질 등으로 구성되어 구름처럼 보이는 분무 또는 **에어로솔(aerosol)** (ăr´ō-sol)의 형태로 빠져나와 1미터 이상을 비행하여 새로운 숙주의 호흡기 점막으로 전파되는 것을 말한다. 분부는 병원체를 먼지 또는 비말의 형태를 가지게 된다 (비말 형성체를 통해 1미터 이하로 전파되는 경우는 직접접촉 전염임을 상기하기 바란다). 에어로솔은 재채기나 기침으로 발생할 수 있으며, 이들은 냉방장치, 청소, 물걸레질, 옷을 갈아입거나 침대보 교환, 또는 미생물 실험실에서 실험도중에도 발생할 수 있다. 먼지입자는 *Staphylococcus, Streptococcus, Hantavirus* (han´tă-vī-rūs) 등을 포함할 수 있으며, 홍역바이러스나 결핵균 등은 건조하고 공기 중의 비말 형태로 전파될 수 있다. *Histoplasma* (his-tō-plaz´mă)이나 *Coccidioides* (kok-sid-ē-oy´dēz)의 균류 포자들은 전형적으로 흡입을 통해서 전파된다.

수인성 전염(waterborne transmission)은 편모충이질, 아메바이질, 콜레라와 같은 위장관 질환의 전염에 매우 중요하다. 물은 감염의 저장소이면서 동시에 매개체임을 주지하기 바란다. **분변-구강 감염(fecal-oral infection)**은 전 세계적으로 주요 질환의 원인이다. *Schistosoma* (ski-tō-sō´mă) (14장 참조)나 장내바이러스 (13장 참조)와 같은 수인성 병원체는 대변으로 나와 위장 막 또는 피부를 통해 숙주에 들어가고 몸의 다른 부위에 질병을 일으킨다.

식품매개 전염(foodborne transmission)은 부적합하게 제조되거나 덜 익힌 것 또는 제대로 냉동보관이 되지 않은 음식에 존재하는 병원균이 관여한다 **(그림 7.13)**. 식품은 정상 미생물총 (예, *E. coli*와 *S. aureus*)에 의해 오염되어 있거나, *Mycobacterium bovis* (bō´vis)와 *Toxoplasma* (tok-sō-plaz´mă)와 같은 인수공통병원체, 사람과 동물을 번갈아가며 기생하는 기생충 등으로 오염될 가능성

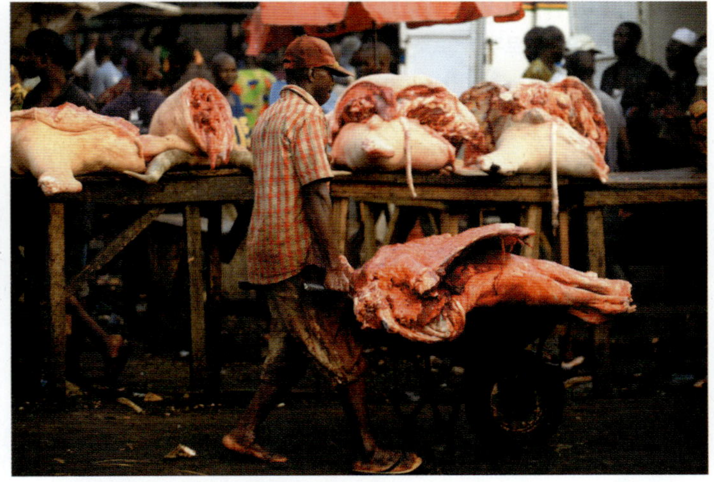

▲ **그림 7.13 불량하게 냉장된 식품은 병원체를 가지고 질병을 전파할 수 있다.**

임상 사례연구

신생아실의 결핵

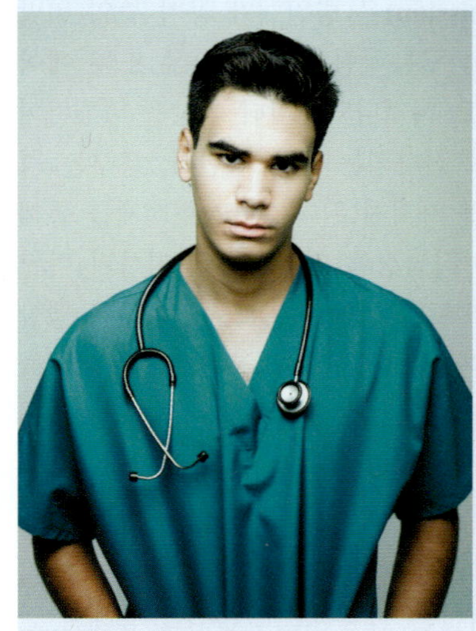

초가을, 대형도시 병원의 신생아실 간호사는 기침과 열을 동반한 병을 앓게 되었다. 의사는 그가 계절성 알레르기를 가지고 있다고 믿고 기침억제제와 항히스타민제, 분무성 스테로이드제제를 처방하였다. 그는 일하기 위해 병원의 신생아실로 돌아왔다.

3주 후 그의 상태는 악화되었고, 증세는 호흡곤란과 피가 섞인 가래 등으로 더욱 복잡해 졌다. 몇 가지를 물어본 후, 의사는 이 간호사가 취업비자를 가지고 미국에서 일하고 있으며 남아프리카가 고향임을 알게 되었다. 그는 결핵(TB) 피부검사에서 양성 반응을 보였지만, 어릴 적에 맞은 TB 백신에 대한 신체의 자연적 반응으로 믿고 있었다. 과거에 찍은 X-선 흉부 사진은 항상 감염되지 않았음을 보여주었다.

그러나 이번에는 가래도말(sputum smear)시험에서 항산성 간균에 대한 양성반응을 보였다. 그는 활동성 결핵으로 진단되었고, 결핵에 대한 기본적인 약물 처치를 받기 시작하였다. 그는 출근이 제한되고 6주 동안 호흡격리 장소에 배치되었지만, 신생아실 병동에서 계속 일을 하였던 3주 동안, 620명의 신생아를 포함하여 약 900명의 산부인과 환자들을 공기 감염성 질환인 결핵을 노출시켰다.

1. **어떻게 의사들이 그들의 환자들이 감염성 질환에 감염되었을 가능성을 신속하게 평가할 수 있을까?**
2. **감염성을 지닌 병원 직원들로부터 환자를 보호하기 위해 병원은 어떤 정책을 적용하여야 할까?**
3. **어떻게 병원이 일반 대중의 지식을 증진하고, 결핵이나 다른 감염성 질환으로부터 보호할 수 있을까?**

참고문헌: *MMWR* 54:1280-1283, 2005에서 인용

이 있다. A형 간염바이러스와 같은 병원체나 용변에 오염되어 있는 음식은 다른 형태의 분변-입 감염이다. 만일 적절히 멸균되지 않았다면, 우유는 특히 미생물들이 사용하는 영양분 (단백질, 지방, 비타민, 설탕)들이 풍부하기 때문에 감염된 동물과 우유를 다루는 사람들 사이에서 많은 질병이 전파되는데 관여한다.

혈액, 소변, 침, 다른 체액은 병원체를 가지고 있기 때문에, 모든 사람들, 특히 병원관련 종사자들은 **체액전염(bodily fluid transmission)**을 막기 위해 이러한 액체들을 다룰 때 특별히 조심해야 한다. 이러한 액체는 반드시 병원체에 감염되어 있을 확률이 높음을 고려하여 각막이나 피부, 또는 점막의 조그만 상처와 접촉되지 않도록 특별한 관심을 기울여야한다. 이렇게 체액을 통해 감염될 수 있는 질병의 예는 AIDS, 간염, 포진 등이며, 이 질병들은 우리가 보아왔던 직접 접촉에 의해 전파된다.

매개체 전염

매개체(vector)는 하나의 숙주에서 다른 숙주로 질병을 옮기는 동물을 말한다. 매개체는 생물학적 매개체와 기계적 매개체로 나눌 수 있다.

생물학적 매개체(biological vector)는 병원체를 옮길 뿐만 아니라 병원체의 생활사에서 병원체가 증식되도록 숙주의 역할도 동시에 수행한다. 사람에 영향을 미치는 생물학적 매개체는 전형적으로 사람을 무는 절지동물, 즉 모기, 진드기, 이, 벼룩, 흡혈파리, 곤충, 진드기 등을 말한다 (그림 5.33 참조). 병원체는 생물학적 매개체의 장이나 침샘 등에서 번식한 후, 새로운 숙주를 깨물어 전파된다. 물린 곳은 매개체의 배설물로 오염되거나 직접 그곳을 통해 병원체를 옮긴다.

기계적 매개체(mechanical vector)는 그들이 전파하는 병원체의 숙주로 사용될 필요성은 없으며, 단지 수동적으로 그들의 발이나 몸의 일부에 부착되어 있는 병원체를 새로운 숙주로 전달하는 역할을 수행한다. 집파리나 바퀴벌레와 같은 기계적 매개체는 *Salmonella*와 *Shigella*와 같은 병원체를 음용수나 음식 또는 피부로 전파할 수 있다.

표 7.10에 몇몇 절지동물 매개체와 그들이 옮기는 질병에 대해 나열하였다. **표 7.11**에서는 병의 전염되는 양상에 대해 소개하였다.

왜 그런가

모든 절지동물 매개체가 병원체 저장소라고 말할 수 없는 이유는 무엇인가?

감염성 질환의 분류

학습 | **성과**

- **7.19** 감염성 질환의 다양한 분류법의 기반에 대해 논하라.
- **7.20** 급성, 아급성, 만성, 그리고 잠복 질환을 구분하라.
- **7.21** 전염성, 접촉성, 비전염성, 감염성 질환을 구분하라.

감염성 질환은 여러 가지 방법으로 분류할 수 있다. 어느 하나의 방법이 "옳은 방법"이라고 말할 수 없으며, 각 분류법마다 장점을 갖고 있기 때문이다. 한 분류 체계에서는 질병을 분류학적 방법에 따라 구분한다. 이런 방법의 문제는 분류학적으로 같은 병원체이지만 인체의 다른 부분에 영향을 준다는 것이다. 예를 들어, *Staphylococcus*는 피부병, 설사, 그리고 뇌막염을 일으킨다.

표 7.10 절지동물 매개체

	질병	원인체 (특별히 표시하지 않으면 세균)
생물학적 매개체		
모기		
Anopheles,	말라리아	*Plasmodium* 종 (원생동물)
Aedes	황열병	*Flavivirus* 종 (바이러스)
	상피병	*Wuchereria bancrofti* (기생충)
	뎅기	*Flavivirus* 종 (바이러스)
	바이러스성 뇌염	*Alphavirus* 종 (바이러스)
진드기		
Ixodes	라임병	*Borrelia burgdorferi*
Dermacentor	로키산 반점열	*Rickettsia rickettsii*
벼룩		
Xenopsylla	선페스트	*Yersinia pestis*
	발진열	*Rickettsia prowazekii*
이		
Pediculus	유행성 발진티푸스	*Rickettsia typhi*
흡혈 파리		
Glossina	아프리카 수면병	*Trypanosoma brucei*
Simulium	사상충증	*Onchocerca volvulus* (기생충)
흡혈 벌레		
Triatoma	샤가스병	*Trypanosoma cruzi* (원생동물)
진드기 (양충)		
Leptotrombidium	쯔쯔가무시병	*Orientia tsutsugamushi*
기계적 매개체		
집파리		
Musca	식품유래 감염	*Shigella* 종 *Salmonella* 종, *Escherichia coli*
바퀴벌레		
Blatella, Periplaneta	식품유래 감염	*Shigella* 종, *Salmonella* 종, *Escherichia coli*

다른 분류방법은 영향을 주는 신체의 시스템에 따라 질병을 구분한다. 11장에서 17장에서 이러한 접근법에 따른 질병에 대하여 다루었다.

(반드시 감염성 질환을 포함하는 것은 아니지만) 모든 질병은 기간과 중증도에 따라 구분할 수도 있다. 만일 질병이 빨리 발생했다가 비교적 짧은 시간동안 지속된다면, 이것은 **급성질환(acute disease)**이다. 그 예는 감기이다. 반대로 **만성질환(chronic disease)**은 천천히 발생하고 (대체로 중증도는 적은 편임) 지속되거나 재발하는 병이다. 감염성 단핵구증, C형 간염, 결핵, 나병 등은 만성질환에 해당한다. **아급성 질환(subacute disease)**은 질병의 기간과 중

표 7.11 질병 전파의 방식

전파방식	질병 전염의 예
접촉성 전파	
직접접촉: 예, 악수, 입맞춤, 성교, 물림	피부탄저병, 생식기 사마귀, 임질, 헤르페스, 광견병, 포도상구균성 감염, 매독
간접접촉: 예, 물컵, 칫솔, 장난감, 찔린 상처	감기, 장바이러스 감염, 독감, 홍역, Q열, 폐렴, 파상풍
비말 전파: 예, (1미터 이내) 재채기로 인해 발생하는 비말	백일해, 연쇄상구균성 인후염 (패혈성 인두염)
무생물매개체 전파	
공기매개: 예, 1미터 이상 이동하는 먼지입자 또는 비말	수두, 콕시디오이데스 진균증, 히스토플라즈마증, 독감, 홍역, 호흡기탄저병, 결핵
물매개: 예, 하천, 수영장	*Campylobacter* 감염, 콜레라, *Giardia* 설사
식품매개: 예, 가금류, 해산물, 고기류	식중독 (보툴리즘, 포도상구균성); A형 간염, 리스테리아증, 촌충, 톡소플라스마증, 장티푸스
생물매개체 전파	
기계적: 예, 파리, 바퀴벌레	*E. coli* 설사, 살모넬라증, 트라코마
생물학적: 예, 이, 진드기, 모기	샤가병, 라임병, 말라리아, 흑사병, 록키산 반점열, 장티푸스, 황열병

증도가 급성과 만성 질환의 중간 정도를 보인다. 심장판막병인 아급성 세균성 심장 내막염이 그 예이다. **잠복성 질환(latent disease)**은 병원체가 활성화되기 전에 오랜 기간 불활성상태로 존재하는 질환을 말한다. 헤르페스(herpes)가 잠복성 질환의 한 예이다.

감염성 질환이 다른 감염된 숙주로부터 직접적 또는 간접적으로 오게 될 때, 이를 **전염성 질환(communicable disease)**이라고 한다. 독감, 헤르페스, 결핵이 전염성질환의 예이다. 만일 전염성 질환이 수두나 홍역처럼 숙주사이에 쉽게 전파가 되면, 이는 **접촉성 감염질환(contagious disease)**이라고 불린다. **비전염성 질환(noncommunicable disease)**은 숙주 밖에서나 정상 미생물총에서 생성된다. 다시 말해서 한 숙주에서 다른 숙주로 전염되지 않으며, 한 숙주가 병의 원천으로 작용하지 않는다. 충치, 여드름, 파상풍 등이 비전염성질환의 예이다. 표 7.12에 감염성 질환을 분류하는데 사용하는 용어들에 대해 정의하였다.

감염성 질환을 분류하는 또 다른 방법은 개개인에 미치는 영향이 아니라 전체 인구에 미치는 영향에 따라 구분하는 것이다. 특정 질환이 특정 인종이나 지역에서 지속적으로 발견되는가? 특정지역의 어떤 환경에서 질환이 정상이상으로 심해지는가? 얼마나 정상적인 상태가 유지되는가? 어떻게 특정 질환이 사람들 사이에서 전파되는가? 등의 인구 수준에서의 질병과 관련된 문제점들에 관해 조사해보기로 하자.

표 7.12 감염성 질환을 분류하는데 사용하는 용어들

용어	정의
급성 질환 (acute disease)	증세가 빨리 발달하고 질병진행이 빠르게 진행되는 질병
만성 질환 (chronic disease)	약한 증세가 천천히 발달하고 오래 지속되는 질병
아급성 질환 (subacute disease)	증세의 속도 기간이 급성과 만성의 중간에 있는 질병
무증세 질환 (asymptomatic disease)	증세가 없는 병
잠재성 질환 (latent disease)	감염 후 오랜 시간이 경과되어 발병하는 질병
전염성 질환 (communicable disease)	한 숙주에서 다른 숙주로 전파되는 질병
접촉성 감염질환 (contagious disease)	쉽게 퍼져나가는 전염성 질병
비전염성 질환 (noncomunicable disease)	숙주의 외부에서 발생한 병 또는 기회성 병원체로 기인한 질병
부분 감염 (local infection)	신체의 일부분에 국한된 감염
전신 감염 (systemic infection)	신체의 많은 장기나 부위에 폭넓은 감염으로 혈액이나 림프를 따라 이동
국부 감염 (focal infection)	신체의 다른 부위에 감염하는 병원체의 원인소가 되는 감염
일차 감염 (primary infection)	환자의 초기 감염
이차 감염 (secondary infection)	일차 감염 후 감염으로, 때때로 기회적 병원체에 의해 발생

왜 그런가

높은 치사율을 보이는 급성질환이 전국적인 유행병이 될 가능성이 낮은 이유는 무엇인가?

감염성 질환의 역학

학습 | 성과

7.22 역학을 정의하라.

지금까지 우리는 주로 미생물이 개인(*individual*)에게 미치는 부정적 효과에 대해 주로 논하였다. 지금부터는 우리의 관심을 집단(*population*)에 대한 병원체의 영향으로 바꾸어 보겠다. **역학(epidemiology)**[10] (ep-i-dē-mē-ol´ō-jē)은 질병이 언제 어디서 발생하고 어떻게 사람들 사이에서 전파되는가에 관한 연구를 말한다. 20세기에 역학자는 그들의 연구영역을 감염성 질환을 넘어서 자동차 사고, 총기 사고, 흡연, 납중독 등에 의한 상해와 죽음 등으로 넓혀나갔다. 그러나 여기서는 주로 감염성 질환의 역학에 대해 토론하기로 하자.

[10]그리스어로 "사람들 사이"를 의미하는 *epidemios*, "어떤 것에 대한 연구"를 의미하는 *logos*로부터 유래.

질환의 빈도

학습 | 성과

7.23 질환의 발생과 유행성을 비교하라.
7.24 풍토적, 산발적, 유행성, 범세계적이라는 용어를 구분하라.

역학자들은 두 가지 방법을 이용하여 질병의 발생을 추적한다. 즉, 발생빈도와 만연도이다. **발생빈도(incidence)**은 일정한 기간 동안 특정지역이나 집단에서 새로운 질병의 생성건수를 의미한다. **만연도(prevalence)**는 일정 기간 동안 특정지역이나 집단에서 새롭거나 기존 질병을 포함하여 질병의 전체 수를 의미한다. 다시 말해서, 만연도는 축적된 질환 수를 말한다. 예를 들어, 2009년 미국에서 보고된 새로운 AIDS 환자는 42,959명이었다. 그러나 2009년 AIDS의 만연도는 약 450,000명이었는데, 이는 2009년 이전에 이미 400,000명 이상의 AIDS 환자가 살아있었기 때문이다. **그림 7.14**에 발생빈도와 만연도와의 관계를 도식화하였다.

역학자들은 이런 결과를 지도, 그래프나, 차트, 표 등의 여러

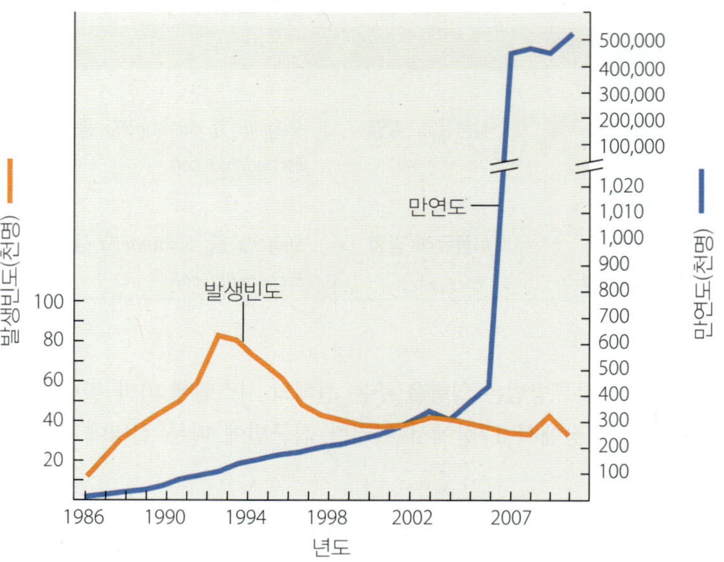

▲ **그림 7.14 미국의 성인들 사이에 AIDS의 발병과 추정 유행성을 나타내는 곡선.** 두 곡선이 서로 다르다는 것에 주목하라. *왜 질환의 발생빈도가 만연도를 결코 초과하지 못할까?*

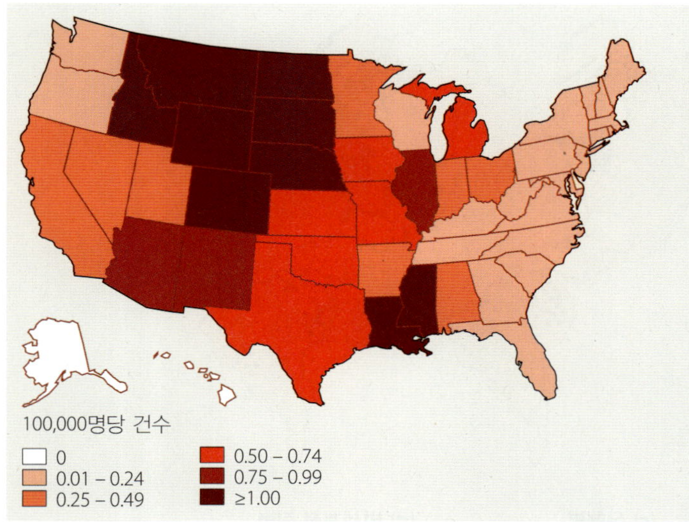

(a)

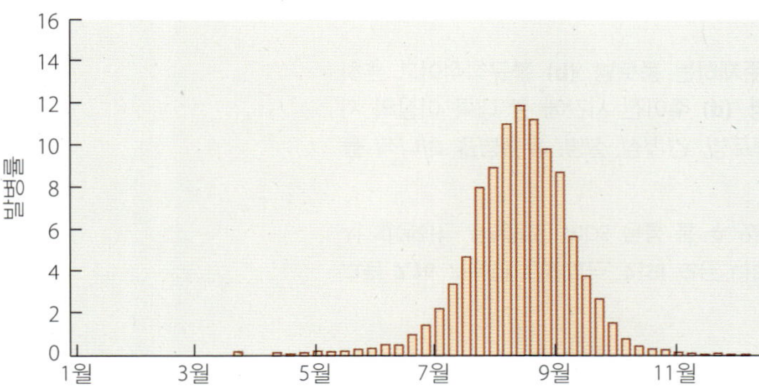

(b)

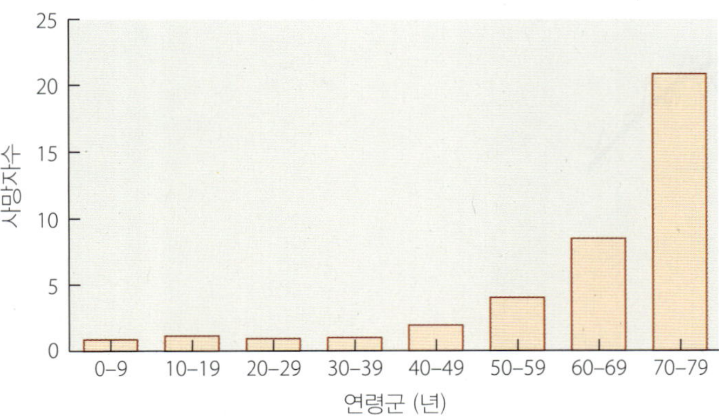

(c)

▲ **그림 7.15 역학자들은 다양한 방법으로 결과를 보고한다.** 여기서는 신경계를 공격하는 바이러스인 웨스트나일 바이러스(West Nile virus)의 유행성 질환 발생건수를 나타낸다. 1999-2008년 10년간의 결과를 나타내고 있다. **(a)** 미국에서 연 평균 발생을 주 별 분포도. **(b)** 주 당 발병 건수의 백분율. **(c)** 연령별 사망자 백분율. *어떻게 이 결과가 모기가 웨스트나일 바이러스를 옮긴다는 생각을 지지하는데 도움을 주는가?*

그림 7.15 대부분의 질환은 늦은 여름에 발생한다. 이때는 모기가 더 많이 돌고 사람들이 더 외부활동을 많이 하기 때문일 것이다.

가지 방법으로 보고한다 **(그림 7.15)**. 왜 그들은 결과를 그렇게 다양한 방법으로 보고하는가? 다양한 형태의 사용은 역학자로 하여금 질병의 원인과 예방을 가능하게 하는 실마리를 제공할 수 있는 어떤 경향을 볼 수 있도록 해 주기 때문이다. 예를 들어, 서부 나일 바이러스에 의한 뇌염은 미국 전역에서 발생하는데, 결과를 나이별로 재배열해 보면, 미국의 노년층이 가장 취약하다는 것을 알 수 있다.

질병의 발생은 빈도와 지리적 분포의 조합의 형태로 볼 수 있다 **(그림 7.16)**. 특정 인구집단이나 지리학적 지역에서 상대적으로 안정적으로 지속적으로 발생하는 질환은 특정 인구집단이나 지역에 **풍토적(endemic)**[11]이라고 할 수 있다. 특정 지역이나 집단에 간헐적으로 소수의 질병이 발생하면 그 병은 **간헐적(sporadic)**이라고 한다. 만일 어떤 질환이 정상적인 경우보다 훨씬 많이 발생한다면, 그 질병은 그 지역과 집단에서 **유행성(epidemic)** 질환이라고 이야기한다.

수천 또는 수백만 명이 질병에 감염되면 유행성 질환이라고 믿는 일반적인 견해는 잘못된 것이다. 유행성 질환으로 분류되는 질환의 발병에 필요한 시기나 숫자에 대해서는 구체화되지 않았다. 중요한 것은 오랜 통계적 역사가 예측보다 더 많은 건수가 발생한다는 것이다. 예를 들어, 출현성 질병으로서 *E. coli* 균주에 의해 발생한 용혈요독증후군(hemolytic uremic syndrome)이 2011년 독일에서 70건 이내에서 발병되었다. 그러나 보통 연간 5건 이하로 발생하기 때문에, 2011년 발병한 이 병은 유행성으로 분류되었다. 같은 해, 수천 건의 독감이 독일에서 발생하였다. 그러나 이 건수는 기대된 수치에 가까웠기 때문에 유행성 독감으로 분류되지 않았다. **그림 7.17**에서 어떻게 유행성 질환이 전체 건수에 따른 것이 아니라 기대 건수에 의해 정의되는지 설명하였다.

만일 유행성 질환이 동시에 하나의 대륙 이상에서 발생한다면 이는 **범세계적(pandemic)** 질병으로 표현한다 (그림 7.16d 참조). H1N1 독감, 소위 돼지독감(swine flu)은 2009년에 유행한 범세계적 질병이었다.

분명히 풍토적, 간헐적 (산발적), 유행적, 범세계적으로 구분할 수 있는 질환의 만연도는 각 지역과 집단에 맞게 잘 기록되어야 한다. 이러한 기록으로부터 질환의 발생빈도와 만연도를 계산할 수 있고, 이러한 결과에 대한 변화를 주지할 수 있다. 지방이나 중앙정부의 의료부서에서는 의사와 병원에게 특정 감염성 질환을 보고하도록 요청하고 있다. 어떤 병은 국가적으로 알려하여야 한다. 예를 들어, 국가역학연구를 위한 본부와 집행부가 있는 미국 Georgia 주의 Atlanta 시에 소재하고 있는 질병통제예방센터(Centers for Disease Control and Prevention, CDC)에 특정 질환의 발생에 대해 보고하여야 한다. 국가적으로 보고해야하는 질환들은 207쪽 **표 7.13**에 나열하였다. CDC는 매주 국가적으로 보고되어야하는 질병의 건수

[11]그리스어인 "토속적"임을 뜻하는 *endemos*로부터 유래.

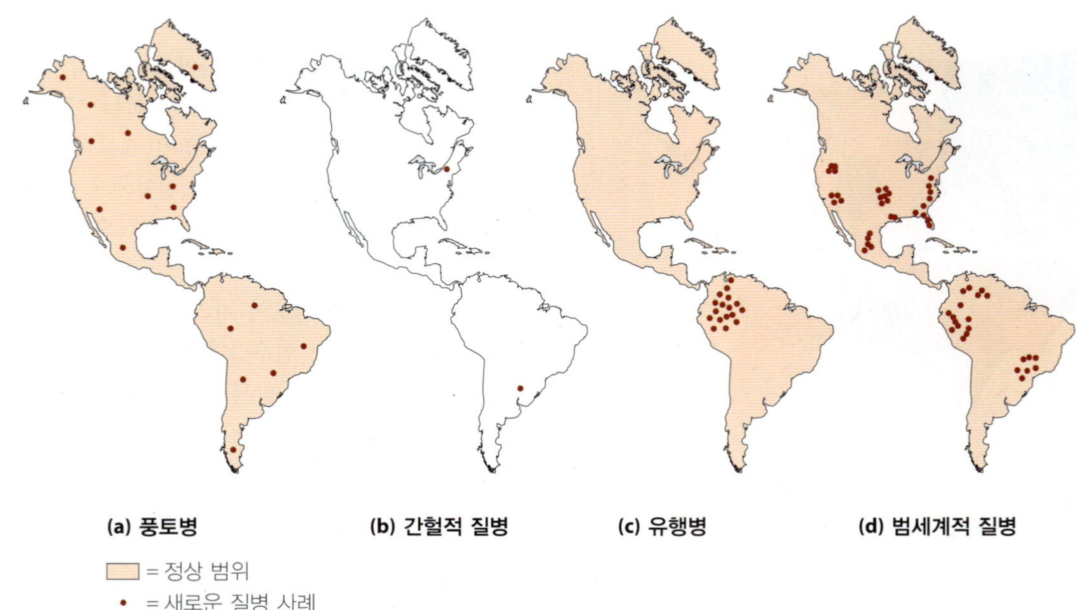

◀ **그림 7.16 질병 발생에 대해 다양한 용어 설명. (a)** 한 지역에 일반적으로 존재하는 풍토병. **(b)** 불규칙적이고 흔히 발생하지 않는 간헐성 질병. **(c)** 일반적인 경우보다 더욱 빈번하게 발생한 유행병. **(d)** 주어진 시간에 한 대륙 이상의 지역에서 발생하고 있는 유행병인 범세계적 질병. *여러분의 거주지에 무관하게 풍토병, 간헐성 질병, 유행병을 하나씩 들어라.*

그림 7.16 가능한 답으로는, 거의 모든 나라에 풍토병인 독감, 대부분 나라에서 간헐적으로 발생하는 결핵, 그리고 모든 나라에서 발생하는 유행병인 AIDS 등을 들 수 있다.

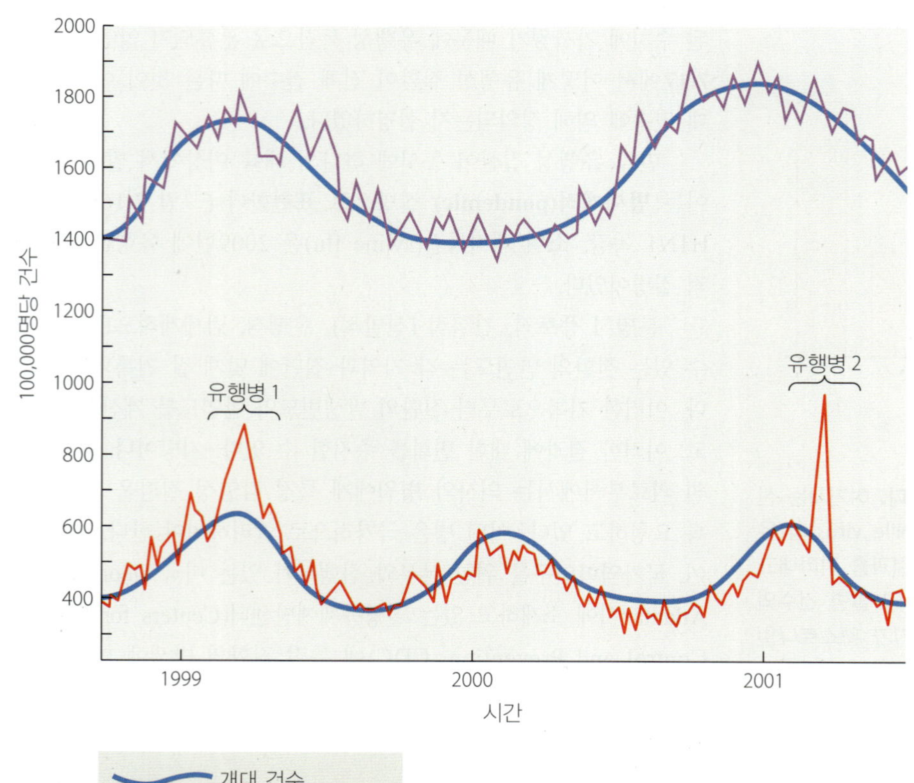

▲ **그림 7.17 유행병의 발병 건수는 비유행성 질병보다 더 적을 수 있다.** 다음 두 그래프는 질병의 절대적인 건수와 유행병으로 지정된 질병이 서로 독립적임을 보여준다. 비록 A란 질병의 건수가 B라는 질병의 건수 보다 많지만, B 질병만을 유행병으로 간주하며, 이 시기는 관찰된 질병 건수가 예측된 건수를 넘을 때이다. *어떻게 과학자들은 주어진 질병의 정상적인 유행정도를 알 수 있을까?*

그림 7.17 과학자들은 특정질환의 모든 발병건수를 기록하여 기준 유행성을 알게 되고 이 결과가 각 질환의 예측되는 유행성이 되는 것이다.

표 7.13 보고가 의무화된 감염성 질환[a]

탄저병	*Haemophilus influenzae*, 침윤성 질병	유행성이하선염	연쇄상구균성 독성-쇼크 증후군
아보바러스 질환	한센병 (나병)	새로운 A형 독감 감염	*Streptococcus pneumoniae*, 침윤성 질병
바베시아 감염증	*Hantavirus* 폐 증후군	백일해	매독
보툴리누스 중독증	용혈요독증후군, 설사 후	흑사병	파상풍
브루셀라증	A형 간염	소아마비	독소-쇼크증후군, 연쇄상구균성
무른 궤양	B형 간염	앵무병	선모충증
수두	C형 간염	Q 열	결핵
Chlamydia trachomatis 감염	HIV 감염	광견병, 동물과 사람	야토병
콜레라	독감-연관 유아사망	루벨라	장티푸스
콕시디오이데스 진균증	레지오넬라증	루벨라, 선천성 증후군	반코마이신-중간 *Staphylococcus aureus*
크립토스포리디움증	리스테리아증	살모넬라증	반코마이신-내성 *Staphylococcus aureus*
원포자충증	라임병	중증급성호흡기 증후군(SARS)	비브리오증
뎅기바이러스 감염	말라리아	시가-독소 생성 *Escherichia coli*	바이러스 출혈열
디프테리아	홍역	시겔라증	황열병
에를리히증/아나플라스마증	수막구균질환	천연두	
지아르디아증		반점열 리케차증	
임질			

를 이환률과 사망률의 주간보고서(*Morbidity and Mortality Weekly Report, MMWR*) 형태로 보고하고 있다 **(그림 7.18)**.

역학연구

학습 | **성과**

7.25 역학자들이 인구에서 질병을 연구하는 3가지 접근방법을 설명하라.

역학자들은 인구에서 질병의 역학관계를 연구하기 위해 3가지 서로 다른 방법 즉, 기술적, 분석적, 실험적 역학 연구이다.

기술적 역학

기술적 역학(descriptive epidemiology)에서는 질병에 관한 결과들을 도식화한다. 정보는 질환의 장소와 시간, 나이, 연령, 직업, 건강 내역, 사회경제적 위치 등 환자 신상정보를 포함한다. 질병의 시간 경과나 전염 고리 등은 기술적 역학에서 중요한 부분을 차지하기 때문에, 역학자들은 특정 지역과 집단에서 질환의 **지표사례(index case)** (최초 발생 건)를 찾기 위해서 노력한다. 환자가 회복되거나 다른 곳으로 이동하거나 죽는 경우가 있어 때로는 이러한 지표 건을 확인하는 것이 어렵거나 거의 불가능한 경우가 종종 있다.

초기 기술적 역학은 1854년 런던에서 발생한 콜레라를 연구한 John Snow (1813–1858)에 의해 수행되었다. 도시의 특정지역의 콜레라 건수의 지역을 조사함으로써 Snow는 콜레라 건수가 Broad 가의 급수펌프 주위로 수렴하는 것을 알았다 **(그림 7.19)**. 질병 사례의 분포와 콜레라 환자가 다량의 물같은 설사를 앓고 있다는 사실은 이 병이 하수에 의한 음용수 오염으로 전파되었다는 것을 시사하였다.

분석적 역학

분석적 역학(analytical epidemiology)은 기술적 역학연구 결과의 분석을 포함해서 가능한 질환의 원인, 전파방식, 질환억제 가능한 수단 등을 결정하기 위해 질환에 대해 자세하게 조사한다. 분석적 역학은 Koch의 가설을 적용하기 힘든 비윤리적 상황에 사용할 수 있다. 따라서 Koch의 3번째 가설을 AIDS의 경우 만족시킬 수 없더라도 (사람을 의도적으로 HIV에 감염시키는 것은 비윤리적이므로), 분석적 역학연구는 HIV가 AIDS를 일으키며 주로 성행위를 통해 전파된다는 것을 제시하였다.

때로는 분석적 연구는 소급적(*retrospective*)이다. 즉, 질병이 발병하고 나서 그 원인과 전파방식을 규명하려고 한다. 역학자들은 질병을 가진 사람들과 그렇지 않은 사람들을 비교한다. 각 그룹들의 성별, 환경, 식습관 등의 요인들을 고려하고 비교하여 어떤 병원체와 요인들이 질병을 일으키는데 역할을 하는지 결정한다.

실험적 역학

실험적 역학(experimental epidemiology)에서는 병인에 대한 가설을 증명한다. Koch의 가설의 적용이 실험적 역학의 한 예이다. 실험적 역학은 예방조치나 치료의 효율성과 같은 분석적 연구를 바탕으로 한 가설을 검증하기 위한 연구를 수행한다. 예를 들어, 분석

표 II. (계속) 2013년 9월 21일, 2012년 9월 22일 (38일번째 주)*계까지 미국 내 신고대상 질환의 잠정 건수

	지아르디아증					임질					*Haemophilus influenzae*, 침투적† 모든 연령, 모든 혈청형				
	현재	지난 52주		누적	누적	현재	지난 52주		누적	누적	현재	지난 52주		누적	누적
보고지역(주)	주	평균	최고	2013	2012	주	평균	최고	2013	2012	주	평균	최고	2013	2012
미국	159	256	413	9,343	10,934	3,845	6,170	7,762	225,146	241,673	20	69	190	2,557	2,459
뉴잉글랜드	12	23	44	862	1,042	96	123	190	4,644	4,177	—	4	21	154	164
코네티컷	—	4	7	137	173	26	48	102	1,989	1,475	—	1	4	30	43
메인	1	4	10	135	120	—	5	16	116	321	—	0	2	16	16
메사츄세츠	11	12	28	460	514	70	54	100	2,129	1,812	—	2	5	84	81
뉴햄셔	—	1	4	46	85	—	2	9	91	106	—	0	3	17	11
로드 아일랜드	—	0	7	20	40	—	7	25	257	389	—	0	11	—	8
버몬트	—	2	10	64	110	—	1	12	62	74	—	0	1	7	5
중부, 대서양 지역	26	57	89	2,047	2,067	607	790	1,084	28,909	32,982	8	12	58	447	464
뉴저지	—	6	21	179	300	49	131	181	4,861	5,582	—	2	10	80	84
뉴욕 (북부지역)	—	23	67	875	631	155	129	519	4,552	5,244	1	3	35	114	128
뉴욕시	7	14	27	522	646	156	260	339	9,569	10,891	—	2	6	86	96
펜실베니아	19	12	25	471	490	247	270	334	9,927	11,265	7	4	13	167	156
동북 중앙 지역	16	36	56	1,268	1,667	267	985	1,439	35,104	42,878	1	10	21	405	422
일리노이	—	5	12	174	256	8	270	428	8,187	13,016	—	3	10	114	114
인디애나	—	3	10	109	159	35	147	180	5,207	5,290	—	2	6	95	81
미시건	2	9	25	335	422	106	211	378	7,437	9,062	—	2	4	67	61
오하이오	13	10	26	390	427	96	313	391	11,427	12,001	1	3	8	108	115
위스콘신	1	7	15	260	403	22	84	122	2,846	3,509	—	0	4	21	51
서북 중앙 지역	10	19	62	622	1,244	60	306	415	10,836	12,849	3	5	11	169	174
아이오와	5	4	15	172	191	1	30	51	1,035	1,494	—	0	0	—	—
캔사스	—	2	5	65	103	6	37	66	1,415	1,683	—	1	3	32	21
미네소타	—	0	26	—	419	—	53	92	1,449	2,067	—	1	3	31	65
미조리	5	5	13	173	236	53	148	184	5,336	5,863	3	2	7	81	56
네브라스카	—	3	9	105	144	—	25	49	869	1,018	—	0	3	16	20
노스 다코다	—	1	4	25	46	—	8	15	273	216	—	0	1	6	12
사우스 다코다	—	2	9	82	105	—	14	23	459	508	—	0	1	3	—
남 대서양 지역	19	43	82	1,679	1,780	1,322	1,379	1,646	51,416	54,294	7	17	37	698	607
델라웨어주	—	0	2	9	19	16	22	55	934	630	—	0	2	6	6
콜롬비아 자치지역	—	1	5	39	64	69	42	92	1,643	1,803	—	0	2	10	2
플로리다	19	21	56	846	766	270	391	478	14,761	14,308	1	5	13	206	178
조지아	—	9	36	398	422	243	259	328	9,715	11,502	4	4	12	118	121
메릴랜드	—	5	9	145	184	99	109	241	3,770	3,858	—	2	4	71	67
노스 캐롤리나	N	0	0	N	N	261	266	544	9,779	11,111	2	2	12	109	80
사우스 캐롤리나	—	2	5	78	93	169	139	207	5,359	5,648	—	2	11	93	54
버지니아	—	4	16	136	193	166	125	214	4,648	4,975	—	1	8	65	71
웨스트 버지니아	—	1	5	28	39	29	20	34	807	559	—	0	3	20	28
동남 중앙 지역	—	3	13	113	129	144	501	786	17,584	21,708	—	5	12	193	153
알라바마	—	3	13	113	129	—	157	257	5,533	6,758	—	1	7	60	42
켄터키	N	0	0	N	N	88	85	143	3,173	3,151	—	0	4	35	29
미시시피	N	0	0	N	N	—	109	205	3,821	4,980	—	1	2	22	19
테네시	N	0	0	N	N	56	154	239	5,057	6,819	—	2	7	76	63
서남 중앙 지역	2	6	15	236	227	650	928	2,555	34,941	34,591	—	3	20	130	136
알칸소	—	2	8	72	62	79	74	122	2,640	3,273	—	0	3	19	23
루이지아나	2	4	10	164	165	18	116	657	4,365	6,016	—	1	4	30	48
오클라호마	—	0	0	—	—	—	68	1,325	3,406	2,344	—	2	17	79	64
텍사스	N	0	0	N	N	553	654	1,044	24,530	22,958	—	0	1	2	1
산간 지역	7	19	36	681	923	208	260	326	9,377	9,742	—	6	14	223	237
아리조나	—	2	5	68	86	81	102	158	3,668	4,208	—	2	7	89	9
콜로라도	4	4	18	168	280	52	55	100	1,968	1,999	—	1	4	54	44
아이다호	—	2	9	92	116	—	2	8	58	117	—	0	2	10	13
몬타나	—	1	4	48	47	4	3	11	140	70	—	0	1	2	4
네바다	1	1	6	59	73	52	45	79	1,802	1,629	—	0	1	11	18
뉴멕시코	—	2	6	61	67	14	32	55	1,201	1,370	—	1	3	28	38
유타	2	5	8	162	224	5	13	25	525	316	—	0	2	27	28
와이오밍	—	0	6	23	30	—	0	3	15	33	—	0	1	2	3
태평양	67	51	121	1,835	1,855	491	854	992	32,335	28,352	1	3	9	138	102
알래스카	4	1	7	53	66	6	18	39	714	481	—	0	2	11	10
캘리포니아	31	32	48	1,183	1,214	381	715	844	27,013	23,989	—	1	5	35	23
하와이	—	1	3	30	23	—	14	26	491	574	—	1	2	21	15
오리건	10	6	17	262	278	42	32	50	1,251	1,069	1	1	5	66	54
워싱턴	22	10	61	307	274	62	73	154	2,866	2,239	—	0	3	5	—
영토															
미국령 사모아	—	0	0	—	—	—	0	0	—	—	—	0	0	—	—
C.N.M.I.	—	—	—	—	—	—	—	—	—	—	—	—	—	—	—
괌	—	0	1	—	1	—	0	0	—	—	—	0	0	—	—
푸에르토리코	—	0	3	29	2	1	1	6	241	225	—	0	0	—	—
미국 버진 아일랜드	—	0	0	—	—	—	1	8	26	101	—	0	0	—	—

C.N.M.I.: Commonwealth of Northern Mariana Islands(북 마리아나 섬 연방).
U: 기록 없음. —: 보고된 건수 없음. N: 보고할 수 없음. NN: 자연적으로 보고할 만한 것이 아님. Cum: 올 한해 지금까지 누계. Med: 평균치. Max: 최대치.
* 20122012년 보고년도의 발병건은 임시적이며 바뀔 수 있음. 이 결과의 해석에 대한 보다 자세한 정보를 찾아 보려면, http://wwwn.cdc.gov/nndss/document/ProvisionalNationaNotifiableDiseasesSurveillanceData20100927.pdf를 보시오 결핵(TB)에 관한 결과는 표 IV에 표시하였으면 4분기 마다 나타나게 된다..
† *Haemophilus influenzae*에 관한 결과(5세 미만 혈청형 b, 비혈청형 b, 불명의 혈청형)는 표 I에서 알아볼 수 있다.표 IV에 표시하였으면 4분기 마다 나타나게 된다.

◀ **그림 7.18 MMWR의 한 예.** 질병통제예방센터(CDC)의 질병과 사망률에 대한 주간보고서(morbidity and mortality weekly report, MMWR)는 각 주로부터 보고된 이번 주, 올해부터 현재까지, 그리고 전년도부터 현재까지의 역학적 자료를 제공한다. MMWR은 또한 역학증례연구에 대한 보고서를 발표한다. 여기에 나오는 내용은 2013년 한 주 동안에 3가지 질환의 발생을 보여준다. 2013년 California 주에서 발생한 지아르디아증(giardiasis)의 건수와 같은 해 Alaska 주에서 발생한 건수를 비교해 보라. 어떤 주에서 지아르디아증의 유행병이 발생하였나?

그림 7.18 유행병(epidemic)은 예측되거나 기대되는 건수 보다 더 많은 질환의 건수로서 정의된다. California 주와 Alaska 주에서 과거부터 보고된 지아르디아증의 발생건수에 대한 기록을 알 수 없기 때문에 2013년에 이 두개 주에서 지아르디아증이 유행병이었다고 분류할 수 없다.

▲ **그림 7.19 1854년 런던의 한 지역에서 콜레라에 의한 사망자를 표현한 지도.** John Snow 박사가 만든 지도에서 콜레라 발생이 Broad 가의 펌프 근처에 집중되어 있음을 보여주었다. Snow 박사의 연구는 역학에서의 기념비적 연구의 하나이다.

적 역학 연구가 *Chlamydophila pneumoniae*란 세균이 동맥경화를 유발하여 심장마비를 일으키는데 기여한다고 제안하였다. 그렇다면 항생물질은 세균을 죽임으로써 심장마비를 억제하여야 할 것이다. 그러나 심장병이 있으며 *C. pneumoniae*에 감염되었던 병력을 가진 환자 7,700명에게 항생제를 투여한 결과, 심장마비가 의미있게 줄어들지 않았다. 따라서 실험 역학적 연구는 분석 역학적 분석결과가 제안했던 가설이 틀렸음을 증명하였다. **임상 사례연구: 농산물 매장의 *Legionella***는 대한 역학자들의 연구를 설명하고 있다.

임상 사례연구

농산물 매장의 *Legionella*

루이지애나 주정부의 보건국은 Bogalusa라는 소도시(인구 1만 6천명)에서 33건의 재향군인병(Legionnaire's disease) 발생에 대한 보고를 받았다.

재향군인병 또는 레지오넬라증 환자의 폐에 *Legionella pneumophila*라고 하는 세균의 생장으로 인해 발생하는 치명적일 수 있는 호흡기 질환이다. 이 세균은 냉각탑, 에어컨, 순환식 욕조, 샤워, 가습기, 호흡기 질환 치료 장비 등에서 발생되는 비말의 형태로 호흡계를 통해 사람에게 들어온다.

역학자들은 정상인에게는 없지만 환자들이 공통적으로 가지고 있는 부분을 찾고, 환자 및 환자의 친척들과 상담을 통하여 완전한 병력을 만들어, Bogalusa에서 레지오넬라증 창궐의 원천을 결정하기 위한 노력을 시작하였다. 환자들은 나이와 직업, 취미, 종교, 거주 형태와 지역이 다양하였다. 비록 환자와 정상인들 사이에 생활방식, 나이 흡연습관 등에서는 의미있는 차이점이 발견되지 않았지만, 한 가지 흥미로운 것을 발견하였다. 즉, 모든 환자들은 같은 상점에서 생활용품을 구매하였다. 그러나 건강한 사람들은 다른 상점에서 구매하였다.

그 식료품점의 에어컨 시설은 *Legionella*가 없는 것을 밝혀졌으나, 채소 분무 기계는 그렇지 않았다. 분무 기계로부터 분리한 *Legionella* 균주는 환자의 폐에서 분리한 것과 동일한 변종이었다.

1. 이러한 발병을 풍토병, 유행병, 또는 범세계적 유행병으로 분류할 수 있을까?
2. 이 사건은 기술적, 분석적, 또는 실험적 역학연구인가?
3. 레지오넬라증의 역학과 원인체를 알고 있다면, 당신은 환자나 살아있는 환자의 친척들에게 어떤 질문을 할 것인가?
4. 역학자로서 당신은 식료품점에서 어떤 것을 조사하겠는가?
5. 어떻게 환자가 오염되었는가? 왜 그 식료품점에서 채소를 산 사람 모두가 레지오넬라증에 걸리지 않았을까? 그 가게의 주인은 미래의 감염을 최소화하거나 예방하기 위해 무엇을 할 수 있을까?

참고문헌: *MMWR* 39:108-109, 1990에서 인용

병원역학: 의료관련 감염 (병원내 감염)

학습 | 성과

7.26 의료관련 감염이 다른 종류의 감염과 어떻게 다른지 설명하라.
7.27 의료관련 감염의 발생에 영향을 주는 요인들에 대하여 설명하라.
7.28 3가지의 의료관련 감염과 그 예방법을 기술하라.

역학자나 병원종사자들이 특별히 조심해야할 것은 의료관련 감염과 질환으로 정식으로 병원내(nosocomial) (nos-ō-kō´mē-ăl) 감염이라 부르고 병원내 감염질환(nosocomial disease)이라고 한다. **의료관련 감염(healthcare associated infections, HAIs)**은 환자나 의료 종사자들이 병원, 치과병원, 간호 병동, 진료대기실에 있는 동안에 감염되는 것을 말한다. CDC는 약 10%의 미국인 환자가 매년 병원내 감염이 되는 것으로 추정하였다. **의료관련 감염병(healthcare associated disease)**은 치료 기간과 비용을 증가시키고 매년 미국에서 약 100,000명 이상이 이로 인해 사망한다.

의료관련 감염의 종류

대부분의 사람들이 HAI를 생각할 때, 마음에 쉽게 오는 것은 **외인적 HAI [exogenous** (eks-oj´ē-nŭs) **HAIs]**, 즉 의료시설 환경으로부터 얻는 병원체에 의한 감염이다. 실제로 병원에는 모든 종류의 병원체 출구로부터 다양한 병원체를 발산하는 아픈 환자들로 가득하다. 또한편 정상 미생물총을 이루는 세균들도 병원치료나 화학요법 후에 기회감염체가 될 수 있음을 보아왔다. 그러한 기회성 병원균은 **내인적 HAI [endogenous** (en-doj´ē-nŭs) **HAIs]**를 일으킨다; 즉 환자의 정상 미생물총에서 발생하여 병원치료 동안에 발생하는 요인들에 의해 병원체로 변한 것이다.

의사 감염(iatrogenic infection) (ī-at-rō-jen´ik, 원래의 의미는 "의사에 의해 발생한" 감염이라는 뜻)은 HAI의 하나로 아이러니하게도 현대적 의학치료 즉 카테터 사용, 침습적 진료 방법이나 수술 등에 의해 발생한다.

중복감염(*superinfection*)은 항세균 치료약의 사용의 결과로 나타날 수 있는데, 몇 거주 미생물총을 억제함으로써 경쟁이 사라진 상태에서 다른 종이 생장할 수 있다. 예를 들어, 세균감염을 막기 위해서 장기간 항세균 치료를 할 경우 *Clostridium difficile* (di-fi´sēl)이라는 대장의 잠시 머무는 세균이 과다하게 자라서 위막성 대장염(pseudomembranous colitis)이라 불리는 질환을 유발한다. 이러한 중복감염은 반드시 의료시설에만 국한된 것은 아니다.

수술에 의한 상처는 우리 몸 어느 부위에서나 감염될 수 있지만, 의료관련 감염은 대부분 비뇨기, 호흡기, 심혈관, 그리고 외피(integumentary) (피부) 계통에서 발생한다.

의료관련 감염에 영향을 주는 요인들

HAI는 의료 환경의 여러 요인들이 서로 연관되어 발생하는데 다음과 같은 내용을 포함한다 **(그림 7.20)**:

- 의료시설에 존재하는 항생제 내성균을 포함한 많은 병원체에 노출
- 아픈 환자들의 약화된 면역체계는 그들을 쉽게 기회성 병원균에 감염되게 할 수 있음.
- 환자들과 의료종사자들이 보유하는 병원체의 전파, 즉 직원, 방문객으로부터 환자로, 또는 의료종사자들에 의해 한 환자에서 다른 환자로의 전파 (침입 방법이나 다른 의사감염 포함).

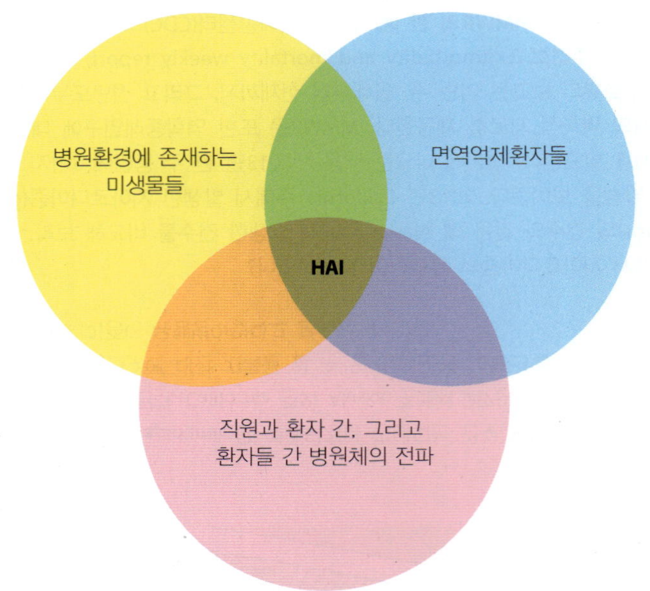

▲ 그림 7.20 의료관련 감염(HAIs)을 초래하는 여러 인자들 간의 상호작용. 비록 HAI가 여기서 보여준 요인들 중 어느 하나로부터 기인할 수 있지만, 대부분은 3가지 요인들 모두의 상호작용의 산물이다.

의료관련 감염의 조절

적극적인 조절 조치는 HAI의 발병을 급격히 줄일 수 있다. 이러한 조치에는 살균, 청소, 손 세척, 목욕, 청결한 식품관리, 위생, 환자사이에 병원균이 퍼지지 않도록 주의조치 등 의료적 무균법, 수술 장소의 철저한 청소, 멸균된 도구 이용, 멸균된 장갑, 가운, 모자, 마스크 등을 이용하는 수술 무균법과 멸균처리, 감염성이 높은 환자나 취약한 환자의 격리, 그리고 병원내 감염을 감시하고 조절 조치들에 대해 검토를 담당하고 있는 의료관련감염 의원회의 구성 등이 포함된다.

많은 연구를 통해 하나의 가장 효과적인 HAI 억제 방법은 모든 의료진과 관련인력들의 손세척 임이 밝혀졌다. 한 연구에 따르면, HAI에 의한 사망이 의료인들의 손을 자주 씻도록 하는 엄격한 지침을 따를 때 50%이상 줄어들었다.

역학과 공중보건

학습 | 성과

7.29 질환의 전파를 억제하기 위해 보건당국이 일하는 3가지 방법을 기술하라.

이제쯤이면 아마도 깨닫게 되었을 것이지만, 역학자는 인구 내에서 병이 전파되는 것에 관한 정보를 모아서 발병자의 수를 줄이고 사회공동체내 개개인의 건강을 향상시키기 위한 단계를 밟는다. 다음

출현성 질병 사례연구

한타바이러스 폐 증후군

사슴쥐, *Peromyscus maniculatus*

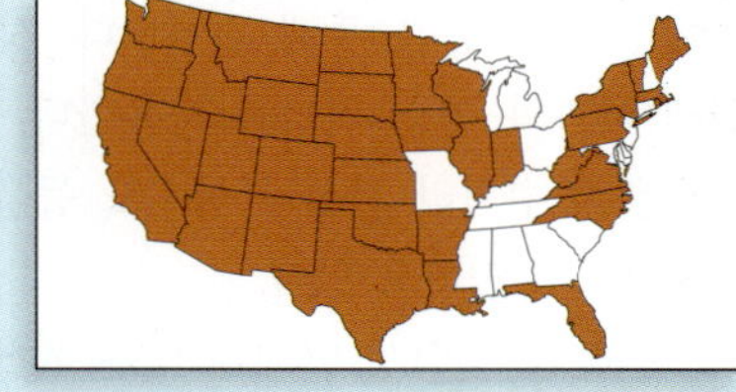

Atsa는 흥분되어 있다. 그녀의 Navajo 농구팀이 1993년에 지역우승을 하였고, 그녀는 결승전에서 가장 높은 점수를 획득하였다. 그 순간의 전율은 그녀의 부모와 지난주에 창고 청소 때문에 말다툼한 사실을 잊게 하였다. 그들은 챔피언이었으며, 인생은 행복하였다.

다음날 아침, Atsa는 심한 근육통을 느끼며 깨어났지만, 이는 어제 경기 때문이라고 생각하였다. 점심 무렵, 두통, 메스꺼움, 열을 동반한 오한이 생겼다. 그녀의 어머니는 독감이라고 생각하고, Atsa에게 acetaminophen과 물을 많이 마시게 한 후, 잠자리에 들도록 하였다. 다음 며칠 동안, 그녀의 폐가 막혀오기 시작하였고, 호흡곤란을 느꼈으며, 심장은 심하게 뛰기 시작하였다. Atsa는 자신의 체액에 거의 익사당할 상황에 놓여 있었다.

심각하게 걱정하고 있던 Atsa의 부모는 60마일을 운전하여 그녀를 Navajo 병원으로 데려갔다. 당황한 의사들은 해결책을 찾는 동안에 호흡기와 심장 치료를 시행하였다. 그들은 주변 지역에 같은 징후와 증상을 가진 3명의 환자를 발견했는데, 그들 모두 사망하였다. Atsa도 동일한 진단을 받았다. 그녀는 혼수상태에 빠졌고, 혈장수치가 급격히 떨어졌다. 그녀의 혈액에 과량의 단백질이 존재하였다. 그녀의 콩팥 기능은 망가지고 있었다. 그녀의 학급 친구들은 승리를 축하한 지 일주일 만에, 그들은 친구를 애도하기 위해 다시 모이게 되었다.

이런 유행병에 의한 죽음이 매우 슬픈 일이지만, 이러한 질병은 우리의 의학적 이해를 발전시키고 현대 역학과 유전적 분석의 힘을 사용하도록 한다. 초기 발병 이후 8일 이내에, 역학자들은 의심되는 바이러스를 분리하고 그 유전자를 분석하여, 그것이 예전에는 잘 알려져 있지 않았던 한타바이러스(*Hantavirus*) 종인 것을 밝혀내고, 이 바이러스가 지금은 한타바이러스 폐 증후군(Hantavirus pulmonary syndrome, HPS)으로 알려지고 있는 증세의 원인임을 보여주었다. 과학자들은 또한 희생자들이 빗자루 질 등을 하면서 에어로졸화된 사슴쥐(deer-mouse)의 오줌이나 배설물 속에 들어 있는 바이러스를 흡입함으로써 HPS를 얻게되는 을 증명하였는데, 이러한 발견이 그 지역의 다른 주민들로 하여금 예방조치를 취할 수 있게 하였다 (한타바이러스 폐 증후군에 대한 자세한 내용은 478-479쪽을 참조).

1. 왜 의사들은 Atsa를 페니실린이나 테트라사이클린과 같은 항생제 치료하지 않았나?

2. 한타바이러스 폐 증후군 발병건수는 평년에 비해 높은 강수량을 보인 다음 해부터 자주 보이는데, 왜 그럴까?

3. 역학자들이 바이러스가 폐증상의 원인임을 증명하기위해 어떤 가능한 방법을 사용하였을까?

부분에서는 어떻게 다양한 보건기관이 역학결과를 공유하고, 질병의 전파를 억제하고, 보건문제에 대해 어떻게 사람들을 교육하는지 알아보자. 공중보건국은 또한 예방접종프로그램을 채택하고 있다 (예방접종에 대해서는 17장에서 토론하였음).

공중보건국 간의 결과 공유

지역, 도 (주정부), 국가, 그리고 세계적 차원의 다양한 공중보건국은 보건향상을 위해 다양한 의료진과 함께 일하고 있다. 질병의 발생빈도와 만연도에 관한 보고서를 공무원들에게 제출함으로서 의사들이 현재 질병의 동향에 대해 배울 수 있다. 또한 공중보건당국은 때로 실험적 진단적 도움을 의사들에게 제공한다.

시나 지역 보건국은 질병의 발생을 도나 주정부 보건국에 결과를 보고한다. 도 법령이 질환보고를 관장하고 있기 때문에, 도의 보건국은 역학연구에 있어서 중요한 역할을 한다. 도 (주정부)는 *MMWR*과 유사한 형태로 결과를 축적하고 지역 보건국과 의사들에게 광견병이나 라이병과 같은 질환의 진단 등을 돕는다.

도 (주정부)에서 수집한 결과는 미국 보건국의 일부인 CDC에 전달된다. 역학연구 이외에 CDC나 다른 보건국 산하 기관들은 병인과 예방에 대해 연구를 수행하고 예방접종 등을 종용하고 다른 나라의 공중보건국과 협력한다.

세계보건기구(World Health Organization, WHO)는 전 세계, 특히 가난한 나라의 보건 향상을 위해 이러한 노력을 관장하고, 소아마비, 홍역, 유행성 이하선염 등을 박멸하기 위해 야심찬 프로젝트를 수행하고 있다. 현재 수행중인 다른 일은 AIDS 교육, 말라리아 억제, 가난한 나라의 소아 예방접종 프로그램 등이 있다.

전염 억제를 위한 공중보건국의 역할

보아온 것과 같이, 병원체는 공기, 식품, 물, 생물적 무생물적 매개체 등에 의해 전파될 수 있다. 공중보건국는 여러 가지 방법을 이용하여 전염을 억제하고 있다:

- 청결한 물과 식품 보급을 위한 기준을 시행한다.
- 매개체와 저장소의 수를 줄이기 위한 일을 한다.
- 예방접종에 관해 계획을 세우고 시행한다 (그림 1.3).
- 감염성 병원체에 노출된 환자를 찾고 예방치료를 한다.
- 병원체의 확산을 억제하기 위해 고립 및 격리 조치를 세운다.

음용가능한(portable) (마실 수 있는) 물을 제공하는 것은 건강에 중요하다. 이질, 콜레라, 장티푸스 등을 유발하는 미생물들은 하수에 오염된 물을 통해 전염된다. 상수도의 병원균 수를 조절하기 위해 여과와 염소 처리를 사용한다. 지역, 도, 그리고 국가 공중보건국은 하수처리 시설과 상수도 등을 감시하여 상수도가 깨끗하고 무해하도록 일하고 있다.

식품은 감염성 단계에 있는 기생충, 원생동물, 세균, 바이러스 등을 가질 수 있다. 국가와 도 공중보건 공무원들은 통조림 처리, 살균, 방사선 조사, 화학방부제 등의 사용에 기준을 따르도록 하고 식품 제조자나 상인들에게 손을 씻고 위생적인 도구를 사용토록 하고 있다. 미국 농림부 또한 고기에 대장균이나 촌충과 같은 병원체가 존재하는지 여부를 조사하고 있다.

우유는 특히 영양분이 풍부한 식품이며, 우리에게 영양을 제공하는 영양분 또한 많은 미생물의 증식에 사용된다. 과거에는 오염된 우유가 결핵, 브루셀라병, 장티푸스, 성홍렬, 디프테리아 등에 원인이었다. 오늘날에는 공중보건국에서 우유의 살균 (저온살균법 처리)을 의무화하고 있고 결과적으로 우유를 통한 병의 전염은 미국에서는 거의 박멸되었다.

개인이 음식을 준비하기 전과 준비동안에 손을 잘 씻고, 주방을 살균하고 적절한 냉동, 냉장 방법을 이용하여 자신의 건강을 책임져야한다. 물론 모든 고기를 완전하게 익히는 것도 중요한다.

공중보건 공무원들 또한 고인물이나 쓰레기 수거 장소와 같이 모기나 집쥐가 서식하는 지역을 제거함으로서 이들 매개체를 조절하고 있다. 살충제도 곤충을 조절하기 위해 크게 성공적이지는 않지만 사용되고 있다.

공중보건 교육

성적 접촉 또는 공기를 통해 전염되는 질환은 공중보건 공무원들이 조절하기 어렵다. 이런 경우, 개인이 그들 자신의 건강에 책임을 져야하며 보건당국은 대중에게 건강한 선택을 하도록 교육할 수 있다.

감기나 독감은 병원성 바이러스의 특이성과 공기와 무생물매개체에 의한 전염방식 때문에 미국에서는 가장 흔한 질병으로 남아있다. 보건당국은 감염된 사람은 집에 있도록 유도하고 일회용 휴지를 사용하도록 하여 바이러스의 전염을 줄이고, 기침을 하거나 재채기를 하는 사람들을 피하도록 권하고 있다. 앞서 토론한 바와 같아, 손을 씻는 것은 감기나 독감바이러스가 눈의 각막에 감염되는 것을 예방하는데 중요하다.

한 사회의 일원으로서 우리는 몇 가지 성 접촉에 의해 전염되는 질병들과 항상 접하고 있다. 매독, 임질, 생식기 혹, AIDS 등은 금욕생활 또는 상호 신뢰적은 일부일처의 생활을 함으로써 전염의 고리사슬을 끊어버린다면 완전히 예방할 수 있는 병이다. 이런 질병은 콘돔의 사용으로 완전히 막을 수는 없을지라도 크게 억제할 수 있다. "1온스의 예방이 1파운드에 해당하는 치료와 맞먹는다는 것"을 전제로, 공중보건국은 건강한 선택을 하도록 국민을 교육하기 위한 국민 홍보에 많은 노력을 기울이고 있다. 이런 노력은 더욱 건강한 개개인이 되게 하고 나아가 대중의 건강을 증진할 수 있을 것이다.

왜 그런가

모든 의사감염은 의료관련 감염이나, 모든 의료관련 감염이 반드시 의사감염은 아닐까?

임상 미생물 후속내용

항생제: 친구일까 적일까?

의사는 Nancy의 소변에서 *Escherichia coli*를 발견하고, 그녀의 요로 감염에서 전파된 신장 감염으로 진단하였다. *E. coli*는 요로 감염의 흔한 원인체로 내장에 존재하는 정상 거주 세균이지만 요로에서는 병원성을 나타낸다. 여성이 남성에 비해 요로 감염에 더 위험한데 이는 여성의 요로가 항문에 더 가깝기 때문이라고 의사는 설명한다. 더욱이 Nancy가 비강 감염의 치료 목적으로 복용한 항생제가 *E. coli*의 증식을 억제하는 정상 미생물균총을 죽여, *E. coli*가 그녀의 요로에서 자랄 수 있도록 하였다. Nancy는 다른 항생제의 정맥주사를 맞기 위해 병원에 입원하였다.

불행히도, 입원 후 이틀 뒤, Nancy는 속이 메스껍고 복부가 민감해지고 다량의 물이 포함된 설사를 하였다. 대변검사 결과, 장관에서 흔히 발견되는 내성포자를 형성하는 그람-양성 세균인 *Clostridium difficile*이 발견되었다.

분명히 항생제가 Nancy의 장내 세균의 정상적인 균형을 교란시킨 것이다. *Clostridium difficile*은 항생제를 장기간 처방받은 환자의 다른 장내세균보다 더 잘 자란다. 이 세균은 또한 장을 싸고 있는 내피를 공격하여 과다한 설사를 유발하고 탈수와 좀 더 심각한 대장염(colitis) 또는 패혈증(septicemia)을 일으킬 수 있다. 항생제를 교환함으로써 결국 *Clostridium difficile*을 조절할 수 있게 되었고, 그녀의 건강한 체질 덕분에 Nancy는 회복할 수 있었다.

1. 대장균과 숙주의 장관 사이의 공생관계의 종류에 대해 설명하라.
2. 어떤 상황이 Nancy가 *Clostridium* difficile에 감염될 수 있도록 이끌었는가?

보이지 않는 것의 탐구: 몇 가지 독성인자들

이 QR 코드를 당신의 스마트폰으로 검색하여 Bauman 박사의 비디오 가정교사로 계속 공부하라.

단원요약

미생물과 숙주간의 공생관계 (184–188쪽)

1. 미생물은 숙주와 공생적 관계를 가지며 살아가고 있으며, 공생관계는 서로 이익을 주는 **상리공생**, 기생체는 이익을 보지만, 숙주는 해를 입는 **기생관계**, 그리고 좀 드물지만 한 쪽은 이익을 얻지만, 다른 쪽은 아무런 영향도 받지 않는 **편리공생** 등이 포함된다. 병을 일으키는 기생체를 병원체라고 한다.
2. **정상 미생물총**이라 불리는 세균들은 신체 내부와 표면에서 살아간다. 이들 중 일부는 거주자이고, 어떤 부류는 일시적으로 존재하다 사라진다.
3. **기회성 병원체**는 면역체계가 억제되었을 때, 정상적인 **미생물 길항작용 (경쟁)**이 신체의 어떠한 변화로 영향을 받을 때, 또는 정상 미생물총의 일원이 그 세균에게는 새로운 신체의 부분에 옮겨졌을 때 병을 일으킨다.

감염성 질환의 저장소 (188–189쪽)

1. 감염성 질환의 생명체 또는 무생명체의 근원지는 **감염의 저장소**라고 불린다. 동물 저장소는 **인수공통전염병**, 즉 동물의 질병이 동물 또는 동물의 배설물과의 직접 접촉, 또는 곤충과 같은 절지동물에 의해 사람으로 전해지는 병을 일으키는 원인체를 가지고 있다. 사람은 무증상의 **매개체**가 될 수 있다.
2. 감염의 **무생물 보균체**는 토양, 물, 생명이 없는 물체 등이다.

숙주내로의 미생물 침입과 구축: 감염 (189–192쪽)

1. 미생물 **오염**은 신체는 사물의 내부나 위에 미생물이 존재하는 것을 말한다. 미생물오염은 무해한 거주자 또는 일시적 미생물총의 일원과 침입하면 **감염**을 일으킬 수 있는 병원체 등을 포함한다.
2. 신체 내로 병원체의 **침입 경로**는 피부, 점막, 태반 등이다. 미생물은 좀 더 깊은 조직으로 침투할 수 있는 **우회경로**를 이용하여 이러한 침입경로를 우회할 수 있다.
3. 병원체는 부착요소라 불린 다양한 구조나 단백질을 이용하여 세포에 **부착**한다. 어떤 세균과 바이러스는 부착소라고 불리는 부착관련 요소를 생산할 수 없게 되는데 이 경우 이들은 **비독성**이 된다.
4. 어떤 세균은 상호작용하여 **생물막**이라고 하는 세포와 다당류로 구성된 끈적한 거미줄 같은 구조를 생산하여 표면에 부착한다.

감염성 질환의 본질 (192–200쪽)

1. **질병**, 또는 **이환률**은 우리 몸의 정상적인 기능을 방해하는 유해한 상태를 말한다.
2. **증상**은 환자의 주관적인 느낌이며, 제 3자가 보는 것은 **징후**이다. **증후군**은 특정한 비정상적인 몸의 상태를 총체적으로 특정할 수 있는 증상과 징후의 그룹을 말한다.
3. **무증상**, 또는 **준임상적** 감염은 비록 임상조사결과 질병의 징후가 있다하더라도 증상이 없기 때문에 환자가 느끼지 못하고 지나칠 수 있다.
4. **병인학**은 질병의 원인을 밝히는 연구를 말한다.
5. 19세기 미생물학자들은 **배종설**을 제안했고, Robert Koch는 감염성 질환의 원인을 밝히기 위해 필수적인 일련의 조건을 **Koch의 가설**이라고 하여 발전시켰다. 어떤 환경에서는 이러한 가정을 적용하기 어렵거나 불가능할 수 있다.
6. **병원성**은 미생물이 병을 일으키는 능력을 의미한다. **독성요인들**은 병인성을 측정하는 기준이 된다. 부착인자, 세포외 효소, 독소, 항식세포요소 등의 독성인자는 병원체가 감염하고 병을 일으키는 상대적 능력에 영향을 준다.
7. **독혈증**은 혈액에 독소 등이 존재하는 것을 말한다. 외독소는 병원체에 의해 그들이 존재하는 환경으로 방출하는 물질이다. A 지질이라고도 하는 내독소는 죽었거나 죽어가는 그람-음성 세균의 세포벽에서 분비되며 치명적 효과를 보일 수 있다.
8. **항독소**는 독소에 대항하여 숙주가 만들어낸 항체이다.
9. **병의 진행** 또는 병의 단계는 일반적으로 **잠복기**, **전구증상기**, **질환기**, **쇠퇴기**, **회복기**로 구성된다.

숙주로부터 병원체의 이탈: 출구경로 (200쪽)

1. 코, 입, 요도 등의 **출구경로**는 병원체가 신체를 떠나도록 하는데, 병의 전염을 연구하는데 관심을 가지는 부분이다.

감염성 질환의 전염 방식 (200-202쪽)

1. 감염성 질환의 **직접접촉 전염**은 신체접촉에 의한 사람 대 사람 감염이 관여한다. **매개물**이라 불리는 비생물적 물체에 의한 전염은 **간접접촉 전염**이라고 한다.
2. **비말 감염** (직접접촉 전염의 3번째 유형)은 병원체가 숙주로부터 말할거나 기침할 때, 또는 재채기 등을 할 때 작은 점액 방울 형태로 1미터 미만의 거리를 이동하여 새로운 숙주로 전파될 때 발생한다.
3. **매개감염**은 **공기**, **인수공통**, **식품-매개성** 전염 등이 있다. **에어로솔**은 미세 비말 형태를 말하는데, 공기전염은 1미터 이상을 이동한다. **분변-입 감염**은 하수도에 오염된 물을 마시거나 분변에 오염된 것을 먹을 때 발생한다. **체액 전염**은 병원체가 혈액, 오줌, 침 또는 다른 형태를 액체로 전파되는 것을 의미한다.
4. **매개체**는 병원체를 숙주 간 이동시킨다. **생물학적 매개체**는 모기처럼 무는 절지동물과 같은 동물들로 숙주이면서 동시에 매개체 역할을 한다. **기계적 매개체**는 전파하는 병원체의 숙주로 사용되지는 않는다.

감염성 질환의 분류 (202-204쪽)

1. 감염성 질환을 구분하거나 연구하는데 여러 가지 방법이 있다. 시간별로 중증도에 따라 구분할 때, 질병은 **급성**, **아급성**, **만성**, 또는 **잠복성** 질환으로 나눌 수 있다.
2. 감염성 질환이 새로운 숙주로 직접 또는 간접적으로 옮겨질 때, 이를 전염성 질병이라고 한다. **만일 전염성 질병**이 쉽게 저장소나 환자로부터 전파된다면, 이런 질병을 **접촉성 질병**이라고 한다. **비감염성 질환**은 숙주 외에서 또는 정상 미생물총에서 발생한다.

감염성 질환의 역학 (204-212쪽)

1. **역학**은 질병이 언제 어디서 발생하는지에 관한 연구이며 집단 내에서 어떻게 전파되는지 연구한다.
2. 역학자는 질병의 **발생빈도** (새로운 질환의 수)와 **만연도** (질환의 전체 수)를 추적하고 질병의 발생을 **풍토병적** (늘 발생하는 수준), **간헐적** (간헐적으로 생성되는 수준), **유행적** (보통보다 더 많은 경우), **범세계적** (하나의 대륙 이상에서 유행하는 수준)으로 분류한다.
3. **기술적 역학**은 특정 질병의 결과에 대한 세밀한 기록을 의미한다. 때론, **지침증례**, 즉 주어진 지역 또는 인구에서 최초 발병에 대한 발견을 포함한다. **분석 역학**은 발병의 가능한 원인을 찾는데 주력한다. **실험역학**은 분석적 연구에서 얻은 결과를 바탕으로 한 가설을 검증하는 것을 포함한다.
4. **의료관련 감염** 또는 **병원내 감염**과 의료관련 질환 또는 병원내 질환은 병원시설에 있는 환자나 종사자들이 얻게 된다. 원인은, **외인성** (의료시설환경에서 기인)이거나, **내인성** (병원에서 치료 중 정상 미생물총의 기회감염체로 변화함으로써 발생), 또는 **의사치료성** (의학적 치료나 처치에 의해 발생) 일 수 있다.
5. 의료관련 종사자들은 그들의 손을 씻고 무균처리와 소독 등을 통해 그들 환자나 자신들을 보할 수 있다.
6. 세계보건기구 (WHO)와 같은 공중보건기구는 역학적 결과를 이용하여 깨끗하고 **음용가능한** 물과 안전한 식품을 위한 기준과 규정을 세워 매개체와 동물 저장소들의 조절함으로써 병을 예방하고 예방을 위한 건강한 선택을 하도록 대중을 교육한다.

단원요약

복습문제에 대한 답 (단답형 문제 제외)은 A-1에 있다.

선다형

1. 어떤 종류의 공생이 두 관련 생물체 모두에게 이익을 주는가?
   a. 상리공생
   b. 기생
   c. 편리공생
   d. 발병
2. 무균 환경은 ____________
   a. 인간의 입에 존재하는 것이다.
   b. 단 하나만의 종을 가지는 것이다.
   c. 인간의 장에 존재하는 것이다.
   d. a와 c에 존재한다.
3. 미생물 오염에 관련하여 다음 중 틀린 것은?
   a. 오염체는 기회감염체로 변할 수 있다.
   b. 대부분의 미생물 오염체는 결국 해를 끼친다
   c. 오염체는 일시적 미생물총의 일부분이다
   d. 오염체는 모기물림에 의해 옮겨질 수 있다.
4. 병원체들이 사용하는 가장 흔한 출입통로는 ________________ 이다.
   a. 호흡기관 b. 피부
   c. 각막 d. 베인 곳이나 상처

5. 미생물이 세포에 붙는 과정은 ______________ 이다.
   a. 감염 b. 오염
   c. 질환 d. 부착
6. 감염성 질환에 있어서 다음 중 어떤 것이 정확한 질환발생의 순서인가?
   a. 잠복기, 전구증상기, 질환기. 감퇴기, 회복기
   b. 잠복기, 감퇴기, 전구증상기, 질환기. 회복기
   c. 전구증상기, 잠복기, 질환기. 감퇴기, 회복기
   d. 회복기, 감퇴기, 잠복기, 질환기. 전구증상기
7. 다음 중 어떤 것이 질병을 일으킬 수 있는 가능성이 높은가?
   a. 약해진 숙주에 존재하는 기회성 병원체
   b. 키나제라는 효소가 결핍된 병원체
   c. 콜라겐분해효소가 결핍된 병원체
   d. 독성이 매우 강한 생물
8. 세균의 캡슐의 속성은 ______________
   a. 폭넓은 혈액응고를 유발한다.
   b. 식세포들로부터 이들 세균을 쉽게 식균할 수 있도록 한다.
   c. 그러한 세균의 독성에 영향을 준다.
   d. 세균의 독성에 아무런 영향이 없다.
9. 병원성 세균이 부착소를 만드는 능력을 잃을 경우, 그들은 일반적으로 ______________
   a. 무독성이 된다.
   b. 내독소를 흡수한다.
   c. 내독소를 생산한다.
   d. 독성이 증가한다.
10. 병원체가 활성화되기 전에 오랫동안 비활성 상태로 존재하는 병은 ______________ (이)라 정의한다.
    a. 아급성 질환 b. 급성 질환
    c. 만성 질환 d. 잠복성 질환
11. 다음 중 범세계적 유행병을 가장 적절히 표현한 문장은?
    a. 보통 특정 지정학적 지역에서 발생한다.
    b. 어떤 지정학적 지역 또는 특정 그룹의 사람들에게 정상적인 경우 보다 더 빈번하게 발생하는 병이다.
    c. 넓은 지역 또는 사람들 사이에 예측하기 어려운 때에 가끔 발생한다.
    d. 동시에 하나 이상의 대륙에서 발생하는 유행성 질환이다.
12. 어떤 형태의 역학자가 형사와 같을까?
    a. 서술적 역학자
    b. 분석적 역학자
    c. 실험적 역학자
    d. 질환 저장소에 관한 역학연구자
13. 다음의 경우를 생각해 보자. 동물이 바이러스에 감염되었다. 모기가 동물을 물고, 바이러스에 오염되었고, 사람을 물고 감염을 시켰다. 어떤 것이 매개체 인가?
    a. 동물 b. 바이러스
    c. 모기 d. 사람
7. 환자가 오랜 기간 약물치료를 받은 후, 무좀에 걸렸다. 그의 의사는 이 병이 오랜 기간 사용한 약과 관련이 있다고 설명했다. 이러한 감염은 ______________ 이라고 한다.
   a. 의료관련 감염 b. 외부 감염
   c. 의사 감염 d. 내부 감염
15. 다음 중 어떤 단계가 접촉성 감염질환(contagious disease)을 설명하고 있는가?
    a. 무생물 매개체로부터 발생하는 병
    b. 사람과 사람사이에 쉽게 발생하는 공기 감염에 의한 병
    c. 기회적이며 정상 미생물총에서 발생하는 질환
    d. a와 b

빈칸 채우기

1. 병을 일으키는 미생물은 ______________ 이다.
2. 증상이 없어 알지 못하고 지나가는 감염을 ______________ 감염이라고 한다.
3. 병의 원인에 관한 연구는 ______________ 이다.
4. 발병 시기와 장소, 집단 내에서 전파 방법 등을 연구하는 것은 ______________ 이다.
5. 일반적은 동물숙주로부터 사람으로 자연적으로 퍼지는 병을 ______________ 라고 한다.
6. 칫솔, 컵, 바늘과 같이 병의 무생물적인 저장소를 __________ 라고 한다.
7. ______________ 감염은 의료 시설에 있는 동안 환자나 의료관련 종사자들에 의해 획득된다.
8. 주어진 지역에서 특정 질환의 전체 건수는 ______________ 이다.
9. 병원체를 가지고 다니며 그 병원체의 숙주 역할을 하는 동물은 ______________ 매개체이다.
10. ______________로 불리기도 하는 내독소는 그람-음성 세균의 외벽막의 한 부분이다.

시각화하기!

1. 밑쪽의 그림은 일반적으로 서반구에서 발생하는 어떤 병이 발생한 지점을 표시하고 있다. 지도에 질병의 발생에 대하여 정확하게 역학적으로 기술하라.

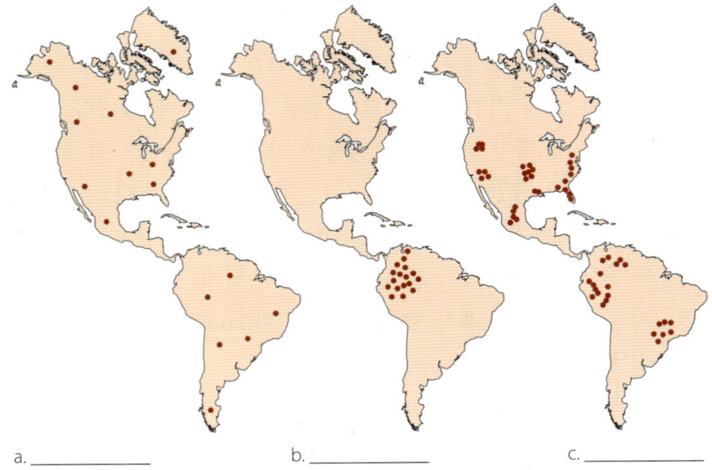

2. 붉은색과 파란색으로 표시된 유행병의 그래프를 조사하라. 붉은색과 푸른색으로 표시된 질병 모두는 치료가 불가능하다. 둘 중 어떤 질병에 걸린 환자는 단 하루만 아프다가 완전히 회복된다. 두 유행병 모두 동시에 시작한다. 어떤 유행병이 처음 3일 동안 짧은 기간 영향을 줄 것인가? 짧은 시간 발생하는 붉은색으로 표시된 유행병은 무엇을 설명하는 것인가? 왜 파란색으로 표시된 질병은 오래 지속되는 것일까?

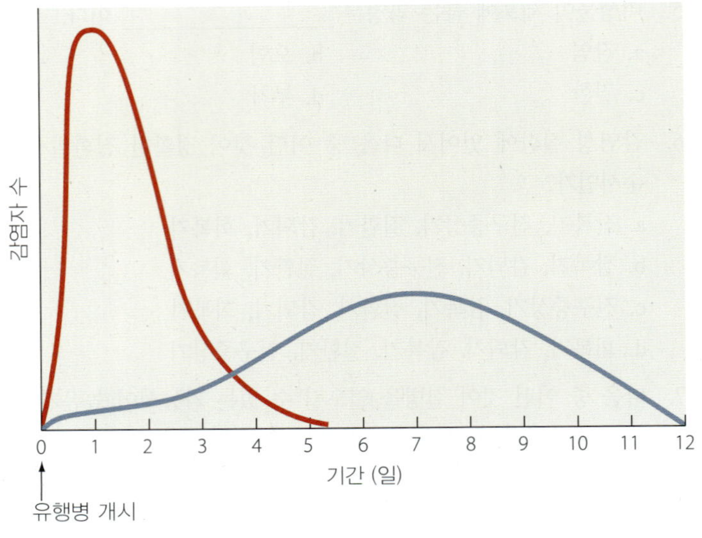

단답형

1. 3가지 공생관계를 나열하고 각각의 예를 제시하라.
2. 병원체가 인간에게 해롭게 할 수 있는 기회를 제공하는 3가지 조건을 나열하라.
3. 병원체가 신체에 들어올 수 있는 3가지 통로를 나열하라.
4. Koch의 4가지 가정을 나열하고, 이 4가지 가정은 모두 적용할 수 없는 상황을 설명하라.
5. 감염성 질환의 5가지 단계를 정확한 단계별로 나열하라.
6. 전염의 3가지 방식을 설명하라.
7. 감염의 우회경로를 설명하라.
8. 일시적 미생물총과 거주 미생물총을 일반적으로 비교하라.
9. 감염과 이환률이란 두 용어를 비교하라.
10. 의사 감염과 의료관련 감염을 비교하라.

비판적 사고

1. 폐경기 여성인 Ellen H.씨가 정상 미생물총으로부터 치은염을 앓게 되었는지에 대한 이유를 설명하라.
2. Will P. 씨는 장에 천공이 생긴 후, 대장균의 감염으로 사망하였다. 정상적으로 대장에서 살고 있는 이 균이 어떻게 이 환자를 사망에 이르게 했는지 설명하라.
3. 27살의 여성이 전신 반점, 열꽃, 비정상적인 몸의 상태와 심한 근육통으로 의사를 찾았다. 이 증상은 3일전에 가벼운 두통으로 시작했다. 그녀는 그 일이 있기 일주일 전에 진드기에 물렸다고 이야기하였다. 의사는 정확하게 로키산 발진열(RMSF)으로 진단하였고 항생제 테트라사이클린(tetracycline)을 처방했다. 반점과 다른 징후와 증상은 몇일 뒤 사라졌지만, 2주 동안 항생제 치료를 계속해야했다. 질환의 진행을 보이고 시간에 따른 병원체의 상대적 수를 나타내는 그래프를 그리고 이 병의 단계를 표시하라.
4. 3살 미만의 아동 30여명이 지역 물놀이 공원을 다녀온 후 위장염을 앓게 되었다. 이 질환은 사고가 난 당일 공원을 방문한 그 나이 또래 아이들의 약 44%에 해당하는 것이다. 그보다 나이가 많은 사람 중에 환자는 없었다. 원인체는 *Shigella*라고 하는 세균의 한 종류로 밝혀졌다. 이 병은 입을 통해 아이들에게 전염되었다. 주어진 정보를 바탕으로 여러분은 이러한 발병을 유행병이라고 분류할 수 있을까? 왜 그런가? 또는 그렇지 않은가? 어떤 요인 때문에 나이든 아이나 어른들은 질병을 앓지

않았을까? 공원관리자들은 미래에 이러한 위장염이 발생가능성을 줄이기 위해 어떤 조치를 취할 수 있을까?

5. 이끼는 곰팡이와 광합성 미생물로 구성된다. 곰팡이는 물과 무기질을 제공하고 광합성 미생물은 곰팡이에게 당을 제공한다. 어떤 형태의 공생관계가 이루어지고 있는가?
6. 209쪽의 **임상 사례연구: 농산물 매장의 Legionella**의 데이터를 사용하여 미국 루이지애나 주의 Bogalusa에서 레지오넬라증의 발생빈도를 계산하라.
7. 산호초는 군집을 이루는 해양 동물로 전세계 열대바다의 바닷물로부터 미생물을 걸러내어 먹는다. 생물학자들은 산호초의 대부분 세포가 산호에 공생하는 와편모충(zooxanthellae)라고 불리는 해조의 숙주임을 밝혀내었다. 산호초와 와편모충(zooxanthellae)가 상리공생, 편리공생, 또는 기생관계로 함께 존재하는지를 조사학 위한 실험을 고안해 보라.
8. 부착소의 유전자가 결여되도록 대장균에 돌연변이가 발생한다면, *E. coli*의 요로 감염을 일으킬 수 있는 능력에 어떤 영향을 미치게 될까?

개념도 작성

다음 용어를 사용하여 질병의 전파를 묘사하는 개념도를 작성하라.

공기전염
절지동물
생물학적
신체
접촉전염
직접접촉
비말 전염
매개물
식품유래
간접접촉
기계적
모기
재채기
진드기
매개체 전염
매개전염
수인성

8 선천면역

임상 미생물 폐로의 은밀한 침입자

잘 알려진 지역 사업가인 Tim은 늘 시거를 피우고, 시내를 돌아다니며, 사람을 만나고, 그가 이야기하듯 "사람들에게 시간을 투자하는 사람"으로 비춰진다. 호감 가는 남자인 Tim은 대학 때부터 담배를 피우기 시작했고 이 버릇을 버릴 수 없었다. 그는 대화 도중에 간간이 하는 "애연가의 기침"에 대해서 농담을 하고 한다. 최근에 Tim은 평상시 더 심하게 기침을 하였으며, 목이 따끔하고, 두통, 전반적인 피로감을 호소해왔다. 그는 열이 없기 때문에, 의사를 찾아가서 시간을 낭비할 필요는 없다고 생각하였다. 그러나 어느 날 밤에는 기침 때문에 잠을 제대로 이룰 수 없었고, 점점 집중할 수 없는 것처럼 느껴지기 시작하였다. Tim은 낙담하여 결국 의사를 찾아갔다. 그가 마른기침을 하였으며, 열이 없기 때문에 의사는 바이러스 감염을 의심했다. 세균감염 가능성을 배제하기 위해 의사는 통상적인 가래 배양 조사(Tim의 폐로부터 기침을 통해 배출되는 물질들에 대한 검사)를 권유하였다. 그 결과, 비록 정상 미생물총의 수가 줄어들었으나, 병원성 세균은 없는 것으로 나타났다. Tim은 귀가하였으나, 일주일 후 다시 병원을 다시 방문하였다. 현재 그는 지속적으로 기침을 하고 있으며, 호흡도 가빠진 상태에 있다. 숨을 쉴 때 가슴이 아프고, 땀을 흘리고 떨고 있다. 많이 지쳐있고 집중할 수 없었으며, 사람들과 어울릴 수 없게 되었다. 밤에는 잠을 이루지 못하고, 폐암의 공포에 떨어야 했다.

Tim의 두 번째 병원 방문에서 의사는 X-선 가슴사진을 찍고 몇 가지 혈액검사를 실시하도록 권유하였다.

Tim에게 무슨 일이 생겨난 걸까? 그는 예전처럼 다시 "사람들에게 시간을 투자하는 사람"이 될 수 있을까? 이 장의 끝 (237쪽)에서 알아보자.

병원체는 (1) 피부표면을 뚫거나 다른 출입통로를 통해 몸에 들어가거나, (2) 숙주세포에 붙어 있거나, (3) 해로운 변화를 주기에 충분한 기간 동안 신체의 방어기작을 벗어나게 되면 질병을 일으킨다. 이 장에서는 우리 몸을 다양한 병원체로부터 보호하기 위해서 일반적으로 반응하는 구조, 반응, 그리고 화학물질 등에 대해 알아보도록 하자.

신체 방어에 대한 개요

학습 | 성과

8.1 사람의 신체에서 3가지 방어선을 들고 간략히 설명하라.
8.2 종에 대한 저항성과 선천면역이란 용어를 설명하라.

사람의 세포와 기본 생리적 과정은 대부분의 식물이나 동물 병원체의 그것들과 서로 맞지 않기 때문에, 사람은 이들 병원체에 대한 **종 저항성(species resistance)**이란 것을 갖게 된다. 많은 경우 이들 병원체가 숙주세포에 부착하기 위해 사용되는 화학수용체들은 사람의 신체에 존재하지 않는다. 사람의 pH나 온도 또한 이들 병원체가 살아남기 위해 필요한 조건과 부합되지 않는다. 따라서 모든 사람은 담배모자이크병 바이러스에 대하여, 그리고 고양이에게 발생하는 고양이후천성면역결핍증을 일으키는 바이러스에 대하여 종 저항성을 갖는다.

그럼에도 우리는 매일 사람에게 질병을 일으킬 수 있는 병원체와 직면하고 있다. 세균, 바이러스, 곰팡이, 원생동물, 그리고 기생충은 당신이 호흡하는 공기, 마시는 물, 먹는 음식, 그리고 다른 사람과 접촉 등을 통해 당신의 몸과 접촉한다. 당신의 몸은 이들 잠재적 병원체로부터 자신을 보호해야 하고, 때로는 언제나 기회감염체가 될 수 있는 당신의 정상 미생물총으로 부터 보호해야 한다.

구조나 세포 화학물질 등 이들 병원체에 대항할 수 있는 것들을 3가지 주요 방어선으로 요약하면 편리한데, 이들은 서로 겹치기도 하고 다른 2가지 방어선을 더욱 강화하기도 한다. 첫 번째 방어선은 피부와 점막과 같이 병원체에 대한 외부 물리적 방어벽으로 구성된다. 두 번째 방어선은 내부적인 것으로 보호세포, 혈액 내의 화학물질, 그리고 침입자를 죽이거나 불활성화 시키는 과정 등으로 구성되어 있다. 이들 두 방어선은 태어날 때 감염체나 그 산물과 접촉하기 전에 생겨난 것들이기 때문에 함께 **선천면역(innate immunity)**이라고 한다. 선천면역은 기생충, 원생동물, 바이러스, 세균, 곰팡이 등 다양한 병원체에 신속하게 대항한다.

이에 반하여, 림프구(*lymphocyte*)는 3번째 방어선의 세포들인데, 병원체의 특정 종이나 아종에 대하여 반응하며 신체 방어를 변화시켜 같은 특정 종에 의해 재감염 되었을 때 더욱 효과적으로 작용한다. 이러한 이유로 과학자들은 3번째 방어선을 **적응면역(adaptive immunity)** (9장 참조)이라고 한다. 이제 선천면역의 두 방어선에 대해서 좀 더 알아보자.

왜 그런가

신체의 피부나 점막과 같은 방어물은 초호열성생물에 의한 감염에 대한 효과적인 저항인자가 되지 못하는 것일까?

신체의 제1 방어선

신체의 초기 방어선은 구조물, 화학물질, 1차 장소에서 병원체가 신체로 침입하는 것을 막기 위해 공동으로 펼치는 과정 등으로 구성된다. 여기서는 첫 번째 방어선의 주요 구성인 피부와 호흡계, 소화계, 비뇨계, 생식계의 점막에 대해서 알아보자. 이들 구조는 미생물이 침입하기에 아주 어려운 방어벽 역할을 한다. 이 방어벽에 구멍이 생기거나 부서지거나 다른 상해가 발생하면, 이 부분은 병원체의 침입통로가 된다. 여기서는 정상 미생물총의 역할을 포함하여 제1 방어선의 여러 가지 면에 대하여 알아보자.

선천면역에서 피부의 역할

학습 | 성과

8.3 병원체의 침입을 막게 하는 피부의 물리적 화학적 특징을 밝혀라.

피부는 가장 넓은 면적을 가지고 있는 우리 몸의 기관으로 바깥쪽의 **표피(epidermis)**와 안쪽의 **진피(dermis)**라는 두 가지 주요 층으로 구성되어 있다. 이들은 모낭, 선, 신경말단 등을 포함한다 (그림 7.4 참조). 피부의 물리적 구조와 화학 성분은 효과적인 방어책으로서의 역할을 수행하게 한다.

표피는 촘촘히 배열되어 있는 세포들이 여러 층으로 구성되어 있다. 이들이 대부분의 세균과 곰팡이, 바이러스에 대한 물리적 방어벽을 구성한다. 피부의 상처나 부서진 부분이 없는 상태에서 표피세포의 층을 뚫을 수 있는 병원체는 극히 일부에 지나지 않는다.

표피에서 가장 깊숙이 존재하는 세포들은 계속적으로 분열하고 그들의 딸세포를 바깥으로 계속해서 밀어낸다. 딸세포가 표면으로 밀려감에 따라 점점 납작해지고 죽어서, 결국은 얇은 조각의 형태로 벗겨져나가게 된다 (그림 8.1). 피부표면에 붙어 있는 미생물들은 죽은 세포의 피부의 얇은 조각과 함께 떨어져 나가게 된다. **유익한 미생물: 피부에서 무슨 일이 벌어지는가?** 부분에 떨어져나간 표피세포의 운명에 대하여 기술한다.

표피는 **수지상세포(dendritic[1] cell)**라고도 불리는 식세포를 가지고 있다. 수지상세포의 날씬하고 손가락처럼 생긴 촉수들이 주변 세포들 사이로 확장하여 침입자들을 잡아내기 위한 거의 지속적인 네트워크를 구축한다. 수지상세포는 병원체에 무작위 식세포작용을 하고 동시에 적응면역에 중요한 역할을 한다 (9장 참조).

[1]가지 친 모습과 같은 "나무"를 의미하는 그리스어 *dendron*으로부터 유래.

▲ **그림 8.1 사람 피부에 대한 주사전자현미경 사진.** 표피층 세포는 죽고 건조되어 허물처럼 떨어져 나가면서 대부분의 미생물에 대한 효과적인 방어선을 제공한다.

표피의 장애물 기능, 지속적인 교체, 식세포성 수지상세포의 존재의 조합은 병원체의 집락형성과 감염에 대하여 비특이적으로 방어한다.

진피도 비특이적으로 방어를 하는데, 콜라겐(collagen)이란 단백질로 구성된 튼튼한 밧줄과 같은 구조를 가지고 있다. 이 구조는 진피의 강도와 유연성을 결정하여 긁힘이나 찔림으로 인해서 진피가 뚫리고 미생물이 들어오는 것을 막는 역할을 한다. 진피의 혈관은 곧 언급할 방어 세포와 화학물질들을 전달하는 역할을 한다.

이러한 물리적 구조와 함께, 피부는 병원체에 대한 비특이적인 방어에 관여하는 다양한 화학물질을 가지고 있다. 진피세포는 항세균성 펩티드를 분비하고, 땀샘은 염(salt)과 항미생물 펩티드, 리소자임 등을 포함하는 땀을 분비한다. 염은 침입하는 세포로부터 삼투압을 이용하여 물기를 제거함으로서 침입세포가 생장하는 것을 억제하고 죽게 한다.

항미생물 펩티드(antimicrobial peptide) [흔히 디펜신(*defensin*)이라 함]는 20–50개의 아미노산으로 구성된 양이온을 띠는 사슬로 미생물에 대항하는 역할을 한다. 땀샘에서는 더미시딘(*dermicidin*)이라 불리는 다른 종류의 항미생물 펩티드를 분비한다. 더미시딘은 많은 그람-음성 및 그람-양성 세균과 곰팡이를 억제하는 광범위 항미생물 제제이다. 피부의 표면에서 활성을 가진 펩티드에서 기대하듯이 더미시딘은 낮은 pH와 염에 예민하지 않다. 더미시딘의 작용기작에 대해서는 잘 알려지지 않았다.

리소자임(lysozyme) (līs´ō-zīm)은 세포벽의 당의 소단위 결합을 끊어냄으로써 세균의 세포벽을 분해하는 효소이다. 세포벽이 없는 세균은 삼투작용에 취약하고, 식세포 (제2 방어선 부분에서 다룸) 내의 다른 효소에 의해 쉽게 소화된다.

피부는 또한 기름샘을 가지고 있는데 **피지(sebum)** (sē´bŭm)라고 하는 기름성분을 분비하여 피부가 유연성을 유지하도록 도와주고 찢어지거나 부서지는데 덜 취약하게 해 주며, 피부의 pH가 약 5 정도로 세균이 자라지 않도록 하는 지방산을 분비한다.

비록 염, 디펜신, 라소자임, 산성 등이 대부부의 세균에게는 좋지 않은 피부 환경을 만들지만, *Staphylococcus epidermidis* (staf´i-lō-kok´us ep-i-der-mid´is)와 같은 세균에게는 피부가 서식하기 좋은 환경이다. 세균은 특히 머리카락 주변의 패인 곳이나 샘의 관에 많이 존재하나 이들은 대체로 무해한 미생물들이다.

종합해 보면, 피부는 복잡한 방어물로 미생물의 접근을 제한한다.

선천면역에서 점막의 역할

학습 | 성과

8.4 신체에서 점막이 존재하는 곳을 밝혀라.
8.5 어떻게 점막이 물리적으로 화학적으로 신체를 보호하는지 설명하라.

유익한 미생물

피부에 무슨 일이 벌어지고 있나?

당신이 걷거나 움직일 때마다 당신의 몸에서는 피부껍질이 떨어져 나오고, 가만히 서 있을 때에도 이보다 양은 좀 적지만 떨어진다. 이를 합치면, 하루에 약 100억 개의 세포, 일 년에 약 250 그램의 피부에 해당한다! 도대체 피부에서 무슨 일이 벌어지고 있는 것일까?

가정집 먼지의 대부분은 당신이 살아가며 당신과 당신 식구들이 쏟아내는 피부가 대부분을 차지한다. 피부껍질은 가구나 바닥 카펫에 떨어지고, 이들은 음식이 위에서 비처럼 떨어지기를 오랫동안 기다리면서 조용히 해를 끼치지 않으며 살아가는 진드기의 음식이 된다. 이들은 장판뿐 아니라, 침대나 배게, 심지어 당신의 눈썹의 모낭에 살면서, 피부세포가 당신의 눈을 자극하기 전에 이마에서 떨어져나가는 피부세포를 낚아챔으로써 당신에게 혜택을 베풀고 있다.

먼지 진드기 SEM

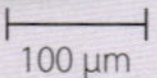

그러나 집먼지는 또한 진드기의 배설물과 껍질을 포함하고 있는데 이들은 알레르기를 유발할 수 있다. 이 장을 읽고 나서, 아마도 당신이 사용하는 바닥 카펫을 청소하고 싶어질 지도 모르겠다.

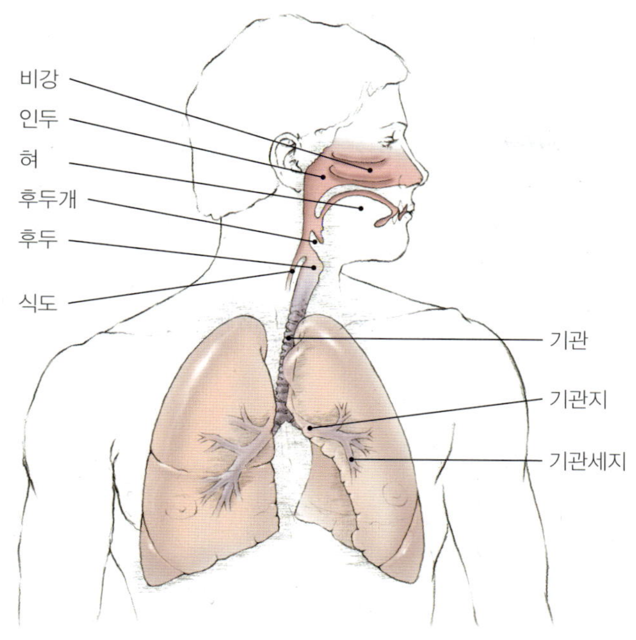

▲ **그림 8.2 점막으로 싸여 있는 호흡계의 구조.** 기도의 표피층은 점액을 분비하는 배상세포(goblet cell)와 제거를 위해 점액(세균이 그 안에 갇혀 있음)을 후두까지 밀어내는 섬모세포를 가지고 있다. *기도표피에 존재하는 줄기세포의 기능은 무엇인가?*

그림 8.2 기도표피의 줄기세포는 섬모세포와 배상세포를 형성하기 위해 세포분열을 하여 정상적으로 떨어져 나가는 세포들을 보충하는 역할을 한다.

점액을 분비하는 점막은 제1 방어선의 두 번째 부분으로 외부 환경에 노출되어 있는 모든 신체 입구를 감싸고 있다. 따라서 점막은 호흡계, 비뇨계, 소화계, 생식계 등의 내강(lumens)[2]과 외부의 경계선을 구성한다. 점막도 피부와 마찬가지로 비특이적으로 물리적 및 화학적 방법으로 감염을 억제한다.

점막은 습하고 두 개의 구분되는 층을 가지고 있다: 즉, 내강의 경우 표면에 가장 가까운 겉을 감싸는 막을 구성하는 상피(*epithelium*)와 상피를 기계적으로 지지하며 영양분을 공급하는 안쪽의 결합조직층(connective tissue layer)이다. 점막의 상피세포는 마치 표피처럼 서로 촘촘히 배열되어 있지만 하나의 얇은 막만을 형성한다. 실제로 어떤 점막의 상피는 두께가 하나의 세포 두께에 불과한 경우도 있다. 표피세포와는 달리, 점막의 표면에 존재하는 세포는 살아있어, 영양분이나 산소의 투과에 관여하거나 (소화기, 호흡기, 여성생식기의 경우) 폐기물을 제거하는 (비뇨계, 호흡계, 여성생식계의 경우) 역할을 한다.

점막 표면의 얇은 상피는 피부 표면과 같이 죽은 세포들로 구성된 여러 층에 비해 병원체 침입에 비효율적인 장애물이다. 그러면 어떻게 이들 얇은 점막을 통한 미생물의 침입을 막아낼 수 있을까? 어떤 경우는 그렇지 못한데, 이것이 바로 어떤 점막, 특히 호흡계와 생식계의 경우에 병원체의 침입통로로 사용되는 이유이다. 어찌되었든 점막의 표피세포들은 촘촘히 배열되어 많은 병원체의 침입을 막아내고 있고 이 세포들은 계속적으로 떨어져 나가서, 여러 종류의 딸세포를 만들 수 있는 재생세포인 **줄기세포(stem cell)**에 의해 다시 채워진다. 점막세포가 떨어져 나가는 효과는 붙어있는 세균을 함께 제거하는 것이다.

수지상세포는 점막상피의 바로 밑에 존재하며 침입세포에 대하여 식세포 작용한다. 이들 세포는 또한 표피세포들 사이에 위족을 넣어 내강에 있는 내용물을 채취하고 점막 방어벽을 뚫고 침입할 수 있는 특정 병원체에 대한 적응면역반응을 준비하도록 돕는다(16장에서 보다 상세하게 다룸).

또한 어떤 점막의 표피는 병원체를 제거할 다른 수단을 가지고 있다. 기도의 점막을 예를 들면, 줄기세포는 세균이나 다른 병원체를 가둘 수 있는 *끈끈한* 점액을 분비하는 배상세포(*goblet cell*)와 폐로 부터점액과 점액에 갇힌 입자나 병원균을 밖으로 방출하는 섬모원주세포(*ciliated columnar cell*)를 만든다 (**그림 8.2**). 섬모의 기능은 때로는 승강기에 비유된다. 목에 있는 점액은 기침에 의해 위로 올라가고, 다시 삼켜지거나 밖으로 배출된다. 담배연기 속에 있는 독소나 타르가 섬유세포를 망가뜨리기 때문에, 흡연자의 폐는 점액을 제대로 제거하지 못하게 되어, 기도가 폐로부터 가래나 점액을 배출하려고 할 때마다 심한 기침을 하게 된다. 흡연자는 그들의 폐에서 효과적으로 병원체를 제거할 수 없기 때문에 호흡기 병원균에 더 많이 감염된다.

이러한 물리적 작용 이외에 점막은 병원체에 대항하는 화학물질을 생산한다. 코 속의 점액에는 세균의 세포벽을 파괴하는 리소자임이 들어있다. 점액은 또한 항미생물 펩티드 (디펜신)를 가진다. **표 8.1**에 우리 신체의 제1 방어선인 피부와 점액의 물리적 화학적 기능을 비교하였다.

표 8.1 제1 방어선: 피부와 점막의 비교

	피부	점막
세포층의 수	많음	하나 또는 소수
세포는 촘촘한가?	그렇다	그렇다
세포는 죽었나 살았나?	외층: 죽었음 내층: 살아있음	살아있음
점액이 존재하는가?	없음	있음
상대적 수분의 양	건조	습기
디펜신이 존재하는가?	그렇다	약간
리소자임이 존재하는가?	그렇다	약간
피지가 존재하는가?	그렇다	아니다
섬모가 존재하는가?	아니다	기도, 자궁관
지속적인 탈피 및 세포의 대체가 진행되는가?	그렇다	그렇다

[2]내강(lumen)은 어떤 관형태의 구조나 기관 내의 공간이나 경로를 말함.

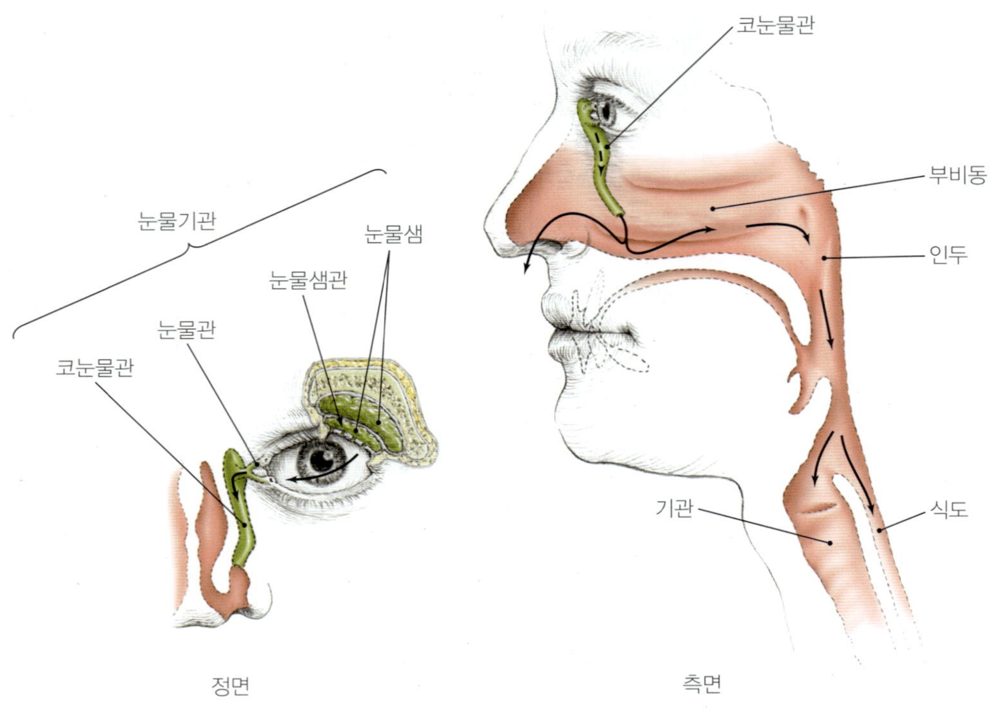

◀ **그림 8.3 눈물기관.** 이들 구조 (초록색)는 눈을 눈물로 덮음으로써 신체의 제1 방어선 작용을 한다. 화살표는 눈물이 눈을 지나 목으로 가는 경로를 나타낸다. *눈물에서 발견되는 항미생물 단백질에는 어떤 것들이 있는가?*

그림 8.3 눈물에는 세균의 세포벽의 펩티도글리칸에 대항하는 항미생물 단백질인 리소자임을 포함한다.

선천면역에서 눈물기관의 역할

학습 | 성과

8.6 눈물기관과 감염에 대항하는 눈물의 기능에 대해 설명하라.

눈물기관은 눈물을 생산하고 배출해 내는 구조들의 집합체를 말한다 **(그림 8.3)**. 눈의 위와 옆에 존재하는 눈물샘들은 눈물을 눈물관을 통해 눈의 표면으로 분비하게 한다. 눈물은 증발하거나 작은 눈물관을 통해서 코로 흘러갈 수 있도록 하는 코눈물관(nasolacrimal duct)으로 들어가게 된다. 거기서 눈물은 코의 점액과 만나 인두로 흘러들어가게 되고 결국은 삼켜지게 된다. 눈꺼풀이 깜빡이면 눈물을 퍼트리고 눈의 표면을 씻는다. 정상적으로는 증발과 코로 흘러들러가는 눈물과 눈 위의 눈물의 흐림이 서로 균형을 이루고 있다. 만일 눈이 자극을 받게 되면, 눈물이 많아져 눈을 뒤덮고 자극제를 씻어버린다. 이러한 세정작용 외에 눈물은 세균을 죽이는 리소자임을 가지고 있다.

선천면역에서 정상 미생물총의 역할

학습 | 성과

8.7 정상 미생물총을 정의하고, 어떻게 이들이 질병으로부터 보호하는데 도움을 주는지 설명하라.

신체의 피부와 점막은 일반적으로 다양한 원생동물, 곰팡이, 세균, 바이러스의 서식지 역할을 한다. 이들 **정상 미생물총(normal microbiota)**은 다양한 방법으로 잠재적인 병원체와 경쟁함으로써 몸을 보호하는데, 이를 **미생물 길항작용(microbial antagonism)**이라고 한다.

정상 미생물총의 다양한 활동이 병원체가 이들과 경쟁해서 질병을 일으킬 가능성을 적게 한다. 미생물총은 병원체가 필요한 영양분을 소모한다. 또한 pH를 변화시켜 미생물총에는 유리하나 병원체에게는 불리한 환경을 만든다.

더욱이 미생물총의 존재는 신체의 제2 방어선 (잠시 후에 토론함)을 활성화 한다. 연구자들은 무균상태(*axenic*) (ă-zen´ik)[3], 즉 세균과 바이러스가 없는 환경에서 성장한 동물들이 병원체에 노출되었을 때 자신을 방어하는데 더 많은 시간이 걸린다는 것을 관찰하였다. 최근 연구결과는 장내의 정상 미생물총의 일부가 항세균성 물질의 생산을 촉진한다는 사실을 보고하였다.

마지막으로 장의 거주 미생물총은 비오틴과 판토테인산 (비타민 B_5) 등 당 대사에 중요한 비타민, 핵산의 퓨린과 피리미딘 염기의 생산에 필수적인 엽산, 그리고 혈액 응고에 중요한 역할을 수행하는 비타민 K의 전구체 등을 포함하는 몇 가지 비타민을 제공함으로써 신체의 전반적인 건강을 증진한다.

다른 제1 방어선

학습 | 성과

8.8 신체 방어의 부분으로써 항미생물 펩티드에 대하여 기술하라.

[3] "없다"는 의미의 그리스어 *a*와 "이방인"을 의미하는 그리스어 *xenos*로부터 유래.

피부나 점막의 물리적 장벽 외에도 미생물의 침입을 막아내는 장애물이 있다. 항미생물 펩티드와 다른 공정과 화학물질들이 바로 그것이다.

항미생물 펩티드

피부와 점막에 대한 조사에서 본 바와 같이, 항미생물 펩티드 (또는 디펜신)는 미생물에 길항적으로 작용한다. 과학자들은 누에, 개구리, 사람 등 다양한 생물체로부터 수백 가지의 항미생물 펩티드를 발견하였다. 피부표면으로 분비되는 것 외에도, 항미생물 펩티드는 점막과 호중구 등에서도 발견된다. 이들 펩티드는 다양한 병원체에 대항하며, 미생물의 표면의 당과 단백질 분자에 의해 활성화된다. 어떤 항미생물 펩티드는 그람-양성 세균 또는 그람-음성 세균에만 작용하고, 어떤 것은 두 가지 모두에, 또는 원생동물, 피막형 바이러스 또는 곰팡이에만 작용하기도 한다.

과학자들은 항미생물 펩티드가 작용하는 몇 가지 기작을 규명하였다. 어떤 것은 병원체의 세포막에 구멍을 뚫고, 다른 종류는 내부의 신호전달 또는 효소작용을 방해한다. 어떤 항미생물 펩티드는 백혈구를 유도하는 화학주성인자의 역할을 하며, 어떤 것은 섬유질과 현미경적 크기의 망을 형성하여 침입하는 세균을 잡아낸다.

다른 과정과 화학물질들

다른 신체의 기관들 또한 2차적 기능으로 항미생물 작용을 가지는 화학물질을 분비함으로써 제1 방어선에 기여한다. 예를 들어, 위산은 주로 단백질을 분해하기 위해 존재하지만 다양한 잠재적 병원체의 생장을 억제한다. 마찬가지로 침은 리소자임과 다른 소화효소를 가지고 있고 물리적으로 치아의 세균을 씻어내는 역할을 한다. 이와 같은 화학물질과 다른 요인이 제1 방어선에 기여하는 내용을 **표 8.2**에 나열하였다.

왜 그런가

*Staphylococcus aureus*의 어떤 균주는 박리독소를 만들어 피부의 전체 외부 층의 일부분이 떨어져나가는 화상피부증후군(scalded skin syndrome)이란 질병을 유발한다. 바깥층의 세포는 결국 떨어져 나가도록 되어 있는데, 왜 이런 질병이 위험한 것일까?

표 8.2 제1 방어선에 기여하는 분비물과 활성

분비물/활성	기능
소화기계	
침	치아, 잇몸, 혀, 구개로 부터 미생물을 씻어냄; 항미생물 물질인 리소자임을 가지고 있음
위산	미생물을 소화하고 억제함
가스트로페리틴	흡수할 철분을 모아두고 미생물이 사용하지 못하게 함
담즙	대부분의 미생물을 억제함
소장 분비물	미생물을 소화하고 억제함
장의 연동운동	위장의 내용물을 이동시켜 해를 끼칠 수 있는 병원체를 계속적으로 제거함
배변	미생물을 제거함
구토	미생물을 제거함
비뇨계	
오줌	리소자임을 가지고 있으며, 소변의 산성은 미생물을 억제함; 소변을 통해 미생물을 수뇨관과 요도로부터 제거함
생식계	
질분비물	산성이 미생물을 억제하고 철분을 격리하는 철분-결합 단백질을 포함하고 있어 미생물이 사용하지 못하게 함
생리액	자궁과 질을 청소함
전립선 분비물	철분을 격리하는 철분-결합 단백질을 포함하고 있어 미생물이 사용하지 못하게 함
심혈관계	
혈류	상처로부터 미생물을 제거함
응고	많은 병원체의 침입을 막음
트랜스페린	전달을 위해 철분과 결합하고 미생물이 사용하지 못하게 함

신체의 제2 방어선

학습 | 성과

8.9 질병에 대한 신체의 제1 방어선과 제2 방어선을 비교하고 구분하라.

병원체가 성공적으로 피부나 점막을 뚫고 들어오게 되면, 신체 선천면역의 제2 방어선이 작용하기 시작한다. 제1 방어선과 마찬가지로, 제2 방어선은 기생충에서부터 바이러스에 이르기까지 다양한 병원체에 대항하여 작용한다. 그러나 제1 방어선과 달리, 제2 방어선은 장애물이 없고, 대신에 세포 (특히 식세포), 항미생물 화학물질 (펩티드, 보체, 인터페론), 그리고 과정 (염증반응이나 열) 등으로 구성된다. 제1 방어선에서 유래한 세포와 화학물질 가운데 일부는 제2 방어선에서 추가적인 역할을 한다. 좀 자세하게 제2 방어선의 구성성분에 대해서 알아보도록 하는데, 대부분이 혈액에 포함되어 있거나 유래되기 때문에 우선 혈액의 구성 물질에 대해 알아보자.

혈액의 방어성분

학습 | 성과

8.10 신체 방어에서 혈액의 구성성분과 그들의 기능에 대해 논하라.

8.11 어떻게 대식세포가 명명되었는지 설명하라.

혈액은 혈장(*plasma*)이라고 불리는 액체 내에 세포와 세포의 일부분으로 구성된 복잡한 액체성 조직이다. 우선 혈장에 대해서 간단히 알아본 후 혈액의 방어기능에 대하여 토론을 시작하자.

혈장

혈장(plasma)은 대부분이 물로서, 전해질 (이온)과 용해된 기체, 영양분, 그리고 신체방어에 중요하고 다양한 단백질을 포함한다. 어떤 혈장단백질은 염증 (추후에 토론함)과 혈액응고에 관여하는데 이들은 혈액의 손실을 막고 감염의 위험을 줄이는 방어 기작에 하나이다. 혈액 응고 시 혈장으로부터 응고인자들이 제거되고 남는 액체를 혈청(*serum*)이라 한다.

사람은 대사를 위해 철분을 필요로 한다. 철은 전자전달계에서 시토크롬의 주요 성분으로 효소 보조인자의 역할을 하고 산소를 운반하는 적혈구에서 헤모글로빈의 중요 부분이다. 철은 상대적으로 비용해성이기 때문에 사람의 혈장에서 트랜스페린(*transferrin*)이라고 불리는 전달단백질에 의해 옮겨진다. 트랜스페린-철 융합체가 트랜스페린과 결합하는 수용체를 가진 세포에 이르게 되면 이 단백질과 수용체가 결합하고 세포를 자극하여 세포내이입(endocytosis) 과정을 통해 세포 내로 철을 흡수하게 한다. 남는 철분은 페리틴(*ferritin*)이라고 불리는 다른 단백질과 결합한 상태로 간에 저장된다. 비록 철-결합 단백질의 주요 기능은 철을 수송하고 저장하는 것이지만, 이차적인 방어 역할도 수행하여 철을 격리시킴으로서 미생물이 사용하지 못하게 한다.

어떤 세균, 즉 *Staphylococcus aureus* (o´rē-ŭs)는 모자라는 철분에 반응하여 자신의 철분 결합단백질인 시더러포어(*siderophore*)를 분비한다. 시더러포어는 트랜스페린과 비교하여 더 강하게 철과 결합하기 때문에 이러한 세균은 신체의 철분을 훔치는 결과를 초래한다. 이에 대하여 우리 몸은 락토페린(*lactoferrin*)이라고 하는 결합력이 훨씬 뛰어난 단백질을 분비하여 세균으로부터 철분을 다시 빼앗는다. 따라서 우리 몸과 병원체는 철분을 서로 빼앗기 위해 일종의 화학적 "쟁탈전"을 치루고 있는 것이다.

어떤 병원체는 이런 싸움을 아예 우회해 버리기도 한다. 예를 들어, *S. aureus*와 유사 병원체는 헤모리신(hemolysin)이란 단백질을 분비하여 적혈구의 세포막에 구멍을 내어 헤모글로빈을 방출한다. 다른 세균성 단백질은 세균막에 헤모글로빈을 결합시켜 철분을 제거한다. *Neisseria meningitidis* (nī-se´rē-ă me-nin-ji´ti-dis)란 병원균은 치명적인 수막염을 유발하는데, 트랜스페린에 대한 수용체를 발현하여 지나가는 혈액으로부터 철분을 뽑아간다.

다른 그룹의 혈장단백질인 보체(*complement*)는 제2 방어선의 중요한 역할을 하는데 잠시 후에 토론하도록 하자. 또 다른 혈장단백질인 항체(*antibody*) 또는 면역글로불린(*immunoglobulin*)은 적응면역의 일부로 제3 방어선의 일부이다.

방어 혈액세포: 백혈구

혈장에 떠돌아다니는 세포와 세포조각들은 **구성요소(formed element)**라고 한다. 조혈(*hematopoiesis*)[4]이라고 하는 과정에서 혈액의 줄기세포는 큰 뼈 속의 빈 구멍에 존재하는 골수에 주로 존재하면서 3가지 종류의 구성요소를 생산한다: **적혈구(erythrocyte)**[5] (ē-rith´rō-sītz), **혈소판(platelet)**[6] (plăt´letz), 그리고 **백혈구(leukocyte)**[7] (loo´kō-sīts) (그림 8.4).

적혈구는 구성요소 가운데 가장 많이 존재하며 혈액에서 산소와 이산화탄소를 운반한다. 혈소판은 거대핵세포(*megakaryocyte*)라 불리는 대형 세포가 세포막으로 둘러싸인 작은 세포질 덩어리로 쪼개진 조각들로 혈액응고에 관여한다. 백혈구(leukocyte)는 침입자로부터 신체를 보호하는데 직접적으로 관여하는 구성요소로서 혈액의 성분을 시험관을 이용하여 분리할 때 하얀 층을 형성한다고 하여 흔히 백혈구(white blood cell)라고 불린다.

염색된 혈액도말을 현미경으로 관찰해 보면, 백혈구는 두 가지 그룹으로 나눌 수 있는데 하나는 **과립백혈구(granulocyte)** (gran´ū-lō-s´tz), 다른 하나는 무과립백혈구(*agranulocyte*) (ă-gran´ū-lō-s´tz)이다 (그림 8.5).

과립백혈구는 세포질에 큰 입자들을 가지고 있는데 입자의 종류에 따라서 다른 색으로 염색이 된다. **호염구(basophils)** (bă´sō-fils)는 염기성 염색약인 메틸렌블루로 염색하면 푸른색을 띠고, **호산구(acidophils)** (ē-ō-sin´ō-fils)는 산성 염색약인 에오신으로 염색할 경우 오렌지에서 붉은색을 띠게 된다. **호중구(neutrophils)** (noo´trō-fils)는 다형핵백혈구(*polymorphonuclear leukocyte, PMN*)로 알려져 있는데 산성과 염기성 혼합염색약으로 염색할 경우 라일락 색을 띠게 된다. 호중구와 호산구는 병원체에 대해 식세포작용을 하며, 세포사이에 모세혈관을 통해 빠져나와 조직에 존재하는 병원체를 공격한다. 이러한 과정을 **혈관외 누출(diapedesis)**[8] (dīă´-pē-dē´sis)이라고 한다. 이 장의 후반부에서 다루겠지만, 호산구도 기생충에 대항하여 신체를 방어하는 역할을 하고, 알레르기의 정확한 기능은 아직 분명하지 않지만 알레르기 반응이 일어나는 동안 많은 수가 존재하게 된다. 호염구는 식세포작용을 보이지 않으나 혈액에서 빠져나올 수 있다. 대신에 이들은 염증성 화학물질을 분비하여 다음에 토론할 제2 방어선에 기여한다.

무과립백혈구의 세포질은 광학현미경 상에서는 균일하게 보이나 전자현미경 상에서는 과립이 관찰된다. 무과립백혈구는 두 종류가 있다. 하나는 **림프구(lymphocytes)** (lim´fō-sītz)로 가장 작은 백혈구로서 세포가 거의 핵으로만 되어 있으며, 다른 하나는 **단핵구(monocytes)** (mon´ō-sītz)로 약간 잎 모양의 핵을 가지고 있는 커다란 무과립백혈구이다. 대부분의 림프구는 적응면역에 관여하고 있

[4] "혈액"을 의미하는 그리스어 *haima*와 "만드는 것"을 의미하는 *poiein*로부터 유래.
[5] "붉은색"을 의미하는 그리스어 *erythro*와 "세포"를 의미하는 *cytos*로부터 유래.
[6] 불어로 "작은접시"를 말함. 혈소판은 "덩어리"를 의미하는 그리스어 *thrombos*와 "세포"를 의미하는 *cytos*로부터 유래하며, 기술적으로는 세포가 아니라 세포의 조각들임.
[7] "흰색"을 의미하는 그리스어 *leuko*와 "세포"를 의미하는 *cytos*로부터 유래.
[8] "관통하여"라는 의미의 그리스어 *dia*와 "뛰어오르는"을 의미하는 *pedan*으로부터 유래.

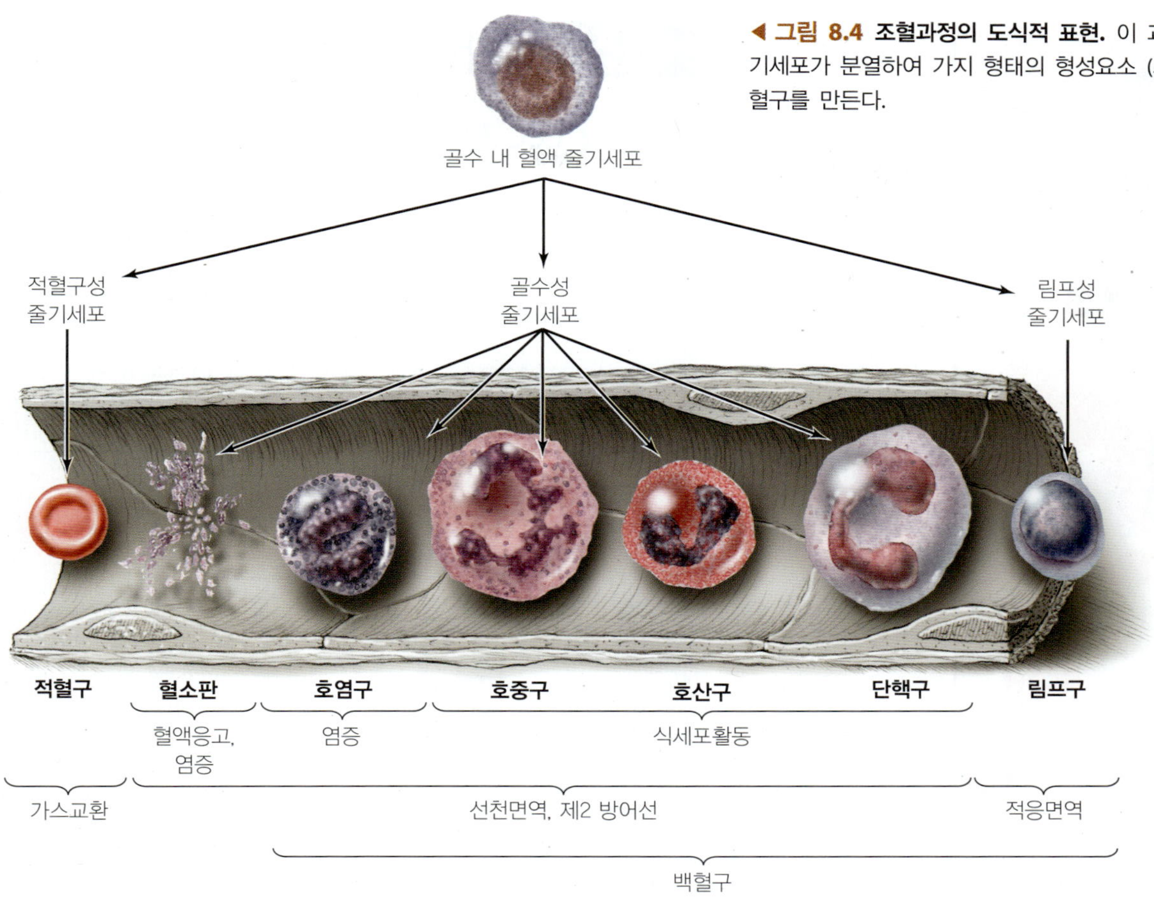

◀ **그림 8.4 조혈과정의 도식적 표현.** 이 과정에서는 골수에 존재하는 줄기세포가 분열하여 가지 형태의 형성요소 (세포요소)인 백혈구, 혈소판, 백혈구를 만든다.

으나 자연살해세포[*natural killer* (*NK*) *lymphocyte*]는 선천면역에 관여하고 있으며, 이 장에서 다루게 될 것이다. 단핵구는 혈액을 떠나 **대식세포(macrophage)**[9] (mak´r´ō-fāj-ēz)로 성숙되고 이 세포는 제2 방어선의 식세포 역할을 한다. 이 세포의 초기 기능은 이물질, 즉 세균, 진균류, 포자, 먼지, 죽은 세포 등을 먹는 것이다.

대식세포는 신체에서의 위치에 따라 명명되었다. 이동성 대식세포(*wandering macrophage*)는 혈액을 혈관 외 누출 과정을 통해 빠져나가 세포 밖 공간을 포함한 신체를 돌아다니며 청소부 역할을 수행한다. 다른 대식세포는 고정되어 있고 돌아다니지 않는다. 이러한 대식세포는 허파의 폐포대식세포[*alveolar* (al-vē´ō-lăr) *macrophage*]와 중추신경계의 미세아교세포(*microglia*) (mī-krog´lē-ă)를 들 수 있다. 고정 대식세포는 보통 특정 기관, 즉 심실, 혈관, 림프관과 같은 특별한 기관 내에서 식세포작용을 한다 (림프계는 9장에서 토론).

식세포의 특정 부류는 백혈구가 아니다. 이들은 앞서 언급했던 수지상세포로 온 몸에, 특히 피부와 점막에 퍼져있다. 수지상세포는 미생물 침입체를 기다리고 있다가 식세포화 하고, 미생물 공격이 있었음을 적응면역에 관여하는 세포들에게 알려주는 역할을 한다.

백혈구에 대한 실험실 분석 진단 목적으로 백혈구 세포수를 측정하는 것과 같이 혈액을 분석하는 것은 의학실험실 연구원들의 임무 가운데 하나다. **분별 백혈구세포 계수(differential white blood cell count)**를 통해서 결정되듯, 백혈구의 비율은 질병의 징후로서 사용된다. 예를 들어, 호산구의 비율이 증가하는 것은 알레르기나 기생충에 의한 감염을 나타낼 수 있다. 세균성 질환은 일반적으로 호중구의 비율이 증가하는 반면에, 바이러스 감염은 림프구의 상대적 숫자의 증가를 유발한다. 전체 백혈구에 대한 비율의 형태로 종류별 백혈구의 정상 수치 범위를 그림 8.5에 표시하였다.

혈장 요소와 백혈구의 방어적 특성에 대해서 알아보았는데, 이제 우리의 관심을 식세포작용, 백혈구에 의한 비식세포성 세포살해, 비특이적 화학방어, 염증, 그리고 열 등의 제2 방어선의 구체적 내용으로 돌려보자.

식세포작용

학습 | **성과**

8.12 식세포작용의 6가지 단계를 들고 설명하라.

식세포작용(*phagocytosis*)은 "세포를 먹는다"는 뜻으로 미생물들이 영양분을 섭취하는 방법이나, **식세포(phagocytes)** (fag´ō-sītz), 즉 신체의 식세포작용을 하는 방어세포는 식세포작용을 신체의 제1 방어

[9] 폐포는 기도의 끝에 있는 조그만 주머니들로 이곳에서 폐와 혈액 간에 산소와 이산화탄소의 교환이 일어난다.

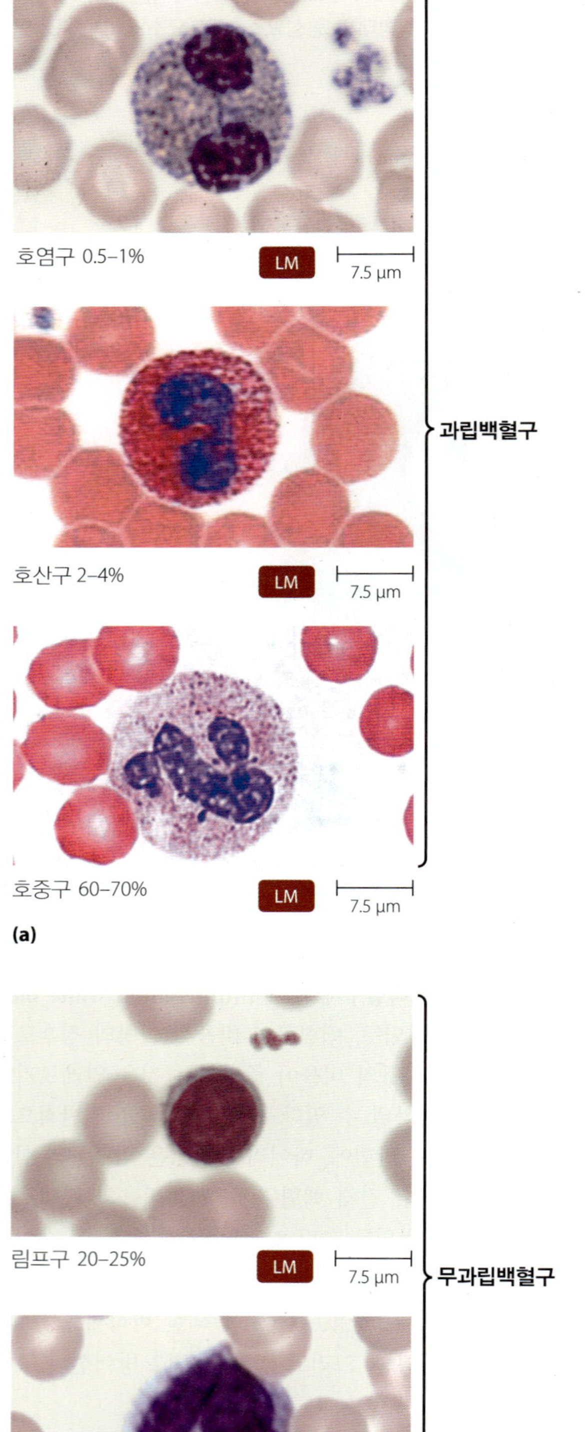

▲ **그림 8.5 염색된 혈액도말에서 발견되는 백혈구들. (a)** 과립백혈구: 호염구, 호산구, 호중구 **(b)** 무과립백혈구: 림프구와 단핵구. 숫자는 백혈구 중 각 세포종류들의 정상 비율을 나타낸다.

임상 사례연구

비정상 CBC 평가하기

CBC Profile

Name: Brown, Roger   Age/Sex: 61/M   Attend Dr: Kevin, Larry
Acct#: 04797747   Status: ADM IN
Reg: 11/27/13

SPEC #: 0303:AS:H00102T   COLL: 12 / 03 / 13-0620   STATUS: COMP
RECD: 12 / 03 / 13-0647   SUBM DR: Kevin, Larry

ENTERED: 12 / 03 / 13-0002   OTHER DR: NONE, PER PT
ORDERED: CBC W/ MAN DIFF   REQ #: 01797367

Test	Result	Normal range
CBC		
WBC (white blood cells)	0.8	4.8–10.8 K/mm3
RBC (red blood cells)	3.09	4.20–5.40 M/mm3
HGB (hemoglobin)	9.6	12.0–16.0 g/dL
HCT (hematocrit)	28.2	37.0–47.0 %
MCV	91.3	81.0–99.0 fL
MCH	31.1	27.0–31.0 pg
MCHC	34.1	32.0–36.0 g/dl
RDW	17.1	11.5–14.5 %
PLT (platelets)	21	150–450 K/mm3
MPV	8.7	7.4–10.4 fL
DIFF		
CELLS COUNTED	100	#CELLS
SEGS	39	
BAND	4	
LYMPH (lymphocytes)	41	
MONO (monocytes)	15	
EOS (eosinophils)	1	
NEUT# (# neutrophils)	0.3	1.9–8.0 K/mm3
LYMPH#	0.3	0.9–5.2 K/mm3
MONO#	0.1	0.1–1.2 K/mm3
EOS#	0.0	0–0.8 K/mm3
PLATELET EST	DECREASED	

아프리카계 미국인인 Roger Brown는 그의 질환치료를 위해 항암제 치료를 받았다. 이 약물은 암을 죽이는데 사용되지만, 골수억제와 같이 원치 않는 질환상태를 만들기도 한다. 여기서 보여주는 총 혈액세포 측정(complete blood count, CBC) 프로파일을 보면 이 환자는 문제가 심각함을 알 수 있다. 측정수치를 살펴보고 다음 질문에 답하라.

1. **혈소판 수치가 매우 낮음에 주목하라. 이 상태가 환자에게 어떤 영향을 줄 수 있을까? 이 환자를 보호하기 위한 조치에 대해 토론하라.**
2. **백혈수 수치가 비정상적으로 낮음에 주목하라. 제2 방어선이 무력화되면, 제1 방어선은 어떻게 보호되어야 하는가?**

선을 피해 들어온 병원체를 몸에서 제거하는 데 사용한다.

식세포작용은 아직도 완전히 이해되지 않은 복잡한 과정이다. 토론을 위해 식세포란 연속적 과정을 주화성, 부착, 섭취, 성숙, 사멸, 제거 등 6가지 단계로 구분한다 **(그림 8.6)**.

주화성

주화성(*chemotaxis*)은 세포를 화학적 자극으로 유인하거나 (양성 주화성) 자극을 피하여 (음성 주화성) 이동하는 것을 말한다. 식세포의 경우, 양성 주화성은 위족(*pseudopods*) (soo´-dō-podz)을 사용하

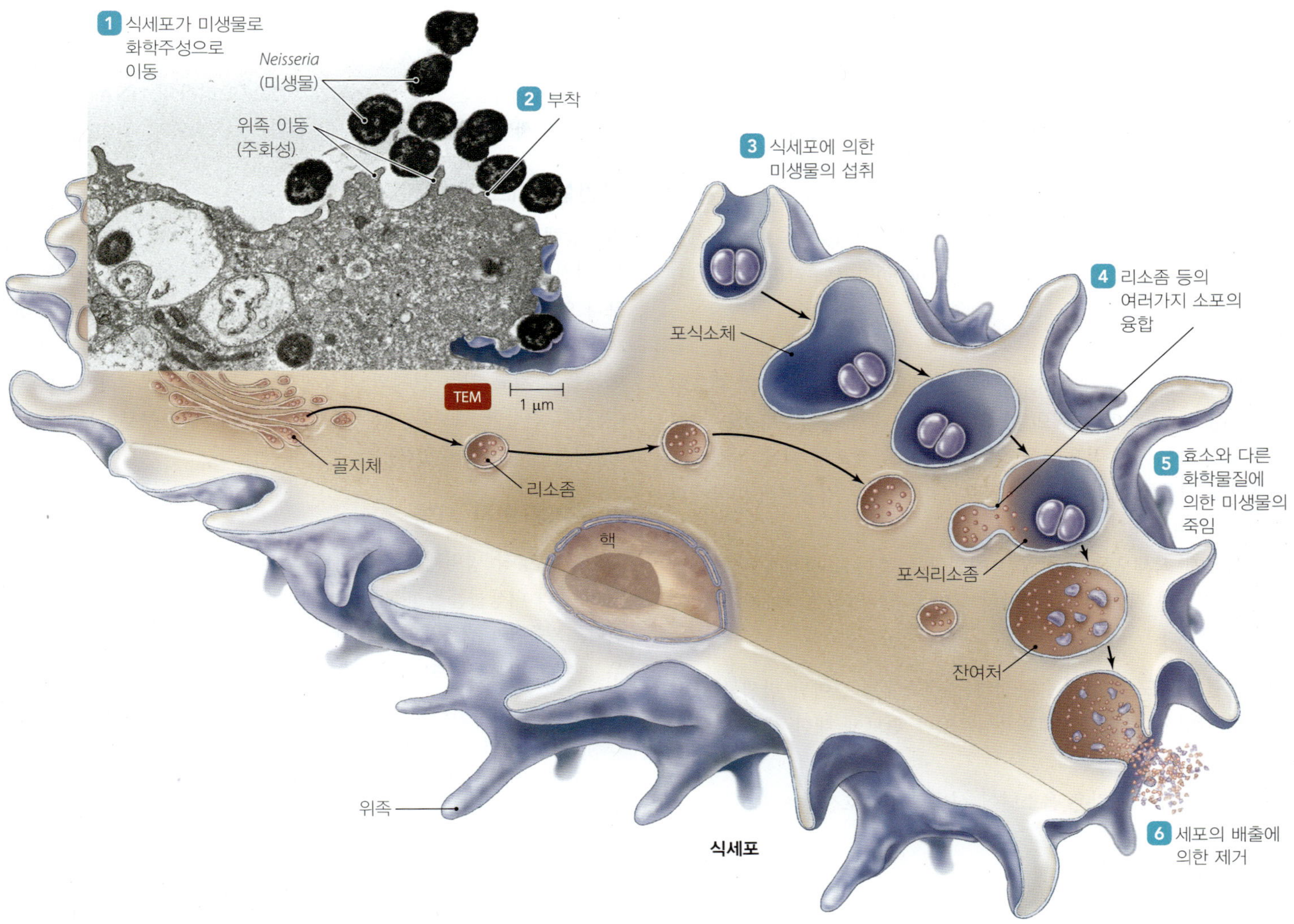

▲ **그림 8.6 식세포과정.** 호중구가 *Neisseria gonorrhoeae*를 식세포화 하는 과정.

여 감염부위의 미생물 쪽으로 이동한다 1. 식세포성 백혈구를 유도하는 화학물질은 미생물 요소나 분비물, 손상된 세포나 백혈구의 성분들, 그리고 **주화성인자(chemotactic factor)** (kem-ō-tak´tic) 등이다. 주화성인자는 디펜신, 보체에서 유래하는 펩티드 (이 장의 후반부에서 다룸), **케모카인(chemokines)** (kē´mō-kīnz)이라고 불리는 화학물질 등으로 감염부위에 이미 존재하는 백혈구에 의해 분비된다.

부착

감염부위에 도착한 후, 식세포는 세포막에 존재하는 당단백질과 같은 서로 상보적인 화학물질에 결합함으로써 미생물에 부착한다 2. 이런 과정을 **부착(adherence)**이라 한다.

어떤 세균은 미끄러운 캡슐과 같은 독성인자를 갖고 있어 식세포의 부착을 방해한다. 이런 세균은 결합조직이나 혈관 또는 혈액응고 등으로 표면 쪽으로 밀려 올라가게 되면 쉽게 식세포화 된다.

모든 병원체는 보체 (후에 토론) 또는 항체(*antibody*) (9장에서 토론)와 같은 특수한 항미생물 단백질로 둘러싸이게 되면 더 쉽게 식세포화 된다. 이런 물질들로 둘러싸이는 과정을 **옵소닌화(opsonization)**[10] (op´sŭ-nī-ză´shun)라 하며 이런 단백질을 **옵소닌(opsonin)**이라고 한다. 일반적으로 옵소닌은 미생물의 표면에 결합 장소의 종류와 수를 늘려주는 역할을 한다.

섭취

식세포가 병원체에 부착된 후, 미생물을 감싸는 위족(*pseudopod*)을 낸다 3. 감싸여진 미생물은 위족이 융합되면서 **포식소체(phagosome)**라고 불리는 음식소포(food vesicle)를 형성하면서 내부로 이동하게 된다.

포식소체의 성숙과 미생물 사멸

식세포 내에 일련의 세포 막성 소기관은 새로이 생성된 포식소체와 융합하여 소화소포(digestive vesicle)를 만든다. 리소좀(lysosome)이라고 불리는 소기관은 소화된 화학물질을 포식소체에 제공하여 **포식리소좀(phagolysosome)** (fag-ō-lī´sō-sōm)이라 불리는 성숙 포

[10]"음식을 공급"한다는 의미의 그리스어 *opsonein*과 "유발"을 의미하는 *izein*으로부터 유래; 따라서 대략적으로 "저녁을 준비한다"의 의미임.

식소체를 만든다 4. 포식리소좀은 반응성이 매우 높고 독성이 강한 형태의 산소와 같은, 항미생물 물질을 포함하고 있으며 세포질로부터 수소이온을 끌어들여와 약 pH 5.5의 환경을 유지한다. 지방분해효소, 단백질분해효소, 핵산분해효소 등의 약 30가지 이상의 다양한 효소들이 포식된 미생물을 파괴하는데 관여한다 5.

대부분의 병원체는 30분 이내에 죽게 되지만, 어떤 종류는 독성 인자 (왁스와 같은 세포벽)를 가지고 있어 리소좀의 작용에 견딜 수 있다. 포식리소좀은 잔류체(*residual body*)라고도 알려지고 있다.

제거

소화는 늘 완벽하지 않으며, 식세포는 미생물체의 잔여분을 세포외 배출(*exocytosis*), 즉 섭취의 반대현상을 통해서 제거한다 6. 어떤 미생물 인자는 특수적으로 공정되어 수지상 세포와 같은 식세포의 세포막에 결합한 채로 존재하게 된다. 이 현상은 적응면역 (9장에서 토론)에 관여한다.

어떻게 식세포들이 침입한 병원균을 죽이고 신체를 구성하는 자신의 건강한 세포는 해를 끼치지 않을까? 적어도 2가지 기작이 이를 담당한다:

- 어떤 식세포는 신체를 구성하는 세포에는 결여된 미생물 표면의 다양한 성분, 즉 세포막성분이나 편모에 대한 세포막 수용체를 갖는다.
- 보체나 항체와 같은 옵소닌이 식세포에 신호전달을 제공한다.

비식세포성 사멸

학습 | 성과

8.13 호산구, 자연살해세포, 호중구들이 미생물체나 기생충인 연충을 비식세포작용으로 죽이는데 어떠한 역할을 하는지 설명하라.

식세포작용은 병원체를 섭취하고 난 후 이를 죽인다. 반대로 호산구, 자연살해세포, 호중구는 식세포작용 없이 병원체를 죽인다.

호산구에 의한 사멸

앞서 언급한 바와 같이 호산구는 식세포작용을 할 수 있다. 그러나 이것은 그들의 일반적인 공격형태가 아니다. 호산구는 항미생물 화학물질을 분비한다. 이들은 연충의 표면에 부착하여 공격하는데 기생충의 표피에 세포외 단백질 독소를 분비한다. 이들 독소는 연충을 약하게 만들고 죽일 수 있다. **호산구과다증(eosinophilia)**, 즉 혈액에 비정상적으로 많은 수의 호산구가 있는 경우 흔히 연충이 자라고 있거나 알레르기가 있음을 나타낸다.

기생충인 연충을 공격하는 것 이외에도 호산구는 지금까지 알려지지 않는 방법으로 세균을 공격하는데 그람-음성 세균의 리포다당류가 호산구로 하여금 신속하게 미토콘드리아의 DNA를 방출하게 하고 이들은 이미 돌출되어 있는 단백질과 결합하여 물리적 장벽을 만든다. 이는 DNA가 항미생물 기능을 수행한다는 최초의 증거이며 과학자들은 정확히 어떻게 미토콘드리아의 DNA가 항미생물 인자로서 작용하는지 조사하고 있다.

자연살해세포에 의한 사멸

자연살해세포(Natural killer lymphocyte) [또는 **NK 세포(NK cell)**]는 선천면역에서 다른 종류의 방어 백혈구로 바이러스에 감염된 세포나 암으로 변형되어 가고 있는 세포의 표면에 독소를 분비함으로써 작용한다. 자연살해세포 상에 존재하는 막 단백질과 유사한 단백질을 가지고 있는 신체의 정상세포를 구분하여 공격하지 않는다(자신의 건강한 세포와 병든 세포 또는 병원체를 구분하는 능력은 9장에서 자세히 다루었음).

호중구에 의한 사멸

호중구는 항상 병원체를 삼키지는 않는다. 그들은 식세포작용 없이도 주변의 미생물들을 파괴할 수 있다. 적어도 2가지 방법으로 가능하다. 호중구의 세포막의 효소들은 전자를 산소에 붙여 반응성이 매우 높은 수퍼옥사이드 라디칼(superoxide radical)인 O_2^-와 과산화수소(H_2O_2)를 만든다. 다른 효소는 이들을 하이포아염소산으로 바꾸는데, 이 화학물질은 가정집에서 표백제의 항미생물성 성분으로 사용되고 있기도 하다. 이러한 화학물질은 근처 침입자를 죽일 수 있다. 세포막의 다른 효소는 강력한 염증유발 물질인 산화질소(nitric oxide)를 만든다.

과학자들은 호중구가 근처에 있는 미생물을 무력화하는 다른 방법을 최근에 발견했다. 호중구는 중성구 세포외 그물(*neutrophil extracellular traps, NETs*)이라는 세포외 섬유 그물을 만든다. 호중구는 그들의 핵을 분해하여 세포자살의 독특한 형태의 하나로서 NET를 합성한다. 핵막이 분해되면서, DNA와 히스톤 단백질이 세포질로 방출되고, 이러한 핵산 성분과 세포질 입자성 막과 단백질과 서로 섞여 NET 섬유질을 만든다. 그 후, 수퍼옥사이드나 과산화물과 같은 활성산소 종은 호중구를 죽인다. NET는 죽어가는 세포의 세포막이 터지면서 방출된다. NET는 그람-음성 세균과 그람-양성 세균 모두를 포집하여 움직이지 못하게 하고 다른 항미생물 펩티드와 함께 격리함으로써 세균을 죽인다. 따라서 죽어가는 순간에도 호중구는 그들의 방어세포로서의 역할을 충실하게 수행한다.

병원체에 대한 비특이적 화학적 방어

학습 | 성과

8.14 톨-유사 수용체(*toll-like* receptor)를 정의하고 병원체-연관 분자형태와 관련하여 그들의 작용을 설명하라.

8.15 NOD 단백질의 위치와 기능을 설명하라.

8.16 선천면역에서 인터페론의 기능을 설명하라.

8.17 3가지 활성 경로를 포함하여 보체에 대해 설명하라.

화학적 방어는 제2 방어선의 식세포작용을 증진시킨다. 이런 화학물질은 선천면역의 다른 특성을 증진하거나 직접적으로 병원체를 공격함으로써 식세포를 돕는다. 방어 화학물질은 리소자임과 디펜신 (이전에 다루었음), 톨-유사 수용체, NOD 단백질, 인터페론, 그리고 보체 등을 포함한다.

톨-유사 수용체(TLR)

톨-유사 수용체(toll-like receptors, TLRs)[11]는 식세포의 세포막에 있는 단백질이다. TLR은 초기 경고 체계로서 작용하여 신체가 다양한 세균이나 바이러스 병원균은 가지나 사람에게는 존재하지 않는 공통된 분자들에 대한 반응을 일으킨다. 이런 미생물 분자는 펩티도글리칸, 리포다당류, 섬모, 세균이나 바이러스에서 유래된 메틸화되지 않은 시토신과 구아닌의 뉴클레오티드의 쌍, 바이러스의 이중가닥이나 단일가닥의 RNA 등이다. 이러한 미생물 구성성분을 종합적으로 **병원체-연관 분자패턴(pathogen-associated molecular pattern, PAMPs)**이라고 한다.

사람에는 10가지의 TLR이 존재한다. TLR 1, 2, 4, 5, 6은 세포막에 걸쳐 있으나, TLR 3, 7, 8, 9는 포식소체 막에 걸쳐 있다. 어떤 TLR은 단독으로 작용하고, 어떤 TLR은 쌍을 이루어 특정 병원체-연관 분자패턴을 인식한다. 예를 들어, TLR3은 웨스트나일 바이러스와 같은 바이러스의 이중가닥 RNA와 결합하지만, TLR2와 6은 함께 그람-양성 세균의 세포벽 구성성분인 지질타이코산(lipoteichoic acid)과 결합한다. 표 8.3에 PAMP와 사람에서 발견된 10가지 TLR의 세포막 위치를 종합하였다.

PAMP가 톨-유사 수용체에 결합하면 다양한 방어반응이 시작되는데, 감염된 세포의 세포자살, 염증매개물질 분비 또는 인터페론 분비, 적응면역 반응을 위한 화학적 자극물질 생산 (9장에서 다룸) 등이다. 만일 TLR이 실패할 경우, 상당부분의 면역반응이 무너지게 되어, 우리 몸은 수많은 병원체의 공격에 노출된다.

과학자들은 TLR를 자극하는 방법을 적극적으로 찾아, 병원체에 대한 신체의 면역반응과 예방접종능(immunization)을 증가시키려 하고 있다. 이와는 반대로, TLR를 억제하는 방법은 염증성 장애와 몇몇 과다면역 반응(hyperimmune response)을 억제하는 수단을 제공할 수 있다.

NOD 단백질

NOD[12] 단백질(NOD protein)은 PAMP와 같은 미생물 분자에 대한 다른 종류의 수용체이나 세포의 세포막의 한 부분으로 존재하지 않고 세포의 내부에 존재한다. 과학자들은 NOD 단백질이 그람-음성 세균의 세포벽의 성분이나 AIDS, C형 간염바이러스, 단핵구증가증 등을 유발하는 바이러스의 RNA에 결합하는 NOD 단백질을 연구해왔다. 연구자들이 그들의 정확한 작용방법을 아직도 규명 중에 있지만, NOD 단백질은 염증, 세포자살, 세균성 병원체에 대항하는 선천성 면역반응을 일으킨다. NOD 유전자의 돌연변이는 크론씨병(Crohn's disease)과 같은 염증성 장 질환과 관련이 있다.

표 8.3 톨-유사 수용체와 이들의 자연적 미생물 결합부위

TLR	PAMP (미생물 분자)
세포막 내	
TLR1	세균의 리포펩티드와 다세포성 기생체의 단백질
TLR2	세균의 리포펩티드, 리포테이코산 (그람-양성 세균의 세포벽에 존재)과 효모의 세포벽
TLR4	지질 A (그람-음성 세균의 외막에 존재)
TLR5	세균의 편모
TLR6	세균의 리포펩티드, 리포테이코산 (그람-양성 세균의 세포벽에 존재)과 효모의 세포벽
포식소체의 막 내	
TLR3	RNA 이중가닥 (바이러스에만 발견됨)
TLR7	단일가닥의 바이러스 RNA
TLR8	단일가닥의 바이러스 RNA
TLR9	바이러스와 세균 DNA의 메틸화되지 않은 C(시토신)와 G(구아닌) 쌍
알려지지 않은 장소	
TLR10	모름

인터페론

지금까지 이 장에서는 주로 우리 몸이 어떻게 세균과 다른 진핵세포로부터 보호하는지에 대하여 초점을 두어왔다. 이제부터 제2 방어선의 화학물질이 어떻게 바이러스성 병원체에 대항하여 작용하는지 알아보겠다.

바이러스는 새로운 바이러스를 만들기 위해 숙주의 대사장치를 사용한다. 이런 이유로 숙주에 치명적인 해를 주지 않고 바이러스의 복제를 억제하는 것은 어렵다. **인터페론(interferons)** (in-ter-fēr´onz)은 단백질로서 숙주세포에 의해 분비되어, 바이러스의 확산을 비특이적으로 억제한다. 특이성이 없어 하나의 바이러스 침입자로 인해 생성된 인터페론은 다른 종류의 바이러스에 의한 감염으로부터 어느 정도 보호한다. 그러나 인터페론은 몸을 아프게 하고, 근육통, 오한, 두통, 열 등 바이러스 감염과 일반적으로 관련된 증세를 유발한다.

다른 종류의 세포는 바이러스의 핵산이 TLR3, 7, 8과 같은 TLR에 결합하게 되면 두 가지 기본적 형태의 인터페론 중 하나를 생산한다. 주어진 종류의 세포에서 생산되는 인터페론은 물리화학

[11]독일어 *Toll*은 "환상적인"이라는 의미를 가지며, 원래는 돌연변이가 되면 초파리가 이상한 모습을 갖도록 하는 유전자를 지칭하였다. 톨-유사 단백질은 초파리의 톨 단백질과 아미노산 서열이 유사하나 기능은 다름.

[12]DNA 뉴클레오티드의 특정 개수 (올리고머)로 구성된 지역에 결합하는 능력을 뜻하는 nucleotide-oligomerization domains의 약자.

적 특징을 공유하는데 이들은 종 특이적이기도 하다. 일반적으로 제1형 인터페론, 또는 알파와 베타 인터페론이라고도 하는데 바이러스 감염의 초기에 존재하나, 제2형 인터페론 (감마인터페론)은 감염의 단계에서 다소 늦게 나타난다. 그들의 기능이 동일하기 때문에 감마인터페론을 다루기작에 알파와 베타 인터페론을 먼저 조사해 보자.

제1형 (알파, 베타) 인터페론 감염 후 몇 시간 내에 바이러스에 감염된 단핵구, 대식세포, 몇몇 림프구는 적은 양의 **알파 인터페론(alpha interferon, IFN-α)**을 분비한다. 유사하게 연골, 건, 뼈 등에 비분화 상태로 존재하는 섬유아세포(fibroblast)는 바이러스에 감염되면 소량의 **베타 인터페론(beta interferon, IFN-β)**을 분비한다. 알파와 베타 인터페론의 구조는 유사하고 그들의 활성도 동일하다.

인터페론은 이를 분비하는 세포는 보호하지 못한다 이들 세포들은 이미 바이러스에 감염되었기 때문이다. 대신에 인터페론은 자연살해 림프구를 활성화하고 이웃하고 있는 감염되지 않은 세포에서 보호 단계를 촉발한다. 인터페론이 결합하면 **항바이러스 단백질(antiviral protein, AVPs)**의 생성을 촉발하고 이 단백질은 바이러스의 핵산, 특히 진핵세포에는 없으나 바이러스에는 흔한 바이러스의 이중가닥 RNA와 결합하기 전까지 세포 내에서 비활성 상태로 존재한다 (그림 8.7).

적어도 두 종류의 항바이러스 단백질이 생산되는데, 하나는 전령 RNA를 파괴하는 올리고아데닐산 합성효소(*oligoadenylate synthetase*)이고, 다른 하나는 리보솜에 의한 단백질 합성을 억제하는 단백질 키나제(*protein kinase*)이다. 이러한 항바이러스 단백질 효소는 근본적으로 세포의 단백질 합성 시스템을 파괴하여 바이러스가 복제되는 것을 막는다. 물론 세포 대사는 부정적인 영향을 받는다. 항바

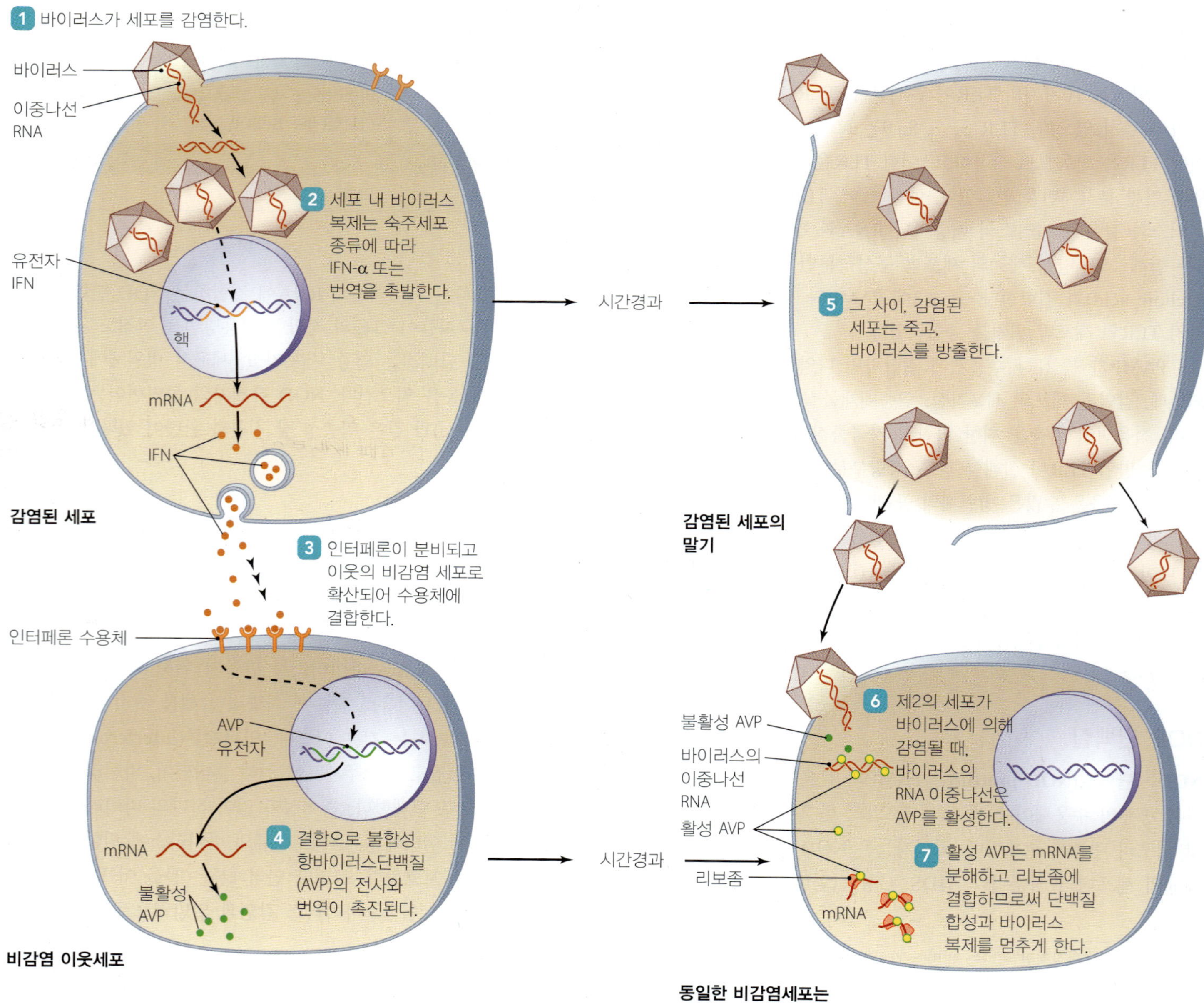

▲ 그림 8.7 알파 및 베타 인터페론의 작용.

표 8.4 인간 인터페론의 특성

특성	I형		II형
	알파 인터페론 (IFN-α)	베타 인터페론 (IFN-β)	감마 인터페론 (IFN-γ)
원천	표피, 백혈구	섬유모세포	활성화된 T 림프구와 NK 림프구
유발자	바이러스	바이러스	적응면역반응
작용	항바이러스 단백질 생산을 자극함	항바이러스 단백질 생산을 자극함	대식세포와 호중구의 식세포 활동을 자극
다른 이름	백혈구-IFN	섬유모세포-IFN	면역-IFN, 대식세포 활성인자

이러스 상태는 3-4일간 지속되는데, 이 기간은 세포가 바이러스를 제거하기에는 충분하나 단백질 합성이 없이 숙주세포가 생존하는데 여전히 짧은 기간이다.

제2형 (감마) 인터페론 **감마인터페론(gamma interferon, IFN-γ)**은 활성화된 T 림프구와 자연살해(NK) 림프구에 의해 만들어진다. T 세포는 감염 후, 며칠 내에 적응면역의 한 부분으로써 활성화되기 때문에 (16장 참조), 감마 인터페론은 알파나 베타 인터페론에 비해 늦게 나타난다. 대식세포의 활성을 자극하는 효력으로 인해 IFN-γ는 대식세포 활성화 인자(*macrophage activation factor*)라고도 한다. 감마 인터페론은 바이러스 감염으로부터 신체를 보호하는데 작은 역할을 하며, 대체로 IFN-γ는 식세포작용과 같이 면역계를 조절하는 데 관여한다.

표 8.4에 사람의 인터페론의 다양한 특성을 요약하였다.

과학자들이 인터페론의 효과에 대하여 알아가면서, 많은 사람들이 이 단백질은 바이러스 감염을 전반적으로 치료할 수 있는 도구가 될 수 있을 것이라 생각하고 있으나, 바이러스 또한 인터페론의 효과를 방해할 수 있다. 3가지 종류의 인터페론의 다양한 변종들을 유전자 재조합 기술을 이용하여 실험실에서 만들고 있으며 항바이러스 치료 효과가 증진되기를 기대하고 있다.

보체

보체시스템(complement system) 또는 단순히 **보체(complement)**는 발견된 순서에 따라 숫자로 매겨진 혈청단백질 세트이다. 이들 단백질은 옵소닌과 주화성 인자로 작용하고 간접적으로 염증과 열의 발생을 촉진한다. 보체가 완전하게 활성화된 결과는 외부 세포의 용해이다.

보체는 3가지 방법으로 활성화 된다:

- 고전적 경로(*classical pathway*)에서는 항체가 보체를 활성화 한다.
- 대체 경로(*alternative pathway*)에서는 병원체나 병원체의 산물(세균의 내독소와 당단백질)이 보체를 활성화 한다.
- 렉틴 경로(*lectin pathway*)에서는 세균의 다당류가 결합하여 활성화 한다.

그림 8.8에서 나타내는 바와 같이, 3가지 경로는 서로 합쳐진다. 보체 단백질은 서로 반응하여 화학반응의 단계를 확대하고 각 반응의 산물은 다음 반응을 위한 효소로서 반복적으로 작용하게 된다. 이러한 반응을 단계적 연쇄반응(*cascade*)이라고 하는데 산사태와 같이 하나의 돌이 여러 돌을 파내고, 파여 나간 각각의 돌은 다른 돌들을 유사한 방법으로 파내여 결국에는 전체 돌무더기가 무너져 산에서

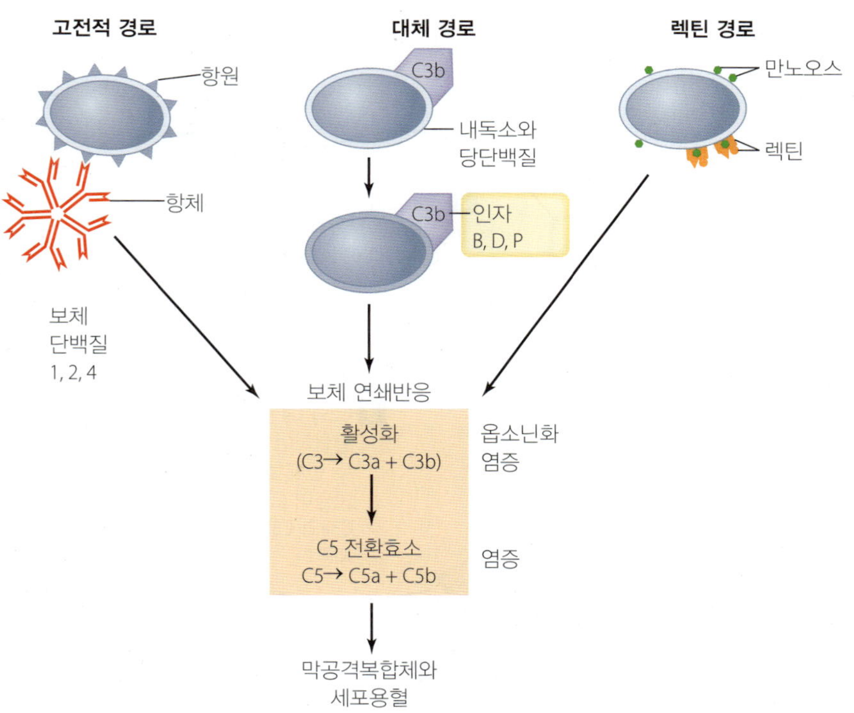

▲ **그림 8.8 보체의 활성화 경로.** 고전적 경로에서 항체가 항원에 결합하여 보체를 활성화한다. 대체 경로에서는 요소 B, D, P가 세균이나 곰팡이의 세포벽에 존재하는 내독소 또는 당단백질에 결합할 경우, 보체가 활성화된다. 렉틴 경로는 렉틴이 미생물의 탄수화물에 결합할 때 활성화된다. *어떻게 보체는 이 이름을 얻게 되었을까?*

그림 8.8 보체 단백질은 항체의 활성을 보조하는 역할, 즉 보완하는 역할을 한다.

내려가는 것과 유사한 방식으로 일이 진행되기 때문이다. 보체의 단계적 연쇄반응의 각 단계의 산물들은 다른 반응을 유도하고 때로는 신체에서 폭넓은 효과를 나타낸다.

고전적 경로 보체는 최초로 밝혀진 "고전적" 경로에서의 반응에서 그 이름이 유래한다. 이 경로에서 여러 가지 단백질이 서로를 보조하거나 또는 항체의 활동과 함께 작용한다. **그림 8.9**에 그려진 고전적 보체의 단계적 반응에 대해 공부하면서 다음의 개념을 기억하라:

- 초기 반응에서 보체 효소는 다른 보체 분자를 잘라내어 조각(*fragment*)을 만들고, 이들을 소문자로 표시한다. 예를 들어, 불활성 보체단백질 3 (C3)은 쪼개져 C3a와 C3b라는 활성 단백질이 된다.

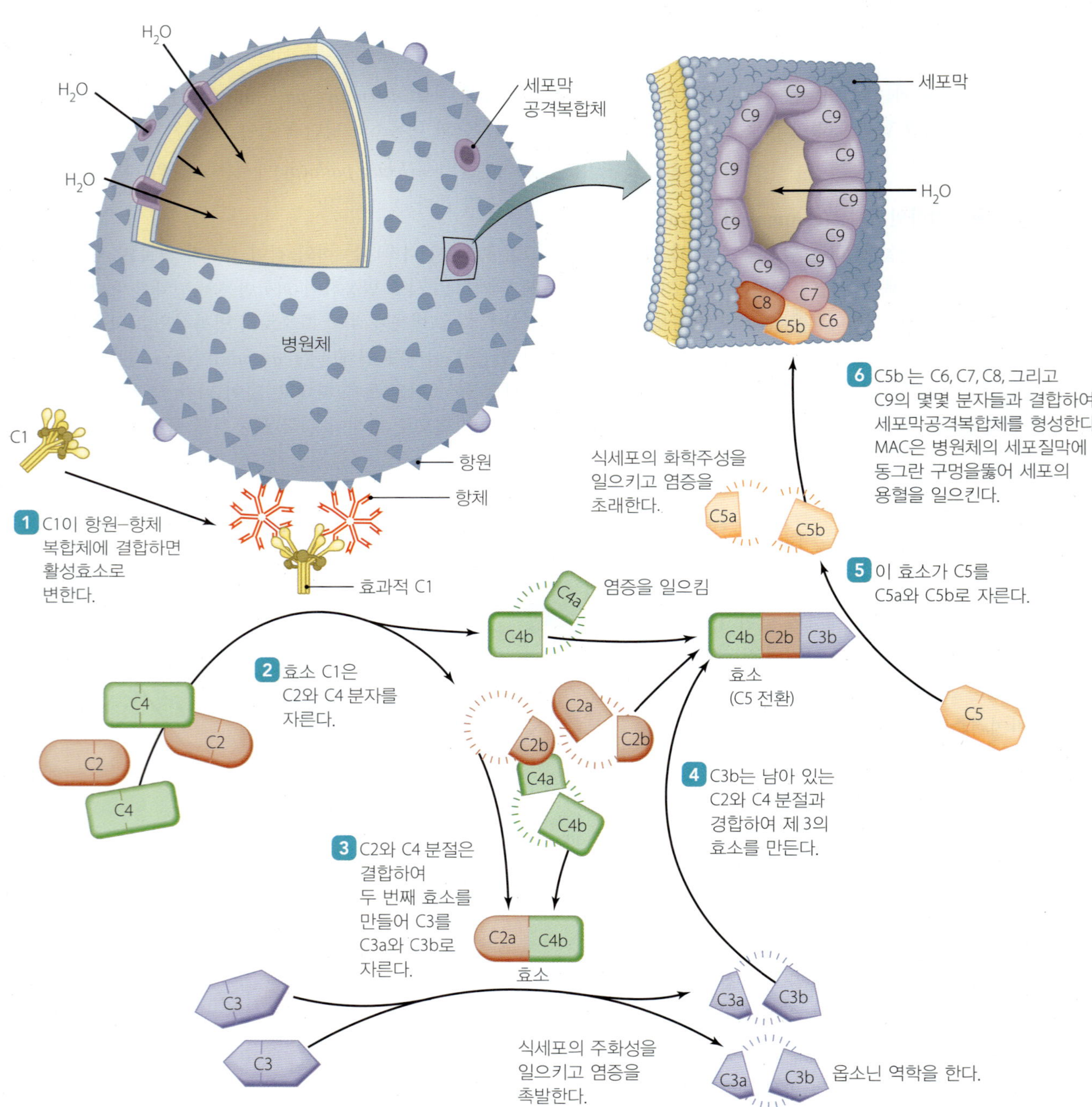

▲ **그림 8.9 고전적 경로와 보체의 활성.** 단계 2에서 6은 정확한 설명을 위해 병원체의 막으로부터 분리하여 설명하였다. 실제는 효소들이 세포막 위에 있는 항체와 C1 단백질 부위에 결합되어있다. 보체의 주요 기능은 옵소닌화와 염증과 주화성을 매개하는 것이다. 막공격복합체는 다양한 세균성 진핵세포성 병원체에 대항하기 위해 생성되는 강력한 항미생물 무기이다. *만일 이것이 대체 경로일 경우, 어떤 단백질이 보체활성에 관여하는가?*

그림 8.9 고전적 경로에는 보체 C1, C2, C4가 관여하는 반면에, 대체 경로에서는 인자 B, D, P가 관여한다.

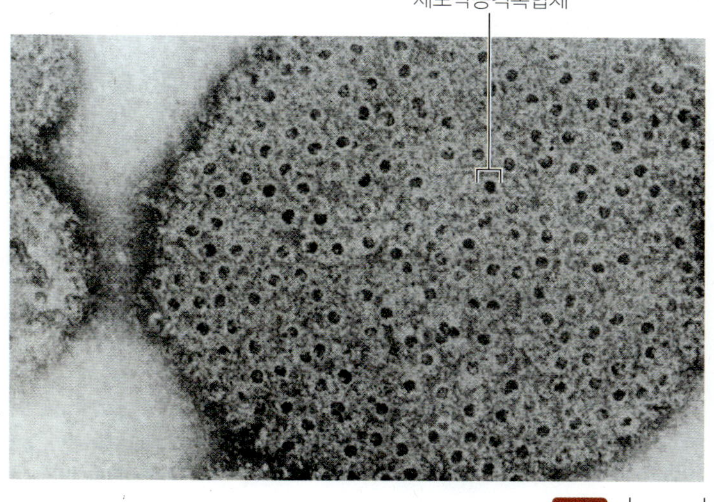

▲ **그림 8.10 세포막공격복합체.** 세포막공격복합체에 의해 형성된 수많은 구멍에 의해 부서진 세포에 대한 투과전자현미경 사진.

- 대부분의 조각들은 보체시스템을 활성화하는데 특이적이고 중요한 역할을 수행한다. 어떤 것은 합쳐져 새로운 효소를 만들고, 어떤 것은 혈관의 투과성을 증진하여 혈구누출현상을 촉진하며, 다른 것은 염증을 증가시키고, 주화성 인자로 작용하여 식세포를 유인하고 옵소닌 현상을 촉진하기도 한다.
- 완전히 끝난 단계적 반응의 최종 산물의 하나는 **세포막공격복합체(membrane attack complex, MAC)**로서, 병원체의 세포막에 동그란 구멍을 형성한다. 여러 가지 세포막공격복합체의 생산 **(그림 8.10)**이 다양한 세균과 진핵세포 병원체의 용균을 유도한다. 임질을 일으키는 세균과 같은 그람-음성 세균은 특히 보체 단계적 반응에 의한 MAC의 생성에 예민한데, 이는 세포 외벽이 노출되어 있어 취약하기 때문이다. 반대로 그람-양성 세균은 세포막 위에 두꺼운 펩티도글리칸 층을 가지고 있어서 MAC에 의한 공격에 저항할 수 있으나 보체의 다른 효과에 대해서는 취약하다.

효소의 역할 이외에, C3b 조각은 옵소닌으로 작용한다. C4b 조각 또한 옵소닌으로 작용한다. 조각 C3a와 C5a는 주화성 인자로 작용하여 식세포들을 감염 장소로 유인한다. C4a와 함께 이들은 염증유발인자의 역할을 하여 혈관의 투과성을 증가시키고 혈관 확장을 유발한다. 이들 조각의 염증에 미치는 효과는 잠시 후 자세히 다루도록 한다.

대체 경로 대체 경로는 과학자들이 두 번째에 발견하게 됨에 따라 붙여졌다. 앞서 이야기한 바와 같이 항체가 항원에 결합하는 것은 전통적인 보체 활성에 필수적인지만, 대체 경로의 활성은 항체와는 무관하게 발생한다. 대체 경로는 C3를 C3a와 C3b로 분해되면서 시작된다. 이 반응은 혈장에서 느린 속도로 자발적으로 발생하나 C3b가 더 작은 조각으로 곧 바로 분해되기 때문에 더 이상의 반응이 진행되지는 않는다. 그러나 C3b가 미생물의 표면에 결합하게 되면 안정화 되어 인자 B가 부착된다. 다른 혈장 단백질인 인자 D가 인자 B를 자르면서 C3b와 Bb로 구성된 효소를 만들게 된다. 이 효소는 3번째 인자인 인자 P [프로퍼딘(properdin)]에 의해 안정화 되고 더 많은 C3을 C3a와 C3b로 자르고 보체의 계단식 반응이 계속되어 MAC을 형성하게 한다.

대체 경로는 적응면역이 고전적 경로를 활성화 하는데 필요한 항체를 생산하기 전인 감염의 초기단계에서 유용하다.

렉틴 경로 과학자들은 렉틴을 사용하여 작용하는 제3의 보체활성 경로를 발견했다. 렉틴(*lectin*)은 다당류의 특이적 소단위에 결합하는 화학물질로서, 이 경우에 진균류, 세균, 바이러스 등의 표면에 존재하는 만난 다당류(mannan polysaccharide)에 있는 만노오즈 당에 결합한다. 만노오즈는 동물에서는 희귀한 당이다. 렉틴은 만노오즈에 결합하여 C2와 C4를 분해하여 보체 단계적 활성을 유발한다. 그 후, 고전적 경로와 유사하게 단계적 연쇄반응을 진행한다 (그림 8.9의 단계 3에서 6까지 참조).

보체의 불활성화 보체는 비특이적 반응이고 노출된 세포막에 MAC가 형성되는 것에 대하여 다루었다. 어떻게 우리 자신의 세포들은 이러한 보체의 작용을 견뎌내는 것일까? 우리 몸의 세포 위의 막-결합 단백질은 활성화된 보체 단백질과 결합하고 분해되어, 이를 통해 해로운 효과가 발생하기 전에 보체의 단계적 반응을 방해한다.

염증

학습 | 성과

8.18 염증 과정과 이점에 대해 논하라.

염증은 열, 화학물질, 태양광 (빛에 타는 것), 찰과상, 베임, 병원체 등의 다양한 원인에 의해 발생한 조직손상에 대한 일반적이고 비특이적인 반응이다. **급성염증(acute inflammation)**은 빨리 생겨나고 단기간 유지되는 이로운 반응으로 염증의 원인을 제거하거나 완전한 복구를 유도한다. 장기간 지속되는 **만성염증(chronic inflammation)**은 조직에 손상을 주고 심지에 괴사를 일으켜서 질병을 유발할 수 있다. 급성 만성염증은 둘 다 밝은 색의 피부에 붉은 색을 유발하는 발적, 국소적인 열, 부종, 통증 등과 같은 공통적인 징후와 증상을 보인다.

징후나 증세의 종류만을 보아서는 급성염증이 이롭다는 것을 알 수 없다. 그러나 급성염증은 (1) 혈관의 확장과 투과성을 증가시키고 (2) 식세포의 이동, 그리고 (3) 조직 복원을 유도하기 때문에 제2 방어선에서 중요한 역할을 한다. 비록 염증에 관여하는 자세한 화학물질에 대한 내용은 이 책의 범위를 벗어나지만, 급성염증에 대한 3가지 특성을 살펴보기로 하자.

혈관의 확장과 투과성의 증진

상처나 병원체의 감염에 대한 우리 몸의 초기반응의 한 부분은 피해 부위의 혈관이 국소적으로 확장 (직경의 증대)되는 것이다. 혈액 응고과정은 수용성 혈장단백질을 9개 아미노산으로 구성된 **브라디키닌(bradykinin)** (brad-e-kī´nin)이란 물질로 변환시키는데 이 물질은 강력한 염증 매개체이다. 대식세포는 톨-유사 수용체와 NOD 단백질을 이용하여 침입자를 순찰하고 다니며, **프로스타글란딘(prostaglandins)** (pros-tă-glan´dinz), **류코트리엔(leukotrienes)** (loo-kō-trī´ēnz)과 같은 염증성 화학물질을 분비한다. 호염구, 혈소판, 결합조직에 존재하는 특수한 세포인 **비만세포(mast cell)** 등은 보체 조각인 C3a나 C5a 등에 노출이 되면 **히스타민(histamin)** (his´tă-mēn)과 같은 염증 매개체를 분비한다 **(그림 8.11)**. 보체의 연쇄반응에서 큰 단백질이 잘라져 이러한 보체 조각이 된다는 것을 기억하라.

브라디키닌과 히스타민은 신체의 가장 작은 동맥 (소동맥)의 혈관 확장을 유발한다 **(그림 8.12)**. 혈관 확장은 감염부위에 더 많은 혈액을 수송하고 이것은 더 많은 식세포, 산소 그리고 영양분이 이 부위로 전달되도록 한다. 염증 매개체는 혈관벽을 감싸고 있는 세포로 하여금 백혈구의 수용체인 부착분자를 만들도록 한다. 브라디키닌, 프로스타글란딘, 류코트리엔, 히스타민 등도 작은 정맥의 투과성을 증진시킨다. 다시 말해서, 혈관을 싸고 있는 세포들이 수축되어 서로 떨어져 있게 되는데, 혈관 벽에 틈이 생기도록 하여 여기를 통해 식세포들이 손상된 조직으로 들어가 침입자들과 싸우도록 한다 **(그림 8.13)**. 투과성의 증가는 물론 더 많은 혈액에서 유래된 항미생물 화학물질이 피해 지역으로 수송되도록 한다.

염증 매개체에 대한 반응으로 혈관이 확장되면 붉은색을 띠게 하고 염증과 연관된 국소적 열이 발생하게 한다. 동시에 프로스타글란딘과 류코트리엔은 액체가 더욱 투과성을 가진 혈관으로부터 더 많이 빠져나오도록 하고 주변 조직에 쌓이게 하여 결과적으로 부종(edema)을 유발하는데, 부종은 신경말단에 압력을 줌으로써 염증성 통증의 상당 부분의 원인이 된다.

혈관 확장과 투과성 증가로 피브리노겐과 같은 혈액응고 단백질이 전달된다. 상처나 감염된 부위에 응고가 형성되어 그 지역에 벽을 쌓게 되고 병원체나 독소가 퍼져나가는 것을 억제하는데 도움을 준다. 하나의 결과는 고름의 형성이다. 고름은 가둬진 지역에서 죽은 조직세포, 백혈구, 병원체를 포함하고 있는 액체이다. 고름(*pus*)은 표면으로 밀려올라가게 되고 터지게 되거나 신체에서 격리된 채로 남아서 시간이 지나면서 서서히 흡수된다. 이러한 감염이 격리된 부위를 **종기(abscess)**라고 한다. 여드름, 부스럼, 뾰루지 등은 종기의 일종이다.

염증의 징후와 증상은 혈관 벽에 존재하는 히스타민 수용체나 항프로스타글란딘을 차단하는 항히스타민제로 치료할 수 있다. 아스피린(aspirin)과 이부프로펜(ibuprofen)이 통증을 경감하는 방법 중 하나는 항프로스타글란딘 제제와 같은 역할을 통해서 하는 것이다.

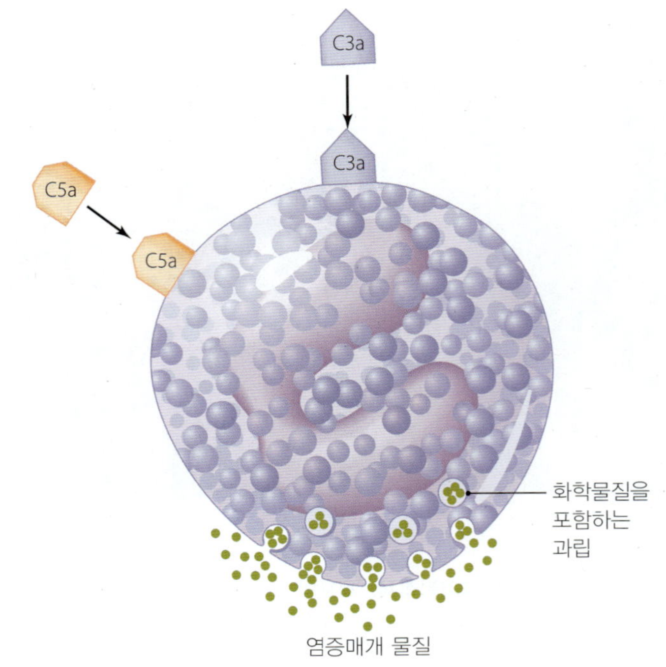

▲ **그림 8.11 보체에 의한 염증반응의 자극.** 보체 조각인 C3a와 C5a는 혈소판, 호염구, 비만세포에 결합하여 그들로 하여금 히스타민을 분비하게 하고, 히스타민은 다시 소동맥의 확장을 자극한다.

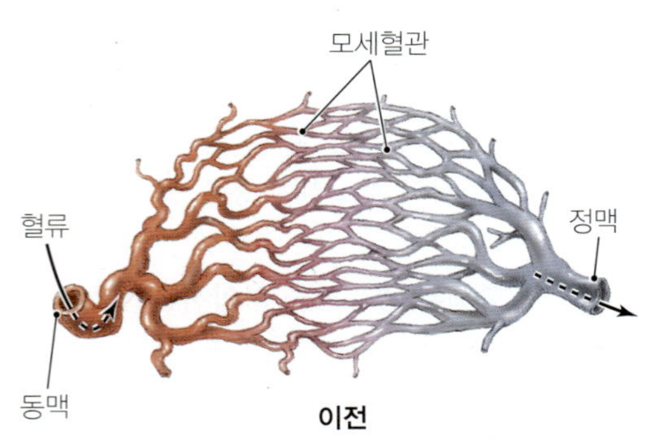

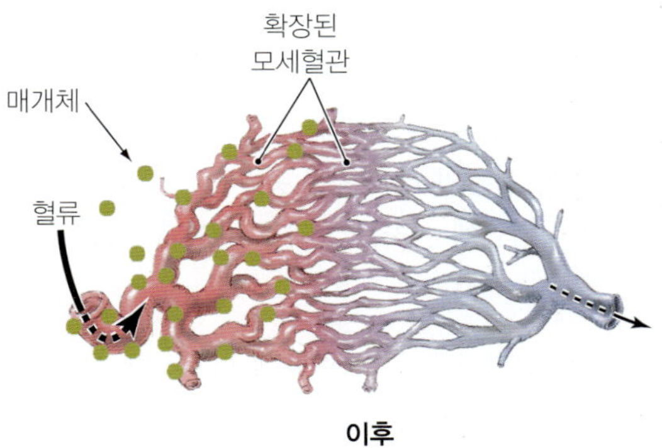

▲ **그림 8.12 염증매개물질이 소혈관에 미치는 확장효과.** 손상된 조직으로부터 매개물질이 분비되면 주변 소동맥의 확장을 유발한다. 혈관확장으로 모세혈관이 확장되어 더 많은 혈액이 손상부위로 흐르게 된다. 혈류의 증가는 붉어지고 염증과 동반되는 열을 일으킨다.

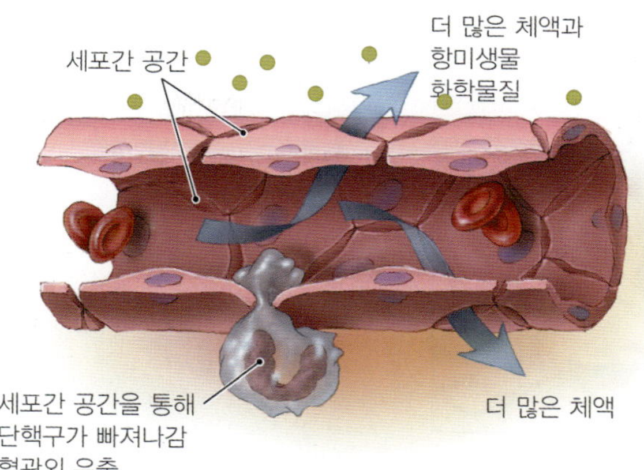

▲ **그림 8.13 염증반응 동안 증가된 혈관의 투과성.** 브라디키닌, 프로스타글란딘 , 백혈구, 히스타민 등은 소정맥을 싸고 있는 세포들이 서로 간격을 두고 떨어지게 하여 식세포들이 혈류를 떠나 감염 부위로 더 쉽게 이동하게 한다. 체액과 세포의 방출은 부종과 염증관련 통증을 유발한다.

식세포의 이동

혈관 확장으로 인한 혈류의 증가는 단핵구와 호중구를 감염 부위로 이동하게 한다. 그들이 도착하면서 이들 백혈구는 혈관 벽을 따라 이동하여 최종적으로 혈관 벽의 수용체와 결합하게 되는데 이런 과정을 **변연화(margination)**라 한다. 그 후, 이들은 혈관 벽의 세포들 사이를 비집고 들어가 (혈구누출) 감염된 부위에 들어가게 되는데 통상 조직파괴 후 한 시간 이내에 도착한다. 식세포는 식세포작용을 통해 병원체를 파괴한다.

앞서 언급한 바와 같이, 식세포는 주화성 인자, 즉 C3a, C5a, 류코트리엔, 미생물 성분이나 독소 등에 의해 유도된다. 처음 도착하는 식세포는 호중구, 이를 이어 단핵구가 들어온다. 단핵구는 혈액을 떠나게 되면 변화하여 이동성 대식세포가 되어 병원체, 손상된 조직세포, 죽은 호중구 등을 섭식하는 역할을 한다. 이동성 대식세포는 고름의 주요성분이다.

조직 보수

염증의 최종단계는 조직 보수로서 피해지역에 추가적 영양분과 산소 공급을 포함한다. 규칙적으로 세포분열이 발생하는 신체부위 즉, 피부나 점막 등은 빨리 보수된다. 다른 부위는 완벽하게 보수되지 않아 흉터로 남기도 한다.

만일 파괴된 조직인 미분화된 줄기세포를 포함할 경우, 조직은 완전히 복구된다. 예를 들어, 가벼운 피부 상처는 더 이상 눈에 띠지 않을 정도로 복구된다. 그러나 만일 섬유아세포(*fibroblast*)라 불리는 세포가 상당부분 관여하게 되면, 상처조직이 형성되고 정상적인 기능을 방해하게 된다. 심장근육이나 뇌의 어떤 조직은 복제가 불가능 하여 이런 조직의 손상은 복구할 수 없다. 따라서 이런 조직은 심장마비나 뇌졸중 이후 손상이 그대로 남아있게 된다.

그림 8.14는 염증반응 전반에 관한 개요를 보여준다. **표 8.5**는 염증에 관여하는 화학물질들에 대하여 요약하여 보여준다.

열

학습 | 성과

8.19 감염에 저항하는데 열의 이점을 설명하라.

열(fever)은 37°C 이상의 체온을 말한다. 열은 염증의 이로운 효과를 더욱 증진시킨다. 그러나 염증과 마찬가지로 몸이 아프거나 신체통증, 피로 등 불편한 부작용을 가진다.

뇌간(brain stem) 바로 위에 위치하고 있는 시상하부(hypothalamus)는 신체의 내부 온도를 조절한다. **발열원(pyrogen)**[13]이라 불리는 화학물질이 존재하여 시상하부의 "온도계"가 고온으로 맞춰질 때 열이 생겨난다. 발열원은 세균독소, 용혈로 인해 분비되는 세균의 세포질 성분, 적응면역으로 생겨난 항원-항체 결합체, 세균을 식세포 작용을 하는 식세포에 의해 분비되는 물질 등이 포함된다. 발

[13]그리스어로 "불"을 뜻하는 *pyr*와 "생성"을 뜻하는 *genein*로부터 유래.

표 8.5 염증의 화학매개물

혈관확장 화학물질	히스타민, 브라디키닌, 프로스타글란딘
주화성 인자	피브린, 콜라겐, 비만세포 주화성 인자, 세균성 펩티드
혈관확장과 주화성을 모두 갖는 물질들	보체 분절 C5a와 C3a, 인터페론, 인터루킨, 류코트리엔 혈소판 분비물들

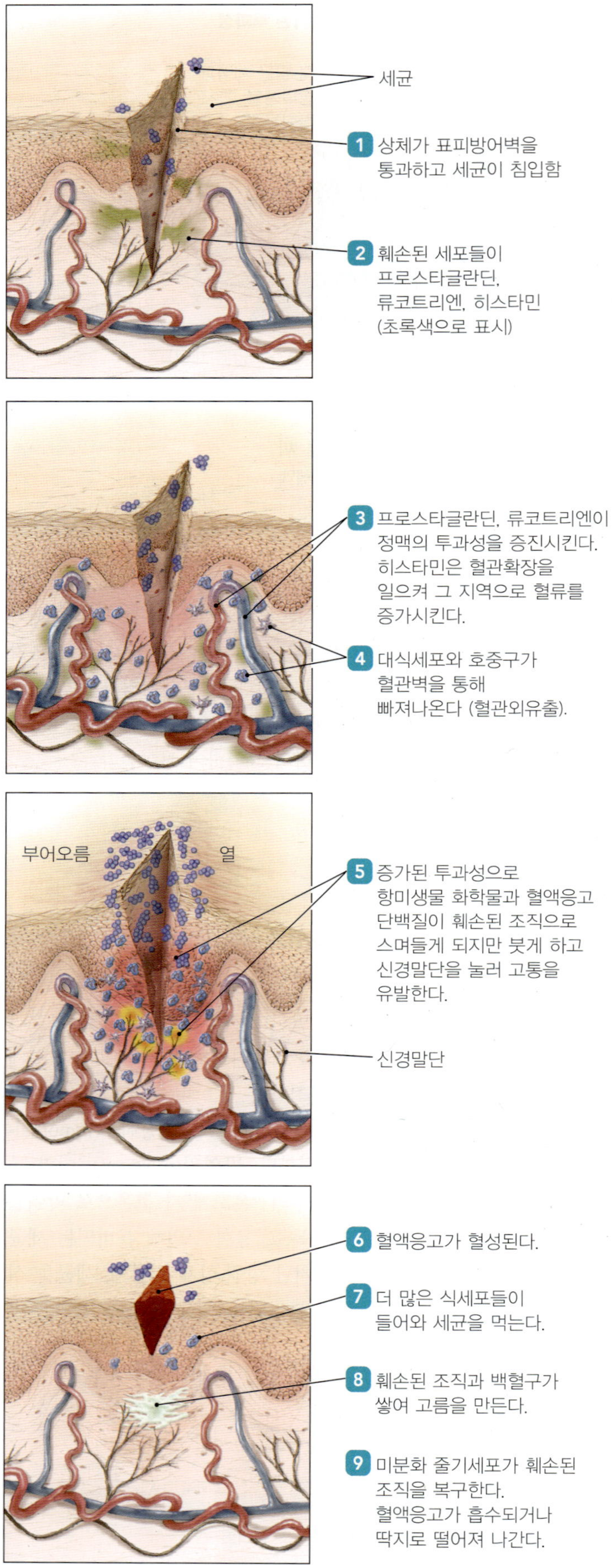

세균

1 상체가 표피방어벽을 통과하고 세균이 침입함

2 훼손된 세포들이 프로스타글란딘, 류코트리엔, 히스타민 (초록색으로 표시)

3 프로스타글란딘, 류코트리엔이 정맥의 투과성을 증진시킨다. 히스타민은 혈관확장을 일으켜 그 지역으로 혈류를 증가시킨다.

4 대식세포와 호중구가 혈관벽을 통해 빠져나온다 (혈관외유출).

부어오름

열

5 증가된 투과성으로 항미생물 화학물과 혈액응고 단백질이 훼손된 조직으로 스며들게 되지만 붓게 하고 신경말단을 눌러 고통을 유발한다.

신경말단

6 혈액응고가 혈성된다.

7 더 많은 식세포들이 들어와 세균을 먹는다.

8 훼손된 조직과 백혈구가 쌓여 고름을 만든다.

9 미분화 줄기세포가 훼손된 조직을 복구한다. 혈액응고가 흡수되거나 딱지로 떨어져 나간다.

◀ **그림 8.14 상처와 감염에 따른 염증 반응의 개요.** 붉어지고, 붓고, 열과 통증으로 특징지어지는 이 과정은 조직 복구로 끝나게 된다. *일반적으로 어떤 종류의 세포가 조직의 복구에 관여하는가?*

그림 8.14 조직의 복구는 세포분열과 분화를 유발할 수 있는 세포에 의해 이루어진다.

열에 대한 정확한 기작은 밝혀지지 않았으나, 다음의 토론내용과 **그림 8.15**에서 하나의 가능성을 제시토록 하겠다.

식세포에 의해 생산되는 화학물질 1은 시상하부로 하여금 프로스타글란딘을 생산토록 하여 이 물질에 의한 잘 알려지지 않은 기작 2를 통해 시상하부의 온도계는 눈금이 재조정이 된다. 시상하부는 뇌의 다른 부위와 달라진 온도표준에 대해 서로 정보를 교환하며 빠르고 반복적인 근육위축 (벌벌 떨림)을 일으키도록 뇌신경을 자극하고, 대사속도를 증진시키고 피부의 혈관을 수축시킨다 3. 이런 과정이 합쳐져 제시된 온도에 이를 때까지 신체의 내부온도를 증가시킨다 4. 열이 지속되면서 피부의 혈관이 위축되기 때문에 비록 신체의 내부온도는 증가하지만, 수축된 혈관은 피부로 적은 양의 혈액이 흘러서 창백해지고 만지면 차갑게 느껴지게 한다. 이런 증상을 열과 관련한 차가움, 즉 오한(*chill*)이라고 한다.

열은 발열원이 존재하는 한 계속된다. 감염이 진정되고 적은 수의 활동적인 식세포가 관련하게 됨에 따라 발열원의 양이 떨어지고, 체온도 다시 37°C로 조절된다, 신체는 발한으로 다시 온도가 내려가고 대사속도가 떨어지며 피부의 혈관이 확장된다. 이런 과정을 종합적으로 열의 위기(*crisis*)라고 하여, 이들은 감염이 극복되고 체

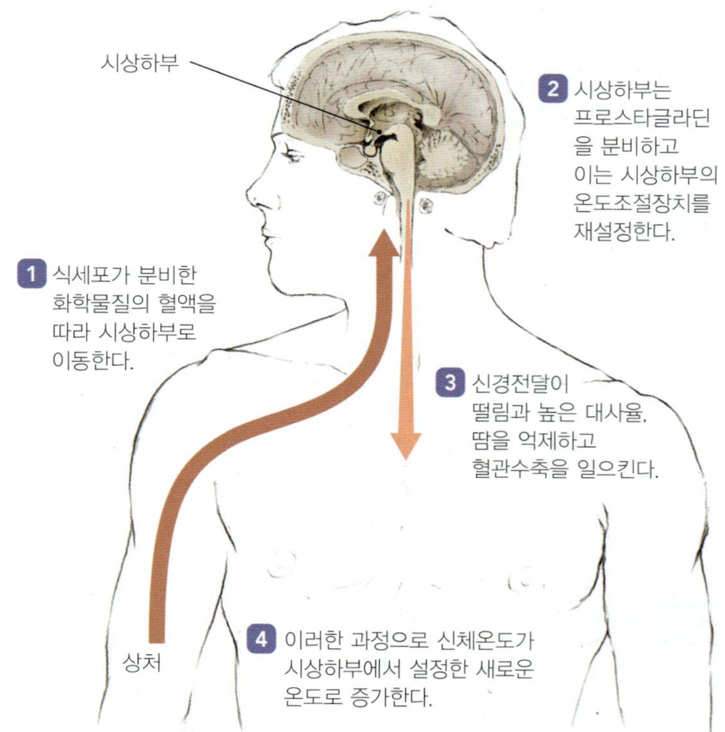

▲ **그림 8.15 감염 발생에 따른 열 발생에 대한 이론적 설명.**

표 8.6 제1 및 제2 방어선 (선천면역)의 비특이적 요소들의 요약

1차 방어	2차 방어						
방어막과 관련된 화학물질	식세포	외부세포죽임	보체	인터페론	미생물 펩티드	염증	열
피부와 점막은 병원체의 침입을 막음; 화학물질 (예, 땀, 산, 리소자임, 점액)은 보호를 증진시킴	대식세포, 호중구 호산구는 병원체를 섭취하여 파괴함	호산구와 NK 림프구는 병원체를 식세포화 하지 않고 죽임	보체는 식세포를 유도하여 염증을 자극하고 병원체의 세포막을 공격함	바이러스 감염에 대한 세포의 저항성을 증진시키고 질병의 전파를 늦춤	막, 내부 신호 전달 대사를 방해함; 병원체에 대항하여 작용함	감염부위로 혈류, 모세혈관 투과성, 백혈구 유입을 증가시킴; 감염 부위 벽을 허물고 부분 온도를 증가시킴	디펜신을 이동 시키고, 복구를 촉진하고, 병원 체를 억제함

온이 정상으로 돌아오는 징후이다.

열처럼 온도 상승은 인터페론의 효과를 증진시키고, 몇몇 미생물의 생장을 저해하며 식세포작용을 증진시키고, 적응면역력에 관여하는 세포의 활성을 증진시키며, 조직의 보수과정을 돕는 것으로 알려져 있다. 그러나 열이 너무 높으면 중요한 단백질은 구조적 변성이 일어나고, 신경전달이 억제되어 환각, 혼수상태, 심지어는 사망에까지 이를 수 있다.

열이 가져오는 가능한 이점 때문에, 많은 의사들은 열이 지속되거나 아주 높지 않는 한은 열을 줄이는 약을 먹지 않도록 권고한다. 다른 의사들은 열이 주는 이점이 너무 경미하여 반대 증상을 참는 것을 정당화 할 수 없다고 생각한다.

표 8.6에는 신체의 두 가지 방어선에 관여하는 장애물, 세포, 화학물질, 그리고 과정에 대하여 요약해 두었다.

왜 그런가

병원체-연관 분자패턴(PMAP)이 톨-유사 수용체(TLRs)가 완벽하게 작용하기 위해 필요한 이유는?

임상 미생물 후속내용

폐로의 은밀한 침입자

Tim의 X-선 사진을 통해 폐에 비정상적인 체액과 세포들이 유입되었다는 것을 발견하였다. 혈액검사결과 *Mycoplasma pneumoniae*라는 세균에 감염되었음이 확인되었다. 이 세균은 세포벽이 없어 그람염색이 잘되지 않는다. 통상적인 가래의 세포배양에서는 *M. pneumoniae*가 검출되지 않는다. 이 세균은 폐의 상피세포를 침입하여 파괴하고 세포사이에 존재하고 있다가 점막을 손상시킨다.

흡연자들은 비흡연자와 비교하여 *M. pneumoniae*에 의한 감염에 더 약하며, 회복하는데도 더 오래 걸린다. 담배연기 속의 자극물질은 기관지를 싸고 있는 섬모세포를 마비시켜 가래와 병원체가 축적되어 기도를 막는 것을 해결하지 못한다.

*M. pneumoniae*의 감염에 의한 폐렴이 매년 미국에서 2백만 건 이상 발생한다. 이들 중 약 10만 명의 환자가 병원에 입원하고 있다. 많은 환자들에서 이 병은 자연적으로 치유되지만, Tim은 흡연가이고 그의 선천면역력은 저하되어 있기 때문에 그렇지 못하였다.

전형적으로 호흡기 질환은 세균의 세포벽을 공격하는 항생제로 치료하지만 세포벽이 없는 *Mycoplasma*는 크게 효과적이지 않다. Tim의 의사는 아지스로마이신(azithromycin)이라 하는 마크로리드(macrolide) 계열의 약을 처방하고 흡연과 치료가 늦어졌기 때문에 회복하는데 시간이 걸릴 것이라고 경고하였다. 5일 후 재검사를 통해 Tim에게 아지스로마이신의 재투약 여부를 결정할 것이다.

Tim은 비록 폐의 위험한 상황에 대한 현실을 직시하게 되었지만, 안도의 숨을 쉬고 있다. 이 경험을 통해서 그는 금연을 하기로 결심하게 된다.

1. 감염으로부터 일반적으로 호흡계를 보호하는 제1 방어선을 기술하라.
2. *Mycoplasma pneumoniae*를 치료하기 위해서는 왜 인터페론이 유용하지 않은지에 대하여 설명하라.

보이지 않는 것의 탐구: 염증

이 QR 코드를 당신의 스마트폰으로 검색하여 Bauman 박사의 비디오 가정교사로 계속 공부하라.

단원요약

신체 방어에 대한 개요 (219쪽)

1. 사람은 특정 병원체에 대한 **종 저항성**을 가지고 있으며 3가지 서로 중복되는 방어선을 가지고 있다. 처음 두 가지 방어선은 **선천면역**으로 구성되는데 이는 일반적으로 비특이적이고 광범위한 병원체에 대한 방어를 담당하고 있다. 제3 방어선은 **적응면역**으로 특정 병원체에 대한 특이적 반응이다.

신체의 제1 방어선 (219–223쪽)

1. 제1 방어선은 **표피**와 **진피**로 구성된 피부가 관여한다. 표피의 **수지상세포**는 병원체를 먹어치운다. 피부의 땀샘은 **리소자임**과 다양한 미생물에 대항하여 작용하는 작은 크기의 펩티드인 **항미생물 펩티드** (디펜신) 등을 포함하고 있는 염분성의 땀을 분비한다. 피지는 피부의 기름성분으로 pH를 낮추고 많은 병원체의 생장을 억제한다.
2. 점막은 신체 제1 방어선의 또 다른 부분으로 촘촘히 배열된 세포들로 구성되어 있으며 이들 세포는 **줄기세포**의 분화로 대체되며 배상세포에 의해 분비되는 끈끈한 점액으로 쌓여있다.
3. **미생물 길항작용**은 **정상 미생물총**과 잠재적 병원체간의 경쟁을 말하는데, 이런 작용은 신체의 제1 방어선에 기여한다.
4. 눈물은 항미생물 리소자임을 가지고 있어서 눈에서 침입자를 씻어내는 역할을 한다. 타액 또한 유사하게 치아를 보호한다. 위의 낮은 pH는 삼켜진 대부분의 미생물을 억제한다.

신체의 제2 방어선 (223–237쪽)

1. 제2 방어선은 세포 (특히 **식세포**)와, 항 미생물 화학물질 (톨-유사 수용체, NOD 단백질, 인터페론, 보체, 리소자임, 항미생물 펩티드), 그리고 과정 (식세포작용, 정보, 열) 등을 포함하고 있다.
2. 혈액은 **혈장**이라 불리는 액체 안에 **구성성분** (세포와 세포의 일부분)으로 구성된다. 혈청은 혈액응고 인자가 빠진 혈장 부분을 말한다. 구성성분은 **적혈구**, **백혈구**, **혈소판**을 말한다.
3. 염색된 혈액의 도말 상에 나타나는 형태를 바탕으로 백혈구는 **과립성 백혈구 (호염구, 호산구, 호중구)**와 **무과립성 백혈구 (림프구, 단핵구)**로 나뉜다. 단핵구가 혈액을 떠나면 **대식세포**로 분화된다.
4. 호염구는 염증반응 시 히스타민을 분비하고 호중구와 호산구는 병원체를 식세포화 한다. 이들 세포는 **혈구누출**을 통해서 모세혈관에서 빠져나온다.
5. 대식세포, 호중구, 수지상세포는 제2 방어선의 식세포들이다. 이들 대부분은 신체의 위치에 따라 명명되었다. 예를 들어, 폐포대식세포 (허파)와 미세아교세포 (신경계) 등이다.
6. **분별 백혈구 계수**는 실험기술로서 백혈구 종류의 상대적 숫자를 나타내는데 사용되고 병을 진단하는데 유용하다.
7. **케모카인**과 같은 **주화성 인자**는 식세포능을 가진 백혈구를 침입 장소나 손상된 부위로 끌어들인다. 식세포는 **부착**이라고 불리는 과정을 통해 병원체에 달라붙는다.
8. **옵소닌**이라고 하는 단백질로 병원체를 감싸는 **옵소닌화**는 병원체가 식세포에 더욱 취약하게 만든다. 식세포의 위족은 병원체를 둘러싸서 **포식소체**라고 불리는 주머니를 만들고 포식소체는 리소좀과 융합되어 **포식리소좀**을 만들어 그 속에서 병원체가 파괴된다.
9. 백혈구는 자신의 정상세포와 외부의 이질적인 세포를 구분할 수 있는데 이는 이질적인 세포의 구성성분에 대한 수용체 분자를 갖고 있고, 이질적인 외부 세포는 보체나 항체에 의해 옵소닌화 되기 때문이다.
10. **호산구**와 **자연세포살해 림프구**는 식세포작용 없이 공격하는데, 특히 연충의 감염이나 암으로 변하고 있는 세포에 대한 공격에서 이러한 현상을 보인다. **호산구증식증**, 즉 비정상적으로 혈액에 호산구의 수가 증가하는 경우 연충감염을 의미하기도 한다.
11. **병원체연관분자패턴**이라 불리는 미생물 분자는 숙주세포의 막에 존재하는 **톨-유사 수용체**와 결합하거나 세포내의 **NOD 단백질**에 결합하여 선천면역반응을 유발한다.
12. **인터페론**은 바이러스의 전파를 막는 단백질이다. **알파 인터페론**과 **베타 인터페론**은 감염 후 몇 시간 내에 분비되는데, **항바이러스단백질**의 분비를 촉발하여 이웃세포에서 바이러스의 증식을 막는다. **감마 인터페론**은 초기 감염 후 며칠 경과한 후에 분비되며 대식세포와 호중구를 활성화 한다.

13. **보체시스템**, 또는 **보체**는 한 세트의 단백질로서 주화성 물질역할을 하고, 염증과 열을 일으키고 궁극적으로 **세포막공격복합체**의 형성을 통해 병원균의 세포막에 여러 구멍을 만들어 이질적인 세포를 파괴한다. 보체는 항체가 관여하는 고전적 경로, 세균의 화학물질에 의해 유발되는 대체 경로, 그리고 미생물 표면에서 발견되는 만노오즈에 의해 촉발되는 렉틴 경로에 의해 활성화된다.
14. **급성 염증**은 빠르게 발생되어 병원균에게 해를 가하는 반면, **만성 염증**은 천천히 진행되고 질병을 일으킬 수 있는 조직의 손상을 유도한다. 염증의 징후와 증상은 붉어지고, 열이 나며, 붓고, 통증이 포함된다.
15. 혈액응고과정은 **브라디키닌**이라는 강력한 염증매개체의 형성을 촉진한다.
16. 대식세포는 톨-유사 수용체 또는 NOD 단백질을 가지고 있으며 **프로스타글란딘**과 **류코트리엔**과 같이 혈관의 투과성을 증진시키는 물질을 분비한다. **비만세포**, 호중구, 혈소판 등은 보체시스템에서 발생한 펩티드에 노출되면 히스타민을 분비한다. 혈액응고는 감염부위를 고립시켜 여드름이나 열꽃과 같은 종기를 형성한다.
17. 백혈구가 혈관 벽을 따라 구르면서 감염부위에 도달할 때, 이들은 **변연화**라 불리는 과정을 통해서 세포에 들어붙게 되고 혈구누출이란 과정을 거쳐 조직파괴 부위에 도달한다. 염증에 의한 혈류의 증가는 더 많은 영양분과 산소를 감염 부위에 전달하여 복구를 돕는다.
18. **열**은 **발열원**이라 불리는 세균과 식세포에 의해서 분비되는 물질이 시상하부를 자극하여 신체온도를 더 높은 온도로 재조정하도록 할 때 발생한다. 열의 정확한 기작과 그 조절은 잘 알려지지 않고 있다.

복습문제

복습문제에 대한 답 (단답형 문제 제외)은 A-1에 있다.

선다형

1. 표피의 식세포는 ________________ 라고 명한다.
   a. 미세아교세포 b. 배상세포
   c. 폐포대식세포 d. 수지상세포
2. 점액을 분비하는 막은 ________________ 에서 발견된다.
   a. 비뇨계 b. 소화강
   c. 호흡통로 d. 모두 정답
3. 보체계는________________ 을(를) 포함한다.
   a. 항원과 항체의 생산
   b. 비특이적 방어에 관여하는 혈청단백질
   c. 신체의 세포와 이질적 세포를 구별하는 일련의 유전자 셋트
   d. 소화가 되지 않은 미생물 잔여물의 제거
4. 대체적 보체 활성 경로는 ________________ 이(가) 관여한다.
   a. B, D, P 인자
   b. C9를 형성하기 위한 C5의 쪼개짐
   c. 만노오즈 당에 결합
   d. 특정 항체에 결합된 항원의 인식
5. 만일 불활성화 되지 않는다면 다음의 어떤 일이 일어날 수 있기 때문에 보체는 반드시 불활성화 되어야 하는가?
   a. 바이러스가 숙주세포에서 숙주의 대사장치를 이용하여 계속적으로 증식할 수 있다.
   b. 필요한 인터페론이 생성되지 않는다
   c. 단백질 합성이 억제되어 중요한 세포의 필요과정이 멈추게 되었다.
   d. 신체 자신의 세포에 구멍을 만들 수 있다.
6. 감염 후 늦게 나타나는 인터페론의 종류는?
   a. 알파 인터페론 b. 베타 인터페론
   c. 감마 인터페론 d. 델타 인터페론
7. 인터페론은?
   a. 자신을 분비하는 세포는 보호하지 못한다.
   b. 대식세포의 활성을 자극한다
   c. 근육통, 오한과 열을 유발한다.
   d. 모두 정답
8. 다음 중 어떤 것이 톨-유사 수용체에 의해 결합되지 않는가?
   a. 지방 A
   b. 진핵세포의 편모단백질
   c. 단일-가닥의 RNA
   d. 리포테이코산
9. 톨-유사 수용체는?
   a. 세균단백질과 다당류에 결합한다.
   b. 식세포작용을 유도한다.
   c. 식세포의 주화성을 일으킨다.
   d. 미생물을 파괴한다.
10. 다음 중 어떤 것이 철분과 결합하는가?
   a. 락토페린 b. 시더러포어
   c. 트랜스페린 d. 모두 정답

변형된 진위형

어떤 문장이 옳은지 표시하라. 밑줄 친 부분의 단어를 바꿔 잘못된 모든 문장을 고쳐라.

1. ________________ 세포의 표피를 구성하는 표면세포는 살아있다.
2. ________________ 점막의 표면세포는 살아있다.
3. ________________ 돌아다니는 대식세포는 혈구누출을 경험한다.
4. ________________ 단핵구는 미성숙 대식세포이다.
5. ________________ 림프구는 커다란 무과립성 백혈구이다.
6. ________________ 식세포는 병원체에 대해 주화성을 보인다.
7. ________________ 식세포작용에서 부착은 식세포와 자신의 세포의 막에 존재하는 서로보완적인 화학물질 간의 결합이 관여한다.
8. ________________ 옵소닌화는 식세포의 위족이 미생물을 둘러싸고 융합되어 어떤 낭을 만들 때 발생한다.
9. ________________ 리소좀은 포식소체와 융합하여 퍼옥시좀을 형성한다.
10. ________________ 세포막공격복합체는 대식세포에 구멍을 뚫는다.
11. ________________ 붉어짐, 열, 붓기, 아픔 등은 열과 관련이 있다.
12. ________________ 급성과 만성 염증은 유사한 징후와 증상을 보인다.
13. ________________ 뇌의 시상하부는 신체 온도를 조절한다.
14. ________________ 디펜신은 제1 방어선의 식세포 부분에 해당한다.
15. ________________ NET는 호중구가 생성하는 그물로 미생물을 포집한다.

연결형

좌측에 있는 각 세포, 화학물질, 과정 옆에 빈칸에 맞는 문자로 표기된 방어선을 기입하라. 각 문자는 여러 번 사용될 수 있다.

1. _____ 염증
2. _____ 단핵구
3. _____ 락토페린
4. _____ 열
5. _____ 수지상세포
6. _____ 알파 인터페론
7. _____ 소화기관의 점막
8. _____ 호중구
9. _______ 표피
10. _____ 리소자임
11. _____ 배상세포
12. _____ 식세포
13. _____ 피지
14. _____ T 림프구
15. _____ 항미생물

A. 제1 방어선
B. 제2 방어선
C. 제3 방어선

다음 단어에 적합한 설명에 해당하는 기호를 써 넣어라.

1. _____ 배상세포
2. _____ 리소자임
3. _____ 줄기세포
4. _____ 수지상세포
5. _____ 피지샘에서 유래한 세포
6. _____ 골수줄기세포
7. _____ 호산구
8. _____ 폐포대식세포
9. _____ 미세아교세포
10. _____ 이동성 대식세포

A. 주로 기생충을 공격하는 백혈구
B. 폐의 식세포
C. 피지 분비
D. 표피의 병원균을 먹음
E. 미생물의 세포벽에 있는 결합을 분해
F. 중추신경계의 식세포
G. 다양한 종류의 세포를 만드는 자가증식세포
H. 혈액의 성분으로 발달
I. 세포 간 청소부
J. 점액 분비

시각화하기!

1. 식세포작용의 단계 표시하기

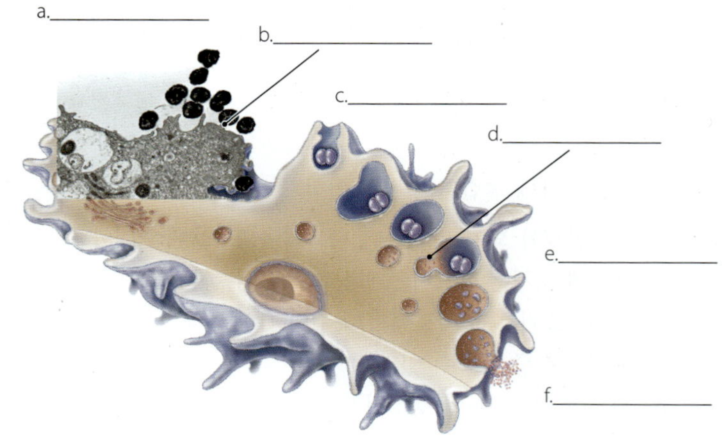

2. 세포 명명하기

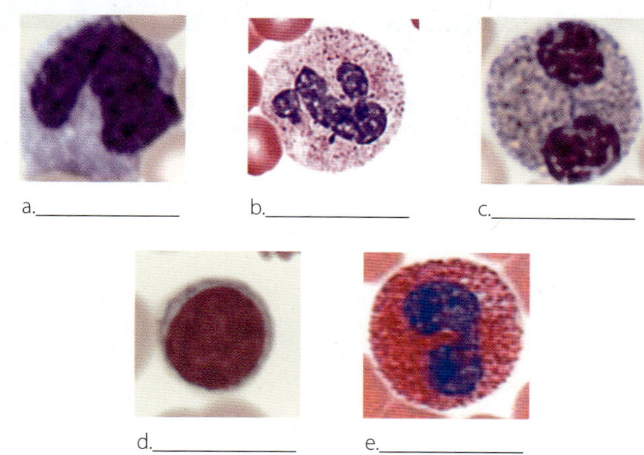

단답형

1. 병원체가 질병을 일으키기 위해서 어떤 3가지가 발생해야 하나?
2. 어떻게 식세포가 몸의 다른 세포 대신 병원체와 접촉했는지 알 수 있을까?
3. 대부분의 미생물이 살기 어려운 환경을 조성하는 표피의 3가지 특성을 기술하라.
4. 톨-유사 수용체는 선천면역에서 어떤 역할을 하나?
5. C1에서 MAC로 가는 고전적 보체의 단계적 연쇄반응 경로를 설명하라.
6. NOD 단백질은 톨-유사 수용체와 어떻게 다른가?

비판적 사고

1. John은 그의 팔에 화학물질에 의한 화상을 입었고 의사로부터 약국에서 항염증제를 고통스럽고 붉고, 부운 병변 부위에 바르도록 지시받았다. Charles는 그의 발의 상처에 감염으로 통증과, 붉어짐, 그리고 붓는 고통을 받고 있었을 때, 그는 John과의 증상이 비슷하기 때문에 같은 항염증 약을 사기로 결정하였다. Charles의 염증과 John의 증상은 어떻게 유사하고 어떻게 다른가? Charles가 John이 사용하는 같은 약을 그의 상처에 바르는 것이 적절한 조치일까?
2. 몸에서 C3나 C5를 생산하지 않는다면 그 사람에게서는 어떤 일이 발생할까?
3. 65세의 Mary는 40년 동안 당뇨병을 앓고 있어 그녀의 발과 발가락의 작은 핏줄에 손상이 생겨났다. 혈류흐름이 방해되었다. 이런 컨디션이 그녀의 감염에 대한 취약성에 어떤 영향을 미칠까?
4. 환자의 진료기록부에 따르면 그의 백혈구의 8% 정도가 호산구로 구성되어 있음이 나타났다. 이것은 당신으로 하여금 무엇을 의심케 하는가? 만일 환자가 지난 3년 아프리카의 정글마을에서 인류학자로서 생활하였다는 것을 알게 되었다면 당신이 의심하는 바를 바꿀 것인가? 정상적인 호산구의 비율은 얼마인가?
5. 혈액에는 두 가지 무과립성 백혈구가 있는데, 단핵구와 림프구이다. Janice는 단핵구가 식세포이지만 림프구는 아니라는 것을 알았다. 그녀는 왜 두 무과립성 백혈구가 다른지 궁금했다. 조혈과정의 어떤 사실이 그녀의 궁금증에 답을 줄 수 있을까?
6. 어떤 환자가 C8과 C9를 만들 수 없는 유전병을 앓고 있다. 이런 문제가 혈액에서 발생한 그람-음성 세균과 그람-양성 세균을 억제하는 능력에 어떤 영향을 주는가? 만일 C3와 C5 조각도 불활성화 되면 어떤 일이 발생하는가?
7. 겨드랑이에 땀샘은 중성 pH (7.0)에 가까운 땀을 낸다. 이 사실이 피부의 다른 부분과 비교하여 그 부분의 신체냄새를 설명하는데 어떻게 도움을 줄 수 있을까?
8. 과학자들은 무균의 환경에서 균이 없는 동물을 키울 수 있다. 이런 동물이 보통 세상에서 자라고 있는 동물만큼 건강한가?
9. 피부와 점막의 보호 구조와 화학물질들을 비교하여라.
10. 과학자는 신체의 정상 항미생물 펩티드처럼 작용하는 항미생물 제제를 개발하고자 한다. 항생제에 비해 이런 약은 어떤 장점이 있나?
11. 의학실험실의 과학자가 과립성 백혈구는 자연적 분류인 반면 무과립성 백혈구는 인위적인 분류라고 주장하고 있다. 그림 8.4를 바탕으로 당신은 이 과학자에 동의하는가 아니면 동의하지 않는가? 어떤 증거가 당신의 결론을 방증하는데 사용되었나?
12. 어떤 환자가 유전병을 앓고 있어 보체 단백질 C8을 합성할 수 없다. 그녀의 보체 시스템은 기능이 없는 것일까? 보체의 어떤 주요 효과를 여전히 보일 수 있을까?
13. 여드름으로부터 고름 시료를 현미경으로 조사할 수 있는데 Maria는 많은 수의 대식세포를 관찰하였다. 이 고름은 감염의 초기 단계인가 아니면 후기 단계인가? 어떻게 알 수 있나?
14. 아스피린(aspirin)과 이부프로펜(ibuprofen)과 같은 약이 어떻게 열을 줄일 수 있나? 당신은 열을 줄이는 약을 먹겠는가 아니면 그대로 두겠는가?

개념도 작성

다음 용어를 사용하여 식세포작용을 묘사하는 개념도를 작성하라.

부착	**제거**	**사멸**	**옵소닌**
주화성인자	**호산구**	**리소좀**	**포식리소좀**
주화성	**세포외배출**	**대식세포**	**식포**
수지상세포	**섭취**	**호중구**	

9 적응면역

임상 미생물

항암백신?

싱글맘인 Kathy는 3명의 자녀를 키우느라 너무 바빠서 몇 년 동안 의료검진을 받지 못했다. 마침내 시간을 내어 산부인과 정기검진을 위해 병원에 방문했다. Pap smear(파파니콜로 도말검사) 결과, 그녀의 자궁경관에 초기암 세포가 발견되었다. Kathy는 너무 늦게 발견된 유방암으로 5년 전에 돌아가신 그녀의 어머니에 대한 기억에 사로잡혔다.

Kathy는 그녀의 딸인 Meghan과 자주 말다툼을 하였다. Kathy는 Meghan이 자궁암과 연관성이 강한 인간파필로마바이러스(human papilloma virus, HPV)에 대한 백신을 맞기를 원하였다. 그러나 Meghan은 주사 맞는 것을 싫어하였다. 대학 첫해를 시작하기 전에 Meghan은 디프테리아, 파상풍, 수막염과 같은 감염성 질환을 예방하는 몇 가지 백신을 맞은 바 있다. Kathy가 마지막으로 원하는 것은 HPV 백신이며, HPV 백신은 3번 정도 맞으면 된다. Meghan은 그녀의 어머니가 지나치게 보호적이라고 생각한다. 그녀는 속으로 HPV 백신의 효과에 대하여 회의적이다. 더욱이 암으로부터 보호하는 백신에 대해 누가 들어 보기나 했을까?

백신이 정말로 Meghan을 자궁경부암으로 보호할 수 있을까? Kathy의 Pap smear 결과가 반드시 암을 일으킨다는 뜻일까? 이 장의 뒷부분 (270쪽)에서 알아보자.

타고난 또는 선천 면역은 두 가지의 빠른 방어선으로 미생물 병원체로부터 보호한다 (8장 참조). 제1 방어선은 손상되지 않은 피부와 점막이고, 제2 방어선은 식세포작용, 비특이적 화학물질의 방어 (예, 보체), 염증과 열 등이 포함된다. 선천적 방어는 신체를 보호하는데 항상 충분한 보호를 제공하지 않는다. 비록 선천면역의 기작이 어디든지 사용가능하고 신속히 작용하지만, 그것이 약한 독감바이러스에 의해 시작되었건, 아니면 치명적인 에볼라바이러스에 의한 것이건 간에 열(fever)만을 이용하여서는 열로서 우리와 대치하고 있는 다양한 병원체에 대한 반응의 효율성을 충분히 증진시키지 못한다. 신체는 그 과정에서 보다 효과적으로 특정 침입자를 조준하여 파괴하는 제3의 방어선와 더불어 선천면역의 기작을 증진한다. 이 반응을 적응면역(*adaptive immunity*)이라고 한다.

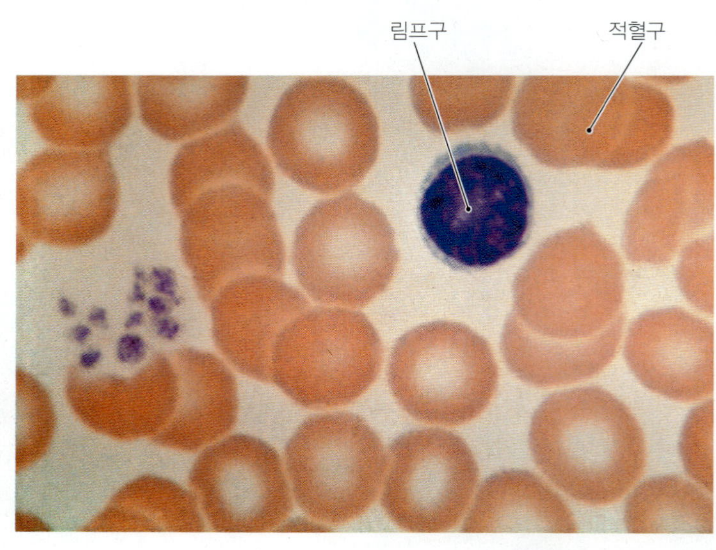

▲ **그림 9.1 림프구은 적응면역의 중추적인 역할을 한다.** 휴지기 림프구은 가장 작은 크기의 백혈구인데, 적혈구보다 약간 크다.

적응면역 개요

학습 | 성과

9.1 적응면역의 5가지 특이성을 서술하라.
9.2 적응면역에 관여하는 2가지 기본적인 백혈구를 열거하라.
9.3 적응면역의 2가지 기본적 구분을 쓰고 그들의 목표물을 기술하라.

적응면역(adaptive immunity)은 신체가 원생동물, 곰팡이, 세균, 바이러스, 또는 독소이건 간에, 특이적 침입자와 그들의 산물을 인식하고 방어를 하는 능력이다. 면역학자는 면역능에 관여하는 세포와 화학물질을 연구하는 과학자들로 계속적으로 적응면역에 대한 내용을 재정비하고 우리의 지식을 새롭게 한다. 이 장에서는 이들이 발견한 것의 일부를 다루도록 하겠다.

적응면역은 5가지 독특한 특성을 가진다:

- **특이성(Specificity).** 어떤 특정 적응면역 반응은 특정 분자의 모양에만 작용하고 다른 모양에는 작용하지 않는다. 적응면역 반응은 특정한 공격자에 대해 정확하게 재단된 반응인 반면, 선천면역은 병원체-연관 분자패턴(pathogen-associated molecular pattern, PAMP)과 같이 많은 미생물에 공통된 분자적 형태에 대한 일반적인 반응을 보인다.
- **유발성(Inducibility).** 적응면역에 관여하는 세포는 특정 병원체에 대한 반응으로 활성화된다.
- **클론형성능(Clonality).** 일단 유발되면, 적응면역의 세포들은 거의 동일한 세포가 여러 세대를 거쳐 만들어지는데 이들을 총칭하여 클론(*clone*)이라고 한다.
- **자신에 대한 무반응성(Unresponsiveness to self).** 규칙으로써 적응면역은 정상적인 신체 세포에 대해 작용하지 않는다. 다시 말해서 적응면역반응은 자신에 대한 관용을 갖는다. 몇 가지 기작은 면역반응이 자신의 신체를 공격하지 않도록 보장하는 것을 돕는다.
- **기억능(Memory).** 적응면역반응은 특정 병원체에 대해 기억을 한다. 즉, 특정 병원체 또는 독소를 다시 만나게 되면 더 빠르고 효과적으로 반응할 수 있도록 적응한다.

적응면역의 이러한 특징에는 **림프구(lymphocyte)** (lim´fō-sītz)의 활성을 포함하는데, 림프구는 특정 병원체에 대해 작용하는 일종의 백혈구(leukocyte, white blood cell)를 말한다. 휴지기 상태의 림프구는 가장 작은 백혈구이며, 각각의 림프구 세포는 세포질에 얇은 테두리로 쌓여져 있는 크고 둥글며 중앙에 자리 잡고 있는 핵이 특징적이다 **(그림 9.1)**. 초기에 사람의 림프구는 청소년기에 장골의 말단과 성인의 갈비뼈나 엉덩이뼈와 같은 납작뼈의 중앙에 존재하는 적색골수(*red bone marrow*)에서 형성된다. 이런 부위는 혈액줄기세포(*blood stem cell*) [조혈간세포(*hematopoietic stem cell*)]를 가지고 있어 이들이 림프구를 비롯한 다양한 혈구세포를 만든다 (그림 8.4 참조).

비록 림프구는 현미경에서 동일하게 보이지만, 과학자들은 이들을 2가지 종류, 즉 B 림프구(*B lymphocyte*)와 T 림프구(*T lymphocyte*)로 각각의 세포막에 존재하는 막 표면 단백질을 바탕으로 구분한다. 이들 단백질은 림프구가 특정 병원체나 독소를 이들의 형태를 통해 인식하게 하고, 면역세포 간의 정보교환에 중요한 역할을 한다.

림프구는 성숙과정을 거쳐야한다. **B 림프구(B lymphocyte)** 또는 **B 세포(B cell)**는 성인의 적색골수에서 생겨나고 성숙된다. **T 림프구(T lymphocyte)** 또는 **T 세포(T cell)**는 골수에서 시작되지만 거기서 성숙되지는 않는다. 대신 T 세포는 인간의 심장 근처 가슴 부위에 존재하는 흉선(*thymus*)으로 이동하고 거기서 성숙한다. T 세포는 흉선이 세포의 성숙에 중요한 역할을 하기 때문에 T 세포로 명명되었다.

적응면역은 많은 다양한 면역반응으로 구성되어 있는데, 크게 **세포-매개성 면역반응(cell-mediated immune response)**과 **항체 면역반응(antibody immune response)**의 2가지로 구분할 수 있다. 이 2가지에서 중요한 세포인 B 림프구와 T 림프구는 오랜 기간 살아가며 특정 병원체와 싸울 수 있는 능력을 유지하는데 이런 능력을 때로는 면역기억(*immunological memory*)이라고 부른다.

면역반응의 2가지 형태는 선천면역을 자극하고 조절함과 동시에 적응면역을 일으키는 특정 병원체에 대해서 직접적으로 대응한다. 세포-매개성 면역반응은 T 세포에 의해 조절되고 수행되며 때로는 바이러스가 자라고 있는 세포와 같이 세포내 병원체(*intracellular pathogen*)에 대해서도 작용한다.

B 세포는 항체 면역반응을 수행하며 T 세포는 이런 반응을 조절하고 충실히 이루어지도록 돕는다. 항체 면역반응은 주로 세포외부적인 병원체와 독소에 대항한다. 항체(*antibody*)는 특정한 생화학적 구조를 인식하는 B 세포의 후손들에 의해 분비되는 보호 단백질이다. 항체에 대해서는 잠시 후에 좀 더 자세히 알아보도록 하자. 과학자들은 항체 면역반응에 대한 다른 용어를 사용하고 있는데, 많은 항체 분자들이 혈액의 액체부분과 함께 순환되고 있기 때문에 체액성 면역반응(*humoral immune response*)[1]이라고도 한다.

세포-매개성 면역반응과 항체 면역반응 모두 우리 몸을 구성하는 세포에 치명적이고 심각한 공격을 가할 수 있는 강력한 방어 반응이다. 따라서 신체는 손상을 막기 위해서 적응면역반응을 조절할 수 있어야 한다. 예를 들어, 면역반응은 진행되기 전에 많은 화학적 신호가 필요하다. 따라서 면역반응이 감염되지 않은 건강한 세포에 의해서 무작위로 시작될 가능성을 줄일 수 있다. 자가면역 손상, 과민성반응, 면역결핍 질환은 이러한 조절이 불충분하거나 지나치게 될 때 생겨난다 (18장에서 그 같은 손상에 대하여 다룸).

왜 그런가

왜 B 세포와 T 세포의 활성을 적응적(*adaptive*)이라고 부르나?

적응면역의 요소들

연극발표 프로그램에서 연극의 개요를 제시하고 배우와 그들의 역할을 소개하듯이, 다음 절에서는 적응면역에 수반되는 “무대”를 설명하고, “등장인물”에 대한 소개를 통하여 적응면역의 각 요소들을 보여주고자 한다. 우리는 적응면역의 기관, 조직, 세포 등의 림프계(*lymphatic system*)를 조사하고, 적응면역반응을 유발하는 항원(*antigen*)에 대하여 알아본 후, 항체(*antibody*)에 대하여 조사하고, 마지막으로 특정 면역반응을 조절하고 조율하는데 관여하는 특수한 화학적 신호(*chemical signal*)와 매개물질(*mediator*)에 대해서 알아보도록 한다.

첫 번째로 “무대”, 즉 적응면역에서 작용하는 세포를 생산하고, 성숙시키며, 머물게 하는 림프계에 대해서 알아보자.

림프계의 조직과 기관

학습 | 성과

9.4 혈액의 흐름과 림프액의 흐름을 비교하라.
9.5 림프계의 1차 기관과 2차 기관을 설명하라.
9.6 적색골수, 흉선, 림프절, 비장, 편도선, 점막-연관림프조직 등이 면역력에 미치는 중요성에 대하여 논하라.

림프계(lymphatic system)는 림프(*lymph*)라고 불리는 액체의 흐름을 주관하는 림프관(*lymphatic vessel*)과 림프세포, 조직, 기관 등으로 구성되어 있으며, 적응면역에 직접 관여한다 **(그림 9.2a)**. 모두 함께, 림프계의 구성 요소들은 감시체계를 구성하여, 신체의 조직, 특히 목이나 내장관과 같은 침입 부위에서 외래물질의 유입을 선별한다. 림프관에 대하여 먼저 알아보자.

림프관과 림프의 흐름

림프관(lymphatic vessel)은 국부조직으로부터 림프(*lymph*) (“*limf*” 로 발음)를 흐르게 하고 다시 순환계로 되돌리는 일방통행 시스템을 형성하고 있다. 면역반응에 중요한 역할을 하는 림프는 림프구가 모여 있는 장소로 독소나 병원체를 수송한다.

림프(lymph)는 무색으로, 혈장과 매우 유사한 구성을 갖는 물 같은 액체이다. 실제로 림프는 혈관에서 주변 조직의 세포 공간으로 빠져나온 액체에서 생겨난다. 림프는 우리 몸의 거의 대부분에 존재하고 있는 (골수, 뇌, 척수 등은 예외) 상당히 투과성이 큰 림프모세관(*lymphatic capillary*)에 의해 모이게 된다 **(그림 9.2b)**. 림프모세관으로부터 림프는 점차적으로 커지는 림프관으로 모여들고, 결국에는 두 개의 큰 림프관(*lymphatic duct*)을 통해 심장 주변의 혈관으로 흐르게 된다. 심혈관계와는 달리, 림프계는 특유의 펌프가 없고 순환적이지 않다; 즉 림프는 한쪽으로 흐른다. 한쪽 방향으로만 열리는 골격근의 활동이 림프관을 압착할 때마다 림프가 심장 쪽으로만 흐르도록 한다. 림프관의 시스템 내 여러 군데에 존재하는 림프절(*lymph node*)은 약 1,000개 정도로, B 세포와 T 세포 등 백혈구를 수용하고 있다. 이들 림프구는 림프에 존재하는 외래물질을 인식하고 공격함으로써 면역체계의 감시와 상호작용이 이루어지게 한다.

림프기관

일단 림프구가 1차 림프기관(*primary lymphoid organ*)인 적색골수와 흉선에서 생겨나고 성숙해지면, 2차 림프기관(*secondary lymphoid organ*)과 조직(*tissue*)으로 이동한다. 이런 기관에는 림프절,

[1]혈액과 같은 체액을 의미하는 “액체”를 뜻하는 라틴어 *humor*로부터 유래.

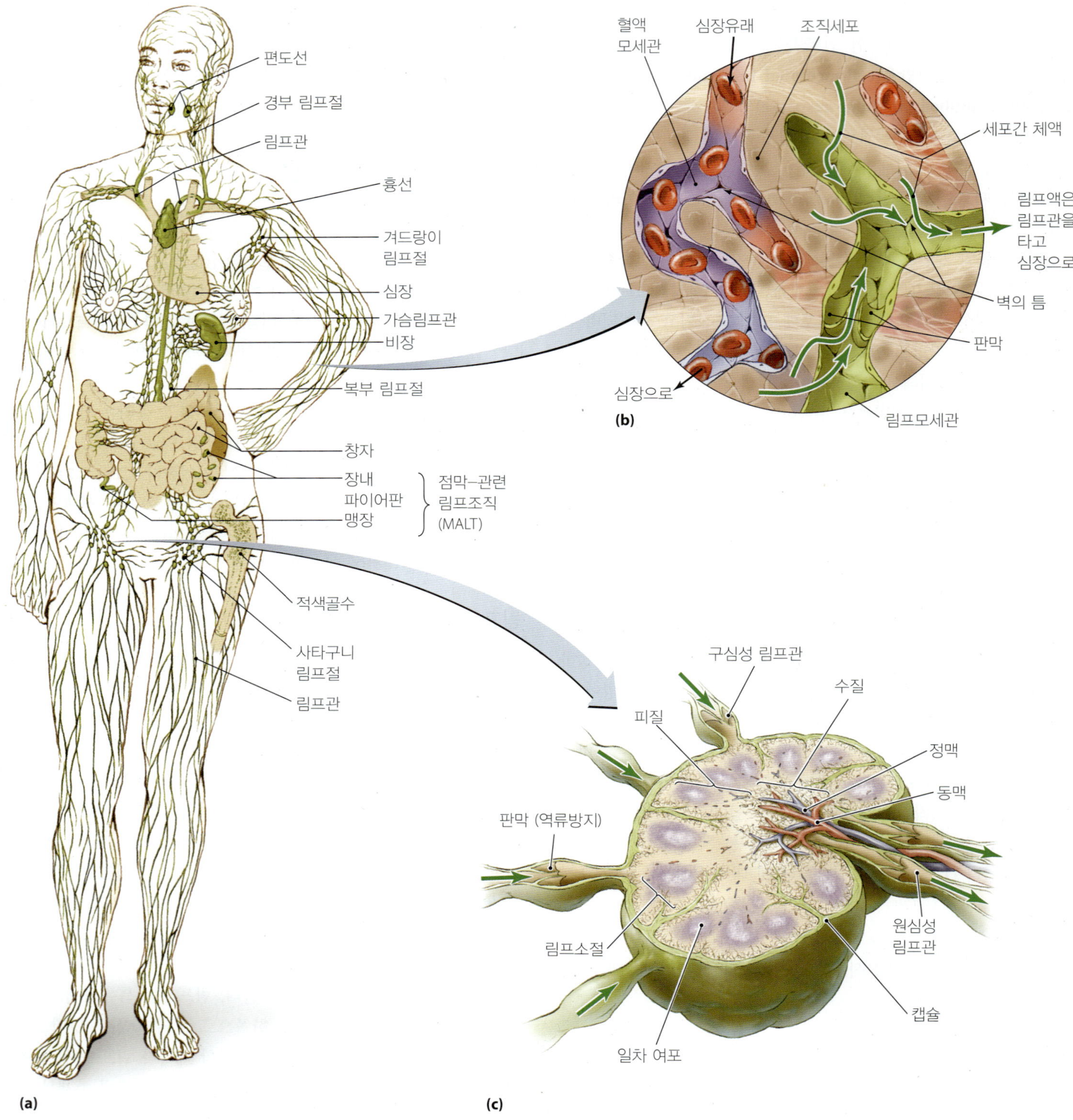

▲ **그림 9.2 림프계. (a)** 림프계는 골수와 흉선의 일차 림프기관과 림프절, 림프관, 편도선, 다른 림프 조직 등의 이차 림프기관으로 구성되어 있다. **(b)** 림프모세관은 세포간 공간으로부터 림프액을 모은다. **(c)** 구심성 림프관은 림프액을 림프절로 이동시키고, 원심성 림프관은 림프절로부터 보내는 역할을 한다. 피질(cortex)은 일차 여포(primary follicle)를 가지고 있는데 여기서 B 림프구가 복제된다. 중엽(medulla)에 존재하는 림프구는 외래 물질들과 접촉한다. *왜 림프절은 감염시에 커지는가?*

그림 9.2 감염되는 동안, 림프구는 림프절에서 활성화되어 복제된다. 이런 복제와 부어오름에 의해 림프절이 커지게 된다.

비장, 다소 비조직적인 림프조직을 포함하며 여기서 림프구들은 외래 미생물들을 기다리게 된다. 수백의 **림프절(lymph node)**은 몸 전역에 위치하지만, 주로 경부 (목), 서혜부 (사타구니), 겨드랑이, 그리고 복부 부위에 존재한다. 각각의 림프절은 다양한 구심성(*afferent*) [유입성(inbound)] 림프관(*lymphatic vessel*)으로부터 림프액을 받고, 하나 또는 둘의 원심성(*efferent*) [유출성(outbound)] 림프관(*lymphatic vessel*)을 통해 배출한다 **(그림 9.2c)**. 근본적으로 림프절은 신체 전반에서 도착한 림프액에 들어있는 면역세포와 물질들, 그리고 여러 면역세포 간의 상호작용을 활성화한다.

림프절은 수질부 (중심부)에 미로와 같은 통로를 가지는데, 이를 통해 림프액을 여과하고 다양한 림프구를 이곳에 수용함으로써 림프의 외래 분자를 조사하여 그들에 대한 특이적 면역반응을 일으킨다. 림프절의 피질부는 주로 B 세포의 복제세포들이 자라고 있는 일차 여포(*primary follicle*)를 둘러싸는 단단한 캡슐로 구성되어 있다.

림프계는 또 다른 2차 림프 조직과 기관을 가지는데, 비장, 편도선, 그리고 점막-연관 림프조직(*mucosa-associated lymphoid tissue, MALT*)이다. 비장은 구조와 기능에서 림프절과 유사하나 림프를 거르는 대신 혈액을 거른다. 비장은 혈액에 있는 세균, 바이러스, 독소와 다른 외래 물질 등을 제거한다. 또한 오래되었거나 손상된 혈액세포를 정화하고, 혈소판 (혈액응고에 필요한 물질)을 저장하고, 철분과 같은 혈액의 요소들도 저장한다.

편도선과 MALT는 림프절이나 비강과 같은 단단한 외부 캡슐이 없지만, 외래 물질과 미생물을 물리적으로 잡아내는 기능은 동일하다. MALT는 맹장과 호흡기, 질, 방광, 유선 등의 림프조직, 그리고 소장의 벽에 존재하는 파이어판(*Peyer's patch*)과 같은 독특한 림프조직 등을 포함한다. MALT는 신체의 림프구의 대부분을 가지고 있다.

우리는 "연극"이라는 용어로 적응면역을 보면서 림프계란 무대에서 벌어지는 일들을 알아보고 있다. 이제 "악역들", 즉 림프구들이 만나게 되는 외래 물질들을 만나보자.

항원

학습 | 성과

9.7 효과적인 면역반응을 자극하는 항원의 특징을 밝혀라.
9.8 외인적 항원, 내인적 항원, 그리고 자가 항원을 구분하라.

적응면역반응은 세균, 곰팡이, 원생동물, 또는 바이러스 전체에 대응하여 생겨나는 것이 아니라 그들 중에 우리 몸이 외래적이고 공격할 만한 가치가 있는 한 분자의 일부에 대하여 반응한다. 면역학자들은 이러한 생화학적 모양을 **항원(antigens)**[2] (an´ti-jenz)이라고 부른다. 림프구는 항원과 결합하여 적응면역반응을 촉발할 수 있다. 병원체나 독소에서 유래하는 항원은 우리 이야기에서 "악역"인 것이다.

항원의 특성

모든 분자가 효과적인 항원은 아니다. 특정 분자가 적응면역력을 일으키는데 더 효과적이도록 만드는 특징들은 분자의 모양(*shape*), 크기(*size*), 그리고 복잡성(*complexity*) 등이다. 신체는 **에피토프(epitope)**라고 불리는 3차원적 모양으로 항원을 인식한다. 또한 에피토프는 면역반응을 결정하는 항원의 실제 부분이기 때문에 항원결정기(*antigenic determinant*)라고도 한다 **(그림 9.3a)**.

일반적으로 분자량이 5,000-100,000달톤 정도의 거대 분자는 작은 분자보다 더 좋은 항원이다. 가장 효과적인 항원은 단백질과 당단백질과 같은 거대 외래 분자이며, 탄수화물과 지질도 항원성(antigenic)이다. 작은 분자, 특히 5,000달톤 미만의 분자량의 물질은 잘 인식이 되지 않기 때문에 약한 항원이지만, 이들이 단백질과 같은 커다란 수송물질과 결합하면 항원성을 가질 수 있다. 예를 들어, 페니실린이란 곰팡이 산물은 그 자체로는 너무 작아서 (분자량: 302달톤) 특이적 면역반응을 유발할 수 없다. 그러나 혈액 속의 수송단백질과 결합하면 페니실린은 항원성을 갖게 되고 어떤 환자에서는 알레르기 반응을 일으킨다.

복잡한 분자는 단순한 물질보다 더 훌륭한 항원인데, 이들은 많은 면을 갖고 있는 보석과 같이 많은 에피토프를 가지고 있기 때문이다. 예를 들어, 반복적인 포도당 소단위로 구성된 거대분자인 녹말은 비록 크기가 크지만 구조적 복잡성이 없어서 좋은 항원은 아니다. 반대로 당단백질이나 인지질과 같은 복잡한 물질은 많은 독특한 모양과 면역세포들이 외래 물질로 인식하게 하는 고유의 소단위 조합을 가지고 있다.

예를 들어, 항원에는 세균의 세포벽, 캡슐, 섬모, 편모 등의 구성 성분과 바이러스, 곰팡이, 원생생물의 외부 및 내부 단백질 등이 있다. 많은 독소와 어떤 핵산 분자도 항원성을 가지고 있다. 침입한 미생물만이 항원의 원천은 아니다. 예를 들어, 음식도 알레르기 반응을 유발하는 알레르겐(*allergen*)이라고 불리는 항원을 가질 수 있으며, 흡입된 먼지에는 진드기의 배설물, 꽃가루, 비듬, 그리고 다양한 항원성이고 알레르기 유발적인 입자들을 포함한다 (18장에서 알레르기에 대해 좀 더 상세히 알아보자).

항원의 종류

비록 면역학자들이 다양한 방법으로 항원을 분류하고 있지만, 특히 중요한 하나의 방법은 신체와의 관계에 따라 항원을 분류하는 것이라 할 수 있다:

- **외인성 항원(exogenous[3] antigen) (그림 9.3b)**. 외인성 (eks-

[2] *Anti*body *gen*erator에서 유래; 항체는 항원의 특정부위에 결합하여 항체 면역반응 동안 분비되는 단백질임.

[3] "없이"를 의미하는 그리스어 *exo*, 그리고 "생산"을 의미하는 *genein*으로부터 유래.

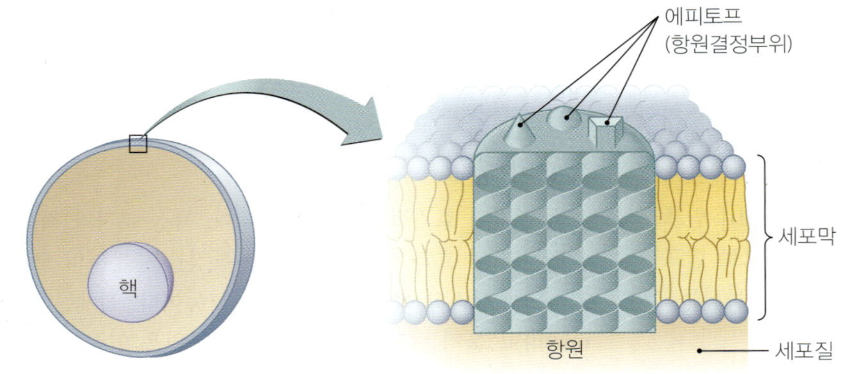

(a) 에피토프 (항원결정부위)

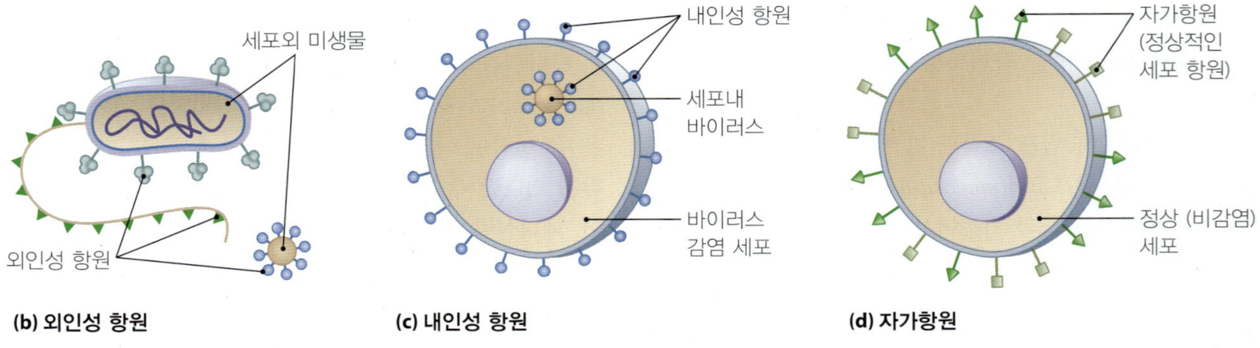

(b) 외인성 항원 **(c) 내인성 항원** **(d) 자가항원**

▲ **그림 9.3 항원, 특이적 면역반응을 일으키는 분자들. (a)** 에피토프 또는 항원결정체는 항원의 3차 구조적 부위로 이 부위의 모양은 면역계의 세포들이 인식한다. **(b–d)** 신체와의 연관성에 따른 항원의 분류. 외인성 항원은 신체 구성 세포의 밖에 존재하는 미생물에서 기원한다. 내인성 항원은 세포내 미생물에 의해서 생성되고 숙주세포의 세포막 속으로 삽입되어 존재한다. 자가항원은 정상적인 신체 세포의 구성원이다.

oj´en-us) 항원은 독소, 분비물, 그리고 미생물의 세포벽, 막, 편모, 섬모의 구성 성분들이다.

- **내인성 항원(endogenous[4] antigen) (그림 9.3c).** 신체 구성 세포의 내부에서 자라는 원생동물, 곰팡이, 세균, 바이러스 등은 내인성 항원을 만든다. 면역체계는 신체 세포의 건강을 평가할 수 없는데, 신체 세포가 그러한 내인성 항원이 세포막과 결합할 때만 내인성 항원에 대하여 반응하여 외부적로 보여준다.
- **자가항원(autoantigen)[5] (그림 9.3d).** 정상적인 세포 공정에서 유래한 항체 유발성 분자를 자가항원(autoantigen, *self-antigen*)이라고 한다. 잠시 후에 자세히 다루겠지만, 자가항원을 마치 외래물질로 인식하는 면역세포는 면역체계가 발달하면서 정상적으로는 없어지게 된다. 이러한 현상을 자가관용(*self-tolerance*)이라 하는데, 이는 우리 몸에 대해 면역반응이 생기는 것을 억제하기 위함이다.

지금까지 우리는 연극의 무대를 비유해서 면역반응의 두 가지 면을 조사하였다. 즉 무대를 제공하는 면역기관과 조직, 그리고 에피토프로 면역반응을 유발하는 악역배우로서의 병원체의 항원에 대해서다. 다음은 좀 더 자세하게 림프구의 활동에 대해 조사해 보자. T 림프구와 B 림프구는 항원에 대항하여 작용한다는 것을 알아두어라. 이들은 "연극"에서 "영웅"이다. 우선 T 림프구를 보도록 하자.

[4]"내부"를 의미하는 그리스어 *endo*로부터 유래.
[5]"자기자신"을 의미하는 그리스어 *autos*로부터 유래.

T 림프구와 적응면역반응을 위한 준비

학습 성과

9.9 T 세포의 발생에서 흉선의 중요성에 대해 서술하라.
9.10 T 세포의 공통적인 기본적 특성에 대해 서술하라.
9.11 두 가지 부류의 주조직적합복합체(major histocompatibility complex: MHC)에 대 하여 그들의 위치와 기능과 관련하여 서술하라.
9.12 항원제시세포, 즉 수지상세포와 대식세포의 역할과 항원을 공정하고 제시하는데 있어서 MHC의 역할을 설명하라.
9.13 내인적 항원의 공정과정과 외인적 항원의 공정과정을 비교하라.
9.14 3가지 종류의 T 세포를 서로 비교하라.
9.15 세포자살을 서술하고, 클론 제거에 의한 림프구 교정의 역할에 대하여 설명하라.

T 세포는 바이러스와 같은 세포내 병원체를 가지는 자신의 세포를 때로는 공격하고 암세포와 같이 비정상적인 세포표면 단백질을 만드는 자신의 세포를 공격한다. T 세포가 항원에 대하여 직접적으로 공격하기 때문에, T 세포의 면역 활동은 때때로 세포-매개성 면역반응(*cell-mediated response*)이라고 불린다.

사람의 적색골수는 T 림프구 (T 세포)를 만들어 혈액 속으로 방출한다. 주화성 분자가 혈관으로부터 T 림프구를 흉선으로 유인하고 그곳에 부착하여 흉선에서 분비하는 끈끈하고 점성이 강한 화학물질과 분자신호의 영향을 받으며 성숙한다. 성숙된 후, T 세포는 림프와 혈액에 의해 순환하며 림프절, 비장, 그리고 파이어판(Peyer's patch) 등으로 이동하게 된다. T 세포는 혈액에 있는 전체 림프구 중 약 70%–85% 정도를 차지한다.

T 세포의 성숙에는 약 50만개의 **T 세포 수용체(T cell receptor, TCR)**가 관여하는데 각 세포의 세포막에 존재한다. 모든 T 세포는 TCR 결정 유전자들로부터 DNA 분절들이 무작위로 선택되고 조합되어 그 세포에 특이적인 새로운 유전적 결합을 만들고, 이 유전자 결합은 그 세포에만 유일하고 독특한 TCR을 발현하게 된다.

T 세포 수용체(TCR)의 특이성

TCR의 끝은 가변부위로 구성되어 있어 각 세포의 TCR이 특이 항원결합 부위를 갖게 한다 **(그림 9.4)**. 각 T 세포는 무작위적으로 각 세포의 TCR 유전자를 재조합하기 때문에, 모든 T 세포는 다른 형태의 항원결합 부위를 갖게 되고, 이 부위에 부합되는 구조를 인식하고 결합하게 된다. TCR은 에피토프를 직접적으로 인식하지 못한다. 대신 각각의 TCR은 MHC 단백질(*MHC protein*)이라는 단백질과 연결되어 있는 오직 에피토프와 결합하는데, 잠시 후 이에 대하여 다루도록 한다. 당신의 몸에는 최소 10^9의 서로 다른 TCR, 즉 각 T 세포마다 한 가지 종류의 특이적 TCR을 가지므로 최소 10^9 종류의 TCR을 가지는 T 세포들이 존재하여 가능한 거의 모든 에피토프-MHC 복합체의 구조를 인식할 수 있다.

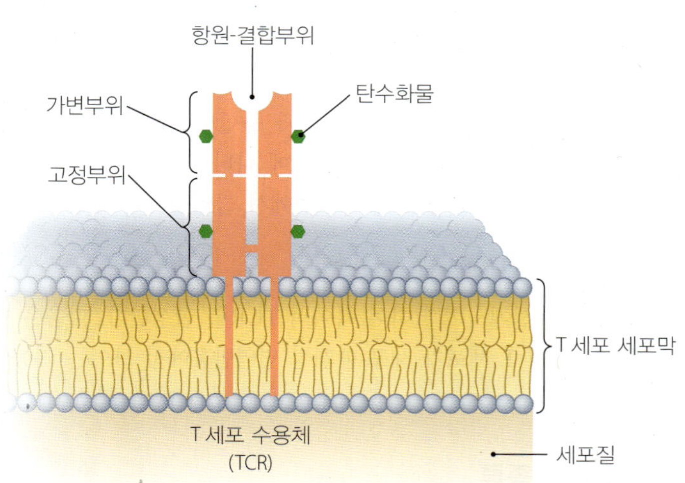

▲ **그림 9.4 T 세포 수용체(TCR).** TCR은 하나의 항원 결합부위를 두 분자 사이에 가지는 두개의 폴리펩티드로 구성된 표면분자이다.

주조직적합복합체와 항원제시 세포의 역할능

과학자들이 화상을 입은 환자를 치료하기 위한 하나의 방법을 만들기 위해 처음 한 동물에서 다른 동물로 조직이식을 시작하였을 때, 만일 동물이 서로 유사하지 않으면 수용체는 빠르게 이식 조직을 거부한다는 사실을 발견하였다. 그와 같은 빠른 이식거부의 이유를 분석하면서, 과학자들은 이식환자가 관련성이 없는 이식된 조직의 세포에 특이한 항원에 대해 강한 면역반응을 일으킨다는 것을 발견하였다. 이식세포의 항원이 숙주의 세포의 항원과 상당히 차이가 있으면, 서로 관련이 없는 동물들에게서 발생하는 것과 같이 이식조직은 거부된다. 이것이 과학자들로 하여금 어떻게 신체가 "자기(self)"와 "비자기(nonself)"를 구분할 수 있는지를 이해하도록 하게 하였다.

면역학자들은 이런 종류의 항원을 주조직적합 항원(*major histocompatibility*[6] *antigens*)이라 명명하고 성공적인 조직이식을 위해 조직의 적합성을 결정하는데 중요한 요소임을 제시하였다. 차후 연구에서 주조직적합 항원은 척추동물의 대부분 세포의 막에서 발견되는 당단백질임이 밝혀졌다. 주조직적합 항원은 **주조직적합복합체(major histocompatibility complex, MHC)**라고 불리는 유전자 집단에 의해 발현된다. 사람의 MHC는 염색체 6번의 각 카피가 존재한다.

기관이식(organ grafting)은 자연현상에서는 유사한 예가 없는 현대적인 수술 방법이기 때문에 과학자들은 MHC 단백질들이 자신들만의 "진정한" 기능을 가질 것이라고 추론하였다. 실제로 면역학자들은 세포막에 존재하는 MHC 단백질이 T 세포에 제시하기 위해 에피토프의 위치를 잡아주는 역할을 한다는 것을 밝혔다. 각각의 MHC 분자는 두 폴리펩티드 사이에 항원결합구(*antigen-binding groove*)를 가지고 있다. 폴리펩티드의 아미노산 서열이 가지는 내재적인 변이로 인해 MHC 결합부위의 형태가 변형되고 이것이 어떤 에피트프가 결합되고 제시되는 것을 결정한다. 상기할 점은 TCR은 MHC 분자에 결합된 에피토프만을 결합한다는 것이다.

MHC 단백질에는 두 종류가 있다 **(그림 9.5)**. 제1종 MHC 분자는 적혈구를 제외한 모든 세포의 세포막에서 발견된다. **항원제시세포(antigen-presenting cell, APCs)**라는 특별한 세포는 제2종 MHC 단백질도 갖는다. 규칙적으로 항원을 제시하는 전문적인 항원제시세포는 B 세포, 대식세포, 그리고 무엇보다 중요한 수상돌기(*dendrite*)[7]라고 불리는 길고 얇은 세포질 돌기를 지니는 **수지상세포(dendritic cell)** 등이다 **(그림 9.6)**. 식세포성 수지상세포는 피부와 점막의 표면 아래에서 발견된다. 어떤 수지상세포는 수상돌기를 피부세포 사이 또는 점액표면으로 뻗어서 항원을 채취하는데, 이것은 마치 잠수함이 잠망경을 올려 수면위의 활동을 관찰하는 것과 유사

[6]"조직"을 의미하는 그리스어 *histo*, "동의할 수 있는"을 의미하는 라틴어 *compatibilis*로부터 유래.

[7]나무의 가지처럼 세포의 길게 뻗은 확장물과 같이 "나무"를 의미는 그리스어 *dendron*으로부터 유래.

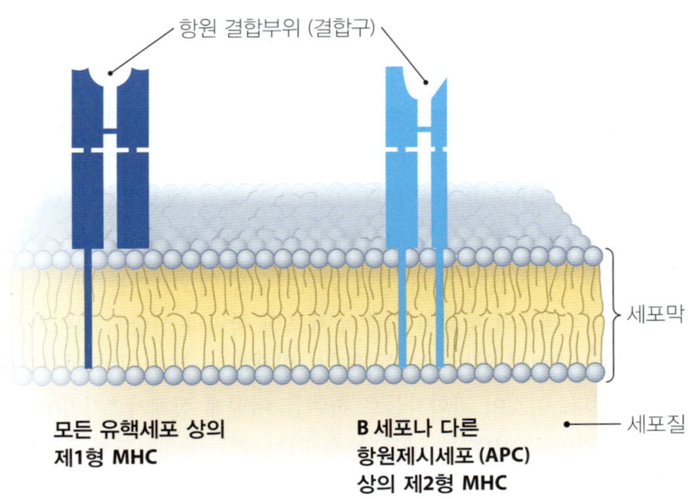

▲ **그림 9.5 두 종류의 주조직적합성 복합체(MHC) 단백질.** 각각은 항원 결합 구릉을 형성하는 두개의 폴리펩티드로 구성되어 있다. 제1종 MHC 당단백질은 적혈구를 제외한 모든 세포에서 발견된다. MHC II 당단백질은 B 세포와 특별한 항원-제시세포(APC)에서만 발현된다.

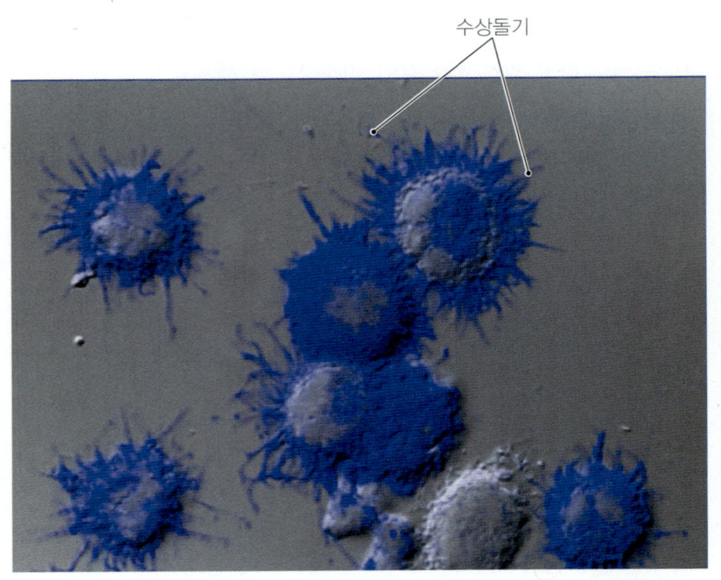

▲ **그림 9.6 수지상세포.** 신체에서 이들은 중요한 항원-제시세포로 피부와 점막에서 발견된다. 수상돌기라고 불리는 얇은 세포막 돌기를 가지고 있다.

하다. 항원을 획득한 후, 수지상세포는 림프절로 이동하여 T 세포와 B 세포와 함께 상호 작용한다. 뇌에 있는 미세아교세포(*microglia*)와 간에 있는 위성대식세포(*stellate macrophages*) [이전에 쿠퍼세포(*Kupper cells*)라고 불림]와 같은 다른 식세포들은 상황에 따라 항원을 제시할 수도 있다. 이러한 세포들은 비전문적 항원제시 세포(*nonprofessional antigen-presenting cells*)라고 불린다.

하나의 전문적 APC 세포의 세포막에는 약 10만개의 제1종 MHC 분자가 있으며, 이들이 결합할 수 있는 에피토프는 다양하다. 그들의 다양성은 개인의 유전자 종류에 따라 결정된다. 만일 에피토프가 MHC 분자에 결합할 수 없다면, 일반적으로 면역반응을 유발할 수 없다. 따라서 MHC 분자는 어떤 에피토프가 면역반응을 촉발할 것인지를 결정하게 된다.

항원공정

MHC 단백질이 에피토프를 전시하기 전, 항원은 반드시 공정을 거쳐야 된다. 항원 공정은 항원이 내인적 또는 외인적 여부에 따라 약간 다른 과정을 통하여 일어난다. 내인성 항원은 세포의 세포질이나 세포 내에 사는 병원체에서 유래하는 반면, 외인성 항원은 림프와 같이 세포 외 장소나 원천에서 유래함을 기억하자.

내인성 항원의 공정 그림 9.7에 내인성 항원의 공정을 도식화하였다. 핵을 가진 세포 내에서 생산되는 폴리펩티드의 일부 분자들, 세포 내 세균에 의해 만들어지는 어떤 폴리펩티드나 바이러스에 의해 발현되는 폴리펩티드들은 약 8–12개의 아미노산으로 구성된 작은 조각으로 분해 대사된다 1. 이런 조각들은 폴리펩티드의 에피토프로 사용되는데, 소포체로 이동하여 소포체의 막에 존재하고 있는 제1종 MHC 분자 중 보완적인 항원결합구에 결합한다 2. 제1종 MHC 분자와 에피토프가 결합된 곳의 소포체막은 골지체에 의해 포장되어 낭(vesicle)을 만든다 3. 이 낭은 다시 세포막과 결합한다 4. 결과적으로 세포는 세포막에 제1종 MHC 단백질과 에피토프의 결합체를 보여준다 5. 신체의 유핵세포는 그 세포 내에 있는 모든 종류의 폴리펩티드로부터 유래한 에피토프를 전시하게 되는 것이다.

외인성 항원의 공정 항원제시세포 (대체로 수지상 세포임) 만이 외인성 항원을 공격한다. 신체구성세포 밖에서 이런 항원을 공정하는 것은 세포 내에서 생성된 항원을 공정하는 것과는 다르다 (그림 9.8). 우선, 수지상 세포는 침입한 병원체를 식세포화 하여 병원체의 분자들을 분해 대사하여 포식리소좀 내에서 펩티드 에피토프를 만들어낸다 1. 또 다른 이미 막에 제2종 MHC 분자를 가지고 있는 낭과 포식리소좀이 융합하고 제2종 MHC 분자는 부합되는 에피토프에 결합한다 2. 이 낭은 세포막과 융합하고 3, 제2종 MHC 와 에피토프 결합체를 세포의 표면 상에 나타난다 4. 결합하지 못한, 빈 제2종 MHC 분자는 세포 표면에서 불안전하기 때문에 분해된다.

T 림프구는 흉선에서 발달하여 특이적 TCR를 합성한다. 다음은 여러 가지 종류의 T 세포가 세포-매개성 면역반응에서 보이는 기능에 대해 알아보자.

T 림프구의 종류

면역학자들은 표면의 당단백질과 특이적 기능에 따라 다른 T 세포가 존재함을 알게 되었다. 이들은 세포독성 T 세포(*cytotoxic T*

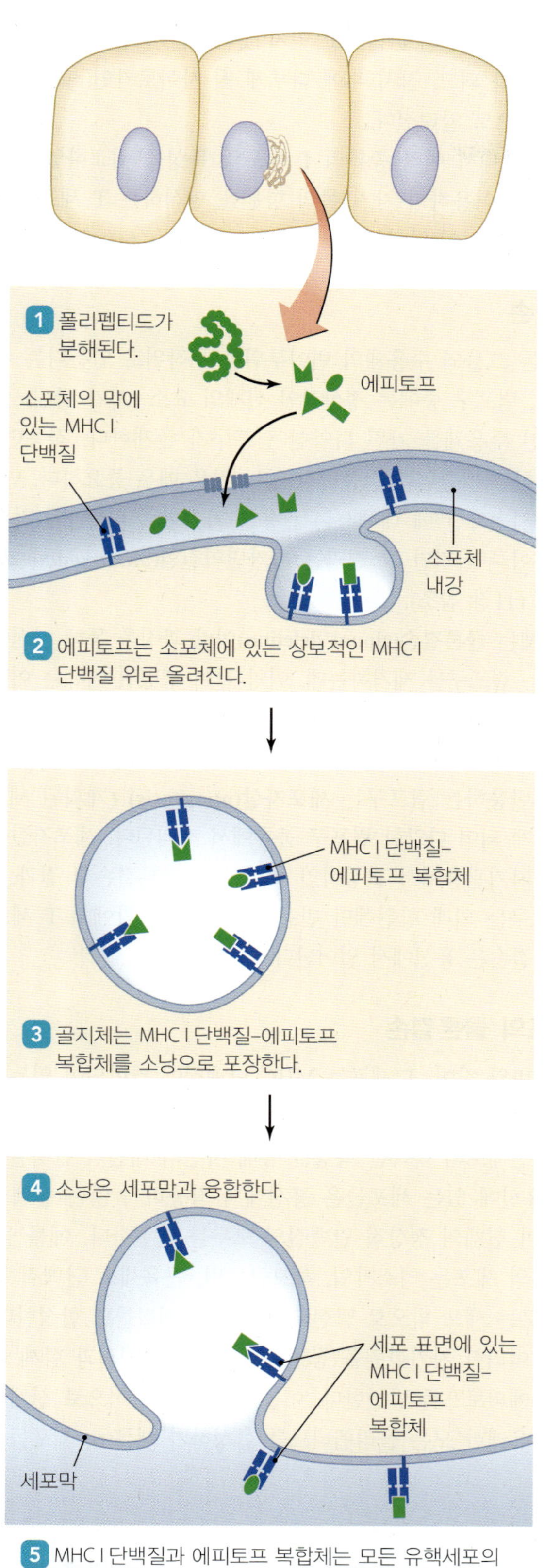

▲ **그림 9.7 내인성 항원의 공정과정.** 유핵세포 내에서 합성되는 모든 폴리펩티드에서 유래한 에피토프는 상보적인 제1종 MHC 단백질 상에서 세포막으로 이동한다.

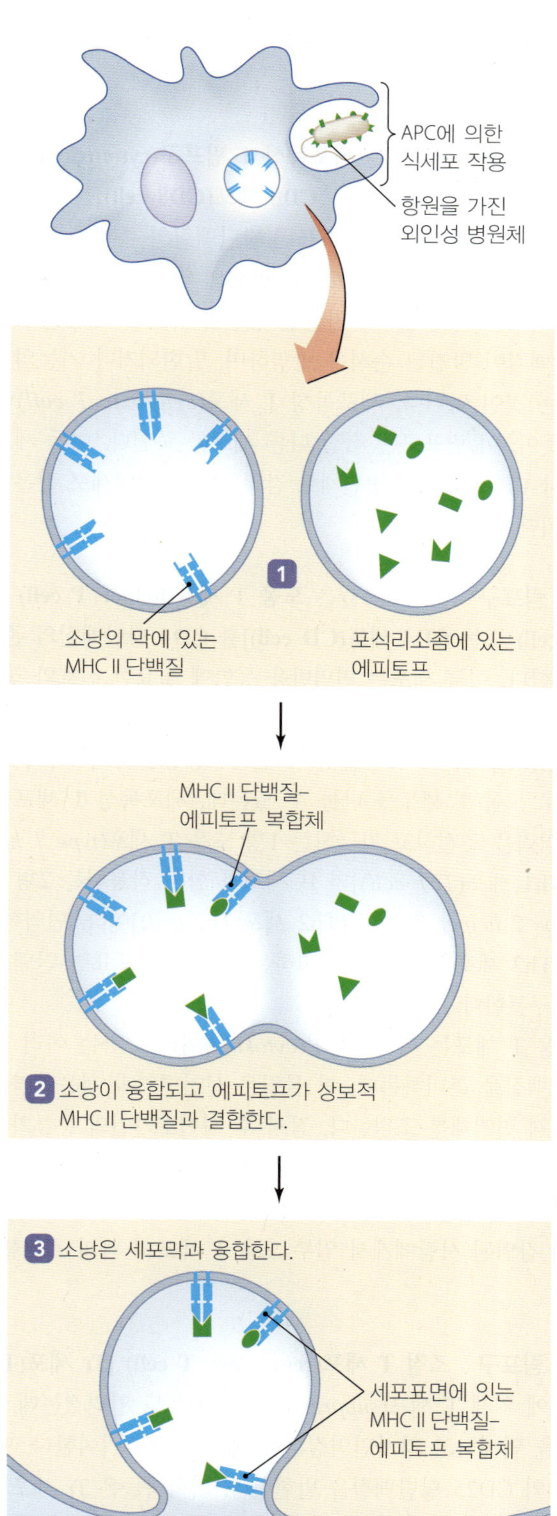

▲ **그림 9.8 외인성 항원의 공정과정.** 신체의 세포 외에서 생성된 항원은 APC에 의해 식세포 되고 소화되어 에피토프를 만들고, 이들은 제2종 MHC의 상호보완적인 항원결합구에 자리잡게 된다. 제2종 MHC-에피토프는 APC의 세포막의 바깥쪽으로 전시된다.

cell), 도움 T 세포(*helper T cell*), 조절 T 세포(*regulatory T cell*)이다.

세포독성 T 림프구 모든 **세포독성 T 림프구(cytotoxic T lymphocytes) [Tc 세포(Tc cell)** 또는 **CD8 세포(CD8 cell)**]는 자신만의 독특한 TCR과 CD8이라는 세포표면 당단백질의 존재를 통해 구분할 수 있다. CD (*cluster of differentiation*의 약어) 당단백질은 숫자와 함께 명기되는 국제적으로 인정된 명명법에 따라 작명된다. 숫자는 이 당단백질이 발견된 순서를 반영하며, 발현되거나 기능의 순서를 의미하는 것이 아니다. 세포독성 T 세포(*cytotoxic T cell*)란 말이 의미하듯이, 이 림프구는 직접 다른 세포를 죽인다. 이들 세포는 바이러스나 다른 세포 내 병원체로 감염되었거나, 암세포 같은 비정상 세포들이다.

도움 T 림프구 면역학자들은 **도움 T 세포(helper T cell) [Th 세포(Th cell)** 또는 **CD4 세포(CD cell)**]를 CD4 당단백질의 존재여부로 구분한다. 이들 세포는 면역반응 동안에 필요한 신호와 성장요소 등을 제공하여 B세포와 세포독성 T 세포의 활성 조절을 돕기 때문에 "도움(helper)"이라고 불린다. 면역반응동안에 두 가지 주요 아군집으로 도움 T 세포를 나눌 수 있는데, 세포독성 T 세포를 돕고 선천면역력을 조절하고 자극하는 1형 도움 T 세포(*type 1 helper T cell*) [Th1 세포(*Th1 cell*)]와 B 세포와 함께 작용하는 2형 도움 T 세포(*type 2 helper T cell*) [Th2 세포(*Th2 cell*)]이다. 면역학자들은 Th1과 Th2 세포를 이들이 분비하는 물질과 세포표면 단백질을 바탕으로 구분한다.

도움 T 세포는 사이토카인(*cytokine*)이라고 하는 여러 가지 수용성 단백질을 분비하는데, 이 물질은 선천면역과 적응면역을 포함하는 전체 면역계를 조절한다. 잠시 후 사이토카인의 종류와 효과에 대해서 알아보도록 하자. **집중조명: AIDS 환자에게서 도움 T 세포의 실종**은 인간면역결핍바이러스(human immunodeficiency virus, HIV)에 감염된 사람에게서 일부 도움 T 세포의 파괴 효과를 잘 보여준다.

조절 T 림프구 **조절 T 세포(regulatory T cell) [Tr 세포(Tr cell)]**는 이전에 억제 T 세포(*suppressor T cell*)로도 알려졌는데, 적응면역반응을 억제하고 자가면역질환을 예방하는데 기여한다. Tr 세포는 CD4와 CD25 당단백질을 발현한다. 과학자들은 Tr 세포가 작용하는 기작을 완전히 파악하고 있지 못하지만, 다른 면역세포와 접촉하면 활성화 되고, 잠시 후에 다루게 될 사이토카인(*cytokine*)을 분비하는 것으로 알려졌다.

표 9.1에서 여러 종류의 T 세포의 특성을 비교하였다. 이제부터 TCR을 이용하여 자기 몸의 항원을 인식하는 T 세포를 제거하는 방법에 대하여 알아보자.

클론결손

T 세포는 그들의 수용체의 변이부위를 무작위로 만든다는 것을 고려할 때, 림프구 중에는 정상적인 신체의 요소 (자가 항원)들에게도 상보적인 수용체를 가진 다양한 림프구가 존재한다. 적응면역반응이 이러한 자가항원에 반응하지 않는 것은 매우 중요하다. 면역체계는 반드시 "자신"에 대해서는 관용을 가져야 한다. 만일 자신에 대한 관용이 무너지면 그 결과는 자가면역질환(*autoimmune disease*)이 된다 (11장 참조).

신체는 **클론결손(clonal deletion)**이란 과정을 통해 자신에 대해 반응하는 림프구를 제거하는데, 이와 같이 명명된 이유는 어떤 세포를 제거하는 것은 자신의 가능한 자손세포 (클론)를 제거하게 되기 때문이다. 클론결손 과정에서 림프구는 자가항원에 노출되고, 자가항원과 반응하는 림프구는 **세포자살(apoptosis)** (계획된 세포자살)을 거치게 되어 다양한 림프구 종류에서 제외된다. 세포자살은 클론결손과 자기관용에서 결정적인 특성이다. 클론결손의 결과, 살아남은 림프구는 외래 항원에만 반응하게 된다. 사람에서 T 세포에 대한 클론결손은 흉선에서 일어난다.

T 세포의 클론결손

보아온 바와 같이, T 세포는 MHC 단백질에 결합되어 있는 에피토프만을 인식한다. 젊은 T 세포는 일주일 가령 흉선에서 시간을 보내며 흉선세포의 독특한 특성을 통해 자신의 내인적 단백질에 노출된다. 흉선에 있는 세포들은 흉선에서 작용하지 않는 단백질 등을 포함하여 신체의 정상적 단백질의 모두를 발현한다. 예를 들어, 어떤 흉선의 세포는 리소자임, 헤모글로빈, 근육세포 단백질 등의 일반적으로는 세포 밖으로 발현되지 않는 단백질들도 합성한다. 흉선세포는 이러한 자가항원을 공정하여 MHC 단백질과 함께 이들 단백질의 에피토프를 발현한다. 이들 세포는 통합적으로 신체의 단백질에서 유래한 모든 폴리펩티드를 합성하기 때문에, 세포들을 모두

표 9.1 T 림프구의 특성

림프구	성숙 부위	대표적 세포표면 당단백질	분비물질
도움 T 세포 1형 (Th1)	흉선	CD4, CCR5, 독특한 TCR	인터루킨 2, IFN-γ
도움 T 세포 2형 (Th2)	흉선	CD4, CCR3, CCR4, 독특한 TCR	인터루킨 4
세포독성 T 세포 (Tc)	흉선	CD8, CD95L, 독특한 TCR	퍼포린, 그랜자임
조절 T 세포 (Tr)	흉선	CD4, CD25, 독특한 TCR	인터루킨 10과 같은 사이토카인

집중 조명

AIDS 환자들의 도움 T 세포 결손

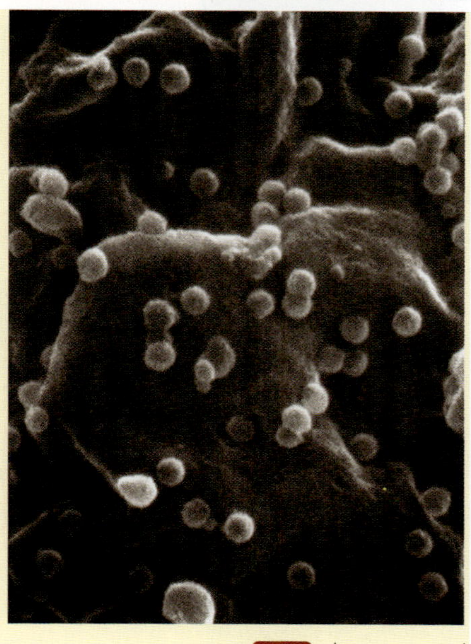

Th 세포(도움 T 세포)로부터 HIV가 나오고 있음.

도움 T 세포의 참여 없이는 B 세포도 세포독성 T 세포도 대부분의 항원에 대해 효과적으로 반응하지 못한다. 그 이유는 도움 T 세포의 CD4 분자가 어떤 백혈구와 결합할 때 백혈구들 사이에 보다 효과적으로 신호가 전달되기 때문이다.

바이러스가 세포에 침입하여 복제하기 위해서는 타깃세포의 표면 (6장 참조)에 존재하는 특이 단백질에 우선 붙어야 한다. 인간면역결핍바이러스(human immunodeficiency virus: HIV)의 경우, 이 바이러스가 결합하는 표면 단백질은 CD4이며, 타깃세포는 도움 T 세포인 것이다. HIV가 일단 도움 T 세포에 들어가면, 다른 바이러스와 마찬가지로, 세포의 단백질합성 기구들을 낚아채고 세포로 하여금 더 많은 바이러스를 생산하도록 한다.

도움 T 세포가 효과적인 면역반응을 위해 필수적이기 때문에, 신체는 정상적으로 충분히 가지고 있다. 보통 필요한 수의 약 3배가량 많다. 따라서 HIV에 감염된 사람은 전형적으로 면역결핍의 징후가 나타나기 전까지 약 3분의 2가량의 도움 T 세포를 잃게 된다. 세포매개 면역력이 우선적으로 영향을 받는다. B 세포가 정상적으로 기능을 하기 위해서는 도움 T 세포가 요구되지만, 이들은 대량의 항원에 의해 직접적으로도 자극될 수 있다. 정상적인 인간의 혈액은 일반적으로 2개의 세포독성 CD8 T 세포 당 3개의 도움 CD4 T 세포를 가진다—즉, CD4 대 CD8의 비율은 3:2이다. HIV 감염동안, CD4 도움 T 세포를 잃게 되어 CD4-CD8 비율이 줄어들게 되어 AIDS가 아주 심한 환자는 이 비율이 1:7 정도가 된다.

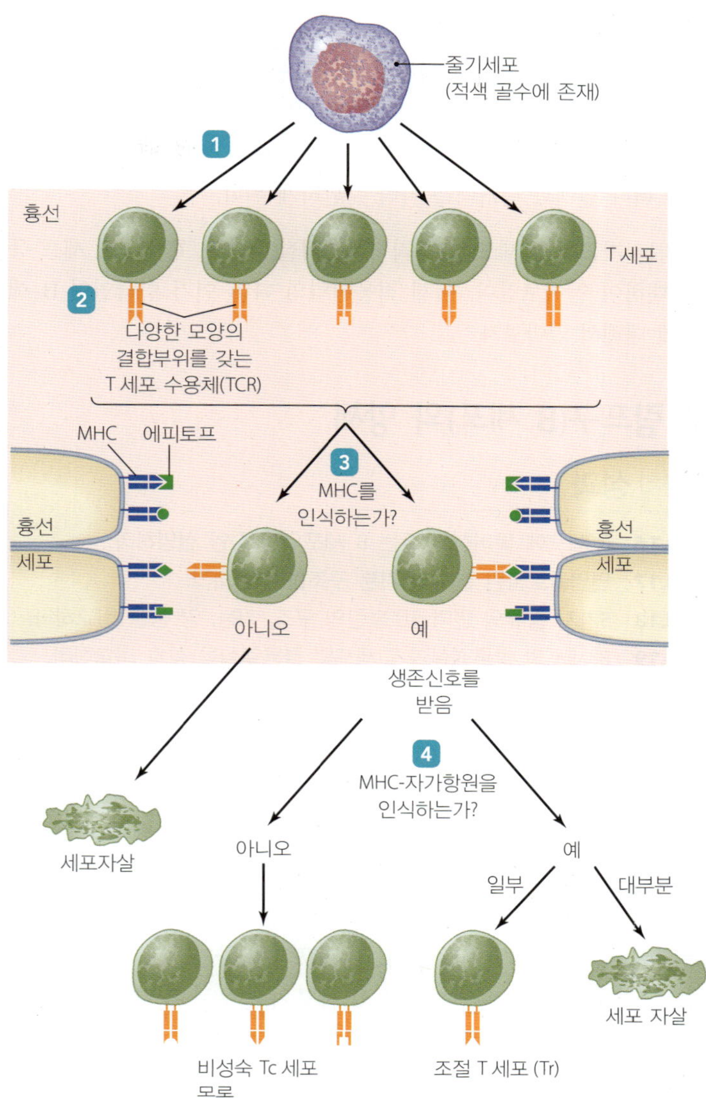

▲ **그림 9.9 T 세포의 클론결손.** 1 적색 골수에 존재하는 줄기세포는 흉선으로 이동하는 다양한 림프구를 만들어낸다. 2 흉선에서 각 림프구는 무작위적으로 특정 형태를 가지는 TCR을 만들어 낸다. 각 세포의 TCR 결합 부위는 서로 다르다는 것을 주목하라. 3 T 세포는 흉선에서 일련의 결심질문을 통과하게 된다. 즉, 그들의 TCR은 신체의 MHC 단백질과 상호 보완적인가? 만일 보완적이지 않다면, 이들은 세포자살을 거쳐 클론결손을 초래한다. 만일 보완적이라면, 그들은 살아남을 것이다. 4 살아있는 세포가 자가항원과 결합된 MHC 단백질을 인식하는가? 만일 아니라면 이들은 생존하고 미성숙 T 세포의 하나가 될 것이다. 만일 인식한다면, 이들은 대체로 세포자살을 통해 클론 결손을 일으킨다. 일부는 살아남아 조절 T 세포(Tr)가 된다.

합하게 되면 신체의 모든 자가항원을 공정하여 젊은 T 세포에게 제시하게 된다.

미성숙 T 세포는 4가지 중 한 가지 운명을 거치게 된다 **(그림 9.9)**:

- 신체의 MHC 단백질을 인식하지 못하는 T 세포는 세포자살, 즉 클론결손이 된다. 이들은 자신의 MHC 단백질을 인식할 수 없기 때문에 MHC가 가지게 되는 외래 에피토프를 파악하는데 무용지물이 될 것이기 때문이다. 신체의 MHC 단백질을 인식하지 못하는 T 세포는 생존을 위한 신호를 받지 못한다.
- MHC 단백질과 함께 자가항원을 인식하는 미성숙 T 세포는 세포자살에 의해 죽고 클론결손이 된다.
- 몇몇 "자신을 인식할 수 있는" T 세포는 살아남아 조절 T 세

포가 된다.

- 남아있는 T 세포는 외래 에피토프를 자신의 MHC 단백질과 함께 인식할 수 있으며 자가항원은 인식하지 못한다. 이런 T 세포는 우리를 보호하는 T 세포의 종류가 되며, 이들은 흉선을 떠나 혈액과 림프액을 따라 순환하게 된다.

우리는 지금껏 T 세포, 주조직적합단백질(MHC), 항원제시 세포 등에 대하여 알아보았다. 이제 적응면역의 다른 인기 연극인인 B 세포에 대해서 알아보자.

B 림프구(B 세포)와 항체

학습 | **성과**

9.16 B 세포에 특이성을 주는 B 세포의 특징을 설명하라.
9.17 면역글로불린 분자의 기본 구조를 설명하라.
9.18 5가지 종류의 면역글로불린의 구조, 기능, 양 등을 비교하라.
9.19 B 세포의 클론결실과 T 세포의 클론결실을 상호 비교하라.

B 림프구는 비장, 점막연관 림프조직(MALT), 그리고 림프절의 일차 난포에서 발견된다. 적은 비율의 B 세포는 혈액을 통해 순환된다. B 세포의 주요 기능은 수용성 항체를 분비하는 것인데, 이에 대해 잠시 후 자세하게 알아보도록 하겠다. 우리가 점점 성장하면서, B 세포는 항체 면역반응의 기능을 하는데 항체 면역반응은 하나의 특정한 에피토프에만 작용하다. T 세포와 마찬가지로, 그러한 특이성은 막단백질에서 유래하는데, B 세포의 경우는 B 세포 수용체(*B cell receptors*)라고 한다.

B 세포 수용체의 특이성

각 B 세포의 표면은 약 50만개의 동일한 **B 세포 수용체(B cell receptor, BCR)** 카피를 가진다. BCR는 면역글로불린(*immunoglobulin*) (im´yŭ-nō-glob´yŭ-lin)의 한 종류이다. 간단한 면역글로불린은 4개의 폴리펩티드 사슬을 가지고 있는데, 두 개의 동일한 긴 사슬은 H 사슬(*heavy chain*)과 두 개의 동일한 짧은 사슬인 L 사슬(*light chain*)로 구성된다 **(그림 9.10)**. H 사슬과 L 사슬은 각 사슬의 분자무게를 참조한 것이다. 이황화결합, 즉 두 개의 아미노산에 있는 황(sulfur) 원자사이의 공유결합은 H 사슬과 L 사슬을 서로 연결하여 면역글로불린이 알파벳 Y-자처럼 보이게 한다. BCR은 두개의 팔(*arm*)과 세포막을 관통하는 부위(*transmembrane portion*)를 갖는다. 각 팔의 끝은 가변부위(*variable region*)인데, H 사슬과 L 사슬의 각각의 끝은 B 세포마다 다른 아미노산 서열을 갖게 되기 때문이다. 막관통 부분은 BCR을 세포막에 부착되도록 하며, (두 개의 H 사슬의 꼬리부분이 결합된 형태인) Y 구조의 몸통부분을 구성한다.

각 B 세포는 골수에서 발생하는 과정에서 무작위적으로 한 종류의 BCR 유전자를 만들게 된다. 과학자들은 사람의 세포에 약 2만 5천개 미만의 유전자가 있을 것으로 추정하나 사람마다 수십억 개의 다른 BCR 단백질을 가지고 있다. 분명히 한 사람은 각각의 BCR에 해당하는 유전자를 모두 가지고 있을 수 없다. 대신 분화하고 있는 B 세포는 DNA 상에 3개의 부위를 무작위로 조합하고 이들을 묶어 특유의 BCR 유전자를 만들도록 한다. 하나의 세포는 무작위로 BCR 유전자를 변화시켜 그 다양성을 조금 더 발전시킨다. 각기 새로이 형성된 BCR 유전자는 특이적이고 유일한 BCR을 발현한다. 257쪽의 **집중조명: 림프구 수용체의 다양성: 쇼의 스타들** 부분에서 BCR의 폭넓은 다양성에 대해 유전학적 설명을 더 하였다.

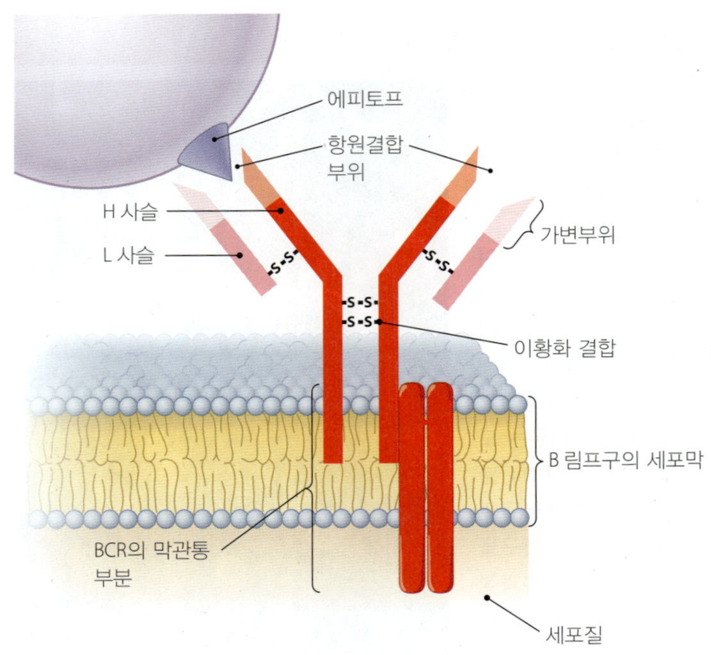

▲ **그림 9.10 B 세포 수용체(BCR).** B 세포 수용체는 좌우대칭으로 에피토프가 결합하는 Y자 형태의 단백질로 두 개의 막통과 폴리펩티드와 연결되어 있다.

특정 세포의 모든 BCR은 동일한데, 이는 하나의 세포에서 모든 BCR의 가변부위가 동일하기 때문이다. 즉 2개의 L 사슬의 가변부위가 동일하고, 두 개의 H 사슬의 가변부위가 모두 동일하다. 두 가변부위를 모두 합쳐 **항원결합부위(antigen-binding site)**를 형성한다 (그림 9.10 참조). 항원결합부위는 모양에서 에피토프의 3차원적 모양과 상호보완적이며, 따라서 정확하게 서로 결합한다. 항원결합부위와 에피토프 사이의 정확한 결합이 항체 면역반응의 특이성을 결정한다.

하나의 B 세포 상에 있는 BCR은 모두 동일하지만, 각각의 눈송이가 서로 다른 것과 마찬가지로, 한 세포의 BCR은 모든 다른 B 세포의 BCR과는 다르다. 과학자들은 개인이 10^9, 많게는 10^{13} 정도의 서로 다른 B 세포를 형성하는 것으로 추정하고 있으며, 각 B 세포는 각기 특유의 BCR을 갖는다. 하나의 항원 (예, 세균 단백질)은 일반적으로 다양한 형태의 에프토프를 갖기 때문에, 많은 다양한

BCR이 특정 항원의 여러 에피토프를 인식하게 될 것이며, 각 BCR은 하나의 에피토프 만을 인식한다. BCR 유전자는 무작위적으로 충분히 만들어져 BCR의 종류 전체가 수십억의 다른 종류의 에피토프들을 인식할 수 있다. 다시 말해서 적어도 하나의 BCR은 신체가 만날 수도 또는 만날 수 없을지도 모르는 어떤 특이한 에피토프에 우연히도 보완적이다.

이 문제를 분명히 하는데 다음과 같은 비유가 적합할 것이다. 자물쇠공이 모든 가능한 자물쇠에 맞는 모든 가능한 열쇠의 복제품을 가지고 있다고 상상해 보라. 만일 손님이 열쇠가 필요한 자물쇠를 가지고 상점을 방문했다면, 자물쇠공은 (시간이 좀 걸릴 수 있겠지만) 그 열쇠를 제공할 수 있을 것이다. 마찬가지로, 당신은 환경에서 가능한 모든 에피토프에 상보적인 BCR를 가지고 있다. 물론 당신은 그들 중 일부만을 만나게 될 것이다. 예를 들어, 당신이 노랑가오리(stingray)에 물릴 확률은 극히 적더라도, 노랑가오리에 있는 독의 에피토프에 상보적인 BCR를 가진 B 세포는 가지고 있다.

항체유발적인 에피토프가 B 세포의 독특한 BCR을 통해 특정 B 세포를 자극한다면, B 세포는 세포 분열하여 거의 동일한 후손세포를 만들고 이를 통해 면역글로불린을 혈액과 림프로 분비함으로써 자극에 반응하게 된다. 면역글로불린은 B세포를 자극한 에피토프의 형태에 대항하여 작용한다. 활성화되어 면역글로불린을 분비하는 B 세포를 **형질세포(plasma cell)**라 부른다. 이들은 면역글로불린을 합성하고 포장하여 분비할 수 있도록 잘 발달된 조면소포체와 많은 골지체를 가진다. 다음은 항체라 불리는 분비된 면역글로불린의 구조와 기능을 알아보자.

특이성과 항체 구조

항체(antibody)는 자유롭게 다니는 면역글로불린으로 막에 붙어있지 않으나 형태적으로 BCR과 유사하다. 항체는 분비되고 BCR의 막관통 부위가 결여되어 있다 **(그림 9.11)**. 따라서 기본적인 항체분자는 Y자 모양으로 두 개의 동일한 H 사슬과 두 개의 동일한 L 사슬을 가진다. 형질세포로부터 분비되는 항체의 항원결합부위는 바로 그 세포의 BCR의 항체결합부위와 동일하다. 따라서 항체는 활성화된 B 세포의 BCR과 동일하게 특정 에피토프에 대한 특이성을 갖는다.

항체분자의 팔은 항원결합부위를 가지고 있으므로 이를 Fab 부위(*Fab region*) (*fragment, antigen-binding*)라 부른다. 팔과 줄기 사이의 각도는 변할 수 있는데 이는 그들이 서로 맞물려 있는 부위가 경첩과 같기 때문이다. [결정화할 수 있는(*crystalizable*) 조각(*fragment*)을 형성하기 때문에] 두 H 사슬의 아래 부분에 구성된 항체의 줄기는 Fc 부위(*Fc region*)라고 불린다.

줄기(Fc 부위)는 5가지 기본적 종류로 나뉘는데, 그리스어로 표기하여 뮤(*mu*), 감마(*gamma*), 알파(*alpha*), 엡실론(*epsilon*), 그리고 델타(*delta*) 등이다. 형질세포는 H 사슬의 가변부위를 결정하는 유전자를 5가지 유전자의 하나에 덧붙여, 5가지 가운데 한 가지 종류의 항체, 즉 IgM, IgG, IgA, IgE, IgD 중 하나를 만든다.

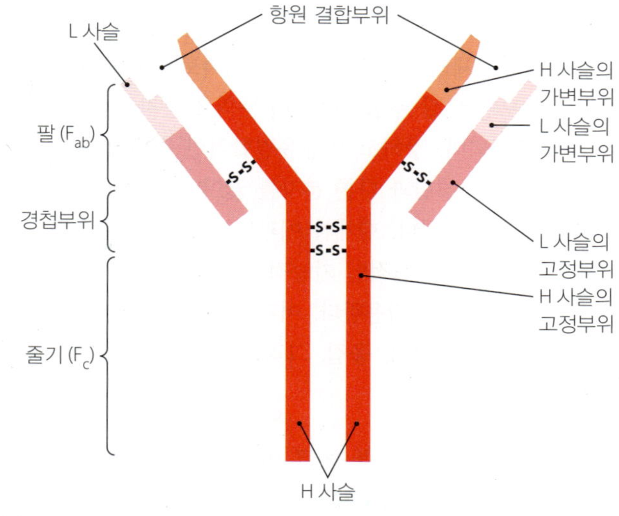

(b)

팔 (F_{ab})

경첩부위

줄기 (F_c)

▲ **그림 9.11 항체 기본 구조. (a)** 그림. 각 항체 분자는 알파벳의 Y와 유사한 구조로, 두 개의 동일은 H 사슬과 두 개의 동일한 L 사슬이 이황화 결합으로 묶여있다. 다섯 가지 종류의 H 사슬은 항체의 줄기 부분(Fc region)을 구성한다. 팔 부분(Fab region)은 두 개의 항원결합부위를 구성하는 가변부위로 끝맺고 있다. 경첩부위(hinge region)은 유동적이서 두 팔이 거의 어떠한 방향으로든 구부러지게 한다. **(b)** X-선 결정구조분석에 의거한 항체의 3차 구조. *왜 전형적인 항체 분자 위에 존재하는 두개의 항원결합 부위는 동일할까?*

그림 9.11 한 항체 분자에서 두 개의 L 사슬의 아미노산 서열은 동일하고, 두 개의 H 사슬의 아미노산 서열이 동일하므로, 하나의 H 사슬과 하나의 L 사슬로 구성된 두개의 항원결합부위가 동일하여야 한다.

항체의 기능

살펴본 바와 같이, 항체의 항원결합부위는 에피토프와 보완적이다; 실제로, 이 둘의 모양은 잘 부합되어 대부분의 물분자가 서로 접촉하는 부위에서 배제되며, 강하고 비공유결합적인 소수성 상호결합을 유발한다. 또한 수소결합과 다른 분자를 끌어당겨 항체가 에피토프에 결합하는 것을 매개한다. 항체가 에피토프에 결합하는 것은 항체의 적응면역 반응에서 중심적인 기능적 특성이다. 일단 결합하면 항체는 여러 가지 방법으로 작용한다. 여기에는 보체와 염증의 활성화, 중화, 옵소닌화, 직접살해, 응집, 그리고 항체-의존적 세포독성 등이 포함된다.

보체와 염증의 활성화 두 개 또는 그 이상의 IgM 항체의 줄기는 보체단백질 1 (C1)에 결합하여 C1의 효소화를 활성화 한다. 이것은 고전적 보체 경로를 시작하여 염증매개 물질을 분비한다. 또한 항원에 결합한 IgE는 자신의 줄기를 이용하여 비만세포와 호산구에 부착한다. 이러한 부착은 염증화학물질의 분비를 촉발한다. 이것은 알레르기에서 보이는 현상이다 (그림 8.8과 8.13에 보체의 활성과 염증의 방어 반응에 대하여 자세히 기술하였음).

중화 IgA 항체는 독소의 중요 부위에 결합함으로써 독소를 **중화(neutralize)**할 수 있으며 이로써 더 이상 독소가 신체에 해를 줄 수 없게 한다. 마찬가지로 항체는 세균이나 바이러스의 표면에 있는 부착물질을 봉쇄할 수 있으며, 병원체가 타깃세포에 붙을 수 없게 하기 때문에 병원체의 독성을 중화한다 **(그림 9.12b)**.

옵소닌화 항체는 식세포작용을 촉진시키는 물질인 **옵소닌(opsonin)**[8]처럼 작용한다. 호중구나 대식세포는 IgG 분자의 줄기에 대한 수용체를 가지고 있어 이들 백혈구는 항체의 줄기와 결합할 수 있다. 일단 항체가 그렇게 결합하게 되면, 백혈구는 항체가 함께 달고 다니는 항원을 식세포화 하게 되는데, 항체가 결합되어 있지 않는 항원과 비교할 때 훨씬 더 빠른 속도로 수행한다. 항원의 표면을 바꾸어 식세포작용을 증가시키는 반응을 **옵소닌화(opsonization)** (op´sŭ-nī-zā´shun)라고 한다 **(그림 9.12b)**.

산화에 의한 세포살해 최근 과학자들은 몇몇 항체가 촉매의 특성을 가지고 있어 직접적으로 세균을 죽일 수 있다는 것을 보여주었다 **(그림 9.12c)**. 특이적으로, 항체는 과산화수소, 오존, 또는 다른 강력한 산화제의 생산을 촉매하여 세균을 죽인다.

응집 각각의 기본적 항체는 두 개의 항원결합부위를 가지기 때문에, 한 번에 두개의 에피토프에 붙을 수 있다. 여러 항체는 합작하여 항원을 서로 뭉치게 할 수 있는데, 이런 상태를 **응집(agglutination)** (ē-glū-ti-nā´shun, **그림 9.12d**)이라고 한다. 수용성 분자의 응집은 일반적으로 그들을 불용성으로 만들어 침전하게 한다. 응집은

[8]"음식을 공급"한다는 의미의 그리스어 *opsonein*과 "유발"을 의미하는 *izein*으로부터 유래; 따라서 대략적으로 "저녁을 준비한다"의 의미임.

부착 단백질
세균
독소
바이러스

(a) 중화

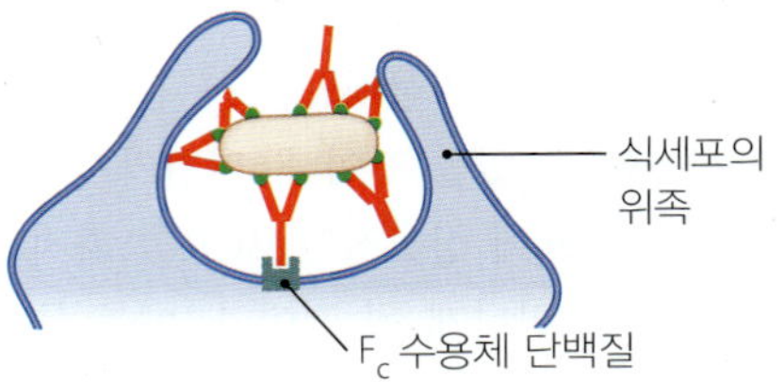

(b) 옵소닌화

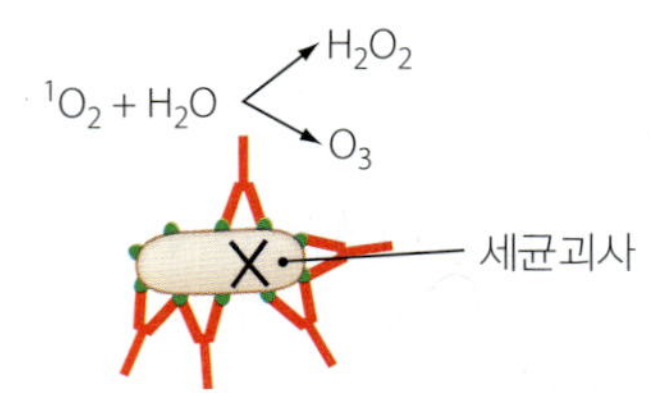

(c) 산화

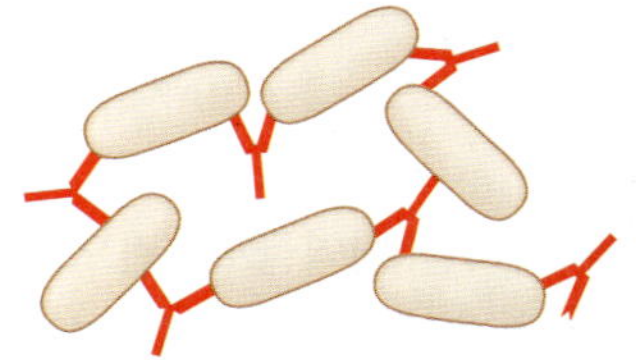

(d) 응집

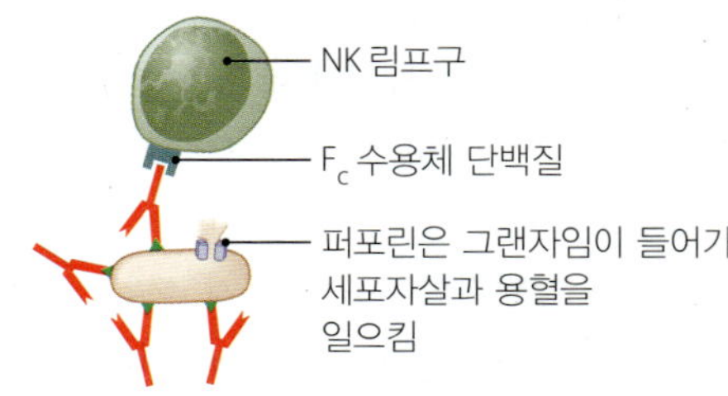

(e) 항체 의존적 세포독성 (ADCC)

▲ **그림 9.12 항체의 5가지 기능.** 그림은 실제 크기를 고려하지 않았다. **(a)** 독소와 미생물의 중화. **(b)** 옵소닌화. **(c)** 산소의 독성 형태인 $^1O_2$ (단일 산소), H_2O_2 (과산화수소), 그리고 O_3 (오존) 등에 의한 산화. **(d)** 응집 반응. **(e)** 항체-의존적 세포독성. 항체는 보체활성화와 염증 관여라는 두 개의 다른 기능을 가진다 (8장에 설명되어 있음).

집중 조명

림프구 수용체의 다양성: 쇼의 스타

어떻게 당신의 신체는 수십억의 독특한 림프구 수용체 (TCR과 BCR)를 만들어 당신을 공격하는 병원체의 수천 수백만의 외래 에피토프를 인식할 수 있을까? 세포에는 그 많은 수용체에 대한 모든 유전자를 가질 만큼 충분한 DNA는 없다. 당신이 가지는 DNA 보다 수천 배 더 많은 양을 요구한다. 다양한 수용체 문제에 대한 답은 림프구가 상대적으로 적은 수의 다양한 수용체 유전자를 사용하는 기발한 방법에 있다. B 세포에 의해 생성되는 수용체 다양성을 예를 들어보자.

BCR을 만드는 유전자는 로커스(locus; 복수는 loci)라고 불리는 특별한 DNA 부위에 있다. 불변부위(constant region)에 해당하는 유전자는 가변부위(variable region)를 결정하는 유전자 로커스의 아래 부분에 존재하고 있다. 가변부위에서 BCR의 다양성이 가장 크기 때문에 우선 가변부위에 대한 유전자를 살펴보자.

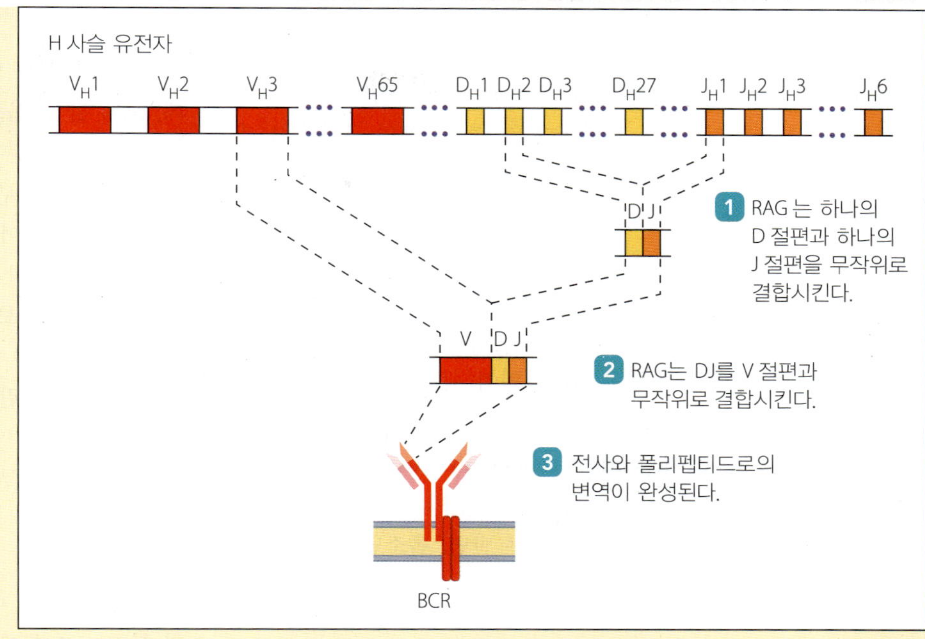

BCR의 가변부위 유전자는 2개의 염색체, 즉, H 사슬의 가변부위를 결정하는 한 로커스와 L 사슬의 가변부위를 결정하는 2개의 로커스 [카파(*kappa*)와 람다(*lambda*)라고 불림]를 포함하여 3개의 로커스에 존재한다. 각 세포는 이배체, 즉 한 쌍의 상동염색체를 가지므로 모두 합해 6개의 로커스를 가지고 있다. 그러나 발생 중인 B 세포는 각각의 H 사슬과 L 사슬을 위해 단 하나의 염색체 로커스만을 사용한다. 특정 염색체의 로커스를 사용하면, 상동염색체인 다른 하나는 억제된다.

각 로커스는 그 로커스가 만드는 부위에 특이적인 유전적 분절로 더 세분할 수 있다. H 사슬의 가변부위의 로커스는 세 개의 분절 즉, 가변(variable: V_H), 다양성(diversity: D_H), 결합(junction: J_H) 분절을 가지고 있다. 당신이 가지고 있는 발생 중인 각각의 B 세포는 각각은 65개의 가변분절, 27개의 다양성 분절, 6개의 결합 분절 유전자를 가지고 있다. 각 L 사슬의 가변부위의 로커스도 가변(variable: V_L) 분절, 결합(junction: J_L) 분절을 가지고 있다. 카파 로커스의 경우, 40개의 가변 분절 유전자와 5개의 결합 분절 유전자를 가진다. 람다 로커스는 덜 가변적으로, 30개의 가변(V) 유전자와 하나의 결합(J)을 가진다.

BCR의 다양성은 B 세포가 성숙하는 과정에서 이루어지는데, 이때 재조합 활성유전자(recombination activating gene)가 만드는 단백질인 RAG라고 하는 효소를 이용하여 다양한 분절 유전자 각각을 무작위로 결합시킨다. 한 가지 비유가 이 개념을 이해하는 데 도움이 될지 모르겠다. 여러분이 65개의 서로 다른 쌍의 신발, 27개의 다른 쌍의 셔츠, 6개의 서로 다른 쌍의 바지를 가지고 이들을 서로 섞어서 옷을 입는다고 상상해 보자. 여러분은 한 쌍의 신발, 옷, 그리고 바지를 매일 선택할 수 있으므로, 모두 98개의 의복을 가지고 총 10,530 (65×27×6) 가지의 다양한 의상을 연출할 수 있다. 여러분의 룸메이트가 같은 숫자이지만 다른 색상과 스타일을 가지고 있다면 두 사람에 2배의 가능한 의상연출, 즉 21,060의 의상연출이 가능하다. 마찬가지로 각각의 발생중인 B 세포는 10,530개의 V_H, D_H, J_H 분절을 2개의 상동염색체 각각에 가지고 있으므로 총 21,060가지의 H 사슬 가변부위 유전자 조합이 가능하다.

발생 중인 B 세포는 또한 RAG를 사용하여 L 사슬의 다양성 로커스의 유전자 분절을 조합한다. 각 염색체 위에 200 (40×5) 가지의 가능한 카파 유전자와 30 (30×1) 가지의 가능한 람다 유전자가 있기 때문에, 두 염색체 상에는 모두 460가지의 가능한 L 사슬 유전자가 있게 된다. 따라서 각 B 세포는 두 상동염색체 위에 존재하는 348개의 H 사슬과 L 사슬에 대한 유전자 분절을 이용하여 가능한 9,687,600 (21,000×460) 가지의 다양한 BCR 중에 한 가지를 만들 수 있는 것이다.

BCR에서 보이는 모든 다양성 중, 아직도 거의 천만에 가까운 다른 종류의 BCR은 고려하지 않았다. 각 B 세포는 또 다른 다양성을 만들어낸다 즉, RAG는 유전자 분절을 붙이기 전에 무작위적으로 D와 J 분절의 일부를 제거한다. 다른 효소가 무작위로 핵산을 각 H 사슬의 VDJ 결합에 첨가하고, 림프구의 일차 여포(primary follicle)에 존재하는 B 세포는 V 부위에 무작위적 점돌연변이를 일으킨다. RAG에 의한 재조합, 무작위적 삭제, 삽입, 점 돌연변이 등은 엄청난 다양성을 유발한다. 과학자들은 약 10^{23}개의 B 세포 수용체(BCR)의 가능성이 있을 것으로 추정하고 있다. 이는 우주에 있는 모든 별 보다 10배 이상 많은 수이다. 여러분의 B 세포는 진정으로 이 쇼의 스타인 것이다.

병원체의 활동을 방해하고, 식세포화되거나 혈액으로부터 비장에 의해 걸러지는 기회를 높이는 역할을 한다 (10장에 과학자들이 이러한 항체의 응집하는 자연현상을 이용하는 것을 다룸).

항체-의존적 세포독성 항체는 타깃세포의 전체 표면의 에피토프에 결합함으로서 타깃세포를 뒤덮는다. 그 후, 항체의 줄기는 B 세포도 T 세포도 아닌 자연살해림프구(*natural killer lymphocyte*) [NK 세포(*NK cell*)]라고 불리는 특수한 림프구 상의 수용체에 결합한다. NK 림프구는 타깃세포를 **퍼포린(perforin)**(per´fōr-in)과 **그랜자임(granzyme)**(gran´zīm)이라고 불리는 단백질을 이용하여 용해시킨다. 퍼포린 분자는 타깃세포의 막에 관상형 구조를 만들어 통로를 형성하게 되고, 이를 통해서 그랜자임이 세포로 들어가 **세포자살(apoptosis)**[9]을 유도한다 (계획된 세포자살; 그림 9.12e). **항체-의존적 세포독성(antibody-dependent cellular cytotoxicity, ADCC)**은 항체가 타깃세포를 뒤덮는다는 면에서 옵소닌화와 유사하다. 그러나 ADCC에서 타깃은 세포 사멸로 죽는 반면, 옵소닌화에서 타깃은 식세포작용에 의해 없어진다.

항체의 종류

신체에 대한 위협은 상당히 다양하여 여러 종류의 항체가 존재하는 것은 어쩌면 그리 놀랄만한 일은 아니다. 특정 항체 면역반응에 관여하는 종류는 침입한 외래 항원의 종류, 침입통로, 요구되는 항체의 기능에 따라 결정된다. 여기서 우리는 5가지 항체의 구조와 기능에 대해서 알아보자.

모든 B 세포는 가변부위에 해당하는 유전자를 뮤(mu)의 줄기에 해당하는 유전자에 붙여 M이라는 종류의 항체, 즉 **면역글로불린 M (Immunoglobulin M, IgM)**을 만들면서 시작된다. 대부분 IgM은 면역반응의 초기 단계 동안에 분비된다. 분비된 IgM 분자는 기본적인 Y-자 형태보다 5배 이상 더 큰데, 이는 분비된 IgM이 5개의 기본 면역글로불린이 이중 이황화 결합과 짧은 펩티드인 결합 사슬[*joining* (*j*) *chain*]에 의해 원형으로 서로 연결되어 있는 펜타머(pentamer) 구조를 가지기 때문이다 (표 9.2 참조). 각 IgM 단위는 전형적인 면역글로불린 구조를 가지고 있어 두 개의 L 사슬과 두 개의 mu의 H 사슬로 구성된다. IgM은 보체활성에 가장 효과적이어서 염증을 촉발하고 응집과 중화에 관여한다.

항체변환(class switching)이라 불리는 과정에서 형질세포는 자신의 가변부위의 유전자를 다른 종류의 줄기에 대한 유전자와 결합시키고 새로운 종류의 항체를 분비하기 시작한다. 가장 흔한 항체변환은 H 사슬 감마(gamma)에 대한 유전자로 변화하는 것이다. 즉, 형질세포는 면역글로불린 G를 합성하도록 변화된다.

면역글로불린 G (Immunoglobulin G, IgG)는 가장 흔하고 혈액에서 가장 오래 동안 존재하는 종류로 혈청의 항체에 약 80%를 차지하고 있는데, 이는 아마도 IgG가 많은 기능을 가지고 있기 때문일 것이다. IgG의 각 분자는 기본적인 Y-자 형태의 항체 구조를 가진다.

IgG 분자는 항체-매개성 방어기작에 중요한 역할을 수행하는데, 보체 활성, 옵소닌화, 중화, 항체-의존적 세포독성(ADCC) 등에 관여한다. IgG 분자는 다른 면역글로불린에 비해 훨씬 쉽게 혈관을 빠져나와 세포외부 공간으로 들어갈 수 있다. 이런 특징은 염증에서 특히 중요한데, 이는 IgG가 침입한 병원체가 순환계에 들어가기 전에 그들과 결합할 수 있게 하기 때문이다. IgG 분자는 또한 발달하고 있는 태아를 보호하기 위해 태반을 통과할 수 있는 유일한 항체이다.

면역글로불린 A (Immunoglobulin A, IgA)는 알파 H 사슬을 가지고 있는데 다양한 신체의 분비물과 가장 밀접한 관계를 가지고 있다. 신체의 일부 IgA는 혈액을 따라 순환하는 기본적인 Y-자 형태의 단일구조로 전체 혈장 항체의 약 12%를 차지하고 있다. 그러나 눈물관, 젖샘, 점막 등에 있는 형질세포는 분비성 IgA (*secretory IgA*)를 만드는데 이들은 J 사슬과 [분비 요소(*secretory component*)라 불리는] 다른 짧은 폴리펩티드를 통해 두 개의 IgA가 서로 연결되어 있는 형태로 존재한다. 형질세포는 점막을 통해 분비성 IgA를 옮기는 동안에 분비요소를 포함한다. 분비요소는 분비성 IgA가 장내의 효소에 의해 소화되어 분해되는 것을 막는다.

분비성 IgA는 항원을 응집하고 중화시키며, 신체를 위장관계, 호흡계, 비뇨계, 생식계 등에서 발생하는 감염으로부터 보호하는 매우 중요한 역할을 한다. IgA는 젖샘에서 젖으로 IgA를 분비하기 때문에 돌봄이 필요한 신생아에게 외래 항원에 대항하여 보호하게 한다. 따라서 신생아는 그들의 어머니를 감염하고 신생아를 감염할 수 있는 병원성 항원에 대한 항체를 받게 되는 것이다.

면역글로불린 E (Immunoglobulin E, IgE)는 전형적인 Y-자 형태의 면역글로불린으로 두 개의 엡실론 H 사슬을 가지고 있다. 혈청에서는 아주 낮은 농도로 존재하기 때문에 (전체 항체의 1% 미만), 대부분의 항체 기능에는 중요치 않다. 대신 IgE 항체는 신호전달 분자의 역할을 하며, 이들이 호산구의 세포막 위의 수용체에 결합하면, 기생체, 특히 기생충의 표면위로 세포손상 물질의 분비를 촉발한다. IgE 항체는 또는 비만세포와 호염구를 자극하여 염증성 화학물질인 히스타민을 분비하도록 하다. 선진국에서는 IgE가 기생충보다는 알레르기와 더 관련성이 있다.

면역글로불린 D (Immunoglobulin D, IgD)는 델타 H 사슬이 특징이다. IgD 분자는 분비되지 않고 B 세포위에 막에 결합된 항원의 수용체이며 항체 면역반응의 초기 단계에서 가끔 나타난다. 이러한 면에서 IgD 항체는 BCR과 유사하다. 모든 포유류가 IgD를 갖고 있지 않으며, IgD가 결핍된 동물에서는 관찰될 만한 유병적 효과가 없다; 따라서 과학자들은 이 항체의 정확한 기능과 중요성에 대해 잘 알지 못하고 있다.

표 9.2에는 다른 종류의 면역글로불린들을 비교하였으며 몇 가지 항체 구조의 세부사항을 추가하였다.

[9] "떨어져 나감"을 의미하는 그리스어.

표 9.2 5가지 항체의 특성

	IgM	IgG	IgA	IgE	IgD
	μ J 사슬	항원-결합부위 이황화결합 γ 탄수화물	α 단량체 분비요소 J 사슬 α 분비형 (이량체)	ε	δ
구조, 결합부위의 수	오량체, 10	단량체, 2	단량체, 2 이량체, 4	단량체, 2	단량체, 2
H 사슬종류	뮤 (μ)	감마 (γ)	알파 (α)	엡실론 (ε)	델타 (δ)
기능	단량체는 BCR로 작용; 오량체는 보체 활성, 중화, 응집에 관여	보체활성, 중화, 옵소닌화 과산화수소수 생성, 응집, 항체-의존성 세포독성(ADCC); 태반을 통과하여 태아를 보호함	중화, 응집반응; 이량체는 분비성 항체임	호산구의 항기생충 물질과 호염구와 비만세포의 히스타민 분비 촉발 (알레르기 반응)	알려지지 않음. BCR로 작용 추정
위치	혈청, B 세포 표면	혈청, 비만세포 표면	단량체: 혈청 이량체: 점막분비물 (예, 눈물, 침, 점액); 젖	혈청, 비만세포 표면	B 세포 표면
혈액 내 대략적 반감기	10일	20일	6일	2일	3일
혈장 항체 비율	5–10%	80%	10–15%	<1%	<0.05%
크기 (kilodaltons)	970	150	단량체: 160 이량체: 385	188	184

B 세포의 클론결손

B세포의 클론결손은 T 세포의 결손과 유사한 방식으로 골수에서 일어난다 **(그림 9.13)**. 그러나 자가반응적 B 세포는 불활성화 되거나 그들의 BCR이 변화되며 세포자살을 겪지 않는다. 어쨌든 자기반응적 B 세포는 활성 B 세포의 종류로부터 제거되어 항체 면역반응은 자가항원에 반응하여 작용하지 않는다. 관용적 B 세포는 골수를 떠나 비장으로 이동하고 거기서 혈액과 림프로 순환되기 전에 더 성숙기를 거치게 된다.

살아남은 B 세포나 T 세포는 혈액과 림프로 이동하고 거기서 그들은 항원을 조사하는 림프구 종류를 형성한다. 그들은 사이토카인(*cytokine*)이란 화학적 신호를 이용하여 서로 소통하고 신체의 세포와도 소통하게 된다. 연극무대의 비유를 들면 배우들 사이에 대화가 있으며, 우리의 이야기에서 대화는 화학적 신호이다.

면역반응 사이토카인

학습 | 성과

9.20 5종류의 사이토카인을 설명하라.

사이토카인(cytokine) (sī´tō-kīnz)은 수용성 조절 단백질로서, 신체의 특정 세포, 즉 콩팥, 피부, 면역체계의 세포들에 의해 분비되는 세포 간 메시지와 같은 역할을 한다. 여기서 우리는 여러 가지 면역

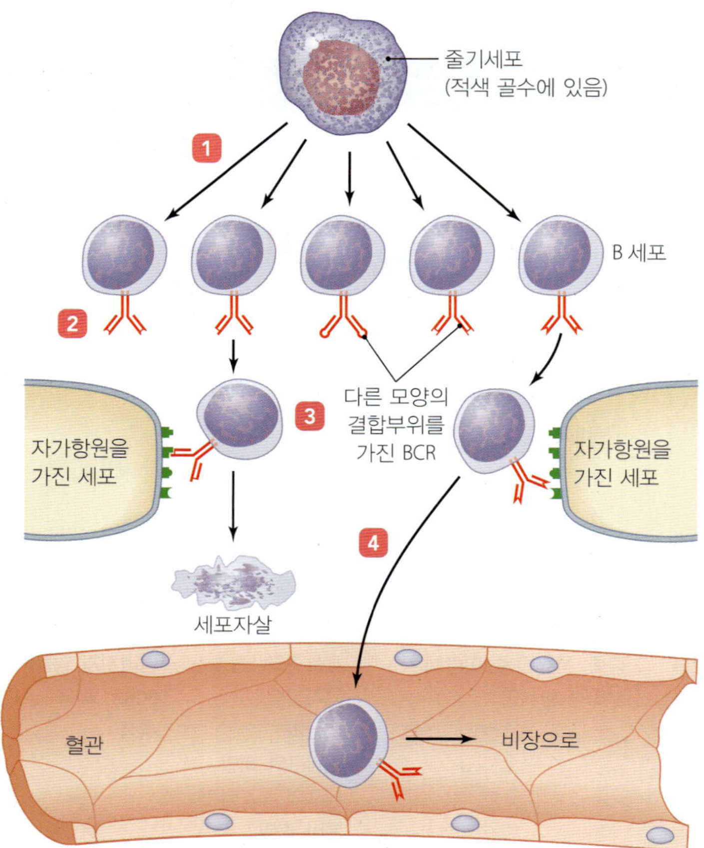

▲ **그림 9.13 B 세포의 클론결손.** 1 적색 골수에 존재하는 줄기세포가 다양한 B 림프구를 만들어낸다. 2 새롭게 만들어진 B 세포는 각각 특정한 모양의 한 종류의 BCR를 무작위로 만든다. 각 세포의 BCR 결합 부위는 다른 세포와는 서로 다르다는 것을 주목하라. 3 BCR이 자가 항원과 상호 보완적인 B 세포는 세포자살을 겪게 된다. 이같이 신체 자신의 세포와 반응이 가능한 일련의 딸 B 세포, 즉 모든 클론들은 제거된다-클론결손. 4 어떠한 자가항원에도 보완적이지 않는 BCR을 가지는 B 세포는 골수를 떠나 혈액내로 들어가게 된다. *보여준 B 세포 중에서 어떤 것이 세포자살로 이어지게 될 것인가?*

그림 9.13 왼쪽에서 2번째와 3번째 B 림프구는 세포자살을 겪게 된다. 이들의 활성부위는 위에서 2번째와 4번째 자가항원과 각각 보완적이다.

백혈구 사이에 신호를 전달하는 사이토카인에 대하여 알아보자. 예를 들어, 세포독성 T 세포(Tc)는 사이토카인에 의한 신호를 받지 않으면 항원에 반응하지 않는다.

면역체계의 사이토카인은 여러 가지 백혈구에 의해 분비되고 다양한 세포에 영향을 준다. 많은 사이토카인의 기능은 중복적이다. 즉 그들은 거의 동일한 효과를 나타낸다. 이런 복잡성은 사이토카인 네트워크(*cytokine network*)란 개념, 즉 면역체계의 모든 종류의 세포사이에 존재하는 복잡한 신호의 그물망이란 개념이 생기게 하였다. 사이토카인의 명명은 그들 사이에 어떤 체계적 관계에 기준한 것은 아니라, 실제로는 과학자들이 세포의 근원, 기능, 또는 발견된 순서 등을 따라 사이토카인을 명명하였다. 면역체계의 사이토카인은 다음의 물질들을 포함한다:

- **인터루킨[interleukins**[10] (in-ter-lŭ´kinz), **ILs]**. 이름이 의미하듯이, IL은 백혈구 사이의 신호를 담당하며 백혈구 외의 다른 세포들도 인터루킨을 사용할 수 있다. 면역학자들은 그들이 발견된 순서대로 명명하였다. 현재 약 35 종류의 인터루킨이 발견되었다.
- **인터페론[interferons** (in-ter-fēr´onz), **IFNs]**. (15장에서 다룬 바와 같이) 바이러스 감염의 전파를 억제하는 단백질로 사이토카인의 역할을 할 수 있다. 두 가지 기능을 가진 대표적인 인터페론은 감마 인터페론(IFN-γ)으로서, 1형 도움 T 세포에 의해 분비되어 강력한 식세포 활성제로서의 역할을 한다.
- **성장인자.** 이들 단백질은 백혈구 줄기세포를 자극하여 분열을 일으키게 하고 신체가 모든 종류의 백혈구세포를 충분히 공급받을 수 있도록 한다. 신체는 성장인자의 생산을 억제함으로써 적응면역반응의 발달을 조절할 수 있다.
- **종양괴사인자(tumor necrosis**[11] **factor, TNF)**. 대식세포와 T 세포는 TNF를 분비하여 암세포를 죽이고 면역반응과 염증을 조절한다.
- **케모카인[chemokinis** (kē´mō-kīnz)**]**. 케모카인은 주화성 사이토카인이다. 즉 이들은 백혈구에 신호를 주어 움직이도록 하는데, 예를 들어, 염증반응의 부위나 감염 부위 또는 세포 내에서 움직이도록 한다.

표 9.3에 대표적 사이토카인의 몇 가지 특징을 요약하였다.

왜 그런가

내인적 에피토프가 소포체에서 공정을 거치는데 반하여, 왜 외인적 에피토프는 소낭(vesicle)에서 공정이 진행되는가?

우리는 적응면역을 무대 연극에 비유하여 알아보고 있다. 여기서 "무대", 즉 (림프계의 조직이나 기관)에 대해 알아보고, 적응면역에 관여하는 "배우"들에 대해 알아보았다. 후자는 에피토프를 가지고 있는 ("악역")의 항원, TCR을 가지고 있는 T 세포 ("영웅"), 그리고 BCR을 가지고 있는 B 세포, 형질세포, 그리고 그들의 항체들을 말한다. 대화는 사이토카인으로 구성되어 있다. 연극을 방해하는 배우들, 즉 자가항원을 인식하는 T세포와 B 세포는 클론결손을 통해 제거되었다.

이제 면역체계의 "연극"을 위한 무대를 항원의 공정과 항원제시를 위한 준비단계를 조사해보자. 우리는 적응면역이 림프구의 수용체와 그들의 보체가 정확하게 결합하기 때문에 특이적이라는 사실에 대하여 알아보았다. 또한 적응면역은 T세포와 B 세포의 복제

---

[10]"사이"를 의미하는 라틴어 *inter*, "하얀"을 의미하는 그리스어 *leukos*로부터 유래.
[11]"죽임"을 의미하는 라틴어 *necare*로부터 유래.

표 9.3 선별된 면역반응 사이토카인

사이토카인	대표적 원천	대표적 타깃	대표적 활동
인터루킨 2 (IL-2)	1형 도움 T(Th1) 세포, 세포독성 T(Tc) 세포	Tc 세포	Tc 세포의 복제
인터루킨 4 (IL-4)	2형 도움 T(Th1) 세포	B 세포	B 세포를 원형질 세포로 분화
인터루킨 12 (IL-12)	수지상세포	도움 T세포 (Th)	Th를 Th1로 분화
감마인터페론 (IFN-γ)	Th1 세포	대식세포	식세포활동 증진
종양괴사인자 (TNF-α)	대식세포, T 세포	신체조직	염증 또는 세포자살 촉발

세포가 관여하는 것을 조사하였다. 물론 (클론결손으로 인해) 자기에 대해서는 무반응인 T 및 B 세포들이다. 그리고 면역반응은 외래항원에 의해 유도된다는 것을 알아보았다. 이제 우리는 세포-매개성, 그리고 항체에 의한 면역반응에 대해서 좀 더 자세하게 알아보자. 세포-매개성 면역부터 시작해 보자.

세포-매개성 면역반응

학습 | 성과

9.21 세포-매개성 면역반응에 대해 기술하라.
9.22 세포독성 T 세포의 2가지 작용 기작을 비교하라.

신체는 세포 내 병원체와 비정상적인 신체세포와 싸우기 위해 주로 세포-매개성 면역반응을 사용한다. 유발성과 특이성은 적응면역의 두 가지 대표적 특성임을 기억하자. 신체는 특이적인 내인성 항원에 대해서만 세포-매개성 면역반응을 유도한다. 흔한 세포 내 침입자는 바이러스임을 고려해서 이들에 대한 세포-매개성 면역반응을 집중적으로 알아보자. 그러나 세포-매개성 면역반응은 암세포, 세포 내 기생 원생동물, 결핵을 일으키는 *Mycobacterium tuberculosis* (mī-kō-bak-tēr´ē-um too-ber-kyŭ-lō´sis)와 같은 세포 내 세균에 대해서도 반응한다. 262쪽의 **집중조명: 실험실에 키운 T 세포를 이용한 암의 공격**에서는 한 형태의 암을 치료하기 위해 실험적으로 T 세포를 사용하는 내용을 기술하였다.

세포독성 T 세포 클론의 활성화와 기능

신체는 적응면역반응을 감염부위에서 시작하지 않고, 대신 림프기관, 주로 림프절과 같이 항원제시세포와 림프구가 서로 작용하는 곳에서 시작한다. 세포-매개성 면역의 초기반응은 **그림 9.14**에서 그려진 대로, 특이적 세포독성 T 세포의 복제세포들의 활성화이다:

1. **항원제시.** 바이러스에 의해 감염된 수지상세포(APC)는 근처의 림프절로 이동하여 그곳에서 APC의 제1종 MHC 분자와 함께 바이러스의 에피토프를 제시한다. 무작위로 형성된 T 세포 수용체(TCR)의 종류가 방대하기 때문에, 적어도 하나의 세포독성 T 세포는 제시된 제1종 MHC와 에피토프 복합체와 상보적인 TCR을 갖게 될 것이다. 이 Tc 세포는 수지상세포와 결합하여 면역학적 시냅스(*immunological synapse*)라고 불리는 세포간 접촉을 형성한다. Tc 세포의 CD8 당단백질은 제1종 MHC와 결합하여 이 시냅스를 안정화 한다.
2. **도움 T 세포의 분화.** 근처의 CD4를 가지는 도움 T 세포는 TCR을 이용하여 APC와 결합함으로써 도움을 제공한다 (이 TCR 역시 APC 상의 제2종 MHC와 에피토프 복합체와 상호보완적임). 이 세포는 APC로 하여금 Tc 세포와 더욱 강하게 신호를 보내도록 유도한다. 바이러스와 몇몇 세포내 세균은 수지상세포가 인터루킨 12 (IL-12)를 분비하도록 유도하고 IL-12는 도움 T 세포를 자극하여 1형 도움 T 세포(Th1)가 되도록 자극한다. Th1 세포는 다시 IL-12를 분비한다. Th 세포의 도움이 없으면, APC와 Tc세포 사이에 있던 면역학적 시냅스가 유지되지 못한다. 이런 현상으로 부적절한 면역반응을 제한한다.
3. **클론확장.** 수지상세포는 면역학적 시냅스에 두 번째 필수 신호를 준다. 만일 근처에 존재한다면, Th1 세포로부터 분비되는 IL-2와 함께 이 신호는 세포독성 T 세포(Tc)를 자극하여 자신의 IL-2를 분비하게 한다. IL-2는 Tc세포의 세포분열을 촉진한다. 활성화된 Tc세포는 자기 복제하고 기억 T 세포 (잠시 후 알아봄)를 만들게 하고, **클론확장(clonal expansion)**이라 불리는 과정으로서 더 많은 Tc 세포를 만들게 한다.
4. **자기자극.** 복제로 생겨난 딸세포 Tc는 활성화되고 IL-2 수용체 (IL-2R)과 IL-2를 더 생산하도록 자극되는데, 이를 통해 자신을 자극하게 되어 이제는 더 이상 APC나 도움 T세포가 필요치 않게 된다. 이 세포들은 림프절을 떠나 바이러스에 감염된 세포를 공격할 준비를 하게 된다.

앞서 다루었듯이, 어떤 유핵세포가 단백질을 합성하면, 그 세포는 세포막에 제1종 MHC 분자의 항원결합구에 단백질에서 유래한 에피토프를 올려놓고 제시한다. 따라서 바이러스가 세포 내에서 복제될 때, 바이러스 단백질의 에피토프는 숙주세포의 표면에 제시된다. Tc 세포는 제1종 MHC-에피토프 복합체와 상보적인 자신의 TCR과 감염된 세포의 제1종 MHC 분자와 상호 복합적인 CD8을 이용하여 감염된 세포와 결합한다 **(그림 9.15a)**.

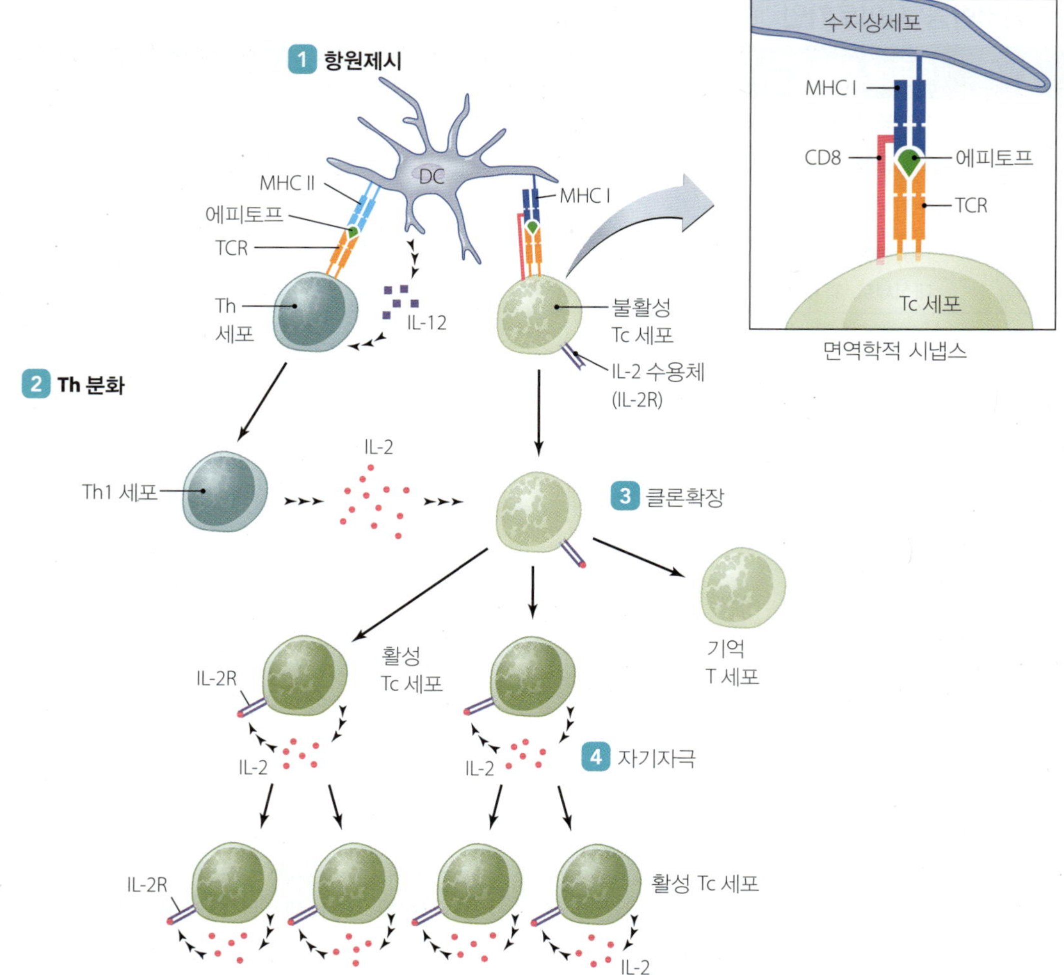

▲ **그림 9.14 세포독성 T 세포(Tc) 클론의 활성.** 1 항원제시세포, 여기서는 수지상세포인데 제2종 MHC 단백질과 함께 에피토프를 도움 T세포에 제시하고 제1종 MHC를 통해 Tc 세포에 제시한다. 2 감염된 APC는 IL-12를 분비하여 도움 T 세포가 Th1 세포로 분화하도록 한다. 3 APC로 부터의 신호전달과 Th1세포에서 분비되는 IL-2가 MHC I-에피토프 복합체를 인식하는 Tc 세포를 활성화한다. IL-2는 Tc 세포가 분열하도록 하여 활성 Tc세포의 일부 클론을 형성하게 하고 동시에 기억 T 세포를 만들게 한다. 4 활성 Tc 세포는 IL-2를 분비하여 자가활성화 된다.

집중 조명

실험실에서 배양된 T 세포를 이용한 암세포 공격

신체는 자연적으로 암세포를 공격할 수 있는 T 세포를 생산하지만, 때로는 암이 줄어들거나 암의 진행을 효과적으로 막을 만큼 충분하지 못한 경우가 있다. 과학자들은 환자 자신의 암과 싸우는 T 세포의 일부를 꺼내어 숫자가 10억 이상이 될 때 까지 실험실에서 복제한다. 수십억의 동일한 T 세포를 최초로 만들어 냈던 사람에게 다시 주입한다. 많은 환자들이 이런 방식으로 치료를 받아 암에서 완치되고 어떤 환자에서는 암이 급격히 줄어들게 된다.

입양 T 세포 치료법(adoptive T cell therapy)이라고 하는 이러한 치료법은 아직은 실험적 단계에 있으며 보편적으로 인정되는 암 치료법이 되기 위해서는 많은 시간이 소요될 것이다. 과학자들은 이 치료법이 어떤 환자에게는 효과적이나, 다른 환자에게서는 효과가 없는지에 대하여 이해하지 못하고 있다. 지금까지 이 치료법은 주로 악성 흑색종(malignant melanoma)에 적용되었으나, 다른 종류의 암에 대해서도 조사할 예정이며, 일부 과학자는 유사 치료법이 간염과 같은 바이러스성 질환에 대해서도 효과적일 것으로 믿고 있다.

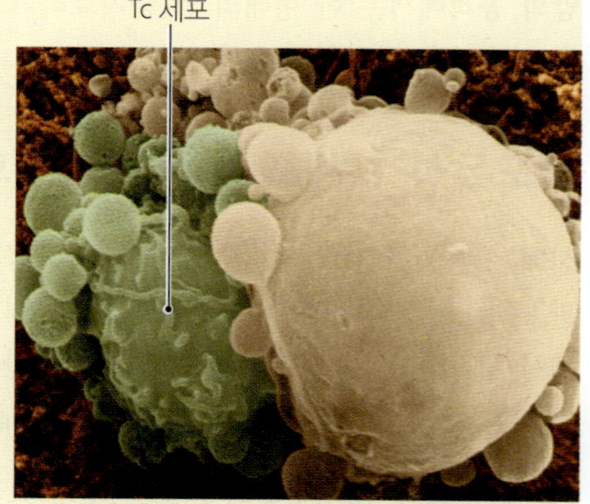

암세포를 공격하는 T 세포 (녹색)

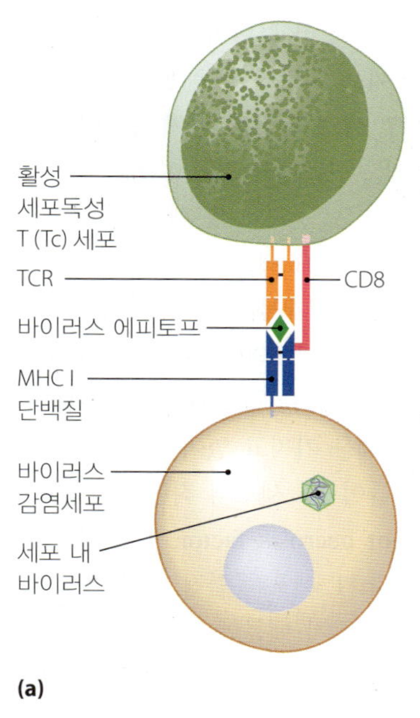

(a)

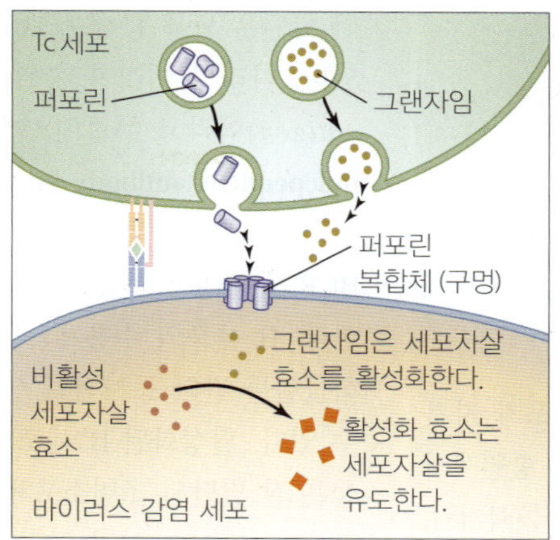

(b)

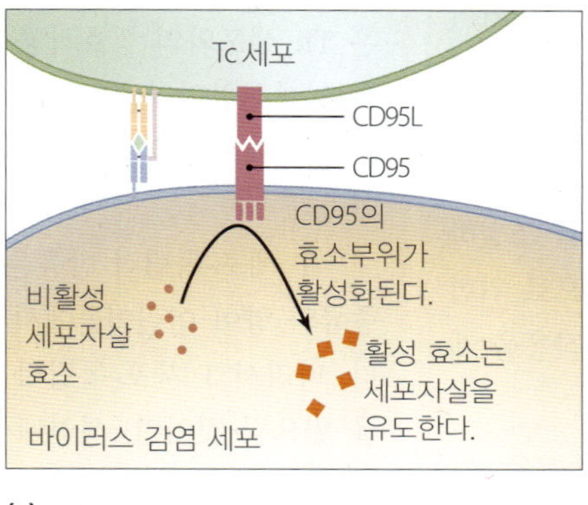

(c)

▲ **그림 9.15 세포매개 면역반응. (a)** 바이러스에 감염된 세포에 활성 세포독성 T 세포(Tc)의 결합. **(b)** 퍼포린-그랜자임(perforin-granzyme) 경로. 퍼포린과 그랜자임이 Tc 세포의 소포에서 분비된 후, 그랜자임은 퍼포린 복합체 구멍을 통해 감염된 세포로 들어가고 세포자살 효소를 활성화한다. **(c)** CD95 세포독성 경로. Tc 세포의 CD95L이 결합하면 감염된 세포의 CD95의 효소적 부위를 활성화함으로써 세포자살을 유발한다.

세포독성 T 세포는 두 가지 경로 중 하나를 이용하여 타깃세포를 죽인다. 하나는 퍼포린-그랜자임 경로(*perforin-granzyme pathway*)로 살해 단백질의 합성에 관여하고, 두 번째는 CD95 경로로서 신체 세포에서 발견되는 당단백질을 이용하는 경로이다.

퍼포린-그랜자임 세포독성 경로

세포독성 T세포의 세포질은 두 가지 중요 세포독성 단백질인 퍼포린(*perforin*)과 그랜자임(*granzyme*)을 가지는 소낭을 갖고 있다. 이 단백질을 또한 항체-의존적 세포독성에서 NK세포가 사용하는 단백질이기도 하다 (앞서 토론하였음). 세포독성 T 세포가 먼저 타깃에 부착될 때, 세포독소(cytotoxin)를 가지고 있는 소낭은 그 내용물을 방출한다. 퍼포린 분자는 서로 뭉쳐 통로를 만들고 이를 통해 그랜자임이 타깃세포로 들어가 세포자살 과정을 활성화 한다 **(그림 9.15b)**. 타깃세포가 스스로 죽도록 압력을 가한 후, 세포독성 T 세포는 떨어져 나간 후 다른 감염된 세포로 이동한다.

CD95 세포독성 경로

세포-매개성 세포독성의 **CD95 경로(CD95 pathway)**는 *CD95*라고 불리며, 많은 신체 세포의 세포막에 존재하는 당단백질이 관여한다. 활성화된 Tc 세포는 CD95에 대한 수용체인 CD95L을 자신의 세포막으로 집어넣는다. 활성화된 Tc 세포가 타깃과 접촉하게 되면, 자신의 CD95L이 타깃의 CD95에 결합하고 이것이 세포자살을 활성화하는 단백질을 활성화하여 타깃세포를 죽인다 **(그림 9.15c)**.

기억 T 세포

학습 | **성과**

9.23 기억 T 세포의 형성에 대해 설명하라.

몇몇 활성화된 T 세포는 **기억 T 세포(memory T cell)**가 되어 림프조직에서 몇 달 또는 몇 년 씩 존재하게 된다. 만일 기억 T 세포가 자신의 TCR과 부합하는 에피토프-제1종 MHC 단백질 복합체를 만나면, APC와의 결합없이 바로 반응하여 세포독성 T 세포를 만들어 자극하는 에피토프를 인식하게 된다. 이들 세포는 더 적은 조절 신호가 필요하고 곧바로 기능적이 된다. 더욱이 기억 T 세포의 숫자가 초기 노출동안 항원을 인식하는 T 세포보다 훨씬 많기 때문에, 예전에 만났던 항원에 대한 뒤이은 세포-매개성 면역반응은 초기의 것보다 훨씬 더 효과적이다. 같은 항원에 대한 뒤이은 노출 시 증진되는 세포-매개성 면역반응을 **기억반응(memory response)**[12]이라고 부른다.

T 세포의 조절

학습 | 성과

9.24 세포-매개성 면역의 조절의 과정과 의의를 설명하라.

신체는 신중하게 세포-매개성 면역반응을 조절해서 T 세포가 자가항원에 작용하지 않도록 한다. T 세포는 활성화되기 위해 항원제시세포로부터 다양한 신호를 받는다. 만일 T 세포가 숫자자물쇠처럼, 특수한 순서로 이런 신호를 받지 않는다면, 이들은 반응하지 않는다. 따라서 T 세포와 항원제시세포가 면역학적 시냅스로 서로 접촉할 때, 이 두 세포는 화학적 대화를 갖게 되어 T 세포를 활성화하여 항원에 충분히 반응하도록 한다. 만일 T 세포가 활성을 위한 신호를 받지 않는다면, 자가면역 반응을 일으키지 않기 위한 주의 조치로서 자신을 완전히 "폐쇄"하게 된다.

조절 T 세포(regulatory T, Tr) 또한 세포독성 T 세포를 조절하는데, 이 기작은 여기서 다루지 않겠다. Tr 세포는 잠재적으로 위험할 수 있는 세포-매개성 면역반응에 대해 한 단계 더 조절작용을 제공한다는 것만 이야기 하겠다.

왜 그런가

왜 과학자들은 Tc 세포가 분비하는 분자에 퍼포린이란 이름을 붙였는가?

항체 면역반응

앞서 토론한 바와 같이, 우리 신체는 외인적 병원체와 독소 항원에 대해 항체 면역반응을 유발한다. 유발성은 적응면역의 주요 특성임을 기억하자. 항체 면역력은 특정 병원체에 대해서만 반응하여 활성화된다. 다음으로 항체 면역반응에서 B 세포의 활성에 대해서 알아보자.

T 세포-독립적 항체 면역반응의 유발

학습 | 성과

9.25 크기나 소단위의 반복성의 입장에서 T 세포-독립적 항원과 T 세포-의존적 항원을 비교하라.

9.26 T 세포-독립적 항체 면역반응의 유발과 활동을 설명하라.

몇몇 큰 항원은 동일하고 반복적인 에피토프를 가지고 있다. 이러한 항원은 도움 T 세포(Th)의 도움없이 항체 면역반응을 유발할 수 있다. 따라서 이러한 항원들을 T세포 독립적 항원(*T-independent antigen*)이라고 부르며, 이들은 **T 세포-독립적 항체 면역반응(T-independent antibody immunity)**을 촉발한다 (그림 9.16).

T 세포-독립적 항원의 반복적 소단위는 B 세포 상의 여러 BCR과 대대적인 상호연결을 갖게 하여 B 세포가 복제하도록 자극한다. B 세포의 수용체와 선천면역의 매개물질, 그리고 세균의 화학물질들 간의 동시적인 상호작용이 B 세포의 활성을 용이하게 할 수 있다. 활성화된 B 세포의 복제 세포들은 형질세포가 되는데, 이들은 잘 발달된 조면소포체와 골지체를 가지고 있어 항체를 분비한다 (그림 9.17). 이런 일련의 작용들이 Th 세포의 직접적인 참여없이 발생하지만, 종양괴사인자(tumor necrosis factor, TNF)와 같은 사이토카인이 어떤 경우는 요구된다. T 세포-독립적 항체 면역반응은 Th 세포와의 상호작용이 필요치 않기 때문에 빠르게 진행된다. 속도는 선천면역반응과 유사하지만, T 세포 독립적 항체 면역반응은 상대적으로 약하고 빨리 사라지며, 면역학적 기억을 유발하는데 약하다.

T 세포-독립적 반응은 어린이들에게 약한데, 아마도 B 세포의 종류와 양이 어린이들에서 충분히 발달되어 있지 않기 때문일 것이다. 따라서 T 세포-독립적 항원을 가지고 있는 병원체는 소아 질환을 일으킬 것이며, 성인에서는 드물 것이다. 이러한 T 세포-독립적 항원과 병의 예로는 B형 *Haemophilus influenzae* (hē-mōf˘i-lŭs in-flŭ-en´zī)의 캡슐로서 예방주사를 맞지 않은 대부분의 아이들에서 수막염의 원인체가 있다. 다른 세균의 캡슐, 그람-음성 세균의 세포벽의 리포다당류, 세균의 편모, 어떤 바이러스의 캡시드 (외부덮개)

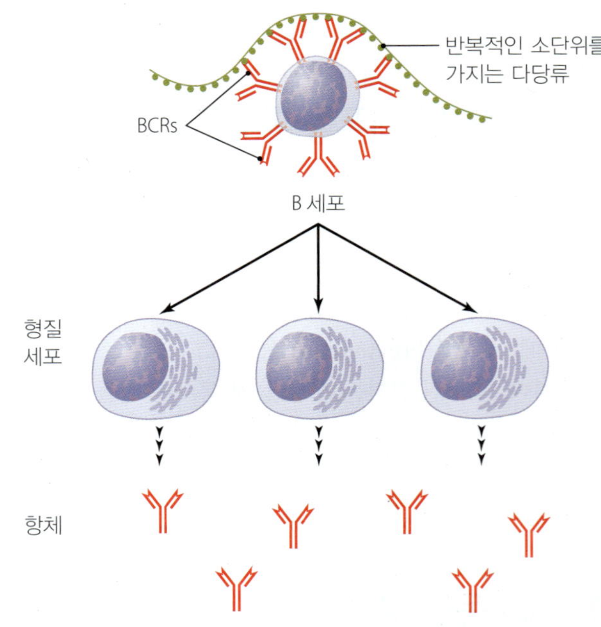

▲ **그림 9.16 T 세포 독립적 항원의 B 세포 결합의 효과.** 다당류와 같은 반복적 에피토프를 가지는 분자가 B 세포의 BCR에 결합할 때, 세포는 활성화 된다. 즉, 복제하고 딸세포는 항체를 분비하는 형질세포가 된다.

[12]종종 면역기억(anamnestic) 반응이라고도 하는데, "또 다시"를 의미하는 그리스어 *ana*와 "기억하다"를 의미하는 그리스어 *mimneskein*로부터 유래.

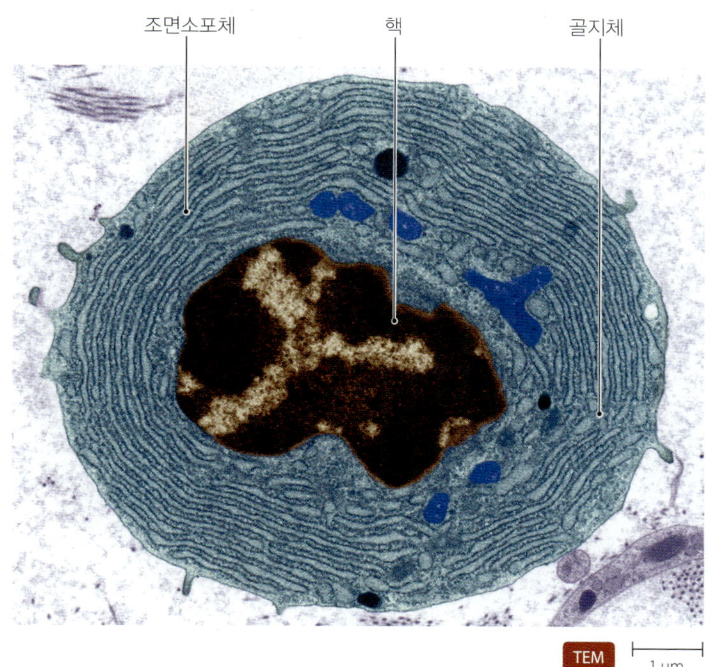

▲ **그림 9.17 형질세포.** 형질세포는 비활성 B 세포에 비해 거의 2배 가량 크며, 항체의 합성과 분비를 위해 소포체와 골지체로 채워져 있다.

등도 T 세포-독립적 항원으로 작용한다.

대부분의 항체 면역반응은 T 세포-의존적이다. 이것에 대하여 알아보자.

클론선택을 통한 T 세포-의존적 항체 면역반응의 유도

학습 | 성과

9.27 형질세포와 기억 B 세포의 형성과 기능에 대하여 서술하라.
9.28 클론선택의 각 단계와 효과에 대하여 서술하라.

T 세포-의존적 항원(*T-dependent antigens*)은 T 세포-독립적 항원에서 보이는 많은 수의 반복적이고 동일한 에피토프를 가지지 않으며 크지도 않다. 이들에 대한 면역력은 도움 T 세포의 도움을 요구한다. **T 세포-의존적 항체 면역반응(T-dependent antibody immunity)**은 항원을 제시하는 수지상세포(APC)의 활동으로 시작된다. 항원을 세포내이입(endocytosis)을 통하여 유입시켜 공정한 후, 수지상세포는 제2종 MHC 분자와 함께 에피토프를 제시한다. 이 APC는 제2종 MHC-에피토프 복합체와 결합할 수 있는 특이적 TCR을 가진 특이적 도움 T(CD4) 세포를 유도한다. 활성화된 Th2 세포는 반드시 같은 항원을 인식할 수 있는 특이적 B 세포를 유도해야 한다. 림프절은 APC와 림프구 사이의 상호결합을 중개하고 사이토카인은 이 상호작용을 매개하여 적절한 세포들이 서로를 찾을 수 있도록 돕는다.

따라서 T 세포-의존적 항체 면역반응은 APC 세포, T 세포, B 세포 간의 상호작용이 필요하며, 사이토카인이 이를 매개하고 증진시키는 역할을 한다. 좀 더 자세하게 각 단계에 대해 알아보자 (그림 9.18).

1 **Th 세포 활성과 클론 복제를 위한 항원제시.** 수지상세포는 피부나 점막에서 항원을 얻은 후, 림프를 통해 근처 림프절로 이동한다. 이 이동은 하루 정도 소요된다. 도움 T 세포(Th, CD4)가 림프절을 통과해 지나갈 때, 존재하는 모든 APC들 위에 제2종 MHC와 함께 상호보완적인 에피토프가 있는지를 조사한다. 항원제시는 Th 세포와 수지상세포 간의 기회적 만남에 의존한다. 그러나 면역학자들은 모든 림프구가 매일 모든 림프절의 수지상세포들을 검색한다고 예측하고 있다. 따라서 상호보완적인 세포들은 결국 만나게 될 것이다. 일단 그들이 면역학적 시냅스를 구축하게 되면, Th 세포의 세포막의 막 래프트(membrane raft)란 특별한 부위에 존재하는 CD4 분자는 제2종 MHC를 인식하여 결합하게 되고 면역학적 시냅스를 안정화한다.

세포-매개성 면역반응에서 본 바와 같이, 도움 T 세포는 그들이 활성화되기 전에 좀 더 자극이 필요하다. 이러한 두 번째 신호에 대한 요구성은 면역반응이 우연히 유도되는 것을 막는다. 앞서 다룬 바와 같이, APC는 면역학적 시냅스에 막관통 단백질을 발현함으로써 2번째 신호를 보낸다. 이를 통해 Th 세포는 증식하도록 유도되고 클론, 즉 복제 세포를 만들게 된다.

2 **도움 T 세포에서 Th2 세포로의 분화.** 항체 면역반응에서 사이토카인인 인터루킨 4 (IL-4)는 Th 세포가 2형 도움 T 세포 (Th2 세포)가 되도록 하는 신호 역할을 한다. 면역학자들은 IL-4의 원천을 알지 못하고 있다. 그러나 비만세포와 같은 선천면역세포에서 초기에는 분비되고 후에는 Th 세포 자체에서 분비하는 것으로 보고 있다.

3 **B 세포의 활성.** B 세포의 종류와 새로이 형성된 Th2 세포는 서로를 조사한다. Th2 세포가 자신의 TCR과 부합되는 제2종 MHC-에피토프 복합체를 통해 B 세포와 결합한다. CD4 당단백질은 면역학적 시냅스를 안정화한다.

Th2 세포는 더 많은 IL-4를 분비하고 IL-4는 선택된 B 세포가 림프절의 피질로 이동하도록 유도한다. B 세포에서 제2종 MHC 단백질-에피토프와 접촉한 Th2 세포는 자극을 받아서 새로운 유전자 산물을 발현하고, 세포막에 CD40L라고 하는 단백질을 삽입한다. CD40L은 B 세포 위의 CD40과 결합한다. 이는 면역학적 시냅스에 제2의 신호를 제공하며 B 세포의 활성화를 촉발한다.

4 활성화된 B 세포는 빠르게 증폭되어 클론, 즉 복제된 세포군을 형성하고 림프절의 제1차 난포를 형성한다. 복제세포들은 두

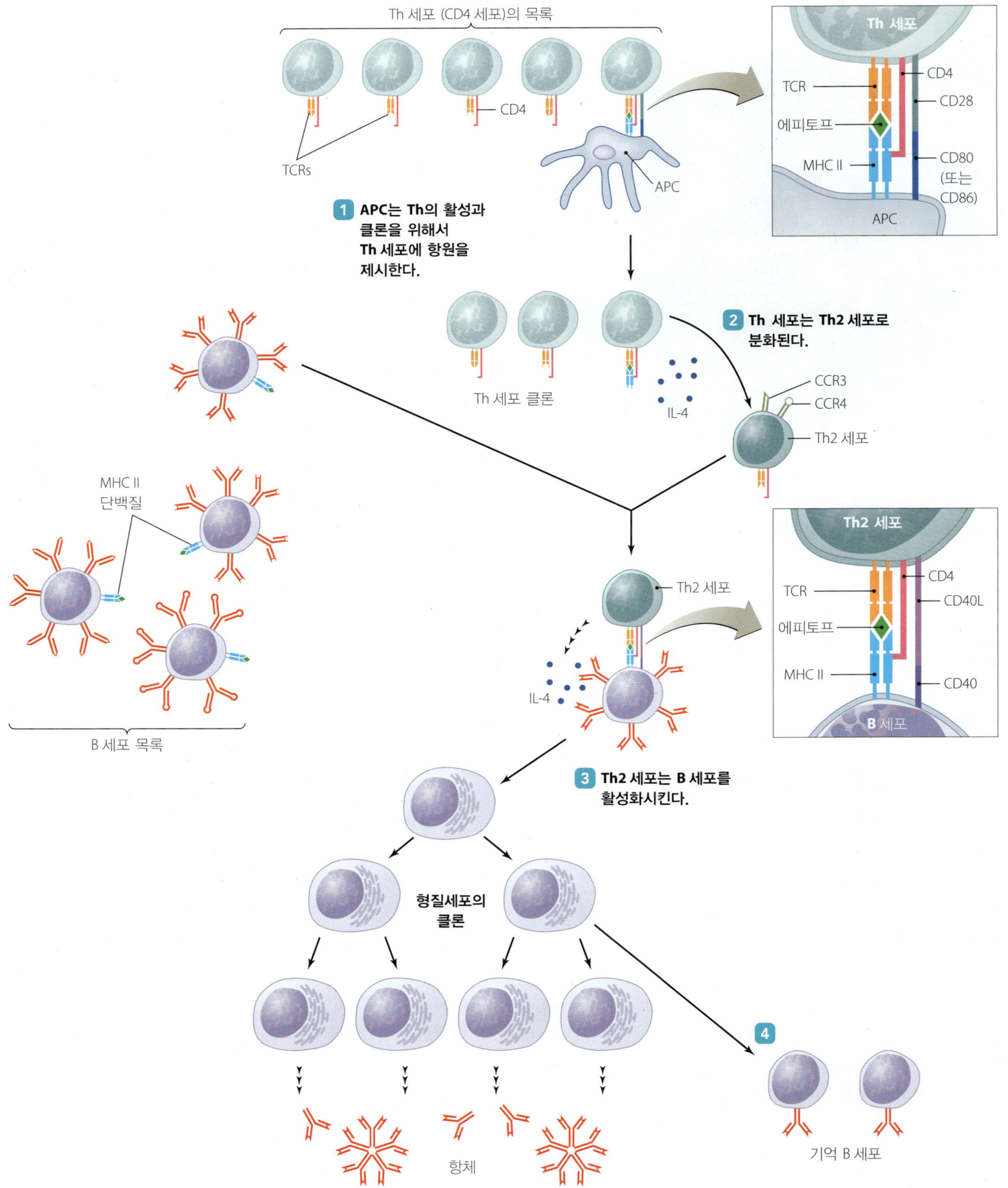

▲ **그림 9.18 T 세포-의존적 항체의 면역반응.** 1 항원제시, 여기서는 전형적으로 수지상세포와 같은 APC가 보완적인 Th 세포에 항원을 제시한다. 2 Th 세포가 Th2 세포로 분화. 3 Th2 세포의 IL-4 분비에 반응하여 B 세포가 활성화되고, B 세포가 항체 분비 형질세포와 오랫동안 살게 되는 기억세포 4 로 분화를 유발한다.

가지 종류의 세포로 분화되는데 기억 B 세포(*memory B cell*)(잠시 후 다루도록 함)와 항체를 분비하는 형질세포(*plasma cell*)이다.

한 클론의 대부분의 구성요소들은 **형질세포(plasma cell)**가 된다. 어떤 하나의 활성화된 B 세포에서 유래된 초기 형질세포의 후손들은 부모세포가 인식했던 특정항원과 부합되는 동일한 항원결합부위를 갖는 항체를 분비한다. 그러나 형질세포가 복제되면서 세포들이 그들의 항원결합부위의 유전자를 조금씩 손질하여 약간 다른 가변부위를 갖는 항체를 생산하게 된다. 에피토프에 대해 좀 더 높은 친화력을 갖는 항체를 분비하는 형질세포는 그렇지 않은 형질세포에 비해 생존적 우위를 갖게 된다. 즉, 활성화된 B 세포 중 조금 더 친화력 높게 에피토프와 반응하는 BCR를 갖게 되면 높은 비율로 살아남게 된다. 따라서 항체 면역반응이 진행됨에 따라, 점진적으로 특이성이 증가하는 항체를 분비하는 형질세포들이 증가하게 된다.

각 형질세포는 항체를 분비한다. IgM을 분비하기 시작해서, 항체변환을 거치면서 IgG를 분비한다. 형질세포는 매일 자신의 무게에 해당하는 IgG를 분비한다. 어떤 형질세포는 나중에 한번 더 변환하여 IgA 또는 IgE를 분비한다. 앞서 다룬 바와 같이 항체는 보체를 활성하고 염증을 촉발하고, 항원을 응집하고 중화한다. 또한 옵소닌으로 역할하고 직접적으로 병원체를 죽이기도 하며 항체-매개성 세포독성을 유도한다.

각기 형질세포는 짧은 수명을 가지는데 아마도 그들의 높은 대사율 때문으로 추정된다. 이들은 활성화되고 며칠 이내에 죽게 되지만, 이들이 분비하는 항체는 몇 주일동안 체액에 남아있게 된다. 아주 드물게는 형질세포의 후손들이 몇 년씩 존재하며 장기 적응면역을 유지하기도 한다.

기억 B 세포와 면역학적 기억의 구축

학습 | 성과

9.29 1차 및 2차 면역반응을 비교하라.

B 세포가 증식되는 동안에 생성되는 적은 양의 세포들은 항체를 분비하지 않고 **기억 B세포(memory B cell)**로서 살아남게 된다. 즉 항체를 생산하게 하는 특정 에피토프에 보완적인 BCR을 갖으며 오랫동안 생존하는 B 세포로 변한다 (그림 9.18 4). 형질세포와는 반대로, 기억세포는 그들의 BCR을 갖고 있으며 림프조직에서 꾸준히 존재하며 20년 이상을 살아남게 되어 동일한 에피토프를 다시 만나게 되면 항체 생산을 시작할 준비가 되어 있는 세포다. 어떻게 기억세포가 질환을 예방하기 위한 예방접종에 근간을 제공하는지 파상풍 예방접종을 예로 들어 알아보자.

신체는 방대한 다양성을 가지는 B 세포 (따라서 BCR)를 생산하기 때문에 적은 수의 Th 세포와 B 세포가 파상풍 변성독소(*tetanus toxoid*) (약화된 파상풍 독소로 파상풍 예방접종에 사용됨)의 에피토프에 결합하고 반응한다. **1차 반응(primary response)** (그림 9.19a)에서는 비교적 적은 양의 항체가 생산되고 신체로부터 변성독소를 제거할 만큼 충분한 양의 항체가 만들어지기까지 며칠이 소요될 것이다. 비록 어떤 항체분자는 3주가량 생존하겠지만 1차 반응은 기본적으로 형질세포가 그들의 정상적인 생명기간을 다하게 되면 끝나게 된다.

림프조직에서 살아가는 기억 B 세포가 항원과 다시 만나게 되면, 활성화되는 항원-민감성 세포의 저장소를 구성하게 된다. 파상풍 세균의 감염에 의한 파상풍 독소를 다시 만나게 되는 경우를 보자. 항원에 노출은 몇 년 후일 수도 있다. 파상풍 독소는 세균감염 과정에서 기억세포 집단을 다시 자극하고 이들이 증식하고 빨리 형질세포로 분화하게 한다. 새로이 분화된 형질세포는 수일 내로 많은

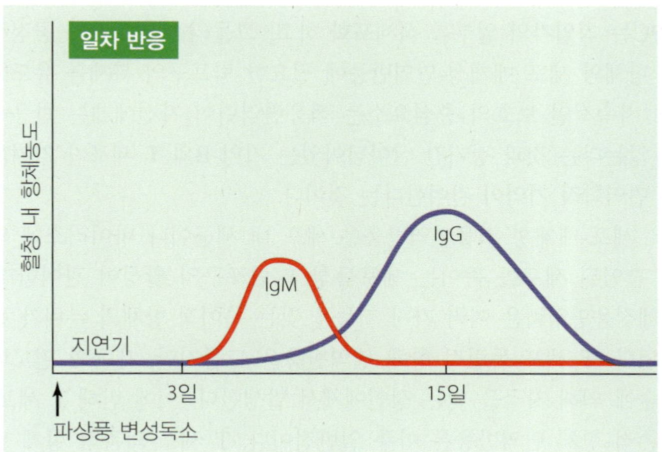

(a)

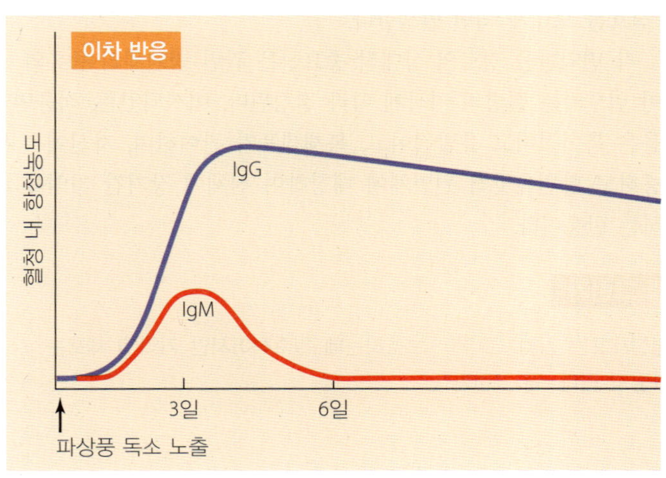

(b)

▲ **그림 9.19 일차 및 이차 항체 면역반응의 생산.** 파상풍 변성독소(tetanus toxoid) 접종 후 발생하는 몇 가지 일련의 과정을 도식화한 예를 보여준다. (a) 일차 반응. 파상풍 변성독소가 신체에 유입된 후, 신체는 서서히 기억 B 세포를 만들면서 변성독소를 제거한다. (b) 이차 반응. 감염 과정에서 활성의 파상풍 독소(tetanus toxin)에 노출되면 기억 B 세포가 곧바로 원형질 세포로 분화되고 복제되어 일차반응에서 보다 더 빨리 더 많은 항체를 생산한다.

양의 항체를 생산하게 되고 (그림 9.19b), 파상풍 독소는 병을 일으키기 전에 중화된다. 많은 기억세포들이 항원을 인식하고 반응하기 때문에 이러한 **2차 면역반응(secondary immune response)**은 1차 반응에 비해 훨씬 빠르고 효과적이다.

예상한 바와 같이, 3번째 노출 (예방접종을 위한 변성독소 또는 파상풍 독소에 대한)은 이보다 더 효과적인 반응을 일으킨다. 항원에 대한 추후 노출의 결과로 증진된 면역반응은 기억반응이며, 이것이 예방접종(*immunization*)의 근간이 되는 것이다 (10장에서 예방접종에 대해 자세히 다룸).

요약하면, 감염성 요인에 대한 신체의 반응은 거의 한 가지 기작에 의존하지 않는데 이는 너무 위험하기 때문이다. 따라서 신체는 전형적으로 여러 가지 다른 기작을 사용하여 감염과 싸운다. 침입자에 대한 초기 반응은 염증, 즉 비특이적인 선천면역반응이다. 그러나 침입하는 미생물에 대한 특이적 면역반응이 때로는 필요하다. APC는 침입자의 일부를 식세포화 하고, 그들의 에피토프를 공정하며 항체와 세포 매개성-면역반응에 필요한 림프구의 복제를 유도한다. 지속적인 보호의 중심요소는 적응면역력이 자신에게는 반응하지 않는다는 것과 장기간 살아남아있는 기억 B와 T 세포가 가져오는 면역학적 기억이 관여한다는 것이다.

세포-매개성 적응면역반응은 세포 내 세균이나 바이러스에 의해 감염된 세포를 죽이는 세포독성 T 림프구의 활성이 관여한다. 항체적응면역력은 여러 가지 기능을 갖는 특이적 항체의 분비가 관련된다. T 세포-독립적 항체 면역반응은 드물지만, 세균의 편모나 캡슐에 의해 자극을 받는 성인에게서 발생한다. 이에 반해 T 세포-의존적 항체 면역반응은 아주 일반적이다. T 세포-의존적 항체 면역반응은 APC가 특이적 Th세포에 결합하고 이 세포들이 증식하도록 신호를 보내게 되면 발생한다.

각 면역반응 경로의 상대적 중요성은 관련 병원체의 종류와 그들이 일으키는 질병의 기작에 따라 결정된다. 어찌되었든, 적응면역반응은 특이적이고 유발적이고, 복제세포가 관여하며, 자신에는 무반응하고 항원유발적 원인체에 대항하여 신체에 장기간 기억을 제공하는 반응이다.

왜 그런가

형질세포는 감염으로부터 보호하는데 필수적이지만 기억 B 세포는 그렇지 않다. 왜 그런가?

획득면역의 종류

학습 | 성과

9.30 수동적과 능동적 획득면역을 비교하고, 자연적 획득면역과 인위적 획득면역을 비교하라.

살펴본 바와 같이, 적응면역은 한 개인의 생활을 통해 얻게 된다. 면역학자들은 면역력을 자연적 획득과 인위적 획득으로 구분하였다. 자연적 획득면역은 신체가 독감바이러스나 식품 항원과 같이 일상생활을 살면서 만나게 되는 항원에 대한 면역반응을 일으킬 때 발생한다. 인위적 면역은 파상풍이나 독감에 대비한 예방접종과 같은 백신으로 들어오게 되는 항원에 대한 신체의 반응이다. 면역학자들은 획득면역을 능동적(*active*)과 수동적(*passive*)으로 더 구분하였다. 즉, 면역체계가 항체나 세포-매개성 면역으로 항원에 대해 능동적으로 반응하거나 다른 사람으로부터 항체를 수동적으로 받게 되는 경우이다. 획득면역의 4가지 종류에 대해서 각각 알아보자.

자연적 획득 능동면역

자연적 획득 능동면역(naturally acquired active immunity)은 신체가 병원체나 환경적 항원에 노출되어 특이적 면역반응을 일으키며 반응할 때 일어난다. 신체는 자연적으로 능동적으로 자신을 보호한다. 우리가 이미 보아온 바와 같이, 일단 면역반응이 발생하면 면역기억이 존재하고, 같은 항원에 대해 재차 노출되면 면역반응은 빠르고 강력하게 일어나며 때로는 우리 신체를 완벽하게 방어하게 한다.

자연적 획득 수동면역

신생아는 면역반응을 하기 위한 세포와 조직을 가지고 있지만, 항원에 대해 늦게 반응한다. 만일 자연적 획득 능동면역을 통해 자신들을 방어해야 한다고 가정하면, 신생아들은 적절히 반응하기에 충분히 성숙한 면역체계를 갖추기 전에 감염성 질환에 의해 죽게 될 것이다. 그러나 그들은 혼자가 아니다. 자궁에서는 어머니의 혈액으로부터 태반을 통과한 IgG 분자가 보호해 주고, 태어난 후에는 젖으로부터 분비성 IgA를 받는다. 이런 2가지 과정을 통해서, 어머니는 그들의 아기에게 초기 몇 달 동안 아기를 보호할 항체를 제공한다. 아기들은 자신의 항체를 능동적으로 생산할 수 없기 때문에 이런 형태의 보호를 **자연적 획득 수동면역(naturally acquired passive immunity)**이라고 한다.

인위적 획득 능동면역

의사들은 백신이란 형태로 항원을 주입함으로써 환자들의 면역력을 일깨운다. 환자 자신의 면역체계는 외래 항원에 대해 마치 그 항원이 자연적 획득 병원체의 일부인 것처럼 능동적 반응을 일으킨다. 이렇게 **인위적 획득 능동면역(artificially acquired active immunity)**은 예방접종의 기초가 된다 (10장 참조).

인위적 획득 수동면역

능동적 면역력이 충분히 발달되려면 며칠에서 몇 주일이 요구되며, 어떤 경우는 이러한 늑장 반응이 해로우며 때로는 치명적일 수 있다. 예를 들어, 능동면역반응이 너무 느려 광견병에 의한 감염 또는 살모사 독에 노출로부터 방어할 수 없을 수 있다. 따라서 의료관련

출현성 질병 사례연구

미포자충증

Darius는 아프다. HIV에 감염된 남자로서 그리 놀라운 일이 아닐 수 있다. 그러나 그는 여러 곳이 아프다. 화장실에서 20피트 이내에서 항시 머물러 있어야 하는 것도 지겹다. 배가 꼬이는 것도, 가스가 차는 것, 통증, 그리고 울렁증도 싫다. 불규칙적이나 지속적인 물 같은 설사로 고통을 받고 있다. 그는 음식이 소화되지 않은 채 화장실을 가기 때문에 체중이 빠지고 있다. 약국에서 쉽게 구할 수 있는 약을 사용하면서 간헐적으로 며칠간 평온하기는 하였지만, 지난 7개월 동안 대부분 속이 좋지 않았다. 좀 있으면 괜찮아지겠지라는 생각으로 의사에게 가지 않았다. 그러나 지금 그의 눈은 아프기 시작하였고 시야도 흐려지고 있다. 그것이 무엇인지는 몰라도 신체의 양쪽 끝에서 그를 공격하고 있다. 이제 의사로부터 더 강한 약을 처방받을 때가 되었다.

Darius의 대변 샘플을 현미경으로 조사한 결과, 그는 *Encephalitozoon intestinalis*에 의해 공격받고 있음이 확인되었다. 이는 미포자충증(microsporodiosis)이라고 불리는 기회성의 출현성 병원체의 한가지이다. 이 단세포 병원체는 Darius의 코와 눈에서 채취한 시료의 도말에서도 발견되었다. 미포자충은 오랫동안 단순한 단세포 동물로 생각되었으나, 유전적 분석과 다른 생물체와의 비교를 통해서 이들은 접합균류(zygomycetes)인 효모에 가까운 것으로 밝혀졌다.

미포자충증은 안전하지 않은 성행위를 하거나 오염된 음식 또는 음료를 먹고 마시거나 오염된 물에서 수영한 사람들에서 감염되는 것으로 보인다. 활동적인 T 세포를 가지는 사람들은 거의 증상이 없으나 면역력이 억제된 사람들은 이 곰팡이류에 쉽게 감염된다.

미포자충은 유동적이고 공간이 비어있는 실 같은 구조를 펴서 숙주세포를 찔러 미포자충의 원형질을 이동시키는 방식으로 공격을 한다. 이런 방법으로 이 병원체는 세포 내 기생체가 된다. 이들은 장간막을 파괴하여 설사를 일으키고, 눈과 근육, 폐로 전파된다.

Darius에게 다행한 것은 알벤다졸(albendazole)이란 항미생물 제제가 이 기생충을 죽임으로서, 감염의 효과는 반전되었다. 그러나 불행히도 AIDS 환자의 도움 T 세포의 결핍은 다른 출현성, 재출현성, 또는 기회성 감염이 반드시 따른다는 것을 의미한다.

1. **왜 미포자충은 기회성 병원체로 여겨지는가?**
2. **미포자충이 동물이기 보다는 곰팡이란 사실의 이해는 어떻게 미포자충증의 치료를 개선할 수 있었는가?**
3. **미포자충은 세포내 병원체이다. 정상적인 면역체계를 가지고 있는 사람의 경우, 어떤 면역세포가 이 감염에 대항하여 싸우게 되는가?**

자들은 이와 같이 너무 빨리 작용하여 개인의 능동면역반응이 부적절하여 매우 치명적인 독소나 병원체에 특이적인 항체를 통상적으로 생산하고 있다. 그들은 이런 항체를 사람이나 동물, 일반적으로 말의 혈액에서 얻는다. 의사들은 이러한 항혈청(*antisera*) 또는 항독소(*antitoxin*)를 감염된 환자에게 주사하여 **인위적 획득 수동 면역치료(artificially acquired passive immunotherapy)**를 수행하고 있다 (10장에서 이런 형태의 치료에 대해 자세히 알아보자).

능동적 면역반응은 자연적이건 인위적이건 간에 면역학적 기억과 미래의 감염에 대해 보호를 제공하기 때문에 매우 유용하다. 수동적 과정, 즉 개인이 완전히 형성된 항체를 제공받는 것은 속도 면에서 유용하지만, B 및 T 림프구가 활성화되지 않기 때문에 면역기억을 제공하지는 않는다. 270쪽의 **표 9.4**에 4가지 형태의 획득면역에 대해 정리하였다.

왜 그런가

왜 수동면역이 능동면역에 비해 더 빠르게 효과를 나타내는가?

표 9.4 획득면역 종류의 비교

	능동	수동
자연적 획득	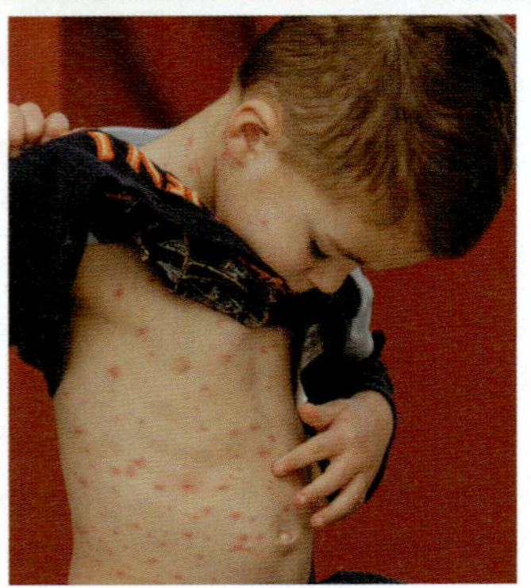 신체는 감염과 같이 자연적으로 들어온 항원에 반응한다.	 항체는 엄마에게서 아기에게 태반을 통하거나 (IgG), 젖을 통해 (분비성 IgA) 전달된다.
인위적 획득	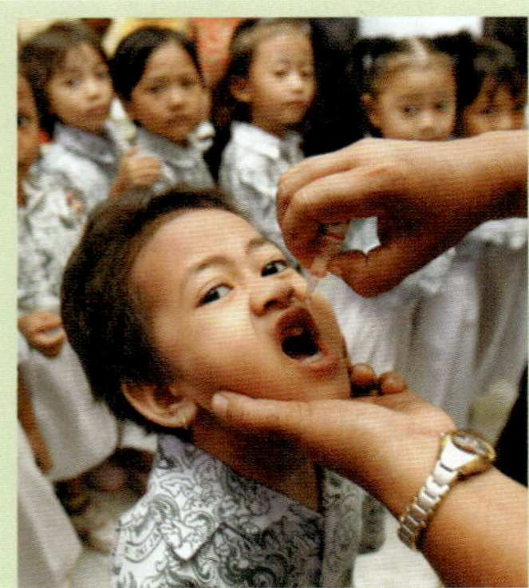 보건의료진은 백신으로 항원을 준다; 신체는 항체나 세포-매개성 면역반응, 기억 세포의 생산 등으로 반응한다.	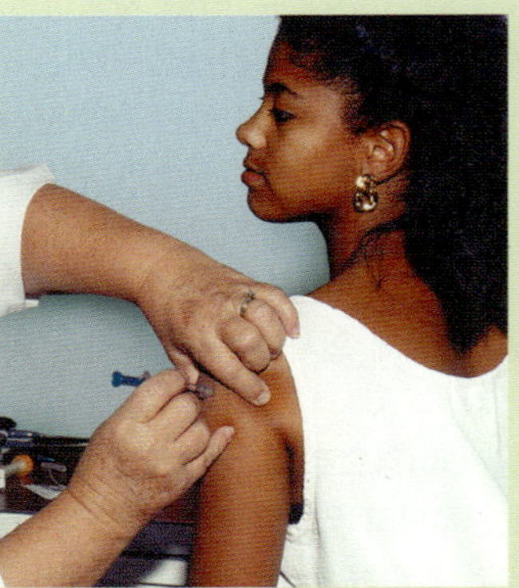 보건의료진은 면역된 사람이나 동물에서 획득한 이미 형성된 항체인 항혈청 또는 항독소를 환자에게 주사한다.

임상 미생물 후속내용

항암 백신?

자궁경부암은 전세계적으로 매년 50만 명의 여성들에게 발생하고 있으며, 이들 중 약 반가량이 사망한다. 자궁경부암 건수의 99%가 성교에 의해 전염되는 인간 유두종 바이러스(human papillomavirus, HPV)에 의해 시작된다. HPV는 생식기 사마귀(genital warts) 또는 파필로마(papilloma)라고 불리는 양성 종양을 생기게 한다. 때때로 사람의 면역체계는 HPV에 의해 해를 입는 것을 막으며, 어떤 특별한 치료 없이 감염이 사라지게 하기도 한다. 그러나 어떤 HPV 종은 자궁경부에 비정상적인 표피세포의 성장을 유발할 수 있다. HPV 단백질은 감염된 세포에서 합성되어 종양억제 유전자를 방해하고, 암세포를 찾아내고, 파괴하는 면역체계의 기능을 무력화한다.

다행히 Kathy는 Pap smear (파파니콜로 도말검사) 검사로 이 세포들이 암이 되기 전에 비정상 세포들을 찾을 수 있었다. 그녀는 이 세포를 제거하기 위한 수술을 할 수 있었다.

한편 Meghan은 공부를 통해서 HPV 백신이 가장 위험한 HPV 종으로부터 여성을 보호할 수 있다는 것을 알게 되었다. 단지 외부의 바이러스 단백질로 구성된 HPV 백신은 내부적인 바이러스 요소들이 없어 백신의 단백질은 복제될 수 없다. 외부 바이러스 단백질은 적응면역을 자극하여 HPV 바이러스에 특이적인 항체를 형성하고 성교에 의한 감염을 예방하고 자궁경부암을 초래하는 과정을 피할 수 있다. 예방접종은 다른 형태의 암으로부터 보호할 수는 없지만 그녀의 어머니가 겪은 최근의 자궁경부암의 위협을 고려하여, Meghan은 결국 HPV 백신을 맞기로 결정하였다.

1. 제2 방어선 (8장)에서 바이러스에 대한 선천적 방어를 간단히 서술하라.
2. HPV 백신으로 생겨난 항체가 어떻게 감염과 그에 따른 암으로부터 보호할 수 있을까?

보이지 않는 것의 탐구: 클론결손

이 QR 코드를 당신의 스마트폰으로 검색하여 Bauman 박사의 비디오 가정교사로 계속 공부하라.

단원요약

적응면역 개요 (244–245쪽)

1. **적응면역**은 척추동물이 침입자의 종이나 아종에 대해 인식하고 방어하는 능력을 말한다. 적응면역은 특이성, 유도성, 복제성, 자신에 대한 무반응, 기억 등으로 특징지을 수 있다.
2. **B 림프구 (B 세포)**는 세포외부의 병원체를 **항체 면역반응 (또는 체액성 면역반응)**을 통해 공격하는데 수용성 단백질인 항체가 관여한다. **T 림프구 (T 세포)**는 세포 내 병원체에 대해 **세포-매개성 면역반응**을 수행한다.

적응면역의 요소들 (245–261쪽)

1. **림프계**는 **림프**가 흐르게 하는 **림프관**과 특이적 면역력에 직접 관여하는 림프조직과 림프기관으로 구성된다. 후자는 **림프절**, 흉선, 비장, 편도선, 점막-관련 림프조직(MALT) 등을 포함한다. 림프구는 적색 골수에서 기원한다. 이들은 골수나 흉선에서 성숙되고 성숙된 림프구는 특이적인 막단백질을 발현한다. 이들은 다양한 림프기관으로 이동하여 그곳에 존재하면서 혈액이나 림프에 있는 외래 침입자들과 만나기 위해 준비하게 된다.
2. **항원**은 특이적 면역반응을 촉발하는 물질이다. 효과적인 항원 물질은 크고 대체로 복잡하며, 안정적이고, 분해가 가능하며, 숙주에 외래적이다. **에피토프** (또는 항원결정부위)는 면역체계가 인식하는 항원의 한 지역에 있는 3차 구조 형태를 말한다.
3. **외인적 항원**은 신체 세포의 밖에서 증식하는 미생물에서 발견된다. **내인적 항원**은 신체의 세포 안에서 증식하는 병원체에 의해 만들어진다.
4. 이상적으로는 신체는 **자가항원**으로 불리는 정상적인 세포의 표면에 있는 항원을 공격하지 않는다. 이런 현상을 자기관용이라고 한다.
5. T 세포는 항원에 대한 **T 세포 수용체(TCR)**를 가지고 있으며, 흉선으로부터 신호를 받아 성숙하고, 세포-매개성 면역반응에서 내인적 병원체를 가지고 있는 세포를 공격한다.
6. 핵을 가지고 있는 세포는 자기 자신의 단백질의 에피토프와 바이러스와 같은 내부 병원체의 에피토프를 제1종 **주조직적합체(MHC)** 단백질 상에 전시한다.
7. 면역반응을 시작하는 초기 단계는 항원을 포집하여 소화하고 에피토프로 분해하는 것으로 B 세포, 대식세포, **수지상세포**와 같은 **항원제시세포(APC)**들이 수행한다.
8. 세포-매개성 면역력에서 **세포독성 T 세포(Tc 또는 CD8 세포)**는 감염되었거나 비정상적인 세포를 공격하는데 이런 세포에는 바이러스나, 세균, 곰팡이, 원생동물 등에 의해 감염된 세포와 암세포, 조직이식의 결과로 유입된 외래 세포들이 있다.
9. 두 가지 종류의 **도움 T 세포(Th)** 즉, Th1과 Th2는 **CD4**로 특징할 수 있다. 이들은 각각 세포-매개성 면역반응과 항체 면역반응을 조절한다.
10. 제1종 MHC 단백질을 인식하지 못하는 T 세포와 자가항원과 함께 제1종 MHC 단백질을 인식하는 대부분의 T 세포는 **세포자살**을 통해 제거된다. 이를 **클론결손**이라고 한다. 소수의 자가 인식 T 세포는 살아남아 **조절 T 세포**(Tr 세포)가 된다. 제1종 MHC 단백질을 인식하지만 자가항원을 인식하지 못하는 T 세포는 미성숙 T 세포 종류가 된다.
11. B 림프구 (B 세포)는 적색 골수에서 성숙되어 두 종류의 면역글로불린(Ig), 즉 **B 세포 수용체(BCR)**와 **항체**를 만든다. 면역글로불린은 에피토프에 상보적이고 2개의 L 사슬과 2개의 H 사슬로 구성되며 이들은 이황화 결합으로 묶여 Y-자 형태의 분자를 형성한다. BCR은 B세포에 막통과 폴리펩티드 형태로 세포막에 삽입되지만 항체는 분비된다.
12. H 사슬과 L 사슬의 가변부위가 합쳐져서 **항원결합부위**를 형성하며, 항체분자의 위 부분은 Fab 부위라고 한다. 각 B 세포는 무작위적으로 자신의 Fab에 대한 유전자를 (생존하는 동안 단 한 번) 선택한다. 따라서 Fab 부위는 세포마다 다르기 때문에 가변부위라 한다. 각 기본적인 항체분자는 2개의 항원결합부위를 가지고 있으며 2개의 에피토프와 결합할 수 있다.
13. 항체는 보체활성, 염증, **중화** (독소나 병원체의 활동과 결합을 막는다)의 기능을 하며, **옵소닌화** (식세포작용 증진)를 위한 **옵소닌**으로서, 산화를 통한 직접 살해, 응집, **항체-의존적 세포독성(ADCC)** 등에 관여한다.

14. 항체는 그들의 줄기에 따라 5가지 기본적인 종류가 있는데 이들은 H 사슬의 종류에 있어 서로 다르다.
15. **IgM**은 10개의 항원결합부위를 갖는 5개 항체로 구성되어 있는데 1차 항체반응동안 최초로 만들어지는 항체 중 대부분을 차지한다. **IgG**는 혈액에서 발견되는 항체의 대부분을 차지하고 침입한 세균에 대항하는 방어를 주로 책임진다. IgG는 태반을 통과할 수 있어 태아를 보호한다. **IgA**의 두 분자는 J 사슬과 분비요소인 폴리펩티드로 연결되어 젖과 눈물, 점막분비물에서 발견되는 분비성 IgA을 형성한다. **IgE**는 염증과 알레르기 반응을 촉발한다. 기생충 감염에도 관여한다. **IgD**는 일부 동물의 세포막에서 발견된다.
16. **항체변환**이라 불리는 과정을 통해 항체를 생산하는 세포는 그들이 분비하는 항체의 종류를 바꾸는데, IgM에서 시작하여 IgG를 생산하게 되고 그 이후에는 아마도 IgA 또는 IgE를 생산하도록 변환된다.
17. 자가항원에 반응하는 B 세포수용체(BCR)를 가진 B 세포는 세포자살, 더 나아가 클론결손을 통해 선택적으로 죽는다. 외래 항원에 대해 반응하는 B 세포만이 신체를 방어하기 위해 살아남게 된다.
18. **사이토카인**은 수용성 조절 단백질로 면역반응에서 활성을 조절하는 세포 간 신호물질로 작용한다. 사이토카인은 **인터루킨(ILs)**, **인터페론(IFNs)**, **성장인자**, **종양괴사인자(TNFs)**, 그리고 **케모카인**을 포함한다.

세포-매개성 면역반응 (261–264쪽)

1. 수지상세포에 의해 활성화되면, 세포독성 T 세포(Tc)는 감염된 세포나 암세포는 외래세포의 표면에 있는 제1종 MHC에 의해 제시되는 비정상 분자를 인식한다. 때로는 세포독성 T 세포는 Th1 세포로부터 사이토카인을 요구한다.
2. 활성화된 Tc 세포는 기억 T 세포와 더 많은 Tc 세포를 만들기 위해 복제를 하는데 이런 과정을 **클론확장**이라고 한다.
3. 세포독성 T 세포는 두 가지 방법으로 그들의 타깃을 파괴하는데, 하나는 퍼포린-그랜자임 경로로 **퍼포린**과 **그랜자임**을 분비하여 감염된 세포를 죽이고, 다른 하나는 **CD95 경로**로서 CD95L이 타깃세포위의 CD95와 결합하여 타깃세포가 세포자살을 일으키게 하는 경로이다. 세포독성 T 세포는 **기억 T 세포**를 형성할 수 있어 기억반응에 관여하게 된다.

항체 면역반응 (264–268쪽)

1. 세균의 캡슐과 같은 T 세포-독립 항원은 **T 세포-독립적 항체 면역반응**을 촉발하는데, 이는 유아들 보다는 어른에게서 더 흔히 발생한다.
2. **T 세포-의존적 항체 면역반응**에서는 APC의 제2종 MHC와 에피토프 복합체가 상보적인 TCR를 가지는 도움 T 세포 (Th)를 활성화한다. CD4는 세포간의 결합을 안정화하는데 이것이 면역학적 시냅스의 한 예이다. 인터루킨 4 (IL-4)는 그 후 Th 세포로 하여금 제2형 도움 T 세포 (Th2)가 되도록 유도한다.
3. 클론선택에서 면역학적 시냅스는 Th2세포와 상보적인 제2종 MHC-에피토프 복합체를 가지는 B 세포 사이에 형성된다. Th2 세포는 IL-4를 분비하고 이것은 B 세포가 세포분열하게 한다. 전체적으로 클론이라고 하는 B 세포의 후손들은 **형질세포** 또는 **기억 B 세포**가 된다.
4. 형질세포는 짧은 기간 동안만 살게 되지만, 많은 양의 항체를 분비한다. 항체는 IgM의 분비로 시작하고 나이가 들어감에 따라 항체변화를 겪는다. 기억 B 세포는 림프조직으로 이동하여 같은 항원과 재회하기 위해 기다리게 된다.
5. 항원에 대한 **일차반응**은 느리게 진행되고 제한된 효용성을 갖는다. 그 항원을 두 번째 만나게 될 때, 기억세포의 활성이 일어나 면역반응이 빠르고 강하게 한다. 이런 반응을 **이차 면역반응**이라고 한다. 이러한 증가된 항체 면역반응은 기억 반응이다.

획득면역의 종류 (268–270쪽)

1. 신체가 감염체에 대항하여 특이적인 면역반응을 할 때 그 결과를 **자연적 획득 능동면역**이라고 한다.
2. 어머니의 IgG가 태아로 전달되거나 아기에게 젖에 있는 분비성 IgA를 전하게 되는 것은 **자연적 획득 수동면역**이라고 한다.
3. **인위적 획득 능동면역**은 예방접종에서 보는 바와 같이 인위적으로 백신에 있는 항원을 누군가에게 주사하여 능동면역을 유발하게 함으로써 얻게 할 수 있다.
4. **인위적 획득 수동면역**은 항독소나 항혈청에 있는 이미 형성된 항체를 환자에게 처치하는 것을 포함한다.

복습문제

복습문제에 대한 답 (단답형 문제 제외)은 A-1에 있다.

선다형

1. 항체의 기능은?
   a. 이식된 외래 조직을 직접 파괴한다.
   b. 침입한 미생물의 파괴를 위해 표시한다.
   c. 세포내 바이러스를 죽인다.
   d. 직접 사이토카인 합성을 촉진한다.
   e. T 세포의 성장을 자극한다.
2. 제2종 MHC 분자는 ________________ 에 결합하고 ________________ 를 촉발한다.
   a. 내인적 항원; 세포독성 T 세포
   b. 외인적 항원; 세포독성 T 세포
   c. 항체: B 세포
   d. 내인적 항원; 도움 T 세포
   e. 외인적 항원; 도움 T 세포
3. 외래 피부이식에 대한 거부반응은 일종의 ________________.
   a. 바이러스에 감염된 세포 파괴이다.
   b. 관용이다.
   c. 항체매개 면역력이다.
   d. 이차 면역반응이다.
   e. 세포-매개성 면역반응이다.
4. 자가항원은?
   a. 정상 미생물총에서 유래한 항원이다.
   b. 정상적인 신체의 요소이다.
   c. 인위적 항원이다.
   d. 탄수화물 항원이다.
   e. 핵산이다.
5. 세포-매개성 세포독성을 조절하는 주요 분자들은?
   a. 퍼포린
   b. 면역글로불린
   c. 보체
   d. 사이토카인
   e. 인터페론
6. 다음 중 어떤 림프구가 혈액에 많은가?
   a. T 세포
   b. B 세포
   c. 형질세포
   d. 기억세포
   e. 위의 세포 모두 비슷하게 존재한다.
7. 장의 벽이나 호흡기의 벽의 표면에서 발견되는 주요 면역글로불린은 분비성 ________________ 이다.
   a. IgG
   b. IgM
   c. IgA
   d. IgE
   e. IgD
8. 환자의 어떤 세포가 제1종 MHC 분자를 발현하는가?
   a. 적혈구
   b. 항원제시세포 만
   c. 호중구 만
   d. 모든 핵을 가진 세포
   e. 수지상세포 만
9. 신체의 어느 부분에서 B 세포를 발견할 수 있나?
   a. 림프절
   b. 비장
   c. 적색 골수
   d. 소장 벽
   e. 모두정답
10. Tc 세포는 에피토프가 ________________ 에 의해 결합되어 있을 때 인식한다.
   a. MHC 단백질
   b B 세포
   c. 인터루킨 2
   d. 그랜자임

변형된 진위형

어떤 문장이 옳은지 표시하라. 밑줄 친 부분의 단어를 바꿔 잘못된 모든 문장을 고쳐라.

1. ________________ 제2종 MHC 분자는 <u>T 세포</u> 위에서 발견된다.
2. ________________ <u>Apoptosis</u>는 세포자살을 설명하는 용어다.
3. ________________ CD8 당단백질을 가지는 림프구는 <u>도움 T 세포</u>이다
4. ________________ <u>세포독성 T 세포</u>는 면역글로불린을 분비한다.
5. ________________ 활성화된 B 세포에 의한 항체의 분비는 <u>세포-매개성</u> 면역력의 한 형태다.

연결형

좌측에 있는 각 세포와 오른쪽에 있는 연관된 단백질을 서로 맞추어 보라.

1. ____ 형질세포 A. 제2종 MHC 분자
2. ____ 세포독성 T 세포 B. 인터루킨 4
3. ____ Th2 세포 C. 퍼포린과 그랜자임
4. ____ 수지상세포 D. 면역글로불린

좌측에 있는 각 면역력과 오른쪽에 있는 관련된 예를 서로 맞추어 보라.

1. ____ 인위적 획득 수동 면역치료 A. 꽃가루 반응으로 인한 IgE의 생성
2. ____ 자연적 획득 능동면역 B. 젖으로 부터 어머니의 항체 획득
3. ____ 자연적 획득 수동면역 C. 파상풍 변형독소의 접종
4. ____ 인위적 획득 능동면역 D. 항독소의 접종

시각화하기!

1. 아래에 있는 면역글로불린의 부분을 표기하라.

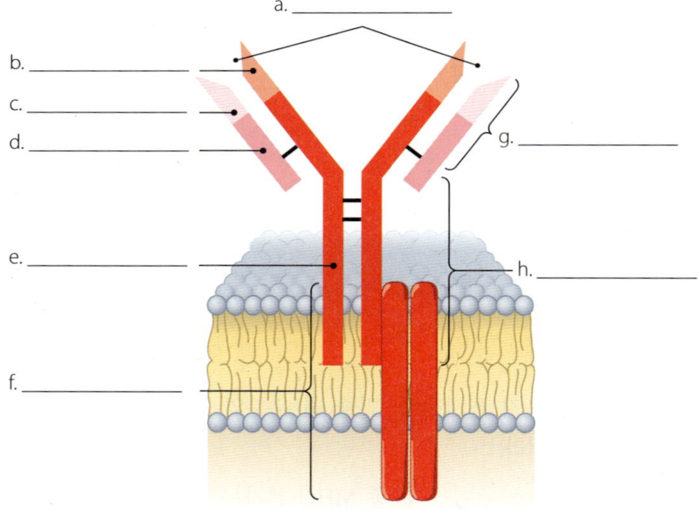

2. 다음은 수지상세포의 전자현미경사진이다. 과학자가 제1종 MHC 분자와 제2종 MHC 분자를 어디서 발견할 수 있는지 표기하라. 위족과 소낭을 표시하라.

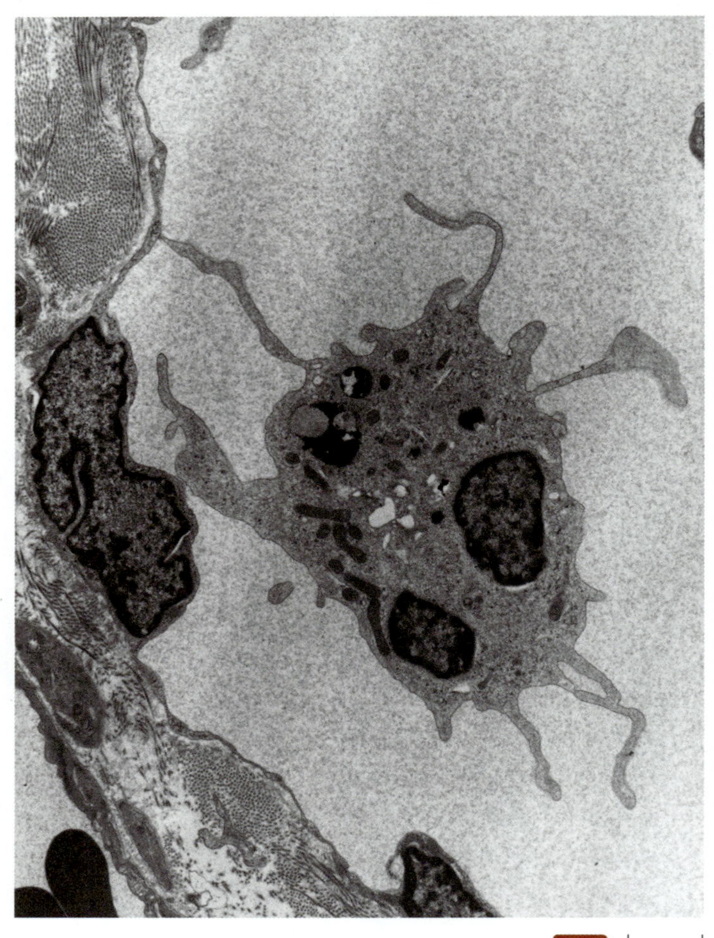

단답형

1. 면역반응을 위한 필수적 전제조건인 항원공정은 언제 일어나는가?
2. 왜 신체는 항체와 세포-매개성 면역반응 둘 다를 가지고 있는가?

비판적 사고

1. 림프계가 펌프를 갖고 있지 않는 것이 어떠한 장점이 있는가?
2. 선천면역과 적응면역을 비교하라.
3. 항원을 공정하기 위해 면역체계를 필요로 하는 것이 신체에게는 어떤 이점이 있을까?
4. 과학자들은 유전적으로 결손이 있는 생쥐를 만들었다. 다음과 같은 물질들이 하나씩 결여된 생쥐에게는 어떠한 면역학적 문제가 발생하는지 설명하라: 제1종 MHC, 제2종 MHC, TCR, BCR, IL-2 수용체, IFN-γ.
5. 인간면역결핍바이러스(HIV)는 CD4 세포를 선호하여 파괴한다. 특별히 이것이 항체와 세포-매개성 면역에서 어떤 효과를

줄 것인가?

6. MHC 분자를 만들 수 없는 사람에게는 어떤 일이 발생할까?
7. 어떻게 신체가 5종류의 서로 다른 면역글로불린을 만드는가?
8. 금속 골핀(bone pin)과 플라스틱 심장판막과 같은 물질은 환자의 면역체계에 의한 거부가능성에 대한 걱정 없이 신체에 이식할 수 있다. 왜 그런가? 이식하기에 좋은 재질의 이상적인 특징은 무엇인가?
9. 형질세포에 많은 비막성 세포소기관은 무엇인가? 어떤 막성 세포소기관이 많은가?
10. 림프절에 닿은 구심성 림프관의 절단면은 림프절을 나가는 원심성 림프관의 절단면 보다 크다. 이는 림프가 림프절에 서서히 통과하도록 하는 결과를 초래한다. 왜 이것이 유리한가?
11. 두 학생이 신체의 방어체계에 대한 시험을 위해 공부를 하고 있다. 이중 한명은 보체가 비특이적 제2 방어선의 일부라고 주장하고, 다른 한 학생은 보체는 제3 방어선의 항체 면역반응의 일부라고 주장한다. 당신은 어떻게 이 두 주장이 옳다는 것을 그들에게 설명할 수 있을까?
12. 일반적으로 B 세포를 생성할 수 없는 환자를 성공적으로 공격할 수 있는 병원체는 어떤 종류일까?
13. T 세포를 생성할 수 없는 환자를 성공적으로 공격할 수 있는 병원체는 어떤 종류일까?
14. 어떤 암을 치료하기 위한 일부조치로서 의사들은 백혈구를 만드는 줄기세포를 포함해서 암환자의 분열하는 세포들을 죽인 후, 환자에서 건강한 공여자로부터 골수를 이식한다. 이식된 골수에서 어떤 세포가 가장 중요할까?

개념도 작성

다음 용어를 사용하여 항체를 묘사하는 개념도를 작성하라.

응집반응
항원
항원자극 B 세포
산화에 의한 죽음
IgA
IgD
IgE
IgG
IgM
염증
중화
옵소닌화
식세포작용 (2)
형질세포
분비성 면역글로불린
타깃 세균
독소
바이러스

10 예방접종과 면역조사

임상 미생물

도심에서의 급작스런 발병

Ernesto는 의과대학에 진학해서 소아과 의사가 되기를 원한다. 그는 소아의 질병을 치료할 뿐 아니라 건강한 삶을 살기를 원하고 있다. 그는 내신 성적이 뛰어나고 도심의 임상 시설에서 자원봉사를 하며 의과대학 지원에 힘을 싣고 있다.

그러나 지난달 임상센터에서는 Ernesto가 기대하던 것 이상의 일이 있었다. 원인을 알 수 없는 무서운 질환으로 환자의 수가 400% 이상 증가하였다. 수백 명의 어린이들이 상당히 아픈 상태에서 내원했으며 일부는 사망하였다. 대부분의 사망자는 한 살 미만의 아기들이었고, 많은 환자들이 남미 사람들이어서 Ernesto는 자신의 가족을 걱정하게 되었다. 언어실력, 대학교육, 그리고 수강했던 미생물 수업 덕분에 그는 의사와 간호사들에게 지식이 풍부한 통역관 역할을 할 수 있었다. 그는 곧 이 위기상황에 깊이 빠지고 있음을 알게 되었다.

Ernesto의 환자들 가운데 Maria는 매우 아픈 상태의 13개월 된 여자아이이다. Ernesto의 임무는 여아의 엄마와 면담하고 Maria의 병력을 알아내는 것이다. 면담은 마치 바다표범이 짖는 것과 유사한 Maria의 기침소리 때문에 계속적으로 방해를 받았다. 기침소리는 심지어 어른에게서 기대할 만한 정도로 크고 강했으며, 호흡을 하기 위한 헐떡이는 소리가 뒤를 이었다. 기침발작은 계속되었으며 Maria는 공기를 들이마시지 못하여 그녀의 입술과 몸은 파랗게 변해버렸다. 결국 기침을 너무해서 구토를 시작하기에 이르렀다.

Maria는 살 수 있을까? 무엇이 이런 유행병을 일으켰을까? 이 장의 끝 (294쪽)에서 알아보자.

이 장에서는 면역학의 3가지 응용으로 능동적 예방접종 (백신접종), 면역글로불린 (항체)을 이용한 수동적 면역치료, 그리고 면역 조사에 대하여 알아보자. 백신접종은 감염성 질환을 조절하는데 있어 가장 효율적이고 저렴한 방법으로 증명되어 왔다. 효과적인 백신을 사용하지 않으면 전세계의 수백만의 사람들은 매년 잠재적으로 매우 치명적인 홍역, 유행성 이하선염, 소아마비와 같은 감염성 질환으로 고통을 받게 될 것이다. 면역글로불린의 처방으로 A형 간염이나 황열과 같은 특정 감염성 질환의 이환률과 사망률은 더욱 줄었다. 의학 관련 종사자들은 진단의 과정의 하나로서 면역반응을 실질적으로 사용하고 있다. 예를 들어, 사람의 혈액에서 HIV에 대한 항체의 검출은 그 사람이 그 바이러스에 노출된 적이 있고 AIDS로 발전할 수 있을 가능성을 의미한다. 항체의 뛰어난 특이성은 소변에서 약물을 검사하고, 초기 임신상태를 알 수 있으며, 다른 생물학적 물질에 대한 동정을 가능하게 한다. 이러한 목적으로 발전된 여러 가지 검사법이 혈청학(serology) (sē-rol´ō-jē) 원리의 초점인데, 이에 대해 이 장의 후반부에서 다루도록 하자.

예방접종

개인은 2가지 인위적 방법으로 감염성 질환에 대해 면역력을 갖도록 할 수 있다. 하나는 능동적 예방접종(*active immunization*)으로, 항원을 환자에게 주사하여 환자가 능동적으로 적응면역반응을 일으키게 하는 것이고, 다른 하나는 수동적 예방접종(*passive immunization*)으로, 환자가 다른 사람이나 동물에서 이미 형성된 항체를 제공받음으로써 일시적으로 면역력을 획득하는 것이다 (표 9.4, 270쪽).

지금부터 예방접종과 면역치료에 대해 자세히 알아보기에 앞서 예방접종의 역사에 대해 살펴보자.

예방접종의 역사

학습 | 성과

10.1 12세기부터 현재까지 예방접종의 역사를 논하라.

12세기 경에 중국인들은 천연두로부터 회복된 아이들은 그 병에 두 번 걸리지 않는다는 것을 알았다. 따라서 그들은 경증으로 살아남은 아이들로부터 천연두 상처 딱지를 얻어 곱게 간 입자를 고의로 어린이들에게 감염시키는 정책을 채택하였다. 이렇게 함으로서 그들은 이 병에 의한 인구 이환률과 사망률을 상당히 줄이는데 성공하였다. 이런 방식은 종두(*variolation*) (var´ē-ō-lā´shŭn)라고 불렸으며, 이 기술은 중앙아시아를 통해 서쪽으로 퍼져갔으며 널리 사용되었다.

Mary Montagu 여사 (1689–1762)는 오토만 제국(Ottoman Empire)의 영국 대사 부인으로 이 방법에 대해서 배웠으며, 그녀의 자식들을 대상으로 시술하였고, 1721년 영국으로 돌아가 이 방법을 다른 사람들에게 알렸다. 그 결과, 종두는 영국과 미국의 식민지에서 사용되기에 이르렀다. 비록 효과적이고 일반적으로 성공적이었지만, 종두는 1–2%의 수혜자와 수혜자에게 노출된 사람들이 천연두로 사망하게 되어 이 방법은 불법이 되었다.

영국인 의사인 Edward Jenner가 1796년에 우두(cowpox)에 감염된 사람으로부터 얻은 상처의 딱지를 접종하면 천연두로부터 보호된다는 사실을 보여주면서 이 새로운 기술을 아용하게 되었다. 우두는 백시니아(*vaccinia*)[1] (vak-sin´ē-ă)로도 불렸기 때문에 Jenner는 이 새로운 기술을 **백신화(vaccination)** (vak´si-nă´shŭn)라고 불렀고 보호적인 접종액을 **백신(vaccine)** (vak-sēn´)이라고 불렀다. 오늘날 우리는 **예방접종(immunization)**을 우리 모두가 백신이라고 하는 어떤 항원성 접종액의 주사를 의미하며 사용한다. 그 후 몇 년 동안 천연두에 대한 예방접종은 광범위하게 시행되었지만, 아무도 그것이 어떻게 작용하고 유사한 기술들이 다른 질병으로부터 보호할 수 있는지 알지 못했다.

1879년, Louis Pasteur가 *Pasteurella multocida* (pas-ter-el´ă mul-tō´si-da)라고 불리는 세균에 대해 실험을 하여 이 세균과 이 세균이 일으키는 질병 (조류에서 가금 콜레라를 일으킴)에 대항하는 효과적인 백신을 만들 수 있다는 것을 보여주었다. 백신제조의 기본 원리가 이해되면서 탄저병과 광견병에 대한 백신이 뒤를 있었다. 이들 백신이 항체의 작용을 통해 보호 작용을 줄 수 있음이 발견되었고, 민감한 개인들에 보호항체를 전달하는 기법인 수동면역요법(*passive immunotherapy*) (im´ŭ-nō-thăr´ă-pē)이 곧 바로 개발되었다.

1900년 후반 경에 면역학자들과 의료종사자들은 많은 감염성 질환의 발생빈도를 줄일 수 있는 백신을 조제하였다 **(그림 10.1)**. 우리는 또한 어떤 종류의 암에 대한 백신을 성공적으로 만들고 있다. 의료종사자, 정부, 그리고 국제기구들이 협동하여 자연적으로 발생하는 천연두를 전세계에서 박멸하기에 이르렀고, 앞으로 소아마비, 유행성 이하선염, 홍역, 풍진 등도 전세계적으로 박멸하기를 희망하고 있다. **집중조명: 왜 감기 백신은 존재하지 않는가?** 278쪽에서 아직까지 왜 일반감기에 대한 백신이 존재하지 않는지에 대하여 토론하도록 하자.

비록 면역학자들이 많은 치명적인 질병으로부터 사람을 보호하는 백신을 만들었지만, 많은 정치적, 사회 경제적, 과학적 문제는 백신을 필요로 하는 사람들 모두에 백신을 접하지 못하게 하고 있다. 전 세계의 개발도상국에서는 3백만 이상의 어린이들이 매년 백신으로 예방가능한 감염성 질환으로 죽어가고 있는데, 이는 주로 정치적 문제 때문이다. 또한 말라리아를 일으키는 원생동물과 AIDS를 일으키는 바이러스와 같은 병원체는 그들에 대한 효과적인 백신을 개발하는데 많은 좌절을 주고 있다. 더욱이 백신관련 위험요소, 즉 의료적 위험요소 (백신이 유발하는 병은 적지만 지속적으로 일어나고 있음)와 재정적 요소 (백신을 개발하고 생산하는데 드는 고비용과 백신을 접종받고 부작용을 겪은 백신 맞은 사람에 의한 법적 소송의 위험)들이 최근 새로운 백신개발에 대한 투자를 주저하

[1]라틴어로 "소"를 의미하는 *vacca*로부터 유래.

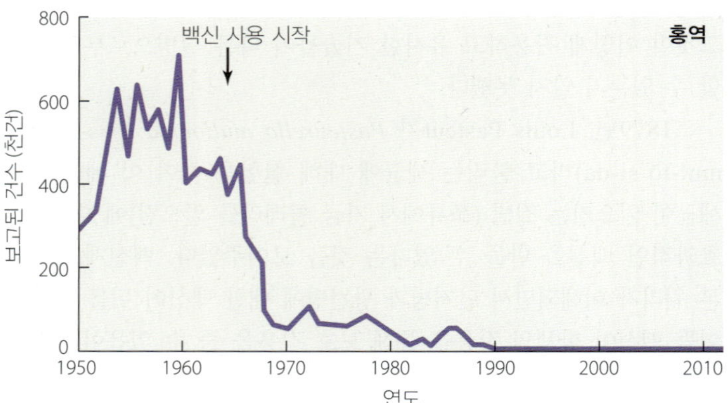

▲ **그림 10.1 미국 내 두 가지 감염성 질환의 유행성을 줄이는 예방접종의 효과.** 미국에서 소아마비는 더 이상 풍토병이 아니다. 홍역은 거의 박멸되었다.

게 하고 있다. 따라서 비록 예방접종의 역사가 공중보건에 놀라울만한 진전을 가져왔지만, 예방접종의 미래는 중대한 도전에 직면하고 있다.

다음은 능동적 예방접종, 즉 일반적으로 알고 있는 예방접종에 대해서 자세히 알아보자.

능동적 예방접종

학습 | 성과

10.2 5가지 종류의 백신의 장점과 단점을 서술하라.

10.3 유전자 재조합 기술을 이용하여 보다 나은 백신을 개발하는데 사용될 수 있는 3가지 방법을 서술하라.

10.4 건강한 사람들에게 보편적인 예방접종의 위험과 이점을 접촉면연과 집단면역의 관점에서 구분하라.

여기서 부터는 백신의 종류와 현대적 백신을 생산하는데 있어서 기술의 역할, 백신의 안정성에 관련된 문제점에 대하여 조사하도록 하자.

백신의 종류

과학자들은 계속적으로 최대의 효력과 안전성을 갖는 백신을 개발하기 위해 노력을 경주하고 있다. 백신에 사용되는 병원체는 변형되거나 불활성화 되어 병을 일으킬 확률은 매우 낮지만, 모든 종류의 백신이 똑같이 안전하거나 효과적인 것은 아니다. 효력은 혈액 속의 항체 (IgG 또는 IgM)의 수준, 즉 **역가(titer)**를 조사함으로써 조사할 수 있다. 역가가 낮으면, 항체생산은 더 많은 항원을 주사함으로써 증진시킬 수 있는데, 이를 추가면역(*booster immunization*)이라 한다.

각기 장점과 단점을 고루 가지고 있는 일반적인 종류의 백신은 살아있는 약독화 백신, 사멸 (또는 불활성화) 백신, 변형독소 백신, 복합 백신, 그리고 유전자 재조합 백신 등이다. 이들은 접종에 사용되는 항원의 종류에 따라 명명되었다.

약독화 (변형된 생) 백신 독성을 가진 미생물은 일반적으로 백신에 사용되지 않는데, 이는 이들이 질병을 일으키기 때문이다. 면역학자들은 독성을 줄일 수 있어, 비록 살아있지만, 더 이상 질병을 일으키지 않는 병원체를 만들 수 있다. 독성을 줄이는 과정을 **약독화 (attenuation)** (ă-ten-ŭ-ā´shŭn)라고 하며, 바이러스를 약독화 하는 통

집중 조명

왜 감기 백신은 없는가?

독감에 대한 백신은 있지만, 왜 감기에 대한 백신은 없을까? 그 이유는 단지 하나의 인플루엔자 바이러스 변종들이 독감을 일으키는데 반해, 200가지 이상 서로 다른 아데노바이러스, 코로나바이러스, 리노바이러스 등이 감기를 일으키는 것으로 알려져 있으며, 이들 바이러스 각각은 자신만의 독특한 항원과 항체 유발 변종을 가지고 있어 모든 바이러스로부터 예방하는 하나의 백신을 만드는 것이 극히 어렵기 때문이다. 일을 더욱 어렵게 만드는 것은 바이러스들이 돌연변이를 통해 그들의 항원을 변형시킨다는 점이다. 200가지 이상의 서로 다른 감기 바이러스가 존재하는데 이러한 돌연변이는 백신개발에 있어서 막대한 전술적 어려움이 되고 있다. 다행히도 감기는 일반적으로 며칠 진행되다가 휴식과 자기 스스로 보살핌을 통해 적절히 치료되고 있다.

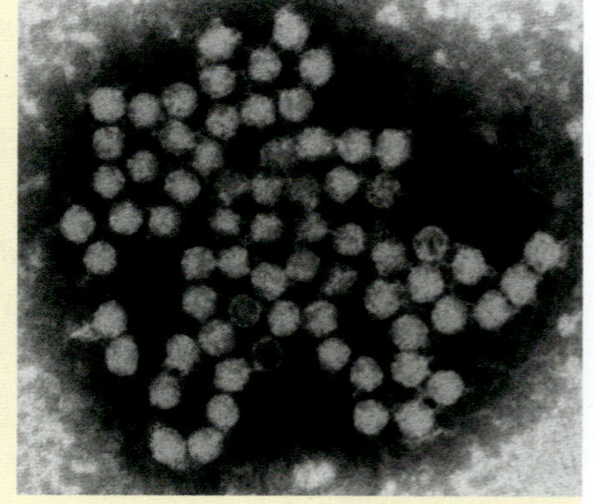

리노바이러스(*Rhinoviruses*) TEM 100 nm

상적인 방법은 바이러스가 질병을 일으키는 능력을 상실할 때까지 세포배양하면서 여러 세대동안 키우는 방법이다. 세균도 비정상적인 조건에서 키우거나 유전적 조작을 통해서 비독성으로 만들 수 있다.

약독화 백신(attenuation vaccine), 즉 약화된 미생물들을 포함하는 백신은 변형된 생백신(*modified live vaccine*)이라고도 한다. 이 백신은 살아있지만 독성이 없는 생물체, 즉 바이러스를 가지고 있기 때문에 이들 백신은 약하게 감염을 일으킬 수 있으나 정상적인 조건에서는 심각한 질병을 일으키지 않는다. 이러한 백신에 있는 약독화된 바이러스는 숙주세포를 감염하고 복제할 수 있으며, 감염된 세포는 내인적 바이러스 항원을 공정할 수 있다. 변형된 생백신은 활동적인 미생물을 포함하고 있기 때문에, 많은 수의 항원분자가 존재하여 면역반응을 자극할 수 있다. 더욱이 백신을 맞은 개인은 그들 주위사람들을 감염하여 **접촉면역(contact immunity)**, 즉 백신을 받은 개인 이상의 면역력을 제공한다.

비록 일반적으로는 아주 효과적이지만, 약독화 백신은 변형된 미생물이 충분한 잔여 독성을 가지고 있으므로 면역력이 억제된 사람에게서 질병을 일으킬 수 있기 때문에 위험하다. 임신부는 약독화 병원체가 태반을 통과해서 태아를 해할 수 있기 때문에 생백신을 맞아서는 안된다. 가끔 변형된 바이러스들이 야생형으로 변환되거나 돌연변이체가 되어 지속적 감염과 질병을 일으킨다. 예를 들어, 2000년에 도미니카 공화국과 하이티(Haiti)에서 발생한 소아마비 유행병은 경구 소아마비 백신의 약독화된 바이러스가 독성 소아마비 바이러스로 변형되어 발생한 것이었다. 이러한 이유로 미국에서는 어린이들의 예방접종을 위해 경구 소아마비 백신을 사용하지 않는다.

불활성 (사) 백신 어떤 질병의 경우에, 생백신은 **불활성 백신(inactivated vaccine)**으로 대체되었으며, 여기에는 두 가지 종류가 있다. 첫째는 전체 백신(*whole agent vaccine*)으로, 불활성화된 미생물 전체를 이용하여 만들어진다. 둘째는 소단위 백신(*subunit vaccine*)으로 미생물의 항원적 조각을 이용하여 생산된다. 전체 백신과 소단위 백신은 복제하거나 원상복구, 돌연변이, 잔여 독성을 갖고 있지 않기 때문에 생백신에 비해 훨씬 안전하다. 그러나 이들은 복제할 수 없기 때문에 추가적으로 주사하여 충분한 면역력을 갖도록 해야 하고, 면역된 개인은 접촉면역력을 촉진할 수 없다. 또한 전체 백신으로 미생물의 비항원적 부위는 어떤 사람에게서 고통스런 염증반응을 자극하기도 한다. 결과적으로 백일해 전체 백신은 비세포성 백일해 백신(acellular pertussis vaccine)이라 불리는 소단위 백신으로 대체되고 있다.

미생물이 백신에 사용되기 위해 사멸되면, 그들의 항원은 살아있을 때의 항원과 거의 유사하게 남아있다는 것이 중요하다. 만일 화학약품을 이용하여 죽이게 되면, 보호적인 면역력을 자극하는데 중요한 항원들을 변형시키지 않도록 하여야 한다. 불활성에 일반적으로 사용되는 물질은 포름알데히드(*formaldehyde*)로서 단백질과 핵산을 변성시킨다.

불활성 백신의 미생물은 복제할 수 없기 때문에 생백신과 같이 많은 항원 분자들이 몸에 존재하지 못한다. 따라서 불활성 백신은 항원으로서 약하다. 이들은 높은 투여량 또는 여러 번에 걸쳐 주사되거나, **면역보조제(adjuvant)**[2] (ad´joo-văntz)라고 불리는 물질에 섞여 주사된다. 면역보조제는 면역세포의 수용체나 그들의 활동을 자극함으로써 백신의 효과적인 항원성을 증가시키는 물질이다. 불행히도 높은 투여량과 여러 번에 걸친 투여는 알레르기를 유발할 위험성을 높이고 항원력을 높이기 위한 면역보조제의 사용은 국부적 염증을 자극할 수 있다.

모든 종류의 사백신은 외인성 항원으로 면역체계가 인식하기 때문에 이들은 항체 면역반응을 자극한다.

변형독소 백신 어떤 세균성 질환, 특히 파상풍이나 디프테리아는 세포의 항원에 대항한 면역반응보다는 독소에 대한 면역을 유도하는 것이 더 효과적이다. **변형독소 백신(toxoid vaccine)** (tok´soyd)은 화학적 또는 열에 의해 변형된 독소로서 능동면역을 자극하기 위하여 백신으로 사용된다. 사백신과 마찬가지로, 변성독소 백신은 항체-매개성 면역력을 자극한다. 변성독소는 적은 항원결정구조를 가지고 있기 때문에 효과적인 면역접종을 위해서는 소아기에 여러 번 접종이 필요하며, 평생에 걸쳐 매 10년 마다 예방접종이 필요하다.

혼합백신 질병통제예방센터(Centers for Disease Control and Prevention, CDC)에서는 몇 가지 혼합백신을 일반적으로 사용하기 위해 승인하였다. 이 백신들은 여러 변성독소와 불활성화된 병원체에서 유래하는 여러 항원들이 혼합된 것으로 동시에 투여된다. 예를 들어, 홍역(measles), 유행성 이하선염(mumps), 풍진(rubella)에 대한 백신인 MMR과 디프테리아. 파상풍, 백일해, 소아마비, 그리고 *Haemophilus influenzae* (hē-mōf´i-lŭs in-flŭ-en´zī)에 의한 질병에 대한 백신인 펜타셀(Pentacel) 등이 있다.

유전자 재조합 백신 생백신, 사백신, 변성독소 백신들이 감염성 질환을 조절하는데 상당히 성공적이었으나, 과학자들은 항상 더 효과적이고, 값싸며, 안전한 백신을 만드는 방법과 예방하기 어려운 병원체에 대한 새로운 백신을 만들기 위해서 노력하고 있다. 예를 들어, 과학자들은 재조합 *Blastomyces* (blas-tō-mī´sēz)라는 진균에 대한 재조합 DNA 백신을 개발하였는데, 이는 진균성 병원체에 대한 최초의 백신이다. 과학자들은 좀 더 개량된 백신을 만들기 위해 다양한 유전자 재조합 기술을 이용하는데, 예를 들어, 그들은 병원체에서 독성에 관여하는 유전자를 선택적으로 제거할 수 있어 영구히 약독화된 미생물, 즉 다시 독성을 가진 병원체로 전환될 수 없는 미생물을 만들 수 있다 **(그림 10.2a)**.

과학자들은 또한 많은 양의 순수한 바이러스 또는 세균의 항원을 생산하여 백신으로 사용하기 위하여 재조합 기법을 이용한다. 이런 과정에서 과학자들은 항원을 결정하는 유전자를 분리하고 이 유전자를 세균, 효모, 또는 다른 세포에 넣어 주어 항원을 발현하고

[2]라틴어로 "돕다"를 의미하는 *adjuvo*로부터 유래.

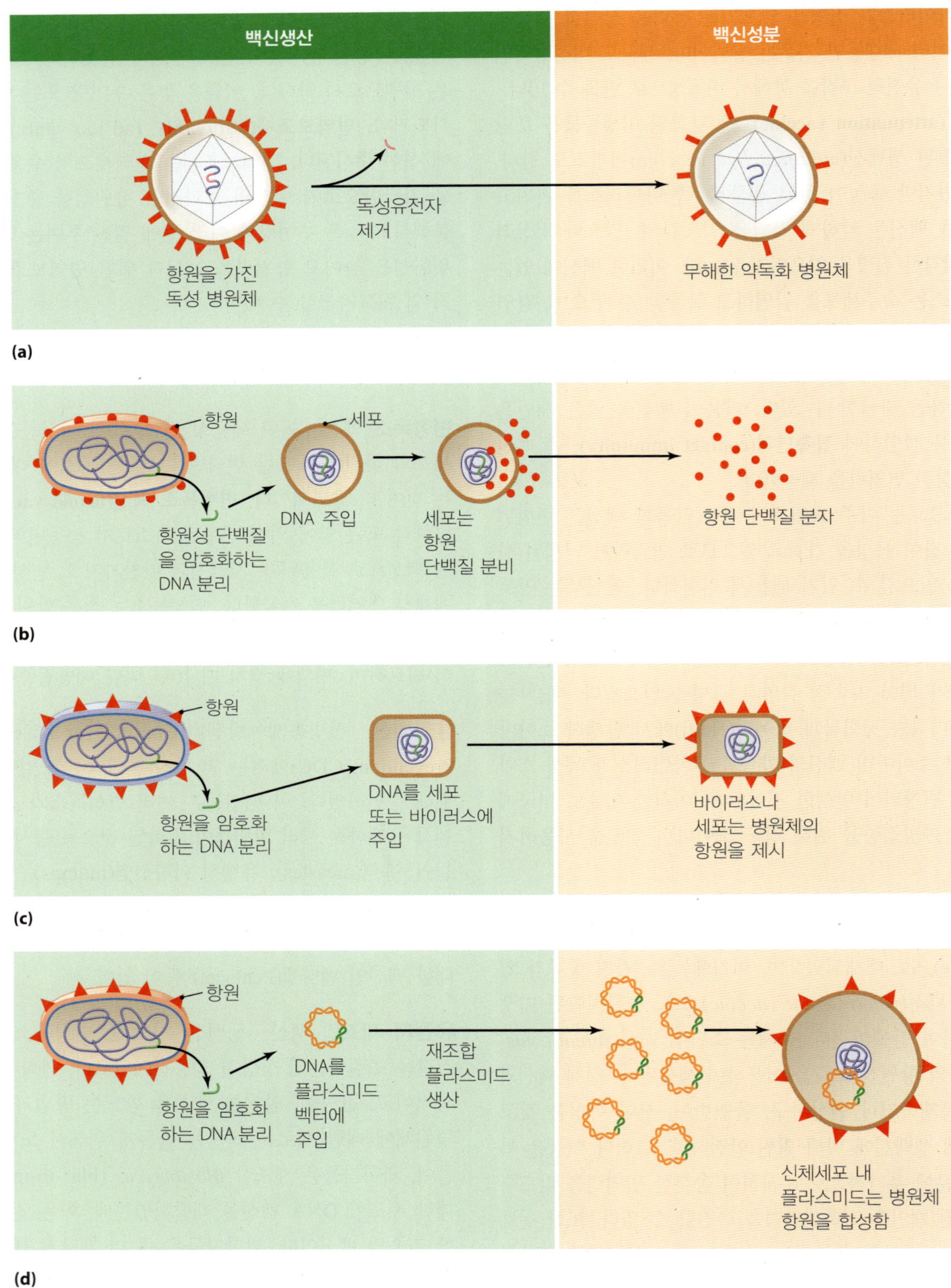

▲ **그림 10.2 개량 백신을 개발하기 위한 재조합 DNA 기술의 이용. (a)** 백신으로 사용하기 위해 독성 유전자를 제거하여 약독화 병원체를 만듦. **(b)** 선택된 항원 단백질을 발현하는 유전자를 세포에 주입하여 백신에 사용할 항원의 대량생산. **(c)** 선택된 항원단백질을 암호화하는 유전자를 세포나 바이러스에 주입하여 항원을 발현함. 전체 재조합체는 백신으로 사용된다. **(d)** 플라스미드의 일부로 선택된 유전자를 가지는 DNA을 사람에게 주입. 이 DNA의 일부가 환자 세포의 유전체에 끼어들어가게 되면 이 세포들은 항원을 합성하고 공정하게 되어 면역반응을 자극함.

생성하도록 한다 **(그림 10.2b)**. 백신 제조업체는 이와 같은 방법을 이용하여 B형 간염백신을 재조합 효모세포로부터 생산하고 있다.

다른 방법으로는 유전적으로 변형된 미생물 세포나 바이러스가 항원을 발현하여 생백신과 같이 작용하게 할 수 있다 **(그림 10.2c)**. 이런 종류의 실험적 재조합 백신은 아데노바이러스, 포진바이러스, 폭스바이러스, 그리고 *Salmonella* (sal´mō-nel´ă)와 같은 세균을 이용한다. 백시니아 바이러스 (우두바이러스)는 피부에 가벼운 상처를 이용하거나 경구투여가 용이하고, 큰 게놈을 가지고 있어 새로운 유전자의 삽입이 간편하기 때문에 자주 사용되고 있다. 다른 방법은 신체 자신의 세포가 항원을 발현하게 하는 방법이다. 병원체의 항원을 발현하는 DNA를 플라스미드 벡터에 삽입하고 이를 신체에 주사한다 **(그림 10.2d)**. 신체의 세포는 항원성을 발현하는 플라스미드를 흡수하고 그 유전자를 전사하고 번역하여 항원을 발현함으로서 면역반응을 촉발한다.

백신제조

제조업자들은 실험실의 배양기에서 미생물을 키워 많은 종류의 백신을 다량생산 한다. 그러나 바이러스 생장에는 숙주세포가 요구되기 때문에 이들은 계란에서 키운다. 독감백신과 같은 백신을 만드는데 미수정란의 확보가 매우 중요하다. 백신은 계란에서 생산되기 때문에 의사는 계란에 대하여 알레르기를 가진 환자들에게 접종해서는 안된다. 유전자 기반 백신에 대한 연구와 유전적으로 변형된 식물에서의 백신 개발은 더 안전한 백신을 가져올 수 있을 것이다.

권장 예방접종

CDC와 의사협회는 어린이와 어른, 의료종사자나 HIV-양성 환자와 같은 특수한 집단들을 위해 권장하는 예방접종 계획표를 발표하였다. 권장사항은 병원체와 사람 집단 사이의 관계를 반영하여 자주 개정한다. **그림 10.3**에 CDC에서 권장한 2013년 일반적인 예방접종 계획표를 특별히 표기하였다. 282쪽의 **표 10.1**에 예방접종 계획

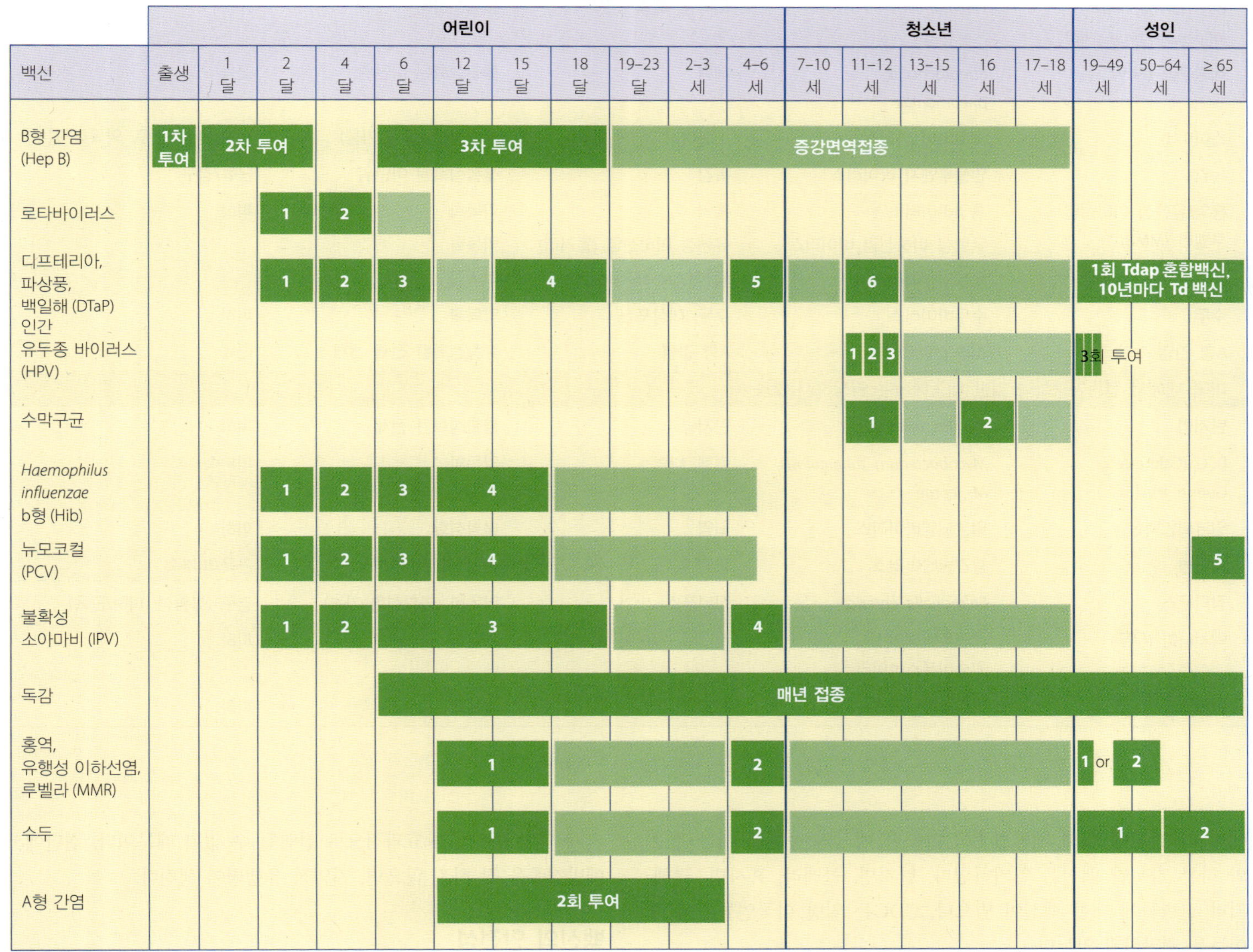

▲ **그림 10.3 CDC에서 추천하는 일반인 대상 예방접종 예정표.** 성인용 수막염균 백신은 기숙사에 거주하는 대학생들에게 추천되고 있다.

표 10.1 인간의 질병 예방을 위한 주요 백신

백신	질병원인체	질병	백신종류	접종방법
CDC 권장				
B형 간염	B형 간염바이러스	B형 간염	재조합 효모 유래 불활성 아단위	근육
로타바이러스	로타바이러스	위장염	약독화, 재조합	경구
디프테리아/파상풍/ 백일해 (DTaP)	디프테리아 독소 파상풍 독소 *Bordetella pertussis*	디프테리아 파상풍 백일해 (기침)	약독소 약독소 불활성 아단위 (불활성화된 전체 개체 백신도 가능)	근육
인간 유두종 바이러스 (HPV)	인간 유두종 바이러스	성기 사마귀 자궁경부암	불활성 재조합	근육
수막구균	*Neisseria meningiditis*	뇌막염	불활성화	피하/근육
b형 *Haemophilus* *influenzae* type (Hib)	*Haemophilus influenzae*	뇌막염, 폐렴 후두염	불활성화된 아단위	근육
폐렴구균 (PCV)	*Streptococcus* *pneumoniae*	폐렴	불활성화된 아단위	근육
소아마비	소아마비 바이러스	소아마비	불활성 (약독화 가능)	피하/근육 (경구: 약독화 경우)
독감	인플루엔자 바이러스	독감	불활성화된 아단위	근육/경구
홍역/유행성 이하선염/ 루벨라 (MMR)	홍역바이러스 유행성 이하선염 바이러스 루벨라바이러스	홍역 유행성 이하선염 (볼거리) 풍진(German measles)	약독화 약독화 약독화	피하
수두	수두바이러스	수두, 대상포진	약독화	피하
A형 간염	A형 간염바이러스	A형 간염	불활성화된 전체 개체	근육
미국 내에서 접종가능하나 일반 대중에게는 권장하지 않음				
탄저병	*Bacillus anthracis*	탄저병	불활성화된 전체	피하
BCG (Calmette와 Guérin 바실러스)	*Mycobacterium tuberculosis*, *M. leprae*	결핵, 나병	약독화	피부속
일본뇌염백신	일본뇌염바이러스	뇌염	불활성화	피하
광견병	광견병바이러스	광견병	불활성화된 전체	근육/피부속
장티푸스	*Salmonella enterica*	장티푸스	약독화 (불활성화 가능)	경구 (불활성: 피하/근육)
박시니아 (우두)	천연두바이러스, 원숭이폭스바이러스	천연두, 원숭이폭스	약독화	피하
황열병	황열병바이러스	황열병	약독화	피하

에서 각 질병에 대해 예방접종이 가능한 백신의 종류에 대한 정보와 다른 가능한 백신을 열거하였다. 탄저병, 콜레라, 흑사병, 결핵, 기타 질병들에 대한 백신이 있으나, CDC는 일반 미국인들을 위해 이들을 권장하지 않는다.

환자들은 자신을 보호하기 위할 뿐만 아니라, 사회에 **집단면역 (herd immunity)**을 제공하기 위해서라도 예방접종 계획표를 따르는 것이 중요하다. 집단면역은 한 무리내의 개개인이 제공하는 방어로, 많은 사람들이 (보통 75% 이상) 어떤 질병에 대하여 내성을 가지게 되면 병원체가 효과적으로 전염될 수 없기 때문이다. 집단에서 예방접종을 잘 하지 않으면, 지역적 유행병이 생긴다.

백신의 안전성

의료종사자들은 백신과 관련된 위험과 이익을 잘 평가하여야 한다. 일반적인 백신관련 문제는 가벼운 독성이다. 면역보조제를 포함하고 있는 전체 백신과 같은 백신은 특히 주사 후 몇 시간 또는 며칠 후 주사 위치에 통증을 일으킬 수 있다. 드물게는 독성이 일반적인

유익한 미생물

우두: 백신을 맞을 것인가 맞지 않을 것인가?

Edward Jenner 박사는 의학에서 유익한 미생물을 이용하는 방법을 개발하였다. 미국의 의학계 종사자들은 1971년까지 규칙적으로 천연두에 대한 백신으로서 우두 바이러스를 일반 대중에게 처방하여 Jenner 박사의 사례를 따르고 있었다. 그러나 이쯤 되어, 천연두에 걸릴 위험이 그리 높지 않아 백신을 맞을 필요성이 없는 듯 보였다. 실제로 1980년에 세계보건총회(World Health Assembly)는 자연에서 성공적으로 박멸되었다고 선언하였다. 그러나 천연두 바이러스를 생물테러의 매체로 사용될 가능성에 대한 최근의 우려로 인하여, 일반 시민들을 천연두로 보호하기 위해서 다시 우두바이러스 예방접종의 시행여부에 대해 논란이 발생하였다.

대부분의 건강한 어른들에게는 안전하고 효과적인지만 다른 사람들에게 약독화 우두 바이러스는 심각한 부작용과 사망을 초래할 수 있다. AIDS 환자나 화학요법 치료를 받고 있는 암환자와 같이 면역력이 저하된 사람들은 특히 해로운 반응을 일으킬 위험이 높을 것으로 생각되고 있다. 임신부, 소아, 여드름과 같은 피부 질환 병력을 가진 사람들 또한 백신접종에 부적격인 것으로 생각되고 있다. 비록 드물지만, 백신에 대한 부작용은 건강한 개인에게도 발생할 수 있다. 더 심각한 부작용은 백신접종 부위에 점진적인 세포 괴사가 특징인 과사성 종두증(vaccinia necrosum)과 뇌막염(encephalitis)이다. 우두바이러스를 1차 백신 접종 받은 백만 명당 약 1명꼴로 치명적인 반응을 일으킨다.

괴사성 종두증

10 mm

천연두의 생물테러 위험이 일반 대중들에게 252가지의 우두바이러스 백신을 접종하여 발생하는 위험에 노출시킬 만큼 큰 것인가? 만일 당신이 공중보건담당 공무원이라면, 어떻게 결정하겠는가?

불쾌감으로 나타나거나 경련을 일으킬 만큼의 고열을 일으키기도 한다. 비록 생명을 위협하는 수준은 아니지만 이러한 증상들은 사람들이 예방접종을 회피하고 유아들의 예방접종을 꺼리도록 할 수도 있다.

예방접종과 관련된 보다 심각한 문제는 과민성 쇼크(*anaphylactic shock*), 즉 달걀 단백질, 구성물질, 면역보조제, 보존제 등과 같은 백신의 구성성분에 대하여 발생하는 알레르기 반응의 위험이다. 사람들은 이러한 알레르기에 대해 미리 생각하지 않기 때문에, 백신 수용자는 에피네프린(epirephrine)이 준비되어 있어 알레르기 반응의 징후에 대비할 수 있도록 치료실에서 몇 분 정도 대기하고 있어야 한다.

예방접종과 관련된 3번째 중요 문제는 잔여 독성의 문제로서 잎서 이에 대해 토론하였다. 약독화 백신은 가끔 태아나 면역억제환자 뿐만 아니라, 건강한 어린이과 어른에게도 질병을 일으킨다. 좋은 예는 약독화 경구 소아마비 백신(oral poliovirus vaccine, OPV)으로, 1990년대 후반까지 미국에서 흔하게 사용되었다. 비록 상당히 효과적인 백신이지만, 2백 만 명의 접종자나 그들이 접촉한 사람당 1명꼴로 소아마비를 일으킨다. 미국의 의료진은 이 문제를 불활성 소아마비 백신(inactivated polio vaccine, IPV)으로 대체함으로써 해결할 수 있었다.

지난 두 세기 동안, 미국과 유럽에서의 소송에서 어린이 질병에 대한 어떤 백신들이 자폐증, 당뇨병, 천식과 같은 질환의 원인이 되거나 장애를 촉발한다고 주장하고 있다. 광범위하고 철저한 연구가 없어 이러한 주장을 구체화하지는 못하고 있다. 백신제조방법은 최근에 가시적으로 개선되어 근대 백신은 10년 전에 사용되었던 백신에 비해 훨씬 안전하다. 미국식품의약품국(U.S. Food and Drug Administration, FDA)은 백신의 안전성을 조사하기 위한 백신 역효과사례 보고시스템(Vaccine Adverse Event Reporting System)을 설치한 바 있다.

CDC와 FDA는 백신과 관련된 문제가 예방접종을 하지 않음으로서 발생하는 고통과 죽음보다 훨씬 덜 심각하다는 사실을 결정하였다. **유익한 미생물: 우두: 백신을 맞을 것인가 맞지 않을 것인가?**에서 대중에 대한 천연두 예방접종에 둘러싼 문제점들을 다루었다.

수동적 면역치료

학습 | 성과

10.5 수동적 면역치료에 사용되는 항체의 2가지 출처를 말하라.
10.6 능동적 예방접종과 수동적 면역치료의 장점과 단점을 서로 비교하라.

수동적 면역치료(passive immunotherapy) [흔히 수동적 예방접종(*passive immunization*)이라고 함]는 항체를 환자에게 주사하는 것을 포함한다. 의사들은 최근의 감염이나 진행 중인 질환으로 부터 신속한 보호가 필요할 때 수동적 면역치료를 시술한다. 빠른 보호가 가능한 것은 수동적 면역치료가 신체로 하여금 면역반응을 하도록 요구하지 않기 때문이다. 대신 제조된 항체는 곧 바로 항원에 결합할 수 있고 지연없이 곧바로 중화와 옵소닌화를 할 수 있게 된다. 예를 들어, 보툴리누스 중독[*Clostridium botulinum* (klos-trid´ē-ŭm bo-tŭ-lī´num)의 독소에 의해 발생함]의 경우, 제조된 독소에 대항하는 항체를 이용한 수동적 면역치료는 사망을 막을 수 있다.

독소에 직접적으로 반응하는 항체는 또한 항독소(*antitoxins*,

an-tē-tok´sinz)라고 불리며, 항사독소(*antivenom*) [항뱀독소(*antivenin*)]는 뱀에 물렸을 때 치료하는 항독소의 하나이다. A형 및 B형 간염바이러스 또는 광견병, 에볼라, 수두, 대상포진 바이러스와 같은 바이러스 감염의 경우, 원인체인 바이러스에 대해 직접적으로 반응하는 항체로 치료하기도 한다.

수동적 면역치료를 위한 항체를 얻기 위해 임상 의사들은 헌혈자의 혈액에서 세포와 혈액응고 인자를 제거하고, 그 결과물인 혈청은 다양한 항체를 가지는데, 특히 감마 글로불린(IgG)을 많이 가지고 있다. 수동적 면역치료에 사용되는 혈청은 **항혈청(antiserum)** (an-tē-sē´rŭm)이라고 부르며, 때로는 면역혈청(*immune serum*)이라고도 한다. 항혈청은 일반적으로 헌혈자의 혈장으로부터 얻거나 관심 대상인 병원체에 의도적으로 노출된 대형 동물로부터 얻는다. 사람들로부터 모은 항혈청은 혈관을 통해 주사(*intravenous immunoglobulins, IVIg*)되어 면역결핍이나 어떤 자가면역과 염증성 질환을 치료하는데 사용된다.

수동적 면역치료는 다음과 같은 한계성을 갖는다:

- 동물에서 유해한 항혈청의 반복 주사는 혈청병(*serum sickness*)이라 불리는 알레르기 반응을 일으킬 수 있다. 혈청병은 수혜자가 항혈청에서 발견되는 동물의 항원에 대항하여 면역반응을 일으키는 것을 말한다.
- 환자는 비교적 빨리 항체를 분해한다. 따라서 보호효과는 오래 지속되지 않는다.
- 신체는 수동적 면역치료에 대한 반응으로서 기억 B 세포를 만들지 않는다. 따라서 환자는 추후의 감염에 보호되지 않는다.

과학자들은 항혈청의 한계성을 **하이브리도마(hybridomas)** (hī-brid-ō´măz)를 개발함으로서 극복하였는데, 하이브리도마는 일종의 암세포로 항체를 분비하는 형질세포와 골수종(*myelomas*, mī-ē-lō´măz)이라고 불리는 암성 형질세포를 융합하여 만들었다 **(그림 10.4)**. 각 하이브리도마는 영속적으로 (형질세포의 암 특성 요소로 인해) 세포분열하여 자신과 같은 복제세포를 만들고, 각 복제세포는 한 종류의 항체 분자를 대량으로 분비한다. 이러한 동일한 항체를 **단일클론항체(moncolonal antibody)** (mon-ō-klō´năl)라고 하는데, 이는 모두가 하나의 형질세포에서 유래한 복제세포들에 의해 분비되기 때문이다. 과학자들이 관심있는 항원에 상보적인 항체를 분비하는 하이브리도마를 확인하면, 수동면역치료에 필요한 항체를 생산하기 위해 이들을 세포 배양하여 유지하게 된다. 예를 들어, 호흡기 세포융합 바이러스(respiratory syncytial virus)에 감염된 신생아를 치료하기 위해 의사들은 단일클론항체를 이용한다.

능동 면역과 수동 면역치료는 이들이 다른 특성으로 보호를 제공하기 때문에 다른 상황에서 사용된다 **(그림 10.5)**. 방금 언급한 바와 같이, 제조된 항체를 이용한 수동적 면역치료는 즉각적 보호가 요구될 때 사용된다. 그러나 제조된 항체는 혈액에서 빨리 제거되고 기억 B 세포가 만들어지지 않기 때문에, 보호능은 일시적이며,

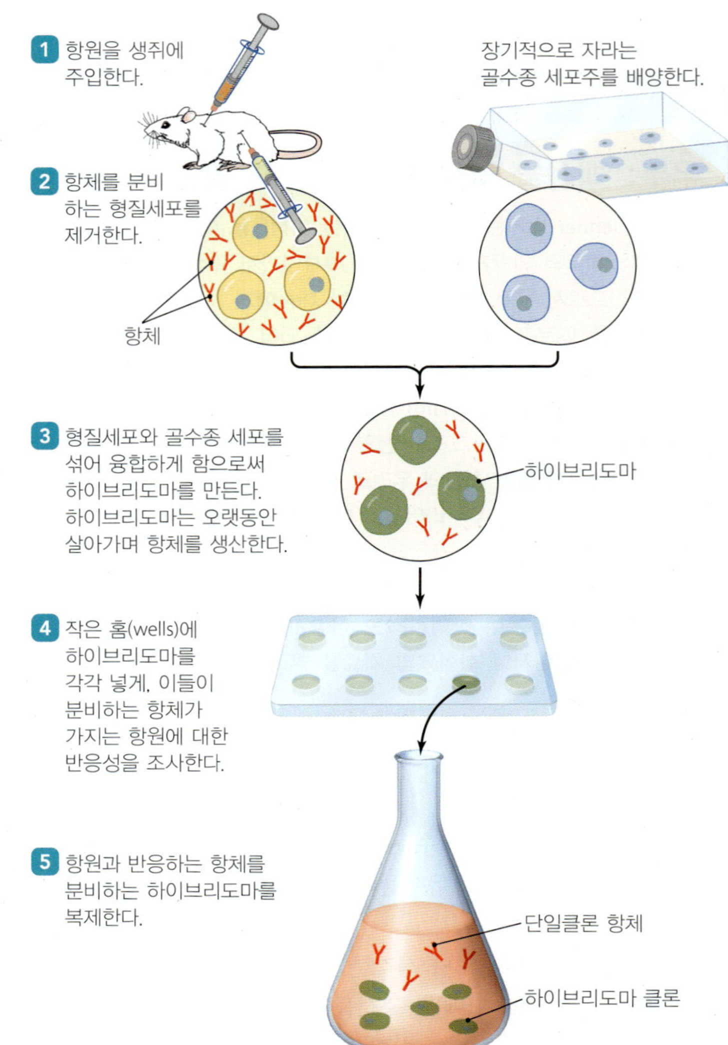

▲ **그림 10.4 하이브리도마의 생산.** 실험동물에 원하는 항원을 투여한 후 1, 형질세포를 동물로부터 제거한 후, 분리한다 2. 이들 형질세포를 골수종(myeloma)이라 불리는 배양 암세포와 융합을 시키면 하이브리도마가 생겨난다 3. 일단 하이브리도마를 각기 배양하고 원하는 항원에 대항하는 항체를 생산하는 하이브리도마를 규명한 후 4, 다량의 하이브리도마를 생산하기 위해 복제 (클론)를 하는데, 이 세포들은 단일클론항체라고 불리는 동일한 항체를 분비하게 된다 5.

수혜자는 다시 감염에 취약해진다. 능동적 면역은 장기적 보호를 제공하고 다시 활성화 될 수 있다. 따라서 *Clostridium tetani* (klos-trid´ē-ŭm tē´tan-ē)에 노출되기 전에 파상풍 변형독소를 이용한 능동적 면역을 시작하면, 그 독소에 노출에 곧 바로 준비할 수 있는 장기간의 보호력을 발달시키게 한다.

왜 그런가

백신은 홍역과 백일해와 같은 많은 질병의 발생건수를 급격히 줄였다. 그와 같은 질환의 발병건수가 아주 적음에도 왜 부모들은 그들의 아이들에게 예방주사를 맞도록 해야 하는가?

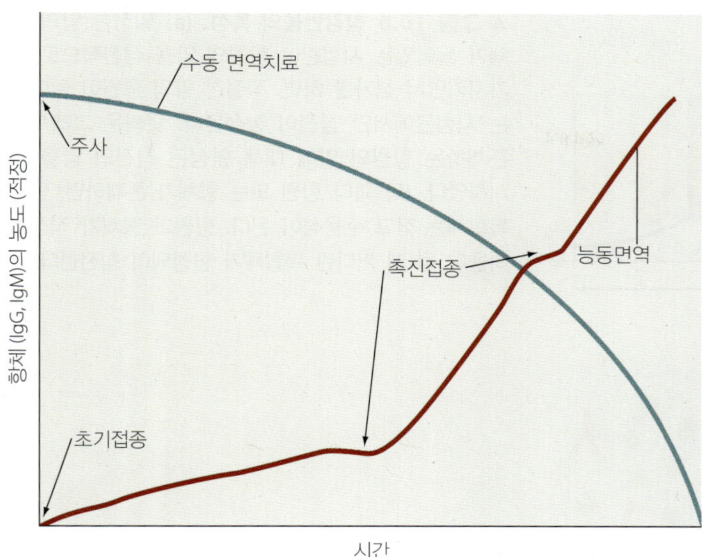

▲ **그림 10.5 능동적 면역접종 (붉은색)과 수동적 면역치료 (파란색)에 의해 만들어지는 면역력의 특성.** 수동적 면역치료는 강하고 즉시적인 보호를 제공하지만, 이 효과는 상대적으로 빨리 사라진다. 능동적 면역은 시간이 걸리고 부가적인 추가 접종이 요구되기도 하나, 효과는 오래 지속되며 재 자극이 가능하다.

항원과 항체를 이용한 혈청학적 시험

학습 **성과**

10.7 혈청학을 정의하라.
10.8 혈청학적 시험의 몇 가지 사용에 대해 서술하라.
10.9 일반적인 용어로, 침강, 응집, 중화, 보체고정, 표지항체 측정법을 서로 비교하라.

혈액의 혈청에 특정 항원 또는 항체의 존재여부를 결정하는 것을 **혈청학(serology)** (sē-rol´ō-jē)이라고 한다. 과학자들은 다양한 혈청학적 시험을 개발하여 혈청에서 항체나 항원을 확인한다. 혈청학적 방법은 단순한 수작업에서부터 복잡하고 자동화된 방법까지 다양하다.

혈청학적 시험은 여러 가지로 사용된다. 역학자들은 혈청학적 조사결과를 확인하여 특정 집단에서 감염의 확산을 관찰한다. 의사들은 진단을 위해 필요한 조사를 의뢰하고 이를 임상실험실 과학자나 연구자들이 수행한다. 예를 들어, 한 의사가 어떤 환자에서 HIV 또는 B 형 간염바이러스에 감염이 의심될 때, 의사는 항-HIV 조사와 B형 간염바이러스 표면항원 조사를 주문한다. 첫째 조사에서는 혈청에 HIV에 대항하는 항체의 존재 여부를 결정하는데, 이는 환자가 HIV에 감염되었다는 강한 증거가 된다. 표면 항원조사는 B형 간염바이러스에 감염되었다는 것을 의미한다.

다음 절에서는 여러 가지 혈청학적 방법, 즉 침전, 혼탁도 측정법, 응집, 중화, 표적항체 시험 등에 대하여 조사해 보자. 이들 중 어떤 방법은 역사적인 이유로 소개되었다. 그 방법은 더 정확하고 신속한 현대적 시험법으로 대체되었다. 예를 들어, 현대적 방법의 한 가지인 중합효소연쇄반응(*polymerase chain reaction, PCR*)은 유전자를 증폭할 수 있다. 이같이 PCR은 바이러스에 대항하는 항체의 존재보다는 바이러스 유전물질의 존재를 조사하는 방법으로 신체가 항체를 생산하기 전에 감염 여부를 확인할 수 있도록 한다.

침강시험

학습 **성과**

10.10 침강시험법의 일반적 원리에 대해 설명하라.
10.11 면역확산 기술에 대해 서술하라.

혈청학적 시험법 가운데 가장 간단한 것 중의 하나는 항원과 항체를 적절한 비율로 서로 섞었을 때, 크고 불용성인 격자와 유사한 복합체, 즉 침강물이 형성된다는 사실을 이용하는 방법이다. 예를 들어, 곰팡이 *Coccidiodes immitis* (kok-sid-ē-oy´dēz im´mi-tis)가 포함된 수용성 항원액을 곰팡이 항원에 대항하는 항체를 포함하고 있는 항혈청과 섞을 경우, 혼합액은 빠르게 혼탁해지는데, 이는 항원과 항체 복합체(body complex) [또는 **면역복합체(immune complex)**라고도 함]로 구성된 침강물이 형성되기 때문이다.

주어진 양의 항체를 항원의 양이 점진적으로 많도록 배열한 시험관에 넣어주면 침강물이 최고조에 이를 때까지 점진적으로 증가된다 (**그림 10.6a**). 그 이상의 항원 분자를 가지고 있는 시험관에서는 침강물의 양이 오히려 줄어든다. 사실 항원이 항체에 비해 지나치게 많은 시험관에서는 침강이 아예 생기지 않는다. 따라서 침강물의 양과 항원의 양을 대조해 그린 그래프는 중간 값에서 최대값을 보이게 된다.

이러한 침강반응의 숨은 이유는 간단하다. 복잡한 항원은 일반적으로 다가항원, 즉 많은 에피토프를 가지고 있고 항체는 한 쌍의 활성 부위를 가지고 있으므로, 두 항원 분자 상에 있는 동일한 에피토프와 동시에 교차 연결할 수 있다 (9장 참조). 과다한 항체가 존재하면 각 항원은 많은 항체 분자로 둘러싸이게 되어 광범위한 교차 연결이 이루어지지 않게 되어 침강이 생기지 않는다 (**그림 10.6b**). 침강이 없기 때문에, 관찰자는 용액에 항원이 없는 것, 즉 음성시험 결과로 결론지을 수 있다. 이것은 옳지 않다. 거기에는 항원이 있다. 이러한 잘못된 음성(*false negative*) 판독을 전지대현상(前地帶現象, *prozone phenomenon*)이라고 부른다.

반응물질들이 이상적인 비율로 존재할 때 항원과 항체의 비율은 교차연결과 격자형성이 광범위하게 이루어진다. 격자가 커짐에 따라 더욱 침강하게 된다.

항원이 과잉인 혼합물에서는 적은 교차연결이 생기므로 거의

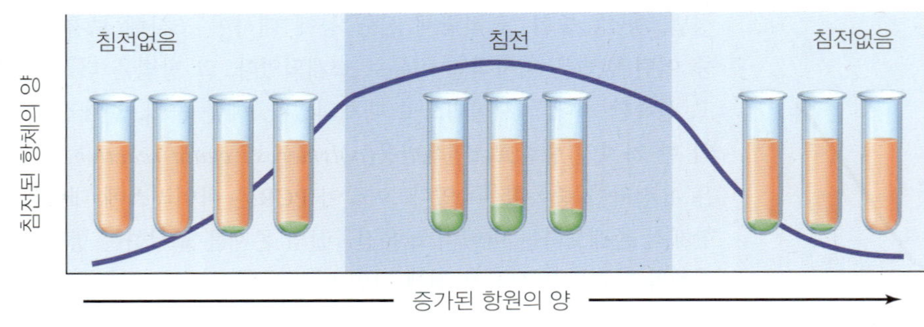

(a)

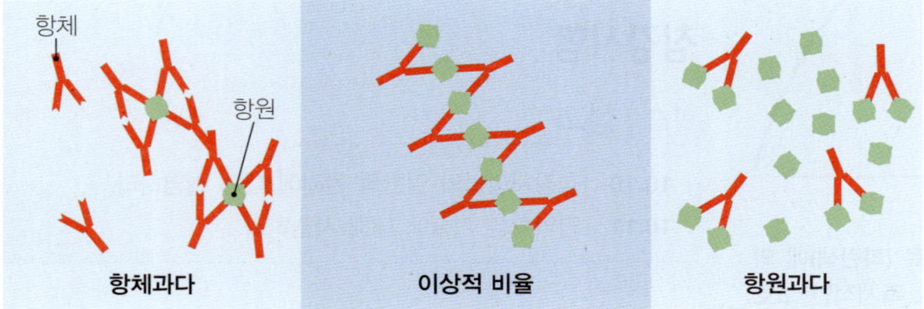

(b)

▲ **그림 10.6 침강반응의 특성.** **(a)** 일정한 양의 항체가 들어있는 시험관에 항원의 양을 점진적으로 증가시키면서 첨가를 하면, 적절한 양의 항원이 들어있는 시험관에서만 침전이 형성된다. 덧씌운 그래프로 존재하는 항원의 양에 대해 형성된 침전의 양을 표시하였다. **(b)** 과다 항원 또는 항체가 존재하면, 면역복합체는 작고 수용성이 된다. 항원과 항체가 적정한 비율이 될 때 커다란 복합체가 형성되어 침전한다.

침강이 일어나지 않는다. 항체와 항원 복합물은 작고 수용성이 되어 침강이 발생하지 않는다.

침강은 이상적 비율의 항원 항체의 섞임이 요구되기 때문에 이들을 가지고 있는 용액을 단순히 합치는 것으로 침강시험을 실시하는 것은 불가능하다. 항원과 항체의 이상적 농도가 서로 합쳐지는 것을 확인하기 위해, 과학자들은 역사적으로 한천(agar) 젤을 이용한 분자의 이동을 이용한 기술을 이용하는데, 그것이 면역확산(immunodiffusion)이다.

면역확산

면역확산(immunodiffusion) (im´ŭ-nō-di-fu´zhŭn)이라고 불리는 침강기술에서는 연구자들이 홈(well)이라고 불리는 원형의 구멍을 한천 평판(agar plate)에 만든다. 한 홈은 항원 용액으로 채우고, 다른 홈은 그 항원에 대항하는 항체 용액으로 채운다. 항원과 항체는 홈을 빠져나와 전 방향으로 주변의 한천배지로 확산되고, 이상적인 비율로 서로 만나는 곳에서 침강선이 생긴다 **(그림 10.7a)**. 만일 액체가 다른 많은 항원과 항체를 가지고 있다면, 서로 보완적인 쌍의 반응체는 여러 곳에서 이상적인 비율에 이르게 될 것이고 침전에 의한 여러 개의 선이 생성되는데 각각의 띠는 상호 결합한 항원-항체의 쌍에 의한 것이다 **(그림 10.7b)**. 이러한 면역확산법은 진균류 병원체에서 유래한 복합적 항원에 노출되었다는 것을 결정하는데 사용되어 왔다. 이런 항원에 노출된 환자들만이 진균류 항원에 대한 혈청 항체를 갖게 되고 침강을 나타냄으로 의사는 이런 환자를 살펴보고 치료할 수 있는 것이다.

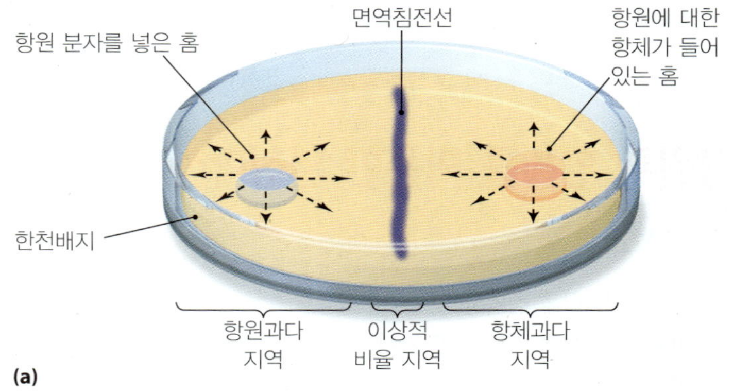

(a)

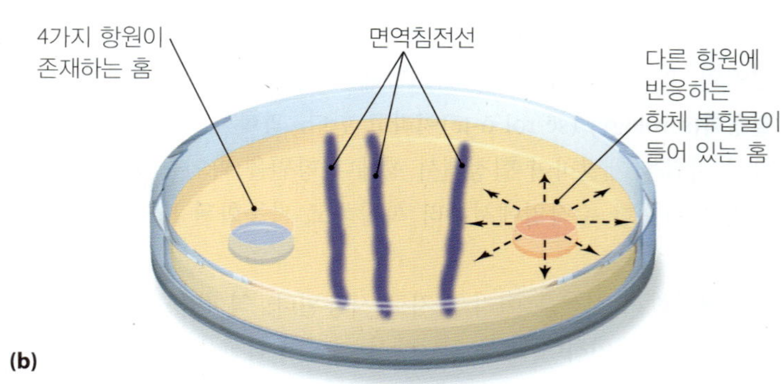

(b)

▲ **그림 10.7 면역확산법, 침강반응의 한 종류.** **(a)** 항원과 항체가 홈(well)에 들어 있다가 점차적으로 한천 배지를 통해 확산된다. 이들이 이상적인 비율로 서로 만나는 곳에 침전 띠를 형성하게 된다. **(b)** 여러 항원과 항체가 홈에 들어있을 때, 다수의 침전 띠가 생겨 그곳에 다른 항원-항체 결합이 이상적인 비율로 발생하였음을 표시한다. *우물에 4개의 항원을 포함하고 있는데, 왜 단지 3개의 침전 띠만 생겨났을까?*

그림 10.7 이 시험에서 사용된 항체들 중 어느 것도 4번째 항원과 보완적이지 않기 때문이다.

혼탁도 측정법과 비탁법

혼탁도 측정법(*turbidimetry*)과 비탁법(*nephelometry*)은 자동화된 방법으로 항원과 항체가 서로 섞이면서 발생하는 액체의 혼탁도를 측정한다. 앞서 언급한 바와 같이, 항원과 항체의 농도가 이상적일 때, 초기 혼탁도가 침전으로 인해 발생하게 된다.

혼탁도 측정법에서는 빛 탐지기가 용액을 통과하는 빛의 양을 측정하고, 혼탁도 측정법에서는 용액 내에서 항원-항체 복합체에 의해 굴절되는 빛의 양을 측정한다. 의학 실험실의 과학자들은 이 방법을 이용하여 혈청에 있는 항체나 보체와 같은 단백질을 정량하는 데 사용한다.

응집시험

학습 성과

10.12 응집과 침강시험을 비교하라.

10.13 응집이 적정법을 포함하여 면역학적 시험법에 어떻게 사용되는지 설명하라.

모든 항원이 항체에 의해 침전되는 수용성 단백질은 아니다. 항체는 다양한 항원결합 부위를 가지기 때문에 세균 전체나 항원으로 싸여 있는 라텍스 구슬과 같은 입자를 교차 연결하여 **응집(agglutination)**(ă-gloo-ti-nă´shŭn)을 일으킨다. 응집과 침전의 차이는 응집은 불용성 입자들의 엉킴이 관여하고 침전은 수용성 분자들의 응괴(clumping)에 관여한다. 응집반응은 종종 눈으로 쉽게 관찰되며, 결과의 해석이 용이하다.

응집된 입자들이 적혈구 세포일 때, 이 반응을 혈구응집(*hemagglutination*) (hē-mă-gloo-ti-nă´shŭn)이라고 한다. 혈구응집을 이용하는 것 중 하나는 사람의 혈액형 검사이다. 적혈구가 A 표면 항원을 갖는다면 A형, B 항원을 가지면 B형, 이 두가지 항원을 모두 가지면 AB형, 어떤 항원도 가지지 않으면 O형이다. 혈액형을 결정하기 위한 혈구응집반응 **(그림 10.8)**에서 주어진 혈액시료의 두 부분을 슬라이드 위에 올려놓는다. A에 대한 항체를 한 부분에, 그리고 다른 부분에 B에 대한 항체를 넣는다. 항체는 해당하는 항원을 가진 혈액을 응집시킬 것이다.

응집반응의 또 다른 사용으로는 임상시료에 항체의 농도를 결정하는 시험법의 하나에 사용된다. 비록 항체를 간단하게 측정하는 것이 여러 목적을 충족시키지만, 때로는 혈청에 있는 항체량(*amount*)의 측정이 더 필요할 때가 있다. 이렇게 함으로써, 임상 의사들은 활동적인 감염성 질환에 대한 반응으로 나타나는 환자의 항체 수준이 오르고 있는지, 또는 감염과 성공적인 반응의 결과로 항체가 감소하는지를 결정할 수 있다. 항체의 수준을 측정하는 방법의 하나는 **적정(titration)** (tī-trā´shŭn)이다. 적정법에서는 조사하고자 하는 혈청을 일정비율로 희석하고, 각 희석액으로 응집력을 조사한다 **(그림 10.9)**. 궁극적으로 혈청에 있는 항체는 희석되어 더 이상

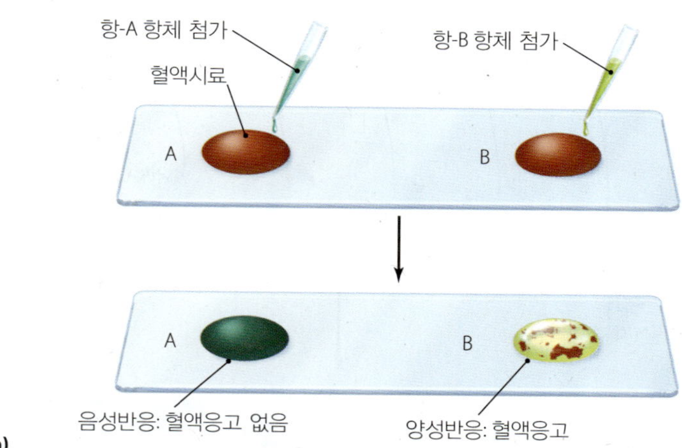

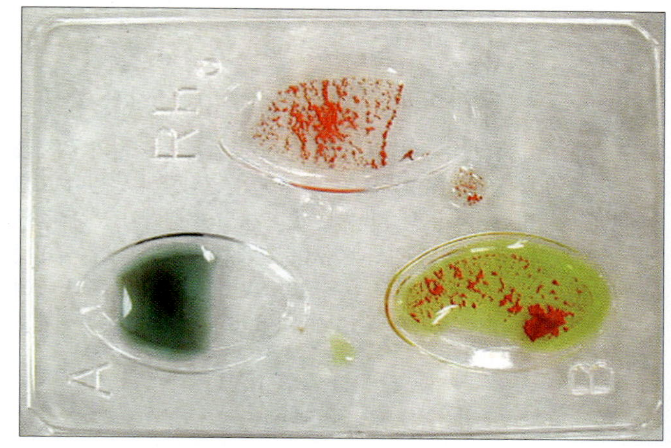

▲ **그림 10.8 인간 혈액형 결정을 위한 혈구응집 반응의 사용. (a)** 적혈구의 두 개의 표면 항원 (항원 A 또는 항원 B) 중 어느 하나에 결합할 수 있는 부위가 있는 항체를 주어진 혈액시료에 첨가한다. 항체가 표면 항원과 반응하면, 혈액세포는 응집, 즉 덩어리 형태로 보이게 된다. **(b)** 실제 시험과정에 대한 사진으로 Rh 항원에 대한 양성과 음성으로 표시하였다. *이 혈구응집반응에 사용된 사람의 혈액은 어떤 혈액형인가?*

그림 10.8 혈액시료를 기증한 사람의 혈액형은 B+이다.

응집할 수 없게 될 것이다. 양성반응을 보인 혈청의 최대 희석이 그 혈청의 적정(titre)이며, 이는 희석율을 반영한 비율로 표시한다. 따라서 응집이 멈추기 전까지 최대로 희석된 (예, 1,000배 희석을 했다면, 적정은 1:1,000이 됨) 혈청은 최소 희석 (예, 적정량이 1:10인 경우) 후에 응집을 일으키지 않은 혈청에 비해 더 많은 항체를 가지고 있는 것이다.

중화시험

학습 성과

10.14 중화시험의 목적을 설명하라.

10.15 바이러스 혈구응집 억제 시험과 혈구응집 시험을 비교하라.

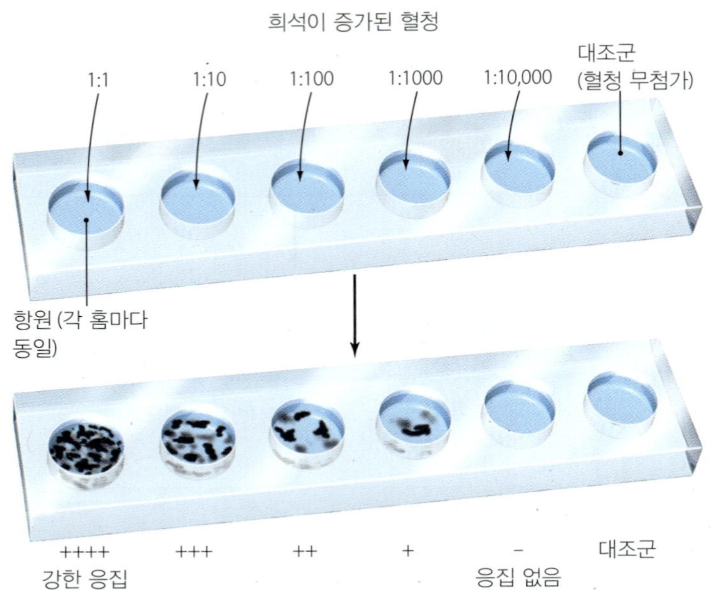

▲ **그림 10.9 적정법은 혈청시료의 항체의 양을 정량하기 위해 응집반응을 이용한다.** 혈청을 순차적으로 희석하여 일정량의 항원이 포함된 홈(well)에 넣는다. 낮은 혈청 희석액, 즉 고농도의 항체가 있는 경우에 응집이 일어나다. 높은 혈청 희석액에서는 항체의 농도가 너무 낮아 응집이 형성되지 않는다. 혈청의 적정은 응집이 일어날 수 있는 희석 중에 가장 높은 희석 비율로서, 이 경우는 1:1,000 이다.

중화시험(neutralization test)은 항체가 많은 병원체와 그들의 독소의 생물학적 활성을 중화하기 때문에 작용한다. 예를 들어, 파상풍 독소에 대한 항체와 파상풍 독소 시료를 섞으면 그 시료는 쥐에 해를 끼치지 않는다. 이는 항체가 독소와 결합하여 중화하였기 때문이다. 다음으로 비록 이 실험법이 수행하기에 까다롭지만, 효과적으로 항체의 생물학적 활성을 보여주는 다음의 두 가지 중화시험에 대하여 간단히 알아보자.

바이러스 중화

중화시험의 하나는 **바이러스 중화법(viral neutralization)**이다. 이 방법은 많은 바이러스들이 적절한 배양세포에 넣으면 세포에 침입하여 죽이게 되는 현상, 즉 세포병변효과(*cytopathic effect*) (그림 6.17, 치석형성 참조)를 일으킨다는 사실을 바탕으로 개발되었다. 그러나 만일 바이러스를 이들에 대항하는 특이적 항체와 먼저 섞으면, 바이러스가 배양세포를 죽이는 능력이 중화되어 버린다. 바이러스 중화 시험법에서는 혈청과 알려진 병원체 바이러스의 혼합액을 배양세포에 넣어주었을 때 세포변성효과가 없으면 혈청에 바이러스에 특이적인 항체가 있음을 의미하게 된다. 예를 들어, 한사람의 혈청과 한타바이러스 시료의 혼합액이 감염 가능한 세포 배양에 넣어주었을 때 세포변성효과가 나타나지 않는다면, 그 개인의 혈청은 한타바이러스에 대한 항체를 가지고 있다고 결론지을 수 있으며 이 항체가 바이러스를 중화시킨 것이다. 바이러스 중화시험은 민감도가 높고 개인이 특정 바이러스나 바이러스 변종에 노출이 되었는지 여부에 대해 확실하게 이야기할 만큼 특이성을 갖고 있어서 의사들로 하여금 진단과 치료, 그리고 미래의 감염과 질환을 예방할 수 있는 권고 등을 할 수 있도록 해 준다.

바이러스 중화 억제 시험

모든 바이러스가 그들의 숙주세포를 죽이지 않아 세포변성효과를 보이는 것은 아니기 때문에 중화 시험법은 모든 바이러스를 확인하는데 사용될 수 없다. 그러나 (인플루엔자 바이러스를 포함한) 많은 바이러스들이 적혈구를 자연적으로 서로 응집되게 하는 표면 단백질을 가지고 있다 [바이러스 혈구응집(*viral hemagglutination*)이라고 부르는 이런 자연적 과정은 앞서 우리가 알아본 혈구응집 조사와 혼동하여서는 안된다. 바이러스 혈구응집반응은 항원-항체 반응이 아님]. 인플루엔자 바이러스에 대한 항체는 바이러스 혈액응집을 억제한다. 따라서 한 개인의 혈청이 바이러스 혈구응집을 막는다면 그 사람은 인플루엔자 바이러스의 어떤 변종에 대한 항체를 가지고 있다는 것을 알 수 있다. 이러한 **바이러스 혈구응집억제 방법(viral hemagglutination inhibition test)**은 인플루엔자 (독감), 홍역, 유행성 이하선염, 그리고 자연적으로 적혈구 응집을 일으키는 바이러스에 대항하는 항체를 측정하는데 사용될 수 있다.

보체고정법

학습 | 성과

10.16 보체고정 시험법의 기초가 되는 현상을 간단히 설명하라.

항체에 의해 고전적 보체시스템이 활성되면, 세포막을 파괴하는 세포막공격복합체(MACs)를 형성하게 한다 (그림 8.9 참조). 이러한 현상이 **보체고정시험법(complement fixation test)** (kom´plē-ment fik-sā´shŭn)의 근간인데, 이 방법은 복잡한 측정법으로 개인의 혈청에 특정 항체의 존재를 찾는데 사용한다. 이 방법으로 응집법으로는 찾을 수 없는 적은 양의 항체의 존재를 찾을 수 있다. 그러나 보체고정시험법은 ELISA (잠시 후에 다룸) 또는 중합효소연쇄반응(PCR)과 같은 유전적 분석방법으로 대체되고 있다.

표지 항체검사

학습 | 성과

10.17 항원 또는 항체를 찾기 위해 표지된 항체를 이용하여 3가지 방법을 열거하라.
10.18 직접 및 간접 형광 항체검사를 서로 비교하고, 이 방법에 대한 최소 3가지 용도를 찾아라.
10.19 ELISA와 면역블럿 시험의 방법과 목적, 그리고 장점들을 서로 비교하라.

다른 형태의 혈청학적 검사는 표지된 (*labelled* 또는 *tagged*) 항체 검사(*antibody test*)로, 이와 같이 명명된 이유는 이 방법에서는 항체 분자를 쉽게 찾을 수 있도록 표지기 분자와 연결되어 있는 항체 분자를 사용하기 때문이다. 표지는 방사선 화학물질, 형광염색, 그리고 효소이다. 자동화된 기계가 표시기를 찾고 정량한다. 예를 들어, 감마선 탐색기는 방사선 화학물질을 계량할 수 있고, 형광현미경은 형광표지기를 측정할 수 있다. 방사선 또는 형과 표지기를 이용한 표지 항체검사는 항원 또는 항체를 찾는데 사용할 수 있다. 이제 형광 항체 조사와 ELISA, 그리고 면역블럿 검사에 대하여 알아보도록 하자.

형광 항체 시험법

형광염색약은 몇 가지 혈청학적 시험에서 표지로서 사용된다. 어떤 형광염색약은 항체의 항원에 결합하는 능력을 방해하지 않고 항체에 화학적으로 결합될 수 있다. 빛의 특정 파장에 노출될 경우 (형광현미경의 경우), 형광염색약은 빛을 낸다. 형광으로 표지된 항체는 직접 및 간접 형광 항체 시험법에 사용되고 있다.

직접 형광 항체 시험법(direct fluorescent antibody test)은 조직에서 항원의 존재를 확인한다. 이 방법은 단순하다. 즉 과학자들은 어떤 항원을 가지고 있을 것으로 의심되는 조직시료를 표지된 항체로 잠기게 한 후, 항원에 항체가 결합할 시간을 잠시 준 후, 결합되지 않은 항체를 시료로부터 씻어낸 후, 조직을 형광현미경으로 관찰한다. 만일 의심되는 항원이 존재하면, 표지된 항체가 조직에 붙게 될 것이고 과학자는 형광을 보게 된다. 이 방법은 정량적이지 않은데, 이는 관찰되는 형광의 양이 존재하는 항원의 양과 직접적으로 연관되지 않기 때문이다.

과학자들은 직접 형광 항체 방법을 이용하여 환자 조직에 있는 적은 수의 세균을 확인할 수 있다. 이 기술은 환자의 가래에 존재하는 *Mycobacterium tuberculosis*라는 결핵균과 뇌를 감염하는 광견병 바이러스를 찾는데 사용하고 있다. 한 용도로, 의학실험실 과학자들은 환자의 폐에 존재하는 진균을 찾기 위해 직접 형광 항체조사를 이용하여 진균성 폐렴의 진단을 확인하는데 사용하고 있다 **(그림 10.10)**.

간접 형광 항체 시험법(indirect fluorescent antibody test)에서는 두 단계 과정을 거쳐 한 개인의 혈청에 특정 항체가 존재하는지를 확인한다 **(그림 10.11a)**:

1. 관심 항원을 현미경 슬라이드에 고정한 후, 개인의 혈청을 첨가하고 혈청의 항체 (만일 존재한다면)가 항원에 붙기에 충분하도록 오랜 기간 둔다. 그 후에 혈청을 씻어 내고 항원에 결합한 항체는 그대로 둔다 (아직 보이지 않음).

2. 사람의 항체에 대응하는 형광물질로 표지된 항체를 슬라이드에 첨가하고 항원에 이미 결합되어 있는 사람의 항체를 결합시킨다. 슬라이드를 씻어 결합하지 못한 항-항체를 제거한 후, 형광

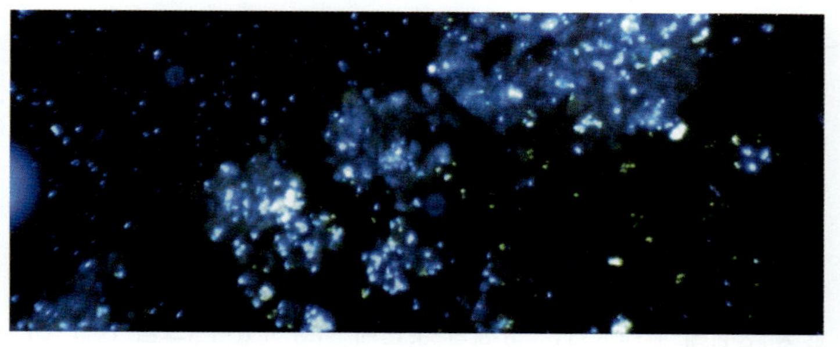

▲ **그림 10.10 직접 형광 항체 시험법.** 사람의 허파에 존재하는 진균성 병원체인 *Histoplasma capsulatum*의 항원에 대항하는 표지 항체에 의한 형광.

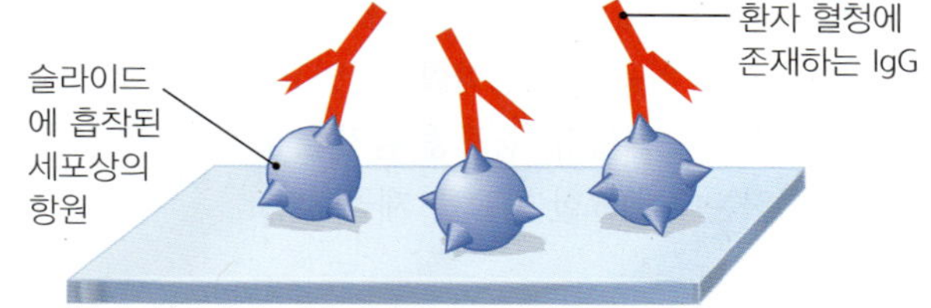

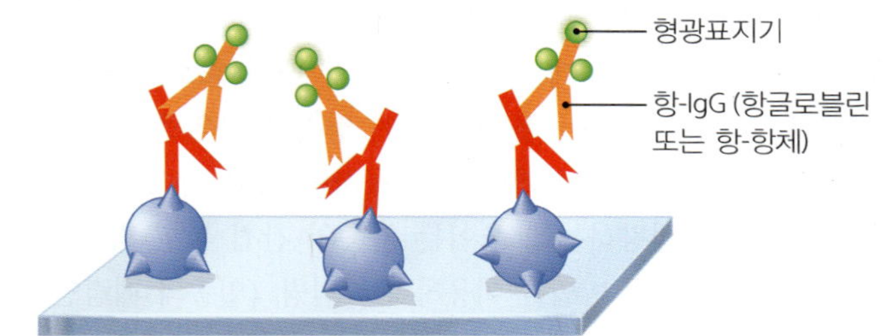

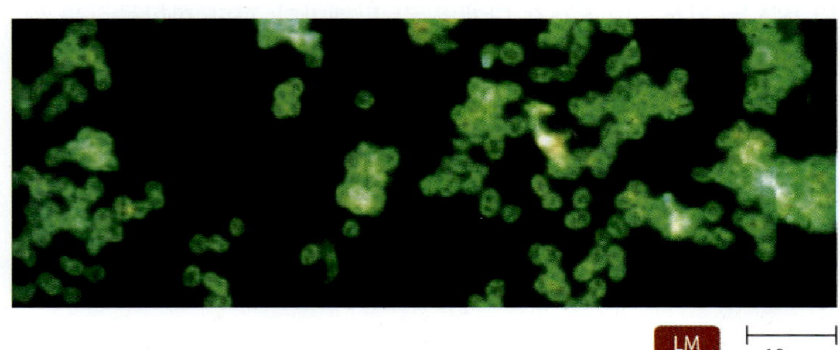

▲ **그림 10.11 간접 형광 항체 시험법.** 이 시험법으로 환자의 혈청에 특정 항체의 존재를 찾는다. **(a)** 시험 방법. **1** 항원을 슬라이드에 부착시키고, 이를 환자의 혈청으로 충분히 처리하여 혈청에 있는 특정 항체가 항원에 결합하도록 한다. **2** 형광화학물질로 표지된 항-항체를 여기에 첨가하고 씻어낸 후, 슬라이드를 형광현미경으로 관찰한다. **(b)** 양성 간접형광 항체 시험결과로서, 형광은 환자의 혈청에 특정 항원 (여기서는 임균)에 대한 항체가 존재하고 있음을 나타낸다.

현미경으로 관찰한다.

형광의 존재는 고정된 항원에 결합한 혈청 항체에 결합하는 표지된 항-항체의 존재를 나타낸다. 따라서 형광은 그 사람이 관심 항원에 대한 혈청 항체를 가지고 있다는 것을 의미하게 된다.

과학자들은 간접 형광 항체조사를 바이러스, 원생동물, 임질의 원인균인 *Neisseria gonorrhoeae* (nī-se´rē-ă go-nor-rē´ī)와 같은 세균성 병원체에 대항하는 항체를 찾는데 이용하였다 **(그림 10.11b)**. 항체의 존재는 환자가 병원체에 노출되었고 치료와 미래의 감염 위험을 낮추기 위한 조치에 대한 상담 등이 필요하다는 것을 의미한다.

과학자들은 백혈구에서 T 세포와 B 세포, 즉 림프구를 각 세포 종류에 대응하여 만들어진 특이적 단일클론항체를 이용하여 통상적으로 분리한다. 연구원들은 항체에 다른 색의 형광물질을 붙이고, 각 종류의 항체에 표지되어 있는 서로 다른 형광색을 이용하여 림프구의 종류를 구분할 수 있도록 하고 있다. 이러한 확인 방법으로 림프구 아종의 숫자와 비율을 수량화할 수 있고, 질환의 진단과 AIDS, 다른 면역결핍질환, 백혈병, 림프종 환자들의 질병 진전도와 치료 효과 등을 조사하는데 중요한 정보를 제공한다.

ELISA (EIAs)

다른 표지 항체조사는 효소가 결합된 항체를 이용하는 방법으로 **효소면역측정법[enzyme-linked immunosorbent assay** (im´ŭ-nō-sōr´bent as´sā), **ELISA]** 또는 **효소면역반응(enzyme immunoassay, EIA)**이라고 하는 방법인데, 표지가 염색약 대신 효소로서 기질과 반응하여 색깔을 내는 산물을 생산하여 양성 반응임을 알게 하는 방법이다. ELISA의 하나의 형식을 이용하여 혈청 내 항체의 존재를 찾고 그 양을 정량하는데 쓰이는 일종의 간접 시험 방법의 한 예라고 할 수 있다. 이 방법을 이용하여 라임병, (일종의 폐렴인) 레지오넬라증 또는 묘소병 등의 진단에 사용된다. 상업적으로 만들어지는 판(plate)에 형성된 자그만 홈(well)에서 반응이 일어나는 ELISA는 기본적인 5가지 단계와 각 단계마다 과다 화학물질을 씻어내어 제거하는 방법으로 구성된다 **(그림 10.12)**:

1. 판 위의 각 홈(well)을 항원 용액으로 막을 입힌다.
2. 과다한 항원물질은 씻어내고, (젤라틴과 같은) 다른 단백질을 각 홈에 넣어 항원과 미처 묻지 않은 부분에 막을 입혀 홈에 넣는다.
3. 조사해야 할 혈청의 각 시료를 각각의 홈에 넣는다. 혈청시료가 항원에 특이적인 항체를 가지고 있다면 이들은 판에 붙여놓

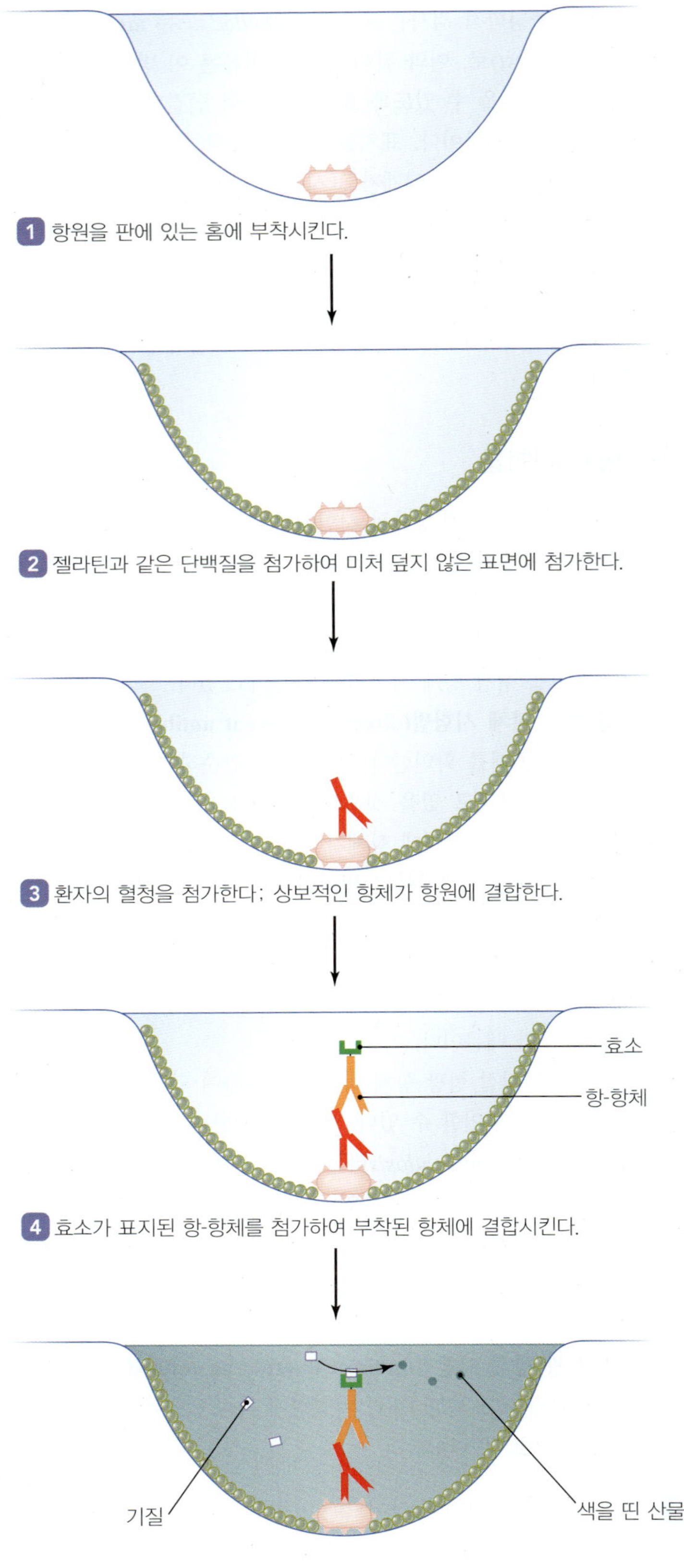

▶ **그림 10.12 ELISA는 효소면역측정법(EIA)이라고도 한다.** 여기서는 평판(plate) 위의 한 홈(well)만 표시하였다. 홈은 각 단계마다 세척한다. **1** 항원을 우물에 넣고 비가역적으로 붙어 있게 한다. **2** 과도한 항원을 세척해 제거하고, 젤라틴을 넣어 항원에 의해 덮히지 않은 홈의 부분들 덮는다. **3** 시험 혈청을 홈에 넣으면, 그 안에 있는 특이적 항체는 항원에 결합한다. **4** 효소로 표지된 항-항체를 홈에 넣고 결합되어 있는 항체에 결합하게 한다. **5** 효소기질을 홈에 넣으면, 효소는 기질을 색깔을 띠는 산물로 변환시킨다. 색의 양을 분광광도계를 이용하여 측정하는데, 그 양은 항원에 결합한 항체의 양에 직접적으로 비례한다.

은 항원과 결합한다.

4 효소로 표지된 항-항체를 각 홈에 넣는다.

5 효소의 기질을 각 홈에 넣는다. 효소와 기질의 반응은 산물을 만들고 이들은 눈에 띠는 색의 변화를 일으키기 때문에 효소와 기질을 선택한다.

홈(well)에 색의 변화로 알 수 있는 양성 반응은 표지된 항-항체가 관심 대상인 항원에 결합된 항체에 결합하게 될 때만 일어난다. 색의 강도는 눈으로 측정하거나 분광광도계를 사용하여 정확하게 측정할 수 있는데, 이는 혈청에 존재하는 항체의 양에 비례한다.

ELISA는 HIV 감염여부를 결정하는 것과 같이 다양한 진단을 위한 선택 조사법인데 많은 장점이 있다:

- 다른 표지 항체조사법과 같이, ELISA는 항체와 항원을 검사할 수 있다.
- ELISA는 민감도가 높아 매우 적은 양의 항체 (또는 항원)를 검출할 수 있다.
- 일부 확산법과 형광조사법과는 달리, ELISA는 항체와 항원의 양을 정량할 수 있다. 환자의 혈청 내에 있는 항원 또는 항체의 양을 안다는 것은 감염의 과정 또는 치료의 효과를 가늠하는데 중요한 정보를 제공할 수 있다.
- ELISA는 실행이 간편하다.
- ELISA는 상대적으로 비용이 저렴하다.
- ELISA는 여러 시료를 신속하게 한 번에 검사할 수 있다.
- ELISA는 효율적인 자동화를 가능하게하고 쉽게 직접적으로 또는 기계를 이용하여 판독할 수 있다.
- 항원과 젤라틴으로 막을 입힌 판은 필요할 때 사용하기 위해 저장이 가능하다.

항체 샌드위치 ELISA(*antibody sandwich ELISA*)라고 불리는 변형된 ELISA 기술을 이용하여, 직접 검사법의 예로서, 항원을 검사할 수 있다 **(그림 10.13)**. 예를 들어, 혈청에 HIV가 존재하는지 조사하기 위해, 판을 먼저 HIV (항원 대신)에 대항하는 항체로 막을 입힌다. 그 후, HIV를 검사할 개인으로부터 혈청을 홈에 첨가하는데, 혈청에 HIV가 있다면 홈에 붙어있는 항체에 결합할 것이다. 마지막으로 각 홈은 항원에 특이적인 효소로 표지된 항체로 꽉 채운다. "항체 샌드위치 ELISA"라는 이름은 검사하고자 하는 항원이 두 항체 분자 사이에 샌드위치로 위치 한다는 사실을 말하는 것이다. 이런 조사법은 주어진 시료에서 항원의 양을 정량하는데 사용될 수 있다.

면역블럿

면역블럿(immunoblot) [웨스턴 블럿(western blot)이라고도 함]은 복잡한 혼합액에서 여러 항원에 대한 항체를 찾는데 사용되는 기술이다.

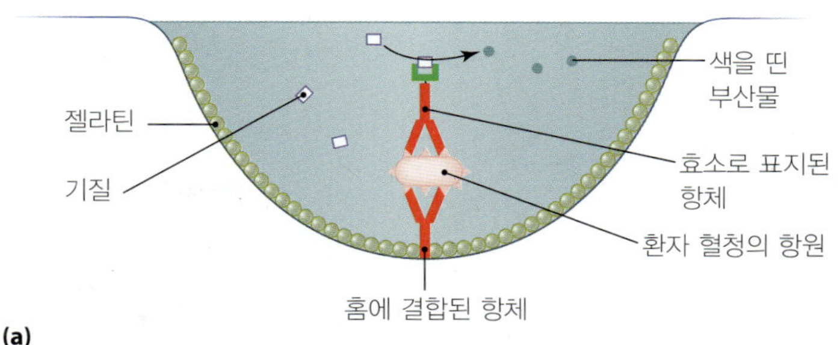

(a)

(b)

▲ **그림 10.13 항체 샌드위치 ELISA.** 이 ELISA 변형 방법은 항원의 존재여부를 조사하는데 사용되기 때문에, 항체를 초기 과정에서 홈에 붙인다. 두 번째 항체는 항원을 샌드위치처럼 둘러싸게 된다. **(a)** 그림 설명. **(b)** 실제 결과. *몇 개의 홈에서 양성을 나타내는가?*

그림 10.13 17개의 홈에서 양성을 나타낸다.

면역블럿 시험법은 병원체에 대한 항체를 포함하여 단백질의 존재를 확인하는데 사용된다. 의사들은 면역블럿을 HIV 단백질의 존재나 환자의 혈청에 라임병을 일으키는 세균에 대한 항체의 존재를 알아내는데 사용한다. 면역블럿은 3단계로 되어 있다 **(그림 10.14a)**:

1 전기영동(*electrophoresis*). 용액에 있는 항원들, 예를 들어, HIV 단백질들을 홈(well)에 넣고 전기영동하여 서로 분리한다. 용액의 각 단백질은 하나의 밴드로 나타나며 투명한 단일 밴드를 만든다.

2 블럿팅(*blotting*). 단백질 밴드를 니트로셀룰로오스 막(nitrocellulose membrane)으로 옮긴다. 이는 용액이 흡습지로 흡수되면서 일어나게 되는 과정으로 블럿팅(blotting)이라고 한다. 그 후 니트로셀룰로오스 막은 스트립 형태(strip)로 자른다.

3 *ELISA*. 각 니트로셀룰로오스 스트립을 시험 용액에 담가둔다. 이 경우에 6명의 사람들에게서 HIV에 대항하는 항체를 조사하기 위해 각 사람으로부터 얻은 시료이다; 그 후, 스트립은 세척

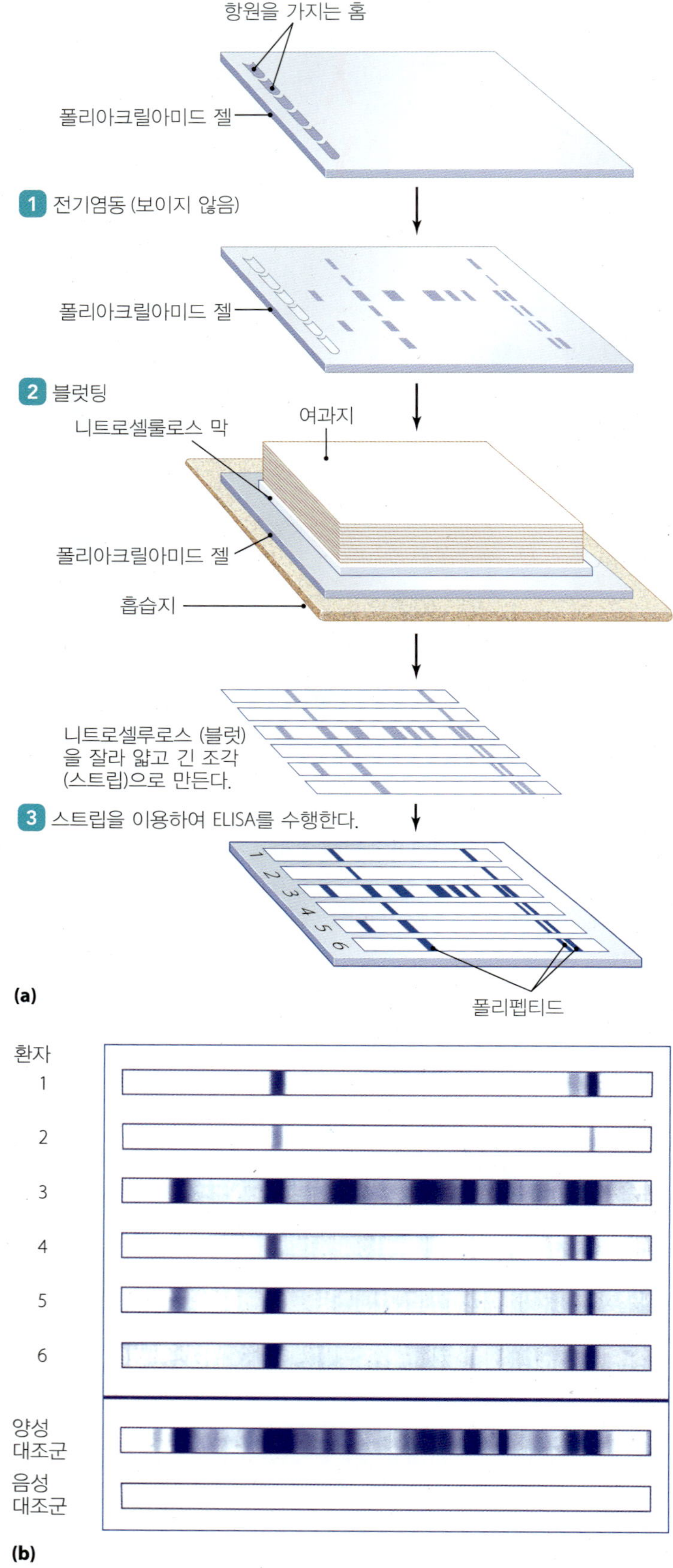

◀ **그림 10.14 면역블럿팅.** 이 기법은 복잡한 혼합물에 여러 개의 항원에 대한 항체가 존재함을 보여준다. **(a)** 면역블럿팅 시험법의 단계. **1** 항원을 전기영동으로 분리한다. **2** 분리된 단백질을 니트로셀룰로오스 막으로 옮긴다. **3** 시험 용액, 효소-표지 항-항체, 효소의 기질을 넣는다. 시험 용액에 항체가 단백질에 결합하는 곳에서 색이 변하게 된다. **(b)** 면역블럿의 실제 결과. 3번 환자가 양성이다.

한 후, 효소로 표지된 항-항체 용액을 일정기간 동안 첨가한다. 그 후, 띠를 다시 씻고 효소의 기질에 노출시킨다.

시험 용액에 들어있는 HIV 단백질에 대한 항체가 그들의 기질에 결합하면 양성반응으로서 색깔이 생겨난다. 이 경우에 3번째 스트립으로 검사된 사람이 양성으로 HIV에 대한 항체를 가지고 있지만, 다른 다섯 명은 HIV에 대한 항체를 가지고 있지 않다 **(그림 10.14b)**. 면역블럿은 감도가 높고 여러 종류의 단백질을 동시에 찾을 수 있다. 모든 환자들에서 공통적인 색을 띤 스트립은 정상 혈청 단백질을 의미한다.

현장현시사

학습 | 성과

10.20 ELISA 보다는 면역여과 시험법의 사용의 장점을 토론하라.
10.21 면역여과 시험법과 면역크로마토그래피 시험법을 서로 비교하라.

최근에 임상 의사들에게 몇 분 안에 필요한 결과를 제공할 수 있는 간단한 면역시험법이 발달해 왔다. 이러한 시험법은 현장현시검사(*point-of-care testing*)를 가능케 하고 있다. 즉, 의료관련종사자들이 시료를 검사를 위해 실험실에 보낼 뿐만 아니라 환자가 있는 병상에서 또는 의사들의 사무실에서 시험을 실시할 수 있게 되었다. 일반적 현장현시검사는 면역여과 시험법(*immunofiltration assay*)과 면역크로마토그래피 시험법(*immunochromatographic assay*)을 포함한다. 이러한 시험법은 정성적이지 못하지만, 신속하게 양성과 음성 결과를 제공할 수 있어 의료종사자들로 하여금 빠른 진단을 할 수 있도록 해 준다.

면역여과 시험법(immunofiltration assay) (im´ŭ-nō-fil-trā´shŭn)은 신속한 ELISA 방법으로 판(plate) 보다는 막여과지에 결합된 항체를 이용한다. 막여과지가 넓은 표면적을 가지고 있기 때문에 반응속도가 빠르고 시험시간도 전통적인 ELISA에 비해 상당히 짧다.

면역크로마토그래피 시험법(immunochromatographic assay) (im´ŭ-nō-krō´mat-ō-graf´ik)은 빠르고 판독하기 쉬운 면역 시험법이다. 이 시험법에서는 (희석된 혈액 또는 가래와 같은) 항원 용액이 다공성 물질을 통과하며 흐르면서 분홍색의 콜로이드성 금(colloidal[3] gold) 또는 파란색의 콜로이드성 셀레니움(selenium)으로 표지된 항체와 반응한다. 항원과 항체가 결합하면 색을 띤 면역 복합체가 용액 안에서 형성되고 그 후 이 복합체가 그들에 대한 항체를 만나는 장소로 흐르게 됨으로서, 표지의 색에 따라 가시적 분홍색 또는 파란색의 띠로 나타나게 된다. 이 방법은 임신테스트에 사용되는데, 배아나 태아만이 생성하는 호르몬인 사람의 생식선 자극 호르몬(*chorionic gonadotropin*)을 조사한다. 또한 이 방법은 HIV나 *Escherichia coli* (eshē-rik´ē-ă kō´lī) O157:H7, A군 *Streptococcus*, 호흡기 세포융합 바이러스(respiratory syncytial virus, RSV), 인플루엔자 바이러스 등과 같은 감염체의 신속한 확인에 사용된다. 이 방법을 약간 변형하여, 항체를 막 조각 위에 입히고, 이를 용액에 담가서 사용하기도 한다. 한쪽 끝은 한 띠 안에 항체를 고정시켜 막에서 움직이지 못하게 한다. 그 막의 아래 부분은 문제의 항원에 대한 항체로 덮혀 있다. 이들 항체는 콜로이드성 금속의 형태로 색 지표와 연결되어 있으며 모세관 작용에 의해 막을 자유롭게 이동할 수 있다.

그림 10.15에 환자의 비강분비물에서 A군 *Streptococcus*의 존재를 조사하기 위해 사용된 방법을 예시하였다. 실험실 과학자들은 환자의 비강분비물 시료를 준비하여 존재할지 모르는 *Streptococcus* 항원을 얻는다. 그 후 그 막을 용액에 담근다. 막의 항체는 *Streptococcus* 항체에 결합하여 복합체를 형성한다. 이 복합체는 모세관 작용에 의해 막을 따라 올라가 항-항체가 있는 띠에 이르게 되고, 거기서 복합체는 항-항체와 결합하고 정지하게 되는데 이는 항-항체가 화학적으로 그 띠 안에 결합되어 있기 때문이다. 이전까지 이 복합체는 희석이 많이 되었기 때문에 눈에 보이지 않지만, 이제는 항-항체의 띠 부분에 모이게 되어 눈에 보이게 됨으로써 이 환자는 그의 코에 A군 *Streptococcus*를 가지고 있음을 확인하게 된다. 감염이 세균성이고 바이러스성이 아님을 알고 있으므로, 의사는 항생제를 처방한다. 항원 준비부터 진단까지의 과정은 10분 이내에 이루어진다. **표 10.2**에 선택된 세균성 및 바이러스성 질환을 진단하는데 사용될 수 있는 항원-항체 면역 시험법을 나열하였다.

[3]*colloidal*은 액체나 가스 상태로 떠다니는 작은 입자들을 뜻함.

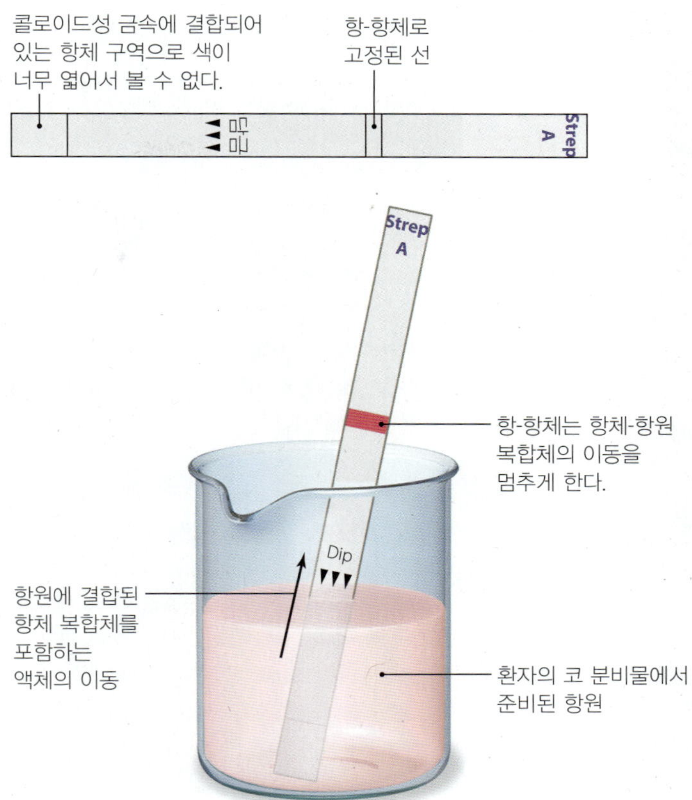

▲ **그림 10.15 계량용지를 이용한 면역크로마토그래피.** 계량용지의 한쪽 끝은 특정 항원에 대항하는 이동성 항체와 결합되어 있는 콜로이드성 금속입자로 되어 있고, 그 반대쪽 끝 부위에 한 선에는 항-항체가 고정되어 있다.

왜 그런가

진단가가 ELISA 방법을 이용하여 신생아의 혈액에서 HIV에 대항하는 항체가 있음을 보였다. 그러나 6개월 후에 같은 시험법의 결과는 음성이었다. 어떻게 이런 일이 발생하였을까?

표 10.2 항원-항체 면역학적 시험법과 그들의 용도

시험법	용도
면역확산 (침강)	매독, 폐렴구균성 폐렴의 진단
응집반응	혈액형 분석; 임신조사; 살모넬라증, 브루셀라증, 임질, 리케차 감염, 마이코플라스마 감염, 효모 감염, 장티푸스 *Haemophilus*에 의한 뇌막염 진단 등에 사용
바이러스 중화	특정 변종 바이러스에 의한 감염 진단
바이러스 혈구응집 억제	독감, 홍역, 유행성 이하선염, 루벨라, 단핵구증 등에 관련한 바이러스 감염을 진단
보체 고정	과거에는 홍역, A형 독감, 매독, 루벨라, 리케차 감염. 홍역, 류마티스열, 호흡기 세포융합 바이러스, *Coxiella* 진단에 사용
직접형광 항체	광견병, A형 *Streptococcus* 감염 등의 진단과 림프구 아단위 감별에 사용
간접형광 항체	매독, 단핵구증 진단
ELISA	임신검사; 소변에서 약물검사; A형 간염, B형 간염, 루벨라 등의 진단; HIV 감염 초기진단에 사용
면역블럿 (웨스턴블럿)	HIV 감염의 확진; 라임병의 진단에 사용

임상 미생물 후속내용

도심에서의 급작스런 발병

의사는 Maria가 백일해에 걸렸을 것으로 의심하고 있다. 백일해는 *Bordetella pertussis*라는 그람-음성의 구간균에 의해 발병한다. 백일해(pertussis)는 "whooping cough"로도 알려져 있는데, 기침을 한 후의 특징적인 호흡 때문이다. Maria의 가래를 인후 배양(throat culture)하여 이 질병을 진단하고 확인하였다. 백일해는 매우 감염력이 높다. 기침할 때마다 수백 수천개의 세균을 뿜어내고 이들은 다른 사람을 감염한다. Maria와 그녀의 어머니는 남미계 사람들이 많이 모여 사는 지역에서 살고 있으며, 이 지역 사람들은 특히 백일해의 폐해가 크다.

1950년경까지 *Bordetella*는 어린이 질병과 사망의 주요 원인이었다. 오늘날 DTaP (diphtheria, tetanus, acelluar pertussis; 디프테리아. 파상풍, 비세포성 백일해) 백신을 이용한 예방접종으로 백일해를 예방할 수 있지만, 불행히도 많은 부모들이 어린이들에게 백신을 맞히지 않는다. 어릴 때에 백신을 맞은 어른들도 DTaP 재접종 권고를 따르고 있지 않다. 백일해의 발생빈도는 증가하고 있다. 도심은 특히 예방접종률이 낮아 서서히 유행병으로 되어가고 있는데, 예방접종을 규칙적으로 하지 않으면 사람들은 집단면역을 잃어버리게 되기 때문이다.

급작스런 발병을 조절하기 위해서 병원에서는 대중 교육과 어린이들에게 DTaP 백신과 어른에게 TdaP 추가접종을 무료로 제공하는 면역프로그램을 시작하였다. 그 사이에 공중보건 관계자들은 세균변종을 신속하게 확인하기 위한 분자적 타이핑을 실시하고 있으며, *Bordetella*의 에리스로마이신(erythromycin) 저항성 변종 세균의 생장을 막기 위해 항생제 내성 조사를 꾸준히 실시하고 있다.

Maria에 대해서는 의사들이 아이의 부모에게 그녀를 신속히 병원으로 데려가도록 설득하였으며, 병원에 바로 입원하여 정맥 주사와 항생제 처방을 받았다.

1. 백일해를 예방하기 위한 DTaP 백신은 복합백신으로 다양한 질병을 동시에 예방할 수 있다. DTaP 백신에서 사용되는 다른 종류의 항원을 서술하라.
2. 집단면역을 기술하고, 이것이 어떻게 임상 사례에서 기술한 유행과 연관이 될 수 있는지 설명하라.

보이지 않는 것의 탐구: ELISA

이 QR 코드를 당신의 스마트폰으로 검색하여 Bauman 박사의 비디오 가정교사로 계속 공부하라.

단원요약

예방접종 (277–285쪽)

1. 초기 **백신**은 Edward Jenner에 의해 천연두에 대하여 개발되었다. 그는 이 기술을 예방접종이라고 하였다. **예방접종** 또는 **면역접종**은 보다 일반적인 용어로 광견병, 탄저병, 홍역, 풍진, 유행성 이하선염, 소아마비 등의 질병에 대한 백신의 사용을 의미한다.
2. 개인은 수동적 면역접종 또는 능동적 면역접종으로 여러 감염으로부터 보호받을 수 있다.
3. 능동적 면역접종은 항원을 **약독화 백신**, **비활성 백신 (사백신)**, **변형독소 백신** 또는 재조합 유전자 백신 등의 형태로 주어지는 것을 포함하고 있다. 항체의 **역가**는 생산된 항체의 양을 의미한다.
4. 약독화 백신의 병원체는 약화되어 더 이상 질병을 일으킬 수 없으나, 아직도 살아있고 활성이 있어 접종되지 않은 사람이 접종된 사람과의 접촉 등을 통해 **접촉면역**을 제공할 수 있다.
5. 비활성 백신은 한 생물체의 전체 또는 소단위 백신으로 **면역보조제**를 포함하는데, 이는 능동적 면역력을 활성화시키기 위해 첨가되는 화학물질이다.
6. 변형독소 백신은 항체-매개성 면역력을 자극하기 위해 사용되는 변형된 독소이다.
7. **혼합백신**은 여러 병원체의 항원으로 구성되어 있어 한 번에 한 환자에게 투여될 수 있다.
8. 어떤 집단에서 통상 75% 이상의 많은 사람들이 면역된 경우에 질병의 확산을 방해하여 면역접종을 받지 않은 사람을 보호할 수 있다. 이러한 보호를 **집단면역**이라고 한다.
9. **수동 면역치료** (일종의 수동 면역접종)는 미리 만들어진 항체

를 가진 항혈청을 투여한다. 환자가 항혈청에 대해 항체를 만들게 되면 혈청병이 발병한다.

10. 골수종 (암세포적인 형질세포)과 형질세포를 융합하여 **하이브리도마**를 만드는데, 이들은 수동면역접종에 사용될 수 있는 **단일클론항체**의 원천이 된다.

항원과 항체를 이용한 혈청학적 시험 (285-293쪽)

1. **혈청학**은 병을 진단하거나 항원과 항체를 확인하기 위해 혈청에 대한 면역학적 시험법을 연구하고 사용하는 학문이다.
2. 혈청학적 조사법 중 가장 간단한 방법은 침강법으로 항원과 항체가 이상적인 비율로 서로 만나면 관찰이 가능한 **면역복합체**를 형성하게 된다. 때로는 이 시험법을 투명한 젤에서 수행할 수 있는데 이를 **면역확산법**이라고 한다.
3. 자동화된 빛 측정기는 용액 속의 단백질 양을 나타내는 용액의 혼탁도를 측정할 수 있다. 혼탁도 측정법은 용액을 통과하는 빛을 측정하고 비탁법은 용액 내의 단백질에 의해 굴절되는 빛의 양을 측정한다.
4. **응집시험법**은 항체에 의해 항원입자의 응괴를 수반한다. 이러한 항체의 양을 **역가**라고 하며 **적정법**이라고 부르는 공정으로 혈청을 희석하여 측정한다.
5. 바이러스나 독소에 대한 항체는 **바이러스 중화시험법**과 같은 **중화시험법**으로 측정가능하다. 자연적으로 혈구응집을 유발하는 바이러스에 의한 감염은 **바이러스 혈구응집 억제 조사법**을 이용하여 증명할 수 있다.
6. **보체고정법**은 특정 항체의 존재를 결정하는데 사용되는 복잡한 방법이다.
7. 화학적으로 형광염색약을 결합시킨 형광표지 항체는 다양한 **직접 형광항체 조사법**과 **간접 형광항체 조사법**에 사용된다. 표지된 항체의 존재는 형광현미경을 통하여 관찰된다.
8. **효소면역측정법(enzyme-linked immunosorbent assays, ELISAs)** 또는 **EIA (enzyme immunoassays)**은 자동화되어 기계로 판독할 수 있는 간단한 시험법의 종류이다. 이들 시험법은 혈청학적 시험법 가운데 가장 흔하게 사용되는 방법이다. ELISA의 변형된 방법이 **면역블럿**으로 이는 혼합액에 다양한 항원에 대한 항체를 측정하는데 사용된다.
9. **면역여과 시험법**과 **면역크로마토그래피 시험법**은 ELISA 방법의 변형으로 보다 빠른 진단 결과를 제공할 수 있다.

복습문제

복습문제에 대한 답 (단답형 문제 제외)은 A-1에 있다.

선다형

1. 파상풍에 대한 즉각적인 면역력을 얻기 위해서 환자가 받아야 하는 것은?
   a. *Clostridium tetani*의 약독화 백신
   b. *C. tetani*의 변형된 생백신
   c. 파상풍 변형독소
   d. 파상풍 독소에 대한 면역글로불린 (항독소)
   e. *C. tetani*의 소단위 백신
2. 다음 백신의 종류 중 어떤 것이 일반적으로 보조제 (면역보조제)와 함께 주사되는가?
   a. 약독화 백신
   b. 변형된 생백신
   c. 화학적으로 죽인 백신
   d. 면역글로불린
   e. 응집 항원
3. 다음 중 어떤 바이러스가 생백신으로 널리 사용되는가?
   a. 코로나바이러스(coronavirus)
   b. 소아마비바이러스(polio virus)
   c. 인플루엔자 바이러스(influenzavirus)
   d. 레트로바이러스(retrovirus)
   e. 믹소바이러스(myxovirus)
4. 항원과 항체가 섞일 때, 최대 침전은 언제 발생하는가?
   a. 항원이 많을 때
   b. 항체가 많을 때
   c. 항원과 항체가 같은 양일 때
   d. 항원을 항체에 넣을 때
   e. 항체를 항원에 넣을 때
5. 항-항체는 언제 사용하는가?
   a. 항원이 침전되지 않을 때
   b. 항체가 응집되지 않을 때
   c. 항체가 보체를 활성하지 않을 때
   d. 항원이 불용성 일 때
   e. 항원이 항체일 때
6. 혈청에는 있는 많은 다양한 단백질은 ________________ 으로 분석할 수 있다.
   a. 항-항체 시험법
   b. 보체고정 시험법
   c. 침전 시험법

d. 응집 시험법
e. 면역확산 시험법

7. 직접 형광 항체 시험법은 다음 중 어떤 것을 요구하는가?
a. 열에 의해 불활성화된 혈청
b. 형광 혈청
c. 면역복합체
d. 열처리한 혈장
e. 항원에 대응하는 항체

8. ELISA는 다음 중 어떤 시약을 사용하는가?
a. 효소 표지된 항-항체
b. 방사선으로 표지된 항-항체
c. 보체의 원천
d. 효소 표지된 항원
e. 효소 표지된 항체

9. 직접 형광항체 시험법은 ________________ 의 존재를 확인하는데 사용할 수 있다.
a. 혈구응집
b. 특이적 항원
c. 항체
d. 보체
e. 침전된 항원-항체 복합체

10. 다음중 개의 뇌에 있는 광견병바이러스를 찾기에 좋은 방법은?
a. 응집법
b. 혈구응집 억제
c. 바이러스 중화
d. 침전
e. 직접 형광 항체

11. 약독화는?
a. 독성을 줄이는 공정
b. 백신을 만들기 위해 필요한 과정
c. 종두의 한 형태
d. 면역보조제와 유사

12. 항혈청은?
a. 항-항체이다.
b. 불활성 백신이다.
c. 단일클론항체로 구성된다.
d. 예방접종에 사용되는 혈액의 액체부분이다.

13. 단일클론항체는?
a. 하이브리도마에 의해 생산된다.
b. 복제 세포에 의해 분비된다.
c. 수동적 면역접종에 사용될 수 있다.
d. 모두 정답이다.

14. 혈액에서 항원-항체 상호 작용에 대한 연구는
a. 약독화이다.
b. 응집이다.
c. 침전이다.
d. 혈청학이다.

15. 항-인간항체 항체들은?
a. 면역력이 억제된 사람들에게서 발견된다.
b. 직접 형광 항체 시험법에서 사용된다.
c. 인간의 면역글로불린에 대해 반응하는 동물에 의해 형성된다.
d. ELISA의 변형된 방법이다.

변형된 진위형

1. ________________ 수동적 면역치료는 능동적 면역접종에 비해 더 긴 시간동안 면역력을 제공한다.
2. ________________ 바이러스에 대한 사백신을 약독화하는 것은 표준화된 것이다.
3. ________________ 하나의 혈청학적 조사는 HIV 감염에 대한 정확한 진단을 내리기에 부적합하다.
4. ________________ ELISA는 아주 쉽게 자동화된다.
5. ________________ ELISA는 근본적으로 면역블럿을 대신하고 있다.

연결형

좌측에 있는 특성들과 오른쪽에 가장 근접하게 설명한 치료법과 서로 맞추어 보라. 어떤 것은 하나 이상 짝이 될 수 있다.

1. ____ 신속한 면역력을 시작하게 유도한다.
2. ____ 주로 항체 반응을 유도한다.
3. ____ 좋은 세포-매개성 면역력을 유도한다.
4. ____ 항원생성력을 증진한다.
5. ____ 항원의 조각을 사용한다.
6. ____ 약독화된 미생물을 사용한다.

A. 약독화 바이러스 백신
B. 면역보조제
C. 소단위 백신
D. 면역글로불린
E. 잔여 독성

시각화하기!

1. 항체 샌드위치 ELISA에 대한 화가의 개념에 의해 표현되는 화학물질을 명기하라.

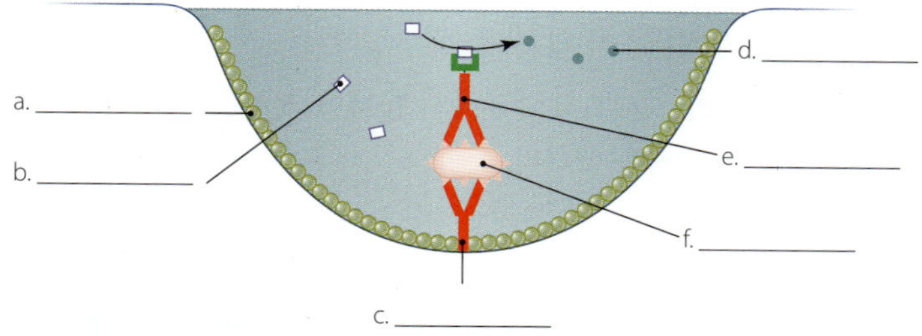

2. 왼쪽 두 컬럼 (기둥)은 특이적 병원체에 대한 음성과 양성 면역블럿 결과를 보여 주고 있다. 숫자로 표기된 컬럼은 11명의 환자로부터 획득한 시표에 대한 블럿이다. 어느 환자가 감염되지 않았을 가능성이 높을까?

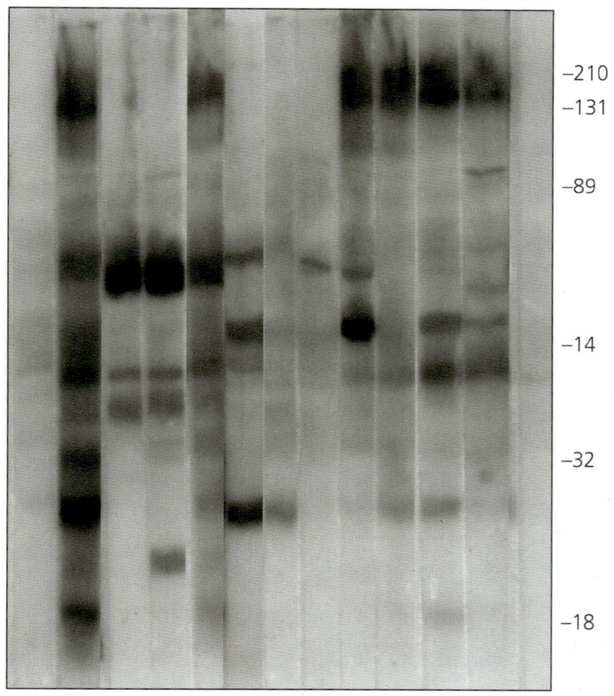

단답형

1. 종두의 중국식 실행과 Jenner의 예방접종 과정을 서로 비교하고 대조하라.
2. 약독화 백신의 장점과 단점은 무엇인가?
3. 수동적 면역치료법과 능동적 면역접종의 장점과 단점을 비교하라.
4. 침전과 응집은 어떻게 다른가?
5. 임신테스트가 분자적 수준에서 어떻게 작용하는지 설명하라.
6. 집단면역과 접촉면역을 비교하고 대조하라.
7. 혼탁도 측정법과 비탁법은 어떻게 다른가?

비판적 사고

1. 만일 어떤 백신이 1% 정도의 환자들에게는 심각한 질환을 유발하지만, 예방접종을 받은 대부분의 환자들을 심각한 질환에 대해 보호한다면 이 백신의 사용을 허가하는 것이 도덕적인가?
2. 환자가 감염되지 않았다고 잘못 알려주는 (거짓 음성) HIV에 대한 진단법을 사용하는 것과 가끔 한 환자가 감염되었다고 잘못 알려주는 (거짓 양성) 진단법을 사용하는 것 가운데 어떤 것이 더 나쁜가? 당신의 선택에 대하여 설명하라.
3. 실용적인 혈청학적 시험법을 선택하는 데 드는 비용과 기술적 숙달의 중요성에 대해 토론하라. 어떤 상황에서 자동화가 중요하게 될 것인가?
4. 혈청과 더불어, 어떤 신체의 액체가 면역 조사에 사용될 수 있나?
5. 왜 혈청학적 시험법은 거짓 양성결과를 나타내게 되는가?
6. 어떤 연구자가 림프구 혼합액에서 B 세포와 T 세포를 구분하

기를 원한다. 세포를 죽이지 않고 어떻게 이일을 수행할 수 있을까?

7. 유전자 재조합 기술이 보다 안전하고 효과적인 백신을 개발하는 데 사용할 수 있는 3가지 방법은 무엇인가?
8. 변형독소 백신과 약독화 백신은 어떻게 다른가?
9. 왜 많은 보건 기구에서는 신생아에 대한 모유 수유를 촉구하는지 설명하라. 이러한 보살핌과 관련한 위험요소는 무엇인가?
10. 혈구응집 시험법과 바이러스 혈구응집 억제 시험법을 비교하라.
11. 60년 전, 부모들은 자신들의 자식들에게 보호적 소아마비 백신을 맞추기 위해 무엇이던 하려했다. 현재는 백신을 두려워하고 병은 두려워하지 않는다. 왜 그럴까?
12. 분자적 그리고 세포적 수준에서 IgM이 적혈구를 응집하는 것을 보이는 그림을 그려라.

개념도 작성

다음 용어를 사용하여 백신을 묘사하는 개념도를 작성하라.

능동면역
면역보조제
약독화 백신
B형 간염 백신
예방접종
불활성 백신
홍역 백신
미생물
변형독소
백일해
소아마비
소단위 백신
파상풍 변성독소
수두 백신

11 AIDS 및 다른 면역질환

임상 미생물

벌레에 물린 단순한 사례?

화창하고 나른한 7월의 어느 오후에 호숫가의 가족 오두막에서 10살짜리 Ethan은 침이 잔뜩 묻은 테니스공을 애완견 Daisy에게 던져주고 있었다. 개는 던져진 공을 가져오기 위해서 덤불 속으로 뛰어들곤 하였다. 놀이가 끝이 났을 때에 Ethan은 Daisy를 그의 팔로 안아 주었다.

일주일 후에 Ethan은 엄마 Maureen을 깨워서 가렵다고 불평하였다. 붉어진 오른쪽 얼굴은 작은 돌기들로 덮여 있었다. Ethan이 벌레에 물린 것으로 확신한 Maureen은 가려움을 완화하기 위해서 항히스타민제를 주었다. 아침에 Ethan의 상태는 악화되었다—붉은 발진들이 목과 팔에 퍼져있었고, 얼굴은 부어오르고 물집들이 생겨 있었다. Maureen은 일반 의약품인 가려움증 연고를 발라주고 물집을 건드리지 말라고 하였으나 그는 긁지 않고는 견딜 수 없었다.

3일 후에도 Ethan은 여전히 불편해 보여서, Maureen은 진짜로 걱정이 되었다. 그때에 물집으로부터 고름이 나오는 것도 목격하였다. 겁에 질린 Maureen은 바로 Ethan을 의사에게 데리고 갔다.

Ethan은 무엇이 잘못되었는가? 벌레에 물린 것은 Ethan이 아픈 것의 원인이 될 수 있는가? 답을 알기 위해서는 이번 장의 끝 (325쪽)을 보라.

면역체계는 신체 방어 기작에서 절대적으로 필수적인 한 요소이다. 그러나 면역체계가 비정상적으로 작동한다면-너무 과도하게 반응하거나 너무 약하게 반응하거나- 큰 병의 원인이 되거나 사망에까지 이르게 될 수 있다. 면역체계가 과도하게 기능을 하면 알레르기와 같은 면역 과민반응(*immune hypersensitivity*)이 발생한다. 만일 면역체계가 자신의 신체 조직을 공격하면, 자가면역질환(*autoimmune disease*)이 발생한다. 면역체계가 기능을 못하면, 면역결핍증[*immunodeficiency* (im´ŭ-nō-dē-fish´en-s´ē) *disease*]의 결과로 나타난다. AIDS가 대표적인 예이다. 이번 장에서는 면역체계 교란의 3가지 분야를 논의할 것이다.

면역과민반응

학습 | 성과

11.1 과민반응의 4종류를 비교하고 대비하라.

과민반응(hypersensitivity) (hīper-sen-si-tiv´i-tē)은 외부 항원에 대한 면역반응이 정상 범위를 초과하는 것으로 정의할 수 있다. 예를 들어, 대부분의 사람들은 가려움증이나 호흡곤란이 없이 또는 콧물이나 눈물을 흘리지 않고 양털 옷을 입고 향수 냄새를 맡거나 가구의 먼지를 털 수 있다. 이런 증상들이 발생하면 그 사람은 과민반응을 경험했다고 이야기한다. 다음 절에서는 제1형에서 제4형까지로 명명된 4가지 주요한 과민반응에 대해서 각각 알아보기로 한다.

제1형 (즉시성) 과민반응

학습 | 성과

11.2 제1형 과민반응이 발생하는 2부분으로 된 기작에 대해서 설명하라.

11.3 비만세포(mast cell) 과립에서 방출되는 3가지 염증 화합물(매개물)에 대해서 설명하라.

11.4 제1형 과민반응 기작의 결과로 나타나는 3가지 질병 현상을 설명하라.

제1형 과민반응은 지역에 국한되거나 신체 전체에 일어나는 반응으로 항원에 반응하여 히스타민과 같은 염증 분자가 방출되는 것에 기인한다. 이런 반응은 항원에 접촉한 후 몇 초 또는 몇 분 내에 발생하기 때문에 즉시성 과민반응(*immediate hypersensitivity*)이라고 한다. 일반적으로 **알레르기(allergy**[1]**)**라고 하고, 반응을 일으키는 항원을 **알레르겐(allergen)** (al´er-jenz)이라고 한다.

다음의 2개 절에서는 제1형 과민반응의 두 부분으로 된 기작에 대해서 설명할 것이다: 알레르겐에 접촉 시에 민감화(sensitization), 감작(sensitized) 세포의 탈과립화.

알레르겐에 접촉 시에 민감화

우리 모두는 환경에 존재하는 항원에 노출되고 일반적으로 면역반응을 일으켜서 감마 계열 (IgG)의 항체를 생산한다. 그러나 알레르기를 갖는 개인의 경우에 2형 보조 T 세포 (Th2)로부터 나온 조절 단백질 (사이토카인, 특히 인터루킨 4)이 B 세포를 자극하면 B 세포는 엡실론 계열의 항체 (IgE)를 생산하는 형질세포(plasma cell)가 된다 (IgE, **그림 11.1a**). 전형적으로 IgE는 기생충에 대항하여 작용하는데, 미국인들은 이런 경우가 거의 없음으로 IgE는 혈장에 매우 낮은 수준으로 존재한다. 그러나 알레르기를 갖는 사람은 알레르겐에 반응하여 형질세포가 다량의 IgE를 생산한다.

단지 일부의 사람들이 다량의 IgE를 생산하여 알레르기로 고통을 받는 정확한 원인은 집중적으로 연구 중이다. 집먼지 진드기, 곰팡이, 기생충, 애완동물 등의 털과 같은 환경 항원에 노출된 어린

[1] "다른"을 뜻하는 그리스어 *allos* 및 "일하다"란 의미의 그리스어 *ergon*으로부터 유래.

집중 조명

애완동물이 어린이로부터 알레르기의 위험을 줄이는 데 도움이 될 수 있는가?

몇 가지 연구에서 두 마리 이상의 고양이와 개들과 함께 자란 집의 아이들이 애완동물이 없이 자란 아이들보다 일반적인 알레르기에 덜 걸린다는 것이 제시되었다. 연구자들은 고양이와 개가 지닌 세균들에 노출되는 것이 개뿐만 아니라, 집먼지 진드기와 풀과 같은 다른 일반 알레르겐에도 대한 알레르기 반응을 억제한다고 생각하였다.

한 연구에서 연구자들은 474명의 어린이들을 출생 시부터 6-7세까지 연구하여 일반 알레르겐에 대한 IgE의 반응을 조사하였다. 연구자들은 출생 첫 해에 2마리 이상의 고양이와 개에 노출된 어린이들이 같은 기간에 한 마리에 노출되거나 애완견이 없었던 어린이에 비해서 평균적으로 66-77% 더 낮은 일반 알레르기 항체를 갖는다는 것으로 발견하였다. 정확히 어떻게 애완동물이나 세균이 알레르기 반응을 억제하는지는 분명하지 않다; 아마도

애완동물 알레르겐에 의한 Th1 세포의 자극이 항체 면역반응을 촉진하는 Th2 세포의 생산에 균형을 이루게 하거나 억제할 수 있다. 다르게 해석하면, 이미 알레르기에 성향이 있는 가족은 애완동물을 키우지 않아서 그럴 수도 있다.

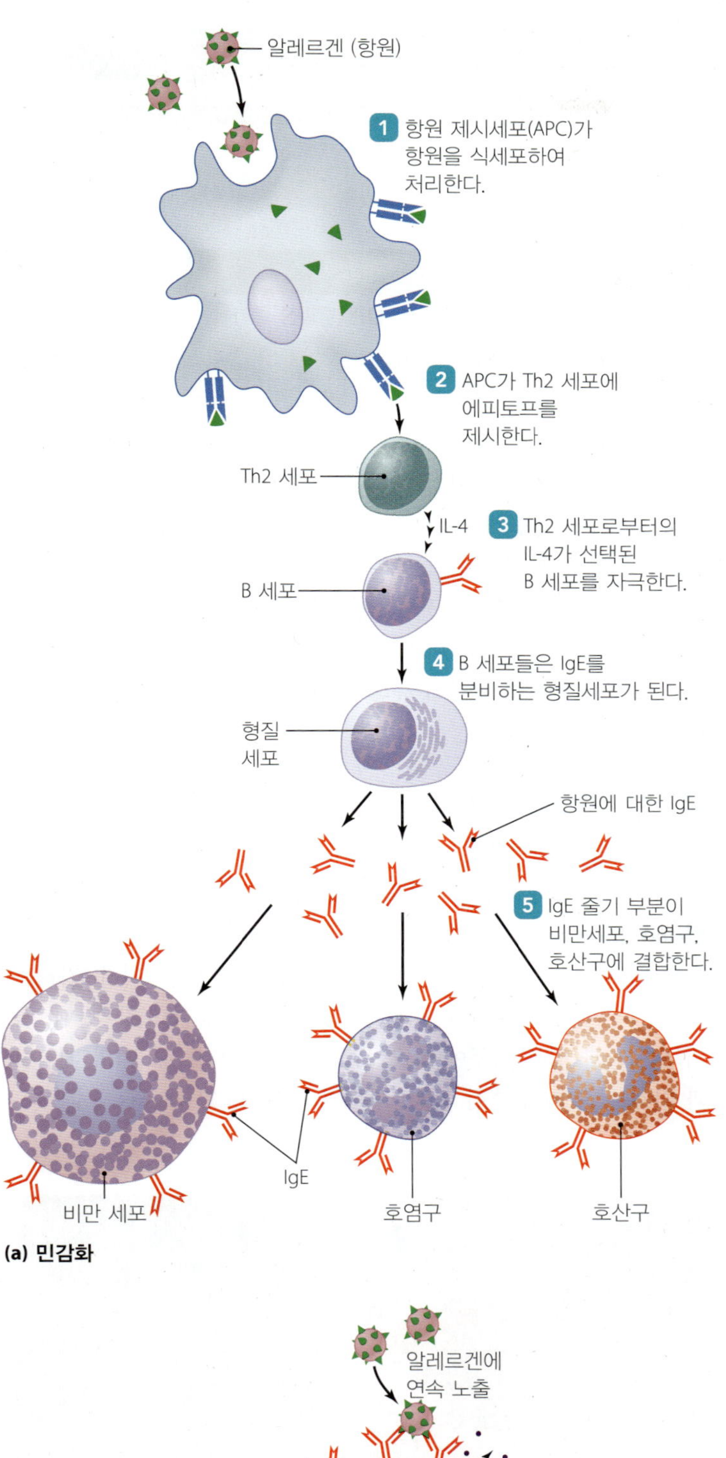

이들이 이런 흔한 환경 항원들로부터 보호된 어린들보다도 알레르기가 발생하는 경우가 훨씬 적다는 위생가설(*hygiene hypothesis*)을 많은 연구자들이 증거로 보고하였다. **집중조명: 애완동물이 어린이로부터 알레르기의 위험을 줄이는데 도움이 될 수 있는가?** 위생가설을 조사하라. 반대로 다른 연구자들은 환경인자들이 사람들을 더 민감하게 만들어서 알레르기가 더 발생한다는 증거들을 발견하였다.

어떤 경우에도 알레르겐에 최초로 노출되면 알레르기를 갖는 사람의 형질세포는 IgE를 분비하는데, 이는 3종류의 방어세포들인 비만세포(*mast cell*), 호염구(*basophil*), 호산구(*eosinophil*)에 강하게 결합하여 이 세포들이 차후에 알레르겐에 노출될 때에 반응하도록 민감성을 부여한다.

감작세포의 탈과립화

동일한 알레르겐이 신체에 다시 들어오면, 감작세포의 표면에 있는 IgE 분자의 활성부위에 강하게 결합한다. 이 결합은 연쇄적인 내부의 생화학적 반응을 일으키고, 감작세포들의 과립으로부터 주변 공간으로 염증 화합물을 방출하도록 한다 — 이를 탈과립화(*degranulation*) (dē-gran-ū-lā´shŭn)라고 한다 **(그림 11.1b)**. 제1형 과민반응의 전형적인 증상을 일으키는 것이 이들 염증 매개물들(inflammatory mediators)이다: 호흡 곤란, 일반적으로는 콧물이라고 부르는 비점막에 생기는 염증인 비염, 충혈된 눈, 염증, 피부 적색화.

알레르기 반응에서 탈과립화 세포들의 역할

비만세포(mast cell)는 백혈구 세포의 특화된 형태로 골수의 다른 줄기세포로부터 유래한다. 이 거대하고 둥근 세포는 피부, 내장, 호흡기의 벽면을 포함하여 신체 표면 가까운 곳에서 자주 발견된다. 특징은 세포질이 강한 염증 화합물로 가득 찬 커다란 과립으로 채워져 있다는 것이다.

비만세포 과립으로부터 방출되는 한 가지 중요한 화합물은 아미노산 히스티딘과 관련된 작은 분자인 **히스타민(histamine)** (his´tă-mēn)이다. 히스타민은 기관지, 소화기관, 요도, 방광 등의 평활근을 강하게 수축하도록 하고, 미세혈관들을 확장 (팽창)시켜서 새어나오도록 한다. 결과적으로 비만세포가 탈과립화된 조직은 붉게 되고 부어오른다. 히스타민은 또한 신경 말단을 자극해서 가렵고 아프게 만든다. 마지막으로 히스타민은 기관지의 점액 분비, 눈물 형성, 침 생산을 효과적으로 자극한다.

비만세포의 탈과립화에 의해서 방출되는 다른 알레르기 유발

◀ **그림 11.1 제1형 과민반응의 기작. (a)** 민감화(sensitization). 항원제시세포에 의해서 항원 (알레르겐)이 정상적으로 처리된 후에 **1**, Th2 세포는 IL-4를 분비하도록 자극된다 **2**. 이 사이토카인은 B 세포를 자극하여 **3**, IgE를 분비하는 형질세포가 된다 **4**. IgE는 비민세포, 호염구, 호산구 등에 결합하여 민감화시킨다 **5**. **(b)** 탈과립화(degranulation). 동일한 알레르겐을 연속적으로 만나게 되면 감작된 세포의 표면에 있는 IgE 분자에 결합하여 빠른 탈과립화와 염증 화합물의 방출을 유도한다.

표 11.1 비만세포에서 방출되는 염증 화합물들

분자	과민반응에서의 역할
탈과립화 동안에 방출	
히스타민	불수의근 수축의 원인, 혈관 투과성 증가 및 자극
키닌	불수의근 수축의 원인, 염증 및 자극
단백질분해효소	조직 손상 및 보체 활성화
염증에 반응하여 합성	
류코트리엔	느리고 지속적인 불수의근 수축, 염증 및 혈관 투과성 증가
프로스타글란딘	일부는 불수의근 수축; 다른 것은 이완시킴

인자들에는 강한 염증 화합물인 **키닌(kinins)** (kīninz)과 가까운 세포들을 파괴하여, 보체 반응을 활성화시키고 결과적으로 더 많은 염증 화합물을 방출하도록 하는 효소인 **단백질분해효소(proteases)** (prō´tē-ās-ez)가 포함된다. 단백질분해효소는 비만세포 과립의 단백질에서 반 이상을 차지한다. 또한 비만세포 상의 IgE에 알레르겐이 결합하면 **류코트리엔(leukotrienes)** (loo-kō-trī´ēnz)과 강력한 염증 물질로 지방 분자인 **프로스타글란딘(prostaglandins)** (pros-tă-glan´dinz)의 생산을 유발하는 다른 효소들을 활성화시킨다. **표 11.1**에 비만세포로부터 방출되는 염증 분자들을 요약하였다.

호염구(basophil)는 혈액의 백혈구 중에서 가장 수가 적은 형태로서, 세포질 과립이 염기성 염료에 강하게 염색되며 (그림 15.5a 참조) 비만세포에서 발견되는 염증 화합물과 유사한 것으로 채워져 있다. 감작 호염구는 IgE에 결합하며, 알레르겐을 만난 비만세포와 같은 방식으로 탈과립화 한다.

알레르기를 갖는 사람은 붉은색 염료인 에오신(eosin)에 강하게 염색되는 수많은 세포질 과립을 보유하고 있으며, 일차적인 기능이 기생충을 파괴하는 백혈구인 **호산구(eosinophil)**를 혈액과 조직에 축적한다. 제1형 과민반응의 동안에 호산구 증가증(*eosinophilia*)이라 부르는 조건이 되어 혈액에 호산구가 축적되는 과정은 골수로부터 호산구를 방출하도록 자극하는 펩티드를 분비하는 비만세포의 탈과립화와 함께 시작된다. 혈류 내의 호산구는 비만세포가 탈과립화한 장소에 모여들어 그 자신들이 탈과립화된다. 호산구 과립은 독특한 염증 매개물을 포함하며, 혈관의 움직임을 증가시키고 평활근의 수축을 자극하는 다량의 류코트리엔을 생산하여, 심각한 과민반응의 원인이 된다.

국지성 알레르기 반응의 임상적 징후

제1형 과민반응은 대개 가볍고 국지적이다. 반응 장소는 알레르겐이 들어온 부위에 따른다. 예를 들어, 흡입된 알레르겐은 보통 **고초열(hay fever)**이라 부르는 상기도(upper respiratory track) 반응을 일으키는데, 이는 국지성 알레르기 반응으로 콧물, 재치기, 가려운 목구멍과 눈, 과도한 눈물 생산이 특징이다. 곰팡이 포자; 잔디, 꽃 피는 식물과 일부 나무에서 오는 꽃가루; 집먼지 진드기의 배설물과 사체 등은 가장 흔한 알레르겐이다 **(그림 11.2)**.

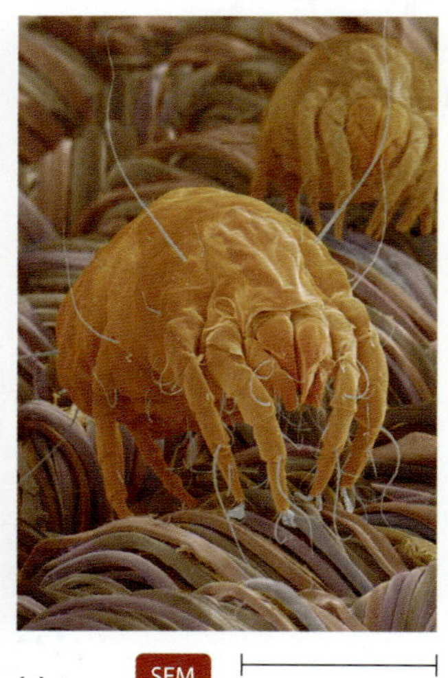

▲ **그림 11.2 일반적인 일부 알레르겐. (a)** 자루 위에 있는 진균 *Aspergillus*의 포자. **(b)** *Ambrosia trifida* (돼지풀)의 꽃가루. 미국에서 고초열의 가장 흔한 원인. **(c)** 집먼지진드기. 진드기의 분변 조각 및 사체가 공기매개가 되고 알레르기 반응을 유발한다.

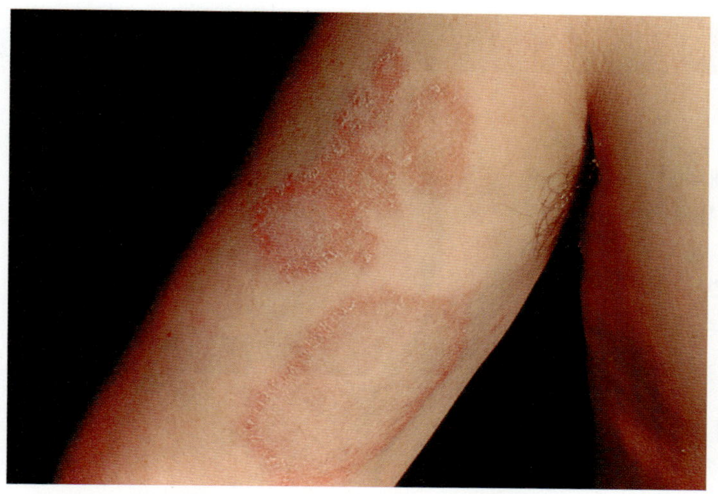

▲ **그림 11.3 두드러기.** 피부 위의 붉고 가려운 부분은 알레르겐에 반응한 히스타민의 방출로 유발된다. *무엇이 두드러기에서 보이는 부위에 액체가 축적되는 원인이 되는가?*

그림 11.3 탈과립화된 비만세포에서 방출된 히스타민이 말초혈관을 더욱 투과성이 좋도록 만들기 때문에 액체가 축적이 된다.

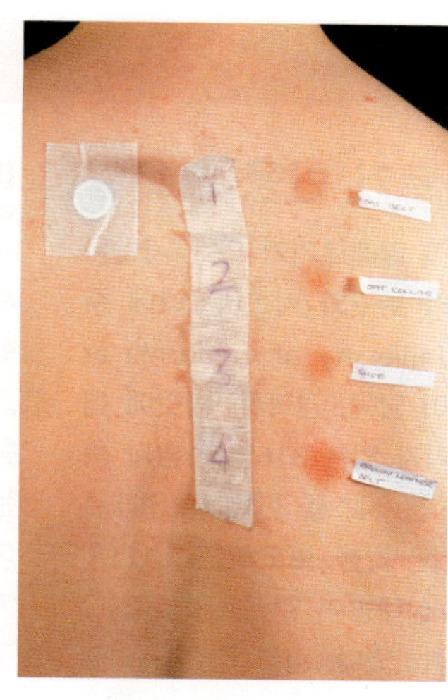

▲ **그림 11.4 제1형 과민반응을 진단하는 피부검사.** 주사부위가 붉어지고 부어오르는 것은 그 부위에 주입된 알레르겐에 민감하다는 의미이다.

흡입한 알레르겐이 충분히 작으면, 폐에 도달할 수 있다. 폐 속의 제1형 과민반응은 가쁜 숨, 기침, 과량의 끈끈한 점액 분비, 호흡기의 평활근 수축 등이 특징인 **천식(asthma)**이라 알려진 심각한 호흡 곤란의 원인이 될 수 있다. 천식은 생명에 위협이 될 수 있다: 약품이 없다면, 증가된 점액과 호흡기 수축이 급격한 질식의 원인이 될 수 있다.

고무, 양털, 일부 금속류와 말벌, 꿀벌, 불개미, 사슴파리, 벼룩 등 쏘고 무는 곤충들의 독소 또는 타액과 같은 다른 알레르겐들은 피부에 국지성 염증을 일으킬 수 있다. 히스타민과 다른 매개물의 방출과 더불어 그 부분의 혈관에서 새어나온 혈청으로 인하여 개인은 발진(*hives*) 또는 **두드러기(urticaria[2])** (er´ti-kar´i-ă; 그림 11.3) 라고 부르는 융기되고 붉어진 부분으로 고통을 받는다. 이 병변은 히스타민이 그 지역의 신경말단을 자극하기 때문에 매우 가렵다.

전신성 알레르기 반응의 임상적 징후

민감성을 갖는 개인이 한 알레르겐과 접촉한 후에 많은 비만세포들이 동시에 탈과립화되어 다량의 히스타민과 다른 염증 매개물을 혈액으로 방출한다. 화학물질의 방출이 신체가 적응하는 능력을 넘어서면 **급성 아나필락시스(acute anaphylaxis[3])** (an´ă-fī-lak´sis) 또는 **아나필락시스 쇼크(anaphylactic shock)**라 하는 증상을 일으킨다.

급성 아나필락시스의 임상적 징후 중 하나는 급격한 질식이다. 히스타민에 매우 민감한 기관지 평활근이 강하게 수축된다. 또한 혈관으로부터 새어나오는 체액이 증가하여 후두와 다른 조직들이 부어오르는 원인이 된다. 환자는 내장과 방광의 평활근이 수축되는 경험을 한다. 에피네프린(*epinephrine*) (ep´i-nef´rin; 곧 논의 예정)을 즉시 투여하지 않으면, 아나필락시스 쇼크를 당한 사람은 질식하여 쓰러지고 몇 분 내에 사망한다.

급성 아나필락시스의 흔한 원인 중 하나는 알레르기가 있는 민감한 사람이 벌에 쏘이는 것이다. 첫 번째 쏘이는 것은 민감성을 만들고 IgE 항체를 형성하며, 연속적으로 쏘이면-몇 년 후에라도 일어날 수 있다 — 아나필락시스 반응을 일으킨다. 급성 아나필락시스의 흔하게 연관되는 다른 알레르겐으로는 특정한 음식들 (땅콩이 악명 높음), 백신, 페니실린과 같은 항생제, 요오드 염료, 국소 마취제, 혈액 제재, 모르핀과 같은 일부 마약 등이 있다.

제1형 과민반응의 진단

임상 의사들은 immunoCAP 특이적 IgE 혈액 검사, CAP RAST, 또는 Pharmacia CAP이라고 다양하게 불리는 검사를 가지고 진단하는데, 의심이 가는 알레르겐을 환자의 혈액 시료와 혼합한다. 검사의 특이성은 이번 장의 영역을 넘어서지만, 기본적으로 검사는 IgE가 각각의 알레르겐에 반응하는 양을 탐지한다. 높은 수치를 보이는 특정 IgE는 그 알레르겐에 과민하다는 것으로 의미한다.

다른 방법으로 의사는 희석된 매우 적은 양의 알레르겐 용액을 피부에 주사하여 조사한다. 대부분의 경우에 12가지 이상의 가능성이 있는 알레르겐들이 동시에 조사되는데 주사 부위는 팔뚝이다. 사람이 한 알레르겐에 민감하다면 히스타민이 국소적으로 분비되고 수 분 내에 주사 부위가 붉어지고 부어오르는 원인이 된다 (그림 11.4).

제1형 과민반응의 방지

제1형 과민반응의 방지는 원인이 되는 알레르겐을 확인(*identification*)하고 회피하는 것(*avoidance*)으로부터 시작한다. 꽃가루 계절에는 공기를 여과하고 시골 지역을 피하는 것으로 일부 꽃가루에

---

[2] "짜증"을 뜻하는 라틴어 *urtica*로부터 유래.

[3] "~로부터 멀어지는"이란 의미의 그리스어 *ana*와 "보호"란 의미의 그리스어 *phylaxis*로부터 유래

집중 조명

키스가 알레르기 반응을 유발할 때

특정한 음식에 심한 알레르기가 있는 사람은 먹는 것뿐만 아니라 누구와 키스하느냐에 주의를 해야 한다. University of California at Davis의 연구자들이 땅콩, 견과류, 씨앗에 대하여 심한 알레르기가 있는 316명의 환자 중에서 20명 (약 6%)은 키스를 한 후에 알레르기 반응이 일어나는 것을 보고하였다. 거의 모든 경우에 키스 상대방이 알레르기를 일으키는 견과류를 섭취하였다. 일부 경우에 알레르기를 갖는 사람들은 매우 민감하여 키스한 사람이 양치질을 하거나 몇 시간 전에 섭취를 했어도 반응을 일으켰다. 음식 알레르기는 키스의 지속성과 강도도 인자가 된다 — 즉, 침을 교환하는 다소 긴 키스가 뺨에 가볍게 하는 입맞춤보다 알레르기 반응을 일으킬 것이다. 이 이야기의 교훈은 심각한 음식 알레르기가 있다면, 상대방에게 이를 말해야 한다는 것이다.

의한 상기도 알레르기를 줄일 수 있다. 진드기 방지 커버로 침대를 싸고, 자주 진공청소를 하고, 먼지가 많이 붙는 물건의 사용 (바닥 전체에 깔린 카펫이나 두꺼운 휘장과 같은)을 피하는 것은 다른 심각한 집안 알레르기를 감소시킬 수 있다. 제습기는 집안의 곰팡이를 줄일 수 있다. 애완동물에 대한 알레르기 반응을 피하는 최선의 방법은 애완동물을 기르기 전에 알레르기가 있는가를 알아보는 것이다. 나중에 알레르기가 생기게 되면, 그 동물을 위한 새로운 가정을 알아 봐야만 할 수도 있다.

음식 알레르기는 확인할 수 있고, 알레르기가 멈추는 것을 알아보기 위하여 음식에서 한 번에 한 가지씩 제거하는 의학적으로 감독을 받는 제거 식이요법을 이용하여 피할 수 있다. 땅콩과 조개류는 가장 흔하게 아나필락시스 쇼크를 일으키는 음식들 중 하나이다; 알레르기를 갖는 사람은 소량도 반드시 피해야 한다 (**집중조명: 키스가 알레르기 반응을 유발할 때** 참조). 예를 들어, 패류에 민감한 사람은 이전에 패류를 준비하기 위하여 사용하고 세척하지 않은 도마에서 썬 고기를 먹어도 아나필락시스 쇼크로 고통을 받을 수 있다. 일부 백신에는 적은 양의 계란 단백질이 포함되어 있는데, 계란에 알레르기가 있는 사람에게는 주사하면 안된다.

의료 기관에서 일하는 사람들은 페니실린, 요오드 염료, 다른 알레르겐 가능성이 있는 것들을 투여하기 전에 환자의 의료기록을 주의 깊게 검토해야 한다. 만일 환자의 민감성 상태에 대해서 모른다면, 해독제와 호흡기능 항진제와 같은 치료들이 즉시 이용이 가능해야 한다.

알레르겐을 피하는 것에 이외에, 제1형 과민반응은 일주일에 한 번씩 여러 달 동안에 희석된 알레르겐을 연속적으로 주사하는 투여 방식의 "알레르기 주사(allergy shots)"라고 불리는 면역치료(*immunotherapy*) (im´ū-nō-thār´ă-pē)에 의해서 방지될 수도 있다. 알레르기 주사가 어떻게 작용하는지 정확하지는 않지만, 항체 생산을 감소시키도록 보조 T 세포의 균형을 Th2 세포에서 Th1 세포들로 변화시키거나, IgG의 생산을 증가하도록 자극시켜서 항체가 비만 세포 표면의 IgE에 결합하기 전에 결합하도록 하는 것일 수 있다. 면역치료는 상기도 알레르기를 갖는 환자의 약 2/3에게서 대략 50% 정도의 알레르기 심각성을 감소시킨다; 그러나 연속된 주사가 매 2–3년마다 반복되어야 한다. 면역치료는 천식 치료에는 효과적이지 못하다.

제1형 과민반응의 치료

제1형 과민반응을 치료하는 한 가지 방법은 특이적으로 염증 매개물들에 길항작용을 하는 약들을 투여하는 것이다. 즉 **항히스타민제(antihistamine)**가 히스타민의 길항작용을 위해 투여된다. 그러나 히스타민은 여러 매개물 중 하나이기 때문에 모든 임상적 증상들을 없앨 수 없다. 사실 천식 환자들에게는 항히스타민제가 완전히 쓸모없기 때문에 천식치료제에는 주로 염증 매개물의 효과에 반대작용을 하는 글루코코르티코이드(*glucocorticoid*) (gloo-kō-kōr´ti-koyd)와 기관지 확장제(*bronchodilator*) (brong-kō-dī-lă´ter)를 포함하는 흡입제가 처방된다.

호르몬인 에피네프린(*epinephrine*)은 폐의 평활근을 이완시키고, 혈관의 평활근을 수축시키며, 혈관의 투과성을 감소시킴으로서 아나필락시스의 치명적인 많은 기작들을 빠르게 중화시킨다. 그러므로 에피네프린은 심한 천식과 아나필락시스 쇼크에 응급 처방을 위한 선택 약품이다. 심각한 제1형 과민반응으로 고통을 받는 사람들은 처방된 에피네프린 키트를 가지고 다녀서 알레르기 반응이 치명적이기 전에 스스로 주사를 할 수 있도록 해야 한다.

제2형 (세포독성) 과민반응

학습 | 성과

11.5 수혈 반응의 기작들에 대해서 설명하라.

11.6 ABO 혈액 그룹 체계에서 4가지 혈액형의 주요 특징들을 비교하는 표를 작성하라.

11.7 신생아의 용혈성 질환의 기작과 치료법에 대해서 설명하라.

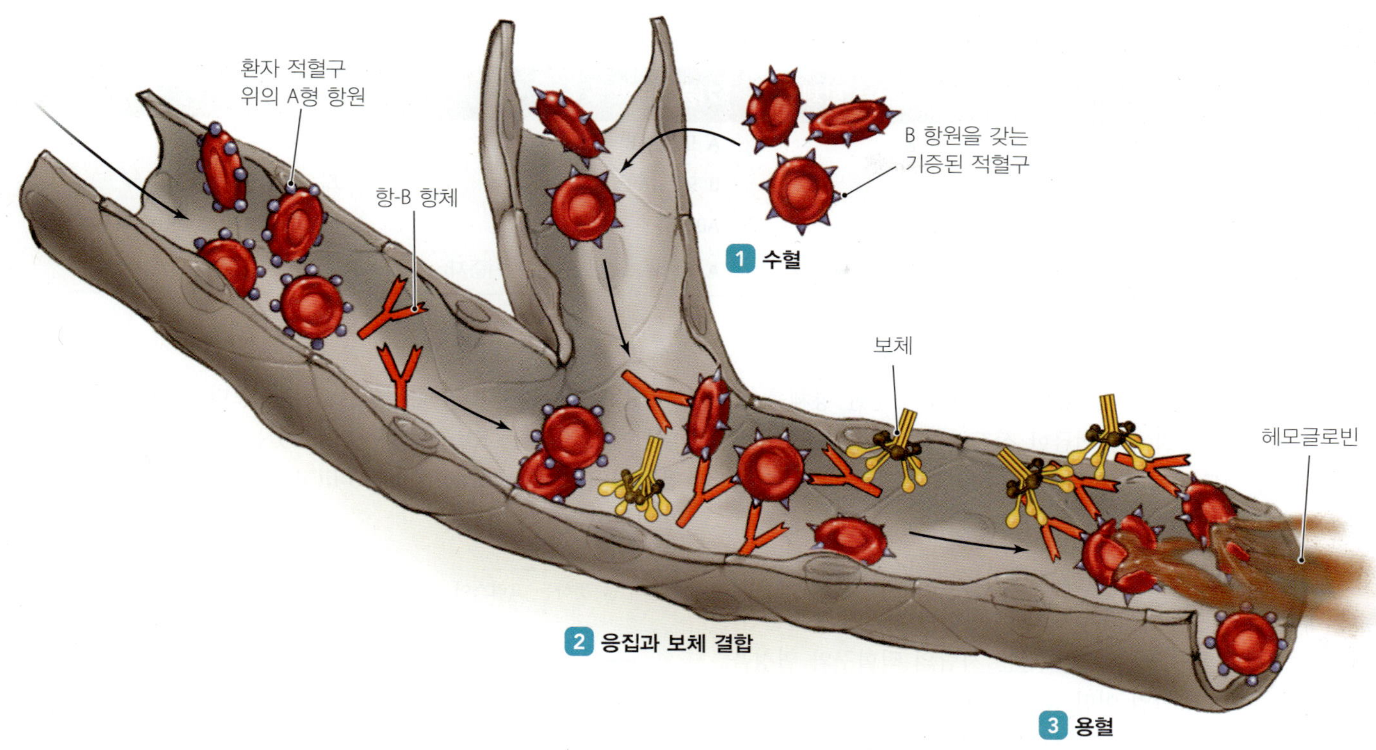

▲ **그림 11.5 용혈(hemolysis)의 유도 경과.** 수혈 반응의 부정적인 결과의 한 가지 (여기에서는 B형 혈액이 A형 혈액을 갖는 환자에게 수혈되는 것을 그림): 외부 ABO 항원에 대한 항체가 수혈된 적혈구 세포 위의 항원에 결합하면 1, 세포들이 응집되고 복합체는 보체에 결합한다 2. 용혈의 결과로 대량의 헤모글로빈이 혈류로 방출되고 3 전신에 추가적으로 부정적인 결과를 발생시킨다.

과민반응의 두 번째 중요한 형태는 전형적으로 보체와 항체가 연합된 면역반응에 의해서 세포가 파괴되는 결과를 가져오는 경우이다. 이 세포독성 과민반응(*cytotoxic hypersensitivity*)은 이번 장의 마지막 부분에서 논의할 여러 가지 자가면역 질환의 일부이지만, 가장 중요한 제2형 과민반응의 예는 맞지 않는 수혈 후에 기증자 적혈구가 파괴되는 것과 태아의 적혈구가 파괴되는 것이다. 제2형 과민반응에 대한 논의는 이 2가지 징후에 초점을 맞추어 시작하겠다.

ABO 체계와 수혈반응

적혈구는 여러 가지 다른 당단백질과 당지질 분자를 표면에 가진다. 적혈구 표면의 일부 분자들을 **혈액형 항원(blood group antigen)**이라고 부르는데, 세포막을 통한 포도당과 이온수송을 포함하여 여러 가지 기능을 갖는다.

복합성에서 다양한 여러 가지 세트의 혈액형 항원들이 존재한다. ABO 그룹 체계는 가장 많이 알려져 있고, 임의적으로 A 항원과 B 항원으로 이름이 지어진 단지 2가지 항원으로 구성되어있다. 각 개인의 적혈구는 A 항원만 갖거나, B 항원만 갖거나, A와 B 항원 모두를 갖거나 또는 두 항원을 모두 가지고 있지 않다. 두 항원 모두를 갖지 않는 개인을 O형 혈액형이라고 한다.

이미 알고 있겠지만, 혈액은 한 사람에서 다른 사람에게로 수혈이 가능하다; 그러나 혈액이 다른 혈액형을 갖는 사람에게 수혈되면 기증자의 혈액형 항원이 수여자의 항체 생산을 자극할 수 있다. 이것들은 궁극적으로는 결합하고 수혈된 세포를 파괴한다. 이는 치명적인 수혈 반응(*transfusion reaction*)이 될 가능성이 있다. 문제의 원인은 혈액을 받은 수여자 자신의 면역체계라는 것을 유의하라; 기증자의 세포들은 그 반응만을 촉발한다.

ABO 그룹이 가장 심각하게 문제를 일으키는 수혈 반응은 다음과 같이 일어난다:

- 만일 수혈을 받는 사람이 외부 혈액형 항원에 대한 항체가 이미 존재한다면, 기증자의 세포들은 즉시 파괴될 것이다—항체가 결합된 세포들은 대식세포 또는 호중구(neutrophil)의 식세포작용으로 잡히거나 항체가 세포들을 뭉치게 하여서 보체가 용혈(*hemolysis*)이라 불리는 과정을 통해 파괴시킬 것이다 **(그림 11.5)**. 용혈은 혈류에 헤모글로빈을 방출하게 하는데 이는 심각한 신장 손상의 원인이 될 수 있다. 동시에 파괴된 적혈구에 의해 혈관 내에 혈전을 유발하여, 혈관을 막고, 순환 장애, 발열, 호흡 곤란, 기침, 구역질, 구토, 설사 등을 일으킬 수 있다. 환자가 생존한다면, 모든 외부의 적혈구를 제거한 후에 회복이 시작된다.
- 만일 수혈을 받는 사람이 외부 혈액형 항원에 대한 항체가 없다면, 수혈된 세포들은 순환하며 당분간은 정상적으로 기능을 한다—즉, 수혈 받은 사람의 면역체계가 외부 항원에 대한 일

표 11.2 ABO 혈액 그룹의 특징 및 기증자/수여자 일치

ABO 혈액형	존재하는 ABO 항원	존재하는 항체	기증 가능	수여 가능
A	A	항-B	A 또는 AB	A 또는 O
B	B	항-A	B 또는 AB	B 또는 O
AB	A 및 B	없음	AB	A, B, AB 또는 O (공통 수여자)
O	없음	항-A 및 항-B	A, B, AB 또는 O (공통 기증자)	O

차 반응을 시작해서 외부 세포들을 파괴할 충분한 항체를 생산할 때까지. 이는 위에서 언급한 심각한 증상과 징후들이 발생하지 않을 정도로 충분히 긴 기간 동안에 점진적으로 일어날 수도 있다.

수혈 반응을 방지하기 위해서 기증자와 수여자 사이의 ABO 혈액형에 대해서 교차실험을 해야 한다. 수혈받는 사람이 수혈을 받기 전에, 기증자의 적혈구와 혈청을 받는 사람의 적혈구와 혈청을 섞어서 관찰할 수 있다. 만일 어떤 응집이 보이면 그 혈액을 이용하지 말고 다른 기증자를 찾는다. **표 11.2**는 ABO 혈액형의 특징들과 수혈 가능한 기증자/수여자를 나타내고 있다.

대부분의 사람들에서 외부 ABO 항원에 대한 항체의 생산은 외부 적혈구에 노출되는 것 뿐만 아니라 광범위한 식물과 세균에서 발견되는 유사한 항원성 분자에 노출되는 것에 의해서도 자극된다. 사람들은 매일 이런 항원들과 접촉하고 항체를 만들어내지만, 일치하지 않는 혈액을 받을 때에만 항원이 문제를 일으킨다.

Rh 체계와 신생아 용혈성 질환

수십 년 전에, 연구자들은 인간과 붉은털 원숭이(rhesus monkey)의 적혈구에 공통적인 한 가지 항원을 발견하였다. 세포막을 통하여 포도당과 이온을 수송하는 이 항원을 *rhesus* (rē´sŭs) 항원 또는 **Rh 항원(Rh antigen)**이라고 한다. 인간 적혈구 시료들을 분석한 실험은 인간의 약 85%에서 적혈구 상에 Rh항원이 존재한다는 것을 보여주었다; 즉, 인간 집단의 85%는 Rh 양성 (*Rh+*)이고, 15%는 Rh 음성 (*Rh−*)이다.

ABO 항원의 상황과는 반대로, Rh 항원에 대해서 미리 존재하는 항체는 생기지 않는다. 두 번 이상의 Rh 양성 혈액을 수혈 받은 Rh 음성 환자에서 수혈 반응이 발생하지만, 이런 반응은 대개 약한데, Rh 항원 분자가 A 항원이나 B 항원보다 수가 적기 때문이다. 대신에 맞지 않는 Rh 항원이 가지고 있는 일차적인 문제는 **신생아 용혈성 질환[hemolytic[4] (hē-mō-lit´ik) disease of the newborn]**의 위험성이다 **(그림 11.6)**.

[4]"혈액"을 뜻하는 그리스어 *haima* 및 "파괴"를 의미하는 그리스어 *lysis*에서 유래.

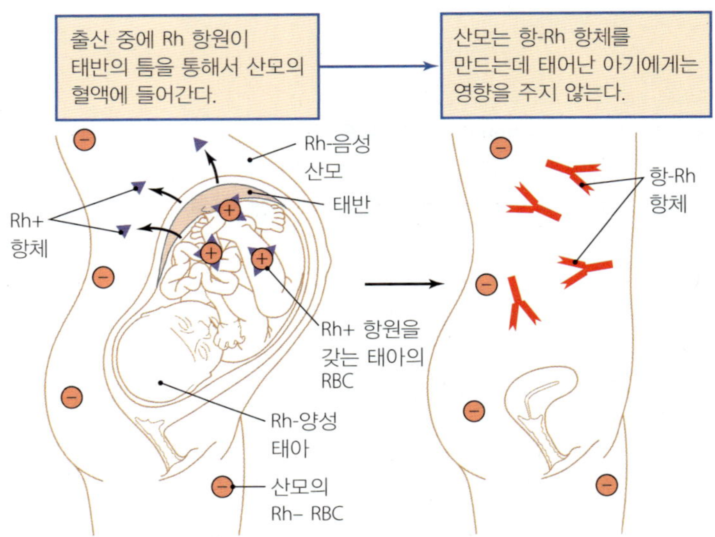

(a) 최초 임신

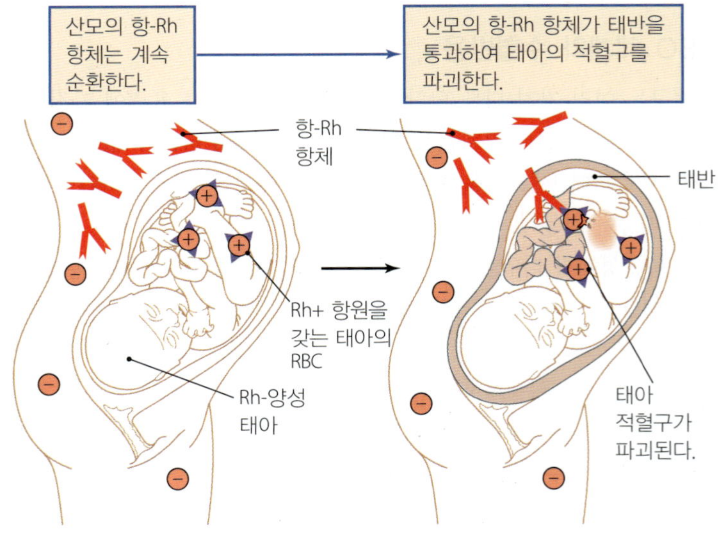

(b) 연속 임신

▶ **그림 11.6 신생아 용혈성 질환 발생에서 일련의 경과. (a)** 최초 임신 동안에, 주로 출생 시에 태아의 Rh 적혈구 세포는 Rh− 산모의 순환계로 들어간다. 결과적으로 어머니는 항-Rh 항체를 생산한다 (항원과 항체는 실제 크기에 맞게 그려진 것이 아님). **(b)** Rh 아기를 갖는 다음 임신동안에 항-Rh IgG 분자는 태반을 가로질러 태아의 적혈구 세포 파괴를 유발한다. *어떻게 Rh− 산모의 아기가 Rh+일수 있는가?*

그림 11.6 아기의 아버지가 Rh 양성이다.

과민반응은 Rh− 산모가 아버지로부터 Rh 유전자를 받은 Rh+ 아기를 임신할 때 발생한다. 보통은 태반이 태아의 적혈구를 산모의 혈액과 분리시킴으로 태아 세포가 산모의 혈류에 들어가지를 않는다. 그러나 임신의 20−50%에서 특히 임신의 마지막 몇 주 동안에, 낙태 유산 시에, 또는 출산 시에 태아의 적혈구가 산모의 혈액 속으로 들어갈 수 있다. Rh− 산모의 면역체계는 Rh+ 태아 세포를 외부의 것으로 인식하고 Rh 항원에 대항하는 항원을 만드는 것으로 항체 면역반응을 시작한다. 초기에는 IgM 항체만 생산되는데, IgM은 매우 거대한 분자여서 태반을 통과하지 못함으로 첫 임신에는 아무 문제가 없다.

그러나 IgG 항체는 태반을 통과할 수 있으므로 다음 임신에서 태아가 Rh+이면, 산모에서 생산된 항-Rh IgG 분자가 태반을 통과하여 태아의 Rh+ 적혈구를 파괴한다. 이런 파괴가 제한적일 수도 있지만, 특히 세 번째 이상의 임신에서는 죽음에 이르는 문제를 일으킬 정도로 심각할 수 있다. 신생아 용혈성 질환의 전형적인 특징의 하나는 용해되는 적혈구의 헤모글로빈이 분해되는 동안에 방출되는 노란색의 혈액 색소인 과량의 빌리루빈(bilirubin) (bil-i-roo´bin)에서 유래한 심각한 황달이다. 간은 보통 빌리루빈을 제거하는 역할을 하지만 태아의 간은 미성숙하고 용혈 과정에서 과량으로 나오기 때문에, 대신에 빌리루빈이 뇌에 축적이 되어 임신의 마지막 몇 주 동안 또는 출산 직후에 심각한 신경학적 손상이나 사망의 원인이 된다.

과거에는 신생아 용혈성 질환을 방지하는 것이 불가능했으며, 이런 끔찍한 질환은 매 300번의 출산 당 1번꼴로 일어났다. 그러나 오늘날 의사는 *RhoGAM*이라고 하는 항-Rh IgG를 Rh 음성인 산모의 임신 28주와 인공유산, 자연유산, 또는 출산 72시간 내에 투여하여 이런 질환의 사례를 일상적으로 크게 감소시킨다. 산모의 신체에 들어간 태아 적혈구는 면역반응을 유발하기 전에 RhoGAM에 의해서 파괴된다. 결과적으로 산모의 민감화는 일어나지 않고, 차후의 임신은 안전하게 된다.

약물-유발성 세포독성 반응

제2형 과민반응의 다른 형태는 약물에 대한 세포독성 반응을 포함한다. 퀴닌(quinine), 페니실린, 설파닐아미드(sulfanilamide)와 같은 약물 분자들은 그 자체가 너무 작아서 면역반응을 유발할 수 없지만, 더 커다란 분자들과 결합하여 항원성이 되고 항체 생산을 촉진한다.

이런 항원과 보체가 혈소판에 이미 결합한 약물 분자와 결합하면, 혈소판이 용해되고 **면역 혈소판감소성자반증(immune thrombocytopenic purpura**[5]) (throm´bō-sī-tō-pē´nik pŭr´poo-ră)이라는 질환이 발생한다 (그림 11.7). 혈소판의 파괴는 정확하게 혈액의 응고를 방해하여 피부 아래에 자반증(*purpura*[6])이라고 하는 자색의 출혈이 일어나게 한다. 유사하게 백혈구의 파괴는 과립구감소증(*agranulocytosis*), 그리고 적혈구의 파괴는 용혈성 빈혈(*hemolytic anemia*) (ă-nē´mē-ă)의 형태가 된다.

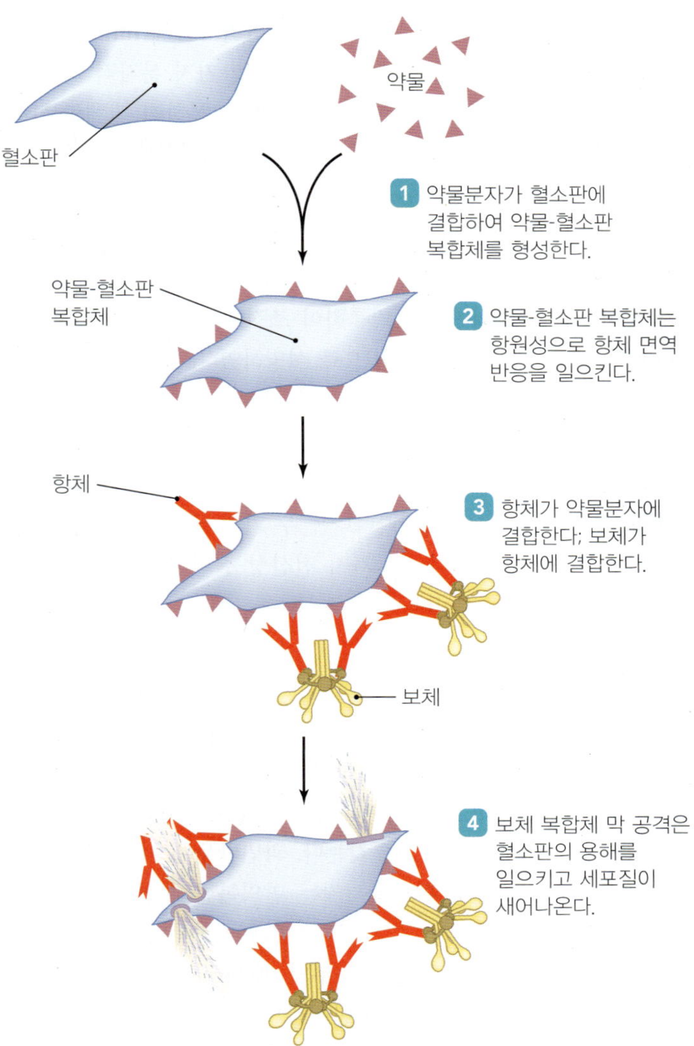

▲ **그림 11.7 면역 혈소판감소성자반증의 발생에서 일련의 경과.** 이 질병은 약물-유발성 제2형 (세포독성) 과민반응의 결과이다. 결합된 항체와 보체의 작용으로 혈소판이 파괴되는 것은 이 병의 특징인 혈액 응고 저해를 가져온다. *적혈구 세포의 제2형 파괴는 어떤 유사한 결과를 가져오는가?*

그림 11.7 용혈성 빈혈이 적혈구 세포의 제2형 파괴이다.

제3형 (면역복합체-매개) 과민반응

학습 | 성과

11.8 제3형 과민반응의 기본적인 기작을 요약하라.
11.9 과민성 폐렴(hypersensitivity pneumonitis)과 사구체 신염(glomerulonephritis)을 설명하라.
11.10 류마티스성 관절염의 징후와 증상을 기재하라.
11.11 전신홍반성 낭창(system lupus erythematosus)의 원인과 징후를 설명하라.

[5]*Thrombocyte*는 혈소판의 다른 이름이다.
[6]"보라색"을 뜻하는 라틴어.

항원이 항체에 결합한 복합체 형성을 **면역복합체(immune complex)**라고 하며, 보체 활성화를 포함하여 몇 가지 분자적 과정을 시작한다. 보통은 면역복합체는 식세포 작용을 통하여 신체로부터 제거된다. 그러나 제3형 면역복합체-매개 과민반응(*type III immune complex-mediated hypersensitivity*)에서는 면역복합체가 식세포 작용을 피하여 혈류를 따라서 순환하다가 장기, 관절 및 조직 (혈관 벽과 같은)에 걸리게 된다. 이런 부위들에서 비만세포는 탈과립화가 일어나고, 염증화합물을 방출하여 조직에 손상을 일으킨다. 그림 11.8은 제3형 과민반응을 그림으로 설명하였다.

제3형 과민반응은 국소적이거나 동시에 여러 신체 체계에 영향을 줄 수도 있다. 이런 질환들에 치료법은 없지만, 면역체계를 억제하는 스테로이드에 의한 다소 완화될 수 있다. 면역-복합체가 매개하는 과민반응의 결과로 나타나는 두 가지 국소적 상태는 과민성 폐렴과 사구체 신염이다; 두 가지 전신성 질병은 류마티스성 관절염과 전신홍반성 낭창이다.

과민성 폐렴

제3형 과민반응은 폐에 영향을 줄 수 있는데 **과민성 폐렴(hypersensitivity pneumonitis)**이라는 하는 폐렴의 원인이 된다. 개인은 소량의 곰팡이 포자 또는 다른 항원을 폐 깊은 곳에 들여 마시면 항체 생산을 자극하고 민감성을 갖는다. 과민반응은 이후에 동일한 항원을 흡입하여 보체를 활성화시키는 면역복합체 형성을 촉진하면 일어난다.

과민성 폐렴의 한 형태는 농부의 폐(*farmer's lung*)라고 하는데, 곰팡이가 핀 건초의 포자에 만성적으로 노출되는 농부들에게 일어난다. 인간에게 나타나는 여러 다른 증후군들은 유사한 기작을 통하여 발생하며, 흡입한 항원의 원천 이름을 따라서 명명된다. 그러므로 비둘기 사육사의 폐(*pigeon breeder's lung*)는 비둘기의 배설물 먼지에 노출되어 발생하고, 버섯 재배자의 폐(*mushroom grower's lung*)는 버섯 배양 시에 노출되는 토양 또는 곰팡이 포자에 대한 반응이고, 도서관 사서의 폐(*librarian's lung*)는 오래된 책의 먼지를 흡입한 결과이다.

사구체 신염

사구체 신염(glomerulonephritis) (glō-mā´ū-lō-nef-rī´tis)은 혈류를 순환하던 면역복합체가 신장의 미세한 혈관 네트워크인 사구체(*glomeruli*)의 벽에 축적되어 일어난다. 면역복합체가 사구체 세포를 손상시켜서 지역적인 사이토카인(cytokine)의 생산을 증가시켜서 근처 세포들로부터 세포들의 기저를 이루는 단백질의 더 많은

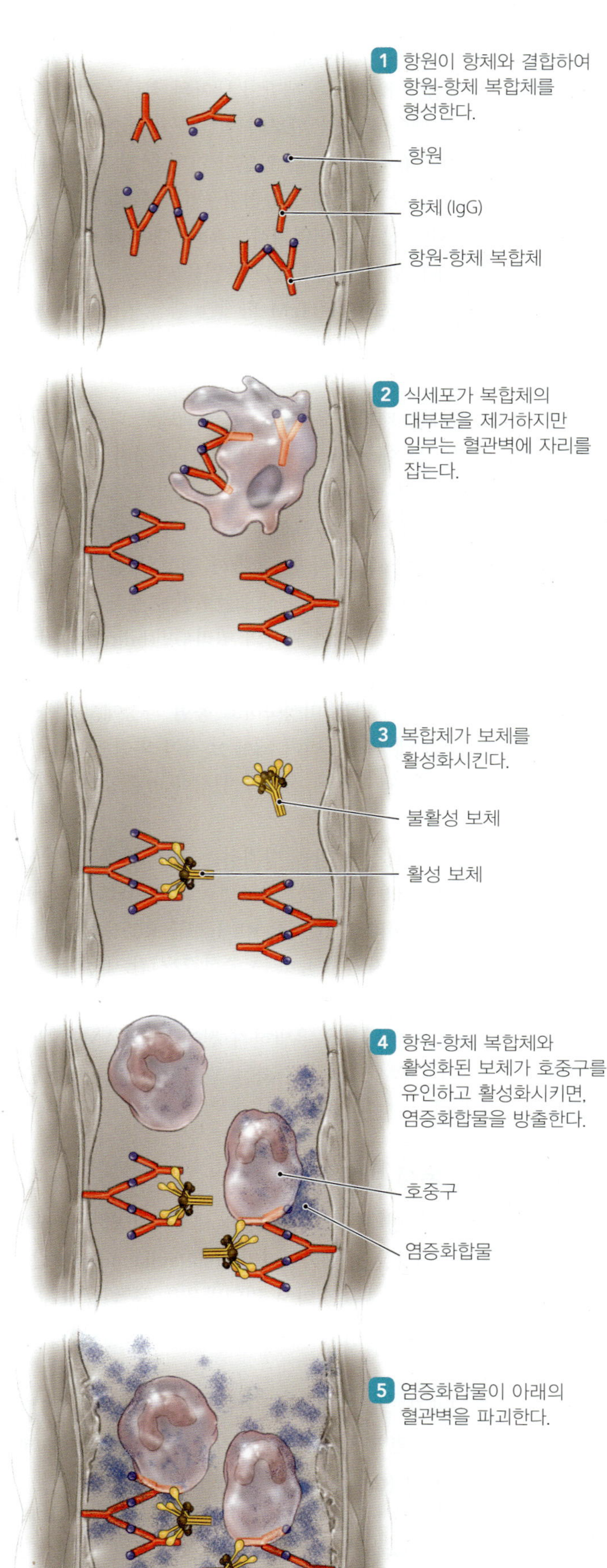

▶ **그림 11.8 제3형 (면역복합체-매개) 과민반응.** 면역복합체가 형성된 후에 1, 식세포작용을 당하지 않은 복합체는 특정한 조직에 머물게 된다 (이 경우에는 혈관 벽) 2. 갇힌 복합체는 보체를 활성화 시키고 3, 호중구를 유인하고 활성화 시킨다 4. 활성화된 호중구에서 방출된 염증 화합물은 조직의 파괴를 유도한다 5.

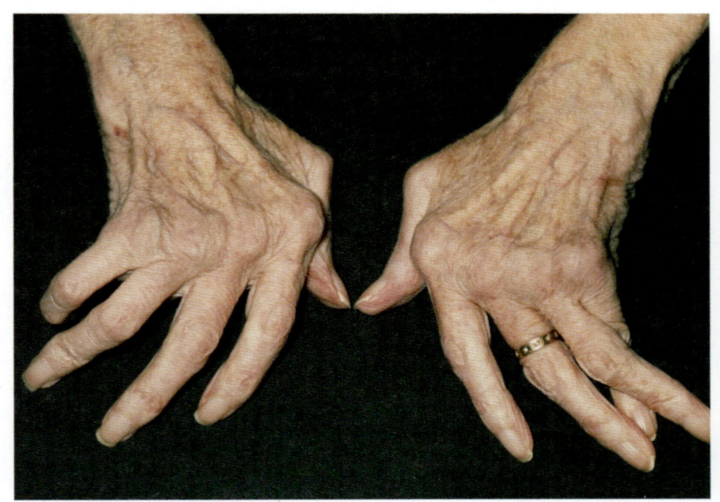

▲ **그림 11.9 류마티스성 관절염의 특징인 심하게 손상된 관절.**

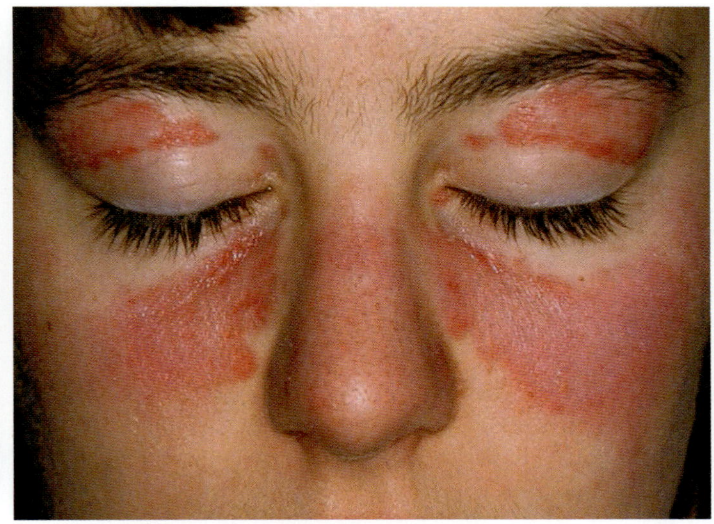

▲ **그림 11.10 전신홍반성 낭창의 특징적인 얼굴 발진.** 이 모양은 태양에 가장 많이 노출되는 부위와 일치하는데, 이것이 상태를 악화시킨다.

생산을 유발하는데, 이는 혈액을 거르는데 방해가 된다. 때때로 면역복합체가 사구체 중앙에 축적이 되어, 인근의 세포들을 분열하도록 자극하고, 근처 혈관을 압박하여, 신장의 기능을 방해하게 된다. 최종적인 결과는 신부전(kidney failure)이다; 사구체는 혈액으로부터 수분을 거르는 능력을 상실하고 궁극적으로 사망한다.

류마티스성 관절염

류마티스성 관절염(rheumatoid arthritis, RA) (roo´mă-toyd ar-thrī´tis)은 B 세포가 특정 IgG 분자에 결합하는 IgM을 분비하면서 시작된다. IgM-IgG 복합체는 관절에 축적되어, 보체를 활성화시키고 비만세포가 염증 화합물을 방출하도록 한다. 염증의 결과로 조직은 부어오르고, 두꺼워지고, 관절 속으로 확산되어가서 극심한 통증을 일으킨다. 관절 내로 확장된 변형된 조직으로 인한 염증은 관절이 파괴되어 융합될 때까지 연골과 이웃한 뼈 구조를 더욱 약화시키고 파괴한다; 결과적으로 영향을 받은 관절은 뒤틀리고 운동 범위를 상실한다 **(그림 11.9)**. 류마티스성 관절염은 자주 간헐적으로 진행되지만, 매번 재발하면 병변과 손상은 점진적으로 더욱 심각해진다.

RA의 촉발은 잘 이해되지 않았다. 이 질병은 인간에게만 영향을 주는 것으로 보이기 때문에 동물 모델이 없다는 사실은 그 원인 연구에 커다란 걸림돌이 된다. 많은 경우들에서 RA는 일반적으로 유전적으로 취약한 사람들이 감염성 질환에 걸린 뒤에 나타나는 것으로 설명되고 있다. 특정한 면역성 유전자(MHC)를 갖는 것이 취약성을 증가시키는 것으로 보인다.

의사들은 관절의 추가 손상을 막는 이부프로펜(ibuprofen)과 같은 항염증제와 항체 면역반응을 억제하는 면역억제제를 투여하는 것으로 류마티스성 관절염을 치료한다.

전신홍반성 낭창

여러 장기에 영향을 주는 제3형 과민반응 질환의 예로는 **전신홍반성 낭창(systemic lupus erythematosus, SLE)** (loo´pŭs er-ĭ-thē´mă-tō-sus)이 있는데, 흔히 루푸스(lupus)라고 부른다. 이 일반화된 면역 이상을 갖는 환자들은 정상적인 기관들과 조직에서 발견되는 자신의 항원에 대한 항체들을 만들어서, 많은 다른 병리적 병변들과 임상학적인 징후들을 일으키게 한다. SLE의 한 가지 일치되는 특징은 핵산, 특히 DNA에 대한 자가항체(autoantibody)라고 하는 자신에게 반응하는 항체를 만드는 것이다. 자가항체는 죽은 세포로부터 방출되는 DNA와 결합하여 면역복합체를 형성하고, 사구체에 축적되어 사구체 신염과 신부전의 원인이 된다. 그러므로 SLE는 면역복합체 매개 과민반응이다. 면역복합체는 또한 관절에도 축적되어 관절염을 일으킨다.

전신홍반성 낭창이라는 질환의 이름이 궁금한데, 이는 이 질환의 두 가지 특징에서 유래한다: 전신성(systemic)은 단순히 전신의 다른 기관들에 영향을 미친다는 것을 반영하고, 루푸스는 라틴어로 늑대이며, 낭창(*erythematosus*)은 피부가 붉음을 의미하여, 마지막 두 단어는 많은 환자들에게서 때때로 늑대와 같은 외형으로 설명되는 나비-형태의 발진이 얼굴에 발생하는 것을 의미한다 **(그림 11.10)**. 이 발진은 피부에 축적되는 핵산-항체 복합체가 원인이고, 햇빛에 노출된 피부 부위에서 악화된다.

핵산에 대한 자가항체가 SLE의 특징이지만, 많은 다른 자가항체들도 생산된다. 적혈구에 대한 자가항체는 용혈성 빈혈을, 혈소판에 대한 자가항체는 출혈성 장애를 일으키며, 항백혈구 항체는 면역반응에 변화를 주고, 근육에 대한 자가항체는 근육에 염증을 일으키고, 어떤 경우에는 심장에 손상을 준다. 여러 가지 증후 때문에 SLE는 잘못 진단될 수도 있다.

루푸스와 유사한 질환이 일부 약물에 의해서 유발되지만, 루푸스의 유발 원인은 알지 못한다. SLE는 여러 가지 경우가 있을 것이다.

의사들은 루푸스를 자가항체 형성을 감소시키는 면역억제제와

임상 사례연구

첫 번째는 문제가 안된다.

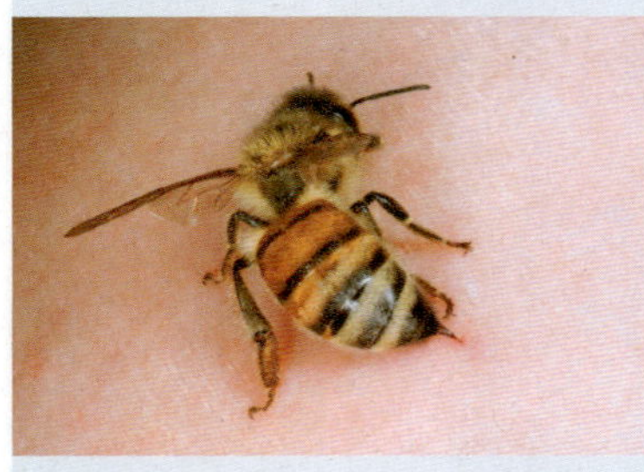

월요일 아침에 8세 소년 Steven이 아버지와 함께 진료사무실을 방문하여서 팔 위쪽의 감염 여부를 조사하였다. 아버지는 벌이 쏜 소년의 팔 부위가 더 붉어지고 가렵고 따가워지는 것을 염려하였다. 아버지는 어제 어린이용 아세타미노펜(acetaminophen)을 주었고, 이는 불편함을 어느 정도 완화시켜주었다.

어린이는 어떤 병적인 문제나 알레르기에 대한 기록이 없고, 어떤 약도 복용하는 것이 없었다. 그 이외에 어린이는 건강하였으며, 아버지는 잘 놀고, 정상적으로 식사한다고 말하였다. Steven은 전에 벌에 쏘였던 기록도 없었으며 벌에 쏘였을 때에 울지도 않았다고 자랑스럽게 말하였다.

왼쪽 팔 위쪽에 50센트 동전 크기의 부분이 부어오르고 붉게 나타났지만, 줄무늬 흔적이나 배농은 없었으며, 감염된 것처럼 보이지 않았다. Steven의 체온은 정상이고 폐도 깨끗하였다.

1. Steven은 어떤 형태의 과민반응을 보여주고 있는가?
2. 가려움증을 완화시주는 다른 일반 의약품에는 어떤 것이 있는가?
3. 어떤 기작들이 지금 보이고 있는 징후와 증상들의 원인이 되는가?
4. 부위가 감염되지 않았기 때문에 아버지가 인지하고 있어야 하는 그의 아들의 앞으로의 건강 위험성은 무엇인가?
5. 벌에 쏘임으로서 향후 어떤 위험성이 있을지 결정하기 위해서 무엇을 해야 하는가?
6. 어떻게 심각한 알레르기 반응을 인식할 수 있는가?
7. 미래의 반응으로부터 소년을 보호하기 위해서 가족이 사전에 주의할 수 있는 것은 무엇인가?

면역복합체의 축적과 관련된 염증을 감소시키는 글루코코르디코이드(glucocorticoid)로 치료한다. 과학자들은 현재 루푸스를 치료하기 위한 여러 가지 새로운 약물들에 대하여 연구 중이다.

제4형 (지연형 또는 세포매개) 과민반응

학습 | 성과

11.12 제4형 과민반응을 요약하라.
11.13 투베르쿨린 검사의 중요성을 설명하라.
11.14 이식의 4가지 형태를 확인하라.
11.15 이식 거부를 방지하기 위한 4가지 형태의 약물을 비교하라.

민감성을 갖는 사람의 피부가 어떤 항원에 접촉하면 12-24시간 내에 그 부위에서 시작되는 염증이 유발된다. 이런 **지연형 과민반응(delayed hypersensitivity reaction)**은 항체의 작용의 결과가 아니고 항원, 항원제시세포(antigen-presenting cell), T 세포 사이의 상호작용에 따른 결과이다; 따라서 제4형 반응은 세포매개 과민반응(*cell-mediated hypersensitivity*)이라고도 부른다. 세포매개 반응에서 지연되는 것은 대식세포와 T 세포가 항원 부위로 이동하고 분열하는 시간을 반영한다. 두 가지 흔한 예를 설명하는 것으로 제4형 반응에 대하여 시작하겠다. 그 후에는 기증자와 이식자 일치와 조직 적합검사(tissue tying)에 대해서 논하기 전에 신체와 이식된 조직 사이의 상호작용이 포함된 두 가지 형태의 제4형 과민반응인 이식거부와 이식편대숙주병(graft-versus-host disease) 질환을 논의하겠다.

투베르쿨린 반응

투베르쿨린 반응(tuberculin response) (too-ber-kyŭ-lin)은 결핵(TB) 또는 결핵 백신에 노출된 사람의 피부는 *Mycobacterium tuberculosis* (mī´kō-bak-tēr´ē-ŭm too-ber-kyū-lō´sis)로부터 얻은 수용성 단백질인 투베르쿨린(*tuberculin*)의 얕은 주입에 반응하는 지연형 과민반응의 주요한 예이다. 의료인들은 *M. tuberculosis*의 항원과 접촉을 하였는지 진단하기 위해서 이 검사법을 완성한 프랑스 의사의 이름을 따라서 Mantoux 검사(*Mantoux test*) (mahn-too´)라고도 불리는 투베르쿨린 검사를 사용한다.

투베르쿨린은 건강하고 감염된 적이 없거나 백신을 맞은 적이 없는 개인에게 주입되면, 반응이 일어나지 않는다. 반면에 투베르쿨린은 현재 *M. tuberculosis*에 감염되어 있거나 또는 감염된 적이 있는 사람이나 결핵백신으로 면역이 있는 사람에서 투베르쿨린 검사 양성반응을 의미하는 붉고 단단하게 부어오른 것 (지름 10 mm 이상)이 그 부위에 발생한다 (그림 11.11). 이런 염증은 24-72 시간에 최고 강도에 도달하고 사라지기 전에 몇 주간 지속될 수 있다. 병변을 현미경으로 조사하면 림프구와 대식세포가 침투해 있는 것을 보

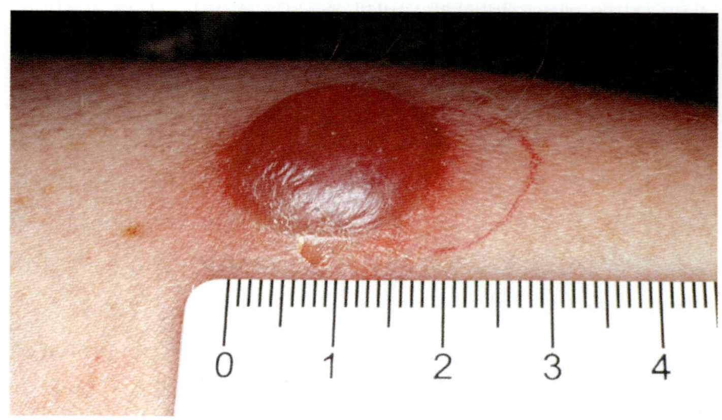

▲ **그림 11.11 제4형 과민반응의 한 형태인 양성 투베르쿨린 검사.** 지름이 10 mm 이상인 단단하고 붉게 부어오른 것은 투베르쿨린 반응의 특징으로 *Mycobacterium tuberculosis*에 대해서 백신접종을 받았거나 현재 세균에 감염되어 있거나 과거에 감염된 적이 있었다는 의미한다.

여준다.

투베르쿨린 반응은 기억 T 세포(memory T cell)에 의해서 매개된다. 개인이 처음으로 *M. tuberculosis*에 감염되거나 면역화가 되면 세포매개 면역반응은 신체에 지속적으로 있는 기억 T 세포를 생산한다. 민감성을 갖는 개인에게 차후에 투베르쿨린을 주사하면 식세포들이 그 부위에 모여들고, 기억 T 세포를 끌어들이고, 이는 더 많은 T 세포와 대식세포들을 유인하기 위해서 사이토카인의 혼합물을 분비하여 서서히 염증을 일으킨다. 대식세포가 주입된 투베르쿨린을 삼켜서 파괴하여, 결국에는 피부가 정상으로 돌아가도록 한다.

알레르기 접촉피부염

덩굴옻나무(poison ivy, *Toxicodendron radicans*) (toks´si-kō-den´dron rā´dē-kanz)와 연관된 식물들의 기름 성분인 우루시올(*urushiol*) (ŭ-rū´shē-ōl)의 작은 분자는 이 식물에 쓸린 사람의 피부 단백질들을 포함하여 거의 모든 단백질에 결합하여 항원성이 된다. 신체는 변형된 피부 단백질을 외부의 것으로 판단하고 세포-매개 과민반응을 유발하여 **알레르기 접촉피부염(allergic contact dermatis)** (der-mă-tī´tis)이라고 하는 매우 가려운 피부 발진을 일으킨다. 심각한 경우에는 세포독성 T 세포(Tc 세포)가 수많은 피부세포를 파괴하여 액체가 가득 찬 무세포성(acellular) 수포를 형성하게 한다 (그림 11.12).

화학적으로 피부 단백질과 결합하는 다른 합텐(hapten)들도 알레르기 접촉피부염을 유발할 수 있다. 예를 들어, 포름알데히드, 일부 화장품, 염료, 약물, 금속 이온; 병원용 장갑과 튜브를 위한 라텍스(latex)를 생산하는데 사용되는 화학물질이 포함된다.

T 세포들이 알레르기 접촉피부염을 매개하기 때문에 급작스런 과민반응을 치료하는 에피네프린(epinephrine)과 다른 약물들은 효과가 없다. 그러나 T 세포 활성과 염증은 corticosteroid의 처방으로 억제될 수 있다. 덩굴옻나무에 노출된 것을 처치하는 좋은 방법으로는 해당 부위를 강력한 비누를 가지고 즉시 깨끗하게 씻어내고, 노출된 모든 옷들을 가능하면 속히 세탁하는 것이 포함된다.

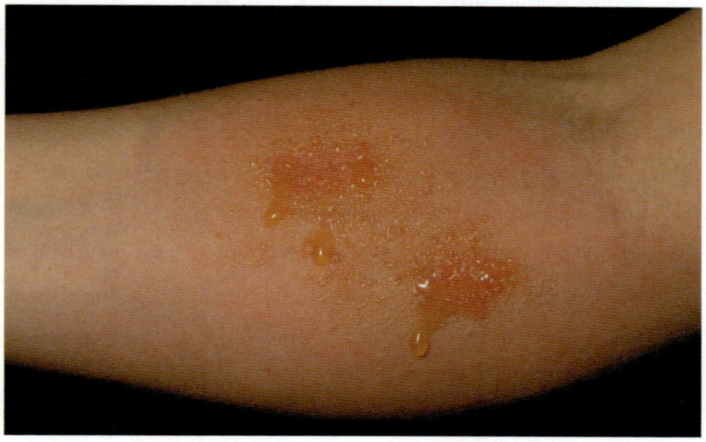

▲ **그림 11.12 제4형 과민반응의 한 형태인 알레르기 접촉피부염.** 이 경우에는 덩굴옻나무에 대한 반응이다. 피부 세포가 파괴된 결과로서 나타나는 크고 무세포성의 액체가 가득 찬 수포를 주목하라.

이식 거부

제4형 과민반응의 특별한 경우는 개인에게 이식된 부위 사이에, 또는 기증자와 연관없는 수여자 사이에 이식된 간, 신장, 또는 심장과 같은 조직과 기관에 대한 **이식(graft)** (장기이식) 거부이다. 수술 기술의 발전으로 외과의사가 이 부위에서 저 부위로 자유롭게 이식을 할 수 있을지라도 수여자에 의해서 외부의 것으로 인식된 이식은 매우 파괴적인 현상으로 기관과 장기의 이식을 심각하게 제한하는 **이식 거부(graft rejection)**가 일어날 수 있다. 이식 거부는 이식된 세포 표면에 있는 주요 조직적합성 복합체(major histocompatibility complex, MHC) 단백질들에 대한 정상적인 면역반응이다. 이식 거부의 가능성은 이식을 받은 사람에게 이식의 이질 정도에 달려있는데, 즉 이식의 종류와 관련이 있다.

과학자들은 이식의 종류를 기증자와 수여자가 관련된 정도에 따라서 명명하였다 (그림 11.13). **자가이식(autograft)** (aw´tō-graft)이라고 하는 이식은 동일한 개체에서 조직을 다른 장소로 이동하는 것이다. 자가이식은 면역반응을 유발하지 않는데 외부 항원이 발현되지 않기 때문이다. 자가이식의 예로는 신체의 피부로 화상 부위를 덮기 위해서 이식하거나 또는 다리의 정맥을 막힌 관상동맥 우회를 위해서 이식하는 것이다.

동계이식(isografts) (ī´sō-graftz)은 형제나 클론과 같은 유전적으로 동일한 개체 간의 이식이다. 이런 개인들은 동일한 MHC를 갖기 때문에 수여자의 면역체계가 자신의 정상 세포와 이식된 세포들을 구별할 수 없다. 따라서 이식은 거부되지 않는다.

동종이식(allografts) (al´ō-graftz)은 같은 종 내에서 유전적으로는 다른 개체 간의 이식이다. 인간에게 실행되는 대부분의 이식이 동종이식이다. 동종이식의 MHC 단백질은 수여자의 것과 다르

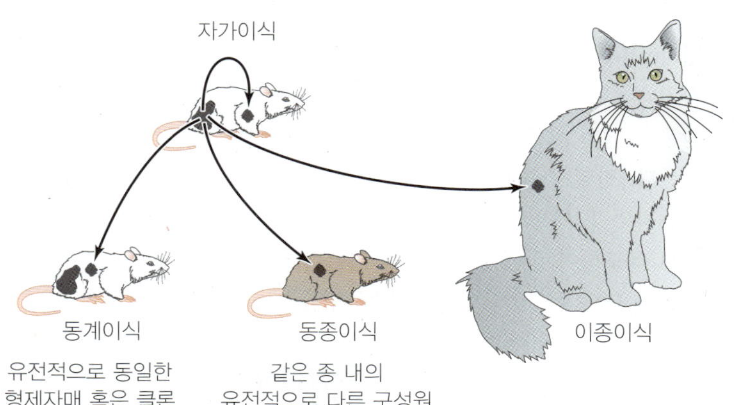

▲ **그림 11.13 이식의 종류.** 명칭은 기증자와 수여자 간의 연관 정도를 기초로 한다. 자가이식은 이식을 한 개체 내에서 다른 장소로 하는 것이다. 동계이식에서는 기증자와 수여자가 유전적으로 동일한 쌍둥이나 클론이다. 동종이식에서는 기증자와 수여자가 같은 종 내에서 유전적으로는 다른 개체이다. 이종이식에서는 기증자와 수여자가 다른 종이다.

표 11.3 4가지 형태의 과민반응의 특징

형태	명칭	원인	경과 시간	관여한 세포 특성
제1형	즉시성 과민반응	감작화된 세포막의 항원에 결합된 항체(IgE)가 탈과립화의 원인	몇 초에서 몇 분	비만세포, 호염구, 호산구
제2형	세포독성 과민반응	항체와 보체가 목표세포 용해	몇 분에서 몇 시간	적혈구
제3형	면역복합체-매개 과민반응	식세포가 되지 않은 항체과 항원 복합체가 비만세포 탈과립화 유발	몇 시간	호중구
제4형	지연형 과민반응	T 세포가 신체세포 공격	며칠	활성화된 T 세포

기 때문에 동종이식은 대개 강한 제4형 과민반응을 일으키고, 결과적으로 이식 거부가 된다. 이식이 살아남으려면 면역억제제로 거부를 멈추도록 해야 한다.

이종이식(xenografts) (zēn´ō-graftz)은 다른 종에 속한 개체 간의 이식이다. 즉, 개코원숭이(babboon)의 심장을 인간에게 이식하는 것은 이종이식이다. 이종이식은 대개 받는 개체의 조직과 생화학적으로 또는 면역학적으로 매우 다르기 때문에, 빠르고 강한 거부반응을 일으킨다. 따라서 성숙한 동물 간의 이종이식은 대부분 치료용으로는 사용하지 않는다.

이식편대숙주병

의사들은 종종 골수세포 동계이식을 백혈병과 림프종을 치료하기 위한 수단으로 이용한다. 이 절차에서 의사들은 환자 골수의 모든 종양세포들을 죽이기 위해서 전신 방사능치료와 세포독성 약물을 혼합하여 이용한다. 이 과정에서 환자에 존재하는 백혈구 세포들은 모두 파괴되어 어떤 종류의 면역반응도 일으킬 수 있는 신체의 능력이 완전히 상실된다. 이 후에 의사는 기증자의 골수를 환자에게 주입하며, 이는 새로운 백혈구들을 생산한다. 이상적으로는 몇 개월 내에 완전한 기능을 갖는 골수가 회복된다.

불행하게도 이식이 되면 기증자 골수의 T 세포가 환자의 세포들을 외부의 것으로 인식해서 면역반응을 일으켜서 **이식편대숙주병(graft-versus-host disease)**이라고 하는 조건을 만든다. 만일 기증자와 받은 자의 제1종 MHC 분자가 너무 다르면, 이식된 T 세포가 받은 사람의 모든 조직을 공격하여 피부와 내장에 파괴적인 상흔을 만든다. 만일 기증자와 받은 자의 제2종 MHC 분자가 너무 다르면, 기증자의 T 세포가 숙주의 항원제시세포를 공격하여, 면역 억제 상태로 유도하여 감염에 취약하게 만든다. 이식 거부 방지에 사용되는 동일한 면역억제제가 이식편대숙주병을 제한할 수 있다.

기증자-수여자 일치와 조직 적합검사

기증자와 수여자의 동일한 혈액형을 보장하는 것은 어렵지 않지만, MHC 적합성은 찾기가 훨씬 더 어렵다. 이유는 MHC가 매우 높은 다양성을 가지고 있으며, 이는 관련이 없는 개체 간에 크게 다른 MHC를 보장하기 위해서 이다. 일반적으로 기증자와 수여자가 가까울수록 MHC의 차이는 적다. 대부분 일란성 쌍둥이는 흔하지 않다고 가정하면, 이식은 수여자와 유사한 MHC 항원을 보유한 부모 또는 형제나 자매로부터 기증받는 것을 선호한다.

물론 실제적으로는 매우 가까운 기증자가 항상 있는 것이 아니다. 신장과 같이 쌍을 이루거나 간과 같이 일부가 이용되는 기관들은 생존한 기증자로부터 이용이 가능하지만, 심장과 같이 쌍이 아닌 기관은 언제나 연관이 없는 사체로부터 온다. 이런 경우에 조직 적합검사(*tissue typing*) 방법으로 가능하면 기증자와 수여자를 가깝게 일치시키는 시도를 한다. 의사는 이식을 받을 가능성이 있는 사람의 백혈구를 조사하여 어떤 MHC 단백질을 가지고 있는지 결정한다. 기증자의 장기가 이용가능하면 이것도 역시 적합검사를 한다. 이후에 기증자의 MHC에 가장 가까운 MHC를 갖는 사람이 이식을 받도록 선택된다. 완벽한 일치는 거의 없지만, 가깝게 일치할수록 거부 과정은 줄어들고 이식이 성공할 기회가 높아진다. MHC 단백질들의 50% 이하의 일치가 대부분의 장기 이식에서 받아들여지지만, 성공적인 골수이식에는 거의 완벽한 일치가 요구된다.

표 11.3은 4가지 과민반응 유형의 중요한 특징들을 요약하여 놓았다.

다음에는 면역체계가 과하게 반응하는 상황에서 사용되는 면역억제제의 다양한 종류들에 대하여 알아보겠다.

면역억제제의 작용

강한 면역억제제의 개발은 현대의 장기이식 과정의 극적인 성공에 지대한 역할을 하였다. 이 약물들은 곧 논의할 자가면역 질환과의 싸움에서도 매우 효과적이다. 이후의 논의에서 4가지 면역억제제(immunosuppressive drug)를 고려할 것이다: 글루코코르티코이드(glucocorticoid), 세포독성 약물, 사이클로스포린(cyclosporin), 림프구-감소요법(lymphocyte-depleting therapy).

글루코코르티코이드(glucocorticoid)는 종종 코르티코스테로이드(*corticosteroid*)라고 불리며, 일반적으로 스테로이드(steroid)라고 하는데, 여러 해 동안에 면역억제제로 사용되어 왔다. 프레드니손(*Prednisone*)과 메틸프레드니솔론(*methylprednisolone*)과 같은 글루코코르티코이드는 항원에 대한 T 세포의 작용을 억제하고 T 세포의 세포독성과 사이토카인 생산 기작을 방해한다. 이 약물들은 B 세포의 기능에는 매우 작은 효과를 갖는다.

세포독성 약물(cytotoxic drug)은 체세포분열과 세포질분열

(세포분열)을 방해한다. 림프구의 확산이 특정한 면역의 중요한 특징이라면, 매우 비특이적인 면역억제 방법이기는 하지만 세포 재생산을 막는 것은 강력한 것이다. 사용되는 세포독성 약물 중에서, 아래 것들은 주목할 가치가 있다:

- 사이클로포스파미드(*Cyclophosphamide*) (sī-klō-fos´fă-mīd)는 딸세포 DNA 분자를 교차결합 시켜서 분리를 방지하여 체세포 분열을 막는다. B 세포와 T 세포의 반응을 모두 손상시킨다.
- 아자치오프린(*Azathioprine*) (ā-ză-thī´ō-prēn)은 퓨린 유사체이다; 핵산 합성 시에 퓨린과 경쟁하여 DNA 복제를 막고 일차 및 이차 항체 반응을 모두 억제한다.

면역억제에 사용되는 3가지 다른 약물들에는 퓨린 합성을 막는 마이코페놀산 모페틸(*mycophenolate mofetil*), 피리미딘의 합성을 막는 브레퀴나 나트륨(*brequinar sodium*)과 레프루노미드(*leflunomide*)가 있는데, 세포 복제를 방해한다.

사이클로스포린(cyclosporine) (sī-klō-spōr´ēn)과 같은 약물은 곰팡이에서 유래하는 폴리펩티드로서 T 세포에 의한 인터루킨과 인터페론의 생산을 막아서, Th1 반응을 억제한다. 사이클로스포린은 활성화된 T 세포에만 작용하고 휴지기의 T 세포에는 작용하지 않기 때문에 앞에서 설명된 비특이적인 약물보다 독성이 매우 적다. 동계이식 거부를 방지하기 위해서 주어진다면 단지 이식을 공격하는 활성화된 T 세포들만을 억제한다. 스테로이드와 유사한 효과 때문에, 글루코코르티코이드와 사이클로스포린을 병용하면 특히 효과가 강하고 동계이식의 생존을 증가시킬 수 있다.

과학자들은 특이성이 낮은 면역억제제 사용과 연관된 많은 부작용을 줄이기 위한 시도로서 상대적으로 특이성 있는 림프구-감소요법(*lymphocyte-depleting therapy*)을 포함하는 기술을 개발하였다. 한 가지 기술은 림프구에 특이적인 항림프구 글로불린(*antilymphocyte globulin*)이라고 하는 항혈청을 투여하는 것이다. 다른 다 특이적인 항림프구 기술은 단지 T 세포에서만 발견되는 CD3에 대한 단일항체를 이용하는 것이다. 더 특이적인 단일항체는 활성화된 T 세포에서만 주로 발현되는 인터루킨 2 수용체(IL-2R)에 직접적인 것이다. 이런 면역억제요법은 이식거부를 되돌리는데 효과적이다. 매우 좁은 범위의 세포들만을 목표하기 때문에 비특이적인 약물보다 훨씬 적은 부작용을 일으킨다.

표 11.4는 일부 약물과 면역억제제 4가지 종류의 각각 작용을 기재하였다.

왜 그런가

2012년의 아프가니스탄 전쟁에서 AB 혈액형을 갖는 육군 상병이 O 혈액형을 갖는 병장으로부터 생명을 구하는 수혈을 받았다. 나중에 병장이 치명상을 입는 사고를 당했고 수혈이 너무나 필요하였다. 상병은 돕고 싶었지만 그의 혈액은 적합하지 않다는 말을 들었다. 상병은 수혈을 받았지만 병장에게 혈액을 줄 수는 없는 이유를 설명하라.

자가면역 질환

오늘날의 군대가 "아군의 포격"으로 부터 자국의 군인들을 잃는 것을 방지하지 위하여 정밀한 무기를 통제해야만 하듯이, 면역체계는 매우 주의 깊게 조절이 되어서 자신의 조직을 손상하지 않도록 해야 한다. 그러나 면역체계는 종종 자신의 신체 조직을 목표로 하는 항체와 세포독성 T 세포를 생산하는데—자가면역성(*autoimmunity*)이라는 증상이다. 이런 반응이 언제나 손상을 주는 것은 아니지만, **자가면역 질환(autoimmune disease)**을 일으킬 수 있고, 일부는 치명적이다.

자가면역 질환의 원인

학습 | 성과

11.16 자가면역성과 자가면역 질환의 원인에 대한 8가지 가설들을 간단하게 설명하라.

대부분의 자가면역 질환은 자발적으로 무작위적으로 발생한다. 그럼에도 불구하고 과학자들은 자가면역 질환의 일부 공통점에 주목한다. 예를 들어, 자가면역 질환은 나이가 든 사람에게 자주 발생하고, 성별에 따라 차이가 나는 이유에 대하여 모르지만 남성보다는 여성에게 더 자주 발생한다.

자가면역 질환의 원인을 설명하기 위한 가설들은 아주 많다.

표 11.4 4가지 종류의 면역억제 약물

종류	예	작용
글루코코르티코이드	프레드니손(Prednisone), 메틸프레드니솔론(methylprednisolone)	항염증, T 세포 죽임
세포독성 약물	사이클로포스파미드(Cyclophosphamide), 아자치오프린(azathioprine), 마이코페놀산 모페틸(mycophenolate mofetil), 브레퀴나 나트륨(brequinar sodium), 레플루노미드(leflunomide)	비특이적인 세포분열 차단
사이클로스포린	사이클로스포린(Cyclosporine)	T 세포 반응 차단
림프구 감소요법	항림프구 글로불린, 단일항체	비특이적으로 T 세포 죽임, 활성화된 T 세포 죽임, IL-2 수용 방해

다음 것들이 포함된다:

- 에스트로겐은 세포독성 T 세포에 의한 조직의 파괴를 자극할 것이다.
- 임신 중인 일부 산모의 세포는 태반을 통과하여 태아에 집락을 형성한다. 이 세포들은 아들보다는 딸에게서 더 잘 생존하고 딸의 생애 중에 자가면역 질환을 유발한다.
- 반대로 태아의 세포는 태반을 통과하여 산모에게 자가면역 질환을 유발한다.
- 환경 인자는 자가면역 질환의 발생에 영향을 준다. 예를 들어, 일부 환자에게서 1형 당뇨병(type 1 diabetes mellitus) (dī-ă-bē´tēz mĕ-lītĕs)과 류마티스성 관절염과 같은 일부 자가면역 질환은 바이러스 감염에서 회복된 후에 발생한다.
- 유전적 인자들은 자가면역 질환에 중요한 역할을 할 것이다. 어떤 방법으로 자가면역 질환을 촉진하는 MHC 유전자들이 자가면역 질환을 갖는 개인들에서 발견되고, 반대로 자가면역 질환으로부터 어느 정도 보호하는 MHC 유전자들이 다른 개인들에게서 우성일 것이다.
- 일부 자가면역 질환은 보통의 경우 T 세포가 거의 가지 않는 장소에 "숨어있던" 자기 항원을 T 세포가 발견할 때에 발생한다. 예를 들어, 신체가 자신의 T 세포 집단을 선택하고 오랜 시간이 흐른 후인 사춘기에 정자가 정소 내에서 발생하기 때문에 남성은 자신의 정자를 외부의 것으로 인식하는 T 세포를 보유할 수 있다. 정자는 혈액으로부터 격리되어 있기 때문에 보통 이것은 거의 존재하지 않는 결과이다. 그러나 정소가 손상을 입어서 T 세포가 손상 부위에 들어가고 정자에 대한 자가면역 질환을 일으켜서 불임의 결과가 될 수 있다.
- 다양한 미생물의 감염에서 감염원이 자가 항원과 유사하거나 동일한 에피토프(epitope)를 가질 때에 발생하는 **분자적 의태(molecular mimicry)**의 결과로서 자가면역 질환이 촉발될 수 있다. 침입자에 대한 반응으로 신체는 조직을 파괴하는 자가항원에 대한 항체인 자가항체(autoantibody)를 생산한다. 예를 들어, *Streptococcus pyogenes* (strep-tō-kok´ŭs pī-oj´en-z)의 일부 균주에 감염된 어린이들은 심장 근육에 대한 항체가 생산되어 심장병에 걸린다. 연쇄상구균의 다른 균주는 사구체의 기저막과 교차반응하는 항체 생산이 유발되어 신장병의 원인이 된다. 일부 바이러스에 의해 촉발된 자가면역 질환도 분자적 의태의 결과일 가능성이 있다.
- 다른 자가면역 반응은 면역체계의 정상적인 통제 기작이 실패한 결과일 수 있다. 따라서 해롭고, 자가 반응하는 T 세포는 일반적으로 세포 표면 수용체인 CD95 (그림 9.15 참조)를 통해서 유발되는 세포자살(apoptosis)을 통하여 파괴되지만, CD95의 결함은 비정상적인 T 세포가 생존하고 병의 원인이 되도록 하여 자가면역 질환의 원인이 될 수 있다.

자가면역 질환의 사례들

학습 | 성과

11.17 다음과 연계된 심각한 자가면역 질환들을 설명하라: 혈구 세포, 내분비선, 신경조직, 결합조직.

자가면역 질환의 원인이 되는 특정한 기작에도 불구하고 면역학자들은 이것들을 두 가지 중요한 그룹으로 분류한다: (앞에서 논의한) 루푸스와 같은 전신성 자가면역 질환 및 한 가지 기관이나 조직에 영향을 주는 단일 기관 자가면역 질환. 알려진 많은 단일 기관 자가면역 질환 중에서 공통적인 사례들로는 혈구 세포, 내분비선, 신경조직, 결합조직에 영향을 주는 것이다.

혈구 세포에 영향을 주는 자가면역성

자가면역 용혈성 빈혈(autoimmune hemolytic anemia)을 갖는 사람은 자신의 적혈구에 대한 항체를 생산한다. 이 자가항체들은 적혈구 파괴 속도를 높여서, 환자는 심각한 빈혈이 된다. 다른 용혈 환자들은 다른 종류의 항체들을 만든다. 일부 환자는 적혈구에 결합하는 IgM 자가항체를 생산하여, 전형적인 보체 회로를 활성화시키고, 적혈구를 용해시켜서, 헤모글로빈 분해 산물을 혈류로 방출한다. 다른 용혈성 빈혈 환자는 식세포 작용을 촉진하는 옵소닌(opsonin)으로 제공되는 IgG를 자가 항체로 생산하여, 적혈구가 간, 비장, 골수에서 대식세포에 의해서 제거되게 한다. 이런 환자는 소변에 헤모글로빈은 없지만 심각한 빈혈을 갖는다.

자가면역 용혈성 빈혈의 모든 경우에 정확한 원인은 알지 못하지만 어떤 경우는 바이러스 감염이나 특정 약물의 처방 후에 나타나는데, 두 경우 모두 적혈구 표면을 변화시켜서 외부의 것으로 인식되게 하여 면역반응을 촉발시킨다.

내분비선에 영향을 주는 자가면역성

자가면역 질환의 다른 일반적인 타깃은 (호르몬을 생산하는) 내분비선이다. 예를 들어, 환자는 췌장의 랑게르한스섬(islet of Langerhans)의 세포나 갑상선 세포에 대한 자가항체 또는 T 세포를 생산할 수 있다. 대부분의 경우에 자가면역반응이 선의 손상이나 파괴를 가져와서 내분비 세포들이 죽음에 따라 호르몬 결핍이 결과로 나타난다.

랑게르한스섬에 대한 면역학적 공격은 호르몬 인슐린(*insulin*)의 생산능력을 상실하게 하여서 소아당뇨병이라고도 하는 **1형 당뇨병(type 1 diabetes mellitus)** [소아당뇨병(*juvenile-onset diabetes*)이라고도 함]의 발생을 유도한다. 다른 자가면역 질환과 같이 1형 당뇨병의 정확한 유발자는 모르지만 많은 환자들이 당뇨병 시작 몇 달 전에 심한 바이러스 감염으로 고통을 받았다. 여기에 더해서 일부 환자들은 특정한 class I MHC 분자를 소유하는 것과 연관된 1형 당뇨병이 발병하는 유전적 성향을 갖는 것으로 알려져 있다. 일부 의사들은 랑게르한스섬의 손상이 분명해지기 전에 1형 당뇨병의 위험이 있는 환자들에게 면역억제제를 처방하여 1형 당뇨병의 시작을 지연시키는데 성공하였다.

자가면역반응이 내분비 조직을 방해하거나 파괴하기보다는 자극할 수도 있다. 이런 예로는 갑상선이 관여하는 **그레이브스병(Graves's disease)**이 있다. 목 주변에 위치한 이 중요한 내분비선은 요오드를 갖는 호르몬을 분비하여 신체의 대사 속도의 조절을 돕는다. 다른 자가면역 질환과 같이 그레이브스병도 특정한 유전적 배경을 갖는 사람이 바이러스에 감염되어 촉발된다. 대개가 여성인 영향을 받는 환자는 갑상선의 세포막 수용체에 결합하여 자극하는 자가항체를 만들어 갑상선 호르몬(thyroid hormone)을 과량을 생산하게 하고 갑상선이 성장하도록 한다. 이런 환자들에게는 갑상선종(goiter)이라고 하는 갑상선 비대, 안구돌출, 빠른 심박동, 피로, 식욕 증가에도 불구하고 체중의 감소가 나타난다. 의사들은 그레이브스병을 항갑상선 약물이나 방사능 요오드로 치료하고, 혹시 약효가 없는 환자는 수술로 갑상선 조직을 제거하여 치료한다.

신경조직에 영향을 주는 자가면역성

신경조직에 영향을 주는 자가면역 질환 그룹 중에서 가장 빈도가 높은 것이 **다발성 경화증[multiple sclerosis** (sklĕ-rō´sis), **MS]**이다. MS의 정확한 원인은 모르지만, 세균이나 바이러스에 대한 세포 매개 반응이 세포독성 T 세포를 생산하여 뇌와 척수 신경을 둘러싸서 보호하는 미엘린초(myelin sheath)를 잘못 공격하고 파괴하여 뉴런(neuron)의 길이를 따른 신경자극의 속도를 증가시키는 것으로 보인다. 결과적으로 MS 환자는 시각, 언어, 신경근육 기능에서 장애를 경험하는데, 이것들이 매우 심하지 않고 잠재적이거나 또는 사망에 이르게 할 수도 있다.

결합조직에 영향을 주는 자가면역성

(앞에서 논의하였던) 류마티스성 관절염은 심각한 손상을 주는 제3형 과민반응의 결과로 나타나는 자가면역 질환이다. 관절 결합조직에 대한 자가항체가 형성된다.

왜 그런가

과학자들은 왜 그레이브스병의 특정한 원인을 결정하기 위해서 코흐의 가설을 이용할 수 없는가?

면역결핍 질환

학습 | 성과

11.18 일차 면역결핍증과 후천성 면역결핍증의 차이를 설명하고 각 면역결핍이 원인이 되는 질병을 하나씩 예로 들어보라.

감정적으로나 육체적으로 스트레스가 증가하는 시기에 감기나 독감에 더 잘 걸린다는 것을 알고 있을 것이다. 이런 현상을 상상하는 것이 아니다; 스트레스는 면역체계의 능률을 저해한다는 것이 오래 전부터 알려져 왔다. 유사하게 면역체계의 만성적 장애는 영향을 받는 사람이 기회성 병원체 (또는 병원체로 고려되지 않는 생명체)의 감염으로 더 자주 아플 때에 처음으로 분명해진다. 이런 기회성 감염은 결핍된 면역 기작의 결과로 오는 조건인 면역결핍 질환(*immunodeficiency disease*)의 특징이 된다.

연구자들은 인간의 수많은 면역결핍 질환들을 2가지 일반적인 유형으로 특징을 분류하였다:

- **일차 면역결핍 질환(primary immunodeficiency disease)**은 유전적 또는 발생학적 장애의 결과로서 출생 시에 탐지가 가능하고, 태아와 어린아이에게서 발생한다.
- **후천성 (이차) 면역결핍 질환[acquired (secondary) immunodeficiency disease]**은 영양결핍, 심각한 스트레스, 또는 감염질환과 같은 어떤 인식이 가능한 원인에 의해서 일생 중에 발생한다.

이후에는 각 면역결핍 질환의 일반적인 유형들에 대해서 순서대로 논의하겠다.

일차 면역결핍 질환

항체와 세포성 면역반응뿐만 아니라, 방어의 일차, 이차 전선에 영향을 주는 많은 다른 유전적인 결여가 신체의 모든 방어 전선에서 확인이 되고 있다.

방어의 이차 전선에서 더 중요한 유전적 결여 중 하나는 세균을 파괴하기 위한 식세포(phagocyte)가 기능을 못하여 어린이에게 재발되는 감염이 특징인 **만성육아종증(chronic granulomatous disease)**이다. 이런 어린이들은 식세포 작용된 세균을 파괴하는데 필요한 활성 산소를 만드는 능력이 유전적으로 없는 것이 이유이다.

대부분의 일차 면역결핍은 방어의 3차 전선인 적응면역(adaptive immunity)의 한 요소가 결여된 것이다. 예를 들어, 어떤 어린이는 림프구성 줄기세포를 발달시키지 못해서 결과적으로 B 세포와 T 세포를 생산하지 못하고 면역반응을 일으킬 수 없다. 면역 체계의 심각한 결여의 결과로 **중증복합면역결핍병(severe combined immunodeficiency disease, SCID)**의 원인이 되는데, **집중조명: SCID: "버블보이" 병**에서 논의되어 있다.

다른 어린이들은 T 세포 결여만으로 고통을 받는다. 예를 들어, 흉선의 발생이 실패한 결과로부터 오는 **디조오지 증후군(DiGeorge syndrome)**이 있다. 결과적으로 T 세포가 없다. 디조오지 증후군을 갖는 개인은 세균에 대한 저항성은 남아있는 반면에 대개 바이러스 감염으로 사망한다는 관찰을 보면 바이러스로부터 보호하는 T 세포의 중요성을 알 수 있다. 의사들은 흉선세포 이식을 통하여 디조오지 증후군을 치료한다.

B 세포 결여도 어린이에게서 일어난다. B 세포 결핍의 가장 심각한 경우는 **브루톤형 무감마글로불린혈증(Bruton-type agam-**

집중 조명

SCID: "버블보이" 병

출생 시부터 12세까지 무균의 플라스틱으로 폐쇄된 환경에서 살았기 때문에 흔히 "버블보이(bubble boy)"로 알려진 Texas 주의 Houston에 사는 David Vetter의 사례가 대중에게 널리 알려졌기에 중증복합면역결핍병(severe combined immunodeficiency disease, SCID)은 1970년대 이후 "버블보이(Bubble boy)" 병으로 알려졌다. 모든 SCID 환자와 마찬가지로 David도 B 세포와 T 세포를 모두 생산하지 못해서, 사소한 감염도 치명적일 수 있었다. 결과적으로 접촉은 단지 플라스틱 폐쇄 공간의 한 쪽 벽에 설치된 무균 고무장갑을 통해서만 가능하였다. 12세에 누나로부터 기증받은 골수가 그로 하여금 면역체계를 만들어 내도록 할 수 있다는 희망을 가지고 실험적인 골수 이식이 진행되었다. 불행하게도 기증된 골수는 단핵구증(mononucleosis)을 일으키는 엡스타인-바 바이러스(Epstein-Barr virus)에 감염된 것으로 나타났고, David는 사망하였다.

오늘날에는 SCID를 갖는 환자에게 더욱 큰 희망이 있다. 현재는 바이러스가 없는 골수 이식이 가능하다. 더 최근에는 20명 이상의 어린이가 유전자 치료를 받았는데, 여기에서는 SCID 환자에게는 없는 한 효소(adenosine deaminase)를 위한 유전자가 레트로바이러스 벡터에 삽입되어 환자의 골수 세포로 클로닝된다. 이런 유전적으로 변한 세포들은 어린이에게 재도입되고 자라면 면역반응을 정상화시키기 위한 충분한 효소를 생산하게 된다. 프랑스에서 실시된 임상에서 몇몇 어린이에게는 성공적이었지만, 치료 후에 3명의 어린이에게서 백혈병이 발병한 2003년 이후에 치료가 중지되었다. 그 질병이 유전자 치료에 기인한 것인지에 대한 조사가 진행 중이다. 그러나 과학자들은 가까운 미래에는 부작용이 없이 유전자 치료가 SCID의 완치시킬 것이라는 희망을 가지고 있다.

David Vetter

maglobulinemia[7]) (ā-gam´ă-glob´ū-li-nēmē-ă)인데, 유전병으로 주로 유아, 특히 남아에게 영향을 주며 면역글로불린을 생산하지 못한다. 이런 어린이는 세균 감염이 재발하지만, 대개 바이러스, 곰팡이, 원생동물에는 저항성을 갖는다.

면역글로불린의 각각 종(class)의 유전적인 결핍이 모든 것이 결핍된 것보다 훨씬 더 흔하다. 이 중에서 IgA 결핍이 가장 흔하다. 영향을 받는 어린이는 분비성인 IgA를 생산하지 못하기 때문에 반복적인 호흡기와 위장관계 감염을 경험한다.

표 11.5는 중요한 일차 면역결핍 질환을 요약하였다.

[7] *Agammaglobulinemia*는 감마글로불린(IgG)이 없다는 의미이다.

후천성 면역결핍 질환

학습 | 성과

- **11.19** 면역을 억제하는 5가지 후천성 조건을 설명하라.
- **11.20** AIDS를 정의하고 증후군과 한 질병을 차이를 설명하라.
- **11.21** 구조, 가능한 기원, 복제 주기, 전파 등을 포함하여 HIV를 설명하라.
- **11.22** AIDS의 과정과 보조 T 세포 집단과의 연관성을 설명하라.
- **11.23** AIDS의 진단, 처방, 방지에 대해서 설명하고, HIV 감염의 위험성을 증가시키는 4가지 행동을 기재하라.

유전적인 일차 면역결핍 질환과는 다르게, 후천성 면역결핍 질환

표 11.5 몇 가지 일차 면역결핍 질환들

질병	결여	증상
만성육아종증	비효과적인 식세포 작용	통제가 불가능한 감염
중증복합면역결핍병	T 세포와 B 세포가 결여	어떤 감염에도 내성 없음, 조기 사망
브루톤형 무감마글로불린혈증	B 세포 결여로 면역글로불린 결여	감당할 수 없는 세균감염으로 사망
디조오지 증후군	T 세포 결여로 세포-매개 면역성 결여	감당할 수 없는 바이러스 감염으로 사망

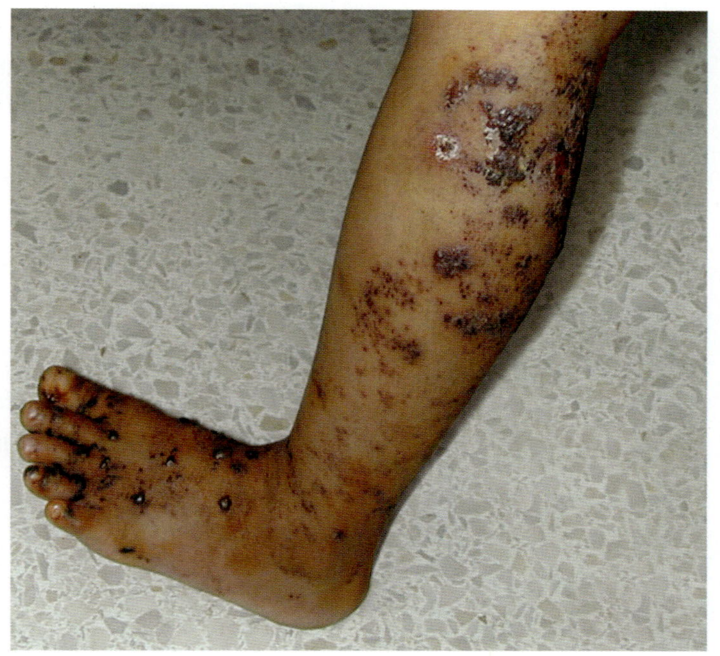
(a)

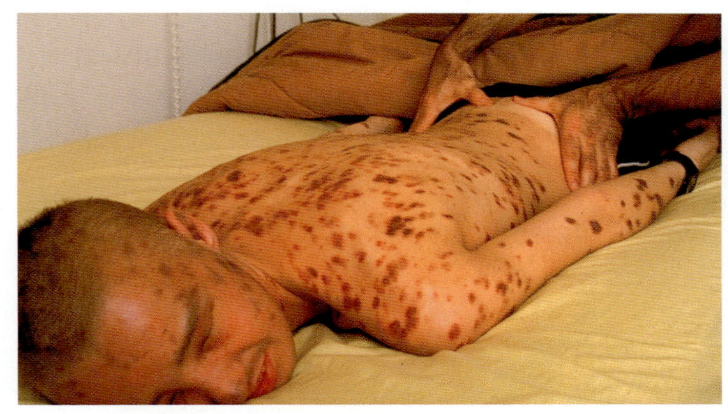
(b)

▶ **그림 11.14 AIDS와 연관된 질병들. (a)** 넓게 확산된 단순포진. **(b)** 카포시육종(Kaposi's sarcoma), 혈관 암.

은 이전에 건강한 면역체계를 가졌던 나이가 든 사람들에게 영향을 준다.

후천성 면역결핍에는 많은 원인들이 있다. 모든 인간에게서 면역체계 (특히 T 세포 생산)는 나이를 먹어감에 따라서 저하되어간다; 결과적으로 나이든 사람은 젊은이들보다 세포-매개 면역성이 덜 효율적이 되고, 바이러스 질병과 몇 가지 종류의 암에 더 잘 걸리게 된다. 심한 스트레스는 T 세포에 독성을 가져서 세포-매개 면역을 억제하는 코르티코스테로이드(corticosteroid)를 과량으로 분비를 촉진하여 면역결핍을 일으킨다. 예를 들어, 이것이 기말고사 기간에 학생들의 얼굴에 단순포진이 생기는 이유이다: 원인이 되는 단순포진 바이러스는 완전한 기능을 갖는 세포형-면역 반응으로는 통제가 되는데, 스트레스를 받는 사람에게서는 면역 통제를 피한다. 영양실조와 어떤 환경 독소도 정상적인 B 세포와 T 세포의 생산을 방해하여 후천성 면역결핍 질환의 원인이 될 수 있다.

물론 후천성 면역결핍의 가장 중요한 예로는 **후천성면역결핍증(acquired immunodeficiency syndrome, AIDS)**이 있다. 미국의 동성애 남성들에게서 1981년에 발견된 시점부터 세계적으로 유행하기까지 현대의 삶에 이보다 더 큰 고통을 준 것은 없었다.

AIDS의 징후와 증상

AIDS는 질병이 아니고 **증후군(syndrome)**이다; 즉 복잡한 징후와 증상 및 질병이 한 가지 원인과 연관되어있다. 역학자들은 AIDS를 인간면역결핍 바이러스(human immunodeficiency virus, HIV)의 감염과 함께 기회성 감염 또는 흔하지 않은 감염이 존재하는 것으로서, 또는 보조 T 세포라고 불리는 림프구의 심한 감소 (<200 세포/혈액 μL)와 HIV가 존재하는 것을 보여주는 양성검사로서 정의한다. 보조 T 세포는 CD4 세포로도 알려져 있는데, CD4 단백질이 세포막에서 발견되었기 때문이다. 질병과 AIDS의 감염을 확정하는 것에는 대상포진(shingles)과 넓게 확산된 단순포진과 같은 피부 질환 **(그림 11.14a)**; 뇌막염(meningitis), 톡소플라스마증(toxoplasmosis)과 *Cytomegalovirus* (sī-tō-meg´ă-lō-vī´rŭs) 질병과 같은 신경계통의 질병; 결핵, 폐포자충(*pneumocystis*) (nō-mō-sis´tis) 폐렴, 히스토플라스마증(histoplasmosis)과 콕시디오이데스 진균증(coccidioidomycosis) (kok-sid-ē-oy´dō-mī-kō-sis)과 같은 호흡계 질환; 만성설사, 아구창(thrush), 구강모상백반증(oral hairy leukoplakia)과 같은 소화계 질환이 포함된다. 카포시육종(Kaposi's sarcoma)이라는 흔하지 않은 혈관 암이 AIDS 환자에게서는 흔히 나타난다 **(그림 11.14b)**. AIDS의 마지막 단계에서는 치매도 자주 나타난다.

318쪽의 **표 11.6**에는 AIDS와 연관된 이런 것들과 다른 질병들을 요약하였다; 12-17장에서는 특정한 질병의 징후, 증상, 진단 및 치료에 대해서 더 자세히 다룰 것이다.

AIDS 병원체와 독성인자

인간면역결핍 바이러스(HIV)의 감염 자체가 AIDS는 아니라는 것을 분명히 강조해야 하지만, HIV는 AIDS의 원인이 된다; HIV 감염이 치료받지 않은 환자에게서 전형적으로 AIDS를 일으킨다. HIV는 그 유전체를 DNA 사본으로 만드는 **역전사효소(reverse transcriptase)**를 사용하기 때문에, 레트로바이러스(*retrovirus*)라고 하는 종류의 외피를 갖는 양성 단일 가닥 RNA (+ssRNA) 바이러스이다. 파스퇴르 연구소(Pasteur Institute)의 Luc Montagnier (1932-)와 그의 동료들은 1983년에 HIV를 발견하였다. HIV 머리글자는 이것이 바이러스임을 의미한다. 이 병원체를 "HIV 바이러스"라고 하는 것은 반복적이고 틀린 것이다; 더 적절한 이름은 "AIDS 바이러스" 또는 단순히 "HIV"이다. 분류학자들은 HIV를 *Retroviridae* 과(family), *Lentivirus* 속(genus)으로 분류하였다.

두 가지 주요한 유형의 바이러스가 있다. HIV-1은 미국과 유럽

표 11.6 AIDS와 연관된 기회성 질병들

질병	원인체	일차적으로 영향을 받는 장기 (다룬 장)
콕시디오이데스 진균증	*Coccidioides* (진균)	폐 (22)
Cytomegalovirus 질병	*Cytomegalovirus*	뇌 (20), 간 (22)
설사 (심하고 만성)	다양한 세균, *Cryptosporidium* (원생동물)	내장 (23)
헤르페스	*Herpesvirus*	피부 (19)
히스토플라스마증	*Histoplasma* (진균)	폐 (22)
카포시육종	제8형 인간포진바이러스	혈관 (21)
뇌막염	*Cryptococcus* (효모), *Listeria* (세균)	뇌 및 뇌막 (20)
구강모상백반증	*Lymphocryptovirus* (엡스타인-바 바이러스)	혀 (23)
폐렴	*Pneumocystis* (진균)	폐 (22)
대상포진	*Varicellovirus*	피부 (19)
아구창	*Candida* (효모)	입과 혀 (23), 질 (24)
톡소플라스마증	*Toxoplasma* (원생동물)	폐, 간, 심장 (21)
결핵	*Mycobacterium*	폐 (22)

에 더 만연하고, HIV-2는 서아프리카에 더 만연한다. HIV-1과 핵산 서열에서 약 50% 정도를 공유하는 HIV-2는 HIV-1보다 더 느리게 복제한다. 연구자들이 HIV-1을 더 많이 연구하였음으로, 다음 부분에서는 이 종에 대하여 좀 더 기술하고자 한다.

HIV의 구조 HIV는 크기와 형태가 전형적인 레트로바이러스이다 **(그림 11.15)**. 두 가지 항원성 당단백질은 그 외피를 특징짓게 한다. **gp120**[8]이라고 하는 더 커다란 당단백질은 HIV의 일차적인 부착 분

[8]gp120은 "분자량이 120,000달톤(dalton)인 당단백질(glycoprotein)"의 약자이다.

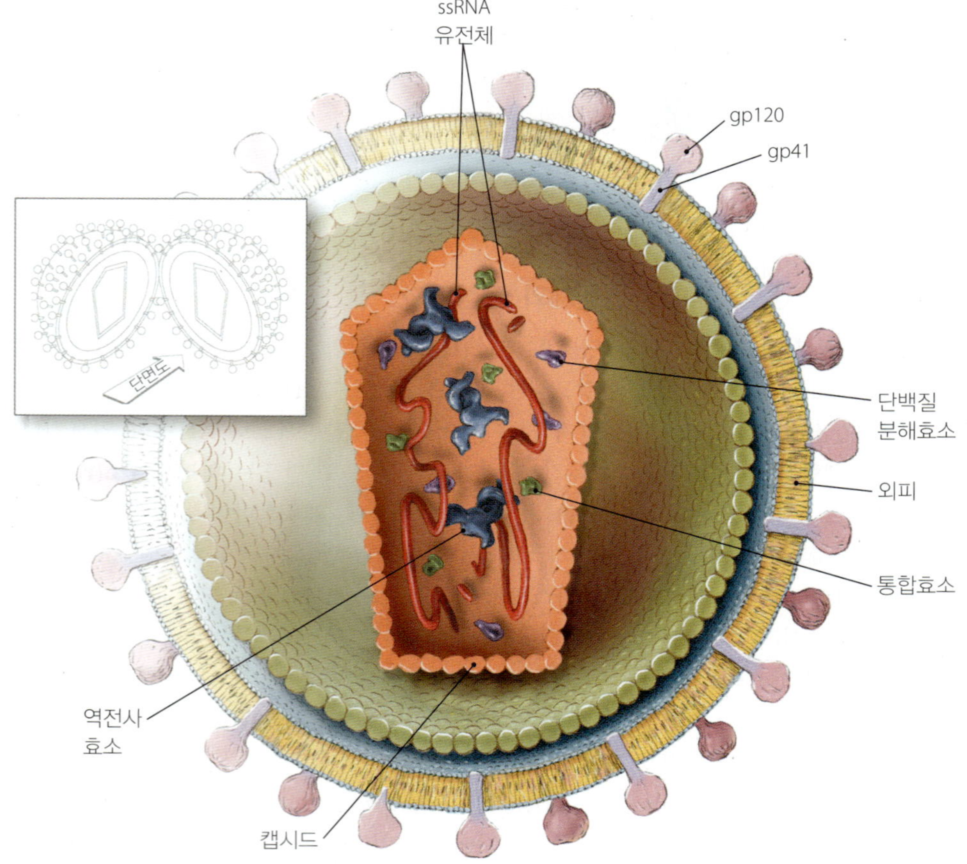

◀ **그림 11.15 HIV의 전문가적 개념.** 비리온은 지름이 약 90 nm이다.

자이다. 장기적인 감염의 과정 중에 이 단백질의 항원성이 변화하는 것은 이것에 대항하는 효과적인 항체반응을 어렵게 만든다. 더 작은 당단백질인 **gp41**은 바이러스 외피와 목표 세포의 융합을 촉진한다. 항원성의 다양성과 숙주세포에 융합하는 능력인 이 구조적인 특징의 효과는 HIV를 환자로부터 없애는 것을 방해한다.

HIV의 기원 증거들은 HIV가 아프리카의 원숭이와 침팬지에서 발견되는 유사한 바이러스인 유인원 면역결핍 바이러스(*simian immunodeficiency virus, SIV*)의 돌연변이로부터 유래했을 것이라는 것을 시사한다; SIV의 뉴클레오티드 서열은 HIV의 것과 유사하다. HIV의 돌연변이 속도와 항원성 변화 속도를 기반으로, 연구자들은 HIV가 대략 1930년대에 아프리카의 인간 집단 내에 출현하였을 것이라고 추정한다. 1981년 첫 번째 AIDS 사례까지는 문서화가 되지 않았지만, 과학자들은 1959년부터 보관된 인간 혈액에서 HIV 항체들을 확인하였다.

두 종류의 HIV와 SIV 변종 간의 연관은 분명하지 않다. HIV는 다른 SIV 변종에서 유래하였거나 한 종류의 HIV가 다른 종류로부터 유래했을 수도 있다. 면역결핍 바이러스들 중의 정확한 진화적 관계는 영원히 모를 수도 있다.

HIV 복제

HIV 복제는 8단계로 일어난다는 것을 고려할 수 있다 (**그림 11.16**). 먼저 8단계의 복제 과정을 전반적으로 보고, 부착과 진입에 대해서 자세히 조사하겠다:

1. **부착(attachment)**. HIV는 일차적으로 네 종류의 세포에 부착한다: 보조 T 세포; 단핵구, 대식세포, 소교 (중추신경계의 특별한 식세포)를 포함하는 대식세포 계열의 세포; 동맥벽에 있는 세포와 같은 평활근 세포; 수지상 세포. HIV는 신경세포, 간세포, 일부 표피세포에도 드물게 감염될 수 있다.

   또한 B 림프구가 보체 단백질들로 둘러싸인 HIV에 부착한다. HIV가 이 B 세포에는 감염되지 않지만, B 세포가 HIV를 보조 T 세포로 옮겨서 감염되게 한다. 유사하게 감염된 대식세포는 보조 T 세포에 HIV를 전달할 수 있다.

2. **진입(*entry*)**. HIV는 바이러스의 세포내 섭취를 촉발한다; 즉, 세포의 세포막이 주머니를 만들어 바이러스 주변을 감싸서 접히고 내부에 바이러스를 갖는 소낭을 형성한다.

3. **탈피(*uncoating*)**. 바이러스 외피가 소낭의 막과 융합되고 HIV

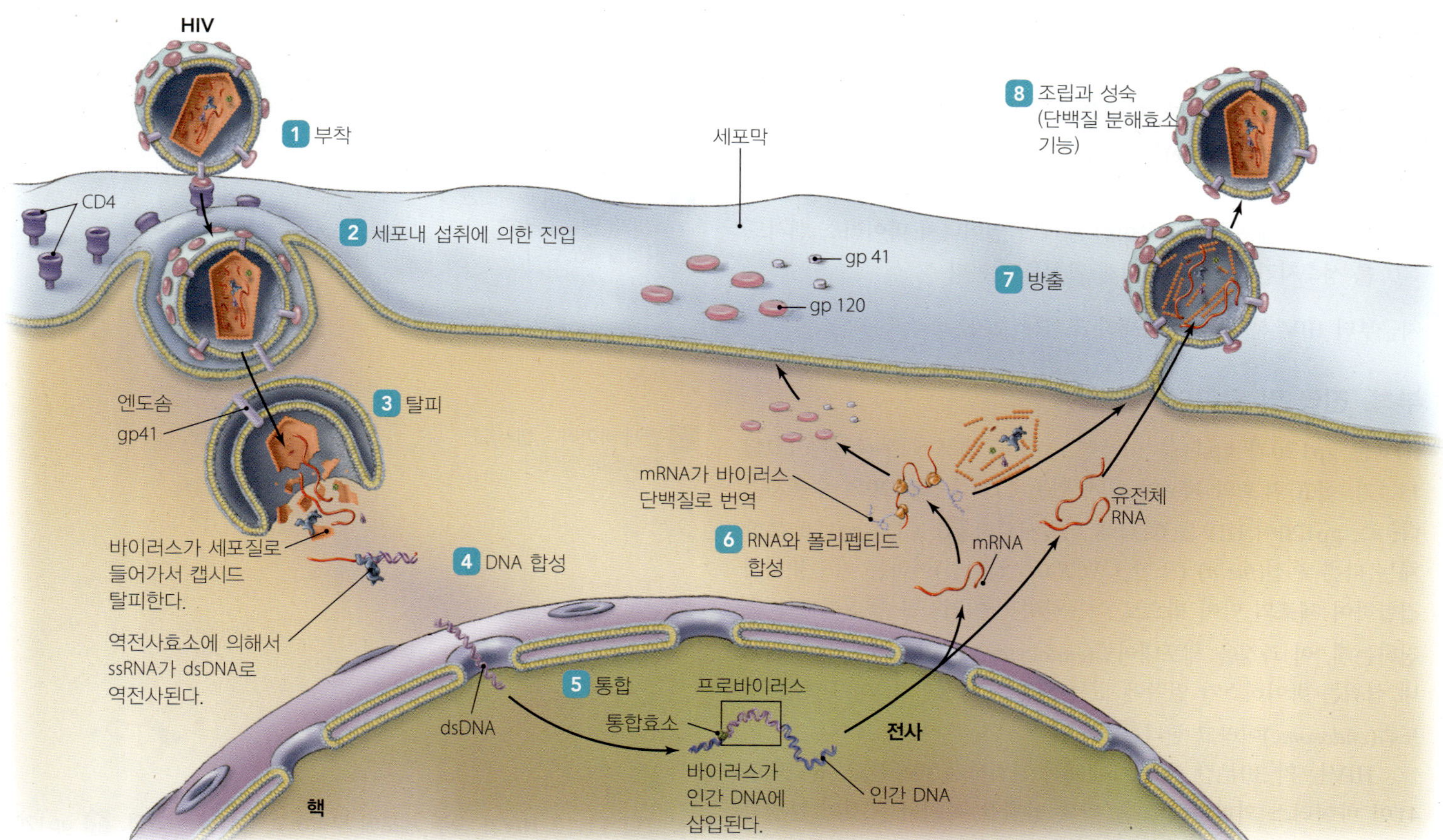

▲ **그림 11.16 HIV 복제 주기.** 전문가적 해석은 보조 T 세포 내에서 바이러스의 복제를 8단계로 제시한다. 그림은 부착과 진입 (1-3) 및 비리온의 출아와 방출 (4-6)을 보여준다. *HIV의 복제는 박테리오파지 T4와 어떻게 다른가?*

그림 11.16 박테리오파지 T4는 DNA 바이러스이다: 따라서 역전사가 없다. 더욱이 T4는 세균의 염색체에 통합되지 않는다; 세포에서 방출되기 전에 완전히 조립된다; 외피가 없다; 효소들을 보유하지 않는다.

의 완전한 캡시드가 세포질로 들어간다. 바이러스는 캡시드를 벗고 두 개의 ssRNA 분자를 캡시드로부터 세포질로 방출한다.

4. **DNA 합성(*synthesis of DNA*)**. 캡시드로부터 나온 역전사 효소는 바이러스의 ssRNA를 주형으로 이중 가닥의 DNA (dsDNA)를 합성한다.
5. **통합(*integration*)**. 역전사 효소는 만든 dsDNA가 핵으로 들어가서 인간 DNA 분자의 일부가 된다. 평생 동안 세포의 일부로서 그 곳에 남는데, **잠복기(latency)**라는 조건이다.
6. **RNA와 폴리펩티드 합성(*synthesis of RNA and polypeptides*)**. 감염된 세포는 통합된 HIV 유전자들을 전사하여 전령 RNA와 새 바이러스의 유전체로 쓰일 많은 수의 바이러스 ssRNA를 생산한다. 감염된 세포의 리보솜은 mRNA를 바이러스가 암호화하는 폴리펩티드로 번역한다. 여기에는 부착단백질, 통합효소(integrase), 불활성화된 역전사 효소와 캡소머들로 구성된 거대한 폴리펩티드가 포함된다. 부착단백질은 숙주의 세포막에 삽입된다.
7. **방출(*release*)**. 두 분자의 유전체 RNA, tRNA 분자 및 몇 개의 바이러스 폴리펩티드는 숙주의 세포막으로부터 출아하여 미성숙 비리온을 형성한다.
8. **조립과 성숙(*assembly and maturation*)**. 세포로부터 나온 HIV는 캡시드는 완전한 기능을 하지 못하고 역전사 효소가 비활성임으로 무독성이다. 비리온에 포장된 바이러스 효소인 **단백질분해효소(protease)**는 거대한 폴리펩티드를 절단하여 역전사 효소와 캡소머들을 방출한다. 이 단백질분해효소의 작용은 바이러스가 세포로부터 출아한 후에만 일어나서 바이러스 캡시드를 성숙시킨다. HIV는 이제 활성을 갖는다.

지금부터 HIV 복제를 더 자세히 조사해 보자.

부착, 진입 및 탈피의 세부내용

HIV는 gp120과 gp41을 이용하여 목표 세포에 부착한다 (그림 11.17). 목표 세포의 세포막 상에 있는 CD4[9]는 gp120의 수용체이다; 즉, gp120이 HIV를 CD4에 부착시킨다 1. CD4-gp120 복합체는 다른 후신(*fusin*) (또한 *CXCR4*로 알려진)이라는 막수용체에 결합하여 세포의 막이 밖으로 이동하여 바이러스를 둘러싸도록 촉진하는데, 이 과정을 세포내이입(*endocytosis*)이라고 한다 2. 세포내 섭취는 바이러스가 안쪽에 있는 방울을 형성한다. 이 구조를 엔도솜(*endosome*)이라고 한다 3.

HIV는 약 30분간 엔도솜 내에서 완벽하게 존재한다. 당단백질 41이 바이러스 외피와 엔도솜 막의 융합을 촉진하는 것이 분명하다. 이 두 가지는 융합하고 4, 완전한 바이러스 캡시드는 세포질로 상태로 도입된다 5. 바이러스 캡시드가 벗겨지고 바이러스 RNA

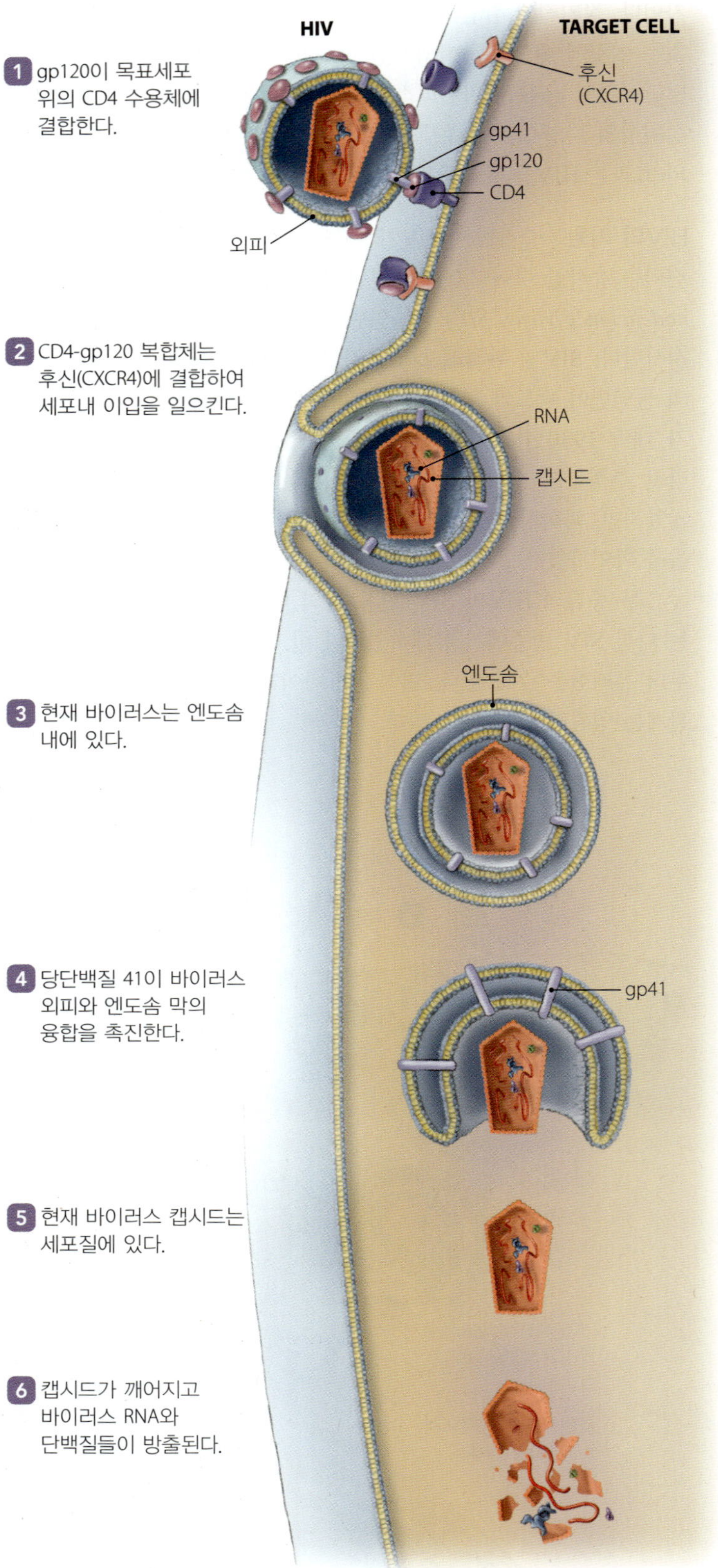

▲ **그림 11.17 HIV가 숙주 세포에 부착하고 진입하는 과정.** 1 gp120이 세포막 상의 CD4 수용체에 결합. 2 CD4-gp120 복합체를 제거하여 gp41이 세포막에 부착하도록 허용. 3 지질 이중막에 융합하여 캡시드를 세포질로 도입.

[9]과학자들은 일반적으로 막단백질을 문자-숫자 조합으로 명명한다; CD4는 4번째로 발견된 *cluster of differentiation*의 약자이다.

▶ **그림 11.18 역전사 효소의 작용이 여기서는 3단계로 구별되어 묘사되었다.** 1 효소는 상보성 ssRNA를 전사하여 ssRNA-ssDNA 혼성체를 형성한다. 2 혼합체로부터 RNA 부분을 분해해서 −ssDNA를 남긴다. 3 효소는 상보적인 +ssDNA 가닥을 합성하여 dsDNA 형성한다.

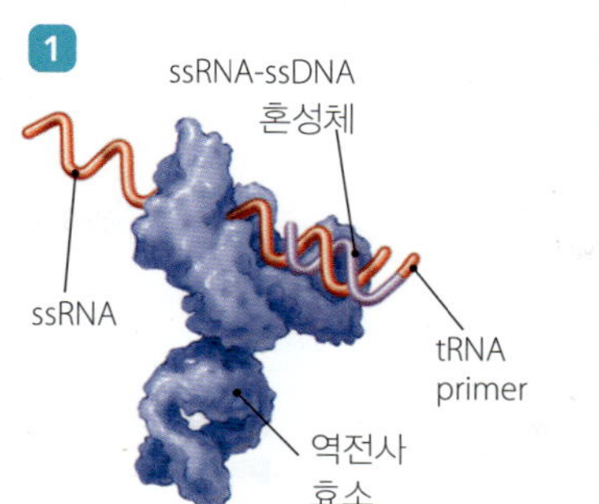

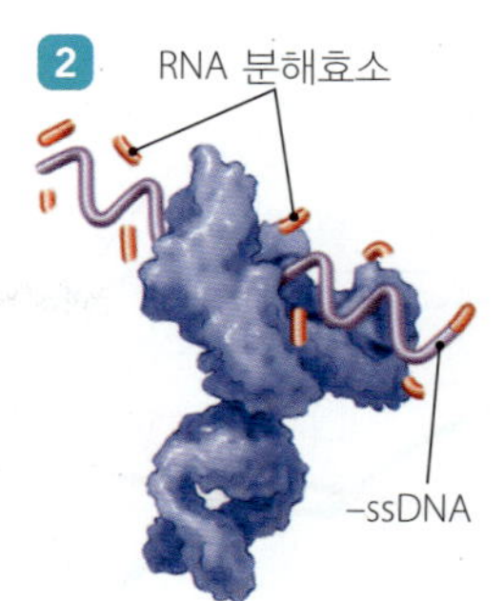

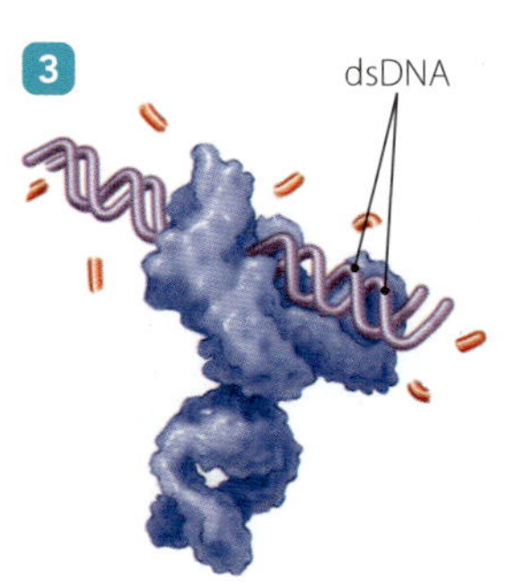

와 단백질이 방출된다 6.

합성과 잠복의 세부내용

캡시드 안쪽에 가지고 다니는 역전사 효소는 세포질에서 활성화된다. 이것은 프라이머로서 tRNA를 이용하여 바이러스의 ssRNA 유전체를 dsDNA로 전사한다 (그림 11.18 참조). 역전사 효소는 실수를 많이 하는데, 유전체 당 약 5번의 실수를 한다. 이는 HIV의 다양한 항원성 변이를 만들어 낸다. 한 환자에게서 증후군이 있는 과정 중에 수십억가지 변이가 발생할 수 있다.

HIV는 잠복하는 바이러스이다. 역전사 효소에 의해서 만들어진 dsDNA는 프로바이러스(*provirus*)라고 하는데 핵으로 들어간다. 바이러스 효소인 **통합효소(integrase)**가 dsDNA 프로바이러스를 인간 염색체에 통합시킨다. 한번 도입이 되면, 프로바이러스는 영구히 세포 DNA의 일부로 남는다. 인간 유전체 내의 위치와 이용이 가능한 프로모터 DNA 서열에 따라서 수년 동안 잠재로 남아있거나 즉시 활성화 될 수도 있다. 감염된 대식세포와 단핵구가 도입된 HIV의 주요 저장소이고 신체에 바이러스를 분배하는 수단으로 사용된다.

감염된 세포는 도입된 DNA를 세포 DNA가 복제될 때마다 복제한다. 이런 방법으로 HIV는 감염된 세포의 모든 후대 세포에 감염될 수 있다. 감염된 세포는 전체 HIV 유전체의 완전한 RNA 사본뿐만 아니라 또한 도입된 HIV를 전사하여 전령 RNA도 만들 수 있다.

방출, 조립과 성숙의 세부내용

HIV는 세포로부터의 자신이 방출되는데 활동적으로 참여한다. 바이러스 단백질은 출구 지점으로서 세포막에 내에 규칙적으로 지방이 싸인 지역인 지질뗏목(*lipid raft*) 하나를 선택한다. 바이러스가 세포로부터 방울처럼 나오면, 지질뗏목의 성분들이 비리온의 외피가 된다. 세포 밖으로 나오면 미성숙 캡시드를 형성하기 위하여 캡소머들이 체계화되고, 바이러스 단백질분해효소가 캡시드 내의 폴리펩티드를 절단하여 기능을 갖는 단백질들을 방출한다. 단백질들이 바이러스를 성숙시키고 감염성을 갖도록 한다. 단백질분해효소의 기능을 방해하는 단백질분해효소 저해제(*protease inhibitor*)가 HIV 감염을 치료하는 표준 치료제가 되었고, 환자의 예상 수명을 크게 늘렸다.

DNA 합성의 세부내용

역전사 효소는 **그림 11.18**에서 보듯이 거의 동시에 3가지 단계를 통하여 dsDNA를 전사한다. 첫째 효소는 바이러스 ssRNA를 복사하여 음성 단일 가닥 DNA (ssDNA)를 합성해서 ssRNA-ssDNA 혼성체를 형성한다. 이전 숙주 세포의 운반 RNA가 이 작용의 프라이머로 사용된다. 이후에 효소가 혼합체로부터 ssRNA를 분해해서 ssDNA를 남기고, 마지막으로 DNA의 상보적인 양성 가닥을 합성하여 dsDNA 형성 과정을 완성한다.

표 11.7에는 HIV와의 싸움을 특별히 어렵게 하는 몇 가지 특징을 요약하였다.

표 11.7 면역체계에 도전하는 HIV의 특성

특성	효과
두 카피의 +ssRNA로 구성된 유전체를 갖는 레트로바이러스	바이러스 유전자의 재배열 가능; 역전사효소가 많은 돌연변이와 유전적 변이 생산함; 유전체가 숙주 염색체로 삽입됨
보조 T 세포를 목표로 하지만, 대식세포, 수지상 세포, 근육세포 및 간, 신경 및 표피세포도 가능	숙주 면역체계의 핵심 세포들을 영구히 감염시킴
항원의 변이성	돌연변이에 기인한 수많은 항원적 변이는 바이러스가 숙주의 면역반응을 회피하는데 도움을 줌
융합체의 형성 유도	감염 경로를 증가시킴; 세포 내에 위치함으로 바이러스가 면역 탐지를 회피하는데 도움을 줌

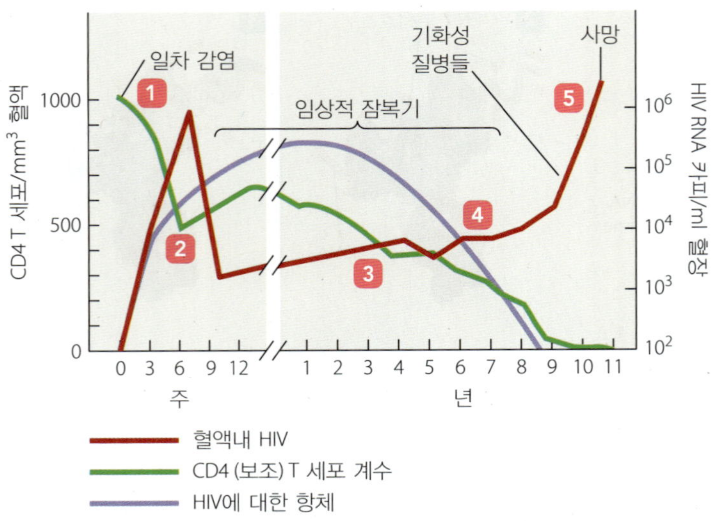

▲ **그림 11.19 AIDS의 과정은 보조 T 세포 파괴 과정의 뒤를 따른다.** 표시된 번호는 본문에 묘사된 단계와 일치한다.

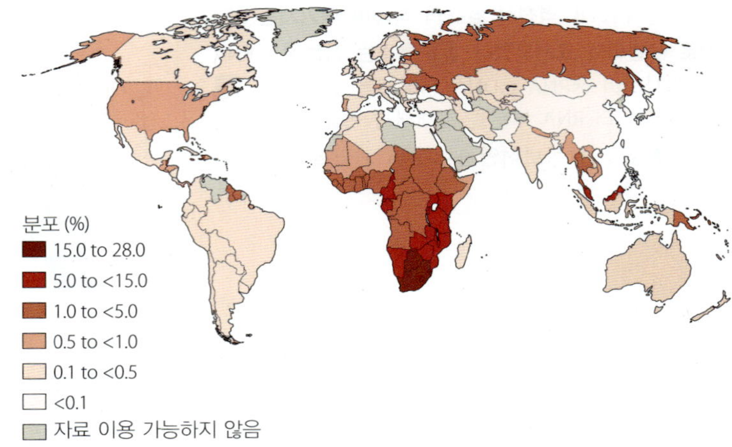

▲ **그림 11.20 HIV/AIDS의 세계적 분포.** 그림은 2010년 말 시점에서 어린이와 성인 중에 HIV/AIDS의 발병을 의미한다. 아프리카 남부 사하라에 감염된 사람의 수가 놀랍게도 매우 높은 것에 주목하라.

AIDS의 발병

단지 인간 세포만이 HIV를 효과적으로 복제하고, 이름이 의미하듯이 바이러스는 인간 면역체계를 파괴한다. **그림 11.19**는 보조 T (CD4) 세포의 파괴가 AIDS의 과정과 직접 관련된다는 소견들을 명시하였다. 처음에는 감염된 세포로부터 폭발적인 비리온의 생산과 방출이 있다 **1**. 열, 피로, 체중감소, 설사, 신체 통증 등이 이런 일차적인 감염에 동반된다.

면역체계는 항체를 생산하여 반응하고 비리온 (붉은색 선)의 수가 급감한다 **2**. 신체와 HIV는 징후와 증상이 거의 없이 눈에 보이지 않는 싸움을 벌인다. 이 기간 동안에 신체는 매일 거의 10억 개의 비리온을 파괴하지만, 비리온과 세포독성 T 세포는 약 1억 개의 CD4 세포를 죽인다. 이 단계에서는 특별한 증상이 없고, 환자는 대개 감염을 인지하지 못한다.

도입된 바이러스는 계속 복제하고 신체가 충분한 보조 T 세포를 만들지 못하는 지경까지 비리온이 혈액으로 방출된다 (초록색 선) **3**. 5-10년 과정에서 보조 T 세포의 수는 면역반응을 손상시킬 정도로 줄어든다. 항체의 생성 속도 (보라색 선)는 보조 T 세포가 기능을 상실함에 따라서 가파르게 떨어진다.

HIV 생산은 증가하고 **4**, 환자는 사망한다 **5**. AIDS의 면역기능 상실과 연관되어 많은 질병들이 (318쪽의 표 11.6 참조) 다른 환자에서는 치명적이 아니지만, AIDS 환자는 이들 질병에 효과적으로 저항할 수 없다. 카포시육종, 산재성 단순포진, 톡소플라스마증, 폐포자충 폐렴(*Pneumocystis* pneumonia)과 같은 질병은 AIDS 환자 이외에는 거의 일어나지 않는다.

AIDS의 역학

역학자들은 AIDS를 미국의 젊은 동성애 남성에게서 처음으로 확인하였지만, 지금은 전세계에 퍼져있다. 세계보건기구(WHO)는 2011년 12월 현재로 세계에 약 3천4백만 명의 HIV 감염자가 있으며, 미국에서의 매일 150건 이상을 포함하여 매일 약 7,000명씩 새로 감염된다고 추산하였다. 감염자의 약 1/3은 이미 AIDS가 발병하였고 나머지도 대부분 치료를 받지 않는다면 결국에는 증상이 발생할 것이다. 사하라 이남의 아프리카 지역에서 AIDS 확산 속도는 특히 두렵다 **(그림 11.20)**. 좋은 소식은 새로운 감염, 특히 어린이에게서 약 22% 감소하였다는 것이다.

AIDS 환자의 모든 신체 분비물은 HIV를 포함하고 있다; 그러나 감염을 일으키기에 충분한 농도의 바이러스는 일반적으로 혈액, 정액, 질 분비물, 젖에만 존재한다. 비리온은 자유롭게 존재하고나 백혈구 내에 있다. 정액은 밀리리터 당 10-50개의 비리온을 갖는 반면에 감염된 혈액은 밀리리터 당 1,000-100,000개의 비리온을 포함한다. 다른 분비물들은 더 낮은 농도이고 혈액과 정액보다 감염성이 더 낮다. 감염되려면 액체가 신체에 주입되거나 피부의 상처나 병변이나 점막을 만나야 한다. HIV는 지름이 단지 약 90 nm이기 때문에, HIV 침입을 하도록 하는 신체 보호막의 손상된 부위는 너무나 작아서 피가 흐르거나 보이거나 느낄 수 없다. 과학자들이 감염에 필요한 정확히 비리온의 수는 모르지만, 감염이 일어나기 위해서는 목표 세포들에 충분한 수의 비리온이 전달되어야 한다. 그 수는 HIV의 변종과 환자의 전체적인 면역체계에 따라서 달라질 것이다.

HIV는 일차적으로 동애성자이든 이성애자이든지 질, 항문, 구강성교 등을 포함하는 성축 접촉이나 정맥을 통한 약물 남용을 통해서 전파된다 **(그림 11.21)**. 수혈, 장기 이식, 문신, 실수로 병원 주사바늘에 찔리는 것도 드물지만 HIV를 전파한다. 예를 들어, HIV가 감염된 환자가 관여된 주사바늘을 통한 위험은 1% 미만이다. 또한 산모가 태반을 통하여, 젖을 먹이는 것을 통하여 HIV를 유아들에게 전파한다; HIV는 HIV-양성 여성에게서 출생한 신생아의 약

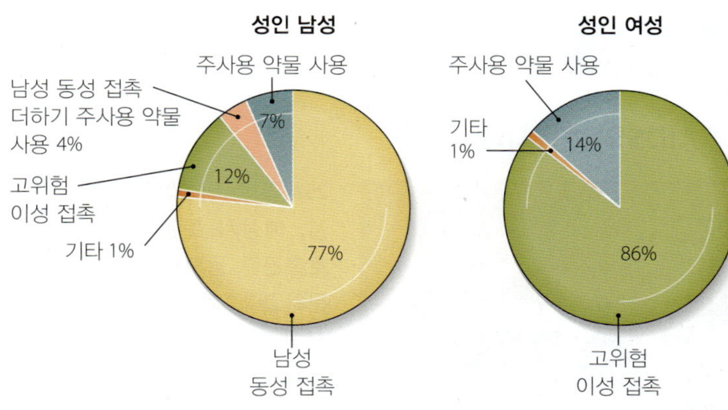

▲ **그림 11.21 2010년에 미국에서 12세 이상의 사람에게서 HIV의 전파 유형.** 백분율은 각 전파 유형의 결과로 HIV에 감염된 추정 비율을 나타낸다 (추정치는 가장 가까운 1%에 우수리 없이 계산되었고 따라서 합이 100%가 안됨).

1/3에 감염된다.

감염이 위험성을 증가시키는 행동들은 다음과 같다:

- 항문 성교, 특히 받아들이는 항문 성교
- 혼음, 즉 여러 파트너들과의 성교
- 정맥을 통한 약물 남용
- 앞의 3부류에 속하는 어떤 사람과의 성교

감염의 방식을 모르는 일부 AIDS 환자들이 있는데, 대개 성교와 약물 남용 경험에 대한 질문에 답할 수 없거나 답을 할 의지가 없는 경우이다. 질병통제예방센터(CDC)는 면도기와 칫솔을 공유하거나, 구강-대-구강 키스를 하는 것으로부터 감염된 몇 건의 우연한 확산에 대해서 문서화하였다. 모든 우연한 확산의 경우에, 연구자들은 적은 양의 공여자 혈액이 수여자의 입 안의 상처를 통하여 들어갔을 것이라고 의심한다.

진단, 치료 및 예방

의사들은 예상치 못한 체중감소, 피로, 열, 밀리리터(μl)[10] 당 200개 이하의 CD4 림프구와 질병에 따라서 다양한 다른 징후와 증상 및 HIV에 대한 항체들을 종합하여 AIDS를 진단한다. AIDS의 정의를 다시 기억해보면, 흔하지 않은 질병이 하나 이상 존재하고, 항-HIV 항체가 존재해야 한다.

HIV는 프로바이러스로서 염색체에 통합되어 있고, 여러 해 동안 면역체계에 의해서 억제되기 때문에 HIV 자체는 환자의 분비물과 혈액에서 찾아내는 것이 어렵다. 따라서 효소면역측정법(enzyme immunoassay, EIA 또는 ELISA) 또는 웨스턴 블럿 검사를 이용하여 혈액 내의 HIV에 대한 항체를 탐지하는 것이 진단에 포함된다. 일부는 3년까지지도 항체가 탐지가 안되고 남아 있지만, 대부분의 사람들은 감염 후 6개월 이내에 항체를 생산한다. 항체의 양성 반응은 그 환자에게 현재 HIV가 존재한다는 의미도 아니며, 또한 AIDS가 발생한다는 의미도 아니다; 이것은 단지 환자가 HIV에 노출된 적이 있다는 의미이다. 의사들은 진단을 확정하기 위하여 HIV RNA를 위한 PCR 검사를 사용한다.

감염된 사람들 중에 장기간 비진행자(*long-term nonprogressor*)라고 하는 아주 소수는 감염 후 수년 또는 수십 년 후에도 AIDS가 발생하지 않는다. 이런 사람들은 결함을 갖는 비리온에 감염되었거나, HIV가 효과적으로 결합하지 못하는 돌연변이된 후신(fusin) 수용체를 갖거나, 흔치 않게 잘 발달된 면역체계를 가지고 있는 것으로 나타났다.

AIDS에 대해서 더 효과적인 치료를 찾고자 하는 것은 집중적인 연구와 개발 분야이다. 현재 의사들은 이전에는 매우 적극적인 항레트로바이러스 치료법(*highly active antiretroviral therapy, HAART*)이라고 알려진 **항레트로바이러스 치료법(antiretroviral therapy, ART)**을 처방한다. ART는 뉴클레오티드 유사체, 통합효소 저해제, 단백질분해효소 저해 [예, 다루나비어(darunavir)], 부착저해제[예, 엔푸버티드(enfuvirtide)]와 역전사효소 저해제들을 포함하여 바이러스의 복제를 감소시키는 서너 가지 항바이러스 약물의 "혼합체"이다. ART는 고가이고 일반적으로 엄격한 스케줄에 따라서 복용을 해야만 한다. 연구에 따르면 바이러스의 변종들이 동시에 모든 약물에 저항성을 갖지 못하기 때문에, 이 치료법은 HIV의 복제를 정지시키는 것으로 나타났다. 처방이 지속되는 동안에는 환자는 비교적 정상적인 삶을 살 수 있다; 그러나 감염은 남아있기 때문에 이 처방이 치료는 아니다. 일부 과학자들은 ART로 HIV 감염된 세포들을 모두 죽이려면 60년은 걸릴 것이라고 예측하였다. 전 세계에서 감염된 사람들의 약 절반이 ART를 이용한다. ART 이외에, 의사들은 AIDS와 연관된 개인의 병들을 경우에 맞추어서 조절하고 치료한다. 의사들은 ART의 효과를 측정하기 위해서 HIV RNA에 대한 PCR 검사를 사용할 수 있다.

연구자들은 HIV가 목표 세포에 부착되는 것을 막아서, HIV가 세포 내로 진입을 못하고, HIV 합성과 방출을 막는 새로운 방법들을 연구하는 중이다.

HIV에 대한 백신개발의 진행 상황은 실망적이다. 효과적인 백신개발을 위해서 반듯이 극복해야 하는 문제들은 다음과 같다:

- 백신은 반드시 성관계에 의한 전파를 막기 위해서 분비되는 항체인 IgA와 감염된 세포를 제거하기 위한 세포독성 T 림프구 모두를 생산해야 한다.
- 백신의 불가피한 부분인 감마 class 항체인 IgG의 합성 유발은 실질적으로는 환자에게 해가 될 수도 있다. IgG-바이러스 복합체는 B 세포에 결합하고 또한 식세포 내부에 감염되어 남아있기 때문에, 백신은 감염된 세포들을 죽이기 위해서 항체 면역성보다도 세포-매개 면역성을 더 자극해야 한다.
- HIV는 매우 복제 속도가 빠르고, 바이러스의 모든 뉴클레오티

[10]정상 CD4 세포 수치는 500-700 세포/μl이다.

드들이 매일 다른 것으로 돌연변이가 날 가능성이 있을 정도로 돌연변이가 잘 일어난다. 과학자들은 어떤 한 시점에서 한 사람에게서 발견되는 HIV 서열의 다양성이 한 해 동안에 전 세계의 독감(flu) 바이러스의 다양성보다도 더 크다고 예측한다.

- HIV는 gp41을 통한 세포 융합을 통하여 전파될 수 있음으로, 면역 감시 동안에 이 장소에서 저 장소로 이동할 수 있다.
- HIV는 감염과 싸우는 세포들인 대식세포, 수지상세포, 보조 T 세포에 감염돼서 비활성화 시킨다.
- HIV는 인간에게만 병원체이기 때문에 백신의 검증에 윤리적 의료적 문제가 존재한다. 예를 들어, 연구자들은 실험적인 백신을 투여했음에도 불구하고 5명의 자원자가 HIV에 감염되었던 1994년에 연구를 중지하였다.

과학자들은 SIV 질환으로부터 원숭이를 보호하는 백신을 개발하였으나, 2013년도 끝낸 백신의 임상실험이 어떤 효과를 보였을지라도 이 성공을 인간을 위한 효과적인 백신으로 해석할 수 없었다. 그 동안에 각 개인은 개인적 결정을 통하여 AIDS 확산을 늦출 수 있다:

- 절제와 감염되지 않은 사람 간의 상호 신뢰하는 일부일처제(monogamy)는 진정으로 유일하게 안전한 성행위이다. 연구는 콘돔의 사용이 이성 간에 HIV를 얻을 위험성을 약 69% 감소를 시켜준다는 것을 보여주는 반면에, 콘돔이 안전한 성교를 보장한다는 잘못된 인식의 결과로 전체적인 성행위가 증가하는 것에 의해서 어떤 집단에서 콘돔 사용의 유익함이 완전히 상쇄될 수 있다.
- 날카롭고 오염이 가능한 물건을 주의해서 다루는 것뿐만 아니라, 모든 주사에 깨끗한 새 주사바늘과 주사기를 사용하는 것은 HIV 감염률을 줄일 수 있다. 만일 깨끗한 보급품을 이용할 수 없다면, 10% 가정용표백제가 다량의 혈액과 점액과 같은 유기물에 오염된 표면의 HIV를 불활성화 시킨다.
- 산모에게 투약한 항바이러스 약물은 태반과 수유를 통한 HIV 전파를 감소시킨다. 오염된 물로 만든 분유를 먹이는 것이 치명적인 설사로 유발해서 더 위험할지라도, 일반적으로 HIV에 감염된 여성은 유아에게 수유를 해서는 안된다. WHO는 분유를 "받아들일 수 있고, 실행가능하고, 감당할 수 있고, 지속할 수 있고 안전할" 경우에만 추천한다.
- 혈액, 혈액제품 및 장기이식에서 HIV와 항-HIV 항체를 검색하는 것은 실질적으로 이 원천들로부터 HIV에 감염될 위험성을 없애는 것이다.
- 장갑, 보호안경, 마스크 등을 제대로 사용하면 오염된 혈액과의 접촉을 방지할 수 있다.
- 연구자들은 포경 수술을 받은 남성이 성행위를 통한 감염 위험성을 60%까지 줄이는 것으로 결론지었다. 포경 수술은 상대방의 위험성을 30%까지 낮춘다.
- 많은 사람들에게서, 테노포비어(tenofovir)와 같은 항바이러스제를 매일 경구 용량을 복용하는 것을 포함하는 사전의 질병예방(pre-prophylaxis, PrEP)은 성행위를 통한 HIV 획득을 방지한다.
- 1% tenofovir 젤을 성교 전후에 질에 넣어준 여성은 HIV-양성 남성으로부터 감염될 가능성이 크게 낮아진다.

임상 사례연구: AIDS의 한 사례는 AIDS로 진단을 고려하는 한 임상 사례를 조사한다.

임상 사례연구

AIDS의 한 사례

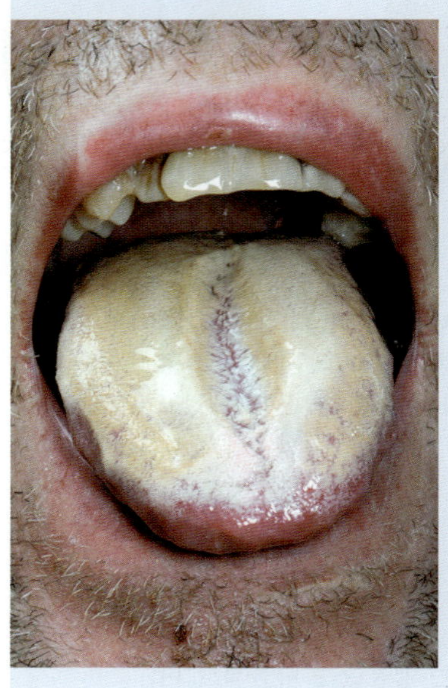

25세의 한 남성이 아구창, 설사, 예상치 못한 체중감소, 호흡곤란 등으로 병원을 방문하였다. 폐의 체액 배양에서 폐포자충(*Pneumocystis*)이 검출되었다. 그 남성은 헤로인 중독과 "마약방(shooting gallery)"에서 주사바늘을 공유한 것에 대하여 인정하였다.

1. AIDS를 확진하기 위한 검사들은 무엇인가?
2. 이 남성은 어떻게 HIV에 감염되었을 가능성이 높은가?
3. 남성의 면역체계가 폐포자충의 기회성 감염이 발생하도록 허락할 가능성이 있는가?
4. 혈액을 다루는 의료인들이 주의해야 할 것은 무엇인가?

왜 그런가

HIV에 감염된 사람을 완전히 치료할, 즉 신체에 있는 HIV 세포들을 제거할 가능성이 없는 이유는?

임상 미생물

후속내용

벌레에 물린 단순한 사례?

의사가 Ethan을 보자마자 "너는 덩굴옻나무와 싸운 것 같아 보인다"라고 말하였다. 그녀는 피부 발진에 바르는 글루코코르티코이드(glucocorticoid) 연고를 처방하고, 심한 가려움증을 통제 위해서 항히스타민제를 계속 바를 것을 추천하였다. Maureen을 두렵게 하였던 고름은 덩굴옻나무가 아니라 Ethan이 긁어서 생긴 이차 세균 감염이 원인이었다. 항생제는 그것을 빠르게 치료하였다.

무엇이 덩굴옻나무 발진을 유발하는가? 덩굴옻나무 수액의 기름 성분인 우루시올(urushiol)이다. 우루시올이 피부에 닿으면 빠르게 흡수되어 막단백질과 결합한다. T 림프구는 병원성 미생물이 침입한 것과 같이 우루시올에 반응한다. 이 세포성 면역반응은 다음 번 우루시올의 "침입"을 대비하는 순찰자인 장기간 생존하는 기억 T 림프구를 깨운다. Ethan은 아마도 우루시올에 감작되어 있었을 것이다. 따라서, 다음 번 접촉 시 지연형 혹은 세포매개 과민반응 단계에 들어가게 된다. 우루시올을 제거하려는 T 림프구와 대식세포의 공격적인 시도는 알레르기 접촉피부염의 염증을 일으켰다. Ethan은 호숫가에서 오후에 덩굴옻나무가 가득한 덤불 속을 돌아다니지 않았지만 Daisy가 그랬다. 개가 공을 가져왔을 때에 우루시올이 털에 달라붙었고, 그가 개를 안았을 때에 Ethan의 피부로 전달되었다. Daisy는 털이 우루시올이 피부에 닿는 것을 막아서 옻이 오르지 않았다. 상대적으로 털이 없는 Ethan은 운이 없었다. 의사는 Daisy가 숲에서 놀고 난 후에는 반드시 목욕을 시키는 것이 중요하다고 설명하였다.

1. 우루시올에 민감성을 갖는 기억 T 세포가 어떻게 염증을 일으키는가?
2. 에피네프린은 알레르기 접촉피부염의 염증을 완화시키지 못하는 이유는?
3. 우루시올에 대한 염증 반응이 노출 후에 최소 12–48시간 정도 지연되는 이유는?

보이지 않는 것의 탐구: 신생아 용혈성 질환

이 QR 코드를 당신의 스마트폰으로 검색하여 Bauman 박사의 비디오 가정교사로 계속 공부하라.

단원요약

1. 면역반응은 **과민반응**이라고 하는 염증 반응을 일으킬 수 있다. 정상적인 조직에 대한 면역 공격을 자가면역 질환이라고 한다. 정상적으로 기능하는 면역체계가 손상되면 면역결핍 질환이 일어날 수 있다.

면역 과민반응 (300–313쪽)

1. 제1형 과민반응은 **알레르기**를 일으킨다. 이런 반응을 일으키는 항원을 **알레르겐**이라고 한다.
2. 알레르기는 알레르겐이 **비만세포**, **호염구**, **호산구**에 이미 결합해 있는 IgE 분자에 결합한 결과이다. 이는 민감성을 갖는 세포가 탈과립화하고 **히스타민**, **키닌**, **단백질분해효소**, **류코트리엔**, **프로스타글란딘**을 방출하게 하는 원인이 된다.
3. 이런 분자들의 양과 방출 부위에 따라서, **건초열**, **천식**, **두드러기** 또는 다른 여러 가지 알레르기를 포함하여 다양한 임상적 증상이 나타난다. 염증 매개물이 신체가 감당할 수 있는 기작을 넘어서면, 급성 **아나필락시스 (아나필라시스 쇼크)**가 일어날 수 있다. 아나필락시스를 위한 특정한 처방은 **에피네프린**이다.
4. 제1형 과민반응은 피부 검사로 진단이 가능하고 알레르겐을 피하고 면역치료를 하는 것으로 일부 방지할 수 있다. 어떤 제1형 면역반응은 **항히스타민제**로 치료한다.
5. 맞지 않는 수혈이나 신생아 용혈성 질환과 같은 제2형 세포독성 과민반응은 세포가 면역반응에 의해서 파괴되는 결과이다.
6. 적혈구는 그 표면에 **혈액형 항원**을 갖는다. 만일 맞지 않는 혈액이 환자에게 수혈되면 심각한 수혈 반응이 일어날 수 있다.
7. 가장 중요한 혈액형 항원은 수혈 반응에 가장 큰 영향을 주는 ABO 형이다.
8. 인간 집단의 약 85%는 **Rh 항원**을 갖는데, 붉은털 원숭이에서

도 발견된다. 만일 Rh-음성 산모가 Rh-양성 태아를 임신하면, 태아는 Rh 항원에 대한 산모의 항체가 태반을 가로질러 태아의 적혈구를 파괴하는 **신생아 용혈성 질환**의 위험성이 있다. Rh-음성 산모에게 RhoGAM을 투여하면 이 질환을 방지할 수 있다.

9. 혈소판에 결합하는 약물은 연속적으로 항체와 보체에 결합하여 혈소판이 용해되는 **면역 혈소판감소성자반증**의 원인이 된다.
10. 제3형 과민반응에서 과량의 **면역복합체**는 조직에 축적이 되어 심각한 조직 파괴의 원인이 된다. 폐에 축적된 면역복합체는 **과민성 폐렴**을 일으키는데, 가장 일반적인 사례가 **농부의 폐**(farmer's lung)이다. 혈류에 과량의 면역복합체가 형성되면 신장의 사구체에 걸려서 **사구체 신염**의 원인이 되고, 신부전이 결과로 나타난다.
11. **류마티스 관절염**에서는 면역복합체가 관절 내의 염증 조직을 성장하게 하는 결과를 가져온다.
12. **전신홍반성 낭창**은 자가항체가 특히 환자의 DNA를 비롯한 수많은 자가항원에 결합하는 전신성, 자가면역의 제3형 과민반응이다.
13. **지연형 과민반응**으로 알려진 제4형 과민반응은 최고 강도에 도달하는데 24-72시간 걸리는 T 세포-매개 염증 반응이다.
14. 지연형 과민반응의 좋은 예는 *Mycobacterium tuberculosis*에서 추출한 단백질인 투베르쿨린을 이전에 감염되었었거나 *M. tuberculosis* 백신을 맞았던 사람의 피부에 주사하는 **투베르쿨린 반응**이다.
15. 제4형 과민반응의 다른 예는 화학적으로 변형된 피부 세포를 T 세포-매개로 손상시키는 **알레르기 접촉피부염**이다. 가장 잘 알려진 예는 덩굴옻나무에 대한 반응이다.
16. 장기와 조직 이식은 한 개체 내에서 다른 부위로 (**자가이식**), 유전적으로 동일한 개체 간에 (**동계이식**), 유전적으로 다른 개체 간 (**동종이식**) 또는 다른 종의 개체 간에 (**이종이식**) 이루어질 수 있다. 대부분의 수술적인 장기 이식은 면역억제제가 처방되지 않는다면 **이식 거부**가 일어나는 동종이식을 포함한다.
17. **이식편대숙주병**에서는 장기 기증자의 세포가 받은 사람의 신체를 공격한다.
18. 일반적으로 사용되는 면연억제제에는 **글루코코르티코이드**, **세포독성 약물**, **사이클로스포린**, 림프구-감소요법이 포함된다.

자가면역 질환 (313-315쪽)

1. **자가면역 질환**은 개인의 정상적인 신체 요소에 대한 자가항체 또는 세포독성 T 세포를 만드는 결과이다.
2. 자가면역 질환의 원인에 관하여 여러 가지 가설이 있다. 자기-항원과 유사한 항원결정기를 갖는 미생물이 자가면역 조직 손상을 유발하는 **분자적 의태**가 포함된다. 다른 것들로는 에스트로겐, 임신 및 환경적 유전적 인자들이 연루되었음을 보여준다.
3. 자가면역 질환의 한 그룹은 한 가지 장기 또는 세포형만 포함된다. 이런 질병의 예로는 **자가면역 용혈성 빈혈**, **1형 당뇨병**, **그레이브스병**, **다발성 경화증**(MS) 및 류마티스성 관절염이 있다.
4. 전신홍반성 낭창과 같은 자가면역 질환의 두 번째 그룹은 여러 장기나 신체 전부를 포함한다.

면역결핍 질환 (315-324쪽)

1. 면역결핍증은 돌연변이나 발생학적 장애의 결과인 **일차 면역결핍증**과 바이러스 감염과 같이 다른 알려진 원인의 결과인 **후천성 (이차) 면역결핍증**으로 분류된다.
2. 일차 면역결핍의 예들은 어린이의 호중구가 식세포된 세균을 죽이지 못하는 **만성육아종증**, T 세포와 B 세포를 생산하지 못하는 **중증복합면역결핍병**, 흉선이 발달하지 못하는 **디조오지 증후군**, B 세포가 기능을 못하는 **브루톤형 무감마글로불린혈증**을 포함한다.
3. **후천성면역결핍증(AIDS)**은 다른 기회성 감염 또는 HIV 감염과 함께 **인간면역결핍바이러스(HIV)**에 대한 항체가 존재하고, 혈액 μL 당 CD4 세포가 200개 이하인 조건으로 확정한다. 증후군은 공통 원인과 함께 하는데 징후와 증상이 복잡하다.
4. 인간면역결핍 바이러스 (HIV-1 또는 HIV-2)는 면역체계를 파괴한다. HIV는 부착을 가능하게 하고 항원적 다양성을 크게 갖는 **gp120** 및 **gp41**과 같은 당단백질이 특징이다. 면역체계의 파괴는 어떤 감염에든지 취약하게 만든다.
5. HIV는 그 유전체를 DNA로 전환하고, 숙주 DNA에 영구히 도입되는데—**잠복기**라고 하는 조건이다.
6. HIV는 보조 T 세포, 대식세포, 수지상 세포 등에 영향을 준다. gp120을 이용하여 세포와 융합하고, 탈피하고, 세포로 진입하여, dsDNA를 전사하여 프로바이러스가 되고, 세포 염색체에 통합된다. HIV가 복제되고 방출된 후에 내부 바이러스 효소인 **단백질분해효소**가 폴리펩티드를 절단하여, HIV가 조립되고 독성을 갖게 한다.
7. HIV는 점진적으로 감염된 세포를 죽인다. 신체는 이 공격과 싸우지만 결국에는 항복하여, 기회성 병원체가 생장하도록 한다.
8. 성행위와 주사바늘의 공유는 사람들에게 HIV가 확산되는 주요 방법이다.
9. **항바이러스 치료법(ART)**은 AIDS를 치료하는 항바이러스 약물의 혼합법이다.

10. AIDS에 효과가 있는 백신은 없다. 감염의 방지는 일차적으로 상호 신뢰하는 일부일처제, 정확한 콘돔 사용, 멸균된 바늘 사용 및 HIV에 대해서 혈액과 장기의 스크리닝에 달려있다. HIV-양성 여성은 어린이들에게 절대로 수유하면 안된다.

복습문제

복습문제에 대한 답 (단답형 문제 제외)은 A-1에 있다.

선다형

1. 제1형 과민반응을 매개하는 면역글로불린 class는?
   a. IgA
   b. IgM
   c. IgG
   d. IgD
   e. IgE
2. 제1형 과민반응에서 비과립화된 비만세포로부터 방출되는 주요 염증 매개물은?
   a. 면역글로불린
   b. 보체
   c. 히스타민
   d. 인터루킨
   e. 프로스타글란딘
3. 신생아 용혈성 질환은 어떤 혈액형 항원에 대한 항체가 원인이 되는가?
   a. MHC 단백질
   b. MN 항원
   c. ABO 혈액형
   d. rhesus 항원
   e. 제2형 단백질
4. 농부의 폐는 무슨 결과로 오는 과민성 폐렴인가?
   a. 잔디 꽃가루에 대한 제1형 과민반응
   b. 폐 속의 적혈구에 대한 제2형 과민반응
   c. 곰팡이 포자에 대한 제3형 과민반응
   d. 세균 항원에 대한 제4형 과민반응
   e. 답 없음
5. 결핵에 대해서 면역되지 않은 환자가 양성 투베르쿨린 피부검사가 나온 의미는?
   a. 결핵에 걸리지 않았다.
   b. *Mycobacterium*을 방출하고 있다.
   c. 결핵 항원에 노출된 적이 있다.
   d. 결핵에 취약하다.
   e. 결핵에 저항이 있다.
6. 다음에서 자가면역 질환은?
   a. 심장마비
   b. 급성 아나필락시스
   c. 농부의 폐
   d. 이식편대숙주병
   e. 전신홍반성 낭창
7. 외과의사가 환자의 다리로부터 정맥의 일부를 같은 환자의 심장에 이식하는 것으로 심장 우회 수술을 하였다. 이것은?
   a. 거부되는 이식이다
   b. 자가이식이다.
   c. 동종이식이다.
   d. 제4형 과민반응이다.
   e. 심장이식이다.
8. B 세포와 T 세포의 결여는 아마도 ________________ 일 것이다.
   a. 이차 면역결핍
   b. 복합 면역결핍
   c. 후천성 면역결핍
   d. 일차 면역결핍
   e. 유발된 면역결핍
9. HIV는 ________________ (이)라고 하는 세포 수용체에 결합한다.
   a. gp41
   b. 엔도솜
   c. CD4
   d. 단백질분해효소(protease)
   e. gp120
10. 의료인들은 무엇으로 제1형 과민반응을 상쇄하는가?
    a. 항히스타민
    b. 기관지 확장제
    c. 코르티코스테로이드
    d. 에피네프린
    e. 위의 답 모두
11. 다음에서 어떤 것이 AIDS 치료를 위한 ART 혼합물의 일부가 아닌가?
    a. 단백질분해효소 저해제
    b. 코르티코스테로이드
    c. 역전사효소 저해제

d. 뉴클레오티드 유사체

12. 어떤 HIV 단백질들이 인간 세포의 CD4에 결합하는가?
   a. 통합효소
   b. 단백질분해효소
   c. gp41
   d. gp120

13. 프로바이러스는?
   a. 숙주의 염색체에 삽입된 바이러스
   b. 어떤 효과를 가지는 바이러스
   c. 합포체(syncytium)의 형태
   d. 캡시드 내에 존재할 때에만 활성화

14. 인간면역결핍 바이러스는 아마도 ________________ 로부터 유래하였다.
   a. 유전적으로 변형된 인간 바이러스
   b. 역전사
   c. 단백질분해효소의 돌연변이
   d. 유인원 면역결핍 바이러스

15. 단백질분해효소는 HIV가 ________________ 위해서 요구되는 효소이다.
   a. 숙주 염색체에 바이러스 유전체 도입을
   b. 인간 세포에 진입을
   c. 바이러스 유전체 복제를
   d. 역전사 효소를 방출하기 위해서 폴리펩티드 절단을

변형된 진위형

각 문장이 참인지 거짓인지 표시하라. 만일 밑줄이 그어진 단어나 문구가 거짓이면 바른 문장으로 고쳐라.

1. ____ <u>cyclosporin</u>은 탈과립화된 비만세포에서 방출된다.
2. ____ <u>제3형 과민반응</u>은 사구체 신염을 일으키게 할 수 있다.
3. ____ ABO 혈액형 항원은 <u>유핵(nucleated)</u> 세포에서 발견된다.
4. ____ 투베르쿨린 반응은 <u>제1형 과민반응</u>이다.
5. ____ 이식편대숙주병은 골수 <u>동계이식</u> 후에 나타날 수 있다.

연결형

첫 번째 칸의 면역체계 합병증과 두 번째 칸의 과민반응 형을 일치시켜라. 한 번 이상 선택하거나 하지 않을 수도 있다.

1. ____ 급성 아나필락시스	A. 제1형 과민반응
2. ____ 알레르기 접촉피부염	B. 제2형 과민반응
3. ____ 대숙주성이식편병	C. 제3형 과민반응
4. ____ 동종이식 거부	D. 제4형 과민반응
5. ____ AIDS	E. 과민반응이 아님
6. ____ 이식편대숙주병	
7. ____ 우유 알레르기	
8. ____ 농부의 폐	
9. ____ 천식	
10. ____ 건초열	

단답형

1. AIDS는 단순히 한 질병이 보다는 "증후군(syndrome)"이라는 것이 더 정확한 용어인가?
2. 왜 Rh+ 산모에게서 난 아이는 Rh−에 연관된 신생아 용혈성 질환에 취약하지 않은가?
3. 왜 과량의 IgE를 생산하는 사람이 과량의 IgG를 생산한 사람보다도 아나필락시스 쇼크를 경험할 가능성이 높은가?
4. 자가이식, 동계이식, 동종이식, 이종이식을 비교하라.
5. 네 가지 class의 면역억제제를 비교하고 대비하라.

시각화하기!

1. 아래 그림에서 4가지 종류의 이식을 표기하라.

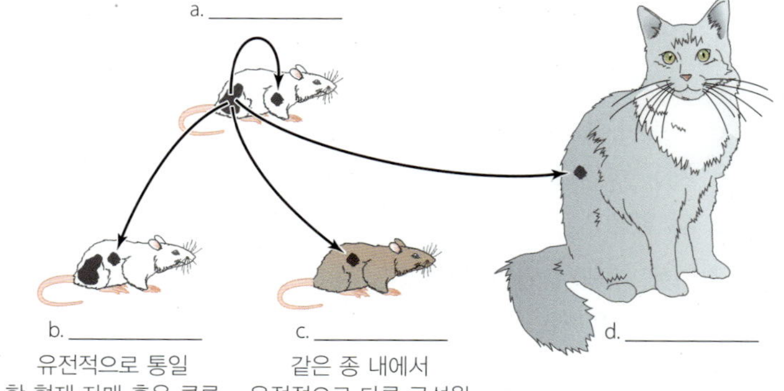

2. HIV 복제 주기를 표기하라.

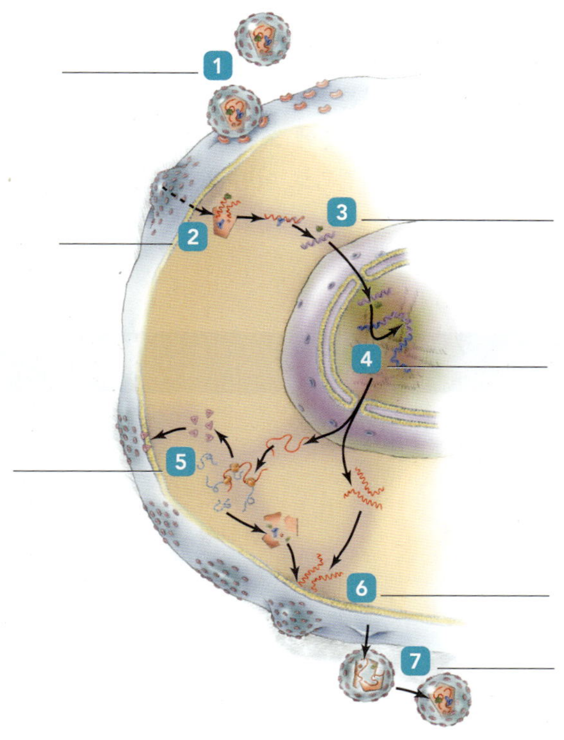

3. 각 사진에서 과민반응의 종류를 확인하라.

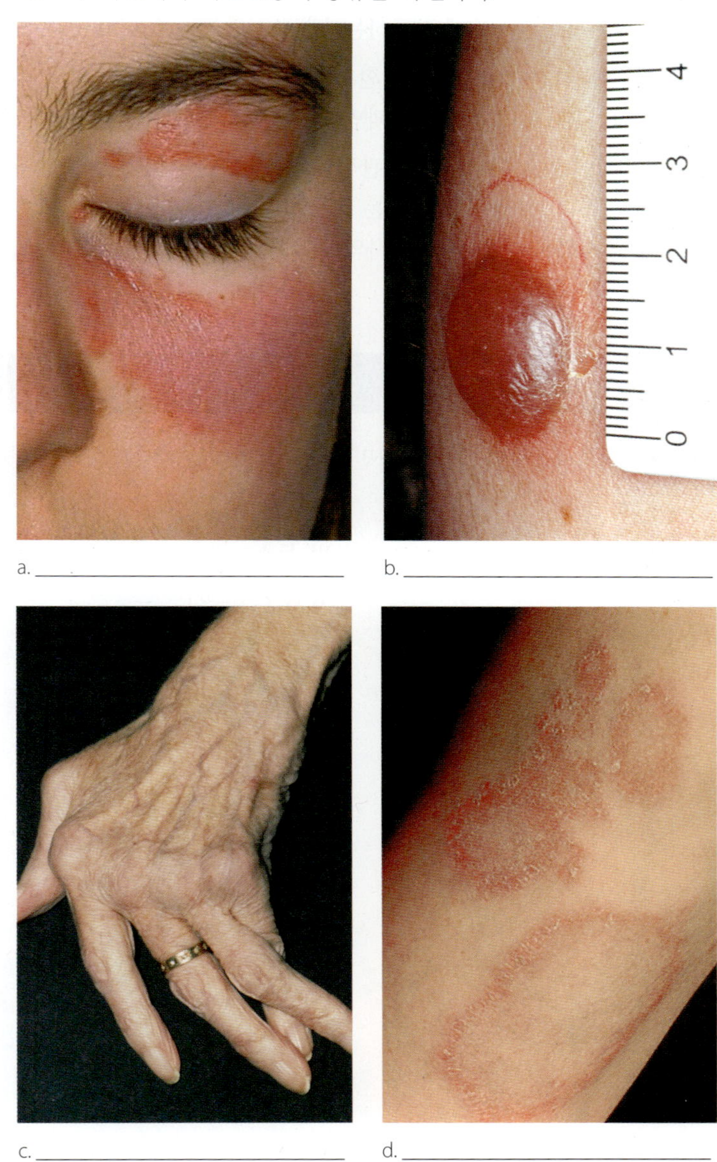

a. ______ b. ______

c. ______ d. ______

비판적 사고

1. 사람이 IgE를 만드는 것으로부터 얻는 이익은 무엇인가?
2. 왜 의사들은 투베르쿨린 검사와 유사한 피부검사를 다른 세균 질병을 진단하는데 사용할 수 없는가?
3. 그레이브스병과 유아-발병 당뇨병 모두에서 자가항체가 세포막의 수용체를 겨눈다. 에스트로겐 수용체에 대한 자가항체가 일으킬 임상적 결과에 대해서 추측하라.
4. 일반적으로 B 세포가 결여된 사람은 여러 가지 세균 감염에 걸리는 반면에, T 세포가 결여된 사람은 바이러스 질병을 얻는다. 왜 그런지 이유를 설명하라.
5. 복합 면역결핍 또는 AIDS를 갖는 환자는 어떤 종류의 질병이 사망의 원인이 되는가?
6. 이식을 위한 장기 기증자가 너무 부족하기 때문에 많은 과학자들은 돼지와 같이 인간이 아닌 종으로부터 장기를 이용하는 가능성을 조사하고 있다. 이종이식이 사용되면 어떤 임상적 문제를 만날 것 같은가?
7. 양성 투베르쿨린 반응의 물집은 덩굴옻나무의 물집과 유사한 이유는?
8. HIV와 같은 레트로바이러스는 DNA 합성을 위한 프라이머로 RNA를 이용한다. 왜 프라이머가 필요한가?
9. 최근에 과학자들은 후신(fusin)을 저해하는 화학물질을 합성하였다. 이 화학물질이 HIV의 감염에 미치는 영향은 무엇인가?
10. 역전사효소는 RNA 주형으로부터 DNA 사본을 만들 때 엉성

한 것으로 악명이 높다. 유전체가 부실하게 복제될 때에 레트로바이러스는 어떻게 생존하는가?

11. 다리에 발진이 생긴 여성 환자가 의사를 방문하였다. 어떻게 발진이 제1형 또는 제2형 과민반응인지를 결정할 수 있는가?

12. 43세 여성이 류마티스성 관절염으로 진단을 받았다. 증상에 차도를 볼 수 없었던 그녀는 고통을 받는 관절에 항체와 보체를 주사하는 다른 나라 의사의 치료를 찾아냈다. 이 치료가 그녀의 조건을 개선할 것으로 예상하는가? 대답의 이유를 설명하라.

13. 두 소년이 자가면역 질환을 앓고 있다. 하나는 브루톤형 무감마글로불린혈증이고 다른 것은 디조오지 증후군이다. 캠핑 여행 중에 두 소년 모두가 벌에 쏘이고 덩굴옻나무에 쓰러졌다. 캠핑에서 작은 사고의 결과로 어떤 과민반응을 각 소년이 경험할 것인가?

개념도 작성

다음 용어를 사용하여 즉시성 과민반응을 묘사하는 개념도를 작성하라.

알레르겐	**호염구**	**IgE**	**평활근 수축**
알레르기 증후군	**벌 독소**	**증가된 혈관 투과성**	**전신성**
아나필락시스 쇼크	**집먼지 진드기**	**지역**	**제1형 과민반응**
아나필락시스	**에피네프린**	**비만세포**	**두드러기**
항히스타민	**건초열**	**땅콩**	**혈관 확장**
천식	**히스타민**	**꽃가루**	

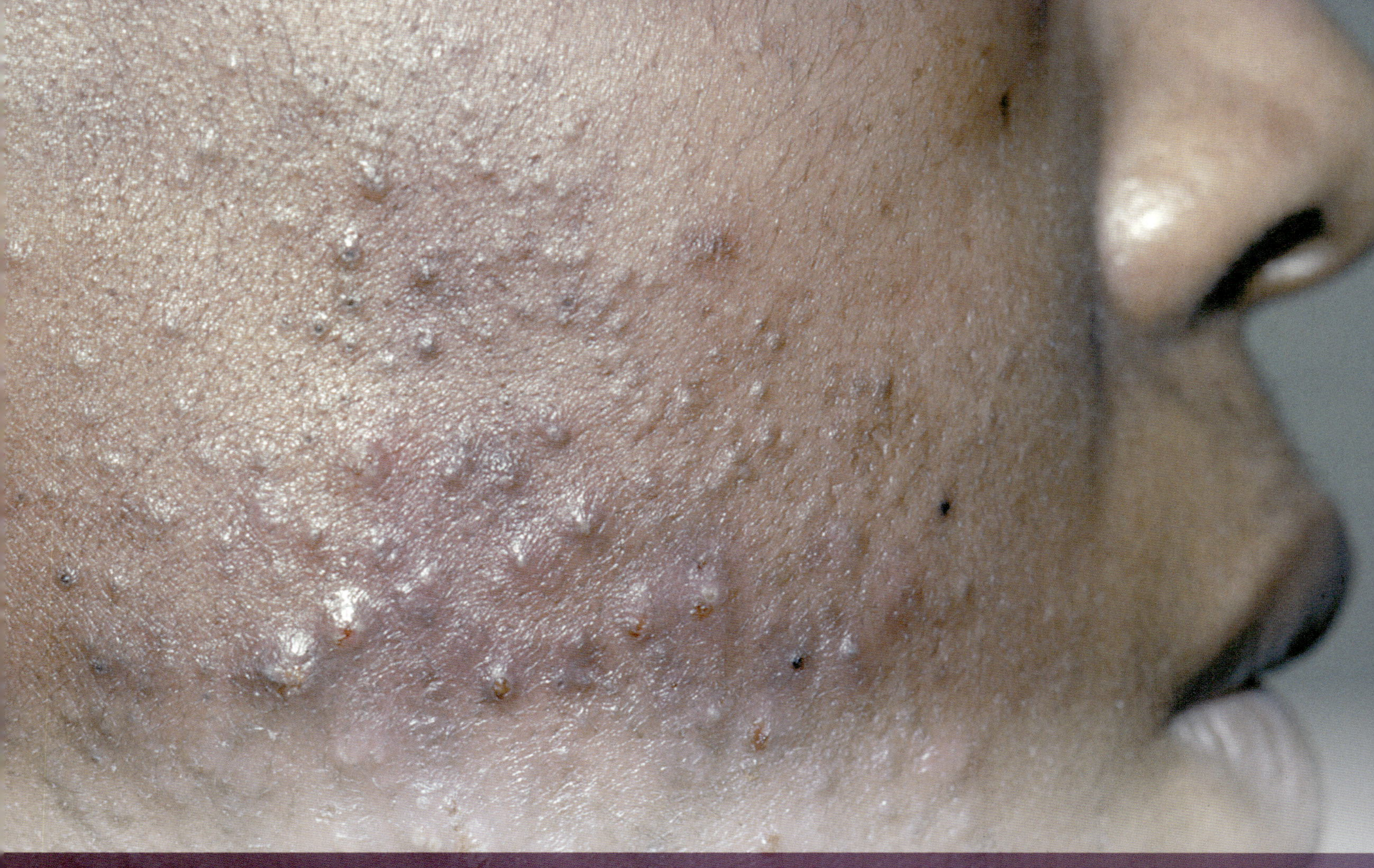

12 피부와 상처의 미생물 질환

임상 미생물

여드름의 나쁜 사례

13세의 Rockeem은 거울에 비친 자신의 얼굴을 믿을 수 없었다. 여드름이 얼굴 전체를 덮고 있었다: 이마, 코, 뺨, 턱. 더 큰 문제는 얼굴뿐만 아니라, 목과 등에도 농포와 낭종이 생긴 염증이 있었다. 학교에서 다른 애들이 그를 놀렸으며, 체육 시간에 특히 심하였다. Rockeem은 중학교 생활 자체도 매우 힘든데다가 갑자기 여학생 근처에서는 불편함을 느끼고 어린 때부터 친했던 친구들로부터도 겉돌기 시작했다. 여드름 문제는 Rockeem이 가장 걱정해야 할 일이었다. 하루는 외모에 너무 당황스러워서 등교하기가 싫었다.

Rockeem은 여드름이 생활 습관에 의한 것인가에 대하여 궁금하였다. 즉석 식품, 특히 프렌치프라이를 좋아하는데, 기름진 음식이 여드름의 원인이 되는가? 그는 또한 축구를 좋아해서 땀을 많이 흘리는데, 땀이 여드름의 원인이 되는가? 어머니에게 물으면 걱정하지 말라며 크면서 좋아진다고 말씀하셨다. 몇 주가 흘러갔지만 Rockeem은 점점 더 비참해져 갔다. 그의 어머니는 아들이 걱정이 되었고 무엇을 할 수 있는지 알아보기 위해 피부과 진료를 예약하였다.

Rockeem의 사춘기 여드름을 조절할 어떤 방법이 있는가? 답을 알기 위해서는 이번 장의 끝 (370쪽)을 보라.

피부의 구조

학습 | 성과

12.1 피부와 하피(hypodermis)의 주요한 두 층에 특징에 대해서 설명하라.

피부(skin)는 놀랍게 유연한, 강한 막으로 피부막(cutaneous membrane)이라고도 한다. 피부는 내부 기관을 함께 지키는 이상의 역할을 수행한다. 피부는 과다한 수분 손실을 막고, 땀의 생산과 혈관의 확장과 수축을 통하여 체온 조절을 돕고, 비타민 D 생성을 보조하며, 감각 현상에 참여한다. 피부는 또한 미생물의 침입에 대한 중요한 장벽으로서, 많은 물리적 화학적 성질을 갖는다. 화상을 입거나, 찢어지거나, 절개가 되거나 다른 방법으로 상처를 생기지 않는다면 감염과 질병을 제한한다.

성인의 피부는 약 2 m^2를 덮는데, 신체의 가장 큰 기관 중 하나이다. 인간의 피부 두께는 입술의 0.05 mm로부터 많이 닳고 찢기는 발바닥과 굳은살의 4.0 mm까지 다양하다.

피부는 두 가지의 구별되는 층으로 구성된다 — 깊은 곳의 진피(dermis[1])는 외부의 **표피(epidermis[2])**에 쌓여 있다 **(그림 12.1)**. 진피는 질기고, 가죽과 같은 구조로서 느슨하게 포장된 세포들, 결합 단백질 섬유질, 작은 근육, 땀샘 (한선), 피지선, 혈관, 신경 말단 및 진피와 표피까지 자라는 털을 만들어 내는 모낭으로 구성되어있다. 진피는 견고성과 유연성을 제공하고, 덮고 있는 표피의 성장을 혈관

[1]"피부"를 뜻하는 그리스어.

[2]"위쪽의"란 의미의 그리스어 *epi*로부터 유래.

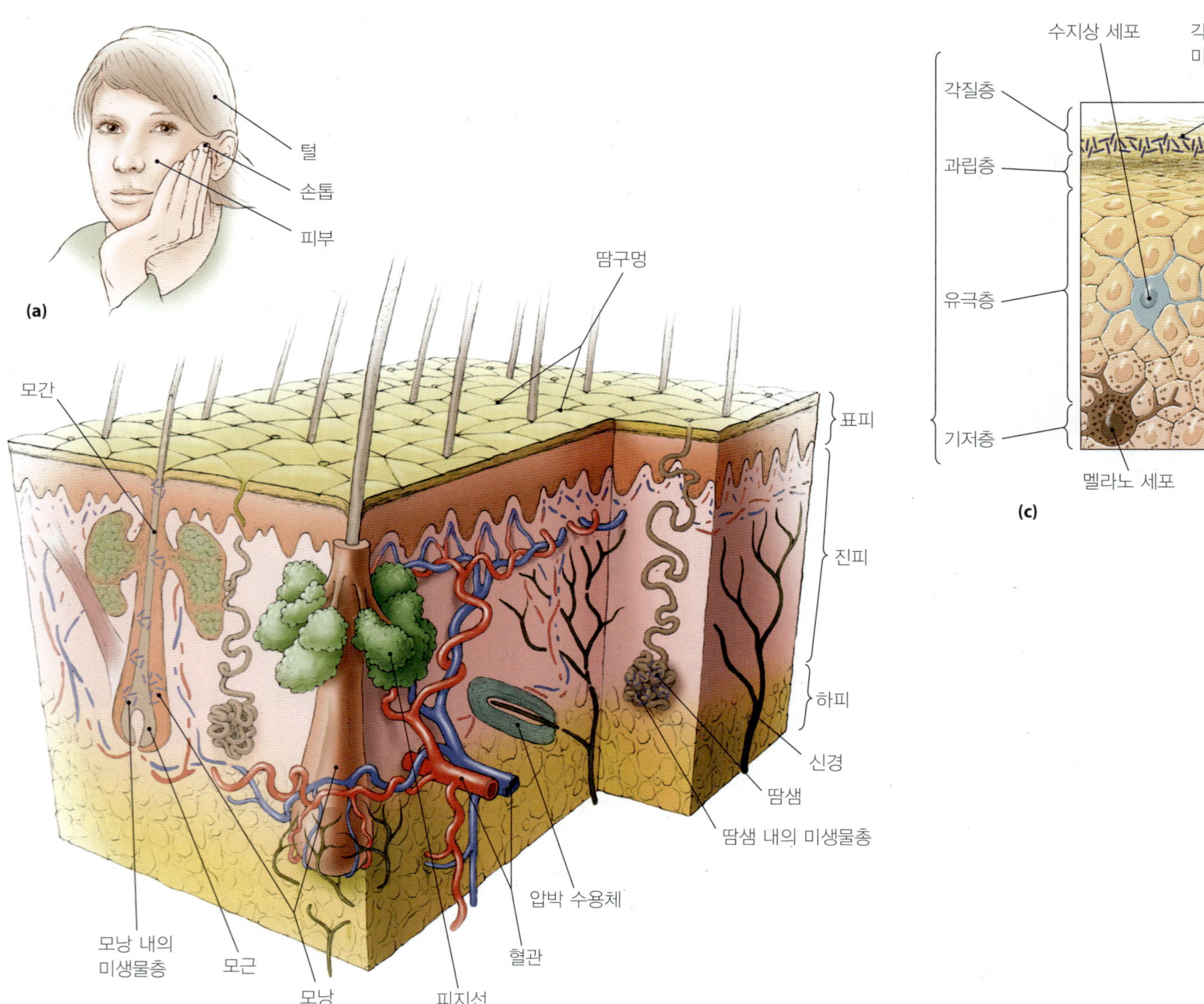

▲ **그림 12.1 피부.** **(a)** 털과 손톱은 피부의 보조적 구조이다. **(b)** 피부는 외부의 표피(*epidermis*), 더 깊은 곳의 진피(*dermis*)로 구성되어 있다. 여기에 더해서 하피(*hypodermis*)라고 하는 지방세포층이 진피 아래에 놓여있다. **(c)** 자세한 표피.

과 함께 지원한다.

혈액이 없는 표피는 촘촘하게 포장된 세포들을 포함하는 4-5층으로 구성된다. 진피와 이웃하는 기저세포(*basal cell*)는 끊임없이 분열하여 새 세포들을 표면으로 밀어낸다. 딸세포들이 진피의 혈액 공급으로부터 멀어짐에 따라서 납작해지고 죽지만, 그 자신이 변형되기 전에는 아니다. 이 세포들은 기저층의 다른 세포에서 분비되고 피부에 색을 주는 멜라닌을 흡수한다. 멜라닌(*melanin*)이 많을수록 더 진하게 된다. 표피세포들은 케라틴이라고 하는 방수 단백질로 채워진다. 케라틴(*keratin*)이 단단해진 형태가 손톱과 털을 이루는데, 피부의 보조 구조들이다. 죽어가는 세포들 사이에서 방어세포인 수지상 세포(*dendritic cell*)는 표피의 깊은 층까지 침투한 미생물의 식세포 작용을 하고 방어 림프구(*lymphocyte*)에 미생물 항원을 전달한다.

피부의 표면은 일반적으로 땀이 증발하면서 남겨진 소금과 진피의 피지선에서 분비된 지질인 피지(*sebum*[3])에 덮여 있어서 미생물이 살기에 적합한 환경이 아니다. 땀과 피지의 화학물질은 항미생물제이고 많은 미생물의 생장을 방지한다. 따라서 피부의 가장 외부층은 납작하고, 건조하고, 케라틴화된 세포들이 기름과 소금에 덮여있어서 미생물의 침투에 중요한 장벽이다. 더욱이 표피가 기저층에서 계속적으로 밀려 나감으로서 가장 밖의 피부 조각에 붙어있는 미생물들을 제거한다. 신체는 표피의 외부 층을 약 한 달에 한번 교체한다.

하피(*hypodermis*)는 진피 아래에 있는 지방세포와 섬유질로 된 층이다. 하피는 기술적으로는 피부의 일부가 아니라, 피하(subcutaneous)이다. 저장된 지방은 완충, 절연을 하고 준비된 에너지원으로 제공된다. 하피의 섬유질은 피부와 그 아래 조직을 연결시킨다.

상처는 신체의 어느 조직에 대한 외상이다. 화상뿐만 아니라 절개, 타박상, 찰과상, 수술, 접종, 물림, 다른 피부가 뚫린 상처들은 완전한 표피와 진피에 의해서 제공되던 중대한 물리적 장벽을 파괴하여, 미생물이 신체의 따뜻하고, 수분이 있는 깊은 조직에 감염되도록 한다. 더러운 상처는 미생물의 생장과 생물막 발생을 위한 기반을 제공한다. 미생물들은 상처 내에서 숙주에게 손상을 줄때까지 자신들의 성장을 촉진하는 효소와 독소를 생산하며 증식할 수 있다.

신체는 파괴된 곳을 일시적으로 봉합하는 혈액 응고를 형성함으로서 상처를 치유하기 시작한다; 그 후에 이웃한 결합 및 상피세포들이 증식하고 피부의 온전함을 회복하기 위해서 응고 내로 자라서 들어온다. 대부분의 경우에 식세포작용, 보체 및 염증을 포함하는 다른 신체 방어가 상처의 감염을 제거한다. 그러나 일부 상처는 신체의 방어를 압도하여 심각한, 때론 치명적인 질병을 일으킨다.

왜 그런가

왜 피부의 표면은 대부분의 미생물이 살기에 적합하지 않은가?

[3]"기름"을 뜻하는 라틴어 *sebum*으로부터 유래.

피부의 정상적인 미생물총

학습 성과

12.2 미생물총(microbiota)을 정의하고, 피부에서 발견되는 중요 그룹을 설명하라.

12.3 미생물총의 유익한 점을 설명하라.

일부 효모와 세균은 표피의 가혹한 조건을 극복하고, 모낭의 공간과 땀관(sweat duct) 내에서 실제로 잘 자란다. 신체에 해가없이 거주하는 이런 정상적인 미생물들은 (7장에서 보았듯이) **미생물총(microbiota)**을 구성한다. 미생물총은 잠재적 병원체와 영양과 공간을 놓고 경쟁하며, 다른 미생물의 생장을 저해하는 화학물질을 생산하여 감염에 대항하는 방어를 더 제공한다. 피부를 심하게 문지르면 미생물의 수는 줄일 수 있겠지만 완전히 제거할 수는 없다-모낭과 한선관에 깊이 사는 미생물들은 바로 피부 표면에 집락을 다시 형성한다. 미생물총의 생명체들은 특히 습기가 많은 겨드랑이와 사타구니에 작은 무리를 이루어 생장한다. 이것들의 폐기물들은 체취를 생성한다.

미생물총의 주요 구성체로는 피지를 분해하며 사는 지방 친화성(lipophilic[4]) 효모인 *Malassezia* (mal-ă-sē´zē-ă)가 있다. 이런 효모들은 면역이 억제된 환자에서는 질병의 원인이 되지만, 병원체는 아니다. *Staphylococcus*[5] (staf´i-lō-kok´ŭs) 및 *Micrococcus*[6] (mī´krō-kok´ŭs) 속의 호기성 그람-양성 세균들도 모든 사람의 피부에서 자란다. 이 세균들은 5-10%의 소금 농도를 견딜 수 있다. 가장 흔한 종은 *Staphylococcus epidermidis* (ep-i-der-mid´is)이다.

디프테로이드(diphtheroids)들은 또 다른 그람-양성 세균 미생물총이다. 이 다형성(pleomorphic)의 간균들은 디프테리아를 일으키는 *Corynebacterium*[7] *diphtheriae* (kŏ-rī´nē-bak-tēr´ē-ŭm dif-thi´rē-ī)와 유사한 외형 때문에 명명되어졌지만, 미생물총의 디프테로이드들은 대부분 비병원성이다. 빈번하게 문제가 되는 디프테로이드는 *Propionibacterium acnes* (prō-pē-on-i-bak-tēr´ē-ŭm ak´nēz)이지만, 이것도 보호적 역할을 한다. 이 세균은 모낭에 살면서 탄수화물을 프로피온산으로 발효하는데, 피부의 pH를 낮춰서 추가적인 감염에 방어 수단을 더하게 한다.

피부의 가혹하고 방어적 구조와 화학물질에도 불구하고, 특히 상처를 통하여 표피를 뚫고 침투하거나, 면역체계가 억제되었으면 병원성 미생물이 질병을 일으킬 수 있다. 세균, 바이러스, 곰팡이, 원생동물, 절지동물들은 피부 질환에 관여한다. 다른 신체의 질병이 피

[4]"기름"이란 의미의 그리스어 *lipos*와 "사랑"을 뜻하는 그리스어 *philos*로부터 유래.
[5]"작은 포도덩어리"란 의미의 그리스어 *staphle* 및 "산딸기"란 의미의 그리스어 *kokos*로부터 유래.
[6]"작은"이란 의미의 그리스어 *micros*로부터 유래.
[7]"클럽"을 뜻하는 그리스어 *coryne*로부터 유래.

부에 나타날 수도 있다. 지금부터 이런 질병들을 세균에 의한 질병부터 조사하도록 하겠다.

왜 그런가

왜 정상적인 미생물총은 그 사람에게 유익한 것으로 고려되는가?

피부와 상처의 세균 질환

피부에 감염된 세균들은 가벼운 여드름부터 치명적인 감염까지 질병의 원인이 된다. 피부에 감염되는 세균에는 *Staphylococcus, Streptococcus, Propionibacterium, Bartonella, Pseudomonas, Rickettsia*가 포함된다. 더 흔한 세균 병원체인 *Staphylococcus*부터 알아보자.

모낭염

학습 | **성과**

12.4 *Staphylococcus*에 의한 모낭염의 4가지 종류를 기재하고 설명하라.

12.5 *Staphylococcus*를 병원성으로 만드는 독성인자를 *S. aureus*의 독성과 *S. epidermidis*의 것을 대비하여 논의하라.

12.6 모낭염의 진단, 치료 및 예방에 대해서 설명하라.

징후 및 증상

모낭염(folliculitis) (fō-lik-yū-lī´tis)은 모낭이 감염된 것으로, 그 기저가 붉어지고, 부어오르며, 고름이 찬다. 이 상태는 종종 여드름(*pimple*)이라고 불린다. 눈꺼풀의 기저에 생기면 다래끼(*sty*)라고 한다. **등창(furuncle)** (fyu´rŭng-kl) 또는 절종(*boil*)은 크고 고통스러운데, 모낭염이 융기된 결정성 확장으로 주변 조직으로 감염이 퍼진 결과이다. 여러 개의 등창이 모이면 **종기(carbuncle)** (kar´bŭng-kl)를 형성하는데 목의 뒷부분과 같이 피부가 두꺼운 부분에 더 자주 생긴다. 심한 경우에는 신체가 발열하여 모낭염에 반응을 한다.

병원체 및 독성인자

조건적 혐기성 그람-양성 세균 속(genus)으로 구형 세포가 포도송이 **(그림 12.2)**와 같은 배열을 보이는 *Staphylococcus*가 모낭염과 피부에 관련된 감염의 가장 흔한 원인이다. 포도상구균 세포는 내염성(salt tolerant)이다: 이것들은 10% NaCl을 포함하는 배지에서 생장할 수 있는데, 이것이 인간 피부의 염분이 많은 표면에서 견디는지 설명해 준다. 또한 포도상구균은 건조, 햇빛 (30분 동안 60°C까지) 열도 견딤으로 피부 표면에 더해지는 환경들에서 생존이 가능하다.

두 종의 *Staphylococcus*가 전형적으로 인간의 상기도, 위장관, 요도, 생식기에서 뿐만 아니라 피부에서도 발견된다. *Staphylococcus epidermidis*는 이름이 의미하듯이 미생물총의 주요 구성원으로 피부 세균의 90%를 차지한다. 종종 비강에서 자라고 독성이 더 강한 *Staphylococcus aureus*[8] (o´rē-ŭs)는 다양한 질병과 증상을 만들어낸다.

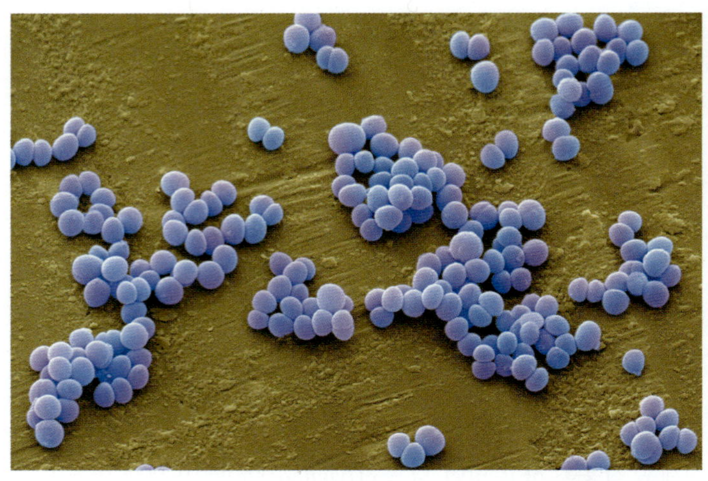

▲ **그림 12.2** ***Staphylococcus.*** 포도상구균 세포가 포도 모양으로 배열된 것을 어떻게 설명할 수 있는가?

그림 12.2 포도상구균의 배열은 세포 분열이 무작위로 일어나는데 기인한다.

포도상구균은 질병을 일으키는 최소 3가지 종류의 독성인자를 가진다: 효소, 식세포작용을 피하도록 하는 구조와 독소.

효소 *S. aureus*의 독성 균주는 생존과 병원성에 기여하는 많은 효소들을 생산한다:

- 응고효소(coagulase)는 혈액을 응고시켜서 식세포로부터 세균을 감추어 준다.
- 히알루론산분해효소(hyaluronidase)은 세포 사이 간충물질(matrix)의 중요한 요소인 히알루론산(hyaluronic acid)을 분해하여 세균이 신체의 세포 사이로 확산되도록 한다.
- 스타필로키나아제(staphylokinase)는 응고된 혈액을 용해하여 포도상구균이 새로운 지역으로 확산되도록 한다.
- 지질분해효소(lipase)는 *S. epidermidis*에도 존재하는데, 피지와 같은 지방을 분해하여 피부 위, 모낭 속 및 피지선 속의 포도상구균에 영양을 제공한다.
- β-lactamase는 신체의 자연적인 방어를 저해하는데 어떤 역할도 하지 않지만, β-lactamase가 불활성화 시키는 페니실린과 세팔로스포린과 같은 많은 베타-락탐 항미생물 제재에 내성을 제공한다.

식세포작용에 대한 구조적 방어 *S. aureus*와 *S. epidermidis*는 모두 백혈구의 주화성과 식세포작용을 방해하는 (종종 캡슐이라고 부

[8] "황금색"이란 의미의 라틴어로 집락이 한천에서 자랄 때에 종종 추정되는 색.

출현성 질병 사례연구

부룰리 궤양

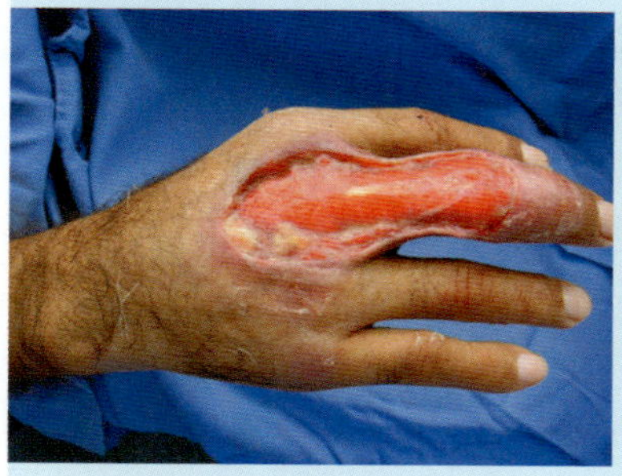

Jacques는 탐사, 야생동물 사진촬영 등의 기회가 많고 경관이 아름다우며, 사람들이 일반적으로 우호적이었기 때문에 콩고민주공화국(Democratic Republic of the Congo, DRC)에 사는 것을 좋아하였다. Jacques는 이 나라의 동쪽으로 사진촬영 여행 중에 우호적이지 않은 거주자로서 최근에 생겨난 mycobacteria 병원체를 알게 되었다.

그는 거대한 Congo 강의 늪지에서 야생동물을 기록하는 동안에 작은 곤충이 문 것에 대해서는 거의 신경을 쓰지 않았지만, 사실 관심을 가졌어야만 했다. 그의 손은 *Mycobacterium ulcerans*의 새로운 서식지가 되었다. Jacques는 자신의 무관심 때문에 고통스러운 댓가를 치러야 할지도 모른다.

그는 이 감염이 작고 통증이 없는 혹을 만들었을 때에도 계속 신경쓰지 않았다. 손가락이 정상적인 크기보다 두 배로 부었을 때조차도 신경쓰지 않았다; 아직 통증은 없었으며, 그는 바쁜 일정을 맞추기에 바빴다. 그러나 이 세균은 피부 밑의 세포, 특히 지방과 근육세포를 파괴하는 강력한 독소인 마이코락톤(mycolactone)을 생산하는 중이었다. 그의 손은 계속 부어오르고, 정상적으로 일하기 힘들 정도였지만, 통증은 나타나지 않았다.

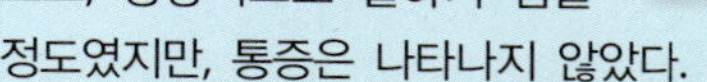

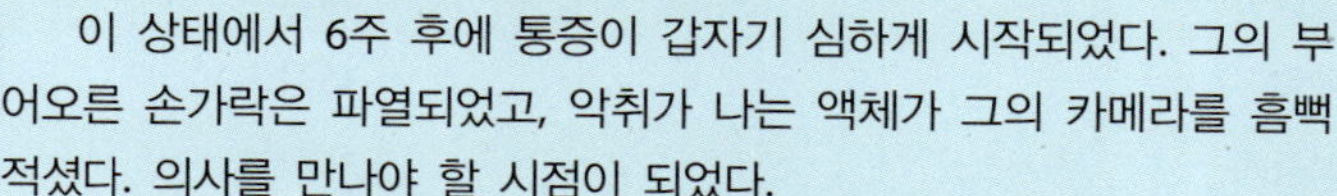

이 상태에서 6주 후에 통증이 갑자기 심하게 시작되었다. 그의 부어오른 손가락은 파열되었고, 악취가 나는 액체가 그의 카메라를 흠뻑 적셨다. 의사를 만나야 할 시점이 되었다.

의사는 부룰리 궤양(Buruli ulcer)으로 진단하였는데, 이는 최근에 생긴 질병으로 사람들이 *Mycobacterium ulcerans*가 살아가던 늪지를 잠식하여 생긴 결과이며, 매년 점점 더 많은 사람들에게 영향을 주는 질병이다. 죽은 조직과 세균을 제거하는 두 번의 수술, 여러 번의 피부이식 및 2달간의 리팜피신(rifampicin)과 스트렙토마이신(streptomycin) 항생제 치료 등이 끝난 후에야 Jacques는 *M. ulcerans*와의 모험을 영원히 기억시킬 상처와 함께 퇴원하였다.

1. 부룰리 궤양이 초기에는 고통이 없는 이유가 무엇인가?

2. 2주가 아니라 2달 동안 항세균제를 투여하는 것이 필요한 이유는?

3. 풍토병인 나라들에서 존재하는 환경적인 유사성은 무엇인가?

르는) 느슨하게 연결된 다당류 점액층을 생산하여 신체의 방어를 회피한다. 이 점액층은 카데터, (혈류의) 측로(shunts), 인공 심장판막 및 인공관절과 같은 인공 표면에 포도상구균 생물막의 부착을 촉진한다.

*S. aureus*의 세포는 protein A로 코팅되어 있는데, 이것은 class G 항체(IgG)의 줄기(stem)에 결합한다. 항체는 식세포작용을 돕는 옵소닌(opsonin)인데 정확하게 식세포 세포들은 항체의 줄기에 결합한다 (9장을 기억할 것); 따라서 protein A는 줄기에 결합하여 효과적으로 옵소닌화(opsonization)를 저해한다. Protein A는 또한 항원에 결합한 항체 분자에 의해서 유발되는 보체 증폭도 방해한다 (그림 8.9 참조).

독소 병원성 *Staphylococcus aureus*는 독성에 기여하는 몇 가지 독소들을 가지고 있다. 세포독성 독소는 다양한 세포의 세포막을 파괴한다. 류코시딘(*leukocidin*)은 백혈구를 죽여서 *Staphylococcus*에 식세포작용에 대항하는 추가적인 보호를 제공한다. 표피세포 분화 저해제(*epidermal cell differentiation inhibitor*)는 혈관의 내벽에 커다란 구멍을 유도해서 세균이 신체 조직에 침투하도록 접근을 허락하는 단백질이다.

*S. aureus*의 일부 균주는 또한 포도상구균 열상피부 증후군(scalded skin syndrome) 및 포도상구균 독성 쇼크 증후군 (17장 참조)을 각각 일으키는 단백질들인 표피박탈 독소(*exfoliative toxin*) 또는 독소쇼크 증후군 독소(*toxic shock syndrome toxin*)를 생산한다.

표 12.1은 *S. aureus*와 *S. epidermidis*가 가지고 있는 독성인자들을 비교하고 대비한 것이다.

표 12.1 2가지 포도상구균 종의 독성인자 비교

독성인자	*S. aureus*	*S. epidermidis*
효소		
응고효소	+	−
스타필로키나아제	+	−
지질분해효소	+	+
β-lactamase	90% 균주에 존재	−
식세포작용을 막는 인자		
다당류 점액층	+	+
세포 표면의 protein A	+	−
독소		
세포용해 독소	+	−
류코시딘	+	−
표피세포 분화 저해제	+	−
표피박탈 독소	일부 균주에 존재	−
독소쇼크 증후군 독소	일부 균주에 존재	−

표 12.2 *Staphylococcus aureus*에 의한 일부 질병

질병	설명된 곳
피부질환: 모낭염, 다래끼, 등창, 종기	334쪽
포도상구균 열상피부 증후군	336쪽
농가진	337쪽
포도상구균 독성쇼크증후군	17장
균혈증	14장
심내막염	14장
폐렴	15장
식중독	16장

발병

인간은 *Staphylococcus*를 무생물 운반자인 비생체 접촉 매개물(fomites[9]) (fōm´i-tēz) 뿐만 아니라, 개인 간의 직접 접촉을 통해서 전파한다. 오염된 의류, 침대보, 의료기기가 그 예이다.

피부의 *Staphylococcus*는 모낭 안으로 들어가 자라고 피지선을 침입한다. 이것은 감염에 대해서 자연적인 반응인 열과 염증을 유발시키며, 모낭이 커지고 백혈구, 죽은 세포와 세균을 구성된 고름이 차도록 하는 원인이 된다. 감염이 하피로 확산되어 등창을 만들거나 이웃한 모낭으로 확산되어 종기를 만들 수 있다. *S. aureus*와 드물게 *S. epidermidis*는 혈액으로 확산되어 균혈증(*bacteremia*)이라고 하는 증상을 일으키며, 심장, 폐와 뼈의 내벽으로 옮겨져서 각각 심내막염(*endocarditis*), 폐렴(*pneumonia*), 골수염(*osteomyelitis*)의 원인이 될 수 있다. **표 12.2**에는 *S. aureus*에 의한 여러 질병 중에서 일부를 기재하였다.

역학

*Staphylococcus epidermidis*는 인간 피부의 거의 제곱 밀리미터 수준에서 번성한다. *S. epidermidis*는 독성이 없기 때문에 거의 질병을 일으키지 않지만, 면역이 억제된 환자나 정맥 카데터(catheter) 또는 인공판막과 같은 보조 장치를 통해서 인체로 들어왔을 때에는 기회성 병원체가 된다.

반면에 *Staphylococcus aureus*는 영구한 거주자는 아니지만, 대부분이 그들의 생활 중에 일부 시간은 사람들 피부와 점막, 특히 비강에서 자란다. 인간 집단의 약 1/5은 몇 년 동안 아무 증상이 없이 이 세균을 가지고 있다. 이 세균들은 또한 겨드랑이와 사타구니 주변과 같이 피부가 접힌 습한 곳에 간헐적으로 집락을 형성하고, 손을 통하여 얼굴로부터 전파되기도 한다.

진단, 치료 및 예방

포도상구균 모낭염의 진단에는 고름에서 분리된 포도 모양의 배열을 갖는 그람-양성세균의 탐지가 포함된다. 감염에서 분리된 포도상구균이 혈액을 응고시킬 수 있으면 응고효소(coagulase)를 갖는 *S. aureus*이다. 응고효소가 없는 포도상구균은 대개 피부 미생물총의 정상적인 일부분인 *S. epidermidis*인데, 임상 시료에 이 세균이 존재하는 것이 포도상구균 질병을 의미하지는 않는다.

임상에서는 연속해서 무피로신(mupirocin)이라는 항생제 치료가 효과적이기 위하여 먼저 고름의 농양을 깨끗하게 짜내는 것이 중요하다는 것을 보여준다. 페니실린의 반합성 경구용 형태로 β-lactamase에 의해서 불활성화 되지 않는 디클록사실린(dicloxacillin)은 포도상구균 감염 치료를 위해 자주 선택되는 약물이다.

불행하게도 약물-내성 *Staphylococcus aureus*가 중요한 보건 문제로 대두되기 시작하였다. 자연 페니실린, 메티실린(methicillin), 마크로리드(macrolide), 아미노글리코시드(aminoglycoside), 세팔로스포린(cephalosporin) 등을 포함하여 많은 일반적인 항미생물제에 대한 내성을 갖는 균주들이 알려져 있다. 반코마이신(vancomycin)은 이런 감염의 치료를 위해서 사용되어 왔다. 최근에 의사들은 반코마이신-내성 *S. aureus* (VRSA) 균주의 확산에 대해서 걱정하기 시작하였다.

메티실린-내성 *S. aureus* (MRSA)는 병원에서 더 흔하게 되었고, 의료인들은 이런 세균이 환자에게 옮겨지지 않도록 예방하는 것이 반듯이 해야 하는 일이 되었다. *Staphylococcus*는 많은 사람의 피부에서 정상적인 미생물총의 일부이기 때문에, 포도상구균의 감염을 완전히 없앨 수는 없다. 다행히 질병이 일어나려면 커다란 접종원이 요구되기 때문에 상처와 수술로 드러난 부위를 제대로 세척하고, 카데터와 내재 바늘(indwelling needle)은 무균이 되도록 주의하고, 살균제를 적절하게 사용하면 대부분의 환자에게서 MRSA를 막을 수 있다.

포도상구균에 의한 병변이 있는 사람은 음식과 관련된 일, 열린 상처가 있는 환자, 면역력이 약한 환자, 출생 중인 산모로부터는 멀리해야 하고, 유아실이나 수술실에서는 절대로 일을 하면 안된다. 감염과 관련된 의료행위에서 보호를 위한 가장 중요한 조치는 적절한 소독 기술, 특히 손의 정확한 소독법 등이다.

과학자들은 현재 *S. aureus*의 감염으로부터 환자를 보호하기 위한 백신을 개발 중이다. 만일 안전하고 효과가 있는 것으로 증명된다면, 이런 면역법은 병원에서의 질병률(morbidity)과 사망률(mortality)에 큰 효과가 있을 것이다. *Staphylococcus* 내성 균주와 싸우고 있는 의료 제공자들과 그들의 환자들에게 특히 좋은 소식이 될 것이다.

포도상구균 열상피부 증후군

학습 | 성과

12.7 진단, 치료 및 예방을 포함하여 포도상구균 열상피부 증후군을 설명하라.

[9]불을 지필 때 사용하는 물질인 "불쏘시개"란 의미의 라틴어: fomes(fō´mēz).

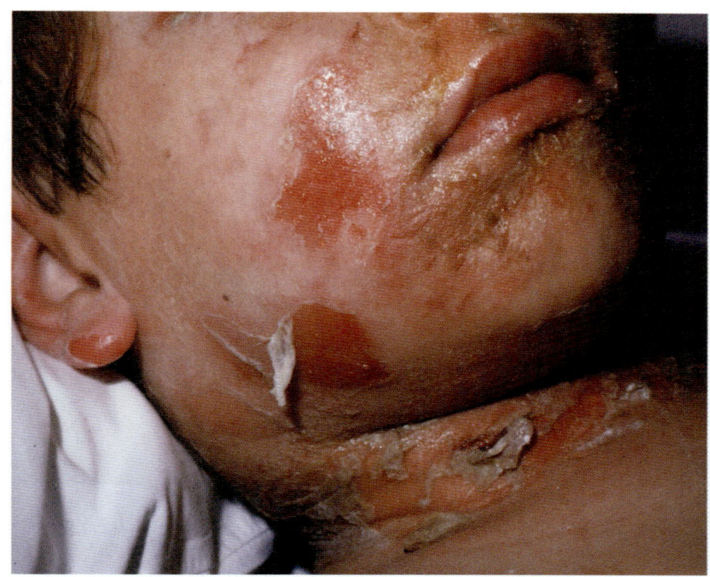

▲ **그림 12.3 포도상구균 열상피부 증후군.** 일부 *Staphylococcus aureus* 균주가 생산하는 표피박탈 독소가 표피가 벗겨져서 붉어진 패치의 원인이다. *어떤 환자가 S. aureus 표피박탈 독소에 가장 취약한가?*

그림 12.3 유아, 노인 및 면역이 손상된 환자가 SSSS에 가장 취약하다.

징후 및 증상

포도상구균 열상피부 증후군(staphylococcal scalded skin syndrome, SSSS)에서는 표피의 바깥쪽 세포들 간에, 또한 밑의 조직과도 분리된다 **(그림 12.3)**. SSSS는 피부가 붉어지고 주름이 생기며, 전형적으로 입 근처에서 시작하여 전신으로 퍼지고, 뒤를 이어 세균과 백혈구가 없는 맑은 액체를 갖는 커다란 물집이 생긴다. 이틀 이내에 바깥쪽 표피가 얇은 종이처럼 벗겨지고, 살은 끓는 물에 데인 것처럼 된다.

병원체 및 독성인자

Staphylococcus aureus 균주의 5%는 SSSS의 원인이 되는 하나 또는 두 개로 구별되는 **표피박탈 독소(exfoliative toxin)**를 분비한다. 각 독소는 표피의 이웃한 세포들의 세포막을 함께 붙잡아 주는 세포 간 연결 단백질인 데스모솜(*desmosome*)을 용해시킨다. 두 효소는 모두 표피의 각질화 된 세포들에 영향을 준다.

발병

혈액은 표피박탈 독소를 감염 부위에서 전신으로 운반한다. 혈액을 통해 독소가 순환되는 것을 독혈증(*toxemia*)이라고 한다.

보호 항체가 혈액을 통해 순환된 후, 7-10일 내에 신체는 사라진 표피를 재생한다. 100% 피부 표면이 고통을 받겠지만, 피부는 독소의 영향을 받지 않기 때문에 상처를 남기지 않는다. 치사율은 매우 낮다; 만일 죽게 된다면, 피부가 없는 부위는 *Candida albicans* (kan´did-ă al´bi-kanz)와 같은 효모나 *Pseudomonas aeruginosa* (soo-dō-mō´-nas ā-roo-ji-nō´să)와 같은 세균에 의한 2차 감염이 생긴다.

역학

SSSS는 나이든 사람과 AIDS 환자와 같이 면역이 억제된 환자에게 영향을 줄 수도 있지만, 일차적으로 5세 이하의 유아와 어린이 질병이다; 항체는 잘 발달된 면역체계를 갖는 사람을 확실히 보호한다. 전파는 사람과 사람 간에 피부 위의 세균 확산을 통하여 일어나고, 절개 부위와 찰과상을 통해 침투한다.

진단, 치료 및 예방

진단은 뚜렷한 피부의 허물벗기를 기준으로 이루어진다. 질병이 신체의 어디엔가 있는 감염 부위에서 방출된 독소에 의해서 매개되기 때문에, SSSS의 물집에는 *S. aureus*가 포함되어있지 않다.

치료는 클록사실린(cloxacillin)과 같은 항미생물제를 정맥으로 투여하는 것이다. *S. aureus*는 보통 피부 위에 존재하고 취약한 환자는 충분한 면역이 없기 때문에 SSSS를 방지하기 위해서 할 수 있는 것이 거의 없다.

Staphylococcus 단독으로 원인이 되는 질병에 대해서 고려하였다. 다음에는 *Streptococcus* 단독으로, 또는 *Staphylococcus*와 연합으로 일어나는 질병에 대해서 관심을 가져보도록 하겠다.

농가진과 단독

학습 | 성과

12.8 농가진의 징후, 증상 및 원인을 단독의 그것들과 구별하라.
12.9 농가진과 단독의 진단, 치료 및 예방을 설명하라.

징후 및 증상

농가진[impetigo (im-pe-tī´-gō)]은 농피증(*pyroderma*)[10]으로도 불리는데, 특히 면역체계가 완전하게 발달하지 않은 어린이에게서, 작고 납작하고 붉은 패치가 일차적으로 얼굴과 팔다리에 나타나는 특징을 갖는 전염성 질병이다 **(그림 12.4)**. 패치는 붉은 기반 위에 진물이 나고 고름이 찬 물집으로 발달한다. 이런 물집은 결국에는 터져서 진한 꿀과 같은 색의 끈끈한 껍질을 형성하는데, 피부와 단단히 붙어있고 심한 가려움을 일으킬 수 있다. 세균이 물집으로부터 이웃한 피부 주변으로 확산되기 때문에 발달의 여러 단계에서 수많은 물집들은 농가진의 특징이다.

이런 피부 감염이 림프절 주변으로 확산되면 통증과 염증을 유발하는데 이 조건이 **단독(丹毒, erysipelas**[11]) (er-i-sip´ĕ-las)이다 **(그림 12.5)**. 단독은 얼굴 피부, 팔, 또는 다리가 붉은 것이 두드러진다. 붉은 지역은 피부에 칠을 한 것처럼 구별되는 경계가 있다. 지역 림

[10]"고름"을 뜻하는 그리스어 *pyon*과 "피부"를 뜻하는 그리스어 *derma*에서 유래.
[11]"붉은"을 뜻하는 그리스어 *erythros*와 "피부"를 뜻하는 그리스어 *pella*에서 유래.

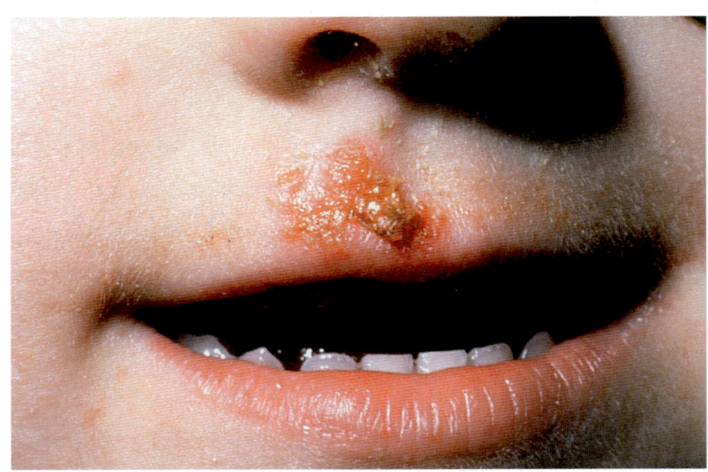

▲ **그림 12.4 농가진.** 붉어진 피부 패치는 고름이 찬 소포로 되고 결국에는 벌꿀색의 끈끈한 껍질을 형성한다.

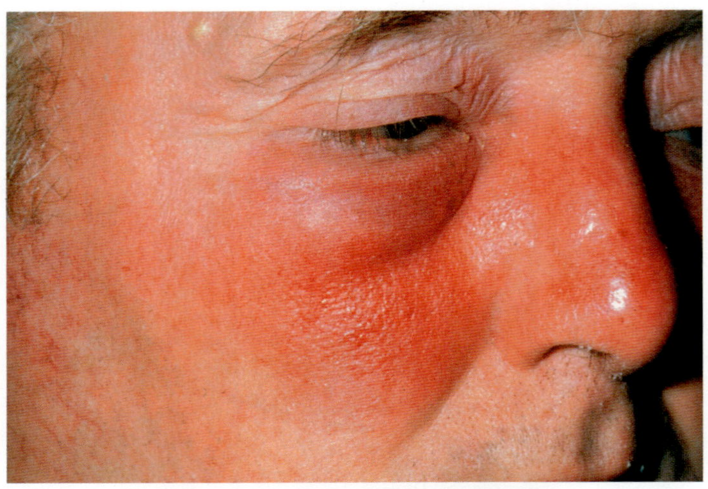

▲ **그림 12.5 단독.** *단독에서는 어떤 화학물질이 붉은 피부의 원인인가?*

그림 12.5 Streptococcus pyogenes가 방출하는 단백질 발열 독소가 단독 환자에서 보이는 붉은 피부의 원인이다.

프절이 부어오르고, 통증, 열, 오한, 혈액에 비정상적으로 백혈구의 수가 증가하는 백혈구증가증(*leukocytosis*)도 관찰된다. 치료하지 않으면 단독은 치명적일 수 있으며 치사율은 2-17% 정도이다. 너무 어리거나 나이가 많거나 면역이 손상된 자들이 더 많이 사망할 수 있다.

병원체와 독성인자

*S. aureus*만으로 약 80% 농가진의 원인이 되고, 약 20%의 원인은 *Streptococcus pyogenes* (strep-tō-kok´ŭs pī-oj´en-z)가 단독으로 또는 *S. aureus*와 연합으로 관여한다. 세포 표면에서 발견된 특정한 탄수화물 항원으로 인하여 A 그룹 *Streptococcus*로도 불리는 *S. pyogenes*는 그람-양성 구균으로 세포분열 후에 분열된 세포들이 사슬처럼 연결되어 있다. 20% 농가진의 원인이 되는 것 이외에도 *Streptococcus pyogenes*는 또한 단독의 원인도 된다.

*S. pyogenes*는 농가진에 공헌하는 독성 요소들을 가진다:

- M 단백질(*M protein*)은 세포막 요소로서 보체를 불안정하게 하고, 세균에 대한 식세포작용과 용해를 방해한다.
- 히알루론산 캡슐은 세균의 "위장(camouflage)"에 쓰이는데, 히알루론산이 신체에 있는 자연적인 화학물질이기 때문에 식세포로부터 세균을 숨긴다.
- 발열 독소(*pyrogenic*[12] *toxin*) [예전에 발적독(*erythrogenic*[13] *toxin*)라 불림]는 단백질로서, 대식세포와 보조 T 림프구가 사이토카인을 방출하도록 자극하여, 열, 넓게 퍼진 발진, 쇼크 등의 순으로 나타나게 한다.

[12] "불"을 뜻하는 그리스어 *pyr*와 "생산하다"란 의미의 그리스어 *genein*으로부터 유래.

[13] "붉은"란 의미의 그리스어 *erythros*와 "생산하다"란 의미의 그리스어 *genein*으로부터 유래.

발병

농가진과 단독을 일으키는 세균은 종종 피부에 집락을 만들고, 긁힌 곳, 찰과상, 구강발진, 또는 피부의 완전성이 손상된 다른 상처를 통하여 침입한다. 어린이들은 자주 콧물을 훔쳐서 피부가 벗겨진 코 바로 아래에 종종 감염된다. *S. pyogenes*의 일부 균주들은 농가진이나 단독 부위로부터 퍼져서 혈액으로 들어가 균혈증(bacteremia)을 일으키고, 결국에는 신장으로 가서 급성 사구체 신염(*acute glomerulonephritis*)의 원인이 된다.

역학

*Staphylococcus*와 *Streptococcus*는 모두 개인 간의 직접 접촉을 통해서, 또는 장난감, 의류, 침대보, 수건, 또는 머리빗, 특히 따뜻하고 축축한 여름에 오염된 접촉 매개물(fomite)을 통하여 전파된다. 그 이상 나이를 먹은 어린이들도 감염될 수 있지만, 2-5세 사이의 어린이는 농가진이 발달하기 쉽다. 영아실에서 농가진의 유행은 병원 종사자에게는 특히 걱정이다. 단독은 대개 어린이와 노인에게서 일어난다.

진단, 치료 및 예방

농가진의 물집은 진단에 사용된다. 물집에서 발견된 고름은 세균과 백혈구로 차있는데, 이것은 농가진과 열상피부 증후군을 구별하도록 한다. 그람-양성의 포도송이와 같은 존재는 포도상구균에 의한, 반면에 그람-양성 구균의 연쇄상 배열의 존재는 연쇄상구균에 의한 농가진과 단독을 의미한다.

농가진의 치료에는 국소적 무피로신(mupirocin)과 경구용인 클린다마이신(clindamycin) 또는 아목시실린(amoxicillin)이 포함된다. 하루에 두 번씩 비누로 부드럽게 씻어서 농가진 딱지와 감염을 일킨 세균을 제거한다. 의사는 단독을 페니실린으로 치료한다.

좋은 일반적인 위생과 청결은 농가진과 단독을 예방한다. 어린이의 피부가 찰과상을 입거나 찢어진 것은 반듯이 비누와 물로 완전히 깨끗하게 해야만 하며, 만일 농가진 환자나 오염된 접촉 매개물과 접촉하였다면 특히 깨끗이 씻어야 한다.

괴사성 근막염

학습 | 성과

12.10 *Streptococcus pyogenes*의 6가지 독성인자의 작용을 설명하라.
12.11 괴사성 근막염의 병원성, 역학, 진단, 치료에 대해서 설명하라.
12.12 왜 괴사성 근막염을 예방하는 것이 어려운가를 설명하라.

"세균이 내 얼굴을 먹어 치운다"고 소리치는 선정적인 표지가 있다. 이런 보고는 선정적이지만 가능한 일이다. 세균은 신체의 부드러운 조직을 파괴할 수 있는데, 일부 방송 뉴스에서 "살을 파먹는 세균"이라고 하는 증상으로, 의학적으로는 괴사성 근막염(*necrotizing fasciitis*[14]) (ne´kro-tī-zing fas-ē-ī´tis)으로 알려져 있다. 342–343쪽의 **질병심층연구: 괴사성 근막염**은 시각적으로 어느 정도 자세히 이 질병을 보여준다.

괴사성 근막염을 갖는 대부분의 환자들에서 감염부위에 뜨겁고 심하게 고통스럽고 타는 듯한 발진이 나타난다. 연속하여 환자는 열이 나고 피로하며 근육통이 생긴다. 조직이 파괴됨에 따라서 혈압이 떨어지고, 환자는 정신적으로 혼동이 생기며, 궁극적으로는 혼수상태가 된다.

몇 종류의 세균이 괴사성 근막염을 일으키지만 가장 흔한 원인은 A그룹 *Streptococcus*로도 알려진 *Streptococcus pyogenes*이다. 농가진과 연관된 독성인자에 더해서 괴사성 근막염의 원인이 되는 *S. pyogenes* 균주는 세균이 신체 조직을 침범하고, 식세포작용에 저항하며, 세포와 조직을 손상시키는 인자들을 보유하고 있다. 이 독성인자들은 질병심층연구에서 더 자세히 고려하기로 한다.

A그룹 *Streptococcus*의 일반적인 전파는 찢어진 피부를 통하여 사람 간에 이루어진다. 괴사성 근막염은 수술, 낙태, 해가 없어 보이는 벌레 물린 곳 또는 채혈 후 생긴 바늘 자국을 통해서도 발생한다. 당뇨병, 암, 수두는 괴사성 근막염의 발생 위험성을 증가시킨다.

괴사성 근막염은 수술이 필요한 응급한 것으로 고려되어야 하며, 의사는 즉시 죽은 조직을 제거해야 하고, 세균에 의한 조직 파괴가 멈출 때까지 매일 과정을 반복해야 한다. 의사는 심각한 질병을 억제하고 남아있는 세균을 막기 위해서 정맥 주사용 광범위 항미생물제를 처방해야 한다. 한 연구는 페니실린만 쓰면 41%인 치료율과 비교하여 클린다마이신(clindamycin)과 페니실린을 함께 사용하면 치료율이 83%라고 보고하였다.

[14] "시체"를 의미의 그리스어 *nekros*; "띠"란 의미의 라틴어 *fascia*로 근육을 둘러싸는 강한 결합조직; "염증"이란 의미의 그리스어 *itis*로부터 유래.

여드름

학습 | 성과

12.13 여드름의 진행을 설명하라.
12.14 여드름을 위한 화학적 및 물리적 치료법을 설명하라.

여드름(acne)에서 검은색 여드름(blackhead)과 뾰루지(pimple)는 잘 알려진 현상이다.

병원체

여드름의 가장 흔한 원인은 피부에서 생장하는 것이 흔하게 발견되는 프로피온산균으로, 작고 그람-양성 간균 모양의 디프테로이드(diphtheroids)이다. 이 균들은 탄수화물의 발효 부산물인 프로피온산(propionic acid)을 따라서 명명되었다. 인간 감염에 관여하는 가장 흔한 종은 *Propionibacterium acnes*로 고통을 받는 85%의 사춘기와 청년 여드름에 원인이 된다. *Staphylococcus aureus*도 여드름의 원인이 될 수 있다.

발병

그림 12.6은 여드름의 발달을 설명하고 있다. *Propionibacterium*은 피부 피지선의 피지 속에서 주로 자란다 **1**. 사춘기의 호르몬, 특히 남성의 테스토스테론에 의해서 유발된 과량의 유분 생산이 세균의 생장을 촉진하고, 이 세균은 백혈구를 모으고 염증을 유발하는 화학물질을 분비한다. 백혈구는 세균을 식세포하고 지역에 염증을 촉진하는 화학물질을 방출한다. 죽은 세균과 죽거나 살아있는 백혈구가 여드름의 뾰루지와 연관된 흰색 고름을 만든다 **2**. 죽거나 죽어가는 세균의 덮개가 구멍을 막는 검은색 여드름이 형성된다 **3**. 이 질병의 심각한 상태인 낭포성 여드름(cystic acne)에서는 세균이 염증을 갖는 농포(낭포)를 만들고 터져서 피부에 흉터를 유발한다 **4**. 여드름은 전형적으로 얼굴, 두피, 목, 가슴, 등, 상완(上腕, upper arm), 어깨를 포함하여 피지선이 많은 피부 부위에 발생한다.

역학

여드름 원인 세균은 미생물총의 정상적인 일원인데, 특히 테스토스테론과 같은 사춘기 호르몬의 결과로 대량으로 생산되는 피지 때문에 악성으로 생장하는 것이다. 여드름은 대개 사춘기에 시작하지만, 일생 중에 한 번은 발생하는 것이 일반적이다. 여드름은 보고할 만한 질병은 아니라서, 정확히 얼마나 퍼져있는지 모르지만, 세계적으로 사춘기의 75%가 어떤 시점에서 발생하는 것이라고 평가되고 있다. 낭포성 여드름은 훨씬 드물다.

진단, 치료 및 예방

여드름의 진단은 수월하다. 피부에서 볼 수 있고, 많은 사춘기의 경우는 당혹스러울 정도로 잘 보인다.

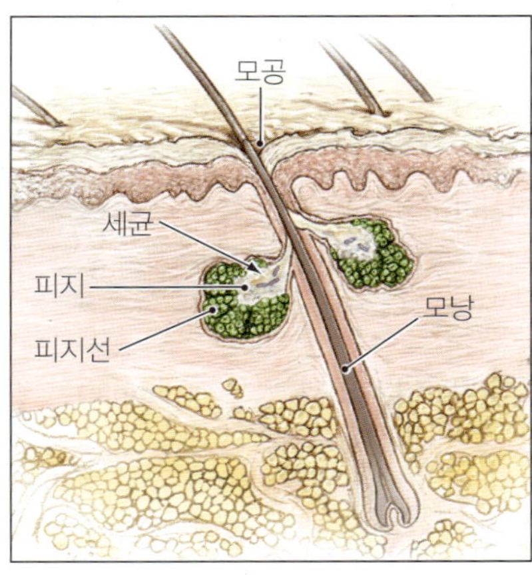

1 정상 피부
선에서 생산된 유분의 피지가 모낭에 도달하고 모공을 통하여 피부로 분출한다.

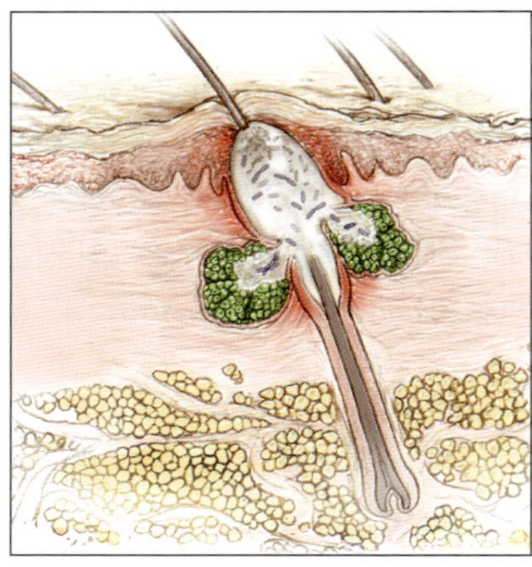

2 흰색 여드름
세균이 모낭에 감염되면 염증 피부가 모낭 위에서 부어오르고, 집락화된 세균과 피지 축척의 원인이 된다.

3 검은색 여드름
죽거나 죽어가는 세균과 피지가 구멍을 막는다.

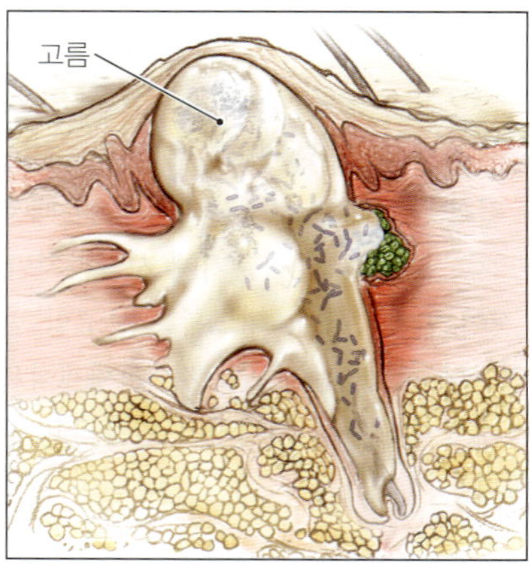

4 농포 형성
모낭의 심한 염증은 농포형성의 원인이 되고, 터져서 낭포성 여드름이 되며, 자주 피부에 상처를 남긴다.

▲ **그림 12.6 여드름의 발달.** *낭포성 여드름의 가장 일반적인 원인이 되는 병원체는 무엇인가?*

그림 12.6 *Propionibacterium acnes*가 여드름의 가장 흔한 원인이다.

대부분의 경우에는 면역체계가 *Propionibacterium*을 잘 통제하여 치료가 요구되지 않는다. 더 심한 경우에는 피부과 의사가 피부 분비물에 특히 고농도로 농축되는 독시사이클린(doxycycline)과 같은 항미생물제를 처방할 것이다. 또한 죽은 피부 세포들을 벗겨주고, *Propionibacterium*을 죽이고, 피부 표면에 지방의 양을 줄여주며, 유익한 산화 효과를 갖는 과산화벤조일(benzoyle peroxide)을 처방할 것이다. 오랫동안 항미생물제를 사용하면 민감한 정상적 세균 미생물총을 파괴할 수 있고, 이는 사람을 항미생물제에 내성을 갖는 기회성 진균과 세균에 더 취약하게 만든다. 비타민 A의 유도체인 레티노산(retinoic acid) (Accutane)은 피지의 형성을 방해하여 세균 대사를 위한 양을 감소시킨다. Accutane은 장출혈이나 신생아 기형의 원인이 되기 때문에 아주 심한 여드름의 경우에만 처방이 되며 임신 중이거나 임신 예정인 여성에게는 절대 처방하면 안된다.

여드름의 비화학적 치료는 자외선 (파장 315-400 nm)을 이용하는 것이다. UVA로 알려진 이 빛은 신체에 해를 주지 않고 *P. acnes*를 죽인다. 한 연구에 따르면 일주일에 두 번 15분씩 4주 동안 노출하면 80%의 환자에게서 여드름을 60% 줄이고 이를 8개월까지 지속시킨다.

여드름에 대한 많은 잘못된 편견들이 있다. 과학자들은 여드름과 초콜릿, 또는 기름진 음식을 포함하여 음식 간에 어떤 연관성도 없음을 보여주었다. 음식은 피지 생산에 영향을 주지 않는다. 피부를 깨끗하게 하는 것이 피지선 깊이 사는 여드름 생산 세균을 제거하지는 않지만, 자주 깨끗하게 해주면 피부를 건조하게 하고 모낭을 막는 플러그는 느슨하게 될 것이다.

묘소병

학습 | 성과

12.15 묘소병의 원인, 진단, 치료 및 예방에 대하여 설명하라.

징후 및 증상

묘소병(猫搔病, cat scratch disease)은 며칠 동안 열이 나고, 장기적인 불쾌감과 감염부위와 가까운 림프절에 몇 달 동안 국지적인 부어오름이 나타난다 (그림 12.7).

병원체와 독성인자

그람-음성 호기성 간균인 *Bartonella henselae* (bar-tō-nel´ă hen´sel-ī)가 묘소병의 원인균이다. 일차적인 독성물질은 그람-음성 세균의 외막에서 발견되는 내독소(endotoxin) lipid A이다. 또한 *Bartonella*는 적혈구와 혈관 내벽 세포 내에서 생장하고 복제될 수 있다.

발병과 역학

고양이, 특히 새끼고양이에게 할퀴거나 물리면 세균이 피부에 침투

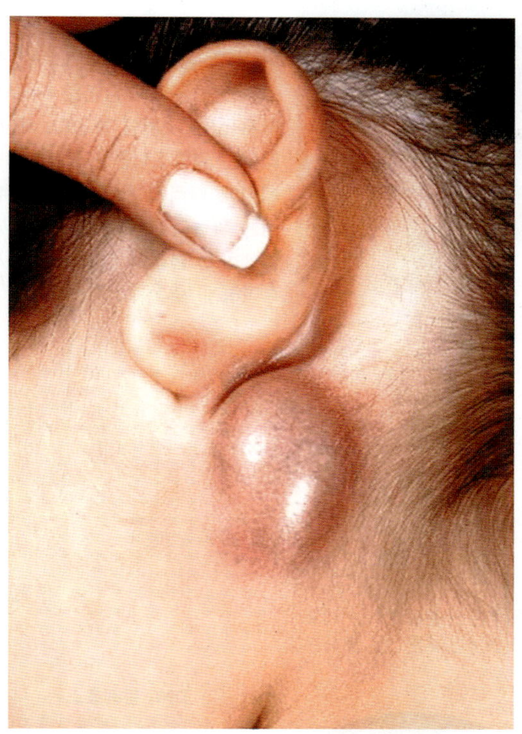

▲ **그림 12.7 묘소병.** 고양이가 할퀴거나 깨문 부위에 국지적인 부어오름이 특징이다.

한다. 벼룩과 같이 피를 빠는 절지동물도 고양이로부터 사람에게 세균을 옮길 수 있다. 피부에서 세균은 세포 밖에서 생장한다. *Bartonella*는 죽으면서 내독소를 방출하고, 이는 열, 혈액응고, 염증, 쇼크를 일으킬 수도 있다 (그림 14.7 참조).

고양이를 통해서 전파되지만, *Bartonella*는 사람에서만 병을 일으킨다; 동물에서 질병의 원인으로 알려져는 있지 않다. 묘소병은 비교적 흔하고 종종 심각한 어린이 감염으로 나타나고 있으며, 미국에서 매년 22,000명의 어린이가 감염되는 것으로 추산된다.

진단, 치료 및 예방

고양이에게 노출된 뒤에 특징적인 징후와 증상이 나타나는 사람이 *Bartonella* 항원에 대한 간접 현광 항체 검사가 양성이면 묘소병 진단이 확정된다. 묘소병의 치료를 위해서 의사는 대개 리팜핀(refampin), 시프로플록사신(ciprofloxacin), 또는 겐타마이신(gentamicin)과 같은 항미생물제를 처방한다. 예방은 고양이에 의한 상처를 피하고 만일 물리거나 할퀴게 되면 충분히 깨끗하게 세척한다.

유익한 미생물: 할퀸 곳에서 형성되는 새로운 혈관? 348쪽에서 *Bartonella*의 가능성 있는 긍정적인 역할을 조사하라.

Pseudomonas 감염

학습 | **성과**

12.16 화상 피해자에게 기회 감염체로서 *Pseudomonas aeruginosa*를 서술하라.

12.17 *Pseudomonas*의 9가지 독성인자를 설명하라.

12.18 *Pseudomonas* 감염의 진단, 치료, 예방이 왜 힘든 문제인지 설명하라.

피부는 여러 병원체의 침입을 막는 장벽이다. 이 사실은 불이나 수증기에 노출된 화상환자의 피부에서 특히 분명해진다. 이런 환자에서는 기회성 병원체들이 수분이 많고 영양이 풍부한 환경인 근막(fascia)과 더 깊은 조직에 접근한다. 화상 환자에서 가장 흔하게 나타나는 미생물은 *Pseudomonas aeruginosa* (soo-dō-mō´-nas ā-roo-ji-nō-sā)이다. 이 세균은 특히 폐와 같은 다른 신체 부위에도 감염된다. [낭포성 섬유증(cystic fibrosis) 환자에게 특히 위험.]

징후 및 증상

*Pseudomonas aeruginosa*가 혈류에 침입하면 열, 오한, 쇼크를 일으킨다. 세균은 전형적으로 이런 감염에 색을 띄게 하는 청록색의 색소인 피오시아닌(*pyocyanin*)을 생산하기 때문에 대량으로 감염되면 용이하게 진단된다 (그림 12.8).

병원체와 독성인자

*Pseudomonas aeruginosa*는 그람-음성 호기성 간균으로 넓은 범위의 유기물과 질소원을 대사한다. 거의 모든 토양, 부식 중인 유기물과 수영장, 온수 욕조, 스펀지, 수건, 콘택트 렌즈액을 포함하여 거의 모든 습한 환경에 존재한다. 병원에서는 싱크대, 수분이 많은 음식, 꽃병, 스펀지, 화장실, 봉걸레, 투석기, 호흡기, 가습기에서 자란다. 일부 균주는 소량의 양분이 남아있는 증류수에서도 자란다.

*P. aeruginosa*는 많은 독성인자를 갖고 있다:

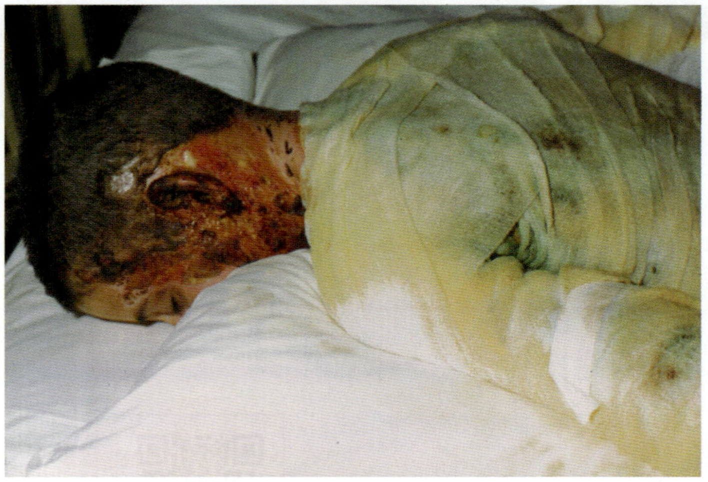

▲ **그림 12.8 *Pseudomonas aeruginosa* 감염.** 붕대 아래에서 자라는 세균이 화상 환자에서 청록색을 만든다. *이 감염에서 청록색에 원인이 되는 것은 어떤 화학물질인가?*

그림 12.8 *Pseudomonas aeruginosa* 감염의 청록색은 피오시아닌에 기인한다.

괴사성 근막염

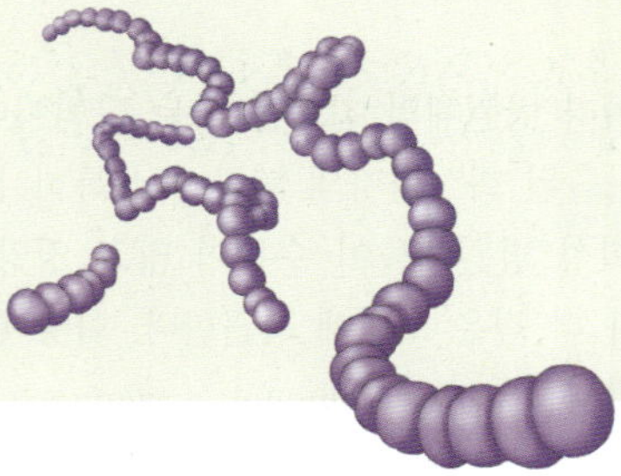

A그룹 *Streptococcus*

징후 및 증상

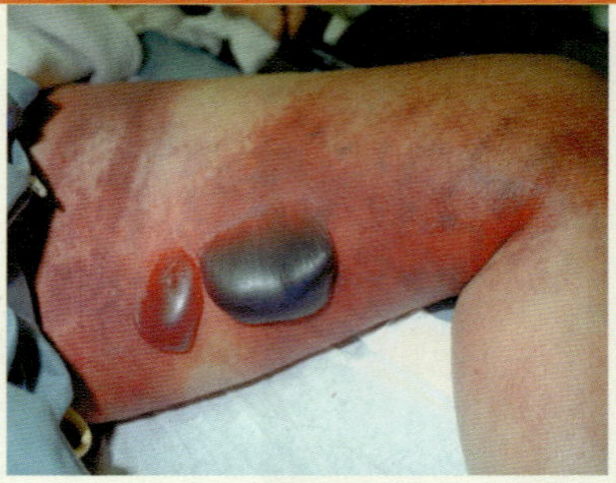

괴사성 근막염은 대개 감염 부위가 붉은색이며, 심한 통증 및 부어오르는 것이 특징이다. 초기에는 통증이 감염된 부위의 외형과 비례하지 않는 것처럼 보인다. 세균이 근육을 둘러싸는 결합조직인 근막 및 지방조직을 소화시킴에 따라서 위에 덮인 피부가 확장되고 색을 잃는다. 환자는 열, 메스꺼움, 불쾌감이 발생하고 혈압이 심하게 떨어져 정신적으로 혼미하게 된다.

***S**treptococcus pyogenes*는 뉴스에서 "살을 파먹는 스트렙"으로 화제가 되었으며, 의학적으로는 괴사성 근막염으로 알려져 있는 감염된 연조직 괴사의 원인이 된다.

발병

2 *S. pyogenes*는 세균이 신체 조직을 침투하도록 효소들을 분비한다.

스트렙토키나제는 혈액응고를 용해한다.

히알루론산 분해효소는 세포 사이의 히알루론산을 분해한다.

DNA 분해효소는 손상된 숙주세포에서 방출된 DNA를 분해한다.

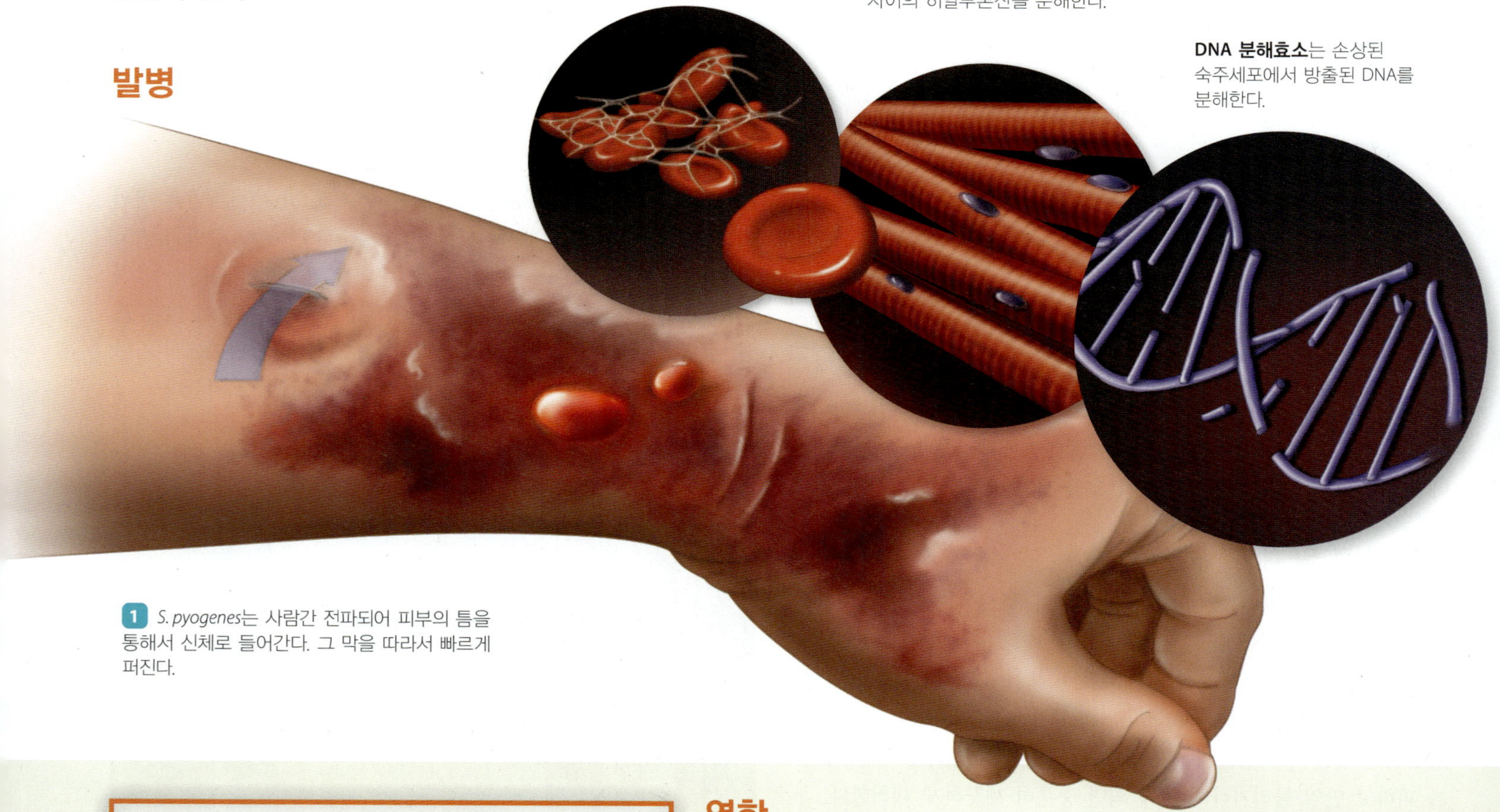

1 *S. pyogenes*는 사람간 전파되어 피부의 틈을 통해서 신체로 들어간다. 그 막을 따라서 빠르게 퍼진다.

연구하라!

이 질병이 실제 사람들에 영향을 주는 것은 잊기 쉽다.

http://www.nnff.org에서 *괴사성 근막염으로부터 살아난 여러 생존자들의 이야기를 읽기 위하여 이 코드를 스캔하라. 이들은 어떤 공통점을 갖는가?*

역학

최근의 수많은 언론보도가 있었지만 괴사성 근막염은 새로운 질병이 아니다; Hippocrates는 이미 이 질병에 대하여 기술하였으며, 1924년에 중국의 의사는 사례들을 분명하게 보고하였다. 매년 세계적으로 500,000건의 괴사성 근막염이 있다. 괴사성 근막염 환자들 가운데 약 20%는 사망한다.

그리스 의사인 Hippocrates (기원전 460-370)는 기원전 5세기에 이미 괴사성 근막염을 *Of the Epidemics*이란 책에서 "... 그리고 근육, 힘줄 및 뼈가 많이 떨어져 (벗겨져) 나가고 . . ." (II권, III절, 4부)라고 기술하였다.

병원체 및 독성인자

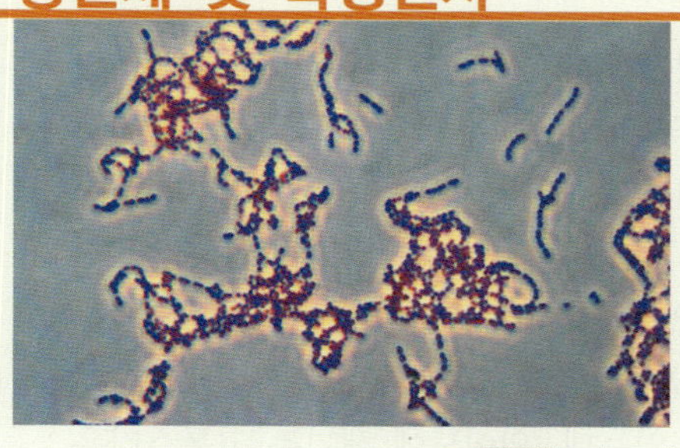

LM 15 μm

Staphylococcus aureus, *Clostridium perfringens*, *Bacterioides fragilis*를 포함한 몇 가지 세균이 괴사성 근막염의 원인이 되지만, 왼쪽의 그람-염색된 *Streptococcus pyogenes* (A군 *Streptococcus*)가 가장 흔한 경우이다.

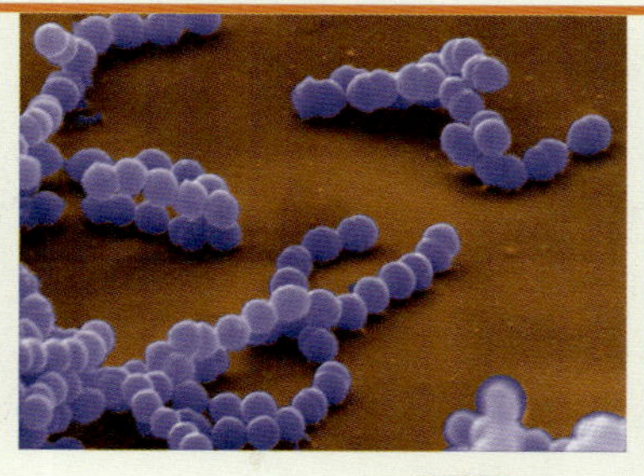

SEM 4 μm

이 상태의 원인이 되는 *S. pyogenes* 균주는 세균이 신체조직을 침입하도록 하는 DNA분해효소, 히알루론산 분해효소, 스트렙토키나제와 같은 효소를 가진다. 연쇄상구균 M 단백질(streptococcal M protein)은 세균이 비인두 세포(nasopharyngeal cell)에 부착하여 식세포작용에 대하여 견디도록 한다. 스트렙토리신(streptolysin)과 외독소 A (exotoxin A)는 세포와 조직을 손상시킨다.

3 다른 독성인자에는 M 단백질이 포함된다.

M 단백질은 연쇄상구균 표면 위에 존재하며 세균이 코와 목의 세포에 부착하는 데 도움을 주며, 체내에 들어온 후에는 M 단백질은 *S. pyogenes*가 식세포작용에서 생존하도록 한다.

M 단백질

4 *S. pyogenes*는 또한 조직에 손상을 주는 독소를 분비한다.

스트렙토리신 S는 중성구와 적혈구를 포함하여 여러 종류의 인간 세포들을 죽인다.

외독소 A는 건강한 조직을 더욱 파괴하도록 과잉 면역반응을 유발한다.

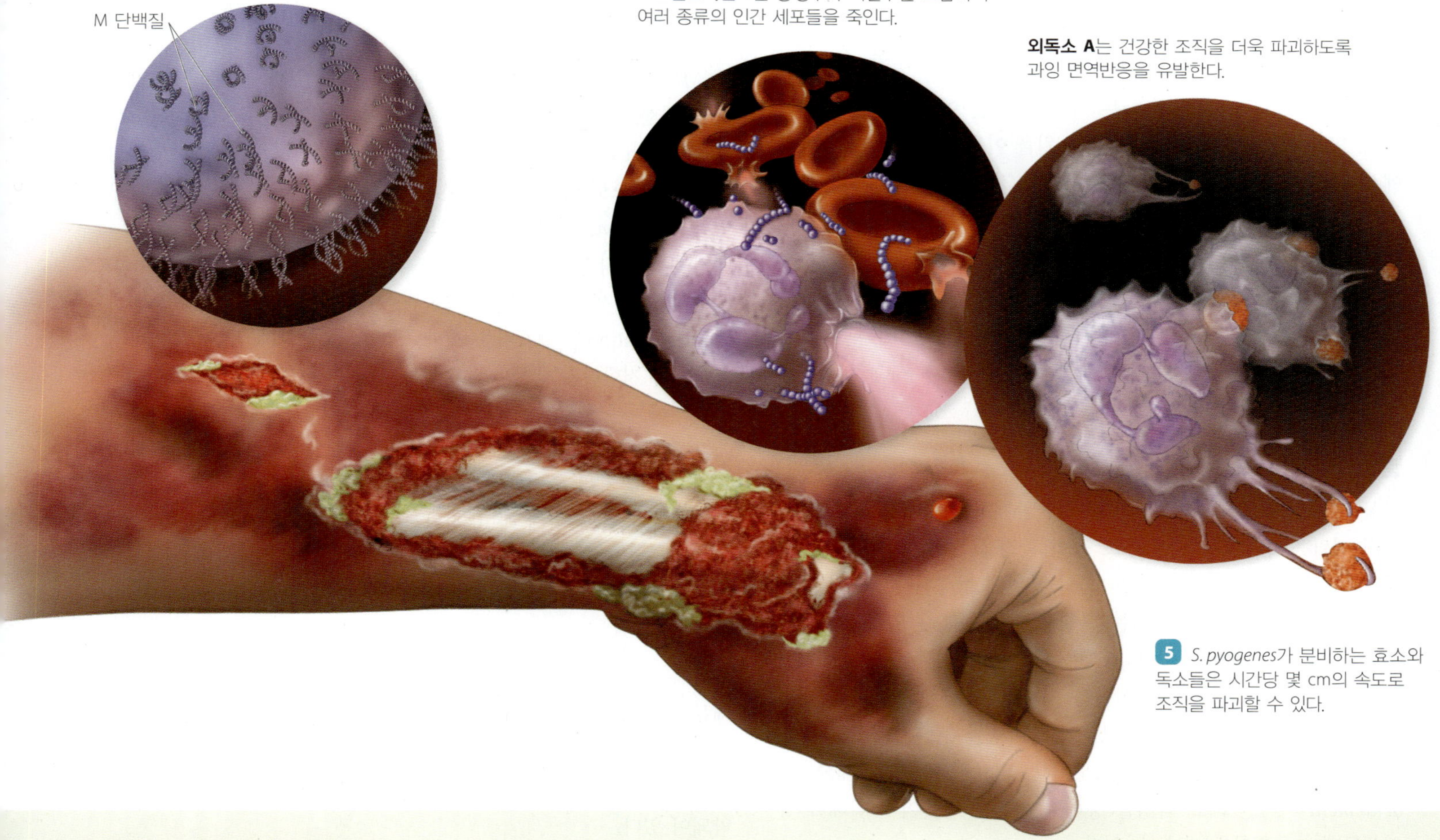

5 *S. pyogenes*가 분비하는 효소와 독소들은 시간당 몇 cm의 속도로 조직을 파괴할 수 있다.

진단, 치료 및 예방

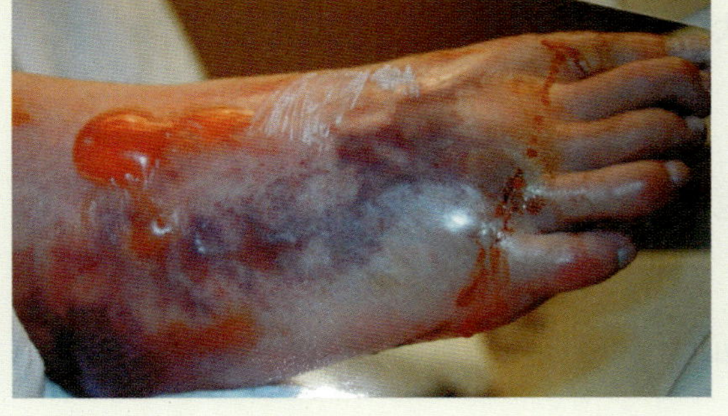

초기 증상은 일반적이고 독감과 유사하기 때문에 진단하기 어렵다. 감염에 비례하는 것처럼 보이는 심한 통증은 괴사성 근막염이나 *S. pyogenes* 감염일 가능성을 가지고 치료되어야 한다. 세균의 확산을 막기 위하여 영향을 받은 조직은 완전히 제거되어야 한다. 광범위 항생제의 정맥투여는 질병의 심각성을 줄이는데 도움이 된다. *S. pyogenes*는 사람에서 흔하게 발견된다. 당뇨병, 암 또는 수두 환자는 괴사성 근막염에 위험성이 크다. 피부에서 열상, 작게 베인 것조차도 세균의 침투 경로일 가능성이 있다; 따라서 이런 상처부위는 깨끗하게 세척해야 한다.

- 핌브리아(*fimbriae*)와 부착소(*adhesin*)는 숙주세포에 부착되어 생물막을 형성하게 한다.
- 점액성 다당류로 구성된 캡슐(*capsule*)은 세균 부착과 생물막 형성에 중요한 역할을 하며, 식세포작용으로부터 세균을 보호한다.
- *Neuraminidase*는 숙주세포 수용체를 변형하여 세포에 더 많은 세균이 부착하도록 한다.
- *Elastase*는 탄성 섬유(elastic fiber)를 파괴하고, 보체 요소들을 분해하며 면역글로불린 IgA와 IgG를 분해한다.
- 내독소(lipid A)는 열, 혈액응고, 염증 및 쇼크까지도 유발한다.
- 진핵생물의 단백질 합성을 방해하는 외독소 *A* (*exotoxin A*)와 세포외효소 *S* (*exoenzyme S*)는 숙주세포가 죽도록 유도한다.
- *Pseudomonas*의 청록색 색소인 피오시아닌(*pyocyanin*)은 과산화 라디칼(superoxide radical)과 산화 음이온(oxide anion)과 같은 활성산소의 형성을 유발하여 숙주세포에 손상을 준다.

*Pseudomonas aeruginosa*는 의학적으로는 어느 정도 수수께끼인데, 많은 독성인자와 광범위한 탄소원을 이용하여 모든 습한 환경에서 생존할 수 있는 능력에도 불구하고 거의 질병을 일으키지 않는다. 드물게 기회성 균주이고 흔하고 심각한 병원체가 아닌 이유는 *P. aeruginosa*는 피부의 완벽한 구조와 세포 및 화학적 방어를 뚫을 수 없기 때문이다. 이는 다행인데, 어디나 존재하고 광범위한 미생물제재에 대해서 타고난 내성이 *Pseudomonas*를 더 독성이 강한 미생물로 만들어서 의료종사자들에게 거의 해결할 수 없는 도전이 될 수도 있다.

발병

화상 부위의 표면은 이 같은 어디에나 존재하는 기회성 균주가 빠르게 집락을 형성하는 따뜻하고, 습한 환경을 제공한다. 두껍고 딱지같은 껍질이 자연적으로 심한 화상 부위에 형성된다. 이 껍질 밑에서 생장하는 *Pseudomonas*는 혈액으로 이동할 수 있다. 신체 내로 이동하면, 세포를 죽이고 조직을 파괴하며, 내독소가 열, 혈관확장, 염증, 쇼크 및 다른 증상들을 매개한다. 화상 부위의 미생물은 의료진이 쉽게 접근할 수 없는데 항미생물제들이 대개 껍질을 통과할 수 없고, 혈관은 없기 때문이다. 의료진은 변연절제술(*debridement*)이라는 의료 과정을 통해서 껍질을 반듯이 제거해야 항미생물제가 효과를 나타낼 수 있다.

역학

수체와 습한 토양이 자연적인 서식지일지라도 *P. aeruginosa*는 인간 미생물총의 일부가 아니다. 그럼에도 불구하고 어느 곳에나 존재하고 독성인자들 때문에 이 기회성 병원체는 의료와 연관된 감염의 10%를 차지하고, 대부분의 면역이 손상된 환자에게서 집락을 형성한다.

피부나 점막을 붕괴시키기 시작하면 *P. aeruginosa*는 어느 기관이나 체계에 성공적으로 집락을 형성할 수 있다. 피부 감염 이외에 균혈증(bacteremia), 심내막염(endocarditis), 요도, 귀, 눈, 신경계, 위장관, 근육과 뼈에 감염될 수 있다. 낭포성 섬유증 환자와 화상 피해자에게 감염되는 것이 가장 흔하다. 화상 피해자의 거의 2/3에서 환경적 또는 병원에서 *Pseudomonas* 감염이 발생한다. 수영하는 사람은 수영자 외이염(*swimmer's ear*)이라고도 하는 외이도염(*otitis externa*)이 발생할 수 있는데, 외이도에 생기는 고통스러운 *Pseudomonas* 감염이다. 이 미생물은 따뜻한 욕조에 앉아 있는 사람의 모낭에도 감염될 수 있다.

진단, 치료 및 예방

배양 내에 존재하는 것이 수집, 운반 또는 접종하는 동안에 오염된 것에 해당할 수도 있기 때문에 *Pseudomonas* 감염의 진단이 항상 수월한 것은 아니다. 분명히 조직에서 피오시아닌(pyocyanin)이 탈색된 것은 대량 감염을 의미한다.

*P. aeruginosa*의 치료는 당황스러울 수 있다. 이 세균은 항미생물 제제, 비누, 항미생물 염료 및 4차 암모늄 살균제(quaternary ammonium disinfectant)를 포함하여 광범위한 항미생물제에 내성이 있는 것으로 악명이 높다. 사실 항생제와 살균제 용액에서 살고 있는 *Pseudomonas*가 보고되기도 하였다.

내성은 다양한 *Pseudomonas* 균주들이 많은 약물을 대사하고, 많은 약물을 세균 밖으로 퍼내는 비특이적 양성자/약물 역수송(proton/drug antiport) 펌프가 존재하고, 항미생물 화학물질이 투과하지 못하도록 저항하는 생물막을 형성하는 능력에 기인한다.

의사들은 민감성 검사에서 특정한 분리 균주에 처음으로 효과가 입증된 아미노글리코시드와 베타-락탐 항미생물제를 혼합하여 감염을 치료하려고 시도한다. 폴리믹신(polymyxin)은 인간에게도 독성을 갖는 약물인데 아마도 최후의 수단으로 이용될 수 있을 것이다.

*Pseudomonas aeruginosa*는 어느 곳에나 있기에 노출을 막는 것은 거의 불가능하다; 그러나 이 세균은 보통은 피부와 점막에 침입하지 못하거나, 신체의 다른 방어를 궁극적으로는 피하지 못하기 때문에 거의 질병의 원인이 되지 않는다. 단지 상처를 입은 환자에서 기회 균주로 잘 자란다.

질병개요파악 12.1에는 *Pseudomonas* 피부 감염의 특징이 요약되어 있다.

홍반열 리케차증

학습 | 성과

12.19 록키산 홍반열의 원인, 진단, 치료 및 예방에 대하여 서술하라.

12.20 리케차는 다른 세포의 밖에서는 살 수 없는 이유를 설명하라.

12.21 홍반열 리케차증의 발병, 징후와 증상을 설명하라.

질병개요파악 12.1

Pseudomonas 감염

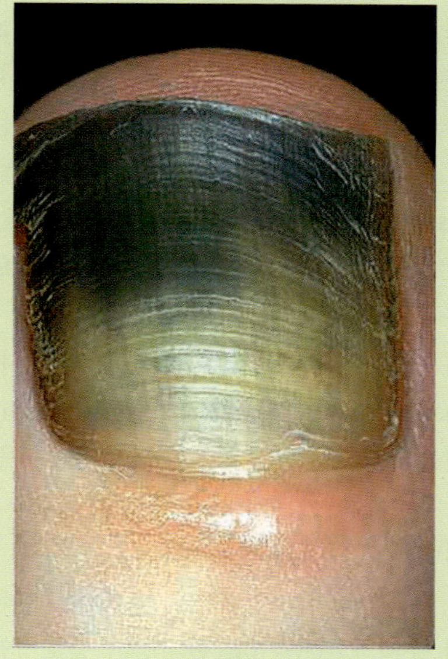

원인 *Pseudomonas aeruginosa* (그람-음성, 호기성, 간균형 세균).

독성인자 섬모, 부착소, 캡슐, 뉴라미다제(neuraminidase), 엘라스타제(elastase), 내독소(lipid A), 외독소 A (exotoxin A), 세포외효소 S (exoenzyme S), 피오시아닌.

침입구 상처를 입은 피부나 심한 화상 후에 안쪽 조직의 접촉; 흡입; 기관 내 튜브 위에 생긴 *Pseudomonas* 생물막으로 부터 발생하는 의료 관련 감염.

징후와 증상 세균이 자라는 곳에 특징적인 청록색; 열, 혈액응고, 염증, 쇼크 가능성; 폐 감염: 호흡곤란, 기침, 천명, 빠른 호흡 및 체중감소.

잠복기 8시간에서 5일.

취약성 화상피해자, 암환자, 면역손상 환자; 낭포성 섬유증 환자는 특히 폐 감염의 위험성이 있음.

치료 페니실린(penicillin)과 아미노글리코시드(aminoglycoside)를 동시에 사용.

예방 습한 환경 어느 곳에나 존재하는 *Pseudomonas*에 노출을 막는 것은 거의 불가능하지만, 세균이 온전한 조직에는 침투하지는 않음.

절지동물에서 유래한 많은 리케차는 인간에게 발진의 원인이 되는데, 이를 **홍반열 리케차증(spotted fever rickettsiosis)**이라고 한다. 가장 심한 것이 **록키산 홍반열(Rocky Mountain spotted fever, RMSF)**으로 이제부터 설명하겠다.

징후 및 증상

거의 모든 경우에 (90%) RMSF는 손바닥과 발바닥을 포함하여 몸통과 팔다리에 가렵지 않은 점과 같은 발진이 나타난다. 발진은 환자의 약 50%에서 **점상출혈(petechiae)** (pe-tē´kē-ē)이라고 하는 피하 출혈로 발전한다. 이 부위들은 수두나 홍역이 원인이 되는 유사한 발진과는 다르다. PMSF 환자는 열, 두통, 오한, 근육통, 메스꺼움, 구토 증상을 보인다. 심한 경우에는 호흡기, 중추 신경, 위장관 및 신장 체계가 기능을 못한다. 뇌에도 감염이 일어날 수 있는데 언어장애, 정신착란, 경련. 혼수, 사망에 이른다.

병원체와 독성인자

RMSF의 원인인 *Rickettsia rickettsii* (ri-ket´sē-ă ri-ket´sē-ē)는 작고 (0.3–1 μm) 운동능력이 없는 호기성 그람-음성의 세포 내 기생체로서 펩티도글리칸의 세포벽과 지질다당류의 외막을 갖고 있다. 느슨하게 구성된 점액층이 세포를 싸고 있다.

리케차는 영양분으로 포도당을 이용하지 못한다; 대신에 아미노산과, 글루탐산(glutamic acid)과 숙신산(succinic acid)과 같은 크렙스 회로(Krebs cycle) 중간체들을 산화한다. 이런 이유로 리케차는 이런 영양분들이 제공되는 세포 내에서만 살아야 한다.

리케차는 숙주 간에 전파를 위한 매개체가 필요하다. *R. rickettsii*를 위한 매개체는 *Dermacentor* (der-mă-sen´ter) 속의 참진드기(hard tick)이다. 숙주 내로 들어오면 리케차는 세포내이입(endocytosis)을 자극하여 숙주 세포로 들어간다. 포식소체(phagosome) 내에서 세균은 식포막을 용해하는 효소를 분비하여, 리소좀(lysosome)이 식포와 융합하기 전에 숙주의 세포질 내로 방출된다. 결과적으로 *Rickettsia*는 소화되는 것을 피하게 된다.

병원체는 매 8–12시간 만에 분열하여 천천히 생장하고 복제된다. 딸세포들은 숙주세포의 긴 세포질 확장 부분으로부터 세포외배출(exocytosis)을 통하여 계속하여 방출된다.

발병

*R. rickettsii*는 일반적으로 진드기 매개체의 침샘에서 휴면하고 있다; 단지 곤충이 몇 시간동안 먹이를 먹을 때만 세균이 감염성이 있다. 활성화된 세균이 진드기의 침샘에서 방출되어 동물 숙주의 순환계로 들어가서 작은 혈관 벽의 세포에 감염된다. 드문 경우지만 인간이 진드기의 배설물 또는 부서진 진드기의 조직이나 액체에 노출된 후에 감염되기도 한다.

*R. rickettsii*는 독소를 분비하지 않는다; 대신에 질병은 혈관이 손상되어 일어나는데, 이를 통해 혈액이 새어 나가고, 혈압이 떨어지고 신체 기관에 영양분과 산소 공급이 불충분해진다. 치료를 하더라도 환자의 5% 정도는 사망한다. 생명을 위협하는 급성 록키산 홍반열에서 회복한 환자들은 다리마비, 청각 상실, 손가락, 발가락, 팔과 다리를 절단해야 할 필요가 있는 *Clostridium* (klos-trid´ē-ŭm)에 의한 괴저성 이차 감염을 경험한다.

역학

Dermacentor 진드기가 인간과 보관소 역할을 하는 설치류 사이에 *R. rickettsii*를 전파한다. 수컷 진드기는 암컷 진드기에 교미 중에 전파한다. 암컷 진드기는 리케차를 난소에서 형성 중인 알에 전달하는데, 이를 경란전염(*transovarian transmission*) 과정이라고 한다.

가장 초기에 발표된 사례들은 RMSF가 록키산맥에서 있었다고 했지만, 실제로 이 질병은 미국의 다른 지역에 더 널리 퍼져 있다 **(그림 12.9)**.

진단, 치료 및 예방

참진드기에 노출된 후에 손바닥, 발바닥의 발진, 급작스런 발열 및 두통을 기초로 한 초기 진단을 확정하기 위해서 라텍스 응집 및 형

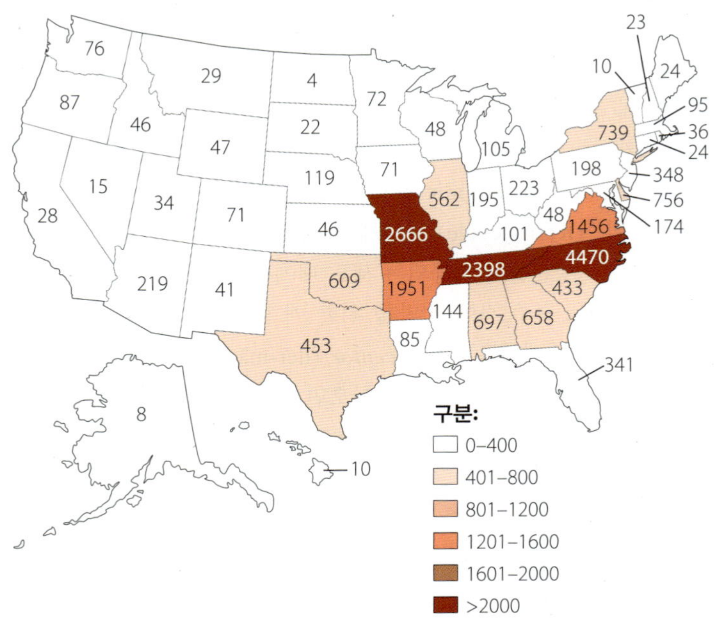

▲ 그림 12.9 **2002–2012년에 미국에서 록키산 홍반열의 발생 건수.**

광항체 염색과 같은 혈청 검사가 이용되어 왔다. 발진 병변의 시료에 핵산 탐침은 특정적이고 정확한 진단을 제공하지만, 비싸고 대개는 특별한 실험실에서 훈련받은 연구자에 의해서만 수행이 가능하다. 빠른 진단이 중요한데 신속한 치료가 자주 삶과 죽음을 결정하기 때문이다.

의사들은 록키산 홍반열을 독시사이클린(doxycycline)이나 클로람페니콜(chloramphenicol)로 치료한다. 효과가 있는 백신은 없다. 감염을 막는 것에는 꼭 끼는 옷을 입고, 진드기 방지제를 뿌리고, 붙은 진드기는 신속하게 제거하고, 특히 진드기가 가장 배고파하는 봄과 여름에는 진드기가 많은 지역을 피하는 것 등을 통해서 막을 수 있다. 4년이 넘게 아무 것도 먹지 않고 생존하기 때문에 야생에서 진드기를 없애는 것은 불가능하다.

질병개요파악 12.2에는 록키산 홍반열의 특징이 요약되어 있다.

피부탄저병

학습 | 성과

12.22 원인과 이것이 피부에 미치는 영향을 포함하여 피부 탄저병을 설명하라.

다른 신체 부위에 일차적으로 영향을 주는 많은 세균 질병은 피부에도 영향을 준다. 예를 들어, 심각한 정신 질병인 라임병(Lyme disease) (14장 참조)은 초기에 특징적인 피부 발진으로 구별이 된다. 탄저병은 다른 그런 질병이다.

탄저병은 3가지 다른 임상 징후를 갖는다 — 위장관, 흡입 및 피부. 위장관 탄저병은 인간에 흔하지 않다. 여기서는 피부탄저병에 대해서 간략하게 고려하겠다 (15장에서 심각하고 전신성 흡입탄저병에 대해서 논의함).

피부탄저병(cutaneous anthrax)은 자주 감염된 동물에서 떨어져 나온 *Bacillus anthracis* (ba-sil´us an-thrā´sis)의 내생포자가 피부의 상처에 들어가서 단단한 피부 결절을 형성하는 것으로 시작한다. 세균의 캡슐은 백혈구의 식세포작용을 방해하고 세균은 영향을 받은 지역의 세포들을 죽이는 3가지 독소를 합성한다. 결절은 **가피(eschar**[15]**)** (es´kar)라고 하는 통증이 없고 부어오르고 검은색의 딱딱한 궤양을 형성하며 퍼진다 (**질병개요파악 12.3**). 탄저병(anthrax)은 그리스어로 "목탄"이라는 의미인데 건조가피의 검은색을 따라서 이름을 지었다. 의사들은 시프로플록사신(ciprofloxacin), 페니실린(penicillin), 에리스로마이신(erythromycin)과 같은 구강 항미생물제를 60일 동안 사용하여 피부탄저병을 성공적으로 치료한다. 내생포자는 발아하는데 60일이 걸릴 수 있기 때문이다. 치료를 받은 탄저병은 거의 치명적이지 않다.

인간에게 자연적으로 발생하는 탄저병의 방지는 동물에서 질병의 통제가 요구된다. 탄저병이 풍토병인 지역의 농부들은 가축에게 백신을 투여하고 죽은 동물은 소각하거나 묻어야 한다. 탄저병 백신은 효과가 있으며 인간에게 안전한 것으로 증명되었지만, 18개월 동안에 6회 투여가 요구되며, 여기에 더해서 매년 추가접종이 필요하다. 질병통제예방센터(The Center for Disease Control and Prevention, CDC)에서는 시프로플록사신(ciprofloxacin)으로 치료하는 것과 백신이 이 목적으로 허가받지는 않았지만 감염 후 면역을 추천한다.

가스 괴저

학습 | 성과

12.23 가스 괴저의 징후, 증상, 원인, 진단, 치료 및 예방을 서술하라.

조직에 혈액 공급이 저해되면, 예로 상처에 의해서, 국소빈혈(*ischemia*[16]) (is-kē´mē-ă)이라고 알려진 조건이 발생한다. 조직은 무산소 상태에서 괴사되기 시작한다. 만일 상처가 혐기성 세균인 *Clostridium*의 내성포자에 의해서 감염되면 **가스 괴저[gas gangrene**[17] 간단하게 괴저(*gangrene*)라고도 함]가 죽은 조직에서 발생한다.

징후 및 증상

*Clostridium*은 주변 조직을 죽이는 독소를 생산하여, 세균에게 더

[15] "화상에 의한 딱지"란 의미의 그리스어 *eschara*에서 유래.
[16] "막다"란 의미의 그리스어 *ischo* 및 "혈액"이란 의미의 그리스어 *haima*로부터 유래.
[17] "소비성 궤양"이란 의미의 그리스어 *gangraina*로부터 유래.

질병개요파악 12.2

록키산 홍반열 (홍반열 리케차증의 한 종류)

1 감염된 진드기(*Dermacentor*) 먹이를 먹는 동안에 *Rickettsia*를 도입한다.

2 *Rickettsia*는 혈관 내벽 세포에 의한 세포내 이입을 유발시킨다; 이후에 파고솜의 막을 용해시키고 세포질로 탈출하여 복제를 한다. 감염된 세포는 rickettsia를 방출하고 다시 한 번 전신을 통하여 세포내 이입으로 도입된다.

3 환자는 손바닥 및 발바닥을 포함하여 사지에 가렵지 않은 발진이 발생하고 몸통으로 퍼진다; 다른 증상에는 열, 두통, 청력 상실, 오한, 근육통, 구역질, 구토가 포함된다.

4 혈관 벽세포의 손상은 혈액이 새어나와 점상출혈, 저혈압 및 신체 세포에 불충분한 산소와 영양 전달을 일으킨다.

1.5 mm

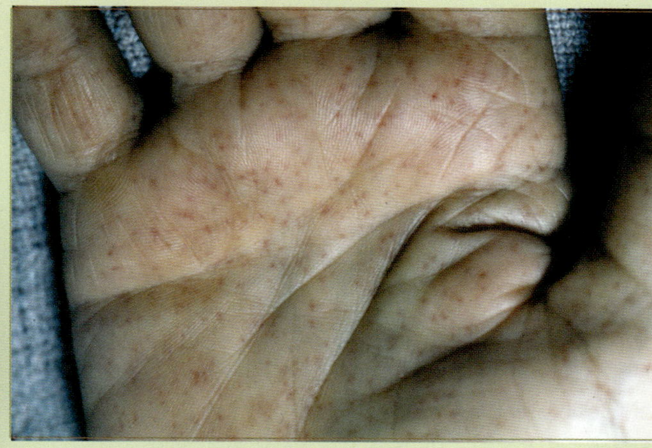

록키산 홍반열의 발진

원인 *Rickettsia rickettsii* (호기성, 그람-음성, 절대 세포내, 간상형 세균).

독성인자 식포를 용해하여 식세포작용을 회피.

침입구 감염된 진드기를 통해서 물린 피부.

징후와 증상 손바닥, 발바닥을 포함하여 몸통과 손발에 가려지 않은 발진; 열, 두통, 오한, 근육통, 메스꺼움, 구토 및 점상출혈.

잠복기 5–10일.

취약성 창궐하는 지역에 사람들은 노출이 많아지기 때문에 취약하다.

치료 클로람페니콜(chloramphenicol)이 효과가 있지만 독시사이클린(doxycycline)이 최선의 선택약물이다.

예방 밝은 색의 꼭 끼는 옷은 진드기에 노출되는 것을 제한한다. 진드기 기피제를 이용, 신속하게 진드기 제거, 피부에 진드기와 물린 부위를 조사 및 가능하면 진드기가 많은 지역은 피하라.

많은 영양분을 제공하고 *Clostridium*이 자라기 위한 무산소 환경을 확장한다. 빠르게 생장하는 세균들은 주변 조직으로 확산되어 근육과 결합조직을 죽게 만든다.

즉각적인 결과로는 감염 부위 (대개는 발)에 강렬한 통증이 나타나고, 가스 괴저가 뒤를 잇는데, 감염된 근육과 피부가 검게 되고 수소와 이산화탄소 가스 방울이 생산되어 거품이 있는 갈색 액체가 새어 나온다 (349쪽의 **질병개요파악 12.4** 참조). 피부 아래의 거품은 촉진(觸診, palpation)으로 느낄 수 있다. 감염이 된지 일주일 이내에 쇼크, 신부전, 사망이 뒤를 잇는다.

병원체와 독성인자

*Clostridium*은 혐기성의 그람-양성 내생포자-형성 간균으로, 토양, 물, 하수, 동물과 인간의 위장관 어느 곳에나 존재한다. 또한 건강한 여성의 1–9%가 질 내에서도 생장한다.

몇 종의 *Clostridium*들이 가스 괴저를 일으킨다. 병원성은 거친 환경에서도 생존하는 내생포자의 능력과 영양세포가 적혈구와 백혈구를 용해하고 혈관 투과성을 증가시키고 혈압을 낮추고 또한 세포를 죽여서 돌이킬 수 없는 손상을 주는 11가지 독소를 분비하는데 기인한다. 환자로부터 가장 자주 분리되는 종인 *C. perfringens*는 크고 거의 직사각형의 세포이다. 움직일 수는 없지만, 빠른 생장과 생식 (12분마다 세포분열)은 상처에 빠르게 집락을 형성할 수 있도록 한다.

발병 및 역학

*Clostridium*은 건강한 조직에는 영향을 주지 않으며 침투성도 아니다. 수술로 인한 절개, 구멍 난 상처, 총상, 파쇄된 상처, 유산, 또

질병개요파악 12.3

피부탄저병

원인 *Bacillus anthracis* (선택적 염기성, 그람-양성, 내생포자 형성, 간균형 세균).

독성인자 내생포자, 캡슐 세 가지 탄저병 독소들.

침입구 상처가 난 피부에 내생포자를 직접 접촉, 감염된 동물 또는 오염된 동물 제품(다른 두 종류의 탄저병인 위장관탄저병과 흡입탄저병은 침입구로 위장관과 호흡계를 각각 갖는다. 탄저병에 대해서는 22장에서 더 찾아 볼 수 있다).

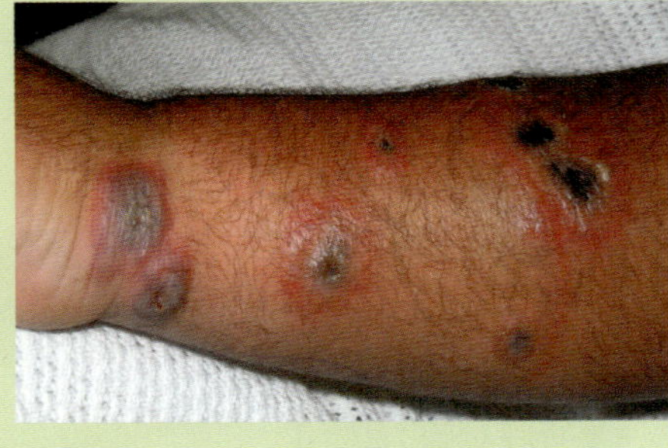

가피

징후와 증상 융기되는 병변에 뒤이은 부분적인 가려움증이 있고, 7–10일 내에 궁극에는 통증이 없는 검은색의 가피(eschar) 형성.

잠복기 하루 내에 즉각 반응.

취약성 동물을 다루는 사람들이 가장 흔하게 감염된다.

치료 시프로플록사신(Ciprofloxacin)은 가장 널리 사용되는 치료제이다. 독소에 대한 치료제는 없다.

예방 가축에 백신 접종. 백신은 사람에게도 안전하지만 높은 위험성을 갖는 사람에게만 추천하며, 18개월에 걸쳐서 6회 접종과 매년 촉진제가 필요하다.

는 복합골절과 같이 외상이 일어나는 사건을 통하여 내생포자는 죽은 조직에 들어간다. 내생포자는 죽은 조직의 무산소 환경에서 발아하고 여기에서 나온 영양분을 이용하여 생장한다. 치료에도 불구하고, 가스 괴저의 사망률은 40%가 넘는다. 클로스트리듐 독소는 인접 세포들을 죽이고 세균은 죽은 조직으로 퍼져 나간다.

진단, 치료 및 예방

커다란 그람-양성 간균의 탐지를 통해서 확정하지만, 대개는 가스 괴저의 외형 그 자체로 진단이 가능하다. 그 상태는 응급 상황이다. 의사는 죽은 조직을 제거하고, 항독소, 다량의 페니실린과 클린다마이신(clindamycin)을 정맥주사로 투여해서 가스 괴저에 의한 괴사의 확산을 신속하고 강력하게 중지시켜야만 한다. 높은 압력으로 산소를 공급하는 것도 효과적일 수 있다.

이 생명체는 토양에 흔하게 존재하기 때문에 *C. perfringens*의 감염을 막는 것은 어렵다. 상처에 내생포자가 들어간 후에 가스 괴저가 일어나기 때문에 상처를 청결하게 하는 것이 질병을 막을 수 있을 것이다.

질병개요파악 12.4에는 가스 괴저의 특징을 요약하여 놓았다.

피부에 감염되거나 영향을 주는 일부 세균 병원체와 기회성 병원체를 조사하였다. 다른 세균 질병들도 또한 피부에 징후를 나타내지만 이것들의 주요 영향은 다른 부위이다. 이후의 장들에서 이런 질병들을 논의할 것인데 예를 들어, 붉은 피부를 나타내는 성홍열은 다른 신체 부위에 중대한 영향을 끼치며 15장에서 논의될 것이다. 지금부터 바이러스 병원체에 대하여 설명하고자 한다.

유익한 미생물

할퀸 곳에서 형성되는 새로운 혈관?

*Bartonella henselae*는 인간의 혈관 내벽 세포에서 뿐만 아니라 부분적으로는 적혈구 세포 서식할 수 있기 때문에 묘소병의 원인이 된다. 매사추세츠 주의 Boston에 있는 하버드대학교 의과대학의 베스 이스라엘 디커니스 메디컬센터(Beth Isreal Deaconess Medical Center)의 과학자들은 최근에 이 세균이 감염된 조직에서 새로운 혈관형성을 유발하는 것을 발견하였다. 연구자들은 병원체가 새로운 혈관 형성의 성장을 자극하여 먹이 공급과 서식지를 증가시키는 것으로 생각하고 있다.

*Bartonella*가 어떻게 혈관형성을 제어하는지는 미스터리다. 우리는 실험실 조건에서 신체에 존재하는 자연적인 혈관혈성 사이토카인인 혈관내피성장인자(vascular endothelial growth factor)보다 이 세균들이 더 효과적이라는 것을 알고 있다. 아마도 신체 내에서도 더 효과적일 것이다.

과학자들은 *Bartonella*의 방법을 완전히 이해하면 심장의 막힌 혈관을 우회하거나, 손상된 팔다리에 새로운 혈관 형성을 촉진하거나 손상된 조직에 혈액 공급을 증가시켜서 빠르게 치료가 되도록 하는 도구를 갖출 수도 있다고 생각한다. 연구자들은 이런 아주 흥미로운 현상이 일어나도록 하는 세균과 숙주세포 간의 정보교환에 대한 유전적 기초를 계속해서 탐지하고 있다. 아마도 미래에는 이 병원성 미생물이 "할퀸" 곳에서 혈관이 형성되어 환자에게 유익할 것이다.

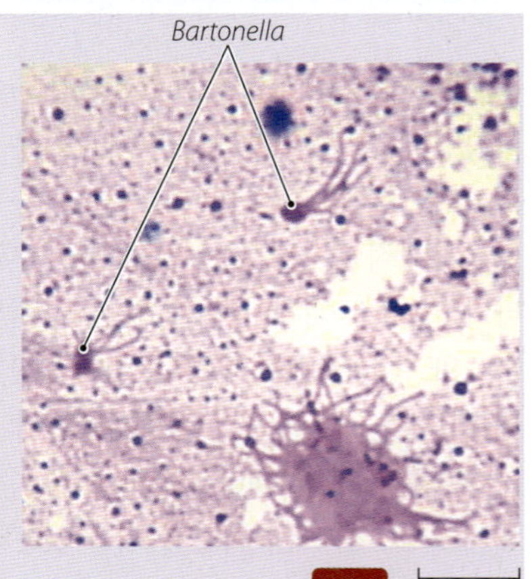

Bartonella

임상 사례연구

고통스런 발진

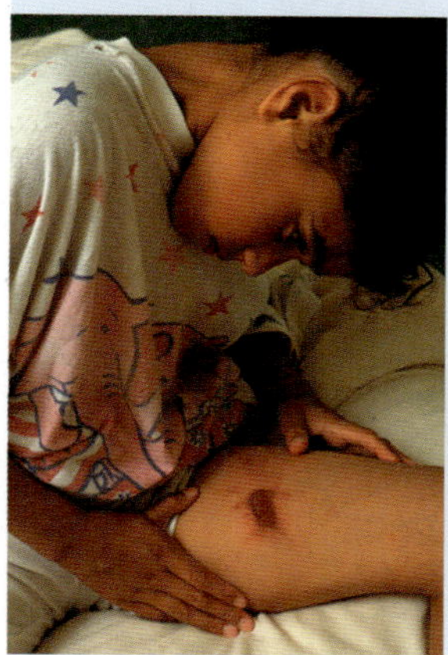

어머니가 3살짜리 딸을 소아과에 데려와서 딸이 3일 동안 열과 오한을 겪었다고 이야기하였다. 여아는 또한 경계가 뚜렷안 크고 매우 붉은 색의 부분이 다리에 있고, 근처의 림프절은 부어 있었다. 의료진이 그 부위를 만졌을 때에 단단하고 따뜻하였으며, 그 소녀는 고통스럽게 소리를 질렀다. 이 관찰을 기반으로 의료진은 잠정적인 진단을 내렸고 치료를 시작하였다.

1. 의료진은 실험실 검사를 통하여 진단을 확진해야 하는가? 왜 그런가 아니면 왜 아닌가?
2. 진단은 무엇인가? 치료는?
3. 농가진과 어떻게 다른가?
4. 여아의 상태와 연관된 원인체는 무엇인가?
5. 어떻게 여아의 상태를 줄일 수 있는가?
6. 열과 병소를 자극하는 원인체의 요소들은 무엇인가?
7. 왜 의료진은 즉각적인 치료를 시작하는 것이 중요한가?

질병개요파악 12.4

가스 괴저

원인 *Clostridium* 종들. 특히 *C. perfringens* (혐기성, 그람-양성, 내생포자 형성 간균).

독성인자 내생포자, 11가지 독소, 빠른 생장 및 세포분열.

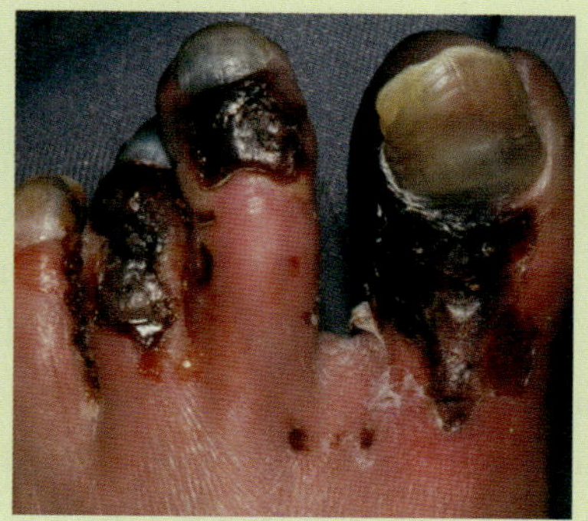

가스 괴저의 검게 죽은 조직과 가스 폐기물의 기포화

침입구 *Clostridium* 내생포자가 수술로 인한 절개, 상처, 총상, 으스러진 상처, 유산, 부러진 뼈에 의한 피부손상과 같은 외상적 과정을 통해서 죽은 조직에 들어간다.

징후와 증상 통증이 커지고 상처부위가 부어오르며, 열이 나고, 처음에 창백했던 피부가 탁한 색으로 변하고 점차적으로 검붉은색 또는 자주색으로, 조직에서 악취가 나는 액이 흘러나옴, (피부 밑의 가스로 인한) 탁탁하는 소리, 심계항진 등으로 진행된다. 치료하지 않은 가스괴저는 쇼크, 혼수, 사망의 원인이 된다.

잠복기 일반적으로 24시간 이내, 3일을 넘기지 않는다.

취약성 깊은 열상, 특히 "더러운" 상처를 가진 사람.

치료 가스 괴저는 의료 응급사항이며, 즉각적인 확인과 치료가 중요하다. 죽은 조직은 수술로 제거하고 항독소, 페니실린(penicillin), 클린다마이신(clindamycin)을 투여해야 한다.

예방 상처를 제대로 청결하게 씻어준다.

왜 그런가

대부분의 록키산 홍반열이 5월, 6월, 7월에 발생하는 이유는?

피부와 상처의 바이러스 질환

대부분의 바이러스 질병들은 실제적으로 전신에 영향을 주며 호흡기와 구강 경로를 통하여 전파된다; 그럼에도 불구하고 이 질병들은 피부에 징후와 증상을 나타낸다. 여기에는 수두바이러스, 단순포진 감염, 사마귀, 수두, 대상포진, 풍진, 홍역, 장미진, 전염성 홍반, 콕사키 바이러스 감염이 포함된다. 수두바이러스 감염을 논하는 것으로 바이러스 피부 질환의 조사를 시작하겠다.

수두바이러스 질병

학습 | 성과

12.24 수두바이러스 감염 시 병변의 진행에 대해서 설명하라.
12.25 면역에서 수두바이러스의 역사적 중요성을 논의하라.
12.26 세계적인 천연두의 박멸에 대해서 논의하라.

수두바이러스에 의한 인간 질병은 천연두와 인간에게는 거의 영향을 주지는 않지만 3가지 동물 질병인 양과 염소의 양두(*orf*), 우두(*cowpox*), 원두(*monkeypox*) 등을 포함한다. 수두(chickenpox)는 그 이름에도 불구하고 수두바이러스가 원인이 아니다.

천연두와 우두는 미생물학, 면역, 역학, 의학의 역사에서 매우 중요한 역할을 하였다. 1장에서 Edward Jenner가 비교적 약한 우두바이러스를 이용하여 천연두로부터 보호하는 면역을 최초로 보여준 것을 기억하라. 그가 성공한 이유는 우두바이러스의 항원들이 화학적으로 천연두 바이러스의 그것들과 유사했기 때문으로, 우두바이러스에 노출되는 것은 우두바이러스와 천연두 바이러스 모두에 대한 면역 기억과 그에 대한 내성을 갖는 결과를 가져온다.

천연두는 사실상 최초로 지구적으로 박멸된 인간 질병이다. 1967년에 세계보건기구(WHO)는 이 질병을 완전히 없애겠다는 목표를 가지고 접촉한 사람들에게 백신을 투여하는 것뿐만 아니라 천연두 희생자를 확인하고 분리하는 광범위한 캠페인을 시작하였다. WHO의 노력은 성공적이어서, 1980년에 자연적인 천연두는 박멸되었다고 선포되었다 — 20세기 의학의 가장 큰 성취 중 하나이다. 그럼에도 불구하고 일부 과학자들과 정부 관리들은 사고나 생물테러로 인하여 천연두가 다시 도입될 것을 염려하고 있다; 따라서 의료종사자들에게 천연두에 대한 지식이 필요하다.

징후 및 증상

모든 수두바이러스는 단계별로 진행되는 병변을 만든다 (그림 12.10). 병변은 작고 납작한 **반점(macule**[18]**)** (mak´yūlz)로 시작하고, 융기된 발진인 **구진(papule**[19]**)** (pap´yūlz)이 된다. 병변이 맑은 액체로 차면 **수포(vesicle)**라고 하며, 이후에 고름이 찬 **농포(pustule**[20]**)** (pŭs´chūlz)로 진행되는데 이것은 **수두(pox)** 또는 마마(pock)로도 알려져 있다 (질병개요파악 12.5 참조) (수두바이러스 병변에 단계를 위한 용어는 다른 피부 질환의 병변을 설명에도 사용되는 것을 주목하라). 수두바이러스의 농포는 말라서 딱지를 형성한다. 이 병변은 진피를 뚫고 들어가기 때문에 특징적인 흉터가, 특히 얼굴에 남을 수 있다. 또한 이 질병은 42°C (107°F)까지 오르는 열이 특징이다 — 불쾌감, 섬망증(delirium) 및 탈진. 눈에 감염되면 시력상실이 일어날 수 있다.

병원체 및 독성인자

수두바이러스는 DNA 바이러스이다. 숙주 세포막에 결합하도록 하는 부착 분자를 가지고 있으며, 스스로 세포내이입(endocytosis)을 유발한다. 다른 DNA 바이러스와는 다르게 전사 효소를 위한 유전자들을 가지고 있으며 이는 세포질 내에서 완전히 복제하도록 허용한다. 바이러스는 또한 인터페론, 보체 및 염증의 작용을 간섭하는 단백질들을 암호화한다.

일반적으로 **천연두(variola)** 바이러스로 알려진 인간 수두바이러스(*Orthopoxvirus*)는 인간 세포에만 부착한다. 소의 수두바이러스(*Vaccinia*), 양, 염소, 원숭이 수두바이러스는 인간에 쉽게 걸리지 않는데 인간 세포에 쉽게 결합하지 못하기 때문이다. Edward Jenner가 우두에 걸린 우유 짜는 여성에게서 관찰하였듯이, 이런 수두바이러스들이 인간에게 감염되려면 감염된 동물과 오랫동안 가까이 접촉을 해야 한다.

발병

천연두 바이러스의 감염에는 가까운 접촉이 필요하다. 이는 일차적으로 비말이나 마른 딱지에 있는 바이러스를 흡입하는 것으로 일어난다. 딱지는 2년 동안 감염성을 가지고 있을 수 있다. 수두바이러스는 호흡기 내에서 복제되어 혈액과 림프를 통하여 전신으로 퍼져서, 감염 후 약 12일에 특징적인 병변이 생겨나고, 환자의 약 40%가 사망한다.

반면에 다른 수두바이러스들은 직접 접촉에 의해서 전파되며 전신으로 광범위하게 옮겨가지 않는다. 이런 바이러스들의 인체 감

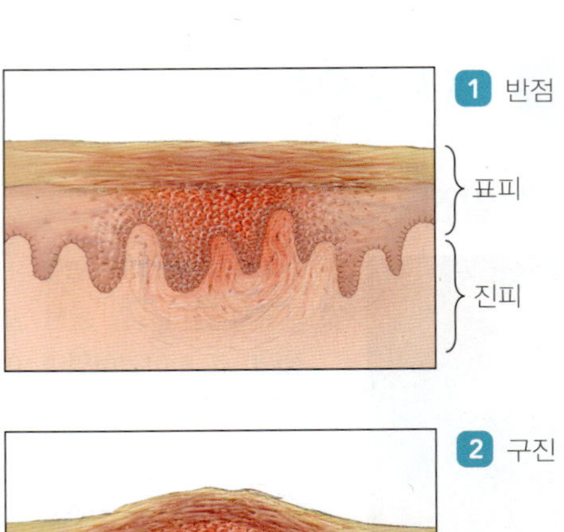

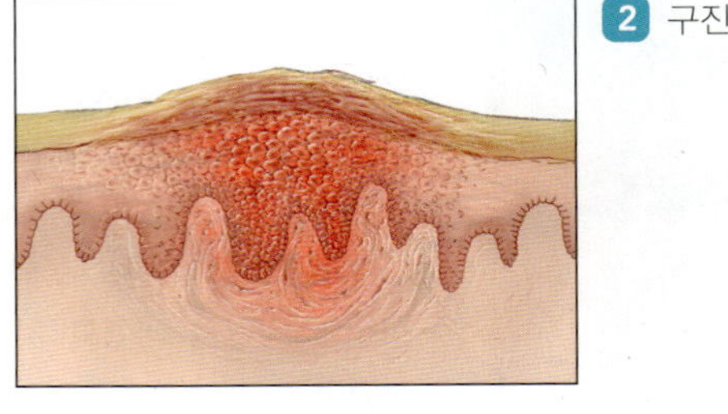

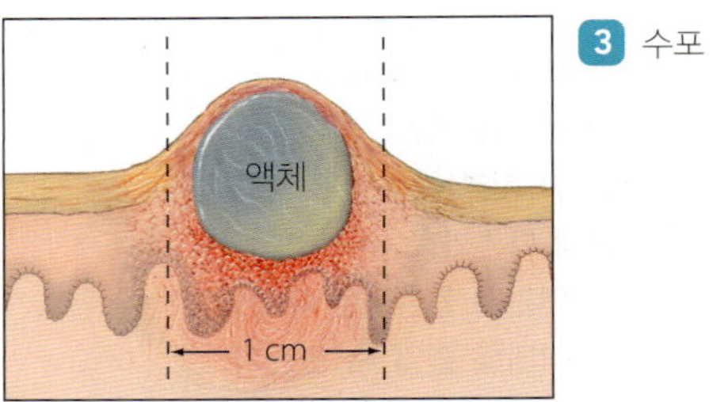

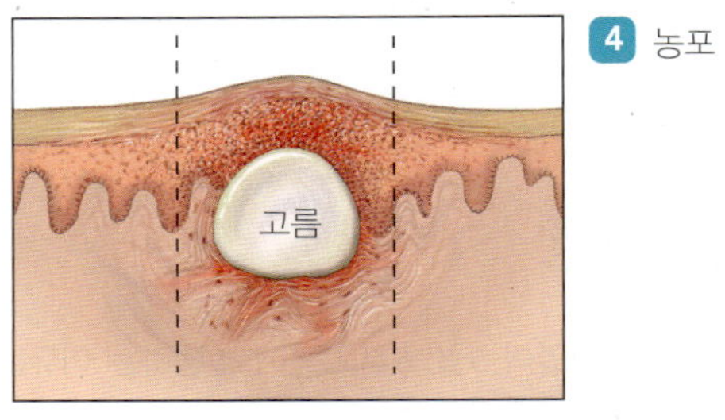

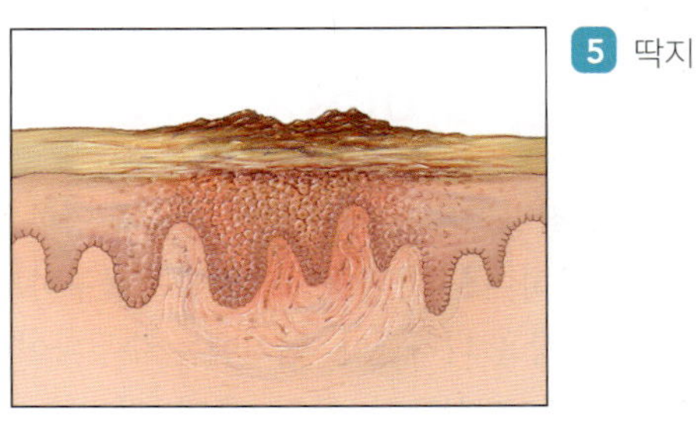

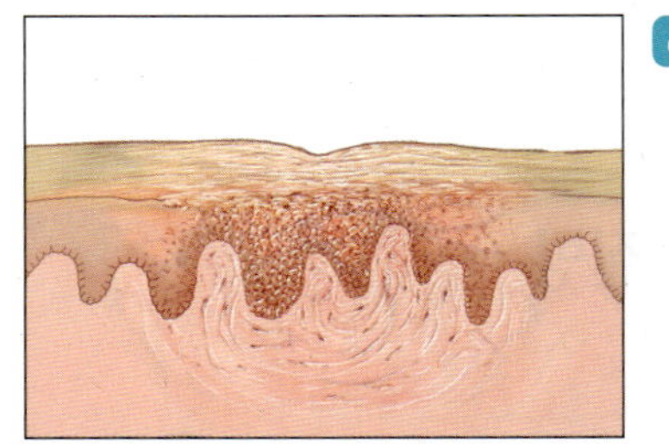

▲ **그림 12.10 수두바이러스 피부 감염의 단계들.** 붉은 반점은 단단한 구진이 되고, 이후에 액체가 찬 수포가 되고 이것은 고름이 찬 농포 (수두)가 되는데 종종 껍질을 형성하여 흉터를 남긴다.

[18]"점이 있는"이란 의미의 라틴어 *maculatus*로부터 유래.
[19]"여드름"을 뜻하는 라틴어 *papula*로부터 유래.
[20]"물집"이란 의미의 라틴어 *pustule*로부터 유래.

염은 대개 경미하고, 수두와 상처를 남기지만 다른 손상은 거의 없다. 우두의 경우에 선진국에서는 착유기의 도입으로 사례가 거의 0 수준으로 감소되었다.

역학

천연두 바이러스는 2가지 균주가 존재한다: 대두창(*variola major*)은 환자의 나이와 건강 상태에 따라서 사망률이 20-40% 또는 그 이상인 심각한 질병의 원인이 되며, 반면에 소두창(*variola minor*)은 1% 미만의 사망률을 갖는다. 중세에는 유럽 인구의 80%가 천연두에 걸렸었다. 이 후에 유럽의 식민지 주민들이 자신들도 모르게 아메리카 원주민들에게 천연두를 전파하여 3백5십만 명의 사람이 사망하는 결과를 가져왔다.

아직까지 천연두 바이러스의 스톡이 미국과 러시아 연합국가의 실험실에서 독성, 병원성, 생물테러로부터 보호, 백신 및 재조합 DNA와 관련된 조사들을 위한 연구의 도구로서 유지되고 있다. 일부 정부 관리들은 천연두 바이러스의 불법 저장물이 이란이나 북한과 같은 소위 테러지원국들에 감춰져 있을 것이라고 믿는다. 현재 천연두 백신 접종이 일반적으로 중단되어있기 때문에 전문가들은 천연두 바이러스가 보관소로부터 사고에 의해서 방출되거나 생물테러에 사용된다면 세계 인류 집단이 천연두의 창궐에 취약할 것이라고 염려하고 있다. 이런 이유로 일부 과학자들은 모든 천연두 바이러스의 저장물을 파괴해야 한다고 주장한다; 다른 과학자들은 안전한 실험실에 바이러스를 반듯이 유지해서 바이러스가 퍼질 때를 대비한 더 효과적인 백신과 치료법의 개발에 이용해야 한다고 주장한다.

2003년의 미국 중서부에서 유행한 것을 포함하여 지난 십년 동안 원두(monkeypox)가 인간에 감염되는 사례가 급증하였다. 이런 급증은 아마도 아프리카에서 인간이 원숭이의 서식지로 이주하고, 대륙으로부터 애완동물을 수입하고, 또한 바이러스 항원의 변화 가능성에 기인하는 결과일 것이다. 천연두 백신은 원두로부터 보호할 수도 있기 때문에 천연두의 박멸과 천연두 백신접종의 중단이 원두에 대한 인간의 취약성을 증가시켰을 수도 있다. 일부 과학자들은 원두가 유행하는 지역에서는 천연두 백신접종을 재개할 것을 권고한다.

진단, 치료 및 예방

의사들은 수두바이러스 질병을 독특한 수두로 진단한다.

천연두에 노출된 사람에게 즉시 천연두 백신접종을 하면 그 질병이 발생하는 것을 막는다. 천연두는 한 번 발생하면 치료법이 없다.

백신이 심장에 염증을 일으키고, 드물지만 사망하는 부작용 때문에 1972년에 미국의 대부분의 지역에서 천연두 백신접종은 종료되었다. 현재는 생물테러의 가능성을 막기 위한 노력으로 군인과 선택된 의료종사자들에게 백신이 제공된다. 흥미롭게도 과학자들은 현재 백신에 의한 부작용이 과거 비율보다 낮은 것을 알아냈는데, 아마도 전반적인 의료가 더 좋아졌기 때문일 것이다. 또한 이전에 백신을 맞은 사람은 표준 백신의 단지 10%만 포함한 희석된 백신으로도 성공적으로 재접종될 수 있다는 것을 알게 되었다.

질병개요파악 12.5에는 천연두의 특징을 요약하였다.

단순포진 감염

학습 | 성과

12.27 인간 단순포진 바이러스가 원인이 되는 질병을 설명하라.
12.28 잠복 중인 단순포진 바이러스를 활성화 시키는 조건을 기재하라.

징후 및 증상

"살금살금 움직이다"라는 의미의 그리스 단어에서 유래한 이름인 **포진(헤르페스, herpes)**는 단순포진 바이러스와 함께 보이는 서서히

질병개요파악 12.5

천연두

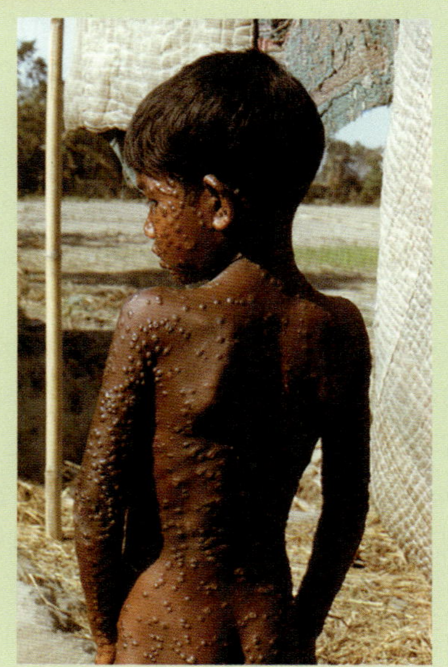

원인 *Orthopoxvirus* (천연두 바이러스) (외피를 갖는 이중가닥 DNA 바이러스).

독성인자 세포 내 감염, 인터페론, 보체 및 염증을 저해하는 단백질 암호화.

침입구 비말이나 마른 딱지를 흡입.

징후와 증상 전구증상기(prodromal period, 2-4일)에는 고열, 두통, 몸살, 불쾌감이 나타난다. 발진이 입에서 시작하여 얼굴과 아래로 전신에 퍼진다. 발진은 구진이 되고, 그 후엔 수포가 되고 최종적으로 농포가 된다. 궁극적으로 농포가 말라서 껍질을 형성한다. 그 결과로 흉터가 남을 수 있다.

잠복기 평균적으로 12일에서 14일이지만, 범위는 7일에서 17일까지이다. 이 기간의 사람은 전염성이 없다.

취약성 현재는 자연적으로 발생한 천연두는 없다. 그러나 만일 생물테러나 사고로 방출된다면, 규칙적인 백신접종이 수십 년 전에 중단되었기 때문에 이론적으로 대부분의 사람들이 취약할 수 있다.

치료 즉각적인 백신접종; 천연두에는 다른 항바이러스 치료가 승인된 것이 없다. 치료에는 지지요법(supportive therapy)이 포함된다.

예방 1972년에 미국 대부분에서 일상적인 백신접종이 종료되었다. 최근의 세계적인 사건들에 대한 반응으로 미국 정부는 천연두 백신의 새로운 생산을 명령하였고, 현재 발생에 대비하고 있다.

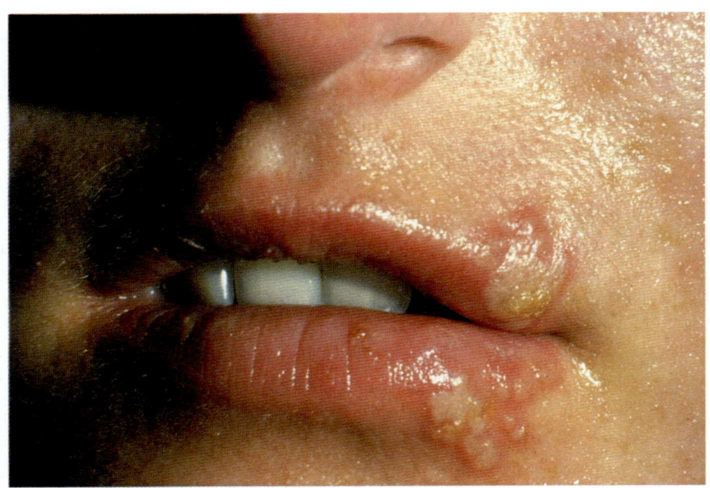

▲ **그림 12.11 입술포진 병변.** *입술포진에 관련된 가장 가능성이 높은 병원체는 무엇인가?*

그림 12.11 인간 제1형 포진바이러스가 약 90% 입술포진 병변의 원인이다.

퍼지는 피부 병변을 설명한다. 감염되고 약 일주일 후에 바이러스는 입술 위에 단순포진(fever blister)이나 입술포진(cold sore), 또는 생식기에 음부포진(genital herpes)이라고 불리는 통증이 심하고 가려운 피부 병변을 만들어 낸다 **(그림 12.11)**. 초기 감염은 불쾌감, 열, 근육통을 포함하여 독감과 같은 징후와 증상을 동반할 수 있다. 병변이 구강으로 확산되는 심한 감염은 포진구내염(*herpetic gingivostomatitis*[21])이라 하고 어린이 환자와 질병, 화학치료, 또는 방사능치료 때문에 면역이 약한 환자에게서 대부분 나타난다. 만일 단순포진 바이러스가 손가락 피부의 베이거나 갈라진 곳으로 들어가면 생인손(*whitlow*[22]) (hwit´lō)이라고 하는 염증이 생긴 물집이 손가락에 생길 수 있다. 운동선수는 헤르페스 글라디아토룸(*herpes gladiatorum*)이라는 포진 병변이 생길 수 있는데, 운동 중에 포진 병변에 접촉의 결과로 거의 피부 어느 곳에나 생긴다.

포진 감염의 더 고통스런 측면 중 하나는 병변의 재발이다. 단순포진 바이러스를 갖는 약 2/3의 환자가 그들의 일생 중에 잠복한 바이러스가 활성화되는 결과로 재발을 경험한다. 일차 감염 후에 단순포진 바이러스는 자주 감각 신경 세포에 들어가서, 세포질의 흐름을 따라서 신경의 기저까지 옮겨가고, **그림 12.12**에서 보듯이 삼차신경, 천골신경, 또는 다른 신경절(ganglia[23]) 내에 잠복하여 남아있다. 잠복한 바이러스는 나중에 스트레스, 열, 상처, 태양빛, 월경, 또는 질병이 원인이 되는 면역 억제의 결과로서 재활성화 될 수 있고, 매 2주에 한 번씩 재발되는 병변을 만들기 위해서 신경을 타고 내

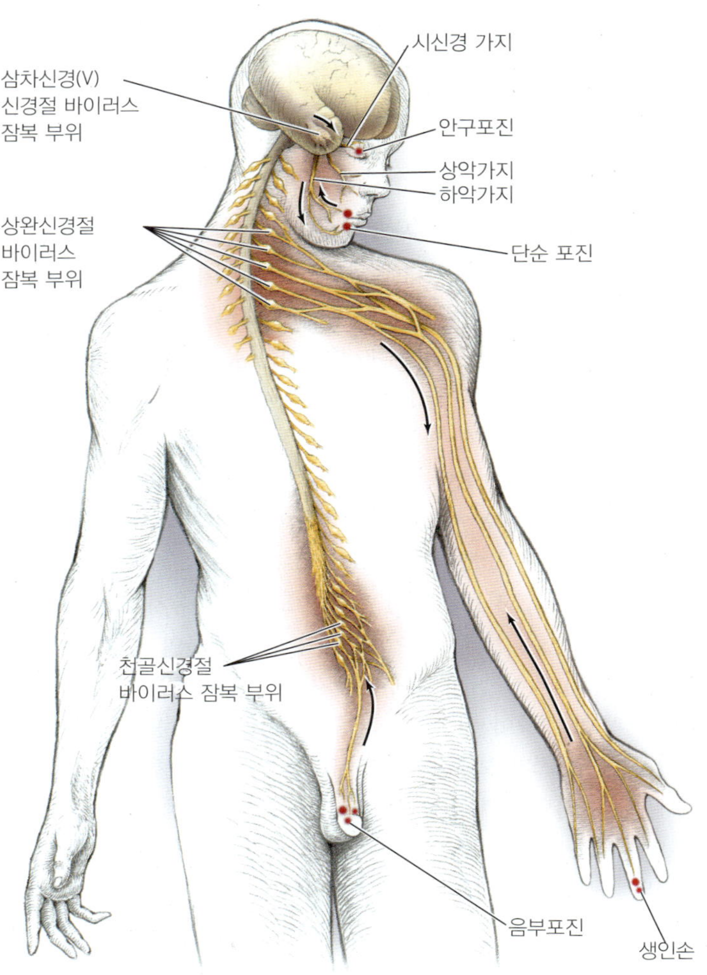

▲ **그림 12.12 포진바이러스 감염 부위.** 감염은 전형적으로 바이러스가 입이나 음부의 점막 또는 손가락의 피부상처를 침범할 때 일어난다. 바이러스는 신경세포를 타고 내려가서 입술, 음부, 손가락, 또는 눈 (숨은 포진)에서 증상이 재발할 때까지 몇 년 동안 삼차, 상완, 또는 천골 신경절 내에 잠복한다. *어떤 요소들이 잠복한 포진바이러스의 재활성화와 증상의 재발을 유발하는가?*

그림 12.12 스트레스, 외상, 태양빛, 월경, 또는 AIDS와 같은 면역 억제의 결과가 흔한 재발의 원인이 된다.

려간다. 다행스럽게 면역 기억이 존재하기 때문에 재발된 병변은 처음 감염처럼 심각하지 않다.

병원체 및 독성인자

외피를 갖는 *Simplexvirus* 두 종류의 바이러스 종들이 바이러스 종들이 포진의 원인이 된다: 제1형 인간포진바이러스(*human herpesvirus 1*, HHV-1) 및 제2형 인간포진바이러스(*human herpesvirus 2*, HHV-2). 역사적으로 HHV-1은 "가슴 위 포진" 바이러스로 알려졌고, 반면에 HHV-2는 "가슴 아래 포진" 바이러스로 알려졌지만, 두 바이러스 양쪽 위치에서 모두 발생할 수 있다. HHV-2는 또한 대부분의 신생아 포진에 관여하는 종이다. **표 12.3**에는 인간 포진 바이러스들에 의한 감염을 비교하여 놓았다.

---

[21]"잇몸"이란 의미의 라틴어 *gingival*, "입"이란 의미의 그리스어 *stoma* 및 "염증"이란 의미의 그리스어 *itis*로부터 유래.

[22]"못"이란 의미의 스칸디나비아어 *whick* 및 "균열"이란 의미의 스칸디나비아어 *flaw*로부터 유래.

[23]신경절(ganglion)은 세포핵을 포함하는 신경세포의 확장된 부분이다.

표 12.3 인간 포진 감염의 비교역학 및 병리학

	HHV-1	HHV-2
일반적인 질병	입술포진/열성수포의 90%; 생인손	음부포진 경우의 85%
전파 양식	밀접한 접촉	성행위
잠복 장소	삼차 및 상완 신경절	천골 신경절
병변 위치	얼굴, 입 및 드물게 몸통	외음부, 덜 흔하게 허벅지, 엉덩이 및 항문
다른 합병증	음부포진 경우의 15%; 인두염; 구내염; 안구포진; 헤르페스 글라디아토룸; 신생아 포진 경우의 30%	구강포진 경우의 10%; 신생아 포진 경우의 70%

인간 포진 바이러스는 독성인자로 작용하는 다양한 단백질들을 생산한다. 바이러스 외피에 있는 당단백질은 부착과 융합을 중재하고 다른 단백질들은 보체와 감마 class 항체(IgG)를 불활성화 시킨다.

발병

포진바이러스는 그 외피와 세포막의 융합을 통하여 숙주 세포에 부착한다. 바이러스 유전체가 복제되고 세포의 핵 내에 조립된 후에 바이러스는 핵막으로부터 외피를 얻어내고 세포외배출(exocytosis) 또는 세포 용해를 통해서 세포를 벗어난다.

증상이 없이도 보균자가 HHV-2를 생식기로 배출할 수 있지만 활성화된 병변은 대개 감염의 원천이다. 점액의 절개되거나 갈라진 틈으로 신체에 들어온 후에 바이러스는 감염된 장소 근처의 표피 세포에서 복제하고, 염증을 일으키고 세포가 죽도록 해서 피부에 아프고 지역적인 병변을 가져온다. 감염된 세포를 이웃한 비감염 세포와 융합되도록 해서 HHV-1과 HHV-2는 다핵을 갖는 세포질 덩어리인 합포체(*syncytium*)라는 구조를 형성할 수 있고, 이는 바이러스가 확산되도록 하고 숙주의 체액성 면역체계를 회피하도록 한다.

포진바이러스의 초기 감염은 대개 연령에 특정적이다. 일차적인 HHV-1 감염은 전형적으로 어린 시기에 일상적인 접촉을 통하여 일어나고 어떤 징후나 증상을 일으키지 않는다; 사실 2세 까지 약 80%의 어린이에서 증상이 없이 HHV-1에 감염이 된다. 반면에 대부분의 HHV-2는 15−29세 사이에 성적 활동을 통해서 감염된다 (24장에서 음부포진에 대해서 더 자세히 논의).

역학

포진바이러스는 대개 입과 생식기의 점막을 통하여 확산된다. 바이러스는 감염된 세포 내에서 자주 몇 년 동안도 불활성화 되어 남아 있다. 불활성화된 바이러스는 나이를 먹거나, 화학치료, 면역억제, 또는 육체적 감정적 스트레스의 결과로 활성화되어 질병의 증상들이 다시 나타난다.

생인손(whitlow)은 손가락을 빠는 어린이, 음부포진 환자, 특히 포진 병변과 맞닥뜨려야 하는 산부인과, 호흡기 치료, 부인과, 치과에서 근무하는 의료종사자들에게는 특히 위험하다.

성인에게 포진 감염이 고통스럽고 기분이 나쁘지만, 생명을 위협하지는 않는다. 그러나 포진 감염이 신생아에게는 전혀 그런 경우가 아니다. 바이러스가 태반관문을 가로질러 자궁 내의(*in utero*) 태아에 감염될 수도 있지만, 아기는 출생 시에 산모의 생식기관에 있는 병변에 접촉하여 감염될 가능성이 높다. 입에 병변이 있는 산모가 입에 키스를 하면 아기에게 감염시킬 수 있다. 신생아 포진 감염은 매우 심각해서 만일 피부와 입에 감염되면 30%의 사망률을 갖고, 중추신경계가 감염되면 80% 사망률을 갖는다.

진단, 치료 및 예방

의사는 특히 입과 생식기 부위에 재발하는 특징적인 병변의 존재로 포진 감염을 진단한다. 감염된 조직의 현미경적 조사는 합포체를 보여준다. 양성 진단은 바이러스 항원이 존재하는 것을 보여주는 면역검사에 의해 이루어진다.

포진 감염은 아시클로비어(acyclovir)와 그 유도체와 같은 화학치료제로 통제할 수 있는 바이러스 질환 중 하나이다. 이 약물을 피부에 발라주면 병을 치료하거나 신경세포에 바이러스가 감염되는 것에서 자유롭지는 못하지만 병변의 지속기간을 줄여주고 바이러스 배출을 감소시킨다.

의료종사자들은 라텍스나 니트릴 장갑을 착용하여 감염에 노출을 줄일 수 있다. 생인손이 감염의 원천일 가능성이 있음으로 증상이 있는 사람은 생인손이 치료될 때까지 환자, 특히 신생아를 돌보면 안된다.

질병개요파악 12.6에 포진 피부 감염을 요약하여 놓았다.

사마귀

학습 | 성과

12.29 파필로마바이러스(papillomavirus)와 연관된 4종류의 사마귀를 서술하라.

12.30 사마귀의 발병, 치료 및 예방에 대하여 설명하라.

질병개요파악 12.6

포진

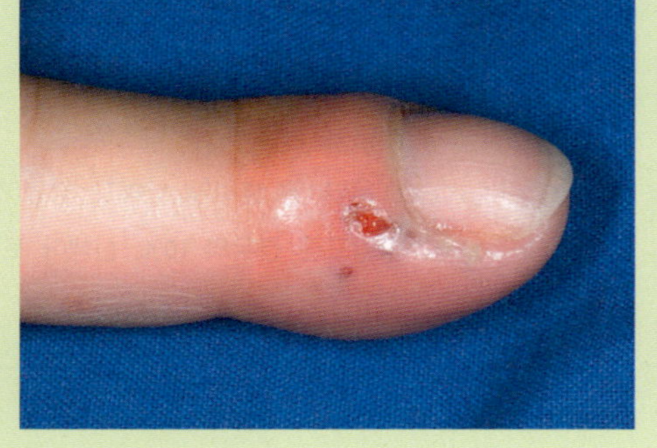

생인손

원인 제1형과 2형 인간 헤르페스 바이러스 (피막을 갖는 이중가닥 DNA 바이러스).

독성인자 바이러스 부착과 진입을 하도록 하는 당단백질, 세포 내 감염, 보체와 IgG를 불활성화 시키는 단백질.

침입구 대개 입과 생식기의 점막.

징후와 증상 불쾌감, 열, 근육통의 전구기가 포진 감염의 전형적인 물집에 앞서 나타난다. 짓무른 궤양을 남기는 물집이 생기면 치료까지 몇 주가 걸릴 수 있다.

잠복기 10–14일.

취약성 성적으로 활동적인 사람은 노출에 위험성이 크다. 감염된 산모가 출산하는 동안에 아기도 그렇다.

치료 아시클로비어(acyclovir), 발라시클로비어(valacyclovir), 또는 팜시클로비어(famciclovir)와 같은 항바이러스제를 피부 또는 구강으로 투여하면 발생을 줄일 수 있지만, 현재 치료법은 없다.

예방 성적 절제, 상호 일부일처제, 콘돔의 사용, 의료종사자는 라텍스 장갑 사용 및 감염된 산모는 제왕절개 한다.

사마귀(warts, papillomas) (pap-i-lō´maz)는 일반적으로 피부나 점막 상피의 양성 종양이다.

징후 및 증상

사마귀는 많은 신체 부위에 형성되지만, 특히 손가락, 발가락(씨사마귀, *seed warts*); 발바닥 깊은 곳 (무사마귀, *plantar*[24] *warts*); 몸통, 얼굴, 팔꿈치, 또는 무릎 (평편사마귀, *flat warts*); 또는 외음부 (음부사마귀, *genital warts*) **(그림 12.13)**에 흔히 생긴다. 특히 발바닥 사마귀의 경우에는 가렵거나 아플 수 있지만 일반적으로 사마귀는 통증이 없다.

[24] "발바닥"을 뜻하는 라틴어 *planta*에서 유래.

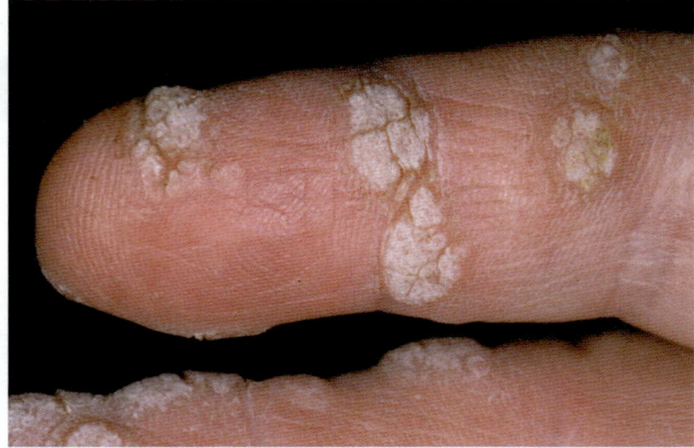

(a)

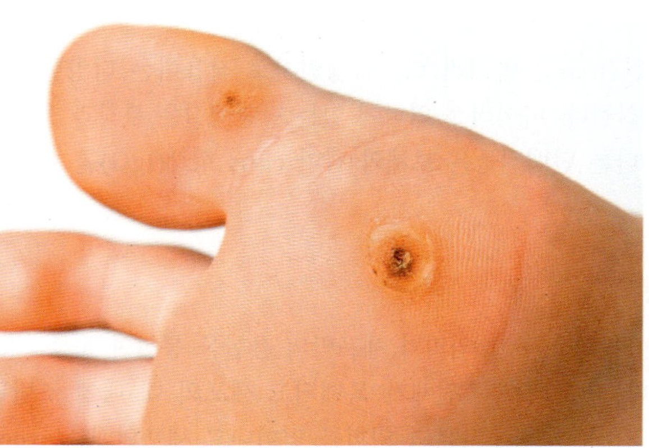

(b)

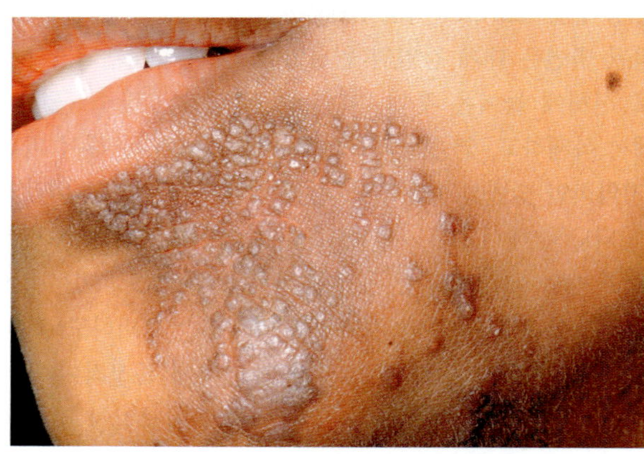

(c)

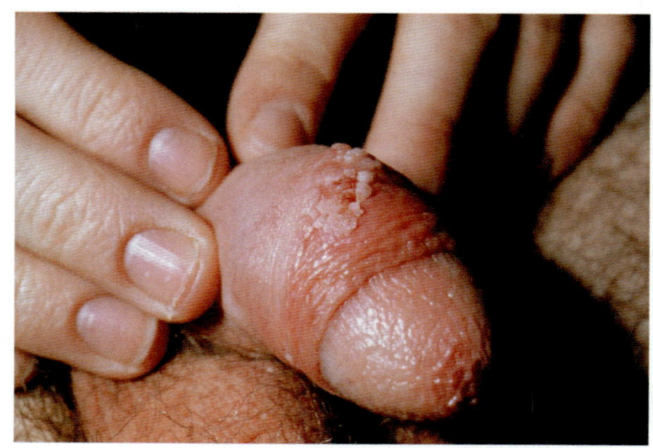

(d)

▶ **그림 12.13 다양한 종류의 사마귀 — 파필로마바이러스에 의한 병변.** **(a)** 손가락의 씨사마귀. **(b)** 발바닥의 무사마귀. **(c)** 몸통, 얼굴, 팔꿈치 또는 무릎에 발생하는 평편사마귀. **(d)** 음부사마귀는 남성, 여성 모두에서 외음부에 발생할 수 있다.

병원체 및 독성인자

거의 60가지 다른 *Papillomavirus* 균주가 사마귀의 원인이 된다. 다양한 균주들이 피부나 점막에 감염되어, 영향을 받는 표피 세포가 분열되도록 한다. 이는 피부나 점막에 각각 사마귀를 생성한다. 일부 파필로마바이러스는 숙주세포의 염색체에 통합되고 암유전자의 활동을 촉진하여 암의 원인이 된다.

발병

감염된 표피 세포가 분열하도록 하는 이외에 파필로마바이러스들은 핵 주변에 독특한 액포를 발달시켜서 밀도가 높은 세포질을 형성시킨다. 감염에서부터 사마귀가 생기기까지의 잠복기는 대개 3–4개월이다.

사마귀는 보기 흉하지만 거의 해가 없다. 그럼에도 불구하고 파필로마바이러스는 머리, 목, 항문, 질, 음경, 입에 암을 일으킬 수 있다 (17장에서는 음부 사마귀에 대해서 더 자세히 다룸).

역학

파필로마바이러스는 베인 곳이나 찰과상을 입은 곳을 통하여 피부에 감염된다. 출산과 같이 직접 접촉을 통해서 전파되고 신체 밖에서 안정적이기 때문에 비생체 접촉 매개물을 통해서 전파된다. 자가접종(autoinoculation)이라는 과정을 통해서 환자는 바이러스를 자신의 신체 이곳 저곳으로 확산할 수 있다. 음부 사마귀를 생성하는 바이러스는 성행위 동안에 음경 (특히 포경수술을 받지 않은 경우에), 질, 항문 등의 피부와 점막을 침범할 수 있다.

진단, 치료 및 예방

사마귀의 진단은 관찰하면 되는 간단한 일이며, 정확하게 어떤 *Papillomavirus* 균주가 관여하는지는 DNA 탐침으로만 알아낼 수 있다. 사마귀는 대개 세포-매개 면역체계가 인지를 하고 바이러스에 감염된 세포를 공격하면 시간을 두고 사라진다. 일부 사마귀와 연관된 미용적인 걱정과 통증이 수술, 냉동, 뜸 (태움), 레이저, 또는 일반 의약품에서 발견되는 것과 같은 부식성 화학물의 사용을 통하여 감염된 조직의 제거를 필요하게 만든다. 바이러스가 이웃한 조직에 잠복하여 남아 있다가 나중에 새로운 사마귀를 만들기 때문에 이런 기술들이 언제나 완전하게 만족스러운 것은 아니다. 레이저 수술은 바이러스가 공기로 전파되는 위험을 더하게 되어 일부 외과 의사들은 환자를 레이저로 치료하는 중에 공기로 전파된 바이러스를 흡입하여 코에 사마귀가 발생하기도 한다! 일부 환자들은 사마귀를 접착테이프로 덮어서 성공적으로 제거하기도 한다. 덮여진 사마귀는 대개 두 달 내에 사라진다.

대부분의 사마귀 종류는 예방이 어렵다. 그러나 음부 사마귀는 절제, 상호 일부일처제, 또는 백신에 의해서 방지될 수 있다 (17장 참조).

수두와 대상포진

학습 | 성과

12.31 수두와 대상포진의 징후, 증상, 치료를 비교하고 대비하라.
12.32 대상포진과 수두의 관계를 설명하라.

수두는 피부 병변을 일으키는 많은 어린이 질환의 하나이다. 원인이 되는 바이러스는 잠복하여 수 년 후에 재발하여 대상포진의 원인이 된다.

징후 및 증상

의학적으로 **varicella**라고 하는 **수두(chickenpox)**는 매우 전염력이 높은 질병이다. 수두 바이러스 감염 후 2–3주에 환자는 미열과 등과 몸통에 특징적인 병변이 발생하고 그 후에 얼굴, 목 과 팔다리로 퍼진다. 심한 경우에는 발진이 입, 인두, 질 등에 퍼질 수 있다. 수두 병변은 반점(macule)으로 시작하여 1–2일 진행하여 구진(pap-

임상 사례연구

사마귀에 감염된 어린이

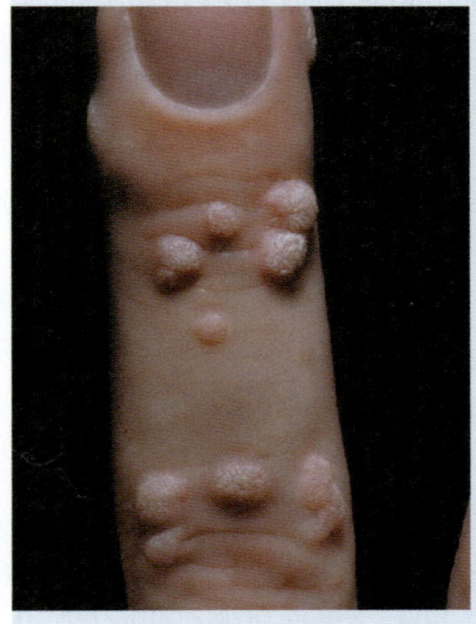

10세의 Rudy는 손가락에 여러 개의 커다란 사마귀를 가지고 있다. 이것들은 아프지는 않지만 흉하게 보이기 때문에 그가 사람들을 피하는 원인이 되었다. 사마귀를 전파할 수 있다는 두려움 때문에 악수를 한다거나 다른 어린이들과 노는 것을 두려워하였다. 처음에는 어머니가 걱정하지 말라고 이야기를 하였지만 Rudy는 자신감을 가질 수가 없었다. 더욱이 Rudy는 사마귀가 다른 신체 부위로 퍼질까봐 두려웠다. 의사와 상의한 후에, 그의 어머니는 사마귀 제거 수술을 하기로 결정하였다.

1. Rudy의 사마귀가 다른 신체 부위로 퍼질 가능성이 있는가?
2. Rudy의 사마귀가 악수를 하는 것으로 누군가에게 "옮겨질" 가능성이 있는가?
3. 치료 없이 Rudy의 사마귀가 사라진다면 그의 손의 동일한 부위에 재발할 가능성이 있는가?
4. Rudy 손가락의 사마귀가 암으로 발전될 가능성이 있는가?
5. 사마귀를 수술로 제거한 후에 Rudy의 사마귀가 다시 발생할 가능성이 있는가?

ule)이 되고, 마지막으로 붉은 기저 위에 액체가 찬 얇은 막의 수포(vesicle)가 되어, "장미꽃잎 위의 눈물방울"이라고 불린다. 이 수포는 탁해지고, 건조되어 며칠 내로 딱지가 된다. 3-5일 동안에 병변의 연속적인 생장이 일어나서, 한 시점에 모든 단계들을 볼 수 있다. 대개 수두는 치명적이지 않지만, 아주 드물게 신생아에게는 치명적일 수 있다.

수두 바이러스는 감각신경에 잠복할 수 있고, 몇 년 동안 휴면할 수도 있다. 수두에 걸렸던 사람들의 15-20%에서 스트레스, 노화, 또는 면역 억제가 바이러스를 재활성화시킨다. 재활성화된 바이러스는 살고 있던 신경을 따라서 내려가 신경의 말단 가까이에 매우 고통스런 피부 발진을 일으킨다. **대상포진(shingles,** *herpes zoster*)으로 알려진 이 발진은 신경과 연관되어 피부에 띠 모양으로 형성되거나 눈 안에 형성된다. 대상포진 병변은 타는 듯한 느낌, 무감각, 또는 강력한 고통이 동반된다.

대상포진 딱지가 떨어진 후에 대부분의 사람들은 더 이상의 피부 징후가 없지만, 대상포진과 연관된 고통은 병변이 치료된 후에도 수개월 또는 몇 년 동안 지속될 수 있다. 일부 환자는 고통이 너무 심해서 영향을 받은 부위에는 몇 개월에서 몇 년 동안 옷을 입을 수도 없다고 보고되었다.

병원체

수두와 대상포진 모두는 **varicella-zoster virus (VZV)** (*Varicellovirus* 속)라는 한 종류의 바이러스에 의해서 일어난다. [chickenpox virus(수두 바이러스)는 poxvirus(수두바이러스)가 아니고 포진 바이러스(herpes virus)이고 라틴 이름은 그것의 영어 이름과 철자가 다름.] VZV는 두 가지 질병의 의학적 명칭들을 따라서 지어졌다.

발병

VZV의 감염은 호흡기의 점액에서 시작하고 혈액과 림프를 통하여 간, 비장, 림프절 등으로 퍼진다. 2주 후에 바이러스의 두 번째 확산이 혈액을 통하여 신체와 피부로 일어난다. 진피에 감염된 세포에는 특징적인 발진이 일어나고 열과 불쾌감이 동반된다. 바이러스는 증상 전과 증상 동안에 호흡기의 비말과 병변의 액체를 통하여 방출된다; 건조한 껍질은 전염성이 없다. 질병은 대개 경미하지만, 간혹 특히 세균의 이차 감염과 연관되어 치명적일 수 있다.

바이러스는 신경절에 잠복하는데 성인이 되면, 대개 45세 이후에 활성화될 수 있다. 재활성화된 바이러스는 신경을 따라서 아래로 옮겨가고 감염된 신경이 분포된 피부에 띠를 이루는 대상포진의 병변을 나타낸다.

역학

수두는 흔히 어린이에게서 볼 수 있다. 면역접종이 일상화되기 전에는 어린이의 약 90%가 호흡기를 통하거나 수포로부터 피부가 손상된 부위 내로 바이러스가 들어오는 방법을 통하여 수두에 걸렸다.

성인의 수두는 전형적으로 어린이 시절의 질환보다도 훨씬 더 심하며, 대부분의 조직 손상의 환자의 면역반응의 결과인데 성인은 어린이보다 다 발달된 면역체계를 가지고 있기 때문이다. 성인 환자는 수두 감염이 치명적인 폐렴을 유도하기 때문에 병원에 입원이 필요할 수도 있다.

어린 시절에 수두에 걸렸던 성인의 불과 15-20%에서 대상포진이 발생한다. 대부분의 감염된 사람들은 수두에 걸렸을 때에 완벽한 면역을 발달시킨다고 가정할 수 있다. 단순포진 병변의 빈번한 재발과는 다르게 대상포진은 대개 한 번 일어난다; 단지 약 4%의 환자만이 두 번째 대상포진이 발생한다. 대상포진에 걸릴 위험성은 나이와 함께 증가한다.

수두에 걸린 적이 없는 사람은 대상포진 환자로부터 질병이 옮을 수 있다. 이 관찰은 두 가지 질병의 원인이 공통적이라는 증거가 된다. 그 반대는 사실이 아니다. 수두 환자로부터 대상포진이 걸릴 수는 없다.

진단, 치료 및 예방

의사들은 병변의 특징적인 외형을 가지고 수두를 진단한다. 몸의 한 쪽에 띠 모양 안에 형성되는 특징을 가지고 있지만 대상포진을 다른 피부 병변들과 구분하는 것은 더욱 어렵다. VZV 감염의 진단을 증명하는 항체 검사가 이용가능하다.

합병증이 없는 수두는 전형적으로 스스로 제어가 가능하고, 항바이러스 약물인 아시클로비어(acyclovir)가 수두의 심한 정도와 지속기간을 줄여 줄 수는 있겠지만 아세트아미노펜(acetaminophen)과 항히스타민으로 증상을 완화시키는 것 이외의 치료는 필요없다. 어린이와 청소년에게는 아스피린은 절대로 투여하면 안되는데, 이는 간과 뇌의 기능이 멈추는 라이증후군(Reye's syndrome)에 걸릴 위험성 때문이다. 라이증후군은 몇 가지 바이러스 질환 중에 아스피린을 사용하는 것과 연관되어 있다.

대상포진의 치료에는 증상의 관리, 장기요양, 경구용 아시클로비어가 포함된다. 느슨하게 옷을 입고 붙지 않는 옷은 병변의 자극을 방지할 수 있다. 아시클로비어는 일부 환자에게서는 고통스런 발진을 완화시키지만 치료제는 아니다.

환자가 뚜렷한 증상을 보이기 전에 바이러스기 배출되기 때문에 VZV에 노출을 막는 것은 어렵다. 질병통제예방센터는 희석된 수두 대상포진 바이러스(varicella-zoster virus)를 가지고 12-18개월 어린이에게 수두에 대한 면역접종하고, 두 번째 접종은 학교를 시작할 때 하는 것을 추천한다. 백신이 수두에 대한 방지를 제공하기 때문에 성공적으로 백신접종이 된 환자는 나중에 대상포진이 발생하지 않는다.

CDC는 어린 시절에 수두에 걸렸던 60세 이상의 성인에게는 더 강력하고 희석된 다른 백신을 1회 접종하는 것을 추천하고, 19세 이상으로 수두에 걸리지 않았거나 어린 시절에 성공적으로 백신접종을 받은 모든 사람에게는 이 백신을 2회 맞을 것을 추천한다.

질병개요파악 12.7에는 수두 대상포진 바이러스 감염에 대하여 요약하였다.

질병개요파악 12.7

수두와 대상포진

1 varicella-zoster virus 흡입

2 감염된 세포는 복제하고 바이러스를 혈액과 림프에 방출한다. (바이러스 혈증)

3 바이러스는 간, 비장 및 림프절에 감염된다.

4 2차 바이러스 혈증이 바이러스를 피부에 퍼트리고 광범위한 발진의 원인이 된다.

5 바이러스가 호흡기 비말과 피부병변의 액체를 통하여 흘러 나온다.

6 면역체계가 혈액과 대부분의 세포에게 바이러스를 제거한다.

7 일부 바이러스는 신경절에 잠복한다.

8 재활성화 시에 바이러스는 신경을 따라서 신경세포 내부로 이동하여 피부 세포를 감염시킨다.

9 발진이 감염된 신경의 분포에 의해서 피부에 띠를 이루어 발생한다.

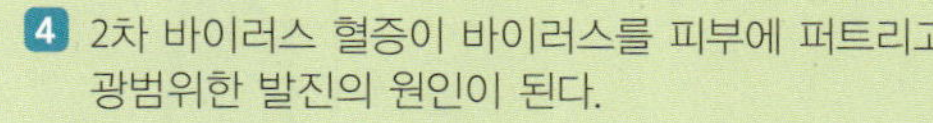

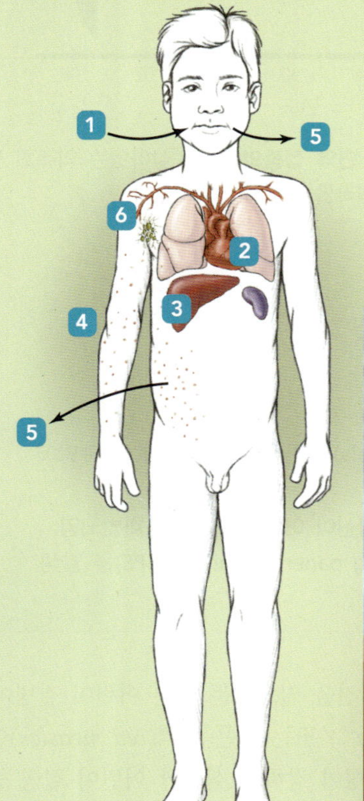

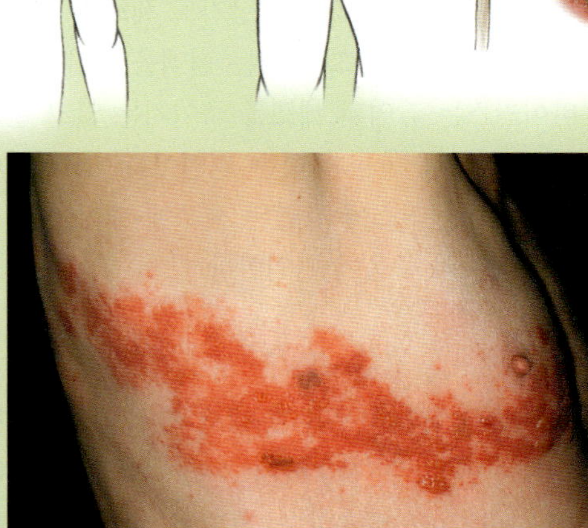

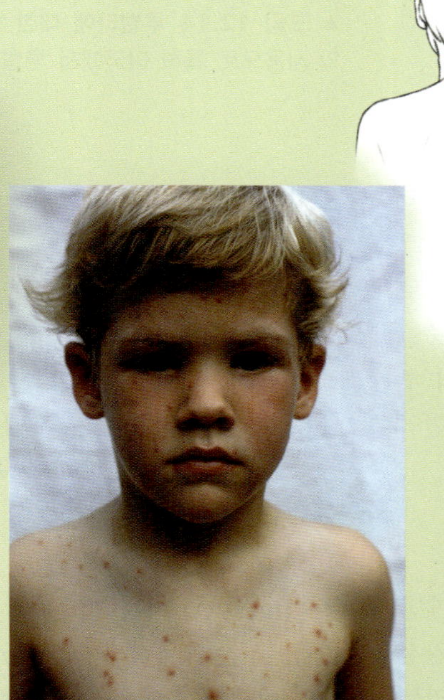

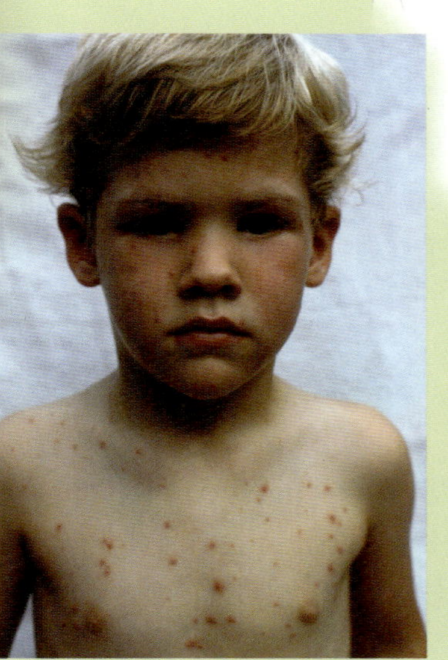

특징적인 수두병변

특징적인 대상포진 발진

원인 *Varicellovirus*(varicella-zoster virus, VZV) (외피를 갖는 이중가닥 DNA 바이러스).

독성인자 세포 내 감염, 수년 동안 신경세포에 휴면하고 있는 능력.

침입구 호흡기.

징후와 증상 열, 등과 몸통에 특징적인 발진이 얼굴과 사지로 확산. 15-20% 사례에서 바이러스가 나중에 재활성화 되어서 신경의 분포에 따른 띠 모양의 고통스런 대상포진의 원인이 됨.

잠복기 2-3주.

취약성 수두는 백신접종이 안된 사람 또는 전에 감염이 없었던 사람에게 감염성이 매우 높다. 전에 수두에 걸렸던 사람은 일반적으로 면역을 갖는다.

치료 치료는 지지요법과 항바이러스 약물인 acyclovir 또는 그 유도체들. 증상은 아세트아미노펜(acetaminophen)과 항히스타민제로 치료한다. 아스피린은 바이러스 감염을 갖는 어린이에게 절대로 투여하면 안된다.

예방 CDC는 어린이에게 희석된 백신을 추천하고, 어린 시절에 수두에 걸렸던 19-49세 성인에게는 더 강력한 희석된 백신을 1회, 수두 면역이 없는 사람에게는 2회를 추천한다.

루벨라 (풍진)

학습 | 성과

12.33 루벨라의 원인, 징후, 증상 등에 대하여 기술하라.

12.34 미국에서 어떻게 루벨라를 거의 박멸하였는지 이유와 방법을 설명하라.

피부 병변을 일으키는 다른 어린이 질환인 **루벨라(rubella**[25]**)** (rū-bel´ă)는 독일의 의사에 의해서 처음으로 홍역(measles)과 분리하여 구별되었다. 미국에서 루벨라는 풍진(*German measles*) 또는 3일 홍역(*three-day measles*)으로 알려져 있다.

[25]"작고 붉은"이란 의미의 라틴어.

징후 및 증상

루벨라는 일반적으로 어린이에게 해가 없는 질병으로 약간 부어오른 림프절과 약 3일간 지속되는 납작하고 핑크색의 약한 발진에서 붉은 반점의 원인이 된다 (질병개요파악 12.8 참조). 성인에게 감염은 훨씬 심각하며 관절염과 뇌염을 일으킬 수 있다.

호주의 안과의사인 Dr. Noramn Gregg (1892-1966)가 산모에게 루벨라가 감염되면 아기에게 기형발생적(teratogenic[26]) 출산 결함의 결과가 생긴다는 것을 인식한 때인 1941년까지는 루벨라를 특별하게 중요한 질병으로 여기지 않았다. 이 영향에는 심장기형, 청각장애, 시각장애, 정신지체, 소두증(microcephaly[27]) 및 성장장애가 포함된다. 태아의 사망 또한 흔하게 일어난다. 현재는 산모가 증상이 없을지라도 바이러스가 태반을 통해서 이동할 수 있다는 것이 알려져 있다.

병원체 및 발병

루벨라 바이러스(*Rubivirus*)는 외피를 갖는 정20면체의 단일 가닥 RNA 바이러스이다. 루벨라 바이러스는 상기도 세포에 감염되어 그 곳으로부터 림프절로, 혈액으로, 그 후에는 혈액을 통해서 전신으로 퍼진다. 루벨라 바이러스는 감염된 세포를 죽이지는 않고 분열 중인 세포의 DNA 복제에 실수를 만들게 하는 원인이 된다. 성인에서 루벨라 감염의 심각성은 바이러스에 감염된 세포에 대한 세포성 면역 반응의 결과에 따른 세포의 죽음에 기인한다.

역학

루벨라 바이러스는 호흡기 분비물을 통해서 확산되고 인간에게만 감염된다. 환자는 발진 약 2주 전후까지 호흡기 비말을 통해 완전한 바이러스 입자인 비리온을 배출한다. 가장 심한 형태의 루벨라는 20주 이내의 태아에게서 일어난다.

진단, 치료 및 예방

루벨라 진단은 대개 관찰에 의해서 이루어지며, 루벨라에 대한 IgM의 혈청 검사로 확진된다. 치료법은 없지만, 면역접종이 선진국에서 루벨라의 발생을 감소시키는 효과가 증명되었다 **(그림 12.14)**.

이런 면역접종은 산모에게 루벨라가 들어가는 루벨라 사례를 줄이기 위한 목적이다. [MMR로서 홍역(measles)과 유행성이하선염(mumps)에 대한 백신이 복합된] 루벨라 백신은 살아있는 약화된 바이러스로 제조됨으로 산모나 면역이 손상된 환자에게는 투여하면 안된다.

질병개요파악 12.8에서는 루벨라에 대해서 요약하였다.

[26] "괴물"을 뜻하는 그리스어 *teras* 및 "생산하다"란 의미의 그리스어 *genein*으로부터 유래.

[27] "작은"이란 의미의 그리스어 *mikro*와 "머리로"란 의미의 그리스어 *kephale*로부터 유래.

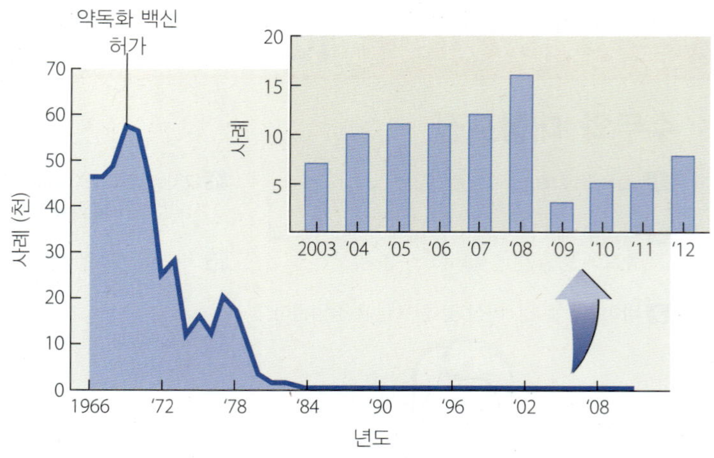

▲ **그림 12.14 루벨라에 대한 면역 접종의 효과.** 살아있는 약독화 백신의 사용으로 특히 미국에서 루벨라를 박멸하였다.

홍역

학습 성과

12.35 홍역(measles, rubeola)의 원인, 징후, 증상 및 예방에 대하여 서술하라.

12.36 결함이 있는 홍역 백신이 어떻게 아급성경화범뇌염(subacute sclerosing panencephalitis, SSPE)을 발생시키는지 설명하라.

홍역(measles) 바이러스는 발진을 일으키는 다른 어린이 질병이다. 미국에서는 루베올라(*rubeola*[28]) 또는 붉은 홍역(*red measles*)이라고도 알려진 홍역은 더 전염성이 강하고 심각한 어린이 질병 중의 하나이며, 일반적으로 더 가벼운 어린이 루벨라와 혼동하면 안된다.

징후 및 증상

홍역의 징후와 증상에는 열, 인후염, 두통, 마른기침, 눈꺼풀 안쪽 세포의 염증인 결막염 등이 포함된다. 질병이 시작되고 이틀 후에 **코플릭 반점(Koplik's spot)**이라고 하는 병변이 입의 점막에 나타난다 **(그림 12.15)**. 붉은 후광에 둘러싸인 염의 결정(crystal of salt)라고 하는 이 병변은 1-2일 간 지속되고 홍역을 확정적으로 진단하게 한다. 이 후에 붉고 융기된 반점구진 병변이 머리에 나타나서 전신에 퍼진다. 초기에는 루벨라의 것과 유사한 이 나중 병변은 광범위하고 자주 융합되어 붉은 패치를 형성하며, 병이 진행됨에 따라서 점차 갈색으로 변해간다.

홍역의 흔하지 않은 합병증에는 폐렴, 뇌염, 심각한 **아급성경화범뇌염(subacute sclerosing panencephalitis, SSPE)** 등이 포함된다. SSPE는 중추신경계에 서서히 진행하는 질병으로 인격변화, 기억감

[28] Rubeola는 일부 다른 나라에서 풍진(German measles) (rubella)에 붙여진 이름이다.

질병개요파악 12.8

루벨라 (풍진)

원인 *Rubivirus* (루벨라 바이러스) (외피를 갖는, 양성, 단일 가닥 RNA 바이러스).

독성인자 단백질에 부착, 세포 내 감염.

침입구 호흡기.

징후와 증상 어린이에게 핑크색의 약한 발진에서 붉은 반점과 약간 부어오른 림프절. 출생 전 태아에게 청각장애, 시각장애, 소두증, 정신지체와 성장장애 등을 포함하여 심각한 선천적 장애의 원인.

잠복기 7-14일.

취약성 백신접종을 받지 않은 사람과 출생 전 태아.

치료 지지요법 이외에 루벨라에 대한 특별한 치료법은 없다.

예방 복합 MMR (홍역, 유행성 이하선염, 루벨라) 백신 접종. 산모에게는 절대로 살아있는 약독화 백신을 투여하면 안된다.

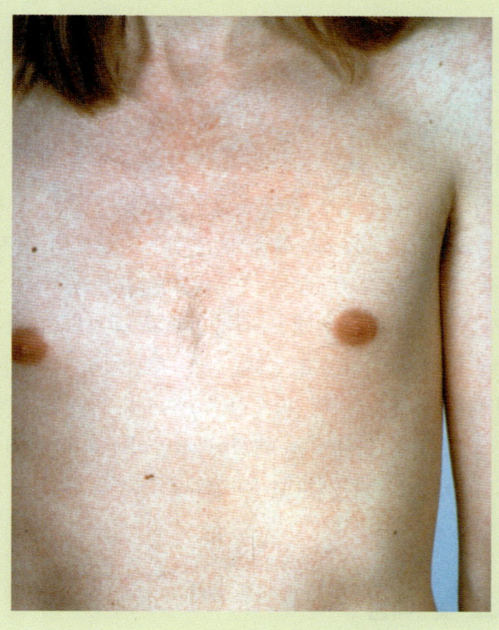

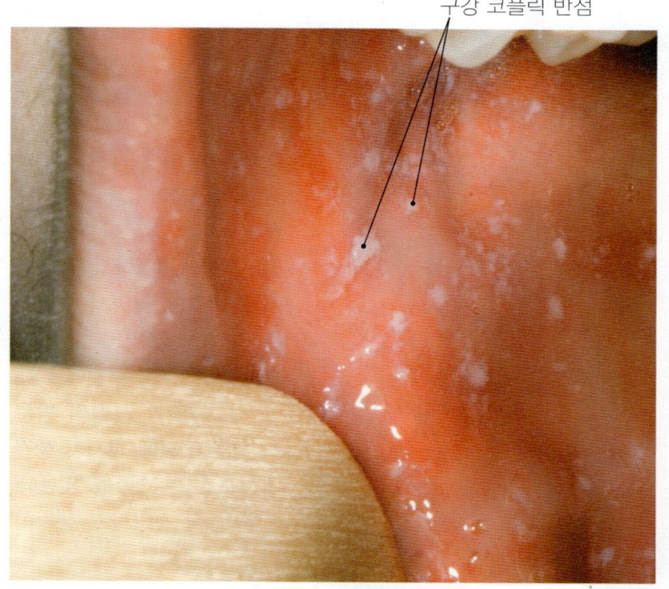

▲ **그림 12.15 홍역의 구강 병변(코플릭 반점).**

퇴, 근육경련, 시각장애 등이 나타난다. 질병은 처음 홍역바이러스에 감염된 후에 1-10년 후에 일어나며, 사망에 이르기 전에 몇 년 동안 지속된다.

캡시드를 만들지 못하는 결함이 있는 홍역바이러스는 SSPE의 원인이 된다. 결합이 있는 바이러스는 복제하여 세포융합을 통하여 뇌세포에서 뇌세포로 이동하며, 감염된 세포의 기능을 제한하여 증상이 일어나는 결과를 가져온다. SSPE는 백만 명의 환자 중에서 7명 미만에게만 영향을 미치는데, 어린 시절의 백신 접종의 결과로 인하여 더 희귀해졌다.

표 12.4는 증세가 약한 루벨라 (풍진)와 더 심한 홍역을 비교하고 대비하였다.

병원체와 독성인자

홍역바이러스(*Morbillivirus*)는 외피를 갖는 나선형 캡시드의 단일 가닥의 RNA 바이러스이다. 피막은 부착단백질 이외에 융합 단백질도 가지고 있어서 감염된 세포와 이웃한 세포의 융합을 유발하며 바이러스가 항체를 피해서 세포에서 세포로 전파되도록 한다.

표 12.4 홍역과 루벨라의 비교

질병	원인체	일차 환자	합병증	피부 발진	코플릭 반점
루벨라 (풍진, 루베올라 또는 3일 홍역으로도 알려짐)	*Togaviridae*: *Rubivirus*	어린이, 태아	기형아 출생	경미함	없음
홍역 (루베올라 또는 붉은 홍역으로도 알려짐)	*Paramyxoviridae*: *Morbillivirus*	어린이	폐렴, 뇌염, 아급성경화범뇌염	광범위함	있음

임상 사례연구

할아버지의 대상포진

Davis 가족들은 새로 태어난 쌍둥이 남자아기들로 인하여 흥분되어 있었고, Davis의 아버지에게 아기들을 데려가서 보여주고 싶어서 기다릴 수 없었다. 할아버지는 그의 첫 손자들은 보는 것에 기대가 컸고, 또한 그들의 방문이 하루 전날에 갑자기 생긴 대상포진의 고통을 잊는데 도움이 될 것이라고 생각하였다.

1. 할아버지의 대상포진은 어떤 바이러스에 의한 것인가?
2. 그의 대상포진을 유발한 가장 가능성 있는 원인은 무엇인가?
3. 새 부모들은 할아버지로부터 대상포진에 걸릴 위험이 있는가?
4. 새로 태어난 아기들은 그들의 할아버지로부터 대상포진에 걸릴 위험이 있는가? 만일 Davis 부인이 쌍둥이를 데리고 시아버지를 방문하는 것에 대해서 너에게 자문을 구하면, 무엇이라고 추천하겠는가?
5. 쌍둥이는 방문 전에 백신접종을 받을 수 있는가?

발병

홍역바이러스는 림프와 혈액을 통해서 전신에 퍼져서 결막, 요도, 모세혈관, 림프, 중추신경계 및 피부에 감염되기 전에 호흡기 세포에 감염된다. 세포독성 T 세포가 감염된 세포들을 죽여서 대부분의 증상이 일어난다. 대부분의 환자는 2-3 주내에 회복되지만 감염된 어린이의 1-5%는 사망한다. *Staphylococcus* 또는 *Streptococcus*와 같은 세균의 이차감염이 홍역의 심각성을 증가시킨다. AIDS 환자와 같이 손상된 세포 면역을 가지고 있는 환자는 계속되는 홍역 감염을 겪어서 사망할 수도 있다.

역학

홍역바이러스는 매우 전염성이 강하다. 바이러스에 노출된 백신접종을 받지 않은 환자의 약 80% 이상에서 증상이 8-12일 후에 발생한다. 인간이 유일한 홍역바이러스 숙주이며, 바이러스가 기침과 재치기로부터의 비말을 통하여 확산되기 위해서는 취약한 사람들이 밀집된 수많은 집단이 존재해야 한다. 백신접종이 되지 않은 집단 내에서 홍역의 발생은 전형적으로 취약한 사람의 임계 숫자에 도달하는 1-3년의 유행주기를 따라서 일어난다.

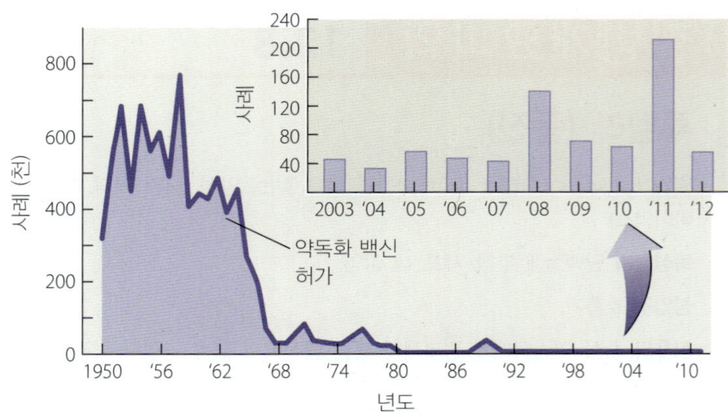

▲ **그림 12.16 1950년 이래 미국에서 홍역 사례.** 발생 건수가 1963년에 면역접종을 시작한 후에 급격하게 줄어들었다. *왜 홍역 백신은 백신에 접종된 어린이와 접촉한 면역이 손상된 자에게 위험성을 내포하고 있는가?*

그림 12.16 홍역백신은 약독화된 살아있는 백신이다. 따라서 면역이 손상된 환자 내에서는 복제가 되고 질병의 원인이 될 수 있다.

미 대륙의 모든 나라들, 심지어 가장 가난한 나라까지도 주민들의 최소 95%가 백신접종을 받음으로 홍역바이러스의 확산이 멈추게 되었다. 바이러스는 그 지역에 민감한 사람들이 많지 않기 때문에 확산될 수 없다. 유럽에서는 이렇지가 않다.

역학자들은 2009년 이래 사례가 4배가 증가한 유럽에서 홍역의 재출현에 대해서 염려하고 있다. 이는 유럽에서 백신접종률이 바이러스 전파를 멈추기 위해 필요한 90-95% 아래로 떨어진 것과 직접 관련이 있다. 영국에서는 백신이 어린이에게서 자폐증의 원인이 된다는 1998년의 거짓 보고서 이후에 접종률이 거의 50%까지 떨어졌다.

진단, 치료 및 예방

홍역의 징후, 특히 코플릭의 반점(Koplik's spots)은 진단하기에 충분하지만, 혈청 검사를 통해서 호흡기와 혈액 시료에 홍역 항원이 존재하는 것을 확진할 수 있다. 치료에는 지지요법 및 비타민 A와 홍역바이러스에 대한 항체 투여와 항바이러스제인 리바비린(rivavirin) 투여가 포함된다.

과학자들은 효과있고 살아있는 약독화된 홍역 백신을 1963년에 도입하였다. 홍역 박멸은 집단의 최소 95%를 범위에 대해서 2회 면역접종을 유지하고 지속하는 것이 요구된다는 것이 연구를 통해 보고되었다. 미국의 소아과 의사들은 유행성이하선염과 루벨라가 혼합된 홍역백신 (MMR 백신) 2회를 12개월과 4세 때의 어린이에게 투여한다. 이런 방법으로 미국에서 풍토병으로의 홍역을 거의 박멸하였지만 (그림 12.16), 다른 나라에서 홍역은 자주 사망의 원인으로 남아 있다.

질병개요파악 12.9에 홍역에 대하여 요약하였다.

질병개요파악 12.9

홍역

원인 *Morbillivirus*(rubeola virus) (외피를 갖는 음성 단일 가닥 RNA 바이러스).

독성인자 부착단백질, 융합 단백질, 세포 내 감염.

침입구 호흡기.

징후와 증상 열, 인후염, 두통, 마른기침, 결막염, 코플릭 반점, 반점구진 발진.

잠복기 8-12일.

취약성 백신접종을 받지 않은 사람.

치료 지지요법, 리바비린(ribavirin), 비타민 A, 바이러스에 대한 항체.

예방 복합 MMR (홍역, 유행성 이하선염, 루벨라) 백신 접종, 백신은 살아있는, 약화된 홍역바이러스를 포함하고 있다.

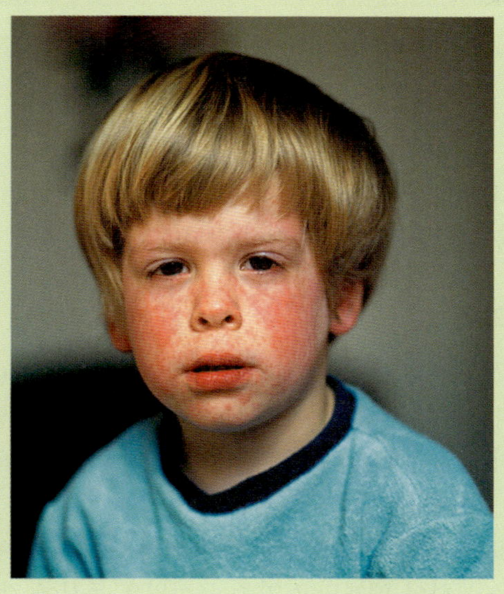

다른 바이러스성 발진

학습 | 성과

12.37 전염성 홍반(erythema infectiosum)과 장미진(roseola) 감염의 발병을 서술하라.

바이러스가 원인이 되는 흔하지 않은 다른 어린이 질병들은 발진이 특징이다. 여기서는 3가지를 알아본다: 전염성 홍반, 장미진 및 콕사키바이러스 감염.

전염성 홍반

전염성 홍반(erythema infectiosum) (er-i-thē´mă in-fek-shē-ō´sŭm)은 *Parvoviridae* 과, *Erythrovirus* 속의 B19로 불리는 단일 가닥 DNA (ssDNA) 바이러스가 원인인 호흡기 질병이다. 이름이 의미하듯이 이 질병은 피부에 감염성의 붉은색을 나타낸다. 이 질병은 또한 1900년대 초에 소아과 의사들에 의해서 다섯 번째 어린이 발진으로 기재되어 있었기 때문에 제5병(*fifth disease*)으로도 알려져 있다. [다른 것들은 성홍열, 루벨라, 홍역, 듀크병(Duke's disease)이라고 하는 약한 성홍열과 같은 질병.]

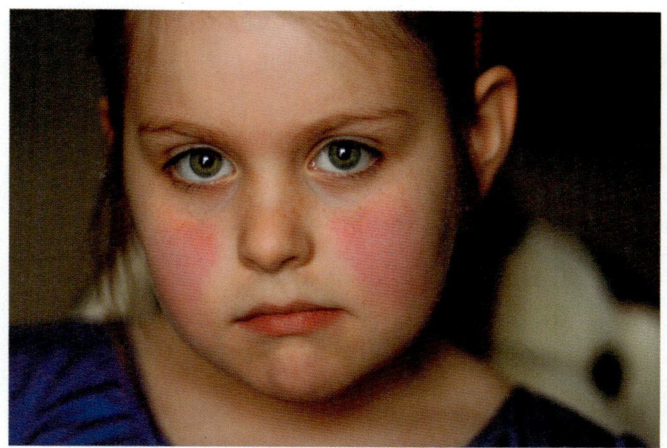

▲ **그림 12.17 전염성 홍반 (제5병)의 사례.** 뺨을 맞은 결과와 유사한 얼굴 피부의 구별되는 붉은색은 파보바이러스가 원인인 이 질병의 특징이다.

전염성 홍반의 발진은 뺨에서 시작하여 팔, 허벅지, 엉덩이, 몸통 등으로 퍼진다. 얼굴 발진은 어린이보호사가 오해할 수 있는 특징으로 환자가 뺨을 맞은 것처럼 나타난다 **(그림 12.17)**. 햇빛은 모든 단계의 발진을 악화시킨다; 더 이른 병변은 환자가 햇빛에 노출되면 다시 나타나기도 하지만 질병이 진행됨에 따라서 사라진다. 어린 시절에 이 질병에 걸리지 않고 성인이 되어 감염되면 발진에 더해서 빈혈증, 관절통이 생기고 드물게 유산할 수도 있다. 치료에는 비스테로이드성 항염 약물(nonsteroidal anti-inflammation drug, NSAID)의 사용이 포함된다.

장미진

장미진(roseola) (rō-zē-ō´lă)은 어린이에게 발생하는 풍토병으로, 갑작스런 열, 후두염, 비대해진 림프절, 얼굴, 목, 몸통 및 허벅지에 옅은 분홍색 발진이 특징이다. 병명은 특징적인 장미색의 발진에서 유래하였다. 단순하게 제6형 인간포진바이러스(*human herpesvirus 6*, HHV-6)로 알려진 *Roseolovirus* 속의 포진바이러스가 장미진의 원인이다. 일부 연구자들은 HHV-6을 성인의 다발성 경화증(multiple sclerosis) 발생과 연관을 지으며, HHV-6 감염이 사람을 HIV 감염과 AIDS에 더 취약하게 만든다는 일부 증거가 있다. 약학적 치료법은 존재하지 않는다.

왜 그런가

왜 특히 유럽에서 홍역 건수가 급격하게 증가하였는가?

지금까지 세균과 바이러스 질환에 대해서 알아보았으며, 이제부터는 피부, 털과 손톱의 진균 질환으로 관심을 돌리겠다.

피부, 털 및 손톱의 진균증

학습 | 성과

12.38 진균증(mycosis)을 정의하라.
12.39 신체 부위에 따라서 4가지 일반적인 종류의 진균 질환에 대해서 서술하라.

진균증(mycoses) [진균 질환(fungal disease)]은 전통적으로 영향을 주는 신체 부위에 따라서 분류한다. 의사들은 진균증을 표재성(표면 위에), 피부성 (피부 내에), 피하성 (진피와 근육) 또는 전신성(여러 체계에 영향을 주는)으로 분류하였다. 진균증의 원인이 되는 곰팡이들은 대개 기회성(opportunistic)이다.

피부, 털, 손톱에서 표재성 및 피부성 진균증은 만성이거나 재발성 질병일 수는 있지만 일반적으로 치명적이지 않다. 혈액과 신체 다른 기관에 영향을 주는 진균증이 피부에 영향을 줄 수도 있는데, 다른 신체 체계를 논의하는 다른 장에서 다루겠다.

먼저 피부, 털, 손톱에 영향을 주는 진균증에 대하여 기술한다.

표재성 진균증

학습 | 성과

12.40 *Malassezia* 감염을 예로 들어서 표재성 곰팡이의 임상적 진단적 특징을 서술하라.

표재성 진균증(superficial mycoses)은 가장 흔한 진균 감염이고, 모두 케라틴으로 된 죽은 세포로 구성된 털, 손톱 및 피부 바깥층으로 한정된다. 표재성 진균증은 기회성 진균의 균사 또는 포자와 직접 접촉에 의해서 걸리게 된다. 표재성 진균증의 예로는 비강진(pityriasis)이 있다.

징후 및 증상

어루러기(pityriasis versicolor) (pit-i-rī´ă-sis vĕr´si-cŏl-ŏr)는 비늘로 뒤덮인 피부에 진균이 멜라닌 생산을 간섭해서 생긴 결과인 색소침착저하 또는 색소침착과다 패치가 특징이다 **(그림 12.18)**. 주로 몸통, 어깨와 팔에 나타나고, 드물게 얼굴과 목에 나타나는 이런 상태를 영향을 받은 사람들의 다양한 색소침착과 관련하여 어루러기(*versicolor*)라고 부른다.

병원체와 독성인자

이형태성(dimorphic) 담자균류이고 세계적으로 인간 피부에서의 일반적인 서식자인 *Malassezia furfur* (mal-ă-sē´zē-ăfur´fur)는 비강진

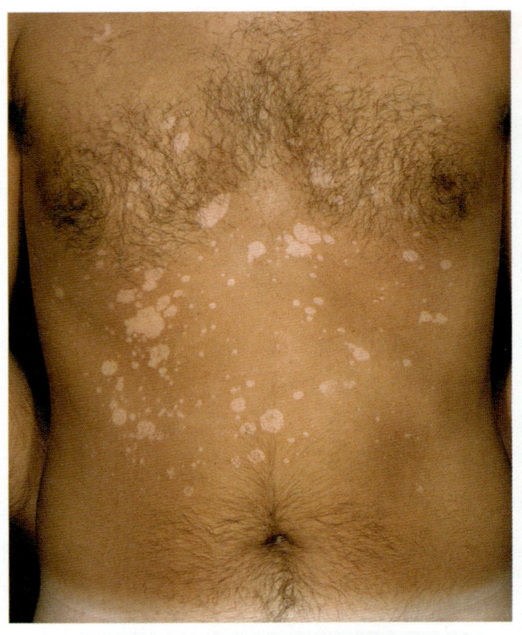

▲ **그림 12.18 어루러기.** *Malassezia furfur*가 원인인 다양하게 색소가 침착된 피부 패치.

의 원인이다. 이것은 피부에서 생성되는 기름을 먹이로 하며, 만성적인 경향을 나타내는 감염의 원인이 된다.

발병 및 역학

표재성 진균은 케라틴을 용해하는 효소인 각질분해효소(*keratinase*)를 생산한다. 이 진균들은 살아있는 조직을 침투하지는 않고 면역반응도 유발하지 않는데, 이것은 피부성과 피하성 병원체와 구별된다(곧 설명할 예정임).

피부 표면 위의 비강진 곰팡이의 전파는 대개 같이 사용하는 솔빗과 빗을 통하여 매개되고 가족 구성원은 동시에 감염될 수 있다. 사춘기가 더 악화시키는데 호르몬의 변화로 아마도 피지의 분비가 증가하기 때문일 것이다. 심하게 면역이 손상된 환자에서는 표재성 감염이 피부의 상당히 넓은 범위에 퍼지거나 또는 조직에 침투해서 전신성이 될 수 있다.

진단, 치료 및 예방

M. furfur 감염을 진단하는 가장 빠른 방법은 365 nm의 자외선 조사 하에서 환자를 검사하는 것이다; *M. furfur*에 감염된 피부의 패치는 형광의 연한녹색을 띤다. 그러나 다른 진균도 형광을 내기 때문에 확진에는 현미경 검사가 필요하다. 10% KOH와 혼합된 피부 시료 준비물은 *M. furfur* 진단을 위한 출아 중인 효모와 짧은 균사 덩어리 모두를 보여준다.

표재성 *Malassezia* 감염은 시클로피록스(ciclopirox) 용액이나 케토코나졸(ketoconazole) 샴푸와 같은 항진균제인 이미다졸(imidazole)로 국소적으로 치료한다. 다른 방법으로는 아연 피리티온(zinc pyrithione), 셀레늄 황화물(selenium sulfide) 로션, 또는

propylene glycol 용액의 국소적인 도포가 이용될 수 있다. 케토코나졸 경구용 치료가 광범위한 감염 또는 국소적 치료에 반응하지 않는 감염에 이용될 수 있다. 재발이 빈번하고 예방적 국소적 치료가 필요할 수도 있다. 성공적인 치료 후에는 피부가 정상적인 색소침작을 보이는데 몇 개월이 걸린다.

피부성 진균증

학습 | **성과**

12.41 피부사상균증(dermatophytosis)을 서술하라.
12.42 왜 피부성 진균증은 표재성 진균증 만큼 흔하지 않은지 설명하라.

인간에게서 자라는 일부 진균은 임상적으로 **피부사상균증(dermatophytoses)** (der´mă-tō-fī-tō´sēz)이라고 하는 피부 병변을 나타낸다. 이것들은 피부, 손톱 및 털에서 자라는 진균인 피부사상균(*dermatophytes*)이 원인이며, 신체를 침범하여 더 깊은 조직에 손상을 주는 세포성 면역반응을 자극한다. 이런 면역반응을 유발하는 것이 피부사상균증이 표재성 진균 감염과 다른 점이다.

징후 및 증상

과거에 피부사상균증은 피부사상균이 원형의 비늘이 있는 패치를 만들어서 관찰자들이 벌레가 피부의 표면 바로 아래에 놓여있다고 생각하도록 만들었기 때문에 종종 백선[*ringworm* 또는 *tineas*[29] (tin´ē-ās)]이라고 불렸다 **(그림 12.19)**. 이 질병에는 벌레는 관여하지 않으며, *phyte*라는 용어는 진균이 아니라 식물을 의미하는 것으로 두 번이나 이름이 잘못지어졌지만 이 상용용어는 여전히 사용되고 있다.

대부분의 피부사상균증은 임상적으로 구별되고 따라서 일반적으로 쉽게 알아볼 수 있다; 예를 들어, 무좀(athlete's foot)은 피부사상균증의 하나다 **(그림 12.20)**. 피부사상균증은 다양한 다른 임상적 징후들을 갖는데, 일부가 588쪽의 **표 12.5**에 요약되어 있다.

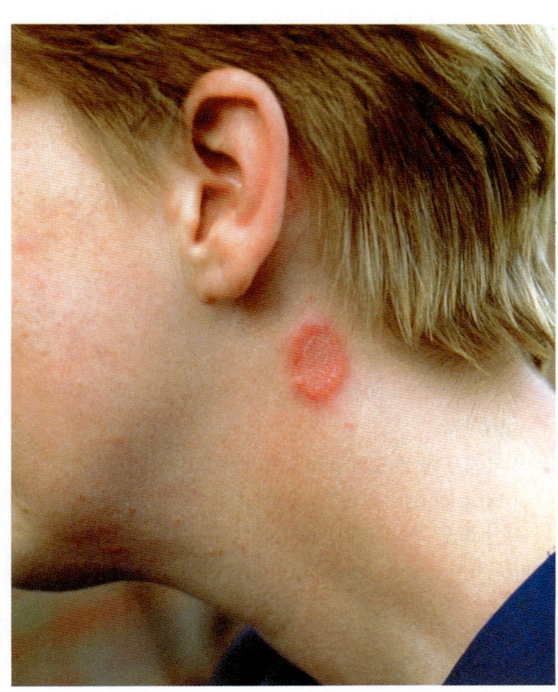

▲ **그림 12.19 피부사상균증 (백선).** 이것은 피부진균증으로 이 경우에는 목 위에 있다. *피부사상균증의 가장 많은 원인이 되는 3가지 속은 무엇인가?*

그림 2.18 *Trichophyton, Microsporum, Epidermophyton*이 백선의 가장 흔한 원인이다.

병원체

3가지 속(genus)의 자낭균류가 대부분의 피부사상균증을 일으킨다:

- *Microsporum* (mī-kros´po-rŭm) 종
- *Trichophyton* (trik-ō-fī´ton) 종
- *Epidermophyton floccosum* (ep´i-der-mof´i-ton flŏk´ō-sŭm)

모든 3가지 속이 피부와 손톱 감염의 원인이 되고 *Trichophyton* 종은 털에도 또한 감염된다.

발병

피부사상균은 케라틴을 영양원으로 이용함으로 피부, 손톱 및 털의 죽은 층에 집락을 형성한다. 이것들은 또한 면역반응에 의해서 살아있는 세포들의 파괴도 유발한다. 피부와 피하 진균증에 관련된 진균은 일반적으로 토양의 부식 중인 물질에서 생장한다. 감염이 되려면 진균 요소가 피부의 살아있는 더 깊은 층으로 도입되어야만 한다. 그러므로 노출은 흔하게 일어나지만 감염은 드물다.

[29]"벌레"란 의미의 라틴어.

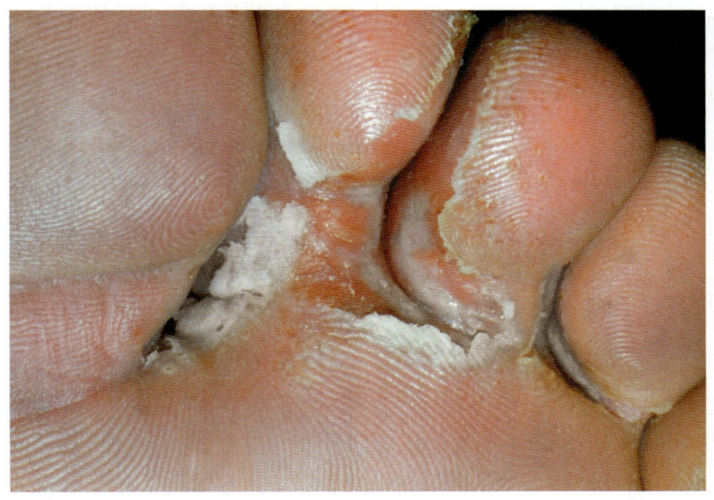

▲ **그림 12.20 무좀.** 발에 있는 피부의 피부사상균증.

표 12.5 일반적인 피부사상균증들

질병	원인체	공통 징후	원천
족부백선(足部白癬) (Tinea pedis) ("무좀")	*Trichophyton rubrum;* *T. mentagrophytes* var. *interdigitale;* *Epidermophytonfloccosum*	바닥과 발가락 위와 주위에 붉고 융기된 병변; 발가락 사이가 심하게 감염됨	발가락 사이의 인간 매개체; 감염된 피부세포를 유지하는 카펫팅
서혜부백선(鼠蹊部白癬) (Tinea cruris) ["완선(頑癬)"]	*T. rubrum; T. mentagrophytes* var. *interdigitale; E. floccosum*	사타구니와 엉덩이에 붉고 융기된 병변	대개는 발을 통하여 전파
조갑백선(爪甲白癬) (Tinea unguium) (조갑진균증)	*T. rubrum; T. mentagrophytes* var. *interdigitale*	표면의 하얀 손발톱진균증; 손발톱 위의 패치나 구멍; 침투성 진균증; 손발톱 판의 노란색 또는 두꺼워져서 자주 손발톱이 빠짐	인간
체부백선(體部白癬) (Tinea corporis)	*T. rubrum; Microsporum gypseum;* *M. canis*	어려 피부 표면에 붉고 융기된 고리 모양의 병변 [몸통의 체부백선, 두피의 두부백선, 수염의 모창백선(毛瘡白癬)]	다른 신체부위에 전파 가능; 오염된 토양이나 동물과접촉하여 획득 가능
두부백선(頭部白癬) (Tinea capitis)	*M. canis; M. gypseum; T. equinum;* *T. verrucosum; T. tonsurans;* *T. violaceum T. schoenleinii*	모외진균 침투; 진균이 모간 외부에 유절분생자 발생시켜 표층파괴; 모내진균 침투; 진균이 모간 내부에 파괴없이 유절분생자 생성; 황선(黃癬, favus): 두피에 머리카락의 손실과 함께 딱지 형성	인간; 오염된 토양이나 접촉하여 획득 가능

대다수의 피부사상균은 진피와 하피에 국소적으로 남아있다; 전신성 감염은 흔하지 않다.

역학

피부사상균은 몇몇 전염성 진균 중 하나이다. 감염된 사람으로부터 포자와 균사 일부가 죽은 세포 및 털과 함께 끊임없이 배출되어 재발이 빈번하다. 인간에게 감염되는 피부사상균은 서식지에 따라 다음과 같이 분류한다:

- 인체친화성 피부진균(*Anthropophilic dermatophytes*)은 인간만 연관되어 있고, 사람 간의 가까운 접촉 또는 오염된 비생체 접촉 매개물을 공유하는 것으로 전파된다.
- 동물친화성 피부진균(*Zoophilic dermatophytes*)은 동물과 연관되어 있다; 진균은 애완동물이나 다른 동물을 가까이 접촉하거나 오염된 양털과 같은 동물 제품을 통하여 인간에게 전파된다.
- 토양친화성 피부진균(*Geophilic dermatophytes*)은 토양 진균으로 토양에 직접 노출되거나 더러운 동물을 통하여 인간에게 전파된다.

진단, 치료 및 예방

일반적으로 임상 관찰이 피부사상균의 감염을 진단하는데 충분하다. 피부나 손톱 부스러기 또는 털 시료의 수산화칼륨(potassium hydorxide, KOH) 준비물은 균사와 무성생식 포자인 분생자(conidia)를 볼 수 있어서 확진에 이용된다. 피부사상균의 종을 동정하려면 실험실 배양체의 현미경 검사가 요구되는데, 진균이 실험실에서 느리게 자라기 때문에 몇 주가 걸릴 수도 있다.

제한적인 감염은 국소적 항진균제로 효과적으로 치료가 가능하지만, 손톱뿐만 아니라 두피나 피부에 더 광범위하게 퍼진 감염은 경구용 제재로 치료해야만 한다. 대부분의 경우에 1-4주 동안 국소적으로 투여한 터비나핀(terbinafine)이 효과적이다. 만성이거나 잘 치료되지 않는 경우에는 그리세오풀빈(griseofulvin)을 치료될 때까지 사용한다.

상처 진균증

학습 | **성과**

12.43 색소모세포진균증(chromoblastomycosis)과 흑색진균증(phaeohyphomycosis) 사이의 명확한 차이를 기술하라.

12.44 균종(*mycetomas*)을 정의하고 외형, 원인 및 치료에 대해서 서술하라.

12.45 피부림프형 스포로트리쿰증(lymphocutaneous sporotrichosis)의 병변이 어떻게 이것이 림프계를 통한 확산과 연광성이 있는지 설명하라.

일부 진균들은 하피와 뼈를 포함하여 신체의 더 깊은 조직에서 자라지만, 전신성으로 되지는 않는다; 즉 신체의 체계를 통하여 확산되지는 않는다. 이런 진균들은 궁극적으로는 표피로 자라 올라가서 피부 위에 병변을 만든다. 이런 상처 진균증 중에 색소모세포진균증(*chromoblastomycosis*)과 흑색진균증(*phaeohyphomycosis*)은 유사한 진균증으로 멜라민(melamin)을 생산하는, 검은 색소 진균이 원인이다; 균종(*mycetoma*); 스포로트리쿰증(*sporotrichosis*). 이제부터

임상 사례연구

이것이 무좀이냐?

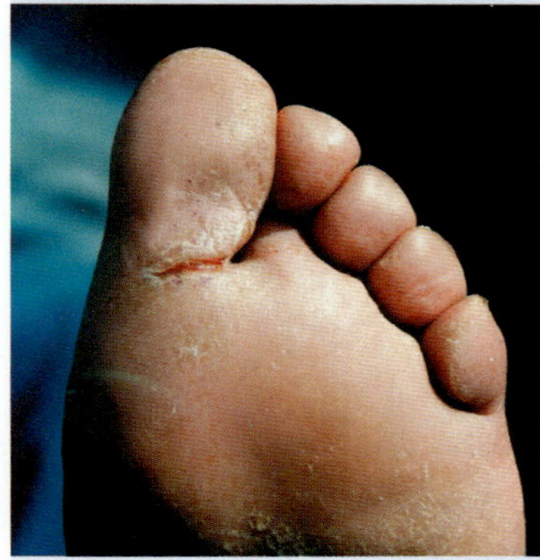

30세 남성이 지역 보건소에 방문하여 그의 발바닥과 발가락 사이가 계속되는 붉어지고, 가렵고 피부가 벗겨지는 것에 대해서 호소하였다. 매일 운동을 하고 여러 스포츠 팀에서 활동한다고 말하였다. 그는 무좀을 가지고 있으며 모든 일반 항진균제로 무좀을 치료하는 데 실패하였다고 결론을 내렸다. 그의 발톱은 두꺼워지고, 노랗게 되어 떨어져나가기 시작하자 마침내 보건소를 방문하였다. 그의 발 상태가 사진에 있다:

1. **여기서 주어진 정보를 가지고 무좀으로 확정적으로 진단할 수 있는가? 아니라면 이 상태에 대한 정확한 진단과 감염된 생명체를 확인하기 위하여 무슨 실험실 검사가 수행되어야 할 것인가?**
2. **어떤 치료를 해야 하는가? 만일 2가지 종의 진균이 존재한다면 한 가지 진균이 존재할 경우와 추천하는 치료법이 다를 것인가?**

순서대로 설명하겠다.

색소모세포진균증

4종의 자낭균류가 **색소모세포진균증(chromoblastomycosis[30])** (krō´mō-blas´tō-mī-kō´sis)의 원인이다. *Fonsecaea pedrosoi* (fon-sē-sē´ă pe-drō´-sō-ē), *F. compacta* (kom-pak´ta), *Phialophora verrucosa* (fī-ă-lof´ŏ-ră ver-ū-kōsă), *Cladophialopora carrionii* (klă-dŏf´ē-ă-lof´-ŏ-rā kar-rē-ŏn´ē-ē). 초기에는 색소모세포진균증이 상처 근처의 피하 조직에 진균이 생장하는 결과로 균일하게 작고 가려우며, 통증이 없고 비늘처럼 벗겨지는 병변으로 나타난다. 몇 년간의 과정을 걸쳐서 병변은 악화되어 크고 편평한 것에서 두껍고, 단단한 사마귀 같은 것이 된다. 치료하지 않으면 종양처럼 되고 광범위해진다 **(그림 12.21)**. 조직 주변에 염증, 섬유성 조직의 발달 및 농양 형성이 일어난다. 진균은 전신을 통해서 퍼질 수 있다.

염색된 피부 부스러기의 현미경 검사는 핵심적으로 구별되는 진균 질병의 특징으로 출아 중인 효모와 다르고 구별이 가능한 황갈색을 보여준다. 정확한 진균의 종을 결정하려면 실험실 배양, 한천 배지위의 집락에 대한 거시적 검사와 포자의 현미경 검사가 필요하다.

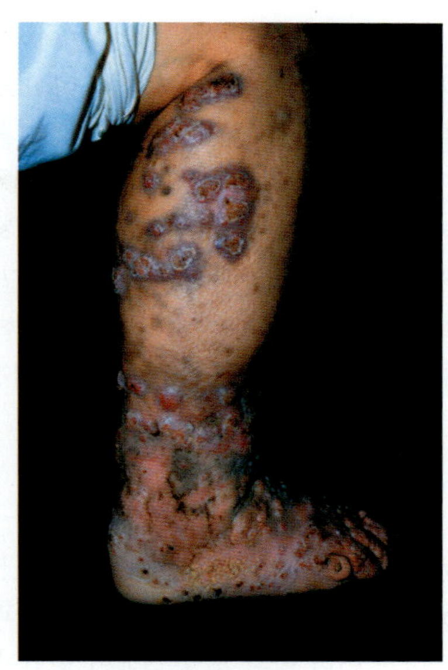

▲ **그림 12.21 색소모세포진균증의 광범위한 병변을 갖는 발.** *Fonsecaea pedrosoi*가 이 사례의 원인이다.

색소모세포진균증은 치료가 어렵고, 특히 진전된 경우에는 종종 완치되지 않는다. 보다 일찍 치료를 시작할수록 더 성공적일 가능성이 높다. 치료를 위해서 의사들은 감염된 보직과 주변 조직을 제거해야만 하고, 광범위한 병변은 팔다리를 절단해야 할 수도 있으며, 오랫동안 티아벤다졸(thiabendazole)과 5-플루오로시토신(5-fluorocytosine)을 처방해야 한다.

진균의 세계적인 발생에도 불구하고 색소모세포진균증의 전체적인 발생률은 비교적 낮다. 맨발로 토양에서 매일 일하는 사람이 사고로 생기는 발의 상처 때문에 위험하다. 신발을 신는 단순한 행동으로 감염을 크게 줄일 수 있다.

흑색진균증

30종 이상의 진균이 **흑색진균증(phaeohyphomycosis[31])** (fē´ō-hī´fō-mī-kō´sis)의 원인이 되지만, 더욱 흔한 진균은 자낭균류인 *Alternaria* (al-ter-nā´rē-ă) *Exophiala* (ek-sō-fī´ă-lă), *Wangiella* (wang-gē-el´ă), *Cladophialophora* 등이다. 흑색진균증은 병원을 포함해서 실내 환경에 많이 퍼져있는 포자가 수술이나 상처로 감염되어 발생한다.

흑색진균증은 모양이 색소모세포진균증보다도 더 다양하다. 예를 들어, 부비강 흑색진균증은 비강과 부비강에 집락이 형성된다; 이것은 알레르기로 고통받는 사람과 AIDS 환자에게서 일어난다. 흑색진균증은 진균이 활발하게 뇌를 침범한다. 다행히도 이것은 매

[30]"색"을 뜻하는 그리스어 *chroma* 및 "세균"을 뜻하는 그리스어 *blastos*, 그리고 "진균"을 뜻하는 그리스어 *mykes*에서 유래.

[31]"탁한"이란 의미의 그리스어 *phaios* 및 "그물"이란 의미의 그리스어 *hyphe* 및 "진균"이란 의미의 그리스어 *mykes*로부터 유래.

우 드문 형태의 흑색진균증이고 단지 심하게 면역이 손상된 사람에게서만 일어난다. 일부 흑색진균증의 경우는 아이트라코나졸(itraconazole)로 치료될 수 있지만 이 질병으로 조직은 영구히 파괴된다.

염색된 피부 부스러기, 생체검사 조직 또는 뇌척수액(cerebrospinal fluid, CSF)의 현미경 검사는 갈색 색소의 균사를 보여주는데 이것으로 진단한다. 진균의 종을 결정하려면 실험실 배양, 한천배지위의 집락에 대한 거시적 검사 및 포자의 현미경 검사가 필요하다.

균종

진균성 **균종(mycetoma)** (mī-sē-tō´maz)은 피부, 근막(fascia) [근육내층(lining of muscles)] 및 손발의 뼈에 종양과 같은 감염으로 자낭균류에 속하는 여러 속의 토양 진균이 원인이다: *Madurella* (mad´ū-rel´ă), *Pseudallescheria* (sood´-al-es-kē´rē-ă), *Exophiala* (ek-sō-fī´ă-lă), *Acremonium* (ak-rĕ-mō´nē-ŭm). 이 진균들은 세계 도처에 퍼져있지만, 특히 적도 근처의 나라에서 만연한다.

이 진균들은 나뭇가지, 가시 또는 나뭇잎이 원인인 된 찔린 상처와 긁힌 상처를 통해 사람에게 감염한다. 색소모세포진균증과 흑색진균증은 맨발로 흙에서 일하는 사람이 가장 위험하고 보호 신발이나 옷을 입으면 감염은 크게 감소한다.

감염은 상처 부위 가까이에서 시작하고, 작고 단단한 피하 결절이 형성되고 악화되며 시간이 흐름에 따라 확산된다. 국소적으로 부어오르고 궤양성 병변에서 고름이 생산된다. 감염된 부위는 포자와 균사가 포함된 기름진 액체를 분비한다. 진균은 더 많은 조직으로 확산되어 뼈를 파괴하고 영구적인 기형의 원인이 된다 **(그림 12.22)**.

증상과 감염된 부위로부터의 시료에서 진균의 현미경 관찰을 종합하여 균종을 진단한다. 시료의 실험실 배양은 종 수준까지 동정할 수 있는 거시적인 집락을 만든다.

치료에는 심한 경우에는 다리 전부를 절단하는 것을 포함하여 수술로 균종을 제거하는 것이 포함된다. 수술 후에는 케토코나졸(ketoconazole)을 가지고 1-3년 동안 항진균 치료를 한다. 진균은 서서히 자라지만 조직을 침입한다; 따라서 수술과 항진균제를 함께 병용해도 언제나 질병이 완치되는 것은 아니다.

스포로트리쿰증

Sporothrix schenckii (spōr´ō-thriks shen´kē-ē)는 이형태성(dimorphic) 자낭균류로서 주로 감염이 팔다리로 제한되는 피하 감염인 **스포로트리쿰증(sporotrichosis)** (spōr´ō-tri-kō´sis) 또는 장미정원사의 질병(*rose gardner's disease*)의 원인이다. *S. schenckii*는 토양에 서식하며 가장 흔하게는 가시나 나무 조각에 찔린 상처를 통해서 도입된다. 열성적인 정원사, 농부 및 천연 식물재료로 작업을 하는 예술가가 스포로트리쿰증에 가장 높은 빈도를 보인다. 열대와 아열대에 분포하지만 대부분의 사례는 남미, 멕시코, 아프리카 등에서 일어난다. 이 질병은 또한 미국의 덥고 습한 지역에서도 흔하다.

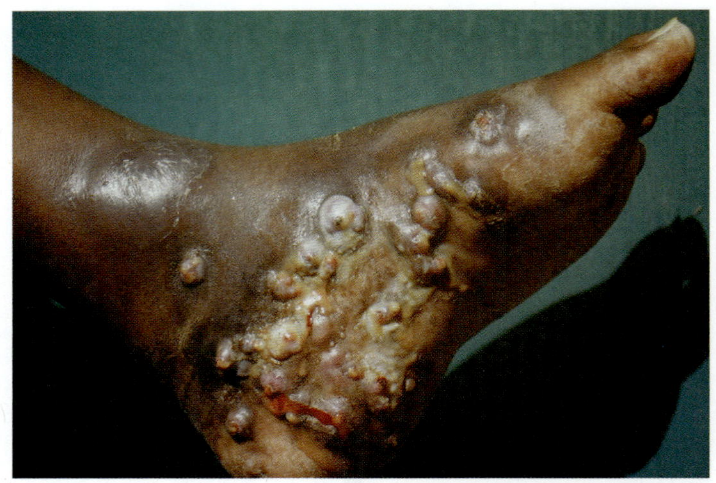

▲ **그림 12.22 발목의 균종.** 진균이 뼈와 다른 조직에 침투하여 파괴시킨다(이 경우에는 *Madurella mycetomatis*).

고정 스포로트리쿰증(*fixed sporotrichosis*)은 접종 부위 주변에 형성되어 통증이 없는 결절 병변으로 나타난다. 시간에 따라서 병변은 고름이 차서 배출되지만, 국소적으로 남아 있으며 확산되지 않는다. 그러나 피부림프성 스포로트리쿰증(*lymphocutaneous sporotrichosis*)에서는 진균이 일차 병변 부위에 가까운 림프계에 침입하여 림프관의 경로를 따라서 피부에 이차 병변을 일으킨다 **(그림 12.23)**. 진균은 피하 조직에 남아있도록 제한되고 혈액에 들어가지는 않는다.

심한 감염의 경우에 농양 또는 은으로 염색된 생체조직은 현미경을 통해 출아 중인 효모 형태가 관찰되지만, 대개 진균이 낮은 밀도로 존재해서 임상 시료의 직접 검사는 진단하기 어려운 방법이다. 환자의 병력, 임상 증상에 더해서 실험실 배양에서 *S. schenckii*의 이형태성 관찰이 스포로트리쿰증의 진단에 고려된다.

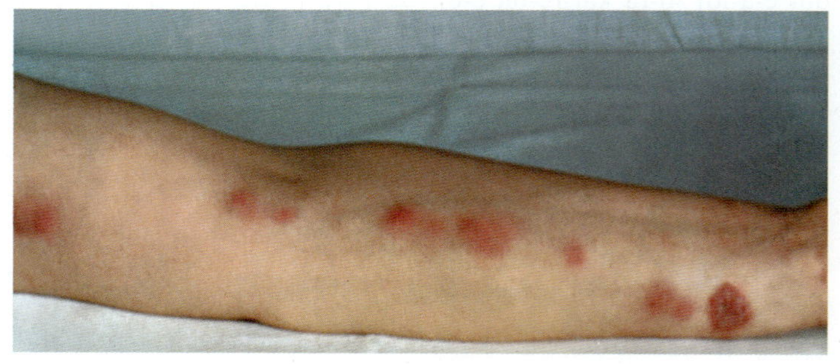

▲ **그림 12.23 팔의 림프형 스포로트리쿰증.** 이 2차적인 피하 병변의 위치는 1차적인 표면의 병변 부위로 연결되는 림프관의 방향과 일치한다. *스포로트리쿰증은 어떻게 감염되는가?*

그림 12.23 스포로트리쿰증 토양에 서식하는 진균이 가시나 나무 조각에 찔린 피부 안에 접종되는 것을 통해서 감염된다.

피부 병변은 포화된 요오드화칼륨(potassium iodide)으로 몇 개월간 도포하여 성공적으로 치료할 수 있다. 아이트라코나졸(itraconazole)과 암포테리신 B (amphotericin B)도 유용한 치료제이다. 예방법으로는 감염을 막기 위하여 장갑을 끼고, 긴 옷을 입거나, 신발을 신는 것 등이 포함된다.

지금까지 피부에 영향을 주는 세균성, 바이러스성 및 진균성 병원체를 알아보았다. 기생성 원생동물과 절지동물도 피부를 침입한다. 다음에는 이런 2가지 기생생물에 대하여 기술하고자 한다.

왜 그런가

조갑진균증(onychomycosis) (on´i-kō-mī-kō´sēs)은 손톱 감염으로 여러 종의 진균이 원인이 될 수 있다. 이 진균증은 왜 치료가 어려운가? 왜 일반적으로 환자를 오랫동안 항진균제로 치료하는 것이 필요한가?

피부에 기생생물의 침입

일부 기생성 원생동물과 절지동물은 피부를 침범하여 질병의 원인이 된다. 리슈만편모충증(leishmaniasis)을 시작으로 각각의 예를 들어본다.

리슈만편모충증

학습 | 성과

12.46 원인, 징후와 증상, 발병, 역학, 진단 및 치료를 포함하여 리슈만편모충증을 서술하라.

리슈만편모충증(leishmaniasis) (lēsh´mă-nī´ă-sis)은 동물이 인간에게 전파하는 질병인 **인수공통전염병(zoonosis)**이다. 피부와 구강 점막의 질병이 세포 내 기생성 원생동물에 의해서 일어난다.

징후 및 증상

리슈만편모충증의 임상적 증상은 병원체, 숙주와 매개체의 지리학적 위치 및 감염된 숙주의 면역반응에 달려있다. 리슈만편모충증의 3가지 임상적 형태가 일반적으로 관찰된다:

- 피부 리슈만편모충증(*cutaneous leishmaniasis*)은 질병 매개체에 의해 물린 상처 주변에 형성되는 크고 통증이 없는 궤양이 포함된다. 이런 병변은 자주 세균에 이차 감염이 된다. 병변이 치료되면 상처가 남는다.
- 점막 리슈만편모충증(*mucocutaneous leishmaniasis*)은 피부 병변이 입, 코, 연구개의 점막 등에 둘러 쌓여 커지는 결과를 초래한다. 손상은 심각하고 영구히 기형이 된다 (그림 12.24). 이런 형태의 리슈만편모충증들은 치명적이지 않다.

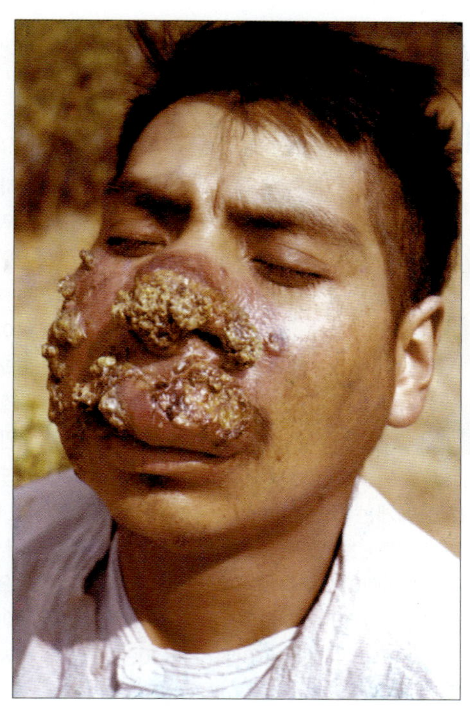

▲ 그림 12.24 **점막 리슈만편모충증.** 커다란 피부 병변은 영구히 기형이 된다.

- 내장 리슈만편모충증(*visceral leishmaniasis*) [흑열병(*kala-azar*)로도 알려짐]은 치료받지 않으면 100% 사망한다. 이 질병에서는 대식세포가 간, 비장, 골수, 림프결절에 기생충을 퍼트린다. 병이 진행됨에 따라서 염증, 열, 체중감소, 빈혈이 더 심해진다. 내장 리슈만편모충증은 AIDS 환자에게 기회성 감염으로서 문제가 더 커진다.

병원체 및 독성인자

리슈만편모충증의 원인인 *Leishmania* (lēsh-man´ē-ă)는 편모를 갖는 원생동물로서 흔히 야생 및 애완견과 작은 설치류가 숙주이다. *Phlebotomus* (fle-bot´ō-mŭs)나 *Lutzomyia* (lūts-ŏm´yē-a) 속의 감염된 암컷 응애가 깨무는 것을 통하여 동물로부터 인간에게 *Leishmania*를 전파한다. 알려진 30종의 *Leishmania* 중에서 21종이 인간에게 감염될 수 있다.

발병 및 역학

초기 감염에는 기생충이 대식세포에 감염되는데, 이는 활성은 갖지만 세포 내 *Leishmania*를 효과적으로 죽이지 못한다. 감염된 대식세포에서 방출되는 화학물질이 염증 반응을 자극하고 추가로 감염되는 대식세포에 의해서 확산된다.

리슈만편모충증은 중미 및 남미, 동남부 아시아, 아프리카, 유럽 및 중동을 포함하여 열대와 아열대 지역의 풍토병이다. 세계적으로 매년 천이백만 건 이상의 리슈만편모충증이 발생하고 60,000명 이상이 사망한다.

임상 사례연구

사막에서의 진단

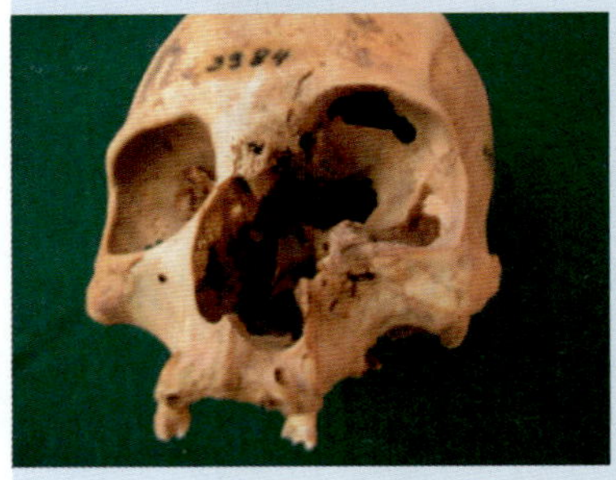

1970년에 고고학자들이 칠레의 Actacama 사막에서 대규모의 공동묘지를 발굴하였다. Actacama는 지구상에서 가장 건조한 곳이기 때문에 800년 이상 오래된 시신들이 예상보다 더 잘 보존되어 있었다. 일부 안면과 뇌의 조직은 미라가 되어 있었다. 고고학자들에게는 여성들이 그런 상태로 살았고 다른 원인으로 사망한 것이 분명해 보였지만, 4명의 여성 두개골은 뼈가 먹힌 것처럼 보였다. 2009년이 되어서야 과학자들이 이 미스터리를 해결할 수 있었다. 조직 시료의 유전자 분석은 편모성 원생동물이 안면의 병변으로부터 여성의 두개골로 이동하며 20년이 넘게 서서히 먹어갔다는 것을 보여주었다.

1. **어떤 피부 병원체가 기형의 원인이 되었는가?**
2. **여성들은 어떻게 감염이 되었는가?**
3. **만일 여성들이 오늘날 감염되었다면, 어떤 방법으로 치료가 수행되었겠는가?**

진단, 치료 및 예방

피부 병변, 비장 또는 골수로부터의 시료에서 원생동물을 현미경으로 관찰하여 진단한다. 항원을 탐지하는 항체를 이용한 면역검사로 확진하며 균주를 동정한다. PCR을 이용한 유전적 검사가 종을 확정하기 위해서 필요하다.

대부분의 리슈만편모충증은 상처는 남지만 치료를 하지 않아도 완치되며, 회복된 환자에게는 면역이 생성된다. 한 때는 면역이 생성되게 하고 또한 다른 곳에 더 눈에 띄는 흉터를 남기는 병변의 형성을 막기 위하여 어린아이들의 엉덩이에 의도적으로 병변이 권장되었다. 더 심각한 감염의 경우에 치료에는 암포테리신 B (amphotericin B) 또는 미국에서는 허가받지 못한 항미생물제로 중금속인 안티몬(antimony)을 포함하는 스티보글루코네이트(stibogluconate)의 처방이 포함된다.

예방은 보균 숙주와 응애 집단을 통제하여 노출을 줄이는 것이 필수적이다. 예를 들어, 인간 거주지 근처의 설치류 둥지와 굴을 파괴하여 감염이 가능한 보균 숙주와의 접촉을 줄일 수 있다. 일부 지역에서는 보균체를 제거하기 위해서 감염된 개도 또한 없앨 수 있다. 집 주위에 살충제를 사용하여 응애의 수를 줄이고, 곤충 기피제, 보호용 의류 및 그물은 노출을 더 제한한다. 리슈만편모충증 백신은 현재 존재하지 않는다.

옴

학습 | 성과

12.47 옴의 원인, 징후, 증상 및 치료에 대해서 서술하라.

17세기에 이탈리아 의사들은 거미류(arachnid)가 흔한 피부 질환인 **옴(scabies)**의 원인이 된다는 것을 보여줌으로서 일찌감치 미생물과 인간 질병의 연관성을 이끌어내었다.

징후 및 증상

옴(scabies)은 야간에 특히 심한 가려움과 감염된 피부 부위에 국소적인 발진이 특징이다. 발진은 여드름 같은 염증이나 피부의 표면 아래에 짧고 약간 올라온 동굴처럼 나타난다. 피부의 어느 부위든지 감염될 수 있지만, 병변은 손가락 사이, 팔목의 접힌 피부, 발꿈치 또는 무릎 안쪽, 음부 주변 등에서 더 흔하게 발견된다. 긁는 것은 종종 *Staphylococcus* 또는 *Streptococcus*를 상처에 침투하게 하고 농가진(impetigo)을 포함하는 세균 감염을 유발하여 증상을 복잡하게 한다.

병원체와 독성인자

진드기 *Sarcoptes scabiei* (sar-kop´tēz skā´bē-ī)가 옴의 원인이다. 약 300 μm 길이의 몸체를 갖는 이 굴을 파는 거미류는 주름, 가시 및 털로 덮여 있다 **(그림 12.25)**. 굴을 팔 때에 진드기가 신경 말단(그림 12.1a 참조)을 손상시키고, 진드기 항원이 염증을 유발한다.

발병 및 역학

성체 암컷 진드기는 인간 피부에서 한 달까지 살며 알을 낳기 위해서 굴을 파는데, 이것이 가려운 물집을 만들어 낸다. 4형 (지연) 과

▲ **그림 12.25 인간의 피부를 파고드는 옴 진드기(*Sarcoptes scabiei*).**

민반응이 환자의 반응에서 역할을 맡기 때문에 증상이 발생하기까지 4-6주가 걸릴 수도 있다.

감염된 환자는 진드기를 신체 한 부위에서 다른 곳으로 퍼트리고 긴 시간 신체적으로 접촉하거나 옷, 수건 또는 침구를 공유하는 다른 사람에게도, 특히 개인위생과 상관없이 밀집된 환경에서 전달한다.

의사들은 세계적으로 매년 3억 명에게서 옴이 발생하는 것으로 추정한다; 대부분 15세 이하의 어린이들과 약한 면역체계를 갖는 사람들이다. 병원, 양로원, 군대 막사, 유치원, 교도소, 난민수용소와 같은 밀집된 상태의 사람들 중에 유행한다.

진단, 치료 및 예방

피부과 의사는 특징적인 진드기 굴과 현미경으로 진드기, 알 또는 피부 부스러기 내에 배설물을 발견함으로서 옴을 진단한다. 그러나 전신에 일반적으로 10마리보다 적은 진드기가 존재하기 때문에 임상의사가 발견을 못할 수도 있다.

치료에는 진드기-살충 로션을 목 아래부터 전신에 8시간동안 도포하는 것이 포함된다. 이런 로션은 혈액으로 흡수됨으로 자주 사용하거나 유아, 산모 또는 젖을 먹이는 여성에게 사용하는 것은 권장되지 않는다. 진드기와 알을 죽이기 위해서는 모든 의류, 침구류, 수건을 뜨거운 물로 완전히 세탁하여 뜨거운 건조기에서 말려야 한다. 가려움증은 모든 진드기가 죽은 후에도 2-3주 동안 지속될 수 있다.

옴에 대한 면역은 일어나지 않는다; 유일한 예방은 개인위생을 잘 하는 것이다. 환자는 감염된 사람과 접촉 매개물을 반드시 피해야 한다.

출현성 질병 사례연구

원두(monkeypox)

Jacob은 생일에 받은 애완동물로 흥분하였다; 그는 학교에서 프레리독(prairie dog)을 갖고 있는 유일한 소년이었다. 일반적인 개는 지루하였다; 그의 프레리독은 휘장을 기어오르고 플라스틱 관으로 된 미로를 통하여 뛰어다니고 Jacob의 어깨에 앉아서 먹이를 먹을 수도 있었다. "Doggy"는 최고였다. 만일 Jacob이 침대에서 아프지만 않았다면 모든 것이 거의 완벽할 뻔하였다.

생일 2주 후에 Jacob은 탈진했고 아주 상태가 좋지 않았다. 두통, 근육통과 함께 열이 있어서 그의 어머니는 학교를 쉬고 집에 있도록 하였다. 이후 목과 겨드랑이의 림프절이 부어오르고, 섬뜩하고 크고 융기된 병변이 얼굴 전체와 손에 생겨났다. 그는 정말로 아팠다.

다음 3주 동안에 병변은 딱지가 되어 떨어지고, 새로운 병변이 생겼다. Jacob은 기분이 좋지 않았고 Jacob이 침대에 있는 동안 우리에 갇혀 있는 Doggy와 뛰어노는 것을 엄청 그리워하였다.

Jacob의 주치의는 병을 진단하는 것이 어려웠지만, 감염질병 전문가가 마침내 이 질병에 걸린 동물이 원숭이어서 원두(monkeypox)라고 불린 질병으로 확진하였다. 사실 원두는 프레리독을 포함하여 설치류에서 발생하는 질병이다. 최종 조사에서 Jacob에게 Doggy를 제공한 Illinois 주의 가게에 동물을 공급하는 애완동물 도매상은 또한 Texas 주의 가게에도 아프리카 원숭이를 공급하는 것으로 밝혀졌다. 이들 원숭이 중 적어도 한마리가 천연두 바이러스와 유사한 원두바이러스에 감염되어 있었던 것이다. 원숭이가 Doggy를 감염시켰고 이후에 Jacob이 감염되었다.

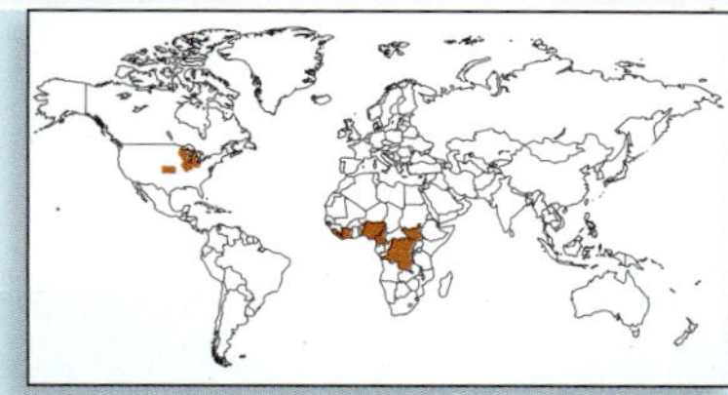

Jacob은 4주 동안 아팠지만 원두는 천연두와 같이 독성이 강하지 않아서, 독특한 애완동물이 축복만은 아니라는 것을 상기시켜주는 약간의 흉터를 가지고 회복되었다.

1. **피부 질환이 진행 중에 Jacob의 림프절이 부어오른 이유는?**
2. **의사가 페니실린(penicillin)이나 테트라사이클린(tetracycline)을 처방하지 않은 이유는?**
3. **어떻게 설치류의 바이러스가 원숭이와 인간에게 질병을 일으킬 수 있는가?**

임상 미생물 후속내용

여드름의 나쁜 사례

Rockeem의 얼굴, 목 및 등을 충분히 조사한 후에 피부과 의사는 Rockeem이 *Propionibacterium acnes*라고 하는 전형적인 그람-양성의 세균성 여드름을 가지고 있다고 결론을 내렸다. 의사는 또한 여드름은 특정 음식을 먹거나, 얼마나 땀을 흘리거나, 또는 어떤 단일 인자가 원인이 아니고, Rockeem의 잘못이 아니라고 설명하였다. 사춘기에 75% 이상이 어떤 형태의 여드름을 갖는다. 현재 좋은 피부를 가진 의사도 Rockeem의 나이였을 때에 나쁜 상태의 여드름을 가졌었고, 그것이 피부과를 전공한 중요한 이유였다고 하였다.

의사는 사춘기 동안 호르몬의 변화가 과도한 기름 생산을 일으키고, 이것이 먼지와 죽은 피부와 혼합되었을 때에 피부 구멍에 여드름을 위해 이상적인 무산소 환경을 만든다고 설명하였다. *P. acnes*는 피부 구멍 안에서 발효하여 프로피온산, 염증, 여드름을 생기게 한다. 여러 가지 치료법이 이용가능하다. 심하지 않은 경우에는 영향을 받은 피부를 과산화벤조일(benzoyl peroxide) 또는 살리실산(salicylic acid)이 포함된 일반의약품 세안제로 씻어주는 것이 도움이 된다. 더욱 심한 경우에는 처방받은 로션, 또는 항생제가 필요할 수도 있다. *P. acnes*를 목표로 하는 자외선 치료법도 있다.

Rockeem을 위해서 피부과 의사는 미노사이클린(minocycline)이 포함된 항미생물제를 처방하였다. 또한 Rockeem이 과산화벤조일이 포함된 피부 세안제를 사용하도록 하였다. 다소 마음이 놓인 Rockeem은 압박이 큰 세상인 중학교로 다시 돌아갔다.

1. 일반적으로 일차 방어선이 어떻게 Rockeem 여드름의 원인이 되는 피부를 보호하는지 서술하라.
2. Rockeem은 미노사이클린을 처방받았다. 다른 여드름 치료제는 Accutane으로도 알려진 레티놀산(retinoic acid)이다. Accutane의 가능성 있는 부작용은 무엇인가?

단원요약

피부의 구조 (332 –333쪽)

1. 피부는 **진피**와 **표피**로 구성되어 있다.
2. 땀샘(한선), 지선(oil gland) 및 모낭을 포함하는 가죽과 같은 진피는 견고성과 탄성을 제공하고 덮여있는 표피를 지지한다.
3. 피부 상처는 표피 또는 진피의 외상이다. 병원체는 상처를 통해서 신체에 침입한다.

피부의 정상적인 미생물총 (333 –334쪽)

1. *Staphylococcus*와 **디프테로이드**를 포함하여 다양한 정상 미생물총이 피부 표면, 모낭 및 한선관에 서식한다.

피부와 상처의 세균 질환 (334 –349쪽)

1. **모낭염**은 모낭의 기저에서 발생하면 여드름이라고 하고, 눈꺼풀의 기저에서 일어나면 다래끼라고 한다. 절종, 또는 **등창**은 감염이 주변 조직으로 확산된 결과이다. 여러 개의 등창이 모이면 **종기**가 된다.
2. *Staphylococcus epidermidis*와 *S. aureus*는 피부에 일반적으로 존재한다. 나중 균의 독성인자는 효소, 항식세포작용 캡슐, protein A 및 독소이다.
3. *Staphylococcus*의 내성 균주가 점점 흔해지기 때문에 무균기술은 특히 병원에서 환자를 보호하기 위해서 중요하다.
4. 일부 *Staphylococcus aureus* 균주는 세포막을 함께 유지하도록 하는 단백질을 용해하는 **표피박탈 독소**를 분비한다. 결과는 표피가 종이처럼 벗겨지는 **포도상구균 열상피부 증후군(SSSS)**이다.
5. **농가진**는 농포성 피부염(pyoderma)이라고도 하는데 *Staphylococcus aureus* 또는 *Staphylococcus pyogenes* (A 그룹 *Staphylococcus*)가 원인인 전염성 피부 질병이다. **단독**은 농가진 감염이 림프절로 퍼진 결과이다. 농가진과 단독은 어린이와 노인에게서 더 흔하다.
6. **괴사성 근막염**은 A 그룹 *Staphylococcus* (*S. pyogenes*)가 원인으로 붉고 아픈 병변, 독감과 같은 증상, 근육 주변 결합조직의 분해, 독혈증과 사망이 특징인 고통스런 질병이다.
7. **여드름** 뾰루지는 일반적으로 죽은 *Propionibacterium acnes* 또는 *Staphylococcus aureus* 세균과 살아있는 백혈구가 연합되어 구성을 하고 있다. 죽은 세균이 구멍을 막아서 검은색 여드름을 형성한다. 낭포는 터져서 흉터를 형성한다.

8. 고양이가 운반하는 *Bartonella henselae*가 긁히거나 물린 곳으로 침입하여 **묘소병**의 원인이 된다.
9. *Pseudomonas aeruginosa*는 어느 곳에나 존재하는 기회성 병원체로서 청록색 색소인 피오시아닌을 생산한다. 이 미생물은 면역이 손상된 환자나 화상환자에서는 세포를 죽이고 조직을 파괴하고 쇼크를 일으키며, 수영자 외이염(swimmer's ear)이라고도 하는 외이염의 원인이 된다.
10. 진드기는 **홍반열 리케차증**의 원인인 리케차를 운반하는데, 가장 잘 알려진 것이 *Rickettsia rickettsii*가 원인인 **록키산 홍반열**(RMSF)이다. 리케차증은 발진, 독감과 같은 증상, 종종 **점상출혈**이라고 하는 피하 출혈이 특징이다. 심한 경우에는 체계 장애, 뇌염 및 사망의 원인이 된다.
11. **피부탄저병**은 피부 절개부에 감염된 *Bacillus anthracis*가 원인으로 딱딱한 검은색의 **가피**를 만든다.
12. 혈액 공급이 제한된 결과로 조직에 국소빈혈이 일어난다; 산소가 없으면 괴사가 시작된다. *Clostridium*의 내성포자에 감염된 죽은 조직에서 **가스 괴저**가 발생한다.

피부와 상처의 바이러스 질환 (349-362쪽)

1. 수두바이러스는 천연두, 양두, 우두 및 원두의 원인이다. 병변은 납작한 **반점**으로 시작하고, 융기된 **구진**, **수포**, **수두**라고도 부르는 고름이 찬 **농포**로 진행된다.
2. 천연두 바이러스(**variola** virus)는 대두창과 소두창의 두 가지 균주가 존재한다. 실험실에 보관한 것 이외에는 세계적인 백신 접종으로 천연두 바이러스가 박멸되었다.
3. 제1형과 제2형 인간포진바이러스는 입과 음부 **포진**의 원인이다. 포진 구내염은 구강의 심각한 감염이다. 인후염이 포진 인두염으로 발달할 수 있다. 만일 단순 포진바이러스가 손가락 피부의 베인 곳으로 들어가면 생인손이 생길 수 있다. 헤르페스 글라디아토룸(herpes gladiatorum)은 운동선수가 걸리는 병변의 이름이다.
4. 신경세포에 있는 불활성화된 포진바이러스가 재활성화되어 증상이 재발될 수 있다.
5. **사마귀 (유두종)**는 표피 또는 점막의 생장이다.
6. **수두 대상포진 바이러스(VZV)**가 어린이와 성인에서 **수두** (chickenpox 또는 varicella 라고도 함)의 원인이며, 성인에서 재발한 질병이 **대상포진** (또는 herpes zoster)이다.
7. 풍진 또는 제3일 홍역이라고도 부르는 **루벨라**는 *Rubivirus*가 원인이다. 이 질병은 어린이에게서는 경미하지만 성인과 태아에는 더 심각하다.
8. **홍역** 바이러스는 심각하고 전염성이 있는 어린 시절의 질병으로 넓게 퍼진 발진과 입안의 **코플릭 반점**(Koplik's spot)이 특징인 루베올라(rubeola) 또는 붉은 홍역(red measles)의 원인이다. 발진의 합병증에는 중추신경계에 서서히 진행하는 질병인 **아급성경화범뇌염**(SSPE)이 포함된다.
9. 바이러스는 또한 **전염성 홍반** (제5병)과 장미진의 원인이다.

피부, 털 및 손톱의 진균증 (362-367쪽)

1. **진균증**은 곰팡이 질병이다. **표재성 진균증**은 털, 손톱 및 피부의 케라틴을 용해하는 효소인 각질분해효소(keratinase)를 생산하는 진균 감염이다. **어루러기**는 피부의 패치에 멜라닌 생산을 간섭해서 생긴 결과이다.
2. 피부성 진균증은 **피부사상균증**이며 이전에는 백선(ringworm 또는 tineas)이라고 한다. 이 감염은 피부, 손톱 및 털에서 자라는 진균이 원인이고, 아래에 있는 조직에 면역반응을 유발한다.
3. 상처에 감염된 자낭균류는 **색소모세포진균증**의 원인이고, 진행하면, 병변, 사마귀, 종양 등으로 나타난다.
4. **흑색진균증**은 전형적으로 자낭균류 포자가 외상이나 수술한 상처에 침입하여 발생한다.
5. 몇 가지 속의 토양 자낭균류가 **균종**이라고 하는 침투성이며, 종양과 같은 피부 감염의 원인이다.
6. **스포로트리쿰증**은 장미에 찔리는 것에 의해서 *Sporothrix*의 접종이 원인인 피부 또는 피하 질병이다.

피부에 기생생물의 침입 (367-369쪽)

1. *Leishmania*는 응애에 의해서 인간에게 전파되는 기생성 원생동물이다. 이것은 동물이 인간에게 전파하는 질병인 **인수공통전염병**인 **리슈만편모충증**의 원인이며, 피부, 피하 및 복강에 나타날 수 있다.
2. 진드기 *Sarcoptes scabiei*는 자주 손가락 사이에 가려움 물집이 생기는 질병인 **옴**의 원인이다. 긁으면 상처에 세균을 도입하여 농가진이 될 수 있다.

복습문제

복습문제에 대한 답 (단답형 문제 제외)은 A-1에 있다.

선다형

1. 표피는?
   a. 혈관의 복잡한 네트워크를 갖는다.
   b. 느슨하게 찬 세포층으로 구성되어있다.
   c. 방수단백질을 포함한다.
   d. 얇은 층의 지방세포를 갖는다.
2. 진피 내의 선에서 분비되는 기름기가 있는 지질(oily lipid)을 무엇이라고 하는가?
   a. 케라틴
   b. 지방
   c. 피지
   d. 히알루론산
3. 가장 심한 여드름의 형태는?
   a. 검은색 여드름
   b. 낭포성 여드름
   c. 뾰루지
   d. 과도한 기름 생산
4. 농가진과 연관되지 않은 것은?
   a. 고름 찬 소낭(vesicle)
   b. 단독(erysipelas)
   c. *Streptococcus pyogenes*
   d. 피오시아닌(pyocyanin)
5. 다음의 질병의 쌍 중에서 *S. pyogenes*와 연관된 것은?
   a. 농가진과 여드름
   b. 단독과 괴사성 근막염
   c. 탄저병과 검은색 여드름
   d. 흑색사모증과 사마귀
6. 건조 가피(eschar)는?
   a. 통증이 없다.
   b. 검은색이다.
   c. 딱딱한 궤양이다.
   d. 위의 것 모두가 건조 가피를 설명한다.
7. 화상 환자에서 자주 보이는 기회성 병원체는?
   a. *Pseudomonas*
   b. *Streptococcus*
   c. *Staphylococcus*
   d. *Dermacentor*
8. 다음 중에서 피부성 진균증의 원인이 되는 자낭균류는?
   a. *Malassezia*
   b. *Sporothrix*
   c. *Phialophora*
   d. *Microsporum*
9. 어떤 환자가 붉은 후광에 둘러싸인 염의 결정처럼 보이는 입병변을 갖고 있다. 어느 질병을 의미하는가?
   a. 루벨라
   b. 수두
   c. 홍역
   d. 단독
10. 면역접종이 완결된 첫 번째 질병은?
    a. 천연두
    b. 소아마비
    c. 백선
    d. 홍역
11. 다음에서 어떤 종류의 사마귀가 발바닥에서 발견되는가?
    a. 평편사마귀(flat warts)
    b. 씨사마귀(seed warts)
    c. 음부사마귀(genital warts)
    d. 무사마귀(plantar warts)
12. 필요한 혈액 공급을 받지 못하는 조직에서 걱정되는 것은?
    a. 국소빈혈
    b. 괴사
    c. 가스 괴저
    d. 위의 것 모두
13. 다음에서 어떤 세균이 이 독성인자들을 갖는가: 응고효소(coagulase), 히알루론산분해효소(hyaluronidase), 지질분해효소(lipase), protein A?
    a. *Staphylococcus*
    b. *Streptococcus*
    c. *Bartonella*
    d. *Clostridium*
14. 다음에서 리슈만편모충증의 매개체는?
    a. 고양이
    b. 백선
    c. 응애
    d. 진드기

15. 아급성경화범뇌염(subacute sclerosing panencephalitis)은 이 원인이다.
    a. 제3형 과민반응
    b. 씨사마귀(seed warts)
    c. 홍역 바이러스
    d. 진드기(mite)

연결형

1. ____ 묘소병		A. *Propionibacterium*
2. ____ 여드름		B. *Malassezia*
3. ____ 성홍열		C. *Bartonella*
4. ____ 단독		D. 피부사상균
5. ____ 어루러기		E. 대두창
6. ____ "백선"		F. *Rickettsia*
7. ____ 천연두		G. *Simplexvirus*
8. ____ 포진		H. 수두 대상포진 바이러스
9. ____ 사마귀		I. *Rubivirus*
10. ____ 대상포진		J. *Roseolovirus*
11. ____ 루벨라		K. *Papillomavirus*
12. ____ 홍역		L. *Leishmania*
		M. *Morbillivirus*
		N. *Streptococcus*

빈칸 채우기

1. 집단으로 신체에 서식하는 정상적인 미생물들이 ________________ 을 형성한다.
2. 포도상구균 열상피부 증후군(staphylococcal scalded skin syndrome)은 *Staphylococcus aureus*가 생산하는 ________________ 독소가 원인이다.
3. 농포성 피부염(pyoderma)은 ________________ 라고도 불리는 피부 질환이다.
4. "살을 먹는" 질병은 공식적으로 ________________ 라고 부른다.
5. *Staphylococcus*가 원인이 되는 4가지 모낭염은 ________________, ________________, ________________, ________________ 이다.
6. 록키산 홍반열(Rocky Mountain spotted fever)은 ________________ 속에 속하는 진드기에 의해서 전파된다.
7. 단일 가닥 DNA 바이러스가 인간에게 5병이라고도 알려진 ________________ 의 원인이다.
8. ________________ 가 사마귀의 원인이다.
9. *Clostridium perfringens*가 대부분의 ________________ 사례의 원인이다.
10. 대부분의 뾰루지는 ________________ 이 감염된 결과이고, 초콜릿을 먹거나, 탄산음료를 마시거나 기름진 음식을 먹었기 때문이 아니다.

진위형

1. ____ 격렬하게 피부를 문지르면 미생물을 제거할 수 가 있다.
2. ____ 묘소병은 치료받지 않으면 치명적이다.
3. ____ 표면 세정제는 여드름 치료에 매우 효과적이다.
4. ____ 수많은 진균들이 피부의 표피층에서 생장하지만 전신에 감염되는 경우는 드물다.
5. ____ 코플릭 반점은 수두바이러스 병변이다.

단답형

1. 여드름을 치료하기 위해서 오랫동안 항생제를 사용하는데 대한 장단점을 논의하라.
2. 화상환자와 연관된 감염의 문제들을 논의하라.
3. *Pseudomonas aeruginosa*와 *Staphylococcus epidermidis*가 어느 곳에나 존재하고 수많은 독성인자를 보유했음에도 불구하고, 거의 질병의 원인이 되지 않는 이유는 무엇인가?
4. 록키산 홍반열의 발진과 수두 및 홍역의 발진을 무엇으로 구분하는가?
5. Maria는 검은색의 비늘이 잇는 패치가 팔에 있다. 의사는 그녀가 *Malassezia furfur*를 가졌다고 의심하였다. 이 의문을 확인하는 가장 빠른 방법은 무엇인가?
6. *Staphylococcus*가 생산하는 네 가지 효소들을 설명하고, 각각의 효소가 어떻게 세균이 생존하고 병원성을 갖는데 공헌을 하는지 설명하라.
7. 1955년에 *Staphylococcus* 감염은 페니실린에 의해 성공적으로 치료되었다. 오늘날에는 왜 선택 약물이 없는가?
8. Larry는 심하게 쑤시는 통증을 동반하여 독감과 같은 증상을 3일 동안 앓고 있다. 어떤 병원체가 의심되는가?
9. 왜 백선증(*dermatophytosis*)과 버짐(*ringworm*)이라는 용어는 이것과 연관된 표면의 진균 감염에 대한 부정확한 이름인가?
10. Rathbone 부인은 2주 동안 장미같이 얼굴에 발진이 있고 감기와 같이 훌쩍거리는 그녀의 작은 딸 Rene가 걱정되어 소아과 의사에게 전화를 걸었다. Rene의 문제의 원인이 될 가능성이 가장 높은 것은 무엇인가?

시각화하기!

1. 수두바이러스 감염에서 보이는 각 병변에 정보를 표시하라.

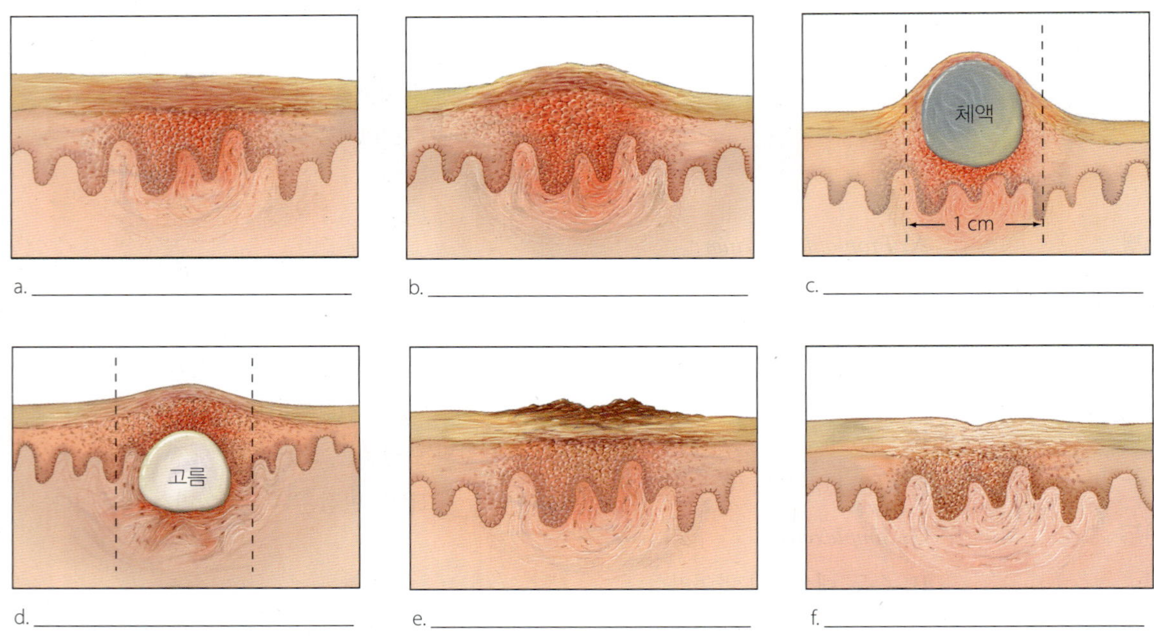

2. 각 부위에 발생하는 인간포진바이러스의 병변 정보를 표시하라.

a. ______

b. ______

c. ______

d. ______

3. 사진에서 보이는 피부 질환의 명칭을 기재하라.

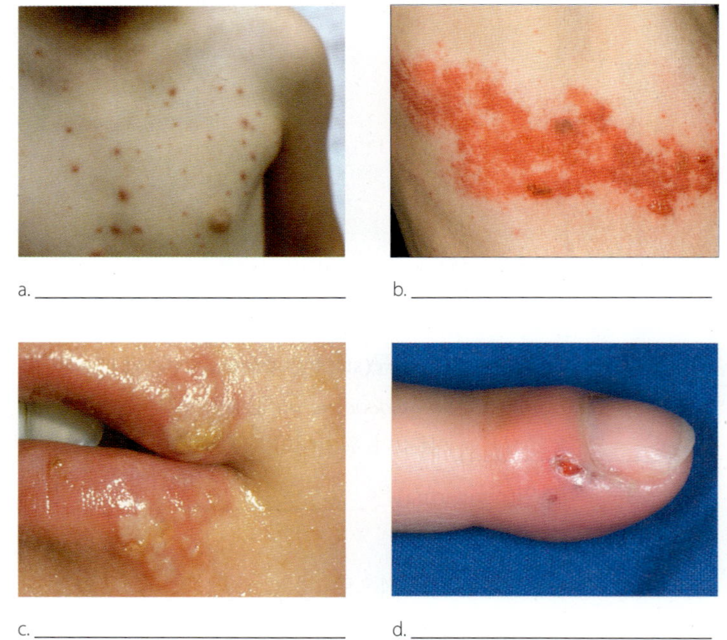

비판적 사고

1. 병원에 입원한 한 어린이가 methicillin-resistant *Staphylococcus aureus* (MRSA) 감염으로 사망하고 며칠 후에 바이러스성 폐렴으로 입원한 다른 어린이가 악화되어 사망하였다. 부검 결과 두 번째 어린이도 MRSA 합병증으로 죽은 것이 밝혀졌다. 어떤 경로로 두 번째 어린이가 감염이 되었겠는가? 병원종사자는 MRSA와 다른 세균이 환자에 전파되는 것을 제한하기 위해서 무엇을 해야만 하는가?
2. 왜 오염된 음료수를 통항 전파되는 질병보다 RMSF와 같이 절지동물에 의해서 전파되는 질병 원인균을 제거하는 것이 더 어려운가?
3. 임상적으로 모든 피하 진균증의 원인이 되는 진균은 모두 접종된 부위 주변에 병변을 일으킨다. 이것들을 구분하려고 시도할 때에 찾아보아야 할 것들은 무엇인가?
4. 인간이 기회 감염에 취약하도록 만드는 다양한 성향의 인자들을 고려할 때에, 의료제공자들은 이런 감염이 증가되는 경우를 어떻게 줄일 수 있겠는가?
5. *Leishmania*와 HIV가 유행하는 지구상의 지역을 보면, 다음 10년 간 리슈만편모충증은 증가될 것인가 아니면 감소될 것인가? 이유를 설명하라.
6. 대부분의 바이러스는 숙주의 핵 내에서 숙주의 효소를 이용하여 자신의 DNA를 복제한다. 반면에 수두바이러스(poxvirus)는 숙주의 세포질에서 복제한다. 이것은 수두바이러스의 복제에 무슨 문제를 일으키는가? 이 바이러스는 이 문제를 어떻게 극복하는가?
7. 천연두 바이러스의 어떤 특징이 이것들을 자연에서 박멸되도록 하였다. 이번 장에서 논의된 어떤 다른 바이러스가 박멸에 적절하며, 어떤 생물학적 특성이 그것들을 적당한 후보로 만드는가?
8. 콜로라도 강에서 급류타기 휴가를 보내고 일주일 후에 Chen 가족 5명 모두에서 입술포진(cold sore)이 발생하였다. 의사는 병변은 포진바이러스가 원인이라고 말해주었다. Mr. Chen과 Mrs. Chen은 충격을 받았다: 포진은 성병이 아닌가? 어떻게 어린이들이 걸릴 수 있는가?
9. *Propionibacterium acnes*는 항미생물 효과인 피부의 pH를 낮추어서 이익을 주는 피부 세균총의 정상 구성원이다. 그러나 *P. acnes*는 여드름의 주요 원인이다. 어떻게 한 세균이 정상이고 유익할 뿐만 아니라 병원성이 될 수 있는가?
10. 2009년에 몇 웹사이트가 홍역백신이 자폐증의 원인이라는 사기성 정보를 제공하였다. 이 주장은 연이은 년도의 홍역 발생건수에 어떤 영향을 주었는가?
11. 스포로트리쿰증 (장미 정원사의 질병)의 원인인 *Sporothrix*는 이형태성이다. 이형태성 진균의 특징은 무엇인가?
12. 농가진과 단독은 왜 청년보다 어린이에게서 더 흔하게 일어나는가?
13. 미국과 러시아는 천연두 바이러스 저장물을 없애겠다고 여러 차례 합의하였지만 파괴를 위한 완료일이 수차례 연기되었다. 그 동안에 대두창의 전체 유전체가 서열 분석되었다. 천연두 바이러스를 유지하기 위해서 정부가 인용하는 이유는 무엇인가? 모든 실험실의 천연두 바이러스 보관물을 파괴해야만 하는가? 바이러스이 유전체가 모두 서열 분석되었고, 뉴클레오티드 서열을 안다면 DNA를 재조립할 수 있다는 것을 고려하면 모든 실험실의 보관물을 제거하는 것이 진정한 천연두 바이러스의 멸종인가?
14. 이분식 검색표(dichotomous key)를 만들고 사용하는 것을 50쪽에서 배웠다. 이번 장에서 배운 모든 진균증을 구분하는 하나의 이분식 검색표를 만들어라.

개념도 작성

다음 용어를 사용하여 단순포진바이러스를 묘사하는 개념도를 작성하라.

아사클로비어(Acyclovir)
입술포진
dsDNA
외피
단순포진
진균 감염
음부포진
구내염
생인손
제1형 인간 포진바이러스
제2형 인간포진바이러스
잠복기
치명적인 신생아 포진
안구포진
구강 포진
다면체 캡시드
일차감염 재발
Simplexvirus

13 신경계와 눈의 미생물 질환

임상 미생물 압박감과 몸이 아픔

대학교 1학년생인 Lin은 엄청난 스트레스에 시달린다. 그녀는 가족 중에서 처음으로 대학에 들어간 사람이고, 장학금을 받아 겨우 입학할 수 있었다. 장학금을 계속 받으려면 탈락률이 높기로 악명이 높은 화학을 포함하여 모든 과목에서 평균 B를 유지해야만 한다. 기말고사는 내일인데 Lin은 몸이 좋지 않았다. 많이 지쳤으며, 열이 나고 두통도 심하였다. 하루 종일 정신이 흐릿하고 목이 이상할 정도로 뻣뻣하였다. 앞으로도 여러 시간 공부를 해야겠기에 최소한 두통이라도 진정되기를 바라면서 아스피린을 복용하였다. 그러나 몇 분 후에 Lin은 화장실로 달려가서 토하였다. 그녀는 침대로 비틀거리며 가서 누워서 잠시 동안 쉬기 위해서 눈을 감았다.

Lin이 깨어났을 때에 방향감각이 없고 혼란스러웠다. 내가 왜 병원에 있지? 그녀가 마지막으로 기억하는 것은 기숙사의 침대에 누워있던 것이었다. 간호사가 와서 Lin의 룸메이트가 잠에서 일어나지 못하는 그녀를 걱정하여 911에 전화를 하였다고 설명하였다. 의사는 Lin이 심각한 감염을 가지고 있다고 의심하였고, Lin의 뇌척수액(CSF)의 시료를 관찰하기 위해서 요추천자(spinal tap)를 수행하였다. 시료는 그람염색을 실시하고 배양하여 혈구, 포도당 및 단백질에 대해서 조사될 것이다. 의사가 실험실로 보낼 때에 Lin의 뇌척수액은 우유빛으로 보였다.

Lin은 무엇 때문에 아픈가? 의사는 그녀의 무엇을 검사하는가? 답을 알기 위해서는 이번 장의 끝 (408쪽)을 보라.

신경계의 구조

학습 | 성과

13.1 신경계의 구분, 기관 및 구조에 대하여 서술하라.
13.2 뇌척수액의 형성, 순환, 흡수 및 수거에 대하여 서술하라.
13.3 보통은 무균 상태인 중추신경계에 미생물이 어떻게 접근할 수 있는지 설명하라.

신경계는 중추신경계(central nerve system)와 말초신경계(peripheral nerve system)로 구분된다 (그림 13.1a).

중추신경계의 구조

뇌와 척수로 구성된 중추신경계(*central nervous system, CNS*)는 신체의 중추 통제 센터의 기능을 한다. 뇌는 다음과 같은 몇 가지 주요 부위가 있다:

- 가장 크고 뇌의 윗부분인 대뇌(*cerebrum*)는 수의근, 인지 및 사람들이 일반적으로 "생각"이라고 하는 것을 조절한다.
- 더 아래에 있는 소뇌(*cerebellum*)는 걸을 때에 팔을 흔드는 것 같은 많은 무의식적인 운동을 조절한다.
- 뇌와 척수를 연결하는 뇌간(*brain stem*)은 호흡, 심박동 및 혈압의 조절를 포함하여 수많은 기능을 갖는다.

척수는 뇌간으로부터 멀리는 요추 부위까지 확장되어 내려간다. 이 부위 아래는 마미(馬尾)(*cauda equina*[1])라고 부르는 신경 다발이 척수로부터 확장되어 있다. 명칭이 의미하듯이 다발은 말의 꼬리를 닮았다.

뇌와 척수를 둘러싸고 있는 두개골(*cranium*)의 뼈, 척추(*vertebral column*), 뼈 및 뇌막(*meninges*[2]) (mě-ninjēz)이라고 하는 3겹의 막들이 지지를 하고 있어 외부 충격으로부터 보호한다. 3겹의 뇌막은 그 구조와 모양이 다르다 (그림 13.1b 및 c).

뼈 바로 옆에 놓여있는 경막(*dura mater*[3]) (dǔ´rămā´ter)은 강한 섬유질의 싸개로서 CNS의 연한 기관들을 보호하는 강하지만 유연한 덮개를 제공한다. 이것은 또한 뼈로부터 감염의 확산을 막는 장벽을 제공한다. 경막의 깊은 곳은 거미막(*arachnoid mater*[4]) (ă-rak´noyd mā´ter)으로 거미줄 모양으로 수많은 가지가 쳐진 섬유를 포함한다. 거미막 섬유들 사이의 공간을 통칭하여 지주막하강(*subarachnoid space*)이라고 한다. 척수와 뇌에 가깝게 바짝 붙여진 내부 막이 연뇌막(*pia mater*[5]) (pī´ămā´ter)이다. 연뇌막 상부의 혈관이 CNS에 혈액을 공급한다. 이 혈관의 벽은 혈액 속에 있는 대부분의 미생물과 커다란 분자들이 지주막하강에 들어오는 것을 막는 혈액뇌관문(*blood brain barrier*)이라고 하는 치밀하게 연결된 세포들로 구성되어 있다. 따라서 혈액 감염은 쉽게 CNS에 확산되지 못하지만, 불행하게도 페니실린(penicillin), 세팔로스포린(cephalosporin), 테트라사이클린(tetracycline), 아미노글리코시드(amnioglycoside) 등과 같은 많은 일반적인 항미생물 제제도 들어가지 못하여 CNS 감염의 치료를 어렵게 만든다.

혈액으로부터 뇌와 경계한 지주막하강 내로 액체가 새어나오는데 뇌척수액(*cerebrospinal fluid*)이라 하고, 두 기관을 씻으며 뇌와 척수의 지주막하강을 순환한다. 거미막이 손잡이같이 연장된 지주막융모(*arachnoid villi* 또는 *arachnoid granulations*)는 혈액이 가득 찬 두개골 상부의 공간으로 확장되어 있으며 CSF를 혈액으로 돌려준다 (그림 13.1b 참조).

뇌척수액은 충격 흡수장치처럼 작용한다; 신경 조직에 영영분, 전해질, 산소 등을 공급하고; 불순물을 제거한다. **요추천자(lumbar puncture** 또는 *spinal tap*)라고 하는 의료 시술에서 의사는 마미를 둘러싼 지주막하강 부위에서 CSF 시료를 채취한다 (그림 13.1d). 두 요추뼈 사이의 피부, 경막과 경막하강(subdural space), 거미막을 관통하여 바늘을 넣어서 지주막하강의 CSF에 도달한다.

말초신경계의 구조

말초신경계(*peripheral nervous system, PNS*)는 CNS의 명령을 신체의 근육과 선(gland)에 전달하고 신체에서 일어난 사건에 관련된 정보를 CNS에 제공하는 신경들로 구성되어있다. 뇌신경(*cranial nerve*)은 두개골(cranial bone)의 구멍을 통하여 뇌로부터 확장되고, 척수신경(*spinal nerve*)은 척추뼈 사이의 틈을 통하여 확장된다. 신경의 가지는 자주 함께 뭉쳐서 신경총(nerve plexus)을 형성한다 (그림 13.1a 참조).

기능적으로 3종류의 신경이 있다: 감각신경(*sensory nerve*)은 일차적으로 CNS에 신호를 운반한다. 눈의 시신경이 그 예이다. 운동신경(*motor nerve*)은 CNS의 신호를 신체의 기관에 전달하고, 혼합신경(*mixed nerve*)은 CNS로 오고 가는 모든 신호를 운반한다.

신경계의 세포

전체 신경계는 기본적인 2종류의 세포로 구성되어있다 — 뉴런(*neurons*) (nūr´onz)과 신경교(*neuroglia*) (nū-rog´lē-ă)라고 하는 지지세포. 더 작은 신경교는 지지판, 절연, 영양 지원을 수행하고 미생물을 식세포화 한다. 뉴런의 세포막은 활동전위(*action potential*) 또는 신경파(*nerve pulse*)라고 하는 전기 신호를 발생시킨다.

[1] "말의 꼬리"란 의미의 라틴어.
[2] "막"이란 의미의 그리스어 *meninx*로부터 유래.
[3] "단단한"이란 의미의 라틴어 *dura* 및 "어머니"란 의미의 라틴어 *mater*로부터 유래.
[4] "거미"란 의미의 그리스어 *arachne* 및 "어머니"란 의미의 라틴어 *mater*로부터 유래.
[5] "부드러운"이란 의미의 라틴어 *pia* 및 "어머니"란 의미의 라틴어 *mater*로부터 유래.

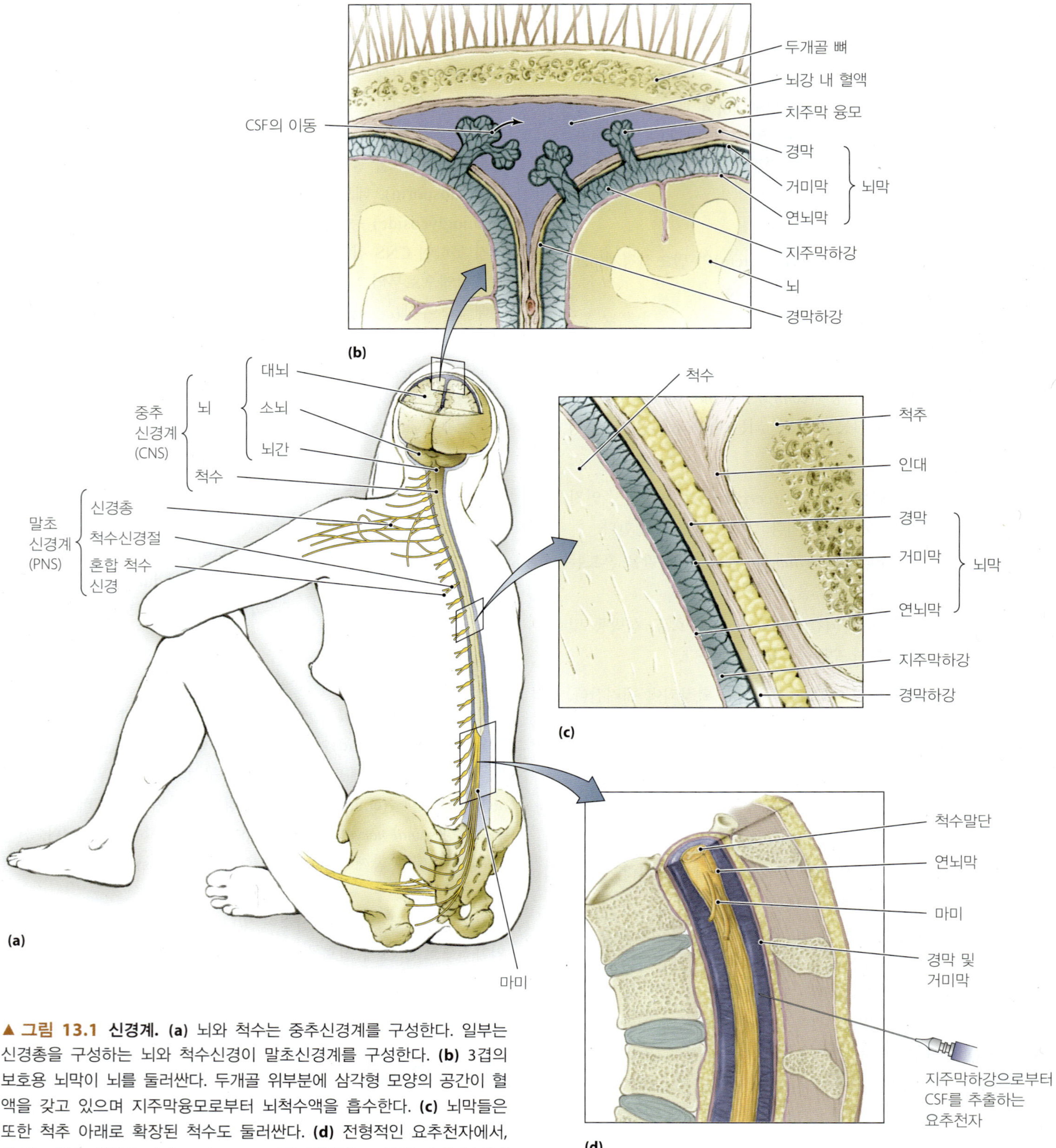

▲ **그림 13.1 신경계.** **(a)** 뇌와 척수는 중추신경계를 구성한다. 일부는 신경총을 구성하는 뇌와 척수신경이 말초신경계를 구성한다. **(b)** 3겹의 보호용 뇌막이 뇌를 둘러싼다. 두개골 위부분에 삼각형 모양의 공간이 혈액을 갖고 있으며 지주막융모로부터 뇌척수액을 흡수한다. **(c)** 뇌막들은 또한 척추 아래로 확장된 척수도 둘러싼다. **(d)** 전형적인 요추천자에서, 의사는 척수 대신에 마미(cauda equina)를 포함하는 지역인 요추 부위의 지주막하강으로부터 뇌척수액을 채취한다. 마미의 신경은 전체가 그려지지 않았다. *왜 의사들은 위의 척추가 아니라 등의 더 아래 부분에서 CSF를 채취하는가?*

그림 13.1 아래 척추는 척수를 포함하고 있지 않다; 따라서 의사는 CNS에 손상을 주거나 CNS에 미생물을 오염시키지 않는다. 더욱이 요추뼈는 크고 확인이 용이하며 그 사이에 큰 공간을 가지고 있다.

뉴런의 핵은 세포체(*cell body*)라고 하는 세포질 지역에 놓여있다. CNS 외부의 많은 뉴런 세포체의 집합을 신경절(*ganglion*)이라고 한다. 두 종류의 손가락 같은 세포질 돌기는 세포체로부터 확장되어있다: 많은, 아마도 수백 개의 수지상돌기(*dendrite*)와 하나의 긴 축삭돌기(*axon*). 축삭돌기의 세포질 내에서 세포골격(cytoskeleton)은 축삭수송(*axonal transport*)이라는 과정을 통하여 물질을 운반한다. 개별적인 세포 (뉴런)의 일부분인 수지상돌기와 축삭돌기를 수천 개의 세포 다발인 감각 및 운동신경과 혼동하지 말라.

축삭돌기의 말단은 선, 근육 및 다른 뉴런과 함께 시냅스(*synapses*[6]) (sĭ-nap´sēz)라고 하는 수천 개의 가지를 가지고 있다. 시냅스는 이웃한 시냅스 후부 세포(*postsynaptic cell*)에 신호를 전달을 중개한다. 대부분의 시냅스에는 축삭돌기 말단과 시냅스 후부 세포 사이에 40 nm 넓이의 세포 간 공간인 시냅스간극(*synaptic cleft*)이 존재한다. 시냅스간극은 전기신호의 전달을 멈추게 한다; 따라서 신경전달물질(*neurotransmitter*)이라는 분자가 말단에서 시냅스 후부 세포로 방출된다. 특정한 신경전달물질은 자극적이거나 억제적이다; 즉, 이것은 (1) 근육의 수축, 선의 분비를 자극하거나 (2) 이런 활동을 저해한다.

중추신경계 감염의 입구

중추신경계는 미생물 집락 형성을 위한 틈이 허락되지 않는다; 따라서 CNS는 무균(axenic) (ā-zēn´ik) 환경으로 일반적인 세균총이 존재하지 않는다. 병원체는 뼈와 뇌막의 깨지거나 찢어진 곳을 통하여, 요추천자와 같은 의료 시술을 통하여, 또는 말초신경부터 CNS까지 무균 수송을 따라서 이동함으로 CNS에 접근할 수 있다. 혈액이나 림프에 의해서 운반되는 미생물은 뇌막 세포에 감염되거나, 또는 죽여서 혈액뇌관문을 침투하여 뇌막의 염증인 **뇌막염(meningitis[7])**을 일으킬 수 있다. 일부 병원체는 국소적 염증이 혈액뇌관문을 일그러뜨려서 투과성을 변화시키면 CNS에 접근할 수 있다; 이런 변화는 많은 병원체의 만성감염 중에 대부분이 일어날 것이다. 뇌척수액의 순환은 감염성 미생물을 두개강(cranial cavity)과 척추로 운반할 수 있다.

세균, 바이러스, 진균, 원생동물, 프리온에 의한 신경계 질환에 대해서 조사할 것이다. 세균 질병부터 시작하고자 한다.

왜 그런가

왜 뇌와 척수의 혈관을 형성하는 세포들이 서로 치밀하게 연결되어 혈액뇌관문을 형성하는 것이 중요한가?

[6]"함께"란 의미의 그리스어 *syn* 및 "움켜쥐다"란 의미의 그리스어 *hapto*로부터 유래.

[7]"막"이란 의미의 그리스어 *meninx* 및 "염증"이란 의미의 그리스어 it is로부터 유래.

신경계의 세균성 질환

신경계에 감염된 세균뿐만 아니라 신체의 어느 부위에서 생장하는 세균에서 방출되는 독소가 뉴런에 영향을 줄 수 있다. 다음 절에서는 두 가지 경우에 해당하는 질병을 모두 언급하고자 한다 — PNS에서 발견되는 세포의 질병인 한센병(leprosy)과 독소 생산이 포함되는 보툴리누스증(botulism) 및 파상풍(tetanus). 그러나 가장 흔한 세균의 신경계 감염은 세균성 뇌막염으로, 이에 대하여 이제부터 설명하고자 한다.

세균성 뇌막염

학습 | 성과

13.4 세균성 뇌막염의 징후, 증상, 진단, 치료 및 예방에 대하여 설명하라.

13.5 세균성 뇌막염의 5가지 많은 원인의 특징을 독성인자를 포함하여 비교하고 대비하라.

세균성 뇌막염(*bacterial meningitis*)은 뇌막(meninges), 주로 연뇌막(pia mater)과 거미막(arachnoid mater), 드물게 경막(dura mater)의 염증성 세균 감염을 포함한다.

징후 및 증상

세균성 뇌막염은 CSF에 백혈구 수의 증가, 갑작스런 높은 열 및 심한 뇌막 염증이 특징이다. 염증은 대부분의 징후와 증상과 관련이 있다: 부어오른 뇌막은 CSF의 정상 흐름을 저해하여 아래에 있는 기관에 압력을 준다. 뇌의 뇌막의 염증은 전형적으로 심한 두통, 구토, 통증 및 많은 다양한 뇌기능의 상실을 일으켜서 어지러움, 혼동, 갈급증 및 흥분과 같은 상태로 유도한다. 척수 뇌막의 염증은 주변 신경과 근육에 압력을 주어 목을 뻣뻣하게 하고, 감각 입력과 근육 조절에 영향을 준다. 뇌염(*encephalitis*)이라고 하는 뇌의 감염은 청각장애, 시각장애, 환자의 행동의 심한 변화, 혼수, 또는 사망에 이를 수도 있다. 뇌막염의 징후와 증상은 빠르게 나타난다; 예를 들어, 수막구균성 수막염(meningococcal meningitis)은 초기 증상 6시간 이내에 사망할 수도 있음으로 치료할 시간이 거의 없다.

요추천자는 정상적으로 깨끗한 CSF를 보여주지만 많은 세균과 증가된 백혈구로 우유빛으로 나타난다. 피부 내의 혈관에 작고 진한 적색의 출혈인 **점상출혈(petechiae)**이 때때로 존재한다.

병원체와 독성인자

연구자들은 50종 이상의 세균이 뇌막염의 원인이 된다는 것을 보여주었다. 이들 중에서 정상 세균총의 기회성 세균도 있는데, *Escherichia coli* (esh-ĕ-rik´-ē-ă ko´lī)와 *Klebsiella pneumoniae* (kleb-sē-el´ă nū-mō´nē-ī)와 같은 그람-음성 장내(enteric[8]) 세균뿐만 아

[8]"창자"를 뜻하는 그리스어 *entera*로부터 유래.

출현성 질병 사례연구

유비저

Isabella는 행운이라고 생각하였다. 얼마나 많은 대학생들이 여행경비를 들이지 않고 한 달 동안 호주 북부의 Kakadu 국립공원에서 교수님 연구를 도울 기회를 갖고, 이 경험을 통해 학점도 딸 수 있겠는가? 산길을 오르는 것이 덥고 지치지만 그녀는 불평하지 않았다. 물론 하루 종일 비가 내리지 않고 자주 가시에 의해 다리에 상처가 나지 않았다면 더 좋았겠지만, 그래도 여행은 모험이었다.

Texas 주의 Houston 시에 돌아와서 일주일 후에 Isabella는 체온 (39.2°C)이 올라갔고 전체적으로 쇠약하게 되었다. 혈액 검사를 포함하여 모든 징후는 정상적인 것 같았다. 의사는 독감을 의심했고 그녀에게 충분히 쉬라고 말하며 집으로 돌려보냈다. 이틀 후에 Isabella는 어지럽고 혼란스럽고, 호흡이 가빠지고, 다리의 작은 절개에 염증과 고름이 찬 병변이 생겼다. 그녀는 병원에 입원하였으나 다음 날 사망하였다.

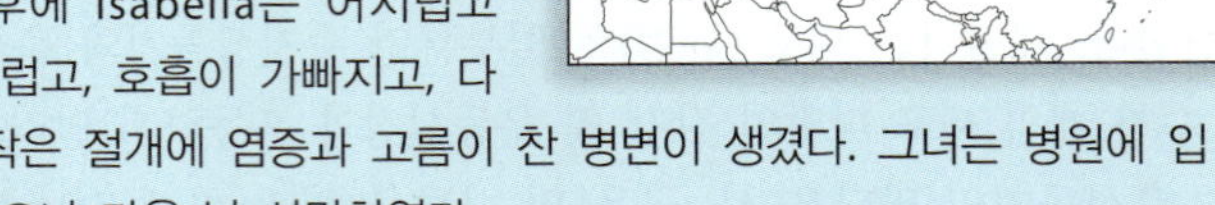

그녀는 그람-음성 세균, ***Burkholderia pseudomallei***에 의해 발병하는 출현성 질병인 유비저(melioidosis)로 사망하였는데, 이 세균은 감염된 사람 세포에서 단백질 합성을 방해하는 독소를 생성한다. 유비저는 동남아시아 열대지방의 풍토병으로 온화한 기후로 확산되는 것으로 나타났다. Isabella는 흡입이나 다리에 염증을 일으키도록 베임으로써 감염되었을 것이다. 치료를 하더라도 Isabella를 포함하여 유비저 환자의 거의 90%가 사망한다.

1. 만일 Isabella의 CSF를 그람 염색하면 어떤 색의 세균세포가 나타나겠는가?

2. 의사가 유비저 대신에 독감을 의심한 이유는?

3. 스웨덴이나 노르웨이에 유비저가 유행할 가능성이 적은 이유는?

니라 *Staphylococcus* (staf´i-lō-kok´ŭs)와 *Streptococcus* (strep-tō-kok´ŭs) 종도 포함된다. 그러나 5가지 다른 종들이 세균성 뇌막염의 거의 90%를 차지한다. 이것들은 *Neisseria meningitidis, Streptococcus pneumoniae, Haemophilus influenzae, Listeria monocytogenes, Streptococcus agalactiae* 등이다. 모든 5종의 세균들은 식세포작용에 저항하고 질병의 원인이 되는 독성인자를 가진다; 다음 절에서 이들 특성에 대하여 자세히 다루겠다.

Neisseria meningitidis *Neisseria meningitidis* (nī-se´rē-ă me-nin-ji´ti-dis)는 인간에게 자주 병을 일으키는 그람-음성 구균의 단 2가지 종들 중에 하나이다. 연구자들은 13종의 항원성 균주를 확인하였다; A, B, C 및 W135가 대부분의 인간 질병의 원인이다. 모든 *Neisseria* 균주의 세포는 운동성이 없으며, 공통되는 면은 편평하여 커피콩을 연상시키는 전형적인 쌍구균 배열로 되어있다 **(그림 13.2)**. 세균은 수막구균(*meningococcus*)으로 알려졌으며, 그 질병은 수막구균성 수막염(*meningococcal meningitis*)으로 알려졌다.

수막구균(meningcococci)은 lipid A와 당 분자로 구성된 지질다당류(*lipooligosaccharide*, LOS) (lĭp´ō-ŏl´ĭ-gō-sak´ă-rid)라는 주요 세포벽 항원뿐만 아니라 핌브리아(fimbriae)와 다당류 캡슐을 가지고 있으며, 이것들 모두 세균이 인간 세포에 부착하는 것이 가능하도록 한다. 이 세 가지 구조적 특성들 중 하나라도 결여된 *Neisseria* 세포는 독성이 없다. 다당류 캡슐은 또한 신체의 식세포 용해효소에 저항을 갖게 하여 식세포화된 수막구균(meningcococci)이

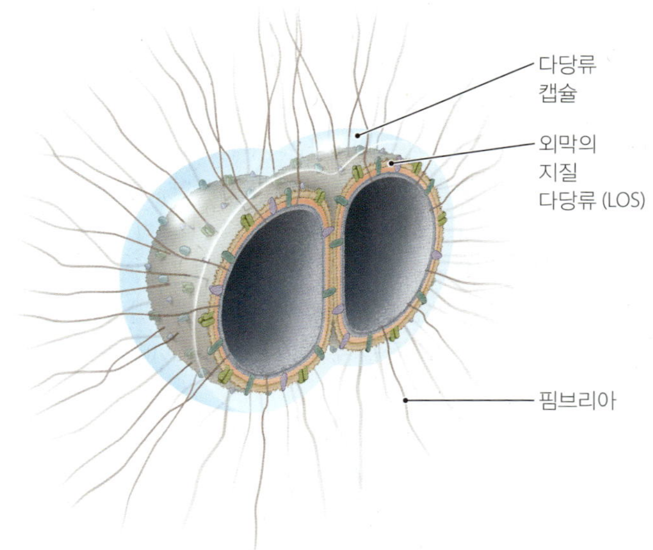

▲ **그림 13.2** ***Neisseria meningitidis* 쌍구균의 전문가의 삽화.** *세균의 병원성에 원인이 되는 핌브리아의 기능은 무엇인가?*

그림 13.2 핌브리아는 세균이 숙주 세포에 부착하도록 한다.

호중구와 대식세포 내에서 생존하고, 복제하고 전신에 운반되도록 한다.

*N. meningitidis*에 의한 대부분의 손상은 세균이 그 외막의 돌출된 부분들을 떨어지도록 하는 과정인 수포화(水泡化, *blebbing*)의

▲ **그림 13.3 *Streptococcus pneumoniae* 세포는 전형적으로 쌍으로 배열된다.**

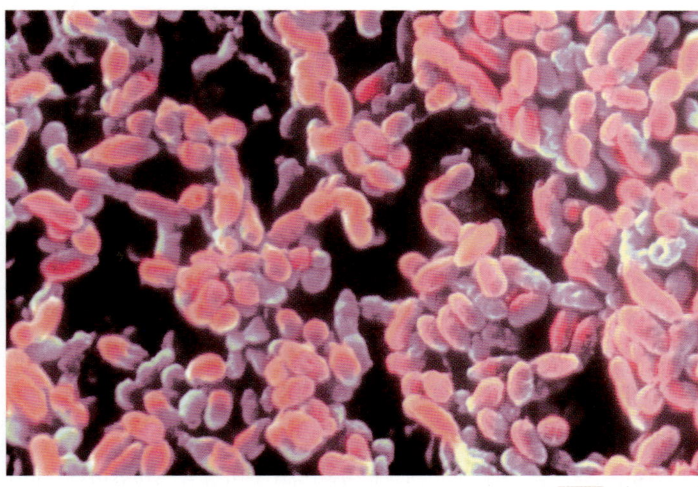

▲ **그림 13.4 그람 염색된 도말에서 다형성인 *Haemophilus influenzae* 간균.**

결과이다. 그 결과로 LOS의 lipid A 요소가 신체로 방출되어 열, 혈관확장, 염증, 쇼크 및 확산된 혈액 응고를 유발한다.

Streptococcus pneumoniae Louis Pasteur는 120년 전에 폐렴 환자로부터 *Streptococcus pneumoniae* (strep-tō-kok´ŭs nū-mō´nē-ī)를 발견하였다. 이 세균은 짧은 사슬, 대부분은 쌍을 이루는 그람-양성 구균이다 **(그림 13.3)**. 사실 이것은 그 자신의 속(genus)인 "쌍구균(diplococcus)"으로 분류된 적도 있다. 통칭하여 폐렴연쇄구균(pneumococci)이라고 부르는 *S. pneumoniae*의 92종류의 다른 균주들은 목에 사는 정상 균총인데, 기회 감염성으로 폐, 부비강, 또는 중이(middle ear)에 자라며 이런 부위들로부터 혈액을 통하여 뇌막으로 이동하는 것으로 알려졌다. *Streptococcus pneumoniae*는 성인 폐렴의 최대 원인이다. 미생물학자들이 pneumococci를 광범위하게 연구하였지만 아직도 세균이 어떻게 질병을 일으키는지 완전히 이해되지 않았다; 그럼에도 불구하고 특정한 구조와 독성인자가 질병을 일으키는데 필요하다.

*S. pneumoniae*의 모든 독성 균주 세포는 식세포작용 후의 소화로부터 보호하는 다당류 캡슐에 둘러 쌓여 있다. 캡슐이 없는 균주는 병을 일으키지 않는다. 병원성인 pneumococci은 세균이 면역 방어에 대응하도록 하는 효소와 독소를 생산한다.

더욱이 병원성인 *S. pneumoniae*는 폐, 뇌막, 혈관벽 세포의 수용체에 결합하는 부착소(adhesin)인 포스포릴콜린(phosphorylcholine)이라고 하는 세포벽 화학물질을 보유하고 있다. 결합은 목표세포의 식세포작용을 자극한다. 따라서 포스포릴콜린과 다당류 캡슐이 pneumococci가 신체 세포 내에 "숨을(*hide*)" 수 있게 해주며, 이 후에 *S. pneumoniae*가 이 세포들을 지나서 혈액과 뇌 속으로 전달될 수 있다.

Haemophilus influenzae *Haemophilus*[9] *influenzae* (hē-mof´i-lŭs in-flu-en´zi)는 증식을 위해서 헴(heme)과 NAD$^+$를 필요로 하는 작고 다형성인 간균이다 **(그림 13.4)**. 결과적으로 이것은 절대기생체로서 인간과 일부 동물의 점막에 집락을 형성한다. 특별한 별칭이 의미하듯이 한 때는 과학자들은 이 세균이 1890년과 1918년의 독감 대유행의 원인이라고 생각하였지만, *H. influenzae*는 독감이 아닌 뇌막염을 일으킨다.

대부분의 *H. influenzae* 균주는 식세포작용에 저항하는 다당류 캡슐을 갖는다. 연구자들은 캡슐 항원의 차이에 근거하여 6 종류의 *Haemophilus* 균주로 분류한다. 1990년대에 도입된 효과적인 백신 전에는 미국에서 *H. influenzae* 질병의 95%가 b형이 원인이었다.

Listeria monocytogenes *Listeria monocytogenes* (lis-tēr´-ē-ă mo-nō-sī-to´je-nēz)는 그람-양성으로 내생포자를 형성하지 않는 구간균(coccobacillus)으로서 오염된 음식이나 음료수를 통하여 신체로 들어온다. *Listeria*는 건강한 어른에서는 드물게 발병한다; 임신부, 태아, 신생아, 노인, 면역이 손상된 환자에서의 감염은 뇌막염이 될 수 있다.

384-385쪽의 **질병심층연구**에서 뇌막염을 포함하여 **리스테리아증(listeriosis)**을 자세히 알아보겠다.

Streptococcus agalactiae 소위 B 항원에 근거하여 랜스필드 B군(Lancefield[10] group B) *Streptococcus*라고도 알려진 *Streptococcus*

[9]"혈액"을 뜻하는 그리스어 *hamia* 및 "사랑"을 뜻하는 그리스어로 *philos*로부터 유래.
[10]저명한 연쇄상구균 전문가인 Rebecca Lancefield (1895-1981)를 따라서 명명.

agalactiae (strep-tō-kok´ŭs a-ga-lak´tē-ī)는 전체 여성의 약 1/3에서 질에 존재하는 미생물총의 정상 구성원이다. 이 세균은 혈액에 들어가면 식세포작용을 회피하는 보호용 캡슐을 생산한다. *S. agalactiae*는 또한 신생아 균혈증(bacteremia), 폐렴, 뇌막염 등의 원인이 된다.

발병

인간은 (건강해 보일 수도 있는) 감염된 사람의 호흡 비말로부터 *N. meningitidis, H. influenzae*와 *S. pneumoniae*를 흡입한다. 아기는 감염된 산도(birth canal)로부터 *S. agalactiae*를 획득한다. *Listeria*는 오염된 음식, 특히 육류와 멸균이 되지 않은 우유와 치즈로 전파된다.

대부분의 경우에 세균은 폐, 부비강 (부비강염, *sinusitis*), 내이(중이염, *otitis media*)로부터 혈액을 통하여 [균혈증(*bacteremia*)] 뇌막으로 확산된다. 머리, 목의 수술, 또는 외상이 뇌막의 지주막하강(subarachnoid space) 내로 유입될 수 있다. 캡슐에 의해서 다소간 식세포작용으로부터 보호받는 세균은 CSF 내에서 포도당으로 대사 작용을 할 수 있다.

역학

1990년대 전에는 *H. influenzae*가 세균성 뇌막염의 최대 원인이었다. 효과적인 어린 시절의 백신으로 이 세균에 의한 감염을 90% 이상 줄였다. 오늘날 *S. pneumonia* (pneumococcus)와 *N. meningitidis* (meningococcus)는 세균성 뇌막염의 주요 원인이며, 미국에서 신생아에서 *S. agalactiae*는 현재 최대 원인으로 70%가 이런 경우로 추산된다.

*S. pneumonia*는 어떠한 해를 끼치지 않고 75% 사람의 입과 목에서 생장한다; 그러나 일부 환자들, 특히 어린이와 노인과 같이 면역반응이 완전히 활성화되지 못하는 집단에서 이 pneumococci는 혈액매개 병원체가 되어 뇌막을 공격한다.

*N. meningitidis*는 환자와 오랫동안 접촉을 한 다른 사람에게 호흡 비말을 통하여 확산될 수 있지만, 어떤 형태의 세균성 뇌막염도 일상적인 접촉으로는 확산되지 않는다. 수막구균성 수막염은 유행하는 유일한 세균성 뇌막염으로, 특히 사하라사막 이남의 아프리카에서는 매 5–12년마다 건조기 (12월에서 6월)에 크게 유행한다. 예를 들어, 2009년 사하라사막 이남의 국가들에서는 90,000건의 발생이 있었다.

미국에서는 수막구균성 수막염이 막사의 군인들과 기숙사의 학생들 사이에 퍼진다. 실제로 기숙사에 사는 학생의 수막구균성 수막염이 일반 집단보다도 9–23배 더 많이 발생한다. 치료받지 않은 수막구균성 수막염은 치사율이 100%이지만, 항생제로 적절하게 치료를 받는 환자에서는 약 11%이다.

*S. agalactiae*에 의한 뇌막염의 태아 사망률은 신속한 진단과 지지요법의 결과로 약 5%로 감소하였지만, B군 *Streptococcus* 뇌막염에서 생존한 태아의 25%가 시각장애, 청각장애, 또는 정신지체를 포함하여 영구적인 신경손상을 갖는다.

*Listeria*는 오염된 음식을 먹은 사람에게 감염된다. 인간에서 인간에게 전파되는 *Listeria*는 산모에서 태아에게 세균이 전달되는 것으로 제한적이며, 조산, 유산, 사산, 신생아 뇌막염 등의 결과를 가져올 수 있다.

진단, 치료 및 예방

뇌막염 증상은 언제나 심각하게 받아들이고 환자는 반드시 신속하게 의사와 상담해야 한다. 빠른 진단은 생존에 필수적이다. 세균성 뇌막염의 진단은 증상과 요추천자에 이은 CSF로부터의 세균 배양을 기준으로 한다. 더해서 혈청검사가 *N. meningitidis*에 대한 항체가 존재하는지 알려줄 수 있지만, 이 종의 B 균주는 상대적으로 면역반응이 없고 따라서 이런 조사로 나타나지 않는다.

의사는 세균성 뇌막염을 세프트리악손(ceftriaxone), 세포탁심(cefotaxime), 메로페넴(meropenem), 반코마이신(vancomycin), 또는 페니실린(penicillin)을 포함하여 많은 정맥 주사용 항생제들 중 어떤 것으로 치료한다. 신속한 치료는 세균성 뇌막염의 치사율을 15% 아래로 감소시킨다.

세균성 뇌막염의 예방은 병원체의 전파와 신체에서의 확산을 막는 것에 달려있다. 미국질병통제예방센터(CDC)는 어린이에게 *Streptococcus pneumoniae, Haemophilus influenzae* B형, *Neisseria meningitidis*의 백신접종을 권장하고 (그림 17.3 참조), 산모의 질에 *Streptococcus agalactiae* (B군 *Streptococcus*)가 집락을 형성한 경우에 어린이의 출생 즉시 페니실린을 투여하도록 권장한다. 1996년에 시행된 나중의 권장사항은 신생아 뇌막염을 5년 내에 75%까지 감소시켰다. 더욱이 의료종사자들은 감염된 산모를 페니실린이나 앰피실린으로, 또는 페니실린 알레르기가 있는 환자를 반코마이신으로 치료하여 아기들에 대한 B군 *Streptococcus* 확산을 방지하였다.

CDC는 또한 수막염구균(meningococcal) 백신접종을 모든 군인들과 대학교 신입생들에게 권장한다. 의료종사자들은 수막염구균 환자와 오랫동안 접촉한 사람에게는 술폰아마이드(sulfonamide), 테트라사이클린(tetracycline), ripampin과 같은 항미생물제를 투여한다. 이런 예방적인 치료는 다른 미생물이 원인인 뇌막염에 노출된 경우에는 추천되지 않는다.

한센병(나병)

학습 | **성과**

13.6 진단, 치료 및 예방을 포함하여 한센병에 대하여 서술하라.
13.7 결핵나병(tuberculoid leprosy)과 나병종나병(lepromatous leprosy)을 구별하라.

한센병(Hansen's disease)은 더 끔찍하게 들리는 **나병(leprosy)**의 임상적 명칭이다. 이것은 1873년 원인이 되는 세균을 발견한 노르웨이 미생물학자인 Gerhard Hansen (1841–1912)의 이름을 따랐다.

징후 및 증상

한센병은 환자의 면역반응에 따라서 두 가지 다른 징후를 갖는다. 강한 T 세포 면역반응을 갖는 환자는 세균에 감염된 세포를 죽일 수 있는데, 결과는 결핵나병(*tuberculoid leprosy*)이라고 하는 비진행형 질병 형태가 된다. 신경 손상의 결과로 감각을 상실한 피부 부위가 이런 형태의 한센병의 특징이다.

반면에 약한 T 세포 면역반응을 갖는 환자에서는 나병종나병(*lepromatous leprosy*)이 발생하는데, 세균이 피부, 점막 및 신경세포에서 증식하고, 점진적으로 조직을 파괴하며, 진행성으로 얼굴 특징, 손가락과 발가락 및 다른 신체 구조의 상실을 일으킨다 **(그림 13.5)**. 징후와 증상의 발생은 매우 느리다; 증상이 분명해지기 전에 몇 년 동안 잠복할 수도 있다. 한센병으로 사망하는 것은 드물고 주로 다른 병원체가 한센병 병변에 감염된 결과로 일어난다.

병원체와 독성인자

Mycobacterium leprae (mī´kō-bak-tēr´ē-ŭm lep´ri)는 높은 비율의 G+C를 갖고 내생포자를 형성하지 않는 그람-양성 간균으로 세포벽에 60–90개의 탄소 원자 사슬로 구성된 왁스성 지질인 **마이콜산 (mycolic acid)** (mī-ko´lik)을 많이 함유하고 있다. 이 특이한 세포벽은 세균의 여러 가지 중요한 특징을 담당한다:

- (많은 마이콜산 분자를 합성하는 시간에 기인한) 늦은 생장율. 세대시간(generation time)은 몇 시간부터 며칠까지 다양하다.
- 식세포작용이 일어나면 용해로부터 보호.
- 식세포세포 내에서 생장.

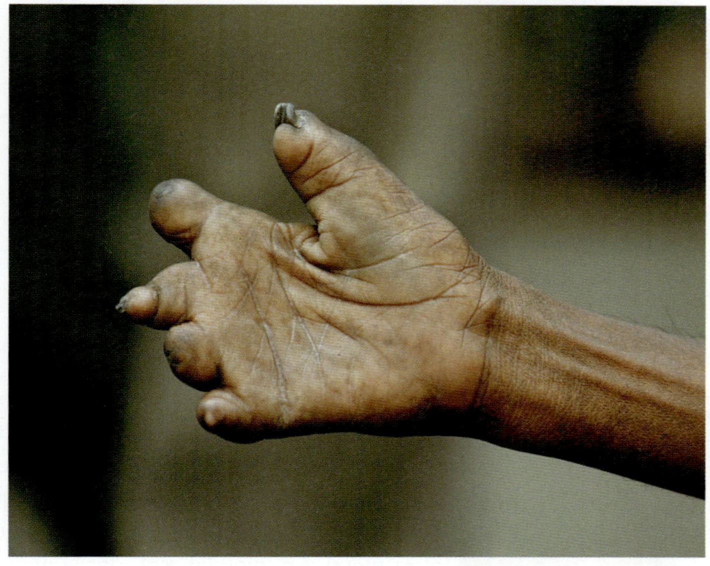

▲ **그림 13.5 나병종나병은 심각한 기형을 결과로 가져올 수 있다.** *나병의 의학 용어는 무엇인가?*

그림 13.5 나병을 의학용어로는 한센병이라고 부른다.

- 그람 염색, 계면활성제, 많은 일반적인 항생제 및 건조에 저항성. Mycobacteria는 그람 염색에 약하게 염색되기 때문에 mycobacteria를 구별되게 염색하기 위하여 항산성(acid-fast) 염색 방법이 개발되었다 (그림 2.18 참조).

세균은 무세포(cell-free) 실험실 배양으로는 키울 수 없었는데, 연구와 진단 연구의 걸림돌이 되는 것이 사실이다. 정상 체온이 30℃인 아홉 줄무늬의 아르마딜로(nine-banded armadillo)가 유일한 자연 숙주이고, 한센병과 한센병 치료법의 효용성을 연구하는데 중요하다는 것이 증명되었다.

발병

*M. leprae*는 30°C에서 가장 잘 생장하고 인간 신체에서 더 서늘한 부분을 선호하는 것으로 보이며, 특히 말초신경 말단의 신경교(neuroglia), 코의 점막 및 손가락, 발가락, 입술과 귓불 세포에서 복제한다. 유일하게 알려진 말초신경의 세균성 병원체이다.

이 세균은 환자의 감염된 세포 내에서 10년에서 30년 이상을 어떤 분명한 징후나 증상없이 살아갈 수 있다. 마지막에는 신체의 세포면역반응이 감염된 세포를 공격하고 그 과정에서 신경과 다른 조직들이 파괴된다.

역학

나병종나병(lepromatous leprosy)은 질병 독성이 더 강한 형태이지만, 다행히도 점점 줄어들고 있다: 1990년대에 세계적으로 매년 약 1,200만 건이 진단되었는데, 2011년까지 그 수가 미국에서 82건을 포함하여 182,000건으로 줄었다. 모든 미국 환자들은 거의 이민자들이었다. 세계보건기구(The World Health Organization, WHO)는 각국 정부와 사설 기관들과 함께 한센병 발병을 10,000명당 한 건 이하로 줄이기 위해서 노력하고 있다. 이 질병이 풍토병인 국가 중에서 몇몇 국가만이 이 목표를 이루었다.

한센병은 특별한 독성이 있지는 않지만 사람 간 접촉으로 전파된다. 전형적으로 사람은 환자와 수년간의 친밀한 사회적 접촉이 있은 후에야 감염된다. 나병종나병을 갖는 환자의 코 분비물에 mycobacteria가 가득하다면, 감염은 아마도 호흡 비말을 통해서 일어날 수 있다. 다른 방법으로는 감염이 피부가 찢어진 곳을 통하여 일어날 수 있다. 선진국에서는 더 이상 한센병 환자를 격리하지 않는데, 이 질병이 거의 전파되지 않으며 완전히 치료가 가능하기 때문이다.

진단, 치료 및 예방

한센병의 치료는 질병의 징후와 증상에 기반을 둔다-결핵나병의 경우에는 피부 감각의 상실과 나병종나병의 경우에는 변형. 진단은 영향을 받은 부위의 시료 내에 항산성 간균(*acid-fast rod, AFR*)이라고도 알려진 **항산성 간균(acid-fast bacilli, AFB)**으로 확진이 된다.

*M. leprae*는 한 가지 항미생물제에 빠르게 내성을 나타내므로, 전형적으로 치료는 최소 2년 정도이며, 리팜피신(rifampicin), 클로

리스테리아증

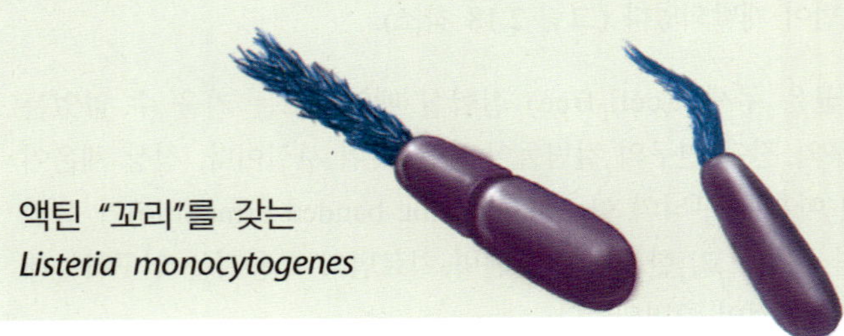

액틴 "꼬리"를 갖는
Listeria monocytogenes

징후 및 증상

*Listeria*는 건강한 성인에서 대개 증상을 일으키지 않거나 단지 경미한 독감과 같은 증상을 일으킨다. 반대로 임신한 산모, 태아, 신생아, 노인, 면역이 손상된 환자에서는 심각하고, 세균성 뇌막염의 원인이 되며, 사망까지 이르게 할 수 있다. *Listeria*의 인간 대 인간 전염은 임신부 대 태아의 전파로 제한된다.

연구자들은 세균성 뇌막염의 원인이 되는 50종 이상의 세균을 동정하였다. 많은 사례들의 원인가운데 한 가지 종이 *Listeria monocytogenes*이다. *L. monocytogenes*는 식세포작용에 저항하고 질병의 원인이 되는 독성인자들을 가지고 있다.

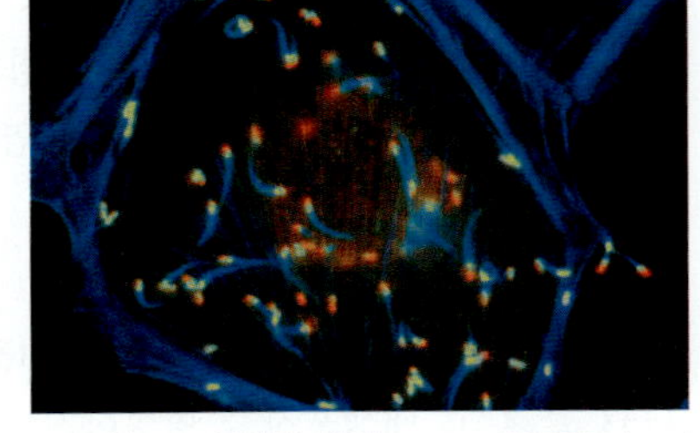

푸른색으로 염색된 액틴 "꼬리"를 보여주는 *Listeria* 사진

LM 10 μm

새로운 세포에 감염되는 동안에 숙주면역체계를 회피하는 리스테리아의 한 가지 방법

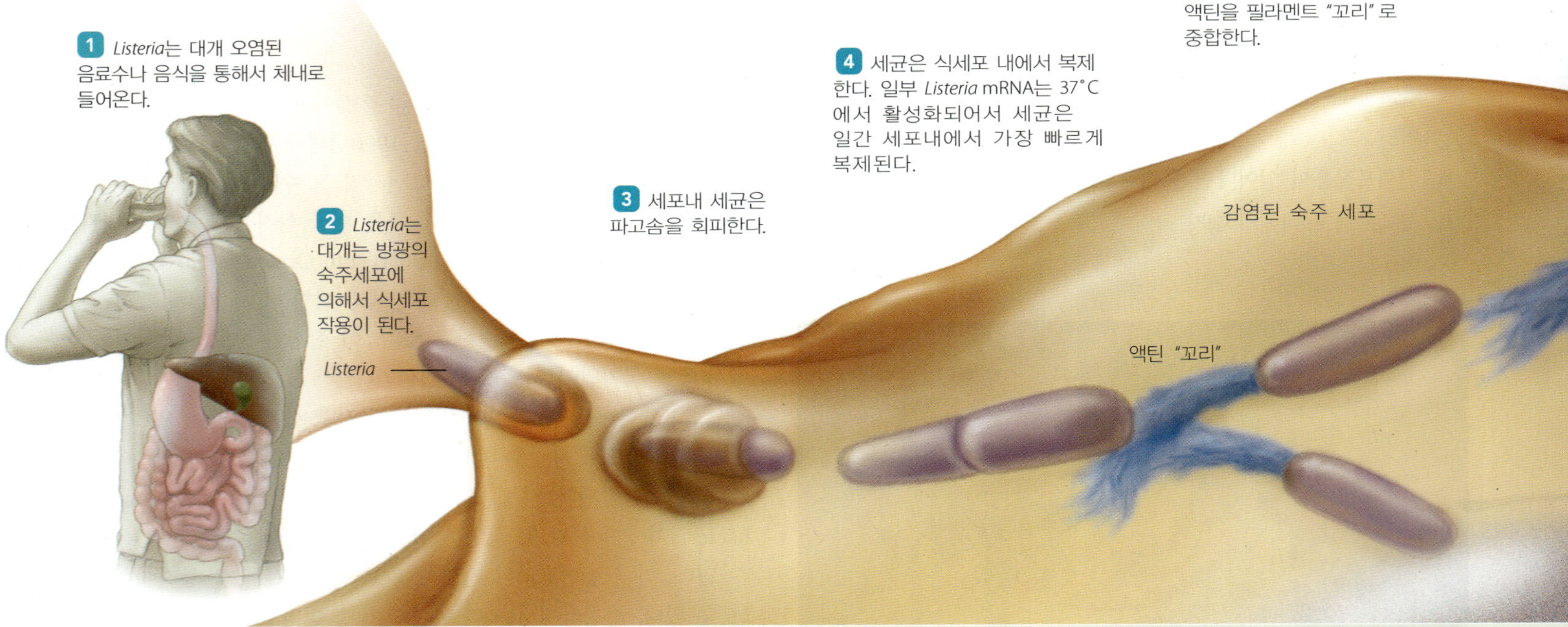

연구하라!

연질 치즈의 소비는 리스테리아증과 연관이 있다. 어떻게 소비자는 연질 치즈를 계속 먹으면서 위험성을 제한할 수가 있는가?

조사를 위해서 세계보건기구 웹사이트를 방문하기 위하여 이 코드를 스캔하라.

역학

CDC에 따르면 2011년에 *Listeria*에 오염된 칸탈루프(cantaloupe)의 섭취를 통하여 "미국에서 최근 90년 내에 가장 치명적인 음식매개 질병의 발병원인이 되었으며", 유산을 포함하여 30명이 사망하는 결과를 초래하였다. 사망자 수가 더 많아질 수도 있었지만 주와 지역 보건당국, FDA 및 CDC가 협력하여 신속하게 감염의 원천 (Colorado 주의 한 농장에서 키운 과일)을 찾아내었고, *Listeria* 감염 문제가 제기된 지 며칠 후에 국가적인 경보가 발령되었다.

병원체 및 발병

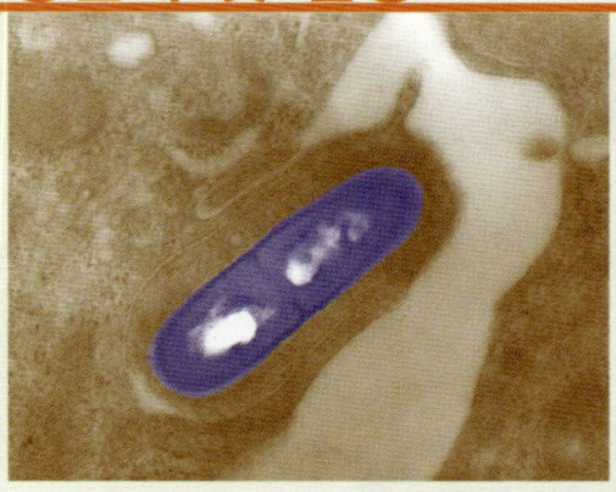
TEM 1 µm

*Listeria*는 토양, 물, 포유류, 조류, 어류, 곤충류에서 발견되는 그람-양성의 내생포자를 형성하지 않는 구간균이다. 이 세균은 오염된 음식이나 음료수, 주로 가공육과 치즈를 통하여 신체로 유입된다.

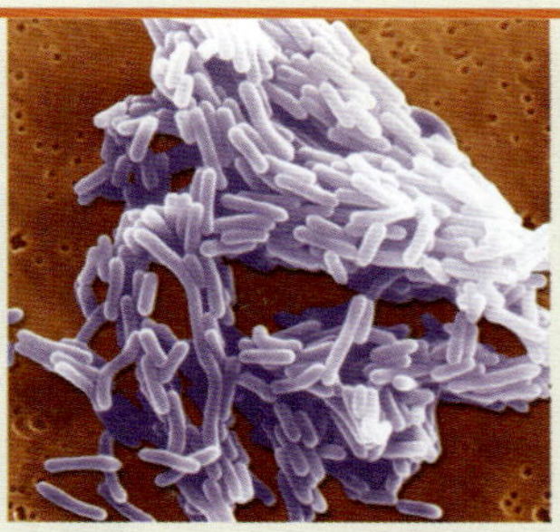

SEM 5 µm

일단 섭취되면 *Listeria*는 대식세포나 표피세포 표면에 결합하여 스스로 세포내이입을 유발한다. 포식소체 내에서 *Listeria*는 리소좀과 융합하기 전에 포식소체를 분해하는 효소인 리스테리오리신 O(listeriolysin O)를 합성한다; 따라서 *Listeria*는 세포의 소화 작용을 회피한다. 이후에 *Listeria*는 B 세포 면역체계로부터 피난처인 세포의 세포질에서 생장하고 생식한다.

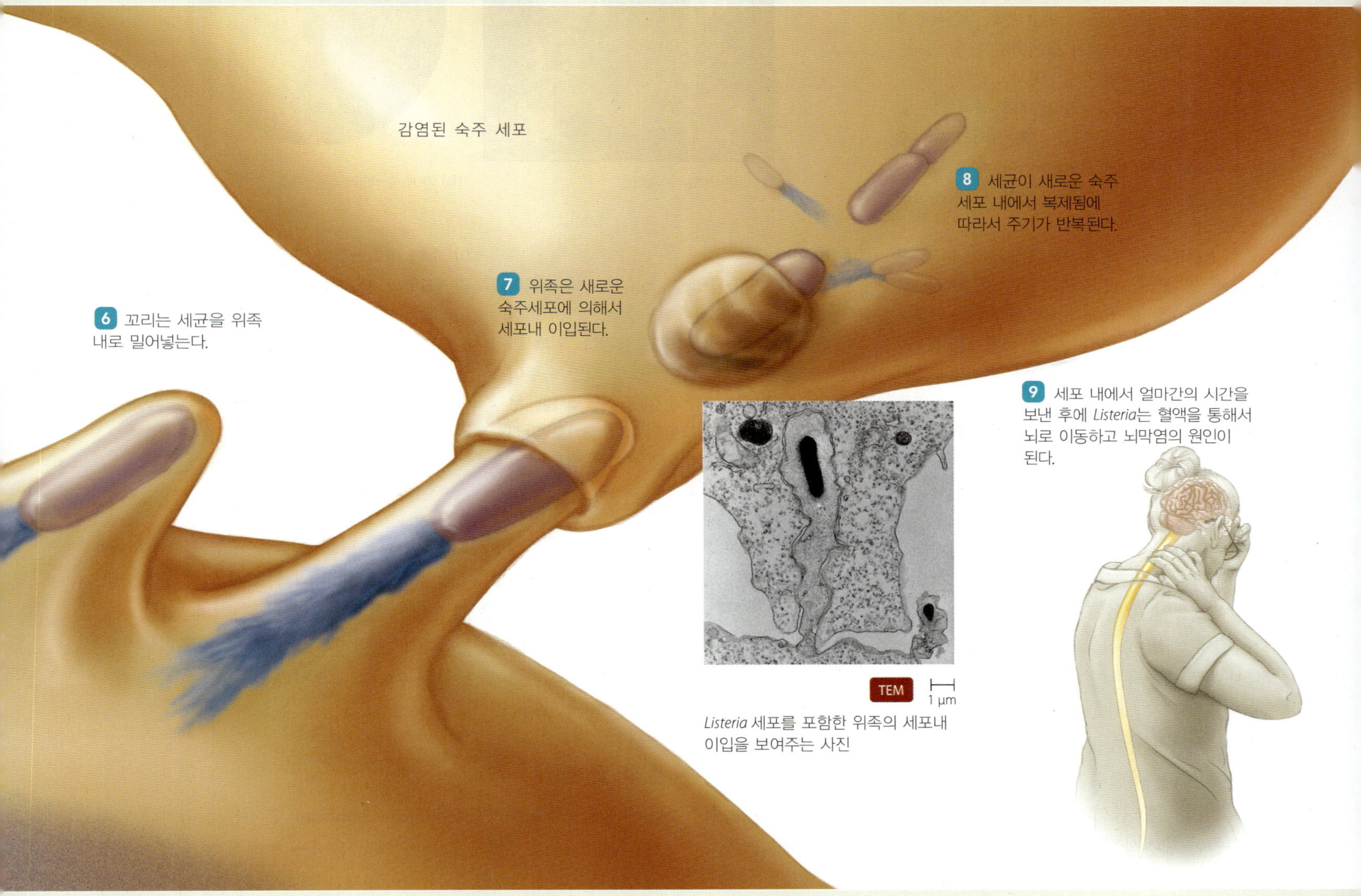

감염된 숙주 세포

6 꼬리는 세균을 위족 내로 밀어넣는다.

7 위족은 새로운 숙주세포에 의해서 세포내 이입된다.

8 세균이 새로운 숙주 세포 내에서 복제됨에 따라서 주기가 반복된다.

9 세포 내에서 얼마간의 시간을 보낸 후에 *Listeria*는 혈액을 통해서 뇌로 이동하고 뇌막염의 원인이 된다.

TEM 1 µm

Listeria 세포를 포함한 위족의 세포내 이입을 보여주는 사진

진단

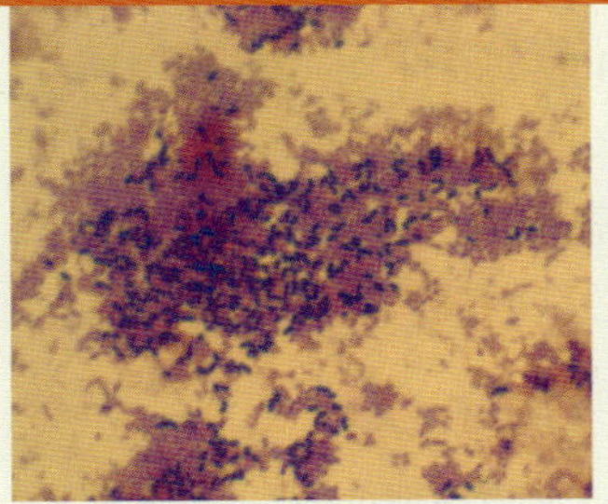
LM 15 µm

진단은 뇌막염 증상을 갖는 사람의 뇌척수액에서 *Listeria*를 발견하는 것으로 행해진다. 불행하게도 질병을 일으키는데 아주 적은 수의 *Listeria* 세포만이 요구되기 때문에 세균은 그람-염색된 포식세포에서는 거의 볼 수 없다. 세균은 실내온도에서는 볼 수 있지만 37°C에서는 볼 수없는 특징적이고 구별되는 빙글빙글 도는 "회전" 운동을 보여준다.

치료 및 예방

세균은 테트라사이클린(tetracycline)과 트리메토프림(trimethoprim)에 저항을 보이지만 페니실린(penicillin)과 에리스로마이신(erythromycin)을 포함한 대부분의 항미생물제는 *Listeria*를 억제한다. 면역이 손상된 환자 (예, AIDS 환자)는 덜 익은 고기와 채소, 멸균되지 않은 낙농제품과 연질 치즈를 피해야 한다.

집중 조명

Nipah 바이러스: 돼지에서 사람에게

많은 질병은 사람들이 병원체의 영역을 침범하거나 자연 숙주와 접촉했을 때, 또는 병원체가 그 역사적인 범위를 벗어난 지리적인 영역에 도입이 되었을 때에 과학계에 알려지게 된다. 이런 상태의 질병을 출현성 질병(emerging disease)이라고 한다. 최근에 나타난 질병의 한 사례가 말레이지아, 싱가포르, 방글라데시를 포함한 동남아시아에 나타난 새로운 형태의 뇌염이다. 문제의 미생물은 말레이지아의 발견된 지역 이름을 따라서 현재는 Nipah 바이러스 (*Henipavirus* 속)로 알려진 전에 한 번도 확인된 적이 없는 RNA 바이러스이다.

(a) 대추야자 수액채집

(b) 밤에 수액을 먹는 박쥐

Nipah 뇌염 희생자는 고열, 심한 두통, 근육통, 어지러움, 방향상실, 경련 및 혼수를 경험한다. 이들 중 70%가 사망한다.

희생자들은 감염된 동물, 다른 사람들, 시체와 접촉하거나, 또는 박쥐의 타액이나 분변으로 오염된 대추야자 수액을 그냥 마심으로 Nipah 바이러스와 접촉하였다. 말레이지아에서 희생자의 93%가 돼지와 연관된 직업으로 보고되었다.

어떻게 돼지가 Nipah 바이러스에 감염이 되는가? 팽배되어 있는 이론에는 인간이 박쥐의 서식지를 침범한 것이 포함된다. 일부 과일박쥐 종은 Nipah 바이러스의 자연 숙주이다. 고속도로 공사자들이 이 박쥐들의 열대우림으로 밀고 들어가 그들의 홰(roost)를 파괴하면서 박쥐들은 돼지농장 근처로 몰려났고, 이 후에 바이러스가 종을 "뛰어넘어" 돼지에 감염되었다. 돼지농장이나 도축장에서 일하는 사람들은 호흡기 경로를 통하여 또는 피부와 점막의 찢어진 부분을 통하여 연속적으로 감염되었다.

Nipah 뇌염의 어떤 치료법이나 백신은 존재하지 않는다.

파지민(clofazimine), 답손(dapsone) 등과 같은 여러 가지 약물을 투여하는 것으로 진행된다. 치료는 최소 2년 동안이며 일부 환자에서는 평생동안 할 수도 있다.

결핵 백신(tuberculosis vaccine, BCG[11])은 한센병에 대하여 일부 보호를 제공하는데, 아마도 한센병 세균과 결핵 세균이 연관되어 있고 항원을 공유하기 때문일 것이다. 예방은 일차적으로 병원체에 노출을 제한하는 것과 노출이 일어나면 항미생물제를 예방적 목적으로 이용하는 것으로 달성된다.

뇌막과 말초신경의 세균 감염을 조사하였고, 이제는 세균 독소가 원인인 신경성 질병인 보툴리누스증과 파상풍으로 관심을 돌리겠다.

보툴리누스증

학습 | 성과

13.8 3종류의 보툴리누스증의 징후, 증상, 진단, 치료 및 예방에 대하여 서술하라.

13.9 신경세포에 미치는 보툴리눔 독소의 작용을 설명하라.

보툴리누스증(botulism[12]) (bot´yū-lizm)은 종종 감염 자체가 아니고, 대신에 말초신경계의 시냅스에 나쁜 영향을 주는 *Clostridium botulinum* (klos-trid´ē-ŭm bo-tū-lī´num)의 독소에 의한 중독이다. 보툴리눔 독소는 매우 강력한 자연 독 가운데 하나이다. 임상 의사들은 보툴리누스증을 음식매개 보툴리누스증, 유아 보툴리누스증, 상처 보툴리누스증의 3가지 종류로 구분한다. 다행히 이들 3가지 모두 드물게 발생한다.

징후 및 증상

음식매개 보툴리누스증(foodborne botulism) 환자는 상하거나 냄새가 나는 것으로 보이지 않는 오염된 음식을 통해서 보툴리눔 독소를 섭취한 후에 1-2일 동안 쇠약해지고 어지럽다. 흐릿한 시야, 확대되어 고정된 동공, 건조한 입, 변비, 메스꺼움, 구토, 복통도 나타난다. 말초신경이 영향을 받음에 따라서 신체의 양 쪽에서 모든 수의근 (골격근)의 점진적인 마비가 시작된다. 환자가 이 고통을 겪는 동안 정신은 멀쩡하게 남아있다.

사망한다면 호흡을 위해서 중요한 근육인 횡격막의 마비가 원인으로, 환자는 흡입을 할 수 없다. 생존자는 새로운 신경 말단이

---

[11]백신을 개발한 두 명의 프랑스인의 이름을 따른 Calmette-Guérin 균.

[12]"소시지"를 뜻하는 라틴어 *botulus*로부터 유래.

몇 달 또는 몇 년에 걸쳐서 성장하여 기능이 없는 말단을 대체함에 따라서 매우 천천히 회복된다.

유아 보툴리누스증(infant botulism)은 주로 6개월 이하의 유아에서 발생하는 질병이다. 독소를 섭취하지 않는 것은 음식매개 보툴리누스증과 다르다. 이 질병에서는 세균이 어린이의 내장관에서 실제로 자라며 독소를 분비한다. 유아 보툴리누스증은 울음, 변비 및 "성장 감퇴"와 같이 비특이적인 증상이 특징이다.

태아는 *C. botulinum*과 영양분과 공간을 놓고 경쟁할 정도로 충분히 유용한 미생물총의 수를 갖지 못했기 때문에 집락형성에 취약하다. 어른의 경우에는 정상 내장 미생물총에 의한 미생물 길항작용(*microbial antagonism*)이 내장관에서 세균의 생장을 저해한다.

상처 보툴리누스증(wound botulism)은 상처에 내생포자가 도입된 후에 죽은 조직에서 세균이 생장하는 것이 포함된다. 징후와 증상은 음식매개 질병과 유사하지만, 잠복 시간이 4일 이상으로 더 길다.

병원체와 독성인자

보툴리눔 독소를 생산하는 세균인 *C. botulinum*은 혐기성의 내생포자-형성, 그람-양성 간균으로, 세계적으로 토양과 물에 널리 분포한다. 세포의 말단에 형성되는 내생포자는 육류, 달걀, 버섯, 콩류, 옥수수, 근대, 완두콩 및 일부 치즈와 같은 산성이 아닌 (pH >4.5) 식품의 잘못된 통조림 제조에서 살아남는다. 내생포자는 발아하고 생장하여 보툴리누스증의 원인인 쇠약하게 하는 독소를 병이나 캔으로 방출하는 영양세포가 된다.

다른 *C. botulinum* 균주는 항원성이 7종류로 구별되는 보툴리눔 신경독 중의 하나를 생산하며, 이 신경독이 뉴런에 영향을 준다. 과학자들은 순수한 독소 30그램으로 미국의 모든 사람을 죽이기에 충분하다고 알려진 보툴리눔 독소가 가장 치명적인 독소라고 생각한다. 수저를 핥아보는 것과 같이 이 강력한 독소에 오염된 음식을 조금 맛보는 것만으로도 심하게 질병에 걸리거나 사망할 수 있다.

보툴리눔 독소의 긍정적인 이용을 배우기 위해서는 101쪽의 유익한 미생물 부분을 참조하라. 각각의 7종류 독소들은 하나의 신경학적으로 활성을 갖는 폴리펩티드와 하나 이상의 비독성 폴리펩티드가 연합하여 구성된 4차 구조 단백질로서, 비독성 폴리펩티드는 독소를 안정화시키고 위산에 의해서 불활성화 되는 것을 방지한다.

발병

보툴리눔 독소의 작용을 이해하기 위해서는 신경계가 근육수축을 조절하는 방법을 생각해야 한다. 운동 뉴런의 수많은 말단들은 각각 근육세포들과 시냅스를 형성한다. 이런 시냅스를 신경근 접합부(*neuromuscular junction*)라고 부른다. 대부분의 시냅스처럼 두 세포는 실제로 접촉하고 있지 않다; 시냅스 간극이 이 사이에 남아있다 **(그림 13.6a)**. 뉴런은 신경전달물질인 아세틸콜린(*acetylcholine, ACh*)을 말단 세포막의 가까이에 있는 소낭에 보관하고 있다. ACh는 뉴런과 근육간의 연락을 중개한다.

신경자극(nerve impulse)이 운동 뉴런의 말단에 도착하면 ACh 소낭이 뉴런의 세포막에 융합되며 시냅스 간극에 ACh가 방출된다.

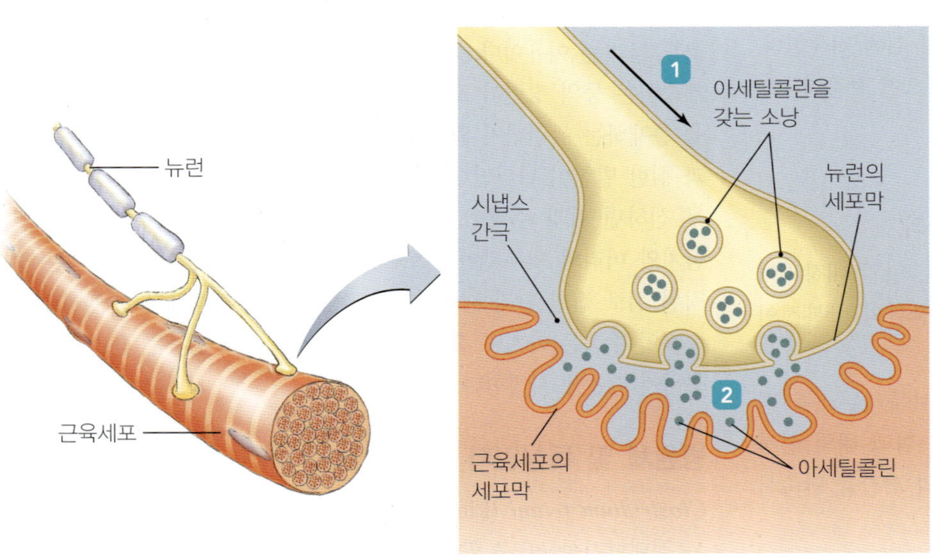

(a) 정상 신경근 접합부

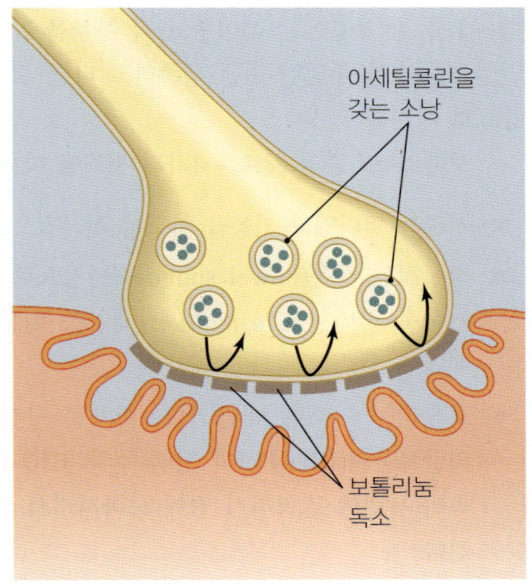

(b) 보톨리눔 독소가 존재할 때 신경근 접합

▲ **그림 13.6 보툴리눔 독소는 어떻게 신경근 접합부에 작용하는가. (a)** 신경근 접합부의 정상 기능. 중추신경계로부터의 신경자극은 아세틸콜린(ACh)이 찬 소낭을 뉴런의 세포막에 융합시키는 원인이 되며 1, Ach을 시냅스 간극 내로 방출한다 2. 근육세포의 세포막 위의 수용체에 Ach가 결합하여 근육세포가 수축하는 결과를 가져오는 일련의 사건들을 자극한다 (그려지지 않음). **(b)** 보툴리눔 독소는 소낭이 뉴런의 세포막에 융합하는 것을 차단한다. 따라서 Ach가 시냅스 간극 내로 방출되는 것을 막는다; 결과적으로 근육세포는 수축하지 않는다.

이후에는 ACh 분자가 간극을 가로질러 확산되어 근육세포 세포막의 수용체에 결합한다. ACh 수용체에 ACh가 결합하면 근육세포 내에서 연속된 결과들이 유발되어 근육 수축의 결과로 나타낸다.

보툴리늄 독소는 비가역적으로 뉴런의 세포막에 결합하여 소낭의 융합을 막아서 시냅스 간극으로 아세틸콜린의 방출을 막는 작용을 한다 **(그림 13.6b)**. 따라서 보툴리늄 독소는 근육 수축을 막아서 이완된 마비(flaccid paralysis)의 결과로 나타난다. 보툴리늄 독소의 결합은 비가역적이다; 시냅스는 영구히 차단된다. 보툴리누스증은 적극적인 치료에도 불구하고 진행될 수 있다; 그러나 차단된 운동뉴런의 축삭돌기가 새로운 가지를 자라게 하여 근육과 새로운 시냅스를 형성할 수 있다.

역학

매년 미국에서 음식매개 및 상처 보툴리누스증이 약 30건 발생한다. 병원에 입원한 환자의 10%가 사망한다.

현재 미국에서 유아 보툴리누스증은 가장 일반적인 보툴리누스증으로 매년 약 80건이 보고된다. 이 사례들은 먼지의 내생포자를 흡입하거나 음식으로 섭취해서 생기는 결과로서 멸균을 하지 않은 ("자연") 꿀벌이 약 1/3의 유아 보툴리누스증에 관여한다. 병원에 입원한 환자의 사망률은 1% 미만이다.

진단, 치료 및 예방

보툴리누스증은 증상으로 진단한다; 오염된 식품, 분변, 또는 환자의 상처로부터 생물체를 배양하는 것으로 진단을 확진한다. 또한 독소 활성은 쥐 생체실험을 통하여 탐지할 수 있다. 이 실험 과정에서는 식품, 분변, 또는 혈청을 두 부분으로 나눈다. 보툴리늄 독소의 항독소를 한 부분에는 섞어주고 각 부분을 2세트의 쥐에 접종한다. 만일 항독소를 주입한 쥐는 생존하고 다른 쥐는 죽으면 보툴리누스증으로 확진된다.

보툴리누스증의 치료는 4가지 처지를 따른다:

- 기도가 열려있고 기능을 하도록 적극적으로 주의.
- 정상적인 장음(bowel sounds)을 지표로 하여, 만일 내장관이 기능을 한다면 *Clostridium* 제거를 위한 내장관의 반복적인 세척.
- 보툴리늄 독소에 대한 인간 항체로 구성된 보툴리누스증 면역글로불린(BIG-IV)의 정맥 주사. BIG-IV는 혈액 내의 신경독이 뉴런에 결합하기 전에 중화시켜서 질병의 기간을 단축시킨다.
- 상처 보툴리누스증의 경우에 세균을 죽이는 항미생물제의 투여. 이 처치는 유아 보툴리누스증에는 추천되지 않는데, 이 치료가 독소 방출을 증가시켜서 질병을 악화시키기 때문이다. 항미생물제는 음식매개 보툴리누스증에 효과적이지 않은데, 음식매개 보툴리누스증은 세균 자체가 아니라 독소를 섭취한 결과로 발생하기 때문이다.

음식매개 보툴리누스증은 올바른 통조림 제조 기술을 통하여 오염된 식품 내의 모든 내생포자를 파괴하는 것으로 예방된다; 냉장고를 사용하거나 산성 환경 (pH <4.5)을 만들어 줌으로서 내생포자가 발아하는 것을 방지; 또는 열로 독소를 파괴-음식을 최소 80℃에서 20분 이상 가열. *C. botulinum*은 생장하며 가스를 생산함으로 부풀어 오른 식품 통조림은 오염을 의미할 수 있다. 유아 보툴리누스증은 벌꿀, 특히 멸균되지 않은 벌꿀의 섭취와 자주 관련이 있다; 따라서 소아과 의사들은 부모들에게 내장의 미생물총이 충분히 발달하여 *C. botulinum* 내생포자가 발아하는 것을 억제할 때-대개 1살 이후-까지는 유아에게 벌꿀을 먹이지 말라고 조언한다.

질병개요파악 13.1에서는 유아 보툴리누스증을 요약하였다. 390쪽의 **임상 사례연구: 찡그린 배우**에서는 보툴리늄 독소의 임상적 이용을 설명하였다.

파상풍

학습 | **성과**

13.10 파상풍 독소(tetanospasmin)의 작용에 대하여 서술하라.
13.11 파상풍의 진단, 치료 및 예방에 대하여 서술하라.

파상풍(tetanus[13])은 *Clostridium* 종에 의해서 생산되는 신경독이 원인인 또 하나의 질병이다.

징후 및 증상

전형적으로 파상풍의 초기 및 진단할 수 있는 증상은 턱과 목 근육의 경직으로, 이것은 파상풍이 다른 이름인 아관경련(*lockjaw*)이라고도 불리는 이유이다. 다른 초기 증상에는 발한, 침 흘림, 짜증 및 계속되는 등의 경련이 포함된다. 만일 독소가 선(gland)과 불수의근을 통제하는 뉴런까지 확산되면, 불규칙한 심장박동, 급변하는 혈압과 심한 발한이 나타난다. 경련과 수축이 다른 근육으로 퍼지고, 너무 심하면 팔과 주먹이 강하게 접히고, 다리는 아래로 접히고, 발꿈치와 머리의 뒷부분이 서로를 향하여 휘어감에 따라서 신체는 경직된 뒤로 접힌 활과 같이 된다 **(그림 13.7)**. 횡격막의 완전하고 지속적인 수축은 마지막 흡입의 결과를 가져오고 환자는 숨을 내쉬지 못하기 때문에 사망한다.

병원체 및 독성인자

Clostridium tetani (klos-trid´ē-ŭm te´tan-ē)는 작고 운동성이 있는 절대혐기성균으로 말단에 내생포자를 생산하여 세포가 구별되는 "막대사탕"과 같은 외형을 갖게 한다 (392쪽의 질병개요파악 13.2 참조). 영양세포는 산소에 매우 민감하여 단지 무산소 환경에서만 생존한다. 반면에 내생포자는 공기에 수십 년 또는 그 이상 노출이 되어도 생존할 수 있고, 토양, 먼지 및 동물과 인간의 내장 어느 곳

[13]"펴다"란 의미의 그리스어 *tetanus*로부터 유래.

질병개요파악 13.1

유아 보툴리누스증

1 유아가 *C. botulinum* 내생포자, 특히 벌꿀에 있는 것을 흡입한다.

2 내생포자는 내장관의 무산소 환경에서 발아한다. 영양세포는 자라고, 복제하고 보툴리눔 독소를 방출한다.

3 독소는 혈액으로 흡수되고 전신을 순환한다.

4 보툴리눔 독소는 변비와 약한 울음을 일으킨다.

5 점차 독소는 목근육과 횡경막을 포함하여 근육을 마비시킨다.

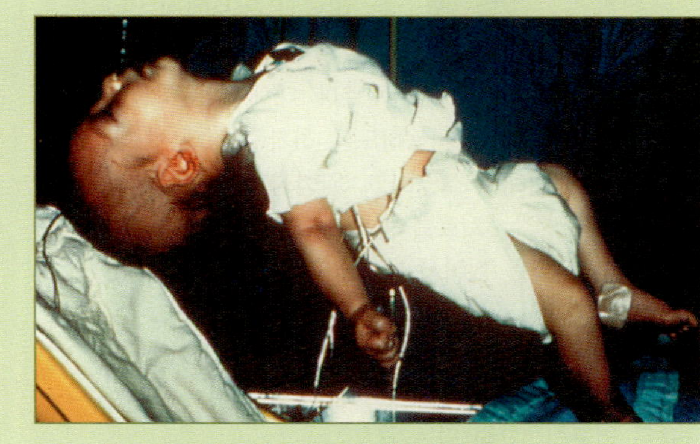

"플로피아기증후군"으로 알려진 극도의 유아 근육 약화

원인 *Clostridium botulinum* (혐기성 내생포자-형성 그람-양성 간균).

독성인자 내생포자가 잘못된 통조림 제조 시에 생존하고 항미생물제에 내성을 갖는다; 다른 항원성으로 구별되는 7종류의 보툴리눔 독소.

침입구 내생포자 흡입 또는 오염된 음식 섭취.

징후와 증상 변비가 최초의 증상이다. "플로피아기증후군(floppy baby syndrome)"은 힘없는 울음, 부실한 섭취 (힘없이 젖을 빨기), 머리 통제 상실, 호흡곤란의 원인인 것으로 설명되었듯이 근육이 약화된다. 유아는 무기력과 하향성 마비도 겪게 된다.

잠복기 모름.

취약성 태아, 특히 6개월 이내 유아.

치료 기도를 깨끗이 하고 호흡 기능을 관찰하는 것을 포함하는 지지요법. 보툴리누스증 면역글로불린(BIG)은 질병의 기간을 단축시킨다.

예방 1살 이내의 유아에게는 벌꿀을 먹이지 않는다.

에서나 거의 발견된다.

*C. tetani*의 세포는 죽을 때에 **파상풍 독소(tetanospasmin)** (tet´ă-nō-spaz´min)라고 하는 강력한 신경독을 방출한다. 파상풍 독소는 이황화 결합으로 연결된 두 개의 폴리펩티드로 구성된다. 더 무거운 폴리펩티드는 뉴런의 세포막에 결합하여 뉴런이 독소를 내부로 수송하여 더 가벼운 폴리펩티드를 절단해 내도록 유도한다. 축삭수송(axonal transport)은 더 가벼운 폴리펩티드를 중추신경계로 운반한다. *C. tetani*는 감염 부위에 국소적으로 남아 있다; 단지 독소만 중추신경계로 이동한다.

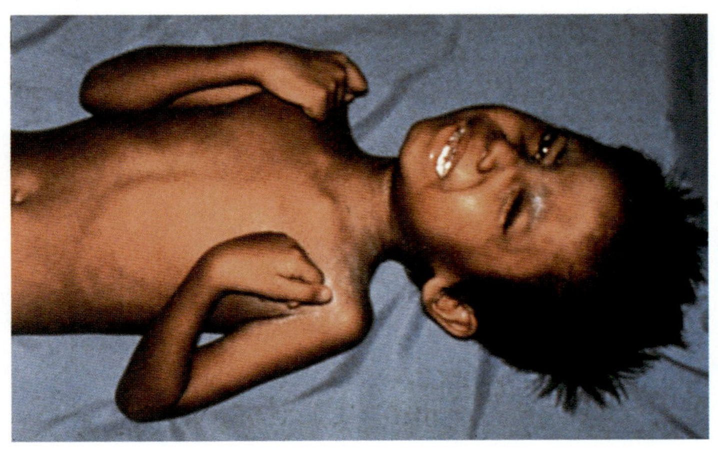

발병

대중의 믿음과는 다르게 녹슨 못에 깊게 찔리는 것만이 파상풍의 유일한 (또는 일차적인) 원인이 아니다. 피부와 점막의 어떠한 손상도 *C. tetani* 내생포자가 자유 산소가 결핍된 더 깊은 조직에 접근할 수 있도록 한다. 피부와 점막의 심한 상처와 구멍뿐만 아니라 나무 조각, 면도 자국, 사고로 일어난 스테이플과 압정 상처, 약물 주

◀ **그림 13.7 파상풍 환자.** 계속되는 근육 수축이 파상풍 독소의 작용이다. *파상풍 독소의 명칭은 무엇인가?*

그림 13.7 파상풍 독소는 tetanospasmin이다.

임상 사례연구

찡그린 배우

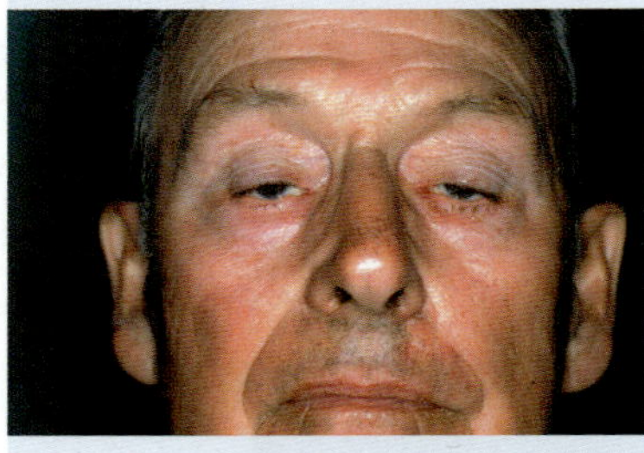

55세의 배우는 주인공으로서의 그의 스타성을 유지하는 것이 걱정되었고, 그의 이마를 "찡그린 것처럼 보이게 하는 주름"이 싫었다. 그는 피부과 의사에게 얼굴주름을 이완시킬 수 있는 성형치료에 대해서 문의하였다. 의사는 눈 사이의 이마인 미간에 사용하도록 허가된 정제 보툴리눔 독소인 보톡스(Botox)에 대해서 설명하고, 위험성과 이점에 대해서 이 배우와 의논하였다. 배우는 치료를 받기로 결정하였다. 치료 2주 후에 배우는 사무실에 전화를 걸어서 눈꺼풀이 쳐졌다고 말하였다.

1. 보톡스는 무엇인가?
2. 어떻게 성형치료용 보툴리눔 독소가 작용하는가?
3. 치료된 근육은 영구히 "고정"되는가?
4. 배우는 이 치료에 의해서 전신성 보툴리누스증에 걸릴 수 있는가?
5. 무엇이 눈꺼풀을 처지게 하였는가?

사도 내생포자를 환자에게 들어가게 하여, 그 곳에서 내생포자가 발아하여 생장하고, 죽으며 파상풍 독소를 방출하게 한다.

파상풍 독소의 작용을 이해하기 위해서는 중추신경계의 기작을 좀 더 고려해 봐야만 한다. 우리가 알듯이 신경자극은 운동뉴런이 근육세포에 아세틸콜린을 분비하여 근육이 수축되도록 자극하기 때문에 운동뉴런을 따라서 이동한다. 그러나 운동뉴런이 신경자극을 발생시킨다는 것은 무엇을 말하는가?

중추신경계의 두 종류의 뉴런이 운동뉴런에 작용한다: 자극성 뉴런(stimulatory neuron)은 운동뉴런을 흥분시키는 신경전달물질을 분비하여 신경 충격을 일으키도록 하고 근육을 수축시키는 결과가 나타난다. 반대로 억제성 뉴런(inhibitory neuron)은 억제성 신경전달물질을 방출하여 운동뉴런이 신경자극을 생산하는 것을 방해하고, 근육이 이완되도록 한다. 다시 말하면 운동뉴런은 직접 근육을 이완시키지 않는다; 대신 억제성 뉴런이 운동뉴런을 방해하고, 따라서 근육을 수축하도록 자극하지 않는다 **(그림 13.8a)**.

파상풍 독소는 억제성 신경전달물질의 방출을 차단한다. 억제가 차단되면, 운동뉴런의 흥분이 조절되지 않고, 근육은 수축하라는 신호를 받는다 **(그림 13.8b)**. 결과는 근육은 수축되고 이완되지 않는다. 수축이 너무 심해서 뼈가 부러질 수도 있다.

파상풍의 잠복기는 중추신경계로부터 사지에 걸쳐 감염 부위의 거리에 따라서 5일에서 15주 범위이다.

역학

시냅스에서 파상풍 독소의 효과는 비가역적이기 때문에 회복은 새로운 뉴런의 말단이 자라서 영향을 받은 것을 대체하는 것에 달려 있다. 치료받지 않은 파상풍의 치사율은 모든 환자에서는 약 50%이지만, 주로 배꼽에 감염이 되는 결과로 나타나는 신생아 파상풍의 치사율은 90%를 넘는다.

세계적으로 파상풍 건수는 매년 거의 백만 건에서 2011년에 15,000건 이내로 감소하였으며, 대부분 면역접종을 받지 못하거나 의학적 치료가 충분하지 못한 나라에서 발생한다. 미국에서는 이환율(morbidity)이 1947년의 560건 보고에서 2012년의 36건 보고로 줄어들었다. 광범위한 면역접종이 파상풍 발생 건수의 감소를 가져왔다.

진단, 치료 및 예방

파상풍을 진단하는 특징은 특징적인 근육 수축으로, 때로는 너무 늦어서 환자를 구할 수 없다는 표시이기도 하다. 배양 시에 생장이 매우 느리고 산소에 극도로 민감하기 때문에, 세균 그 자체는 임상 시료에서는 거의 분리되지 않는다.

치료에는 모든 내생포자를 제거하기 위하여 상처를 완전히 세척하는 것이 포함된다; 파상풍 독소에 대한 항체를 주사하는 즉각적인 면역치료; 페니실린과 같은 항미생물제의 투여; 항체 및 기억세포 생산을 위한 능동적인 면역접종. 세척과 항미생물제는 세균을 제거하지만 면역글로불린은 독소가 뉴런에 접착하기 전에 결합하여 중화시킨다. 능동적인 면역접종은 독소를 중화하는 항체 형성을 자극한다. 일단 파상풍 독소는 뉴런에 결합하며, 치료는 지지요법으로 제한된다.

미국에서 파상풍 건수는 불활성화된 파상풍 독소인 파상풍 변성독소(tetanus toxoid)의 효과적인 면역접종 결과로 지속적으로 줄어들고 있다. CDC는 현재 생후 2개월에 5 회를 시작으로 이 후에 매 10년마다 평생 동안 추가접종을 권장하고 있다 (그림 17.3 참조).

질병개요파악 13.2에서는 파상품의 특징을 요약하였다.

신경계에 질병을 일으키는 세균과 그 독소들에 대해서 조사를 하였다. 바이러스 감염도 또한 신경학적 결과들을 가지고 있다. 다음에는 신경계에 일차적인 영향을 주는 일부 바이러스에 대해서 설명하겠다.

왜 그런가

상처 보툴리누스증의 잠복기가 음식매개 보툴리누스증의 잠복기보다 두배 이상 긴 이유는?

신경계의 바이러스성 질환

바이러스는 세포보다 더 작아서 더 수월하게 혈액뇌관문(blood-brain barrier)을 건널 수 있다; 따라서 신경계에 세균이나 진균보다

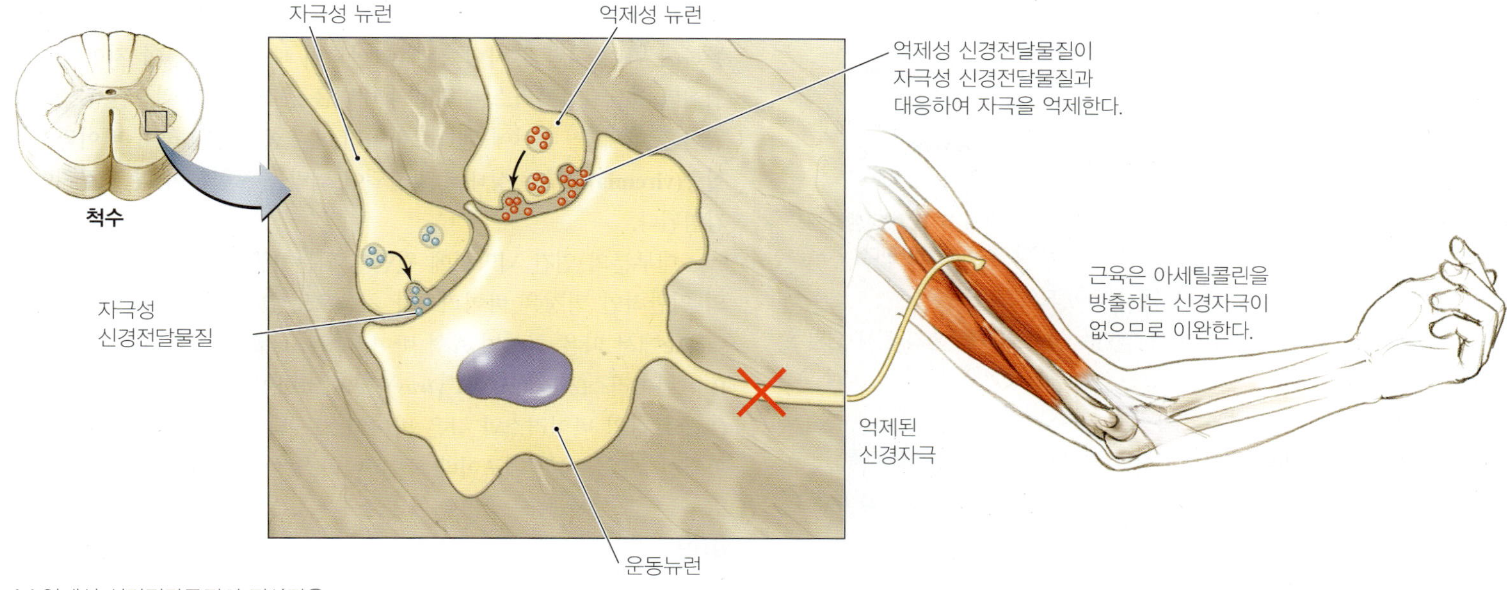

(a) 억제성 신경전달물질의 정상작용

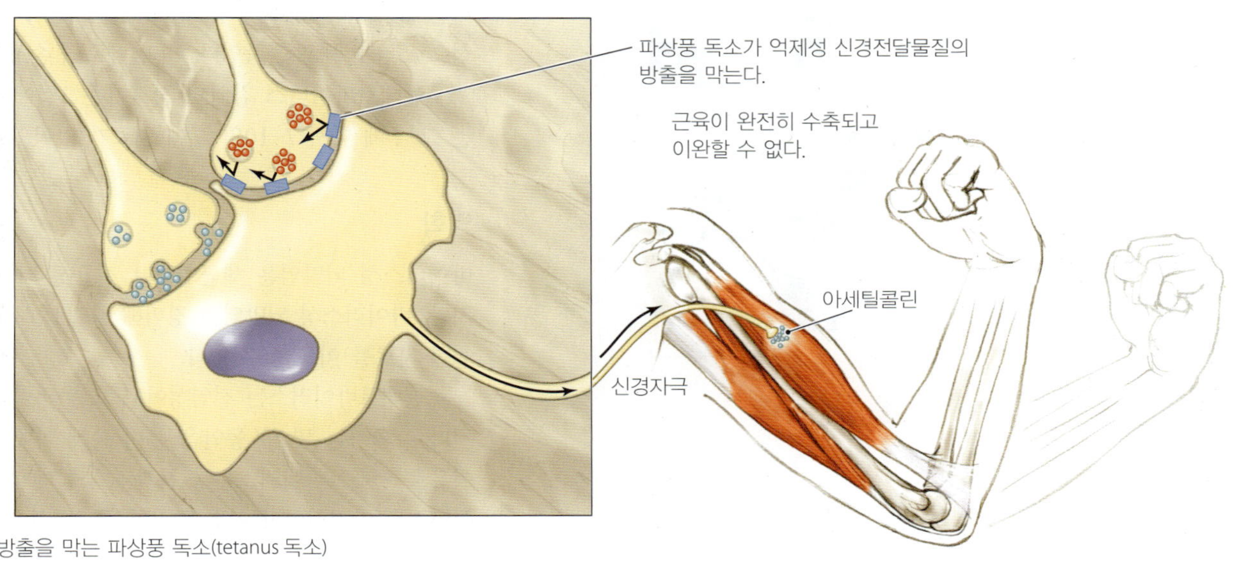

(b) 억제성 신경전달물질의 방출을 막는 파상풍 독소(tetanus 독소)

▲ **그림 13.8 상호 반대되는 근육 쌍에 대한 파상풍 독소의 작용.** **(a)** 정상적으로 억제성 신경전달물질이 운동뉴런의 신경자극을 차단하여 근육이 이완될 수 있다. **(b)** 파상풍 독소는 억제성 신경전달물질을 차단한다. 결과적으로 운동뉴런은 억제되지 않고 대신에 지속적인 근육 수축을 자극하는 신경자극이 발생한다.

도 더 많은 바이러스 감염이 있다는 것은 놀라운 일이 아니다. **유익한 미생물: 별문제 없는 코카인**은 바이러스가 뇌에 침입하는 방법의 한 가지 긍정적인 측면을 제시한다. 다른 신체를 공격하는 많은 바이러스들도 뇌에 영향을 줄 수 있다: 포진바이러스와 수두바이러스는 여러 해 동안 신경세포에 휴면 상태로 있을 수 있고, 홍역바이러스는 CNS에 느리게 진행하는 질병인 아급성경화범뇌염(*subacute sclerosing panencephalitis*)의 원인이다. 12장에서는 일차적으로는 피부에 영향을 주는 이런 병원체를 다룬바 있다.

이후의 절에서는 뇌막염, 소아마비, 광견병 및 뇌염의 원인이 되는 일차적으로 신경계에 영향을 주는 바이러스를 설명할 것이다. 바이러스성 뇌막염부터 고려하도록 하겠다.

바이러스성 뇌막염

학습 | **성과**

13.12 바이러스와 세균성 뇌막염을 비교하고 대비하라.

무균성 뇌막염(*aseptic meningitis*)라고도 알려진 바이러스성 뇌막염(*viral meningitis*)은 세균이 관여하지 않는 것을 의미하고, 가장 흔한 형태의 뇌막염이다.

질병개요파악 13.2

파상풍

원인 *Clostridium tetani* (혐기성 내생포자-형성 그람-양성 간균)

독성인자 내생포자는 세균이 거친 조건에서 생존하게 하고 항미생물제에 내성을 가진다; 파상풍 독소는 억제성 뉴런의 활동을 차단한다.

침입구 내생포자는 상처 난 피부를 통하여 도입된다.

징후와 증상 턱과 목근육의 수축, 삼키는 것이 어려움, 열과 근육 경련이 뒤를 이음.

잠복기 5일에서 15주 (평균 7일).

취약성 피부가 찢어진 사람이 면역접종을 받지 않고 미생물과 접촉.

치료 상처를 세척, 인간 파상풍 면역글로불린(HTG)과 페니실린을 투여, 능동적인 면역접종.

예방 DTaP, DTP 및 Td 백신 내에 포함된 파상풍 변성독소.

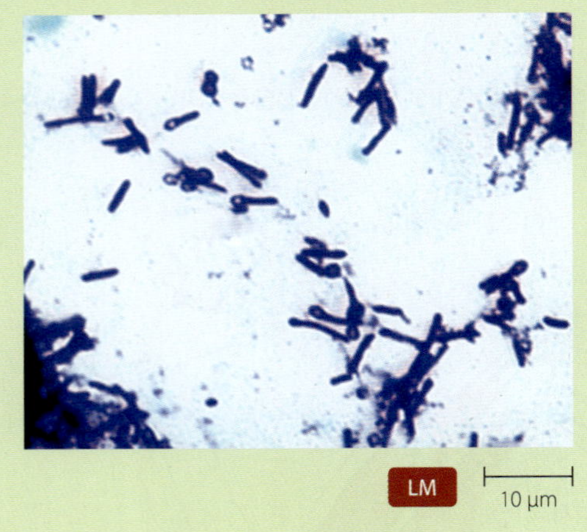

LM 10 μm

징후 및 증상

바이러스성 뇌막염은 대개 세균성이나 진균성 뇌막염보다 경미한 질병이다; 징후와 증상은 열, 심한 두통, 뻣뻣한 목, 졸음, 혼동, 메스꺼움 및 구토와 같이 동일하지만, 바이러스성 뇌막염에 의한 사망은 드물게 일어난다. 일부 뇌막염 바이러스는 피부 발진, 인후염 및 감기의 원인이기도 하다.

병원체 및 독성인자

포진바이러스, 유행성이하선염 바이러스와 몇몇의 다른 바이러스들도 바이러스성 뇌막염의 원인이 될 수 있지만, 약 90% 경우에는 *Picornaviridae*[15] 과의 *Enterovirus*[14] 속의 바이러스가 원인이다. 이름이 의미하듯이, 피코르나바이러스(picornavirus)는 매우 작고 (지름이 20-30 nm), 양성의 단일 가닥 RNA (+ssRNA) 바이러스로서 외피가 없다. 엔테로바이러스도 음식, 물, 또는 손에 오염된 분변을 통하여 자주 사람과 사람 간에 확산되기 때문에 이름이 지어졌다. 섭취된 엔테로바이러스는 내장의 내벽을 공격하지만 위장관 질병의 원인은 아니다; 대신에 엔테로바이러스는 혈액을 통하여 **바이러스 혈증(viremia)**이라는 상태로 확산되어 뇌막을 포함하여 다른 장기에 감염된다.

대부분의 인간 뇌막염에 원인이 되는 3종류의 엔테로바이러스의 일반적인 명칭은 바이러스가 처음으로 분리된 뉴욕 주의 Coxsackie에서 따온 콕사키 A형 바이러스(*coxsackie A virus*), 콕사키 B형 바이러스(*coxsackie B virus*) 및 에코바이러스(*echovirus*[16])이다 (웨스트나일 바이러스와 같은 바이러스도 뇌막에 영향을 주지만 일차적인 목표는 신경세포이다. 이 바이러스는 다음 절에서 다룸.)

발병

엔테로바이러스는 일차적으로 내장관이나 폐의 내벽 세포들을 공격하는데, 나중의 경우가 감기(colds)이다. 이 바이러스들은 세포용해성으로 타깃 세포를 죽인다. 뇌막 세포의 손상이 뇌막염을 유발한다.

엔테로바이러스 감염의 잠복기는 3일에서 7일 사이이며, 환자는 그 후에 다시 7-10일 후에 치료가 없이도 완전히 회복된다.

역학

바이러스성 뇌막염은 세균성이나 진균성 뇌막염보다 훨씬 더 흔하지만, 바이러스성 뇌막염은 경미해서 질병 보고가 되지 않음으로 확실한 자료를 이용할 수 없다.

엔테로바이러스는 전염성이고 호흡 비말과 분변을 통해서 전파된다—환자는 몇 주 동안을 분변 속에 바이러스를 배출한다. 이런 이유로 엔테로바이러스는 여름과 초가을에 더 흔하게 확산된다. 바이러스는 안정적이며 염소를 처리한 수영장에서 생존할 수 있다.

뇌막염 환자에게 노출되면 감기와 유사한 감염이 나타나지만 거의 뇌막염의 원인이 되지 않는다. 감염된 사람 1,000명당 1명 이내의 사람에게서만 바이러스성 뇌막염이 발생한다. 환자는 증상이 발생하면 전염성을 갖고 10일까지 전염성을 유지할 수 있다.

진단, 치료 및 예방

의사들은 요추천자를 통하여 얻어진 CSF 내에 세균이 없는 경우 특징적인 징후와 증상을 기반으로 바이러스성 뇌막염을 진단한다.

바이러스성 뇌막염에는 특정한 치료법이 없다; 의료종사자들은 휴식, 충분한 수분 공급 및 열과 두통을 줄이기 위한 약물복용을 추천한다.

엔테로바이러스의 확산을 줄이기는 어려운데, 이는 대부분의

[14]"내장"이란 의미의 그리스어 *enteron* 및 "독"이란 의미의 라틴어 *virus*로부터 유래.

[15]"작은"이란 의미의 이탈리아어 *pico* 및 RNA로부터 유래.

[16]*enteric cytopathic human orphan* virus에서 유래하였는데, 이는 바이러스가 내장에서 획득되었고 초기에는 질병과 연관되지 않았었기 때문이다; 그것은 "희귀함(orphan)"이었다.

감염된 사람들에서 징후나 증상이 없기 때문이다. 손을 자주 소독하기, 붐비는 수영장을 피하기, 입, 코 또는 눈을 오염된 손으로 만지지 않는 것이 감염의 기회를 줄여준다.

급성회백수염

학습 | 성과

13.13 원인, 징후, 증상, 역학, 진단, 치료 및 예방에 대해서 참고자료를 가지고 서술하라.

13.14 두 가지 소아마비 백신을 비교하고 대비하라.

나이가 든 미국인들은 병원 복도에 철폐(鐵肺, iron lung) **(그림 13.9)**로 가득하고 학생들이 소아마비 백신 개발을 위해서 소아마비 구제 모금운동(March of Dimes)에 동전을 기부했던 과거에 유행하였던 두려운 **급성회백수염(poliomyelitis)** (pō´lē-ō-mī´ĕ-lī´tis) 또는 **소아마비(polio)**를 아직도 기억한다. 소아마비 바이러스는 수영장과 호수에서 오랫동안 안정적이고 오염된 물을 섭취함으로서 걸릴 수 있었기 때문에 1930년과 1940년대 부모들은 그들의 아이들이 수영하도록 허락하는 것을 두려워하였다. 소아마비를 세계에서 박멸하는 두 번째 인간 질병으로 만들 것임으로 그런 날들은 전 세계적으로 곧 끝날 것이다 **(그림 13.10)**.

▲ **그림 13.9 "철폐(iron lung)"로 가득 찬 병동.** 이런 기계 호흡기는 소아마비 환자의 마비된 호흡기 근육을 보조하였다. 이런 병동이 1955년 전에는 흔하였다.

징후 및 증상

섭취되고 인두와 내장 세포에 감염된 후에 소아마비 바이러스는 림프와 혈액을 통해서 CNS, 특히 척수 세포들을 감염시키기 위하여 이동한다. 이는 다음 4가지 중 하나의 상태의 원인이 된다:

- 모든 경우의 약 90%는 무증상 감염(*asymptomatic infection*)이 차지한다.
- 가벼운 소아마비(minor polio)는 일시적인 열, 두통, 불쾌감 및 인후염과 같은 비특이적인 증상을 포함한다. 대략 5%의 경우는 가벼운 소아마비이다.
- 비마비성 소아마비(*nonparalytic polio*)는 소아마비 바이러스가 뇌막과 중추신경계를 공격하여 가벼운 소아미비의 일반적인 증상에 더해서 근육 경련과 등의 통증을 일으킨다. 비마비성 소아마비는 약 2%의 경우에 일어난다.
- 마비성 소아마비(*paralytic polio*)는 소아마비 바이러스가 척수 및 골격근을 조절하는 일부대뇌 세포를 침범하여 신경자극 전도(nerve impulse conduction)를 제한하여 마비를 일으킨다. 마비의 정도는 감염된 소아마비 바이러스 균주, 감염된 양과 환자의 건강과 연령에 따라서 다양하다. 연수 급성회백수염(*bulbar poliomyelitis*)이라는 마비성 소아마비의 종류에서는 뇌간(brain stem)이 감염되어 호흡기 근육이나 팔다리 근육이 마비되는 결과가 나타난다 (질병개요파악 13.3 참조). 과거에는 철폐(iron lung)가 환자의 호흡을 돕기 위해서 사용되었다. 대

유익한 미생물

별문제 없는 코카인

미국에서 코카인 중독은 중요한 건강 및 사회적 문제이다. 이 약물은 강한 쾌감과 증가된 자신감을 자극하는 신경전달물질이 축적되도록 한다. 단순히 이해하면 중독은 사람이 그 효과에 대해서 육체적이나 정신적으로 필요하다고 느끼는 결과이다. 화학물질은 코카인 중독을 치료하는데 실망적이라는 것이 증명되었지만, 미생물은 이 문제의 상황을 바꿀 수 있게 될 것이다.

California 주의 La Jolla 시의 스크립스 연구소(The Scripps Research Institute) 과학자들은 그 표면에 코카인에 결합하는 항체를 나타내도록 필라멘트형의 박테리오파지를 변형시켰다. 이 파지는 중추신경계에서 코카인을 흡수하고, 약물이 뉴런과 상호작용을 못하도록 차단하여 코카인의 효과를 감소시킨다. 과학자들은 박테리오파지가 코를 통하여 직접 뇌로 들어갈 수 있기 때문에 항체 전달을 위해서 박테리오파지를 선택하였다. 아마도 곧 중독자들은 치료제를 코로 들이마실 수 있게 될 것이다.

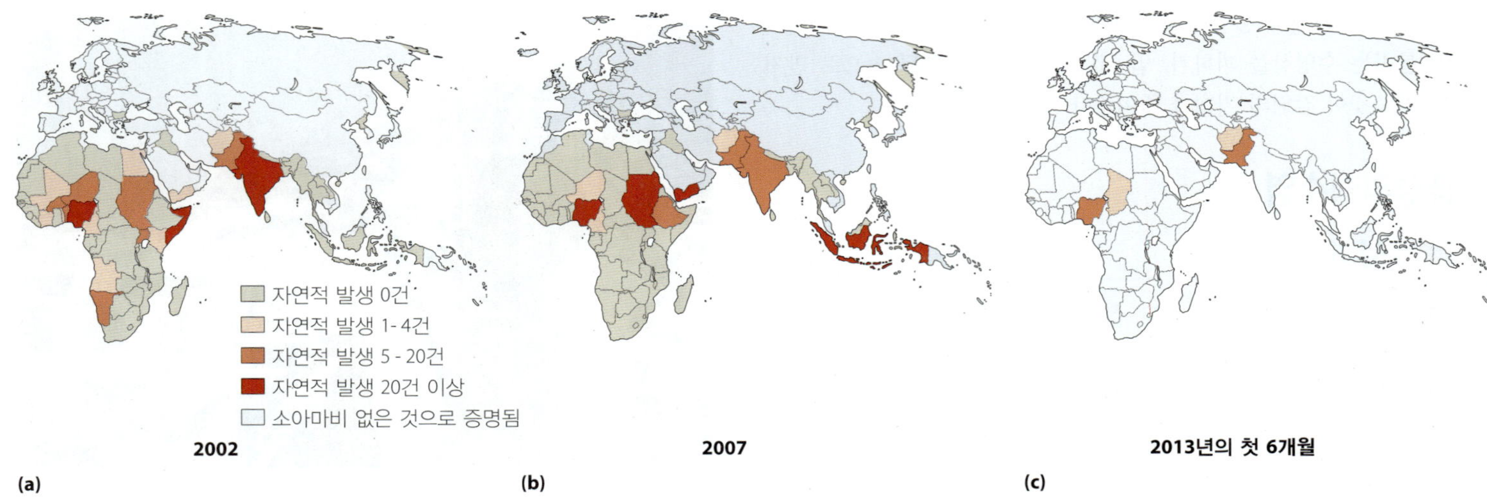

▲ **그림 13.10 자연적으로 발생한 소아마비 보고. (a)** 2002년의 사례. **(b)** 2007년의 사례. **(c)** 2013년의 상반기 6개월의 사례. 아메리카에서는 한 건도 발생하지 않았다. 소아마미의 범세계적인 박멸이 임박하였다.

부분의 마비성 경우에 완전한 회복이 6-24개월 후에 일어나지만, 일부 경우에는 마비가 평생 동안 지속된다. 마비성 소아마비는 감염의 2% 이내에서 일어난다. 마비성 소아마비에 걸린 유명 인사로는 배우인 Donald Sutherland와 Alan Alda가 있다.

소아마비후 증후군(postpolio syndrome)은 원래 급성회백수염의 발생 시점에서 30-40년이 지난 후에 회복된 소아마비 환자의 약 80%까지 발생하는 것으로, 소아마비에 영향을 받은 근육의 기능이 퇴행하는 것이다. 이 증상은 소아마비 바이러스는 존재하지 않기 때문에 바이러스가 다시 나타나는 것이 원인이 아니다. 대신에 원래 감염되었던 동안에 일어난 신경 손상은 나이와 관련하여 악화되는 것에 기인하는 것으로 보여진다.

병원체 및 발병

소아마비 바이러스는 *Enterovirus*의 다른 종 (*Picornaviridae* 과)이다. 소아마비 바이러스는 신체의 밖에서도 비교적 안정적이고 얼마 동안은 음식과 물에서 감염성을 가지고 있다. 과학자들은 소아마비 바이러스의 3 균주를 그것들의 항원을 가지고 구별한다. 3가지 각각이 모든 종류의 소아마비의 원인이 될 수 있다.

사람들은 가장 자주는 오염된 물을 마심으로 소아마비 바이러스에 감염된다. 바이러스는 목과 소장의 세포에서 복제되고 인후염과 메스꺼움의 초기 증상을 일으킨다. 이 후에 바이러스는 림프절에 감염되고 그 곳에서 혈액으로 들어간다. 대부분의 사람에게서 감염은 여기서 종료된다; 그러나 바이러스혈증은 CNS의 뉴런에 감염될 때까지 진행될 수 있다. 마비는 위쪽 척수와 간수의 운동뉴런이 파괴된 후에 일어난다; 소아마비 바이러스는 척추 신경이나 근육에 감염되지 않는다.

역학

소아마비가 거의 박멸된 것은 20세기 의학의 위대한 성취 중 하나이다. 소아마비는 현재 아프리카와 아시아의 몇 나라에만 존재한다 (그림 13.10 참조).

미국에서 자연적으로 발생한 급성회백수염의 마지막 사례는 1979년이다(백신이 유발한 소아마비는 최근인 2001년까지 일어났지만). 세계보건기구(WHO)는 정부와 사설 그룹들과 소아마비가 없는 세계를 증명하기 위해서 일하고 있는 중이다. 그렇게 되면 천연두 바이러스처럼 소아마비 바이러스도 실험실에만 존재하게 될 것이다. 소아마비 발생은 1988년의 350,000건에서 2001년 단 500건으로 낮아졌지만 최근 몇 년에 질병이 풍토병인 나라, 특히 인도와 나이지리아의 국경을 넘어서 확산되고 있다 (그림 13.10a). 정치적, 종교적 긴장은 열악한 위생과 같이하고, 높은 인구밀도는 의료종사자들이 바이러스를 잡는 것을 어렵게 만든다. 2009년에는 약 1,600건이 발생하였다.

진단, 치료 및 예방

소아마비의 진단은 목 분비물이나 분변에 바이러스의 존재에 근거한다. 감염의 증상을 통제하는 것 이외에는 특별한 소아마비 치료법이 없다.

두 가지 효과적인 백신이 소아마비의 박멸을 가능하게 하였다. Jonas Salk (1914-1995)는 1955년에 불활성화된 소아마비 백신(inactivated polio vaccine, IPV)을 개발하였다. 이것은 6년 후에 미국에서 Albert Sabin (1906-1993)이 개발한 살아있는 약독화된 경구용 백신(oral polio vaccine, OPV)으로 대체되었다. 두 백신은 소아마비 바이러스의 모든 3가지 균주에 면역성을 제공하는데 효과가 있는 것으로 증명되었다. OPV 내의 바이러스들은 종종 소아마비를 일으키는 독성을 갖는 형태로 돌연변이를 일으키기 때문에 최근에 소아과 의사들은 아기들의 초기 면역접종에는 IPV를 이용하는 것으로 돌아서고 있다. **표 13.1**에서는 두 백신의 장점과 단점을 비교하였다.

표 13.1 소아마비 백신의 비교

	장점	단점
Salk 백신 (불활성화된 소아마비 백신, IPV)	효과적; 저렴; 운송과 보관에 안정적; 백신-연관된 질병이 위험이 없음	평생면역성을 위해 추가 접종 필요; 반드시 주사; OPV보다 높은 집단면역 접종이 요구됨
Sabin 백신 (약독화된 경구용 백신, OPV)	추가 접종 없이 평생면역성 제공; 자연적 감염과 유사하게 분비 항체 유발; 투여가 용이하여 집단 면역성 결과	IPV보다 덜 안정적; 질병원인 형태 돌연변이 가능; 백신접종한 사람과 접촉한 면역이 손상된 사람에게 소아마비 발생 위험성 초래

질병개요파악 13.3에서는 소아마비의 특징을 요약하였다.

질병개요파악 13.3

소아마비

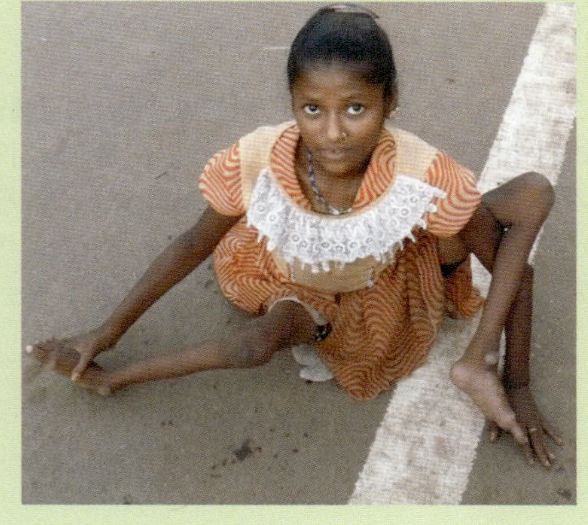

원인 소아마비 바이러스 (*Enterovirus*, 노출된 +ssRNA 바이러스).

독성인자 인간 내장 세포에 부착; 세포 내 복제주기; 신체 밖에서 비교적 안정적.

침입구 오염된 물을 섭취.

징후와 증상 5가지 가능성; 무증상 감염, 일시적으로 독감 비슷한 증상을 갖는 가벼운 소아마비; 근육 경련과 목의 통증을 갖는 비마비성 소아마비; 뇌와 척수에 감염되는 마비성 소아마비로 골격근의 마비가 결과로 나타남; 감염 후 30-40년이 지나 다리를 저는 퇴행이 일어나는 소아마비-후 증후군(postpolio syndrome).

잠복기 6-20일.

취약성 어린이가 급성, 심한 소아마비에 가장 위험.

치료 약화된 근육의 재활을 위한 물리치료; 환자의 호흡을 돕기 위한 비침습적인 호흡.

예방 불활성화(Salk) 백신이나 약독화된 경구용(Sabin) 백신.

광견병

학습 | **성과**

13.15 인수공통전염병(*zoonosis*)을 정의하라.
13.16 진단, 치료 및 예방을 포함하여 광견병에 대하여 서술하라.

"미친 개! 미친 개!"라는 울부짖음이 너를 걱정스럽게 하겠지만, Pasteur가 광견병 백신을 개발하기 전인 19세기에는 광견에게 물리는 것이 사망선고였고, "미친 개"라고 울부짖는 것은 자주 공포를 만들어냈다. Pasteur의 중요한 업적 이전에는 **광견병(rabies[17])**으로 생존한 사람은 거의 없었다.

징후 및 증상

광견병의 초기 징후와 증상은 감염 부위의 통증과 가려움증, 열, 두통, 불쾌감, 거식증 등이 나타난다. 바이러스가 중추신경계에 도달하면 광견병의 특징적인 신경학적 증상들이 발생한다: (물을 마시려는 시도에 관여되는 고통을 유발하는) 공수병(hydrophobia[18]), 발작, 방향감각 상실, 환각 및 마비. 사망은 호흡기 마비와 다른 신경학적 합병증의 결과이다.

병원체 및 독성인자

광견병 바이러스는 *Rhabdoviridae* 과의 *Lyssavirus* 속의 음성, 단일가닥 RNA (−ssRNA) 바이러스이다. 라브도바이러스(rhabdovirus)는 나선의 캡시드가 초나선을 이뤄서 원통 모양으로 되어있어서 줄무늬가 있는 외형을 만들고 총알-모양의 외피에 의해 둘러싸여 있다 (질병개요파악 13.4 참조). 외피의 표면에 있는 뾰족한 당단백질이 부착 단백질로 사용된다.

발병

광견병 바이러스는 근육세포에 부착되어 자신 스스로 세포내이입(endocytosis)을 유발한다. 바이러스는 근육 세포의 세포지에서 복제한다. 이후에 신경근 접합부를 가로질러 뉴런으로 옮기고 축삭수송을 통하여 중추신경계로 이동한다.

현미경으로 관찰 시에 감염된 세포가 구조적으로 거의 손상이 없어 보이지만, 감염의 결과로 척수와 뇌의 기능은 퇴행한다. 바이러스는 뇌신경과 척추신경 세포를 통하여 침샘을 포함한 말초 부분으로 다시 돌아간다. 바이러스는 감염된 동물의 침을 통하여 분비된다. 감염된 동물의 침 속의 광견병 바이러스의 전파는 대개 무는 것을 통하여 일어나지만, 피부나 점막의 찢어진 곳으로 바이러스가 도입되거나 드물게 흡입될 수도 있다.

[17] "분노" 또는 "광기(madness)"란 의미의 라틴어 *rabere*로부터 유래.
[18] "물"이란 의미의 그리스어 *hydro* 및 "공포"란 의미의 그리스어 *phobos*로부터 유래.

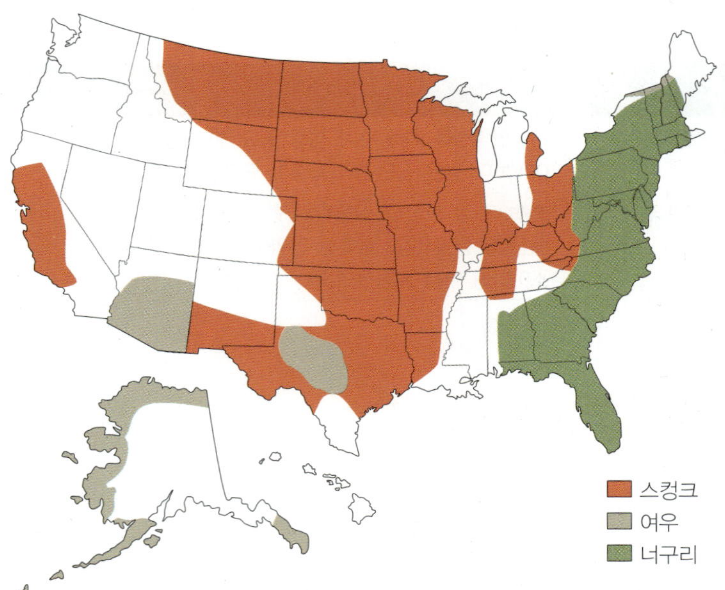

▲ **그림 13.11 두드러지는 광견병 야생 보균체인 스컹크, 여우, 또는 너구리의 미국에서의 비율.** 색이 없는 곳은 그 지역에 광견병이 없다는 의미가 아니고 어떤 야생동물도 두드러지는 보균체가 아니라는 뜻이다. 예를 들어, 박쥐는 전국적으로 광견병을 보유하고 있고 미국에서 인간 광견병의 주요 원천이지만, 두드러지는 보균체가 되는 경우는 거의 없다.

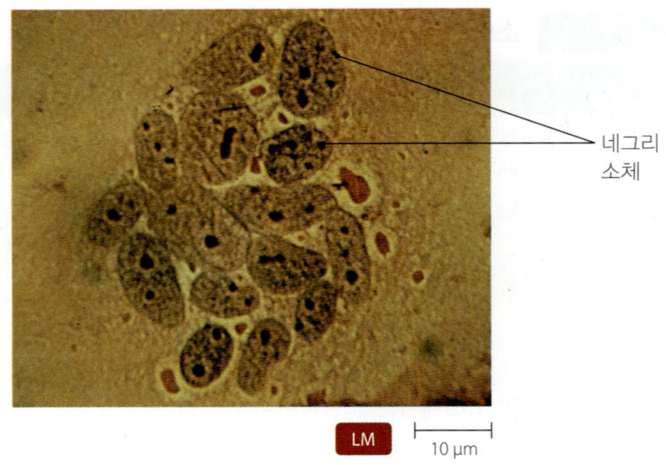

▲ **그림 13.12 소뇌 세포 내의 광견병 감염 특징인 네그리소체(Negri body).** *네그리소체는 무엇인가?*

그림 13.12 네그리소체는 광견병 바이러스의 집합체이다.

역학

광견병은 **인수공통전염병(zoonosis)**이다. 즉 동물 보균체로부터 인간에게 전파된다. 모든 동물이 보균체는 아니지만, 광견병은 동물들에 영향을 준다; 예를 들면, 설치류는 거의 광견병에 걸리지 않는다. 관련된 동물은 지역에 따라서 다르고, 동물 집단 내에서의 변화와 동물과 인간의 상호관계의 결과로 시간에 따라서 바뀐다. 도시에서는 개는 일차 보균체이다. 야생에서는 광견병을 여우, 오소리, 너구리, 스컹크, 고양이, 박쥐 및 떠돌이 개에서 발견할 수 있다 **(그림 13.11)**. 박쥐가 대부분의 인간 광견병 사례의 원천으로 약 75%의 원인이다. 2009년에 미국에서 사람에게서 단 4건의 광견병이 발생하였다.

진단, 치료 및 예방

광견병의 신경학적 증상은 특이해서 대개 진단하기에 충분하다. 혈액 내의 항체 검사가 진단을 확진한다. 의심이 가는 동물이 광견병 바이러스를 운반하는가를 결정하기 위하여 국종 사후에 실험실 검사를 수행하기도 한다. 이 검사에는 면역형광법에 의한 항원탐지와 뇌에서 네그리 소체(Negri body)라고 하는 바이러스 집합체(aggregates)의 확인이 포함된다 **(그림 13.12)**. 불행히도 증상이 나타나고 항체가 생산되는 시점에서는 관여하기에는 너무 늦었고, 질병은 자연으로 그 과정을 따라서 진행될 것이다.

인간 광견병 백신은 인간 이배체 세포 백신(*human diploid cell vaccine, HDCV*)라고 하는데, 인간 2배체 세포에 배양한 불활성화 광견병 바이러스로부터 준비된 것이다. 광견병 바이러스에 노출된 후에 근육 내로 0, 3, 7 및 14일에 주사한다. 백신은 동물과 수의사, 사육사 및 동물통제요원과 같이 정기적으로 접촉하는 종사자들과 광견병이 만연한 세계의 지역을 여행하는 사람들에게는 감염 전

임상 사례연구

감각이 없는 여성

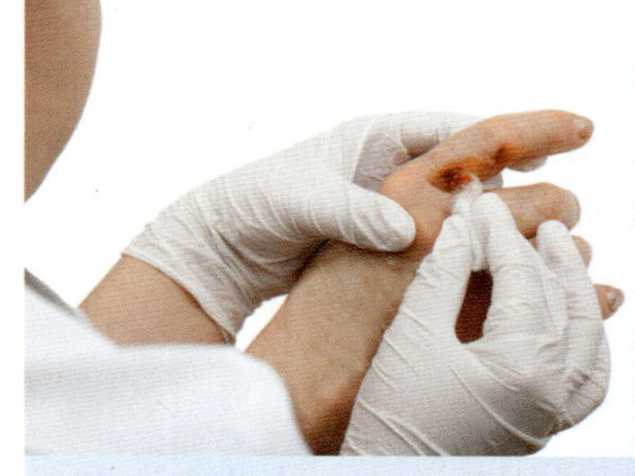

41세의 여성이 왼손의 두 번째와 세 번째 손가락 사이에 3도 화상을 입고서 응급실에 도착하였다. 통역사 역할을 하는 가족을 통하여 6개월 전에 브라질에서 미국으로 이주하였다고 초진 간호사에게 말하였다. 오늘 저녁에 무엇인가 타는 냄새를 맡았을 때에 그녀는 거실에 앉아서 담배를 손에 들고 저녁 뉴스를 보고 있었다. 조사하기 위해 일어났을 때에 그녀의 손가락이 검게 탔으며 담배가 타들어 가서 연기가 나는 것을 보았다. 그녀는 당황하여 담배를 버리고 어떤 고통도 느끼지 않은 것에 놀랐다-손가락이 그녀의 것이 아닌 것 같았다.

1. 의료 종사자는 환자가 나병에 걸린 것으로 생각하였다. 어떻게 이것을 증명하는가?
2. 이 환자는 어떤 종류의 나병에 걸렸을 가능성이 있는가?
3. 그녀의 상태에서 적절한 치료는 무엇인가?
4. 누가 이 질병에 걸릴 가장 큰 위험성을 가지고 있는가: 응급실 직원 또는 그녀가 함께 사는 가족 구성원?

에 투여할 수도 있다.

광견병의 치료는 감염 부위의 치료부터 시작한다. 상처는 물과 비누, 또는 바이러스를 불활성화하는 다른 물질로 완전히 세척해야 한다. 세계보건기구는 항광견병(antirabies) 혈청을 상처에 바르는 것을 권장한다. 초기 치료는 또한 인간 광견병 면역글로불린(*human rabies immun globulin, HRIG*) 주사도 포함된다. 연속된 치료는 앞에서 언급되었던 4번의 백신(HDCV) 주사를 포함한다. 광견병은 능동적 면역접종으로 치료할 수 있는 몇 가지 감염 중 하나인데, 바이러스의 복제와 이동 과정이 질병이 발생하기 전에 효과적인 면역성의 발생이 가능할 정도로 충분히 느리기 때문이다.

광견병은 애완견과 고양이의 백신접종과 도시 지역에서 원하지 않는 떠돌이 개와 고양이의 제거를 통해 통제된다. 광견병 바이러스는 수많은 종에 영향을 주기 때문에 야생동물에서 광견병의 제거는 더 어렵지만, 1990년대 말에 야생 코요테 집단에 성공적인 면역접종을 함으로서 Texas 주 남부에서 광견병의 유행을 중지시켰었다. 이는 경구용 백신을 매단 고기를 비행기로 코요테가 사는 지역에 투하함으로서 성취할 수 있었다.

질병개요파악 13.4에서는 광견병의 특징을 요약하였다.

질병개요파악 13.4

광견병

원인 광견병 바이러스(Lyssavirus, 외피를 갖는 -ssRNA 바이러스).

독성인자 외피의 당단백질 스파이크가 부착단백질로 사용됨; 그 자신이 신체 세포의 세포내이입(endocytosis)을 유발; 세포 내 복제주기.

침입구 감염된 동물이 물거나 할퀴는 것을 통하여.

징후와 증상 감염된 부위에 통증과 가려움증, 열, 두통, 불쾌감, 거식증, 공수증, 발작, 방향상실, 환각, 마비 및 죽음을 포함한 신경학적 증상.

잠복기 다양함, 일반적으로 1-2개월, 때때로 7년까지. 개는 감염된 날로부터 10일 이내에 증상을 보이는 것으로 알려졌다.

취약성 야생동물이 특히 취약하지만, 백신접종을 받지 않은 어떤 포유류라도 감염된다. 동물을 다루는 사람들은 감염 위험성이 증가된다.

치료 즉시 상처를 물과 비누로 세척하고, 한 달에 걸쳐서 인간 광견병 면역글로불린(HRIG)과 4회의 광견병 백신(HDCV)을 통한 노출-후 예방접종(postexposure prophylaxis, PEP)을 시작한다. PEP가 투여되지 않고 증상이 발생하면, 치료는 지지요법이다.

예방 개와 고양이의 면역접종. 동물을 다루는 사람도 백신을 맞을 수 있다.

아보바이러스 뇌염

학습 | 성과

13.17 동부말(Eastern equine), 서부말(Western equine), 베네수엘라말(Venezuelan equine), 웨스트나일(West Nile), 세인트루이스(St. Louis), 캘리포니아 [라크로스(LaCross)] 뇌염을 비교하고 대비하라.

절지동물-매개 바이러스(*arthropod-borne virus*)인 **아보바이러스(arbovirus)**는 모기와 같은 흡혈 절지동물에 의하여 숙주 간에 전파되는 바이러스이다. 아보바이러스(*arbovirus*)라는 용어는 기능적인 명칭이다; 이것은 정식 분류학적 이름이 아니다. 400쪽의 **출현성 질병 사례연구: 진드기-매개 뇌염**에서는 한 가지 아보바이러스 질병을 조사하였다. 모기-매개 아보바이러스들은 여러 종류의 **아보바이러스 뇌염(encephalitis**[19]**)**의 원인이 된다. 이 인수공통전염병은 전형적으로 새, 말, 설치류 등에 영향을 주며 인간에게는 드물게 영향을 준다.

징후 및 증상

대부분의 모기-매개 아보바이러스는 감염된 3-7일 내에 인간에게 감기와 같은 경미한 증상을 일으킨다. 종종 혈액 내의 아보바이러스가 혈액-뇌 관문을 통과하여 뇌막염과 유사한 징후와 증상이 특징인 아보바이러스 뇌염을 일으킨다: 고열, 허약, 메스꺼움, 구토, 갑작스런 두통 및 혼동, 방향상실, 혼수 등과 같은 정신상태의 변화. 일부 환자는 신체에 통증을 보고하고 피부 발진이 발생한다. 신경학적 영향은 영구적일 수도 있다.

인간만이 유일한 희생자가 아니다. 아보바이러스는 또한 새, 말, 침팬지, 고양이, 개, 다람쥐, 악어조차도 공격한다 (과학자들은 어떻게 두꺼운 피부의 악어가 질병에 걸리는지 확신이 없음).

인간에 영향을 주는 모든 아보바이러스에서 웨스트나일 바이러스(West Nile virus, WNV)가 미국에 가장 큰 영향을 준다. 1999년에 들어온 이후에 WNV는 수백만 명의 미국인을 감염시켰고 30,000건 이상의 심각한 신경학적 질병을 초래하였다.

병원체

미국에서는 6종류의 아보바이러스가 대부분의 바이러스성 뇌염의 원인이다. 과학자들은 질병 또는 바이러스가 가장 먼저 확인된 지리

[19]"뇌"란 의미의 그리스어 *enkephalos* 및 "염증"이란 의미의 그리스어 *it is*로부터 유래.

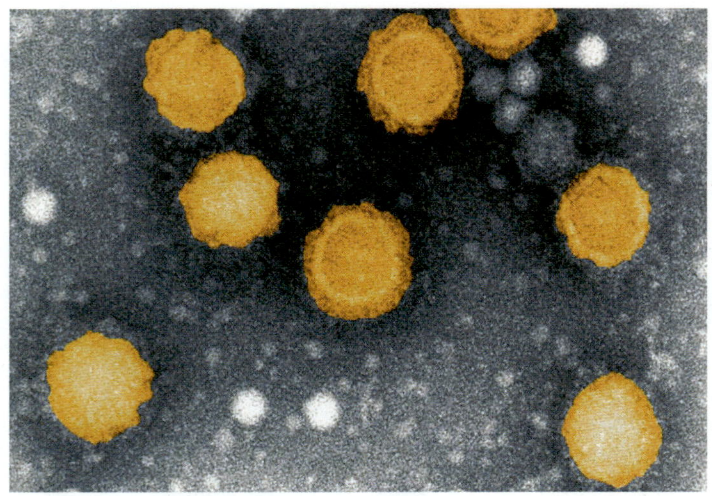

▲ **그림 13.13 토가바이러스(Togavirus).** 각 바이러스는 캡시드 주위에 밀착된 외피를 갖는다.

학적 지역에 따라서 이 바이러스들에 이름을 붙였다. 그 질병과 바이러스는:

- 동부 말 뇌염(Eastern equine encephalitis, EEE), 서부 말 뇌염(Western equine encephalitis, WEE) 및 베네수엘라 말 뇌염(Venezuelan equine encephalitis, VEE)은 모두 말에서 처음으로 확인되었고, 각각 미국 동부. 미국 서부, 베네수엘라 등지에서 발견되었다. 이 상태에 원인이 되는 모든 바이러스는 외피가 있는 +ssRNA 바이러스이고 *Togaviridae* 과에 속한다 **(그림 13.13)**.
- 세인트루이스 뇌염(St. Louis encephalitis) 및 웨스트나일 뇌염(West Nile encephalitis)은 가장 먼저 Missouri 주의 세인트루이스와 (아프리카) 우간다의 웨스트나일 지역에서 각각 확인되었다. 이것들은 외피가 있는 +ssRNA 바이러스이며 *Flaviviridae* 과이다; 토가바이러스(togavirus)와 이것들의 항원이 다르다.
- 캘리포니아 [또한 라크로스(LaCross)로도 알려진] 뇌염은 California 주의 풍토병이지만, Wisconsin 주의 라크로스에서 가장 먼저 설명되었다. 외피가 있고 분절된 −ssRNA 유전체를 갖는 이 바이러스는 *Bunyaviridae* 과에 속한다.

의사들은 아시아와 호주에서 나타난 새로운 형태의 바이러스성 뇌염에 대해서 우려하고 있다.

발병

그림 13.14에서 보듯이 암컷 큐렉스 모기(culex mosquito)는 감염된 숙주 간에 바이러스를 운반한다. 모기는 아보바이러스에 감염된 채로 남아있고, 알 속의 새끼들에게 이를 전달한다; 어미와 어린 암컷은 새로운 감염의 지속되는 원천이다. 바이러스는 알이나 동면 중인 모기에서 겨울을 난다. 연구자들은 웨스트나일 바이러스가 수혈이나 장기이식을 통해서 사람들 사이에 전파될 수 있다는 것을 설명하였다.

아보바이러스는 세포내이입(endocytosis)을 통하여 목표 세포에 들어가고 그 안에서 복제된다. 바이러스혈증(viremia)을 일으키고 알려지지 않은 기작에 의해서 혈액-뇌 관문을 통과하여 뇌염을 일으킨다. 말과 인간에서는 바이러스가 감염된 세포로부터 혈액으로 방출되지만 (바이러스혈증), 바이러스의 농도는 절대로 모기를 감염시킬 정도로 높지가 않다; 따라서 말과 인간은 이 아보바이러스의 "최종" 숙주이다.

대부분의 환자는 심한 독감과 같은 증상을 경험하고, 약 50%는 일 년 후에도 두통, 인지능력, 기억 상실, 피로, 전율, 또는 우울증으로 고통을 받지만 생존한다. 치사율의 범위는 캘리포니아 뇌염의 1% 이내에서 사람에게 가장 심각한 아보바이러스 뇌염인 EEE의 35% 정도이다.

역학

뇌염 아보바이러스의 정상 숙주는 새 (EEE, WEE, 세인트루이스 뇌염, 웨스트나일 뇌염 등의 바이러스들)이거나 설치류 (VEE와 캘리포니아 뇌염 바이러스들)이다. 풍토병 지역에서 밖에서 일에 종사하거나 레크리에이션을 하는 사람들 우연히 감염될 위험성이 높고, 50세 이상인 사람이 EEE, 세인트루이스 뇌염 및 웨스트나일 뇌염에 걸릴 위험성이 더 높다. 어린이들은 WEE, VEE 및 캘리포니아 뇌염에 걸릴 위험성이 더 높다.

이름이 의미하듯이, EEE, WEE, VEE 등은 전형적으로 미국 동부, 미국 서부 및 남미와 중미에 각각 제한되어있다. 캘리포니아 뇌염은 미시시피 강의 서부에 있는 대부분의 주에서 보고되었고, 세인트루이스와 웨스트나일 바이러스 감염은 대륙의 아래 48개 주에서 발생한다.

미국에서 모든 종류의 아보바이러스 뇌염 발생은 계절적으로 일 년 중에 성체 모기가 활발한 시점에서 최고조에 달한다. 예를 들어, **그림 13.15**는 웨스트나일 바이러스가 원인인 뇌염 건수를 계절별로 보고한 것을 보여준다. 새는 환경에 여러 종류의 아보바이러스를 확산시킨다. 이것은 1999년에 뉴욕시로부터 불과 4년 만에 대륙을 가로질러 웨스트나일 바이러스가 확산되는 것을 통해서 극적으로 설명되었다. *Culex* 모기 종과 300종의 새들은 WNV를 전파하고 보유하고 있다. 참새는 주요한 새 보균체로서 감염되어도 죽지 않으며 거대한 집단은 모든 다른 새 매개체들을 수에서 앞선다.

400쪽의 **표 13.2**에서는 미국에서 아보바이러스 뇌염의 분포, 매개체, 숙주 및 역학을 요약하였다.

진단, 치료 및 예방

인간 아보바이러스 뇌염의 진단은 징후와 증상의 관찰에 기반하고, 이 후에 실험실에서 CSF 내의 특정한 아보바이러스에 대한 항체의 양성 검사가 뒤를 따른다. 일반적으로 이용되는 실험실 검사는 감염

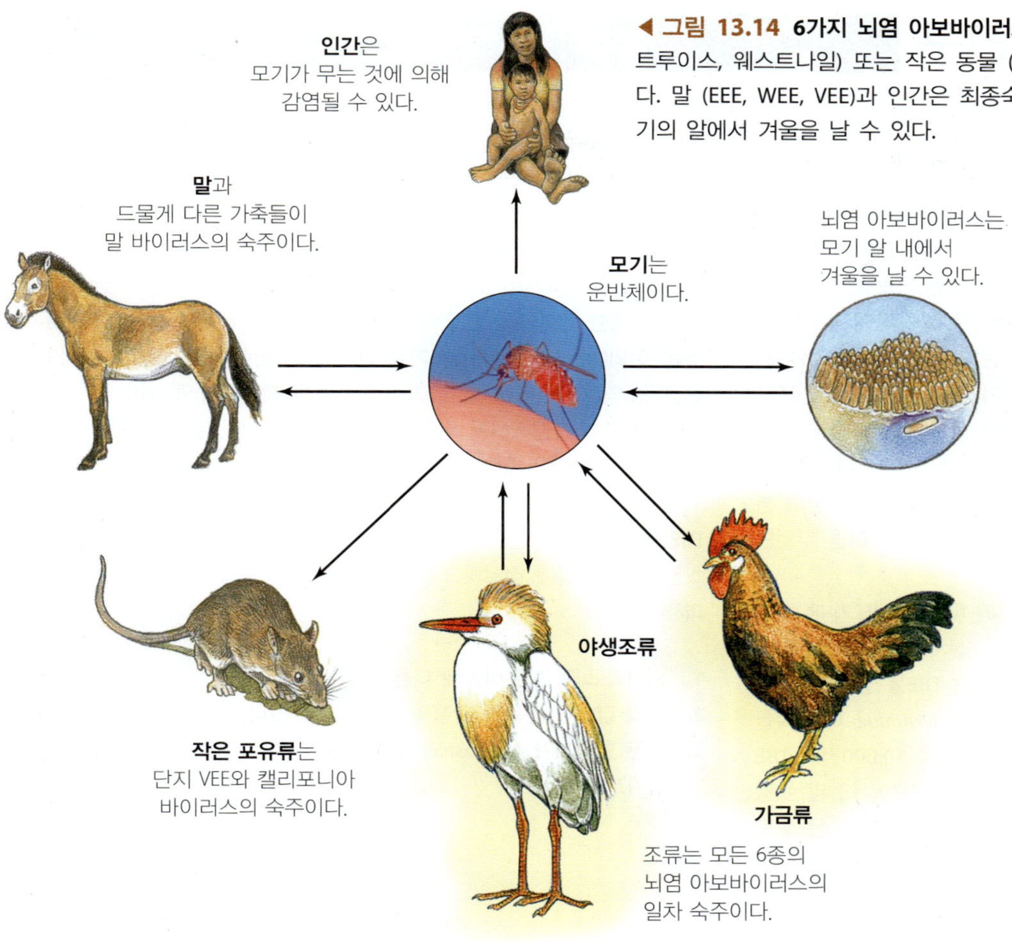

◀ **그림 13.14 6가지 뇌염 아보바이러스의 전파.** 모기가 조류 (EEE, WEE, VEE, 세인트루이스, 웨스트나일) 또는 작은 동물 (VEE와 캘리포니아) 사이에 바이러스를 전파한다. 말 (EEE, WEE, VEE)과 인간은 최종숙주이다. 아보바이러스는 동면 중인 모기나 모기의 알에서 겨울을 날 수 있다.

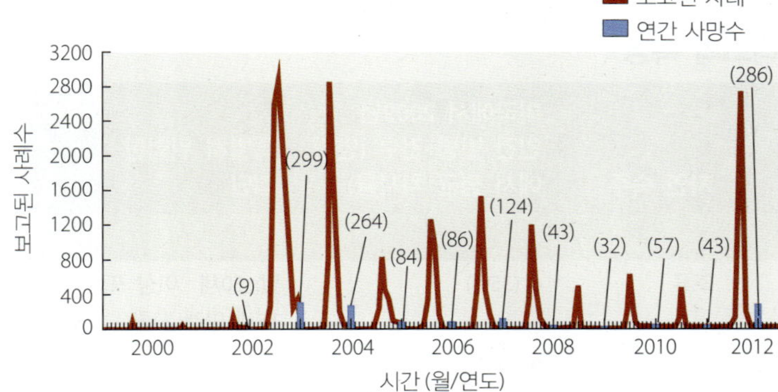

▲ **그림 13.15 미국에서 인간 웨스트나일 바이러스 뇌염.** 질병의 계절적인 성향을 주목하라. *왜 WNV는 겨울보다 여름에 더 많은 사례가 있는가?*

그림 13.15 모기가 새와 다른 동물들 간에 웨스트나일 바이러스를 전파한다; 겨울에는 모기가 활동하기에 일반적으로 너무 춥다.

초기에 생산되는 항체 class인 IgM의 농도를 측정하는 것이다. 이 검사는 증상의 시작에서 8일 내에 대부분의 감염된 사람에게서 양성이다.

바이러스성 뇌막염처럼 아보바이러스 뇌염의 치료는 지지요법이다: 병원에 입원 가능성, 정맥수액의 투여, 호흡 보조 (호흡장치), 이차 감염의 방지 — 다른 말로하면 좋은 간호. 오래 지속되고 심각한 WEE의 경우에 이런 치료는 거의 3백만 불이 들 수 있다!

사람에서는 모기장을 이용하고, DEET (*N,N*-diethyl-*m*-toluamide)가 포함된 곤충 기피제를 사용하고, *Culex*의 주요 번식 장소인 고여 있는 물을 제거하여 모기 수를 줄이고, 살충제를 사용하는 것을 통하여 모기와의 접촉을 제한함으로 예방할 수 있다.

수의사들은 말에게 EEE, WEE, VEE 및 WNV에 대한 효과적인 백신을 처방할 수 있지만, 미국식품의약품국(Food and Drug Administration, FDA)은 인간 백신은 허가하지 않았다. 과학자들은 웨스트나일 바이러스에 대한 효과적인 인간 백신을 개발하였다; 안전성에 대한 임상 실험이 진행 중이다.

401쪽의 **질병개요파악 13.5**에서는 웨스트나일 뇌염의 특징을 요약하였다.

우리는 신경계의 세균성 및 바이러스성 질환을 고려하였다. 지금부터는 진균성 질환으로 우리의 관심을 돌리겠다.

왜 그런가

*Enterovirus*라는 단어는 글자대로는 "내장 독(intestine poison)"이라는 의미이지만, 엔테로바이러스는 내장에 질병을 일으키지 않는다. 왜 이 바이러스를 엔테로바이러스라고 부르는가?

출현성 질병 사례연구

진드기-매개 뇌염

Ixodes ricinus 진드기

Analiesa는 머리가 아팠다; 고릴라가 대형망치로 내려치는 듯한 기분이었다. 지난주의 열, 메스꺼움 및 구토에 더해서, 지금의 상태는 2주 전에 호주의 가장 높은 Krimml 폭포를 등반하여 지쳤을 때보다 훨씬 힘든 상황임을 의미하였다. 근육통, 등의 통증, 어깨를 제대로 움직일 수 없는 것 등에 원인이 되는 다른 무엇인가가 있었다.

사실 Analiesa는 유럽과 아시아에서 최근에 나타난 진드기-매개 뇌염(tick-borne encephalitis, TBE)의 희생자이다. 설치류의 몇 가지 바이러스가 *Ixodes* 진드기에 의해 인간에게 전파되어 TBE를 일으킨다. 유전자 분석은 이 바이러스들이 서로 연관이 있고 *Flaviviridae* 과에 속한다는 것을 보여주었다. 의사들은 매년 세계적으로 약 10,000건의 TBE를 진단하지만, TBE는 잘 보고되는 질병이 아니기 때문에 더 많은 경우가 있을 것이다. 만일 지구온난화에 의해서 진드기가 더 높은 위도와 더 높은 고도에서 생존하고 점점 더 많은 사람들이 야생 지역을 여행한다면, 과학자들은 진드기-매개 뇌염이 더 흔해질 것이라고 예측한다.

Analiesa의 의사는 근육통과 두통에 대한 진통제와 염증에 대한 코르티코 스테로이드(corticosteroid) 이외에는 TBE를 치료하기 위한 어떤 특정한 약물 요법도 없다고 설명하였다. 그녀의 면역반응이 바이러스를 제거해야 하는데, 몇 주가 걸릴 것이다. 다행스럽게 바이러스는 만성적인 합병증의 원인은 아니고 TBE는 치명적인 질병으로 생각되지 않는다.

Analiesa는 야생으로 여행을 중지해야만 하는가? 아니다. 그러나 TBE 백신을 맞고, 진드기 기피제를 사용하고, 감염된 동물들은 바이러스를 그들의 젖에 전달하므로 염소나 소의 젖을 생으로 마시는 것을 피해야 한다.

1. **뇌염과 뇌막염은 어떻게 다른가?**
2. **뇌의 감염이 근육과 관절의 통증으로 나타나는 이유는 무엇인가?**
3. **표준 항생제가 Analiesa의 증상을 덜어주지 못하는 이유는 무엇인가?**

표 13.2 미국에서 아보바이러스 뇌염과 관련 질병과 바이러스의 특성

질병 및 바이러스명	분포	매개체	자연 숙주	미국에서 2009년 인간 발병 건수 (인간에서 평균 치사율)	특별히 위험한 집단
Togaviridae					
동부 말 뇌염(EEE)	동부해안, 걸프만, 오대호 주변 주들	*Aedes* 및 *Culex* 모기	조류	4 (35%)	말; 50세 이상 또는 15세 아래 사람
서부 말 뇌염(WEE)	미시시피강의 서부 주들	*Culex* 및 *Culiseta* 모기	조류	0 (3%)	말; 1세 이하 어린이
베네수엘라 말 뇌염(VEE)	텍사스 주	*Aedes* 및 *Culex* 모기	설치류	0 (모름)	말; 어린이
Flaviviridae					
세인트루이스 뇌염	MA, ME, NH, RI, SC, VT를 제외한 아래 44개 주들	*Culex* 모기	조류	10 (5%)	50세 이상 사람
웨스트나일 뇌염	ME와 NH를 제외한 아래 48개 주들	*Culex* 모기	조류	360 (<1%)	50세 이상 사람
Bunyaviridae					
캘리포니아 (라크로스) 뇌염	동부 및 중부 주들	*Aedes* 모기	작은 포유류	39 (<1%)	16세 이하 어린이

약어: MA, 매사추세츠 주; ME, 메인 주; NH, 뉴햄프셔 주; RI, 로드아일랜드 주; SC, 사우스캐롤라이나 주; VT, 버몬트 주.

질병개요파악 13.5

웨스트나일 뇌염

1 먹이를 먹는 감염된 모기가 혈액에 웨스트나일 바이러스를 도입한다.

2 바이러스가 순환한다.

3 바이러스는 림프절이 부어오르도록 한다.

4 전신통증, 뇌막염, 뇌염이 일발적이다. 두통, 고열, 뻣뻣한 목, 피부 발진, 방향감 상실, 혼수 및 사망이 일어날 수 있다.

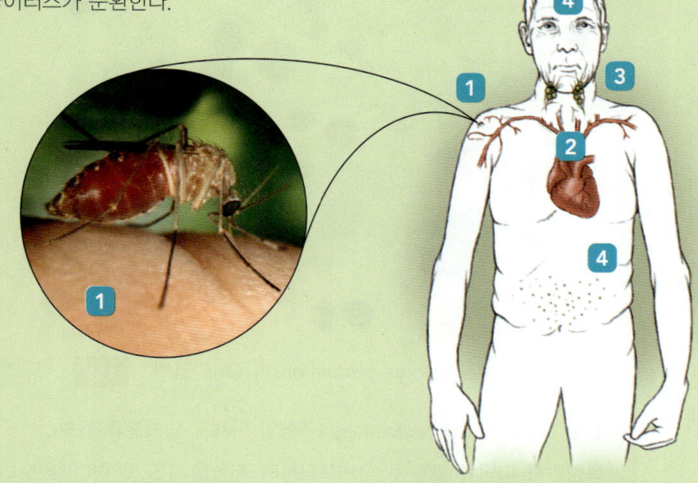

웨스트나일 바이러스 뇌염은 삶을 바꿔버릴 수도 있다.

원인 웨스트나일 바이러스 (단일 가닥 RNA 바이러스).

독성인자 새는 어느 곳에나 있는 보균체이다, 바이러스 외피의 단백질이 인간세포에 부착, 바이러스는 세포 내 병원체이다.

침입구 감염된 모기가 무는 것을 통하여.

징후와 증상 열, 두통, 신체통증, 부어오른 림프절을 포함하는 경미한 경우가 뇌염으로 진행될 수 있다. 이런 좀 더 심각한 경우의 웨스트나일 바이러스 감염은 갑작스런 두통, 고열, 목이 뻣뻣함. 인사불성, 방향감각상실, 혼수, 전율, 경련, 근육약화, 마비, 피부 발진 가능성까지 포함한다.

잠복기 3일에서 2주.

취약성 노인이 웨스트나일 뇌염이 발생할 위험성이 더 높다.

치료 지지요법.

예방 모기 집단과 접촉을 제한.

신경계의 진균증

진균증(mycosis) [진균성 질환(fungal disease)]은 폐로부터 혈액을 통해서 CNS까지 확산되고, 버섯 중독증은 신경의 기능이상이나 환각을 일으키는 독소를 포함하지만, 진균은 드물게 CNS에 감염된다 [15장에서는 호흡계 질환이지만 신경학적 영향을 주는 질병인 콕시디오이데스진균증(coccidioidomycosis), 히스토플라스마증(histoplasmosis), 분아균증(blastomycosis)에 대하여 좀 더 자세히 알아보고자 함.] 여기서는 진균성 뇌막염의 가장 많은 형태를 조사한다.

크립토코쿠스 뇌막염

학습 | 성과

13.18 크립토코쿠스 뇌막염의 특징을 기술하라.

크립토코쿠스 뇌막염(*Cryptococcal meningitis*) [크립토코쿠스증(cryptococcosis)]은 세계적으로 사람들에게 영향을 준다. 다른 진균성 뇌막염과는 다르게 이것은 약하고나 면역이 손상된 사람뿐만 아니라 건강한 사람에게도 영향을 준다.

징후 및 증상

크립토코쿠스 뇌막염은 세균성 뇌막염과 공통적인 징후와 증상을 나타낸다: 두통, 어지러움, 졸음, 짜증, 혼돈, 메스꺼움, 구토 및 목이 뻣뻣함. 질병의 마지막 단계에서 시력 상실과 혼수 상태가 일어난다. 빠르고 치명적인 크립토코쿠스 뇌막염의 급성 발단은 광범위한 감염을 갖는 사람에게서 일어난다.

병원체 및 독성인자

*Cryptococcus neoformans*는 담자균류 효모이다; 즉 담자 포자로 유성생식을 하는 둥글고, 단세포 진균이다. 토양, 새의 분변 및 유칼립투스 나무의 수액에 서식한다.

과학자들은 효모의 두 가지 변종을 알하고 있는데, 모두 세계 도처에서 발견된다. *C. neoformans* var. *gattii*는 일차적으로 면역이 정상인 사람에게 감염되는 반면에 *C. neoformans* var. *neoformans*는 면역이 손상된 숙주에게 압도적으로 많이 감염된다. 매년 보고되는 모든 크립토코쿠스 감염의 대략 50%가 나중의 변종에 기인한다.

모든 크립토코쿠스 세포를 둘러싸는 다당류 캡슐이 신체 방어 세포의 식세포작용에 저항성을 갖게 한다. *Cryptococcus*의 병원성은 효모가 식세포작용의 식균 작용을 방해하는 것으로 보이는 멜라닌을 생산하는 능력에 의해서 증가된다. 이 효모는 중추신경계를 매우 선호한다.

발병 및 역학

인간의 감염은 진균을 포함한 새의 분변이 새나 인간의 활동으로 흩어져서 공기로 매개되도록 만들어진 포자나 건조된 효모 세포를 흡입하는 폐에서 시작한다. 새의 둥지가 있는 건물 주변에서 일을 하는 사람은 감염의 위험성이 증가된다. 대부분의 사람에서는 폐의 식세포작용이 효모의 확산을 제한하지만, 일부 환자에서는 진균이 혈액을 통하여 신체에까지 감염된다. 이는 뇌막과 뇌조직에 감염된다.

크립토코쿠스 감염은 면역이 거의 남아있지 않은 말기 AIDS 환자와 면역억제제를 투여한 장기 수여자에게 흔하게 나타난다. AIDS 환자에게서 세계적으로 100,000명당 약 4–12건이 발생한다. AIDS 환자가 아닌 경우에 세계적으로 *Cryptococcus*의 감염은 백만 명당 2–9건이다.

진단, 치료 및 예방

크립토코쿠스 뇌막염을 확진하는데 선호되는 방법은 CSF 내의 진균 항원의 탐지이다. AIDS 환자에서는 항원이 혈청에서도 탐지될 수 있다. 어떤 증상이 없을지라도 CSF 내에 캡슐에 둘러싸인 효모의 존재를 보여주는 진균 염색은 크립토코쿠스 뇌막염의 강한 암시이다.

치료는 최소 4주 동안 정맥 내로 암포테리신 B (amphotericin B)를 투여하고 경구용 5-프루오로시토신(5-fluorocytosine)을 함께 투여한다. 두 약물은 서로를 증진시켜서 인간에게 독성을 갖는 암포테리신 B를 더 낮은 용량으로 쓸 수 있지만, 독성을 제거할 수는 없다. AIDS 환자는 일차치료 후에 좋아 보이지만, 진균은 대개 남아 있고, 평생 동안 경구용 플루코나졸(fluconazole) 치료에 의해서 능동적으로 억제되어야 한다.

진균은 아픈 사람에게 위협적이기 때문에 병원과 양로원과 같은 시설에서는 *Cryptococcus*가 오염된 공기가 빌딩 내로 들어오는 것을 막기 위하여 자주 공기흡입구 근처에 새의 둥지를 막는 장치를 설치한다. *Cryptococcus*에 대한 백신은 이용이 가능하지 않다.

질병개요파악 13.6에서는 크립토코쿠스 감염의 특징을 요약하였다.

세균성, 바이러스성, 진균성 신경 질환들을 조사하였고, 이제는 원생동물이 원인인 신경계 질병으로 우리의 관심을 돌리겠다.

왜 그런가

1999년 이래 웨스트나일 바이러스가 북미를 가로질러 전파될 수 있었던 이유는?

질병개요파악 13.6

크립토코쿠스 뇌막염

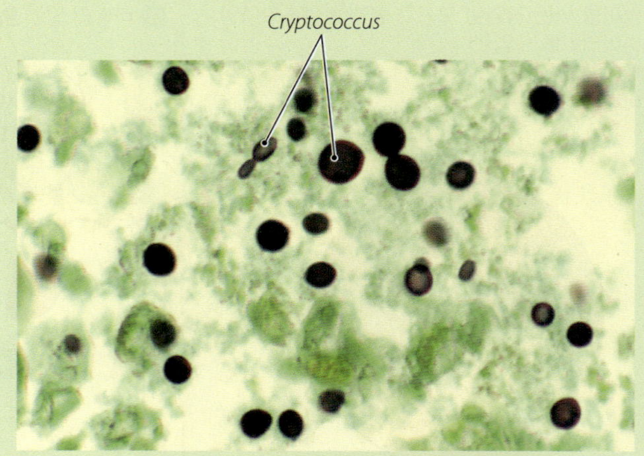

뇌속에서 *Cryptococcus neoformans*의 GMS 염색 LM 10 μm

원인 *Cryptococcus neoformans* (구형의 단세포 담자균류 효모).

독성인자 다당류 캡슐은 식세포작용에 저항을 갖도록 한다; 효모의 세포 내 소화를 방해하는 멜라닌을 생산한다.

침입구 포자 또는 건조된 효모 세포를 흡입.

징후와 증상 오래 지속되는 기침 (몇 주 또는 몇 달 간 지속됨), 흉부통증, 열, 호흡이 가쁨, 밤에 땀을 흘림, 체중 감소, 두통과 뇌막염으로 진행.

잠복기 모름, 그러나 아마도 2–9개월.

취약성 면역 손상 환자, 특히 HIV-양성자 및 AIDS 환자; 새의 분변에 노출되는 사람.

치료 6–10주 동안 암포테리신 B (amphotericin B)와 5-플루오로시토신(5-fluorocytosine)을 함께 투여.

예방 이 만연한 진균을 피하는 것은 어렵다; 따라서 건강한 생활 방식을 선택하여 면역체계를 잘 보호해야 한다.

신경계의 원생동물성 질환

신경계에 원생동물 감염은 비교적 드물다. 여기서는 Euglenozoa 계의 두 종류 원생동물 질병으로 트리파노솜이 원인인 아프리카 수면병과 아메바가 원인인 동시에 뇌막염과 뇌염이 걸린 수막뇌병증(*meningoencephalitis*) 형태에 대하여 조사하고자 한다.

아프리카 수면병

학습 | 성과

13.19 원인, 진단, 치료, 및 예방을 포함하여 아프리카 수면병을 서술하라.

아프리카 트리파노소마증(*African trypanosomiasis*)이라고도 알려진

아프리카 수면병(African sleeping sickness)은 미국의 아래 쪽 48개 주보다 더 넓은 아프리카의 적도 지역에서 목장과 광범위한 인간 거주를 막고 있다.

징후 및 증상

아프리카 수면병은 세 가지 임상 단계로 진행된다:

1. 첫째는 매개체가 무는 것에 의해서 생긴 상처가 죽은 조직과 빠르게 분열하는 기생충을 포함한 병변이 된다.
2. 다음에는 혈액에 존재하는 기생충이 열, 부어오른 림프절 및 두통을 발생시킨다.
3. 마지막으로 중추신경계에 침입하여 두통, 비정상적인 신경 기능 및 극심한 졸음이 특징인 수막뇌병증의 결과를 가져온다. 이름이 의미하듯이 희생자는 너무 피곤하여 더 이상 먹지 못하고 최종적으로는 혼수와 사망에 이른다. 아프리카 트리파노소마증은 치료받지 않으면 예외없이 사망한다.

대략적으로 매 7–10일마다 일어나는 기생충혈증(*parasitemia*) (혈액 내에 기생충)의 주기적인 파동이 질병의 특징이다. 관련된 원생동물의 균종에 따라서 감염 후 수개월에서 수년 내에 증상이 발생한다.

병원체 및 독성인자

Trypanosoma brucei[20] (tri-pan´ō-sō-mă brūs´ē)는 아프리카 수면병을 일으키는 동원핵편모충류(kinetoplastid[21]) 원생동물이며 복제 시에 무작위적으로 표면 당단백질 항원을 바꾼다. 결과적으로 숙주가 주어진 세트의 항원에 대한 항체를 생산할 시점에 기생충은 새로운 세트의 항원을 생산하여, 계속해서 숙주의 면역체계를 기생충보다 한 단계 뒤처지도록 한다 — 한 번 감염되면 환자는 감염을 거의 없앨 수 없고 면역을 가질 수 없다.

발병 및 역학

새로 부화한 흡혈 체체파리(tsetse fly) (tset´sē) (*Glossina*, glosī´nă)가 *T. brucei*를 야생동물과 가축 및 사람에 전파한다. **그림 13.16**은 기생충의 생활주기를 그림으로 설명하였다. 감염 과정 동안에 일부 트리파노솜은 뇌, 척수, 뇌척수으로 들어간다; 다른 것들은 계속 혈액을 순환하는데, 먹이를 먹는 체체파리가 이것들을 획득한다.

아프리카 수면병은 체체파리가 서식하는 아프리카의 적도와 적도지대 부근의 사바나와 강기슭 지역에서 발생한다.

진단, 치료 및 예방

혈액, 림프, 척수액 또는 생체 조직 내의 트리파노솜의 현미경 관찰로 트리파노소마증을 진단한다. 포유류에서는 원생동물이 길고 가늘며, 세포를 따라서 존재하다 뒤끝 부분(posterior end)을 지나서까지 확장된 하나의 긴 편모를 갖는다 (그림 5.8b 참조).

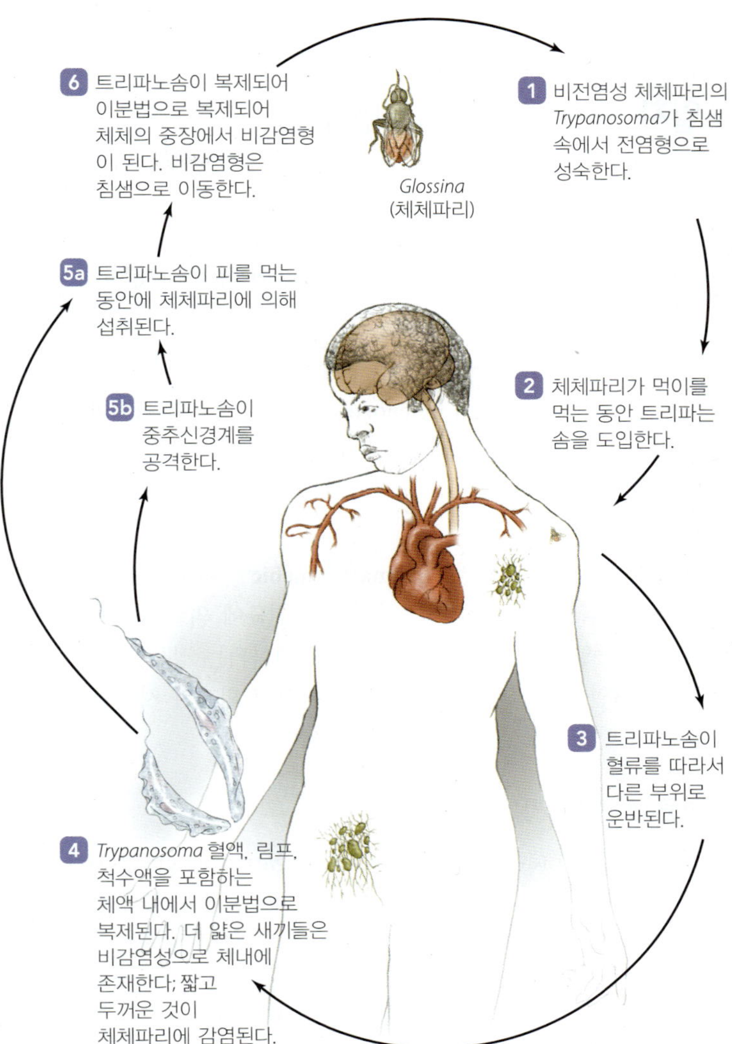

▲ **그림 13.16** ***Trypanosoma brucei*의 생활사.** 이 기생충이 아프리카 수면병의 원인이다.

의료종사자들은 초기 단계의 아프리카 수면병은 펜타미딘(pentamidine)과 수라민(suramin)으로 치료한다. 질병이 CNS까지 진행된 경우에는 메라소프롤(melarsoprol)을 사용하는데, 이 약물은 혈액뇌 관문을 통과하기 때문이다. 더 새롭고 비싼 약물인 에플로리딘(eflornithine)은 서부 아프리카 *Trypanosoma*에 특별하게 효과적이다. 성공적이기 위해서는 치료가 감염 후 가능한 빠르게 시작되어야 한다. 그러나 즉각적인 치료는 드문데, 이는 풍토병 지역의 열악한 의료 환경 때문이다.

살충제의 넓은 적용이 국지적으로는 아프리카 수면병의 발생을 감소시켰다; 그러나 광대한 규모의 살충제 살포는 비실용적이고 비싸며, 아마도 장기간에 걸친 환경 파괴의 결과를 가져올 수도 있다. 침대에 모기장, 유리창에 방충망 및 느슨하게 맞는 옷의 사용과 마찬가지로 개인용 살충제 사용이 선호된다. 아프리카 수면병에는 현

[20](원생동물의 모양을 의미하는) "나사송곳"이란 의미의 그리스어 *trypanon*; "몸"이란 의미의 그리스어 *soma*, 그리고 그 질병을 연구한 영국의 Sir David Bruce로부터 유래.

[21]동원질체(kinetoplast)는 이 미생물에서 발견되는 미토콘드리아 DNA의 독특한 구역을 말한다.

재 백신의 이용이 가능하지 않다.

일차 아메바성 수막뇌병증

학습 | 성과

13.20 일차 아메바성 수막뇌병증 및 병원체에 대하여 서술하라.
13.21 일차 아메바성 수막뇌병증의 치료와 예방에 대하여 서술하라.

이제는 원생동물, 특히 Euglenozoa 계의 두 종류의 아메바들이 원인인 CNS의 다른 질병에 대하여 설명하겠다.

징후 및 증상

일차 아메바성 수막뇌병증(primary amebic[22] meningoencephalopathy)의 징후와 증상은 세균, 바이러스, 진균에 의한 뇌막염과 뇌염의 것과 동일하다-두통, 열, 뻣뻣한 목, 변화되는 정신상태 및 구토. 증상은 3일에서 7일에 걸친 시간에 따라서 환자가 사망할 때까지 점점 더 악화된다.

병원체, 발병 및 역학

Acanthamoeba (ă-kan-thă-mē´bă)와 *Naegleria* (nā-glē´rē-ă)가 각각 질병의 원인이다. 이 아메바들은 따뜻한 호수, 연못, 물웅덩이, 배수로, 진흙 및 대부분의 토양에서 독립적으로 생활하는 흔한 서식자이다. 또한 수영장, 에어컨, 가습기, 콘택트렌즈 용액 및 투석기와 같은 인공적인 수계(water system)에서도 발견된다.

아메바는 피부의 찢어지거나 긁힌 곳, 콘택트렌즈나 외상으로 찰과상을 입은 눈을 덮는 막 또는 수영하는 동안에 오염된 물을 마시는 것을 통하여 숙주에 들어간다. 복제 중인 아메바는 뇌신경을 통하여 뇌로 이동한다.

일차 아메바성 수막뇌병증은 매우 드물다 — 미국에서 1962년에서 2013년까지 200건 이하가 보고되었다 — 그러나 언제나 치명적이었다; CDC는 기록이 보관된 이래 단 3명의 생존자만을 보고하였다.

진단, 치료 및 예방

의사들은 눈을 덮는 막에서 긁어낸 것, 뇌척수액, 뇌의 생체조직에서 아메바를 발견하는 것으로 *Acanthamoeba*와 *Naegleria* 감염을 진단한다. 플루코나졸(fluconazole)과 암포테리신 B (amphotericin B)는 감염 과정의 아주 초기에 투여가 된다면 매우 제한적으로 성공을 한다.

2가지 아메바는 모두 환경에서 강인한 저항성 낭포(cyst)를 생성한다; 따라서 통제와 예방이 어려울 수 있다. 사람들은 생명체가 풍토병인 곳에서 자연적인 수로를 피해야 하며 콘택트렌즈를 세척하거나 보관할 때에 멸균된 액체만 사용해야 한다. 에어컨, 투석기 및 가습기는 아메바가 서식하는 것을 막기 위하여 정기적으로 완전히 청소를 해야 한다.

[22]미국식 영어에서 명사 *amoeba* 및 형용사 *amebic*의 철자가 다른 것에 주목하라.

임상 사례연구

야생으로부터의 위협

한 남성이 비정상적인 얼굴 경련, 불쾌감, 공포심 등의 신경학적 이상 증상을 응급실에 도착하였다. 그는 인후염도 걸려서 삼키는 것이 어렵고 온 몸이 가렵다고 불평하였다. 며칠간은 깨어있었지만 크게 불안해하고 삼키는데 따르는 고통때문에 물을 마시는 것을 거부하였다. 반복적으로 구토를 하고 체온이 106°F까지 올라갔다. 그는 병원에 입원하고 일주일 후에 사망하였다.

부검을 통해 그의 뇌세포 내에 검게 염색된 소체들과 혈액 속에 항체 농도가 증가된 것을 확인할 수 있었다. 그의 피부에는 분명하게 보이는 물린 자국이나 긁힌 자국이 없었지만, 친구와 가족과의 면담에서 병원에 입원하기 약 한 달 전에 박쥐가 그의 얼굴에 앉았었다는 것을 알 수 있었다.

1. **남성은 무엇으로부터 고통을 받았는가?**
2. **항체는 무엇에 대한 것인가?**
3. **뇌세포 내에 검게 염색된 소체는 무엇인가?**
4. **남성의 생명을 구하기 위해서 의료종사자는 어떤 예방적 조치들을 이용했어야 하는가?**

참고: *MMWR* 52:47-48. 2003

왜 그런가

사회가 더 발전해 감에 따라서, 일차 아메바성 수막뇌병증의 발생 건수가 갑작스럽게 증가한 이유는 무엇인가?

프리온 질병

1996년에 양의 질병인 "스크래피(*scrapie*)"가 "광우병"의 원인으로 "종의 이동" 이후에는 감염된 소고기를 먹은 사람에게 다시 이동하였다는 감염성 단백질과 관련된 새로운 병원체가 세계적으로 관심을 불러 일으켰다. **프리온(prions)** (prē´onz)이라고 하는 이 감염성 단백질은 알츠하이머병이나 파킨슨병과 같은 많은 신경학적 질병에서 중요한 역할을 할 것이다. 이제부터는 1996년의 유행병인 프리온 질병을 고려하겠다.

임상 사례연구

한 원생동물의 미스터리

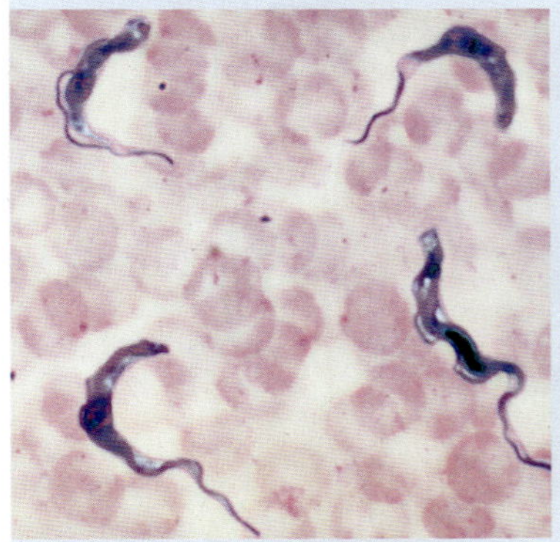

20살의 한 학생이 가을학기가 시작되고 바로 열과 두통으로 대학교 건강센터에 입원하였다. 그는 여름에 나이지리아의 국제구호기구에서 일을 하고 일주일 전에 미국으로 돌아왔다. 전체적인 검사결과 곤충에게 물린 수많은 자국과 일부 부어오른 림프절이 보였다. 이 남성은 여름 대부분을 시골지역의 야외에서 보냈고 지역 안내인과 함께 아프리카 동물보호구역에서 일을 하며 보냈다. 그는 신체의 물린 상처를 특별히 기억해 내지 못하였고 야외에서 곤충 기피제를 항상 사용했던 것은 아니었다. 환자는 지역 병원에 입원을 했고 간헐적인 열, 두통 및 부어오르는 것이 계속되었다. 초기 혈액검사에서는 말라리아에 대하여 음성으로 밝혀졌다.

1. 환자는 아프리카에서 어떤 원생동물 질병에 걸렸을 가능성이 있는가?
2. 이 질병을 증상으로만 진단할 수 있는가?
3. 혈액도말 사진을 근거로 질병의 원인이 무엇이라고 결론을 내리겠는가?
4. 만일 환자가 말라리아에 양성이면 어떤 치료를 해야 하는가?
5. 현재는 어떤 치료를 추천하는가?
6. 이 사람에게는 어떤 예방법을 제안하겠는가?
7. 미국에서 이 학생으로부터 병에 걸릴 지역적인 위험이 있는가?

변종 크로이츠펠트-야콥병(vCJD)

학습 | 성과

13.22 변종 크로이츠펠트-야콥병(variant Creutzfeldt-Jakob disease)의 원인체, 징후, 증상 및 예방에 대하여 서술하라.

스크래피(scrapie)와 광우병은 환자의 뇌에 스펀지와 닮은 수많은 구멍을 남기기 때문에 해면상뇌증(*spongiform encephalopathy*)이라고 하는 부류에 속한다. 독일 신경학자인 Hans Creutzfeldt (1885–1964)와 Alfons Jakob (1884–1931)는 약 60세가 되면 백만 명당 약 1명꼴로 자연발생적으로 시작하는 치매 형태에 유전질환에 대하여 자신들의 이름을 따서 명명하고 설명하였다. 소로부터 유래하는 전염성 형태의 질병은 자연적으로 발생하는 크로이츠펠트-야콥병(CJD)과 구별하기 위하여 **변종 크로이츠펠트-야콥병(variant Creutzfeldt-Jakob disease)** (kroits´felt-ya´kōp)이라고 부른다.

징후 및 증상

vCJD에서는 뇌조직이 파괴되고 수많은 공동이 형성된다 (406쪽의 질병개요파악 13.7 참조). 희생자는 뇌가 손상되어감에 따라서 불면, 체중감소 및 기억력 상실을 경험한다. 또한 비이성적이고, 근육통제가 불가능하게 행동하며, 말하고 걷고 자세를 유지하는 능력을 상실한다. 병이 진행됨에 따라서 근육 발작이 계속 악화된다. 대개 12개월 내에 사망한다.

병원체, 발병 및 역학

프리온 단백질이 vCJD의 원인이다. 프리온은 두 가지 3차 형태 중 하나로 존재한다 (그림 6.22 참조). 정상 프리온은 CNS 뉴런, 막의 지질뗏목(lipid raft) 내에 고정되어 있고, 과학자들이 정확한 역할을 이해하지는 못했지만 정상적인 뇌의 기능을 위해서 필요하다. 비정상 프리온은 정상형을 비정상형으로 다시 접는 효소처럼 행동한다. 이후에 새롭게 잘못 접혀진 프리온은 주변의 정상 프리온 분자로 자신의 복제를 만드는 과정을 진행한다. 다시 말하면 비정상 프리온이 정상 프리온을 비정상 프리온으로 바꾸고 이것이 계속된다. 이 질병이 진행됨에 따라서 뇌가 의지에 상관없이 파괴된다.

감염된 사람으로부터 장기이식, 수혈, 오염된 수술 도구의 사용, 오염된 뇌하수체로부터 추출된 성장호르몬의 주사는 질병을 전파할 수 있다. 프리온은 60년 이상을 휴면상태로 있을 수 있다.

CJD의 유전적 형태와는 다르게 변종 CJD는 오염된 신경조직, 특히 소시지와 같은 고기 제품을 먹은 어린 사람에게도 발생한다. 1996년의 발견 이래로 vCJD는 약 200명을 죽였고, 다른 수천 명은 그들이 감염되었는지 또는 미래에 걸리게 될 것인지 궁금해 한다.

진단, 치료 및 예방

vCJD의 특징적인 징후와 증상으로 젊은이들에게서는 진단 가능하지만 노인들에서는 치매와 혼동이 될 수 있다. 뇌에 비정상 프리온이 존재하는 것은 CNS로부터의 시료에 대한 실험실 검사를 통하여 확인한다.

vCJD는 어떤 치료법도 없지만, 인터루킨이 병의 진행을 늦출 수 있다. 신체 밖에서 프리온을 파괴하는데도 문제가 많다-프리온은 요리, 냉동, 절임, 정상적인 멸균을 통해서도 생존할 수 있다. 현재 고농도의 수산화나트륨에서 멸균하는 것이 프리온을 파괴하기 위해서 추천되지만, 이런 방법으로 준비된 핫도그를 먹고 싶지는 않을 것이다! 유럽연합은 환경에서 프리온을 제거하기 위한 효소 처리를 허가하였다.

vCJD의 예방은 오염된 고기, 특히 감염된 동물의 척수와 가까운 뼈에서 잘라낸 고기와 뇌와 척수로 만들어진 가공육을 먹지 않음으로서 가능하면 프리온이 없는 상태로 남아있는 것이다. 영국의 농부와 농장주가 배웠듯이 감염 가능성이 있는 양과 소를 강제

질병개요파악 13.7

변종 크로이츠펠트-야콥병

원인 PrP 프리온 (감염성 단백질).

독성인자 정상 프리온 단백질을 비정상 형태로 변형하는 비정상 질병 프리온 단백질, 요리와 정상적인 멸균에서 생존.

침입구 감염된 고기를 섭취하거나 감염된 조직의 장기이식 또는 수혈.

징후와 증상 비이성적 행동; 근육통제능력 상실; 걷고, 말하거나 자세를 유지하는 능력의 상실; 계속 손발을 버둥거림. 사망을 피할 수 없음.

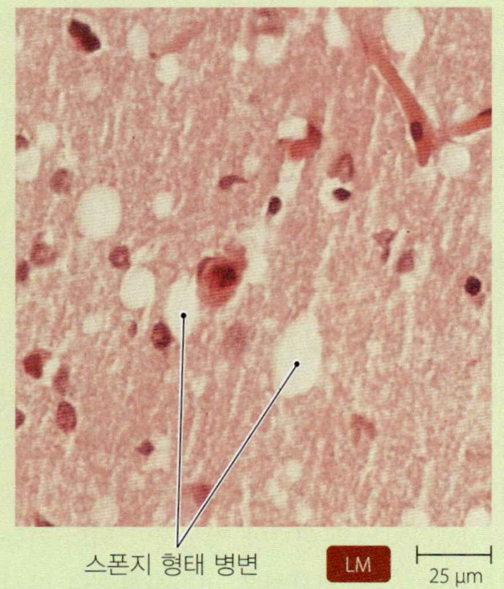

변종 크리이트펠트-야콥병의 스펀지 형태 병변 (구멍)

잠복기 모르지만, 대략 수십 년.

취약성 1980년에서 1996년 사이에 영국에서 소고기를 먹은 사람이 가장 큰 위험성.

치료 없음.

예방 감염된 신경조직을 갖는 고기 섭취 금지. 감염성 프리온의 확산을 막기 위하여 감염 가능성이 있는 가축을 없앰.

로 없애는 것이 vCJD의 확산을 막는 것이다. 더욱이 정부는 오염된 동물 단백질을 초식동물의 사료 보조제로 사용하는 것을 금지시키는 엄격한 법의 적용과 검사 과정을 시작해야 한다.

질병개요파악 13.7에서는 변종 크로이츠펠트-야콥병의 특징을 요약하였다.

왜 그런가

감염성 CJD를 변종이라고 부르는 이유는?

눈의 미생물성 질환

학습 | 성과

13.23 발병과 예방을 포함하여 트라코마의 특징을 논의하라.
13.24 결막염과 각막염을 정의하고 대비하라.

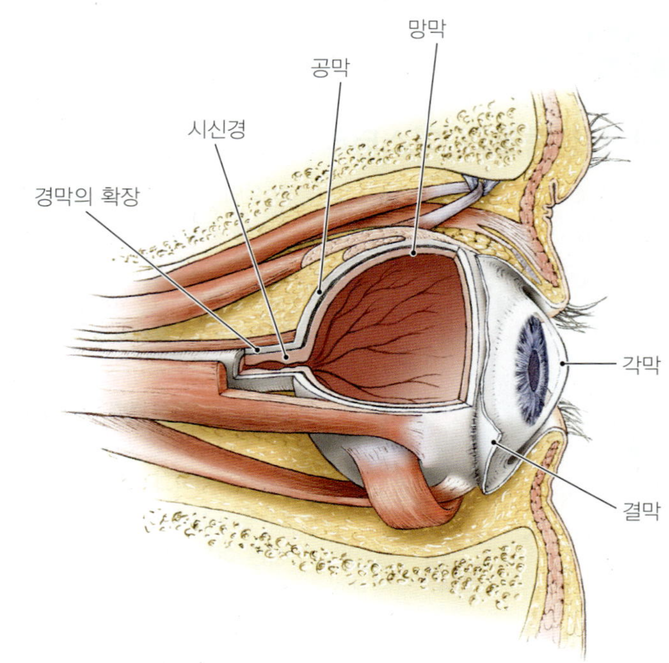

▲ **그림 13.17 눈(시상 단면).**

감각은 신경계의 중요한 부분이다. 시각은 우리의 일차 감각이고 뇌 기능의 거의 절반이 시각에 사용되고 감각 뉴런의 70%가 눈에서 기원하였다는 것은 놀라운 일이 아니다; 사실 눈은 뇌와 경막(dura mater)의 확장으로 고려될 수 있다.

다음 절에서는 눈에 감염되는 대표적인 미생물들을 간략하게 설명하겠지만, 먼저 눈의 구조에 대하여 기술하고자 한다.

눈의 구조

그림 13.17은 눈의 구조를 보여준다. 눈은 속이 빈 지름이 약 2.5 cm인 거의 구형인 공모양이다. 섬유층(*fibrous tunic*)이라고 부르는 눈의 바깥벽은 뇌 경막이 직접 확장된 흰색의 공막(*sclera*)과 눈의 앞을 덮는 색이 없고 투명한 각막(*cornea*)으로 구성되어 있다. 섬유층은 미생물의 침입을 막는 튼튼한 장벽을 제공한다. 피부의 표피가 확장된 결막(*conjunctiva*)은 눈꺼풀의 뒤쪽과 각막을 제외한 모든 부위에 대어있다.

눈의 안쪽은 체액(*humor*)이라고 하는 액체로 찬 두 공간으로 구성된다. 눈의 뒤쪽은 빛 에너지에 반응하고 시신경을 통하여 뇌에 신경자극을 보내는 수십억 개의 감각 뉴런을 포함하는 망막(*retina*)이다.

다음에는 몇 가지 세균성, 진균성, 원생동물성 눈병에 대해서 설명하고자 한다.

트라코마

트라코마(trachoma) (trā-kō´mā)는 인간에게 비외상적(nontraumatic) 실명의 가장 큰 원인이다.

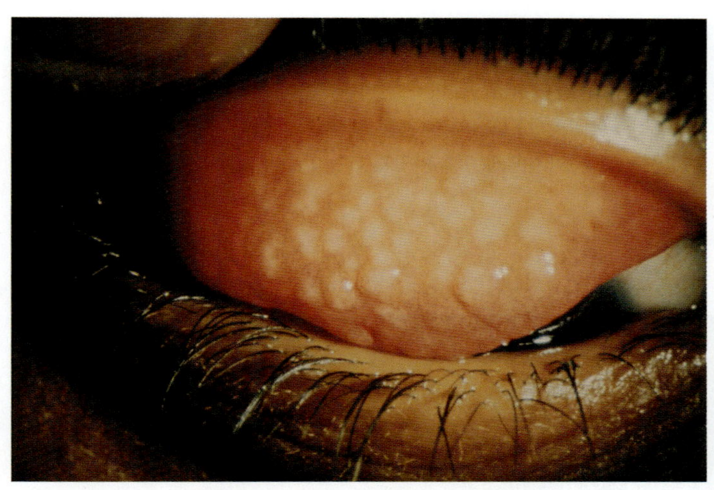

▲ 그림 13.18 트라코마에 피해를 입은 눈꺼풀.

징후 및 증상

트라코마(*trachoma*)는 그리스어로 거침(roughness)인데, 이것은 세균 감염으로 결막과 각막에 상처를 입어 실명으로 되는 이 질병을 잘 설명한다.

병원체, 발병 및 역학

소위 세균의 트라코마 균주는 트라코마의 원인인 *Chlamydia trachomatis* (kla-mid´ē-ă tra-kō´ma-tis)이다. 세균은 결막 세포에서 복제하고 세포들을 죽여서 결막에 상처를 남기는 많은 양의 화농성(purulent[23]) 분비물을 유발한다. 이 상처는 환자의 눈꺼풀을 안쪽으로 말리게 해서 눈썹이 각막을 긁고 자극하고 상처를 입힌다.

각막의 상처는 정상적으로 투명한 눈의 표면에 혈관의 침투를 유발한다 **(그림 13.18)**. 상처를 입은 각막은 혈관으로 가득 차서 더 이상 투명하지 않고 궁극에는 실명을 한다.

트라코마는 전형적으로 출생 시에 감염되는 어린이의 질병이다. 그러나 일부 *C. trachomatis* 균주는 세균이 음부로부터 접촉 매개물, 손가락, 또는 파리를 통해서 눈으로 도입되면 성인에게서 유사한 과정으로 실명을 일으킨다.

진단, 치료 및 예방

클라미디아 감염의 진단에는 감염 부위 세포의 내부에 세균을 입증하는 것이 포함된다. 시료는 요도 또는 질에 멸균 면봉을 삽입하고, 돌려서 빼내는 방법으로 얻어진다. 염색된 시료는 세균이나 세포의 덩어리를 보여주지만 가장 명확한 방법은 클라미디아를 민감성이 있는 세포 배양에 접종하여 수를 늘리는 것이다. 이후에 실험실 연구자는 특정한 형광 항체나 핵산 탐침을 이용하는 방법으로 *Chlamydia*의 존재를 증명할 수 있다.

의사는 성인의 *C. trachomatis*의 음부 감염을 없애기 위해서 아지스로마이신(azithromycin)이나 독시사이클린(doxycycline)을 처방한다. 임신부에게는 아지스로마이신 치료가 추천된다. 신생아의 눈에 감염된 *C. trachomatis*의 트라코마 균주는 10–14일간 테트라사이클린(tetracycline)이나 에리스로마이신(erythromycin) 연고로 치료하고, 반면에 성인의 눈 감염은 경구용 테트라사이클린, 독시사이클린, 에리스로망신으로 3–6주간 치료한다. 눈꺼풀 기형의 수술적 교정은 눈 감염의 결과로 오는 긁힘, 상처, 실명을 방지한다.

눈의 다른 미생물성 질병

피부와 생기기관의 세균 감염이 눈에 영향을 줄 수 있다. 예를 들어, 눈에 가까운 피부 피지선에 *Staphylococcus aureus* (staf´i-lō-kok´ŭs o´rē-ŭs)의 감염은 다래끼라고 부르고 성행위로 전파되는 세균인 *Neisseria gonorrhoeae* (nī-se´rē-ă go-nor-re´ī)는 신생아 결막과 각막의 염증인 신생아 안염(ophthalmia neonatorum) (of-thal´mē-ă nē´ō-nă-tor´um)의 원인이다. 아기들은 질병에 걸린 산도(birth canal)을 통과할 때에 감염될 수 있다.

일반적으로 유행성결막염(pinkeye)라고 하는 **결막염(conjunctivitis)**은 결막의 염증이고 **각막염(keratitis)**은 각막의 염증이다. 수많은 세균, 진균, 바이러스, 또는 원생동물이 독립적으로 또는 동시에 발생하여 두 가지 상태의 원인이 된다. 예를 들어, *Haemophilus influenzae*는 결막염의 가장 흔한 원인이다. *Acanthamoeba*는 결막염과 각막염 모두의 원인이다

임상 사례연구

매우 아픈 2학년

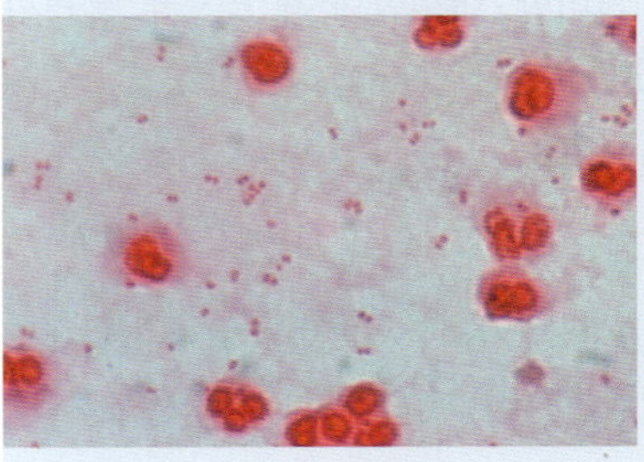

12월에 19세의 대학생이 심한 두통, 메스꺼움, 구토, 열 등을 경험하고 있다. 학생은 독감으로 의심하고 진단을 위해서 건강센터에 갔다. 도착할 때쯤에는 그의 상태가 목이 뻣뻣해지고 방향감각 상실로 더욱 나빠졌다. 의사는 즉시 요추천자를 준비하였다.

1. 어떤 질병을 의사는 의심하였는가?
2. 이 질병의 원인은 무엇인가?
3. 요추천자는 CSF 내에 그람-음성 간균의 존재를 보여주었다. 환자의 CSF에는 또 무엇이 더 존재하겠는가?
4. 3번 질문에서 주어진 정보를 가지고, 무엇이라고 진단하는가?
5. 학생의 기숙사 조교는 무엇을 걱정해야 하는가?
6. 이 질병은 어떻게 예방될 수 있는가?

[23]"고름"이란 의미의 라틴어 *pur*로부터 유래.

의사들은 국소적인 약물로 세균성, 진균성 및 원생동물성 결막염과 각막염을 치료한다. 이런 상태에 대한 항바이러스 약물은 없다.

왜 그런가

테트라사이클린(Tetracycline)의 한 종류인 독시사이클린(doxycycline)은 *Chlamydia trachomatis*에 감염된 대부분의 성인 치료제이다; 그러나 이것은 산모나 아기에게는 추천되지 않는다. 안 되는 이유는?

임상 미생물 후속내용

압박감과 몸이 아픔

실험실 결과는 Lin의 뇌척수액(CSF) 내에 많은 수의 백혈구(호중구)가 존재함을 보여주었으며, 이는 시료가 우유처럼 보이는 것을 설명한다. 정상 CSF는 투명하고 세포나 세균이 없다. 또한 CSF가 높은 수준의 단백질과 낮은 수준의 포도당이 포함되어 있음을 보여주었다. 이들을 종합해 보면, 위험하고 치명적인 질병인 수막구균성 수막염(meningococcal meningitis)으로 진단된다.

여러 종류의 세균이 뇌막염의 원인이 되지만 극소수가 Lin과 같은 건강한 청년에게 영향을 준다. 그람 염색 보고서에는 대부분 세포 내에 존재하는 그람-음성 쌍구균의 어느 정도의 수가 Lin의 호중구 세포질에 존재하는 것을 서술하였다. 배양은 24-48시간이 걸리지만 의료진에게 Lin이 *Neisseria meningitidis*가 원인인 수막구균성 수막염에 걸렸다는 결정적인 증거를 제공한다. 이 세균은 기숙사에 사는 대학생들 사이에 확산될 수 있지만 그 위험성을 예방백신으로 크게 줄일 수 있는데, Lin은 접종을 받지 않았다.

Lin은 즉시 항생제 치료를 시작하였다. 빠른 진단과 치료 덕분에 그녀는 완전히 회복될 수 있었고, 화학시험 일자를 변경하여 우수한 성적으로 통과하였다.

1. Lin은 어떻게 *Neisseria meningitidis*에 걸렸을까?
2. 중추신경계의 해부학에 대하여 복습하라. 왜 Lin의 뇌막염을 치료하는 것은 감염 시에 일반적인 항생제 치료를 하는 것 이상으로 문제가 되는가?

단원요약

신경계의 구조 (377-379쪽)

1. 중추신경계(CNS)는 경막, 거미막, 연뇌막의 세 층으로 둘러싸인 뇌와 척수로 구성되어있다.
2. 지주막하강은 충격흡수장치처럼 작용하고 영양과 산소를 공급하고폐기물을 제거하는 뇌척수액(CSF)으로 차있다.
3. 척수의 요추 부위에서 CSF를 제거하는 과정을 **요추천자** (또는 spinal tap)라고 한다.
4. 연뇌막의 단단히 연결된 혈관은 혈액뇌 관문을 형성하는데, 혈액 내의 물질이 지주막하강에 들어갈 수 없기 때문에 이런 이름이 지어졌다.
5. 말초신경계(PNS)는 뇌신경과 척추신경으로 구성되었다. 총(plexus)은 분지된 신경의 다발이다.
6. 세 종류의 신경은 감각신경 (CNS로 신호를 운반하는 신경세포 다발), 운동신경 (CNS로부터 신호를 운반하는 신경세포 다발) 및 혼합신경이다.
7. 신경교는 신경계의 지지세포들이다. 뉴런은 신경자극을 전달하는 세포들이다. 뉴런의 세포 덩어리는 함께 신경절을 이룬다.
8. 뉴런 세포체로부터 확장되어 세포체를 향하여 자극을 전달하는 짧은 세포질 돌기가 수지상돌기이다. 축삭돌기는 더 긴 돌기로 세포체로부터 멀어지는 충동을 전달한다. 세포골격의 요소들은 축삭수송이라는 과정에서 물질을 위아래로 운반한다.
9. 시냅스는 축삭돌기와 선(gland), 근육, 또는 뉴런 사이의 교차로이다. 축삭돌기와 인접세포 사이의 좁은 간격인 시냅스간극에서 축삭돌기는 자극성이거나 억제성인 신경전달물질을 분비한다.

10. **뇌막염**은 뇌막의 감염이다.

신경계의 세균성 질환 (379-390쪽)

1. 세균성 뇌막염은 여러 종의 세균이 원인이 되고 갑작스런 고열과 심한 뇌막염증과 종종 피부 혈관의 작은 출혈인 **점상출혈**이 특징이다.
2. 대부분의 세균성 뇌막염은 *Streptococcus pneumoniae, Neisseria meningitidis, Haemophilus influenzae, Listeria monocytogenes, Streptococcus agalactiae* 등이다. *Listeria*는 **리스테리아증**의 원인이다.
3. *Mycobacterium leprae*는 강한 면역반응을 갖는 사람에게는 결핵나병을 약한 면역반응을 갖는 사람에게는 나병종나병을 나타내는 한센병 (나병)의 원인이다. 세균 세포벽은 많은 양의 마이콜산을 포함하는데 세균이 천천히 자라고 저항을 갖는 것을 설명한다.
4. 한센병의 진단은 피부의 감각상실, 변형, 항산성 간균의 존재이다.
5. *Clostridium botulinum*은 **보툴리누스증**의 원인인 신경독소를 생산한다. 이것은 **음식매개 보툴리누스증**, **유아 보툴리누스증** 및 **상처 보툴리누스증**으로 나타난다.
6. 보툴리누스증의 신경독은 운동뉴런과 근육세포 간의 시냅스인 신경근접합부에서 아세틸콜린 (필수 화학물질)의 분비를 억제하여 근육의 수축을 막는다.
7. *Clostridium tetani*는 억제성 신경전달물질을 억제하여 심한 근육수축의 결과가 나타나도록 하는 파상풍 독소를 방출하여 **파상풍**의 원인이 된다.
8. 파상풍 변성독소는 파상풍에 효과적인 면역성을 제공한다.

신경계의 바이러스성 질환 (390-401쪽)

1. 가장 흔한 뇌막염이 바이러스성 뇌막염이다. 대부분의 사례는 바이러스혈증을 통해서 확산되는 *Picornaviridae* 과의 *Enterovirus* 속의 바이러스가 원인이다.
2. 소아마비 바이러스는 **급성회백수염** (소아마비)의 원인으로, 무증상 소아마비, 가벼운 소아마비, 비마비성 소아마비 및 마비성 소아마비로 나타난다.
3. 폴리오-후 증후군은 원래 질병 이후 30-40년 후에 소아마비 환자에게 영향을 주는 근육 퇴행이다.
4. 광견병 바이러스가 인수공통전염병으로 퇴행하는 뇌와 척수 질병인 **광견병**의 원인이다.
5. 흡혈 절지동물들은 **아보바이러스**를 전파한다. **아보바이러스 뇌염**은 새, 말, 설치류 등에 영향을 주고 6종류는 드물지만 인간에게 뇌염을 일으킨다.

신경계의 진균증 (401-402쪽)

1. 크립토코쿠스 뇌막염은 신경계의 진균질병인 **진균증**으로 AIDS 환자와 면역억제제를 받는 장기 수여자에게는 치명적일 수 있다.
2. *Cryptococcus neoformans*는 보통은 토양과 새의 분변에 사는 효모인데 크립토코쿠스 뇌막염의 원인이다.

신경계의 원생동물성 질환 (402-404쪽)

1. 원생동물인 *Trypanosoma brucei*는 감염된 체체파리가 무는 것을 통해서 신체에 들어오면 아프리카 수면병의 원인이다.
2. 독립생활을 하는 아메바인 *Acanthamoeba*와 *Naegleria*는 드물지만 거의 사망하는 **일차 아메바성 수막뇌병증**의 원인이다.

프리온 질병 (404-406쪽)

1. "광우병"은 감염성 단백질인 **프리온**이 원인이다. 인간은 감염된 소의 고기를 먹었을 때에 해면상뇌증에 걸릴 수 있다.
2. **변종 크로이츠펠트-야콥병(vCJD)**은 뇌의 퇴행에 원인이 되고 치매와 사망하는 결과가 나타난다.

눈의 미생물성 질환 (406-408쪽)

1. *Chlamydia trachomatis*는 생식기관의 감염인데 출생 시에 아기의 눈에 접종되어 실명을 일으키는 **트라코마**의 원인이 된다.
2. **결막염**은 여러 다양한 미생물에 기인하는 결막의 염증이다.
3. **각막염**은 세균 감염에 기인한 각막에서의 염증이다.

복습문제

복습문제에 대한 답 (단답형 문제 제외)은 A-1에 있다.

단답형

1. 뇌척수액은?
   a. 뇌 속 깊은 곳에서 만들어진다.
   b. 지주막하강에서 발견된다.
   c. 요추천자로 뽑아낸다.
   d. 뇌척수액에 관해서 위의 답 모두 맞음.
2. 뇌막에서 척수와 가장 가까이 놓인 층은?
   a. 거미막
   b. 연뇌막
   c. 경막
   d. 마미
3. 중추신경계를 향하여 일차적으로 충동을 전달하는 신경은?
   a. 감각신경
   b. 운동신경
   c. 혼합신경
   d. 신경총
4. CNS 외부에서 많은 뉴런 세포체의 집합은?
   a. 총(plexus)
   b. 수지상돌기
   c. 신경교
   d. 축삭돌기
5. 한센병은 또한 ________________ 으로 알려져 있다.
   a. 뇌막염
   b. 나병
   c. 광견병
   d. 파상풍
6. 뇌막염의 가장 흔한 형태는?
   a. 세균성 뇌막염
   b. 바이러스성 뇌막염
   c. 크립토코구스 뇌막염
   d. 패혈성 뇌막염
7. 급성회백수염 중에서 90%를 차지하는 사례는?
   a. 무증상 소아마비
   b. 가벼운 소아마비
   c. 비마비성 소아마비
   d. 마비성 소아마비
8. 다음 주 어떤 질병이 인수공통전염병인가?
   a. 크리토코쿠스 뇌막염
   b. 광견병
   c. 파상풍
   d. 결핵
9. 다음 중에서 보툴리눔 독소 작용에 어떤 역할도 하지 않는 것은?
   a. 아세틸콜린과 시냅스 간극
   b. 소낭 융합
   c. 신경자극 전달
   d. 신경세포 성장
10. 다음 주 어떤 질병이 인수공통전염병이 아닌가?
    a. 아보바이러스 뇌염
    b. 광견병
    c. 세인트루이스 뇌염
    d. 바이러스성 뇌막염
11. 다음 중 어떤 질병이 가장 자주 원생동물 감염이 원인인가?
    a. 변종 크로이츠펠트-야콥병
    b. 트라코마
    c. 아프리카 수면병
    d. 한센병
12. 일차 아메바성 수막뇌병증에 관한 다음 문장 중에서 사실인 것은?
    a. 일차 아메바성 수막뇌병증은 심각하지만 치명적이 않다.
    b. 일차 아메바성 수막뇌병증은 감염된 소고기에서 섭취한 프리온이 원인이다.
    c. 사람이 오염된 콘택트렌즈에 의해서 감염될 수 있다.
    d. 이 질병은 성행위로 전파되고 출생 시에 아기에게 전파될 수 있다.
13. 균혈증, 뇌막염, 신생아 폐렴에 연관 세균은
    a. *Staphylococcus aureus*
    b. *Staphylococcus epidermidis*
    c. *Streptococcus pyogenes*
    d. *Streptococcus agalactiae*
14. 다음 중 아메바 감염을 예방하는데 어떤 역할도 하지 못하는 것은?
    a. 멸균된 음료수
    b. 멸균된 콘택트렌즈 용액

c. 오염된 호수에서 수영 회피
d. 수영장의 염소 소독

15. 인간 이배체 세포 백신이 사용되는 질병은?
a. 나병
b. 광견병
c. 파상풍
d. 결핵

빈칸 채우기

1. ________________ 은 축삭돌기와 다른 세포 사이의 세포 간 공간이다.
2. 독성을 설명하는 폐렴구균의 세포 구조는 ________________ 이다.
3. 출생 시 아기가 걸리는 세균성 뇌막염의 일반적인 원인은 ________________ 이다.
4. 보툴리누스증 3가지는 ________________, ________________, ________________ 이다.
5. 보툴리눔 독소 등의 원인 세균은 ________________ 이다.
6. AIDS의 출현 이후에 더 흔한 신경계의 진균증은 ________________ 이다.
7. 공수병은 ________________ 감염의 특징이다.
8. ________________ 신경계는 신체 근육과 선으로부터 충동을 주고받는 신경으로 구성되어 있다.
9. 뉴론 세포체를 향하여 메시지를 전달하는 세포질 돌기는 ________________ 이다.
10. ________________ 는 뇌막염 환자에게서 종종 보이는 피부 혈관의 작고, 진한 보라색의 출혈이다.
11. 비외상성 실명의 가장 큰 원인은 ________________ 이다.
12. 유행성결막염은 미생물 감염에 의한 ________________ 의 염증이다.
13. *Staphylococcus aureus*는 눈 근처의 피지선에 감염될 수 있다. 이 감염을 ________________ 라고 부른다.
14. 성행위로 전파되는 세균인 ________________ 는 질병에 걸린 산도를 지나가며 감염되는 신생아 안염의 원인이다.
15. *Streptococcus agalactiae*는 또한 랭스필드 ________________ *Streptococcus*로도 알려져 있다.

시각화하기!

1. 보툴리눔 독소가 작용하는 신경근 접합부를 표시하라.

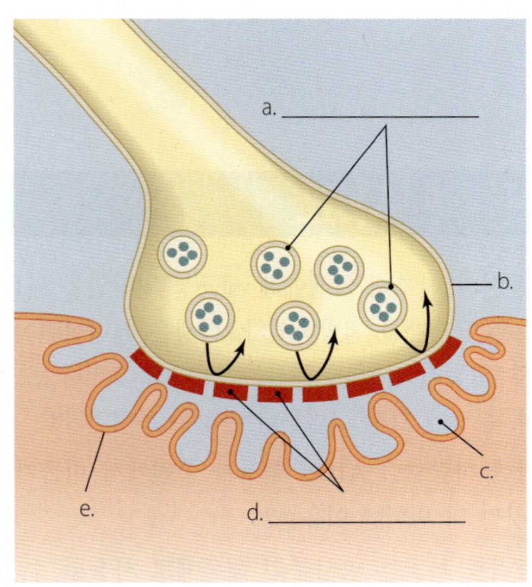

2. 그림에서 요추천자가 시행되는 곳을 표시하라. 주사바늘이 관통하는 막과 공간을 포기하라.

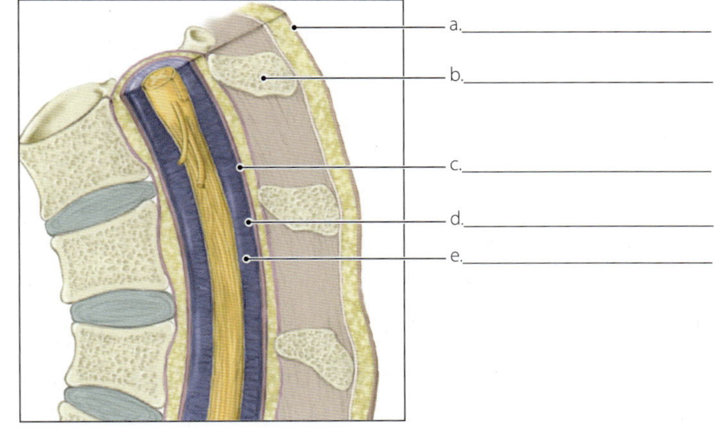

단답형

1. 다음 감염을 구별하라: 뇌막염, 뇌염, 수막뇌병증.
2. 폐렴구균이 신체로부터 "숨는" 2가지 방법을 설명하라.
3. 영양사가 Jill에게 리스테리아증의 위험성을 알려주었다. Jill은 어떤 식습관을 변경해야 하는가?
4. *Mycobacterium leprae*의 세포벽 내의 마이콜산이 생장속도와 항생제의 내성에 대해서 갖는 4가지 효과는 무엇인가?
5. 질병의 역사적인 통제를 참고로 하여 나병을 설명하라.
6. "보툴리누스증은 감염이 아니다"라는 문장을 정당화하라.
7. 보툴리누스증이 죽일 수 있는지에 대한 이유를 설명하라. 신경독, 신경근 접합부, 아세틸콜린, 시냅스 간극, 처진 등의 용어를 설명 중에 포함시켜라.

8. 어떻게 파상풍이 죽일 수 있는지 설명하라; 신경근 접합부, 아세틸콜린, 억제성 신경전달물질, 파상풍 독소라는 용어를 사용하라.
9. 아보바이러스 감염을 막기 위해 취할 수 있는 네 가지 방법을 기재하라.
10. *Trypanosoma brucei*의 생활사의 어떤 특징이 성공적인 백신의 개발을 어렵게 하는가?

비판적 사고

1. 한 의사가 간호대 학생에게 세균성 뇌막염을 치료하기 위해서 새로운 항생제를 처방하였다. 학생은 페니실린이 병원체를 죽일 수 있는지 물었다. 의사는 "아마도 그러나 ....."라고 대답하였다. 문장에 가장 그럴듯한 완성은 무엇인가?
2. 건강한 사람보다 AIDS 환자가 공원에서 비둘기에 모이를 주는 것이 더 위험한 이유는?
3. 보툴리눔 독소는 파상품의 해독제로 사용할 수 있다. 파상풍 독소는 보툴리눔 독소의 해독제로 사용할 수 있는가? 그 이유는?
4. 3살짜리 소년이 어린이집 직원에게 머리가 아프다고 불평하였다. 직원은 어머니에게 전화를 걸었고 아들을 데리러 30분 후에 나타났다. 그녀는 아들이 무기력하고 반응이 없는 것을 걱정하며 병원 응급실로 바로 운전하였다. 병원 직원이 즉시 페니실린으로 치료하였지만, 처음 머리가 아프다고 말한 후 불과 4시간 만에 사망하였다. 소년의 사망 원인은 무엇인가? 어린이집이나 병원 직원이 죽음에 대해서 비난을 받아야 하는가? 어린이집의 다른 어린이들을 보호하기 위해서 어떤 단계를 밟아야 하는가?
5. 발작, 방향감각 상실, 환각, 물을 두려하는 것으로 고통을 받고 있던 20세의 여성이 사우스캐롤라이나 주의 병원응급실에 들어왔다. 그녀의 룸메이트는 그녀가 열과 두통으로 며칠 동안 고통을 받았다고 설명하였다. 이 환자는 무슨 질병을 가지고 있는가? 백신은 효과적인 치료가 될 것인가? 어떤 야생동물이 사우스캐롤라이나 주에서 감염원이 될 가능성이 있는가? 환자의 친구, 반 친구들, 돌보는 사람들은 어떤 치료를 받아야 하는가?
6. 보툴리눔과 파상풍 독소의 작용은 무엇인가? 어떻게 다른가?
7. 결핵 조사는 재순환되는 공기를 호흡하는 비행기 탑승자들에게 세균이 전파되는 것을 증명하였다; 그러나 비행 중에 수막염구균의 전파는 없다는 것이 2012년에 질병통제예방센터(CDC)에 보고되었다. *Neisseria meningitidis*의 비행 중 전파에 대한 서류가 없는 것에 대해서 가능한 설명은 무엇인가?
8. *Haemophilus influenzae*는 연구자들이 독감 환자에게서 생명체를 분리함으로 명명되었다. 코흐의 가설(Koch's postulate)의 정확한 적용은 어떻게 부적절한 명칭을 명확하게 막을 수 있을까?
9. *M. leprae*가 30°C에서 가장 잘 자란다는 사실이 왜 이 세균을 배양하는 것이 힘들게 하는가?
10. 과학자들은 소아마비도 곧 박멸될 것으로 희망하지만 천연두는 세계적으로 박멸된 유일한 질병이다. 천연두 바이러스와 소아마비 바이러스는 의학에서 이 질병들을 세계에서 제거할 수 있도록 하는 어떤 특징을 공유하는가?

개념도 작성

다음 용어를 사용하여 세균성 뇌막염을 묘사하는 개념도를 작성하라.

항미생물제
뇌척수액
배양
그람 염색
Hib 백신
그람-음성 쌍구균
그람-양성 쌍구균
Haemophilus influenzae
건강한 보균자
폐렴구균 백신(PCV)
유아 및 어린이
요추천자
수막염구균 백신(MCV4)
Neisseria meningitidis
백신
호흡 경로
Streptococcus pneumoniae
3세대 세파로스포린
그람-음성 간균

14 심혈관계 및 전신성 미생물 질환

임상 미생물

야토병

마침내 미국 아칸소 주의 Ozarks 시에 야생 토끼 사냥의 계절이 왔다! 15세의 Jackson은 이른 10월의 아침에 위풍당당한 떡갈나무 옆에 조용히 서 있었지만 흥분을 감출 수는 없었다. 인내의 결과로 그는 솜꼬리토끼가 공터 가장자리의 블랙베리 덤불에서 불안해하며 나오는 것을 확인하였다. Jackson은 빠르게 22구경 단발 소총을 겨누어 토끼에 발사하였다. 토끼를 꺼내다가 오른손 집게손가락의 등쪽을 블랙베리 가시에 찔려서 피를 한 방울 흘렸다.

집의 헛간으로 돌아와서 토끼의 가죽을 벗겼다. 그의 어머니 Mary Ellen은 토끼 스튜를 저녁으로 준비했고, Jackson은 털가죽을 보존하기 위하여 무두질을 하였다.

3일 후에 Jackson은 고열, 오한, 두통으로 깨어났다. 어머니는 일반의약품 항생제 연고를 긁힌 손가락에 생긴 붉은 발진에 발라주었다. Jackson은 또한 아세트아미노(acetaminophen)를 먹고 다음 날 아침에는 몸이 좋아져서 학교에 가서 미식축구 연습을 하고 돌아왔다. 그러나 이틀 후에 열, 쏟아지는 땀, 근육통으로 다시 집에 머물러있게 되었다. 상황은 더 악화되어 오른쪽 팔 아래의 림프절이 아프게 부어올랐고, Jackson의 손가락 병변은 딱 벌어진 상처가 되어있었다. Jackson의 증상이 재발되고 악화되는 것에 놀라서 그의 어머니는 아들을 주치의에게 데려갔다. Taylor 박사는 Jackson을 검진하고 최근의 토끼 사냥 여행에 대해서 알게 된 후에 어떤 실험실 검사도 요청하지 않았다. 대신에 하루에 2번씩 10일분의 스트렙토마이신(streptomycin) 주사를 처방하였다.

토끼 사냥이 Jackson의 병과 어떤 연관이 있는가? 왜 Taylor 박사는 어떤 실험실 검사도 요구하지 않고 치료를 처방하였는가? 답을 알기 위해서는 이번 장의 끝 (446쪽)을 보라.

심혈관계의 구조

학습 | 성과

14.1 동맥, 정맥, 모세혈관의 기능을 구별하라.
14.2 주요 동맥과 정맥을 확인하라.

심장, 혈액 및 혈관은 심혈관계(*cardiovascular system*)를 이루고, 림프계와 함께 전신에 체액을 수송한다. 9장에서는 림프계를 자세히 다루고 있다. 이번 장에서는 심혈관계와 더 중요한 질병에 대하여 알아보겠다.

심혈관계는 닫힌 체계로서 심장에서 혈액을 정맥(*vein*)으로 가는 모세혈관(*capillary*)에 이어진 동맥(*artery*) 내로 펌프질을 한다. 정맥은 혈액을 다시 심장으로 운반한다. 주요 동맥은 폐로 혈액을 운반하는 폐동맥(*pulmonary artery*)과 신체의 나머지 부분으로 혈액을 운반하는 대동맥(aorta)이다. 주요 정맥은 폐로부터 심장으로 혈액을 돌려보내는 폐정맥(*pulmonary vein*)과 각각 신체의 윗부분과 아랫부분에서 혈액을 운반하는 상대정맥(*superior vena cava*)과 하대정맥(*inferior vena cava*)이다 **(그림 14.1a)**. 심장은 자체 관상동맥(coronary artery)과 정맥을 가지고 있다.

혈액은 조직으로서, 영양분, 가스, 단백질들이 용해되어있는 혈액의 액체부분인 혈장(*plasma*)과 적혈구(*erythrocyte*, red-blood cell), 백혈구(*leukocyte*, white blood cell), 혈액 응고에 중요한 혈소판(*platelet*)이라는 작은 조각들로 된 소위 말하는 성상 요소(*formed elements*)로 구성되어있다. 혈청(*serum*)은 성상 요소와 응고된 단백질을 제외하고 남은 액체이다.

심장의 구조

학습 | 성과

14.3 심장과 혈관의 구조와 기능을 서술하라.

심장은 혈액을 펌프질하는 근육질의 병열로 된 두 개 펌프의 정교한 세트이다. 심장의 각 측은 두 개의 공간으로 구성되어 있다: 위의 심방(*atrium*[1])과 아래의 심실(*ventricle*[2])이 판막(valve[3])으로 분리되어 있다 **(그림 14.1b)**. 심장은 3개의 층으로 구성된다: 외부의 심막(*pericardium*[4]), 근육질의 심근(*myocardium*[5]), 내부의 얇은 심내막(*endocardium*[6])의 3개 층으로 구성된다. 심내막은 심방과 심실의 내면을 덮고 판막까지 확장되었으며 혈관의 내면에도 계속된다.

[1]"공간"이란 의미의 라틴어.
[2]"작은 배"란 의미의 라틴어.
[3]"포개진 문"이란 의미의 라틴어 *valva*로부터 유래.
[4]"주위의"란 의미의 그리스어 *peri* 및 "심장"이란 의미의 그리스어 *kardia*로부터 유래.
[5]"근육"이란 의미의 그리스어 *mys*로부터 유래.
[6]"안쪽"이란 의미의 그리스어 *endon*으로부터 유래.

혈액과 림프의 이동

학습 | 성과

14.4 심혈관과 림프계를 통한 액체의 흐름을 추적하라.

상대정맥과 하대정맥으로 불리는 정맥은 우심방으로 혈액을 운반하고, 이후에 우방실판막[*right atrioventricular valve*, 삼첨판(*tricuspid*)]을 통하여 우심실로 혈액을 펌프질 한다. 우심실은 폐반월판(*pulmonary semilunar valve*)을 통하여 폐로 혈액을 펌프질 하고, 여기서 산소가 혈액으로 들어오고 이산화탄소는 밖으로 확산된다. 산소가 녹아있는 혈액은 폐정맥을 통하여 좌심방으로 돌아오고, 이후에 좌방실판막[*left atrioventricular valve*, 이첨판(*mitral*)]을 통하여 좌심실로 혈액을 펌프질 한다. 심장의 4개의 공간 중에서 가장 근육질인 좌심실은 대동맥반월판(*aortic semilunar valve*)을 통하여 대동맥으로 혈액을 펌프질하고 이곳으로부터 점점 더 가늘어지는 연속된 동맥을 통하여 모세혈관으로 보낸다. 심장 판막이 혈액의 역류를 막는다.

지름이 8 μm인 매우 가는 모세혈관은 산소와 영양분이 주변 조직으로 확산되는 혈관계의 일부이다. 모세혈관은 또한 세포간공간(*interstitial space*)이라고 하는 세포 사이의 공간으로 액체를 새어나게 한다. 림프관은 이런 간질액을 취하여 림프관의 한 방향 체계를 통하여 림프처럼 심장으로 돌려보낸다 (9장은 림프관, 림프의 흐름, 림프세포 및 면역성에서의 역할 등에 대해서 다루었음).

정상적 혈액은 무균이다(germ-free, axenic[7]) (ā-zēn´ik); 즉, 미생물을 포함하고 있지 않다. 그러나 피부와 점막의 찢어진 곳은 미생물이 혈액으로 들어가는 경로를 제공한다. 많은 이런 침입자들이 양성이지만, 어떤 것들은 심혈관계와 림프계에 질병의 원인이다. 혈액과 림프는 그런 미생물을 전신으로 확산시켜서 광범위한 질병의 원인이 될 수 있다. 다음에서는 이런 질병들을 알아보겠다. 세균이 원인인 심혈관과 전신성 질환에 대하여 알아보자.

왜 그런가

정상적인 칫솔질과 치실 사용의 결과로 작게 상처를 통하여 입으로 감염된 세균이 혈액에 들어갈 수 있다. 이 세균들은 왜 다른 판막에 이르기 전에 우방실판막에 가장 먼저 도달하는가?

세균성 심혈관 및 전신성 질환

세균은 혈관과 심장뿐만 아니라 혈액도 감염시킬 수 있다. 심혈관에 대한 세균의 영향에 대해서 조사하겠다.

[7]"아니다"란 의미의 그리스어 *a* 및 "외국인"이란 의미의 그리스어 *xenos*로부터 유래.

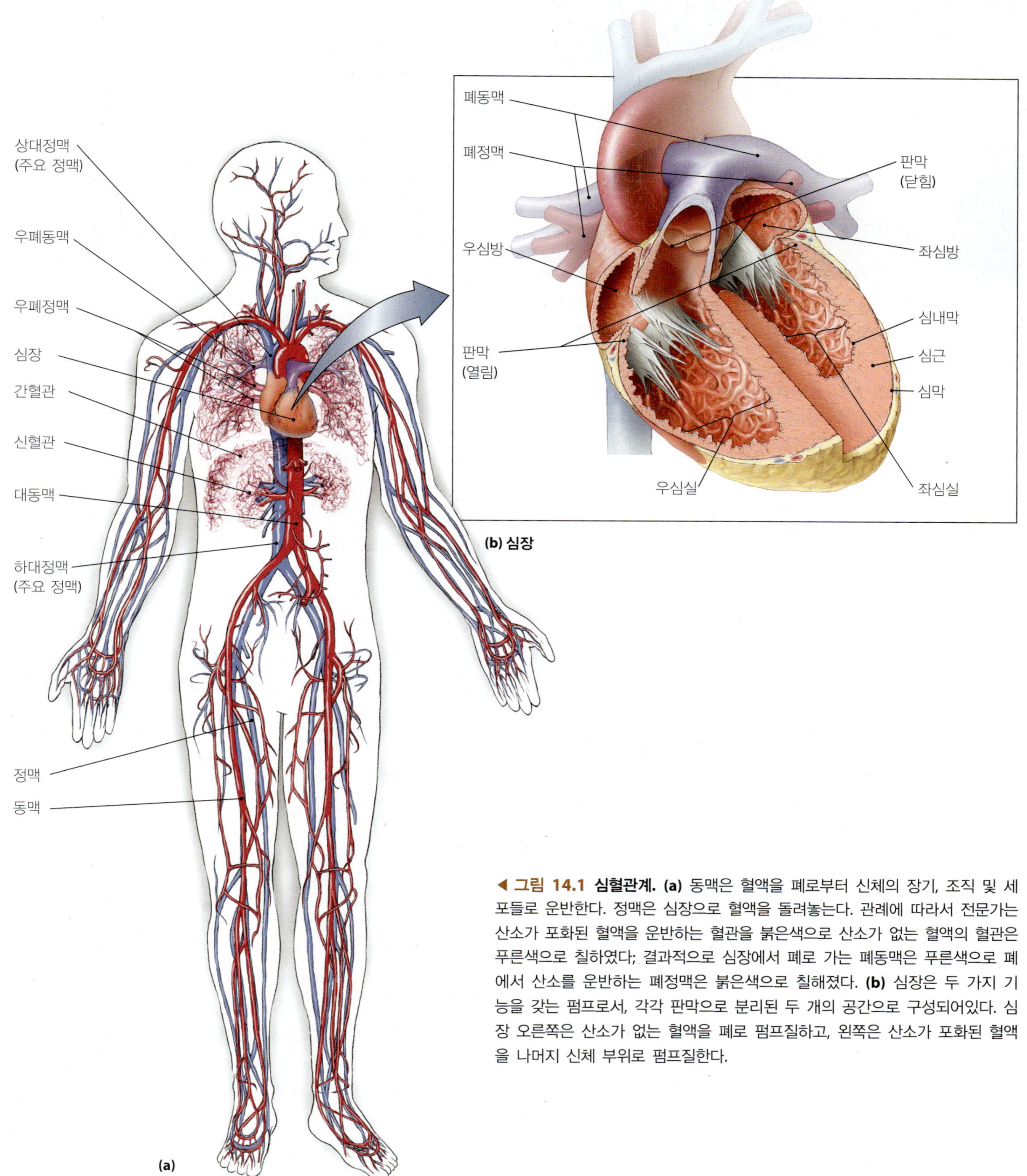

◀ **그림 14.1 심혈관계. (a)** 동맥은 혈액을 폐로부터 신체의 장기, 조직 및 세포들로 운반한다. 정맥은 심장으로 혈액을 돌려놓는다. 관례에 따라서 전문가는 산소가 포화된 혈액을 운반하는 혈관을 붉은색으로 산소가 없는 혈액의 혈관은 푸른색으로 칠하였다; 결과적으로 심장에서 폐로 가는 폐동맥은 푸른색으로 폐에서 산소를 운반하는 폐정맥은 붉은색으로 칠해졌다. **(b)** 심장은 두 가지 기능을 갖는 펌프로서, 각각 판막으로 분리된 두 개의 공간으로 구성되어있다. 심장 오른쪽은 산소가 없는 혈액을 폐로 펌프질하고, 왼쪽은 산소가 포화된 혈액을 나머지 신체 부위로 펌프질한다.

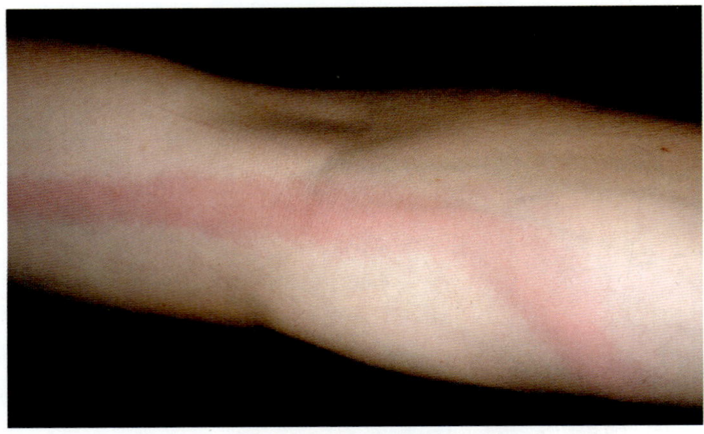

▲ **그림 14.2 패혈증의 징후인 림프관염.** 미생물이 감염 부위로부터 림프관을 따라서 이동하면 국지적인 염증이 일어난다. *균혈증과 패혈증은 어떻게 다른가?*

그림 14.2 패혈증은 어떤 미생물이든지 혈액에 감염된 것을 의미한다; 균혈증은 세균성 패혈증이다. 일부 의료종사자들은 용어들을 상호교환해서 사용한다.

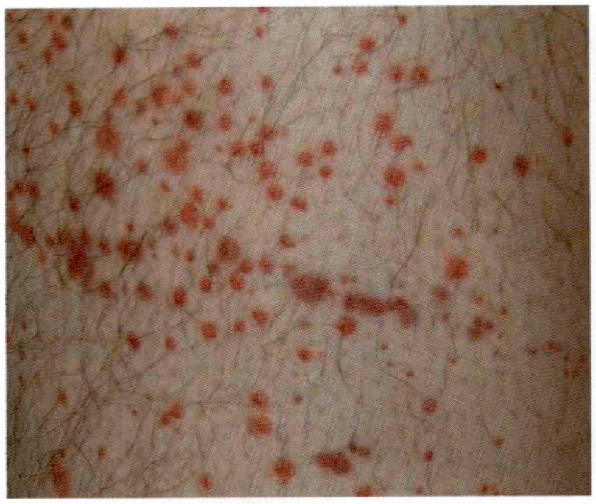

▲ **그림 14.3 세균성 패혈증의 징후인 점상출혈.** 피부 병변이 작고 비교적 확산되거나 죽은 세포들을 포함하여 크고 검은 발진으로 뭉칠 수 있다.

패혈증, 균혈증 및 독혈증

학습 | 성과

14.5 패혈증, 균혈증, 독혈증을 구별하라.

14.6 패혈증과 독혈증의 징후, 증상, 원인, 진단, 치료 및 예방에 대하여 서술하라.

14.7 내독소(lipid A)의 작용을 서술하라.

패혈증(septicemia[8])은 혈액이 질병의 원인인 미생물에 감염된 것을 의미한다. 많은 의사들이 균혈증(*bacteremia*)과 패혈증(*septicemia*)을 혼용하며 사용할지라도, **균혈증(bacteremia)**은 특별히 세균성 패혈증을 의미한다. 세균은 감염된 부위에 남아있지만 혈액으로 독소를 방출할 때에 **독혈증(toxemia)**이라고 한다. 패혈증은 림프계의 감염을 유도할 수 있고 여기에서는 **림프관염(lymphangitis)** (lim-fan-jī´tis)이라고 부르는 상태로 염증이 생긴 림프관을 피부 아래의 붉은 줄 모양으로 볼 수 있다 **(그림 14.2)**. 림프구, 특히 림프절 내의 림프구는 림프관과 림프절의 감염을 제한한다.

징후 및 증상

패혈증은 고열 (39°C, 99°F 이상), 오한, 메스꺼움, 구토, 설사, 호흡곤란, 불쾌감 및 혼돈, 초조, 파멸이 임박한 감정 등과 같은 정신상태의 변화가 특징이다. 이 징후와 증상은 혈관의 팽창 결과로 매우 낮은 혈압 상태인 **패혈성 쇼크(septic shock)**로 빨리 진행될 수 있다. 체온 하강, 소변 배출이 없거나 감소, 빠른 호흡, 비정상적 혈액 응고, 증가되는 심장 박동, 초조 및 사망이 패혈증의 특징이다. 패혈증의 치사율은 세균과 환자의 전체적인 건강에 따라서 50%를 넘을 수 있다.

세균성 패혈증은 또한 몸통과 다리에 작은 출혈성 피부 병변인 **점상출혈(petechiae)** (pe-tē´kē-ē)을 유발한다 **(그림 14.3)**. 점상출혈은 뭉쳐서 죽은 세포 지역으로 합쳐지며 커다란 검은색 병변을 형성할 수 있지만 일부 환자에서는 패혈증이 단지 가벼운 열과 관절염만을 일으킨다.

패혈성 세균은 뼈도 침범하여 뼈와 내부 골수의 염증인 **골수염(osteomyelitis[9])** (os´tē-ō-mī-ĕ-lī´tis)의 원인이 된다. 고열을 동반하는 감염된 뼈 속의 통증이 골수염의 특징이다. 어린이에서는 전형적으로 장골(long bone)의 성장 부위와 같이 혈액 공급이 잘 발생하는 지역에서 특히 골수염이 발생한다. 성인에서는 골수염을 척추에서 더 흔하게 볼 수 있다.

독혈증은 관련된 독소에 따라서 다르게 나타난다. 살아있는 미생물에서 방출되는 **외독소(exotoxin)**는 근육 수축을 막는 보툴리누스 독소와 근육 이완을 막는 파상풍 독소 (그림 13.6 및 13.8 참조)와 같은 세포독소(*cytotoxin*)와 신경독(*neurotoxin*)을 포함한다. 죽어가는 그람-음성 세균은 분해되며 그람-음성 세균 외막의 바깥층으로부터 **지질다당류(lipopolysaccharide, LPS)**의 **lipid A** 부분인 **내독소(endotoxin)**를 혈액으로 방출한다.

패혈증 쇼크를 갖는 독혈증의 심한 형태는 **연쇄상구균 독성-쇼크 유사 증후군(Streptococcal toxic-shock-like syndrome, TSLS)**으로, 환자의 혈압이 급격하게 떨어지며 환자는 어지러움, 혼돈, 호흡곤란, 약하고 빠른 맥박 등으로 고통을 받을 수 있다. 간과 신장에 부전이 일어날 수 있다. 포도상구균 독성-쇼크 증후군(*Staphylococcal toxic shock syndrome*)이 생식기관 감염과 연관된 유사한 상태

---

[8]"부패하는"이란 의미의 그리스어로 *sepein* 및 "혈액"이란 의미의 그리스어 *haima*로부터 유래.

[9]"뼈"를 뜻하는 그리스어 *osteon*, "골수"를 뜻하는 그리스어 *myelos*, "염증"을 뜻하는 그리스어 *itis*로부터 유래.

이다 (17장에서 논의됨).

병원체 및 독성인자

많은 세균들이 패혈증이나 독혈증의 원인이 될 수 있다. 모든 경우에, 세균은 증식하고 신체의 정상 구조를 바꾸어서 징후와 증상을 나타내기에 충분하도록 신체의 방어에 저항을 하게 하는 하나 또는 그 이상의 독성인자를 반드시 갖고 있다. 예를 들어, 캡슐을 형성하는 세균은 식균작용 또는 세포 내 소화에 저항성을 가져서 자신들이 복제하고 혈액을 물질대사 하도록 한다. 일부 세균은 혈장의 수송단백질로부터 시더로포어(*siderophore*)를 이용하여 세균의 물질대사에 필수적인 철분을 "제거하는" 능력을 갖는다. 다른 세균들은 적혈구를 파괴하여 헤모글로빈으로부터 철분을 방출하고 세균 생장에 이용되도록 한다. 다양한 그람-음성 세균들은 다른 종류의 내독소 분자를 방출한다. 일부 내독소는 비교적 해가 없는 반면에, 다른 세균들은 신체가 열, 염증, 설사, 출혈, 혈액응고, 쇼크 등을 유발하는 화학물질을 방출하도록 자극하기 때문에 심각한 징후와 증상의 원인이 된다.

패혈증을 일으키는 세균은 자주 기회성(*opportunistic*)이다 — 정상 미생물총의 구성원이 병원성이 된다. 이런 생명체는 의료와 관련된 질병의 원인이 될 수 있다. 예로는 그람-음성 미생물인 *Pseudomonas aeruginosa* (soo-dō-mō´-nas ā-roo-ji-nō´să)와 *Neisseria meningitidis* (nī-serē me-nin-ji´ti-dis); *Escherichia coli* (esh-ĕ-rik´-ē-ă ko´lī) 및 *Salmonella* (sal´mō-nel´ă) 종들과 같은 내장관의 통성혐기성균; 결장(colon)에서 미생물총의 큰 부분을 차지하는 절대혐기성 *Bacteroides* (bac-ter-oy´dēz) 종이 포함된다. 그람-음성 세균이 패혈증에 더 많이 연관이 되지만 *Staphylococcus aureus* (staf´i-lō-kok´ŭs o´rē-ŭs)와 *Streptococcus pneumoniae* (strep-tō-kok´ŭs nū-mō´nē-ī)와 같은 그람-양성 세균도 패혈증의 기회성 원인체가 될 수 있다.

Streptococcus pyogenes (strep-tō-kok´ŭs pī-oj´en-z)는 연쇄상구균 독성-쇼크 유사 증후군(TSLS)의 원인이다. "패혈성 인두염(strep throat)"보다는 피부나 상처의 연쇄상구균 감염이 TSLS와 연관이 있다 [연쇄상구균 독성-쇼크 유사 증후군은 탐폰(tampon)의 사용과 연관이 있는 *Staphylococcus*에 의한 독성-쇼크 증후군(TSS)과 혼동하면 안된다; 18장 참조].

발병 및 역학

패혈증은 세균이 혈액에 직접 접종되는 것으로 시작되는데, 이는 의료 과정 중에, 마약사용자에 의한 멸균이 되지 않은 바늘의 사용을 통하여, 신체 어느 곳에서의 감염으로부터, 또는 호흡기나 소화기의 작은 찰과상을 통하여 일어날 수 있다. 패혈증은 오랫동안 꼽아놓은 정맥 주사바늘, 적절하게 멸균되지 않은 신장 투석기 사용, 수술 상처, 감염된 치아 및 요도 감염과 자주 연관이 있다. 포도상구균 패혈증 모두 사례의 약 절반은 요도 카데터에 형성된 생물막과 같은 병원내 감염(healthcare associated infection, HAI)이 원인이다.

정상적인 면역체계를 갖는 의료종사자는 패혈증에 거의 걸리지 않는다; 즉 이런 환자들의 세균 혈액 감염은 저절로 사라진다. 그러나 알코올 중독, 다른 약물 남용, 영양실조, 스트레스 또는 HIV 감염에 기인해서 면역이 억제된 사람들은 세균감염에 효과적으로 대항할 수 없다. 따라서 패혈증은 이런 환자들에게 더 잘 발생한다. 항미생물제에 내성을 갖는 세균의 생장을 촉진하거나 혈액에 독성 균주를 도입하는 의료 행위는 패혈증을 발생시킬 가능성이 높다.

그람-음성 세균은 심각한 패혈증의 원인이 될 가능성이 더 높은데 죽어가는 그람-음성 세균의 외막에서 방출되는 lipid A가 신체 방어 기작의 강력한 활성자이기 때문이다. 내독소는 대체 경로를 통한 보체 (그림 8.8 참조), 응고 (혈액응고) 및 염증을 포함하여 신체의 거의 모든 비특이적 방어 반응을 활성화시킨다. 내독소는 대식세포, 단핵백혈구, B 세포 및 다른 방어세포의 세포막에 결합하면 이 세포들로부터 강력한 사이토카인의 방출을 시작하게 한다. 응고가 넓게 확산되어 **파종성 혈관내 응고(disseminated intravascular coagulation, DIC)**라는 심각한 상태가 되며 사망할 수도 있다.

종양괴사인자(tumor necrosis factor, TNF), **인터루킨(interleukins, ILs)**, **혈소판활성인자(platelet activating factor, PAF)**가 포함되어 방출되는 사이토카인은 원래 국지적 감염을 방어하는 작용을 이끌어내는데 패혈증에서 전신을 통해 팔다리까지 운반되면 생명을 위협하게 된다. TNF는 조직 손상의 원인이고 발열성(*pyrogenic*)이다. IL-1도 또한 열을 유발하고 골수가 혈관 내벽에 붙어서 손상을 주는 미성숙 호중구를 방출하도록 한다. IL-6와 IL-8은 순환 중인 호중구에 손상을 주고, 더욱이 혈관 내벽 세포에 손상을 주어서 혈장이 혈관계를 빠져나오도록 함으로 급격하게 혈압이 떨어지게 한다. 혈압의 감소는 필수적인 장기에 혈액 흐름과 산소공급을 감소시켜서 기능이 멈추고 사망에 이르게 할 수 있다. PAF는 또 다른 강력한 응고 유발자이다. 그림 14.4에서는 환자에 대한 내독소의 영향을 요약하였다.

질병통제예방센터(CDC)는 패혈증, 균혈증, 독소증 사례를 보고하도록 요구하지 않음으로 미국에서 이런 상태의 전체적인 심각성을 모른다; 그러나 연구자들은 매년 약 800,000건의 사망이 대개는 (65세 이상의) 노인, 1세 미만의 유아 및 암환자에서 발생하는 것으로 추산한다. 질병률과 사망률은 원인제에 달려있다; 예를 들어, 혈액 내의 *Haemophilus influenzae* (hē-mof´i-lŭs in-flu-en´zi)는 (뇌와 척수를 둘러 싼 막인) 뇌막을 공격하여 어린이 뇌막염의 원인이 되며, 이 중에 약 4%가 사망한다; *Streptococcus pneumoniae*는 균혈증과 연관이 있으며 0.8%의 치사율이다; 반면에 그람-음성 세균 독혈증과 연쇄상구균 독성-쇼크 유사 증후군의 사망률은 50% 이상일 수 있다.

진단, 치료 및 예방

의사들은 패혈증을 징후와 증상을 기반으로 진단한다. 임상의사는 패혈증의 징후와 증상을 보이는 환자의 절반보다 적은 수의 혈액으

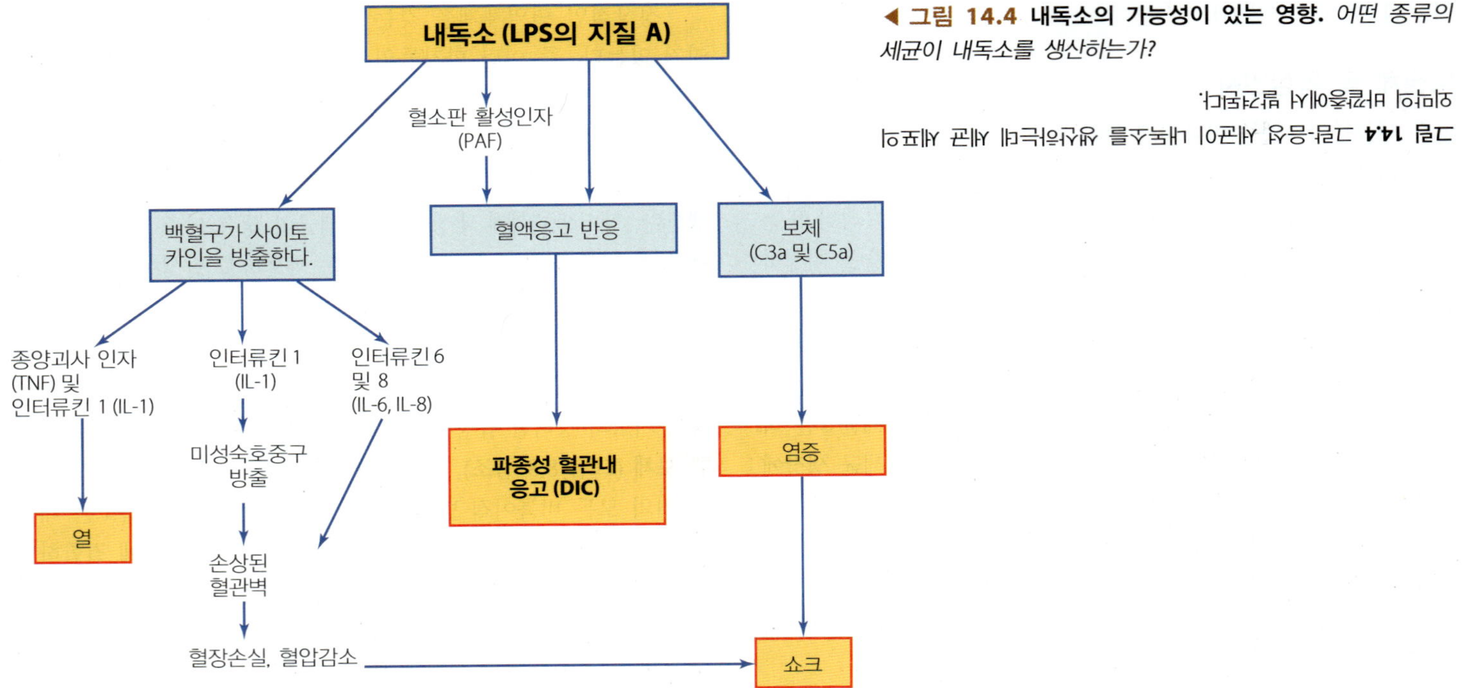

◀ **그림 14.4 내독소의 가능성이 있는 영향.** *어떤 종류의 세균이 내독소를 생산하는가?*

그림 14.4 그람-음성 세균이 내독소를 생산하는데 세균 세포의 외막의 바깥층에서 발견된다.

로부터만 세균을 배양할 수 있다; 따라서 대부분의 환자는 정확한 원인 세균이 숨겨진 사실을 의미하는 **숨은 패혈증(occult**[10] **septicemia)**을 갖는다.

치료는 신속한 진단과 특정한 세균 원인체에 대한 적절한 항미생물제 치료를 포함한다; 예를 들어, 농양이 생긴 치아의 제거와 같이 초기 감염의 제거; 내독소에 의한 액체 손실을 완화하기 위해서 정맥을 통한 체액 대체. 패혈증의 예방은 감염의 즉각적인 치료에 달려있는데, 특히 면역체계가 기능을 제대로 못하는 환자에게서 그렇다. 만일 치료가 지연되면 세균은 증식하고, 항미생물제의 사용은 다량의 내독소를 방출하게 함으로서 환자의 상태를 악화시킬 수 있다. LPS와 TNF에 대한 단일항체를 이용한 새로운 치료법이 내독소의 효과를 감소시키는 작은 성공을 보여주었다.

심내막염

학습 | **성과**

14.8 심내막염의 징후, 증상, 원인, 진단, 치료 및 예방에 대하여 서술하라.

혈액 내의 세균은 심장 안쪽의 얇은 내벽으로 판막과 심장으로 나가고 들어오는 혈관의 내벽을 덮고 있는 심내막을 감염시킬 수 있다. 심내막에 세균의 집락형성은 염증인 **심내막염(endocarditis)**과 세균을 둘러싸고 덮어버린 혈소판과 응고단백질의 큰 덩어리인 **증식(vegetation)**의 형성을 유발하여 (420쪽의 질병개요파악 14.1 참조), 세균을 방어세포, 항체와 항미생물제로부터 숨긴다.

징후 및 증상

심내막염 환자는 전형적으로 열, 극도의 피로감, 불쾌감, 호흡곤란 등을 보인다. 의료종사자들은 (정상보다 빠른) 심장 박동인 심계항진(tachycardia[11])과 심장을 통해 비정상적으로 혈액이 흐르는 소리와 같은 잡음으로 알아낼 수 있다. 심내막염은 혈액응고, 마비 및 심장판막의 완전한 파손과 같은 합병증을 일으켜서 심부전(heart failure)의 결과를 가져올 수 있다. 심내막염은 주로 좌방실판막(left atrioventricular) [승모판막(mitral)]에 영향을 주고 좌반월판(aortic semilunar valve)이 뒤를 잇는다. 심내막염의 징후와 증상은 아급성 심내막염(*subacute endocarditis*)으로 몇 주 또는 몇 개월의 기간에 걸쳐서 발생하거나 급성심내막염(*acute endocarditis*)으로 빠르게 발생한다.

병원체

신체 어느 곳에나 있는 정상적인 미생물총이 주로 세균성 심내막염의 원인이다; 약 절반의 사례에서 소위 비리단스 연쇄구균군(*viridans*[12] *streptococci*) (vir´i-danz strep-tō-kok´sī)이 원인인데, 혈액상에서 배양하면 생산되는 초록 색소 때문에 이름이 지어졌다. 비리단스 연쇄구균군은 매우 높은 침투성을 갖지는 않지만, 수술 상처; 폐렴에 걸린 동안에 폐의 작은 병변; 또는 총에 의한 열상(laceration), 치과 치료, 단단한 사탕을 깨물거나 칫솔질에 의한 눈에 뜨지

[10] "숨다"란 의미의 라틴어 *occultare*로부터 유래.

[11] "빠른"이란 의미의 그리스어 *tachys*로부터 유래.

[12] "초록"이란 의미의 라틴어 *viridis*로부터 유래.

유익한 미생물

세균 감염이 좋은 일일 때

그람-음성 세균은 심혈관계의 일반적인 기회성 및 병원내 병원체로서, 균혈증, 독혈증, 심내막염 및 다른 심각한 상태를 일으킨다: 그러나 그람-음성 세균 그 자체가 세균병원체, 특히 *Bdellovibrio* 및 *Micavibrio*의 목표가 될 수 있다. 이 그람-음성 포식자들은 다른 그람-음성 세균을 탐욕스럽게 먹어치우는 세균들이다; 사실 그람-음성 사촌들이 유일한 먹이이다!

*Bdellovibrio*는 *Escherichia coli*와 치료가 힘든 *Pseudomonas aeruginosa*와 같은 그람-음성 세균에 부착하여 그 먹이의 주변세포질에 들어가서 그 숙주를 분해, 포식, 복제, 그리고 용균시킨다. *Bdellovibrio*의 딸세포들은 바로 다른 세포를 공격하여 즉시 희생자 집단을 백분의 일로 줄여 버린다. *Micavibrio* 또한 희생자의 외막에 붙지만, 세포의 외부에 남아서 문자적으로 그 목표의 생명 (세포질)을 빨아 먹는 동안에 이분법으로 복제한다. 포식자들은 독립적으로 헤엄치는 세균이나 생물막에 연관된 그람-음성 세균 모두를 공격할 수 있다.

과학자들은 *Bdellovibrio*와 *Micavibrio*를 배타적으로 그람-음성 세균에만 부착되게 하고 죽이도록 하는 효소를 확인하고 분리하고 이용하기를 희망한다. 다른 방법으로는 연구자들이 세균 포식자를 피부나 상처 감염에 살아있는 항미생물 세정 습포제로 사용하거나 심혈관 감염에 살아있는 정맥주사용 항미생물 치료제로 사용을 고려 중이다 — 환자는 감염을 제거하기 위해서 감염될 것이다.

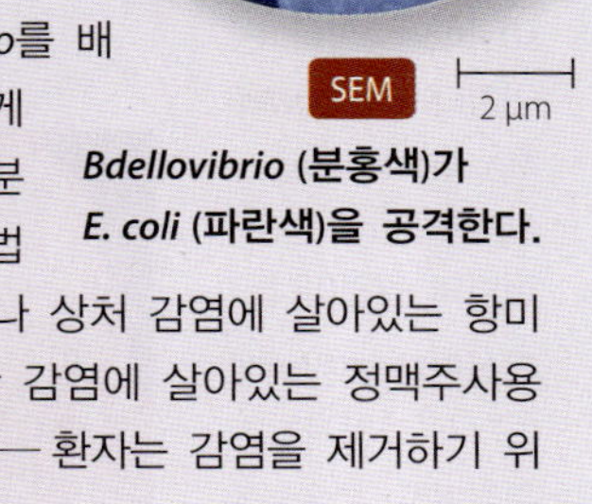

Bdellovibrio (분홍색)가 E. coli (파란색)을 공격한다.

않는 절개를 통하여 혈액에 들어간다.

다른 기회성 세균은 피부에 존재하는 *Staphylococcus epidermidis* (staf´i-lō-kok´ŭs ep-i-der-mid´is)와 *S. aureus*, 인두로부터의 *Streptococcus pneumoniae,* 그리고 소화관으로부터의 *Enterococcus* (en´ter-ō-kok´ŭs)와 *Escherichia* 등이다. *Neisseria, Pseudomonas, Bartonella* (bar-tō-nel´ă), *Mycobacterium* (mī´kō-bak-tēr´ē-ŭm) 및 *Mycoplasma* (mī´kō-plaz-mă)를 포함하여 수십 종의 병원성 및 기회성 세균들이 심내막염의 원인이 될 수 있다. "배양-음성(culture-negative)"의 심내막염은 원인체를 배양할 수 없거나 알지 못하는 상태이다.

발병 및 역학

심내막염을 갖는 대부분의 환자는 감염된 치아, 피부 병변, 또는 관내의 카데터와 같은 분명한 감염원이 있다; 그러나 일부 환자는 세균 감염의 명확한 초점 부위가 없다. 정맥주사용 약물을 이용하는 사람은 오염된 주사기에 의해 위험성이 높다. 선천성 기형, 앞선 세균 감염에 의한 상처 및 심장 판막 교환과 같은 비정상적인 심장을 갖는 환자는 손상된 심장이 세균 집락형성을 위한 자리를 제공하기 때문에 심내막염에 더 취약하다. 또한 증식(vegetations)이 심내막의 거칠어진 자리에 형성되는데, 이 장소는 세균이 자리를 잡고 생장하며 증식의 층을 추가로 생산하는 장소를 제공한다.

색전(*embolus*[13])이라고 하는 병적 증식물과 혈액응고의 파편들이 떨어져 나와서 혈액을 따라 이동을 하다가 뇌, 신장, 폐, 또는 복강 내 장기들의 작은 혈관에 걸리면 혈액의 흐름을 방해하고 심한 손상의 원인이 된다. 뇌졸중(stroke)은 뇌를 통하는 혈액 흐름이 이렇게 방해되는 것이다.

진단, 치료 및 예방

의사들은 증상을 기반으로 미국에서 매년 약 10,000건의 심내막염을 진단하는데, 이를 초음파로 만들어진 심장 영상인 초음파심장진단도(*echocardiogram*)로 증식을 눈으로 확인하며, 환자의 혈액에서 세균을 배양하는 것으로 확진한다. 정맥주사 약물의 남용, 심장병 또는 최근의 치과치료의 병력; 새로운 심장의 잡음; 손톱 아래의 눈에 보이는 출혈이나 망막 위의 출혈은 환자가 심내막염에 걸렸다는 의미일 수 있다.

의사들은 심내막염을 정맥주사용 항미생물제를 투여하여 치료하는데, 입원이 필요하며, 감염원은 고름을 뽑아내고 세척되어야만 한다. 여러 주 동안의 치료가 일반적이다. 의사들은 민감성 검사(susceptibility test) (그림 3.9 참조)를 기반으로 항세균제를 선택한다. 초기 치료가 보통 성공적이다; 지연된 진단과 치료는 판막 손상, 심부전, 색전 생성의 위험성을 높인다. 증식과 농양의 수술적 제거가 요구되고, 손상된 심장 판막은 수리나 교환이 필수적이다.

알려진 위험인자를 갖는 환자는 치과치료 또는 수술 전에 의사에게 항미생물제의 예방적 사용을 요구해야 한다. 일상의 좋은 치아위생도 이런 환자들에게 동일하게 중요하다. 정맥주사 마약 사용자는 중독의 치료법을 반듯이 찾아야 하고 그 동안에는 깨끗한 바늘을 사용해야 한다.

질병개요파악 14.1에서는 패혈증과 심내막염의 특징을 요약하였다.

지금까지 혈액과 심장에 감염되는 세균들을 알아보았다. 그러나 혈액과 림프는 전신에 병원체를 운반하여 국소적이 아닌 몸의 전체에

---

[13]"마개"를 뜻하는 그리스어 *embolos*로부터 유래.

질병개요파악 14.1

균혈증 / 심내막염

원인 많은 세균이 균혈증과 심내막염의 원인이다. 흔한 기회성 및 병원내 감염 세균으로는 *Pseudomonas aeruginosa, Neisseria meningitidis, Escherichia coli, Salmonella* 종, *Staphylococcus aureus, Streptococcus pneumoniae* 등이 있다. 세균성 심내막염의 약 절반의 사례가 비리단스 연쇄상구균(viridans streptococci)이 원인이다. *Bartonella, Mycobacterium, Mycoplasma* 종도 질병의 원인이다.

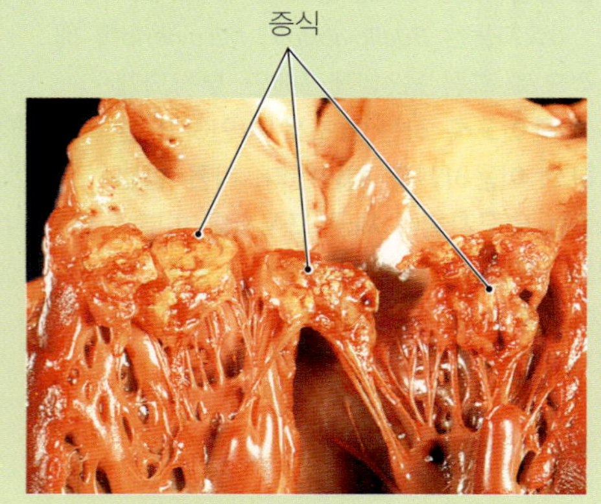

독성인자 병원체에 따라서 다양하지만, 부착분자, 캡슐, 편모, 내독소, 외독소 및 항식균 인자가 포함된다.

침입구 열린 상처를 통해서 혈액에 세균이 접종됨.

징후와 증상 균혈증 증상은 열, 오한, 메스꺼움, 구토, 설사, 호흡 곤란, 불쾌감 및 혼돈, 또는 파멸이 임박한 감정이 특징이다. 심내막염은 열, 극도의 피로, 불쾌감, 호흡곤란 및 심계항진을 포함한다.

잠복기 균혈증 증상은 감염 후 수 시간에서 수 주 내에 일어날 수 있다. 급성심내막염은 며칠에서 몇 주에 걸쳐 일어나는 반면에 세균성 아급성심내막염은 더 서서히 몇 주에서 몇 개월 동안 발생한다.

취약성 억제된 면역체계를 갖는 사람과 정맥주사치료 또는 신장투석과 같이 정기적이고 장기간의 침습성 의료과정이 요구되는 환자.

치료 신속한 치료와 확인이 중요하다. 적절한 항생제의 투여, 초기 감염 부위 제거 및 정맥주사로 수액 교환이 균혈증의 적절한 치료이다. 심내막염의 치료는 유사하다; 정맥주사를 이용한 항생제 치료를 종종 6주 과정으로 한다.

예방 알려진 위험인자를 갖는 환자는 수술이나 치과치료 전에 예방적 항생제를 주어야 한다. 의료기기의 적절한 멸균과 상처 치료가 표준화된 예방적 치료법이다.

영향을 주는 **전신성 질환(systemic disease)**의 원인이 된다. 다음에는 일부 세균성 전신성 질환에 대해서 알아보겠다.

브루셀라병

학습 | 성과

14.9 브루셀라병의 징후, 증상, 원인에 대하여 설명하라.
14.10 인수공통전염병(zoonosis)을 정의하고, 브루셀라병의 확산과 예방에 대한 낙농업(animal husbandry)의 역할을 설명하라.

브루셀라병(brucellosis) (brū-sel-ō´sis)은 **인수공통전염병(zoonosis)**으로 동물의 질병이 정상적인 상태에서 인간에게 전파된다. 브루셀라병은 이 질병을 연구한 미생물학자인 Bernard Bang (1848–1932)을 따른 뱅병(*Bang's disease*)을 포함하여 여러 가지 다른 이름이 알려져 있다; 몰타열(*Malta fever*), 지브롤터 바위열(*rock fever of Gibraltar*), 크레테열(*fever of Crete*) 등인데 모두 이 지역의 국지적 풍토병을 따라 명명되었다.

징후 및 증상

브루셀라병은 매일 오후에 체온이 40°C (104°F)까지 급등하며 오르내리는 열이 특징으로, 이 질병에 파상열(*undulant*[14] *fever*)이라는 다른 일반적인 이름이 붙어졌다. 환자에서는 또한 오한, 발한(sweating), 두통, 근육통(myalgia[15]), 체중감소 등이 일어난다.

병원체 및 독성인자

Brucella (broo-sel´lă)는 캡슐이 없으며 비운동성이고 호기성이며 그람-음성 구간균의 속(genus)이다. 인간 브루셀라병은 4가지 종의 *Brucella*에 의한 것으로 여기지만, rRNA 분석은 단지 하나의 진정한 종만이 존재하는 것을 보여주었다: *Brucella melitensis* (me-li-ten´sis); 다른 것들은 이 종의 변종 균주이다. 그럼에도 불구하고 많은 임상의사들은 역사적인 종 이름을 사용하고 있다 — 양과 염소에 감염되는 *B. melitensis*, 소의 *B. abortus* (a-bort´us), 돼지의 *B. suis* (soo´is), 그리고 개, 여우, 코요테 등의 *B. canis* (kā´nis).

동물 숙주에서 *Brucella*는 자궁과 태반과 같은 장기 내의 세포내 기생체로 살아가지만, 인간에서 이 장기들은 감염되지 않는다. 종종 불임이나 자연유산의 원인이 되기도 하지만, 동물 감염은 무증상이거나 경미한 질병의 원인이 된다.

그람-음성 세균처럼 *Brucella*는 브루셀라병의 일부 징후와 증상에 책임을 지는 내독소를 갖는다. 세균은 또한 식균세포 내에서 생장하고 증식하는 능력이 있어서 항체와 일부 항미생물제를 피할 수 있다.

발병 및 역학

인간은 멸균이 안 된 오염된 낙농제품을 먹거나 도축장, 동물병원, 사육장과 같은 작업공간에서 동물의 혈액, 오줌, 태반과 접촉하여 감염된다. 세균은 소화기관과 호흡기관의 점막의 찢어진 곳을 통하여 신체로 유입된다. *Brucella*는 식균세포 내에서 림프절, 비장, 골수, 간, 심장을 포함하여 신체의 장기까지 이동한다. 관절염, 비장비대증(splenomegaly), 정소(testes) 비대, 심내막염, 뇌막염 및 뇌염이 결과로 나타날 수 있다.

가축의 면역접종, 감염된 동물 제거 및 감염된 가축의 격리 때

[14]"작은 파도"란 의미의 라틴어 *undula*로부터 유래하며, 시간에 따라서 환자의 체온 그래프가 파도 모양인 것을 의미함.
[15]"근육"을 뜻하는 그리스어 *mys*와 "고통"을 뜻하는 그리스어 *algos*로부터 유래.

문에 미국에서는 브루셀라병이 과거보다는 거의 위협이 아니다. 2012년에는 단 123건이 보고되었다. 매년 세계적으로 약 50만 건이 발생한다.

진단, 치료 및 예방

브루셀라병은 매일 파상적으로 발생하는 열을 통해서 진단한다. 진단은 *Brucella*의 실험실 배양이 어렵기 때문에 *Brucella*에 대한 항체 수준이 증가된 것을 보여주는 혈청 검사로 확진한다.

동물과 인간 브루셀라병의 대부분의 경우가 경미하고 치료가 필요가 없다. 의사는 몇 주 동안 독시사이클린(doxycycline)과 리팜핀(ripampin) 또는 스트렙토마이신(streptomycin)을 포함하는 항미생물제들의 혼합사용으로 브루셀라병을 치료한다.

동물에 대한 약독화 백신이 존재하지만 백신이 종종 브루셀라병을 일으키기 때문에 의사는 사람에게 이것을 투여하지는 않는다. 낙농제품의 멸균, 감염되지 않은 가축의 면역접종 및 감염된 동물을 제거를 통하여 미국 거주자들의 브루셀라병 위협은 감소되었다. 나머지 미국 사례는 대개 이민자 또는 외지에서 여행을 온 사람에게서 발생한다.

야토병

학습 | 성과

14.11 야토병의 징후, 증상, 원인, 진단, 치료 및 예방에 대하여 서술하라.

야토병(tularemia[16]**)** (tū-lă-rēmē-ă)은 인수공통전염병이다.

징후 및 증상

감염 5일 이내에 야토병 환자는 피부 병변이 생기고 감염 부위 가까운 곳에 부어오르고, 연해지며 고름이 찬 림프절이 발생한다. 이후에 세균이 그 부위에서 운반됨에 따라서 위를 향하는 림프관염(lymphangitis)이 뒤를 잇는다. 환자는 다음 중 어느 것 또는 모든 증상을 보인다: 열, 오한, 두통, 불쾌감, 피로, 호흡곤란, 뻣뻣한 관절 및 근육통. 이런 일반적인 증상이 몇 개월 또는 몇 년 동안 지속될 수 있다. 야토병은 치료받지 않은 환자에서는 약 5%, 치료받은 환자에서는 1%의 사망을 보인다.

병원체 및 독성인자

Francisella tularensis (fran´si-selă too-lă-re´nsis)는 북반구의 온대 지방에서 발견되는 매우 작은 (0.2 μm × 0.2–07 μm), 비운동성의 절대호기성 그람-음성 구간균으로 물에 살며 동물의 세포 내 기생체이다. 세균은 놀라울 정도로 다양한 숙주 범위를 갖는다. 이것은 포유류, 조류, 어류, 흡혈 진드기, 곤충 등에서 산다. 사실 숙주가 될 수 없는 동물을 찾는 것은 어렵다. 미국에서 가장 흔한 보균체는 야생토끼, 사향쥐, 진드기 등으로서 이들이 야생토끼열(*rabbit fever*)과 진드기열(*tick fever*)이라는 가장 일반적인 2가지 이름을 제공하였다.

*F. tularensis*는 식균작용을 저해하는 지질 캡슐을 갖지만, 식균작용이 일어났을 때조차도 식균소포가 리소좀(lysosome)에 융합되는 것을 방해하여 생존한다. 내독소가 야토병의 많은 징후와 증상에을 제공한다.

발병 및 역학

*Francisella*는 정상적인 동물 숙주에서 인간에게 전파되는 방법이 놀라울 정도로 다양하다. *Francisella*는 작은 크기 덕분에 외형적으로 완벽한 피부나 점막을 통과할 수 있다. 종종 감염된 진드기에 물리거나 감염된 동물에 직접 접촉하는 것을 통하여 신체에 세균이

[16]California 주의 Tulare 카운티를 따라 명명.

임상 사례연구

가슴이 찢어지는 듯한 경험

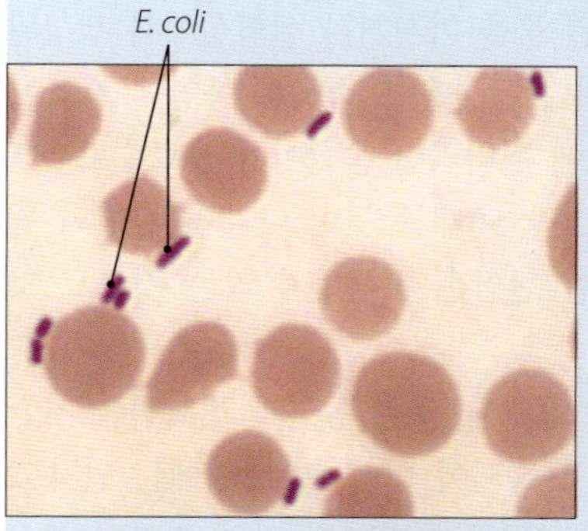

혈액 도말

30대 중반의 한 건설 인부가 의사를 찾아가서 호흡이 가쁘고 3주 넘게 계속 기침하는 것을 하소연하였다. 검사 중에 의사는 환자가 천식과 정맥주사 약물 사용의 병력이 있는 것을 확인하였다. 상기도에 불편이 있을 것으로 믿고 부은 기도를 치료하기 위해서 스테로이드를 처방하였다.

2주 후에 건축 노동자의 징후와 증상은 악화되었다. 그는 어지러운 기간을 경험하였고 매우 피곤함을 느꼈다. 그는 무엇인가 정말 잘못되었고 더 나빠지고 있다는 것이 걱정되어서 응급실에 도움을 청하였다. 병원에 도착하였을 때에 심장박동은 빨라지고 탈수된 것처럼 보였다. 응급실 의료진은 신속하게 수액을 정맥 주입하였고 분석을 위해서 혈액을 채취하였으며, X-선 가슴 사진을 찍었다.

수액 주입 직후에 그 남성의 호흡 상황은 그를 호흡보조기에 눕혀야 할 정도로 악화되었다. 가슴 X-선 필름에는 비정상적으로 비대해진 심장과 양쪽 폐를 통하는 액체가 보였다. 혈액 배양은 *E. coli*를 포함하고 있었다.

1. **환자는 어떻게 균혈증에 걸렸을까?**
2. ***E. coli*는 그의 심장 내부 구조에 무슨 일을 한 것인가?**
3. **어떤 치료 행위 요소가 질병을 악화시켰는가? 그 이유는?**

도입된다.

매우 전염성인 세균인 *Francisella*는 절지동물에 물리거나 피부 또는 점막을 통해서 전파될 때에 감염에 10개의 세포 정도만 요구된다. 흡혈 파리, 모기, 진드기 등도 *Francisella*를 전파하고, 인간은 감염된 고기를 먹거나 오염된 물을 마시거나 실험실에서 생성된 에어로솔 내의 세균을 흡입하거나 동물을 도축하는 동안에 감염될 수 있다. 소화기관을 통하여 병에 걸리려면 음식이나 음료수로부터 10^8개 세포를 섭취해야 하지만, 약 50개를 들이 마시면 질병의 원인이 된다. 다행히 인간-대-인간 전염은 발생하지 않는 것으로 보인다.

사냥꾼, 덫을 놓는 사냥꾼, 박제사, 죽은 동물과 접촉하는 사람들은 야토병의 가장 큰 위험에 노출되어 있다. 2012년에는 단 152건이 보고되었지만, 이것의 독성, 동물에 만연된 것과 전파의 증식 방법을 고려하면 실제 수는 아마도 훨씬 더 클 것이다. 많은 다른 세균이나 바이러스 질병과 크게 다르지 않기 때문에, 그리고 실험실 검사로 야토병을 확인하는 것이 어렵기 때문에, 야토병은 종종 잘 알지 못하는 채로 남아있다. 야토병은 일반적으로 무해하지만, 치료받지 않은 환자의 약 5%에서 치명적이다. 질병통제예방센터(CDC)에서는 야토병을 1994년에 국가신고대상질병(nationally notifiable disease) 목록에서 제외하였지만, 생물테러 무기로서의 *Francisella*의 이용가능성에 대한 염려로 야토병을 2000년에 목록에 다시 넣었다.

진단, 치료 및 예방

야토병은 징후와 증상이 일반적이고 많은 질병들과 비슷하기 때문에 진단하기 어렵다. 야생동물과의 접촉 경험과 진드기에 물린 것은 *F. tularensis* 감염을 지체 없이 의심해야 한다. 혈청 검사가 진단을 확진한다. 배양은 추천되지 않는데 생명체가 극도로 독성이며 실험실에서 쉽게 걸릴 수 있기 때문이다.

*F. tularensis*는 β-lactamase를 생산하여 페니실린(penicillin)과 세팔로스포린(cephalosporin)은 효과가 없지만, 다른 항미생물제는 성공적으로 사용되었다. 현재는 스트렙토마이신(streptomycin)과 겐타마이신(gentamycin)이 일반적으로 사용된다.

약독화 백신은 노출의 위험성이 있는 사람들에게 어느 정도 보호를 제공한다. 백신이 완전히 효과적이지는 않지만 질병의 심각성을 감소시킬 수 있다. 감염을 예방하기 위해서는 특히 풍토병인 지역에서 (야생토끼, 사향쥐, 진드기 등과 같은) *Francisella*의 주요한 보균체들을 피해야 한다. 꼭 끼는 소매, 소매 끝동(cuffs), 칼라를 갖는 긴 옷을 입고 *DEET* (*N,N*-diethyl-*m*-toluamide)가 포함된 곤충 기피제를 사용함으로서 진드기가 무는 것으로부터 자신을 보호할 수 있다. *Francisella*는 진드기의 침과 배설물에 존재함으로 진드기의 신속한 제거가 감염 기회를 감소시킬 수 있다. 등산가와 사냥꾼은 병든 야생동물이나 그 사체를 절대로 만지지 말아야 하며, 사냥 시합에서는 장갑과 마스크를 착용해야 한다.

질병개요파악 14.2에서는 야토병의 특징을 요약하였다.

질병개요파악 14.2

야토병

원인 *Francisella tularensis* (호기성, 그람-음성 구간균).

독성인자 많은 포유류, 조류, 어류, 절지동물, 곤충의 세포 내 병원체; 캡슐이 식균작용을 억제; 포식소체와 리소좀의 융합 방해; 내독소.

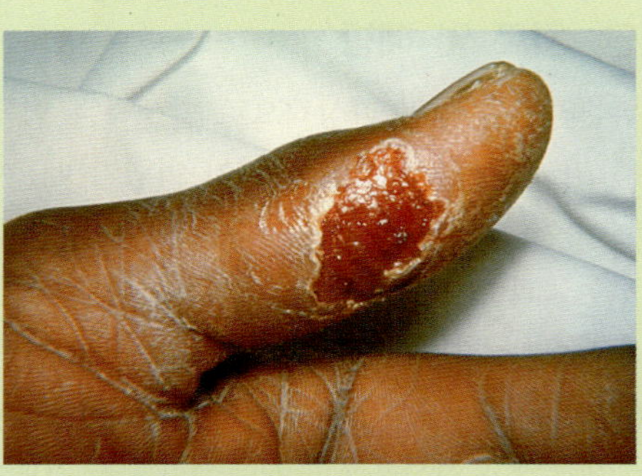

야토병의 궤양

침입구 감염된 진드기가 무는 것을 통하여, 오염된 고기나 물을 섭취, 흡입, 또는 감염된 동물을 직접 접촉.

징후와 증상 갑작스런 열, 오한, 두통, 설사, 근육 및 관절통, 진행하는 쇠약 및 피로. 흡입의 경우 폐의 통증, 피가 섞인 가래, 호흡곤란도 보인다. 진드기가 문 부위 근처에 피부 궤양이 발생할 수 있다. 연해지고, 부어오른 림프절이 감염 5일 이내에 감염 부위 근처에 나타난다.

잠복기 일반적으로 3-5일이지만 2주까지 될 수 있다.

취약성 동물을 다루는 사람들과 야생토끼 사냥꾼이 가장 위험, 특히 미국 남동부 풍토병인 지역 내에서.

치료 스트렙토마이신(Streptomycin)과 테트라사이클린(tetracycline)을 근육 내 투여.

예방 곤충 기피제 사용과 진드기 조사. 동물 사체를 다룬 후에 손 세척. 동물을 완전히 요리하고 음료수는 안전한 곳 또는 멸균된 것을 이용.

흑사병

학습 성과

14.12 흑사병의 원인, 진단, 치료 및 예방에 대하여 서술하라.

14.13 림프절흑사병(bubonic plague)과 폐흑사병(pulmonary plague)의 징후와 증상을 비교하고 대비하라.

흑사병(plague) (plăg)은 몇 차례 범세계적 질병으로 크게 유행하였다. 첫 번째 범세계적 유행은 500년대 A.D. 중반에서 700년대 말까지 지속되었으며 4천만 명 이상의 생명을 앗아간 것으로 추산된다. 처음 5년 동안에 유럽 인구의 약 1/3을 죽인 14세기의 두 번째 범세계적 유행이 이 파멸을 능가하였다. 1860년대에 중국으로부터의 확산된 3번째 범세계적 유행이 아시아, 아프리카, 유럽, 미국을 휩쓸었다. 흑사병으로부터의 파멸은 너무 커서 그 단어는 수세기가 지난 지금도 공포심을 불러 일으키고 있다.

징후 및 증상

흑사병에는 두 가지 주요한 임상적 증상이 있다: **가래톳(buboes**[17]**)**

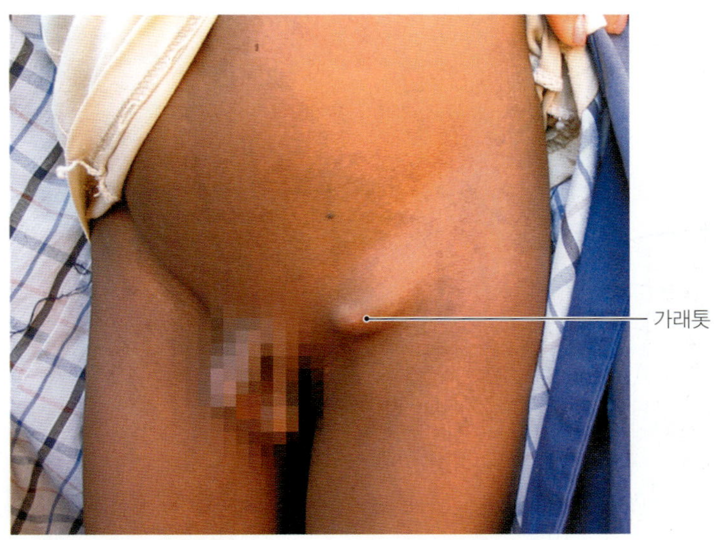

▲ **그림 14.5 가래톳.** 림프절흑사병의 특징인 부어오른 림프절.

이라고 부르는 연하고 커져있고 붉은색이며 통증이 심하고 염증이 있는 림프절의 갑작스런 출현 **(그림 14.5)**이 첫 번째 형태의 특징으로 **림프절흑사병(bubonic plague)**[17]이라는 이름을 갖는다. 가래톳은 일반적으로 사타구니, 겨드랑이, 또는 감염 부위 근처의 목에 발생한다. 림프절흑사병의 징후와 증상은 열, 오한, 불쾌감, 근육통, 심한 두통, 균혈증, 패혈증 등을 포함한다. 나중의 증상들에 의해서 심장 박동의 증가, 낮은 혈압, 다발성 혈관 내 응고, 피하 출혈 및 조직이 죽는 것이 결과로 나타나고, 괴사 세균 (12장에서 논의됨)의 2차 감염의 결과로 검은색으로 변한다. 죽은 조직의 광범위한 검은색으로 흑사병은 "Black Death"라고 불린다.

두 번째 흑사병의 형태는 **폐흑사병(pulmonary plague)**로서 림프절흑사병을 갖는 환자에서 흑사병 간균이 혈류로부터 폐로 확산되거나 흡입되면 발생한다. 폐흑사병은 빠르게 진행한다. 열, 불쾌감, 심한 기침, 피가 섞이고 거품이 나는 가래 및 호흡곤란이 감염 몇 시간 내에 발생할 수 있다.

병원체 및 독성인자

원인체인 *Yersinia pestis* (yer-sinē-ă pe´stis)는 그람-음성, 간균으로 동물의 병원체이다. 이 세균은 부착소(*adhesin*), 제3형 분비계(*type III secretion system*), 캡슐(*capsule*), 항식균 단백질(*antiphagocytic protein*) 등을 암호화하는 독성 플라스미드를 가지고 있다. 부착소는 병원체를 그 목표 세포에 부착시키는 분자이고 반면에 제3형 분비계는 해로운 단백질을 목표 세포에 주입한다. *Yersinia*는 항식균 단백질을 수지상세포, 호중구, 또는 대식세포에 주입하는 것을 선호하며, 적응면역반응이 생기는 능력을 중화시키거나 세균을 제거하는 능력을 중화하여 균혈증이 일어나도록 한다. 죽은 *Yersinia*에서 방출된 내독소는 염증, 열, 혈액응고 등을 유발할 수 있다.

발병 및 역학

쥐, 생쥐, 얼룩다람쥐, 프레리도그, 들쥐와 같은 설치류가 *Yersinia*의 자연적인 풍토병 주기를 위한 숙주이다 **(그림 14.6a)**; 이것들은 세균을 보유하나 흑사병으로 발생되지는 않는다. 이 주기에서 벼룩이 설치류 간의 세균 확산 매개체이다. 세균이 벼룩 내에서 증식함에 따라 식도를 막는 생물막이 형성되어 벼룩은 숙주로부터 더 이상 혈액을 섭취할 수 없다. 굶어가는 벼룩이 혈액을 먹어서 배고픔을 완화하기 위해서 숙주와 숙주를 옮겨 다니며 무는 것으로 각 숙주들을 감염시킨다. 프레리도그, 토끼, 사슴, 낙타, 개, 고양이를 포함하여 다른 동물들이 벼룩이 무는 것을 통하여 감염되어 증식을 위한 숙주로서의 역할을 한다 **(그림 14.6b)**; 즉, 세균과 감염된 벼룩의 수가 증가되는 것을 돕는다.

정상적인 동물 숙주를 떠난 벼룩은 인간에게 흑사병을 퍼트릴 수 있으며, 인간은 또한 감염된 동물이나 벼룩 배설물과 직접 접촉에 의해서도 감염된다 **(그림 14.6c)**. 가래톳은 벼룩에 물린 후 2-10일에 발생한다.

치료받지 않은 림프절흑사병은 50%의 사례에서 치명적이다. 치료를 하더라도 환자의 5%는 사망한다. 치명적 감염에서는 사망이 증상 시작 후 1주일 내에 일어난다. 림프절흑사병은 사람 간에 전파되지는 않는다. 반면에 폐흑사병은 에어로솔과 가래를 통하여 사람 간에 전파될 수 있으며 **(그림 14.6d)** 만일 치료받지 않으면 거의 100% 사망한다.

미국에서 흑사병은 드물며—2012년에 단 3건만 보고되었다—그러나 이 질병은 California 주, Utah 주, Arizona 주, Nevada 주, New Mexico 주 등에서는 풍토병으로 고려된다. 위험 인자에는 설치류와 벼룩에 직업적으로 환경적으로 노출되는 것이 포함된다.

진단, 치료 및 예방

흑사병은 치명적이고, 자주 진행이 빠르고, 사람 간에 확산되기 때문에 잠재적인 생물테러 질병이다. 진단과 치료가 신속해야만 한다. 특징적인 증상들, 특히 흑사병이 풍토병인 지역을 여행한 사람은 대개 증상으로 진단이 충분하다. 야생동물이 보균체로 남아있어도 설치류와 벼룩의 통제, 더 좋아진 개인위생으로 선진국들에서는 흑사병이 거의 박멸되었다. 많은 항미생물제, 가급적이면 스트렙토마이신(streptomycin) 또는 겐타마이신(gentamycin)이 *Yersinia*에 효과적이다. 연구자들은 인간 백신에 대한 규제 승인의 마지막 단계에 있다.

질병개요파악 14.3에서는 흑사병의 특징을 요약하였다.

라임병

학습 | **성과**

14.14 라임병(Lyme disease)의 세 단계의 특징을 서술하라.

[17]"사타구니"를 뜻하는 그리스어 *boubon*으로부터 유래하며 사타구니가 부어오른 것을 의미함.

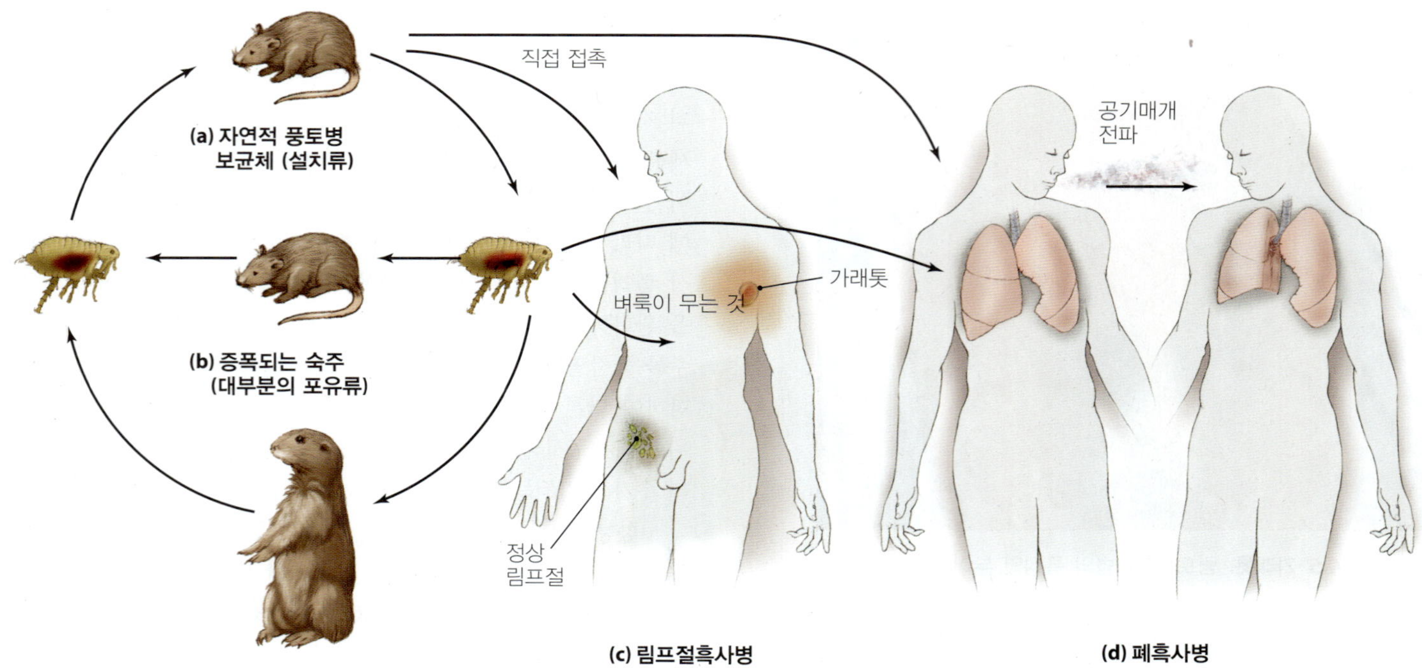

▲ **그림 14.6 흑사병의 원인 세균인 *Yersinia pestis*의 자연에서 이력과 전파. (a)** 설치류 간에 *Yersinia*의 자연적인 풍토병 주기. **(b)** 증폭하는 포유류 숙주를 포함하는 주기. **(c, d)** 감염된 벼룩이 물거나 감염된 숙주에 직접 접촉한 결과로 인간에게는 두 가지 형태의 흑사병이 발생한다. 림프절흑사병은 염증을 일으킨 림프절, 자주 목, 겨드랑이, 사타구니의 림프절이 포함된다. *Yersinia*는 혈류로부터 폐로 이동하여 폐흑사병의 원인이 되며, 이것은 에어로솔 내의 세균이 공기매개 전파를 통하여 사람들 사이에서 확산될 수 있다. *흑사병이 오늘날에는 중세에서보다 훨씬 덜 파괴적인 이유는?*

그림 14.6 도시에서의 생활이 사람과 야생과 농장동물에서 서식하는 벼룩 매개체 간의 접촉을 줄여주었다; 개선된 위생과 살충제의 사용이 애완동물에 사는 벼룩을 줄여주었다; 항미생물제가 *Y. pestis*에 효과적이다.

14.15 라임병에 관련된 *Ixodes* 진드기의 생활사를 논의하라.
14.16 *Borrelia*의 독성인자가 신체의 방어를 어떻게 회피하도록 하는지 설명하여라.
14.17 라임병의 치료와 예방을 자세히 설명하라.

1975년에 역학자들은 코네티컷 주의 라임(Lyme) 시에서 어린이 관절염의 발생이 예상보다 100배 더 높은 것은 주목하였다. 더 조사하여 진드기 매개 인수공통전염병인 **라임병(Lyme disease)**에 대하여 기술하였다.

징후 및 증상

라임병은 많은 다른 질병과 흡사하고 그 징후와 증상이 다양하다. 치료받지 않은 환자에서는 3단계를 갖는다:

1. 자주 과녁 모양 형태로 확장되는 붉은 발진이 감염 부위에 3-30일 이내에 일어난다 **(그림 14.7)**. 환자의 약 80%가 이런 발진을 가지며, 몇 주 동안 지속된다. 다른 초기 징후와 증상에는 불쾌감, 두통, 어지러움, 뻣뻣한 목, 심한 피로, 열, 오한, 근육과 관절통, (림프절이 감염된) 림프선염(lymphadenopathy) 등이 포함된다.

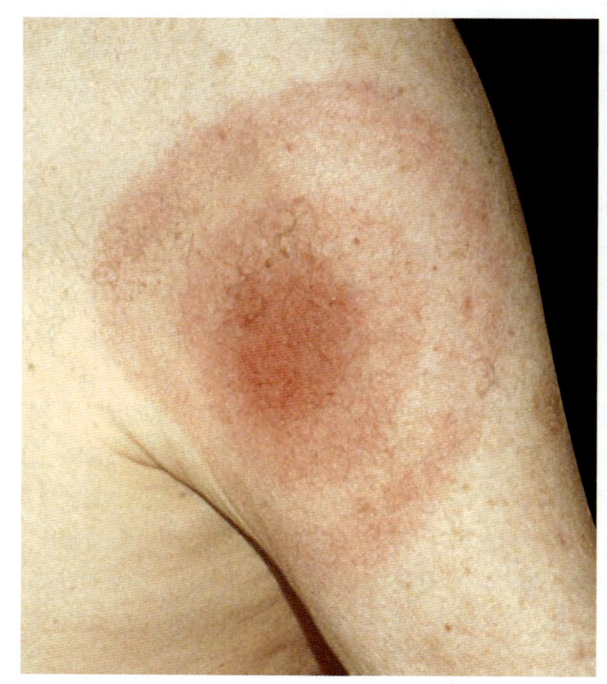

▲ **그림 14.7 라임병의 특징적인 과녁 모양(bull's eye)의 발진.** 이런 발진은 자주 질병의 초기에 나타난다.

질병개요파악 14.3

림프절흑사병 및 폐흑사병

원인 *Yersinia pestis* (그람-음성 구간균).

독성인자 플라스미드가 부착소, 제3형 분비계, 캡슐, 항식균 단백질을 암호화한다; 내독소.

침입구 림프절흑사병: 감염된 설치류의 벼룩에 물리는 것에 의해 전파. 폐흑사병: 혈액에서 폐로, 흡입으로.

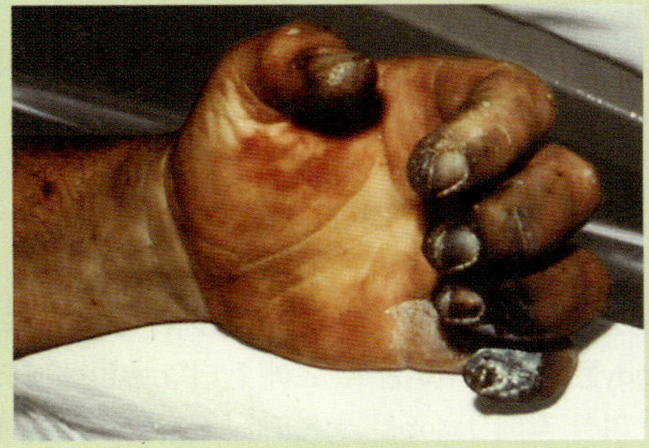

흑사병은 자주 죽은 감염된 조직의 외형 때문에 검은 죽음 (흑사)으로 불려졌다.

징후와 증상 림프절흑사병: 가래톳 (통증이 있는 염증이 생긴 림프절), 열, 오한, 불쾌감, 근육통, 두통, 균혈증, 패혈증, 저혈압, 다발성 혈관내 응고, 죽은 감염된 조직이 검은색으로 변함. 폐흑사병: 열, 불쾌감, 심한 기침, 피가 섞인 가래 및 호흡곤란.

잠복기 림프절흑사병: 1-7일.
폐흑사병: 몇 시간 내일 수도 있지만, 1-4일.

취약성 프레리도그 "서식지"와 같은 *Yersinia*가 동물 집단 내에 풍토병인 지역에 들어가는 사람; 폐흑사병를 갖는 다른 사람에 노출된 사람.

치료 스트렙토마이신(Streptomycin) 또는 겐타마이신(gentamycin)과 같은 항미생물제에 의한 즉각적인 치료.

예방 설치류 통제; 풍토병 지역을 회피; 가능하면 백신.

2. [예를 들어, 뇌막염, 뇌염, 말초신경병증(peripheral nerve neuropathy[18]) 등과 같은] 신경학적 증상과 심장기능장애는 2기의 전형적인 증상인데, 단 10%의 환자에서 볼 수 있다.
3. 마지막 단계는 거의 80%의 환자에서 볼 수 있는데 심한 관절염이 특징이고 몇 년 동안 지속될 수 있다. 마지막 단계의 라임병의 발병 상태는 신체의 면역반응에 크게 기인한다; 이 마지막 단계에서는 *Borrelia*는 관련된 조직에서 거의 보이지 않거나 영향을 받는 부위의 시료 배양에서 분리되지 않는다. 라임병은 거의 치명적이 않으며 그렇다 하더라도 아주 드물다.

병원체 및 독성인자

거대한 스피로헤타 (0.5 μm × 3-20 μm)인 *Borrelia burgdorferi*[19] (bō-rēˊlē-ăburg-dōrˊfer-ē) **(그림 14.8)**가 라임병의 원인체이다. *B.*

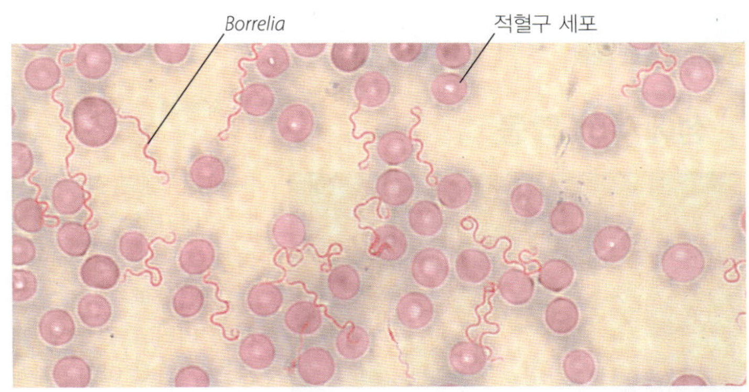

▲ **그림 14.8** ***Borrelia burgdorferi.*** 그람-음성 스피로헤타가 라임병의 원인이다.

*burgdorferi*는 철분을 효소 또는 전자전달계에 이용하지 않는 특이한 물질대사를 갖는다. 철분 자리에 망간을 이용하여 인간의 조직과 체액에 철분을 고갈시키는 인간의 선천적인 방어 기작을 우회한다.

이 세균은 항원성이 다른 변이를 나타내기 위하여 유전자 재배열을 통하여 외막 단백질을 변경할 수 있어서, 면역 세포를 병원체로 인식하여 혈액으로부터 제거하기가 어렵다. 죽을 때에 *Borrelia*는 외막에서 활성을 갖는 내독소(lipid A)를 방출한다.

발병

사슴 진드기 중에서 *Ixodes*[20] (ik-sōˊdēz) 속인 참진드기(hard tick)가 라임병의 매개체이다. 진드기의 생활사를 이해하는 것은 질병을 이해하는데 필수적이다. 사슴 진드기는 2년을 사는데 3번의 발생단계를 거친다: 다리가 6개인 유충, 다리가 8개인 약충 및 다리가 8개인 성충. 각 단계에서 한 번은 혈액 먹이를 위해서 척추동물 숙주에 붙어야 한다. 3번의 각각 먹이섭취 후에 진드기는 숙주에서 떨어져서 낙엽이나 덤불이 우거진 곳에서 산다.

*Ixodes*의 모든 종들이 모든 단계에서 인간을 먹이로 할 수는 있지만 *Ixodes*는 일반적으로 각 단계에서 다른 숙주를 먹이로 한다. 암컷 진드기에서 그 새끼들로 *Borrelia*가 전파되는 것은 드물다. 따라서 봄에 깨어난 유충은 감염되어있지 않고 **1**, 처음으로 먹이를 흡혈할 때에 감염된다 **(그림 14.9)** **2**. 겨울동안에 유충은 혈액 먹이를 소화하고 *Borrelia*는 진드기의 내장에서 복제된다 **3**.

2번째의 봄에 진드기는 약충으로 탈피하고 **4** 두 번째 먹이를 먹으며 타액을 통하여 새 숙주에 *Borrelia*를 감염시킨다 **5**. 감염이 되지 않은 약충이 감염된 숙주에서 먹이를 먹으면 감염될 수 있다. 실험실 연구는 감염된 진드기가 숙주에 *Borrelia* 감염을 확립하기 위한 충분한 스피로헤타 전파를 위해서는 36-48시간은 남아있어야 한다는 것을 보여주었다.

약충은 숙주에서 떨어져서 성충으로 더 발생한다 **6**. 가을에

[18] "신경"이란 의미의 그리스어 *neuron* 및 "고통받는"이란 의미의 그리스어 *pathos* 로부터 유래.

[19] 프랑스의 세균학자 Amedee Borrel과 진드기-매개 질병 전문가 Willy Burgdorfer의 이름을 따라 명명.

[20] "끈끈한"이란 의미의 그리스어.

임상 사례연구

섬에서의 악몽

Peggy는 매년 섬에서 시간 보내기를 좋아하였다. 그녀의 부모는 그녀가 소녀였을 때 매년 휴양지에 데리고 갔으며, 지금도 그녀의 아이들에게 똑같이 하고 있다. 매사추세츠 주의 케이프 코드(Cape Cod) 근처 바닷가에 있는 그녀의 집은 이웃의 집들과 비교하여 평범하지만, 100년 넘게 Peggy 가족의 소유로 있었고 그녀의 모든 삶에서 아주 좋은 기억들을 가지고 있다. Peggy의 가장 좋은 기억 중 하나는 그 섬의 집 잔디에서 친구들과 잡기놀이를 하였던 것이다. 지금 그녀는 Jacob보다 나이가 많은 친구 아들이 풀로 뒤덮인 넓은 지역에서 풀을 깎는 것을 그녀의 8세 아들 Jacob이 도와주는 것을 지켜보며 미소 짓고 있다. "기억을 쌓아가는 것—그게 모든 것이지"라고 생각하였다. 어떤 기억이 악몽으로 쌓여갈 수 있다는 것을 그녀는 알아채지 못하였다.

3일 후에 Jacob은 깨어나서 따가운 목, 두통 및 "전체적으로 아픈 것"을 불평하였다. Peggy는 그의 마른기침과 103°F의 체온을 걱정하였다. "여름감기?" 그녀는 숨쉬기가 점점 어렵고 고통스러워하는 Jacob을 침대에 누워 있도록 하였다. 이틀 후에 그는 피가 나오는 기침을 시작했고, Peggy는 이게 일반적인 여름감기가 아니라는 것을 알게 되었다.

그녀는 Jacob을 지역 보건소 서둘러 데려갔고 의사는 즉각적인 스트렙토마이신(streptomycin) 정맥주사와 본토의 병원으로 이송하도록 조치하였다. 의사는 Peggy에게 Jacob은 가장 독성이 강한 것으로 알려진 세균에 감염된 것 같다고 알려주었다. 그는 섬에서 Jacob의 생활에 대해서 질문을 하였다: 소년이 어떤 동물을 만졌는가? 어떤 야외 활동을 했는가? 진드기에게 물렸는가? "없다, 없다, 없다." 그리고 문득 Peggy는 Jacob이 이번 주 초에 잔디깎는 일을 도와준 것이 기억났다.

며칠 후에 Jacob은 회복되기 시작했고 질문에 답을 할 수 있었다. 그는 의사에게 잔디를 깎는 기계로 죽어서 건조된 작은 토끼 주변의 풀을 깎았다고 이야기하였다. 의사는 그 기계가 세균을 공기 중으로 분출시켰다고 의심하였다; Jacob은 거의 치사량을 흡입하였다.

잔디밭은 더 이상 Peggy의 어린 시절의 좋은 기억만을 돌이켜 보게 하지 않을 것이다; 대신에 그녀는 시료를 채집하고 아들을 거의 잃을 뻔했던 악몽의 시간을 기록했던 특수 보호복(biohazard suit)을 입은 남자들을 기억할 것이다.

1. **어떤 세균이 Jacob에게 감염되었는가?**
2. **Jacob에게 영향을 준 질병의 일발적인 이름은 무엇인가?**
3. **병원 실험실 과학자는 세균의 그람 반응에서 무엇으로 결정할 것인가?**
4. **왜 의사는 스트렙토마이신 대신에 페니실린을 사용하지 않았는가?**

성충 진드기는 마지막으로 먹이를 먹고 7, 교배해서 알을 낳고 8 죽는다. *Borrelia*에 감염된 성충은 먹이를 먹는 동안에 숙주를 감염시킨다. 성충 진드기는 약충보다 훨씬 커서 사람은 대개 보고 *Borrelia*를 전파하기 전에 제거한다; 따라서 약충은 종종 인간을 감염시킨다.

진드기가 무는 것에 의해서 도입되면 라임병 스피로헤타는 감염 부위에서 혈액과 림프를 따라서 이동한다. 관절에 축적될 수도 있으며 이에 대한 항체가 함께 축적되어 관절염을 유발한다.

역학

비교적 최근에 발견되었지만, 지금까지 누적된 역학 연구에서는 발견하기 수십 년 전부터 라임병이 미국에 존재하였음을 보여준다. 이 질병은 미국에서 가장 많이 보고되는 매개체-매개 질병 중 하나이다. 3가지 주요한 사건들이 지난 30년 동안에 미국에서 라임병이 증가하는데 일조하였다 (그림 14.10a): 인구증가가 삼림지대를 잠식하였고, 사슴 집단이 보호되고 도시 근교에서 먹이를 먹었으며, 쥐 집단을 정상적으로 감소시키는 여우가 쥐를 거의 먹지 않는 코요테에 의해 대체되었다. 따라서 인간은 쥐와 사슴에서 먹이를 먹은 후에 *Borrelia*에 감염된 진드기와 더 가깝게 연관되도록 움직여 왔다. 라임병은 미국 대부분의 주에서 발생하지만 북동부와 중서부 위쪽에 집중되어 있다 (그림 14.10b).

진단, 치료 및 예방

일반적인 징후와 증상에 기초하는 라임병의 진단은 혈액 그 자체의 *Borrelia*를 탐지하는 것으로 확진되는 경우는 거의 없다. 대신에 진단은 *Borrelia*에 대한 항체의 존재를 보여주기 위한 ELISA와 웨스턴 블럿 검사로 확인된다.

오랫동안 많은 양이 치료에 요구되기도 하지만, 독시사이클린(doxycycline), 세푸록심(cefuroxime), 아목시실린(amoxicillin)과 같은 항미생물제를 가지고 하는 치료가 효과적으로 거의 모든 경우의 제1기 라임병을 치료한다. 나중 단계의 치료는 증상이 스피로헤타의 존재라기보다는 자주 면역반응의 결과이기 때문에 더 어렵다. 항염증제가 관절염 증상에 대해서 작용한다.

라임병이 만연한 지역에서 등산, 소풍, 야외에서 일을 하는 사

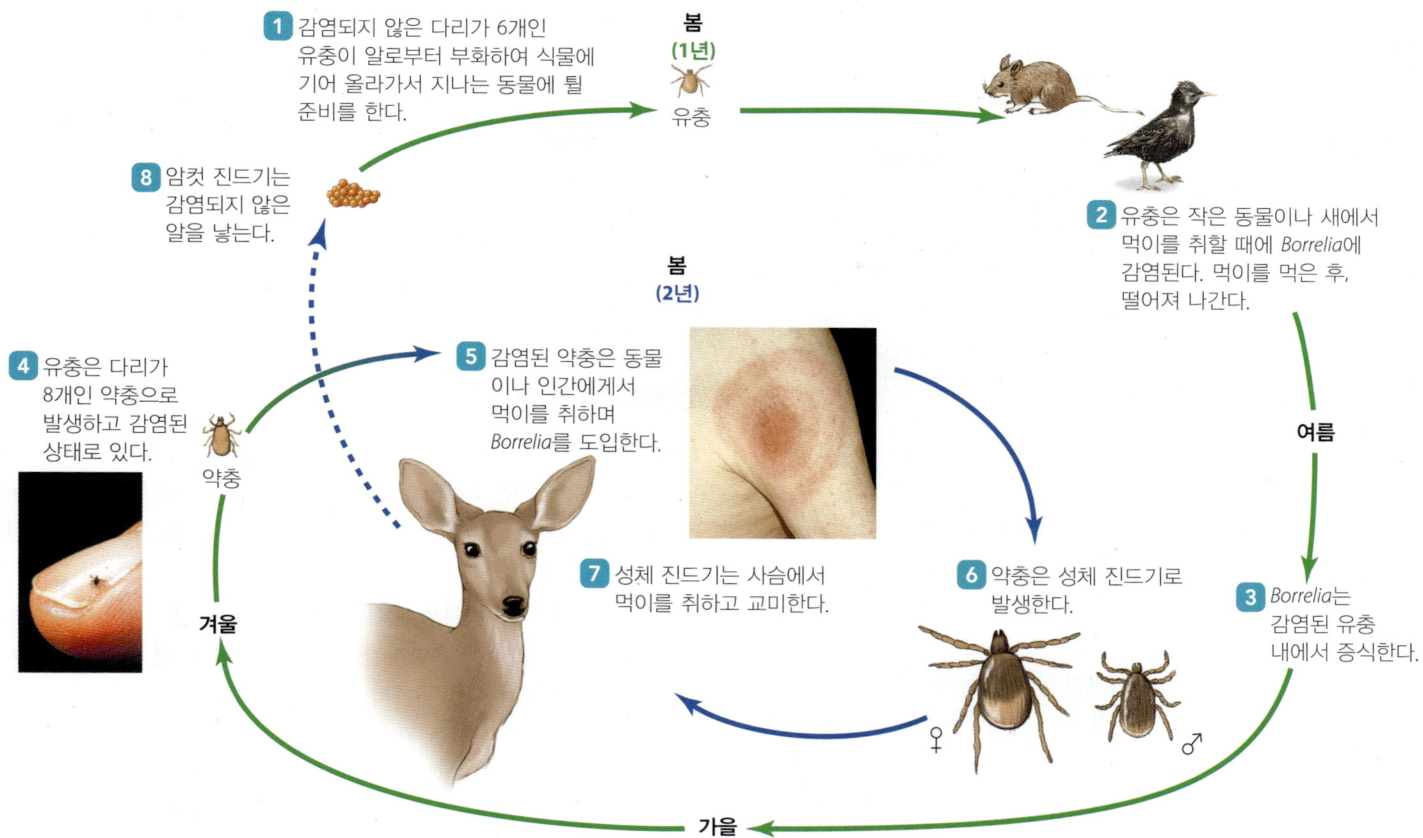

▲ **그림 14.9 사슴 진드기인 Ixodes의 생활사와 라임병의 매개체로서의 역할** *약충(nymph) 단계 이외에 진드기의 생활사에서 B. burgdorferi를 인간에게 감염시킬 수 있는 다른 단계는 무엇인가?*

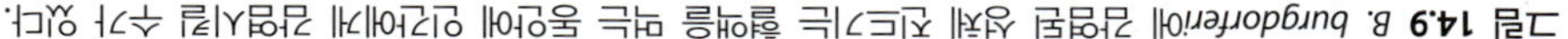
그림 14.9 *B. burgdorferi*에 감염된 성체 진드기는 혈액을 먹는 동안에 인간에게 감염시킬 수가 있다.

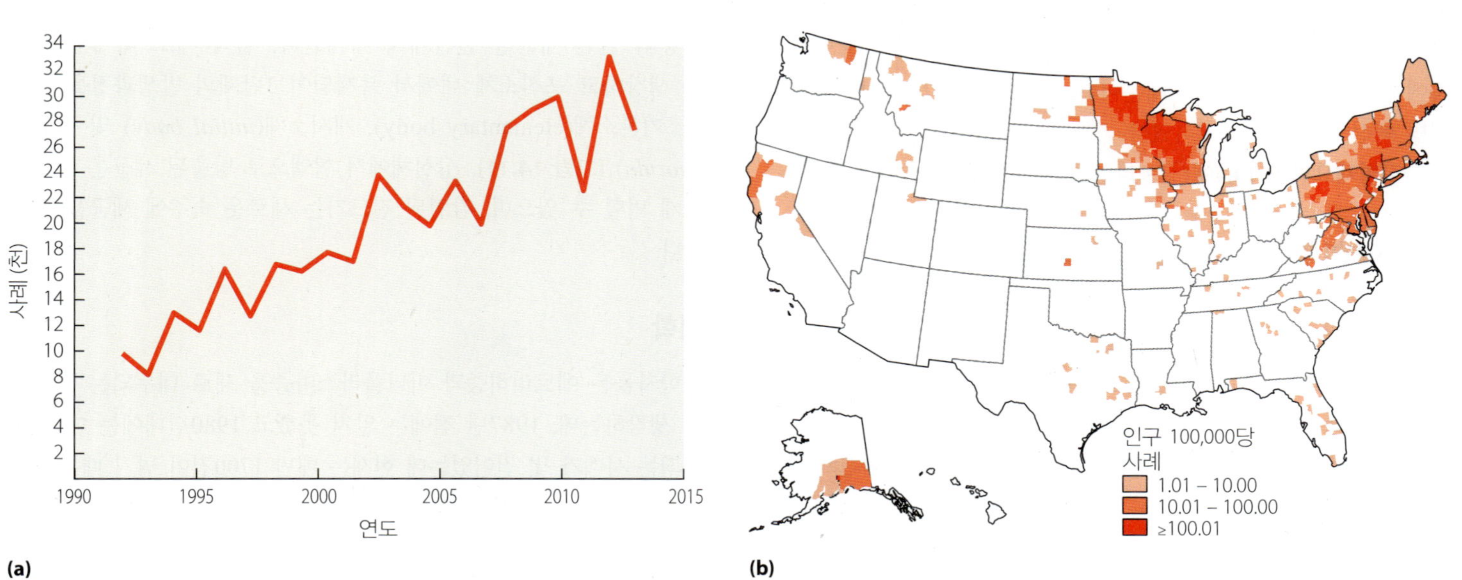

▲ **그림 14.10 미국에서 라임병의 발생. (a)** 1982–2012년 사이의 발생 건수. **(b)** 2010년 질병의 지정학적 분포.

람은 감염의 기회를 줄이기 위해서, 특히 약충이 먹이를 먹는 5월과 6월에 조심을 해야 한다. 숲에 들어가려는 사람은 반드시 긴팔 셔츠와 길고 단단히 조여지는 바지를 입어야 하며, 바지를 양말 속에 넣어서 진드기가 피부에 접근하지 못하도록 막아야 한다. 진드기에 유독한 DEET를 포함하는 기피제를 이용해야 한다. 진드기가 들끓는 지역을 떠난 사람은 떠나자마자 진드기나 진드기 물린 곳이 있

질병개요파악 14.4

라임병

원인 *Borrelia burgdorferi* (그람-음성 스피로헤타).

독성인자 철분 자리에 망간을 이용; 자주 외막의 항원을 변경; 내독소.

침입구 감염된 진드기가 무는 것을 통하여 피부.

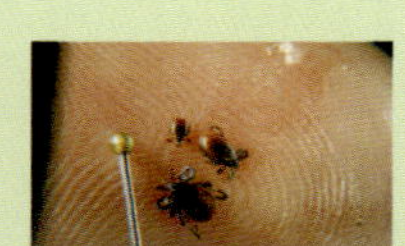

사슴진드기, *Ixodes*, 성장 3단계에서의 실제크기

징후와 증상 과녁 모양의 발진, 불쾌감, 두통, 어지러움, 뻣뻣한 목, 심한 피로, 열, 오한, 근육과 관절통 및 림프선염.

잠복기 7-14일

취약성 매우 만연한 지역의 사람은 많은 노출로 특히 취약함.

치료 만일 질병을 초기에 발견하면 3-4주 동안 독시사이클린(doxycycline)이나 아목시실린(amoxicillin) 치료. 나중에 발견하면 심각성에 따라서 정맥주사 치료가 필요할 수 있다.

예방 진드기에 노출을 제한하기 위해서 야외에서는 밝은 색 옷, 단단히 조여지는 옷을 입을 것, 기피제 사용, 즉시 진드기를 제거, 진드기와 물린 곳에 대해 피부 검사, 진드기가 들끓는 지역을 피할 것. 인간을 위한 라임병 백신은 더 이상 상업적으로 이용 불가.

는지 전신을 꼼꼼하게 조사하여야 한다. 붙어있는 진드기는 반드시 집게로 제거해야 한다.

연구자들이 *B. burgdorferi*에 대한 백신을 개발하였지만 광범위하게 사용되지 않는데, 이는 다른 방지 수단의 가용성과 일부 환자에게 라임병을 일으켰기 때문이다. 제조회사는 2002년 3월에 라임병 백신의 공급을 중지하였다.

질병개요파악 14.4에서는 라임병의 특징을 요약하였다.

에르리히증과 아나플라스마증

학습 | 성과

14.18 에르리히증과 아나플라스마증의 징후를 기술하라.

14.19 *Ehrlichia* 및 *Anaplasma*의 발생의 3단계를 확인하라.

14.20 에르리히증과 아나플라스마증의 진단과 치료의 어려움을 논의하라.

최근에 대두되는 두 가지 진드기-매개 인간 질병인 인간단핵구에르리히증(*human monocytic ehrlichiosis, HME*)과 인간과립구아나플라스마증(*human granulocytic anaplasmosis, HGA*)은 간단하게 각각 **에르리히증(ehrlichiosis)**과 **아나플라스마증(anaplasmosis)**이라고 알려졌는데, 1987년 이전에는 동물에서는 알려졌지만 인간에서는 알려지지 않았다.

징후 및 증상

에르리히증과 아나플라스마증은 열, 오한, 메스꺼움, 근육통, 두통과 같이 독감과 유사한 징후와 증상을 나타낸다. 혈액 내에서 백혈구 수가 감소하는 백혈구 감소증(*leukopenia*)과 혈액 내 혈소판 수가 감소하는 혈소판감소증(*thrombocytopenia*)도 발생한다. 설사, 불쾌감 또는 핀의 머리와 같은 작은 발진이 있을 수 있다. 증상은 비교적 일반적이며 경미하지만, 환자의 나이와 전반적인 건강에 따라서 치명적일 수 있다.

병원체 및 독성인자

Ehrlichia chaffeensis (er-lik´ē-ă chaf-ē-en´sis)는 에르리히증의 원인체이다. (이전에는 *Ehrlichia equi*로 알려졌던 연관된 종인) *Anaplasma phagocytophilum* (an-ă-plaz´mă fag-ō-sī-tō´fil-ŭm)은 아나플라스마증을 일으킨다. 두 가지 세균은 모두 리케차로 그람-음성이며 다형태성이고 진핵 세포의 절대 세포내 기생체이다. 이 세균들은 백혈구의 세포내이입을 유발시키는데, *Ehrlichia*는 단핵구에서 *Anaplasma*의 경우에는 과립구에서 일어나며 세포의 포식소체(phagosome) 내에서 서식한다. 세균은 식균세포의 리소좀(lysosome)과 자신들이 서식하는 포식소체와의 융합을 방해하는데, 그 기작은 알려지지 않았다.

발병

론스타 진드기(Lone star tick) (*Ambylomma*, am-bē-lō´ma), 사슴진드기(*Ixodes*, ik-sō´dēz)와 개진드기(*Dermacentor*, der-mă-sen´ter)를 포함하는 단단한 껍질의 진드기들은 에르리히증과 아나플라스마증의 원인 세균을 인간에게 매개한다. 혈액 세포 내에서 세균은 생장하고 포식소체 내에서 복제되어 3단계의 발생과정을 겪는다: 기본소체(elementary body), 개시소체(*initial body*) 및 상실체(*morula*) (그림 14.11). 상실체에서 혈액으로 방출된 세균은 진드기에게 먹힐 수 있으며, 감염된 진드기는 새로운 숙주에 세균을 전달한다.

역학

역학자들은 에르리히증과 아나플라스마증을 새로 대두되는 질병으로 생각하는데, 1987년 전에는 알지 못했고 1980년대에는 매년 보고되는 사례가 몇 건이었는데 현재는 매년 1700건이 넘기 때문이다. 이런 증가는 부분적으로 우수해진 진단과 보고의 증가에 기인한다.

진단, 치료 및 예방

에르리히증과 아나플라스마증의 진단은 어려운데 증상이 경미하고 다른 질병과 유사하기 때문이다. 의사는 에르리히증과 아나플라스마증을 풍토병인 지역의 진드기에 노출된 환자의 설명할 수 없는 급성 열(acute fever)의 경우로 간주한다 (그림 14.12). 혈액 세포 내의 세균에 대한 면역형광항체 또는 중합효소연쇄반응(PCR) 검사

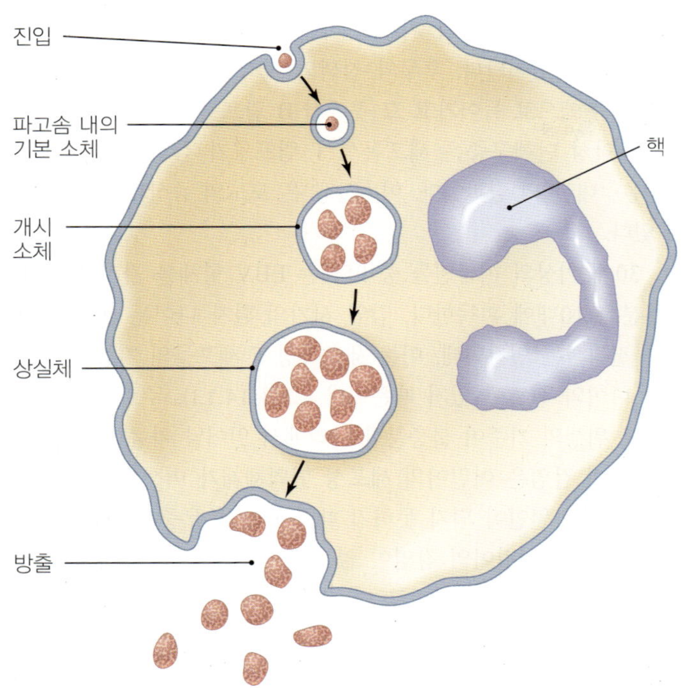

▲ **그림 14.11 감염된 백혈구 내에서 *Ehrlichia* 및 *Anaplasma*의 생장과 복제.** *여기에 그려진 감염된 백혈구가 단핵구라면 어떤 질병이 나타나는가?*

그림 14.11 *Ehrlichia chaffeensis*는 단핵구에 감염되어 에르리히증이 일어난다.

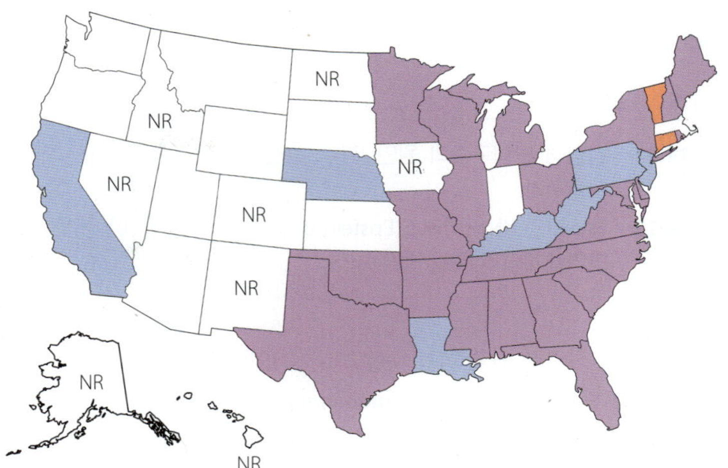

▲ **그림 14.12 2010년 인접한 미국에서 에르리히증과 아나플라스마증의 지리적 분포.** 푸른색은 에르리히증(HME)이 보고된 지역을 의미하고, 오렌지색은 아나플라스마증(HGA)이 보고된 지역을 의미하고, 보라색은 두 질병이 모두 보고된 지역이다.

는 감염을 보여주고 진단을 확진할 수 있게 한다.

독시사이클린(Doxycycline)은 *Ehrlichia*과 *Anaplasma* 모두에 효과적이다. 치료는 반드시 혈청 검사로 진단을 확진하기 전에라도 즉시 시작되어야 하는데, 치료가 지연되면 감염의 합병증과 사망률이 증가되기 때문이다.

예방에는 진드기가 들끓는 지역을 피하고, 바로 진드기를 제거하며, 긴 단단히 조여진 옷을 입고, 곤충 기피제를 사용하는 것이 포함된다. 이 두 종에 대한 백신은 이용가능하지 않다.

심혈관계의 세균성 질환과 세균성 전신성 질환에 대하여 조사하였다. 이제 바이러스성 심혈관과 전신성 질환에 대하여 살펴보자.

왜 그런가

보건국에서는 자주 야외활동 애호가들에게 *Ixodes*가 풍토병인 지역에서 하이킹을 하는 동안에 밝은 색의 긴 바지를 입으라고 권고한다. 그 이유는?

임상 사례연구

아픈 야영객

이것이 아니었다면 건강했을 24세의 여성이 의사를 방문하여 고열, 오한, 불편, 심한 두통 등을 호소하였다. 그녀는 또한 사타구니 부위가 고통스럽게 부어오른 것을 의사에게 보여주었다. 의사는 그녀에게 최근의 여행에 대해서 질문하였다. 그녀는 Texas 주에서 일주일 동안의 야영과 하이킹 여행에서 이틀 전에 돌아왔다고 말하였다.

1. 여성은 어떻게 질병에 걸렸을 가능성이 높은가?
2. 이 질병을 진단하는 것과 관련하여 가능성 있는 문제점이 무엇이며, 이 질병의 신속한 진단은 얼마나 중요한가?
3. 의사가 병원을 회진하는 중에 간호대 학생인 당신에게 질병의 진단과 병원체에 대하여 의견을 물었다. 너의 대답은?
4. 환자를 어떻게 치료해야 하는가?
5. 진단이 확정되면 누구에게 반드시 보고를 해야만 하는가? 그 이유는?

바이러스성 심혈관 및 전신성 질환

많은 바이러스가 림프계와 심혈관계를 통하여 전신으로 확산된다. 바이러스가 혈액에 감염되면 **바이러스혈증(viremia)** (vī-rē´mē-ā) 상태라고 한다. 여기서는 단핵구증(moonucleosis), 사이토메갈로바이러스병(cytomegalovirus disease), 황열병(yelow fever), 출혈열(hemorrhagic fever)에 대하여 알아보고자 한다.

감염성 단핵구증

학습 | 성과

14.21 감염성 단핵구증의 원인, 징후, 증상 및 진단에 대하여 서술하라.

14.22 엡스타인-바 바이러스(Epstein-Barr virus) 질병을 야기하는 면역체계의 역할을 설명하라.

일반적으로 전염성 단핵증(*kissing disease*)이나 모노(*mono*)로 알려진 **감염성 단핵구증(infectious mononucleosis)**은 환자의 세포성 면역체계와 감염된 B 림프구의 상호작용에 의한 결과로 나타나는 상태이다.[21]

징후 및 증상

심한 인후염과 열은 감염성 단핵구증의 초기 특징이다. 이 증상 이후에는 비대해진 림프절 (특히 목), 비장 비대증(splenomegaly), 극도의 피로, 메스꺼움, 식욕상실, 두통 및 신체의 어느 곳에서나 피부 발진이 나타난다. 피로와 집중 불능 상태가 몇 개월 동안 계속될 수 있다.

병원체 및 독성인자

발견자의 이름을 따라서 엡스타인-바 바이러스(Epstein-Barr virus, EBV)로도 알려진 제4형 인간헤르페스바이러스(*human herpesvirus 4*, HHV-4)는 감염성 단핵구증의 원인이다. 이 바이러스는 외피가 있으며 정20면체의 캡시드를 갖는 이중가닥의 DNA 바이러스로 숙주 세포의 핵 내에서 복제한다. 세포 내에서 잠재할 수도 있어서 평생동안 감염되는 결과를 가져온다. HHV-4는 B 림프구의 (프로그램 된 세포 죽음인) **세포자살(apoptosis)**을 억제하여, 감염된 세포를 죽지 않도록 만든다. 이런 감염된 B 세포는 암을 일으키는 원인 가운데 하나이다. 추가 인자들은 이런 암의 발생에 중요한 역할을 하는 것으로 보인다. 예를 들어, 턱에 생기는 암인 **버키트림프종(Burkitt's lymphoma)**은 거의 예외없이 이전에 말라리아 기생충에 노출된 젊은 아프리카 남성으로 제한된다.

결정적인 증거는 없지만, EBV와 EBV에 대한 항체의 존재는 만성 피로 증후군(*chronic fatigue syndrome*), B 세포 세포림프종(*B cell lymphoma*), 구강모상백반증(*oral hairy leukoplakia*)의 원인체로 이 헤르페스바이러스가 연루되었음을 보여준다. 마지막 것은 T 세포 결핍 환자에게 발생하고, 또한 영양결핍 어린이, 노인, AIDS 환자, 장기이식 수여자에서 발생한다; 이것은 혀의 전암성(precancerous) 변화이다.

발병 및 역학

엡스타인-바 바이러스의 전파는 대개 침을 통해서 일어나는데, 음료수 유리잔을 공유하거나 키스를 하는 동안, 또는 기침과 재채기를 통해서 자주 일어난다. 후두와 침샘의 표피 세포에 초기 감염 후에 EBV는 혈액으로 들어가고 그 곳에서 B 림프구를 침범한다.

감염성 단핵구증은 세포독성 T 림프구가 감염된 B 림프구를 죽이는 "내전"의 결과이다. 이 "전쟁"은 모노의 증상과 징후에 책임이 있다.

30세 이상의 미국인들 중 95%는 EBV 항체를 가지고 있으며, 대부분은 10대에 획득한다. 감염 시기의 환자 나이는 질병의 심각성을 결정하는 인자인데, 이는 세포독성 T 세포들의 기능이 부분적으로 나이와 관련이 있기 때문이다 **(그림 14.13)**. 주로 위생처리가 나쁘고 위생의 기준이 불충분한 나라에서 일어날 가능성이 높은 어린 시절의 감염은 어린이의 세포성 면역체계가 미성숙하여 심각한 조직 손상의 원인이 되지 못하기 때문에 대개 무증상이다. 삶의 기준이 더 높고 어린이의 감염이 없는 곳에서는 감염이 사춘기나 그 이후로 지연되는데 그 결과로 더 강한 세포성 면역반응이 나타나고 50%의 환자에서 징후와 증상을 나타낸다.

진단, 치료 및 예방

비정형의 핵을 갖는 크고 잎 모양의 B 림프구와 호중구 감소증(neutropenia)이 EBV 감염의 특징이다. 구강모상백반증(oral hairy leukoplakia)과 버키트림프종(Burkitt's lymphoma)같이 EBV와 연관된 질병은 특징적인 징후로 쉽게 진단이 된다. 감염성 단핵구증과 같은 다른 EBV 감염은 많은 병원체와 공통적인 증상을 갖는다. 항-EBV 면역글로불린에 대한 형광항체 또는 ELISA 검사가 분명한 진단을 제공한다.

모노 환자의 간호에는 증상의 완화가 포함된다; EBV가 잠재되면 감염이 영구하겠지만 대부분의 환자는 2-4주 내에 치료가 없이도 회복된다. 환자는 비대해진 비장의 파열 위험성을 줄이기 위해서 접촉을 하는 운동은 피해야만 한다. 버키트림프종은 화학치료에 잘 반응을 하며, 만일 수술이 가능하다면 종양은 영향을 받은 턱에서 제거될 수 있다. 다른 EBV-유발 상태에는 효과적인 치료가 없다.

EBV 감염의 예방은 바이러스가 넓게 존재하고 침을 통하여 쉽게 전파되기 때문에 거의 불가능하다. 그러나 면역체계가 미성숙하여서 (어린이에서) 세포 손상을 주지 못하거나 세포 면역성이 감염된 B 림프구를 죽일 정도로 효과적이기 때문에 EBV 감염에서 단지 낮은 비율만 질병의 원인이 된다.

사이토메갈로바이러스병

학습 | 성과

14.23 사이토메갈로바이러스병의 징후, 증상 및 원인에 대하여 서술하라.

14.24 CMV 병의 치료와 예방에 대하여 논의하라.

인간에 영향을 주는 다른 헤르페스바이러스는 사이토메갈로바이러

[21] 림프구는 이전에는 단핵백혈구(mononuclear leukocyte)로 알려졌었으며, 단핵구증(mononucleosis)이 유래되었다.

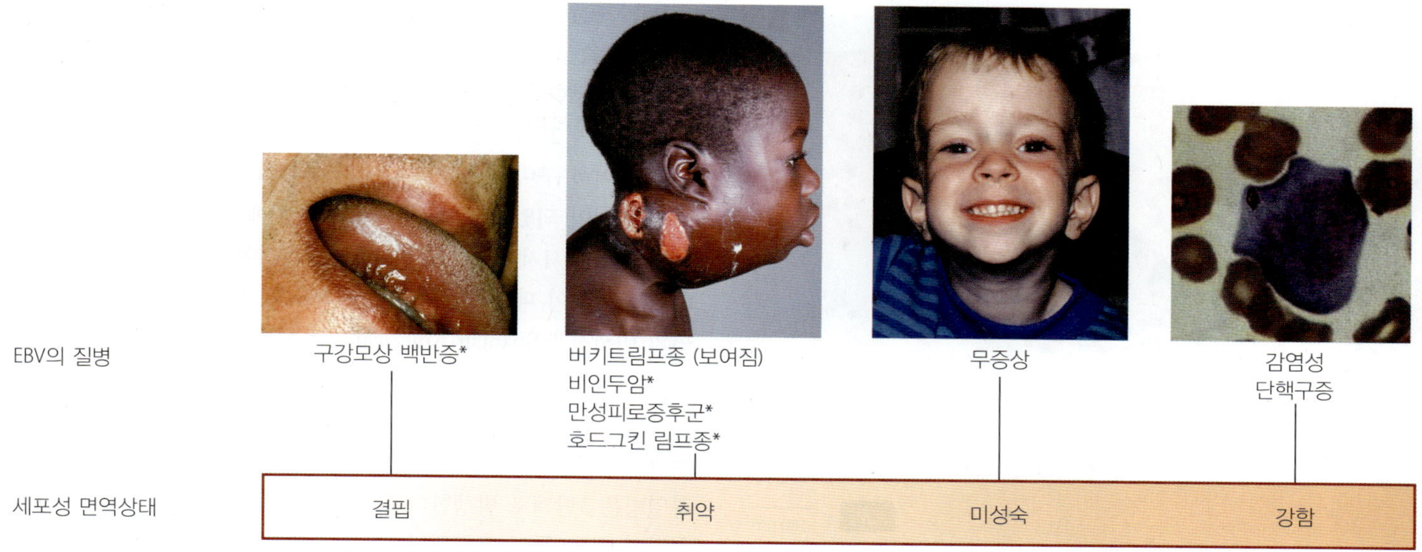

▲ **그림 14.13 엡스타인-바 바이러스와 연관된 질병들.** EBV 감염에 의해서 어떤 질병이 결과로 오는가 하는 것은 숙주 세포성 면역반응의 상대적 활력에 달려있으며, 이는 그 자체가 연령과 관련이 있다. 혀 점막의 하얀 병변인 구강모상백반증(oral hairy leukoplakia)은 AIDS 환자와 같이 매우 억제된 면역을 갖는 숙주가 EBV가 감염될 때 발생한다. 버키트 림프종(Burkitt's lymphoma)은 말라리아 기생충에 의해서 억제된 면역체계를 갖는 아프리카 소년에게서 일차적으로 발생한다. EBV는 또한 손상된 면역 기능과 연관되어 있는 비인두암(nasopharyngeal cancer)과 만성피로증후군에도 연루되어있다. 무증상의 EBV 감염은 면역반응이 활력을 갖기 전에 어린 나이에 노출이 된 어린이에서는 일반적이다. 잎 모양의 핵을 갖는 크고 비대해진 B 림프구가 특징인 감염성 단핵구증(infectious mononucleosis)은 세포면역 반응이 활력을 갖는 성인 시기에 EBV 감염의 결과이다.

스(*Cytomegalovirus*, CMV)로서, 이 바이러스에 감염된 세포는 커지기 때문에 이렇게 이름이 지어졌다.

징후 및 증상

사이토메갈로바이러스병[*Cytomegalovirus* (*CMV*) *disease*]은 초기 감염이나 잠재된 바이러스에 의해 나타난다. CMV에 감염된 대부분의 사람은 무증상이지만, 태아, 신생아, 면역결핍 환자는 CMV 감염의 심한 합병증에 취약하다. 선천적으로 감염된 신생아의 약 10%에서 비대해진 간과 비장, 황달과 빈혈증을 포함한 감염의 징후가 발생한다. CMV는 또한 기형발생[*teratogenic*[22] (ter´ă-tō-jen-ik)]을 일으켜 바이러스가 배나 태아의 줄기세포에 감염되면 선천적 장애의 원인이 된다. 최악의 경우에는 정신지체, 청각과 시각의 손상 및 사망할 수도 있다.

AIDS 환자 및 장기이식 수여자와 같이 면역이 억제된 다른 성인들은 폐렴이 발생하거나 만일 바이러스가 망막을 목표로 하면 시작장애 또는 엡스타인-바 바이러스에 의한 감염성 단핵구증과 징후와 증상이 유사한 사이토메갈로바이러스 단핵구증(cytomegalovirus mononucleosis)이 발생할 수 있다.

병원체 및 독성인자

*Cytomegalovirus*는 외피가 있으며 정20면체의 캡시드를 갖는 이중가닥 DNA 바이러스이다. 다른 헤르페스바이러스와 같이 CMV는 전형적으로 인간에게 인생의 초기에 감염되지만 면역체계가 손상될 때까지 잠재 상태로 남아있다. 가장 큰 예외가 태반을 통하여 출생 전에 산모로부터 태아에게 감염되는 것이다.

[22]"괴물"을 뜻하는 그리스어 *teratos*로부터 유래.

발병 및 역학

침, 점액, 젖, 소변, 분변, 정액, 자궁 분비물 등을 포함한 신체의 분비물은 CMV를 갖고 있다. 하나의 바이러스는 전염성이 높지 않으므로 전파가 되려면 많은 분비물의 교환이 있는 친밀한 접촉이 필요하다. 전파는 대개 성행위를 통해서 일어나지만, 자궁내(*in utero*) 노출, 산도 분만, 수혈, 장기이식 등의 결과일 수도 있다. CMV는 신생아의 7.5%에 감염되어 그 연령 집단에서는 가장 만연한 바이러스 감염이다.

Cytomegalovirus 감염은 인간에 가장 흔한 감염 중 하나이다. 연구는 CMV가 미국 성인집단의 약 50%에서 감염된 것을 보여준다; 다른 나라에서는 집단의 100%가 CMV 항체에 대해서 양성으로 검사되었다. 다른 헤르페스바이러스처럼 CMV는 다양한 세포 내에 잠재하고 CMV 감염은 전형적으로 평생을 지속한다.

진단, 치료 및 예방

CMV-유발 질병의 진단은 비정상적으로 비대해진 세포와 감염된 세포의 핵 내에 덩어리를 보여주는 실험실 방법에 달려있다 **(그림**

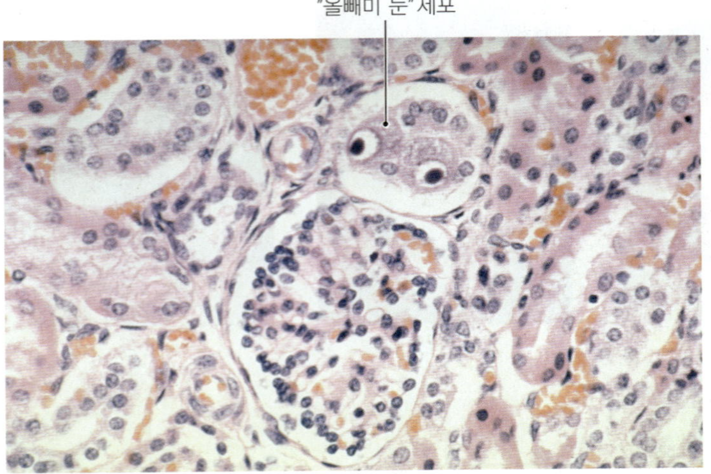

▲ **그림 14.14 비정상적으로 비대해진 "올빼미 눈(owl's eye)" 모양의 세포는 *Cytomegalovirus* (CMV) 감염을 의미한다.** 세포의 비대해진 핵은 봉입체(inclusion body)라고 하는 바이러스 조립 부위로 CMV 감염의 진단에 쓰인다.

14.14). 이것들에 대한 바이러스와 항체는 ELISA 검사와 DNA 탐침에 의해서 확인할 수 있다. CMV 감염의 합병증을 갖는 태아와 신생아의 치료는 어려운데, 대부분의 경우는 감염이 발견되기 전에 손상이 일어났기 때문이다.

성인에서 치료도 실망스럽다. 인터페론, 항-CMV 감마글로불린, 갠시클로비어(ganciclovir)와 같은 뉴클레오티드 유사체가 성인에서 CMV 방출을 지연시키지만, 병의 진행에는 영향을 주지 않는다. 안과의사는 망막 세포에서 CMV가 복제하는 것을 방해하기 위하여 포미비르센(*fomivirsen*)을 안구 내로 주사한다. 포미비르센은 최초의 안티센스 RNA 약물로 CMV mRNA에 상보적이다. 이것은 CMV mRNA에 결합하여 CMV 복제에 중요한 두 가지의 단백질 번역을 중지시킨다. 이는 CMV의 복제와 확산을 중지시키지만 질병을 치료하지는 못한다.

금욕, 상호 일부일처제, 콘돔 사용 등은 CMV 감염의 기회를 줄인다. 이식을 위한 장기는 이식하기 전에 CMV에 대한 단일클론 항체로 처리하여 수동적으로 CMV의 양을 줄여서 안전하게 만들 수 있다. CMV에 대한 백신은 없다.

황열병

학습 | 성과

14.25 황열병의 징후, 증상 원인, 진단, 치료 및 예방에 대하여 서술하라.

미국에서 **황열병(yellow fever)**보다도 역사적으로 더 영향을 준 질병은 없다. 1600년대에 노예선은 황열병과 그 모기 매개체를 미국으로 가져 왔다. 1793년에 그 당시에 미국의 수도였던 필라델피아에서 황열병으로 4,000명 이상이 죽었는데 이 숫자는 그 집단의 10%에 해당한다. 황열병은 8년 후에 하이티의 프랑스 식민지 섬에서 유행하여 27,000명의 프랑스 군대를 무너뜨리고, 나폴레옹의 의욕을 꺾어서 구미에 프랑스 식민지 건설의 목적을 이루지 못하도록 하는 원인이 되었다. 대신에 그는 루이지애나 주의 영토를 신생 미국에 팔았다. 1세기 후에 황열병과 말라리아는 프랑스의 의욕을 더 꺾어서 미국이 파나마 운하를 건설하도록 기회를 허락하였다. 1898년의 미서전쟁(Spanish-American War) 중에 발생한 황열병으로 적의 총탄에 맞아 죽은 것보다 더 많은 미국인들이 죽었다.

징후 및 증상

황열병은 3단계로 발생한다. 초기 단계에는 미열, 두통, 근육통, 며칠간의 구토 등이 포함된다. 이후에 차도가 있는 기간이 진행되며 징후와 증상이 해결된다. 15%의 환자는 세 번째에 가장 심한 단계로 진행되는데 고열, 메스꺼움, 코피, 쇼크 등을 동반한 엄청난 출혈뿐만 아니라 섬망증(delirium), 발작, 혼수 및 간, 신장, 심장 퇴행이 특징이다. 내장의 출혈은 "검은색 구토"가 생길 수 있다. 간 손상은 황달의 원인이 되는데, 여기에서 병은 그 이름을 얻었고 "황색 깃발"이란 별명이 붙었다.

병원체 및 독성인자

황열병 바이러스(*Flaviviridae* 과의 *Flavivirus* 속)는 외피가 있으며 정20면체의 캡시드를 갖는 +ssRNA 바이러스이다. *Aedes aegypti*[23] (ā-ē´dēz ē-jip-te´) 모기는 인간의 간으로 바이러스를 운반한다 (그림 14.15). 이 모기는 실외의 단지(pot), 물통 및 오래된 타이어 속에 고인 물과 같이 집안에서 발견될 수 있는 얕은 물속에서 발생한다. *Aedes*는 낮 시간 동안에 우선적으로 사람에게서 먹이를 먹는다.

[23] "이집트로부터의 불쾌한 [것]"이란 의미의 그리스어.

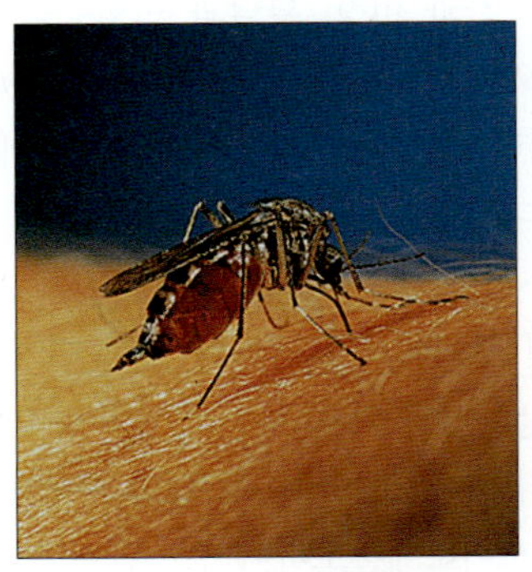

▲ **그림 14.15 황열병과 뎅기의 매개체인 *Aedes aegypti*.** *여름과 겨울 중에서 황열병과 뎅기를 언제 더 많이 예상하겠는가?*

그림 **14.15** 황열병과 뎅기의 매개체인 모기는 겨울보다 여름에 더 활동적이다. 이 질병은 여름에 더 유행한다.

발병 및 역학

바이러스는 감염된 *Aedes* 모기가 물어서 황열병 바이러스가 신체에 도입된 후에 간으로 이동하고 그 곳에서 빠르게 복제한다. 징후와 증상은 모기가 물고 나서 3-6주 후에 발생한다. 심한 황열병의 사망률은 20%이다.

의료보건종사자들은 모기방제와 1900년대의 백신의 개발로 북미, 중미, 대부분의 남미에서 황열병을 박멸하였다; 그러나 세계보건기구는 남미와 아프리카를 합쳐서 매년 약 200,000건이 아직도 발생하는 것으로 추정한다. 밀림의 원숭이는 황열병 바이러스의 보균체로 작용해서 박멸을 어렵게 한다. 황열병은 2013년 현재 미국에 다시 도입되지 않았지만, 살충제 남용으로부터 환경을 보호하기 위해서 1970년대에 제정된 법으로 *Ae. aegypti*가 미국 동남부에 다시 나타나게 되었다.

진단, 치료 및 예방

심한 황열병의 징후와 증상은 분명하지만, 확정적인 진단에는 ELISA를 통하여 혈액 내의 바이러스 항원을 보여주거나 PCR을 이용하여 바이러스 핵산을 보여주는 것이 뒤를 이어야 한다. 치료에는 지지요법을 제공하는 것이 포함되고 영향을 받는 체계에 따라서 다양하다.

사람들은 황열병이 풍토병인 지정학적 지역에서는 모기에게 물리는 것을 피해야만 한다. 예방에는 DEET를 사용하는 것, 보호용 의복을 입는 것, 모기장을 사용하는 것 등이 포함된다. 효과적이고, 살아있는 약독화백신이 10년 이상의 보호 작용을 제공한다. 435쪽의 **질병개요파악 14.5**에서는 황열병의 특성을 요약하였다.

뎅기열 및 뎅기출혈열

학습 | 성과

14.26 뎅기열의 징후, 증상 원인을 서술하라.
14.27 뎅기출혈열의 원인이 되는 적응면역의 역할을 설명하라.

Flavivirus 속의 4가지 다른 바이러스는 인간의 병원체이다. 연관이 있지만 항원성이 구별되는 바이러스들은 뎅기바이러스 1, 2, 3, 4로 알려져 있고 모두 **뎅기열(Dengue fever)**이라는 이름을 갖는 질병의 원인이 된다.

징후 및 증상

뎅기열은 주로 24시간의 회복에 의해 분리되는 2단계로 일어난다. 첫 번째로 환자는 열, 쇠약, 팔다리의 부종, 심한 두통과 근육통으로 고통을 받는다. 이 질병의 일반명인 뎅기열(*breakbone fever*)은 이 고통의 심한 정도를 나타낸다. 두 번째 단계는 열이 다시 나고 선홍색의 발진이 나타난다. 뎅기열은 자기제어적이며 6-7일간 지속된다. **뎅기출혈열(Dengue hemorrhagic fever, DHF)**은 뎅기바이러스에 재감염되면 (그림 14.16) 나타나는 심각한 면역과민반응으로, 활성화된 기억 T 세포가 혈관의 파열, 내출혈, 쇼크, 사망까지도 유발하는 염증성 림포카인을 방출한다.

병원체 및 역학

뎅기바이러스는 외피가 있으며, 지름이 약 40-50 nm인 정20면체의 +ssRNA 바이러스이다. *Aedes* 모기가 뎅기바이러스 4가지 모든 균주의 매개체이다. *Aedes*는 집안에서 사용하는 용기와 쓰레기통에 고인 물에서 발생하고 인간을 먹이로 하는 것을 선호한다는 것을 기억하라.

발병 및 역학

대개 뎅기열은 심한 고통이 있을 수 있음에도 불구하고 비교적 경미한 질병이다. 평생 동안의 면역성은 회복 후에 생긴다; 그러나 4가지 뎅기바이러스 균주가 있기 때문에 한 환자가 4번의 뎅기열에 걸릴 수 있다—매 건당 각 혈청형. 전에 만났던 뎅기바이러스의 재감염은 뎅기열을 일으키지 않지만, 면역과민반응의 결과로 치명적인 뎅기출혈열을 유발할 수 있다.

의료종사자들은 2차 세계대전 이후에 뎅기바이러스 질병의 건수를 크게 낮추었지만, 느슨한 모기방제와 세계 여행의 증가 때문에 뎅기 질병의 지정학적 분포는 1950년대에 박멸이 시작된 때보다 더 광범위해졌다. 뎅기열은 중요한 바이러스성 인간 질병으로 남아있다. 거의 30억 명의 사람들이 *Ae. aegypti* 및 뎅기바이러스가 풍토병인 지역에서 살고 있다; DHF는 동남아시아에서 어린이들의 병원 입원과 사망의 큰 원인이다. 멕시코 북부, Florida 주 남부의 섬들(Keys), Texas 주를 포함하여 뎅기열 수천만 건이 발병하고; 뎅기출혈열로 매년 수십만 건 발생하여 매년 22,000명 이상이 죽는다.

진단, 치료 및 예방

의사들은 진단을 풍토병 지역을 여행한 환자의 징후와 증상에 기초한다. 실험실 검사는 환자의 혈액 내에 뎅기바이러스 항원의 존재를 확인한다.

뎅기 질병에 대한 특별한 치료법은 없지만 연구자들은 효과적이고 안전한 백신 개발에 근접해 있다. 예방은 모기 방제에 달려있는데, 대부분의 효과적인 살충제는 환경에 해롭기 때문에 어려운 과제이다. 436쪽의 **유익한 미생물: 뎅기의 박멸**에서는 살충제를 쓰지 않는 대안을 서술하였다.

아프리카 바이러스성 출혈열

학습 | 성과

14.28 에볼라와 마르부르그 출혈열의 징후, 증상 원인, 진단, 치료 및 예방을 비교하라.

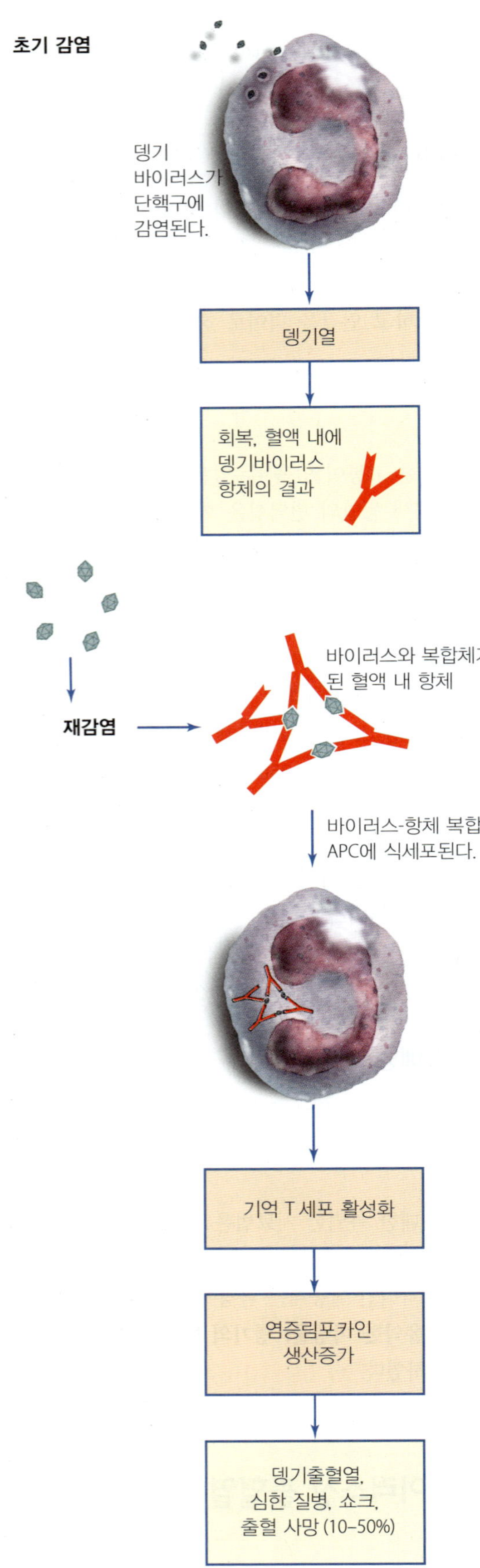

◀ **그림 14.16 뎅기출혈열(Dengue hemorrhagic fever, DHF)의 발병.** DHF는 뎅기바이러스의 두 번째 감염에 대한 심각한 면역과민 반응이다. 첫 번째 감염의 항체가 재도입된 바이러스와 복합체를 형성한다. 항원제시세포(APC)가 복합체를 식세포작용한 후에 기억 T 세포를 활성화시킨다. 이것들은 출혈과 쇼크를 유발하는 과량의 림포카인을 방출한다.

에볼라 및 **마르부르그 출혈열(Ebola and Marburg hemorrhagic fever)**은 처음 발견된 지역의 이름을 따랐으며, 이들 재출현성의 2가지 바이러스성 질병은 의사, 역학자, 정부 등의 관심의 대상이 되었다.

징후 및 증상

두 가지 유형의 아프리카 바이러스성 출혈열은 모두 열, 피로, 어지러움, 근육통, 탈진 등으로 시작하여 가벼운 점상출혈이 뒤를 잇는다. 이것은 입, 눈, 귀를 포함하는 신체의 다른 구멍들에서 뿐만 아니라 심각한 내출혈로 진행된다. 쇼크, 발작 또는 신부전으로 사망한다.

병원체 및 독성인자

아프리카 바이러스성 출혈열의 원인 바이러스들은 분절되지 않은 −ssRNA 바이러스이다. 13장에서 논의하였듯이 −ssRNA 바이러스는 감염된 세포가 바이러스 폴리펩티드를 전사하기 전에 반드시 mRNA (+ssRNA)로 전환되어야 한다. 분류학자들은 원래 이것들을 *Rhabdoviridae*로 분류하였지만, 지금은 일차적으로 질병의 증상에 기초하여 그 자신의 과인 *Filoviridae*에 배정하였다. 이것들은 외피가 있으며, 때때로 그 자신이 뒤로 휘어진 긴 필라멘트형 캡시드를 갖는 바이러스이다 **(그림 14.17)**. 필로바이러스의 두 가지 알려

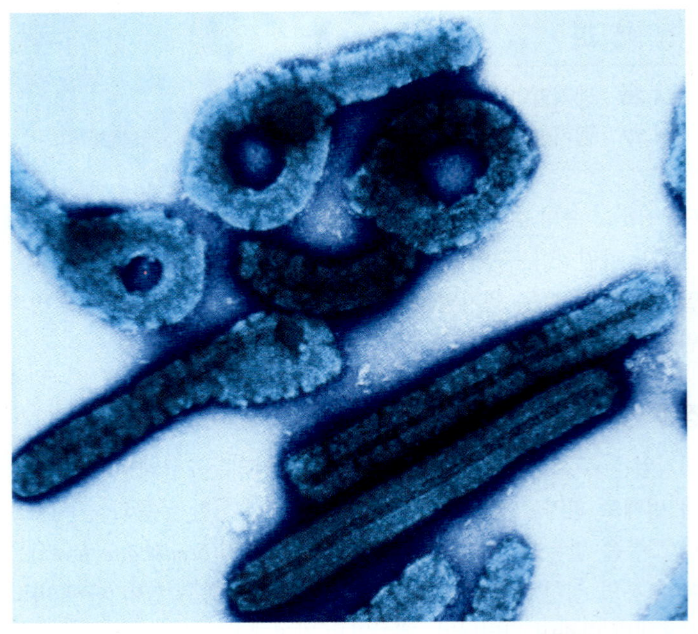

▲ **그림 14.17 필라멘트형 *Ebolavirus*.**

질병개요파악 14.5

황열병

원인 *Flavivirus* 황열병 바이러스 (외피가 있으며 정20면체의 캡시드를 갖는 + ssRNA 바이러스).

독성인자 세포내 복제 주기; 부착소.

침입구 *Aedes aegypti* 모기에 의해 주입; 혈액에서 간으로 이동.

징후와 증상 3-4일 동안 미열, 근육통, 두통, 메스꺼움 및 구토; 약 20%의 환자는 이후에 섬망증, 발작, 출혈, 코피, 쇼크 및 황달과 심한 열이 발생하여 질병에 그 이름이 붙여짐.

잠복기 3-6일.

취약성 남미와 아프리카의 풍토병 지역을 여행.

치료 특별한 치료 없음; 지지간호요법.

예방 풍토병인 지역에 여행을 피하기. 또는 살아있는 약독화 백신 면역접종, 10년 이상 효과 및 보호용 옷을 입어서 모기에게 물리는 것 방지, DEET 곤충 기피에 사용, 모기장 사용.

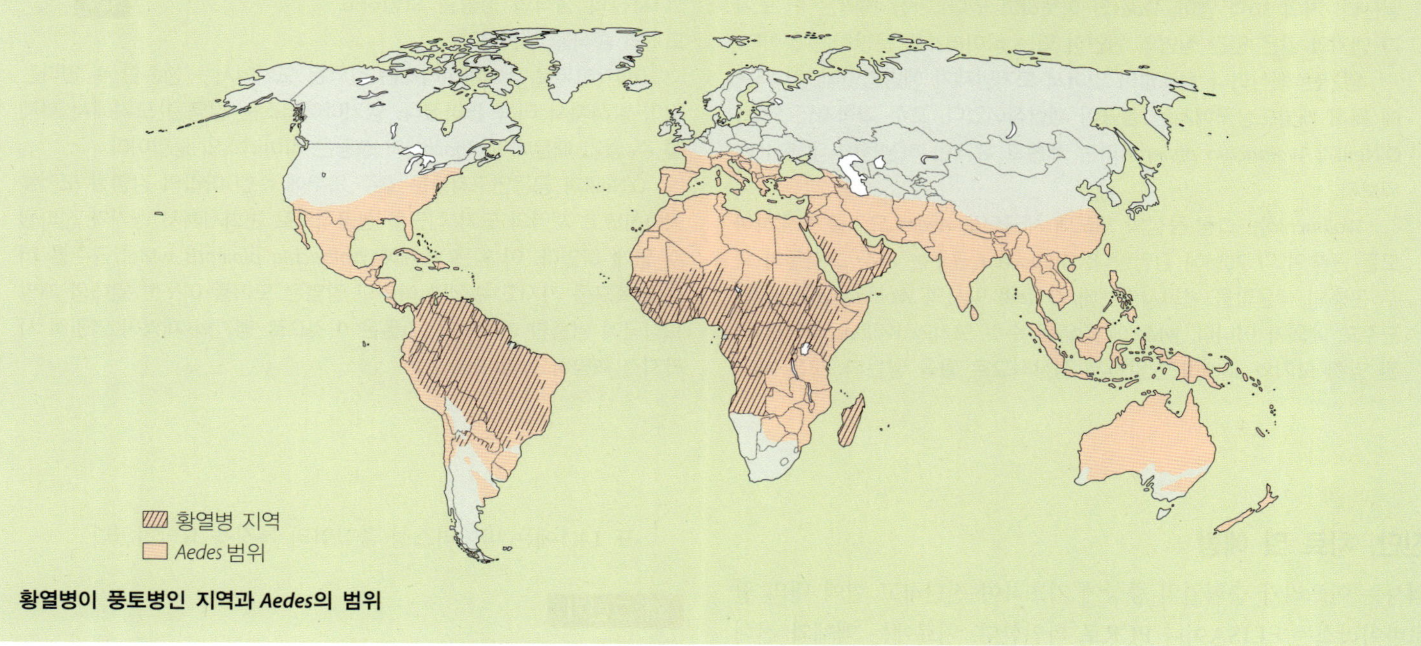

황열병이 풍토병인 지역과 *Aedes*의 범위

진 속은 *Ebolavirus*와 *Marburgvirus*이다.

발병 및 역학

아프리카 바이러스성 출혈열은 급성질병이다-보균체 상태가 없다. 첫 징후와 증상은 *Ebolavirus*의 감염 후에는 2-21일, *Marburgvirus*의 감염의 경우에는 5-10일에 각각 나타난다. 출혈은 형액응고 체계가 기능을 못해서 생기는데, 감염된 대식세포가 국지적인 혈액응고를 유발하여 혈청의 응고단백질을 고갈시켜서 신체가 대량의 출혈에 취약하게 만든다.

바이러스성 출혈열은 자연 숙주, 아마도 박쥐가 서식하는 아프리카에서 일차적으로 발생한다 **(그림 14.18)**. 출혈열은 아마도 초기에 박쥐로 생각되는 숙주, 숙주의 체액이나 배설물과의 접촉을 통해서 감염되었을 것이다. 인간은 필로바이러스를 인간들에게 체액, 특히 혈액을 통하여 전파할 수 있다. 공기를 통한 필로바이러스의 전파를 실험실에서는 볼 수 있었지만, 자연 상태, 병원, 영안실 등에서 이런 전파는 관찰되지 않았다. *Ebolavirus*는 환자의 90% 이상이 사망하는 반면에, *Marburgvirus*는 치사율이 25%이다.

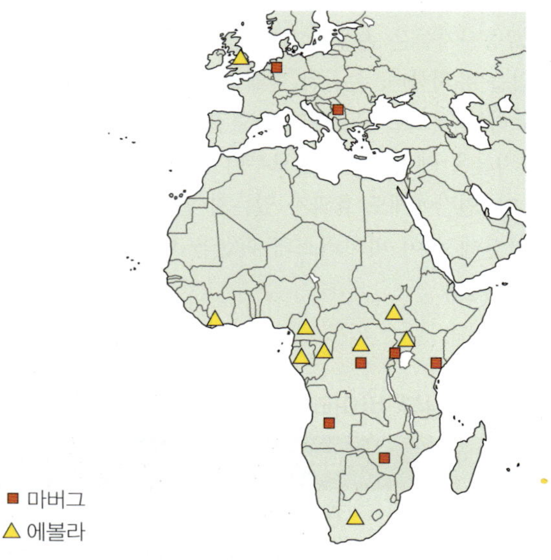

▲ 그림 14.18 에볼라 및 마버그 바이러스 환자들이 국지적으로 발생한 지역들. Virgina 주에서 에볼라 발생은 연구시설의 원숭이에서 일어난 질병만을 포함한다.

유익한 미생물

뎅기의 박멸

*Aedes aegypti*에는 독특한 줄무늬가 있으며 맹렬하게 문다. 다른 많은 모기들과는 다르게, 공격적인 이 흡혈 곤충은 낮 동안에 문다. 도시 지역에 살기를 좋아하고, 그늘진 집에서 있으면서, 타이어, 캔, 물 홈통과 같은 적은 양의 물이 고여 있는 일상적으로 사용되는 용기에도 알을 낳는다. 거의 30억 명이 *Aedes*와 이웃하고 있다. 가장 최악은 이 모기가 뎅기와 같은 인간 질병의 원인이 되는 바이러스를 운반하는 것이다.

뎅기는 백신이나 치료법이 없어서 모기방제가 예방법인데, 이 때문에 특히 개발도상국에서는 성공이 제한적이었다. 호주 과학자인 Scott O'Neill과 *Wolbachia pipientis*라는 새롭고 유익한 미생물에 대해서 배워보자.

*Wolbachia*는 그람-음성의 세포내 세균으로 *Aedes* 모기를 포함하여 모든 곤충의 약 70%에 감염한다. *Wolbachia* 균주는 자주 그것들의 숙주 곤충의 생물학을 변화시키는데, O'Neill 박사의 *Wolbachia*의 *w*Mel 균주도 예외가 아니다. *w*Mel에 감염된 수컷 모기가 *Wolbachia*에 감염된 암컷 모기와 교배하면 암컷은 정상적으로 알을 낳는다. 모든 새끼들은 암컷으로부터 *Wolbachia*에 감염된다. 그러나 감염된 수컷 모기가 감염되지 않은 암컷 모기와 교배하면 모든 알들은 다 불임이 된다. 따라서 *Wolbachia*는 그 자신의 생식의 성공을 보장하고 모기의 증식을 제한한다.

Wolbachia SEM 25 μm

어떤 이유로 뎅기바이러스는 감염된 모기에서는 생존할 수 없다는 것이 밝혀져서 더욱 좋아졌다. 뎅기바이러스는 감염된 모기에서 복제할 수 없기 때문에 *Wolbachia*의 성공은 바이러스의 종말이다.

O'Neill과 공동연구자들은 호주 북부에 수천 마리의 감염된 모기를 방출하였고 지역의 모기 집단을 성공적으로 변화시켜서 뎅기가 전파될 수 없게 하였다. 이 팀은 세계에 *Wolbachia pipientis w*Mel 균주를 퍼트릴 목표를 가지고 수십만 마리의 감염된 모기를 이웃한 열대의 개발도상국에 방출할 계획이다. 그들은 이것으로 뎅기의 재앙이 영원히 사라지길 희망하고 있다.

진단, 치료 및 예방

의사는 아프리카 출혈열의 증상에 기초하여 진단하고 혈액 내의 필로바이러스는 ELISA이나 PCR로 확인한다. 치료에는 액체와 전해질 교환이 수반된 지지요법을 포함한다. 일부 의사들은 환자에게 초기의 위해한 혈액 응고를 막기 위하여 항응고제를 처방한다. 이런 치료는 원숭이에서 효과가 증명되었고 감염된 동물의 30%에서 생명을 구하였다. 출혈열을 치료하기 위한 효과적인 항바이러스제는 없다. 의료종사자들은 손실된 체액과 전해질을 보충하고, 혈액의 산소와 혈압을 유지하며, 손실된 혈액을 채워주고, 2차 감염이나 합병증을 치료하는 것으로 아프리카 출혈열을 치료한다.

연구자들은 에볼라 출혈열로부터 원숭이를 보호하는 백신을 개발하였으며, 인간에게도 효과가 있는지 연구 중이다. 현재로서는 병원과 영안실에서 이 바이러스의 확산을 막기 위한 적절한 절차가 예방에 포함된다.

표 14.1에는 바이러스성 출혈열의 특징을 요약하였다.

왜 그런가

많은 의사들이 엡스타인-바 바이러스가 만성피로증후군의 원인이라고 믿는 반면에, 다른 의사들은 EBV와 증후군의 연관성을 부인한다. 왜 엡스타인-바 바이러스가 환자의 체내에 존재하는데도 만성피로증후군의 발병에 논쟁이 있는가?

원생동물 및 기생충성 심혈관계 질환

지금까지 심혈관계의 세균 및 바이러스성 질환과 몇 가지 대표적인 전신성 질환에 대해서 알아보았다. 이번에는 원생동물과 기생충이 원인인 심혈관계 질병에 대하여 조사할 것이다. 가장 만연한 원생동물 감염성 질병인 말라리아로부터 시작하고자 한다.

표 14.1 일부 바이러스성 출혈열의 특성

질병	바이러스 속 (과)	자연 숙주	매개체	지리적 분포
황열병	*Flavivirus* (*Flaviviridae*)	인간, 원숭이	*Aedes aegypti* 모기	아프리카, 남미
뎅기, 뎅기 출혈열	*Flavivirus* (*Flaviviridae*)	인간, 원숭이	*Aedes aegypti* 모기	세계적 특히 열대
에볼라 출혈열	*Ebolavirus* (*Filoviridae*)	아마도 박쥐	없음	중앙아프리카, 미국 내의 연구시설
마르부르그 출혈열	*Marburgvirus* (*Filoviridae*)	아마도 박쥐	없음	중앙아프리카, 미국 내의 연구시설

임상 사례연구

피곤한 1학년생

18세의 대학교 1학년생이 대학 보건소를 방문하였다. 그는 아주 피곤하고 약 1주일 동안 아팠으며, 전날부터 인후염, 열, 두통이 발생하였다고 말하였다. 평소보다 더 많이 잠을 자게 되고 식욕이 없어졌다. 그는 지난달에 만난 다른 주에서 대학교에 다니는 여자 친구도 지난 2주간에 매우 피곤하다고 하였으나 다른 증상은 없었다고 말하였다.

1. 어떤 질병을 의사는 의심해야 하는가? 무엇이 감염원인가?
2. 학생들이 어떻게 질병에 접촉을 했을 가능성이 가장 높을까?
3. 학생에게 어떤 다른 증상이 발생할 수 있는가?
4. 질병의 증상의 원인은 무엇인가? 학생의 여자 친구는 왜 동일한 증상을 나타내지 않는가?
5. 그 학생은 어떻게 치료해야 하는가?

말라리아

학습 | 성과

14.29 *Plasmodium*의 생활사를 서술하고 생활사 단계와 말라리아 징후와 증상을 연관시켜라.
14.30 말라리아의 진단, 치료 및 예방에 대하여 서술하라.
14.31 *Plasmodium*의 독성인자를 서술하라.
14.32 말라리아에 내성을 나타내는 유전적 특성을 설명하라.

말라리아(malaria)는 생명을 위협하는 질병으로, 감염된 *Anopheles* 모기에 의해서 사람 간에 운반되는 최소한 4종의 단세포 기생충인 *Plasmodium*이 원인이다. 30억 명 이상이 모기와 *Plasmodium*이 모두 풍토병인 지역에 살고 있기 때문에 위험에 놓여있다.

*Plasmodium*의 생활사는 복잡하다; 기생충은 인간 내에서 여러 다른 단계를 지나가고, 모기 내에서는 *Plasmodium*이 증원생식(schizogony)이라고 불리는 무성생식의 한 가지 유형이 특징인 원생동물의 한 형태인 포자충류(apicomplexan) (ap-i-kom-plek´san)로 있다. 증원생식에서는 한 세포의 핵이 세포질 분열이 없이 연속된 체세포분열을 수행하여 분열체(schizonts)라고 하는 다핵세포를 형성한다. 궁극에는 분열체가 동시에 한 개의 핵을 갖는 여러 개로 분열한다 (그림 5.3 참조). 분열체 이외에도 *Plasmodium*은 *Anopheles*에 감염하는 생식모세포(gametocyte)를 포함하여 최소 다른 6단계를 갖는다.

*Plasmodium*의 독성인자는 다음을 포함한다:

- 생식주기는 면역 감시로부터 기생충을 보호하는 곳인 적혈구 내에서 일어나는데 적혈구는 주조직적합복합체(major histocompatibility complex)와 함께 하는 항원이 존재하지 않는다.
- 말라리아 세크리톰(*malaria secretome*)이라 하는 특별한 단백질 집합체가 숙주 세포 내로 독소와 효소를 주입한다.
- 부착소(adhesin)는 감염된 적혈구가 뇌조직과 혈관의 내벽과 같은 특정한 신체 조직에 부착되도록 하여, 기생충이 비장에 의해서 제거되는 것을 막는다.
- 간세포의 소포 내에서 분열소체(merozoite)가 형성되어 혈관 내로 바로 분비된다. 따라서 간의 면역 세포를 피한다.
- 최소 한 가지 균주(*P. falciparum*)의 생식모세포(gametocyte)는 인간 신체의 화학의 변화를 유발하는데, 아마도 숨이나 신체의 냄새를 바꿔서 *Anopheles* 모기가 더 꼬이게 한다; 따라서 *Plasmodium*은 모기에게 옮겨갈 준비가 된 바로 그 단계에서 인간에게 "나를 물어라"라는 신호를 유발하게 한다.

말라리아 환자는 황달, 심한 재발성 발열과 오한, 두통, 구토와 설사로 고통을 받는다. 역사적으로 의사들은 항말라리아 약제를 처방하였지만, *Plasmodium* 균주들이 많은 이런 약물에 내성을 발달시켰다.

풍토병인 지역에 사는 사람들과 세계적으로 그 자손들은 일반적으로 말라리아에 대한 내성을 증가시키는 유전적 특성을 아래에서 하나 이상을 가지고 있다:

- 겸상적혈구(*sickle-cell*)의 특성. 겸상적혈구 유전자를 갖는 사람은 정상인 헤모글로빈 A가 아닌 헤모글로빈 S라고 하는 비정상적인 형태의 헤모글로빈을 생산한다. 헤모글로빈 S는 적혈구가 말라리아에 대한 내성이 증가된 낫 모양이 되도록 한다.
- 헤모글로빈 C. 헤모글로빈 C 유전자를 갖는 사람은 말라리아에 약하지 않다. 이 돌연변이가 제공하는 보호 작용에 대한 기작은 알려져 있지 않다.
- Glucose-6-phosphate dehydrogenase의 유전적 장애. DNA를 합성하기 위해서는 영양체(trophozoite)가 반드시 숙주로부터 이 효소를 획득해야만 한다. 따라서 이 효소가 결여되면 영양체의 복제가 방해를 받는다.
- 적혈구 상에 소위 말하는 더피 항원(*Duffy* antigen)의 결여. *P. vivax*는 적혈구에 부착하고 감염시키기 위해서 더피 항원이 필요하기 때문에 더피-음성인 사람은 *P. vivax*에 내성을 갖는다.

해열제와 수혈이 지지요법에 필요할 수도 있다. 심한 열대열 말라리아(falciparum malaria)의 경우를 제외하고는 치료는 대개 효

집중 조명

말라리아 백신을 찾아서

연구자들은 포자소체(sporozoite)에 의한 초기 감염을 제한하는 것으로 보호 작용을 제공하는 말라리아 백신, 간과 혈액세포로부터 방출되는 분열소체(merozoite)를 표적으로 하는 백신, 말라리아 기생충보다는 말라리아 독소에 대한 백신, 기생충이 태반을 가로질러 발생 중인 태아를 공격하도록 하는 *Plasmodium* 단백질에 대한 백신 등에 대하여 실험 중이다. 말라리아 백신을 전달하는 새로운 방법들과 백신의 보호 작용을 증진시키는 첨가제인 새로운 보조제의 발견에서 기대감이 넘치는 개발이 이루어지는 중이다. 예를 들어, 한 과학자 그룹은 보조제로 불활성화된 콜레라 독소를 함께 비강 분무로 전달하는 백신을 개발하였다. 이 백신은 말라리아에 감염된 쥐에 대하여 100% 보호 작용을 제공하였다.

말라리아 백신은 정말적인 질병으로부터 수백만 명의 어린이를 보호할 수 있다.

여러 연구자의 그룹들은 모기 내에서 작용하는 백신을 개발 중이다. 백신 접종이 된 모기는 인간에게 말라리아를 전파할 수 없다. 모든 모기에게 치료제를 투여할 수 없기 때문에 과학자들은 사람에게 백신접종을 하고 혈액 내에 항체로 불리는 단백질을 분비하도록 한다. 이 후에 모기들은 피를 먹을 때마다 배속에 가득하게 항체를 보유하게 된다. 모기 내에서 항체는 말라리아 기생충이 운동접합체(ookinete) 시기에 생산하는 화학물질에 결합한다. 이것은 운동접합체가 난포체(oocyst)가 되는 것을 방지하여 기생충 생활사의 고리를 영원히 끊는다.

백신이 모든 곳의 말라리아를 막지는 못하겠지만 이 절망적인 살인자와 싸울 수 있는 중요한 도구이다. 항말라리아 약물, 모기의 접근을 막는 모기장의 사용, 모기를 죽이는 살충제와 함께 백신을 사용하여 역사상 처음으로 지구상에서 말라리아를 박멸하는 것을 실제적으로 고려하는 것이 가능하게 되었다.

과가 있다.

습지의 물을 빼고 정체된 물을 제거하는 것은 모기 번식률을 감소시키지만, 습지에 서식하는 다른 식물과 동물에 미치는 환경적인 영향에 대해서 균형을 잡아야 한다. DEET[24]가 포함된 곤충 기피제의 개인적인 사용, 모기장 이용, 보호용 옷을 입는 것은 모기에 물리는 기회를 줄여준다.

연구자들은 몇 가지 말라리아 백신과 다른 항말라리아 약물들을 개발하고 조사 중이다 (**집중조명: 말라리아 백신을 찾아서**). **질병심층연구: 말라리아** (440-441쪽)는 말라리아의 특성을 더 자세히 조사하였다.

톡소플라스마증

학습 | 성과

14.33 원인, 징후, 증상, 발병, 역학, 진단, 치료 및 예방을 포함하여 톡소플라스마증에 대하여 서술하라.

톡소플라스마증(toxoplasmosis) (tok´sō-plaz-mō´sis)은 일반적으로 톡소(*toxo*)라고 하며 AIDS 환자의 중요한 질병이다. 태어나지 않은 태아도 위험하다.

징후 및 증상

톡소플라스마증 환자의 80% 이상은 증상이 없고 영구적인 손상도 없으며, 감염은 몇 달에서 일 년 내에 저절로 사라진다. 약한 면역성을 갖는 사람에서만 톡소플라스마증이 발병하여 열, 불쾌감 및 폐, 간과 심장에 염증이 나타난다. 두통, 혼동, 뇌성마비, 실명, 심근염, 뇌염, 사망도 흔히 일어난다.

산모로부터 태반을 거쳐서 태아에 전달되면 임신 첫 3개월이 가장 위험하다; 간질(epilepsy), 정신지체, 소두증(microcephaly), 망막염, 실명, 빈혈, 황달, 자연유산, 또는 사산의 결과가 나타난다. 어린이에서 안구 감염은 몇 년 동안 잠복해 있다가 실명으로 발전할 수 있다.

병원체 및 독성인자

톡소플라스마증의 원인인 *Toxoplasma gondii* (tok´-sō-plaz´mă gon´dē-ē)는 포자충류(apicomplexan) 원생동물로 야생동물과 조류 및 가축의 핵이 있는 세포 내에서 서식한다; 고양이가 최종 숙주이

[24] *N,N*-diethyl-*m*-toluamide.

다. *Toxoplasma*의 생활사 **(그림 14.19)**에서 고양이 소화관 내의 배우체(*gamete*)는 융합하여 접합체(*zygote*)를 형성하는데, 이것은 분변 내에서 배출되는 미성숙의 난포체(oocyst)로 발달한다 **1**. 감염된 고양이는 어떤 감염의 징후를 보이지 않으며 해를 입지도 않다. 매일 고양이는 천만 개까지 접합체를 배출할 수 있으며, 이는 습기가 있는 토양에서 몇 개월 간 생존이 가능하다. 기생충을 포함하는 토양에서 자란 식물들은 접합체에 오염이 된다. 각 접합체가 성숙되어감에 따라서 내부에 포자소체(*sporozoite*)를 생산한다 **2**. 설치류, 가축, 또는 인간이 식물에 묻은 성숙한 접합체를 섭취하고 **3**, 소화하여 포자소체를 방출하고 이는 숙주의 심장, 혀 및 횡격막 세포를 공격하며, 무성생식적으로 증식하여 느린 분열소체(*bradyzoite*)를 포함하는 가성포(*pseudocyst*)를 생산한다 **4**. 가성포는 인간이나 고양이가 각각 이 숙주들을 소비할 때까지 가축이나 설치류의 조직 내에 잠복해 남아있다 **5**.

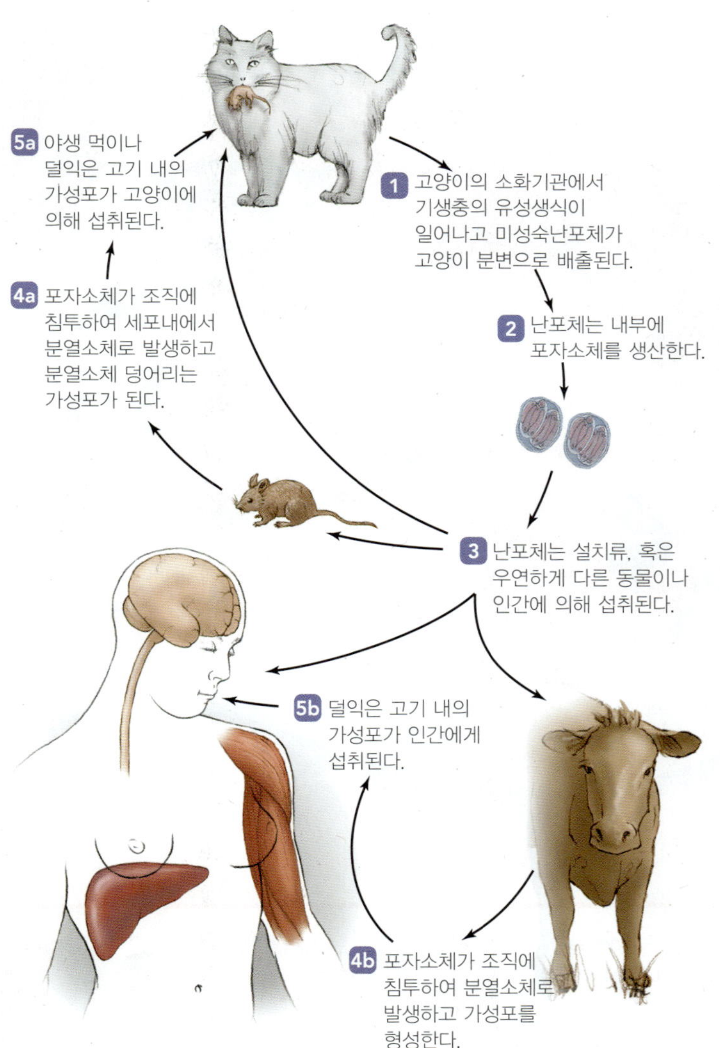

▲ **그림 14.19** ***Toxoplasma gondii*의 생활사.** *어떤 인간 그룹이 톡소플라스마증에 가장 위험한가?*

그림 14.19 AIDS 환자와 임신 첫 3개월 내의 태아가 톡소플라스마증에 가장 큰 위험성에 있다.

독성인자에는 접합자와 가성포가 다양한 숙주에 기생할 수 있는 능력, *Toxoplasma*가 한 숙주 내의 여러 다른 세포에 감염될 수 있는 능력과 기생체가 세포 내에서 생존하는 능력이 포함된다.

발병 및 역학

인간은 전형적으로 기생체가 포함된 덜 익은 고기를 섭취함으로서 감염된다. 10억 명 이상이 감염되었다; 가장 큰 위험성은 도축업자, 사냥꾼, 음식을 준비하는 중에 맛보는 사람들에 있다. 오염된 토양을 섭취하거나 흡입하는 것 또한 감염원이 된다. 원생동물은 인간 태반을 가로질러 태아에 감염될 수 있다. 흥미롭게도 과학자들은 *Toxoplasma*가 어떻게 성별로 태아를 선택하는지 모르지만 기생체는 남아보다 여아를 더 잘 공격한다. 역사적으로는 고양이나 고양이의 분변에 접촉하는 것이 가장 큰 감염 위험성으로 제안되었지만, 최근의 연구는 고양이는 짧은 동안만 *Toxoplasma*를 배출하기 때문에 고양이가 인간 감염의 주요한 원인이 아니라는 것을 보여주었다. 그럼에도 불구하고 의사들은 일반적으로 임산부나 면역이 손상된 사람은 분변 상자를 비우는 것을 피하라고 주의를 준다.

연구자들은 *T. gondii*가 질병의 원인이 되는 구체적인 방법이 분명하지 않았다. 세포 파괴와 사이토카인의 방출이 관련된 것으로 보였다. 건강한 면역체계를 갖는 사람은 손상을 억누르고 *Toxoplasma*가 가성포 이상으로 확산되는 것을 막을 수 가 있다.

*Toxoplasma gondii*는 세계적으로 가장 넓게 분포하는 원생동물 인간 기생체이다. CDC는 미국 인구의 40% 이상이 이 절대 세포내 기생체를 보유할 것이라고 추정한다. CD4 수가 200 이하인 AIDS 환자에게서는 증상이 면역체계가 무너짐에 따라서 신체 내에 이전에 감염되어 서식하는 *Toxoplasma*의 결과로 나타나는 것으로 생각된다.

진단, 치료 및 예방

의사들은 *T. gondii* 감염을 시료 내의 생명체를 탐지하는 혈청검사, 기생체의 현미경 확인 또는 *T. gondii*의 유전물질이나 시료 내의 산물을 PCR, 서던 블럿, 또는 DNA 탐침을 이용하여 분자생물학적으로 확인하여 진단한다. 혈청학이 가장 흔한 진단법이다. 분자생물학 기술은 선천성 톡소플라스마증에 대해서 가장 유용하다.

건강한 성인에서 톡소플라스마증은 어떤 치료없이도 사라진다. 치료가 권장되는 AIDS 환자, 임산부, 신생아에서는 의사는 피리메타민(pyrimethamine)과 술폰아미드(sulfonamide)를 함께 3–4주 동안 처방한다. 설파제(sulfa)에 알레르기를 보이는 환자는 클린다마이신(clindamycin)이 술폰아미드를 대체할 수 있다. 산모를 치료하면 대부분의 태반을 통한 감염을 예방하지만 약물 자체가 독성이 있음으로 논쟁 중이다. AIDS 환자에게는 조직의 염증을 줄이기 위한 스테로이드 추가를 포함하여 더 공격적인 치료가 요구된다.

*T. gondii*의 감염 발생을 통제하는 것은 수많은 숙주가 포장충류를 갖고 있기 때문에 어렵다. 고양이 소유자에 대한 전파 기회를 줄이기 위하여 고양이에 대한 백신이 현재 개발 중이다. 가장 좋은

말라리아

징후 및 증상

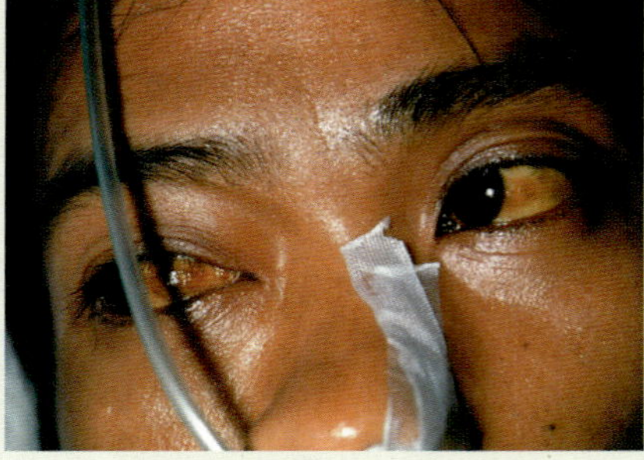

많은 말라리아 증상은 적혈구 내에서 동시에 일어나는 기생충 생활사의 뒤를 잇는 기생체, 세포 잔해, 독소에 대한 면역반응 등과 연관되어 있다. 주기가 시작된 2주 후에 충분한 기생체가 존재하며 열, 오한, 설사, 두통 및 (때때로) 폐나 심장 기능이상의 원인이 된다. 빈혈, 쇠약, 피로가 점차적으로 자리를 잡고, 말라리아에 걸린 이 베트남 환자에게서 보는 바와 같이 환자들은 황달에 걸리게 된다.

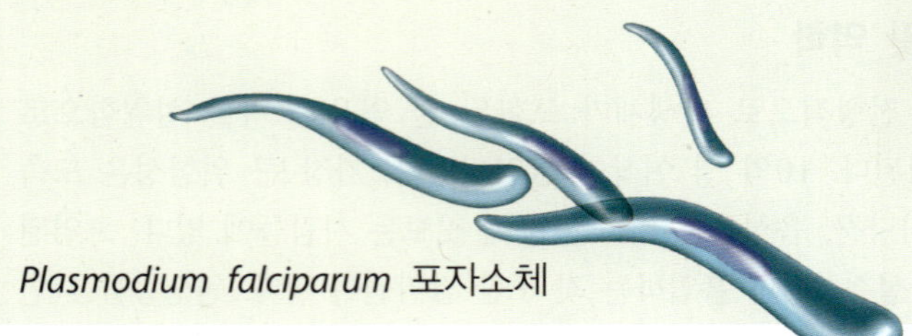

Plasmodium falciparum 포자소체

말라리아는 가장 만연되어있고 악명 높은 원생동물성 감염이다. 말라리아의 원인체인 *Plasmodium*의 생활사는 분명한 3단계를 가진다: **적혈구외 발육주기(exoerythrocytic phase)**, **적혈구내 발육주기(erythrocytic cycle)** 및 **포자생식단계(sporogonic phase)**.

Plasmodium falciparum 생활사

적혈구외 발육주기(사람에서) 1-2, 6

적혈구내 발육주기 (사람에서) 3–5

1 포자소체(sporozoites)가 혈류를 따라 이동하여 간세포에 침투하고 증원생식을 진행한다.

2 일반적으로 2주후에 간세포는 파열되고 30,000–40,000개의 분열소체(merozoite)를 혈액으로 방출한다. 간은 손상된다.

3 독립된 분열소체가 적혈구로 침투한다.

4 분열소체는 영양체(trophozoite)가 되는데, 아래의 고리 단계(ring stage)에서 볼 수 있다.

5 영양체는 증원생식을 진행하여 분열소체를 생산하고 이는 적혈구가 파괴될 때에 방출된다. 손상된 간은 효과적으로 방출된 헤모글로빈을 처리할 수 없기 때문에 황달이 걸린다.

6 일부 분열소체는 적혈구 내에서 수컷 및 암컷 생식모세포(gametocyte)로 발생한다.

암컷 *Anopheles* 모기가 흡혈하는 동안 인간에게 포자소체를 주입한다.

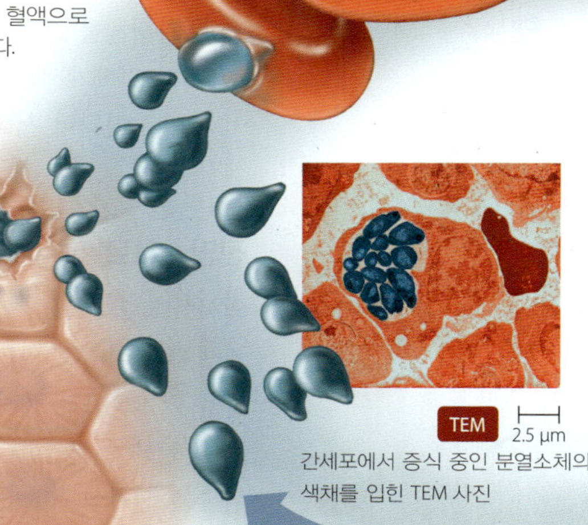

간세포에서 증식 중인 분열소체의 색채를 입힌 TEM 사진

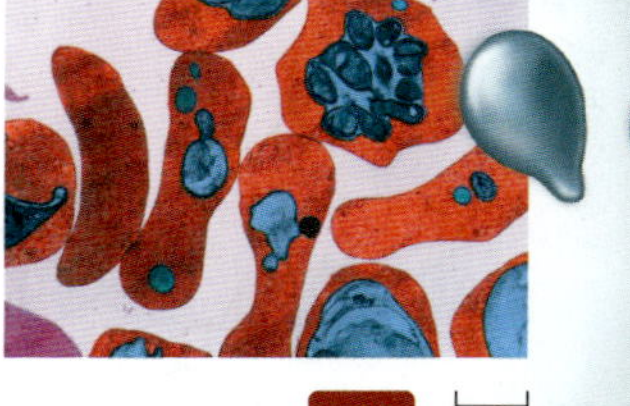

말라리아 감염의 여러 단계에서 적혈구의 색채를 입힌 TEM 사진 (*Plasmodium*은 푸른색을 입힘)

연구하라!

과학자나 정부 기관은 모기 통제에 더 집중해야하는가 아니면 말라리아 백신의 개발에 집중을 해야 하는가?

말라리아 조사를 위해서 세계 보건기구 웹사이트를 방문하기 위하여 이 코드를 스캔하라.

역학

말라리아는 기생체의 매개체 모기인 *Anopheles*가 번식하는 열대와 아열대의 100개국 이상에서 풍토병이다. 매년 3억 명이 *Plasmodium*에 감염되고 1백2십만 명 (대개는 어린이)이 사망하는 것으로 추정된다. 말라리아는 모기박멸프로그램으로 수십 년 전에 질병을 제거하기 전까지는 미국에서도 만연되었다. 미국에서는 이민자나 풍토병 지역의 여행자를 포함하여 매년 약 1,200건이 보고되어왔다.

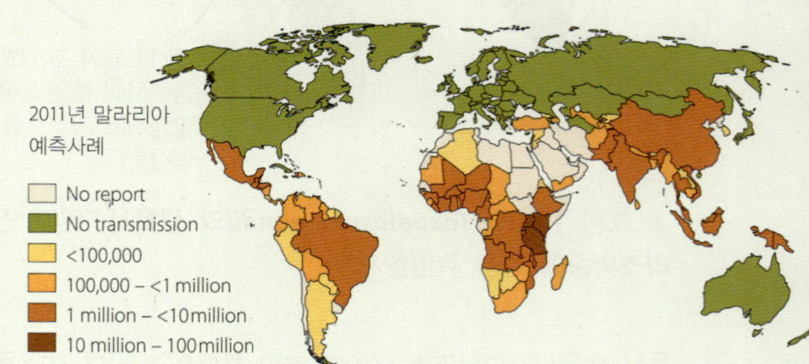

병원체 및 발병

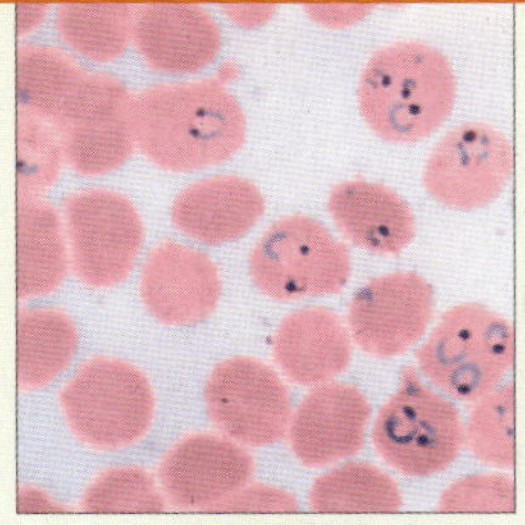

LM 7 μm

최소 4종의 *Plasmodium*이 말라리아의 원인이다: *P. falciparum*, *P. vivax*, *P. ovale*, *P. malariae*가 가장 중요하다. 질병의 심각성은 종에 따라 다르다. *P. ovale*는 경미한 질병의 원인이고, *P. vivax*는 만성 말라리아의 결과를 가져오고, *P. malariae*와 *P. falciparum* (왼쪽)이 손상된 적혈구 세포에서 헤모글로빈이 소변으로 분비되기 때문에 흑수열(*blackwater fever*)로 알려진 가장 심각한 말라리아의 원인이다. *P. falciparum* 말라리아는 증상이 시작되고 24시간 내에 사망할 수 있다.

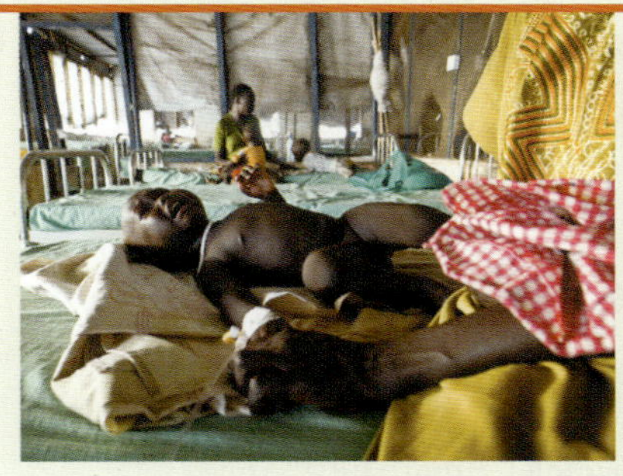

*P. falciparum*은 열, 적혈구 용해, 신부전, 검은색 소변 등의 원인이 된다. 적혈구 표면에 있는 원생동물의 단백질이 적혈구를 모세혈관 내벽에 부착되어 혈류를 차단하고 작은 출혈을 일으켜서 결국에는 조직이 죽는 원인이 된다. 말라리아에 걸린 이 남수단(South Sudan)의 유아와 같은 어린이가 가장 취약하다.

포자생식단계 (모기에서) 7–11

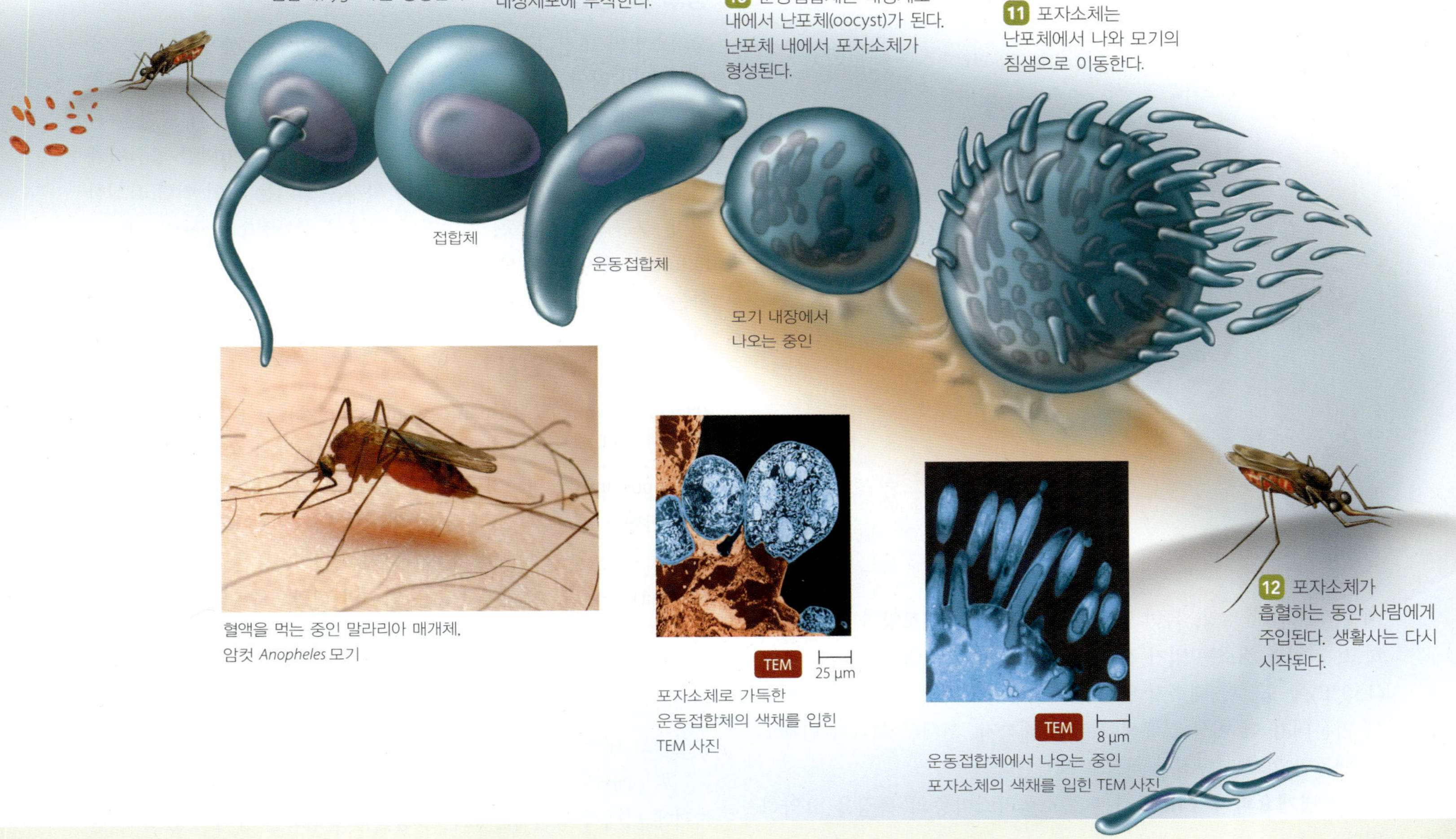

7 *Anopheles* 모기가 흡혈하는 동안에 생식모세포를 섭취한다.

8 생식모세포는 생식세포가 되어 접합하여 접합체(zygote)를 형성한다.

9 접합체는 운동접합체(ookinete)로 분화하여 내장세포에 부착한다.

10 운동접합체는 내장세포 내에서 난포체(oocyst)가 된다. 난포체 내에서 포자소체가 형성된다.

11 포자소체는 난포체에서 나와 모기의 침샘으로 이동한다.

접합체

운동접합체

모기 내장에서 나오는 중인

혈액을 먹는 중인 말라리아 매개체. 암컷 *Anopheles* 모기

TEM 25 μm

포자소체로 가득한 운동접합체의 색채를 입힌 TEM 사진

TEM 8 μm

운동접합체에서 나오는 중인 포자소체의 색채를 입힌 TEM 사진

12 포자소체가 흡혈하는 동안 사람에게 주입된다. 생활사는 다시 시작된다.

진단 및 치료

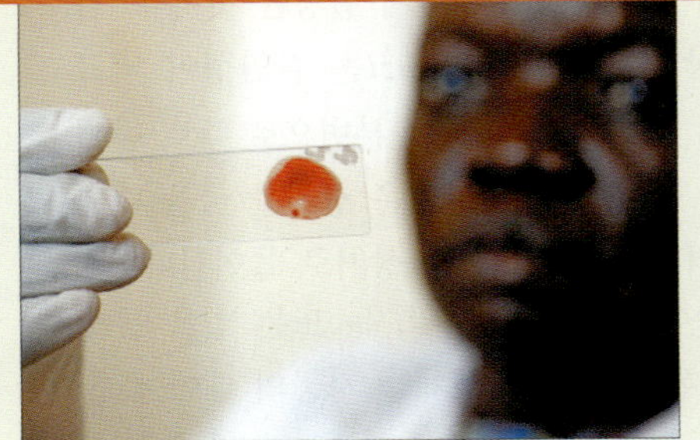

말라리아의 진단은 일반적으로 혈액도말 내에서 영양체 및 다른 단계의 *Plasmodium*을 확인하는 것에 기초한다. 표준적인 항말라리아 약물에는 클로로퀸(chloroquine)이 포함되고, *Plasmodium*이 내성을 갖는 지역에서는 artesunate와 함께 피리메타민(pyrimethamine)을 사용한다.

예방

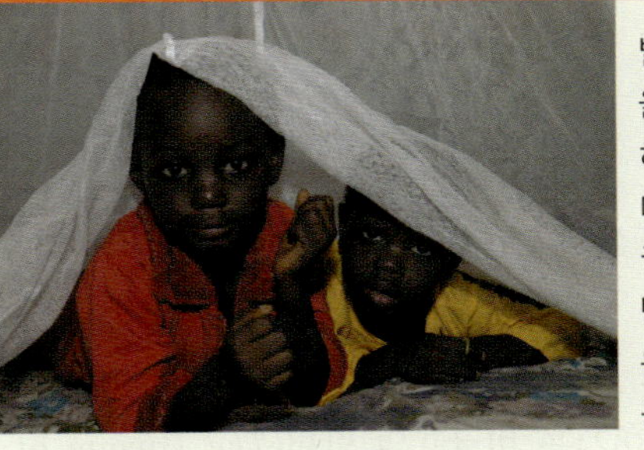

발병 건수를 줄이는데 가장 비용-효율적인 방법은 *Plasmodium*을 운반하는 모기와 접촉을 제한하는 것이다. WHO는 DDT가 침착된 모기장을 권고한다. 풍토병 지역의 여행자는 반드시 프로구아닐(proguanil)과 같은 예방적인 항말라리아 약물을 복용하고 긴팔 셔츠와 바지를 착용해야 한다.

질병개요파악 14.6

톡소플라스마증

원인 *Toxoplasma gondii* (포자충류 원생동물).

독성인자 많은 다른 숙주 내의 여러 다른 종류의 세포 내에서 생존하는 능력.

침입구 고기를 먹거나 오염된 토양이나 고양이 분변을 흡입.

징후와 증상 대부분의 환자는 증상이 없다. 면역이 손상된 환자: 열; 불쾌감; 폐, 간과 심장의 염증; 두통; 혼동; 뇌성마비; 실명; 심근염; 뇌염; 태아에 태반을 가로질러 감염되면 간질, 정신지체, 소두증, 망막염, 실명, 빈혈, 황달, 자연유산 또는 사산.

잠복기 10–23일.

민감성 면역손상된 사람과 태아.

치료 피리메타민(pyrimethamine)과 술폰아미드(sulfonamide).

예방 오염된 토양 (고양이 분변)을 피할 것; 과일과 채소를 모두 세척; 완전히 익힐 것; 고기를 냉동하거나 훈제.

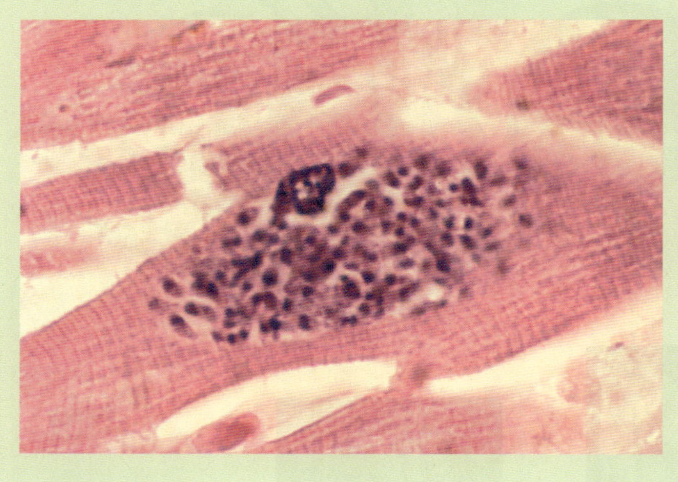

예방은 오염된 토양, 특히 고양이 분변에 오염된 토양과 접촉을 피하고; 과일과 채소는 먹기 전에 세척하고; 고기는 내부 온도가 66°C (150°F)에 도달할 때까지 완전히 익히는 것; 다시 말하면 스테이크는 가운데가 더 이상 분홍색이 아닐 때까지. 훈제된 고기나 밤새도록 냉동된 고기는 안전한 것으로 생각된다.

질병개요파악 14.6에서는 톡소플라스마증의 특징을 요약하였다.

샤가스병

학습 | 성과

14.34 샤가스병의 징후, 증상, 원인, 진단, 치료 및 예방에 대하여 서술하라.

Charles Darwin (1809–1882)은 비글호의 탐험(*The Voyage of Beagle*)에서 "밤에 나는 아르헨티나 평원의 거대한 검은 벌레의.... 공격을 경험하였다. 길이가 약 1인치로 누군가의 몸 위를 기어 다니는 부드럽고 날개가 없는 벌레를 느끼는 것이 가장 역겨웠다. 흡혈하기 전에는 매우 납작하지만 이 후에는 피에 의해 둥글게 되고 부풀어 오른다" 영국에 돌아온 후에 Darwin은 거의 지속적으로 병을 앓았으며 몇 년 후에 심부전으로 사망하였다. 일부 연구자들은 Darwin이 브라질 의사인 Carlos Chagas (1879–1934)의 이름을 따른 **샤가스병(Chagas' disease)**으로 고통을 받았다는 가설을 세웠다. 아메리카 트리파노소마증(*American trypanosomiasis*)이라고도 불리는 이 질병은 Darwin이 경험한 것과 유사한 증상을 나타낸다. 언급된 곤충이 무는 것으로 전파되는 기생성 트리파노솜이 샤가스병의 원인이다.

징후 및 증상

샤가스병의 초기 징후는 감염된 부위가 부어오른 것이고, 피로, 열, 불쾌감 및 감염 부위를 따라가는 림프절의 부어오름과 같은 일반적인 징후와 증상이 4–8주 동안 뒤를 잇는다. 이런 초기 증상은 환자의 단 1%에서만 일어난다. 이후에 질병은 10–20년간 중간단계인 무증상기에 들어간다. 연속하여 환자는 삼키는 것이 어렵고 심한 변비, 불규칙한 심박동, 치명적인 울혈성 심부전(congestive heart failure)이 일어난다. 모든 환자가 샤가스병의 만성적인 증상이 발생하는 것은 아니다.

병원체 및 독성인자

Trypanosoma cruzi (tri-pan´ō-sō-mă kroo´zē)는 샤가스병의 원인인 편모성 원생동물이다. 이 질병은 중미와 남미에서 풍토병이다. 주머니쥐(opossum)와 아르마딜로는 *T. cruzi*의 일차 보균체이지만, 인간을 포함하여 대부분의 포유류는 이 생명체를 보유하고 있다. 전파는 곤충이 무는 것을 통하여 일어나는데, 실제 곤충은 *Triatoma* (tri-ă-tō´mă) 속이다. 이 흡혈곤충은 입술의 혈관으로부터 먹이를 먹는 것을 좋아하여 침노린재(kissing bug)라는 일반적인 이름이 지어졌다. *T. cruzi*는 침노린재의 뒷창자에서 성숙하여 벌레의 분변이 깨문 상처에 문질러질 때에 포유류 숙주로 들어간다. *T. cruzi*는 혈액을 순환하고 대식세포와 심근세포에 감염되어 세포내 단계를 갖는다.

*T. cruzi*는 숙주 세포내에 서식하여 일부 면역체계를 피한다. 여기에 더해서 병원체는 표면의 항원을 변경하는 능력이 있으며, 면역 사이토카인을 억제하는 작용을 하는 단백질을 생산한다.

그림 14.20은 *T. cruzi*의 생활사를 자세하게 설명한 것이다. 침노린재(kissing bug)의 뒷창자 내에서 *T. cruzi*는 감염성이 되고 **1**, 벌레가 포유류 숙주에서 먹이를 먹는 동안 분변으로 주로 밤에 배출된다 **2**. 숙주가 벌레가 물어서 생긴 가려운 상처를 긁을 때에 분변에 들어있던 감염성 트리파노솜이 가까운 상처로 들어간다 **3**. 다른 방법으로는 트리파노솜이 열린 절개부위, 눈 또는 입을 통해 신체로 들어갈 수 있고 감염된 산모는 기생체를 자궁의 태아에 옮길 수 있고 젖을 먹이는 동안에 옮길 수 있다. 혈류는 기생체를 전

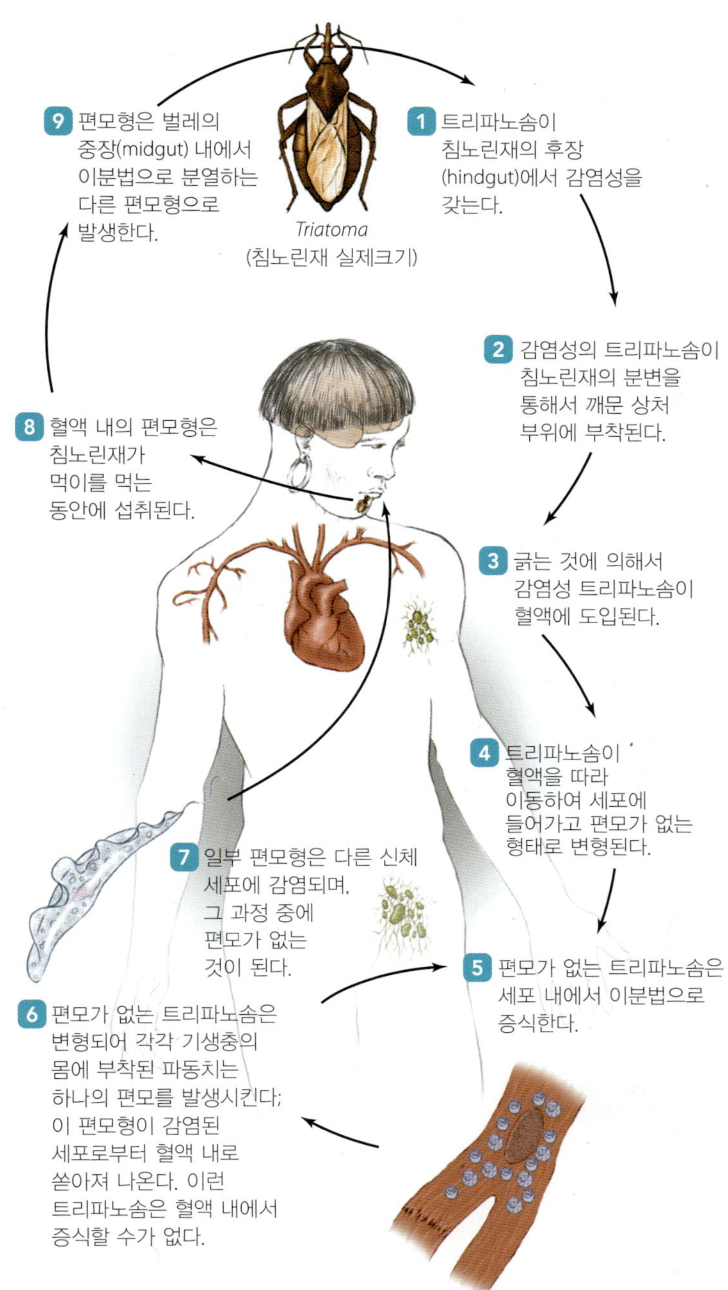

▲ **그림 14.20 남미에서 *Trypanosoma cruzi*의 생활사.**

신에 옮기고, 세포, 특히 대식세포와 심근세포에 침투해 들어가서 작은 편모를 가진 형태로 변형된다 4. 편모가 없는 트리파노솜은 이분법으로 분열하고 5, 각각 파도모양의 막으로 갖는 세포 길이로 아래에 부착된 하나의 편모를 발생시킨다 6. 이 편모형은 분열할 수 없다. 숙주세포가 터지고 편모를 갖는 트리파노솜이 방출되어 다른 세포에 감염되거나 7 또는 혈류를 따라 순환한다. 혈액 내의 트리파놈솜은 침노린재가 혈액을 먹이로 먹을 때에 섭취될 수 있다 8. 침노린재의 편모를 갖는 세포는 뒷창자에서 이분법으로 분열하는 생식형을 다시 생산한다 9.

발병 및 역학

감염된 *Triatoma*가 물거나, 감염된 혈액을 수혈하거나 감염된 기증자의 장기이식으로 감염이 된다. 샤가스병은 몇 개월 동안에 4단계에 걸친 과정을 밟는다:

1. 벌레가 문 부위가 부어오른다.
2. 일반적인 단계는 열, 부어오른 림프절, 심근염(심장 근육의 염증), 비장비대증, 식도와 결장비대증이다.
3. 만성 단계는 무증상이고 몇 년 동안 지속될 수 있다.
4. 마지막 증상 단계는 일차적으로 울혈성 심부전이 특징이고 뒤이어서 심근 조직 내에 기생체 덩어리인 가성포(pseudocyst)가 형성된다.

8백만에서 1,500만 명이 샤가스병을 가지고 있을 것으로 추정되고 약 20,000명이 매년 이것으로 사망한다. *T. cruzi*의 감염 결과로 오는 심부전이 남미에서 특히 어린이 사망의 주된 원인이다.

진단, 치료 및 예방

트리파노솜의 현미경 확인 (질병개요파악 14.7 참조) 또는 혈액, 림프액, 척수액 내에서 또는 생체검사에서 이것들의 항원으로 샤가스병을 진단한다. ELISA는 과거의 *T. cruzi*의 감염을 보여줄 수 있다. 역사적으로 의사들은 체외진단(*xenodiagnosis*)이라는 간단하고 실용적인 진단 방법을 사용해 왔다. 이 방법에서 의사는 감염되지 않은 침노린재(kissing bug)를 *T. cruzi*에 감염된 것으로 의심되는 환자를 물도록 한다. 4주 후에 의사는 벌레를 두 조각을 낸다; 벌레의 뒷창자에 기생체의 존재는 그 환자가 감염되었다는 의미이다.

가장 초기 단계에 샤가스병은 벤즈니다졸(benznidazole)이나 니퍼티목스(nifurtimox)로 치료한다; 그러나 환자의 단 1%만 질병의 초기 증상이 발생하여 감염된 것을 안다는 것을 기억하라. 대부분의 환자들은 항트리파노솜 약물을 충분히 이른 시기에 복용하지 못하며, 마지막 단계의 샤가스병은 치료할 수 없다.

샤가스병의 예방은 벌레의 서식지를 제공하는 억새와 진흙 건축 재료를 콘크리트와 벽돌로 대체하는 것이 포함된다. 다른 방법으로는 살충제가 든 페인트를 벽에 바르는 것이 큰 도움을 줄 것이다. 여행자는 잘 지어진 호텔과 리조트에 머무는 것이 위험성을 없애는 것이다. 개인적으로 집에서 살충제를 사용하는 것과 살충제가 스며들어있는 망 속에서 자는 것은 모두 곤충이 먹이를 먹는 것을 막아준다. 샤가스병에 대한 백신은 존재하지 않는다.

질병개요파악 14.7에서는 샤가스병을 요약하였다.

주혈흡충증

학습 **성과**

14.35 주혈흡충증의 징후, 증상, 원인, 진단, 치료 및 예방에 대하여 서술하라.

질병개요파악 14.7

샤가스병

원인 *Trypanosoma cruzi* (편모를 갖는 원생동물)

독성인자 세포내 생활. 항원 변경, 면역성을 방해하는 단백질 생산.

침입구 감염된 *Triatoma* [침노린재(kissing bug)]가 무는 것.

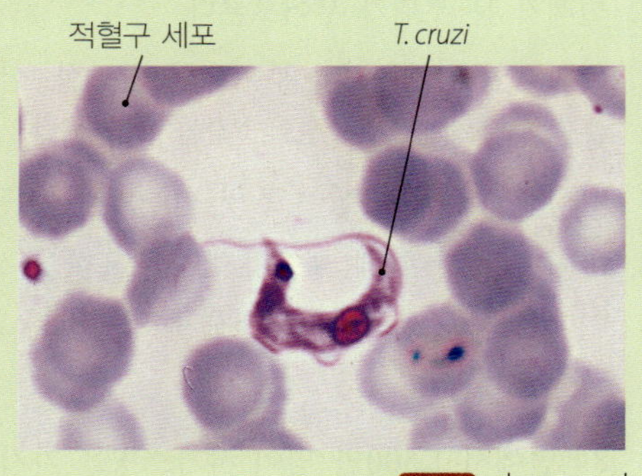

***Trypanosoma cruzi*의 파동편모충을 포함하는 혈액의 도말**

징후와 증상 물린 부위 부어오름, 열, 림프절의 부어오름, 심근염, 비장비대증, 기도와 결장 비대증. 이 증상에 뒤이어서 울혈성 심부전이 일어나기 전에 만성 적인 무증상 단계가 몇 년 동안 지속될 수 있다.

잠복기 며칠부터 몇 주. 울혈성 심부전은 대개 감염 후 10-20년에 일어난다.

취약성 풍토병인 지역을 방문하거나 거주하는 사람, 특히 남미와 중미의 허술하게 지어진 거주지.

치료 초기 단계에는 벤즈니다졸(benznidazole)이나 니퍼티목스(nifurtimox)로 치료. 마지막 단계의 샤가스병은 치료할 수 없다.

예방 풍토병 지역에서 진흙, 억새, 또는 점토로 지은 집에서 수면을 피할 것. 곤충기피제 사용.

Schistosoma 속의 기생성 혈액 흡충류가 세계적으로 인간에 더 흔한 기생충(helminth)의 하나이다. **주혈흡충증(schistosomiasis)** (skis-tō-sō´mī´ă-sis)은 치명적인 질병이고 세계적으로 심각한 공중보건 문제들 중 하나이다.

징후 및 증상

수영자 가려움증(*Swimmer's itch*)이라고 하는 일시적인 피부염이 감염성 유충이 피부를 파고드는 곳에 생길 수 있다. 이후에 혈관계를 통하여 신체로 이동한다; 이런 이동에는 징후와 증상이 없다. 그러나 벌레가 성숙하고 교배를 할 때에는 알이 간, 폐, 뇌, 신장 및 다른 장기에 자리를 잡기 때문에 감염이 위험해진다. 갇힌 알은 죽고 석회화되어 신부전, 비장비대증, 폐순환에서 혈압 상승이나 심부전 등을 일으켜서 사망에 이를 수 있다. 일부 감염에서는 알이 신장에서 방광으로 연결된 관을 타고 방광과 요도로 이동하여 방광장애와 혈뇨의 원인이 되고 치명적인 방광암과 관련이 있게 된다.

병원체 및 독성인자

지정학적으로 제한되는 *Schistosoma* 종이 인간에게 감염되어 주혈흡충증의 원인이 된다:

- *S. mansoni* (man-sō´nē)는 캐리비안, 베네수엘라, 브라질, 아라비아와 아프리카의 넓은 지역에서 흔하다.
- *S. haematobium* (hē´mă-tō´bē-ŭm)은 아프리카와 인도에서만 발견된다.
- *S. japonicum* (jă-pon´i-kŭm)은 중국, 타이완, 필리핀, 일본 등지에서 발생하며, 일본에서 감염은 비교적 드물다.

이 벌레들의 민물 유충은 세르카리아(*cercariae*)라고 하는데 인간 피부를 파고들어 혈액에 들어갈 수 있다.

발병 및 역학

*S. japonicum*은 다른 포유류에 감염될 수 있지만 인간은 대부분 *Schistosoma* 종의 주요한 최종숙주이다. 그림 14.21은 *Schistosoma*

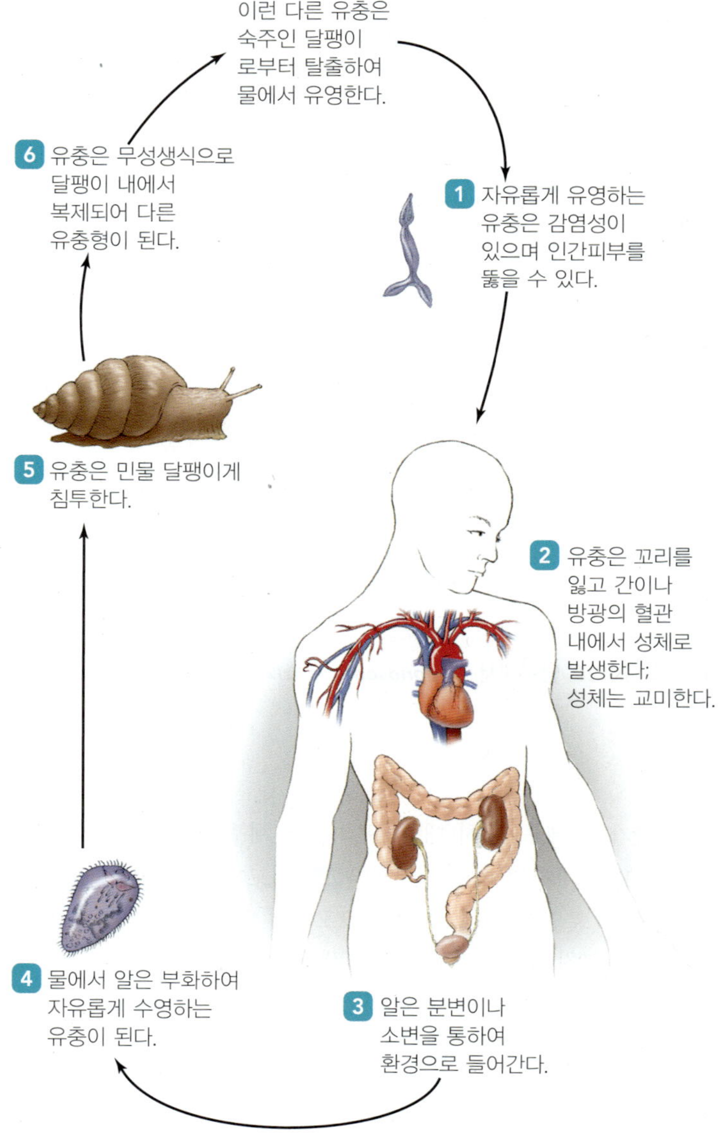

▲ **그림 14.21 혈액 흡충류인 *Schistosoma*의 생활사.**

의 생활사를 보여준다: 독립적으로 헤엄치는 감염성 유충 단계에서는 오염된 물과 접촉된 인간 피부를 파고든다 1. 인간은 옷을 빨거나 그릇을 씻는 동안에, 목욕 중에, 수영이나 마시는 중에 감염이 된다. 감염성 유충은 (종에 따라서) 간이나 방광의 관계로 들어가서 혈액을 먹이로 먹고 성숙해져 교배한다 2. 암컷은 혈관 벽에 매일 수백 개의 독특한 가시가 달린 알을 낳는다 (질병개요파악 14.8 참조). 알은 소장의 내강 (*S. mansoni*와 *S. japonicum*) 또는 방광 및 요도의 내강 (*S. haematobium*)으로 빠져나가서 주변 환경으로 내보내진다 3. 민물에서 알은 부화하여 독립적으로 헤엄치는 유충을 방출한다 4. 유충은 민물달팽이에 침투하여 5, 여기서 무성생식적으로 복제되고 다른 형태의 감염성 유충으로 발생한다 6. 이 유충은 달팽이에서 탈출하여 사람의 피부로 침입하면 생활사가 완성된다.

세계보건기구 (WHO)는 세계적으로 약 2억 명의 사람이 *Schistosoma*에 감염되었고 6억 명은 위험성에 노출된 것으로 추정한다. 아프리카에서만 매년 거의 3백만 명이 사망하지만, 주혈흡충증은 아시아, 남미, 아프리카의 풍토병이다. 미국에서는 주혈흡충증이 발견되지 않는다.

주혈흡충증의 사례 건수는 지난 몇 십 년 동안 증가하였는데, 이는 경제적 안정, 개량된 관개 체계, 수원지 수의 증가로 인하여 주혈흡충의 중간 숙수인 달팽이의 서식지가 더 제공되었기 때문이다.

임상 사례연구

기회성 감염

8년 전에 이미 AIDS에 감염된 43세의 남성이 정신혼동, 두통, 방향감각 상실, 일반적인 불편함으로 병원을 방문하였다. 추가 검사를 통해서 비대해진 간이 관찰되었다.

1. 의사는 진단을 위해서 어떤 검사를 수행해야 하는가?
2. 어떤 기회성 감염이 남성 증상의 원인일 가능성이 있는가?
3. 의사는 CD4를 계수하였다. 환자의 최대치는 얼마일 가능성이 있는가?
4. 환자는 어떻게 감염되었을 가능성이 가장 높은가?
5. 동일한 기생체에 감염된 면역이 정상인 환자에서 나타날 증상은 무엇인가?

진단, 치료 및 예방

가장 효과적인 진단은 분변 (*S. mansoni*와 *S. japonicum*)이나 소변 (*S. haematobium*) 시료에서 가시가 달린 알을 현미경으로 확인하는 것이다. 주어진 감염을 일으키는 혈액 흡충류의 종은 알의 모양과

출현성 질병 사례연구

중국에서의 주혈흡충증: Snail Fever

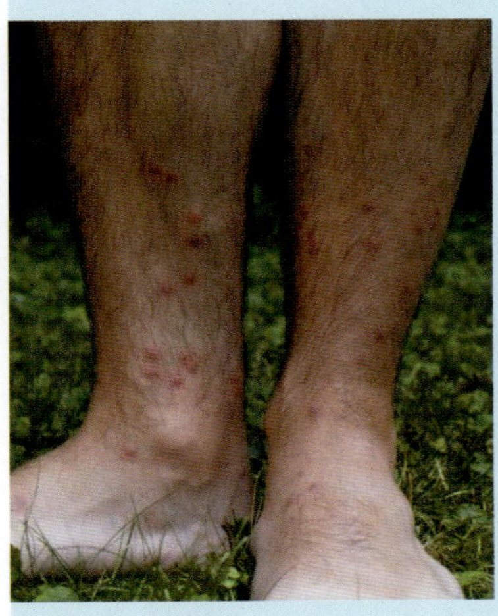

Jinhai에게 뱀의 해는 끔찍한 해였다. 너무 많은 비, 스트레스와 그의 시골 마을의 폐해, 그 해는 질병으로만 가득 찬 것 같은 해였다. 어부와 농부인 그의 모든 가족들은 열과 오한, 기침, 근육통 등으로 여러 달 동안 아팠다. Jinhai와 그의 형제들은 너무나 가렵고 심한 발진으로 고생하였다. 그의 아이들과 조카들은 빈혈에 걸렸고, 언제나 피곤해서 학교에서 기본적으로 가르치는 것조차도 배우는 것이 어려웠다. 지금 Jinhai는 거대한 변형되고 부어오른 위를 가지고 있다. 맞다! 뱀의 해는 나쁜 해이다. Jinhai의 가족만이 아니었다. 중국의 시골에서는 "snail fever"로 알려진 주혈흡충증이 다시 나타난 것이다.

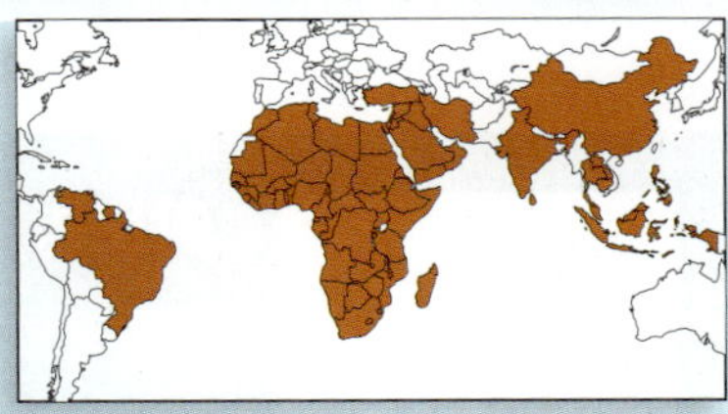

중국에서는 거의 900,000명이 감염되고 3천만 명이 위험에 노출되는 것으로 추정된다. 왜? 1950년에 정부는 정기적으로 호수의 달팽이를 제거하여 주혈흡충증을 거의 박멸하였지만, 오늘날 이런 통제가 줄어들고 잦은 홍수와 연관되어 snail fever가 시골 지역에 다시 대두되고 있고 도시까지도 피해를 주고 있다.

Jinhai와 그의 가족, 그리고 이웃에게는 다행스럽게 프라지콴텔이라는 약을 1-2일간 복용하여 몸의 벌레를 죽일 수 있었다. 개선된 하수 처리와 달팽이 억제를 함께 적용하며 주혈흡충증을 정복할 수 있다.

1. 주혈흡충증을 "snail fever"라고 부르는 이유는?
2. 개선된 하수처리가 주혈흡충증의 통제에 도움이 되는 이유는 무엇 때문인가?
3. 초기 증상에서 피부가 가려운 이유는 무엇 때문인가?

가시의 위치에 기초하여 확인할 수 있다. 면역 검사는 실험실 직원이 소변이나 분변에서 알을 발견하지 못했지만 감염이 의심되는 경우에 항원을 확인하기 위하여 이용된다.

주혈흡충증을 치료하기 위해 선택된 약물은 프라지콴텔(praziquantel)이다. 감염의 예방은 개선된 위생, 특히 하수 처리와 오염된 물에서 접촉을 피하는 것에 달려있다. *S. haematobium*에 대한 백신과 *S. mansoni*에 대한 다른 백신은 현재 임상 중이다.

질병개요파악 14.8에서는 주혈흡충증에 대한 특성을 요약하였다.

왜 그런가

고양이를 멀리한 사람이 결국 *Toxoplasma*에 감염될 수 있는 이유는?

질병개요파악 14.8

주혈흡충증

원인 *Schistosoma mansoni* (캐리비안, 남미, 아프리카), *S. haematobium* (아프리카와 인도) 및 *S. japonicum* (아시아) (기생성 혈액 흡충류).

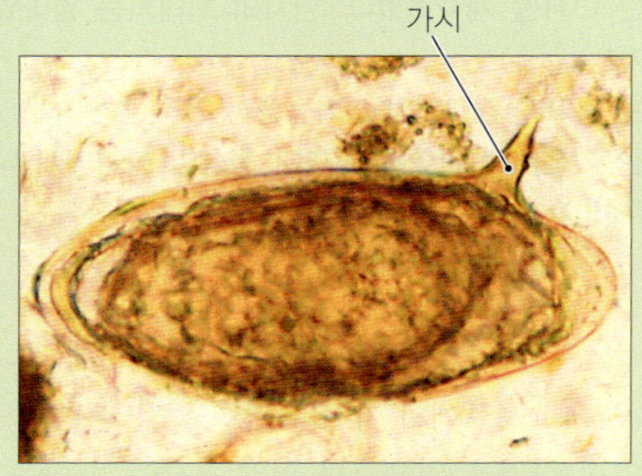

*Schistosoma mansoni*의 알

독성인자 사람의 피부를 파고 들 수 있다.

침입구 유충이 피부를 파고든다.

징후와 증상 수영자 가려움증(swimmer's itch)이 감염 부위에 일어난다. 유충이 혈관계를 통하여 이동하지만 징후와 증상이 없다. 그러나 벌레가 성숙하고 교배하면, 열, 오한, 기침, 근육통 등이 일어난다. 갇힌 알은 죽고 석회화되어 신부전, 비장비대증, 혈압 상승, 방광장애, 팽창된 복부, 심부전 등을 일으킬 수 있다.

잠복기 일시적인 피부염에서는 며칠; 급성 증상에서는 1-2개월.

취약성 풍토병 지역에서 호수, 강, 수로와 같은 민물과 접촉을 하는 사람이 위험.

치료 프란지콴텔(Praziquantel).

예방 풍토병 지역의 민물에서 수영과 물놀이를 피할 것, 마시기 전에 1분 동안 물을 끓일 것, 목욕하기 전에 5분 동안 목욕물을 150°F까지 데울 것.

임상 미생물 후속내용

야토병

Jackson은 세균인 *Francisella tularensis*가 원인인 야토병(tularemia)에 걸렸다. 이 세균은 설치류와 솜꼬리토끼와 같이 Ozarks 시의 숲과 들에 사는 짐승들을 포함하여 많은 동물들에 의해서 운반된다. 사실 야토병은 종종 "야생토끼병(rabbit fever)"이라고 불린다. 그는 바로 죽인 토끼를 다루다가 감염되었다. 단지 적은 수의 세균 세포라도 Jackson 손의 작게 긁힌 틈을 통하여 신체로 침투하기에 충분하다. 다행히 토끼 스튜의 조리 과정에서 세균은 죽었고, 나머지 가족은 아프지 않았다.

야토병은 진단이 매우 어렵고, 몇 주가 소요되는 혈청검사로 확인할 수 있는데, 야토병 환자는 이렇게 긴 시간을 기다릴 수 없다. Taylor 의사는 임상적 증상과 최근에 야생토끼를 접촉한 것을 기초로 Jackson의 병을 진단하였다. 의사의 진단은 정확하였다: 항생제를 복용한지 이틀 만에 마침내 열이 사라졌다. 결국에는 통증도 사라졌다. 오른쪽 겨드랑이의 부어오른 림프절 때문에 동창회 경기에서 풋볼을 할 수 없었지만, 3주 후에는 부어오른 것도 사라졌다. 야토병은 치명적일 수 있어서 Jackson은 살아난 것에 감사하였다. Taylor 의사는 앞으로는 토끼의 가죽을 벗길 때에 언제나 장갑을 끼고 얼굴 마스크를 하라고 충고하였다. 또한 숲을 걸을 때에는 진드기를 조심하라고 경고하였는데, 이는 이것들도 *F. tularensis*의 악명 높은 보균체이기 때문이다.

1. 토끼가 어떻게 *F. tularensis*에 감염되었을 가능성이 높은가?
2. Taylor 의사는 왜 Jackson의 손가락 병변에서 자라는 세균의 배양을 요청하지 않았나?

단원요약

심혈관계의 구조 (414쪽)

1. 심장으로부터 혈액을 밖으로 운반하는 혈관인 주요 동맥은 폐로 향하는 폐동맥과 신체의 나머지 부분으로 가는 대동맥이다. 동맥은 모세혈관을 통하여 심장으로 혈액을 돌려보내는 정맥과 연결된다. 주요 정맥은 폐로부터 폐정맥과 심장을 제외한 다른 신체로부터 오는 상대정맥과 하대정맥이다.
2. 혈액은 액체부분인 혈장과 적혈구와 혈소판과 같은 성상 요소로 구성되어있다. 혈장에서 응고된 단백질을 제외하면 혈청이 남는다.
3. 심장의 쌍을 이루는 심방과 심실은 판막으로 분리되어 있다. 이것들은 심실이 수축될 때에 동맥 내로 혈액의 역류를 막는다.
4. 심장벽은 외부의 섬유성 심막, 근육질의 심근, 심내막으로 구성된다.
5. 심혈관계에서 혈액은 아래 순서로 흐른다: 대정맥, 우심방, 우방실판막 (삼첨판), 우심실, 폐반월판, 폐정맥, 좌심방, 좌방실판막 (이첨판), 좌심실, 대동맥반월판, 대동맥, 동맥, 모세혈관, 정맥, 대정맥.

세균성 심혈관 및 전신성 질환 (414–429쪽)

1. **패혈증**은 혈액 내에 병원체 존재이다. 패혈증이 림프관의 염증을 일으키면 **림프관염**이 나타난다. **균혈증**은 특별히 세균성 패혈증을 의미하지만 의사들은 균혈증과 패혈증을 상호 번갈아 가며 사용한다.
2. **독혈증**은 세균이 감염된 부위에 남아있지만 혈액으로 독소를 방출할 때에 일어난다. 살아있는 세균은 숙주 세포가 죽거나 기능을 멈추게 하는 **외독소**를 방출한다. **지질다당류**의 **lipid A** 부분인 **내독소**는 대부분 죽는 그람-음성 세균에서 방출된다. Lipid A는 열, 쇼크, 염증, 설사, 출혈 및 **파종혈관내응고 (DIC)**라고 하는 광범위하고 사망가능성이 있는 혈액 응고를 유발한다.
3. 패혈증은 치명적인 **패혈증 쇼크**로 진행할 수 있다. 세균패혈증은 피부 병변인 **점상출혈**과 뼈의 염증인 **골수염**을 유발할 수 있다. **연쇄상구균 독성-쇼크 유사 증후군 (TSLS)**은 생명을 위협하는 독혈증이다.
4. 미생물총의 정상적인 구성원도 특히 의료 시설 내에서 기회성 병원체가 될 수 있다.
5. 내독소는 또한 대식세포가 **종양괴사인자**, **인터루킨**, **혈소판활성인자**가 포함된 강력한 사이토카인의 방출을 유발하는데, 이는 국지적 감염을 방어하는 것으로 패혈증에서 생명을 위협하게 된다.
6. 대부분의 환자는 패혈증의 정확한 원인 숨겨져 있는데 이 상태를 **숨은 패혈증**라 한다.
7. 심내막의 염증을 **심내막염**이라 한다. 혈소판과 응고단백질이 감염 중인 세균을 둘러싸서 **증식물**이라고 하는 큰 덩어리를 형성하여 신체의 방어에 저항한다. 색전이라고 하는 증식과 혈액응고의 파편들이 작은 혈관에 걸리면 혈액의 흐름이 멈추고, 뇌졸중과 같은 손상의 원인이 된다.
8. 의사들은 초음파심장진단도에서 증식을 보기 위하여 초음파를 사용한다.
9. 급성심내막염은 빠르게 일어나는 반면에 세균성 아급성 심내막염은 서서히 발생한다.
10. 혈액과 림프가 병원체를 전신으로 운반할 때에 **전신성 질환**이 발생할 수 있다.
11. 파상열, 뱅병(Bang's disease)이라고도 불리는 **브루셀라병**은 **인수공통전염병**으로 *Brucella* 세균이 원인이고 매일 오후에 심하게 오르는 열이 특징이다.
12. 야토병(tularemia)은 *Francisella* 종이 원인인 인수공통전염병이다.
13. *Yersinia pestis*가 원인인 **흑사병** (림프절흑사병)은 염증이 있는 림프절인 **가래톳**, 피하출혈과 검은 괴사 조직이 특징이다. *Yersinia*는 부착소, 제3형 분비계를 암호화하는 독성 플라스미드를 가지고 다닌다. 이 세균은 제3형 분비계를 대식세포를 중성화하기 위하여 독소를 주입하는데 이용한다. **폐흑사병**은 흑사병 간균이 혈류로부터 폐로 확산되거나 사람들 사이에서 호흡 에어로솔로 발생한다.
14. **라임병**은 소의 눈 모양의 발진, 불쾌감, 신경학적 증상 및 관절염이 특징으로 *Ixodes* 진드기가 매개체인 *Borrelia burgdorferi*가 원인이다.
15. **에르리히증**과 **아나플라스마증**은 진드기-매개 질병으로 각각 단핵구와 호중구에 영향을 주며, 열, 오한, 두통 및 다른 독감과 유사한 징후를 나타낸다. *Ehrlichia chaffeensis* 및 리케차 종과 연관된 *Anaplasma phagocytophilum*이 각 질병의 원인이다.

바이러스성 심혈관 및 전신성 질환 (429–436쪽)

1. **바이러스혈증**은 바이러스가 혈액에 감염되면 상태이다.
2. 키스병이라고도 하는 **감염성 단핵구증**은 감염된 B 림프구의 프로그램이 된 세포 죽음 **[세포사멸(apoptosis)]**을 억제하는 엡스타인-바 바이러스 (EBV, HHV-4)가 원인이다. 감염된 세포는 어떤 추가 인자들이 존재하면 **버키트림프종**과 같은 암을 만든다.
3. EBV의 전파는 대개 침을 통해서 일어난다. 바이러스는 B 림프구를 침범하고 장기간에 걸친 면역반응을 유발하는데, 이것은 만성피로증후군의 원인일 수 있다.
4. *Cytomegalovirus* (CMV)는 태아, 신생아, 면역결핍 환자 등에게 영향을 주며 신체의 분비물을 통하여 전파된다.
5. **황열병**은 *Flavivirus*가 원인이고 *Aedes aegypti* 모기가 운반하며, 3단계로 발생하여 황달로 끝이 난다. 이 질병은 미국 역사에서 중요하다.
6. **뎅기열**은 열, 심한 통증, 쇠약, 발진 등이 특징이다. **뎅기출혈열**은 재감염된 뎅기바이러스에 대한 과민면역반응을 포함하는데 내출혈, 쇼크 및 사망까지도 결과로 일어날 수 있다. 뎅기바이러스는 *Aedes* 모기가 운반하며 매년 수백만 명이 영향을 받는다.
7. **에볼라출혈열**은 *Ebolavirus*가 원인이고 **마르부르그출혈열**은 *Marburgvirus*가 원인인데 아프리카 풍토병이다. 이 질병은 심한 내출혈; 입, 눈, 귀에서 출혈; 쇼크, 발작 또는 신부전으로 사망까지 진행되는 공통적인 특징을 갖는다.

원생동물 및 기생충성 심혈관계 질환 (436–446쪽)

1. **말라리아**는 *Plasmodium* 속의 포자충류가 원인으로 간과 적혈구에 감염하여 재발성 열, 오한, 빈혈, 쇠약, 피로, 황달을 일으킨다.
2. *Plasmodium*의 생활사는 3단계이다: **적혈구외 발육주기**는 *Plasmodium*의 포자소체가 암컷 *Anopheles* 모기에 의해서 주입되어 간에 감염되는 것이 포함된다. **적혈구내 발육주기**는 영양체가 주기적으로 적혈구에 감염되는 것과 생식모세포의 발생을 포함한다. **포자생식단계**는 모기 내에서 *Plasmodium*의 발생과 유성 접합을 포함한다.
3. **톡소플라스마증**은 포자충류 원생동물인 *Toxoplasma gondii*가 원인으로 AIDS 환자와 태아에 영향을 준다.
4. **샤가스병**은 감염된 부위가 부어오른 것이 특징이고 *Trypanosoma cruzi*가 원인이다. 편모성 원생동물은 침노린재(*Triatoma*)의 뒷창자에서 성숙하고 벌레의 분변이 깨문 상처에 문질러질 때에 숙주로 들어간다. 이것은 혈액을 순환하고 세포내 단계를 갖고, 대식세포와 심근세포에 감염되어 치명적인 심장 손상의 원인이 된다.
5. 샤가스병은 의사가 감염되지 않은 벌레를 질병을 갖는 것으로 의심되는 환자를 먹이로 먹도록 하고 벌레 내에서 트리파노솜을 찾는 절차인 체외진단에 의해 진단한다.
6. 혈액 흡충류인 *Schistosoma* 종의 세르카리아 유충은 피부를 파고들어서 수영자 가려움증(swimmer's itch)의 원인이 되고, 혈관계를 통하여 이동한다. 성체는 혈액을 먹고, 장기에 자리를 잡아서 **주혈흡충증**의 원인이 되는데 치명적일 수 있다. 달팽이가 중간숙주이다.

복습문제

복습문제에 대한 답 (단답형 문제 제외)은 A-1에 있다.

선다형

1. 혈장은 ______________ 을(를) 포함한다.
   a. 적혈구와 백혈구
   b. 적혈구, 백혈구, 혈소판
   c. 응고단백질, 적혈구, 백혈구, 혈소판
   d. 액체에 녹아있는 영양분과 가스
2. 대동맥(aorta)은?
   a. 동맥(artery)
   b. 대정맥(vena cava)
   c. 정맥(vein)
   d. 판(valve)
3. 이첨판(mitral)의 다른 이름은?
   a. 대동맥반월판(aortic semilunar valve).
   b. 좌방실판막(left atrioventricular valve).
   c. 우방실판막(right atrioventricular valve).
   d. 대동맥판(aortic valve).
4. 독혈증(toxemia)은 ______________ 을(를) 의미한다.
   a. 혈액 내에 질병을 일으키는 병원체
   b. 독에 의한 혈액 중독
   c. 혈액 내에 비교적 해가 없는 세균
   d. 혈액 내의 병원체에 의한 림프관의 염증

5. 다음 중 어떤 것이 피부 병변의 작은 출혈인가?
   a. 점상출혈
   b. 인터루킨
   c. 증식
   d. 색전
6. 죽어가는 그람-음성 세균의 세포벽에서 방출되는 독소는 ________________ 이다.
   a. 예로 파상풍 독소
   b. 예로 보툴리누스 독소
   c. 내독소
   d. 기회성 독소
7. 패혈증(septicemia)과 가장 흔하게 연관이 되는 것은?
   a. 그람-음성 세균
   b. 그람-양성 세균
   c. 바이러스
   d. 원생동물
8. 어떻게 패혈증이 신체에 도입되는가?
   a. 음식
   b. 성적 접촉
   c. 혈액에 직접 접종
   d. 호흡기 비말
9. 몇 주에서 몇 달에 걸쳐서 서서히 발생하는 심내막염의 형태를 ________________ 이라고 한다.
   a. 증식성 심내막염
   b. 심계항진 심내막염
   c. 급성심내막염
   d. 아급성심내막염
10. 심내막염에서 혈액으로 방출되는 증식을 무엇이라 하는가?
    a. 뇌졸중
    b. 색전
    c. 허혈
    d. 괴사
11. 심장전문의가 환자의 약물남용과 최근의 발치 기록과 손톱 아래가 검은색으로 변하는 것을 조사하였다. 진단은 무엇이어야 하는가?
    a. 균혈증
    b. 말라리아
    c. 검은 흑사병
    d. 심내막염
12. 다음의 무엇이 뎅기출혈열이 발생하는데 중요한가?
    a. 뎅기바이러스
    b. 면역 기억
    c. 이전의 감염
    d. 위의 답 모두
13. 야토병(tularemia)는 또한 ________________ (으)로 알려져 있다.
    a. 야생토끼열(rabbit fever)
    b. 모기열(mosquito fever)
    c. 황열병(yellow fever)
    d. 낙타열병(camel fever)
14. 어떤 것이 사람에서 사람으로 퍼지는가?
    a. 야토병
    b. 폐흑사병
    c. 림프절흑사병
    d. 라임병
15. 다음 중 어떤 문장이 거짓인가?
    a. 침노린재(kissing bug)가 *Trypanosome cruzi*를 먹이를 먹을 때에 전파한다.
    b. *Trypanosome cruzi*가 침노린재의 배설물 속에서 숙주의 피부에서 떨어져 나간다.
    c. *Trypanosome cruzi*가 숙주가 상처를 긁을 때에 혈액으로 들어간다.
    d. *Trypanosome cruzi*가 샤가스병의 원인이다.
16. 그람-음성 세균의 외막에 lipid A의 존재는?
    a. 숙주의 혈액을 응고시킨다.
    b. 세균이 oxidase 양성이 되도록 한다.
    c. 점액의 IgA를 절단하는 단백질분해효소(protease)의 분비를 유발한다.
    d. 장내세균이 포도당을 무산소 상태에서 발효하도록 한다.
17. 버몬트 주에서 등산 후에, 여행자는 독감과 같은 증상을 경험하였고, 허벅지에 둥글고, 붉은 발진을 발견하였다. 무엇이 질병의 원인일 가능성이 높은가?
    a. *Brucella melitensis*
    b. *Borrelia burgdorferi*
    c. *Francisella tularensis*
    d. *Yersinia pestis*
18. 말라리아에서 생활사의 어떤 부분이 모기 내에서 일어나는가?
    a. 적혈구외 발육주기(exoerythrocytic phase)
    b. 적혈구내 발육주기(erythrocytic cycle)
    c. 포자생식단계(sporogonic phase)
    d. 무편모충형단계(amastigote phase)
19. *Toxoplasma gondii*의 최종숙주는 ________________ 이다.
    a. 인간
    b. 고양이
    c. 새
    d. 모기

20. 다음에서 심내막염의 높은 위험성이 아닌 경우는?
    a. 장기이식 수여자
    b. 고양이 주인
    c. 정맥 카데터를 사용하는 환자
    d. IV 약물 사용자
21. 공포영화에서 생물학무기의 희생자는 눈, 입, 코, 귀, 항문에서 피를 흘리는 것으로 설명된다. 실제로 어떤 바이러스가 이런 증상의 원인인가?
    a. 에볼라바이러스
    b. 뎅기바이러스
    c. 사이토메갈로바이러스
    d. 인간면역결핍바이러스
22. 혈액 흡충류 *Schistosoma*의 중간 숙주는?
    a. 벼룩
    b. 달팽이
    c. 모기
    d. 설치류
23. 연쇄상구균 독성-쇼크 유사 증후군(Streptococcal toxic-shock-like syndrome)은?
    a. 면역과민반응의 결과이다.
    b. 독혈증이다.
    c. 패혈성 인두염의 결과이다.
    d. 대개 탐폰의 사용과 연관이 있다.
24. 다음의 어떤 것이 말라리아 치료에 이용되는가?
    a. 더피(Duffy) 항원
    b. 모기장
    c. DEET
    d. artemisinin
25. 남미에서 심부전의 주용한 원인은 __________ 이다.
    a. 흡혈박쥐의 공격
    b. 니푸르티목스(nifurtimox)
    c. 샤가스병
    d. 말라리아

연결형

병원체와 질병을 일치시켜라.

1. ____ 세균성 심내막염	A. *Brucella*
2. ____ 샤가스병	B. *Yersinia*
3. ____ 뱅병	C. 엡스타인-바 바이러스
4. ____ 야토병	D. *Trypanosoma*
5. ____ 림프절흑사병	E. Flavivirus
6. ____ 라임병	F. *Borrelia*
7. ____ 감염성단핵구증	G. *Francisella*
8. ____ 황열병	H. 필로바이러스
9. ____ 에볼라출혈열	I. *Plasmodium*
10. ____ 말라리아	J. *Streptococcus*

질병과 구별되는 징후나 증상을 연결하라.

1. ____ “소의 눈 모양의” 발진	A. 라임병
2. ____ 가래톳	B. 황열병
3. ____ “검은 구토”	C. 마르부르그 출혈열
4. ____ 눈, 입, 코에서 출혈	D. 흑사병
5. ____ 수영자 가려움증 (swimmer’s itch)	E. 주혈흡충증

빈칸 채우기

1. 폐를 향하여 심장을 떠난 혈액은 가는 길에 ______________ 막을 지난다.
2. 우심실을 향하여 우심방을 떠난 혈액은 가는 길에 ______________ 막을 지난다.
3. 주변 조직에 산소와 영양분을 확산시키는 가장 작은 혈관은 ______________ 이다.
4. ______________ 은 내독소가 원인인 광범위한 혈액응고이다.
5. 환자는 매일 오후 4시에 급상승하는 열을 보인다. 의사는 ______________ 라고 하는 전신성 질환을 의심하였다.
6. *Plasmodium*의 생활사 3단계는 ______________ 주기, ______________ 주기 및 ______________ 단계이다.
7. 톡소플라스마증은 원생동물인 ______________ 가 원인이다.
8. *Trypanosoma cruzi*는 ______________ 병의 원인이다.
9. 림프절흑사병의 매개체는 ______________ 이다.
10. 작은 피하출혈의 피부 병변을 ______________ 라고 부른다.

시각화하기!

1. *Plasmodium*의 생활사 그림에서 A부터 C까지 3단계를 표지하고, 각 주기의 a부터 d까지 기생체의 이름을 적어라.

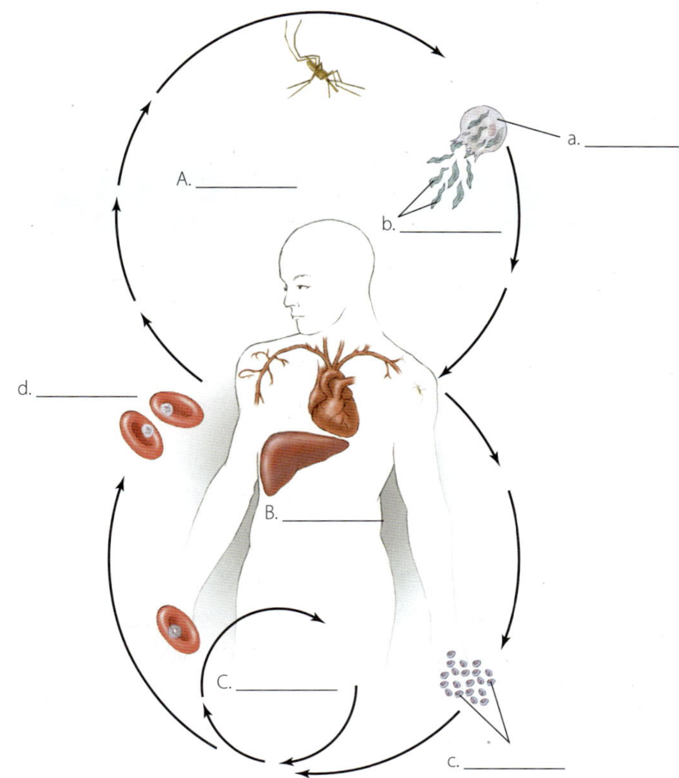

2. *Ixodes* 생활사와 라임병에서의 각 역할이 그려진 그림에서 *Borrelia*에 감염될 수 있는 생명체를 원으로 표시하라.

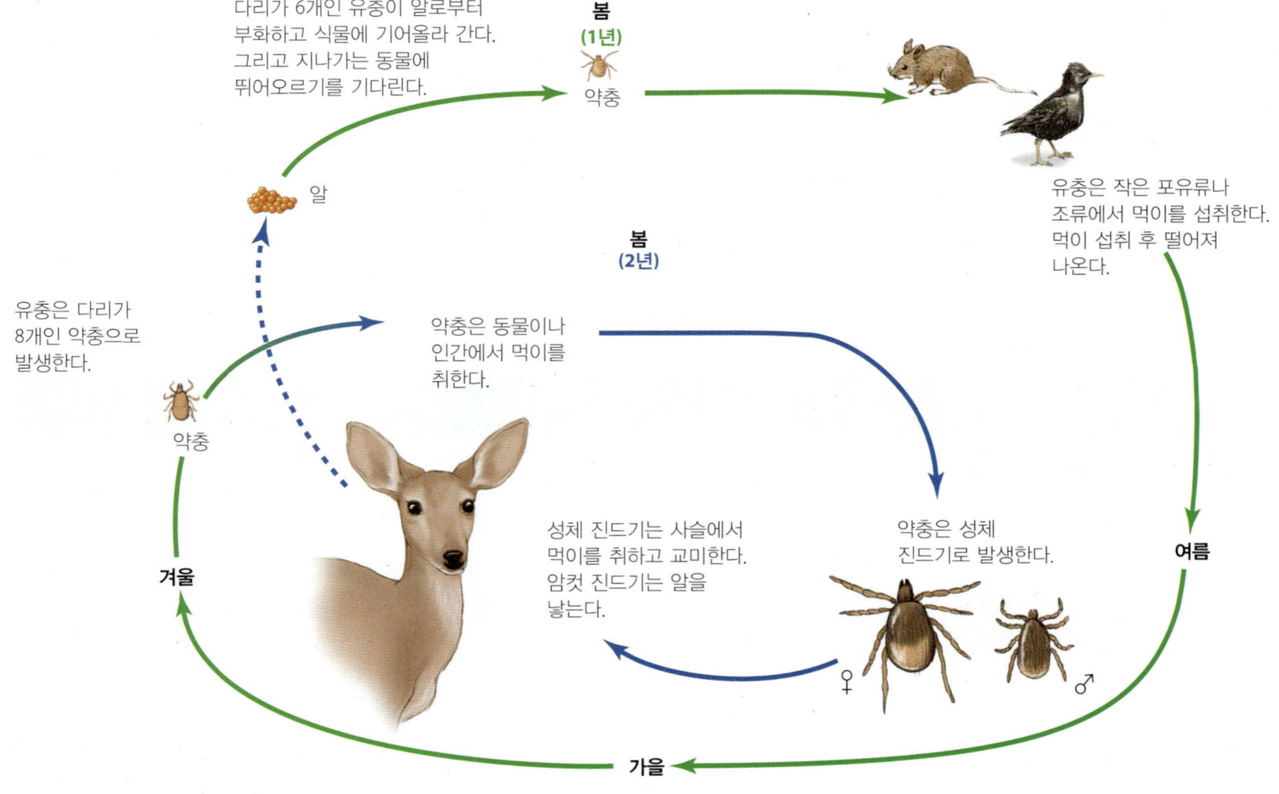

단답형

1. 심장의 3개 층을 밖으로부터 순서대로 기재하라.
2. *Brucella*가 어떻게 항체와 일부 항미생물제를 피하는지 설명하라.
3. 패혈증, 균혈증, 독혈증을 비교하라.
4. 정상적인 면역체계를 갖는 건강한 사람의 혈액이 세균에 감염되는 것이 드문 이유는?
5. 숨은 패혈증(occult septicemia)을 정의하라.
6. 증식(vegetation)이 어떻게 심내막염을 오래가도록 하는가?
7. 신체의 사이토카인, 특히 종양괴사인자, 인터루킨, 혈소판활성인자가 생명을 위협하는 상황에 대하여 설명하라.
8. Tony가 심장 문제로 매우 아픈 후에 그의 심장진단서는 원인을 "배양 음성(culture negative)" 심내막염이라고 하였다. 이것은 무슨 의미인가.
9. CMV는 미국 성인의 50%와 다른 나라에서는 100%가 감염된 것을 고려해 볼 때, 왜 세계적으로 *Cytomegalovirus* 질병은 거의 없는가?
10. 매년 1-3백만 명의 사람이 말라리아로 죽는다면 어떻게 풍토병 지역에서는 집단이 생존하는가?
11. 세계적으로 대부분의 사람들은 1살에 엡스타인-바 바이러스에 감염이 되며, 의료가 열악한 지역에서도 질병이 아무 영향을 주지 않는다. 반면에 선진국에서는 보통 감염은 사춘기 후에 일어나고 더 나이가 많은 환자는 우수한 의료에도 불구하

고 감염에 더 심하게 반응을 하는 경향이 있다. 이 역설을 설명하라.

12. *Schistosoma*의 죽은 알이 어떻게 인간에게 손상을 주는지 설명하라.

13. *Plasmodium*의 4가지 종이 원인인 말라리아의 심한 정도를 각각 대비하라.

14. 많은 수의사들은 4종이 있다고 하지만 유전학자들은 왜 한 종의 *Brucella*만 있다고 말하는가?

15. 열악한 위생이 실제적으로 십대를 단핵구증으로부터 보호하는 이유에 대하여 설명하라.

비판적 사고

1. 혈액은행은 치과위생사에게 막 치아를 청소한 기증자의 혈액을 받는 것을 거절하였다. 왜 이들은 혈액을 거절하였나?

2. 한 역학자는 항미생물제로 치료한 그람-양성 균혈증과 그람-음성 균혈증의 사례 사이에서 사망률에 통계적인 차이가 있는 것을 주목하였다. 즉 그람-양성 균혈증 환자가 치료가 잘 반응하고 생존할 가능성이 높았다. 왜 이럴 수 있는지 설명하라.

3. 콜레라와 같이 오염된 식수에 의해서 전파되는 질병보다도 라임병과 말라리아와 같이 절지동물에 의해서 전파되는 질병의 집단을 제거하기가 더 어려운가?

4. *Trypanosoma brucei*와 *T. cruzi*의 생활사를 비교하고 대비하라.

5. 다음이 각각 어떻게 미국에 말라리아를 다시 나타나도록 할 수 있는지 설명하라: (a) 지구온난화, (b) 풍토병인 지역의 사람들이 미국에 오는 여행 증가, (c) 풍토병인 지역의 사람들이 미국에 이민 증가, (d) 습지를 보호하는 법.

6. 겸상 적혈구 형질이 말라리아가 풍토병인 지역에 사는 사람들에게 이익이 되지만 말라리아가 없는 지역에서는 불이익이 되는지 설명하라.

7. 뎅기, 황열병, 말라리아 등이 오래 전에 박멸된 지역에서 다시 나타나는 이유는?

8. 에르리히증(ehrlichiosis)과 아나플라스마증(anaplasmosis)은 수십 년간을 알고 있었지만 왜 새롭게 대두되는 병으로 고려되는가?

9. 의사들은 *Brucella*에 감염된 어린이와 산모를 치료할 때에 테트라사이클린(tetracycline)을 트리메토프림(trimethoprim)과 설파메톡사졸(sulfamethoxazole)로 대체하는 이유는?

10. 미국에서 대부분의 야토병은 늦봄과 여름에 발생한다; 1월에는 거의 일어나지 않는다. 왜 그런가?

11. 1861년에 황열병이 미시시피 강 유역을 휩쓸었고 테네시 주의 Memphis 시를 가장 강타하였다. 시민의 절반은 도망을 갔고 나머지 집단의 1/4이 죽었다. 역사 기록은 이 유행병이 겨울에 서리가 내린 후에 멈추었음을 보여준다. 왜 서리가 황열병을 멈추게 하였는가? 황열병의 유행이 미국에 다시 나타날 수 있는가?

12. 과학자들이 기억 T 세포의 생산을 유도하는 뎅기 백신을 만들었다고 가정하라. 감염과 재감염의 특성을 고찰한 후에 당신은 이런 백신의 사용을 위해서 또는 반대를 위해서 논쟁할 것인가? 이유는?

13. 에볼라 출혈열은 질병이 이전에 확인되지 않았거나 인간 집단에서는 전혀 확인되지 않았던 "새로 대두되는 질병" 그룹에 속한다. 이런 질병은 자주 콩고민주공화국과 같은 개발도상국에서 처음으로 보인다. 이런 나라들에서 나타나는 것을 설명할 요소에는 무엇이 있는가?

14. *Schistosoma*가 인간에게 전파되는 것을 막기 위해서 공중보건 종사자들이 선택할 수 있는 방법들을 교과서에 있는 방법에 추가하여 제안하라.

개념도 작성

다음 용어를 사용하여 라임병을 묘사하는 개념도를 작성하라.

***Borrelia burgdorferi* 환자의 75–80%에서 항체**	**심장병 증상**	**제1기**	**제2기**
항미생물제	**사슴**	***Ixodes* 속**	**스피로헤타**
관절염	**사슴 매개체**	**경미한 감기유사 증상**	**증상**
Borrelia burgdorferi	**ELISA**	**신경학적 증상**	**제 3기**
소의 눈 모양의 발진	**들쥐**	**보균체**	**매개체**

15 호흡계의 미생물 질환

임상 미생물

이 기침으로 사망할 수 있다.

마침내 점보제트기가 남아프리카의 요하네스버그 공항을 이륙하는 동안, Lance는 비즈니스석에 편안히 앉아 있다. 다음 기착지는 16시간 후에 Georgia 주의 Atlanta이다. 법대 2학년생인 Lance는 인권문제를 다루는 남아프리카의 법률사무소에서 6주간 자원봉사자로서 일을 하였다. 그는 남아프리카 거주지역의 밀집된 판자촌에서 고객들과 함께 북적대며 살았다.

이제 Lance는 다가올 가을학기에 책상 위에 법률 서적이 쌓여 있는 도서관 열람실에서 지낼 그때를 생각하고 있다. 옆자리 여자 승객의 계속되는 심한 기침은 그의 생각을 방해하였다. 그는 화장실을 가며 그 여자를 힐끔 쳐다보았다. 그녀는 매우 야위었고 연약하고 피곤해 보였으며 팔걸이에 기대어 있었다. 승무원이 그녀에게 음식을 제공하였으나 거절하였다. 그녀의 끊임없는 큰 기침은 비행 중에 계속되었으며 그녀는 가끔 아픈 듯이 가슴을 쓸어내렸다.

4주 후, Lance는 주 보건당국에서 온 편지를 열어 보고 그가 남아프리카에서 온 항공편에서 잠재적으로 치명적인 세균에 노출되었다는 것을 알게 되었다. 그 편지에는 의사가 Lance에게 감염여부를 확인하기 위해 피부검사를 할 것을 조언하고 있었으며 검사를 받기 위해서 8주 이상을 기다려야 한다고 적혀 있었다.

Lance는 비행 중에 어떤 세균에 노출되었는가? 검사를 받기 전에 왜 그렇게 오래 기다려야 하는가? 이 장의 뒷부분 (486쪽)에서 알 수 있게 된다.

호흡계의 구조

호흡계는 공기와 혈액 사이의 가스 교환에서 중요한 기능을 수행한다. 해부학자는 보통 호흡계를 상부 호흡계와 하부 호흡계의 두 부분으로 나눈다 **(그림 15.1a)**. 우리는 상부 호흡계와 관련된 기관을 고려하여 호흡기의 해부학적 조사를 시작하고자 한다.

상부 호흡계, 부비동, 귀의 구조

학습 | 성과

15.1 상부 호흡계의 구조를 설명하라.
15.2 인두, 중이, 부비동의 해부학적 관계를 설명하라.

상부 호흡계는 공기를 수집하고, 공기로부터 먼지, 꽃가루, 미생물, 다른 오염 물질을 여과하며, 공기를 하부 호흡계로 전달한다. 상부 호흡계는 다음을 포함한다:

- 호흡계의 유일한 바깥 부분인 코(*nose*).
- 콧털과 섬모성 점막으로 연결된 비강(*nasal cavity*)은 코를 통해서 공기를 받아들인다. 콧털은 공기의 큰 먼지 입자와 생물체를 걸러내며, 반면에 끈적한 점액은 보다 작은 입자와 미생물을 걸러낸다. 섬모활동은 콧물과 점액성 물질을 목으로 이동시킨다. 부비동(*sinuses*)은 두개골에 공기로 채워진 빈 공간으로 종종 비강에서처럼 체액 및 감염성 미생물이 존재한다.
- 소화계로 분류되는 인두(*pharynx*)는 점액과 오염물질을 소화계로 보내는 섬모성 점막과 함께 연결되어 있다 (*mucus*는 명사이며, *mucous*는 형용사임을 참고할 것). 입 천정에서 길게 내민 목젖은 삼키는 동안 비강과 인두사이의 열림이 부분적으로 닫힌다.

눈과 연결된 관들은 오염 물질을 인두로 운반한다 (그림 8.3 참조). 귀에서 인두까지의 청각(*auditory*) [유스타키오(*eustachian*, yū-stā´shŭn)]관(*tube*) **(그림 15.1b)**은 고막의 내면에 대한 공기압의 평형을 유지한다. 편도선(*tonsil*)이나 아데노이드(*adenoid*)라는 림프 조직은 비강, 인두 및 청각관의 연결지점에 위치하고 있다. 편도선은 이 주침입로에서 미생물과 싸우기 위한 세포와 화학물질을 가지고 있다.

상부 호흡계의 점액은 디펜신(defensin), 락토페린(lactoferrin), 리소자임(lysozyme) 등과 같은 항균 화학물질을 포함한다. 디펜신은 그람-양성 및 그람-음성 세균, 진균 및 일부 바이러스에 작용하는 항균펩티드이다. 락토페린은 철을 제거하여 미생물이 이용할 수 없게 중요한 영양소를 생산한다. 리소자임은 세균의 세포벽에 있는 펩티도글리칸을 파괴한다.

하부 호흡계의 구조

하부 호흡계는 후두(*larynx*) (음성 상자), 기관(*trachea*) (바람관), 기관지(*bronchi*), 기관세지(*bronchiole*), 일련의 작은 호흡관들이 폐포[*alveoli* (al-vē´ō-ī)] **(그림 15.1c와 d)**라는 수억 개의 미세한 공기 주머니와 연결되어 폐(*lung*)를 구성한다. 흉막(*pleurae*, plūr´ē)이라는 보호막은 폐를 둘러싸고 있다. 주요 호흡기 근육은 폐 아래에 있는 횡격막(*diaphragm*)이다.

하부 호흡계의 구조는 가지 수가 증가하면서 점차 직경이 감소하는 가지와 유사하기 때문에 해부학자는 호흡기 나무(*respiratory tree*)라고 부른다. 이와 유사하게, 기도는 줄기로, 기관지와 작은 관들은 가지로, 그리고 폐포는 잎으로 표현된다. 횡격막이 수축되면 폐는 팽창하고, 공기는 코에서 인두를 통해 호흡기 가지로 움직인다.

후두는 공기가 흐를 때 진동하는 성대를 포함한다. 후두개(*epiglottis*)라는 연골 덮개는 하부 호흡기관의 입구에서 음식과 액체의 유입을 방지하기 위해 삼키는 동안 후두의 개구를 감싼다.

공기는 후두로부터 기관을 경유하여 기관지 및 기관세지를 통해 폐의 폐포로 움직인다. 폐포에서 산소는 폐포와 모세혈관의 얇은 벽을 통과하여 혈액으로 들어간다. 이산화탄소는 모세혈관에서 폐포로 확산되어 밖으로 내보내진다. 갈비뼈에 부착된 작은 근육의 수축을 동반한 격막의 이완으로 폐를 수축시켜 공기를 밖으로 내보낸다.

섬모성 점막은 기관, 기관지 및 기관세지에 연결되어 있다. 섬모는 분당 약 1,000회 정도를 동시에 움직여 점액에 갇힌 오염 물질을 인두까지 운반한다. 생리학자들은 이것을 섬모성 배출작용(*ciliary escalator*)이라고 부른다. 점액과 그 내용물은 소화계로 전달되어 소화액이 이것들을 파괴하게 된다. 추후 병원균으로부터의 방어는 폐포 대식세포(*alveolar macrophages*)가 모세혈관에서 폐포로 들어가 미생물을 먹어치운다. 눈물, 침, 호흡기 점액에 존재하는 분비성 항체(IgA)도 많은 병원균들에 대한 보호기능을 제공한다.

호흡계의 정상 미생물총

학습 | 성과

15.3 상부 및 하부 호흡기의 정상 미생물총을 설명하라.

하부 호흡계는 섬모성 배출작용(ciliary escalator), 분비성 항체, 포식성 세포 등에 의해 오염된 기관을 제거하기 때문에 일반적으로 미생물이 존재하지 않는다. 반대로 많은 종류의 미생물은 상부 호흡계에 살고 있다. 호흡계의 다른 부분보다 차가운 코는 *Haemophilus* (hē-mof´i-lus)와 *Veillonella* (vī-lō-nĕl´ă) 종 같은 세균들의 생장을 돕는다. 그람-양성인 *Staphylococcus aureus* (staf´i-lō-kok´ŭs o´rē-ŭs)는 질병을 일으키지 않지 않고 건강한 미국인의 약 1/3에서 비강에 존재하지만, 기회성 병원균이 될 수 있다. **디프테로이드[diphtheroid** (dif´thĕ-royds)]도 흔히 코와 비강에 서식한다. 이 무해한 그람-양성 세균은 디프테리아 (곧 논의)라는 호흡기 질환을 일으키는 세균과 유사하다.

그람-음성의 구균인 기회성 *Staphylococcus aureus* 종과 *Strep-*

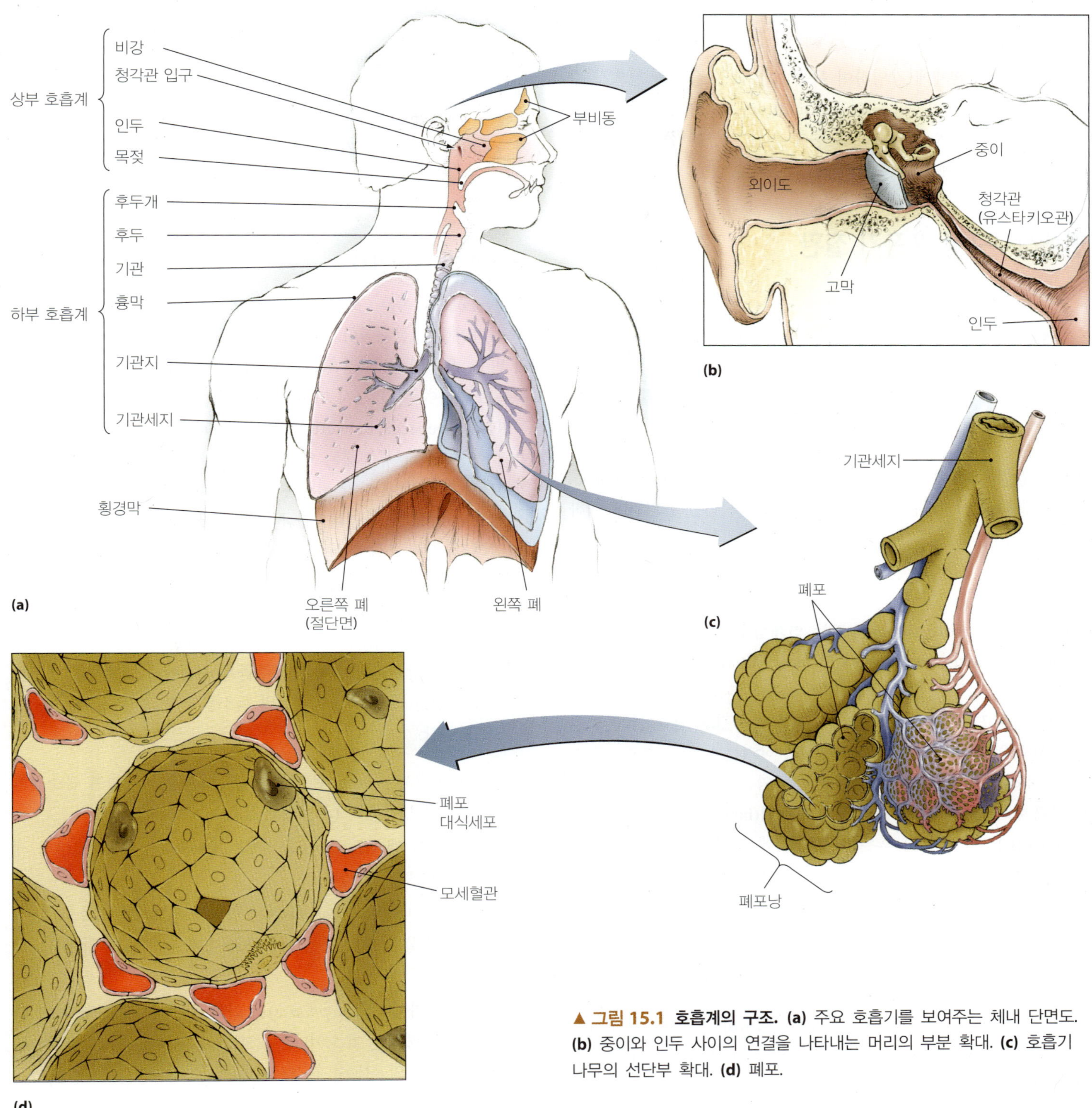

▲ **그림 15.1 호흡계의 구조. (a)** 주요 호흡기를 보여주는 체내 단면도. **(b)** 중이와 인두 사이의 연결을 나타내는 머리의 부분 확대. **(c)** 호흡기 나무의 선단부 확대. **(d)** 폐포.

tococcus pneumonia (strep-tō-kok´ŭs nū-mō´nē-ī)와 같은 α-용혈성 연쇄상구균은 인두의 윗부분에 집락을 형성한다. 후자의 기회성 병원균은 대부분의 경우에 폐렴을 일으킨다. 인두에 존재하는 생물은 중이와 부비동을 감염할 수 있다.

상부 호흡계의 정상 미생물총은 병원균의 생장을 억제하는 물질을 분비하고 영양분을 제거하여 감염과 질병을 제한한다. 그러나 다른 방어기작에 결함이 있는 경우, 일부 정상 미생물총은 기회성 질병을 일으킬 수 있다. 다음 절에서는 상부 호흡계의 세균성 질병 및 관련 기관을 시작으로 더욱 심각한 미생물 호흡기 질환을 살펴본다.

왜 그런가

왜 정상적인 비강 미생물의 일환으로 메티실린-내성 황색포도상구균(methicillin-resistant *Staphylococcus aureus*, MRSA)을 가진 환자들은 병원에서 다른 환자들에게 위험한가?

상부 호흡계, 부비동, 귀의 세균성 질환

세균은 상부 호흡계에 감염하여 목통증과 같은 질병을 일으킬 수 있다. 그것들은 부비동과 귀인두관(auditory tube)으로 확산될 수 있다. 여기에서는 *Streptococcus* 종에 의한 다양한 질병을 살피고 상부 호흡계 감염에 대하여 알아보자.

연쇄상구균성 호흡기 질환

학습 | 성과

15.4 연쇄상구균에 의한 4가지 호흡기 질환을 설명하라.
15.5 신체의 방어에 대해 생존할 수 있고 질환을 일으키는 A군 연쇄상구균(*S. pyogenes*)의 독소, 구조, 효소를 구별하라.

의사는 감염부위, 세균의 종류, 환자의 면역반응에 따라 *Streptococcus* 종에 의해 야기되는 다양한 호흡기 질환과 연관된 기관에 대하여 잘 알고 있다.

징후 및 증상

"패혈성 인두염(sore throat)" 또는 **연쇄상구균성 인두염(streptococcal pharyngitis,** strep´tō-kok´ăl far-in-jī´tis)은 연쇄상구균에 의해 발생되는 인두의 염증이다. 인두의 뒷부분은 편도선을 둘러싸는 화농성 (고름이 포함된) 농양과 부푼 림프절로 인해 붉게 보인다 (458쪽의 질병개요파악 15.1 참조). 삼키는데 따른 통증, 구취, 발열, 불쾌감(malaise[1]), 두통 등은 인두염을 동반한다. 세균이 하부 호흡계로 확산하는 경우에 각각 **후두염(laryngitis)** 및 **기관지염(bronchitis)**으로 알려진 후두 및 기관지에서 염증을 일으킬 수 있다. 후두염은 쉰 목소리로 발전하고 기관지염은 공기 흐름을 감소시켜 폐에 점액의 축적하게 하고, 기침을 일으킨다.

또한 *scarlatina*로 알려진 **성홍열(scarlet fever)**은 (열을 생성하는) 발열(*pyrogenic*[2]) 독소(*toxin*) 또는 발적(*erythrogenic*)[3] (붉게 됨) 독소를 암호화하는 용원성 박테리오파지를 갖고 있는 *Streptococcus* 균주에 의해 발생되는 인두염을 동반할 수 있다. 일반적으로 인두염이 생긴지 1-2일 후, 연쇄상구균은 독소를 분비하여 가슴에서 시작하여 전신에 걸쳐 확산되는 발열과 발진을 일으킨다. 혀는 보통 딸기색이 된다. 발진은 약 1주일 후에 사라지고, 피부는 포도상구균성 열상 피부 증후군을 연상시키는 방식으로 각질화 되어 떨어져 나간다.

치료되지 않은 연쇄상구균 인두염의 일부 경우에서 합병증에는 신장질환인 급성 사구체 신염(*glomerulonephritis*) (17장에서 논의)과 **류마티스열(rheumatic fever)**이 있는데 염증이 심장 판막과 근육에 손상을 일으킨다. 그러한 손상의 정확한 원인은 알 수 없지만 이 질환은 심장 항원과 교차 반응하는 연쇄상구균의 항원에 대해 항체가 공격하는 일종의 자가면역 반응으로 보인다. 외과 의사들은 많은 환자들이 중년이 되면 손상된 심장 판막을 교체해야 한다. 심장마비와 사망이 일어날 수 있다.

병원체 및 독성인자

Streptococcus 속은 그람-양성이며, 쌍으로 배열된 통성 혐기성 구균의 다양한 집합체이다. 연구자들은 특정 세균 항원에 대한 항체의 반응, 용혈의 종류 및 생화학적 검사에 의해 밝혀진 생리적 특성들을 포함하여 여러 가지 다른 중복 방식을 사용하여 연쇄상구균을 구별한다. Rebecca Lancefield (1895-1981)에 의해 1938년에 개발된 혈청학적 분류체계는 연쇄상구균을 세균의 항원 (Lancefield 항원으로 알려짐)에 따라 혈청형 그룹으로 나눈다.

Lancefield A군 연쇄상구균 (동의어 *S. pyogenes,* pi-oj´en-ēz로 알려진)은 세균성 인두염과 성홍열, 류마티스열의 주요 원인이다. 이 세균은 혈액한천배지에서 24시간 후에 β-용혈현상을 보여준다. 반면에 상부 호흡계의 무해한 연쇄상구균은 비용혈성이거나 α-용혈현상을 나타낸다.

A군 연쇄상구균에 속하는 균주들은 신체에서 병원체로 생존할 수 있기 위해서 많은 구조, 효소 및 독소를 가지고 있다. 이들은 다음을 포함한다:

- M 단백질(*M protein*)은 C3b 보체 성분을 억제하여 옵소닌화와 용균을 방해한다 (그림 8.9 참조).
- 히알루론산 캡슐(*hyaluronic acid capsule*)은 식세포로부터 세균을 "위장"할 수 있다.
- 스트렙토키나제(*streptokinase*)는 혈전을 분해하는 효소로서, 손상된 조직을 통해 A군 연쇄상구균이 빠른 속도로 확산하도록 한다.
- C5a 펩티다제(*C5a peptidase*)는 화학 주성인자인 C5a 보체 단백질을 분해하는 효소이다. 이 효소로 *S. pyogenes*는 감염 부위로 백혈구의 이동을 감소시킨다.
- 발열(*pyrogenic*) [발적(*erythrogenic*)이라고도 함] 독소(*toxin*)는 백혈구를 자극하여 발열, 발진, 쇼크를 일으키는 사이토카인을 방출한다.
- 스트렙토리신(*streptolysin*)은 적혈구, 백혈구, 혈소판을 용해한다.

C군 연쇄상 구균의 한 균주 (*S. equisimilis,* ek-wi-si´mi-lis라고도 함)는 연쇄상구균성 인두염의 원인이 되는 병원성 β-용혈성 세균이다. 그러나 A군 패혈성 인두염과는 달리, C군 인두염의 균주는 성홍열이나 류마티스열을 일으키지 않는다.

[1] "불쾌감"을 의미하는 프랑스어
[2] "불"을 의미하는 그리스어 *pyr*와 "생성"을 의미하는 그리스어 *genein*로부터 유래.
[3] "붉은색"을 의미하는 그리스어 *erythros*와 "생성"을 의미하는 그리스어 *genein*로부터 유래.

발병

*Streptococci*는 다양한 균주에 존재하는 독성인자에 따라 다양한 질병을 일으킨다. *S. pyogenes*는 종종 인두를 감염시키지만 결과적으로 질병은 세균 항원 (특히 M 단백질과 streptolysins)에 대한 적응 면역반응 전까지 보통 임시적으로 지속되며 보통 1주일 이내에 병원체는 제거된다. 보통 패혈성 인두염과 연쇄상구균성 기관지염은 정상 미생물총이 제거되는 경우, 항체가 형성되기 전에 대규모 접종으로 세균이 빠른 발판을 마련하는 경우, 또는 적응면역이 손상된 경우에만 발생한다. *S. pyogenes*는 점막 파괴를 통하여 더 깊은 조직과 장기에 침입하여 괴사성 근막염(*necrotizing fasciitis*)을 일으킨다 (19장 참조).

역학

사람들은 호흡 비말을 통해 *S. pyogenes*를 확산시킨다. 대부분의 연쇄상구균성 인두염 환자는 초등학생이나 중학생들에서 겨울과 봄에 대개 교실이나 탁아소와 같이 사람들이 붐비는 곳에서 발생한다. 한 사람은 다른 사람과 약 1.5미터 (5피트)의 반경 내에서 기침이나 재채기를 통해서 질병을 일으키기에 충분한 세균을 전파할 수 있다.

A군 *Streptococcus*는 이전에 수백만의 목숨을 빼앗아 갔지만, 항균 약물에 민감하기 때문에 치명적인 병원체로서의 그 중요성이 감소하고 있다. 그럼에도 불구하고 이 세균은 여전히 매년 수천 명의 미국인에게 질환을 일으킨다.

류마티스열 발생률도 1964년의 7,491건에서 1994년의 112건으로 크게 감소하였다. 역학자들은 완전히 이런 감소에 대한 이유를 충분히 이해하지 못하였지만, 세균의 생장을 억제하는 항균 약물의 도입과 연쇄상구균성 인두염의 심각성이 중요한 역할을 하였다. 이것은 또한 류마티스열의 원인체인 *Streptococcus* 균주의 감소가 있었던 것으로 보인다.

진단, 치료 및 예방

미생물학자들은 패혈성 인두염으로 진단된 환자의 50% 내외가 실제로 이 균주를 가지고 있으며, 그 나머지 환자들은 바이러스성 인두염으로 추정한다. 세균성 및 바이러스성 인두염 증상이 거의 동일하다는 것을 감안할 때, 확실한 진단에는 혈청학적 검사가 필요하다. 정확한 진단은 세균성 인두염이 항균 약물로 치료할 수 있기 때문에 필수적인데 비하여 바이러스성 인두염은 그렇지 않다.

α-용혈성 연쇄상구균과 비용혈성 연쇄상구균은 일반적으로 인두에 존재하기 때문에, 호흡 샘플에 있는 연쇄상구균의 존재는 진단적 가치가 없다. 의사들은 연쇄상구균의 β-용혈성 균주의 항원 존재를 확인하는 면역 검사를 실시해야 한다.

경구용 페니실린은 *S. pyogenes*와 *S. equisimilis* 모두에 매우 효과적이다. 의사는 페니실린에 민감한 환자를 치료하는데 에리스로마이신(erythromycin)이나 다른 매크로리드(macrolide)를 처방한다. M 단백질에 대한 항체는 *S. pyogenes*에 대한 장기적 방어 기능을 제공한다; 그러나 한 균주의 M 단백질에 대한 항체는 다른 균주들에 대한 방어를 제공하지는 않는다. 이러한 이유로, 각 개인은 한 번 이상 패혈성 인두염을 앓을 수도 있다.

표 15.1 호흡기 질환의 증상

질병	증상
감기 (바이러스성)	재채기, 콧물, 충혈, 인후염, 두통, 불쾌감, 기침
인플루엔자 (바이러스성)	열, 콧물, 두통, 몸살, 피로, 마른기침, 인후염, 충혈
"패혈성" (세균성)	인두염열, 발적과 인후염, 목의 림프절 부종
바이러스성 폐렴	열, 오한, 가래-생성 기침, 두통, 몸살, 피로
세균성 폐렴	열, 오한, 울혈, 기침, 가슴 통증, 가쁜 호흡, 구역 및 구토
기관지염 (바이러스성 또는 세균성)	가래-생성 기침, 천명
흡입성 탄저병 (세균성)	열, 불쾌감, 기침, 가슴 통증, 구토
코로나바이러스 증후군(SARS, MERS)	호흡기고열 (>38℃), 기침, 호흡곤란

458쪽의 **질병개요파악 15.1**에는 연쇄상구균성 인두염의 증상이 요약되어있다. **표 15.1**에서는 패혈성 인두염과 기타 호흡기 질병으로서 기관지염을 비교한다.

디프테리아

학습 | 성과

15.6 *Corynebacterium diphtheriae*의 전파와 디프테리아 독소의 효과에 대하여 토론하라.

15.7 디프테리아를 설명하라.

의사들은 효과적인 예방 접종을 사용하여 산업화된 국가에서 통제하에 치명적인 소아 질병인 **디프테리아**[**diphtheria** (dif-thēr´ē-ă)]를 관리해 왔다. 이 질병은 여전히 저개발 국가에 살고 있는 어린이들에게 큰 위협되고 있다.

징후 및 증상

디프테리아는 목의 통증, 국소 통증, 발열, 인두염, 세포 내 체액, 혈액 응고 인자, 백혈구, 세균, 죽은 인두와 후두 세포 물질로 구성된 목에 체액의 유출 등을 나타낸다. 그 체액은 두꺼운 위막(*pseudomembrane*) **(그림 15.2)**으로 두껍게 되며, *diphtheria*는 그리스어로 "가죽"을 의미한다. 위막은 편도, 목젖, 입천장, 인두, 후두에 매우 단단하게 부착되어 있어 기본 조직을 추출하고 출혈을 일으키지 않고는 제거될 수 없다. 심한 경우에 위막은 호흡 통로를 차단하여 질식사를 일으킬 수 있다.

질병개요파악 15.1

연쇄상구균 인두염 (패혈성 인두염)

1 근처의 기침이나 재채기에 의한 호흡 비말에 존재하는 *Streptococcus pyogenes*가 신체에 침입한다.

2 인두염 결과; 인두후면의 발적, 림프절의 부종, 편도선의 농양. 발열, 불쾌감, 두통이 일반적이다.

3 세균이 후두로 확산되면 후두염의 원인이 될 수 있다.

4 기관지 감염은 기관지염을 일으킨다.

5 발적 독소(erythrogenic toxin)는 가슴에서 퍼지는 발진, 딸기같이 붉은 혀, 두통, 오한, 근육통의 성홍열을 일으킨다.

6 류마티스열은 심장과 관절에 통증으로 발전할 수 있다.

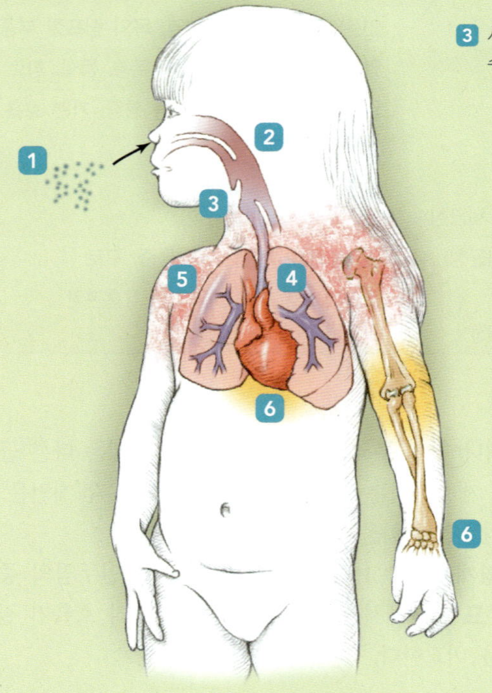

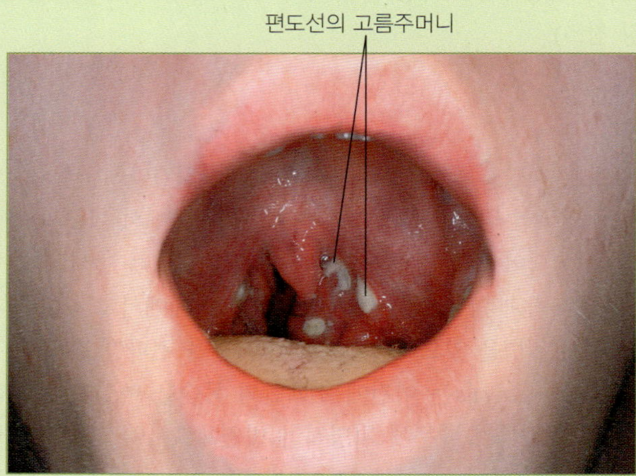

인두염이 생긴 목의 빨개진 모습과 고름 주머니

원인 A군 연쇄상구균 (*S. pyogenes*).

독성인자 캡슐, M 단백질, 스트렙토키나제(streptokinase), 데옥시리보뉴클라제(deoxyribonuclease), C5a 펩티다제(C5 peptidase), 히알루로니다제(hyaluronidase), 발열 독소, 발적 독소 및 스트렙토리신(streptolysin).

침입구 상부 호흡기.

징후 및 증상 통증, 빨간 목구멍; 삼키기 어려움; 갑작스러운 발열; 불쾌감; 식욕부진. 첫 번째로 목과 가슴, 그리고 모든 신체로 퍼지는 "사포와 같은(sandpapery)" 발진을 특징으로 하는 성홍열을 일으킬 수 있으며 빨간색 "딸기" 혀, 두통, 오한, 근육통을 통한 온몸으로 확산될 수 있다. 류마티스열도 생길 수 있다; 증상은 발열, 관절 통증 (무릎, 발목, 팔꿈치, 손목), 관절 부종, 예상 가능한 심장질병 (가슴 통증, 호흡 곤란).

잠복기 패혈성 인두염: 3-5일; 성홍열: 패혈성 증상 후 1-2일; 류마티스열: 20일까지.

감수성 어린이들은 일반적으로 가장 민감하다. 류마티스열은 6-15세에서 더욱 일반적이다.

치료 세균성 원인을 진단하는 인후 배양(throat culture)이 중요하다. 연쇄상구균 감염이 확인되면, 표준 치료는 경구용 페니실린이다. 에리스로마이신은 페니실린에 민감한 사람들에게 제공될 수 있다. 성홍열과 류마티스열은 유사하게 치료된다.

예방 아픈 사람들은 항생제 치료 후 적어도 2일 동안은 전염성이 있어 다른 사람에게 감염되지 않도록 가정에서 격리되어야 한다. 어린이의 인후통은 류마티스열이 발생하지 않도록 치료해야 한다.

병원체 및 독성인자

Corynebacterium diphtheriae (kŏ-rī´nē-bak-tēr´ē-ŭm dif-thi´rē-ī)는 다형태, 비-내생포자, 그람-양성 세균으로 동물과 사람에게 분포되어 있으며 피부와 호흡기, 소화기, 비뇨기, 생식기 등에 서식하고 있다. 이 세균은 딸세포가 꺾기 분열(snapping division)이라는 이분법을 통해 분열하며, V자형과 나란히 울타리 배열로 부착된 상태를 유지한다 **(그림 15.3)**. 다른 디프테로이드도 병원성이 있지만, 디프테리아는 이 속에 속하는 가장 흔한 병원체이다.

독성 *C. diphtheriae*에는 디프테리아 독소(*diphtheria toxin*)를 코딩하는 용원성 파지가 포함되어있다. 파지와 그 독소 유전자는 디프테리아의 징후와 증상에 대한 직접적인 원인이 된다. 많은 세균 독소처럼, 디프테리아 독소는 2개의 폴리펩티드로 구성되어 있다. 하나의 폴리펩티드는 인간 세포의 인간 성장인자 수용체에 결합하여 독소의 세포내이입을 유발한다. 일단 세포 내부로 들어오면 단백질 분해효소는 독소분자를 분할하여 두 번째 독소 폴리펩티드를 세포질로 분비한다. 이 폴리펩티드는 단백질의 번역에 필요한 진핵세포의 신장인자를 파괴한다. 독소의 작용은 효소이기 때문에 독소 한 분자가 순차적으로 신장 인자의 모든 분자를 파괴하여 모든 폴리펩티드 합성을 완전히 차단하게 되고 세포의 사멸을 초래하게 된다. 그래서 디프테리아 독소는 알려진 중요한 독소 중 하나인 것이다.

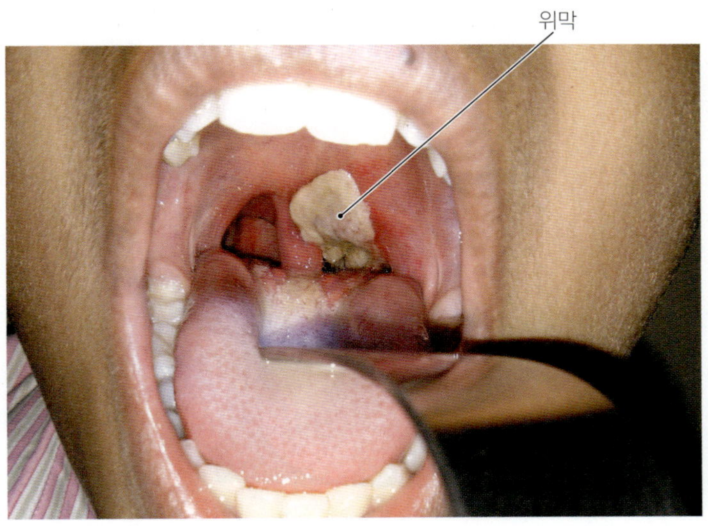

▲ **그림 15.2 디프테리아의 특징인 위막.**

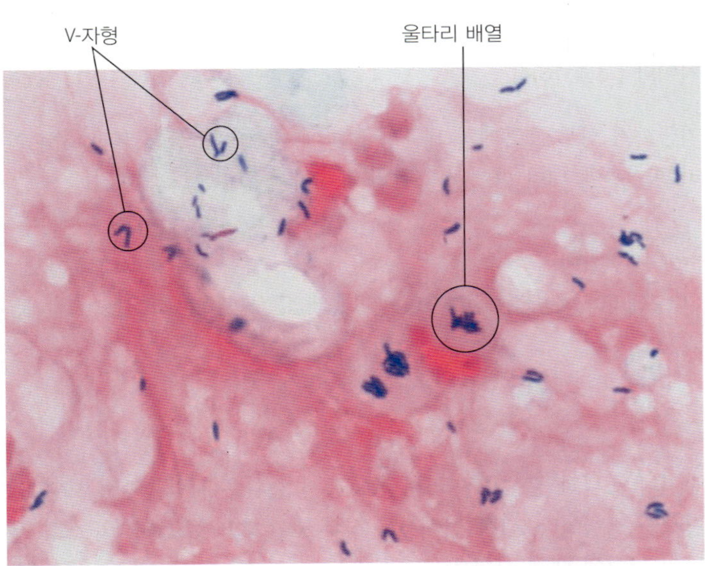

▲ **그림 15.3** ***Corynebacterium diphtheriae*****의 그람염색된 세포의 특징적 배열.** *어떤 과정으로 이러한 세포배열이 형성되는가?*

그림 15.3 V-자형과 나란히 울타리 배열은 부착된 상태를 유지하는 각기 분열하는 이분법의 결과로 나타난다.

발병 및 역학

*C. diphtheriae*는 호흡 비말이나 피부 접촉을 통해 사람에서 사람으로 전달된다. *C. diphtheriae*의 감염은 숙주의 면역 상태와 감염 부위에 따라 상이한 영향을 미친다. 개별의 면역 감염은 증상이 없지만, 면역에 취약한 개인의 감염은 가벼운 호흡기 질환을 초래한다. 면역력이 없는 사람의 호흡기 감염은 디프테리아의 갑작스럽고 빠른 징후와 증상의 결과로 나타난다. 디프테리아는 면역성이 없는 사람들 중 어린 시절 죽음의 주요 원인이다.

예방 접종하기 전에, 수십만 건의 디프테리아가 매년 미국에서 발생하였다. 반면에 의료 종사자는 1992년부터 2012년까지 총 20건이 보고되었다.

진단, 치료 및 예방

디프테리아의 초기 진단은 위막의 존재를 기반으로 한다. 실험실에서 그 막이나 감염부위에서 수집된 조직의 검사에서 항상 세균 세포가 나타나는 것은 아닌데, 이는 그 효과가 거의 디프테리아 독소의 작용에 의한 것이지 직접적으로 세포에 기인하는 것은 아니기 때문이다. 진단은 위막 관찰과 환자로부터 체액 샘플의 독소와 그 독소에 대한 항체와의 반응인 *Elek test*라는 면역 확산분석법에 기초로 하고 있다.

치료의 가장 중요한 측면은 항독소 (독소에 대한 면역글로불린)를 투여하여 디프테리아 독소가 세포에 결합하기 전에 중화하는 것이다. 독소가 일단 세포내이입을 통해 세포에 들어가면 세포는 사멸된다. 페니실린 또는 에리스로마이신은 독소의 합성을 방지하여 *Corynebacterium*을 죽인다. 심한 경우에 차단된 기도는 수술을 통해서 또는 기관 절개 튜브로 우회시켜야 한다.

*C. diphtheriae*는 사람이 유일한 숙주로 알려져 있기 때문에 예방접종이 디프테리아를 방어하기 위한 가장 효과적인 방법이다. 예방접종은 DTaP[4] (디프테리아, 파상풍, 무세포성 백일해) 백신을 포함한다. 이것은 백일해 세균 항원과 디프테리아 및 파상풍 톡소이드 (비활성화 독소)를 섞은 것이다. 이것은 2, 4, 6 및 15–18개월, 4–6세에 투여하고, 백일해 항원이 없이 추가 면역 (Td[5] 백신)을 10년마다 실시하고 Tdap는 단일 용량으로 성인에게 투여하는 것이다.

부비동염과 중이염

학습 | 성과

15.8 부비동염과 중이염의 원인, 증상, 진단, 치료 및 예방을 위한 가능성에 대하여 설명하라.

인두에 서식하는 세균은 **부비동염(rhinosinusitis)**이나 **중이염(otitis media)**[6] [이통(earache)]을 일으키는 원인으로 목구멍과의 연결을 통해 코와 부비동 또는 중이를 감염시킬 수 있다.

징후 및 증상

과거에는 염증성 부비동 부위에서 통증과 압력을 단순히 축농증(*sinusitis*)이라고 하였지만, 축농증은 거의 코점막을 포함하지 않고는 발생하지 않는다. 그래서 이 질환을 오늘날 부비동염(*rhinosinusitis*)

[4] 대문자는 매우 강한 백신을 나타낸다.
[5] 소문자는 백신의 감소된 양을 나타낸다.
[6] "귀"를 의미하는 그리스어 *ous*와 "염증"을 의미하는 그리스어 *itis*로부터 유래.

이라고 하며, 일반적으로 불쾌감이 두통, 염증성 비강과 함께 동반된다.

중이염은 고막이 파열될 때 압력이 빠지면서 갑자기 멈출 수 있는데 귀에서 심한 통증으로 유아기 때 나타나는 일반적이고 고통스러운 질병이다. 고막에 대한 압력은 듣기를 방해할 수 있고, 어린이들의 언어 발달을 지연시킬 수도 있다. 드물게 발열과 구토가 생길 수 있다.

병원체 및 독성인자

일반적으로 호흡기 미생물군은 중이염을 일으킬 수 있다. 여기에는 특이 Lancefield 항원이 결여된 α-용혈성 폐렴쌍구균인 *Streptocococcus pneumoniae* (건수의 약 35%), *Staphylococcus aureus* (건수의 1-2%); *Haemophilus influenzae* (건수의 20-30%); 및 *Moraxella catarrhalis* (건수의 10-15%)가 포함된다. 이 세균들은 또한 대부분의 경우에 부비동염을 일으킨다. 또한 인두의 *Streptococcus pyogenes*의 감염은 부비동과 귀로 확산될 수 있다. 바이러스 감염, 담배 연기 및 다른 자극으로 인한 상부 호흡기관의 점막과 청각관의 손상은 정상 미생물총이 기회성 병원체가 되게 한다는 몇 가지 증거들이 알려져 있다.

발병 및 역학

감염체는 목구멍과의 연결을 통해 부비동에서 인두로 확산된다. 마찬가지로, 중이는 귀인두관을 통해 감염된다. 감염에 의해 시작되는 염증은 이 질환의 징후와 증상이 된다.

부비동염은 어린이보다 성인에서 더 일반적인데, 이는 성인의 부비동이 더 발달되었기 때문이다. 반대로 중이염은 어린이에 더 일반적인데, 그 이유는 어린이의 귀인두관이 더 수평적이고 작은 직경을 가지고 있기 때문으로, 쉽게 침입되어 막혀버린다. 어린이들의 85% 이상은 소아과 의사에 대한 모든 병원 방문의 거의 절반이 중이염으로 발전하지만 어린이들의 머리는 성장하고 그들이 다양한 세균에 특정 면역이 발달하기 때문에 중이염은 드문 질환이다.

진단, 치료 및 예방

대부분의 경우, 의사들은 중이염의 징후와 증상이 세균성 감염이라고 생각하고 페니실린과 같은 항균제로 치료한다. 역학자들은 인플루엔자바이러스(influenzavirus)와 *S. pneumoniae*에 대한 예방 접종이 매년 유년기 중이염 발생 건수를 100만 건 이상 줄일 수 있다고 추정한다.

의사들은 재발성 중이염을 치료하고 제한하는 과감한 조치를 취할 수 있다. 이러한 조치들에는 압력을 완화하기 위해 감염된 귀의 고막을 절개하고, 체액과 고름의 배출을 허용하도록 고막을 통해 플라스틱 튜브를 설치하고, 청각관을 통해 보다 자유롭게 배출되도록 편도선을 제거하는 과정들이 포함된다. 부비동염을 방지하기 위해 알려진 방법은 없다. 그러나 식염수로 비강과 부비동을 세척하는 것은 증상의 지속기간을 줄일 수 있다. Neti pot는 일종의 세척 장치이다 (그림 15.4).

▲ **그림 15.4 Neti pot.** 식염수로 비강을 세척하는 것은 부비동염의 지속기간을 단축시킬 수 있다.

지금까지 상부 호흡계의 세균성 질환에 대하여 조사하였다. 이제 이러한 기관에 대한 바이러스 감염에 대하여 살펴보도록 하자.

왜 그런가

디프테리아 예방접종을 매 10년 마다 재접종해야 하는 이유는?

상부 호흡계의 바이러스성 질환

감기나 독감과 같은 바이러스성 호흡기 질환은 사람들에서 보다 일반적인 질병이다. 다음 절에서는 상부 호흡계의 주요 바이러스성 질병인 감기에 대해 살펴보기로 한다.

감기

학습 | 성과

15.9 감기를 정의하고 특성을 설명하라.

감기는 사람 질병의 가장 일반적인 질병으로 성인은 매년 평균 두 번의 감기를 경험한다. 그러나 감기는 원인이 하나가 아니라 많은 종류의 바이러스가 감기를 일으킨다.

징후 및 증상

모든 사람은 재채기, 콧물(rhinorrhea)[7], 코막힘, 목의 통증, 불쾌감,

[7]"코"를 의미하는 그리스어 *rhis*와 "흐르는"이라는 의미의 그리스어 *rhoia*에서 유래.

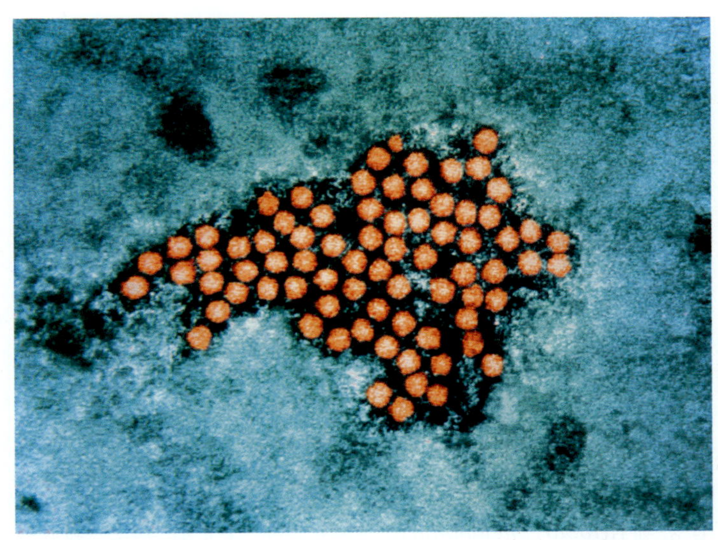

▲ **그림 15.5 감기의 가장 일반적인 원인인 rhinovirus.** 바이러스(적색으로 염색)는 점액층에도 불구하고 비강 세포의 미세융모를 감염할 수 있다. *어떤 다른 유형의 바이러스가 감기를 일으킬 수 있는가?*

그림 15.5 (*Picornaviridae* 과의) Rhinovirus 이외에 adenovirus, coronavirus, reovirus, paramyxovirus 등이 감기를 일으킨다.

기침을 경험한다. 2차 세균 감염이 없는 한, 감기 중에 발열은 발생하지 않는다. 가끔 가벼운 기침이 몇 주 동안 지속되는 경우도 있지만, 징후 및 증상은 일반적으로 1주간 지속된다.

병원체 및 독성인자

200여 종 이상의 다양한 혈청형(*serotypes*) (바이러스 주)이 감기의 원인이 된다. 115종 이상의 혈청형을 가지고 있는 가장 일반적인 감기 바이러스는 *Picornaviridae*[8] 과의 *Enterovirus* 속에 속하는 비피막형 다면체 캡시드를 갖는 작은 바이러스들이다 **(그림 15.5)**. 다른 감기 바이러스(cold virus)는 많은 혈청형의 코로나바이러스(coronavirus), 30종 이상의 아데노바이러스(adenovirus), 몇 가지의 레오바이러스(reovirus)와 파라믹소바이러스(paramyxovirus)를 포함한다.

코에 감염하는 엔테로바이러스(enterovirus)는 일반적으로 리노바이러스(*rhinovirus*)라고 불리는데, 이 용어는 더 이상 공식적인 바이러스 분류에 사용되지 않는다. 리노바이러스(rhinovirus)는 직경이 약 25 nm의 가장 작은 바이러스로서, 5억 개의 리노바이러스는 일반 핀의 끝머리에 올릴 수 있다. 거의 모든 리노바이러스는 비강 세포의 세포막에서 발견되는 *ICAM-1*이라는 인간 단백질에 부착한다. 바이러스에 대한 상보적인 결합 부위는 바이러스 캡시드에서 불과 1.3–3 nm 폭의 깊고 좁은 쪼개진 틈의 하단에 존재한다. 이러한 깊고 좁은 부위는 인간의 항체와 항바이러스 제제로부터 보호받게 된다. 따라서 일반적인 감기의 예방은 여전히 어렵다.

모든 감기 바이러스는 약 33°C에서 가장 효과적으로 증식하는데 이는 비강의 온도이다. 감기 바이러스는 하부 호흡계의 높은 온도 때문에 감염할 수 없다. 위산과 따뜻함은 위장관에서 감기 바이러스를 억제한다.

발병

감기 바이러스는 비강 점막의 세포에 부착한 후, 세포로 하여금 더 많은 바이러스를 생성하도록 하고 그 후 세포를 사멸시킨다. 새로운 바이러스는 더 많은 세포를 지속적으로 감염하기 위하여 방출된다. 감기 증상이 가장 심한 경우에 코 점액에는 ml당 100,000개의 비리온이 존재할 수 있다. 그들은 몸 밖에서 몇 시간 동안 감염성으로 남아있게 된다.

감염된 세포는 섬모 활성을 잃게 되고 사멸되면 떨어져 나간다. 이것은 염증성 화학물질의 방출을 시작하고 신경 세포를 자극하여 점액 생성, 재채기, 비강 조직의 국소염증 등을 일으킨다. 염증은 비강을 막히게 한다.

역학

리노바이러스는 매우 감염성이 커서 단일 바이러스에 감염된 사람의 50%에서 감기를 일으키기에 충분하다. 증상 여부에 상관없이 감염된 사람은 매개물(*formites*, fō´mi-tēz) (문고리와 같은 무생물적 병원체 매개물)을 통해, 기침이나 재채기에 의해 생성된 에어로졸 형태의 바이러스를 전파하거나 손과 손의 접촉을 통해 전파할 수 있다. 역학자들은 감기 바이러스를 전파하기위한 가장 일반적인 방법에 동의하지 않는다. 눈물이 비강 속으로 바이러스를 흘러 보내는 눈의 점막을 접촉하여 생기는 자가 접종이 일반적이라고 본다. 갑작스런 재채기는 거의 감기를 전염하지 않는다는 것을 보여주는 연구 결과가 있다.

모든 연령의 사람들은 리노바이러스에 취약하지만, 과거에 그들을 감염하였던 혈청형에 대한 면역을 획득할 수 있다. 이러한 이유로, 감기는 어린이아이에서 일반적으로 연간 6–8회, 젊은 성인에서 연간 2–4회, 그리고 60세 이상의 성인에서 1회 이하로 걸린다. 격리된 사람들에서는 리노바이러스의 특정 균주의 감염을 공유함으로써 거대한 집단면역(*herd immunity*)을 획득할 수 있다. 그러나 외부 또는 돌연변이에 의해 새로운 혈청형이 도입된다면 모든 감기로부터 자유로운 사람은 없게 될 것이다.

아데노바이러스는 감기를 일으키는 것 외에도 인후염의 원인이 될 수 있다. 어떤 이유로 호흡기성 아데노바이러스의 전염병은 군대에서 발생되지만 대학 기숙사에서는 유사한 상황이 발견되지 않는다.

진단, 치료 및 예방

감기의 증상은 일반적으로 진단에 유용하다. 실험실 검사는 감염의 실제 원인이 확인할 경우에만 필요하다.

[8] "작은"을 의미하는 라틴어 *pico*와 "RNA 바이러스"에서 유래.

감기를 치료하는 많은 가정 요법과 대체의약품이 있지만, 이 질병을 예방하거나 치료하지는 못한다. 증상 초기에 처방되는 약물인 플레코나릴(pleconaril)은 리노바이러스 질환의 심각성과 치료기간을 줄일 수 있다. 아데노바이러스의 감염은 초기 단계에서 인터페론으로 치료할 수 있다. 항히스타민제, 충혈 제거제, 진통제, 휴식, 음료 등은 감기의 증상을 완화하고 신체가 효과적인 면역반응을 상승시킬 수 있도록 한다. 그러나 이런 것들이 이 질병의 지속기간을 감소시키지 않는다. 감기는 여전히 몇 주 정도 지속된다.

감기 바이러스는 수백 종류가 있기 때문에, 실제로 모든 감기에 대한 효과적인 백신은 없다. 그러한 백신은 모든 형태의 바이러스에 대해 예방해야 할 것이다. 그럼에도 불구하고, 살아있는 약독화 백신은 현재 군대에서 신병을 위해서만 아데노바이러스에 대해 사용할 수 있다. 동물에서 몇 가지 아데노바이러스는 암을 유발할 것으로 알려져 있기 때문에, 아데노바이러스 백신의 광범위한 사용은 암 환자를 증가시킬 우려가 있다. 최근에 과학자들은 리노바이러스의 공통 항원을 발견하여 리노바이러스에 의한 감기 백신을 개발하는 가능성을 열게 되었다.

감기로 감염된 사람의 손을 만졌다면 손 소독제는 아마 감기를 막는 가장 중요한 예방법이 될 것이다. 매개물들의 소독은 감기 바이러스의 확산을 제한하는데 있어서 다소 효과적이다.

457쪽의 표 15.1에서는 기타 호흡기 질환과 일반적인 감기를 비교 및 대조한다.

왜 그런가

감기를 치료하는데 페니실린, 에리스로마이신, 시프로플락신(ciprofloxacin) 등이 적합하지 않은 이유는 무엇인가?

하부 호흡계의 세균성 질병

하부 호흡계는 무균상태(axenic)[9]이다; 즉, 정상적으로 미생물이 없는 상태이다. 세균이 성공적으로 호흡계의 방어를 극복할 때 또는 질병이나 스트레스가 그 방어를 약화시킬 때 생명을 위협하는 질병이 발생할 수 있다. 이러한 질병에는 폐렴, 레지오넬라병, 백일해, 결핵 등이 있다.

세균성 폐렴

학습 | 성과

15.10 폐렴, 축농증, 늑막염을 정의하라.
15.11 폐렴 구균, 1차 비정형 (마이코플라스마) 폐렴, *Klebsiella* 폐렴을 설명하라.
15.12 폐렴을 일으킬 수 있는 5가지 다른 종의 세균을 열거하라.
15.13 여러 시대에서 과학자들은 마이코플라스마를 바이러스, 그람-음성 세균, 그람-양성 세균 등으로 분류하였는지 이유를 설명하라.
15.14 마이코플라스마 폐렴의 특징을 설명하라.

폐렴(pneumonia) (nū-mō´nē-ă)은 폐포와 기관지에 체액으로 채워진 폐의 염증을 말한다. 일부 환자에서 이 체액은 축농(*empyema*)[10] (em-pī-ē´mă)이라고 알려진 고름이다. 흉막에 염증이 생길 때 늑막염(*pleurisy*)이라 불리는 통증으로 나타난다. 폐렴은 매년 약 2백만–5백만 명의 환자가 발생한다.

의사들은 영향을 받은 폐의 부위에 따라, 또는 이 질병을 야기하는 생물체나 발병 위치에 따라 폐렴을 설명한다. 예를 들어, 대엽성 폐렴(*lobar pneumonia*)은 폐의 전체 엽에 발생하는 폐렴이고, 마이코플라스마 폐렴(*mycoplasmal pneumonia*)은 마이코플라스마(*mycoplasma* (mi´kō-plaz-mă) 세균에 의해 발생된 폐렴을 말한다. 의료 관련 폐렴(*healthcare associated pneumonia, HAP*)은 의료 환경에서 획득된 폐렴으로서 노인과 면역 억제 환자에서 생기는 일반적인 질병이다. 인공호흡기 관련 폐렴(*ventilator associated pneumonia, VAP*)은 중요한 HAP의 하나이다. 인공호흡기는 코, 구강, 후두 또는 구멍을 통해 삽입된 관을 통해 환자에게 산소를 제공하는 시스템이다. 세균의 생물막이 이 관에 형성되어 VAP를 일으킨다.

많은 세균, 바이러스 및 진균은 폐렴을 일으킨다. 세균성 폐렴은 더 심각하고 성인에서 더 일반적이다. 다음 절에서는 가장 잘 알려진 폐렴 구균성 폐렴을 시작으로 일반적인 세균성 폐렴에 다하여 살펴본다.

폐렴 구균성 폐렴

*Streptococcus*에 의한 폐렴 구균성 폐렴(*pneumococcal pneumonia*)에 의해 발병하는 폐렴은 지역사회 획득 폐렴(*community acquired pneumonia, CAP*)의 대부분을 차지하는 가장 흔한 폐렴이다.

징후 및 증상 폐렴 구균성 폐렴은 보통 폐에서 하나 이상의 폐엽에 영향을 주는 엽성 폐렴이다. 징후 및 증상은 발열, 오한, 울혈, 기침, 그리고 그 결과로 인한 짧고 빠른 호흡, 가슴 통증, 또한 오심과 구토를 포함한다. 피가 폐에 들어가서 기침을 통한 녹색의 가래를 생성한다. 호중구는 환자의 가래 도말에 존재한다.

병원체 및 독성인자 Louis Pasteur가 *S. pneumoniae*를 발견한 이래, 미생물학자들은 10가지 이상의 균주들에서 전체 유전체 염기서열을 밝힌 것을 비롯하여 지난 125년 동안 광범위하게 이 세균에 대하여 연구해 왔다. 그럼에도 불구하고 과학자들은 아직도 완벽하게 이 세균의 병원성을 이해하지 못하고 있다. 이 세균은 섬모에 의

[9] "없음"을 의미하는 그리스어 *a*와 "외래"를 의미하는 그리스어 *xenos*로부터 유래

[10] "내부"를 의미하는 그리스어 *en*과 "고름"을 의미하는 그리스어 *pyon*로부터 유래.

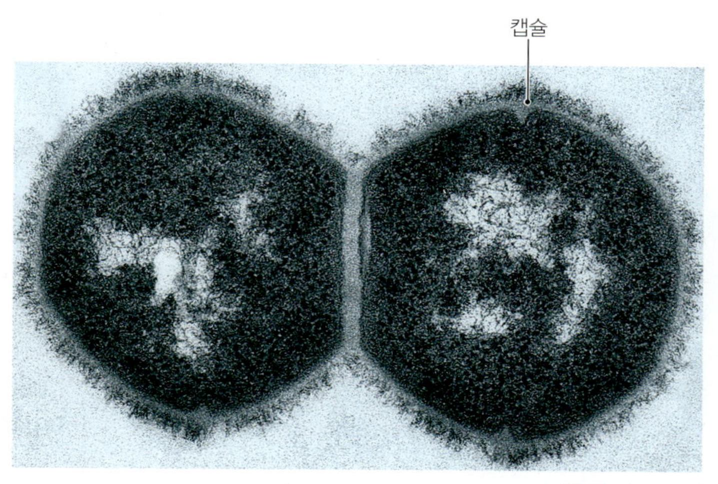

▲ **그림 15.6 세균성 폐렴의 가장 일반적인 원인인 *Streptococcus pneumoniae*.** 이 세포는 일반적으로 쌍으로 되어있고 다당류 캡슐로 덮여 있다.

해 밖으로 제거되기 때문에 폐에 거의 도달하지 못한다.

이 세균은 사람에게 해를 주지 않으며 75%의 사람에서 입과 인두의 정상 미생물총인 그람-양성 구균이다. 일반적으로 **폐렴구균(pneumococcus)**으로 알려진 *S. pneumoniae*는 짧은 사슬을 형성하거나 더욱 흔히 쌍으로 존재한다. 병원성 폐렴구균은 인두의 상피세포에 세균의 결합을 매개하는 단백질 부착 분자를 분비한다.

독성 혈청형은 또한 식세포에 의한 용해로부터 자신을 보호하는 다당류 캡슐 (그림 15.6)을 가지고 있다. 캡슐은 Griffith에 의해 세균의 형질전환에 관한 실험에서 관찰된 바와 같이 독성을 나타내는데 필요하다. 폐포대식세포가 폐에서 그들을 제거하기 때문에 비캡슐변이체들은 독성이 없다. 또한 *S. pneumoniae*은 세포벽에 인산콜린(*phosphocholine*)이라는 화학물질이 들어있어 폐 세포 수용체에 결합함으로써 세균의 세포내이입을 자극한다.

폐렴구균은 또한 뉴모리신(*pneumolysin*)이라는 세포 독소를 분비하여 섬모 상피 세포의 세포막에 있는 콜레스테롤과 결합함으로써 막관통 구멍을 만들어 세포 용해를 일으킨다. 뉴모리신은 또한 식세포 내 리소좀의 작용을 방해하여 포식된 세균의 소화를 억제한다.

발병 및 역학 폐렴구균은 때때로 인두에서 독감이나 홍역과 같은 이전의 바이러스성 질환, 또는 알코올 중독, 울혈성 심부전, 또는 당뇨병과 다른 조건에 의해 손상된 폐 속으로 흡입된다. 포스포릴콜린(phosphorylcholine)은 폐 세포에 의한 세포내이입을 일으키고, 캡슐은 폐렴구균을 보호하여 결국 살아남은 폐세포를 죽인다. *S. pneumoniae*는 세포 내의 "은신처"에서 혈액과 뇌로 이동하여 폐렴 세균혈증과 수막염(meningitis)을 유발한다.

세균이 폐포에서 증식함에 따라 폐포 점막은 손상되어 적혈구, 백혈구 및 혈장이 폐로 들어가게 한다. 이 체액은 폐포를 채워 산소를 혈액으로 전달하는 폐의 능력을 감소시키고 폐렴을 일으킨다. 백혈구는 염증성 및 발열-화학 물질을 분비는 과정으로 세균을 공격하는데, 이것은 그 질병의 추가적인 증상을 가진다.

신체는 분비성 IgA의 활성 부위에 미생물을 결합하여 폐를 통한 세균의 이동을 제한하는 역할을 한다. 나머지 항체 분자는 점액에 결합하여 점액에 둘러싸인 세균을 섬모 상피 세포의 작용에 의해 기도 밖으로 제거한다. 폐렴구균은 IgA를 파괴하는 분비 IgA 프로테아제(*secretory IgA protease*)를 분비함으로써 이 방어를 방해한다.

폐렴구균성 폐렴은 의료 관련 폐렴의 약 30%를 차지하며 세균성 폐렴의 사례가운데 약 85%를 차지한다. 이것은 그 면역반응이 완전히 활성화되지 않은 어린이, 노인, 알코올 및 약물 남용자, 당뇨병 환자 및 AIDS 환자 군에서 가장 많이 발생한다.

진단, 치료 및 예방 의료 실험실 기술자는 신속하게 가래 도말의 그람염색으로 쌍구균을 동정할 수 있다 (466쪽의 질병개요파악 15.2 참조). 이 세균은 대부분의 항생제에 민감하기 때문에 의료 종사자는 항균 치료를 시작하기 전에 도말할 시료를 수집해야 한다. 과거에는 실험실에서 소위 팽창반응(*quellung reaction*)으로 폐렴구균의 캡슐을 부풀게 하는 항캡슐 항체의 존재로 폐렴구균의 존재를 확인하였다.

폐렴구균 분리주의 1/3이 현재 페니실린에 대한 내성이 있지만, 페니실린은 오랜 동안 *S. pneumoniae*에 대한 선택 약물이었다. 세팔로스포린(cephalosporin), 에리스로마이신, 클린다마이신(clindamycin), 반코마이신(vancomycin), 플루오로퀴놀론(fluoroquinolone) 등은 효과적인 대안 치료제이다.

질병통제예방센터(Centers for Disease Control and Prevention, CDC)에서는 생후 2, 4, 6, 12 15개월 된 유아 및 65세 이상의 모든 성인에 대한 폐렴구균에 대한 예방 접종을 권장한다.

1차 비정형 (마이코플라스마) 폐렴

마이코플라스마 폐렴(*Mycoplasmal pneumonia*)은 어린이와 젊은 성인에서 폐렴의 주요 유형이다.

징후 및 증상 마이코플라스마 폐렴의 초기 증상은 발열, 불쾌감, 두통, 목의 통증, 과도한 땀을 포함하는데 이들 증상은 다른 유형의 폐렴에서 나타나는 일반 증상은 아니다. 따라서 마이코플라스마 폐렴은 **1차 비정형 폐렴(primary atypical pneumonia)**이라고 한다. 몸은 병원균과 축적된 점액의 폐를 청소하기 위한 시도로서 지속적이고 소모성 기침으로 감염에 반응한다. 1차 비정형 폐렴은 몇 주 동안 지속될 수 있지만, 일반적으로 입원을 필요로 하거나 사망을 야기할 정도로 심각하지는 않다. 증상이 가벼울 수 있기 때문에, 보통 보행성 폐렴(*walking pneumonia*)이라고도 한다.

병원균 및 독성인자 *Mycoplasma pneumonia*는 절대 호기성 캡슐형 마이코플라스마이다. 마이코플라스마는 세포벽이 부족하여 다양한 형태를 갖는 다형태성(*pleomorphic*) (그림 15.7)이다. 또한 마이

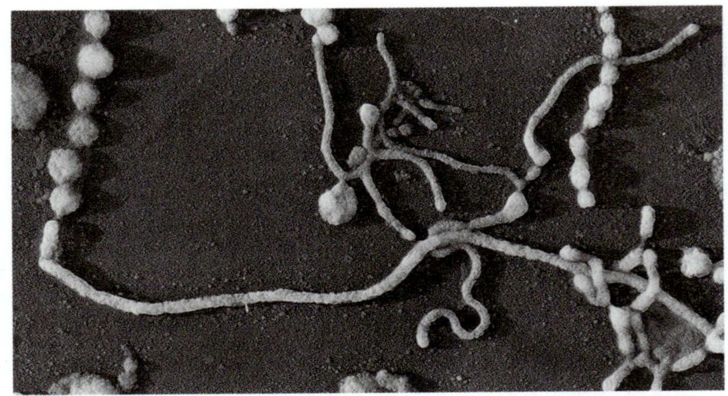

▲ **그림 15.7** ***Mycoplasma*의 다형태.** 왜 이 그람-양성 세균은 그람염색 시 핑크색으로 보이는가?

그림 15.7 *Mycoplasma*는 세포벽이 부족하다. 따라서 그람염색 과정의 탈색 단계에서 세포에서 크리스탈 바이올렛이 제거된다.

코플라스마는 세포막에 다른 원핵생물에게 없는 스테롤(sterol)이라는 지질을 가지고 있다.

마이코플라스마는 가장 작은 독립생활을 하는 미생물이다; 즉, 다른 세균들과는 달리 독립적으로 생장 및 증식을 할 수 있는 미생물이다. 이 세균의 직경은 0.1 μm에서 0.8 μm에 이른다. 원래 과학자들은 마이코플라스마가 작은 크기와 유연성이 세균을 제거하는데 사용되는 필터의 구멍을 통해 통과하기 때문에 마이코플라스마를 바이러스라고 생각하였다. 그러나 마이코플라스마는 RNA와 DNA를 모두 포함하고 있고 바이러스에는 없는 이분법으로 분열하는 특징이 있다.

그람-양성 세균과 유사성을 보여주는 rRNA의 염기 서열 분석을 하기 전에 마이코플라스마는 그람-음성 세균으로서 분류되었다. 현대 분류학자와 *Bergey's Manual of Systematic Bacteriology*의 2판에서는 마이코플라스마를 Firmicutes 문에 속하는 낮은 G + C의 그람-양성 세균으로 분류한다. 그람염색을 할 때 그람-양성임에도 불구하고, 그들은 세포벽이 부족하기 때문에 핑크색으로 나타난다.

*M. pneumoniae*는 사람의 질병을 일으키는 몇 가지 마이코플라스마 중 하나이다. 이것은 사람의 호흡기에 연결된 상피 세포의 섬모 기저에 있는 수용체에 특이적으로 부착하는 부착 단백질의 생산과 식세포 작용으로부터 보호 기능을 제공하는 캡슐이 그 원인이 된다.

발병 섬모의 기저에 *M. pneumoniae*의 부착으로 섬모에 의한 움직임은 정지되고, 상피 세포는 결국 집락 형성으로 죽게 된다. 이것은 다른 세균에 의한 집락 형성을 허용하고 호흡기를 자극하는 점액의 축적을 일으켜서 섬모에 의한 호흡기로부터의 정상적인 점액 제거를 방해한다.

역학 비강 분비물은 학교 친구들, 가족 및 기숙사 거주자와 같이 친한 사람들 사이에서 *M. pneumoniae*를 확산시킨다. 이 질병은 5세 미만이나 나이든 성인에서 드문 일이지만, 고등학생과 대학생에서는 가장 흔한 폐렴의 형태이다. 그러나 1차 비정형 폐렴이 보고된 질병이 아니며 진단하기 어렵기 때문에 감염의 실제 발생 빈도는 알 수 없다.

1차 비정형 폐렴은 1년 내내 발생한다. 계절성의 부족은 가을과 겨울에 더 일반적으로 볼 수 있는 폐렴 구균성 폐렴과 대조적이다.

진단, 치료 및 예방 1차 비정형 폐렴은 마이코플라스마가 작아서 임상 검체 또는 조직 샘플에서 검출하기 어렵기 때문에 진단하기도 어렵다. 또한 마이코플라스마는 배양 시 천천히 생장하여 집락이 관찰되는데 2–6주가 걸린다. 마이코플라스마의 다른 종의 집락이 "후라이된 계란(fried-egg)" 모양과는 달리 *M. pneumoniae*의 집락은 세균이 고체 표면에서 자랄 때 곡물입자 형태를 나타낸다. 보체 고정, 혈구 응집 및 면역 형광 검사로 진단을 확인하지만, 이러한 시험들은 비특이적이며 자체 진단은 아니다.

의사들은 에리스로마이신 또는 독시사이클린(doxycycline)과 같은 항생제로 1차 비정형 폐렴을 치료한다. 환자는 종종 징후 또는 증상 없이 장기간 감염되어 있고 그들은 항균 치료를 받는 동안에 감염상태로 남아있기 때문에 예방은 어렵다. 그렇지만 잦은 손 씻기, 매개물 오염의 회피 및 에어로졸 분산 감소는 병원체의 확산을 제한할 수 있고 질병의 사례수를 줄일 수 있다. *M. pneumoniae*에 대한 백신은 없다.

Klebsiella 폐렴

그람-음성 세균은 병원 내 감염의 주요 원인이며, 그람-음성 세균에 의해 발생하는 폐렴은 병원 내 감염의 주요 사망 원인이다. *Klebsiella* 폐렴은 그람-음성 세균 폐렴의 한 가지 유형이다.

징후 및 증상 세균성 폐렴의 일반적인 징후와 증상인 기침, 발열, 가슴 통증 외에도 *Klebsiella* 폐렴은 종종 끈적하고, 피가 섞인 가래의 원인이 되는 폐포의 파괴에 관여한다. 또한 *Klebsiella* 폐렴 환자들은 재발성 오한을 가지고 있다. 사망률은 폐렴 구균이나 마이코플라스마 폐렴보다 높다.

병원체 및 독성인자 *Klebsiella pneumoniae* (klebsē-el´ă nū-mō´nē-ī)는 흡입으로 인한 인간과 동물의 호흡계를 감염하는 기회성 병원균이다. 그 세균은 많은 캡슐 **(그림 15.8)**을 생산하고, 비운동성, 그람-음성의 간균이며, 이 캡슐은 *Klebsiella* 집락이 점액성 외형을 갖게 하여 식세포 작용으로부터 이 세균을 보호한다. *K. pneumoniae*는 폐렴을 일으키는 것 외에 뇌막염, 상처 감염 및 요로 감염과도 관련이 있다.

발병 및 역학 *K. pneumoniae*는 폐포 세포를 죽이고 자주 혈액에 침입하여 균혈증을 일으킨다. 세균 세포가 죽을 때, 그들은 내독소를 분비하여 쇼크를 일으키고 파종 혈관 내 응고를 일으켜 죽음에 이르게 한다.

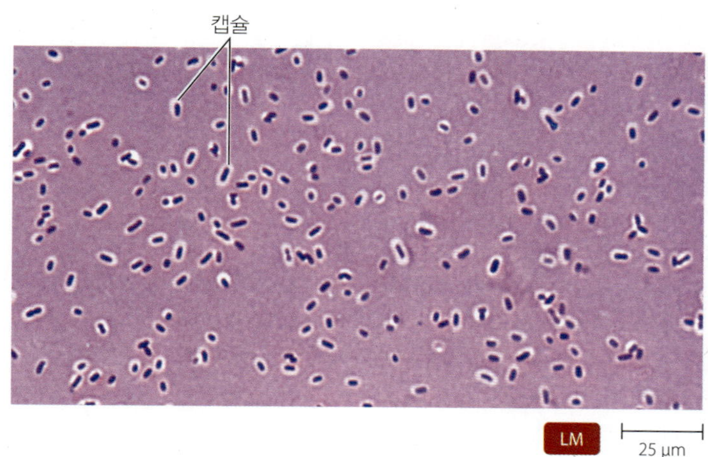

▲ **그림 15.8 *Klebsiella pneumoniae*의 두드러진 캡슐.** *독성인자로서 캡슐의 기능은 어떠한가?*

그림 15.8 캡슐은 식세포작용과 식세포의 세포내 소화를 억제한다.

알코올 환자 및 노인, AIDS 환자, 아주 어린 아이들과 같은 면역취약자들은 *Klebsiella* 폐렴을 포함한 폐 질환의 더 큰 위험에 있는데 그것은 호흡기에서 흡입 구강 분비물을 제거하는 능력이 떨어지기 때문이다.

진단, 치료 및 예방 의사들은 징후와 증상 및 객담 검체에서 *Klebsiella*를 배양하여 *Klebsiella* 폐렴을 진단한다. 진단. 유지 요법, 휴식, 발열-감소 약물 이외에 이 질환을 치료하는 특별한 방법은 없다. 세팔로스포린(cephalosporin), 이미페넴(imipenem), 퀴놀론(quinolone)과 같은 항균성 물질은 *Klebsiella*에 대해 사용할 수 있다. 조직 손상 및 내독소의 분비 때문에 폐의 손상은 종종 영구적이며 치료에도 불구하고 치명적일 수도 있다. 백신은 없으며, 의료종사자에 의한 무균 기법으로 예방될 수 있다.

기타 세균성 폐렴

세균의 다른 종도 폐렴을 일으킬 수 있다. 다형태성의 그람-음성인 *Haemophilus influenzae* 및 그람-양성인 *Staphylococcus aureus*처럼 정상 호흡 미생물상이 폐렴구균성 폐렴과 유사한 증상을 나타내고 치료를 수행하는 폐렴을 일으킬 수 있다. *S. aureus*는 환자의 약 3%에서 흉강에 고름을 생산한다.

발열, 오한, 기침, 호흡 곤란, 피 묻은 거품 가래는 *Yersinia pestis* (yer-sin´ē-ă pes´tis)에 의해 생성되는 **폐렴성 흑사병(pneumonic plague)**이라고 부르는 폐렴의 한 형태이다. 이 세균은 호흡 비말이나 혈액 (그림 14.6d 참조)을 통해 폐로 들어가 단지 몇 시간 만에 폐렴을 일으킬 수 있다. 폐렴성 흑사병 환자는 즉시 치료하지 않을 경우, 빠른 쇼크와 죽음의 결과가 초래될 수 있다. 그러나 스트렙토마이신(streptomycin)이나 겐타마이신(gentamycin) (14장에 자세하게 흑사병이 토론됨)으로 치료하면 사망률은 약 5%로 감소된다.

그람-음성의 절대 세포내 기생체인 클라미디아도 호흡기 질환을 일으킬 수 있다. 클라미디아는 매우 작고 (직경 0.2–0.4 μm) 감염원의 역할을 하는 기본소체(*elementary bodies*)라는 저항성 구조를 형성한다. 여기에서 우리는 *Chlamydophila* 속 (이전 클라미디아라고도 함)에서 2개의 클라미디아에 의한 폐렴을 조사한다.

Chlamydophila psittaci[11] (kla-mē-dof´ĭ-lă sit ´ă-sē)는 **비둘기병(ornithosis)**[12] (ōr-ni-thō´sis)을 일으킨다. 일부 환자에서 심한 폐렴이 발생하지만 그것은 일반적으로 독감과 유사한 증상을 일으키며 사람에게 전염될 수 있는 조류의 질병이다. 의사들은 테트라사이클린(tetracycline), 에리스로마이신, 플루오로퀴놀론(fluoroquinolone) 등으로 비둘기병을 치료한다.

*Chlamydophila pneumoniae*는 비말로 확산되어 폐렴뿐만 아니라 기관지염과 부비동염도 일으킨다. 이 세균에 의한 대부분의 감염은 불쾌감과 만성 기침을 하는 경미한 증세를 나타내며, 테트라사이클린, 에리스로마이신, 플루오로퀴놀론 등이 처방되지만 특별한 치료가 요구되지는 않는다. 대부분의 경우 진단되거나 보고되지 않기 때문에 클라미디아 폐렴의 유병률은 알 수 없다.

466쪽의 **질병개요파악 15.2**에는 세균성 폐렴의 8가지의 특징에 대하여 요약되어있다. 457쪽의 표 15.1은 비교 및 기타 호흡기 질환과 세균성 폐렴을 대조하고 비교하였다.

하부 호흡계의 또 다른 세균성 질병도 폐렴이지만, 의사와 임상의는 이것을 특정한 명칭인 레지오넬라증(legionellosis)이라고 불렀다.

레지오넬라병

학습 | 성과

15.15 레지오넬라병의 특징을 설명하라.

1976년 독립 선언 200 주년의 즐거운 축하는 필라델피아에서 대회에 참석한 200명 이상의 미국 재향군인들은 심한 폐렴에 시달렸고 29명이 사망함으로서 행사는 서둘러 축소되었다. 광범위한 역학 연구를 통해서 새로운 질병은 **레지오넬라병(Legionnaires' disease)** 또는 레지오넬라증(*legionellosis*)이라고 확인 및 명명되었다. 이전에 알려지지 않았던 병원체인 *Legionella* (lē-jŭ-nel´lă)는 이 질병을 일으킨다.

징후 및 증상

레지오넬라병은 발열, 오한, 마른 소모성 기침, 그리고 두통 등의 폐렴의 일반적인 특징이 있으며, 늑막염(pleurisy)–휴막(pleurae)의 염증으로 발전할 수 있다. 위장관, 중추신경계, 간, 신장 등과 관련된 합병증이 일반적이다. 레지오넬라병은 즉시 치료하지 않으면 폐

[11] "앵무새"를 의미하는 그리스어 *psittakos*로부터 유래.
[12] "새"를 의미하는 그리스어 *ornith*로부터 유래.

▲ **그림 15.9 Buffered charcoal yeast extract 한전배지에서 생장하는 *Legionella pneumophila*.** 이 세균은 이러한 특별한 배지 외에서는 생장할 수 없다.

기능이 빠르게 감소되어 환자의 50%까지 사망에 이른다.

병원체 및 독성인자

Legionella 세포는 감마 프로테오박테리아로 분류되는 호기성의 가는 다형태성 그람-음성 세균이다. 이들은 매우 까다로운 영양요구성이며, *Legionella*의 배양을 위한 실험실 배지는 철염 및 아미노산 시스테인을 첨가시켜야 한다. **그림 15.9**는 특별한 배지(buffered charcoal yeast extract agar)에서 생장하는 집락을 보여준다. 19종은 사람에서 질병을 일으키는 것으로 알려져 있으나 사람에서 모든 감염의 85%는 *L. pneumophila*[13] (noo-mō´fi-lă)에 의해 발생한다.

발병

초기 연구자에게 *L. pneumophila*는 습한 환경 시료에 산재하며 일반적인 실험실 배지에서는 배양되지 않는다는 문제가 제기되었다. 예를 들어, 원래 전염병에서, *Legionella*는 호텔 냉난방관의 응축물에서 배양되었는데, 이러한 까다로운 미생물이 자라는데 부적합하게 보이는 환경이다. 연구자들은 *Legionella*가 보통 담수 원생동물인 아메바에 침입하여 식세포 소낭 내부에 증식하는 것을 알게 되었다. 따라서 이 세균은 세포 내 기생체로 그러한 환경에서 생존한다. 원생동물은 *Legionella*가 가득한 소포를 방출하고 사람은 그 소포를 흡입하여 질병을 얻게 된다.

사람의 세포내에서 *L. pneumophila*는 대식세포 및 기타 세포의 세포내 기생체로서 그 환경에서 생존한다. 이 세균은 사람 세포를 죽이고 조직 파괴를 일으키며 폐의 염증을 유발한다. 알 수는 없지만 *Legionella*는 폐 외부에서는 거의 확산되지 않는다.

역학

*Legionella*는 열과 염소화에 내성이 있어서, 수도관 및 기타 가정용수의 수원지에 살고 있다. 세균을 사람에게 전파하는 적절한 수단을 제공하기 전까지 실제로 레지오넬라증은 일반적인 질환은 아니었다. 샤워, 증발기, 스파의 소용돌이, 온수 욕조, 에어컨 시스템, 냉각

[13]"호흡"을 의미하는 그리스어 *pneuma*와 "사랑"을 의미하는 그리스어 *philos*부터 유래.

질병개요파악 15.2

세균성 폐렴

원인 *Streptococcus pneumoniae* (그람-양성 또한 폐렴 구균으로 알려진 쌍구균), *Mycoplasma pneumoniae* (그람-양성이지만 핑크 염색, 다형성 세균), *Klebsiella pneumoniae* (그람-음성 간균), *Haemophilus influenzae* (그람-음성 다형성 구간균), *Staphylococcus aureus* (그람-양성 구균), *Yersinia pestis* (그람-음성 막대형), 그리고 *Chlamydophila psittaci*와 *C. pneumoniae* (절대 세포내 다형성 세균).

독성인자 병원균에 따라 다양하지만, 부착분자, 캡슐, 식균작용 저해제, 지질 A 등을 포함한다.

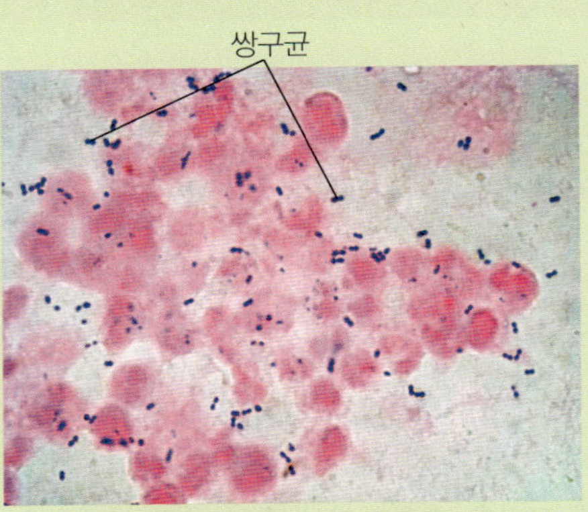

Streptococcus pneumoniae LM 20 μm

침입구 흡입, 또한 *Yersinia*의 경우에 혈액을 통해서.

징후 및 증상 마른 및 소모성 기침, 두통, 열, 오한, 흉통. *Klebsiella*가 섞인 점액성 혈담과 *Yersinia*가 섞인 거품과 혈담.

잠복기 *Pneumococcus*: 1-3일; *M. pneumoniae*: 1-4주; *K. pneumoniae*: 1-3일; *H. influenzae*: 2-4일; *S. aureus*: 다양하고 일반적으로 수일; *Y. pestis*: 몇 시간에서 2일; *Chlamydophila* 종: 1-4주.

감수성 폐렴구균: 면역취약자; *M. pneumoniae*: 고등학생과 대학생들; *K. pneumoniae*: 입원환자; *H. influenzae*: 영유아; *S. aureus*: 매우 어린 환자, 낭포성 섬유증 환자와 같은 호흡기 질환을 가진 환자; *Y. pestis*: 가래톳 흑사병에 노출된 사람; *C. pneumoniae*: 학령기 아동에서 가장 흔함; *C. psittaci*: 조류와 가까이 접촉한 사람.

치료 폐렴구균: 페니실린 G, 반코마이신; *Mycoplasma*: 테트라사이클린, 에리스로마이신; *K. pneumoniae*와 *H. influenzae*: 세팔로스포린; *S. aureus*: 반코마이신; *Y. pestis* : 테트라사이클린, 스트렙토마이신, 클로람페니콜; *Chlamydophila* 종: 테트라사이클린, 에리스로마이신.

예방 이러한 자주 손을 씻는 등의 일반적인 주의 사항의 활용. 흡연금지, 그리고 *C. psittaci*의 경우, 감염된 조류를 피할 것. *S. pneumoniae*와 *H. influenzae*에 대한 백신 이용가능.

탑 등은 레지오넬라를 함유하는 에어로졸을 생성한다. 209쪽의 임상 사례연구에서는 전염병에 대하여 설명되어있다. 역학자들은 레지오넬라증이 개인 간 확산에 대하여는 전혀 기록하지 않았다.

CDC는 매년 약 18,000명이 레지오넬라병에 감염되지만 대부분의 경우 경증이며 진단되거나 보고되지 않는다고 추정한다. 흡연자, 노인, 만성 호흡기 질환을 앓고 있는 환자, 면역취약자는 감염 및 질환에 가장 큰 위험이 있다. 대부분의 보고 사례는 여름에서 초가을에 걸쳐 발생하였다.

진단, 치료 및 예방

의사는 임상 샘플에서 *Legionella*의 존재와 항체를 밝히는 형광항체 염색 또는 혈청학적 검사로 레지오넬라병을 진단한다. 퀴놀론(quinolone) 또는 아지스로마이신(azithromicin)은 레지오넬라병의 치료에 대한 선택적 항생제이다.

염소화와 가열은 이 세균의 처리에서만 비교적 성공적이기 때문에 수원지에서 *Legionella*를 제거하는 것은 실용적이지 않다. 그러나 이 세균은 큰 독성이 없어서 단순히 그 수를 감소시키는 것은 일반적으로 성공적인 제어 방법이다.

결핵

학습 성과

15.16 *Mycobacterium* 코드인자의 2가지 효과를 확인하라.
15.17 *M. tuberculosis*의 전염 및 발병 기작과 신체에 미치는 영향을 설명하라.
15.18 결핵의 역학, 진단, 치료와 예방을 토론하라,
15.19 다중-약제-내성, 특히 약제-내성 결핵을 정의하고 비교하라.

성공적인 감시의 결과와 효과적인 항생제의 사용으로 산업화된 국가의 사람들에게 그 중요성이 감소하고 있지만, **결핵(tuberculosis, TB)**은 세계에서 가장 주요한 질병이다. 그럼에도 불구하고 역학자들은 미국의 보건부서들이 1900년대 후반에 결핵 퇴치 프로그램에 사용될 자금을 다른 분야로 전용시킨 것처럼, 자기도취에 의해 이 끔찍한 질병이 재발될 수 있음을 경고하고 있다.

결핵은 세포벽에 풍부한 **마이콜산[mycolic** (mi-kol-ic) **acid]**을 포함하는 그람-양성 세균인 *M. tuberculosis* (mī´kō-bak-tēr´ē-ŭm too-ber-kyū-lō´sis)에 의해 발병된다. 이 왁스 지질은 60–90개의 탄소 사슬로 구성되어있으며, 이 때문에 *M. tuberculosis*와 다른 마이코박테리아는 독특한 특징을 가지게 된다. 특히 마이코박테리아는:

- 서서히 생장한다. (주로 많은 양의 마이콜산이 합성되는데 요구되는 시간 때문에) 생성 시간은 몇 시간에서 며칠까지로 다양하다.
- 식세포작용을 받을 때 일단 용균으로부터 보호된다.
- 세포 내 생장을 할 수 있다.
- 마이코박테리아는 그람염색, 세제, 많은 일반 항균약물, 건조 등에 대하여 내성이 있으며. 그람염색법으로 약하게 염색되기 때문에 (모든 경우) 항산성 염색법이 개발되었다 (그림 2.18 참조).

*M. tuberculosis*의 독성 균주는 **코드 인자(cord factor)**를 생성한다. 이것은 평행하게 정렬되어 서로 붙어 있는 딸세포 가닥을 생성하는 세포벽 성분인데 호중구의 이동을 억제하고 포유류 세포에 대한 독성을 나타낸다. 코드 요소를 합성할 수 없는 돌연변이성 마이코박테리아는 질병을 유발하지 않는다.

468–469쪽의 **질병심층연구: 결핵**에서는 더 자세하게 결핵의 양상에 대하여 검토한다.

대부분의 환자에서 세균에 의해 면역계는 교착 상태에 도달한다. 면역계는 병원체의 추가 확산을 방지하고, 질병의 진행을 막을 수 있지만 모든 마이코박테리아를 제거할 수 없다. *M. tuberculosis*는 대식세포 내부와 결핵의 중심에서 수십 년 동안 휴면으로 남아있을 수 있다.

적어도 아이소니아지드(isoniazid, INH)와 리팜핀(rifampin)에 내성을 가지고 있는 *M. tuberculosis* 균주의 **다-약제-내성(multi-drug-resistant, MDR)** 균주는 여러 나라에서 나타났다. 체외에서 적어도 INH, 리팜핀, 3가지 이상의 다른 항결핵 약물에 내성 결핵균에 의한 질병으로 정의되는 **광범위 약제-내성 결핵[extensively drug-resistant (XDR) tuberculosis]**의 출현에 대해 의료 관계자는 심각하게 우려하고 있다. 남아프리카 공화국의 한 병원에서는 이 질병으로 인해 53명의 XDR-TB 환자 가운데 52명이 사망하였다. 의사들은 MDR-TB 치료에 레보플록사신(levofloxacin)과 함께 3–5가지의 다른 항균제를 투여하였다. 의사들은 40년 이상이 지나 첫 번째 새로운 항 결핵 약물인 베다퀼린(bedaqiline)이 2013년에 FDA의 승인된 것에 대하여 희망을 갖고 있다. 베다퀼린은 특히 마이코박테리아에서 ATP 합성을 억제한다. 그것의 사용은 MDR-TB 또는 XDR-TB에 대한 다중 약물 치료로 제한된다.

MDR 및 XDR 균주는 결핵을 제거하기 더 어렵게 한다. 따라서 관리자들은 항결핵 약물 요법에 대한 엄격한 준수를 장려하고 있다. 세계보건기구(WHO)와 CDC에서는 직접호출치료(*Directly Observed Treatment, Shortcourse, DOTS*)라는 약물 전달 전략을 추천하였는데 이것은 의료종사자가 일정에 자신의 약물을 복용하기 위해 환자를 관찰하는 것이다. MDR 및 XDR 결핵 환자의 효과적인 치료는 그 때문에 매우 비싸다. 연구자들은 직접 관찰이 필요하지 않도록 몇 개월의 기간 동안 몸에 서서히 직접 약물을 제공할 피하 이식체를 개발하고 있다.

감염의 검사와 방지, 그리고 DOTS의 실행하는 노력으로 미국에서 TB의 사례 수는 감소되었다. CDC는 현재의 하락하는 환자 수 추세는 결핵이 없는 나라가 가까운 미래에 달성될 수 있음을 예측하고 있다.

결핵

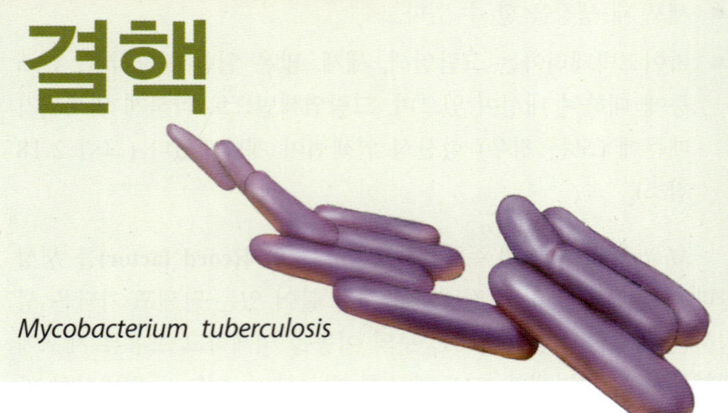

Mycobacterium tuberculosis

징후 및 증상

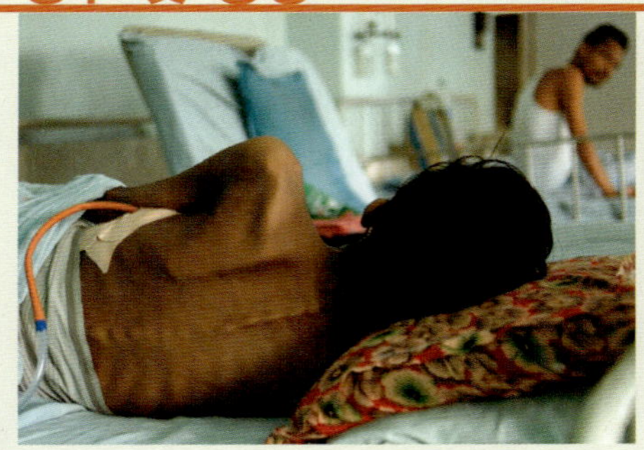

결핵의 징후와 증상은 항상 뚜렷하지 않으며, 경미한 기침과 미열로 제한된다. 이 병이 진행됨에 따라 호흡곤란, 피로, 불쾌감, 체중손실, 흉통, 천명, 각혈 등의 특징을 나타낸다.

많은 사람들은 결핵(TB)을 선진국에서는 신경 쓰지 않는 옛 질병으로 생각한다. 의료/보건 기술의 발달로 결핵 환자의 수가 줄어들었기 때문이다. 그럼에도 불구하고 역학자들은 이 끔찍한 살인자가 재출현할 수 있음을 경고하고 있다.

발병

1차 결핵

1 *Mycobacterium*은 일반적으로 감염된 개인의 호흡 비말의 흡입을 통해 호흡기로 감염된다.

2 폐포의 대식세포는 마이코박테리아를 식세포화 하지만 소화시킬 수 없는데, 그 이유는 세균이 리소솜이 세포내 기생성 소포와 융합되는 것을 저해하기 때문이다.

3 대신에 세균은 대식세포 내에서 자유롭게 복제하여 점차적으로 식세포를 죽인다. 죽은 식세포에서 방출된 세균들은 다른 대식세포에게 식세포화되어 새롭게 주기를 시작한다.

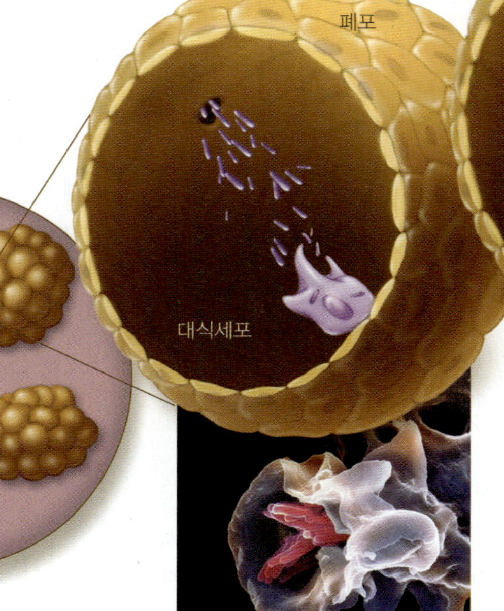

대식세포에 포획된 *Mycobacterium.*

연구하라!

질병의 미래에서 XDR-TB(광범위 약제 내성-결핵)의 발달은 무엇을 예고하는 것인가?

XDR-TB를 탐구하기 위해서 질병 통제예방센터의 방문을 원한다면 이 코드를 스캔하라.

역학

주로 아시아와 아프리카에서 분당 평균 4명이 결핵으로 사망한다. CDC는 9백만 명 이상의 미국인이 여전히 결핵에 감염되는 것으로 추정하고 있지만 미국에서는 감소추세에 있다. 세계 인구의 3분의 1이 감염되었고, 매년 9백만 명 이상의 새로운 환자가 나타난다.

왼쪽은 2010년에 100,000명당 예상되는 새로운 결핵환자 (WHO)

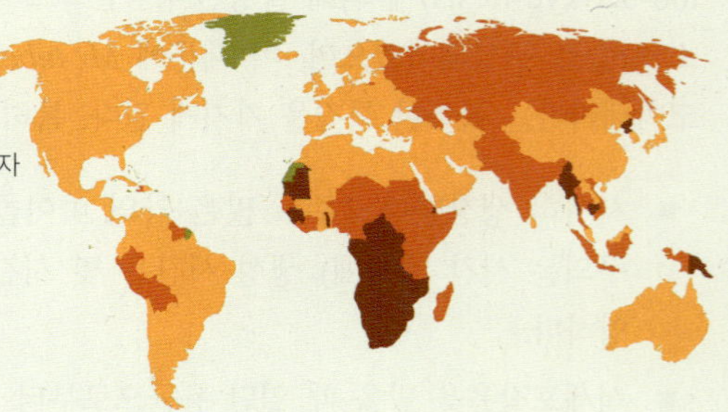

병원체 및 독성인자

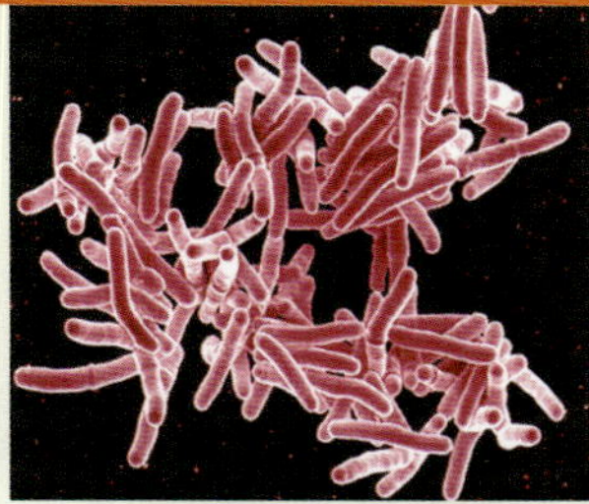

*Mycobacterium tuberculosis*는 높은 G+C, 호기성, 그람-양성 간균이다. 독성균주는 병렬 정렬로 또 다른 세포에 부착된 채로 있는 딸세포 가닥을 생산하는 세포벽 성분인 코드인자를 생성한다. 코드인자는 또한 호중구의 이동을 억제하고 포유류의 세포에 독성을 나타낸다. Mycobacterium의 다중약물내성(MDR-TB) 결핵 균주와 광범위 약제내성(XDR-TB) 결핵 균주는 결핵을 제거하기 더욱 어렵게 한다.

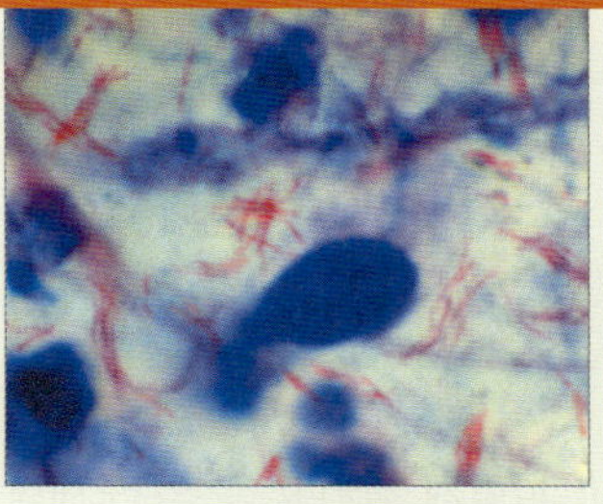

세포벽에는 이 병원체의 특성이 되는 왁스 지질인 마이콜산을 포함하는데, 느린 생장, 세포가 식작용시 용균으로부터 보호, 그람 염색, 세제, 많은 일반적인 항균 약물, 건조 등에 대한 내성을 갖도록 한다. (느린 생장은 주로 마이콜산 분자를 합성하기 위해 필요한 시간 때문임.)

4 감염된 대식세포는 T 림프구에 항원을 제시하여 더 많은 대식세포를 모으고 활성화하여 리포카인 생산을 통한 염증을 유발한다. 단단히 포장된 대식세포는 감염 부위를 둘러싸고 2–3개월 동안 결절을 형성한다.

5 다른 세포는 결절 내에서 감염된 대식세포와 폐세포를 둘러싸며 콜라겐 섬유를 축적한다. 중앙에 감염된 세포들은 죽어서 *M. tuberculosis*를 배출하고 건락괴사(caseous necrosis) (죽어가는 세포에서 단백질과 지방으로 인하여 치즈와 같은 조직의 사멸)를 일으켜 죽게 된다. 세균과 신체의 방어 사이의 교착 상태로 발전한다.

2차/재활성 결핵은 *M. tuberculosis*가 교착 상태를 파괴하고, 결절을 파괴하고, 활성 감염을 복구할 때 발생한다. 재활성화는 환자의 약 10%에서 발생하는데 질환, 영양 결핍, 약물이나 알코올 남용, 또는 다른 요인 등에 의해 약해진 면역계 환자 등에서 일어난다.

파종성 결핵은 대식세포가 병원체를 혈액과 림프절을 통해 골수, 비장, 신장, 척수, 뇌를 포함한 다른 부위로 운반할 때 일어난다.

비장의 결핵병변

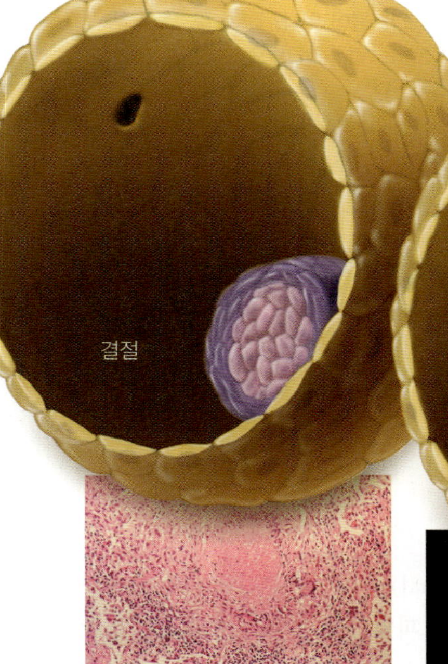

폐조직에서의 결절 LM 50 μm

건락괴사

결핵에 의해 생긴 폐병변

파열된 결절

Mycobacteria

진단

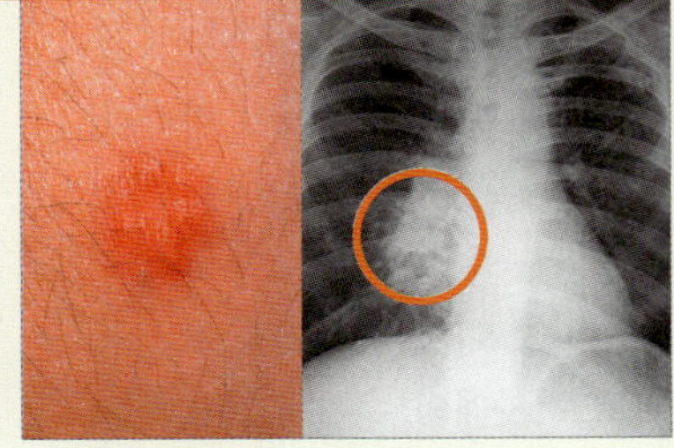

투베르쿨린 피부 반응 검사는 결핵에 노출된 환자를 탐색하는데 사용된다. 양성반응은 접종 부위에 크고, 붉고, 융기된 병변이 나타난다. 흉부 X-선 필름은 폐에서 결절의 존재를 밝힐 수 있다. 1차 결핵은 일반적으로 폐의 하부 및 중앙 부위에서 발생하고 2차 결핵은 더 상부 쪽에 나타난다.

치료 및 예방

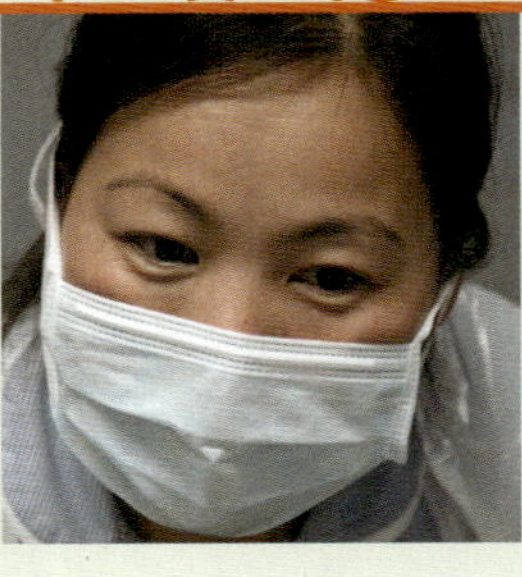

치료는 아이소니아지드(isoniazid), 리팜핀(rifampin), [에탐부톨(ethambutol), 레보플록사신(levofloxacin), 스트렙토마이신(streptomycin)과 같은] 여러 가지 약물 중 한 가지를 병용하여 6개월 동안 복용한다. 새로 승인된 베다퀼린(bedaqiline)은 MDR-TB 또는 XDR-TB 치료를 위해 다른 약물과 함께 사용된다. 결핵이 일반적인 국가에서 의료종사자는 환자들에 BCG 백신을 예방접종하는데 이것은 면역취약자에게 질병을 일으킬 수 있기 때문에 추천되지는 않는다. 종사자들은 결핵환자로부터 비말을 흡입해서는 안된다.

백일해 (백일해 기침)

학습 | 성과

15.20 백일해의 특성을 설명하라.

지속적이고 매우 심한 기침으로 지치고 파랗게 질리고, 눈의 모세혈관이 파열되어 괴로워하는 자신의 아이를 바라보는 것보다 부모를 괴롭히는 것에는 무엇이 있을까? 일반적으로 **whooping cough**라는 **백일해(pertussis)**는 이러한 증상을 일으킨다.

징후 및 증상

백일해의 초기 징후와 증상은 콧물, 약간의 기침, 미열 등을 나타내는 일반 감기와 유사하다. 1-2주 후, 심한 기침 증상이 발생한다. 구토, 설사, 질식이 이 단계에서 동반된다. 폐에서 산소 교환이 크게 제한되어 청색증(*cyanosis*) (환자가 파란색으로 변함)으로 발전하여 사망할 수 있다.

병원균 및 독성인자

Bordetella pertussis (bōr-dē-tel´ă per-tus´is)는 베타프로테오박테리아 강(class)에 속하는 작은, 호기성, 비운동성, 그람-음성의 구간균(coccobacillus)이며 백일해의 원인이 된다. 다양한 부착소와 독소는 질병을 매개한다. 두 부착소는 필라멘트성 혈구응집소과 백일해 독소이다. 4가지 독소가 알려져 있으며 그 특성은 다음과 같다:

- 백일해 독소(*pertussis toxin*)는 많은 점액 생산하여 섬모 상피세포의 물질대사를 방해한다. (즉, 백일해 독소는 부착소와 독소임을 주시하라.)
- 아데닐 사이클라제 독소(*Adenylate cyclase toxin*)는 많은 점액을 생산하여 백혈구의 이동, 식균작용, 그리고 사멸을 억제한다.
- 피부괴사 독소(*dermonecrotic toxin*)는 세포 사멸 및 조직 파괴의 결과로 국부적 수축 및 혈관 출혈을 일으킨다.
- 기관 세포 독소(*tracheal cytotoxin*)는 저 농도에서 호흡기 세포의 섬모 운동을 억제한다.

발병

그 부착소를 통해 흡입된 *B. pertussis*는 기관(trachea) (질병개요 15.3에서 참조)의 섬모와 결합하여 섬모성 배출작용(ciliary escalator)을 방해하고 정지시킨다. 필라멘트형 혈구응집소(filamentous hemagglutinin)도 호중구의 세포막에 결합하여 세균의 세포내이입을 시작한다. *B. pertussis*는 식세포에서 생존하여 면역계를 회피한다. 백일해 독소는 감염세포가 세균 부착과 식균작용을 하는 필라멘트형 혈구응집소에 대한 많은 수용체를 생산한다.

백일해는 잠복기(incubation), 카타르기(catarrhal, kă-tah´răl)[14], 발작기(paroxysmal, par-ok-siz´măl)[15] 및 회복기(convalescent)의 4단계를 통해 진행된다 (**질병개요파악 15.3**). 백일해의 특징적 징후는 2-4주 동안에 일어나는 발작성 단계로서 폐에서 점액을 제거하기 위해 환자는 흡입하지 않고 2-3회 기침하며, 막힌 기관을 통해 특징적인 "쌕쌕거리는 소리(whoop)"를 한다. 매일 한 환자가 40-50회의 기침발작을 할 수 있고 종종 결국에 구토를 하며 기진맥진하게 된다. 기침은 매우 심하여 눈의 혈관이 터질 수 있다.

질병개요파악 15.3

백일해 (백일해 기침)

원인 *Bordetella pertussis* (그람-음성 구간균).

독성 요인 기관 세포에 부착하는 부착소; 포식소체 내에서 생존; 백일해 독소는 인간세포로 하여금 *Bordetella*에 대한 많은 수용체를 만들게 한다.

침입구 흡입.

징후 및 증상 카타르기가 1-2주간 지속되는 감기와 유사한 징후와 증상을 갖기 시작한다. 그 다음 발작기는 2-4주 지속되는데 숨없이 3-4번의 지속적이고 격렬한 기침발작을 하고 그 후 기침, 고음, 천명 흡입이나 쌕쌕거리는 소리가 난다. 회복기는 몇 주 동안 지속되는데 기침이 가라앉는다.

Bordetella pertussis가 기관의 상피세포의 섬모에 붙어 있다. 이 세균 (노란색)은 결국 이 세포의 소실을 초래한다.

잠복기 6-20일, 평균 7-10일.

감수성 비면역화된 어린이.

치료 유지 요법; 에리스로마이신은 거의 영향을 주지 않는다.

예방 DTaP 백신

역학

백일해는 호흡비말이 공기를 통해 확산되며 매우 전염성이 강하다. 다행히, 이 세균은 약하여 몸 밖에서는 오래 생존하지 못한다. 이것은 5살 이하의 어린이에게 발생되는 생명을 위협하는 소아 질병으로 간주된다. 전 세계적으로 매년 6천만 명 이상이 백일해로 고통을 받고 있다. 미국에서는 1981년에 보고 사례의 수가 1,250건 이

[14] "흘러내림"을 의미하는 그리스어 *katarheo*로부터 유래.

[15] "염증을 일으킨다"는 의미의 그리스어 *paroxysmos*로부터 유래.

하였지만 백일해는 재출현성 질병(*reemerging disease*)으로 2012년에 거의 42,000건이 보고되었다. 이러한 수치는 만성 기침 환자에게는 정기적으로 *Bordetella* 감염 시험이 실시되지 않았고 큰 아이들과 성인은 일반적으로 덜 심각하거나 감기 또는 독감으로 오진될 수 있기 때문에 상당히 실제 수를 과소평가된 것이다.

진단, 치료 및 예방

백일해의 증상은 보통 진단에 유용하다. 비록 의료종사자는 호흡 표본에서 *B. pertussis*를 분리할 수 있지만, 이 세균은 건조에 매우 민감하기 때문에 표본은 환자의 침대 옆에서 이 세균의 특별배지인 *Bordet-Gengou* 배지에 접종해야 한다.

백일해에 대한 치료는 주로 보조 치료이다. 면역계가 이미 "전쟁에서 승리"하였을 때의 질환으로 인식된다. 회복은 세균의 수가 아니라 기관 상피의 재생에 달려있다. 따라서 항균 약제는 환자의 전염성을 줄일 수 있지만 질병의 진행에는 거의 영향을 미치지 않는다. 처방은 2주 동안 매일 에리스로마이신을 투여하는 것이다.

*B. pertussis*는 보균체가 없는 점과 유효 백신 (DTP 백신의 "P")이 1949년부터 사용되었다는 점에서 백일해는 근절될 수 있었다. 이러한 가능성에도 불구하고, 백일해는 미국에서 여전히 문제로 남아있다. 이것은 약독화 백신(DTP)에 대한 부작용에 관한 홍보 및 면역이 평생 유지되는 것은 아니라는 점으로 부모들이 자녀의 예방접종을 거부하는데 따른 것도 부분적인 원인이 된다. CDC는 현재 무세포 백일해(aP) 성분이 있는 DTaP 백신(*DTaP vaccine*)을 권장한다. DTaP는 DTP 백신보다 부작용이 덜하지만, 면역반응을 야기하는데 동등한 효과를 가지고 있다.

흡입성 탄저병

학습 | 성과

15.21 흡입성 탄저균을 설명하라.

정부에서는 **탄저병(anthrax)** 간균을 하나의 잠재적인 생물학적 테러 원인체로 분류한다. 2001년에 테러범들은 미국우편시스템을 통해 내생포자를 동봉한 편지를 보내 이 질병을 확산시켰다. 21명이 앓게 되었고 그중 5명이 죽었다. 3가지 형태의 탄저병이 있다: 12장에서 논의된 피부 탄저병(*cutaneous anthrax*)은 피부에 나타나고, 위장성 탄저병(*gastrointestinal anthrax*)은 사람의 소화계에서 일어나는 희귀병이다; 그리고 사람에게 가장 심각한 형태인 **흡입성 탄저병 (inhalational anthrax)**은 여기에서 다루게 되는 호흡기 질환이다.

징후 및 증상

흡입성 탄저병의 초기 증상은 목의 통증, 미열, 근육통 (근육 통증), 가벼운 기침, 불쾌감 등으로 일반적인 감기나 독감과 유사하다. 며칠 후, 증상은 진행되어 더 심한 기침, 메스꺼움, 구토, 실신, 착란, 혼수, 쇼크, 죽음으로 진행된다.

병원체 및 독성 요인

*Bacillus anthracis*는 그람-양성, 내생포자 형성, 호기성, 막대 모양의 세균으로 탄저병을 일으킨다. 저항성의 내생포자는 오랫동안 환경에서 살아남을 수 있도록 한다. 신체에서 *B. anthracis*는 폐포의 대식세포에 의한 포식 작용을 저해하는 글루탐산의 보호 캡슐을 형성한다. 이 세균은 사람의 세포를 죽이고 부종 (체액 축적으로 부풂)을 일으키는 탄저독소(*anthrax toxin*)를 분비한다.

발병 및 역학

B. anthracis 내생포자의 감염량은 적어도 8,000–50,000개의 내생포자를 흡입해야 한다. 폐에서 내생포자는 발아되고, 영양세포는 호흡 기능을 손상시키는 탄저독소를 분비하여 독혈증(toxemia)을 일으키며 종종 죽음을 초래한다.

탄저병은 사람에서 사람으로 확산되지 않는다. 오히려 사람들은 먼지나 동물의 가죽이나 털과의 접촉이나 내생포자의 흡입에 의해 감염된 동물로부터 *B. anthracis*에 감염될 수 있다. 흡입성 탄저병에 걸린 가진 대부분의 환자들은 충분한 유지치료와 적절한 항생제를 사용할지라도 죽게 된다.

진단, 치료 및 예방

임상의는 환자의 가래에서 커다란 *Bacillus*의 그람-양성 세포를 쉽게 식별할 수 있지만, 내생포자는 거의 볼 수 없다. 환경에서 발견되는 *Bacillus*의 무해한 종과는 달리, 실험실에서 배양된 *B. anthracis* 집락들은 혈액평판배지에서 배양될 때 점착성이 있고 비용혈성이다. 혈청학적, DNA 및 생화학적 시험은 탄저균의 존재를 확인한다.

페니실린, 독시사이클린(doxycycline), 레보플록사신(levofloxacin), 시프로플록사신(ciprofloxacin) 등을 포함한 대부분의 항생제는 탄저균에 대해 효과적이다. 그러나 폐의 손상과 독혈증은 심각하고 빨라서 치료는 종종 비효과적이다. 2001년 생물테러 공격 시, 의사들은 폐 주위에서 지속적인 체액의 배출이 동반되는 항균 약물에 의한 흡입성 탄저병을 조기에 적극적인 치료를 통해서 1% 이하에서 약 50%까지 생존율을 증가시킨다는 것을 알게 되었다.

효과적인 백신은 군인, 연구자, 동물 관리자, 그리고 탄저병 환자를 치료하는 의료전문가에게 선별적으로 이용할 수 있다.

457쪽의 표 15.1에서는 흡입성 탄저병과 다른 호흡기 질환과 비교하고 대조한다.

왜 그런가

*Mycoplasma pneumoniae*는 페니실린을 분해하는 효소를 합성하지 않지만, 페니실린에 대한 내성이 있다. *Mycoplasma*가 페니실린에 내성이 있는 이유를 설명하라.

하부 호흡계의 바이러스성 질환

지금까지 상부 호흡계의 중요한 세균성 및 바이러스성 질병과 하부 호흡계의 세균성 질병에 대하여 살펴보았다. 이제 인플루엔자를 시작으로 하부 호흡계의 바이러스성 질병을 살펴보기로 하자.

인플루엔자

학습 | 성과

15.22 인플루엔자의 일반적인 특성을 설명하라.
15.23 인플루엔자 바이러스의 증식주기와 새로운 인플루엔자 바이러스의 기원에서 혈구응집소와 뉴라미니다제의 역할을 설명하라.

6년 전 어느 겨울에 동료들이 모두 죽어서 스웨덴의 어느 중간 크기의 마을에 동성의 초등학생들만이 있다는 것을 상상해보라; 또는 2달 전에 당신의 기숙사 친구들의 절반이 사망했다는 것을 방학이 끝난 후 대학에 돌아가서야 비로소 알게 되었다고 상상해보라. 이 이야기들은 꾸민 이야기가 아니다. 1918–1919년 겨울 **(그림 15.10)**에 대유행한 독감으로, 본 저자의 친척들에게서 일어났던 이야기이다. 그해 겨울에 세계 인구의 절반이 새롭고, 매우 치명적인 독감에 감염되었다. 이 독감 시즌 중에 약 4천만 명이 사망하였다. 일부 미국 도시에서는 몇 달 동안 매주 만 명이 사망하였다. 이 질병이 다시 발생할 수 있을까? 이 절에서 일반 감기 다음으로 흔한 질병인 독감이 그러한 충격적인 전염병을 일으킬 수 있는 인플루엔자의 특성에 대해 배우고 우리 자신을 보호하기 위해 몇 가지 방법을 살펴보기로 하자.

징후 및 증상

인플루엔자는 감염 후 하루 정도의 잠복기를 가진다. **인플루엔자 (influenza)**[16] [in-flū-en´ză, 또는 **플루(flu)**]의 징후와 증상은 보통 39–41°C (102–106°F) 정도의 갑작스러운 발열, 인두염, 울혈, 마른기침, 불쾌감, 두통, 근육통이 나타난다. 열은 독감을 감기와 구별하는 특징이다. 대부분의 사람들은 1–2주 만에 회복될 수 있다.

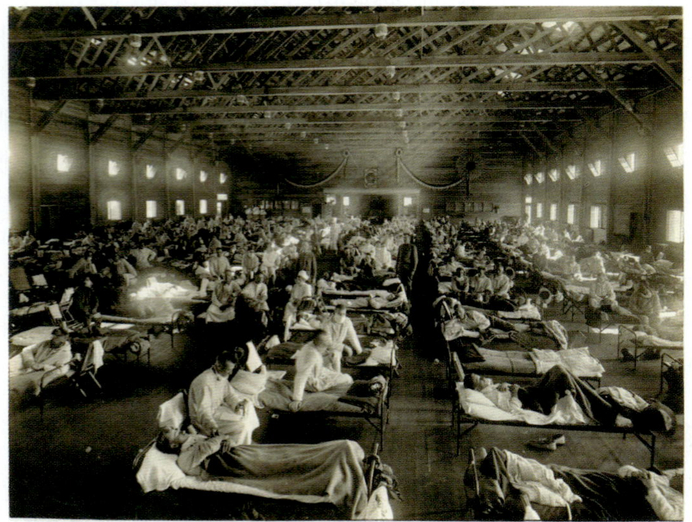

▲ **그림 15.10 1918–1919년에 독감 대유행의 장면.** 독감은 미국에서 많은 사람들을 감염시켰으며 체육관은 병상으로 사용되었다.

병원체 및 독성인자

A형 및 B형으로 지정된 2종의 바이러스는 독감(influenza)을 일으킨다. 각 독감 비리온은 ssRNA 분자로 된 서로 다른 8개의 분절로 되어 있고, **혈구응집소**[17]**(hemagglutinin**, hē-mă-glū´ti-nin, **HA)**

[16]"영향을 미치다"라는 이탈리아어 *influenza*는 전체의 정렬이 발생하거나 질병에 영향을 준다는 잘못된 생각에서 유래.
[17]*hemagglutinin*이라는 단어는 적혈구에 부착하고 덩어리(응집체)를 형성하는 스파이크 기능을 의미.

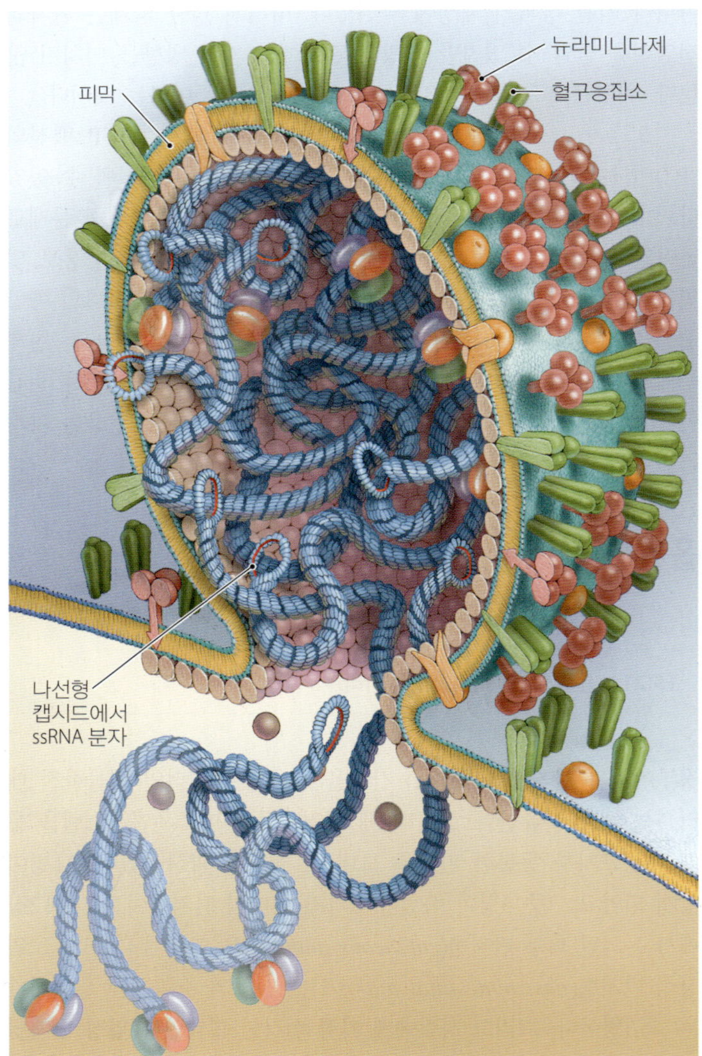

▲ **그림 15.11 세포에서 분열하는 인플루엔자 바이러스 횡단면의 예술가에 의한 묘사.** 바이러스의 유전체는 나선형 캡시드로 둘러싸인 ssRNA의 8개 절편으로 구성되어 있다. *당단백질(glycoprotein) 스파이크의 유형은 무엇인가? 이것은 바이러스 주와 어떤 관련성이 있는가?*

그림 15.11 인플루엔자 바이러스 상에 있는 당단백질 스파이크는 뉴라미니다제(NA)와 혈구응집소(HA)이다. 이 당단백질의 변이는 바이러스 주를 결정한다.

또는 **뉴라미니다제(neuraminidase**, nūr-ă-min´i-dās; **NA)** (그림 15.11)로 구성된 돌출된 당단백질 스파이크가 박힌 다형성의 피막에 의해 둘러싸여 있다. HA와 NA는 모두 부착 역할을 한다: NA 스파이크는 폐에 점액을 가수분해하여 세포 표면에 바이러스에 대한 접근을 제공하는 반면에, HA 스파이크가 실제로 폐의 상피세포에 결합하여 세포내이입을 유발한다. 인플루엔자 바이러스는 거의 폐의 외부 세포를 공격하지 않기 때문에 위장 독감(*stomach flu*)은 아마도 다른 바이러스나 세균에 의해 발생하는 듯하다.

인플루엔자 바이러스의 게놈은 특히 HA와 NA를 암호화하는 유전자 때문에 매우 다양하다. 이러한 당단백질 스파이크를 암호화하는 유전자의 돌연변이는 항원미소변이와 항원대변이로 알려진 과정을 통해 새로운 인플루엔자 바이러스를 생산하는 원인이 된다.

항원미소변이(antigenic drift) (그림 15.12a)는 주어진 지리적 구역에서 바이러스의 단일 균주 내에서 혈구응집소와 뉴라미니다제

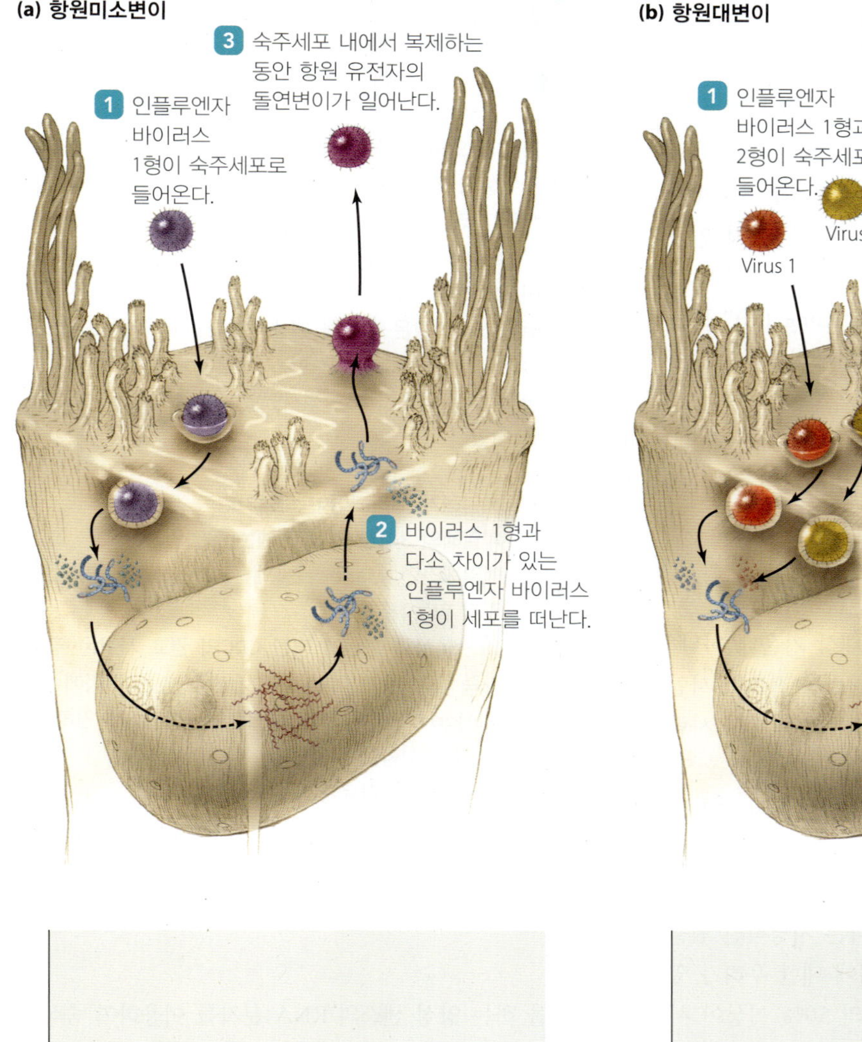

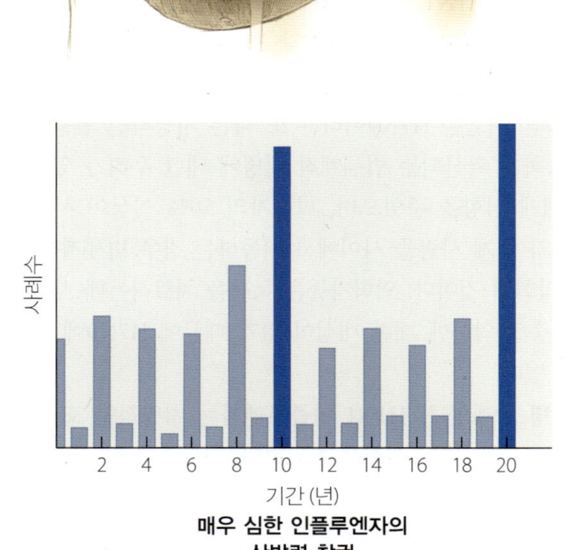

▲ **그림 15.12 새로운 독감 바이러스 주의 발생. (a)** 인플루엔자 바이러스 A형 또는 B형에서 한 가지 주의 NA와 HA 스파이크 변이의 결과로 발생되는 항원미소변이. **(b)** 단일 세포를 감염하는 2가지 이상의 인플루엔자 바이러스 주로부터 RNA 분자가 하나의 비리온에 통합될 때 발생되는 항원대변이. 항원대변이는 항원미소변이에서 발생하는 것보다 매우 큰 항원변이를 생산하기 때문에 항원대변이는 주요한 전염병을 초래한다.

의 유전자 돌연변이 축적을 의미한다. 바이러스 개체군의 항원에서 상대적으로 적은 변화가 있기 때문에 계절적 인플루엔자 감염 사례 수의 지역적 증가가 2년마다 발생한다. 바이러스 항원의 점진적인 변화 과정은 미소변이라고 이름 붙여졌다.

대조적으로, **항원대변이(antigenic shift)** (그림 15.12b)는 동일한 숙주세포 (조류와 돼지의 세포를 포함하여 사람 세포 또는 동물 세포)에 감염하는 서로 다른 인플루엔자 A형 바이러스 중에서 유전자의 재편성으로부터 발생하는 주요 항원 변화이다.

평균적으로, A형 인플루엔자의 항원대변이는 10년마다 발생한다. B형 인플루엔자는 항원대변이가 일어나지 않는다.

인플루엔자 균주는 형태 (A형 또는 B형), 원래 동정의 위치와 날짜, 항원의 형태 (HA 및 NA)에 따라 명명된, 예를 들어, A/싱가포르/1/80 (H1N2)인 인플루엔자는 각각 1형 및 2형의 HA와 NA 항원을 포함하며, 1980년 1월 싱가포르에서 분리된 A형 인플루엔자이다. 바이러스가 동물로부터 분리되는 경우, 동물 이름이 위치에 추가된다. 이러한 이름에서 "홍콩 독감(Hong Kong flu)" 또는 "돼지 독감(swine flu)"과 같은 일반적인 이름이 생겨났다. 가능한 인플루엔자 균주의 수는 거의 무한대이다. 인플루엔자 바이러스의 숙주 역할을 하는 사람, 오리, 닭, 돼지의 대륙의 높은 개체군 밀도 때문에 아시아는 항원대변이의 주요 장소이며 범세계적 질병을 일으키는 균주의 주요 근원지이다.

역학자는 1918–1919년, 1957–1958년, 1968–1969년에 주요 범세계적 질병들과 유사한 항원을 가진 물새들의 A형 인플루엔자 바이러스에 대해 특히 우려하고 있다. 관심대상 가운데 하나의 바이러스는 H5N1인데 감염된 조류에서 바이러스를 접촉한 사람들의 60% 이상이 사망하였다. 다행히 이 바이러스는 사람에서 사람으로 이동하지 않는다. 사람들은 오직 조류로부터 이 바이러스를 얻는다. 또 다른 바이러스인 H1N1은 멕시코에서 2009년에 서서히 범세계적 질병을 일으켰다. H1N1으로 그해 약 284,400명이 사망하였다. 희생자의 대부분은 독감 바이러스(flu virus)에 특이한 65세 이하였다. 2013년에 과학자들은 H7N9이라는 또 다른 치명적인 인플루엔자에 의해 급속하게 확산되는 범세계적 질병에 대한 우려가 있었는데 주로 노인에게 영향을 주었으며, 피해자의 50% 이상이 사망하였다. 바이러스가 쉽게 사람들 사이에서 이동하는 경우 범세계적 질병은 훨씬 더 악화될 것이다. 역학자들은 독감을 치료하는데 사용되는 모든 FDA 승인 약물에 대한 내성이 있기 때문에 H7N9에 대해 특히 우려하고 있다.

출현성 질병 사례연구: H1N1 인플루엔자는 치명적인 조류 독감에서 한 환자의 2009년도 경험을 참고하라.

발병

인플루엔자 바이러스는 호흡기 경로를 통해 신체로 침입한다. 폐의 상피세포는 세포내이입을 통해 바이러스를 포획하고 바이러스의 피막은 식균 소포(phagocytic vesicles)의 세포막과 융합한다. 독감 바이러스는 ssRNA 게놈의 전사를 위한 주형과 바이러스 단백질의 번역을 하는 양성 센스의 RNA 분자를 이용하여 증식한다.

비리온에 감염된 세포의 세포막에서 발아하는 과정 중에 NA는 응집을 통해서 바이러스 단백질을 유지한다. 발아하는 동안 게놈 분절은 무작위 방식으로 둘러싸서, 각 비리온은 약 11개의 RNA 분자로 된다. 그러나 기능적으로 비리온은 각 8개의 게놈 분절에 대하여 한 개 이상의 복사본이 있어야한다. 많은 결함이 있는 입자들은 형성된 모든 기능적 비리온을 위해 배출된다.

인플루엔자 바이러스에 감염된 상피세포의 죽음은 감염에 대한 폐의 첫 방어선을 제거한다. 그 결과 인플루엔자 환자는 2차 세균 감염에 더 민감하게 된다. 하나의 일반적인 감염 세균은 *Haemophilus influenzae*인데 많은 독감 희생자에서 발견되었기 때문에 그렇게 명명되었다. 면역반응의 일부로 분비되는 사이토카인은 일반적인 독감의 징후와 증상을 유도한다.

임상 사례연구

기침하는 사촌

21살의 Marjorie는 지난 7일 동안 차도가 없는 마른기침을 진찰받기 위해 병원을 찾았다. 기침을 시작하기 10일 전 부터 미열, 콧물, 재채기를 하였으나, 그녀는 평소와 같이 생활할 수 있었다. 낮에는 자주 "발작성 기침"을 하였으며, 메스꺼웠으며 구토하였던 상황을 회상하였다. 그녀는 사무실에 있는 동안 경미한 기침을 하였고 그것이 발작성이었으나, "쌕쌕거리는 소리"는 아니었다.

Marjorie는 야간에 수업을 듣는 파트타임 대학생이며, 낮에는 이모와 함께 어린 사촌들을 돌보았다. 그녀의 사촌들은 각각 5살과 6주였으며, 같은 병원을 방문하였다. 사촌들은 징후 또는 증상 없이 좋아 보였으며, 그들의 진료기록부에는 모든 예정된 백신주사에 대한 상태는 양호하다고 적혀있었다. Marjorie는 마지막 백신을 16살에 맞았다.

1. **백일해가 고려되어야 하는가?**
2. **백일해의 3가지 임상 단계는 무엇인가?**
3. **백일해라면, Marjorie는 왜 특유한 "쌕쌕거리는 소리"를 가지고 있지 않는가?**
4. **19–64살의 성인에 대한 CDC의 권고 사항은 무엇인가?**
5. **가족 중에 누가 이 상황에서 가장 높은 위험에 있는가?**
6. **Marjorie가 백일해에 걸렸다는 의심을 확인하기 위해 수행할 수 있는 시험은 무엇인가?**
7. **이 시점에서 치료가 추천되는가?**
8. **백일해는 어떻게 확산되며, Marjorie가 다른 사람에게로 감염 확산을 어떻게 막을 수 있는가?**

역학

독감 바이러스의 항원 변화는 각 시기마다 감수성 있는 사람, 특히 어린이에서 있을 것이 확실하다. 감염은 주로 기침이나 재채기에 의해 분비되는 대기 중의 바이러스 흡입을 통해 발생하지만 사람들이 자신의 입이나 코, 손가락에 바이러스를 전염시키는 것처럼 자기 접종을 통해 발생할 수 있다. 인플루엔자 바이러스는 신체 밖의 물체에서 8시간까지 감염성을 유지할 수 있다.

감염된 사람들은 질병 증상이 나타나기 하루 전, 그리고 징후와 증상이 시작된 후 1주일 이상 경과되었을 때 전염성이 있다. 일부 사람들에서 아프지 않은 감염자들은 보균자이다. 미국 인구의 약 15-20%는 매년, 보통 겨울에 독감에 걸린다. 매년 약 200,000명의 감염자가 병원에 입원하고, 30,000명은 사망한다. 노인 (65세 이상), 유아 (2세 미만), 임산부 및 면역계가 억제되는 만성질환을 가진 사람들은 전형적으로 대부분 세균성 폐렴, 기관지염, 중이염, 심부전을 포함한 심각한 합병증의 위험이 있다.

진단, 치료 및 예방

지역 사회 전체에서 발생 중에 나타나는 징후와 독감의 증상은 초기 인플루엔자를 진단하기에 충분하다. 이러한 면역형광, ELISA, 중합효소연쇄반응, 신속항원시험법과 같은 실험실 시험은 독감 바이러스의 균주를 구별할 수 있다. 항바이러스 치료 효과가 즉시 개시되어야하기 때문에 초기에 정확한 진단이 중요하며, 또한 조기 진단은 항생제의 부적절한 처방을 미연에 방지할 수 있다.

CDC는 독감을 치료하는 2가지 약물 중 하나를 사용하는 것을 권장한다: 오셀타미비어(oseltamivir) 정제 또는 흡입성 자나미비어(zanamivir) 분무제는 A형과 B형의 뉴라미다제를 억제하는데 이것들은 감염된 세포에서 바이러스 입자의 방출을 차단한다. 나중에는 질병의 증상을 방지할 수 없기 때문에 이러한 처방이 효과적이기 위하여 감염 첫 48시간 이내에 복용해야한다. 2000년 1월에 CDC는 인플루엔자 바이러스 A형에게만 활성이 있는 2개의 약물, 즉 아만타딘(amanthadine)과 라만타딘(rimantadine)의 사용을 권장하였는데 이 바이러스는 모두에 대하여 내성이 증가되고 있기 때문이다. CDC는 이 권장 사항이 효력을 유지해야하는지 여부를 확인하기 위해 약물 효과를 평가하고 있다.

미국에서 매년 수백만 달러가 독감 증상을 완화하는 항히스타민제와 진통제의 사용에 지출된다. 아스피린과 유사제품은 어린이 독감의 증상을 치료하는데 사용해서는 안 되는데 때때로 바이러스성 감염, 특히 아스피린을 복용한 어린이에서 다음과 잠재적으로 치명적인 레이증후군(Reye syndrome)의 위험이 증가하고 있기 때문이다.

독감을 제어하는 가장 큰 성공은 한 번에 여러 항원을 포함하

출현성 질병 사례연구

H1N1 인플루엔자

중학교는 탐사 시간도 있고, 학습도 하며 재미있어야 하지만, Maria는 너무 아파서 지금 그것들을 즐기지 못한다. 그녀는 104°F의 고열로 이틀간의 매우 불쾌한 날들을 보냈다. 또 다른 2일 동안 그녀는 온종일 아프고 현기증이 났다. 그녀의 머리는 어느 순간에 터질 듯하게 느껴졌으며, 구역질, 잦은 구토, 극단적인 피로가 계속되었다. 그녀는 1주일 이상 끊임없이 흐르는 콧물, 심한 인후통, 연속되는 마른기침에 대처하기 위해 노력하였으며, 그로 인하여 눈에 생긴 핏발을 멍하게 응시하였다. 이 공격은 끝이 없을까? 인플루엔자 A형의 새로운 재발성 균주에 의한 피해자가 있는 것으로 파악되었다.

독감 바이러스는 조류, 돼지, 말, 사람 등을 감염한다. 이 바이러스는 일반적으로 돌연변이를 일으켜 항원미소변이라는 과정으로 매년 약간 다른 균주를 생산한다. 그러나 10년에 1회 정도 인플루엔자 바이러스의 다른 균주는 하나의 세포를 감염하고 그 안에서 그들은 RNA의 주요 부분을 교환하여 항원대변이라는 과정으로 바이러스의 새롭고 아주 다른 균주를 생산한다.

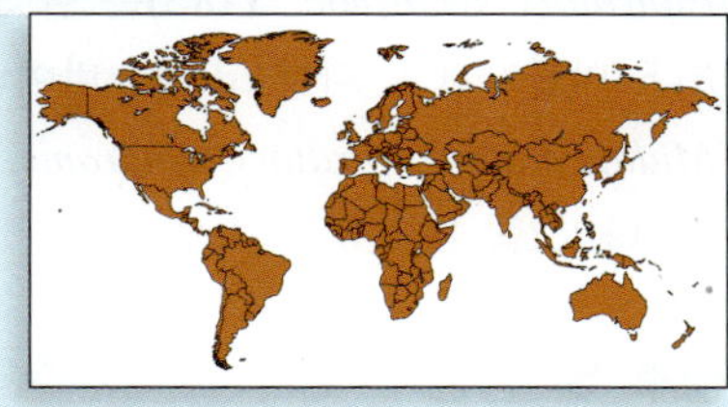

Maria를 공격한 바이러스는 그러한 새롭게 출현한 인플루엔자 바이러스인데, 새로운 조합으로 사람, 조류, 돼지의 인플루엔자 바이러스로부터 RNA가 포함된 균주이다. 보통 돼지 독감바이러스라는 불리는 바이러스는 공식적으로 2009A (H1N1)이다.

이 새로운 균주는 신체가 감염을 정복하기 전 장기간 방어 반응을 필요로 하는 적응면역 체계가 지금까지 한 번도 경험하지 못한 항원의 조합을 가지고 있기 때문에 숙주를 파괴하고 때로는 치명적인 영향을 미칠 수 있다. 이 기간 동안 독감의 잘 알려진 징후와 증상이 나타난다. H1N1 독감 환자들이 2009년 6월까지 여러 대륙에 전염병 수준에 도달하였을 때 세계보건기구는 1968년 이래 최초의 범세계적 질병임을 선언하였다.

다른 많은 환자들은 그녀처럼 운이 좋지 못했지만 Maria는 그 후 2주 동안 지치고 약해졌으나 그 독감으로부터 살아남았다.

1. **이미 예방 접종한 사람들이 독감에 걸릴 수 있는 이유는?**
2. **2009A (H1N1) 명칭에서 문자 A, H 및 N은 무엇을 나타내는가?**
3. **역학자들은 조류 인플루엔자 바이러스에 대하여 특히 우려하고 있는 이유는?**

는 백신인 다가 백신의 접종이다. CDC에는 아시아에서 독감 바이러스의 HA와 NA 항원의 변화를 감지하는 요원이 있다. 향후 출현성 바이러스의 항원은 미국에서 다음 독감 계절에 앞서 독감 백신을 만드는데 사용된다. 2013년 미국식품의약품국(FDA)은 계란보다 동물세포 배양에서 얻어진 바이러스로부터 생산된 최초의 독감 백신을 승인하였다.

독감 백신은 바이러스 항원에 대해서만 70% 이상 효과적이다. 독감 백신은 보통 3년 동안 백신에 포함된 균주들을 예방한다. 감염 후 자연 능동 면역은 오래 지속되지만 평생 지속되지는 않는다. 2003년에 미국식품의약품국에서는 비강 분무법에 의해 투여되는 독감 백신을 승인하였다. 이 백신은 2세에서 49세 사이의 임신하지 않은 환자들을 위한 것이다.

임상 사례연구: 인플루엔자는 인플루엔자 감염과 예방 접종의 측면에 대하여 조사한다. 457쪽의 표 15.1은 다른 호흡기 질환과 독감을 비교 및 대조한다.

임상 사례연구

인플루엔자

26세 남자는 10월 말 의사에게 열, 마른기침, 두통, 전신 통증의 갑작스런 발병을 호소하였다. 그는 10일 전에 예방접종을 하였으며 그 사실을 잊고 있었다고 말하였다. 또한 그는 2일 전에 1주일간 홍콩을 여행을 하고 돌아왔다고 하였다. 여행에서 가장 흥미로운 점은 신선한 농산물과 가축으로 가득한 농민 시장을 방문하였던 것이라고 하였다. 배양을 통해서 이 환자는 인플루엔자 바이러스에 감염된 것으로 확인되었다.

1. 의사는 백신 접종으로 "독감에 걸렸다"고 하는 환자의 주장에 대하여 어떻게 대응해야하는가?
2. 확인된 독감 계절이 시작되기 전에 이 인플루엔자의 사례 발생을 설명하라.
3. 환자가 예방 접종을 받은 후, 어떻게 인플루엔자 바이러스에 감염될 수 있는가?
4. 배양은 이것이 최근 몇 년 동안 본 것과 크게 다른 독감 균주임을 나타내었다. 어떤 현상으로 이것을 설명할 수 있는가?
5. 이 환자의 경우에 처방된 약은 효과가 있을까? 그 이유는 무엇인가?

코로나바이러스 호흡기 증후군

학습 | 성과

15.24 코로나바이러스 호흡기 증후군을 설명하라.

2003년 봄, 사람들이 이 코로나바이러스 질병의 확산을 방지하기 위해 마스크를 하였을 때, 중증 급성 호흡기 증후군(*severe acute respiratory syndrome, SARS*)은 말 그대로 중국을 심각하게 변화시켰다. 마찬가지로, 다른 코로나 바이러스질환인 중동 호흡기 증후군(*Middle East respiratory syndrome, MERS*)은 중동을 심각하게 만들었다 **(그림 15.13)**.

징후 및 증상

코로나바이러스 호흡기 증후군은 호흡 곤란, 불쾌감, 전신 통증을 동반하는 고열 (38.0°C 이상)의 증상을 나타낸다. 환자의 약 10–20%는 설사를 한다. 약 1주일 후, SARS 환자들은 마른기침과 폐렴으로 발전하고 약 10%는 사망한다. MERS 환자는 50% 이상이 사망한다.

▲ **그림 15.13 코로나바이러스 호흡기 증후군의 현장.** 새로이 동정된 코로나바이러스가 중동에서 발생하였다.

병원체 및 독성인자

SARS가 출현성 질병으로 인식된 후, 4주 만에 과학자들은 전례 없는 역학적 및 유전적으로 완성된 새로운 코로나바이러스의 유전체를 동정하고 서열을 분석하였다.

코로나바이러스는 피막이 있고 나선형 캡시드의 +ssRNA 바이러스로서, 피막에는 캡시드 주위에 왕관과 같은 [*corona*=왕관(crown)]과 같은 후광을 형성하기 때문에 이 바이러스에 그 이름이 붙여졌다 (질병개요파악 15.4 참조). 코로나바이러스에 의한 질병은 보통 경미하고 감기의 두 번째로 가장 흔한 원인체이기 때문에, 2003년 SARS와 2013년 MERS에 의해 발생한 범세계적인 질병으로 인한 치사성(fatality)은 커다란 경종을 울렸다.

발병 및 역학

코로나바이러스는 비말을 통해 인체로 침입하여 폐 세포에 부착한다. 이 바이러스는 세포를 파괴하고 호흡기 증상을 유발하여 심장과 신장 혈류를 통해 전파된다.

역학자들은 중국 광동성에서 홍콩의 아파트 건물까지, 그리고 그곳으로부터 아시아, 유럽, 아메리카 등의 24개국 이상으로 불과 6개월에 걸쳐 SARS의 확산을 추적하는 주목할 만한 작업을 수행하였다. WHO는 8,096명이 SARS에 걸렸으며 774명이 사망하였다고 보도하였다 (9.6% 사망률). 첫 번째 SARS가 유행된 후 몇 년 동안 의사들은 SARS 실험실의 종사자들 가운데 몇 가지 사례를 포함하여 중국에서 발병한 12건의 SARS에 대해서만 보고하였다.

역학자들은 2013년 봄에 사우디아라비아에서 MERS를 처음으로 알게 되었다. 이 질병은 6월까지 중동 전역을 거쳐 아프리카와 유럽으로 사람에서 사람으로 전파되었다. MERS의 사망률은 약 55%이다. 낙타는 MERS 바이러스의 보균체로 보인다.

진단, 치료 및 예방

의사들은 특히 발병지역에서 환자의 징후와 증상에 따라 코로나바이러스 호흡기 증후군을 진단하고 환자의 혈액에서 바이러스에 대한 항체 또는 바이러스를 분리하여 확인한다. 이러한 기술은 신속하지 않다. 따라서 과학자들은 미래에 전염병의 진단이 필요할 때 신속한 진단을 위해 중합효소연쇄반응(PCR) 검사를 개발하고 있다.

의사들은 환자들에게 보조 치료를 제공한다. 2012년에는 바이러스에 대한 항체가 바이러스 복제를 감소시켰지만 이 바이러스에 대해 보편적으로 효과가 입증된 바이러스 약물은 없었다. 과학자들은 SARS 바이러스에 대한 재조합 DNA 백신을 개발하였고, 보다 안전하고 효과적인 백신에 대하여 시험하고 있다.

연구진들이 현대적인 유전학적 및 면역학적 기술을 사용하여 SARS 바이러스를 동정하고 특성을 연구하는 속도에도 불구하고 SARS는 환자의 격리 및 검역 등 수백 년 된 방법을 사용하는 상태에서 범세계적 질병으로 발생하였다. 역사적이고 현대적인 역학적 수행으로 SARS 범세계적 질병은 역학자들 및 보건 당국이 처음 우려했던 보다 훨씬 덜 심각하게 되었다.

질병개요파악 15.4는 코로나바이러스 호흡기 증후군의 특성을 요약한 것이다. 457쪽의 표 15.1에는 일반적인 호흡기 질환의 증상이 비교 및 대조되어있다.

호흡기 세포융합 바이러스(RSV) 감염

학습 | 성과

15.25 호흡기 세포융합 바이러스 감염의 특징을 설명하라.
15.26 유아 및 성인에서 RSV 감염의 결과를 비교하라.

질병개요파악 15.4

코로나바이러스 호흡기 증후군

원인 SARS 및 MERS 관련 코로나바이러스 (+ ssRNA 나선형 바이러스).

독성인자 세포 내 복제 주기는 면역감시를 회피한다.

침입구 호흡 비말은 사람 간의 가까운 접촉에 의해 점막을 통해 침입한다.

징후 및 증상 열, 두통, 몸살, 불쾌감, 마른기침은 폐렴으로 발전한다.

잠복기 일반적 2-7일, 어떤 경우에 최대 10일 동안 잠복.

감수성 연구에서는 일부 사람들이 유전적으로 다른 사람들보다 더 민감하다는 것을 제시한다.

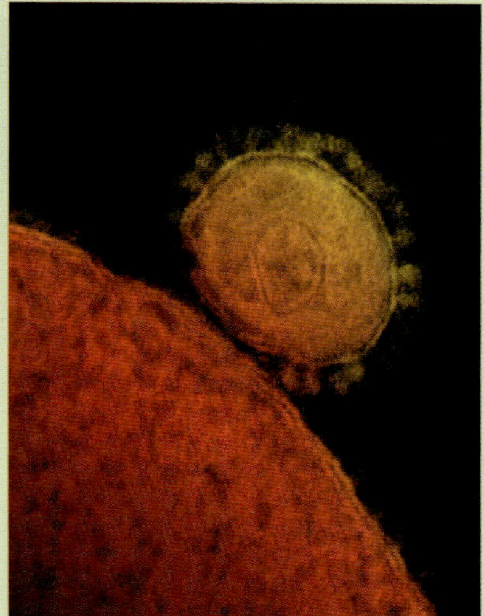

코로나바이러스인 MERS 바이러스

치료 연구에서는 SARS에 대한 항체가 바이러스 복제를 감소시키는데 효과적일 수 있다고 하지만 치료는 주로 보조적이다.

예방 발병 지역으로 여행 제한, 손씻기 주의, 감염된 사람 및 접촉 검역.

호흡기 세포융합 바이러스 감염[respiratory syncytial virus (RSV) infection]은 신생아와 어린이에서 가장 흔한 소아 호흡기 질환이다. 매년 범 집단적인 발병이 4-6개월 동안 지속되며, 주로 늦가을, 겨울, 이른 봄에 흔하다.

징후 및 증상

RSV는 감염 후 약 4-6일에 열, 비루 (콧물), 청색증 (피부가 푸른색을 띰), 기침, 때로는 아기와 면역취약자에게는 천명(wheezing)이 시작된다. RSV는 1년 미만의 어린이들에서 기관세지염(*bronchiolitis*)과 폐렴의 주된 원인이고 전 세계적으로 유아의 주요 호흡기 사망원인이다. 정상적인 면역계를 지닌 청소년과 성인에게서 RSV의 감염은 감기와 같은 증상을 나타낸다. 어떤 어린이들은 기관 및 기관지의 염증인 **크루프(croup)** (krūp)로 알려진 기관지염(*tracheobronchitis*)으로 발전하며, 짖는 기침이 동반된 호흡곤란을 일으킨다.

병원체

RSV (*Pneumovirus* 속, *Paramyxoviridae* 과)는 피막성, 나선형의 -ssRNA의 바이러스이다. 그것은 환경에서 불과 약 5시간 또는 피

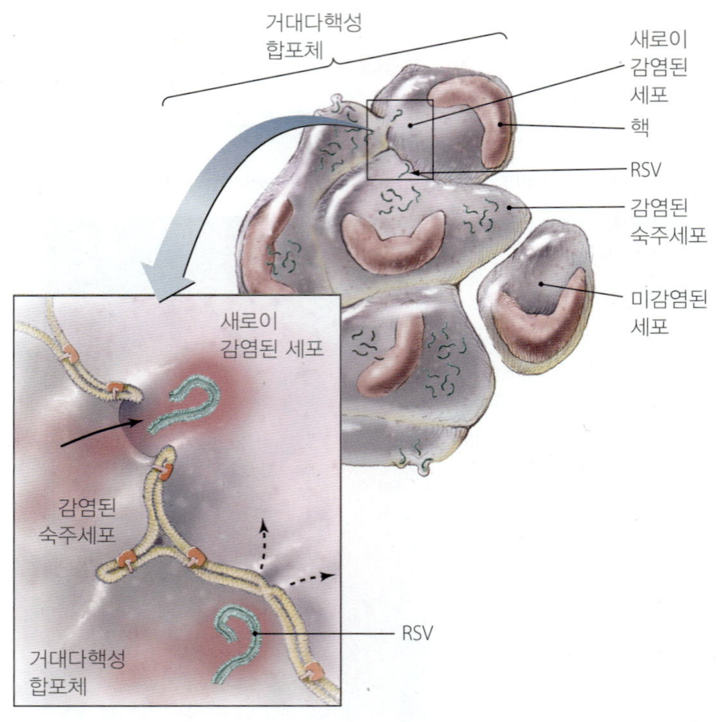

◀ **그림 15.14 합포체는 RSV가 감염세포를 비감염세포와 융합할 때 형성된다.** 이러한 큰 다핵 세포를 통해 이동하는 비리온은 숙주의 면역계를 회피하면서 새로운 세포를 감염시킬 수 있다.

부나 사용한 화장지에서는 2시간정도 생존하며 체외에서 상대적으로 불안정하다. 비누와 물뿐만 아니라, 소독제도 RSV를 비활성화 시킨다.

발병

그 이름에서 알 수 있듯이, 이 바이러스는 폐에서 **합포체(syncytia)**를 형성한다. 합포체는 바이러스로 감염된 세포가 인접 세포를 융합하여 융합으로부터 형성된 거대 다핵 세포이다 **(그림 15.14)**. 기관세지(bronchiole)에 점액, 피브린, 죽은 세포 등이 축적되면 호흡하기 어려워진다. 세포 독성 T 세포의 작용과 RSV 감염에 대한 다른 특정 면역반응은 더욱 폐를 손상시킨다.

역학

RSV는 키스, 접촉, 악수, 그리고 최근에 오염된 매개물과의 접촉을 통해 감염된 사람과 가까운 접촉으로 쉽게 확산된다. 호흡 비말을 통한 확산은 상대적으로 덜 빈번하다. 면역손상된 노인 환자와 아기, 특히 미숙아 및 면역 손상된 아기, 담배연기에 노출되거나 탁아 또는 취학 아이들은 대부분이 위험하다. 미국에서 RSV는 일반화 되어있다. 역학조사는 탁아소에서 약 98%가 3세까지 감염되는 것으로 보고하였다. 이 어린이들 가운데 125,000명 정도는 매년 입원하고 2,000명은 사망한다. 또한 RSV에 의해 매년 약 14,000명의 노인 환자들이 사망한다.

진단, 치료 및 예방

감염된 유아들이 그들이 필요로 하는 치료를 받으려면 신속한 진단이 필수적이다. 호흡 곤란 증상은 어떤 진단의 단서를 제공하지만, RSV 감염의 검증은 면역분석에 의해 이루어진다. 호흡기 체액의 표본은 면역형광, ELISA 또는 상보적 핵산 탐침에 의해 시험할 수 있다.

청소년과 성인들은 질병이 경미하게 나타나기 때문에 치료가 필요하지 않다. 어린 아이들의 경우, 지원 치료는 2차 세균 감염을 줄이는 항생제, 산소공급, 정맥용 체액주사, 해열제의 투여를 포함한다. 헌혈에서 유래하는 RSV에 대한 면역글로불린은 중증 환자를 치료하는데 효과적임이 입증되었다. 분무 형태로 흡입하는 리바비린(ribavirin)은 미숙아와 면역손상 유아에서 극단적 치료를 하는데 사용된다.

RSV의 제어는 특히 의료 종사자와 보육 직원에 의해 적절한 무균 기술을 통하여 민감한 유아의 감염을 지연시키는 시도로 제한된다. 손씻기 및 가운, 고글, 마스크, 장갑의 사용은 의료 관련 감염을 감소시키는 중요한 방법이다. 비활성화 된 RSV 백신 개발은 세포성 면역반응과 폐 손상을 증가시키기 때문에 어려운 것으로 입증되었다.

질병개요파악 15.5는 호흡기 세포융합 바이러스 감염의 특성을 요약한 것이다.

한타바이러스 폐 증후군(HPS)

학습 | 성과

15.27 *Hantavirus* 폐 증후군을 설명하라.

실화: 한 젊은 미국인은 어느 날 밤에 있었던 농구 경기에서 자신의 팀이 44점을 올린데 대하여 감동을 받았다. 경기 후 그는 근육통이 있다는 것을 알고 있었지만 이것은 그가 열심히 경기에 임했기 때문이라고 생각하였다; 5일 후 그는 ***Hantavirus* 폐 증후군(Hantavirus pulmonary syndrome, HPS)**로 사망하였다.

징후 및 증상

HPS의 초기 증상은 발열, 피로, 근육, 특히 허벅지, 엉덩이, 등의 큰 근육 통증을 포함한다. 일부 환자들은 두통, 오한, 메스꺼움, 구토, 설사, 복부 등의 위장증상을 경험한다. 백혈구 수의 증가와 혈소판 수의 감소는 HPS의 지표가 된다.

초기 증상 후 4-10일에는 환자가 기침을 시작하여 쇼크로 전환되며 폐에 빠르게 체액으로 채워지면 호흡곤란을 겪는다. 진단을 받은 환자의 50%는 집중 치료에도 불구하고, 자신의 체액으로 죽는다.

질병개요파악 15.5

호흡기 세포융합 바이러스성 감염

원인 호흡기 세포융합 바이러스(RSV) (*Pneumovirus*, 피막성, −ssRNA 바이러스).

독성인자 사람 세포에 부착하여 침입한다; 세포내 복제주기는 면역계를 회피한다; 바이러스는 이웃세포와 융합하여 감염된 세포가 되며, 그 바이러스는 혈액을 침입하지 않고 확산된다.

침입구 흡입.

징후 및 증상 발열, 콧물, 기침, 청색증.

잠복기간 4–6일.

감수성 아기와 면역취약자는 심각한 감염의 위험이 대부분이다.

치료 유지 호흡기 치료; RSV 대한 항체와 흡입용 리바비린은 질병을 늦출 수 있다.

예방 적절한 무균기법, 특히 손씻기에 의해 신생아의 감염을 지연시킨다.

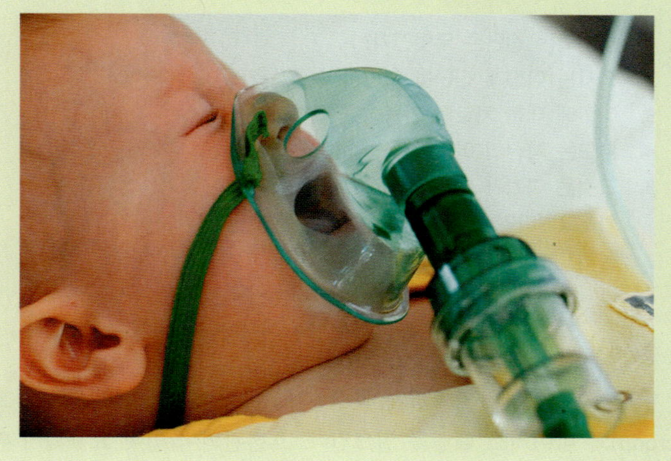

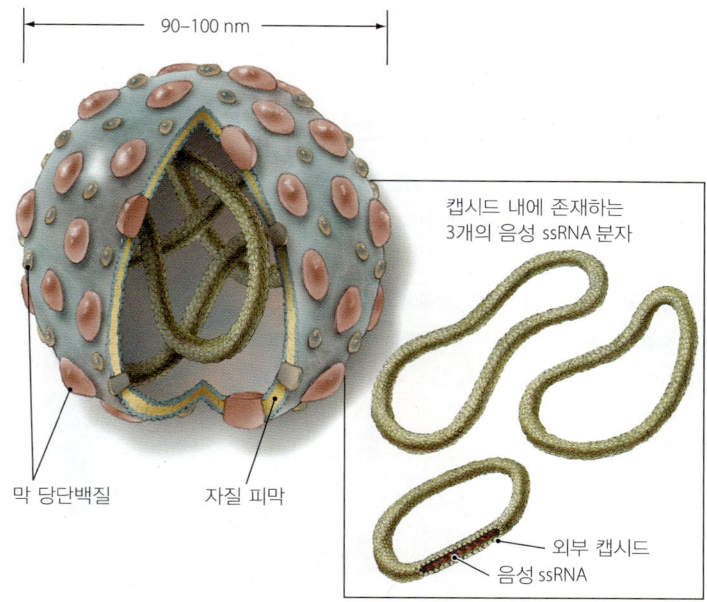

▲ **그림 15.15** ***Hantavirus*는 피막성 분절형의 −ssRNA인 bunyavirus이다.** *분절형이란 용어는 바이러스 유전체와 관련하여 무엇을 의미하는가?*

그림 15.15 분절형 유전체는 한개 이상의 핵산분자를 가지고 있다.

병원체

Hantavirus (han´ta-vi-rus)는 질병을 유발하지 않고, 쥐의 다양한 종류, 특히 사슴 쥐 (질병개요파악 15.6 참조)를 감염하는 *Bunyaviridae* 과 **(그림 15.15)**에 속하는 피막성, 분절형 −ssRNA 바이러스 속이다. *Hantavirus*의 2가지 미국 균주는 마른 쥐의 대소변이나 타액의 흡입을 통해 사람의 폐를 감염시켜 HPS를 일으킨다. 바이러스성 단백질은 인터페론에 대한 세포 반응을 억제한다.

발병

흡입 후, *Hantavirus*는 알려지지 않은 기작을 통해 혈액으로 유입되며, 특히 폐의 모세혈관 벽을 구성하는 세포를 감염시켜 전신으로 이동한다. 신체는 염증 반응을 하며, 모세혈관을 통해 주변 조직으로 체액을 누출시킨다. 혈압은 급격히 떨어지며, 환자의 약 50%는 폐렴과 쇼크로 사망한다.

역학

역학자들은 HPS가 1993년 5월에 미국의 4개 모서리[18] 지역에서 전염병이 최초로 알려진 이후, 미국에서 수백 건의 사례가 보고되었다. 그럼에도 불구하고, 이 증후군은 아마도 쥐와 사람이 같은 거주지에 사는 한, 늘 주변에 존재해왔을 것이다. 숙주인 쥐에게 풍부한 먹이가 제공되고 풍부한 강우가 식물의 성장을 자극할 때 감염 사례는 증가한다. 쥐 개체군이 급격히 증가함에 따라, 사람은 쥐와 그 배설물과 타액에 접촉할 가능성이 높다. 감염된 사람의 혈관에 많은 비리온이 존재함에도 불구하고, 폐 밖으로 나오는 바이러스는 거의 없다. 따라서 개인 간의 확산은 일어나지 않는다.

진단, 치료 및 예방

의사는 쥐를 접촉한 환자에서 낮은 혈소판 수, 발열, 다리 또는 몸통과 같은 주요 근육의 근육통 등 일반적인 증상에 따라 *Hantavirus* 폐 증후군을 진단한다. 진단은 항-한타바이러스 IgM 항체의 검출, 유사한 IgG의 상승된 역가, 임상 검체에서 중합효소연쇄반응에 의한 한타바이러스 RNA의 검출에 의해 확인된다.

HPS에 대한 약물 치료도 존재하지 않는다. 보조 치료는 폐의 삽관, 발열 감소 약물, 진통제, 산소 보충 등이 포함될 수 있다. *Hantavirus*에 대한 백신은 존재하지 않는다. 설치류 제어는 감염을 예방하는데 필요하다. 여기에는 밀폐 용기에 음식의 보관, 집주변의 쥐구멍을 차단 (사슴쥐는 남자의 셔츠 단추의 크기 구멍을 통해 들

[18]4개 모서리는 Arizona, Colorado, Utah, New Mexico 주들이 마주하는 지리적 영역이다.

질병개요파악 15.6

Hantavirus 폐 증후군

원인 *Hantavirus* (피막성, 분절형, -ssRNA).

독성인자 세포내 복제는 면역 감시를 회피하고, 단백질은 인터페론 반응을 억제함.

침입구 감염된 설치류의 배설물이나 타액을 흡입.

징후 및 증상 갑작스런 발열, 피로, 근육통, 두통, 오한, 복통 후의 기침과 심한 호흡곤란.

잠복기 14-30일.

감수성 발병 지역에서 설치류에 노출된 사람들.

사슴쥐, *Peromyscus maniculatus*

치료 증상에 대한 유지 요법은 병원의 감독 하에서 실행해야 한다.

예방 설치류의 배설물 피하기, 방수 깔개에서 캠핑하기, 조심스럽게 집에서 잠재적인 설치류 둥지를 청소하기, 깨끗한 집 유지하기.

어올 수 있음), 캠핑할 때 깔개에서 취침, 쥐의 대소변 제거 및 집주변에 있는 설치류의 둥지용 소재의 제거 등이 포함된다.

질병개요파악 15.6은 *Hantavirus* 폐 증후군의 특징을 요약한 것이다.

기타 바이러스성 호흡기 질환

학습 | **성과**

15.28 인간 *Metapneumovirus*과 *parainfluenzavirus* 감염을 비교 설명하라.

기타 바이러스들은 소아, 노인 및 면역취약자에서 흔한 호흡기 질환을 일으킨다. 이 중에는 14장에서 자세히 살펴 본 *Cytomegalovirus*, *Metapneumovirus*(MPV) 및 *parainfluenzavirus*가 있다.

*Metapneumovirus*와 파라인플루엔자(parainfluenzavirus)는 *Paramyxoviridae*과에 속하는 피막, 비분절형, -ssRNA 바이러스이다. 과학자들은 2001년에 이미 알려진 생물체 또는 바이러스 서열과 일치하지 않은 유전자 서열에 결합된 핵산 탐침을 사용하여 MPV를 발견하였다. 그 이후로, 연구자들은 5세까지의 모든 어린이에서 바이러스에 대한 항체가 형성되는 것을 알았고, 그들은 MPV가 바이러스성 호흡기 질환의 흔한 원인체로 리노바이러스(rhinovirus)에 이어 둘째인 것으로 추정하고 있다. 대부분의 바이러스성 질병과 마찬가지로 치료법은 없다.

임상 사례연구

청색증 아기

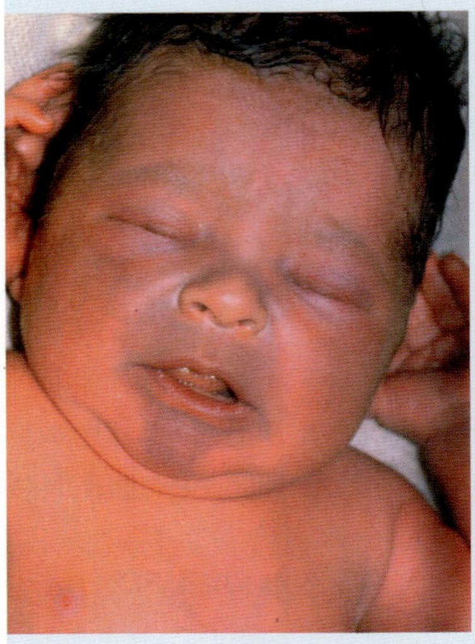

1월에 한 여성이 청색증을 앓는 10개월 된 아이와 함께 응급실을 방문하였다. 그 어머니는 아기가 온종일 콧물, 열, 약간의 기침을 하였고 호흡 곤란이 일어났다고 하였다. 아이는 기관지 질환의 병력이 없었고 미성숙아도 아니었다. 어머니는 아기의 5살짜리 형이 감기 유사 증상에서 회복되는 중이라고 하였다.

1. 추정되는 진단은 무엇인가?
2. 의사는 어떻게 진단을 확인할 수 있는가?
3. 아이에 대한 치료의 가능성을 설명하라.
4. 부모는 자신의 아이를 예방접종을 하지 않은 무책임은 없는가?
5. 그것은 아기가 그의 형으로 부터 질병을 얻을 가능성이 있는가? 그렇다면, 왜 그 형은 호흡 곤란의 증상을 보이지 않았을까?

파라인플루엔자의 3가지 균주는 특히 어린 아이에게서 크루프(croup)와 바이러스 폐렴을 일으킨다. 호흡관의 삽입이 요구되며 완전히 폐쇄되지 않도록 하는 세심한 모니터링과 보조치료 외에는 특정 항바이러스 치료법은 없다. 대부분의 환자는 2일 이내에 파라인플루엔자 감염으로부터 회복될 수 있다. 자주 손을 씻는 것은 바이러스의 확산을 줄인다.

지금까지 세균과 바이러스에 의한 호흡기 질환에 대하여 공부하였다. 다음으로는 진균에 의해 야기되는 호흡기 질환으로 관심을 돌리기로 하자.

왜 그런가

역학자들은 조류 인플루엔자로 인해 사람들에서 주요 범세계적 질병으로 독감이 발생할 것이라고 생각하는 이유는?

하부 호흡계의 진균

학습 | **성과**

15.29 전신성 진균증을 정의하라.

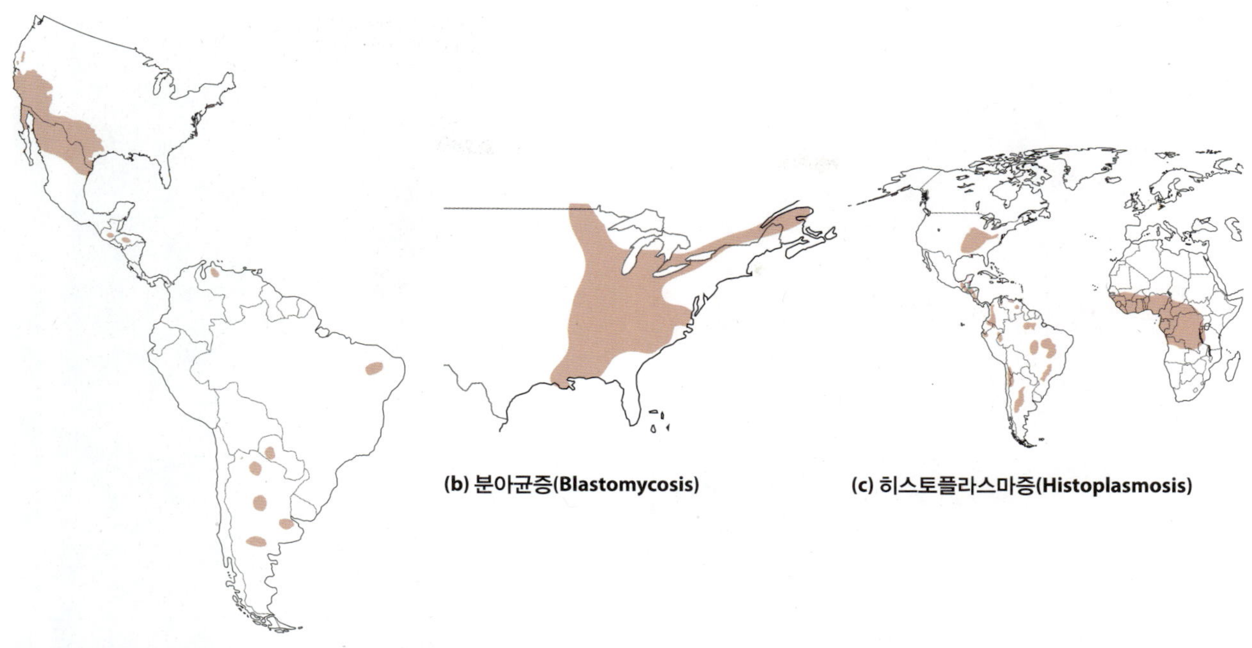

▲ **그림 15.16 북미에 독특한 3가지 전신성 진균 질병의 지리적 분포.**

진균증(mycoses) (진균에 의해 발생하는 질병)의 사례는 주로 AIDS 환자가 진균 감염에 취약하기 때문에 지난 20년간 증가해왔다. 다음 절에서는 북미 지역에서 발생하였던 3가지의 전신성 진균(*systemic mycoses*)에 대하여 살펴보고자 한다 **(그림 15.16)**. 먼저 *Coccidioides*에 의해 발생하는 전신성 진균증으로부터 시작한다.

콕시디오이데스 진균증

학습 | 성과

15.30 콕시디오이데스 진균증을 설명하라.

콕시디오이데스 진균증(coccidioidomycosis) (kok-sid´ē-oy´dō-mī-kō´sis)은 일반적으로 계곡 발열(*valley fever*)로 알려져 있으며, California 주의 San Joaquin Valley에서 주로 발생한다.

징후 및 증상

환자의 60%는 단지 경미하고 평범하고 일반적인 호흡기 증상을 나타내지만 콕시디오이데스 진균증의 주요 증상은 초기에는 폐렴이나 결핵과 유사한 호흡기성이다. 다른 환자들은 열, 기침, 가슴 통증, 호흡곤란, 기침이나 피를 토하고, 두통, 식은 땀, 체중 감소, 폐렴 등의 특징을 나타낸다. 일부에서는 확산 발진이 몸에 나타날 수도 있다.

1% 이하의 사례에서, 일반적으로 심각한 면역취약 환자에서 진균은 폐에서 여러 다른 부위로 확산된다. 중추신경계의 침입은 수막염, 두통, 메스꺼움, 정서 장애의 원인이 될 수 있다. 진균은 또한 뼈, 관절, 피하 조직으로 확산될 수 있다; 피하 병변은 염증성 과립질 덩어리이다 **(그림 15.17)**.

병원체 및 독성 요인

Coccidioides immitis (kok-sid-e-oy´dez im´mi-tis)는 자낭균류 문에 속하는 이형성의 토양 균류이다. 따뜻하고 건조한 여름과 가을 기간 중의 몇 개월, 특히 가뭄 시기에 *C. immitis*는 균사체로 생장하고 유절분생자(*arthroconidia*)라는 단단한 사슬의 무성포자를 생산한다. 성숙한 분절포자는 균사체로 발아한다. 이 진균은 인체 온도에서 병원성 효모 형태를 취한다.

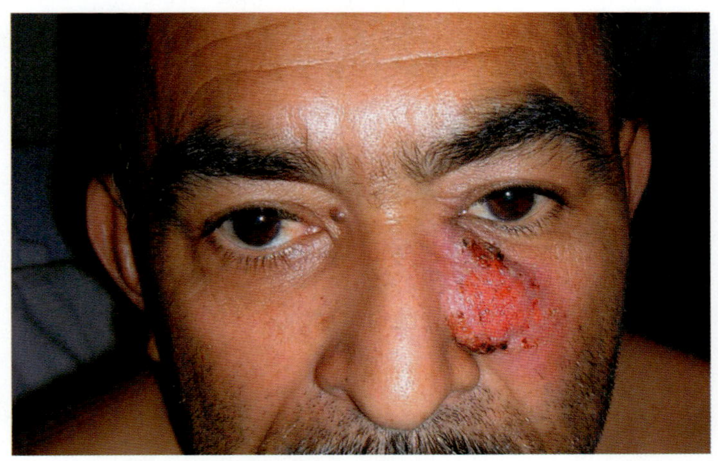

▲ **그림 15.17 피하조직에서 콕시디오이데스 진균증 병변.** 무통증 병변은 폐로부터 *Coccidioides immitis*의 확산의 결과로 나타난다.

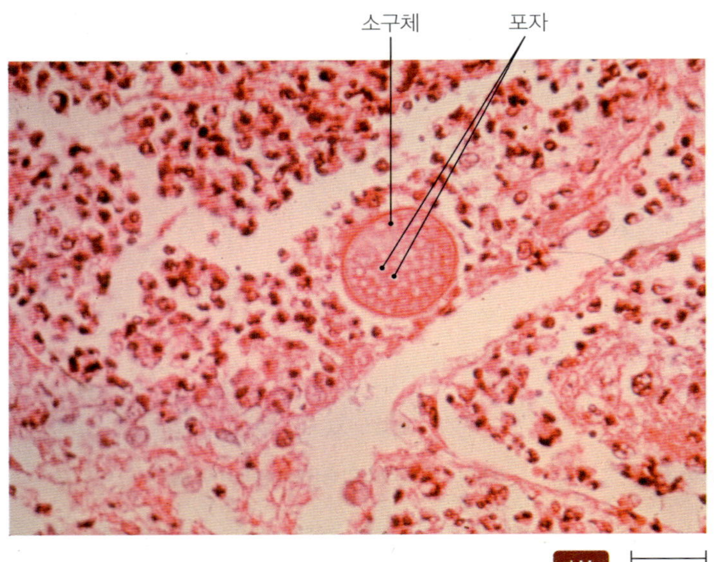

▲ **그림 15.18** ***Coccidioides immitis*의 소구체.** 소구체 내의 많은 포자를 관찰하라.

발병

*Coccidioides*는 토양에서 분절포자의 흡입을 통해 몸으로 침입한다. 질병은 일반화된 폐 감염으로 시작된 후 신체의 다른 부위로 확산된다. 분절포자는 폐포에서 발아하여 소구체(*spherule,* sfer´oo1)라는 형태로 된다 **(그림 15.18)**. 각 소구체는 성숙되면 커져서 다분열에 의해 많은 포자를 생성하고 마침내 파열되어 주변 조직으로 방출된다. 각 포자는 그 후 분열과 분출의 주기를 반복하여 새로운 소구체를 형성한다. 이러한 확산생장의 유형은 콕시디오이데스 진균증의 심각성을 의미한다.

역학

*Coccidioides*는 거의 대부분 미국 남서부와 멕시코 북부에서 발견된다 (그림 15.16a 참조). 작은 풍토병 지역은 중미와 남미의 반 건조 지역에도 존재한다. 풍토병 지역에 살고 있는 사람들의 약 3%는 매년 이 질병에 걸린다.

토양을 교란시키는 모든 활동은 유절분생자를 공중으로 퍼지게 할 수 있다. 지역 전염병은 고고학자들, 사막에서 취미로 하는 모형 비행기 매니아, 오프로드 차량의 운전자들 사이에서 발생한다. 폭풍과 지진은 오염된 토양을 크게 교란시켜서 유절분생자를 상당히 먼 곳까지 확산시킬 수 있다. 1978년에 California 주 남부에서 심한 먼지 폭풍 후 전염지역의 5백마일 북쪽인 California 주의 Sacramento에서 많은 콕시디오이데스 진균증의 사례가 있었다.

진단, 치료 및 예방

콕시디오이데스 진균증의 진단은 임상 검체에서 소구체의 동정을 기반으로 한다. 진단은 피하에 항원주사 후 염증반응 관찰을 통해 확인된다.

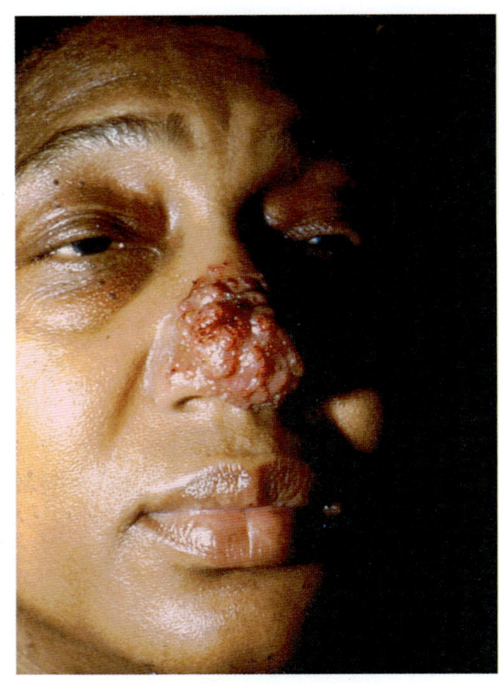

▲ **그림 15.19 미국 여성에서의 피부 분아균증.** 이 병변은 *Blastomyces dermatitidis*가 폐에서 피부로 퍼져 발생한다.

한편 건강한 환자에서 감염은 일반적으로 혼자 해결할 수 있지만 진균이 뇌와 척수로 확산될 때 이 질병은 치료법이 없는 치명적인 것이다. 암포테리신 B (amphotericin B)는 선택 약물이다; 불행하게도 그것은 사람에게 강한 독성이 있는 항진균제 중 하나이다. AIDS 환자에서 아이트라코나졸(itraconazol)이나 플루코나졸(fluconazole)과 같은 항진균제와 병행하는 유지 요법은 재발 또는 재감염의 방지를 위해 추천된다. 감염의 위험을 제거하는 종사자 외의 모든 사람이 매일 사용하는 것이 비실용적일 수 있지만, 풍토병 지역에서 보호 마스크의 착용은 유절분생자에 노출되는 것을 방지할 수 있다.

분아균증

학습 | **성과**

15.31 분아균증을 설명하라.

호흡기 감염으로 시작하는 또 다른 전신성 진균증은 미국 남동부에서 캐나다 북부에 걸쳐서 발생하는 풍토병인 **분아균증(blastomycosis)** (blas´tō-mī-kō´sis) (그림 15.16b 참조)이다.

징후 및 증상

분아균증은 독감 유사 징후와 증상으로 시작한다. 이 진균은 일반적으로 얼굴이나 상체에 무통증성 병변이 나타나는 증상으로 (사례의 60–70%에서) 피부 분아균증을 일으키며 확산될 수 있다 **(그림 15.19)**. 사례의 대략 30%에서 뼈, 전립선, 고환, 또는 다른 장기로 화농성 (고름이 가득한) 병변이 확산되어 효모 증식으로 인한 괴사 (조직의 죽음)와 강(cavity)을 형성한다.

병원체

이형성의 병원성 자낭균류인 *Blastomyces dermatitidis* (blas´-tō-mī´sez der-mă-tit´i-dis)는 분아균증을 일으킨다. 이 진균은 일반적으로 생장과 포자형성에 좋은 차갑고 습한 조건이 있는 부패 식물과 동물 폐기물처럼 유기물질이 풍부한 토양에서 생장한다. 이 진균은 체온보다 높은 온도에서 효모 형태를 취한다.

발병 및 역학

진균 포자를 운반하는 먼지의 흡입을 통해서 폐로 감염된다. 폐에서 포자는 발아하여 효모를 형성하고 증식한다. 초기 폐병변은 대부분 무증상이다. 한편 이 질환은 만성이나 치명적이 될 수 있지만 건강한 사람에서 폐 분아균증 및 피부 병변은 일반적으로 해결된다. 면역약화된 환자들에서 호흡장애와 사망이 높은 빈도로 일어난다.

역학자들은 남미, 아프리카, 아시아, 유럽 등에서 분아균증을 보고하였다. 발병지역에서 매년 인구 10만 명당 1–2명이 발생한다. **출현성 질병 사례연구: 폐 분아균증**에 설명된 바와 같이 인간 감염의 발생 빈도는 점차 증가하고 있다.

진단, 치료 및 예방

진단은 가래, 기관지 세척액, 조직 검사, 뇌척수액, 피부 부스러기 등의 다양한 샘플을 직접 검사하거나 배양하여 *B. dermatitidis*의 동정을 통해 수행된다. 현미경 검사와 함께 실험실 배양으로 이형 형성을 관찰하는 것이 진단법이다.

더 이상 치료가 필요할 수 있지만 의사들은 10주 동안 암포테리신 B로 분아균증을 치료한다. 경구용 아이트라코나졸은 대체제로서 사용될 수 있지만, 6개월 동안 투여해야 한다. 재발은 AIDS 환자에서 일반적이며, 아이트라코나졸로 억제하며 유지하는 치료법이 권장된다.

과학자들은 생쥐에서 보호기능을 제공하는 *Blastomyces*에 대한 재조합 DNA 생백신을 개발하였다.

히스토플라스마증

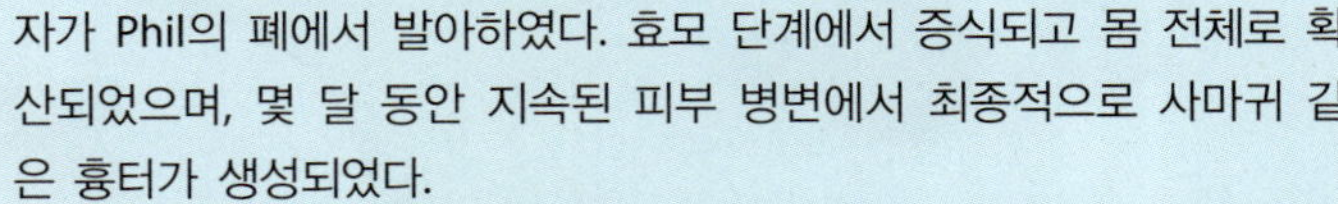

학습 | 성과

15.32 히스토플라스마증을 설명하라.

히스토플라스마증(histoplasmosis)(his´to-plaz-mo´sis)은 사람에 영

출현성 질병 사례연구

폐 분아균증

Phil은 Ontario 주의 서부에서 여름 낚시, 하이킹, 야영 등으로 즐거운 시간을 보냈다. 캐나다는 아름다웠으며, 그는 자신의 두 가지 일자리와 간호학 수업의 전체 일정에 대한 조정이 필요하였다. 이제 그는 다시 대학교로 돌아왔고 캐나다의 추억은 그 스트레스에 대처할 수 있게 해주었다.

그러나 Phil의 기분은 별로 좋지 않았다. 열과 오한, 전율과 기침, 근육통, 피로, 콧물이 없이 일반적인 구역질의 느낌 등 독감으로 몸이 가라앉았다는 것을 느꼈다; 맞다, 독감이었다. 아니면 무엇이겠는가? 그는 세균, 원생동물 및 바이러스성의 많은 질병이 독감과 유사한 증상이 있다는 것을 미생물 수업을 통해서 잘 알고 있었다. Phil은 진균을 잊고 있었다.

그는 의사의 처방전이 필요 없는 여러 가지 약을 사용하였으나 헛수고였다. 캠퍼스의 보건소를 찾았으나 처방받은 항생제로는 나아지는 것이 아니라 더욱 나빠졌다. 체중은 줄었고 고름이 가득한 염증이 그의 얼굴, 목, 다리 등에 나타났다. 더욱 놀라운 것은 그의 고환이 붓고 통증이 있었다는 것이며, 점점 더 심각해지고 있었다.

새로운 이형성 진균인 *Blastomyces*가 Phil을 공격한 것이다. Wisconsin 주와 Ontario 주에서 습한 나무 잎에 생장하는 균사로부터 흡입된 포자가 Phil의 폐에서 발아하였다. 효모 단계에서 증식되고 몸 전체로 확산되었으며, 몇 달 동안 지속된 피부 병변에서 최종적으로 사마귀 같은 흉터가 생성되었다.

연구자들은 분아균증이 왜 더욱 확산되었는지 모른다. 아마도 더 나은 진단 및 보고가 있어야만 할 것이다. 아마도 감염에 취약한 AIDS 환자의 증가와 관련이 있는 듯하다. 또는 아마도 광야를 모험하던 Phil과 같은 사람들이 증가하는 것과 관련이 있는 듯하다.

Phil은 적절한 진단에 대한 좋은 소식을 받았으며, 결국 아이트라코나졸로 6개월 동안 필요한 치료를 받았다. 그는 대학을 졸업하고 지금은 독감 유사 증상이 때로는 심각한 진균 감염을 나타낼 수 있다는 것을 알고 있는 간호사로 근무하고 있다.

1. ***Blastomyces*는 이형성이다; 이 형용사는 무엇을 의미하는가?**
2. **AIDS가 분아균증의 발생을 증가시키는 이유는 무엇인가?**
3. ***Blastomyces*가 고엽에 생장하는 진균임을 감안할 때 사람들에서 어떻게 질병이 유발되는가?**

향을 미치는 가장 일반적인 전신성 진균병이다.

징후 및 증상

사람의 약 95%에서 히스토플라스마증은 무증상이며, 잠재적으로 특별한 병변없이 해결된다. 환자의 약 5%는 피가 섞인 가래나 피부 병변이 심한 기침을 특징으로 하는 임상 히스토플라스마증으로 발전한다. 히스토플라스마증을 동반한 AIDS 환자들은 빠른 속도로 치명적일 수 있는 비장과 간에서 부종으로 발전한다. 일부 환자의 몸에는 염증과 발적을 생성하며 눈에서 진균에 대한 1형 과민반응이 증가한다.

병원체

히스토플라스마증의 원인체인 *Histoplasma capsulatum* (his-tō-plaz´mă kap-soo-lā´tŭm)은 박쥐와 새, 특히 닭, 찌르레기 등의 배설물에서 다량의 질소를 포함하는 습한 토양에서 발견되는 이형성 자낭균류이다. 이 진균은 체온 (37℃에서)에서 병원성 효모가 된다. 형태의 변화 이외에, 이 온도에서 *Histoplasma*는 자유라디칼과 항균펩티드의 생산과 같이 대식세포의 전체 활성화와 숙주방어를 방지하는 몇 가지 단백질을 생산한다.

발병 및 역학

*H. capsulatum*은 흡입 시에 폐에서 폐포의 대식세포를 먼저 공격하는 세포내 기생체이다. 감염된 대식세포는 혈액과 림프를 통해 폐까지 진균을 확산시킨다. 세포-매개 면역은 결국 발달하여 건강한 환자에서 유기물을 제거한다.

질병개요파악 15.7

히스토플라스마증

1. *Histoplasma capsulatum*의 포자는 특히 박쥐와 조류 배설물이 있는 자리와 같이 습기 있고 질소가 풍부한 토양에 존재한다.
2. 대기 중의 포자는 흡입된다.
3. 포자는 폐포의 대식세포를 공격한다. 감염의 95%에서 증상은 경미하다: 기침 및 통증.
4. 감염된 대식세포는 순환계와 림프계를 통해 포자를 운반한다.
5. 환자는 결핵과 유사한 증상인 만성 폐 히스토플라스마증으로 발전할 수 있다.
6. 환자는 궤양의 특징이 있는 만성 피부 히스토플라스마증으로 발전할 수 있다.
7. 면역취약 환자는 비장과 간이 비대하는 특징을 가진 전신성 히스토플라스마증으로 발전할 수 있다; 사망의 원인이 될 수 있다.
8. 안구 히스토플라스마증은 발전될 수 있다. 염증이 있는 빨간 눈은 진균에 대한 I형 과민반응을 나타낸다.

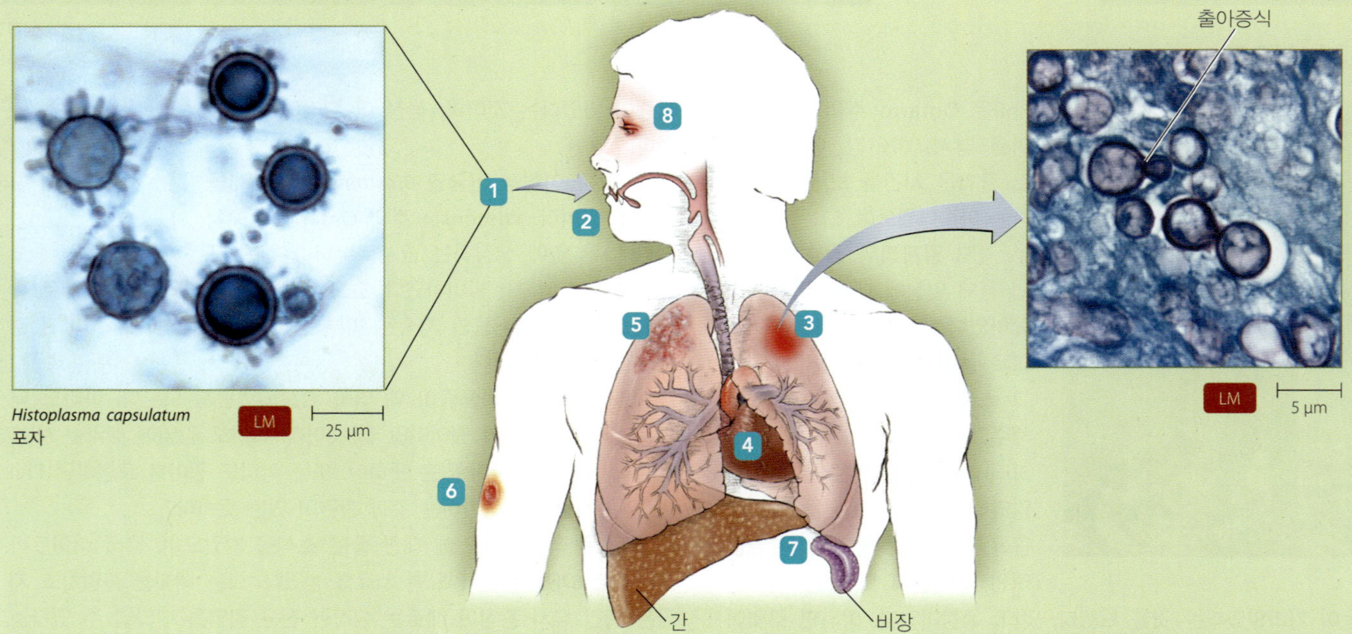

원인 *Histoplasma capsulatum* (이형성 자낭균류).

독성인자 감염성의 효모 형태가 37°C에서 변화하는 능력; 대식세포와 다른 면역반응을 억제하는 단백질의 생산.

침입구 흡입.

징후 및 증상 건조하고 소모성 기침, 호흡곤란, 가슴 통증, 열, 오한, 두통, 불쾌감.

잠복기 약 10일.

감수성 누구나, 그러나 15세까지의 어린이와 풍토병 지역의 토양에 노출된 사람들에게서 더욱 일반적이다.

치료 아이트라코나졸, 케토코나졸(ketoconazole), 또는 암포테리신 B.

예방 특히 닭장이나 박쥐 동굴 근처의 토양에 노출을 최소화하거나 마스크를 착용하라.

히스토플라스마증은 특히 Ohio River Valley 주변 지역을 따라 미국 동부에서 유행하지만 (그림 15.16c 참조), 풍토병 지역은 아프리카와 중남미에도 존재한다. 사람들은 진균이 포함된 토양이 바람이나 사람의 활동에 의해 교란될 때 공기로 운반된 포자를 흡입한다.

진단, 치료 및 예방

히스토플라스마증의 진단은 대식세포 내, 또는 피부 부스러기, 가래, 뇌척수액, 또는 다양한 조직의 염색된 시료에서 분열하는 효모의 동정을 기반으로 한다. 진단은 샘플로부터 생장된 이형의 관찰에 의해 확인된다. 배양된 *H. capsulatum*은 특이한 가시모양 포자로도 진단한다 (질병개요파악 15.7 참조). 많은 사람들이 질병에 걸리지 않은 채 노출되기 때문에 항체 검사는 *Histoplasma* 감염의 유용한 지표가 되지 않는다. 미국의 발병지역에서 인구의 90% 정도가 *H. capsulatum*에 대한 항체를 가지고 있다.

면역적격 감염은 일반적으로 치료없이 해결된다. 증상이 해결되지 않는 경우, 의사들은 플루코나졸, 아이트라코나졸, 또는 암포테리신 B을 처방한다. AIDS 환자에 대한 유지 요법은 권장할 수 있다.

484쪽의 **질병개요파악 15.7**은 히스토플라스마증에 대하여 요약한 것이다.

포자충 폐렴(PCP)

학습 | 성과

15.33 포자충 폐렴을 설명하라.

AIDS 전염병 이전에, **포자충 폐렴[*Pneumocystis*** (nū-mō-sis´tis) **pneumonia PCP**[19]]은 영양 실조의 미숙아와 쇠약한 노인 환자들에서만 관찰되었다; 현재 이 질병은 AIDS 진단하는데 유용하다.

징후 및 증상

PCP의 징후 및 증상으로는 호흡곤란, 경미한 빈혈, 저산소증 (조직 내), 열 등이 있다. 소모성 기침은 일부 경우에 발생한다. 드물게, 폐 외의 병변이 림프절, 비장, 간, 골수에서 생긴다. 치료하지 않고 방치하면 PCP는 점점 더 많은 폐조직을 감염하여 사망에 이르게 한다.

병원체

호흡기의 정상 미생물총의 한가지인 *Pneumocystis jirovecii* (nū-mō-sis´tis jē-rō-vět´zē-ē)는 이전에 *P. carinii*라고 불렸던 절대 기생성 자낭균류이다. 원래 이것은 형태학적으로나 발생학적으로 원생동물로 생각되었으나 과학자들은 rRNA 뉴클레오티드 서열과 생화학에 근거하여 진균으로 재분류하였다.

발병 및 역학

*P. jirovecii*는 환경에서 스스로 살수 없다. 따라서 전염은 대부분 진균이 포함된 비말 핵의 흡입을 통해 일어난다. 일반 사람들에게서 감염은 무증상이며, 몸에서 진균은 일반적으로 면역력의 유지를 통해서 제거된다. 그러나 일부 개인들은 몇 년 동안 감염된 상태로 유지될 수 있다. 어떤 보균자에서 생물체는 폐포에 남아서 가래와 호흡기 비말에 의해 전달될 수 있다. 일단 진균이 면역취약 환자의 폐에 들어가면 그것은 빠르고 광범위하게 폐에서 집락화한다.

*P. jirovecii*는 사람에서 전 세계적으로 분포된다. 항체의 혈청학적 확인에 의하면 건강한 아이들의 75%가 5세까지는 진균에 노출되지만 이 질병은 면역취약자에서만 나타난다. PCP는 AIDS 환자에서 매우 흔한 질병 중 하나이다.

진단, 치료 및 예방

PCP의 진단은 임상적 및 현미경적 소견에 의존한다. 흉부 X선 촬영은 보통 비정상적인 폐 기능을 보여준다. 폐 또는 생체검사에서 체액의 염색 표본은 진균의 독특한 형태를 나타낸다 (그림 15.20). 환자로부터 채취한 시료에 대한 형광 항체의 사용은 더 민감하고 더 구체적인 진단을 제공한다.

*Pneumocystis*는 진균으로 분류되지만, 항진균제에 반응하지 않으며, 오히려 1차 치료 및 유지 요법에서는 TMP와 SMX로 알려진 트리메토프림(trimethoprim)과 설파메톡사졸(sulfamethoxazole)을 경구 또는 정맥주사 병용으로 사용한다. *P. jirovecii*는 사람에 산재해 있기 때문에 감염을 방지하는 것은 사실상 불가능하다. 그러나 이 진균은 면역취약자에게만 질병을 일으키며, 따라서 금연, 좋

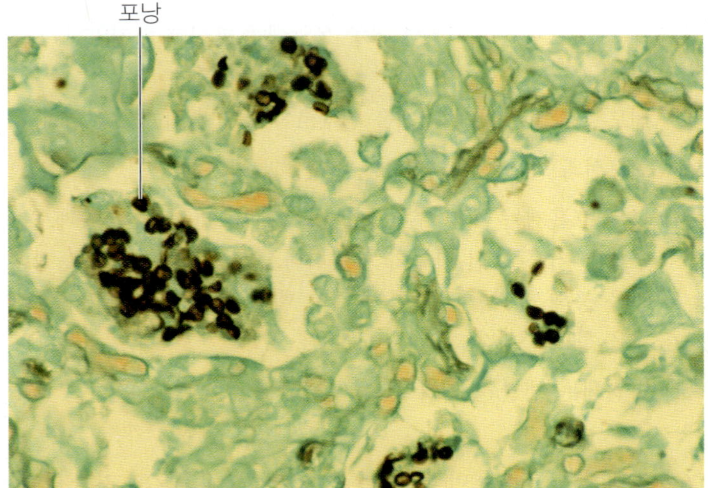

▲ **그림 15.20 폐 조직에서 *Pneumocystis jirovecii*의 포낭.** 이러한 현미경 관찰은 PCP의 진단에 유용하다.

[19]원래 이 질병의 이전 이름을 의미한다: *Pneumocystis carinii* 폐렴.

은 영양 및 HIV 감염의 방지와 같은 건강한 면역계를 보장하는 방법은 대부분의 사람들에서 PCP를 예방할 수 있다.

왜 그런가

분아균증이 그 생물체 자체가 보통 그 곳에서 발견되지 않은 경우에도 남미에서 일어났다. 왜 분아균증의 소수 사례가 발병 지역 외에서 나타나는가?

임상 미생물 후속내용

이 기침으로 사망할 수 있다.

Lance는 남아프리카 공화국에서 돌아오는 비행기의 뒤편에 앉던 여자가 *Mycobacterium tuberculosis*에 의해 발병하는 결핵(TB)으로 진단받았다는 것을 알게 되었다. 그녀는 Atlanta에 도착한 후, 1주일간 입원하여 검사를 받았고, 그 결과 가래에 많은 항산성 간균이 포함되어 있는 것으로 나타났으며, 결국 5일 후에 폐의 심한 출혈로 사망하였다. 임상 설명에 따르면 *M. tuberculosis*의 감염 균주는 일반적인 항-결핵 약물에 반응하지 않는 다중 약제 내성 균주(MDR)이다.

왜 Lance는 검사 결과를 오랫동안 기다려야 하는가? 그녀의 기침으로 분출된 호흡비말을 흡입하였을 수도 있는 결핵균은 그의 폐에서 생장하는데 12주 까지 걸릴 수 있다. 투베르쿨린 피부시험에서 세포-매개 과민반응은 세균에 대한 신체의 면역반응을 반영한다. Lance는 앞으로 2달 동안 이런 것들을 잊어버리려고 하지만, 걱정하지 않을 수 없으며, 공부에 집중하기도 힘든 시간일 것이다.

Lance의 투베르쿨린 검사 결과는 음성이었다: 그의 폐에는 *M. tuberculosis*가 없다. 8.5시간 이상 비행기에 있는 동안 승객들과 활동성 결핵을 가진 사람은 옆에 앉아있으면 감염 위험이 높다는 연구가 있었기 때문에 운이 좋았다. Lance의 투베르쿨린 피부 반응 검사가 양성이었다면, 활동성 결핵의 진행 위험을 줄이기 위해 여러 가지 항-결핵 약품을 6-12개월간 복용해야 할 처지에 있었을 것이다. 이러한 약품은 간 손상을 포함하는 심각한 부작용을 가질 수 있으며, 공부를 방해하였을 것이다.

1. 선출된 미국 정부 관료는 이 질병을 치료하는데 항생제를 사용하면 되기 때문에 결핵 박멸 프로그램을 위한 자금이 크게 삭감되어야 한다고 주장한다. 그의 주장을 논박하기 위해 당신은 어떤 증거를 인용할 것인가?
2. 결핵의 위험에 직면한 남아프리카 공화국의 빈민촌에 살고 있는 사람들과 관련하여 Lance의 법률 업무는 어떻게 진행되어야 하는가?

단원요약

호흡계의 구조 (454-455쪽)

1. 코, 비강, 인두로 구성된 상부 호흡계는 공기를 흡입하여 여과한다.
2. 섬모는 갇힌 미생물 점액을 인두로 이동시켜 삼키도록 한다.
3. 편도선의 화학물질과 세포는 미생물과 싸운다.
4. 하부 호흡계는 폐의 후두, 기관, 기관지, 기관세지 및 폐포로 구성된 거꾸로 선 나무와 유사하다. 이들은 점차적으로 작은 관을 통해 공기를 운반하여 결국 폐의 모세혈관에서 가스 교환을 하도록 한다.
5. 병원체는 제한된 공기 흐름의 결과로 호흡관의 염증을 일으킨다.
6. 점액에 붙어있는 미생물들은 섬모의 상승작용으로 기관지, 기관세지, 기관 밖으로 운반된다.
7. 폐포 대식세포와 분비성 항체 (IgA)는 많은 병원균으로부터 보호한다.
8. 무해한 **디프테로이드**와 기타 미생물총은 보통 코와 비강에서 발견된다. 많은 것들은 기회성 병원체가 될 수 있다.

상부 호흡계, 부비동, 귀의 세균성 질병 (456-460쪽)

1. 인두의 연쇄상구균성 염증을 일으키는 **연쇄상구균성 인두염**은 일반적으로 패혈성 인두염으로 알려져 있다.
2. 인두염은 *Streptococcus*가 열과 붉은색 피부 발진을 유발하는 독소를 분비할 때 **성홍열**로 진행될 수 있다.
3. 치료되지 않은 연쇄상구균성 인두염은 확산되어 신장에서 합병증 (급성 사구체 신염)과 심장의 손상을 일으킬 수 있는 **류마티스열**의 원인이 될 수 있다
4. 후두에서 염증인 **후두염**은 쉰 목소리를 일으킬 수 있고, 기관지에서 염증인 **기관지염**은 폐에서 공기 흐름을 제한할 수 있다.
5. A군 *Streptococcus* (*S. pyogenes*)는 세균성 인두염, 성홍열, 류마티스열의 주요 원인균이다. 이 세균은 M 단백질, 히알루론

산 캡슐, 발열 독소, 스트렙토리신, 병원균이 다양한 방법으로 확산되도록 하는 효소 등의 도움으로 신체에서 생존한다.

6. 한 개인에서 유래하는 *S. pyogenes*는 다른 개인에게 호흡 비말을 통해 이동한다.
7. *Corynebacterium diphtheriae*는 상기도의 표면에 두꺼운 위막의 형성하는 특징을 가지는 질병인 **디프테리아**를 일으키는 독소를 생성한다.
8. **부비동염** (비강과 부비동의 염증)과 **중이염** (귀앓이)은 보통 *S. pneumoniae, Haemophilus influenzae,* 또는 *Moraxella catarrhalis*에 의해 발생하는데 인두에서 부비동이나 귀로 확산된다.

상부 호흡계의 바이러스성 질환 (460-462쪽)

1. 감기를 일으키는 바이러스의 200가지 이상의 혈청형 중 가장 흔한 것들은 *Rhinovirus* 속 (*Picornaviridae* 과)에 속한다. 일부 코로나바이러스, 아데노바이러스, 레오바이러스, 파라믹소바이러스도 감기의 원인체이다.
2. 감기 바이러스는 따뜻한 온도와 낮은 pH에 민감하여 하부 호흡계에는 감염되지 않는다.
3. 리노바이러스는 매우 전염성이 강하며, 호흡 비말, 피부 접촉 및 매개물을 통해 전염된다.

하부 호흡계의 세균성 질환 (462-471쪽)

1. **폐렴**은 폐의 염증과 폐의 폐포와 기관세지(bronchiole)에 체액을 축적하는 결과를 초래한다. 의사들은 폐의 영향을 받는 부위 또는 원인균에서 유래되는 다른 이름의 폐렴으로 부른다.
2. 폐렴의 가장 흔한 유형은 *Streptococcus pneumoniae* (일반적으로 **폐렴 구균**으로 알려짐)에 의해 발생되는 폐렴구균성 폐렴이다.
3. *Mycoplasma pneumoniae*에 의한 마이코플라스마 폐렴은 **1차 비정형 폐렴** 또는 보행성 폐렴이라고 한다.
4. *Klebsiella* 폐렴은 끈적한 피가 섞인 가래와 재발성 오한을 일으킨다.
5. **폐렴성 흑사병**은 가래톳 흑사병 세균인 *Yersinia pestis*에 의한 폐렴의 한 형태이다.
6. 조류에서 **비둘기병**을 일으키는 *Chlamydophila psittaci*는 사람에서 심한 폐렴을 일으킨다.
7. *Chlamydophila pneumoniae*는 기관지염, 폐렴, 부비동염을 일으킨다.
8. **레지오넬라병** 또는 레지오넬라증은 에어로졸에 의해 전염되는 세균인 *Legionella* 속에 의해 일어나는 폐렴이다.
9. *Mycobacterium tuberculosis*의 세포벽은 폐를 감염할 때 병원균을 보호하는 마이콜산을 포함하는데 거기서 결절을 형성하여 **결핵(TB)**이라고 한다. *Mycobacterium*의 **다중 약물 내성(MDR)** 및 **광범위 약제 내성(XDR)**은 보건 의료 종사자에게 상당한 문제를 제기한다.
10. **코드 인자**는 호중구의 이동을 억제하고 세포를 죽이는 *M. tuberculosis*에서 세포벽의 구성 성분이다.
11. 피부 반응 검사는 사람이 *M. tuberculosis* 항원에 노출되었는지 여부를 결정한다. 흉부 X선 촬영으로 폐에서 결절을 볼 수 있다. 직접 관찰 치료인 단기코스(DOTS)는 TB 환자의 치료를 보장하는 방법이다.
12. *Bordetella pertussis*는 부착소와 독소를 통해 기관지의 섬모성 상피세포에 지장을 주어 백일해 (백일해 기침)를 일으킨다.
13. 백일해는 잠복기, 카타르기, 경련기, 회복기의 4단계로 진행된다.
14. *Bacillus anthracis*는 감기 증세에서 혼수와 쇼크로 진행하는 **흡입성 탄저병**의 가장 치명적인 **탄저병**을 일으킨다.

하부 호흡계의 바이러스성 질환 (472-480쪽)

1. 오르토믹소바이러스(orthomyxovirus)의 소위 A와 B 균주는 폐의 세포에 바이러스를 부착하는 역할을 하여 독감을 일으키는 **혈구응집소(HA)** 또는 **뉴라미니다제(NA)**로 구성된 당단백질과 함께 지질피막으로 둘러 싸여있다.
2. 지리적 지역에서 HA과 NA 돌연변이의 축적은 독감 사례가 증가하는 원인이 되는데 이를 **항원미소변이**라고 한다.
3. **항원대변이**는 다른 인플루엔자 A형 균주의 게놈에서 유전자 재배열로 인한 주요 항원 변화이다. 이러한 변화는 범세계적 질병의 원인이 될 수 있다.
4. **코로나바이러스 호흡기 증후군(SARS 및 MERS)**은 폐의 세포를 파괴하고 혈류를 통해 심장과 신장으로 확산되는 출현성 질병이다.
5. **호흡기 세포융합 바이러스(RSV) 감염**은 일반적인 소아 호흡기 질환이다. RSV는 폐에 거대 다핵 세포인 합포체를 형성하여 **크루프(croup)**로 알려진 기관세지염이나 기관지염을 일으킨다.
6. **한타바이러스 폐 증후군(HPS)**은 *Hantavirus*로 인한 잠재적으로 치명적인 호흡기 질환으로 건조된 쥐의 분뇨에서 전염된다.
7. 파라인플루엔자 1형, 2형, 3형 균주는 크루프(croup)와 바이러스성 폐렴과 연관되어 있다.
8. *Metapneumovirus* (MPV)는 어린이에서 호흡기 질환의 두 번째로 가장 흔한 원인체이다.

하부 호흡계의 진균 (480–486쪽)

1. **진균증**은 진균에 의해 발생하는 질환으로 신체를 통해 확산되며 전신성 진균증이라고 한다.
2. *Coccidioides immitis*는 계곡열이라고도 알려진 **콕시디오이데스 진균증**을 일으킨다. 초기 증상은 폐렴이나 결핵과 유사하다. 면역취약자의 증상에는 수막염, 두통, 메스꺼움 및 정서 장애가 포함된다.
3. *Blastomyces dermatitidis*는 독감 유사 감염같이 시작하는 전신성 진균질환인 **분아균증**을 일으킨다. 이 진균은 확산되어 상체에 병변을 일으키며, 뼈, 전립선, 고환, 기타 다른 기관을 파괴한다.
4. *Histoplasma capsulatum*는 사람에게 영향을 미치는 가장 일반적인 전신성 진균질환인 **히스토플라스마증**을 일으킨다. 환자의 약 5%가 임상 히스토플라스마증으로 진행된다.
5. *Pneumocystis jirovecii*는 영양실조, 미숙아, 쇠약한 노인, 면역취약 환자에서 ***Pneumocystis* 폐렴(PCP)**을 일으킨다.

복습문제

복습문제에 대한 답 (단답형 문제 제외)은 A-1에 있다.

선다형

1. 폐에서 인두로 점액의 이동은 _______ 에 의한 것이다.
   a. 후두 흐름
   b. 섬모 운동
   c. 재채기
   d. 인두 역류
2. 상부 호흡계에 비하여 하부 호흡계는?
   a. 미생물의 생장에 도움이 되는 환경을 제공한다.
   b. 일반적으로 미생물이 없다.
   c. 디프테로이드(diphtheroid)를 위한 이상적인 환경을 제공한다.
   d. 더 차가운 온도이다.
3. 세균성 인두염의 주요 원인은?
   a. A군 *Streptococcus*
   b. B군 *Streptococcus*
   c. *Mycobacterium*
   d. *Bordetella*
4. 인플루엔자 바이러스의 당단백질 스파이크는 _______ (으)로 구성되어 있다.
   a. 코드 인자
   b. 혈구응집소 또는 뉴라미니다제
   c. 스트렙토키나제와 히알루론산
   d. M 단백질
5. A군 *Streptococcus*는 _______ 에 의해 식세포로부터 감추어진다.
   a. M 단백질
   b. 히알루론산 캡슐
   c. 스트렙토키나제의 작용결과로 발생하는 농포
   d. 스트렙토리신
6. 스트렙토리신의 활성은 어떤 결과를 일으키는가?
   a. 세포 주위의 히알루론산 캡슐 파괴
   b. 감염 부위에서 백혈구의 수의 감소와 보체 단백질의 억제
   c. 적혈구, 백혈구, 혈소판의 세포막의 파괴
   d. 연쇄상구균의 파괴
7. 박쥐, 닭, 그리고 찌르레기과의 검은 새(black bird)의 배설물에서 발견되는 병원성 진균은?
   a. *Histoplasma capsulatum*
   b. *Blastomyces dermatitidis*
   c. *Coccidioides immitis*
   d. *Parainfluenzavirus*
8. 폐에서 치즈와 같은 일관성 단백질과 지방을 의미하는 결핵 관련 용어는?
   a. 결핵
   b. 투베르쿨린 검사
   c. 결핵성 충치
   d. 건락 괴사(caseous necrosis)
9. "쌕쌕거리는 소리(whoop)"의 특성을 나타내는 백일해의 단계는?
   a. 경련기
   b. 카타르기
   c. 회복기
   d. 잠복기
10. 다음 중 인접한 세포의 융합과 연관된 것은?
    a. 뉴라미니다제
    b. 호흡기 세포융합 바이러스
    c. 투베르쿨린
    d. 응집소

빈칸 채우기

1. 패혈성 인두염으로 알려진 목의 염증에 대한 의학명은 _______ 이다.
2. 목에서 두껍고 질긴 세포막은 _______ 의 징후이다.
3. RSV는 폐에서 거대 다핵 세포의 형성을 특징으로 하는데 이를 _______ 라고 한다.
4. 일반적 전신성 진균 질환을 치료하기 위해 사용되는 약물은 ________ 이다.
5. 바이러스성 감염을 치료하기 위해 아스피린 복용과 관련된 청소년의 조건은 _______ 증후군이다.

변형된 진위형

다음의 거짓 문장에서 밑줄이 그어진 단어나 문구를 올바른 문장으로 고쳐라.

1. ______ 일반적인 감기는 대부분의 경우 열을 생성한다.
2. ______ 진균 감염의 수는 습한 기후 조건 때문에 지난 20년 동안 증가하였다.
3. ______ 항원대변이는 어떤 지역에서 매 2년마다 독감 감염의 증가를 설명해 준다.
4. ______ 결핵 피부 검사 부위에서 딱딱한 붉은색 병변의 형성은 결핵 세균 존재의 결정적인 표시이다.
5. ______ 폐렴에 의한 죽음은 익사와 유사하다.

시각화하기!

1. 각 질병이 발병한 일반 지역을 표시하는 지도에 색칠하라.

분아균증

콕시디오이데스 진균증

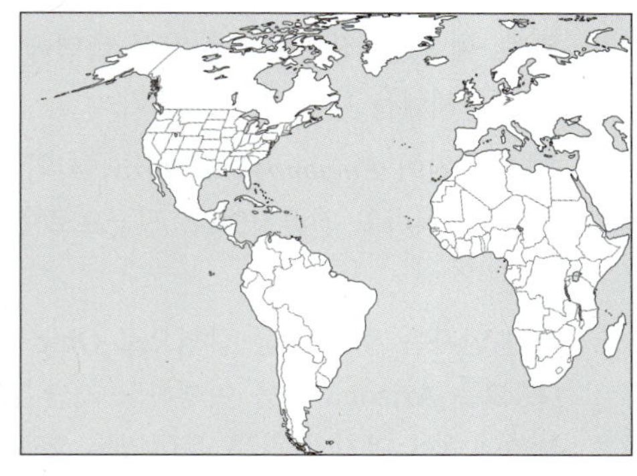

히스토플라스마증

2. 이번 장에서 토론된 다음의 세균을 동정하라.

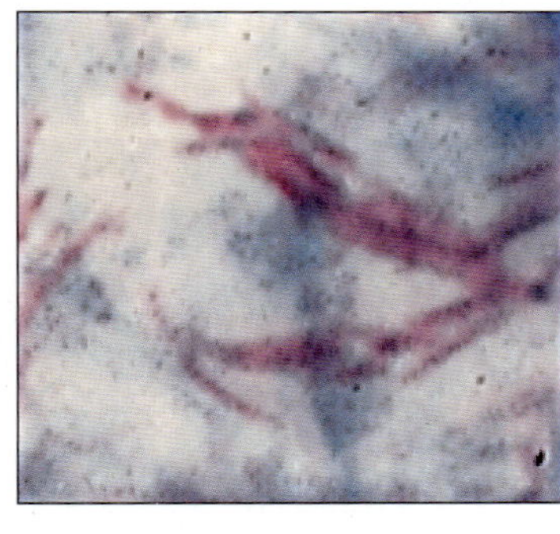

(a)

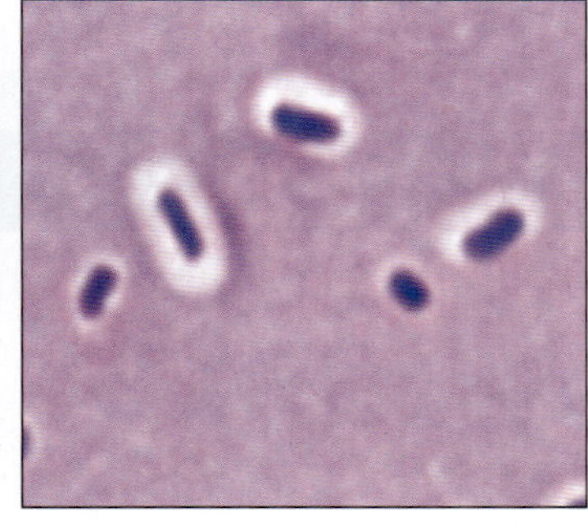

(b)

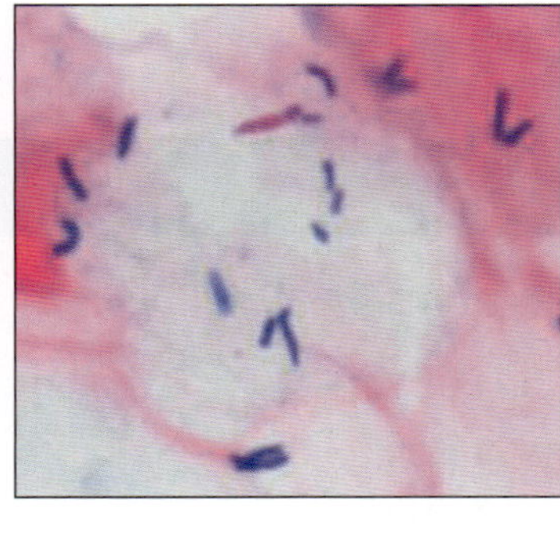

(c)

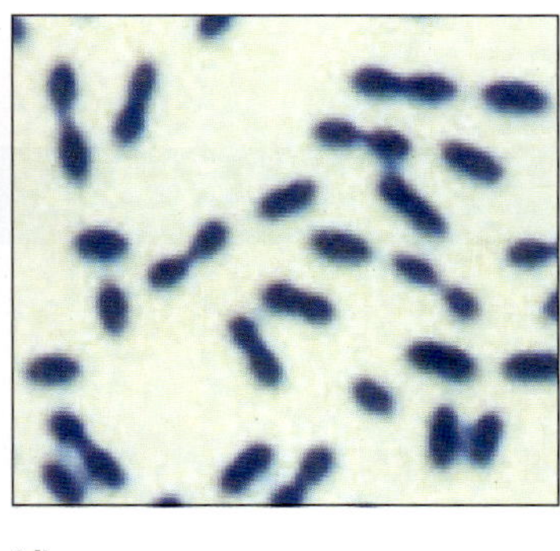

(d)

단답형

1. 아데노이드(adenoids)의 기능은 무엇인가?
2. 하부 호흡계를 "호흡 나무"라고 부르는 이유를 설명하라.
3. 디프테리아와 폐렴의 원인이 되는 미생물은 자주 건강한 사람의 상부 인두에서 발견된다. 상대적으로 소수 사람에서 두 질병이 발병하는 이유는 무엇인가?
4. 한 학생이 *Streptococcus* 종에 의해 발생하는 질병에 대한 강의를 듣고 난 후 이렇게 외쳤다, "당신은 *Streptococcus*가 사람 자신의 심장을 죽일 수 있다는 것을 의미합니까?" 이 학생은 무엇에 대하여 말하는 것인가?
5. 디프테리아 독소의 작용을 기술하라.
6. 감기에 대한 예방이 없는 2가지 이유를 말하라.

7. 감기 바이러스가 겨울에 더 많은 두 가지 이유를 말하라.
8. 어떤 근거로 매년 미국에서 독감 백신을 위해 선택될 항원이 결정되는가?
9. *Chlamydophila psittaci* 감염의 확산 방법과 *C. pneumoniae*의 확산 방법을 비교하라.
10. 투베르쿨린 피부 반응 검사의 양성은 무엇을 나타내는가?

비판적 사고

1. 인플루엔자 바이러스가 담긴 실험실 유리병에 붙어 있는 다음의 식별 라벨을 설명하라. influenza virus: B/쿠웨이트/6/97/(H1N3).
2. 어떤 노인은 중증 폐렴으로 병원에 입원하였으나 결국 사망하였다. 그의 죽음의 원인은 세균 종 때문인가? 어떤 항균약물이 이 세균에 대하여 효과가 있는가? 그 어떻게 사람이 감염으로부터 보호받을 수 있었나? 병원 직원은 그 사람으로부터 감염 위험이 있는가? 그 사람이 죽기 전에 그들의 방을 방문한 경우 어떤 환자 군이 위험할까?
3. 원인, 예방 및 잠재적인 심각성 측면에서 세균성 폐렴과 바이러스성 폐렴을 대조 및 비교하라.
4. 한 연구원이 *Pneumocystis jirovecii*의 실험실 관찰로 그것이 원생동물이라고 결론지었다. 진균으로 분류되어졌던 이유는 무엇인가?
5. 어떤 환자는 호흡 진균 감염으로 Ohio 주의 한 병원에 입원한다. 그는 Arizona 주를 여행하고 지난 달 돌아왔는데, 그 곳의 상인에게서 먼지가 잔뜩 묻어있는 오래된 담요와 두 개의 주전자를 구입하였다. 그는 어떤 질병이 걸릴 수 있을가?
6. 인플루엔자 A형 바이러스에서 항원미소변이와 항원대변이를 비교 및 대조하라.
7. 11월 중순에 걱정하던 부부는 작은 마을의 의사가 운영하는 병원에 자신의 29일된 신생아를 데려왔다. 몸이 약한 유아는 유동식이 목에 걸려 지난 5일 동안 심하게 기침을 하였다. 검사가 진행되는 동안 그 유아는 파래지고 숨이 가빠졌다. 그 여아는 *Bordetella pertussis*에 대한 DNA 증폭 검사 (MMWR 54:71-72.2005에서 적용)에서 양성을 보였다. 왜 이 질병이 작은 유아에게 매우 위험한가? 이 질병이 예방 접종으로 예방이 가능한 경우에 이 아이는 왜 병에 걸리게 되었나?
8. 알고 있는 바와 같이, 감기는 가을과 겨울에 더 자주 발생한다. 한 가지 설명은 더 많은 사람들이 학교가 시작되고 날씨가 추어질 때 건물 내에서 함께 모여 있다는 것이다. 이렇게 붐비는 조건이 가을과 겨울에 감기의 유행을 설명하는 가설을 시험하는 실험이나 역학 조사를 설계하라.
9. 왜 의사들은 발병 지역에 사는 모든 사람에게 예방을 위한 항생제를 투여하여 TB의 확산을 방지하기 위한 시도를 하지 않는가?
10. 콕시디오이데스 진균증이 있는 여행자는 러시아 북부에서 이 질병의 발병 영역을 구축할 수 있는가?
11. 통계적으로 남자에서는 여자에서보다 더 히스토플라스마증이 발병하는 것 같다. 어떻게 이 사실을 설명할 수 있는가?

개념도 작성

다음 용어를 사용하여 결핵을 묘사하는 개념도를 작성하라.

가래의 항산성 염색
항생제 내성
피가 섞인 가래
흉부 X선 촬영
기침
특별배지에 배양
전염성 결핵
생활 휴면
휴면 감염
에탐부톨
광범위한 폐 손상
6-12개월 동안
아이소니아지드(INH)
MDR-TB
Mycobacterium tuberculosis
다른 신체 부위
1차 감염
리팜핀
강한 면역반응
결절 질환
투베르쿨린 피부 반응 검사
XDR-TB

16 소화계의 미생물 질환

임상 미생물 레크리에이션 센터의 문제

최근 간호사 학위를 마친 Andrea는 좋은 직장을 얻어서 남편과 2명의 유아와 함께 California 남부로 이사하였다. 새로 이사한 지역은 좋은 학교와 쇼핑시설이 있고, 수영 지역에는 인공 호수, 어린이 물놀이터, 해변 등이 있는 레크리에이션 센터가 갖추어진 교외의 낙원이다.

8월 초에 레크리에이션 센터에서 많은 아이들이 갑자기 설사에 대한 불만을 호소하기 시작하였다. 설사는 나타나자마자 곧 사라졌으며, 갑자기 경험한 어린이들을 제외하고는 우려할만한 원인으로 보이지 않았다. 그러나 8월 말에 Andrea의 아이들은 썩은 계란 냄새가 나는 거품 설사를 자주하였으며 때로는 설사에 점액도 포함되어 있었다. 이전의 불만을 되돌아보면서, Andrea는 호수의 수질이 오염되었을 수 있다고 의심하였다. 그녀는 레크리에이션 센터의 책임자와 연락하였으나, 그는 수질은 괜찮으며 단지 모두가 독감에 걸렸다고 주장하였다. 그러나 증상은 계속되었으며, 곧 Andrea와 그녀의 남편도 동일한 물기가 많고 악취가 나는 설사로 괴로워하였다. 복부경련, 팽만감, 구역질 증세도 나타났다.

Andrea는 레크리에이션 센터의 책임자에게 공중 보건 부서에 연락하지 않으면 자신이 연락할 것이라고 하였다. 책임자는 결국 동의하였으며 공중 보건 당국자가 와서 호수와 어린이 수영장에서 물 시료를 채취하였다. 그 결과를 듣기 위해 기다리는 동안 Andrea의 모든 가족은 의사를 찾아갔다.

무슨 일이 이 교외의 낙원을 괴롭히는가? 답을 알기 위해 이 장의 끝 (524쪽)을 보라.

소화계의 구조

학습 | 성과

16.1 위장관의 주요 부분의 구조와 기능을 설명하라.
16.2 보조 소화기관을 열거하고 소화에서 그 기능을 설명하라.

해부학자들은 종종 소화계의 구조를 둘로 나누는데 하나는 입에서 항문까지 관상 경로인 위장(*gastrointestinal, GI*) (또는 소화)관이고, 다른 하나는 음식을 부수고 소화분비물을 주입하는 보조 소화기관(*accessory digestive organs*)이다. 먼저 위장관을 살펴보기로 하자.

위장관

위장관은 내벽이 점막으로 된 긴 관이며 입, 식도, 위, 소장, 대장, 직장 및 항문 **(그림 16.1)**으로 구성되어 있다. 위장관은 음식을 영양소로 분해하고 영양분과 물을 흡수하여 혈액으로 보내고 찌꺼기를 제거한다. 복막(peritoneum)이라 하는 막으로 된 외피는 위장관의 대부분의 장기를 둘러싸서 보호한다. 복강은 장기와 복막 사이의 공간이다.

우리가 음식을 먹을 때, 삼키기 전에 입(*mouth*)에서 꼭꼭 씹고 축축하게 한다. 소화는 여기에서 침에 있는 효소와 함께 시작된다. 연동 운동(*peristalsis*)이라는 근육 수축은 적신 음식을 목구멍의 뒤에 있는 근육관인 식도(*esophagus*)의 아래쪽으로 위(*stomach*)까지 이동시킨다. 위는 염산과 펩신(*pepsin*)이라는 단백질 이화효소를 분비한다. 이러한 화학 물질은 위에서 머물 때 식품의 화학적 소화가 더욱 진행된다. 위는 소화된 음식물을 조금씩 서서히 소장으로 이동시킨다.

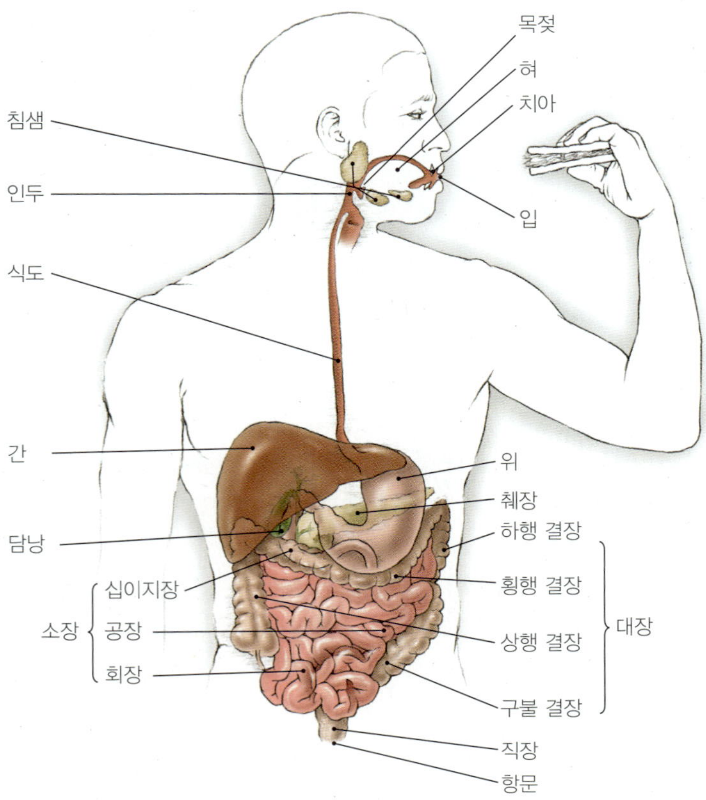

▲ **그림 16.1** **소화계의 주요 구조.**

소장(*small intestine*)은 6 m정도로 길지만 직경이 3 cm 정도이기 때문에 이렇게 이름이 지어졌다. 위장관의 이 부분은 세 부분, 즉 십이지장[*duodenum* (doo-od´ē-nŭm)], 공장[*jejunum* (jĕ-joo´nŭm)] 및 회장[*ileum* (il´ē-ŭm)]으로 나누며, 이 부분이 대부분의 소화와 영양소를 흡수하는 역할을 한다. 말단에는 소장의 내부 표면이 융모(*villi*)라고 불리는 손가락 같은 수백만 개의 돌기로 접혀 있는데 각각 미세 융모(*microvilli*) 내에 나선형의 세포막을 가진 세포로 정렬되어 있다. 소장의 흡수 표면적은 약 2,000,000 cm^2 (약 2,150 ft^2)인데 평균적인 2층짜리 미국 집의 크기에 해당된다!

나머지 소화 및 흡수되지 않은 물질은 장내 연동 운동을 통해서 직경 7 cm 및 길이 1.5 m 정도의 대장(*large intestine*) [또한 결장(*colon*)이라고도 함]으로 이동시킨다. 해부학자들은 결장의 부위 이름을 위치와 모양에 근거하여, 상행 결장(*ascending colon*), 횡행 결장(*traverse colon*), 하행 결장(*descending colon*), 구불 결장(*sigmoid*[1] *colon*)으로 부른다. 결장은 영양분과 수분의 흡수를 마무리 짓는다.

배설물은 나머지 소화되지 않은 물질로서 주로 섬유질이다. 배설물은 배변(*defecation*)이라는 과정으로 항문(*anus*)을 통해 배출될 때까지 보관하는 직장(*rectum*)을 통과한다.

보조 소화기관

보조 소화기관에는 혀, 치아, 간, 담낭, 췌장 등이 포함된다. 음식을 잘 삼키도록 미끄럽게 하기 위하여 침샘(*salivary glands*)에서 침을 분비하는 동안에 입의 중요한 보조 기관인 치아(*teeth*)와 혀(*tongue*)는 음식을 작은 조각이 되도록 씹는다. 침은 전분을 소화시키는 침 아밀라아제(*salivary amylase*)를 포함하고 있다.

치아는 씹는데 있어서 2가지 기능을 가지고 있다. 입 앞쪽의 앞니(*incisors*)와 송곳니(*canines*)는 음식을 분쇄하고 입의 뒤쪽 부근의 어금니(*molars*)는 음식을 잘게 간다. 치아의 표면은 에나멜(*enamel*)로서 강한 칼슘 인산염의 무기질이다 **(그림 16.2)**. 상아질(*dentin*)이라는 더 연한 물질은 치아의 본체를 구성하는데, 하나 이상의 뿌리가 치은[*gingiva* (jin´ji-vă)] [잇몸(gums)]과 턱의 뼈 속으로 확장되어있다. 치아의 내부는 혈관과 신경으로 된 부드러운 치수(*pulp*)를 포함한다.

간(*liver*)은 소화와 중화를 돕는 담즙(*bile*)의 생산이나 혈액에서 유해 물질을 제거하는 것을 포함하여 신체의 여러 주요 기능을 담당한다. 황록색 액체인 담즙은 농축되어 담낭(*gallbladder*)에 저

[1]S-형인 그리스 문자 sigma에서 명명.

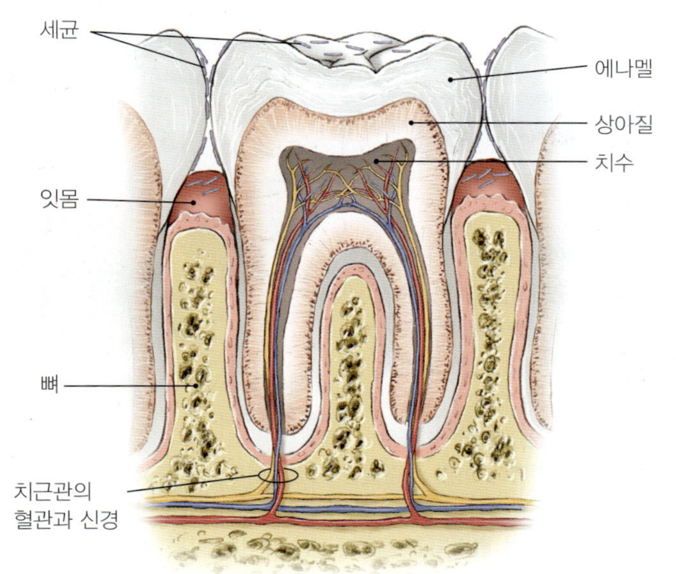

▲ 그림 16.2 치아와 치조의 세부 구조.

장된다. 담즙은 십이지장으로 이동하여 그곳에서 지방을 유화하는데, 즉, 큰 지방 덩어리를 수백만의 작은 것들로 만들어서 소화 효소에 더 쉽게 반응할 수 있도록 도움을 준다. 간은 죽은 적혈구부터 헤모글로빈의 분해산물인 빌리루빈(*bilirubin*)을 포함하여 독소를 분해하고, 배설하거나 저장한다. 간 손상은 혈액에 독소를 축적시키고 빌리루빈의 축적으로 황달을 초래한다.

췌장(*pancreas*)은 소장의 십이지장으로 분비되는 소화효소와 중탄산염 완충제인 췌장액(*pancreatic juice*)을 생산한다. 완충제는 음식이 소장에 들어갈 때 위산을 중화시키고, 효소는 음식의 소화하는 역할을 한다.

왜 그런가

왜 소화계는 미생물의 중요한 입구인가?

소화계의 정상 미생물총

학습 | **성과**

16.3 입과 창자에서 정상 미생물총의 유형과 위치에 대해 설명하라.

식도, 위 및 십이지장에는 미생물이 거의 없다. 연동 운동(peristalsis)은 식도에 음식 입자와 미생물의 축적을 방지하는데 도움을 주고, 위산 (약 pH 2.0)은 항미생물 작용을 한다. 또한 위와 십이지장을 통해 상대적으로 빠른 음식 수송은 대부분의 미생물이 이 지역에 집락을 형성하는 것을 방지한다.

그러나 미생물은 혀, 치아, 소장, 회장, 결장 및 직장에 집락을 형성한다. 입과 인두는 모든 구강표면에 집락형성을 하는 세균, 곰팡이 및 원생동물을 위한 먹이뿐만 아니라 수많은 미세한 구멍과 틈을 제공한다. 침은 1 ml 당 수백만 개의 세균을 포함하며, 과학자들은 구강 생물막에서 700종 이상을 발견하였다. **비리단 연쇄상구균군(viridans[2] streptococci)**로 알려진 *Streptococcus* (strep-tō-kok´us)는 구강미생물가운데 우점종이다. 비리단 연쇄상구균군은 알파-용혈성 그람-양성이며, Lancefield 탄수화물이 결여되어, 어떤 Lancefield 분류에도 속하지 않는다. 비리단 연쇄상구균의 각 균주는 치은, 뺨 내벽, 혀, 인두, 소장, 또는 치아에 있는 특정 화학 물질에 부착할 수 있도록 부착 인자를 갖는다. *S. mutans* (mū´tanz)는 특히 치아에서 생장하는 종이다.

하부 소장과 결장은 약 일백조 (10^{14})개로 추산되는 세균들의 서식지이고, 대변 1 g에는 10^{11}개 이상의 세균이 있는데 이는 총 대변의 약 40%를 차지한다. 대부분의 세균은 *Bacteroides* (bak-ter-oy´dēz) 속(genus)의 그람-음성의 혐기성 세균이고 그 다음으로는 그람-양성의 *Lacctobacillus* (lak´tō-bă-sil´ŭs) 및 *Escherichia* (esh-ĕ-rik´-ē-ă), *Enterobacter* (en´ter-ō-bak´ter), *Proteus* (prō´tē-ŭs), *Klebsiella* (klebsē-el´ă)와 같은 통성 장내세균들의 순으로 우세하다. 효모인 *Candida* (kan´did-ă) 같은 진균과 *Entamoeba* (ent-ă-mē´bă) 같은 원생동물도 결장에 서식한다. 정상 장내 미생물총은 부분적으로 소화되거나 소화되지 않은 결장의 내용물을 먹고 산다. 일부 미생물은 섭취된 화학 물질의 화학적 성질을 변화시켜 침입하거나 독성을 증가시키거나 또는 암 유발 화학물질을 생산하는 등의 작용없이도 신체에 부정적인 영향을 미칠 수 있지만, 위장관 내의 점막은 대부분의 미생물들이 혈액으로 침입하지 못하도록 한다.

일반적으로 장내 미생물은 **미생물 길항작용(microbial antagonism)**이라는 상황으로 병원체와 경쟁하여 몸을 보호하는 역할을 한다. 또한 장내 미생물의 대사는 질소 가스, 이산화탄소, 수소 가스 및 냄새가 심한 디메틸황화물(dimethyl sulfide)과 메탄으로 된 장내 가스인 방귀(*flatus*)를 매일 500 ml씩 생산하는 것에 더해서, 비타민 B_{12}, 엽산(folic acid), 비오틴 및 비타민 K를 포함한 비타민류를 생산한다.

어떤 질병에 걸리면 복용하는 경구 항생제는 장내 미생물총을 억제할 수 있어서 그 방어 능력을 훼손할 수 있다. 장기간 항미생물제 치료를 하는 동안 이들의 손실은 병원성 미생물이 집락 형성을 허용할 수 있다. 494쪽의 **유익한 미생물: 우리 몸을 지키는 미생물?**에서는 미생물총 형성 변화의 잠재적인 유익성에 대하여 살펴본다.

위장관에 있는 모든 미생물들은 방어적인 미생물총과 협력하는 구성원이거나 무해한 구성원이 아니다. 수많은 세균, 진균, 바이러스, 원생동물, 그리고 기생충은 소화계 질환의 원인이 된다. 다음 절에서는 세균에 의한 질병으로 시작하면서 더 일반적인 질환에 대하여 살펴보기로 한다.

[2]혈액배지에서 자랄 때 생산하는 색소인 "녹색"을 의미하는 라틴어 *viridis*로부터 유래.

유익한 미생물

우리 몸을 지키는 미생물?

소화관은 바이러스, 세균, 원생동물, 곰팡이 및 기생충들의 서식지이다. 정상 미생물총은 영양분과 공간을 위해 병원체와 경쟁을 하여 신체를 보호하는 데 도움을 준다. 최근의 과학 연구는 사람들의 식단에 첨가되는 미생물이 건강을 개선하고 유지한다는 것을 시사한다. 많은 연구자, 영양사 및 보건의료제공자들은 이런 가능성에 대해서 기대하고 있다.

유익한 미생물은 과민성 대장 증후군, 회장(ileum) 단부의 장기간 염증 [크론병(Crohn's disease)]과 같은 장의 문제를 방지하는데 도움을 주며, 효모 감염의 발생률을 줄이고, 위장염의 증상을 완화시키며, 36시간까지 감기의 기간을 단축시킬 수도 있다. 그리고 그 장점은 소화계에서 멈추지 않는다. 한 연구는 질에서 생장하는 *Lactobacillus*가 임질 세균의 부착을 억제한다는 것을 보여주었다. 많은 생균제(probiotics)는 식품 발효에 사용되는 세균들로, 특히 *Lactobacillus* 종 또는 *Bifidobacterium* 속과 관련된 세균이다. 유익한 일회성 증거들과 생균제의 장점에 대한 몇 가지 긍정적인 실험실 연구에도 불구하고 일부 과학자는 소비자가 자신의 장내 미생물총의 구성을 성공적으로 변경할 수 있다는 것에 회의적이다.

다른 연구에서는 미생물총의 형성이 사람이 비만이 될지 또는 마를지의 여부를 조정한다고 제안하였다. 뚱뚱한 사람들은 자신의 결장에 그람-양성 세균을 더 큰 비율로 갖고 있으며, 반면에 마른 사람들은 박테로이드(bacteroid)라는 그람-음성 세균을 더 큰 비율로 갖고 있다. 그람-양성 세균은 소화되지 않는 다당류를 분해하여 흡수되고 체중을 증가시키는 당을 생성한다. 박테로이드를 갖고 있는 마른 사람들은 다당류가 소화되지 않고 남아 신체에서 배출된다. 과학자들이 쥐의 장내 미생물의 구성을 변경하는 경우, 비만 쥐들은 같은 양과 종류의 음식을 먹고 같은 양의 운동을 할지라도 마르게 된다.

미래의 생균제가 소화관의 미생물의 구성을 영구적으로 변경하여 질병을 완화하고 비만을 줄일 수 있을까? 연구진은 이러한 질문에 대답하기 위해 계속 노력하고 있다.

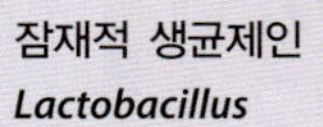

잠재적 생균제인 *Lactobacillus*

왜 그런가

장시간에 걸친 항세균 약물의 사용이 구강 칸디다증(아구창)과 *C. diff* 설사의 가능성을 증가시키는 이유는?

소화계의 세균성 질병

미국과 다른 선진국에서 소화계의 세균성 질병은 일반적으로 골칫거리로 여겨진다. 그러나 세계의 많은 지역에서 이러한 질병은 치명적이다. 여기에서는 구강의 세균성 질병들에 대하여 살펴본다.

충치, 치은염 및 치주 질환

학습 | 성과

16.4 충치의 형성 과정을 설명하라.
16.5 치은염과 더 중증인 치주 질환의 진행에 대하여 설명하라.
16.6 충치과 치주 질환의 치료와 예방에 대하여 설명하라.

충치[dental **caries**[3] (kār´ēz, *tooth decay* 또는 *cavities*)]는 빈도에 있어서 감기에 이어 두 번째이다. 충치는 보통 어린 시절에 생기지만 모든 사람들에서 발생한다. 잇몸 염증인 **치은염(gingivitis)**은 치아를 둘러싸고 지지하는 조직의 염증과 감염인 **치주 질환(periodontal disease)**의 한 형태이다.

징후 및 증상

충치는 일반적으로 치아에 구멍이 생기고, 특히 나중 단계에서 치아가 손실될 수 있다. 초기 충치는 고통이 없지만 지속적으로 진행되면 달거나 뜨겁거나 차가운 음식 또는 음료를 섭취할 때 종종 치통이 발생된다. 깨진 치아 또는 통증없이 치아로 물지 못하는 것이 충치의 징후이다.

치주 질환의 일반적인 증상은 부종, 잇몸 출혈, 촉감이 부드럽고 윤기가 있는 잇몸, 밝은 빨강 또는 붉은 자주색의 잇몸 등을 포함한다. 진행된 치주 질환 사례에서 치아가 흔들리고 구취가 발생한다. 치주 질환의 극단적이고 희귀한 유형은 1차 세계 대전 중에 참호성 구강염(*trench mouth*)이라 불렸던 급성 괴사궤양성 치은염(*acute necrotizing ulcerative gingivitis*, ANUG)이다. ANUG가 있는 환자는 치아 사이에 분화구 모양의 궤양, 광범위한 잇몸 출혈, 구강악취, 잇몸에 나타나는 회색빛 생물막 등의 추가적인 다른 치주 질환 증상을 보인다.

병원체, 독성인자 및 발병

충치는 세균, 특히 *Streptococcus mutans*가 설탕(sucrose, table sugar)으로부터 덱스트란(dextran)이라 불리는 불용성의 끈적끈적한 다당류 점액을 생산하는 것으로부터 시작한다. 이러한 덱스트란과

[3]라틴어로 "부패"라는 의미

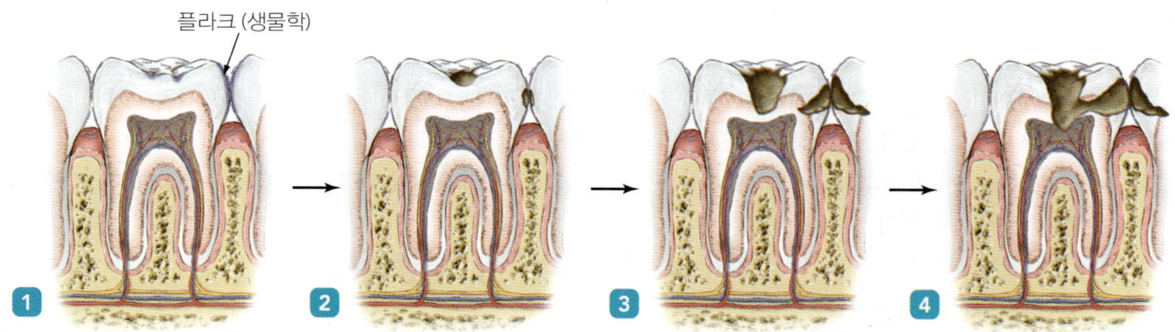

▲ **그림 16.3 치아 부식 과정.** *Streptococcus mutans*는 설탕으로부터 덱스트란을 생산하여 에나멜 위의 구멍이나 균열 부위에 플라크를 형성한다 **1**. *Lactobicillus* 및 다른 세균들이 당을 발효하여 에나멜을 녹이는 산을 생성한다 **2**. 부식은 상아질 **3**과 치수 속까지 계속된다 **4**.

핌브리아와 같은 부착 인자는 세균으로 하여금 치아 에나멜 상에 치아 플라크(*dental plaque*)로 알려진 생물막을 형성하게 한다. 치구는 500개 이상의 세균 세포의 두께가 될 수 있고 거의 100억 개의 세균을 포함할 수 있다.

플라크 내의 *S. mutans*와 *Lactobacillus*와 같은 기타 세균들은 당을 산 (약 pH 5)으로 발효시켜 치아 에나멜을 용해하고 치아의 내부의 상아질과 치수에 세균이 침입할 수 있도록 한다 **(그림 16.3)**. 세균과 그들의 분비물은 상아질과 치수를 파괴하고 결국에는 치아의 신경과 혈관을 파괴하여, 치아의 손실을 초래할 수 있다.

치석(*tartar* 또는 *dental calculus*)이라는 경질 침전물은 칼슘염이 플라크를 무기질화 할 때 형성된다. 치아의 기저에 갇힌 치석은 치은염인 치주 질환의 초기 형성을 유발한다. 잇몸의 부종, 플라크 및 치석은 감염을 일으키고 치주염(*periodontitis*)이라고 하는 조건을 만들어내는 *Porphyromonas gingivalis* (pōr-fir-ō-mōn´ās jin´ji-val-is)와 같은 혐기성 세균에 의해서 집락을 형성하는 무산소 주머니(oxygen-free pocket)도 형성할 수 있다. *P. gingivalis*는 치은 조직을 분해하는 5가지의 단백질 소화효소를 생산한다. 세균이 뼈에 침입할 때 파괴가 더 일어나 골수염(*osteomyelitis*) (골수와 뼈의 염증)이 발생하고 치아는 흔들려서 빠지게 된다.

과학자들은 참호성 구강염의 정확한 원인을 모르지만, *Treponema* (tre-p-ō-nē´mă)의 비배양성 종을 포함한 혐기성 세균과 스피로헤타의 과잉을 의심하고 있다.

역학

미국에서 개인 건강보험 지출의 약 6%가 치과 서비스이다. 20–64세의 미국 성인 중에서 92%가 영구치에서 충치를 경험하였고 2–11세 어린이의 42%가 적어도 하나의 치강(cavity)을 갖고 있다. 설탕이 많이 포함된 식단은 덱스트란과 산의 생성을 증가시켜서 충치의 위험을 증가시킨다. 지속적인 간식은 지속적인 미생물의 활동을 자극하여 pH를 더욱 감소시킨다. 감귤류와 같이 천연 산의 함량이 높은 식품은 이런 문제의 원인이 될 수 있다.

플라크의 축적, 잇몸 손상이나 외상, 어긋난 치아, 충전재의 거친 가장자리, 맞지 않는 치과 기기 (의치 등), 치강 등은 치주염에 기여한다. 추가로 치은염에 기여하는 요인은 임신, 조절되지 않는 당뇨, 일반적으로 허약한 건강과 다이어트, 불량한 치과 위생, 피임약의 사용, 납 중독 등이 포함된다. 치은염은 일반적으로 사춘기와 초기 성인기에 처음 나타나지만 많은 사람들에게 종종 일생을 통해 다양한 정도로 발생된다. 치료하지 않으면 미국 사람의 약 70%에서 치은염이나 치주 질환이 재발하고 최대 20%까지 골 손실을 경험하게 된다.

진단, 치료 및 예방

치과의사는 일상적인 검진 시 육안 검사 또는 물리적 검사로 충치를 진단한다. 날카로운 치아 기구로 면밀한 조사 및 X-선 검사를 통해서 구멍을 관찰하기 전에 취약한 부분을 알 수 있다. 치과의사는 과도한 플라크와 잇몸 근처의 치석, 접촉에 민감한 부어오른 붉거나 자주색인 잇몸, 치아의 기저 주변의 확대된 주머니를 갖는 치은퇴축(receding gum) 또는 흔들리는 치아를 관찰하는 것으로 치은염을 진단한다. 치과의 X-선 검사는 진행성 치주 질환에서 발생하는 뼈 구조의 손실을 보여준다.

치과의사는 최소한의 비용과 고통으로 초기에 진단된 치강(cavity)을 치료할 수 있다. 그들은 연화 조직을 제거하고 실버 합금, 금, 포셀린(porcelain) 또는 수지로 그 구멍을 채운다. 치강이 치아의 많은 부위를 파괴한 경우에는 치과의사는 부드러운 부분을 제거하고 금, 은 합금, 포셀린, 또는 금속을 씌운 포셀린의 치아관[*crown* (cap)]으로 치아를 덮어씌운다. 치아에 영양을 공급하는 신경을 죽이는 부식은 근관(*root canal*)을 필요하게 만드는데, 치과의사는 치아의 중심으로부터 부패 물질, 치수, 신경, 혈관을 제거하고 밀폐제로 대체한다.

치과 위생사와 치과의사는 염증을 줄이기 위해 치아에서 플라크와 치석을 물리적으로 제거하는 스케일링(*scaling*)으로 치은염과 다른 치주 질환을 초기에 치료한다. 스케일링은 출혈, 불쾌감 또는 통증을 초래할 수 있는데 일반 의약품인 진통제로 치료될 수 있다. 그들은 또한 헐렁한 틀니, 잘못 정렬된 치아와 같은 치과 자극물을 수리하여서 더 이상 잇몸에 쓸리지 않도록 한다. 스케일링은 정기적이고 전문적인 클리닝과 함께 매일 엄격하고 효과적인 구강 위생이 뒤를 따라야 하며, 그렇지 않으면 문제가 재발하게 된다. 치과의사는 항세균성 구강세정제를 처방할 수 있다. 진행성 치주 질환의 경우에는 윗몸의 깊은 주머니를 노출시켜 청소하고 심하게 손상된 치아를 제거하기 위한 수술이 필요할 수 있다.

충치, 치은염 및 치주질환의 예방은 건강한 식습관과 좋은 구강위생의 실행에 달려 있다. 끈적끈적한 음식들뿐만 아니라 설탕이 포함된 음식을 피하는 것이 플라크 및 산 생성을 감소시킨다. 천연적으로 만들어진 당알코올인 자일리톨(xylitol)은 구강의 *S. mutans*를 감소시킨다. 사람들은 매일 치실을 사용하고 불소가 함유된 치약으로 적어도 하루에 두 번씩은 양치질을 해야 한다. 이상적으로는 매 식사 후 칫솔질을 해야 한다. 칫솔질과 치실질은 치아, 치아 사이 및 잇몸에서 생물막 (플라크) 형성을 막는다. 칫솔질이 불가능할 때 식사나 간식을 한 후에 물로 입을 헹구는 것은 플라크 축적을 감소시킨다. 치아는 일상적인 관리의 일환으로 치과에서 정기적으로 청소해야 한다. 또한 치과의사는 부식을 방지하기 위하여 치아를 플라스틱 수지로 밀봉할 수 있다.

물의 불소화는 치과 질환을 예방하는 효과적인 공중보건 조치이다. 불소는 새로운 치아에서 발생하는 에나멜에 통합되어 산의 작용에 대하여 치아를 강화시키고 내측으로부터 치아를 보호한다. 하나의 치강을 고치는 비용은 평생 개인에게 불소화를 제공하는 비용보다 크다. 오늘날 대부분의 미국 도시의 상수도 시스템은 음용수에 불소를 첨가하고 있다.

질병개요파악 16.1에는 충치의 특징이 요약되어있다.

질병개요파악 16.1

충치

원인 세균, 특히 *Streptococcus mutans* (그람-양성 구균).

독성인자 핌브리아 및 기타 부착소; 플라크와 치석이라는 생물막의 형성; 설탕을 덱스트란으로 대사; 당으로부터 산의 생산.

침입구 음식물 섭취.

징후 및 증상 치아의 탈무기질화로 구멍이 생기는 결과를 가져옴; 치통.

잠복기 산의 생산이 즉시 시작됨.

감수성 모든 사람, 특히 고설탕 식단을 하는 자.

치료 플라크와 치석의 물리적 제거; 구멍의 채움.

예방 설탕을 포함하는 식품의 회피; 규칙적인 칫솔질과 치실사용; 불소화.

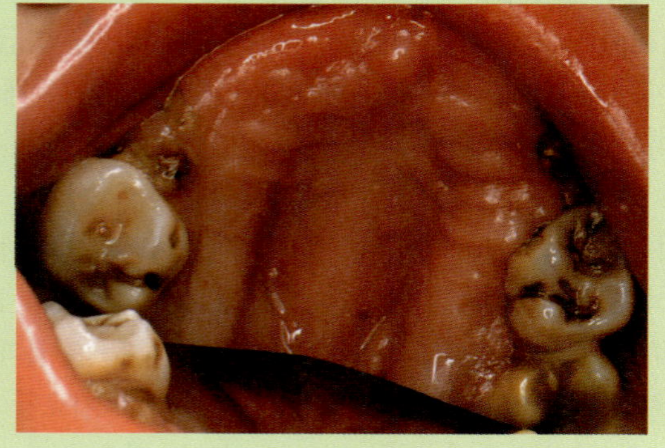

소화성 궤양 질환

학습 | 성과

16.7 사람의 위 내벽에 대한 *Helicobacter pylori*의 영향을 설명하라.

16.8 위에 집락을 형성하고 식균 작용에서 살아남도록 하는 *H. pylori*의 독성인자에 대하여 설명하라.

16.9 궤양의 증상, 치료 및 예방에 대하여 설명하라.

소화성 궤양(peptic[4] ulcer)은 위[위궤양(*gastric ulcer*)] 또는 소장의 십이지장[십이지장 궤양(*duodenal ulcer*)]의 내벽에 일어나는 손상이다. 위 또는 장을 관통하는 궤양을 천공(*perforation*)이라고 한다. 한 때 의사들은 소화성 궤양을 과도한 음주, 흡연, 잘못된 음식 섭취, 스트레스 및 근심의 결과라고 생각하였다. 현재 궤양의 대부분은 실제 세균의 침입 활동에 기인한다는 것으로 알려져 있다.

징후 및 증상

복부 통증은 궤양의 주요 증상이다; 심혈관계가 중요한 장기에 충분한 혈액을 제공하지 못하여 생기는 쇼크는 천공의 주요 증상이다. 환자는 일반적으로 메스꺼움, 구토 (구토물에 커피 찌꺼기처럼 보이는 혈액이 동반되거나 않거나), 체중 감소, 가슴통증, 검은색의 타르와 같은 대변을 나타낸다. 치료하지 않으면 궤양은 의사의 즉각 개입이 요구되는 응급 의료 상황인 내부 출혈과 대장장애를 포함한 다양한 합병증이 일어날 수 있다.

병원체 및 독성인자

Helicobacter pylori (hel´ĭ-kō-bak´ter pīlō-rē)는 그람-음성이며 약간 나선형인 운동성이 활발한 세균으로 대부분의 소화성 궤양 (498쪽의 **질병개요파악 16.2** 참조)의 원인체이다. *H. pylori*는 사람의 위에 집락을 형성할 수 있도록 다양한 독성인자를 가지고 있다: 위 세포에 의한 산의 생산을 억제하는 단백질; 위의 점액내벽을 통해 나가서 세균이 파묻히도록 하는 편모; 위 세포에 결합을 용이하게 하는 부착소(adhesin); 식세포 살해를 억제하는 효소; 요소분해효소(urease). 요소분해효소는 위액에 존재하는 요소를 분해하여, 고알칼리성 암모니아를 생산하는데 이는 위산을 중화시킨다.

[4]"소화"를 의미하는 그리스어 *pepto*로부터 유래하며 위의 효소 펩신을 뜻함.

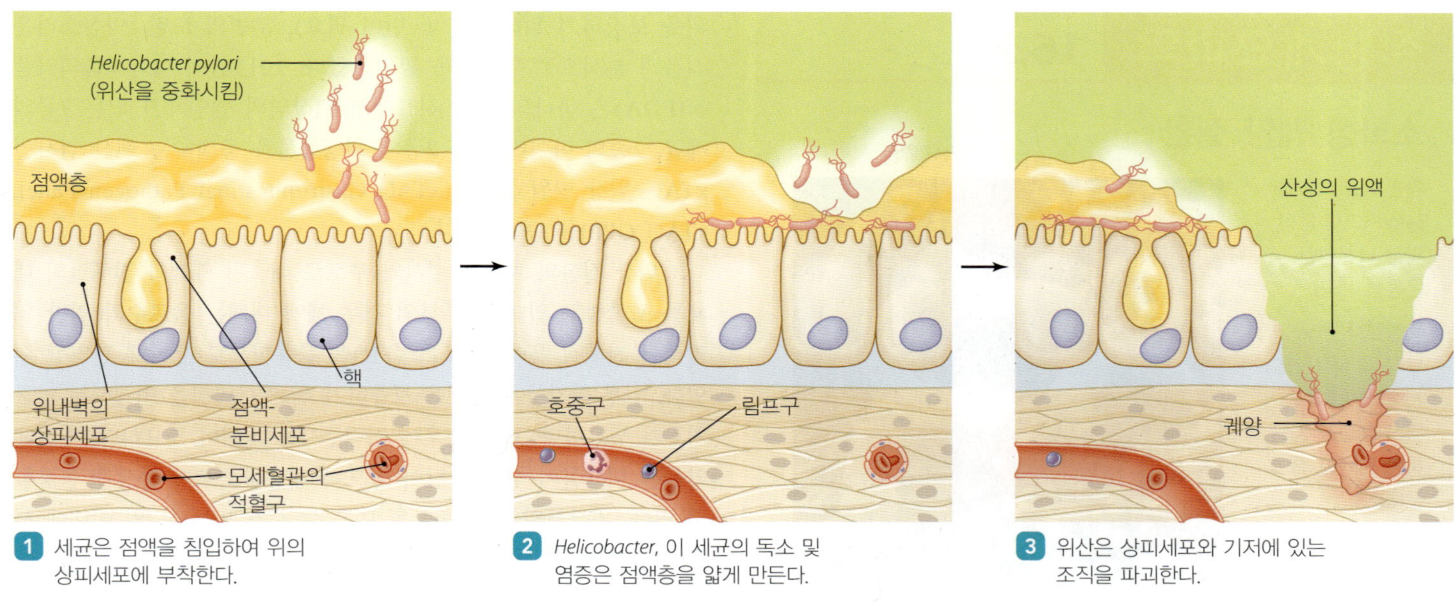

▲ **그림 16.4** **궤양 형성에서 *Helicobacter pylori*의 역할.**

발병

그림 16.4는 소화성 궤양의 형성 과정을 보여준다. *H. pylori* (urease에 의해 보호되는)는 세균이 세포의 세포막에 부착하고 증식하는 곳인 상피세포 하부에 도달하기 위하여 위의 보호 점액층을 통과하여 잠복하며 1. 다양한 인자 즉, 세균 독소에 의한 염증 유발과 점액생성 세포의 파괴로 점액층을 얇게 만들고 2, 산성 위액이 위의 내벽을 소화하도록 한다. 일단 위액이 상피층을 뚫게 되면 *H. pylori*는 아래에 위치한 근육 조직과 혈관으로 접근한다 3. 백혈구에 의해 포식되는 세균들은 식세포의 살해 기작의 일부를 무력화시키는 효소들인 카탈라제(catalase)와 과산소디스뮤타제(superoxide dismutase)의 활성으로 생존한다.

역학

매년 약 456,000명의 미국인들에서 소화성 궤양이 발생한다. 모든 *H. pylori* 균주들이 궤양을 일으키는 것은 아닌 것으로 보인다. 위에서의 집락형성은 분변-구강 경로에 의한다고 제안되고 있으며, 연구를 통해서 사람이나 사람 손에 묻은 고양이의 배설물, 우물물 또는 매개물에 오염된 *H. pylori*가 사람에 감염되는 것이 보고되었다.

위험 요인에는 아스피린, 이부프로펜(ibuprofen) 또는 다른 비스테로이드성 항염증 약물의 사용; 과도한 알코올 섭취; 담배 흡연 또는 기타 담배 제품의 사용; 궤양 가족력이 포함된다. 감정적인 스트레스는 궤양을 유발하지 않지만 증상을 악화시키고 치료를 더 어렵게 만들 수 있다.

진단, 치료 및 예방

바륨(barium)의 복용 후, 일련의 위 상부 X-선 필름은 궤양의 존재를 보여준다. 실험실 기사는 임상 검체의 그람염색 도말에서 *H. pylori* 감염을 발견하고, 배양 1-2시간 이내에 요소분해효소(urease) 검사가 양성이면 위에서 채취한 검체에 *H. pylori*가 존재하는 것을 의미한다.

산 생성을 저해하는 약물들과 아목시실린(amoxicillin), 클라리스로마이신(clarithromycin), 또는 테트라사이클린(tetracycline)과 같은 한 가지 이상의 항미생물제를 복합적으로 사용하는 치료는 대부분의 궤양을 6-8주 만에 해결한다. 불행하게도, 환자 위에 존재하는 모든 *Helicobacter*를 죽이는 것은 환자에게 식도암이 발생할 기회를 매우 높이게 된다. *Helicobacter*가 이 암을 줄일 수 있는 방법은 알려져 있지 않다.

궤양의 재발은 항세균 치료 후에 산-방지 약물의 지속적이 사용으로 예방할 수 있다. 수술은 과도한 천공 또는 의약 개입이 실패할 경우에 필요할 수가 있다. 감염의 예방은 세균의 분변-구강 전염의 회피와 생활양식의 변화를 통한 위험요소의 제거가 포함된다.

498쪽의 **질병개요파악 16.2**에는 소화성 궤양의 주요 특징을 요약하였다.

세균성 위장염

학습 | 성과

16.10 위장염을 일으키는 6가지 세균의 독성인자를 비교 및 대조하라.

16.11 위장염을 피하기 위한 일반적인 예방법을 설명하라.

세균성 위장염(bacterial gastroenteritis)은 세균의 존재로 인해 발생하는 위 또는 장의 염증이다. 전 세계적으로 위장염 (세균성 위장염의 일반적인 발생 빈도는 대략 1,000명당 1건)이 발생하지만, 제

질병개요파악 16.2

소화성 궤양 질환

원인 *Helicobacter pylori* (그람-음성, 약간 나선형인 운동성 세균).

독성인자 편모, 부착소, 식작용을 저해하는 효소, 위산 생성을 차단하는 단백질, 요소분해효소.

침입구 아마도 분변 오염의 결과로 입을 통할 수 있다.

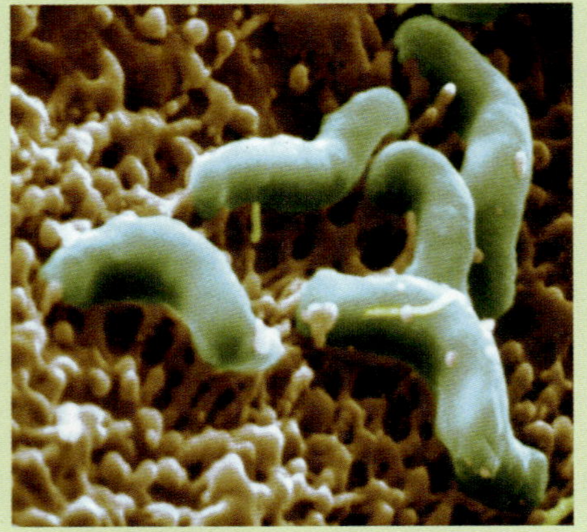

소화성 궤양을 일으키는 *Helicobacter pylori*

징후 및 증상 식후 식후 또는 식사를 거른 후 30분에서 몇 시간 동안 복통, 제산제 또는 우유로 완화되는 고통, 속쓰림, 소화 불량, 메스꺼움, 혈액의 구토, 체중 감소, 피로, 검거나 또는 혈액이 포함된 대변.

잠복기 다양함.

감수성 *H. pylori*로 집락이 형성된 사람, 특히 궤양의 가족력이 있는 자, 담배, 아스피린, 이부프로펜(ibuprofen), 또는 다른 비스테로이드성 항-염증 약물을 복용하는 자, 과도한 알코올 음주자.

치료 제산제 함께 주어진 항미생물 약물.

예방 좋은 개인위생, 분변-구강 전염을 감소시키는 적절한 위생과 적절한 식품 취급, 위산 불균형을 감소시키는 식단과 알코올, 담배, 아스피린 같은 진통제 약물의 소비감소 등의 위험을 감소시키는 생활 습관의 변화.

대로 조리되지 않은 음식, 오염된 몰로 세척 또는 음용수 및 열악한 생활 조건의 지역사회 등과 종종 연관되어 있다. 선진국에서는 연구소에서 유출되는 경향이 있다. 위생이 열악한 지역으로의 여행은 감염과 질병의 전파로 이어질 수 있다.

일반적인 특징

위장염 증상은 보통 원인균과 관계없이 유사하다: 어떤 경우에는 무증상 또는 경증의 설사이지만, 대부분의 환자들은 메스꺼움, 구토, 설사, 식욕 부진, 복통 및 경련을 겪는다. 일부 환자들은 불쾌감과 발열을 경험한다. 드문 경우, 감염이 위장 질병을 일으키는 초기를 경과하면서 확산되어 신부전 또는 빈혈을 초래한다. **이질(dysentery)**로 알려진 중증의 통증이 있는 위장염은 대변이 묽고 잦으며 점액과 혈액이 포함된다.

경미한 증상을 갖는 환자는 대부분 병원치료를 하지 않지만, 의사는 대부분 징후와 증상을 기반으로 세균성 위장염의 사례를 진단한다. 역사적으로 과학자들은 대변 배양 (일반적으로 병원체의 포획을 보장하기 위해서는 몇 번이 필요), 분변의 도말, 의심스러운 식품의 분석으로 원인균을 확인하였다. 2013년에 미국식품의약품국(FDA)은 하나의 대변 시료에서 위장염의 원인체가 되는 7종의 세균, 2종의 바이러스 및 2종의 원생동물을 동정하는 핵산 검사인 xTAG 위장 병원체 패널(xTAG Gastrointestinal Pathogen Panel, xTAG GPP)을 승인하였다.

위장 질환의 치료는 설사와 구토로 배출된 체액과 전해질의 대체를 포함하고 있다. 대부분의 경우 체액 대체는 음료수와 일반 의약품인 전해질 용액 (스포츠 음료)을 음용함으로서 자체 관리될 수 있다. 일부 환자들은 체액을 보충하기 위해 구역질을 억제하는 약물 치료가 필요하다; 드문 경우에 정맥주사용 체액이 필요하다. 지사제 약물은 미생물이 장내에 남아 있도록 허용함으로써 증상을 연장할 수 있다. 위장염의 주요 증상은 보통 수 시간 또는 수 일 이내에 사라지고 탈수 회복은 일주일까지 걸릴 수 있다.

일반적으로 예방은 음식의 적절한 취급, 저장, 준비와 관련이 있다. 음식은 먹기 전 또는 요리에 사용하기 전에 철저하게 청결을 유지해야한다. 모든 조리 식품, 특히 다진 고기는 세균을 죽일 수 있을 만큼 충분히 높은 온도에서 완전하게 요리해야 한다. 요리 온도는 음식의 종류에 따라 다르지만 63°C–74°C (145–165°F)의 범위를 갖는다. 음식은 제공이나 보관되는 동안에 4–60°C (40–140°F)의 "위험 구역(danger zone)" 밖에 보관되어야 한다. 음식 준비에 사용되는 도구는 요리하는 중에 항상 철저히 세척해야 한다. 우유와 주스는 저온 살균을 해야 한다. 좋은 위생과 개인위생은 필수적이다. 올바른 손 씻기는 배설물 매개 질병의 전파 방지를 위한 최선의 예방이 될 것이다.

많은 병원체는 특정한 유형의 위장염의 원인이 된다. 다음 절에서는 이러한 질병에서 보다 일반적인 6가지를 살펴보기로 하자.

시겔라증

세균성 위장염의 한 형태에는 일차적으로 발열, 복통, 설사, 때로는 혈변을 특징으로 하는 **시겔라증(shigellosis)**이 있다.

병원체 및 독성인자 *Shigella* (shē-gel´ă)는 그람-음성의 비운동성 간균이다. 4가지의 *Shigella* 종이 시겔라증을 일으킨다: *S. dysenteriae* (dis-en-te´rē-ī), *S. flexneri* (fleks´ner-ē), *S. boydii* (boy´dē-ē) 및 *S. sonnei* (sōn´ne-ē). *S. sonnei*는 선진국에서 가장 흔하게 분리되는 종이고, *S. flexneri*는 개발도상국에서 우점종이다. 시겔라증은 미국보다는 미국외의 나라에서 훨씬 더 흔하다.

이들 4가지 *Shigella* 종은 제3형 분비계(type III secretion system)와 설사를 일으키는 장독소(*enterotoxins*)를 생산한다. 제3형 분비계는 세균 세포의 양쪽 막에 모두 퍼져있는 20가지의 다른 폴리펩티드들로 구성되어 있는 복합체 구조이다. 이것들은 숙주 세포의 세포막에 삽입되어 세균의 단백질이 숙주 세포에 도입되는 통로를 형성한다. 장독소는 장 내면의 상피세포에 있는 표면 단백질에 부착하기 때문에 그러한 이름이 붙여졌으며, 콜레라 독소와 유사한 방식으로 전해질과 물의 손실을 일으킨다. *S. dysenteriae*는 숙주 세포에서 단백질 합성을 정지시키는 외독소(exotoxin)인 **시가독소(Shiga toxin)**를 분비하여, 20%까지의 높은 치사율을 갖는 심각한 형태의 시겔라증을 초래한다.

발병 및 역학 *Shigella*는 초기에 소장 세포에 집락을 형성하여 설사를 일으킨다; 시겔라증의 주요 경과는 세균이 대장의 세포에 한 번 침입하면 약 7일 후에 종료된다. **그림 16.5**는 *Shigella*의 발병을 보여준다. 병원체는 대장의 상피세포에 부착 1, 세균의 세포내이입(endocytosis)을 자극 2, 세포의 세포질 내에서 증식 3, 숙주세포의 면역계를 피하는 과정으로 *Shigella*는 숙주의 액틴 섬유를 중합화하여 숙주 세포 밖으로 나가 인접한 세포로 들어간다 4. 세균이 숙주세포를 죽임에 점액성 농양의 형성 5; 파열 농양으로부터 혈액에 침입한 세균은 식작용을 받고 파괴되어 시겔라증의 합병증인 균혈증을 거의 드물게 만든다 6.

세계보건기구(WHO)에서는 세계적으로 매년 9천만 건의 시겔라증 사례가 발생하고, 약 108,000명이 사망하는 것으로 추정한다.

진단, 치료 및 예방 의사는 증상과 대변으로부터 *Shigella*의 존재를 확인하여 시겔라증을 진단할 수 있다. 새로 승인된 핵산 검사-xTAG 위장 병원체 패널은 실험실의 과학자가 대변 시료에서 *Shigella*를 동정할 수 있는 방법이다. 시겔라증에 의한 설사는 대개 자기 한정적이며(self-limiting), 따라서 치료는 보조요법을 포함한다. 의사는 세프트리악손(ceftriaxone)과 같은 항미생물제를 처방할 수 있는데 질병의 지속기간을 단축할 수 있고 환자와 가까운 접촉으로 *Shigella*의 확산을 감소시킬 수 있다. *Shigella* 균주 중에서 항생제 내성이 전 세계적으로 확산되어 증가하고 있다.

가벼운 설사와 발열을 경험하였지만 최근에 개발된 *S. flexneri*의 생약독화 백신은 연구 참여자가 이 세균에 의해 발생되는 이질을 예방하는데 성공하였다. 연구자들은 징후와 증상을 일으키지 않도록 백신을 완벽하게하기 위해 노력하고 있다.

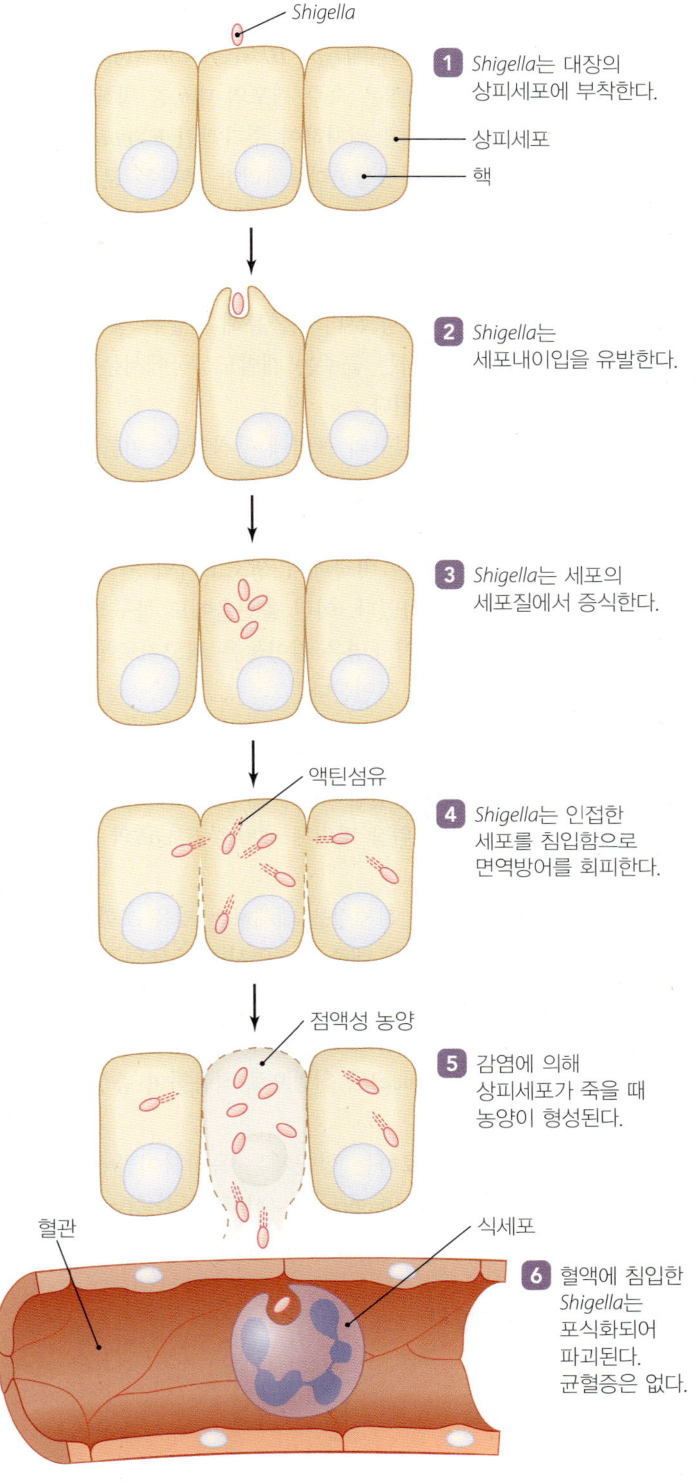

▲ **그림 16.5 시겔라증의 경과.**

여행자 설사

Escherichia coli (esh-ĕ-rik´ē-ăkō-lī)는 여행자에게 설사를 일으키는 원인이 되는 가장 흔하고 중요한 세균이며 일반적인 이름은 여행자 설사(*traveler's diarrhea*)이다.

병원체와 독성인자 *E. coli*는 대장균군(coliform) (kŏ´li-formz)이라는 대장에 사는 세균군의 하나이다. 이 세균은 호기성 또는 통성 혐기성 그람-음성이고 35°C의 젖당(lactose) 배지용액에서 48시간 이내에 젖당을 발효하여 가스를 형성하는 간균이다. 대장균군은 동물과 사람의 장내에 서식하는 것 이외에 토양, 식물, 부패 식물에서 살아남을 수 있지만 물에 이 대장균군이 존재하는 것은 역사적으로 불량한 하수 처리의 지표로 간주되어왔다.

과학자들은 *E. coli*의 다른 균주를 설명하는데 사용된 다수의 소위 O, H 및 K 항원을 동정하였다. O157, O111, H8, H7과 같은 몇 가지 항원들은 독성과 연관되어 있다. 독성 균주는 핌브리아, 부착소 및 이들 균주가 사람의 조직에 집락을 형성하고 질병을 일으키는 다양한 독소의 유전자 (전이성 있는 플라스미드에 있는)를 가지고 있다.

더 위험한 2가지 독소들은 *E. coli* O157:H7의 시가-유사 독소(*Shiga-like toxin*)들이다; 이들 독소는 단백질 합성을 억제하여 세포를 죽이고, 신부전을 일으켜 죽음에 이르게 할 수 있다. *E. coli* O157:H7은 또한 제3형 분비계(*type III secretion system*)를 생산한다. 한 세트의 분비 단백질은 숙주 세포의 대사를 방해하고, 다른 세트는 숙주세포의 세포막에 위치하여 추가적인 *E. coli* O157:H7의 부착을 위한 수용체를 형성한다. 이러한 부착은 분명히 이 *E. coli* 균주가 정상적이고 무해한 균주들을 대체할 수 있도록 한다.

발병 및 역학 일반적으로 *E. coli* 설사는 세균의 섭취 후 24-72시간에 나타난다. 설사는 제3형 분비계를 통해 전달된 장독소에 의해 매개된다. 장독소를 생산하는 균주는 개발도상국에서는 흔하고 소아 설사의 중요한 원인이 된다.

시가-유사 독소는 중성구의 표면에 부착하고, 이를 통하여 전신으로 확산되어 숙주세포와 조직을 죽게 한다. 항미생물제는 *E. coli* O157:H7이 시가-유사 독소의 생산의 증가를 유도하여 질병을 악화시킨다. 조사관들은 미국에서 생소고기의 거의 50%에서 *E. coli* O157:H7을 발견하였다. 이런 출현율에도 불구하고 미국에서 사망하는 1천만 명당 약 1명은 갈아놓은 쇠고기로부터 *E. coli* O157:H7을 섭취하는 것에 기인한다.

진단, 치료 및 예방 의사들은 여행에서 돌아오는 환자들의 징후와 증상에 따라 여행자 설사를 진단하는데 대부분 경미하여 치료를 필요로 하지 않는다. xTAG 위장 병원체 패널은 *E. coli*의 3가지 병원성 균주를 동정할 수 있다.

치료는 손실된 체액과 전해질을 대체하는 것을 포함한다. 지사제는 소화관으로 부터 세균의 배출을 지연시켜 증상을 연장한다. 환자들은 설사가 끝날 때까지 (일반적으로 후 2-3일) 유제품을 피해야하는데, 그 이유는 대장균 위장염의 경우 유제품이 일시적으로 젖당 불내증(lactose intolerance)의 원인으로 작용하여 증상을 악화시킬 수 있기 때문이다.

세균성 위장염을 치료하는 항균제는 독시사이클린(doxycycline) — 트리메토프림(trimethoprim) — 설파메톡사졸(sulfamethoxazole) 등이다. *Escherichia*에 사용할 수 있는 백신은 없다.

Campylobacter 설사

*Campylobacter*는 미국에서 어떤 세균보다 더 많은 설사의 원인체로서 사람들이 의사를 방문해야 한다.

병원균 및 독성인자 *Campylobacter* 설사의 원인체인 *Campylobacter jejuni*[5] (kam´-pi-lō-bak´ter jē-jū´nē)는 그람-음성의 극성 편모를 가진 약간 굽은 세균이다 **(그림 16.6)**. 과학자들은 *C. jejuni*의 독성을 완전히 이해하지 못하지만, 이 세균은 부착소(adhesin), 세포독소(cytotoxin) 및 내독소(endotoxin) [지질 A(lipid A)]를 가지고 있다. 이 세균은 세포내이입된 후에도 세포 내에서 생존할 수 있다. 흥미롭게도 *C. jejuni*의 비운동성 돌연변이체는 독성이 없다.

[5]"굽은"을 의미하는 그리스어 *kampylos*와 소장의 중간 부위를 가리키는 *jejunum*에서 유래.

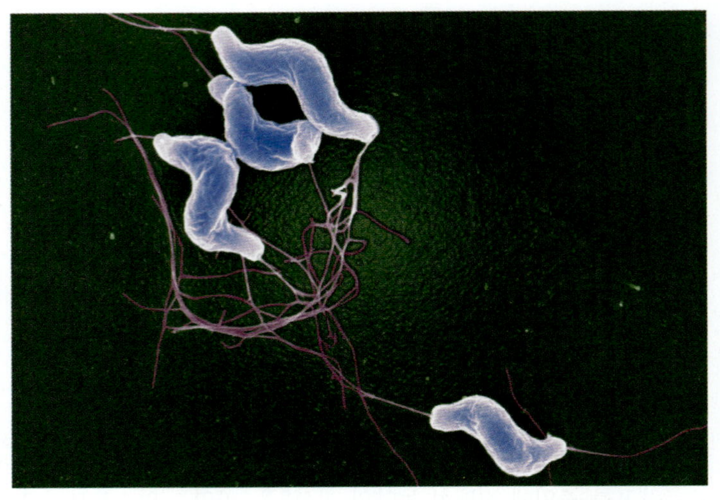

▲ **그림 16.6 미국에서 세균성 위장염의 가장 흔한 원인체인 *Campylobacter jejuni*.**

발병 및 역학 한 연구는 닭의 81%에서 *Campylobacter*가 발견되었다고 보고하였는데, 이 세균은 사람 감염의 일차적인 원천이다. *Campylobacter*의 독성인자는 공장, 회장 및 결장에 침입하고 집락을 형성하도록 하여 출혈병변과 염증을 유발한다. 미국의 질병통제예방센터(CDC)에서는 100만 명이 넘는 사람들이 매년 *Campylobacter* 설사에 걸리고, 이 가운데 약 100명이 사망한다고 추정한다.

진단, 치료 및 예방 xTAG GPP는 대변에서 *Campylobacter*를 동정할 수 있지만, 대변에 세균이 있다는 것을 나타내는 종합된 징후 및 증상이 종종 진단을 위해 충분하다. 심한 경우에는 보조요법과 아지스로마이신(azithromycin)과 같은 항생제 사용을 필요로 하지만 대부분의 경우는 치료없이 해결된다. 이런 유형의 세균성 위장염에 대한 백신은 존재하지 않는다.

생닭 또는 칠면조의 조리과정에서 오염된 부엌주변의 청소, 잘 조리된 음식 및 일반상식의 요리 위생은 *Campylobacter* 감염을 줄일 수 있다. 지역사회는 가축 방목장, 사육장 및 도살장으로부터 분변으로 인한 음용수 오염을 방지해야 한다.

C. diff. (항미생물 관련) 설사

대장에 심한 염증과 병변의 형성을 동반한 설사의 심한 형태가 항미생물제를 복용한 입원 환자에서 자주 진행된다.

징후 및 증상 **항미생물이 관련된 설사(antimicrobial associated diarrhea)** 또는 단지 *C. diff.*라고 불리는 ***C. diff.* 설사(*C. diff.* diarrhea)**는 하루에 5번에서 10번의 투명하고 물같은 악취 배변 운동으로부터 **위막성 대장염(pseudomembrane colitis)**이라는 장 질환의 가장 심한 형태까지 다양한 범위를 가진다. 이 생명을 위협하는 상태는 염증과 하루에 10번 이상의 혈변, 및 결합 조직, 죽어가는 백

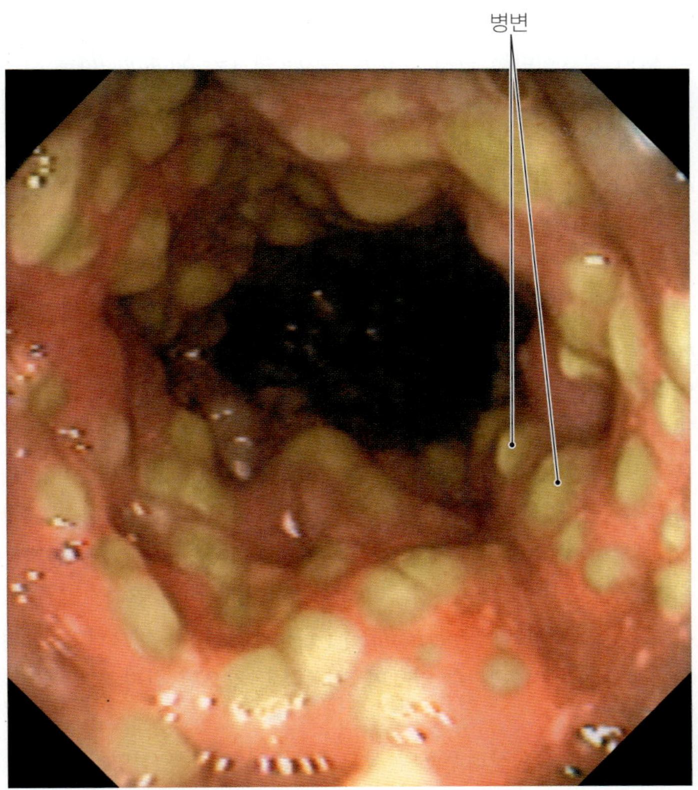

▲ **그림 16.7 위막성 결장염.** *Clostridium difficile*이 원인체로 생명을 위협하는 결장염이 될 수 있다.

혈구, 죽은 결장 세포 등으로 구성된 위막성(pseudomembranes)이라는 장 병변의 형성을 포함한다 **(그림 16.7)**.

병원체 및 독성인자 *Clostridiun difficile* (klos-trid´ē-ŭm di-fi´sil-ē) 세균은 위막성 대장염을 일으킨다. 이 그람-양성, 내생포자 형성, 혐기성 간균은 성인의 약 5%와 미국의 신생아의 70%에서 대장의 정상 미생물총의 일부이다. 결장에 있는 수 조 개의 무해한 세균은 *C. diff.*를 유지하지만, 항생제가 유익 세균을 죽일 때, *C. diff.* 내생포자는 발아하고 이것이 아마도 경쟁이 없기 때문에 통제할 수 없이 증식된다. *C. difficile*은 단순히 독소 A와 독소 B로 알려진 두 가지 독소를 방출한다.

발병 *C. diff.*는 일반적으로 비침습적이다; 즉, 결장에서 혈액으로 이동할 수 없다. 오히려 결장 내강 내에 머물며 두 가지의 독소를 생성한다. 독소 A는 결장의 점막 세포를 유지하는 연결을 분해하여 염증을 유발하고 체액의 손실을 가져 온다. 독소 B는 결장의 세포를 모두 죽이고 특징적인 위막으로 융합하는 병변의 형성을 유도한다. 각 독소는 이해할 수 없는 기작에 의해 다른 독소의 작용을 강화시킨다.

역학 위막성 대장염(pseudomembraneous colitis)은 현대 의학의 부산물이다; 항미생물제의 광범위한 사용 전까지 이런 상태는 매우 드물었다. CDC는 미국에서 매년 최소 50만 건 이상의 사례가 발생하고 약 15,000명이 사망한다고 추정한다. 환자는 자신의 배설물과 함께 *Clostridium* 세균을 내보내서 병원 직원 및 다른 환자에게 감염시킬 수 있다. 병원 환자의 약 20%가 *C. diff.*를 가지고 있다.

거의 모든 항미생물제가 질병을 유발할 수 있지만 여러 약물의 동시 사용뿐 만 아니라 더 새롭고 더 강력한 약물의 장기 사용은 2가지 조건에서 더 큰 문제가 될 가능성이 있다. 노인, 화상환자, 면역저하환자, 위막성 결장염의 사례가 있던 환자 및 신부전 환자, 또는 복부 수술에서 회복된 환자들에서 특히 위막성 결장염에 취약하다.

진단, 예방 및 치료 임상 실험실의 과학자들은 2가지 독소의 존재에 대해 대변을 시험하거나 대변에서 *C. diff.*의 존재를 입증하는 xTAG GPP를 사용한다. 이것은 환자의 약 75%를 진단하는데 충분하다. 사례의 나머지 부분에서는 대장 내시경 검사로 위막성의 황색 병변을 볼 수 있다.

예방은 특히 항균 약물의 장기간 사용 등 불필요한 사용을 피하는 것을 포함한다. 병원 직원은 특히 설사환자의 경우에 철저한 위생 규칙을 따르도록 해야 한다. *Clostridium*의 내생포자는 대부분 소독제에 저항이 있어서 손씻기와 장갑 착용은 예방의 초석이 된다. 조기 진단은 치료를 즉시 시작하도록 허용하여 중증의 결장염을 감소시킨다.

일반적으로 원인이 되는 항균제의 사용 중단은 정상적인 미생물총을 복원하는데 필수적일 수 있다. 적당한 중증 사례의 치료는 경구용 메트로니다졸(metronidazole)이나 반코마이신(vancomycin)의 사용을 수반한다. 설사가 균체 및 그 독소를 희석하고 제거한다는 점에서 실제로 유익하기 때문에 지사제는 피해야 한다. *Lactobacillus*와 같은 생균제(probiotics)를 먹는 것은 생균제 효과의 연구가 혼합된 결과를 보여 주었지만 *C. difficile*과 경쟁하는 유익한 종이 결장에 재집락을 형성하도록 할 수 있다. 의사들은 "분변 이식(fecal transplant)"으로 재발성 *C. diff.* 설사가 있는 환자를 성공적으로 치료하였다. 이 과정에서 의료 종사자는 가까운 친척이나 환자의 배우자에서 수집된 분뇨를 포함하는 액체를 관장 또는 비강인두를 통하여 환자의 결장으로 주입한다. 주입된 세균은 수여자에게서 성공적으로 *C. diff.*와 경쟁하는 정상 미생물총을 재정립하여 질병을 제거한다.

502쪽의 **질병개요파악 16.3**에서는 *Escherichia*, *Shigella*, *Campylobacter* 및 *Clostridium difficile* 설사의 특징을 요약하였다.

살모넬라증과 장티푸스

*Salmonella*는 2가지 형태의 질병을 일으킨다: **장티푸스(typhoid fever)**와 **살모넬라증(salmonellosis)**이라는 위장염의 형태.

병원균 및 독성인자 *Salmonella* (sal´mŏ-nel´ă)는 운동성, 그람-음성, 거의 모든 척추동물이나, 특히 파충류의 장에서 사는 주모성 간균으로 그들의 분변으로 배출된다. *Salmonella*는 사람에서 정상 미생물총의 일부가 아니다. 과학자들은 2,000가지 이상의 독특한 혈

질병개요파악 16.3

세균성 설사

원인 일차적으로 *Escherichia coli*, *Shigella* 종, *Campylobacter jejuni* (그람-음성 간균) 및 *Clostridium difficile* (그람-양성, 혐기성, 포자형성 간균).

독성인자 부착소, 장독소, 시가독소 식작용을 회피하는 기능, 인접한 세포로 이동하는 기능 (*Shigella*), 시가독소 (*Escherichia*), 내독소 (그람-음성 세균), 내생포자 (*Clostridium*).

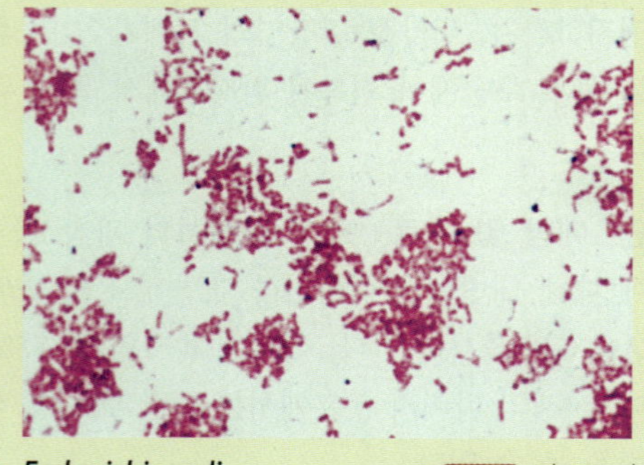

Escherichia coli

침입구 분변-구강 경로를 통해 섭취; 보통 미국인의 5%는 *C. diff.*에 감염되어 있다.

징후 및 증상 복통, 혈변, 구토, 구토, 설사, *C. diff.*는 추가적으로 위막을 형성할 수 있다.

잠복기 몇 시간에서 며칠 또는 몇 주.

감수성 모든 사람은 감수성이 있지만 그람-음성 감염은 어린이와 면역 손상자에서 일반적으로 더 나쁘다. *C. diff.*는 항미생물제 치료를 받은 환자에서 더 유행한다.

치료 체액 및 전해질의 대체를 통해 재수화(rehydration); 항미생물제는 치료기간을 단축할 수 있다.

예방 철저히 조리된 육류 제품과 저온 살균된 우유와 주스만 먹기, 따뜻하게 갓 준비된 음식, 좋은 위생 실천.

청형 (균주)을 동정하였지만, DNA 서열분석을 통해서 모두가 한 종의 *S. enterica* (en-ter´i-kă)에 속한다는 것을 보여주었다. 그러나 많은 연구자 및 의료진들은 역사적 이름을 계속 사용하고 있다. 혈청형 Typhi (tī´fē)와 Paratyphi (par´a-tī´fē) (이전에 *S. typhi*와 *S. paratyphi*)는 사람에게만 유일한 질병인 장티푸스를 일으킨다. 혈청형 Enteritidis (en-ter-it´id-iss)와 Typhimurium (tī´fē-mur-ē-ŭm)은 대부분의 미국 사례들에서 사람 살모넬라증(human salmonelosis)을 일으킨다.

*Salmonella*의 독성 혈청형은 위의 산성 조건을 견디고 소장을 통과하여 그 곳에서 특정 부착소에 의해 부착된다. 이것들은 제3형 분비계를 사용하여 독소를 숙주 세포내로 도입한다. 이들 독소는 미토콘드리아를 파괴하고 식작용을 억제하며, 진핵 세포의 세포골격(cytoskeleton)을 재배열하거나 세포 사멸을 유도한다.

발병 및 역학 사람은 *S. enterica* 혈청형 Typhi 또는 Paratyphi의 보균자의 분변에 오염된 음식이나 물을 통해 장티푸스에 걸린다. 보균자는 무증상으로 남아있을 수 있다. 사람들은 종종 오염된 계란을 먹거나 요리를 통하여 살모넬라증의 원인체를 획득한다. 무증상의 닭이 낳을지라도 닭의 달걀의 약 3분의 1은 *Salmonella*를 가지고 있다. 분변에 있는 세균들은 닭이 계란을 낳을 때 그 계란을 덮고 있다; 심지어 난소가 감염된 닭이 낳은 계란은 내부적으로 *Salmonella*를 가질 수 있다. *Salmonella*는 부엌 조리대에서 계란을 깨뜨리는 동안 방출되고 다른 음식에 옮겨져 몇 시간 만에 수백만 개의 세포로 증식될 수 있다.

혈청형 Typhi의 감염량은 약 1,000-10,000개 세포이다. *Salmonella*는 장세포를 통과하여 혈류로 들어가 그곳에서 포식된다. 이러한 방어 세포는 병원체를 소화하지는 못하지만 간, 비장, 골수 및 담낭으로 운반한다. 환자는 일반적으로 상승하는 발열, 두통, 근육통, 불쾌감, 식욕부진 등을 점차적으로 경험하며 일주일 이상 지속될 수 있다. 세균은 담낭에서 분출되어 창자를 재감염하여 위장염, 복부 통증을 일으킨 다음 균혈증 재발로 이어진다. 어떤 환자는 세균이 궤양을 일으키고 창자벽에 천공을 만들어서 복강으로 침입하여 창자에서 복막염(*peritonitis*) (복막의 염증)을 일으킨다. 장티푸스는 4주간 지속될 수 있으며, 치료하지 않으면 환자의 12-30%는 사망한다.

그림 16.8은 장티푸스와 살모넬라증의 경과를 설명하고 있다. *Salmonella*는 위를 통과 한 후 소장의 내부세포에 부착하고 **1**, 독소를 삽입하여 세포내이입을 유도한다 **2**. 병원체는 식소체(phagocytic vesicles) 내에서 증식하고 **3**, 마침내 숙주세포를 죽이고 **4**, 발열, 복부경련, 설사인 살모넬라증의 징후와 증상을 유발한다. 일부 균주의 세포들, 특히 혈청형 Typhi는 지속적으로 혈액으로 들어갈 수 있다 **5**. 식세포는 *Salmonella*를 혈액을 통해 간, 비장, 골수 및 식작용 살생에 저항을 갖는 곳인 담낭으로 운반하는데, 특히 담낭에서 반영구적 감염을 확립할 수 있다. 보균자는 치료를 하더라도 몇 년 간 감염된 상태로 남아 있을 수 있다.

장티푸스는 가난한 사람들 특히 남반구에서 가장 일반적이다. 이 질병은 선진국에서는 드물다.

진단, 치료 및 예방 진단은 xTAG GPP 핵산 검사를 통하여 환자의 대변에서 *Salmonella*를 발견하는 것으로 이루어진다. 전형적으로 장티푸스 환자는 40°C (104°F)의 높고 지속적인 열이 있고 쇠약하며, 복통, 두통 및 식욕부진이 동반된다.

살모넬라증은 일반적으로 일주일 이내에 자기 한정적으로 된다. 의료인들은 소실된 체액과 전해질을 대체한다. 장티푸스는 아지스로마이신(azithromycin)이나 시푸로플록사신(ciprofloxacin)과 같은 항미생물제로 치료된다.

예방은 특히 부엌에서 좋은 위생을 중점으로 한다. CDC는 "끓이기, 조리하기, 벗겨내기, 또는 잊어버리기"를 권장한다. 즉, 음용수 끓이기 (이것은 많은 다른 종류의 위장염으로부터 보호하지는 않지만)와 껍질을 벗길 수 있는 청과물을 제외한 조리되지 않은 음식 피하기이다. 사람들은 애완용 파충류를 다룰 때마다 감염을 피하기 위해서 그것들의 우리를 청소할 때 장갑을 착용해야 한다.

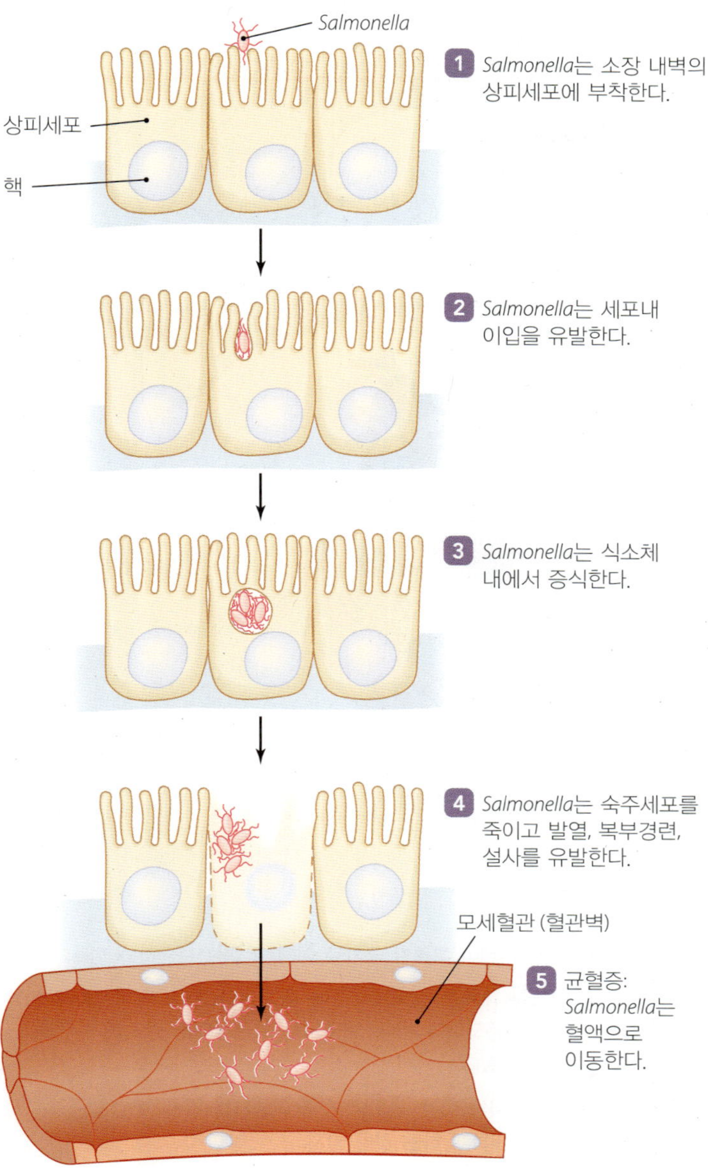

▲ **그림 16.8 살모넬라증의 경과.** *숙주 세포에서 Salmonella의 증식과 숙주 세포 내의 Shigella의 증식은 어떻게 다른가?*

그림 16.8 *Shigella*는 대장세포의 세포질에서 증식하고 *Salmonella*는 소장세포의 식소체 내에서 증식한다.

504쪽의 **질병개요파악 16.4**에는 장티푸스와 살모넬라증의 특징을 요약하였다.

콜레라

역학자들은 1817년 이래로 7번에 걸쳐 **콜레라(cholera)**가 범세계적 질병임을 확인하였다. 현재 인도를 중심으로 전 세계로 퍼지고 있는 대유행은 8번째 범세계적 질병이 될 수 있다.

병원균 및 독성인자 *Vibrio cholerae* (vib´rē-ōkol´er-ī)는 약간 굽은, 극성 편모의 그람-음성 간균 (505쪽의 **질병개요파악 16.5** 참조)이며 콜레라의 원인체이다. *Vibrio* 속은 전 세계의 하구 및 해양 환경에서 자연적으로 발생하는 종으로 구성되어 있는데 따뜻하고 소금기 있는 알칼리성 물을 선호하며 종종 조개와 관련이 있다. *V. cholerae*는 해수-담수 모두에서 살아남을 수 있는 유일한 종이다. 이것은 해수에서는 감염성이 없는 생물막을 형성하여 살고 있지만 담수에서 생물막은 붕괴되고, 한 개의 *Vibrio* 세포는 운동성과 감염성이 있다.

O1 El Tor로 알려진 균주는 범세계적 질병의 원인체이지만, 1992년 인도에서 발생된 새로운 균주인 *V. cholerae* O139 Bengal은 아시아 전역에 확산되고 있다. 이 균주는 최초의 유행성 질환을 일으킬 수 있는 비-O1 균주이다. *V. cholerae*의 다른 균주는 유행성 콜레라를 일으키지 않고 단지 경증의 위장염만 일으킨다.

최근 연구에서 사람의 신체 내의 환경은 일부 *Vibrio* 유전자를 활성화시켜 신체 내의 세균이 물속에서보다 더 많은 독성을 갖도록 하는 것으로 알려져 있다. 과학자들은 이러한 유전자 활성화가 빠르고 거의 폭발적인 콜레라 전염병의 성격을 설명할 수 있다고 가설화한다. *V. cholerae*의 가장 중요한 독성인자는 플라스미드에 의해 암호화 되는 콜레라 독소(*cholera toxin*)라고 불리는 강력한 독이다.

발병 및 역학 **그림 16.9**는 콜레라의 특징인 심한 설사를 일으키는 콜레라 독소의 작용을 설명하고 있다. 콜레라 독소는 1개의 A 소단위와 5개의 B 소단위로 구성된 A-B 독소이다. B 소단위 중 하나는 장 상피세포의 세포질 막의 당지질 수용체에 결합하여 A 소단위의 분해의 결과를 초래한다 1. A의 일부분인 A1이라는 효소가 세포의 세포질로 들어간다 2. 효소 아데닐레이트사이클라제(adenyl-

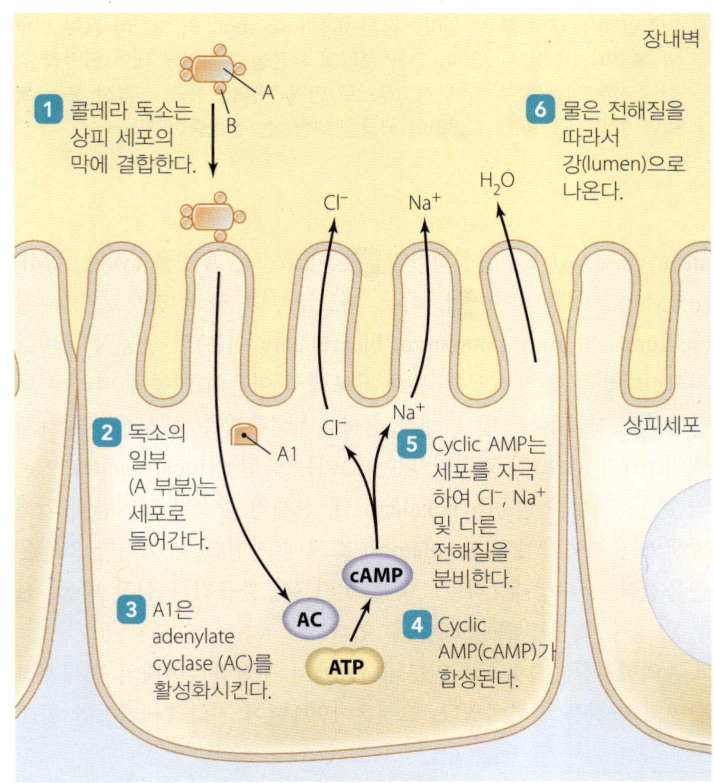

▲ **그림 16.9 장내 상피 세포에서 콜레라 독소의 작용.**

질병개요파악 16.4

살모넬라증과 장티푸스

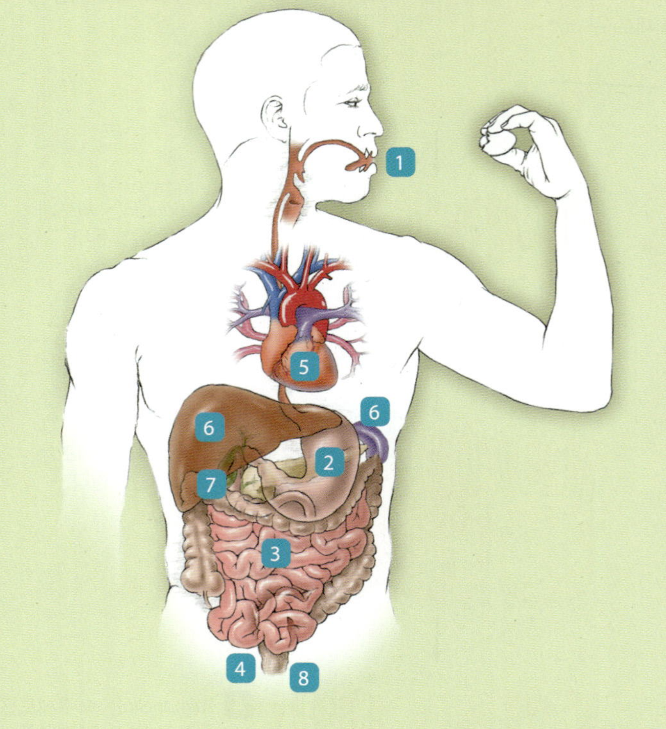

1. *Salmonella*는 오염된 물이나 음식, 특히 달걀로 섭취된다.
2. 세균은 위를 통과하여 소장의 내벽 세포에 부착되고 세포내이입을 유도한다.
3. 병원체는 결국 숙주 세포를 죽인다.
4. 이것은 발열, 복통 및 설사를 유발한다.
5. 혈청형 Typhi 세포는 혈액에 지속적으로 침입할 수 있고, 그 곳에서 포식되지만 소화되지는 않는다.
6. 식세포는 *Salmonella* 혈청형 Typhi를 간, 비장, 골수 및 담낭으로 운반한다.
7. *Salmonella* 혈청형 Typhi는 담낭에서 반영구적 감염을 구축할 수 있다. 보균자는 심지어 치료받는 상태에도 몇 년간 감염 상태를 유지할 수 있다.
8. *Salmonella*는 분변으로 배출된다.

원인 *Salmonella enterica*의 혈청형 Typhi 또는 Paratyphi (그람-음성, 주모성 간균)는 장티푸스의 원인이다. 혈청형 장염과 Typhimurium은 일반적으로 살모넬라증의 원인이다.

독성인자 2,000개 이상의 혈청형; 낮은 pH를 견딜 수 있는 능력; 부착소; 제3형 분비계; 미토콘드리아를 파괴하는 독소; 식세포작용을 억제, 진핵 세포의 세포골격을 재배열, 또는 세포 사멸을 유도.

침입구 입과 분변-구강 전파에 의한 소장의 점막; 이것은 보균자로부터 하수에 의해 오염된 음식이나 물의 섭취 또는 무증상 보균자에 의해 직접 손질된 음식을 포함한다.

징후 및 증상 점차적으로 발열, 두통, 근육통, 불쾌감, 식욕부진이 증가하며 일주일 이상 지속될 수 있다; "장미 반점(rose spot)"의 발진이 흉부 하부와 복부에 나타날 수 있다. 다른 형태의 세균성 위장염에 대한 일반적 위장 증상은 발생될 수 있다. 장티푸스로 인해 장출혈, 천공, 신부전, 또는 복막염 (복막의 염증)을 포함하여 생명을 위협하는 합병증이 가능.

잠복기 8–48시간.

감수성 적절한 위생 시설이 부족한 국가로 여행; 무증상 보균자와 접촉.

치료 체액 및 전해질 대체는 살모넬라증에 대해 권장된다; 항미생물제는 장티푸스에 대하여 사용되어야 한다. 보균자는 보균상태를 중지하기 위해 담낭제거가 요구될 수 있다.

예방 적절한 위생 및 식품 취급, 풍토병 지역 여행자를 위한 예방 접종, 보균자를 음식취급자로 일하게 하는 것을 방지.

ate cyclase, AC)를 활성화한다 3. 이 효소는 ATP를 cyclic AMP (cAMP)로 전환하고 4, 이는 세포로부터 장의 강으로 전해질(sodium, chlorine, potassium, bicarbonate 이온)의 능동적 분비를 자극한다 5. 물은 삼투를 통해 세포에서 이온의 이동을 따라 이동한다 6. 심한 체액 및 전해질 손실은 탈수, 갈증, 대사성 산증 (체액의 pH가 감소)의 결과가 되는데 이는 중탄산(bicarbonate) 이온의 손실, 저칼륨 혈증(hypokalemia[6]), 신체의 감소된 혈액량에 의해 발생하는 저혈량성(hypovolemic) 쇼크에 기인한다. 이러한 조건은 근육경련, 혼수상태 (피로), 쑥 들어간 눈, 불규칙한 심장 박동, 신부전, 혼수 및 사망을 초래할 수 있다.

역학자들은 1961년 인도네시아에서 시작한 7번째의 범세계적 질병의 확산을 기록하였다. 그것은 1991년이 지나 1세기동안 콜레라가 없었던 남미까지 도달하였다. **그림 16.10**은 1990년대 상반기에 남미에서 콜레라의 진행과정을 보여준다. 백만 명 이상의 사람들이 증상을 보고하였으며, 연구자들은 남미에서만 6,300명 이상이 사망하였다고 기록하였다. 2002년까지 보고된 것은 단지 23건의 사례로, 이 범세계적 질병은 남미에서 서서히 진정되고 있다. 콜레라는 2010년 아시아에서 온 구호대에 의해 Haiti에 분명히 재도입되었다. 거기에서 부터 이 질병은 도미니카 공화국과 쿠바로 확산되었다.

진단, 치료 및 예방 발병지역에 있는 의사는 콜레라를 진단하는데 증상에 따라, 특히 물같고, 무취, 무색, 쌀 알갱이같이 보이는 점액성 얼룩을 나타내는 소위 "미음과 같은 대변(rice-water stool)" 증상에 근거하여 콜레라를 진단한다. 의사들은 보조요법에 추가적으로 콜레라에 대하여 독시사이클린(doxycycline)을 처방할 수 있다; 이 약물은 콜레라 독소의 생산을 감소시킨다.

연구원들은 미국에서 *V. cholerae*의 O1 El Tor 균주에 대하여

---
[6] "아래"를 의미하는 그리스어 *hypo*; "칼륨"을 의미하는 그리스어 *kallium*; "피"를 의미하는 그리스어 *haima*로부터 유래.

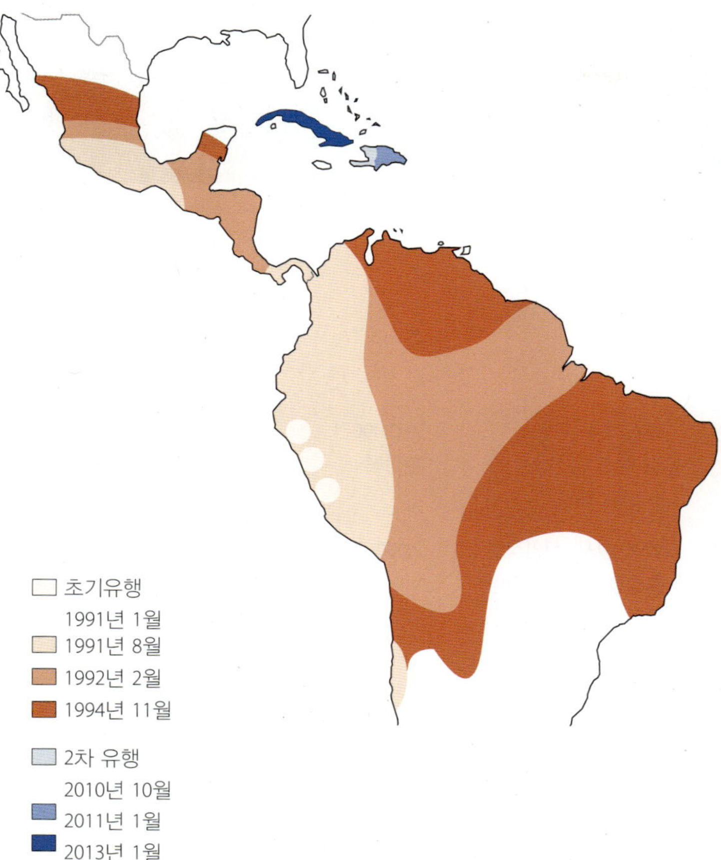

▲ **그림 16.10 콜레라 대유행.** *Vibrio cholerae* O1 El Tor에 의한 콜레라는 인도네시아에서 시작하여 1990년 상반기에 남미로 확산되었고, 2010년에 아이티에 재도입되었다. *왜 콜레라의 대유행이 미국에서 자리를 잡기는 어려운가?*

그림 16.10 미국은 음용수의 오염을 방지하기 위해 하수처리 시설을 한다.

사용 가능한 백신을 개발하였으나, 불행하게도 보호치가 매우 짧았다; O139 균주의 백신은 없다. 발병 지역의 여행자에 대한 항미생물제 예방은 효과가 입증되지 않았다. 다행히도 *V. cholerae*에 대한 감염 용량이 높기 때문에, 적절한 위생은 일반적으로 면역작용을 일으켜서 예방이 필요하지 않다.

질병개요파악 16.5는 콜레라의 주요한 특징을 요약하고 설명한다. 506쪽의 **표 16.1**에서는 세균성 위장염의 일반적인 형태를 비교하고 있다. **임상 사례연구: "건강식품"이 아닐 때**는 세균성 위장염의 사례에 대하여 살펴본다.

세균성 식중독

학습 | 성과

- **16.12** 중독과 위장염을 구분하라.
- **16.13** 미생물 중독을 일으키는 *Staphylococcus*의 독성인자를 설명하라.
- **16.14** 식중독을 예방하는 방법을 설명하라.

질병개요파악 16.5

콜레라

원인 *Vibrio cholerae* (컴마 모양의 그람-음성 간균).

독성인자 제3형 분비계, 장독소; 시가 독소.

침입구 오염수, 또는 생 또는 덜 익은 해산물의 섭취.

징후 및 증상 급작스런 "미음과 같은 대변(rice-water stool)", 탈수 (건조한 피부, 과도한 갈증, 빠르지만 약한 맥박, 혼수, 푹 꺼진 눈), 복통, 메스꺼움, 구토. 몇 시간 내에 사망할 수 있음; 치료받지 않은 환자의 사망률이 25-50%이고 치료 받으면 1%로 감소.

잠복기 감염자는 어떤 사례에서는 몇 시간 만에 증상이 나타날 수 있지만 일반적으로 2-3일에 나타남.

감수성 풍토병 지역, 특히 가난에 찌든 지역에 사는 사람; 어린이는 성인보다 더 영향을 받기 쉽다.

치료 체액 및 전해질 대체, 그리고 테트라사이클린의 투여.

예방 풍토병 지역 내에서 물 끓이기, 조리된 음식만 먹기 (특히 해산물), 생야채와 생과일을 피하기 및 손을 자주 씻기.

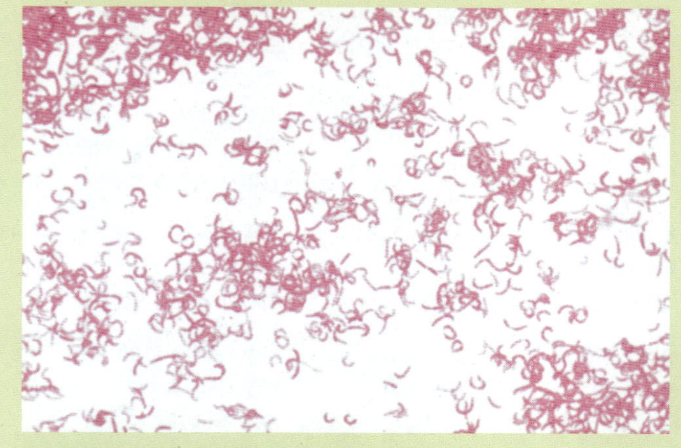

콜레라의 원인체인 *Vibrio cholerae*

식중독(*food poisoning*)은 병원체 또는 그 독소를 섭취한다는 공통적인 의미로 사용되는 다소 광범위한 용어이다. 위장관의 감염은 더 적절하게 위장염(gastroenteritis)이라고 말한다. 이 절에서 미생물 자체의 존재나 즉각적인 문제가 아닌 독소에 의한 식중독인 **세균성 중독[bacterial intoxications** (*toxification*)]에 초점을 둔다.

먼저 하나의 모델로서 황색포도상구균 식중독에 대하여 살펴보고자 한다 [13장에서는 신경계에 영향을 미치는 중독의 형태인 보툴리누스 중독(*botulism*)에 대하여 자세히 알아본다].

징후 및 증상

세균성 중독의 일반적인 증상은 메스꺼움, 구토, 설사, 복통, 불편감, 팽만감, 식욕 부진 및 발열을 포함한다. 증상은 경증에서 중증의 범위일 수 있다. 중독의 일부 유형에서는 쇠약, 두통 및 호흡 곤

표 16.1 세균성 위장염의 일반적인 형태

질병	병원체 (최소 전염성 용량)	감염원	잠복기	구별되는 증상	매년 미국의 유병율	합병증
시겔라증	*Shigella dysenteriae*, *S. flexneri*, *S. boydii*, *S. sonnei* (200개 세포)	분변 오염된 손에서 자가 접종, 2차적으로 분변에 오염된 음식의 섭취; 직접 사람 대 사람으로 확산	1-7일	화농성 (점액 농양을 포함) 혈변, 경련성 직장 통증, 발열, 구토, 오심 2-3일 지속	14,000건	심한 탈수; 열성 경련, 혼란, 다른 신경 합병증이 어린이에게 나타날 수 있음
여행자 설사	*Escherichia coli* (모름)	분변에 오염된 음식이나 물	24-72시간	메스꺼움, 구토, 및 설사 증상 1-3일 지속	>80,000건 추정됨	탈수
***E. coli* O157: H7 감염**	*E. coli* 균주 O157:H7 (10개 세포)	분변에 오염된 우유, 과일 주스, 또는 간 쇠고기	24-72시간	혈액 설사, 치명적인 출혈성 장염, 용혈성 요독 증후군, 적혈구 파괴 및 신부전	2,000-3,000건	사망
***Campylobacter* 설사**	*Campylobacter jejuni* (500개 세포)	동물의 분변으로 오염된 음식, 우유 또는 물의 섭취를 통해 가금류, 개, 고양이, 토끼, 돼지, 소, 밍크 등에서 인수공통전염병; 감염된 사람과 접촉	2-5일	하루에 10개 이상의 배변이 2-5일 지속; 혈액이 설사에 존재할 수도 있다.	약 1,000,000건 이상	패혈증, 관절염, Guillain-Barré 증후군 (일시적 신경 마비), 죽음
***C. diff* (항미생물제 관련) 설사**	*Clostridium difficife* (모름)	보통 미국인의 5% *C. diff.* 보유; 병원 환자의 20%가 감염됨	48시간-6주	다량의 물같은 악취성 대변; 위막	약 500,000건	위막성 결장염, 사망
살모넬라증	*Salmonella enterica* 혈청형 Enteritidis 및 Typhimurium (>10^6개 세포)	분변 오염된 고기나 계란, 또는 부적절하게 살균되어 오염된 우유의 섭취를 통한 가금류로부터의 인수공통 전염병; 감염된 파충류와 접촉; 사람보균자와 접촉	8-48시간	비혈액 설사, 구역, 구토, 발열, 두통, 통증이 1-2주 지속; 작은 장미 반점의 발진이 피부에 나타날 수 있다.	50,000건	탈수
장티푸스	*Salmonella enterica* 혈청형 Typhi 및 Paratyphi (>10^6개 세포)	1차 오염된 물	8-48시간	고열 (40°C), 두통, 근육 및 복부 통증, 불편, 식욕 부진, 장미색의 반점	300-400건	장 천공, 출혈, 신부전, 복막염, 사망
콜레라	*Vibrio cholerae* (>10^8개 세포)	분변으로 오염된 음식이나 물	48-72시간	미음같은 대변 (물같은 무색, 무취, 점액성의 대변) 2-3일간 지속; 환자는 시간당 체액의 1 L까지 잃을 수 있음	0-8건	치료 받지 않으면 증상시작 후 48시간 이내에 사망이 발생할 수 있음 (25-50% 사망률)

임상 사례연구

"건강식품"이 아닐 때

어느 날 두 여학생과 한 남학생이 급성 설사, 메스꺼움, 구토를 호소하며 대학 보건 진료소에 치료차 방문하였다. 대변에서는 혈액이 발견되지 않았다. 한 여학생은 요로 감염을 갖고 있는 것으로 밝혀졌다. 세 명은 모두 전날 근처의 건강식품 판매점에서 점심을 먹었다. 남학생은 토마토, 새싹, 피클, 해바라기 씨 등이 들어있는 칠면조 샌드위치를 먹었다. 한 여학생은 터키, 새싹, 만다린 오렌지로 만든 포켓 샌드위치를 먹었다; 다른 여학생도 메뉴에 설명된 점심 특선으로 "강한 풍미의 라스베리 비네그레트 소스(raspberry vinaigrette dressing)가 곁들여진 신선한 유기농 상추, 콩나물, 토마토, 오이 등의 맛있는 야채샐러드"를 먹었다. 모두는 병에 든 물을 마셨다.

1. 가장 큰 감염의 원인이 되는 식품은 무엇인가?
2. 식품에서 장의 오염원을 분리하고 배양하기 위해 사용하는 배지는 어떤 것인가?
3. 어떠한 장내 세균이 이러한 증상을 일으킬 수 있나?
4. 그 여학생은 어떻게 요로 감염에 걸리게 되었는가?
5. 어떤 선택 치료가 가능한가?
6. 식품 매장의 관리자와 학생들은 차후의 감염 기회를 줄이기 위해 취해야 할 방법은 무엇인가?

질병개요파악 16.6

황색포도상구균 중독 (식중독)

원인 *Staphylococcus aureus* (통성 혐기성, 그람-양성 세포들은 덩어리로 배열됨).

독성 요인 열에 안정적인 장독소, 내염성.

침입구 독소는 오염된 음식의 섭취 후 장내의 점막을 통과; *Staphylococcus*는 질병에 직접 관련되지 않음.

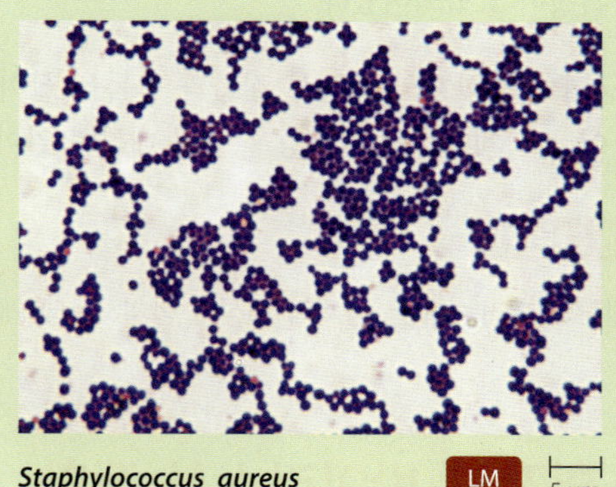

Staphylococcus aureus LM 5 μm

징후 및 증상
구역, 구토, 설사, 경련, 불쾌감, 복부 팽만감, 식욕 부진 및 발열; 모든 24시간 이하 지속.

잠복기 4–6시간.

감수성 이 생명체는 미생물총의 정상 구성원이기 때문에 모두가 감수성이 있다. 그러나 접종된 음식이 부적절하게 냉장되거나 또는 소비하기 전에 덜 익혔을 때만 중독의 결과가 생김.

치료 자기가 투여하는 체액과 전해질의 대체.

예방 식품 취급 전후에 철저한 손 씻기, 다른 음식에 사용에서의 기구의 세척 및 남은 음식의 신속한 냉장은 황색포도상구균 식중독의 모든 위험을 감소시킴.

란을 일으킨다. 증상은 존재하는 독소에 따라 다소간 차이가 있고 세균성 또는 바이러스성 장염과 혼돈될 수 있다. 설사에서 체액 손실의 원인인 탈수는 중요할 수 있지만, 대부분의 경우 황색포도상구균 식중독에 의한 전형적 예에서 보듯이 자기 한정적이며 24시간 이상 지속되지 않는다.

병원균 및 독성인자

피부와 상부 호흡계의 미생물총의 정상적인 구성미생물인 *Staphylococcus aureus*의 독소는 황색포도상구균 식중독(staphylococcal food poisoning)을 일으킨다. 이는 세균성 식중독의 일반적인 유형이다. 음식 담당자는 요리하는 동안 자주 자신의 몸으로부터 음식으로 *Staphylococcus*를 도입한다. 이 세균은 내염성이 있고 실온의 음식에서 특히 잘 생장하여 독소를 생산한다. 일반적으로 황색포도상구균 식중독 관련 식품은 가공육, 커스터드 파이, 감자 샐러드 및 아이스크림을 포함한다.

*S. aureus*는 여러 가지 독성인자를 가지고 있지만 식중독의 경우 중요한 것은 5가지의 장독소(enterotoxin)이다. 이들 단백질 (A에서 E까지 명명된)은 장 근육의 수축을 자극, 구역질 유발, 심한 구토 등을 일으킨다. 장독소는 열에 안정하고 100°C에서 30분까지 기능이 있는 상태로 남아 있어서 음식을 데우거나 재가열하는 방법으로는 불활성화 되지 않는다는 것을 의미한다.

발병 및 역학

세균성 중독은 한 번에 개인 또는 수백 명에게 영향을 미칠 수 있다. 발병은 보통 음식이 냉장이 안 된 채로 진열되거나 음식 준비를 하기에 최적이 아닌 곳인 피크닉, 학교 식당, 또는 큰 사회적 모임과 연관되어있다. 실온이나 그 이상의 온도에서 *Staphylococcus*가 생장하고 독소를 분비하는 데에는 몇 시간이 소요된다. *Staphylococcus*는 음식의 모양이나 맛을 변화시키지 않는다.

황색포도상구균 식중독의 대부분의 경우에 자기 한정적이고 비교적 경증이기 때문에 사례 수는 알지 못한다 — 많은 경우에 환자가 의사를 찾아갈 때쯤에는 증상이 사라진다.

진단, 치료 및 예방

진단은 일반적으로 징후, 증상 및 환자 기록에 근거한다. 구토, 혈액, 대변, 또는 의심이 가는 남은 음식 등의 샘플을 대하여 검사를 수행할 수 있다. *S. aureus*에 배양 양성인 대변은 황색포도상구균 식중독을 의미하지만 기타 검사는 종종 결론을 내리지 못한다. 체액과 전해질의 대체가 유일한 치료이며 자기 스스로 투여할 수 있다. 좋은 위생 및 올바른 식품 취급은 발생을 줄일 수 있다.

507쪽의 **질병개요파악 16.6**에는 질병은 황색포도상구균 중독의 특징이 요약되어있다.

지금까지 소화계의 세균성 질환과 중독을 살펴보았다. 다음 절에서는 이 소화계의 바이러스성 질병에 대하여 알아본다.

왜 그런가

설탕의 제거는 모든 충치의 형성을 방지하는데 왜 충분하지 않는가?

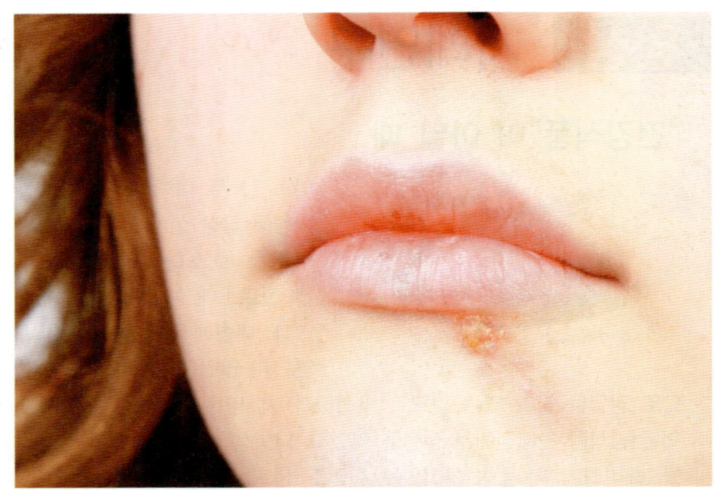

▲ **그림 16.11 구강포진 병변.**

소화계의 바이러스성 질환

몇 가지 바이러스들은 세균에 의해 발생된 질병과 거의 구별하기 어려운 소화기계 질병의 원인이 된다. 이들 중에는 다양한 종류의 위장염 있다. 바이러스는 또한 간염을 포함한 훨씬 더 심한 소화계 질환을 일으킨다.

먼저 소화계의 시작으로 구강 질병인 구강 포진(*oral herpes*)에 대하여 살펴보자.

구강 포진

학습 | **성과**

16.15 구강 포진 감염의 외형을 설명하라.
16.16 구강 포진의 예방법과 치료법에 대하여 설명하라.

Herpesviridae 과는 외피를 갖는 다면체 캡시드로 된 선형 dsDNA 바이러스의 커다란 군을 포함한다. 많은 이들 포진바이러스(herpesvirus)는 사람을 감염시키고, 이것들의 고감염률은 더 만연된 DNA 바이러스성 병원체들로 만든다. 구강 포진은 그들의 감염 중에서 가장 일반적인 것이다.

징후 및 증상

열성 수포(fever blister) 또는 **입술 포진(cold sore)**이라고 불리는 **구강 포진(oral herpes**[7]**)** **(그림 16.11)**의 특징은 입술의 아프고 가려운 피부 병변이다.

열성 수포는 노출된 후 1-2주에 감염자에서 나타난다. 초기 감염은 불쾌감, 발열, 근육통 등의 독감 유사 증상이 동반될 수 있다. 체액으로 채워진 병변은 결국 터지고 껍질이 떨어져나가서 (7-10일 이내) 핑크색의 치유 중인 피부가 드러난다. 이후의 병변은 일반적으로 더 경미하다.

포진성 구내염(*herpetic gingivostomatitis*)이라는 병변이 구강 내로 확장되는 중증 감염은 주로 젊은 환자 및 질병, 화학 요법 또는 방사선 치료로 인한 면역저하 환자들에서 볼 수 있다. 다른 바이러스성 감염으로 인한 인후염(sore throat)을 앓는 젊은 성인은 인두가 감염되고 염증이 있는 포진성 인두염(*herpetic pharyngitis*)으로 진행될 수 있다. 면역억제자들은 매우 아프고 삼키기 힘들며, 발열과 때때로 오한을 특징으로 하는 포진성 식도염(*herpetic esophagitis*)으로 진행될 수 있다. (12장과 17장에서 각각 포진성 피부 감염 및 생식기 포진을 살펴본다.)

병원체 및 발병

인간헤르페스바이러스 1 (*Human herpesvirus* 1, HHV-1; 이전에는 단순 포진 바이러스 1이라고 불렸음)은 대부분의 구강 포진을 일으킨다; 보통 성기에 감염하는 HHV-2도 또한 구강을 감염시킬 수 있다. 점막의 균열이나 상처를 통해 몸에 침입한 후, 헤르페스바이러스는 감염 부위 주변의 상피세포에서 증식하고 염증과 세포 사멸을 일으키며 감염 후 2-12일에 피부에 통증을 동반하는 국소 병변을 초래한다. 감염된 세포가 감염되지 않은 인접 세포에 융합함으로써 융합체(*syncytium*)라 불리는 구조를 형성하고, 포진 비리온은 숙주의 면역계를 회피하고 세포에서 세포로 확산된다. 병변은 일반적으로 2-3주간 지속된다.

그림 16.12에서 설명한 바와 같이, HHV-1은 결국 감각 신경세포를 침입하여 삼차 신경 신경절(ganglion[8])에서 잠복 감염을 확립하고 신경절로 세포질 흐름에 의해 운반된다. 일생동안 면역계가 감정적인 스트레스, 발열, 외상, 햇빛, 월경, 또는 질병에 의해 억제될 때 잠복된 바이러스는 나중에 재활성화 될 수 있다. 재활성화된

[7] "기어가는"을 의미하는 그리스어 *herpo*로부터 유래.

[8] 신경절(ganglion)은 핵을 포함하는 신경 세포체의 모음이다.

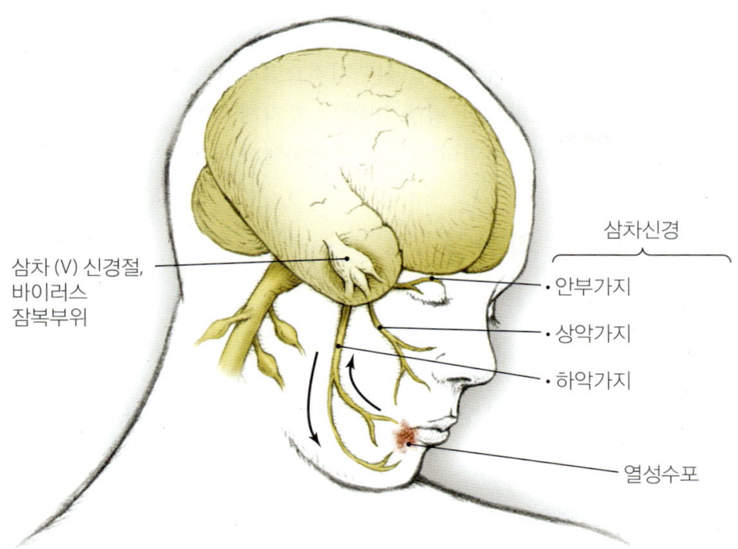

▲ **그림 16.12 구강 포진바이러스의 잠복과 재활성.** 초기 감염 바이러스는 삼차신경의 상악 가지 또는 하악 가지를 통해 신경절에서 잠복하게 된다. 면역 억제는 바이러스로 하여금 신경으로 되돌아가게 하여 구강포진 병변을 일으킨다.

바이러스는 신경을 따라 이동하여 자주는 매 2주마다 재발성 병변을 생성한다. 재발성 병변은 면역학적 기억 때문에 거의 초기 병변처럼 심하지는 않다.

역학

모든 입술 포진(cold sore)의 90%는 HHV-1에 의해 발생된다; 생식기 포진의 일반적인 원인인 HHV-2는 입술포진의 나머지 10%의 원인이 된다. HHV-1은 활성 병변을 갖는 감염자와 가까운 접촉을 통해 전염된다. 일차적인 HHV-1 감염은 일반적으로 어린 시절 중에 일상적인 접촉을 통해 발생하며 보통 징후 또는 증상이 없다; 사실, HHV-1은 2살까지 어린이들의 약 80%에게서 무증상적으로 감염된다.

진단, 치료 및 예방

구강 포진은 일반적으로 특징적인 재발성 병변의 관찰에 의해 진단된다. 감염된 조직의 현미경 검사에서 융합체(syncytia)이 나타난다. 양성 진단은 바이러스 항원의 존재를 나타내는 면역 분석법에 의해 이루어진다. 펜시클로비어(penciclovir) 또는 아시클로비어(acyclovir)를 포함하는 국소 크림은 병변의 기간을 제한하고 바이러스의 확산을 줄일 수 있지만 이것들은 치료제가 아니며 삼차 신경절에 잠복된 바이러스를 제거하지 못한다.

비누와 물로 세척하는 것은 바이러스의 확산을 최소화 할 수 있지만, 예방은 감염된 사람과의 직접적인 접촉을 피하는 것에 달려있다. 활성 병변이 있는 환자는 질병을 전염시킬 가능성이 있지만, 무증상의 보균자는 여전히 바이러스를 배출하며 전염성이 있다. 면도날, 칫솔, 수건, 접시 등과 같은 오염된 매개물도 포진 바이러스를 확산시킨다. 난잡한 구강 섹스는 성기에 의한 HHV-1의 전파를 방지하기 위하여 피해야한다. 환자들은 눈이나 피부의 다른 부위로 바이러스가 전파될 수 있기 때문에 자신의 병변을 만지지 말아야한다. 또한 터진 병변은 2차 세균성 감염으로 이어지는 침입구로 제공될 수 있다.

임상 사례연구

우유채식주의자의 사례

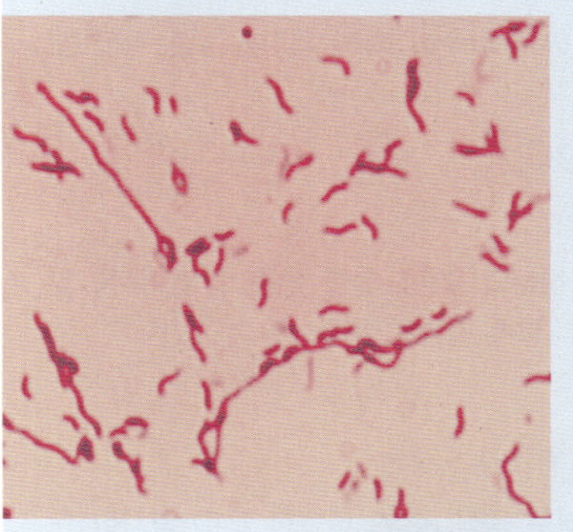

23세의 아내와 22세의 남편인 두 명의 환자가 어느 날 아침에 병원에 도착하였다. 그들은 48시간동안 심한 복부 경련, 심한 피 설사, 오심, 발열을 했다고 이야기 하였다. 미호기성 및 호이산화탄소성 조건에서 배양된 대변 시료의 배양체는 컴마 모양, 그람-음성 간균 (사진 참조)을 포함하였다. 두 환자는 우유채식주의자(lactovegetarian)이며, 천연의 생우유를 마실 수 있도록 지역 농가의 후원자가 되어 우유 생산의 일부를 임대해 주는 "소-임대(cow-leasing)" 프로그램에 참여 중에 있다고 말하였다. 그들과 일부 이웃들은 저온살균 되지 않은 우유의 판매를 금지하는 주 규정을 빗껴 갈 수 있는 몇 가지 프로그램을 고안하였다. 조사관들은 대용량 우유 탱크에서 우유 시료를 수거하여 배양하였다. 배양체에는 사진에 찍힌 세균들이 포함되어 있었다.

1. **병원체는 무엇인가?**
2. **부부는 어떻게 감염되었는가?**
3. **직장에서 다른 부부 동료들은 이 부부로부터 감염될 위험이 있는가?**
4. **이 세균의 일반적인 근원이 되는 어떤 다른 음식이 이 경우에는 배제될 수 있는가?**

참조 : *MMWR* 51 : 548–549.2002.

유행성이하선염

학습 | 성과

16.17 유행성이하선염의 원인, 증상 및 예방에 대하여 설명하라.

얼굴의 양 측면 (510쪽의 **질병개요파악 16.7**에서 참조)에 있는 가장 큰 침샘을 감염하는 **유행성이하선염 (볼거리) (mumps)**은 어린 시절에 흔히 발생하였던 질환 중 하나였다. 오늘날 어린 시절에 효과적

질병개요파악 16.7

유행성이하선염

원인 유행성이하선염 바이러스 (*Rubulavirus* 속의 외피를 갖는 나선형, 비분절형의 -ssRNA 바이러스).

독성인자 부착소, 세포내 복제주기.

침입구 상부 호흡계의 점막.

징후 및 증상 이하선염 (이하선 침샘의 부종), 얼굴 통증, 발열, 두통 및 목의 통증이 가장 흔한 증상이다. 일부 감염은 무증상일 수 있음.

잠복기 12-24일.

감수성 면역접종이 안된 사람은 위험에 노출됨.

치료 뜨겁거나 차가운 팩, 부드러운 음식, 수분, 따뜻한 물로 양치질 등의 돌보는 치료(comfort care)가 유일함.

예방 MMR 백신

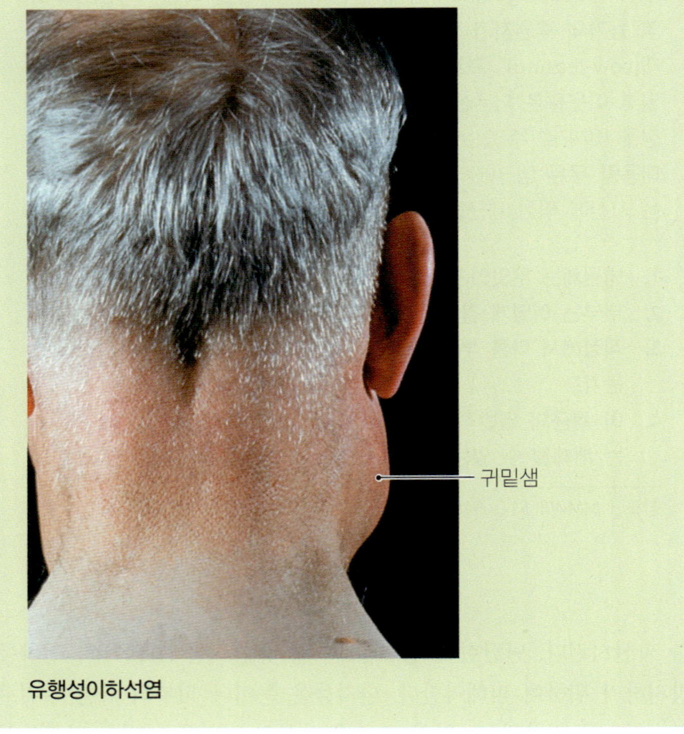

유행성이하선염

인 예방 접종의 결과로 선진국에서는 유행성이하선염이 거의 발생하지 않는다. 늦은 겨울과 이른 봄에 유행하는 유행성이하선염은 아직 예방 접종 프로그램이 거의 존재하지 않는 국가에서 발생한다.

사람은 유행성이하선염 바이러스에 대한 유일한 자연 숙주이이며, 이 바이러스는 -ssRNA 바이러스로서 *Rubulavirus* 속에 포함된다. 유행성이하선염 바이러스는 감염된 사람 또는 오염된 침을 운반하는 매개물에 노출되어 있는 면역접종이 안된 2세와 12세 사이의 어린이들에 감염한다. 이 바이러스는 호흡기를 통하여 들어가 증식하고 혈액에 침입하며 침샘뿐만 아니라 많은 장기를 감염시킬 수 있다. 일부 환자는 (불임을 초래하는) 고환 수막염 또는 췌장염으로 고통을 받고, 드물게 유행성이하선염 바이러스는 청각 장애의 원인이 된다.

유행성이하선염의 치료법에는 지지요법과 진통제 투여가 있다. 회복된 환자는 효과적인 평생 면역을 가지게 된다. **질병개요파악 16.7**에는 유행성이하선염의 특징을 요약하였다.

바이러스성 위장염

학습 | 성과

16.18 위장염의 3가지 바이러스 원인체를 열거하라.
16.19 바이러스 위장염의 진단, 치료 및 예방을 설명하라.

세균만이 소화관을 감염하여 위장염을 일으키는 유일한 미생물이 아니라, 많은 바이러스도 일으킬 수 있다. 그러나 바이러스성 위장염은 일반적으로 세균성 질병의 유형보다 덜 심각하다.

징후 및 증상

바이러스성 위장염(viral gastroenteritis) [때로는 실수로 "위 독감(stomach flu)"이라 부르기도 함]의 일반적인 증상은 복통 및 경련, 설사, 구역 및 구토 등으로 세균성 위장염과 동일하다. 추가적인 징후와 증상은 발열, 오한, 냉습 피부, 체중 감소 또는 식욕 부진 등을 포함할 수 있다. 탈수는 가장 흔한 합병증이다. 증상은 일반적으로 오염된 음식을 섭취한지 24시간 이내에 나타나며 12-60시간 중에 해결된다. 구토, 혈변, 생명을 위협하는 설사 및 이질이 바이러스성 위장염과 함께 발생할 수 있다.

병원체 및 발병

위장염의 일반적인 바이러스 감염원은 칼리시바이러스, 아스트로바이러스, 로타바이러스 등이다. 칼리시바이러스(calicivirus) (kal´i-sē-vī´rŭs)와 아스트로바이러스(astrovirus) (as´trō-vī-rŭs)는 급성 위장염을 일으키는 +ssRNA 바이러스이다. 이들 바이러스는 작고 나출형이며, 별 모양이며 오염된 음식이나 물의 섭취에 의해서 소화계를 통하여 신체에 침입하며 다면체 캡시드 (그림 16.13a)를 가지고 있다. 가장 연구가 많이 된 칼리시바이러스는 **노로바이러스(norovirus)**로서 Ohio 주의 Norwalk (바이러스명이 여기서 유래)에서 설사가 유행하는 동안 피해자의 대변으로부터 발견되었다.

로타바이러스(Rotavirus) (rō´ta-vī-rŭs)는 dsRNA의 *Reoviridae* 과에 속하며 거의 구형으로 되어 있고 부착 분자의 역할을 하고 세포내이입(endocytosis)을 유발하는 당단백질 스파이크 (그림 16.13b)를 가지고 있다. 로타바이러스는 나출형으로 복제되는 동안 이것들은 외막을 획득한 후 곧 소실된다. 이 바이러스의 전염은 오염된 음식이나 물로 부터 분변-구강 경로를 통해 일어난다. 감염된 어린이는 대변의 그램 당 100조 개까지의 비리온을 방출할 수 있다.

칼리시바이러스, 아스트로바이러스 및 로타바이러스의 3가지 바이러스는 용균성 복제를 하는 장소인 장관 내벽의 세포에 감염한

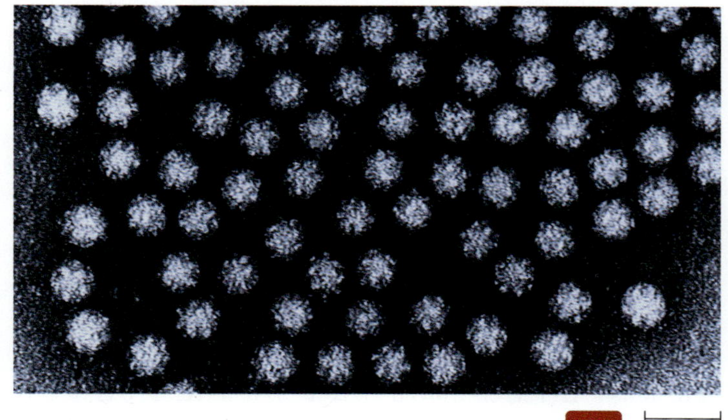

(a)

(b)

▲ **그림 16.13 위장염을 일으키는 바이러스. (a)** 노로바이러스와 같은 칼리시바이러스, 그리고 아스트로바이러스는 노출형 별모양의 캡시드이다. **(b)** 로타바이러스의 바퀴와 같은 모습이 이 이름이 붙여지게 하였다.

다. 상피세포가 죽으면 장관의 정상 기능은 잃게 된다. 감염은 일반적으로 자기-제한적이고 바이러스가 상피층을 파괴한 후에는 대체 상피세포가 생장하고 기능이 회복된다.

역학

바이러스성 위장염의 경우 겨울에 더 자주 발생하고 밀폐된 생활 조건에서 쉽게 일어난다. 노로바이러스(norovirus)는 세계적으로 비세균성 위장관 감염 (모든 위장염의 사례의 약 10%)의 90%를 일으키며, 보육 센터, 학교, 병원, 요양원, 레스토랑, 그리고 최근 몇 년 동안 크루즈 선박에서 많은 유행성 위장염의 발생 원인이 되었다. 일반적으로 노로바이러스는 성인과 취학 연령의 어린이를 감염시킨다.

로타바이러스(rotavirus)는 유아 위장염의 원인이 되며, 체액 및 전해질 손실 때문에 입원하게 되는 모든 경우의 어린이 설사 가운데 약 50%를 차지한다 (미국에서 매년 10만 명의 입원환자와 매년 100명 사망까지). 개발도상국에서는 로타바이러스에 의해 매년 약 600,000명의 어린이들이 사망하는데 이것은 모든 어린이 사망의 5%에 해당된다 (그림 16.14).

진단, 치료 및 예방

대변 시료에 수행되는 혈청학적 검사는 칼리시바이러스, 아스트로바이러스 및 로타바이러스의 표면 항원을 구별할 수 있다. xTAG 위장 병원체 패널은 노로바이러스와 로타바이러스 A 균주를 동정할 수 있다. 지지요법 및 손실된 체액과 전해질의 교체를 제외하고는 이들 감염에 대한 특별한 치료법은 없다. 지사제는 증상을 연장만 할 수 있는데, 이는 설사가 신체에서 바이러스를 제거하는 경향이 있기 때문이다.

예방은 적절한 하수 처리, 급수의 정화, 자주 손 씻기, 청결한 개인위생 및 오염된 표면과 매개물의 소독 등을 포함한다.

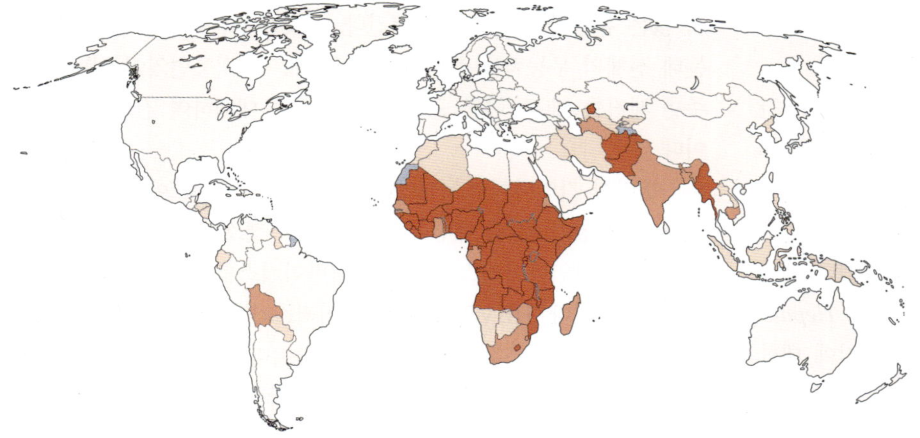

◀ **그림 16.14 로타바이러스 설사에 의한 사망은 개발도상국에서 가장 흔하다.** (2008년부터 얻어진 데이터.)

로타바이러스에 대한 약독화 경구용 백신들이 있으며 입원이 요구되는 중증 로타바이러스성 설사의 최대 98%까지 안전하게 보호한다. 두 가지 백신 중 어느 것인가에 따라서, 소아과 의사들은 2개월째부터 시작하여 2회 또는 3회에 걸쳐 투여할 수 있다.

바이러스성 간염

학습 | 성과

16.20 바이러스성 간염의 3가지 일차적인 형태, 이들 간염의 원인체, 그리고 각각의 감염을 방지할 수 있는 방법들에 대하여 설명하라.

16.21 간염에 대한 공통의 위험 요인들에 대하여 기술하라.

간염(Hepatitis) (hep-ă-tī´tis)은 자가 면역 질환, 알코올이나 약물의 남용, 유전 질환, 또는 미생물 감염에 의해 일어나는 간의 염증이다. 3가지 바이러스가 대부분의 바이러스가 원인인 이들 질병의 원인이 된다.

징후 및 증상

간은 혈액 응고인자의 합성, 포도당 및 다른 영양소의 저장, 지질 소화의 보조, 혈액으로부터 노폐물의 제거 등을 포함한 많은 기능을 가지고 있다. 바이러스 감염이 간을 손상시킬 때 징후와 증상이 초기 감염 후 몇 년까지 나타나지 않을지라도 이러한 모든 기능들은 방해를 받는다. 증상은 황달(*jaundice*) (jawn´dis)이라는 피부와 눈의 황변, 복통 및 복부 팽만감, 진한 소변, 옅은 색의 대변, 식욕 부진, 구역, 구토, 피로, 발열, 체중 감소 등을 포함한다 (515쪽의 질병개요파악 16.8 참조). 환자는 혈중 노폐물의 축적으로 인하여 행동이 느려지고 결국 혼수상태가 된다. 만성 (장기) 감염에서 오는 합병증에는 영구적인 간 손상 (경화증), 간부전 또는 간암 등이 있으며 중증으로 생명을 위협한다.

병원체 및 발병

5가지 바이러스가 간염의 원인이 된다. 그들은 *Hepatovirus* A형 간염바이러스(*Hepatovirus Hepatitis A virus*), *Orthohepadnavirus* B형 간염바이러스(*Orthohepadnavirus Hepatitis* B *virus*), *Hepacivirus* C형 간염바이러스(*Hepacivirus Hepatitis* C *virus*), *Deltavirus* 델타형 간염바이러스(*Deltavirus Hepatitis delta virus*) (델타 에이전트라고도 함) 및 *Hepevirus* E형 간염바이러스(*Hepevirus Hepatitis E virus*) 등이다. 분류학적 종소명은 이들 바이러스 각각에 대한 일반적인 이름과 동일하다.

감염된 세포를 죽이는 숙주의 세포성 면역반응이 간염 환자에서 보이는 대부분의 간 손상의 원인이 된다. A형 간염바이러스와 E형 간염바이러스는 일반적으로 면역반응 동안 제거되지만, 다른 간염바이러스는 통상적으로 살아남아 만성 감염이 된다.

A형 간염바이러스(Hepatitis A virus, HAV)는 주방 조리대와 도마 등의 표면에 며칠 동안 살아남을 수 있으며, 염소 표백제와 같은 일반적인 가정용 소독제에 내성이 있고, 분변에 오염된 음식이나 물로 전염된다. 환자는 비리온을 자신의 배설물로 분출하고, 심지어 증상이 없어도 감염성이 있다. 소위 감염성 간염(*infectious heptitis*)이라 불리는 A형 간염바이러스는 완전히 회복된 환자의 99%가 보통 경미한 상태이다.

B형 간염바이러스(Hepatitis B virus, HBV)는 간세포에서 복제되고 세포용해 보다 오히려 세포외배출(exocytosis)에 의해 방출됨으로서, 감염된 세포는 비리온의 지속적인 방출을 위한 근원지로 제공되고 그 결과 혈액의 ml 당 수십억 개의 비리온을 방출하게 됨으로 그 질병의 일반적인 이름은 혈청 간염(*serum hepatitis*)이 되었다. 혈액의 비리온은 침, 정액 및 질 분비물 등으로 흘러들어가고, 특히 항문 성교를 통한 성적 전염은 전염의 가장 일반적인 형태이다. 이 바이러스는 또한 오염된 주사 바늘, 면도기, 칫솔, 혈액과 접촉이나 감염된 사람의 상처를 통해 전염한다. 감염된 산모의 아기는 출산 시에 감염될 수 있다. 보균자의 상태는 연령과 관련이 있는데, 성인에서의 감염보다 신생아에서의 감염이 만성적 감염으로 될 가능성이 더 크다.

강력한 의학적 증거들은 HBV와 간암 사이의 연관성을 보여준다. 간암은 HBV 감염의 발생률이 높은 지역에서 일반적이며, B형 간염바이러스의 만성 보균자는 비감염자보다 간암으로 진행할 가능성이 200배 더 높다. 또한 HBV 유전체는 간암 세포에 도입되어 발견되었고, 이러한 동일한 세포들은 전형적으로 HBV 항원을 발현한다. 바이러스의 도입이 종양 유전자를 활성화하거나 또는 종양 유전자의 억제유전자를 억제하는 것이 가능하다. 또 다른 이론은 간 손상에 대한 반응에서 수리와 세포 생장의 통제가 불능하게 되어 암이 발생한다는 것이다. HDV와의 동시 감염(*coinfection*)은 심각한 간 손상의 발생 가능성을 증가시킨다.

C형 간염바이러스(HCV)는 외피를 갖는 RNA 바이러스로서 이것이 복제할 때 교정 능력이 결여되어 결과적으로 한명의 환자에서 많은 유전적 변이균주가 생긴다. 이것은 HCV의 감염을 제거하는데 신체의 무능력을 설명할 수 있는데, 즉 적응면역이 하나의 균주를 제거할 때 또 다른 균주는 그 자리를 대체하여 진화한다는 것이다.

델타형 간염바이러스(HDV)는 특이하게 캡시드에 대한 유전자를 가지고 있지 않다; 대신에 B형 간염의 캡소머를 이용한다. 따라서 델타형 간염바이러스는 B형 간염바이러스를 보유한 세포에서만 확산될 수 있다. HBV와 델타형 바이러스가 동시에 감염된 환자는 일반적으로 후에 초감염(*superinfection*)이라고 하는 델타형 병원체로 감염된 만성 HBV 환자보다 더 심한 급성 질병을 가진다.

E형 간염바이러스(HEV)는 나출형 RNA 바이러스로서 사람의 간세포에서 복제되고 원숭이(monkey), 유인원(ape), 돼지, 설치류 등을 감염시킬 수 있다. 사람들 간의 감염은 사람에서만 온 것으로 보인다.

표 16.2에는 간염바이러스의 특징을 비교하였다.

표 16.2 간염바이러스의 비교

특징	헤파토바이러스 A형 간염바이러스 (HAV)	오르토헤파드나바이러스 B형 간염바이러스 (HBV)	헤파시바이러스 C형 간염바이러스 (HCV)	델타바이러스 델타형 간염바이러스 (HDV)	헤파바이러스 E형 간염바이러스 (HEV)
바이러스 과	Picornaviridae	Hepadnaviridae	Flaviviridae	Arenaviridae	Hepeviridae
게놈	+ssRNA	부분적으로 ssDNA, 부분적으로 dsDNA	+ssRNA	−ssRNA	+ssRNA
피막의 존재?	없음	있음	있음	있음	없음
전염	분변-구강	주사바늘, 성교, 혈액 및 체액	주사바늘, 성교	주사바늘, 성교	분변-구강
잠복기	15-45일	70−100일	42−49일	7−24일	15−60일
중증도 (사망률)	경증(<0.5%)	때때로 중증 (15−25%)	보통 무증상 (0.5−4%)	복제를 위해서는 B형 간염이 동시에 필요; 모두 중증도가 매우 높을 수 있음 (10−20%)	경증(1−3%; 임신 여성 15-25%)
만성 보균자 상태?	아니오	예	예	아니오	아니오
질병의 일반명	전염성 간염	혈청 간염	비-A형, 비-B형 간염; 만성 간염	델타형 간염	장내 간염
기타 관련 질병	—	간암	간암	경화	—

역학

A형과 B형 간염바이러스에 대한 예방 접종은 1990년 A형 간염의 연간 약 312,000건에서 2012년 1,402건으로 많은 사례가 의미있게 감소되었다. B형 간염의 사례는 1990년에서 2012년 사이에 96% 감소하였다.

C형 간염바이러스는 약 4백만 명의 미국인을 포함하여 전 세계적으로 1억8천만 명 이상을 감염시켰다. HIV보다 더 많은 매년 10,000−15,000명의 미국인이 이 바이러스로 인하여 사망한다. 이 바이러스는 성행위와 오염된 주사 바늘을 통해 전염된다. 감염된 사람의 80% 이상은 만성적 감염 상태에 있고[이 질병의 일반적인 이름은 만성 간염(*chronic hepatitis*)], 70%는 심각한 간 손상을 겪고 있으며, 많은 경우에 간 이식을 필요로 한다. 과거에는 수혈이 C형 간염의 많은 경우를 차지하지만, HCV에 대한 혈액 검사는 이 방법에 의한 감염의 위험을 상당히 감소시켰다.

대부분의 E형 간염분의 발생은 분변으로 오염된 음용수와 관련이 있음으로 이 질병의 일반적인 이름은 장 간염(*enteric hepatitis*)이다. 이 질병은 더운 기후의 국가에서 더 흔하다; E형 간염은 온대 기후에서는 드문 질병이다. 미국에서 장 간염의 사례는 일반적으로 멕시코, 북부 아프리카 또는 아시아의 개발도상국 등의 발병 지역에서 감염된 이민자 또는 여행자를 포함한다.

진단, 치료 및 예방

간염의 초기 진단은 황달의 존재, 팽창된 간, 또는 복부에서 체액 등의 관찰이 포함될 수 있다. 실험실 검사는 간염바이러스에 대한 바이러스 항원 또는 항체를 검출하는 체액의 혈청학적 연구, 간 기능 검사, 또는 간 손상의 정도를 결정하기 위한 간의 생체조직검사(biopsy)가 포함된다.

현미경 학자들은 소위 데인(Dane) 입자, 구형 입자, 그리고 필라멘트성 입자 **(그림 16.15)** 등 체액의 특정 HBV 단백질을 관찰할 수 있다. 구형과 필라멘트성 입자가 숙주 내에서 미끼 역할을 제공하는 "빈(empty)" 바이러스 표면 항원인 반면에, 데인 입자는 완전한 감염성 비리온이다. 빈 캡시드에 대한 항체의 결합은 데인 입자에 대한 항체 반응을 감소시킨다.

연구가 진행됨에 따라 간염의 치료는 급속하게 발전되고 있다; 어떤 경우의 치료는 휴식과 염증의 감소가 포함된다; 치료법은 따로 없다. 바이러스에 노출된 후 즉시 주어진 바이러스에 대한 면역 글로불린은 일부 보호 기능을 한다. 알파 인터페론(Alpha interferon)이나 아데포비어디피복실(adefovir dipivoxil) 또는 라미부딘(lamivudine)과 같은 뉴클레오티드 유사체는 HBV 감염 사례의 40%에서 도움을 준다. 환자의 70%는 알파 인터페론, 뉴클레오티드 유사체인 리바비린(rivavirin)과 단백질분해효소 억제제인 텔라프리비어(telaprivir)와 보세프리비어(boceprivir)의 사용으로 혈액에서 C형 간염바이러스의 양이 거의 없을 정도로 감소시킨다. 이들은 이러한 만성 질환을 위해 지금까지 개발된 가장 근접한 치료법이다.

예방은 일반적으로 노출을 피하는 것이 포함된다. HAV와 HEV에 의한 감염을 줄이기 위해 자주 손을 씻고 덜 익은 음식이나 풍토병 지역에서 오염된 물을 피하는 것이다. HBV, HCV 및 HDV에 대해서는 마약 투여 시에 공유하는 주사바늘, 문신 또는 피어싱

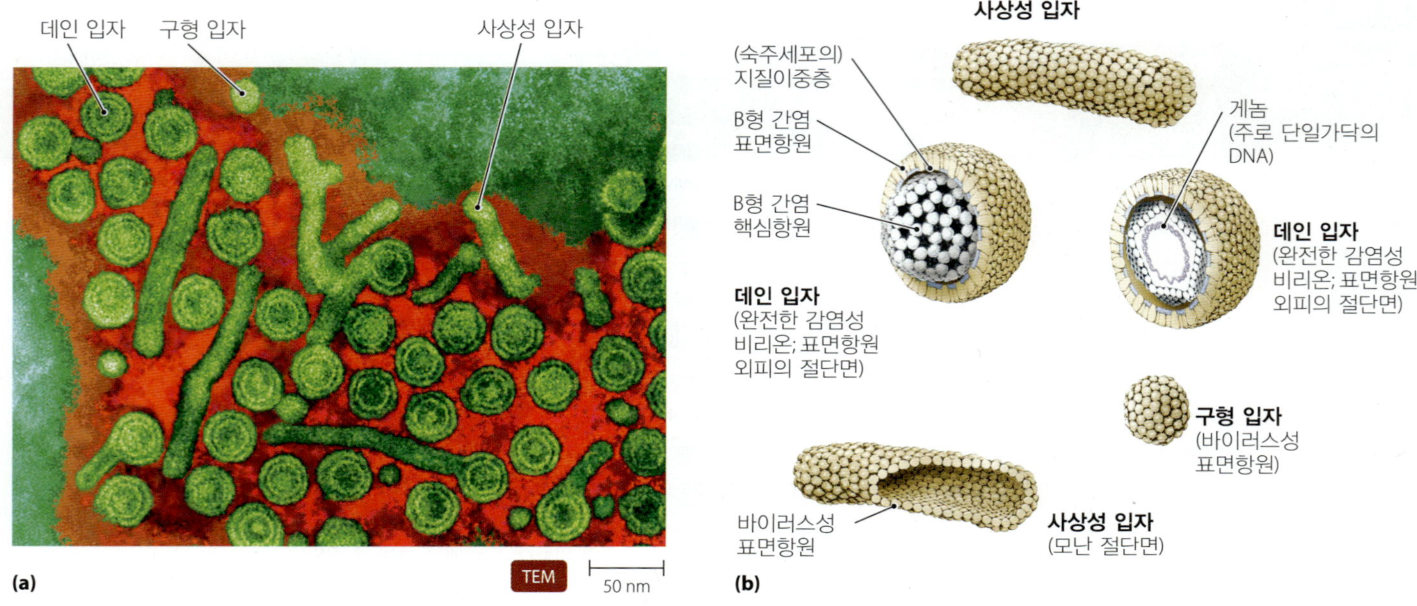

▲ **그림 16.15 B형 간염바이러스에 의해 생산되는 바이러스 단백질 입자들의 3가지 형태.** 사상성 입자와 구형 입자는 유전체 없이 조립된 캡소머인 반면에, 데인(Dane) 입자는 완전한 비리온이다. **(a)** 현미경 사진. **(b)** 전문가의 삽화.

을 피해야 한다. 의료 종사자들은 바늘이나 다른 날카로운 도구들을 주의해야 한다. 모든 혈액 및 혈액 제품은 사용하기 전에 검사를 해야 한다. 금욕은 성병 감염을 예방하는 확실한 방법이다. 콘돔은 위험을 줄일 수 있지만 제거할 수는 없다. CDC는 모든 베이비 붐 세대 (1945년에서 1965년 사이에 태어난 자)가 C형 간염 검사를 받을 것을 권장하는데 이는 감염자가 바로 치료를 시작할 수 있도록 하기 위해서다.

A형 간염에 대한 2가지 백신을 사용할 수 있다; 각각은 6-12개월로 구분하여 2개의 용량으로 투여한다. 1-2세 사이의 어린이, 고 위험 지역 (남미, 아프리카, 일본을 제외한 아시아)을 여행하는 성인, 남성간의 섹스, 정맥 주사 마약 사용자들에게는 예방 접종이 권장된다.

HBV에 대해 백신은 6개월에 걸쳐 주어지는데 백신접종한 사람의 95%에서 이 바이러스에 대한 방어가 생긴다. HBV에 대한 내성은 적어도 15년 동안 지속되며 아마 평생 지속되기도 할 것이다. 예방 접종은 모든 사람에게 권장된다.

과학자들은 HCV 백신 개발에 필요한 단백질소화효소를 확인하고, 단백질분해효소 억제제를 개발하기 위해 노력하고 있지만, C형 간염바이러스, 델타형 간염바이러스, 또는 E형 간염바이러스에 대한 백신은 없다.

질병개요파악 16.8은 바이러스성 간염의 특징을 요약한 것이다.

왜 그런가

위생수준이 열악한 지역에서 당신은 전염성 간염, 혈청 간염, 만성 간염 중 어떤 간염의 형태를 예상할 수 있는가? 그 이유는?

장관의 원생동물성 질병

원생동물은 상대적으로 일부만이 위장관 감염을 일으키지만 전체적으로 매우 중요한 인체의 병원체이다. 여기에서는 위장관에서 질병을 일으키는 3가지 원생동물 기생체에 대하여 알아본다.

지아르디아증

학습 | 성과

16.22 지아르디아증의 원인, 역학 및 치료에 대하여 설명하라.
16.23 여가 활동하는 동안 또는 어린이집과 같은 장소에서 지아르디아증 감염을 방지하는 방법을 열거하라.

지아르디아증(giardiasis) (jē-ar-dī´ă-sis)은 미국에서 일반적인 수인성 위장 질환 중 하나이다. 이 질병은 *Giardia intestinalis* (jē-ar´dē-ă in-tes´ti-năl´is, 전에는 *G. lamblia*, lăm´lē-a라고 함)에 의해 발생된다. 종종 무증상이지만 심한 위장염 복통을 1-2주 동안 일으킬 수 있다. 518-519쪽의 **질병심층연구: 지아르디아증**에서는 *Giardia* 및 그 질병에 대하여 자세히 살펴본다.

크립토스포리디아증

학습 | 성과

16.24 크립토스포리디아증의 원인과 증상을 설명하라.
16.25 크립토스포리디아증의 전염을 예방하는 방법을 설명하라.

질병개요파악 16.8

간염

원인 A형 간염바이러스 (노출형 +ssRNA 바이러스). B형 간염바이러스 (피막형, 부분적 dsDNA 바이러스), C형 간염바이러스 (피막형 +ssRNA 바이러스), 델타형 간염바이러스 (델타원인체) (불완전한 –ssRNA 바이러스), E형 간염바이러스 (노출형, +ssRNA 바이러스).

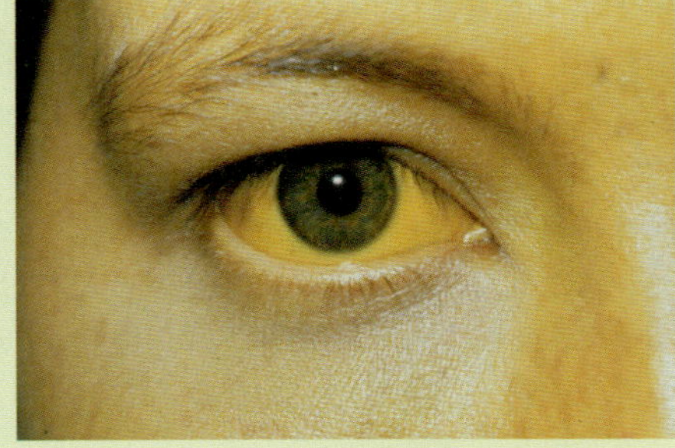

노란색 피부와 눈은 황달의 특징을 가지고 있다.

독성인자 세포 내 복제주기, 부착소.

침입구 A형과 E형은 분변-구강 경로를 통해 섭취; B형, C형, 델타형은 부모 (혈액과 체액성)로부터 감염.

징후 및 증상 황달, 피로, 식욕 부진, 구역질, 설사 복통 손실. 추가적인 증상: A형—발열; B형—구토 및 관절통; C형—검은 소변; 델타형—구토와 검은 소변, E형—구토와 짙은 소변.

잠복기 A형—15-45일; B형—70-100일; C형—42-49일; 델타형—7-24일; E형—15-60일.

감수성 성인은 일반적으로 어린이보다 더 많은 증상을 나타낸다. 어린이는 이 만성 감염과 합병증의 위험이 성인보다 더 있지만, 성인은 어린이보다 위험률이 더 높음.

치료 모든 이 질병에는 지지요법과 휴식이 요구된다. 한편 A형은 항-HAV 면역글로불린; B형은 알파 인터페론(alpha interferon), 아데포비어 디피복실(adefovir dipivoxil) 및 라미부딘(lamivudine); C형은 알파 인터페론, 텔라프리비어(telaprivir), 보세프리비어(boceprivir) 및 리바비린(rivavirin); 델타형은 HBV와의 동시 감염의 조절 등 각각의 치료법이 있음.

예방 특히 A형과 E형 간염의 발병지역을 여행할 때는 좋은 위생을 실천하고 멸균수를 마신다. B형, C형 및 델타형 간염의 전염을 방지하기 위해 체액이 획득될 수 있는 곳 (성관계나 주사 바늘을 공유하는 것 같은)을 피한다. A형 간염바이러스와 B형 간염바이러스에 대한 백신을 사용할 수 있음.

1993년 Wisconsin 주의 Milwaukee 시에서 음용수 공장이 2주 동안 정지되었다. 며칠 내에 403,000명 이상의 사람들에서 이전에는 동물에게만 국한되었다고 생각했던 인수공통전염병인 **크립토스포리디아증(cryptosporidiosis)** (krip´tō-spō-rid-ē-ō´sis)이 발생하여 100명이 사망하였다.

징후 및 증상

심한 물 설사를 하루에 여러 번 약 2주간 지속하는 것이 크립토스포리디아증의 일반적인 증상이다. 두통, 근육통, 경련, 메스꺼움, 피로, 심한 체액 및 체중 감소가 설사와 동반된다. 생명을 위협하는 흡수장애, 간염 및 췌장염이 이 질병의 합병증이다.

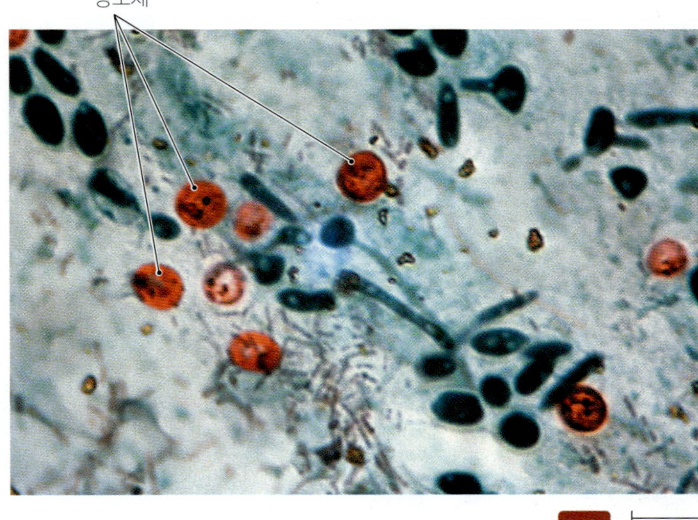

▲ **그림 16.16 분변에서 *Cryptosporidium parvum*의 낭포체.** 항산성 염색법은 낭포체를 빨간색으로 만든다.

병원체 및 발병

원생동물인 *Cryptosporidium parvum* (krip´tō-spō-rid-ē-ŭm par´vŭm)은 크립토스포리디아증을 일으킨다. 이 병원체의 감염 형태는 숙주 세포를 침투하기 위한 특별한 세포소기관의 정단 복합체(*apicomplexan*이라고 함)인 바나나 모양의 운동성 포자소체(*sporozoite*)이다. 포자소체(*sporozoite*)는 감염 단계인 두꺼운 껍질로 된 낭포체(*oocyte*)를 세포내에 형성한다 **(그림 16.16)**. 복잡한 세포 분열과 단계를 거쳐 낭포체는 결국 4개의 내부 포자소체로 발달하고 생활사를 계속하기 위하여 방출된다.

감염은 가장 일반적으로 낭포체에 오염된 물을 마시기 때문이지만, 특히 보육 시설과 같은 열악한 위생 관행으로 인한 직접적인 분변-구강 전염을 통해서 발생한다. 과학자들은 *Cryptosporidium*의 병원성을 이해하지 못하지만, 일부 과학자는 장세포의 파괴와 그 이후 염증 반응이 전해질과 물의 손실을 유발하고 영양분의 흡수를 감소시킨다고 생각한다. 건강한 성인에게서 이 감염은 시간이 지나면서 저절로 사라지지만, 종종 한 달 까지 가기도 한다.

역학

개발도상국에 살고 있는 사람들의 약 30%는 무증상의 *Cryptosporidium*을 가지고 있다. 이것은 미국에서 대부분의 자연 수로가 축산 폐기물의 유입으로 인한 낭포체 오염에 기인하는 것으로 추정된다. 미국의 의사들은 매년 약 7,000건의 크립토스포리디아증을 진단한다. AIDS, 장기 이식 환자, 기타 면역손상자들에서 그들의 심각한 질환의 위험성은 더욱 증대된다. HIV 양성 환자에서 만성 크립토스포리디아증은 AIDS의 임상 단계를 나타내는 생명을 위협하는 표시 질환 중 하나이다.

출현성 질병 사례연구

노로바이러스 위장염

Zack, Tran, Roy와 Justin은 행복하지 못하였다; 사실 대학 룸메이트 간에 일어난 일 중, 이번 일은 매우 좋지 않은 것이었다. 친구들은 각각 위경련, 발열, 오한, 근육통, 극도의 피로, 메스꺼움, 매우 고통스럽고 끔찍한 설사, 지속적인 구토 등을 경험하였다. 화장실을 이용하기 위해 서로 언쟁하였으며, 화장실에 못 간 사람들은 종종 휴지통에 머리를 처박곤 하였다. 12피트 이상을 움직일 수 없었기 때문에 4명 중 그 누구도 이틀 동안 방을 떠날 수가 없었다. 그들은 위장염으로 인하여 이렇게 끔찍한 상황을 경험해본 적이 없었다. 노로바이러스(*Norovirus*)가 대학 기숙사에서 출현한 것이다.

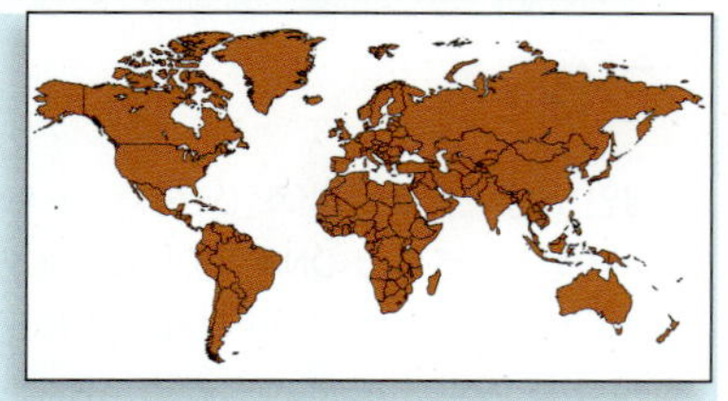

노로바이러스 위장염은 죄수, 요양원 거주자, 유람선 휴가자 및 기숙사 학생 등 밀집된 곳에서 생활하는 사람들에게 고통을 준다. 사람들은 열악한 개인위생으로 오염된 손과 매개물을 통해 이렇게 심한 바이러스를 확산시킨다. 학생들은 종종 음식 서비스를 비난한다. 그러나 노로바이러스는 종종 오염된 물에서 발견되지만 음식에 의한 확산은 거의 드물다.

4명의 룸메이트는 그들의 소화계에서 바이러스가 제거됨에 따라서 자신의 몸도 점차 회복되었다. 그들은 손씻기, 욕실 소독 및 기숙사 방을 위생적으로 유지하는 것도 중요하다는 것을 배웠다. 노로바이러스에 대한 자세한 내용은 515-511쪽을 참조하라.

1. 노로바이러스의 확산을 막기 위해 비누와 뜨거운 물로 최소 30초 동안 손을 닦는 것이 필요한 이유는?

2. 알코올은 지질을 제거한다. 손 소독제가 노로바이러스에 효과적이지 않은 이유는?

3. 노로바이러스는 세탁소를 통해 어떻게 확산되는가?

진단, 치료 및 예방

대변에서 낭포체의 존재로 이 질병을 진단한다. 또한 xTAG GPP는 대변에서 *Cryrptosporidium*의 핵산의 패턴을 식별할 수 있다. 의료 종사자들은 일차적으로 체액 및 전해질 보충의 형태로 지지요법을 제공한다. 니타족사니드(nitazoxanide)는 설사의 기간을 단축시킨다. 예방법으로는 청결한 위생 상태, 오염된 물이나 음식을 피하고, 성교 중에 분변이 묻는 일을 피하기 등이 있다.

아메바증

학습 | 성과

16.26 사람에서 나타나는 아메바증의 3가지 형태를 설명하라.
16.27 아메바증을 방지하기 위한 방법을 설명하라.

아메바(amoebae) (ă-mēʹbē)는 움직여서 음식을 얻기 위해 위족(pseudopodia)을 사용하는 일정한 모양이 없는 원생동물이다. 아메바는 세계적으로 물과 습한 토양에서 풍부하다.

징후 및 증상

숙주의 건강과 특정 감염 균주의 독성에 따라 **아메바증(amebiasis)** (ă-mēʹbīʹ-ă-ēsis)의 3가지 유형이 발생한다 (질병과 그 원인은 철자가 다른 것에 주목). 최소의 중증 형태는 내강 아메바증(*luminal amebiasis*)인데 건강한 사람에게서 발생하고 무증상이다. 침습성 아메바성 이질(*invasive amebic dysentery*)은 더욱 심각한 감염 형태로 심한 설사, 대장염(대장의 염증), 충수염, 장점막의 궤양, 혈액 점액이 함유된 변 및 통증을 특징으로 한다. 가장 심각한 질병은 침습성 장외아메바증(*invasive extraintestinal amebiasis*)으로 죽거나 죽어가는 장세포의 잠재적으로 치명적인 병변들이 간, 폐, 비장, 신장 또는 뇌에 형성된다.

병원체, 독성인자 및 발병

Entamoeba histolytica (ent-ă-mĕʹbă his-ōt-liʹti-kă)는 모든 아메바증의 원인체이다. 운동성 영양체(trophozoite) (521쪽의 질병개요 파악 16.9 참조)는 감염성과 내성이 있는 키틴의 껍질로 된 포낭(cyst)으로 발달한다. 독성의 *Entamoeba* 균주는 접착 단백질, 단백질분해효소, 숙주 세포막에 이온 채널을 생성하는 단백질 및 세포에 독성 효과를 나타내고 침입을 용이하게 하는 다른 작은 단백질들을 생산한다. *Entamoeba*의 비독성 균주는 이러한 4가지 유형의 단백질을 생산하지 않으며, 따라서 소장의 내강(lumen)에 남아있다.

감염은 두꺼운 껍질로 된 포낭의 섭취로 시작되는데, 이 포낭은 위산을 성공적으로 통과하여 소장에서 탈낭(excyst)하여 영양체를 방출한다. 이것은 대장으로 이동하여 이분법에 의해 증식하고, 1-4주 후에 어떤 징후와 증상을 나타낸다. 영양체는 위족을 사용하여 소장 내벽의 특정 수용체에 부착한다. 영양체 및 포낭은 모두 대변을 통해서 밖으로 나가지만 영양체는 죽는다.

대장의 내강에 있는 영양체는 거의 손상을 주지 않고 일반적으로 증상을 나타내지 않지만, 영양체가 복강과 혈류에 침입하면 아메바성 이질이나 침습성 장외아메바증이 발생된다. 중증도의 차이는 여러 균주의 다른 독성인자의 생산 차이 때문이다.

역학

세계 인구의 약 10%에서 *E. histolytica*는 소화관에서 무증상으로 존재한다. 감염은 오염된 물이나 음식의 섭취나 오염된 손으로 섭취 후에, 또는 구강-항문 성교를 통해서 일어난다. 바퀴벌레와 집파리가 많은 곳에서 포낭의 확산이 용이하게 될 수 있다. 산업화된 국가에서 여행자, 이민자, 보호시설의 집단 및 남성 동성애자들은 가장 큰 위험에 있다. 동물 보균체(reservoir)는 없지만 사람 보균자는 충분히 많아서 지속적인 전염이 가능할 수 있다.

아메바증을 가진 사람의 90%는 내강 형태로 발전한다. 이질과 침습성 질환의 경우는 사례의 10% 이하에서 발생하지만 치명적일 수 있으며, 전 세계적으로 매년 10만 명 이상의 사망을 초래한다. 보균자는 저개발 국가의 인구에 많이 있는데, 특히 사람의 분변이 식량 작물의 비료로 사용되고 정수가 부적절한 농촌 지역에서 많이 있다. 영양실조, 면역결핍, 나이, 암, 임신, 알코올중독 및 스테로이드 등의 특정 약물의 사용은 더 심각한 형태의 아메바증에 대한 위험요인이다.

진단, 치료 및 예방

진단은 신선한 대변 검체 또는 장 조직 검사에서 얻은 둥근 포낭 또는 다형성 영양체를 현미경으로 동정하는 것을 기본으로 한다. 현미경 분석은 세균성 이질과 아메바성 이질을 구별하는데 필요하다. 항원의 혈청학적 동정은 비병원성 아메바와 *E. histolytica*를 구별하는데 사용될 수 있다.

치료에는 경구 수분 보충 요법 (중증사례의 필수적) 및 항아메바 약물이 있다. 아이오도퀴놀(Iodoquinol)과 파로모마이신(paromomycin)은 무증상 감염에 효과적이다. 의사들은 아메바증 증상에 대해 메트로니다졸(metronidazole)에 뒤이어 아이오도퀴놀을 처방할 수 있다. 또한 2차 세균 감염을 방지하기 위해 항균제를 처방할 수 있다. 지사제는 장관 내에서 이들 병원체를 유지시킴으로써 조건을 더 악화시킬 수 있기 때문에 피해야한다.

몇 가지 예방 조치는 *Entamoeba*의 전염주기를 방해한다. 아메바증이 흔한 지역에서 사람들은 요리하지 않은 야채 또는 껍질을 벗기지 않은 과일을 먹는 것을 피해야 하고 병에 들어있는 생수를 마셔야한다. 사람의 배설물을 비료로 사용해서는 안된다. 물을 효과적으로 처리하는 방법은 화학적 처리, 여과, 또는 충분히 끓이는 것이다. 좋은 개인위생과 안전한 성행위는 전염을 줄일 수 있다.

521쪽의 **질병개요파악 16.9**에는 아메바증의 특징이 요약되어 있다.

왜 그런가

Giardia 영양체에서 보여주는 시각적으로 독특한 외관은 아메바 감염과 비교하여, 지아르디아증의 성공적인 의학적 치료를 향상시키는 이유는?

장관의 기생충 감염

장내 기생충(intestinal helminth)은 질병의 원인이 아닌 기생충으로 위장관에 감염할 수 있는 거시적인 다세포성 진핵 생물이다. 이들 중에는 *Taenia*, *Enterobius*, *Anisakis* 등이 있다.

촌충의 감염

학습 | 성과

16.28 사람에 만연하는 촌충의 생활사의 일반적인 특징을 설명하라.

16.29 *Taenia*의 일반적인 침입 형태를 열거하고 감염 방지를 위한 방법을 제안하라.

촌충(tapeworm)은 납작하고, 분절되어있는 기생충으로, **촌충류(cestode)** (ses´tōd)의 일반적인 이름이다. 모든 촌충은 장내 기생충이고 자신의 소화계는 전혀 없다.

임상 사례연구

고통스러운 이질

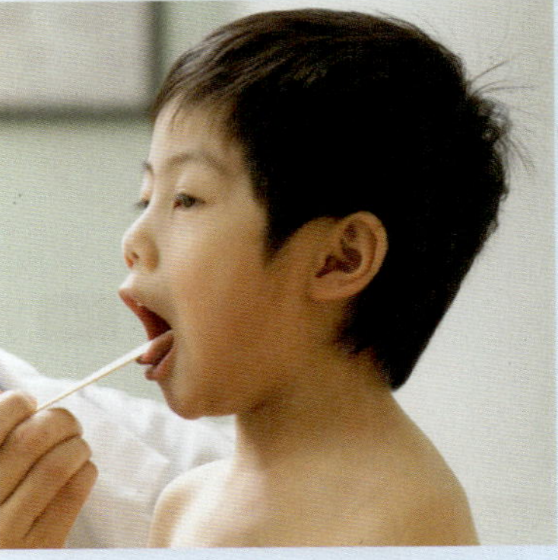

태국에서 온 43세 이민자는 자신의 9살짜리 아들이 의사에게 지난 24시간 동안 점액, 복통 및 발열과 피가 섞인 설사를 하였다고 이야기하였다. 증상이 시작되기 1주일 전에 그들이 미국에 도착했을 때, 그의 아들은 건강하였다고 한다. 그 소년의 대변에서 둥근 형태의 원생동물 포낭이 현미경으로 확인되었다.

1. 그 진단과 원인체는 무엇인가?
2. 이 생물체가 일으키는 다른 질병은 무엇인가?
3. 이 생물체가 일으키는 나머지 다른 질병을 설명하라.
4. 이 환자는 어떻게 이 질병에 걸렸을까?
5. 최선의 치료 방법은 무엇인가?

지아르디아증

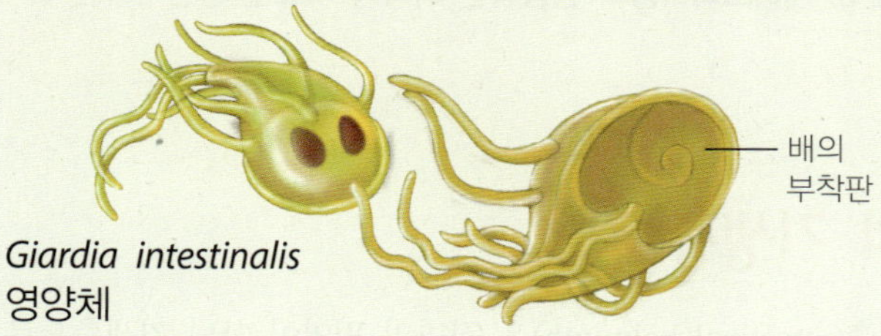

Giardia intestinalis
영양체

징후 및 증상

지아르디아증은 종종 무증상이지만 기름기와 거품이 심한 지방질 설사를 포함하는 심각한 위통의 원인이 될 수 있다; 복통, 오심, 구토, 식욕부진, 비효과적인 영양소의 흡수, 저급의 발열 등이 동반된다. 환자의 대변은 일반적으로 황화수소 냄새인 "썩은 달걀" 냄새가 난다. 급성 질환은 일반적으로 약 2주 정도의 잠복기 후에 1–4주간 지속된다. 종종 동물에서 지아르디아증은 만성 질환이 될 수 있다.

지아르디아증은 미국에서 흔한 수인성 위장 질환이다. *Giardia*의 생활사는 다음 하단에서 보여 준다.

*Giardia*의 생활주기

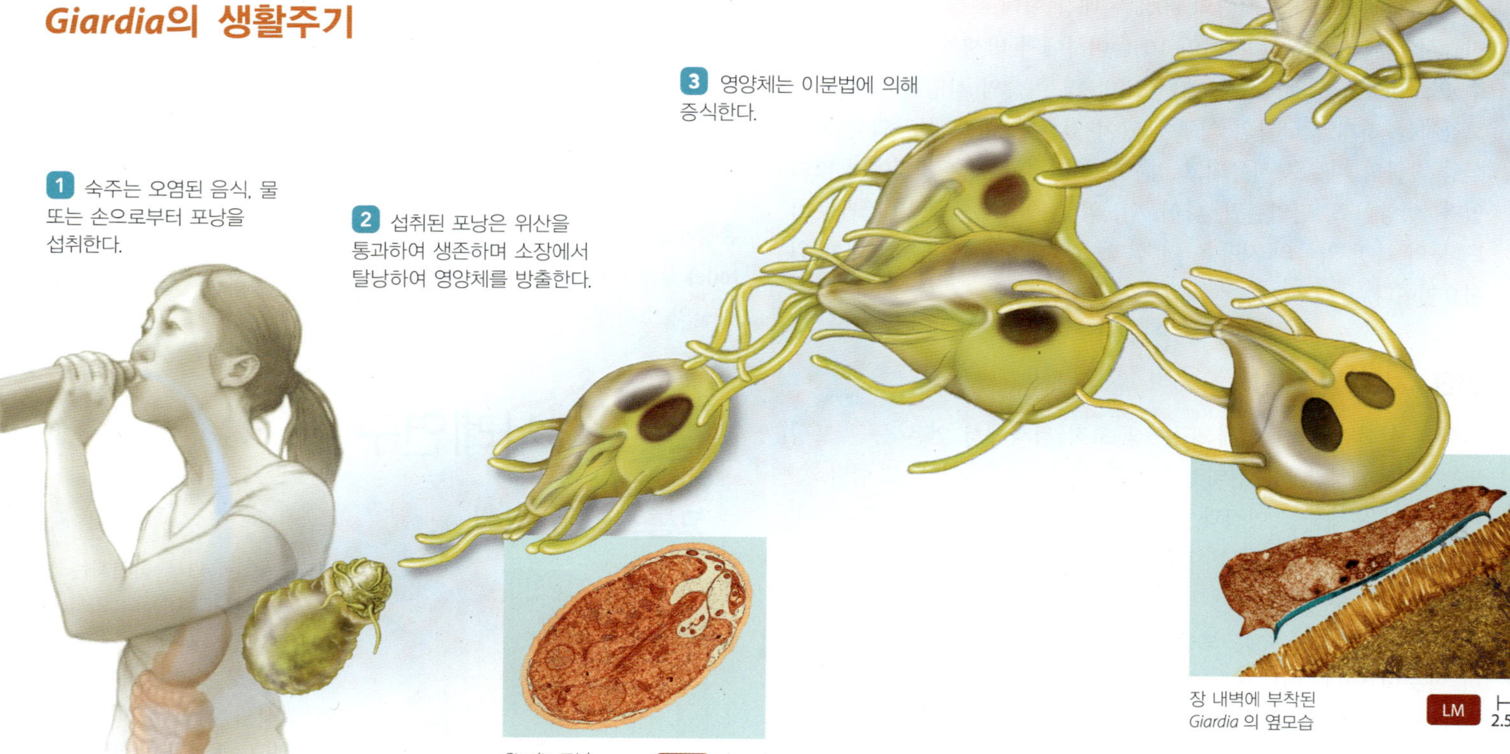

Giardia 포낭

장 내벽에 부착된 *Giardia* 의 옆모습

연구하라!

왜 미국에서 지아르디아증의 박멸이 불가능한가?

지아르디아증을 탐구하기 위해서 질병통제예방센터의 방문을 원한다면 이 코드를 스캔하라.

역학

지아르디아증은 선진국과 개발도상국 모두에서 발생된다; 최근의 경향은 전 세계적으로 사례수가 증가하고 있다. 미국에서는 배낭여행, 캠핑, 수영 및 어떤 동물과의 접촉이 지아르디아증에 대한 위험을 증가시킬 수 있다. CDC MMWR의 데이터 보고서.

미국 2010년 10만 명당 확인된/확실한 지아르디아증 사례

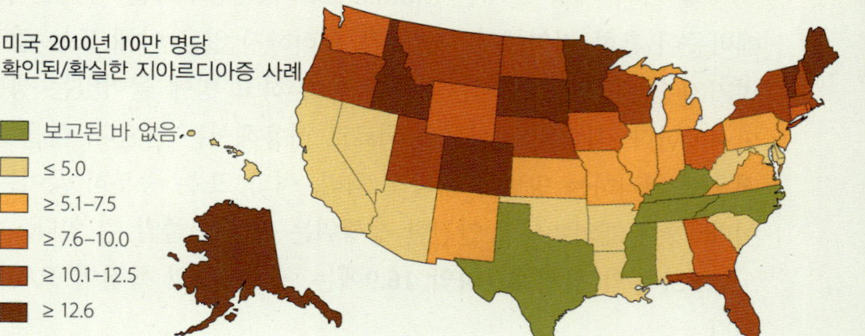

병원체

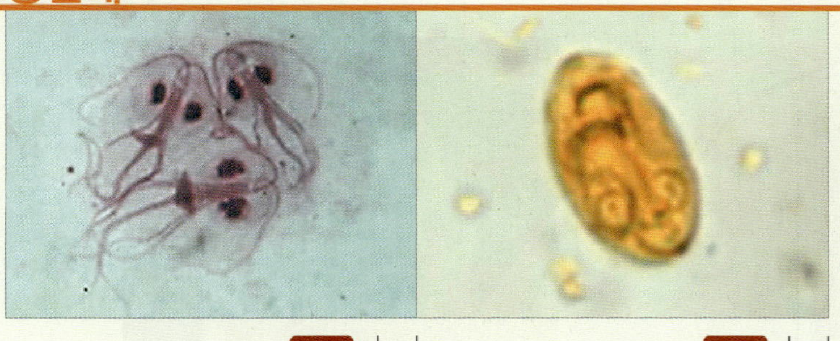

LM 2 µm LM 2 µm

지아르디아증의 원인은 중복 (두 핵) 편모충류 *Giardia intestinalis* (이전에 *Giardia lamblia*)이다. 이 원생동물은 두 가지 형태를 가진다. 왼쪽의 그림은 운동성 먹이 영양체이고 오른쪽의 그림은 다당류 키틴으로된 강한 껍질을 갖는 잠재성 포낭이다. 포낭은 염소, 열, 건조, 위산 등에 강하다.

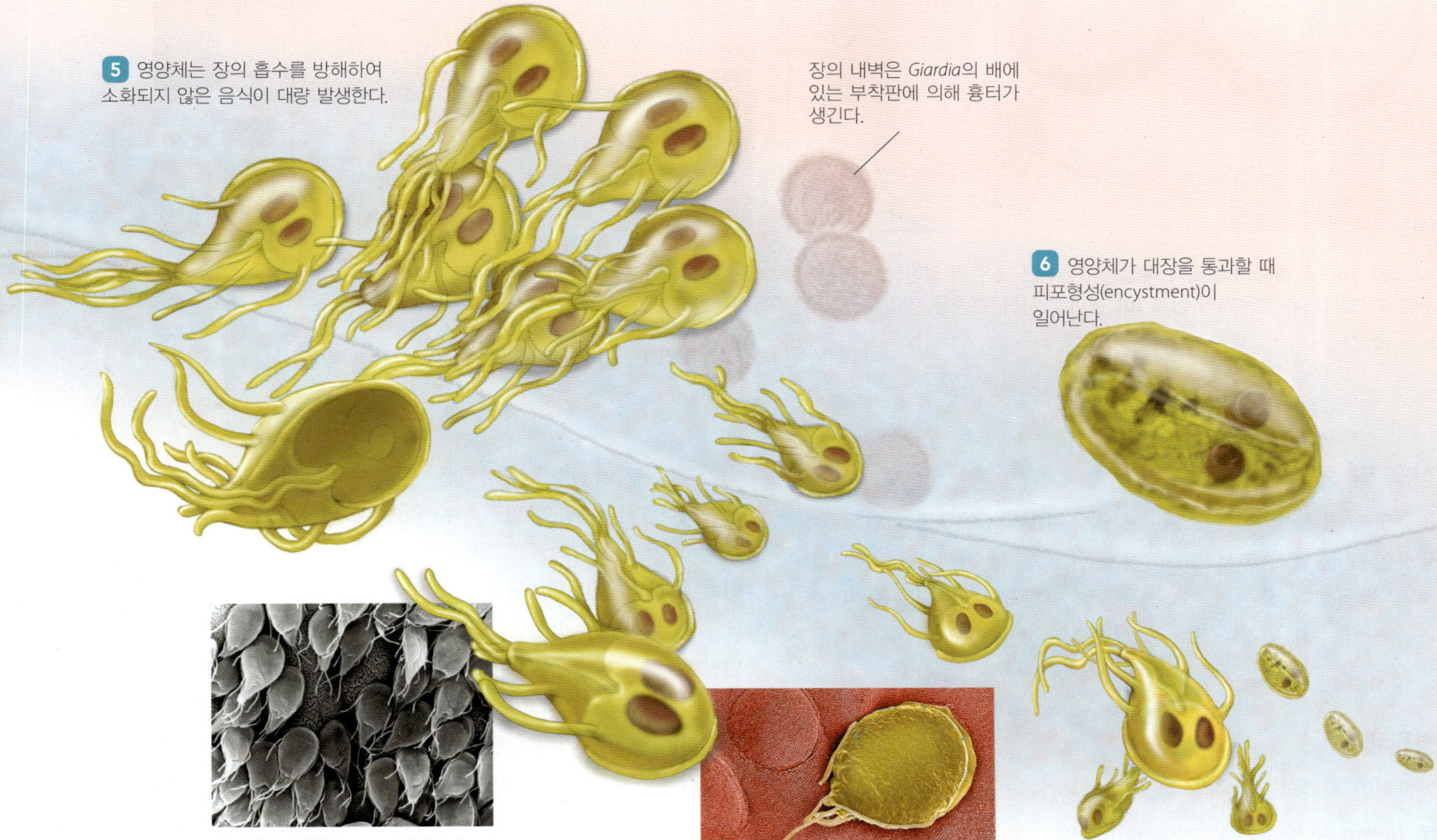

5 영양체는 장의 흡수를 방해하여 소화되지 않은 음식이 대량 발생한다.

장의 내벽은 *Giardia*의 배에 있는 부착판에 의해 흉터가 생긴다.

6 영양체가 대장을 통과할 때 피포형성(encystment)이 일어난다.

장의 내벽에 부착된 많은 *Giardia* SEM 15 µm

장모에 부착된 *Giardia*. 환상의 병변은 다른 *Giardia*에 의해 만들어진 흔적이다. SEM 2 µm

7 영양체와 포낭은 숙주의 배설물로 방출되지만, 포낭만은 외부 숙주에서 생존한다.

진단 및 치료

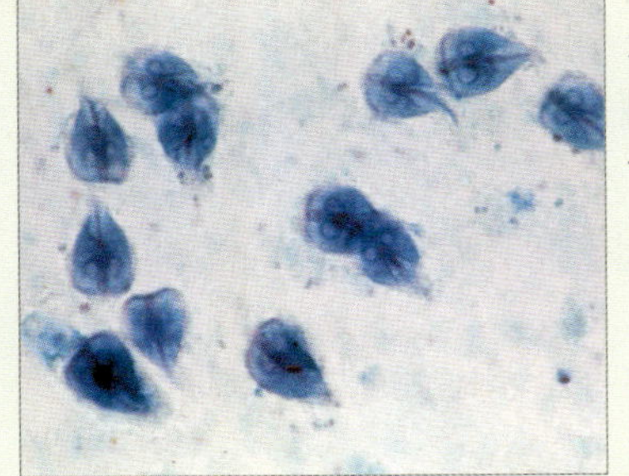

LM 7 µm

지아르디아증의 진단은 대변 표본에서 타원형 포낭을 확인하는 현미경 검사 또는 *Giardia* DNA의 존재에 대한 xTAG GPP 검사에 의존한다. 일부 감염은 치료 없이도 자발적으로 해결된다. 그러나 의사들은 설사가 있는 경우에 성인에게는 메트로니다졸(metronidazole), 그리고 어린이에게는 푸라졸리돈(furazolidone)을 처방할 수 있다. 치료율은 일반적으로 높지만 (80%), 약물 내성이 치료를 어렵게 할 수 있다.

예방

물은 *Giardia* 풍토병 지역에서 감염을 방지하기 위해서 여과해야 한다. 하이킹을 할 때 사람과 애완동물은 여과되지 않은 시내물이나 강물을 마시면 안된다. 어린이집에서는 전염을 피하기 위해 청결한 위생의 실천 및 음식 섭취와 기저귀 교환 장소의 분리가 필수적이다.

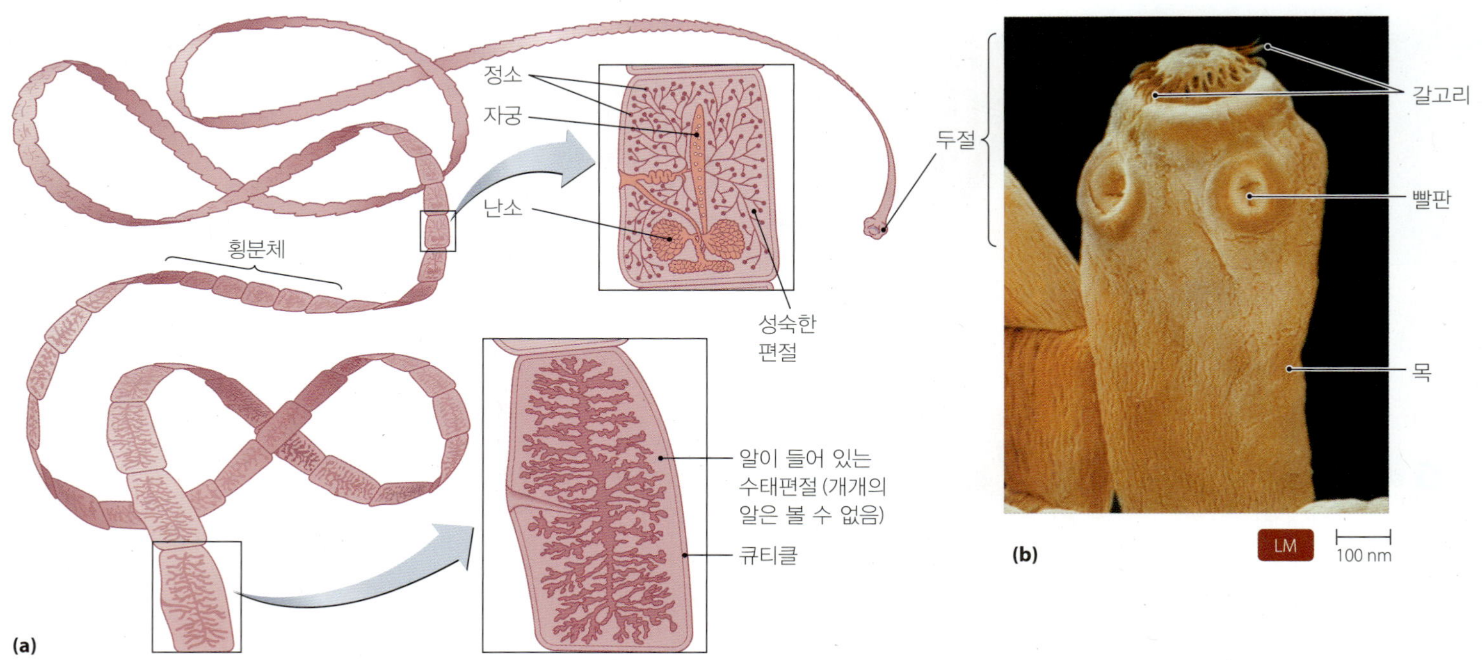

▲ **그림 16.17 촌충의 형태적 특징.** 각 촌충은 소위 두절이라고 하는 부착기관, 편절이라는 분절의 긴 사슬, 목으로 구성되어있다. **(a)** 전문가의 삽화 **(b)** 현미경 사진. *촌충은 먹이를 어떻게 획득하는가?*

그림 16.17 촌충은 표피층(cuticle)을 통하여 먹이를 획득한다.

징후 및 증상

촌충의 침입은 일반적으로 무증상이다. 대부분 경우에 사람들은 기생충의 분절 단계를 시작하지 않는 한, 그들은 기생충을 갖고 있는지 알지 못한다. 드물게 메스꺼움, 복통, 체중 감소, 설사 등이 침입과 동반될 수가 있거나 또는 물리적으로 장을 막고 있는 긴 기생충은 통증을 유발하고 정상적인 장 기능을 차단할 수 있다.

병원체

일반적인 사람의 촌충에는 소고기 촌충(beef tapeworm)이라고 하는 *Taenia saginata* (te´ne-a sa-ji-na´ta)와 돼지 촌충(pork tapeworm)이라고 하는 *Taenia solium* (so´lī-um)이 있다; 이들 일반적인 이름은 각 촌충이 각각 소와 돼지의 생활사 부분에서 발생한다는 사실에서 나온 것이다. **그림 16.17a**는 촌충의 체제를 보여준다. 촌충의 외부 표면은 큐티클(cuticle) ("피부")인데, 이곳을 통하여 촌충이 흡입에 의해 숙주에서 영양분을 훔친다. **두절(scolex)** (skō´leks)은 작은 부착기관으로 흡반(sucker) 또는 갈고리(hook)를 가지고 있어 숙주 조직에 촌충을 부착하여 떨어져나가는 것을 방지한다 **(그림 16.17b)**. 두절 뒤에는 **편절(proglottids)** (prō-glot´idz)이라는 몸 체절에서 유래하는 목 부분이 있다. 새로운 편절이 목으로부터 지속적으로 생장하고 오래된 편절을 대체하며 목에서 멀리 이동하여 사슬 또는 횡분체(*strobila*)를 형성한다. 촌충은 4 m 이상의 긴 것도 있다.

편절은 목에서 멀리 밀어낼 때 성숙하게 되며 암수의 내부 생식기 모두를 가진다. 각 편절은 자웅동체(monoecious[9])이며 같은 촌충이나 다른 촌충의 편절과 수정할 수 있다. 수정 후 편절은 더욱 목에서 멀어져 알이 꽉 차게 되면(*gravid*[10]) (수정란들로 가득함), 연결 부위를 끊고 대변과 함께 장을 통과한다.

몇몇 경우에 편절은 장 내에서 파열되고 대변에 직접 알을 배란한다. 일부 촌충은 대변에서 분명하게 볼 수 있을 정도로 큰 편절을 생산한다. 또한 쇠고기 촌충에서 편절은 운동성이 있어 횡분체가 있는 사람에게는 기억에 남는 경험을 하게 된다.

각 촌충은 최종(*definitive*) 또는 1차 숙주(*primary host*)에서 생활의 일부를 보내며, 거기서 그 기생충의 성 단계가 발생하고, 중간(intermediate) 숙주 또는 2차 숙주(*secondary host*)에서 생활의 일부를 보낸다. **그림 16.18**은 사람과 돼지 숙주에서의 *Taenia solium* 생활사를 보여준다. 알이 꽉 찬 편절과 알은 감염된 사람의 분변을 통해 환경으로 배출되며 1, 돼지에 의해 섭취된다 2. 알은 부화하여 돼지의 장에서 유충으로 되고 장벽을 통해서 침투한다 3. 유충은 다른 조직으로 이동한다 4. 유충은 근육에서 낭미충(cysticerci) (sis´ti-ser-sī)이라는 미숙한 형태로 발달한다 5. 낭미충은 사람의 장에서 탈낭한다 6. 장벽에 부착하여 성숙하여 새로운 성체 촌충이 된다 7. 성체 *T. solium*은 평균 1,000개의 편절을 가진다. 성숙한 촌충은 결국 수태한 편절을 방출하여 생활 주기를 완료

[9]그리스어 *mono*는 "하나"라는 의미, *oikos*는 "집"이라는 의미, monoecious는 두 가지 성 기관을 포함한다는 의미.
[10]"무거운", 즉 "수태"를 의미하는 라틴어 *gravidus*로부터 유래.

질병개요파악 16.9

아메바증

1 사람은 일반적으로 오염된 물로부터 *Entamoeba histolytica*의 포낭을 섭취한다.

2 소장에서 탈낭은 영양체를 방출한다.

3 영양체는 대장에서 증식하고 장 내벽에 부착하여 내강 아메바증을 일으킨다.

4 그것은 복막을 침범하여 아메바성 이질을 일으킬 수 있다.

5 그것은 혈류에 침입하여 몸 전체로 운반될 수 있다.

6 그것은 간, 폐, 비장, 신장 또는 뇌에 감염되면 침습성 장외아메바증을 일으키고 사망을 초래할 수 있다.

7 포낭은 대변으로 방출된다.

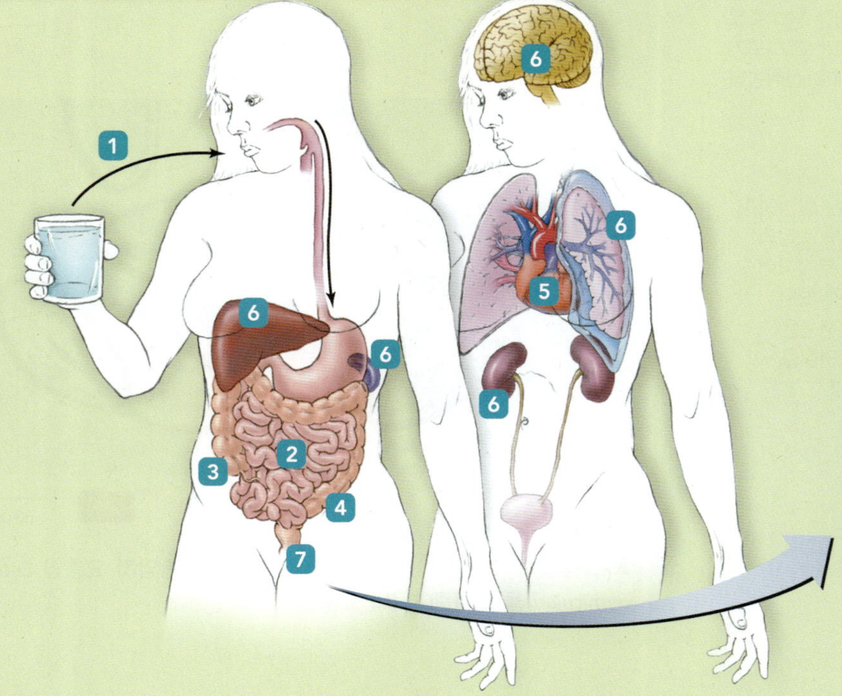

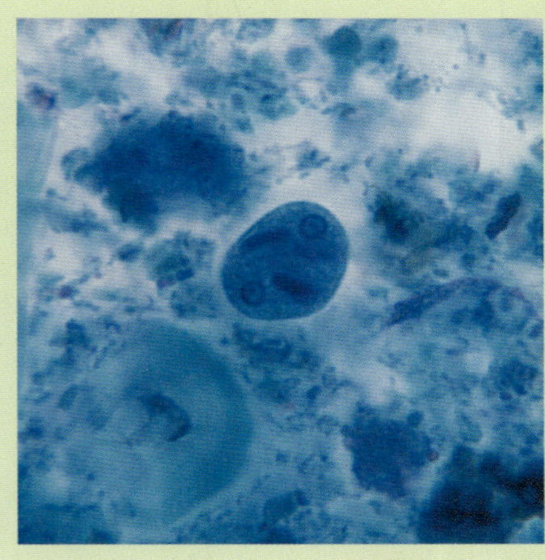

*Entamoeba histolytica*의 포낭

원인 *Entamoeba histolytica*.

독성인자 내성 포낭, 부착 단백질, 단백질 분해 효소, 이온 채널 단백질, 독소.

침입구 구강

징후 및 증상 내강 아메바증은 무증상이다. 침습성 아메바성 이질은 심한 설사, 대장염, 맹장염, 장점막의 궤양, 피와 점액을 포함한 대변 및 통증을 포함한다. 침습성 장외 아메바증은 간, 폐, 비장, 신장, 뇌 등에 잠재적으로 치명적인 괴사성 병변을 형성한다.

잠복기 6–20일

감수성 열악한 위생 상태의 개발도상국에 사는 사람들; 여행자, 이민자, 보호시설의 집단. 선진국에서 남성 동성애는 가장 큰 위험이 있다.

치료 경구 수분 보충, 무증상 감염에는 아이오도퀴놀(iodoquinol) 또는 파로모마이신(paromomycin); 증상이 있는 아메바증에는 아이오도퀴놀을 처방한 후 메트로니다졸(metronidazole) 사용.

예방 오염된 물을 마시지 않고, 오염된 물로 세척되거나 미처리된 음식 섭취 금지; 비료로 사람의 분변 사용금지; 성교 중 구강-분변 접촉을 피하기.

한다. 감염된 사람 숙주는 하루에 약 6개 편절을 통과시킨다. 각 편절에는 약 50,000개의 알이 들어있다.

사람은 알 또는 알이 찬 편절을 섭취할 때 *T. solium*의 중간 숙주가 될 수 있다. 알에서 나온 유충은 사람의 근육이나 뇌 조직에 침투하여 탈낭한다. 근육 조직에서 탈낭은 일반적으로 증상이 없지만, 낭미충이 뇌에서 형성되면 발작과 기타 신경학적 문제를 일으킬 수 있다.

*T. saginata*의 생활사는 중간숙주가 소인 것을 제외하고는 거의 동일하다. 성체 기생충은 1,000–2,000개의 편절 (각각은 10만 개 알을 가질 수 있음)을 가지고 있다. *T. saginata*의 낭미충은 알을 섭취하는 사람에서 발생할 수 없다.

역학

Taenia 종은 쇠고기와 돼지고기 음식이 있는 지역에서는 전 세계적으로 살고 있다. 사람 감염의 가장 높은 유병률은 부적절한 하수 처리 및 사람과 가축이 가까이에 살고 있는 가난한 농촌 지역에서 볼 수 있다. 낭미충증의 사례는 풍토병 국가에서 이민으로 인하여 더 널리 퍼져 있지만, 미국에서는 감염이 드물다.

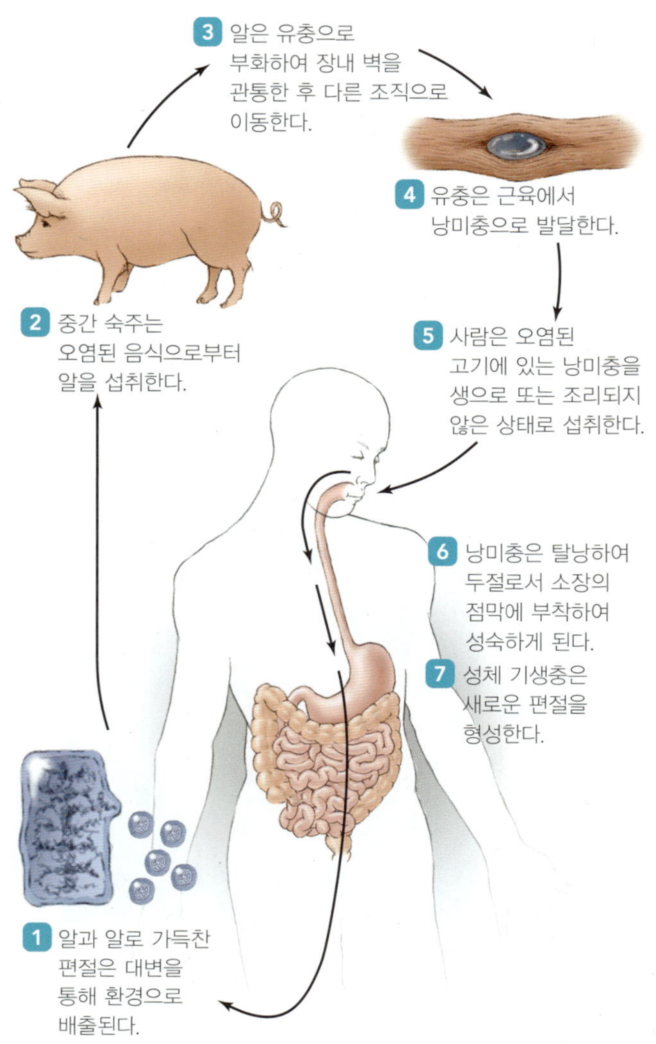

▲ **그림 16.18** ***T. solium*의 생활사.**

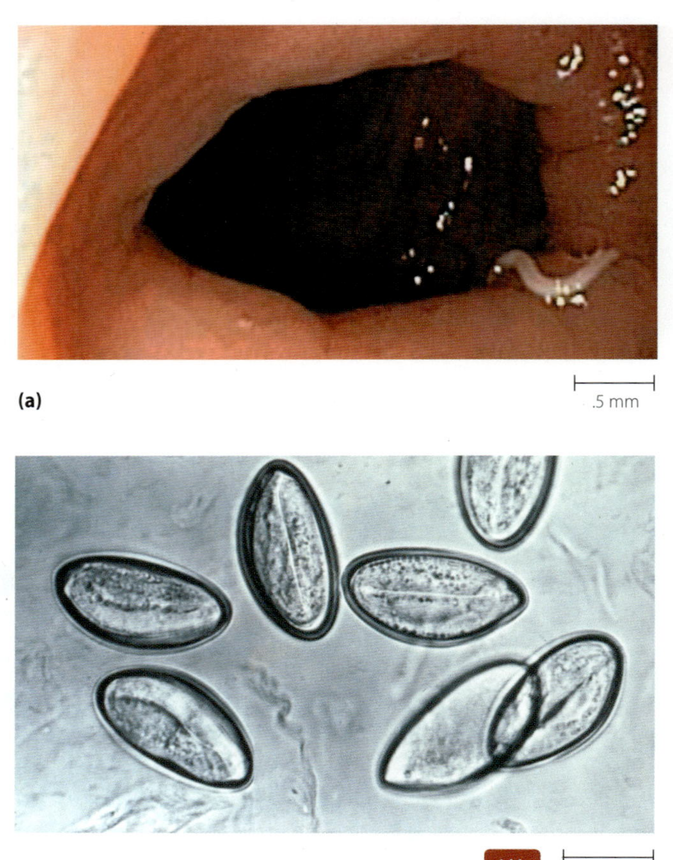

▲ **그림 16.19 선충. (a)** 인간의 대장에서 성체 암컷 요충인 *Enterobius vermicularis*을 보여준다. **(b)** 요충란.

진단, 치료 및 예방

의사들은 감염 후 최소 3개월이면 분변 시료에서 편절 (또는 알)을 관찰할 수 있는데 이는 진단의 기본이 된다. 두절 검사는 *T. solium*과 *T. saginata* 구별하는 데 필요한 검사이다.

니클로사미드(niclosamide) 또는 프라지퀴안텔(praziquantel)의 단일 경구의 치료는 일반적으로 장내 감염을 제거할 수 있다. 드물게 수술하는 방법은 창자에서 촌충을 제거하여 장의 막힌 곳을 열어 주는데 필요할 수 있다.

철저하게 조리하거나 냉동된 고기는 예방하는데 가장 쉬운 방법이다. 낭미충은 고기에서 "가루처럼(mealy)" 쉽게 볼 수 있기 때문에 시장으로 보내지기 전 또는 구매하기 전에 고기를 면밀히 살핌으로서 감염률을 낮출 수 있다. 사람의 분변이 중간 숙주의 먹이에 들어가는 것을 방지하기 위한 우수한 하수 처리는 사람 촌충의 생활사를 끊을 수도 있다.

요충의 감염

학습 | **성과**

16.30 선충의 공통적인 특징을 설명하라.
16.31 요충의 감염을 예방하기 위한 방법을 설명하라.

요충인 *Enterobius vermicularis* (en-ter´ō´bī-ŭs ver-mi-kū-lar´is)는 일반적으로 어린이의 장에 감염한다.

징후 및 증상

모든 요충 감염의 1/3은 무증상이다. 감염 증상은 강렬한 항문 주위 가려움, 가려움으로 인한 과민 반응, 수면 장애, 식욕 감퇴, 체중 감소의 가능성 등이 포함된다.

병원체와 감염

*Enterobius*는 **선충**[**nematode** (nem´ă-tōd)]인데 길고 얇은 비분절의 원통형 기생충으로서 각 끝이 가늘게 되어있다 **(그림 16.19a)**. 모든 선충은 완전한 소화관을 보유하며, 보호 표피층(cuticle)을 가지고

있고, 암컷은 수컷보다 더 큰 자웅이체(dioecious[11])로 되어있다. 선충 군은 다양한 생식 전략을 가지고 있으며, 이 전략으로 선충들은 사람을 포함하여 거의 모든 척추동물에서 매우 성공적인 기생체가 되었다. 사람은 요충(pinworms)의 유일한 숙주로 알려졌다.

결장에서 교배한 후, 암컷 요충은 결장으로 돌아가기 전에 항문 주변에 알을 낳기 위하여 밤에 항문으로 이동한다. 그 부위를 긁으면 알은 옷이나 침구로 떨어져 에어로졸이 되고 사람이 섭취하는 물이나 식품에 정착하게 된다. 한편 긁어서 알이 피부나 손톱 틈에 끼게 되면 감염된 사람의 손에 묻은 알을 섭취하여 지속적으로 자신을 재감염 시킨다. 성체 기생충은 몇 주 지나면 성숙되어 약 2개월간 장관에서 살게 된다.

역학

*E. vermicularis*는 전 세계적으로 약 5억 명이 감염되었는데, 특히 온대기후 지역, 학령기 어린이들이 밀집한 상태 또는 인구 밀집 상태에서 감염된다. *Enterobius*은 미국에서 발견되는 가장 흔한 기생충으로 미국인 4천만 명이 감염되었다.

진단, 치료 및 예방

진단에는 현미경이 사용된다: 아침에 목욕 또는 배변하기 전에, 투명 접착테이프를 항문 주위 영역에 붙였다 떼어 현미경으로 쉽게 식별되는 알을 수집한다 **(그림 16.19b)**. 만일 찾아냈다면, 성체 기생충도 진단의 근거가 된다. 알벤다졸(albendazole), 메벤다졸(mebendazole), 또는 피란텔파모에이트(pyrantel pamoate)로 치료하고, 새로이 획득한 기생충을 죽이기 위해 2주 후의 2차 치료를 하게 되면 대개 성공적이다. 어떤 경우에는 전체 가족을 대상으로 치료해야 한다.

엄격한 개인위생은 재감염을 방지할 수 있다. 감염된 사람과 다른 가족구성원의 옷과 침구의 철저한 세탁, 철저한 손 씻기 및 긁지 않기 등은 재감염의 가능성과 다른 사람에게 기생충의 확산을 감소시킨다.

고래회충증

학습 | 성과

16.32 고래회충증의 생활사를 설명하라.
16.33 어떻게 고래회충증이 사람에 어떻게 감염되는지 설명하고, 가능한 징후와 증상을 기술하라.

고래회충증(anisakiasis) (an-a-se-kī´-sis)은 여러 가지 기생성 선충, 특히 *Anisakis simplex* (an-a-se´kis sim´pleks)에 의한 감염으로 생기는 질병이다.

[11]"둘"을 의미하는 그리스어 *di*, "집"을 의미하는 *oikos*로부터 유래; 자웅이주(dioecious worm)는 별개의 성을 가진다.

징후 및 증상

감염 환자는 전형적으로 무증상이지만 어떤 환자는 감염된 고기를 먹고 난 뒤, 환자의 입 또는 목 주위를 움직이는 기생충의 유충 단계를 느낀다. 일부 환자들은 갑작스럽고 격렬한 복통, 메스꺼움, 구토, 발열, 때로는 장출혈을 경험한다. 먼저 초기 감염으로부터의 회복으로 몇 명의 환자들은 민감하게 되고, 차후 감염이나 심지어 음식에 죽은 성체가 있다면 급성 IgE-매개성 알레르기 반응을 갖게 된다. 알레르기 환자는 광범위한 발진이 생길 수 있으며, 일부는 정말로 고통스러운 징후로서 기침하여 성체 기생충을 뱉을 수 있다. 알레르기 환자에서 생명을 위협하는 아나필락시스 쇼크로는 거의 진행되지 않는다.

병원체와 감염

*Anisakis simplex*는 고래회충증의 가장 흔한 원인체로 해양동물의 기생충이다. 선충은 여러 유충 단계로 복잡한 생활사를 가지고 있다 **(그림 16.20)**. 해양 포유동물은 선충의 알을 바다로 방출한다 **1**. 두 유충 단계가 알에서 차례로 발생하고 **2**, 그 후 바닷물에서 부화한다. 새로운 두 번째 단계의 유충은 바다에서 유영한다 **3**. 크릴새우(krill)라는 작은 갑각류가 이것들을 먹는다 **4**. 크릴새우에서 유충은 3단계의 유충 (L3)으로 발달하고 이는 어류를 감염시킨다. 어류는 크릴새우를 먹고 감염성 있는 유충은 어류의 위에서 조직으로 침입한다 **5**. 다른 어류는 감염된 어류를 먹고, L3 유충은 각 포식

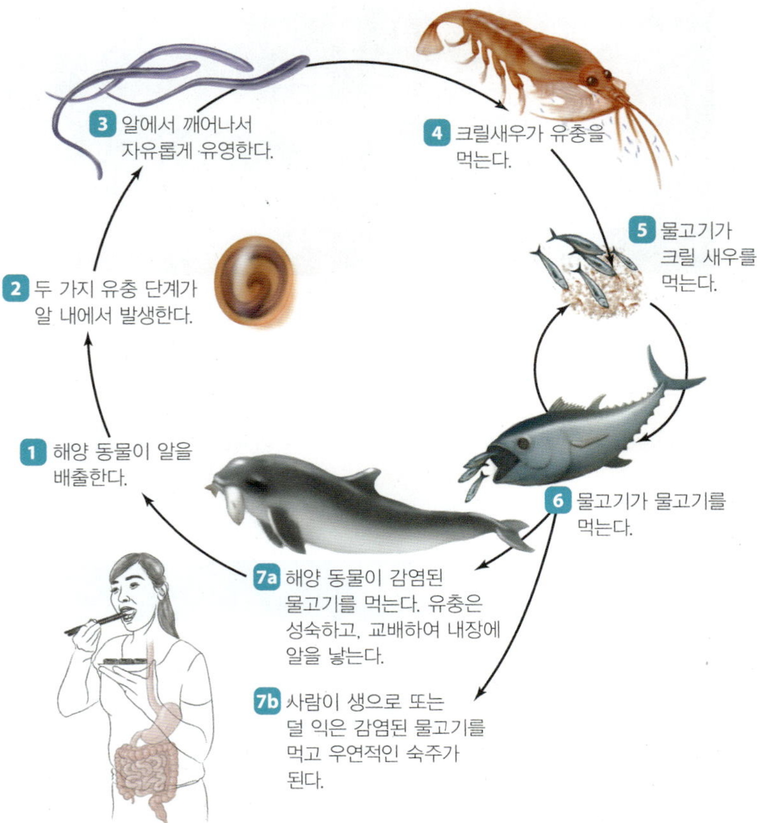

▲ **그림 16.20 *Anisakis*의 생활사.**

자 어류를 차례로 감염시킨다 6. 같은 방법으로 *Anisakis* L3 유충은 어류 군에서 유지된다. 결국 돌고래나 고래와 같은 해양 포유동물은 감염된 어류를 먹는다. 유충은 교미하여 성체 기생충으로 성숙한다. 암컷 기생충은 알을 낳아 어류의 분변으로 배출된다 7a. 감염된 어류를 먹는 사람은 *Anisakis*에 대한 우연적인 숙주가 되어 사람에서 성숙하고 식도, 위, 또는 장에 부착하여 고래 회충증과 과민반응을 일으킨다 7b. 사람은 해수로 많은 알을 바다에 내보내지 않기 때문에 사람은 마지막 숙주가 된다.

역학

의사들은 전 세계적으로 매년 약 20,000건의 고래회충증을 보고한다.

진단, 치료 및 예방

진단은 일반적으로 광섬유 카메라를 사용하여 직장 내를 통하여 빈 소장관으로 삽입하는 내시경에 의해 이루어진다. 기생충이 내강에서 기어가는 것 또는 장벽 내 안쪽으로 파고드는 것을 관찰할 수 있다. 치료는 전선이 연결된 작은 집게로 장에서 기생충을 제거하는 방법이 있다. 고래회충증의 예방은 날것이나 조리 되지 않은 해양 어류를 피하는 것이다.

왜 그런가

중간 숙주의 촌충 감염은 분변으로 오염된 음식에서 알을 섭취해야 한다. 왜 사람이 *T. solium*에 대한 우연한 중간 숙주가 될 수 있는가?

임상 미생물 후속내용

레크리에이션 센터의 문제

Andrea의 전 가족은 의사를 방문하였다. 그들은 설사에 대하여 설명하고 아이들의 기저귀 중 하나의 샘플을 주면서 이웃의 많은 사람들이 비슷한 문제를 가지고 있다고 설명하였다. 의사는 가족 구성원 각각에게 3일 동안 각기 다른 3개의 대변 시료를 요구하였다. 전 가족의 대변 시료로부터 호수, 하천 및 지역 사회 수영장에서 사는 수인성 기생충인 *Giardia intestinalis*가 관찰되었다. 그 기생충은 보통 아이들이 수영할 때 일반적으로 대변에 의해 수영장에 유입된다. 의사는 가족들에게 약물을 처방하였다. 음료를 많이 마시도록 지시하고, Andrea에게 아이들의 설사가 빨리 가라앉지 않을 경우에 탈수를 주의하라고 이야기해주었다.

호수에서 채취한 물 시료에는 *Giardia*가 포함되어 있지 않았지만, 어린이 수영장는 그 기생체가 있었다. 그 곳에 설치된 염소 살포기(염소는 *Giardia*를 대부분 죽임)는 고장이 나 있었으며, 오래된 여과 시스템이었음이 밝혀졌다. 레크리에이션 센터는 추후의 발생을 방지하기 위해 이런 사항들이 개선될 때까지 어린이 수영장을 잠정적으로 폐쇄하였다. Andrea와 가족들은 호수에서 이웃들과 계속 재미있게 지내고 있다.

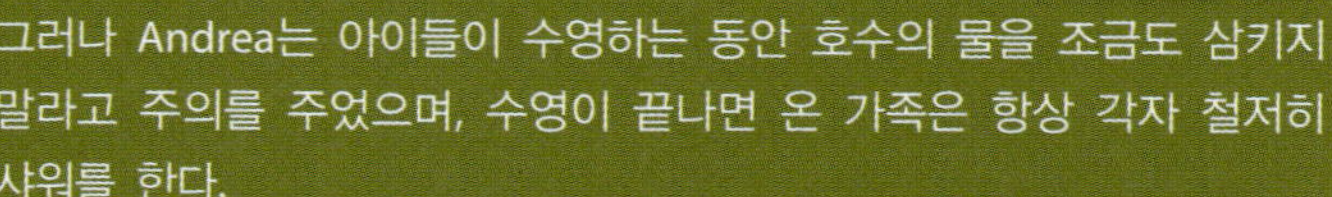

그러나 Andrea는 아이들이 수영하는 동안 호수의 물을 조금도 삼키지 말라고 주의를 주었으며, 수영이 끝나면 온 가족은 항상 각자 철저히 샤워를 한다.

1. *Giardia intestinalis*의 어떠한 환경적 및 생물학적 특성이 감염 확산에 기여하는가?
2. *Giardia*가 거품설사, 팽만감 및 가스의 특징적인 징후를 생성하는 이유는?

보이지 않는 것의 탐구

연습문제, 동영상 퀴즈와 임상 사례연구의 이해를 위해 **미생물학 숙달하기 연구영역**을 방문하라!

단원요약

소화계의 구조 (492–493쪽)

1. 소화계는 위장관과 보조소화기관으로 구성된다.
2. 위장관은 치아와 입, 식도, 위, 소장, 대장 및 항문으로 구성된다. 위장관의 주요 기능은 소화하고 영양분을 흡수한다.
3. 소화 효소는 간, 담낭, 침샘, 췌장의 보조 소화 기관에서 위장관으로 들어간다. 간은 혈액의 노폐물과 독소의 제거를 돕는다.

소화계의 정상 미생물총 (493–494쪽)

1. 정상 미생물총은 일부 보조기관과 식도, 위, 십이지장을 제외하고 소화계에 집락을 형성한다.

2. **Viridans streptococci**은 입에서 가장 일반적인 정상 미생물총이다. *Bacteroides*, *Lactobacillus*, *Escherichia*와 기타 장내 세균, 그리고 *Candida*는 하부 소장과 결장에서 우점한다.
3. 장내 정상 미생물총은 숙주에게 일부 비타민을 제공한다. 또한 위장 속에서 방귀를 생성하고 어떤 물질을 독소와 발암 물질로 전환한다. 이들의 가장 큰 장점은 **미생물의 길항작용**에 의해 병원균을 억제하는 것이다.

소화계의 세균성 질병 (494–508쪽)

1. **충치**는 사람에게 두 번째로 가장 일반적인 감염이다. 보통 *Streptococcus mutans* (viridans streptococcus)와 *Lactobacillus* 등의 구강 세균에 의해 생성되는 치석과 산은 치아의 에나멜을 파괴하여 충치를 만들어 치아 손실을 초래할 수 있다.
2. 충치, 플라크 및 치석을 치료하지 않으면 잇몸 염증인 **치은염**이라 불리는 **치주 질환**으로 이어질 수 있다. 심한 치주 질환은 염증 증가, 뼈의 손실, 치아 손실로 나타난다.
3. *Helicobacter pylori*는 **소화성 궤양**을 일으킨다. 세균은 위장의 점액 내벽을 통해 침입하여 기본 조직에 위산에 의한 고통스러운 손상을 일으킨다.
4. 많은 종류의 세균에 의해 발생되는 **세균성 위장염**은 구역, 구토, 설사, 경련, 종종 발열을 특징으로 한다. 예로는 **이질**, **시겔라증**, 여행자 설사, *Campylobacter* 장염, 살모넬라증, **콜레라** 등이 있다.
5. *E. coli* O157:H7는 가끔 치명적인 위장염을 일으키는 시가(Shiga)-유사 독소뿐만 아니라 다른 장독소를 생성한다. 시가-유사 독소는 *Shigella*의 **시가 독소**와 관련되어 있고, 몇 종은 시겔라증이라는 위장염을 발생시킨다.
6. *Clostridium difficile*은 ***C. diff.* 설사 (항미생물 관련 설사)**의 원인이 될 수 있으며, 항균 약물이 정상 미생물총을 죽일 때 *C. diff.*은 결장에서 우점하게 된다. 대부분의 심한 경우의 **위막성 결장염**은 죽거나 죽어가는 세포와 결합 조직의 위막을 만들기 위해 융합된 병변이다.
7. *Salmonella* 감염은 **살모넬라증** 또는 **장티푸스**를 일으킨다. 후자는 치명적일 수 있는 더욱 심각한 형태의 감염으로 발생할 수 있다. *Salmonella*는 많은 독성인자를 생산하여 숙주의 집락화를 형성한다.
8. *Vibrio cholerae*는 **콜레라 독소**를 생산하여 감염된 세포에서 전해질과 물의 과잉 분비를 자극하여 심한 탈수를 일으킨다.
9. 세균성 식중독은 위장관 감염 (더 적절하게는 세균성 위장염이라고도 함)과 **세균성 중독**이 포함되며, 독소는 존재하고 활성을 가지지만 세균은 없다.
10. 황색포도상구균 식중독은 미생물총의 정상 구성원인 *Staphylococcus aureu*의 장독소에 의해 일어나는 일반적인 중독이다.

소화계의 바이러스성 질병 (508–514쪽)

1. **단순 포진**과 **입술발진**은 **구강 포진** 감염에 대한 또 다른 이름이다. 입술 주변의 이들 재발성 병변은 일반적으로 사람 포진바이러스 1 (HHV-1)의 감염에 의해 발생된다.
2. **유행성이하선염**은 유행성이하선염 바이러스에 의해 어린이의 이하선 침샘에 대해 상대적인 양성 감염이다. 미국에서 거의 유행성이하선염은 MMR 백신에 의해 사라졌다.
3. **바이러스성 위장염**은 모든 사례에서 바이러스 형태가 더 경미하다는 것을 제외하고는 세균성 장염과 유사한 증상을 나타낸다. 칼리시바이러스 (특히 노로바이러스), 아스트로바이러스 및 로타바이러스는 바이러스성 위장염의 주요 원인이다.
4. **간염**은 많은 요인들에 의해서 일어날 수 있으며, 여기에는 A형 간염바이러스, B형 간염바이러스, C형 간염바이러스, 델타형 간염바이러스 및 E형 간염바이러스가 포함된다. A형 간염과 E형 간염은 분변-구강 경로를 통해 확산하는데 비하여, B형 간염, C형 간염, 델타형 간염은 혈액 및 성적 체액에 의해 오염된 주사 바늘을 통해 확산된다.

장관의 원생동물성 질병 (514–517쪽)

1. **지아르디아증**은 미국 전역의 수로에 널리 존재하는 미생물인 *Giardia intestinalis*에 의해 발생되며 심한 악취를 동반하는 물설사를 일으킨다.
2. *Cryptosporidium parvum*에 의해 발생되는 **크립토스포리디아증**은 설사, 경련, 오심의 징후와 증상을 가지는 또 다른 장 질환이다.
3. *Entamoeba histolytica* 감염은 **아메바증**의 3가지 형태 중 하나에 의해 발생할 수 있다. 내강 아메바증은 일반적으로 무증상이고, 아메바성 이질은 심각한 설사병을 일으키며, 침습성 장외 아메바증은 **아메바**가 몸에 침입하여 다양한 기관에서 괴사 병변을 형성하는 잠재적으로 치명적인 질병이다.

장관의 기생충 감염 (517–524쪽)

1. **촌충 (촌충류)**의 감염은 고기의 검사, 청결한 하수 처리, 동결의 결과로 미국에서는 상대적으로 드물다. 쇠고기 촌충(*Taenia saginata*)과 돼지고기 촌충(*T. solium*)은 촌충 포낭이 포함된 고기를 섭취함으로서 획득된다. 기생충은 사람의 소장에서 성숙된다.
2. 촌충의 몸은 부착하는 **두절**, 목 부분 및 **편절** (체절)의 횡분체(사슬)로 되어 있다. 자웅 동체인 편절이 수정하여 알을 수태하게 되고 알은 중간 숙주에 의해 섭취되어 환경으로 방출된다. 알은 이들 동물에서 부화되어 결국 근육 조직에서 **낭미충**(낭종)을 형성한다.
3. **요충**(*Enterobius vermicularis*)은 **선충류**의 한 유형으로 미국에

서 일반적인 기생충이다. 수컷과 암컷 기생충은 사람의 장내에 교배하고 암컷은 항문으로 기어 나와 알을 낳는다. 이것은 심한 가려움을 일으켜 이 유형의 감염 특성이 된다.

4. 선충인 *Anisakis simplex*는 복통, 구토, 설사, 발열, 때로는 출혈의 증상이 있는 위장질환인 **고래회충증**을 일으킨다. 드물게, 환자는 *Anisakis*에 대한 알레르기 반응으로 진행된다.

복습문제

복습문제에 대한 답 (단답형 문제 제외)은 A-1에 있다.

선다형

1. 다음 중 위장관의 일부가 아닌 것은?
   a. 위
   b. 결장
   c. 간
   d. 입
2. 음식물의 소화는 주로 어느 부분에서 일어나는가?
   a. 입
   b. 위
   c. 소장
   d. 대장
3. 위장관의 정상 미생물총을 구성하는 대다수 미생물은 다음 어떤 속(genus)에 속하는가?
   a. *Bacteroides*
   b. *Escherichia*
   c. *Clostridium*
   d. *Staphylococcus*
4. 설탕과 녹말이 많은 식단은 충치의 위험을 증가시키는데 그 이유는 무엇인가?
   a. 산성이어서 치아의 에나멜을 파괴하기 때문에.
   b. 산성이어서 잇몸을 파괴하기 때문에.
   c. 세균에 의해 산성으로 전환되며, 이 산에 의해 치아의 에나멜이 파괴되기 때문에.
   d. 세균에 의해 산성으로 전환되며, 이 산에 의해 잇몸이 파괴되기 때문에.
5. 궤양 형성 시, *Helicobacter pylori*에서 중요한 독성인자는?
   a. 유형 III 분비계
   b. 캡슐 형성
   c. 편모
   d. 포자 형성
6. 요소분해효소(urease)는 *H. pylori*에 의한 궤양 형성을 어떻게 돕는가?
   a. 위 내벽의 세포에서 생성된 산의 증가에 의해서.
   b. 위 내벽의 세포에서 생성된 산의 중화에 의해서.
   c. 점액 생성 세포를 분해시켜서.
   d. 식세포작용에 뒤이은 *H. pylori*의 파괴를 방지하여.
7. 미국에서 의사들에 의해 더욱 일반적으로 발견되는 세균성 위장염의 원인균은 무엇인가?
   a. *Campylobacter jejuni*
   b. *Vibrio cholerae*
   c. *Salmonella* serotype Typhi
   d. *Shigella* 종
8. 구강 열성 수포(fever blister)은 무엇에 의하여 자주 발생하는가?
   a. HBV
   b. HCV
   c. HHV-1
   d. HHV-2
9. 간염과 관련된 대부분의 증상은 무엇 때문인가?
   a. 바이러스에 의한 간세포의 파괴
   b. 감염된 간세포에 대한 세포성 면역반응
   c. 외독소 생산
   d. 내독소 생산
10. 미국에서 나타나는 일반적인 수인성 위장 질환은?
    a. 아메바증
    b. *E. coli* O157:H7
    c. 지아르디아증
    d. 살모넬라증
11. 다음 질환들 가운데 HIV 양성인 사람이 AIDS로 진행된다고 알려주는 지표 질환은?
    a. 아메바증
    b. 크립토스포리디아증
    c. 요충
    d. 시겔라증
12. *Taenia saginata*은 무엇인가?
    a. 세균
    b. 원생동물
    c. 촌충
    d. 선충
13. 다음 미생물 가운데 미국에서 전체 소화기 질환의 가장 큰 원

인체는?

a. 세균
b. 기생충
c. 원생동물
d. 바이러스

14. 장티푸스는 다음의 어떤 질병을 일으키는 세균 속(genus)에 의해서도 일어나는가?

a. 콜레라
b. 크립토스포리디아증
c. 유행성이하선염
d. 살모넬라증

15. 걱정스런 어머니는 아이가 거품이 이는 미끈미끈한 설사를 하여 당신에게 조언을 구하고 있다. 아이가 하룻밤 캠핑 여행에서 돌아온 것을 알고 난 후, 당신은 아이가 무엇에 감염되었다고 그녀에게 조언을 할 것인가?

a. *Escherichia*
b. *Salmonella*
c. *Giardia*
d. *Helicobacter*

변형된 진위형

각 문장이 참인지 거짓인지 표시하라. 만일 밑줄 친 단어나 문구가 거짓이면 바른 문장으로 고쳐라.

1. ____ 플라크는 충치의 형성을 유도하지만, 치주 질환에는 기여하지 않는다.
2. ____ 스트레스는 소화성 궤양의 형성에 기여한다.
3. ____ *Campylobacter jejuni*와 *E. coli*는 모두 위장염의 원인균이지만 *E. coli*만은 콜리형의 예이다.
4. ____ 대부분의 위장염 형태에 대한 적절한 치료는 회사의 실험실 및 원인균의 동정을 필요로 하지 않는다.
5. ____ 바이러스성 위장염은 일반적으로 세균성 위장염보다 더 심각하다.
6. ____ 간암은 B형 간염바이러스 감염과 매우 관련이 많다.
7. ____ 지아르디아증은 소화기관의 일반적인 세균성 감염이다.
8. ____ 크립토스포리디아증은 가축뿐 아니라 사람에게 영향을 미치는 것으로 입증되었다.
9. ____ 백신은 B형 간염과 C형 간염에 대해 사용할 수 있다.
10. ____ *Vibrio cholerae*는 해수에서 생물막을 형성하지만, 담수에서는 형성하지 않는다.

빈칸 채우기

1. 치아에는 세 가지 주요 층이 있는데, 부드러운 ________ 위에 ________라고 불리는 단단한 층이 있고, 그 안에는 ________으로 구성된다.
2. 치아의 구멍 형성에 관여하는 가장 흔한 세균은 ________이다.
3. 소화성 궤양은 위의 ________ 궤양과 소장의 ________ 궤양을 모두 포함한다.
4. *Shigella dysenteriae*에서 생산되는 ________ 독소는 *E. coli* O157:H7에 의해 생산되는 ________ 독소와 유사하다.
5. “입술 포진”은 다른 말로 ________로 알려져 있다.
6. 귀밑샘의 부종은 ________의 주요 신호이다.
7. 간염의 주요 증상 중 하나는 ________ 이고 피부와 눈에 황변이 생긴다.
8. 두 개의 핵을 가진 난형 포낭의 발견은 ________ 질환에 대한 진단을 의미한다.
9. 콜레라 독소의 B 소단위(subunit)는 소장의 ________ 세포와 결합하고 A 소단위는 효소로서 ________을 활성화하는 작용을 한다.
10. 촌충류의 부착 기관은 ________이다.

연결형

왼쪽의 질병과 오른쪽의 원인체를 연결하라. 각 해답은 하나만 골라라.

1. ____ 바이러스성 위장염	A. *Shigella sonnei*
2. ____ 콜레라	B. *Enterobius vermicularis*
3. ____ 장티푸스	C. *Helicobacter pylori*
4. ____ 요충	D. *Entamoeba histolytica*
5. ____ 궤양	E. *Vibrio* 종
6. ____ 촌충	F. *Staphylococcus aureus*
7. ____ 세균성 위장염	G. Viridans streptococci
8. ____ 치주 질병	H. *Taenia solium*
9. ____ 아메바증	I. Rotavirus
10. ____ 식중독	J. *Salmonella enterica* serotype Typhi

단답형

1. 병원균에 의한 집락형성에서 위장관을 보호하는데 정상 미생물총은 어떤 역할을 하는가?
2. 치료하지 않은 충치로 부터 치은염이 어떻게 발생되는지 기술하라.
3. 제산제가 소화성 궤양의 증상을 완화하는데 어떻게 도움이 되는가?
4. 설사 시 콜레라 독소가 심한 체액 및 전해질 손실을 초래하는

과정을 설명하라.

5. 빈번한 위장 질환의 발생에서 열악한 위생수준이 왜 커다란 요인이 되는가?

6. 위장염과 중독의 차이점은 무엇인가?

7. B형 간염은 어떻게 면역계를 유인하는가?

8. *Giardia intestinalis*가 환경에서 박멸될 가능성이 없는 이유를 설명하라.

9. *Entamoeba*의 독성 및 비독성 균주 사이의 유전적 차이는 무엇인가?

10. xTAG Gastrointestina1 Pathogen Panel (xTag GPP)은 위장염의 11가지 원인균을 동정한다. 11가지는 무엇인가?

시각화하기!

1. 아래 그림에서 치아의 부식 과정을 설명하라.

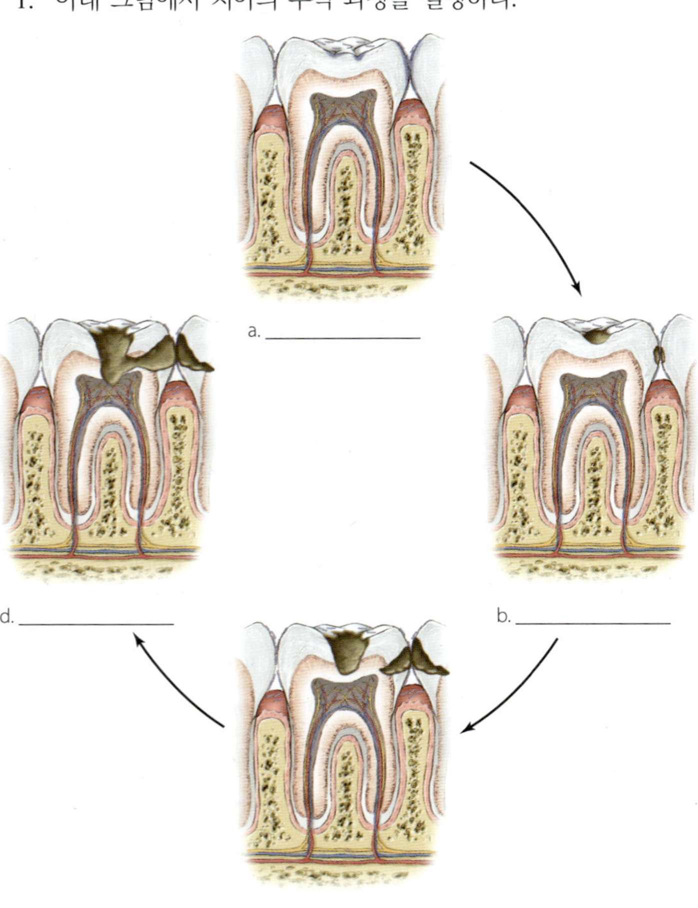

2. Dane 입자, 필라멘트성 입자, 구형 입자를 표시하라. 각각은 전체적으로 또는 부분적으로 사진에서 얼마나 많이 볼 수 있는가? DNA를 포함하는 입자에 "D", 그리고 RNA를 포함하는 입자에 "R"로 표시하라.

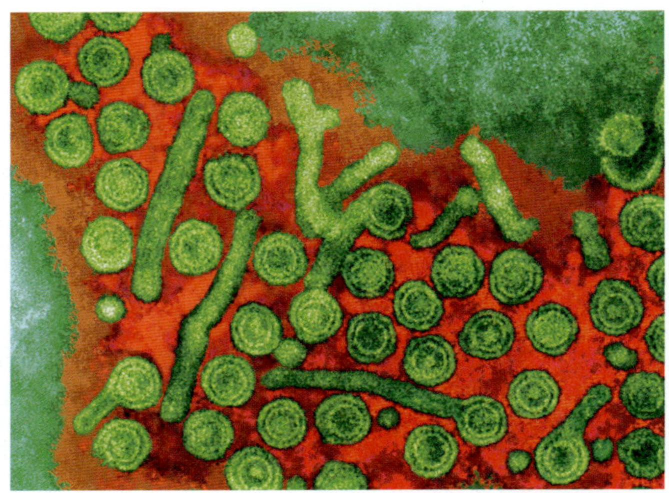

비판적 사고

1. 제산제 처방은 소화성 궤양의 치료를 하는데 유용하다. 그러나 제산제는 실제로 다른 세균성 및 바이러스성 위장 질환의 감염 위험을 증가시킬 수 있는가? 어떻게?

2. 왜 간암을 제거하기 위해 어린 시절 B형 간염바이러스에 대한 예방 접종을 수립할 필요가 있는가? B형 간염바이러스에 노출된 사람들에게만 예방 접종하는 것이 충분하지 않은 이유는?

3. 대부분의 위장관 질환은 오래 동안 체액이 교체될 수 있는 한, 궁극적으로 자기 한정적이고 치명적이지는 않다. 어떻게 이 두 가지 일반적인 관찰이 이런 질병이 일반적으로 사람에게 영향을 미치는 이유를 설명해 줄 수 있는가?

4. HBV와 HCV 감염은 간염이 눈에 보이는 징후가 밝혀지기까지 보통 몇 년 심지어 수십 년이 걸린다. 역학적으로 사람들에게서 그 질병을 추적하고 전염을 방지하기 위한 우리의 능력에 어떻게 영향을 미치는가?

5. 왜 1차 세계 대전 동안 유럽의 전장의 참호에 거주하였던 군인들은 자주 급성 괴사궤양 치은염(참호성 구강염)으로 고생했

는가?

6. 호흡요법을 공부하는 학생은 유행성이하선염에 대해 이해하지 못하고 있다. 교과서에서 이 질병을 소화계 부분에서 다루고 있으나, 선생님은 유행성이하선염 바이러스가 호흡성이라고 주장한다. 두 가지에 대하여 정확한 이유를 설명하라.
7. 델타형 간염바이러스에 대한 백신은 없으며, 연구자들은 시장성이 없을 것이라 생각하고 연구하고 있지 않다. 왜 그런가?
8. 보조소화기관의 감염은 어떻게 건강에 영향을 미칠 수 있는가?
9. 매운 음식을 먹는 것은 *Helicobacter pylori*에 의해 손상된 조직에 대해 어떻게 반대작용을 하는가?
10. 4,300명이 사는 작은 마을의 약사는 1주일 동안 지사제를 사려는 수 백 명의 사람들을 관찰하였다. 물론, 위장염의 발병이다! 역학자들은 어떤 지원프로그램과 도시의 서비스에 대하여 조사할 것인가? 당신의 견해를 밝혀라.
11. 506쪽의 표 16.1에서 토론한 위장염의 형태를 중증도 관점에서, 최소의 중증도를 첫 번째, 그리고 가장 심한 중증도를 마지막으로 순위를 정하라 (감염의 가장 일반적인 과정에 대하여 고려하라).
12. 사람의 위장관에 대한 이해를 바탕으로 포진성 식도염과 같은 질병이 면역저하자 또는 면역억제자로 제한되는 이유를 설명하라.
13. 부모들이 아이들이 유행성이하선염 예방접종을 해야 하는 이유와 시기는?
14. 미국 이외의 지역에서 어떤 사회적 및 환경적 조건이 로타바이러스의 높은 감염률에 기여하는가?

개념도 작성

다음 용어를 사용하여 바이러스성 간염을 기술하는 개념도를 작성하라. 일부 용어는 한 번 이상 사용할 수도 있다.

급성의
혈액과 체액 (x2)
항체의 혈액검사 (IgM 항체)
보균 상태
A형 간염바이러스(HAV)
B형 간염
간경화
분변-경구 경로
A형 간염
A형 간염 백신
라미부딘(Lamivudine)
알파 인터페론
B형 간염 백신
B형 간염바이러스(HBV)
C형 간염
C형 간염바이러스(HCV)
리바비린(Ribavirin)과 알파인터페론
간암
경미
PCR 또는 항체혈액검사
만성의
만성 질환 (X2)
바이러스성 간염

17 비뇨생식계의 미생물 질환

임상 미생물

완벽한 로맨스?

Jordan과 Lisa는 6개월 전에 소개팅으로 회오리바람과 같은 로맨스를 시작하였으며, 둘이 만나서 호수 주변의 산책, 촛불이 장식된 곳에서 저녁식사, 고전영화 관람 등을 즐겼다. 결혼하기 전에 그들은 성병 (STDs)에 대한 선별 검사를 하였다. 모든 결과는 음성으로 나타났다. Lisa는 피임약을 복용하고 있었기 때문에 콘돔을 사용하지 않았다.

어느 날 아침, Jordan은 소변보면서 커다란 작열감을 느꼈다. 그 후 그의 성기에는 작은 빨간색의 혹이 생겼는데 만지면 통증이 느껴졌다. 며칠이 지나서 그 병변은 물집으로 확대되었다. Jordan은 아프고 피로감을 느꼈으며, 사타구니의 림프절이 부어오른 것을 알게 되었다.

놀란 Jordan은 응급 진료클리닉을 방문하였다. 검사 후, 의사는 면봉을 사용하여 한 병변 부위에서 체액을 채취하였으며, 검사를 위해 실험실로 보내졌다. 그는 이러한 상황에 대하여 믿을 수 없었다. 그들은 결혼 전에 그들만이 데이트를 즐겼으며 성병검사에서도 음성으로 나타났기 때문이다. Jordan의 검사는 무엇을 나타낼 것인가? 그는 성병에 걸렸을 가능성이 있는가?

이 문제를 이해하기 위해서 이 장 (554쪽)의 마지막 부분을 보라.

비뇨생식계의 구조

여성의 비뇨생식계는 해부학적으로 뚜렷하다. 남성에서는 두 개의 계가 "배관"의 일부분을 공유한다.

비뇨계의 구조

학습 | 성과

17.1 비뇨기의 기능 및 구조를 설명하라.

요도에서 방광으로 연결되는 두개의 신장과 요도는 여성과 남성 모두에서 비뇨계를 구성한다 **(그림 17.1)**. 신장(*kidney*)은 혈액으로부터 노폐물을 제거하는데, 소변으로 배설하면 요관(ureter)에서 방광(*urinary bladder*)으로 흘러간다. 방광은 요도(*urethra*)를 통해 배설될 때까지 소변을 저장한다. 요도의 미생물의 침입구가 될 수 있으며, 특히 여성의 요도 (질의 입구에서 약 4 cm 길이)는 남성의 요도 (음경의 끝에서 약 20 cm 길이)에 비해 짧기 때문에 특히 그렇다. 남성의 요도는 생식계의 일부로서의 기능도 있다.

콩 모양의 신장은 각각 약 150 g의 무게를 가지며, 그 크기는 대략 약 11 cm × 6 cm × 3 cm이다 (카드놀이의 더블 데크 정도의 질량과 크기). 신장을 통한 정면 단면도는 특징적인 3개의 부분을 보여준다 **(그림 17.1b)**. 거친 섬유성 신장피막(*renal*[1] *capsule*)은 외부 표면을 덮고 있다. 그 피막 아래에 외부 밝은 색의 신장 피질(*renal cortex*)이 있고 그 내부에 어두운 신장 수질(*renal medulla*)이 있다. 신추체(*renal pyramid*)라는 원뿔 구조는 신장 수질의 대부분을 차지한다. 그 신추체의 끝은 비어있고 평평한 깔때기 모양의 골반(*pelvis*)을 향하는데 이는 소변을 수집하고 요관으로 내보내 비운다. 요관은 신장의 오목한 내측 표면으로부터 나와 있다. 혈관도 이 지점에서 신장으로 들어가고 나온다.

각 신추체는 실제 신장의 기능 단위인 네프론(*nephron*[2])을 포함하며, 혈액을 걸러 소변을 형성한다. 신장은 약 125만개의 네프론을 가지고 있고, 각각의 구성은 사구체(glomerulus)라는 공 모양의 모세혈관과 독특한 세 영역을 가지는 관으로 되어있다. 사구체 주머니[*glomerular* (*Bowman's*) *capsule*]는 사구체를 둘러싸고 있다. 사구체 근처에는 관이 앞뒤로 고리를 만드는데, 이를 세뇨관(*proximal convoluted tubule*)이라고 한다. 그 후 그 세뇨관은 U-자형 네프론 고리[*nephron loop* (*loop of Henle*,[3] hen-lē)]로서 수질 쪽으로 내려가고 사구체 주머니와 접촉하는 원위세뇨관(*distal convoluted tubule*)으로 돌아온다. 원위세뇨관은 수집관(*collecting duct*)이라 불리는 또 다른 관을 통해서 소변을 배출한다. 한 개의 신장에 있는 총 세뇨관의 길이는 약 145 km (90마일)이다!

[1]라틴어로 "신장"을 뜻하는 *ren*으로부터 유래.
[2]그리스어로 "신장"을 뜻하는 *nephros*로부터 유래.
[3]독일의 해부학자 Friedrich Henle의 이름.

혈액은 수입세동맥(*afferent arterioles*)을 통해 사구체로 흘러와서 수출세동맥(*efferent arterioles*)을 통해 밖으로 나간다. 다른 세동맥들은 원위세뇨관과 헨레고리(loop of Henle) 주변에 꼬여있다. 네프론은 모세혈관을 통해 흐르는 혈액을 정화하고 소변을 만드는데, 소변은 수천의 수집관으로 흘러가며 신우를 통해 요관으로 흘러나간다.

생식계의 구조

학습 | 성과

17.2 남성과 여성의 생식계 구조를 설명하라.

여성의 생식계는 두 개의 난소(*ovarie*), 두 개의 자궁관 (나팔관) [*uterine tube* (Fallopian tube)], 자궁[*uterus* (womb)], 점막으로 된 질(*vagina*) [산도(birth canal)], 음핵(*clitoris*)과 2쌍의 음순(*labia*)을 포함하는 외부 성기("입술"을 의미하는 라틴어)와 질구 등으로 구성되어 있다 **(그림 17.1c)**. 난소는 출산 전에 반수체 난자 (알)를 생산하고 일반적으로 사춘기부터 한 달에 하나의 난자 (알)를 방출하기 시작한다. 자궁관 내의 섬모는 자궁 쪽으로 난자를 쓸어내어 자궁은 임신을 기다리며 혈액이 많고 두꺼운 벽으로 발달한다.

수정(*fertilization*)이라는 과정으로 정자 세포와 난자가 융합하며 그 결과 접합자(*zygote*)는 배아(*embryo*)로 발달하여 자궁벽에 이식되어 그 자체가 태반(*placenta*)을 형성하고 태아(*fetus*)로 발달한다. 태반은 태아의 혈관이 어머니의 혈관에 근접하여 태아가 영양분과 산소를 흡수하고 노폐물을 제거하며, 두 혈류는 혼합되지 않는다. 충분히 발달한 태아는 자궁경관(*cervix*) (자궁의 목)을 통하여 산도 (질)로 출산된다.

난자가 미수정 상태로 있게 되면 자궁의 내벽은 퇴화하고 월주기로 월경(*menstruation*)을 하는 기간 중에 질을 통하여 방출된다. 난소 호르몬은 주기적으로 배란, 자궁내벽의 발달 및 탈피를 조절한다.

미생물은 질의 촉촉한 점막을 통해, 특히 성교 중에 여성의 생식기를 침입할 수 있다; 그러나 정상 미생물총은 질을 pH 4.5 정도로 유지하여 병원균의 생장을 억제한다.

남성의 생식기는 음낭(*scrotum*)이라는 외부 파우치 안에 위치한 두 개의 고환(*testis*), 일련의 관(*duct*) 체계, 보조선(*accessory gland*), 음경(*penis*) 등으로 구성되어 있다 **(그림 17.1d)**. 사춘기 초기에 각 고환에서는 수백만의 정자 세포를 생성하며 이 정자 세포는 성숙되어, 각 고환 위의 뒷부분에 위치하는 약 7 m 길이의 코일형의 관인 부고환(*epididymis*)에 저장된다. 정자는 정관(*ductus deferens*)을 통해 부고환을 통과하며, 정관은 남성 부속생식선의 하나인 전립선(*prostate gland*) 내부의 방광에서 출구 근처의 요도에서 합쳐진다. 전립선과 다른 부속생식선은 체액을 정자에 추가하여 음경으로부터 나오는 정액(*semen*)을 생성한다. 피부의 덮개인 포피(*foreskin*)는 음경의 끝을 덮는다. 포경수술은 이 피부를 제거하는

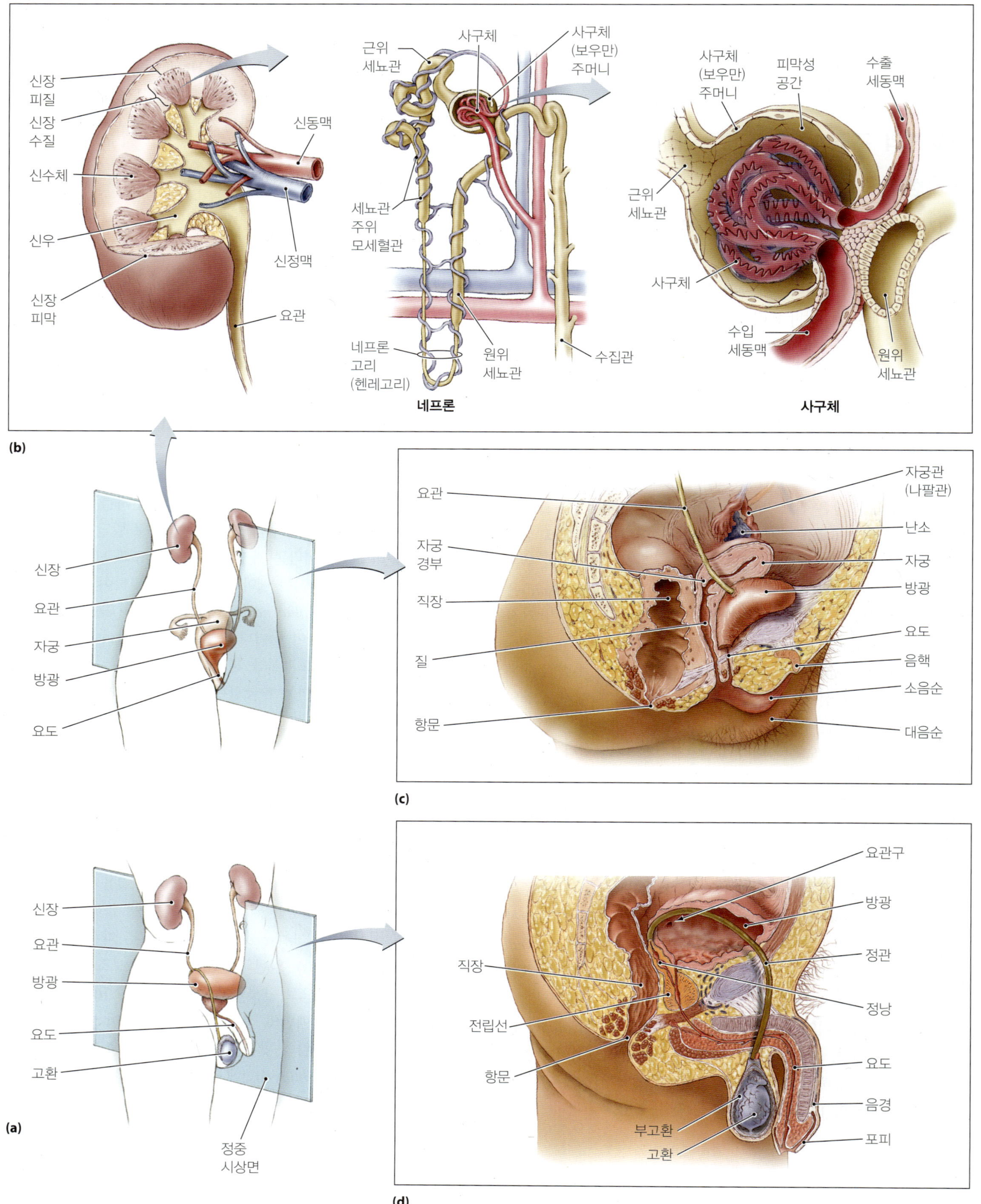

신장 피질
신장 수질
신수체
신우
신장 피막
신동맥
신정맥
요관
근위 세뇨관
사구체
사구체 (보우만) 주머니
세뇨관 주위 모세혈관
네프론 고리 (헨레고리)
원위 세뇨관
수집관
네프론
사구체 (보우만) 주머니
피막성 공간
수출 세동맥
근위 세뇨관
사구체
수입 세동맥
원위 세뇨관
사구체
(b)
신장
요관
자궁
방광
요도
요관
자궁 경부
직장
질
항문
자궁관 (나팔관)
난소
자궁
방광
요도
음핵
소음순
대음순
(c)
신장
요관
방광
요도
고환
(a)
정중 시상면
요관구
방광
정관
직장
정낭
전립선
항문
요도
음경
부고환
고환
포피
(d)

것이다. 비뇨기 미생물 또는 성병 미생물은 포피를 포함하여 요도나 음경의 피부를 침입할 수 있다.

비뇨생식계의 정상 미생물총

학습 | 성과

17.3 비뇨생식계의 정상 미생물총을 설명하라.

요도에서는 일반적으로 몇몇 미생물, 즉 주로 비독성 세균인 *Lactobacillus* (lak-tō-bă-sil´ŭs), *Staphylococcus* (staf´i-lō-kok´us), *Streptococcus* (strep-tō-kok´ŭs) 등 생장한다. 때로는 *Mycobacterium* (mī´kō-bak-tēr´ē-ŭm), *Bacteroides* (bac-ter-oy´dēz), *Fusobacterium* (fū-sō-bak-tēr´e-ŭm), *Peptostreptococcus* (pep´tō-strep-tō-kok´ŭs) 등이 요도의 끝부분에 집락을 형성한다.

남성과 여성 모두에서 나머지 비뇨기 부분과 거기에 들어있는 소변은 정상적으로 산성 pH 및 배뇨작용으로 무균상태 (미생물 오염원의 부재)를 유지한다. 요도의 미생물총은 배뇨 시 소변을 오염시킨다. 이러한 이유로, 일반적으로 배출된 소변에는 일부 세균을 포함하지만, 반면에 카테터를 통해 방광에서 직접 수집 한 소변은 일반적으로 무균이다.

질은 호르몬, 특히 에스트로겐 호르몬의 양에 따라 다양한 미생물의 서식지가 된다. 사춘기에서처럼 에스트로겐의 양이 상승하면 질 내의 세포는 젖산균에 의해 젖산으로 전환되는 다당류인 글리코겐(*glycogen*)을 생산한다. 산성도는 많은 기회 병원체의 생장을 억제한다. 따라서 에스트로겐 순환이 거의 없는 사춘기 소녀는 질 감염에 더욱 취약하다. 마찬가지로 에스트로겐의 양이 생리 기간 동안 떨어졌다가 상승할 때 일부 여성은 감염시기와 건강한 시기 사이를 순환한다.

남성과 여성 모두에서 요도를 감염하는 미생물은 방광 내, 요관로 이동하지 못하여 신장을 감염시킬 수 없다. 기회성 미생물과 성병 미생물은 생식계를 감염한다. 다음 절에서는 비뇨계의 세균 질환을 시작으로 비뇨생식계의 질병에 대하여 살펴본다.

왜 그런가

신생아가 3세 유아 보다 질염에 덜 감염되는 이유는 무엇인가?

비뇨계의 세균성 질환

미국에서는 매년 수백만의 소녀와 여성들이 세균성 **요로 감염(urinary tract infections, UTIs)**에 걸린다. 여기에는 매년 요로 감염과 연관된 건강관리를 필요로 하는 약 600,000명의 환자가 포함되어있다. 요로 감염은 남성과 소년들에게는 드물다. 전신질환은 비뇨계에 영향을 줄 수도 있다.

세균성 요로 감염

학습 | 성과

17.4 요로 감염과 질병을 일으킬 수 있는 4가지 세균을 열거하라.
17.5 요도염, 방광염, 신우신염의 특징을 설명하라.
17.6 여성에서 요로 감염에 걸릴 수 있는 기회를 줄일 수 있는 5가지 방법을 설명하라.

미국에서 매년 약 700만 명이 요로 감염으로 진단되며 주로 여성이다. 세균은 요도, 방광, 신장을 포함한 일부 비뇨기, 또는 모두에서 각각 요도염(*urethritis*), 방광염(*cystitis*[4]), 신우신염(*pyelonephritis*[5])이라는 염증과 통증을 유발할 수 있다. 비뇨기의 세균들은 남성의 성적 부속기관인 전립선을 감염시켜 전립선염(*prostatitis*)을 일으킬 수 있다. **질병심층연구: 세균성 요로 감염** (536–537쪽)에서 이들 감염을 좀 더 구체적으로 살펴본다.

렙토스피라증

학습 | 성과

17.7 인수공통전염병을 정의하라.
17.8 렙토스피라증의 원인, 증상, 발병, 역학, 진단, 치료, 예방 등에 대하여 설명하라.

모든 비뇨계 감염은 분변 오염에서 유래하는 것이 아니다. **렙토스피라증(leptospirosis)** (lep´tō-spī-rō´sis)은 **인수공통전염병(zoonosis)** (zōō-nōsis)으로 주로 동물에서 볼 수 있으며 사람에게로 전파되는 질병이다. 원인균은 피부 또는 점막을 통해 몸으로 침입하여 혈액을 통해서 비뇨계로 확산된다.

징후 및 증상

갑작스러운 발열, 근육통, 근육강성, 두통 등이 렙토스피라증의 특징이다. 환자의 절반은 구역, 구토, 설사로 진행되며; 1/3은 마른기침을 한다. 렙토스피라증은 드물게 치명적이지만, 신장 및 간의 손상, 뇌막염 또는 호흡곤란으로 사망할 수 있다.

◀ **그림 17.1 비뇨생식계. (a)** 비뇨생식계의 구조 **(b)** 신장의 해부도. 각각의 신장은 약 125만개의 네프론 (여과 단위)을 포함하는데 네프론은 혈관, 사구체와 세뇨관으로 구성되어 있다. **(c)** 여성 생식기 및 요로의 단면. **(d)** 남성 생식기관의 단면.

[4]그리스어로 "방광"을 뜻하는 *kystis*로부터, "염증"을 뜻하는 *itis*로부터 유래.
[5]그리스어로 "통"을 뜻하는 *pyel*로부터 유래 (신우 참조).

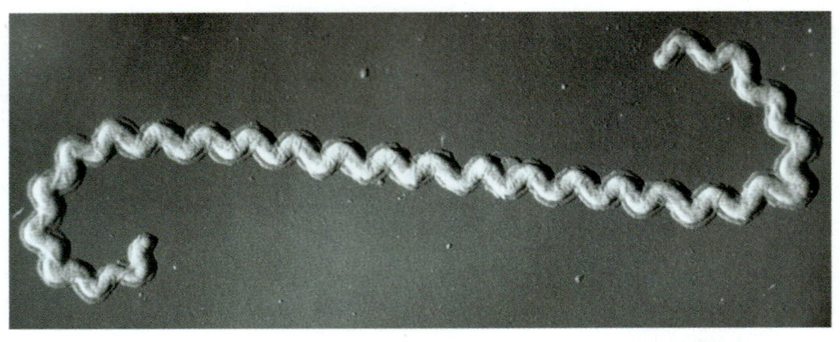

▲ **그림 17.2** ***Leptospira interrogans.*** 이 스피로헤타는 렙토스피라증을 일으키고 물음표처럼 고리모양으로 보인다.

병원체

그람-음성 스피로헤타의 200가지 이상의 균주는 렙토스피라증을 일으킨다. 분류학자들은 현재 모든 균주가 *Leptospira interrogans* (lep´tō-spī´ră in-ter´ră-ganz)이라는 단일 종에 속한다고 가정하고 있다. 특정 종소명인 *interrogans*는 스피로헤타의 말단이 물음표를 연상하게 하는 고리 형태로 되었다는 사실을 의미한다 **(그림 17.2)**. 이 가느다란 (0.1 μm 직경) 호기성의 병원균은 두개의 축사를 가지고 있어 운동성이 크며 각 축사는 하나의 말단에 고정된다. 의사와 연구자들은 소의 혈청알부민이나 토끼혈청이 첨가된 특수 배지에서 *Leptospira*를 배양한다.

*Leptospira*의 병원성 균주들은 사람 세포에 부착하는 부착소를 만들고, 운동성이며, 헤모글로빈에 대한 화학주성을 가지고 있어, 항체-보체 활성을 회피할 수 있다. 이들 독성인자의 정확한 본질과 활성에 대한 더 많은 연구가 필요하다.

*L. interrogans*는 일반적으로 많은 야생 및 애완동물, 특히 쥐, 너구리, 여우, 개, 말, 소, 돼지 등에 존재하며, 신장관에서 무증상적으로 생장한다. 스피로헤타는 시냇가, 강, 호수에서도 살 수 있다.

발병

사람에서 렙토스피라증은 감염된 동물의 소변, 동물의 소변에 오염된 하천이나 호수 또는 습한 토양, 생물이 6주 이상 생존할 수 있는 모든 환경에서 스피로헤타 세균과 직접 접촉하여 2-26일 경과 후에 발생한다. 개인 간의 전파는 관찰되지 않았다.

*Leptospira*는 가늘고 운동성이 크며, 온전한 점막이나 눈에 보이지 않는 상처나 피부 상처를 통해 침입할 수 있다. 이들 조직을 통해 코르크 스크류의 방법으로 침입하여 혈류를 통해 중추신경계, 모세혈관 내 세포를 손상시키고, 발열 및 다른 징후와 증상을 일으킨다. 결국 균혈증은 사라지고 스피로헤타는 신장에서만 살게 된다. 질병이 진행됨에 따라 스피로헤타는 소변으로 배출된다.

역학

렙토스피라증은 전 세계에 걸쳐 발생한다. 농부, 목장주, 수의사, 정육점, 휴양중인 사람들 등은 렙토스피라에 잠재적으로 오염된 물을 먹을 수 있어 매우 위험하다. 미국에서 이 질병이 드물기 때문에 국가전체 정보제공은 중단되었다; 이 질병이 전국적으로 보고된 것은 지난 1993년과 1994년으로 총 89건만이 발생하였다.

진단, 치료 및 예방

*Leptospira*는 그람염색이 잘 되지 않는다. 따라서 혈액이나 소변 시료에서 스피로헤타의 존재를 나타내는 특정 항체 검사가 좋은 진단 방법이다. 정맥주사용 페니실린 G로 심각한 감염을 치료할 수 있다. 경구용 독시사이클린(doxycycline), 앰피실린(ampicillin), 또는 아목사실린(amoxicillin)은 심각하지 않은 환자를 위한 선택 약물이다. *Leptospira*의 전파를 제한하는 가장 효과적인 방법은 동물 소변에 오염된 물에서 수영을 하거나 음용을 자제하는 것이다. 설치류의 제어도 중요하지만, 많은 동물 보균체가 스피로헤타를 갖기 때문에 박멸은 불가능하다. 가축과 애완동물에 대하여 효과적인 백신을 사용할 수 있다.

질병개요파악 17.1에는 렙토스피라증의 특징이 요약되어있다.

연쇄상구균 급성 사구체 신염

학습 | 성과

17.9 연쇄상구균 급성 사구체 신염의 원인과 증상을 설명하라.

알 수 없는 이유로 몇 가지 A군 *Streptococcus* 균주들과 결합한 순환 항체는 우리 몸에서 제거되지 않는다 (339쪽 참조). 대신에 항체-항원 복합체가 신장의 사구체에 축적되어, **사구체신염(glomerulonephritis)** (glō-mār´yū-lō-nef-rī´tis)]이라는 사구체와 네프론의 염증을 일으킨다. 이 질병은 신장을 통한 혈액의 흐름을 방해하고 고혈압에 이르게 하며 적은 소변 배출을 야기한다. 환자의 소변에는 종종 혈액과 단백질이 포함된다. 젊은 환자는 일반적으로 사구체 신염으로 부터 완전히 회복되지만 성인은 진행성의 회복 불가능한 신장 손상이 일어날 수 있다.

지금까지 비뇨계의 세균성 질환에 대하여 알아보았다. 다음 절에서는 종종 성적으로 전염되지 않는 생식계의 질병, 즉 비성병성(nonvenereal[6]) 질병을 알아보고자 한다.

왜 그런가

요도 카테터의 삽입은 방광염을 일으킬 가능성을 증가시키는가?

[6] Venereal은 성적인 사랑의 로마 여신인 Venus에서 유래.

질병개요파악 17.1

렙토스피라증

1 소변에 오염된 물의 *Leptospira*는 점막이나 피부의 마모를 통해 신체로 침입한다.

2 스피로헤타는 혈액을 감염시킨다 (균혈증).

3 *Leptospira*는 간, 중추신경계, 신장, 기타 기관을 감염시킨다.

4 대부분의 환자에서 감염은 신장에서 국소화되고 이는 심각하거나 치명적으로 손상될 수 있다.

5 환자는 소변으로 *Leptospira*를 흘려보낸다.

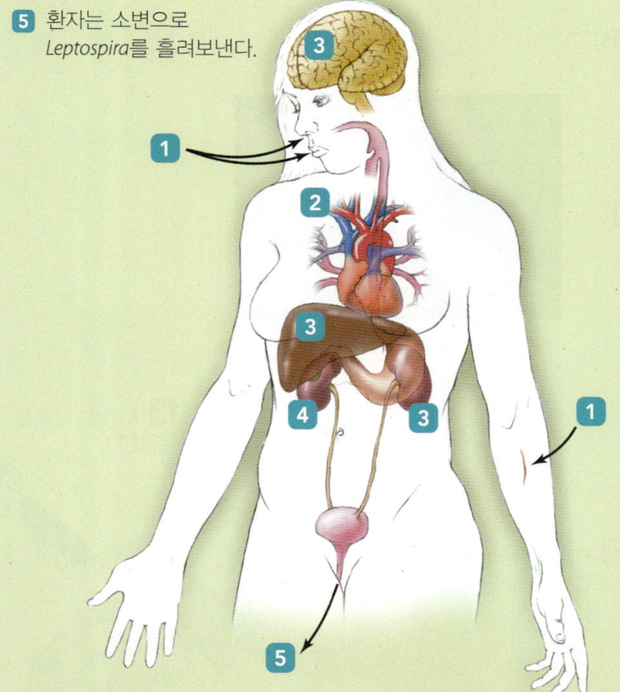

원인 *Leptospira interrogans* (호기성 스피로헤타).

독성인자 부착소, 운동성, 헤모글로빈에 대한 화학 주성, 항체 및 보체의 활성을 회피할 수 있는 능력.

침입구 감염 동물 또는 소변이나 오염된 물 또는 토양과의 접촉.

징후 및 증상 근육통, 두통, 복통, 메스꺼움, 구토, 발열.

잠복기 2일–4주.

감수성 모든 사람에서 성별이나 나이의 상관없이 민감하다.

치료 경구용 독시사이클린, 클로람페니콜, 에리스로마이신, 또는 더 심한 경우에는 정맥주사용 앰피실린.

예방 설치류의 제어, 동물의 소변에 오염된 물을 피하라. 백신은 애완동물과 가축에 사용할 수 있다.

생식계의 비성병성 질병

이전 절에서는 남성과 여성의 비뇨계의 비성병성 질병에 대하여 살펴보았다. 여기에서는 여성에서 3가지 세균성 비성병성 질병과 1가지 진균성 비성병성 질병에 대하여 살펴본다.

황색포도상구균 독성 쇼크 증후군

학습 | 성과

17.10 황색포도상구균 독성 쇼크 증후군의 특징을 설명하라.

의사들은 1920년대 후반에 **독성 쇼크 증후군(toxic shock syndrome, TSS)**을 최초로 기술하였으나, 1980년대 이 질병은 미국에서 고-흡수성 탐폰을 사용한 생리 중인 여성에게 유행병이 되었다. 일단 역학자들은 *Staphylococcus aureus*의 어떤 균주들이 이 증후군을 일으킨다는 것을 알게 되었으며, 이것은 황색포도상구균 독성 쇼크 증후군(*staphylococcal toxic shock syndrome*)으로도 알려지게 되었다.

징후 및 증상

갑작스런 발열, 오한, 극도의 저혈압, 구토, 설사, 정신 착란, 심한 홍반 (538쪽의 질병개요파악 17.2 참조) 등은 황색포도상구균 독성 쇼크 증후군의 특징이다. 혈압이 너무 낮아서 뇌, 심장 및 다른 중요한 장기들에 산소의 공급이 불충분한 경우, 즉, 쇼크(*shock*)로 알려진 증상이 일어난 경우에 치료하지 않은 독성 쇼크 증후군은 환자의 50%에서 치명적이다.

병원체 및 독성인자

*Staphylococcus*는 일반적으로 피부와 점막 미생물총의 일부이다. 황색포도상구균 독성 쇼크 증후군을 일으키는 *S. aureus* 균주들은 독성 쇼크 증후군 독소(*toxic shock syndrome toxin*, TSST)라고 불리는 세포에서 분비되는 수용성 독소인 외독소(*exotoxin*)를 생산한다. 이 외독소는 항원제시세포 표면의 주조직적합복합체 II (major histocompatibility complex II)와 T세포 표면위의 T세포 수용체에 동시에 결합한다. 그러나 이것은 이들 면역계 분자의 정상 항원-결합 부위 이외의 다른 부위에 결합한다. 독소 분자가 이러한 방식으로 두 개의 방어 세포와 결합할 때 T 세포를 활성화시킨다. 많은 그와 같은 독소분자의 작용 결과로서 세포 면역반응보다 더 많은 T 세포가 활성화된다. 이렇게 활성화된 T 세포들은 다량의 사이토카인을 분비하여 독성 쇼크 증후군의 증상을 유발한다.

TSST-1은 황색포도상구균 독성 쇼크 증후군의 사례의 75%를 일으킨다. 장독소(*enterotoxin*) (섭취 시 유발하는 위장 통증을 일으키는 외독소)이기도 한 다른 독성 쇼크 증후군 독소들은 사례의 25%를 일으킨다.

발병 및 역학

독성 쇼크 증후군 독소를 생산하는 *Staphylococcus*의 균주들이 질이나 상처에서 생장하는 경우에 독소는 혈액으로 흡수되어 독성 쇼크 증후군을 일으킨다. 1980년의 생리 중인 여성들의 유행병 조사

세균성 요로 감염

*Escherichia coli*와 기타 세균

징후 및 증상

경미한 요도염, 방광염, 또는 전립선염 환자는 약간의 열 또는 무증상을 나타내지만, 이러한 질병의 대부분은 종종 긴급하고 고통스러운 배뇨, 즉 배뇨 장애 상태가 포함된다. 소변은 탁하고 피가 섞여 있으며 강한 악취가 날 수도 있다. 세균이 비뇨기에서 혈액 (균혈증)으로 확산될 때 발생하는 정신혼란은 노인에게서 일반적으로 볼 수 있다.

수백만의 미국인들 주로 여자들은, 매년 세균성 요로 감염(UTIs)으로 고통을 겪는다. 이것은 매년 의료 관련 세균성 요로 감염에 걸린 약 60만 명의 환자가 포함된다. 요로 감염은 소년과 남성에서는 드물다. 세균은 요도, 방광, 또는 신장 등의 비뇨기의 일부 또는 전체에 요도염, 방광염, 신우신염의 염증과 통증을 유발할 수 있다.

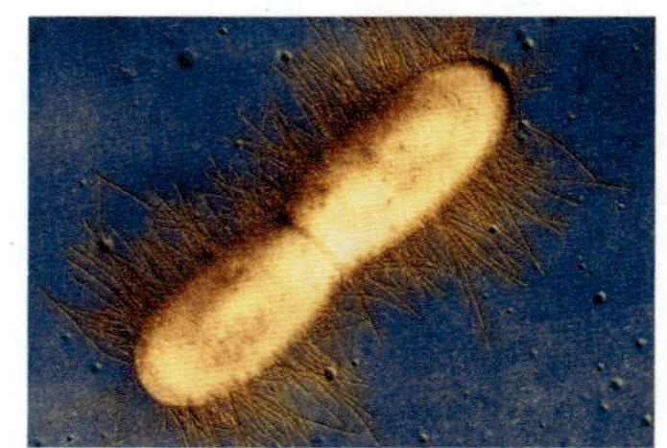

이분법 초기 단계에 있는 *E. coli*

발병

요도 (요도염)에서

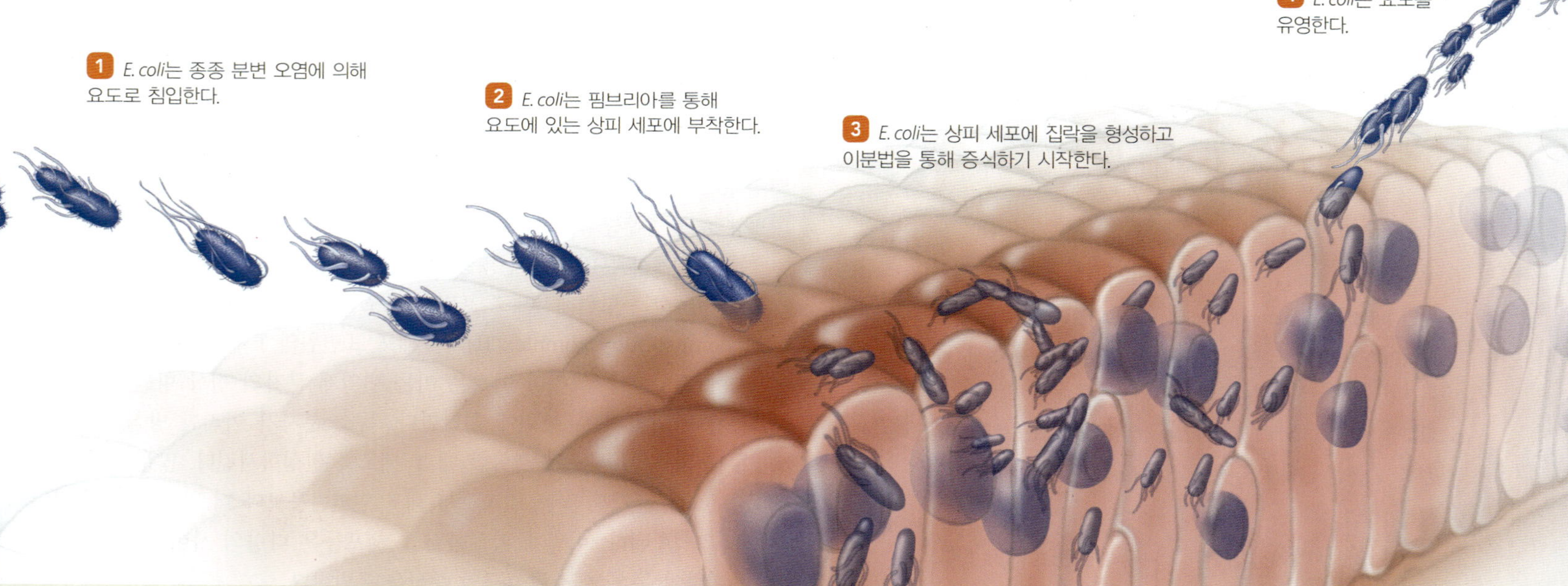

연구하라!

UTIs가 의료관련감염에서 가장 흔한 이유는?

UTIs를 탐구하기 위해서 세계보건기구의 방문을 원한다면 이 크드를 스캔하라.

역학

UTIs는 여성이 남성에 비해 요도가 더 짧고 항문에 더 가깝기 때문에 여성이 남성보다 더 일반적이다. 당뇨병 환자, 요양원 환자, 전립선 비대증 등의 이유로 인하여 방광을 비우기 어려운 문제를 갖고 있는 노인, 요도 카테터를 삽입한 환자, 피임용 페서리를 사용하는 여성 환자, 충분한 음료수를 마시지 않는 사람은 UTIs의 위험에 노출될 수 있다.

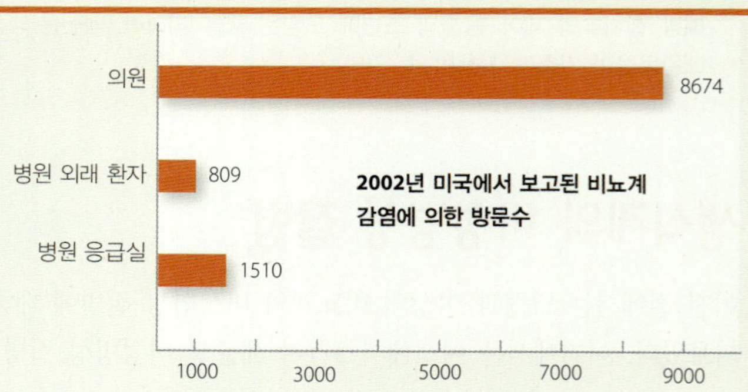

병원체

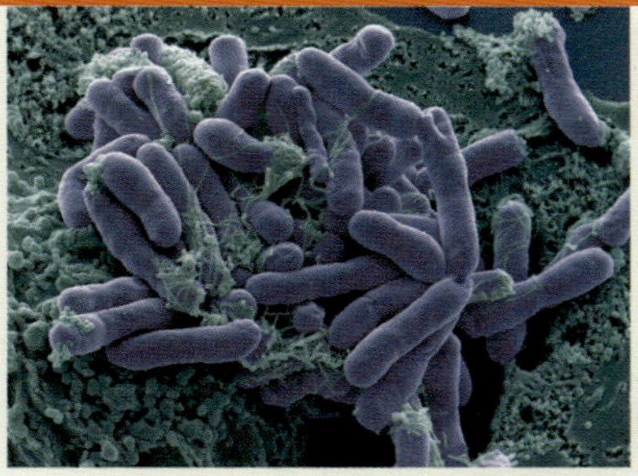

장내 세균은 그람-음성이며 장내 미생물총의 일부 세균으로 요로 감염에서 가장 흔한 원인체이다. *Escherichia coli*의 경우, 사례의 약 70%를 일으키고 *Klebsiella*나 *Proteus*와 같은 장관에서 기타 세균은 전체 UTIs의 약 10%를 일으킨다. *Pseudomonas*와 *Staphylococcus* 같은 비장관 세균은 종종 UTIs의 원인이 된다.

SEM 3 μm

독성인자

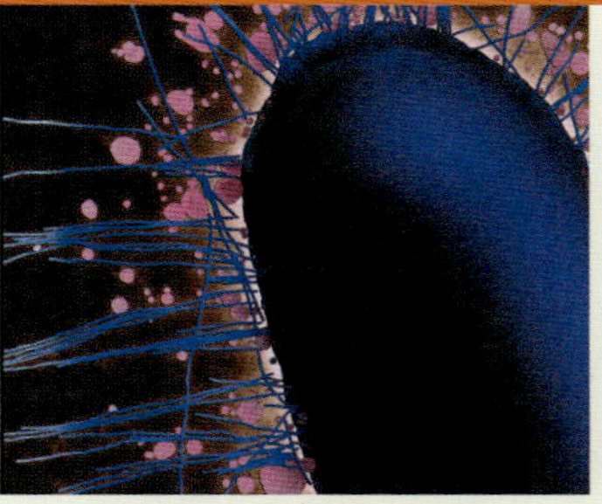

TEM 1 μm

E. coli, *Proteus*, *Pseudomonas*는 요로를 따라 이동할 수 있는 편모를 가진다. 방광을 감염시키는 *E. coli* 균주는 방광 내 상피 세포에 특이적으로 결합하는 부착 핌브리아가 있다. *E. coli* 균주는 핌브리아를 사용하여 알려지지 않은 기작에 의해 방광 세포 내로 이동하여 방광 세포의 세포질 내에서 생물막과 같은 응집물을 형성하여 신체의 방어를 회피한다.

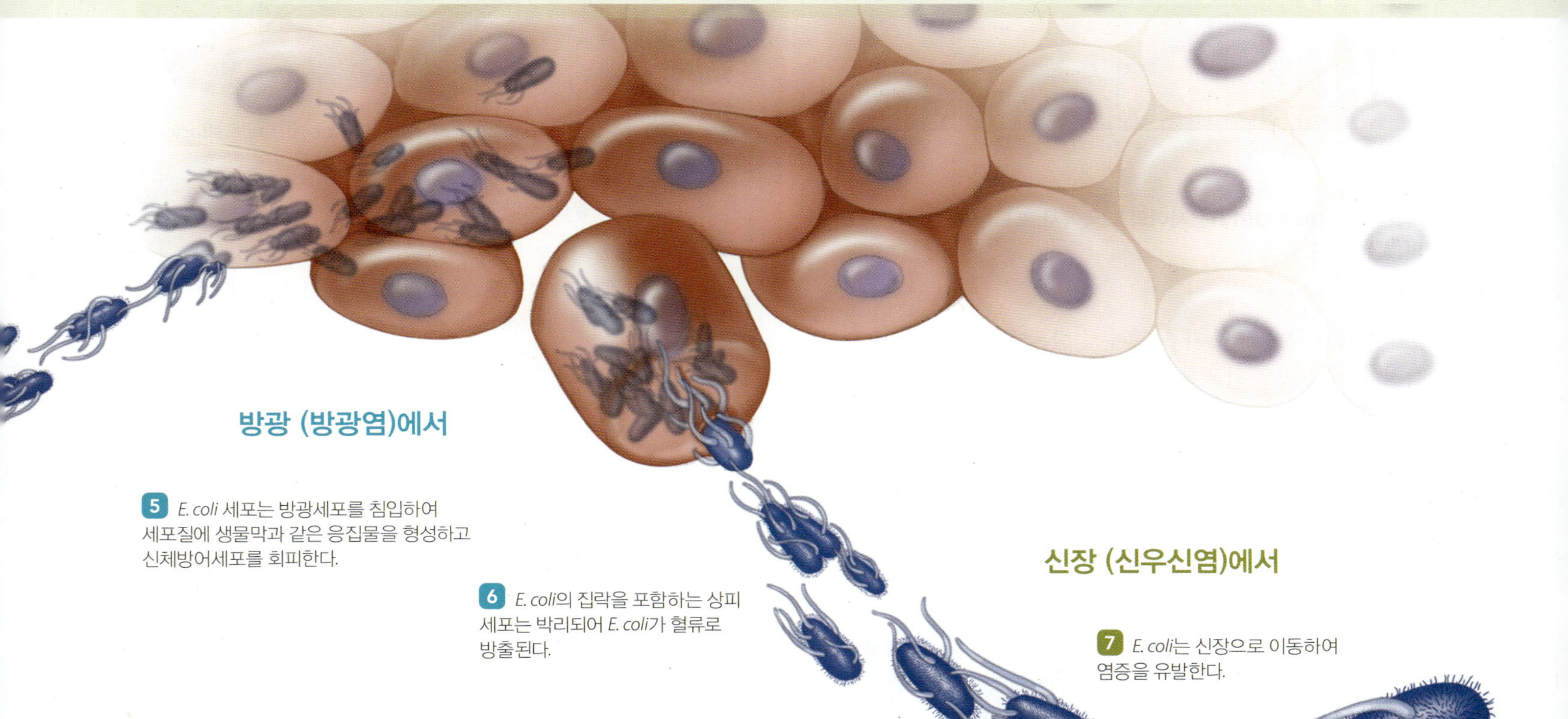

방광 (방광염)에서

5 *E. coli* 세포는 방광세포를 침입하여 세포질에 생물막과 같은 응집물을 형성하고 신체방어세포를 회피한다.

6 *E. coli*의 집락을 포함하는 상피세포는 박리되어 *E. coli*가 혈류로 방출된다.

신장 (신우신염)에서

7 *E. coli*는 신장으로 이동하여 염증을 유발한다.

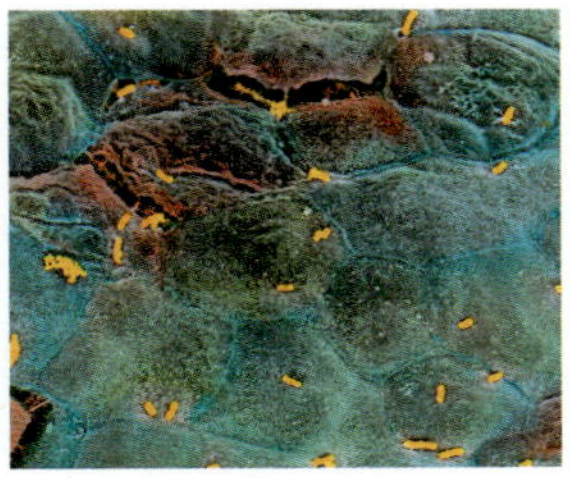

E. coli 의 방광세포 감염 SEM 10 μm

진단

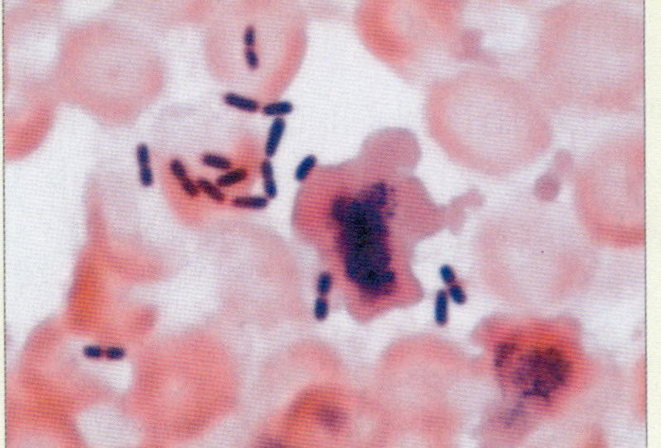

LM 4 μm

비뇨계 감염의 징후와 증상이 있는 환자는 소변검사를 통하여 백혈구, 적혈구, 일반적인 원인균인 *E. coli*가 존재하는 것을 보여준다.

치료 및 예방

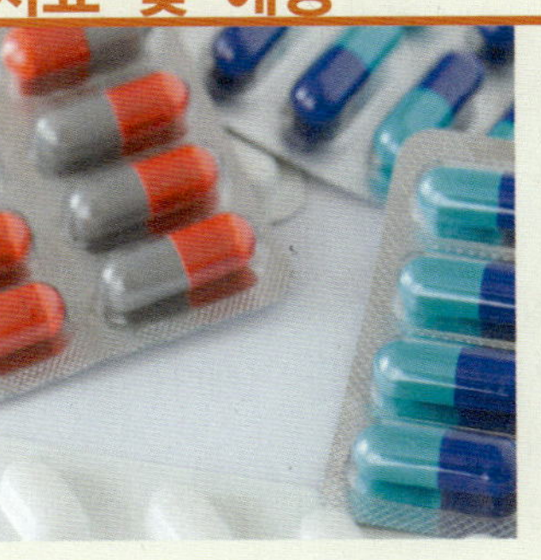

세팔로스포린(cephalosporin), 설폰아마이드(sulfonamide), 반합성 페니실린 등과 같은 항균 약물 치료없이 스스로 해결할 수 있는 경미한 요로 감염은 신장과 혈액 감염의 확산을 방지할 수 있다. 배변 후 항문에서 요도로 세균이 들어가는 것을 방지하기 위해 앞뒤로 잘 닦는 것은 여성이 요로 감염을 예방하기 위해 취할 수 있는 가장 중요한 방법이다.

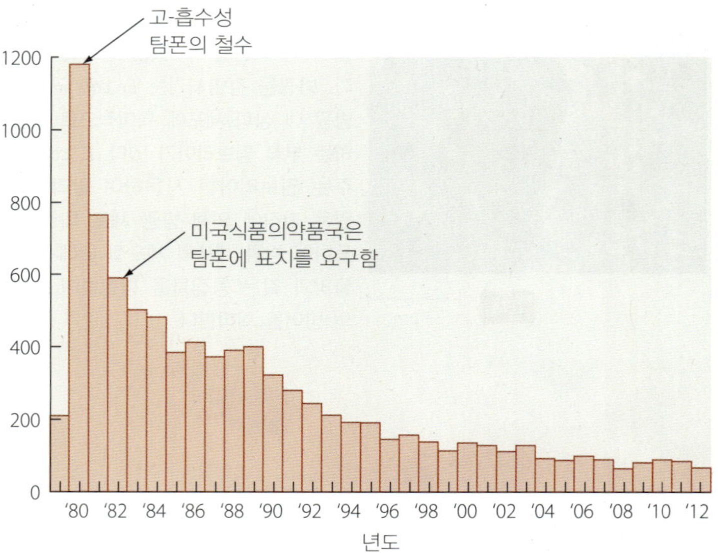

▲ **그림 17.3 1979–2012년 사이의 미국에서 포도상구균 독성 쇼크 증후군의 발생 빈도.**

에서 연구자들은 *S. aureus*가 고-흡수성 탐폰에서 상당히 잘 생장하고, 특히 혈액에 젖은 탐폰에서는 장시간 남아서 잘 생장한다는 것을 알게 되었다.

독성 쇼크 증후군은 남성과 여성에서 발생하지만, 대부분의 경우는 생리 중인 여성에서 확인되었다. 미국식품의약품국(FDA)은 1980년에 시장에서 특정 유형의 고-흡수성 탐폰을 철수시키고, 1982년에 모든 탐폰의 흡수력의 축소를 지시하였으며 1982년 초부터 탐폰의 모든 상자에 독성 쇼크 증후군의 위험에 관한 교육 정보의 표지 부착을 명령하였다. 정부의 이러한 지시로 미국에서 독성 쇼크 증후군 사례 건수는 1980년의 약 1,200건에서 2012년의 61건으로 감소되었다 **(그림 17.3)**. 위험에 처한 개인들에는 탐폰, 질 스폰지, 또는 피임용 페서리(diaphragm)를 사용하는 여성, 새로운 출산모, 특히 출혈을 줄이기 위해 패킹을 한 비강수술 후의 환자, *S. aureus*의 감염자들이 포함된다.

진단, 치료 및 예방

의사들은 일반적으로 특히 생리중인 여성에서 징후와 증상에 따라 독성 쇼크 증후군을 진단한다. 어떤 경우에는 혈액 샘플의 배양에서 *S. aureus*의 집락이 생장한다.

독성 쇼크 증후군은 의료 응급상태로서, 특히 월경 중 또는 수술 후 갑작스런 발열 또는 발진을 느끼는 환자는 즉시 치료를 받아야 한다. 치료는 외래 물질 (탐폰, 스폰지, 페서리, 비강 패킹)의 제거와 감염 상처의 제거를 포함한다. 유지요법은 신장이 영향을 받을 때 혈압 강하와 투석을 지원하기 위한 정맥 내 체액을 포함한다. 의사들은 나프실린(nafcillin), 옥사실린, 세팔로스포린, 또는 반코마이신을 투여하여 세균의 수를 감소시키고 독소를 저해하는 항-독성 쇼크 증후군 독소 면역글로불린을 처방한다.

여성은 탐폰, 질 스폰지 및 피임용 페서리의 사용을 피함으로써 독성 쇼크 증후군의 위험을 줄일 수 있다. 흡수성이 덜한 탐폰을 사용하거나 탐폰을 자주 교환하는 것도 유익하다.

질병개요파악 17.2에는 황색포도상구균 독성 쇼크 증후군의 특징이 요약되어있다.

질병개요파악 17.2

독성 쇼크 증후군

원인 *Staphylococcus aureus*의 외독소 생성균주 (그람-양성 구균).

독성인자 외독소, 장독소.

침입구 *Staphylococcus*는 질에서 생장하거나 상처를 통해 신체에 침입하고 생장하며 혈류에 침입하여 독소를 생산한다.

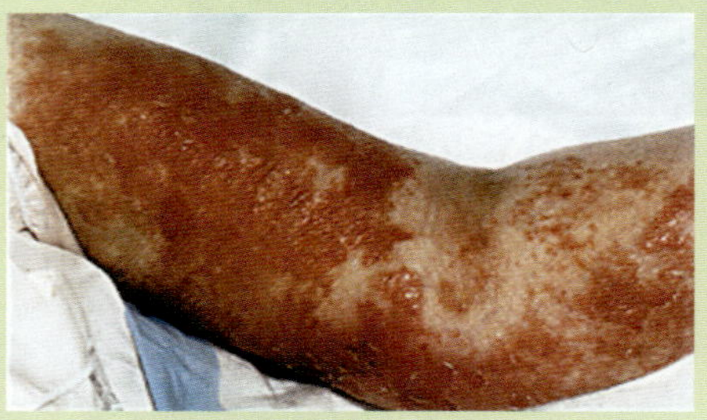

Red rash of staphylococcal toxic shock syndrome

징후 및 증상 갑작스런 고열, 구토, 발진, 극도의 저혈압, 목의 통증.

잠복기 2–3일.

감수성 장기간 고-흡수성 탐폰을 사용하는 생리중인 여성, 새로운 출산모, 수술 환자는 더 높은 위험에 노출된다.

치료 유지요법은 매우 중요하다. 반코마이신과 항-황색포도상구균 면역글로불린의 투여.

예방 이러한 고-흡수성 탐폰, 질 스폰지, 페서리와 같은 질 삽입물을 피하기 또는 간헐적 또는 단기적으로 이것들의 사용을 피하기.

세균성 질증

학습 | 성과

17.11 세균성 질증의 특징을 설명하라.

세균은 따뜻하고 습한 질 내를 감염시켜 세균성 **질증(vaginosis)**을 일으킨다. 이 질병은 염증을 포함하지 않으므로, "질염(vaginitis)"이라기 보다는 "질증(vaginosis)"으로 불린다.

징후 및 증상

"비린내"가 나는 균질의 흰색 질 분비물은 세균성 질증의 특징이다. 질 입구에서 일부 가려움과 자극이 일어날 수 있다. 세균성 질증이 있는 여성들 가운데 최대 50%까지 증상이 없는 것으로 보고되었다.

병원체

세균성 질증은 질의 정상 젖산균이 그람-양성의 *Gardnerella*

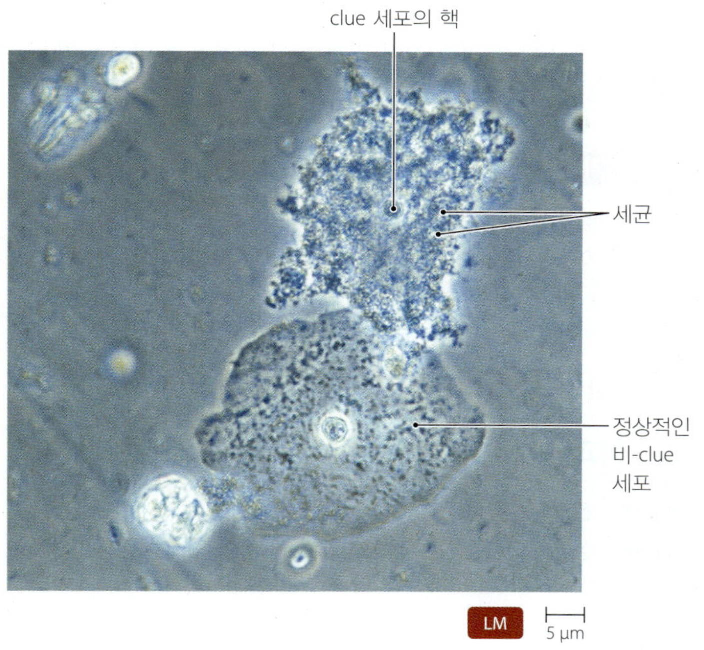

▲ **그림 17.4 Clue 세포.** Clue 세포는 세균으로 덮인 질 상피 세포인데 세균성 질증의 진단을 암시한다. *Clue 세포에서 발견할 수 있는 세균 종의 이름을 열거하라.*

그림 17.4 *Gardnerella vaginalis*는 미생물 clue 세포를 덮고 있는 세균이다.

vaginalis (gărd´ner-el´ă va-ji-nă´lis)와 *Mycoplasma hominis* (mi´kōplaz-mă ho´mi-nis)와 같은 통성 또는 절대 혐기성 세균들로 대체되었을 때 생긴다. 과학자들은 이러한 미생물총 변화의 근본적인 원인을 이해하지 못하고 있다.

발병 및 역학

과학자들은 세균성 질증의 정확한 원인을 모른다. 그러나 질 내에서 젖산균 개체수의 감소는 질의 pH가 정상 수치인 4.5보다 높은데 원인이 있다. 이러한 환경 변화는 세균성 질증과 관련된 세균들의 생장을 촉진하거나 생장을 허용한다. 세균성 질증은 다수의 성 파트너와 관계를 맺거나 질 세척을 하는 것과 관련이 있다.

진단, 치료 및 예방

의사들은 냄새, 분비물의 특성, pH 4.5 이상의 질 내 pH 등을 포함한 징후로 세균성 질증을 진단한다. 질의 상피 세포가 세균으로 완전히 덮인 소위 clue 세포의 존재는 세균성 질증의 진단을 돕는다 (그림 17.4).

미국의 질병통제예방센터(Centers for Disease Control and Prevention, CDC)는 경구용 또는 질용 메트로니다졸(metronidazole)이나 클린다마이신(clindamycin)으로 치료를 권장한다. 연구자들은 젖산균 질 좌약을 사용하거나 살아있는 젖산균의 배양액을 섭취함으로써 정상적인 질 내 미생물총과 pH를 재구축할 수 있는지에 대하여 연구하고 있다.

의사와 연구자들은 세균성 질증의 발달을 완전히 이해하지 못하여 절대적 예방책은 없지만, 성적 금욕과 세척을 자제하는 것이 도움이 된다.

세균은 생식계의 유일한 비성병 병원체가 아니다. 진균, 특히 효모도 생식계를 감염시킬 수 있다. 다음 절에서는 생식계의 가장 일반적인 진균 감염에 대하여 살펴본다.

질 칸디다증

학습 | **성과**

17.12 *Candida albicans*를 설명하라.
17.13 질 칸디다증의 특징을 설명하라.
17.14 항균 약물을 복용하는 여성이 질 칸디다증에 위험한 이유를 설명하라.

칸디다증(candidiasis) (kan-di-dī´ă-sis)은 여러 가지 기회성 효모 감염과 *Candida* (kan´did-ă) 속의 다양한 종에 의한 질환을 말한다. 칸디다증은 점막과 관련될 수 있으며, 여기에서는 질 칸디다증에 대하여 살펴본다.

징후 및 증상

질 칸디다증은 질 점막과 질 음순을 덮고 있는 피부에서 생장하는 흰색의 점액성 집락으로 나타난다. 효모는 심한 질 가려움과 작열감을 일으켜 배뇨가 심화된다. 성교는 매우 고통스러울 수 있다. 질 분비물은 종종 응유와 같으며 적게 나타난다.

병원체 및 독성인자

*Candida albicans*는 칸디다증을 유발하는 가장 흔한 종으로 기회성 자낭균류 효모이다. 그들은 사상성 진균류의 진정한 균사와 유사하게 나타나기 때문에 **가성균사(pseudohyphae)**라는 세포 형태로 길게 신장되어 있다 (540쪽의 질병개요파악 17.3 참조). *Candida* 종은 피부와 점막의 미생물총의 일반적인 구성 미생물이다. 예를 들어, 건강한 사람들의 40−80%에서 소화기와 생식기에 효모가 서식한다.

발병 및 역학

*C. albicans*는 일반적으로 젖산균 및 기타 세균과 경쟁하며 질에 서식한다. 질의 pH가 평소보다 더 알칼리성이 되거나 일반 세균 집단이 항생제에 의해 감소하는 경우에 *Candida*는 빠르게 증식하여 염증과 칸디다증의 다른 증상을 유발할 수 있다. 단지 면역약화자에서, 특히 AIDS 환자에서는 *Candida*는 전신성이 될 수 있다.

CDC에 따르면 여성의 75%가 적어도 한 번 칸디다증을 경험하게 된다. 거의 50%는 두 번 이상 칸디다증에 걸리게 될 것이다. *Candida*는 개인 간에 전염될 수 있는 몇 가지 진균들 가운데 한 가지이다. 예를 들어, 여성 생식기의 정상 서식지에서 출산 시 아기에

질병개요파악 17.3

칸디다증

원인 *Candida* 종, 특히 *C. albicans* (기회성 진균).

독성인자 일반적으로 항균제에 내성이 있는 질에서 미생물총의 구성미생물 .

침입구 점막, 구강, 소화기, 입 등의 정상 미생물총의 부분. 점막, 구강, 소화기, 입 등의 정상 미생물총의 부분.

징후 및 증상 구강: 입, 혀, 구개 등에 있는 흰색 반점. 피부: 피부 주름에 붉은 발진. 생식기: 흰색 응유와 같은 분비물, 화상, 작열(화끈함), 발적, 성교 시 통증. 침습성: 발열, 오한, 영향을 받는 기관에 따른 추가적인 증상.

잠복기 보통 7-10일.

질 칸디다증의 일반적인 원인체인 *Candida albicans*는 가성균사를 형성하고 그람염색 결과는 보라색이다.

감수성 *Candida*와 경쟁하는 정상 세균을 저해하거나 제거하는 항균약물을 복용하는 여성. 면역약화자, 특히 AIDS 환자.

치료 비침습성 질병에는 클로트리마졸(clotrimazole), 마이코나졸(miconazole), 플루코나졸(fluconazole), 테르코나졸(terconazole)과 같은 항진균제가 있고, 침습성 환자에는 정맥주사용 암포테리신 B(amphotericin B)가 있다.

예방 생식기 부위의 지속적인 습한 상태 피하기. 예를 들어, 장기간 젖은 수영복을 착용금지. AIDS 환자의 예방적 치료에 경구용 플루코나졸을 사용할 수 있다.

게 전염될 수 있고 드물게는 성적 접촉 시 남성에게 전염될 수 있다.

칸디다증의 진행에 있어서 선행요인은 암, 병원에서 외과적 방법 및 항균 치료 (*Candida*와 경쟁하는 정상 세균을 억제하는), 당뇨병, 심한 작열, 정맥 약물 남용, AIDS 등이 있으며, AIDS 환자의 거의 100%는 생식기 또는 소화기에서 칸디다증이 진행될 것이다.

진단, 치료 및 예방

질 분비물의 염색 과정은 출아하는 효모 덩어리와 분지된 가성균사를 나타내는데 증상과 함께 진단하는 방법이다.

의사들은 질 칸디다증을 치료하기 위해 국소용 아졸(azole) 크림 또는 경구용 플루코나졸(fluconazole)을 처방한다. 아졸 크림은 오일을 기본으로 하며, 결과적으로 라텍스 콘돔을 약화시킬 수 있다. 예방은 과도한 항균제 사용을 피하여 정상 질 미생물총을 유지하는 것과 관련이 있다. 질 칸디다증은 드물게 성적 접촉을 통해 획득되기 때문에 성 파트너 치료는 일반적으로 권장되지 않는다.

질병개요파악 17.3은 칸디다증의 다른 특징에 대해 설명한다. **유익한 미생물: 미래의 약사?**에서는 *Candida* 및 다른 병원체에 의한 감염을 방지하기 위해 질에 직접 항균 약물을 전달하는 새로운 방법에 대하여 살펴본다.

왜 그런가

정상 미생물총의 구성원인 *Candida albicans*가 때로는 질병을 일으키는 이유는 무엇인가?

성매개 감염과 성병

학습 | 성과

17.15 전 세계 및 미국에서 성병의 발생률에 대하여 토론하라.
17.16 성병(STDs)과 성병의 진행을 통해서 볼 때, 청소년이 성인에서보다 더 크게 위험한 이유를 설명하라.
17.17 성매개 감염(STIs)의 예방에 대하여 토론하라.
17.18 골반 염증성 질환의 특성을 기술하라.

성행위를 통해서 파트너 간에 미생물이 전달된다. 미생물이 잠재적인 병원체일 때 이러한 전염은 **성매개 감염(sexually transmitted infection, STI)**이라고 한다. 성매개 감염의 결과로 생기는 질병은 **성병(sexually transmitted diseases, STDs)**, 또는 성병(*venereal disease*)으로 알려져 있다. 범세계적 질병으로서 성병은 지난 50년 이상 확산되어왔다. 세계보건기구(WHO)는 매년 3억3천3백만 건의 새로운 환자가 세계적으로 발생하는 것으로 추정하고 있으며 미국에서 성병의 절반을 포함하여 성병의 50-90%가 보고되지 않거나 진단되지 않는다. 일부 역학자들은 성매개 바이러스가 십대 소녀의 1/4을 포함하여 미국인 5명 당 1명이 감염되어 있다고 추정한다. 모든 성병의 절반 정도는 25세 미만의 사람들에게 영향을 미친다.

젊은 사람들은 섹스를 하면서 이런 질병은 나에게 일어나지 않는다는 태도를 가짐으로서 심각한 건강 위험에 노출된다. 또한 성병에 걸림으로서 일어나는 당황스러움은 성에 관한 정상적인 심리적 발달을 저해할 수 있다. 모든 환자에서 성병으로 인한 병변의 발생은 HIV의 전파와 AIDS의 발병에서 알려진 위험 인자이다.

여성 청소년의 자궁 내로 쉽게 세균이 침입할 수 있어서 특히 성병에 위험하다. 성행위를 하는 15세 소녀는 자궁, 자궁관, 또는 난소에 염증과 통증의 일반적인 용어인 **골반 염증성 질환(pelvic inflammatory disease, PID)**이 발병될 확률이 12.5%이며 24세에는 그 확률이 1.25%로 줄어든다. 또한 성병은 젊은 여성에서 무증상일 가능성이 더 높기 때문에, 이들 환자는 치료를 않으면 아기의 출생 결함, 자궁 외 임신(*ectopic*[7] *pregnancy*) (자궁 외 태아의 이식), 유산, 불임, 또는 자궁경부암의 발병 등을 포함한 끔찍한 장기적으로 일어나는 결과로 고통을 받게 된다. **질병개요파악 17.4**에서는 골반

[7] "외부"를 뜻하는 그리스어 *ektos*로부터, 그리고 "장소"를 뜻하는 *topos*에서 유래.

유익한 미생물

미래의 약사?

당신의 미생물총, 당신의 신체 외, 그리고 신체 내에 살고 있는 수 조 개의 미생물들은 당신의 건강을 유지하는데 중요한 역할을 한다. 이들 미생물이 생장하면서, 다른 병원균으로 가는 영양소를 이용하고, 비타민을 분비하고 소화를 도와주고 자신의 환경의 pH를 변화시켜 우리에게 유익을 제공한다. 이제 과학자들은 일반 미생물총 또는 우리에게 무해하면서 병원균을 억제하는 화학 물질을 암호화하는 유전자를 제공함으로써 미생물총의 보호 역할을 강화시키려고 한다.

한 실험에서 연구진은 미생물총을 구성하는 양성 *Streptococcus* 세균 종의 게놈에 효모인 *Candida*에 대한 항체의 유전자를 삽입하였다. 재조합 *Streptococcus*를 수용한 칸디다증이 있는 마우스는 일반 진균제인 플루코나졸(fluconazole)이 투여된 마우스 보다 두 배가량 빠른 속도로 회복되었다. *Streptococcus*는 질 내에 일반적으로 존재하기 때문에 거기서 증식하고 재접종 없이도 쥐를 해치지 않고 보호 화학물질을 일정하게 유지한다.

다른 연구자들은 성공적으로 HIV를 억제하는 단백질인 시아노비린(cyanovirin)을 발현시키기 위하여 유익세균인 *Lactobacillus* 균주를 변형시켰다. 이 아이디어는 이 변형 균주로 HIV 감염 위험이 있는 여성의 질에 집락을 형성시키는 것이다, 변형 세균은 감염에 대한 강력한 일차 방어 역할을 한다.

항균 약물을 전달하기 위해 미생물총을 사용하는 이점은 많다. 그런 약물은 상대적으로 제조하는데 저렴하다. 그 현장에서 세균은 "공장"이 되어 약물의 공급이 자동으로 되고 처방이 요구되지 않으며 한 번 이상의 처방, 운송, 투약이 필요하지 않는다. 또한 현장에서의 약물 농도는 정해진 일정을 지키는 환자에게 의존하지 않고 유지될 수 있다.

아마도 당신의 미래 약사는 감염 부위에 정확하게 항균 화학 물질을 제공하는 맞춤형 미생물이 될 것이다.

질병개요파악 17.4

골반 염증성 질환(PID)

원인 *Neisseria gonorrhoeae* (그람-음성 쌍구균) 또는 *Chlamydia trachomatis* (절대 세포내 세균); 드문 경우에 *Mycoplasma hominis* (다형성 세균).

독성인자
Neisseria-캡슐, 핌브리아, 지질 A. *Chlamydia*-작은 크기, 세포내 생활. *Mycoplasma*-작은 크기, 부착소.

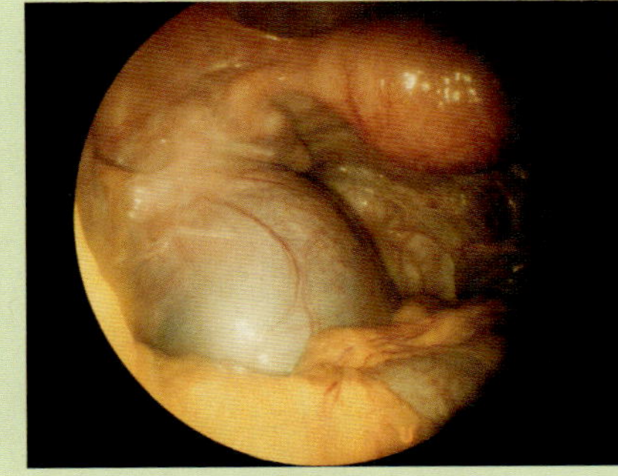

침입구
질의 점막, 성적 감염, 자궁 또는 자궁관 깊은 곳으로 이동.

징후 및 증상 염증, 발열, 복부 통증. 치료하지 않으면 PID는 자궁 외 임신 또는 불임으로 된다.

잠복기 초기 감염 후 몇 개월-몇 년.

감수성 치료받지 않은 임질이나 클라미디아 감염이 있는 특히 20세 미만의 여성

치료 오플록사신(ofloxacin), 메트로니다졸, 독시사이클린(doxycycline), 세프트리악손(ceftriaxone) 같은 항진균제.

예방 금욕, 감염되지 않은 상대와 상호 일부일처주의, 모든 성병의 조기 치료, 콘돔은 *Neisseria* 감염을 어느 정도 방어하지만, 클라미디아 감염의 기회를 증가시킬 수 있다.

염증성 질환의 특징에 대하여 살펴본다.

모든 성매개 감염(STI) 및 성병(STD)은 강간을 제외하고, 금욕이나 완전히 충실한 상호 일부일처주의(monogamy)의 실행으로 방지할 수 있다. 라텍스(latex)와 폴리우레탄(polyurethane)으로 만들어진 콘돔은 많은 성매개 감염에 걸리는 위험을 감소시키지만, 완벽하게 방지하지는 못한다. 심지어 콘돔을 제대로 사용하더라도 연간 실패율이 17-25%가량 된다. 나아가 역학자들은 콘돔이 적절하고 지속적으로 사용되어야 한다는 연구를 보고하였다. 즉 모든 성행위를 하는 시점에서 100%, 또는 콘돔 사용을 통해서 대부분의 성병에 걸릴 위험이 전혀 없다고 이야기할 수 없다.

많은 연구에서 포경수술이 남성에서 여러 가지 성병에 걸릴 기회를 줄이는 것으로 보고하였다. 이러한 성병에는 생식기 사마귀, AIDS, 매독, 연성하감, 임질 등이 포함된다. 포경수술은 남성의 성 파트너들에게 많은 질병의 전염 기회도 줄일 수 있다. 여기에서는 성 매개에 의한 세균성, 바이러스성, 원생동물성 질병에 대하여 살펴본다 (옴 감염, 지아르디아증, 시겔라증, 간염 등의 피부와 소화계의 질병은 성적으로 전염될 수 있음). 이들 감염은 피부와 소화계를 다루는 장에서 살펴본다.

왜 그런가

성매개 감염과 성병이 지난 50년 동안 범세계적 질병으로 유행된 이유는 무엇인가?

세균성 성병

세균 감염은 더욱 잘 알려진 성병 중 하나이다. 성병과 관련된 세균

은 용변기 의자와 같은 건조하고 차가운 무생물 상태에서 잘 서식하지 못한다. 따라서 전파는 성교에 의해서만 이루어진다. 임질부터 살펴보기로 하자.

임질

학습 | 성과

17.19 임질의 기원을 설명하라.
17.20 남성과 여성에서 임질 증상을 비교하라.
17.21 연구자가 *Neisseria gonorrhoeae*에 효과적인 백신을 개발하는데 직면하는 어려움에 대하여 토론하라.

의사들은 19세기 전까지 종종 매독과 혼동하였지만, 수 세기동안 성병인 **임질(gonorrhea)** (gon-ō-rē´ă)에 대하여 알고 있었다. 2세기경에 로마인 의사인 Claudius Galen은 과도한 정액 (임질은 그리스어로 "씨의 흐름"을 의미함)의 근원이 되는 것으로 생각하여 임질이라고 명명하였다. 이 질병은 고대 프랑스어 단어로 매춘의 의미인 *clapoir*에서 유래한 "임질(clap)"이라고도 불렀다.

징후 및 증상

임질은 남성의 경우에 보통 참기 어려운 증상으로 요도 감염 후 2-5일에 급성 염증이 발생하여 매우 심한 통증을 동반하는 배뇨 및 화농성 (고름이 가득 찬) 분비물 생성을 초래한다. 이 세균은 드물게 전립선이나 부고환에 침입하여 반흔 조직(scar tissue)을 형성하게 되면 남성에서 불임을 일으킬 수 있다.

반면에 여성의 임질은 종종 무증상이다. 감염된 여성의 50-80%는 무증상 또는 몇 년 동안 감염의 명백한 증거가 발견되지 않는다. 임신을 하려고 할 때 자궁관의 손상은 명백해진다. 임질이 있는 여성의 약 25%는 골반 염증성 질환을 경험한다.

병원균 및 독성인자

Neisseria gonorrhoeae (nī-se´rē-ă go-nor-rē´ī)는 임균(*gonococcus*)으로도 알려져 있으며 임질을 일으킨다. 이 그람-음성 세균은 보통 핌브리아 (질병개요파악 17.5 참조), 다당류 캡슐, 그리고 지질 A (내독소)와 당분자로 구성된 지질다당류(*lipooligosaccharide*) (lip´ō-ol´ĭ-gō-sak´a-rīd, LOS)라는 주요 세포벽 항원을 가지는 쌍으로 된 세포를 형성한다. 이들 3가지 구조적 특징이 결여된 세포는 비독성이다. 이 구균은 점액에서 분비 IgA를 분해하는 단백질분해효소를 분비하여 면역 체계로부터 자신을 보호할 수 있다.

발병

임균은 핌브리아와 캡슐을 통해 사람의 생식계, 비뇨계, 소화계의 점막 상피 세포에 부착한다. 100쌍 정도의 세포는 질병을 일으킬 수 있다. 이 세균은 질 내의 세포에는 부착하지 않는다. 대신에 가장 일반적으로 자궁 경부에 감염한다. *N. gonorrhoeae*는 핌브리아를 이용하여 정자세포에 부착할 수 있는데, 이것이 정자 세포가 유영하여 지나갈 때 이 세균을 자궁관을 지나서 이동하여 골반 염증성 질환을 일으킨다. 만성 감염은 자궁관의 흉터를 일으켜 자궁외 임신이나 불임을 초래할 수 있다.

생식기 외부 기관의 임균성 감염도 발생할 수 있다. 여성의 요도 입구는 질 입구와 가까이 있기 때문에 임균은 성교하는 동안 요도를 감염시킬 수 있다. 항문 성교는 직장염(*proctitis*) (직장의 염증)으로 이어질 수 있고, 구강 성교는 인두 감염 또는 잇몸 감염으로 각각 인두염이나 치은염을 일으킬 수 있다. 이 질병은 남자와 섹스하는 남자에서 가장 일반적으로 볼 수 있다. 포식화된 세균은 호중구 내에서 증식하고 백혈구 내에서 몸 전체로 순환한다. 매우 드문 경우에 임균은 관절, 수막 또는 심장으로 이동하여 각각 관절염, 뇌막염 또는 심내막염을 일으킨다.

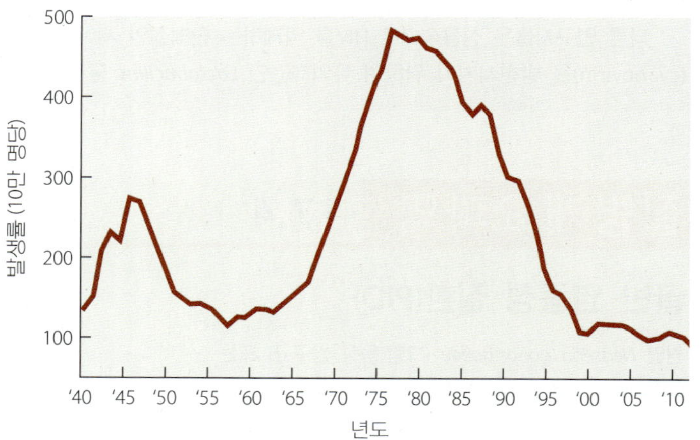

(a)

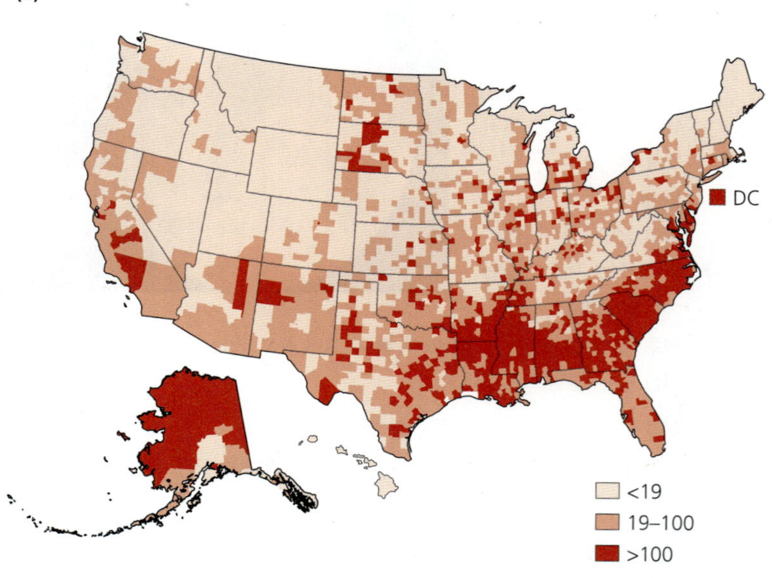

(b)

▲ **그림 17.5 미국인의 임질 발생 빈도. (a)** 1941년-2012년까지의 빈도. **(b)** 지리적 분포는 2011년에 보고된 사례의 지역분포로 인구 10만 명당 사례 수.

감염된 어머니의 질로 출산된 아기는 눈이 감염되어 각막에서 염증의 결과로 신생아 안염(*ophthalmia neonatorum*) (신생아 결막의 염증)을 일으키거나 실명할 수 있다.

역학

임질은 사람에서만 발생한다. 미국인들 가운데서 그 사례는 지난 30년 이상 감소되고 있다 **(그림 17.5a)**. 대부분의 일반인들은 청소년들 가운데에서, 특히 다수의 성 파트너와 관계를 가진 몇몇 남동부 주의 사람들 중에서 발생한다 **(그림 17.5b)**. 감염은 비흑인에서보다 흑인들 사이에서 4배가량 더 일반적이며, 여성보다 남성에서 다소 일반적이다.

개인의 감염에 대한 위험은 성관계의 빈도 증가와 함께 증가한다. 여성이 감염된 한 남성과 성교를 통해서 감염될 확률은 50%인 반면에, 남성은 감염된 한 여성과 성교를 통해 감염될 확률은 불과 20% 정도이다. *N. gonorrhoeae*를 가진 초등학교 아이들의 감염은 성인의 성적 학대의 강력한 증거이다.

진단, 치료 및 예방

염증이 있는 성기의 고름에서 그람-음성 쌍구균의 존재는 남성에서 임질 증상을 진단하기에 충분하다. 남성과 여성에서 임질의 무증상인 경우의 진단을 위해, 상업적으로 이용 가능한 유전 탐침은 임상 검체에서 *N. gonorrhoeae*에 직접적이고 정확하고 빠른 검사를 제공한다.

임질 치료는 현재 페니실린, 테트라사이클린, 에리스로마이신, 아미노글리코시드, 플루로퀴놀론 등에 대한 내성을 가진 임질 균주가 전 세계적으로 확산되어 복잡해지고 있다. 최근에 CDC에서는 임질의 치료에 대해 광범위 경구용 세팔로스포린 (세픽심 등)과 아지스로마이신 또는 독시사이클린의 이중 치료를 권장한다.

*N. gonorrhoeae*에 대한 장기간 특이 면역이 없기 때문에 임질에 여러 번 감염될 수 있다. 이 면역 부재는 이 세균에서 고 변이 표면 항원에 의해 부분적으로 설명된다. 즉, 한 균주에 대한 면역은 종종 다른 균주에 대한 보호를 제공하지 않는다. 많은 다른 균주들의 존재는 효과적인 백신의 개발을 방해해오고 있다.

항균제를 신생아의 눈에 일상적으로 투여하는 일은 안과 질환을 성공적으로 예방한다. 한편 화학적 예방(chemical prophylaxis)은 질병을 방지하는데 비효과적이다. 사실상 생식기 질병을 방지하는 항균제의 사용은 강한 내성 균주에 의해 상태가 악화되는 경우에 선택이 될 수 있다.

효과적인 순서에 따른 예방 전략은 성적 금욕, 충실한 파트너와 일부일처주의, 그리고 콘돔의 100% 일관되고 적절한 사용 등이다. 임질의 확산을 막기 위한 노력은 성행위, 악성 병원균 검출, 성적 접촉을 한 모든 보균자들의 검진 등을 변화시키는 교육에 초점을 두어야 한다.

질병개요파악 17.5에는 임질의 특징이 요약되어 있다.

질병개요파악 17.5

임질

원인 *Neisseria gonorrhoeae* (그람-음성의 쌍구균).

독성인자 캡슐, 핌브리아, 지질올리고당류(지질 A, 당), 균주간의 고변이 표면 항원.

침입구 성기의 점막; 성적 전염.

징후 및 증상 남성은 일반적으로 고통을 동반한 배뇨와 고름이 섞인 분비물이 나오는 것을 경험한다. 여성에서는 일반적으로 무증상이다.

잠복기 2–5일.

감수성 성행위를 자주하는 사람.

치료 광범위 경구용 세팔로스포린 또는 퀴놀론.

예방 효과 효과 : 성적 금욕, 상호 일부일처주의;
다소 효과적임; 콘돔의 적절하고 지속적인 사용

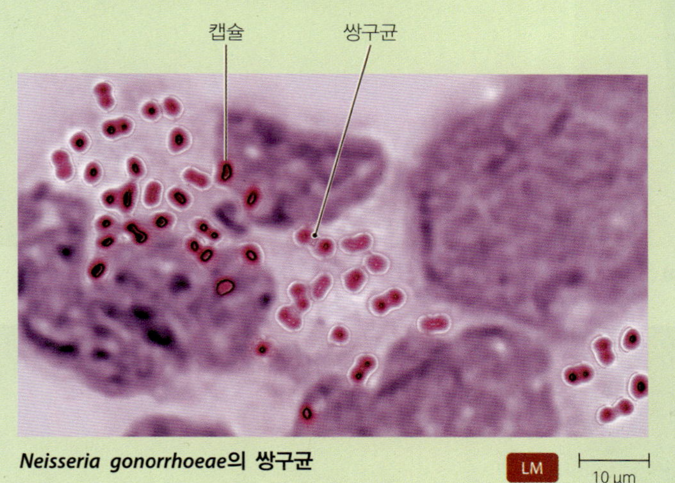

***Neisseria gonorrhoeae*의 쌍구균**

매독

학습 | 성과

17.22 치료받지 않은 매독의 경과를 4단계로 구분하고 각 단계의 치료에 대하여 설명하라.

17.23 매독의 원인, 역학 및 예방에 대하여 설명하라.

어떤 역학자가 스페인 탐험가가 **매독(syphilis)**을 유럽으로 가져왔다는 가설을 제시하면서 유럽인들은 1495년에 처음으로 매독을 알게 되었다. 또 다른 가설은 이 원인균이 북아프리카의 병원성이 약한 균주로부터 진화하였으며, 이 균주의 유럽 전역으로 확산은 신세계로 향한 유럽인들의 탐험과 부합된다는 것이다. 어쨌든 이 성병은 전 세계적으로 수백만 명에게 고통을 가져다주었다.

징후 및 증상

매독은 4단계로 진행된다:

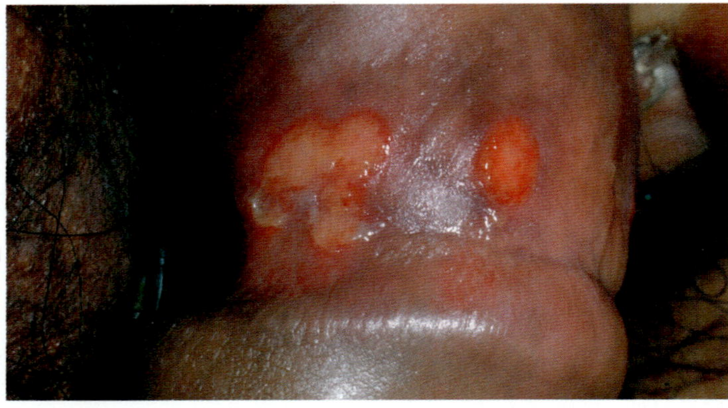

(a)

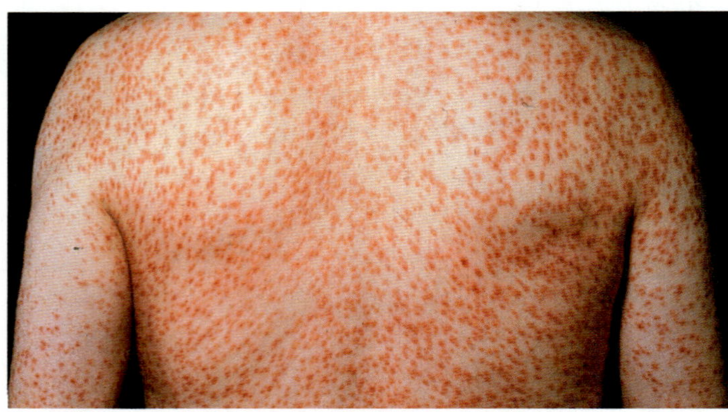

(b)

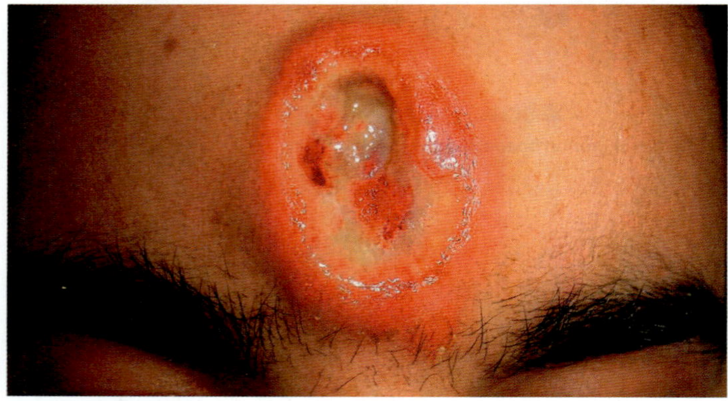

(c)

▲ **그림 17.6 매독의 병변.** **(a)** 하감은 감염부위에 형성되는 딱딱하고 무고통의 1차 매독의 병변인데 이것은 음경부위이다. **(b)** 2차 매독의 특성인 광범위한 발진. **(c)** 3차 매독의 고무종. 이 고통스러운 고무 병변은 종종 피부나 뼈에 발생한다. *고무종은 왜 선진국에서는 드문가?*

그림 17.6 선진국에서는 사용 가능한 항균제가 매독을 효과적으로 치료하여 이 질병의 진행을 중지시킨다.

- 1차(*Primary*): **하감(chancre)** (shang´ker)이라고 하는 작고 빨간색의 딱딱한 무고통의 병변은 노출된 지 10–21일 후 감염부위에 생긴다 **(그림 17.6a)**. 하감은 일반적으로 외부 생식기에 생성되지만 약 20%는 입, 항문 주위, 손가락, 입술, 또는 유두에 생긴다. 하감은 특히 여성에서 자궁 경부에 생성되어 종종 관측되지 않는다. 하감은 3–6주간 지속된다.
- 2차(*Secondary*): 환자는 질병이 진행됨에 따라 목의 통증, 두통, 미열, 불쾌감, 근육통, 림프절병증(병에 걸린 림프절), 손바닥 발바닥을 포함한 광범위한 부위에 발진 증상이 나타난다 **(그림 17.6b)**. 발진이 가렵거나 아프지는 않지만 몇 달 동안 지속될 수 있다.
- 잠재기(*Latent*): 이 단계는 증상이 없으며 10년 이상 지속될 수 있다.
- 3차(*Tertiary*): 몇 년 후 치료받지 않은 환자들은 치매, 실명, 마비, 심부전, 또는 골, 신경 조직, 피부 등에 발생할 수 있는 고무와 같은 부종성 병변인 매독성 **고무종(gummas)** (gŭm´az)을 경험한다. 고무종은 항생제 이용이 가능한 국가의 환자들에서 거의 발생되지 않는다 **(그림 17.6c)**.

임상 사례연구

고통스러운 문제

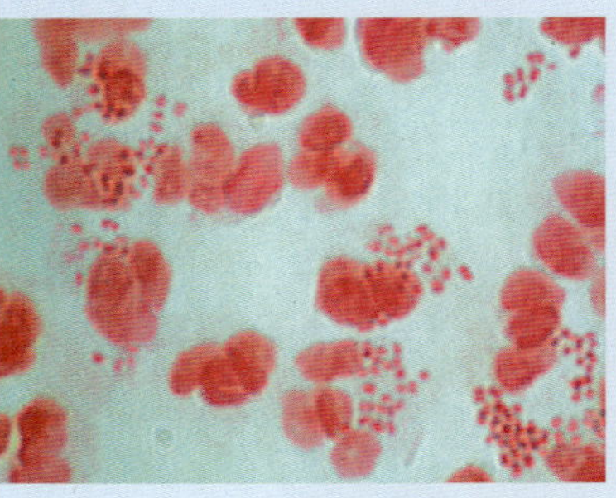

20세 남자는 자신의 의사에게 고통스러운 배뇨를 경험했다고 말하였다. 또한 자신의 성기에서 고름 같은 분비물이 있었다고 하였다. 분비물의 염색 도말은 사진으로 보여준다.

그는 지난 6개월 동안 2–3명의 여성들과 성관계를 하였다고 말하였다. 상대방들이 성병에 걸리지 않았다는 것을 "확신"하였기 때문에 그는 콘돔을 사용하지 않았다.

1. 이 환자는 가장 생각하고 있는 질병은 무엇인가? 이 질병의 의학적 및 일반적 이름은 무엇인가?
2. 이 환자는 어떻게 질병을 얻었는가?
3. 자신의 성 파트너의 성병 이력의 부족을 무엇으로 설명할 수 있는가?
4. 가능성이 있는 치료는 무엇인가?
5. 이 환자는 미래에 이 세균 감염에 대한 면역이 있는가?

병원균 및 독성인자

Treponema pallidum (trep-ō-nēmă pal´li-dŭm)은 매독을 일으킨다. 이 나선형의 스피로헤타는 폭이 너무 가늘어서 (0.1 μm), 그람염색 시료에서 일반 광학현미경으로는 관찰하기 어렵다. 따라서 과학자들은 위상차 현미경, 암시야 현미경, 또는 명암을 증가시키는 특수 염색법을 사용하여 관찰한다 (546쪽 질병개요파악 17.6 참조).

*Treponema*는 원래 사람에서만 서식하며, 열, 소독제, 비누, 건

조, 공기 중의 산소 농도, pH의 변화 등에 의해 파괴되기 때문에 환경에서 살아남을 수 없다. 과학자들은 *T. pallidum*을 토끼, 원숭이, 토끼의 상피 세포에서 증식시켰지만 사실상 무세포 배지에서는 성공적으로 배양하지 못하였다. 실험실 조건에서 이 세균은 불과 몇 세대 동안 서서히 증식한다 (이분법은 매 30시간 마다 일어남).

과학자들은 *T. pallidum*의 독성인자를 확인하는 데 어려움이 있었다. 그들은 *Treponema*의 유전자를 *Escherichia coli* (esh-ĕrik´ē-ă kō´lī)로 삽입하는 재조합 DNA 기술을 사용하여 그 유전자들의 단백질을 분리하였다. 이들 단백질의 일부는 명백히 *Treponema*가 사람 세포에 부착할 수 있도록 한다. 병원성 균주들은 히알루로니다제도 생산하여 *Treponema*가 세포사이의 공간을 침투할 수 있게 한다. 이 세균은 백혈구에 의한 식세포작용으로부터 보호할 수 있는 당질피층(glycocalyx)을 가지고 있다.

발병

*T. pallidum*은 까다롭고 민감하기 때문에 사람에서 생장하며 보통 스피로헤타가 가장 많은 시기인 감염 초기 단계 동안 성 접촉에 의해서만 전염된다. 감염된 파트너와 일회성의 보호 없이 성관계를 한 사람에서 감염 위험은 10–30% 정도이다. *T. pallidum*은 어머니로부터 태아에게 전염될 수 있으며 드물게 수혈을 통해서도 전염될 수 있다. 변기 좌석, 식기, 또는 의류와 같은 매개물에 의해 전염될 수 없다.

치료되지 않은 매독은 4단계로 진행된다: 1차 매독, 2차 매독, 잠복기, 3차 매독. **1차 매독(primary syphilis)**에서 하감은 감염 부위에 형성된다. 하감의 중심에는 혈청이 채워져 있는데 많은 스피로헤타 세균이 존재하여 매우 전염성이 높다. 하감은 3–6주 동안 남아 있다가 흉터없이 사라진다.

사례의 1/3정도에서 하감의 소멸로 질병은 낫게 된다. 그러나 대부분의 감염에서 *Treponema*는 혈류에 침입하여 전신으로 확산되어 발진을 포함한 **2차 매독(secondary syphilis)**의 증상 및 징후를 일으킨다. 1차 하감에서와 같이, 발진 병변은 스피로헤타로 가득차고 매우 전염성이 높다. 매독의 비성적인 전염은 드물지만, 보건의료종사자와 같은 사람들에서는 그 병변으로부터 나온 체액이 피부에 침입되었을 때 감염될 수 있다.

몇 주 또는 몇 달 후 발진이 점차 사라지며 환자는 **잠재성 매독(latent syphilis)**이라는 단계로 들어간다. 이 단계는 임상적으로 질병의 비활동적인 시기이다. 대부분의 경우 이 시기 이후에는 특히 항균 약물이 사용되는 선진국에서는 진행되지 않는다.

잠재기는 10년 이상 지속될 수 있는데, 그 후 원래 감염된 환자의 1/3은 **3차 매독(tertiary syphilis)**으로 진행된다. 이 단계는 *Treponema*의 직접적인 효과와는 관련이 없고 오히려 염증과 병원체에 대한 과민면역반응의 원인이 되는 심각한 합병증과 관련이 있다. 3차 매독의 증상으로는 고무종(gummas) (종종 피부 또는 뼈에 생기는 통증이 있고 고무와 같은 병변), 심혈관 또는 중추신경계 조직의 파괴, 성격 변화, 정신 이상, 실명 등이 있다.

선천성 매독(congenital syphilis)은 *Treponema*가 태반을 통하여 감염된 어머니에서 태아로 이동할 때 발생한다. 1차 또는 2차 매독을 경험한 어머니에서 태아로 *Treponema*의 전염은 종종 태아의 죽음을 초래한다. 어머니가 이 질병의 잠재기에 있는 동안 전염이 발생하면 태아는 종종 정신 지체와 여러 장기의 기형으로 고통을 받는다. 출생 후, 잠재성 감염이 있는 신생아는 태어난 후 2년 동안 언젠가 2차 매독에서와 같이 광범위한 발진을 보인다.

역학

매독은 전 세계적으로 발생한다. WHO에서는 매년 12만 명 이상의 새로운 매독 환자가 발생하여 고통을 받는다고 추정한다. 이 질병이 성 종사자, 남자와 섹스를 하는 남자, 불법 마약 사용자들에게 여전히 존재하고 있지만, 항균 약물의 발견과 개발로 미국에서 환자수는 크게 감소하였다 **(그림 17.7a)**. 이 질병은 미국 전역에서 발생한다.

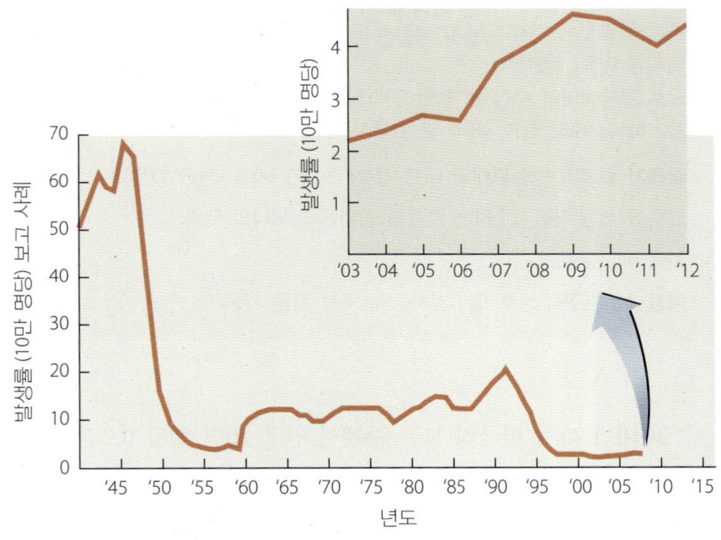

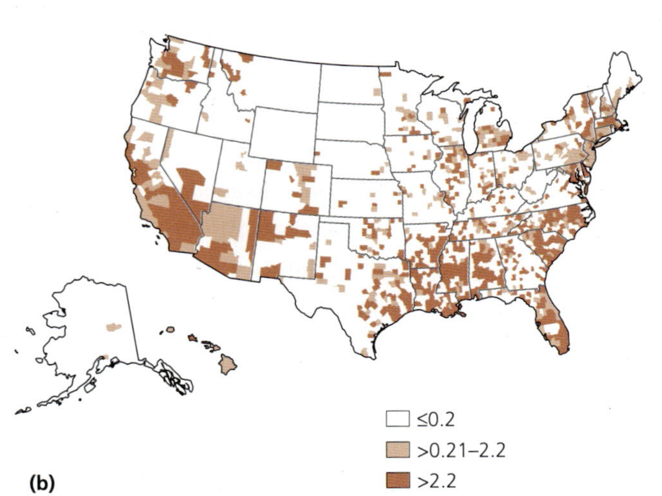

▲ **그림 17.7 미국에서 매독의 발생 빈도. (a)** 1941년–2012년까지 매독의 전국 발생률. **(b)** 2011년에 보고된 매독의 발생률 (인구 10만 명당 발생 빈도수).

질병개요파악 17.6

매독

원인 *Treponema pallidum* (스피로헤타).

독성인자 당질피층, 부착소, 히알루로니다제

침입구 성기의 점막, 성적 전염 또는 선천성 전염

징후 및 증상
1차 매독: 경화성, 무통증의 성기의 하감은 3-6주 후에 사라짐.
2차 매독: 목의 통증, 두통, 미열, 불쾌감, 근육통, 몇 주 또는 몇 달 동안 지속되는 발진.
잠재성 매독: 일반적으로 무증상이며 수십 년 동안 지속됨.
3차 매독: 치매, 실명, 마비 및 고무종 병변.

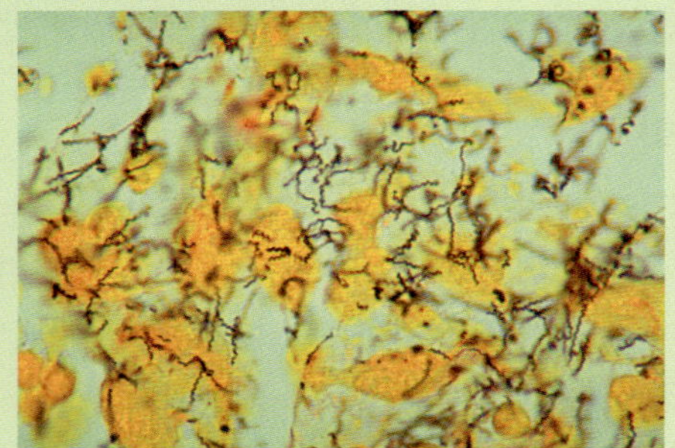

매독의 원인균인 *Treponema pallidum*. 특별한 은 염색(silver stain)으로 스피로헤타를 얇게 만들어 관찰할 수 있다.

잠복기 질병의 1차 형태에 대한 잠복기는 10-90일 (평균 21일).

감수성 성행위를 자주하는 사람과 감염된 어머니의 태아.

치료 페니실린.

예방 성적 금욕, 상호 일부일처주의, 또는 콘돔 사용.

2010년 까지 미국의 모든 주에서 인구 10만 명당 0.2건 이하의 매독 발생률을 달성하는 것이 CDC의 목적인데 이는 충족되지 못하였다 **(그림 17.7b)**.

진단, 치료 및 예방

1차, 2차 및 선천성 매독은 *Treponema pallidum*의 항원에 대한 특정 항체검사를 사용하여 상대적으로 쉽고 빠르게 진단한다. 이러한 검사 중 하나는 인위적으로 *Treponema* 항원을 코팅시킨 적혈구를 사용하는 MHATP [*microhemagglutination assay against* T. pallidum (*T. pallidum*에 대한 미세혈구응집측정 분석)]이다. 감염 환자의 혈청 내 항체는 적혈구를 응집 (덩어리)하면 이는 *T. pallidum*에 노출에 대한 양성 결과이다. 스피로헤타는 병변에서 갓 채취한 분비물로부터 관찰할 수 있지만 (질병개요파악 17.6 참조), 임상 시료의 현미경 관찰이 즉시 이루어진다면 실험실로 운반된 *Treponema*는 거의 살지 못한다. 구강 미생물총의 정상 부분에 존재하는 비병원성 스피로헤타에서는 거짓 양성 결과를 얻을 수 있기 때문에 구강의 임상 시료는 매독 검사를 할 수 없다. 3차 매독은 다른 많은 질병과 유사하게 나타나거나, 스피로헤타가 거의 없거나, 징후와 증상이 몇 년 후에 발생할 수 있어 서로 관련이 없는 것처럼 보이기 때문에 진단하기 매우 어렵다.

Penicillin G는 1차, 2차, 잠재성, 선천성 매독의 치료에 대한 선택의 약물이지만, 3차 매독에는 작용하지 않는데, 그 이유는 3차 매독 단계가 과민면역반응으로 활동성 감염이 아니기 때문이다. 페니실린에 알레르기가 있는 사람에 대한 입증된 대안은 없다.

매독에 대하여 백신을 사용할 수 없기 때문에 절제, 충실한 상호 일부일처주의, 또는 일관되고 적절한 콘돔 사용으로 매독 감염을 방지하는 것이 기본적인 방법이다. 모든 매독 환자의 성 파트너는 매독의 전파를 막기 위해 예방용 페니실린 G로 치료해야 한다.

질병개요파악 17.6에는 매독의 특성이 요약되어있다.

클라미디아 감염

학습 | **성과**

17.24 성병림프육아종(lymphogranuloma venereum)의 증상, 원인, 발병, 역학, 치료, 예방에 대하여 설명하라.

17.25 성행위를 하지 않는 어린이들이 어떻게 *Chlamydia trachomatis*에 감염될 수 있는 지에 대하여 설명하라.

가장 흔한 성병 세균은 *Chlamydia trachomatis* (kla-mid´ē-ă tra-kō´ma-tis)로서, 성병림프육아종(lymphogranuloma venereum)과 트라코마(*tracoma*)를 포함하는 몇 가지 성매개 및 선천성 질병을 일으킨다.

징후 및 증상

여성에서 클라미디아 생식기 감염의 85% 정도는 무증상이다. 반면에 감염된 남성의 75%는 요도염, 배뇨 통증, 성기에서 고름이 배출 등의 임질과 유사한 징후와 증상을 나타낸다. 클라미디아 감염은 **부고환염(epididymits)** (부고환의 염증) 또는 **고환염(orchitis**[8]**)** (고환의 염증)을 일으킬 수도 있으며 이는 불임으로 이어질 수 있다.

아기가 출생 시에 감염되면 **트라코마(trachoma)**라는 안질환이 생긴다. 트라코마는 세계적으로 사람에서 비외상성 실명의 주요 원인이다.

심한 형태의 클라미디아 성병(STD)은 **성병림프육아종[lymphogranuloma venereum**[9]**)** (lim´fō-gran-ū-lō´mă ve-ne´rē-um)]인데, 음경, 요도, 음낭, 질, 자궁 경부, 또는 외부 여성 생식기의 감염 부위에 일시적인 생식기 병변이 특징으로 나타난다. 이것은 고통과 염증을 동반하는 림프절인 **가래톳(bubo)**의 발달로 진행되는데 **(그림 17.8)**, 사타구니에 발열, 오한, 식욕 부진, 근육통이 생긴다. 가래톳은 그 부위가 부어올라 파열되어 draining sore를 일으킨다.

---

[8]그리스어로 *orchis*는 "고환"을 의미; *itis*는 "염증"을 의미.
[9]라틴어로 *lympha*는 "맑은 물"을 의미; 라틴어로 *granulum*은 "작은 입자"를 의미; 그리스어로 *oma*는 "종양"(부종)을 의미, 라틴어 *Venus*는 성적인 사랑의 여신을 의미.

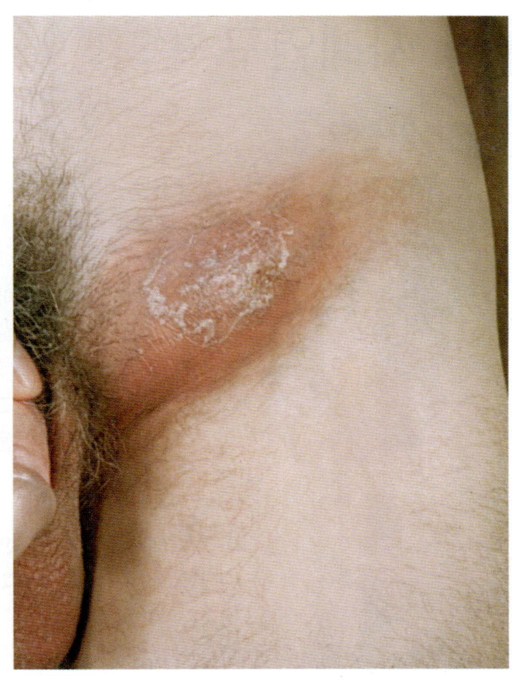

▲ **그림 17.8 남성에서 성병림프육아종의 진행 사례.** *어떤 미생물이 성병림프육아종을 일으키는가?*

그림 17.8 *Chlamydia trachomatis*가 성병림프육아종을 일으킨다.

병원체 및 독성인자

Chlamydia 속의 세균은 비운동성이며 숙주세포의 소포 내에서만 생장하고 증식한다. 과학자들은 일단 클라미디아가 크기가 작고 세포 내 생활을 하기 때문에 바이러스일 것이라고 생각하였다. 그러나 클라미디아는 세포성이며, DNA, RNA, 기능성의 70S 리보솜을 가지고 있다. 전형적인 그람-음성세균과 유사한 두 개의 막이 각 클라미디아 세포를 둘러싸고 있지만, 이들 막 사이에는 펩티도글리칸이 없다 — 클라미디아는 세포벽이 없다. 분류학자들은 특이한 특징과 독특한 rRNA 뉴클레오티드 서열을 가지고 있기 때문에 현재 클라미디아를 Chlamydiae 문으로 분류한다.

*Chlamydia trachomatis*는 매우 제한된 숙주 범위를 가지고 있다. 결국 별도의 종으로 분류될 수 있는 하나의 예외적인 균주와 함께 모든 균주들은 사람에 대하여 병원체로서 눈의 결막, 폐, 요로, 또는 생식기를 감염한다. *C. trachomatis*의 10가지 이상의 균주는 사람에서 성병을 일으킨다. 이들 가운데 소위 LGV 균주(*LGV strain*)라고 불리는 3가지 균주는 성병림프육아종을 유발한다. 다른 균주들은 트라코마를 일으킨다.

*Chlamydia*는 두 개의 세포 형태가 관련된 독특한 발달 주기를 가지며, 이들 두 가지 형태는 숙주 세포의 포식소체(phagosome) 내에서 발견된다 **(그림 17.9a)**: 기본소체(*elementary body*, *EB*)라고

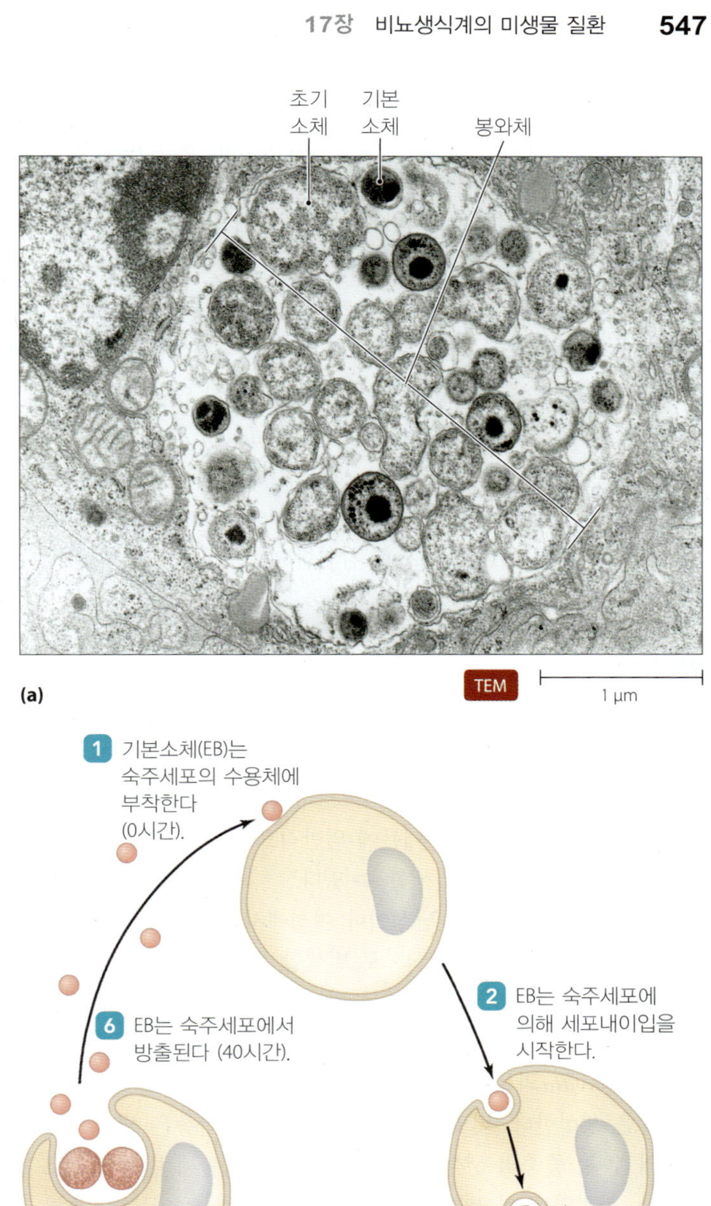

▶ **그림 17.9 *Chlamydia*의 발달 형태와 생활사. (a)** 기본소체 및 숙주세포의 소포체 내의 초기 소체. **(b)** *Chlamydia*의 생활사. 괄호 안의 시간은 감염 이후 시간을 말한다.

하는 작은 (0.2–0.4 μm) 구균과 보다 커다란 (0.6–1.5 μm) 다형성 초기소체(*initial body, IB*)로서 망상체(*reticulate body*)라고도 한다. EB는 감염 형태로서, 상대적으로 휴면상태이고 극단적인 환경에 내성을 가지며 세포 외부에서 살아남을 수 있다. IB는 세포 내에서만 살며 감염성 보다는 생식성이 있다.

클라미디아의 생활 주기 **(그림 17.9b)**에서 일단 EB는 숙주 세포에 부착한다 **1**. 세포내이입에 의해 침입한다 **2**. 소포 안에서 EB는 IB로 전환된다 **3**. 신속하게 분열하여 많은 IB를 형성한다 **4**. 감염 후 약 21시간 내에 봉입체(*inclusion body*)라하고 소포 내의 IB는 EB로 다시 전환되기 시작하며 **5**, 그 후 약 19시간이 경과한 후에, EB는 세포외배출(exocytosis)을 통해 숙주 세포로부터 방출되어 **6**, 새로운 세포를 감염할 수 있게 되고 생활 주기는 완성된다.

발병

*C. trachomatis*는 긁힌 자국이나 상처를 통해 체내로 침입하여, 결막의 세포 또는 기관, 기관지, 요도, 자궁, 자궁관, 항문, 직장의 점막 세포 등을 감염시킨다. 일반적으로 감염 부위의 병변은 작고, 무통증이며 빠르게 치유되기 때문에 일반적으로 간과된다. 두통, 근육통, 발열은 이 단계에서 발생할 수 있다.

직장염(*Proctitis*[10])은 남성이나 여성에서 성기나 요도에서 직장으로 클라미디아의 림프 확산으로 발생할 수 있다. 동성애 남성들에서 약 15%의 직장염 환자는 항문 성교를 통한 *C. trachomatis*의 확산으로 일어난다.

*Chlamydia*의 LGV 균주들은 사타구니의 림프절을 감염하여 가래톳을 생성한다. 몇몇 환자에서 성병림프육아종은 생식기 상처, 요도의 수축, 중증의 생식기 부종의 특징을 갖는 세 번째 단계로 진행된다. 관절염도 이 세 번째 단계 동안 발생할 수 있는데, 특히 젊은 백인 남성에서 알 수 없는 이유로 생긴다.

골반 염증성 질환을 포함하는 클라미디아 감염의 임상적 징후는 감염 부위에서 감염된 세포를 파괴하고 이 파괴가 자극하는 염증반응의 원인에서 비롯된다. 동일한 또는 유사한 균주에 의한 동일한 부위를 재감염은 과민면역반응을 일으켜, 실명, 불임 또는 성기능 장애가 생길 수 있다. 청소년기에 클라미디아 감염은 노후에 자궁암으로 발전할 위험이 증가한다.

*C. trachomatis*의 트라코마 균주는 결막 세포에서 증식하고 세포를 사멸시켜 많은 화농성 (고름으로 채워진) 분비물을 생성하여 결막에 상처를 일으킨다. 차례로 이러한 상처는 눈꺼풀 안쪽을 긁고, 염증을 일으키며, 각막에 상처에 일으킨다. 상처가 생긴 각막은 혈관으로 채워지게 되고 더 이상 투명하지 않게 된다. 최종적인 결과는 실명으로 이어진다.

역학

*C. trachomatis*의 감염은 미국에서 2012년에 1,330,000명 이상이

[10]그리스어로 *proktos*는 "직장"을 의미, *itis*는 "염증"을 의미.

임상 사례연구

병에 걸린 임산부

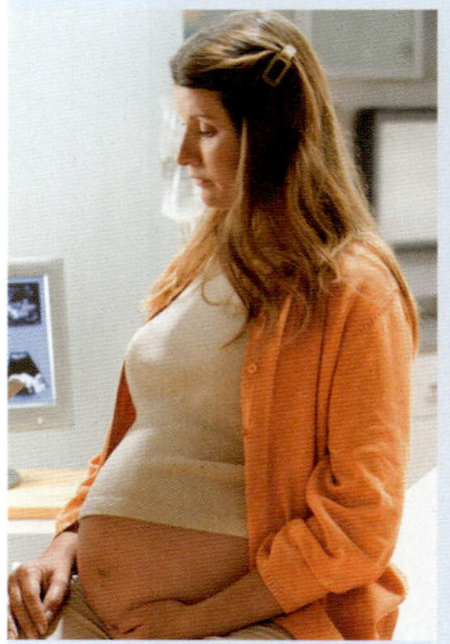

산부인과 의사는 출산이 임박한 24세 여성의 음순에 나타난 상처와 심한 부종을 주시하고 있다. 의사는 질문을 통해서 그녀가 이전에 사타구니 근처의 림프절이 붓고 통증으로 고생한 적이 있었으며, 그러한 증상이 임신과 관련이 있다고 생각하여 치료하지 않았다는 것을 알게 되었다.

1. **이 질병의 원인균은 무엇인가?**
2. **태아에 위험이 있다면, 그것은 무엇인가?**
3. **의사는 어떻게 그 여자를 치료해야 하는가? 신생아는 어떻게 치료해야 하는가?**
4. **치료하지 않으면 신생아는 어떤 증상을 경험하게 될까?**
5. **치료하지 않으면 그 여자의 질병은 어떻게 진행될까?**

보고된 가장 일반적인 성매개 질병이다. 그러나 역학자들은 또 다른 3백–4백만 건의 무증상 사례가 매년 보고되지 않는다고 추정한다. 성병 클라미디아 감염은 20세 이하의 여성에게서 가장 널리 퍼져 있는데, 이는 생리적으로 감염에 더욱 취약하기 때문이다. *Chlamydia*의 LGV 균주들은 열대 지방에서 주로 발견된다.

연구원들은 세계적으로 5억 명이상, 특히 어린이에서 *C. trachomatis*에 의한 눈의 감염이 일어나는 것으로 추정한다. 이 세균은 산도(birth canal)를 통과할 때 어린이들을 감염시킨다. 병원체는 비말, 손, 오염된 매개물, 또는 파리를 통해 눈에서 눈으로 전염될 수도 있다. 부실한 개인위생, 부적절한 위생, 열악한 의료상태에 있는 인구가 밀집된 가난한 국가, 특히 중동, 북아프리카, 인도에서 클라미디아에 의한 눈 감염은 풍토병이다.

진단, 치료 및 예방

역사적으로 클라미디아 감염은 요도나 질에 멸균된 면봉을 삽입하여 돌려서 얻은 시료로부터 세포 내에 존재하는 그 세균을 확인하는 방법으로 진단하였다. 또한 임상의들은 민감한 사람 세포의 배양에 시료를 접종하여 세균수를 증가시켰다. 그 후 다음 특정 형광항체 또는 핵산탐침에 의해서 세포 배양에서 클라미디아의 존재를 입증할 수 있었다. 오늘날에는 시료에서 DNA의 PCR 증폭을 통한 클라미디아 DNA의 확인으로 클라미디아 감염을 진단할 수 있다.

의사들은 성인의 생식기 감염을 치료하기 위해 독시사이클린(doxycycline)이나 에리스로마이신(erythromycin)을 처방한다. 신생아의 눈을 감염하는 *C. trachomatis*의 트라코마 균주는 초기에 에

리스로마이신 크림과 14일간 경구용 에리스로마이신으로 치료된다. 눈꺼풀 장애는 수술적 교정으로 눈 감염의 원인이 되는 긁힘, 상처, 실명을 방지할 수 있다.

모든 성매개 감염과 성병에서와 같이, 금욕 또는 상호 충실한 일부일처주의는 유일한 예방법이다. 항균제의 신속한 처리와 재감염의 방지를 통해서 실명을 방지할 수 있다. 불행하게도 클라미디아 감염은 종종 무증상이고 의료 서비스에 대한 접근이 제한되어 있는 사람들 중에서 빈번하게 발생된다.

연성하감

학습 | 성과

17.26 연성하감의 발병, 역학, 진단, 치료 및 예방에 대하여 설명하라.

17.27 매독과 연성하감의 외형과 증상을 비교하라.

연성하감(*chancroid*) (shang´kroyd)은 드물지만 미국에서 미진단 및 미보고 된 또 다른 세균성 성병이다.

징후 및 증상

연성하감(Chancroid)은 직경이 4–50 mm인 연성하감(*soft chancroid*)이라고 하는 부드럽고, 통증을 수반하는 생식기 궤양을 생성하는 특징을 가진다 **(그림 17.10)**. 감염부위에 형성된 이 병변은 주로 매독 병변과 유사하지만 매독 병변은 통증이 없고 단단하다. 연성하감의 하부는 누런 회색이며, 긁어 때 쉽게 출혈을 일으킨다.

남성에는 일반적으로 하나의 궤양이 있으나, 여성에서는 4개 이상을 가질 수 있으나 무통증이다. 연성하감 궤양은 요도 입구를 차단할 수 있어 배뇨시 통증을 일으킨다. 이것은 여성에서 나타나는 가장 흔한 증상이다.

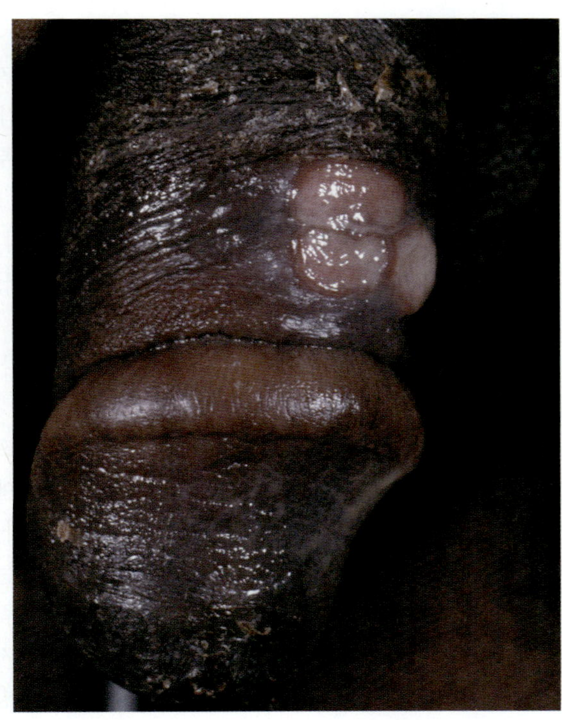

▲ **그림 17.10 연성하감.** *Haemophilus ducreyi*는 고통스럽고, 부드러운, 생식기 병변을 일으킨다. *연성하감이 1차 매독 병변과 공통점은 무엇인가?*

그림 17.10 연성하감과 매독병변 모두는 생식기에 있고 성병의 증상이 있다.

병원체 및 독성인자

Haemophilus ducreyi (hē-mof´i-lŭs doo-krā´ē)는 연성하감을 일으킨다. 이 작고 구상간균 형태인 그람-음성 세균은 생장을 위해 혈액으로부터 얻을 수 있는 헴(heme)과 NAD^+을 필요로 한다. 그 결과 *H. ducreyi*는 사람에서 집락을 형성하는 절대기생체이다. 이 세균은 사람의 상피 세포를 죽이는 독소를 생성한다.

발병 및 역학

1–14일 동안 배양한 후, 세균 독소는 일반적으로 여성의 음순과 남성에서 음경의 포피나 귀두의 감염부위에서 세포를 죽이며, 포경하지 않은 남성에서는 포경 수술한 남성에서 보다 3배 정도 감염 가능성이 높다. 감염되면 24시간 이내에 특징적인 궤양으로 발달하는 작은 혹을 생성한다. 환자의 절반에서 세균은 사타구니의 림프절로 퍼질 수 있으며, 화농성 가래톳을 생성한다.

아프리카와 아시아에 널리 퍼져 있지만 카리브 제도를 제외한 유럽과 미주 지역에서 연성하감은 드물다. 미국에서 대부분의 환자는 외국 여행 중에 감염된다. *H. ducreyi*는 성교를 통해서만 감염된다. 연성하감은 일반적으로 작은 흉터만 남기고 저절로 해결되지만, 이것은 HIV 감염자에게 위험하기 때문에 이런 증상은 치료해야 한다.

임상 사례연구

생식기 염증의 사례

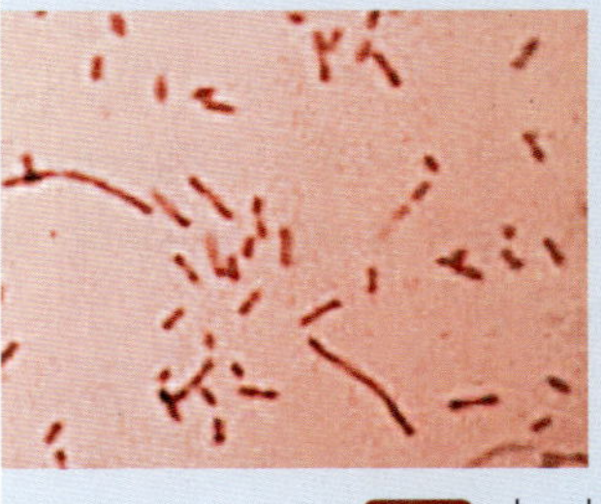

20세의 성생활에 적극적인 대학생이 대학보건소를 방문하여 생식기 고통을 호소하였다. 그 궤양은 부드럽고 고통을 동반하며 고름이 가득 차 있다. 상담에서 이 학생은 자신의 현재 여자 친구가 아시아 교환 학생이라고 하였다. 캠퍼스 실험실에서는 초기에 이 원인체를 동정하는데 어려움이 있었지만 결국에 혈액 한천배지에서 그람-음성의 구상간균을 분리할 수 있었다.

1. 원인체는 무엇인가?
2. 발병 기작은 무엇인가?
3. 그의 파트너가 치료를 생각하지 않았던 이유는 무엇인가?
4. 의사가 환자의 파트너의 국적을 물어본 이유는?
5. 의사는 어떤 치료를 추천할 수 있는가?

진단, 치료 및 예방

의사들은 부드럽고 통증을 수반하는 병변과 가래톳의 존재로 연성하감을 진단한다. 감염된 조직의 염색된 시료에서 세균의 존재를 볼 수 있다.

효과적인 항균 약물로는 아지스로마이신(azithromycin), 에리스로마이신, 세프트리악손(ceftriaxone), 시프로플록사신(ciprofloxacin) 등이 있다. 가래톳은 바늘 또는 국부 수술로 제거해야 한다.

금욕과 비감염 파트너간의 상호 일부일처주의는 확실한 예방법이다. 콘돔의 지속적인 사용으로 어느 정도의 감염은 방지된다.

왜 그런가

어린이의 클라미디아 감염 치료에서 에리스로아미신이 테트라사이클린으로 대체되는 이유는? *Chlamydia*에 대해 페니실린과 세팔로스포린이 효능이 없는 이유는?

바이러스성 성병

바이러스는 AIDS, 포진, 생식기 사마귀 등을 포함하는 성병의 가장 흔한 원인체이다. 다음 절에서는 헤르페즈 및 생식기 사마귀에 대하여 살펴본다. (11장에서는 면역체계의 붕괴로 인한 증후군으로 AIDS를 살펴본다.)

생식기 포진

학습 | 성과

17.28 생식기 포진의 특징을 증상, 치료 및 예방을 포함하여 설명하라.

17.29 잠재성 생식기 포진을 재활성화 할 수 있는 조건을 열거하라.

그리스어에서 파생된 용어인 *herpes*는 "기어가는"이라는 의미이고 서서히 확산되는 피부 병변을 설명한 것이다. 이것은 포진(herpes) 바이러스 감염의 특징이 된다. (16장에서 구강 포진을 살펴본다. 여기에서는 생식기 포진에 대하여 알아본다.)

징후 및 증상

생식기 포진(genital herpes)의 특징은 성기, 직장 주변, 또는 피부의 인접 부위에 수많은 작은 물집이 나타난다. 맑은 담황색 액체로 가득 물집은 결국 파괴되어 고통스러운 궤양이 된다. 환자는 보통 발열, 불쾌감 (일반적으로 불편이나 불안의 느낌), 근육통, 식욕 감소를 겪는다.

병원체 및 독성인자

두 개의 피막성 다면체로서 이중 가닥 DNA 바이러스인 인간포진바이러스(*human herpesviruses*, HHV, *Simplexvirus* 속)는 생식기 포진의 원인이 된다 (이 바이러스는 이전에 알려진 herpes simplex virus이고 약칭은 HSV임). 사례의 약 85%는 "허리아래 포진바이러스"라고 불렸던 *HHV-2*이다. *HHV-1* ["구강 포진바이러스" 또는 "입술 포진바이러스"]은 보통 구강-성기 성교 후에 발생한다. HHV-2는 구강 병변도 일으킬 수 있다. (16장에서 구강 포진에 대하여 자세히 알아본다.) 포진바이러스는 면역감시로부터 바이러스를 숨긴 신경 세포에 잠재될 수 있다.

발병

포진바이러스의 막은 숙주세포의 세포막에 부착하고 융합하여 세포질에서 바이러스의 캡시드와 유전체를 축적한다. 바이러스 유전체는 세포의 핵에 침입하여 새로운 바이러스를 합성하고 조립한다. 비리온은 핵막으로부터 피막을 획득하고 세포외배출 또는 세포용해를 통해서 방출된다. 질병의 감염에서 증상까지 5시간 정도의 잠복기간이 있다.

체액으로 채워진 물집은 포진바이러스가 감염부위에서 상피 세포를 죽일 때 형성한다. 물집이 파열될 때 수백만의 포진바이러스가 방출되고 통증이 있는 궤양으로 전환된다.

감염된 사람은 병변이 없을 때에도 점액 분비물에 포진바이러스를 방출한다. 사실 무증상 환자가 궤양이 있는 환자보다 더 자주 생식기 포진바이러스를 전파할 수 있다.

신경 세포의 핵은 신경절(*ganglia*) **(그림 17.11)**이라는 구조로 구분된다. 일부 바이러스는 신경절 내에서 환형의 DNA로서 잠재적으로 남아서 활성화되고, 감염된 신경에 의해 신경 발달 부위에서 몇 년 동안 간헐적으로 재발성 병변을 유발시킨다. 그 환자는 새로운 물집이 형성된 부위에서 통증, 따끔거림, 가려움, 작열감, 피부 민감성을 경험할 수 있다. 이들은 눈과 같이 감염된 핵으로부터 아주 멀리 있을 수도 있다 **(그림 17.12a)**. 과학자들은 완전히 바이러스 잠재성 또는 재발의 원인을 이해하지 못하지만, 후자는 감정이나 발열, 외상, 햇빛, 월경과 같은 물리적 스트레스, 기계적 자극, 피로, 또는 AIDS의 면역억제에 의해 유도될 수 있다.

포진바이러스는 성적 수단 이외의 방법으로도 전파된다: 산도를 통해 초기에 생식기 포진 병변에 의해 노출된 아기들이 감염될 수 있다. 이러한 어린 환자들은 포진바이러스에 의해 영구적으로 불구가 되거나 사망할 수 있다. 그러나 재발성 병변은 신생아에게 유해하지는 않는데, 그 이유는 산모의 항체가 보호 기능을 제공하기 때문이다. 파열된 물집에서 포진바이러스를 방출하는 환자는 자신 또는 다른 사람의 식도, 눈, 피부를 감염시킬 수 있다. 손가락의 물집은 생인손(*whitlow*) **(그림 17.12b)**이라고 한다. 의료 종사자는 항상 안구 포진과 생인손으로부터 자신을 보호할 수 있는 예방 조치를 취해야 한다.

역학

세계적으로 약 40억 명이 포진바이러스에 감염되고 약 8백 6십만

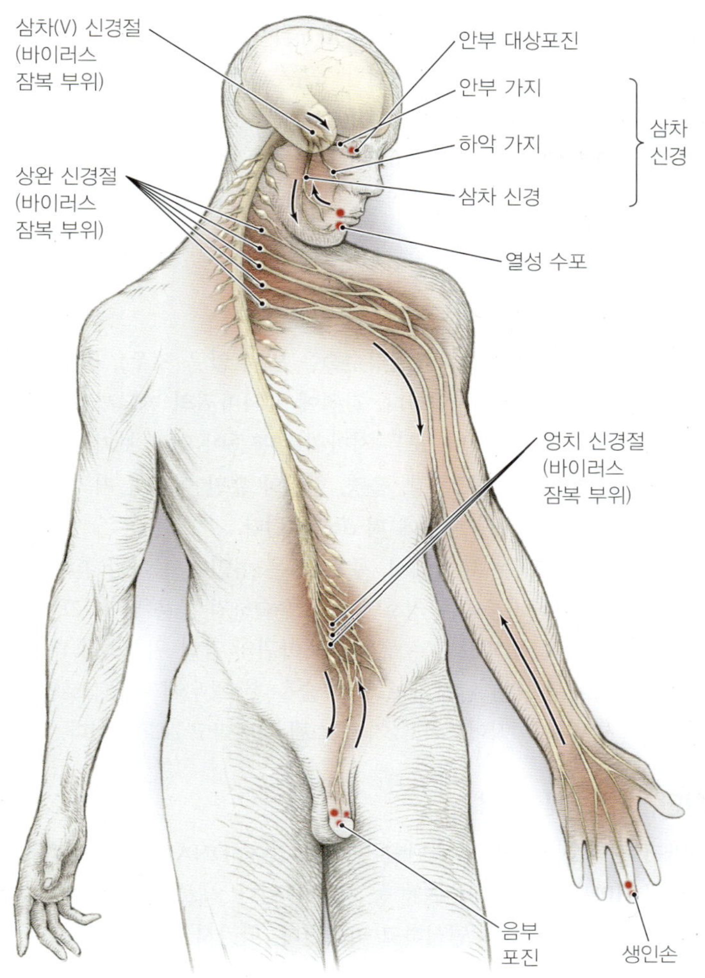

▲ **그림 17.11 생식기 포진 바이러스 감염에서 출현 부위.** 감염은 포진 바이러스가 입술, 성기 또는 파손된 피부에 침입할 때 발생된다. 바이러스는 삼차 신경절, 상완 신경절, 엉치 신경절에 몇 년 동안 잠재하여 남아 있다가 입술, 성기, 손가락, 또는 눈 등의 신경세포로 가서 재발 증상을 유발한다. *어떤 요인이 잠재 포진 바이러스의 재활성화와 증상의 재발을 일으키는가?*

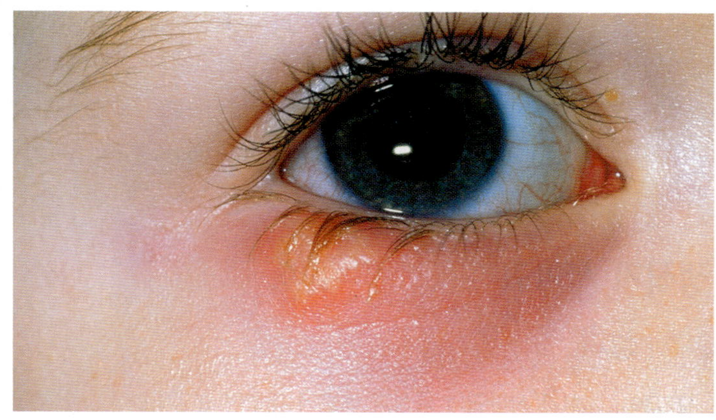

(a)

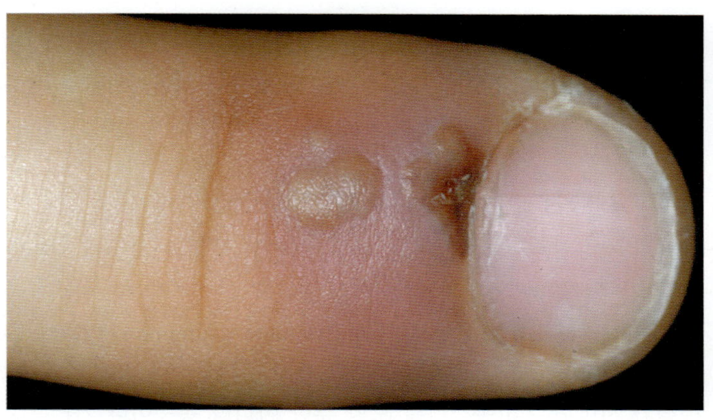

(b)

▲ **그림 17.12 눈과 피부의 포진 병변.** **(a)** 안과 또는 안구 포진은 삼차 신경절에 잠재 바이러스의 재활성화에 의하여 발생된다. **(b)** 의료 종사자의 손가락에서 생인손은 손가락 피부에 상처를 통한 포진 바이러스의 침입에 의해 발생된다. *의료 종사자는 어떻게 생인손으로부터 자신을 보호할 수 있는가?*

그림 17.11 감정 스트레스, 발열, 외상, 햇빛, 월경, 기계적 자극, 피로, 또는 AIDS가 재발 증상을 일으킬 수 있다.

그림 17.12 건강관리사들은 환자의 병변 부위를 다룰 때에 항상 장갑을 끼어야 한다.

명은 성기 포진 병변을 가지고 있다. 미국에서 인구의 약 15%가 HHV-1에 감염되었으며, 약 40%는 HHV-2에 감염되었다. 이 사람들의 2배는 이들 바이러스에 대한 항체를 가지고 있는데, 이것은 그들이 이미 이 바이러스에 노출되었다는 것을 나타낸다.

생식기 포진은 아마도 HIV가 체내로 침입하는 경로를 제공하기 때문에 HIV 감염 위험의 4배 정도 된다.

진단, 치료 및 예방

특징적인 병변은 생식기 포진을 나타낸다. 진단은 물집의 체액으로부터 PCR을 통해 포진바이러스 DNA의 검출을 통해서 확인한다.

많은 바이러스성 질병과 마찬가지로, 증상을 완화시킬 수는 있지만 생식기 포진에 대한 치료법은 없다. 6-12개월 동안 acyclover 또는 다른 항바이러스제의 일일 경구 투여는 재발성 생식기 포진 병변을 방지하고, 성적 파트너에게 포진의 전파를 줄이는데 효과적일 수 있다. 많은 산부인과 의사들은 생식기 포진을 앓는 여성에 대해 임신의 마지막 주에 아시클로비어(acyclover)를 처방한다. (3장의 이들 약물의 작용에 대하여 참조.) 성적 금욕, 감염되지 않은 파트너 간의 충실한 일부일처주의는 생식기 감염을 방지하는 유일하고 확실한 방법이다.

포경 수술한 남성은 여성의 성적 파트너로서 포진 감염에 대한 위험이 낮다. 여성의 포진 병변은 보통 외부 생식기에 있어서 성교 시 콘돔의 사용은 자신의 파트너에게 보호 기능을 거의 제공하지 못한다. 활성 병변을 가진 사람들은 병변의 딱지가 사라지기 전까지는 섹스를 하지 말아야한다. 무증상자라도 자신의 피부에 바이러스를 가지고 있기 때문에, 병변이 없을 때에도 모든 성 상대를 위해서 콘돔을 사용해야 한다. 바이러스 복제를 저해하는 뉴클레오티드 유사체인 발라시클로비어(valacyclovir)는 바이러스 전파의 위험을 감소시킨다. 포진 감염이 있는 임신한 여성은, 심지어는 증상이 없는 경우에도, 의사에게 알려야 한다. 생식기 병변이 출산 시에 나타났다면 아기의 보호를 위해 제왕 절개(cesarean section, C-section)를 하고 출산해야한다.

생식기 사마귀

학습 | 성과

17.30 생식기 사마귀의 특성과 예방에 대하여 설명하라.
17.31 생식기 사마귀와 자궁경부암 사이의 관계를 설명하라.

사마귀(wart) [유두종(papilloma)]는 얼굴, 몸통, 손, 발, 팔꿈치, 무릎 또는 성기의 피부상피 세포가 생장한 것으로 일반적으로 무해하다. 여기에서는 **생식기 사마귀(genital wart)**에 대하여 살펴본다.

징후 및 증상

생식기 사마귀는 생식기, 주변 피부, 그리고 항문과 직장에 나타난다. 이들은 거의 발견하기 어려운 작은 혹으로부터 커다란 콜리플라워 같은 종양인 **첨형 콘딜로마[condylomata acuminata**[11]**)** (kon-di-lō´mah-tă ă-kyū-mi-nah´tă)]까지 그 크기가 다양하다 (그림 17.13). 생식기 사마귀는 고통스러워 보일 뿐만 아니라 통증이나 가려움이 있지만 드물게 출혈을 일으키거나 질 분비물을 증가시킬 수 있다.

병원체

이중 가닥의 DNA이며, 정이십면체의 비피막성 파필로마(*Papillomavirus*) 바이러스 속 가운데 약 30종의 변종이 생식기 사마귀의 원인이 된다. 이들 바이러스는 인간 유두종 바이러스(*human papillomavirus*, HPVs)라고 부른다. HPV의 절반은 영구적으로 사람의 염색체에 통합할 수 있으며, E6와 E7라는 두 가지 바이러스 단백질은 특히 포진바이러스에도 감염된 환자가 감염된 경우에 암을 유발할 수 있다.

[11]그리스어로 *kondyloma*는 "손잡이"의 의미, 라틴어로 *acuminatus*는 "뾰족한"의미

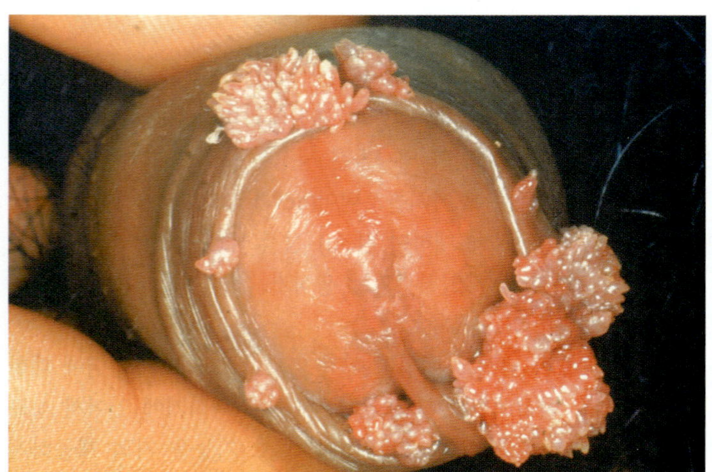

▲ **그림 17.13 생식기 사마귀.** 음경에는 첨형 콘딜로마. 이러한 콜리플라워 같은 사마귀는 암의 이전 단계의 병변으로 간주된다. 생식기 사마귀는 여성의 외부 생식기, 질 내벽, 음경, 남성 또는 여성의 항문 주위의 피부에서도 발생될 수 있다.

발병 및 역학

HPV는 성교 시 음경 (특히 포경수술을 받지 않을 경우), 질, 또는 항문의 피부나 점막에 침입한다. 감염에서 사마귀의 발달까지의 잠복기는 보통 3-4개월이다. 모든 사마귀는 통증이 있고 보기 흉하지만, 생식기 사마귀는 질, 구강, 음경, 항문암 뿐만 아니라 거의 모든 자궁경부암을 일으키기 때문에 더 고통스럽다.

생식기 사마귀는 미국에서, 주로 젊은 성인에서 가장 흔한 성병이다. 성행위를 자주하는 청소년, 포경수술하지 않은 남자, 그리고 이러한 사람들의 성 파트너는 생식기 사마귀의 감염 위험성이 더 높다. 한 연구에서 모든 남자가 포경 수술을 한 경우에 자궁경부암의 세계적인 발병률은 적어도 43%가 감소될 것이라고 보고하였다.

진단, 치료 및 예방

사마귀 진단은 관찰하는 간단한 방법이 있다. DNA 탐침을 통해서 관련된 HPV의 정확한 균주를 동정할 수 있다. 세포 독성 T 세포는 HPV에 감염된 세포를 인식하고 파괴한다. 따라서 사마귀는 시간이 지남에 따라 사라진다. 많은 약물들이 피부에서 사마귀를 제거하는데 종종 효과적이다. 그러나 의사들은 어느 정도 염증을 자극하는 화학 물질들이 다른 성병의 전염을 증가시킬 수 있기 때문에 이러한 제거 약물을 생식기 사마귀에 쓰지 않는 것을 권고한다.

의사들은 수술, 냉동, 화염, 레이저, 또는 부식성 화학 물질을 사용하여 생식기 사마귀를 제거할 수 있다. 이러한 방법들 중의 어떠한 것도 바이러스가 조직 주변에 남아있을 수 있어서 사마귀는 재발할 수 있다.

생식기 암의 효과적인 치료는 조기 진단에 달려있는데, 진단법으로는 남녀 성기의 철저한 육안 검사와 자궁경부암의 검색을 위한 파파니콜로 도말검사[*Papanicolaou* (pa´pa-nē´ ko-low) *smear* (*Pap smear*)]가 있다. 치료에는 종양 세포 재생에 대한 직접적인 방사선 또는 화학 요법이 있다. 진행성 생식기 암의 경우에는 환부 전체 기관을 제거할 필요가 있다.

생식기 사마귀의 예방은 금욕 또는 비감염 파트너와 상호적 일부일처주의에 의해 가능하다. 콘돔은 HPV 감염의 위험을 줄일 수 있다.

과학자들은 재조합 DNA 기술을 사용하여 성병 유두종 바이러스의 가장 일반적인 4가지 균주 (대부분 자궁경부암과 관련된)의 감염을 방지하는 백신을 성공적으로 개발하였다. CDC는 모든 청소년 및 50세 미만의 성인을 위해 3가지 HPV 백신의 투여를 권장한다.

질병개요파악 17.7에는 생식기 사마귀의 특성을 요약되어

임상 사례연구

매우 아픈 남자

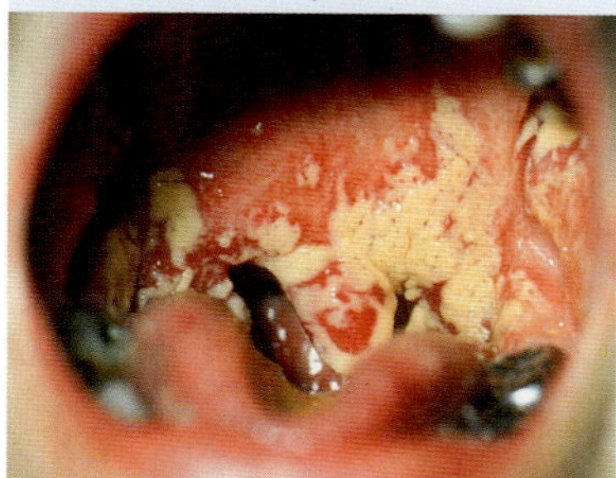

25세의 동성애 남자가 구강 칸디다증 (아구창), 설사, 알 수 없는 체중 감소, 포진 병변, 폐렴 증세로 병원에 입원하였다. 폐 체액의 배양을 통해서 *Pneumocystis jirovecii*의 존재를 밝혀내었다. 남자는 자주 성매매를 하였다.

아구창

1. 이 사람의 증상을 바탕으로 어떤 진단을 할 수 있는가?
2. 어떤 실험실 검사가 이 사례의 진단을 확인할 수 있는가?
3. 이 사람은 어떻게 감염을 취득하였는가?
4. 이 사람의 면역계의 어떤 변화가 *Candida* (아구창) 및 *Pneumocystis* (폐렴)의 기회성 감염이 발생하게 하는가?
5. 이 환자의 혈액을 채취할 때 어떤 주의가 필요한가?

있다.

왜 그런가

왜 이러한 포진과 유두종 바이러스 등의 DNA 바이러스는 RNA 바이러스 보다 더 재발성 질환과 암을 일으킬 가능성이 있는가?

원생동물성 성병

성행위는 구강-항문 성교 시 *Giardia*와 *Cryptosporidium*과 같은 장내 기생체의 전염을 포함하여 여러 가지 원생동물을 전염시킬 수 있다. 그러나 이것은 이들 원생동물이 감염하는 일반적인 방법이 아니다. 이 절에서는 일반적으로 생식계를 감염하는 원생동물인 트리코모나스(*Trichomonas*)에 대하여 살펴본다.

트리코모나스증

학습 | 성과

17.32 징후, 증상, 원인, 발병 기전, 치료, 예방을 포함하여 트리코모나스증의 특징을 설명하라.

트리코모나드(Trichomonad)는 동물과 사람에 기생하는 편모를 가진 원생동물이다. *Trichomonas vaginalis* (trik-ō-mōnas va-jin-al´is)는 유일하게 병원성이 있는 종인데 **트리코모나스증(trichomoniasis)** (trik´ō-mō-nī´a-sis) 또는 *trich* (trik)이라는 성병을 일으킨다.

질병개요파악 17.7

생식기 사마귀

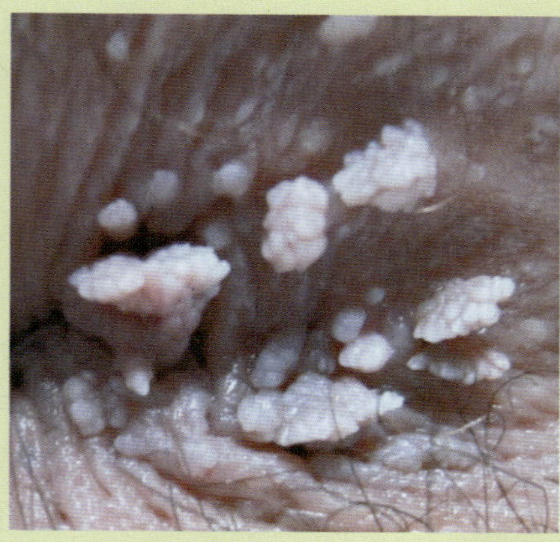

원인 인간 유두종 바이러스(human papillomavirus, HPV), *Papillomavirus*, 나출형의 이중 가닥 DNA 바이러스).

독성인자 세포내 복제주기, 사람의 염색체로 통합, 바이러스 단백질 E6와 E7의 암 발생 능.

침입구 점막 또는 성기의 점막이나 피부; 감염된 사람이나 감염 매개물과의 직접 접촉.

징후 및 증상 생식기에 부드럽고 작은 혹에서 커다란 콜리플라워 같은 생장.

잠복기 3–4개월.

감수성 성행위를 자주하는 사람, 특히 청소년, 포경수술 받지 않은 남자, 그들의 성 파트너.

치료 수술, 냉동, 소각, 레이저, 화학 물질을 이용한 사마귀 제거.

예방 금욕과 상호 일부일처주의.

징후 및 증상

트리코모나스증은 보통 여성에서는 증상이 있고 남성에서는 무증상을 나타낸다. 감염된 여성에서는 일반적으로 악취, 황녹색의 질 분비물, 질 염증 등이 나타난다. 이것은 또한 생식기의 병변, 복통, 통증성 배뇨, 성교시 통증 등을 일으킬 수 있다. 일부 감염된 남성에서 *T. vaginalis*는 요도나 전립선에 염증을 일으켜 통증을 동반한 배뇨증상의 원인이 된다. 남성에서 이러한 증상은 임질 증상과 혼동될 수 있다.

병원 및 독성인자

*Trichomonas*는 잎 모양, 부기저체류(parabasalid)의 원생동물로서 평균 길이는 13 μm이고 폭은 길이의 절반 정도이다. 이 병원균은 전방에 5개의 편모와 파동막을 가지고 있다 (554쪽의 질병개요파악 17.8 참조). 원생동물은 사람의 질, 요도, 전립선에서만 서식한다.

*Trichomonas*는 pH 5–6에서 서식한다. 일반 젖산균은 질의 pH를 4.0–4.5로 유지하고 있어서, 질에서의 미생물총은 *Trichomonas*를 억제하는데 도움을 준다.

발병 및 역학

*T. vaginalis*는 포낭을 생산하지 않고 비교적 높은 산소 농도와 신체 외부의 건조한 공기에서는 오래 동안 살아남을 수 없다. 따라서

감염은 거의 항상 성교를 통해 일어난다. 그러나 역학자들은 젖은 행주와 같은 매개물을 통해서 *Trichomonas*가 전염되는 몇 가지 사례를 보고하였다. 신생아에서 *Trichomonas*의 존재는 산도를 통과하는 동안 아기가 감염될 수 있다는 것을 나타낸다.

연구자들은 60년 이상 *T. vaginalis* 병원성의 정확한 기작에 대해 생각해왔다. 독성인자에는 사람 세포에 부착할 수 있는 능력, 단백질을 분해하는 효소, 혈액을 용혈시키는 능력, 조직을 파괴하는 세포분리 단백질의 생산 등이 있다.

보건부서들에서는 미국에서 매년 약 750만 건의 새로운 트리코모나스증을 보고하였으며, WHO는 전 세계적으로 매년 약 1억7천만 건의 새로운 사례가 발생한다고 추정하고 있다. 이 질병은 여성에서 가장 흔하고 치료가 가능한 성병이다. 다수의 성 파트너 또는 다른 성병이 있는 사람들은 트리코모나스증에 걸릴 위험이 가장 높다. 이 질병은 환자의 HIV 감염에 대한 감수성을 증가시키며 자신의 성 파트너에게 HIV을 감염 가능성을 증가시킬 수 있다.

진단, 치료 및 예방

진단은 보통 질, 요도, 전립선 분비물에서 운동성 *Trichomonas*의 동정에 의존한다. 원생동물은 이것을 가진 사람의 시료에서 약 2/3에서만 발견되며 기생충의 배양이나 도말의 형광항체염색은 진단의 확인을 가능토록 해준다.

치료는 1회에 2 g의 메트로니다졸이나 티니다졸(tinidazole)을 경구용으로 사용한다. 의사는 동시에 남성 파트너나 재감염될 수 있는 여성도 치료해야 한다. *T. vaginalis*에 대한 장기간의 면역은 없다.

예방은 감염된 사람과 성관계를 자제하는 것에 중요하다. 아기는 출산 전에 어머니를 메트로니다졸로 치료하여 예방할 수 있다.

질병개요파악 17.8에는 트리코모나스증의 특징이 요약되어 있다.

질병개요파악 17.8

트리코모나스증

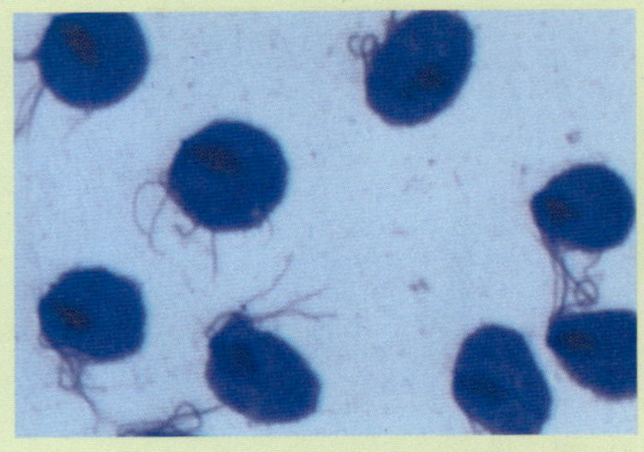

원인 *Trichomonas vaginalis*, 부기저체류에 속하는 단세포, 편모성 원생동물.

독성인자 부착소, 단백질 분해효소, 용혈, 세포분리 인자.

침입구 생식기관의 점막.

징후 및 증상 여성에서 악취, 황녹색의 질 분비물, 질 염증, 종종 점 출혈, 배뇨장애가 일어남. 남성에서 요도염과 전립선염을 일으킬 수 있지만 보통은 무증상임.

잠복기 4-28일.

감수성 성행위가 잦은 사람, 동성애보다 이성애가 더 일반적임, 포경이 있는 남성이 포경이 없는 남성보다 더 많은 위험에 노출될 수 있음. 임신한 여성에서 트리코모나스증은 저체중 아기나 조산의 결과를 초래.

치료 메트로니다졸이나 티니다졸.

예방 금욕, 충실한 두 파트너의 일부일처주의, 지속적이고 올바른 콘돔 사용.

왜 그런가

항균약물 요법이 여성 환자에서 트리코모나스증을 유발할 수 있는 이유는 무엇인가?

임상 미생물 후속내용

그림 같이 완벽한 로맨스?

Jordan은 검사 결과 *human herpesvirus 2* (HHV-2)에 의한 생식기 포진이라는 진단을 받고 충격을 받았다. 의사는 Jordan에게 감염이 완치될 수는 없겠지만, acyclover 등의 약물 사용으로 병변의 발생을 줄일 수 있다고 설명해주었다. 또한 병변이 생기게되면 성적 접촉을 피해야 한다고 알려주었다.

Jordan의 진단을 받고난 후, Lisa도 즉시 포진 검사를 받았다. 그녀의 검사 결과도 HHV-2에 대하여 양성반응이 나왔다. 그녀는 이전의 성 관계로 감염되었을 것이라는 것을 알았지만, 종종 효모 감염으로 착각한 가벼운 감염 이외에는 명백한 다른 증상을 느끼지 못하였다. Lisa의 주기적으로 생식기에서 바이러스가 방출되었지만, 이 사실을 어느 누구도 알 수 없었다.

이 부부는 표준 성병 선별 검사 항목 중에 HHV-2에 대한 검사가 포함되지 않았다는 것을 알았다. 진단이 종료된 후, 그들은 감정의 기복을 경험하면서 HHV-2를 가진 것이 희망이 없는 상황은 아니라는 것을 알게 되었다. 감염이 없었던 것으로 되돌릴 수 없지만, 증상은 임상적으로 관리할 수 있었다.

1. 생식기 포진 감염이 HIV 감염의 위험을 4배로 증가시키는 것으로 밝혀졌다. 이유는 무엇인가?
2. 부부는 그녀가 포진 병변이 있을 때마다 콘돔을 사용하여 "안전한 섹스"가 이루어지기를 바란다. 콘돔은 그 남자가 인간 포진바이러스(human herpesvirus)에 감염되는 것으로부터 막을 수 있을까?

단원요약

비뇨생식계의 구조 (531–533쪽)

1. 남성과 여성의 비뇨계는 혈액을 여과하여 소변을 형성하는 수백만의 네프론, 소변을 임시 저장하기 위한 방광으로 운반하는 두개의 요관, 몸 밖으로 소변을 운반하는 요도로 구성 되어있다. 요도는 미생물의 침입구가 될 수 있다.
2. 성인 여성의 생식계는 반수체 난자를 생산하는 두 개의 난소로 구성되어 있으며, 이 가운데 하나는 매달 난자를 배출한다. 난자 자궁관을 따라 혈액이 풍부한 자궁 쪽으로 이동하여 임신에 대하여 준비하게 된다.
3. 정자 (반수체)가 난자 (또한 반수체)와 수정하게 되면, 이배체의 접합자가 자궁벽에 착상하여 배아로 발생하며, 더욱 발생이 진행되면서 수정에서 9개월이 경과하면 태아가 되어 자궁 경부와 산도를 통해 나오게 된다.
4. 난자는 수정되지 않으면 월경 시 자궁 내막은 질을 통해서 나온다. 질 입구는 특히 성교 중에 미생물의 침입구가 될 수 있다.
5. 성인 남성의 생식계는 고환 (외부낭, 즉 음낭에 위치), 부고환, 정관으로 되어있으며, 두개의 세트로 구성되어 있다. 고환에서 생성된 정자는 부고환에 저장되고 정관을 통과하여 왼쪽과 오른쪽에 위치한 두개의 관이 요도에 결합한 전립선 (이곳의 체액은 정자와 섞여 만들어진 정액임)을 지나서 음경으로 간다. 성매개 미생물은 요도나 음경의 피부를 통해 몸으로 침입할 수 있다.

비뇨계의 세균성 질환 (533–535쪽)

1. 세균은 요도 (요도염), 방광 (방광염), 전립선 (전립선 염) 또는 신장 (신우신염)에서 염증을 일으킬 수 있다. 이들은 **요로 감염(UTIs)**의 모든 유형에 속한다.
2. 경미한 요도염, 방광염, 전립선염은 배뇨와 관련된 문제를 일으키고 열을 발생한다. 신우 신염은 통증, 고열, 구토, 피로를 초래한다. 치료하지 않으면 치명적일 수 있다.
3. 장내(분변) 세균은 주로 요로 감염을 일으킬 수 있다.
4. 감염된 동물의 소변에 존재하는 스피로헤타 *Leptospira interrogans*는 **인간공통전염병** (사람에 의해 획득 한 동물의 질병)인 **렙토스피라증**을 일으킬 수 있으며, 균혈증과 신장 감염을 초래한다.
5. A군 *Streptococcus*의 일부 균주는 성인을 감염시킬 때 항체-항원 복합체를 신장의 사구체에 축적하여 사구체와 네프론의 염증인 **사구체 신염**을 유발한다. 연쇄상구균 급성 사구체 신염은 성인에게 진행성이며 회복 불가능한 신장 질환이다.

생식계의 비성병성 질병 (535–540쪽)

1. *Staphylococcus aureus*의 어떤 균주는 이 증후군은 고-흡수성 탐폰을 사용하는 월경 중인 여성에서 관찰된 잠재적으로 치명적인 질병인 **독성 쇼크 증후군(TSS)**을 일으킨다. 질이나 상처에서 *S. aureus*에 의해 생성된 독소는 T 세포를 자극하여 과도한 사이토카인을 방출하여 독성 쇼크 증후군을 일으킨다.
2. 질 내를 감염하는 통성 또는 절대 혐기성 세균은 세균성 **질증**이라는 악취가 나는 질 분비물과 관련된 비염증성 상태의 원인체가 될 수 있다. 위험 요인으로는 여러 성적 파트너와 질 세척 등이 포함된다. 질 세척은 pH를 상승시켜 병원성 세균이 생장할 수 있도록 하여 질에서 젖산균의 정상 미생물 군을 감소시킨다.
3. 질의 pH 또는 정상 미생물의 변화 후에 *Candida albicans* (효모)는 응유와 같은 질 분비물, 가려움증, 작열 등을 특징으로 하는 질 **칸디다증**을 일으킨다.
4. *Candida*는 **가성균사**라는 세포의 확장기를 형성한다.

성매개 감염과 성병 (540–541쪽)

1. **성매개 감염(STIs)**은 성 파트너들끼리 미생물을 공유하는 것을 포함한다. 이것이 질병을 일으킬 때, 이러한 질병은 **성병(STD)**이다. 성병은 전염병에 속한다.
2. **골반 염증성 질환(PID)**은 자궁, 자궁관 또는 난소에 있는 염증과 통증에 대한 일반적인 용어이다. 치료하지 않은 PID는 자궁외 임신이나 불임으로 이어질 수 있다.

세균성 성병 (541–550쪽)

1. **임질**은 *Neisseria gonorrhoeae*에 의해 발생되는 것으로, 특히 생식기, 비뇨기, 소화기에서 점막의 상피 세포에 부착하고 통증을 동반하는 배뇨와 남성의 성기에서 고름이 채워진 분비물, 여성에서는 자궁관 손상 또는 골반 염증성 질병, 출산 시 감염된 신생아의 눈 손상 등을 일으킬 수 있다. 많은 여성들에서는 무증상이다. 세균이 몸 전체를 통하여 백혈구 내부를 이동하는 경우, 다른 장기에 영향을 미친다.
2. 스피로헤타 *Treponema pallidum*은 **매독**을 일으키는 성병으로 4단계로 구분된다.
3. **1차 매독**이 진행되는 동안, 작고 딱딱하고 매우 전염성이 있는 **하감** (병변)의 감염부위에 스피로헤타로 채워지며 몇 주간 남아 있게 된다.
4. **2차 매독**은 *Treponema*가 혈류를 통해 확산될 경우에 발생한다. 이 단계는 불쾌하고 오래 지속되는 전염성 피부 발진을 특징으로 한다.

5. **잠재성 매독**은 몇 년간 지속될 수 있으며 임상적으로 비활성 단계이다.
6. **3차 매독**은 염증과 과민면역 반응으로 인한 심각한 합병증과 관련이 있다. 치료하지 않은 환자는 치매, 실명, 마비, 심부전, 그리고 매독 **고무종** (피부나 다른 장기에 부종성 병변)을 경험할 수 있다.
7. **선천성 매독**은 감염된 어머니의 자궁에 전염된 후에 생기는 태아의 질병이다. 그 결과는 사망, 정신 지체, 발진 또는 장기의 기형이 일어날 수 있다.
8. *Chlamydia trachomatis*는 가장 흔한 성병 세균이다. 감염은 종종 여성에서는 무증상이고 남성에서는 임질과 비슷한 증상을 보인다.
9. 클라미디아 감염은 부고환의 염증 (**부고환염**), 고환의 염증 (**고환염**), 출생 시 아기의 안 질환 (**트라코마**), 그 후에 염증성 림프절 (가래톳)의 발달로 진행되는 생식기 병변인 **성병림프육아종**을 일으킬 수 있다.
10. *Haemophilus ducreyi*는 **연성하감**을 일으키는데 부드럽고 통증을 동반하는 생식기 궤양을 특징하는 연성하감을 생성한다.

바이러스성 성병 (550–553쪽)

1. Human herpesviruses HHV-2 ("허리아래" 바이러스)와 HHV-1 ("입술포진" 바이러스)은 **생식기 포진**을 일으키는데, 비리온이 채워진 생식기 물집이 특징이다. 일부 바이러스는 신경절에 잠복하고 재발 증상을 일으킨다.
2. 포진바이러스는 출생 시 또는 피부에 포진 물집 (생인손)과 접촉을 통해 비성적인 방법에 의해 확산될 수 있다.
3. 파필로마바이러스(*Papillomavirus*)는 **생식기 사마귀**를 유발하는데 크기가 작은 것부터 작은 **첨형 콘딜로마**라는 콜리플라워 같은 크기의 종양까지 다양한 형태가 있다. 일부 인간 유두종 바이러스는 암을 일으킨다.

원생동물성 성병 (553–564쪽)

1. 장내 원생동물은 어떤 성행위를 통해서 전달될 수 있다.
2. 원생동물인 *Trichomonas vaginalis*는 **트리코모나스증**을 일으킨다.
3. 트리코모나스증은 여성에서는 (악취가 나고 황녹색의 질 분비물 및 질 염증을 수반하는) 증상이 있지만 남성에서는 일반적으로 무증상이다.

복습문제

복습문제에 대한 답 (단답형 문제 제외)은 A–1에 있다.

선다형

1. 신장의 기능적 단위는?
   a. 골반
   b. 네프론
   c. 사구체
   d. 신장 피라미드
2. 다음 서열 가운데 정자가 생식관을 통과하는 과정을 가장 정확하게 열거한 것은?
   a. 고환, 부고환, 정관, 요도, 음경
   b. 고환, 정관, 부고환, 전립선, 요도
   c. 음낭, 정관, 부고환, 요도, 음경의 포피
   d. 정관, 부고환, 전립선, 요도, 음경
3. 염증이 수반되지 않는 질의 세균성 감염은?
   a. 세균의 독성
   b. 세균성 질염
   c. 세균성 질증
   d. 세균성 여성음부증
4. 고무종(gummas)에 대한 옳은 문장을 골라라.
   a. 고무종은 작고, 무통증이며, 붉은 경화성의 병변이다.
   b. 고무종은 림프절에서 문제가 생긴 것으로 몇 달간 지속될 수 있다.
   c. 고무종은 일반적으로 매독의 일차 단계에서 생성된다.
   d. 고무종은 고무같고 고통과 붓기를 동반하는 병변이다.
5. 전염성의 스피로헤타로 채워진 하감이 특징인 매독 단계는?
   a. 1차
   b. 2차
   c. 잠재성
   d. 3차
6. 클라미디아 감염의 치료는 다음의 무엇을 포함하는가?
   a. 에리스로마이신 크림
   b. 테트라사이클린
   c. 눈꺼풀 기형의 수술적 교정
   d. 위의 모든 것

7. 페니실린은 매독의 어느 단계에서 효과가 없는가?
   a. 1차 매독
   b. 2차 매독
   c. 3차 매독
   d. 페니실린은 위의 모든 것에 효과가 없다.
8. 미국에서 가장 흔한 성병은?
   a. 매독
   b. 임질
   c. 클라미디아 감염
   d. AIDS
9. 썩은 냄새 및 황녹색의 질 분비물이 특징인 질병은?
   a. 임질
   b. 트리코모나스증
   c. 클라미디아 감염
   d. 매독
10. 적절하게 사용된 콘돔에 관한 다음의 설명가운데 거짓인 것은?
   a. 콘돔은 성기 사마귀의 확산을 줄인다.
   b. 콘돔은 임질의 발생을 줄인다.
   c. 콘돔은 클라미디아 감염의 가능성을 증가시킬 수 있다.
   d. 콘돔은 매독의 전염을 줄이는데 효과적이다.

연결형

다음 용어와 그 설명을 연결하라.

1. ____ 배뇨장애
2. ____ 균혈증
3. ____ 인수공통전염병
4. ____ 신생아 안염
5. ____ 직장염
6. ____ 신우신염
7. ____ 고환염
8. ____ 고무종
9. ____ 근육통
10. ____ 방광염
11. ____ 생인손
12. ____ 전립선염
13. ____ 첨형 콘딜로마
14. ____ PID
15. ____ 성병

A. 신장의 염증
B. 전립선의 염증
C. 방광의 염증
D. 고환의 염증
E. 직장의 염증
F. 종종 급하고 고통을 동반하는 배뇨
G. 근육의 통증
H. 신생아의 결막염증
I. 동물에서 사람으로 전파되는 질병
J. 뼈, 신경조직, 피부 등에 고무와 같으며 고통과 붓기를 동반한 병변
K. 성기에 대형 콜리플라워 모양의 종양
L. STD에 대한 일반 용어
M. 포진바이러스에 의한 피부 감염
N. 혈류의 세균 침입
O. 자궁, 자궁관, 난소의 염증

미생물과 그 미생물이 일으키는 질병을 연결하라.

1. ____ *Leptospira*
2. ____ *Haemophilus*
3. ____ *Chlamydia*
4. ____ *Treponema*
5. ____ *Neisseria*
6. ____ *Staphylococcus*
7. ____ *Candida*
8. ____ HHV-1
9. ____ HHV-2
10. ____ *Papillomavirus*

A. 입술포진
B. 독성 쇼크 증후군
C. 생식기 사마귀
D. 매독
E. 연성하감
F. 렙토스피라증
G. 성병림프육아종
H. 생식기 포진
I. 임질
J. 효모 감염

빈칸 채우기

1. 포경은 음경에서 ________________를 제거한 것이다.
2. 요로 감염의 대부분 (70%)은 장내 세균인 ________________에 의해 발생된다.
3. 질에 존재하는 정상 젖산균이 *Gardnerella vaginalis* 또는 *Mycoplasma hominis*로 대체될 때, 그 결과로 발생하는 감염을 ________________라고 한다.
4. *Neisseria gonorrhoeae*의 3가지 구조적 독성인자는 ________________, ________________, ________________ 등 이다.
5. 세계적으로 사람에게서 비외상성 실명의 주요 원인인 트라코마는 성 매개 세균인 ________________에 의해 발생한다.
6. 여성에서 가장 흔하며 치료가능한 원생동물성 성병은 ________________이다.

변형된 진위형

1. ____ 독성 쇼크 증후군은 성병이다.
2. ____ 거의 모든 AIDS 환자는 생식관 또는 소화관에서 칸디다증이 생긴다.
3. ____ 임질은 종종 변기를 통해 전염된다.
4. ____ 여성에서 임질 증상은 남성에서의 증상보다 확실하고 고통스럽다.
5. ____ 생식기 포진에 대한 치료법은 없다.
6. ____ 매독을 일으키는 세균은 변기, 오염된 옷, 또는 기타 매

개물의 접촉을 통하여 확산된다.

7. ____ 남성의 포경수술이 여성 파트너의 자궁경부암의 위험을 줄인다는 증거가 제시되었다.

8. ____ 많은 사마귀 제거 약물은 생식기 사마귀 치료에 권장된다.

9. ____ 암을 일으키는 일부 파필로마바이러스 균주에 대한 백신이 개발되어 있다.

10. ____ 포진바이러스에 감염되었지만 물집이 없는 사람은 종종 점액성 분비물을 통해서 성기의 포진을 확산시킨다.

11. ____ 트리코모나스증은 보통 성적으로 전염되지만 축축한 매개물을 통해서도 전염될 수 있다.

단답형

1. 여성 생식계에서 정상 미생물총은 질 내의 pH를 4.5 정도로 유지시킨다. 이것이 중요한 이유는?
2. 비뇨기 및 비뇨기 내의 소변이 보통 무균상태라면, 일반적으로 배뇨에 세균이 포함되어있는 이유는?
3. *Neisseria gonorrhoeae*의 어떤 구조가 세균을 정자 세포에 부착시키고 자궁관으로 이동하여 골반 염증성 질환을 일으키는가?
4. Smith 가족은 자주 입술포진을 겪는다. 이러한 문제가 생기는 이유에 대하여 설명하라.
5. 과학자들이 *Treponema pallidum*의 독성인자를 확인하는데 문제가 있는 이유는?
6. 의사들이 출산 시에 아기의 눈에 항미생물제를 넣는 이유는?
7. 사춘기 소녀들은 성인 여성들보다 질 감염에 더 민감 것으로 관찰되었다. 글리코겐, 젖산, pH, 에스트로겐을 언급하면서 이 관찰에 대하여 설명하라.
8. 질 세척이 질을 깨끗이 하는 과정이지만 실제로 감염을 촉진할 수 있다. 이것에 대하여 설명하라.
9. 작은 농장에서 아이들은 가축이 방목되는 연못에서 놀았다. 아이들은 일 년간 많이 아팠으며, 복통, 구토, 두통, 발열을 호소하였다. 어떤 원인이 있을 수 있는가?
10. 임질에 대한 효과적인 백신이 없는 이유는?
11. 3차 매독이 진단하기 어려운 이유는?
12. *Chlamydia*의 발달주기를 그려서 설명하라.
13. 연성하감 병변을 1차 매독과 성기 포진과 비교하라.
14. 질염과 질증을 비교하라.

시각화하기!

1. 클라미디아 생활사의 단계와 체계를 표시하라: 기본소체, 세포 내이입, 소포, 숙주세포, 봉입체, 초기 소체. 일반적으로 각 단계에서 어느 정도의 시간이 걸리는지 나타내라.

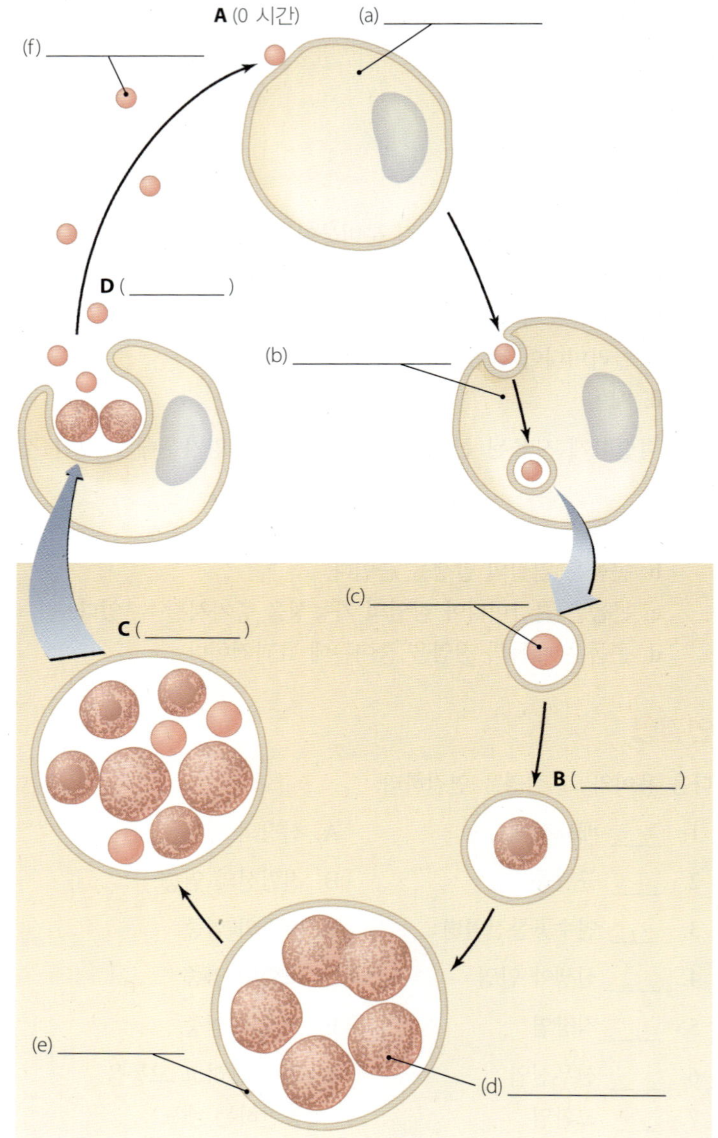

2. 다음 비뇨생식계와 관련된 병원체의 이름을 적어라.

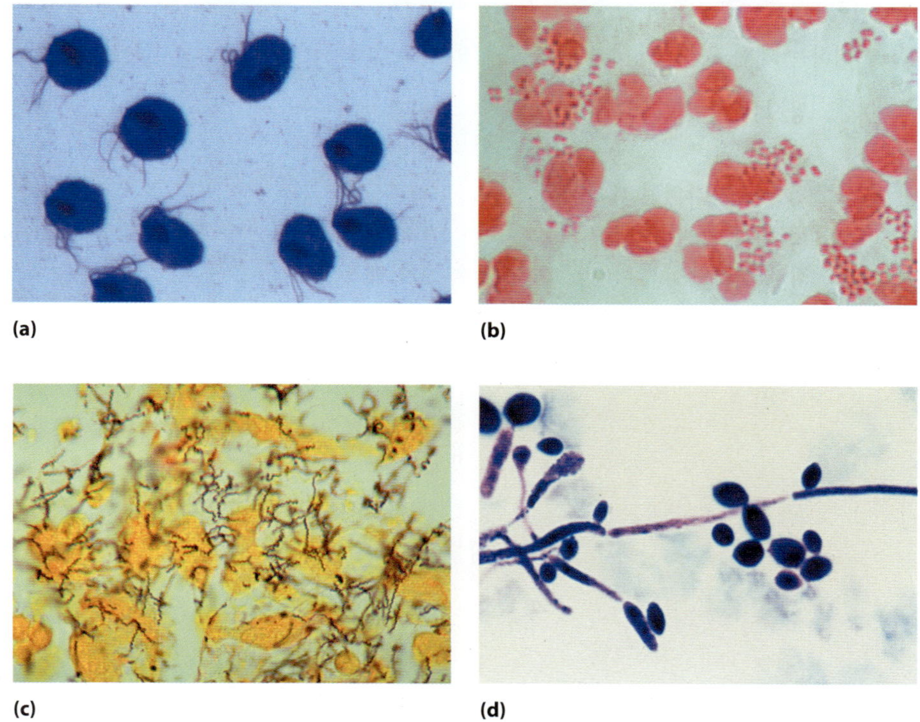

비판적 사고

1. 콜로라도강에서 래프팅 휴가를 보내고 나서 1주일 후에, Chen의 가족 5명은 모두에서 입술포진이 생겼다. 의사는 포진바이러스에 의한 병변이 생겼다는 것을 설명해주었다. Chen 부부는 깜짝 놀랐다; 포진은 성병이 아닌가? 어떻게 어린아이에게 발생하였는지 설명하라.
2. 일부 과학자들은 신세계의 질병인 매독이 스페인의 탐험가들이 유럽으로 귀환하면서 가져왔다고 생각하고 있다; 다른 과학자들은 매독이 반대 방향으로 이동했다고 생각한다. 두 가설을 시험하는 실험을 디자인하라.
3. 일부 의사들은 레이저 수술이 생식기 사마귀를 성공적으로 제거할 수 있지만, 이 방법을 선택하기를 꺼려한다. 의사들의 이러한 태도에 대한 가능한 이유를 설명하고 해결책을 제시하라.
4. 생식기 질환을 예방하기 위한 항생제 사용이 어떤 부정적인 영향을 미칠 수 있는지에 대하여 기술하라.
5. 의사는 환자에게서 눈이 빛에 매우 민감하고 모래가 들어간 느낌이 있다고 설명을 듣고 난 뒤 안구 포진에 감염되었다고 하였다. 안구 포진의 원인은 무엇인가? 인간포진바이러스(human herpesvirus) 1형 또는 2형 가운데 어떤 것이 안구 포진을 일으킬 가능성이 높은가? 그 이유는?
6. 15세의 Dolores는 "민감한 부분"에서 느꼈던 고통에 대하여 어머니에게 난처한 마음으로 이야기하였다. 그녀는 남자친구인 Nick의 첫 번째 여자라고 확신하였지만, 질병에 걸렸을 수도 있다는 데 대하여 걱정하였다. 어머니는 Dolores에게 암과 관련된 바이러스에 의한 자궁 경부 병변을 발견했던 의사를 만나 볼 것을 권유하였다. 어떤 성매개 바이러스가 관련이 있는가? 그 의사는 어떻게 그 병변을 치료하는가? Dolores는 자신을 어떻게 보호할 수 있는가?
7. 일부 자연 건강 옹호자들이 세균성 질증을 방지하는 방법으로 살아있는 *Lactobacillus* 배양액의 섭취를 홍보한다. 이 방법이 실패할 가능성이 높은 이유는 무엇인가?
8. 항균 약물로 패혈성 인두염의 치료하는 것이 질 칸디다증에 걸린 기회를 증가시키는 이유는 무엇인가?
9. 자궁경부바이러스(HPV)가 자궁경부암의 원인임을 증명하기 위해 Koch의 가설을 어떻게 적용할 수 있는가?

개념도 작성

다음 용어를 사용하여 매독을 설명하는 개념도를 작성하라.

몸 전체에 발진
심장 혈관 매독
무세포 배지
하감
선천성 매독
암시야 현미경
고무종
임산부의 감염된 태아
몇 년 동안 지속
잠재 단계
신경 매독
비진행
페니실린
1차 매독
2차 매독
혈청학적 검사
스피로헤타
3차 매독
Treponema pallidum

18 응용 및 환경미생물학

임상 미생물 5성 식당에서의 식중독

유명한 레스토랑의 일류 요리사인 Dan은 요리사라는 자신의 직업을 사랑하며 진지하게 임하고 있다. 그는 식품의 위생 상태를 중요하게 생각하고 식품 오염을 막기 위하여 직원들을 매우 엄격하게 교육시킨다. 아픈 직원들은 주방에 접근조차 하지 못하게 한다.

어느 날 Dan은 단골손님으로부터 그의 레스토랑에서 아내와 함께 식사를 하고 나서 설사를 하였다는 전화를 받았다. Dan은 그에게 사과하고 다음에 레스토랑을 방문하게 되면 무료로 식사를 대접하겠다고 하였다. 다음날 또 다른 손님이 식사를 하고난 뒤에 아팠다는 불만을 제기하였다. 불안감에 빠진 Dan은 직원들과 위생검사를 실시하였지만 어떠한 문제점도 찾지 못했다.

이틀 밤이 지나고 Dan은 심각한 설사를 동반한 구토증상이 나타나고, 배가 아프며, 열이 나고, 식은땀이 흐르며 근육통을 경험하게 되었다. 응급실 의사는 Dan이 유명한 레스토랑의 요리사라는 사실과 그의 식당에서 식사를 했던 손님들이 Dan과 비슷한 증상을 나타냈다는 것을 알게 되었다. Dan은 곧 감염관리 간호원과 공중위생 공무원들의 주목을 받게 되었다.

공중위생 공무원들은 샘플 확보를 위해 Dan의 청결한 주방을 방문하였다. Dan은 당황하고 걱정을 하였다. Dan은 자기 자신이 아프기도 하였지만, 손님들의 건강과 어렵게 쌓아올린 레스토랑의 명성에 대하여 걱정하였다.

Dan과 손님들은 건강을 회복할 것인가? 공중위생 공무원들은 Dan의 주방에서 무엇을 찾았는가? **이 장의 끝 (591쪽)에서 확인하라.**

미생물의 대사 활동은 다양한 환경을 만들며, 미생물의 반응은 지구에 사는 생명체에서 필수적이다. 특히 세균과 진균은 인간에게 유용한 대사활동을 제공할 수 있다. 이 장에서는 응용미생물학을 선도하는 분야들과 환경미생물학을 선도하는 주제들에 대하여 알아본다.

상업적으로 미생물을 사용하는 분야인 **응용미생물학(applied microbiology)**은 두 가지로 구분된다: 미생물을 식품 제조와 식품부패 방지, 그리고 식품-관련 질병을 예방하는 **식품미생물학(food microbiology)**과 미생물을 산업 제조과정의 응용과 환경, 건강, 농업 문제의 해결책으로 사용하는 **산업미생물학(industrial microbiology)**이 있다. **환경미생물학(environmental microbiology)**은 자연에서 발견되는 미생물과 미생물 활동이 (인간을 포함한) 다른 생물과 환경 자체에 미치는 영향을 연구한다. 먼저 식품미생물학부터 살펴보자.

식품미생물학

미생물은 빵, 와인, 요구르트 등 우리가 일상생활에서 쉽게 접하는 식품들을 만드는데 도움을 준다. 발효 식품은 다양한 문화에서 볼 수 있고, 역사적으로도 깊은 유래를 갖고 있다. 발효 식품 고유의 일정한 향과 맛은 미생물이 발효할 때 생산하는 산과 설탕으로부터 만들어진다. 또한 이러한 미생물의 대사 활동은 병균과 독소를 파괴하는 방부제 역할을 하며, 비타민이나 다른 영양소를 생성하기도 한다. 다음의 절에서는 미생물의 생장과 대사 활동을 활용하여 식품 생산과 부패를 막는 역할에 대하여 살펴본다.

식품 생산에서 미생물의 역할

학습 | 성과

18.1 미생물의 대사는 어떻게 식품 생산에 활용되는지 설명하라.

빵

Saccharomyces cerevisiae (sak-ă-rō-mī´sēz se-ri-vis´ē-ī)는 설탕을 대사하여 빵을 부풀어 오르게(leaven[1]) 한다. 제빵사들은 밀가루와 소금, 효모를 넣어 반죽을 만들고, 산소를 넣기 위하여 잘 주무른다. 반죽은 대사반응 중 이산화탄소를 배출하여 부풀게 하고, 반죽 안에 공기 주머니를 만든다. 발효에서 생산된 에탄올은 구울 때 증발한다. 효모빵(sourdough bread)은 효모와 젖산균이 들어간 종균 배양을 이용해 만든다. 세균에 의해 생성된 젖산은 그 빵 고유의 시큼한 맛을 낸다.

생화학자들은 발효(*fermentation*)라는 용어가 유기분자를 전자 수용체로 활용하여 에너지를 생성하는 설탕의 부분적 산화라고 한다. 그러나 식품미생물학에서 **발효(fermentation)**는 미생물의 생장에 의해서 식품이나 음료가 원하는 변화를 이룰 때를 말한다. 반면에 **부패(spoilage)**는 원치 않는 대사반응, 병원균의 생장, 또는 원치 않는 미생물의 존재로 식품이 바람직하지 않은 변화를 이룰 때를 말한다.

발효 미생물은 자연적으로 곡식, 과일, 야채에서 발견된다. 과거에 사람들은 자연적으로 발생하는 미생물들에 의존하여 발효식품과 음료를 만들었으나, 농작물과 수확에 따라 발효 미생물의 양이 달랐기에 발효식품의 결과도 다양하였다. 대부분의 현대 가공식품과 음료생산은 일정하게 특정한 발효를 할 수 있는 미생물들로 이루어져있는 **종균 배양(starter culture)**에 의존한다. 종균 배양에 부가하여, 2차 배양(*secondary culture*)은 추가적으로 식품의 맛과 향을 변화시킬 수 있다. 예를 들어, 스위스 치즈(Swiss cheese)와 블루 치즈(blue cheese) (푸른곰팡이 치즈)는 처음에는 같은 종균 배양을 활용하여 제조한다; 이 두 가지 치즈는 생산과정에서 다른 2차 배양이 사용되기 때문에 다르다.

발효 야채

세계 각지의 사람들은 다양한 야채를 발효시킨다. 대부분의 발효 야채들은 *Streptococcus* (strep-tō-kok´ŭs), *Leuconostoc* (loo´kō-nos-tŏk), *Lactobacillus* (lak´tō-bă-sil´ŭs), *Lactococcus* (lak-tō-kok´ŭs) 등의 발효 중에 젖산을 생산하는 젖산균 작용의 결과이다. 젖산은 식품을 산화시켜 "신맛"을 낸다.

배추를 발효시켜 만든 식품에는 한국의 김치(kimchi) (kim-chē)와 독일의 사우어크라우트가 있다. 간장은 젖산균과 효모 (*S. cerevisiae*), 그리고 *Aspergillus oryzae* (as-per-jil´ŭs o´ri-zī)가 콩과 밀을 발효하여 만든다. 초콜릿은 카카오 씨앗을 발효시켜 만든다. 커피 생산은 커피 열매를 자연적으로 발효시켜 커피콩을 열매와 분리한 뒤, 말리고 볶는다.

피클도 흔히 볼 수 있는 발효식품이다. 피클을 오이와 연관시키는 경우가 많지만, 비트와 달걀처럼 다른 식품도 절일 수 있다. 절임(*pickling*)은 소금물이나 산에 식품을 보관하거나 맛을 첨가하는 것이다. 딜 피클(dill pickle)처럼 미생물의 발효에 의해 산이 만들어지는 경우가 있다. 피클에 다양한 향신료를 첨가해 맛을 보강할 수 있다. 절인 식품은 산성이기 때문에 소수의 세균만이 살아남을 수 있어 보관하는 절인 식품을 오래 보관하기에 적합한 방법이다.

발효식품은 사람이 먹기 위해서만 만들어지는 것은 아니다. 사일리지(*Silage*)는 농장에서 사용되는 사료 가운데 하나로, 감자, 풀, 옥수수 대, 또는 푸른 잎 등을 넣어 만든다. 이 초목들을 베어서 습기 있고 무산소 상태의 환경인 사일로(silos)에서 저장한다. 사일로 안에서 발효되는 풀들은 사일리지에 향과 맛을 추가하는 유기 화합물을 만들어 가축들이 맛있고 소화가 잘 되게 먹을 수 있게 된다. 밀짚과 잡초를 플라스틱에 감싸서 사일리지를 만들기도 한다.

발효 육류제품

육류는 말리거나, 절이거나, 훈제, 발효하지 않으면 빨리 상하는 경

[1]From Latin *levare*, meaning "to raise."

향이 있다. 돼지고기나 소고기를 말리거나 훈제한 후, 발효시키는 방법은 오랜 세월동안 사용되었다. 말린 소시지, 살라미나 페퍼로니는 고기를 갈아 다양한 향신료와 종균 배양을 섞은 뒤 차갑게 보관하여 발효시킨 후, 피복재에 채워 넣는다. 아시아 국가들에서 흔히 볼 수 있는 발효 생선은 소금물에 생선을 갈아 넣는다. 자연적으로 존재하는 미생물이 혼합물을 발효시키고, 건더기를 건지고 눌러서 생선 반죽을 만든다. 남은 액체는 버린 뒤, 향신료를 추가하여 소스를 만든다.

발효 유제품

우유 발효는 젖산균의 활동에 의존한다. 유방에 있는 우유는 무균상태이지만, 젖을 짜는 과정에서 미생물이 들어오기 때문에 생우유를 저온 살균해야한다. 종균 배양 대사의 결과물은 우유를 발효시켰을 때 특유의 식감과 향을 만든다.

버터우유는 무지방 우유를 *Lactococcus lactis* (lak´tis)의 아종 *cremoris* (kre-mōr´is)와 *Leuconostoc citrovorum* (sit-rō-vō´rum)이 포함된 종균 배양을 넣어 만든다. 요구르트는 *Streptococcus thermophilus* (ther-mo´fil-us)와 *Lactobacillus bulgaricus* (bul-gā´ri-kŭs)가 포함된 종균 배양을 섞어 만든다. 요구르트 제조사들은 저온 살균된 우유, 유고형분, 감미료와 다른 재료들을 일정하게 혼합한 뒤 종균 배양을 첨가한다. 이 혼합물을 43°C에서 발효시킨 뒤, 식혀 추가적인 미생물 작용을 막는다. 그 후, 첨가제를 이용해 포장 전에 맛을 추가하기도 한다.

치즈의 식감은 단단하거나 부드럽기도 하고, 맛은 순하거나 자극적이다. 어떠한 치즈를 제조하든, 보편적으로 저온 살균된 우유를 사용한다 **(그림 18.1)**. 1 파운드의 치즈를 만드는 데 필요한 우유의 양은 약 5갤런이다. 종균 배양 *Lactococcus lactis*는 단백질을 응고시켜 응유(*curds*) (고체)와 유장(*whey*) (액체)을 생성한다. 갓 제조되어 판매되는 치즈는 응유를 유장에서 제거한 후, 조그마한 조각으로 자른 후 포장한다. 레닌(*rennin*)이라는 단백질 분해효소를 사용할 경우, 응유를 생성하는 속도를 가속시킬 수 있다.

다른 치즈 (숙성된 치즈)의 경우에는 원하는 식감과 맛이 나올 때까지 숙성시킨다. 단단한 파미산(parmesan)이나 체다(cheddar) 치즈 같은 경우는 물기가 빠질 때까지 누르지만, 부드러운 치즈는 발라 먹을 수 있을 정도까지 물기를 유지한다. 눌려진 응유는 몇 달에서 몇 년 동안 미생물들의 대사 작용으로 특유의 향과 맛을 만들어낸다. 치즈 제조사들은 다양한 미생물과 효소들, 그에 맞는 발효 방법과 배양 조건 등을 고려해 원하는 치즈를 제조한다.

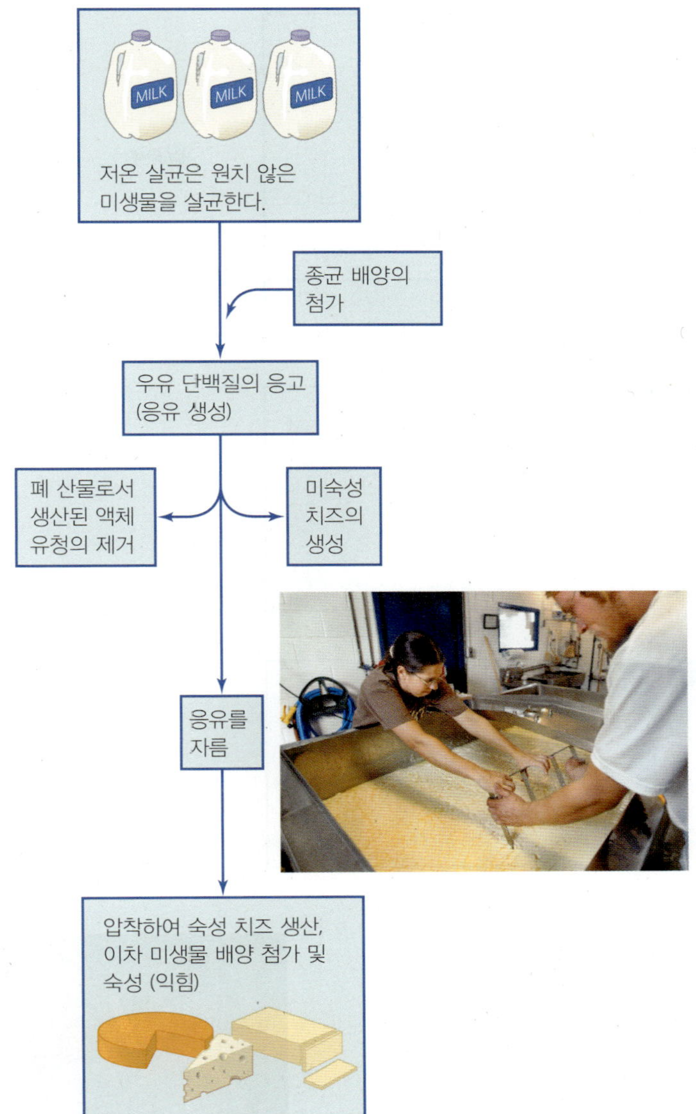

▲ **그림 18.1 치즈 제조 과정.** 모든 상업적 치즈는 우유의 저온 살균으로부터 시작한다; 시중에서 판매되는 다양한 종류의 치즈는 위의 과정을 토대로 만들어진다. *왜 더 오래 숙성된 치즈는 강하고 신맛이 나는가?*

그림 18.1 숙성 중 발효로 인하여 산이 지속적으로 생산된다; 치즈가 더 오래 숙성될수록 산이 더 많아져 강한 맛이 난다.

알코올 발효제품

알코올 발효(*alcoholic fermentation*)는 다양한 미생물이 포도당 같은 단순당을 에탄올과 이산화탄소로 전환시키는 반응을 한다. 에탄올과 이산화탄소 (CO_2)는 식품에 따라 중요도가 달라진다. 제조사에서 제품을 만들 때와 같이, 상업적으로 대량 생산하는 알코올 발효에서 특별한 종균배양을 사용한다. 다음 절에서는 포도주, 증류주, 맥주, 사케, 그리고 식초 생산에서 발효의 역할에 대하여 알아본다.

포도주과 증류주 포도주를 제조하는 보편적인 방법은 다음과 같다 **(그림 18.2)**:

1 과일즙의 준비(*Preparation of must*). 포도주 제조자들은 과일을 으깬 후, 줄기를 제거하여 과일즙(must) (과일의 열매와 즙)을 만든다. 적포도주는 포도를 사용해 만든 과일즙 전체를 이용하여 만들고, 백포도주는 포도나 청포도의 즙만 사용하여 제조한다. 기후와 토양의 상태에 따라 포도가 함유하는 당분이 달라지기 때문에 포도주의 품질도 달라진다.

▲ **그림 18.2 포도주 제조 과정.** 적포도주는 적포도 종의 포도액 (과일의 고형 및 주스성분)을 발효시키고, 백포도주는 적포도의 알이나 청포도 종만을 사용해 발효시켜 생산한다.

2 발효(*Fermentation*). 포도 및 다른 과일들은 표면에 얇은 막의 세균과 효모가 자연적으로 감싸고 어떤 포도주 양조장에서는 세균과 효모를 이용하여 포도주를 제조하기도 한다. 대부분의 상업적 용도로는 이산화황(SO_2)을 넣어 자연적인 세균의 생장을 느리게 하고 종균 배양을 첨가해 포도주가 매년 일정한 품질로 만들어지게 한다. *Saccharomyces*는 포도즙에 있는 당을 알코올로 발효시켜 포도주로 만든다. *Leuconostoc*은 포도에 자연적으로 존재하는 산을 제거한다.

3 정화 또는 청징(*Clarification*). 여과나 침전은 고형 물질들을 제거하는데 이것을 정화과정이라 한다.

4 숙성(*Aging*). 포도주를 나무통에서 숙성시킨다. 효모의 대사 작용과 나무 특유의 향이 배어 맛과 향이 첨가된다.

5 병채우기(*Bottling*). 포도주를 병에 채워 넣고 판매한다.

달지 않은 포도주(dry wine)는 당분이 전부 발효된 경우이며, 반면에 감미(sweet) 포도주나 디저트(dessert) 포도주는 일부 당분이 남아있다. 대부분의 식사용 포도주의 알코올 함유율은 10-12%이며, 강화(fortified) 포도주의 알코올 함유율은 약 20%인데, 증류주 (다음 절에서 토론)를 넣었기 때문이다. 스파클링(sparkling) 포도주는 설탕을 첨가한 후, 이산화탄소를 병 안에서 이차 발효하여 만든다.

증류주(distilled spirits)는 포도주와 비슷한 방법으로 제조하는데, *Saccharomyces*가 과일, 곡식이나 채소들을 발효시킨다. 증류주와 포도주의 차이점은 증류주를 제조 시 알코올의 농도가 증류되는 과정 중 높아지는 것이다. 이 과정에서 발효액에 열을 가하여 알코올을 증발시킨 후, 응축시켜 알코올을 다시 추가하기 때문이다. 그 결과로 알코올의 함유량이 높아진다 (100-표준도수 증류주는 50% 알코올임). 브랜디(brandies)는 과즙으로, 위스키(whiskey)는 곡물로, 보드카(vodka)는 호밀, 밀, 보리 또는 감자로 만들어진다.

맥주와 사케 맥주는 보리를 이용해 다음 과정을 거쳐 만들어진다 (**그림 18.3**):

1 맥아 제조(*malting*). 보리를 촉촉하게 한 후, 싹트게 하는 과정에서 전분 분해효소가 생성되어 전분을 주로 엿당인 당으로 만든다. 싹튼 보리는 말린 후 갈아서 맥아(*malt*)를 만든다.

2 으깨기(*mashing*). 맥아와 부원료(adjancts) (예, 당, 쌀, 수수, 또는 옥수수)라 불리는 탄수화물 첨가제는 물과 함께 섞어 효소들이 맥아 제조 시, 당을 더 많이 생산할 수 있도록 한다. 이 당액을 맥아즙(*wort*)이라고 한다.

3 발효 준비(*prepartion for fermentation*). 양조업자는 맥아즙에서 고형물을 제거하고 말린 호프(*hops*) (포도와 같은 호프 식물의 부분이 있는 건조된 꽃)를 첨가한다. 맥아즙을 끓이면 효소들의 작용을 억제함과 동시에 호프의 향을 첨가하며, 대부분의 미생물들을 제거하고, 즙을 농축시킨다.

4 발효(*fermentation*). *Saccharomyces*가 포함된 종균 배양을 맥아즙에 넣는다. 라거(lager)라고 하는 대부분의 맥주는 효모 *S. carlsbergensis*. (karlz-bur-jen´sis)로 하면 발효(bottom-fermenting)하여 만들고, 에일(ale)과 같은 맥주는 *S. cerevisiae*로 상면 발효(top-fermenting). (효모는 통에서 뜨기 때문에)하여 만든다.

51 숙성(*aging*). 맥주는 숙성되고, 저온 살균 및 여과된 후, 병에 채우거나 캔으로 만든다. 맥주의 알코올 함유량은 포도주나 증류주보다 낮은 4% 정도이다.

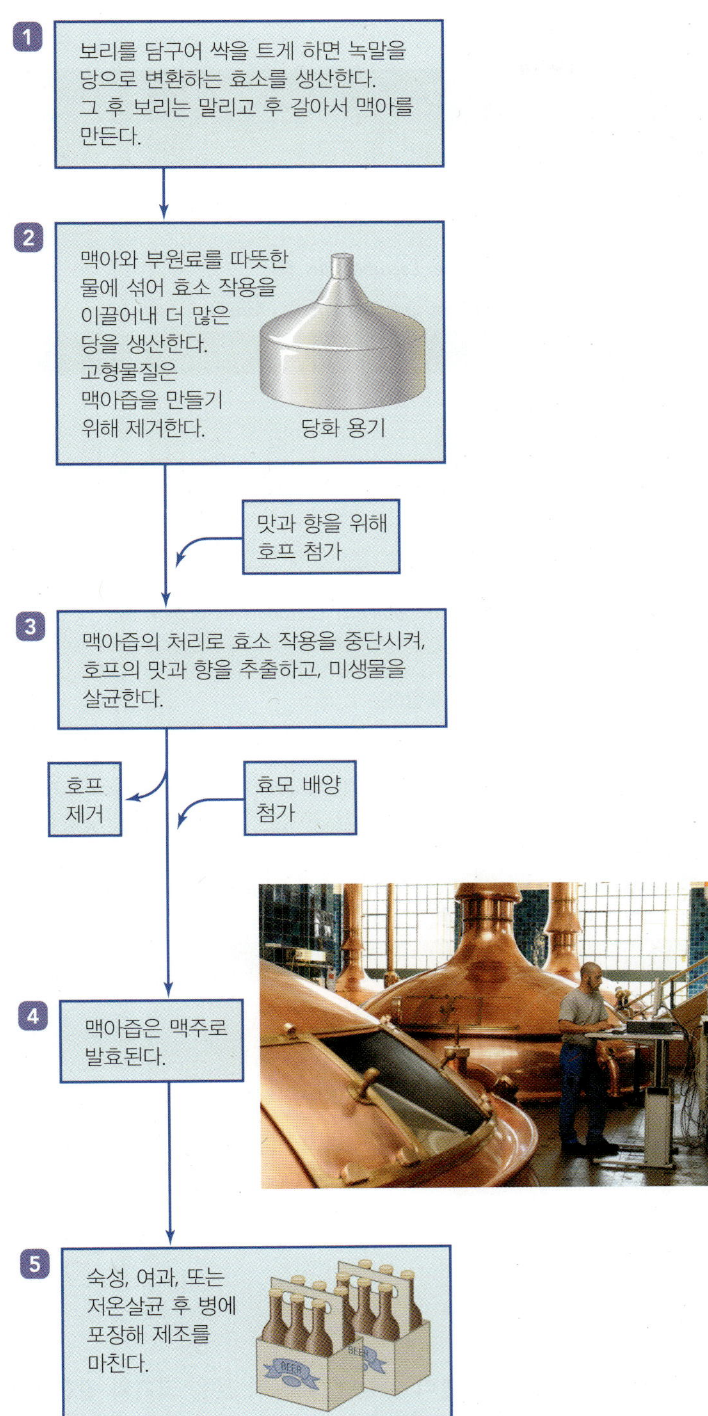

▲ **그림 18.3 맥주 제조 과정.** 생산된 맥주의 종류 (라거나 에일)는 주로 사용된 효모의 종류 (각각 상면 발효 또는 하면 발효)에 따라 달라진다.

청주 또는 사케(sake) (쌀발효주)는 찐쌀로부터 만들어지며, 탄수화물이 *Aspergillus oryzae*에 의해 당으로 바뀐 후, *Saccharomyces*에 의해 발효된다. 사케의 알코올 함유량은 약 14%이다.

식초 식초(Vineger[2])는 과일, 곡식, 또는 야채에서 나온 에탄올이 아세트산으로 산화되면서 만들어진다. *Acetobacter* (a-sē´to-bak-ter) 또는 *Gluconobacter* (gloo-kon´ō-bak-ter)와 같은 아세트산 세균(acetic acid bacteria)은 2차 대사 작용을 하며 약 4%의 아세트산을 생성한다. 사과로 식초를 만들 때는 사과 식초가 되는 것처럼, 식초를 만들 때 원재료에 따라 맛이 달라진다.

566쪽의 **표 18.1**에는 관련된 생물들에 따라 발효 식품의 유형이 요약되어 있다.

[2]From French *vinaigre*, meaning "sour wine."

식품 부패의 원인과 예방

학습 | 성과

18.2 식품의 특징과 식품에서 미생물의 존재가 어떻게 식품의 부패를 일으키는지를 설명하라.

18.3 식품 부패를 방지하는 방법을 열거하라.

식품에 적용되는 많은 화학 반응이 식품의 맛과 향을 강화하고 보존을 용이하게 하지만, 그렇지 않은 경우도 있다. 식품이 부패되는 경우에는 모양이 변형되고, 맛과 영양가가 떨어진다. 부패된 식품은 경제적 손실을 가져올 뿐만 아니라, 잠재적으로 질병과 사망까지 일으킬 수 있다. 이 절에서 부패를 방지하는 방법을 생각하기 전에 식품이 부패하는 원인을 살펴본다.

식품 부패의 원인

식품이 부패하는 이유는 식품의 내인성 인자(*intrinsic factor*) 때문이다. 영양소의 구성, 수분활성도, pH, 물리적 식품의 특성과 미생물군의 경쟁 활동이 그 예다. 그러나 식품 부패 이유는 식품이 식품 고유의 성분과 전혀 관계가 없는 외인성 인자(*extrinsic factor*) 때문에 발생할 수도 있다. 예를 들어, 취급이나 조리 과정 중에서 부패할 수 있다.

식품 부패의 내인성 인자 식품의 영양소 구성은 미생물의 존재와 생장을 결정한다. 크랜베리의 경우 항미생물제인 벤조산(benzoic acid)을 자연적으로 포함하고 있기 때문에 쉽게 부패하지 않는다. 그러나 강화식품(*fortified food*)의 경우 비타민이나 미네랄이 풍부하여 미생물들의 생장을 촉진시키기도 한다.

수분활성도(*water activity*)란 용질에 의해 물리적으로 결합하지 않은 물이나 표면을 말하고 미생물에게 활용될 수 있는 것을 말한다. 순수한 물은 수분활성도가 1.0이다. 미생물들이 살기 적합한 환경은 수분활성도가 최소 0.90은 되어야 한다. 생고기처럼 습기가 있는 식품은 수분활성도가 약 0.90이라 미생물이 살 수 있지만 건조된 식품 (예, 조리되지 않은 파스타)의 경우는 수분활성도가 0에 가깝기 때문에 미생물이 살 수 없다. 식품 제조사들은 수분활성도를 줄이기 위해 말린 식품을 사용하거나 소금이나 설탕을 첨가한다. 잼의 경우에 습기는 있지만 설탕의 함유량이 많아 수분활성도가 낮아 미생물이 살 수 없다.

표 18.1 발효식품과 제조에 이용되는 미생물

식품	재료	미생물 배양
발효 야채		
사우어크라우트/김치	양배추, 배추	다양한 젖산균
피클	오이, 고추, 비트	다양한 젖산균
간장	콩과 밀	*Aspergillus oryzae*, *Lactobacilllus* 종
미소, 된장	쌀과 콩 또는 쌀과 기타 곡물	*Aspergillus oryzae*, *Lactobacillus* 종, *Torulopsis etchellsii*
발효 육류		
건조 살라미	돼지, 소, 닭고기	다양한 젖산균
생선 소스/페이스트	다진 생선	다양한 자연산 균
발효 유제품		
우유		
버터밀크	저온살균 탈지 우유	*Lactococcus lactis* 아종 *cremoris*와 *Leuconostoc citrovorum*
요구르트	저온살균 탈지 우유	*Streptococcus thermophilus*와 *Lactobacillus bulgaricus*
치즈		
티지 치즈	저온살균 우유	아종 *cremoris*를 포함하는 *L. lactis*
경질 치즈 (예, cheddar 치즈)	응유	추후 추가없이 코티지 치즈와 같은 종균 배양
연질 치즈 (예, Camembert 치즈[a])	응유	코티지 치즈와 같은 종균 배양에 *Penicillium camemberti* 추가
곰팡이-숙성 치즈 (예, Roquefort 치즈)	응유	코티지 치즈와 같은 종균 배양에 *Penicillium roqueforti* 추가
동물 사료		
사일리지	옥수수, 곡물, 식물	다양한 자연산 균
알코올성 발효		
포도주	포도	*Saccharomyces cerevisiae*
증류주	과일, 야채, 곡물	*S. cerevisiae*
맥주	밀	*S. cerevisiae* 또는 *S. carlsbergensis*
사케	밥	*A. oryzae*와 *Saccharomyces* 종
식초	과일, 야채, 곡물	*S. cerevisiae*와 *Acetobactor* 또는 *Gluconobacter*
빵	밀가루, 소금, 등	*S. cerevisiae*

[a]치즈는 연질치즈이면서 곰팡이 숙성-치즈이기도 하다.

식품의 산성도(acidity)는 내인성 인자가 될 수 있다. 대부분의 식품은 pH 7에 가깝고, pH 7에 가까울수록 다양한 미생물들이 생장할 수 있다. 딜 절임(dill pickle)이나 감귤류와 같은 과일은 pH 5 이하이기 때문에 곰팡이와 젖산균을 제외한 대부분의 미생물의 생장을 억제할 수 있다.

물리적 특성은 눈으로 확인할 수 있는 내인성 인자이다. 껍질이나 두꺼운 표면은 과일이나 채소를 보호한다. 이러한 표면은 건조하고 양양소가 부실하여 미생물의 생장에 도움이 되지 않는다. 껍질이나 두꺼운 표면이 손상되었을 경우, 미생물이 과일이나 채소를 부패시킬 수 있다.

다진 고기는 표면이 넓고 산소에 많이 노출되어 다지는 과정 중 세균이 고기에 침투할 수 있는 여지가 많아 미생물의 생장을 도우며 일반 고기보다 더 빨리 상한다. 자르지 않은 고기와 같은 큰 고기 덩어리는 무산소 상태이며 미생물과 접촉되지 않는다.

일부 미생물들의 경쟁이 식품 부패의 내인성 인자가 될 수 있는데, 특히 발효식품에서 발생한다. 발효 식품은 발효를 돕는 세균이 다양하게 분포되어있지만, 병원균은 거의 분포되어있지 않다. 병원균들은 대체적으로 발효 상태의 환경에서 잘 자라지 못하며, 사람의 체내에서 발견되는 병원균들은 영양분이 부족한 환경에서는 자라지 못한다.

표 18.2에는 식품 부패에서 내인성 인자의 영향이 요약되어 있다.

식품 부패의 외인성 인자 식품의 조리, 관리와 보관상태 등의 외

표 18.2 식품 부패에 영향을 미치는 요소

	부패성이 높은 식품	부패성이 낮은 식품
내인성 인자		
영양소 구성	화학적으로 영양소가 풍부하거나, 강화된 식품 (스테이크, 빵, 우유)	화학적으로 영양소가 제한된 식품 (밀가루, 곡류, 곡물)
수분활성도	수분이 많은 식품 (고기, 우유)	건조하거나 수분활성도가 적은 식품 (파스타, 잼)
pH	pH가 중성인 식품 (빵)	pH가 낮은 식품 (오렌지 주스, 피클)
물리적 구조	껍질이 없는 식품; 다진 고기	껍질이 있는 식품; 잘 보호된 식품
미생물 경쟁	자연적 미생물 개체군이 없는 식품 (다진 고기)	자연적 미생물 개체군이 있는 식품 (피클)
외인성 인자		
가공의 정도	가공되지 않은 식품 (생우유, 과일)	가공 식품 (저온살균 식품)
방부제의 양	방부제가 들어가지 않은 식품 (고기, 자연 식품)	자연 방부제나 인공 방부제가 들어간 식품 (마늘, 향신료, 이산화황)
저장 온도	따뜻하게 저장된 식품	차갑게 저장된 식품
포장	포장되지 않은 식품	포장 또는 봉인된 식품

인성 인자도 식품 부패의 원인이 된다. 미생물들은 다양한 방법으로 식품에 유입될 수 있는데, 수확 단계의 토양에서 오염된 물, 또는 공장에서 제조할 때 벌레 등 다양한 방법으로 의도하지 않게 미생물이 식품에 들어갈 수 있다. 그러나 대부분의 식품 부패는 소비자의 올바르지 않은 관리 방법 때문이다. 식품에 미생물의 유입을 방지하고 생장을 둔화시키는 방법에 대하여 간단히 설명하고자 한다.

부패의 잠재성 용어에서 식품 분류

식품은 상하기 쉬운 식품, 어느 정도 상하기 쉬운 식품, 상하지 않는 식품 등의 3가지로 분류할 수 있다. 우유와 같은 상하기 쉬운(*perishable*) 식품은 영양가가 높으며 촉촉하고 뚜껑에 의해 보호받지 못한다. 차갑게 보관하지 않으면 (수일 내에) 빨리 상한다. 토마토소스처럼 어느 정도 상하기 쉬운(*semiperishable*) 식품은 몇 달을 통에 넣어두어도 개봉하지 않으면 상하지 않는 식품이다. 그러나 일단 개봉을 하면, 몇 주 이내에 부패될 수 있다. 상하지 않는(*nonperishable*) 식품에는 보통 파스타와 같은 건조된 식품이나 부패되지 않은 채 거의 무한정으로 보관될 수 있는 통조림이 있다. 상하지 않는 식품은 대체적으로 영양가가 낮으며, 건조하고, 발효되었거나 보존되었다 (간단히 토론됨).

식품 부패 방지

식품 부패는 생산, 제조, 포장, 또는 보관 단계에서 시작된다. 식품 부패는 경제적인 손실로 이어지는데 생산자들에게는 생산성과 품질을 하락시켜 회수, 폐기, 심각할 경우 공장이 문을 닫아 직장을 잃을 수 있고, 소비자들은 건강이 악화되어 병원비가 늘고 일을 하지 못해 수입에 타격을 입는다. 다음 항목에서 식품 제조과정, 방부제, 온도 및 보관 상태를 통해 식품 부패 방지 방법을 알아본다.

식품 제조 방법 산업용 통조림 제조(*industrial canning*)는 식품 보관 방법 중 가장 널리 알려져 있다 (그림 18.4). 식재료를 손질, 분류, 제조가 완료된 후 깡통이나 병에 담아 높은 온도 (115°C, 239°F)에 압력을 가한다. 115°C의 온도는 미생물학 실험실의 멸균보다는 살균력이 약하기 때문에 더 오랜 시간동안 가열한다. 멸균온도 (121°C, 250°F)는 식품의 맛, 식감, 영양소를 파괴하기 때문에 가열 후 재빨리 냉각한다. 열은 중온성 영양 세균을 제거하고 *Bacillus* (ba-sil´lŭs)와 *Clostridium* (klos-trid´ē-ŭm)이 생성하는 내생포자를 파괴한다. 통조림 제조는 대부분의 미생물을 제거하지만, 식품을 멸균하지는 않는다. 초고온성 미생물이 남아있지만, 상온에

▲ **그림 18.4 산업적 통조림 제조.** 식품은 가공되어 통이나 병 안에 넣어진 후, 내생포자 생성이 가능한 세균을 포함한 미생물을 살균하기 위해 일정 시간동안 압력과 열이 가해진다. *이 직원은 왜 열린 통을 다루는데 마스크나 장갑을 끼지 않는 것인가?*

그림 18.4 식품이 증기 살균되기 전 단계이므로, 미생물이 들어가도 살균될 것이다.

서는 생장하지 않아서 위험요소가 되지는 않는다.

식품이 제대로 제조되지 않았거나 식품을 냉각하는 과정 중이나 후에 중온성 미생물이 감염되었을 경우, 부패가 진행된다. *Clostridium* 종과 대장균군은 통조림 과정에서 제일 많이 발견되는 오염 미생물인데, 무산소 환경의 산성도가 낮은 식품에서 번식한다. *Clostridium*의 내생포자와 내열성이 있는 오염 미생물이 특히 문제가 되는데, 제조 과정 중에 깡통이나 병이 충분히 가열되지 않았을 경우, 밀폐포장 안의 내생포자가 발아하고 생장하여 독소를 방출하기 때문이다.

저온살균법(*Pasteurization*)은 통조림에서의 멸균보다 덜 엄격하며, 술, 포도주 또는 유제품에 우선적으로 사용되는데, 그 이유는 맛의 변화에 민감한 식품의 맛을 보존하기 때문이다. 중온성의 내생포자를 생성하지 않는 미생물 (대부분 병원체 포함)만 제거할 정도로 살균하기 때문에 저온살균은 전반적인 미생물 숫자는 줄일 수 있으나, 박멸이 아니기 때문에 냉각보존하지 않으면 부패한다.

수분은 미생물 생장에 필수적이다. 그러므로 건조는 훌륭한 식품 보존 방법이다. 건조는 미생물 생장을 늦추거나 못하게 하지만, 미생물의 내생포자를 제거하지는 못한다. 햇볕에 말려 건조하는 과일들도 있지만, 유통되는 대부분의 건조식품은 오븐이나 원통형 건조기에 넣어 식품의 수분을 증발시킨다.

동결건조(lyophilization) (lī-of´i-li-zā´shŭn) 또는 동결 건조법(*freeze drying*)은 식품을 얼린 후, 진공 상태에서 얼음 결정을 건조시킨다. 스프나 양념 등 동결 건조된 식품은 물을 섞으면 원상 복구된다.

코발트-60에서 만들어지는 감마선은 과일, 야채, 고기, 생선에 침투하여 미생물의 DNA에 치명적인 손상을 입힌다. 이온화 조사(*irradiation*)는 논란이 되고 있는데, 그 이유는 소비자들이 이온화 조사된 식품이 방사성을 띤다거나 영양이 떨어지거나 독소가 들어있다는 잘못된 정보를 믿기 때문이다. 이온화 조사는 완벽한 살균능력이 있으며 향신료와 같은 식품을 보존하기 위해 일상적으로 활용되고 있다.

자외선은 이온화시키지 않으며 깊숙이 관통하지 않는다. 자외선은 통조림 제조에 쓰이는 포장이나 냉각수에 사용되며, 육류 제조공장에 고기와 접촉하는 기기 표면을 처리할 때도 사용된다.

무균포장(*aseptic packaging*)시, 통조림 제조나 저온살균에 버티지 못하는 종이나 플라스틱 용기는 뜨거운 과산화수소수, 자외선, 또는 과열 증기를 통해 살균된 후, 무균포장 용기에 식품을 넣고 추가 작업 없이 포장을 마친다.

방부제 사용 사람은 오랜 역사동안 소금과 설탕을 이용해 식품을 보존해왔다. 이 두 화학물질은 삼투현상을 통해 식품과 미생물의 수분을 흡수하여 잔류한 미생물을 제거하고 미생물에 의한 오염물의 생장을 늦춘다. 베이컨은 고염도, 젤리는 고당도 식품이다.

소금과 설탕은 식품에서 물을 제거하는 반면, 자연 방부제는 미생물 효소나 세포막을 저해한다. 예를 들어, 마늘은 효소의 기능을 저해하는 알리신(*allicin*)이라는 성분을 갖고 있다. 크랜베리에 있는 벤조산 역시 효소의 기능을 저해한다. 정향(clove), 계피(cinamon), 오레가노(oregano), 백리향(thyme) [어느 정도까지는 세이지(sage)나 로즈마리(rosemary)]도 미생물의 막 기능을 저해하는 기름을 만든다.

여기서 본 바와 같이, 발효식품은 산성 환경을 만들어 미생물이 살지 못하게 한다. 나무 훈연으로 고기를 건조시키면 고기에 생장 억제제가 첨가되어 보존을 도와준다. 자연적이나 인위적인 화학물질을 식품에 첨가해 방부제로 활용하기도 한다. 사용 가능한 방부제는 인체에 해롭지 않으며 식품의 맛이나 형태를 크게 변형시키지 않는다. 벤조산(benzoic acid), 솔빈산(sorbic acid), 프로피온산(propionic acid) 등과 같은 유기산의 경우에 음료, 드레싱, 제과류 등 다양한 식품에 사용되고 있다. 이산화황(sulfur dioxide)이나 에틸렌옥사이드(ethylene oxide) 등의 기체는 건조식품, 향신료, 견과류를 보존하는데 사용된다. 모든 화학방부제는 미생물의 신진대사를 억제하지만 많은 화학방부제는 미생물을 제거하지는 못한다. 화학방부제는 살균제(*gemicidal*)라기보다 정균제(*gemistatic*)이다. 화학 물질에 따라 세균이나 곰팡이에 더 적합하다. 벤조산의 경우에, 곰팡이의 활동을 억제하지만, 세균의 생장에 영향을 미치지 않는다.

제조와 보관 시 온도에 주의 식품 준비와 제조 시에는 일반적으로 고온을 선호하지만, 식품 보관 시에는 저온을 선호한다. 저온살균, 통조림 제조, 조리 시 고온은 병원균을 제거하며 단백질과 효소들이 비가역적으로 변질되기 때문이다. 그러나 고온 시에도 많은 독소들은 비활성화 되지 않는데, 예를 들어, 보툴리눔 식중독 독소는 제조한 세균이 죽어도 조리된 식품 내에 잔류한다.

고온과는 달리, 저온은 미생물들을 죽이는 경우는 거의 없으나, 미생물들의 대사능력을 느리게 만들어 생장을 둔화시킨다. 식품을 냉동시켜도 모든 미생물을 죽이지 못하고, 미생물 오염도를 낮추어 해동 후 식중독에 걸릴 확률을 낮추는 정도이다.

식품이 부패하는 것을 예방하기 위해, 식품 준비는 고온에서 충분히 마친 후, 미생물 환경을 불가능하게 하는 환경에서 저장해야한다. 남은 식품을 싸거나 용기에 밀봉하면 공기와 오염물질의 접촉을 막을 수 있다. 식품을 냉장 또는 냉동고에 보관하면 효과가 더 뛰어나다.

저온의 환경에서 생장의 억제를 받지 않는 미생물인 *Listeria monocytogenes* (lis-tēr´ē-a mo-nō-sī-tah´je-nēz)는 리스테리아증의 원인이며, 연질 치즈 등에 자주 서식하는 세균이다. 이 미생물은 냉장상태에서 잘 생장하므로 식품과의 접촉을 미리 막는 것이 좋다.

식중독

학습 | 성과

18.4 오염된 식품이나 부패한 식품을 먹었을 때 일어나는 병의 기본적인 형태와 그것들을 피하는 방법을 설명하라.

표 18.3 식품매개 질병에 가장 흔한 세균과 원생동물

생물	영향을 받는 식품	설명
Campylobacter jejuni	생고기와 덜익은 고기; 생우유; 처리되지 않은 물	설사를 유발하는 가장 흔한 원인
Clostridium botulinum	가정에서 요리한 식품	신경독소를 생산함
Escherichia coli O157:H7	고기; 무살균 우유	장독소를 생산함
Listeria monocytogenes	유제품; 생고기와 덜익은 고기; 해산물	토양과 물에서 흔히 발견된다. 토양과 물에서 쉽게 감염된다. 냉장고 온도에서 서식함.
Salmonella 종	날달걀과 덜익은 달걀; 유제품; 과일과 야채	미국에서 두 번째로 흔한 식품매개 질병의 원인
Shigella 종	샐러드; 우유와 유제품; 물	미국에서 세 번째로 흔한 식품매개 질병의 원인
Staphylococcus aureus	조리된 고-단백질 식품	조리에 의해 파괴되지 않는 강력한 독소 생산
Toxoplasma gondii	고기 (특히 돼지고기)	기생성 원생동물
Vibrio vulnificus	날 해산물 또는 덜 익은 해산물	1차 패혈증 (혈액 내 세균) 유발
Yersinia enterocolitica	돼지고기; 유제품 맹장염과 같은 설사와 복통 유발; 냉장고 온도에서 서식함	

부패한 식품을 먹었을 경우, 병에 걸릴 수 있지만 모든 식중독이 부패한 식품 때문에 발생하는 것은 아니다. 식중독은 인체에 해로운 미생물이나 그 산물이 들어있는 식품을 먹었을 경우에 발생한다.

식중독(*food poisoning*)은 살아있는 미생물을 식품과 함께 섭취하여 발생되는 **식품감염(food infection)**과 미생물의 독소를 섭취하여 발생되는 **식중독(food intoxification)**의 두 종류로 구분된다. 식중독에 걸리면 원인에 상관없이 구역, 구토, 설사, 열, 기절, 근육 경련이 일어난다. 증상은 식품을 먹은 뒤 2-48시간 내에 나타나며 수일동안 증상이 지속된다.

미국의 질병통제예방센터(CDC)의 자료에 의하면 매년 식중독에 감염된 사례는 약 4,800만 건에 이른다. 이 중 128,000명은 병원에 입원하며 3,000명은 사망한다. 이 중에서 연구원들이 식중독의 원인이 되는 미생물을 진단한 경우는 불과 1,400만 건 정도이다. 미국 농무부에서 식중독에 의한 생산성 저하, 의료비, 사망에 의한 경제적 손실은 대략 50억-100억 달러로 추정된다.

250종 이상의 식중독 질병 연구가 보고되었다. **표 18.3**에는 가장 흔한 10종의 원인과 발생지가 열거되었다. 10종 가운데, 원생동물 *Toxoplasma gondii* (tok-sō-plaz´mă gon´dē-ē)를 제외하고는 모두 세균성 원인체이다. *Aspergillus*와 *Penicillium* 곰팡이나 바이러스 (예, A형 간염이나 노로바이러스)도 식중독의 원인체이다.

왜 그런가

미생물은 생우유에도 서식하지만, 생우유는 치즈를 만드는데 사용되지 않는다. 왜 그런가?

산업미생물학

미생물을 활용해 환경 센서 등 중요한 화합물을 생산하거나 식물과 동물의 유전자 조작을 다루는 산업미생물학은 미생물학 내에서 중요한 분야이다. 이 절에서는 발효공업, 산업제품 제조, 물과 폐수의 처리, 생물학적 폐기물을 처리하는 미생물들을 탐구한다.

발효공업에서 미생물의 역할

학습 | 성과

18.5 산업과 농업에 활용되는 유전자 조작 미생물의 역할과 산업적 규모의 발효의 기본원리를 설명하라.

산업에서 발효(*fermentation*)는 식품위생학이나 물질대사에서 쓰는 발효와 다른 의미를 갖고 있다. 발효공업(*industrial fermentation*)은 특정 미생물을 대량 생산하여 아미노산이나 비타민과 같은 유익한 화합물을 생산해낸다. 미생물의 생장에 적합한 환경을 갖추기 위해 온도, 통기, pH를 조절한다. 대체적으로 발효공업은 가장 저렴한 배지를 이용하여 시작하며, 보편적으로 다른 공정의 부산물로서 얻어진다 (예, 치즈생산에서 나오는 유청). 발효공업은 채우고 비우고 살균하기 용이한 큰 용기에서 진행된다 **(그림 18.5)**. 용기는 대부분 세척과 살균이 더 간편한 스테인리스 철로 만들어진다.

발효공업에는 2가지 종류가 있다. 회분 생산(*batch production*)은 재료가 완전히 발효될 때 까지 기다린 후, 결과물을 한꺼번에 회수한다. 연속 생산(*continuous flow production*)은 용기 안에 새로운 배지를 연속적으로 넣고, 부산물과 발효물질을 연속적으로 제거한다. 연속 생산을 하려면 미생물들이 발효물질을 배지 주변으로 분비해야 한다.

산업제품은 미생물의 일차 또는 이차 대사에 의해 만들어진다. 에탄올과 같은 일차 대사산물(*primary metabolites*)은 증식이나 활발한 물질대사의 산물이 요구되기 때문에 활발한 생장과 물질대사

▲ **그림 18.5 발효 통.** 이렇게 큰 통은 산업적, 농업적, 의학적 제품을 대량생산하기 위해 많은 양의 미생물이 사용된다. *이 통을 왜 나무로 만들지 않고 스테인리스강으로 만드는 것인가?*

그림 18.5 발효통은 스테인리스 강으로 만들어져 있기 때문에 더욱 쉽게 청소할 수 있어 산물이 생성되는 동안 오염을 막을 수 있다.

를 하는 동안에 생산된다. 페니실린과 같은 이차 대사산물(*secondary metabolites*)은 지수생장기를 지나 정지기에 들어간 상태에서 생산되며, 당장 그 기간 동안 생장에 필요하지 않은 물질이다.

재조합 DNA 기술은 재조합 미생물을 생산하기 위해 사용된다. 산업에서 사용되는 많은 유전자 조작 생물들은 안정적이고 많은 양의 화합물을 생산하거나, 새로운 기능을 위하여 특별히 만들어진 것이다.

미생물에 의한 산업제품

학습 | **성과**

18.6 미생물에 의해 생산되는 다양한 산업제품을 열거하라.

미생물, 특히 세균은 대사 활동 중 효소, 식품 첨가물, 식품 보충제, 염료, 플라스틱, 연료 등 많은 종류의 화합물들을 생산한다. 재조합 미생물들은 추가적으로 인간 인슐린과 같은 일반적인 미생물이 생산하지 않는 의약품을 만들 수 있다. 이 절에서는 효소, 대체 연료, 제약품, 살충제, 농작물, 바이오센서, 바이오리포터 등 미생물이 생산하는 다양한 산물들에 대하여 알아본다.

효소와 기타 산업제품

효소는 미생물이 생산하는 것들 가운데 더욱 중요한 산물이다. 대부분의 효소는 자연적으로 만들어지며 산업용으로 창안되었다. 예를 들어, 아밀라아제는 *Aspergillus oryzae*에 의해 만들어지는데 얼룩제거제로 사용된다. *Clostridium* 종에서 얻을 수 있는 펙틴분해효소(pectinase)는 아마(flax)의 셀룰로오스 섬유소에 효소적으로 분비하여 리넨(linen)을 만든다. 다양한 미생물에서 얻어지는 단백질분해효소는 연육제, 얼룩 제거제, 치즈 생산에 이용된다. 스트렙토키나제(streptokinase)와 히알루로니다아제(hyaluronidase)는 각각 혈전을 녹이고, 투여된 액체가 몸에 잘 흡수될 수 있도록 의학에 사용된다. 또한 미생물은 재조합 DNA 기술에 도움을 주는 제한효소(restriction enzyme), 리가아제(ligase), 중합효소(polymerase) 등을 생산한다.

미생물이 자연적으로 생산하는 산물들 가운데 식품 첨가제와 식품 보조제로서 인간에게 유용한 것도 있다. 식품 첨가제(*food additives*)는 식품의 색이나 맛을 보존하고, 식품 보조제(*food supplements*)는 식품에 부족한 영양분을 보충한다. 아미노산과 비타민은 가장 중요한 보조제로 사용되는 중요한 산물이다. 비타민은 식품에 직접 첨가하거나 정제로 만들어진다. 아미노산은 정제로 만들어지기도 하고, (아미노산인 페닐알라닌과 아스파르트산에서 만들어진) 단맛이 강한 감미료인 아스파르탐(aspartame)과 같은 새로운 화학물질과 결합해 새로운 제품을 만들기도 한다. 구연산이나 글루콘산, 아세트산과 같은 유기산도 미생물에 의해 생산되어 식품제조에 사용된다. 구연산은 산화 방지제로 사용되며, 글루콘산은 칼슘 흡수를 용이하게 한다.

미생물에 의해 만들어지는 다른 산업 제품에는 청바지 (**집중 조명: 청바지를 "친환경적으로"** 참조)를 파랗게 하는 남색 염료(indigo dye)나 직물에 이용하는 셀룰로오스 섬유가 있다. 미생물이 생산한 생분해성 플라스틱은 생분해성이 아닌 석유로 만든 플라스틱을 대체할 수 있다. 세균은 석유로 만든 플라스틱과 비슷한 구조를 가지고 있는 탄소기반의 고분자인 polyhydroxyalkanoate (PHA)를 만든다. 생분해성 플라스틱은 제조가격이 비싸지만, 1990년대 초반부터 시판되어왔다.

대체 연료

광합성을 하는 미생물은 태양에너지를 이용하여 CO_2를 생물연료(biofuel)로 사용될 수 있는 탄수화물로 전환시킨다. 다른 미생물들은 바이오매스(biomass) (식물이나 동물의 폐기물 같은 유기 물질)를 에탄올, 메탄, 수소 등의 재생가능한 생물연료로 만든다.

에탄올은 알코올 발효 중에 만들어지며, 가장 쉽게 만들어지는 대체 생물연료로서 휘발유와 혼합하여 가소홀(*gasohol*)로 만들 수 있으며 현재의 차량에 사용되고 있다. 현재 미국에서 옥수수와 같은 곡물은 에탄올로 발효시키고 있으며, 옥수숫대 또는 건초용 풀(switchgrass)처럼 먹을 수 없는 농작물이나 농작물 폐기물을 이용한 대체 연료의 생산에는 물, 비료, 사료가 덜 사용될 수 있다.

모든 미생물은 정상적인 물질대사의 일부로서 탄화수소를 합성하지만, 일부의 미생물만이 연료로 사용 가능한 탄화수소를 만든다.

집중 조명

청바지를 "친환경적으로" 만들기

대부분의 청색 작업복 바지(denim)는 석유에 기반을 둔 과정을 거쳐 제조된 남색 염료를 넣어 만들어진다. 인디고(indigo)라는 식물에서 추출된 염료는 생산하는데 비싸고 매우 힘든 노동을 필요하기 때문에 사용하지 않고 있다. 환경전문가들은 석탄과 기름에 의존하는 과정에서 나온 잠재적인 독성 부산물에 의한 환경 훼손을 염려한다.

이 고민을 해결하기 위해 과학자들은 화학구조가 남색 염료와 비슷한 트립토판이라는 아미노산을 자연적으로 생산하는 *E. coli*를 활용하여 자연적으로 남색 염료를 만드는 대체 방법을 연구하였다. 1983년도부터 과학자들은 *E. coli*의 특성을 적극적으로 이용하여 세균이 남색 염료를 생산하게 유전적 변형을 했다. 문제는 세균에 의한 남색 염료의 생산 속도가 느리고 데님에 적용했을 때 빨간 색소가 눈에 띄게 보인다는 점이다.

그러나 이 문제점은 곧 해결될 조짐이 보인다. 과학자들은 빨간 색소가 나타나지 않도록 하는 *E. coli*의 유전체 조작에 성공했다. 추가적으로 남색 염료 생산성도 60%까지 증가시켰다. 세균을 이용하여 남색 염료를 경제성이 있게 생산하는 것은 추가 연구가 필요하지만, 이 연구의 결과는 앞으로 환경적으로 민감한 청바지 산업에 있어서 희망이 된다.

예를 들어, 집락성 조류인 *Botryococcus braunii* (bot´rē-ō-kok´ŭs brow´nē-ē)는 건조 중량의 30%에 해당하는 양의 탄화수소를 생산한다. 이 탄화수소를 회수하는 기술이 존재하지 않지만, 조만간 이 조류는 미래에 중요한 연료 자원이 될 수 있다. 한 가지 예외는 메탄가스로 수집하여 가스관을 통해 공급되어 요리나 난방에 사용할 수 있다. 메탄가스를 가장 많이 생산할 수 있는 잠재적인 곳은 쓰레기 매립지인데, 그곳에서 메탄생성균은 혐기적 호흡을 통해 쓰레기를 메탄으로 전환시킨다 **(그림 18.6)**. 일부 지역에서는 이미 에너지 생산을 위하여 쓰레기 매립지로부터 유래하는 메탄을 사용하고 있다. 메탄은 또한 천연가스 자동차의 연료로서 사용될 수 있다.

다양한 미생물들은 정상적인 물질대사를 통해 수소를 배출하지만, 수소를 생산하는 대사 경로는 연료를 생산하기에는 경제적으로 효율적이지 못하다. 햇빛과 광합성 미생물을 이용하여 경제적으로 효율적인 수소 연료의 생산 방법은 광범위한 응용과 엄청난 매력이 있지만, 가능한 에너지원으로서 수소를 생산하는 기술에 대한 많은 연구가 필요하다.

▲ **그림 18.6 쓰레기 매립장으로부터 메탄가스의 수집.** 미생물로부터 생산되는 메탄은 대체 연료로 사용될 수 있는 중요한 자원이다. *미생물들에 의해 생산되는 재활용 에너지의 장점은 무엇인가?*

그림 18.6 미생물들에 의해 생산된 재활용 에너지는 생산하기 쉽고, 환경에 덜 위험하기 때문이다.

의약품

미생물이 생산하는 의약품 중 가장 중요한 것은 항미생물성 약품이다. 약 6,000가지의 항미생물성 물질이 세계 2차 대전 중 처음 생산된 페니실린 이후에 파악되었다. 이들 가운데, 100가지 정도는 현재 의학에 적용되고 있다. DNA 재조합 기술을 다른 미생물의 변환에 적용하여 옛날 약품의 개선점을 추가한 신약을 제조할 수 있지만, 세균인 *Streptomyces* (strep-tō-mī´sēz)와 *Bacillus,* 그리고 진균인 *Penicillium*은 대부분의 유용한 항미생물성 물질을 합성한다.

유전자 조작된 미생물은 항미생물제 뿐만이 아니라, 호르몬과 세포조절인자도 만든다. 572쪽의 **표 18.4**는 의학에 사용되는 재조합 DNA 기술에 의해 만들어진 일부 제품의 명단이다.

살충제와 농산물

농부들은 다방면으로 농업적 응용, 특히 농작물을 관리하는데 미생물과 그 제품들을 사용한다. *Bacillus thuringiensis* (thur-in-jē-en´sis)는 포자를 형성할 때 Bt 독소(*Bt toxin*)를 만들기 때문에 더욱 넓게 사용되는 미생물 중 한 가지이다. 이 독소는 매미나방, 배추좀나방, 박각시과 곤충과 같은 해충의 애벌레에 의해 섭취될 때, 곤충의 장의 내벽을 파괴시켜 이들을 죽인다. 세균에서 추출된 Bt 독소는 식물에 대하여 가루약처럼 뿌릴 수 있지만, 재조합 DNA 기술을 적용한다면 식물의 유전체에 Bt 유전자를 넣을 수 있다. 이 경우에 옥수수, 콩, 목화 등의 식물은 Bt 독소를 스스로 만들어 해충

표 18.4 의학에 사용되는 재조합 DNA 기술로 생산되는 의약품

제품	재조합된 세포	제품의 용도
인터페론	*Escherichia coli, Saccharomyces cerevisiae*	암, 다발성 경화증, 만성 육아종증, 간염, 무사마귀 치료에 사용됨
인터루킨	*E. coli*	면역체계 강화
종양괴사요소(tumor necrosis factor)	*E. coli*	암 치료
적혈구생성소(erythropoietin)	포유류의 세포배양	적혈구 생성 촉진, 빈혈 치료
조직플라스미노겐 활성화인자 (tissue plasminogen activating factor)	포유류의 세포배양	혈전용해
인간 인슐린	*E. coli*	당뇨병 치료
택솔(taxol)	*E. coli*	난소암 치료
Factor VIII		혈우병 치료
대식세포 집락 자극인자 (macrophage colony stimulating factor)	*E. coli, S. cerevisiae*	골수를 자극해 백혈구 생성을 촉진. 암 치료의 부작용을 억제시킴
레락신(relaxin)	*E. coli*	출산 용이
인간 성장호르몬	*E. coli*	성장기의 부족한 성장 호르몬의 공급
B형 간염백신	*S. cerevisiae*의 플라스미드 운반	B형 간염바이러스에 대항하는 면역력 자극

들의 위협에 대하여 보호할 수 있게 된다. 광범위한 농지에서 Bt 독소를 발현하는 식물들을 집중적으로 경작하는데도 불구하고, Bt 독소에 저항성이 있는 해충들이 발견된 사례는 거의 없다. 일부 사람들은 이들 식물에서 유래하는 변형 식품의 장래에 대하여 의구심을 품고 있지만, 반면에 앞으로 전 세계인들의 식량을 확보하기 위해서는 이러한 기술력이 매우 중요하다는 입장이다. 식물의 유전자 조작은 커다란 사업이 될 것이다.

Pseudomonas syringae (soo-dō-mō´nas sēr´in-jī)는 농업에 적용되는 또 하나의 세균이다. 이 세균은 얼음결정을 생성할 때 도움을 주는 단백질을 생성하지만, 이 단백질은 이 세균이 살아가는데 필요한 것은 아니어서 과학자들은 이 유전자를 제거할 수 있다. *P. syringae* ice^{-}로 알려진 유전자가 결여된 균주를 딸기와 같은 작물에 살포하면, 얼음 생성을 억제하여 서리로부터 이 농작물을 보호한다.

표 18.5에는 미생물에 의하여 생산된 산업 제품과 사용에 대하여 열거되어 있다.

표 18.5 미생물에 의해 생산되는 선별된 산업제품

제품	제품의 용도
효소	
아밀라제, 프로테아제	얼룩 제거제
스트렙토키나아제	혈전용해
제한 효소, 리가아제, 중합효소	분자생물학, 재조합 DNA 기술
식품 첨가제/보조제	
아미노산, 비타민	건강 보조제
구연산	산화 방지제
솔빈산, 리소자임	방부제
기타 산업제품	
인디고(indigo)	옷 제조에 사용되는 염료
플라스틱	석유로 만들어진 플라스틱의 대체품인 생분해성 플라스틱
대체 연료	
에탄올	가소홀에 사용됨
메탄	태워서 열과 전기를 생산함
수소, 탄화수소	잠재적 연료
의약품	
항 미생물제	미생물 감염을 치료
인슐린, 성장 호르몬	호르몬 대체
택솔	암 치료
살충제와 농산품	
Bt 독소	살충제

바이오센서와 바이오리포터

환경문제를 해결하기 위해 미생물을 활용하는 새로운 방안으로 바이오센서와 바이오리포터가 있다. **바이오센서(biosensor)**는 세균이나 (효소와 같은) 미생물 제품을 전자측정장치와 결합하여 환경 내에 있는 다른 세균, 세균 생성물, 또는 화합물을 감지할 수 있게 하는 장치이다. **바이오리포터(bioreporter)**는 바이오센서보다 조금 더 간단한 센서인데, 생물학적 또는 화학적 물질이 주변에 존재하면 발광하는 것과 같은 자체적인 신호기능을 가진 미생물(주로 세균)로 이루어져있다.

현재 바이오센서와 바이오리포터는 환경오염물질 (예, 원유)의 존재를 찾아내고, 현장에서 해로운 물질의 제거를 감시하는 데 사용된다. 바이오 테러 공격을 감지하는데도 사용될 수 있다. 세균은 주변 환경에 매우 민감하기 때문에, 극소량의 화합물도 감지할 수 있다. 바이오센서와 바이오리포터는 무기로 사용된 생물제제의 대사 부산물을 신속히 감지하여 담당자들이 빠른 조치를 취할 수 있도록 조기 경보시스템으로 제공된다.

물 처리

학습 | 성과

18.7 물 공해(water pollution)와 물 오염(water contamination)을 비교하라.
18.8 두 가지 수인성 질병을 설명하라.
18.9 음용수와 폐수를 안전하고 사용 가능하게 처리하는 방법을 설명하라.

물 오염

물은 세 가지 기본적인 방법으로 오염된다; 미립자로 된 물질에 의한 물리적(*physically*) 오염, 일반적으로 산업 활동이나 농업 유출수에서 유래되는 무기 및 유기 화합물의 존재에 의한 화학적(*chemically*) 오염; 너무 많거나 외래 미생물의 존재에 의한 생물학적(*biologically*) 오염 등이 있다. 많은 오염 물질이 육안으로는 보이지 않는다.

물리적이나 화학적인 오염물질도 중요하지만, 더 중요한 것은 인간 병원체가 포함된 물의 생물학적 오염이다. 그것은 심각한 질병을 일으킬 수 있으며, 물 처리를 통해서만 이를 예방할 수 있다.

수인성 질병

음용수 또는 식품에 포함된 물로서 오염된 물을 마시게 되면 세균성, 바이러스성, 원생동물성 질병에 걸릴 수 있다. 진균에 의한 수질 오염은 질병을 일으키지 않는다.

오염된 음용수는 매년 대략 전 세계의 30억-50억 건의 설사를 일으키며, 그중 300만 건 이상이 5세 이하의 어린이의 사망으로 이어진다. 중독(intoxication)은 물에 포함된 미생물 독소에 의해서도 일어날 수 있다.

대부분의 수인성 병원체는 물 처리를 통해서 제거할 수 있기 때문에 미국 내 수인성 질병은 물 처리 시설이 잘 갖추어지지 않은 나라들에 비해 흔하지 않다. 미국에서 수인성 질병 대부분은 점원 감염(*point-source infections*)인데, 한 지역의 물이 오염된 후, 그 물을 마신 사람들은 질병에 걸린다.

일부 해양 환경에서 *Gonyaulax* (gon-ē-aw´laks)와 *Gambierdiscu* (gam´bē-er-dis-kŭs) 같은 해양 와편모조류에 의한 대발생 중 그들 생물에 의한 독소로 인해 문제가 발생한다. 이들 조류는 적조(*red tides*)의 원인 중 하나인데, 엄청난 양의 와편모조류에 의해 물의 색깔이 빨갛게 보인다. 이 독소는 조개류에 흡수 및 농축되며, 사람에서 물보다는 식품의 섭취를 통해서 중독이 일어난다.

표 18.6 선별된 수인성 미생물과 그 미생물이 유발하는 질병

생물	질병
세균	
Campylobacter jejuni	급성 위장병
Escherichia coli	급성 위장병
Salmonella 종	살모넬라증, 장티푸스
Shigella 종	시겔라증 (세균성 이질)
Vibrio cholerae	콜레라
바이러스	
A형 간염 바이러스	감염성 간염
Norovirus	급성 위장염
Poliovirus	척수성 소아마비
진핵성 기생체	
Cryptosporidium parvum	크립토스포리디오시스증
Entamoeba histolytica	아메바성 이질
Giardia intestinalis	지아르디아증
Schistosoma 종	주혈흡충증
독소 생산자	
Gambierdiscus (ciguatoxin)	생선 중독
Gonyaulax (saxitoxin)	마비성 패류 중독

표 18.6은 물에 의해 흔히 발병하는 병원체와 독소를 나열한 것이다. 574쪽의 **출현성 질병 사례연구: 호수에서 공격**은 최근 주목받고 있는 병원체에 대해 서술되어 있다.

깨끗한 물은 사람에 있어서 필수적이다. 다음 절에서는 음용수와 폐수 (오수)를 처리하는 방법을 배워본다. 두 가지 사례에서 그 처리 방법은 사람에 유해한 질병을 예방하기 위해 미생물, 화합물 및 오염물을 제거하도록 고안되었다.

음용수 처리

음용수(potable water)는 안전하게 마실 수 있는 물이지만, 음용수(*potable*) (pō´tăbl)란 용어는 미생물과 화학물질이 전혀 없는 것을 말하는 것은 아니다. 오히려 음용수는 물속에 미생물과 화학물질의 수준이 인체에 해로운 영향을 끼치지 않는 양 만큼 포함된 것을 의미한다. 음용수가 아닌 물은 오염된 것이다; 즉, 폐수는 미생물과 화학물질이 허용치 이상 포함되어 있다.

음용수로 허용되는 미생물과 화학물질의 양은 지역마다 다르다. 국가적으로, 미국 환경보호청은 음용수에 대장균군(coliform)의

출현성 질병 사례연구

호수에서 공격

Maria는 걱정보다 심한 공포감에 휩싸였다. 열 살짜리 아들이 정상적으로 행동하지 않기 때문이었다. 아들이 말을 제대로 하지 못하며 눈이 뒤집어져있고, 초점도 없이 Maria를 쳐다보고 있었다.

인생이 어떻게 이렇게 변할 수 있을까. 불과 2주 전만 해도 Maria의 가족은 여름휴가를 호수에서 지냈다. 호수물의 온도는 평소보다 따뜻했지만 모두가 즐겁게 물장구치며 수영과 잠수를 즐겼다. "욕조와 비슷하네"라고 Maria의 남편이 말했다. 즐거운 시간을 보냈으나, 그들이 귀가한 2주차에 이와 상반되는 상황이 일어났다. 이번 주는 저번 주와는 달리 영원한 것처럼 느껴졌다.

먼저 Manuel이 두통을 호소한 후, 열이 시작되고, 3일째 되는 날 메스꺼움과 구토증상이 20번 가량 나타났다. 그러나 그녀는 이런 이러한 것들을 감당할 수 있었다; 어쨌든 독감이나 배탈이 나면 일어나는 증상이기에 5명의 자녀를 키우는 Maria에게는 흔한 일이었다. 그러나 지금 Manuel은 머리를 움직이지 못한다. 그는 발작증상을 보이며 환각증상이 나타났다. 대체 무엇이 일어났던 것인가? 영원히 끝나지 않을 것인가?

응급실의 의사들은 세균성 수막염을 의심해 강력한 항생제를 투여하였다. 그럼에도 불구하고 Manuel은 호전되지 않았다. Maria의 걱정은 비통함으로 변하였다. *Naegleria fowleri*가 Manuel의 뇌를 파먹어 가고 있었다.

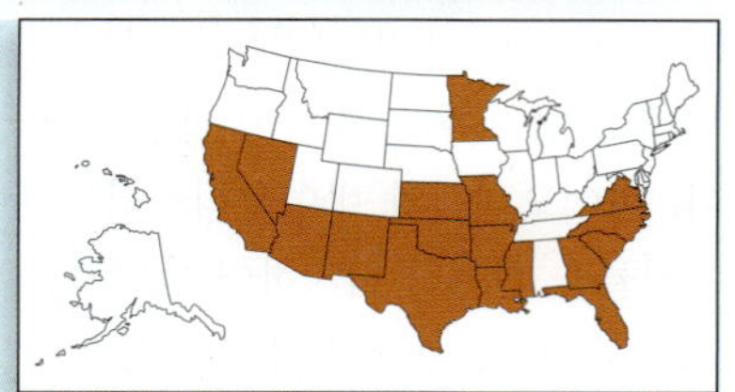

*Naegleria*는 따뜻한 담수에서 살고, 세균을 먹으며 생장하고 분열한다. 보통은 사람에 해를 끼치지 않지만, 사람이 *Naegleria*가 살고 있는 물에 잠수하면, 코로 들어가 비점막을 침투하고 후신경을 통해 뇌로 들어가 원발 아메바성 수막뇌염(primary amebic meningoencephalitis, PAM)을 일으킨다. PAM에 걸리면 몸은 감염을 막으려 하는 부분에 염증을 일으킨다; 뇌가 붓고 두통을 일으키며 신경적 증상을 보인다. 현재 뇌에 침투한 *Naegleria*를 제거하는 항생제는 없다. 결국 혼수상태에 빠지며, 감염 후 1-2주 사이에 사망한다. 수백 건의 사례 중에 생존자가 확인된 건수는 단 3건에 불과하다. 수많은 사람들이 따뜻한 호수에서 별 탈 없이 수영하며 놀지만, 과학자들은 감염되는 정확한 원인을 찾아내지 못하였다.

역학자들은 아직 *Naegleria*에 대한 수질 안전 기준을 마련하지 못하였다. 물속에 살고 있는 *Naegleria*의 개체수를 정확히 파악하는 방법을 찾지 못하였고, 사람에게 해를 끼치지 않는 양의 *Naegleria* 수, 그리고 코를 막거나 따뜻한 호수에서의 수영을 삼가는 것 외에 *Naegleria*에 대한 다양한 예방책이 마련되어 있지 않기 때문이다. 과거보다 더 많은 사례가 최근에 보고되기는 하지만, 다행히도 PAM은 드물게 발생하며, 1962년부터 미국에서 약 125건이 발생하였다.

Maria와 그의 가족에게는 이 출현성 질병이 희귀한 것은 아니었다.

수는 100 ml당 0, 여가활동에 필요한 물은 100 ml당 최대 200개의 대장균군까지 허용하고 있다. 대장균군은 *Escherichia coli* (esh-ĕ-rik´ē-ăkō´lī)와 같은 장내 세균임을 기억하라. 물 속 대장균군의 존재는 분변에 의한 오염을 나타내며, 따라서 질병을 유발하는 미생물이 존재할 가능성도 증가한다.

음용수 처리는 4단계로 구분될 수 있다 **(그림 18.7)**:

1. **침전(sedimentation).** 침전되는 동안, 도시 배수관으로 유입된 물은 저장탱크 안으로 채워 넣고 입자성 물질 (모래, 토사, 유기물)은 가라앉힌다.
2. **응집(flocculation).** 부분적으로 정화된 물은 응집(*flocculation*) 시키기 위하여 2차 저장탱크로 채워지는데, 물에 첨가된 명반(alum) [황산 알루미늄 칼륨(aluminum potassium sulfate)]은 부유물과 미생물이 섞여서 커다란 응집체인 플록(*floc*)을 형성한다. 플록 역시 탱크의 바닥에 가라앉는다. 침전물 위에 있는 물은 여과하기 위해 다른 탱크로 옮겨진다.
3. **여과(filtration).** 이 단계에서, 미생물의 개체 수는 여러 방법을 통해 90% 정도 감소된다. 한 가지 방법은 모래와 다른 물질을 사용하는 방법으로 여기에 미생물이 부착하여 다른 미생물을 부착시켜 제거하는 생물막을 형성한다. 완속 모래 여과기(*slow sand filters*)는 1 m 두께의 고운 모래나 규조토를 사용하는데, 작은 도시나 마을에서 에이커 당 300만 갤런의 물을 여과할 수 있다. 큰 도시는 자갈과 큰 알맹이들이 담겨있는 급속 모래 여과장치(*rapid sand filter)*를 사용하며 하루에 에이커 당 2억 갤런의 물을 여과할 수 있다. 두 가지 여과기 모두는 물을 반대방향으로 역류시켜 청소한다. 다른 2가지의 여과장치는 0.2 μm 크기의 구멍으로 이루어진 막을 사용하는 막여과(*membrane filtration*)를 활용하는 것과 활성탄(*activated charcol*)을 이용하여 유기 화학물질을 물에서 제거한다.
4. **소독(disinfection).** 이 단계에서는 오존, 자외선, 또는 염소 처리를 통해 사람들에게 공급하기 전에 대부분의 미생물을 살균한다. 유럽의 많은 지역에서는 자외선을 사용한다. 염소 처리는 가장 저렴하기 때문에 미국에서 널리 사용된다.

산화제인 염소 가스(chlorine gas)는 처리 후 30분 이내에 세균, 조류, 곰팡이, 원생동물의 단백질을 변성시켜 살균하는 것으로 알려

(a)

◀ 그림 18.7 음용수 처리. (a) 물 처리 시설. **(b)** 물 처리 단계: 퇴적, 응집, 여과, 소독. *어째서 화학제품으로는 대부분의 바이러스들을 제거하지 못하나?*

그림 18.7 대부분의 화학물질은 대사 작용을 늦추거나 세포 구조에 피해를 준다. 그러므로 세포로 구성되어 있지 않으며 대사 작용이 없는 바이러스에게는 효과가 없다.

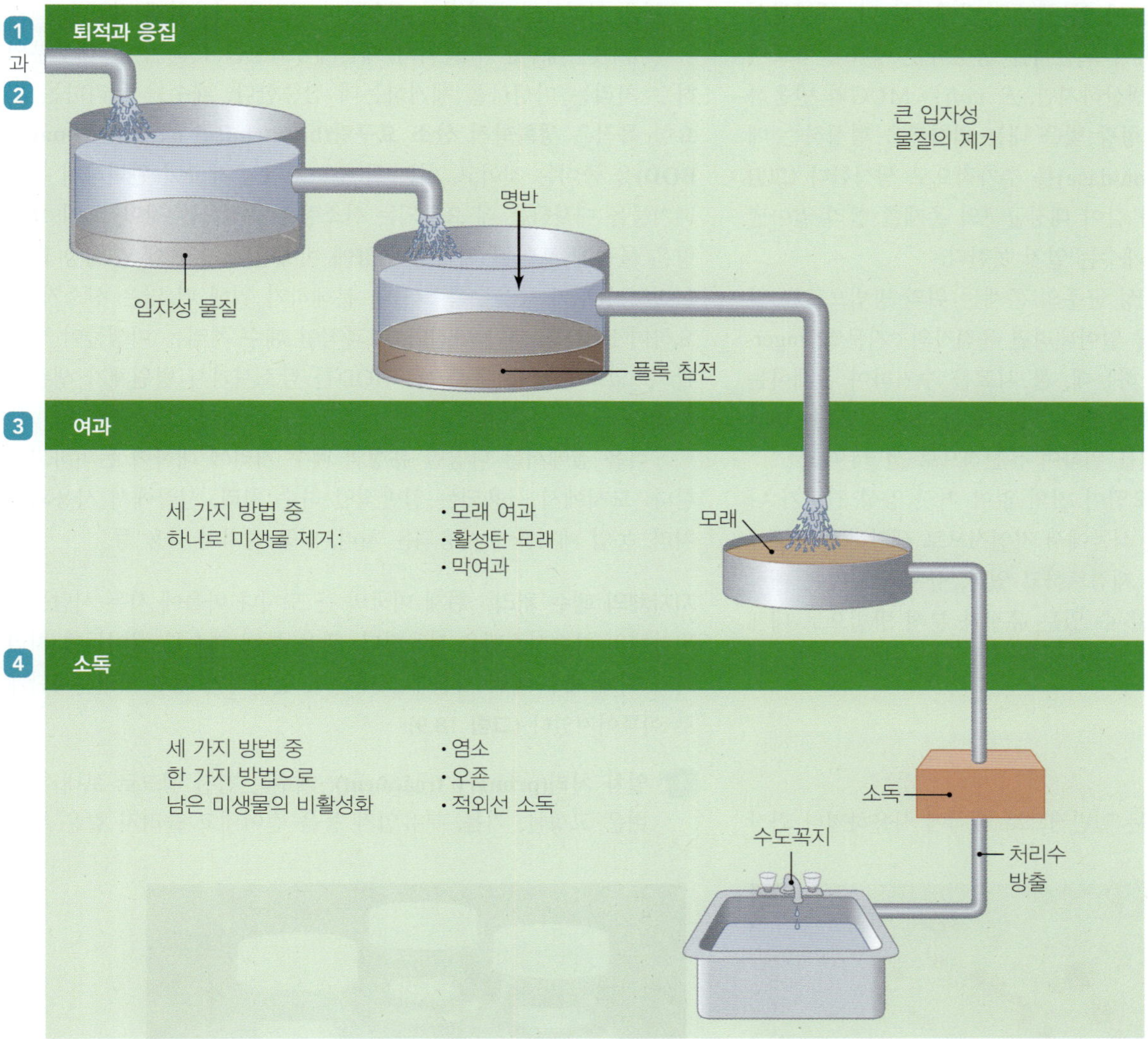

1 과 2 퇴적과 응집

큰 입자성 물질의 제거

명반

입자성 물질

플록 침전

3 여과

세 가지 방법 중 하나로 미생물 제거:

• 모래 여과
• 활성탄 모래
• 막여과

모래

4 소독

세 가지 방법 중 한 가지 방법으로 남은 미생물의 비활성화

• 염소
• 오존
• 적외선 소독

소독

수도꼭지

처리수 방출

(b)

져 있다. 물의 단위당 포함된 미생물의 수에 따라 염소의 양은 항시 조절되어야 하는데, 미생물이 많을수록 더 많은 염소 처리 작업을 해야 한다. 염소 처리는 모든 미생물을 죽이지 않는다: 많은 바이러스는 염소에 의해 비활성화 되지 않으며, 세균의 내생포자나 원생동물의 낭포는 화학적 처리에 영향을 받지 않는다. 오로지 물리적인 여과작업만이 모든 바이러스, 내생포자와 낭포를 완전히 제거할 수 있다.

수질 검사

수질 검사는 **지표 생물(indicator organisms)**을 이용해 물속에 병원체가 있는지 검증하는 기법이다. 대다수 수인성 질병은 분변에 의한 오염이기 때문에 *E. coli*나 다른 대장균군이 물에서 검출될 경우, 병원체가 있을 가능성이 있다는 것을 나타낸다. *E. coli*는 쉽게 검출되며 다른 병원체와 함께 사람의 배설물에서 오랜 기간 동안 존재한다.

몇 가지 시험법이 수질을 결정하는데 사용될 수 있다. 한 가지 시험법은 간단하게 실시할 수 있는 막여과법(membrane filtration method)이다 (그림 18.8a): 100 ml 물 시료를 미세한 막으로 통과시킨 후, 선택배지의 평판에 여과한 막을 올려놓고 배양한다. 대장균군의 집락은 독특한 특징을 보인다. 그 집락들의 수를 계수하고 100 ml 당 집락의 수를 기록한다. 이 방법을 통해서 총 대장균군의 수를 알 수 있다.

다른 시험으로는 물 시료를 단일 영양소로서 ONPG (*o*-nitrophenyl-β-D-galactopyranoside)와 MUG (4-methylumbelliferyl-β-D-galactopyranoside)가 들어 있는 작은 병에 넣는다. 대부분의 대장균군은 ONPG와 반응하여 노란색을 생성하는 베타-갈락토시다아제(β-galactosidase)를 생산하지만, *E. coli*는 MUG와 반응하며 자외선에 노출되면 푸른 형광 빛을 내는 화합물을 형성하는 베타-글루쿠로니다아제(β-gluconidase)를 추가적으로 생성한다 (그림 18.8b). 이 시험법은 MPN과 같이 대장균군의 존재를 빨리 알아낼 수 있지만, 대장균군의 실제 개수는 알지 못한다.

바이러스와 특수한 세균성 균주의 존재는 위의 방법으로는 알지 못한다. 이들의 존재여부를 알아내려면 유전자의 "지문법(fingerprinting)"에 의해 확인해야 하는데, 물 시료를 수거하여 존재하는 미생물을 배양하기 위하여 농화한다. 이렇게 농화된 시료의 DNA 함량은 잠재적 병원체의 확인을 위하여 유전적으로 선별된다.

현재 정부에서는 분변 오염이 거의 없어 거짓 양성 결과가 나올 때 조차, 일부 대장균군이 식물에서 자연적으로 생장하기 때문에 대장균군을 이용하는 시험을 재검토하고 있다. 규제 담당자는 대장균군 시험을 *E. coli*만 검출할 수 있는 유전자 분석 방법으로 대체 적용하려 하고 있다.

폐수 처리

하수 또는 **폐수(wastewater)**는 일반적으로 세척에 사용하거나 화장실에서 사용된 후에 가정이나 상업에서 나오는 모든 물로 정의된다. (일부 지자체 당국에서는 산업용 물과 빗물도 폐수에 포함.) 폐수에는 부유 물질, 생분해성과 비생분해성 유기 및 무기화합물, 독성 금속과 병원체가 포함된 다양한 오염물질이 포함되어 있다. 폐수 처리의 목적은 허용 가능한 수준까지 이와 같은 오염물질을 제거하거나 감소시키는 것이다.

한 때는 "처리되지 않은" 하수를 단순히 근처의 강이나 바다에 그대로 방류하였다. 오염물질이 물에 희석되어 해롭지 않게 되리라는 생각을 하였기 때문이다. 인구의 급성장으로 수로가 점차 오염되는 것을 인식하여 효과적인 폐수처리 공정을 사용하게 되었다.

폐수는 대부분이 물이기 때문에 (고형물 1% 이내) 대부분의 하수 처리는 미생물을 제거하는데 집중한다. 폐수를 처리하는 중요한 목적은 **생화학적 산소 요구량(biochemical oxygen demand, BOD)**을 줄이는 것이고, 이는 물에서 호기성 세균이 완벽하게 유기 폐기물을 대사하는 데 요구되는 산소량을 측정하는 것이다. 이 요구량은 물속에 포함된 폐기물의 양에 비례한다; 물속에 분해성 화학물질의 농도가 높을수록 그들을 분해하기 위해 더 많은 산소가 필요하며 BOD도 더 높아진다. 효과적인 폐수 처리는 미생물이 생장할 수 없도록 낮은 수준으로 BOD를 감소시켜서 병원체가 생존할 수 없도록 하는 것이다.

다음 절에서는 다양한 유형의 폐수 처리에 대하여 논의하고자 한다: 도시에서 사용되는 일반적인 하수 처리, 시골에서 사용되는 처리, 농업 폐기물에 사용되는 처리, 인공 습지의 사용 등.

지자체의 폐수 처리 현재 미국의 큰 도시나 마을에 사는 사람들은 지자체의 하수시스템을 사용한다. 관을 통해 폐수를 끌어들여 처리하기 위해 폐수 처리 시설에 보내진다. 일반적인 폐수 처리는 4단계로 이루어져있다 (그림 18.9):

1. **일차 처리(primary treatment)**. 폐수는 침전 탱크로 보내져 가벼운 고형물, 기름, 부유입자 등을 걷어내고 슬러지 같은 무거

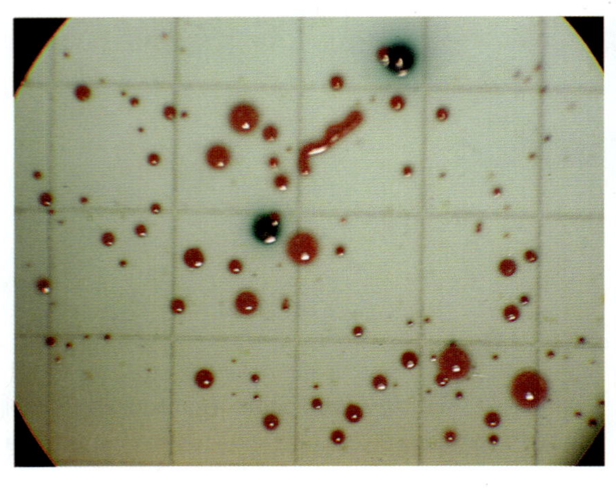

(a)

(b)

▲ **그림 18.8 두 가지 수질 검사법. (a)** 막여과법. 격자무늬 눈금은 현재 초록색으로 보이는 분변성 대장균군의 집락을 쉽게 셀 수 있도록 한다. **(b)** ONPG와 MUG 검사법. 노란색의 ONPG 병은 대장균군의 존재를 나타내며, 파란 형광색의 MUG 병은 *E. coli*의 존재를 나타낸다. 투명한 병은 대장균군이 검출되지 않은 것이다.

(a)

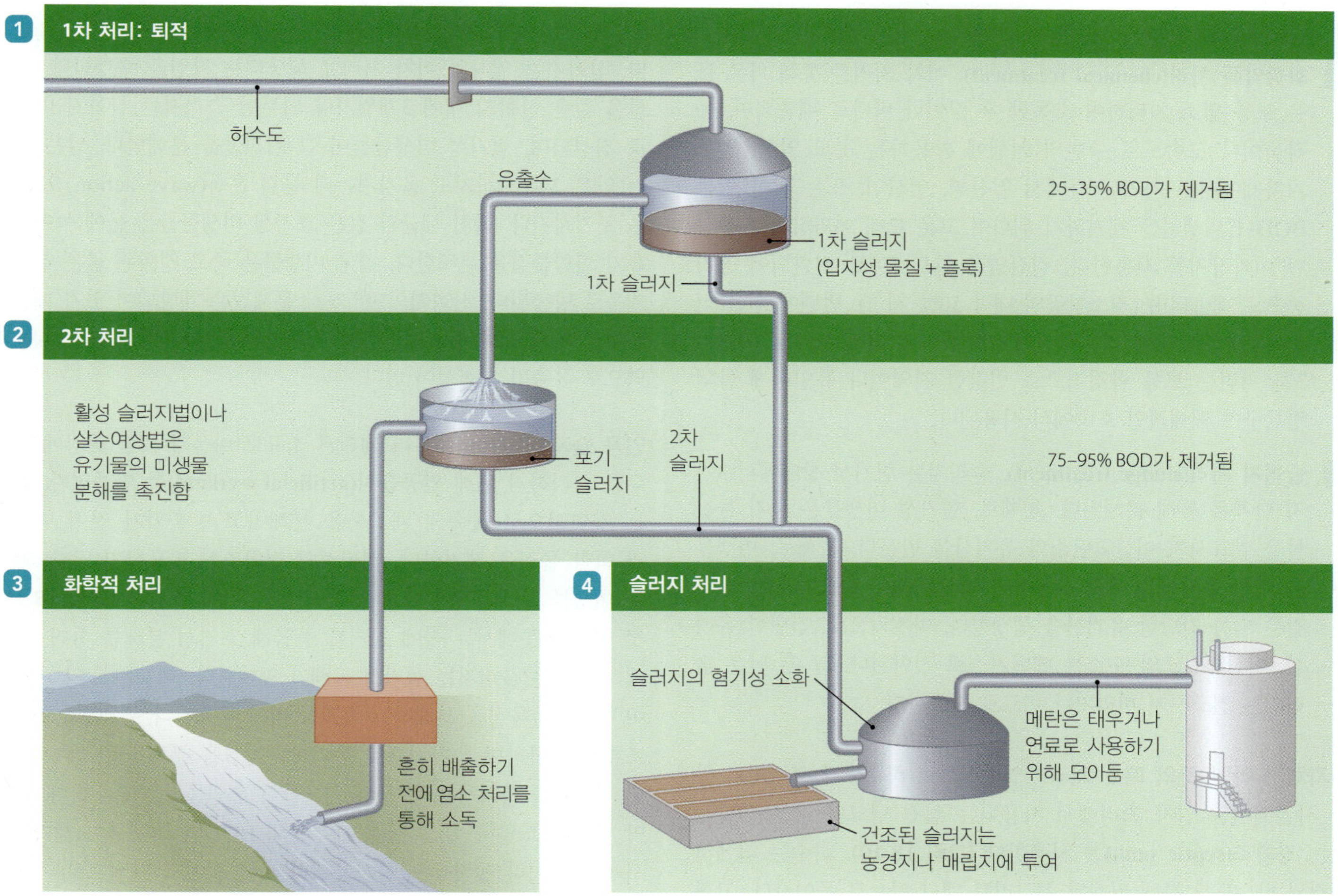

◀ **그림 18.9 일반적인 폐수 처리. (a)** 지자체의 폐수 처리 시설. **(b)** 일반적인 폐수 처리 과정. 이차 처리 중, 미생물 작용으로 대부분의 BOD가 제거되며, 화학 처리 후 배출된다. 건조한 슬러지는 매립쓰레기로 재활용된다.

1 **1차 처리: 퇴적**

하수도

유출수

25–35% BOD가 제거됨

1차 슬러지
(입자성 물질 + 플록)

1차 슬러지

2 **2차 처리**

활성 슬러지법이나
살수여상법은
유기물의 미생물
분해를 촉진함

포기
슬러지

2차
슬러지

75–95% BOD가 제거됨

3 **화학적 처리**

흔히 배출하기
전에 염소 처리를
통해 소독

4 **슬러지 처리**

슬러지의 혐기성 소화

메탄은 태우거나
연료로 사용하기
위해 모아둠

건조된 슬러지는
농경지나 매립지에 투여

(b)

운 물질은 침전시킨다. 명반은 응집제로서 첨가된 후 만들어지는 슬러지를 제거하고 부분적으로 정화된 물을 추가적으로 처리한다. 일차 처리는 BOD의 25–35%를 제거한다.

2 **이차 처리(secondary treatment)**. 이 단계에서 이루어지는 생물학적 활성을 거치면 처리 전 BOD의 5–25%로 감소시킨다. 대부분의 병원성 미생물도 제거된다. 일차 처리된 물은 호기성 미생물의 생장을 촉진시키기 위하여 포기시켜서 물에 용해된 유기 화학물질을 이산화탄소와 물로 산화시킨다. 활성 슬러지법(*activated sludge system*)에서 포기된 물에는 고농도의 대사 작용을 하는 세균이 포함하는 2차 슬러지를 투입한다. 응집(flocculation)도 이 단계에서 일어난다. 남아있는 고형물은 침전시키고 1차 처리에서 발생한 슬러지를 포함시킨다. 모여진 슬러지는 혐기성 저장 탱크로 옮겨진다. 일부 작은 마을에서는 살수여과법(*trickle filter system*)을 사용하기도 하는데, 음용수를 처리하는데 사용되는 완속 모래 여과장치와 비슷하나, 활성 슬러지법보다 BOD를 낮추는데 효과적이지는 않다.

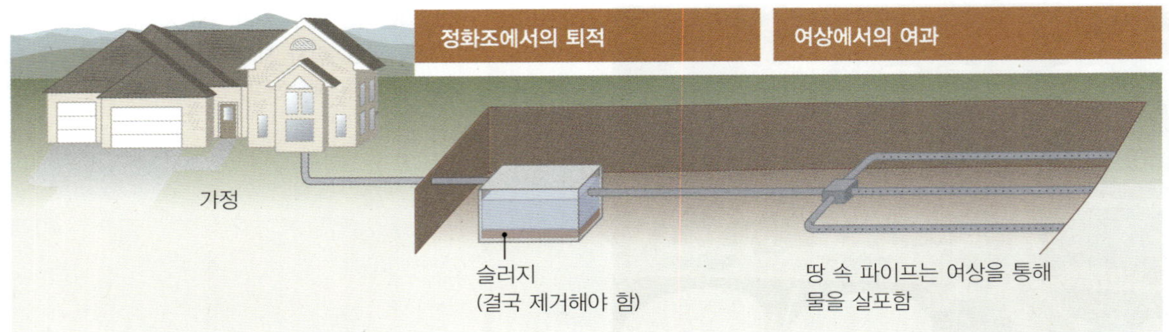

▲ **그림 18.10 가정 정화조 시스템.** 가정으로부터 폐수가 배출되어 정화조로 들어오면, 고체는 슬러지로 남고, 폐수는 여상의 토양에 의해 걸러진다.

3 **화학약품 처리(chemical treatment)**. 이차 처리를 통해 나온 물은 보통 염소 처리하여 소독한 후 강이나 바다로 배출되며, 농작물이나 고속도로 주변의 식생에 활용하는 곳도 있다. 일부 지자체에서는 처리된 물에서 질산염, 인산염, 또는 남아 있는 BOD나 미생물을 제거하기 위하여 고운 모래 여과장치나 활성탄 여과장치를 사용한다. 질산염은 암모니아로 전환되어 공기 중으로 배출되며 (질소함량의 대략 50% 제거), 반면에 인은 석회나 명반을 넣어 침전시킨다 (인 함량의 70% 제거). 이러한 3차 처리는 보통 환경적으로 민감한 지역이나 유일하게 물의 방류구가 폐쇄적인 호수에서 사용된다.

4 **슬러지 처리(sludge treatment)**. 슬러지는 혐기성 상태에서 3가지 단계를 통해 분해된다. 첫째로, 혐기성 미생물은 유기 물질들을 발효시켜 이산화탄소와 유기산을 만든다. 둘째로, 미생물은 이들 유기산을 대사 작용하여 이산화탄소, 수소, 아세트산과 같은 더욱 간단한 유기산을 생성한다. 마지막으로, 간단한 유기산, 이산화탄소와 수소는 메탄가스로 전환된다. 그 후 남은 슬러지는 건조시켜 버리거나 비료로 사용한다.

지자체가 아닌 곳의 폐수 처리 일반적으로 하수도가 보급되지 않은 시골에서는 일차 처리에서 사용되는 침전 탱크와 같은 역할을 하는 **정화조(septic tank)**를 사용한다 **(그림 18.10)**. 하수는 집에서 연결된 하수도를 통해 밀폐된 콘크리트 탱크 안으로 들어간다. 고형물은 가라앉고 액체는 탱크 위에서 지하에 있는 필터 역할을 하는 여상(*leach field*)을 통해 걸러진다. 탱크 속의 슬러지와 물속의 유기화합물은 미생물에 의해 분해된다. 그러나 탱크는 밀봉되어 있기 때문에 정기적으로 쌓인 슬러지를 제거한다. **오수 구덩이(cesspool)**는 정화조와 비슷하지만 밀봉되어 있지 않다. 폐기물이 지하에 묻혀 있는 다공성 콘크리트 구조물의 공간 내으로 들어가면, 물은 주변 토양으로 방출되고 고형 폐기물은 바닥에 축적되어 혐기성 미생물에 의해 분해된다.

농산 폐기물 처리 농부나 목장 주인은 가축 사육장에서 발생하는 축산 폐기물을 처리하기 위해서 **산화지(oxidation lagoon)**를 사용한다. 산화지는 일차와 이차 처리에 해당되는 작업을 수행한다. 폐기물을 깊은 산화지 내에 3개월가량 놔두면 슬러지는 산화지 바닥으로 침전되며, 혐기성 미생물들이 그 침전물을 분해한다. 남은 액체는 얕은 2차 산화지로 옮겨지는데 물결 운동(wave action)으로 물을 포기시킨다. 특히 세균과 같은 호기성 미생물들은 물에 녹아있는 유기 화학물질을 분해한다. 결국 미생물은 죽고 정화된 물은 강이나 개울로 방출된다. 산화지의 한 가지 문제점은 개방되어 있기 때문에 홍수로 인해 산화지가 범람하여 미처리된 동물의 배설물이 넓은 지역으로 유출될 위험성이 있다.

인공 습지 1970년대부터 계획된 소규모 마을과 몇몇 공장에서 폐수를 처리하기 위해 **인공습지(artificial wetland)**를 만들었다. 습지는 자연적으로 물속의 폐기물을 분해하고 방출되기 전에 미생물과 화학 물질을 제거한다. 개별적인 정화조는 필요하지 않다; 폐수는 미생물 분해가 일어나는 여러 연못을 거쳐 흐른다 **(그림 18.11)**. 첫 번째 연못에서는 물에 공기를 공급해 호기성 분해를 하며, 바닥에 가라앉은 슬러지는 혐기성 분해가 일어난다. 폐수는 토양 미생물이 유기화학물질을 분해하는 습지를 따라 흘러간다. 두 번째 연못은 조류를 포함하며 추가적으로 유기화학물질을 분해하고, 폐수는 열린 목초지를 통과하는데, 풀과 식물들이 오염물질을 흡수한다. 마지막 연못에 도달하면, 그 물은 대부분의 BOD와 미생물이 제거되어서 여가용이나 농작용으로 사용된다. 인공습지의 단점으로는 작은 마을의 폐수 처리에 필요한 땅이 50에이커 이상 필요하다.

왜 그런가

오염된 강에서 미생물은 활발하게 번식한 후 죽어 강바닥으로 가라앉아 혐기성 미생물의 영양소가 된다. 겉에서는 맑게 보이나 이 강물을 마시면 안전하지 못한다. 왜 그런가?

환경미생물학

환경미생물학은 자연 **서식지(habitat)**에서 발견되는 미생물을 공부하는 학문이다. 미생물은 엄청난 대사 능력과 적응성으로 인하여 남

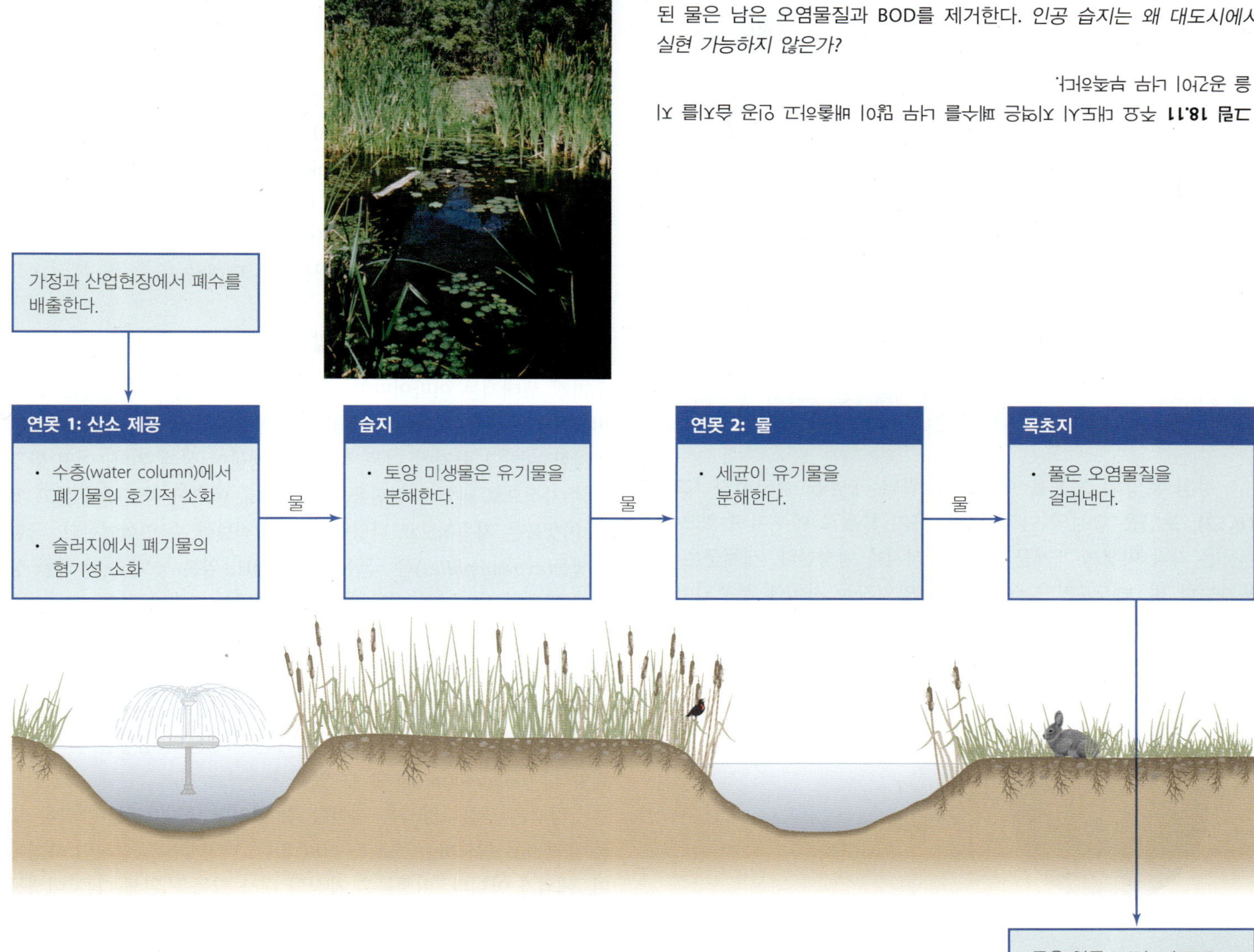

◀ **그림 18.11 인공 습지의 폐수 처리.** 대부분의 BOD는 미생물 작용에 의해 첫 번째 연못에서 이루어진다. 식물과 토양에 의해 자연적으로 여과된 물은 남은 오염물질과 BOD를 제거한다. *인공 습지는 왜 대도시에서 실현 가능하지 않은가?*

그림 18.11 주요 대도시 지역은 폐수를 너무 많이 배출하고 인공 습지를 지을 공간이 너무 부족하다.

극빙하, 기반암, 온천수를 포함한 지구상 모든 서식지에 살고 있다.

이 절에서는 토양과 물 서식지에서 화학 원소의 순환에 관여하는 미생물의 역할을 알아본다. 그러나 먼저 미생물과 서식지, 미생물과 미생물 간의 관계를 알아본다.

미생물 생태학

학습 | 성과

18.10 환경 내에 사는 미생물의 관계를 기술하는 용어를 정의하라.

18.11 미생물의 생존에 대한 경쟁, 길항, 협동의 영향을 설명하라.

미생물은 다양한 에너지원을 사용하며 다양한 조건에서 생장할 수 있다. 미생물은 변화에 적응하며, 다른 생물들과 부족한 자원을 놓고 경쟁하기도 하며, 여러 가지 방법으로 서식지를 옮기기도 한다. 미생물이 환경에 미치는 영향으로서 인간의 관점에서는 바람직하지 않을 때도 있지만, 대부분의 미생물 활동은 인간에게 유용하며 필수적이다. 미생물과 미생물, 서식지의 관계를 알아보는 학문을 **미생물 생태학(microbial ecology)**이라 한다. 먼저 미생물 생태학 관점에서 환경 내의 미생물 관계에 대하여 살펴본다.

환경 내에서 미생물 관계의 단계

환경 내에서 미생물 관계의 단계를 표현하는 데 여러 가지 정의가 사용된다:

- 같은 생물은 번식을 통해 개체군(*population*) (단일 종의 모든 구성원)을 생산한다.
- 미생물의 개체군 중 비슷한 대사 작용을 하는 무리를 길드

(*guild*)라 한다. 예를 들어, 서식지 내의 혐기성 발효조는 길드를 만든다.

- 여러 개의 길드는 일반적으로 매우 이질적인 군집(*communities*)을 만든다; 다양한 개체군과 길드 간에 다양한 상관관계가 존재한다. 극한의 환경에 살아가는 소수의 경우에는 한 개체군으로 이루어져있다.
- 군집 속의 개체군과 길드는 미세서식지(*microhabitat*)에 살고 있는데, 해당 개체군이나 길드가 생존하기 적합한 작은 공간이다.
- 미세서식지의 미생물은 자신보다 큰 생물과 환경에서 상호작용하는 서식지를 형성한다. 생물, 환경, 그 관계를 통틀어 **생태계(ecosystem)**라고 한다.
- 지구에 살고 있는 모든 생물들의 생태계를 통틀어 생물권(*biosphere*)이라고 한다.

정원 토양의 도표를 이용하여 위의 개념을 설명하자 **(그림 18.12)**. 토양은 암석의 미세입자와 유기 물질로 이루어져 있으며, 이들은 각각 미생물 개체군의 미세서식지를 형성한다. 개체군은 이용가능한 빛, 습도, 영양분에 따라 토양입자들 사이에 분포되어있다. 예를 들어, 광합성 미생물의 개체군은 토양 상부에 살면서 광합성 길드를 만들며, 토양 속 깊은 곳에 사는 다른 길드에 영양분을 공급한다. 토양의 군집은 이러한 개체군과 길드들로부터 이루어져 있으며 토질에 영향을 끼치는 중요한 요인이다. 정원의 토양은 토양 생태계의 종류 중 하나일 뿐이며 생물권 내의 생태계 중 하나일 뿐이다.

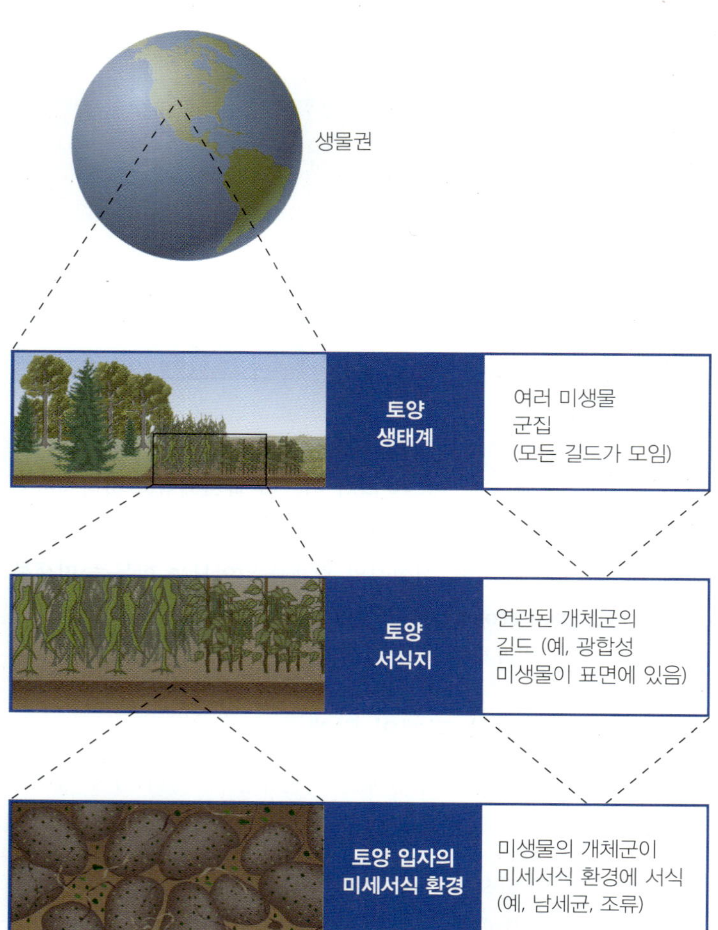

▲ 그림 18.12 미생물 간, 그리고 미생물과 환경과의 기본적인 관계.

생태학자는 **생물다양성(biodiversity)**을 생태계 속에서 살아가는 종의 수로 정의하고, **생물량(biomass)**을 생태계 속에서 살아가는 모든 생물의 질량으로 정의한다. 미생물의 종이 다른 생물의 개체수보다 많고, 식물, 동물, 또는 인간이 살 수 없는 광대한 지역을 포함한 생물권 내에 사는 미생물의 생물량은 방대하다.

미생물의 생존에서 적응역할

우거진 생태계는 어마어마한 생물다양성을 포함하고 있지만, 많은 미생물들은 생장이 제한될 만큼 낮은 열악한 환경에서 산다. 환경이 열악할수록 그 환경에 더욱 적응된 미생물이 살게 된다. 어떤 환경은 주기적으로 과잉과 결핍을 반복하는데, 이러한 환경에서 살고 있는 미생물은 지속적으로 다양한 조건에 적응할 수 있어야한다. 극한미생물(*extremophiles*)은 극한의 온도, pH, 염분 농도 등의 극한 상황에 적응해 살아가기 때문에 다른 환경에서 살지 못한다.

생물다양성은 경쟁(*competition*)에 의해 억제되기도 한다. 환경에 잘 적응한 미생물은 영양분 수급, 번식, 환경변화의 대책이나 다른 부분에서 다른 종보다 우수한 특성을 가지고 있다. 미생물은 활성을 가진 몇 가지 산물을 만들어 다른 미생물의 생장을 억제하는 길항작용(*antagonism*)을 할 수 있다.

경쟁은 생물다양성을 제한할 수 있지만, 한 미생물이 다른 모든 경쟁자를 압도하는 경우는 거의 없다. 다양성은 정상적인 특성이며, 예외가 아니다. 미생물은 자신의 대사 활동을 위해 다른 미생물의 부산물을 사용한다. 또한 한 미생물의 대사 활동으로 인해 다른 미생물에게 적합한 환경을 만들어 주기도 한다. 생물막은 미생물 간에 협동하는 예시 중 하나이다.

미생물 상호간 또는 환경과의 관계는 계속 변화하며 각각의 미생물은 미묘한 환경 변화에 적응한다. 대부분의 서식지는 군집 속의 미생물 개체군을 변화시킨다. 이 개체군의 변화를 연구를 통하여 미생물이 환경에 미치는 영향에 대하여 알아본다.

생물회복

학습 | 성과

18.12 생물회복의 과정을 설명하라.

미국인들은 매년 가정, 공장, 병원, 농업에서 생산된 1.5억 톤 이상의 고형 폐기물을 대부분 쓰레기 매립장으로 보낸다. 쓰레기 매립장은 거대한 구덩이에 폐기물을 버리고, 압축한 후 묻는다. 혐기성 토양 미생물은 생분해성 폐기물을 분해하고 메탄생성 미생물은 유기

분자를 메탄으로 분해한다. 매립장이 꽉 차면, 토양으로 덮은 후 재녹화시킨다.

매립 구덩이는 토양 및 지하수에 잠재적으로 유해 물질이 침출되지 않도록 진흙이나 플라스틱으로 덮고 밑 부분은 토양과 배수관으로 막아 작은 입자성 물질과 미생물이 침출되지 않도록 막는다. 그럼에도 불구하고 화학 약품이나 유해물질은 매립지로부터 흘러나올 수 있다. 이들 물질에는 잠재적으로 발암성 (벤젠, 페놀, 석유)이나 독성 (가솔린, 납)이 있으며, (부식, 분해, 또는 자연적 방법으로 이용하기 어려운) 난분해성 물질도 있다.

어떤 합성 분자는 생분해성인데 비하여, 다른 것이 난분해성인 이유는 화학구조의 차이 때문이다; 때때로 단일 원소나 결합에서 미묘한 변화가 차이를 만들 수 있다. 미생물이 난분해성 물질을 분해할 수 있는 효소를 갖고 있지 않기 때문에 최근까지 합성화합물이 존재하지도 않았던 대부분의 난분해성 물질은 분해가 어렵다.

생물회복(bioremediation)은 생물체, 특히 미생물을 활용하여 독소, 위험물질, 또는 난분해성 물질을 위험하지 않은 화합물로 분해하는 것이다. 대부분의 자연적으로 발생하는 유기화합물은 미생물에 의해 분해되지만, 합성화합물은 환경에서 쉽게 제거되지 않는다. 토양과 물에 축적되는 석유, 살충제, 제초제, 산업용 화학물질은 자연적으로 존재하는 미생물에 의해 서서히 분해된다.

잘 알려진 생물회복의 사례로는 기름 유출 사고로 유출된 복잡한 탄화수소를 미생물을 활용하여 분해하는 것이다. (**유익한 미생물: Gulf 만의 구조현장에서 기름을 먹어치우는 미생물** 참조.) 정화 생물체는 질소와 인이 포함된 비료를 사용하여 생물회복을 향상시킬 수 있다.

산성 광산배수 문제

학습 | 성과

18.13 산성 광산배수의 문제점에 대하여 토론하라.

산성 광산배수(*acid mine drainage*)는 특정 금속 광석이 산소와 미생물에 노출되어 발생하는 심각한 환경 문제이다 **(그림 18.13)**. 석탄층에는 종종 황철황(FeS_2) 같은 환원된 금속 화합물과 연관되어 발견된다. 석탄의 노천 채굴 중에 황철광이 드러나는데, 공기 중의 산소와 반응하여 철을 산화시키고, *Thiobacillus* (thī-ō-bă-sil´ŭs)와 같은 세균은 황을 산화시킨다. 그 후 빗물은 산화된 화합물을 토양에서 황산(H_2SO_4)과 수산화철[$Fe(OH)_3$]으로 만들어 용출시키고 주변의 개울과 강으로 운반되는데, 황산과 수산화철은 물의 pH를 2.5–4.5로 낮추어 어류, 식물 및 다른 생물들을 죽인다. 이러한 산성물은 인간이 사용하거나 여가에 사용하기는 부적합하다. 미국 환

▲ **그림 18.13 산성 광산 배수의 효과.** 산소에 노출되면 광산폐기물이 침출된 물속의 철분은 산화하여 제2철 이온이 된다. 철-황세균의 활성은 물의 pH를 식물과 동물을 죽일 수 있을 정도로 낮춘다.

유익한 미생물

Gulf 만의 구조현장에서 기름을 먹어치우는 미생물

2010년 4월에 석유 굴착 장치가 폭파되어 수백만 갤런의 기름이 바다로 방출되는 미국 역사상 최악의 기름 유출이 일어났다. 환경 운동가, 국가 공무원, 석유 회사 경영자들, 그리고 Gulf 만의 주민들은 이 기름 유출에 의해 일어난 해양 및 야생 서식지의 피해를 최소화하기 위해 재빨리 대응하였다.

8월까지 정화 요원들은 Gulf 만에 방출된 총 유류의 2%만을 제거하였다. 그러나 거대한 유막은 겉보기에 사라진 듯하였다. 그 많은 기름은 어디로 사라진 것일까? 일부는 단순히 증발되었지만, 과학자들은 상당량의 기름이 *Alcanivorax*와 같은 곰팡이와 세균이 먹어치웠다고 생각하였다. *Alcanivorax*는 Gulf 만 지역에 서식하는 세균으로, 주성분인 알칸족 화합물을 잘 먹어치우는 특성 때문에 이름이 붙여졌다. *Alcanivorax*는 기름을 먹는 다른 토착종과 함께 대부분의 기름을 이산화탄소와 물로 분해하였다. 과학자들은 Gulf 만이 1989년도 Alaska 주의 바다에서 일어난 Exxon Valdez 원유 유출 사고 때보다 수온이 높은 지역이기 때문에, 기름을 먹어치우는 미생물의 생장과 번식이 빨라서 안심하였다.

석유 유출이 Gulf 만의 해안에 미치는 장기적 여파는 알려지지 않았지만 생태계가 매우 빠르게 회복되는 것을 입증하였으며 기름을 먹어치우는 미생물의 부분적인 생물회복에 대하여 감사하였다.

경보호청은 노천광을 최대한 빨리 묻어 추가적인 피해가 발생하지 않도록 관리한다.

지하 채굴 작업에서는 고품질의 광물을 채취한 후 저품질의 광석으로부터 나오는 유출수로 인해 비슷한 문제를 겪고 있다. 고품질 광맥이 고갈되면 지표 밑의 광산을 다시 채워서 황화철이 산소에 노출되는 것을 막는다.

비록 산성 광산배수는 환경을 황폐화 시키지만, 일부 미생물, 주로 고균은 산성의 조건에서 잘 자란다. California 주에 있는 광산 배수에서 발견된 특수한 고균류인 *Ferroplasma acidarmanus* (fe´rō-plaz-ma a-sid´ar-mă-nŭs; **그림 18.14**)는 pH 0 정도에서 살며 광산 침전물에 있는 황철광을 산화하여 에너지를 얻는다. 이들 생물은 지구상의 모든 서식지에 사는 엄청난 미생물 다양성을 보여주는 한 가지 예이다.

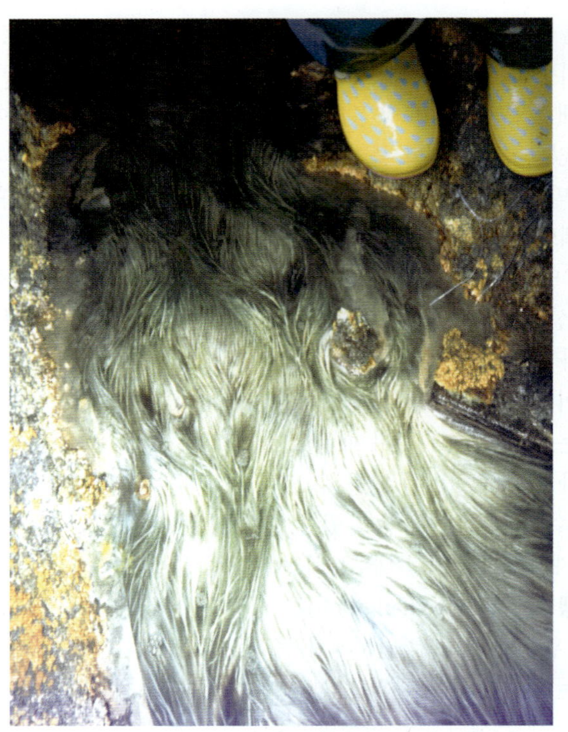

▲ **그림 18.14 산을 사랑하는 미생물.** California 주의 광산 배수 (pH −3.5)에서 긴 필라멘트처럼 생장하는 고균인 *Ferroplasma acidarmanus*. 이 광산에서 채취한 광석에는 철이 풍부하다.

생지화학적 순환에서 미생물의 역할

학습 성과

18.14 미생물에 의한 탄소, 질소, 황, 인, 미량 금속의 순환 과정을 비교하라.
18.15 탄소 순환 중 미생물의 역할을 설명하라.
18.16 질소고정, 질화 작용, 암모니아화, 탈질화 작용, 아나목스 반응에 관여하는 미생물의 활동성을 비교하라.
18.17 미생물에 의해 일어나는 황의 산화와 환원 과정을 설명하라.
18.18 생물채광에서 미생물의 활용도를 설명하라.

대부분의 세포를 구성하는 거대분자는 6개의 원소에 의해 만들어진다. 이들은 수소, 산소, 탄소, 질소, 황, 인 등이다.

대부분의 원소는 일반 생물체들이 이용할 수 없는 화학적 및 물리적 형태를 취한다. 바위에서 방출되는 많은 원소들은 오랜 시간에 걸쳐 비와 바람, 그리고 미생물에 의해 분해되어 나온 결과물이다. 그러나 이러한 과정은 생물체들에게 하루 동안 필요한 영양분을 거의 제공하지는 못한다. 그 결과, 이 원소들의 형태를 변화시켜 재사용하는 생물의 활성은 **생지화학적 순환(biogeochemical cycles)**에 중요한 역할을 담당한다. 생지화학적 순환은 생물체가 원소를 산화 또는 환원하여 다른 형태로 전환하는 과정이다. 미생물은 생지화학적 순환에서 주된 생물적 요소이다.

생지화학적 순환은 필수적으로 3가지의 과정을 따른다: (1) 생산(*production*)은 생물체가 무기 화합물을 생물량의 유기 화합물로 전환시킨다. (2) 소비(*consumption*)는 생물체가 유기 분자를 다른 유기 화합물로 전환하여 생산자와 다른 소비자에게 공급한다. (3) 분해(*decomposition*)는 생물체가 죽은 생물체의 유기 분자를 무기 화합물로 전환한다. 모든 순환에서와 마찬가지로, 균형은 제일 중요한 요소이다. 순환의 한 부분만이 왜곡되거나 미비할 경우, 순환은 비효율적이 되며, 악영향을 낳을 수 있다.

다음 절에서는 탄소, 질소, 황, 인, 미량 금속의 생지화학적 순환을 알아본다.

탄소 순환

탄소는 모든 유기 화합물의 기본이 되는 원소이다. 유기분자의 형태로 탄소의 순환은 **탄소 순환(carbon cycle)**의 대부분을 차지한다 (**그림 18.15**). 바위나 침전물에 있는 탄소는 굉장히 낮은 회전률(*turnover rate*)을 갖고 있는데, 이것은 오랜 기간에 걸쳐 서서히 유기 화합물로 포함된다.

탄소 순환의 시작은 독립 영양(autotrophy)이다. 광독립 영양성의 일차 생산자(*primary producer*)인 남세균, 녹색 및 자색 황세균, 녹색 및 자색 비 황세균, 조류, 광합성 원생동물과 식물은 캘빈-벤슨 회로(Calvin-Benson cycle)에서 탄소고정을 통해 이산화탄소를 생체분자로 전환시킨다. 광독립영양체는 빛을 필요로 하기 때문에 토양과 물의 표면으로 서식이 제한된다. 화학독립영양체는 역시 탄소고정을 할 수 있지만, H_2S나 다른 무기 분자들로부터 에너지를 얻어야 하며, 따라서 화학독립영양체는 다양한 서식지에서 발견된다. 그러나 화학독립영양체는 광독립영양체에 비해 많은 탄소를 고정하지 못하기 때문에 탄소 순환의 중요도가 떨어진다.

종속영양체는 호흡에서 에너지를 얻기 위해 몇 가지 유기분자를 대사하며 그 결과 이산화탄소를 생성한다. 독립영양체에 의해 생성된 다른 유기분자는 이후 종속영양체의 조직내로 포함된다. 유기분자는 생물이 죽을 때까지 남아있다. 그 후, 분해자는 유기분자를

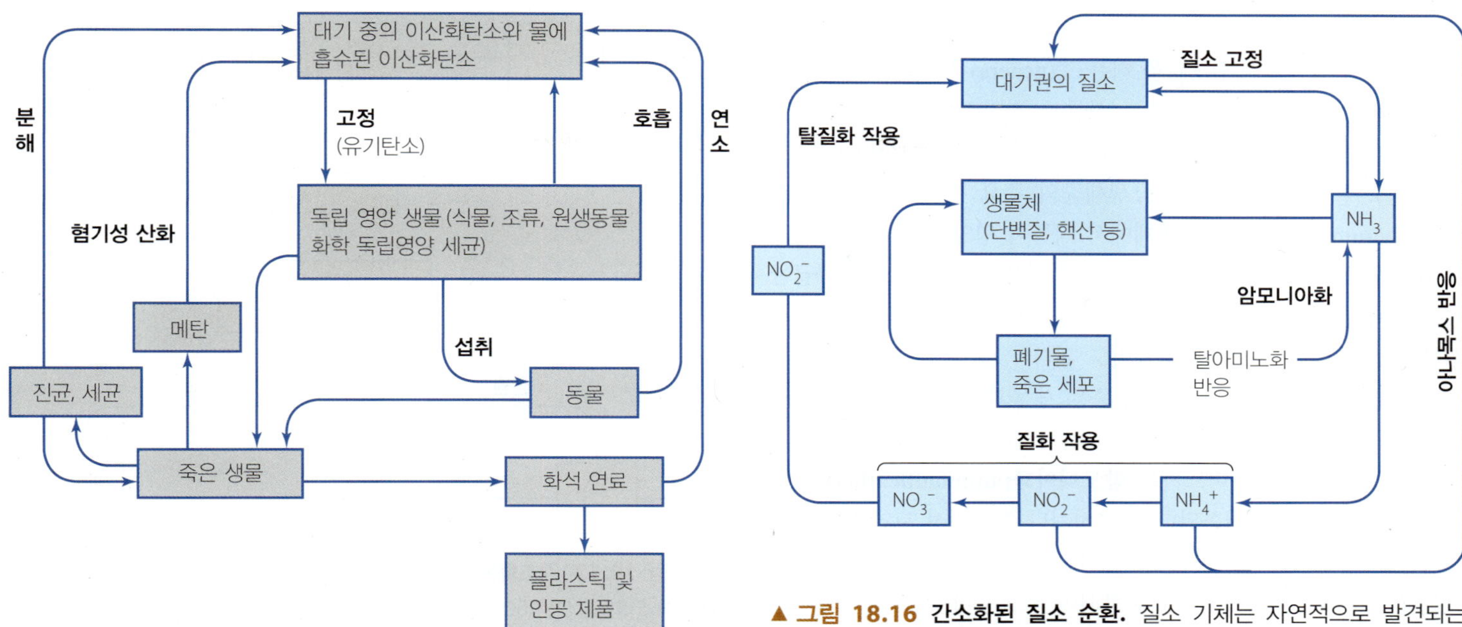

▲ **그림 18.15 간소화된 탄소 순환.** 탄소 순환에서 가장 유동성이 뛰어난 탄소의 형태는 이산화탄소이다. 이 무기 분자는 독립 영양 생물에 의해 탄소를 유기 분자로 고정된다.

▲ **그림 18.16 간소화된 질소 순환.** 질소 기체는 자연적으로 발견되는 질소의 형태 중 가장 흔하지만, 대부분의 생물들은 사용할 수 없다. 사용하려면, 질소 고정을 할 수 있는 소수의 미생물에게 의존해 대기권의 질소가 유기물에 합해져야한다.

대사 작용하여 이산화탄소를 배출하는데, 이 현상은 독립영양의 반대이다. 부산물도 분해자에 의해 분해된다.

배출된 이산화탄소는 다시 한 번 일차 생산자가 이산화탄소를 유기분자로 고정함으로서 재순환된다. 탄소고정과 탄소배출 간의 대략적 균형이 존재한다.

과학자들은 대기 중에서 이산화탄소의 과잉으로 인해 탄소 순환의 불균형이 커지는 것을 우려하고 있다. 화석연료와 목재의 연소는 대기 중으로 매년 많은 양의 이산화탄소를 방출한다. 더욱이 물에 잠긴 토양, 폐수처리장, 쓰레기 매립장, 그리고 반추 동물의 소화계의 메탄생성 미생물은 메탄가스를 방출하고, 이는 대기 중에서 광화학적으로 일산화탄소와 이산화탄소로 전환될 수 있다. 메탄산화세균은 메탄생성 미생물과 같이 살면서 메탄을 이산화탄소로 곧 전환할 수 있다. 세계적으로 이산화탄소의 배출량은 유기물질로 고정되는 속도를 넘어선다.

이산화탄소와 메탄가스는 흔히 "온실가스(greenhouse gas)"라고 불리는데 대기에서 그들이 존재함으로 대기 밖으로 일부 적외선이 발산되는 것을 막아 지구는 온실처럼 열을 포획한다. 이러한 지구 온난화는 기후 변화의 원인이 될 수 있다.

질소 순환

질소는 단백질, 핵산, 다른 화합물의 성분이 되기 때문에 생물체에서 중요한 영양 원소이다. 환경에서 질소는 대부분의 생물체들이 활용할 수 없고 대기 중에서 질소 가스(N_2)의 형태로 존재한다. 대부분의 생물체는 토양이나 물에 있는 제한된 양의 질소를 유기분자나 용해성이 있는 무기분자를 통해 얻는다. 질산염, 아질산염, 암모니아가 이들에 포함된다. 미생물은 죽은 유기 물질이나 동물의 폐기물에서의 질소 원자를 가용성의 질소로 순환한다. 미생물은 생물권에서 대기 중에 있는 질소도 순환시킨다. 그림 18.16은 **질소 순환(nitrogen cycle)**에서 질소 고정, 암모니아화, 질화 작용, 탈질화와 관련된 기존 단계 및 아나목스 반응 등을 요약한 것이다.

질소 고정(nitrogen fixation)은 질소 가스(N_2)가 암모니아(NH_3)로 환원되는 과정인데, 많은 에너지가 필요하며, 매우 안정적인 기체 질소의 3중 결합을 *nitrogenase*가 촉매하여 암모니아로 전환시킨다. 제한된 원핵생물만이 질소 고정을 할 수 있다.

Nitrogenase는 산소가 전혀 없을 때만 활성화되기 때문에 혐기성 생물들에게는 전혀 문제가 되지 않는다. 호기성 질소 고정 생물들은 산소로부터 nitrogenase를 보호해야 한다. 보호하는 방법에는 여러 가지가 있는데, 그 중 한 가지는 호기성 생물이 nitrogenase가 격리되어 있는 세포의 내부로 산소가 확산되지 않도록 산소를 빠르게 소모하는 것이다. 일부 남세균은 이형세포(*heterocyst*)라는 두꺼운 세포벽을 가진 비광합성 세포에서 nitrogenase를 공기 중의 산소와 광합성으로 생성되는 산소로부터 보호한다. 기타 남세균은 광합성이 진행되지 않는 밤에만 질소 고정을 하여 산소로부터 nitrogenase를 보호한다.

질소 고정자는 독립생활을 하거나 공생을 한다. 독립생활을 하는 질소 고정자는 호기성인 *Azotobacter* (ā-zō-tō-bak´ter), 혐기성인 *Bacillus*와 *Clostridium*, 그리고 깊은 바다 속에 살고 있는 고균과 세균 등이 있다. 이들이 죽고 난 뒤 고정된 질소는 토양이나 물로 배출된 식물이나 다른 생물들에게 제공된다. 땅을 비옥하게 하는 식물과 직접 연관된 독립생활을 하는 속(genera)은 없다.

반면에 공생 질소 고정자는 식물과 직접적으로 연관되어 살고 있으며, 콩과식물에서 뿌리혹(*root nodule*)을 형성한다 (예, 콩과 땅콩). 질소 고정을 하는 공생세균의 주요 속에는 *Rhizobium* (rī-zo´bē-um)이 있다. 공생관계에서 식물이 영양분과 혐기성 환경을 뿌리혹에 제공하면, 세균은 식물에게 사용 가능한 질소를 공급한다. 농부들은 질소 고정자가 충분히 질소를 제공하기 때문에 콩과식물에 질소 비료를 사용하지 않아도 된다.

토양 속의 세균과 곰팡이는 죽은 생물과 폐기물을 분해하고, 탈아미노화(*deamination*) (아미노기의 제거)를 거쳐 단백질을 아미노산으로 분해한다. 아미노기는 **암모니아화(ammonification)**를 통해 암모니아(NH_3)로 전환된다. 건조하거나 알칼리성 토양에서 암모니아는 대기 중에 기체 형태로 빠져나오나, 습한 토양에서는 암모니아는 암모늄 이온(NH_4^+)으로 전환되어 생물들에 의해 흡수되거나 암모늄은 산화된다.

질화작용(nitrification)에서 암모늄은 독립영양성 고균과 세균을 필요로 하는 두 단계의 과정을 거쳐 질산염으로 산화된다. 가장 잘 연구된 질화 경로에서 *Nitrosomonas* (nī-trō-sō-mō´nas) 종의 세균은 암모늄 이온(NH_4^+)을 식물에 독소인 아질산염(NO_2^-)으로 전환시킨다. *Nitrosomonas* 종은 대개 *Nitrobacter* (nī-trō-bak´ter)라는 세균종과 같이 발견되는데, 아질산염을 신속히 용해성의 질산염(NO_3^-)으로 바꿔 식물들이 사용할 수 있게 한다. 질산염의 용해성 특성상 물에 의해 토양에서 침출되어 지하수, 호수, 강에 축적될 수 있다. 물에 잠긴 토양에 사는 특정 미생물은 혐기성 호흡을 통해 **탈질화(denitrification)**로 NO_3^-를 N_2로 환원시킨다. 질소는 대기 중으로 빠져나간다.

과학자들은 최근 질소 순환에서 중요한 새로운 측면인 혐기성 암모늄 산화(*anaerobic ammonium oxidation*) 또는 **아나목스(anammox)**를 발견하였다. 아나목스 원핵생물은 전자수용체로서 아질산염을 사용하여 세계의 30-50% 암모늄을 질소로 산화한다.

황 순환

황 순환(sulfur cycle)은 황을 여러 산화 상태로 전환하는 것이다 **(그림 18.17)**. 세균은 죽은 생물을 분해하여 황을 포함하는 아미노산을 환경으로 방출한다. 아미노산으로부터 방출된 황은 미생물의 이화 작용(*dissimilation*)을 통해 가장 환원된 형태의 황화수소(H_2S)로 전환된다. H_2S는 원소상의 황(S^o)으로 산화된 후, 다양한 조건과 비광합성 독립영양체 *Thiobacillus*와 *Beggiatoa* (bej´jē-a-tō´a), 광독립영양체인 녹색 및 자색 황세균을 포함하는 다양한 생물에 의하여 황산염(SO_4^{2-})이 된다. 황산염은 식물과 조류가 바로 사용하기에 적합한 형태이고, 동물들은 이 식물과 조류를 섭취한다. *Desulfovibrio* (dē´sul-fō-vib´rē-ō) 세균의 혐기성 호흡은 SO_4^{2-}를 H_2S로 환원시킨다. 황 순환을 이루는 대표적인 두 가지 무기물은 SO_4^{2-}와 H_2S이다.

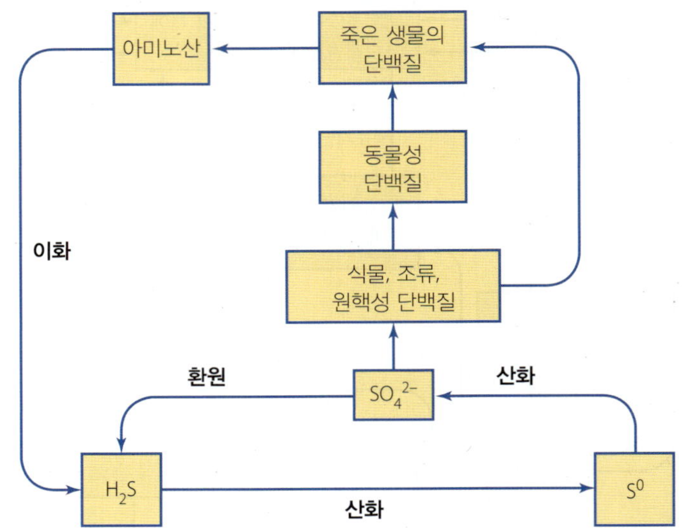

▲ **그림 18.17 간소화된 황 순환.** 황 순환의 두 가지 주요 성분은 황화수소(H_2S)와 황산염(SO_4^{2-})으로, 황이 각각 완전히 환원되고 산화된 형태이다.

인 순환

질소나 황과 다르게 인은 산화 상태일 경우에 환경 내에서 변화가 미비하다. 인은 대사 활동적으로 제한적인 양만 환경 내에 존재한다. 생물들은 대체적으로 인산염 이온(PO_4^{3-}) 형태의 인을 사용한다. **인 순환(phosphorus cycle)**은 불용성 인을 용해성 인으로 바꾸어 생물들에 의한 인의 섭취를 돕고, pH 의존 과정을 통해 유기 형태의 인은 무기 형태의 인으로 전환된다. 이 순환 내에서 인은 기체화 되지 않아 대기권으로 유실되는 경우는 없으나, 용해된 인산염은 물, 특히 바다에 축적되고, 동식물이 죽은 후 분해되어 나오는 유기 형태의 인은 토양 표면에 축적된다.

서식지 내의 과다한 인은 문제가 될 수 있는데, 인이 풍부한 농업용 비료는 강우에 의해 쉽게 침출된다. 침출된 인이 강과 호수로 유입되면 영양분의 과잉으로 인해 조류나 남세균과 같은 미생물의 과다생장이 일어나 **부영양화(eutrophication**, yū-trō´fi-kā´shŭn) 가 발생한다. 수화(*bloom*)라고 하는 과다생장은 물속의 산소를 고갈시키며 물고기와 같은 산소호흡을 하는 생물을 죽게 한다. 그 후 혐기성 생물이 물을 장악하고, H_2S의 생산 증가를 유발하여 악취를 풍기게 된다. 여분의 인 (및 질소)이 제거되면, 수계는 시간이 지나면서 회복된다.

금속 순환

Fe^{2+}, Zn^{2+}, Cu^{2+}, Cd^{2+}, Mg^{2+}를 포함한 금속 이온은 미생물에게 중요한 영양소이다. 이들은 미량만이 필요하지만, 생물의 생장을 저해하는 제한 인자가 될 수 있다. 철을 포함하는 대부분의 금속은 바위, 토양, 퇴적물에 용해성이 거의 없는 형태로 환경에 존재하며, 일반적으로 생물이 바로 사용할 수 없다. 금속 이온의 순환은 대부분 용해성이 없는 상태에서 용해성이 가능하게 변환해 생물에게 사

용 가능하게 한다.

일반적으로, 산화된 금속 이온은 환원된 금속 이온보다 잘 용해된다. 광부들은 **생물채광(biomining)**을 사용하는데, 생물채광은 미생물이 (대부분 고균류) 구리, 금, 우라늄이나 다른 금속을 산화하여 금속이 물에 용해되게 하는 과정이다. 광부들은 무기질이 포함된 이 용액에서 이온을 추출하고 환원시켜 금속을 채취한다.

생지화학적 순환은 토양에 사는 미생물에 의해 대부분 유지되고 있다. 다음으로는 토양미생물과 그 서식지에 대해 알아본다.

토양미생물학

학습 | 성과

18.19 토양에서 미생물의 풍부도(abundance)에 영향을 미치는 5가지 요소를 확인하라.

18.20 토양 미생물에 의해 인간과 식물에 영향을 미치는 질병을 설명하라.

토양미생물학에서는 토양에 사는 생물들의 역할을 탐구한다. 이들 생물은 인간의 질병을 일으키는 경우가 흔치 않지만, 토양 속에 식물 병원체가 많아 농업적 및 경제적으로 중요하다.

토양의 성질

토양은 돌이 풍화되거나 미생물 작용에 의해 식물과 같은 더욱 복잡한 형태의 생물들을 유지하는데 필요한 폐기물이나 유기물질을 생성한다. 토양은 두 개의 층으로 이루어져 있다 (그림 18.18): 부식질(*humus*) (유기화합물)이 풍부한 표토(*topsoil*), 주로 무기물로 이루어진 심토(*subsoil*). 토양은 기반암 위에 가로놓아져 있고, 적은 유기물을 함유하고 있다. 대부분의 미생물은 유기적 퇴적물이 풍부해 많은 생물량을 포함하는 표토에서 발견된다. 표토는 여러 다른 종류들로 구성되어 있기 때문에 다양하고 많은 양의 미생물들이 세계 곳곳의 토양에서 발견된다.

토양의 미생물 풍부도에 영향을 미치는 요인

물, 산소 함유량, 산성도, 온도, 영양분의 이용가능성 등을 포함하는 몇 가지 환경적 요소들은 토양 속 미생물 개체군의 밀도와 구성에 영향을 미친다.

수분과 산소 함유량은 토양과 밀접한 연관이 있다. 수분은 미생물 생존에 필수적인 요소다; 미생물은 습한 토양보다 건조한 토양에서 대사 활성이 떨어지고, 개체수가 감소하며, 미생물의 다양성도 떨어진다. 산소는 물에 잘 용해되지 않기 때문에 습한 토양은 건조한 토양 보다 산소 함유량이 낮다. 토양이 물에 잠기면, 미생물의 다양성은 감소하고 표면에서 혐기성 미생물이 우위를 차지한다. 날씨 역시 산소 함유량을 좌우하는데, 빗물로 인해 토양의 수분이 결정되며 결과적으로 산소도 용해된다.

토양의 pH는 토양 속의 세균이나 곰팡이가 풍부한지를 결정한다. 곰팡이는 세균보다 높은 산성과 높은 염기성 토양을 선호하지만 일반적으로 산성조건을 더 선호한다. 세균은 토양의 pH가 7에 가까울수록 선호한다. 대부분 토양에 사는 미생물은 중온성이며, 20°C –50°C 사이의 온도를 선호한다. 따라서 대부분의 미생물은 겨울과 여름이 너무 극단적하지 않은 지역에서 잘 산다. 저온성 세균은 지속적으로 추운 환경에서만 자라며, 봄의 해빙기를 겪는 토양에서는 살 수 없다. 반대로 고온성 세균은 혹한기를 겪는 토양에서 살 수 없다.

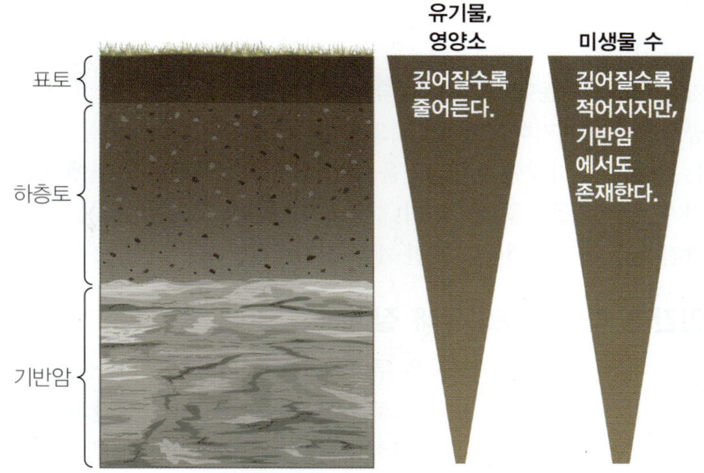

▲ **그림 18.18 토양의 층과 층에서 영양분과 미생물의 분포.** 표토는 일반적으로 하층토보다 영양분과 미생물이 풍부하지만, 영양분과 미생물의 양은 상당히 가변적이다.

영양분의 이용가능성은 토양 속의 미생물 다양성에 영향을 미친다. 대부분의 토양 미생물은 토양 속 영양분을 활용하는 종속영양미생물이다. 미생물 군집의 크기는 유기물의 다양성보다 유기물의 양에 영향을 받는다. 농지와 같이 지속적으로 유기물이 공급되는 토양은 척박한 토양에 비해 다양한 종류의 미생물이 분포되어있다.

토양의 미생물군

토양이 다양하기 때문에 미생물 군집은 토양에 따라 차이가 있으며 심지어 같은 토양 내에서도 계절에 따라 커다란 차이가 있다. 토양에는 엄청나게 많은 세균들이 서식하며, 모든 토양의 층에서 발견되고 보통 생물막을 형성하고 있다. 고균은 토양에서 찾을 수 있지만, 많은 종류의 고균을 실험실에서 배양하지 못해 고균의 능력에 대한 연구가 제한된다. 진균도 개체군이 많은 토양 미생물이다. 자립형과 공생형 곰팡이는 표토에서만 자라며 땅을 뒤덮는 거대한 균사체를 생성한다. 바이러스는 토양 미생물 내에서 활동적이며, 자립형으로 발견되는 경우는 거의 없다.

몇몇 조류나 원생동물은 토양 속에 살기도 한다. 토양 조류는 토양 표면이나 표면 근처에 사는데 광독립영양체로서 빛이 필요하기 때문이다. 원생동물은 토양 속을 움직이며 다른 미생물을 섭취한다. 대부분의 경우 원생동물은 산소가 필요하기 때문에 표토에 머무른다. 조류나 원생동물은 오염물과 급격한 환경변화에 적응할 수 있다.

미생물은 어디에 존재하던지 여러 가지 필수적인 역할을 담당한다. 미생물들은 질소, 황, 인을 비롯한 원소들을 순환하여 사용가능하도록 만든다. 미생물은 죽은 생물과 폐기물을 분해하고, 산업 공해물질을 제거하기도 한다. 또한 미생물은 사람이 이용할 수 있는 엄청나게 다양한 화학물질을 생산한다. 연구원들은 자연에서 가치가 큰 화학물질을 생산하거나 유용한 생물학적 기능을 갖는 종을 발견하기 위해 미생물의 자연 개체군을 검색한다.

인간과 식물의 토양유래 질병

비록 대부분의 토양 미생물은 무해하지만, 예외가 존재한다. 토양에 의한 인간의 감염은 일반적으로 토양 속에 동물이나 인간의 분변에서 기인된 미생물과 직접 접촉, 섭취 또는 흡입에 의해 발생한다. 어떤 경우에는 토양 속에서 자가 복제하며 살아가는 경우도 있지만, 대부분의 경우에 토양은 병원체가 한 숙주에서 다른 숙주로 이동하기 위한 단순한 매개체이다. 대부분의 토양에 의해 전달되는 질병은 진균이나 세균에 의해 일어난다. 원생동물이나 바이러스가 질병을 일으키는 경우도 있다.

토양 병원체에는 *Bacillus antharacis* (an-thrā´sis)가 포함되며, 이 세균은 탄저병의 원인이 되고 감염된 가축의 피부에서 내생포자가 떨어진다. 내생포자는 토양 속에 수십 년에서 수백 년 동안 휴면을 할 수 있다. 객토를 하게되면 내생포자가 피부의 상처나 찰과상을 통해 신체로 들어오거나 폐에 흡입되어 감염을 일으킬 수 있다.

Histoplasma capsulatum (his-tō-plaz´mă kap-soo-lā´tŭm)은 히스토플라스마증(histoplasmosis)이라는 심각한 기도 감염을 유발하는 진균이다. *Histoplasma*는 토양에서 자라며 감염된 새나 박쥐의 배설물에 의해 토양 속에 포자 상태로 남아있다. 이 포자는 오염된 토양을 만졌을 경우에 인간에게 흡입될 수 있다.

Hantavirus (han´tă-vī-rŭs) 폐 증후군은 생명을 위협하는 바이러스성 호흡기 질환이며, 쥐의 대변이나 소변에 포함된 *Hantavirus*에 감염된 토양을 흡입하였을 경우 발병한다. (211쪽의 출현성 질병 사례연구 참조.) *Hantavirus*는 북미 전 지역에서 발견되었다.

토양에는 인간 병원체보다 식물 병원체가 더 많이 존재한다. 미생물에 의한 식물 감염은 괴사, 동고병(canker)/병변, 시듦병, 마름병, 혹, 정상에서 이탈한 생장 (너무 크거나 너무 작음), 또는 탈색된 상태 (엽록소의 소실) 등을 통해 감지할 수 있다. 세균, 진균, 바이러스 모두가 식물에서 병을 일으키며 공기매개성 포자나 뿌리, 상처, 또는 곤충을 통하여 퍼진다.

표 18.7에 세균, 진균, 바이러스를 통해 인간과 식물에 영향을 미치는 토양유래 질병의 예시를 나열한다.

표 18.7 인간과 식물에 영향을 주는 토양유래 전염병

미생물	숙주	질병
세균		
Bacillus anthracis	인간	탄저병
Clostridium tetani	인간	파상풍
Agrobacterium tumefaciens	식물	근두암종병
Ralstonia solanacearum	식물	감자 입고병
Streptomyces scrabies	식물	감자 딱지병
곰팡이		
Histoplasma capsulatum	인간	히스토플라스마증
Blastomyces dermatitidis	인간	분아균증
Coccidioides immitis	인간	콕시디오이데스 진균증
Polymyxa 종	식물	곡류의 뿌리를 상하게 함
Fusarium oxysporum	식물	식물의 뿌리를 상하게 함
Phytophthora cinnamomi	식물	식물의 뿌리를 상하게 함, 감자 잎마름병
바이러스		
Hantavirus	인간	한타바이러스 폐 증후군
담배모자이크 바이러스	식물	식물에서의 괴사반점
토양유래 밀 모자이크 바이러스	식물	가을밀과 보리의 모자이크병

수계미생물학

학습 | 성과

18.21 담수와 해양 생태계에 사는 미생물 개체군의 특징을 비교하라.

수계미생물학자는 담수와 해양 환경에 사는 미생물을 연구한다. 수계 생태계에는 토양 서식지와 비교하여 전반적으로 미생물 수가 적은데, 그 이유는 영양분이 물에 희석되었기 때문이다. 해양에 사는 많은 미생물들은 다양한 표면에 부착된 생물막에 존재한다. 생물막은 수서미생물들이 살아가는데 충분한 영양분을 공급하는 역할을 한다; 생물막이 없다면 굶어 죽을 것이다.

수계 서식지

수계 서식지는 주로 담수와 해양 서식지로 나누어진다. 담수(*freshwater*) 서식지의 특징은 낮은 소금 함유량 (약 0.05%)이며, 지하수, 깊은 우물과 온천수, 호수, 강, 개울물을 포함하는 지표수를 포함한다. 해양(*marine*) 환경의 특징은 소금 함유량이 약 3.5%이며, 만, 어귀, 석호(lagoon) 등의 외해나 연안수를 포함한다.

자연적인 수계는 하수 및 산업 폐기물의 처리에서 유래하는 물인 생활용수(*domestic water*)의 방출에 의해 큰 영향을 받을 수 있다. 환경으로 방출된 생활용수는 물의 화학적 작용과 물속에서 살아가는 미생물에게 영향을 준다. 화학물질의 변화 수준에 따라서 미생물 개체수는 증가하거나 감소한다. 추가적으로 잘못 처리된 폐수는 병원성 미생물을 포함하는 자연적인 수계의 오염으로 이어진다.

담수 생태계 미생물은 호수 속에서 산소 이용가능성, 빛의 강도, 온도에 따라 다양하게 분포하게 된다. 지표수는 산소의 함유량이 높고, 빛이 잘 통하며, 심층수보다 수온이 따뜻하다. 큰 호수 속에서 물결 운동(wave action)은 계속적으로 영양분과 산소 그리고 미생물을 순환시킴으로 인해 이들 자원을 효율적으로 사용할 수 있게 한다. 고인 물은 산소가 고갈되며, 혐기성 생물들이 많이 살게 되고, 수질이 나빠진다.

과학자들은 깊은 호수 속을 4개의 구역으로 나누어 관찰한다 (그림 18.19a): **천해대(littoral zone)** (li´ter-al)는 해안선을 따라 영양분이 호수로 유입되는 구역이다. 천해대는 얕으며 빛이 투과하기 때문에 대부분의 미생물은 이 층에서 서식한다. **준조광대(limnetic zone)** (lim-net´nt´ik)는 해안에서 떨어진 상층대의 물이다. 광독립영양체는 천해대와 준조광대에 산다. **심저수대(profundal zone)** (prŏr-fun´dal)는 준조광대 밑층에 존재한다. 이 층은 산소 함유량이 적으며, 천해대와 준조광대에 비해 산란광이 많다. 자색 및 녹색 황세균 같은 몇몇 광합성 미생물은 이 층에서 혐기적 광합성을 한다. 심저수대 밑에는 **저생대(benthic zone)** (bēn´thik)가 있는데, 이 구역은 깊은 호수 물과 침전물이 포함되어있다. 침전물 속의 혐기성 세균은 표면 근처에서 미생물이 사용하는 H_2S를 생산한다.

호수와는 대조적으로 개울이나 강은 미생물과 영양분이 휩쓸리고 혼합되기 때문에 균일한 환경이다. 생물막은 특히 물이 흐르는 수로에서 중요하며, 대부분의 미생물은 해류가 약한 표면이나 유기물질이 물에 유입되는 가장자리 지역에서 산다.

해양 생태계 해양 생태계는 일반적으로 영양분이 적고, 어두우며, 춥고, 커다란 압력을 받는다. 광독립영양성 원핵생물, 규조류, 쌍편모조류, 그리고 조류는 해수의 표면 근처에서 발견된다. 대부분의 해수는 오직 매우 특별한 미생물들이 살 수 있는 극한의 환경이다. 해양 시스템 내의 모든 미생물들은 염분에 내성이 있어야 하며 영양분의 부족을 보충하기 위한 고효율적인 영양분 흡수기작을 가진다.

과학자들은 해양을 담수 호수에서와 같이 몇 개의 구역으로 구분한다 (그림 18.19b). 대부분의 해양 미생물들은 영양분의 수준이 높고 광합성에 이용할 수 있는 빛이 있는 천해대(littoral zone)에서 발견된다. 저생대(benthic zone)는 여러 해양 환경을 형성한다. 해양은 깊은 해구들을 포함하는 **심해저대(abyssal zone)** (a-bis´sal)라는 5번째 영역을 가진다. 비록 저생대와 심해저대가 영양분이 희박할지라도, 심해저대에 위치한 **열수분출공(hydrothermal vents)** 주변에서 미생물의 생장을 지원한다. 이러한 분출구는 뜨겁고 영양이

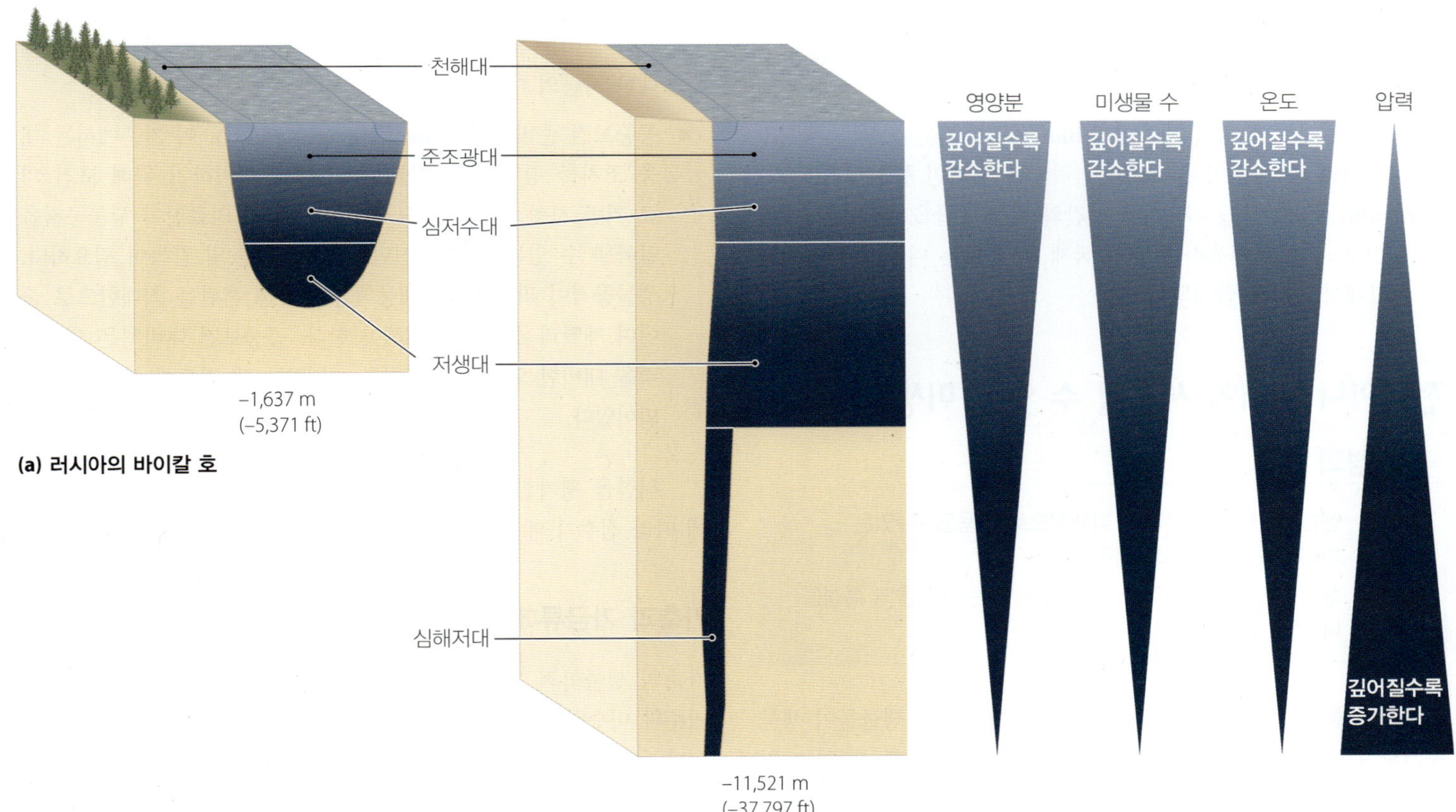

▲ **그림 18.19 심해저에서 띠 모양의 세로 배열. (a)** 세계에서 가장 깊은 담수호수인 러시아의 바이칼호, **(b)** 세계에서 가장 깊은 곳인 태평양의 마리아나 해구다. 이 두 깊은 호수와 해양은 광투과, 영양소 포함률, 온도, 압력에 의해 네 개의 구간으로 나뉘어져 미생물의 종류와 개체수가 분포되어 있다. *바이칼 호의 제일 밑에 사는 세균이 마리아나 해구에 들어가면 왜 죽을까?*

풍부한 상태의 물을 분출시켜 호열성 화학독립영양의 혐기성 미생물에게 영양분과 에너지원을 제공한다. 분출구는 점차 다양한 무척추동물과 척추동물들을 지원한다.

특수한 새로운 수계 생태계 수계의 2가지 폭넓은 부문 이외에도, 염수호, 철천, 유황천 등을 포함하는 독특한 수중 생태계들도 존재한다. 각각의 생태계들에는 그러한 상태에 크게 적응된 특별한 미생물들이 서식하게 된다. 예를 들면, 미국 Utah 주에 있는 Great Salt Lake는 소금 함유량이 5-7% 정도이고, 극호염성 고균인 *Halobacterium salinarium* (hā´lō-bak-tēr´ē-ŭm sal-ē-nar´ē-ŭm), 높은 농도의 염수 (소금물)에서 서식하는 고균을 포함한다.

왜 그런가

한 블로거는 미생물이 위험하기 때문에 무조건 피해야 한다고 말했다. 왜 이런 생각은 잘못된 것인가?

생물학전과 생물테러

과학자들은 미생물을 특성에 따라 의약품, 식품생산, 또는 산업에 활용했지만, 사람, 가축, 농작물을 겨냥한 생물 무기(*biological weapon*)로도 활용할 수 있게 되었다. 미생물이나 그 독소를 이용해 인간을 위협하는 행위인 **생물테러(bioterrorism)**는 오늘날 세계의 큰 걱정거리 중 하나이다. 그 중 염려되는 테러인 **농업테러(agroterrorsim)**는 미생물을 이용하여 인간의 식량 공급을 파괴하는 행위이다. 생물 무기를 사용하는 것은 국제 조약 또는 미국, 영국 등 여러 국가에서 법으로 금지되어 있다.

전쟁이나 테러에 사용될 수 있는 미생물

학습 | 성과

18.22 생물테러와 생물무기에 잠재적으로 사용될 수 있는 미생물의 기준을 확인하라.

18.23 생물전쟁과 생물테러로 사용될 수 있는 미생물의 특성을 나열하라.

많은 미생물들은 질병을 유발하지만, 모든 질병유발 생물들이 생물무기로 활용될 수 있는 것은 아니다. 정부는 무기화 할 수 있는 미생물들을 평가하는 기준을 세웠다. 이 기준을 통해 연구와 방어시설의 인력분배를 적재적소에 할 수 있으며 대책과 제지능력을 기르는데 용이하게 활용된다.

인간에 대한 생물학적 위협의 평가 기준

미국에서 인간에게 잠재적인 생물학적 위협의 평가는 다음 4가지 기준에 근거한다:

- 공중보건 영향(*Public health impact*). 이 기준은 많은 사상자를 효과적으로 처리하기 위한 병원과 진료소의 능력에 관한 것이다. 사상자가 많을수록 병원은 모든 환자를 효과적으로 돌볼 수 없다. 생물무기로 인하여 심각한 사태가 빈번하게 발생할 경우, 응급대처를 하지 못하는 상황이 발생해 병원의 기능이 마비된다. 생물무기가 인간에게 치명적인 결과를 낳을 경우에는 적절한 시신처리마저 어려워져 질병이 확산될 수 있다.
- 감염 가능성(*Delivery potential*). 이 기준은 생물 무기가 집단에 얼마나 쉽게 도입되는가를 평가한다. 한 번에 감염될 수 있는 사람이 많을수록, 초기 공격으로 더 큰 피해를 준다. 생물무기가 개체군을 통해 확산된다면, 2차 및 3차 감염을 통해 사상자가 늘어날 것이다. 또한 전달 잠재력의 부분으로 대량생산의 용이성, 접근성 (재료를 쉽게 얻을 수 있는가), 그리고 안정성 (얼마나 오랫동안 환경에 남아있는가)이 평가된다.
- 여론 인식(*Public perception*). 생물공격으로 인한 질병 발생 후, 기관이 질병에 대한 여론의 공포감을 억제하는 능력을 평가한다. 높은 사망률, 치료 대책의 부재, 백신이 없다면 여론은 더 큰 공포감에 휩싸여 격리 (감염되고 아픈 환자들을 나머지 사람들로부터 분리하는 것)를 하는 데 큰 어려움을 겪는다. 공포감에 이은 혼돈은 기관이 질병의 전염과 치료 환자의 통제에 대한 사람의 대응능력을 떨어뜨린다.
- 공중보건 준비(*Public health preparedness*). 이 기준에서는 대응 조치를 평가하고 생물학적 공격을 대비하기 위해 보건 의료 기반 시설 개선의 필요성을 평가한다. 의료진이 생물공격을 알아낼 수 있는 정확한 진단과 인지 훈련 및 감독이 필요하다. 생물공격이 확인된 후, 대응책을 이용해 혼란을 최대한으로 줄이며 재빨리 상황을 통제해야 한다. 공중보건 대비책은 생물공격을 대비한 연구, 진단, 치료, 처방하는데 필요한 예산도 포함되어있다.

위험을 평가할 때, 모든 잠재적 생물테러 요인은 이 평가기준에 따라 점수가 매겨진다. 점수가 높을수록 위험도가 높다.

가축과 가금류에 대한 생물학적 위협의 평가 기준

가축의 생물학적 위협 평가 기준은 인간에게 잠재적 위협의 평가기준과 비슷하고, 농업에 미치는 영향, 감염 가능성, 타당성이 포함된다.

감염성 요인은 떼나 무리를 짓는 가축들에게 제일 치명적이다. 많은 동물의 병원체는 자연적으로 토양에 존재하거나 가축과 가금류에 존재하고 있어 손쉽게 대량으로 감염될 수 있다. 감염성이 큰 생물무기는 가축이 무리지어 다니는 특성 때문에, 감염된 것이 확인되었을 경우 무리 전체가 이미 감염되어 전염병으로 확산되기 전에 폐사시켜야 한다. 독성을 가지는 병원체들은 폐사된 후에도 지속적으로 살아남는다. 많은 동물 질병은 접촉이나 흡입으로 인하여 확산하여 테러리스트들이 쉽게 공격에 이용하도록 한다. 비록 동물들에게는 전염성이 높지만, 인간에게는 전염되지 않아서 생물무기는 테러리스트들이 다루기에 안전하다.

농작물에 대한 생물학적 위협의 평가 기준

식물의 질병은 일반적으로 인간이나 가축의 질병보다 전염성이 떨어진다. 농작물 위험요소는 수확량 감소, 감염과 파급효과, 억제 가능성 등에 따라 평가된다.

심각한 수확량 감소, 또는 독소 생산을 유발하는 식물 병원체가 가장 큰 위협 요소다. 이러한 병원체는 이미 환경에 존재하여 쉽게 얻을 수 있으나, 대량생산을 하기 쉽지 않다. 식물 병원체는 농지의 오염된 토양이나 곤충에 의한 자연적인 수단으로 체계적으로 확산될 수 있다. 심지어 농작물이 죽은 뒤에도 환경에 남아 있게 된다. 오염 요인이 농지에 남아있는 동안 계속적으로 농작물의 수확에 손실이 발생할 수 있다. 많은 식물 질병의 원인은 쉽게 판별되지 않기 때문에 대책이 마련되기 전에 병원체는 널리 확산될 수 있다. 이로 인한 경제적 손실은 치명적인데, 특히 해당 농작물은 공격받은 후 수년간 금수 조치가 취해지기 때문이다.

알려진 미생물의 위협

이 항목에서는 생물학적 테러에 사용될 수 있는 제제들을 간단히 알아본다. 평가 기준이 보완되고 기술이 발전함에 따라 생물테러 제제의 목록이 변동될 수 있음에 유의하라.

인간 병원체

미국 정부는 사람에게 사용될 수 있는 생물 무기를 3종류로 분류한다 (**표 18.8**). A항목 제제(*category A agents*)는 무기로서의 가능성이 가장 높은 제제이다. B항목 제제(*category B agents*)는 무기로서의 가능성은 있지만, A항목 제제보다는 여러 가지 이유로 위험하지 않다 (대부분은 대량 살상 능력이 부족함). C항목 제제(*category C agents*)는 위협이 될 수 있거나 무기로서의 잠재력이 완전히 파악되지 않은 제제이다.

천연두는 현재 생물학적 테러 위협 중 제일 높은 순위에 있다. 다행히도, 테러리스트들이 바이러스성 시료를 증식시키는 것은 어렵다; 천연두 바이러스 시료를 다루는데 고도의 기술을 필요로 하고 바이러스를 억제하는 시설을 갖추는 것이 어렵기 때문이다. 효과적인 백신을 사용할 수 있으며 천연두 감염된 후 백신은 즉시 투여

표 18.8 인간에게 위협이 되는 생물테러 제제

질병	원인체	자연원
A항목 위협요소: 고순위		
천연두	대두창 (*Orthopoxvirus*)	없음
탄저병	*Bacillus anthracis* (세균)	토양
페스트	*Yersinia pestis* (세균)	작은 설치류
보툴리눔 식중독	*Clostridium botulinum* 독소 (세균성)	토양
야토병	*Francisella tularensis* (세균)	야생 동물들
바이러스성 출혈열	Filovirus와 arenavirus	대부분 알려지지 않음
B항목 위협요소: 중간		
Q열	*Coxiella burnetii* (세균)	양, 염소, 소
브루셀라병 (심한 독감유사증후군)	*Brucella* 종 (세균)	가축
마비저 (폐 증후군)	*Brukholderia mallei* (세균)	말
비저유사질병 (심한 폐 증후군)	*Brukholderia pseudomallei* (세균)	말, 가축, 설치류, 토양
악성 뇌염	알파바이러스	설치류, 조류
발진티푸스	*Rickettsia prowazekii* (세균)	사람
독소	다양한 세균	다양함
앵무병 (폐렴-유사 증후군)	*Chlamydophila psittaci* (세균)	조류
식품 안전 위협 (*Salmonella* 종, *Escherichia coli* O157:H7, *Shigella* 포함)	다양한 세균과 바이러스	토양이나 동물
수질 안전 위협 (*Vibrio cholerae*, *Cryptosporidium parvum*)	다양한 세균과 바이러스	물
C항목 위협요소: 낮은 위험도		
Nipah 바이러스 (뇌염)	*Henipavirus Nipah virus*	박쥐
한타바이러스 폐 증후군	*Hantavirus*	설치류, 토양

해야 효과적이다.

동물 병원체

동물에 대한 생물 제제도 분류되었는데, A항목 제제가 가장 위험하다. 대부분의 병원체는 흡입을 통해 확산되지만, 곤충 매개체를 통해 확산되기도 하여, 무기로서 사용될 확률이 줄어든다. 이 가운데 일부는 가축뿐만이 아닌 야생 동물들에게 확산되기도 하여 효과가 증폭되기도 한다.

농업테러 제제로 사용될 수 있는 가장 위험한 바이러스인 구제역 바이러스는 갈라진 발굽을 가진 가축들을 감염시킬 수 있다. 바이러스는 에어로졸과 직접 또는 간접 접촉을 통해 확산된다. 인간이 농업 도구나 직접적인 접촉을 통해 농장이나 가축시장에서 퍼트릴 수 있다. 구제역이 발생한 지역의 가축들은 모두 폐사시켜야 하며 가축이 있었던 모든 공간을 완벽하게 살균해야 하고 사체를 전부 태우거나 매장해야 한다. 백신은 존재하지만, 양이 충분치 않아 모든 가축을 보호할 수는 없다.

식물 병원체

많은 식물 병원체가 존재하지만 생물 무기로서의 식물 병원체의 분류는 인간이나 동물의 병원체 분류에 비하여 미흡하다. 잠재적 식물 무기는 보급되었을 경우 쉽게 토양을 오염시켜 정화가 어려워지는 것은 진균류이다. 곡물, 옥수수, 쌀, 감자에 대한 공격은 자국 경제와 식량 수급에 악영향을 끼치기 때문에 가장 위험하다. 이러한 식물 무기는 자연적으로 존재하기 때문에 생물테러와 구분하기가 힘들다.

생물테러에 대한 대응

어떤 방어책도 국가나 단체에 대하여 주도면밀하게 계획된 생물학 테러를 방지할 수 없다. 그러나 인간, 동물, 식물 병원체를 철저히 추적하고 감시(*surveillance*)하고 효과적인 대응책(*effective response protocol*)을 활용하면 피해를 최소화할 수 있다.

A항목의 인간에 대한 생물제제는 흔하지 않기 때문에 다발적으로 보고된 사례는 어떠한 형태로든지 생물 공격이 실행됐다는 것을 암시한다. 이러한 특성 때문에 A항목 질병은 보고 대상이 되며 발생할 때마다 해당 보건당국으로 보고해야 한다. 이러한 질병을 감시하여 역학자들은 예상치 못한 패턴을 볼 수 있다. 테러가 일어난 것으로 간주되는 경우에 진단 및 확인을 통해 적절한 대응을 할 수 있다 **(그림 18.20)**. 대응책 중에는 강제적 격리, 항균성 약품 배포, 집단예방접종 등이 있다.

농업테러는 국가의 영농기업에 대한 적절치 못한 보안 인식으로 인해 관심이 증가되고 있다. 가축 및 가금류는 정기적으로 국가 내의 여러 장소를 이동하는데도 불구하고 검열과 조사가 이뤄지지 않아 시설 간의 이동 중에 감염된 동물로부터 질병이 확산될 수 있다. 추가적으로 농장, 목장, 또는 가축 시장은 모두 민간인에게 개방되어 있어 의도성을 가지고 공격을 할 때 방어에 취약하기 때문

▲ **그림 18.20 생물테러공격에 대항하는 하나의 대처법.** 이 그림은 2001년 10월, Washington, D.C.에서 탄저균이 포함된 소포를 조사하고 있는 생물재해-복장을 한 사람을 보여준다.

이다. 농업테러 예방책으로 민간인들이 이러한 시설을 방문하는 것을 제한하자는 주장이 있다. 추가적으로, 수입산 동식물의 검역을 강화하여 외래 병원체를 막자는 의견도 있다. 동물 병원체에 대항하는 더 나은 진단 기술, 백신과 치료법이 개발되어야 한다.

생물테러에 있어서 유전자 재조합 기술의 역할

유전자 재조합 기술을 사용해 새로운 생물학적 위협을 만들거나 기존의 것을 조작하여 백신이 듣지 않게 할 수 있다. 여러 물질의 특성을 합쳐 모든 물체에 면역성이 없는 제제를 제조할 수도 있다.

추가적으로, 기존의 위협 요소의 조작 이외에 재조합 DNA 기술은 이러한 무기들을 기본 제제만으로 생성할 수 있게 한다. 이론적으로 테러리스트들이 이러한 미생물을 제조할 수 있다. 완전히 제조된 폴리오바이러스를 보려면 **집중조명: 생물테러리스트는 흠집으로부터 바이러스를 제조할 수 있을까?**를 참조하라. 폴리오바이러스는 비교적 간단한 바이러스이다. 이러한 과정이 천연두와 같은 복잡한 바이러스에도 적용되는지는 보장하지 못한다.

유전자 재조합 기술은 생물테러를 방어하는데도 쓰일 수 있다. 과학자들은 "지문법(fingerprints)" 또는 서명과 같은 독특한 유전적 배열을 식별할 수 있기 때문에 생물 무기를 추적하여 근원을 알아낼 수 있다. 유전자 기술은 백신과 치료기술을 발전시킬 수 있고 재조합 DNA 기술은 병원체에 저항력이 있는 농작물을 만드는데 사용할 수 있다.

왜 그런가

생물무기가 될 수 있는 인간, 동물, 식물 병원체의 환경에서의 생존율을 기준으로 비교하라. 왜 동물과 식물 병원체가 인간 병원체보다 환경에 더 많이 존재하는가?

집중 조명

생물테러리스트는 처음부터 바이러스를 제조할 수 있었을까?

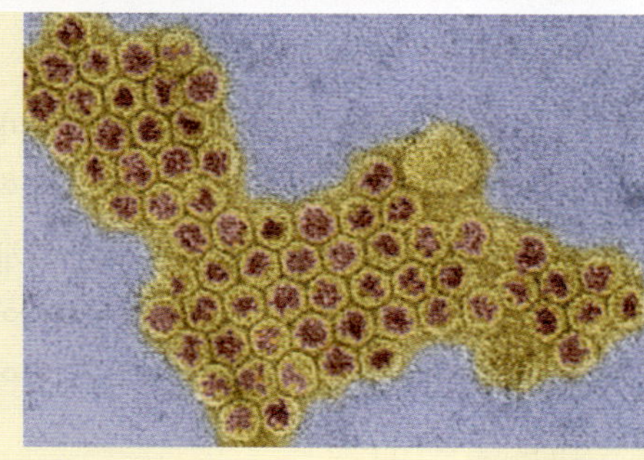

폴리오바이러스

Stony Brook 소재 New York 대학교의 연구원들은 놀라운 성과를 올렸다: 분자생물학 관련 물자공급 회사로부터 손쉽게 얻을 수 있는 재료를 이용하여 완전하게 작동하는 폴리오바이러스를 제조하였다. RNA 배열을 조합하여 폴리오바이러스 게놈 전체를 만든 후, 시험관 내 무세포 추출물에서 성공적으로 복제 및 번역하였다. 그 결과 핵산과 단백질은 자발적으로 완전한 감염성의 바이러스 제제로 만들어졌다. 과학자들은 발간된 학술지와 인터넷 데이터베이스를 통해 개인 도메인에 있는 유전자 지도를 기반으로 그 일을 시작하였다.

이전부터 발표된 지식을 바탕으로 흠집에서 감염성 제제를 생산할 수 있는 능력은 불안정한 상태로 발전되어 지고 있다. 이 뜻은 테러리스트들이 연구실에서 이러한 물질을 훔치거나 자연적으로 얻지 않아도 위협적인 바이러스를 제조할 수 있다는 것이다.

Stony Brook에서 진행된 연구 결과가 발표됨에 따라, 어디까지, 어느 정도의 연구 결과만을 발표해야 하는지에 대한 윤리적 논쟁이 일어났다. 이러한 연구 결과가 의도치 않게 잠재 테러리스트를 도와주었다는 의견이 있는가 하면, 이러한 정보를 빨리 공유해 과학계와 과학기술의 발전을 위해야 한다는 입장도 있다. 어떻게 생각하는가?

임상 미생물 후속내용

5성 식당에서의 식중독

공중위생 공무원들은 Dan의 몇 가지 인기 메뉴에 들어가는 생 아몬드 조각에서 *Salmonella enterica* 혈청형 *Enteritidis*를 배양하였다. 24건의 살모넬라증이 9개 주에서 보고되었으며, 모두가 California 주의 한 회사에서 판매된 아몬드와 관련이 있었다. Dan의 아몬드도 동일한 업자로부터 공급받은 것이었다.

연구원들은 장염균과 아몬드가 연관된 사실에 처음엔 당혹스러워하였다. 일반적으로 사람들은 감염된 조류, 파충류, 사람의 분변에 의해 오염된 생고기나 생달걀의 섭취에 의해 살모넬라증에 걸린다. 아몬드는 나무에 열리며 껍질을 가지고 있는데, 어떻게 아몬드가 *Salmonella*에 감염되었을까? 설상가상으로 아몬드는 California 주에서 재배되는 작물가운데 가장 많이 재배되며, 매년 15억 달러의 수입을 창출하며, 세계 아몬드 생산에 80% 이상을 차지한다. 이 질병의 발생은 심각한 재정적 타격을 예상할 수 있기 때문에, 연구자들은 원인을 찾기 위해 신중해야만 한다. 질병통제예방센터는 전 세계에 수출된 생 아몬드를 전량 회수하였다. 연구자들은 정확한 원인을 파악하지 못했지만, 파충류나 설치류의 배설물이 회사 내 아몬드 가공 구역을 감염시켰다고 의심하였다.

일반적으로 매년 40,000건 이상의 살모넬라증이 보고된다. 이 수치는 실제 살모넬라증에 의해 발생되는 건수의 5% 정도에 지나지 않으며, 종종 증상이 경미하고 5-7일 사이에 완치되기 때문에 환자들은 치료방법을 찾지 않는다는 것이다.

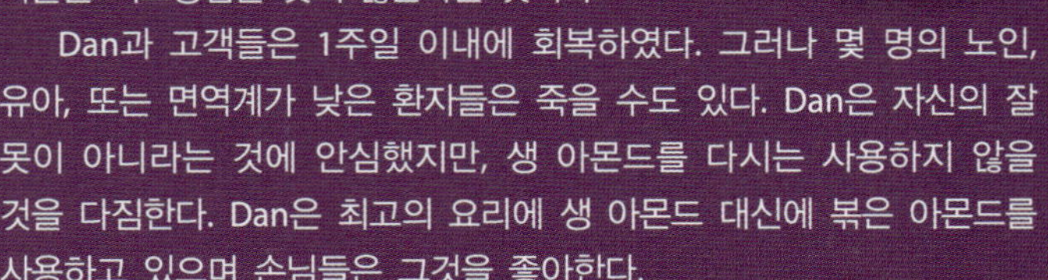

Dan과 고객들은 1주일 이내에 회복하였다. 그러나 몇 명의 노인, 유아, 또는 면역계가 낮은 환자들은 죽을 수도 있다. Dan은 자신의 잘못이 아니라는 것에 안심했지만, 생 아몬드를 다시는 사용하지 않을 것을 다짐한다. Dan은 최고의 요리에 생 아몬드 대신에 볶은 아몬드를 사용하고 있으며 손님들은 그것을 좋아한다.

1. *Salmonella*에 의한 식품 감염의 일반적인 원인을 설명하라.
2. 이 병에 걸려 고통받은 사람은 식품 감염인가 식중독인가? 이유를 설명하라.

단원요약

식품미생물학 (562-569)

1. 상업적으로 사용되는 미생물은 **응용미생물학**이라 하며 두 가지 다른 분야를 포함한다: 식품미생물학과 산업미생물학.
2. **식품미생물학**은 식품 생산과 식품매개 질병을 예방하기 위해 미생물 사용을 수반한다. 이러한 맥락에서 **발효**는 식품에서 바람직한 변화를 수반한다; **부패**는 식품에서 바람직하지 않은 변화를 수반한다.
3. 식품 발효는 특별하고 지속적인 발효 반응을 수행하는 미생물의 **종균 배양**의 사용을 포함한다. 대부분의 다양한 발효 야채, 고기, 유제품에서 젖산균의 종균 배양이 사용된다. 젖산으로 인해 신맛이 난다.
4. 알코올 발효는 대개 효모를 이용하여 설탕을 에탄올과 이산화탄소로 전환한다. 알코올 발효는 포도주, 증류주, 맥주, 식초, 빵의 생산에 사용된다.
5. 식품 부패의 내적 요인은 수분 함량, 물리적 구조와 같은 식품의 고유 속성들로서, 식품 부패에 얼마나 민감한지를 결정한다. 식품 부패의 외적 요인은 식품을 취급하는 방법을 포함한다.
6. 산업 공정에서 통조림, 저온 살균, 건조, 냉동 건조 (**동결 건조**), 방사선, 무균포장 기법들을 이용해 식품을 보존한다. 자연 및 인공 방부제를 음식에 첨가하여 미생물의 생장을 억제할 수 있다. 상점이나 집에서 식품을 알맞은 용기에 보관하고, 차가운 식품은 차갑게 보관하고, 식품은 제대로 조리해야하며, 남은 식품은 냉장 보관하여 부패를 막는다.
7. 식중독은 **식품 감염** (살아있는 미생물을 섭취하여 일어나는 질병)이나 **식중독** (미생물 독소의 섭취에 기인하는 질병)을 칭하는 일반적인 용어다. 식중독은 미숙한 식품관리로 인하여 발생한다.

산업미생물학 (569-578쪽)

1. **산업미생물학**은 상업적인 가치가 있는 물질의 생산을 위해 미생물을 사용하는 것이다. 산업적 발효는 원하는 제품을 생산하며, 유전자 변형 미생물을 사용하기도 한다.
2. 회분 생산은 미생물의 생장에 따라 전체 배양액과 산물을 수확하는 것이다. 연속 생산은 지속적으로 영양분을 배양액에게 공급하고 생성된 산물의 제거를 수반한다. 산물은 일차 대사산물 (활발한 생장 중에 생산됨)이나 이차 대사산물 (정지기 중에 생산됨)이 될 수 있다.
3. 미생물은 효소, 염료, 대체연료, 플라스틱, 의약품, 농약, 바이오센서 및 바이오리포터를 포함한 유용하고 다양한 제품을 생산한다. 대체 연료 (생물연료)는 광합성 산물이나 바이오매스의 발효에 의해 생성될 수 있다. **바이오센서**는 환경 내에서 미생물의 활동을 감지하기 위해 미생물과 전자장치를 결합한 것이다. **바이오리포터**는 미생물만을 사용하여 센서로 이용한다.
4. **음용수**는 미생물과 유기 및 무기 오염 물질의 제거를 수반하는 물 처리를 통해 얻어진다. **오염된 물**에는 미생물이나 화학물질이 안전하지 않은 수준으로 포함되어 있다. 몇 가지 질병은 오염된 물 또는 오염된 물에서 수확된 식품의 섭취를 통해서 일어난다.
5. 물 처리는 네 단계를 포함한다: **침전**, **응집**, **여과**, **소독**. 침전은 큰 물질들을 제거한다. 응집에서 명반은 부유물이 침전될 수 있도록 부유물과 결합한다. 완속 모래 여과기와 급속 모래 여과기를 사용하는 여과는 미생물과 화학 물질을 제거한다. 소독은 대부분 염소 처리를 통해 하는데, 여과 후 남아있는 대부분의 미생물을 살균한다. 물은 여러 실험 방법 (MPN, 막 필터법, ONPG/MUG 실험) 중의 한 가지 방법으로 100 ml당 대장균군 (**지표 생물**)의 수가 없을 경우에 음용수로 사용될 수 있다.
6. **폐수**는 세척에 사용되거나 변기에서 내려지는 물을 의미한다. 폐수 처리는 고체, 유기화학물질 및 미생물을 제거를 포함한다. **생화학적 산소 요구량(BOD)**은 유기적 폐기물을 완전히 대사하는데 필요한 산소의 양을 측정한 값이다.
7. 지자체에서 하수 처리는 4단계로 진행된다. 일차 처리는 큰 물질 (일차 **슬러지**) 및 응집물의 침전이 일어난다. 이차 처리는 이차 슬러지의 침전뿐만 아니라 활성 슬러지법이나 살수여과법을 사용한 미생물 및 유기물의 제거가 포함된다. 세 번째 단계에서는 폐수가 화학적 처리 (염소 처리)되어 배출된다. 네 번째 단계에서는 일차 및 이차 슬러지을 분해하여 매립하기 위해 건조된다. 슬러지를 처리하는 과정에서 메탄가스를 회수할 수 있다.
8. **정화조**와 **오수 구덩이**는 지자체 폐수 처리와 유사한 것이다. 폐수가 집 밖으로 배출되면 지하 탱크에 저장된다. 슬러지는 침전되고 물은 자연적인 처리를 통해 유기화합물과 미생물이 제거되어 토양으로 배출된다.
9. **산화지**는 동물 폐기물을 처리하기 위해 농민과 목축업자들에 의해 사용된다. 폐기물은 산화지로 계속해서 주입되며, 폐기물이 자연 수계로 물을 방출하기 전에 미생물에 의해 분해된다.
10. **인공 습지**는 일부 계획된 지역이나 산업 현장에서 발견되며, 연못, 습지, 목초지를 통해 물이 이동하면서 하수에서 유기물질, 화학물질, 미생물이 제거된다.

환경미생물학 (578-588쪽)

1. 미생물은 환경 내의 큰 **서식지**나 실제 지역 안의 미세서식환경에서 살고 있다. 미생물과 서식지는 함께 **생태계**를 형성한

다. 단일 미생물은 개체군을 생성하고, 유사한 역할을 담당하는 개체군끼리 길드를 만들며, 서식지에 함께 살고 있는 많은 길드가 미생물 군집을 만든다. 미생물과 그들이 살고 있는 환경 사이에 상호 관계의 대한 연구는 **미생물 생태학**이라 하며 이 분야는 미생물 서식지의 연구와 더불어 **환경미생물학**의 일부이다.

2. 지구상의 모든 생태계는 생물권을 형성한다. **생물다양성**은 생태계 내에 살고 있는 생물종의 수를 말하며, **생물량**은 생태계 내에 살고 있는 생물의 양을 말한다.
3. 미생물은 서식지의 특성상 부족한 자원을 두고 경쟁한다. 일부 미생물은 직접적으로 다른 미생물의 생장을 방해하지만 (길항작용), 다수의 미생물은 협력하여 복잡한 생물막을 형성한다.
4. **생물회복**은 환경에서 토양과 하천을 복구하기 위해 독소를 분해하는 미생물을 사용하는 것을 말한다. 산업제품은 생분해성의 물질 또는 난분해성 (자연에 의한 분해에 내성) 물질 중 하나이다. 재조합 DNA 기술은 과학자들이 몇몇 난분해성 화학물질을 분해할 수 있도록 미생물을 만들 수 있도록 한다.
5. 산성 광산배수는 철분이 포함된 광석이 있는 곳에서 환경문제를 일으킨다. 광산에서 유래하는 물에서 침출된 철에 대한 미생물 작용은 산과 제2철 퇴적물을 생산하여 물을 산성화시키는데 이는 대부분의 동식물에 유해하다.
6. **생지화학적 순환**은 미생물의 활동에 의해 사용 불가능한 원소와 영양분을 사용 가능하게 변환하는 것이다. 이 과정은 새로운 생물량을 생산하며, 기존에 존재하는 생물량을 소모하고, 죽은 생물량을 순환을 통해서 재사용하기 위해 분해한다. 4대 주요 생지화학적 순환은 **탄소**, **질소**, **황**, **인 순환**이다. 미량 금속의 순환도 중요하다.
7. **탄소 순환**에서 이산화탄소는 광독립영양체에 의해 고정이 되며, 화학독립영양체는 다른 생물에서 사용되는 유기분자를 고정한다. 유기 탄소는 호기적 호흡, 분해, 연소에 의해 다시 이산화탄소로 전환된다.
8. **질소순환**에서 대기 중의 질소 가스는 **질소 고정**에 의해 암모니아로 전환된다. 암모니아는 **질화 작용**이라는 과정을 통해 질산염으로 바뀐다. 그 생물은 암모니아와 질산염을 사용해 질소 화합물을 만든다. 죽은 세포와 폐기물에 포함된 질소 화합물은 **암모니아화**를 통해 다시 암모니아로 전환된다. 질산염은 **탈질화 작용**을 통해 질소 가스로 전환된다. **아나목스**라는 원핵생물은 혐기적으로 암모늄을 질소로 산화한다.
9. **황 순환**에서 황은 몇몇 무기 산화 형태 (주로 H_2S, SO_4^{2-}, S^0)와 단백질로 이동한다.
10. **인 순환**은 PO_4^{3-}를 유기 및 무기 형태로의 전환을 포함한다.
11. **생물채광**은 미생물 (일반적으로 고균)을 이용하여 바위 속의 금속을 산화하여 수용성 이온을 만드는 공정이다. 무기질이 함유된 물은 수거되어 환원법을 사용하여 금속 이온을 고체화시킨다.
12. **부영양화**는 수계에서 미생물의 과다 성장을 말하며, 과도한 질소와 인의 존재에서 발생할 수 있다. 미생물의 과다 생장은 수중 산소를 고갈시켜 물고기와 다른 동물들을 죽인다.
13. 토양미생물학은 토양에서 미생물의 역할을 연구하는 학문이다. 토양은 매우 다양하며 영양분, 수분 함유량, pH, 산소 함유량, 온도가 다르다. 미생물은 대부분 표토에 서식하며, 깊은 바위나 퇴적물에는 적은 수가 서식한다. 토양에서 유래하는 병원성 미생물은 오염된 토양을 만졌을 때 감염되지만, 종종 질병은 섭취를 통해서 감염되기도 한다.
14. 수계 서식지는 담수와 해양 생태계를 포함한다. 과학자들은 온도, 빛, 영양 수준에 근거하여 민물은 4개의 구역으로 구분한다: 해안을 따라 영양분이 풍부한 해안가의 **천해대**, 표면에서 가까워 빛이 들어오는 **준조광대**, 그 밑에 심저수대, 그리고 바닥에 빛과 영양분이 결여된 **저생대**가 있다. 해양 생태계는 (저생대 아래의) **심해저대**를 포함한 동일한 네 개의 구역을 가지고 있으며, **열수분출공** 주변을 제외하면 사실상 생명체가 없다.
15. 수계 환경에 살고 있는 미생물은 일반적으로 대부분 오염되지 않은 수계에서 한정된 영양분을 축적하여 생물막을 형성한다.

생물학전과 생물테러 (588-591쪽)

1. 인간, 동물, 식물에서 질병을 일으킬 수 있는 상대적으로 몇가지 안되는 미생물들 가운데, 일부는 의도적으로 타인을 감염시키는데 사용되어 생물학전과 **생물테러**의 잠재적 요인이 될 수 있다. 이러한 무기들을 사용하는 것은 불법이다. **농업 테러**는 가축이나 농작물을 의도적으로 감염시키는 행위를 말한다.
2. 어떤 생물체의 생물학적 위협이 되는 기준은 공중위생에 미치는 영향, 전파와 전달 가능성, 대중의 인식 및 공중위생에 관한 몇 가지 기준에 따라 달라진다.
3. 인간, 동물, 식물의 병원균은 위협 기준에 따라 분류된다. A항목 제제는 생물테러에 사용될 가능성이 가장 크며, C항목은 위험성에 대한 추가적인 연구가 더 필요한 제제를 말한다.
4. 생물테러의 대응책은 생물학적 공격에 대한 효과적인 대응이 요구되는 보고와 감시로부터 시작된다. 발생할 수 있는 공격의 영향을 제한하기 위해, 진단은 신뢰할 수 있어야하며, 효율적인 통제 대책을 실행해야 한다.
5. 재조합 DNA 기술은 더 까다로운 공격의 발생 시 제어할 수 있도록 새로운 제제를 개발하거나 또는 기존 제제의 변형으로 이어질 가능성이 있다. 이러한 기술은 또한 잠재적인 백신, 치료, 또는 병원균에 강한 작물 개발로 이어질 수 있다.

복습문제

복습문제에 대한 답 (단답형 문제 제외)은 A-1에 있다.

선다형

1. 식품 발효에 관련된 내용으로 옳지 않은 것을 골라라.
   a. 식품 고유의 맛을 낸다.
   b. 식품 부패의 위험도를 낮춘다.
   c. 식품을 살균한다.
   d. 식품의 유통기한을 늘린다.
2. 상업적으로 생산된 맥주와 포도주는 보통 _____을(를) 이용해 발효된다.
   a. 자연에 존재하는 세균
   b. 자연에 존재하는 효모
   c. 특수 배양된 세균
   d. 특수 배양된 효모
3. 아래에서 부패하는 식품에서 부패하지 않는 식품까지 왼쪽부터 오른쪽으로 나열한 것은?
   a. 파스타, 치즈, 과일, 다진 생고기
   b. 파스타, 과일, 다진 생고기, 치즈
   c. 다진 생고기, 과일, 치즈, 파스타
   d. 다진 생고기, 과일, 파스타, 치즈
4. 산업용 발효에 사용되는 가장 적합한 생장배지는?
   a. 옥수수
   b. 수제 합성품
   c. 치즈 제조의 유장
   d. 양조 혼합기
5. 생분해성 플라스틱은 어떤 미생물 대사산물에 의해 만들어졌나?
   a. 슬러지
   b. PHA
   c. BOD
   d. 명반
6. *Pseudomonas syringae* 균주는 무엇을 할 수 있다고 밝혀져 있는가?
   a. 플라스틱 생산
   b. 대체 연료 생산
   c. 식품 발효
   d. 얼음의 생성 억제
7. 수질 또는 폐수 처리 중, 응집하기 위해 첨가하는 것은?
   a. 슬러지
   b. PHA
   c. BOD
   d. 명반
8. 다음에서 음용수와 폐수 처리 중에 가장 비활성화 되지 않거나 죽지 않는 미생물은?
   a. 조류
   b. 바이러스
   c. 곰팡이 포자
   d. 세균
9. 폐수 정화 단계에서 유기물을 가장 많이 제거하는 과정은?
   a. 1차 처리
   b. 2차 처리
   c. 3차 처리
   d. 슬러지 처리
10. 미생물 군집은 _____ 으로 이루어져 있다.
    a. 단일 개체군
    b. 지역 모든 생물
    c. 다양한 생물의 개체군
    d. 생물권
11. 환경에서 영양분은 일반적으로 어떠한가?
    a. 제한적이다.
    b. 과도하게 존재한다.
    c. 안정적이다.
    d. 인공적으로 유도된다.
12. 대부분의 화학 성분은 환경에 어떻게 존재하는가?
    a. 토양과 암석에 사용 가능한 형태로.
    b. 물에 사용 가능한 형태로.
    c. 토양과 암석에 사용 불가능한 형태로.
    d. 물에 사용 불가능한 형태로.
13. 탄소 순환에서 미생물은?
    a. 이산화탄소를 섭취 가능한 유기물로 전환한다.
    b. 이산화탄소를 저장용 무기물로 전환한다.
    c. 화석 연료를 사용 가능한 유기물로 전환한다.
    d. 산소를 광합성의 부산물인 물로 전환한다.
14. 질화 작용은?
    a. 유기 질소를 암모니아로 전환한다.
    b. 암모니아를 암모늄 이온으로 전환한다.
    c. 암모늄 이온을 질산염으로 전환한다.
    d. 질산염을 질소로 전환한다.
15. 수계 환경에서 대부분의 미생물이 발견되는 곳은?
    a. 천해대
    b. 준조광대
    c. 심저수대

d. 저생대
e. 심해저대

16. 다음 질병가운데, A항목 생물무기 제제에 의해 발생하는 질병이 아닌 것은?
a. 천연두
b. 전염병
c. Q열
d. 야토병

17. 다음 특성들 가운데, 미생물을 효과적인 생물무기 제제로 만드는데 가장 기여도가 높은 특성은?
a. 환경에서 쉽게 이용가능하다.
b. 최초 전파 후 접촉으로 인해 전염된다.
c. 병원 밖에서 치료가 힘들다.
d. 증상이 쉽게 식별된다.

18. 아나목스 반응은?
a. 혐기성이고 질소 순환의 일부이다
b. 혐기성이고 탄소 순환의 일부이다
c. 호기성이고 황 순환의 일부이다
d. 호기성이고 금속 이온 산화의 일부이다

19. 상업용 발효는
a. 항상 알코올 생산을 포함한다.
b. 어떤 유용한 화합물을 대규모 생산을 포함한다.
c. 유기 전자 수용체를 이용해 설탕을 산화하는 것이다.
d. 미생물 대사 작용에 의한 식품의 바람직한 변화이다.

20. 동결건조는 _____ 방법을 통해 식품을 보존한다.
a. 세포 용해
b. 감마선
c. 급속 가열
d. 냉동 건조

연결형

각 용어와 정의를 알맞게 연결하라.

1. ____ 물에서 발견되면 분변에 의한 오염을 나타내는 생물체
2. ____ 곤충을 죽이는 세균에 의해 생산된 화합물
3. ____ 마시기에 적합한 물을 가리킴
4. ____ 다당류에 의해 둘러싸여 있고, 표면에 붙어있는 생물의 군집
5. ____ 동물의 폐기물 처리에 사용됨; 일차 및 이차 폐수 처리와 비슷한 역할을 함
6. ____ 미생물 분해에 저항성이 있는 물질
7. ____ 용질과 결합되지 않은 물
8. ____ 환경에 존재하는 모든 생물의 양
9. ____ 오염물질이 하천에 높은 수준으로 축적됨으로써 과도한 생장과 혐기성 환경을 유발하는 과정
10. ____ 대기로부터 질소를 환원하는 과정
11. ____ 한 생물체가 다른 생물체의 생장을 저해하는 과정
12. ____ 원치 않은 발효작용으로 인해 악취가 나고, 맛과 모양이 변함
13. ____ 조리 시 식품을 간단하게 가열하는 것
14. ____ 폐수에 존재하는 유기물의 양을 표현하는 것
15. ____ 정지기 동안 미생물에 의해 생산된 발효산물
16. ____ 금속의 산화와 환원을 수반하는 과정

A. 부패
B. 수분활성도
C. 대장균군
D. 저온 살균
E. 이차 대사산물
F. Bt 독소
G. 음용수
H. BOD
I. 산화지
J. 난분해성
K. 생물량
L. 길항 작용
M. 생물채광
N. 질소 고정
O. 부영양화
P. 생물막

변형된 진위형

밑줄 친 단어를 변경하여 각 거짓 진술을 참으로 수정하라.

1. ____ 유제품의 발효는 <u>혼합산</u> 발효에 의존한다.
2. ____ 사우어크라프트 제조는 배추를 <u>알코올</u> 발효한 것이다.
3. ____ 저온 살균은 내생포자 형성체를 제외한 <u>중온성</u> 미생물을 살균하는 것이다.
4. ____ 메탄은 미생물 대사 작용에 의해 생성된 가스로서 <u>연료</u>로 사용할 수 있는 기체이다.
5. ____ 음용수와 폐수 처리는 <u>비슷한</u> 과정을 거친다.
6. ____ <u>난분해성</u> 분자는 자연에 존재하는 미생물에 의해 분해된다.
7. ____ 미생물의 생물막은 <u>수서</u> 환경에서만 생성된다.
8. ____ <u>협동</u>은 미세서식지 환경에 사는 미생물들에게 흔한 일이다.
9. ____ 수서 미생물은 수로의 바닥보다 표면에서 <u>더 많이</u> 발견된다.
10. ____ <u>심해</u> 생물은 해안가에서 발견된다.

빈칸 채우기

1. 식품 부패에 영향을 미치는 내인성 인자는 ________________ 보다는 ________________의 성질이 있다.
2. 상온에 식품을 방치하는 것은 식품 부패 가능성을 ________________.
3. 두 종류의 산업적 발효 장치는 ________________ 생산과

_______________ 생산을 위해 설계되었다.

4. 음용수에는 시험하고자 하는 물 100 ml 당 _______________ 개의 대장균군이 포함되는 것을 허용한다.
5. 광산 폐기물로부터 침출되는 화합물은 _______________와 _______________의 두가지 원소의 산화를 초래한다.
6. 생지화학적 순환은 세 단계로 이루어져있다: _______________, _______________, _______________.
7. 질소는 환경 속에 주로 _______________의 형태로 존재한다.
8. 인은 환경 속에 주로 _______________의 형태로 존재한다.
9. _______________은 미생물과 전자장치로 구성되며 다른 미생물과 그 산물을 감지하는데 사용되는 장치이다.
10. _______________은 호기성 생물이 물속의 유기성 폐기물을 완전히 대사하는데 필요한 산소의 양이다.

시각화하기!

1. 탄소 순환의 일반적 단계를 표시하라.

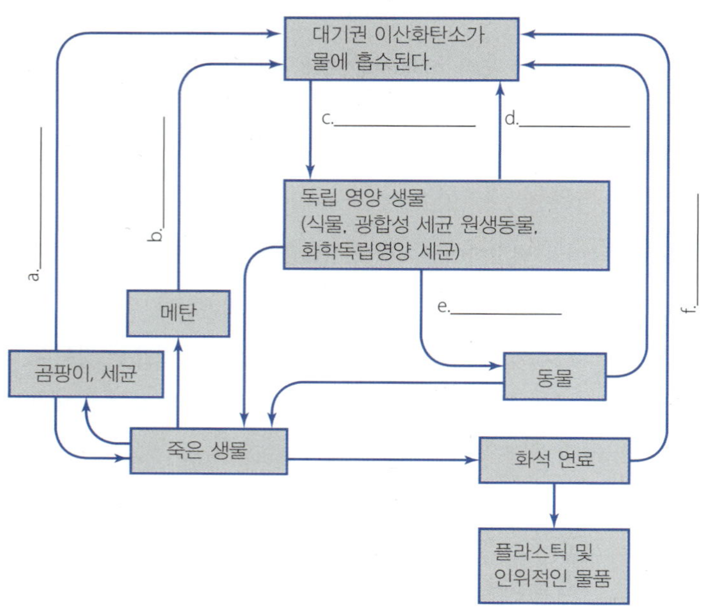

2. 질소 순환의 일반적 단계를 표시하라.

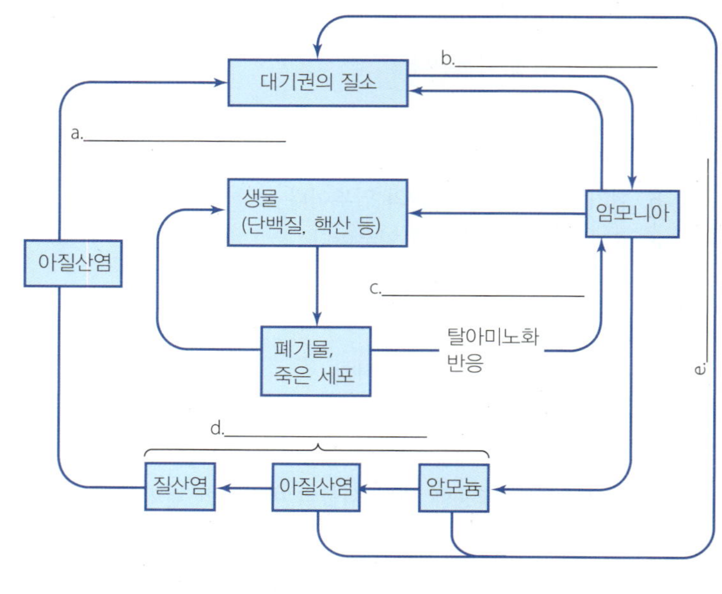

비판적 사고

1. 왜 식량 생산에 있어 재조합 DNA 기술이 식품의 질뿐만이 아닌 생산량도 늘릴 수 있는가? 더 많을 식량을 확보할 수 있다는 것을 고려하면서 왜 사람들은 유전자 변형식품을 반대하는가?
2. 미생물의 영양과 대사 활동 중, 왜 2차 대사산물이 1차 대사산물보다 높은 수율을 달성하기 위해 기술적으로 더 어려운지 설명하라.
3. 미생물에 의해 생산 가능한 대체 연료를 비교하라. 출발 물질을 기준으로, 어떤 연료가 재생 가능 에너지를 가장 많이 제공할까?
4. 농부들은 Bt 독소에 면역이 있는 벌레들의 확산을 예방하기 위해 Bt 독소를 생산하는 작물 바로 옆에 Bt 독소를 생산하지 못하는 작물을 심는다. 벌레들은 두 종류의 농지에서 모두 들끓지만 Bt 독소를 생산하지 못하는 작물을 먹은 벌레들은 Bt 독소 작물을 먹은 벌레보다 생존율이 높을 것이다. 이러한 방법은 왜 Bt 독소에 면역이 있는 벌레들의 확산을 예방하는 것일까?
5. 물과 폐수는 거의 같은 방법으로 처리하고 있지만, 처리된 폐수는 음용수로 공급되지 않는다. 왜 그런가?
6. 쓰레기통 속에 모든 쓰레기를 유심히 관찰해보라. 얼마나 많은 양의 쓰레기가 미생물에 의해 분해되는가? 어떤 쓰레기가 재활용되거나 퇴비로 사용될 수 있는가? 이러한 쓰레기를 제외하면 쓰레기는 얼마나 남는가?
7. 토양과 물에 존재하는 오염물질과 질병을 유발하는 미생물의 양을 고려했을 때, 왜 토양매개 및 수인성 질병이 더 자주 일어나지 않는 것일까?

8. 인플루엔자 바이러스가 왜 잠재적 치명적인 생물 무기가 되는지 설명하라.
9. 종종 쌀 와인이라고 불리는 사케가 쌀 맥주라고 하는 것이 더 적합한지에 대하여 설명하라.
10. 비싸지 않은 벌크와인과 공기 중에 오래 노출된 포도주는 식초와 비슷한 향과 맛으로 변질되는데, 왜 그런지 설명하라.
11. 버터, 사과, 그리고 고기가 부패하는데 기여하는 내인성 인자와 외인성 인자를 설명하라.
12. 식중독 사례 중 80% 이상이 식중독을 유발하는 미생물 때문인지 원래 식품 때문인지의 원인을 찾지 못하는데 그 이유를 제안하라.
13. 같은 재료와 시간을 사용해 회분 생산과 연속 생산을 하면 어떤 것이 더 많은 결과물을 생산할 수 있을까? 왜 이유는?
14. 수질 시험에 바이오센서가 어떻게 활용될 수 있을지 설명하라. 바이오센서는 ONPG나 MUG보다 더 정확하게 미생물의 존재를 파악할 수 있나? 그러한 특이성이 진짜 필요한가?
15. 미생물은 대부분 표토에서 발견되지만 기반암 속 깊은 곳에 사는 미생물도 있다. 영양적으로 깊은 곳에 존재하는 미생물들은 어떻게 생존하는가?

개념도 작성

다음 용어를 사용하여 식품생산에서 미생물의 역할을 설명하는 개념도를 작성하라. 일부 용어는 한 번 이상 사용할 수도 있다.

식초의 아세트산
Acetobacter
맥주의 알코올
포도주의 알코올
***Aspergillus* 종과 *Lactobacillus* 종**
부풀어오르는 빵
발효
Gluconobacter
Lactobacillus bulgaricus
곡식의 맥아
***Saccharomyces cerevisiae*(효모)**
간장
콩과 밀
Streptomyces thermophilus
빵 반죽 속의 설탕
과일 주스 속의 설탕
우유 속의 설탕
요구르트

각 장의 문제에 대한 해답

선택형, 빈칸 채우기, 연결형, 진위형, 시각화하기! 개념도 작성 문제에 대한 답은 여기에 있다. 단답형과 비판적 사고 문제에 대한 해답은 이 교재에 수반된 강의지침서에서 강사에게만 이용가능하다.

1장

선택형

1. a; **2.** c; **3.** d; **4.** a; **5.** c; **6.** d; **7.** a; **8.** b; **9.** d; **10.** d

빈칸 채우기

1. Martinus Beijerinck와 Sergei Winogradsky; **2.** Louis Pasteur와 Edward Buchner; **3.** Paul Ehrlich; **4.** Edward Jenner; **5.** John Snow; **6.** Robert Koch; **7.** John Snow; **8.** Louis Pasteur; **9.** Louis Pasteur

라벨형

1. 섬모(cilium); **2.** 편모(flagellum); **3.** 위족(pseudopod); **4.** 핵(nucleus);

2. 미생물은 구부러진 목 부분에 먼지형태로만 존재한다.

연결형

1. J; **2.** H; **3.** C; **4.** C, H, K; **5.** B; **6.** A; **7.** C; **8.** E; **9.** D; **10.** D; **11.** I; **12.** L

개념도

1. 진핵생물(eukaryote); **2.** 곰팡이(mold); **3.** 효모(yeast); **4.** 원생동물(protozoa); **5.** 단세포성(unicellular); **6.** 조류(algae); **7.** 단세포성(unicellular); **8.** 다세포성(multicellular); **9-10.** 세균(bacteria); **11-12.** 무세포성(acellular), 절대 세포내 기생체(obligate intracellular parasite)

2장

선택형

1. c; **2.** d; **3.** c; **4.** d; **5.** d; **6.** d; **7.** b; **8.** a; **9.** a; **10.** d

빈칸 채우기

1. 600배; **2.** 열고정(heat fixation); **3.** 증가(increase), 많이(more), 증가(increase), ; **4.** 대비(contrast); **5.** 음성적으로(negatively)

라벨형

1. 주사전자(scanning electron); **2.** 명시야(bright-field light); **3.** 위상차광학(phase-contrast light); **4.** 형광(fluorescent light); **5.** 투과전자(transmission electron); **6.** 차별간섭대비(Nomarski)

개념도

1. 요오드(iodine); **2.** 에탄올과 아세톤(ethanol과 acetone); **3.** 사프라닌(safranin); **4.** 일차염색(primary stains); **5.** 탈색제(decolorizer); **6.** 그람양성(Gram-positive); **7.** 보라색(purple); **8.** 그람음성 세균(Gram-negative bacteria); **9.** 외막(outer membrane)

3장

선택형

1. d; **2.** a; **3.** a; **4.** c; **5.** d; **6.** c; **7.** a; **8.** d; **9.** a; **10.** d

시각화하기!

1. 그림 10.4 참고; **2.** Etest; 항미생물제 감수성과 최소저해농도(antimicrobial sensitivity and minimum inhibitory concentration); 약물농도가 증가하면 보는 것보다 저해구역이 더 크고 길게 된다. 그 구역은 최소 0.75배 이상 넓다.

4장

변형된 진위형

1. 무성적으로(asexually); **2.** 비브리오(vibrio); **3.** O; **4.** 결여되어있다(lack); **5.** rRNA; **6.** O; **7.** O; **8.** O; **9.** *Epulopiscium*; **10.** O

연결형

1. E; **2.** B; **3.** C; **4.** D; **5.** L; **6.** K; **7.** H; **8.** Q; **9.** I; **10.** N; **11.** P; **12.** O; **13.** M; **14.** F; **15.** A

선택형

1. c; **2.** a; **3.** c; **4.** d; **5.** a; **6.** d; **7.** a; **8.** b; **9.** c; **10.** d

시각화하기!

1. 그림 11.1 참고; **2.** (a) 중심(central) (b) 준말단(subterminal)

5장

선택형

1. a; **2.** d; **3.** c; **4.** b; **5.** a; **6.** d; **7.** b; **8.** c; **9.** a; **10.** c; **11.** c; **12.** a; **13.** d; **14.** a; **15.** d

연결형

1절: **1.** E; **2.** B; **3.** D; **4.** C; **5.** A

2절; **1.** A; **2.** F; **3.** E; **4.** C; **5.** D; **6.** B

3절: **1.** C; **2.** E; **3.** B; **4.** D; **5.** A

시각화하기!

1. a. 자낭포자(ascospore), 유성적(sexual); b. 담자포자(basidiospore), 유성적(sexual); c. 분생자(conidia), 무성적(asexual); d. 포자낭포자(sporangiospore), 무성적(asexual); **2.** 그림 12.19 참고

빈칸 채우기

1. 원생동물학(protozoology); **2.** 균학(mycology); **3.** 조류학(phycology); **4.** 진균증(mycoses); **5.** 방산충(radiolarian)

6장

선택형

1. c; **2.** c; **3.** a; **4.** a; **5.** b; **6.** c; **7.** a; **8.** d; **9.** d; **10.** b

연결형

1. H; **2.** G; **3.** C; **4.** B; **5.** D; **6.** E; **7.** F; **8.** A; **9.** J; **10.** I

시각화하기!

1. 그림 13.8 참고; **2.** 그림 13.5 참고

7장

선택형

1. a; **2.** b; **3.** b; **4.** a; **5.** d; **6.** a; **7.** d; **8.** c; **9.** a; **10.** d; **11.** d; **12.** b; **13.** c; **14.** d; **15.** b

빈칸 채우기

1. 병원체(pathogen); **2.** 무증상(asymptomatic 또는 subclinical); **3.** 병인학(etiology); 4. 역학(epidemiology); **5.** 인수공통전염병(zoonoses); **6.** 매개물(fomites); **7.** 병원감염(nosocomial); **8.** 유행(prevalence); **9.** 생물학적(biological); **10.** lipid A

시각화하기!

1. a. 풍토병(endemic) [또는 산발적 발생 질병(sporadic)]; b. 유행병(epidemic); c. 범세계적 질병(pandemic); **2.** 붉은색 유행병은 처음 3일간 더 많은 사람을 감염시켰다. 그 유행병은 잠복기가 짧고 매우 감염성이 높다; 그 결과 민감한 사람들은 단기간에 감염되었다. 파란색 유행병은 붉은색 유행병보다 더 긴 잠복기를 가진다, 그 결과 사례가 나타나서 새로운 감염이 일어날 때까지 보다 오래 걸린다.

8장

선택형

1. d; **2.** d; **3.** b; **4.** a; **5.** d; **6.** c; **7.** d; **8.** b; **9.** a; **10.** d

변형된 진위형

1. 죽은(dead); **2.** O; **3.** O; **4.** O; **5.** 단핵구(monocyte); **6.** O; **7.** 병원체(pathogen); **8.** 섭취(ingestion); **9.** 포식용해소체(phagolysosome); **10.** 병원체의 세포막(pathogen's cytoplasmic membrane); **11.** 염증(inflammation); **12.** O; **13.** O; **14.** 항미생물 펩티드(antimicrobial peptide); **15.** O

연결형

1절: **1.** B; **2.** B; **3.** B; **4.** B; **5.** A; **6.** B; **7.** A; **8.** B; **9.** A; **10.** A; **11.** A; **12.** B; **13.** A; **14.** C; **15.** A

2절: **1.** J; **2.** E; **3.** G; **4.** D; **5.** C; **6.** H; **7.** A; **8.** B; **9.** F; **10.** I

시각화하기!

1. 그림 15.68 참고. 그림 15.5 참고

9장

선택형

1. b; **2.** e; **3.** e; **4.** b; **5.** d; **6.** a; **7.** c; **8.** d; **9.** e; **10.** a

변형된 진위형

1. 항원제시세포(antigen-presenting cells); **2.** O; **3.** 세포독성(cytotoxic); **4.** 형질세포(plasma cells); **5.** 항체(antibody)

연결형

1. D 형질세포(plasma cell); C 세포독성 T 세포(cytotoxic T cell); B Th2 cell; A 수지상세포(dendritic cell); **2.** D 인공획득수동면역요법(artificially acquired passive immunotherapy); A 자연획득능동면역(naturally acquired active immunity); B 자연획득수동면역(naturally acquired passive immunity); C 인공획득능동면역(artificially acquired active immunity)

시각화하기!

1. 그림 16.10과 16.11 참고. MHC I과 MHC II는 세포막에서 발견된다; 위족(pseudopod)은 가늘고 손가락 모양으로 신장되어 있다; 소포(vesicles)는 세포내의 흰 구조물이다.

10장

선택형

1. d; **2.** c; **3.** b; **4.** c; **5.** e; **6.** e; **7.** e; **8.** a; **9.** b; **10.** e; **11.** a; **12.** d; **13.** d; **14.** d; **15.** c

진위형

1. X; **2.** X; **3.** O; **4.** O; **5.** X

연결형

1. D; **2.** C; **3.** A; **4.** B; **5.** C; **6.** A

시각화하기!

1. 그림 17.13 참고; **2.** 5, 6, 11번 환자는 거의 감염되지 않았다; 1번과 7번 환자는 감염되지 않을 수도 있다. 다른 환자들은 감염된 것으로 보인다.

11장

선택형

1. e; **2.** c; **3.** d; **4.** c; **5.** c; **6.** e; **7.** b; **8.** d; **9.** c; **10.** e; **11.** b; **12.** d; **13.** a; **14.** d; **15.** d

변형된 진위형

1. 히스타민(Histamine), 키닌(kinins), 프로테아제(proteases) are; **2.** O; **3.** 적혈구(red blood); **4.** 4형(type IV); **5.** 동종이식(allograft) 또는 이종이식(xenograft)

연결형

1. A; **2.** D; **3.** E; **4.** D; **5.** E; **6.** D; **7.** A; **8.** C; **9.** A; **10.** A

시각화하기!

1. 그림 18.13 참고; **2.** 그림 18.16 참고; **3.** a. 전신홍반성 낭창(systemic lupus erythematosus, SLE), b. 양성 투베르쿨린 시험(positive tuberculin test), c. 류마티스관절염(rheumatoid arthritis), d. 두드러기, 발진(urticaria, hives)

12장

선택형

1. c; **2.** c; **3.** b; **4.** d; **5.** b; **6.** d; **7.** a; **8.** d; **9.** c; **10.** a; **11.** d; **12.** d; **13.** a; **14.** c; **15.** c

연결형

1. C; **2.** A; **3.** F; **4.** N; **5.** B; **6.** D; **7.** E; **8.** G; **9.** K; **10.** H; **11.** I; **12.** M

빈칸 채우기

1. 미생물균총(microbiota); **2.** 표피탈락(exfoliative); **3.** 농가진(impetigo); **4.** 괴사성 근막염(necrotizing fasciitis); **5.** 여드름(pimple), 다래끼(sties), 등창(furuncle), 종기(carbuncle); **6.** *Dermacentor*; **7.** 전염성홍반(erythema infectiosum); **8.** 파필로마바이러스(Papillomaviruses); **9.** 가스괴저(gas gangrene); **10.** 세균(bacteria), 특별히 *Propionibacterium*

진위형

1. X; **2.** X; **3.** X; **4.** O; **5.** X

시각화하기!

1. 그림 19.10 참고; **2.** 그림 19.12 참고; **3.** a. 수두(chicken pox), b. 대상포진(shingles), c. 구강포진(oral herpes), d. 생인손(whitlow)

13장

선택형

1. d; **2.** b; **3.** a; **4.** c; **5.** b; **6.** b; **7.** a; **8.** b; **9.** d; **10.** d; **11.** c; **12.** c; **13.** d; **14.** a; **15.** b

빈칸 채우기

1. 시냅스간극(synaptic cleft); **2.** 다당류 캡슐(polysaccharide capsule); **3.** *Streptococcus agalactiae*; **4.** 식품매개, 유아, 상처; **5.** *Clostridium botulinum*; **6.** 크립토코쿠스 뇌막염(cryptococcal meningitis); **7.** 광견병(rabies); **8.** 말초(peripheral); **9.** 수상돌기(dendrites); **10.** 점상출혈(petechiae); **11.** 트라코마(trachoma); **12.** 결막(conjunctiva); **13.** 맥립종(sties); **14.** *Neisseria gonorrhoeae*; **15.** B군(group B)

시각화하기!

1. 그림 20.6b 참고; **2.** 바늘이 피부를 통해 삽입된다 (a), 척추를 지나서 (b), 경막(dura mater)과 지주막하강(subdural space)을 통하고 (c) 거미막(arachnoid mater), 그리고 (d) 지주막하강(subarachnoid space)으로부터 CSF를 수축시킨다 (e).

14장

선택형

1. d; **2.** a; **3.** b; **4.** b; **5.** a; **6.** c; **7.** a; **8.** c; **9.** d; **10.** b; **11.** a; **12.** d; **13.** a; **14.** b; **15.** a; **16.** a; **17.** b; **18.** c; **19.** b; **20.** b; **21.** a; **22.** c; **23.** b; **24.** d; **25.** c

연결형

1절: **1.** J; **2.** D; **3.** A; **4.** G; **5.** B; **6.** F; **7.** C; **8.** E; **9.** H; **10.** I

2절: **1.** A; **2.** D; **3.** B; **4.** C; **5.** E

빈칸 채우기

1. 폐반월(pulmonary semilunar); **2.** 우방실판(right atrioventricular); **3.** 모세혈관(capillaries); **4.** 파종성 혈관내 응고(disseminated intravascular coagulation); **5.** 브루셀라증(brucellosis); **6.** 적혈구내(erythrocytic), 적혈구외(exoerythrocytic), 포자생식(sporogenic); **7.** *Toxoplama gondii*; **8.** 샤가(Chagas'); **9.** 벼룩(flea); **10.** 점상출혈(petechiae)

시각화하기!

1. 662-663쪽 질변심층연구 참고; **2.** 알과 새로이 부화된 애벌레는 *Borrelia*에 감염되지 않는다. 진드기와 모든 동물의 생활단계 전반을 통해서 감염될 수 있다.

15장

선택형

1. b; **2.** b; **3.** a; **4.** b; **5.** b; **6.** c; **7.** a; **8.** d; **9.** a; **10.** b

빈칸 채우기

1. 연쇄상구균성 인두염(streptococcal pharyngitis); **2.** 디프테리아(diphtheria); **3.** 융합체(syncytia); **4.** amphotericin B; **5.** Reye's

변형된 진위형

1. 생성되지 않음; **2.** AIDS 환자의 민감성(the susceptibility of AIDS patients); **3.** 미소변이(drift); **4.** 노출; **5.** O

시각화하기!

1. 그림 22.15 참고; **2.** a. *Mycobacterium tuberculosis*, b. *Klebsiella pneuminiae*, c. Cory*nebacterium diphtheriae*, d. *Streptococcus pneumoniae*

16장

선택형

1. c; **2.** c; **3.** a; **4.** c; **5.** c; **6.** b; **7.** a; **8.** c; **9.** b; **10.** c; **11.** b; **12.** c; **13.** a; **14.** d; **15.** c

변형된 진위형

1. 기여한다; **2.** *H. pylori*; **3.** O; **4.** O; **5.** 경미한(less severe); **6.** O; **7.** 원생동물(protozoan); **8.** O; **9.** A형 간염(hepatitis A); **10.** O

빈칸 채우기

1. 에나멜(enamel), 상아질(dentin), 펄프(pulp); **2.** *Streptococcus mutans* (viridans streptococcus); **3.** 위(gastric), 십이지장(duodenal); **4.** 시가(Shiga), 시가-유사(Shiga-like); **5.** 구강포진(oral herpes) 또는 단순포진(fever blister); **6.** 유행성이하선염(mumps); **7.** 황달(jaundice); **8.** 지아르디아증(giardiasis); **9.** 상피(epithelial), adenylate cyclase; **10.** 두절(scolex)

연결형

1. I; **2.** E; **3.** J; **4.** B; **5.** C; **6.** H; **7.** A; **8.** G; **9.** D; **10.** F

시각화하기!

1. a. 플라그(생물막) 형성, b. 세균은 설탕을 발효시켜 산을 생성한다 c. 그림 23.15 참고; 43 데인입자(Dane particles), 12 사상성 입자, 10 구형 입자(spherical particles); 데인입자는 DNA를 가지며, 다른 두 가지 입자들은 없다; RNA를 가지는 입자들은 없다 (HBV는 DNA 바이러스이다).

17장

선택형

1. b; **2.** a; **3.** c; **4.** d; **5.** a; **6.** d; **7.** c; **8.** c; **9.** b; **10.** a

연결형

1절: **1.** F; **2.** N; **3.** I; **4.** H; **5.** E; **6.** A; **7.** D; **8.** J; **9.** G; **10.** C; **11.** M; **12.** B; **13.** K; **14.** O; **15.** L

2절: **1.** F; **2.** E; **3.** G; **4.** D; **5.** I; **6.** B; **7.** J; **8.** A (때때로 H); **9.** H (때때로 A); **10.** C

빈칸 채우기

1. 포피(prepuce); **2.** *Escherichia coli*; **3.** 세균성 질염(bacterial vaginosis); **4.** 핌브리아(fimbriae), 다당류 캡슐(polysaccharide capsule)과 리포다당류(lipopolysaccharide); **5.** *Chlamydia trachomatis*; **6.** 트라코마증(trachomoniasis)

변형된 진위형

1. 아니다; **2.** O; **3.** 성(sex); **4.** 남성/여성(men/women); **5.** O; **6.** 성적으로(sexually); **7.** O; **8.** 권장되지 않는다; **9.** O; **10.** O; **11.** O

시각화하기!

1. 그림 24.9 참고; **2.** a. *Trichomonas vaginalis*, b. *Neisseria gonorrhoeae*, c. *Treponema pallidum*, d. *Candida albicans*

18장

선택형

1. c; **2.** d; **3.** c; **4.** c; **5.** b; **6.** d; **7.** d; **8.** b; **9.** b; **10.** c; **11.** a; **12.** c; **13.** a; **14.** c; **15.** c; **16.** c; **17.** b; **18.** a; **19.** b; **20.** d

조합형

1. C; **2.** F; **3.** G; **4.** P; **5.** I; **6.** J; **7.** B; **8.** K; **9.** O; **10.** N; **11.** L; **12.** A; **13.** D; **14.** H; **15.** E; **16.** M

변형된 진위형

1. 젖산(lactic acid); **2.** 젖산(lactic acid); **3.** O; **4.** O; **5.** O; **6.** 생분해성(biodegradable); **7.** O; **8.** 경쟁(competition); **9.** O; **10.** 천해대(littoral)

빈칸 채우기

1. 식품(food), 가공 또는 취급(processing 또는 handling); **2.** 증가(increases); **3.** 회분생산(batch production), 연속생산(continuous flow production); **4.** 0(zero); **5.** 철(iron), 황(sulfur); **6.** 생산(production), 소비(consumption), 분해(decomposition); **7.** 질소가스(dinitrogen gas)(N_2); **8.** 인산염이온(phosphate ion)(PO_4^{3-}); **9.** 생물센서(biosensor); **10.** 생화학적 산소요구량(BOD, biochemical oxygen demand)

시각화하기!

1. 그림 25.15 참고; **2.** 그림 25.16 참고

한글 용어해설

1형 당뇨병 (Type 1 diabetes mellitus) 췌장의 랑게르한스섬(Langerhans cells)을 구성하는 세포에 대한 면역학적 공격으로 인슐린의 생산이 불가능해지는 병.

Antigenic drift (항원미소변이) 모집단 내의 인플루엔자바이러스(influenza virus) 단일균주의 변이가 2-3년 마다 발생되는 현상.

A군 *Streptococcus* (Group A *Streptococcus*) (*S. pyogenes*) 종의 병원성을 일으키는 M 단백질과 히알루론산 캡슐을 생산하는 그람양성 구균.

A형 간염 (Hepatitis A) A형 간염바이러스의 감염으로 발생하는 간의 염증.

B 림프구 (B lymphocyte) [B 세포(*B cell*)] 성인의 적색 골수에서 생성되고 성숙되는 림프구로서 비장, 림구절, 적색 골수, 장의 파이어판(Peyer's patches) 등에서 발견되며 항체를 분비함.

B 세포 (B cell) B 림프구.

B 세포 수용체 (B cell receptor) B 림프구에 의해 발현되는 세포막과 융합되어 있는 항체.

B군 *Streptococcus* (Group B *Streptococcus*) (*S. agalactiae*) 일반적으로 하부위장, 생식기, 요로에 존재하지만 신생아 질병을 일으킬 수 있는 그람양성 구균.

B형 간염 (Hepatitis B) B형 간염바이러스의 감염으로 발생하는 간염으로 황달이 특징적임.

CD4 세포 (CD4 cell) [도움 T 세포(*helper T cell*), Th 세포(*Th cell*)] 세포성 면역반응에서 CD4 세포표면 당단백질을 특징으로 하는 세포로 B 림프구, 세포독성 T 세포를 조절함.

***C. diff.* 설사 (*C. diff.* diarrhea)** 항균 약물 요법에 의해 정상 장내 미생물총의 제거되어 나타나는 묽은 설사로 *Clostridium difficile* 내생 포자가 발아되어 발생함.

CD4 HIV의 초기 결합부위로 작용하며, 도움 T 세포의 특징적 세포막 단백질.

CD8 세포 (CD8 cell) [세포독성 T 세포(*cytotoxic T cell*), Tc 세포(*Tc cell*)] 세포성 면역반응에서 CD8 세포표면 당단백질을 특징으로 하는 세포로, 감염되거나 비정상세포를 파괴하는 물질인 퍼포린과 그랜자임을 분비함.

CD8 세포독성 T 세포의 특징적인 세포막 단백질.

CD95 신호전달 (CD95 pathway) 세포성 세포독성에서 감염된 세포의 세포자멸을 유발하는 CD95 단백질이 관여하는 신호전달.

C형 간염 (Hepatitis C) 만성간염으로 간의 영구적 파괴와 간암을 유발할 수 있음. C형 간염바이러스의 감염으로 발생.

D형 간염 (Hepatitis D) 심한 간 손상이나 간암을 일으킬 수 있는 간염; D형 간염바이러스의 감염에 의해 발생.

E시험 (Etest) 최소 저해 농도 측정을 위한 시험; 관심의 대상 병원체로 접종된 평판 위에 시험하려는 항미생물제를 농도 기울기로 함유한 길고 얇은 플라스틱 조각을 올림.

E형 간염 (Hepatitis E) [장간염(*enteric hepatitis*)] E형 간염바이러스에 의해 발생하는 간염으로 감염된 산모의 약 20% 정도에서 치사율을 보임.

Fc 영역 (Fc region) 항체의 축 부분.

Firmicutes 클로스트리디아, 마이코플라스마, 낮은 G+C 그람양성 간균과 구균을 포함하는 세균 문(phylum).

GC 함량 (GC content) 세포의 DNA에 포함된 구아닌과 시토신의 퍼센트.

gp120 HIV에 일차적 부착 분자인 항원성 당단백질.

gp41 표적세포와 바이러스 피막의 융합을 촉진하는 항원성 HIV 당단백질.

Kelsey-Sykes capacity test (Kelsey-Sykes 용량시험) 미생물의 생장을 저해하는 주어진 화학물질의 능력을 결정하는 유럽연합에서 승인한 표준평가.

Pasteurellaceae *Pasterrella*와 *Haemophilus*의 두 가지 속이 포함된 감마프로테오박테리아 과(family)로서 병원성임.

Q열 (Q fever) *Coxiella burnetii*에 의한 열; 여러 해 동안 원인이 의문이어서 Q임.

R 플라스미드 (R plasmid) 항미생물 약물에 대한 내성 유전자를 갖는 염색체 외 DNA 조각.

Schaeffer-Fulton 내생포자염색 (Schaeffer-Fulton endospore stain) 현미경 관찰에서 내생포자로 말라카이트 그린을 유입시키기 위하여 사용되는 염색기법.

T 림프구 (T lymphocyte) [T 세포(*T cell*)] 흉선에서 성숙되어지는 림프구로 내인성항원에 대한 세포매개 면역반응을 함.

T 세포 (T cell) T 림프구.

T 세포 (Tc cell) [세포독성 T 세포(*cytotoxic T cell*), CD8 세포(*CD8 cell*)] 세포매개면역반응에서 CD8 표면당단백질로 표지되는 세포; 퍼포린(perforin)과 감염되었거나 비정상인 세포를 사멸하는 그랜자임(granzyme)을 분비.

T 세포 수용체 (T cell receptor, TCR) T 림프구의 세포막에 존재하는 항원 수용체.

Th 세포 (Th cell) [(도움 T 세포(*helper T cell*), CD4 세포(*CD4 cell*)] 세포매개면역반응에서 CD4 표면당단백질로 표지되는 세포; B 세포와 Tc 세포의 활성 조절.

Tr 세포 (Tr cell) [조절 T 세포(*regulatory T cell*), 억제 T 세포(*suppressor T cell*)] 흉선에서 성숙되어지는 림프구로 후천성 면역반응을 억제하고 자가면역질환 방어.

T-세포 비의존적 항원 (T-independent antigen) T 세포의 관여없이 항체 면역반응을 유도할 수 있는 반복적인 형태의 아단위로 구성된 거대 분자.

T-세포 비의존적 항체면역 (T-independent antibody immunity) T 세포가 관여하지 않으며 많은 B 세포의 BCR에 교차적 결합으로 인해 면역글로불린이 생산되는 적응면역.

T-세포 의존적 항원 (T-dependent antigens) 도움 T(helper T 세포가 존재할 때만 면역반응을 유발하는 분자.

T-세포 의존적 항체면역 (T-dependent antibody immunity) 특이 helper T 세포 (Th2)의 기능을 이용하여 면역글로불린을 생성하는 적응면역.

XDR-TB 광범위한 약제내성을 갖는 *Mycobacterium*에 의해 발생되는 결핵.

마이크로 RNA (MicroRNA, miRNA) 전령 RNA (mRNA)의 상보적 부위에 결합하는 짧은 (약 21-뉴클레오티드) RNA 분자로서 번역을 저해함.

Rh 항원 (Rh antigens) 붉은털 원숭이(rhesus monkey)와 약 85%의 인간의 적혈구에 흔한 세포막단백질.

가성균사 (Pseudohyphae) 곰팡이의 사상균사처럼 보이는 효모 *Candida*의 긴 세포 확장.

가스괴저 (Gas gangrene) 가스 노폐물과 동반되는 근육과 접합조직의 죽음으로 *Clostridium perfringens*가 원인.

가피 (괴사딱지) (Eschar) 탄저병의 검은색의 부어오르고 딱딱한 통증이 없는 피부 궤양.

각막염 (Keratitis) 각막의 염증.

간균 (Bacillus) 막대형 원핵세포.

간염 (Hepatitis) 간의 염증.

간접형광항체검사 (Indirect fluorescent antibody test) 표지된 항체로 처리된 조직에서 항원의 존재 유무를 형광현미경을 통해 관찰하는 면역 조사.

갈조류 (Phaeophyta) 셀룰로오스 및 농조화제인 알긴산으로 구성된 세포벽을 갖는 갈색 색소의 조류 문.

감마 인터페론 (Gamma interferons, IFN-γ) T 림

프구나 NK 림프구에 의해 생성되는 인터페론으로 감염 후 대식세포나 호중구를 활성화함.

감마프로테오박테리아 (Gammaproteobacteria) 가장 크고 다양한 프로테오박테리아의 강으로 자색 유황 세균, 메탄 산화세균, pseudomonads와 기타를 포함함.

감별 백혈구 계산 (Differential white blood cell count) 백혈구의 상대적 숫자를 나타내기 위해 실험적 기술.

감수분열 (Meiosis) 배수성 진핵생물 세포의 핵분열로 4개의 반수체 핵이 형성됨.

감염 (Infection) 병원성 미생물에 의한 성공적인 신체 침입.

감염 무생물보균체 (Nonliving reservoir of infection) 감염을 일으키는 토양, 물, 식품 또는 물건.

감염관리 (Infection control) 감염성 질병의 예방과 통제를 연구하는 미생물학의 한 분야.

감염보균체 (Reservoir of infection) 감염병의 영속적 원인으로 작용하는 생물 또는 무생물체.

강 (Class) 생물체의 유사한 목(order)의 분류학적 집단화.

개구수 (Numerical aperture) 빛을 모으는 렌즈의 능력 측정.

거미류 (Arachnid) 거미, 진드기와 집먼지 진드기 같은 8개의 다리를 가진 특징의 절지동물 종류.

건초열 (Hay fever) 상기도에 국한된 알레르기 반응으로 콧물, 재채기, 목과 눈의 가려움증, 눈물의 과다분비 등이 특징임.

격막성 (Septate) 격막을 가진 특성.

결막염 (Conjunctivitis) [유행성 결막염(*pinkeye*)] 눈꺼풀 내벽의 염증.

결절 (Tubercle) 마이코박테리아(mycobacteria)의 감염에 의해 생기는 단단한 폐결절.

결핵 (Tuberculosis, TB) *Mycobacterium tuberculosis* 감염으로 발생하는 폐질환으로 파종성 형태의 세균에 감염될 경우 신체 쇠약과 사망할 수 있음.

경구 소아마비 백신 (Oral polio vaccine, OPV) 1961년에 Albert Sabin에 의해 개발된 폴리오바이러스(poliovirus)에 대한 예방백신.

경성하감 (Chancre) 매독의 원인체인 *Treponema pallidum*의 감염 부위에 나타나는 통증이 없는 붉은 병변.

계 (Kingdom) 생물체의 유사한 문(phyla)의 분류학적 집단화.

고도활성 항레트로바이러스 효과 (Highly active antiretroviral therapy, HAART) 뉴클레오시드 유사체, 통합효소 저해제, 단백질가수분해효소 저해제, 역전사효소 저해제 등을 포함하는 항바이러스 제제의 칵테일.

고래회충증 (Anisakiasis) 물고기 선충 기생충인 *Anisakis*에 의한 위장 질환, 이는 기생충에 대한 알레르기 반응으로 볼 수도 있음.

고무종 (Gumma) 제3기 매독 환자의 뼈, 신경 조직 내에 또는 피부 위에 일어나는 병변.

고균 (Archaea) (단수 *Archaeon*) Woese의 분류학에서 고균 rRNA 서열을 가지는 모든 원핵세포를 포함하는 도메인.

고아 바이러스 (Orphan virus) 어떤 특정한 질병에 연관되지 않은 바이러스.

고환염 (Orchitis) 고환의 염증.

고흐의 가정 (Koch's postulates) Robert Koch가 밝힌 것으로서 어떤 감염성 질환의 원인을 증명하는데 필요한 일련의 단계.

곤충 (Insect) 두부, 흉부, 복부의 3가지 몸 부위를 가지는 절지동물로 여러 기생충, 원생동물, 세균과 바이러스 병원체를 매개함.

골반염 질환 (Pelvic inflammatory disease, PID) 자궁 및 자궁관에 염증; 여러 세균 중 하나에 의해 감염될 수 있음.

골수염 (Osteomyelitis) 골수와 뼈 주변의 염증; 자주 *Staphylococcus* 감염이 원인.

곰팡이 (Mold) 균사(*hyphae*)라는 긴 필라멘트로 생장하고 포자에 의해 증식하는 다세포성 진균류.

공기매개전파 (Airborne transmission) 1 m 이상 운반되는 공기나 비말을 통하여 새로운 숙주의 호흡기 점막까지 병원체가 확산.

공생 (Symbiosis) 서로 이익을 주는 관계에서 부터 손해를 주는 관계까지 두 종 또는 그 이상의 개체가 가지는 다양한 종류의 관계.

공초점현미경 (Confocal microscope) 시료의 한쪽 면에서 형광물질을 밝게 하기 위하여 자외선레이저를 사용하는 광학현미경의 한 종류.

과 (Family) 생물체의 유사한 속(genera)의 분류학적 집단화.

과립구 (Granulocyte) 세포질에 큰 과립을 가지는 백혈구.

과민반응 (Hypersensitivity) 정상 범위를 넘어서는 외부 항원에 대한 면역반응.

과민성 폐렴 (Hypersensitivity pneumonitis) 폐렴의 일종.

과학적 방법 (Scientific method) 과학자들이 신중하게 통제된 실험의 결과를 관찰하여 얻어진 가정을 입증을 시도하거나 부정하는 방법.

광견병 (Rabies) 공수증, 발작, 환각 및 마비가 특징인 신경근육 질병; 치료받지 않으면 사망. 광견병 바이러스에 감염이 원인.

광견병(공수병) (Hydrophobia) 문자적으로 물을 무서워함; 광견병 감염으로 인해 삼키는 것이 고통스러운 특성으로 인한 증상.

광범위 약물 (Broad-spectrum drug) 많은 다른 종류의 병원체에 효과적인 항미생물제.

광범위 약제내성 결핵 [Extensively drug-resistant (XDR) tuberculosis] 광범위 약제 내성 *Mycobacterium*으로 인한 결핵.

괴사 (Necrosis) 조직이나 기관이 죽은 것.

괴사성 근막염 (Necrotizing fasciitis) A군 *Streptococcus*의 감염으로 독혈증, 장기부전, 근육과 지방 조직의 파괴가 특징인 치사 가능성이 있는 상태.

교차 내성 (Cross resistance) 한 항미생물 약물에 대한 내성이 유사한 약물에도 내성을 부여하는 현상.

구간균 (Coccobacillus) 긴 구균 같이 구형과 막대 사이의 중간 형태의 원핵세포.

구강포진 (Oral herpes) 제1형 또는 제2형 포진바이러스(herpesvirus 1 또는 2)에 의해 발생하는 입과 입술주위의 고통스럽고 가려운 피부병변.

구균 (Coccus) 구형의 원핵세포.

구진 (Papule) 반점에서 진행된 융기된 붉은 피부병변; 수두바이러스(poxvirus) 감염의 특징.

국소빈혈 (Ischemia) 기계적인 막힘에 의한 혈액 공급의 방해에 기인한 국지적 빈혈.

규조 (Diatom) 황녹조류 문의 조류 종류로 규조각이라는 껍질에 배열된 이산화규소로 만들어진 세포벽을 가짐.

균사 (Hyphae) 사상균 몸의 길고 가지를 치며 관상의 필라멘트.

균사체 (Mycelium) 균사의 엉킨 덩어리.

균종 (Mycetoma) 자낭균류에 속한 여러 가지 속(genera)의 균사성 진균에 의한 피부, 근막, 손과 발의 뼈에 파괴적인 종양과 같은 감염.

균혈증 (Bacteremia) 혈액 내에 세균이 존재; 자주 *Staphylococcus aureus* 또는 *Streptococcus pneumoniae*의 감염이 원인.

그람양성 세균 (Gram-positive cell) 두꺼운 세포벽을 갖는 원핵세포; 세균에서 테이코산을 포함하는 펩티도글리칸의 두꺼운 층으로 구성됨; 그람양성 세포는 그람염색방법에서 사용된 크리스탈바이올렛 염료가 남아서 보라색을 나타냄.

그람염색 (Gram stain) 일련의 염색약을 사용하여 미생물 시료를 염색하는 기법으로 미생물의 종류에 따라들은 보라색과 붉은색을 나타냄. 1884년에 Christian Gram이 개발하였음.

그람음성 세균 (Gram-negative cell) 일반적으로 세포벽 물질의 얇은 층, 외부 세포막, 그 사이의 주변질 공간으로 구성된 세포벽을 가지는 원핵세포로서 그람염색을 하고난 후에 붉은색을 나타냄.

그랜자임 (Granzyme) 감염된 세포의 세포사멸을 유도하는 세포독성 T 세포의 세포질에 존재하는 단백질.

그레이브스병 (Graves' disease) 갑상선 호르몬의 과다분비와 갑상선의 비대를 유도하는 자가항체를 생산하는 질병.

극한생물 (Extremophile) 생존에 극단적인 조건의 온도, pH, 염분도 등을 요구하는 미생물.

글루코코르코이드 (Glucocorticoids) [코르티코스테로이드(*corticosteroids*)] 프레드니손(prednisone)과 메틸프레드니손(methyl prednisone)을 포함하는 면역억제제로서 T 세포의 반응을 억제함.

급성 아나필락시스 (Acute anaphylaxis) 염증 매개물의 방출이 신체의 대응 기작을 초과했을 때의 상태.

급성 회백수염 (Poliomyelitis) [소아마비(*polio*)] 폴리오바이러스 감염이 원인으로 무증상부터 불구까지 심각도가 다양한 감염.

급성염증 (Acute inflammation) 단기간에 발생하고 사라지는 염증의 하나로서 대체로 이로운 반응.

급성질환 (Acute disease) 빠르게 발전하지만 단시간 동안 지속되는 질환.

기계적 매개체 (Mechanical vector) 집파리, 바퀴벌레 등 그들의 발이나 몸에 병원균을 옮기는 동물을 말하며 그 자신은 옮기는 병원균에 의해 감염되어 있지 않음.

기관지염 (Bronchitis) 기관지의 염증.

기생 (Parasitism) 숙주에 해롭게 하거나 죽임으로서 이익을 얻는 공생관계.

기생충 (Helminths) 기생하는 다세포성 진핵기생충.

기생충 (Parasite) 해롭거나 죽게하는 동안 숙주에서 이익을 얻는 미생물.

기생충학 (Parasitology) 기생충에 대한 학문.

기억 B 세포 (Memory B cell) 림프조직에 존재하며 이전에 경험한 항원과 다시 만날 준비를 하고 있는 B 세포.

기억 T 세포 (Memory T cell) 림프조직에 몇 달 또는 몇 년 동안 존재하며 TCR과 결합할 수 있는 항원결정체와 재반응을 기다리는 T 세포로, 재결합시 세포독성 T 세포를 생산하게 됨.

기억반응 (Memory response) 친숙한 항원과 뒤이은 만남에 대한 신속하고 증진된 면역반응.

기형유발 (Teratogenic) 출산 기형의 원인이 되는 능력이 특징.

기회성 병원균 (Opportunistic pathogens) 면역시스템을 억제할 때나 미생물 길항작용을 저감하거나 신체의 비정상 영역으로 도입될 때 질병을 일으키는 미생물.

꺾기 분열 (Snapping division) 그람-양성 원핵생물에서의 이분법의 변형으로 모세포의 외벽이 꺾어지며 딸세포를 만듬.

나병 (Leprosy) [한센병(*Hansen's disease*)] 비진행성 결핵나병(tuberculoid leprosy)이나 얼굴 특징, 손가락 등을 포함하는 조직을 파괴하는 진행성 나종(lepromatous leprosy)을 생성하는 *Mycobncterium leprae*의 감염에 의한 질병.

나선균 (Spiral) 세포 형태가 나선형인 원핵세포

나선균 (Spirillus) 굳은 나선형 원핵세포

남세균 (Cyanobacteria) 그람-음성 광합성 세균으로 모양, 크기와 증식 방법이 크게 다양함.

낭미충 (Cysticercus) 일반적으로 중간 숙주의 근육에 있는 미성숙 촌충.

내독소 (Endotoxin) [지질 A(*lipid A*)] 죽은 그람음성 세균의 세포벽의 외막의 지질다당 층에서 분비된 잠재적으로 치명적인 독소.

내부의료관련감염 (Endogenous healthcare associated infection) 한 환자에서 기회성 병원체에 의해 생겨나는 감염.

내부편모 (Endoflagellum) 세포 밖으로 돌출되어 있는 것이 아니라 세포 주위에 단단히 나선으로 감긴 스피로헤타의 특이한 편모.

내부항원 (Endogenous antigen) 신체의 세포 내에서 증식하는 미생물이 만드는 항원.

내생포자 (Endospore) 그람양성인 *Bacillus* 속 또는 *Clostridium* 속의 영양세포가 변형되어 생성된 환경적으로 내성을 가지는 구조.

네그리소체 (Negri bodies) 광견병 환자의 뇌에 응집된 비리온의 집합체.

노로바이러스 (Noroviruses) 설사를 일으키는 calicivirus군.

녹조류 (Chlorophyta) 녹색-색소의 조류 문으로 엽록소 a와 b를 가지며 당과 전분을 저장물질로 저장하고 식물과 유사한 rRNA 서열을 가짐. 식물의 조상으로 간주됨.

농가진 (Impetigo) 어린이의 얼굴과 팔다리에 붉은색, 고름이 가득찬 농포; *Staphylococcus aureus* 또는 *Streptococcus pyogenes*의 감염이 원인.

농가진 (Pyoderma) 얼굴, 팔, 또는 다리의 노출된 피부 위에 고름을 생산하는 사방이 막힌 병변; 자주 A군 *Streptococcus*의 감염이 원인.

농양 (Abscess) 뾰루지, 부스럼, 또는 농포와 같이 구분되는 감염 부위.

농업테러 (Agroterrorism) 식품으로 공급되는 가축이나 농작물을 죽게 하는 방식으로 테러하기 위해 미생물을 사용하는 행위.

농포 (Pustule) [폭스, 마마(*pox*)] 융기되고 고름이 찬 피부 병변; poxvirus에 감염의 특징.

농화배양 (Enrichment culture) 선택배지를 사용하여 개체수가 적은 미생물의 생장을 증진시키는데 사용되는 기법.

농흉 (축농증) (Empyema) 포도상구균 폐렴 환자에서 폐의 폐포에서 고름의 존재.

뇌염 (Encephalitis) 뇌의 염증.

뉴클레오시드 유사체 (Nucleoside analog) 천연 뉴클레오시드와 구조적으로 유사한 물질.

뉴클레오티드 유사체 (Nucleotide analog) DNA 내로 들어갈 수 있는 정상적인 뉴클레오티드와 구조적으로 유사한 화합물; 잘못된 염기쌍을 만들게 됨.

다발성 경화증 (Multiple sclerosis, MS) 세포독성 T 세포가 뉴런을 감싸는 미엘린 수초를 공격하고 파괴하는 자가면역 질환.

다제 내성 병원체 (Multiple-drug-resistant pathogen) 소위 슈퍼버그에 의해 세 가지 또는 그 이상의 항미생물제제에 내성을 갖는 병원체.

다제 약제 내성 (Muitiple drug resistance) 3개 이상의 항생제에 대한 감수성이 없는 슈퍼 박테리아.

다제내성 결핵 [Multi-drug-resistant (MDR) tuberculosis] 최소한 isoniazid 및 rifampin에 내성을 갖는 *Mycobacterium*에 의해 발생하는 결핵.

다중 약물 내성 TB (MDR TB, multi-drug-resistant TB) 이소니아지드와 리팜핀에 내성이 있는 *Mycobacterium*에 의해 발생하는 결핵.

다핵체 (Coenocyte) 체세포분열이 반복되지만 세포질 분열이 연기되거나 없을 때 생기는 다핵 세포.

다형성 (Pleomorphic) 세포 형태학에서 다양한 모양의 원핵세포를 지칭하는 용어.

단독(丹毒) (Erysipelas) 림프절에 퍼진 농가진으로 통증과 염증을 동반하고 A군 *Streptococcus* 감염이 원인.

단순염색 (Simple stain) 현미경 관찰에서 크리스탈바이올렛과 같은 한 가지 염료에 의한 염색.

단순현미경 (Simple microscope) 한 개의 확대렌즈를 가지는 현미경.

단일클론항체 (Monoclonal antibody) 하나의 형질세포로부터 유래한 세포주에서 분비하는 동일한 항체.

단핵구 (Monocyte) 엽과 유사한 모양의 핵을 가진 무과립백혈구.

담자과 (Basidiocarp) 버섯, 먼지버섯, 대곰보버섯, 젤리 곰팡이, 찻잔접시버섯과 브래킷 균류(bracket fungi)를 포함하는 담자균의 자실체.

담자균문 (Basidiomycota) 담자포자와 담자과 생성의 특징을 갖는 진균 문(phylum).

당질피질(Glycocalyx) (pl. glycocalyces) 원핵 및 진핵세포의 부착성 외부 협막.

대두창 (Variola major) 치사율이 20% 이상인 심각한 질병의 원인인 천연두바이러스의 변종.

대물렌즈 (Objective lens) 현미경 관찰에서 확대하려는 사물의 바로 위에 있는 렌즈.

대비 (Contrast) 두 사물 간, 또는 사물과 그 배경 간에서 시각적 강도의 차이.

대상포진 (Herpes zoster) (*shingles*) 잠재성 varicella-zoster virus의 재활성화로 인해 발생되는 매우 고통스러운 피부발진.

대상포진 (Shingles) [대상포진(*herpes zoster*)] 잠복해 있던 수두대상포진 바이러스가 재활성화되는 것이 원인인 매우 고통스런 피부 발진

대식세포 (Macrophage) 세균, 곰팡이 포자, 먼지, 죽은 세포 등을 제거하는 단핵백혈구의 성숙된 세포.

대안렌즈 (Ocular lens) 현미경 관찰에서 눈에 가

장 근접한 렌즈. 단안 또는 쌍안으로 되어 있음.

대장균 (Coliforms) 젖당을 가스로 발효하는 장내 그람-음성 세균으로 인간과 동물의 내장기관에서 발견됨.

대장섬모충증 (Balantidiasis) *Balantidium coli*에 의한 가벼운 위장 질환.

델타프로테오박테리 (Deltaproteobacteri) *Desulfovibrio, Bdellovibrio*와 myxobacteria를 포함하는 프로테오박테리아 종류.

뎅기열 (Dengue fever) *Aedes* 모기에 의해서 전파되는 flavivirus에 의한 자기제한적이지만 매우 고통스러운 질병.

뎅기출혈열 (Dengue hemorrhagic fever) 뎅기바이러스(dengue virus)의 재감염에 대한 과면역 반응을 포함하여 사망가능성이 있는 질병으로 혈관의 파괴, 내출혈 및 쇼크의 원인.

도말 (Smear) 현미경 관찰에서 슬라이드 상의 얇은 생물체 막.

도움 T 세포 (Helper T cell) [Th 세포(*Th cell*), CD4 세포(*CD4 cell*)] 세포성 면역반응에서 CD4 세포표면 당단백질을 특징으로 하는 세포로 B 림프구, 세포독성 T 세포를 조절함.

독성 (Virulence) 병원성의 정도.

독성쇼크증후군 (비연쇄상구균) [Toxic shock syndrome (nonstreptococcal), TSS] *Staphylococcus* 균주의 전신감염으로 원인이 되는 발열, 구토, 붉은 발진, 저혈압, 피부의 손실을 특징으로 하는 치명적인 질환.

독성인자 (Virulence factors) 병원체가 감염하고 병을 일으킬 수 있는 상대적 능력에 영향을 주는 효소, 독소 또는 다른 인자들.

독소 (Toxin) 조직을 해치거나 손상의 원인이 되는 숙주 면역반응을 개시하는 화학물질.

독혈증 (Toxemia) 독소(*toxin*)라고 하는 독이 혈액에 존재함.

동부말뇌염 (Eastern equine encephalitis, EEE) 토가바이러스(togavirus)에 의해 뇌에 잠재적으로 발생하는 치명적인 감염.

동시감염 (Coinfection) B형 및 D형 간염바이러스에 동시에 감염된 환자의 상태.

동종이식 (Allograft) 기증자의 조직을 같은 종 내에서 유전적으로 다른 수여자에게 이식하는 이식의 종류.

동계이식 (Isograft) 유전적으로 동일한 (쌍둥이) 사람들 사이의 조직 이식의 형태.

두드러기 (Urticaria) 두드러기.

두절 (Scolex) 촌충이 숙주 조직에 부착하는데 사용하는 흡판이나 갈고리를 갖는 작은 부착 기관.

두창 (천연두) (Variola) 천연두 바이러스의 일반명.

등창 (Furuncle) 주변 조직으로 크고 고통스런 모낭염 결절의 확장; *Staphylococcus aureus* 감염이 원인일 수 있음.

디조오지 증후군 (DiGeorge syndrome) 흉선의 발생이 실패하여 T 세포가 결여.

디펜신 (Defensins) [항미생물 펩티드(*antimicrobial peptide*)] 광범위한 미생물에 대항하는 작용을 하는 짧은 아미노산 사슬.

디프테로이드 (Diphtheroids) *Corynebacterium diphtheriae*와 외형이 유사하여 이름을 따랐지만 일반적으로 비병원성인 다형태성 간균.

디프테리아 (Diphtheria) *Corynebacterium diphtheriae* 감염으로 생긴 디프테리아 독소가 원인으로 경미한 질환에서 사망가능성까지 있는 호흡기 질병.

딥스틱면역크로마토그래피법 (Dipstick immunochromatographic assay) 항원 용액이 구멍이을 있는 스트립(strip)을 통과하여 흐르며 표지된 항체를 접촉하는 ELISA 검사의 빠른 변형; 임신진단 과 빠른 병원체 확인을 위해서 사용.

라임병 (Lyme disease) *Borrelia burgdorferi*가 감염된 진드기가 운반하는 질병으로 "황소 눈" 발진, 신경 및 심장 기능이상, 관절염이 특징.

레오바이러스 (Reovirus) 호흡기 및 위장관 질환의 원인인 나형, 분절형 dsRNA 바이러스군.

레지오넬라증 (Legionnaires' disease) *Legionella* 종, 보통 *L. pneumophila*의 감염이 원인인 폐렴.

레트로바이러스 (Retrovirus) 그것의 RNA로부터 DNA를 전사하기 위해 그 캡시드 내에 있는 역전사효소를 이용하는 +ssRNA 바이러스.

레프로민 검사 (Lepromin test) 나병 진단에 이용되는 *Mycobacterium leprae*의 항원을 이용한 검사.

렙토스피라증 (Leptospirosis) 감염동물에 노출 시 인간에 의해 발생되는 인수공통전염병; 통증, 두통, 간 및 신장질환이 특징; *Leptospira interrogans* 감염에 의해 발생.

로키산 홍반열 (Rocky Mountain spotted fever, RMSP) 진드기가 운반하는 *Rickettsia rickettsii*의 감염이 원인인 심각한 질병으로 발진, 불안, 점상출혈, 뇌염 및 5%의 사망이 특징.

로타바이러스 (Rotaviruses) 잠재적으로 치명적인 유아 위장염의 원인인 되는 레오바이러스(reovirus) 군.

루벨라 (Rubella) [독일홍역(*German measles*)] 약 3일간 지속되는 발진이 특징인 *Rubivirus* 감염이 원인인 질병; 어린이에게는 약하지만 감염된 산모의 태아에게는 기형의 가능성.

류마티스관절염 (Rheumatoid arthritis, RA) 신체장애를 유발하는 제3형의 과민성 반응으로 인한 전신적인 자가면역질환으로 항체복합체가 관절에 침착되어 염증을 유발하는 병.

류마티스성 열 (Rheumatic fever) 심장판막과 근육에 손상을 주는 염증으로 A군 연쇄상구균 인두염의 합병증.

류코트리엔 (Leukotrienes) 혈관 투과성을 증가시키는 염증반응 화학물질로 손상된 세포로부터 분비됨.

리노바이러스 (Rhinoviruses) 상기도 감염과 "감기"의 원인인 피코르나바이러스(picornaviruses) 군.

리소솜 (Lysosome) 동물세포에서 소화효소를 들어있는 소낭.

리소자임(Lysozyme) 땀에서 분비되는 항세균성 단백질.

리슈만편모충증 (Leishmaniasis) *Leishmania*를 운반하는 모래파리가 물어서 생기는 세 가지 임상 증후군의 하나로 고통이 없는 피부 궤양부터 변형된 병변에서 치료받지 않으면 치사율이 95%인 전신성 내장리슈만편모충증까지 범위가 넓음.

리스테리아증 (Listeriosis) *Listeria monocytogenes*가 원인인 질병으로 대개 뇌막염 및 균혈증이 나타남.

리케차증 (Rickettsias) 매우 작고 그람-음성이며 절대 세포내 기생체의 그룹으로 거의 세포벽이 없는 것으로 보임.

린코사미드 (Lincosamide) 세균 리보솜의 50S 소단위에 결합하여 리보솜의 이동을 막는 항미생물제.

림프 (Lymph) 혈액의 혈장과 세포 간 체액과 유사한 성분을 지닌 림프관의 액체.

림프계 (Lymphatic system) 림프관과 림프조직 및 기관으로 구성된 신체의 체계.

림프관 (Lympahtic vessel) 림프를 연결하는 관.

림프관염 (Lymphangitis) 피부 밑에 붉은 줄로 염증이 생긴 림프관이 보이는 상태.

림프구 (Lymphocytes) 적색 골수에서 생성되며 거의 핵으로 채워져 있는 작은 무과립백혈구.

림프구성 맥락수막염 (Lymphocyte choriomeningitis, LCM) 아레나바이러스에 의해 발생하는 인수공통전염병으로 독감과 유사한 증세와 드물게 수막염을 일으킴.

림프절 (Lymph node) 림프의 구성물들을 감시하는 기관.

림프절 흑사병 (Bubonic plague) 심각한 전신 질환, *Yersinia pestis*의 감염이 원인으로 치료하지 않으면 환자의 치사율이 50%이며, 열, 조직 괴사, 가래톳(bubo)의 존재가 특징.

마르부르그 바이러스 (Marburg virus) 사례의 25%에서 출혈열 및 사망을 일으키는 사상성 바이러스.

마이코플라스마 (Mycoplasma) 저 G+C의 세균강으로 시토크롬, 크렙스 회로의 효소들과 세포벽이 없으며 다형성임.

마이콜산 (Mycolic acid) *Mycobacterium* 속의 세포벽에 있는 긴 탄소-사슬의 왁스성 지질로 건조 및 물에 기초한 염료로의 염색에 저항성 있게 만듦.

마크롤리드 (Macrolide) 리보솜 50S 소단위를 저해하여 단백질 합성을 막는 항미생물제.

만성염증 (Chronic inflammation) 서서히 발생하는 염증의 종류로 오랫동안 지속되고 질병의 결과로 손상(사망까지도)의 원인이 될 수 있음.

만성육아종병 (Chronic granulomatous disease) 림프절, 폐, 뼈, 피부 등에 염증세포로 구성된 큰 덩어리의 조직이 발생하며 감염이 재발되는 소아의 주요 면역결핍질환.

만성질환 (Chronic disease) 서서히 경미한 증후를 보이며 발생하며 영속적이거나 재발되는 질환.

말기 (Telophase) 체세포분열의 마지막 단계로 핵막이 딸 핵 주위에 형성됨. 감수분열의 유사한 단계를 위해서도 이용됨.

말라리아 (Malaria) 4종의 *Plasimodium*종을 운반하는 *Anopheles* 모기에서 물려 발생하며경미한 증세에서부터 치명적인 중증인 질병으로 발열, 오한, 출혈 및 뇌 조직의 잠재적 파괴가 특징임.

망상체 (Recticulate bodies) Clamydia의 생활사에서 비감염성 단계.

매개물 [Fomes (pl. fomites)] 유리나 수건과 같이 우연하게 병원균을 새로운 숙주로 전달하는데 사용되는 물체.

매개전파 (Vehicle transmission) 병원체의 공기, 음용수, 식품, 신체의 밖에서 다루어진 체액 등을 통한 전파.

매개체 (Vector) 유전학과 재조합 DNA 기술에서는 세포에 DNA를 전달하는데 사용되는 바이러스 유전체, 전위요소, 플라스미드로서의 핵산 분자. 역학에서는 한 숙주에서 다른 숙주로 질병을 옮기는 동물 (일반적으로 절지동물).

매독 (Syphilis) *Treponema pallidum* 감염에 의해 발생되는 성병.

매염제 (Mordant) 현미경 관찰에서 염료와 결합하는 물질로서 덜 수용성으로 만듬.

맥립종 (다래끼) (Sty) 눈꺼풀의 기저에서 염증성 세균 감염.

메탄 산화세균 (Methane oxidizer) 메탄을 탄소 및 에너지원으로 이용하는 그람-음성 세균.

메티실린-내성 황색포도상구균 (Methicillin-resistant *Staphylococcus aureus*, MRSA) 많은 일반적 항생제들에 대한 내성을 가지는 *S. aureus* 균주가 주요한 병원 내 감염문제로 대두됨.

면역글로블린 (Immunoglobulin, Ig) [항체(*antibody*)] 형질세포(plasma cell)에서 분비하는 항원과 결합하는 단백질성 물질.

면역글로블린 A (Immunoglobulin A, IgA) 눈물과 젖 등 다양한 신체 분비액에 흔히 존재하는 부류의 항체. IgG는 분비성분과 결합하여 분비성 IgA를 형성.

면역글로블린 D (Immunoglobulin D, IgD) B 세포의 수용체로서 세포막에 결합된 항원.

면역글로블린 E (Immunoglobulin E, IgE) 면역반응 특히 알레르기반응과 기생충감염에 의한 반응을 유도하는 항체.

면역글로블린 G (Immunoglobulin G, IgG) 혈액에 가장 많은 부류의 항체이며 침입하는 세균으로부터 방어하는 주요 항체.

면역글로블린 M (Immunoglobulin M, IgM) 두 번째로 흔한 항체로 일차 수용성면역반응 동안 초기에 압도적으로 발현되는 항체.

면역복합체 (Immune complexes) 항원-항체 복합체.

면역블럿 (Immunoblot, western blot) ELISA 분석의 변형으로 단백질의 존재를 확인하는 방법.

면역여과법 (Immunofiltration assay) 접시 대신 막필터를 이용하여 빠르게 측정할 수 있는 일종의 ELISA.

면역치료 (Immunotherapy) 항원에 대해 면역학적 보호를 제공하기 위해 항체나 (수동면역) 희석된 항체를 투여하는 것.

면역크로마토그래피 분석 (Immunochromatographic assay) 색깔을 띤 물질과 결합된 항체와 항원이 눈으로 볼 수 있는 면역결합체를 형성하게 하는 면역반응 분석.

면역학 (Immunology) 병원체에 대항하는 신체의 특징적 방어체계의 연구.

면역학적 연접 (Immunological synapse) 세포간 신호전달과 같은 면역체계를 구성하는 세포 간 상호 경계면.

면역혈소판감소 자색반 (Immune thrombocytopenic purpura) 혈소판에 결합한 약물이 항체와 보체에 결합하여 혈소판 파괴를 유발할 때 생겨나는 질환.

면역확산법 (Immunodiffusion) 한천배지 상 서로 분리된 곳에서 항원과 항체가 확산되면서 서로의 결합에 의한 침전물의 선을 형성하는 면역조사방법.

멸균 (Sterilization) 어떤 사물에서 프리온이 아닌 세균의 내생포자와 바이러스를 포함한 모든 생물체의 박멸.

멸균된 (Sterile) 미생물이 오염되지 않은.

모기 (Mosquito) 흡혈 암컷이 있는 파리 종류로 많은 병원체의 매개체.

모낭염 (Folliculitis) *Staphylococcus aureus*가 모낭에 감염.

묘소병 (Cat scratch disease) 어린이에게 흔하며 종종 심각한 감염; 불안 및 국소적 부어오름; *Bartonella henselae*의 감염이 원인.

무과립백혈구 (Agranulocyte) 세포질에 큰 입자가 없이 고른 세포질을 가지는 백혈구.

무균의 (Aseptic) 병원체의 감염이 발생하지 않도록 하는 환경이나 행위를 특징으로 함.

무증상 (Asymptomatic) [무증상(*subclinical*)] 임상조사를 통해 병의 징후가 있더라도 증세가 약하여 병세를 느끼지 못하는 질병의 특징.

무증상 (Subclinical) 비록 임상실험조사에서 병의 징후를 나타냈어도 증세가 없기 때문에 인지하지 못하고 지나치는 병의 특성.

문 (Phylum) 생물체의 유사한 강(classes)의 분류학적 집단화.

물사마귀(전염성 연속종) (Molluscum contagiosum) *Molluscipovirus*가 원인인 피부 질병; 매끄럽고 밀랍과 같은 구진이 특징.

미생물 (Microbe) 너무 작아서 현미경이 없이는 볼 수 없는 생물체 또는 바이러스.

미생물 (Microorganism) 너무 작아서 현미경이 없이는 볼 수 없는 생물체 .

미생물길항작용 (Microbial antagonism) [미생물경쟁(microbial competition)] 형성된 미생물총이 영양소와 공간을 사용하여 침입한 병원균이 집락형성능을 줄이는 정상조건.

미생물생태학 (Microbial ecology) 미생물들과 그들의 살아가는 환경과의 상호관계를 다루는 학문.

미생물총 (Microbiota) 질병을 일으키지 않으며 피부 표면에 정상적으로 서식하는 미생물 군.

미세아교세포 (Microglia) 신경계의 고정대식세포.

미포자충 (Microsporidia) 이전에 원생동물로 분류되었던 단세포성의 세포내 기생성 진균.

바시트라신 (Bacitracin) 세포질로부터 NAG와 NAM 분비를 막아 세포용해를 일으키는 항미생물제.

바이러스 (Virus) 작은 감염성 비세포성 존재로 캡시드라는 외피를 형성하는 단백질로 된 캡소머로 둘러싸인 핵산을 가짐.

바이러스 중화 (Viral neutralization) 특정한 바이러스에 대한 항체의 존재를 위한 혈청의 검사로 혈청을 바이러스와 혼합하고, 혼합체를 세포 배양에 넣음. 세포가 생존하면 혈청 내의 항체가 바이러스를 중화했다는 의미.

바이러스 혈구응집저해시험 (Viral hemagglutination inhibition test) 적혈구와 응집하는 인플루엔자, 홍역 및 기타바이러스에 대한 항체를 검출하는데 일반적으로 사용하는 면역시험.

바이러스성 위장염 (Viral gastroenteritis) 바이러스성 병원체에 의해 발생되는 위와 장의 점막의 염증.

바이러스혈증 (Viremia) 혈액에 바이러스가 감염.

박테리오파아지 (Bacteriophage) [파아지(*phage*)] 세균세포에 감염하고 보통 파괴하는 바이러스.

반수체 (Haploid) 각 염색체의 하나의 사본을 가진 핵.

반응성 (Responsiveness) 환경의 자극에 대하여 반응하는 능력.

반점 (Macule) 납작하고 붉은 피부병변; 수두바이러스(poxvirus) 초기 감염의 특징.

반코마이신 (Vancomycin) *N*-acetylglucosamine

소단위를 연결하는 alanine-alanine 교차다리 저해에 의해 그람-양성 세균의 세포벽 생성을 막는 항미생물 약물.

반코마이신 내성 *Staphylococcus aureus* (Vancomycin-resistant *Staphylococcus aureus,* VRSA) Vancomycin에 내성을 가질 뿐만 아니라 일반적으로 많은 흔한 항미생물에도 내성을 가지는 *S. aureus* 균주.

반합성 항미생물제 (Semisynthetic antimicrobial) 화학적으로 변형된 항미생물제.

발생률 (Incidence) 역학에서 주어진 기간 내에 특정 지역이나 인구에서 새로운 질병의 건수

발열원 (Pyrogen) 열을 포함하여 시상하부의 온도계를 높은 온도에 맞추게 하는 화학물.

발작기 (Paroxysmal phase) 2-4주 동안 지속되는 백일해 2기로 쇠진하는 기침이 특징.

발적 (Rubor) 붉어짐.

발진열 (Endemic typhus) [쥐의 발진티푸스(*murine typus*)] 벼룩이 전파하는 질병으로 고열, 두통, 오한, 근육통 및 메스꺼움이 특징; *Rickettsia thyphi* 감염이 원인.

발진티푸스 (Typhus) [유행성 발진티푸스, 발진열, 털진드기병(*epidemic typhus, murine typhus, scrub typhus*)] 절지동물 벡터에 의해 전염되는 리케차(rickettsia)에 의한 질병군.

발효 (Fermentation) 물질대사에서 최종전자수용체로서 전자전달계보다 내생적 유기분자를 사용하는 에너지를 방출하기 위한 설탕의 부분적 산화. 식품미생물학에서 미생물에 의해 유도되는 식품이나 음료에서의 어떤 원하는 변화.

방부 (Antisepsis) 화학방부제의 사용에 의해 피부 또는 조직의 미생물을 억제하거나 사멸함.

방부제 (Antiseptic) 피부나 조직의 미생물을 죽이거나 억제하는데 사용되는 화학물질.

방사상면역확산 (Radial immunodiffusion) 일종의 면역확산 조사법으로 항원액이 특정 농도의 항체를 포함하고 있는 한천배지로 확산되도록 하여 항원 항체 결합 침전물이 생기게 하는 것.

방사선 (Radiation) 원자로부터 전자기 에너지를 가지는 고속의 아전자 입자(subatomic particle)나 파를 방출함.

방사선균문 (Actinomycetes) 높은 G+C 함량을 가지는 세균으로 분지형 필라멘트를 진균과 유사한 포자를 생성함.

방산충 (Radiolaria) 실 같은 위족과 이산화규소 껍질을 갖는 아메바.

방선균증 (Actinomycosis) *Actinomyces*에 의한 질병; 피부와 점막에 서로 연결된 농양이 특징.

방출 (Release) 바이러스학에서 용균 복제경로의 마지막 단계로 숙주세포가 용해되면서 새로운 비리온이 방출됨.

배뇨장애 (Dysuria) 통증이 심한 배뇨.

배상세포 (Goblet cells) 점막의 상피에 존재하는 점액분비세포.

배수성 세포 배양 (Diploid cell culture) 분리되어 적절한 생장 조건이 제공된 배아동물, 식물 또는 인간세포로부터 만들어진 세포배양의 종류.

배수체 (Diploid) 각 염색체의 두 사본을 가진 핵.

배양 (Culture) 미생물을 배양하는 행위 또는 배양된 미생물.

배율 (Magnification) 현미경을 통해 보이는 사물의 크기에서 명백한 증가.

배지 (Medium) 미생물을 배양하는데 사용되는 영양소 집합체.

백신 (Vaccine) 능동적 예방접종에 사용되는 접종물질.

백신접종 (Vaccination) 능동적 예방접종으로 대표적인 예는 천연두 백신접종.

백일해 (Pertussis) [백일해(*whooping cough*)] 다량의 점액, 기관 섬모 상실 및 깊은 "부엉이 같은" 기침이 특징인 소아질병; *Bordetella pertussis* 감염이 원인.

백일해 (Whooping cough) 다량의 점액, 기관 섬모 상실 및 깊은 "부엉이 같은" 기침이 특징인 소아질병; *Bordetella pertussis* 감염이 원인.

백혈구 (Leukocyte) 백혈구.

백혈구 감소증 (Leukopenia) 혈액 내에서 백혈구 수의 감소.

버키트림프종 (Burkitt's lymphoma) 엡스타인 바바이러스(Epstein-Barr virus) 감염에 의한 턱 부위의 감염성 암.

범세계적 질병 (Pandemic) 역학에서 유행병의 발생이 하나 이상의 대륙에서 동시에 발생.

베타-락탐 (Beta-lactam) 기능적 부위가 베타-락탐 고리로 구성된 항미생물제로, NAM 소단위를 교차결합 시키는 효소에 비가역적으로 결합하여 펩티도글리칸 형성을 저해함.

베타-락탐 분해효소 (Beta-lactamase) 페니실린과 유사 분자의 베타-락탐 고리를 분해하여 불활성화 시키는 세균 효소.

베타 인터페론 (Beta interferons, IFN-β) 감염 후 몇 시간 내에 감염된 섬유아세포에서 분비되는 인터페론.

베타프로테오박테리아 (Betaproteobacteria) 매우 낮은 영양물질의 수준에서 자라는 프로테오박테리아 문(phylum)의 다양한 그람-음성 세균의 강(class).

벼룩 (Flea) 수직적으로 납작한 흡혈성의 날개 없는 곤충으로 일부 병원체의 매개체.

변성독소 백신 (Toxoid vaccine) 항체 연관 면역반응을 일으키기 위한 변형된 독소를 사용한 백신.

변연화 (Margination) 백혈구가 감염부위의 혈관벽에 부착되는 과정.

변종 크로이츠펠트-야곱병 (Variant Creutzfeldt-Jacob disease, vCJD) 뇌가 스폰지와 같이 많은 구멍들이 생겨서 뇌세포를 파괴하는 프리온에 의해 일어나는 치매현상.

변형체성 점균류 (Plasmodial slime mold) 비세포성 점균류라고도 하며 유기물 잔재와 세균을 포식하는 유동성, 다핵체의 색을 띤 세포질의 필라멘트.

병균제거 (Degerming) 씻기를 통해 표면에서 미생물을 제거함.

병용백신 (Combination vaccine) 여러 병원체의 항원으로 구성되어 동시에 접종할 수 있는 백신.

병원내 감염 (Nosocomial infection) [의료관련감염(*healthcare associated infection*)] 의료 시설에서 획득한 감염.

병원내 감염 [Healthcare associated infection, HAI (nosocomial) 병원시설 내에서의 감염.

병원내 감염병 (Healthcare associated disease, nosocomial) 병원시설에서 획득된 질환.

병원내 감염질환 (Nosocomial disease) [의료관련질환(*healthcare associated disease*)] 의료시설에서 획득한 질환.

병원성 (Pathogenicity) 질병을 일으키는 미생물의 능력.

병원체 (Pathogen) 질병을 일으킬 수 있는 미생물.

병원체연관 분자패턴 (Pathogen-associated molecular patterns, PAMPs) 사람에게는 존재하지 않으나 다양한 미생물에 공통적으로 가지고 있는 분자로 면역반응을 유발함.

병원학 (병인론) (Etiology) 질병의 인과관계를 공부하는 학문.

보조제 (Adjuvant) 능동면역의 자극을 증가하도록 백신에 첨가하는 화학제.

보체결합시험 (Complement fixation test) 혈청에 특정 항체의 존재 여부를 확인하기 위한 분석방법.

보체계 (Complement system, complement) 세포유도물질 역할을 하고, 염증반응을 일으키고 열을 발생시키고 궁극적으로 타세포를 파괴하는 일련의 혈청단백질.

보툴리누스 중독증 (Botulism) 보툴리눔 독소에 의한 사망 가능성이 있는 중독; 음식 매개 보툴리누스 중독증, 태아 보툴리누스 중독증 및 상처 보툴리누스 중독증의 3가지 종류가 있음.

복합현미경 (Compound microscope) 확대하기 위하여 여러 개의 렌즈를 사용하는 현미경.

유행성이하선염 (Mumps) 유행성이하선염 바이러스(mumps virus) 감염이 원인인 질병으로 열, 이하선염, 부종 통증 및 어떤 경우에는 뇌막염 또는 청각장애가 특징.

봉입체(Inclusion bodies) 클라미디아의 생활사에서 클라미드아 망상체로 채워진 진핵 파고솜.

부고환염 (Epididymitis) 부고환의 염증.

부기저체류 (Parabasalid) 골기와 유사한 부기저체(parabasal body)를 가지는 단세포성의 동물과 유사

한 미생물 군.

부니아바이러스 (Bunyaviruses) 3개의 –ssRNA 분자의 분절형 유전체를 갖는 인수공통 병원체군으로 절지동물을 통해 인간에게 전파.

부비동염 (Sinusitis) 부비강의 염증; 전형적으로 *Streptococcus pneumoniae*가 원인.

부생생물 (Saprobe) 죽은 생물로부터 영양분을 흡수하는 생물.

부영양화(Eutrophication) 수계에서 미생물의 과도 생장.

부착 (Adherence) 세포막에 보조 화학 물질의 결합을 통해 미생물에 부착하는 식세포의 과정.

부착 (Adhesion) 숙주세포에 미생물의 부착.

부착 (Attachment) 바이러스학에서 용균 복제경로의 첫 단계로 비리온이 숙주세포에 부착함.

부착소 (Adhesins) 표적세포에 병원체를 부착하는 분자.

부착인자 (Adhesion factors) 미생물이 숙주세포에 부착하는데 필요한 여러 가지 구조나 부착단백질.

북미서부말 뇌염 (Western equine encephalitis, WEE) 토가바이러스가 원인인 치사 가능성이 있는 뇌의 감염.

분류체계 (Taxonomic system) 유사한 생물체를 서로 명명하고 집단화하는 체계.

분류학 (Taxonomy) 생물체를 분류하고 명명하는 과학.

분변–구강 감염 (Fecal-oral infection) 하수에 오염된 물을 마심으로써 발생하는 질환과 같이 배설물에 있는 병원성 미생물이 입을 통해 전파되는 것.

분변이식 (Fecal transplant) 환자에게 주로 관장기를 통해 분변을 주입. *Clostridium difficile* 감염이 재발되는 경우에 정상적인 미생물상의 복원을 위해 사용.

분별배지 (Differential medium) 미생물학자들이 배지에서 가시적 변화 또는 존재하는 집락에서의 차이에 의해 배지에서 자라는 세균들을 식별하는데 도움을 주기 위해 만들어진 배양배지.

분별염색 (Differential stain) 현미경 관찰에서 한 가지 이상의 염료를 사용하여 다른 구조물을 식별할 수 있는 염색. 그람염색은 가장 흔히 사용되는 방법임.

분비 소포 (Secretory vesicle) 진핵세포에서 골지체에 의해 포장되는 분비 소포로 세포막과 융합하여 세포외 배출(exocytosis)을 통하여 내용물을 밖으로 방출.

분비형 (IgA Secretory IgA) IgA의 중합체로 눈물, 점막 분비액, 모유에 함유되어 있다.

분석 역학 (Analytical epidemiology) 질병에 대해 상세히 조사하는 것으로 가능한 원인, 전파방식, 가능한 예방책 등을 결정하기 위한 결과 분석.

분아균증 (Blastomycosis) 미국 동남부에서 발견된 폐질환으로 *Blastomyces dermatitidis* 감염이 원인.

분열체 (Schizont) 다핵체로 세포질 분열을 통해 여러 세포를 방출함.

분자생물학 (Molecular biology) 분자수준에서 특히 유전체 염기서열을 사용을 통하여 세포의 기능을 설명하기 위하여 생화학, 세포생물학, 유전학을 결합한 생물학의 한 분야.

분절게놈 (Segmented genome) 특히 바이러스에서 사용되는 핵산의 하나 이상의 분자로 이루어진 유전 물질.

불쾌 (Malaise) 일반적인 불쾌감.

불활성 소아마비 백신 (Inactivated polio vaccine, IPV) 폴리오바이러스에 대한 백신접종을 위하여 1955년에 Jonas Salk가 개발한 접종원.

브라디키닌 (Bradykinin) 9개의 아미노산으로 구성된 펩티드 사슬로 강력한 염증반응 매개체.

브루셀라병 (Brucellosis) *Brucella*가 원인인 질병; 대개 증상이 없거나 약하지만, 동물에서 불임이나 유산의 결과를 가져올 수 있음.

브루톤형 무감마글로불린혈증 (Bruton-type agammaglobulinemia) 아기들이 면역글로불린을 생산하지 못하여 재발하는 세균 감염을 겪는 유전 질환.

비격막성 (Aseptate) 격막이 없는 특성.

비경구 경로 (Parenteral route) 찔린 상처나 피하주사와 같이 신체의 깊은 조직으로 병원성 미생물이 직접적으로 전해지는 수단.

비둘기병 (Ornithosis) [앵무새열(*parrot fever*)] 인간에게 전파될 수 있는 새의 폐질환으로 *Clamydophila psittaci* 감염이 원인.

비로이드 (Viroid) 극도로 작은 RNA의 환형 조각으로 식물에 감염하고 병을 일으킴.

비리단스 연쇄구균군 (Viridans streptococci) 일반적으로 입과 목뿐만 아니라 위장, 생식기 및 요로에 살고 있고 혈액 배지에서 생장 시 녹색 색소를 생산하는 알파 용혈성 연쇄구균군.

비리온 (Virion) 세포 밖의 바이러스로 핵산을 둘러싼 단백질로 된 캡시드로 구성됨.

비만세포 (Mast cell) 보체에 노출될 경우 히스타민을 분비하는 연결조직에 존재하는 특수 세포.

비말전파 (Droplet transmission) 에어로솔을 통하여 한 숙주에서 다른 숙주로 전파하며, 숨을 내뱉거나, 기침, 재치기를 통하여 나오며 1 m 이내를 이동.

비병원성 (Avirulent) 해가 없는.

비부비동염 (Rhinosinusitis) 코와 부비동의 연결부위의 염증.

비브리오 (Vibrio) 약간 굽은 막대형 원핵세포.

비색계 (Nephelometry) 빛이 분산되는 양을 측정하여 용액의 탁도를 측정하는 장비.

비세포성 (Acellular) 세포가 아닌.

비이온화방사선 (Nonionizing radiation) 1 nm이상의 파장을 가진 전자기 방사선.

비전염성 질병 (Noncommunicable disease) 숙주의 밖이나 정상 미생물총에서 발생하는 감염성 질환.

사구체 신염 (Glomerulonephritis) 신장의 미세혈관 네트워크인 사구체 벽에 면역복합체가 축적되어 신부전의 결과를 가져옴; 주로 A군 *Streptococcus* 감염이 원인.

사마귀 (Warts) [유두종(*papillomas*)] 파필로마바이러스(papillomavirus)가 원인인 양성 표피 성장.

사모증 (Piedra) 모간(hair shaft) 위에 진균의 균사와 포자가 뭉친 것이 원인인 단단하고 불규칙한 혹.

사분자 (Tetrad) 유전학에서: 각각이 두 개의 DNA 분자로 구성되어 감수분열의 전기 I과 중기 I 도중 물리적으로 서로 연결된 두 염색체; 세포 배열에서 세포 분열 후 4개의 구균이 붙어 남아있는 것.

사상충증 (Filariasis) 사상성 선충에 의한 림프계의 감염.

사이클로세린 (Cycloserine) 그람-양성 세균 감염 치료에 사용되는 반합성 항생물질.

사이토카인 (Cytokine) 적응면역반응을 조절하는 여러 종류의 세포들이 분비하는 단백질.

산발적 발생 질병(Sporadic) 역학에서 특정기간동안 특정지역 또는 인구에서 간헐적으로 발생하는 질병.

산성염료 (Acidic dye) 현미경 관찰에서 염기성 구조를 염색하는데 사용되는 음이온성 색소체. 산성환경에서 가장 효과적으로 작용함.

살모넬라증 (Salmonellosis) 장내세균 *Salmonella*로 오염된 음식물의 섭취로 인해 생기는 심한 설사 질환.

상승작용 (Synergism) 각 약물 단독의 효능을 초과하는 효능을 가져오는 약물 간의 상호작용.

상처 (Wound) 신체 조직의 외상.

색소모세포진균증 (Chromoblastomycosis) 내부적으로 확산되는 병변이 특징인 피부 및 피하 질병으로 피부에 자낭균류 진균이 외상을 통해서 도입되는 것이 원인.

생명공학 (Biotechnology) 유용한 산물을 얻기 위해서 미생물을 조작하는 미생물학의 한 갈래.

생물막 (Biofilm) 표면에서 자라는 점질성의 미생물 집단.

생물보고자 (Bioreporter) 선천적 신호전달능을 가진 미생물로 구성된 생물센서의 형태.

생물테러 (Bioterrorism) 미생물이나 독소를 사용하여 사람들에 대하여 테러를 가하는 행위.

생물학적 매개체 (Biological vector) 병원체를 전파하며 병원체의 생활사의 단계에서 병원체의 증식에 필요한 숙주로 작용하는 절지동물 또는 동물.

생식모세포 (Gametocyte) 원생동물의 유성생식에서 다른 생식모세포와 융합하여 배수성 접합자를 만드는 세포.

생인손 (Whitlow) 피부의 베인 곳이나 파열된 곳을 통한 제1형 인간포진바이러스 또는 HHV-2 감염이 원인인 염증성 물집.

생태계 (Ecosystem) 특별한 서식지에서 살아가는 모든 생물체와 둘 간의 상관관계.

샤가스병 (Chagas's disease) *Trypanosoma cruzi*를 운반하는 침노린재류 흡혈곤충(kissing bug)에 물린 것이 원인인 치사 가능성이 있는 질병으로 물린 부위에 부종이 형성되고, 뒤이어서 열, 부어오른 림프절, 심근증, 장기 비대증 및 궁극적으로는 울혈성 심부전이 옴.

서술적 역학 (Descriptive epidemiology) 질병에 관해 결과를 주의 깊게 기록하는 역학.

서식지(Habitat) 생물체가 발견되는 물리적 위치.

선천면역 (Innate immunity) 몸의 경계, 화학물질, 세포, 동일 병원체에 재감염되어도 변화가 없는 과정 등에 의해 제공되는 병원체에 대한 저항성.

선천성 매독 (Congenital syphilis) 매독의 원인체인 *Treponema pallidum*에 감염된 여성의 태아의 지적장애, 장기형성 이상 및 일부 경우에는 사망을 특징을 하는 질병.

선충류 (Nematodes) 완전한 소화기계를 갖는 끝이 뾰족하고 둥근, 비분절형 기생충 군.

선택배지 (Selective medium) 특정 미생물을 자라게 하거나 원치 않는 미생물의 생장을 억제하는 물질을 포함하는 배양배지.

선택적 독성 (Selective toxicity) 효과적인 항미생물제는 병원체의 숙주보다 병원체에 더 독성을 가져야만 한다는 원리.

설폰아미드 (Sulfonamide) para-aminobenzoic acid (PABA)의 구조적 유사체인 항대사 약물.

섬모 (Cilia) 일부 진핵세포에서 짧고 털같은 율동적으로 움직이는 돌출부.

섬모충류 (Ciliate) 원생동물 분류학에서 그들의 영양체 단계에서 섬모의 존재라는 특징을 갖는 피하낭류 원생동물의 종류.

성병 (Sexually transmitted disease, STD) 성적 매개 감염으로 인한 질병.

성병 감염 (Sexually transmitted infection, STI) 성행위로 인한 신체에 병원체의 침입.

성병림프육아종 (Lymphogranuloma venereum) *Chlamydia trachomatis* 감염에 의한 성병으로 어떤 경우에 직장염 또는 여성에서는 골반염 질환을 일으킴.

성홍열 (Scarlet fever) A군 *Streptococcus* 감염이 원인인 피부 발진과 붕괴.

세균 (Bacteria) 펩티도글리칸으로 구성된 세포벽을 가지는 원핵미생물. Woese의 분류학에서 세균 rRNA 서열을 가지는 모든 원핵세포를 포함하는 도메인.

세균성 위장염 (Bacterial gastroenteritis) 세균성 병원체에 의한 위장의 점막 염증.

세균성 중독 (Bacterial intoxication) 세균 독소에 의한 식중독.

세대교번 (Alteration of generation) 조류에서 반수성과 배수성 몸체가 교대하는 유성생식 방법.

세포내이입(Endocytosis) 일부 진핵세포에서 사용되는 능동수송으로 위족이 물질을 둘러싸서 세포내로 이동시킴.

세포독성 T 세포 (Cytotoxic T cell) [Tc 세포(*Tc cell*), CD8 세포(*CD8 cell*)] 세포성 면역반응에서 CD8 세포표면 당단백질을 특징으로 하는 세포로 퍼포린(perforin)과 그랜자임(granzyme) 등 감염되거나 비정상세포를 파괴하는 물질을 분비함.

세포막공격복합체 (Membrane attack complexes, MACs) 보체활성의 최종산물로 병원체의 막에 둥근 구멍을 형성함.

세포배양 (Cell culture) 생물로부터 분리되어 배지 표면이나 액체에서 기른 세포. 바이러스는 세포배양에서 자랄 수 있음.

세포성 면역반응 (Cell-mediated immune response) 세포내에 존재하거나 비정상적인 인체의 세포와 싸우는 T 림프구에 의한 면역반응.

세포성 점균류 (Cellular slime mold) 각각의 반수성 점균아메바로 세균, 효모, 대변과 분해되는 식생을 포식함.

세포외배출(Exocytosis) 일부 진핵세포에서 사용되는 능동수송과정으로 소포가 세포막과 융합되어 세포로부터 물질을 배출함.

세포자살 (Apoptosis) 예정된 세포의 자살.

세포질 분열 (Cytokinesis) 세포의 세포질 분열.

소간섭 RNA (Small interfering RNA, siRNA) mRNA 분자, tRNA, 유전자 부분과 상보적인 RNA 분자로서 표적을 무력화시킴.

소단위 백신 (Subunit vaccine) 유전자 재조합 기술을 이용하여 만든 백신의 일종으로 병원체의 항원을 수여자의 면역체계에 노출시키지만 병원체 전체를 노출 시키지 않는 백신.

소독 (Disinfection) 생명이 없는 물체에 대하여 미생물을 저해하거나 죽이는데 사용되는 물리적 또는 화학적 제제를 사용함. 수처리에서 오존, 자외선, 또는 염소처리는 대부분의 미생물을 죽임.

소독제 (Disinfectant) 무생물에서 미생물을 저해하거나 죽이는데 사용되는 물리적 또는 화학적 제제.

소두창 (Variola minor) 치사율이 1% 미만인 덜 심각한 질병의 원인인 천연두바이러스의 변종.

소아마비후 증후군 (Postpolio syndrome) 소아마비 바이러스에 의한 신경 손상의 노화 관련 악화로 인해 근육기능의 손상이 악화됨.

소화성 궤양 (Peptic ulcer) 일반적으로 *Helicobacter pylori* 감염에 의해 발생되는 위 또는 십이지장의 점막의 침식.

속 (Genus) 생물체의 유사한 종(species)의 분류학적 집단화.

속 (Genera) genus(속)의 복수형.

쇼크 (Shock) 혈액 순환의 심각한 장애로 중요장기에 충분한 산소 공급이 이루어지지 않는 상태.

수동면역치료 (Passive immunotherapy) [수동면역(*passive immunization*)] 병원체에 대한 항체를 만들어 이를 환자에게 투여하는 것.

수두 (Chickenpox) [수두(*varicella*)] 열, 불안 및 피부병변이 특징인 매우 감염성이 높은 질병으로 수두대상포진 바이러스(VZV)의 감염이 원인.

수두 (Varicella, Chickenpox) 열, 불안 및 피부병변이 특징인 매우 감염성이 높은 질병으로 수두대상포진 바이러스(VZV)의 감염이 원인.

수두대상포진 바이러스 (Varicella-zoster virus, VZV) 수두와 대상포진의 원인인 바이러스.

수막뇌염 (Meningoencephalitis) 뇌와 그 뇌막의 염증.

수막염 (Meningitis) 세균, 바이러스, 곰팡이, 원생동물 등에 의해서 발생할 수 있는 뇌막의 염증.

수생균류 (Water mold) 필라멘트형 진균과 유사한 진핵성 미생물이지만 미토콘드리아에 관상 크리스타, 셀룰로오스의 세포벽, 두 개의 편모와 진정한 배수성 몸체를 가짐.

수인성 전염 (Waterborne transmission) 물을 통해 병원성 미생물이 확산됨.

수지상 세포 (Dendritic cells) 표피와 점막에 존재하며 병원체를 탐식하는 세포.

숙주 (Host) 공생에서 기생체를 지원하는 기생관계에 있는 일원.

순수배양 (Pure culture) [무균배양(*axenic culture*)] 한 가지 세포만이 들어있는 배지.

슈도모나드 (Pseudomonad) 감마프로테오박테리아 강의 그람-음성, 호기성, 간균으로 탄수화물을 Entner-Doudoroff 및 오탄당 인산 경로로 대사함.

스트렙토그라민 (Streptogramin) 50S 리보솜 소단위에 결합하여 리보솜의 전령 RNA에서의 이동을 막는 항미생물제.

스포로트리쿰증 (Sporotrichosis) 주로 팔과 다리에 제한적인 피하감염; *Sporothrix schenckii*의 감염부위 주위에 병변.

스피로헤타 (Spirochetes) 나선형, 그람-음성 세균 종류로 숙주 조직 내로 뚫고 들어가게 하는 축사를 가짐.

시가 독소 (Shiga toxin) *Shigella dysenteriae*가 분비하는 외독소로 숙주세포에서 단백질 합성을 저지시킴.

시겔라증 (Shigellosis) *Shigella* 4종의 원인으로 인해 발생되는 중증 이질.

시냅스 (Synapse) 면역학에서 세포간의 신호에 연관된 면역계의 세포 간 접점.

식세포 (Phagocytes) 백혈구 등 식세포활동을 하는 세포들.

식세포작용 (Phagocytosis) 고체 등이 세포 안으로 이동한 일종의 세포이물흡수과정.

식중독 (Food intoxication) 미생물 독소의 소비로 인한 식중독의 형태.

식품 소포 (Food vesicle) 고형의 세포내이입 과정에서 형성된 낭으로 일명 엔도솜(endosome) 또는 포식소체(phagosome)라고 함.

식품감염 (Food infection) 살아있는 생물체를 먹는 일종의 음식독성.

식품매개 전파 (Foodborne transmission) 부실하게 공정되었거나, 설익혔거나, 냉장보관이 제대로 이루어지지 않은 음식에 존재하는 병원성 미생물이 전파되는 것.

식품미생물학 (Food microbiology) 식품생산 미생물의 이용과 식품기인성 질환의 예방을 다루는 학문.

신생아용혈성 질환 (Hemolytic disease of newborn) Rh 음성인 산모에서 만들어진 항체가 태반을 통과하여 Rh 양성인 태아의 적혈구를 파괴함으로써 발생하는 질환.

실험역학 (Experimental epidemiology) 질환의 원인에 관해 분석역학으로부터 유추한 가설을 검증.

심내막염 (Endocarditis) 심내막의 잠재적으로 치명적인 염증; 일반적으로 *Staphylococcus aureus*이나 *Streptococcus pneumoniae* 감염에 의해 발생.

쌍구균 (Diplococcus) 구균의 쌍.

아급성 질병 (Subacute disease) 급성과 만성 질병의 중간 정도의 지속력과 중증도를 가지는 질병.

아급성경화범뇌염 (Subacute sclerosing panencephalitis, SSPE) 서서히 진행되는 중추신경계 질병으로 결함이 있는 홍역 백신에 감염이 되고 몇 년 후에 기억상실, 근육수축이 일어나고 사망에 이르는 결과를 가져옴.

아나플라스마증 (Anaplasmosis) [인간과립구 아나플라스마증(*human granulocytic anaplasmosis, HGA*)] *Anaplasma phagocytophilum* 리케차(rickettsia)에 의해 발생하는 진드기 매개질병은 독감과 유사한 증상과 징후를 나타내는데, 이전에는 인간과립구 에르리히증(human granulocytic ehrlichiosis)으로 불림.

아나필락시스 쇼크 (Anaphylactic shock) 염증 매개물의 방출이 신체의 대처기작을 초과했을 때의 상태로 질식, 부종, 불수의근 수축 및 종종 사망의 원인임.

아레나바이러스 (Arenaviruses) 동물매개 질병들의 원인인 분절된 음성 ssRNA 바이러스 군.

아메바 (Amoebae) 위족을 이용하여 이동하고 식세포 활동을 하는 원생동물.

아메바증 (Amebiasis) *Entamoeba histolytica* 감염에 의해 간, 폐, 뇌, 및 다른 장기에 병변의 형성을 유발할 수 있는 경증성 및 중증성 이질.

아미노글리코시드 (Aminoglycoside) 30S 소단위의 모양을 바꿔 단백질 합성을 저해하는 항미생물제.

아보바이러스 (Arboviruses) 절지동물에 의해 전염되는 바이러스로서 여러 바이러스 과(family)를 포함함.

아보바이러스 뇌염 (Arboviral encephalitis) 흡혈 절지동물이 전파하는 바이러스가 원인인 뇌와 뇌막의 염증 .

아스트로바이러스 (Astroviruses) 일반적 어린이 설사의 원인이 되는 작고 둥근 장내바이러스군.

아스페르길루스증 (Aspergillosis) *Aspergillus* 종의 감염에 의한 국소적, 침습성 질환.

아졸 (Azole) 세포막을 파괴하는 항진균 약물 종류.

아프리카 수면병 (African sleeping sickness) *Trypanosoma brucei*를 운반하는 체체파리(tsetse fly)에 물리는 것이 원인이며 사망할 수 있는 질병으로 물린 부위에 병변이 형성되며 뒤이어 기생충혈증(parasitemia)과 중추신경계 침입이 일어남.

아플라톡신 (Aflatoxin) *Aspergillus*에 의해 생성된 발암성 진균 독소.

악성 종양 (Malignant tumor) 주변 조직을 침입할 수 있는 종양 세포의 덩어리로 전이되어 먼 곳의 기관 또는 조직에 종양을 유발할 수 있음.

안구포진 (Ocular herpes) (*ophthalmic herpes*) 눈에 모래가 들어간 느낌인 결막염을 특징으로 하는 질환으로 고통과 잠재 제1형 사람 포진바이러스(human herpesvirus 1)의 특징이 있음.

안티센스 핵산 (Antisense nucleic acid) mRNA 분자에 상보적인 뉴클레오티드 서열을 가진 RNA 또는 단일가닥 DNA로 폴리펩티드의 번역을 제어하는데 사용됨.

알긴산 (Alginic acid) 갈조류의 세포벽 다당류.

알레르겐 (Allergen) 알레르기 반응을 자극하는 항원.

알레르기 (Allergy) 어떤 항원에 대한 즉시형 과민반응.

알레르기 접촉피부염 (Allergic contact dermatitis) 화학적으로 변성된 피부단백질이 세포매개 면역반응을 개시하는 지연과민반응의 종류.

알릴아민 (Allylamines) 세포막을 파괴하는 항진균 약물 종류.

알파인터페론 (Alpha interferons, IFN-α) 바이러스에 의해 감염된 단핵구, 대식세포, 다른 림프구 등이 감염된 후 몇 시간 내에 분비하는 인터페론.

알파프로테오박테리아 (Alphaproteobacteria) 프로테오박테리아 문(phylum)에서 호기성 그람-음성 세균의 강(class)으로 매우 낮은 영양물질 수준에서 자랄 수 있음.

암 (Cancer) 하나 또는 그 이상의 악성 종양이 존재하는 질병.

암시야현미경 (Dark-field microscope) 희미하거나 작은 시료를 연구하는데 사용되는 현미경; 빛은 굴절되어 대물렌즈를 통과하지 못함.

액체희석시험 (Broth dilution test) 최소 저해 농도를 측정하는 시험으로 액체배지가 들어있는 시험관 또는 홈(well) 내의 항미생물제의 연속희석액에 표준화된 양의 세균을 첨가함.

야토병 (Tularemia) *Francisella tularensis* 감염이 원인인 인수공통전염병으로 열, 오한, 불안 및 피로의 원인.

약독화 (Attenuation) 백신의 독성을 감소시키는 과정.

약독화백신 (Attenuated vaccine) 약독화되어 이론적으로는 더 이상 병을 일으킬 수 없는 바이러스; 잔여 독성은 문제를 일으킬 수 있음.

양성 종양 (Benign tumor) 한 장소에 남아있는 종양세포의 덩어리로 일반적으로 해롭지 않음.

양성-가닥 (RNA Positive-strand RNA, +RNA) mRNA로 직접 작용할 수 있는 바이러스의 단일 가닥 RNA.

어루러기 (Pityriasis versicolor) *Malassezia furfur* 감염의 결과로 비늘과 같은 피부에 탈색 또는 과도한 색소 침착된 패치가 특징인 질병.

에르리히증 (Ehrlichiosis) [인간단핵구에르리히증(*human monocytic ehrlichiosis, HME*)] 리케차 균인 *Ehrlichia chaffeensis*가 원인인 진드기 매개질병으로 독감과 같은 징후와 증상을 보인다. 예전에는 현재 아나플라스마증(*anaplamosis*)으로 불리는 인간과립구아나플라스마증(human granulocytic anaplasmosis)으로 고려됨.

에볼라바이러스 (Ebola virus) 사례의 90%에서 치명적인 출혈열을 일으키는 원인인 아프리카의 바이러스.

에어로솔 (Aerosol) 미세 비말로 공중매개전파의 경우는 1 m 이상을 움직이나 비말전파의 경우 1 m 미만을 움직임.

에코바이러스 (Echoviruses) [장내 세포변성 인간고아바이러스(*enteric cytopathic human orphan viruses*)] 바이러스성 뇌막염과 감기의 원인인 장바이러스(enterovirus) 군.

에키노칸딘 (Echinocandin) 세포벽 합성을 저해하는 항진균 약물.

에탐부톨 (Ethambutol) Mycobacteria에 의한 아라비노갈락탄-마이콜산(arabinogalactan-mycolic acid) 생성을 막는 항미생물 약물.

에피토프 (Epitope) [항원결정기(*antigenic determinant*)] 면역체계에 의해 인식되는 항원의 특정 지역의 3차구조적 형태.

엔도솜 (Endosome) 식작용에 의해 섭취된 물질을 함유하는 세포내이입 중에 형성된 주머니.

엔테로바이러스 (Enteroviruses) 분변-경구를 통해 전염되는 피코르나바이러스(picornavirus)군으로서 표적 기관의 다양한 질환의 원인.

엘렉크 시험법 (Elek test) 체액 시료에서 디프테리아 독소의 존재를 검출하기 위해 사용하는 면역확산 검사.

엡실론프로테오박테리아 (Epsilonproteobacteria) 프로테오박테리아 문의 그람-음성 간균, 비브리오 또는 나선균을 포함함.

여드름 (Acne) 흰색 여드름, 검은색 여드름 및 심한 경우에는 낭포가 특징인 피부 질환; 일반적으로 *Propionibacterium acnes* 감염에 의해 발생됨.

역염색 (Counterstain) 그람염색에서 일차염색에 대하여 대비되는 색을 나타내는 붉은색 염색으로, 그람음성 세포는 붉은색을 나타냄.

역전사효소 (Reverse transcriptase) 레트로바이러스에서 RNA 주형에서 dsDNA를 만들 수 있는 복합 효소로서 cDNA을 만드는 재조합 DNA 기술에 사용됨.

역학 (Epidemiology) 사람에서 질병의 발생, 분포, 확산에 대하여 연구하는 학문.

연성하감 (Chancroid) *Haemophilus ducreyi*에 의한 감염 부위에서 연질의 통증성 성병 궤양.

연속 세포 배양 (Continuous cell culture) 종양세포로부터 생성된 세포배양 종류.

연속희석 (Serial dilution) 배양액을 일정한 희석율로 단계적으로 희석하는 방법.

연쇄상구균 (Streptococcus) 구균의 사슬.

연쇄상구균 독성-쇼크 증후군 (Streptococcal toxic-shock syndrome, STSS) *Staphylococcus*의 독성-쇼크 증후군과 유사한 증상으로 *Streptococcus*의 독소에 의해서 생기는 쇼크.

연쇄상구균 인두염 (Streptococcal pharyngitis) [패혈성 인두염(*strep throat*)] 목의 염증을 유발하며 종종 A군 *Streptococcus*에 의해 발생됨.

연수성 회백수염 (Bulbar poliomyelitis) 팔다리와 호흡기 근육 마비가 결과로 나타나는 뇌와 수질의 감염; 폴리오바이러스 감염이 원인.

열 (Calor) 열.

열 (Fever) 37°C 이상의 체온.

열고정 (Heat fixation) in MS, 슬라이드에 도말을 부착시키기 위해 화염을 사용하는 기법.

열대백반피부염(핀타) (Pinta) 스피로헤타인 *Treponema carateum*으로 인해 발생하는 어린이 질병; 단단하고 고름이 찬 병변이 특징.

열성수포 (Fever blisters) [입술포진(*cold sore*)] 고통스럽고 가려운 입술 병변; 제1형 인간 포진바이러스(*human herpesvirus 1*) 감염의 특징.

열수분출공(Hydrothermal vent) 고온의 영양이 풍부한 물을 뿜어내는 심해저대의 배출구.

염기성 염료 (Basic dye) 현미경 관찰에서 산성구조를 염색하는데 사용하는 양이온 색소포. 알칼리 환경에서 가장 효과적으로 작용함.

염분 (Salt) 비금속 원소들과 금속간의 이온결합으로 형성된 결정형 화합물.

염색 (Staining) 염료(*dyes*)라는 염색약으로 현미경 관찰을 위한 시료의 색깔을 나타냄.

영양소 (Nutrient) 미생물의 생장에 요구되는 탄소, 수소 등과 같은 화학물질.

영양체 (Trophozoite) 원생동물의 운동성의 먹이활동 단계.

영역, 도메인 (Domain) Linnaean taxon of Kingdom을 포함하는 Carl Woese에 의해 식별되는 세포의 집단화의 세 가지 기본형.

예방접종 (Immunization) 적응면역반응과 면역 기억을 유발하기 위해 항원을 투여하는 것.

오랜 기원의 세균 (Deeply branching bacteria) rRNA 서열과 생장 특성이 최초의 세균과 유사한 것으로 생각되는 원핵성 독립영양체.

오수조 (Cesspool) 폐기물이 지하에 매립된 다공성 콘크리트 링에 입수되는 가정용 일차 폐수 처리로서 미생물에 의해 소화됨.

오염 (Contamination) 신체나 다른 부위에 미생물이 존재하는 것.

옥사졸리디논 (Oxazolidinone) 그람-양성 세균에서 폴리펩티드 합성의 개시를 막는 항미생물 약물.

옴 (Scabies) 피부를 파고드는 진드기에 의한 피부질환.

옵소닌 (Opsonin) 식세포작용을 증진시키는 항미생물 단백질.

옵소닌화 (Opsonization) 옵소닌이라 불리는 단백질로 병원체를 감싸는 과정을 말함. 이를 통해 병원체가 식세포활동에 의해 쉽게 제거될 수 있도록 함.

와편모충류 (Dinoflagellate) 원생동물 분류학에서 단세포성의 편모를 가지는 피하낭류 원생동물 종류로 광합성 색소를 가짐.

외독소 (Exotoxin) 병원성 세균에 의해 환경으로 분비되는 독소.

외부의료관련감염 (Exogenous healthcare associated infection) 의료시설 환경에서 획득한 병원체에 의한 감염병.

외부항원 (Exogenous antigen) 신체를 구성하는 세포 밖에서 증식되는 미생물이 생산하는 항원.

요스(딸기종)(Yaws) *Treponema pallidum pertenue*가 원인인 피부, 뼈, 림프절의 크고 파괴적이며 통증이 없는 병변.

요추천자 (Spinal tap) [요추천자(*lumbar puncture*)] 진단을 목적으로 낮은 척추 부분으로부터 뇌척수액을 수집.

요충 (Pinworm) *Enterobius vermicularis*의 일반명으로 암컷은 일직선 바늘과 같은 꼬리를 가짐.

용균반 (Plaque) 파아지 유형분석에서 세균이 두껍게 자라난 곳에서 박테리오파아지에 의해 생장이 저해되어 투명한 지역.

용균반 검사 (Plaque assay) 파아지 수를 측정하는 방법으로 각 용균반은 처음 세균/바이러스 혼합물 내의 단일 파아지에 해당됨.

용균성 복제주기 (Lytic replication cycle) 숙주 세포의 용해와 새로운 비리온의 방출로 끝나는 5단계로 구성된 바이러스 복제 과정.

용원성 복제경로 (Lysogenic replication cycle, lysogeny) 박테리오파아지가 세균 세포로 들어가 숙주의 DNA로 삽입하여 불활성화 상태로 남아있는 바이러스 복제 과정. 이 파아지는 숙주 세포가 자신의 염색체를 복제할 때마다 복제됨. 나중에 이 파아지는 염색체에서 빠져나올 수 있음.

용원성 전환 (Lysogenic conversion) 용원성 박테리오파아지의 세균 염색체 내로의 삽입에 의한 표현형의 변화.

용원성 파아지 (Lysogenic phage) 그 숙주세포를 바로 죽이지 않는 박테리오파아지.

용혈열 (Hemorrhagic fever) 열, 피부와 점막 출혈, 저혈압, 쇼크가 특징인 바이러스 증후군.

운동핵편모충류 (Kinetoplastid) 운동핵(kinetoplast)이라는 정단 부위의 미토콘드리아 DNA를 함유한 하나의 큰 미토콘드리아를 가진 유글레노조아류의 원생동물.

울타리형 (Palisade) 세포 형태에서 간균의 접힌 배열.

원생동물 (Protozoa) 세포벽이 없으며 영양요구와 구조가 동물과 유사한 단세포 진핵생물.

원자력현미경 (Atomic force microscope, AFM) 시료의 표면을 횡단하기 위해서 뾰족한 탐침을 사용하는 탐침현미경의 한 종류. 레이저빔은 탐침의 수직운동을 감지하며, 컴퓨터로 그 시료의 원자간 토포그래피(topography)를 나타내도록 변환함.

원핵생물 (Prokaryote) 핵이 없는 단세포성 미생물. 세균과 고균이 있음.

위막성 대장염 (Pseudomembranous colitis) 결합조직 및 죽은 세포로 이루어진 막에 의해 덮인 결장염으로 항생제 관련 설사가 지속됨.

위상차현미경 (Phase-contrast microscope) 뚜렷하게 구분되는 상을 생성하는 위상현미경의 한 종류로 살아있는 세포에서 미세구조를 볼 수 있음.

위상현미경 (Phase microscope) 살아있는 미생물이나 손상되기 쉬운 시료를 관찰하는데 사용되는 현미경.

위장염 (Gastroenteritis) 위와 장의 점막의 염증.

위족 (Pseudopods) 일부 진핵세포에서 세포질과 막의 운동성 확장기.

유공충 (Foraminifera) 장갑을 두른 해양 아메바 종류.

유글레나류 (Euglenids) 먹이를 파라밀론(paramylon)으로 저장하고 세포벽이 없으며 양성 주광성에 사용하는 안점을 가진 원생동물.

유도 (Induction) 바이러스학에서 숙주 염색체에서 프로파아지의 절단으로 프로파아지의 용균 과정이 시작됨.

유두종 (Papilloma) [사마귀(*wart*)] 피부 표피 또는 점막의 양성 성장.

유전자치료 (Gene therapy) 사람세포에서 누락된 유전자를 삽입하거나 결손유전자를 수선하기 위하여 사용되는 DNA 기술.

유전체 (Genome) 세포나 바이러스가 가지는 모든 유전물질.

유전체학 (Genomics) 유전체의 서열, 분석, 비교를 다루는 학문.

유전학 (Genetics) 생물체의 유전물질에서 발현되는 유전과 유전적 특성에 대하여 연구하는 학문.

유전형 (Genotype) 생물체의 유전체에서 유전자의 실제세트.

유주대식세포 (Wandering macrophage) 피를 혈구누출 기전을 통해 빠져나와 멀리 있는 감염된 장소로 이동하는 대식세포.

유출 펌프 (Efflux pump) 세포 또는 주변세포질로부터 항미생물 약물을 제거하는 막 관통 펌프.

유행병 (Epidemic) 역학에서 주어진 지역이나 인구에게 일반적으로 발생하는 것 보다 더 높은 빈도로 발생하는 병.

유행 (Prevalence) 역학에서 특정기간동안 특정 지역과 인구에서 발생하는 한 질환의 총수.

육즙 (배양액) (Broth) 미생물을 배양하는데 사용하는 영양이 풍부한 액체배지.

융합체(합포체) (Syncytium) 바이러스에 감염된 세포가 인접 세포들과 융합하여 만들어진 거대한 다핵체의 세포질 덩어리.

음성-가닥 (Negative-strand RNA) 바이러스 RNA 중합효소에 의해 +ssRNA 유전체로부터 전사되는 바이러스의 단일-가닥 RNA.

음성염색 (Negative stain) [캡슐염색(*capsule stain*)] 현미경 관찰에서 세균의 캡슐을 주로 보는데 사용되는 염색기법으로 산성염료를 처리함에 따라 시료는 무색이며 배경은 염색됨

음세포작용 (Pinocytosis) 액체가 세포 내로 이동하는 세포내 섭취의 한 형태.

음이온 (Anion) 음성 전하를 가지는 이온.

응집 (Agglutination) 혈청학에서 항혈청이 그 표적항원을 잠재적으로 포함하는 시료와 혼합되는 과정.

응집 (Flocculation) 물에 명반(황산 알루미늄 칼륨)을 첨가하여 입자와 미생물의 침전물을 형성시키는 물처리 과정.

의인감염 (의사감염) (Iatrogenic infections) 원내감염의 한 부류로 의사의 진료, 수술과 같은 처치 등이 직접적인 원인이 되는 감염.

이 (Louse) (복수는 lice) 흡혈 또는 무는 기생성 곤충으로 일부 세균 병원체를 매개.

이-매개재귀열 (Louse-borne relapsing fever) *Pediculus humanus* (이)에 의해 사람들 간에 전파되는 *Borrelia recurrentis*에 의한 질병.

이명법 (Binomial nomenclature) 린네의 분류체계에서 사용되는 분류방법으로 속명과 종소명(specific epithet)을 각 종에 부여함.

이뮤노필린 (Immunophilins) 사이클로스포린과 같이 T 세포의 기능을 억제하는 면역억제제.

이분법 (Binary fission) 원핵생물에서 가장 흔한 무성생식 방법으로 후손의 형성에 따라 모세포는 사라짐.

이분식 검색표 (Dichotomous key) 두 개의 사실이 배열된 정보가운데 어떤 특정 생물체에 대하여 한가지만을 적용하는 생물체 분류방법.

이소니아지드 (Isoniazid, INH) mycobacteria에 의해 생성되는 아라비노갈락탄-마이콜산(arabinogalactan-mycolic acid)의 형성을 저해하는 항미생물제제.

이식 (Graft) 조직이나 장기를 새로운 부위로 옮기는 것.

이식거부 (Graft rejection) 증여된 조직이나 장기가 수여자에 의해 이식 거부되는 것.

이식편대 숙주질환 (Graft-versus-host disease) 증여된 골수세포가 수여자 세포에 대하여 면역반응을 일으킴으로서 생기는 질병.

이염과립 (Metachromatic granule) 인산염을 저장하며 세포질의 나머지와 다르게 염색되는 Corynebacteria의 봉입체.

이온화방사선 (Ionizing radiation) 1 nm보다 작은 파장을 갖는 방사선의 형태로서 원자에서 전자를 방출하여 이온을 생성하기에 충분한 에너지를 가짐.

이종이식 (Xenograft) 다른 종에 속한 개체 간에 조직이 이식되는 형태.

이종이식 (Xenotransplant) 재조합 DNA 기술을 이용하여 인간의 유전자를 동물에 삽입하여 인간에게 사용할 수 있는 세포, 조직 또는 장기를 만드는 기술.

이질 (Dysentery) 자주 혈액과 점액을 포함한 대변을 갖는 설사가 특징인 병.

이차 면역반응 (Secondary immune response) 한 항원에 두 번째로 접촉한 후에 나타나는 증진된 면역반응.

이형세포 (Heterocyst) 남세균의 두꺼운 벽으로 된 비광합성 세포로 질소를 환원시킴.

이형태성 (Dimorphic) 두 가지 형태를 가짐. 예를 들면 이형태성 진균은 효모와 사상균 모양을 둘 다 가짐.

인간 T-림프친화바이러스 (Human T-lymphotropic viruses) 림프구암과 연관된 종양레트로바이러스군.

인간면역결핍바이러스 (Human immunodeficiency viruses) 면역체계를 파괴하는 레트로바이러스.

인간포진바이러스 (Human herpesviruses) 포진, 수두, 단핵구증 및 장미진을 포함하여 서서히 진행되는 질병인 피부 병변의 원인인 인간 바이러스 군.

인공획득수동면역 (Artificially acquired passive immunity) 주사를 통해 환자 항독소 또는 항혈청 내에 미리 형성된 항체를 받는 치료로 방울뱀 독소와 같이 빠르게 작용하고 잠재적으로 치명적인 항원을 파괴할 수 있음.

인두염 (Pharyngitis) [패혈성 인두염(strep throat)] A군 *Streptococcus*의 감염에 의해 발생되는 인두염.

인수공통전염병 (Zoonoses) 대개 동물 숙주에서 인간에게 자연적으로 확산되는 질병.

인터루킨 (Interleukins, ILs) 백혈구사이에 신호를 전달하는 면역체계의 사이토카인

인터페론 (Interferones, IFNs) 바이러스 감염의 확산을 억제하는 단백질.

인플루엔자 (Influenza) [플루, 독감(*flu*)] 오르토믹소바이러스(orthomyxovirus)의 두 가지 종으로 인한 감염질환으로 발열, 권태감, 두통, 근육통이 특징이고 치명적일 수 있음.

일차 비정형 폐렴 (Primary atypical pneumoniae) 몇 주 동안 지속되는 가벼운 호흡기 증상을 특징으로 하는 보행성 폐렴으로 *Mycoplasma*의 감염에 의해 발생.

일차 아메바성 수막뇌병증 (Primary amebic meningoencephalopathy) 자주 사망에 이르는 뇌의 치명적인 염증으로 두통, 구토, 열 및 신경조직 파괴가 특징; *Naegleria* 또는 *Acanthamoeba* 감염이 원인.

일차면역결핍증 (Primary immunodeficiency disease) 출생 직후에 탐지가 가능한 질병 군으로 유전적 또는 발생적 결여의 결과.

일차염색 (Primary stain) 염색에서 모든 세포에 대하여 색깔을 나타내게 하는 초기염색제.

임상시료 (Clinical specimen) 미생물의 존재를 조사하거나 시험하는 분변에나 혈액과 같은 사람에서 유래하는 물질 샘플.

임상실험과학자 (Clinical laboratory scientist) 적어도 학사학위를 가진 건강관리와 관련한 미생물학적 실험방법에서의 전문가.

임질 (Gonorrhea) *Neisseria gonorrhoeae* 감염에 의한 성병.

입술포진 (Cold sore) 포진바이러스의 입술 병변의 일반적인 이름.

자가면역 용혈성빈혈 (Autoimmune hemolytic anemia) 개인이 자신의 적혈구에 대항하는 항체를 생산하는 결과로 나타나는 질환.

자가면역질환 (Autoimmune disease) 어떤 개인이 신체의 정상적인 요소들에 대한 자가항체나 세포독성 T 세포를 만들 때 생겨나는 다양한 질병.

자가이식 (Autograft) 일종의 조직이식으로 동일 환자에서 다른 부위로 조직을 이식하는 행위.

자가항원 (Autoantigen) 정상 세포표면에 존재하는 항원.

자낭 (Ascus) 자낭균문의 진균에서 반수성 자낭포자가 만들어지고 방출되는 주머니.

자낭균문 (Ascomycota) 자낭이라는 주머니 안에 반수성 자낭포자를 형성하는 특징의 진균 문.

자낭포자 (Ascospore) 자낭균류의 반수성 발아 구조.

자색 유황 세균 (Purple sulfur bacteria) 절대 혐기성이며 황화수소를 유황으로 산화시키는 감마프로테오박테리아 종류.

자연발생 (Spontaneous generation) 생물이 무생물에서 생겨난다는 이론.

자연살해 림프구 [Natural killer (NK) lymphocyte] 바이러스에 의한 감염된 세포나 암세포의 표면으로 독신을 분비한 선천면역의 방어적인 백혈구의 하나.

자연획득 능동면역 (Naturally acquired active immunity) 신체가 특정 면역반응을 유발하여 항원에 대해 반응함으로써 발생하는 면역능.

자연획득 수동면역 (Naturally acquired passive immunity) 태아나 신생아 또는 어린아이가 태반을 통과하거나 젖 속에 포함되어 있는 항체를 받음으로 해서 발생하는 면역능.

자웅동주 (Monoecious) 한 개체가 수컷과 암컷 생식기를 모두 갖는 것.

자웅이주 (Dioecious) 수컷 및 암컷 생식기가 다른 개체에 존재하는 것.

작용 범위 (Spectrum of action) 한 약물이 작용하는 다른 병원체 종류의 수.

잠복 (Latency) 바이러스학에서 동물바이러스가 종종 세포의 염색체 내로 들어가지 않고 수년까지도 세포에서 불활성 상태로 남아있는 과정.

잠복기 (Incubation period) 감염성 질환의 한 단계로 감염시기와 병의 최초 증세나 징후가 발생하는 시기 간의 기간. 실험실 배양에서 배양접시에 시료를 넣을 때와 군집이 발생하는 시간 사이의 기간.

잠복성 바이러스 (Latent virus) [프로바이러스(*provirus*)] 숙주세포에서 불활성 상태로 남아있는 동물바이러스.

잠재성 파아지 (Temperate phage, Lysogenic phage) 그 숙주세포를 바로 죽이지 않는 박테리오파아지.

잠재성 패열증 (Occult septicemia) 혈액에 존재하여 질병의 원인이 되는 미동정 세균성 병원체에 의한 상태.

장내세균과 (Enterobacteriaceae) [장내세균(*enteric bacteria*)] 병원성이 될 수 있는 산화 효소 음성, 그람음성 세균 과(family).

장미진 (Roseola) 갑작스런 열, 인후염, 비대해진 림프절과 연분홍색 발진이 특징인 어린이 풍토병; 제6형 인간포진바이러스(human herpesvirus 6) 감염이 원인.

장티푸스 (Typhoid fever) *Salmonella enterica* serotypes Typhi 및 Paratyphi 감염에 의해 생성되는 발열, 두통 및 불쾌감을 일으키는 질환으로 심각한 감염은 복막염을 일으킬 수 있음.

재조합 백신 (Recombinant vaccine) 유전자 재조합 기술을 이용하여 생산한 백신.

저온살균법 (Pasteurization) 식품과 음료에서 열을 사용하여 병원균을 죽이거나 부패에 관여하는 미생물을 줄이는 멸균법.

저해대 (Zone of inhibition) 확산 감수성 시험에서 약물에 적신 디스크 주위에 미생물이 자라나지 못한 투명환.

적응면역 (Adaptive immunity) 병원체에 저항이 동일한 병원체의 연속된 감염에 더 효과적으로 작용.

적정 (Titration) 응고활성을 조사하기 위해 혈청을 순차적으로 희석하는 것.

적조 (Red tide) 해수에서 붉은 색소를 갖는 와편모충류의 번성.

적혈구 (Erythrocyte) 적혈구.

적혈구내 발육주기 (Erythrocytic cycle) *Plasmodium*의 생활사에서 낭충(merozoite)이 감염하여 적혈구를 용해하는 단계.

적혈구외 발육주기 (Exoerythrocytic phase) *Plasmodium*의 생활사에서 감염모기가 포자 소체(sporozoites)를 혈액으로 주입하는 단계.

전구주기 (Prodromal period) 감염성 질병 과정에서 질병에 선행하는 일반적이고 약한 증상의 짧은 단계.

전기 (Prophase) 체세포분열의 첫 단계로 DNA가 염색분체로 응축되며 방추체가 형성됨. 감수분열의 유사한 단계를 위해서도 이용됨.

전신질환 (Systemic diseases) 혈액이나 림프를 통해 미생물이 전신으로 확산되는 질병.

전신홍반성 낭창 (Systemic lupus erythematosus) [낭창(*lupus*)] 핵산을 포함하는 다양한 자가항원에 대한 자가항체를 형성하는 자가면역질환.

전염병 (Communicable disease) 다른 숙주로부터 직간접적으로 쉽게 옮기는 감염성 질병.

전염병 (Contagious disease) 보균체나 환자로부터 쉽게 전파되는 전염병.

전염성 단핵구증 (Infectious mononucleosis) [모노(*mono*)] 목의 통증, 발열, 피로감, 비장과 간비대가 특징인 질환; 엡스타인 바(Epstein-Barr) 바이러스의 감염으로 발생.

전염성홍반 (Erythema infectiosum) [제5병, 감염홍반(*fifth disease*)] 어린이에게 발생하는 무해한 붉은 반점으로 B19 바이러스가 원인.

전이 (Metastasis) 떨어져 있는 기관이나 조직에서 새로운 종양을 만드는 악성 종양세포의 전파.

전자 (Electron) 음성 전하를 가지는 아원자 입자.

절지동물 매개체 (Arthropod vector) 분절된 몸체, 외골격과 관절화된 다리를 가지는 동물로 병원체를 운반하며 진드기, 집먼지 진드기, 벼룩, 파리와 반시류 곤충을 포함함.

절지동물 (Arthropod) 거미류와 곤충을 포함하여 체절, 외골격, 마디가 있는 다리를 가지는 동물.

점균류 (Slime mold) 필라멘트성 진균과 유사하지만 세포벽이 없고 영양분의 흡수 대신 식세포작용을 하는 진핵미생물.

점상출혈 (Petechiae) 피하 출혈.

점액세균 (Myxobacteria) 그람-음성, 호기성, 토양-서식 세균으로 저항성 있는 점액포자를 함유하는 자실체로의 분화 단계를 포함하는 독특한 생활사를 가짐.

접종 (Inoculum) 미생물 시료.

접촉면역 (Contact immunity) 약독화된 백신으로 접종한 개인과 접촉한 후에 접종을 받지 않은 개인이 얻게 되는 면역능.

접합균문 (Zygomycota) 접합균류라 부르는 다핵성 사상균을 포함하는 진균의 문.

접합균증 (Zygomycoses) 접합균문(Zygomycota)에서 분류된 다양한 진균류의 속에 의한 기회성 진균감염.

접합자 (Zygote) 유성생식에서 배우자의 접합에 의해 형성되는 배수성 세포.

접합포자 (Zygospores) 접합포자낭 내에 존재하는 핵에서 생성되는 반수체 포자.

접합포자낭 (Zygosporangia) 접합균류의 검은 두터운 벽의 유성생식 구조로 건조와 기타 나쁜 환경 조건에 견딜 수 있음.

정상 미생물총 (Normal microbiota) 정상적으로 질병을 일으키지 않고 인체의 표면에 정착하는 미생물로 상주 또는 일시적으로 존재함.

제3형 분비계 (Type III secretion systems) 세균 독소 또는 효소의 분비를 위한 통로를 형성하여 표적세포로 삽입하는 복합 단백질 구조.

조류 (Algae) 간단한 생식구조를 가지는 단세포 또는 다세포성의 광합성 진핵생물체.

조립 (Assembly) 바이러스학에서 용균 복제경로의 네 번째 단계로 숙주세포 내에서 새로운 비리온이 조립됨.

조절 T 세포 (Regulatory T cell) [Tr 세포(*Tr cell*), 억제 T 세포(*suppressor T cell*)] 흉선에서 성숙되는 림프구로 적응면역반응을 억제하고 자가면역 질병을 예방함.

종 (Species) 계속해서 상호교배가 가능한 생물체의 분류학적 범주.

종 (Spp.) 한 가지 속(genus)에 포함된 몇 가지 종(species)을 나타내는 데 사용되는 약어.

종기 (Carbuncle) 아래에 있는 조직까지 확장된 여러 개의 등창이 모여서 형성; *Staphylococcus aureus*의 감염이 원인.

종소명 (Specific epithet) 분류학에서 종의 기재명의 후자부분.

종양 (Tumor) 암의 병리학에서 신생 세포의 덩어리. 염증에서는 붓는 증상(부종).

종양 형성 (Neoplasia) 다세포성 동물에서 제어되지 않는 세포분열.

종양괴사인자 (Tumer necrosis factor, TNF) 암세포를 죽이거나 면역반응과 염증을 조절하기 위해 대식세포와 T 세포가 분비하는 면역계 사이토카인.

주사전자현미경 (Scanning electron microscope, SEM) 진공관내의 자기장에서 금속으로 코팅된 시료표면을 전자빔으로 스캔을 하여 사용하는 전자현미경.

주사터널링현미경 (Scanning tunneling microscope, STM) 금속탐침이 시료의 표면을 통과하는 위상현미경의 한 종류로서 표면의 세부적인 것들을 원자수준에서 나타나게 함.

주조직적합복합체 (Major histocompatibility complex, MHC) 인간 염색체 6번에 존재하는 유전자의 집단으로 주조직적합항원이라 불리는 세포막의 당단백질의 유전정보를 보유함.

주혈흡충증 (Schistosomiasis) *Schistosoma* 속의 주혈흡충의 감염이 원인이며 사망할 수 있는 질병; 간, 폐, 뇌 및 다른 기관 내의 조직 손상 가능성.

주화성 (Chemotaxis) 화학적 자극에 반응하여 세포가 이동하는 것.

주화성 인자 (Chemotactic factors) 보체나 사이토카인으로부터 유래된 펩티드와 같은 세포를 끌어들이는 화학물질.

줄기세포 (Stem cells) 분열하여 다양한 종류의 딸세포를 생성할 수 있는 생산적인 세포.

중간숙주 (Intermediate host) 기생충의 생활사에서 다양한 성숙단계를 경험하며 기생충의 미성숙한 형태가 있는 숙주.

중기 (Metaphase) 체세포분열의 두 번째 단계로 염색체가 일렬로 늘어서고 방추체의 미세소관에 붙음. 감수분열의 유사한 단계도 지칭함.

중독 (세균성) (Intoxication) (bacterial) 세균 독소에 의해 발생하는 식중독.

중복감염 (Superinfection) B형 간염바이러스에 감염된 환자가 곧 이어 D형 간염바이러스에 감염된 상태.

중이염 (Otitis media) *Streptococcus pneumoniae*에 의한 중이의 염증.

중증급성호흡기증후군 (Severe acute respiratory syndrome, SARS) SARS 바이러스라는 코로나바이러스에 의한 감염의 증상.

중증복합면역결핍병 (Severe combined immunodeficiency disease, SCID) T 세포와 B 세포 모두에 영향을 주는 어린이의 일차 면역결핍증으로 재발성 감염의 원인.

중화 (Neutralization) 독소나 병원체의 흡착을 봉쇄하는 항체의 기능.

중화시험 (Neutralization test) 항체가 독소나 병원체의 생물학적 기능을 중화할 수 있는 능력을 조사하는 면역학적 시험법.

증상 (Symptoms) 환자만이 느낄 수 있는 질병의 주관적 특성.

증식 (Vegetations) 심내막염에서 세균을 둘러싸거나 혈소판과 응고된 단백질 덩어리.

증원생식 (Schizogony) 특별한 종류의 무성생식으로 원생동물 *Plasmodium*이 여러 번의 체세포분열로 다핵성 분열체를 형성함.

증후군 (Syndrome) 비정상상태를 전반적으로 특징적으로 나타내는 일련의 징후, 증상, 질병.

지아르디아증 (Giardiasis) *Giardia intestinalis*의 낭종의 섭취로 인해 발생하는 경증, 중증의 위장 질환.

지연형 과민반응 (Delayed hypersensitivity reaction, type IV hypersensitivity) 최고조의 반응을 보이기까지 24-72시간이 걸리는 T 세포 매개의 염증반응.

지의류 (Lichen) 남세균 또는 녹조류 같은 광영양성 미생물과 협력관계로 사는 진균으로 구성된 생물.

지표사례 (Index case) 역학에서 특정지역이나 인구에서 관찰된 최초의 질환

지표생물(Indicator organism) 분변에 의한 잠재적인 오염을 나타내는 환경에서 발견되는 분변성 미생물.

직접 항체검사 (Direct antibody test) 항원의 존재를 직접적으로 관찰하게 하는 면역조사법.

직접 형광항체검사 (Direct fluorescent antibody test) 표지된 항체로 처리된 조직의 항원의 존재를 직접 관찰하는 면역조사법.

직접접촉전파 (Direct contact transmission) 숙주간의 신체접촉으로 인해 한쪽의 숙주에서 다른 숙주로 감염체가 이동하는 것.

진균 (Fungi) 진핵생물로 세포벽을 가지며 다른 생물로부터 먹이를 얻음.

진균독소 (Mycotoxins) 진균에 의해 생성되고 사람에 독성을 나타내는 이차대사산물.

진균중독증 (Mycotoxicosis) 진균 독소에 오염된 음식을 섭취해서 걸리는 중독증.

진균증 (Mycoses) 진균성 질병.

진균학 (Mycology) 진균류에 대하여 과학적으로 연구하는 학문.

진드기 (Tick) 흡혈 거미류로 여러 세균과 바이러스 병원체를 매개함.

진드기 매개 회귀열 (Tickborne relapsing fever) 연진드기에 의해 인간 사이에 전파되는 *Borrelia* spp.에 의한 질병.

진피 (Dermis) 표피 깊숙이 있는 피부층으로 모낭, 샘(gland) 및 신경말단을 포함함.

진핵생물 (Eukarya) Woese의 분류학에서 모든 진핵세포를 포함하는 도메인.

진핵세포 (Eukaryote) 특징적인 막으로 둘러 쌓인 유전물질로 구성된 핵을 포함하는 세포로 만들어진 생물체. 동물, 식물, 조류, 진균, 원생동물이 포함됨.

진행성다병소성백질뇌증 (Progressive multifocal leukoencephalopathy) JC 바이러스 (폴리오마바이러스)가 중추신경계 세포를 죽이는 치명적인 진행성 질병.

질병 (Disease) 정상 신체기능을 방해하기에 충분히 심각하게 불리한 내부 상태.

질병 (Illness) 감염성 질환의 전개과정에서 징후와 증세가 가장 명백하게 나타나는 가장 심한 단계.

질병과정 (Disease process) 오염과 감염에 따라 질병이 일어나는 명확한 순서.

질병의 배종설 (Germ theory of disease) 미생물이 질병을 일으킨다는 1857년에 Pasteur에 의해 마련된 가설.

질산화 (Nitrification) 암모니아 같은 환원된 질소화합물을 식물에 보다 이용가능한 질산염으로 세균이 전환하는 과정.

질산화세균 (Nitrifying bacteria) 질소 화합물의 산화로부터 전자를 얻는 화학독립영양성 세균.

질소 고정 (Nitrogen fixation) 대기 질소의 암모니아로의 전환.

질증 (Vaginosis) 질의 비염증성 감염.

집단면역 (Herd immunity) 대부분의 사람들이 병원체에 저항적이므로 병원체가 쉽게 퍼지지 못함으로 인해 인구를 병으로부터 보호하는 면역.

집락형성단위 (Colony-forming unit, CFU) 하나의 군집을 형성하는 세포 하나 또는 관련 세포군.

집먼지 진드기 (Mite) 털진드기병 원인인 *Orientia*를 매개하는 작은 거미류.

징후 (Signs) 병리학에서 객관적으로 확인할 수 있는 질병의 소견.

차별간섭대비 현미경 (Differential interference contrast microscope) 빛살(light beam)을 분산시키기 위해 프리즘으로 사용하는 위상현미경의 한 종류로서 3차원의 상을 보여줌.

참노린재류 (Kissing bug) 구강 혈관을 선호하는 것처럼 보이는 Reduviidae 과의 흡혈곤충.

참호열 (Trench fever) 1차 세계대전 군인들 사이 일반적인 질병; *Bartonella quintana* 세균에 의해 발생됨.

천식 (Asthma) 폐에 영향을 미치는 과민반응으로 기관지 협착 및 점액 과다생산의 특징이 있음.

천연두 (Smallpox) 1980년까지 자연에서 박멸된 감염성 질병으로 고열, 불안, 섬망증(delirium), 농포가 특징으로 치료받지 않으면 약 20% 치사율.

천해대(Littoral zone) 민물이나 해수의 해안지역.

첨형 콘딜로마 (Condyloma acuminata) 파필로마바이러스(papillomavirus) 감염에 의한 크고 콜리플라워와 같은 음부 사마귀.

체세포분열 (Mitosis) 진핵세포의 핵분열로 두 개의 핵이 본래와 같은 배수성을 유지함.

체액성 면역반응 (Humoral immune response) [항체성 면역반응(*antibody immune response*)] B 림프구와 항체가 중심이 되는 면역반응.

체액전파 (Bodily fluid transmission) 혈액, 소변, 타액, 또는 다른 체액을 통한 병원성 미생물의 전파.

체외진단 (Xenodiagnosis) 샤가스병을 진단하는 방법으로 감염되지 않은 침노린재 *Triatoma*를 환자에게 먹임. 이후에 트리파노솜들이 동물의 장에 존재하면 환자는 감염되었다는 의미.

초호열성생물 (Hyperthermophile) 80°C 이상의 온도를 요구하는 미생물.

촌충 (Tapeworms) [촌충(*cestodes*)] 길고 평면의 분절형 기생충.

촌충류 (Cestodes) 소화기계가 없고 길고 납작한 분절형 기생충 군 .

총배율 (Total magnification) 복합현미경의 대물렌즈와 대안렌즈가 가지는 배율의 곱.

최소 살세균 농도 (MBC) 시험 [Minimum bactericidal concentration (MBC) test] MIC 시험의 연장으로 투명한 MIC 시험관의 시료를 약물이 없는 생장 배지가 있는 평판으로 옮기고 세균 증식을 관찰함.

최소 저해 농도 (Minimum inhibitory concentration, MIC) 병원체를 저해하는 약물의 최소량.

최종숙주 (Definitive host) 기생충의 생활사에서 기생충이 성숙하고 종종 성적 형태가 존재하고 대개는 생식을 하는 숙주.

축사 (Axial filament) 세포형태에서 스피로헤타가 배지에서 나선모양으로 회전하도록 하는 회전 내부 편모로 구성된 구조.

출구통로 (Portal of exit) 코, 입 , 요도와 같이 병원성미생물이 방출되는 장소.

출아법 (Budding) 원핵생물과 효모에서 모세포에서 자라난 부위가 유전물질의 사본을 가지며 커지고 떨어지는 생식과정. 바이러스학에서는 숙주의 세포막을 통한 피막성 비리온의 분출.

충치 (Caries) [충치(*cavities*)] 비리단스 스트렙토코커스와 기타 세균에 의해서 일어나는 치아부식.

치은염 (Gingivitis) 잇몸의 염증.

치주병 (Periodontal disease) 치아를 둘러싸고 지지하는 조직의 염증 및 감염.

침입구 (Portal of entry) 피부, 점막, 태반 등 병원성 미생물이 침입하는 부위.

침투 (Entry) 바이러스학에서 용균 복제경로의 두 번째 단계로 비리온 또는 그 유전체가 숙주 세포로 들어감.

카라지난 (Carrageenan) 홍조류에서 분리되고 농화제로 이용하는 젤 같은 다당류.

카타르 단계 (Catarrhal phase) 백일해에서 1–2주 지속되는 초기 단계로 일반 감기와 징후와 증상이 유사한 것이 특징.

칸디다증 (Candidiasis) *Candida* 종의 감염이 원인인 여러 가지 기회성 질병에 대한 용어.

칼리시바이러스 (Calicivirus) 설사, 메스꺼움, 구토의 원인인 작고 둥근 장내 바이러스군.

캔딘 (Candin) 세포벽 합성을 저해하는 항진균제.

캡소머 (Capsomere) 캡시드의 단백질성 소단위.

캡슐 (Capsule) 세포표면에 단단히 부착된 유기화합물의 반복단위로 구성된 당질층(glycocalyx).

캡슐염색 (Capsule stain) [음성염색(*negative stain*)] 현미경 관찰에서 일차적으로 세균의 캡슐을 관찰하고, 산성염료를 사용하여 염색되지 않은 시료와 염색된 배경을 관찰하는데 사용되는 염색기법.

캡시드 (Capsid) 비리온의 핵산을 둘러싼 단백질 외피.

케모카인 (Chemokine) 백혈구에게 염증이 일어났거나 감염된 부위로 움직이도록 신호를 주고 다른 백혈구를 활성화하는 사이토카인.

코끼리피부병(상피병) (Elephantiasis) *Wuchereria bancrofti*의 감염으로 림프가 축적되는 하반신 조직의 비대 및 경화.

코로나바이러스 (Coronaviruses) 감기뿐 만 아니라 중증급성호흡기증후군의 원인으로 외피 ssRNA 바이러스군.

코로나바이러스 호흡기 증후군 (Coronavirus respiratory syndrome) 코로나바이러스 SARS 바이러스와 MERS 바이러스로 인한 중증 호흡기 질환.

코로나바이러스 호흡기 증후군 (Coronavirus respiratory syndrome) 코로나바이러스(coronavirus)인 SARS 바이러스와 MERS 바이러스로 인해 발생하는 중증호흡기질환.

코오드인자 (Cord factor) 딸세포 가닥을 생산하는 병원성 *Mycobacterium tuberculosis*의 세포벽 성분으로 호중구의 이동을 억제하며 신체세포에 독성을 나타냄.

코플릭 반점 (Koplik's spots) 홍역의 특징인 입 병변.

콕사키바이러스 (Coxsackieviruses) 미열과 감기에서 심근염 및 심장마비에 이르는 인간의 다양한 질병의 원인이 되는 장 바이러스(enterovirus) 군.

콕시디오이데스진균증 (Coccidioidomycosis) 미국 남서부에서 발견된 폐 질환으로 *Coccidioides immitis* 감염에 의해 발생.

콘덴서렌즈 (Condenser lens) 복합현미경에서 빛이 시료 뿐만 아니라, 경로를 굴절시키는 한 개 이상의 거울을 통과하도록 하는 렌즈.

콜레라 (Cholera) *Vibrio cholerae*에 오염된 음식과 물의 섭취로 발생된 질병으로 오염 및 구토, 설사의 특징이 있음.

콜레라 독소 (Cholera toxin) *Vibrio cholerae*에 의해 생성된 외독소로 장 상피세포에서 탈수를 일으킴.

콜로라도 진드기열 (Colorado tick fever) 콜티바이러스(*Coltivirus*)에 의한 인수공통전염병으로 일반적으로 미열과 오한이 특징임.

크루프 (상기도막힘증) (Croup) 후두, 기도 및 기관지의 염증과 부종으로 대개 파라인플루엔자 감염 및 드물게는 다른 호흡기 바이러스 감염이 원인인 "물개-짖는" 소리를 내는 기침.

크립토스포리디아장염 (Cryptosporidium enteritis) [크립토스포리디아증 (*cryptosporidiosis*)] *Cryptosporidium parvum*의 감염이 원인인 위장관 질병; 인간에게 설사, 수액 손실, 체중 감소가 특징; HIV 양성 환자에게 치명적일 수 있음.

크립토스포리디아증 (Cryptosporidiosis) (*Cryptosporidium enteritis*) *Cryptosporidium parvum*의 감염이 원인인 위장관 질병; 인간에게 설사, 수액 손실, 체중 감소가 특징; HIV 양성 환자에게 치명적일 수 있음.

크립토스포리디움 장염 (*Cryptosporidium* enteritis) [크립토스포리디아증 (*cryptosporidiosis*)] *Cryptosporidium parvum*의 감염이 원인인 위장관 질병; 인간에게 설사, 수액 손실, 체중 감소가 특징; HIV 양성 환자에게 치명적일 수 있음.

크립토코쿠스증 (Cryptococcosis) 이형태성 진균인 *Cryptococcus*에 의한 질병; 대개 뇌막염으로 나타남.

클라미디아 (Chlamydia) 작은 그람-음성 병원성 구균으로 포유류, 조류와 소수의 무척추동물의 세포 내에서만 자라고 증식하며 기본소체로 전파됨.

클로람페니콜 (Chloramphenicol) 50S 소단위의 효소 부위를 막아 폴리펩티드 합성을 저해하는 항미생물제.

클론결손 (Clonal deletion) 세포사멸을 통해 자기항원에 반응하는 수용체를 가진 세포들을 선택적으로 죽이는 과정.

클론선택 (Clonal selection) 항체 면역에서 특정 항원결정부위에 부합되는 BCR을 가진 B 림프구를 인식하고 활성화하는 과정.

클론확장 (Clonal expansion) 면역학에서 활성화된 림프구의 복제.

키틴 (Chitin) 강하고 유연한 질소성 다당류로 진균의 세포벽 및 곤충과 기타 절지동물의 외골격에 존재함.

탄저병 (Anthrax) 적극적으로 치료하지 않으면 대개 치명적인 위장, 피부 또는 폐 질환; *Bacillus anthracis* 포자의 섭취, 예방 접종, 또는 흡입에 의해 발생.

탈색제 (Decolorizing agent) 염색에서 일차염색약을 세척하는 용액.

탈외투 (Uncoating) 동물 바이러스에서 숙주 세포 내에서 바이러스 캡시드의 제거.

탐침 (Probe) 방사선이나 형광 화학물질로 표시된 특정 뉴클레오티드의 핵산분자로서 그 위치를 알아낼 수 있음.

테타누스 독소 (Tetanospasmin) *Clostridium tetani*의 신경독으로 중추신경계의 억제성 신경전달물질을 차단.

테트라싸이클린 (Tetracycline) tRNA 결합부위를 막아 단백질 합성을 저해하는 항미생물제.

톡소플라스마증 (Toxoplasmosis) 동물에 영향을 주는 질병으로 *Toxoplasma gondii* 감염이 원인이며 경미한 유열성 증후군(febrile syndrome)이 특징이지만 AIDS 환자에게는 치명적이며, 태반을 통해 전파되면 유산, 사산, 또는 심각한 선천적 장애가 결과로 나타남.

톨-유사 수용체 (Toll-like receptors, TLRs) 미생물의 특정 화합물에 결합하는 막단백질.

통성혐기성 (Facultative anaerobe) 산소의 유무에 상관없이 살아가는 미생물.

통증 (Dolor) 통증.

투과전자현미경 (Transmission eletcron microscope, TEM) 시료를 통과하여 형광스크린에 상을 생성하는 전자빔을 만드는 전자현미경의 한 형태.

투베르쿨린 반응 (Tuberculin response) 결핵이나 결핵백신에 노출되었던 사람의 피부가 투베르쿨린 피하주사에 반응하는 지연성 과민반응의 한 종류.

투베르쿨린 피부검사 (Tuberculin skin test) 투베르쿨린 피하주사에 대한 반응하는 지연성 과민반응을 검사.

트라코마 (Trachoma) *Chlamydia trachomatis*가 원인인 심각한 눈병.

트리코모나스증 (Trichomoniasis) *Trichomonas vaginalis*에 의해 발생하는 성기의 염증.

특이면역 (Specific immunity) 병원체의 종류에 따른 척추동물의 방어작용.

팅크제 (Tincture) 알코올에 항미생물 화학물질의 용액.

파라인플루엔자바이러스 (Parainfluenzavirus) 특히 어린이 호흡기 질환의 원인이 되는 외피, 음성 ssRNA 바이러스군.

파라콕시디오이드진균증 (Paracoccidioidomycosis) 남미 멕시코에서 남미에 걸쳐 발견되는 폐질환으로 *Paracoccidioides brasiliensis*에 의한 감염으로 발생.

파리 (Fly) 숨겨지거나 가려지지 않는 투명한 날개를 가진 곤충으로 모기를 포함하며 많은 병원체의 매개체.

파보바이러스 (Parvovirus) 매우 작은 병원성 ssDNA 바이러스군.

파상풍 (Tetanus) 강력한 신경 독소인 테타누스 독소(tetanospasmin)를 생산하는 *Clostridium tetani*에 의해 감염되는 잠재적으로 치명적인 감염.

파아지 (Phage) [박테리오파아지(*bacteriophage*)] 세균세포에 감염하고 보통 파괴하는 바이러스.

파장 (Wavelength) 파동의 두 개의 대응점 간의 거리.

파종혈관내응고 (Disseminated intravascular coagulation) Lipid A에 의해 발생하는데 온몸의 혈관 내에 형성된 혈액응고.

파지타이핑 (Phage typing) 미지의 세균이 용균반의 관찰에 의해 동정되는 미생물 분류방법.

팔련구균 (Sarcina) 구균의 입방체 덩어리.

패혈성 쇼크 (Septic shock) 세균이나 세균 독소에 의해서 유발되는 혈관 확장의 결과로 일어나는 매우 낮은 혈압.

패혈증 (Septicemia) [패혈증(*sepsis*)] 병원체가 혈액 내에 존재하는 상태로 질병 징후의 원인.

퍼포린 (Perforin) 감염된 세포막에 통로를 형성할 수 있는 T 세포의 세포질에 존재하는 단백질.

페스트 (흑사병) (Plague) *Yersinia pestis*에 의한 질병으로 종종 심각한 폐 통증 또는 비대 림프절(림프절 페스트)이나 중증 폐질환(폐페스트)을 발생함.

페트리평판 (Petri plate) 미생물을 배양하는데 사용되는 고체배지로 채워진 접시.

편리공생 (Commensalism) 한 종류는 이익을 얻고 다른 종은 별로 심각한 영향을 받지 않는 공생관계.

편모 (Flagellum) 세포에서 돌출되어 나온 긴 채찍 모양의 구조.

편모충류 (Flagellates) 적어도 한 개 이상의 길 편모를 가지는 원생동물 군으로 보통 이동에 사용됨.

편절 (Proglottids) 촌충의 몸체 분획으로 벌레가 숙주에 붙어있는 한 계속 생산됨.

폐결핵 (Consumption) 결핵; 몇몇 부위에서 결핵에 영향을 받은 신체가 쇠약해짐.

폐렴 (Pneumonia) 폐의 염증; 전형적으로 *Streptococcus pneumoniae*의 감염이 원인.

폐렴구균 (Pneumococcus) *Streptococcus pneumoniae*의 일반적인 명칭.

폐렴구균성 폐렴 (Pneumococcal pneumonia) 폐렴구균인 *Streptococcus pneumoniae*에 의한 폐의 염증.

폐수 (Wastewater) [하수(*sewage*)] 가정이나 기업체에서 세척 또는 화장실에서 플러시 된 후 버려진 물.

폐페스트 (Pneumonic plague) *Yersinia pestis*에 의한 폐감염으로 일으키는 발열 및 심한 호흡 곤란 증세로 치료받지 않으면 사례의 거의 100%가 치사함.

폐포대식세포 (Alveolar macrophage) 폐에 존재하는 고정된 대식세포.

포낭 (Cyst) 원생동물 형태에서 두꺼운 캡슐과 낮은 대사율의 특징을 갖는 강인한 휴지기 단계.

포도상구균 (Staphylococcus) 구균의 무리.

포도상구균 독성쇼크증후군 (Staphylococcal toxic-shock syndrome) 열, 구토, 붉은 발진, 저혈압 및 피부 허물의 상실이 특징으로 사망도 가능한 증후군으로 대개는 독성쇼크증후군 독소를 분비하는 포도상구균의 전신적 감염이 원인.

포도상구균 열상피부증후군 (Staphylococcus scalded skin syndrome, SSSS) *Staphylococcus aureus*의 표피박탈독소에 의한 질병으로 표피가 벗겨짐.

포식소체 (Phagosome) 식세포의 위족에 의해 생겨난 주머니; 세포내 음식 포체(vesicle).

포식용해소체(포식리소솜) (Phagolysosome) 포식소체와 리소솜의 융합에 의해 생겨난 소화 포체.

포자 (Spore) 방선균과 진균의 생식세포.

포자생식단계 (Sporogonic phase) *Plasmodium*의 생활사에서 포자소체가 모기의 소화 기관에서 생산되어 모기의 침샘으로 이동하는 단계.

포자충 폐렴 (*Pneumocystis* pneumonia, PCP) AIDS 환자에서 사망의 주요 원인이며 *Pneumocystis jirovecii*와 기회 감염에 의해 발생하는 진균성 폐렴.

포자충류 (Apicomplexan) 원생동물 분류학에서 이 미생물의 감염 단계의 정점에 위치한 특별한 세포 내 소기관의 복합체를 갖는 병원성 피하낭류 원생동물 종류.

포진 (Herpes) 포진바이러스(herpesvirus)가 원인인 고통스럽고 가려운 피부 병변.

포진성 구협염 (Herpangina) 콕사키 A형 바이러스(coxsackie A virus)에 의한 입과 인두의 병소; 포진바이러스(herpesvirus)에서의 것과 유사함.

포충 (Hydatid) 체액으로 채워짐.

포충병 (Hydatid disease) 개 촌충인 *Echinococcus granulosus* 감염이 원인으로 치사 가능성이 있는 질병으로 간이나 다른 장기에 액체가 찬 낭포의 존재가 특징임.

폭스 (Pox) [두진(*pocks*); 농포(*pustule*)] 부어오르고 고름이 가득한 피부병변으로 폭스바이러스(poxvirus) 감염의 특징이 있음.

폴리엔 (Polyenes) 막 내로 들어가 그 온전함을 손상시켜 표적 세포의 세포막을 파괴하는 암포테리신 B(amphotericin B) 같은 항미생물 약물 종류.

폴리오마바이러스 (Polyomavirus) 암을 유발하는 바이러스.

표재성 (진균증 Superficial mycoses) 피부 표면에 진균의 감염.

표피 (Epidermis) 피부의 가장 외부층.

표피탈락독소 (Exfoliative toxin) 피부 데즈모좀을 분해하는 *Staphylococcus aureus*의 특정 균주의 독소로서 피부 외부층의 탈락을 일으킴.

풍진 (German measles) [풍진(*rubella*)] *Rubivirus* 감염에 의한 질병으로 약 3일간 지속되는 특징적 발진이 발생되고 어린 아이들에게는 경증이지만 감염된 여성의 태아에서는 잠재적 기형이 발생함.

풍진 (Rubella, German measles) *Rubivirus* 감염에 의한 질병으로 약 3일간 지속되는 특징적 발진이 발생하고 어린 아이들에게는 경증이지만 감염된 여성의 태아에서는 잠재적 기형이 발생함.

풍토병 (Endemic) 역학에서 질병이 특정한 지역이나 집단에서 비교적 일정한 빈도로 발생하는 질병.

프로바이러스 (Provirus) [잠복성 바이러스(*latent virus*)] 동물세포 내의 불활성 바이러스.

프로스타글란딘 (Prostaglandins) 혈관투과성을 증진시키는 손상된 세포에서 분비되는 염증화학물.

프로테오박테리아 (Proteobacteria) 공통 16S rRNA 뉴클레오티드서열을 가지는 그람음성 세균의 5개 강(class)(알파, 베타, 감마, 델타, 엡실론으로 지정됨)을 포함하는 진핵생물 문(phylum).

프로파아지 (Prophage) 숙주 염색체로 삽입된 불활성 박테리오파아지.

프리온 (Prion) 단백질로 된 감염성 입자로 핵산이 없으며 유사한 정상 단백질을 새로운 프리온으로 전환시켜 복제됨.

피막 (Envelope) 바이러스학에서 바이러스 캡시드를 둘러싼 막.

피부사상균 (Dermatophyte) 피부, 손톱 및 털에 정상적으로 서식하는 진균.

피부사상균증 (Dermatophytosis) 피부사상진균에 의한 피부 표면, 손톱 및 털에 일어나는 다양한 종류의 감염.

피지 (Sebum) 피부의 피지선에서 분비되는 기름기가 있는 물질로 pH를 낮춤.

피코르나바이러스 (Picornaviruses) 나출형 다면 캡시드의 양성 가닥 RNA를 갖는 바이러스 그룹; 대부분이 인간 병원체임.

피코에리스린 (Phycoerythrin) 홍조류에서 광합성의 붉은 보조색소.

피포형성 (Encystment) 원생동물의 생활주기에서 숙주조직에서 낭이 형성되는 시기.

피하낭류 (Alveolates) 세포표면 아래 피하낭이라고 하는 작은 막으로 둘러쌓인 강(cavity)을 가지는 원생동물.

핌브리아(Fimbriae) 일부 세균에서 세포들 간 또는 환경에 존재하는 물체표면에 부착하는 기능을 하는 끈적한 단백질성 확장기.

한센병 (Hansen's disease) [나병(*leprosy*)] 얼굴 특성, 손발가락 및 다른 구조를 포함하여 조직을 파괴하는 비진행성 결핵나병(tuberculoid leprosy) 또는 진행성 나병종나병(lepromatous leprosy)을 일으키는 *Mycobacterium leprae*의 감염이 원인인 질병.

한정배지 (Defined medium) [합성배지(*synthetic medium*)] 정확한 화학적 조성을 하는 배양배지.

한천 (Agar) 홍조류에서 분리되고 농화제로 이용하는 젤 같은 다당류.

한타바이러스 (Hantavirus) 건조된 사슴-마우스 배설물에서 비리온의 흡입을 통해 사람에게 전염되는 버냐바이러스(bunyavirus)군으로 한타바이러스 폐증후군을 일으킴.

한타바이러스 폐증후군 (*Hantavirus* pulmonary syndrome, HPS) *Hantavirus* 감염에 의해 발생되는 급성감염으로 중증이며 종종 치명적인 폐렴을 일으킴.

합성 (Synthesis) 바이러스학에서 숙주 세포의 대사기구를 이용하여 새로운 바이러스 단백질과 핵산의 생성이 일어나는 용균 복제경로의 세 번째 단계.

합성 약물 (Synthetic drug) 실험실에서 완전히 합성된 항미생물 물질.

항독소 (Antitoxin) 독소와 결합하여 독소로부터 보호작용을 하도록 숙주가 형성한 항체.

항레트로바이러스 치료 (Antiretroviral therapy, ART) 뉴클레오티드 유사체, 인테그라제 억제제, 프로테아제 억제제 및 역전사 효소억제제를 포함한 혼합 항바이러스제.

항미생물 펩티드 (Antimicrobial peptide) [디펜신(*defensin*)] 미생물에 대항하여 작용하는 약 20–50개의 아미노산으로 구성된 사슬.

항미생물 효소 (Antimicrobial enzyme) 미생물에 대항하는 작용을 하는 효소.

항미생물제 (Antimicrobial agent) 미생물 감염 치료에 사용되는 화학요법제.

항미생물제 (Antimicrobial) 감염성 질병 치료에 사용되는 화합물로 중간 수준의 소독제로도 작용할 수 있음.

항바이러스 단백질 (Antiviral proteins, AVPs) 바이러스 복제를 방지하는 알파 및 베타 인터페론에 의해 유발되는 단백질.

항뱀독소 (Antivenin, Antivenom) 뱀에 물린 교상 치료하는데 사용되는 항독소.

항산성 간균 (Acid-fast bacilli, AFB) 산-알코올의 탈색 과정에서 염색을 유지하는 간균, 특히 *Mycobacterium* 종.

항산성 간균 (Acid-fast rod, AFR) 산-알코올의 탈색 과정에서 염색을 유지하는 간균, 특히 *Mycobacterium* 종.

항산성염색 (Acid-fast stain) 현미경 관찰에서 왁스가 있는 세포벽을 침투하는데 사용되는 분별염색.

항생물질 (Antibiotic) 생물에 의해 자연적으로 생성되는 항미생물제

항원 (Antigen) 특정 면역반응을 유발하는 분자.

항원결정기 (Antigenic determinant) [에프토프(*epitope*)] 면역체계에 의해 인식되는 항원 위에 존재하는 3차구조적 부위.

항원결합부위 (Antigen-binding site) 항체의 중쇄(H 사슬)와 경쇄(L 사슬)의 가변부위들이 형성하는 장소.

항원대변이 (Antigenic shift) 대략 10년 주기로 발생한 주요 항원부위의 변화로 숙주세포 내에서 서로 다른 인플루엔자 바이러스(influenza virus) 종의 유전자가 서로 섞이면서 발생하는 현상.

항원제시세포 (Antigen-presenting cell, APC) 수지상세포, 대식세포, B 림프구와 같이 항원을 가공하여 면역체계의 세포를 활성화시키는 세포.

항체 (Antibody) [면역글로불린(*immunoglobulin*)] 형질세포에 의해 분비되는 항원에 결합하는 단백질성 물질.

항체 면역반응 (Antibody immune response, Humoral immune response) B 림프구와 항체가 중심이 되는 면역반응.

항체변환 (Class switching) 원형질세포가 항체의 Fc 부위의 종류를 바꿔 합성하고 분비하는 과정.

항체의존세포독성 (Antibody-dependent cellular cytototoxicity, ADCC) 자연살해세포(NK cells)들이 항체로 둘러싸인 세포를 용혈하는 과정.

항혈청 (Antiserum) 혈청학에서 특정 항체의 생산을 유도한 항원에 결합하는 동일 항체를 가지는 혈액.

항히스타민제 (Antihistamines) 히스타민을 특이적으로 중화시키는 약물.

해상력 (Resolution) 보다 밀접한 사물들을 식별하는 능력.

해상전환기 (Resolving nosepiece) 몇 개의 대물렌즈에 장착된 복합현미경의 한 부분.

허리천자, 요추천자 (Lumbar puncture, spinal tap) 진단을 목적으로 하부 척추로부터 뇌척수액의 수집.

현미경사진 (Micrograph) 현미경 상(image)의 사진.

혈구누출 (Diapedesis) 백혈구가 막이나 얇은 층을 싸고 있는 세포들 사이로 파고들어 온전한 핏줄을 빠져나오는 과정.

혈구응집소 (Hemagglutinin, HA) 호흡기 상피세포에 접착을 돕는 독감바이러스의 지질막에 존재하는 당단백질의 한 부분.

혈소판 (Platelet) 혈액응고에 관계하는 세포.

혈소판감소증 (Thrombocytopenia) 혈액 내 혈소판 수의 감소.

혈소판활성인자 (Platelet activating factor, PAF) 혈액응고를 유도하는 사이토카인.

혈액형항원 (Blood group antigen) 적혈구에 표면에 존재하는 분자들.

혈장 (Plasma) 피의 액체부분

혈청 (Serum) 응고인자가 제거된 혈장.

혈청병 (Serum sickness) 면역혈청에 대한 반응의 결과로 생긴 항체에 의해 발현된 3형 알레르기.

혈청학 (Serology) 병을 진단하거나 치료 또는 항원과 항체를 확인하기 위한 면역학적 조사법의 사용과 이에 대한 연구.

협범위 약물 (Narrow-spectrum drug) 소수의 병원체 종류에만 듣는 항미생물제.

형광현미경 (Fluorescent microscope) 사물이 형광을 내도록 자외선을 사용하는 현미경의 한 종류.

형질세포 (Plasma cells) 외인성 항원과 적극적으로 싸우며 항체를 분비하는 B 세포.

호산구 (Eosinophil) 산성염색약인 에오신으로 염색하면 붉은색에서 오렌지색으로 염색되는 과립성 백혈구.

호산구 증가증 (Eosinophilia) 정상보다 많은 호산구가 생성되는 비정상적인 혈액상태.

호열성생물 (Thermophile) 45°C 이상의 온도를 요구하는 미생물.

호염구 (Basophil) 염기성 염색약인 메틸렌블루에 의해 파랗게 염색되는 과립성 백혈구.

호중구 (Neutrophil) 산성과 염기성 염색약 혼합액을 사용하였을 때 라일락 색으로 염색되는 과립백혈구.

호탄산가스생물 (Capnophile) 낮은 산소압에서 고농도의 이산화탄소가 존재하는 상태에서 가장 잘 자라는 미생물.

호흡곤란 (Dyspnea) 호흡곤란.

호흡기 세포융합바이러스(RSV) 감염 [Respiratory syncytial virus (RSV) infection] 호흡에 폐세포의 융합 및 호흡곤란을 야기시키는 질환으로 *Pneumovirus* 속의 바이러스에 의해 유발됨.

홍반열 리케차증 (Spotted fever rickettsiosis) 진드기에 의해 전파되는 리케차균의 감염에 의한 심각한 질병으로 발진, 불안, 점상출혈, 뇌염이 특징이며, 5%의 사례에서 사망.

홍역 (Measles) [홍역(*Rubeola*)] 열, 인후염, 두통, 마른기침, 결막염, 코플릭 반점이라는 병변이 특징인 전염성 질병; 홍역바이러스(*Morbillivirus*) 감염이 원인.

홍역 (Red measles) [홍역(*rubeola, measles*)] 발열, 목의 통증, 두통, 마른 기침, 결막염, 코플릭(Koplik) 반점이라는 병변을 특징으로 하는 전염성 질환으로 *Morbillivirus* 감염에 의해 발생.

홍역 (Rubeola) [홍역(*measles, red measles*)] 발열, 목의 통증, 두통, 마른기침, 결막염 코플릭(Koplik) 반점이라는 병변을 특징으로 하는 전염성 질환; 홍역바이러스(*Morbillivirus*) 감염에 의해 발생.

홍조류 (Rhodophyta) 홍조류로 일반적으로 피코에리스린 색소, 홍조녹말의 저장분자와 한천 또는 카라기난의 세포벽을 함유.

화상피부증후군 (Scalded skin syndrome) *Staphylococcus aureus* 감염에 의한 피부의 발적과 수포가 발생하는 질환.

화학요법 (Chemotherapy) 병원성 미생물을 파괴하기 위한 가능성을 갖는 화학물질을 연구하는 병원미생물학의 한 분야.

화학적 고정 (Chemical fixation) 현미경 관찰에서 슬라이드에 도말(smear)을 부착시키기 위하여 메틸알콜이나 포르말린을 사용하는 기법.

확산 감수성 시험 (Diffusion susceptibility test) [커비-바우어 시험(*Kirby-Bauer test*)] 특정 병원체에 가장 효과적인 약물을 찾는데 널리 사용되는 간단하고 저비용의 시험. 절차는 페트리 평판에 의문의 병원체를 표준화된 양으로 고르게 접종하고 시험하는 약물을 적신 디스크를 평판에 올려놓음.

환경미생물학(Environmental microbiology) 토양, 물, 그리고 다른 서식지에서 미생물의 역할을 연구하는 미생물학의 한 분야.

황녹조류 (Chrysophyta) 황조류, 황녹조류와 규조류를 포함하는 조류 문.

황달 (Jaundice) 피에 빌리루빈의 축적으로 피부와 눈이 노랗게 되는 것.

황열병 (Yellow fever) 플라비바이러스(flavivirus)를 옮기는 모기에 물려서 감염되는 종종 치명적인 출혈성 질병.

회복기 (Convalescence) 전염병의 단계에서 환자가 병으로부터 회복되고 조직이나 신체의 체계가 회복되고 정상으로 돌아가는 마지막 단계.

회충증 (Ascariasis) 선충인 *Ascaris lumbricoides* 감염에 의해 발생하는 질병으로 증상이 있지만 일반적으로 심각하지 않은 질병.

효모 (Yeast) 단세포성으로 보통 난형이나 구형의 진균류로서 출아법에 의해 무성적으로 증식함.

효소면역분석법 (Enzyme immunoassay, EIA), 효소결합면역흡착측정법 (Enzyme-linked immunosorbent assay, ELISA) 표지자로 효소산물을 사용하는 간단한 일련의 면역측정 방법으로 기계를 이용하여 자동화하여 해독이 가능한 방법.

후기 (Anaphase) 체세포분열의 세 번째 단계로 자매 염색분체가 분리되어 방추체의 양극 쪽으로 이동하여 염색체를 형성함. 감수분열의 유사한 단계를 위해서도 이용됨.

후두염 (Laryngitis) 후두의 염증.

후천성(이차) 면역결핍질환 [Acquired (secondary) immunodeficiency diseases] 감염 질환과 같이 인식할 수 있는 다른 원인의 직접적인 결과로서 청소년, 성인, 노인에게 발생하는 면역결핍질환.

후천성면역결핍증후군 (Acquired immunodeficiency syndrome, AIDS) 인간면역결핍바이러스(human imrnunodeficiency virus, HIV)에 의한 감염으로 동반한 기회 감염 또는 희귀 감염이 있고 HIV의 존재를 보여주는 양성시험으로 CD4 (<200/uL) 세포수가 급격히 감소함.

흑색진균증 (Phaeohyphomycosis) 내부적으로 확산되는 병변이 특징인 피부 및 피하 질병으로 피부에 자낭균류 진균이 외상을 통해서 도입되는 것이 원인.

흡기 (Haustoria) 숙주 조직 내로 들어가서 영양분을 빼내는 변형된 균사.

흡충류 (Trematodes) [흡충류(*flukes*)] 납작하고 잎 모양의 기생충으로 불완전 소화기와 구강과 복부에 흡판을 가짐.

히스타민 (Histamine) 상해를 입은 세포가 분비하는 염증성 화학물로 모세혈관의 확장을 유도.

히스토플라스마증 (Histoplasmosis) 오하이오 강 계곡에서 발견되는 폐, 피부, 눈, 또는 전신성 질환이며 *Histoplama capsulatum* 감염이 원인.

GLOSSARY

영문 용어해설

Abscess (농양) 뾰루지, 부스럼, 또는 농포와 같이 구분되는 감염 부위.

Acellular (비세포성) 세포가 아닌.

Acid-fast bacilli (AFB) (항산성 간균) 산-알코올의 탈색 과정에서 염색을 유지하는 간균, 특히 *Mycobacterium* 종.

Acid-fast rod (AFR) (항산성 간균) 산-알코올의 탈색 과정에서 염색을 유지하는 간균, 특히 *Mycobacterium* 종.

Acid-fast stain (항산성염색) 현미경 관찰에서 왁스가 있는 세포벽을 침투하는데 사용되는 분별염색.

Acidic dye (산성염료) 현미경 관찰에서 염기성 구조를 염색하는데 사용되는 음이온성 색소체. 산성환경에서 가장 효과적으로 작용함.

Acne (여드름) 흰색 여드름, 검은색 여드름 및 심한 경우에는 낭포가 특징인 피부 질환; 일반적으로 *Propionibacterium acnes* 감염에 의해 발생됨.

Acquired (secondary) immunodeficiency diseases [후천성(이차) 면역결핍질환] 감염 질환과 같이 인식할 수 있는 다른 원인의 직접적인 결과로서 청소년, 성인, 노인에게 발생하는 면역결핍질환.

Acquired immunodeficiency syndrome (AIDS) (후천성면역결핍증후군) 인간면역결핍바이러스(human imrnunodeficiency virus, HIV)에 의한 감염으로 동반한 기회 감염 또는 희귀 감염이 있고 HIV의 존재를 보여주는 양성시험으로 CD4 (<200/uL) 세포수가 급격히 감소함.

Actinomycetes (방사선균문) 높은 G+C 함량을 가지는 세균으로 분지형 필라멘트를 진균과 유사한 포자를 생성함.

Actinomycosis (방선균증) *Actinomyces*에 의한 질병; 피부와 점막에 서로 연결된 농양이 특징.

Acute anaphylaxis (급성 아나필락시스) 염증 매개물의 방출이 신체의 대응 기작을 초과했을 때의 상태.

Acute disease (급성질환) 빠르게 발전하지만 단시간 동안 지속되는 질환.

Acute inflammation (급성염증) 단기간에 발생하고 사라지는 염증의 하나로서 대체로 이로운 반응.

Adaptive immunity (적응면역) 병원체에 저항이 동일한 병원체의 연속된 감염에 더 효과적으로 작용.

Adherence (부착) 세포막에 보조 화학 물질의 결합을 통해 미생물에 부착하는 식세포의 과정.

Adhesins (부착소) 표적세포에 병원체를 부착하는 분자.

Adhesion (부착) 숙주세포에 미생물의 부착.

Adhesion factors (부착인자) 미생물이 숙주세포에 부착하는데 필요한 여러 가지 구조나 부착단백질.

Adjuvant (보조제) 능동면역의 자극을 증가하도록 백신에 첨가하는 화학제.

Aerosol (에어로솔) 미세 비말로 공중매개전파의 경우는 1 m 이상을 움직이나 비말전파의 경우 1 m 미만을 움직임.

Aflatoxin (아플라톡신) *Aspergillus*에 의해 생성된 발암성 진균 독소.

African sleeping sickness (아프리카 수면병) *Trypanosoma brucei*를 운반하는 체체파리(tsetse fly)에 물리는 것이 원인이며 사망할 수 있는 질병으로 물린 부위에 병변이 형성되며 뒤이어 기생충혈증(parasitemia)과 중추신경계 침입이 일어남.

Agar (한천) 홍조류에서 분리되고 농화제로 이용하는 젤 같은 다당류.

Agglutination (응집) 혈청학에서 항혈청이 그 표적항원을 잠재적으로 포함하는 시료와 혼합되는 과정.

Agranulocyte (무과립백혈구) 세포질에 큰 입자가 없이 고른 세포질을 가지는 백혈구.

Agroterrorism (농업테러) 식품으로 공급되는 가축이나 농작물을 죽게 하는 방식으로 테러하기 위해 미생물을 사용하는 행위.

Airborne transmission (공기매개전파) 1 m 이상 운반되는 공기나 비말을 통하여 새로운 숙주의 호흡기 점막까지 병원체가 확산.

Algae (조류) 간단한 생식구조를 가지는 단세포 또는 다세포성의 광합성 진핵생물체.

Alginic acid (알긴산) 갈조류의 세포벽 다당류.

Allergen (알레르겐) 알레르기 반응을 자극하는 항원.

Allergic contact dermatitis (알레르기 접촉피부염) 화학적으로 변성된 피부단백질이 세포매개 면역반응을 개시하는 지연과민반응의 종류.

Allergy (알레르기) 어떤 항원에 대한 즉시형 과민반응.

Allograft (동종이식) 기증자의 조직을 같은 종 내에서 유전적으로 다른 수여자에게 이식하는 이식의 종류.

Allylamines (알릴아민) 세포막을 파괴하는 항진균 약물 종류.

Alpha interferons (IFN-α) (알파인터페론) 바이러스에 의해 감염된 단핵구, 대식세포, 다른 림프구 등이 감염된 후 몇 시간 내에 분비하는 인터페론.

Alphaproteobacteria (알파프로테오박테리아) 프로테오박테리아 문(phylum)에서 호기성 그람-음성 세균의 강(class)으로 매우 낮은 영양물질 수준에서 자랄 수 있음.

Alteration of generation (세대교번) 조류에서 반수성과 배수성 몸체가 교대하는 유성생식 방법.

Alveolar macrophage (폐포대식세포) 폐에 존재하는 고정된 대식세포.

Alveolates (피하낭류) 세포표면 아래 피하낭이라고 하는 작은 막으로 둘러쌓인 강(cavity)을 가지는 원생동물.

Amebiasis (아메바증) *Entamoeba histolytica* 감염에 의해 간, 폐, 뇌, 및 다른 장기에 병변의 형성을 유발할 수 있는 경증성 및 중증성 이질.

Aminoglycoside (아미노글리코시드) 30S 소단위의 모양을 바꿔 단백질 합성을 저해하는 항미생물제.

Amoebae (아메바) 위족을 이용하여 이동하고 실세포 활동을 하는 원생동물.

Analytical epidemiology (분석 역학) 질병에 대해 상세히 조사하는 것으로 가능한 원인, 전파방식, 가능한 예방책 등을 결정하기 위한 결과 분석.

Anaphase (후기) 체세포분열의 세 번째 단계로 자매 염색분체가 분리되어 방추체의 양극 쪽으로 이동하여 염색체를 형성함. 감수분열의 유사한 단계를 위해서도 이용됨.

Anaphylactic shock (아나필락시스 쇼크) 염증 매개물의 방출이 신체의 대처기작을 초과했을 때의 상태로 질식, 부종, 불수의근 수축 및 종종 사망의 원인임.

Anaplasmosis (아나플라스마증) [인간과립구 아나플라스마증(*human granulocytic anaplasmosis, HGA*)] *Anaplasma phagocytophilum* 리케차(rickettsia)에 의해 발생하는 진드기 매개질병은 독감과 유사한 증상과 징후를 나타내는데, 이전에는 인간과립구 에르리히증(human granulocytic ehrlichiosis)으로 불림.

Anion (음이온) 음성 전하를 가지는 이온.

Anisakiasis (고래회충증) 물고기 선충 기생충인 *Anisakis*에 의한 위장 질환, 이는 기생충에 대한 알레르기 반응으로 볼 수도 있음.

Anthrax (탄저병) 적극적으로 치료하지 않으면 대개 치명적인 위장, 피부 또는 폐 질환; *Bacillus anthracis* 포자의 섭취, 예방 접종, 또는 흡입에 의해 발생.

Antibiotic (항생물질) 생물에 의해 자연적으로 생

성되는 항미생물제

Antibody (항체) [면역글로불린(*immunoglobulin*)] 형질세포에 의해 분비되는 항원에 결합하는 단백질성 물질.

Antibody immune response (humoral immune response) (항체 면역반응) B 림프구와 항체가 중심이 되는 면역반응.

Antibody-dependent cellular cyototoxicity (ADCC) (항체의존세포독성) 자연살해세포 (NK cells)들이 항체로 둘러싸인 세포를 용해하는 과정.

Antigen (항원) 특정 면역반응을 유발하는 분자.

Antigen-binding site (항원결합부위) 항체의 중쇄(H 사슬)와 경쇄(L 사슬)의 가변부위들이 형성하는 장소.

Antigenic determinant (항원결정기) [에프토프(*epitope*)] 면역체계에 의해 인식되는 항원 위에 존재하는 3차구조적 부위.

Antigenic drift (항원미소변이) 모집단 내의 인플루엔자바이러스(influenza virus) 단일균주의 변이가 2-3년 마다 발생되는 현상.

Antigenic shift (항원대변이) 대략 10년 주기로 발생한 주요 항원부위의 변화로 숙주세포 내에서 서로 다른 인플로엔자바이러스(influenza virus) 종의 유전자가 서로 섞이면서 발생하는 현상.

Antigen-presenting cell (APC) (항원제시세포) 수지상세포, 대식세포, B 림프구와 같이 항원을 가공하여 면역체계의 세포를 활성화시키는 세포.

Antihistamines (항히스타민제) 히스타민을 특이적으로 중화시키는 약물.

Antimicrobial (항미생물제) 감염성 질병 치료에 사용되는 화합물로 중간 수준의 소독제로도 작용할 수 있음.

Antimicrobial agent (항미생물제) 미생물 감염 치료에 사용되는 화학요법제.

Antimicrobial enzyme (항미생물 효소) 미생물에 대항하는 작용을 하는 효소.

Antimicrobial peptide (항미생물 펩티드) [디펜신(*defensin*)] 미생물에 대항하여 작용하는 약 20-50개의 아미노산으로 구성된 사슬.

Antiretroviral therapy (ART) (항레트로바이러스 치료) 뉴클레오티드 유사체, 인테그라제 억제제, 프로테아제 억제제 및 역전사 효소억제제를 포함한 혼합 항바이러스제.

Antisense nucleic acid (안티센스 핵산) mRNA 분자에 상보적인 뉴클레오티드 서열을 가진 RNA 또는 단일가닥 DNA로 폴리펩티드의 번역을 제어하는데 사용됨.

Antisepsis (방부) 화학방부제의 사용에 의해 피부 또는 조직의 미생물을 억제하거나 사멸함.

Antiseptic (방부제) 피부나 조직의 미생물을 죽이거나 억제하는데 사용되는 화학물질.

Antiserum (항혈청) 혈청학에서 특정 항체의 생산을 유도한 항원에 결합하는 동일 항체를 가지는 혈액.

Antitoxin (항독소) 독소와 결합하여 독소로부터 보호작용을 하도록 숙주가 형성한 항체.

Antivenin (antivenom) (항뱀독소) 뱀에 물린 교상 치료하는데 사용되는 항독소.

Antiviral proteins (AVPs) (항바이러스 단백질) 바이러스 복제를 방지하는 알파 및 베타 인터페론에 의해 유발되는 단백질.

Apicomplexan (포자충류) 원생동물 분류학에서 이 미생물의 감염 단계의 정점에 위치한 특별한 세포 내 소기관의 복합체를 갖는 병원성 피하낭류 원생동물 종류.

Apoptosis (세포자살) 예정된 세포의 자살.

Arachnid (거미류) 거미, 진드기와 집먼지 진드기 같은 8개의 다리를 가진 특징의 절지동물 종류.

Arboviral encephalitis (아보바이러스 뇌염) 흡혈 절지동물이 전파하는 바이러스가 원인인 뇌와 뇌막의 염증 .

Arboviruses (아보바이러스) 절지동물에 의해 전염되는 바이러스로서 여러 바이러스 과(family)를 포함함.

Archaea (고균) (단수 *Archaeon*) Woese의 분류학에서 고균 rRNA 서열을 가지는 모든 원핵세포를 포함하는 도메인.

Arenaviruses (아레나바이러스) 동물매개 질병들의 원인인 분절된 음성 ssRNA 바이러스 군.

ART (antiretroviral therapy) (ART, 항레트로바이러스 치료) 뉴클레오티드 유사체, 인테그라제 억제제, 프로테아제 억제제 및 역전사 효소억제제를 포함한 혼합 항바이러스제.

Arthropod (절지동물) 거미류와 곤충을 포함하여 체절, 외골격, 마디가 있는 다리를 가지는 동물.

Arthropod vector (절지동물 매개체) 분절된 몸체, 외골격과 관절화된 다리를 가지는 동물로 병원체를 운반하며 진드기, 집먼지 진드기, 벼룩, 파리와 반시류 곤충을 포함함.

Artificially acquired passive immunity (인공획득 수동면역) 주사를 통해 환자 항독소 또는 항혈청 내에 미리 형성된 항체를 받는 치료로 방울뱀 독소와 같이 빠르게 작용하고 잠재적으로 치명적인 항원을 파괴할 수 있음.

Ascariasis (회충증) 선충인 *Ascaris lumbricoides* 감염에 의해 발생하는 질병으로 증상이 있지만 일반적으로 심각하지 않은 질병.

Ascomycota (자낭균문) 자낭이라는 주머니 안에 반수성 자낭포자를 형성하는 특징의 진균 문.

Ascospore (자낭포자) 자낭균류의 반수성 발아 구조.

Ascus (자낭) 자낭균문의 진균에서 반수성 자낭포자가 만들어지고 방출되는 주머니.

Aseptate (비격막성) 격막이 없는 특성.

Aseptic (무균의) 병원체의 감염이 발생하지 않도록 하는 환경이나 행위를 특징으로 함.

Aspergillosis (아스페르길루스증) *Aspergillus* 종의 감염에 의한 국소적, 침습성 질환.

Assembly (조립) 바이러스학에서 용균 복제경로의 네 번째 단계로 숙주세포 내에서 새로운 비리온이 조립됨.

Asthma (천식) 폐에 영향을 미치는 과민반응으로 기관지 협착 및 점액 과다생산의 특징이 있음.

Astroviruses (아스트로바이러스) 일반적 어린이 설사의 원인이 되는 작고 둥근 장내바이러스군.

Asymptomatic (무증상) [무증상(*subclinical*)] 임상조사를 통해 병의 징후가 있더라도 증세가 약하여 병세를 느끼지 못하는 질병의 특징.

Atomic force microscope (AFM) (원자력현미경) 시료의 표면을 횡단하기 위해서 뾰족한 탐침을 사용하는 탐침현미경의 한 종류. 레이저빔은 탐침의 수직운동을 감지하며, 컴퓨터로 그 시료의 원자간 토포그래피(topography)를 나타내도록 변환함.

Attachment (부착) 바이러스학에서 용균 복제경로의 첫 단계로 비리온이 숙주세포에 부착함.

Attenuated vaccine (약독화백신) 약독화되어 이론적으로는 더 이상 병을 일으킬 수 없는 바이러스; 잔여 독성은 문제를 일으킬 수 있음.

Attenuation (약독화) 백신의 독성을 감소시키는 과정.

Autoantigen (자가항원) 정상 세포표면에 존재하는 항원.

Autograft (자가이식) 일종의 조직이식으로 동일 환자에서 다른 부위로 조직을 이식하는 행위.

Autoimmune disease (자가면역질환) 어떤 개인이 신체의 정상적인 요소들에 대한 자가항체나 세포독성 T 세포를 만들 때 생겨나는 다양한 질병.

Autoimmune hemolytic anemia (자가면역 용혈성 빈혈) 개인이 자신의 적혈구에 대항하는 항체를 생산하는 결과로 나타나는 질환.

Avirulent (비병원성) 해가 없는.

Axial filament (축사) 세포형태에서 스피로헤타가 배지에서 나선모양으로 회전하도록 하는 회전 내부 편모로 구성된 구조.

Azole (아졸) 세포막을 파괴하는 항진균 약물 종류.

B cell (B 세포) B 림프구.

B cell receptor (BCR) (B 세포 수용체) B 림프구에 의해 발현되는 세포막과 융합되어 있는 항체.

B lymphocyte (B 림프구) [B 세포(*B cell*)] 성인의 적색 골수에서 생성되고 성숙되는 림프구로서 비장, 림구절, 적색 골수, 장의 파이어판(Peyer's patches) 등에서 발견되며 항체를 분비함.

Bacillus (간균) 막대형 원핵세포.

Bacitracin (바시트라신) 세포질로부터 NAG와 NAM 분비를 막아 세포용해를 일으키는 항미생물제.

Bacteremia (균혈증) 혈액 내에 세균이 존재; 자주 *Staphylococcus aureus* 또는 *Streptococcus pneumoniae*의 감염이 원인.

Bacteria (세균) 펩티도글리칸으로 구성된 세포벽을 가지는 원핵미생물. Woese의 분류학에서 세균 rRNA 서열을 가지는 모든 원핵세포를 포함하는 도메인.

Bacterial gastroenteritis (세균성 위장염) 세균성 병원체에 의한 위장의 점막 염증.

Bacterial intoxication (세균성 중독) 세균 독소에 의한 식중독.

Bacteriophage (박테리오파아지) [파아지(*phage*)] 세균세포에 감염하고 보통 파괴하는 바이러스.

Balantidiasis (대장섬모충증) *Balantidium coli*에 의한 가벼운 위장 질환.

Basic dye (염기성 염료) 현미경 관찰에서 산성구조를 염색하는데 사용하는 양이온 색소포. 알칼리 환경에서 가장 효과적으로 작용함.

Basidiocarp (담자과) 버섯, 먼지버섯, 대곰보버섯, 젤리 곰팡이, 찻잔접시버섯과 브래킷 균류(bracket fungi)를 포함하는 담자균의 자실체.

Basidiomycota (담자균문) 담자포자와 담자과 생성의 특징을 갖는 진균 문(phylum).

Basophil (호염구) 염기성 염색약인 메틸렌블루에 의해 파랗게 염색되는 과립성 백혈구.

Benign tumor (양성 종양) 한 장소에 남아있는 종양세포의 덩어리로 일반적으로 해롭지 않음.

Beta interferons (IFN-β) (베타 인터페론) 감염 후 몇 시간 내에 감염된 섬유아세포에서 분비되는 인터페론.

Beta-lactam (베타-락탐) 기능적 부위가 베타-락탐 고리로 구성된 항미생물제로, NAM 소단위를 교차결합 시키는 효소에 비가역적으로 결합하여 펩티도글리칸 형성을 저해함.

Beta-lactamase (베타-락탐 분해효소) 페니실린과 유사 분자의 베타-락탐 고리를 분해하여 불활성화 시키는 세균 효소.

Betaproteobacteria (베타프로테오박테리아) 매우 낮은 영양물질의 수준에서 자라는 프로테오박테리아 문(phylum)의 다양한 그람-음성 세균의 강(class).

Binary fission (이분법) 원핵생물에서 가장 흔한 무성생식 방법으로 후손의 형성에 따라 모세포는 사라짐.

Binomial nomenclature (이명법) 린네의 분류체계에서 사용되는 분류방법으로 속명과 종소명(specific epithet)을 각 종에 부여함.

Biofilm (생물막) 표면에서 자라는 점질성의 미생물 집단.

Biological vector (생물학적 매개체) 병원체를 전파하며 병원체의 생활사의 단계에서 병원체의 증식에 필요한 숙주로 작용하는 절지동물 또는 동물.

Bioreporter (생물보고자) 선천적 신호전달능을 가진 미생물로 구성된 생물센서의 형태.

Biotechnology (생명공학) 유용한 산물을 얻기 위해서 미생물을 조작하는 미생물학의 한 갈래.

Bioterrorism (생물테러) 미생물이나 독소를 사용하여 사람들에 대하여 테러를 가하는 행위.

Blastomycosis (분아균증) 미국 동남부에서 발견된 폐질환으로 *Blastomyces dermatitidis* 감염이 원인.

Blood group antigen (혈액형항원) 적혈구에 표면에 존재하는 분자들.

Bodily fluid transmission (체액전파) 혈액, 소변, 타액, 또는 다른 체액을 통한 병원성 미생물의 전파.

Botulism (보툴리누스 중독증) 보툴리눔 독소에 의한 사망 가능성이 있는 중독; 음식 매개 보툴리누스 중독증, 태아 보툴리누스 중독증 및 상처 보툴리누스 중독증의 3가지 종류가 있음.

Bradykinin (브라디키닌) 9개의 아미노산으로 구성된 펩티드 사슬로 강력한 염증반응 매개체.

Broad-spectrum drug (광범위 약물) 많은 다른 종류의 병원체에 효과적인 항미생물제.

Bronchitis (기관지염) 기관지의 염증.

Broth (육즙, 배양액) 미생물을 배양하는데 사용하는 영양이 풍부한 액체배지.

Broth dilution test (액체희석시험) 최소 저해 농도를 측정하는 시험으로 액체배지가 들어있는 시험관 또는 홈(well) 내의 항미생물제의 연속희석액에 표준화된 양의 세균을 첨가함.

Brucellosis (브루셀라병) *Brucella*가 원인인 질병; 대개 증상이 없거나 약하지만, 동물에서 불임이나 유산의 결과를 가져올 수 있음.

Bruton-type agammaglobulinemia (브루톤형 무감마글로불린혈증) 아기들이 면역글로불린을 생산하지 못하여 재발하는 세균 감염을 겪는 유전 질환.

Bubonic plague (림프절 흑사병) 심각한 전신 질환, *Yersinia pestis*의 감염이 원인으로 치료하지 않으면 환자의 치사율이 50%이며, 열, 조직 괴사, 가래톳(bubo)의 존재가 특징.

Budding (출아법) 원핵생물과 효모에서 모세포에서 자라난 부위가 유전물질의 사본을 가지며 커지고 떨어지는 생식과정. 바이러스학에서는 숙주의 세포막을 통한 피막성 비리온의 분출.

Bulbar poliomyelitis (연수성 회백수염) 팔다리와 호흡기 근육 마비가 결과로 나타나는 뇌와 수질의 감염; 폴리오바이러스 감염이 원인.

Bunyaviruses (부니아바이러스) 3개의 –ssRNA 분자의 분절형 유전체를 갖는 인수공통 병원체군으로 절지동물을 통해 인간에게 전파.

Burkitt's lymphoma (버키트림프종) 엡스타인 바 바이러스(Epstein-Barr virus) 감염에 의한 턱 부위의 감염성 암.

***C. diff.* diarrhea (*C. diff.* 설사)** 항균 약물 요법에 의해 정상 장내 미생물총의 제거되어 나타나는 묽은 설사로 *Clostridium difficile* 내생 포자가 발아되어 발생함.

Calicivirus (칼리시바이러스) 설사, 메스꺼움, 구토의 원인인 작고 둥근 장내 바이러스군.

Calor (열) 열.

Cancer (암) 하나 또는 그 이상의 악성 종양이 존재하는 질병.

Candidiasis (칸디다증) *Candida* 종의 감염이 원인인 여러 가지 기회성 질병에 대한 용어.

Candin (캔딘) 세포벽 합성을 저해하는 항진균제.

Capnophile (호탄산가스생물) 낮은 산소압에서 고농도의 이산화탄소가 존재하는 상태에서 가장 잘 자라는 미생물.

Capsid (캡시드) 비리온의 핵산을 둘러싼 단백질 외피.

Capsomere (캡소머) 캡시드의 단백질성 소단위.

Capsule (캡슐) 세포표면에 단단히 부착된 유기화합물의 반복단위로 구성된 당질층(glycocalyx).

Capsule stain (캡슐염색) [음성염색(*negative stain*)] 현미경 관찰에서 일차적으로 세균의 캡슐을 관찰하고, 산성염료를 사용하여 염색되지 않은 시료와 염색된 배경을 관찰하는데 사용되는 염색기법.

Carbuncle (종기) 아래에 있는 조직까지 확장된 여러 개의 등창이 모여서 형성; *Staphylococcus aureus*의 감염이 원인.

Caries (충치) [충치(*cavities*)] 비리단스 스트렙토코커스와 기타 세균에 의해서 일어나는 치아부식.

Carrageenan (카라지난) 홍조류에서 분리되고 농화제로 이용하는 젤 같은 다당류.

Cat scratch disease (묘소병) 어린이에게 흔하며 종종 심각한 감염; 불안 및 국소적 부어오름; *Bartonella henselae*의 감염이 원인.

Catarrhal phase (카타르 단계) 백일해에서 1–2주 지속되는 초기 단계로 일반 감기와 징후와 증상이 유사한 것이 특징.

CD4 cell [도움 T 세포(*helper T cell*), Th 세포(*Th cell*)] 세포성 면역반응에서 CD4 세포표면 당단백질을 특징으로 하는 세포로 B 림프구, 세포독성 T 세포를 조절함.

CD4 HIV의 초기 결합부위로 작용하며, 도움 T 세포의 특징적 세포막 단백질.

CD8 cell [세포독성 T 세포(*cytotoxic T cell*), Tc 세포(*Tc cell*)] 세포성 면역반응에서 CD8 세포표면 당단백질을 특징으로 하는 세포로, 감염되거나 비정상세포를 파괴하는 물질인 퍼포린과 그랜자임을 분비.

CD8 세포독성 T 세포의 특징적인 세포막 단백질.

CD95 pathway (CD95 신호전달) 세포성 세포독성에서 감염된 세포의 세포자멸을 유발하는 CD95 단백질이 관여하는 신호전달.

Cell culture (세포배양) 생물로부터 분리되어 배지 표면이나 액체에서 기른 세포. 바이러스는 세포 배양에서 자랄 수 있음.

Cell-mediated immune response (세포성 면역반응) 세포내에 존재하거나 비정상적인 인체의 세포와 싸우는 T 림프구에 의한 면역반응.

Cellular slime mold (세포성 점균류) 각각의 반수성 점균아메바로 세균, 효모, 대변과 분해되는 식생을 포식함.

Cesspool (오수조) 폐기물이 지하에 매립된 다공성 콘크리트 링에 입수되는 가정용 일차 폐수 처리로서 미생물에 의해 소화됨.

Cestodes (촌충류) (촌충) 소화기계가 없고 길고 납작한 분절형 기생충 군 .

Chagas's disease (샤가스병) *Trypanosoma cruzi*를 운반하는 침노린재류 흡혈곤충(kissing bug)에 물린 것이 원인인 치사 가능성이 있는 질병으로 물린 부위에 부종이 형성되고, 뒤이어서 열, 부어오른 림프절, 심근증, 장기 비대증 및 궁극적으로는 울혈성 심부전이 옴.

Chancre (경성하감) 매독의 원인체인 *Treponema pallidum*의 감염 부위에 나타는 통증이 없는 붉은 병변.

Chancroid (연성하감) *Haemophilus ducreyi*에 의한 감염 부위에서 연질의 통증성 성병 궤양.

Chemical fixation (화학적 고정) 현미경 관찰에서 슬라이드에 도말(smear)을 부착시키기 위하여 메틸 알콜이나 포르말린을 사용하는 기법.

Chemokine (케모카인) 백혈구에게 염증이 일어났거나 감염된 부위로 움직이도록 신호를 주고 다른 백혈구를 활성화하는 사이토카인.

Chemotactic factors (주화성 인자) 보체나 사이토카인으로부터 유래된 펩티드와 같은 세포를 끌어들이는 화학물질.

Chemotaxis (주화성) 화학적 자극에 반응하여 세포가 이동하는 것.

Chemotherapy (화학요법) 병원성 미생물을 파괴하기 위한 가능성을 갖는 화학물질을 연구하는 병원미생물학의 한 분야.

Chickenpox (수두) [수두(*varicella*)] 열, 불안 및 피부병변이 특징인 매우 감염성이 높은 질병으로 수두대상포진 바이러스(VZV)의 감염이 원인.

Chitin (키틴) 강하고 유연한 질소성 다당류로 진균의 세포벽 및 곤충과 기타 절지동물의 외골격에 존재함.

Chlamydia (클라미디아) 작은 그람-음성 병원성 구균으로 포유류, 조류와 소수의 무척추동물의 세포 내에서만 자라고 증식하며 기본소체로 전파됨.

Chloramphenicol (클로람페니콜) 50S 소단위의 효소 부위를 막아 폴리펩티드 합성을 저해하는 항미생물제.

Chlorophyta (녹조류) 녹색-색소의 조류 문으로 엽록소 a와 b를 가지며 당과 전분을 저장물질로 저장하고 식물과 유사한 rRNA 서열을 가짐. 식물의 조상으로 간주됨.

Cholera (콜레라) *Vibrio cholerae*에 오염된 음식과 물의 섭취로 발생된 질병으로 오염 및 구토, 설사의 특징이 있음.

Cholera toxin (콜레라 독소) *Vibrio cholerae*에 의해 생성된 외독소로 장 상피세포에서 탈수를 일으킴.

Chromoblastomycosis (색소모세포진균증) 내부적으로 확산되는 병변이 특징인 피부 및 피하 질병으로 피부에 자낭균류 진균이 외상을 통해서 도입되는 것이 원인.

Chronic disease (만성질환) 서서히 경미한 증후를 보이며 발생하며 영속적이거나 재발되는 질환.

Chronic granulomatous disease (만성육아종병) 림프절, 폐, 뼈, 피부 등에 염증세포로 구성된 큰 덩어리의 조직이 발생하며 감염이 재발되는 소아의 주요 면역결핍질환.

Chronic inflammation (만성염증) 서서히 발생하는 염증의 종류로 오랫동안 지속되고 질병의 결과로 손상(사망까지도)의 원인이 될 수 있음.

Chrysophyta (황녹조류) 황조류, 황녹조류와 규조류를 포함하는 조류 문.

Cilia (섬모) 일부 진핵세포에서 짧고 털같은 율동적으로 움직이는 돌출부.

Ciliate (섬모충류) 원생동물 분류학에서 그들의 영양체 단계에서 섬모의 존재라는 특징을 갖는 피하낭류 원생동물의 종류.

Class (강) 생물체의 유사한 목(order)의 분류학적 집단화.

Class switching (항체변환) 원형질세포가 항체의 Fc 부위의 종류를 바꿔 합성하고 분비하는 과정.

Clinical laboratory scientist (임상실험과학자) 적어도 학사학위를 가진 건강관리와 관련한 미생물학적 실험방법에서의 전문가.

Clinical specimen (임상시료) 미생물의 존재를 조사하거나 시험하는 분변에나 혈액과 같은 사람에서 유래하는 물질 샘플.

Clonal deletion (클론결손) 세포사멸을 통해 자기항원에 반응하는 수용체를 가진 세포들을 선택적으로 죽이는 과정.

Clonal expansion (클론확장) 면역학에서 활성화된 림프구의 복제.

Clonal selection (클론선택) 항체 면역에서 특정 항원결정부위에 부합되는 BCR을 가진 B 림프구를 인식하고 활성화하는 과정.

Coccidioidomycosis (콕시디오이데스진균증) 미국 남서부에서 발견된 폐 질환으로 *Coccidioides immitis* 감염에 의해 발생.

Coccobacillus (구간균) 긴 구균 같이 구형과 막대 사이의 중간 형태의 원핵세포.

Coccus (구균) 구형의 원핵세포.

Coenocyte (다핵체) 체세포분열이 반복되지만 세포질 분열이 연기되거나 없을 때 생기는 다핵 세포.

Coinfection (동시감염) B형 및 D형 간염바이러스에 동시에 감염된 환자의 상태.

Cold sore (입술포진) 포진바이러스의 입술 병변의 일반적인 이름.

Coliforms (대장균) 젖당을 가스로 발효하는 장내 그람-음성 세균으로 인간과 동물의 내장기관에서 발견됨.

Colony-forming unit (CFU) (집락형성단위) 하나의 군집을 형성하는 세포 하나 또는 관련 세포군.

Colorado tick fever (콜로라도 진드기열) 콜티바이러스(*Coltivirus*)에 의한 인수공통전염병으로 일반적으로 미열과 오한이 특징임.

Combination vaccine (병용백신) 여러 병원체의 항원으로 구성되어 동시에 접종할 수 있는 백신.

Commensalism (편리공생) 한 종류는 이익을 얻고 다른 종은 별로 심각한 영향을 받지 않는 공생관계.

Communicable disease (전염병) 다른 숙주로부터 직간접적으로 쉽게 옮기는 감염성 질병.

Complement fixation test (보체결합시험) 혈청에 특정 항체의 존재 여부를 확인하기 위한 분석방법.

Complement system (complement) (보체계) 세포 유도물질 역할을 하고, 염증반응을 일으키고 열을 발생시키고 궁극적으로 타세포를 파괴하는 일련의 혈청단백질.

Compound microscope (복합현미경) 확대하기 위하여 여러 개의 렌즈를 사용하는 현미경.

Condenser lens (콘덴서렌즈) 복합현미경에서 빛이 시료 뿐만 아니라, 경로를 굴절시키는 한 개 이상의 거울을 통과하도록 하는 렌즈 .

Condyloma acuminata (첨형 콘딜로마) 파필로마바이러스(papillomavirus) 감염에 의한 크고 콜리플라워와 같은 음부 사마귀.

Confocal microscope (공초점현미경) 시료의 한쪽면에서 형광물질을 밝게 하기 위하여 자외선레이저를 사용하는 광학현미경의 한 종류.

Congenital syphilis (선천성 매독) 매독의 원인체인 *Treponema pallidum*에 감염된 여성의 태아의 지적장애, 장기형성 이상 및 일부 경우에는 사망을 특징을 하는 질병.

Conjunctivitis (결막염) [유행성 결막염(*pinkeye*)] 눈꺼풀 내벽의 염증.

Consumption (폐결핵) 결핵; 몇몇 부위에서 결핵에 영향을 받은 신체가 쇠약해짐.

Contact immunity (접촉면역) 약독화된 백신으로 접종한 개인과 접촉한 후에 접종을 받지 않은 개인이 얻게 되는 면역능.

Contagious disease (전염병) 보균체나 환자로부터 쉽게 전파되는 전염병.

Contamination (오염) 신체나 다른 부위에 미생물이 존재하는 것.

GLOSSARY

Continuous cell culture (연속 세포 배양) 종양세포로부터 생성된 세포배양 종류.

Contrast (대비) 두 사물간, 또는 사물과 그 배경 간에서 시각적 강도의 차이.

Convalescence (회복기) 전염병의 단계에서 환자가 병으로부터 회복되고 조직이나 신체의 체계가 회복되고 정상으로 돌아가는 마지막 단계.

Cord factor (코오드인자) 딸세포 가닥을 생산하는 병원성 *Mycobacterium tuberculosis*의 세포벽 성분으로 호중구의 이동을 억제하며 신체세포에 독성을 나타냄.

Coronavirus respiratory syndrome (코로나바이러스 호흡기 증후군) 코로나바이러스 SARS 바이러스와 MERS 바이러스로 인한 중증 호흡기 질환.

Coronavirus respiratory syndrome (코로나바이러스 호흡기 증후군) 코로나바이러스(coronavirus)인 SARS 바이러스와 MERS 바이러스로 인해 발생하는 중증호흡기질환.

Coronaviruses (코로나바이러스) 감기뿐 만 아니라 중증급성호흡기증후군의 원인으로 외피 ssRNA 바이러스군.

Counterstain (역염색) 그람염색에서 일차염색에 대하여 대비되는 색을 나타내는 붉은색 염색으로, 그람음성 세포는 붉은색을 나타냄.

Coxsackieviruses (콕사키바이러스) 미열과 감기에서 심근염 및 심장마비에 이르는 인간의 다양한 질병의 원인이 되는 장 바이러스(enterovirus) 군.

Cross resistance (교차 내성) 한 항미생물 약물에 대한 내성이 유사한 약물에도 내성을 부여하는 현상.

Croup (크루프, 상기도막힘증) 후두, 기도 및 기관지의 염증과 부종으로 대개 파라인플루엔자 감염 및 드물게는 다른 호흡기 바이러스 감염이 원인인 "물개-짖는" 소리를 내는 기침.

Cryptococcosis (크립토코쿠스증) 이형태성 진균인 *Cryptococcus*에 의한 질병; 대개 뇌막염으로 나타난다.

Cryptosporidiosis (크립토스포리디아증) (Cryptosporidium *enteritis*) *Cryptosporidium parvum*의 감염이 원인인 위장관 질병; 인간에게 설사, 수액 손실, 체중 감소가 특징; HIV 양성 환자에게 치명적일 수 있음.

Cryptosporidium enteritis (크립토스포리디아장염) [크립토스포리디아증 (*cryptosporidiosis*)] *Cryptosporidium parvum*의 감염이 원인인 위장관 질병; 인간에게 설사, 수액 손실, 체중 감소가 특징; HIV 양성 환자에게 치명적일 수 있음.

Culture (배양) 미생물을 배양하는 행위 또는 배양된 미생물.

Cyanobacteria (남세균) 그람-음성 광합성 세균으로 모양, 크기와 증식 방법이 크게 다양함.

Cycloserine (사이클로세린) 그람-양성 세균 감염 치료에 사용되는 반합성 항생물질.

Cyst (포낭) 원생동물 형태에서 두꺼운 캡슐과 낮은 대사율의 특징을 갖는 강인한 휴지기 단계.

Cysticercus (낭미충) 일반적으로 중간 숙주의 근육에 있는 미성숙 촌충.

Cytokine (사이토카인) 적응면역반응을 조절하는 여러 종류의 세포들이 분비하는 단백질.

Cytokinesis (세포질 분열) 세포의 세포질 분열.

Cytotoxic T cell (세포독성 T 세포) [Tc 세포(*Tc cell*), CD8 세포(*CD8 cell*)] 세포성 면역반응에서 CD8 세포표면 당단백질을 특징으로 하는 세포로 퍼포린(perforin)과 그랜자임(granzyme) 등 감염되거나 비정상세포를 파괴하는 물질을 분비함.

Dark-field microscope (암시야현미경) 희미하거나 작은 시료를 연구하는데 사용되는 현미경; 빛은 굴절되어 대물렌즈를 통과하지 못함.

Decolorizing agent (탈색제) 염색에서 일차염색약을 세척하는 용액.

Deeply branching bacteria (오랜 기원의 세균) rRNA 서열과 생장 특성이 최초의 세균과 유사한 것으로 생각되는 원핵성 독립영양체.

Defensins (디펜신) [항미생물 펩티드(*antimicrobial peptide*)] 광범위한 미생물에 대항하는 작용을 하는 짧은 아미노산 사슬.

Defined medium (한정배지) [합성배지(*synthetic medium*)] 정확한 화학적 조성을 하는 배양배지.

Definitive host (최종숙주) 기생충의 생활사에서 기생충이 성숙하고 종종 성적 형태가 존재하고 대개는 생식을 하는 숙주.

Degerming (병균제거) 씻기를 통해 표면에서 미생물을 제거함.

Delayed hypersensitivity reaction (type IV hypersensitivity) (지연형 과민반응) 최고조의 반응을 보이기까지 24-72시간이 걸리는 T 세포 매개의 염증반응.

Deltaproteobacteria (델타프로테오박테리아) *Desulfovibrio, Bdellovibrio*와 myxobacteria를 포함하는 프로테오박테리아 종류.

Dendritic cells (수지상 세포) 표피와 점막에 존재하며 병원체를 탐식하는 세포.

Dengue fever (뎅기열) *Aedes* 모기에 의해서 전파되는 flavivirus에 의한 자기제한적이지만 매우 고통스러운 질병.

Dengue hemorrhagic fever (뎅기출혈열) 뎅기바이러스(dengue virus)의 재감염에 대한 과면역 반응을 포함하여 사망가능성이 있는 질병으로 혈관의 파괴, 내출혈 및 쇼크의 원인.

Dermatophyte (피부사상균) 피부, 손톱 및 털에 정상적으로 서식하는 진균.

Dermatophytosis (피부사상균증) 피부사상진균에 의한 피부 표면, 손톱 및 털에 일어나는 다양한 종류의 감염.

Dermis (진피) 표피 깊숙이 있는 피부층으로 모낭, 샘(gland) 및 신경말단을 포함함.

Descriptive epidemiology (서술적 역학) 질병에 관해 결과를 주의 깊게 기록하는 역학.

Diapedesis (혈구누출) 백혈구가 막이나 얇은 층을 싸고 있는 세포들 사이로 파고들어 온전한 핏줄을 빠져나오는 과정.

Diatom (규조) 황녹조류 문의 조류 종류로 규조각이라는 껍질에 배열된 이산화규소로 만들어진 세포벽을 가짐.

Dichotomous key (이분식 검색표) 두 개의 사실이 배열된 정보가운데 어떤 특정 생물체에 대하여 한가지만을 적용하는 생물체 분류방법.

Differential interference contrast microscope (차별 간섭대비 현미경) 빛살(light beam)을 분산시키기 위해 프리즘으로 사용하는 위상현미경의 한 종류로서 3차원의 상을 보여줌.

Differential medium (분별배지) 미생물학자들이 배지에서 가시적 변화 또는 존재하는 집락에서의 차이에 의해 배지에서 자라는 세균들을 식별하는데 도움을 주기 위해 만들어진 배양배지.

Differential stain (분별염색) 현미경 관찰에서 한가지 이상의 염료를 사용하여 다른 구조물을 식별할 수 있는 염색. 그람염색은 가장 흔히 사용되는 방법임.

Differential white blood cell count (감별 백혈구 계산) 백혈구의 상대적 숫자를 나타내기 위해 실험적 기술.

Diffusion susceptibility test (확산 감수성 시험) [커비-바우어 시험(*Kirby-Bauer test*)] 특정 병원체에 가장 효과적인 약물을 찾는데 널리 사용되는 간단하고 저비용의 시험. 절차는 페트리 평판에 의문의 병원체를 표준화된 양으로 고르게 접종하고 시험하는 약물을 적신 디스크를 평판에 올려놓음.

DiGeorge syndrome (디조오지 증후군) 흉선의 발생이 실패하여 T 세포가 결여.

Dimorphic (이형태성) 두 가지 형태를 가짐. 예를 들면 이형태성 진균은 효모와 사상균 모양을 둘 다 가짐.

Dinoflagellate (와편모충류) 원생동물 분류학에서 단세포성의 편모를 가지는 피하낭류 원생동물 종류로 광합성 색소를 가짐.

Dioecious (자웅이주) 수컷 및 암컷 생식기가 다른 개체에 존재하는 것.

Diphtheria (디프테리아) *Corynebacterium diphtheriae* 감염으로 생긴 디프테리아 독소가 원인으로 경미한 질환에서 사망가능성까지 있는 호흡기 질병.

Diphtheroids (디프테로이드) *Corynebacterium diphtheriae*와 외형이 유사하여 이름을 따랐지만 일반적으로 비병원성인 다형태성 간균.

Diplococcus (쌍구균) 구균의 쌍.

Diploid (배수체) 각 염색체의 두 사본을 가진 핵.

Diploid cell culture (배수성 세포 배양) 분리되어 적절한 생장 조건이 제공된 배아동물, 식물 또는 인간세포로부터 만들어진 세포배양의 종류.

Dipstick immunochromatographic assay (딥스틱면역크로마토그래피법) 항원 용액이 구멍이을 있는 스트립(strip)을 통과하여 흐르며 표지된 항체를 접촉하는 ELISA 검사의 빠른 변형; 임신진단 과 빠른 병원체 확인을 위해서 사용.

Direct antibody test (직접 항체검사) 항원의 존재를 직접적으로 관찰하게 하는 면역조사법.

Direct contact transmission (직접접촉전파) 숙주 간의 신체접촉으로 인해 한쪽의 숙주에서 다른 숙주로 감염체가 이동하는 것.

Direct fluorescent antibody test (직접 형광항체검사) 표지된 항체로 처리된 조직의 항원의 존재를 직접 관찰하는 면역조사법.

Disease (질병) 정상 신체기능을 방해하기에 충분히 심각하게 불리한 내부 상태.

Disease process (질병과정) 오염과 감염에 따라 질병이 일어나는 명확한 순서.

Disinfectant (소독제) 무생물에서 미생물을 저해하거나 죽이는데 사용되는 물리적 또는 화학적 제제.

Disinfection (소독) 생명이 없는 물체에 대하여 미생물을 저해하거나 죽이는데 사용되는 물리적 또는 화학적 제제를 사용함. 수처리에서 오존, 자외선, 또는 염소처리는 대부분의 미생물을 죽임.

Disseminated intravascular coagulation (파종혈관내응고) Lipid A에 의해 발생하는데 온몸의 혈관내에 형성된 혈액응고.

Dolor (통증) 통증.

Domain (영역, 도메인) Linnaean taxon of Kingdom을 포함하는 Carl Woese에 의해 식별되는 세포의 집단화의 세 가지 기본형.

Droplet transmission (비말전파) 에어로솔을 통하여 한 숙주에서 다른 숙주로 전파하며, 숨을 내뱉거나, 기침, 재치기를 통하여 나오며 1 m 이내를 이동.

Dysentery (이질) 자주 혈액과 점액을 포함한 대변을 갖는 설사가 특징인 병.

Dyspnea (호흡곤란) 호흡곤란.

Dysuria (배뇨장애) 통증이 심한 배뇨.

Eastern equine encephalitis (EEE) (동부말뇌염) 토가바이러스(togavirus)에 의해 뇌에 잠재적으로 발생하는 치명적인 감염.

Ebola virus (에볼라바이러스) 사례의 90%에서 치명적인 출혈열을 일으키는 원인인 아프리카의 바이러스.

Echinocandin (에키노칸딘) 세포벽 합성을 저해하는 항진균 약물.

Echoviruses (에코바이러스) [장내 세포변성 인간고아바이러스(*enteric cytopathic human orphan viruses*)] 바이러스성 뇌막염과 감기의 원인인 장바이러스(enterovirus) 군.

Ecosystem (생태계) 특별한 서식지에서 살아가는 모든 생물체와 둘 간의 상관관계.

Efflux pump (유출 펌프) 세포 또는 주변세포질로부터 항미생물 약물을 제거하는 막 관통 펌프.

Ehrlichiosis (에르리히증) [인간단핵구에르리히증(*human monocytic ehrlichiosis, HME*)] 리케차 균인 *Ehrlichia chaffeensis*가 원인인 진드기 매개질병으로 독감과 같은 징후와 증상을 보인다. 예전에는 현재 아나플라스마증(*anaplamosis*)으로 불리는 인간과립구아나플라스마증(human granulocytic anaplasmosis)으로 고려됨.

Electron (전자) 음성 전하를 가지는 아원자 입자.

Elek test (엘렉크 시험법) 체액 시료에서 디프테리아 독소의 존재를 검출하기 위해 사용하는 면역확산 검사.

Elephantiasis (코끼리피부병, 상피병) *Wuchereria bancrofti*의 감염으로 림프가 축적되는 하반신 조직의 비대 및 경화.

Empyema (농흉, 축농증) 포도상구균 폐렴 환자에서 폐의 폐포에서 고름의 존재.

Encephalitis (뇌염) 뇌의 염증.

Encystment (피포형성) 원생동물의 생활주기에서 숙주조직에서 낭이 형성되는 시기.

Endemic (풍토병) 역학에서 질병이 특정한 지역이나 집단에서 비교적 일정한 빈도로 발생하는 질병.

Endemic typhus (발진열) [쥐의 발진티푸스(*murine typus*)] 벼룩이 전파하는 질병으로 고열, 두통, 오한, 근육통 및 메스꺼움이 특징; *Rickettsia thyphi* 감염이 원인.

Endocarditis (심내막염) 심내막의 잠재적으로 치명적인 염증; 일반적으로 *Staphylococcus aureus*이나 *Streptococcus pneurnoniae* 감염에 의해 발생.

Endocytosis (세포내이입, 엔도시토시스) 일부 진핵세포에서 사용되는 능동수송으로 위족이 물질을 둘러싸서 세포내로 이동시킴.

Endoflagellum (내부편모) 세포 밖으로 돌출되어 있는 것이 아니라 세포 주위에 단단히 나선으로 감긴 스피로헤타의 특이한 편모.

Endogenous antigen (내부항원) 신체의 세포 내에서 증식하는 미생물이 만드는 항원.

Endogenous healthcare associated infection (내부의료관련감염) 한 환자에서 기회성 병원체에 의해 생겨나는 감염.

Endosome (엔도솜) 식작용에 의해 섭취된 물질을 함유하는 세포내이입 중에 형성된 주머니.

Endospore (내생포자) 그람양성인 *Bacillus* 속 또는 *Clostridium* 속의 영양세포가 변형되어 생성된 환경적으로 내성을 가지는 구조.

Endotoxin (내독소) [지질 A(*lipid A*)] 죽은 그람음성 세균의 세포벽의 외막의 지질다당 층에서 분비된 잠재적으로 치명적인 독소.

Enrichment culture (농화배양) 선택배지를 사용하여 개체수가 적은 미생물의 생장을 증진시키는데 사용되는 기법.

Enterobacteriaceae (장내세균과) [장내세균(*enteric bacteria*)] 병원성이 될 수 있는 산화 효소 음성, 그람음성 세균 과(family).

Enteroviruses (엔테로바이러스) 분변-경구를 통해 전염되는 피코르나바이러스(picornavirus)군으로서 표적 기관의 다양한 질환의 원인.

Entry (침투) 바이러스학에서 용균 복제경로의 두 번째 단계로 비리온 또는 그 유전체가 숙주 세포로 들어감.

Envelope (피막) 바이러스학에서 바이러스 캡시드를 둘러싼 막.

Environmental microbiology (환경미생물학) 토양, 물, 그리고 다른 서식지에서 미생물의 역할을 연구하는 미생물학의 한 분야.

Enzyme immunoassay (EIA) (효소면역분석법), enzyme-linked immunosorbent assay (ELISA) (효소결합면역흡착측정법) 표지자로 효소산물을 사용하는 간단한 일련의 면역측정 방법으로 기계를 이용하여 자동화하여 해독이 가능한 방법.

Eosinophil (호산구) 산성염색약인 에오신으로 염색하면 붉은색에서 오렌지색으로 염색되는 과립성 백혈구.

Eosinophilia (호산구 증가증) 정상보다 많은 호산구가 생성되는 비정상적인 혈액상태.

Epidemic (유행병) 역학에서 주어진 지역이나 인구에게 일반적으로 발생하는 것 보다 더 높은 빈도로 발생하는 병.

Epidemiology (역학) 사람에서 질병의 발생, 분포, 확산에 대하여 연구하는 학문.

Epidermis (표피) 피부의 가장 외부층.

Epididymitis (부고환염) 부고환의 염증.

Epitope (에피토프) [항원결정기(*antigenic determinant*)] 면역체계에 의해 인식되는 항원의 특정 지역의 3차구조적 형태.

Epsilonproteobacteria (엡실론프로테오박테리아) 프로테오박테리아 문의 그람-음성 간균, 비브리오 또는 나선균을 포함함.

Erysipelas [단독(丹毒)] 림프절에 퍼진 농가진으로 통증과 염증을 동반하고 A군 *Streptococcus* 감염이 원인.

Erythema infectiosum (전염성홍반) [제5병, 감염홍반(*fifth disease*)] 어린이에게 발생하는 무해한 붉은 반점으로 B19 바이러스가 원인.

Erythrocyte (적혈구) 적혈구.

Erythrocytic cycle (적혈구내 발육주기) *Plasmodium*의 생활사에서 낭충(merozoite)이 감염하여 적혈구를 용해하는 단계.

Eschar (가피, 괴사딱지) 탄저병의 검은색의 부어오르고 딱딱한 통증이 없는 피부 궤양.

Etest (E시험) 최소 저해 농도 측정을 위한 시험; 관심의 대상 병원체로 접종된 평판 위에 시험하려는 항미생물제를 농도 기울기로 함유한 길고 얇은 플라스틱 조각을 올림.

Ethambutol (에탐부톨) Mycobacteria에 의한 아라비노갈락탄-마이콜산(arabinogalactan-mycolic acid) 생성을 막는 항미생물 약물.

Etiology (병원학, 병인론) 질병의 인과관계를 공부하는 학문.

Euglenids (유글레나류) 먹이를 파라밀론(paramylon)으로 저장하고 세포벽이 없으며 양성 주광성에 사용하는 안점을 가진 원생동물.

Eukarya (진핵생물) Woese의 분류학에서 모든 진핵세포를 포함하는 도메인.

Eukaryote (진핵세포) 특징적인 막으로 둘러 쌓인 유전물질로 구성된 핵을 포함하는 세포로 만들어진 생물체. 동물, 식물, 조류, 진균, 원생동물이 포함됨.

Eutrophication (부영양화) 수계에서 미생물의 과도생장.

Exocytosis (세포외배출) 일부 진핵세포에서 사용되는 능동수송과정으로 소포가 세포막과 융합되어 세포로부터 물질을 배출함.

Exfoliative toxin (표피탈락독소) 피부 데즈모좀을 분해하는 *Staphylococcus aureus*의 특정 균주의 독소로서 피부 외부층의 탈락을 일으킴.

Exoerythrocytic phase (적혈구외 발육주기) *Plasmodium*의 생활사에서 감염모기가 **포자 소체(*sporozoites*)**를 혈액으로 주입하는 단계.

Exogenous antigen (외부항원) 신체를 구성하는 세포 밖에서 증식되는 미생물이 생산하는 항원.

Exogenous healthcare associated infection (외부의료관련감염) 의료시설 환경에서 획득한 병원체에 의한 감염병.

Exotoxin (외독소) 병원성 세균에 의해 환경으로 분비되는 독소.

Experimental epidemiology (실험역학) 질환의 원인에 관해 분석역학으로부터 유추한 가설을 검증.

Extensively drug-resistant (XDR) tuberculosis (광범위 약제내성 결핵) 광범위 약제 내성 *Mycobacterium*으로 인한 결핵.

Extremophile (극한생물) 생존에 극단적인 조건의 온도, pH, 염분도 등을 요구하는 미생물.

Facultative anaerobe (통성혐기성) 산소의 유무에 상관없이 살아가는 미생물.

Family (과) 생물체의 유사한 속(genera)의 분류학적 집단화.

Fc region (Fc 영역) 항체의 축 부분.

Fecal transplant (분변이식) 환자에게 주로 관장기를 통해 분변을 주입. *Clostridium difficile* 감염이 재발되는 경우에 정상적인 미생물상의 복원을 위해 사용.

Fecal-oral infection (분변-구강 감염) 하수에 오염된 물을 마심으로써 발생하는 질환과 같이 배설물에 있는 병원성 미생물이 입을 통해 전파되는 것.

Fermentation (발효) 물질대사에서 최종전자수용체로서 전자전달계보다 내생적 유기분자를 사용하는 에너지를 방출하기 위한 설탕의 부분적 산화. 식품미생물학에서 미생물에 의해 유도되는 식품이나 음료에서의 어떤 원하는 변화.

Fever (열) 37°C 이상의 체온.

Fever blisters (열성수포) [입술포진(*cold sore*)] 고통스럽고 가려운 입술 병변; 제1형 인간 포진바이러스(*human herpesvirus 1*) 감염의 특징.

Filariasis (사상충증) 사상성 선충에 의한 림프계의 감염.

Fimbriae (핌브리아) 일부 세균에서 세포들 간 또는 환경에 존재하는 물체표면에 부착하는 기능을 하는 끈적한 단백질성 확장기.

Firmicutes 클로스트리디아, 마이코플라스마, 낮은 G+C 그람양성 간균과 구균을 포함하는 세균 문(phylum).

Flagellates (편모충류) 적어도 한 개 이상의 길 편모를 가지는 원생동물 군으로 보통 이동에 사용됨.

Flagellum (편모) 세포에서 돌출되어 나온 긴 채찍 모양의 구조.

Flea (벼룩) 수직적으로 납작한 흡혈성의 날개 없는 곤충으로 일부 병원체의 매개체.

Flocculation (응집) 물에 명반(황산 알루미늄 칼륨)을 첨가하여 입자와 미생물의 침전물을 형성시키는 물처리 과정.

Fluorescent microscope (형광현미경) 사물이 형광을 내도록 자외선을 사용하는 현미경의 한 종류.

Fly (파리) 숨겨지거나 가려지지 않는 투명한 날개를 가진 곤충으로 모기를 포함하며 많은 병원체의 매개체.

Folliculitis (모낭염) *Staphylococcus aureus*가 모낭에 감염.

Fomes (pl. fomites) (매개물) 유리나 수건과 같이 우연하게 병원균을 새로운 숙주로 전달하는데 사용되는 물체.

Food infection (식품감염) 살아있는 생물체를 먹는 일종의 음식독성.

Food intoxication (식중독) 미생물 독소의 소비로 인한 식중독의 형태.

Food microbiology (식품미생물학) 식품생산 미생물의 이용과 식품기인성 질환의 예방을 다루는 학문.

Food vesicle (식품 소포) 고형의 세포내이입 과정에서 형성된 낭으로 일명 엔도솜(endosome) 또는 포식소체(phagosome)라고 함.

Foodborne transmission (식품매개 전파) 부실하게 공정되었거나, 설익혔거나, 냉장보관이 제대로 이루어지지 않은 음식에 존재하는 병원성 미생물이 전파되는 것.

Foraminifera (유공충) 장갑을 두른 해양 아메바 종류.

Fungi (진균) 진핵생물로 세포벽을 가지며 다른 생물로부터 먹이를 얻음.

Furuncle (등창) 주변 조직으로 크고 고통스런 모낭염 결절의 확장; *Staphylococcus aureus* 감염이 원인일 수 있음.

Gametocyte (생식모세포) 원생동물의 유성생식에서 다른 생식모세포와 융합하여 배수성 접합자를 만드는 세포.

Gamma interferons (IFN-γ) (감마 인터페론) T 림프구나 NK 림프구에 의해 생성되는 인터페론으로 감염 후 대식세포나 호중구를 활성화함.

Gammaproteobacteria (감마프로테오박테리아) 가장 크고 다양한 프로테오박테리아의 강으로 자색 유황 세균, 메탄 산화세균, pseudomonads와 기타를 포함함.

Gas gangrene (가스괴저) 가스 노폐물과 동반되는 근육과 접합조직의 죽음으로 *Clostridium perfringens*가 원인.

Gastroenteritis (위장염) 위와 장의 점막의 염증.

GC content (GC 함량) 세포의 DNA에 포함된 구아닌과 시토신의 퍼센트.

Gene therapy (유전자치료) 사람세포에서 누락된 유전자를 삽입하거나 결손유전자를 수선하기 위하여 사용되는 DNA 기술.

Genera (속) genus(속)의 복수형.

Genetics (유전학) 생물체의 유전물질에서 발현되는 유전과 유전적 특성에 대하여 연구하는 학문.

Genome (유전체) 세포나 바이러스가 가지는 모든 유전물질.

Genomics (유전체학) 유전체의 서열, 분석, 비교를 다루는 학문.

Genotype (유전형) 생물체의 유전체에서 유전자의 실제세트.

Genus (속) 생물체의 유사한 종(species)의 분류학적 집단화.

Germ theory of disease (질병의 배종설) 미생물이 질병을 일으킨다는 1857년에 Pasteur에 의해 마련된 가설.

German measles (풍진) [풍진(*rubella*)] *Rubivirus* 감염에 의한 질병으로 약 3일간 지속되는 특징적 발진이 발생되고 어린 아이들에게는 경증이지만 감염된 여성의 태아에서는 잠재적 기형이 발생함.

Giardiasis (지아르디아증) *Giardia intestinalis*의 낭종의 섭취로 인해 발생하는 경증, 중증의 위장질환.

Gingivitis (치은염) 잇몸의 염증.

Glomerulonephritis (사구체 신염) 신장의 미세혈관 네트워크인 사구체 벽에 면역복합체가 축적되어 신부전의 결과를 가져옴; 주로 A군 *Streptococcus*

감염이 원인.

Glucocorticoids (글루코코르코이드) [코르티코스테로이드(*corticosteroids*)] 프레드니손(prednisone)과 메틸프레드니손(methyl prednisone)을 포함하는 면역억제제로서 T 세포의 반응을 억제함.

Glycocalyx (pl. glycocalyces) (당질피질) 원핵 및 진핵세포의 부착성 외부 협막.

Goblet cells (배상세포) 점막의 상피에 존재하는 점액분비세포.

Gonorrhea (임질) *Neisseria gonorrhoeae* 감염에 의한 성병.

gp120 HIV에 일차적 부착 분자인 항원성 당단백질.

gp41 표적세포와 바이러스 피막의 융합을 촉진하는 항원성 HIV 당단백질.

Graft (이식) 조직이나 장기를 새로운 부위로 옮기는 것.

Graft rejection (이식거부) 증여된 조직이나 장기가 수여자에 의해 이식 거부되는 것.

Graft-versus-host disease (이식편대 숙주질환) 증여된 골수세포가 수여자 세포에 대하여 면역반응을 일으킴으로서 생기는 질병.

Gram stain (그람염색) 일련의 염색약을 사용하여 미생물 시료를 염색하는 기법으로 미생물의 종류에 따라들은 보라색과 붉은색을 나타냄. 1884년에 Christian Gram이 개발하였음.

Gram-negative cell (그람음성 세균) 일반적으로 세포벽 물질의 얇은 층, 외부 세포막, 그 사이의 주변질 공간으로 구성된 세포벽을 가지는 원핵세포로서 그람염색을 하고난 후에 붉은색을 나타냄.

Gram-positive cell (그람양성 세균) 두꺼운 세포벽을 갖는 원핵세포; 세균에서 테이코산을 포함하는 펩티도글리칸의 두꺼운 층으로 구성됨; 그람양성 세포는 그람염색방법에서 사용된 크리스탈 바이올렛 염료가 남아서 보라색을 나타냄.

Granulocyte (과립구) 세포질에 큰 과립을 가지는 백혈구.

Granzyme (그랜자임) 감염된 세포의 세포사멸을 유도하는 세포독성 T 세포의 세포질에 존재하는 단백질.

Graves' disease (그레이브스병) 갑상선 호르몬의 과다분비와 갑상선의 비대를 유도하는 자가항체를 생산하는 질병.

Group A *Streptococcus* (A군 *Streptococcus*) (*S. pyogenes*) 종의 병원성을 일으키는 M 단백질과 히알루론산 캡슐을 생산하는 그람양성 구균.

Group B *Streptococcus* (B군 *Streptococcus*) (*S. agalactiae*) 일반적으로 하부위장, 생식기, 요로에 존재하지만 신생아 질병을 일으킬 수 있는 그람양성 구균.

Gumma (고무종) 제3기 매독 환자의 뼈, 신경 조직 내에 또는 피부 위에 일어나는 병변.

Highly active antiretroviral therapy (HAART) (고도활성 항레트로바이러스 효과) 뉴클레오시드 유사체, 통합효소 저해제, 단백질가수분해효소 저해제, 역전사효소 저해제 등을 포함하는 항바이러스 제제의 칵테일.

Habitat (서식지) 생물체가 발견되는 물리적 위치.

Hansen's disease (한센병) [나병(*leprosy*)] 얼굴 특성, 손발가락 및 다른 구조를 포함하여 조직을 파괴하는 비진행성 결핵나병(tuberculoid leprosy) 또는 진행성 나병종나병(lepromatous leprosy)을 일으키는 *Mycobacterium leprae*의 감염이 원인인 질병.

Hantavirus (한타바이러스) 건조된 사슴-마우스 배설물에서 비리온의 흡입을 통해 사람에게 전염되는 버냐바이러스(bunyavirus)군으로 한타바이러스 폐증후군을 일으킴.

***Hantavirus* pulmonary syndrome (HPS) (한타바이러스 폐증후군)** *Hantavirus* 감염에 의해 발생되는 급성감염으로 중증이며 종종 치명적인 폐렴을 일으킴.

Haploid (반수체) 각 염색체의 하나의 사본을 가진 핵.

Haustoria (흡기) 숙주 조직 내로 들어가서 영양분을 빼내는 변형된 균사.

Hay fever (건초열) 상기도에 국한된 알레르기 반응으로 콧물, 재채기, 목과 눈의 가려움증, 눈물의 과다분비 등이 특징임.

Healthcare associated disease (nosocomial) (병원내 감염병) 병원시설에서 획득된 질환.

Healthcare associated infection (HAI) (nosocomial) (병원내 감염) 병원시설 내에서의 감염.

Heat fixation (열고정) in MS, 슬라이드에 도말을 부착시키기 위해 화염을 사용하는 기법.

Helminths (기생충) 기생하는 다세포성 진핵기생충.

Helper T cell (도움 T 세포) [Th 세포(*Th cell*), CD4 세포(*CD4 cell*)] 세포성 면역반응에서 CD4 세포표면 당단백질을 특징으로 하는 세포로 B 림프구, 세포독성 T 세포를 조절함.

Hemagglutinin (HA) (혈구응집소) 호흡기 상피세포에 접착을 돕는 독감바이러스의 지질막에 존재하는 당단백질의 한 부분.

Hemolytic disease of newborn (신생아용혈성 질환) Rh 음성인 산모에서 만들어진 항체가 태반을 통과하여 Rh 양성인 태아의 적혈구를 파괴함으로써 발생하는 질환.

Hemorrhagic fever (용혈열) 열, 피부와 점막 출혈, 저혈압, 쇼크가 특징인 바이러스 증후군.

Hepatitis (간염) 간의 염증.

Hepatitis A (A형 간염) A형 간염바이러스의 감염으로 발생하는 간의 염증.

Hepatitis B (B형 간염) B형 간염바이러스의 감염으로 발생하는 간염으로 황달이 특징적임.

Hepatitis C (C형 간염) 만성간염으로 간의 영구적 파괴와 간암을 유발할 수 있음. C형 간염바이러스의 감염으로 발생.

Hepatitis D (D형 간염) 심한 간 손상이나 간암을 일으킬 수 있는 간염; D형 간염바이러스의 감염에 의해 발생.

Hepatitis E (E형 간염) [장간염(*enteric hepatitis*)] E형 간염바이러스에 의해 발생하는 간염으로 감염된 산모의 약 20% 정도에서 치사율을 보임.

Hepatitis 간염.

Herd immunity (집단면역) 대부분의 사람들이 병원체에 저항적이므로 병원체가 쉽게 퍼지지 못함으로 인해 인구를 병으로부터 보호하는 면역.

Herpangina (포진성 구협염) 콕사키 A형 바이러스(coxsackie A virus)에 의한 입과 인두의 병소; 포진바이러스(herpesvirus)에서의 것과 유사함.

Herpes (포진) 포진바이러스(herpesvirus)가 원인인 고통스럽고 가려운 피부 병변.

Herpes zoster (대상포진) (*shingles*) 잠재성 varicella-zoster virus의 재활성화로 인해 발생되는 매우 고통스러운 피부발진.

Heterocyst (이형세포) 남세균의 두꺼운 벽으로 된 비광합성 세포로 질소를 환원시킴.

Highly active antiretroviral therapy (HAART) (고도활성 항레트로바이러스 효과) 뉴클레오티드 유도체, 인테그라제 저해제, 포로테아제 저해제, 역전사효소 저해제를 포함하는 항바이러스 제제의 칵테일.

Histamine (히스타민) 상해를 입은 세포가 분비하는 염증성 화학물로 모세혈관의 확장을 유도.

Histoplasmosis (히스토플라스마증) 오하이오 강 계곡에서 발견되는 폐, 피부, 눈, 또는 전신성 질환이며 *Histoplama capsulatum* 감염이 원인.

Host (숙주) 공생에서 기생체를 지원하는 기생관계에 있는 일원.

Human herpesviruses (인간포진바이러스) 포진, 수두, 단핵구증 및 장미진을 포함하여 서서히 진행되는 질병인 피부 병변의 원인인 인간 바이러스 군.

Human immunodeficiency viruses (인간면역결핍바이러스) 면역체계를 파괴하는 레트로바이러스.

Human T-lymphotropic viruses (인간 T-림프친화바이러스) 림프구암과 연관된 종양레트로바이러스 군.

Humoral immune response (체액성 면역반응) [항체성 면역반응(*antibody immune response*)] B 림프구와 항체가 중심이 되는 면역반응.

Hydatid (포충) 체액으로 채워짐.

Hydatid disease (포충병) 개 촌충인 *Echinococcus granulosus* 감염이 원인으로 치사 가능성이 있는 질병으로 간이나 다른 장기에 액체가 찬 낭포의 존재가 특징임.

Hydrophobia (광견병, 공수병) 문자적으로 물을 무서워함; 광견병 감염으로 인해 삼키는 것이 고통스러운 특성으로 인한 증상.

Hydrothermal vent (열수분출공) 고온의 영양이 풍부한 물을 뿜어내는 심해저대의 배출구.

Hypersensitivity (과민반응) 정상 범위를 넘어서는 외부 항원에 대한 면역반응.

Hypersensitivity pneumonitis (과민성 폐렴) 폐렴의 일종.

Hyperthermophile (초호열성생물) 80°C 이상의 온도를 요구하는 미생물.

Hyphae (균사) 사상균 몸의 길고 가지를 치며 관상의 필라멘트.

Iatrogenic infections (의인감염, 의사감염) 원내감염의 한 부류로 의사의 진료, 수술과 같은 처치 등이 직접적인 원인이 되는 감염.

Illness (질병) 감염성 질환의 전개과정에서 징후와 증세가 가장 명백하게 나타나는 가장 심한 단계.

Immune complexes (면역복합체) 항원-항체 복합체.

Immune thrombocytopenic purpura (면역혈소판감소 자색반) 혈소판에 결합한 약물이 항체와 보체에 결합하여 혈소판 파괴를 유발할 때 생겨나는 질환.

Immunization (예방접종) 적응면역반응과 면역 기억을 유발하기 위해 항원을 투여하는 것.

Immunoblot (western blot) (면역블럿) ELISA 분석의 변형으로 단백질의 존재를 확인하는 방법.

Immunochromatographic assay (면역크로마토그래피 분석) 색깔을 띤 물질과 결합된 항체와 항원이 눈으로 볼 수 있는 면역결합체를 형성하게 하는 면역반응 분석.

Immunodiffusion (면역확산법) 한천배지 상 서로 분리된 곳에서 항원과 항체가 확산되면서 서로의 결합에 의한 침전물의 선을 형성하는 면역조사방법.

Immunofiltration assay (면역여과법) 접시 대신 막필터를 이용하여 빠르게 측정할 수 있는 일종의 ELISA.

Immunoglobulin (Ig) (면역글로블린) [항체(*antibody*)] 형질세포(plasma cell)에서 분비하는 항원과 결합하는 단백질성 물질.

Immunoglobulin A (IgA) (면역글로블린 A) 눈물과 젖 등 다양한 신체 분비액에 흔히 존재하는 부류의 항체. IgG는 분비성분과 결합하여 분비성 IgA를 형성.

Immunoglobulin D (IgD) (면역글로블린 D) B 세포의 수용체로서 세포막에 결합된 항원.

Immunoglobulin E (IgE) (면역글로블린 E) 면역반응 특히 알레르기반응과 기생충감염에 의한 반응을 유도하는 항체.

Immunoglobulin G (IgG) (면역글로블린 G) 혈액에 가장 많은 부류의 항체이며 침입하는 세균으로부터 방어하는 주요 항체.

Immunoglobulin M (IgM) (면역글로블린 M) 두 번째로 흔한 항체로 일차 수용성면역반응 동안 초기에 압도적으로 발현되는 항체.

Immunological synapse (면역학적 연접) 세포간 신호전달과 같은 면역체계를 구성하는 세포 간 상호 경계면.

Immunology (면역학) 병원체에 대항하는 신체의 특징적 방어체계의 연구.

Immunophilins (이뮤노필린) 사이클로스포린과 같이 T 세포의 기능을 억제하는 면역억제제.

Immunotherapy (면역치료) 항원에 대해 면역학적 보호를 제공하기 위해 항체나 (수동면역) 희석된 항체를 투여하는 것.

Impetigo (농가진) 어린이의 얼굴과 팔다리에 붉은색, 고름이 가득 찬 농포; *Staphylococcus aureus* 또는 *Streptococcus pyogenes*의 감염이 원인.

Inactivated polio vaccine (IPV) (불활성 소아마비 백신) 폴리오바이러스에 대한 백신접종을 위하여 1955년에 Jonas Salk가 개발한 접종원.

Incidence (발생률) 역학에서 주어진 기간 내에 특정 지역이나 인구에서 새로운 질병의 건수

Inclusion bodies (봉입체) 클라미디아의 생활사에서 클라미드아 망상체로 채워진 진핵 파고솜.

Incubation period (잠복기) 감염성 질환의 한 단계로 감염시기와 병의 최초 증세나 징후가 발생하는 시기 간의 기간. 실험실 배양에서 배양접시에 시료를 넣을 때와 군집이 발생하는 시간 사이의 기간.

Index case (지표사례) 역학에서 특정지역이나 인구에서 관찰된 최초의 질환.

Indicator organism (지표생물) 분변에 의한 잠재적인 오염을 나타내는 환경에서 발견되는 분변성 미생물.

Indirect fluorescent antibody test (간접형광항체검사) 표지된 항체로 처리된 조직에서 항원의 존재 유무를 형광현미경을 통해 관찰하는 면역 조사.

Induction (유도) 바이러스학에서 숙주 염색체에서 프로파아지의 절단으로 프로파아지의 용균 과정이 시작됨.

Infection (감염) 병원성 미생물에 의한 성공적인 신체 침입.

Infection control (감염관리) 감염성 질병의 예방과 통제를 연구하는 미생물학의 한 분야.

Infectious mononucleosis (전염성 단핵구증) [모노(*mono*)] 목의 통증, 발열, 피로감, 비장과 간비대가 특징인 질환; 엡스타인 바(Epstein-Barr) 바이러스의 감염으로 발생.

Influenza (인플루엔자) [플루, 독감(*flu*)] 오르토믹소바이러스(orthomyxovirus)의 두 가지 종으로 인한 감염질환으로 발열, 권태감, 두통, 근육통이 특징이고 치명적일 수 있음.

Innate immunity (선천면역) 몸의 경계, 화학물질, 세포, 동일 병원체에 재감염되어도 변화가 없는 과정 등에 의해 제공되는 병원체에 대한 저항성.

Inoculum (접종) 미생물 시료.

Insect (곤충) 두부, 흉부, 복부의 3가지 몸 부위를 가지는 절지동물로 여러 기생충, 원생동물, 세균과 바이러스 병원체를 매개함.

Interferones (IFNs) (인터페론) 바이러스 감염의 확산을 억제하는 단백질.

Interleukins (ILs) (인터루킨) 백혈구사이에 신호를 전달하는 면역체계의 사이토카인

Intermediate host (중간숙주) 기생충의 생활사에서 다양한 성숙단계를 경험하며 기생충의 미성숙한 형태가 있는 숙주.

Intoxication (bacterial) (중독) (세균성) 세균 독소에 의해 발생하는 식중독.

Ionizing radiation (이온화방사선) 1 nm보다 작은 파장을 갖는 방사선의 형태로서 원자에서 전자를 방출하여 이온을 생성하기에 충분한 에너지를 가짐.

Ischemia (국소빈혈) 기계적인 막힘에 의한 혈액공급의 방해에 기인한 국지적 빈혈.

Isograft (동계이식) 유전적으로 동일한 (쌍둥이) 사람들 사이의 조직 이식의 형태.

Isoniazid (INH) (이소니아지드) mycobacteria에 의해 생성되는 아라비노갈락탄-마이콜산(arabinogalactan-mycolic acid)의 형성을 저해하는 항미생물제제.

Jaundice (황달) 피에 빌리루빈의 축적으로 피부와 눈이 노랗게 되는 것.

Kelsey-Sykes capacity test (Kelsey-Sykes 용량시험) 미생물의 생장을 저해하는 주어진 화학물질의 능력을 결정하는 유럽연합에서 승인한 표준평가.

Keratitis (각막염) 각막의 염증.

Kinetoplastid (운동핵편모충류) 운동핵(kinetoplast)이라는 정단 부위의 미토콘드리아 DNA를 함유한 하나의 큰 미토콘드리아를 가진 유글레노조아류의 원생동물.

Kingdom (계) 생물체의 유사한 문(phyla)의 분류학적 집단화.

Kissing bug (참노린재류) 구강 혈관을 선호하는 것처럼 보이는 Reduviidae 과의 흡혈곤충.

Koch's postulates (고흐의 가정) Robert Koch가 밝힌 것으로서 어떤 감염성 질환의 원인을 증명하는데 필요한 일련의 단계.

Koplik's spots (코플릭 반점) 홍역의 특징인 입 병변.

Laryngitis (후두염) 후두의 염증.

Latency (잠복) 바이러스학에서 동물바이러스가 종종 세포의 염색체 내로 들어가지 않고 수년까지도 세포에서 불활성 상태로 남아있는 과정.

Latent virus (잠복성 바이러스) [프로바이러스(*provirus*)] 숙주세포에서 불활성 상태로 남아있는

동물바이러스.

Legionnaires' disease (레지오넬라증) *Legionella* 종, 보통 *L. pneumophila*의 감염이 원인인 폐렴.

Leishmaniasis (리슈만편모충증) *Leishmania*를 운반하는 모래파리가 물어서 생기는 세 가지 임상 증후군의 하나로 고통이 없는 피부 궤양부터 변형된 병변에서 치료받지 않으면 치사율이 95%인 전신성 내장리슈만편모충증까지 범위가 넓음.

Lepromin test (레프로민 검사) 나병 진단에 이용되는 *Mycobacterium leprae*의 항원을 이용한 검사.

Leprosy (나병) [한센병(*Hansen's disease*] 비진행성 결핵나병(tuberculoid leprosy)이나 얼굴 특징, 손가락 등을 포함하는 조직을 파괴하는 진행성 나종(lepromatous leprosy)을 생성하는 *Mycobncterium leprae*의 감염에 의한 질병.

Leptospirosis (렙토스피라증) 감염동물에 노출 시 인간에 의해 발생되는 인수공통전염병; 통증, 두통, 간 및 신장질환이 특징; *Leptospira interrogans* 감염에 의해 발생.

Leukocyte (백혈구) 백혈구.

Leukopenia (백혈구 감소증) 혈액 내에서 백혈구 수의 감소.

Leukotrienes (류코트리엔) 혈관 투과성을 증가시키는 염증반응 화학물질로 손상된 세포로부터 분비됨.

Lichen (지의류) 남세균 또는 녹조류 같은 광영양성 미생물과 협력관계로 사는 진균으로 구성된 생물.

Lincosamide (린코사미드) 세균 리보솜의 50S 소단위에 결합하여 리보솜의 이동을 막는 항미생물제.

Listeriosis (리스테리아증) *Listeria monocytogenes*가 원인인 질병으로 대개 뇌막염 및 균혈증이 나타남.

Littoral zone (천해대) 민물이나 해수의 해안지역.

Louse (이, 복수는 lice) 흡혈 또는 무는 기생성 곤충으로 일부 세균 병원체를 매개.

Louse-borne relapsing fever (이-매개재귀열) *Pediculus humanus* (이)에 의해 사람들 간에 전파되는 *Borrelia recurrentis*에 의한 질병.

Lumbar puncture (spinal tap) (허리천자, 요추천자) 진단을 목적으로 하부 척추로부터 뇌척수액의 수집.

Lyme disease (라임병) *Borrelia burgdorferi*가 감염된 진드기가 운반하는 질병으로 "황소 눈" 발진, 신경 및 심장 기능이상, 관절염이 특징.

Lympahtic vessel (림프관) 림프를 연결하는 관.

Lymph (림프) 혈액의 혈장과 세포 간 체액과 유사한 성분을 지닌 림프관의 액체.

Lymph node (림프절) 림프의 구성물들을 감시하는 기관.

Lymphangitis (림프관염) 피부 밑에 붉은 줄로 염증이 생긴 림프관이 보이는 상태.

Lymphatic system (림프계) 림프관과 림프조직 및 기관으로 구성된 신체의 체계.

Lymphatic vessel (림프관) 림프를 수행하는 관.

Lymphocyte choriomeningitis (LCM) (림프구성 맥락수막염) 아레나바이러스에 의해 발생하는 인수공통전염병으로 독감과 유사한 증세와 드물게 수막염을 일으킴.

Lymphocytes (림프구) 적색 골수에서 생성되며 거의 핵으로 채워져 있는 작은 무과립백혈구.

Lymphogranuloma venereum (성병림프육아종) *Chlamydia trachomatis* 감염에 의한 성병으로 어떤 경우에 직장염 또는 여성에서는 골반염 질환을 일으킴.

Lysogenic conversion (용원성 전환) 용원성 박테리오파아지의 세균 염색체 내로의 삽입에 의한 표현형의 변화.

Lysogenic phage (용원성 파아지) 그 숙주세포를 바로 죽이지 않는 박테리오파아지.

Lysogenic replication cycle (lysogeny) [용원성 복제경로(용원성)] 박테리오파아지가 세균 세포로 들어가 숙주의 DNA로 삽입하여 불활성화 상태로 남아있는 바이러스 복제 과정. 이 파아지는 숙주 세포가 자신의 염색체를 복제할 때마다 복제됨. 나중에 이 파아지는 염색체에서 빠져나올 수 있음.

Lysosome (리소솜) 동물세포에서 소화효소를 들어있는 소낭.

Lysozyme (리소자임) 땀에서 분비되는 항세균성 단백질.

Lytic replication cycle (용균성 복제주기) 숙주 세포의 용해와 새로운 비리온의 방출로 끝나는 5단계로 구성된 바이러스 복제 과정.

Macrolide (마크롤리드) 리보솜 50S 소단위를 저해하여 단백질 합성을 막는 항미생물제.

Macrophage (대식세포) 세균, 곰팡이 포자, 먼지, 죽은 세포 등을 제거하는 단핵백혈구의 성숙된 세포.

Macule (반점) 납작하고 붉은 피부병변; 수두바이러스(poxvirus) 초기 감염의 특징.

Magnification (배율) 현미경을 통해 보이는 사물의 크기에서 명백한 증가.

Major histocompatibility complex (MHC) (주조직적합복합체) 인간 염색체 6번에 존재하는 유전자의 집단으로 주조직적합항원이라 불리는 세포막의 당단백질의 유전정보를 보유함.

Malaise (불쾌) 일반적인 불쾌감.

Malaria (말라리아) 4종의 *Plasimodium*종을 운반하는 *Anopheles* 모기에서 물려 발생하며경미한 증세에서부터 치명적인 중증인 질병으로 발열, 오한, 출혈 및 뇌 조직의 잠재적 파괴가 특징임.

Malignant tumor (악성 종양) 주변 조직을 침입할 수 있는 종양 세포의 덩어리로 전이되어 먼 곳의 기관 또는 조직에 종양을 유발할 수 있음.

Marburg virus (마르부르그 바이러스) 사례의 25%에서 출혈열 및 사망을 일으키는 사상성 바이러스.

Margination (변연화) 백혈구가 감염부위의 혈관벽에 부착되는 과정.

Mast cell (비만세포) 보체에 노출될 경우 히스타민을 분비하는 연결조직에 존재하는 특수 세포.

MDR TB (multi-drug-resistant TB) [(다중-약물-내성 결핵)] 이소니아지드와 리팜핀에 내성이 있는 *Mycobacterium*에 의해 발생하는 결핵.

Measles (홍역) [홍역(*Rubeola*)] 열, 인후염, 두통, 마른기침, 결막염, 코플릭 반점이라는 병변이 특징인 전염성 질병; 홍역바이러스(*Morbillivirus*) 감염이 원인.

Mechanical vector (기계적 매개체) 집파리, 바퀴벌레 등 그들의 발이나 몸에 병원균을 옮기는 동물을 말하며 그 자신은 옮기는 병원균에 의해 감염되어 있지 않음.

Medium (배지) 미생물 을 배양하는데 사용되는 영양소 집합체.

Meiosis (감수분열) 배수성 진핵생물 세포의 핵분열로 4개의 반수체 핵이 형성됨.

Membrane attack complexes (MACs) (세포막공격복합체) 보체활성의 최종산물로 병원체의 막에 둥근 구멍을 형성함.

Memory B cell (기억 B 세포) 림프조직에 존재하며 이전에 경험한 항원과 다시 만날 준비를 하고 있는 B세포.

Memory response (기억반응) 친숙한 항원과 뒤이은 만남에 대한 신속하고 증진된 면역반응.

Memory T cell (기억 T 세포) 림프조직에 몇 달 또는 몇 년 동안 존재하며 TCR과 결합할 수 있는 항원결정체와 재반응을 기다리는 T 세포로, 재결합 시 세포독성 T 세포를 생산하게 됨.

Meningitis (수막염) 세균, 바이러스, 곰팡이, 원생동물 등에 의해서 발생할 수 있는 뇌막의 염증.

Meningoencephalitis (수막뇌염) 뇌와 그 뇌막의 염증.

Metachromatic granule (이염과립) 인산염을 저장하며 세포질의 나머지와 다르게 염색되는 Corynebacteria의 봉입체.

Metaphase (중기) 체세포분열의 두 번째 단계로 염색체가 일렬로 늘어서고 방추체의 미세소관에 붙음. 감수분열의 유사한 단계도 지칭함.

Metastasis (전이) 떨어져 있는 기관이나 조직에서 새로운 종양을 만드는 악성 종양세포의 전파.

Methane oxidizer (메탄 산화세균) 메탄을 탄소 및 에너지원으로 이용하는 그람-음성 세균.

Methicillin-resistant *Staphylococcus aureus* (MRSA) (메티실린-내성 황색포도상구균) 많은 일반적 항생제들에 대한 내성을 가지는 *S. aureus* 균주가 주요한 병원 내 감염문제로 대두됨.

Microbe (미생물) 너무 작아서 현미경이 없이는 볼 수 없는 생물체 또는 바이러스.

Microbial antagonism (미생물길항작용) [Microbial competition(미생물경쟁)] 형성된 미생물총이 영양소와 공간을 사용하여 침입한 병원균이 집락형성능을 줄이는 정상조건.

Microbial ecology (미생물생태학) 미생물들과 그들의 살아가는 환경과의 상호관계를 다루는 학문.

Microbiota (미생물총) 질병을 일으키지 않으며 피부 표면에 정상적으로 서식하는 미생물 군.

Microglia (미세아교세포) 신경계의 고정대식세포.

Micrograph (현미경사진) 현미경 상(image)의 사진.

Microorganism (미생물) 너무 작아서 현미경이 없이는 볼 수 없는 생물체 .

MicroRNA (miRNA) (마이크로 RNA) 전령 RNA (mRNA)의 상보적 부위에 결합하는 짧은 (약 21-뉴클레오티드) RNA 분자로서 번역을 저해함.

Microsporidia (미포자충) 이전에 원생동물로 분류되었던 단세포성의 세포내 기생성 진균.

Minimum bactericidal concentration (MBC) test [최소 살세균 농도 (MBC) 시험] MIC 시험의 연장으로 투명한 MIC 시험관의 시료를 약물이 없는 생장 배지가 있는 평판으로 옮기고 세균 증식을 관찰함.

Minimum inhibitory concentration (MIC) (최소 저해 농도) 병원체를 저해하는 약물의 최소량.

Mite (털진드기) 털진드기병 원인인 *Orientia*를 매개하는 작은 거미류.

Mitosis (체세포분열) 진핵세포의 핵분열로 두 개의 핵이 본래와 같은 배수성을 유지함.

Mold (곰팡이) 균사(*hyphae*)라는 긴 필라멘트로 생장하고 포자에 의해 증식하는 다세포성 진균류.

Molecular biology (분자생물학) 분자수준에서 특히 유전체 염기서열을 사용을 통하여 세포의 기능을 설명하기 위하여 생화학, 세포생물학, 유전학을 결합한 생물학의 한 분야.

Molluscum contagiosum (물사마귀, 전염성 연속종) *Molluscipovirus*가 원인인 피부 질병; 매끄럽고 밀랍과 같은 구진이 특징.

Monoclonal antibody (단일클론항체) 하나의 형질세포로부터 유래한 세포주에서 분비하는 동일한 항체.

Monocyte (단핵구) 엽과 유사한 모양의 핵을 가진 무과립백혈구.

Monoecious (자웅동주) 한 개체가 수컷과 암컷 생식기를 모두 갖는 것.

Mordant (매염제) 현미경 관찰에서 염료와 결합하는 물질로서 덜 수용성으로 만듦.

Mosquito (모기) 흡혈 암컷이 있는 파리 종류로 많은 병원체의 매개체.

Muitiple drug resistance (다제 약제 내성) 3개 이상의 항생제에 대한 감수성이 없는 슈퍼 박테리아.

Multi-drug-resistant (MDR) tuberculosis (다제내성 결핵) 최소한 isoniazid 및 rifampin에 내성을 갖는 *Mycobacterium*에 의해 발생하는 결핵.

Multiple sclerosis (MS) (다발성 경화증) 세포독성 T 세포가 뉴런을 감싸는 미엘린 수초를 공격하고 파괴하는 자가면역 질환.

Multiple-drug-resistant pathogen (다제 내성 병원체) 소위 슈퍼버그에 의해 세 가지 또는 그 이상의 항미생물제에 내성을 갖는 병원체.

Mumps (유행성이하선염) 유행성이하선염 바이러스(mumps virus) 감염이 원인인 질병으로 열, 이하선염, 부종 통증 및 어떤 경우에는 뇌막염 또는 청각장애가 특징.

Mycelium (균사체) 균사의 엉킨 덩어리.

Mycetoma (균종) 자낭균류에 속한 여러 가지 속(genera)의 균사성 진균에 의한 피부, 근막, 손과 발의 뼈에 파괴적인 종양과 같은 감염.

Mycolic acid (마이콜산) *Mycobacterium* 속의 세포벽에 있는 긴 탄소-사슬의 왁스성 지질로 건조 및 물에 기초한 염료로의 염색에 저항성 있게 만듦.

Mycology (진균학) 진균류에 대하여 과학적으로 연구하는 학문.

Mycoplasma (마이코플라스마) 저 G+C의 세균강으로 시토크롬, 크렙스 회로의 효소들과 세포벽이 없으며 다형성임.

Mycoses (진균증) 진균성 질병.

Mycotoxicosis (진균중독증) 진균 독소에 오염된 음식을 섭취해서 걸리는 중독증.

Mycotoxins (진균독소) 진균에 의해 생성되고 사람에 독성을 나타내는 이차대사산물.

Myxobacteria (점액세균) 그람-음성, 호기성, 토양-서식 세균으로 저항성 있는 점액포자를 함유하는 자실체로의 분화 단계를 포함하는 독특한 생활사를 가짐.

Narrow-spectrum drug (협범위 약물) 소수의 병원체 종류에만 듣는 항미생물제.

Natural killer (NK) lymphocyte (자연살해 림프구) 바이러스에 의한 감염된 세포나 암세포의 표면으로 독신을 분비한 선천면역의 방어적인 백혈구의 하나.

Naturally acquired active immunity (자연획득 능동면역) 신체가 특정 면역반응을 유발하여 항원에 대해 반응함으로써 발생하는 면역능.

Naturally acquired passive immunity (자연획득 수동면역) 태아나 신생아 또는 어린아이가 태반을 통과하거나 젖 속에 포함되어 있는 항체를 받음으로 해서 발생하는 면역능.

Necrosis (괴사) 조직이나 기관이 죽은 것.

Necrotizing fasciitis (괴사성 근막염) A군 *Streptococcus*의 감염으로 독혈증, 장기부전, 근육과 지방조직의 파괴가 특징인 치사 가능성이 있는 상태.

Negative stain (음성염색) [캡슐염색(*capsule stain*)] 현미경 관찰에서 세균의 캡슐을 주로 보는데 사용되는 염색기법으로 산성염료를 처리함에 따라 시료는 무색이며 배경은 염색됨

Negative-strand RNA (음성-가닥 RNA) 바이러스 RNA 중합효소에 의해 +ssRNA 유전체로부터 전사되는 바이러스의 단일-가닥 RNA.

Negri bodies (네그리소체) 광견병 환자의 뇌에 응집된 비리온의 집합체.

Nematodes (선충류) 완전한 소화기계를 갖는 끝이 뾰족하고 둥근, 비분절형 기생충 군.

Neoplasia (종양 형성) 다세포성 동물에서 제어되지 않는 세포분열.

Nephelometry (비색계) 빛이 분산되는 양을 측정하여 용액의 탁도를 측정하는 장비.

Neutralization (중화) 독소나 병원체의 흡착을 봉쇄하는 항체의 기능.

Neutralization test (중화시험) 항체가 독소나 병원체의 생물학적 기능을 중화할 수 있는 능력을 조사하는 면역학적 시험법.

Neutrophil (호중구) 산성과 염기성 염색약 혼합액을 사용하였을 때 라일락 색으로 염색되는 과립백혈구.

Nitrification (질산화) 암모니아 같은 환원된 질소 화합물을 식물에 보다 이용가능한 질산염으로 세균이 전환하는 과정.

Nitrifying bacteria (질산화세균) 질소 화합물의 산화로부터 전자를 얻는 화학독립영양성 세균.

Nitrogen fixation (질소 고정) 대기 질소의 암모니아로의 전환.

Noncommunicable disease (비전염성 질병) 숙주의 밖이나 정상 미생물총에서 발생하는 감염성 질환

Nonionizing radiation (비이온화방사선) 1 nm이상의 파장을 가진 전자기 방사선.

Nonliving reservoir of infection (감염 무생물보균체) 감염을 일으키는 토양, 물, 식품 또는 물건.

Normal microbiota (정상 미생물총) 정상적으로 질병을 일으키지 않고 인체의 표면에 정착하는 미생물로 상주 또는 일시적으로 존재함.

Noroviruses (노로바이러스) 설사를 일으키는 calicivirus군.

Nosocomial disease (병원내 감염질환) [의료관련질환(*healthcare associated disease*)] 의료시설에서 획득한 질환.

Nosocomial infection (병원내 감염) [의료관련감염(*healthcare associated infection*)] 의료 시설에서 획득한 감염.

Nucleoside analog (뉴클레오시드 유사체) 천연 뉴클레오시드와 구조적으로 유사한 물질.

Nucleotide analog (뉴클레오티드 유사체) DNA 내로 들어갈 수 있는 정상적인 뉴클레오티드와 구조적으로 유사한 화합물; 잘못된 염기쌍을 만들게 됨.

Numerical aperture (개구수) 빛을 모으는 렌즈의

능력 측정.

Nutrient (영양소) 미생물의 생장에 요구되는 탄소, 수소 등과 같은 화학물질.

Objective lens (대물렌즈) 현미경 관찰에서 확대하려는 사물의 바로 위에 있는 렌즈.

Occult septicemia (잠재성 패열증) 혈액에 존재하여 질병의 원인이 되는 미동정 세균성 병원체에 의한 상태.

Ocular herpes (안구포진) (*ophthalmic herpes*) 눈에 모래가 들어간 느낌인 결막염을 특징으로 하는 질환으로 고통과 잠재 제1형 사람 포진바이러스(human herpesvirus 1)의 특징이 있음.

Ocular lens (대안렌즈) 현미경 관찰에서 눈에 가장 근접한 렌즈. 단안 또는 쌍안으로 되어 있음.

Opportunistic pathogens (기회성 병원균) 면역시스템을 억제할 때나 미생물 길항작용을 저감하거나 신체의 비정상 영역으로 도입될 때 질병을 일으키는 미생물.

Opsonin (옵소닌) 식세포작용을 증진시키는 항미생물 단백질.

Opsonization (옵소닌화) 옵소닌이라 불리는 단백질로 병원체를 감싸는 과정을 말함. 이를 통해 병원체가 식세포활동에 의해 쉽게 제거될 수 있도록 함.

Oral herpes (구강포진) 제1형 또는 제2형 포진바이러스(herpesvirus 1 또는 2)에 의해 발생하는 입과 입술주위의 고통스럽고 가려운 피부병변.

Oral polio vaccine (OPV) (경구 소아마비 백신) 1961년에 Albert Sabin에 의해 개발된 폴리오바이러스(poliovirus)에 대한 예방백신.

Orchitis (고환염) 고환의 염증.

Ornithosis (비둘기병) [앵무새열(*parrot fever*)] 인간에게 전파될 수 있는 새의 폐질환으로 *Clamydophila psittaci* 감염이 원인.

Orphan virus (고아 바이러스) 어떤 특정한 질병에 연관되지 않은 바이러스.

Osteomyelitis (골수염) 골수와 뼈 주변의 염증; 자주 *Staphylococcus* 감염이 원인.

Otitis media (중이염) *Streptococcus pneumoniae*에 의한 중이의 염증.

Oxazolidinone (옥사졸리디논) 그람-양성 세균에서 폴리펩티드 합성의 개시를 막는 항미생물 약물.

Palisade (울타리형) 세포 형태에서 간균의 접힌 배열.

Pandemic (범세계적 질병) 역학에서 유행병의 발생이 하나 이상의 대륙에서 동시에 발생.

Papilloma (유두종) [사마귀(*wart*)] 피부 표피 또는 점막의 양성 성장.

Papule (구진) 반점에서 진행된 융기된 붉은 피부병변; 수두바이러스(poxvirus) 감염의 특징.

Parabasalid (부기저체류) 골기와 유사한 부기저체(parabasal body)를 가지는 단세포성의 동물과 유사한 미생물 군.

Paracoccidioidomycosis (파라콕시디오이드진균증) 남미 멕시코에서 남미에 걸쳐 발견되는 폐 질환으로 *Paracoccidioides brasiliensis*에 의한 감염으로 발생.

Parainfluenzavirus (파라인플루엔자바이러스) 특히 어린이 호흡기 질환의 원인이 되는 외피, 음성 ssRNA 바이러스군.

Parasite (기생충) 해롭거나 죽게하는 동안 숙주에서 이익을 얻는 미생물.

Parasitism (기생) 숙주에 해롭게 하거나 죽임으로서 이익을 얻는 공생관계.

Parasitology (기생충학) 기생충에 대한 학문.

Parenteral route (비경구 경로) 찔린 상처나 피하주사와 같이 신체의 깊은 조직으로 병원성 미생물이 직접적으로 전해지는 수단.

Paroxysmal phase (발작기) 2-4주 동안 지속되는 백일해 2기로 쇠진하는 기침이 특징.

Parvovirus (파보바이러스) 매우 작은 병원성 ss-DNA 바이러스군.

Passive immunotherapy (수동면역치료) [수동면역(*passive immunization*)] 병원체에 대한 항체를 만들어 이를 환자에게 투여하는 것.

Pasteurellaceae *Pasterrella*와 *Haemophilus*의 두 가지 속이 포함된 감마프로테오박테리아 과(family)로서 병원성임.

Pasteurization (저온살균법) 식품과 음료에서 열을 사용하여 병원균을 죽이거나 부패에 관여하는 미생물을 줄이는 멸균법.

Pathogen (병원체) 질병을 일으킬 수 있는 미생물.

Pathogen-associated molecular patterns (PAMPs) (병원체연관 분자패턴) 사람에게는 존재하지 않으나 다양한 미생물에 공통적으로 가지고 있는 분자로 면역반응을 유발함.

Pathogenicity (병원성) 질병을 일으키는 미생물의 능력.

Pelvic inflammatory disease (PID) (골반염 질환) 자궁 및 자궁관에 염증; 여러 세균 중 하나에 의해 감염될 수 있음.

Peptic ulcer (소화성 궤양) 일반적으로 *Helicobacter pylori* 감염에 의해 발생되는 위 또는 십이지장의 점막의 침식.

Perforin (퍼포린) 감염된 세포막에 통로를 형성할 수 있는 T 세포의 세포질에 존재하는 단백질.

Periodontal disease (치주병) 치아를 둘러싸고 지지하는 조직의 염증 및 감염.

Pertussis (백일해) [백일해(*whooping cough*)] 다량의 점액, 기관 섬모 상실 및 깊은 "부엉이 같은" 기침이 특징인 소아질병; *Bordetella pertussis* 감염이 원인.

Petechiae (점상출혈) 피하 출혈.

Petri plate (페트리평판) 미생물을 배양하는데 사용되는 고체배지로 채워진 접시.

Phaeohyphomycosis (흑색진균증) 내부적으로 확산되는 병변이 특징인 피부 및 피하 질병으로 피부에 자낭균류 진균이 외상을 통해서 도입되는 것이 원인.

Phaeophyta (갈조류) 셀룰로오스 및 농조화제인 알긴산으로 구성된 세포벽을 갖는 갈색 색소의 조류 문.

Phage (파아지) [박테리오파아지(*bacteriophage*)] 세균세포에 감염하고 보통 파괴하는 바이러스.

Phage typing (파지타이핑) 미지의 세균이 용균반의 관찰에 의해 동정되는 미생물 분류방법.

Phagocytes (식세포) 백혈구 등 식세포활동을 하는 세포들.

Phagocytosis (식세포작용) 고체 등이 세포 안으로 이동한 일종의 세포이물흡수과정.

Phagolysosome (포식용해소체, 포식리소솜) 포식소체와 리소솜의 융합에 의해 생겨난 소화 포체.

Phagosome (포식소체) 식세포의 위족에 의해 생겨난 주머니; 세포내 음식 포체(vesicle).

Pharyngitis (인두염) [패혈성 인두염(strep throat)] A군 *Streptococcus*의 감염에 의해 발생되는 인두염.

Phase microscope (위상현미경) 살아있는 미생물이나 손상되기 쉬운 시료를 관찰하는데 사용되는 현미경.

Phase-contrast microscope (위상차현미경) 뚜렷하게 구분되는 상을 생성하는 위상현미경의 한 종류로 살아있는 세포에서 미세구조를 볼 수 있음.

Phycoerythrin (피코에리스린) 홍조류에서 광합성의 붉은 보조색소.

Phylum (문) 생물체의 유사한 강(classes)의 분류학적 집단화.

Picornaviruses (피코르나바이러스) 나출형 다면캡시드의 양성 가닥 RNA를 갖는 바이러스 그룹; 대부분이 인간 병원체임.

Piedra (사모증) 모간(hair shaft) 위에 진균의 균사와 포자가 뭉친 것이 원인인 단단하고 불규칙한 혹.

Pinocytosis (음세포작용) 액체가 세포 내로 이동하는 세포내 섭취의 한 형태.

Pinta (열대백반피부염, 핀타) 스피로헤타인 *Treponema carateum*으로 인해 발생하는 어린이 질병; 단단하고 고름이 찬 병변이 특징.

Pinworm (요충) *Enterobius vermicularis*의 일반명으로 암컷은 일직선 바늘과 같은 꼬리를 가짐.

Pityriasis versicolor (어루러기) *Malassezia furfur* 감염의 결과로 비늘과 같은 피부에 탈색 또는 과도한 색소 침착된 패치가 특징인 질병.

Plague (페스트, 흑사병) *Yersinia pestis*에 의한 질병으로 종종 심각한 폐 통증 또는 비대 림프절(림프절 페스트)이나 중증 폐질환(폐페스트)을 발생함.

Plaque (용균반) 파아지 유형분석에서 세균이 두껍게 자라난 곳에서 박테리오파아지에 의해 생장이 저해되어 투명한 지역.

Plaque assay (용균반 검사) 파아지 수를 측정하는 방법으로 각 용균반은 처음 세균/바이러스 혼합물 내의 단일 파아지에 해당됨.

Plasma (혈장) 피의 액체부분

Plasma cells (형질세포) 외인성 항원과 적극적으로 싸우며 항체를 분비하는 B 세포.

Plasmodial slime mold (변형체성 점균류) 비세포성 점균류라고도 하며 유기물 잔재와 세균을 포식하는 유동성, 다핵체의 색을 띤 세포질의 필라멘트.

Platelet (혈소판) 혈액응고에 관계하는 세포.

Platelet activating factor (PAF) (혈소판활성인자) 혈액응고를 유도하는 사이토카인.

Pleomorphic (다형성) 세포 형태학에서 다양한 모양의 원핵세포를 지칭하는 용어.

Pneumococcal pneumonia (폐렴구균성 폐렴) 폐렴구균인 *Streptococcus pneumoniae*에 의한 폐의 염증.

Pneumococcus (폐렴구균) *Streptococcus pneumoniae*의 일반적인 명칭.

***Pneumocystis* pneumonia (PCP) (포자충 폐렴)** AIDS 환자에서 사망의 주요 원인이며 *Pneumocystis jirovecii*와 기회 감염에 의해 발생하는 진균성 폐렴.

Pneumonia (폐렴) 폐의 염증; 전형적으로 *Streptococcus pneumoniae*의 감염이 원인.

Pneumonic plague (폐페스트) *Yersinia pestis*에 의한 폐감염으로 일으키는 발열 및 심한 호흡 곤란 증세로 치료받지 않으면 사례의 거의 100%가 치사함.

Poliomyelitis (급성 회백수염) [소아마비(*polio*)] 폴리오바이러스 감염이 원인으로 무증상부터 불구까지 심각도가 다양한 감염.

Polyenes (폴리엔) 막 내로 들어가 그 온전함을 손상시켜 표적 세포의 세포막을 파괴하는 임포테리신 B(amphotericin B) 같은 항미생물 약물 종류.

Polyomavirus (폴리오마바이러스) 암을 유발하는 바이러스.

Portal of entry (침입구) 피부, 점막, 태반 등 병원성 미생물이 침입하는 부위.

Portal of exit (출구통로) 코, 입, 요도와 같이 병원성미생물이 방출되는 장소.

Positive-strand RNA (+RNA) (양성-가닥 RNA) mRNA로 직접 작용할 수 있는 바이러스의 단일 가닥 RNA.

Postpolio syndrome (소아마비후 증후군) 소아마비 바이러스에 의한 신경 손상의 노화 관련 악화로 인해 근육기능의 손상이 악화됨.

Pox (폭스) [두진(*pocks*); 농포(*pustule*)] 부어오르고 고름이 가득한 피부병변으로 폭스바이러스(poxvirus) 감염의 특징이 있음.

Prevalence (유행) 역학에서 특정기간동안 특정 지역과 인구에서 발생하는 한 질환의 총수.

Primary amebic meningoencephalopathy (일차 아메바성 수막뇌병증) 자주 사망에 이르는 뇌의 치명적인 염증으로 두통, 구토, 열 및 신경조직 파괴가 특징; *Naegleria* 또는 *Acanthamoeba* 감염이 원인.

Primary atypical pneumoniae (일차 비정형 폐렴) 몇 주 동안 지속되는 가벼운 호흡기 증상을 특징으로 하는 보행성 폐렴으로 *Mycoplasma*의 감염에 의해 발생.

Primary immunodeficiency disease (일차면역결핍증) 출생 직후에 탐지가 가능한 질병 군으로 유전적 또는 발생적 결여의 결과.

Primary stain (일차염색) 염색에서 모든 세포에 대하여 색깔을 나타내게 하는 초기염색제.

Prion (프리온) 단백질로 된 감염성 입자로 핵산이 없으며 유사한 정상 단백질을 새로운 프리온으로 전환시켜 복제됨.

Probe (탐침) 방사선이나 형광 화학물질로 표시된 특정 뉴클레오티드의 핵산분자로서 그 위치를 알아낼 수 있음.

Prodromal period (전구주기) 감염성 질병 과정에서 질병에 선행하는 일반적이고 약한 증상의 짧은 단계.

Proglottids (편절) 촌충의 몸체 분획으로 벌레가 숙주에 붙어있는 한 계속 생산됨.

Progressive multifocal leukoencephalopathy (진행성다병소성백질뇌증) JC 바이러스 (폴리오마바이러스)가 중추신경계 세포를 죽이는 치명적인 진행성 질병.

Prokaryote (원핵생물) 핵이 없는 단세포성 미생물. 세균과 고균이 있음.

Prophage (프로파아지) 숙주 염색체로 삽입된 불활성 박테리오파아지.

Prophase (전기) 체세포분열의 첫 단계로 DNA가 염색분체로 응축되며 방추체가 형성됨. 감수분열의 유사한 단계를 위해서도 이용됨.

Prostaglandins (프로스타글란딘) 혈관투과성을 증진시키는 손상된 세포에서 분비되는 염증화학물.

Proteobacteria (프로테오박테리아) 공통 16S rRNA 뉴클레오티드서열을 가지는 그람음성 세균의 5개 강(class) (알파, 베타, 감마, 델타, 엡실론으로 지정됨)을 포함하는 진핵생물 문(phylum).

Protozoa (원생동물) 세포벽이 없으며 영양요구와 구조가 동물과 유사한 단세포 진핵생물.

Provirus (프로바이러스) [잠복성 바이러스(*latent virus*)] 동물세포 내의 불활성 바이러스.

Pseudohyphae (가성균사) 곰팡이의 사상균사처럼 보이는 효모 *Candida*의 긴 세포 확장.

Pseudomembranous colitis (위막성 대장염) 결합조직 및 죽은 세포로 이루어진 막에 의해 덮인 결장염으로 항생제 관련 설사가 지속됨.

Pseudomonad (슈도모나드) 감마프로테오박테리아 강의 그람-음성, 호기성, 간균으로 탄수화물을 Entner-Doudoroff 및 오탄당 인산 경로로 대사함.

Pseudopods (위족) 일부 진핵세포에서 세포질과 막의 운동성 확장기.

Pure culture (순수배양) [무균배양(*axenic culture*)] 한 가지 세포만이 들어있는 배지.

Purple sulfur bacteria (자색 유황 세균) 절대 혐기성이며 황화수소를 유황으로 산화시키는 감마프로테오박테리아 종류.

Pustule (농포) [폭스, 마마(*pox*)] 융기되고 고름이 찬 피부 병변; poxvirus에 감염의 특징.

Pyoderma (농가진) 얼굴, 팔, 또는 다리의 노출된 피부 위에 고름을 생산하는 사방이 막힌 병변; 자주 A군 *Streptococcus*의 감염이 원인.

Pyrogen (발열원) 열을 포함하여 시상하부의 온도계를 높은 온도에 맞추게 하는 화학물.

Q fever (Q열) *Coxiella burnetii*에 의한 열; 여러 해 동안 원인이 의문이어서 Q임.

R plasmid (R 플라스미드) 항미생물 약물에 대한 내성 유전자를 갖는 염색체 외 DNA 조각.

Rabies (광견병) 공수증, 발작, 환각 및 마비가 특징인 신경근육 질병; 치료받지 않으면 사망. 광견병 바이러스에 감염이 원인.

Radial immunodiffusion (방사상면역확산) 일종의 면역확산 조사법으로 항원액이 특정 농도의 항체를 포함하고 있는 한천배지로 확산되도록 하여 항원 항체 결합 침전물이 생기게 하는 것.

Radiation (방사선) 원자로부터 전자기 에너지를 가지는 고속의 아전자 입자(subatomic particle)나 파를 방출함.

Radiolaria (방산충) 실 같은 위족과 이산화규소 껍질을 갖는 아메바.

Recombinant vaccine (재조합 백신) 유전자 재조합 기술을 이용하여 생산한 백신.

Recticulate bodies (망상체) Clamydia의 생활사에서 비감염성 단계.

Red measles (홍역) [홍역(*rubeola, measles*)] 발열, 목의 통증, 두통, 마른 기침, 결막염, 코플릭(Koplik) 반점이라는 병변을 특징으로 하는 전염성 질환으로 *Morbillivirus* 감염에 의해 발생.

Red tide (적조) 해수에서 붉은 색소를 갖는 와편모충류의 번성.

Regulatory T cell (조절 T 세포) [Tr 세포(*Tr cell*), 억제 T 세포(*suppressor T cell*)] 흉선에서 성숙되는 림프구로 적응면역반응을 억제하고 자가면역 질병을 예방함.

Release (방출) 바이러스학에서 용균 복제경로의 마지막 단계로 숙주세포가 용해되면서 새로운 비리온이 방출됨.

Reovirus (레오바이러스) 호흡기 및 위장관 질환의 원인인 나형, 분절형 dsRNA 바이러스군.

Reservoir of infection (감염보균체) 감염병의 영속적 원인으로 작용하는 생물 또는 무생물체.

Resolution (해상력) 보다 밀접한 사물들을 식별하는 능력.

Resolving nosepiece (해상전환기) 몇 개의 대물렌즈에 장착된 복합현미경의 한 부분.

Respiratory syncytial virus (RSV) infection [호흡기 세포융합바이러스 (RSV) 감염] 호흡에 폐세포의 융합 및 호흡곤란을 야기시키는 질환으로 *Pneumovirus* 속의 바이러스에 의해 유발됨.

Responsiveness (반응성) 환경의 자극에 대하여 반응하는 능력.

Reticulate bodies (망상체) 클라미디아의 생활사에서 비감염성 단계.

Retrovirus (레트로바이러스) 그것의 RNA로부터 DNA를 전사하기 위해 그 캡시드 내에 있는 역전사효소를 이용하는 +ssRNA 바이러스.

Reverse transcriptase (역전사효소) 레트로바이러스에서 RNA 주형에서 dsDNA를 만들 수 있는 복합 효소로서 cDNA을 만드는 재조합 DNA 기술에 사용됨.

Rh antigens (Rh 항원) 붉은털 원숭이(rhesus monkey)와 약 85%의 인간의 적혈구에 흔한 세포막단백질.

Rheumatic fever (류마티스성 열) 심장판막과 근육에 손상을 주는 염증으로 A군 연쇄상구균 인두염의 합병증.

Rheumatoid arthritis (RA) (류마티스관절염) 신체장애를 유발하는 제3형의 과민성 반응으로 인한 전신적인 자가면역질환으로 항체복합체가 관절에 침착되어 염증을 유발하는 병.

Rhinosinusitis (비부비동염) 코와 부비동의 연결부위의 염증.

Rhinoviruses (리노바이러스) 상기도 감염과 "감기"의 원인인 피코르나바이러스(picornaviruses) 군.

Rhodophyta (홍조류) 홍조류로 일반적으로 피코에리스린 색소, 홍조녹말의 저장분자와 한천 또는 카라기난의 세포벽을 함유.

Rickettsias (리케차증) 매우 작고 그람-음성이며 절대 세포내 기생체의 그룹으로 거의 세포벽이 없는 것으로 보임.

Rocky Mountain spotted fever (RMSP) (로키산 홍반열) 진드기가 운반하는 *Rickettsia rickettsii*의 감염이 원인인 심각한 질병으로 발진, 불안, 점상출혈, 뇌염 및 5%의 사망이 특징.

Roseola (장미진) 갑작스런 열, 인후염, 비대해진 림프절과 연분홍색 발진이 특징인 어린이 풍토병; 제6형 인간포진바이러스(human herpesvirus 6) 감염이 원인.

Rotaviruses (로타바이러스) 잠재적으로 치명적인 유아 위장염의 원인인 되는 레오바이러스(reovirus) 군.

Rubella (German measles) (풍진) *Rubivirus* 감염에 의한 질병으로 약 3일간 지속되는 특징적 발진이 발생하고 어린 아이들에게는 경증이지만 감염된 여성의 태아에서는 잠재적 기형이 발생함.

Rubella (루벨라) [독일홍역(*German measles*)] 약 3일간 지속되는 발진이 특징인 *Rubivirus* 감염이 원인인 질병; 어린이에게는 약하지만 감염된 산모의 태아에게는 기형의 가능성.

Rubeola (홍역) [홍역(*measles, red measles*)] 발열, 목의 통증, 두통, 마른기침, 결막염 코플릭(Koplik) 반점이라는 병변을 특징으로 하는 전염성 질환; 홍역바이러스(*Morbillivirus*) 감염에 의해 발생.

Rubor (발적) 붉어짐.

Salmonellosis (살모넬라증) 장내세균 *Salmonella*로 오염된 음식물의 섭취로 인해 생기는 심한 설사 질환.

Salt (염분) 비금속 원소들과 금속간의 이온결합으로 형성된 결정형 화합물.

Saprobe (부생생물) 죽은 생물로부터 영양분을 흡수하는 생물.

Sarcina (팔련구균) 구균의 입방체 덩어리.

Scabies (옴) 피부를 파고드는 진드기에 의한 피부 질환.

Scalded skin syndrome (화상피부증후군) *Staphylococcus aureus* 감염에 의한 피부의 발적과 수포가 발생하는 질환.

Scanning electron microscope (SEM) (주사전자현미경) 진공관내의 자기장에서 금속으로 코팅된 시료표면을 전자빔으로 스캔을 하여 사용하는 전자현미경.

Scanning tunneling microscope (STM) (주사터널링현미경) 금속탐침이 시료의 표면을 통과하는 위상현미경의 한 종류로서 표면의 세부적인 것들을 원자수준에서 나타나게 함.

Scarlet fever (성홍열) A군 *Streptococcus* 감염이 원인인 피부 발진과 붕괴.

Schaeffer-Fulton endospore stain (Schaeffer-Fulton 내생포자염색) 현미경 관찰에서 내생포자로 말라카이트 그린을 유입시키기 위하여 사용되는 염색기법.

Schistosomiasis (주혈흡충증) *Schistosoma* 속의 주혈흡충의 감염이 원인이며 사망할 수 있는 질병; 간, 폐, 뇌 및 다른 기관 내의 조직 손상 가능성.

Schizogony (증원생식) 특별한 종류의 무성생식으로 원생동물 *Plasmodium*이 여러 번의 체세포분열로 다핵성 분열체를 형성함.

Schizont (분열체) 다핵체로 세포질 분열을 통해 여러 세포를 방출함.

Scientific method (과학적 방법) 과학자들이 신중하게 통제된 실험의 결과를 관찰하여 얻어진 가정을 입증을 시도하거나 부정하는 방법.

Scolex (두절) 촌충이 숙주 조직에 부착하는데 사용하는 흡판이나 갈고리를 갖는 작은 부착 기관.

Sebum (피지) 피부의 피지선에서 분비되는 기름기가 있는 물질로 pH를 낮춤.

Secondary immune response (이차 면역반응) 한 항원에 두 번째로 접촉한 후에 나타나는 증진된 면역 반응.

Secretory IgA (분비형 IgA) IgA의 중합체로 눈물, 점막 분비액, 모유에 함유되어 있다.

Secretory vesicle (분비 소포) 진핵세포에서 골지체에 의해 포장되는 분비 소포로 세포막과 융합하여 세포외 배출(exocytosis)을 통하여 내용물을 밖으로 방출.

Segmented genome (분절게놈) 특히 바이러스에서 사용되는 핵산의 하나 이상의 분자로 이루어진 유전 물질.

Selective medium (선택배지) 특정 미생물을 자라게 하거나 원치 않는 미생물의 생장을 억제하는 물질을 포함하는 배양배지.

Selective toxicity (선택적 독성) 효과적인 항미생물제는 병원체의 숙주보다 병원체에 더 독성을 가져야만 한다는 원리.

Semisynthetic antimicrobial (반합성 항미생물제) 화학적으로 변형된 항미생물제.

Septate (격막성) 격막을 가진 특성.

Septic shock (패혈성 쇼크) 세균이나 세균 독소에 의해서 유발되는 혈관 확장의 결과로 일어나는 매우 낮은 혈압.

Septicemia (패혈증) [패혈증(*sepsis*)] 병원체가 혈액 내에 존재하는 상태로 질병 징후의 원인.

Serial dilution (연속희석) 배양액을 일정한 희석율로 단계적으로 희석하는 방법.

Serology (혈청학) 병을 진단하거나 치료 또는 항원과 항체를 확인하기 위한 면역학적 조사법의 사용과 이에 대한 연구.

Serum (혈청) 응고인자가 제거된 혈장.

Serum sickness (혈청병) 면역혈청에 대한 반응의 결과로 생긴 항체에 의해 발현된 3형 알레르기.

Severe acute respiratory syndrome (SARS) (중증급성호흡기증후군) SARS 바이러스라는 코로나바이러스에 의한 감염의 증상.

Severe combined immunodeficiency disease (SCID) (중증복합면역결핍병) T 세포와 B 세포 모두에 영향을 주는 어린이의 일차 면역결핍증으로 재발성 감염의 원인.

Sexually transmitted disease (STD) (성병) 성적 매개 감염으로 인한 질병.

Sexually transmitted infection (STI) (성병 감염) 성행위로 인한 신체에 병원체의 침입.

Shiga toxin (시가 독소) *Shigella dysenteriae*가 분비하는 외독소로 숙주세포에서 단백질 합성을 저지시킴.

GLOSSARY

Shigellosis (시겔라증) *Shigella* 4종의 원인으로 인해 발생되는 중증 이질.

Shingles (대상포진) [대상포진(*herpes zoster*)] 잠복해 있던 수두대상포진 바이러스가 재활성화되는 것이 원인인 매우 고통스런 피부 발진

Shock (쇼크) 혈액 순환의 심각한 장애로 중요장기에 충분한 산소 공급이 이루어지지 않는 상태.

Signs (징후) 병리학에서 객관적으로 확인할 수 있는 질병의 소견.

Simple microscope (단순현미경) 한 개의 확대렌즈를 가지는 현미경.

Simple stain (단순염색) 현미경 관찰에서 크리스탈 바이올렛과 같은 한 가지 염료에 의한 염색.

Sinusitis (부비동염) 부비강의 염증; 전형적으로 *Streptococcus pneumoniae*가 원인.

Slime mold (점균류) 필라멘트성 진균과 유사하지만 세포벽이 없고 영양분의 흡수 대신 식세포작용을 하는 진핵미생물.

Small interfering RNA (siRNA) mRNA 분자, tRNA, 유전자 부분과 상보적인 RNA 분자로서 표적을 무력화시킴.

Smallpox (천연두) 1980년까지 자연에서 박멸된 감염성 질병으로 고열, 불안, 섬망증 (delirium), 농포가 특징으로 치료받지 않으면 약 20% 치사율.

Smear (도말) 현미경 관찰에서 슬라이드 상의 얇은 생물체 막.

Snapping division (꺾기 분열) 그람-양성 원핵생물에서의 이분법의 변형으로 모세포의 외벽이 꺾어지며 딸세포를 만듬.

Species (종) 계속해서 상호교배가 가능한 생물체의 분류학적 범주.

Specific epithet (종소명) 분류학에서 종의 기재명의 후자부분.

Specific immunity (특이면역) 병원체의 종류에 따른 척추동물의 방어작용.

Spectrum of action (작용 범위) 한 약물이 작용하는 다른 병원체 종류의 수.

Spinal tap (요추천자) [요추천자(*lumbar puncture*)] 진단을 목적으로 낮은 척추 부분으로부터 뇌척수액을 수집.

Spiral (나선균) 세포 형태가 나선형인 원핵세포

Spirillus (나선균) 굳은 나선형 원핵세포

Spirochetes (스피로헤타) 나선형, 그람-음성 세균 종류로 숙주 조직 내로 뚫고 들어가게 하는 축사를 가짐.

Spontaneous generation (자연발생) 생물이 무생물에서 생겨난다는 이론.

Sporadic (산발적 발생 질병) 역학에서 특정기간 동안 특정지역 또는 인구에서 간헐적으로 발생하는 질병.

Spore (포자) 방선균과 진균의 생식세포.

Sporogonic phase (포자생식단계) *Plasmodium*의 생활사에서 포자소체가 모기의 소화 기관에서 생산되어 모기의 침샘으로 이동하는 단계.

Sporotrichosis (스포로트리콤증) 주로 팔과 다리에 제한적인 피하감염; *Sporothrix schenckii*의 감염부위 주위에 병변.

Spotted fever rickettsiosis (홍반열 리케차증) 진드기에 의해 전파되는 리케차균의 감염에 의한 심각한 질병으로 발진, 불안, 점상출혈, 뇌염이 특징이며, 5%의 사례에서 사망.

Spp. (종) 한 가지 속(genus)에 포함된 몇 가지 종(species)을 나타내는 데 사용되는 약어.

Staining (염색) 염료(*dyes*)라는 염색약으로 현미경 관찰을 위한 시료의 색깔을 나타냄.

Staphylococcal toxic-shock syndrome (포도상구균 독성쇼크증후군) 열, 구토, 붉은 발진, 저혈압 및 피부 허물의 상실이 특징으로 사망도 가능한 증후군으로 대개는 독성쇼크증후군 독소를 분비하는 포도상구균의 전신적 감염이 원인.

Staphylococcus (포도상구균) 구균의 무리.

Staphylococcus scalded skin syndrome (SSSS) (포도상구균 열상피부증후군) *Staphylococcus aureus*의 표피박탈독소에 의한 질병으로 표피가 벗겨짐.

Stem cells (줄기세포) 분열하여 다양한 종류의 딸세포를 생성할 수 있는 생산적인 세포.

Sterile (멸균된) 미생물이 오염되지 않은.

Sterilization (멸균) 어떤 사물에서 프리온이 아닌 세균의 내생포자와 바이러스를 포함한 모든 생물체의 박멸.

Streptococcal pharyngitis (연쇄상구균 인두염) [패혈성 인두염(*strep throat*)] 목의 염증을 유발하며 종종 A군 *Streptococcus*에 의해 발생됨.

Streptococcal toxic-shock syndrome (STSS) (연쇄상구균 독성-쇼크 증후군) *Staphylococcus*의 독성-쇼크 증후군과 유사한 증상으로 *Streptococcus*의 독소에 의해서 생기는 쇼크.

Streptococcus (연쇄상구균) 구균의 사슬.

Streptogramin (스트렙토그라민) 50S 리보솜 소단위에 결합하여 리보솜의 전령 RNA에서의 이동을 막는 항미생물제.

Sty (맥립종, 다래끼) 눈꺼풀의 기저에서 염증성 세균 감염.

Subacute disease (아급성 질병) 급성과 만성 질병의 중간 정도의 지속력과 중증도를 가지는 질병.

Subacute sclerosing panencephalitis (SSPE) (아급성경화범뇌염) 서서히 진행되는 중추신경계 질병으로 결함이 있는 홍역 백신에 감염이 되고 몇 년 후에 기억상실, 근육수축이 일어나고 사망에 이르는 결과를 가져옴.

Subclinical (무증상) 비록 임상실험조사에서 병의 징후를 나타냈어도 증세가 없기 때문에 인지하지 못하고 지나치는 병의 특성.

Subunit vaccine (소단위 백신) 유전자 재조합 기술을 이용하여 만든 백신의 일종으로 병원체의 항원을 수여자의 면역체계에 노출시키지만 병원체 전체를 노출 시키지 않는 백신.

Sulfonamide (설폰아미드) para-aminobenzoic acid (PABA)의 구조적 유사체인 항대사 약물.

Superficial mycoses (표재성 진균증) 피부 표면에 진균의 감염.

Superinfection (중복감염) B형 간염바이러스에 감염된 환자가 곧 이어 D형 간염바이러스에 감염된 상태.

Symbiosis (공생) 서로 이익을 주는 관계에서 부터 손해를 주는 관계까지 두 종 또는 그 이상의 개체가 가지는 다양한 종류의 관계.

Symptoms (증상) 환자만이 느낄 수 있는 질병의 주관적 특성.

Synapse (시냅스) 면역학에서 세포간의 신호에 연관된 면역계의 세포 간 접점.

Syncytium (융합체, 합포체) 바이러스에 감염된 세포가 인접 세포들과 융합하여 만들어진 거대한 다핵체의 세포질 덩어리.

Syndrome (증후군) 비정상상태를 전반적으로 특징적으로 나타내는 일련의 징후, 증상, 질병.

Synergism (상승작용) 각 약물 단독의 효능을 초과하는 효능을 가져오는 약물 간의 상호작용.

Synthesis (합성) 바이러스학에서 숙주 세포의 대사기구를 이용하여 새로운 바이러스 단백질과 핵산의 생성이 일어나는 용균 복제경로의 세 번째 단계.

Synthetic drug (합성 약물) 실험실에서 완전히 합성된 항미생물 물질.

Syphilis (매독) *Treponema pallidum* 감염에 의해 발생되는 성병.

Systemic diseases (전신질환) 혈액이나 림프를 통해 미생물이 전신으로 확산되는 질병.

Systemic lupus erythematosus (전신홍반성 낭창) [낭창(*lupus*)] 핵산을 포함하는 다양한 자가항원에 대한 자가항체를 형성하는 자가면역질환.

T cell (T 세포) T 림프구.

T cell receptor (TCR) (T 세포 수용체) T 림프구의 세포막에 존재하는 항원 수용체.

T lymphocyte (T 림프구) [T 세포(*T cell*)] 흉선에서 성숙되어지는 림프구로 내인성항원에 대한 세포매개 면역반응을 함.

Tapeworms (촌충) [촌충(*cestodes*)] 길고 평면의 분절형 기생충.

Taxonomic system (분류체계) 유사한 생물체를 서로 명명하고 집단화하는 체계.

Taxonomy (분류학) 생물체를 분류하고 명명하는 과학.

Tc cell (T 세포) [세포독성 T 세포(*cytotoxic T cell*), CD8 세포(*CD8 cell*)] 세포매개면역반응에서 CD8 표면당단백질로 표지되는 세포; 퍼포린(perforin)과 감염되었거나 비정상인 세포를 사멸하는 그랜자임(granzyme)을 분비.

T-dependent antibody immunity (T-세포 의존적 항체면역) 특이 helper T 세포 (Th2)의 기능을 이용하여 면역글로불린을 생성하는 적응면역.

T-dependent antigens (T-세포 의존적 항원) 도움 T(helper T 세포가 존재할 때만 면역반응을 유발하는 분자.

Telophase (말기) 체세포분열의 마지막 단계로 핵막이 딸 핵 주위에 형성됨. 감수분열의 유사한 단계를 위해서도 이용됨.

Temperate phage (lysogenic phage) (잠재성 파아지) 그 숙주세포를 바로 죽이지 않는 박테리오파아지.

Teratogenic (기형유발) 출산 기형의 원인이 되는 능력이 특징.

Tetanospasmin (테타누스 독소) *Clostridium tetani*의 신경독으로 중추신경계의 억제성 신경전달물질을 차단.

Tetanus (파상풍) 강력한 신경 독소인 테타누스 독소(tetanospasmin)를 생산하는 *Clostridium tetani*에 의해 감염되는 잠재적으로 치명적인 감염.

Tetracycline (테트라싸이클린) tRNA 결합부위를 막아 단백질 합성을 저해하는 항미생물제.

Tetrad (사분자) 유전학에서: 각각이 두 개의 DNA 분자로 구성되어 감수분열의 전기 I과 중기 I 도중 물리적으로 서로 연결된 두 염색체; 세포 배열에서 세포 분열 후 4개의 구균이 붙어 남아있는 것.

Th cell (Th 세포) [(도움 T 세포(*helper T cell*), CD4 세포(*CD4 cell*)] 세포매개면역반응에서 CD4 표면당단백질로 표지되는 세포; B 세포와 Tc 세포의 활성 조절.

Thermophile (호열성생물) 45°C 이상의 온도를 요구하는 미생물.

Thrombocytopenia (혈소판감소증) 혈액 내 혈소판 수의 감소.

Tick (진드기) 흡혈 거미류로 여러 세균과 바이러스 병원체를 매개함.

Tickborne relapsing fever (진드기 매개 회귀열) 연진드기에 의해 인간 사이에 전파되는 *Borrelia* spp.에 의한 질병.

Tincture (팅크제) 알코올에 항미생물 화학물질의 용액.

T-independent antibody immunity (T-세포 비의존적 항체면역) T 세포가 관여하지 않으며 많은 B 세포의 BCR에 교차적 결합으로 인해 면역글로불린이 생산되는 적응면역.

T-independent antigen (T-세포 비의존적 항원) T 세포의 관여없이 항체 면역반응을 유도할 수 있는 반복적인 형태의 아단위로 구성된 거대 분자.

Titration (적정) 응집활성을 조사하기 위해 혈청을 순차적으로 희석하는 것.

Toll-like receptors (TLRs) (톨-유사 수용체) 미생물의 특정 화합물에 결합하는 막단백질.

Total magnification (총배율) 복합현미경의 대물렌즈와 대안렌즈가 가지는 배율의 곱.

Toxemia (독혈증) 독소(*toxin*)라고 하는 독이 혈액에 존재함.

Toxic shock syndrome (nonstreptococcal; TSS) [독성쇼크증후군 (비연쇄상구균)] *Staphylococcus* 균주의 전신감염으로 원인이 되는 발열, 구토, 붉은 발진, 저혈압, 피부의 손실을 특징으로 하는 치명적인 질환.

Toxin (독소) 조직을 해치거나 손상의 원인이 되는 숙주 면역반응을 개시하는 화학물질.

Toxoid vaccine (변성독소 백신) 항체 연관 면역반응을 일으키기 위한 변형된 독소를 사용한 백신.

Toxoplasmosis (톡소플라스마증) 동물에 영향을 주는 질병으로 *Toxoplasma gondii* 감염이 원인이며 경미한 유열성 증후군(febrile syndrome)이 특징이지만 AIDS 환자에게는 치명적이며, 태반을 통해 전파되면 유산, 사산, 또는 심각한 선천적 장애가 결과로 나타남.

Tr cell (Tr 세포) [조절 T 세포(*regulatory T cell*), 억제 T 세포(*suppressor T cell*)] 흉선에서 성숙되어지는 림프구로 후천성 면역반응을 억제하고 자가면역질환 방어.

Trachoma (트라코마) *Chlamydia trachomatis*가 원인인 심각한 눈병.

Transmission eletcron microscope (TEM) (투과전자현미경) 시료를 통과하여 형광스크린에 상을 생성하는 전자빔을 만드는 전자현미경의 한 형태.

Trematodes (흡충류) [흡충류(*flukes*)] 납작하고 잎 모양의 기생충으로 불완전 소화기와 구강과 복부에 흡판을 가짐.

Trench fever (참호열) 1차 세계대전 군인들 사이 일반적인 질병; *Bartonella quintana* 세균에 의해 발생됨.

Trichomoniasis (트리코모나스증) *Trichomonas vaginalis*에 의해 발생하는 성기의 염증.

Trophozoite (영양체) 원생동물의 운동성의 먹이활동 단계.

Tubercle (결절) 마이코박테리아(mycobacteria)의 감염에 의해 생기는 단단한 폐결절.

Tuberculin response (투베르쿨린 반응) 결핵이나 결핵백신에 노출되었던 사람의 피부가 투베르쿨린 피하주사에 반응하는 지연성 과민반응의 한 종류.

Tuberculin skin test (투베르쿨린 피부검사) 투베르쿨린 피하주사에 대한 반응하는 지연성 과민반응을 검사.

Tuberculosis (TB) (결핵) *Mycobacterium tuberculosis* 감염으로 발생하는 폐질환으로 파종성 형태의 세균에 감염될 경우 신체 쇠약과 사망할 수 있음.

Tularemia (야토병) *Francisella tularensis* 감염이 원인인 인수공통전염병으로 열, 오한, 불안 및 피로의 원인.

Tumer necrosis factor (TNF) (종양괴사인자) 암세포를 죽이거나 면역반응과 염증을 조절하기 위해 대식세포와 T 세포가 분비하는 면역계 사이토카인.

Tumor (종양) 암의 병리학에서 신생 세포의 덩어리. 염증에서는 붓는 증상(부종).

Type 1 diabetes mellitus (1형 당뇨병) 췌장의 랑게르한스섬(Langerhans cells)을 구성하는 세포에 대한 면역학적 공격으로 인슐린의 생산이 불가능해지는 병.

Type III secretion systems (제3형 분비계) 세균 독소 또는 효소의 분비를 위한 통로를 형성하여 표적세포로 삽입하는 복합 단백질 구조.

Typhoid fever (장티푸스) *Salmonella enterica* serotypes Typhi 및 Paratyphi 감염에 의해 생성되는 발열, 두통 및 불쾌감을 일으키는 질환으로 심각한 감염은 복막염을 일으킬 수 있음.

Typhus (발진티푸스) [유행성 발진티푸스, 발진열, 털진드기병(*epidemic typhus, murine typhus, scrub typhus*)] 절지동물 벡터에 의해 전염되는 리케차(rickettsia)에 의한 질병군.

Uncoating (탈외투) 동물 바이러스에서 숙주 세포내에서 바이러스 캡시드의 제거.

Urticaria (두드러기) 두드러기.

Vaccination (백신접종) 능동적 예방접종으로 대표적인 예는 천연두 백신접종.

Vaccine (백신) 능동적 예방접종에 사용되는 접종물질.

Vaginosis (질증) 질의 비염증성 감염.

Vancomycin (반코마이신) *N*-acetylglucosamine 소단위를 연결하는 alanine-alanine 교차다리 저해에 의해 그람-양성 세균의 세포벽 생성을 막는 항미생물 약물.

Vancomycin-resistant *Staphylococcus aureus* (VRSA) (반코마이신 내성 *Staphylococcus aureus*) Vancomycin에 내성을 가질 뿐만 아니라 일반적으로 많은 흔한 항미생물에도 내성을 가지는 *S. aureus* 균주.

Variant Creutzfeldt-Jacob disease (vCJD) (변종 크로이츠펠트-야곱병) 뇌가 스폰지와 같이 많은 구멍들이 생겨서 뇌세포를 파괴하는 프리온에 의해 일어나는 치매현상.

Varicella, Chickenpox (수두) 열, 불안 및 피부병변이 특징인 매우 감염성이 높은 질병으로 수두대상포진 바이러스(VZV)의 감염이 원인.

Varicella-zoster virus (VZV) (수두대상포진 바이러스) 수두와 대상포진의 원인인 바이러스.

Variola (두창, 천연두) 천연두 바이러스의 일반명.

Variola major (대두창) 치사율이 20% 이상인 심각한 질병의 원인인 천연두바이러스의 변종.

Variola minor (소두창) 치사율이 1% 미만인 덜

심각한 질병의 원인인 천연두바이러스의 변종.

Vector (매개체) 유전학과 재조합 DNA 기술에서는 세포에 DNA를 전달하는데 사용되는 바이러스 유전체, 전위요소, 플라스미드로서의 핵산 분자. 역학에서는 한 숙주에서 다른 숙주로 질병을 옮기는 동물 (일반적으로 절지 동물).

Vegetations (증식) 심내막염에서 세균을 둘러싸거나 혈소판과 응고된 단백질 덩어리.

Vehicle transmission (매개전파) 병원체의 공기, 음용수, 식품, 신체의 밖에서 다루어진 체액 등을 통한 전파.

Vibrio (비브리오) 약간 굽은 막대형 원핵세포.

Viral gastroenteritis (바이러스성 위장염) 바이러스성 병원체에 의해 발생되는 위와 장의 점막의 염증.

Viral hemagglutination inhibition test (바이러스 혈구응집저해시험) 적혈구와 응집하는 인플루엔자, 홍역 및 기타바이러스에 대한 항체를 검출하는데 일반적으로 사용하는 면역시험.

Viral neutralization (바이러스 중화) 특정한 바이러스에 대한 항체의 존재를 위한 혈청의 검사로 혈청을 바이러스와 혼합하고, 혼합체를 세포 배양에 넣음. 세포가 생존하면 혈청 내의 항체가 바이러스를 중화했다는 의미.

Viremia (바이러스혈증) 혈액에 바이러스가 감염.

Viridans streptococci (비리단스 연쇄구균군) 일반적으로 입과 목뿐만 아니라 위장, 생식기 및 요로에 살고 있고 혈액 배지에서 생장 시 녹색 색소를 생산하는 알파 용혈성 연쇄구균군.

Virion (비리온) 세포 밖의 바이러스로 핵산을 둘러싼 단백질로 된 캡시드로 구성됨.

Viroid (비로이드) 극도로 작은 RNA의 환형 조각으로 식물에 감염하고 병을 일으킴.

Virulence (독성) 병원성의 정도.

Virulence factors (독성인자) 병원체가 감염하고 병을 일으킬 수 있는 상대적 능력에 영향을 주는 효소, 독소 또는 다른 인자들.

Virus (바이러스) 작은 감염성 비세포성 존재로 캡시드라는 외피를 형성하는 단백질로 된 캡소머로 둘러싸인 핵산을 가짐.

Wandering macrophage (유주대식세포) 피를 혈구누출 기전을 통해 빠져나와 멀리 있는 감염된 장소로 이동하는 대식세포.

Warts (사마귀) [유두종(*papillomas*)] 파필로마바이러스(papillomavirus)가 원인인 양성 표피 성장.

Wastewater (폐수) [하수(*sewage*)] 가정이나 기업체에서 세척 또는 화장실에서 플러시 된 후 버려진 물.

Water mold (수생균류) 필라멘트형 진균과 유사한 진핵성 미생물이지만 미토콘드리아에 관상 크리스타, 셀룰로오스의 세포벽, 두 개의 편모와 진정한 배수성 몸체를 가짐.

Waterborne transmission (수인성 전염) 물을 통해 병원성 미생물이 확산됨.

Wavelength (파장) 파동의 두 개의 대응점 간의 거리.

Western equine encephalitis (WEE) (북미서부말뇌염) 토가바이러스가 원인인 치사 가능성이 있는 뇌의 감염.

Whitlow (생인손) 피부의 베인 곳이나 파열된 곳을 통한 제1형 인간포진바이러스 또는 HHV-2 감염이 원인인 염증성 물집.

Whooping cough (백일해) 다량의 점액, 기관 섬모 상실 및 깊은 "부엉이 같은" 기침이 특징인 소아질병; *Bordetella pertussis* 감염이 원인.

Wound (상처) 신체 조직의 외상.

XDR-TB 광범위한 약제내성을 갖는 *Mycobacterium*에 의해 발생되는 결핵.

Xenodiagnosis (체외진단) 샤가스병을 진단하는 방법으로 감염되지 않은 침노린재 *Triatoma*를 환자에게 먹임. 이후에 트리파노솜들이 동물의 장에 존재하면 환자는 감염되었다는 의미.

Xenograft (이종이식) 다른 종에 속한 개체 간에 조직이 이식되는 형태.

Xenotransplant (이종이식) 재조합 DNA 기술을 이용하여 인간의 유전자를 동물에 삽입하여 인간에게 사용할 수 있는 세포, 조직 또는 장기를 만드는 기술.

Yaws (요스, 딸기종) *Treponema pallidum pertenue*가 원인인 피부, 뼈, 림프절의 크고 파괴적이며 통증이 없는 병변.

Yeast (효모) 단세포성으로 보통 난형이나 구형의 진균류로서 출아법에 의해 무성적으로 증식함.

Yellow fever (황열병) 플라비바이러스(flavivirus)를 옮기는 모기에 물려서 감염되는 종종 치명적인 출혈성 질병.

Zone of inhibition (저해대) 확산 감수성 시험에서 약물에 적신 디스크 주위에 미생물이 자라나지 못한 투명환.

Zoonoses (인수공통전염병) 대개 동물 숙주에서 인간에게 자연적으로 확산되는 질병.

Zygomycoses (접합균증) 접합균문(Zygomycota)에서 분류된 다양한 진균류의 속에 의한 기회성 진균감염.

Zygomycota (접합균문) 접합균류라 부르는 다핵성 사상균을 포함하는 진균의 문.

Zygosporangium (접합포자낭) 접합균류의 검은 두터운 벽의 유성생식 구조로 건조와 기타 나쁜 환경조건에 견딜 수 있음.

Zygospores (접합포자) 접합포자낭 내에 존재하는 핵에서 생성되는 반수체 포자.

Zygote (접합자) 유성생식에서 배우자의 접합에 의해 형성되는 배수성 세포.

찾아보기

영문

A

B

INDEX

C

D

E

INDEX

R

S

한국어

기타

INDEX

정선된 생물체와 바이러스의 발음

Absidia (ab-sid´ē-ă)
Acanthamoeba (ă-kan-thă-mē´bă)
Acetobacter (a-sē´tō-bak-ter)
Acinetobacter (as-i-nē´tō-bak´ter)
Acremonium (ak´rĕ-mō´nē-ŭm)
Actinomyces israelii (ak´ti-nō-mī´sēz is-rā´el-ē-ē)
Agaricus (a-gār´i-kus)
Agrobacterium tumefaciens (ag´rō-bak-tēr´ē-um tū´me-fāsh-enz)
Alternaria (al-ter-nā´rē-ă)
Amanita muscaria (am-ă-nī´tă mus-ka´rē-ă)
Amanita phalloides (am-ă-nī´tă fal-ōy´dēz)
Amoeba (am-ē´bă)
Amycolatopsis orientalis (am-ē-kō´la-top-sis o-rē-en-tal´is)
Anaplasma phagocytophilum (an-ă-plaz´mă fag-ō-sī-to´fil-ŭm)
Ancylostoma duodenale (an-si-los´tō-mă doo´ō-de-nā-lē)
Aquaspirillum magnetotacticum (ă-kwă-spī´ril-ŭm mag-ne-tō-tak´ti-kŭm)
Aquifex (ăk´wē-feks)
Ascaris lumbricoides (as´kă-ris lŭm´bri-koy´dēz)
Aspergillus oryzae (as-per-jil´ŭs o´ri-zī)
Azomonas (ā-zō-mō´nas)
Azospirillum (ā-zō-spī´ril-ŭm)
Azotobacter (ā-zō-tō-bak´ter)

Bacillus anthracis (ba-sil´ŭs an-thrā´sis)
Bacillus cereus (ba-sil´ŭs se´rē-ŭs)
Bacillus licheniformis (ba-sil´ŭs lī-ken-i-for´mis)
Bacillus polymyxa (ba-sil´ŭs po-lē-miks´ă)
Bacillus popilliae (ba-sil´ŭs pop-pil´ē-ī)
Bacillus sphaericus (ba-sil´ŭs sfe´ri-kŭs)
Bacillus stearothermophilus (ba-sil´ŭs ste-rō-ther-ma´fil-ŭs)
Bacillus subtilis (ba-sil´ŭs sŭt´i-lis)
Bacillus thuringiensis (ba-sil´ŭs thur-in-jē-en´sis)
Bacteroides fragilis (bak-ter-oy´dēz fra´ji-lis)
Balantidium coli (bal-an-tid´ē-ŭm kō´lī)
Bartonella bacilliformis (bar-tō-nel´ă ba-sil´li-for´mis)
Bartonella henselae (bar-tō-nel´ă hen´sel-ī)
Bartonella quintana (bar-tō-nel´ă kwin´ta-nă)
Bdellovibrio (del-lō-vib´rē-ō)
Beggiatoa (bej´jē-a-tō´ă)
Blastomyces dermatitidis (blas-tō-mī´sēz der-mă-tit´i-dis)
Bordetella pertussis (bōr-dĕ-tel´ă per-tus´is)
Borrelia burgdorferi (bō-rē´lē-ă burg-dōr´fer-ē)
Borrelia recurrentis (bō-rē´lē-ă re-kur-ren´tis)
Botryococcus braunii (bot´rē-ō-kok´ŭs brow´nē-ē)
Brucella abortus (broo-sel´lă a-bort´us)
Brucella canis (broo-sel´lă kā´nis)
Brucella melitensis (broo-sel´lă me-li-ten´sis)
Brucella suis (broo-sel´lă soo´is)
Burkholderia cepacia (burk-hol-der´ē-ă se-pā´se-ă)
Burkholderia pseudomallei (burk-hol-der´ē-ă soo-dō-mal´e-ē)

Campylobacter jejuni (kam´pi-lō-bak´ter jē-jū´nē)
Candida albicans (kan´did-ă al´bi-kanz)
Carsonella ruddii (kar-son-el´ă rŭd´ē-ē)
Caulobacter (kaw´lō-bak-ter)
Chlamydia trachomatis (kla-mid´ē-ă tra-kō´ma-tis)
Chlamydophila pneumoniae (kla-mē-dof´ĭ-lă noo-mō´nē-ī)
Chlamydophila psittaci (kla-mē-dof´ĭ-lă sit´ă-sē)
Chondrus crispus (kon´drŭs krisp´ŭs)
Chromatium buderi (krō-ma´tē-ŭm bū´de-rē)
Citrobacter (sit´rō-bak-ter)
Cladophialophora carrionii (klă-dŏf´ē-ă-lof´ŏ-rā kar-rē-on´ē-ē)
Claviceps purpurea (klav´i-seps poor-poo´rē´ă)
Clostridium botulinum (klos-trid´ē-ŭm bo-tū-lī´num)
Clostridium difficile (klos-trid´ē-ŭm di´fe-sēl)
Clostridium perfringens (klos-trid´ē-ŭm per-frin´jens)
Clostridium tetani (klos-trid´ē-ŭm te´tan-ē)
Coccidioides immitis (kok-sid-ē-oy´dēz im´mi-tis)
Codium (kō´dē-ŭm)
Coltivirus (kol´tē-vī´rŭs)
Cortinarius gentilis (kōr´ti-nar-ē-us jen´til-is)
Corynebacterium diphtheriae (kŏ-rī´nē-bak-tēr´ē-ŭm dif-thi´rē-ī)
Coxiella burnetii (kok-sē-el´ă ber-ne´tē-ē)
Cryptococcus neoformans (krip-tō-kok´ŭs nē-ō-for´manz)
Cryptosporidium parvum (krip-tō-spō-rid´ē-ŭm par´vŭm)
Cyclospora cayetanensis (sī-klō-spōr´ă kī´ē-tan-en´sis)
Cytomegalovirus (sī-tō-meg´ă-lō-vī´rŭs)
Cytophaga (sī-tof´ă-gă)

Deinococcus radiodurans (dī-nō-kok´ŭs rā-dē-ō-dur´anz)
Desulfovibrio (dē´sul-fō-vib´rē-ō)
Dictyostelium (dik-tē-ō-stē´lē-um)
Didinium (dī-di´nē-ŭm)
Diplococcus pneumoniae (dip´lō-kok´ŭs nū-mō´nē-ī)

Echinococcus granulosus (ĕ-kī´nō-kok´ŭs gra-nū-lō´sŭs)
Edwardsiella (ed´ward-sē-el´ă)
Ehrlichia chaffeensis (er-lik´ē-ă chaf-ē-en´sis)
Encephalatizoon intestinalis (en-sef-a-lat-e´zō-an in-tes´ti-năl´is)
Entamoeba histolytica (ent-ă-mē´bă his-tō-li´ti-kă)
Enterobacter (en´ter-ō-bak´ter)
Enterobius vermicularis (en-ter-ō´bī-ŭs ver-mi-kū-lar´is)
Enterococcus faecalis (en´ter-ō-kok´ŭs fē-kă´lis)

Enterococcus faecium (en´ter-ō-kok´ŭs fē-sē´ŭm)
Epidermophyton floccosum (ep´i-der-mof´i-ton flŏk´ō-sŭm)
Epulopiscium fishelsoni (ep´yoo-lō-pis´sē-ŭm fish-el-sō´nē)
Escherichia coli (esh-ĕ-rik´ē-ă kō´lī)
Euglena granulata (yū-glēn´ă gran-yū-lă´tă)
Eupenicillium (yū-pen-i-sil´ē-ŭm)
Exophiala (ek-sō-fī´ă-lă)

Fasciola gigantica (fa-sē´ō-lă ji-gan´ti-kă)
Fasciola hepatica (fa-sē´ō-lă he-pa´ti-kă)
Ferroplasma acidarmanus (fe´rō-plaz-ma a-sid´ar-mă-nŭs)
Fonsecaea compacta (fon-sē-sē´ă kom-pak´ta)
Fonsecaea pedrosoi (fon-sē-sē´ă pe-drō´sō-ē)
Francisella tularensis (fran´si-sel´ă too-lă-ren´sis)
Fusarium (fū-zā´rē-ŭm)

Gambierdiscus (gam´bē-er-dis-kŭs)
Gardnerella vaginalis (gărd´ner-el´ă va-ji-nă´lis)
Gelidium (jel-li´dē-ŭm)
Geogemma barossii (jē´ō-jem-ă ba-rōs´ē-ē)
Giardia intestinalis (jē-ar´dē-ă in-tes´ti-năl´is)
Gluconobacter (gloo-kon´ō-bak-ter)
Gonyaulax (gon-ē-aw´laks)
Gymnodinium (jīm-nō-din´ē-ŭm)
Gyromitra esculenta (gī-rō-mē´tră es-kū-len´tă)

Haemophilus ducreyi (hē-mof´i-lŭs doo-krā´ē)
Haemophilus influenzae (hē-mof´i-lŭs in-flu-en´zī)
Hafnia (haf´nē-ă)
Halobacterium salinarium (hā´lō-bak-tēr´ē-ŭm sal-ē-nar´ē-ŭm)
Hantavirus (han´tā-vī-rŭs)
Helicobacter pylori (hel´ĭ-kō-bak´ter pī´lō-rē)
Histoplasma capsulatum (his-tō-plaz´mă kap-soo-lā´tŭm)

Izziella abbottiae (iz-ē-el´lă ab´ot-tē-ī)

Klebsiella pneumoniae (kleb-sē-el´ă nū-mō´nē-ī)

Lactobacillus bulgaricus (lak´tō-bă-sil´ŭs bul-gā´ri-kŭs)
Lactococcus lactis (lak-tō-kok´ŭs lak´tis)
Legionella pneumophila (lē-jŭ-nel´lă noo-mō´fi-lă)
Leishmania (lēsh-man´ē-ă)
Leptospira interrogans (lep´tō-spī´ră in-ter´ră-ganz)
Leuconostoc citrovorum (loo´kō-nos-tŏk sit-rō-vō´rum)
Listeria monocytogenes (lis-tēr´ē-ă mo-nō-sī-tah´je-nēz)
Lyssavirus (lis´ă-vī-rŭs)

Madurella (mad´ū-rel´ă)
Malassezia furfur (mal-ă-sē´zē-ă fur´fur)

Methanobacterium (meth´a-nō-bak-tēr´ē-ŭm)
Methanopyrus (meth´a-nō-pī´rŭs)
Micavibrio (mī-kă-vib´rē-ō)
Microsporidium (mī-krō-spor-i´dē-ŭm)
Microsporum (mī-kros´po-rŭm)
Moraxella catarrhalis (mōr´ak-sel´ă kă-tah´răl-is)
Morganella (mōr´gan-el´ă)
Mucor (mū´kōr)
Mycobacterium avium-intracellulare
(mī´kō-bak-tēr´ē-ŭm ā´vē-ŭm in´tra-sel-yu-la´rē)
Mycobacterium bovis (mī´kō-bak-tēr´ē-ŭm bō´vis)
Mycobacterium leprae (mī´kō-bak-tēr´ē-ŭm lep´rī)
Mycobacterium tuberculosis
(mī´kō-bak-tēr´ē-ŭm too-ber-kyū-lō´sis)
Mycoplasma genitalium (mī´kō-plaz-mă jen-ē-tal´ē-ŭm)
Mycoplasma hominis (mī´kō-plaz-mă ho´mi-nis)
Mycoplasma pneumoniae (mī´kō-plaz-mă nū-mō´nē-ī)

Naegleria (nā-glē´rē-ă)
Necator americanus (nē-kā´tor ă-mer-i-ka´nus)
Neisseria gonorrhoeae (nī-se´rē-ă go-nor-rē´ī)
Neisseria meningitidis (nī-se´rē-ă me-nin-ji´ti-dis)
Neurospora crassa (noo-ros´pōr-ă kras´ă)
Nitrobacter (nī-trō-bak´ter)
Nitrosomonas (nī-trō-sō-mō´nas)
Nocardia asteroides (nō-kar´dē-ă as-ter-oy´dēz)
Nosema (nō-sē´mă)

Orientia tsutsugamushi (ōr-ē-en´tē-ă tsoo-tsoo-gă-mū´shē)
Orthopoxvirus variola (ōr-thō-poks´vī-rŭs vă-rī´ō-lă)

Paracoccidioides brasiliensis
(par´ă-kok-sid-ē-oy´dēz bră-sil-ē-en´sis)
Paramecium (par-ă-mē´sē-ŭm)
Pasteurella haemolytica (pas-ter-el´ă hē-mō-lit´i-kă)
Pasteurella multocida (pas-ter-el´ă mul-tŏ´si-da)
Penicillium chrysogenum (pen-i-sil´ē-ŭm krī-so´jĕn-ŭm)
Penicillium marneffei (pen-i-sil´ē-ŭm mar-nef-ē´ī)
Penicillium roqueforti (pen-i-sil´ē-ŭm rok´for-tē)
Pfiesteria (fes-tēr´ē-ă)
Phialophora verrucosa (fī-ă-lof´ŏ-ră ver-ū-kō´să)
Physarum (fī-sar´um)
Phytophthora infestans (fī-tof´tho-ră in-fes´tanz)
Piedraia hortae (pī-drā´ă hōr´tī)
Plasmodium falciparum (plaz-mō´dē-ŭm fal-sip´ar-ŭm)
Plasmodium knowlesi (plaz-mō´dē-ŭm nō-les´ē)
Plasmodium malariae (plaz-mō´dē-ŭm mă-lār´ē-ī)
Plasmodium ovale (plaz-mō´dē-ŭm ō-vă´lē)
Plasmodium vivax (plaz-mō´dē-ŭm vī´vaks)

Pneumocystis jirovecii (nū-mō-sis´tis jē-rō-vět´zē-ē)
Prevotella (prev´ō-tel´ă)
Propionibacterium acnes (prō-pē-on-i-bak-tēr´ē-ŭm ak´nēz)
Proteus mirabilis (prō´tē-ŭs mi-ra´bi-lis)
Prototheca (prō-tō-thē´kă)
Providencia (prov´i-den´sē-ă)
Pseudallescheria (sood´al-es-kē-rē-ă)
Pseudomonas aeruginosa (soo-dō-mō´nas ā-roo-ji-nō´să)
Pseudomonas putida (soo-dō-mō´nas pyoo´ti-dă)
Pseudomonas syringae (soo-dō-mō´nas sēr´in-jī)
Psilocybe cubensis (sil-lō-sī´bē kū-benz´is)
Pyrodictium (pī-rō-dik´tē-um)

Rhizobium (rī-zō´bē-ŭm)
Rhizopus nigricans (rī-zō´pŭs ni´gri-kanz)
Rhodopseudomonas palustris (rō-dō´soo-dō-mō´nas pal-us´tris)
Rickettsia prowazekii (ri-ket´sē-ă prō-wă-ze´kē-ē)
Rickettsia rickettsii (ri-ket´sē-ă ri-ket´sē-ē)
Rickettsia typhi (ri-ket´sē-ă tī´fē)
Rotavirus (rō´tă-vī´rŭs)

Saccharomyces carlsbergensis (sak-ă-rō-mī´sēz karlz-bur-jen´sis)
Saccharomyces cerevisiae (sak-ă-rō-mī´sēz se-ri-vis´ē-ī)
Saccharopolyspora erythraea (sak-ă-rō-pol-ē-spō´ra e-rith´rē-a)
Salmonella cholerasuis (sal´mŏ-nel´ă kol-er-a-su´is)
Salmonella enterica (sal´mŏ-nel´ă en-ter´i-kă)
  serotype Choleraesuis (kol-er-a-su´is)
  serotype Paratyphi (pa´ra-tī´fē)
  serotype Typhi (tī´fē)
  serotype Typhimurium (ttī´fē-mur-ē-ŭm)
Sarcina (sar´si-nă)
Schistosoma haematobium (shis-tō-sō´mă hē´mă-tō´bē-ŭm)
Schistosoma japonicum (shis-tō-sō´mă jă-pon´i-kŭm)
Schistosoma mansoni (shis-tō-sō´mă man-sō´nē)
Selenomonas (sĕ-lē´nō-mō´nas)
Serratia marcescens (ser-rat´ē-a mar-ses´enz)
Shigella boydii (shē-gel´lă boy´dē-ē)
Shigella dysenteriae (shē-gel´lă dis-en-te´rē-ī)
Shigella flexneri (shē-gel´lă fleks´ner-ē)
Shigella sonnei (shē-gel´lă sōn´ne-ē)
Sphaerotilus (sfēr-ō´til-us)
Spirillum minus (spī-ril´ŭm mī´nŭs)
Spiroplasma (spī´rō-plaz-mă)
Sporothrix schenckii (spōr´ō-thriks shen´kē-ē)
Staphylococcus aureus (staf´i-lō-kok´ŭs o´rē-ŭs)
Staphylococcus epidermidis (staf´i-lō-kok´ŭs ep-i-der-mid´is)
Streptococcus agalactiae (strep-tō-kok´ŭs a-ga-lak´tē-ī)
Streptococcus anginosus (strep-tō-kok´ŭs an-ji-nō´sŭs)
Streptococcus equisimilis (strep-tō-kok´ŭs ek-wi-si´mil-is)
Streptococcus mutans (strep-tō-kok´ŭs mū´tanz)
Streptococcus pneumoniae (strep-tō-kok´ŭs nū-mō´nē-ī)
Streptococcus pyogenes (strep-tō-kok´ŭs pī-oj´en-ēz)
Streptococcus thermophilus (strep-tō-kok´ŭs ther-mo´fil-us)
Streptomyces (strep-tō-mī´sēz)
Sulfolobus (sŭl´fo-lō-bus)

Taenia saginata (tē´nē-a sa-ji-na´ta)
Taenia solium (tē´nē-a sō´lī-um)
Thermus aquaticus (ther´mŭs a-kwa´ti-kŭs)
Thiobacillus (thī-ō-bă-sil´ŭs)
Thiomargarita namibiensis (thī-ō-mar-gă-rē´tă nă-mi-bē-en´sis)
Toxoplasma gondii (tok-sō-plaz´mă gon´dē-ē)
Trebouxia (tre-book´sē-a)
Treponema carateum (trep-ō-nē´mă kar-a´tē-ŭm)
Treponema pallidum (trep-ō-nē´mă pal´li-dŭm)
Trichinella (trik´i-nel´ă)
Trichomonas vaginalis (trik-ō-mō´nas va-jin-al´is)
Trichonympha (trik-ō-nimf´ă)
Trichophyton (trik-ō-fī´ton)
Trichosporon beigelii (trik-ō-spor´on bā-gĕl´ē-ē)
Trypanosoma brucei gambiense
  (tri-pan´ō-sō-mă brūs´ē gam´bē-en´sē)
Trypanosoma brucei rhodesiense
  (tri-pan´ō-sō-mă brūs´ē rō-dē´zē-en´sē)
Trypanosoma cruzi (tri-pan´ō-sō-mă kroo´zē)

Ureaplasma urealyticum (yū-rē´ă-plaz-mă ū-rē´ă-li´ti-kŭm)

Veillonella (vī-lō-nel´ă)
Vibrio cholerae (vib´rē-ō kol´er-ī)
Vibrio parahaemolyticus (vib´rē-ō pa-ră-hē-mōli´ti-kŭs)
Vibrio vulnificus (vib´rē-ō vul-nif´i-kŭs)
Vorticella (vōr-ti-sel´ă)

Wangiella (wang-gē-el´ă)
Wuchereria bancrofti (voo-ker-e´rē-ă ban-krof´tē)

Yersinia enterocolitica (yer-sin´ē-ă en´ter-ō-kō-lit´ī-kă)
Yersinia pestis (yer-sin´ē-ă pes´tis)
Yersinia pseudotuberculosis
  (yer-sin´ē-ă soo-dō-too-ber-kyū-lō´sis)

Zoogloea (zō´ō-glē-ă)